Legal Medicinal Flora

The Eastern Part of China

Volume Ⅵ

赵维良／主编

科学出版社
北京

内 容 简 介

《法定药用植物志》华东篇共收载我国历版国家标准、各省（自治区、直辖市）地方标准及其附录收载药材饮片的基源植物，即法定药用植物在华东地区有分布或栽培的共 1230 种（含种下分类群）。科属按植物分类系统排列。内容有科形态特征、科属特征成分和主要活性成分、属形态特征、属种检索表。每种法定药用植物记载中文名、拉丁学名、别名、形态、生境与分布、原植物彩照、药名与部位、采集加工、药材性状、质量要求、药材炮制、化学成分、药理作用、性味与归经、功能与主治、用法与用量、药用标准、临床参考、附注及参考文献等内容。

本书适用于中药鉴定分析、药用植物、植物分类、植物化学、中药药理、中医等专业从事研究、教学、生产、检验、临床等有关人员及中医药、植物爱好者参考阅读。

Brief Introduction

There are 1230 species of legal medicinal plants in the collection of the *Chinese Legal Medicinal Flora* in Eastern China, that have met the national and provincial as well as local municipal standards of Chinese medicinal materials. Families and genera are arranged taxonomically. This includes morphology, characteristic chemical constituents of the families and genera, as well as the indexes of genera and species. The description of the species are followed by Chinese names, Latin names, synonymy, morphology, habitat and distribution, the original color photos of the plants, name of the crude drug which the medicinal plant used as, the medicinal part of the plant, collection and processing, description, quality control, chemistry, pharmacology, meridian tropism, functions and indications, dosing and route of administration, clinical references, other items and literature, etc.

It provides the guidance for those who are in the fields of research, teaching, industrial production, laboratory and clinical application, as well as enthusiasts, with regard to the identification and analysis of the traditional Chinese medicines, medicinal plants, phytotaxonomy, phytochemistry and pharmacology.

图书在版编目（CIP）数据

法定药用植物志. 华东篇. 第六册 / 赵维良主编. —北京：科学出版社，2021.5

ISBN 978-7-03-068185-0

Ⅰ. ①法…　Ⅱ. ①赵…　Ⅲ. ①药用植物－植物志－华东地区　Ⅳ. ① Q949.95

中国版本图书馆CIP数据核字(2021)第036733号

责任编辑：刘　亚 / 责任校对：郑金红

责任印制：肖　兴 / 封面设计：黄华斌

科学出版社出版

北京东黄城根北街16号

邮政编码:100717

http://www.sciencep.com

北京汇瑞嘉合文化发展有限公司 印刷

科学出版社发行　各地新华书店经销

*

2021年5月第　一　版　开本：889 × 1194　1/16

2021年5月第一次印刷　印张：53 1/2

字数：1 508 000

定价：528.00 元

（如有印装质量问题，我社负责调换）

主编简介

赵维良，1959年生，浙江诸暨草塔人。1979～1986年就读并毕业于浙江医科大学药学系（即现浙江大学药学院），获学士和硕士学位。历任浙江省药品检验所副所长、浙江省食品药品检验所副所长，浙江省食品药品检验研究院副院长，主任中药师（二级）。杭州师范大学讲座教授。国家药典委员会第八至十一届委员、国家药品审评专家库专家、国家保健食品审评专家，国家药品监督管理局中成药质量控制与评价研究重点实验室（浙江）第一任主任，《中草药》、《中国现代应用药学》和《中国药业》杂志编委。主持及参与完成国家科技部、国家药监局、国家药典会和香港卫生署等部门科研课题20余项，获省部级科学技术进步奖3项。获授权国家发明专利和实用新型专利5项。发表学术论文70余篇。主持或参与起草修订国家和省中药质量标准80余项。主编《中国法定药用植物》、《药材标准植物基源集》、《法定药用植物志》（华东篇第一册至第六册）等著作，作为副主任委员组织和参与编写《浙江省中药炮制规范》2005年版、2015年版及《浙江省医疗机构制剂规范》2005年版，参与编写《中药志》、《现代实用本草》、《中华人民共和国药典》（2005年版、2010年版、2015年版、2020年版）及《中华人民共和国药典一部注释》等10余部大型中药著作及标准。

法定药用植物志　华东篇　第六册

编　委　会

序　一

中医药是中华民族的瑰宝，我国各族人民在长期的生产、生活实践和与疾病的抗争中积累并发展了中医药的经验和理论，为我们民族的繁衍生息和富强昌盛做出了重要贡献，也在世界传统医药学的发展中起到了不可或缺的作用。

华东地区人杰地灵，既涌现出华佗、朱丹溪等医学大家，亦诞生了陈藏器、赵学敏等本草学界的翘楚，又孕育了陆游、徐渭、章太炎等亦医亦文的大师。该地区自然条件优越，气候温暖，雨水充沛，自然植被繁茂，中药资源丰富，中药材种植历史悠久，为全国药材重要产地之一。"浙八味"、金银花、瓜蒌、天然冰片、沙参、丹参、太子参等著名的药材就主产于这片大地。

已出版的《中国法定药用植物》一书把国家标准和各省、自治区、直辖市中药材（民族药）标准收载的中药材饮片的基源植物，定义为法定药用植物，这一概念，清晰地划定了植物和法定药用植物、药用植物和法定药用植物之间的界限。

为继承和发扬中药传统经验和理论，并充分挖掘法定药用植物资源，浙江省食品药品检验研究院组织有关专家，参考历版《中国药典》等国家标准，以及各省、自治区、直辖市中药材（民族药）标准，根据华东地区地方植物志，查找华东地区有野生分布或较大量栽培的法定药用植物种类，参照《中国植物志》和《中国法定药用植物》等著作，对基源植物种类和植物名、拉丁学名进行考订校对归纳，共整理出法定药用植物 1230 种（含种以下分类单位），再查阅了大量的学术文献资料，编著成《法定药用植物志》华东篇一书。

该书收录华东地区有分布的法定药用植物有关植物分类学、中药学、化学、药理学、中医临床等内容，每种都有收载标准和原植物彩照，整体按植物分类系统排列。这是我国第一部法定药用植物志，是把中药标准、中药和药用植物三者融为一体的综合性著作。该书内容丰富、科学性强，是一本供中医药学和植物学临床、科研、生产、管理各界使用的有价值的参考书。相信该书的出版，将更好地助力我国中医药事业的传承与发展。

对浙江省食品药品检验研究院取得的这项成果深感欣慰，故乐为之序！

第十一届全国人大常委会副委员长
中国药学会名誉理事长
中国工程院院士
桑國卫
2017 年 12 月

序　二

我国有药用植物 12 000 余种，而国家标准及各省、自治区、直辖市标准收载药材饮片的基源植物仅有 2965 种，这些标准收载的药用植物为法定药用植物，为药用植物中的精华，系我国中医药及各民族医药经验和理论的结晶。

华东地区的地质地貌变化较大，湖泊密布，河流众多，平原横亘，山脉纵横，丘陵起伏，海洋东临，是药用植物生长的理想环境，出产中药种类众多，仅各种标准收载的药材饮片的基源植物即法定药用植物就多达 1230 种，分布于 175 科，占我国法定药用植物的三分之一强，且类别齐全，菌藻类、真菌类、地衣类、苔藓类、蕨类、裸子植物和被子植物中的双子叶植物、单子叶植物均有分布，囊括了植物分类系统中的所有重要类群。

法定药用植物比之一般的药用植物，其研究和应用的价值更大，经历了更多的临床应用和化学、药理的实验研究，故临床疗效更确切。药品注册管理的有关法规规定，中药新药研究中，有标准收载的药用植物，可以免做药材临床研究等资料。《法定药用植物志》华东篇一书收集的药用植物皆为我国国家标准和各省、自治区、直辖市标准收载的药材基源植物，并在华东地区有野生分布或较大量栽培，其中很多植物种类在华东地区以外的更大地域范围广泛存在。

植物和中药一样，同名异物或同物异名现象广泛存在，不但在中文名中，在拉丁学名中也同样如此。该书对此进行了考证归纳。编写人员认真严谨、一丝不苟，无论是文字的编写，还是植物彩照的拍摄，都是精益求精。所有文字和彩照的原植物，均经两位相关专业的专家审核鉴定，以确保内容的正确无误。

该书收载内容丰富，包含法定药用植物的科属特征、科属特征成分、种属检索、植物形态、生境分布、原植物彩照、收载标准、化学成分、药理作用、临床参考，以及用作药材的名称、性状、药用部位、性味归经、功能主治及用法用量等，部分种的本草考证、近似种、混淆品等内容，列于附注中，学术专业涉及植物分类、化学、中药鉴定、中药分析、中药药理、中医临床等。

这部《法定药用植物志》华东篇，既有学术价值，也有科普应用价值，相信该丛书的出版，将为我国中医药和药用植物的研究应用做出贡献。

欣然为序！

中国工程院院士　王永炎

2018 年 1 月

前　言

人类在数千年与疾病的斗争中，凭借着智慧和勤奋，积累了丰富而有效的传统药物和天然药物知识，这对人类的发展和民族的昌盛起到了非常重要的作用。尤其是我国，在远古时期，就积累了丰富的中医中药治病防病经验，并逐渐总结出系统的理论，为中华民族的繁荣昌盛做出了不可磨灭的贡献。

我国古代与中药有关的本草著作可分两类，一为政府颁布的类似于现代药典和药材标准的官修本草，二为学者所著民间本草，而后者又可分以药性疗效为主的中药本草和以药用植物形态为主的植物本草。但无论是官修本草、中药本草，还是植物本草，其记载的药用植物，在古代皆可用于临床，其区别在于官修本草更多地为官方御用，而民间本草更多的应用于下层平民，中药本草偏重于功能主治，而植物本草更多注重形态。当然，三类著作间内容和功能亦有重复，不如现代三类著作间的界限清晰而明确。

官修本草在我国始于唐代，唐李勣等于公元 659 年编著刊行《新修本草》，实际载药 844 种，在《本草经集注》的基础上新增 114 种，为我国以国家名义编著的首部药典，亦为全球第一部药典。官修本草在宋代发展到了高峰，宋开宝六年（公元 973 年）刘翰、马志等奉诏编纂《开宝本草》，宋嘉祐五年（公元 1060 年）校正医书局编纂《嘉祐补注神农本草》（《嘉祐本草》）、嘉祐六年（公元 1061 年）校正医书局苏颂编纂《本草图经》，另南宋绍兴年间校订《绍兴校定经史证类备急本草》，这四版均为宋朝官方编纂、校订刊行的药典，且每版均有药物新增，《开宝本草》并有宋太祖为之序，宋代的官修本草为中国医药学的发展起了极大地促进作用。明弘治十八年（公元 1505 年）太医院刘文泰、王磐等修编《本草品汇精要》（《品汇精要》），收载药物 1815 种，并增绘彩图。清宫廷编《本草品汇精要续集》，此书为综合性的本草拾遗补充，其在规模和质量上均无大的建树。

民国年间，政府颁布了《中华药典》，其收载内容很大程度上汲取了西方的用药，与古代官修本草相比，更侧重于西药，其中植物药部分虽有我国古代本草使用的少量中药，但亦出现了部分我国并无分布和栽培的植物药，类似现在的进口药材，总体《中华药典》洋为中用的味道更为浓厚。

1949 年中华人民共和国成立后，制定了较为完备的中药、民族药标准体系。这些标准，尽管内容和体例与古代本草相比有了很大的变化和发展，但性质还是与古代的官修本草类似，总体分为国家标准和地方标准两大类，前者为全国范围普遍应用，主要有 1953 ～ 2015 年共 10 版《中华人民共和国药典》（简称《中国药典》），1953 年版中西药合为一部，从 1963 年版至 2015 年版，中药均独立收载于一部。另有原国家卫生部和国家食品药品监督管理总局颁布的中药材标准、中药成方制剂（附录中药材目录）、藏药、维药、蒙药成册标准及个别零星颁布的标准。后者为各省、自治区、直辖市根据本地区及各民族特点制定颁布的历版成册中药材和民族药地方标准，如北京市中药材标准、四川省中药材标准，以及西藏、新疆、内蒙古、云南、广西等省（自治区）的藏药、维药、蒙药、瑶药、壮药、傣药、彝药、苗药、畲药标准。截至目前，我国各类中药材成册标准共有 130 余册，另有个别零星颁布的标准；此外尚有国家和各省、自治区、直辖市颁布的中药饮片炮制规范，一般而言，炮制规范收载的为已有药材标准的植物种类。这些标准收载的中药材约 85% 来源于植物，即法定药用植物，其种类丰富，包含了藻类、菌类、地衣、苔藓、蕨类、裸子植物和被子植物等所有的植物种类，共计 2965 种。

中药本草在数量上占绝对多数。著名的如东汉末年（约公元 200 年）的《神农本草经》，共收录药物 365 种，其中植物药 252 种；另有南北朝陶弘景约公元 490 年编纂的《本草经集注》、唐陈藏器公元 739 年编纂的《本草拾遗》、宋苏颂公元 1062 年编纂的《图经本草》及唐慎微公元 1082 年编纂的《经史证类备急本草》；明李时珍 1578 年编纂的《本草纲目》，共 52 卷，200 余万字，载药 1892 种，新增药物374种，是一部集大成的药学巨著；清代赵学敏《本草纲目拾遗》对《本草纲目》所载种类进行补充。

民国年间出版的本草书籍有《现代本草生药学》、《中国新本草图志》、《祁州药志》、《本草药品实地的观察》及《中国药学大辞典》等。

中华人民共和国成立后，中药著作大量编著出版。重要的有中国医学科学院药物研究所等于1959～1961年出版的《中药志》四册，收载常用中药500余种，还于1979～1998年陆续出版了第二版共六册，并于2002～2007年编著了《新编中药志》；南京药学院药材学教研组于1960年出版的《药材学》，收载中药材700余种，并附图1300余幅，全国中草药汇编编写组于1975年和1978年出版的《全国中草药汇编》上、下册，记载中草药2300种，并出版了有1152幅彩图的专册，王国强、黄璐琦等于2014年编辑出版了第三版，增补了大量内容；江苏新医学院于1977年出版的《中药大辞典》收载药物5767种，其中植物性药物4773种；还有吴征镒等于1988～1990年出版的《新华本草纲要》共三册，共收载包括低等、高等植物药达6000种；此外，楼之岑、徐国钧、徐珞珊等于1994～2003年出版的《常用中药材品种整理和质量研究》北方编和南方编，亦为重要的著作。图谱类著作有原色中国本草图鉴编辑委员会于1982～1984年编著的《原色中国本草图鉴》。民族药著作有周海钧、曾育麟于1984年编著的《中国民族药志》和刘勇民于1999年编著的《维吾尔药志》。值得一提的是1999年由国家中医药管理局《中华本草》编辑委员会编著的《中华本草》，共34卷，其中中药30卷，藏药、蒙药、维药、傣药各1卷。收载药物8980味，内容有正名、异名、释名、品种考证、来源、原植物（动物、矿物）、采收加工、药材产销、药材鉴别、化学成分、药理、炮制、药性、功能与主治、应用与配伍、用法用量、使用注意、现代临床研究、集解、附方及参考文献，该著作系迄今中药和民族药著作的集大成者。

植物本草在古代相对较少。这类著作涉及对原植物形态的描述、药物（植物）采集及植物图谱。例如，梁代《七录》收载的《桐君采药录》，唐代《隋书・经籍志》著录的《入林采药法》、《太常采药时月》等，而宋王介编绘的《履巉岩本草》，是我国现存最早的彩绘地方本草类植物图谱。明朱橚的《救荒本草》记载可供食用的植物400多种，明代另有王磐的《野菜谱》和周履靖的《茹草编》，后者收载浙江的野生植物102种，并附精美图谱。清吴其濬刊行于1848年的《植物名实图考》收载植物1714种，新增519种，加上《植物名实图考长编》，两书共载植物2552种，介绍各种植物的产地生境、形态及性味功用等，所附之图亦极精准，并考证澄清了许多混乱种，学术价值极高，为我国古代植物本草之集大成者。其他尚有《群芳谱》《花镜》等多种植物本草类书籍。

植物本草相当于最早出现于民国时期的"药用植物"，著作有1939年裴鉴的《中国药用植物志》（第二册）、王道声的《药用植物图考》、李承祜的《药用植物学》、第二军医大学生药教研室的《中国药用植物图志》等，均为颇有学术价值的药用植物学著作。

中华人民共和国成立后，曾组织过多次全国各地中草药普查。1961年完成的首部《中国经济植物志》（上、下册），其中药用植物章收载植物药466种；于1955～1956年和1985年出版齐全的《中国药用植物志》共9册，收载药用植物450种，并有图版，新版的《中国药用植物志》目前正在陆续编辑出版。

"药用植物"一词应用广泛，但植物和药用植物间的界限却无清晰的界定。不同的著作以及不同的中医药学者，对何者是药用植物、何者是不供药用的普通植物的回答并不一致；况且某些植物虽被定义为药用植物，但因其不属于法定标准收载中药材的植物基源，根据有关医药法规，其采集加工炮制后不能正规的作为中药使用，导致了药用植物不能供药用的情况。为此，《中国法定药用植物》一书首先提出了"法定药用植物"（Legal Medicinal Plants）的概念，其狭义的定义为我国历版国家标准和各省、自治区、直辖市历版地方标准及其附录收载的药材饮片的基源植物，即"中国法定药用植物"的概念。而广义的法定药用植物为世界各国药品标准收载的来源于植物的传统药、植物药、天然药物的基源植物，包含世界各国各民族传统医学和现代医学使用药物的基源植物。例如，美国药典（USP）收载了植物药100余种，英国药典（BP）收载了植物药共300余种，欧洲药典（EP）共收载植物药约300种，日本药局方（JP）共收载植物药200余种，其基源植物可分别定义为美国法定药用植物、英国法定药用植物等。

另外，法国药典、印度药典、非洲等国的药典均收载传统药物、植物药或天然药物，其收载的基源植物，均可按每个国家和地区的名称命名。全球各国药典或标准收载的传统药、植物药和天然药物的所有基源植物，可总称为“国际法定药用植物”（The International Legal Medicinal Plants）。相应地，对法定药用植物分类鉴定、基源考证、道地性、栽培、化学成分、药理作用、中医临床及各国法定药用植物种类等各方面进行研究的学科，可定义为“法定药用植物学”（Legal Medicinal Botany）。

法定药用植物为官方认可的药用植物，为药用植物中的精华。全球法定药用植物的数量尚无精确统计，初步估计约 5000 种，而全球植物种数达 10 余万种。我国法定药用植物数量属全球之冠，达 2965 种，药用植物约有 12 000 种，而普通的仅维管植物种数就约达 35 000 种。法定药用植物在标准的有效期内和有效辖地范围内，可采集加工炮制或提取成各类传统药物、植物药或天然药物，合法正规地供临床使用，并在新药研究注册方面享有优惠条件，如在中国，如果某一植物为法定药材标准收载，则在把其用于中药新药研究时，该植物加工炮制成的药材，可直接作为原料使用。一般而言，如某一植物为非标准收载的药用植物，则仅能采集加工成为民间经验使用的草药，可进行学术研究，但不能正规地应用于医院的临床治疗，其使用不受法律法规的保护。

随着近现代科学技术的日益发展，学科间的分工愈加精细，官方的药典（标准）、学者的中药著作和药用植物学著作三者区分清晰。但近代以来，尚无一部把三者的内容相结合的学术著作，随着《中国法定药用植物》一书的出版，开始了三者有机结合的开端，为进一步把药典（标准）、中药学和药用植物学的著作文献做有机结合，并把现代的研究成果反映在学术著作中，浙江省食品药品检验研究院酝酿编著《法定药用植物志》一书，并率先出版华东篇。希望本书能为法定药用植物的研究起到引导作用，并奠定一定的基础。

承蒙桑国卫院士和王广基院士为本书撰写序言，徐增莱、丁炳扬、叶喜阳、浦锦宝、徐跃良、张方钢和林文飞等植物分类专家对彩照原植物进行鉴定，国家中医药管理局中药资源普查试点工作办公室提供了部分原植物彩照，还得到了浙江省食品药品检验研究院相关部门的大力协助，在此谨表示衷心的感谢！

由于水平所限，疏漏之处，敬请指正。

赵维良

2017 年 10 月于西子湖畔

编写说明

一、《法定药用植物志》华东篇收载我国历版国家标准，各省、自治区、直辖市地方标准及其附录收载药材饮片的基源植物，即法定药用植物，在华东地区有自然分布或大量栽培的共1230种（含种下分类群）。共分6册，每册收载约200种，第一册收载蕨类、裸子植物、被子植物木麻黄科至毛茛科，第二册木通科至豆科，第三册酢浆草科至柳叶菜科，第四册五加科至唇形科，第五册茄科至菊科，第六册香蒲科至兰科、藻类、真菌类、地衣类和苔藓类。每册附有该册收录的法定药用植物中文名与拉丁名索引，第六册并附所有六册收载种的中文名与拉丁名索引。

二、收载的法定药用植物排列顺序为蕨类植物按秦仁昌分类系统（1978），裸子植物按郑万钧分类系统（1978），被子植物按恩格勒分类系统（1964），真菌类按《中国真菌志》，藻类按《中国海藻志》，苔藓类按陈邦杰系统（1972）。

三、各科内容有科形态特征，该科植物在国外和我国的分布，我国和华东地区法定药用植物的属种数，该科及有关属的特征化学成分和主要活性成分，含3个属以上的并编制分属检索表。

四、科下各属内容有属形态特征，该属植物在国外和我国的分布，该属法定药用植物的种数，含3个种以上的并编制分种检索表。

五、植物种的确定基本参照《中国植物志》，如果《中国植物志》与 *Flora of China*（FOC）或《中国药典》不同的，则根据植物种和药材基源考证结果确定。例如，《中国植物志》楝 *Melia azedarach* L. 和川楝 *Melia toosendan* Sieb. et Zucc. 各为两个独立种，而FOC将其合并为一种，《中国药典》中该两种亦独立，川楝为药材川楝子的基源植物，楝却不作为该药材的基源植物，故本书按《中国植物志》和《中国药典》，把二者作为独立的种。

六、每种法定药用植物记载的内容有中文名、拉丁学名、原植物彩照、别名、形态、生境与分布、药名与部位、采集加工、药材性状、质量要求、药材炮制、化学成分、药理作用、性味与归经、功能与主治、用法与用量、药用标准、临床参考、附注及参考文献。未见文献记载的项目阙如。

七、中文名一般同《中国植物志》，如果《中国植物志》与《中国药典》（2015年版）不同，则根据考证结果确定。例如，*Alisma orientale*（Samuel.）Juz. 的中文名，《中国植物志》为东方泽泻，《中国药典》为泽泻，根据orientale的意义为东方，且FOC及其他地方植物志均称该种为东方泽泻，故本书使用东方泽泻为该种的中文名，如此亦避免与另一植物泽泻 *Alisma plantago-aquatica* Linn. 相混淆。

八、拉丁学名按照国际植物命名法规，一般采用《中国植物志》的拉丁学名，《中国植物志》与FOC或《中国药典》（2015年版）不同的，则根据考证结果确定。例如，FOC及《中国药典》绵萆薢的拉丁学名为 *Dioscorea spongiosa* J. Q. Xi，M. Mizuno et W. L. Zhao，《中国植物志》为 *Dioscorea septemlobn* Thunb.，据考证，*Dioscorea septemlobn* Thunb. 为误定，故本书采用前者。另外标准采用或文献常用的拉丁学名，且为《中国植物志》或FOC异名的，本书亦作为异名加括号列于正名后。

九、别名项收载中文通用别名或地方习用名，如地方药材标准或地方植物志作为正名收载，但与《中国植物志》或《中国药典》名称不同的，亦列入此项，标准误用的名称不采用。

十、形态项描述该植物的形态特征，并尽量对涉及药用部位的植物形态特征进行重点描述。

十一、生境与分布项叙述该植物分布的生态环境，在华东地区、我国及国外的分布。

十二、药名与部位指药用标准收载该植物用作药材的名称及药用部位，《中国药典》和其他国家标准收载的名称及药用部位在前，华东地区各省市标准其次，其余各省、自治区、直辖市按区域位置排列。

十三、采集加工项叙述该植物用作药材的采集季节、方法及产地加工方法。

十四、药材性状项描述该植物用作药材的形态、大小、表面、断面、质地、气味等。

十五、质量要求项对部分常用法定药用植物用作药材的传统经验质量要求进行简要叙述。

十六、药材炮制项简要叙述该植物用作药材的加工炮制方法，全国各地炮制方法有别的，一般选用华东地区的方法。

十七、化学成分项叙述该植物所含的至目前已研究鉴定的化学成分。按药用部位叙述成分类型及单一成分的中英文名称。

对仅有英文通用名而无中文名的，则根据词根含义翻译中文通用名，一般按该成分首次被发现的原植物拉丁属名和种加词，结合成分结构类型意译，尽量少用音译。对有英文化学名而无中文名的，则根据基团和母核的名称，按化学命名原则翻译中文化学名。

新译名在该成分名称右上角以“*”标注。

十八、药理作用项叙述该植物或其药材饮片、提取物、提纯化学成分的药理作用。相关毒理学研究的记述不单独立项，另起一段记录于该项下。

十九、性味与归经、功能与主治、用法与用量各项是根据中医理论及临床经验对标准收载药材拟定的内容，主要内容源自收载该药材的标准，用法未说明者，一般指水煎口服。

二〇、药用标准项列出收载该植物的药材标准简称，药材标准全称见书中所附标准简称及全称对照。

二一、临床参考项汇集文献报道及书籍记载的该植物及其药材饮片、提取物、成分或复方的临床试验或应用的经验，仅供专业中医工作者参考，其他人员切勿照方试用。古代医籍中的剂量，仍按原度量单位两或钱。

二二、附注项主要记述本草考证、近似种、种的分类鉴定变化、地区习用品、混淆品、毒性及使用注意等。

二三、上述各项内容中涉及的药材，未指明鲜用者，均指干燥品。

二四、参考文献项分别列出化学成分、药理作用、临床参考和个别附注项所引用的参考文献。参考文献报道的该植物和或药材的基源均经仔细查考，确保引用文献的可靠性。

二五、所有植物种均附在野外生长状态拍摄的全株、枝叶、花果或藻体、菌核、子实体、地衣体等的彩照，均经两位以上分类专家鉴定。另标注整幅照片的拍摄或提供者，加“等”字者表示特写与整幅照片为不同人员所拍摄或提供。

二六、中文总索引为第一册至第六册收载的所有种的中文名、种的重要中文别名和所有科的中文名索引，拉丁文总索引为第一册至第六册收载的所有科的拉丁学名、拉丁异名和所有科拉丁学名的索引。

临床参考内容仅供中医师参考
其他人员切勿照方试用

华东地区自然环境及植物分布概况*

我国疆域广阔，陆地面积约 960 万 km^2，位于欧亚大陆东南部，太平洋西岸，海岸线漫长，西北深入亚洲腹地，西南与南亚次大陆接壤，内陆纵深。漫长复杂的地壳构造运动，奠定了我国地形和地貌的基本轮廓，构成了全国地形的“三大阶梯”。最高级阶梯是从新生代以来即开始强烈隆起的海拔 4000 ～ 5000m 的青藏高原，由极高山、高山组成的第一级阶梯。青藏高原外缘至大兴安岭、太行山、巫山和雪峰山之间为第二级阶梯，主要由海拔 1000 ～ 2000m 的广阔的高原和大盆地所组成，包括阿拉善高原、内蒙古高原、黄土高原、四川盆地和云贵高原以及天山、阿尔泰山及塔里木盆地和准噶尔盆地。我国东部宽阔的平原和丘陵是最低的第三级阶梯，自北向南有低海拔的东北平原、黄淮海平原、长江中下游平原，东面沿海一带有海拔 2000m 以下的低山丘陵。由于“三大阶梯”的存在，特别是西南部拥有世界上最高大的青藏高原，其突起所形成的大陆块，对中国植被地理分布的规律性起着明显的作用。所以出现一系列的亚热带、温带的高寒类型的草甸、草原、灌丛和荒漠，高原东南的横断山脉还残留有古地中海的硬叶常绿阔叶林。

我国纬度和经度跨越范围广阔，东半部从北到南有寒温带（亚寒带）、温带、亚热带和热带，植被明显地反映着纬向地带性，因而相应地依次出现落叶针叶林带、落叶阔叶林带、常绿阔叶林带和季雨林、雨林带。我国的降水主要来自太平洋东南季风和印度洋的西南季风，总体上东部和南部湿润，西北干旱，两者之间为半干旱过渡地带；从东南到西北的植被分布的经向地带明显，依次出现森林带、草原带和荒漠带。由于我国东部大面积属湿润亚热带气候，且第四纪冰期的冰川作用远未如欧洲同纬度地区强烈而广泛，故出现了亚热带的常绿阔叶林、落叶阔叶—常绿阔叶混交林及一些古近纪和新近纪残遗的针叶林，如杉木林、银杉林、水杉林等。

此外，全国地势变化巨大，从东面的海平面，到青藏高原，其间高山众多，海拔从数百米到 8000m 以上不等，所以呈现了层次不一的山地植被垂直带现象。另全国各地地质构造各异、地表物质组成和地形变化又造成了局部气候、水文状况和土壤性质等自然条件丰富多样。再由于中国人口众多，历史悠久，人类活动频繁，故次生植被和农业植被也是多种多样。

上述因素为植物的生长创造了各种良好环境，决定了在中国境内分布了欧洲大陆其他地区所没有的植被类型，几乎可以见到北半球所有的自然植被类型。故我国的植物种类繁多，高等植物种类达 3.5 万种之多，仅次于印度尼西亚和巴西，居全球第三。药用植物约达 1.2 万种，各类药材标准收载的基源植物即法定药用植物达 2965 种，居全球首位。

一、华东地区概述

华东地区在行政区划上由江苏、浙江、安徽、福建、江西、山东和上海六省一直辖市组成，面积约 77 万 km^2，位于我国东部，东亚大陆边缘，太平洋西岸，陆地最东面为山东荣成，东经 122.7°，最南端为福建东山，北纬 23.5°，最西边为江西萍乡，东经 113.7°，最北侧为山东无棣，北纬 38.2°，属低纬度地区。东北接渤海，东临黄海和东海，我国最长的两大河流长江和黄河穿越该区入海。总体地形为

* 华东地区自然地理概念上包含台湾，但本概况暂未述及。

平原和丘陵，为我国最低的第三级阶梯，自北向南主要有华东平原、黄淮平原、长江中下游平原及海拔2000m以下的低山丘陵。本区属吴征镒植物区系（吴征镒等，中国种子植物区系地理，2010）华东地区、黄淮平原亚地区和闽北山地亚地区的全部，赣南—湘东丘陵亚地区、辽东—山东半岛亚地区、华北平原亚地区及南岭东段亚地区的一部分。

华东各地理小区自北向南气候带可细分为暖温带，年均温8～14℃；北亚热带，年均温15～20℃；中亚热带，年均温18～21℃；半热带，年均温20～24℃。年降水量北侧较少，向东南雨量渐多。山东及淮河—苏北灌溉总渠以北地区年降水量一般600mm左右或稍高，年雨日60～70天，连续无雨日可达100天或稍多，属旱季显著的湿润区。长江中下游平原、江南丘陵、浙闽丘陵地区年降水量一般为1000～1700mm，东南沿海可达2000mm，年雨日100～150天，属旱季较不显著的湿润区。

由于大气环流的变化，季风及气团进退所引起的主要雨带的进退，导致各地区在一年内各季节的降水量很不均匀。绝大部分地区的降水集中在夏季风盛行期，随着夏季风由南往北，再由北往南的循序进退，主要降雨带的位置也作相应的变化。一般来说，最大雨带4～5月出现在长江以南地区，6～7月在江淮流域，8月可达到山东北部，9月起又逐步往南移。例如，长江中下游及以南地区春季降水较多，约占全年的30%或稍多；秋冬两季降水量也不少。山东一带夏季的降水量大，一般占全年降水量的50%以上，冬季最少，不到5%，所以春旱严重。

山地的降水量一般较平原为多，由山麓向山坡循序增加到一定高度后又降低，如江西九江的年降水量为1400mm，而相近的庐山则达2500mm；山东泰安的年降水量为720mm，而同地的泰山则为1160mm。同一山地的降水量也与坡向有关，一般是迎风坡多于背风坡，如福建武夷山的迎风坡年降水量达2000mm，而附近背风坡为1500mm。

华东地区土壤种类复杂，北部平原地区为原生和次生黄土，河谷和较干燥地区为冲积性褐土，山地和丘陵区为棕色森林土。中亚热带地区为红褐土、黄褐土及沿海地区的盐碱土等。南部亚热带地区主要是黄棕壤、黄壤和红壤，以及碳酸盐风化壳形成的黑色石灰岩土、紫色土，闽浙丘陵南部以红壤和砖红壤为主。

本地区自然分布或栽培的主要法定药用植物有忍冬（*Lonicera japonica* Thunb.）、紫珠（*Callicarpa bodinieri* Lévl.）、酸枣［*Ziziphus jujuba* Mill. var. *spinosa*（Bunge）Hu ex H. F. Chow］、枸杞（*Lycium chinense* Mill.）、中华栝楼（*Trichosanthes rosthornii* Harms）、防风［*Saposhnikovia divaricata*（Trucz.）Schischk.］、地黄［*Rehmannia glutinosa*（Gaetn.）Libosch.ex Fisch. et Mey.］、丹参（*Salvia miltiorrhiza* Bunge）、槐（*Sophora japonica* Linn.）、沙参（*Adenophora stricta* Miq.）、山茱萸（*Cornus officinalis* Siebold et Zucc.）、党参［*Codonopsis pilosula*（Franch.）Nannf.］、侧柏［*Platycladus orientalis*（Linn.）Franco］、乌药［*Lindera aggregata*（Sims）Kosterm］、前胡（*Peucedanum praeruptorum* Dunn）、浙贝母（*Fritillaria thunbergii* Miq.）、菊花［*Dendranthema morifolium*（Ramat.）Tzvel.］、麦冬［*Ophiopogon japonicus*（Linn. f.）Ker-Gawl.］、铁皮石斛（*Dendrobium officinale* Kimura et Migo）、白术（*Atractylodes macrocephala* Koidz.）、延胡索（*Corydalis yanhusuo* W. T. Wang ex Z.Y.Su et C.Y.Wu）、芍药（*Paeonia lactiflora* Pall.）、光叶菝葜（*Smilax glabra* Roxb.）、水烛（*Typha angustifolia* Linn.）、菖蒲（*Acorus calamus* Linn.）、满江红［*Azolla imbricata*（Roxb.）Nakai］、凹叶厚朴（*Magnolia officinalis* Rehd.et Wils. var. *biloba* Rehd.et Wils.）、吴茱萸［*Evodia rutaecarpa*（Juss.）Benth.］、木通［*Akebia quinata*（Houtt.）Decne.］、樟［*Cinnamomum camphora*（Linn.）Presl］、银杏（*Ginkgo biloba* Linn.）、柑橘（*Citrus reticulata* Blanco）、酸橙（*Citrus aurantium* Linn.）、淡竹叶（*Lophatherum gracile* Brongn.）、八角（*Illicium verum* Hook.f.）、狗脊［*Woodwardia japonica*（Linn. f.）Sm.］、龙眼（*Dimocarpus longan* Lour.）等。

二、华东各地理小区概述

华东地区大致可分为暖温带落叶阔叶林、亚热带落叶阔叶—常绿阔叶混交林、亚热带常绿阔叶林、半热带雨林性常绿阔叶林及海边红树林四个地带。结合地貌，划分为下述四个地理小区。在华东地区，针叶林多为次生林，故仅在具体分布中述及。

1. 山东丘陵及华北黄淮平原区

本区包含山东和安徽淮河至江苏苏北灌溉总渠以北部分，北部属吴征镒植物区系辽东—山东半岛亚地区及华北平原亚地区的一部分，南部平原地区为黄淮平原亚地区。东北濒渤海，东临黄海，南界淮河，黄河穿越山东入海。山东丘陵呈东北—西南走向，其中胶东丘陵，有昆嵛山、崂山等，鲁中为泰山、沂蒙山山地丘陵，中夹胶莱平原，鲁西有东平湖、微山湖等湖泊。该地区大部分海拔 200 ～ 500m，仅泰山、鲁山、崂山等个别山峰海拔超过 1000m，鲁西北为华北平原一部分。华北黄淮平原区是海河、黄河、淮河等河流共同堆积的大平原，地势低平，是我国最大的平原区的一部分，海拔 50 ～ 100m，堆积的黄土沉积物深厚，黄河冲积扇保存着黄河决口改道所遗留下的沙岗、洼地等冲积、淤积地形，淮河平原水网稠密、湖泊星布。

淮河以北到山东半岛、鲁中南山地和平原一带，夏热多雨，温暖，冬季晴朗干燥，春季多风沙。年均温为 11 ～ 14℃，最冷月均温为 -5 ～ 1℃，绝对最低温达 -28 ～ -15℃，最热月均温 24 ～ 28℃，全年无霜期为 180 ～ 240 天，日均温≥ 5℃的有 210 ～ 270 天，≥ 10℃的有 150 ～ 220 天，年积温 3500 ～ 4600℃。降水量一般在 600 ～ 900mm，沿海个别地区达 1000mm 以上，属暖温带半湿润季风区。

土壤为原生和次生黄土，沿海、河谷和较干燥的地区多为冲积性褐土和盐碱土，山地和丘陵区为棕色森林土。

本区属暖温带落叶阔叶林植被分布区，并分布有次生的常绿针叶林。山东一带的植物起源于北极古近纪和新近纪植物区系，由于没受到大规模冰川的直接影响，残留种类较多，本区植物与日本中北部、朝鲜半岛植物区系有密切联系。建群树种有喜酸的油松（*Pinus tabuliformis* Carr.）、赤松（*Pinus densiflora* Siebold et Zucc.）和喜钙的侧柏等。这些针叶林现多为阔叶林破坏后的半天然林或人工栽培林，但它们都有一定的分布规律。赤松林只见于较湿润的山东半岛近海丘陵的棕壤上，而油松和侧柏分布于半湿润、半干旱区的内陆山地。

在石灰性或中性褐土上分布有榆科植物、黄连木（*Pistacia chinensis* Bunge）、天女木兰（*Magnolia sieboldii* K. Koch）、山胡椒［*Lindera glauca*（Siebold et Zucc.）Blume］、三桠乌药（*Lindera obtusiloba* Blume）等落叶阔叶杂木林，其间夹杂黄栌（*Cotinus coggygria* Scop.）、鼠李（*Rhamnus davurica* Pall.）等灌木；这些树种破坏后阳坡上则见有侧柏疏林。另有次生的荆条［*Vitex negundo* Linn.var.*heterophylla*（Franch.）Rehd.］、鼠李、酸枣、胡枝子（*Lespedeza bicolor* Turcz.）、河北木蓝（*Indigofera bungeana* Walp.）、细叶小檗（*Berberis poiretii* Schneid.）、枸杞等灌丛，而草本植物以黄背草［*Themeda japonica*（Willd.）Tanaka］、白羊草［*Bothriochloa ischaemum*（Linn.）Keng］为优势群落，在阴坡还有黄栌灌丛矮林。

另在微酸性或中酸性棕壤上分布的地带性植被类型为多种栎属（*Quercus* Linn.）落叶林，有辽东栎（*Quercus wutaishanica* Mayr）林、槲栎（*Quercus aliena* Blume）林及槲树（*Quercus dentata* Thunb.）林。海边或南向山麓为栓皮栎（*Quercus variabilis* Blume）林、麻栎（*Quercus acutissima* Carruth.）林。上述多种组成暖温性针阔叶混交林或落叶阔叶林。

山东半岛有辽东—山东半岛亚地区特有类群，如山东柳（*Salix koreensis* Anderss.var.*shandongensis* C.F.Fang）、胶东椴（*Tilia jiaodongensis* S. B. Liang）、胶东桦（*Betula jiaodogensis* S. B. Liang）等。南部丘陵和山地残存落叶和常绿阔叶混交林，常绿阔叶树种分布较少，仅在低海拔局部避风向阳温暖的谷地有较耐旱的青冈［*Cyclobalanopsis glauca*（Thunb.）Oerst.］、苦槠［*Castanopsis sclerophylla*（Lindl.）Schott.］、冬青（*Ilex chinensis* Sims）等；落叶阔叶树种有麻栎、茅栗（*Castanea seguinii* Dode）、化香树（*Platycarya strobilacea* Sieb. et Zucc.）、山槐［*Albizia kalkora*（Roxb.）Prain］等。

平原地区由于人口密度大，农业历史悠久，长期开发，多垦为农田，原生性森林植被保存很少，大多为荒丘上次生疏林和灌木丛呈零星状分布，海滩沙地亦有部分植物分布。

本区为我国地道药材“北药”的产区之一，除自然分布外，还有大面积栽培的法定药用植物，主要有文冠果（*Xanthoceras sorbifolium* Bunge）、臭椿［*Ailanthus altissima*（Mill.）Swingle］、构树［*Broussonetia papyrifera*（Linn.）L′ Hér. ex Vent.］、旱柳（*Salix matsudana* Koidz.）、垂柳（*Salix babylonica* Linn.）、毛白杨（*Populus tomentosa* Carr.）、槐、忍冬、蔓荆（*Vitex trifolia* Linn.）、紫珠、栝楼、防风、地黄、香附（*Cyperus rotundus* Linn.）、荆条、柽柳（*Tamarix chinensis* Lour.）、锦鸡儿［*Caragana sinica*（Buc′ hoz）Rehd.］、酸枣、黄芩（*Scutellaria baicalensis* Georgi）、知母（*Anemarrhena asphodeloides* Bunge）、牛膝（*Achyranthes bidentata* Blume）、连翘［*Forsythia suspensa*（Thunb.）Vahl］、薯蓣（*Dioscorea opposita* Thunb.）、中华栝楼、芍药、沙参、菊花、丹参、苹果（*Malus pumila* Mill.）、白梨（*Pyrus bretschneideri* Rehd.）、桃（*Amygdalus persica* Linn.）、葡萄（*Vitis vinifera* Linn.）、胡桃（*Juglans regia* Linn.）、枣、柿（*Diospyros kaki* Thunb.）、山楂（*Crataegus pinnatifida* Bunge）、樱桃［*Cerasus pseudocerasus*（Lindl.）G.Don］、栗（*Castanea mollissima* Blume）、珊瑚菜（*Glehnia littoralis* Fr.Schmidt ex Miq.）等。

2. 长江沿岸平原丘陵区

本区包含上海、江苏靠南大部、浙江北部、安徽中部和江西北部，包括鄱阳湖平原、苏皖沿江平原、里下河平原、长江三角洲及长江沿岸低山丘陵等。本区属吴征镒植物区系的华东地区的大部。本区地势低平，水网交织，湖泊星布，是我国主要的淡水湖分布区，有鄱阳湖、太湖、高邮湖、巢湖等。本区平原海拔多在 50m 以下，山地丘陵海拔一般数百米，气候温暖而湿润，四季分明，夏热冬冷，但无严寒。年均温 14 ～ 18℃，最冷月均温为 2.2 ～ 4.8℃，最热月均温为 27 ～ 29℃，全年无霜期 230 ～ 260 天，日均温≥ 5℃的有 240 ～ 270 天，≥ 10℃的有 220 ～ 240 天，年积温 4500 ～ 5000℃。年均降水量在 800 ～ 1600mm。

土壤主要是黄棕壤和红壤。黄棕壤分布于苏、皖二省沿长江两岸的低山丘陵，淮河与长江之间为黄棕壤、黄褐土，长江以南为红壤、黄壤、紫色土、黑色石灰岩土，低山丘陵多属红壤和山地红壤。

本区北部属南暖温带，南部为北亚热带，植被区系组成比较丰富，兼有我国南北植物种类，长江以北，既有亚热带的常绿阔叶树，又有北方的落叶阔叶树，亦有次生的常绿针叶树，植被类型主要为落叶阔叶—常绿阔叶混交林，靠南地区为亚热带区旱季较不显著的常绿阔叶林小区。且可能是银杏属（*Ginkgo* Linn.）、金钱松属（*Pseudolarix* Gord.）和白豆杉属（*Pseudotaxus* Cheng）的故乡，银杏在浙江天目山仍处于野生和半野生状态。

在平原边缘低山丘陵岗酸性黄棕壤上主要分布有落叶阔叶树，以壳斗科栎属最多，如小叶栎、麻栎、栓皮栎等。此外还混生有枫香（*Liguidambar formasana* Hance）、黄连木、化香树（*Platycarya strobilacea* Siebold et Zucc.）、山槐［*Albizia kalkora*（Roxb.）Prain］、盐肤木（*Rhus chinensis* Mill.）、灯台树［*Bothrocaryum controversum*（Hemsl.）Pojark.］等落叶树；林中夹杂分布的常绿阔叶树有女贞（*Ligustrum lucidum* Ait.）、青冈［*Cyclobalanopsis glauca*（Thunb.）Oerst.］、柞木［*Xylosma racemosum*（Siebold et Zucc.）Miq.］、冬青（*Ilex chinensis* Sims）等。原生林破坏后次生或栽培为马尾松林和引进的黑松林，另湿地松（*Pinus elliottii* Engelm.）生长良好；次生灌木有白鹃梅［*Exochorda racemosa*（Lindl.）Rehd.］、连翘、栓皮栎、化香树等。偏北部有耐旱的半常绿的槲栎林和华山松林。

在石灰岩上生长有榆属（*Ulmus* Linn.）、化香树、枫香及黄连木落叶阔叶林和次生的侧柏疏林，其间分布有箬竹［*Indocalamus tessellatus*（Munro）Keng f.］、南天竹（*Nandina domestica* Thunb.）、小叶女贞（*Ligustrum quihoui* Carr.）等常绿灌木。森林破坏后次生为荆条、马桑（*Coriaria nepalensis* Wall.）、黄檀（*Dalbergia hupeana* Hance）、黄栌灌丛或矮林。另外亚热带的马尾松（*Pinus massoniana* Lamb.）、杉木［*Cunninghamia lanceolata*（Lamb.）Hook.］、毛竹（*Phyllostachys pubescens* Mazel ex Lehaie）分布相当普遍。上述植被分布的过渡性十分明显。

典型的亚热带常绿阔叶树主要分布在长江以南。最主要的是锥属［*Castanopsis*（D.Don）Spach］、青冈属（*Cyclobalanopsis* Oerst.）、柯属（*Lithocarpus* Blume）等三属植物，杂生的落叶阔叶树有木荷（*Schima superba* Gardn. et Champ.）、马蹄荷［*Exbucklandia populnea*（R.Br.）R.W.Brown］等，并有杉木、马尾松等针叶树种。林间还有藤本植物和附生植物。另有古近纪和新近纪残余植物，如连香树（*Cercidiphyllum japonicum* Siebold et Zucc.）和鹅掌楸［*Liriodendron chinense*（Hemsl.）Sargent.］等的分布。

落叶果树如石榴（*Punica granatum* Linn.）、桃、无花果（*Ficus carica* Linn.）均生长良好。另亦栽培油桐［*Vernicia fordii*（Hemsl.）Airy Shaw］、漆［*Toxicodendron vernicifluum*（Stokes）F.A.Barkl.］、乌桕［*Sapium sebiferum*（Linn.）Roxb.］、油茶（*Camellia oleifera* Abel.）、茶［*Camellia sinensis*（Linn.）O.Ktze.］、棕榈［*Trachycarpus fortunei*（Hook.）H.Wendl.］等，本区为这些植物在我国分布的北界。

本区主要是冲积平原的耕作区，气候适宜、土质优良，适用于很多种类药材的栽种，且湖泊星罗棋布，水生植物十分丰富，另有部分丘陵地貌，故分布着许多水生、草本和藤本法定药用植物，是我国地道药材“浙药”等的产区。自然分布和栽培的法定药用植物有莲（*Nelumbo nucifera* Gaertn.）、芡实（*Euryale ferox* Salisb. ex Konig et Sims）、睡莲（*Nymphaea tetragona* Georgi）、眼子菜（*Potamogeton distinctus* A.Benn.）、水烛、黑三棱［*Sparganium stoloniferum*（Graebn.）Buch.-Ham.ex Juz.］、苹（*Marsilea quadrifolia* Linn.）、菖蒲、满江红、地黄、番薯［*Ipomoea batatas*（Linn.）Lam.］、独角莲（*Typhonium giganteum* Engl.）、温郁金（*Curcuma wenyujin* Y. H. Chen et C. Ling）、芍药、牡丹（*Paeonia suffruticosa* Andr.）、白术、薄荷（*Mentha canadensis* Linn.）、延胡索、百合（*Lilium brownii* F.E.Br.var.*viridulum* Baker）、天门冬［*Asparagus cochinchinensis*（Lour.）Merr.］、菊花、红花（*Carthamus tinctorius* Linn.）、白芷［*Angelica dahurica*（Fisch. ex Hoffm.）Benth.et Hook.f.ex Franch.et Sav.］、藿香［*Agastache rugosa*（Fisch.et Mey.）O.Ktze.］、丹参、玄参（*Scrophularia ningpoensis* Hemsl.）、牛膝、三叶木通［*Akebia trifoliata*（Thunb.）Koidz.］、百部［*Stemona japonica*（Blume）Miq.］、海金沙［*Lygodium japonicum*（Thunb.）Sw.］、何首乌（*Polygonum multiflorum* Thunb.）等。

3. 江南丘陵和闽浙丘陵区

本区包含浙江南部、福建靠北大部、安徽南部、江西南面大部，地貌包括闽浙丘陵和南岭以北、长江中下游平原以南的低山丘陵，本区包含吴征镒植物区系赣南—湘东丘陵亚地区的一部分和闽北山地亚地区的全部。区内河流众多，且多独流入海，如闽江、瓯江、飞云江等。江南名山多含其中，如浙江天目山、雁荡山，福建武夷山、戴云山，安徽黄山、大别山，江西庐山、武功山等。该区的山峰不少海拔超过 1500m，其中武夷山最高峰黄岗山达 2161m。这一带年均温 18 ～ 21℃，最冷月均温 5 ～ 12℃，最热月均温 28 ～ 30℃，年较差 17 ～ 23℃，全年无霜期为 270 ～ 300 天，日均温≥ 5℃的有 240 ～ 300 天，≥ 10℃的有 250 ～ 280 天，年积温 5000 ～ 6500℃。雨量较多，年平均降水量 1200 ～ 1900mm。旱季较不显著，属东部典型湿润的亚热带（中亚热带）山地丘陵，夏季高温，冬季不甚寒冷，闽浙丘陵依山濒海，气候受海洋影响甚大。

土壤为红壤和黄壤。

本区典型植被为湿性常绿阔叶林、马尾松林、杉木林和毛竹林等。

在酸性黄壤上生长的植物以壳斗科常绿的栎类林为主，有青冈栎林、甜槠［*Castanopsis eyrei*（Champ.）Tutch.］林、苦槠［*Castanopsis sclerophylla*（Lindl.）Schott.］林、柯林或它们的混交林；偏南地区为常绿栎类、樟科、山茶科、金缕梅科所组成的常绿阔叶杂木林，树种有米槠［*Castanopsis carlesii*（Hemsl.）Hay.］、甜槠、紫楠［*Phoebe sheareri*（Hemsl.）Gamble］、木荷、红楠（*Machilus thunbergii* Siebold et Zucc.）、栲（*Castanopsis fargesii* Franch.）等。阔叶林破坏后，在排水良好、阳光充足处，次生着大量马尾松林和杜鹃（*Rhododendron simsii* Planch.）、檵木［*Loropetalum chinense*（R.Br.）Oliver］、江南越橘（*Vaccinium mandarinorum* Diels）、柃木（*Eurya japonica* Thunb.）、白栎（*Quercus fabri* Hance）等灌丛；地被植物主要为铁芒萁［*Dicranopteris linearis*（Burm.）Underw.］。偏南区域尚分布桃金娘［*Rhodomyrtus tomentosa*（Ait.）Hassk.］和野牡丹（*Melastoma candidum* D.Don）等。在土层深厚、阴湿处则分布着杉木及古老的南方红豆杉［*Taxus chinensis*（Pilger）Rchd.var. *mairei*（Lemée et H.Lév.）Cheng et L.K.Fu］、三

尖杉（*Cephalotaxus fortunei* Hook.f.）等针叶树；另分布种类丰富的竹林。

在石灰岩上分布着落叶阔叶树—常绿阔叶树混交林。落叶阔叶树多属榆科、胡桃科、漆树科、山茱萸科、桑科、槭树科、豆科、无患子科等，以榆科种类最多，另有枫香树（*Liquidambar formosana* Hance）、青钱柳［*Cyclocarya paliurus*（Batal.）Iljinsk.］等，常绿阔叶树以壳斗科的青冈最有代表性，另有化香树、黄连木、元宝槭（*Acer truncatum* Bunge）、鹅耳枥（*Carpinus turczaninowii* Hance）等。偏南的混交林出现许多喜暖的树种，落叶阔叶树种有大戟科的圆叶乌桕（*Sapium rotundifolium* Hemsl.）、漆树科的南酸枣［*Choerospondias axillaris*（Roxb.）Burtt et Hill.］，常绿阔叶树种有桑科的榕属（*Ficus* Linn.）、芸香科的假黄皮（*Clausena excavata* Burm.f.）等。石灰岩地带混交林破坏后次生或栽培为柏木疏林及南天竹、檵木、野蔷薇（*Rosa multiflora* Thunb.）、荚蒾（*Viburnum dilatatum* Thunb.）等灌丛；沿海丘陵平原上还有多种榕树分布。

本区普遍栽培农、药两用的甘薯［*Dioscorea esculenta*（Lour.）Burkill］、陆地棉（*Gossypium hirsutum* Linn.）、苎麻［*Boehmeria nivea*（Linn.）Gaudich.］、栗、柿、胡桃、油桐、油茶、杨梅［*Myrica rubra*（Lour.）Siebold et Zucc.］、枇杷［*Eriobotrya japonica*（Thunb.）Lindl.］和柑橘类等。

本区野生及栽培的主要法定药用植物有凹叶厚朴、吴茱萸、樟、柑橘、皱皮木瓜［*Chaenomeles speciosa*（Sweet）Nakai］、钩藤［*Uncaria rhynchophylla*（Miq.）Miq. ex Havil.］、杜仲（*Eucommia ulmoides* Oliver）、银杏、大血藤［*Sargentodoxa cuneata*（Oliv.）Rehd. et Wils.］、木通、越橘（*Vaccinium bracteatum* Thunb.）、淡竹叶、前胡、翠云草［*Selaginella uncinata*（Desv.）Spring］、桔梗［*Platycodon grandiflorus*（Jacq.）A.DC.］、阔叶麦冬（*Ophiopogon platyphyllus* Merr. et Chun）、浙贝母、东方泽泻［*Alisma orientale*（Samuel.）Juz.］、忍冬、明党参（*Changium smyrnioides* Wolff）、杭白芷（*Angelica dahurica*'Hangbaizhi'）、党参、川芎（*Ligusticum chuanxiong* Hort.）、防风、牛膝、补骨脂（*Psoralea corylifolia* Linn.）、云木香［*Saussurea costus*（Falc.）Lipech.］、宁夏枸杞（*Lycium barbarum* Linn.）、茯苓［*Poria cocos*（Schw.）Wolf］、天麻（*Gastrodia elata* Blume）、青羊参（*Cynanchum otophyllum* C. K. Schneid.）、丹参、白术、石斛（*Dendrobium nobile* Lindl.）、黄连（*Coptis chinensis* Franch.）、半夏［*Pinellia ternata*（Thunb.）Breit.］等。

4. 闽浙丘陵南部区

本区位于福建省东南沿海，闽江口以南沿戴云山脉东南坡到平和的九峰以南部分，为吴征镒植物区系南岭东段亚地区的一部分。有晋江、九龙江等众多独流入海的河流，地形西部为多山丘陵，东部沿海有泉州、漳州等小平原。

本区是亚热带与热带之间的过渡地带，由于武夷山和戴云山两大山脉的屏障及台湾海峡暖流的作用，气候更加暖热，使本区既有亚热带的特色，又显露出热带的某些植被，故又称半热带。年均温20～24℃，最冷月均温12～14℃，最热月均温28～30℃，年较差16～12℃，日均温全年≥5℃和≥10℃的均有300天以上，年积温6500～8000℃或8500℃，无霜期260～325天。年平均降水量1400～2000mm，东部可达2000～3000mm。本区属旱季较不显著的热带季雨林、雨林气候小区。

土壤以红壤、砖红壤、黄壤为主，盆地为水稻土。

从植被地理的角度而言，这一带已属热带范围。山谷中的雨林性常绿阔叶林（常绿季雨林），海边的红树林，次生灌丛的优势种和典型的热带植物几无差别。

半热带的酸性砖红壤性土壤上生长着大戟科、罗汉松科等热带树种，雨林性常绿阔叶林中，小乔木层和灌木层几乎全属热带树木，如热带种类的青冈属植物毛果青冈［*Cyclobalanopsis pachyloma*（Seem.）Schott.］、栎子青冈［*Cyclobalanopsis blakei*（Skan）Schott.］等，樟科植物也渐增多，山茶科、金缕梅科亦较多。阔叶林破坏后，次生为马尾松疏林及桃金娘、岗松（*Baeckea frutescens* Linn.）、野牡丹、大沙叶（*Pavetta arenosa* Lour.）灌丛。

石灰岩上为半常绿季雨林，主要由榆科、椴树科、楝科、藤黄科、无患子科、大戟科、梧桐科、漆树科、桑科等一些喜热好钙的树种组成，如蚬木[*Excentrodendron hsienmu*(Chun et How)H.T.Chang et R.H.Miau]、闭花木［*Cleistanthus sumatranus*（Miq.）Muell.Arg.］、金丝李（*Garcinia paucinervis* Chun et How）、肥牛树[*Cephalomappa sinensis*(Chun et How) Kosterm.]等。木质藤本植物很多，并有相当数量的热带成分，如鹰爪花［*Artabotrys hexapetalus*（Linn.f.）Bhandari］、紫玉盘（*Uvaria microcarpa* Champ.ex Benth.）等。

海边的盐性沼泽土上分布着硬叶常绿阔叶稀疏灌丛（红树林），高 0.5 ～ 2.0m，多属较为耐寒的种类，如老鼠簕(*Acanthus ilicifolius* Linn.)、蜡烛果[*Aegiceras corniculatum*(Linn.)Blanco]，间有秋茄树[*Kandelia candel*（Linn.）Druce］等。

本区广泛栽培热带果树如荔枝（*Litchi chinensis* Sonn.）、龙眼、黄皮［*Clausena lansium*（Lour.）Skeels］、杧果（*Mangifera indica* Linn.）、橄榄［*Canarium album*（Lour.）Raeusch.］、乌榄（*Canarium pimela* Leenh.）、阳桃（*Averrhoa carambola* Linn.）、木瓜［*Chaenomeles sinensis*（Thouin）Koehne］、番荔枝（*Annona squamosa* Linn.）、香蕉（*Musa nana* Lour.）、番木瓜（*Carica papaya* Linn.）、菠萝［*Ananas comosus*（Linn.）Merr.］、芭蕉（*Musa basjoo* Siebold et Zucc.）等，另普遍栽培木棉（*Bombax malabaricum* DC.），亦能栽培经济作物如剑麻（*Agave sisalana* Perr.ex Engelm.）等。在亚热带作为一年生草本植物的辣椒（*Capsicum annuum* Linn.）在本区可越冬长成多年生灌木，蓖麻（*Ricinus communis* Linn.）长成小乔木。

本区是我国道地药材“南药”的部分产区。法定药用植物有肉桂（*Cinnamomum cassia* Presl）、八角、山姜［*Alpinia japonica*（Thunb.）Miq.］、红豆蔻［*Alpinia galangal*（Linn.）Willd.］、狗脊、淡竹叶、龙眼、巴戟天（*Morinda officinalis* How）、广防己（*Aristolochia fangchi* Y.C.Wu ex L.D.Chow et S.M.Hwang）、蒲葵［*Livistona chinensis*（Jacq.）R.Br.］等。

三、山地植被的垂直分布

1. 安徽大别山

约位于北纬 31°、东经 116°，是秦岭向东的延伸部分。主峰白马尖海拔 1777m。从海拔 100m 的山麓到山顶可分为下列植被垂直带：海拔 100 ～ 1400m 为落叶阔叶树—常绿阔叶树混交林和针叶林带，在海拔 100 ～ 700m 地段，有含青冈、苦槠、樟的栓皮栎林和麻栎林以及含檵木、乌饭树、山矾（*Symplocos sumuntia* Buch.-Ham.ex D.Don)等的马尾松林和杉木林。在海拔 700 ～ 1400m 地段，山脊上有茅栗(*Castanea seguinii* Dode）、化香树林和黄山松林，山谷中有槲栎林。海拔 1400 ～ 1750m 的山顶除有黄山松林外，还有落叶—常绿灌丛和大油芒（*Spodiopogon sibiricus* Trin.）、芒（*Miscanthus sinensis* Anderss.）及草甸。

2. 安徽黄山

约位于北纬 30°、东经 118°，最高峰莲花峰海拔 1860m，可分为下列植被垂直带：海拔 600m 以下的低山、切割阶地与丘陵、山间盆地及小冲积平原，以马尾松和栽培植物为多，自然分布有三毛草[*Trisetum bifidum*（Thunb.）Ohwi］、鼠尾粟［*Sporobolus fertilis*（Steud.）W.D.Clayt.］等，草本植物有白茅［*Imperata cylindrica*（Linn.）Beauv.］等。海拔 600 ～ 1300m 为常绿阔叶林与落叶阔叶林带，有少量常绿阔叶林占绝对优势的群落地段，以甜槠、青冈、细叶青冈（*Cyclobalanopsis gracilis*）为主，林中偶见乌药等；常绿与落叶阔叶混交林中，以枫香树、糙叶树［*Aphananthe aspera*（Thunb.）Planch.］、甜槠、青冈为主，其中夹杂着南天竹、八角枫［*Alangium chinense*（Lour.）Harms］、醉鱼草（*Buddleja lindleyana* Fortune）等灌木。海拔 1300 ～ 1700m 为落叶阔叶林带，主要为黄山栎（*Quercus stewardii* Rehd.）等，也有昆明山海棠［*Tripterygium hypoglaucum*（Lévl.）Hutch］、黄连、三枝九叶草［*Epimedium sagittatum*（Siebold et Zucc.）Maxim.］、黄精（*Polygonatum sibiricum* Delar. ex Redoute）等。海拔 1700 ～ 1800m 为灌丛带，灌木及带有灌木习性群落的主要有黄山松（*Pinus taiwanensis* Hayata）、黄山栎、白檀［*Symplocos paniculata*（Thunb.）Miq.］等群落。海拔 1800 ～ 1850m 为山地灌木草地带，有野古草（*Arundinella anomala* Steud.）、龙胆（*Gentiana scabra* Bunge）等。

3. 浙江天目山

位于北纬 30°、东经 119°，主峰西天目山海拔为 1497m。海拔 300m 以下，低山河谷地段散生的乔木有垂柳、枫杨（*Pterocarya stenoptera* C. DC.）、乌桕、楝（*Melia azedarach* Linn.）等；灌木有山胡椒、白檀、算盘子［*Glochidion puberum*（Linn.）Hutch.］、枸骨（*Ilex cornuta* Lindl. et Paxt.）等；山脚常见香附、鸭跖草（*Commelina communis* Linn.）、萹蓄（*Polygonum aviculare* Linn.）、石蒜［*Lycoris radiata*（L' Her.）Herb.］、葎草［*Humulus scandens*（Lour.）Merr.］、益母草（*Leonurus japonicus* Houtt.）等草本。海拔 300 ～ 800m，为低山常绿—落叶阔叶林，主体为人工营造的毛竹林、柳杉林、杉木林，其他主要有青冈、樟、猴樟（*Cinnamomum bodinieri* H.Lévl.）、木荷、银杏、响叶杨（*Populus adenopoda* Maxim.）、金钱松［*Pseudolarix amabilis*（Nelson）Rehd.］、檵木、石楠、南天竹、三叶木通等；地被植物主要有吉祥草［*Reineckia carnea*（Andr.）Kunth］、麦冬、前胡、蓬蘽（*Rubus hirsutus* Thunb.）、地榆（*Sanguisorba officinalis* Linn.）等。海拔 800 ～ 1200m 植物为常绿—落叶针阔叶混交林，乔木主要有青钱柳、柳杉（*Cryptomeria fortunei* Hooibrenk ex Otto et Dietr.）、金钱松、银杏、杉木、黄山松、青冈、天目木兰［*Yulania amoena*（W.C.Cheng）D.L.Fu］、紫荆（*Cercis chinensis* Bunge）、马尾松、云锦杜鹃（*Rhododendron fortunei* Lindl.）等；灌木有野鸦椿［*Euscaphis japonica*（Thunb.）Dippel］、马银花［*Rhododendron ovatum*（Lindl.）Planch.ex Maxim.］、南天竹、金缕梅（*Hamamelis mollis* Oliver）等；地被植物有忍冬、石菖蒲（*Acorus tatarinowii* Schott）、紫萼（*Teucrium tsinlingense* C.Y.Wu et S.Chow var. *porphyreum* C.Y.Wu et S.Chow）、蕺菜（*Houttuynia cordata* Thunb）、及已［*Chloranthus serratus*（Thunb.）Roem et Schult］、孩儿参［*Pseudostellaria heterophylla*（Miq.）Pax］、麦冬、七叶一枝花（*Paris polyphylla* Sm.）等。海拔 1200m 以上，木本植物主要为暖温带落叶灌木及乔木，主要有四照花［*Cornus kousa* F. Buerger ex Hance sub. *chinensis*（Osborn）Q.Y.Xiang］、川榛（*Corylus heterophylla* Fisch.var.*sutchuenensis* Franch.）、大叶胡枝子（*Lespedeza davidii* Franch.）等，另有大血藤、华中五味子（*Schisandra sphenanthera* Rehd.et Wils.）、穿龙薯蓣（*Dioscorea nipponica* Makino）、草芍药（*Paeonia obovata* Maxim.）、玄参、孩儿参、野菊（*Chrysanthemum indicum* Linn.）等。

4. 福建武夷山

位于北纬 27° ～ 28°、东经 118°，最高峰黄岗山海拔 2161m，可分为下列山地植被垂直带。海拔 800m 以下为常绿阔叶林，以甜槠、苦槠、钩锥（*Castanopsis tibetana* Hance）、木荷等杂木林为主。海拔 800 ～ 1400m 以较耐寒的青冈等常绿栎林为主；阔叶林破坏后次生马尾松林、杉木林、柳杉林和毛竹林。海拔 1400 ～ 1800m 为针叶林、常绿阔叶树—落叶阔叶树混交林、针叶林带，有铁杉［*Tsuga chinensis*（Franch.）Pritz.］、木荷、水青冈混交林和黄山松林。海拔 1800 ～ 2161m 为山顶落叶灌丛草甸带，有茅栗灌丛和野古草、芒等。

5. 江西武功山

约位于北纬 27°、东经 114°，主峰武功山海拔 1918m。海拔 200 ～ 800m（南坡）、200 ～ 1100m（北坡）为常绿阔叶林、针叶林带；常绿阔叶林以稍耐寒的青冈、甜槠、苦槠等常绿栎类林为主，林中混生有喜湿气落叶的水青冈（*Fagus longipetiolata* Seem.），针叶林有马尾松林和杉木林，还有毛竹林。海拔 800（南坡）～ 1600m，或 1100（北坡）～ 1600m 为中山常绿阔叶树—落叶阔叶树混交林、针叶林带，下段混交林中的常绿阔叶树有较耐寒的蚊母树（*Distylium racemosum* Sieb.）等，落叶树种有椴树（*Tilia tuan* Szyszyl.）、水青冈等。海拔 1400 ～ 1600m 排水良好的浅层土上分布有常绿—落叶混交矮林和黄山松林。海拔 1600 ～ 1918m 为山顶灌丛草甸带；有落叶—常绿混交的杜鹃灌丛和野古草、芒等禾草。

赵维良
2017 年 12 月于西子湖畔

标准简称及全称对照

药典 1953　中华人民共和国药典 . 1953 年版 . 中央人民政府卫生部编 . 上海：商务印书馆 . 1953
药典 1963　中华人民共和国药典 . 1963 年版一部 . 中华人民共和国卫生部药典委员会编 . 北京：人民卫生出版社 . 1964
药典 1977　中华人民共和国药典 . 1977 年版一部 . 中华人民共和国卫生部药典委员会编 . 北京：人民卫生出版社 . 1978
药典 1985　中华人民共和国药典 . 1985 年版一部 . 中华人民共和国卫生部药典委员会编 . 北京：人民卫生出版社、化学工业出版社 . 1985
药典 1990　中华人民共和国药典 . 1990 年版一部 . 中华人民共和国卫生部药典委员会编 . 北京：人民卫生出版社、化学工业出版社 . 1990
药典 1995　中华人民共和国药典 . 1995 年版一部 . 中华人民共和国卫生部药典委员会编 . 广州：广东科技出版社、化学工业出版社 . 1995
药典 2000　中华人民共和国药典 . 2000 年版一部 . 国家药典委员会编 . 北京：化学工业出版社 . 2000
药典 2005　中华人民共和国药典 . 2005 年版一部 . 国家药典委员会编 . 北京：化学工业出版社 . 2005
药典 2010　中华人民共和国药典 . 2010 年版一部 . 国家药典委员会编 . 北京：中国医药科技出版社 . 2010
药典 2010 附录　中华人民共和国药典 . 2010 年版一部 . 附录
药典 2015　中华人民共和国药典 . 2015 年版一部 . 国家药典委员会编 . 北京：中国医药科技出版社 . 2015
药典 2020　中华人民共和国药典 . 2020 年版一部 . 国家药典委员会编 . 北京：中国医药科技出版社 . 2020
部标 1963　中华人民共和国卫生部药品标准（部颁药品标准）1963 年 . 中华人民共和国卫生部编 . 北京：人民卫生出版社 . 1964
部标蒙药 1998　中华人民共和国卫生部药品标准・蒙药分册 . 中华人民共和国卫生部药典委员会编 . 1998
部标藏药 1995　中华人民共和国卫生部药品标准・藏药・第一册 . 中华人民共和国卫生部药典委员会编 . 1995
部标中药材 1992　中华人民共和国卫生部药品标准・中药材・第一册 . 中华人民共和国卫生部药典委员会编 . 1992
部标进药 1977　进口药材质量暂行标准 . 中华人民共和国卫生部编 . 1977
部标进药 1986　中华人民共和国卫生部进口药材标准 . 中华人民共和国卫生部药典委员会编 . 1986
局标进药 2004　儿茶等 43 种进口药材质量标准 . 国家药品监督管理局注册标准 . 2004
部标成方三册 1991 附录　中华人民共和国卫生部药品标准中药成方制剂・第三册・附录 . 中华人民共和国卫生部药典委员会编 . 1991
部标成方八册 1993 附录　中华人民共和国卫生部药品标准中药成方制剂・第八册・附录 . 中华人民共和国卫生部药典委员会编 . 1993
北京药材 1998　北京市中药材标准 . 1998 年版 . 北京市卫生局编 . 北京：首都师范大学出版社 . 1998
北京药材 1998 附录　北京市中药材标准 . 1998 年版附录
山西药材 1987　山西省中药材标准 . 1987 年版 . 山西省卫生厅编
内蒙古蒙药 1986　内蒙古蒙药材标准 . 1986 年版 . 内蒙古自治区卫生厅编 . 赤峰：内蒙古科学技术出版社 . 1987
辽宁药品 1980　辽宁省药品标准 . 1980 年版 . 辽宁省卫生局编
吉林药品 1977　吉林省药品标准 . 1977 年版 . 吉林省卫生局编
黑龙江药材 2001　黑龙江省中药材标准 . 2001 年版 . 黑龙江省药品监督管理局编
上海药材 1994　上海市中药材标准 . 1994 年版 . 上海市卫生局编 . 1993
上海药材 1994 附录　上海市中药材标准 . 1994 年版 . 附录
江苏药材 1989　江苏省中药材标准 . 1989 年版 . 江苏省卫生厅编 . 南京：江苏省科学技术出版社
浙江药材 2000　浙江省中药材标准 . 浙江省卫生厅文件 . 浙卫发［2000］228 号 . 2000
浙江药材 2007　浙江省中药材标准 . 浙江省食品药品监督管理局文件 . 浙药监注［2007］97 号 . 2007
浙江炮规 2005　浙江省中药炮制规范 . 2005 年版 . 浙江省食品药品监督管理局编 . 杭州：浙江科学技术出版社 . 2006

浙江炮规 2015　浙江省中药炮制规范 . 2015 年版 . 浙江省食品药品监督管理局编 . 北京：中国医药科技出版社 . 2016
山东药材 1995　山东省中药材标准 . 1995 年版 . 山东省卫生厅编 . 济南：山东友谊出版社 . 1995
山东药材 2002　山东省中药材标准 . 2002 年版 . 山东省药品监督管理局编 . 济南：山东友谊出版社 . 2002
山东药材 2012　山东省中药材标准 . 2012 版 . 山东省食品药品监督管理局编 . 济南：山东科学技术出版社 . 2012
江西药材 1996　江西省中药材标准 . 1996 年版 . 江西省卫生厅编 . 南昌：江西科学技术出版社 . 1997
江西药材 2014　江西省中药材标准 . 江西省食品药品监督管理局编 . 上海：上海科学技术出版社 . 2014
福建药材 2006　福建省中药材标准 . 2006 年版 . 福建省食品药品监督管理局 . 福州：海风出版社 . 2006
河南药材 1991　河南省中药材标准 . 1991 年版 . 河南省卫生厅编 . 郑州：中原农民出版社 . 1992
河南药材 1993　河南省中药材标准 . 1993 年版 . 河南省卫生厅编 . 郑州：中原农民出版社 . 1994
湖北药材 2009　湖北省中药材质量标准 . 2009 年版 . 湖北省食品药品监督管理局编 . 武汉：湖北科学技术出版社 . 2009
湖南药材 1993　湖南省中药材标准 . 1993 年版 . 湖南省卫生厅编 . 长沙：湖南科学技术出版社 . 1993
湖南药材 2009　湖南省中药材标准 . 2009 年版 . 湖南省食品药品监督管理局编 . 长沙：湖南科学技术出版社 . 2010
广东药材 2004　广东省中药材标准 • 第一册 . 广东省食品药品监督管理局编 . 广州：广东科技出版社 . 2004
广东药材 2011　广东省中药材标准 • 第二册 . 广东省食品药品监督管理局编 . 广州：广东科技出版社 . 2011
广西药材 1990　广西中药材标准 . 1990 年版 . 广西壮族自治区卫生厅编 . 南宁：广西科学技术出版社 . 1992
广西药材 1996　广西中药材标准 • 第二册 . 1996 年版 . 广西壮族自治区卫生厅编
广西壮药 2008　广西壮族自治区壮药质量标准 • 第一卷 . 2008 年版 . 广西壮族自治区食品药品监督管理局编 . 南宁：广西科学技术出版社 . 2008
广西壮药 2011 二卷　广西壮族自治区壮药质量标准 . 第二卷 . 2011 年版 . 广西壮族自治区食品药品监督管理局编 . 南宁：广西科学技术出版社 . 2011
广西瑶药 2014 一卷　广西壮族自治区瑶药材质量标准 . 第一卷 . 2014 年版 . 广西壮族自治区食品药品监督管理局编 . 南宁：广西科学技术出版社 . 2014
海南药材 2011　海南省中药材标准 • 第一册 . 海南省食品药品监督管理局编 . 海口：南海出版公司 . 2011
四川药材 1977　四川省中草药标准（试行稿）第一批 . 1977 年版 . 四川省卫生局编 . 1977
四川药材 1979　四川省中草药标准（试行稿）第二批 . 1979 年版 . 四川省卫生局编 . 1979
四川药材 1987　四川省中药材标准 . 1987 年版 . 四川省卫生厅编
四川药材 1987 增补　四川省中药材标准 . 1987 年版增补本 . 四川省卫生厅编 . 成都：成都科技大学出版社 . 1991
四川药材 2010　四川省中药材标准 . 2010 年版 . 四川省食品药品监督管理局编 . 成都：四川科学技术出版社 . 2011
贵州药材 1965　贵州省中药材标准规格 • 上集 . 1965 年版 . 贵州省卫生厅编
贵州药材 1988　贵州省中药材质量标准 . 1988 年版 . 贵州省卫生厅编 . 贵阳：贵州人民出版社 . 1990
贵州药品 1994　贵州省药品标准 . 1994 年版修订本 . 贵州省卫生厅批准
贵州药材 2003　贵州省中药材、民族药材质量标准 . 2003 年版 . 贵州省药品监督管理局编 . 贵阳：贵州科技出版社 . 2003
云南药品 1974　云南省药品标准 . 1974 年版 . 云南省卫生局编
云南药品 1996　云南省药品标准 . 1996 年版 . 云南省卫生厅编 . 昆明：云南大学出版社 . 1998
云南药材 2005 一册　云南省中药材标准 • 2005 年版 . 第一册 . 云南省食品药品监督管理局 . 昆明：云南美术出版社 . 2005
云南彝药 2005 二册　云南省中药材标准•2005 年版 . 第二册•彝族药 . 云南省食品药品监督管理局编 . 昆明：云南科技出版社 . 2007
云南傣药 2005 三册　云南省中药材标准•2005 年版 . 第三册•傣族药 . 云南省食品药品监督管理局编 . 昆明：云南科技出版社 . 2007
云南彝药Ⅱ 2005 四册　云南省中药材标准 • 2005 年版 . 第四册 • 彝族药（Ⅱ）. 云南省食品药品监督管理局编 . 昆明：云南科技出版社 . 2008
云南傣药Ⅱ 2005 五册　云南省中药材标准 • 2005 年版 . 第五册 . 傣族药（Ⅱ）. 云南省食品药品监督管理局编 . 昆明：云南科技出版社 . 2005
云南彝药Ⅲ 2005 六册　云南省中药材标准 • 2005 年版 . 第六册 . 彝族药（Ⅲ）. 云南省食品药品监督管理局编 . 昆明：云南科技出版社 . 2005
云南药材 2005 七册　云南省中药材标准 • 2005 年版 . 第七册 . 云南省食品药品监督管理局编 . 昆明：云南科技出版社 . 2013

宁夏药材 1993　宁夏中药材标准 . 1993 年版 . 宁夏回族自治区卫生厅编 . 银川：宁夏人民出版社 . 1993
甘肃药材（试行）1991　八月炸等十五种甘肃省中药材质量标准（试行）. 甘卫药发［1991］95 号 . 甘肃省卫生厅编
甘肃药材（试行）1995　甘肃省 40 种中药材质量标准（试行）. 甘卫药发（95）第 049 号 . 甘肃省卫生厅编
甘肃药材 2009　甘肃省中药材标准 . 2009 年版 . 甘肃省食品药品监督管理局编 . 兰州：甘肃文化出版社 . 2009
青海药品 1992　青海省药品标准 . 1992 年版 . 青海省卫生厅编
新疆维药 1993　维吾尔药材标准 • 上册 . 新疆维吾尔自治区卫生厅编 . 乌鲁木齐：新疆科技卫生出版社（K）. 1993
新疆药品 1980 二册　新疆维吾尔自治区药品标准 • 第二册 . 1980 年版 . 新疆维吾尔自治区卫生局编
中华药典 1930　中华药典 . 卫生部编印 . 上海：中华书局印刷所 . 1930（中华民国十九年）
香港药材一册　香港中药材标准 • 第一册 . 香港特别行政区政府卫生署中医药事务部编制 . 2005
香港药材二册　香港中药材标准 • 第二册 . 香港特别行政区政府卫生署中医药事务部编制 . 2008
香港药材三册　香港中药材标准 • 第三册 . 香港特别行政区政府卫生署中医药事务部编制 . 2010
香港药材四册　香港中药材标准 • 第四册 . 香港特别行政区政府卫生署中医药事务部编制 . 2012
香港药材五册　香港中药材标准 • 第五册 . 香港特别行政区政府卫生署中医药事务部编制 . 2012
香港药材六册　香港中药材标准 • 第六册 . 香港特别行政区政府卫生署中医药事务部编制 . 2013
香港药材七册　香港中药材标准 • 第七册 . 香港特别行政区政府卫生署中医药事务部编制 . 2015
台湾 1985 一册　中华民国中药典范（第一辑全四册）• 第一册 . "行政院卫生署" 中医药委员会、中药典编辑委员会编 . 台北：达昌印刷有限公司 . 1985
台湾 1985 二册　中华民国中药典范（第一辑全四册）• 第二册 . "行政院卫生署" 中医药委员会、中药典编辑委员会编 . 台北：达昌印刷有限公司 . 1985
台湾 2004　中华中药典 . "行政院卫生署" 中华药典中药集编修小组编 . 台北："行政院卫生署" . 2004
台湾 2006　中华中药典 . "行政院卫生署" 中华药典编修委员会编 . 台北："行政院卫生署" . 2006
台湾 2013　中华中药典 . "行政院卫生署" 中华药典编修小组编 . 台北："行政院卫生署" . 2013

目　录

被子植物门

苔藓植物门

藻类 · 褐藻门

真菌类 · 真菌门

地　衣　门

被子植物门 ANGIOSPERMAE

单子叶植物纲 MONOCOTYLEDONEAE

一二三　香蒲科 Typhaceae

多年生水生或沼生草本。具匍匐状的根茎；茎直立，不分枝。叶互生，2列，条形或剑形，基部具鞘。花单性，雌雄同株，花密集呈苞片叶状，圆锥花序、总状花序或穗状花序，雄花生于雌花上部；花小而多，无花被；雄蕊1至多数；雌花具短梗，基部有多数白色丝状长毛，子房上位，1室，胚珠1粒，具长柄，花柱1枚。果实为小坚果，纺锤形、椭圆形，细小，果皮膜质。种子椭圆形，光滑或具凸起，具1枚粉质胚乳。

1属，约18种，分布于全世界温带及热带地区。中国1属，约11种，大部分产于北部和东北部，法定药用植物1属，4种。华东地区法定药用植物1属，4种。

香蒲科仅香蒲属1属，法定药用植物主要含黄酮类、脂肪酸类、生物碱类、甾体类等成分。黄酮类包括黄酮醇、二氢黄酮、二氢黄酮醇等，如山柰酚-3-*O*-β-D-吡喃葡萄糖苷（kaempferol-3-*O*-β-D-glucopyranoside）、异鼠李素-3-*O*-芸香糖苷（isorhamnetin-3-*O*-rutinoside）、槲皮素-3-*O*-新橙皮苷（quercetin-3-*O*-neohesperidoside）、柚皮素（naringenin）、香蒲新苷（typhaneoside）、表儿茶精（epicatechol）等；脂肪酸类如棕榈酸（palmitic acid）、棕榈酸乙酯（ethyl palmitate）、棕榈酸甘油酯（glycerylpalmitate）等；生物碱类如尿囊素（allantoin）、烟酸（nicotinic acid）、海绵凤尾碱（zarzissine）等；甾体类如β-谷甾醇棕榈酸酯（β-sitosteryl palmitate）、香蒲甾醇（typhasterol）等。

1. 香蒲属 *Typha* Linn.

属的特征与科同。

分种检索表

1. 雌雄花序紧密相连；雌花无苞片。
  2. 叶片较窄；雌花基部白色丝状毛稍长于花柱，柱头匙形……………………………香蒲 *T. orientalis*
  2. 叶片较宽；雌花基部白色丝状毛明显短于花柱，柱头呈披针形……………………宽叶香蒲 *T. latifolia*
1. 雌雄花序间隔有一段距离；雌花有小苞片。
  3. 花药长约2mm；雌花小苞片比柱头短……………………………………………………水烛 *T. angustifolia*
  3. 花药长1.2～1.5mm；雌花小苞片与柱头等长或稍长…………………………………长苞香蒲 *T. angustata*

1036. 香蒲（图1036）• *Typha orientalis* Presl

【别名】东方香蒲（浙江、安徽），毛蜡烛（安徽），水蜡烛（江苏苏州）。

【形态】多年生沼生草本，高1～2m。根茎粗壮。叶片带状，长40～70cm，宽0.5～0.8cm，先端渐尖稍钝头，基部扩大成抱茎的鞘，鞘口边缘膜质，直出平行脉多而密。穗状花序圆柱状，雄花部分与雌化部分紧密相接，雄花部分长3～6cm，雌花部分长6～12cm，果时直径约2cm；雄花具2～4枚雄蕊，基部具1柄，花药长2～2.5mm，花粉粒单生；雌花无小苞片，长7～8mm，基部白色丝状毛短于柱头，

图 1036　香蒲　　摄影　李华东

但长于花柱；柱头匙形，不育雄蕊呈棍棒状。小坚果长 1mm，表面 1 纵沟。花期 6 ～ 7 月，果期 8 ～ 10 月。

【生境与分布】生于池塘边或湖泊浅水中。分布于华东各地，另华中、华北、西北、东北均有分布；日本、菲律宾和俄罗斯也有分布。

【药名与部位】蒲包草根，根茎或根。蒲黄，花粉。

【采集加工】蒲包草根：初夏采挖，洗净，晒干。蒲黄：夏季采收蒲棒上部的黄色雄花序，晒干，碾轧，筛取花粉。

【药材性状】蒲包草根：地下茎呈长带状、带状或短段状，直径 1 ～ 2cm，中空，常为压扁状。外表浅棕红色或淡灰褐色，具粗纵皱纹，有的外皮破裂而纤维裸露，节明显或不甚明显，节间长数至十余厘米，体轻、质韧，纤维性强，不易折断。根簇状，细软，在根茎分生处较密生，其他部位稀疏，长可达 10cm 以上。气微，味淡。

蒲黄：为黄色粉末。体轻，放水中则漂浮水面。手捻有滑腻感，易附着手指上。气微，味淡。

【质量要求】蒲黄：色黄，细滑粉状。

【药材炮制】蒲黄：揉碎结块，过筛。炒蒲黄：取蒲黄饮片，炒至表面微焦时，取出，摊凉。蒲黄炭：取蒲黄饮片，炒至浓烟上冒，表面棕褐色时，微喷水，灭尽火星，取出，晾干。

【化学成分】花粉含黄酮类：异鼠李素（isorhamnrtin）、泡桐素（paulownin）、槲皮素（quercetin）、异鼠李素 -3-*O*- 芸香糖苷（isorhamnetin-3-*O*-rutinoside）、异鼠李素 -3-*O*- 新橙皮糖苷（isorhamnetin-3-*O*-neohesperidoside）、槲皮素 -3-*O*-（2′-α-L- 鼠李糖基）- 芸香糖苷［quercetin-3-*O*-（2′-α-L-rhamnosyl）-rutinoside］、山柰酚 -3-*O*- 新橙皮糖苷（kaempferol-3-*O*-neohesperidoside）[1]，香蒲新苷（typhaneoside）、柚皮素（naringenin）[1,2]，异鼠李素 -3-*O*-α-L- 鼠李糖基 -（1 → 2）-β-D- 吡喃葡萄糖苷［isorhamnetin-3-*O*-α-L-rhamnosyl-（1 → 2）-β-D-glucopyranoside］和异鼠李素 -3-*O*-（2′-α-L- 鼠李糖基）-α-L- 鼠李糖

基 -（1 → 6）-β-D- 吡喃葡萄糖苷［isorhamnetin-3-*O*-（2′-α-L-rhamnosyl）-α-L-rhamnosyl-（1 → 6）-β-D-glucopyranoside］[1]；甾体类：5α- 豆甾烷 -3, 6- 二酮（5α-stigmastan-3, 6-dione）[2]，β- 谷甾醇（β-sitosterol）和胡萝卜苷（daucosterol）[3]；烷醇类：D- 赤藓醇（D-erythritol）[2]和 6- 三十一烷醇（6-hentriacontanol）[3]；脂肪酸酯类：棕榈酸（palmitic acid）、棕榈酸乙酯（ethyl palmitate）和棕榈酸甘油酯（glyceryl palmitate）[3]。

【药理作用】1. 抗动脉粥样硬化　花粉混悬液可明显降低动脉粥样硬化（AS）模型大鼠血清中的总胆固醇（TC）、甘油三酯（TG）、低密度脂蛋白胆固醇（LDL-C）和丙二醛（MDA）含量，提示具有调节脂质代谢紊乱、抗动脉粥样硬化的作用[1]。2. 抗肿瘤　花粉醇提取物对移植肺癌 Lewis 细胞荷瘤小鼠的肿瘤生长有明显抑制作用，其抑瘤率为 48.3%，并可明显提高肺癌 Lewis 细胞荷瘤小鼠的胸腺指数和脾脏指数，提高荷瘤小鼠脾淋巴细胞的增殖能力和荷瘤小鼠血清中白细胞介素 -2（IL-2）、肿瘤坏死因子 -α（TNF-α）含量[2]。3. 促凝血　花粉水提取物、乙醇提取物可明显缩短家兔凝血时间（CT），增加血小板（PLT）计数、缩短凝血酶原时间（PT）[3]。4. 抗凝血　叶提取物可以延长小鼠凝血时间，能通过降低纤维蛋白酶释放纤维蛋白肽的速率，抑制纤维蛋白聚集，从而达到抗凝血的效果，防止附壁血栓形成，具有活血化瘀的作用[4]。5. 抗氧化　花粉水提取物、醇提取物可明显恢复性地升高汞损伤大鼠神经细胞中的谷胱甘肽过氧化物酶（GSH-Px）和超氧化物歧化酶（SOD）的含量，增加神经细胞突触，修复细胞形态[5]。

毒性　花粉醇提取浓缩液对小鼠单次灌胃给药后未见明显异常，最大耐受量＞ 100g/kg，相当于临床 1 次口服量的 100 倍[2]；叶提取物对小鼠经口半数致死剂量（LD_{50}）为 460g 生药 /kg[4]。

【性味与归经】蒲包草根：甘，凉。蒲黄：甘，平。归肝、心包经。

【功能与主治】蒲包草根：治腹内生瘤及各种肿瘤。蒲黄：止血，化瘀，通淋。用于吐血，衄血，咯血，崩漏，外伤出血，经闭痛经，脘腹刺痛，跌扑肿痛，血淋涩痛。

【用法与用量】蒲包草根：60 ～ 90g，煎汤代茶。蒲黄：煎服 5 ～ 9g，包煎；外用适量，敷患处。

【药用标准】蒲包草根：上海药材 1994；蒲黄：药典 1977—2015、浙江炮规 2015、新疆药品 1980 二册和台湾 2013。

【临床参考】1. 产后及人工流产术后出血：炒花粉 15g，加川芎、益母草、贯众各 10g，五味子 6g，水煎 2 次取液 300ml，早晚分服，每日 1 剂，连服 4 剂[1]。

2. 老年不稳定型心绞痛：花粉 9g（包煎），加黄芪 30g，党参、海藻、柴胡各 9g，丹参 15g，加水 1000ml，煎取 400ml，分 2 次饭后服，每日 1 剂[2]。

3. Ⅲ期压疮：创面清创后擦干，撒灭菌后的蒲黄压疮散（花粉 100g，加黄连、大黄、白及各 10g，研极细末，过 100 目筛，高压灭菌），再用凡士林纱条覆盖，最后用伤口敷料平整覆盖创面，每日换药 1 次，10 日后根据创面愈合情况，2 ～ 3 日换药 1 次[3]。

4. 非增殖性糖尿病视网膜病变：花粉 25g，加丹参 20g，旱莲草、藕节各 30g，牡丹皮、生地、郁金各 15g，荆芥炭、栀子各 10g，川芎、甘草各 6g，水煎取汁 300ml，分 2 次服，4 周为 1 疗程[4]。

5. 口腔溃疡：花粉 12g（包煎），加生甘草 6g、五倍子 10g，水煎 2 次取汁，三餐进食后，先用生理盐水漱口清洁口腔，再用药汁漱口，30min 内禁食、禁饮，一般用药 1 周；或花粉外敷口腔溃疡处[5]。

【附注】孕妇慎服。

药材蒲黄尚有较多其他化学和药理文献，但无法溯源到本植物，或仅说明是香蒲科花粉，故未采纳。

【化学参考文献】

［1］张淑敏 . 蒲黄化学成分研究［J］. 中草药，2008，39（3）：350-352.
［2］刘斌，陆蕴如 . 东方香蒲花粉化学成分的研究［J］. 中国药学杂志，1998，33（10）：587-590.
［3］刘斌，陆蕴如 . 东方香蒲花粉化学成分研究［J］. 北京中医药大学学报，1998，21（2）：43-44.

【药理参考文献】

［1］姜利鲲 . 中药蒲黄对动脉粥样硬化大鼠模型的影响［D］. 重庆：第三军医大学硕士学位论文，2009.

[2] 李景辉，陈才法，李雯雯. 蒲黄醇提取物对 C57BL/6 荷瘤小鼠免疫功能的影响 [J]. 安徽农业科学，2011，39（18）：10813-10815.
[3] 罗光，宋斌，李希贤. 蒲黄止血作用的研究及其有效成分的初步提取 [J]. 吉林医科大学学报，1960，（1）：80.
[4] 吴梦华，王丽君，邓拥军，等. 香蒲叶对凝血机制的影响及一般药理实验 [J]. 湖北预防医学杂志，1997，8（1）：60.
[5] 陈才法，缪进，顾琪，等. 蒲黄提取物对汞损伤 SD 大鼠原代培养神经细胞抗氧化能力的影响 [J]. 解放军药学学报，2006，22（5）：321-323.

【临床参考文献】

[1] 张云凤. 蒲黄汤治疗产后及人流术后出血临床体会 [J]. 中国社区医师（综合版），2007，9（19）：121.
[2] 刘晓谷，王莉，钱鹏，等. 蒲黄小复方治疗老年不稳定型心绞痛临床观察 50 例 [J]. 同济大学学报（医学版），2012，33（6）：87-89，107.
[3] 刘鹏，王震，张涛，等. 蒲黄压疮散治疗Ⅲ期压疮的研究 [J]. 现代中西医结合杂志，2016，25（19）：2063-2065.
[4] 杜战国. 生蒲黄汤治疗非增殖型糖尿病视网膜病变临床研究 [J]. 陕西中医，2018，39（7）：897-899.
[5] 张军领. 生蒲黄治疗口腔溃疡的临床应用 [J]. 中国中医药现代远程教育，2016，14（6）：135-136.

1037. 宽叶香蒲（图 1037）• *Typha latifolia* Linn.

【形态】多年生水生或沼生草本，高 1 ～ 2.5m。根茎乳黄色，先端白色。地上茎粗壮。叶条形，叶片长 45 ～ 95cm，宽 0.5 ～ 1.5cm，光滑无毛，上部扁平，背面中部以下逐渐隆起；下部横切面近新月形；具叶鞘，抱茎。雌雄花序紧密相接；花期时雄花序长 3.5 ～ 12cm，比雌花序粗壮，花序轴具灰白色弯曲柔毛，叶状苞片 1 ～ 3 枚，上部短小，花后脱落；雌花序长 5 ～ 22.6cm，花后发育；雄花通常具雄蕊 2 枚，花丝短于花药，基部合生呈短柄状；雌花无小苞片；孕性雌花柱头披针形，子房披针形，具子房柄，纤细；不孕雌花子房倒圆锥形，宿存，子房柄较粗壮，不等长；白色丝状毛明显短于花柱。小坚果，极小，褐色，果皮通常无斑点。种子褐色。花果期 5 ～ 8 月。

【生境与分布】生于湖泊、池塘、沟渠、河流的缓流浅水带，也见于湿地和沼泽。分布于浙江，另我国北部、西部及西南部均有分布；日本、巴基斯坦等亚洲其他地区及欧洲、美洲、大洋洲也有分布。

【药名与部位】草蒲黄，花粉。

【化学成分】花粉含黄酮类：槲皮素（quercetin）、柚皮素（naringetin）、异鼠李素（isorhamnetic）、异鼠李素 -3-*O*-（2′-α-L- 鼠李糖基）- 芸香糖苷 [isorhamnetic-3-*O*-（2′-α-L-rhamnopyranosyl）-rutinoside]、槲皮素 -3-*O*-(2′-α-L- 鼠李糖基)- 芸香糖苷[isorhamnetin-3-*O*-(2′-α-L-rhamnosyl)-rutinoside]、异鼠李素 -3-*O*- 芸香糖苷（isorhamnetin-3-*O*-rutinoside）和山柰酚 -3-*O*- 新橙皮糖苷（kaempferol-3-*O*-neohesperidoside）[1]；甾体类：胆甾醇（cholesterol）、24- 亚甲基胆甾醇（24-methylenecholesterol）、油菜甾醇（campesterol）、豆甾醇（stigmasterol）、谷甾醇（sitosterol）、异岩藻甾醇（isofucosterol）[2] 和香蒲甾醇（typhasterol），即（22*R*, 23*R*, 24*S*）-3a, 22, 23- 三羟基 -24- 甲基 -5a- 胆甾 -6- 酮 [（22*R*, 23*R*, 24*S*）-3a, 22, 23-trihydroxy-24-methyl-5a-cholestan-6-one] [3]；酶类：淀粉磷酸化酶 P-1、P-2（starch phosphorylase P-1、P-2）[4]。

雌花序含黄酮类：D- 儿茶精（D-catechinic acid）、表儿茶精（epicatechol）和阿夫儿茶素（afzelechin）[5]；苯丙素类：5- 反式 - 咖啡酰莽草酸（5-*trans*-caffeoylshikimic acid）[5]。

叶含黄酮类：槲皮素 -3- 新橙皮糖苷（quercetin-3-neohesperidoside）[6]，3, 3′- 二甲基槲皮素 -4′-*O*- 葡萄糖苷（3, 3′-di-methylquercetin-4′-*O*-glucoside）、异鼠李素 -3-*O*- 新橙皮糖苷（isorhamnetin-3-*O*-neohesperidoside）和异鼠李素 -3-*O*- 葡萄糖苷（isorhamnetin-3-*O*-glucoside）[7]；多糖酶类：甲壳酶（chitinase）[8]。

全草含甾类：豆甾 -4- 烯 -3- 酮（stigmast-4-en-3-one）、豆甾 -4- 烯 -3, 6- 二酮（stigmast-4-en-3, 6-dione）、豆甾 -3, 6- 二酮（stigmast-3, 6-dione）、豆甾 -4- 烯 -6β- 醇 -3- 酮（stigmast-4-en-6β-ol-3-one）、6α- 羟基豆甾 -4- 烯 -3- 酮（6α-hydroxystigmast-4-en-3-one）、β- 谷甾醇（β-sitosterol）、7- 酮基谷甾醇（7-oxositosterol）、

图 1037 宽叶香蒲 摄影 中药资源办

7β- 羟基谷甾醇（7β-hydroxysitosterol）、7α- 羟基谷甾醇（7α-hydroxysitosterol）、羟基烯酮（hydroxyenone）[9]，5β, 8β- 环二氧麦角甾 -6, 22- 二烯 -3β- 醇（5β, 8β-epidioxyergosta-6, 22-dien-3β-ol）、5α, 8α- 环二氧麦角甾 -6, 9（11）, 22- 三烯 -3β- 醇［5α, 8α-epidioxyergosta-6, 9（11）, 22-trien-3β-ol］[10]，（20*S*）-4α- 甲基 -24- 亚甲基胆甾 -7- 烯 -3β- 醇［（20*S*）-4α-methyl-24-methylenecholest-7-en-3β-ol］[11]，（20*S*）-24- 亚甲基鸡冠柱烯醇［（20*S*）-24-methylenlophenol］和豆甾 -4- 烯 -3, 6- 二酮（stigmas-4-en-3, 6-dione）[12]；降倍半萜类：布卢门醇 A（blumenol A）和（3*R*, 5*R*, 6*S*, 9ζ）-5, 6- 环氧 -3- 羟基 -β- 紫罗兰醇［（3*R*, 5*R*, 6*S*, 9ξ）-5, 6-epoxy-3-hydroxy-β-ionol］[13]；脂肪酸：α- 亚麻酸（α-linolenic）和亚麻酸（linolenic acid）[12]。

【药理作用】1. 促凝血　花粉乙醇提取物腹腔给药后可明显缩短小鼠血液凝固时间、纤维蛋白凝固时间，离体试验中在鼠脑凝血活素及钙离子（Ca^{2+}）参与下可缩短纤维蛋白凝固时间，可促进血小板聚集[1]。2. 增加平滑肌收缩　花粉水煎醇沉提取物可通过影响钙离子通道增加离体子宫平滑肌收缩[2]。

【药用标准】甘肃药材（试行）1991。

【附注】蒲黄始载于《神农本草经》，列为上品。《名医别录》云："生河东池泽，四月采。"《本草经集注》载："此即蒲厘花上黄粉也，伺其有便拂取之，甚疗血。"《本草图经》谓："蒲黄生河东池泽，香蒲，蒲黄苗也。生南海池泽，今处处有之，而泰州者为良。春初生嫩叶，未出水时，红白色茸茸然……至夏抽梗于丛叶中，花抱梗端，如武士棒杵，故俚俗谓蒲槌，亦谓之蒲厘。花黄即花中蕊屑也，细若金粉，当其欲开时，有便取之。"《本草衍义》云："蒲黄，处处有，即蒲槌中黄粉也。"《本草纲目》谓："蒲，丛生水际，似莞而褊，有脊而柔。"综上所述，古本草所载应为包含本种的香蒲属（*Typha* Linn.）多种植物。

药材蒲黄孕妇慎服。

【化学参考文献】

[1]廖矛川，刘永漋，肖培根．蒙古香蒲、宽叶香蒲和长苞香蒲花粉的黄酮类化合物的研究[J]．植物学报，1989，31（12）：939-947.

[2] Suguru T. Composition of phytosterols in the pollen of *Typha latifolia* L.［J］. Nihon Yukagakkaishi，1997，46（6）：687-689.

[3] Schneider J A，Yoshihara K，Nakanishi K，et al. Typhasterol（2-deoxycastasterone）：a new plant growth regulator from cat-tail pollen［J］. Tetrahedron Lett，1983，24（36）：3859-3860.

[4] Iwata，Funaguma T，Hara A. Urification and some properties of two phosphorylases from *Typha latifolia* pollen［J］. Agric Biol Chem，1988，52（2）：407-412.

[5] Ozawa T，Imagawa H. Polyphenolic compounds from female flowers of *Typha latifolia* L.［J］. Agric Biol Chem，1988，52（2）：595-597.

[6] Williams CA，Harborne J B，Clifford H T. Comparative biochemistry of the flavonoids. XIV. Flavonoid patterns in the monocotyledons. Flavonols and flavones in some families associated with the Poaceae［J］. Phytoehemisry，1971，10（5）：1059-1063.

[7] Woo W S，Choi J S，Kang S S. A flavonol glucoside from *Typha latifolia*［J］. Phytochemistry，1983，22（12）：2881-2882.

[8] Onuma T，Funaguma T，Hara A. A chitinase from leaves of *Typha latifolia*［J］. Meijo Daigaku Nogakubu Gakujutsu Hokoku，2000，36：1-9.

[9] Marina D G，Marina M P，Previtera L. Studies on aquatic plants. Part XVI. stigmasterols from *Typha latifolia*［J］. J Nat Prod，1990，53（6）：1430-1435.

[10] Della Greca M，Mangoni L，Molinaro A，et al. Studies on aquatic plants. XIII. 5β，8β-epidioxyergosta-6，22-dien-3β-ol from *Typha latifolia*［J］. Gazz Chim Ital，1990，120（6）：391-392.

[11] Della Greca M，Mangoni L，Molinaro A，et al. Studies on aquatic plants. Part 14.（20*S*）-4α-methyl-24-methylenecholest-7-en-3β-ol，an allelopathic sterol from *Typha latifolia*［J］. Phytoehemistry，1990，29（6）：1797-1798.

[12] Aliotta G，Della Greca M，Monaco P，et al. *In vitro* algal growth inhibition by phytotoxins of *Typha latifolia* L.［J］. J Chem Ecol，1990，16（9）：2637-2646.

[13] Della Greca M，Monaco P，Previtera L，et al. Studies on aquatic plants. Part XV. Carotenoid-like compounds from *Typha latifolia*［J］. J Nat Prod，1990，53（4）：972-974.

【药理参考文献】

[1]杜力军，马立焱，於蓝，等．四种蒲黄对凝血系统作用的比较研究［J］．中草药，1996，27（1）：27-29.

[2]高宇勤，郝霁萍．蒲黄对未孕大鼠离体子宫平滑肌运动的影响及机理探讨［J］．时珍国医国药，2006，（10）：1969-1970.

1038. 水烛（图 1038）• *Typha angustifolia* Linn.

图 1038 水烛 摄影 郭增喜等

【别名】水烛香蒲，水蜡烛（江苏六合、苏州、镇江），水菖蒲（江苏如东），蒲黄、毛蜡烛（江西），狭叶香蒲（安徽、浙江），鬼蜡烛。

【形态】多年生沼生草本，高 0.5 ～ 3m。茎直立，较细弱。叶狭条形，长 35 ～ 120cm，宽 4 ～ 8mm，少数可达 10mm，先端急尖，基部具鞘，叶鞘常有叶耳。穗状花序圆柱状，长 30 ～ 60cm，雌雄穗间不相连接，中间相隔 2.5 ～ 10cm；雄花序在上，较细瘦，长 20 ～ 30cm，雄花有雄蕊 2 ～ 3 枚，花药长约 2mm，基部的毛较花药长，花粉粒单生；雌花序在下，长 8 ～ 25cm，直径 1 ～ 2cm；雌花着生于短棒状的花梗上，小苞片比柱头短，柱头条状矩圆形，毛与小苞片近等长。小坚果无沟。花果期 5 ～ 8 月。

【生境与分布】生于池塘、河沟旁及湖泊浅水处。分布于华东各地，我国其他各地均有分布；欧洲、北美、大洋洲、亚洲北部也有分布。

【药名与部位】蒲包草根，根茎和根。草蒲黄，雄蕊。蒲黄，花粉。

【采集加工】蒲包草根：初夏采挖，洗净，晒干。草蒲黄：5 月中、下旬采收蒲棒上部的黄色雄花部分，晒干。蒲黄：夏季采收蒲棒上部的黄色雄花序，晒干，碾轧，筛取花粉。

【药材性状】蒲包草根：地下茎呈长带状、带状或短段状，直径 1 ～ 2cm，中空，常为压扁状。外表浅棕红色或淡灰褐色，具粗纵皱纹，有的外皮破裂而纤维裸露，节明显或不甚明显，节间长数厘米至十余厘米，体轻、质韧，纤维性强，不易折断。根簇状，细软，在根茎分生处较密生，其他部位稀疏，长可达 10cm 以上。臭微，味淡。

草蒲黄：为花粉、花药及花丝的混合品，花粉占多数，呈黄色粉末；细腻，手捻有光滑感，易附于手指上。花药短条状，长 0.2 ～ 0.3cm，棕黄色，具四棱，棱槽明显，顶端呈褐色至黑褐色，手捻易碎。花丝丝状，不规则弯曲或缠绕成团，棕黄色，手捻易成团。气微，味淡。

蒲黄：为黄色粉末。体轻，放水中则漂浮水面。手捻有滑腻感，易附着手指上。气微，味淡。

【质量要求】草蒲黄：无泥沙杂质，不霉。蒲黄：色黄，细滑粉状。

【药材炮制】草蒲黄：除去杂质。

蒲黄：揉碎结块，过筛。炒蒲黄：取蒲黄饮片，炒至表面微焦时，取出，摊凉。蒲黄炭：取蒲黄饮片，炒至浓烟上冒，表面棕褐色时，微喷水，灭尽火星，取出，晾干。

【化学成分】花粉含黄酮类：异鼠李素（isorhamnetin）、山柰酚（kaempferol）、槲皮素（quercetin）、柚皮素（naringenin）、异鼠李素 -3-*O*-α- 鼠李糖基 -α- 鼠李糖基 -β- 葡萄糖苷（isorhamnetin-3-*O*-α-rhamnosyl-α-rhamnosyl-β-glucoside）、异鼠李素 -3-*O*-α-L- 鼠李糖基（1 → 2）-β-D- 葡萄糖苷［isorhamnetin-3-*O*-α-L-rhamnosyl-（1 → 2）-β-D-glucoside］、山柰素 -3-*O*-α- 鼠李糖基 -β- 葡萄糖苷（kaempferol-3-*O*-α-rhamnosyl-β-glucoside）、槲皮素 -3-*O*-α- 鼠李糖基 -β- 葡萄糖苷（quercetin-3-*O*-α-rhamnosyl-β-glucoside）[1]，异鼠李素 -3-*O*- 芸香糖苷（isorhamnetin-3-*O*-rutinoside）、槲皮素 -3-*O*-（2′-α-L- 鼠李糖基）- 芸香糖苷［quercetin-3-*O*-（2′-α-L-rhamnosyl）-rutinoside］、香蒲新苷（typhaneoside）、山柰酚 -3-*O*- 新橙皮糖苷（kaempferol-3-*O*-neohesperidoside）和山柰酚 -3-*O*-（2′-α-L- 鼠李糖基）- 芸香糖苷［kaempferol-3-*O*-（2′-α-L-rhamnosyl）-rutinoside］[2]，山柰酚 -3-*O*-（2′-α-L- 鼠李糖基）- 芸香糖苷［kaempferol-3-*O*-（2′-α-L-rhamnosyl）-rutinoside］[3]，槲皮素 -3-*O*- 新橙皮糖苷（quercetin-3-*O*-neohesperidoside）、异鼠李素 -3-*O*- 新橙皮糖苷（isorhamnetin-3-*O*-neohesperidoside）[2,3]和异鼠李素 -3-*O*- 芸香糖苷（isorhamnetin-3-*O*-rutoside）[2]；氨基酸类：丝氨酸（Ser）、谷氨酸（Glu）、脯氨酸（Pro）、赖氨酸（Lys）、天冬氨酸（Asp）、苏氨酸（Thr）、甘氨酸（Gly）、异亮氨酸（Ile）和苯丙氨酸（Phe）等[4]；元素：铁（Fe）、铜（Cu）、锌（Zn）、铬（Cr）、镍（Ni）、钴（Co）和锰（Mn）等[4]；脂肪酸酯类：棕榈酸（palmitic acid）[1]，硬脂酸（stearic acid）、十二烷酸（lauric acid）、单棕榈酸甘油酯（monopalmitin）[2]，十八烷酸丙酸醇酯（stearic acid propanetriol ester）[5]，二十五烷酸（pentacosanoic acid）、琥珀酸（succinic acid）[6]，二十烷酸（icosanoic acid）[7]，11, 14- 十八碳二烯酸甲酯（methyl 11, 14-octadecadienoate）和十六烷酸（hexadecanoic acid）等[8]；烷酮类：7- 甲基 -4- 三十烷酮（7-methy-4-triacontanone）[9]；烷醇类：二十九烷 -6, 8- 二醇（nonacosane-6, 8-diol）、二十九烷 -6, 10- 二醇（nonacosane-6, 10-diol）、二十九烷 -6, 21- 二醇（nonacosane-6, 21-diol）、二十六烷 -1- 醇（hexacosane-1-ol）、十六烷 -1- 醇（hexadecane-1-ol）[2]，正十九烷醇（*n*-nonadecanol）[6]和三十三烷 -6- 醇（tritriacontane-6-ol）[9]；烷烃类：2, 6, 11, 14- 四甲基十九烷（2, 6, 11, 14-tetramethyl nonadecane）[8]和二十五烷（pentacosane）[9]；酚酸类：香草酸（vanillic acid）[2,7]；生物碱类：尿囊素（allantoin）[2]，烟酸（nicotinic acid）[6]，海绵凤尾碱*（zarzissine）和胆碱（bilineurine）[10]；核苷类：6- 氨基嘌呤（6-aminopurine）、次黄嘌呤（hypoxanthine）、尿嘧啶（uracil）、胸腺嘧啶（thymine）[2]，嘧啶 -2, 4-（1H, 3H）二酮［pyrimidine-2, 4-（1H, 3H）dione］和 6- 甲基嘧啶 -2, 4-（1H, 3H）二酮［6-methyl pyrimidine-2, 4-（1H, 3H）-dione］[10]；甾体类：β- 谷甾醇棕榈酸酯（β-sitosterol palmitate）、β- 谷甾醇葡萄糖苷（β-sitosterol glucoside）、β- 谷甾醇（β-sitosterol）[1]，5α, 8α- 表二氧麦角甾 -6, 22- 二烯 -3β- 醇（5α, 8α-epidioxyergosta-6, 22-dien-3β-ol）、豆甾烷 -3, 6- 二酮（stigmastan-3, 6-dione）、β- 谷甾醇 -3-*O*- 吡喃葡萄糖苷 -6′- 棕榈酸酯（β-sitosteryl-3-*O*-glucopyranoside-6′-palmitate）、β- 谷甾醇 -3-*O*- 吡喃葡萄糖苷 -6′- 二十烷酸酯（β-sitosteryl-3-*O*-glucopyranoside-6′-eicosanoate）[2]，胡萝卜苷（daucosterol）[6]，豆甾烷 -4- 烯 -3- 酮（stigmast-4-en-3-one）和豆甾烷 -3, 6- 二酮（stigmast-3, 6-dione）[11]；脑苷脂类：1-*O*-（β-D- 吡喃葡萄糖氧基）-（2*S*, 3*S*, 4*R*, 8*Z*）-2-［（2′*R*）-2′- 羟基二十三酰胺基］-8- 十九烯 -3, 4- 二醇 {1-*O*-（β-D-glucopyranosyloxy）-（2*S*, 3*S*, 4*R*, 8*Z*）-2-［（2′*R*）-2′-hydroxytricosanoylamino］-8-nonadecene-3, 4-diol} 和 1-*O*-（β-D- 吡喃葡萄糖氧基）-（2*S*, 3*R*, 4*E*, 8*Z*）-2-［（2′*R*）-2′- 羟基十九烷酰胺基］-4, 13- 二烯十九烷 -3- 醇 {1-*O*-（β-D-glucopyranosyloxy）-（2*S*,

3R, 4E, 8Z)-2-[(2′R)-2′-hydroxynonadecanoylamino]-4, 13-nonadecene-3-ol}[12]；糖类：蔗糖（sucrose）[6]。

叶含黄酮类：槲皮素-3, 3′-二甲醚-4′-O-β-D-吡喃葡萄糖苷（quercetin-3, 3′-dimethyl ether-4′-O-β-D-glucopyranoside）、异鼠李素-4′-O-β-D-吡喃葡萄糖苷（isorhamnetin-4′-O-β-D-glucopyranoside）、槲皮素-3, 3′-二甲醚（quercetin-3, 3′-dimethyl ether）[13]，异鼠李素（isorhamnetin）、槲皮素（quercetin）、异鼠李素-3-O-β-半乳糖苷（isorhamnetin-3-O-β-galaetoside）和异鼠李素-3-O-新橙皮苷（isorhamnetin-3-O-neohesperidoside）[14]；脂肪酸类：正二十六烷酸（n-hexacosanoic acid）[13]；甾体类：β-谷甾醇（β-sitosterol）和胡萝卜苷（daucosterol）[13]。

【药理作用】1. 保护心肌　花粉乙醇提取物能有效降低犬的心肌氧提取量，对心肌缺血起到保护作用[1]。2. 抗氧化　花粉水提取物在大鼠脑缺血再灌注模型中能阻断氧自由基导致的细胞损伤，保护细胞结构和功能，从而减轻脑组织再灌注损伤，可显著提高脑组织乳酸脱氢酶（LDH）和超氧化物歧化酶（SOD）含量，降低丙二醛（MDA）含量[2]。3. 抗疲劳　花粉乙醇提取物可延长小鼠夹闭气管存活时间（心电消失时间）、小鼠尾静脉注射空气后的存活时间、颈总动脉结扎小鼠心电消失时间、小鼠常压耐缺氧时间、异丙肾上腺素所致小鼠死亡的存活时间、负重游泳小鼠的存活时间、小鼠爬杆时间等，提示有耐缺氧、抗疲劳的作用[3]。4. 镇痛　花粉乙醇提取物能明显减少乙酸所致的小鼠扭体次数，与阿司匹林效果相当[4]。5. 促凝血　花粉炭制品粉末混悬液、生品及炭制品醇提取液正丁醇部位均可明显降低大鼠凝血酶原时间（PT）、凝血酶时间（TT）、活化部分凝血活酶时间（APTT）[5]；花粉生品及炭制品水提取物均能改善血瘀大鼠异常的血液流变学指标[降低全血高切黏度、红细胞沉降率（血沉）、血沉方程K、红细胞刚性指数]，缩短凝血时间，降低纤维蛋白原含量，表现出一定的化瘀止血功效[6]；花粉的乙醇提取物腹腔给药后可明显缩短小鼠血液凝固时间、纤维蛋白凝固时间，离体试验中在鼠脑凝血活素及钙离子参与下可缩短纤维蛋白凝固时间，可促进体外血小板聚集作用[7]。6. 抗血栓　花粉水提取物能抑制大鼠动静脉吻合血栓的形成，降低血栓湿重，血栓抑制率达15%～43%，降低大鼠电刺激动脉血栓栓塞率[8]。7. 抗动脉粥样硬化（AS）　花粉混悬液能明显降低高脂饮食诱导的鹌鹑高血脂模型的血清总胆固醇（TC）、甘油三酯（TG）含量，抑制早期动脉粥样硬化斑点形成，从而达到抗动脉粥样硬化作用[9]。8. 免疫抑制　花粉乙醇提取物可抑制刀豆蛋白A（Con A）和脂多糖（LPS）刺激小鼠的脾细胞增殖，明显抑制卵清蛋白（OVA）免疫小鼠体内由刀豆蛋白A、脂多糖或卵清蛋白诱导的脾细胞增殖，显著降低卵清蛋白免疫小鼠体内卵清蛋白特异性总IgG、IgG1和IgG2b水平[10]。9. 抗肿瘤　花粉水提取物可明显抑制荷瘤小鼠Lewis肺癌细胞移植瘤生长，抑瘤率最高达59%，抑瘤作用可能与细胞周期阻滞、诱导肿瘤细胞凋亡有关[11]。

【性味与归经】蒲包草根：甘，凉。草蒲黄：甘，平。归肝、心包经。蒲黄：甘，平。归肝、心包经。

【功能与主治】蒲包草根：治腹内生瘤及各种肿瘤。草蒲黄：止血，化瘀，通淋。用于吐血，衄血，咯血，崩漏，外伤出血，血淋涩痛，经闭痛经。蒲黄：止血，化瘀，通淋。用于吐血，衄血，咯血，崩漏，外伤出血，经闭痛经，脘腹刺痛，跌扑肿痛，血淋涩痛。

【用法与用量】蒲包草根：60～90g，煎汤代茶。草蒲黄：煎服5～9g；外用适量，敷患处。蒲黄：煎服5～9g，包煎；外用适量，敷患处。

【药用标准】蒲包草根：上海药材1994；草蒲黄：上海药材1994、甘肃药材2009和宁夏药材1993；蒲黄：药典1977—2015、浙江炮规2015、新疆药品1980二册和台湾2013。

【临床参考】1. 产后及人流术后出血：炒花粉15g，加川芎、益母草、贯众各10g，五味子6g，每日1剂，水煎2次取汁300ml，早晚分服[1]。

2. 老年不稳定型心绞痛：花粉9g（包煎），加黄芪30g，丹参15g，党参、海藻、柴胡各9g，加水1000ml，煎煮取400ml，分2次饭后0.5h服，每日1剂，4周为1疗程[2]。

3. Ⅲ期压疮：创面清创后擦干，撒灭菌的蒲黄压疮散（花粉100g，加黄连、大黄、白及各10g，粉碎成极细粉，过100目筛，高压灭菌），分别用凡士林纱条、敷料覆盖创面，每日换药1次，10日后根据创面愈合情况，可 2 ～ 3 日换药 1 次[3]。

4. 非增殖性糖尿病视网膜病变：花粉 25g，加丹参 20g，旱莲草、藕节各 30g，牡丹皮、生地、郁金各 15g，荆芥炭、栀子各 10g，川芎、甘草各 6g，水煎至 300ml，分 2 次口服，1 次 150ml，4 周为 1 疗程[4]。

5. 口腔溃疡：花粉（包煎）12g，加生甘草 6g、五倍子 10g，水煎 2 次，三餐进食后，先用生理盐水漱口清洁口腔，再用药液漱口，30min 内禁食、禁饮，连用 1 周；花粉外敷覆盖口腔溃疡面处[5]。

6. 心腹诸痛、瘀滞腹痛：花粉，加五灵脂制成中成药失笑散，黄酒送服，1 次 3g，每日 2 次。

7. 各种出血：花粉 9g，加侧柏叶、生地各 9g，水煎服。

8. 溃疡性口腔炎：花粉适量，外搽患处。

9. 外伤出血：花粉，取适量外敷伤口。（6 方至 9 方引自《浙江药用植物志》）

【附注】以蒲包草之名始载于《本草纲目拾遗》，其引屈大均《广东新语》别名水蜡烛，云："水蜡烛，草本，生野塘间，秋杪结实，宛与蜡烛相似。风摇无弄影，煤具不燃烟，以其开花结实，俨似蜡烛，故名。芦苇荡中颇多，土人采其实，以治金刃伤止血用。"即为本种。

药材蒲黄孕妇慎服。

【化学参考文献】

[1] 陈嫵，张彩英 . 水烛香蒲花粉中的活性成分 [J]. 中草药，1990，21（2）：2-5.

[2] 陈毓，李锋涛，陶伟伟，等 . 蒲黄化学成分研究 [J]. 天然产物研究与开发，2015，27（9）：1558-1563.

[3] 贾世山，刘永漋，马超美，等 . 狭叶香蒲花粉（蒲黄）黄酮类成分的研究 [J]. 药学学报，1986，21（6）：441-446.

[4] 杨永华，刘桂焕，徐华，等 . 窄叶香蒲与长苞香蒲化学成分的分析研究 [J]. 中药通报，1986，11（12）：743-745.

[5] 陈佩东，严辉，张丽，等 . 蒲黄的化学成分研究Ⅱ [J]. 海峡药学，2008，20（12）：64-66.

[6] 李芳，陈佩东，丁安伟 . 蒲黄化学成分研究 [J]. 中草药，2012，43（4）：667-669.

[7] 陈佩东，丁安伟 . 蒲黄的化学成分研究 [J]. 海峡药学，2007，19（7）：60-61.

[8] 吴练中 . 蒲黄挥发油化学成分研究 [J]. 中草药，1993，24（8）：412.

[9] 贾世山，马超美，赵立芳，等 . 狭叶香蒲花粉（蒲黄）中的亲脂性成分 [J]. 植物学报，1990，32（6）：465.

[10] 冯绪强，曾光尧，谭健兵，等 . 水烛香蒲花粉镇痛活性部位化学成分研究 [J]. 中南药学，2012，10（3）：201-204.

[11] 陈佩东，丁安伟 . 蒲黄的化学成分研究 [J]. 吉林中医药，2011，31（1）：66-68.

[12] Tao W W，Yang N Y，Liu L，et al. Two new cerebrosides from the pollen of *Typha angustifolia* [J]. 2010，81（3）：196-199.

[13] 梁晶晶，孙连娜，陶朝阳，等 . 水烛香蒲叶的化学成分研究 [J]. 药学实践杂志，2007，25（3）：150-151.

[14] 廖矛川，刘永漋，肖培根 . 狭叶香蒲叶的黄酮类成分的研究 [J]. 植物学报，1990，32（2）：137-140.

【药理参考文献】

[1] 梁晶晶 . 水烛香蒲花粉（蒲黄）防治心肌缺血活性物质基础及其新资源的开发研究 [D]. 上海：第二军医大学硕士学位论文，2006.

[2] 王伦安，李德清，周其全 . 中药蒲黄提取物对大鼠脑缺血再灌注损伤的保护作用 [J]. 临床军医杂志，2003，31（3）：1-2.

[3] 俞腾飞，边力，王军，等 . 蒲黄醇提物对小鼠耐缺氧、抗疲劳的影响 [J]. 中药材，1991，14（2）：38-41.

[4] 冯绪强，曾光尧，谭健兵，等 . 水烛香蒲花粉镇痛活性部位化学成分研究 [J]. 中南药学，2012，10（3）：201-204.

[5] 马长振，陈佩东，张丽，等 . 蒲黄炭对大鼠凝血系统影响的实验研究 [J]. 南京中医药大学学报，2010，26（1）：42-43.

[6] 孔祥鹏，陈佩东，张丽，等 . 蒲黄与蒲黄炭对血瘀大鼠血液流变性及凝血时间的影响 [J]. 中草中国实验方剂学杂志，2011，17（6）：129-132.

[7] 杜力军，马立焱，於蓝，等 . 四种蒲黄对凝血系统作用的比较研究 [J]. 中草药，1996，27（1）：27-29.

[8] 赵桂珠，朱群娥 . 蒲黄煎液的抗大鼠实验性血栓作用 [J]. 中国生化药物杂志，2011，32（3）：222-224.

[9] 周芳，李爱媛，谢金鲜，等 . 蒲黄抗鹌鹑高脂血症及动脉粥样硬化的实验研究 [J]. 中国实验方剂学杂志，2006，12（8）：48-49.

[10] Qin F，Sun H X. Immunosuppressive activity of pollen *Typhae* ethanol extract on the immune responses in mice [J].

Journal of Ethnopharmacology，2005，102（3）：424-429.
［11］陈才法，缪进，李景辉，等．蒲黄水提物对小鼠 Lewis 肺癌的抑制作用［J］．解放军药学学报，2008，22（3）：192-195.

【临床参考文献】

［1］张云风．蒲黄汤治疗产后及人流术后出血临床体会［J］．中国社区医师（综合版），2007，9（19）：121.
［2］刘晓谷，王莉，钱鹏，等．蒲黄小复方治疗老年不稳定型心绞痛临床观察 50 例［J］．同济大学学报（医学版），2012，33（6）：87-89，107.
［3］刘鹏，王震，张涛，等．蒲黄压疮散治疗Ⅲ期压疮的研究［J］．现代中西医结合杂志，2016，25（19）：2063-2065.
［4］杜战国．生蒲黄汤治疗非增殖型糖尿病视网膜病变临床研究［J］．陕西中医，2018，39（7）：897-899.
［5］张军领．生蒲黄治疗口腔溃疡的临床应用［J］．中国中医药现代远程教育，2016，14（6）：135-136.

1039. 长苞香蒲（图 1039）· *Typha angustata* Bory et Chaub.

图 1039　长苞香蒲　　摄影　刘冰

【别名】狭叶香烛、水烛（浙江），狭香蒲。

【形态】多年生沼生草本，高 1 ～ 3m。叶细长，条形，长约 100cm，宽 6 ～ 10mm，基部鞘状抱茎；鞘边缘膜质，开裂而相叠。穗状花序，圆锥状；雌雄花序之间相隔 2 ～ 7cm；雄花序长达 20 ～ 30cm，直径 1cm；雄花有雄蕊 3 枚，花药长 1.2 ～ 1.5mm，花粉粒单生；雌花序长 10 ～ 20cm，直径约 1cm；雌花有小苞片，与柱头近等长，果期花各部增长；小苞片和白柔毛同长，均长于柱头。果实长 1.5 ～ 2mm，无沟；在同一花序轴上有时出现 2 节相连的果序。花果期 6 ～ 7 月。

【生境与分布】生于池塘边或湖泊浅水中。分布于华东各地，另华中、华北、西北、东北均有分布；日本、菲律宾和俄罗斯也有分布。

【药名与部位】蒲黄，花粉。

【采集加工】夏季花将开放时采收蒲棒上部的黄色雄性花穗，晒干后碾轧，筛取细粉。

【药材性状】为鲜黄色的细小花粉。质轻松，遇风易飞扬，粘手而不成团，放入水中则漂浮水面。用放大镜检视，为扁圆形颗粒，或杂有绒毛。无臭，无味。

【质量要求】色鲜黄、粉细、光滑、纯净、无杂质。

【药材炮制】生蒲黄：揉碎结块，过筛，除去杂质。蒲黄炭：取蒲黄，置锅内用武火炒至全部黑褐色，但须存性，喷淋清水，将结块揉碎，过筛。

【化学成分】雄花序含甾体类：β- 谷甾醇棕榈酸酯（β-sitosteryl palmitate）、β- 谷甾醇（β-sitosterol）和 5α- 豆甾烷 -3, 6- 二酮（5α-stigmastan-3, 6-dione）[1]；烷烃类：二十五烷（pentacosane）[1]；烷醇类：二十九烷 -6, 21- 二醇（nonacosane-6, 21-diol）、三十一烷 -6- 醇（hentriacontan-6-ol）、二十九烷 -6, 8- 二醇（nonacosane-6, 8-diol）和二十九烷 -6, 10- 二醇（nonacosane-6, 10-diol）[1]；黄酮类：柚皮素（naringenin）[2]，异鼠李素（isorhamnetin）、槲皮素（quercetin）、异鼠李素 -8-*O*- 芸香糖苷（isorhamnetin-8-*O*-rutinoside）[3]，异鼠李素 -3-*O*- 葡萄糖基鼠李糖基鼠李糖苷（isorhamnetin-3-*O*-glucosyl rhamnosyl rhamnoside）[4] 和异鼠李素 -3-*O*-（2G-α-L- 鼠李糖基）- 芸香糖苷［isorhamnetin-3-*O*-（2G-α-L-rhamnosyl）-rutinoside］[5]；多元酸酯类：香蒲酸（typhic acid）[6]；氨基酸类：丝氨酸（Ser）、谷氨酸（Glu）、脯氨酸（Pro）、赖氨酸（Lys）、组氨酸（His）、天冬氨酸（Asp）、苏氨酸（Thr）[7,8]，甘氨酸（Gly）、异亮氨酸（Ile）和苯丙氨酸（Phe）等[9]；无机盐类：氯化钾（KCl）[2]；元素：铁（Fe）、铜（Cu）、锌（Zn）、铬（Cr）、镍（Ni）、钴（Co）和锰（Mn）等[7,9]；酚酸类：香草酸（vanillic acid）、对羟基苯甲醛（*p*-hydroxybenzaldehyde）和原儿茶酸（protocatechuic acid）[10]；苯丙素类：反式 - 对羟基肉桂酸（*trans*-*p*-hydroxycinnamic acid）和 1- 反式香豆酰 -2, 3- 二羟基丙酯（1-*trans*-coumaroyl-2, 3-dihydroxypropyl ester）[10]；多元醇类：D- 甘露醇（D-mannitol）[10]。

花粉含黄酮类：异鼠李素 -3-*O*-α-L- 鼠李糖基 -（1 → 2）–β-D- 吡喃葡萄糖苷［isorhamnetin-3-*O*-α-L-rhamnosyl-（1 → 2）-β-D-glucopyranoside］[11]，异鼠李素 -3-*O*-（2′-α-L- 鼠李糖基）-α-L- 鼠李糖基 -（1 → 6）-β-D- 吡喃葡萄糖苷［isorhamnetin-3-*O*-（2′-α-L-rhamnosyl）-α-L-rhamnosyl-（1 → 6）-β-D-glucopyranoside］[12] 和（2*S*）- 柚皮素［（2*S*）-naringenin］[13] 和水仙苷（narcissin），即异鼠李素 -3- 芸香糖苷（isorhammetin-3-rutinoside）[14]。

【药理作用】1. 调节心肌与血管　花粉中分离所得的水仙苷（narcissin，isorhammetin-3-rutinoside）能明显减轻静脉注射垂体后叶素引起的大鼠心肌缺血，可增加小鼠心肌 ^{86}Rb 提取率，其机制可能与钙拮抗有关，可明显抑制肾上腺素（NA）诱导的血管收缩[1]；花粉中分离得到的（2*S*）- 柚皮素［（2*S*）-naringenin］可显著抑制大动脉平滑肌细胞的增殖[2]。2. 促凝血　花粉的乙醇提取物腹腔给药后可明显缩短小鼠血液凝固时间、纤维蛋白凝固时间，离体试验中在鼠脑凝血活素及钙离子参与下可缩短纤维蛋白凝固时间，可促进体外血小板聚集作用[3]。3. 骨损伤修复　花粉的乙醇提取物对大鼠脱矿骨基质颅骨损伤修复模型能明显增加脱矿质骨基质的骨诱导作用[4]。

【性味与归经】甘，平。

【功能与主治】凉血，活血，消瘀；治妇女经闭，血气不行，心腹刺痛，产后瘀血作痛，跌扑血闷，疮疖肿毒；外治重舌口疮，聤耳出脓，耳中出血，阴下湿痒。

【用法与用量】煎服 7.5 ～ 15g；外用适量，研末敷患处。

【药用标准】药典 1963。

【附注】*Flora of China* 已将本种的学名修订为 *Typha domingensis* Persoon。

药材蒲黄孕妇慎服。

【化学参考文献】

[1] 刘法锦，廖汉成，朱晓薇．长苞香蒲化学成分的研究［J］. 中草药，1985，16（1）：48.

[2] 柳克铃，杨永华，刘桂焕．长苞香蒲化学成分的研究［J］. 湖南中医杂志，1987，1：40.

[3] 杨永华．长苞香蒲黄酮类化合物的研究［J］. 中草药，1983，14（1）：11-12.

[4] 杨永华，柳克铃，董志立．蒲黄中的新成分—香蒲甙的鉴定［J］. 湖南中医杂志，1990，2：53.

[5] 廖矛川，刘永隆．蒙古香蒲、宽叶香蒲和长苞香蒲花粉的黄酮类化合物的研究［J］. 植物学报，1989，31（12）：939-947.

[6] 徐利锋，王素贤，朱廷儒，等．香蒲酸的结构［J］. 药学学报，1987，22（6）：433-437.

[7] 杨永华，刘桂焕，徐华雄，等．窄叶香蒲与长苞香蒲化学成分的分析研究［J］. 中药通报，1986，11（12）：743-745.

[8] 刘法锦，金幼兰．长苞香蒲氨基酸成分的研究［J］. 湖南中医杂志，1985，3：42.

[9] 杨永华，刘桂焕，徐华雄，等．香蒲花粉的微量元素和氨基酸分析［J］. 中草药，1986，17（11）：45.

[10] 徐利锋，王素贤，朱廷儒．狭香蒲雌花序的化学成分［J］. 植物学报，1986，28（5）：523-527.

[11] 王实强，张水寒，杨永华．长苞香蒲花粉（蒲黄）黄酮类成分的研究［J］. 湖南中医学院学报，1999，19（1）：5-6.

[12] 秦文清．长苞香蒲花粉（蒲黄）黄酮类成分的研究［J］. 湖南中医药导报，2003，9（2）：57-58.

[13] Lee J J，Yi H S，Kim I S，et al.（2*S*）-Naringenin from *Typha angustata* inhibits vascular smooth muscle cell proliferation via a G_0/G_1 arrest［J］. J Ethnopharmacol，2012，139（3）：873-878.

[14] 陈立峰，李群爱，王瑰萱．水仙甙对心肌供血与离体主动脉条的影响［J］. 中草药，1988，19（3）：19-21.

【药理参考文献】

[1] 陈立峰，李群爱，王瑰萱．水仙甙对心肌供血与离体主动脉条的影响［J］. 中草药，1988，19（3）：19-21.

[2] Nhiem N X，Kiem P V，Minh C V，et al. A potential inhibitor of rat aortic vascular smooth muscle cell proliferation from the pollen of *Typha angustata*［J］. Arch Pharm Res，2010，33（12）：1937-1942.

[3] 杜力军，马立焱，於蓝，等．四种蒲黄对凝血系统作用的比较研究［J］. 中草药，1996，27（1）：27-29.

[4] Yan S Q，Wang G J，Shen T Y. Effects of pollen from *Typha angustata* on the osteoinductive potential of demineralized bone matrix in rat calvarial defects［J］. Clin Orthop Relat Res，1994，306：239-246.

一二四　露兜树科 Pandanaceae

常绿乔木、灌木或木质藤本。地上茎有时极短或无，常从干上或枝上发出气生根或支柱根，有时攀援状。叶 3 ～ 4 列或螺旋状排列而聚生于枝顶，叶片狭长，革质，带状，基部有鞘，中脉常凸起呈脊状，叶缘和中脉上常有锐刺。花单性，雌雄异株，排成腋生或顶生的穗状花序、头状花序、总状花序或圆锥花序，为叶状或佛焰苞状的苞片所包围；花被无或小；雄花雄蕊多数，花丝分离或合生，花药直立，基着，2 室，纵裂，无退化雌蕊或退化雌蕊极小；雌花心皮多数，分离或与邻近的心皮连生成束，子房上位，1 至多室，胚珠 1 至多数，基生或着生于侧膜胎座上，花柱极短或无，柱头 1 或多数，无退化雄蕊或退化雄蕊小。聚花果卵球形或圆柱状；种子 1 至多数，极小。

5 属，约 700 种，分布于非洲西部、亚洲南部和大洋洲北部。中国 2 属，7 种，产于南部和西南地区，法定药用植物 1 属，1 种。华东地区法定药用植物 1 属，1 种。

露兜树科法定药用植物仅露兜树属 1 属，该属特征成分鲜有报道。露兜树属含皂苷类、木脂素类、黄酮类、苯丙素类等成分。皂苷类如 28，29- 去甲基环木菠萝烷 -24（31）- 烯 -3- 酮［28，29-norcycloartan-24（31）-en-3-one］、环木菠萝烷 -24（31）- 烯 -3- 酮［cycloartan-24（31）-en-3-one］等；木脂素类如丁香脂素（syringaresinol）、柳叶柴胡酚（salicifoliol）、开环异落叶松脂素（secoisolariciresinol）等；黄酮类如异牡荆素（isovitexin）、牡荆素（vitexin）等；苯丙素类如咖啡酸（caffeic acid）、阿魏酸（ferulic acid）、3，5-*O*- 二咖啡酰奎宁酸乙酯（ethyl 3，5-di-*O*-caffeoylquinate）等。

1. 露兜树属 *Pandanus* Park.

常绿乔木或灌木，稀草本，具气生根。叶常聚生于枝顶；叶片革质，狭长呈带状，基部具膜质叶鞘，叶片全缘或有具齿，叶脉平行，中脉突出。花序顶生或腋生，由 2 ～ 5 枚具柄的肉穗花序组成，排列成伞状花序或总状花序，佛焰苞数枚，肉质，常具颜色。花单性，稀两性，花被缺失，雌雄异株；雄花雄蕊多数，着生于穗轴上或簇生于柱状体的顶端，花药直立，基着；雌花心皮多数，分离或数至多枚联生成束，子房上位，1 室，胚珠多数，有退化雄蕊，花柱 2 或多数，离生或聚合。果为球形、卵形或长椭圆形的聚花果，由多数木质、有角的核果组成，宿存柱头头状、齿状或刺状；种子卵形或纺锤形。

650 种，分布于东半球的热带地区。中国 6 种，主产于南部和西南部地区，法定药用植物 1 种。华东地区法定药用植物 1 种。

1040. 露兜树（图 1040）• *Pandanus tectorius* Soland. ex Balf. f.（*Pandanus odoratissimus* auct. non Linn. f.）

【别名】露兜簕，林投（福建），露花。

【形态】常绿分叉灌木或小乔木，高 3 ～ 10m。茎分枝，通常具气生根。叶聚生于枝顶，革质，带状，长达 1m，宽 3 ～ 5cm，顶端渐狭呈一长尾尖，边缘和下面中脉上有锐刺。花单性，雌雄异株；雄花序由数个穗状花序组成，长约 25cm；佛焰苞长披针形，长 12 ～ 25cm，宽 2 ～ 4.5cm，顶端尾尖，边缘有锐刺；穗状花序无总花梗，长 6 ～ 13cm，宽 1.5 ～ 3cm，雄花多数，密生，芳香，雄蕊数枚，着生于柱状体顶端，柱状体长约 3mm，花丝较短于柱状体，花药条形，顶端有小尖头；雌花序头状，单生于枝顶，圆球形。果为球形的聚花果，直径 15 ～ 20cm，由 50 ～ 80 个小核果组成，小核果顶端的宿存柱头呈乳头状或马蹄状。花期 1 ～ 5 月。

图 1040　露兜树　　摄影　郭增喜等

【生境与分布】生于海边沙丘或海岸沙地上。分布于福建沿海，另广东、广西、海南、云南、台湾均有分布；亚洲热带地区和澳大利亚南部也有分布。

【药名与部位】露兜簕（露兜根），根及根茎。

【采集加工】全年均可采挖，洗净，切段或块，晒干。

【药材性状】为类圆柱形或不规则块状、段状，大小不等。外表灰黄色，有纵皱纹及凹陷的小皮孔；表皮薄同浮离，易剥落，脱皮处显黄白色至黄棕色，可见筋脉状的中柱维管束；皮部薄，中柱大；横切面见均匀分布的中柱维管束，纵剖面观，中柱维管束易离散呈丝状。质轻松而韧，难折断。气微，味甘淡。

【药材炮制】除去杂质，洗净，切片，干燥。

【化学成分】根含三萜类：28, 29- 去甲基环木菠萝烷 -24（31）- 烯 -3- 酮［28, 29-norcycloartan-24（31）-en-3-one］、环木菠萝烷 -24（31）- 烯 -3- 酮［cycloartan-24（31）-en-3-one］和 28- 去甲基环木菠萝烷 -24（31）- 烯 -3- 酮［28-norcycloartan-24（31）-en-3-one］[1]；甾体类：β- 豆甾醇（β-stigmasterol）和 β- 谷甾醇（β-sitosterol）[1]；脂肪酸类：棕榈酸（palmitic acid）[1]。

根和根茎含氨基酸类：谷氨酸（Glu）、天冬氨酸（Asp）和亮氨酸（Leu）等[2]；元素：铁（Fe）、锰（Mn）和铬（Cr）等[2]；挥发油类：细辛脑（asarone）、长叶松香芹酮（longipinocarvone）和 2- 甲基 -6-（4- 甲基苯基）庚 -2- 烯 -4- 酮［2-methyl-6-（4-methylphenyl）hept-2-en-4-one］等[3]；三萜类：29（30）- 去甲环木菠萝 -24（28）- 烯 -3- 酮［29（30）-norcycloartan-24（28）-en-3-one］、环木菠萝 -24（28）- 烯 -3- 酮［cycloartan-24（28）-en-3-one］和 30- 去甲环木菠萝 -24（28）- 烯 -3- 酮［30-norcycloartan-24

(28)-en-3-one][4]；甾体类：β-豆甾醇（β-stigmasterol）和β-谷甾醇（β-sitosterol）[4]；脂肪酸类：棕榈酸（palmitic acid）[4]。

根茎含醌类：大黄素甲醚（physcion）和线叶蓟尼酚（cirsilineol）[5]；苯丙素类：3-羟基-2-异丙烯基-2-羟苯并呋喃-5-羧酸甲酯（3-hydroxy-2-isopropenyl-dihydrobenzofuran-5-carboxylic acid methyl ester）、桉脂素（eudesmin）、考布素（kobusin）、松脂素（pinoresinol）、表松脂素（epipinoresinol）、去-4′-*O*-甲基桉脂素（de-4′-*O*-methyleudesmin）和3, 4-双（4-羟基-3-甲氧基苄基）-四氢呋喃[3, 4-bis（4-hydroxy-3-methoxybenzyl）-tetrahydrofuran][6]；甾体类：豆甾醇（stigmasterol）、油菜甾醇（campesterol）、β-谷甾醇（β-sitosterol）、胡萝卜苷（daucosterol）[5]，β-谷甾烯酮（β-sitostenone）、豆甾-4-烯-3, 6-二酮（stigmast-4-en-3, 6-dione）[7]，α-菠菜甾醇（α-spinasterol）、豆甾-7-烯-3β-醇（stigmast-7-en-3β-ol）、菠甾醇己酸酯（spinasterol caproate）和豆甾-4-烯-6β-醇-3-酮（stigmast-4-en-6β-ol-3-one）[6]；脂肪酸类：棕榈酸（palmitic acid）和硬脂酸（stearic acid）[5]；烷醇类：1-三十烷醇（1-triacontanol）[5]。

叶含酚类：4-{4-（3, 4-二甲氧基苯基）六氢呋喃[3, 4-c]呋喃-1-基}-2-甲氧基苯基乙酸酯{4-{4-（3, 4-dimethoxyphenyl）hexahydrofuro[3, 4-c]furan-1-yl}-2-methoxyphenyl acetate}[8]。

花含挥发油：苯乙基甲基氧化物（phenethyl methyl oxide）、二戊烯（dipentene）、α-芳樟醇（α-linalool）、苯乙酮乙酯（acetophenone ethyl ester）、香叶醛（geranialdehyde）、苯乙醇（benzyl alcohol）、己酸（hexanoic acid）、硬酯萜（stiff ester terpene）、酞酸酯（phthalic acid ester）[9]，橙花醇（nerol）、橙花醇乙酯（neryl acetate）、香茅醇乙酯（citronellyl acetate）、金合欢醇（farnesol）和橙花叔醇（nerolidol）[10]。

雄花序的花蕊含油脂类：2-苯乙基甲酯（2-phenylethyl methyl ether）、萜品烯-4-醇（terpinen-4-ol）、α-松油醇（α-terpineol）、2-苯乙醇（2-phenylethyl alchohol）、安息香酸苯甲酯（benzyl benzoate）、绿毛菌烃（viridine）和大根香叶烯B（germacrene B）[11]。

果实含香豆素类：东莨菪内酯（scopoletin）[12]，露兜树素*A（pandanusin A）、香柑内酯，即佛手柑内酯（bergapten）、6-（6′-羟基-3′, 7′-二甲基辛-2′, 7′-二烯基）-7-羟基香豆素[6-（6′-hydroxy-3′, 7′-dimethylocta-2′, 7′-dienyl）-7-hydroxycoumarin]和6-（6′, 7′-二羟基-3′, 7′-二甲基辛-2′-烯基）-7-羟基香豆素[6-（6′, 7′-dihydroxy-3′, 7′-dimethyloct-2′-enyl）-7-hydroxycoumarin][13]；三萜类：齐墩果酸（oleanolic acid）[14, 15]；脂肪酸及酯类：1-*O*-（28-羟基二十八酰基）甘油[1-*O*-（28-hydroxyoctacosanoyl）glycerol][13]，二十六烷酸（hexacosanoic acid）[14]，十五烷酸（pentadecanoic acid）、十七烷酸（heptadecanoic acid）[14]，油酸（oleic acid）、亚油酸（linoleic acid）、棕榈酸（palmitic acid）[16]和油酸甘油酯（monoolein）[17]；酚酸类：原儿茶酸（protocatechuic acid）[12]，它乔糖苷（tachioside）[13]，丁香醛（syringaldehyde）[12, 16]，对羟基苯甲醛（*p*-hydroxybenzaldehyde）、香草醛（vanillin）[16, 18, 19]和（*Z*）-4-羟基-3-（4-羟基-3-甲基丁-2-烯-1-基）苯甲醛[（*Z*）-4-hydroxy-3-（4-hydroxy-3-methylbut-2-en-1-yl）benzaldehyde][18]；木脂素类：（+）-南烛木树脂酚[（+）-lyoniresinol]、2, 3-二-（4-羟基-3-甲氧基苯基）-3-甲氧基丙醇[2, 3-bis-（4-hydroxy-3-methoxyphenyl）-3-methoxypropanol]、（−）-蛇菰脂醛素[（−）-balanophonin][13]，（+）-杜仲树脂酚[（+）-medioresinol]、（+）-丁香树脂酚[（+）-syringaresinol]和（+）-松脂酚[（+）-pinoresinol][13, 19]；黄酮类：木犀草素（luteolin）和（*S*）-2, 3-二氢木犀草素[（*S*）-2, 3-dihydroluteolin][13]；苯丙素类：松柏醛（coniferaldehyde）、咖啡酸甲酯（methyl caffeate）、阿魏酸（ferulic acid）[12]，对羟基肉桂醛（*p*-hydroxycinamaldehyde）[13]，（*E*）-阿魏醛[（*E*）-ferulaldehyde]、（*E*）-芥子醛[（*E*）-sinapinaldehyde][18]，肉桂酸乙酰酯（cinnamyl acetate）[20]，异绿原酸b（isochlorogenic acid b）、异绿原酸c（isochlorogenic acid c）、4-咖啡酰奎宁酸（4-caffeoylquinic acid）、3, 4, 5-三咖啡酰奎宁酸（3, 4, 5-tricaffeoylquinic acid）、1, 3-二咖啡酰奎宁酸（1, 3-dicaffeoylquinic acid）、3-（3, 4-二羟基肉桂酰基）奎宁酸[3-（3, 4-dihydroxycinnamoyl）quinic acid]、3, 5-二咖啡酰奎宁酸甲酯（methyl 3, 5-dicaffeoylquinate）、3, 4-二咖啡酰奎宁酸甲酯（methyl 3, 4-dicaffeoylquinate）、1, 3, 4, 5-四羟基-3, 5-二（3, 4-二羟基桂皮酸酯）-环己烷甲酸[1, 3, 4, 5-tetrahydroxy-3, 5-bis（3, 4-dihydroxycinnamate）-cyclohexanecarboxylic acid］和（1*R*, 3*R*, 4*S*, 5*R*）-3-{［3-（3, 4-二羟基苯基）-1- 酮基 -2- 丙烯 -1- 基］氧基}-1, 4, 5- 三羟基环己烷甲酸{（1*R*, 3*R*, 4*S*, 5*R*）-3-{［3-（3, 4-dihydroxyphenyl）-1-oxo-2-propen-1-yl］oxy}-1, 4, 5-trihydroxycyclohexanecarboxylic acid}[21]；甾体类：β-谷甾醇（β-sitosterol）、豆甾醇（stigmasterol）、胡萝卜苷（daucosterol）[16]，菜油甾醇（campesterol）、过氧化麦角甾醇（epidioxyergosta）和胆甾 -4- 烯 -3- 酮（cholest-4-en-3-one）[17]；挥发油类：3- 甲基 -3-丁烯 -1- 乙酯（3-methyl-3-buten-1-acetate）、冰片乙酸酯（bornyl acetate）、芳樟醇（linalool）、樟烯（camphene）、丁香油酚（eugenol）、α- 萜品醇（α-terpineol）、β- 石竹烯（β-caryophyllene）、香叶基乙酸酯（geranyl acetate）、香叶醇（geraniol）、苄基乙酸酯（benzyl acetate）、橙花醇乙酯（neryl acetate）、α- 葎草烯（α-humulene）和金合欢醇乙酸酯（farnesyl acetate）[20]；烷醇类：正十六烷醇（*n*-hexadecanol）[17]；烯酯类：异戊烯二甲基烯丙酯（isopentenyl dimethylpropyl ester）[20]；烷烃苷类：β-D- 吡喃果糖甲苷（methyl β-D-fructopyranoside）[13]；呋喃类：5- 羟基糠醛（5-hydroxymethylfurfual）[18]。

茎皮含单萜类：黑麦草内酯（loliolide）[22]；苯并呋喃类：3- 羟基 -2- 异丙烯基 - 二氢苯并呋喃 -5-甲酸甲酯（3-hydroxy-2-isopropenyl dihydrobenzofuran-5-carboxylic acid methyl ester）[22]；苯丙素类：咖啡酸（caffeic acid）、阿魏酸（ferulic acid）[22]，3, 5-*O*- 二咖啡酰奎宁酸甲酯（methyl 3, 5-di-*O*-caffeoylquinate）、3, 5-*O*- 二咖啡酰奎宁酸乙酯（ethyl 3, 5-di-*O*-caffeoylquinate）、3, 4-*O*- 二咖啡酰奎宁酸甲酯（methyl 3, 4-di-*O*-caffeoylquinate）和二氢去氢二松柏醇（dihydrodehydrodiconiferyl alcohol）[23]；木脂素类：柳叶柴胡酚（salicifoliol）、松脂醇（pinoresinol）、表松脂醇（epi-pinoresinol）、桉脂素 A（eudesmin A）、松脂醇 -4-*O*-β-D- 葡萄糖苷（pinoresinol-4-*O*-β-D-glucoside）[22]，（+）- 南烛木树脂酚 -3α-*O*-β- 吡喃葡萄糖苷［（+）-lyoniresinol-3α-*O*-β-glucopyranoside］和（-）- 南烛木树脂酚 -3α-*O*-β- 吡喃葡萄糖苷［（-）-lyoniresinol-3α-*O*-β-glucopyranoside］[23]；黄酮类：异牡荆素（isovitexin）和牡荆素（vitexin）[23]；酚酸类：原儿茶酸（protocatechuic acid）、对羟基苯甲酸（*p*-hydroxybenzoic acid）、苏式 -2, 3- 二 -（4- 羟基 -3- 甲氧基苯基）-3- 乙氧基 -1- 丙醇［*thero*-2, 3-bis-（4-hydroxy-3-methoxyphenyl）-3-ethoxypropan-1-ol］和赤式 -2, 3- 二 -（4- 羟基 -3- 甲氧基苯基）-3- 乙氧基 -1- 丙醇［*erythro*-2, 3-bis-（4-hydroxy-3-methoxy-phenyl）-3-ethoxypropan-1-ol］[22]；苄苷类：1′-*O*- 苄基 -α-L- 吡喃鼠李糖基 -（1″→6′）-β-D- 吡喃葡萄糖苷［1′-*O*-benzyl-α-L-rhamnopyranosyl-（1″→6′）-β-D-glucopyranoside］和苄醇 -β-D-吡喃葡萄糖苷（benzyl-β-D-glucopyranoside）[23]。

【药理作用】1. 护肝　根的乙醇提取物可抑制由扑热息痛诱导升高的大鼠血清谷丙转氨酶（ALT）、天冬氨酸氨基转移酶（AST）、碱性磷酸酶（ALP）、胆红素（总胆红素和直接胆红素）和甘油三酯（TG）含量，呈剂量依赖性，可降低由扑热息痛造成的肝细胞、胆管、肝门静脉分支的损伤、再生、坏死的程度[1]。2. 降血脂　果实乙醇提取物的正丁醇部位可明显降低高脂金黄地鼠模型的腹膜后脂肪含量及血清总胆固醇（TC）、甘油三酯、低密度脂蛋白胆固醇（LDL-C）、肝脏中总胆固醇和甘油三酯含量，同时抑制肝脏中脂质聚积，降低肝脏中胆固醇和脂肪酸的含量[2]。3. 抗氧化　果实乙醇提取物对 1, 1- 二苯基 -2-三硝基苯肼（DPPH）自由基、2，2′- 联氮 - 二（3- 乙基 - 苯并噻唑 -6- 磺酸）二铵（ABTS）自由基和羟自由基（·OH）具有清除作用，呈剂量依赖性[3]。4. 抗菌　果实乙酸乙酯提取物对革兰氏阴性菌（大肠杆菌、铜绿假单胞菌）和革兰氏阳性菌（金黄色葡萄球菌、枯草芽孢杆菌）的生长具有抑制作用，抑菌效果弱于常用抗生素如氨苄青霉素、青霉素等[4]。5. 降血糖　果实乙醇提取物中分离得的露兜树素* A（pandanusin A）、佛手柑内酯（bergapten）和（+）- 丁香树脂酚［（+）-syringaresinol］等成分在体外均有抑制 α- 葡萄糖苷酶活性的作用，其抑制作用高于阿卡波糖[5]；果实乙醇提取物正丁醇部位可显著降低糖尿病模型 db/db 小鼠的体重、摄水量、摄食量、肝、肾和脂肪重量，呈剂量依赖性，并可降低空腹血糖、胰岛素含量，增加糖耐量和胰岛素敏感性[6]。

毒性　大鼠灌胃给予根乙醇提取物的半数致死剂量（LD_{50}）大于 3g/kg[1]。

【性味与归经】辛、淡，凉。归肝、肾经。

【功能与主治】发汗解表，清热利湿，行气止痛。用于感冒发热，湿热黄疸，腹水膨胀，水肿尿少热淋，石淋，目赤肿痛，风湿痹痛，疝气痛，跌打损伤。

【用法与用量】15 ～ 30g。

【药用标准】广东药材 2011。

【附注】《本草纲目拾遗》在"露花粉"条引《粤志》云："露花生番禺蓼涌，状如菖蒲，其叶节边有刺，叶落根以火熇之，成枝干而多花。花生丛叶中，其瓣大小亦如叶，而色莹白，柔滑无芒刺，花抱蕊心如穗，朝夕有零露在苞中，可以解渴，又有粉可入药，其生于他土者，蕊落结子，大如瓜，曰路头花，多不香，惟露花盛夏时露花始熟，以花覆盆盎晒之，香落茶子油中，其气馥烈，是曰露花油。"根据上述植物形态特征，即为本种。

露兜树 *Pandanus tectorius* Soland. ex Balf. f. 常被或曾经被误定为 *Pandanus odoratissimus* Linn. f.，某些文献中拉丁学名为 *Pandanus odoratissimus* Linn. f. 的基原植物实为露兜树，但并非所有该拉丁学名均为露兜树，故本种收载拉丁学名为 *Pandanus odoratissimus* Linn. f. 的文献是否全部为露兜树，有待进一步考证。

本种的嫩叶、花、核果（橹罟子）民间也作药用。

药材露兜簕（露兜根）孕妇忌服。

【化学参考文献】

[1] 刘嘉炜. 露兜簕根化学成分研究 [J]. 中草药，2012，43（4）：636-639.

[2] 彭丽华，刘嘉炜，郑家概，等. 露兜簕氨基酸及无机微量元素分析 [J]. 中国民族民间医药，2012，21（5）：24-25.

[3] 刘嘉炜，彭丽华，冼美廷，等. 露兜簕超临界 CO_2 萃取物 GC-MS 分析 [J]. 中国现代中药，2012，14（4）：4-6.

[4] 彭丽华. 露兜树属药用植物露兜簕化学成分研究 [D]. 广州：广州中医药大学硕士学位论文，2011.

[5] 吴练中，覃洁萍，陈惠红，等. 露兜树化学成分的研究 [J]. 中草药，1987，18（9）：391-393.

[6] Jong T T，Chau S W. Antioxidative activities of constituents isolated from *Pandanus odoratissimus* [J]. Phytochemistry，1998，49（7）：2145-2148.

[7] 曲文浩，王玉珏，王明时. 山菠萝化学成分的研究 [J]. 中国药科大学学报，1990，21（1）：51-52.

[8] Londonkar R，Kamble A. Bioactive compound isolated from *Pandanus odoratissimus* Linn. [J]. Journal of Pharmacy Research，2012，5（7）：3709-3713.

[9] Dhingra S N，Dhingra D R，Gupta G N. Essential oil of Kewda（*Pandanus odoratissimus*）[J]. Perfumery and Essential Oil Record，1954，45：219-222.

[10] Nigam M C，Ahmad A. Chemical and gas chromatographic examination of essential oil of *Pandanus odoratissimus*（Keora）flowers [J]. Indian Perfumer，1992，36（2）：93-95.

[11] Raina V K，Kumar A，Srivastava S K，et al. Essential oil composition of 'kewda'（*Pandanus odoratissimus*）from India [J]. Flavour and Fragrance Journal，2004，19（5）：434-436.

[12] 付艳辉，魏珍妮，陈启圣，等. 露兜簕果实的化学成分研究 [J]. 广东化工，2015，42（3）：16-17.

[13] Nguyen T P，Le T D，Minh P N，et al. A new dihydrofurocoumarin from the fruits of *Pandanus tectorius* Parkinson ex Du Roi [J]. Nat Prod Res，2016，30（21）：2389-2395.

[14] 武嫱. 露兜簕果中有效成分的研究 [D]. 海口：海南大学硕士学位论文，2011.

[15] 武嫱，章程辉，牛雷，等. 露兜簕果萜类化合物的分离和鉴定 [J]. 食品研究与开发，2012，33（12）：124-126.

[16] 詹莉莉. 露兜簕果有效成分提取及分离研究 [D]. 海口：海南大学硕士学位论文，2013.

[17] 冯献起，顾明广，王聪，等. 红树林植物露兜簕果实的化学成分研究 [J]. 应用化工，2013，42（6）：1154-1155.

[18] Mai D T，Le T D，Nguyen T P，et al. A new aldehyde compound from the fruit of *Pandanus tectorius* Parkinson ex Du Roi [J]. Nat Prod Res，2015，29（15）：1437-1441.

[19] Nguyen M C，Ninh T D，Doan T V，et al. Isolation of some phenolic compounds from fruits of *Pandanus odoratissimus* L. f. [J]. Tap Chi Hoa Hoc，2015，53（4）：432-435.

[20] Vahirua-Lechat I，Menut C，Roig B，et al. Isoprene related esters，significant components of *Pandanus tectorius* [J]. Phytochemistry，1996，43（6）：1277-1279.

[21] Liu H L，Zhang X P，Wu C M，et al. Anti-hyperlipidemic caffeoylquinic acids from the fruits of *Pandanus tectorius* Soland [J]. Journal of Applied Pharmaceutical Science，2013，3 (8)：16-19.

[22] 安妮，张婷婷，桂梅，等. 露兜簕茎皮化学成分的研究 [J]. 中国药学杂志，2015，50 (11)：931-934.

[23] 金燕，孙洋，吴悠楠，等. 露兜簕茎皮化学成分研究 [J]. 中国药学杂志，2017，52 (14)：1223-1226.

【药理参考文献】

[1] Mishra G，Khosa R L，Singh P，et al. Hepatoprotective potential of ethanolic extract of *Pandanus odoratissimus* root against paracetamol-induced hepatotoxicity in rats [J]. J Pharm Bioallied Sciences，2015，7 (1)：45-48.

[2] Zhang X P，Wu C M，Wu H F，et al. Anti-hyperlipidemic effects and potential mechanisms of action of the caffeoylquinic acid-rich *Pandanus tectorius* fruit extract in hamsters fed a high fat-diet [J]. Plos One，2013，8 (4)：e61922.

[3] 李奕星，马蔚红，袁德保，等. 露兜果实的抗氧化及抗菌活性研究 [J]. 热带农业科学，2013，33 (12)：57-65.

[4] Andriani Y，Ramli N M，Syamsumir D F，et al. Phytochemical analysis，antioxidant，antibacterial and cytotoxicity properties of keys and cores part of *Pandanus tectorius* fruits [J]. Arabian Journal of Chemistry，2015，10：1016-1027.

[5] Tan P N，Tien D L，Phan N M，et al. A new dihydrofurocoumarin from the fruits of *Pandanus tectorius* Parkinson ex Du Roi [J]. Natural Product Research，2016，30 (21)：2389-2395.

[6] Wu C M，Zhang X P，Zhang X，et al. The caffeoylquinic acid-rich *Pandanus tectorius* fruit extract increases insulin sensitivity and regulates hepatic glucose and lipid metabolism in diabetic db/db mice [J]. Journal of Nutritional Biochemistry，2014，25 (4)：412-419.

一二五　黑三棱科 Sparganiaceae

多年生水生或沼生草本。具匍匐根茎。茎直立，单生或分枝。叶互生，2 列，基部鞘状抱茎。花单性，雌雄同株，在茎或分枝顶端密集成单性的头状花序，组成圆锥花序、总状花序或穗状花序，上部雄花序，下部雌花序；花被 3 ～ 6 片，膜质，鳞片状，条形或匙形；雄花具雄蕊 3 至数枚，花丝分离或基部联合，花药长圆形或狭楔形，基着；雌花有 1 枚雌蕊，子房上位，通常 1 室（稀 2 室），每室有 1 粒基生或下垂的胚珠，花柱单一或分叉，柱头生于花柱的上部一侧。聚花果球形；果实不裂，基部窄，外果皮海绵质，内果皮骨质；种子具直的胚和丰富的粉质胚乳。

仅 1 属，19 种，主要分布于北温带或寒带。中国 11 种，南北均产，法定药用植物 1 属，2 种。华东地区法定药用植物 1 属，1 种。

黑三棱科法定药用植物仅黑三棱属 1 属，主要含黄酮类、生物碱类、苯丙素类、香豆素类、皂苷类、蒽醌类、甾体类等成分。黄酮类包括黄酮醇、异黄酮、屾酮等，如山柰酚（kaempferol）、5，7，3′，5′-四羟基黄酮醇 -3-*O*-β-D- 吡喃葡萄糖苷（5，7，3′，5′-tetrahydroxyflavonol-3-*O*-β-D-glucopyranoside）、芒柄花素（formononetin）、鸡豆黄素 A（biochanin A）、2，7- 二羟基屾酮（2，7-dihydroxy xanthone）等；生物碱包括吡啶类、吡咯类等，如苯乙基吡咯 -2- 羧酸酯（phenethylpyrrole-2-carboxylate）、5- 羟基 -2-羟甲基吡啶（5-hydroxy-2- hydroxymethyl pyridine）等；苯丙素类如土茯苓苷 C（smiglaside C）、黑三棱苷 A（sparganiaside A）、毛樱桃叶苷 D（tomenside D）等；香豆素类如三棱双苯内酯（sanlengdiphenyllactone）、8，5′- 二羟基 -6′- 甲氧基 -4- 苯基 -5，2′- 环氧异香豆素（8，5′-dihydroxy-6′-methoxy-4-phenyl-5，2′-oxidoisocoumarin）等；皂苷类多为三萜皂苷，如白桦脂酸（betulinic acid）、24- 亚甲基环木菠萝烷醇（24-methylenecycloartanol）等；蒽醌类如大黄素甲醚（physcion）、大黄素（emodin）等；甾体类如胡萝卜苷（daucosterol）、β- 谷甾醇 -3-β-D- 吡喃葡萄糖醛酸苷（β-sitosterol-3-β-D-glucuronopyranoside）等。

1. 黑三棱属 *Sparganium* Linn.

属的特征与科同。

1041. 黑三棱（图 1041）• *Sparganium stoloniferum*（Graebn.）Buch. -Ham. ex Juz.（*Sparganium ramosum* Huds. subsp. *stoloniferum* Graebn.；*Sparganium ramosum* auct. non Huds.）

【别名】三棱草、京三棱（安徽）。

【形态】多年生挺水草本，植株高 40 ～ 110cm。根茎横走，具块茎。茎直立，圆柱形。叶条形，长 40 ～ 100cm，宽 0.4 ～ 1.9cm，顶端渐尖，背面的下部由于中肋凸出而呈龙骨状，基部抱茎。头状花序在茎端排成总状，多少呈 S 形弯曲；雄花序 2 ～ 12 个，生于总状花序顶端，花被 4 ～ 6 片，膜质，倒披针状楔形，雄蕊 4 ～ 6 枚，花丝长 4 ～ 4.5mm，花药长圆形，长约 1.5mm；雌花序 1 ～ 7 个，生于叶状的苞叶内，常无柄，或最下的一个有柄，花被片 4 ～ 6，倒卵状楔形，花柱长 1 ～ 3mm，柱头单一或分叉；子房 1 室，无柄；果实倒圆锥形，长 6 ～ 10mm，宽 4 ～ 8mm，顶端具喙。花果期 5 ～ 10 月。

【生境与分布】生于池塘浅水处。分布于华东各地，另华北、西北、东北均有分布；日本、朝鲜、俄罗斯、中亚也有分布。

【药名与部位】三棱，块茎。

【采集加工】冬季至次春采挖，洗净，削去外皮，干燥；或趁鲜切成厚片，干燥。

图 1041　黑三棱　　　　摄影　张芬耀

【药材性状】呈圆锥形，略扁，长 2 ～ 6cm，直径 2 ～ 4cm。表面黄白色或灰黄色，有刀削痕，须根痕小点状，略呈横向环状排列。体重，质坚实。气微，味淡，嚼之微有麻辣感。

【质量要求】无皮，两端削净，无苗，无蛀不霉。

【药材炮制】三棱：水浸 2 ～ 4h，洗净，置适宜容器内，蒸至中心润软时，取出，趁热切厚片，干燥；或除去杂质，浸泡，润透，切薄片，干燥；产地已切片者，筛去灰屑。醋三棱：取三棱，与醋拌匀，稍闷，炒至表面色变深时，取出，摊凉。

【化学成分】块茎含甾体类：过氧化麦角甾醇（ergosterol peroxide）[1]，β- 谷甾醇棕榈酸酯（β-sitosterol palmitate）[2]，胡萝卜苷棕榈酸酯（daucosterol plamitate）[3]，β- 谷甾醇（β-sitosterol）、胡萝卜苷（daucosterol）[4]，豆甾醇（stigmasterol）[5]，$\triangle^5$- 胆酸甲酯 -3-*O*-β-D- 吡喃葡萄糖醛酸基 -（4 → 1）-α-L- 吡喃鼠李糖苷［methyl $\triangle^5$-cholate-3-*O*-β-D-glucuronopyranosyl-（4 → 1）-α-L-rhamnopyranoside］[6]，$\triangle^5$- 胆酸甲酯 -3-*O*-β-D- 吡喃葡萄糖苷（methyl $\triangle^5$-cholate-3-*O*-β-D-glucopyranoside）、$\triangle^5$- 胆酸甲酯 -3-*O*-β-D- 吡喃葡萄糖醛酸基 -（4 → 1）-α-L- 鼠李糖苷［methyl $\triangle^5$-cholate-3-*O*-β-D-glucuronopyranosyl-（4 → 1）-α-L-rhamnoside］[7]，β- 谷甾醇 -3-β-D- 吡喃葡萄糖醛酸苷（β-sitosterol-3-β-D-glucuronopyranoside）和 1-*O*-β-D- 吡喃葡萄糖基 -

（2*S*, 3*R*, 4*E*, 8*Z*）-2-［（2（*R*）- 羟基二十酰）- 氨基］-4, 8- 十八烷二烯 -1, 3- 二醇 - 胡萝卜苷 {1-*O*-β-D-glucopyranosyl-（2*S*, 3*R*, 4*E*, 8*Z*）-2-［（2（*R*）-hydroxyeicosanoyl）-amido］-4, 8-octadecadien-1, 3-diol-daucosterol}[8]；黄酮类：2, 7- 二羟基𠮿酮（2, 7-dihydroxy xanthone）[2]，鸡豆黄素 A（biochanin A）、芒柄花素（formononetin）[9]，山柰酚（kaempferol）和 5, 7, 3′, 5′- 四羟基黄酮醇 -3-*O*-β-D- 吡喃葡萄糖苷（5, 7, 3′, 5′- tetrahydroxyflavonol-3-*O*-β-D-glucopyranoside）[10]；蒽醌类：大黄素甲醚（physcion）和大黄素（emodin）[1]；挥发油类：苯甲酸乙酯（ethyl benzoate）、辛醇（octanol）、苯乙醇（phenylethanol）、2, 6- 双（1, 1- 二甲基）-4- 甲基苯酚［2, 6-bis（1, 1-dimethyl）-4-methylphenol］、4, 5- 二甲基壬烷（4, 5-dimethylnonane）、2, 6, 8- 甲基癸烷（2, 6, 8-methyldecane）、2, 6, 10, 14- 四甲基十五烷（2, 6, 10, 14-tetramethylpentadecane）、3, 5, 24-三甲基四十烷（3, 5, 24-trimethyltetracontan）和邻癸基羟胺（*o*-decylhydroxylamine）等[11]；脂肪酸类：α-二十一烷酸单甘油酯（glycerol α-heneicosanoate）、（8*E*, 10*E*）-7, 12- 二氧 -8, 10- 十八碳二烯酸［（8*E*, 10*E*）-7, 12-dioxo-8, 10-octadecadienoic acid］、正丁酸（*n*-butyric acid）、反丁烯二酸（*trans*-butenediacid）[1]，二十二烷酸（docosanoic acid）、6, 7, 10- 三羟基 -8- 十八烯酸（6, 7, 10-trihydroxy-8-octadecenoic acid）[2]，壬二酸（azelaic acid）[4] 和棕榈酸（palmitic acid）[4, 11]；生物碱类：（2*S*）1, 4- 二甲基 -2-（1H- 吡咯 -2′-甲酰氧基）- 苹果酸酯［（2*S*）1, 4-dimethyl-2-（1H-pyrrole-2′-carbonyloxy）-malate］[12]；二元羧酸类：丁二酸（succinic acid）[13]；酚酸类：香草酸（vanillic acid）、对羟基苯甲酸（*p*-hydroxybenzoic acid）[1]，3, 5- 二羟基 -4- 甲氧基苯甲酸（3, 5-dihydroxy-4-methoxy-benzoic acid）[2]，2-（2- 羟基苯基）-4- 甲氧基羰基 -5-羟基苯并呋喃［2-（2-hydroxyphenyl）-4-methoxycarbonyl-5-hydroxybenzofuran］和 1- 甲氧基羰基 -2, 3- 二羟基二苯并［b, f］氧杂庚（熳）环 {1-methoxycarbonyl-2, 3-dihydroxydibenzo［b, f］oxepine}[14]；苯丙素类：阿魏酸（ferulic acid）、阿魏酸单甘油酯（glycerol ferulate）[2]，对羟基桂皮酸（*p*-hydroxylcinnamic acid）[15]，β-D-（1-*O*- 乙酰基 -3-*O*- 顺式 - 阿魏酰基）呋喃果糖基 -α-D-2′, 3′, 6′-*O*- 三乙酰基吡喃葡萄糖苷［β-D-（1-*O*-acetyl-3-*O*-*cis*-feruloyl）fructofuranosyl-α-D-2′, 3′, 6′-*O*-triacetylglucopyranoside］、1-*O*- 顺式 - 阿魏酰 -3-*O*- 反式 - 对 - 香豆酰甘油（1-*O*-*cis*-feruloyl-3-*O*-*trans*-*p*-coumaroylglycerol）[12]，1, 3-*O*- 二阿魏酰甘油（1, 3-*O*-diferuloylglycerol）、β-D-（1-*O*- 乙酰基 -3, 6-*O*- 二阿魏酰基）呋喃果糖基 -α-D-2′, 4′, 6′-*O*- 三乙酰基吡喃葡萄糖苷［β-D-（1-*O*-acetyl-3, 6-*O*-diferuloyl）fructofuranosyl-α-D-2′, 4′, 6′-*O*-triacetylglucopyranoside］、β-D-（1-*O*- 乙酰基 -3, 6-*O*- 二阿魏酰基）呋喃果糖基 -α-D-2′, 4′, 6′-*O*- 二乙酰基吡喃葡萄糖苷［β-D-（1-*O*-acetyl-3, 6-*O*-diferuloyl）fructofuranosyl-α-D-2′, 4′, 6′-*O*-diacetylglucopyranoside］[15]，西伯利亚蓼 A_5（sibiricose A_5）、胡麻花苷 B（helonioside B）、毛樱桃叶苷 *D（tomenside D）、β-D-（1-*O*- 乙酰基 -6-*O*- 阿魏酰基）呋喃果糖基 -α-D-2′, 4′, 6′-*O*- 三乙酰基吡喃葡萄糖苷［β-D-（1-*O*-acetyl-6-*O*-feruloyl）fructofuranosyl-α-D-2′, 4′, 6′-*O*-triacetylglucopyranoside］、土茯苓苷 C（smiglaside C）、黑三棱苷 *A（sparganiaside A）、β-D-（1-*O*- 乙酰基 -3, 6-*O*- 二阿魏酰基）呋喃果糖基 -α-D-2′, 6′-*O*- 二乙酰基吡喃葡萄糖苷［β-D-（1-*O*-acetyl-3, 6-*O*-diferuloyl）fructofuranosyl-α-D-2′, 6′-*O*-diacetylglucopyranoside］、β-D-（6-*O*- 反式 - 阿魏酰基）呋喃果糖基 -α-D-*O*- 吡喃葡萄糖苷［β-D-（6-*O*-*trans*-feruloyl）fructofuranosyl-α-D-*O*-glucopyranoisde］[16]，β-D-（6-*O*- 反式 - 阿魏酰基）呋喃果糖基 -α-D-*O*- 吡喃葡萄糖苷［β-D-（6-*O*-*trans*-feruloyl）fructofuranosyl-α-D-*O*-glucopyranoisde］[17]，1-*O*- 顺式 - 阿魏酰基 -3-*O*- 反式 - 对 - 香豆酰甘油（1-*O*-*cis*-feruloyl-3-*O*-*trans*-*p*-coumaroylglycerol）、β-D-（1-*O*- 乙酰基 -3-*O*- 顺式 - 阿魏酰基）呋喃果糖基 -α-D-2′, 3′, 6′-*O*- 三乙酰基吡喃葡萄糖苷［β-D-（1-*O*-acetyl-3-*O*-*cis*-feruloyl）fructofuranosyl-α-D-2′, 3′, 6′-*O*-triacetylglucopyranoside］[18]，β-D-（1-*O*- 乙酰基 -3-*O*- 反式 - 阿魏酰基）呋喃果糖基 -α-D-2′, 4′, 6′-*O*- 三乙酰基吡喃葡萄糖苷［β-D-（1-*O*-acetyl-3-*O*-*trans*-feruloyl）fructofuranosyl-α-D-2′, 4′, 6′-*O*-triacetylglucopyranoside］、β-D-（1-*O*- 乙酰基 -3-*O*- 反式 - 阿魏酰基）呋喃果糖基 -α-D-2′, 3′, 6′-*O*- 三乙酰基吡喃葡萄糖苷［β-D-（1-*O*-acetyl-3-*O*-*trans*-feruloyl）fructofuranosyl-α-D-2′, 3′, 6′-*O*-triacetylglucopyranoside］[19]，β-D-（1-*O*- 乙酰基 -3, 6-*O*-反式 - 二阿魏酰基）呋喃果糖基 -α-D-2′-*O*- 乙酰吡喃葡萄苷［β-D-（1-*O*-acetyl-3, 6-*O*-*trans*-diferuloyl）fructofuranosyl-α-D-2′-*O*-acetylglucopyranoside］、β-D-（1-*O*- 乙酰基 -3-*O*- 顺式 - 阿魏酰基 -6-*O*- 反式 - 阿

魏酰基）呋喃果糖基 -α-D-2′, 4′, 6′-*O*- 三乙酰基吡喃葡萄苷［β-D-（1-*O*-acetyl-3-*O*-*cis*-feruloyl-6-*O*-*trans*-feruloyl）fructofuranosyl-α-D-2′, 4′, 6′-*O*-triacetylglucopyranoside］[20], D-（1-*O*- 乙酰基 -3, 6-*O*- 二阿魏酰基）呋喃果糖基 -α-D-2′, 6′-*O*- 二乙酰基吡喃葡萄糖苷［D-（1-*O*-acetyl-3, 6-*O*-diferuloyl）fructofuranosyl-α-D-2′, 6′-*O*-diacetylglucopyranoside］、β-D-（1-*O*- 乙酰基 -6-*O*- 阿魏酰基）呋喃果糖基 -α-D-2′, 4′, 6′-*O*- 三乙酰基吡喃葡萄糖苷［β-D-（1-*O*-acetyl-6-*O*-feruloyl）fructofuranosyl-α-D-2′, 4′, 6′-*O*-triacetylglucopyranoside］[21], 1-*O*- 阿魏酰基 -3-*O*- 对 - 香豆酰甘油（1-*O*-feruloyl-3-*O*-*p*-coumaroylglycerol）[22], β-D-（l-*O*- 乙酰基 -3, 6-*O*- 二阿魏酰基）- 呋喃果糖基 -α-D-4′, 6′-*O*- 二乙酰基吡喃葡萄糖苷［β-D-（l-*O*-acetyl-3, 6-*O*-diferuloyl）-fuctofuranaosyl-α-D-4′, 6′-*O*-diacetylglucopyranoside］和 β-D-（l-*O*- 乙酰基 -3, 6-*O*- 二阿魏酰基）- 呋喃果糖基 -α-D-2′, 3′, 6′-*O*- 三乙酰基吡喃葡萄糖苷［β-D-（l-*O*-acetyl-3, 6-*O*-diferuloyl）-fuctofuranaosyl-α-D-2′, 3′, 6′-*O*-triacetylglucopyranoside］[23]；香豆素类：三棱双苯内酯（sanlengdiphenyllactone）[3] 和 8, 5′- 二羟基 -6′- 甲氧基 -4- 苯基 -5, 2′- 环氧异香豆素（8, 5′-dihydroxy-6′-methoxy-4-phenyl-5, 2′-oxidoisocoumarin）[24]；醛类：香草醛（vanillin）[1], 对羟基苯甲醛（*p*-hydroxybenzaldehyde）[2] 和 5- 羟甲基糠醛（5-hydroxymethyl furaldehyde）[9]；生物碱类：5- 羟基 -2-（羟甲基）吡啶［5-hydroxy-2-（hydroxymethyl）pyridine］[4], 3- 异丁基四氢咪唑（1, 2-α）吡啶 -2, 5- 二酮［3-isobutyl tetrahydroimidazo（1, 2-α）pyridine-2, 5-dione］[25], 格瑞碱铝配合物糖苷*（grailsine-Al-glycoside）[26] 和苯乙基吡咯 -2- 羧酸酯（phenethylpyrrole-2-carboxylate）[27]；三萜类：白桦脂酸（betulinic acid）[4] 和 24- 亚甲基环木菠萝烷醇（24-methylenecycloartanol）[28]；乙炔类：三棱二苯乙炔（sanlengdiphenylacetylene）[2], 3, 6- 二羟基 -2-［2-（2- 羟基苯基）- 乙炔基］苯甲酸甲酯 {3, 6-dihydroxy-2-［2-（2-hydroxpyhenyl）-ethynyl］benzoic acid methyl ester}[24] 和甲基 3, 6- 二羟基 -2-［2-（2- 羟基苯基）- 乙炔基］苯甲酸酯 {3, 6-dihydroxy-2-［2-（2-hydroxyphenyl）-ethynyl］benzoic acid methyl ester}[29]；芪类：5- 羟基 -2-（2- 羟基苯）苯并呋喃 -4- 羧酸甲酯［5-hydroxy-2-（2-hydroxyphenyl）benzofuran-4-carboxylic acid methyl ester］[24]；核苷类：腺苷（adenosine）[15]；醇及其苷类：正丁基 -*O*-β-D- 吡喃果糖苷（*n*-butyl-*O*-β-D-fructopyranoside）[15] 和赤藓醇（erythritol）[22]。

【药理作用】1. 活血化瘀 块茎的水提取物能使家兔全血黏度、血细胞压积、红细胞沉降速率明显减小[1]，并能使大鼠全血黏度降低，红细胞变形指数明显提高，血小板容积（MPV）明显降低[2]。2. 抗动脉粥样硬化 块茎提取物能促进免疫损伤合并高胆固醇喂饲复制实验性动脉粥样硬化（AS）模型家兔主动脉 AS 病灶及冠状动脉 AS 病灶消退[3]。3. 镇痛抗炎 块茎中提取的总黄酮成分能明显减少小鼠因乙酸刺激引起的扭体反应次数，能明显提高小鼠因热刺激引起的疼痛反应的痛阈值[4]。4. 抗肿瘤 块茎的水提取物使人胃癌 SGC-7901 细胞的凋亡率随着其浓度的增加而提高[5]，能使肝癌 H22 荷瘤小鼠血清中肿瘤坏死因子（TNF-α）、白细胞介素 -2（IL-2）含量提高，增强荷瘤鼠的免疫能力，抑制肿瘤生长，抑瘤率随药物浓度的增加而提高[6]。5. 抗氧化 块茎的水提取物用氧自由基吸收能力（ORAC）测定法测得抗氧化活性值为 260μmol TE/g[7]。6. 抗肝纤维化 块茎的水提取物能使免疫性肝纤维化大鼠血清中的白细胞介素 -1（IL-1）、白细胞介素 -6（IL-6）、肿瘤坏死因子 -α 含量趋于正常，并能改善肝脏组织病理学变化[8]。

【性味与归经】辛、苦，平。归肝、脾经。

【功能与主治】破血行气，消积止痛。用于癥瘕痞块，瘀血经闭，食积胀痛。

【用法与用量】4.5 ～ 9g。

【药用标准】药典 1963—2015、浙江炮规 2015、新疆药品 1980 二册和台湾 2013。

【临床参考】1. 跟骨高压症：块茎 15g，加莪术、当归各 15g，白芥子 8g、独活 10g、蜂房 6g，水煎，分 2 次温服，每日 1 剂，7 日为 1 疗程[1]。

2. 前列腺增生症：块茎 10g，加熟地 30g，丹参、茯苓、补骨脂各 15g，鹿角胶 12g，郁金、莪术、浙贝母、枳壳、白芥子各 10g，肉桂、麻黄、炙甘草各 6g，肝肾阴虚者加知母 15g、黄柏 10g、山药 15g；脾肾阳虚者加制附片 6g，花椒、车前子各 20g；痰瘀互结者加赤芍 20g、桃仁 15g；湿热壅滞者加黄连、大黄各

10g，泽泻、滑石各 15g。水煎，取汁 300ml，每日 1 剂，早晚分服，加常规西药治疗[2]。

3. 慢性萎缩性胃炎：块茎研粉 5g，加莪术粉 5g，同时吗丁啉及枸橼酸铋钾颗粒等口服，每日 1 次，1 个月为 1 疗程，连续治疗 6 疗程[3]。

4. 经闭腹痛：块茎 6g，加香附、红花、当归、山楂各 9g，水煎服。

5. 肝脾肿大：块茎 9g，加红花 9g、莪术 6g，赤芍、香附各 12g，水煎服。（4 方、5 方引自《浙江药用植物志》）

【附注】以三棱之名始载于《本草拾遗》，谓："三棱总有三四种，但取根，似乌梅，有须相连，蔓如綖，作漆色，蜀人织为器，一名琴者是也。"《本草图经》云："京三棱旧不著所出地土，今河、陕、江、淮、荆、襄间皆有之。春生苗，高三四尺，似茭蒲叶皆三棱，五六月开花似莎草，黄紫色。霜降后采根，削去皮须，黄色，微苦，以如小鲫鱼状，体重者佳。"又云："今举世所用三棱皆淮南红蒲根也，泰州尤多。……其体至坚硬，刻削鱼形，叶扁茎圆。"《本草纲目》云："其根多黄黑色，削去须皮乃如鲫状，非本根似鲫也。"《救荒本草》云："黑三棱，旧云：河陕江淮荆襄间皆有之；今郑州买峪山洞水边亦有。苗高三四尺，叶似菖蒲叶而厚大，背皆三棱剑脊。叶中撺葶，葶上结实，攒为刺球，状如楮桃样而三颗瓣甚多。其颗瓣，形似草决明子而大，生则青，熟则红黄色。根状如乌梅而颇大，有须蔓延相连，比京三棱体微轻，治疗并同。"即为本种。

本种的根或块茎气虚体弱、血枯经闭、月经过多者及孕妇禁服，不得与芒硝及玄明粉同用。

小黑三棱 *Sparganium simplex* Huds. 的根或块茎在云南作三棱药用。

药材三棱孕妇忌用（《浙江药用植物志》）。

【化学参考文献】

[1] 梁侨丽. 三棱的化学成分研究[J]. 中草药，2012，43（6）：1061-1064.

[2] 孔丽娟，梁侨丽，吴启南，等. 黑三棱的化学成分研究[J]. 中草药，2011，42（3）：440-442.

[3] 董学，王国荣，姚庆强. 三棱的化学成分[J]. 药学学报，2008，43（1）：63-66.

[4] 安士影，钱士辉，蒋建勤. 三棱的化学成分研究[J]. 中国野生植物资源，2009，28（4）：57-59.

[5] 张卫东，杨胜. 中药三棱化学成分的研究[J]. 中国中药杂志，1995，20（6）：356.

[6] 张卫东，王永红，秦路平，等. 中药三棱中新的甾体皂甙[J]. 第二军医大学学报，1996，17（2）：174-176.

[7] 张卫东，秦路平，王永红. 中药三棱水溶性成分的研究[J]. 中草药，1996，27（11）：643-645.

[8] Shin S Y，Doh S H，Shin K H. Chemical constituents of the rhizomes of *Sparganium stoloniferum* [J]. Yakhak Hoechi，2000，44（4）：334-339.

[9] 董学，姚庆强，王国荣. 三棱化学成分的研究[C]. 中国药理学会制药工业专业委员会第十二届学术会议、中国药学会应用药理专业委员会第二届学术会议、2006 年国际生物医药及生物技术论坛（香港），2006.

[10] 张卫东，王永红，秦路平. 中药三棱黄酮类成分的研究[J]. 中国中药杂志，1996，21（9）：550-551.

[11] 袁久荣，姜店春. 黑三棱挥发油化学成分的研究[J]. 山东中医杂志，1989，8（6）：28-29.

[12] Xiong Y，Deng K Z，Guo Y Q，et al. New chemical constituents from the rhizomes of *Sparganium stoloniferum* [J]. Arch Pharm Res，2009，32（5）：717-720.

[13] 张淑运. 三棱化学成分的研究[J]. 中国中药杂志，1995，20（8）：486-487.

[14] Hu X，Liu X，Niu L X，et al. Two new phenolic compounds from the tuber of *Sparganium stoloniferum* [J]. J Asian Nat Prod Res，2016，18（7）：643-647.

[15] 袁涛. 中药三棱化学成分的研究[D]. 沈阳：沈阳药科大学硕士学位论文，2006.

[16] 熊英，宗琪，祝及宝，等. 三棱苯丙素蔗糖酯类成分研究[J]. 中药材，2018，41（4）：885-888.

[17] Lee S Y，Choi S U，Lee J H，et al，A new phenypropane glycosidefrom the rhizome of *Sparganium stoloniferum* [J]. Arch Pharm Res，2010，33：515-521.

[18] Xiong Y，Deng K Z，Guo Y Q，et al. New chemical constituents from the rhizomes of *Sparganium stoloniferum* [J]. Arch Pharm Res，2009，32（5）：717-720.

[19] Xiong Y，Deng K Z，Guo Y Q，et al. Two new sucrose esters from *Sparganium stoloniferum* [J]. J Asian Nat Prod Res，

2008, 10 (5): 425-428.

[20] Zong Q, Xiong Y, Deng K. Two new sucrose esters from the rhizome of *Sparganium stoloniferum* Buch. -Ham. [J]. Nat Prod Res, 2018, 32 (14): 1632-1638.

[21] Shirota O, Sekita S, Satake M. Two phenylpropanoid glycosides from *Sparganium stoloniferum* [J]. Phytochemistry, 1997, 44 (4): 695-698.

[22] 孔丽娟. 荆三棱与黑三棱的化学成分及活性研究 [D]. 南京：南京中医药大学硕士学位论文，2012.

[23] Shirota O, Sekita S, Satake M, et al. Chemical constituents of Chinese folk medicine "San Leng", *Sparganium stoloniferum* [J]. J Nat Prod, 1996, 59 (3): 242-245.

[24] Wu D W, Liang Q L, Zhang X L, et al. New isocoumarin and stilbenoid derivatives from the tubers of *Sparganium stoloniferum* (Buch. -Ham.) [J]. Nat Prod Res, 2017, 31 (2): 131-137.

[25] Li S X, Wang F, Deng X H, et al. A new alkaloid from the stem of *Sparganium stoloniferum* Buch. -Ham [J]. J Asian Nat Prod Res, 2010, 12 (4): 331-333.

[26] Sun J, Wei Y H. A new alkaloid-aluminum glycoside isolated from rhizome sparganii (*Sparganium stoloniferum* Buch. Ham.) [J]. J Med Plants Res, 2011, 14: 3128-3131.

[27] Miyaichi Y, Matsuura Y, Yamaji S, et al. Studies on the constituents and anatomical characteristics of the sparganii rhizome derived from *Sparganium stoloniferum* Buch. -Ham. [J]. Nat Med, 1995, 49 (1): 24-28.

[28] 袁涛，华会明，裴月湖. 三棱的化学成分研究（Ⅰ）[J]. 中草药，2005，36（11）：1607-1610.

[29] Hua H, Yuan T, Wang Y, et al. A new aromatic alkine from the tuber of *Sparganium stoloniferum* [J]. Fitoterapia, 2007, 78 (3): 274-275.

【药理参考文献】

[1] 党春兰，辛小南. 三棱对家兔血液流变学的影响 [J]. 河南医科大学学报，1996，31（3）：31-32.

[2] 和岚，毛腾敏. 三棱、莪术对血瘀证模型大鼠血液流变性影响的比较研究 [J]. 安徽中医学院学报，2005，24（6）：35-37.

[3] 于永红，胡昌兴，孟卫星，等. 茵陈、赤芍、三棱、淫羊藿对家兔实验性动脉粥样硬化病灶的消退作用及原癌基因 C-myv、C-fos、V-sis 表达的影响 [J]. 湖北民族学院学报，2001，18（2）：4-7.

[4] 邱鲁婴，毛春芹，陆兔林. 三棱总黄酮镇痛作用研究 [J]. 时珍国医国药，2000，11（4）：291-292.

[5] 吉爱军，陆建伟，刘沈林，等. 三棱散对人胃癌 SGC-7901 细胞增殖作用的影响 [J]. 辽宁中医杂志，2016，43（1）：114-117.

[6] 李学臣，张涛，魏晓东. 三棱提取物对 H22 荷瘤小鼠的抑瘤作用 [J]. 黑龙江医药科学，2010，33（5）：78.

[7] Hui L, Linda K B, David N L. Antioxidant activity of 45 Chinese herbs and the relationship with their TCM characteristics [J]. Evidence-Based Complementary and Alternative Medicine, 2007, 5 (4): 429-434.

[8] 栾希英，李珂珂，韩兆东，等. 三棱、莪术对肝纤维化大鼠 IL-1、IL-6、TNF-α 的影响 [J]. 中国免疫学杂志，2004，20（12）：834-837.

【临床参考文献】

[1] 孙敏敏，潘颖. 治疗跟骨高压症验方 [J]. 中国民间疗法，2017，25（9）：42.

[2] 刘太阳，李杰，沈雁冰，等. 阳和三棱汤治疗前列腺增生症疗效研究 [J]. 陕西中医，2018，39（12）：1712-1714.

[3] 赵刚，邹迪新. 三棱莪术粉治疗 62 例慢性萎缩性胃炎的临床疗效 [J]. 当代医药论丛，2014，12（11）：192-193.

一二六 泽泻科 Alismataceae

多年生或一年生沼生或水生草木。常有根茎，具须根。叶通常基生，直立挺出水面，稀浮水或沉水；叶形变化大，披针形或箭形，稀为阔椭圆形或卵形，基部通常箭形或戟形，具平行脉或掌状弧形脉；叶柄基部呈鞘状。花单性，雌雄同株或异株，稀两性，辐射对称，花常轮生并排成总状或圆锥花序；常具苞片；萼片 3，宿存；花瓣 3，常白色；雄蕊 3 至多数，轮生，花丝细长；花药 2 室，纵裂；心皮 3 至多数，离生，胚珠 1 至多数，花柱短而宿存。瘦果，小核果或蓇葖果簇生。种子弯曲，胚马蹄形，无胚乳。

16 属，约 100 种，广布于全球，主要分布于北半球温带和热带地区。中国 6 属，18 种，南北均产，法定药用植物 2 属，2 种。华东地区法定药用植物 2 属，2 种。

泽泻科法定药用植物主要含皂苷类、萜类、木脂素类、生物碱类、黄酮类、甾体类等成分。皂苷类多为四环三萜，如东方泽泻素 I（alismanin I）、23- 乙酰泽泻醇 E（alisol E 23-acetate）、东方泽泻醇 A、B、C、D、E、F、G（alismanol A、B、C、D、E、F、G）等；萜类包括倍半萜、二萜等，倍半萜如泽泻萜醇 A、B、C（orientalol A、B、C）、吉玛烯 D（germacrene D）等，二萜如泽泻二萜醇（oriediterpenol）、泽泻二萜苷（oriediterpenoside）等；木脂素类如东方泽泻脂素 A、B（alismaine A、B）、异杜仲脂素 A（isoeucommin A）等；生物碱类包括哌啶类、吲哚类等，如 1-（呋喃 -2- 羰基）哌啶 -3- 酮［1-（furan-2-carbonyl）piperidin-3-one］、新刺孢曲霉素 A（neoechinulin A）等；黄酮类包括黄酮、黄酮醇、查耳酮、双黄酮等，如异荭草苷（isoorientin）、槲皮素 -3-*O*-β-D- 吡喃葡萄糖苷（quercetin-3-*O*-β-D-glucopyranoside）、2, 2′, 4- 三羟基查耳酮（2, 2′, 4-trihydroxychalcone）、穗花杉双黄酮（amentoflavone）等；甾体类如 β- 谷甾醇硬脂酸酯（β-sitosterol stearate）、胡萝卜苷硬脂酸酯（daucosterol stearate）等。

泽泻属含皂苷类、萜类、木脂素类、生物碱类、黄酮类、酚酸类、甾体类等成分。皂苷类多为四环三萜，如泽泻醇 A（alisol A）、11- 去氧泽泻醇 C（11-deoxyalisol C）等；萜类包括倍半萜、二萜等，如泽泻薁醇（alismol）、泽泻薁醇氧化物（alismoxide）、泽泻内酯（alisolide）、16（*R*）- 贝壳杉烷 -2, 12- 二酮［16（*R*）-kaurane-2, 12-dione］等；木脂素类如丁香树脂酚（syringaresinol）、东方泽泻脂素 B（alismaine B）等；生物碱类如 1H- 吲哚 -3- 甲醛（1H-indole-3-carboxadehyde）、吲唑（indazole）、木兰胺（magnolamide）等；黄酮类包括黄酮、黄酮醇、查耳酮、双黄酮等，如异荭草苷（isoorientin）、槲皮素 -3-*O*-β-D- 吡喃葡萄糖苷（quercetin-3-*O*-β-D-glucopyranoside）、2, 2′, 4- 三羟基查耳酮（2, 2′, 4-trihydroxychalcone）、穗花杉双黄酮（amentoflavone）等；酚酸类如 4- 羟基 -3- 甲氧基苯甲酸（4-hydroxy-3-methoxybenzoic acid）、丁香酸（syringic acid）等；甾体类如 β- 谷甾醇（β-sitosterol）、β- 谷甾醇硬脂酸酯（β-sitosterol stearate）等。

1. 慈姑属 *Sagittaria* Linn.

一年生或多年生水生或沼生草本。根茎块状或球形。叶异型，形态变化大，沉水叶条形，浮生于水面或突出于水面上的叶为卵形、椭圆形、披针形或箭形，具长柄。花单性或杂性，稀为两性，雌雄同株，稀异株，通常雄花生于花序上部，雌花生于花序下部；萼片 3，绿色，反折；花瓣 3，白色或稀为粉红色；雄花的雄蕊多数，花丝条状，扁平；雌花的心皮多数，离生，螺旋状密集于球形或长圆形的花托上，侧面压扁，每心皮含 1 粒胚珠，着生于子房基底，花柱侧生或顶生。瘦果扁平，具薄翅，全缘或有波状齿牙；种子马蹄形。

约 30 种，广布于全球温带和热带地区。中国 9 种，除西藏外，各地均产，法定药用植物 1 种。华东地区法定药用植物 1 种。

1042. 野慈姑（图 1042）• *Sagittaria trifolia* Linn.

图 1042 野慈姑　　摄影 李华东等

【别名】慈菇、野茨菰、茨菇、弯喙慈菇（江苏）。

【形态】多年生水生或沼生挺水草本。根茎横走，较粗壮，末端膨大或不膨大。叶基生，挺水叶箭形，大小变化大，通常顶裂片短于侧裂片，顶裂片和侧裂片之间有缢缩或无；叶柄基部渐宽呈鞘状。花葶直立，挺出水面，高 20 ～ 70cm，粗壮；花序总状或圆锥状，长 5 ～ 20cm，花有多轮，每轮 2 ～ 3 朵，苞片 3 片，基部多少合生；花单性，萼片反折，椭圆形；花瓣白色或淡黄色；雌花通常 1 ～ 3 轮，花梗粗短，心皮多数，两侧压扁，花柱斜出；雄花多轮，雌蕊多数。瘦果倒卵形，长约 4mm，两侧压扁，具翅，背翅有 1 ～ 4 齿，果喙短，向上直立。花果期 5 ～ 10 月。

【生境与分布】生于水田、池塘、沟渠等浅水地。分布于华东各地及全国其他各地；亚洲各国和俄罗斯也有分布。

【药名与部位】慈菇叶，叶。

【采集加工】夏、秋二季叶盛时采摘，晒干。

【药材性状】皱缩。全体长 15 ～ 30cm，外表灰褐色至深褐色。展平后，叶片形态不一，有呈狭带状，阔狭不等，有的呈卵形或戟形，先端钝或短尖，基部裂片向两侧开展；叶柄三棱形。质脆，易破碎。气微，味辣略苦。

【化学成分】块茎含挥发油类：六氢法呢基丙酮（hexahydrofarnesyl acetone）、肉豆蔻醛（myristaldehyde）、正十五烷（*n*-pentadecane）和2-己基癸醇（2-hexyldecanol）等[1]；二萜类：三叶慈菇酮A、B、C、D（trifolione A、B、C、D）和野慈姑苷* a、b（sagittarioside a、b）[2,3]；酚苷类：阿拉伯唐松草苷（arabinothalictoside）[2,3]。

全草含甾体类：麦角甾醇过氧化物（ergosterol peroxide）[4]；酚苷类：淫羊藿次苷D_2（icariside D_2）和唐松草苷（thalictoside）[4]；硝基苯苷类：4-硝基苯-β-D-吡喃葡萄糖苷（4-nitrophenyl-β-D-glucopyranoside）[4]。

【药理作用】1. 抗氧化　叶中提取的酚类和黄酮类成分对1, 1-二苯基-2-三硝基苯肼（DPPH）自由基具有清除作用，清除率随不同产地略有差异，最高可达（77.347±1.30）%[1]。2. 抗菌　从地上部分提取的挥发油成分对黄色微球菌（*Micrococcus flavus*）、蜡状芽孢杆菌（*Bacillus cereus*）、藤黄八叠球菌（*Sarcina lutea*）和金黄色葡萄球菌（*Staphylococcus aureus*）的生长均具有抑制作用，抑菌圈直径分别为13.6mm、11.2mm、10.3mm和10.1mm[2]。3. 抗过敏　块茎中分离得到的三叶慈菇酮A、B、C、D（trifolioneA、B、C、D）对大鼠肥大细胞的组胺释放具有抑制作用[3]。

【性味与归经】甘、微苦，寒。

【功能与主治】消肿、解毒。用于疮肿，丹毒，恶疮。

【用法与用量】外用适量捣敷。

【药用标准】上海药材1994。

【附注】慈姑原名藉姑始载于《名医别录》，云："二月生叶，叶如芋。三月三日采根，晒干。"《本草经集注》云："今藉姑生水田中，叶有椏，状如泽泻，不正似芋。其根黄，似芋子而小，煮之可啖。"《本草图经》云："剪刀草，生江湖及京东近水河沟沙碛中。叶如剪刀形，茎杆似嫩蒲，又似三棱；苗甚软，其色深青绿，每丛十余茎，内抽出一两茎，上分枝，开小白花，四瓣，蕊深黄色。根大者如杏，小者如杏核，色白而莹滑。五月、六月采叶，正月、二月采根。"《本草纲目》云："慈姑生浅水中，人亦种之，三月生苗，青茎中空，其外有棱，叶如燕尾，前尖后歧。霜后叶枯，根乃冻结，冬及春初掘以为果。"又云："须灰汤煮熟，去皮食，乃不麻涩戟人咽也。"即为本种及其变种，其中《本草图经》记载的"开小白花，四瓣"，疑为误记。

本种的花民间也作药用。

药材慈菇叶及本种的球茎（慈姑）孕妇慎服，药材慈菇叶便秘者慎用；叶不宜久敷。

【化学参考文献】

[1] Zheng X W, Wei X D, Nan P, et al. Chemical composition and antimicrobial activity of the essential oil of *Sagittaria trifolia* [J]. Chem Nat Compd, 2006, 42(5): 520-522.

[2] Yoshikawa M, Yamaguchi S, Murakami T, et al. Absolute stereostructures of trifoliones A, B, C, and D, new biologically active diterpenes from the tuber of *Sagittaria trifolia* L. [J]. Chem Pharm Bull, 1993, 41(9): 1677-1679.

[3] Yoshikawa M, Yoshizumi S, Murakami T, et al. Medicinal foodstuffs. Ⅱ. on the bioactive constituents of the tuber of *Sagittaria trifolia* L. (Kuwait, Alismataceae): absolute stereostructures of trifoliones A, B, C, and D, sagittariosides a and b, and arabinothalictoside [J]. Chem Pharm Bull, 1996, 44(3): 492-499.

[4] Kim K T, Moon H I, Lee K R, et al. Phytochemical constituents of *Sagittaria trifolia* [J]. Yakhak Hoechi, 1998, 42(2): 140-143.

【药理参考文献】

[1] Ahmed M, Ji M, Sikandar A, et al. Phytochemical analysis, biochemical and mineral composition and GC-MS profiling of methanolic extract of Chinese arrowhead *Sagittaria trifolia* L. from northeast China [J]. Molecules (Basel, Switzerland), 2019, 24: 3025-3041.

[2] Zheng X W, Wei X D, Nan P, et al. Chemical composition and antimicrobial activity of the essential oil of *Sagittaria trifolia* [J]. Chemistry of Natural Compounds, 2006, 42(5): 520-522.

[3] Yoshikawa M, Yoshizumi S, Murakami T, et al. Medicinal foodstuffs. Ⅱ. on the bioactive constituents of the tuber of *Sagittaria trifolia* L. (Kuwai, Alismataceae): absolute stereostructures of trifoliones A, B, C, and D, sagittariosides a and b, and arabinothalictoside [J]. Chemical & Pharmaceutical Bulletin, 1996, 44(3): 492-499.

2. 泽泻属 *Alisma* Linn.

多年生或一年生挺水草本。茎短缩。叶基生，有长柄，叶片披针形、椭圆形或卵形，全缘，具数条平行脉，并有多数横脉。花小，两性，排成具长梗的伞形或圆锥花序，花序分枝轮生；萼片3片，叶状，宿存，花瓣3片，白色，覆瓦状排列；雄蕊6枚，稀9枚，着生于花瓣基部两侧，花药2室，花丝丝状；雌蕊由10～20枚离生心皮组成，轮状排列在扁平的花托上，子房1室，胚珠1粒，花柱顶生于子房一侧。瘦果扁平，背部有浅沟2～3条。

约10种，广布于全球温带及热带地区。中国6种，分布于南北各地，法定药用植物1种。华东地区法定药用植物1种。

泽泻属与慈姑属的主要区别点：泽泻属叶同型；花两性，雄蕊常6枚。慈姑属叶异型，多变化；花单性或杂性，稀为两性，雌雄同株，雄蕊多数。

1043. 东方泽泻（图1043）· *Alisma orientale*（Sam.）Juz.（*Alisma plantago-aquatica* Linn. var. *orientale* Sam.）

图1043　东方泽泻　　摄影　郭增喜等

【形态】多年生挺水草本。块茎直径3～6cm。叶基生，叶片宽披针形或椭圆形，长3.5～11.5cm，宽1.3～6.8cm，顶端急尖或短渐尖，基部近圆形或浅心形，弧状叶脉5～7条；叶柄长3～50cm，较粗壮。花葶高35～90cm；花序长20～70cm，具3～9轮，每轮分枝3～9枚；花两性，萼片卵形，边缘窄膜质；花瓣近圆形，比萼片大，白色、淡红色，稀黄绿色，边缘波状；雄蕊6枚，心皮多数，排列不整齐；花柱短，长约 0.5mm，花托在果期凹形。瘦果椭圆形，长 1.5 ～ 2mm，背部具浅沟 1 ～ 2 条，腹面近顶端有极短的宿存花柱。花果期 5 ～ 9 月。

【生境与分布】生于水田或沟渠及沼泽地。华东各地有分布，另全国其他各地均有分布；俄罗斯、蒙古国、印度和日本也有分布。

【药名与部位】泽泻，块茎。

【采集加工】冬季茎叶开始枯萎时采挖，洗净，干燥，除去须根和粗皮。

【药材性状】呈类球形、椭圆形或卵圆形，长 2 ～ 7cm，直径 2 ～ 6cm。表面淡黄色至淡黄棕色，有不规则的横向环状浅沟纹和多数细小突起的须根痕，底部有的有瘤状芽痕。质坚实，断面黄白色，粉性，有多数细孔。气微，味微苦。

【质量要求】内外黄白色，无毛须，不霉蛀。

【药材炮制】泽泻：除去杂质，大小分档，分别水浸，洗净，润软，切厚片，干燥。麸泽泻：取蜜炙麸皮，置热锅中，翻动，待其冒烟，投入泽泻饮片，炒至表面深黄色时，取出，筛去麸皮，摊凉。盐泽泻：取泽泻饮片，与盐水拌匀，稍闷，炒至表面深黄色时，取出，摊凉。

【化学成分】块茎含三萜类：5β, 29- 二羟基泽泻醇 A（5β, 29-dihydroxyalisol A）[1]，东方泽泻素 *I（alismanin I）[2]，泽泻醇 Q-23- 乙酸酯（alisol Q-23-acetate）、泽泻醇 B（alisol B）、泽泻醇 B-23- 乙酸酯（alisol B-23-acetate）、11- 去氧泽泻醇 C（11-deoxyalisol C）、13β, 17β- 环氧泽泻醇 B-23- 乙酸酯（13β, 17β-epoxyalisol B-23-acetate）、16β- 甲氧基泽泻醇 B- 单乙酸酯（16β-methoxyalisol B-monoacetate）、泽泻醇 A（alisol A）、16β- 羟基泽泻醇 B-23- 乙酸酯（16β-hydroxyalisol B-23-acetate）、泽泻醇 A-24- 乙酸酯（alisol A-24-acetate）[3]，泽泻内酯 -23- 乙酸酯（alismalactone-23-acetate）、泽泻烯酮 A-23- 乙酸酯（alismaketone A-23-acetate）[4]，东方泽泻素 A（alismanin A）[5]，泽泻醇 B-23- 乙酸酯（alisol B-23-acetate）[6]，泽泻醇 C-23- 乙酸酯（alisol C-23-acetate）[7]，泽泻醇 O、P（alisol O、P）[8]，11- 去氧泽泻醇 B（11-deoxyalisol B）、11- 去氧泽泻醇 B-23- 乙酸酯（11-deoxyalisol B-23-acetate）、泽泻醇 B- 单乙酸酯（alisol B-monoacetate）[9]，东方泽泻醇 * M、Q、O、P（alismanol M、Q、O、P）[10]，东方泽泻醇 A、B、C、D、E、F、G（alismanol A、B、C、D、E、F、G）、3- 酮基 -16- 酮基 -11- 脱水泽泻醇 A（3-oxo-16-oxo-11-anhydroalisol A）、20- 羟基泽泻醇 C（20-hydroxyalisol C）、11- 去氧 -25- 脱水泽泻醇 E（11-deoxy-25-anhydroalisol E）、15, 16- 双羟基泽泻醇 A（15, 16-dihydroalisol A）、泽泻醇 E-24- 乙酸酯（alisol E-24-acetate）、11- 去氧泽泻醇 A（11-deoxyalisol A）、泽泻醇 B-23- 乙酸酯（alisol B-23-acetate）、泽泻烯酮 B-23- 乙酸酯（alismaketone B-23-acetate）、24- 去乙酰基泽泻醇 O（24-deacetylalisol O）、25- 去水泽泻醇 F（25-anhydroalisol F）[11]，泽泻醇 B-23- 单乙酸酯（alisol B-23-monoacetate）、16β- 甲氧基泽泻醇 B- 单乙酸酯（16β-methoxyalisol B-monoacetate）、泽泻醇 A-24- 单乙酸酯（alisol A-24-monoacetate）[12]，16- 酮基 -11- 去水泽泻醇 A-24- 乙酸酯（16-oxo-11-anhydroalisol A-24-acetate）、16- 酮基 -11- 去水泽泻醇 A（16-oxo-11-anhydroalisol A）、13β, 17β- 环氧 -24, 25, 26, 27- 四去甲泽泻醇 A-23- 酸（13β, 17β-epoxy-24, 25, 26, 27-tetranor-alisol A-23-acid）、13β, 17β- 环氧泽泻醇 A（13β, 17β-epoxyalisol A）、25-*O*- 乙基泽泻醇 A（25-*O*-ethylalisol A）、泽泻醇 C-23- 乙酸酯（alisol C-23-acetate）[13]，泽泻醇 H-23- 乙酸酯（alisol H-23-acetate）、泽泻醇 I-23- 乙酸酯（alisol I-23-acetate）、泽泻醇 J-23- 乙酸酯（alisol J-23-acetate）、泽泻醇 K-23- 乙酸酯（alisol K-23-acetate）、泽泻醇 L-23- 乙酸酯（alisol L-23-acetate）、泽泻醇 M-23- 乙酸酯（alisol M-23-acetate）、泽泻醇 N-23- 乙酸酯（alisol N-23-acetate）[14]，11- 去氧泽泻醇 B-23- 乙酸酯（11-deoxyalisol B-23-acetate）、11- 去氧 -13β, 17β- 环氧泽泻醇 B-23- 乙酸酯（11-deoxy-13β, 17β-epoxyalisol B-23-acetate）、11- 去氧泽泻醇 C-23- 乙酸酯（11-deoxyalisol C-23-acetate）、11- 去氧泽泻醇 B（11-deoxyalisol B）、13β, 17β- 环氧泽泻醇 B（13β, 17β-epoxyalisol B）、泽泻醇 C（alisol C）、11- 去氧 -13β, l7β- 环氧泽泻醇 A（11-deoxy-13β, l7β-epoxyalisol A）、泽泻醇 A-24 乙酸酯（alisol A-24 acetate）、25- 去水泽泻醇 A（25-anhydroalisol A）、13β, 17β- 环氧泽泻醇 A（13β, 17β-epoxyalisol A）、泽泻醇 D（alisol D）[15]，泽

泻醇 E（alisol E）[16]，泽泻醇 F、G（alisol F、G）、泽泻醇 E-23- 乙酸酯（alisol E-23-acetate）[17]，泽泻醇 H、I（alisol H、I）[14, 16]，泽泻酮 C-23- 乙酸酯（alismaketone C-23-acetate）[16]，11- 羟基 -13（17），25（27）- 去氢原萜烷 -3, 24- 二酮［11-hydroxy-13（17），25（27）-dehydroprotostane-3, 24-dione］、泽泻醇 X（alisol X）[18]，（8α, 9β, 11β, 14β, 16β, 23*S*, 24*R*）-16, 23：24, 25- 二环氧 -11, 20- 二羟基达玛 -13（17）- 烯 -3- 酮［（8α, 9β, 11β, 14β, 16β, 23*S*, 24*R*）-16, 23：24, 25-diepoxy-11, 20-dihydroxydammar-13（17）-en-3-one］[15]，3β, 17β：24（*R*），25- 二环氧 -1β- 羟基达玛 -3- 酮 -23（*S*）- 乙酸酯［3β, 17β：24（*R*），25-diepoxy-1β-hydroxydammar-3-one-23（*S*）-acetate］[19]，（16*S*, 24*S*）- 二羟基 -24- 去乙酰泽泻醇 O［（16*S*, 24*S*）-dihydroxy-24-deacetyl alisol O］[20]，16- 酮基 -11- 脱水泽泻醇 A（16-oxo-11-anhydroalisol A）[11, 20]，泽泻醇 R（alisol R）、25- 甲氧基泽泻醇 F（25-methoxyalisol F）、16β- 氢过氧基泽泻醇 B-23-acetate（16β-hydroperoxyalisol B-23-acetate）、泽泻醇 S-23- 乙酸酯（alisol S-23-acetate）、16β- 甲氧基泽泻醇 B（16β-methoxyalisol B）、16β- 甲氧基泽泻醇 E（16β-methoxyalisol E）、16β, 25- 二甲氧基泽泻醇 E（16β, 25-dimethoxyalisol E）、16β- 氢过氧基泽泻醇 E（16β-hydroperoxyalisol E）、泽泻醇 F、T、U、V（alisol F、T、U、V）、泽泻醇 F-24- 乙酸酯（alisol F-24-acetate）、25-*O*- 甲基泽泻醇 A（25-*O*-methylalisol A）、16- 氧代泽泻醇 A（16-oxoalisol A）、13, 17- 环氧泽泻醇 A（13, 17-epoxyalisol A）、泽泻醇 G（alisol G）、16, 23- 环氧泽泻醇 B（16, 23-oxidoalisol B）和 16β- 氢过氧基泽泻醇 B（16β-hydroperoxyalisol B）[12]；苯丙素类：阿魏酸（ferulic acid）[20]；香豆素类：6- 甲氧基色烷 -2- 酮（6-methoxychroman-2-one）[20]；二萜类：16（*R*）- 贝壳杉烷 -2, 12- 二酮［16（*R*）-kaurane-2, 12-dione］[15]；倍半萜类：泽泻薁醇（alismol）、10-*O*- 甲基泽泻薁醇氧化物（10-*O*-methyl alismoxide）、泽泻薁醇氧化物（alismoxide）、泽泻内酯（alisolide）、4β, 12- 二羟基愈创木 -6, 10- 二烯（4β, 12-dihydroxyguaian-6, 10-diene）、4β, 12- 二羟基愈创木烷 -6, 10- 二烯（4β, 12-dihydroxyguaian-6, 10-diene）[3]，吉马烯 C、D（germacrene C、D）[9]，1αH, 5αH- 愈创木 -6- 烯 -4β, 10β- 二醇（1αH, 5αH-guaia-6-en-4β, 10β-diol）、4β, 10β- 二羟基 -1αH, 5βH- 愈创木 -6- 烯（4β, 10β-dihydroxy-1αH, 5βH-guaia-6-ene）、泽泻萜醇 A、B、E（orientalol A、B、E）、对映日本刺参萜酮（*ent*-oplopanone）[13]，桉叶烷 -4（14）- 烯 -1β, 6α- 二醇［eudesma-4（14）-en-1β, 6α-diol］[15]，10-*O*- 甲基泽泻薁醇氧化物（10-*O*-methylalismoxide）[3, 15]，（10*S*）-11- 羟基 -β- 香附酮［（10*S*）-11-hydroxy-β-cyperone］、10α- 羟基 -4α- 甲氧基愈创木 -6- 烯（10α-hydroxy-4α-methoxyguai-6-ene）、盾叶三醇（zingibertriol）、左旋色木姜子烷 B（litseachromolaevane B）[21]，东方泽泻萜 *A（alismanoid A）[22]，泽泻磺醇 a、b、c、d（sulfoorientalol a、b、c、d）[23]，10-*O*- 甲基泽泻萜醇 A（10-*O*-methyl orientalol A）、10-*O*- 乙基泽泻薁醇氧化物（10-*O*-ethyl alismoxide）、3β, 4β- 环氧橡胶草醇（3β, 4β-expoxychrysothol）、泽泻萜醇 G、H（orientalol G、H）[24]，泽泻倍半萜醇 A（alismorientol A）、4α, 10α- 二羟基 -5βH- 古芸 -6- 烯（4α, 10α-dihydroxy-5βH-gurjun-6-ene）、丁香烷二醇（clovandiol）[25]，泽泻萜醇 C（orientalol C）[16] 和泽泻萜醇 D（orientalol D）[17]；木脂素类：东方泽泻脂素 *A、B（alismaine A、B）[20]，丁香树脂酚（syringaresinol）[20, 21]，松脂酚 -4-*O*-β-D- 葡萄糖苷（pinoresinol-4-*O*-β-D-glucoside）、异杜仲脂素 A（isoeucommin A）和（7, 8- 顺式 -8, 8′- 反式）-2, 4- 二羟基 -3, 5- 二甲氧基落叶松树脂酚［（7, 8-*cis*-8, 8′-*trans*）-2, 4-dihydroxy-3, 5-dimethoxy-lariciresinol］[21]；蛋白质和肽类：环 -（L- 脯氨酸 -D- 亮氨酸）［cyclo-（L-Pro-D-Leu）］[20] 和 AOL 凝集素（AOL lectin）[26]；黄酮类：穗花杉双黄酮（amentoflavone）和 2, 2′, 4- 三羟基查耳酮（2, 2′, 4-trihydroxychalcone）[27]；甾体类：β- 谷甾醇（β-sitosterol）、豆甾醇（stigmasterol）和菜油甾醇（campesterol）[15]；糖类：塔泽泻多糖 Si（talisman Si）[28]，泽泻多糖 P Ⅲ F（alisman P Ⅲ F）[29]，泽泻多糖 P Ⅱ（alisman P Ⅱ）[30]，α-D- 呋喃果糖（α-D-fructofuranose）、β-D- 呋喃果糖（β-D-fructofuranose）、α-D- 呋喃果糖乙基苷（ethyl α-D-fructofuranoside）、β-D- 呋喃果糖乙基苷（ethyl β-D-fructofuranoside）、5- 羟甲基 -2- 糠醛（5-hydroxymethyl-2-furaldehyde）、蔗糖（sucrose）、棉子糖（raffinose）、水苏糖（stachyose）、毛蕊花糖（verbascose）、甘露三糖（manninotriose）和毛蕊花四糖（verbascotetraose）[31]；挥发油类：2- 戊基呋喃（2-pentylfuran）、对伞花烃（*p*-cymene）、石竹烯（caryophyllene）、邻苯二甲酸异丁酯

（diisobutylphthalate）、2- 蒈烯（2-carene）、苯甲醛（benzaldehyde）、γ- 萜品烯（γ-terpinene）、α- 萜品烯（α-terpinene）、β- 广藿香烯（β-patchoulene）、愈创木酚（guaiacol）、α- 芹子烯（α-selinene）、δ- 芹子烯（δ-selinene）、δ- 松油烯（δ-cadinene）、（+）- 香橙烯［（+）-aromadendrene］、香芹烯酮（carvenone）、α- 榄香烯（α-elemene）、β- 榄香烯（β-elemene）、δ- 榄香烯（δ-elemene）、榄香烯（elemene）、γ- 榄香烯（γ-elemene）、斯巴醇（spathulenol）、葎草烯（humulene）、β- 雪松烯（β-cedrene）、δ- 愈创木烯（δ-guaiene）、α- 愈创木烯（α-guaiene）、（+）- 喇叭烯［（+）-ledene］、别香树烯（allo-aromadendrene）、葎草烯环氧化物Ⅱ（humulene epoxide Ⅱ）、乙烯基愈疮木酚（vinyl guaiacol）、木罗烯（muurolene）、γ- 木罗烯（γ-muurolene）、雪松烯（cedrene）、α- 木罗烯（α-muurolene）、α- 依兰烯（α-ylangene）、桉叶烯（eudesmene）、α- 松油烯（α-terpinolene）、α- 石竹烯醇（α-caryophyllene alcohol）、氧化石竹烯（caryophyllene oxide）、γ- 杜松烯（γ-cadinene）、3, 5- 辛二烯 -2- 酮（3, 5-octadien-2-one）、十九碳烯（nonadecene）、瓦伦烯（valencene）、β- 金合欢烯（β-farnesene）、佛术烯（eremophilene）、γ- 古芸烯（γ-gurjunene）、紫罗烯（ionene）、4- 萜品醇（4-terpineol）、顺式 -α- 甜没药烯（*cis*-α-bisabolene）、9- 十八炔（9-octadecyne）、十九碳烯（nonadecene）、β- 突厥酮（β-damascone）、十三烷 -2- 酮（2-tridecanone）、愈创木薁（guaiazulene）、2, 5- 二甲基 -2, 4- 己二烯（2, 5-dimethyl-2, 4-hexadiene）、（*E*）-2- 辛烯醛［（*E*）-2-octenal］、8- 羟基对伞花烃（8-hydroxy-*p*-cymene）[32]，邻苯二甲酸二丁酯（dibutylphthalate）[20, 32] 和苄硫基二苯脲（benzyl sulfur-diphenyl urea）[33]；酚类：1-（4, 5- 二羟基 -2- 甲基苯基）- 乙酮［1-（4, 5-dihydroxy-2-methylphenyl）-ethanone］、对羟基苯甲酸（*p*-hydroxybenzoic acid）、香草酸（vanillic acid）、原儿茶醛（protocatechualdehyde）、丁香酸（syringic acid）、丁香醛（syringaldehyde）[20] 和 γ- 生育酚（γ-tocopherol）[33]；烯酮类：3- 甲基 -4-（3- 氧代丁基）环庚 -2, 4, 6- 三烯 -1- 酮［3-methyl-4-（3-oxobutyl）cyclohepta-2, 4, 6-trien-1-one］[20]；降倍半萜类：（1*S*, 4*S*, 10*R*）- 白藤素 I［（1*S*, 4*S*, 10*R*）-calamusin I］和（1*R*, 4*R*, 10*S*）- 白藤素 I［（1*R*, 4*R*, 10*S*）-calamusin I］[20]；生物碱类：1-（呋喃 -2- 羰基）哌啶 -3- 酮［1-（furan-2-carbonyl）piperidin-3-one］[20]，新刺孢曲霉素（neoechinulin A）、木兰胺（magnolamide）、1H- 吲哚 -3- 羧酸醛（1H-indole-3-carboxadehyde）、吲唑（indazole）[21]，烟酰胺（nicotinamide）和 4- 吡嗪 -2- 基 - 丁 -3- 烯 -1, 2- 二醇（4-pyrazin-2-yl-but-3-en-1, 2-diol）[34]；脂肪酸类：12- 脱氧酚 -13α- 十五烷酸酯（12-deoxyphorbol-13α-pentadecanoate）[1]，棕榈酸（palmitic acid）、亚油酸（linoleic acid）、亚油酸乙酯（ethyl linoleate）、肉豆蔻酸（myristic acid）[32]，1- 单亚麻油脂（1-monolinolein）和甘油棕榈酸酯（glycerol palmitate）[34]。

种子含酚酸类：4- 羟基 -3- 甲氧基苯甲酸（4-hydroxy-3-methoxybenzoic acid）、3, 4- 二羟基苯甲酸（3, 4-dihydroxybenzoic acid）、2, 3, 4- 三羟基 -5- 甲氧基苯甲酸（2, 3, 4-trihydroxy-5-methoxybenzoic acid）和 4- 羟基苯甲酸（4-hydroxybenzoic acid）[35]；苯丙素类：顺式 -2, 4, 5- 三羟基肉桂酸（*cis*-2, 4, 5-trihydroxycinnamic acid）、反式 -4- 羟基肉桂酸（*trans*-4-hydroxycinnamic acid）、反式 -2, 3 二羟基肉桂酸（*trans*-2, 3-dihydroxycinnamic acid）和二 -（*E*）- 咖啡酰内消旋酒石酸单甲酯［di-（*E*）-caffeoyl meso-tartaric acid monomethyl ester］[35]；倍半萜类：4′- 二羟基红花菜豆酸（4′-dihydrophaseic acid）[35]；黄酮类：异荭草苷（isoorientin）和槲皮素 -3-*O*-β-D- 吡喃葡萄糖苷（quercetin-3-*O*-β-D-glucopyranoside）[35]；内酯类：顺式 - 乌头酸酐乙酯（*cis*-aconitic anhydride ethyl ester）[35]。

【药理作用】1. 利尿　块茎的醇提取物、水提取物和 24- 乙酰泽泻醇 A（alisol A 24-acetate）即泽泻醇 A-24- 乙酸酯（alisol A-24-acetate）均能使 SD 大鼠的 24h 平均排尿量明显增加，其机制是促进排钠利尿，同时也有增加排钾的作用[1]。2. 护肾　块茎的水提取物能使二甘醇（DEG）所致肾脏损伤小鼠血清中肌酐（Cr）和尿素氮（BUN）浓度降低，肾组织的超氧化物歧化酶（SOD）和谷胱甘肽过氧化酶（GSH-Px）含量升高及丙二醛（MDA）含量降低，对小鼠的肾脏具有明显的保护作用[2]，对单侧输尿管梗阻大鼠能使其肾间质纤维化程度减轻，减轻其 C3 的表达，抑制肾小管上皮细胞间充质转分化[3]；块茎中提取的总三萜类成分能使乙二醇及阿法骨化醇诱导的泌尿系草酸钙结石大鼠血尿素氮、肌酐、24h 尿量、尿 Ca^{2+} 分泌量、肾 Ca^{2+} 含量及右肾系数明显下降，肾 Mg^{2+} 含量增加，减少大鼠肾组织内草酸钙晶体的沉积，改善肾脏组织的损伤情况[4]。3. 降血脂 块茎的水提取物和醇提取物均能显著降低甘油三酯（TG）、总胆固醇（TC）的含量，升高高密度脂蛋白（HDL）的含量，对肥胖小鼠均有降血脂作用，且两者对脂代谢的影响没有明显的优劣差异[5]。4. 降血糖 块茎的水提取物和醇提取物均能有效改善高脂饮食诱导胰岛素抵抗模型小鼠的糖耐量，表明两者对于胰岛素抵抗的 2 型糖尿病均有很好的作用，且多种泽泻三萜均具有促进葡萄糖摄取活性的作用[6]；块茎的水提取物和醇提取物对链脲佐菌素（STZ）糖尿病小鼠有治疗作用，给药后可明显降低链脲佐菌素糖尿病小鼠的血糖和甘油三酯，防治给药可明显对抗链脲佐菌素诱发的血糖升高及胰岛组织学改变，并能升高血清胰岛素含量[7]；块茎的水提取物、醇提取物可降低四氧嘧啶糖尿病模型小鼠的血糖和甘油三酯，使胰岛保持正常组织学形态，升高血清胰岛素含量及对抗四氧嘧啶诱发的胰淀粉酶降低，表明其对于 I 型糖尿病同样有较好的作用[8]。5. 抗炎 块茎中提取的总三萜高、中剂量组可显著降低炎症因子白细胞介素 -6（IL-6）的含量，作用呈剂量相关性，且能有效抑制二甲苯引起小鼠的局部组织血管扩张，在棉球所致大鼠肉芽肿胀模型中，泽泻总三萜中、高剂量组可显著减轻大鼠棉球肉芽肿胀程度，表明泽泻总三萜具有较好的抗炎作用[9]。6. 抗肿瘤 块茎的醇提取物可使 Lewis 肺癌荷瘤小鼠肺中的转移灶数明显减少，红细胞变形指数及比容明显降低，血清蛋白质成分发生显著变化，可显著抑制 Lewis 肺癌的自发性转移，其机制可能与血清中某些蛋白质成分的改变有关[10]。7. 抗氧化 块茎的水提取物能明显改善过氧化氢诱导损伤的血管内皮细胞的形态，提高内皮细胞的存活率，增加一氧化氮的分泌，显著提高超氧化物歧化酶的含量，抑制内皮细胞的凋亡[11]。

【性味与归经】甘、淡，寒。归肾、膀胱经。

【功能与主治】利小便，清湿热。用于小便不利，水肿胀满，泄泻尿少，痰饮眩晕，热淋涩痛；高脂血症。

【用法与用量】6 ～ 9g。

【药用标准】药典 1977—2015、浙江炮规 2015、贵州药材 1965、云南药品 1974、新疆药品 1980 二册、香港药材一册和台湾 2013。

【临床参考】1. 胃脘痛：块茎 10g，加柴胡、清半夏、黄芩、鸡内金、生山楂、炒苍术、白及、陈皮、延胡索、黄连各 10g，炒谷芽、焦麦芽各 12g，厚朴、吴茱萸各 6g，每日 1 剂，水煎服[1]。

2. 头晕：块茎 50g，加炒白术 20g，水煎服，每日 1 剂，分早、晚饭后 30min 温服[2]。

3. 水肿：块茎 30g，加生牡蛎 20g、黄芪 30g，葶苈子、天花粉各 15g，海藻、柴胡、黄芩、桂枝、干姜、防己各 10g，商陆、炙甘草各 6g，每日 1 剂，水煎温服[3]。

4. 非酒精性脂肪肝：泽泻泄浊配方颗粒（块茎 20g，加陈皮 10g，莱菔子、柴胡各 6g，桃仁、巴戟天、丹参各 8g，茯苓 20g，薏苡仁 30g，山楂 15g），每日 1 剂，用温开水 150ml 溶化，早晚分服，配合穴位贴敷[4]。

5. 水肿、小便不利：块茎 12g，加白术 12g、车前子 9g、茯苓皮 15g、西瓜皮 24g，水煎服；或根茎 9g，加茯苓、猪苓、白术各 9g，水煎服。

6. 肾性高血压：块茎 6g，加桑寄生 6g，水煎服。（5 方、6 方引自《浙江药用植物志》）

7. 急性腹泻：块茎 15g，加猪苓 9g、白头翁 15g、车前子 6g，水煎服。（《青岛中草药手册》）

【附注】泽泻始载于《诗经》，称为“荚”，曰：“彼汾一曲，言采其荚，彼其之子，美如玉。”陆玑《诗疏》注解：“言采其荚，荚，今泽泻也。”泽泻作为药物使用，则始载于《神农本草经》，列为上品，称泽泻“生池泽”。《名医别录》载：“泽泻生汝南池泽，五月、六月、八月采根，阴干。叶五月采，实九月采。”又云：“……水泻也如续断，寸寸有节。其叶如车前大，其叶亦相似，徐州广陵人食之。”《本草经集注》曰：“汝南郡属豫州，今近道亦有，不堪用，惟用汉中、南郑、青州、代州者，形大而长，尾间必有两歧为好。丛生浅水中，叶狭而长。”似现在的窄叶泽泻。

唐《唐本草》注："云今汝南不复采用，惟以泾州、华州者为善也。"宋代《本草图经》记载："今山东、河、陕、江、淮亦有之，以汉中者为佳。"最早有插图的本草是《本草图经》，其曰："春生苗，多在浅水中。叶似牛舌草，独茎而长，秋时开白花作丛似谷精草。"，又云："今山东、河、陕、江、淮亦有之，汉中者为佳。……今人秋末采，暴干。"并附有三幅泽泻图（邢州泽泻、齐州泽泻、泽泻）。

明《本草乘雅半偈》记载："今汝南不复采，以泾州、华州者为善。河、陕、江、淮、八闽亦有之。"《农政全书》载："水边处处有之，丛生苗叶，其叶似牛舌草叶，纹脉坚直，叶丛中窜葶，对分茎叉，茎有线楞；稍间开三瓣小白花；结实小，青细。"《救荒本草》云："泽泻，……。生汝南池泽及齐州、山东、河陕、江淮亦有，汉中者为佳。今水边处处有之。丛生苗叶，其叶似牛舌草叶，纹脉坚直，叶丛中间攛葶，对分茎叉。茎有线楞。梢间，开三瓣小白花。结实小、青细，子味甘。叶味微咸，无毒。采嫩叶煠熟，水浸淘洗净，油盐调食。"《本草纲目》新绘一幅插图，其新绘插图为泽泻。陈嘉谟《本草蒙荃》中云："淮北虽生，不可入药。汉中所出，方可拯疴。"明朝年间的《建宁府志》记载："泽泻，瓯宁产。"清《古今图书集成》翻刻了《本草图经》的全部插图，并将其中泽泻改为豫州泽泻，另绘有一幅泽泻图。《植物名实图考》曰："抚州志：临川产泽泻，其根圆白如小蒜。"并附有一幅新绘的泽泻图。光绪年间郭柏苍的《闽产录异》记载泽泻："产建宁府。丛生湿圃中。叶似牛舌，独茎而长，花似葱，白色。药称建泽泻，以建安瓯宁者为道地。"

民国陈仁山《药物出产辩》："泽泻产福建省建宁府为上；其次，江西省、四川省均有出，但甜味以四川为浓厚。市上所售者，以福建为多。"

根据上述文字特征描述和绘图，结合现代植物分类和地理分布情况，认为古代泽泻的基原植物基本为泽泻属 *Alisma* Linn. 植物，主要有东方泽泻 *Alisma orentale*（Sanuel.）Juz. 和泽泻 *Alisma plantago-aquatica* Linn.，分布于华东地区者，主要为东方泽泻，分布于华西地区者，主要为泽泻；另有小泽泻 *Alisma nanum* D. F. Cui 和窄叶泽泻 *Alisma canaliculatum* A. Braun et Bouche，个别为泽泻属以外的植物。

药材泽泻的产地汉、三国时期为河南（池泽），到梁、唐代发展到陕西（汉中、华州）和甘肃（泾州），宋代泽泻产地已从陕西等地扩展到华东地区（山东、江、淮），但是仍认为以汉中产的为最好。到了明代泽泻产地更向华东地区南部的福建（八闽）发展。福建建瓯（建安瓯宁）作为泽泻主产地之一，始于明代，而作为道地产地应始于清代，因"建泽泻"一词最早出现在清光绪年间。民国时期泽泻的产地已形成福建、江西和四川三足鼎立的态势，与现在基本相同。

据调查，目前药材泽泻主产四川、福建和江西三省，分别习称川泽泻、建泽泻和江泽泻，另广西、广东、湖南、湖北和贵州也有栽培。四川是商品泽泻的最主要来源，此外依此为江西、福建和其余省区。认为川泽泻的基原植物为泽泻；而建泽泻和江泽泻均来源于东方泽泻。一般认为，东方泽泻加工成的药材质量较优。

药材泽泻收载于中国药典 1977—2015，基原植物为泽泻 *Alisma orientalis*（Sam.）Juzep，其中文名为泽泻，而拉丁学名所代表的植物为东方泽泻。中国药典 2020 年版根据我们的研究结果已将泽泻的来源项改为：本品为泽泻科植物东方泽泻 *Alisma orientale*（Sam.）Juzep. 或泽泻 *Alisma plantago-aquatica* Linn. 的干燥块茎。

鉴于药材泽泻基原植物的混淆，常导致某些泽泻研究文献将基原植物东方泽泻和泽泻相混淆。

本种的叶和果实民间也药用。

药材泽泻肾虚精滑无湿热者禁服。

【化学参考文献】

[1] Wang Y L，Zhao J C，Liang J H，et al. A bioactive new protostane-type triterpenoid from *Alisma plantago-aquatica* subsp. *orientale*（Sam.）Sam [J]. Nat Prod Res，2017，95：1-6.

[2] Yi J，Bai R，An Y，et al. A natural inhibitor from *Alisma orientale* against human carboxylesterase 2：kinetics，circular dichroism spectroscopic analysis，and docking simulation [J]. Int Biol Macromol，2019，133：184-189.

[3] Jin H G，Jin Q，Kim A R，et al. A new triterpenoid from *Alisma orientale* and their antibacterial effect [J]. Arch Pharm

Res, 2012, 35（11）: 1919-1926.

[4] Yoshikawa M. Absolute stereostructures of alismalactone 23-acetate and alismacetone A 23-acetate, new seco-protostane and protostane-type triterpenes with vasorelaxant effects from Chinese Alismatis Rhizoma[J]. Chem Pharm Bull, 1997, 45(4): 756-759.

[5] Wang C, Huo X K, Luan Z L, et al. Alismanin A, a triterpenoid with a C34 skeleton from *Alisma orientale* as a natural agonist of human pregnane X receptor [J]. Org Lett, 2017, 19（20）: 5645-5648.

[6] Wang J, Li H, Wang X, et al. Alisol B-23-acetate, a tetracyclic triterpenoid isolated from *Alisma orientale*, induces apoptosis in human lung cancer cells via the mitochondrial pathway [J]. Biochem Biophys Res Commun, 2018, 505（4）: 1015.

[7] Zhan Z J, Bian H L, Shan W G. Alisol C23-acetate from the rhizome of *Alisma orientale* [J]. Acta Crystallogr Sect E, 2008, DOI: 10. 1107/S1600536808032959.

[8] Zhao M, Xu L J, Che C T. Alisolide, alisol O and P from the rhizome of *Alisma orientale*[J]. Phytochemistry, 2008, 69(2): 527-532.

[9] Yoshikawa M, Hatakeyma S, Tanaka N, et al. Crude drugs from aquatic plants. Ⅱ. on the constituents of the rhizome of *Alisma orientale* Juzep [J]. Chem Pharm Bull, 1993, 41（12）: 109-2112.

[10] Xin X L, Mai Z P, Wang X, et al. Protostanealisol derivatives from the rhizome of *Alisma rientale* [J]. Phytochem Lett, 2016, 16: 8-11.

[11] Mai Z P, Zhou K, Ge G B, et al. Protostane triterpenoids from the rhizome of *Alisma orientale* exhibit inhibitory effects on human carboxylesterase 2 [J]. J Nat Prod, 2015, 78（10）: 2372-2380.

[12] Li H M, Chen X J, Luo D, et al. Protostane-type triterpenoids from *Alisma orientale* [J]. Chem Biodivers, 2017, 14（12）: e1700452-e1700464.

[13] Ma Q, Han L, Bi X, et al. Structures and biological activities of the triterpenoids and sesquiterpenoids from *Alisma orientale* [J]. Phytochemistry, 2016, 131: 150-157.

[14] Yoshikawa M, Tomohiro N, Murakami T, et al. Studies on *Alismatis rhizoma.* Ⅲ. stereostructures of new protostane-type triterpenes, alisols H, I, J-23-acetate, K-23-acetate, L-23-acetate, M-23-acetate, and N-23-acetate, from the dried rhizome of *Alisma orientale* [J]. Chem Pharm Bull, 1999, 47（4）: 524-528.

[15] Nakajima Y, Satoh Y, Katsumata O M, et al. Terpenoids of *Alisma orientale* rhizome and the crude drug *Alismatis rhizoma* (*A. plantago-aquatica*) [J]. Phytochemistry, 1994, 36（1）: 119-127.

[16] Matsuda H, Kageura T, Toguchida I, et al. Effects of sesquiterpenes and triterpenes from the rhizome of *Alisma orientale* on nitric oxide production in lipopolysaccharide-activated macrophages: absolute stereostructures of alismaketones-B 23-acetate and-C 23-acetate [J]. Bioorg Med Chem Lett, 1999, 9（21）: 3081-3086.

[17] Yoshikawa M, Hatakeyama S, Tanaka N, et al. Crude drugs from aquatic plants. I. on the constituents of *Alismatis Rhizoma.*（1）. absolute stereostructures of alisols E 23-acetate, F, and G, three new protostane-type triterpenes from Chinese *Alismatis Rhizoma* [J]. Chem Pharm Bull, 1993, 41（11）: 1948-1954.

[18] 许枏，张宏达，谢雪 . 泽泻中的新三萜成分 [J]. 中草药，2012，43（5）：841-843.

[19] Yamaguchi K, Ida Y, Nakajima Y, et al. Absolute stereostructure of 13, 17-epoxyalisol B 23-acetate isolated from *Alisma orientale* [J]. Acta Crystallogr, Sect C: Cryst Struct Commun, 1994, C50（5）: 736-738.

[20] Liu S S, Sheng W L, Li Y, et al. Chemical constituents from *Alismatis Rhizoma* and their anti-inflammatory activities *in vitro* and *in vivo* [J]. Bioorganic Chemistry, 2019, 92: 103226.

[21] Zhao X Y, Wang G, Wang Y, et al. Chemical constituents from *Alisma plantago-aquatica* subsp. *orientale* (Sam.) Sam and their anti-inflammatory and antioxidant activities [J]. Nat Prod Res, 2018, 32（23）: 2749-2755.

[22] Yu Z L, Peng Y L, Wang C, et al. Alismanoid A, an unprecedented 1, 2-*seco* bisabolene from *Alisma orientale*, and its protective activity against H_2O_2-induced damage in SH-SY5Y cells [J]. New J Chem, 2017, 40（9）: 1806/1-1806/8.

[23] Yoshikawa M, Yamaguchi S, Matsuda H, et al. Crude drugs from aquatic plants. V. on the constituents of *Alismatis rhizoma.*（3）. stereostructures of water-soluble bioactive sesquiterpenes, sulfoorientalols a, b, c, and d, from Chinese *Alismatis rhizoma* [J]. Chem Pharm Bull, 1994, 42（12）: 2430-2435.

[24] Li H M, Fan M, Xue Y, et al. Guaiane-type sesquiterpenoids from *Alismatis rhizoma* and their anti-inflammatory activity [J]. Chem Pharm Bull, 2017, 65 (4): 403-407.
[25] 张朝凤, 周爱存, 张勉. 泽泻的化学成分及其免疫抑制活性筛选 [J]. 中国中药杂志, 2009, 34 (8): 994-998.
[26] Shao B, Wang S, Zhou J, et al. A novel lectin from fresh rhizome of *Alisma orientale* (Sam.) Juzep [J]. Process Biochem, 2011, 46 (8): 1554-1559.
[27] 胡雪艳, 陈海霞, 高文远, 等. 泽泻化学成分的研究 [J]. 中草药, 2008, 39 (12): 1788-1790.
[28] Shimizu N, Ohtsu S, Tomoda M, et al. A glucan with immunological activities from the tuber of *Alisma orientale* [J]. Biol Pharm Bull, 1994, 17 (12): 1666-1668.
[29] Tomoda M, Gonda R, Shimizu N, et al. An immunologically active polysaccharide from the tuber of *Alisma orientale* [J]. Pharm Pharmacol Lett, 1993, 3 (4): 147-151.
[30] Tomada M, Gonda R, Shimizu N, et al. B Characterization of an acidic polysaccharide having immunological activities from the tuber of *Alisma orientale* [J]. iol Pharm Bull, 1994, 17 (5): 572-576.
[31] Zhang Z, Wang D, Zhao Y, et al. Fructose-derived carbohydrates from *Alisma orientalis* [J]. Nat Prod Res, 2009, 23 (11): 1013-1020.
[32] 徐飞, 吴启南, 李兰, 等. 气质联用法分析泽泻中的挥发性成分的研究 [J]. 南京中医药大学学报, 2011, 27 (3): 277-280.
[33] 张亚敏, 林文津, 徐榕青, 等. 泽泻超临界 CO_2 萃取物化学成分气质联用分析 [J]. 中药材, 2009, 32 (11): 1700-1702.
[34] 洪承权, 朴香兰, 楼彩霞. 泽泻化学成分的分离与鉴定 [J]. 重庆工学院学报 (自然科学版), 2008, 22 (4): 78-81.
[35] Zhao M, Chen J Y, Xu L J, et al. *Cis*-aconiticanhydride ethyl ester and phenolic compounds from the seeds of *Alisma orientale* [J]. Nat Prod Commun, 2012, 7 (6): 785-787.

【药理参考文献】

[1] 王立新, 吴启南, 张桥, 等. 泽泻中利尿活性物质的研究 [J]. 华西药学杂志, 2008, 23 (6): 670-672.
[2] 朱深银, 周远大, 杜冠华. 大黄和泽泻提取物对二甘醇致小鼠肾脏损伤的保护作用研究 [J]. 中国药房, 2009, 20 (9): 641-643.
[3] 张瑞芳, 许艳芳, 万建新, 等. 泽泻对单侧输尿管梗阻大鼠肾组织补体 C3 及肾纤维化的影响 [J]. 中国中西医结合肾病杂志, 2012, 13 (8): 672-674, 755-756.
[4] 区淑蕴, 苏倩, 彭可垄, 等. 泽泻总三萜提取物对大鼠泌尿系草酸钙结石形成的影响 [J]. 华中科技大学学报 (医学版), 2011, 40 (6): 634-639.
[5] 张春海, 毛缜, 马丽, 等. 泽泻水提取物、醇提取物对小鼠脂代谢影响的比较 [J]. 徐州师范大学学报 (自然科学版), 2005, 23 (2): 68-70.
[6] 许文, 罗奋熔, 赵万里, 等. 泽泻降糖活性提取物化学成分研究 [J]. 中草药, 2014, 45 (22): 3238-3245.
[7] 杨新波, 黄正明, 曹文斌, 等. 泽泻提取物对链脲佐菌素高血糖小鼠的治疗和保护作用 [J]. 解放军药学学报, 2002, 18 (6): 336-338, 350.
[8] 杨新波, 黄正明, 曹文斌, 等. 泽泻提取物对正常及四氧嘧啶小鼠糖尿病模型的影响 [J]. 中国实验方剂学杂志, 2002, 8 (3): 24-26.
[9] 林娜, 黄锦芳, 张雪, 等. 泽泻总三萜的抗炎活性研究 [J]. 福建中医药, 2018, 49 (4): 68-69, 71.
[10] 马兵, 项阳, 李涛, 等. 泽泻对 Lewis 肺癌自发性转移的抑制作用及其机制研究 [J]. 中草药, 2003, 34 (8): 74-77.
[11] 席蓓莉, 谷巍, 赵凤鸣, 等. 泽泻对 H_2O_2 诱导血管内皮细胞损伤的保护作用 [J]. 南京中医药大学学报, 2012, 28 (3): 232-234.

【临床参考文献】

[1] 杜颖初, 鲁明源. 迟华基运用泽泻汤经验 [J]. 山东中医杂志, 2019, 38 (6): 558-560, 568.
[2] 覃堃, 王辉, 但文超, 等. 何庆勇运用泽泻汤的经验 [J]. 世界中西医结合杂志, 2019, 14 (5): 636-638.
[3] 刘婉文, 曾纪斌, 李赛美. 李赛美运用牡蛎泽泻散加减治疗水肿医案 1 则 [J]. 新中医, 2019, 51 (5): 68-70.
[4] 孙晓娜, 于悦, 许向前, 等. 泽泻泄浊颗粒配合穴位贴敷治疗非酒精性脂肪肝的临床观察 [J]. 中医临床研究, 2016, 8 (35): 1-4.

一二七 禾本科 Gramineae

一年生、二年生或多年生草本，或秆木质化。秆呈圆筒形或压扁，稀方形；节处实心，节间中空。单叶，互生，2 列，由叶鞘、叶片两部分组成；叶片通常狭长，全缘，具平行脉；叶鞘包裹节间，常一侧开缝，而边缘彼此覆盖或相接；叶片与叶鞘连接处内侧，常具膜质或纤毛状叶舌。花序顶生或侧生，由多数小穗排成穗状、总状、头状或圆锥花序；小穗有小花 1 至多朵，排列于小穗轴上，基部有 1 ～ 2 枚或多枚不孕苞片，称为颖；花通常两性，少有单性或中性，通常小，为外稃和内稃包被，每一小花有 2 ～ 3 片鳞被；雄蕊 1 ～ 6 枚，通常 3 枚具细柔的花丝和两室纵裂的花药；雌蕊 1 枚，子房 1 室，胚珠 1 粒，花柱通常 2 枚，少有 1 或 3 枚，柱头通常羽毛状。多为颖果，稀囊果，浆果或坚果。

约 700 属，11 000 余种，广布于全世界。中国约 230 属，1800 余种，分布于南北各地，法定药用植物 26 属，38 种 6 变种。华东地区法定药用植物 18 属，23 种 4 变种 1 栽培变种。

禾本科法定药用植物主要含黄酮类、生物碱类、皂苷类、木脂素类、香豆素类、苯丙素类、倍半萜类、苯醌类等成分。黄酮类包括黄酮、黄酮醇、二氢黄酮、异黄酮、花色素、黄烷等，如夏佛塔雪轮苷（schaftoside）、槲皮素 -7-*O*- 鼠李糖苷（quercetin-7-*O*-rhamnoside）、异荭草素 -2″-*O*-α-L- 鼠李糖苷（isoorientin-2″-*O*-α-L-rhamnoside）、毛蕊异黄酮（calycosin）、儿茶素（catechin）、原矢车菊素 B_2（procyanidin B_2）等；生物碱包括吲哚类、吡啶类、喹唑酮类等，如芦竹碱（donaxine；gramine）、吲哚 -3- 乙酰基 - 肌肉肌醇（indole-3-acetyl-myo-inositol）、4- 羰乙氧基 -6- 羟基 -2- 喹诺酮（4-carboethoxy-6-hydroxy-2-quinolone）、去氧鸭嘴花碱酮（deoxyvasicinone）等；皂苷类包括三萜皂苷、甾体皂苷，如 24- 甲基环木菠萝烷醇阿魏酸酯（24-methylenecycloartanylferulate）、熊果酸（ursolic acid）、白茅素（cylindrin）、异山柑子醇（isoarborinol）、蟾蜍特尼定芦竹素（arundoin）等；木脂素类如青秆竹木脂素 A（bambulignan A）、白茅苷（impecyloside）、薏米木脂苷 *A（coixlachryside A）、（+）- 南烛木树脂酚 -9′-*O*-β-D- 吡喃葡萄糖苷［（+）-lyoniresinol-9′-*O*-β-D-glucopyranoside］等；香豆素类如 7，8- 二羟基 -3-（3- 羟基 -4- 氧代 -4H- 吡喃基）- 香豆素［7，8-dihydroxy-3-（3-hydroxy-4-oxo-4H-pyran-2-yl）-coumarin］、东莨菪内酯（scopoletin）等；苯丙素类如对香豆酸（*p*-coumaric acid）、对 - 羟基肉桂酸（*p*-hydroxycinnamic acid）等；倍半萜类如白茅萜烯（cylindrene）、白茅醇 A、B（cylindol A、B）等；苯醌类如高粱酮（sorgoleone）、5- 乙氧基高粱酮（5-ethoxysorgoleone）等。

刚竹属含黄酮类、二萜酸类、木脂素类、生物碱类、苯丙素类、皂苷类等成分。黄酮类包括黄酮、二氢黄酮等，如小麦黄素 -7-*O*- 新橙皮糖苷（tricin-7-*O*-neohesperidoside）、木犀草素 -7-*O*-β-D- 葡萄糖苷（luteolin-7-*O*-β-D-glucoside）、异荭草素（isoorientin）等；二萜酸类如赤霉素 A_1、A_8、A_{19}、A_{29}（gibberellin A_1、A_8、A_{19}、A_{29}）等；木脂素类如刚竹二聚物 A、B（phyllostadimer A、B）等；生物碱多为吲哚类，如吲哚 -3- 乙酸（indole-3-acetic acid）、*N*- 阿魏酰基 -5- 羟色胺（*N*-feruloyl serotonin）等；苯丙素类如对 - 羟基肉桂酸（*p*-hydroxycinnamic acid）、阿魏酸（freulic acid）、绿原酸（chlorogenic acid）等；皂苷类多为五环三萜皂苷，如 β- 香树脂醇（β-amyrin）、羽扇豆烯酮（lupenone）等。

燕麦属含皂苷类、黄酮类、苯丙素类等成分。皂苷类多为甾体皂苷，如燕麦根皂苷 A_1、A_2、B_1、B_2（avenacin A_1、A_2、B_1、B_2）、燕麦苷 A、B（avenacoside A、B）等；黄酮类如小麦黄素（tricin）、刺槐素（acacetin）和香叶木素（diosmetin）等；苯丙素类如咖啡酸（caffeic acid）、阿魏酸（freulic acid）等。

分属检索表

1. 秆木质，多年生；秆生叶（秆箨即笋壳）通常无中脉，与枝生叶明显不同……竹亚科 Bambusoideae
  2. 地下茎为合轴型，秆丛生；每节分枝多数，簇生；秆环较平坦……………………1. 簕竹属 *Bambusa*
  2. 地下茎单轴型，秆散生；每节 2 分枝；秆环隆起或平坦………………………2. 刚竹属 *Phyllostachys*

1. 秆一般为草质，一年生或多年生；秆生叶即普通叶，叶片中脉明显……………禾亚科 Agrostidoideae
  3. 小穗通常具小花 1 朵至多数，大都两侧压扁，通常脱节于颖之上，并常在各小花之间逐节脱落；小穗轴大都延伸至最上小花的内稃之后而呈细柄状或刚毛状。
    4. 小穗具结实小花仅 1 朵，颖退化或仅在小穗轴间留有痕迹；成熟花的内、外稃常以其边缘互相紧扣
      5. 水生或陆生植物；秆较细弱，叶片较窄；小穗两性，两侧压扁并有脊……………3. 稻属 *Oryza*
      5. 水生植物；秆粗壮，叶片宽大；小穗单性…………………………………………………4. 菰属 *Zizania*
    4. 小穗有结实花 1 至多朵，2 颖或其中 1 枚通常明显；成熟花的内、外稃并不互相紧扣，但外稃可紧包内稃；内稃有 2 条脉形成脊 2 条。
      6. 成熟花的外稃有脉 3 ～ 5 条；叶舌通常有纤毛。
        7. 多年生、高大丛生草本；具发达根茎；圆锥花序顶生，颖片近等长………5. 芦竹属 *Arundo*
        7. 一年生或多年生草本；无根茎；穗状花序 2 至数枚呈指状生于秆顶，颖片不等长…………………………………………………………………………………………6. 䅟属 *Eleusine*
      6. 成熟花的外稃有脉 5 条或 5 条以上，或在小穗含小花 1 朵的种类中，因其质地较厚硬而脉不明显；芒如存在，膝曲或否；叶舌无纤毛或稀有稀疏的纤毛。
        8. 小穗无柄或近无柄，排成穗状花序。
          9. 小穗 3 枚生于穗轴的各节；成熟后内外稃黏着而不易分离……………7. 大麦属 *Hordeum*
          9. 小穗单生于穗轴的各节；成熟后与内外稃分离………………………………8. 小麦属 *Triticum*
        8. 小穗有柄，稀无柄或近于无柄，排列为开展或紧缩的圆锥花序。
          10. 多年生草本；须根中部及下部可膨大呈纺锤形；颖均短于第一花，外稃顶端直立而不扭转…………………………………………………………………9. 淡竹叶属 *Lophatherum*
          10. 一年生草本；须根无膨大部分；颖长于第一小花，芒大多膝曲而具扭转的芒柱…………………………………………………………………………………………10. 燕麦属 *Avena*
  3. 小穗具小花 2 朵，下部花不孕而为雄性以至剩一外稃而使小穗仅具小花 1 朵，背腹扁或为圆筒形，稀可两侧压扁，脱节于颖之下；小穗轴不延伸，故在成熟花内稃之后无一柄或类似刚毛的存在。
    11. 第二朵小花的外稃及内稃通常质地坚韧而无芒。
      12. 花序下无不育的小枝；小穗背腹压扁；小穗轴脱节于颖之下或有时颖片缓慢脱落…11. 黍属 *Panicum*
      12. 花序中有不育小枝而成的刚毛；小穗椭圆形或披针形；小穗脱节于小穗柄之上或颖之上第 1 外稃之下………………………………………………………………12. 狗尾草属 *Setaria*
    11. 外稃及内稃均为膜质或透明膜质，于其顶端或顶端裂齿间伸出 1 芒，也可无芒。
      13. 小穗为两性，或结实小穗与不孕小穗同时混生于穗轴上，有时穗轴下部 1 至数对小穗均不孕。
        14. 成对小穗均可成熟并同形，或每对中的有柄小穗可成熟并具有长芒，而无柄小穗至少在总状花序之基部者则为不孕并无芒。
          15. 秆不分枝；无柄小穗的第一颖通常有狭窄的先端以及内折的边缘；无芒。
            16. 具长的根茎；穗轴延续而无关节，小穗均有柄而自柄上脱落；组成圆锥花序的小穗密集；雄蕊 2 或 1 枚…………………………………………………13. 白茅属 *Imperata*
            16. 无长的根茎；穗轴有关节，各节连同着生其上的无柄小穗一起脱落；组成圆锥花序的小穗疏散；雄蕊 3 枚……………………………………………14. 甘蔗属 *Saccharum*
          15. 秆具分枝；无柄小穗的第一颖通常有宽广而呈截形的先端以及扁平或内卷的边缘；芒大都存在…………………………………………………15. 金发草属 *Pogonatherum*
        14. 成对小穗并非均可成熟，其中无柄小穗成熟，有柄小穗常退化不孕……16. 高粱属 *Sorghum*

13. 小穗单性，雌、雄小穗分别位于不同的花序上或同一花序的不同部分，雌性常在下方。
17. 雄小穗、雌小穗分别生于不同的花序上，雄小穗为顶生圆锥花序，雌小穗为腋生而有鞘苞的穗状花序……17. 玉蜀黍属 *Zea*
17. 雄小穗、雌小穗位于同一花序上方，雄性的在上方，雌性的在下方，其中 1 朵结实，包藏于叶鞘所成的珠状坚硬的苞片内……18. 薏苡属 *Coix*

1. 簕竹属 *Bambusa* Schreb.

乔木状或灌木状竹类。地下茎为合轴型。秆丛生，节间圆筒形，秆环较平坦，每节分枝多数，簇生，主枝 1 ～ 3 枚，小枝有时硬化为刺。秆箨早落或迟落，箨鞘硬纸质至厚革质；箨耳通常存在；箨片直立或外翻，狭披针形至披针形，小横脉常不明显。花序续次发生，常由 1 至多个小穗簇生于分枝的各节上；小穗具小花 1 至数朵，小穗轴节间较长，花成熟时容易逐节折断；颖片 1 ～ 4 枚；外稃具多脉，内稃具 2 脊；鳞被 3 枚；雄蕊 6 枚；子房常具柄，顶端有小刺毛，柱头 3 枚，羽毛状。

约 100 种，分布于亚洲、非洲及大洋洲的热带及亚热带地区。中国约 60 种，主要分布于华南及西南地区，法定药用植物 4 种 1 变种。华东地区法定药用植物 3 种。

分种检索表

1. 箨耳小或不明显；箨鞘先端突起呈弧形；箨鞘被刺毛……青皮竹 *B. textilis*
1. 箨耳发达；箨鞘先端截平或微隆起；箨鞘无毛或被绒毛。
2. 箨鞘无毛，秆与箨鞘无彩色条纹……青竿竹 *B. tuldoides*
2. 箨鞘具褐色绒毛，秆与箨鞘绿色，具淡黄色纵条纹……撑篙竹 *B. pervariabilis*

1044. 青皮竹（图 1044）• *Bambusa textilis* McClure

【别名】青竹皮。

【形态】秆高 8 ～ 10m，直径 3 ～ 5cm，尾梢稍下垂，节间长 35 ～ 70cm，壁薄，幼秆被白粉及密生淡色小刺毛，后渐脱落变无毛。秆箨早落，革质，略带光泽，箨鞘仅下部或近基部贴生暗棕色刺毛，先端突起呈弧形；箨耳小或不明显，两耳不等大；箨舌高 2mm，边缘具细齿及小纤毛；箨片直立，卵状三角形，基部作心形收缩而较箨鞘顶端稍窄，背面生暗棕色刺毛，腹面基部粗糙，脉间被短刺毛，有时近无毛。分枝位置较高，常自竿中下部第 7 节至第 11 节开始，各节分枝多数，粗度几乎相等；叶鞘通常无毛，鞘口具叶耳，耳缘有脱落性棕色繸毛；叶片披针形至条状披针形，长 9 ～ 20cm，宽 10 ～ 20mm，背面密生短柔毛。

【生境与分布】生于路旁、水边或缓坡地。分布于江西、福建，浙江、江苏等地有引种，另广东、广西、台湾均有分布。

【药名与部位】天竺黄（竹黄），秆内分泌液的干燥物。

【采集加工】秋、冬二季采收，砍断竹秆，剖取天竺黄，晾干。

【药材性状】为不规则的片块或颗粒，大小不一。表面灰蓝色、灰黄色或灰白色，有的洁白色，半透明，略带光泽。体轻，质硬而脆，易破碎，吸湿性强。气微，味淡。

【药材炮制】除去杂质，筛去灰屑。

【化学成分】根含酚酸类：对羟基苯甲醛（*p*-hydroxybenzaldehyde）、邻羟基苯甲酸（*o*-hydroxybenzoic acid）和香草酸（vanillic acid）[1]；黄酮类：毛蕊异黄酮（calycosin）和小麦黄素（tricin）[1]。

叶含苯丙素类：（*Z*）- 对香豆酸［（*Z*）-*p*-coumaric acid］[1] 和（*E*）- 对香豆酸［（*E*）-*p*-coumaric

图 1044　青皮竹　　　　摄影　张芬耀等

acid][2]；黄酮类：芹菜素-8-C-β-D-（2″-*O*-α-L-鼠李糖基）-吡喃葡萄糖苷[apigenin-8-C-β-D-（2″-*O*-α-L-rhamnosyl）-glucopyranoside][2]，异荭草素-2″-*O*-α-L-鼠李糖苷（isoorientin-2″-*O*-α-L-rhamnoside）、异荭草素-4″-*O*-β-D-吡喃木糖苷（isoorientin-4″-*O*-β-D-xylopyranoside）和异荭草素（isoorientin）[3]。

【性味与归经】甘，寒。归心、肝经。

【功能与主治】清热豁痰，凉心定惊。用于热病神昏，中风痰迷，小儿痰热惊痫，抽搐，夜啼。

【用法与用量】3～9g。

【药用标准】药典 1977—2015、浙江炮规 2005、局标进药 2004、新疆维药 1993、新疆药品 1980 二册、内蒙古蒙药 1986 和台湾 2013。

【临床参考】1. 乙脑后遗症：竿内分泌物 10g，加阿胶、生地、生牡蛎、生石决明各 10g，麦门冬、杭白芍各 6g，石菖蒲 3g、生龟板 15g、鸡子黄 1 个，生龟板、生牡蛎、生石决明 3 药先煎 30min，再加入其余药味，文火煎，取汁去渣，入鸡子黄 1 个搅匀，每日 1 剂，每日白天服 3 次，晚上服 2 次[1]。

2. 轻度认知功能障碍：竿内分泌物 6g，加菊花、枸杞、莲子肉、草决明、地龙各 20g，丹参 15g、何首乌 18g、银杏叶 6g，水煎，每日 1 剂，分 2 次口服，同时脑电生理功能障碍治疗仪治疗 30min，每日 1 次[2]。

【附注】本种为中药材天竺黄（竹黄）的基源之一。竹黄始载于《蜀本草》。《本草图经》云："竹节间黄白者，味甘，名竹黄。"《日华子本草》谓："此是南海边竹内尘沙结成者耳。"《开宝本草》云："按《临海志》云：生天竺国，今诸竹内往往得之。"《本草纲目》载："按吴僧赞宁云：竹黄生南海镛竹中。

此竹极大，又名天竹。其内有黄，可以疗疾。”

肉座菌科 Hypocreaceae 真菌竹黄（竹黄菌）*Shiraia bambusicola* Henn. 的干燥子座在上海和湖北用作竹蝗（竹黄），在湖南用作竹黄，应注意区别。

药材天竺黄无湿热痰火者慎服，脾胃虚寒便溏者禁服。

【化学参考文献】

［1］吴燕红，张锐，王少军，等．竹根化学成分的研究（I）［J］．时珍国医国药，2009，20（10）：2403-2404.

［2］Wang J，Yue Y D，Tang F，et al. Screening and analysis of the potential bioactive components in rabbit plasma after oral administration of hot-water extracts from leaves of *Bambusa textilis* McClure［J］. Molecules，2012，17：8872-8885.

［3］Wang J，Yue Y D，Tang F，et al. TLC screening for antioxidant activity of extracts from fifteen bamboo species and identification of antioxidant flavone glycosides from leaves of *Bambusa textilis* McClure［J］. Molecules，2012，17：12297-12311.

【临床参考文献】

［1］魏良义．大定风珠加天竺黄治愈乙脑后遗症［J］．四川中医，1988，（7）：29.

［2］樊艳辉，关婷，王勤勇，等．天竺醒脑汤为主治疗轻度认知功能障碍 50 例［J］．浙江中医杂志，2013，48（10）：729.

1045. 青竿竹（图 1045）• *Bambusa tuldoides* Munro（*Bambusa breviflora* Munro）

图 1045　青竿竹　　摄影　杨雁

【别名】画眉竹（浙江），青秆竹，水竹、硬生桃竹、硬散桃竹、硬头黄竹。

【形态】秆高 8 ～ 10m，直径 3 ～ 5cm，尾梢稍下弯；节间壁厚，近无毛，长 30 ～ 35cm，幼时被白粉。秆箨革质，早落，箨鞘背面无毛，顶部为不对称的拱形。箨耳不等大，靠外侧一枚略大，卵形或卵状长圆形，略为皱折，边缘具缘毛，小的一枚椭圆形；箨舌高 3mm，边缘具短流苏状纤毛；箨片直立，呈不对称的三角形或狭三角形，基部两侧与箨耳相连。分枝位置低，常于秆基部第一节开始分出，多数分枝簇生于节上，主枝较粗长。小枝具叶 6 ～ 12 片。叶耳长圆形或卵形，鞘口具繸毛；叶片披针形至狭披针形，长 10 ～ 20cm，宽 12 ～ 18mm，背面密生短柔毛。

【生境与分布】生于丘陵山地、溪河两岸。江西、浙江、福建等地有栽培，分布于广东、香港。

【药名与部位】竹茹，茎秆中间层。

【采集加工】全年均可采收，除去外层青皮，将稍带绿色的中间层刮刨成薄片，干燥；或捆扎成束，干燥。

【药材性状】为卷曲成团的不规则丝条或呈长条形薄片状。宽窄厚薄不等，浅绿色、黄绿色或黄白色。纤维性，体轻松，质柔韧，有弹性。气微，味淡。

【药材炮制】竹茹：除去杂质及质坚体重、刺状伸展者。姜竹茹：取竹茹饮片，与姜汁拌匀，稍闷，炒至表面黄色，微具焦斑时，取出，摊凉。

【化学成分】茎含木脂素类：青秆竹木脂素 A（bambulignan A）、（+）- 南烛木树脂酚［（+）-lyoniresinol］、(－) - 南烛木树脂酚 -9′-*O*-β-D- 吡喃葡萄糖苷［(－) -lyoniresinol-9′-*O*-β-D-glucopyranoside］、（－）-5′- 甲氧基异落叶松树脂酚 -9′-*O*-β-D- 吡喃葡萄糖苷［（－）-5′-methoxyisolariciresinol-9′-*O*-β-D-glucopyranoside］、(+) - 南烛木树脂酚 -9′-*O*-β-D- 吡喃葡萄糖苷［(+) -lyoniresinol-9′-*O*-β-D-glucopyranoside］、(+) - 南烛木树脂酚 -4-*O*-β-D- 吡喃葡萄糖苷［（+）-lyoniresinol-4-*O*-β-D-glucopyranoside］、（－）-7′- 表 - 南烛木树脂酚 -4, 9′- 二 -*O*-β-D- 吡喃葡萄糖苷［（－）-7′-epi-lyoniresinol-4, 9′-di-*O*-β-D-glucopyranoside］、(－) - 南烛木树脂酚 -4, 9′- 二 -*O*-β-D- 吡喃葡萄糖苷［（－）-lyoniresinol-4, 9′-di-*O*-β-D-glucopyranoside］、(－) - 南烛木树脂酚 -9-*O*-β-D- 吡喃葡萄糖苷［（－）-lyoniresinol-9-*O*-β-D-glucopyranoside］和 (－) -7′- 表 - 南烛木树脂酚 -9′-*O*-β-D- 吡喃葡萄糖苷［（－）-7′-epi-lyoniresinol-9′-*O*-β-D-glucopyranoside］[1]。

【药理作用】1. 祛痰止咳　从茎秆加工所得竹沥可使氨水引发的咳嗽模型小鼠的咳嗽潜伏期明显延长，对小鼠气管酚红排泌有明显的促进作用[1]。2. 抗氧化　从茎秆中间层提取的黄酮低剂量可使皮肤角质形成细胞的丙二醛（MDA）含量减少、超氧化物歧化酶（SOD）含量增高[2]。

【性味与归经】甘，微寒。归肺、胃、心、胆经。

【功能与主治】清热化痰，除烦止呕。用于痰热咳嗽，胆火挟痰，烦热呕吐，惊悸失眠，中风痰迷，舌强不语，胃热呕吐，妊娠恶阻，胎动不安。

【用法与用量】4.5 ～ 9g。

【药用标准】药典 1977—2015、浙江炮规 2005、新疆药品 1980 二册和台湾 2013。

【临床参考】1. 眩晕：茎的中间层 10g，加清半夏、枳实、陈皮、天麻各 10g，菊花、茯苓各 15g，甘草 5g，磁石 30g（先煎），牡蛎 15g（先煎），生姜 3 片，水煎服，每日 1 剂[1]。

2. 反流性食管炎：茎的中间层 9g，加枳实、制半夏、生姜、海螵蛸、延胡索、田七各 9g，党参 30g、蒲公英、茯苓、麦芽各 15g，橘皮、炙甘草各 5g，大枣 5 枚，水煎服，每日 1 剂[2]。

【附注】本种茎秆刮取的竹茹，寒痰咳喘、胃寒呕逆及脾虚泄泻者禁服。

【化学参考文献】

［1］Sun J，Yu J，Zhang P C，et al. Isolation and identification of lignans from Caulis Bambusae in Taenia with antioxidant properties［J］. J Agric Food Chem，2013，61（19）：4556-4562.

【药理参考文献】

［1］金晓飞，李红，蒋孟良 . 不同种竹沥的化学组分分析及其药效研究［J］. 中医药导报，2014，20（5）：82-85.

［2］洪新宇，朱云龙，陈林根，等．竹茹提取物黄酮和内酯延缓皮肤细胞衰老的效能［J］．日用化学工业，2003，33（5）：302-304.

【临床参考文献】

［1］雷波．温胆汤的临床应用举隅［J］．中国民间疗法，2018，26（3）：44.
［2］温桂荣．运用橘皮竹茹汤护胃清热降逆止呕［J］．中华中医药杂，2017，32（12）：5404-5406.

1046. 撑篙竹（图 1046）• *Bambusa pervariabilis* McClure

图 1046　撑篙竹　　　　摄影　徐克学

【形态】秆直立，高达 15m，直径 4 ～ 6cm，节间长 25 ～ 45cm，挺直，幼时被白粉及糙硬毛，后变无毛，基部数节节间具黄绿色纵条纹。节稍隆起，基部数节的箨环上有一圈黄白色毛环。秆箨早落，箨鞘背面被黄色绒毛或无毛；箨耳发达，不等大，具有皱折，边缘具流苏状卷曲缠毛；箨舌高 2 ～ 4mm，边缘锯齿状或具短流苏状纤毛；箨片直立，狭卵形，基部两侧与箨耳相连接部分宽 3 ～ 4mm。分枝位置低，常从基部第 1 节开始分出，主枝较粗长；每小枝具叶 5 ～ 12 片；叶鞘口有易落的暗色毛；叶片披针形或长圆状披针形，长 8 ～ 15cm，宽 7 ～ 13mm，表面无毛，背面密生短柔毛。

【生境与分布】华东长江以南地区有引种栽培，分布于广东、广西。

【药名与部位】竹心，幼叶。

【采集加工】清晨采摘，晒干或鲜用。

【药材性状】卷曲成细长条状，先端细尖。展开后，完整叶片为披针形或条状披针形，长 8 ～ 18cm，宽 7 ～ 15mm，先端渐尖，基部歪斜或略呈圆形，边缘有锯齿形小刺，一边刺密，一边刺疏。上表面灰绿色或灰黄色，下表面主脉明显凸出，较粗，淡黄色，两侧细脉 10 ～ 16 条，为直出平行脉。叶片较薄，质韧。味淡，微涩。

【化学成分】叶含香豆素类：7, 8- 二羟基 -3-（3- 羟基 -4- 氧代 -4H- 吡喃 -2- 基）- 香豆素［7, 8-dihydroxy-3-（3-hydroxy-4-oxo-4H-pyran-2-yl）-coumarin］、东莨菪内酯（scopoletin）和东莨菪苷（scopolin）[1]；黄酮类：5, 4′- 二羟基 -3′, 5′- 二甲氧基 -7-*O*-［β-D- 芹糖 -（1 → 2）］-β-D- 吡喃葡萄糖基黄酮苷 {5, 4′-dihydroxy-3′, 5′-dimethoxy-7-*O*-［β-D-apiose-（1 → 2）］-β-D-glucopyranosyl flavonoside}、5, 7, 3′, 4′- 四羟基 -6-C-β-L- 阿拉伯糖基黄酮苷（5, 7, 3′, 4′-tetrahydroxy-6-C-β-L-arabinosyl flavonoside）、5, 7, 4′- 三羟基 -6-C-β-D- 吡喃葡萄糖基黄酮苷（5, 7, 4′-trihydroxy-6-C-β-D-glucopyranosyl flavonoside）、5, 7, 3′, 4′- 四羟基 -8-C-β-D- 吡喃葡萄糖基黄酮苷（5, 7, 3′, 4′-tetrahydroxy-8-C-β-D-glucopyranosyl flavonoside）[2] 和木犀草素 -6-C- 阿拉伯糖苷（luteolin-6-C-arabinoside）[3]。

【药理作用】抗肿瘤　叶中分离的黄酮类成分木犀草素 -6-C- 阿拉伯糖苷（luteolin-6-C-arabinoside）对肺癌 A549 细胞具有一定的抑制作用，当浓度达到 50mg/L 时，抑制率可达 61.79%[1]。

【性味与归经】苦，寒。

【功能与主治】清心除烦，消暑止渴。用于热病烦渴，小儿惊痫，咳逆吐衄，小便短赤，口糜舌疮。

【用法与用量】煎服 2 ～ 4g，鲜品 6 ～ 12g；外用适量，煅存性研末调敷患处。

【药用标准】广西药材 1990。

【化学参考文献】

［1］Sun J，Yue Y D，Tang F，et al. Coumarins from the leaves of *Bambusa pervariabilis* McClure［J］. J Asian Nat Prod Res，2010，12（3）：248-251.

［2］Sun J，Yue Y D，Tang F，et al. Flavonoids from the leaves of *Bambusa pervariabilis* McClure［J］. Journal of the Chilean Chemical Society，2010，55（3）：363-365.

［3］孙嘏 . 撑篙竹（*Bambusa pervariabilis* McClure）竹叶化学成分及其生物活性的研究［D］. 北京：中国林业科学研究院博士学位论文，2010.

【药理参考文献】

［1］孙嘏 . 撑篙竹（*Bambusa pervariabilis* McClure）竹叶化学成分及其生物活性的研究［D］. 北京：中国林业科学研究院博士学位论文，2010.

2. 刚竹属 *Phyllostachys* Sieb.et Zucc.

乔木或灌木状竹类。地下茎单轴型，秆散生，少有复轴型。秆圆筒形，在分枝一侧扁平或有纵沟，秆环隆起或平，箨环裸露。每节 2 分枝，每枝可重复分出小枝。秆箨早落，箨舌显著，箨耳发达或无箨耳，有繸毛或无。叶片披针形，有小横脉，叶面无毛，背面常有细毛或白粉，全缘或有细锯齿，或一侧全缘，一侧有细锯齿。花序为有叶或苞片的假花序，由生小穗丛的小枝组成，小穗丛呈头状或穗状，有覆瓦状排列的佛焰苞片；小穗无柄，每小穗含 2 ～ 6 朵小花，颖片 1 ～ 3 枚或缺如；外稃纸质或革质，先端锐尖，有毛或无毛，内稃有脊 2 条，先端有 2 尖头；鳞被 3 片，披针形，子房无毛，有柄，花柱 3 枚。果为颖果。

约 60 种，分布于亚洲东部，除少数种外，均产于中国。中国约 51 种，除东北三省、内蒙古、青海、新疆外，其余各地均产，法定药用植物 2 种 1 变种 1 栽培变种。华东地区法定药用植物 2 种 1 变种 1 栽培变种。

分种检索表

1. 秆箨无箨耳和鞘口缕毛，箨鞘背面通常无毛。
   2. 新秆下部有紫色斑纹，成长的秆无斑纹；箨鞘粗糙，被白粉……………………………灰竹 *Ph. nuda*
   2. 新秆无紫色斑纹；箨鞘不粗糙，无白粉……………………………………………………淡竹 *Ph. glauca*
1. 秆箨有箨耳和鞘口缕毛；箨鞘背部有硬毛。
   3. 箨鞘无斑点；箨舌强隆起，边缘的缕毛较短……………………………毛金竹 *Ph. nigra* var. *henonis*
   3. 箨鞘具黑褐色斑点；箨舌有长纤毛，隆起呈尖拱形…………………毛竹 *Ph. heterocycla* ‘Pubescens’

1047. 灰竹（图 1047）• *Phyllostachys nuda* McClure

图 1047 灰竹 摄影 张芬耀等

【别名】净竹，石竹（江苏、浙江），木竹（江苏）。

【形态】秆高 6 ～ 9m，地下茎为单轴型。秆直径 2 ～ 4cm，新秆深绿色，密被白粉，基部节间有紫色条纹；节淡紫色，节下有黑褐色粉垢；秆环隆起。箨鞘被白粉，有灰褐色斑点或斑纹，上部脉间有短小疣刺毛而粗糙；箨舌高，顶端截平形，边缘有短纤毛；箨片带状或披针形，反折或直立，有的先端略皱。

每节 2 分枝，每小枝有叶 2 ～ 4 枚，叶鞘无毛或近无毛，叶耳与縫毛不发达，早落；叶舌高耸，有短纤毛；叶片披针形或狭长披针形，次脉 4 ～ 5 对，叶面绿色，背面灰绿色，中脉基部被微毛，叶缘有细锯齿。假花序穗状，长 5 ～ 9cm，基部有鳞片状苞片 3 ～ 5 枚；佛焰苞 5 ～ 7 枚，边缘生柔毛，缩小叶小，每苞腋有 2 ～ 3 枚假小穗，基部的 1 或 2 枚佛焰苞常早落；小穗具小花 1 ～ 2 朵，长 2.5 ～ 3.5cm，狭披针形；小穗轴最后延伸呈针状，节间密生短柔毛；颖不存在或为 1 片；外稃长无毛或仅边缘疏生短柔毛，内稃通常无毛，鳞被 3 枚；花药长约 1cm，柱头 2 ～ 3 枚，羽毛状。笋期 4 ～ 5 月。

【生境与分布】生于山坡路边。分布于浙江、江苏、安徽、江西、福建，另湖南、陕西和台湾也有分布。

【药名与部位】鲜竹沥，鲜秆加热后自然沥出的液体。

【采集加工】煮沸，加适量防腐剂制得。

【药材性状】为淡黄色至淡红棕色的液体；具竹香气，味微甘。

【化学成分】鲜笋含元素：锰（Mn）、锌（Zn）、铁（Fe）、铜（Cu）、磷（P）、钾（K）、钠（Na）、钙（Ca）、镁（Mg）和硒（Se）[1]。

【性味与归经】甘，寒。

【功能与主治】清热化痰。用于肺热咳嗽痰多，气喘胸闷，中风舌强，痰涎壅盛，小儿痰热惊风。

【用法与用量】15 ～ 30ml。

【药用标准】药典 1977 和部标中药材 1992。

【附注】本种茎秆烧取的竹沥寒饮湿痰及脾虚便溏者禁服。

【化学参考文献】

[1] 李睿，应菊英 . 浙江天目山石竹笋矿质元素营养成分的研究 [J]. 广东微量元素科学，2007，14（11）：56-59.

1048. 淡竹（图 1048）• *Phyllostachys glauca* McClure

【别名】粉绿竹（江苏、安徽），红淡竹（江苏），丝竹（安徽），篾竹（江苏靖江）。

【形态】秆高 5 ～ 12m，直径 2 ～ 6cm。幼秆密被白粉，绿色，无毛，节间长 22 ～ 41cm；秆环和箨环微隆起，等高或箨环略高。箨鞘背面淡紫褐色至淡紫绿色，常有深浅相同的纵条纹，无毛；箨耳和鞘口縫毛缺如；箨舌发达，褐色至黑色，先端宽而截平，边缘齿状并具极短细须毛；箨片直立或下垂，长矛形至带状，边缘淡绿黄色或黄白色，向里渐变为暗红褐色，基部宽约为箨鞘顶部宽的 1/2。末级小枝具叶 2 ～ 3 枚；叶鞘无叶耳和縫毛；叶舌微弱或稍发达，淡紫褐色；叶片较长。花枝呈穗状，基部有 3 ～ 5 枚逐渐增大的鳞片状苞片；佛焰苞 5 ～ 7 枚，无毛或一侧疏生柔毛，鞘口縫毛有时存在，缩小叶狭披针形至锥状，每苞内有 2 ～ 4 枚假小穗，但其中常仅 1 或 2 枚发育正常，侧生假小穗下方所托的苞片披针形，先端有微毛。小穗长约 2.5cm，狭披针形，含小花 1 或 2 朵，常以最上端一朵成熟；小穗轴最后延伸呈刺芒状，节间密生短柔毛；颖不存在或仅 1 枚；内、外稃常被短柔毛；柱头 2 枚，羽毛状。笋期 4 ～ 5 月，花期 6 月。

【生境与分布】生于山麓、溪边、缓坡地等。分布于华东各地或栽培，另河南、湖南、陕西等地有分布或栽培。

【药名与部位】粉绿竹，鲜秆。鲜竹沥，鲜秆经加热后自然沥出的液体。

【采集加工】粉绿竹：春、秋二季砍取，锯成节段，阴干。鲜竹沥：煮沸，加适量防腐剂制得。

【药材性状】粉绿竹：呈圆形秆状，秆长 10 ～ 50cm，直径 3.5 ～ 5.5cm。节间绿色，长 5 ～ 30cm，解箨后有白粉，秆环、箨环均有中度隆起。具竹香气、味微甘。

鲜竹沥：为淡黄色至淡红棕色的液体；具竹香气，味微甘。

【质量要求】鲜竹沥：澄明，微黄色或无色，无馊气。

【药材炮制】粉绿竹：除去杂质，洗净，切段。

图 1048 淡竹 摄影 张芬耀等

【**药理作用**】抗菌 叶冷浸提取物的乙酸乙酯部位对白色假丝酵母菌、酿酒酵母菌、大肠杆菌、枯草芽孢杆菌、金黄色葡萄球菌的生长均具有较强的抑制作用[1]。

【**性味与归经**】粉绿竹：甘，微寒。归肺、胃经。鲜竹沥：甘，寒。

【**功能与主治**】粉绿竹：清热化痰。用于肺热咳嗽痰多，气喘胸闷，中风舌强，痰涎壅盛，小儿痰热惊风。鲜竹沥：清热化痰。用于肺热咳嗽痰多，气喘胸闷，中风舌强，痰涎壅盛，小儿痰热惊风。

【**用法与用量**】粉绿竹：5 ～ 9g。鲜竹沥：15 ～ 30ml。

【**药用标准**】粉绿竹：四川药材 2010；鲜竹沥：药典 1977 和部标中药材 1992。

【**临床参考**】1. 脑出血：鲜茎加热后沥出的液体，加大黄保留灌肠，发病后 3 日开始使用，每日 1 次，连用 3 日，休息 2 ～ 3 日再用，配合常规西药治疗[1]。

2. 格林–巴利综合征伴痰阻：鲜茎加热后沥出的液体 20ml，口服，每日 3 次，连用 3 ～ 5 日，配合常规西药治疗[2]。

3. 重症乙脑伴痰阻：鲜茎加热后沥出的液体，经胃管注入，1 次 50 ～ 200ml，每日 2 ～ 3 次，连用 2 ～ 3 日，配合常规西药治疗[3]。

4. 球麻痹：鲜茎加热后沥出的液体 20ml，口服，每日 3 次，同时，天麻、白术、茯苓、橘红、胆南星、僵蚕、竹茹、泽兰、佩兰各 15g，半夏、浙贝母、石菖蒲各 12g，远志 8g，水煎，分 2 次服，1 次 200ml，每日 1 剂，配合常规西药治疗[4]。

5. 急性阑尾炎穿孔致全腹膜炎：鲜茎加热后沥出的液体 60ml，加豁痰丸（当归、知母、天花粉、白前根、杏仁、橘根、射干、茯苓、各 10g，麦冬 15g、枳壳 6g，瓜蒌仁、石斛各 12g，甘草 3g），口服，每日 2 次，配合常规西药治疗[4]。

6. 小儿感冒愈后稠涕不止：鲜茎加热后沥出的液体 150 ～ 300ml，加夏枯草、桑叶、菊花、陈皮各 10g，枸杞 5g（根据患儿年龄可加减剂量），水煎取汁 150ml，分 3 次口服，每日 1 剂，3 日为 1 疗程[5]。

7. 胃热呕吐、呃逆：茎的中间层 9g，加制半夏 9g、陈皮 4.5g、黄连 1.2g，水煎服。

8. 妊娠呕吐：茎的中间层 15g，加陈皮 15g、制半夏 9g，生姜、茯苓各 12g，水煎服。（7 方、8 方引自《浙江药用植物志》）

【附注】《本草纲目拾遗》中有金竹云："竹衣此乃金竹内衣膜，劈竹取鲜者入药。……用鲜竹衣一钱，竹茹弹子大一丸，即金竹青皮也，刮取之。竹沥即取金竹烧取。"经考证，即为本种。

据报道，本种叶含维生素 C（vitamin C），但仅见含量测定的文献[1]。

本种茎秆烧取的竹沥寒饮湿痰及脾虚便溏者禁服；茎刮取的竹茹寒痰咳喘、胃寒呕逆及脾虚泄泻者禁服。老年患者反复长期使用鲜竹沥有消化道出血风险[2]。

【药理参考文献】

［1］杨卫东，费学谦，王敬文．不同溶剂对竹叶提取物抑菌作用的影响［J］．食品工业科技，2006，27（1）：77-79.

【临床参考文献】

［1］范文涛，王倩．大黄、鲜竹沥灌肠治疗脑出血 23 例［J］．现代中医药，2007，27（2）：8-9.
［2］郑光荣，余德文．鲜竹沥治疗格林 - 巴利综合征痰阻的体会［J］．中国中医急症，2002，11（5）：414.
［3］姜海涛．鲜竹沥治疗重症乙脑痰阻的体会［J］．中西医结合杂志，1984，4（2）：114-115.
［4］杨道海．重用鲜竹沥治疗球麻痹 1 例［J］．江苏中医药，2013，45（12）：47-48.
［5］赵庆．重用鲜竹沥治疗小儿感冒愈后稠涕不止 36 例［J］．长春中医药大学学报，2009，25（5）：743.

【附注参考文献】

［1］莫晓燕，李静，冯宁，等．圈养秦岭大熊猫 2 种主食竹叶维生素 C 含量分析［J］．无锡轻工大学学报（食品与生物技术），2004，23（2）：62-66.
［2］孔庆荣．鲜竹沥引起消化道出血一例［J］．中国医院药学杂志，1992，12（4）：31.

1049. 毛金竹（图 1049）• *Phyllostachys nigra*（Lodd. ex Lindl.）Munro var. *henonis*（Mitford）Stapf ex Rendle

【别名】金竹（安徽、浙江），淡竹（安徽、江苏），白竹（江苏）。

【形态】本变种与原变种紫竹［*Ph. nigra*（Lodd. ex Lindl.）Munro］的区别在于秆在幼时及老时均是绿色至灰绿色，植株高大，高 7 ～ 18m，秆壁较厚，达 5mm。

【生境与分布】散生于山坡灌丛中。分布于华东各地或栽培，另黄河流域以南各地均有分布；日本也有引种。

【药名与部位】竹茹（齐竹茹、竹卷心），茎秆的干燥中间层。天竹黄，因病在节内生成的块状物。竹沥油，茎用火烤灼而流出的液汁。

【采集加工】竹茹：全年均可采收，除去外层青皮，将稍带绿色的中间层刮刨成薄片，干燥；或捆扎成束，干燥。全年均可采收，洗净，晒干。

【药材性状】竹茹：为卷曲成团的不规则丝条或呈长条形薄片状。宽窄厚薄不等，浅绿色、黄绿色或黄白色。纤维性，体轻松，质柔韧，有弹性。气微，味淡。

竹沥油：为青黄色或黄棕色液体，透明具焦香气。

【药材炮制】竹茹：除去杂质及质坚体重、刺状伸展者。姜竹茹：取竹茹饮片，与姜汁拌匀，稍闷，炒至表面黄色，微具焦斑时，取出，摊凉。

图 1049 毛金竹 摄影 徐克学等

【**化学成分**】叶含苯丙素类：绿原酸（chlorogenic acid）和咖啡酸（caffeic acid）[1]；黄酮类：木犀草素 -7- 葡萄糖苷（luteolin-7-glucoside）[1]，荭草素（orientin）、异荭草素（isoorientin）、牡荆素（vitexin）、小麦黄素（tricin）、小麦黄素 -7-*O*- 新橙皮糖苷（tricin-7-*O*-neohesperidoside）和小麦黄素 -7-*O*-β-D- 吡喃葡萄糖苷（tricin-7-*O*-β-D-glycopyranoside）[2]；核苷类：尿嘧啶（uracil）、5- 甲基尿嘧啶（5-methyluracil）和胸腺嘧啶核苷（thymidine）[2]；二元羧酸类：丁二酸（butanedioic acid）[2]；甾体类：β- 谷甾醇（β-sitosterol）和胡萝卜苷（daucosterol）[2]。

【**药理作用**】1. 增强免疫 根茎干浸膏对小鼠肝脏系数有显著的提高作用；根茎干浸膏在 2.50g/kg 剂量下可明显增加 IgG、IgA 及 IgM 的含量，并对 C3 补体含量有明显的增加作用；根茎干浸膏对 E 花环形成率及淋巴细胞转换率有一定的促进作用[1]。2. 抗衰老 叶的 30% 乙醇提取物具有一定的抗衰老作用，高剂量组能显著增强小鼠对非特异性刺激的抵抗能力（常压耐缺氧试验，$P < 0.01$）和抗疲劳能力（游泳试验，$P < 0.01$），对正常小鼠的学习能力有一定的促进作用（点迷路法，$P < 0.05$），对老年小鼠体内的超氧化物歧化酶（SOD）和谷胱甘肽过氧化物酶（GSH-Px）的活性有显著的诱导作用，并能明显抑制老年小鼠血浆过氧化脂质（LPO）的生成、降低肝脏脂褐素（LF）的含量等[2]。3. 抗肿瘤 从茎制得的竹沥在体外对人胃癌 SGC7901、SMMC-7721 和 MKN28 细胞、人肺癌 SPCA-1 细胞、人结直肠癌

HCT116 细胞、人结肠癌 LOVO 细胞、人膀胱癌 BIU87 细胞、人宫颈癌 HeLa 细胞、人乳腺癌 MCF7 细胞、人皮肤黑色素瘤 A375 细胞的增殖均有一定的抑制作用，竹沥在体内对荷瘤小鼠移植性肝癌 H22、移植性肉瘤 S180 肿瘤的生长有预防性和治疗性的抑制作用；竹沥可增强荷瘤小鼠肿瘤坏死因子 -α（TNF-α）及白细胞介素 -2（IL-2）的诱生作用与延长荷瘤小鼠的生存时间，其作用机制可能是提高胸腺指数、肝脏指数和免疫功能而发挥抗肿瘤作用[3]。

【性味与归经】竹茹：甘，微寒。归肺、胃经。竹沥油：甘苦，寒。

【功能与主治】竹茹：清热化痰，除烦止呕。用于痰热咳嗽，胆火挟痰，烦热呕吐，惊悸失眠，中风痰迷，舌强不语，胃热呕吐，妊娠恶阻，胎动不安。竹沥油：清热滑痰，镇惊利窍。用于中风痰迷，肺热痰壅，惊风，癫痫，壮热烦渴。

【用法与用量】竹茹：4.5 ～ 9g。竹沥油：冲服 50 ～ 100g；或入丸剂或熬膏。

【药用标准】竹茹：药典 1963—2015、浙江炮规 2005、新疆药品 1980 二册、湖南药材 2009 和台湾 2013；天竹黄：台湾 1985 一册；竹沥油：内蒙古药材 1988。

【附注】张仲景《金匮要略》载有橘皮竹茹汤和竹皮大丸，是竹茹入药的最早记载。《本草图经》云："篁竹、淡竹、苦竹，《本经》并不载所出州土，今处处有之。竹之类甚多，而入药者惟此三种，人多不能尽别。谨按《竹谱》……甘竹似篁而茂，即淡竹也……淡竹肉薄，节间有粉，南人以烧竹沥者，医家只用此一品，与《竹谱》所说大同小异也。"《本草纲目》载有淡竹茹、苦竹茹、筀竹茹。《本草蒙筌》谓："皮茹削去青色，惟取向里黄皮。"综上所述，古代竹沥及竹茹来源于多种竹类，但以本种为主，与现今药用情况颇一致。

本种茎秆烧取的竹沥寒饮湿痰及脾虚便溏者禁服；刮取的竹茹寒痰咳喘、胃寒呕逆及脾虚泄泻者禁服。

【化学参考文献】

［1］Hu C，Zhang Y，Kitts D D. Evaluation of antioxidant and prooxidant activities of Bamboo *Phyllostachys nigra* var. *henonis* leaf extract *in vitro*［J］. J Agric Food Chem，2000，48（8）：3170-3176.

［2］孙武兴，李铣，李宁，等. 毛金竹叶提取物化学成分的分离与鉴定［J］. 沈阳药科大学学报，2008，25（1）：39-43.

【药理参考文献】

［1］王静，杨军，单菁萱，等. 淡竹根免疫活性的实验研究［J］. 中药材，1997，16（9）：470-472.

［2］张英，唐莉莉. 毛金竹叶提取物抗衰老作用的实验研究［J］. 竹子研究汇刊，1997，16（4）：62-67.

［3］张跃文. 云南毛金竹竹沥抗肿瘤活性筛选研究［J］. 昆明：昆明医科大学硕士学位论文，2013.

1050. 毛竹（图 1050）• *Phyllostachys heterocycla* 'Pubescens'［*Phyllostachys heterocycla*（Carr.）Mitford var. *pubescens*（Mazel）Ohwi.；*Phyllostachys edulis* acut. non（Carr.）H. de Leh.；*Phyllostachys pubescens* Mazel ex H. de Leh.］

【别名】孟宗竹（浙江）。

【形态】秆高 10 ～ 20m，地下茎单轴型。幼秆深绿色，并由绿色渐变为黄绿色；幼秆密被细柔毛，有白粉，节下尤厚，老秆节下有黑褐色粉垢；分枝以下秆环平，分枝以上各节秆环隆起，幼秆箨环有毛，老秆无毛；全秆箨环均突起；秆箨棕色，厚革质，外被深棕色毛和褐色斑块，边缘有纤毛；箨耳微小，繸毛发达；箨舌宽短，强隆起乃至为尖拱形，边缘具粗长纤毛；箨片三角形，随节位增高而箨片渐长；叶鞘淡黄色，无毛；无叶耳，鞘口有灰色繸毛，易脱落；叶舌圆形，高 1 ～ 3mm，叶片披针形，叶面深绿色，背面浅绿色；叶背基部近中脉有灰色柔毛，叶缘有锯齿。假花序穗状，基部托以 4 ～ 6 片逐渐稍大的微小鳞片状苞片，佛焰苞通常在 10 枚以上，常偏于一侧，呈整齐的覆瓦状排列，下部数枚不孕而早落；小穗仅有小花 1 朵；小穗轴延伸于最上方小花的内稃之背部，呈针状，节间具短柔毛；颖 1 枚；柱头 3 枚，羽毛状。颖果长椭圆形，顶端有宿存的花柱基部。笋期 3 ～ 4 月，花期 5 ～ 8 月。

图 1050　毛竹　　摄影　李华东等

【生境与分布】生于山地湿润地带。分布于华东地区长江以南各地，另长江流域及黄河流域各地均有栽培；日本及欧美各国也有栽培。

【药名与部位】毛笋，新鲜苗。

【化学成分】叶含挥发油：2- 己烯醛（2-hexenal）、3- 甲基 -2- 丁醇（3-methyl-2-butanol）、2- 甲氧基 -4- 乙烯基苯酚（2-methoxy-4-vinylphenol）[1]，顺式 -3- 己烯 -1- 醇（*cis*-3-hexen-1-ol）[2,3]，雪松醇（cedrol）、α- 紫罗兰酮（α-ionone）和 β- 紫罗兰酮（β-ionone）等[2]；苯丙素类：3-*O*-（3′- 甲基咖啡酰）奎尼酸［3-*O*-（3′-methylcaffeoyl）quinic acid］、5-*O*-caffeoyl-4-methylquinic acid（5-*O*- 咖啡酰 -4- 甲基奎尼酸）和 3-*O*- 咖啡酰 -1- 甲基奎尼酸（3-*O*-caffeoyl-1-methylquinic acid）[3]。

竹皮含醌类：2, 6- 二甲氧基对苯醌（2, 6-dimethoxy-*p*-benzoquinone）[4]。

种子含三萜类：羽扇豆醇（lupeol）、羽扇豆烯酮（lupenone）、β- 香树脂醇（β-amyrin）和无羁萜（friedelin）[5]。

【药理作用】1. 护肝 鲜笋的乙醇提取物对小鼠酒精性肝损伤具有保护作用，具体表现为高、中、低剂量组均能降低酒精性肝损伤小鼠的谷丙转氨酶（ALT）含量，中、低剂量组能降低天冬氨酸氨基转移酶（AST）含量，高、低剂量组能升高酒精性肝损伤小鼠超氧化物歧化酶（SOD）含量，且能降低丙二醛（MDA）含量，其作用机制可能与抗氧化损伤相关[1]；鲜笋的乙醇提取物对 D- 氨基半乳糖诱导的急性肝损伤也具有明显的保护作用，表现为高、中、低剂量组对小鼠谷丙转氨酶（ALT）、天冬氨酸氨基转移酶（AST）含量均有降低作用，并能使肝细胞损伤减轻[2]。2. 抗氧化 从叶提取分离的成分 3-*O*-（3′- 甲基咖啡酰）奎尼酸［3-*O*-（3′-methylcaffeoyl）quinic acid］、5-*O*- 咖啡酰 -4- 甲基奎尼酸（5-*O*-caffeoyl-4-methylquinic acid）、3-*O*- 咖啡酰 -1- 甲基奎尼酸（3-*O*-caffeoyl-1-methylquinic acid）[3] 和从鲜笋提取的多糖对 1，1- 二苯基 -2- 三硝基苯肼（DPPH）和超氧阴离子（O_2^-•）自由基均具有显著的清除作用[4]；叶乙醇提取物的 40% 乙醇柱分离组分也具有抗氧化作用，提示可作为天然抗氧化剂进行开发[5, 6]。

【药用标准】江苏药材 1989 增补。

【临床参考】1. 烦热口渴：叶 15g，加天花粉 12g、麦冬 9g、水煎服。

2. 小儿发热：叶 15g，加野灯心草 15g、车前草 9g、薄荷 3g，水煎服。

3. 关节风痛：根茎适量，水煎服。（1 方至 3 方引自《浙江药用植物志》）

【附注】本种以毛笋之名始载于《本草纲目拾遗》，其云："毛笋，即茅竹笋，笋之大者。《笋谱》云：毛笋为诸笋之王，其箨有毛，故名。俗呼为猫笋者，非也。大者重几二十余斤，犹未出土，肉白如霜，堕地即碎，以指掐之，其软嫩如腐，嗅之作兰香。毛笋大者，清明后方有，其出于腊月及正月者，形短小，箨亦有毛，土人名猫儿头，食之多嘈心，然消痰之力，较胜他笋。"即为本种。

毛竹经我国长期栽培，已产生了许多栽培型，从生物学的观点来看，毛竹应为原型，而其他的栽培型则都应是由毛竹派生出来的，考虑到植物国际命名法规中优先律的原则，《中国植物志》等把毛竹作为龟甲竹的栽培型处理，而龟甲竹的学名作为原栽培型。*Flora of China* 把毛竹和龟甲竹等种群合并，学名为 *Phyllostachys edulis*（Carr.）J. Houz.，本书仍按《中国植物志》方式处理。

药材毛笋脾胃虚弱者慎服。

【化学参考文献】

［1］何跃君，岳永德，汤锋，等. 竹叶挥发油化学成分及其抗氧化特性（英文）［J］. 林业科学，2010，46（7）：120-128.

［2］Jin Y C，Yuan K，Zhang J. Chemical composition，and antioxidant and antimicrobial activities of essential oil of *Phyllostachys heterocycla* cv. *pubescens* varieties from China［J］. Molecules，2011，16：4318-4327.

［3］Kweon M H，Hwang H J，Sung H C. Identification and antioxidant activity of novel chlorogenic acid derivatives from bamboo（*Phyllostachys edulis*）［J］. Journal of Agricultural and Food Chemistry，2001，49（10）：4646-4654.

［4］Nishina A，Hasegawa K，Uchibori T. et al. 2，6-Dimethoxy-*p*-benzoquinone as an antibacterial substance in the bark of *Phyllostachys heterocycla* var. *pubescens*，a species of thick-stemmed bamboo［J］. J Agric Food Chem，1991，39（2）：266-269.

［5］Ohmoto T，Ikuse M，Natori S. Triterpenoids of the Gramineae［J］. Phytochemistry，1970，9（10）：2137-2148.

【药理参考文献】

［1］谈伟锋，刘波，徐彭，等. 毛竹笋醇提取物对小鼠酒精性肝损伤的保护作用［J］. 时珍国医国药，2014，25（12）：2823-2825.

［2］徐彭，谢慧慧，谈伟锋，等. 毛竹笋醇提取物对 D- 氨基半乳糖致小鼠急性肝损伤的保护作用［J］. 江西中医药大学学报，2018，30（6）：81-83.

［3］Kweon M H，Hwang H J，Sung H C. Identification and antioxidant activity of novel chlorogenic acid derivatives from bamboo（*Phyllostachys edulis*）［J］. Journal of Agricultural and Food Chemistry，2001，49（10）：4646-4654.

［4］Zhang Z S，Wang X M，Yu S C，et al. Isolation and antioxidant activities of polysaccharides extracted from the shoots of *Phyllostachys edulis*（Carr.）［J］. International Journal of Biological Macromolecules，2011，49（4）：454-457.

［5］郭雪峰，岳永德，汤锋，等. 用清除超氧阴离子自由基法评价竹叶提取物抗氧化能力［J］. 光谱学与光谱分析，

2008，28（8）：1823-1826.
［6］郭雪峰，岳永德，汤锋，等．用清除有机自由基 DPPH 法评价竹叶提取物抗氧化能力［J］．光谱学与光谱分析，2008，28（7）：1578-1582.

3. 稻属 *Oryza* Linn.

水生或陆生的一年生或多年生草本。叶片长而平展。圆锥花序顶生；小穗两侧压扁，具短柄或近于无柄，有芒或无芒，有小花 3 朵，其中不育小花 2 朵，位于 1 朵结实小花之下；颖退化，仅在小穗柄顶端残留 2 个半月形的痕迹；不育小花的外稃细小，鳞片状或锥刺状；结实小花的外稃舟形，具脊，坚硬，有 5 脉，最外 1 对脉靠近内卷的边缘；内稃与外稃相似，但较狭，有 3 脉，侧脉靠近边缘；鳞被 2 枚；雄蕊 6 枚，花药细长；花柱 2 枚，柱头帚刷状，自小穗两侧伸出。颖果平滑，种脐条形。

约 24 种，分布于亚洲、非洲、大洋洲、中南美洲的热带和亚热带地区。中国 4 种，引种栽培 2 种，南北均有栽培，法定药用植物 1 种 1 变种。华东地区法定药用植物 1 种 1 变种。

1051. 稻（图 1051）• *Oryza sativa* Linn.

图 1051　稻　　摄影　李华东等

【别名】水稻，粳稻（江苏）。

【形态】一年生水生草本，高约 1m。叶片扁平，稍粗糙，长 30 ～ 60cm，宽 5 ～ 15mm；叶鞘无毛，上部者短于节间，下部者长于节间；叶舌长 15 ～ 25mm，膜质，顶端尖而常 2 裂，幼时有明显的叶耳。圆锥花序疏散，成熟时向下弯垂，长 15 ～ 30cm，分枝多；小穗长圆形，长 7 ～ 8mm，两侧压扁，具脊，被小刚毛或无毛，有芒或无芒；退化小花的外稃披针形，长 3 ～ 4mm；结实小花的外稃具 5 脉；内稃具 3 脉。颖果离生，长圆形至阔椭圆形，两侧稍压扁。

【生境与分布】华东各地有栽培；华南和西南地区有分布。

【药名与部位】稻芽，经发芽干燥而得的成熟果实。红曲（红米、红釉），种仁（籼米）经曲霉科真菌红曲霉 *Monascus purpureus* Went 接种发酵而成的干燥米粒。米皮糠，颖果经加工而脱下的果皮。

【采集加工】稻芽：将稻谷用水浸泡后，保持适宜的温、湿度，待须根长至约 1cm 时，干燥。红曲：夏、秋二季加工。米皮糠：夏、秋二季水稻成熟收割后，于碾制谷米时收集，干燥。

【药材性状】稻芽：呈扁长椭圆形，两端略尖，长 7 ～ 9mm，直径约 3mm。外稃黄色，有白色细茸毛，具 5 脉。一端有 2 枚对称的白色条形浆片，长 2 ～ 3mm，于一个浆片内侧伸出弯曲的须根 1 ～ 3 条，长 0.5 ～ 1.2cm。质硬，断面白色，粉性。气微，味淡。

红曲（红米）：呈长椭圆形而略扁，长约 5mm，宽约 3mm，厚约 2mm，也有部分碎裂成不规则的颗粒状，外表及内心均为红色，棕红色乃至紫红色。质脆，易碎，断面略呈角质状。微有酸气，味淡。

米皮糠：呈大小不一的碎块或粉末，淡黄色至黄色，较完整者外面可见纵向细棱条；内面颜色较淡，光滑。偶夹有白色半透明的种仁。气微，味淡。

【质量要求】稻芽：须芽全，不霉蛀。

【药材炮制】稻芽：除去杂质。炒稻芽：取稻芽饮片，炒至表面深黄色、微具斑点时，取出，摊凉。焦稻芽：取稻芽饮片，炒至表面焦黄色，大多爆裂时，取出，摊凉。

红曲：除去杂质。筛去灰屑。炒红曲：取红曲，炒至浓烟上冒，表面焦黑色、内部棕褐色时，微喷水，灭尽火星，取出，晾干。

米皮糠：除去杂质，干燥。

【化学成分】种皮含生物碱类：吲哚 -3- 乙酰基 - 肌肉肌醇（indole-3-acetyl-myo-inositol）[1]。

全草含黄酮类：新夏佛塔雪轮苷（neoschaftoside）、刺苞菊苷（carlinoside）、异荭草素 -2″- 葡萄糖苷（isoorientin-2″-glucoside）、夏佛塔雪轮苷（schaftoside）、异金雀花素 -2″- 葡萄糖苷 -6‴- 对香豆酸酯（isoscoparin-2″-glucoside-6‴-p-coumaric acid ester）、异金雀花素 -2″- 葡萄糖苷（isoscoparin-2″-glucoside）、新刺苞菊苷（neocarlinoside）和异金雀花素 -2″- 葡萄糖苷 -6‴- 阿魏酸酯（isoscoparin-2″-glucoside-6‴-ferulic acid ester）[2]；三萜类：24- 甲基环木菠萝烷醇阿魏酸酯（24-methyl enecycloartanyl ferulate）、环木菠萝烷醇阿魏酸酯（cycloartenyl ferulate）[3]，羊齿烯醇（fernenol）、芦竹素（arundoin）、无羁萜醇（friedelinol）和无羁萜（friedelin）[4]；甾体类：β- 豆甾醇（β-sitosterol）、豆甾醇（stigmasterol）、7- 氧代谷甾醇（7-oxositosterol）、7- 氧代豆甾醇（7-oxostigmasterol）、麦角甾醇过氧化物（ergosterol peroxide）、（6β, 22*E*）- 羟基豆甾 -4, 22- 二烯 -3- 酮［（6β, 22*E*）-hydroxystigmata-4, 22-dien-3-one］、5α, 8α- 环二氧 -24（*R*）- 甲基胆甾 -6- 烯 -3β- 醇［5α, 8α-epidioxy-24（*R*）-methylcholesta-6-en-3β-ol］[5]，阿魏酸菜油甾醇酯（campesteryl ferulate）和 β- 谷甾醇阿魏酸酯（β-sitosteryl ferulate）[3]；生物碱类：稻突变酸 A（oryzamutaic acid A）[6] 和烟酸甲酯（methyl nicotinate）[7]。

【药理作用】1. 抗菌　发芽果实的乙醇粗提物对变异链球菌的生长有一定的抑制作用，体外生长的最低抑菌浓度（MIC）为 6.25mg/ml，当浓度≥ 0.78mg/ml 时，有较明显的抑制变异链球菌黏附的作用，当浓度大于等于 0.39mg/ml 时，有较明显的抑制变异链球菌产酸的作用[1]。2. 抗氧化　发芽果实的水提取物对自由基有一定的清除作用，清除作用的大小为羟自由基（·OH）＞ 1，1- 二苯基 -2- 三硝基苯肼（DPPH）自由基＞超氧阴离子自由基（O_2^-·）[2]。3. 改善血管　颖果的果皮（米糠）水提取物对高脂饮食大鼠的血管具有保护作用，降低大鼠体重、内脏脂肪组织重量、血糖水平、血清总胆固醇和游离脂肪酸含量，其作用机制为上调 eNOS 及下调 NF-κB p65 和 CD36 的表达[3]。

【性味与归经】稻芽：甘，温。归脾、胃经。红曲：甘，温。归肝、脾、大肠经。米皮糠：甘、平。归肺、大肠经。

【功能与主治】稻芽：和中消食，健脾开胃。用于食积不消，腹胀口臭，脾胃虚弱，不饥食少。红曲：消食活血，健脾养胃。用于瘀滞腹痛，赤白下痢，跌打损伤，产后恶露不尽。米皮糠：健脾胃。用于脚气、浮肿，泄泻等的辅助治疗。

【用法与用量】稻芽：9 ～ 15g。红曲：6 ～ 12g。米皮糠：内服煎汤或入丸、散。

【药用标准】稻芽：药典 1977—2015、浙江炮规 2015 和台湾 2013；红曲：浙江炮规 2015 和上海药材 1994；米皮糠：浙江药材 2007。

【临床参考】1. 小儿腹泻：成熟果实发芽后的颖果 9g，加木香 6g，诃子肉、葛根各 5g，通草 2g，挟热者，加白芍、黄芩；体虚者，加沙参、白术；溢奶或吐清水者，加丁香、柿蒂；积滞重者，根据积滞原因，选加鸡内金、山楂、神曲。水煎，分 2 次服，每日 1 剂[1]。

2. 神经痛：成熟果实发芽后的颖果 30g，加鸡血藤 45g、宽筋藤 15g，水煎服[2]。

3. 食积不化：成熟果实发芽后的颖果 9g，加神曲、山楂各 9g，水煎服。（《浙江药用植物志》）

4. 胸闷胀痛：成熟果实发芽后的颖果 12g（炒），加炒莱菔子、陈皮各 9g，水煎服。

5. 小儿消化不良、面黄肌瘦：成熟果实发芽后的颖果 12g（炒），加炒神曲、炒山楂、鸡内金各 9g，麦芽 12g，水煎服。（4 方、5 方引自《山东中草药手册》）

【附注】稻的栽培品种 *Oryza sativa*‘Heugjinjubyeo’尚含酚类成分 4- 羟基 -3- 甲氧基苯基乙酸（4-hydroxy-3-methoxyphenylacetic acid）、3, 4- 二羟基苯甲酸（3, 4-dihydroxybenzoic acid）、4- 羟基 -3- 甲氧基桂皮酸（4-hydroxy-3-methoxycinnamic acid）、乙基 -3, 4- 二羟基苯甲酸（ethyl-3，4-dihydroxybenzoic acid）及生物碱类成分 4- 羰乙氧基 -6- 羟基 -2- 喹诺酮（4-carboethoxy-6-hydroxy-2-quinolone）[1]。

本种在我国至少有 7000 年以上的栽培史。本草则始载于《名医别录》。《本草经集注》云：“此即人常所食米，但有白、赤、小、大异族四五种，犹同一类也。前陈廪米亦是此种，以廪军人，故曰东廪米。”《食疗本草》云：“淮、泗之间米多。京都、襄州土粳米亦香，坚实。南方多收水稻，最补益人，诸处虽多，但充饥而已。”《本草衍义》云：“粳米，白晚米为第一，早熟米不及也。平和五脏，补益胃气，其功莫逮。然稍生则复不益脾，过熟则佳。”《食物本草》云：“粳有早、中、晚三收，以晚白米为第一。各处所产，种类甚多，气味不能无少异，而亦不大相远也，天生五谷，所以养人，得之则生，不得则死。惟此谷得天地中和之气，同造化生育之功，故非他物可比。入药之功在所略尔。”《本草纲目》云：“粳有水、旱二稻。南方土下涂泥，多宜水稻。北方地平，惟泽土宜旱稻。西南夷亦有烧山地为畲田种旱稻者，谓之火米。古者惟下种成畦，故祭祀谓稻为嘉蔬，今人皆拔秧栽插矣。其种近百，名各不同，俱随土地所宜也。……。南方有一岁再熟之稻。苏颂之香粳，长白如玉，可充御贡。皆粳之稍异者也。”即为本种及不同的栽培品种。

本种脱粒后的稻秆（稻草）民间也入药。

【化学参考文献】

［1］Hall P J. Phytochemistry，Indole-3-acetyl-myo-inositol in kernels of *Oryza sativa*［J］. 1980，19（10）：2121-2123.

［2］Besson E，Dellamonica G，Chopin J，et al. C-Glycosylflavones from *Oryza sativa*［J］. Phytochemistry，1985，24（5）：1061-1064.

［3］Miller A，Engel K H. Content of γ-oryzanol and composition of steryl ferulates in brown rice（*Oryza sativa* L.）of European origin［J］. J Agric Food Chem，2006，54（21）：8127-8133.

［4］Ohmoto T. Triterpenoids and the related compounds from gramineous plants. Ⅱ［J］. Shoyakugaku Zasshi，1967，21（2）：115-119.

［5］Macias F A，Chinchilla N，Varela R M，et al. Bioactive steroids from *Oryza sativa* L.［J］. Steroids，2006，71（7）：603-608.

［6］Nakano H，Kosemura S，Suzuki T，et al. Oryzamutaic acid A，a novel yellow pigment from an *Oryza sativa* mutant with yellow endosperm［J］. Tetrahedron Lett，2009，50（17）：2003-2005.

［7］Muralidhara Rao B，Saradhi U V R V，Shobha Rani N，et al. Identification and quantification of methyl nicotinate in rice（*Oryza sativa* L.）by gas chromatography-mass spectrometry［J］. Food Chem，2007，105（2）：736-741.

【药理参考文献】

［1］邵旭媛，俞晓峰，冯岩，等. 稻芽粗提物抑制变异链球菌的体外实验研究［J］. 牙体牙髓牙周病学杂，2011，21（3）：

121-124.
[2] 钟希琼，麦伊宁．麦芽、稻芽水提物对自由基的清除作用[J]．佛山科学技术学院学报(自然科学版)，2019，37(3)：37-40.
[3] Narongsuk M，Pintusorn H，Bhornprom Y，et al. Vasoprotective effects of rice bran water extract on rats fed with high-fat diet [J]. Asian Pacific Journal of Tropical Biomedicine，2016，6(9)：778-784.

【临床参考文献】

[1] 苏积有．复方谷芽合剂治疗小儿腹泻[J]．中国社区医师，1995，(5)：43.
[2] 陈积正．中草药“二藤谷芽合剂”治疗神经痛疗效简介[J]．新医学，1971，(3)：19.

【附注参考文献】

[1] Chung H S，Shin J C. Characterization of antioxidant alkaloids and phenolic acids from anthocyanin-pigmented rice (*Oryza sativa* cv. Heugjinjubyeo) [J]. Food Chem，2007，104(4)：1670-1677.

1052. 糯稻（图 1052）• *Oryza sativa* Linn. var. *glutinosa* Matsum.

图 1052　糯稻　　　　摄影　刘宇婧

【形态】与稻的主要区别在于叶片深绿色，较狭窄；颖果较圆，常带紫色，具毛刺，米粒色白，质地较黏。

【生境与分布】长江以南各省广为栽培。

【药名与部位】糯稻根，根及根茎。糯米，种仁。

【采集加工】糯稻根：秋季采挖，洗净，干燥。糯米：秋季果实成熟时采收，除去外壳及种皮，取种仁。

【药材性状】糯稻根：常集结成疏松的团。上端有多数分离的残茎；茎圆柱形，中空，长 2.5 ～ 6.5cm，外包数层黄白色的叶鞘。下端簇生细长而弯曲的须根；须根直径约 1mm，黄白色至黄棕色，略具纵皱纹。体轻，质软。气微，味淡。

糯米：呈椭圆形（粳糯米）或长椭圆形（籼糯米），长约 7mm，宽 1 ～ 2mm。全体乳白色，光滑。一端较圆，另端微凹，有 1 淡棕色种脐。质坚实，断面白色，粉性。气微，味微甘。

【质量要求】糯稻根：无泥，不虫蛀，草长不超过 3.3cm。

【药材炮制】糯稻根：除去离根 1cm 处以上的残茎，掰开，洗净，晾至半干，切段，干燥。

糯米：除去杂质。

【化学成分】根含黄酮类：山柰酚（kaempferol）[1]；氨基酸类：赖氨酸（Lys）、丝氨酸（Ser）、脯氨酸（Pro）、苏氨酸（Thr）、谷氨酸（Glu）、精氨酸（Arg）、天冬氨酸（Asp）、甘氨酸（Gly）、酪氨酸（Tyr）、丙氨酸（Ala）、缬氨酸（Val）、蛋氨酸（Met）、苯丙氨酸（Phe）、异亮氨酸（Ile）和亮氨酸（Leu）[1]；糖类：葡萄糖（glucose）和果糖（fructuse）[1]。

【药理作用】护肝 从根水提取液提取的氨基酸类成分对四氯化碳（CCl_4）引起的小鼠肝损伤具有保护作用，可降低谷丙转氨酶（ALT）和天冬氨酸氨基转移酶（AST）的含量[1]。

【性味与归经】糯稻根：甘，平。归心、肝经。糯米：甘，温。入脾、胃、肺经。

【功能与主治】糯稻根：止汗，利湿。用于自汗，盗汗，肝炎。糯米：补中益气。用于消渴溲多，自汗、便泄的辅助治疗。

【用法与用量】糯稻根：30 ～ 60g。糯米：30 ～ 60g。

【药用标准】糯稻根：药典 1977、浙江炮规 2015、上海药材 1994、湖南药材 2009、北京药材 1998、山东药材 2002、贵州药材 2003 和湖北药材 2009；糯米：浙江药材 2002。

【临床参考】1. 痈毒：种子适量，水煮制成饭，趁热加入适量食用盐、葱，共捣烂敷患处，用纱布固定，1 日换 2 次[1]。

2. 前列腺肥大尿频：种子研粉，加水适量搓团，煎饼，晚上临睡前，取黄酒适量送服，1 日 1 次[1]。

3. 妊娠呕吐：种子适量，煮薄粥，徐徐饮之，禁食生、冷、硬物[1]。

4. 妇女产后痢疾：种子 120g，文火炒黄，研粉，加入红糖 60g，开水送服，每日 1 剂，分 2 次服[1]。

5. 关节扭伤：茎叶烧成灰，用 75% 乙醇拌匀敷患处，每日换 2 次[1]。

6. 盗汗：根须 50 ～ 100g，水煎 15min，共煎 2 次，分 2 次服[2]。

7. 丝虫病：根 15 ～ 30g，加红枣 7 枚、槟榔 4.5 ～ 9g，水煎服。

8. 传染性肝炎：根 15 ～ 30g，加紫参 15g，水煎服；或茎叶 15 ～ 30g，水煎服，可作预防用。（7 方、8 方引自《浙江药用植物志》）

【附注】宋《开宝本草》曾云："……此稻米即糯米也，其粒大小，似秔米，细糠，白如雪，今通呼秔糯二穀为稻，所以惑之。"宋《本草衍义》也云，"稻米，今造酒糯稻也，其性温，故可为酒……。"《本草纲目》云："糯稻，南方水田多种之，其性粘，可以酿酒，可以为粢，可以蒸糕，可以熬饧，可以妙食，其类亦多。"即为本变种。

本变种《中国植物志》和 *Flora of China* 均未收载，但在传统中药中，一直作为稻 *Oryza sativa* Linn. 的变种处理。

药材糯米湿热痰火及脾滞者禁服，小儿不宜多食。

【化学参考文献】

[1] 唐爱莲，唐桂兴，罗朝晖，等．糯稻根化学成分的初步研究［J］．时珍国医国药，2008，155（7）：1630-1631.

【药理参考文献】

[1] 唐爱莲，刘笑甫，冯冬梅，等．糯稻根的化学成分及药理研究［J］．北方药学，2006，3（2）：18-19，36.

【临床参考文献】
［1］兰福森，兰玺彬．民间中医糯稻治病方［J］．农村百事通，2009，（9）：66.
［2］周友罗．鲜糯稻根须治小儿盗汗［N］中国中医药报，2013-01-24（005）.

4. 菰属 *Zizania* Linn.

一年生或多年生水生草本。秆直立，粗壮。叶片长而宽大。圆锥花序大型，小穗单性，有小花 1 朵，雌性小穗圆柱形，常生于花序上部与主轴贴生的分枝上，小穗柄较粗壮，顶端呈杯形；小穗轴脱节于小穗柄的顶端；雄性小穗两侧多少压扁，常着生于花序下部开展或上升的分枝上，脱节于小穗柄上，其柄较细弱；颖退化殆尽；外稃有 5 脉，厚纸质，或在雄小穗的外稃为膜质，雌小穗外稃顶端延伸成长芒；内稃与外稃同质，常有 3 脉，为外稃所紧抱；雄花中有发育雄蕊 6 枚。颖果圆柱形，为内外稃所包裹。

约 4 种，产于亚洲东部和北美洲。中国仅 1 种，广布于南北各地，法定药用植物 1 种。华东地区法定药用植物 1 种。

1053. 菰（图 1053）• *Zizania latifolia*（Griseb.）Stapf［*Zizania caduciflora*（Turcz.）Hand. -Mazz.］

【别名】茭儿菜（安徽）、茭白（安徽、浙江），茭笋、茭瓜（江苏南京）。

【形态】多年生草本。具根茎，须根粗壮；秆直立，粗壮，基部节上有不定根。叶片扁平，表面粗糙，背面较光滑，长 30 ～ 100cm，宽 2 ～ 3cm；叶鞘肥厚，长于节间，基部的常有横脉纹；叶舌膜质，略呈三角形，长可达 2cm。圆锥花序开展，长 30 ～ 60cm，分枝多簇生，开花时上举，结果时开展；雄小穗长 10 ～ 15mm，常带紫色；外稃顶端渐尖或有短尖头，花药长 6 ～ 9mm；雌小穗长 15 ～ 25mm，外稃有芒，芒长 15 ～ 30mm。颖果圆柱形，长约 15mm。花果期秋季。

【生境与分布】多栽培于池塘、水田中。分布于华东各省，我国南北其他各省均有分布；俄罗斯、日本也有分布。

【药名与部位】茭白根，根茎。茭白子，成熟果实。

【采集加工】茭白子：9 ～ 10 月果实成熟后采取，搓去稃片，扬净，晒干。

【药材性状】茭白子：呈圆柱形，两端渐尖，长 10 ～ 15mm，直径 1 ～ 2mm，表面棕褐色，有 1 条因稃脉挤压而形成的沟纹，腹面从基部至中部有 1 条弧形的因胚体突出而形成的脊纹，脊纹两侧微凹下，长至 0.6cm。折断面灰白色，富有油质，质坚脆。气微弱，味微甘。

【药材炮制】茭白根：除去须根等杂质，洗净，润软，切段，干燥。

【化学成分】茎含维生素类：抗坏血酸（ascorbic acid）[1]；元素：钾（K）、硫（S）和磷（P）[1]；其他尚含：蛋白质（protein）、还原糖（reducing sugars）、水溶性果胶（water-soluble pectin）和 Na_2CO_3 性果胶（Na_2CO_3-soluble pectin）[1]。

地上部分含黄酮类：小麦黄素（tricin）[2]。

【药理作用】1. 调节免疫　从膨大的茎分离纯化得到的多糖具有免疫调节作用，能有效促进小鼠巨噬细胞 RAW264.7 的增殖、吞噬和一氧化氮（NO）的产生[1]。2. 护皮肤　从地上部分提取分离的成分小麦黄素（tricin）能有效抑制 UVB 诱导的无毛小鼠皮肤损伤和光衰老，其作用机制可能是通过抑制 MMP-1 和 MMP-3 的表达[2]；叶作为 30% 饮食喂食小鼠，可通过改变糖胺聚糖链的长度，并缩短胶原蛋白原纤维之间的距离增加皮肤的机械强度[3]。3. 抗氧化　果实的乙醇提取物具有抗氧化作用，且其中的类黄酮成分比酚酸成分作用更强[4, 5]。4. 抗过敏　叶和茎醇提取物的氯仿提取部位能抑制肥大细胞介导的过敏性炎症反应，表现为抑制 RBL-2H3 细胞刺激的血清白蛋白（DNP-BSA）中 β-hexocemindase 和肿

图 1053 菰 摄影 李华东等

瘤坏死因子 -α（TNF-α）的释放；另外，该部位还可抑制环氧合酶 -2（COX-2）的表达，抑制丝裂原活化蛋白激酶（MAPKS）的活性[6]。5. 抗肥胖 果实喂食大鼠可预防高脂 / 胆固醇饮食引起的肥胖和肝脏脂肪毒性，通过减少脂质积累，增加分解代谢酶的活性和调节脂肪形成[7]。6. 降血糖 果实能改善高脂饲料诱导的大鼠胰岛素抵抗，用果实喂食大鼠能改善大鼠的胰岛素抵抗状态[8]。

【性味与归经】茭白子：甘、凉。

【功能与主治】茭白根：治烦，解酒，消食，利尿。茭白子：清热除烦，止渴，调理肠胃。用于烦热口渴，肠燥便秘。

【用法与用量】茭白子：4.5 ～ 9g。

【药用标准】茭白根：浙江炮规 2005；茭白子：浙江炮规 2005、上海药材 1994 和江苏药材 1989。

【临床参考】1. 高血压、小便不利：鲜根 30 ～ 60g，水煎服。

2. 酒糟鼻：鲜嫩茎适量，捣烂，每晚敷患部，次日洗去；另取鲜嫩茎 30 ～ 60g，水煎服。（1 方、2 方引自《浙江药用植物志》）

3. 夏季伤暑腹泻：种子（炒焦）30g，水煎服，1 日 1 剂。

4. 小儿烦渴、泻痢、小便不利：鲜根 30g，加芦根、白茅根各 30g，水煎服。

5. 产后乳汁不下：鲜嫩茎 30g，加草棉子 30g、猪蹄爪 1 只，煮烂吃肉喝汤，1 次服完，连服 3 日。（3 方至 5 方引自《食物中药与便方》）

【附注】本种以菰根之名始载于《名医别录》。《本草拾遗》云："菰菜，生江东池泽。菰首，生菰蒋草心，至秋如小儿臂，故云菰首。"《本草图经》云："菰根，旧不著所出州土，今江湖陂泽中皆有之，即江南人呼为茭草者。生水中，叶如蒲苇辈。刈以秣马，甚肥。春亦生笋，甜美堪啖，即菰菜也。又谓之茭白……。"《救荒本草》亦云："茭笋，生江东池泽水中及岸际，今随处水泽边皆有之。苗高二三尺。叶似蔗荻，又似茅叶而长、阔、厚。叶间擢葶，开花如苇，结实青子。根肥，剥取嫩白笋可啖。"即为本种。

药材茭白根和茭白子脾虚泄泻者慎服。

据报道，用 50g 菰米做饮食，同时减少主食 50g，3 个月后，可有效改善 2 型糖尿病人群的血糖、血脂水平，并且增加机体的胰岛素敏感性，改善胰岛素抵抗状态和炎性状态[1]。

【化学参考文献】

[1] Qian B J J W，Luo Y L，Deng Y，et al. Chemical composition，angiotensin-converting enzyme-inhibitory activity and antioxidant activities of few-flower wild rice（*Zizania latifolia* Turcz.）[J]. J Sci Food Agric，2012，92（1）：159-164.

[2] Moon J M，Park S H，Jhee K H，et al. Protection against UVB-induced wrinkle formation in SKH-1 hairless mice：efficacy of tricin isolated from enzyme-treated *Zizania latifolia* extract [J]. Molecules（Basel，Switzerland），2018，23：2254-2263.

【药理参考文献】

[1] Wang M C，Zhao S W，Zhu P L，et al. Purification，characterization and immunomodulatory activity of water extractable polysaccharides from the swollen culms of *Zizania latifolia* [J]. International Journal of Biological Macromolecules，2017，DOI：org/10. 1016/j. ijbiomac. 2017. 09. 062.

[2] Moon J M，Park S H，Jhee K H，et al. Protection against UVB-induced wrinkle formation in SKH-1 hairless mice：efficacy of tricin isolated from enzyme-treated *Zizania latifolia* extract [J]. Molecules（Basel，Switzerland），2018，23：2254-2263.

[3] Yamauchi T，Hirose T，Sato K，et al. Changes in skin structure of the Zip13-KO mouse by makomo（*Zizania latifolia*）feeding [J]. The Journal of Veterinary Medical Science，2017，79（9）：1563-1568.

[4] Chu M J，Liu X M，Yan N，et al. Partial purification，identification，and quantitation of antioxidants from wild rice（*Zizania latifolia*）[J]. Molecules（Basel，Switzerland），2018，23：2782-2797.

[5] 邢花 . 我国菰米中膳食纤维、类黄酮的分析及其对非酒精性肝脂肪变性 HepG2 细胞作用的研究 [D]. 扬州：扬州大学硕士学位论文，2012.

[6] Lee E J，Yu M H，Garcia C V，et al. Inhibitory effect of *Zizania latifolia* chloroform fraction on allergy-related mediator production in RBL-2H3 cells [J]. Food Science and Biotechnology，2017，26（2）：481-487.

[7] Han S F，Zhang H，Zhai C K. Protective potentials of wild rice [*Zizania latifolia*（Griseb）Turcz] against obesity and lipotoxicity induced by a high-fat/cholesterol diet in rats [J]. Food and Chemical Toxicology，2012，50：2263-2269.

[8] 张红，刘洋，赵军红，等 . 菰米血糖生成指数的测定及其改善大鼠胰岛素抵抗的作用 [J]. 卫生研究，2015，44（2）：173-178，184.

【附注参考文献】

[1] 王菁，张红，王少康 . 中国野生菰米对 2 型糖尿病人群的膳食干预研究 [A]. 中国营养学会营养与保健食品分会、韩国食品科学会第十三届全国营养与保健食品科学大会暨第七届中韩植物营养素国际学术研讨会会议论文汇编，2017：1.

5. 芦竹属 *Arundo* Linn.

多年生高大丛生草本；具匍匐根茎。叶片平展，条状披针形；叶鞘相互紧抱，长于节间。圆锥花序顶生，密集或疏松；小穗含2～5朵小花，两侧压扁或背部稍呈圆形；小穗轴无毛，脱节于颖片之上与各小花之间：颖片膜质，近等长，具3～5脉，顶端尖或渐尖，约与小穗等长；外稃质薄，上部的渐次变小，具3～5脉，侧脉可在顶端伸出成微齿，中脉通常延伸成短芒，背面中部以下密生白色柔毛，基盘短小，上部两侧有柔毛；内稃薄膜质，具2脊，脊上无毛或上部被短纤毛；雄蕊3枚；子房无毛。颖果较小，纺锤形。

约5种，分布于热带和亚热带地区。中国2种，分布于南方各地，法定药用植物1种。华东地区法定药用植物1种。

1054. 芦竹（图1054）• *Arundo donax* Linn.

【别名】荻芦竹、芦笋（上海）。

【形态】多年生高大丛生草本；具粗大多节的根茎。秆直立，高2～6m，直径1～2.3cm，上部的节常有分枝。叶片扁平，长30～60cm，宽2～5cm，顶端尖，基部心形抱茎；叶鞘长于节间，无毛或其颈部具长柔毛；叶舌膜质，截平，长约1.5mm，顶端被短纤毛。圆锥花序顶生，长30～60cm，分枝稠密，斜向上升；小穗长8～12mm，含小花2～4朵；小穗轴节间长约1mm，颖近等长，披针形，长8～10mm，具3～5脉；外稃具3～5脉，中脉延伸成长1～2mm的短芒，背面中部以下密生白色柔毛，基盘长约0.5mm，上部两侧被短柔毛；内稃远较外稃短。花果期9～12月。

【生境与分布】生于河岸、溪边，也见栽培于村宅旁。分布于安徽、江苏、浙江、福建、江西、上海等地，另中国西南、华南及湖南均有分布；亚洲热带和亚热带地区也有分布。

【药名与部位】芦竹根，新鲜或干燥根茎。

【采集加工】夏、秋二季采挖，除去须根及泥沙，鲜用；或洗净，趁鲜切厚片，干燥；或直接干燥。

【药材性状】鲜芦竹根　呈弯曲肩圆条形，长10～18cm，直径2～6cm，表面黄白色，一端较粗大，有大小不等的笋子芽尖突起，基部周围有须根痕，有节，节上有淡黄色的叶鞘残痕。质坚硬，不易折断。气微，味微苦。

芦竹根　为不规则的厚块片，厚3～10cm，外皮浅黄色，具光泽，环节上有黄白色叶鞘残痕，有的具残存的须根。横切片黄白色，粗糙，有多数突起的筋脉小点，纵切片可见众多纤维。体轻，质硬，气微，味淡。

【药材炮制】鲜芦竹根：用时取鲜原药，除去杂质，洗净，切段。芦竹根：除去杂质，洗净，润软，切厚片，干燥；已切片者，除去杂质，筛去灰屑。

【化学成分】叶含三萜类：香树脂醇乙酸酯（amyrin acetate）和无羁萜（friedelin）[1]；甾体类：菜油甾醇（campesterol）和豆甾醇（stigmasterol）[1]；烷烃类：三十烷（triacontane）[1]；烷醇类：三十烷醇（triacontanol）[1]。

嫩芽含半纤维素：阿拉伯糖基-4-*O*-甲基葡萄糖醛酸木聚糖（arabino-4-*O*-methylglucuronoxylan）[2]。

花含生物碱类：胡颓子碱（eleagnine）、*N*, *N*-二甲基色胺甲基羟化物（*N*, *N*-dimethyl tryptamine methylhydroxide）、3, 3′-双-（吲哚甲基）-二甲基铵羟化物［3, 3′-bis-（indolylmethyl）-dimethyl ammonium hydroxide］[3]，芦竹碱甲基羟化物（gramine methohydroxide）、二甲基铵（dimethyl ammonium）[4]，芦竹瑞定（donaxaridine）、芦竹啶宁（arundinine）[5]和芦竹碱（donaxine），即禾草碱（gramine）[3,5]。

地上部分含生物碱类：*N*-苯基-β-萘胺（*N*-phenyl-β-naphthylmine）、芦竹碱（donaxine）、去氧鸭嘴花碱酮（deoxyvasicinone）、芦竹啶（arundine）、芦竹赛宁（donaxanine）、芦竹灵（donaxarine）、芦竹宁（donine）、芦竹瑞定（donaxaridine）[6]和芦竹达嗪（arundacine）[7]。

图 1054　芦竹　　摄影　张芬耀等

根茎含生物碱类：5- 甲氧基 -*N*- 甲基色胺（5-methoxy-*N*-methyl tryptamine）、*N*, *N*- 二甲基色胺（*N*, *N*-dimethyl tryptamine）、蟾蜍特尼定（bufotenidine）、去氢蟾毒色胺（dehydrobufotenine）、蟾毒色胺（bufotenine）[8]，芦竹达啡（arundaphine）[9]，芦竹辛（donasine）[10]和 *N*- 乙酰色胺（*N*-acetyltryptamine）[11]；三萜类：熊果酸（ursolic acid）[11]；苯丙素类：芥子醛（sinapaldehyde）、对羟基肉桂酸（*p*-hydroxycinnamic acid）和 α- 细辛醚（α-asarone）[11]；木脂素类：（–）- 丁香树脂醇［（–）-syringaresinol］[11]；甾体类：5, 6- 环氧 -22, 24- 麦角甾 -8（14）, 22- 二烯 -3, 7- 二醇［5, 6-epoxy-22, 24-ergosta-8（14）, 22-dien-3, 7-diol］、

5, 6- 环氧 -22, 24- 麦角甾 -8（9）, 22- 二烯 -3, 7- 二醇［5, 6-epoxy-22, 24-ergosta-8（9）, 22-dien-3, 7-diol］、5, 8- 表二氧 -22, 24- 麦角甾 -6, 22- 二烯 -3- 醇（5, 8-epidioxy-22, 24-ergosta-6, 22-dien-3-ol）、豆甾 -4- 烯 -3, 6- 二酮（stigmast-4-en-3, 6-dione）、6, 9- 环氧 - 麦角甾 -7, 22- 二烯 -3- 醇（6, 9-epoxy-ergosta-7, 22-dien-3-ol）、豆甾 -22- 烯 -3, 6, 9- 三醇（stigmast-22-en-3, 6, 9-triol）、β- 谷甾醇（β-sitosterol）、α- 波甾醇（α-spinasterol）和胡萝卜苷（daucosterol）[11]；烷烃类：正二十二烷（*n*-docosane）[11]；脂肪酸类：十六烷酸（hexadecanoic acid）和十四烷酸甘油酯（myristic acid glyceride）[11]；酚和醛类：3, 4, 5- 三甲氧基 - 苯酚（3, 4, 5-trimethoxyphenol）、4- 十二烷基苯甲醛（4-dodecylbenzaldehyde）和对羟基苯甲醛（*p*-hydroxybenzaldehyde）[11]；苯醌类：2, 6- 二甲氧基 -1, 4- 苯醌（2, 6-dimethoxy-1, 4-quinone）[11]。

根含生物碱类：芦竹达素（arundavine）[12], 芦竹达嗪（arundacine）[7] 和芦竹胺（arundamine）[13]。

全株含生物碱类：芦竹达素（arundavine）、*N*, *N*- 二甲基色胺（*N*, *N*-dimethyl tryptamine）、芦竹达吩（arundafine）[14], 芦竹达宁（arundanine）、芦竹胺（arundamine）[15], *N*-（4′- 溴苯基）-2, 2- 二苯基乙酰苯胺［*N*-（4′-bromophenyl）-2, 2-diphenylacetanilide］、四甲基 -*N*, *N*- 双 -（2, 6- 二甲苯基）环丁烷 -1, 3- 二亚胺［tetramethyl-*N*, *N*-bis-（2, 6-dimethylphenyl）cyclobutane-1, 3-diimine］[16], 5- 甲氧基 -*N*- 甲基色胺（5-methoxy-*N*-methyl tryptamine）、蟾毒色胺（bufotenine）[17], 蟾毒色胺（bufotenine）、*N*- 甲基 - 四氢 -β- 咔啉（*N*-methyl tetrahydro-β-carboline）[18], 1- 甲基 -3- 氨基甲基吲哚（1-methyl-3-aminomethylindole）[19] 和芦竹啶宁（arundinine）[20]；黄酮类：小麦黄素（tricin）[21]。

【药理作用】抗炎解热 根茎水提醇沉液浸膏对 2，4- 二硝基酚致热大鼠有明显的解热作用，对角叉菜胶致炎大鼠的足跖肿胀有明显的抑制作用[1]。

【性味与归经】苦、甘，寒。归肺、胃经。

【功能与主治】清热利湿，养阴止渴。用于尿路感染，黄疸型肝炎，热病伤津，风火牙痛。

【用法与用量】9 ～ 15g；鲜芦竹根 30 ～ 60g。

【药用标准】浙江炮规 2015 和四川药材 2010。

【临床参考】1. 偏热型急性肝炎：根茎 15 ～ 30g，加黄龙退壳、紫丹参各 15 ～ 30g，白花蛇舌草、黄毛耳草各 10 ～ 15g，半枝莲 7 ～ 15g，虎杖、虎刺各 20 ～ 30g，湿象较重者，加薏苡仁、猪苓、藿香、茯苓；热重者，加栀子、蒲公英、龙胆草；有出血倾向者，加生地、田七、升麻、灵芝菇；胁肋胀痛者，加郁金、人工牛黄（1g 吞服）；食少者，加鸡内金、麦芽。水煎，分 2 次服[1]。

2. 肺脓肿辅助治疗：根茎 100g，加桑叶 40g，鱼腥草、白茅根各 100g，刺黄柏 60g，水煎服，每日 1 剂，连续服药，鲜药比干品疗效佳，加常规西药治疗[2]。

3. 重感冒：根茎 15 ～ 20g，加竹叶、防风、桑白皮各 10 ～ 20g，花木通 15 ～ 20g、挖耳草 15g，紫苏、金竹叶各 10g，加水 600ml 煎至 300ml，每日 1 剂，分 3 次服[3]。

4. 尿路感染：鲜根茎 60g，加灯心草、车前草各 12g，水煎服。

5. 热病伤津、口渴、小便短：鲜根茎 60g，加生石膏 15g、知母 6g、甘草 1.8g，水煎服。

6. 急性膝关节炎：鲜根茎适量，捣烂敷患处。（4 方至 6 方引自《浙江药用植物志》）

【附注】芦竹始载于《本草汇言》，云："芦竹，似芦，出扬州东垂，肌理匀净，可以为篪。"《岭南采药录》云："芦荻头，其根类竹头，与水葫蘆不同，味甘淡，清肺热。食瘟马肉中毒，取其根，捣自然汁煎服，即解；其嫩笋捣青，能拔腐骨。"

药材芦竹根体虚无热者慎服。

【化学参考文献】

［1］Chaudhuri R K，Ghosal S. Triterpenes and sterols of the leaves of *Arundo donax*［J］. Phytochemistry，1970，9（8）：1895-1896.

［2］Joseleau J P，Barnoud F. Hemicelluloses of young internodes of *Arundo donax*［J］. Phytochemistry，1974，13（7）：1155-1158.

[3] Ghosal S, Chaudhuri R K, Dutta S K. et al. Alkaloids of the flowers of *Arundo donax* [J] . Phytochemistry, 1971, 10 (11): 2852-2853.
[4] Ghosal S, Chaudhuri R K, Dutta S K. et al. Occurrence of curarimimetic indoles in the flowers of *Arundo donax* [J] . Planta Med, 1972, 21 (1): 22-28.
[5] Khuzhaev V U. Alkaloids of *Arundo donax*. XVIII . nitrogenous bases in flowers of cultivars [J] . Chem Nat Compd, 2004, 40 (5): 516-517.
[6] Khuzhaev V U, Aripova S F. Alkaloids of *Arundo donax* [J] . Chem Nat Compd, 1998, 34 (1): 108-109.
[7] Khuzhaev V U, Zhalolov I Z, Levkovich M G, et al. Alkaloids of *Arundo donax*. XII . structure of the new dimeric indole alkaloid arundacine [J] . Chem Nat Compd, 2002, 38 (3): 280-283.
[8] Ghosal S, Dutta S K, Sanyal A K, et al. *Arundo donax*. Phytochemical and pharmacological evaluation [J] . Journal of Medicinal Chemistry, 1969, 12 (3): 480-483.
[9] Khuzhaev V U, Zhalolov I, Turgunov K K, et al. Alkaloids from *Arundo donax*. XVII . structure of the dimeric indole alkaloid arundaphine [J] . Chem Nat Compd, 2004, 40 (3): 269-272.
[10] Jia A L, Ding X Q, Chen D L, et al. A new indole alkaloid from *Arundo donax* L. [J] . J Asian Nat Prod Res, 2008, 10 (2): 105-109.
[11] 刘清茹，李娟，赵小芳，等 . 芦竹根化学成分的研究 [J] . 中草药，2016，47 (7): 1084-1089.
[12] Khuzhaev V U, Zhalolov I, Turgunov K K, et al. Alkaloids from *Arundo donax*. XVI . structure of the new dimeric indole alkaloid arundavine [J] . Chem Nat Compd, 2004, 40 (3): 261-265.
[13] Zhalolov I Z, Khuzhaev V U, Levkovich M G, et al. Alkaloids of *Arundo donax*. XI . NMR spectroscopic study of the structure of the dimeric alkaloid arundamine [J] . Chem Nat Compd, 2002, 38 (3): 276-279.
[14] Khuzhaev V U. Alkaloids of the flora of Uzbekistan, *Arundo donax* [J] . Chem Nat Compd, 2004, 40 (2): 160-162.
[15] Khuzhaev V U. Alkaloids from *Arundo donax* L. X. Mass spectrometric fragmentation of arundamine and arundanine [J] . Chem Nat Compd, 2004, 40 (2): 196-197.
[16] Miles D H, Tunsuwan K, Chittawong W, et al. Agrochemical activity and isolation of *N*- (4′-bromophenyl) -2, 2-diphenylacetanilide from the Thai plant *Arundo donax* [J] . J Nat Prod, 1993, 56 (9): 1590-1593.
[17] Dutta S K, Ghosal S, et al. Indole-3-alkylamines of *Arundo donax* [J] . Chem Ind, 1967, (48): 2046-2047.
[18] Zhalolov I Z, Khuzhaev V U, Turgunov K K, et al. Alkaloids of *Arundo donax*. XIV . crystal and molecular structure of *N*-methyl-tetrahydro-β-carboline [J] . Chem Nat Compd, 2003, 39 (3): 289-291.
[19] Zhalolov I, Khuzhaev V U, Levkovich M G, et al. Alkaloids of *Arundo donax*. VIII . 3-alkylindole derivatives in *A. donax* [J] . Chem Nat Compd, 2001, 36 (5): 528-530.
[20] Zhalolov I, Khuzhaev V U, Tashkhodzhaev B, et al. Alkaloids of *Arundo donax*. VII . a spectroscopic and x-ray structural investigation of arundinine-a new dimeric alkaloid from the epigeal part of *Arundo donax* [J] . Chem Nat Compd, 1999, 34 (6): 706-710.
[21] Miles D H, Tunsuwan K, Chittawong V, et al. Boll weevil antifeedants from *Arundo donax* [J] . Phytochemistry, 1993, 34 (5): 1277-1279.

【药理参考文献】

[1] 黎秀丽，杨柳，晁若冰，等 . 芦竹根中双吲哚生物碱的分离鉴定及药效研究 [J] . 华西药学杂志，2007，22 (5): 522-524.

【临床参考文献】

[1] 涂久安 . “龙壳毛耳芦竹汤”治疗偏热型急性肝炎 [J] . 江西中医药，1983，(5): 34，封 2.
[2] 余化平，肖欣荣，王显忠，等 . 桑芦汤辅助治疗肺脓肿 42 例分析 [J] . 临床荟萃，1998，13 (10): 469-470.
[3] 杨卫民 . 彝族民间花竹治感汤治重感 200 例疗效观察 [J] . 中国民族民间医药杂志，1996，(4): 14-15.

6. 䅟属 *Eleusine* Gaertn.

一年生或多年生草本。秆稍扁圆，常 1 长节间与几个短节间交互排列，因而叶在秆上似对生，叶片平展或卷折；叶舌顶端具柔毛。穗状花序 2 至数枚呈指状生于秆顶，偶有单一顶生；小穗无柄，两侧压扁，覆瓦状排列于穗轴的一侧，穗轴顶端着生小穗；小穗轴脱节于颖片之上和各小花之间，小花数朵紧密地覆瓦状排列于小穗轴上；颖片不等长，外颖较小，顶端尖，宿存，短于第一小花；外稃顶端尖，具 3 ～ 5 脉，2 侧脉存在时极靠近中脉形成宽而凸起的脊；内稃较外稃短，具 2 脊；鳞被 2，雄蕊 3 枚。囊果宽椭圆形，松弛地包着种子；种子暗红色具波状纹。

约 9 种，均产于热带和亚热带地区。中国 2 种，南北各地均有，法定药用植物 1 种。华东地区法定药用植物 1 种。

1055. 牛筋草（图 1055）• *Eleusine indica*（Linn.）Gaertn.

图 1055　牛筋草　　摄影　张芬耀等

【别名】蟋蟀草（安徽）。

【形态】一年生草本。根系极发达。秆丛生，基部倾斜，高 15 ～ 90cm。叶片平展，条形，长 10 ～ 15cm，宽 3 ～ 5mm，无毛或上面被疣基柔毛；叶鞘压扁，具脊，无毛或疏生疣毛，鞘口有柔毛；叶舌长约 1mm。穗状花序 2 ～ 7 枚指状生于秆顶，稀单生，长 3 ～ 10cm，宽 3 ～ 5mm；小穗长 4 ～ 7mm，宽 2 ～ 3mm，含小花 3 ～ 6 朵；颖披针形，具脊，脊上粗糙；外颖长 1.5 ～ 2mm，内颖长 2 ～ 3mm；第 1 花外稃长 3 ～ 4mm，卵形，膜质，具脊，脊上有狭翼；内稃较短于外稃，具 2 脊，脊上具短纤毛。囊果卵形，种子有明显的波状皱纹。花果期 6 ～ 10 月。

【生境与分布】生于荒芜地，道路旁。分布于华东各地，另我国其他各地均有分布；全世界温带和热带地区均有。

【药名与部位】牛筋草，全草。

【采集加工】夏、秋二季采收，除去杂质，鲜用或晒干。

【药材性状】根呈须状，秆近扁圆柱形，通常 3 ～ 5 秆成束状，具节，长 15 ～ 85cm，直径 1 ～ 5mm，表面淡黄绿色至淡灰绿色，光滑，具纵棱，不易折断，断面中空或具白色髓。叶舌短，棕色纤毛状；叶片扁平，条形，常向腹面折叠或扭曲，长 10 ～ 15cm，宽 3 ～ 5mm，表面淡黄色至黄棕色。有的可见 2 ～ 7 个簇生的穗状花序生于秆顶，囊果。气微，味淡，微甘。

【药材炮制】除去杂质，洗净，切段，干燥。

【化学成分】地上部分含黄酮类：夏佛塔雪轮苷（schaftoside）和牡荆素（vitexin）[1]。

全草含黄酮类：牡荆素（vitexin）和异牡荆素（isovitexin）[2]。

【药理作用】降血脂　全草甲醇粗提物的正己烷部位可降低饮食性高脂血症大鼠的甘油三酯（TG）、总胆固醇（TC）等含量，并明显降低体重[1]。

【性味与归经】甘，凉。归肝、胃经。

【功能与主治】清热利湿。用于流行性乙型脑炎，急性传染性肝炎，痢疾，中暑，淋浊，睾丸炎，尿道炎，肾炎。

【用法与用量】煎服 9 ～ 15g，鲜品 30 ～ 60g；或捣汁服。

【药用标准】上海药材 1994、福建药材 2006、湖南药材 2009、江西药材 2014、广东药材 2004 和山东药材 2012。

【临床参考】1. 预防流行性乙型脑炎：全草 60 ～ 120g，水煎服，连服 3 ～ 5 日。

2. 流行性乙型脑炎：全草 60g，加生石膏、绵毛鹿茸草各 30g，水煎服（适用于高热抽筋）；或全草 30g，加绵毛鹿茸草 15g，石菖蒲、蝉衣各 6g，水煎服（适用于昏迷抽搐）。（1 方、2 方引自《浙江药用植物志》）

【附注】本种始载于《百草镜》。《本草纲目拾遗》云："牛筋草，一名千金草，夏初发苗，多生阶砌道左。叶似韭而柔，六七月起茎，高尺许，开花三叉，其茎弱韧，拔之不易断，最难芟除，故有牛筋之名。又可用于斗蟋蟀，故有蟋蟀草之名。"所述即为本种。

【化学参考文献】

[1] De M G O，Muzitano M F，Legora-Machado A，et al. C-glycosylflavones from the aerial parts of *Eleusine indica* inhibit LPS-induced mouse lung inflammation [J]. Planta Med，2005，71（4）：362-363.

[2] Desai A V，Patil V M，Patil S S，et al. Phytochemical investigation of *Eleusine indica* for *in vivo* diuretic and *in vitro* anti-urolithiatic activity [J]. World Journal of Pharmaceutical Research，2017，6（8）：1292-1304.

【药理参考文献】

[1] Ong S L，Nalamolu K R，Lai H Y. Potential lipid-lowering effects of *Eleusine indica*（L.）Gaertn. extract on high-fat-diet-induced hyperlipidemic rats [J]. Pharmacognosy Magazine，2017，13（Suppl 1）：S1-S9.

7. 大麦属 *Hordeum* Linn.

一年生、二年生或多年生草本。叶片扁平，常具叶耳。穗状花序顶生；小穗含小花 1 朵（稀含 2 朵）；穗轴扁平，多在成熟时逐节断落（栽培变种除外），每节生有小穗 3 枚，稀 2 枚；小穗背腹压扁，其腹面对向穗轴；中间小穗无柄，发育完全，两侧的大多有柄，发育完全或为雄花，或退化仅存一锥状的外稃，但栽培变种两侧小穗大都正常发育且无柄，顶生小穗常退化；颖位于小穗的前方，芒状或狭披针形；外稃背部扁圆，顶端延伸成芒或无芒；内稃与外稃近等长，脊平滑或上部粗糙；颖果腹面具纵沟，顶生茸毛，与内外稃黏着而不易分离或某些品种易分离。

约 30 种，分布于全球温带、亚热带山地或高原地区。中国约 15 种（含变种和栽培变种），主产于西北地区，法定药用植物 1 种。华东地区法定药用植物 1 种。

1056. 大麦（图 1056）• *Hordeum vulgare* Linn.（*Hordeum sativum* Jess. var. *vulgare* Hack）

图 1056 大麦 摄影 李华东等

【形态】一年生或越年生栽培作物，高 50 ～ 100cm。秆粗壮，光滑无毛。叶片扁平，长 9 ～ 20cm，宽 6 ～ 20mm，微粗糙或背面光滑；叶鞘松弛抱茎，无毛或基部具柔毛，顶端两侧有明显叶耳；叶舌膜质，长 1 ～ 2mm。穗状花序粗壮，长 3 ～ 8cm（芒除外），直径约 1.5cm，小穗稠密，每节着生 3 枚无柄均能发育的小穗；颖芒状或条状披针形，被短柔毛，顶端常延伸成 5 ～ 15mm 的芒；外稃具 5 脉，顶端常延伸成芒，芒长 8 ～ 15cm，边棱具细刺；内稃与外稃几等长，颖果成熟时黏着内外稃，不易脱落。

【生境与分布】华东各省常见栽培。中国各省普遍栽培。

【药名与部位】麦芽（大麦芽），成熟果实经发芽而得。大麦，成熟果实。

【采集加工】麦芽：将麦粒用水浸泡后，保持适宜温、湿度，待幼芽长至约 0.5cm 时，晒干或低温干燥。大麦：夏季果实成熟时割取地上部分，晒干，打下颖果，除去杂质。

【药材性状】麦芽：呈梭形，长 8 ～ 12mm，直径 3 ～ 4mm。表面淡黄色，背面为外稃包围，具 5 脉；腹面为内稃包围。除去内外稃后，腹面有 1 条纵沟；基部胚根处生出幼芽和须根，幼芽长披针状条形，长约 5mm。须根数条，纤细而弯曲。质硬，断面白色，粉性。气微，味微甘。

大麦：呈梭形，两端狭尖，长 6.5 ～ 10mm，直径 2.5 ～ 4mm，厚 1.5 ～ 2.5mm。表面黄色，背面浑圆，为外稃包围，具 5 脉，先端长芒已断落。腹面为内稃包围，有一条纵沟。除去内外稃片后，果皮黄色。质硬，断面白色，粉性。无臭，味微甘。

【质量要求】麦芽：色黄亮，芽完整，不霉蛀。

【药材炮制】麦芽：除去杂质。炒麦芽：取麦芽饮片，炒至表面深黄色，微具焦斑时，取出，摊凉。筛去灰屑。焦麦芽：取麦芽饮片，炒至有爆裂声、香气逸出、表面焦褐色时，取出，摊凉。筛去灰屑。

【化学成分】麦芽含黄酮类：小麦黄素（tricin）[1]；生物碱类：*N*- 苯甲酰苯丙氨酸 -2- 苯甲酰氨基 -3- 苯丙酯（*N*-benzoylphenylalanine-2-benzoylamino-3-phenylpropyl ester）[1]；甾体类：7- 酮基豆甾醇（7-oxositosterol）、β- 谷甾醇（β-sitosterol）和胡萝卜苷（daucosterol）[1]；呋喃类：5- 羟甲基 -2- 糠醛（5-hydroxymethyl-2-furaldehyde）[1]。

叶含黄酮类：儿茶素（catechin）、原矢车菊素 B_2、B_3（procyanidin B_2、B_3）[2]，2′- 羟基异荭草素（2′-hydroxyisoorientin）、夏佛塔雪轮苷（schaftoside）、刺苞菊苷（carlinoside）、异牡荆素 -7-*O*-β-D- 葡萄糖苷（isovitexin-7-*O*-β-D-glucoside）、异荭草素 -7-*O*-β-D- 葡萄糖苷（isoorientin-7-*O*-β-D-glucoside）和异金雀花素 -7-*O*-β-D- 葡萄糖苷（isoscoparin-7-*O*-β-D-glucoside）[3]；腈类：2β- 吡喃葡萄糖氧基 -3- 甲基 -（2*R*）- 丁腈［2β-glucopyranosyloxy-3-methyl-（2*R*）-butyronitrile］[4]。

种子含苯丙素类：阿魏酸（ferulic acid）[5]；维生素类：生育酚（tocopherol）[6]。

颖果含生物碱类：大麦芽碱（hordenine）[7]。

【药理作用】1. 抗结肠炎　颖果发芽制品的水溶性部分可阻止结肠炎小鼠的病变和对抗体重的降低，同时降低白细胞介素 -6（IL-6）和黏膜 STAT3 的表达量，并伴有减轻肠黏膜损害的作用，对核转录因子（NF-κB）的含量也有降低作用，结果提示其通过抑制 STAT3 的表达和核转录因子的含量，增加胆酸盐的吸收来发挥抗结肠炎的作用[1]。2. 催乳　从颖果提取的大麦芽碱（hordenine）的中、高剂量组能显著降低泌乳素（PRL）的含量，升高环腺苷酸应答元件结合蛋白（P-CREB）的含量，同时，0.1mg/ml 大麦芽碱处理 12h、72h 或 0.2mg/ml、0.4mg/ml 大麦芽碱处理 72h 后均能抑制泌乳素的分泌，与正常组比较有显著差异，提示大麦芽碱对高催乳素血症大鼠泌乳素分泌有显著的抑制作用，其机制可能与调节 DRD2 介导的 cAMP/PKA/CREB 信号通路蛋白表达有关[2]；从颖果提取纯化的生物碱高剂量组可显著降低大鼠泌乳素含量，减少脑垂体泌乳素细胞阳性反应，下调泌乳素 mRNA 表达水平，结果提示麦芽生物碱是其回乳作用的药效物质基础，其作用机制通过直接作用于脑垂体泌乳素细胞，降低细胞阳性反应，下调泌乳素细胞 mRNA 表达，减少细胞分泌催乳素[3]；麦芽醇渗滤液的酸水提取物在高、中、低剂量时均可显著降低大鼠高泌乳素血症模型血中垂体泌乳素，升高黄体生成素，脏器系数显示麦芽提取物能保持脏器的正常质量，维持各脏器的正常生理功能[4]。3. 降血脂　从麦芽提取的麦绿素可显著降低高脂饲料喂养大鼠的血清总胆固醇（TC）、甘油三酯（TG）含量，以及豚鼠血浆和肝中的总胆固醇含量，并降低低密度脂蛋白胆固醇（LDL-C）含量，提示麦芽具有降血脂作用[5]，但对极低密度脂蛋白胆固醇和血浆甘油三酯含量没有明显影响[6]。

【性味与归经】麦芽：甘，平。归脾、胃经。大麦：一级干寒（维医）。

【功能与主治】麦芽：行气消食，健脾开胃，退乳消胀。用于食积不消，脘腹胀痛，脾虚食少，乳汁郁积，乳房胀痛，妇女断乳。大麦：降低机体胆液质、血液质的偏盛（维医），祛痰通滞，生血润肤，生津止渴。用于肝热内盛，口渴心烦，腹泻，干咳，皮肤瘙痒，咽喉、腋下、耳背肿痛。

【用法与用量】麦芽：9～15g；回乳用炒麦芽60g。大麦：3～10g，常与其他药配伍使用。单用时可煎服，20～50g；外用适量。

【药用标准】麦芽：药典1953—2015、浙江炮规2005、新疆药品1980二册、中华药典1930和台湾2013；大麦：部标维药1999和新疆维药1993。

【临床参考】1. 高脂血症：根50g，加山楂、何首乌各20g，甘草9g，加水1500ml，煎至700～800ml，当茶饮，每日1剂[1]。

2. 血尿：梗适量，水煎，代茶饮[2]。

3. 小儿消化不良：芽30g，加鸡内金30g，炒后共研细末，1岁左右儿童，1次服2～3g，每日3次，年龄大者可酌增[3]。

4. 小儿乳积不化或吐乳：芽（微炒）适量，水煎服[3]。

5. 肝炎引起的胸闷、食欲不振：芽30g，加茵陈30g、橘皮15g，水煎服[3]。

6. 回乳：芽125g，水煎服，每日2次，或生、炒各60g，水煎服，连服3日，或芽（炒）125g，煎浓汁1碗，每日分3次服完，注意用量过小或萌芽过短（大麦发芽视芽长相当于干麦粒2倍以上，芽苞由白转绿时为宜）时，均会影响效果，未发芽的大麦，不仅不能回乳，反而会增加乳液的分泌[3]；芽60g，加焦六曲，水煎服（《浙江药用植物志》）。

7. 妇女产后大小便不通：芽（微炒）50g，研末过筛，1次10g，开水送服[4]。

8. 水肿：芽60g，加赤小豆30g，煮粥食，每日2次[4]。

9. 小儿疳积、慢性肠胃病：芽（炒），加苍术等份，研细末，1次3～10g，每日2次，用白糖开水调服[4]。

10. 乳痛：芽10g，加山慈姑3g，共研细末，用浓茶水调敷患处[4]。

11. 食欲不振：芽30g，加陈皮15g，水煎服（《浙江药用植物志》）。

【附注】大麦始载于《名医别录》，列入中品，但历代本草对大麦、青稞、小麦常相混杂，清代《植物名实图考》中图文较清楚："大麦北地为粥极滑，初熟时用碾半破，和糖食之，曰碾粘子；为面，为饧，为酢，为酒，用之广。大、小麦用殊而苗相类，大麦叶肥，小麦叶瘦；大麦芒上束，小麦芒旁散。"其描述及所附之图即为本种。

药材麦芽妇女哺乳期禁服，孕妇、无积滞者慎服。

大麦苗、大麦秸（茎秆）民间也作药用。

【化学参考文献】

[1] 凌俊红，王金辉，王楠，等. 大麦芽的化学成分[J]. 沈阳药科大学学报，2005，22（4）：267-270.

[2] Verardo V，Bonoli M，Marconi E，et al. Determination of free flavan-3-ol content in barley（*Hordeum vulgare* L.）air-classified flours：comparative study of HPLC-DAD/MS and spectrophotometric determinations[J]. J Agric Food Chem，2008，56（16）：6944-6948.

[3] Norbaek R，Brandt K，Kondo T. Identification of flavone C-glycosides including a new flavonoid chromophore from barley leaves（*Hordeum vulgare* L.）by improved NMR techniques[J]. J Agric Food Chem，2000，48（5）：1703-1707.

[4] Erb N，Zinsmeister H D，Lehmann G，et al. A new cyanogenic glycoside from *Hordeum vulgare*[J]. Phytochemistry，1979，18（9）：1515-1517.

[5] Bonoli M，Verardo V，Marconi E，et al. Antioxidant phenols in barley（*Hordeum vulgare* L.）flour：comparative spectrophotometric study among extraction methods of free and bound phenolic compounds[J]. J Agric Food Chem，2004，52（16）：5195-5200.

[6] Falk J，Krahnstoever A，Kooij T A W，et al. Tocopherol and tocotrienol accumulation during development of caryopses from barley（*Hordeum vulgare* L.）[J]. Phytochemistry，2004，65（22）：2977-2985.

[7] 郭润竹，王雄，马莉，等 . 大麦芽碱对高催乳素血症大鼠泌乳素分泌的抑制作用 [J] . 中成药，2018，40（11）：32-35.

【药理参考文献】

[1] Kanauchi O，Serizawa I，Araki Y，et al. Germinated barley foodstuff，a prebiotic product，ameliorates inflammation of colitis through modulation of the enteric environment [J] . Journal of Gastroenterology，2003，38（2）：134-141.
[2] 郭润竹，王雄，马莉，等 . 大麦芽碱对高催乳素血症大鼠泌乳素分泌的抑制作用 [J] . 中成药，2018，40（11）：32-35.
[3] 王莉，王艳明，陈永刚，等 . 麦芽有效部位对高泌乳素血症模型大鼠激素水平及脑垂体 PRL mRNA 表达的影响 [J] . 中国医院药学杂志，2019，39（10）：42-46.
[4] 周威，张恩景，高铁祥 . 大麦芽提取物治疗实验性高泌乳素血症的研究 [J] . 湖北中医杂志，2008，30（10）：10-11.
[5] 金铉煜，张道旭 . 麦绿素对大鼠的降血脂作用实验研究 [J] . 中国食品卫生杂志，2006，18（3）：244-245.
[6] 夏向东，吕飞杰，台建祥 . 大麦中的生理活性成分及其生理功能 [J] . 中国食品学报，2002，（3）：66-71.

【临床参考文献】

[1] 陈清波，黄桂英 . 大麦根为主治高脂血症疗效观察 [J] . 基层中药杂志，2002，16（2）：62-63.
[2] 郑月辉，隋小静 . 大麦梗代茶饮治愈血尿 1 例 [J] . 中国民间疗法，2001，9（7）：62.
[3] 孙书静 . 健身祛病的大麦 [J] . 山东食品科技，2004，（11）：19.
[4] 兰福森，兰玺彬 . 民间中医大麦治病验方选 [J] . 农村百事通，2009，（17）：84.

8. 小麦属 *Triticum* Linn.

一年生或越年生草本。穗状花序直立，顶生；小穗发育或退化；小穗通常单生于穗轴各节，无柄，含 3 ～ 9 朵小花，上部的花常不发育；颖革质或草质，卵形至长圆形或披针形，具 3 ～ 7 脉，多少具膜质边缘，背部有 1 ～ 2 条脊，或只有 1 条脊且其下部渐变平坦，先端具 1 ～ 2 枚锐齿，或其 1 钝圆至两齿均变为钝圆，亦有延伸呈芒状者；外稃背部扁圆或多少具脊，顶端有 2 裂齿或无裂齿，具芒或无芒，无基盘；内稃边缘内折。颖果卵圆形或长圆形，顶端具毛，腹面具纵沟，成熟后与内外稃分离。

20 余种，为重要粮食作物，世界广泛栽培。中国常见 4 种 4 变种，南北均有栽培，法定药用植物 1 种。华东地区法定药用植物 1 种。

1057. 小麦（图 1057）• *Triticum aestivum* Linn.（*Triticum sativum* Lam.）

【别名】普通小麦。

【形态】越年生草本，高 60 ～ 100cm。秆直立，丛生，具 5 ～ 7 节。叶片长披针形，宽 1 ～ 2cm；叶鞘松弛抱茎，下部者长于上部者，短于节间；叶舌膜质，长约 1mm。穗状花序直立，长 5 ～ 10cm（芒除外），宽 1 ～ 1.5cm；穗轴节间长 2 ～ 4mm；小穗长 10 ～ 15mm，含小花 3 ～ 9 朵，上部小花常不发育；颖卵圆形，长 6 ～ 8mm，背部主脉具锐利的脊，顶端延伸为长约 1mm 的齿，侧脉的背脊及顶齿均不明显；外稃长圆状披针形，长 8 ～ 10mm，顶端具芒或无芒，内稃与外稃几等长。颖果长约 6mm。

【生境与分布】华东各省均有栽培。我国各地普遍栽培。

【药名与部位】浮小麦，瘪瘦的果实。淮小麦（小麦），颖果或种子。麦芽（小麦芽），成熟果实经发芽而得。麦麸，种皮。

【采集加工】浮小麦：春、夏二季果实成熟时采收，簸取质地轻浮瘪瘦的麦粒，除去杂质，干燥。淮小麦：春、夏二季果实成熟时采收，除去杂质，干燥。麦芽：将小麦用水浸泡后，保持适宜温、湿度，待幼芽长至约 5mm 时，干燥。麦麸：小麦经粉碎，过筛，筛去面粉后得到的种皮。

【药材性状】浮小麦：呈长圆形，长 4 ～ 6mm，直径 1.5 ～ 2.5mm。表面黄棕色或灰黄色，略皱缩。顶端具黄白色短柔毛，背面近基部处有椭圆形略下凹的胚，腹面具一深纵沟。体轻，断面白色，有空隙。

图 1057 小麦 摄影 李华东

气微，味淡。

淮小麦：呈椭圆形，长约 7mm，直径约 3mm。表面黄棕色或灰白色，饱满。顶端具黄白色短柔毛，背面近基部处有椭圆形略下凹的胚，腹面具一深纵沟。质硬，断面白色，富粉性。气微，味淡、微甘。

麦芽：呈长椭圆形，长 5 ～ 7mm，直径约 3mm。表面淡黄棕色，全体较皱缩，腹面中央有一条纵沟，顶端具黄白色柔毛；基部有一胚芽及数条须根，胚芽呈长披针形，长约 0.5cm，须根纤细而弯曲。质硬，断面白色，粉性。气香，味微甘。

麦麸：为不规则薄片或细粉。外表面浅棕黄色，平滑，稍有光泽。内表面白色或黄白色，粗糙，粉性。质柔韧，气微香，味淡。

【药材炮制】浮小麦：除去杂质，筛去灰屑。

淮小麦：除去杂质，洗净，干燥。

麦芽：除去杂质。炒麦芽：取麦芽饮片，炒至表面棕黄色，微具焦斑时，取出，摊凉。筛去灰屑。焦麦芽：取麦芽饮片，炒至有爆裂声、香气逸出、表面焦褐色时，取出，摊凉。筛去灰屑。

麦麸：除去杂质。

【化学成分】种子含黄酮类：夏佛塔雪轮苷（schaftoside）、异夏佛塔雪轮苷（isoschaftoside）、新西兰牡荆苷-1（vicenin-1）和芥子酰基-β-D-半乳糖基-6-C-阿拉伯糖基芹菜素（sinapoyl-β-D-galactosyl-6-C-arabinosylapigenin）[1]；生物碱类：（2*R*）-2-β-D-吡喃葡萄糖氧基-4, 7-二甲氧基-2H-1, 4-苯并噁嗪-3（4H）-酮[（2*R*）-2-β-D-glucopyranosyloxy-4, 7-dimethoxy-2H-1, 4-benzoxazin-3（4H）-one][2]；核苷类：腺嘌呤（adenine）、尿嘧啶（uracil）和鸟嘌呤（guanine）[3]；内酯类：二氢猕猴桃内酯（dihydroactinidiolide）和四氢猕猴桃内酯（tetrahydroactinidiolide）[4]；酚类：4-乙烯基苯酚（4-vinylphenol）和2-甲氧基-4-乙烯基苯酚（2-methoxy-4-vinylphenol）[4]；芳香醇类：2-苯基乙醇（2-phenylethyl alcohol）[4]。

叶含黄酮类：小麦黄素（tricin）、大麦黄素（lutonarin）、异荭草素（isoorientin）、光牡荆素-1-C-葡萄糖苷（lucenin-1-C-glucoside）、光牡荆素-3-C-葡萄糖苷（lucenin-3-C-glucoside）、新西兰牡荆苷（vicenin）、异荭草素-7-芸香糖苷（isoorientin-7-rutinoside）和当药素-4′-*O*-葡萄糖苷（isoswertisin-4′-*O*-glucoside）[5]。

地上部分含生物碱类：苯并噁嗪-2（3H）-酮[benzoxazolin-2（3H）-one]、2-羟基-7-甲氧基-1, 4-苯并噁嗪-3-酮（2-hydroxy-7-methoxy-1, 4-benzoxazin-3-one）、6-甲氧基苯并噁嗪-2-酮（6-methoxy-benzoxazolin-2-one）、2, 4-二羟基-7-甲氧基-2H-1, 4-苯并噁嗪-3（4H）-酮[2, 4-dihydroxy-7-methoxy-2H-1, 4-benzoxazin-3（4H）-one]和2-羟基-7-甲氧基-（2H）-1, 4-苯并噁嗪-3（4H）-酮[2-hydroxy-7-methoxy-（2H）-1, 4-benzoxazin-3（4H）-one][6]；单萜类：顺式茉莉酮（*cis*-jasmone）[7]；醛和醇类：壬醛（nonanal）和乙醇（alcohol）[7]。

根含烯醛类：4-癸基-（*E*）-戊二烯醛[4-decyl-（*E*）-pentadienal]和（2*E*, 4*Z*）-十五碳二烯醛[（2*E*, 4*Z*）-pentadecadienal][8]；烯炔类：十三-1, 11-二烯-3, 5, 7, 9-四炔（trideca-1, 11-dien-3, 5, 7, 9-tetrayne）、十三-1-烯-3, 5, 7, 9, 11-五炔（tridec-1-en-3, 5, 7, 9, 11-pentayne）和十四烷-2, 12-二烯-4, 6, 8, 10-四炔（tetradeca-2, 12-dien-4, 6, 8, 10-tetrayne）[9]。

【药理作用】1. 抗氧化　从种皮醇提取的多糖成分对羟自由基（·OH）和小鼠肝脏自发脂质过氧化具有较好的抑制作用，其半数抑制浓度（IC_{50}）分别为1.42mg/ml、0.21mg/ml[1]；从种皮中分离到的水溶性和不水溶性膳食纤维对羟自由基的清除率分别为80.2%和58.3%，提示水溶性成分的抗氧化作用更明显[2]；从种皮中提取的阿魏酰低聚糖对Fe^{2+}具有一定的螯合作用，对过氧化氢（H_2O_2）的清除作用略低于同浓度的维生素C（VC），而对羟自由基的清除作用却高于同浓度的甘露醇，对1，1-二苯基-2-三硝基苯肼（DPPH）自由基的清除作用与2，6-二叔丁基-4-甲基苯酚（BHT）有相同的作用趋势，清除作用略低于同浓度的2，6-二叔丁基-4-甲基苯酚，对过氧化氢诱导小鼠红细胞溶血具有明显的抑制作用[3]；从种皮提取的麦麸多肽对超氧阴离子自由基（O_2^-·）和羟自由基的清除率分别为53.16%和62.39%，并具有明显抑制氧化溶血现象和羟自由基诱导线粒体肿胀的作用，提示其种皮提取物具有较强的抗氧化作用[4]；从种皮提取的麦麸多肽可降低D-半乳糖亚急性衰老小鼠血清和肝脏中的丙二醛（MDA）含量，显著提高超氧化物歧化酶（SOD）和谷胱甘肽过氧化物酶（GSH-Px）含量，并可增加小鼠体重、提高脾脏和胸腺指数[5]；从颖果提取的水不溶性膳食纤维在胃液pH条件下对一氧化氮（NO）具有明显的清除作用，最大清除速率为10.52μmol/（g·h），最小清除浓度为0.68mol/L，最大清除量为35.65mol/g，且随着pH升高清除作用急剧下降，其中金属离子钙（Ca^{2+}）、铁（Fe^{2+}）、锌（Zn^{2+}）对其清除一氧化氮有促进作用，同时能阻止pH升高后一氧化氮的再释放[6]。2. 清除金属离子　从颖果提取的水不溶性膳食纤维对钙（Ca^{2+}）、铁（Fe^{2+}）、锌（Zn^{2+}）、镁（Mg^{2+}）和铜（Cu^{2+}）等金属离子都具有较强的吸附作用，在中性pH条件下比酸性pH条件下作用更强[7]。3. 降血糖　种皮酶解产物可明显降低糖尿病模型大鼠的血糖（$P < 0.01$），血清、肝脏和睾丸的总抗氧化力（T-AOC）的作用增强，谷胱甘肽过氧化物酶和超氧化物歧化酶含量提高，黄嘌呤氧化酶（XOD）和丙二醛含量显著降低（$P < 0.05$）[8]。4. 免疫调节　从种皮提取的多糖能显著促进RAW264.7细胞分泌一氧化氮因子并能促进细胞一氧化氮合成酶（NOS）和

环氧合酶-2（COX-2）蛋白的表达，并能增强环磷酰胺所致免疫低下小鼠的胸腺和脾脏指数，上调细胞因子的分泌水平[9]。5. 抗菌 从种皮醇提取的多糖在浓度为40～60mg/ml时，对地衣芽孢杆菌、大肠杆菌、金黄色葡萄球菌及沙门氏菌等常见致病菌的生长有较好的抑制作用，对地衣芽孢杆菌的最低抑菌浓度为8.0mg/ml，对大肠杆菌为10.0mg/ml，对金黄色葡萄球菌和沙门氏菌均为6.0mg/ml[10]。

【性味与归经】浮小麦：甘、咸，凉。归心经。淮小麦：甘、平。麦芽：甘，平。归脾、胃经。麦麸：甘，凉。归大肠经。

【功能与主治】浮小麦：止汗，退虚热。用于骨蒸劳热，自汗，盗汗。淮小麦：养心安神，止汗。用于神志不宁，失眠心悸，自汗，盗汗。麦芽：行气消食，健脾开胃，退乳消胀。麦麸：润肺生津，滋阴养血，益气和血，补髓强心，清肺热，济肾燥，除烦止渴，敛汗排毒，用于虚汗，盗汗，糖尿病，热疮，风湿痹痛，脚气。用于虚劳咳嗽，痰中带血，虚热口渴。

【用法与用量】浮小麦：10～30g。淮小麦：9～15g。麦芽：9～15g；回乳炒用60g。麦麸：煎服10～30g；外用适量。

【药用标准】浮小麦：药典1963、部标中药材1992、浙江炮规2015、贵州药材2003、江苏药材1989、河南药材1991、山西药材1987、四川药材1987、湖南药材1993、新疆药品1980二册、内蒙古药材1988、香港药材五册和台湾2013；淮小麦：浙江炮规2015、上海药材1994、湖南药材2009和广东药材2011；麦芽：湖南药材2009和贵州药材2003；麦麸：山东药材2012和福建药材2006。

【临床参考】1. 急性乳腺炎：果实300g，研粉，加酵母1g、水100g，制成厚2～3cm的饼，敷患处，用保鲜膜保护、纱布固定，每2h翻转1次，6～8h后小麦粉酵母饼发酵、出现蓬松网眼状时，应更新替换[1]。

2. 更年期综合征：干瘪果实60g，加生地、炙甘草各15g，大枣30g，百合20g，丹参、牡丹皮各12g，郁金10g，西洋参（另炖）10g，水煎，连煎2次，所得药液与西洋参液混合，分2次温服，每日1剂，连服7日[2]。

3. 体虚多汗：干瘪果实30g，水煎服；或加糯稻根、黄芪各15g，水煎服。

4. 痈疽、疖疔：果实1000g，加水1500ml，浸泡3天，捣烂，滤取沉淀物，晒干，文火炒至焦黄，研成细粉备用，用时加醋适量，调敷患处，如痈肿已破，涂药时中央留1小孔排脓。（3方、4方引自《浙江药用植物志》）

【附注】小麦入药始见于《金匮要略》所载"甘麦大枣汤。"《名医别录》将小麦列为中品。《本草图经》云："大小麦，秋种冬长，春秀夏实，具四时中和之气，故为五谷之贵，地暖处也可春种，立夏便收。"《本草别说》云："小麦，即今人所磨为面，日常食者。八九月种，夏至前熟。一种春种，作面不及经年者良。"《本草纲目》曰："北人种麦漫撒，南人种麦撮撒。北麦皮薄面多，南麦反此。"所述即本种。

【化学参考文献】

[1] Wagner H，Obermeier G，Chari V M，et al. Structure of flavone-C-glycosides. Part 19. flavonoid-C-glycosides from *Triticum aestivum* L.［J］. J Nat Prod，1980，43（5）：583-587.

[2] Kluge M，Grambow H J，Sicker D.（2*R*）-2-β-D-Glucopyranosyloxy-4，7-dimethoxy-2H，1，4-benzoxazin-3（4H）-one from *Triticum aestivum*［J］. Phytochemistry，1997，44（4）：639-641.

[3] Grzelczak Z，Buchowicz J. Purine and pyrimidine bases and nucleosides of germinating *Triticum aestivum* seeds［J］. Phytochemistry，1975，14（2）：329-331.

[4] Kato T，Saito N，Kashimura K，et al. Germination and growth inhibitors from wheat（*Triticum aestivum* L.）Husks［J］. J Agric Food Chem，2002，50（22）：6307-6312.

[5] Julian E A，Johnson G，Johnson D K，et al. Glycoflavonoid pigments of wheat，*Triticum aestivum* leaves［J］. Phytochemistry，1971，10（12）：3185-3193.

[6] Moraes M C B，Birkett M A，Gordon-Weeks R，et al. *cis*-Jasmone induces accumulation of defense compounds in wheat，*Triticum aestivum*［J］. Phytochemistry，2007，69（1）：9-17.

[7] Hamilton-Kemp T R，Andersen R A. Volatile compounds from *Triticum aestivum*［J］. Phytochemistry，1984，23（5）：

1176-1177.
[8] Spendley P J, Bird P M, Ride J P, et al. Two novel antifungal alka-2, 4-dienals from *Triticum aestivum* [J]. Phytochemistry, 1982, 21 (9): 2403-2404.
[9] Schulte K E, Reisch J, Rheinbay J. Polyacetylene compounds in winter wheat, *Triticum aestivum* [J]. Phytochemistry, 1965, 4 (3): 481-485.

【药理参考文献】

[1] 王忠合, 钟丽娴. 麦麸活性多糖的提取、组成及其抗氧化性研究 [J]. 食品工业科技, 2009, 30 (7): 115-119.
[2] 欧仕益, 高孔荣, 黄惠华. 麦麸膳食纤维抗氧化和 • OH 自由基清除活性的研究 [J]. 食品工业科技, 1997, (5): 44-45.
[3] 齐希光, 张晖, 王立, 等. 麦麸阿魏酰低聚糖抗氧化性的研究 [J]. 食品工业科技, 2011, 32 (8): 65-67, 70.
[4] 曹向宇, 刘剑利, 侯萧, 等. 麦麸多肽的分离纯化及体外抗氧化功能研究 [J]. 食品科学, 2009, 30 (5): 253-255.
[5] 曹向宇, 刘剑利, 芦秀丽, 等. 麦麸多肽对小鼠抗氧化损伤作用 [J]. 中国公共卫生, 2010, 26 (8): 1050-1051.
[6] 欧仕益, 高孔荣, 黄惠华. 麦麸水不溶性膳食纤维对 NO_2 清除作用的研究 [J]. 食品科学, 1997, 18 (3): 6-9.
[7] 欧仕益, 高孔荣. 麦麸膳食纤维清除重金属离子的研究 [J]. 食品科学, 1998, 19 (5): 7-10.
[8] 焦霞. 麦麸酶解产物对糖尿病大鼠氧化应激损伤的保护作用 [D]. 广州: 暨南大学硕士学位论文, 2006.
[9] 朱翠玲. 小麦麸皮多糖对巨噬细胞免疫调节作用的研究 [D]. 扬州: 扬州大学硕士学位论文, 2017.
[10] 王吉中, 冯昕, 冯永强, 等. 麦麸多糖提取工艺及其抑菌活性的研究 [J]. 食品工业, 2011, (11): 1-4.

【临床参考文献】

[1] 冯英, 薛娟, 管丽萍. 发酵小麦粉治疗急性乳腺炎的疗效观察 [J]. 世界最新医学信息文摘, 2017, 17 (55): 57.
[2] 廖丽媛. 甘麦大枣汤应用举案 [N]. 中国中医药报, 2018-01-08 (005).

9. 淡竹叶属 *Lophatherum* Brongn.

多年生草本。具短缩的木质根茎，须根稀疏，其中部及下部可膨大呈纺锤形。秆丛生。叶片平展，披针形，脉纤细而具小横脉。圆锥花序顶生，开展；小穗披针形，稍呈圆柱状，具极短的柄或近于无柄，含数小花，第 1 花为两性，其余为中性；小穗脱节于颖片之下，小穗轴在第 1 花之后延长，但不折断；颖不等长，均短于第 1 花，具 5 ～ 7 脉，顶端钝，背部圆形；第 1 花外稃具 5 ～ 7 脉，顶端钝或具短芒尖；内稃略短于外稃，狭窄，脊的上部具窄翼，其余小花的外稃相互包卷呈球状，顶端具短芒，芒上密生微小倒刺，内稃微小或缺，雄蕊 2 枚。颖果与内外稃分离。

约 2 种，产于亚洲东部和东南部。中国 2 种，产于南部各地，法定药用植物 1 种。华东地区法定药用植物 1 种。

1058. 淡竹叶（图 1058）• *Lophatherum gracile* Brongn.（*Lophatherum elatum* Zoll. et Moritzi）

【别名】长竹叶、野竹梢子（江苏苏州），竹叶麦冬（江西大余）。

【形态】多年丛生草本，具木质缩短的根茎。须根中部可膨大为纺锤形。叶片披针形，长 5 ～ 22cm，宽 2 ～ 4cm，顶端渐尖或急尖，基部收窄呈短柄状，具明显小横脉，无毛，有时两面均具柔毛或小刺状疣毛；叶鞘无毛或一边有纤毛；叶舌短小，质硬，长 0.5 ～ 1mm。圆锥花序长 10 ～ 40cm，分枝斜升或开展，长 5 ～ 15cm；小穗在花序分枝上排列疏散，具极短的柄；颖片顶端钝，通常具 5 脉，边缘较傅，外颖长 3 ～ 4.5mm，内颖长约 5mm；第一花外稃长 6 ～ 7mm，宽约 3mm，顶端具短尖头；内稃较短，其后有长约 3mm 的小穗轴；不育外稃互相密集包卷，顶端具长约 2mm 的短芒，芒上密生微小倒刺。花果期 6 ～ 10 月。

【生境与分布】生于林下或荫蔽处。分布于江苏、安徽、浙江、江西、福建，另华中、华南、西南各省和台湾也有分布；印度、斯里兰卡、缅甸、马来西亚、印度尼西亚、日本也有分布。

图 1058　淡竹叶　　摄影　赵维良等

【药名与部位】淡竹叶，茎叶或地上部分。

【采集加工】夏季未抽花穗前采割，干燥。

【药材性状】长 25 ～ 75cm。茎呈圆柱形，有节，表面淡黄绿色，断面中空。叶鞘开裂。叶片披针形，有的皱缩卷曲，长 5 ～ 20cm，宽 1.5 ～ 3.5cm；表面浅绿色或黄绿色。叶脉平行，具横行小脉，形成长方形的网格状，下表面尤为明显。体轻，质柔韧。气微，味淡。

【质量要求】色绿，叶长不抽茎，无杂草和根。

【药材炮制】除去杂质及叶基以下 3cm 的老茎，切段，筛去灰屑。

【化学成分】根茎含三萜类：芦竹素（arundoin）和白茅素（cylindrin）[1]。

叶含黄酮类：3′- 甲氧基木犀草素 -6-C-β-D- 半乳糖醛酸 -（1 → 2）-α-L- 阿拉伯糖苷［3′-methoxyluteolin-6-C-β-D-galactopyranosiduronic acid-（1 → 2）-α-L-arabinopyranoside］[2]。

全草含三萜类：蒲公英赛醇（taraxerol）、白茅素（cylindrin）、芦竹素（arundoin）和无羁萜（friedelin）[1]；黄酮类：荭草素（orientin）、异荭草素（isoorientin）、牡荆素（vitexin）、异牡荆素（isovitexin）[3]，小麦黄素（tricin）和小麦黄素 -7-*O*-β-D- 葡萄糖苷（tricin-7-*O*-β-D-glucoside）[4]；酚酸类：3, 5- 二甲氧基 -4- 羟基苯甲醛（3, 5-dimethoxy-4-hydroxybenzaldehyde）、反式 - 对羟基桂皮酸（*trans-p*-hydroxycinnamic acid）[4] 和香草酸（vanillic acid）[5]；核苷类：胸腺嘧啶（thymine）和腺嘌呤（adenine）[5]。

【药理作用】1. 抗菌　茎叶的乙醇提取物对金黄色葡萄球菌、溶血性链球菌、绿脓杆菌和大肠杆菌的生长均具有较好的抑制作用，抑菌 pH 范围为 4 ～ 9，具有良好的防腐保鲜作用[1]；从叶提取分离的黄酮苷成分荭草苷（orientin）、异荭草苷（isoorientin）、牡荆素（vitexin）和异牡荆素（isovitexin）的水溶液对供试菌种的生长都有不同程度的抑制作用，对金黄色葡萄球菌、大肠杆菌的生长具有较强的抑制作用，且随浓度的增加而抑菌效果增强，其中牡荆苷对金黄色葡萄球菌的抑制作用最强，牡荆苷、异荭草苷对黄曲霉的抑制作用次之[2]。2. 抗氧化　从茎叶用水提取的多糖添加到 Tris-Fe^{2+}- 邻二氮菲 -H_2O_2 体系中，37℃水浴中反应 1h，在体外具有直接清除自由基的作用，其作用随多糖浓度的升高而清除率增强[3]；从茎叶用 70% 乙醇提取的黄酮类化合物可清除羟自由基（·OH）和超氧阴离子自由基（O_2^-·），且清除作用随浓度增高而增大[4]。3. 护肝　从叶提取的总黄酮可明显降低小鼠血浆中谷丙转氨酶（ALT）、肝组织的丙二醛（MDA）和一氧化氮（NO）含量，显著提高血浆和肝组织的抗氧化作用指数，具有较好的保护肝脏的作用[5]。4. 收缩血管　从叶提取的黄酮可浓度依赖性地收缩正常小鼠的腹主动脉，其半数有效浓度（EC_{50}）为（0.305±0.021）mg/ml，但其收缩血管作用的强度与麻黄碱比较无显著性差异，提示黄酮成分能明显收缩腹主动脉，其机制可能与激动 α 受体有关[6]。5. 护心肌　从茎叶提取的总黄酮在 50mg/kg、100mg/kg 剂量下可抑制大鼠心肌中乳酸脱氢酶（LDH）及肌酸激酶（CK）的漏出，降低血清和心肌组织中乳酸脱氢酶与肌酸激酶及丙二醛（MDA）含量，提高超氧化物歧化酶（SOD）、谷胱甘肽过氧化物酶（GSH-Px）和一氧化氮（NO）含量，且在 100mg/kg 剂量下可抑制核转录因子（NF-κB）和肿瘤坏死因子（TNF-α）蛋白的表达，下调胱天蛋白酶 -3（Caspase-3）的表达，提示其总黄酮成分对心肌缺血再灌注损伤有一定的保护作用[7, 8]。6. 降血脂　从叶提取的 30% 醇浸膏可显著降低高脂血症大鼠的血清总胆固醇（TC）[9]；叶提取物能明显降低高脂血症大鼠血清总胆固醇和甘油三酯（TG）的含量，具有较好的降血脂作用[10]。

【性味与归经】甘、淡，寒。归心、胃、小肠经。

【功能与主治】清热除烦，利尿。用于热病烦渴，小便赤涩淋痛，口舌生疮。

【用法与用量】6 ～ 9g。

【药用标准】药典 1963—2015、浙江炮规 2015、新疆药品 1980 二册、香港药材五册和台湾 2013。

【临床参考】1. 小便短赤：茎叶适量，泡水代茶饮[1]。

2. 口疮性口炎：茎叶 10g，加黄连 1.5g、木通 3g、生甘草 6g，鲜石斛、当归、沙参、生地、牡丹皮各 10g，继发感染者，加黄芩；胸闷、心烦者，加香附；舌苔腻者，去生地。水煎，分 2 次服，每日 1 剂，5 ～ 10 日为 1 疗程，忌食烟酒辛辣[2]。

3. 热病烦渴、口舌生疮：地上部分 15g，加白茅根、金银花各 15g，水煎服。

4. 尿路感染：地上部分 15g，加海金沙全草、凤尾草各 30g，水煎服。（3 方、4 方引自《浙江药用植物志》）

5. 口腔炎、牙周炎、扁桃体炎：地上部分 30 ～ 60g，加犁头草、夏枯草各 15g，薄荷 9g，水煎服。（《浙江民间常用中草药手册》）

6. 血淋涩痛：地上部分 30g，加生地 15g、生藕节 30g，水煎服，每日 2 次。（《泉州本草》）

【附注】淡竹叶始载于《滇南本草》。《本草纲目》云："处处原野有之，春生苗，高数寸，细茎绿叶，俨如竹米落地所生细竹之茎叶。其根一窠数十须，须上结子，与麦门冬一样，但坚硬尔。随时采之。八、九月抽茎，结小长穗。俚人采其根苗，捣汁和米作酒曲，甚芳烈。"以上所述及《植物名实图考》所载淡竹叶图均与本种一致。

药材淡竹叶凡无实火、湿热者慎服，体虚有寒者禁服；孕妇慎服。

本种的块根（淡竹叶根或碎骨子）民间也作药用。

【化学参考文献】

[1] Ohmoto T. Triterpenoids and the related compounds from Gramineous plants. VI [J]. Yakugaku Zasshi，1969，89（12）：1682-1687.
[2] 赵慧男，陈梅，范春林，等. 淡竹叶中一个新的黄酮碳苷 [J]. 中国中药杂志，2014，39（2）：247-249.
[3] 薛月芹，宋杰，叶素萍，等. 淡竹叶中黄酮苷的分离鉴定及其抑菌活性的研究 [J]. 华西药学杂志，2009，24（3）：218-220.
[4] 陈泉，吴立军，王军，等. 中药淡竹叶的化学成分研究 [J]. 沈阳药科大学学报，2002，19（1）：23-24，30.
[5] 陈泉，吴立军，阮丽军，等. 中药淡竹叶的化学成分研究（Ⅱ）[J]. 沈阳药科大学学报，2002，19（4）：257-259.

【药理参考文献】

[1] 刘晓蓉. 淡竹叶提取物抑菌防腐作用的研究 [J]. 广东轻工职业技术学院学报，2008，7（2）：24-27.
[2] 薛月芹，宋杰，叶素萍，等. 淡竹叶中黄酮苷的分离鉴定及其抑菌活性的研究 [J]. 华西药学杂志，2009，24（3）：218-220.
[3] 李志洲. 淡竹叶多糖的提取及体外抗氧化性研究 [J]. 中成药，2008，30（3）：434-437.
[4] 李志洲. 淡竹叶总黄酮最佳萃取工艺及其抗氧化性的研究 [J]. 食品研究与开发，2008，29（11）：42-45.
[5] 林冠宇，姚楠，何蓉蓉，等. 淡竹叶总黄酮对拘束负荷所致小鼠肝损伤的保护作用 [J]. 中国实验方剂学杂志，2010，16（7）：184-186.
[6] 孙涛，刘静，曹永孝. 淡竹叶黄酮收缩血管的作用 [J]. 中药药理与临床，2010，26（5）：59-61.
[7] 邵莹，吴启南，周婧. 淡竹叶黄酮对大鼠心肌缺血 / 再灌注损伤的保护作用 [J]. 中国药理学通报，2013，29（2）：241-247.
[8] 汪新亮. 淡竹叶黄酮对大鼠心肌缺血 - 再灌注损伤作用研究 [J]. 亚太传统医药，2015，11（6）：29-30.
[9] 付彦君，陈靖. 淡竹叶提取物对实验性高脂血症大鼠血脂的影响 [J]. 长春中医药大学学报，2013，29（6）：965-966.
[10] 陈泉. 淡竹叶的化学成分研究 [D]. 沈阳：沈阳药科大学硕士学位论文，2001.

【临床参考文献】

[1] 胡随瑜. 淡竹叶泡水可治小便短赤 [J]. 农村百事通，2017，（15）：54.
[2] 夏淑. 中药导赤散加味治疗 35 例口疮性口炎临床疗效观察 [J]. 南京医学院学报，1984，（2）：90.

10. 燕麦属 *Avena* Linn.

一年生草本。须根多而粗壮。秆直立或基部稍倾斜，光滑无毛。圆锥花序顶生，具有大而悬垂的小穗；小穗含小花 2 至数枚；小穗柄常弯曲；小穗轴节间被毛或光滑，脱节于颖片之上与各小花之间，稀在各小花之间不具关节，不易断落；颖片草质，具 7 ～ 11 脉，长于下部小花；外稃质地多坚硬，顶端软纸质，齿裂，裂片有时呈芒状，具 5 ～ 9 脉，常具芒，少数无芒，芒自稃体中部伸出，膝曲而具扭转的芒柱；雄蕊 3 枚；子房具毛。

约 25 种，分布于欧亚大陆的温寒地带。中国 7 种 2 变种，南北均产，法定药用植物 2 种。华东地区法定药用植物 1 种。

1059. 野燕麦（图 1059）• *Avena fatua* Linn.

【形态】一年生草本。须根较坚韧。秆直立，高 50 ～ 120cm，具 2 ～ 4 节，无毛。叶片扁平，长 10 ～ 30cm，宽 4 ～ 12mm，微粗糙或上面及边缘疏生柔毛；叶鞘松弛，光滑或基部者被微毛；叶舌膜质，长 1 ～ 5mm。圆锥花序开展，长 10 ～ 25cm，分枝具棱，粗糙；小穗长 18 ～ 25mm，含小花 2 ～ 3 朵，其柄弯曲下垂，顶端膨胀；小穗轴密生淡棕色或白色硬毛，其节脆硬易断落；颖片草质，几相等，通常具 9 脉；外稃质地坚硬，第 1 花外稃长 15 ～ 20mm，背面被淡棕色或白色硬毛，芒自稃体中部稍下处伸出，长 2 ～ 4cm，膝曲，芒柱扭转。颖果被淡棕色柔毛，长 6 ～ 8mm，腹面具纵沟。花果期 4 ～ 6 月。

【生境与分布】多生于荒野、田间或路边，分布于华东各地，另我国南北其他各地均有分布；欧洲、亚洲、非洲也有分布，北美洲有栽培。

【药名与部位】燕麦草，全草。

【采集加工】秋末采收，干燥。

【药材性状】茎秆长 60 ～ 120cm，数枝丛生。须根坚韧。叶互生，有松弛长鞘，叶舌透明膜质，长 1 ～ 5mm，叶片扁平，长 10 ～ 30cm，宽 4 ～ 12mm，微粗糙。圆锥花序，长 10 ～ 25cm，小穗长 18 ～ 25mm，有花 2 ～ 3 朵，小花梗细长下垂；颖草质，内外颖同形，近等长，具 7 ～ 11 脉；外稃质地坚硬，

图 1059 野燕麦　　摄影　张方钢等

第 1 外稃长 15 ～ 20mm，芒自外稃中部稍下处伸出，长 2 ～ 4cm，膝曲，芒柱棕色，扭转，内稃与外稃近似。气微，味微甘。

【药材炮制】除去杂质，切段。

【化学成分】种子含苯丙素类：对香豆酸（*p*-coumaric acid）和阿魏酸（ferulic acid）[1]；酚酸类：羟基苯甲酸（hydroxybenzoic acid）和香草酸（vanillic acid）[1]；多元羧酸类：杜鹃花酸（azelaic acid）、延胡索酸（fumaric acid）、琥珀酸（succinic acid）和苹果酸（malic acid）[1]。

地上部分含黄酮类：小麦黄素（tricin）、刺槐素（acacetin）和香叶木素（diosmetin）[2]；酚酸类：丁香酸（syringic acid）[2]；苯丙素类：紫丁香苷（syringoside）[2]。

【性味与归经】甘，温。

【功能与主治】补虚损。用于吐血，出虚汗及妇女崩漏。

【用法与用量】15 ～ 60g。

【药用标准】山东药材 2012。

【临床参考】1. 癃闭：果实 100g，水煎服，连服 3 剂[1]。

2. 盗汗：果实 15 ～ 30g，加红枣、黑豆各适量，水煎服。（《浙江药用植物志》）

【化学参考文献】

[1] Gallagher R S，Ananth R，Granger K，et al. Phenolic and short-chained aliphatic organic acid constituents of wild oat（*Avena*

fatua L.) seeds [J]. J Agric Food Chem，2010，58 (1)：218-225.
[2] Liu X G，Tian F，Tian Y T，et al. Isolation and identification of potential allelochemicals from aerial parts of *Avena fatua* L. and their allelopathic effect on wheat [J]. J Agric Food Chem，2016，64 (18)：3492-3500.

【临床参考文献】

[1] 何观涛. 野燕麦治癃闭 [J]. 浙江中医学院学报，1984，8 (1)：9.

11. 黍属 *Panicum* Linn.

一年生或多年生草本。圆锥花序顶生或有时腋生，分枝开展；小穗背腹压扁，含小花 2 朵；第 1 小花雄性或中性，第 2 小花两性；小穗轴脱节于颖之下或有时颖片缓慢脱落；颖片草质或纸质，不等长，第 1 颖通常较短且小，有的种基部包着小穗，第 2 颖等长或略短于小穗；第 1 花外稃与第 2 颖同形，内稃存在或退化；第 2 花外稃纸质或革质，边缘包着同质的内稃；鳞被 2 片，其肉质程度、折叠、脉数等因种而异；雄蕊 3 枚；花柱 2 枚，分离，柱头帚状。颖果包藏于稃体内，俗称"谷粒"。

约 500 种，分布于全球热带和亚热带地区，少数在温带。中国约 18 种，分布于大部分省区，以南方为盛，法定药用植物 1 种。华东地区法定药用植物 1 种。

1060. 稷（图 1060）• *Panicum miliaceum* Linn.

图 1060 稷 摄影 吴棣飞等

【别名】黍（山东、安徽），糜子（俗称）。

【形态】一年生草本。秆高 40 ～ 120cm，单生或少数丛生，有时有分枝，节密被髭毛，节下具疣毛。

叶片条形或条状披针形，长 10 ～ 35cm，宽 5 ～ 20mm，两面被疣长柔毛或无毛，顶端渐尖，基部近圆形，边缘常粗糙；叶鞘松弛，被疣毛；叶舌膜质，顶端具纤毛。圆锥花序开展或较紧密，长 10 ～ 30cm，分枝纤细，具棱，边缘具糙刺毛，上部密生小枝与小穗，下部裸露；小穗卵状椭圆形，长 4 ～ 5mm；颖片纸质，无毛，第 1 颖正三角形，长约为小穗的 1/2 ～ 2/3，常具 5 ～ 7 脉，第 2 颖约与小穗等长，常具 11 脉，脉的顶端汇合呈喙状；第 1 花外稃形似第 2 颖，具 11 ～ 13 脉，内稃膜质，透明，短小，先端微凹或深 2 裂；第 2 花外稃圆形或椭圆形，乳黄色。花果期 7 ～ 10 月。

【生境与分布】华东各地有栽培，我国其他各地山区也偶有栽培；亚洲、欧洲、美洲及非洲等温暖地区广泛种植。

【药名与部位】黍米，种子。

【采集加工】夏、秋二季种子成熟时采收，除去果皮，晒干。

【药材性状】呈类圆球形，直径约 2mm。黄白色；背面较平，种脐点状微凹；腹面圆凸，具较浅的腹沟，纵贯腹面的 1/3；残存的外果皮棕褐色，有光泽。质硬。气无，味甘，嚼之微黏。

【药材炮制】除去杂质。

【化学成分】种子含甾体类：胆甾醇（cholesterol）、菜油甾醇（campesterol）、异岩藻甾醇（isofucosterol）、豆甾醇（stigmasterol）和谷甾醇（sitosterol）[1]。

幼苗含生物碱类：大麦芽碱（hordenine）[2]。

【性味与归经】甘，平。

【功能与主治】益气补中。用于泻痢，烦渴，吐逆，咳嗽，胃痛，小儿鹅口疮，烫伤。

【用法与用量】煎服 15 ～ 30g；外用适量，研末调敷。

【药用标准】山西药材 1987。

【临床参考】1. 褥疮：果实适量，炒后研末备用，先用黄柏水煎液（黄柏 150g，加水 750ml 浸泡 30min，煎 30min）擦洗褥疮创面，再将药末敷于疮面，范围超出创面边缘 3 ～ 5cm，Ⅰ期褥疮每 12h 1 次，Ⅱ期以上褥疮每 6h 1 次，2 天后渗出减少、表皮干燥改为每 12h 1 次，同时，蝎子 3 只、红皮鸡蛋 3 个，水煮熟，每日食蛋 1 个，连服 3 日[1]。

2. 急性乳腺炎：果实 50g，用温开水冲服，每日 3 次，同时教产妇用四手指自上而下轻轻下滑，按摩乳房患处[2]。

【附注】《本草经集注》云："黍，荆、郢州及江北皆种之，其苗如芦而异于粟，粒也大。北人作黍饭、方药酿黍米酒，皆用秫黍也。"《本草纲目》云："黍乃稷之黏者。亦有赤、白、黄、黑数种，其苗色亦然……白者亚于糯，赤者最黏，可煎食，俱可作饧。"《植物名实图考》云："黍，别录中品，有丹黍、黑黍及白、黄数种，其穗长而疏……黍稷虽相类，然黍穗聚，而稷穗散，亦以此别。"即为本种及其栽培品。

【化学参考文献】

［1］Takatsuto S，Kawashima T，Tsunokawa E. Sterol compositions of the seeds of *Panicum miliaceum*［J］. J Jpn Oil Chem Soc，1998，47（6）：605-607.

［2］Demaree G E，Tyler V E. The accumulation of hordenine in the seedlings of *Panicum miliaceum*［J］. J Amer Pharm Assoc，1956，45（6）：421-423.

【临床参考文献】

［1］宣静梅，王桂梅 . 内外合治治疗褥疮 15 例［J］. 中国民间疗法，2005，13（5）：24.

［2］张茂兰 . 黍子治疗急性乳腺炎 38 例［J］. 中国民间疗法，1998，5（3）：56.

12. 狗尾草属 *Setaria* P. Beauv.

一年生或多年生草本。秆直立或基部膝曲。圆锥花序紧缩呈圆柱状，少数为疏散而开展至塔形；小穗含小花 1 或 2 朵，椭圆形或披针形，全部或部分小穗托以 1 至数枚由不育小枝而成的刚毛，小穗脱节于杯状的小穗柄之上或颖之上第 1 外稃之下；颖草质，第 1 颖卵形或宽卵形，具 3 ～ 5 脉或无脉，第 2 颖与第 1 花外稃等长或较第 1 外稃短，具 5 ～ 7 脉，第 1 小花雄性或中性，常具膜质内稃；第 2 小花两性、外稃软骨质，成熟时背部隆起、平滑或具点状横皱纹，包卷同质的内稃；雄蕊 3 枚，成熟时由谷粒顶端伸出；花柱 2 枚，基部联合或少数种类分离。颖果椭圆状球形或卵状球形，稍扁，种脐点状。

约 130 种，广布于全球热带和温带地区，多数产于非洲。中国 15 种，南北均有分布，法定药用植物 2 种。华东地区法定药用植物 2 种。

1061. 梁（图 1061）• *Setaria italica*（Linn.）P. Beauv.

图 1061　梁　　　　摄影　丁炳扬等

【别名】谷子，小米、谷子粟（浙江），梁谷子（安徽）。

【形态】一年生栽培作物。秆粗壮，直立，高达 1.5m。叶片条状披针形，上面粗糙，下面稍光滑；叶鞘松弛，无毛或具疣毛，边缘具纤毛；叶舌具 1 圈纤毛。圆锥花序呈圆柱状，通常下垂，基部多少有间断，长 10 ～ 40cm，宽 1 ～ 5cm，主轴密生柔毛，刚毛显著长于小穗，黄色、褐色或紫色；小穗椭圆形或近球形，长 2 ～ 3mm，黄色、橘红色或紫色；第 1 颖长为小穗的 1/3 ～ 1/2，具 3 脉，第 2 颖稍短于小穗或长为小穗的 3/4，先端钝，具 5 ～ 9 脉；第 1 花外稃与小穗等长，具 5 ～ 7 脉，内稃薄纸质，短小，第 2 花外稃等长于第 1 花外稃，卵圆形或圆球形，质坚硬，平滑或具细点状皱纹，成熟后，自第一花外稃部分脱落。花果期 6 ～ 10 月。

【生境与分布】华东各地有栽培，黄河中上游为主要栽培区，欧亚大陆温带和热带广为种植。

【药名与部位】谷芽（粟芽），经成熟果实发芽而得。秫米，种子或颖果。糠谷老，感染禾指梗霉而产生糠秕的病穗。

【采集加工】谷芽：将粟谷用水浸泡后，保持适宜的温、湿度，待须根长至约 6mm 时，晒干或低温干燥。秫米：秋末冬初成熟时采收，晒干，除去稃片及果皮。糠谷老：秋季采收，晒干。

【药材性状】谷芽：呈类圆球形，直径约 2mm，顶端钝圆，基部略尖。外壳为革质的稃片，淡黄色，具点状皱纹，下端有初生的细须根，长 3 ～ 6mm，剥去稃片，内含淡黄色或黄白色颖果（小米）1 粒。气微，味微甘。

秫米：呈类球形，直径约 1mm。表面淡黄白色，腹面有 1 条黄棕色的纵沟槽。质硬，断面白色，富粉性。气微，味微甘。

糠谷老：呈貂尾状。花颖发展成畸形叶状体，大多不实或间有少数子粒。用手搓时或散落棕色粉末和卵孢子。

【质量要求】秫米：粒壮满，无糠屑。

【药材炮制】谷芽：除去杂质。炒谷芽：取谷芽饮片，炒至深黄色，取出，摊凉。焦谷芽：取谷芽饮片，炒至焦褐色，取出，摊凉。

秫米：除去杂质，筛去灰屑。炒秫米：取秫米饮片，炒至表面黄色，微具焦斑时，取出，摊凉。

【化学成分】谷含甘油酯类：单亚麻酸甘油酯（monolinolenin）、二亚油酸甘油酯（dilinolein）、α, β-二半乳糖基 -α′- 亚麻酰甘油酯（α, β-digalactosyl-α′-linolenic-glyceride）[1]，甘油 -α, β- 二亚麻酸酯 -α′- 鼠李糖苷（glycerol-α, β-dilinolenate-α′-rhamno-rhamnoside）和 1- 单油酸甘油酯（1-monoolein）[2]。

叶含黄酮类：芹菜素 -7-（对 - 香豆酰基芸香糖苷）［apigenin-7-（*p*-coumarylrutinoside）］、木犀草素 -7- 芸香糖苷（luteolin-7-rutinoside）、金圣草素 -7- 葡萄糖苷（chrysoeriol-7-glucoside）、金圣草素 -7- 芸香糖苷（chrysoeriol-7-rutinoside）、小麦黄素 -7- 葡萄糖苷（tricin-7-glucoside）、小麦黄素 -7- 芸香糖苷（tricin-7-rutinoside）、牡荆素（vitexin）、牡荆素 -Z″-*O*- 木糖苷（vitexin-Z″-*O*-xyloside）、牡荆素 -2″-*O*- 葡萄糖苷（vitexin-2″-*O*-glucoside）、牡荆素 -X″-*O*（*E*）- 阿魏酰基 -2″-*O*- 木糖苷［vitexin-X″-*O*（*E*）-ferulyl-2″-*O*-xyloside］、牡荆素 -X″-*O*（*E*）- 芥子酰基 -Y-*O*- 木糖苷［vitexin-X″-*O*（*E*）-sinapyl-Y-*O*-xyloside］、牡荆素 -2″-*O*- 木糖苷多乙酰化物（vitexin-2″-*O*-xyloside polyacylated）、牡荆素 -X″-*O*（*E*）- 阿魏酰基 -2″-*O*- 葡萄糖苷［vitexin-X″-*O*（*E*）-ferulyl-2″-*O*-glucoside］、异荭草素（isoorientin）、荭草素（orientin）、荭草素 -2″-*O*- 木糖苷（orientin-2″-*O*-xyloside）、荭草素 -2″-*O*- 葡萄糖苷（orientin-2″-*O*-glucoside）、荭草素 -6″-*O*（*E*）- 阿魏酰基 -2″-*O*- 木糖苷［orientin-6″-*O*（*E*）-ferulyl-2″-*O*-xyloside］、荭草素 -X″-*O*（*E*）- 阿魏酰基 -2″-*O*- 葡萄糖苷［orientin-X″-*O*（*E*）-ferulyl-2″-*O*-glucoside］、金雀花素（scoparin）、金雀花素 -2″-*O*- 木糖苷（scoparin-2″-*O*-xyloside）、金雀花素 -2″-*O*- 葡萄糖苷（scoparin-2″-*O*-glucoside）[3] 和 8, 3′- 二甲氧基 -5, 4′- 二羟基黄酮 -7- 葡萄糖苷（8, 3′-dimethoxy-5, 4′-dihydroxyflavone-7-glucoside）[4]；香豆素类：4- 丙烯氧基香豆素（4-propenoxycoumarin）[5]，5, 8- 二甲氧基香豆素（5, 8-dimethoxycoumarin）和 6, 7- 二甲氧基香豆素（6, 7-dimethoxycoumarin）[6]。

【药理作用】抗氧化　种子的全粉以及富含麸皮的部分有较强的消除自由基作用[1]。

【性味与归经】谷芽：甘，温。归脾、胃经。秫米：甘，微寒。糠谷老：咸，微寒。

【功能与主治】谷芽：消食和中，健脾开胃。用于食积不消，腹胀口臭，脾胃虚弱，不饥食少。秫米：

健脾，消食，和胃安神。用于食积纳呆，夜寐不安。糠谷老：清湿热，利小便，止痢。用于尿道炎，痢疾，浮肿，小便不利。

【用法与用量】谷芽：9 ～ 15g。秫米：9 ～ 12g，入煎剂宜包煎。糠谷老：9 ～ 15g。

【药用标准】谷芽：药典 1963、药典 1985—2015 和新疆药品 1980 二册；秫米：浙江炮规 2015 和上海药材 1994；糠谷老：山东药材 2002。

【临床参考】胃不和所致失眠：颖果，加半夏各适量，水煎服。（《黄帝内经》半夏秫米汤）

【附注】以粟之名始载于《名医别录》，但分两种，大粒称粱，小粒为粟，历代本草均分两条。《本草纲目》云："古者以粟为黍、稷、粱、秫之总称，而今之粟，在古但呼为粱。后人乃专以粱之细者名粟……北人谓之小米也。"又云："粟，即粱也，自汉以后，始以穗大而毛长粒粗者为粱，穗小而毛短粒细者为粟。苗俱似茅。种类凡数十，有青赤黄白黑诸色，或因姓氏地名，或因形似时令，随义赋名。故早则有赶麦黄、百日粮之类，中则有八月黄、老军头之类，晚则有雁头青、寒露粟之类，今则通呼为粟，而粱之名反隐矣。"《植物名实图考》云："时珍谓穗大而毛长粒粗者为粱，穗小而毛短粒细者为粟，其说相符。然二者迥别，而种尤繁，今北地通呼谷子，亦有粘、不粘之分。"上述描述，当包含粱、粟及其栽培品。

【化学参考文献】

[1] 王海棠，时清亮，尹卫平 . 粟米脂质的分离与鉴定（Ⅰ）[J]. 中草药，2001，32（4）：5-7.

[2] 王海棠，时清亮，尹卫平 . 粟米脂质的分离与鉴定（Ⅱ）[J]. 中草药，2001，32（12）：8-10.

[3] Gluchoff-Fiasson K，Jay M，Viricel M R. Flavone O-and C-glycosides from *Setaria italica* [J]. Phytochemistry，1989，28（9）：2471-2475.

[4] Jain N，Ahmad M，Kamil M，et al. 8，3′-Dimethoxy-5，4′-dihydroxyflavone 7-glucoside from *Setaria italica* [J]. Phytochemistry，1991，30（4）：1345-1347.

[5] Jain N，Alam M S，Kamil M，et al. A coumarin from *Setaria italica* [J]. Phytochemistry，1991，30（11）：3826-3827.

[6] Yadava R，Jain N. Two new coumarins from *Setaria italica* leaves and study of their antimicrobial activity [J]. Asian J Chem，1995，7（4）：795-797.

【药理参考文献】

[1] Suma P F，Urooj A. Antioxidant activity of extracts from foxtail millet（*Setaria italica*）[J]. Journal of Food Science and Technology，2012，49（4）：500-504.

1062. 狗尾草（图 1062）• *Setaria viridis*（Linn.）P. Beauv.

【形态】一年生草本。秆直立或基部膝曲，高 10 ～ 100cm。叶片扁平，狭披针形或条状披针形，顶端渐尖，基部钝圆或渐狭，无毛或疏被疣毛，边缘粗糙，叶鞘松弛，无毛或疏被柔毛或疣毛，边缘具细纤毛；叶舌极短，具长 1 ～ 2mm 的纤毛。圆锥花序紧密呈圆柱形，直立或稍弯曲，主轴被较长柔毛，长 2 ～ 15cm，宽 4 ～ 13mm，刚毛长 4 ～ 12mm，粗糙，通常绿色或褐黄色至紫红色；小穗 2 ～ 5 枚簇生于短小枝上，椭圆形，先端钝，长 2 ～ 2.5mm，铅绿色；第 1 颖卵形，长约为小穗的 1/3，具 3 脉，第 2 颖几与小穗等长，椭圆形，具 5 ～ 7 脉；第 1 花外稃与小穗等长，具 5 ～ 7 脉，内稃短小，狭窄，第 2 花外稃椭圆形，顶端钝，具点状皱纹。花果期 5 ～ 10 月。

【生境与分布】多生于田野、路旁，为旱作地常见的杂草。分布于华东各地，另我国其他各地广为分布；全球温带及亚热带地区广布。

狗尾草与粱的主要区别点：狗尾草为野生；成熟时小穗轴脱节于颖之下杯状小穗柄之上；花序通常直立。粱为栽培；成熟时小穗轴脱节于颖之上第 1 外稃之下；花序通常下垂。

【药名与部位】狗尾草，全草。

【采集加工】8 ～ 9 月采收，晒干。

图 1062　狗尾草　　摄影　李华东等

【药材性状】呈灰黄白色，表面有毛状物，长 30 ～ 90cm。秆纤细。叶条状披针形，互生。秆顶端有柱状圆锥花序，长 2 ～ 15cm，小穗 2 ～ 6 个成簇，生于缩短的分枝上，基部具刚毛，有的已脱落，颖与外稃略与小穗等长。颖果长圆形，成熟后背部稍隆起，边缘卷抱内稃。质纤弱，易折断。气微，味淡。

【化学成分】地上部分含黄酮类：小麦黄素（tricin）、牡荆素 -2″-*O*- 木糖苷（vitexin-2″-*O*-xyloside）、荭草素 -2″-*O*- 木糖苷（orientin-2″-*O*-xyloside）[1]，小麦黄素 -7-*O*-β-D- 葡萄糖苷（tricin-7-*O*-β-D-glucoside）、牡荆素 -2″-*O*- 葡萄糖苷（vitexin-2″-*O*-glucoside）[1, 2]，鼠李柠檬素（rhamnocitrin）和香树素（aromadendrin）[2]；苯丙素类：对羟基桂皮酸（*p*-hydroxycinnamic acid）[1] 和桂皮酸（cinnamic acid）[2]；酚类：2- 甲氧基间苯三酚（2-methoxyphloroglucinol）、间苯三酚单甲醚（phloroglucinol monomethyl ether）、3, 4- 二羟基苯甲酸（3, 4-dihydroxybenzoic acid）和 4- 羟基苯甲酸（4-hydroxybenzoic acid）[2]；萘酚类：8-*O*-α-L- 鼠李糖基 -β- 苏里苷元（8-*O*-α-L-rhamnosyl-β-sorigenin）、6- 羟基 -8-*O*-α-L- 鼠李糖基 -β- 苏里苷元（6-hydroxy-8-*O*-α-L-rhamnosyl-β-sorigenin）和 6- 甲氧基 -8-*O*-α-L- 鼠李糖基 -β- 苏里苷元（6-methoxy-8-*O*-α-L-rhamnosyl-β-sorigenin）[2]。

【药理作用】1. 抗氧化　地上部分的 80% 丙酮水提取物分离出的 8-*O*-α-L- 鼠李糖基 -β- 苏里苷元（8-*O*-α-L-rhamnosyl-β-sorigenin）、6- 羟基 -8-*O*-α-L- 鼠李糖基 -β- 苏里苷元（6-hydroxy-8-*O*-α-L-rhamnosyl-β-sorigenin）和 6- 甲氧基 -8-*O*-α-L- 鼠李糖基 -β- 苏里苷元（6-methoxy-8-*O*-α-L-rhamnosyl-β-sorigenin）均具有很强的抗氧化作用[1]，地上部分的乙酸乙酯和正丁醇提取物中分离得到的荭草素 -2″-*O*- 木糖苷（orientin-2″-*O*-xyloside）和小麦黄素 -7-*O*-β-D- 葡萄糖苷（tricin-7-*O*-β-D-glucoside）有较强的清除自由基

的作用，对抗坏血酸 /Fe^{2+} 诱导的脂质过氧化有显著的抑制作用[2]，从全草提取的多酚类成分可有效清除羟自由基（•OH）、超氧阴离子自由基（O_2^-•）和 1，1，- 二苯基 -2- 三硝基苯肼（DPPH）自由基[3]。2. 抗菌　地上部分的80% 丙酮水提取物分离出的8-*O*-α-L- 鼠李糖基 -β- 索里根素、6- 羟基 -8-*O*-α-L- 鼠李糖基 -β- 索里根素和 6- 甲氧基 -8-*O*-α-L- 鼠李糖基 -β- 索里根素对金黄色葡萄球菌的生长具有抑制作用，但作用不明显[1]。

【性味与归经】淡，平。

【功能与主治】清肝明目，解热祛湿。用于目赤肿痛，黄疸，痈肿疮癣，小儿疳积等。

【用法与用量】10 ～ 30g。水煎服或外用搓擦癣疮患处。

【药用标准】上海药材 1994。

【临床参考】1. 寻常疣、鸡眼：鲜全草榨汁，涂患处[1]。

2. 急性湿疹：鲜全草 500 ～ 600g（干品减半），水煎，煮沸 10min，药水涂患处或洗浴，同时用干品 6 ～ 12g 或鲜品 30 ～ 60g，水煎服。上述各为 1 日量，可加水重煎，1 日外洗或内服各 3 次[2]。

3. 单纯性寻常疣：取鲜茎 1.5cm，在无菌操作下将鲜茎从疣目基底部贯穿疣体，保留 5 ～ 7 天[3]。

4. 疳积：花穗 60 ～ 125g，水煎，代茶饮；或全草 30g，加猪肝或猪瘦肉 60g，炖熟，食肝（或猪肉）喝汤。

5. 目赤肿痛：全草 30g，加天胡荽 30g，水煎服。

6. 热淋：全草 30g，米泔水煎服。

7. 牙痛：根 30g，水煎去渣，加入鸡蛋 2 个，煮熟，食蛋喝汤。（4 方至 7 方引自《浙江药用植物志》）

【附注】以莠草子之名始载于《救荒本草》，云："莠草子，生田野中。苗叶似谷，而叶微瘦，稍间结茸细毛穗，其子比谷细小。"又云："今北地饥年，亦碾其实作饭充饥，亦呼云莠草子，其茎可去赘病。"《本草纲目》云："莠草秀而不实，故字从秀。穗形象狗尾，故俗名狗尾。其茎治目痛，故方士称为光明草、阿罗汉草。原野垣墙多生之，苗叶似粟而小，其穗亦似粟，黄白色而无实。采茎筒盛，以治目病。恶莠之乱苗，即此也。"所述即本种。

本种的果实（狗尾草子）民间也作药用。

【化学参考文献】

[1] Kwon Y S，Kim E Y，Kim W J，et al. Antioxidant constituents from *Setaria viridis* [J]. Arch Pharm Res，2002，25（3）：300-305.

[2] Fan L，Ma J，Chen Y H，et al. Antioxidant and antimicrobial phenolic compounds from *Setaria viridis* [J]. Chem Nat Compd，2014，50（3）：433-437.

【药理参考文献】

[1] Fan L，Ma J，Chen Y H，et al. Antioxidant and antimicrobial phenolic compounds from *Setaria viridis* [J]. Chemistry of Natural Compounds，2014，50（3）：433-437.

[2] Kwon Y S，Kim E Y，Kim W J，et al. Antioxidant constituents from *Setaria viridis* [J]. Archives of Pharmacal Research，2002，25（3）：300-305.

[3] 段笑影，曹冬冬，崔强，等. 狗尾草多酚的提取工艺及抗氧化活性研究 [J]. 中国酿造，2019，38（7）：168-173.

【临床参考文献】

[1] 吴耕农，易延逵，毛朝曙. 狗尾草治疗寻常疣与鸡眼的临床观察 [J]. 中国民族民间医药，2008，（4）：48-49.

[2] 陈旭涛. 狗尾草治疗急性湿疹 [J]. 中国中医急症，2000，9（1）：15.

[3] 徐永华. 狗尾草穿刺法治疗单纯性寻常疣 30 例 [J]. 湖北中医杂志，1991，13（1）：32.

13. 白茅属 *Imperata* Cirillo

多年生草本，具长的根茎。秆直立，通常不分枝。圆锥花序顶生，分枝短而纤细，密集呈圆柱状；穗轴细弱，具白色丝状毛；小穗背腹压扁，孪生或有时单生，具不等长的小穗柄，小穗含 2 小花，第 1

小花中性，第 2 小花两性，基盘及小穗柄均具细长的丝状柔毛；2 颖片几等长，或第 1 颖稍短，膜质，下部及边缘被细长柔毛；外稃膜质，透明，通常无脉，无芒；第 1 花外稃通常有齿，短于颖片，内稃缺；第 2 花外稃较第 1 花外稃稍短，内稃膜质，透明，包裹雌、雄蕊；无鳞被；雄蕊 1 或 2 枚；雌蕊有 2 个柱头。

约 10 种，分布于热带和亚热带地区。中国 2 种，分布于南北各地，法定药用植物 1 种 1 变种。华东地区法定药用植物 1 种 1 变种。

1063. 白茅（图 1063）• *Imperata cylindrica*（Linn.）P. Beauv.

图 1063　白茅　　摄影　张芬耀

【别名】茅针、茅草（安徽）。

【形态】多年生草本。根茎较长，被鳞片。秆直立，丛生，高 25 ～ 90cm，节上被柔毛。叶片条形，扁平，顶端渐尖，基部渐狭，上面及边缘粗糙，下面平滑，中脉在下面明显凸起；叶鞘老时在基部常破碎呈纤维状；叶舌干膜质，长约 1mm。圆锥花序圆柱形，长 5 ～ 24cm，宽 1.5 ～ 3cm，分枝短缩、密集，基部有时较疏或间断；小穗披针形或长圆形，长 3 ～ 4mm，基部密生丝状柔毛，成对着生，具不等长的小穗柄，柄的顶端杯状；颖片长圆状披针形，薄膜质，背面被丝状长柔毛，第 1 颖较狭，具 3 ～ 4 脉，第 2 颖较宽，具 4 ～ 6 脉；内、外稃均为膜质，透明；第 1 花外稃长约为颖片长的 1/2 或更短；第 2 花外稃较窄，内稃较宽大，先端凹入或有齿；雄蕊 2 枚。花果期 5 ～ 11 月。

【生境与分布】生于山坡、路旁、田边及旷野等地。分布于华东各地及全国其他地方，全球热带和亚热带地区广布。

【药名与部位】白茅根，根茎。

【药材性状】呈细长圆柱形，分枝少，通常长约 30cm，直径约 3mm。外皮白黄色或乳白色，有光泽和细纵纹，节明显，有少许叶鞘残留，节间长短不一，质轻而韧，折断面纤维性，皮部有裂隙，中间有白色细心（中柱）。臭微弱，味微甜。

【质量要求】身干，条粗壮，白色。无杂草根及细须根，无衣被。

【化学成分】根茎含木脂素类：白茅苷（impecyloside）[1] 和禾草酮 A、B（graminone A、B）[2]；苯丙素类：阿魏酸（ferulic acid）、咖啡酸（caffeic acid）和对香豆酸（*p*-coumaric acid）[3]；倍半萜类：白茅萜烯（cylindrene）[4]，白茅醇 A、B（cylindol A、B）[5] 和白茅烯（imperanene）[6]；色酮类：异丁香色原酮（isoeugenin）[3]，5- 羟基 -2-（2- 苯乙基）色酮［5-hydroxy-2-（2-phenylethyl）chromone］、5- 羟基 -2-［2-（2- 羟苯基）乙基］色酮 {5-hydroxy-2-［2-（2-hydroxyphenyl）ethyl］chromone}、巨盘木色酮（flindersiachromone）和 5- 羟基 -2- 苯乙烯色酮（5-hydroxy-2-styrylchromone）[7]。

地上部分含苯丙素类：反式 - 对 - 香豆酸（*trans*-*p*-coumaric acid）[8]；甾体类：2- 甲氧基雌酮（2-methoxyestrone）和 11, 16- 二羟基孕甾 -4- 烯 -3, 20- 二酮（11, 16-dihydroxypregn-4-en-3, 20-dione）[8]；黄酮类：小麦黄素（tricin）[8]。

【药理作用】1. 免疫调节 根茎水提取物中提取的多糖能特异性的促进 B 淋巴细胞的增殖[1]。2. 抗炎 根茎的水和甲醇提取物的乙酸乙酯部位中分离的白茅醇 A、B（cylindol A、B）对 5- 脂氧合酶有抑制作用[2]。3. 耐缺氧 从根茎中提取的多糖能明显延长缺氧小鼠的存活时间，能明显增强小鼠耐缺氧能力[3]。

【性味与归经】清热，凉血，止血，利尿。

【功能与主治】吐衄诸血，胃热哕逆，肺热喘急，内热烦渴，黄疸。

【用法与用量】15 ～ 50g。

【药用标准】贵州药材 1965。

【临床参考】1. 慢性乙型肝炎：根茎 20g，加茵陈 15g，茯苓、炙黄芪各 10g，甘草 4g，水煎，分 2 次服，每日 1 剂，同时拉米夫定片口服，1 次 100mg，每日 1 次[1]。

2. 鼻出血：根茎 20g，加芦根 10g，水煎，早晚分服，每日 1 剂，连服 3 ～ 5 剂[2]。

3. 鼻窦炎：根茎 15g，加曲曲菜 5g，水 1000ml，煮沸后小火煮 20min，每日 1 剂，分 3 次服，连服 2 个月[3]。

4. 面部痤疮：根茎 150g，加芦根 100g，水煎，药液洗脸，每日 2 次，7 日 1 疗程，连用 2 疗程[4]。

5. 血尿：根茎 100g，加竹蔗 200g，水煎代茶饮，每日 1 剂[5]。

【附注】白茅根始载于《本草经集注》。《神农本草经》与《名医别录》皆以茅根名之。《本草图经》谓："茅根，今处处有之。春生苗，布地如针，俗间谓之茅针，亦可啖，甚益小儿。夏生白花，茸茸然，至秋而枯，其根至洁白，亦甚甘美，六月采根用。"《本草纲目》云："茅有白茅、管茅、黄茅、香茅、芭茅数种，叶皆相似。白茅短小，三、四月开白花成穗，结细实，其根甚长，白软如筋而有节，味甘，俗呼丝茅。"《植物名实图考》载："白茅，本经中品，其芽曰茅针，白嫩可啖，小儿嗜之。河南谓之茅荑，湖南通呼为丝茅，其根为血症要药。"根据本草所述及附图，当包含本种及其变种大白茅 *Imperata cylindrica*（Linn.）Beauv. var. *major*（Nees）C.E.Hubb.。

白茅的分布有争议，*Flora of China* 描述的分布地区与《中国植物志》不同。该种浙江等地无分布，浙江分布的为大白茅。

药材白茅根脾胃虚寒、溲多不渴者禁服。

【化学参考文献】

[1] Lee D Y，Han K M，Song M C，et al. A new lignan glycoside from the rhizomes of *Imperata cylindrica* [J]. J Asian Nat Prod Res，2008，10（4）：299-302.

[2] Matsunaga K，Shibuya M，Ohizumi Y. Graminone B，a novel lignan with vasodilative activity from *Imperata cylindrica* [J]. J Nat Prod，1994，57（12）：1734-1736.

[3] An H J，Nugroho A，Song B M，et al. Isoeugenin，a novel nitric oxide synthase inhibitor isolated from the rhizomes of *Imperata cylindrica* [J]. Molecules，2015，20（12）：21336-21345.

[4] Matsunaga K，Shibuya M，Ohizumi Y. Cylindrene，a novel sesquiterpenoid from *Imperata cylindrica* with inhibitory activity on contractions of vascular smooth muscle [J]. J Nat Prod，1994，57（8）：1183-1184.

[5] Matsunaga K，Ikeda M，Shibuya M，et al. Cylindol A，a novel biphenyl ether with 5-lipoxygenase inhibitory activity，and a related compound from *Imperata cylindrica* [J]. J Nat Prod，1994，57（9）：1290-1293.

[6] Matsunaga K，Shibuya M，Ohizumi Y. Imperanene，a novel phenolic compound with platelet aggregation inhibitory activity from *Imperata cylindrica* [J]. J Nat Prod，1995，58（1）：138-139.

[7] Yoon J S，Lee M K，Sung S H，et al. Neuroprotective 2-（2-Phenylethyl）chromones of *Imperata cylindrica* [J]. J Nat Prod，2006，69（2）：290-291.

[8] Wang Y，Shen J Z，Chan Y W，et al. Identification and growth inhibitory activity of the chemical constituents from *Imperata cylindrica* aerial part ethyl acetate extract [J]. Molecules，2018，23（7）：1807/1-1807/13.

【药理参考文献】

[1] Pinilla V，Luu B. Isolation and partial characterization of immunostimulating polysaccharides from *Imperata cylindrica* [J]. Planta Medica，1999，65（6）：549-552.

[2] Matsunaga K，Ikeda M，Shibuya M，et al. Cylindol A，a novel biphenyl ether with 5-lipoxygenase inhibitory activity，and a related compound from *Imperata cylindrica* [J]. Journal of Natural Products，1994，57（9）：1290-1293.

[3] 孙立彦，刘振亮，孙金霞，等. 白茅根多糖对小鼠耐缺氧作用的影响 [J]. 中国医院药学杂志，2008，28（2）：96-99.

【临床参考文献】

[1] 詹莹，沈晓斌，李萍. 白茅根煎剂联合拉米夫定治疗慢性乙型肝炎 40 例观察 [J]. 浙江中医杂志，2018，53（9）：688.

[2] 万海. 白茅根与芦根煎液治鼻出血 [J]. 农村百事通，2018，（16）：47.

[3] 高丽华，夏吉卿. 治疗鼻窦炎验方 [J]. 中国民间疗法，2016，24（11）：97.

[4] 任晓琳. 治面部痤疮的验方 [J]. 中国民间疗法，2016，24（9）：6.

[5] 容小翔. 血尿的辨证食疗方 [J]. 农村百事通，2001，（16）：46.

1064. 丝茅（图 1064）• *Imperata koenigii*（Retz.）P. Beauv. [*Imperata cylindrica*（Linn.）P. Beauv. var. *major*（Nees）C. E. Hubb.; *Imperata cylindrica*（Linn.）P. Beauv. var. *koenigii*（Retz.）Pilger]

【别名】茅针、茅草（安徽），大白茅、白茅。

【形态】多年生草本。具较长的根茎，被鳞片。秆直立，高 25 ～ 90cm，节部具白柔毛。叶鞘无毛或上部及边缘具柔毛，鞘常密集于秆基，老时破碎呈纤维状；叶舌干膜质，长约 1mm，顶端具细纤毛；叶片条形或条状披针形，中脉在下面明显隆起并渐向基部增粗或成柄，边缘粗糙，上面被细柔毛。圆锥花序穗状，长 6 ～ 15cm，宽 1 ～ 2cm，分枝短缩而密集，有时基部较稀疏；小穗柄顶端膨大呈棒状，无毛或疏生丝状柔毛；小穗披针形，长 2.5 ～ 4mm，基部密生丝状柔毛；两颖近等长，膜质，具 5 脉；第 1 外稃长为颖的 1/2 或更短，具齿裂及少数纤毛；第 2 外稃长约 1.5mm；内稃宽约 1.5mm，大于其长度，顶

图 1064 丝茅　　摄影 浦锦宝等

端截平，无芒，具微小的齿裂；雄蕊 2 枚；柱头 2 枚。花果期 5 ～ 8 月。

【生境与分布】生于山坡、路旁、田边及旷野等地。分布于华东各地，另全国其他各地均匀分布；全球热带和亚热带地区广布。

丝茅与白茅的主要区别点：丝茅小穗长 2.5 ～ 4mm；秆节裸露，具长髭毛；圆锥花序较稀疏细弱，宽 1 ～ 2cm。白茅小穗长 4.5 ～ 6mm；秆节无毛，常为叶鞘所包；圆锥花序较稠密，粗壮，宽 1.5 ～ 3cm。

【药名与部位】白茅根，根茎。茅针花，花穗。

【采集加工】白茅根：春、秋二采挖，洗净，干燥，除去须根及膜质叶鞘，捆成小把；或鲜用。茅针花：春季花将开放时采收，干燥。

【药材性状】白茅根：呈长圆柱形，长 30 ～ 60cm，直径 0.2 ～ 0.4cm。表面黄白色或淡黄色，微有光泽，具纵皱纹，节明显，稍突起，节间长短不等，通常长 1.5 ～ 3cm。体轻，质略脆，断面皮部白色，多有裂隙，放射状排列，中柱淡黄色，易与皮部剥离。气微，味微甜。

茅针花：呈圆柱形穗状，长 5 ～ 20cm，下部常有花序轴。小穗基部和颖片密被细长丝状毛，占花穗的绝大部分，灰白色，质轻而柔软，似棉絮状；花序轴上小穗成对排列，一个小穗梗长，另一个小穗梗短；每穗含花 1朵，颖片 3 枚，外侧 2 颖片较长而狭；花柱较长，2 裂，裂片线形。气微弱，味淡。

【质量要求】白茅根：色白，无皮须、叶鞘，不霉烂。茅针花：无杂草。

【药材炮制】白茅根：抢水洗净，稍润，切段，干燥。茅根炭：取白茅根饮片，炒至浓烟上冒，表面焦黑色，内部棕褐色时，微喷水，灭尽火星，取出，晾干。

茅针花：除去总花梗等杂质，切段，筛去灰屑。

【化学成分】根茎含木脂素类：（–）-（7*R*, 8*R*）- 苏式 -4, 7, 9, 9′- 四羟基 -3, 5, 2′- 三甲氧基 -8-*O*-4′- 新木脂素 -7-*O*-β-D- 吡喃葡萄糖苷［（–）-（7*R*, 8*R*）-*threo*-4, 7, 9, 9′-tetrahydroxy-3, 5, 2′-trimethoxy-8-*O*-4′-neolignan-7-*O*-β-D-glucopyranoside］、（7*R*, 8*R*）-4, 7, 9, 9′- 四羟基 -3, 3′- 二甲氧基 -8–4′- 氧代新木脂素 -7-*O*-β-D- 吡喃葡萄糖苷［（7*R*, 8*R*）-4, 7, 9, 9′-tetrahydroxy-3, 3′-dimethoxy-8–4′-oxyneolignan-7-*O*-β-D-glucopyranoside］、（7*R*, 8*S*）-4, 7, 9, 9′- 四羟基 -3, 3′- 二甲氧基 -8–4′- 氧代新木脂素 -7-*O*-β-D- 吡喃葡萄糖苷［（7*R*, 8*S*）-4, 7, 9, 9′-tetrahydroxy-3, 3′-dimethoxy-8–4′-oxyneolignan-7-*O*-β-D-glucopyranoside］[1]，白茅苷（impecyloside）、去乙酰白茅苷（deacetylimpecyloside）和白茅烯内酯*（impecylenolide）[2]；酚类：白茅酮*（impecylone）、密花树苷 K-4- 甲醚（seguinoside K-4-methylether）和密花树苷 K（seguinoside K）[2]；苯丙素类：5- 甲基香豆酸甲酯 -3-*O*-β-D- 吡喃葡萄糖苷（5-methyl coumarilic acid methyl ester-3-*O*-β-D-glucopyranoside）和 5- 甲基香豆酸甲酯 -3-*O*-α-L- 吡喃鼠李糖基 -（1 → 6）-β-D- 吡喃葡萄糖苷［5-methyl coumarilic acid methyl ester-3-*O*-α-L-rhamnopyranosyl-（1 → 6）-β-D-glucopyranoside］[1]；三萜类：14- 表山柑子烷 -7- 烯 -3β- 醇（14-epiarbor-7-en-3β-ol）、14- 表山柑子烷 -7- 烯 -3β- 基 - 甲酸酯（14-epiarbor-7-en-3β-yl formate）、14- 表山柑子烷 -7- 烯 -3- 酮（14-epiarbor-7-en-3-one）、印白茅素（cylindrin）、α- 香树脂酮（α-amyrenone）、β- 香树脂酮（β-amyrenone）、羊齿烯酮（fernenone）、乔木山小橘酮（arborinone）、异乔木山小橘醇（isoarborinol）、羊齿烯醇（fernenol）[3]，芦竹素（arundoin）[3,4]，白茅素（cylindrin）、羊齿烯醇（fernenol）、异山柑子醇（isoarborinol）、西米杜鹃醇（simiarenol）[5]和木栓酮（friedelin）[6]；酚酸类：香草酸（vanillic acid）和反式对羟基桂皮酸（*trans*-*p*-coumaricacid）[6]。

全草含异核盘菌酮（isosclerone）[7]。

【药理作用】1. 止血　花的水提取液可缩短凝血时间，具有止血作用[1]；根茎生品和炭制品粉末均能明显缩短小鼠出血时间、凝血时间和血浆复钙时间[2]；根茎生品和炭制品水提取液均能提高大鼠血小板的最大聚集率，当炭制品水提取液浓度加大时，对血小板的聚集有非常显著的提高[3]。2. 抗肿瘤　根茎的水提取物对人肝癌 SMMC-7721 细胞具有明显的增殖抑制作用并可诱导其凋亡[4]。3. 免疫调节　根茎的水提取物可显著提高小鼠巨噬细胞的吞噬率和吞噬指数、Th 细胞数，并能促进白细胞介素 -2（IL-2）的产生，对小鼠免疫功能有明显的增强作用[5]。4. 抗炎　根茎的水提取液能抑制二甲苯所致小鼠耳廓肿胀、冰乙酸引起的小鼠腹腔毛细血管通透性增加、对抗角叉菜胶和酵母多糖 A 所致的大鼠足趾肿胀，对炎症早期渗出具有一定的抑制作用[6]。5. 抗补体　根茎醇提取物的石油醚和乙酸乙酯部位分离得到的木栓酮（friedelin）、香草酸（vanillic acid）和反式对羟基桂皮酸（*trans*-*p*-coumaricacid）对补体系统经典途径溶血有抑制作用[7]。6. 改善肾损伤　根茎醇提取物的乙酸乙酯、正丁醇和水部位对阿霉素肾病大鼠有不同程度的保护作用，其中乙酸乙酯部位的作用最强[8]。7. 利尿　根茎的水提取液对水负荷小鼠有明显的利尿作用[9]。8. 镇痛　根茎能抑制乙酸引起的扭体反应，对化学性刺激的疼痛有抑制作用[9]。

【性味与归经】白茅根：甘，寒。归肺、胃、膀胱经。茅针花：甘，微温。

【功能与主治】白茅根：凉血止血，清热利尿。用于血热吐血，衄血，尿血，热病烦渴，黄疸，水肿，热淋涩痛，急性肾炎水肿。茅针花：止血。用于吐血，衄血；外伤出血。

【用法与用量】白茅根：9 ～ 30g；鲜品 30 ～ 60g。茅针花：煎服 1.5 ～ 3g；外用适量。

【药用标准】白茅根：药典 1963—2015、浙江炮规 2005、贵州药材 1965、新疆药品 1980 二册和台湾 2013；茅针花：浙江炮规 2015、江苏药材 1989 和上海药材 1994。

【临床参考】1. 肾综合征出血热急性肾功能衰竭辅助治疗：根茎 30g，加生地黄、玄参各 30g，金银花 20g，牡丹皮、大青叶、赤芍各 15g，连翘、淡竹叶、芦根各 10g，甘草 6g，兼尿闭、咳嗽、黄色黏液痰、舌苔黄厚且干燥者加白前、葶苈子各12g，桔梗、川贝母、杏仁各10g；兼呕吐者加姜竹茹10g、赭石9g；兼气喘者加太子参18g、五味子15g；兼尿闭、高热、面赤、周身灼热、大便干燥、舌苔呈焦黑、脉洪数者加沙参、大黄各15g，牡丹皮、麦冬各12g，石斛10g；兼抽搐者加石菖蒲15g、钩藤10g；兼尿闭、昏迷不语、口唇干燥、舌体萎缩、深绛遍起芒刺者加败酱草30g，大蓟、小蓟、琥珀末各15g，白及、水牛角各10g。每日1剂，分2次服，配合西药常规治疗[1]。

2.顽固性心力衰竭辅助治疗：根茎50g，加野菊花2g、白蒺藜5g、决明子3g，水煎代茶饮，16周1疗程[2]。

3.儿童单纯性肾小球性血尿：根茎30g，加鱼腥草15g、紫珠草9g、山茱萸6g，石韦、金钱草各10g，三七粉1g（冲服），墨旱莲、女贞子各12g，水煎服，每日1剂，15日1疗程，连用4疗程[3]。

4.热病出血：根茎30g，加小蓟、藕节各30g，水煎服。

5.肾炎：鲜根茎120g，水煎服。（4方、5方引自《浙江药用植物志》）

【附注】白茅根始载于《本草经集注》。《神农本草经》与《名医别录》皆以茅根名之。《本草图经》谓："茅根，今处处有之。春生苗，布地如针，俗间谓之茅针，亦可啖，甚益小儿。夏生白花，茸茸然，至秋而枯，其根至洁白，亦甚甘美，六月采根用。"《本草纲目》云："茅有白茅、管茅、黄茅、香茅、芭茅数种，叶皆相似。白茅短小，三、四月开白花成穗，结细实，其根甚长，白软如筋而有节，味甘，俗呼丝茅。"《植物名实图考》载："白茅，本经中品，其芽曰茅针，白嫩可啖，小儿嗜之。河南谓之茅荑，湖南通呼为丝茅，其根为血症要药。"根据本草所述及附图，当包含本变种及原变种白茅 *Imperata cylindrica*（Linn.）Beauv.。

本种在名称和分布上有争议，《中国植物志》称丝茅 *Imperata koenigii*（Retz.）Beauv.，*Flora of China* 称大白茅 *Imperata cylindrica*（L.）Beauv.var.*major*（Nees）C. E. Hubb，二者描述的分布地区也不同。本种浙江有分布。

药材白茅根脾胃虚寒、溲多不渴者禁服。

本种的叶（白茅叶）民间也作药用。

【化学参考文献】

[1] Ma J，Sun H，Liu H，et al. Hepatoprotective glycosides from the rhizomes of *Imperata cylindrica* [J]. J Asian Nat Prod Res，2018，20（5）：451-459.

[2] Liu X，Zhang B F，Yang L，et al. Four new compounds from *Imperata cylindrica* [J]. J Nat Med，2014，68（2）：295-301.

[3] Sakai Y，Shinozaki J，Takano A，et al. Three novel 14-epiarborane triterpenoids from *Imperata cylindrica* Beauv. var. *major* [J]. Phytochem Lett，2018，26：74-77.

[4] Nishimoto K，Ito M，Natori S，et al. Structure of arundoin，the triterpene methyl ether from *Imperata cylindrica* var. *media*，and *Arundo conspicua* [J]. Tetrahedron Lett，1965，（27）：2245-2251.

[5] Nishimoto K，Ito M，Natori S，et al. Structures of arundoin，cylindrin and fernenol. Triterpenoids of fernane and arborane groups of *Imperata cylindrica* var. *koenigii* [J]. Tetrahedron，1968，24（2）：735-752.

[6] 付丽娜，陈兰英，刘荣华，等.白茅根的化学成分及其抗补体活性[J].中药材，2010，33（12）：1871-1874.

[7] Adachi T，Makino M，Inagaki K. Biological active substance produced by unidentified mold separated from diseases grass weed，*Imperata cylindrica* P. Beauv. var. *koenigii* Durand et Schinz.（Gramineae）[J]. Meijo Daigaku Nogakubu Gakujutsu Hokoku，2004，40：27-30.

【药理参考文献】

[1] 佚名.关于中药白茅花止血作用的研究[J].兰州大学学报（医学版），1960，（2）：23-26.

[2] 宋劲诗，陈康.白茅根炒炭后的止血作用研究[J].中山大学学报论丛，2000，20（5）：45-48.

[3] 和颖颖，丁安伟，陈佩东，等.白茅根炒炭后止血作用的研究[C].中华中医药学会中药炮制分会学术研讨会，2008.

[4] 包永睿，王帅，孟宪生，等.白茅根水提物对人肝癌细胞株SMMC-7721细胞周期及细胞凋亡的影响[J].时珍国医国药，2013，24（7）：1584-1586.

[5] 吕世静，黄槐莲.白茅根对IL-2和T细胞亚群变化的调节作用[J].中国中药杂志，1996，21（8）：488-489，511.

[6] 岳兴如，侯宗霞，刘萍，等. 白茅根抗炎的药理作用[J]. 中国组织工程研究，2006，10（43）：85-87.
[7] 付丽娜，陈兰英，刘荣华，等. 白茅根的化学成分及其抗补体活性[J]. 中药材，2010，33（12）：1871-1874.
[8] 陈兰英，陈卓，王昌芹，等. 白茅根不同提取物对阿霉素肾病大鼠的保护作用及对 TGF-β1、NF-κB p65 分子表达的影响[J]. 中药材，2015，38（11）：2342-2347.
[9] 于庆海，杨丽君. 白茅根药理研究[J]. 中药材，1995，18（2）：88-90.

【临床参考文献】

[1] 卢渊. 白茅根治疗肾综合征出血热急性肾功能衰竭效果分析[J]. 光明中医，2017，32（9）：1275-1277.
[2] 魏朝红. 白茅根茶治疗顽固性心力衰竭的疗效观察[J]. 临床合理用药杂志，2012，5（3）：77.
[3] 王建敏. 白茅根汤治疗儿童单纯性肾小球性血尿 30 例[J]. 浙江中医杂志，2009，44（9）：663.

14. 甘蔗属 *Saccharum* Linn.

多年生高大草本。常不分枝，茎髓白色，质软。叶片扁平，边缘粗糙，中脉宽厚，白色。圆锥花序顶生，大型，通常疏散；小穗含 1 朵两性花，成对着生于穗轴各节，1 枚有柄，1 枚无柄，均无芒，穗轴具关节，易逐节折断，每节与 1 枚无柄小穗和 1 枚有柄小穗一同脱落；颖片等长，第 1 颖两侧边缘多少内折成 2 脊；第 1 小花中性，外稃与颖片等长，膜质；第 2 小花两性，外稃膜质，透明，先端无芒或有小尖头，内稃小，透明膜质，无脉，有时完全退化；雄蕊 3 枚；柱头从小穗两侧伸出。

约 8 种，多数分布于亚洲的热带与亚热带。中国 5 种，主产于长江以南及西南地区，法定药用植物 2 种。华东地区法定药用植物 2 种。

1065. 甘蔗（图 1065）• *Saccharum officinarum* Linn.

图 1065　甘蔗　　摄影　郭增喜等

【形态】多年生高大实心草本。秆具多数节，被白粉。叶鞘长于节间，鞘口具柔毛，其余无毛；叶舌极短，生纤毛；叶片无毛，边缘具锯齿状粗糙，中脉粗壮，白色。圆锥花序大型，主轴除节具毛外余无毛，分枝不具丝状柔毛；总状花序多数轮生，稠密；总状花序轴节间与小穗柄无毛；小穗条状长圆形，长 3.5 ～ 4mm；基盘具长于小穗 2 ～ 3 倍的丝状柔毛；第 1 颖脊间无脉，不具柔毛，顶端尖，边缘膜质；第 2 颖具 3 脉，中脉成脊，粗糙，无毛或具纤毛；第 1 外稃膜质，与颖近等长，无毛；第 2 外稃微小，无芒或退化；第 2 内稃披针形；鳞被无毛。花果期 9 ～ 11 月。

【生境与分布】福建、浙江、江西、安徽各地多少有栽培，另广西、广东、海南、四川、云南、台湾等南部及西南部地区广泛栽培；原产于印度，东南亚太平洋诸岛国、大洋洲岛屿和古巴等地也广为栽培。

【药名与部位】蔗鸡，嫩芽。甘蔗滓，茎秆经榨出蔗浆后的渣滓。

【采集加工】蔗鸡：春季采割，洗净，晒干。

【药材性状】蔗鸡：类圆锥状，略弯曲，长 3 ～ 5cm，头部直径 0.6 ～ 1.0cm。基部带秆节残基。表面淡黄白色，鳞叶交互排列，外表面具细密纵向的纹理，突起部分淡黄白色，凹下部分略显棕红色，内表面棕红色，基部被淡黄白色绒毛，内层鳞叶具白色绒毛。质松软，无臭，味淡。

甘蔗滓：为不规则的团块或片状。宽窄厚薄不等，呈淡黄白色，外皮呈棕色、青色或紫色。体轻松，质柔韧，有弹性。气微，味微甜。

【药材炮制】蔗鸡：除去杂质，洗净，干燥。

甘蔗滓：除去杂质，洗净，干燥。

【化学成分】花含黄酮类：5-*O*- 甲基芹菜素（5-*O*-methylapigenin）和 3′, 4′, 5, 7- 四羟基 -3, 6- 二甲氧基黄酮（3′, 4′, 5, 7-tetrahydroxy-3, 6-dimethoxyflavone）[1]。

地上部分含三萜类：白桦酯醇（betulin）、蒲公英赛醇（taraxerol）、β- 香树脂醇（β-amyrin）、白茅素（cylindrin）、芦竹素（arundoin）、稗草素（sawamilletin）、异稗草素（isosawamilletin）、24- 甲基冠影掌烯醇（24-methyllophenol）和 24- 乙基冠影掌烯醇（24-ethyllophenol）[2, 3]；甾体类：β- 谷甾醇（β-sitosterol）、豆甾醇（stigmasterol）[2]，甘蔗甾醇（ikshusterol）、表甘蔗甾醇（epiikshusterol）、豆甾 -3β, 5α, 6β- 三醇（stigmastan-3β, 5α, 6β-triol）和 24- 亚乙基 - 冠影掌烯醇（24-ethylidenelophenol）[3]。

茎汁含黄酮类：小麦黄素 -7-*O*-β-（6″- 甲氧基桂皮酰基）- 葡萄糖苷［tricin-7-*O*-β-（6″-methoxycinnamoyl）-glucoside］[4]。

根含芳香苷类：香草酰基 -1-*O*-β-D- 葡萄糖苷乙酸酯（vanilloyl-1-*O*-β-D-glucoside acetate）[5]。

【药理作用】1. 抗氧化 鲜茎汁对大脑匀浆的体外脂质过氧化有很强的抑制作用[1]，茎梢醇提取物的乙酸乙酯提取物具有较高的总酚含量，有较强的氧自由基吸收能力（ORAC），对 1，1′- 二苯基 - 三硝基苯肼（DPPH）自由基、2, 2′- 联氮 - 二（3- 乙基 - 苯并噻唑 -6- 磺酸）二铵盐（ABTS）自由基有清除作用[2]，叶乙醇提取物中的黄酮类成分具有清除 1, 1′- 二苯基 - 三硝基苯肼自由基及防止亚油酸氧化的作用[3]。2. 抗肿瘤 叶的乙醇提取物的石油醚、乙酸乙酯、正丁醇和 95% 乙醇提取部位对人胃癌 SGC7901 细胞、宫颈癌 HeLa 细胞和肝癌 BEL7404 细胞的生长均有一定的抑制作用，其中乙酸乙酯部位的抑制作用最为明显，并在测定浓度范围内呈现良好的剂量依赖性[4]。3. 抗菌 茎渣的 70% 乙醇提取物中的酚类成分对金黄色葡萄球菌、单核细胞李斯特菌、大肠杆菌和伤寒沙门菌的生长均具有抑制作用[5]，叶的醇提取物对金黄色葡萄球菌、大肠杆菌、铜绿假单胞菌、伤寒沙门氏菌、枯草芽孢杆菌和肺炎克雷伯氏菌的生长均有一定的抑制作用[6]。4. 抗生育 叶的甲醇提取物对雌性大鼠具有抗生育和抗雌激素作用[7]。

【性味与归经】蔗鸡：甘，寒。归脾经。甘蔗滓：甘，寒。归肝、肾经。

【功能与主治】蔗鸡：和中清火，生津止渴。用于消渴症。甘蔗滓：清热解毒。用于秃疮，痈疽，疔疮。

【用法与用量】蔗鸡：9 ～ 12g。甘蔗滓：外用适量，锻存性，研末撒或调敷。

【药用标准】蔗鸡：福建药材 2006；甘蔗滓：广东药材 2011。

【临床参考】1. 肺热咳嗽：鲜秆榨汁 100ml，加白萝卜汁 100ml，百合 30g，加水煎至百合煮烂，取汁 100ml，每日睡前服[1]。

2. 青春痘：秆 30cm，切成 4 段，加柠檬皮 1 个、葡萄干 20 粒、甘草 10 片，加水 600ml 煎至 150ml，中午服，每日 1 剂，连用 3 日[2]。

3. 慢性咽炎：鲜秆 250g 洗净榨汁备用，加大枣 10 枚，大米 100g，煮粥，待熟时调入蔗汁，煮沸即成，每日 1 ～ 2 剂。（《药性切用》）

4. 燥热袭肺、干咳少痰，或痰少难咯、胸痛气急等：鲜秆 100g 洗净榨汁备用，大米 100g 煮粥，待熟时调入蔗汁，蜂蜜 30g，再煮片刻，分 2 次食，每日 1 剂。（《四川常用中草药》）

【附注】甘蔗始载于《名医别录》，列为中品。《本草经集注》云："蔗出江东为胜，庐陵亦有好者，广州一种，数年生皆大如竹，长丈余，取汁为砂糖，甚益人。又有荻蔗，节疏而细，亦可啖也。"《本草纲目》云："蔗皆畦种，丛生，最困地力。茎似竹而内实，大者围数寸，长六七尺，根下节密，以渐而疏。抽叶如芦叶而大，长三四寸，扶疏四垂。八九月收茎，可留过春充果食。"所述当包含本种及竹蔗 *Saccharum sinense* Roxb.。

"红心甘蔗"（发生霉变的甘蔗）多感染真菌节菱孢霉，可产生神经性毒素 3- 硝基丙酸，误食后最初表现为头晕、头疼、恶心、呕吐、腹痛、腹泻以及视力障碍，进而出现阵发性抽搐、四肢僵直等神经损害症状，轻者恢复后可留下后遗症，重者可致呼吸衰竭。潜伏期一般为 15 ～ 30min[1]。

【化学参考文献】

[1] Misra M K，Mishra C S. Flavonoids of *Saccharum officinarum* flowers [J]. Indian J Chem，1979，18B（1）：88.

[2] Deshmane S S，Dev S. Higher isoprenoids. Ⅱ. triterpenoids and steroids of *Saccharum officinarum* [J]. Tetrahedron，1971，27（6）：1109-1118.

[3] Osske G，Schreiber K. Sterols and triterpenoids. VI. 24-methylenelophenol，a new 4α-methyl sterol from *Saccharum officinarum* and *Solanum tuberosum* [J]. Tetrahedron，1965，21（6）：1559-1566.

[4] Duarte-Almeida J M，Negri G，Salatino A，et al. Antiproliferative and antioxidant activities of a tricin acylated glycoside from sugarcane（*Saccharum officinarum*）juice [J]. Phytochemistry，2007，68（8）：1165-1171.

[5] Yadava V S，Misra K. Vanilloyl-1-*O*-β-D-glucoside acetate from the roots of *Saccharum officinarum* [J]. Indian J Chem，1989，28B（10）：875-877.

【药理参考文献】

[1] Joaquim M D A，Novoa A V，Linares A F，et al. Antioxidant activity of phenolics compounds from sugar cane（*Saccharum officinarum* L.）juice [J]. Plant Foods for Human Nutrition，2006，61（4）：187-192.

[2] Sun Ji，He X M，Zhao M M，et al. Antioxidant and nitrite-scavenging capacities of phenolic compounds from sugarcane（*Saccharum officinarum* L.）tops [J]. Molecules，2014，19（9）：13147-13160.

[3] 吴建中，欧仕益，汪勇. 甘蔗叶中黄酮类物质的提取及其抗氧化性研究 [J]. 现代食品科技，2009，25（2）：165-167.

[4] 邓家刚，郭宏伟，侯小涛，等. 甘蔗叶提取物的体外抗肿瘤活性研究 [J]. 辽宁中医杂志，2010，37（1）：32-34.

[5] Zhao Y，Chen M，Zhao Z，et al. The antibiotic activity and mechanisms of sugarcane（*Saccharum officinarum* L.）bagasse extract against food-borne pathogens [J]. Food Chemistry，2015，185：112-118.

[6] 侯小涛，邓家刚，马建凤，等. 甘蔗叶提取物的体外抑菌作用研究 [J]. 华西药学杂志，2010，25（2）：161-163.

[7] Balamurugan K，Gopal M，Manavalan R，et al. Antifertility activity of methanolic extract of *Saccharum officinarum* Linn.（leaves）on female albino rats [J]. International Journal of Pharmtech Research，2009，1（4）：1621-1624.

【临床参考文献】

[1] 丁树栋. 治咳嗽食疗验方 6 则 [J]. 农村新技术，2014，（2）：64.

[2] 于玺卿，林丽燕. 治青春痘偏方 [J]. 中国民间疗法，2012，20（4）：22.

【附注参考文献】

[1] 佚名. 红心甘蔗毒过蛇 [J]. 发明与创新（大科技），2016，（5）：50.

1066. 竹蔗（图 1066）• *Saccharum sinense* Roxb.

图 1066 竹蔗 摄影 张芬耀

【形态】多年生高大实心草本。秆具多数节，被白粉。叶鞘长于节间，鞘口具柔毛；叶舌背部密生细毛；叶片无毛，边缘具锯齿状粗糙，中脉粗壮，白色。圆锥花序大型，主轴被白色丝状柔毛，分枝细长，腋间密生柔毛；总状花序轴节间顶端稍膨大，边缘疏生长丝状毛；小穗柄长约 4mm，无毛；无柄小穗披针形，长约 4.5mm，基盘具长于小穗 2 ～ 3 倍的丝状柔毛；颖几等长，上部为膜质，与其边缘均具纤毛；第 1 颖侧脉短；第 2 颖具 3 脉，上部生微毛；第 1 外稃具 1 脉，边缘具纤毛，第 1 内稃极短或不存在；第 2 外稃短或退化；第 2 内稃顶端 2 裂，具纤毛；雄蕊 3 枚；鳞被 2 枚，无毛。花果期 11 月至翌年 3 月，大多不开花结实。

【生境与分布】福建、浙江、江西、安徽各地多少有栽培，另我国南部及西南部也广为种植；原产于印度。

竹蔗与甘蔗的主要区别点：竹蔗的圆锥花序主轴及其以下秆的部分具白色丝状柔毛，总状花序轴节间边缘具柔毛，小穗长 4.5mm。甘蔗的圆锥花序主轴及其以下秆的部分不具丝状柔毛，总状花序轴节间无毛；小穗长 3.5 ～ 4mm。

【药名与部位】蔗鸡，嫩芽。

【采集加工】春季采割，洗净，晒干。

【药材性状】类圆锥状，略弯曲，长 3 ～ 5cm，头部直径 0.6 ～ 1.0cm。基部带秆节残基。鳞叶交互排列，外表面具细密纵向的纹理，突起部分淡黄白色，凹下部分略显棕红色，内表面棕红色，基部被淡黄白色茸毛，鞘口具长柔毛。质松软。无臭，味淡。

【药材炮制】除去杂质，洗净，干燥。

【化学成分】茎叶含黄酮类：4′, 5′- 二甲氧基黄酮 -7-*O*- 葡萄糖基木糖苷（4′, 5′-dimethoxyflavone-7-*O*-glucoxyloside）[1]；木脂素类：异羟基马台树脂醇（isohydroxymatairesinol）和（8′*R*, 7′*S*）-（－）-8- 羟基 -α- 铁杉脂素［（8′*R*, 7′*S*）-（－）-8-hydroxy-α-conidendrin］[1]；苯丙素类：对羟基肉桂酸甲酯（methyl *p*-hydroxycinnamate）[1]；酚酸类：丁香酸（syringic acid）、尼泊金甲酯（methyl 4-hydroxybenzoate）和爪哇酮 B（schiffnerone B）[1]；降倍半萜类：去氢催吐萝芙叶醇（dehydrovomifoliol）和催吐萝芙叶醇（vomifoliol）[1]；单萜类：黑麦草内酯（loliolide）[1]；元素：钙（Ca）和磷（P）[2]。

【性味与归经】甘，寒。归脾经。

【功能与主治】和中清火，生津止渴。用于消渴症。

【用法与用量】9 ～ 12g。

【药用标准】湖南药材 2009。

【临床参考】1. 反胃吐食：鲜秆适量，加生姜适量，捣烂取汁服。

2. 妊娠水肿：鲜秆 90g，加白茅根 15g，水煎服。（1 方、2 方引自《浙江药用植物志》）

【附注】以甘蔗之名始载于《名医别录》，列为中品。《本草经集注》云："蔗出江东为胜，庐陵亦有好者，广州一种，数年生皆大如竹，长丈余，取汁为砂糖，甚益人。又有荻蔗，节疏而细，亦可啖也。"《本草纲目》云："蔗皆畦种，丛生，最困地力。茎似竹而内实，大者围数寸，长六七尺，根下节密，以渐而疏。抽叶如芦叶而大，长三四寸，扶疏四垂。八九月收茎，可留过春充果食。"所述当包含本种及甘蔗 *Saccharum officinarum* Linn.。

砂糖脾胃虚寒者慎服。

【化学参考文献】

［1］张金玲，黄艳，刘布鸣，等. 甘蔗叶中化学成分的研究［J］. 华西药学杂志，2015，30（5）：540-543.

［2］刘正书，赵明坤，罗绍薇. 优良牧草皇草的营养动态研究［J］. 贵州农业科学，1997，25（5）：38-41.

15. 金发草属 *Pogonatherum* P. Beauv.

多年生草本。秆纤细，矮小，常具分枝。总状花序单生于秆顶，被柔毛，成熟后易逐节脱落；小穗背腹压扁，成对着生于穗轴各节，1 枚有柄，1 枚无柄，无柄小穗含小花 1（～ 2）朵，第 1 小花雄性或完全退化，第 2 小花两性；有柄小穗含小花 1 朵，两性或雌性；颖片膜质，几等长，第 1 颖无芒，顶端截平而稍下凹并具纤毛，背部圆形，无脊，第 2 颖背部具脊，顶端有 2 微齿，齿下生 1 条细长而稍弯曲的芒；外稃透明膜质；第 1 花外稃如存在，则无芒；第 2 花外稃 2 裂，裂齿间伸出细长而曲折的芒，内稃膜质，透明，与外稃等长或稍短于外稃，无脉；雄蕊 1 ～ 2 枚；柱头从小穗顶端伸出，细弱。颖果长圆形。

约 4 种，分布于亚洲和大洋洲的热带及亚热带地区。中国 3 种，分布于华东、华南、华中、西南地区，法定药用植物 1 种。华东地区法定药用植物 1 种。

1067. 金丝草（图 1067）• *Pogonatherum crinitum*（Thunb.）Kunth

图 1067　金丝草　　　　　　摄影　张芬耀

【形态】多年生草本。秆丛生，直立或基部稍倾斜，高 10 ～ 30cm，具纵条纹，粗糙，节被白色髯毛，少分枝。叶鞘稍不抱茎，除鞘口或边缘被细毛外，余均无毛；叶舌短，纤毛状；叶片条形，长 1.5 ～ 5cm，宽 1 ～ 4mm，两面均被微毛而粗糙。穗形总状花序单生于秆顶，长 1.5 ～ 3cm（芒除外）；总状花序轴节间与小穗柄均压扁，长为无柄小穗的 1/3 ～ 2/3，具纤毛；无柄小穗含 1 两性花，基盘的毛长约与小穗等长或稍长；第 1 颖背腹扁平，先端具流苏状纤毛，具不明显或明显的 2 脉；第 2 颖与小穗等长，具 1 脉，先端 2 裂，裂缘有纤毛，脉延伸成弯曲的芒，芒金黄色，粗糙；第 1 小花完全退化或仅存一外稃；第 2 小花外稃先端 2 裂，裂齿间伸出细弱而弯曲的芒；内稃短于外稃，具 2 脉；雄蕊 1 枚；花柱自基部分离为 2 枚。颖果长圆形。花果期 5 ～ 9 月。

【生境与分布】生于田硬、山边、路旁、河边、溪边、石缝或灌木下阴湿地。分布于安徽、浙江、江西、福建，另华南、华中、西南地区均有分布；日本、中南半岛、印度等地也有分布。

【药名与部位】金丝草，全草。

【化学成分】全草含黄酮类：木犀草素 -6-C-β- 波依文糖苷（luteolin-6-C-β-boivinopyranoside）、6- 反式 -（2″-*O*-α- 吡喃鼠李糖基）乙烯基 -5, 7, 3′, 4′- 四羟基黄酮［6-*trans*-（2″-*O*-α-rhamnopyranosyl） ethenyl-5, 7, 3′, 4′-tetrahydroxyflavone］、木犀草素（luteolin）、山柰酚（kaempferol）、木犀草素-6-C-β-吡喃岩藻糖苷（luteolin-6-C-β-fucopyranoside）、山柰酚-3-*O*-α-L-吡喃鼠李糖苷（kaempferol-3-*O*-α-L-rhamnopyranoside）、木犀草素-6-C-β-吡喃葡萄糖苷（luteolin-6-C-β-glucopyranoside）、芦丁（rutin）、山柰酚-3-*O*-芸香糖苷（kaempferol-3-*O*-rutinoside）[1]，山柰酚-7-*O*-α-L-吡喃鼠李糖苷（kaempferol-7-*O*-α-L-rhampyranoside）、山柰酚-3-*O*-β-D-芸香糖苷（kaempferol-3-*O*-β-D-rutinoside）、山柰酚-3, 7-二-*O*-β-D-吡喃葡萄糖苷（kaempferol-3, 7-di-*O*-β-D-glucopyranoside）、槲皮素-3-*O*-β-D-吡喃葡萄糖苷（quercetin-3-*O*-β-D-glucopyranoside）、异鼠李素-7-*O*-β-D-龙胆双糖苷（isorhamnetin-7-*O*-β-D-gentiobioside）、异鼠李素-3, 7-二-*O*-β-D-吡喃葡萄糖苷（isorhamnetin-3, 7-di-*O*-β-D-glucopyranoside）[2]，木犀草素-6-C-β-波依文糖苷-7-*O*-β-吡喃葡萄糖苷（luteolin-6-C-β-boivinopyranoside-7-*O*-β-glucopyranoside）[3]，木犀草素-6-C-β-D-鸡纳糖苷（luteolin-6-C-β-D-chinovoside）、牡荆素鼠李糖苷（vitexin rhamnoside）、金丝桃苷（hyperin）、芹菜素-6-C-β-D-吡喃葡萄糖基-4′-*O*-α-L-吡喃鼠李糖苷（apigenin-6-C-β-D-glucopyranosyl-4′-*O*-α-L-rhamnoside）、槲皮素-3-*O*-甲醚（quercetin-3-*O*-methyl ether）[4]，6, 8, 4′-三羟基-7, 3′-二甲氧基异黄酮（6, 8, 4′-trihydroxy-7, 3′-dimethoxyisoflavone）、槲皮素-7, 4′-二甲醚-5-*O*-β-D-吡喃葡萄糖苷（quercetin-7, 4′-dimethylester-5-*O*-β-D-glucopyranoside）、8-［1-（3, 4-二羟基苯基）乙基］槲皮素{8-［1-（3, 4-dihydroxyphenyl）ethyl］quercetin}、金圣草素-7-*O*-α-L-吡喃鼠李糖基-（1→2）-β-D-吡喃葡萄糖苷［chrysoeriol-7-*O*-α-L-rhamnopyranosyl-（1→2）-β-D-glucopyranoside］、山柰酚-3-*O*-［2″, 3″-二-*O*-（*E*）-*p*-香豆酰基］-α-L-吡喃鼠李糖苷{kaempferol-3-*O*-［2″, 3″-di-*O*-（*E*）-*p*-coumaroyl］-α-L-rhamnopyranoside}、1, 3, 7-三羟基呫酮-2-C-β-D-吡喃葡萄糖苷（1, 3, 7-trihydroxyxanthone-2-C-β-D-glucopyranoside）[5]，苜蓿素（tricin）、3′, 4′, 5, 5′, 7-五甲氧基黄酮（3′, 4′, 5, 5′, 7-pentamethoxyflavone）[6]，芹菜素-6-C-β-波依文糖基-7-*O*-β-吡喃葡萄糖苷（apigenin-6-C-β-boivinopyranosyl-7-*O*-β-glucopyranoside）、槲皮素-7-*O*-鼠李糖苷（quercetin-7-*O*-rhamnoside）[7]，夏佛塔苷（schaftoside）和异夏佛塔苷（isoschaftoside）[8]；酚类：金丝草酚（pogonatherumol）[8]；糖类：D-甘露醇（D-mannitol）[4]；甾体类：β-谷甾醇（β-sitosterol）和胡萝卜苷（daucosterol）[6]。

【药理作用】1. 抗氧化　全草的乙醇浸提物有较好清除羟自由基（•OH）的作用[1]；全草的黄酮提取物对羟自由基和超氧阴离子自由基（O_2^-•）具有清除作用，清除作用随着浓度的增加而增强[2]。2. 抗乙型肝炎病毒　全草的乙醇浸提物中分离得到的8-［1-（3, 4-二羟基苯基）乙基］槲皮素{8-［1-（3, 4-dihydroxyphenyl）ethyl］quercetin}、山柰酚-3-*O*-［2″, 3″-二-*O*-（*E*）-*p*-香豆酰基］-α-L-吡喃鼠李糖苷{kaempferol-3-*O*-［2″, 3″-di-*O*-（*E*）-*p*-coumaroyl］-α-L-rhamnopyranoside}、木犀草素-6-C-β-D-吡喃波依文糖苷（luteolin-6-C-β-D-boivinopyranoside）和木犀草素-6-C-β-D-吡喃葡萄糖苷（luteolin-6-C-β-D-glucopyranoside）对细胞分泌表面抗原（HBsAg）有一定的抑制作用，后两种成分还对细胞分泌e抗原（HBeAg）有一定的抑制作用[3]。3. 护肾　全草的水提取物可显著降低摘除右肾并结扎左肾动脉血流所致的急性肾衰竭模型大鼠的血肌酐（Crea）、尿素氮（BUN）含量及肾组织中载脂蛋白核转录因子（NF）-κB蛋白的表达[4]；全草中的水提取物及醇提取物可降低腺嘌呤所致的慢性肾衰竭模型小鼠血肌酐、尿酸及尿素氮含量，其中醇提取物降血肌酐效果显著[5]；全草水提取物的乙酸乙酯和乙醇部位均能改善腺嘌呤所致的慢性肾衰竭模型小鼠肾实质的形态[6]。

【药用标准】部标成方八册1993附录。

【临床参考】1. 急性肾盂肾炎：鲜全草50～200g，水煎代茶饮，每日1剂[1]。

2. 急性肾炎：全草30g，加蕺菜、爵床各30g，或上述鲜品各120g，隔水炖2h成400ml，分2次服，30日1疗程，第1周配合青霉素、链霉素治疗[2]。

3. 感冒：全草30g，加肖梵天花根45g，桑叶、积雪草各30g，水煎服。

4. 夏季热：全草30g，加麦斛15g，水煎服。

5. 疳热：鲜全草15～21g，水煎服。

6. 尿路感染：全草 30g，加葫芦茶、白茅根、三颗针各 30g，水煎服。

7. 赤白带：鲜全草 30 ～ 60g，赤带加冰糖 15g，白带加白果 17 枚，水炖服。

8. 梦遗、白浊：鲜全草 30 ～ 60g，加鲜海金沙全草 21g，水煎服。（3 方至 8 方引自《浙江药用植物志》）

【化学参考文献】

[1] Wang G J，Chen Y M，Wang T M，et al. Flavonoids with iNOS inhibitory activity from *Pogonatherum crinitum* [J]. J Ethnopharmacology，2008，118：71-78.

[2] 赵桂琴，刘丽艳，毛晓霞，等．金丝草黄酮醇苷类化学成分研究 [J]．中国新药杂志，2011，20（5）：467-470.

[3] Zhu D，Yang J，Lai M X，et al. A new C-glycosylflavone from *Pogonatherum crinitum* [J]. Chin J Nat Med，2010，8（6）：411-413.

[4] 尹志峰，高大昕，王宏伟，等．金丝草化学成分 [J]．中国实验方剂学杂志，2014，20（20）：104-107.

[5] 袁晓旭，李洪波，尹志峰，等．金丝草化学成分及其体外抗 HBV 活性 [J]．中成药，2018，40（2）：363-368.

[6] 陈国伟，李鑫，史志龙，等．金丝草脂溶性化学成分研究 [J]．承德医学院学报，2010，27（2）：216-217.

[7] 朱迪，杨杰，邓雪涛，等．金丝草中的一个新黄酮碳苷 [J]．中国天然药物，2009，7（3）：184-186.

[8] Ni L，Huang W，Wang H S，et al. Pogonatherumol，a novel highly oxygenated norsesquiterpene with flavone C-glycosides from *Pogonatherum crinitum* [J]. Journal of Chemistry，2018，10：5029610/1-5029610/3.

【药理参考文献】

[1] 贤景春，林敏．金丝草总多酚提取工艺及抗氧化性研究 [J]．安徽农业大学学报，2014，41（2）：299-302.

[2] 林燕如，陈宜菲，李粉玲．金丝草总黄酮的提取与抗氧化性研究 [J]．韩山师范学院学报，2013，34（6）：58-63.

[3] 袁晓旭，李洪波，尹志峰，等．金丝草化学成分及其体外抗 HBV 活性 [J]．中成药，2018，40（2）：363-368.

[4] 李元宁．金丝草提取物对急性肾衰竭大鼠肾组织中载脂蛋白 M 的表达及 NF-κB 抑制剂的干预作用 [J]．中国老年学杂志，2016，36（11）：2619-2621.

[5] 涂秋金．金丝草总黄酮对腺嘌呤致 CRF 大鼠、小鼠治疗作用实验研究 [D]．福州：福建农林大学硕士学位论文，2016.

[6] 罗永亮．金丝草治疗慢性肾衰小鼠活性成分解析方法的初步探索 [D]．福州：福建农林大学硕士学位论文，2014.

【临床参考文献】

[1] 许秀貌．金丝草代茶饮治疗急性肾盂肾炎 [J]．中国民间疗法，2000，8（10）：42.

[2] 关震．中西医结合治疗急性肾炎 20 例 [J]．福建医药杂志，1990，12（4）：61.

16. 高粱属 *Sorghum* Moench

一年生或多年生高大草本。秆直立粗壮，叶片条形或条状披针形。圆锥花序顶生，直立，开展，由多数含 1 ～ 5 节的总状花序组成，小穗孪生，成对生于穗轴的各节，1 枚有柄，1 枚无柄，在穗轴顶端 1 节含小穗 3 枚；无柄小穗两性，成熟，有柄小穗雄性或中性不孕，穗轴节间及小穗柄条形，边缘常具纤毛，但无纵沟；无柄小穗的第 1 颖背部凸起或扁平，成熟时变硬而有光泽，边缘窄，内卷，向顶端则渐内折，第 2 颖舟形，背部有脊；第 1 花外稃厚膜质至透明膜质；第 2 花外稃透明膜质，全缘而无芒或具 2 齿裂，裂齿间伸出 1 条或长或短的芒，或全缘而无芒。

约 30 种，广布于两半球的热带和亚热带地区。中国约 5 种，南北多栽培，法定药用植物 1 种。华东地区法定药用植物 1 种。

1068. 高粱（图 1068）• *Sorghum bicolor*（Linn.）Moench（*Sorghum vulgare* Pers.）

【别名】蜀黍（安徽）。

【形态】一年生栽培作物。秆粗壮，直立，高 1 ～ 4m。叶片条状披针形或披针形，长 30 ～ 60cm，

图 1068　高粱　　摄影　陈贤兴等

宽 2.5 ～ 7cm，顶端长渐尖，边缘粗糙，无毛；叶鞘无毛或被白粉；叶舌硬纸质，顶端圆，边缘有纤毛。圆锥花序大型，稠密，长 15 ～ 30cm，分枝近轮生，常再数次分出小分枝，穗轴节间不断落；小穗成对生于各节或为 3 枚顶生；无柄小穗常为卵状椭圆形，长 5 ～ 6mm，宽约 3mm；颖片成熟时下部硬革质，无毛，上部及边缘有短柔毛；有柄小穗雄性或中性，条形或披针形，长 3 ～ 5mm。颖果倒卵形，皮熟后露出颖片之外。花果期 8 ～ 10 月。

【生境与分布】华东各地有栽培；我国南北各省均有栽培，黄河以北栽培较广泛。

【药名与部位】抓地虎，根及根茎。

【采集加工】夏、秋二季收割后，挖取根，洗净，干燥。

【药材性状】呈多数须根簇生的类圆锥体，上端有残茎、中空，长 1 ～ 2cm。须根细长稍弯曲，直径 0.1 ～ 0.4cm，表面黄白色，表皮脱落后显棕红色至紫红色，光滑，体轻，质较脆，气微，味淡微甘。

【化学成分】根含倍半萜类：高粱醇（sorgomol）[1]；苯醌类：高粱酮（sorgoleone）、5- 乙氧基高粱酮（5-ethoxysorgoleone）和 2, 5- 二甲基高粱酮（2, 5-dimethoxysorgoleone）[2]；间苯二酚类：4, 6- 二甲氧基 -2-［（8′*Z*, 11′*Z*）-8′, 11′, 14′- 十五碳三烯］间苯二酚 {4, 6-dimethoxy-2-［（8′*Z*, 11′*Z*）-8′, 11′,

14′-pentadecatriene］resorcinol}、4- 甲氧基 -6- 乙氧基 -2-［（8′Z, 11′Z）-8′, 11′, 14′- 十五碳三烯］间苯二酚 {4-methoxy-6-ethoxy-2-［（8′Z, 11′Z）-8′, 11′, 14′-pentadecatriene］resorcinol} 和 4- 羟基 -6- 乙氧基 -2-［（10′Z, 13′Z）-10′, 13′, 16′- 十七碳三烯］间苯二酚 {4-hydroxy-6-ethoxy-2-［（10′Z, 13′Z）-10′, 13′, 16′-heptadecatriene］resorcinol}[3]。

茎含黄酮类：苜蓿素（tricin）和槲皮素 -3, 4′- 二甲醚（quercetin-3, 4′-dimethyl ether）[4]；苯丙素类：阿魏酸甲酯（methyl ferulate）和对羟基肉桂酸甲酯（methyl *p*-hydroxycinnamate）[4]；酚醛类：对 - 羟基苯甲醛（*p*-hydroxybenzaldehyde）[4]。

叶含氰苷类：蜀黍苷 -6- 葡萄糖苷（dhurrin-6-glucoside）[5]。

果皮含黄酮类：5, 7, 4′- 三羟基异黄酮（5, 7, 4′-trihydroxyisoflavone），即染料木素（genistein）和 5, 7- 二羟基 -6, 8- 二甲氧基 -4′- 羟基异黄酮（5, 7-dihydroxy-6, 8-dimethoxy-4′-hydroxyisoflavone）[6]；花色素类：芹菜花青定（apigeninidin）和 5, 7, 3′, 4′- 四羟花色鲜，即木犀草啶（luteolinidin）[7]。

种子含酚酸类：丹宁酸（tannic acid）和五倍子酸（gallic acid）[8]；苯丙素类：阿魏酸（ferulic acid）、绿原酸（chlorogenic acid）和肉桂酸（cinnamic acid）[8]；吡喃酮类：白屈菜酸（chelidonic acid）[9]；甾体类：24- 亚甲基胆固 -7- 烯 -3β- 醇（24-methylenecholest-7-en-3β-ol）、24- 亚甲基胆固醇（24-methylenecholesterol）、菜油甾醇（campsterol）、24- 亚乙基冠影掌烯醇（24-ethylidene lophenol）、24- 亚乙基胆固 -7- 烯 -3β- 醇（24-ethylidenecholest-7-en-3β-ol）和 28- 异岩藻甾醇（28-isofucosterol）[10]；三萜类：羽扇豆醇（lupeol）[10]；氰苷类：蜀黍苷 -6- 葡萄糖苷（dhurrin-6-glucoside）[5]。

果实含三萜类：羽扇烷醇（lupanol）、香树脂醇（amyrin）和异山柑子醇（isoarborinol）[11]；甾体类：28- 异岩藻甾醇（28-isofucosterol）[11]。

幼苗含酚类：对羟基苯甲醛（*p*-hydroxybenzaldehyde）[12] 和蜀黍苷 -6′- 葡萄糖苷（dhurrin-6′-glucoside）[13]；挥发油：（Z）-3- 己烯 -1- 醇［（Z）-3-hexen-1-ol］、（Z）-3- 己烯 -1- 醇乙酸酯［（Z）-3-hexen-1-ol acetate］、甲苯（toluene）、己醛（hexanal）、间 - 二甲苯（*m*-xylene）、壬醛（nonanal）和癸醛（decanal）[14]。

【药理作用】1. 调节体脂　种仁淀粉和抗性淀粉可显著降低高脂饮食诱导的肥胖模型大鼠肠系膜脂肪重量、肾周脂肪含量及睾丸周脂肪含量，显著降低超重大鼠脂肪堆积且高粱淀粉效果明显低于高粱抗性淀粉[1]。2. 抗凝血　根乙醇提取物的正丁醇部位及根水提醇沉上清液部分可显著延长小鼠的断尾出血时间（BT）、体外凝血时间（CT），扩张微动脉、延长大鼠血浆复钙时间（PRT）、凝血酶原时间（PT）、活化部分凝血活酶时间（APTT）和大鼠凝血酶时间（TT），抑制血小板聚集[2]。3. 抗炎　茎的水提取物可抑制脂多糖（LPS）刺激的 RAW264.7 巨噬细胞产生一氧化氮，且呈浓度依赖性，可显著抑制角叉菜胶引起的大鼠足趾肿胀[3]。4. 抗氧化　种子的 80% 丙酮提取物、80% 甲醇和 80% 乙醇提取物对 1，1- 二苯基 -2- 三硝基苯肼（DPPH）自由基和 2，2′- 联氮 - 二（3- 乙基 - 苯并噻唑 -6- 磺酸）二铵盐（ABTS）自由基具有较好的清除作用[4]。5. 抗菌　种子的乙醇提取物对白色葡萄球菌、金黄色葡萄球菌、枯草芽孢杆菌的生长具有一定的抑制作用，而对大肠杆菌、鼠伤寒沙门氏菌、绿脓杆菌和痢疾志贺氏菌的生长均有较强的抑制作用[5]。

【性味与归经】甘、涩，寒。

【功能与主治】清热解毒，凉血止血。用于骨蒸劳热，热咳吐血，烧伤烫伤。

【用法与用量】煎服 30 ～ 60g；外用适量，研末敷。

【药用标准】贵州药材 2003。

【临床参考】1. 小儿腹泻：稃片（高粱壳）50g，加麦麸 50g，水煎，煮沸 15min，待水温，连渣带汤熏洗患儿小腿和足部，1 次 5 ～ 10min，每日 2 ～ 4 次[1]。

2. 小便不利、浮肿：根 60g，加萹蓄 30g、灯芯草 15g，水煎服。（《浙江药用植物志》）

【附注】本种在汪颖《食物本草》中名为蜀黍，云："北地种之，以备缺粮，余及牛马。谷之最长者，南人呼为芦穄。"《本草纲目》云："蜀黍宜下地，春月播种，秋月收之。茎高丈许，状似芦荻而内实。叶亦似芦。穗大如帚。粒大如椒，红黑色。米性坚实，黄赤色。有二种：粘者可和糯秫酿酒作饵；不粘者可以作糕煮粥。可以济荒，可以养畜，梢可作帚，茎可织箔席，编篱、供爨，最有利于民者。”《植物名实图考》云：“蜀黍……北地通呼曰高粱，释经者误为黍类，《农政全书》备载其功用，然大要以酿酒为贵。不畏潦，过顶则枯，水所浸处，即生白根，摘而酱之，肥美无伦。”即为本种。

本种的全草（山高粱）及种皮（高粱米糠）民间也作药用。

上述的化学成分内容包含高粱的栽培变种。

【化学参考文献】

[1] Xie X N, Yoneyama K, Kusumoto D, et al. Sorgomol, germination stimulant for root parasitic plants, produced by *Sorghum bicolor* [J]. Tetrahedron Lett, 2008, 49 (13): 2066-2068.

[2] Rimando A M, Dayan F E, Czarnota M A, et al. A new photosystem Ⅱ electron transfer inhibitor from *Sorghum bicolor* [J]. J Nat Prod, 1998, 61 (11): 1456-1456.

[3] Rimando A M, Dayan F E, Streibig J C. PS Ⅱ inhibitory activity of resorcinolic lipids from *Sorghum bicolor* [J]. J Nat Prod, 2003, 66 (1): 42-45.

[4] Kwon Y S, Kim C M. Antioxidant constituents from the stem of *Sorghum bicolor* [J]. Arch Pharm Res, 2003, 26 (7): 535-539.

[5] Selmar D, Irandoost Z, Wray V. Dhurrin-6′-glucoside, a cyanogenic diglucoside from *Sorghum bicolor* [J]. Phytochemistry, 1996, 43 (3): 569-572.

[6] 李景琳，李淑芬. 高粱红色素的主要成分及结构分析 [J]. 辽宁农业科学，1993，5：47-49.

[7] 方昭希，张爱琴，娄莉青，等. 晋杂四号高粱（*Sorghum vulgare* cv. Jinza 4）颖片花色素的分析 [J]. 生物学杂志，1989，5：13-16.

[8] Maurya S, Singh R, Singh D P, et al. Phenolic compounds of *Sorghum vulgare* in response to *Sclerotium rolfsii* infection [J]. J Plant Interact, 2007, 2 (1): 25-29.

[9] Bough W A, Gander J E. Isolation and characterization of chelidonic acid from *Sorghum vulgare* [J]. Phytochematry, 1972, 11 (1): 209-213.

[10] Palmer M A, Bowden B N. The sterols and triterpenes of *Sorghum vulgare* grains [J]. Phytochemistry, 1975, 14 (9): 2049-2053.

[11] Palmer M A, Bowden B N. Variations in sterol and triterpene contents of developing *Sorghum bicolor* grains [J]. Phytochemistry, 1977, 16 (4): 459-463.

[12] Woodhead S, Galeffi C, Marini-Bettolo G B. *p*-Hydroxybenzaldehyde as a major constituent of the epicuticular wax of seedling *Sorghum bicolor* [J]. Phytochemistry, 1982, 21 (2): 455-456.

[13] Selmar D, Irandoost Z, Wray V. Dhurrin-6′-glucoside, a cyanogenic diglucoside from *Sorghum bicolor* [J]. Phytochemistry, 1996, 43 (3): 569-572.

[14] Lwande W, Bentley M D. Volatiles of *Sorghum bicolor* seedlings [J]. J Nat Prod, 1987, 50 (5): 950-952.

【药理参考文献】

[1] 董吉林，林娟，申瑞玲，等. 高粱淀粉及抗性淀粉对高脂饮食诱导大鼠体脂分布研究 [J]. 粮食与油脂，2013，26（10）：14-17.

[2] 颜幻，罗丽平，冯中祥，等. 高粱根不同极性提取部位的抗凝血作用 [J]. 华西药学杂志，2017，32（5）：507-510.

[3] 车宜轩，蒋嘉烨. 甜芦粟（*Sorghum bicolor*）总黄酮提取及抗炎活性研究 [J]. 数理医药学杂志，2017，30（12）：1825-1827.

[4] 刘禹，段江莲，李为琴，等. 高粱米不同溶剂提取物的抗氧化活性研究 [J]. 中国粮油学报，2013，28（6）：36-39.

[5] 段江莲，刁文睿，李为琴，等. 高粱籽粒乙醇提取物的体外抗氧化及抑菌活性 [J]. 中国粮油学报，2013，28（11）：13-17.

【临床参考文献】

[1] 罗建雄. 麦麸、高粱壳外洗治疗小儿腹泻 [J]. 湖南中医杂志，1988，（3）：28.

17. 玉蜀黍属 *Zea* Linn.

一年生高大的栽培作物。秆直立，粗壮，实心，常不分枝，基部节处常生出气生根。叶片阔而扁平。小穗单性，雌雄异序；雄花序生于秆顶，由数枚至多数总状花序组成的大型、疏散的圆锥花序，雄花序的分枝3棱状，每节有雄小穗2枚，1枚无柄，1枚具短柄，每1雄小穗含小花2朵，颖片膜质，顶端尖，外稃及内稃均膜质，透明；雌花序生于叶腋内，为多数的叶状总苞所包藏；雌小穗含1小花，排列于粗厚、松软的圆柱状穗轴上，全部雌小穗无柄；颖片宽阔，顶端圆或微凹，外稃膜质透明；花柱长丝状，长伸出于总苞之外。

单种属，全世界广泛栽培。中国1种，南北广泛栽培，法定药用植物1种。华东地区法定药用植物1种。

1069. 玉蜀黍（图 1069）• *Zea mays* Linn.

图 1069　玉蜀黍　　　摄影　赵维良等

【别名】玉米，包谷（安徽），六谷（浙江）。

【形态】一年生栽培作物。秆粗壮，直立，高1～4m，下部节上常有气生根。叶片宽大，剑形或条状披针形，顶端渐尖，边缘波状皱褶，具强壮之中脉。雄性小穗长7～10mm；两颖几等长，背部隆起，具9～10脉；外稃与内稃几与颖等长；花药橙黄色；雌小穗孪生，成行排列于粗壮而呈海绵状穗轴上；

两颖等长，甚宽，无脉而具纤毛；第 1 外稃内具内稃或缺；第 2 外稃似第 1 外稃，具内稃；雌蕊具极长而细弱的花柱。颖果略呈球形，成熟后伸出颖片或稃片，因品种不同而有白、黄、红、紫蓝等色。

【生境与分布】华东各省普遍栽培，另我国其他各地均有栽培；原产于中美洲和南美洲，广泛栽培于世界各地。

【药名与部位】玉米须，花柱和柱头。玉米花粉，经蜜蜂采集而成的蜂花粉。

【采集加工】玉米须：夏、秋二季果实成熟时收集，干燥。玉米花粉：夏季采集。

【药材性状】玉米须：呈线状或须状，常集结成团。花柱长可达 30cm，淡黄色至棕红色，有光泽；柱头短，2 裂。质柔软。气微，味微甜。

玉米花粉：为黄色不规则的扁圆形团粒，体轻，手捻有滑润感。气微，味淡。

【药材炮制】玉米须：除去杂质，长者切短。

玉米花粉：除去杂质，干燥。

【化学成分】根含生物碱类：吲哚 -3- 乙酸（indole-3-acetic acid）[1] 和 2-（2- 羟基 -7- 甲氧 -1, 4- 苯并噁嗪 -3- 酮）-β-D- 葡萄糖苷［2-（2-hydroxy-7-methoxy-1, 4-benzoxazin-3-one）-β-D-glucoside］[2]。

叶含黄酮类：苜蓿素 -5-*O*-β-D- 葡萄糖苷（tricin-5-*O*-β-D-glucoside）、苜蓿素（tricin）和苜蓿素 -7-*O*-β-D-葡萄糖苷（tricin-7-*O*-β-D-glucoside）[3]；甾体类：β- 谷甾醇（β-sitosterol）[3]；氨基酸类：天冬氨酸（Asp）、苏氨酸（Thr）、丝氨酸（Ser）、谷氨酸（Glu）、脯氨酸（Pro）、甘氨酸（Gly）、丙氨酸（Ala）、缬氨酸（Val）、蛋氨酸（Met）、异亮氨酸（Ile）和亮氨酸（Leu）等[4]；挥发油类：水杨醛（salicylaldehyde）、芳樟醇（linalool）、β- 环氧石竹烷（β-caryophyllene epoxide）、植醇（phytol）和 1, 2- 环氧十六烷（1, 2-epoxy-hexadecan）等[5]；脂肪酸酐类：十四烷酸酐（myristic aldehyde）和棕榈酸酐（palmitic anhydride）[5]；元素：钙（Ca）、钾（K）、镁（Mg）、磷（P）、铁（Fe）、锰（Mn）、锶（Sr）和锌（Zn）[4]。

花柱和柱头含黄酮类：柯伊利素（chrysoeriol）[6]；酚酸类：对 - 羟基肉桂酸（*p*-coumaricacid）和香草酸（vanillic acid）[6]；脂肪酸类：十四烷酸（tetradeconic acid）[6]；二萜类：土槿戊酸（pseudolario acid）[6]；醛类：庚醛（heptaldehyde）和壬醛（nonanal）[7]；烷烃类：十四烷（tetradecane）、十五烷（pentadecane）、十六烷（hexadecane）、十七烷（heptadecane）和十八烷（octodecane）[7]；生物碱类：金色酰胺醇乙酸酯（aurantiamide acetate）[6]；三萜类：熊果酸（ursolic acid）、无羁萜酮（friedelin）和赤杨酮（glutinone）[8]；甾体类：豆甾 -4- 烯 -3β, 6β- 二醇（stigmasta-4-en-3β, 6β-diol）、豆甾 -5- 烯 -3β, 7α- 二醇（stigmasta-5-en-3β, 7α-diol）、豆甾 -5, 22- 二烯 -3β, 7α- 二醇（stigmasta-5, 22-dien-3β, 7α-diol）、β- 谷甾醇 -3-*O*-β-D- 吡喃葡萄糖苷（sitosterol-3-*O*-β-D-glucopyranoside）和豆甾醇 -3-*O*-β-D- 吡喃葡萄糖苷（stigmasterol-3-*O*-β-D-glucopyranoside）[8]；其他尚含：邻苯二甲酸二丁酯（dibutyl phthalate）和对二甲苯（*p*-xylene）[7]。

花粉含黄酮类：山柰酚 -3-*O*- 葡萄糖苷（kaempferol-3-*O*-glucoside）、槲皮素 -3-*O*- 葡萄糖苷（quercetin-3-*O*-glucoside）、槲皮素 -3, 7-*O*- 二葡萄糖苷（quercetin-3, 7-*O*-diglucoside）、槲皮素 -3, 3′-*O*-二葡萄糖苷（quercetin-3, 3′-*O*-diglucoside）、槲皮素 -3-*O*- 新橙皮糖苷（quercetin-3-*O*-neohesperidoside）、quercetin-3-*O*- 葡萄糖苷 -3′-*O*- 二葡萄糖苷（quercetin-3-*O*-glucoside-3′-*O*-diglucoside）、异鼠李素 -3-*O*- 葡萄糖苷（isorhamnetin-3-*O*-glucoside）、异鼠李素 -3, 4′-*O*- 二葡萄糖苷（isorhamnetin-3, 4′-*O*-diglucoside）、异鼠李素 -3-*O*- 新橙皮糖苷（isorhamnetin-3-*O*-neohesperidoside）、异鼠李素 -3-*O*- 葡萄糖苷 -4′-*O*- 二葡萄糖苷（isorhamnetin-3-*O*-glucoside-4′-*O*-diglucoside）[9]，槲皮素 -3′- 葡萄糖苷（quercitrin-3′-glucoside）、槲皮素 -7′- 葡萄糖苷（quercitrin-7′-glucoside）和异槲皮苷（isoquercitrin）[10]。

种子含黄酮类：3, 7- 二 -*O*- 甲基槲皮素 -5-*O*- 葡萄糖苷（3, 7-di-*O*-methylquercetin-5-*O*-glucoside）[11]；生物碱类：2-{2- 羟基 -7, 8- 二甲氧基 -2H-1, 4- 苯并噁嗪 -3［4H］- 酮 }-β-D- 吡喃葡萄糖苷 {2-{2-hydroxy-7, 8-dimethoxy-2H-1, 4-benzoxazin-3［4H］-one}-β-D-glucopyranoside} 和 2-{2, 4- 二羟基 -7, 8- 二甲氧基 -2H-1, 4- 苯并噁嗪 -3［4H］- 酮 }-β-D- 吡喃葡萄糖苷 {2-{2, 4-dihydroxy-7, 8-dimethoxy-2H-1, 4-benzoxazin-3［4H］-one}-β-D-glucopyranoside}[12]，1-（2- 羟基 -4- 甲氧苯氨基）-1- 脱氧 -β- 葡萄糖苷 -1, 2- 氨基甲酸

酯［1-（2-hydroxy-4-methoxyphenylamino）-1-deoxy-β-glucoside-1, 2-carbamate］和 1-（2- 羟苯氨基）-6-*O*-丙二酰基 -1- 脱氧 -β- 葡萄糖苷 -1, 2- 氨基甲酸酯［1-（2-hydroxyphenylamino）-6-*O*-malonyl-1-deoxy-β-glucoside-1, 2-carbamate］[13]；苯丙素类：（*E*）- 对香豆酸［（*E*）-*p*-coumaric acid］、5- 羟基阿魏酸（5-hydroxyferulic acid）和阿魏酸（ferulic acid）[14]。

穗含挥发油类：顺式 -α- 松油醇（*cis*-α-terpineol）、香茅醇（citronellol）和松樟酮（pinocamphone）[15]；苯丙素类：丁香酚（eugenol）[15]；黄酮类：玉米黄酮苷（maysin）[16]，3′- 甲氧基玉米黄酮苷（3′-methoxymaysin）、芹菜玉米黄酮苷（apimaysin）、6-C- 半乳糖基木犀草素（6-C-galactosyl luteolin）[17]，2″-*O*-α-L- 鼠李糖基 -6-C-岩藻糖基木犀草素（2″-*O*-α-L-rhamnosyl-6-C-fucosyl luteolin）、2″-*O*-α-L- 鼠李糖基 -6-C- 喹诺糖基木犀草素（2″-*O*-α-L-rhamnosyl-6-C-quinovosyl luteolin）、2″-*O*-α-L- 鼠李糖基 -6-C- 岩藻糖基 -3′- 甲氧基木犀草素（2″-*O*-α-L-rhamnosyl-6-C-fucosyl-3′-methoxyluteoiin）[18]，金圣草素 -6-C-β- 吡喃波依文糖基 -7-*O*-β-吡喃葡萄糖苷（chrysoeriol-6-C-β-boivinopyranosyl-7-*O*-β-glucopyranoside）和金圣草素 -6-C-β- 吡喃波依文糖苷（chrysoeriol-6-C-β-boivinopyranoside）[19]；叶黄素类：胡萝卜素 - 叶黄素（carotenoids-lutein）、玉米黄素（zeaxanthin）和 β- 胡萝卜素（β-carotene）[20]。

全草含三萜类：β- 香树脂醇（β-amyrin）和无羁萜（friedelin）[21]。

【药理作用】1. 抗凝血　果序轴的甲醇提取物的正丁醇部位及苞叶甲醇提取物的乙酸乙酯和石油醚部位可显著缩短体外血浆复钙时间[1]。2. 抑制 α- 葡萄糖苷酶　苞叶、果序轴及种子的甲醇提取物的乙酸乙酯部位在体外具有较强的抑制 α- 葡萄糖苷酶的作用[2]。3. 利尿　花柱（玉米须）水提取物可增加大鼠尿及尿钾排泄量，减弱肾小球功能和过滤器负荷，减弱近端小管部分 Na^+ 重吸收，增加远端小管 Na^+ 重吸收[3]。

【性味与归经】玉米须：甘，平。玉米花粉：淡、微甘，平。归心、肾经。

【功能与主治】玉米须：利水消肿，降血压。用于肾炎水肿，肝硬化腹水，糖尿病；高血压症。玉米花粉：滋补强壮，安神益智。用于动脉硬化症，高脂血症，神经衰弱。

【用法与用量】玉米须：15 ～ 30g。玉米花粉：内服每日 1 ～ 6g。

【药用标准】玉米须：药典 1977、部标中药材 1992、浙江炮规 2015、山西药材 1987、河南药材 1991 和贵州药材 2003；玉米花粉：福建药材 2006 和湖北药材 2009。

【临床参考】1. 盗汗：茎芯适量，水煎，分 2 次服[1]。

2. 肾性水肿：花柱（玉米须）30 ～ 90g，水煎服[2]；或须蕊 60g，加车前草 30g，水煎服。（《浙江药用植物志》）。

3. 高血压：花柱（玉米须）30g，加夏枯草 30g，水煎服。

4. 糖尿病：花柱（玉米须）60g，加楤木根皮 9g，水煎服。

5. 肝炎、胆囊炎、胆结石：须蕊 60g，加金钱草、海金沙全草各 30g，水煎服。（3 方至 5 方引自《浙江药用植物志》）

【附注】玉蜀黍原产美洲，明代始传入中国，入药始载于《滇南本草》。《本草纲目》云："玉蜀黍种出西土，种者亦罕。其苗叶俱似蜀黍而肥矮，亦似薏苡。苗高三四尺。六、七月开花，成穗，如秕麦状。苗心别出一苞，如棕鱼形，苞上出白须垂垂。久则苞拆子出，颗颗攒簇。子亦大如棕子，黄白色。可炸炒食之。炒拆白花，如炒拆糯谷之状。"《植物名实图考》云："玉蜀黍，《纲目》始入谷部，川、陕、两湖，凡山田皆种之，俗呼包谷。山农之粮，视其丰歉，酿酒磨粉，用均米麦；瓤煮以饲豖，秆杆干以供炊，无弃物。"所叙皆为本种。

本种的雄花穗（玉米须）、穗轴（玉米轴）、叶、根及玉米油民间均作药用。

【化学参考文献】

［1］Elliott M C，Greenwood M S. Indol-3-ylacetic acid in roots of *Zea mays*［J］. Phytochemistry，1974，13（1）：239-241.
［2］Gahagan H E，Mumma R O. Isolation of 2-（2-hydroxy-7-methoxy-1，4-benzoxazin-3-one）-β-D-glucopyranoside from

Zea mays [J]. Phytochemistry，1967，6（10）：1441-1448.
[3] 刘银燕，杨晓虹，陈滴，等. 玉蜀黍叶中黄酮类成分的提取分离和结构鉴定[J]. 吉林大学学报（医学版），2012，38（1）：67-69.
[4] 刘银燕. 玉蜀黍叶中氨基酸及无机元素的含量测定[J]. 特产研究，2012，34（1）：58-59.
[5] 刘银燕. 玉蜀黍叶挥发油成分 GC-MS 分析[J]. 特产研究，2011，33（3）：64-65.
[6] 徐燕，邹忠梅，梁敬钰. 玉米须的化学成分[J]. 中国天然药物，2008，6（3）：237-238.
[7] 周鸿立，翟向阳. 玉米须脂肪油类化学成分的研究[J]. 中成药，2008，30（5）：770-771.
[8] 徐燕，梁敬钰. 玉米须的化学成分研究[J]. 中草药，2006，37（6）：831-833.
[9] Ceska O，Styles E D. Flavonoids from *Zea mays* pollen [J]. Phytochemistry，1984，23（8）：1822-1823.
[10] Dooner H K. Flavonol glucosyltransferase activity in bronze embryos of *Zea mays* [J]. Phytochemistry，1979，18（5）：749-751.
[11] Hedin P A，Callahan F E. 3，7-Di-*O*-methylquercetin 5-*O*-glucoside from *Zea mays* [J]. J Agric Food Chem，2002，38（8）：1755-1757.
[12] Hofman J，Masojidkova M 1，4-Benzoxazine glucosides from *Zea mays* [J]. Phytochemistry，1973，12（1）：207-208.
[13] Hofmann D，Knop M，Hao H，et al. Glucosides from MBOA and BOA detoxification by *Zea mays* and *Portulaca oleracea* [J]. J Nat Prod，2006，69（1）：34-37.
[14] Ohashi H，Yamamoto E，Lewis N G，et al. 5-Hydroxyferulic acid in *Zea mays* and *Hordeum vulgare* cell walls [J]. Phytochemistry，1987，26（7）：1915-1916.
[15] El-Ghorab A，El-Massry K F，Shibamoto T. Chemical composition of the volatile extract and antioxidant activities of the volatile and nonvolatile extracts of Egyptian corn silk（*Zea mays* L.）[J]. J Agric Food Chem，2007，55（22）：9124-9127.
[16] Elliger C A，Chan B G，Waiss A C，et al. C-Glycosylflavones from *Zea mays* that inhibit insect development [J]. Phytochemistry，1980，19（2）：293-297.
[17] Snook M E，Widstrom N W，Wiseman B R，et al. New flavone C-glycosides from corn（*Zea mays* L.）for the control of the corn earworm（*Helicoverpa zea*）[J]. ACS Symposium Series（Bioregulators for Crop Protection and Pest Control），1994，557：122-135.
[18] Snook M E，Widstrom N W，Wiseman B R，et al. New C-4″-hydroxy derivatives of maysin and 3′-methoxymaysin isolated from corn silks（*Zea mays*）[J]. J Agric Food Chem，2002，43（10）：2740-2745.
[19] Suzuki R，Okada Y，Okuyama T. Two flavone C-glycosides from the style of *Zea mays* with glycation inhibitory activity [J]. J Nat Prod，2003，66（4）：564-565.
[20] Mamatha B S，Arunkumar R，Baskaran V. Effect of processing on major carotenoid levels in corn（*Zea mays*）and selected vegetables：bioavailabitity of lutein and zeaxanthin from processed corn in mice [J]. Food and Bioprocess Technology，2012，5（4）：1355-1363.
[21] Ohmoto T. Triterpenoids and related compounds from gramineae plants. V [J]. Yakugaku Zasshi，1969，89（6）：814-820.

【药理参考文献】

[1] 顾海鹏，周大鹏，顾雪竹，等. 玉蜀黍轴及苞叶对凝血作用的影响[J]. 天然产物研究与开发，2013，25（5）：681-683.
[2] 尹震花，顾雪竹，顾海鹏，等. 玉蜀黍苞叶和玉米棒提取物 α-糖苷酶抑制活性[J]. 河南大学学报（医学版），2012，31（2）：88-90.
[3] Velazquez D V O. 玉蜀黍提取物可调节清醒大鼠肾小球功能和钾离子经肾排泄[J]. 国外医药·植物药分册，2006，21（4）：174.

【临床参考文献】

[1] 董元勋. 玉蜀黍茎治盗汗[J]. 中国民间疗法，2002，10（10）：57.
[2] 饶河清. 介绍玉蜀黍须蕊治愈二例肾脏性水肿[J]. 江西中医药，1959，（7）：27-28.

18. 薏苡属 *Coix* Linn.

一年生或多年生高大草本。秆直立，粗壮，有分枝。叶片扁平，长而宽。总状花序顶生或腋生；小穗单性；雄小穗含小花 2 朵，2 ~ 3 枚生于穗轴各节，其中 1 枚无柄，其余 1 或 2 枚有柄，排列于穗轴的上部，伸出骨质念珠状的总苞外面；雌小穗 2 或 3 枚聚生于穗轴的基部，被包于骨质念珠状的总苞内，其中仅 1 枚发育，其余退化；结实小穗的第 1 颖下部膜质，上部厚纸质，顶端钝，具多脉，第 2 颖舟形，被第 1 颖所包。

约 10 种，多数分布于亚洲热带地区。中国 5 种 2 变种，南北各地多有分布，法定药用植物 1 种 1 变种。华东地区法定药用植物 1 种 1 变种。

1070. 薏苡（图 1070）· *Coix lacryma-jobi* Linn.

图 1070　薏苡　　　　摄影　赵维良等

【**别名**】菩提子、川谷（浙江）。

【形态】一年生或多年生草本。秆粗壮，直立，多分枝，高 1 ～ 1.5m。叶片宽条形或条状披针形，长 10 ～ 40cm，宽 1 ～ 4cm，顶端渐尖，基部近心形，边缘粗糙，中脉粗厚而明显；叶鞘光滑无毛，常短于节间；叶舌质硬。总状花序腋生成束，长 3 ～ 10cm，直立，具总花梗；雄小穗长 5 ～ 6mm，伸出于念珠状总苞之外，下垂；雌小穗包藏在骨质念珠状总苞内，总苞卵形或近球形，长 8 ～ 10mm，宽 6 ～ 8mm，成熟时光亮，白色、灰色、蓝紫色至带黑色。颖果小，含淀粉少，常不饱满。花果期 8 ～ 11 月。

【生境与分布】多生于沟边、溪涧边及阴湿山谷中或栽培。分布于华东各地，另全国其他各地也有分布；世界温暖地区也有分布。

【药名与部位】薏苡根，根及茎基。薏苡仁（苡米），种仁。

【采集加工】薏苡根：秋季收取米仁后，斩取根部，晒干。薏苡仁：8 ～ 10 月果实成熟时割取全株，晒干，打落果实，除去外壳及黄褐色的外皮，去净杂质，收集种仁。

【药材性状】薏苡根：根呈细条状，多弯曲，长可达 20cm，粗约 3mm，数条至 10 余条不等着生于一茎基上。表面黄褐色。质轻而疏松，手捏时微有弹性，气微，味微甘。

薏苡仁：呈椭圆球形或圆球形，基部较宽而略平，顶端钝圆，长约 5mm，宽 3 ～ 5mm。表面白色或黄白色，有时残留未除尽的黄褐色外皮，侧面有一条深且宽的纵沟，沟底粗糙，褐色，基部凹入，其中有一棕色小点。质坚硬，破开后白色，有粉性。无臭，味甘。

【药材炮制】薏苡根：除去杂质，洗净，润软，切段，干燥。

薏苡仁：苡米　洗净糠土，干燥。炒苡米　取苡米饮片，置锅内用文火炒至微黄色或用麸炒，取出，摊凉。

【化学成分】种仁含脂肪酸类：十五烷酸（petadecanoic acid）、11- 十六碳烯酸（11-hexadecenoic acid）、十六烷酸（hexsdecanoic acid）、十七烷酸（heptadecanoic acid）、9, 12- 十八碳二烯酸（9, 12-octadecadienoic acid）、9- 十八碳烯酸（9-octadecenoic acid）、十八烷酸（octadecanoic acid）、11- 二十碳烯酸（11-eicosenoic acid）、二十烷酸（eicosanoic acid）、二十二烷酸（docosanoic acid）、二十三烷酸（tricosanoic acid）、壬二酸（azelaic acid）、棕榈酸（palmitic acid）、亚油酸（linoleic acid）、油酸（oleic acid）、11- 十八碳烯酸（11-octadecenoic acid）、硬脂酸（stearic acid）、壬酸（nonanoic acid）、癸酸（decanoic acid）、9- 氧代壬酸（9-ketononanoic acid）、辛二酸（suberic acid）、十四烷酸（myristic acid）、十一烷二酸（undecanedioic acid）、（*Z*）-9- 十六碳烯酸［（*Z*）-9-hexadecenoic acid］[1, 2]，辛酸乙酯（ethyl octanoate）、辛酸（octanoic acid）、庚酸乙酯（ethyl heptanoate）和 4- 己烯酸乙酯（ethyl hex-4-enoate）[3]；挥发油类：2- 甲基 -2, 4- 戊二醇（2-methyl-2, 4-pentanediol）、3- 甲基环戊醇（3-methyl cyclopentanol）、2, 4- 癸二烯醛（2, 4-nonadienal）、2- 羟基 -6- 甲基苯甲醛（2-hydroxy-6-methyl benzaldehyde）、2- 十一烯醛（2-undecenal）、反式 -2, 4- 癸二烯醛（*trans*-2, 4-nonadienal）、反式 -2- 癸烯醛（*trans*-2-decenal）、十五烷醛（pentadecanal）、桃醛（peach aldehyde）、2, 2- 二甲基 -3- 戊酮（2, 2-dimethyl-3-pentanone）、2- 戊酮（2-pentanone）、3, 3, 6- 三甲基 -1, 5- 庚二烯 -4- 酮（3, 3, 6-trimethyl-1, 5-heptadiene-4-one）、3, 6- 辛二酮（3, 6-octanedione）、6- 乙酰基 -2- 己酮（6-acetyl-2-hexanone）、十一烷（undecane）、2, 4, 6- 三甲基癸烷（2, 4, 6-trimethyl decane）、2- 甲基 -2- 苯基十五烷（2-methyl-2-phenylpentadecane）、正二十一烷（*n*-heneicosane）、正十九烷（*n*-nonadecane）、正十三烷（*n*-tridecane）[4]，苯乙醇（phenylethyl alcohol）、苯甲酸乙酯（ethyl benzoate）、1, 2, 4, 5- 四甲基苯（1, 2, 4, 5-tetramethyl benzene）、壬醛（nonanal）、2- 壬酮（2-nonanone）和苯乙醛（benzeneacetaldehyde）等[3]；氨基酸类：天冬氨酸（Asp）、苏氨酸（Thr）、丝氨酸（Ser）、谷氨酸（Glu）、甘氨酸（Gly）、丙氨酸（Ala）、半胱氨酸（Cys）、缬氨酸（Val）、蛋氨酸（Met）、异亮氨酸（Ile）、亮氨酸（Leu）、酪氨酸（Tyr）、苯丙氨酸（Phe）、赖氨酸（Lys）、组氨酸（His）、精氨酸（Arg）和脯氨酸（Pro）[5]；炔类：1- 十八炔（1-octadecyne）和 1- 十六炔（1-hexadecyne）[2]；烯烃类：8- 甲基十一烯（8-methyl hendecene）和二十烯（eicosene）[3]；甾体类：β- 谷甾醇（β-sitosterol）[6]；生物碱类：薏苡素（coixol），即 6- 甲氧基苯并噁唑啉酮（6-methoxybenzoxazolinone）和 2-*O*-β- 吡喃葡萄糖基 -7-

甲氧基-2H-1, 4-苯并噁嗪-3(4H)-酮[2-*O*-β-glucopyranosyl-7-methoxy-2H-1, 4-benzoxazin-3(4H)-one][6]；酚酸类：香草酸（vanillic acid）、丁香酸（syringic acid）和丁香醛（syringaldehyde）[6]；苯丙素类：反式-对-香豆酸（*trans-p*-coumaric acid）和阿魏酸（ferulic acid）[6]；核苷类：腺苷（adenosine）和9-β-D-葡萄糖基腺嘌呤（9-β-D-glucopyranosyl adenine）[6]；元素：钾（K）、钙（Ca）、钠（Na）、镁（Mg）、锌（Zn）、铜（Cu）、锰（Mn）、铁（Fe）、铅（Pb）、铬（Cr）、磷（P）和硒（Se）[5,7]；其他尚含：邻苯二甲酸（dimethyl phthalate）[1]和2-甲基-2-硫醇（2-methyl-2-mercaptan）[4]。

根含氨基酸类：天冬氨酸（Asp）、苏氨酸（Thr）、丝氨酸（Ser）、谷氨酸（Glu）、甘氨酸（Gly）、丙氨酸（Ala）、半胱氨酸（Cys）、缬氨酸（Val）、蛋氨酸（Met）、异亮氨酸（Ile）、亮氨酸（Leu）、酪氨酸（Tyr）、苯丙氨酸（Phe）、赖氨酸（Lys）、组氨酸（His）、精氨酸（Arg）和脯氨酸（Pro）[5]；元素：钾（K）、钙（Ca）、钠（Na）、镁（Mg）、锌（Zn）、铜（Cu）、锰（Mn）、铁（Fe）、铅（Pb）、铬（Cr）、磷（P）和硒（Se）[5]。

茎含氨基酸类：天冬氨酸（Asp）、苏氨酸（Thr）、丝氨酸（Ser）、谷氨酸（Glu）、甘氨酸（Gly）、丙氨酸（Ala）、半胱氨酸（Cys）、缬氨酸（Val）、蛋氨酸（Met）、异亮氨酸（Ile）、亮氨酸（Leu）、酪氨酸（Tyr）、苯丙氨酸（Phe）、赖氨酸（Lys）、组氨酸（His）、精氨酸（Arg）和脯氨酸（Pro）[5]；元素：钾（K）、钙（Ca）、钠（Na）、镁（Mg）、锌（Zn）、铜（Cu）、锰（Mn）、铁（Fe）、铅（Pb）、铬（Cr）、磷（P）和硒（Se）[5]。

叶含氨基酸类：天冬氨酸（Asp）、苏氨酸（Thr）、丝氨酸（Ser）、谷氨酸（Glu）、甘氨酸（Gly）、丙氨酸（Ala）、半胱氨酸（Cys）、缬氨酸（Val）、蛋氨酸（Met）、异亮氨酸（Ile）、亮氨酸（Leu）、酪氨酸（Tyr）、苯丙氨酸（Phe）、赖氨酸（Lys）、组氨酸（His）、精氨酸（Arg）和脯氨酸（Pro）[5]；元素：钾（K）、钙（Ca）、钠（Na）、镁（Mg）、锌（Zn）、铜（Cu）、锰（Mn）、铁（Fe）、铅（Pb）、铬（Cr）、磷（P）和硒（Se）[5]。

全草含三萜类：异彩山柑子萜醇（isoarborinol）和无羁萜（friedelin）[8]。

【药理作用】1. 抗氧化　叶的乙酸乙酯提取物具有较强的清除羟自由基（·OH）、超氧阴离子自由基（O_2^-·）和1, 1-二苯基-2-三硝基苯肼（DPPH）自由基的作用[1]；茎醇提取物的乙酸乙酯萃取部位具有显著的清除2, 2′-联氮-二（3-乙基-苯并噻唑-6-磺酸）二铵盐（ABTS）自由基和羟自由基的作用[2]；茎的丙酮提取物及根中提取的多糖均对1, 1-二苯基-2-三硝基苯肼自由基、羟自由基和超氧阴离子自由基具有较强的清除作用[3, 4]。2. 抗菌　茎乙醇提取物经石油醚萃取得到脂溶性成分对表皮葡萄球菌、金黄色葡萄球菌、大肠杆菌的生长具有较强的抑制作用，对伤寒杆菌也有一定的抑制作用[5]。3. 抗肿瘤　茎的水提取物和醇提取物对小鼠S180肉瘤生长具有抑制作用[6]；茎水提取物的石油醚萃取液对人宫颈癌HeLa细胞的增殖有抑制作用，茎醇提取物的石油醚萃取液对胃癌SGC-7901细胞的增殖具有抑制作用[7]。4. 抗疲劳　薏苡叶水提取液可延长小鼠负重游泳时间[8]。5. 抗耐缺氧　薏苡叶水提取液可延长小鼠常压耐缺氧时间[8]。

【性味与归经】薏苡根：甘、淡，凉。归肺、肝、肾、膀胱、大肠经。薏苡仁：甘，微寒。

【功能与主治】薏苡根：清火解毒，利水消肿，化石排石。用于肺热咳嗽，痰多；胆汁病；水肿病；六淋证出现的尿频、尿急、尿痛、尿夹沙石；性病。薏苡仁：健脾，补肺，清热，利水。水肿，脚气，泄泻，湿痹，拘挛，肠痈，肺痈肺痿，淋浊，白带。

【用法与用量】薏苡根：15～30g。薏苡仁：15～30g。

【药用标准】薏苡根：上海药材1994和云南傣药2005三册；薏苡仁：药典1963和贵州药材1965。

【附注】以川谷之名始载于《救荒本草》，云："川谷生汜水县田野中。苗高三四尺，叶似初生蜀秫叶微小，叶间丛开小黄白花，结子似草珠儿微小，味甘，采子捣为米。"《本草纲目》在薏苡条云："一种圆而壳厚，坚硬者，即菩提子也；其米少，即粳糯也，但可穿做念经数珠，故人亦呼为念珠云。其根并白色，大如匙柄，糺结而味甘也。"综上所述，并核其附图，与本种相符。

药材薏苡仁首次收载于《中国药典》1963 年版一部，基原植物记载为薏苡 *Coix lacryma-jobi* Linn.，后 1977 版将其基原植物修订为薏苡 *Coix lacryma-jobi* Linn. var. *ma-yuen*（Roman.）Stapf，并延续至 2015 年版一部。而 *Flora of China* 中 *Coix lacryma-jobi* L. var. *ma-yuen*（Roman.）Stapf 对应的中文名称为薏米，《中国植物志》中该拉丁学名为薏米 *Coix chinensis* Tod. 的异名，薏苡则是它的原变种 *Coix lacryma-jobi* Linn.。

据观察薏苡与薏米在植物形态上的主要区别点为：薏苡总状花序直立，仅雄花穗下垂，总苞珐琅质，坚硬，光滑无棱，有光泽，按压不破，含淀粉少，不作食用；薏米总状花序下倾，总苞甲壳质，质脆，表面有纵棱，按压易碎，富含淀粉及脂肪，可作食用。

据对《雷公炮炙论》《名医别录》《本草图经》《本草纲目》等的考证及对药材薏苡仁市场调查和性状对照，药材薏苡仁的基原植物应为薏米 *Coix lacryma-jobi* L. var. *ma-yuen*（Roman.）Stapf，而薏苡 *Coix lacryma-jobi* Linn. 主要用作工艺品，故药材标准、中药著作和文献所述以植物薏苡 *Coix lacryma-jobi* Linn. 作薏苡仁药用的描述和研究均不确切，为维持体例格式的完整，本书对薏苡用作药材的有关描述暂按标准和文献不作修改。

根据作者对薏苡仁基原植物的研究考证，中国药典 2020 年版已将药材薏苡仁的基原植物修订为薏米 *Coix lacryma-jobi* Linn. var. *ma-yuen*（Roman.）Stap。

【化学参考文献】

[1] 回瑞华，侯冬岩，郭华，等. 薏米中营养成分的分析［J］. 食品科学，2005，26（8）：375-377.
[2] 乐巍，邱蓉丽，吴德康，等. 不同居群薏苡种仁脂肪酸成分的 GC-MS 分析［J］. 中药材，2008，31（11）：1613-1614.
[3] 危晴，李晔，王晓杰，等. 发酵型薏米酒香气成分的 GC-MS 分析［J］. 食品科技，2012，37（3）：297-300.
[4] 赵为武，李俊，郭晓关，等. 薏苡仁提取油的成分分析［J］. 安徽农业科学，2014，42（1）：257-258，305.
[5] 王颖，赵兴娥，王微，等. 薏苡不同部位营养成分分析及评价［J］. 食品科学，2013，34（5）：255-259.
[6] Amen Y，Arung E T，Afifi M S，et al. Melanogenesis inhibitors from *Coix lacryma-jobi* seeds in B16-F10 melanoma cells［J］. Natural Product Research，2017，31（23）：2712-2718.
[7] 田茂，袁立华，侯娟. 利用火焰原子吸收分光光度法测定薏米中的微量元素［J］. 科技风，2009，9：107.
[8] Ohmoto T，Ikuse M，Natori S. Triterpenoids of the Gramineae［J］. Phytochemistry，1970，9（10）：2137-2148.

【药理参考文献】

[1] 黄凯玲，黄建红，黄锁义，等. 薏苡叶乙酸乙酯提取物体外抗活性氧自由基作用研究［J］. 微量元素与健康研究，2016，33（3）：4-6.
[2] 陈雯静，黄锁义，喻巧容，等. 不同极性薏苡茎提取物的抗氧化活性研究［J］. 食品工业，2017，38（6）：104-106.
[3] 李建娜，黄凤选，陈学继，等. 薏苡茎丙酮提取物的体外抗氧化活性研究［J］. 中国民族民间医药，2017，26（20）：35-38.
[4] 农建聃，罗爱月，吕金萍，等. 薏苡根中多糖含量提取及抗氧化活性研究［J］. 中国临床药理学杂志，2018，34（28）：2854-2856.
[5] 李容，覃涛，梁榕珊，等. 薏苡茎脂溶性成分 GC-MS 分析及抑菌活性研究［J］. 化学世界，2015，56（1）：4-7.
[6] 李津，林瑶，蓝秋宁，等. 广西壮药薏苡茎提取物对小鼠 S180 肉瘤的抑制作用［J］. 中国临床药理学杂志，2017，33（11）：1000-1002.
[7] 林瑶，陆世惠，喻巧容，等. 薏苡茎叶提取物石油醚部位的体外抗肿瘤活性研究［J］. 中国临床药理学杂志，2018，34（3）：282-284.
[8] 薏苡叶水提液对小鼠抗疲劳与耐缺氧作用的实验研究［J］. 中国临床药理学杂志，2017，33（13）：1237-1239.

1071. 薏米（图 1071）• *Coix lacryma-jobi* Linn.var. *ma-yuen*（Roman.）Stapf（*Coix chinensis* Tod.）

【别名】薏苡，米仁（浙江）。

【形态】一年生草本。秆直立，高 1 ～ 1.5m，多分枝。叶片宽大开展，无毛。总状花序腋生，常下倾，

图 1071　薏米　　　　摄影　张芬耀等

雄花序位于雌花序上部，具 5 ～ 6 对雄小穗。雌小穗位于花序下部，被软骨质的总苞所包；总苞椭圆形，先端呈颈状之喙，并具一斜口，基部短收缩，有纵长直条纹，质地较薄，揉搓和手指按压可破，暗褐色或浅棕色；雄小穗长约 9mm，宽约 5mm；雄蕊 3 枚。颖果大，长圆形，腹面具宽沟，基部有棕色种脐，质地粉性坚实，白色或黄白色。花果期 7 ～ 12 月。

【生境与分布】生于潮湿的路边、山边和山谷溪沟或栽培。分布于江苏、安徽、浙江、江西、福建，多为栽培，另辽宁、河北、河南、陕西、湖北、广东、广西、四川、云南、台湾等地多有栽培或野生；亚洲热带、亚热带地区广布。

薏米与薏苡的主要区别点：薏米为一年生；总状花序常下倾；总苞软骨质，具明显的沟状条纹；颖果较大。薏苡为一年生或多年生；总状花序常直立，仅雄花穗下垂；总苞硬骨质，有光泽，颖果小。

【药名与部位】薏苡根，根及茎基。薏苡仁，种仁。

【采集加工】薏苡根：秋季收取米仁后，斩取根部，除去离根 1cm 处以上残茎，晒干；或切段晒干。薏苡仁：秋季果实成熟时采收，除去外壳，碾去果皮，干燥。

【药材性状】薏苡根：茎呈圆柱形。节和节间明显，节上有退化的膜质鳞片叶，直径 0.5 ～ 1.2cm，节间长 0.1 ～ 5cm；表面黄棕色，光滑；断面中空。根簇生于茎节，圆柱形；光滑或具细纵纹，有须根残留；根长 10 ～ 30cm，直径 0.3cm；表面黄棕色。体轻泡柔韧，断面黄色，纤维性。气微，味淡。

薏苡仁：呈宽卵形或长圆形，长 4 ～ 8mm，宽 3 ～ 6mm。表面乳白色，光滑，偶有残存的黄褐色种皮；顶端钝圆，基部较宽而微凹，有 1 淡棕色点状种脐；背面圆凸，腹面有 1 条较宽而深的纵沟。质坚实，断面白色，粉性。气微，味微甜。

【质量要求】薏苡仁：色白，不泛油虫蛀，无屑。

【药材炮制】薏苡根：除去杂质，洗净，切段，干燥；已切段者，筛去灰屑。

薏苡仁：除去残留外壳等杂质。炒薏苡仁：取薏苡仁饮片，炒至表面黄色、微具焦斑、开裂时，取出，摊凉。麸炒薏苡仁：取麸皮，置热锅中翻动，待其冒烟，投入薏苡仁饮片，迅速翻炒，至表面呈微黄色时，取出，筛去麸皮，摊凉。

【化学成分】根含木脂素类：薏米木脂苷 A*（coixlachryside A）[1]，薏米新木脂素 A*（coixide A）、（7*R*, 8*S*）-3′- 去甲基去氢二松柏醇 -3′-*O*-β- 吡喃葡萄糖苷［（7*R*, 8*S*）-3′-demethyl dehydrodiconiferyl alcohol-3′-*O*-β-glucopyranoside］和（7*R*, 8）-3′- 去甲基 -9′- 丁氧基 - 去氢二松柏醇 -3′-*O*-β- 吡喃葡萄糖苷［（7*R*, 8）-3′-demethyl-9′-butoxy-dehydrodiconiferyl-3′-*O*-β-glucopyranoside］[2]；酚酸类：香草酸（vanillic acid）、丁香酸（syringic acid）、4- 羟基苯甲酸（4-hydroxybenzoic acid）、4-（β-D- 吡喃葡萄糖氧基）苯甲酸［4-（β-D-glucopyranosyloxy）benzoic acid］、4- 羟基苯甲醛（4-hydroxybenzaldehyde）、香草醛（vanillin）、丁香醛（syringaldehyde）[1] 和土荆皮苷 A（pseudolaroside A）[2]；苯丙素类：咖啡酸（caffeic acid）、反式 - 阿魏酸（*trans*-ferulic acid）[1]，2-*O*- 咖啡酰异柠檬酸（2-*O*-caffeoyl isocitric acid）、对香豆酸乙酯（ethyl *p*-coumarate）、咖啡酸乙酯（ethyl caffeate）和对香豆酸（*p*-coumaric acid）[2]；核酸类：腺苷（adenosine）[2]；生物碱类：2- 羟基 -7- 甲氧基 -（2H）-1, 4- 苯并噁嗪 -3（4H）- 酮［2-hydroxy-7-methoxy-（2H）-1, 4-benzoxazin-3（4H）-one］、2-*O*-β- 吡喃葡萄糖基 -7- 甲氧基 -2H-1, 4- 苯并噁嗪 -3（4H）- 酮［2-*O*-β-glucopyranosyl-7-methoxy-2H-1, 4-benzoxazin-3（4H）-one］、2-*O*-β- 吡喃葡萄糖基 -4- 羟基 -7- 甲氧基 -2H-1, 4- 苯并噁嗪 -3（4H）- 酮［2-*O*-β-glucopyranosyl-4-hydroxy-7-methoxy-2H-1, 4-benzoxazin-3（4H）-one］、2-*O*-β-D- 吡喃葡萄糖基 -7- 羟基 -2H-1, 4- 苯并噁嗪 -3（4H）- 酮［2-*O*-β-D-glucopyranosyl-7-hydroxy-2H-1, 4-benzoxazin-3（4H）-one］、薏苡素（coixol）、顺式 -*N*- 对 - 香豆酰酪胺（*cis*-*N*-*p*-coumaroyltyramine）和反式 -*N*- 对 - 香豆酰酪胺（*trans*-*N*-*p*-coumaroyltyramine）[2]。

种仁含三萜类：角鲨烯（squalene）和汉地醇（handianol）[3]；甾体类：菜油甾醇（campesterol）、麦角甾醇（ergostanol）、豆甾醇（stigmaterol）、β- 谷甾醇（β-sitosterol）、α- 谷甾醇（α-sitosterol）、胆甾醇（cholestanol）和纯叶大戟甾醇（obtuslfoliol）[3]；氨基酸类：苏氨酸（Thr）、缬氨酸（Val）、丝氨酸（Ser）、蛋氨酸（Met）、甘氨酸（Gly）、异亮氨酸（Ile）、亮氨酸（Leu）、丙氨酸（Ala）和酪氨酸（Tyr）等[4]；多糖类：薏苡仁多糖 A、B、C（coixan A、B、C）[5]；元素：钠（Na）、镁（Mg）、铝（Al）、磷（P）、钾（K）、钙（Ga）、锰（Mn）、铜（Cu）、锌（Zn）和铁（Fe）等[6]。

稃片含木脂素类：薏米内酯（mayuenolide）、丁香树脂酚（syringaresinol）和 4- 氧代松脂酚（4-ketopinoresinol）[7]；苯丙素类：松柏醇（coniferyl alcohol）[7]，阿魏酸（ferulic acid）[7, 8]，咖啡酸（caffeic acid）和对香豆酸（*p*-coumaric acid）[8]；酚酸类：丁香酸（syringic acid）[7]，丁香醛（syringaldehyde）、香草酸（vanillic acid）和原儿茶酸（protocatechuic acid）[8]；黄酮类：木犀草素（luteolin）[8]。

种子含木脂素类：去氢二丁香油酚（dehydrodieugenol）[9]；脂肪酸类：（+）-7- 羟基氨基 - 硬脂酸［（+）-7-hydroxyamino-octadecanoic acid］、（13*S*）- 羟基 -（9*Z*, 11*E*）- 十八碳二烯酸［（13*S*）-hydroxy-（9*Z*, 11*E*）-octadecadienoic acid］、（13*S*）- 羟基 -（9*Z*, 11*E*）- 十八碳二烯酸［（13*S*）-hydroxy-（9*Z*, 11*E*）-octadecadienoic acid］和 13- 酮基 -（9*Z*, 11*E*）- 十八碳二烯酸［13-oxo-（9*Z*, 11*E*）-octadecadienoic acid］[9]；生物碱类：胡椒碱（piperine）和二氢胡椒碱（piperanine）[9]；甾体类：7α- 谷甾醇（7α-sitosterol）[9]；其他尚含：邻苯二甲酸二（2- 乙基）己酯［bis（2-ethylhexyl）phthalate］[9]。

全草含甾体类：菜油甾醇（campesterol）、24- 亚甲基环木菠萝烷醇（24-methylenecycloartanol）、反式阿魏酰基豆甾烷醇（*trans*-feruloylstigmastanol）、反式阿魏酰基菜油甾烷醇（*trans*-feruloylcampestanol）、顺式阿魏酰基豆甾烷醇（*cis*-feruloylstigmastanol）和顺式阿魏酰基菜油甾烷醇（*cis*-feruloylcampestanol）[10]；三萜类：异彩山柑子萜醇（isoarborinol）和无羁萜（friedelin）[11]。

【药理作用】1. 抗肿瘤　从种仁中提取的薏米多酚对人肝癌 HepG2 细胞的增殖具有明显的抑制作用[1]。2. 抗氧化　从种仁中提取的薏米多酚可提高细胞内 CAA 值[1]；叶的氯仿提取物具有较强的清除羟自由基（·OH）、超氧阴离子自由基（O_2^-·）、1, 1- 二苯基 -2- 三硝基苯肼（DPPH）自由基的作用[2]。3. 抑制黄嘌呤氧化酶　种仁水提取物及醇提取物在体外对黄嘌呤氧化酶活性具有抑制作用[3]。4. 预防结肠炎　种仁提取物可显著改善葡聚糖硫酸钠诱导的溃疡性结肠炎模型大鼠结肠大体形态和组织病理情况，显著降低血清、结肠组织髓过氧化物酶含量，显著降低血清丙二醛（MDA）含量，升高血清和结肠超氧化物歧化酶（SOD）、谷胱甘肽过氧化物酶（GSH-Px）含量[4]。

【性味与归经】薏苡根：苦、甘，微寒，归脾、膀胱经。薏苡仁：甘、淡，凉。归脾、胃、肺经。

【功能与主治】薏苡根：清热通淋，利湿驱虫。主治热淋，血淋，黄疸，水肿，白带过多，脚气，风湿痹痛，蛔虫病。薏苡仁：健脾渗湿，除痹止泻，清热排脓。用于水肿，脚气，小便不利，湿痹拘挛，脾虚泄泻，肺痈，肠痈；扁平疣。

【用法与用量】薏苡根：煎服 15 ～ 30g；外用适量，煎水洗。薏苡仁：9 ～ 30g。

【药用标准】薏苡根：浙江炮规 2015 和贵州药材 2003；薏苡仁：药典 1977—2015、浙江炮规 2015、新疆药品 1980 二册、广西壮药 2008 和台湾 2013。

【临床参考】1. 溃疡性结肠炎辅助治疗：种仁 50g，加红藤 30g，茯苓、败酱草、炒穿山甲各 20g，党参、白术、桔梗、皂角刺、枳实、厚朴各 15g，陈皮、当归各 10g，活动期见血脓黏液便、大便每日 3 次以上、腹痛、里急后重者加白头翁 15g、黄连 10g；缓解期见大便每日少于 3 次、性状基本正常、无腹痛者去红藤、败酱草，加黄芪 40g，水煎，分 2 次服，每日 1 剂，疗程 6 个月[1]。

2. 扁平疣：种仁，加板蓝根各等份，研极细末，加适量白砂糖拌匀装瓶，1 次 1 汤匙，每日 3 次，白开水送服[2]。

3. 风湿热辅助治疗：种仁 30g，加木瓜 10g、粳米 30g，煮粥，长期服[3]。

4. 小儿急性肠炎：种仁 10g，加茯苓、苍术、枳壳各 10g，砂仁（冲服）2g，兼乳滞者加炒麦芽；兼食滞者加焦楂曲；兼腹痛者加木香；兼苔白厚腻者加厚朴；伴兼咳嗽者加橘红、杏仁；兼肛门赤者加滑石、甘草。水煎 2 次，浓缩成 200ml，分次频服，每日 1 剂，配合针刺足三里、天枢、中脘、气海等[4]。

5. 手足汗疱疹：种仁 15g，加淡竹叶、川木通、连翘各 10g，滑石、茯苓各 15g，甘草 5g，苔腻者加白豆蔻 5 ～ 10g；手部汗疱疹者加桑枝 10g；足部汗疱疹者加川牛膝 10g。水煎，分 3 次温服，每日 1 剂，7 日 1 疗程，配合炉甘石洗剂、复方倍氯米松樟脑乳膏外涂[5]。

6. 慢性盆腔炎：种仁 30g，加附子、柴胡各 6g，败酱草、白花蛇舌草、茯苓各 15g，益母草、当归、赤芍各 10g，兼带下色黄而多者加黄柏、紫花地丁各 10g；兼小腹冷痛甚者加桂枝、小茴香各 6g；兼气虚乏力、腰骶疼痛者加党参 15g，杜仲、延胡索各 10g；盆腔炎性包块明显者加红花 6g，桃仁、夏枯草各 10g，并予红藤 30g，蒲公英、土茯苓各 20g，浓煎保留灌肠 20 ～ 30min，每日 1 次。以上药物水煎，分 2 次温服，每日 1 剂，7 日 1 疗程，治疗 1 疗程停药 3 天后开始第 2 疗程，共治疗 2 疗程，同时常规抗炎治疗[6]。

7. 急性睾丸炎：种仁 60g，加橘核 15g，荔枝核、牛膝、黄柏、川楝子各 10g，水煎服，每日 1 剂[7]。

8. 湿热瘀阻型慢性前列腺炎：种仁 30g，加黄芪、败酱草各 30g，红藤 20g、桂枝 5g，茯苓、牡丹皮、赤芍各 15g，桃仁 10g，兼少腹、会阴部胀痛不适者加延胡索、荔枝核各 15g；兼会阴、肛门部下坠者加柴胡 6g、升麻 5g；尿痛者加王不留行 30g、琥珀（冲服）3g；失眠者加酸枣仁 6g；兼腰膝酸软、性功能减退者加菟丝子 30g，杜仲、川牛膝各 15g。水煎 2 次取汁 500ml，分 2 次温服，每日 1 剂，4 周 1 疗程，连用 2 疗程[8]。

9. 慢性湿疹：种仁 30g，加连翘、生地、牡丹皮各 12g，白蒺藜 15g，赤小豆、地肤子各 30g，蝉蜕、蛇蜕各 6g，焦建曲、焦麦芽、焦谷芽各 10g，水煎，分 2 次温服[9]。

10. 乳糜尿：根 30g，加活血丹、大蓟根、白英各 30g，水煎服。

11. 腹泻、跗肿：炒种仁 30g，加白术 9g、淮山药 12g，水煎服。

12. 肺痈：种仁 30g，加芦根 30g，桃仁、冬瓜仁各 9g，桔梗 6g，水煎服。

13. 肠痈：种仁 30g，加冬瓜子、桃仁各 9g，牡丹皮 6g，水煎服。

14. 青年扁平疣：种仁 30g，水煎服；或种仁 60g，煮粥服。

15. 急性肾炎：根 30g，加活血丹、白茅根、葎草各 30g，大蓟根、节节草各 15g，水煎服。

16. 白带：根 30g，加白英 30g、车前子 9g，水煎服。（10 方至 16 方引自《浙江药用植物志》）

【附注】薏米仁始载于《神农本草经》，列入上品。《名医别录》云："生真定平泽及田野，八月采实，采根无时。"《本草图经》云："春生苗，茎高三四尺，叶如黍，开红白花作穗子，五月、六月结实，青白色，形如珠子而稍长，故呼薏珠子。”《本草纲目》云：“薏苡，人多种之，二三月宿根自生，叶如初生芭茅，五六月抽茎开花结实。有二种：一种粘牙者，尖而壳薄，即薏苡也，其米白色如糯米，可作粥饭及磨面食，亦可用米酿酒。”即为本种。

药材薏苡仁的基原植物考证情况见“薏苡”附注。

药材薏苡仁力缓，宜多服久服；脾虚无湿，大便燥结及孕妇慎服；薏苡根孕妇忌用。

本种的叶（薏苡叶）民间也作药用。

【化学参考文献】

[1] Hong S S, Choi C W, Choi Y H, et al. Coixlachryside A: A new lignan glycoside from the roots of *Coix lachryma-jobi* L. var. *ma-yuen* Stapf. [J]. Phytochem Lett, 2016, 17: 152-157.

[2] Kim S Y, Choi C W, Hong S S, et al. A new neolignan from *Coix lachryma-jobi* var. *mayuen* [J]. Nat Prod Commun, 2016, 11 (2): 229-231.

[3] 陈碧莲，祝明，陈勇，等. GC-MS 分析薏苡仁油中不皂化物的主要成分 [J]. 中成药，2009，31（6）：953-954.

[4] 贾青慧，陈莉，王珍，等. 薏米及薏米糠氨基酸组成分析及营养评价 [J]. 食品工业，2017，38（4）：185-188.

[5] Takahashi M, Konno C, Hikino H. Isolation and hypoglycemic activity of coixans A, B and C, glycans of *Coixlachryma-jobi* var. *ma-yuen* seeds [J]. Planta Med, 1986, 52 (1): 64-65.

[6] 刘宏伟，秦宗会，谢华林. ICP-OES 法测定薏米中微量元素的研究 [J]. 食品科技，2013，38（3）：272-275.

[7] Kuo C C, Chiang W, Liu G P, et al. 2, 2′-Diphenyl-1-picrylhydrazyl radical-scavenging active components from adlay (*Coix lachryma-jobi* L. var. *ma-yuen* Stapf) Hulls [J]. Journal of Agricultural and Food Chemistry, 2002, 50: 5850-5855.

[8] Chen H J, Lo Y C, Chiang W. Inhibitory effects of adlay bran (*Coix lachryma-jobi* L. var. *ma-yuen* Stapf) on chemical mediator release and cytokine production in rat basophilic leukemia cells [J]. Journal of Ethnopharmacology, 2012, 141: 119-127.

[9] Han A R, Kil Y S, Kang U, et al. Identification of a new fatty acid from the seeds of *Coix lachryma-jobi* var. *ma-yuen* [J]. Bull Korean Chem Soc, 2013, 34 (4): 1269-1271.

[10] Kondo Y, Nakajima K, Nozoe S, et al. Isolation of ovulatory-active substances from crops of Job's tears (*Coix lacryma-jobi* L. var. *ma-yuen* Stapf.) [J]. Chem Pharm Bull, 1988, 36 (8): 3147-3152.

[11] Ohmoto T, Ikuse M, Natori S. Triterpenoids of the Gramineae [J]. Phytochemistry, 1970, 9 (10): 2137-2148.

【药理参考文献】

[1] 王立峰，陈静宜，谢慧慧，等. 薏米多酚细胞抗氧化及 HepG2 细胞毒性和抗增殖作用 [J]. 中国农业科学，2013，46（14）：2990-3002.

[2] 华蔚，张政峰，林坤灿，等. 薏苡叶氯仿提取物体外抗氧化作用研究 [J]. 食品工业，2017，38（12）：1-3.

[3] 于娟，王晓梅. 薏苡仁和茯苓提取物对黄嘌呤氧化酶的抑制作用 [J]. 中国药物与临床，2014，14（1）：30-32.

[4] 郝亚楠，李新平，刘宁，等. 薏米提取物对溃疡性结肠炎大鼠抗氧化作用的研究 [J]. 中国预防医学杂志，2012，13（3）：177-180.

【临床参考文献】

[1] 刘建民，刘德清. 薏米汤治疗溃疡性结肠炎 32 例疗效观察 [J]. 中国社区医师，2009，25（6）：41.

[2] 李娜. 蓝根薏米散治疗扁平疣 50 例临床观察 [J]. 甘肃中医，2005，18（9）：26.

[3] 周新华. 木瓜薏米粥治疗风湿热 [J]. 中国民间疗法，2002，10（1）：56-57.

[4] 刘冬梅，王淑军. 薏米茯苓汤治疗小儿急性肠炎 50 例体会 [J]. 中国煤炭工业医学杂志，1999，2（4）：405.

[5] 黄琼远，刘方，秦琴，等. 薏苡竹叶散加减治疗手足汗疱疹 60 例疗效观察 [J]. 四川中医，2015，33（10）：137-138.

[6] 张丽梅. 薏苡附子败酱散加减治疗慢性盆腔炎 52 例疗效观察 [J]. 中医药导报，2013，19（1）：47-48.

[7] 兰友明，兰义明. 重用薏苡仁治疗急性睾丸炎 [J]. 中医杂志，2011，52（23）：2056.

[8] 王祖龙. 薏苡附子败酱散合桂枝茯苓丸治疗湿热瘀阻型慢性前列腺炎 120 例 [J]. 四川中医，2007，25（10）：48-49.

[9] 卢海涛，朱巨才. 薏苡连翘赤小豆汤治愈慢性湿疹 [J]. 北京中医，1992，（6）：53-54.

一二八 莎草科 Cyperaceae

多年生或一年生草本。通常具根茎或地下匍匐茎，有时兼具块茎。秆单生或丛生，实心，稀中空，三棱形，稀为圆柱形。叶基生或秆生，多数排成3列，叶片基部具闭合的叶鞘或叶片退化而仅具叶鞘；苞片多形。花小，单生于鳞片腋间，两性或单性，雌雄同株，较少雌雄异株，由2至多数花（稀仅具1花）排成穗状花序，称为小穗；小穗单生或再排成复穗状、圆锥状或长侧枝聚伞花序；鳞片2列或螺旋状排列；无花被或花被退化为3～6枚鳞片、刚毛或丝毛；雄蕊1～3（6）枚；心皮2～3枚，合生，子房上位，胚珠1粒，柱头2～3枚。小坚果或核果状，光滑或具横皱、网纹等纹饰，同刚毛状花被相连。

约100属，5400多种，广布于世界各地。中国33属，860种以上，广布于南北各地，主产于西南和南部地区，法定药用植物8属，9种。华东地区法定药用植物5属，7种。

莎草科法定药用植物主要含挥发油类、黄酮类、环烯醚萜类、苯乙醇类、二苯乙烯类、醌类、生物碱类、皂苷类等成分。挥发油含单萜类、倍半萜类等，如聚伞花素（cymene）、α- 紫罗兰酮（α-ionone）、α- 香附酮（α-cyperone）、香附醇（cyperol）等；黄酮类包括黄酮、黄酮醇、异黄酮、双黄酮、花色素等，如白矢车菊苷元（leucocyanidin）、白果双黄酮（ginkgetin）、5, 7, 4′- 三羟基 -2′- 甲氧基 -3′- 异戊烯基异黄酮（5, 7, 4′-trihydroxy-2′-methoxy-3′-prenylisoflavone）、木犀草素 -7-*O*-β-D- 吡喃葡萄糖醛酸苷（luteolin-7-*O*-β-D-glucuronopyranoside）、柯伊利素（chrysoeriol）、槲皮素 -3-*O*-β-D- 芸香糖苷（quercetin-3-*O*-β-D-rutinoside）等；环烯醚萜类如香附子醚萜苷（rotunduside）、马钱子苷酸（loganic acid）、香附子醚萜苷 C（rotunduside C）等；苯乙醇类如雪赫柏苷 A（chionoside A）、红景天苷（salidroside）等；二苯乙烯类如加雷决明酚 E（cassigarol E）、荆三棱素 A、B（scirpusin A、B）等；醌类包括蒽醌、萘醌等，如大黄素甲醚（physcion）、兰定 A（cymbinodin A）、薯蓣菲醌（dioscoreanone）、密花石斛酚 B（densiflorol B）等；生物碱类如（-）（1*S*，3*S*）-1- 甲基 -1, 2, 3, 4- 四氢 -β- 咔啉 -3- 羧酸［（-）（1*S*, 3*S*）-1-methyl-1, 2, 3, 4-tetrahydro-β-carboline-3-carboxylic acid］等；皂苷类多为三萜皂苷，如香附子三萜苷 A、B（cyprotuoside A、B）等。

荸荠属含萘醌类、生物碱类等成分。萘醌类如菲 -3，4- 二酮（phenanthrene-3，4-dione）、薯蓣菲醌（dioscoreanone）、密花石斛酚 B（densiflorol B）等；生物碱类如（-）（1*S*, 3*S*）-1- 甲基 -1, 2, 3, 4- 四氢 -β- 咔啉 -3- 羧酸［（-）（1*S*, 3*S*）-1-methyl-1, 2, 3, 4-tetrahydro-β-carboline-3-carboxylic acid］等。

莎草属含环烯醚萜类、苯乙醇苷类、黄酮类、皂苷类、倍半萜类、蒽醌类等成分。环烯醚萜类如香附子醚萜苷*（rotunduside）、马钱子苷酸（loganic acid）、香附子醚萜苷 A、B（rotunduside A、B）、黄荆达苷（nishindaside）等；苯乙醇苷类如红景天苷（salidroside）、异阿拉杲苷（isoaragoside）等；黄酮类包括黄酮、黄酮醇、双黄酮、异黄酮等，如表荭草素（epiorientin）、香附子黄酮苷*（cyperaflavoside）、鼠李素 -3-*O*- 鼠李糖基 -（1→4）- 吡喃鼠李糖苷［rhamnetin-3-*O*-rhamnosyl-（1→4）-rhamnopyranoside］、异白果双黄酮（isoginkgetin）、5, 7, 4′- 三羟基 -2′- 甲氧基 -3′- 异戊烯基异黄酮（5, 7, 4′-trihydroxy-2′-methoxy-3′-prenylisoflavone）等；皂苷类多为三萜皂苷，如羽扇 -12, 20（29）- 二烯 -3β- 醇 -3-α-L- 吡喃阿拉伯糖基 -2′- 油酸酯［lup-12, 20（29）-dien-3β-ol-3-α-L-arabinopyranosyl-2′-oleate］、香附子三萜苷 C（cyprotuoside C）等；倍半萜类如 α- 香附酮（α-cyperone）、左旋 - 异香附烯［（-）-isorotundene］、莎草烯酸（cyperenoic acid）等；蒽醌类如大黄素甲醚（physcion）、链蠕孢素（catenarin）等。

分属检索表

1. 花两性，小坚果无先出叶所形成的果囊包裹。

  2. 小穗鳞片螺旋状排列；小坚果下位刚毛存在，很少完全退化。

3. 具苞片；花柱基部不膨大，与小坚果连接处界限不明显……………………………1. 藨草属 *Scirpus*

3. 无苞片；花柱基部膨大，与小坚果连接处界限分明…………………………2. 荸荠属 *Heleocharis*

2. 小穗鳞片排成 2 列；小坚果无下位刚毛。

4. 小穗轴无关节，成熟后小穗不脱落，鳞片从小穗基部向顶部逐渐脱落；柱头 3 枚，稀 2 枚；小坚果三棱形……………………………………………………………………3. 莎草属 *Cyperus*

4. 小穗轴具关节，成熟后小穗脱落，鳞片常和小穗轴在关节处一起脱落；柱头 2 枚；小坚果双凸状…………………………………………………………………………4. 水蜈蚣属 *Kyllinga*

1. 花单性，雌花基部有先出叶，先出叶腹面的边缘完全愈合成囊状；小坚果为囊状的果囊所包裹……
……………………………………………………………………………………5. 薹草属 *Carex*

1. 藨草属 *Scirpus* Linn.

一年生或多年生草本。具根茎或无，有时具匍匐根茎或块茎；秆丛生或散生，三棱形，少有圆柱形，有节或无节。叶基生或秆生，或兼有之。叶片扁平，或退化仅有叶鞘；苞片叶状、鳞片状或为秆叶延长。聚伞花序简单或复出，顶生或假侧生，开展或紧缩，稀由 1 个顶生和数个侧生的聚伞花序排成圆锥花序，稀仅具 1 个顶生小穗；小穗具少数至多数螺旋状排列的鳞片和两性花，每一鳞片均具 1 朵两性花，或最下 1 至数枚鳞片中空无花，极少最上 1 枚鳞片内具 1 朵雄花；下位刚毛 2 ～ 9 条或无，通常直立，少弯曲，长于或短于小坚果，常有倒刺，少顺刺，稀全部平滑；雄蕊 1 ～ 3 枚；花柱基部不膨大，柱头 2 ～ 3 枚。小坚果三棱形或双凸状。

约 200 种，广布于全世界。中国约 40 种，广泛分布于南北各地，法定药用植物 4 种。华东地区法定药用植物 3 种。

分种检索表

1. 秆三棱形；花序下面常具 2 枚扁平的叶状苞片………………………………扁秆藨草 *S. planiculmis*

1. 秆圆柱形或近圆柱形；花序下面没有叶状苞片，而具鳞片状苞片或秆所延长的苞片。

2. 秆细长，近圆柱形，基部叶鞘 4 ～ 6 片；苞片鳞片状；小坚果三棱形…类头状花序藨草 *S. subcapitatus*

2. 秆高大，圆柱形，基部叶鞘 3 ～ 4 片；苞片 1 枚，为秆的延长；小坚果双凸状……水葱 *S. validus*

1072. 扁秆藨草（图 1072）• *Scirpus planiculmis* F. Schmidt［*Bolboschoenus planiculmis*（F. Schmidt）T. V. Egorova］

【别名】扁秆藨草，扁秆荆三棱。

【形态】多年生草本，植株高 30 ～ 50cm。具匍匐根茎和块茎；秆较细，三棱形，平滑，基部膨大，具秆生叶。叶条形，扁平，宽 3 ～ 5mm，具长叶鞘。苞片通常 2 片，叶状，长于花序，边缘粗糙；聚伞花序短缩呈头状，具小穗 1 ～ 3 枚；小穗长圆状卵形或卵形，长 10 ～ 15mm，锈褐色，具多数花；鳞片长圆形或椭圆形，长 6 ～ 7mm，膜质，褐色，背面被稀疏糙硬毛，中脉 1 条，顶端具或多或少缺刻状撕裂，具芒，芒长约 1.5mm；下位刚毛 4 ～ 6 条，有倒刺，长为小坚果的 1/2 ～ 2/3；雄蕊 3 枚；花柱长，柱头 2 枚。小坚果宽倒卵形，压扁，两面微凹，黄绿色，表面光滑，顶端具短突尖。花果期 5 ～ 10 月。

【生境与分布】多生于河边、路旁水湿地，分布于山东、江苏、浙江各地，另云南、河南、河北、山西、甘肃、青海、内蒙古、辽宁、吉林、黑龙江、台湾均有分布；朝鲜、日本也有分布。

【药名与部位】泡三棱，块茎。

【药用标准】甘肃药材（试行）1995。

图 1072　扁秆藨草　　　摄影　高亚红等

1073. 类头状花序藨草（图 1073）• *Scirpus subcapitatus* Thw. [*Trichophorum subcapitatum*（Thw. et Hook.）D. A. Simpson]

【别名】头状花序藨草（安徽、浙江）。

【形态】多年生草本，植株高 20 ～ 90cm。根茎短；秆密丛生，细长，近圆柱形，平滑，基部有 4 ～ 6 片叶鞘；叶鞘黄棕色，鞘口膜质，斜截形，顶端具钻状的短叶片，最长的可达 1cm。苞片鳞片状，卵状长圆形，顶端具较长的短尖；蝎尾状聚伞花序小，具小穗 2 ～ 4 枚；小穗单生，卵形或卵状披针形，长 5 ～ 10mm，有多数两性花；鳞片排列疏松，卵形或卵状长圆形，长 3.5 ～ 4mm，背面有 1 条绿色的中脉，两侧黄棕色或麦秆黄色，顶端急尖或钝；下位刚毛 6 条，较小坚果长约 1 倍，上部具顺向短刺；雄蕊 3 枚；花柱短，柱头 3 枚，细长，被乳头状突起。小坚果长圆形或长圆状倒卵形，三棱形，棱明显隆起，长约 1.5mm，黄褐色。花果期 4 ～ 6 月。

【生境与分布】多生于山坡路边草丛中、溪流旁及林边湿地。分布于安徽、浙江、江西、福建等地，另广东、广西、四川、湖南、台湾等地均有分布；菲律宾、马来半岛、日本也有分布。

【药名与部位】龙须草，全草。

【采集加工】全年均可采收，洗净，干燥。

【药材性状】全体黄绿色。茎圆柱形，具 8 ～ 20 条纵棱，光滑，纵切面可见致密节片状海绵质的髓。有的可见卷曲成圆筒形的叶鞘和锥形的叶片。气微，味淡。

【药材炮制】除去杂质，洗净，切段，干燥。

图 1073　类头状花序藨草　　　　摄影　张芬耀等

【性味与归经】淡，寒。

【功能与主治】利尿通淋，清热安神。用于尿路感染，急性支气管炎，赤眼肿痛，心悸失眠，糖尿病。

【用法与用量】9 ～ 15g。

【药用标准】浙江炮规 2015。

1074. 水葱（图 1074）• *Scirpus validus* Vahl［*Schoenoplectus tabernaemontani*（Gmel.）Palla；*Scirpus tabernaemontani* C. C. Gmel.］

【别名】莞（安徽）。

【形态】多年生草本，植株高 1 ～ 2m。匍匐根茎粗壮；秆高大，圆柱形，平滑，基部具 3 ～ 4 片叶鞘，仅最上面 1 片叶鞘有叶片，叶片条形，长 1.5 ～ 11cm。苞片 1 枚，为秆的延长，直立，钻状，常短于花序；聚伞花序简单或复出，假侧生，辐射枝多数，长可达 5cm，一面凸，一面凹，边缘有锯齿；小穗单生或 2 ～ 3 枚簇生，卵形或长圆状卵形，长 5 ～ 10mm，具多数花；鳞片椭圆形或宽卵形，长约 3mm，褐色，顶端钝，

图 1074　水葱　　　摄影　徐克学等

微凹，具短尖，背面具铁锈色突起小点，中脉 1 条，边缘具缘毛；下位刚毛 6 条，等长于小坚果，有倒刺；雄蕊 3 枚；柱头 2 枚，比花柱长。小坚果倒卵形，双凸状，长约 2mm，深褐色，平滑。花果期 8 ～ 9 月。

【生境与分布】多生于水边或水湿地，分布于江苏、浙江、江西、福建，另云南，贵州、四川、河北、山西、内蒙古、陕西、甘肃、新疆及东北均有分布；日本、朝鲜、大洋洲及美洲也有分布。

【药名与部位】水葱，地上部分。

【化学成分】根茎含大环糖苷类：水葱内酯*A、B、C（schoenopolide A、B、C）、勾儿茶素（berchemolide）和小木通苷 B（clemoarmanoside B）[1]。

【药理作用】抗菌　全草乙醇、正己烷、丙酮和正丁醇提取物对大肠杆菌、金黄色葡萄球菌、变形链球菌、口腔链球菌、枯草杆菌、黑曲霉和青霉的生长均有较强的抑制作用，其中乙醇提取液的抑菌效果较明显[1]。

【药用标准】北京药材 1998 附录。

【临床参考】良性前列腺增生辅助治疗：全草 9g，水煎代茶饮，每日 3 次，6 个月 1 疗程[1]。

【附注】水葱始载于《救荒本草》，云："生水边及浅水中。科苗仿佛类家葱，而极细长。梢头结蓇葖，仿佛类葱蓇葖而小，开黪白花。其根类葱根，皮色紫黑。根苗俱味甘，微咸。"所述及附图，与本种较为一致。

本种的根民间也作药用。

【化学参考文献】

[1] Peng D，Lin X L，Jiang L，et al. Five macrocyclic glycosides from *Schoenoplectus tabernaemontani* [J]. Nat Prod Res，2019，33（3）：427-434.

【药理参考文献】

［1］范铮，孙培龙，马新，等．水葱提取物的抗菌作用研究［J］．食品科技，2013，28（2）：214-217.

【临床参考文献】

［1］顾懿宁，刘春林，缪爱珠，等．水葱治疗良性前列腺增生的疗效［J］．江苏医药，2013，39（8）：974-975.

2. 荸荠属 *Heleocharis* R. Br.

多年生或一年生草本。常具匍匐根茎；秆丛生或散生。叶片因退化而仅留叶鞘。无苞片；小穗1枚，顶生，极少从小穗基部生嫩枝，通常具多数（稀少数）的两性花；鳞片螺旋状排列，极少近2列，最下的1或2枚鳞片中空无花，稀具花；下位刚毛4～8条，多少具倒刺，很少无下位刚毛；雄蕊1～3枚；花柱细，基部膨大呈各种形状，宿存于小坚果上，柱头2～3枚，丝状。小坚果三棱形或双凸状，平滑或具各种网纹。

约150种，广布于全世界，以热带和亚热带地区为多。中国20余种，广布于南北各省区，法定药用植物1种。华东地区法定药用植物1种。

1075. 荸荠（图1075）• *Heleocharis dulcis*（Burm. f.）Trin. ex Hensch.［*Eleocharis tuberosa*（Roxb.）Roem. et Schult.］

图1075　荸荠　　　　摄影　徐克学等

【形态】多年生草本，植株高 30 ～ 90cm。具细长的匍匐根茎，根茎顶端膨大呈球茎，通称荸荠；秆多数，丛生，圆柱状，直径 3 ～ 5mm，有多数横隔膜，干后表面有节；无叶片，仅在秆的基部有 2 ～ 3 枚叶鞘；叶鞘膜质，紫红色，鞘口斜。小穗长圆柱形，长 1 ～ 3cm，宽 4 ～ 5mm，淡绿色，顶端钝或急尖，有多数花，在小穗基部有 2 片鳞片中空无花，环抱小穗基部，其余鳞片均有花；鳞片宽长圆形或卵状长形，长约 6mm，宽约 3mm，中脉 1 条，背面有淡棕色细点；下位刚毛 7 条，比小坚果长 1.5 倍，具倒刺；柱头 3 枚。小坚果宽倒卵形，双凸状，长 2mm，棕色，顶端不缢缩，表面平滑，花柱基呈三角形，花柱基的基部具明显的领状环。花果期 9 ～ 10 月。

【生境与分布】华东各地均有栽培，全国各地多有栽培；越南、印度、朝鲜、日本也有分布。

【药名与部位】通天草，地上部分。地栗粉（荸荠粉），球茎淀粉。

【采集加工】通天草：秋季采收，干燥。地栗粉：冬季采挖，洗净，研磨，滤过，沉淀，干燥。

【药材性状】通天草：呈圆柱形而常压扁，长 30 ～ 90cm，直径 1 ～ 3cm；外表淡黄棕色，有光泽及纵纹，节处稍隆起；质韧，不易折断，中空，纵断面可见片状的薄膜；有时茎顶偶见一穗头状花序，密被鳞片，内藏小坚果。气微，味淡。

地栗粉：为白色粉末，微有光泽，有的结成小块状，质轻松，易飞扬，手捻之有润滑感。湿润后具黏性，沸水冲泡即呈半透明稠糊状。气微，味甘。

【质量要求】通天草：无枯叶，杂草、地栗粉：色白质重，无砂杂。

【药材炮制】通天草：除去杂质，切段，筛去灰屑。地栗粉：研成细粉。

【化学成分】全草含萘醌类：7- 羟基 -9, 10- 二甲氧基 -2-*O*- 乙酰基菲 -3, 4- 二酮（7-hydroxy-9, 10-dimethoxy-2-*O*-acetyl phenanthrene-3, 4-dione）、7- 羟基 -1-（4- 羟基苯基）-2, 9, 10- 三甲氧基菲 -3, 4- 二酮［7-hydroxy-1-（4-hydroxyphenyl）-2, 9, 10-trimethoxyphenanthrene-3, 4-dione］、7- 羟基 -1-（4- 羟基 -3, 5- 二甲氧基苯基）-2- 甲氧基菲 -3, 4- 二酮［7-hydroxy-1-（4-hydroxy-3, 5-dimethoxyphenyl）-2-methoxyphenanthrene-3, 4-dione］、7- 羟基 -2- 甲氧基菲 -3, 4- 二酮（7-hydroxy-2-methoxyphenanthrene-3, 4-dione）、菲 -3, 4- 二酮（phenanthrene-3, 4-dione）、兰定 A（cymbinodin A）、兰定 A 乙酸酯（cymbinodin A acetate）、9, 10- 二酮 -3, 4- 亚甲二氧基 -8- 甲氧基 -9, 10- 二氢菲酸（9, 10-dione-3, 4-methylenedioxy-8-methoxy-9, 10-dihydrophenanthrinic acid）、薯蓣菲醌 *（dioscoreanone）和密花石斛酚 B（densiflorol B）[1]。

块茎含生物碱类：（-）（1*S*, 3*S*）-1- 甲基 -1, 2, 3, 4- 四氢 -β- 咔啉 -3- 甲酸［（-）（1*S*, 3*S*）-1-methyl-1, 2, 3, 4-tetrahydro-β-carboline-3-carboxylic acid］[2]；核苷类：腺嘌呤（adenine）和腺嘌呤核苷（adenosine）[2]；氨基酸类：L- 色氨酸（L-Try）[2]。

【药理作用】1. 抗氧化　球茎皮多糖具有清除 1, 1- 二苯基 -2- 三硝基苯肼（DPPH）自由基、超氧阴离子自由基（O_2^-·）和羟自由基（·OH）的作用[1]；皮 70% 丙酮提取物、类黄酮成分具有清除 1, 1- 二苯基 -2- 三硝基苯肼自由基的作用[2, 3]。2. 抗菌　球茎皮提取物可抑制枯草芽孢杆菌、大肠杆菌和金黄色葡萄球菌的生长，高浓度提取物具有一定的杀菌作用[4]。3. 抗肿瘤　球茎皮的黄酮提取物可抑制人肺癌 A549 细胞的增殖[5]。4. 抗阿尔茨海默病　地上部分醇提取物、水提取物可改善阿尔茨海默病小鼠的学习能力和记忆障碍，明显降低海马白细胞介素 -1β（IL-1β）、肿瘤坏死因子 -α（TNF-α）含量，降低炎性反应并缓解血脑屏障损伤[6, 7]；地上部分醇提取物、水提取物可改善 $Aβ_{1-40}$ 诱导的阿尔茨海默病模型大鼠学习记忆障碍，抑制海马区星形胶质细胞中 GFAP 和 S100β 蛋白过度表达，调节血液和脑组织免疫炎性细胞因子白细胞介素 -1β、白细胞介素 -6（IL-6）和肿瘤坏死因子 -α 的含量，减轻 $Aβ_{1-40}$ 毒性作用所致脑组织神经元损伤[8, 9]；地上部分醇提取物、水提取物可改善老年痴呆模型大鼠的学习记忆能力，增强超氧化物歧化酶（SOD）活性，同时抑制谷胱甘肽过氧化物酶（GSH-Px）及脂质过氧化物丙二醛（MDA）的生成[10]。5. 改善脑血管神经　地上部分醇提取物可明显改善大脑局灶缺血模型大鼠海马组织神经细胞细胞器结构、血管肿胀、脑组织的损伤性变化，减轻脑缺血后的神经损伤[11]。

【性味与归经】通天草：苦，平。地栗粉：甘，微寒。

【功能与主治】通天草：利水消肿。用于水肿，小便不利。地栗粉：清热，化痰，明目。用于痰热积聚，瘰疬，肺结核；外用于目赤障翳。

【用法与用量】通天草：3 ～ 9g。地栗粉：4.5 ～ 9g。

【药用标准】通天草：浙江炮规 2015、上海药材 1994 和江苏药材 1989；地栗粉：浙江炮规 2015 和上海药材 1994。

【临床参考】1. 预防脑中风：球茎 50g，加薏苡仁 30g、糙米 50g，煮粥同食[1]。

2. 酒糟鼻：生球茎洗净，横切开，用带粉浆的切面反复涂擦患部，待粉浆擦尽后，用小刀刮去表层，再搽，或再换一鲜者，擦至皮肤变红、有凉爽感，擦后不要马上洗脸，每日 3 次，15 日 1 疗程[2]。

3. 跟骨骨刺：鲜球茎 250g，捣烂，用醋 100ml 浸泡 2 日，拌成糊状，敷贴于患处，外用布条包扎固定，每日换药 1 次，2 周 1 疗程[3]。

4. 小便短赤淋痛：地上部分 30g，加木通 6g，水煎服。

5. 高血压、慢性淋巴结炎、肺热咳嗽：球茎 180g，加海蜇皮 60g，水煎服。（4 方、5 方引自《浙江药用植物志》）

【附注】荸荠之名始载于《日用本草》。《本草图经》云："乌茨，今凫茨也。旧不著所出州土。苗似龙须而细，正青色，根黑，如指大，皮厚有毛。又有一种，皮薄无毛者亦同。田中人并食之，亦以作粉，食之厚人肠胃，不饥。服丹石人尤宜，盖其能解毒耳。"《本草衍义》云："乌芋，今人谓之葧脐。皮厚，色黑，肉硬白者谓之猪葧脐；皮薄，色泽淡紫，肉软者，谓之羊葧脐。正、二月人采食之。此二等，药罕用。荒岁，人多采以充粮。"《本草纲目》云："凫茨生浅水田中，其苗三四月出土，一茎直上，无枝叶，状如龙须。肥田栽者，粗近葱蒲，高二三尺，其根白蒻，秋后结颗，大如山楂、栗子，而脐有聚毛，累累下生入泥底。野生者，黑而小，食之多滓。种出者，紫而大，食之多毛。吴人以沃田种之，三月下种，霜后苗枯，冬春掘收为果，生食煮食皆良。"上述《本草图经》的皮薄无毛者、《本草衍义》的羊葧脐及《本草纲目》的凫茨肥田栽者，均指本种。

药材荸荠虚寒及血虚者慎用。

【化学参考文献】

[1] Wei R R，Ma Q G，Sang Z P. Hypolipidemic phenanthraquinone derivatives from *Heleocharis dulcis* [J]. Biochem Syst Ecol，2019，83：17-21.

[2] 杨炳辉，张一兵，黄建华，等. 荸荠中一种生物碱（MTC）的鉴定和绝对构型的确定 [J]. 天然产物研究与开发，1995，7（1）：1-4.

【药理参考文献】

[1] 李婕姝，贾冬英，姚开，等. 荸荠皮多糖体外清除自由基活性的研究 [J]. 氨基酸和生物资源，2008，30（4）：7-9.

[2] 贾冬英，曹冬冬，姚开. 荸荠皮提取物对 DPPH 自由基清除活性 [J]. 天然产物研究与开发，2007，19（5）：745-747.

[3] Luo Y H，Li X R，He J，et al. Isolation，characterisation，and antioxidant activities of flavonoids from chufa（*Eleocharis tuberosa*）peels [J]. Food Chemistry，2014，164：30-35.

[4] 曾莹，向新柱，夏服宝. 荸荠皮提取物对细菌的作用方式研究 [J]. 食品科学，2004，25（12）：72-75.

[5] Zhan G，Pan L，Tu K，et al. Antitumor，antioxidant，and nitrite scavenging effects of Chinese water chestnut（*Eleocharis dulcis*）peel flavonoids [J]. Journal of Food Science，2016，81（10）：2578-2586.

[6] 仲丽丽，张维嘉，刘旭，等. 通天草醇提物对阿尔茨海默病小鼠行为学及海马炎症介质的影响 [J]. 中国医药导报，2018，15（25）：23-26.

[7] 周天，费洪新，田冰，等. 通天草水提物对 APP/PS1 双转基因小鼠学习记忆及海马 IL-1β 和 TNF-α 水平影响 [J]. 辽宁中医药大学学报，2016，18（3）：10-14.

[8] 魏铁花，李宝龙，刘旭，等. 通天草提取物对拟阿尔茨海默氏病模型大鼠学习记忆能力及其海马区组织相关蛋白表达的影响 [J]. 吉林中医药，2013，33（2）：179-181.

[9] 邱文兴，贾博宇，刘永武，等. 通天草提取物对 Aβ1-40 所致 AD 大鼠血清与海马组织中细胞因子含量的影响 [J].

中医药信息，2012，29（2）：24-25.
[10] 李宝龙，单毓娟，刘旭，等.通天草提取物对阿尔茨海默病大鼠脑氧化性损伤的保护作用[J].中医药信息，2012，29（4）：28-31.
[11] 尹丽颖，敖鹏，仲丽丽，等.通天草提取物对缺血性脑损伤大鼠海马组织超微结构的影响[J].中医药学报，2012，40（2）：35-37.

【临床参考文献】

[1] 董一璇.荸荠薏仁粥预防脑中风[J].中国民间疗法，2017，25（8）：79.
[2] 蒲昭和.荸荠外擦治疗“酒糟鼻”[N].家庭医生报，2015-10-12（007）.
[3] 宫长鉴.醋荸荠方治疗跟骨骨刺[J].中国民间疗法，2001，9（4）：59.

3. 莎草属 *Cyperus* Linn.

一年生或多年生草本。具根茎或无，或有时兼具块茎；秆直立，丛生或散生，粗壮或细弱。叶基生，具叶鞘。聚伞花序简单或复出，开展或有时短缩呈头状，基部具叶状苞片数片；小穗少数至多数，排成指状、头状或穗状花序，生于辐射枝顶端；小穗轴宿存，通常具翅；鳞片2列，稀为螺旋状排列，最下面1～2枚鳞片无花，其余均具1朵两性花，有时最上面1～3朵花不结实，小坚果成熟后鳞片由下而上依次脱落；无下位刚毛；雄蕊3枚，少为1～2枚；花柱基部不膨大，柱头3枚，稀2枚，成熟后脱落。小坚果三棱形，面向小穗轴。

约500种，广布于各大洲，尤以热带和亚热带地区种类为多。中国30余种，大多数分布于华南、华东及西南各地，法定药用植物1种。华东地区法定药用植物1种。

1076. 香附子（图1076）• *Cyperus rotundus* Linn.

【别名】莎草（浙江）。

【形态】多年生草本，植株高10～60cm。匍匐根茎细长，并有黑褐色块茎；秆锐三棱形，基部的叶鞘通常分裂成纤维状。叶片短于秆，平展，苞片2～4片，叶状，长于或短于花序。聚伞花序简单或复出，具3～8条辐射枝，长短不等，最长达8cm；穗状花序陀螺形，有小穗3～10枚，排列较疏松；小穗斜展，条状被针形，压扁，长1～3cm，宽约1.5mm；小穗轴具宽翅；鳞片覆瓦状排列，膜质，长圆形或卵状椭圆形，长约3mm，顶端急尖或钝，无短尖，两侧暗红色，背面具5～7脉；雄蕊3枚；花柱长，柱头3枚。小坚果长圆状倒卵形，三棱形，长约1mm，具密细点。花果期5～10月。

【生境与分布】多生于山路旁，荒田及空旷草地上。分布于华东各地，另全国其他各地均有分布；广布于世界各地。

【药名与部位】香附（香附子），块茎。

【采集加工】秋季采挖，燎去毛须，干燥；或置沸水中略煮或蒸透后，干燥。

【药材性状】多呈纺锤形，有的略弯曲，长2～3.5cm，直径0.5～1cm。表面棕褐色或黑褐色，有纵皱纹，并有6～10个略隆起的环节，节上有未除净的棕色毛须和须根断痕；去净毛须者较光滑，环节不明显。质硬，经蒸煮者断面黄棕色或红棕色，角质样；生晒者断面色白而显粉性，内皮层环纹明显，中柱色较深，点状维管束散在。气香，味微苦。

【药材炮制】香附：除去杂质，洗净，润软，切厚片，干燥。醋香附：取香附饮片，与醋及适量水拌匀，待吸尽，煮至内外均呈深褐色时，取出，干燥；或炒干。四制香附：取香附饮片，加入醋、酒、盐水、姜汁的混合物及适量水没过药面，煮8～10h，焖过夜，次日再煮至药汁被吸尽时，取出，干燥。香附炭：取香附饮片，炒至浓烟上冒、表面焦黑色、内部棕褐色时，微喷水，灭尽火星，取出，晾干。

【化学成分】根茎含环烯醚萜类：香附子醚萜苷*（rotunduside）、10-*O*-对羟基苯甲酰黄夹苦苷（10-

图 1076　香附子　　摄影　郭增喜等

O-p-hydroxybenzoyltheviridoside）、10-*O*- 香草酰黄夹苦苷（10-*O*-vanilloyltheviridoside）、马钱子苷酸（loganic acid）、6″-*O*-（反式 - 对香豆酰基）- 平卧钩果草别苷［6″-*O*-（*trans-p*-coumaroyl）-procumbide］[1]，香附子醚萜苷 * A、B（rotunduside A、B）[2]，香附子醚萜苷 *C（rotunduside C）[3]，香附子醚萜苷 * D、E、F（rotunduside D、E、F）[4]，香附子醚萜苷 * G、H（rotunduside G、H）[5]，6″-*O*- 对香豆酰基京尼平龙胆双糖苷（6″-*O-p*-coumaroylgenipin gentiobioside）[2]，黄荆环烯醚萜苷（negundoside）、黄荆达苷（nishindaside）、异橄榄苦苷（isooleuropein）和新女贞子苷（neonuezhenide）[5]；苯乙醇苷类：异阿拉杲苷 *（isoaragoside）、雪赫柏苷 A（chionoside A）、太阳草苷 *C（helioside C）[2] 和红景天苷（salidroside）[3]；倍半萜类：α- 香附酮（α-cyperone）、香附薁酮（cyperotundone）[6]，石竹烯酮（caryophyllene ketone）、β-

石竹烯-6, 7-氧化物（β-caryophyllene-6, 7-oxide）[7]，左旋去甲香附烯［（-）-norrotundene］、左旋异香附烯［（-）-isorotundene］、左旋莎草-2, 4（15）-二烯［（-）-cypera-2, 4（15）-diene］[8]，莎草烯酸（cyperenoic acid）、表愈创二醇A（epi-guaidiol A）、愈创二醇A（guaidiol A）、香附酮（cyperotundone）、香附子烯二醇（sugebiol）[9]，左旋丁香烷-2, 9-二醇［（-）-clovane-2, 9-diol］、去甲基附子酮（norcyperone）[10]，桉叶烷-4（14），11-二烯-3β-醇［eudesma-4（14），11-dien-3β-ol］[11]，香附子素*A（cyperalin A）[12]，香附子烯-2, 5, 8-三醇三乙酰化物（suge-2, 5, 8-triol triacetate）[9, 12]，6-乙酰氧基香附烯（6-acetoxycyperene）[13]，长莎草醇A_3（cyperusol A_3）、3β-羟基莎草烯酸（3β-hydroxycyperenoic acid）、1β, 4α-二羟基桉叶-11-烯（1β, 4α-dihydroxyeudesm-11-ene）、11, 12-二羟基桉叶-4-烯-3-酮（11, 12-dihydroxyeudesm-4-en-3-one）、欧亚旋覆花素*E（britanlin E）[14]，4α, 5α-环氧桉叶-11-烯-3-酮（4α, 5α-oxidoeudesm-11-en-3-one）、香附-11-烯-3, 4-二酮（cyper-11-en-3, 4-dione）、石竹烯-α-氧化物（caryophyllene-α-oxide）、异香附醇（isocyperol）[15]和12-甲基香附子-3-烯-2-酮-13-酸（12-methyl cyprot-3-en-2-one-13-oic acid）[16]；二萜：玫瑰菌素（rosenonolactone）[10]；三萜类：羽扇-12, 20（29）-二烯-3β-醇-3-α-L-吡喃阿拉伯糖基-2′-油酸酯［lup-12, 20（29）-dien-3β-ol-3-α-L-arabinopyranosyl-2′-oleate］[16]，香附子三萜苷A、B（cyprotuoside A、B）[17]和香附子三萜苷C、D（cyprotuoside C、D）[18]；烷酮类：正三十二烷-15-酮（*n*-dotriacontan-15-one）、正四十烷-7-酮（*n*-tetracontan-7-one）[16]和正三十三烷-16-酮（*n*-tritriacontan-16-one）[19]；烯醇类：羽扇-12, 20（29）-二烯-3β-醇-3-α-L-呋喃阿拉伯糖基-2′-十八烷基-9″-烯酯［lup-12, 20（29）-dien-3β-ol-3-α-L-arabinofuranosyl-2′-octadec-9″-enoate］[19]；脂肪酸及酯类：正十五烷基亚麻子油酸酯（*n*-pentadecanyl linoleate）、正十六烷基亚麻子油酸酯（*n*-hexadecanyl linoleate）、正十六烷醇油酸酯（*n*-hexadecanyl oleate）、正二十五烷-13′-烯醇油酸酯（*n*-pentacos-13′-enyl oleate）[16]，正十五烷基-9-十八烯酸酯（*n*-pentadecanyl-9-octadecenoate）、正十四烷基正十八碳烷-9, 12-二烯酸酯（*n*-tetradecanyl-*n*-octadec-9, 12-dienoate）[19]和全缘金光菊酸（fulgidic acid）[20]；酚酸类：鞣花酸（ellagic acid）[21]；香豆素类：6-羟基-3, 4-二甲基香豆素（6-hydroxy-3, 4-dimethyl coumarin）和6-甲氧基-7, 8-亚甲二氧基香豆素（6-methoxy-7, 8-methylenedioxy coumarin）[21]；黄酮类：槲皮素（quercetin）[21, 22]，7, 8-二羟基-5, 6-亚甲二氧基黄酮（7, 8-dihydroxy-5, 6-ethylenedioxyflavone）、山柰酚（kaempferol）、木犀草素（luteolin）、白果双黄酮（ginkgetin）、异白果双黄酮（isoginkgetin）[22]，5, 7-二羟基-4′-甲氧基-8-C-［2″-（2‴-甲基丁酰基）］-β-D-吡喃葡萄糖基黄酮{5, 7-dihydroxy-4′-methoxy-8-C-［2″-（2‴-methylbutyryl）］-β-D-glucopyranosylflavone}[23]，5, 7, 4′-三羟基-2′-甲氧基-3′-异戊烯基异黄酮（5, 7, 4′-trihydroxy-2′-methoxy-3′-prenylisoflavone）、甘草利酮（licoricone）[24]，（2*RS*, 3*SR*）-3, 4′, 5, 6, 7, 8-六羟基黄烷酮［（2*RS*, 3*SR*）-3, 4′, 5, 6, 7, 8-hexahydroxyflavane］[25]，金圣草素（chrysoeriol）、槲皮素-3-*O*-β-D-芸香糖苷（quercetin-3-*O*-β-D-rutinoside）[26]和鼠李素-3-*O*-鼠李糖基-（1→4）-吡喃鼠李糖苷［rhamnetin-3-*O*-rhamnosyl-（1→4）-rhamnopyranoside］[27]；色酮类：凯洛醇葡萄糖苷（khellol glucoside）[26]；酚类：松针苷（pungenin）[3]，6-*O*-对羟基苯甲酰基-6-表-桃叶珊瑚苷（6-*O*-*p*-hydroxybenzoyl-6-epi-aucubin）、6-*O*-对羟基苯甲酰基-6-表-单美利妥双苷（6-*O*-*p*-hydroxybenzoyl-6-epi-monomelittoside）、7-*O*-对羟基苯甲酰基-8-表-马钱子酸（7-*O*-*p*-hydroxybenzoyl-8-epi-loganic acid）、婆婆纳普苷（verproside）、丁香苦苷B（syringopicroside B、C（syringopicroside B、C）、橄榄苦苷酸（oleuropeinic acid）、裂环马钱子苷（oleuroside）、10-羟基橄榄苦苷（10-hydroxyoleuropein）和日本獐牙菜醚酚苷I（senburiside I）[24]；芪类：加雷决明酚E（cassigarol E）和荆三棱素A、B（scirpusin A、B）[25]；蒽醌类：大黄素甲醚（physcion）和链蠕孢素（catenarin）[28]；生物碱类：香附子碱A、B、C（rotundine A、B、C）[29]；甾体类：5α, 8α-表二氧-（20*S*, 22*E*, 24*R*）-麦角甾-6, 22-二烯-3β-醇［5α, 8α-epidioxy-（20*S*, 22*E*, 24*R*）-ergosta-6, 22-dien-3β-ol］[10]，豆甾醇月桂酸酯（stigmasterol laurate）、豆甾醇肉豆蔻酸酯（stigmasterol myristate）、胡萝卜苷（daucosterol），即β-谷甾醇-3β-*O*-葡萄糖苷（β-sitosterol-3β-*O*-glucoside）[16]，β-谷甾醇（β-sitosterol）、豆甾醇（stigmasterol）和豆甾醇葡萄糖苷（stigmasterol glucoside）[26]；挥发油类：

香附烯（cyperene）[30, 31]，α- 可巴烯（α-copaene）、α- 红没药烯（α-bisabolene）、α- 古芸烯（α-gurjunene）、2- 甲氧基 -8- 甲基 -1, 4- 萘二酮（2-methoxy-8-methyl-1, 4-naphthalenedione）、β- 蛇床烯（β-selinene）、氧化 -α- 依兰烯（oxo-α-ylangene）、4, 4α, 5, 6, 7, 8- 六氢 -4α, 5- 二甲基 -3-（1- 甲基乙烯基）-2（3H）- 萘酮［4, 4α, 5, 6, 7, 8, -hexahydro-4α, 5-dimethyl-3-（1-methyl ethylene）-2（3H）-naphthalenone］、长叶松香芹酮（longipinocarvone）[31]，异长叶烯 -5- 酮（isolongifolene-5-one）、熊果酰甲酯（methylursolate）、香木兰烯氧化物（aromadendrene oxide）、石竹烯氧化物（caryophyllene oxide）和 7, 8- 去氢 -8α- 羟基异长叶烯（7, 8-dehydro-8α-hydroxy-isolongifolene）[32]。

叶含挥发油类：正十六烷酸（*n*-hexadecanoic acid）、（*Z, Z, Z*）-9, 12, 15- 十八碳三烯酸乙酯［（*Z, Z, Z*）-9, 12, 15-octadecatrienoic acid ethyl ester］和十六烷酸乙酯（ethyl hexadecanoate）等[33]。

地上部分含黄酮类：异鼠李素（isorhamnetin）、苜蓿素（tricin）[34]，异牡荆素（isovitexin）、表荭草素（epiorientin）、杨梅黄酮（myricetin）、木犀草素 -7-*O*-β-D- 吡喃葡萄糖醛酸苷（luteolin-7-*O*-β-D-glucuronopyranoside）、木犀草素 -7-*O*-β-D- 吡喃葡萄糖醛酸苷 -6″- 甲酯（luteolin-7-*O*-β-D-glucuronopyranoside-6″-methyl ester）、木犀草素 -4′-*O*-β-D- 吡喃葡萄糖醛酸苷（luteolin-4′-*O*-β-D-glucuronopyranoside）[35]，荭草素（orientin）、牡荆素（vitexin）[35, 36]，木犀草素 -7-*O*- 吡喃葡萄糖醛酸苷（luteolin-7-*O*-glucuronopyranoside），即菜蓟苷（cinaroside）、槲皮素 -3-*O*-β-D- 吡喃葡萄糖苷（quercetin-3-*O*-β-D-glucopyranoside）、杨梅素 -3-*O*-β-D- 吡喃葡萄糖苷（myricetin-3-*O*-β-D-glucopyranoside）和香附子黄酮苷 *（cyperaflavoside），即杨梅素 -3, 3′, 5′- 三甲醚 -7-*O*-β-D- 吡喃葡萄糖苷（myricetin-3, 3′, 5′-trimethyl ether-7-*O*-β-D-glucopyranoside）[36]；香豆素类：香豆素（coumarin）[34]；吡喃酮类：齿阿米素（visnagin）、凯林（khellin）和阿米醇（ammiol）[34]；苯丙素类：咖啡酸（caffeic acid）、对香豆酸（*p*-coumaric acid）[34]，左旋 - 反式 - 咖啡酰基苹果酸［（-）-（*E*）-caffeoylmalic acid］和绿原酸（chlorogenic acid）[35]；酚酸类：原儿茶酸（protocatechuic acid）、水杨酸（salicylic acid）[34] 和鞣花酸（ellagic acid）[35]；核苷类：尿苷（uridine）和腺苷（adenosine）[35]；甾体类：谷甾醇基 -（6′- 三十一烷酰基）-β-D- 吡喃半乳糖苷［sitosteryl-（6′-hentriacontanoyl）-β-D-galactopyranoside］和胡萝卜苷（daucosterol）[34]；单糖烷基苷类：正丁基 -β-D- 吡喃果糖苷（*n*-butyl-β-D-fructopyranoside）和乙基 -α-D- 吡喃葡萄糖苷（ethyl-α-D-glucopyranoside）[35]；氨基酸衍生物：*N*-（1- 去氧 -α-D- 果糖 -1- 基）-L- 色氨酸［*N*-（1-deoxy-α-D-fructosyl-1-yl）-L-tryptophan］。

【药理作用】1. 镇静　根茎中提取的倍半萜烯类成分可激动大鼠 γ- 氨基丁酸 A- 苯二氮䓬受体，发挥镇静作用[1]。2. 抗抑郁　95% 乙醇提取物、乙酸乙酯和正丁醇萃取部位可显著缩短“行为绝望”小鼠游泳和悬尾的不动时间，明显升高小鼠大脑额叶皮质 5- 羟色胺（5-HT）和多巴胺（DA）含量[2, 3]。3. 解热镇痛　醇提取物及有效成分 α- 香附酮均能降低内毒素所致家兔发热，抑制乙酸所致小鼠的扭体反应[4, 5]；挥发油可显著减少乙酸所致小鼠扭体次数[6]；石油醚、乙酸乙酯部位和有效成分 α- 香附酮能明显减少缩宫素所致痛经小鼠的扭体次数[7, 8]。4. 抗氧化　黄酮和醇提取物对 1，1- 二苯基 -2- 三硝苯肼（DPPH）自由基、羟自由基（·OH）和超氧阴离子自由基（O_2^-·）均有清除作用[9, 10]；醇提取物可抑制 Fe2/ 抗坏血酸诱导大鼠的肝匀浆脂质过氧化[10]。5. 抗血小板凝聚　乙醇提取物和（+）- 香柏酮可抑制胶原蛋白、凝血酶和花生四烯酸诱导的血小板聚集作用，明显延长小鼠的出血时间；（+）- 香柏酮对离体大鼠血小板聚集具有明显的抑制作用[11]。6. 抗疟　从块茎分离的成分广藿香烯酮（patchoulenone）、石竹烯 α- 氧化物（caryophyllene α-oxide）、10，12- 过氧去氢菖蒲烯（10，12-peroxycalamenene）和 4，7- 二甲基 -1- 四氢萘酮（4，7-dimethyl-1-tetralone）可抑制恶性疟原虫生长，其中以 10，12- 过氧去氢菖蒲烯的作用最强[12]。7. 抗病毒　块茎的乙醇提取物对单纯疱疹病毒有杀伤作用[13]。8. 抗帕金森病　块茎的水提取物可抑制 6- 羟基多巴胺（6-OHDA）诱导的活性氧（ROS）和一氧化氮（NO）的产生，降低线粒体膜电位和半胱氨酸蛋白酶 -3 含量，保护原代脑培养物中多巴胺能神经元损伤[14]。9. 降血糖　块茎的醇提取物可降低四氧嘧啶引起的高血糖大鼠的血糖含量[15]。10. 抗肿瘤　块茎醇提取物的石油醚及氯仿部位可抑制胃癌 SGC-7901 细胞的增殖[16]；块茎超临界 CO_2 萃取物在体外可诱导人肝癌 HepG2 细胞的凋亡[17]。

11. 调节平滑肌 块茎的半仿生提取物、半仿生提取醇沉物、水提取物、水提醇沉物和醇提取物均可降低正常兔离体肠运动的频率和张力，降低乙酰胆碱作用下离体肠管的幅度及张力[18]。12. 护肝 从块茎提取的多糖可显著改善牛血清白蛋白诱导的肝纤维化大鼠血清谷丙转氨酶（ALT）、天冬氨酸氨基转移酶（AST）、总蛋白质（TP）、白蛋白（ALB）含量，降低血清基质金属蛋白酶 -2（MMP-2）、组织金属蛋白酶抑制剂 -2（TIMP-2）和转化生长因子 -β1 的含量，明显减轻大鼠肝纤维化程度[19]。

【性味与归经】辛、微苦、微甘，平。归肝、脾、三焦经。

【功能与主治】行气解郁，调经止痛。用于肝郁气滞，胸、胁、脘腹胀痛，消化不良，胸脘痞闷，寒疝腹痛，乳房胀痛，月经不调，经闭痛经。

【用法与用量】6 ～ 9g。

【药用标准】药典 1963—2015、浙江炮规 2015、贵州药材 1965、内蒙古蒙药 1986、新疆药品 1980 二册、新疆维药 1993、香港药材五册和台湾 2013。

【临床参考】1. 少阴人慢性胃炎：块茎 10g，加当归、白芍各 10g，白术、何首乌、川芎、陈皮、甘草各 5g，生姜 3 片、大枣 2 枚，水煎服，每日 1 剂，2 周 1 疗程，连服 2 疗程[1]。

2. 乳癖：块茎 10g，加瓜蒌 30g，当归、浙贝母各 10g，乳香、没药、青皮各 6g，生牡蛎 15g，水煎服，每日 1 剂，20 日 1 疗程[2]。

3. 小儿单纯性消化不良：鲜花 6 ～ 9g，水煎至 15 ～ 20ml，加红糖适量，分 1 ～ 2 次服，每日 1 剂[3]。

4. 气滞痞闷：块茎，加苍术、六曲、川芎、炒栀子制成越鞠丸，1 次 6 ～ 9g，每日 2 次，开水送服。（《丹溪心法》越鞠丸）

5. 胸腹胀痛：块茎 9g，加乌药 9g，水煎服。

6. 月经不调、痛经：块茎 9g，加当归、延胡索各 9g，川芎 3g，水煎服。（4 方至 6 方引自《浙江药用植物志》）

【附注】以莎草根之名始载于《名医别录》，列为中品。《新修本草》云："茎叶都似三棱，根若附子，周匝多毛，交州者最胜，大者如枣，近道者如杏仁许。"《本草图经》云："今处处有之……近道生者苗叶如薤而瘦，根如筋头大。"《本草衍义》云："莎草，其根上如枣核者，又谓之香附子。"《本草纲目》谓："莎叶似老韭叶而硬，光泽有剑脊棱，五六月中抽一茎，三棱中空，茎端复出数叶，开青花成穗如黍，中有细子其根有须，须下结子一二枚，转相延生，子上有细黑毛，大者如羊枣而两头尖。采得燎去毛，暴干货之。"《植物名实图考》并附有莎草图。即为本种。

Flora of China 已将金门莎草 *Cyperus rotundus* Linn. var. *quimoyensis* L. K. Dai 归并至本种。

药材香附气虚无滞、阴虚、血虚者慎服。

本种的茎叶民间也作药用。

【化学参考文献】

[1] Zhou Z L，Yin W Q，Zhang H L，et al. A new iridoid glycoside and potential MRB inhibitory activity of isolated compounds from the rhizomes of *Cyperus rotundus* L.［J］. Nat Prod Res，2013，27（19）：1732-1736.

[2] Zhou Z L，Zhang H L. Phenolic and iridoid glycosides from the rhizomes of *Cyperus rotundus* L.［J］. Medicinal Chemistry Research，2013，22（10），4830-4835.

[3] Zhang T Z，Xu L J，Xiao H P，et al. A new iridoid glycoside from the rhizomes of *Cyperus rotundus*［J］. Bull Korean Chem Soc，2014，35（7）：2207-2209.

[4] Lin S Q，Zhou Z L，Zhang H L，et al. Phenolic glycosides from the rhizomes of *Cyperus rotundus* and their antidepressant activity［J］. J Korean Soc Appl BiolChem，2015，58（5）：685-691.

[5] Zhou Z L，Yin W Q，Yang Y M，et al. New iridoid glycosides with antidepressant activity isolated from *Cyperus rotundus*［J］. Chem Pharm Bull，2016，64（1）：73-77.

[6] Morimoto M，Komai K. Plant growth inhibitors：patchoulane-type sesquiterpenes from *Cyperus rotundus* L.［J］. Weed Biol Manag，2005，5（4）：203-209.

[7] Chhabra B R, Sharma A, Dhillon R S, et al. Three new sesquiterpenes from nutgrass (*Cyperus rotundus* L.) and their evaluation as plant growth regulators [J] . Res J Chem Environ, 2002, 6 (4) : 57-59.

[8] Sonwa M M, Konig W A. Chemical study of the essential oil of *Cyperus rotundus* [J] . Phytochemistry, 2001, 58 (5) : 799-810.

[9] Xu Y, Zhang H W, Wan X C, et al. Complete assignments of ^{1}H and ^{13}C NMR data for two new sesquiterpenes from *Cyperus rotundus* L. [J] . Magn Reson Chem, 2009, 47 (6) : 527-531.

[10] Xu Y, Zhang H W, Yu C Y, et al. Norcyperone, a novel skeleton norsesquiterpene from *Cyperus rotundus* L. [J] . Molecules, 2008, 13 (10) : 2474-2481.

[11] 温东婷，张蕊，陈世忠 . 香附化学成分的分离及对未孕大鼠离体子宫肌收缩的影响 [J] . 北京大学学报（医学版），2003，35（1）：110-111.

[12] Ibrahim S R M, Abdallah M G, Abdullah K M T, et al. Anti-inflammatory terpenoids from *Cyperus rotundus* rhizomes [J] . Pakistan J Pharm Sci, 2018, 31 (4, Suppl) : 1449-1456.

[13] Ahn J H, Lee T W, Kim K H, et al. 6-Acetoxy cyperene, a patchoulane-type sesquiterpene isolated from *Cyperus rotundus* rhizomes induces caspase-dependent apoptosis in human ovarian cancer cells [J] . Phytotherapy Research, 2015, 29 (9) : 1330-1338.

[14] Ryu B, Kim H M, Lee J S, et al. Sesquiterpenes from rhizomes of *Cyperus rotundus* with cytotoxic activities on human cancer cells *in vitro* [J] . Helv Chim Acta, 2015, 98 (10) : 1372-1380.

[15] Park Y J, Zheng H L, Kwak J H, et al. Sesquiterpenes from *Cyperus rotundus* and 4 α , 5 α -oxidoeudesm-11-en-3-one as a potential selective estrogen receptor modulator [J] . Biomedicine & Pharmacotherapy, 2019, 109: 1313-1318.

[16] Sultana S, Ali M, Mir S R. Chemical constituents from the rhizomes of *Cyperus rotundus* L. [J] . Open Plant Science Journal, 2017, 10: 82-91.

[17] Zhou Z L, Lin S Q, Yin W Q. New cycloartane glycosides from the rhizomes of *Cyperus rotundus* and their antidepressant activity [J] . J Asian Nat Prod Res, 2016, 18 (7) : 662-668.

[18] Lin S G, Zhou Z L, Li C Y. Cyprotuoside C and cyprotuoside D, two new cycloartane glycosides from the rhizomes of *Cyperus rotundus* [J] . Chem Pharm Bull, 2018, 66 (1) : 96-100.

[19] Singh A P, Sharma S K. A new pentacyclic triterpenoid with antimicrobial activity from the tubers of *Cyperus rotundus* Linn. [J] . Hygeia, 2015, 7 (1) : 1-9.

[20] Shin J S, Hong Y J, Lee H H, et al. Fulgidic acid isolated from the rhizomes of *Cyperus rotundus* suppresses LPS-induced iNOS, COX-2, TNF- α , and IL-6 expression by AP-1 inactivation in RAW264. 7 macrophages [J] . Biol Pharm Bull, 2015, 38 (7) : 1081-1086.

[21] Sharma T C, Sharma A K, Meena S K, et al. Isolation and characterization of natural product compounds from rhizomes of *Cyperus rotundus* Linn. [J] . International Journal of Pharmaceutical Sciences and Research, 2018, 9 (7) : 3024-3028.

[22] Zhou Z L, Fu C Y. A new flavanone and other constituents from the rhizomes of *Cyperus rotundus* and their antioxidant activities [J] . Chem Nat Compd, 2013, 48 (6) : 963-965.

[23] Zhou Z L, Zhang T Z, Xiao H P, et al. A new C-glycosylflavone from the rhizomes of *Cyperus rotundus* [J] . Chem Nat Compd, 2015, 51 (4) : 640-642.

[24] Cheng C H, Chen Y R, Ye Q Q. A new isoflavonoid from the rhizomes of *Cyperus rotundus* [J] . Asian Journal of Chemistry, 2014, 26 (13) : 3967-3970.

[25] Tran H H T, Nguyen M C, Le H T, et al. Inhibitors of α -glucosidase and α -amylase from *Cyperus rotundus* [J] . Pharm Biol, 2014, 52 (1) : 74-77.

[26] Sayed H M, Mohamed M H, Farag S F, et al. Phytochemical and biological investigations of *Cyperus rotundus* L. [J] . Bull Fac Pharm, 2001, 39 (3) : 195-203.

[27] Singh N B, Singh P N. A new flavonol glycoside from the mature tubers of *Cyperus rotundus* L. [J] . J Indian Chem Soc, 1986, 63 (4) : 450.

[28] 吴希，夏厚林，黄立华，等 . 香附化学成分研究中药材 [J] . 2008，31（7）：990-992.

［29］Jeong S J，Miyamoto T，Inagaki M，et al. Rotundines A-C，three novel sesquiterpene alkaloids from *Cyperus rotundus*［J］. J Nat Prod，2000，63（5）：673-675.

［30］Kilani S，Abdelwahed A，Ben A R，et al. Chemical composition，antibacterial and antimutagenic activities of essential oil from（Tunisian）*Cyperus rotundus*［J］. J Essent Oil Res，2005，17（6）：695-700.

［31］林晓珊，吴惠勤，黄芳，等. 香附挥发油的提取和 GC/MS 分析［J］. 质谱学报，2006，27（1）：40-44.

［32］Lawal O A，Oyedeji A O. Chemical composition of essential oils of *Cyperus rotundus* L. from South Afric［J］. Molecule，2009，14（8）：2909-2917.

［33］Vijisaral E D，Arumugam S. GC-MS analysis of ethanol extract of *Cyperus rotundus* leaves［J］. International Journal of Current Biotechnology，2014，2（1）：19-23.

［34］Sayed H M，Mohamed M H，Farag S F，et al. A new steroid glycoside and furochromones from *Cyperus rotundus* L.［J］. Nat Prod Res，2007，21（4）：343-350.

［35］Sayed H M，Mohamed M H，Farag S F，et al. Fructose-amino acid conjugate and other constituents from *Cyperus rotundus* L.［J］. Nat Prod Res，2008，22（17）：1487-1497.

［36］Ibrahim S R M，Mohamed G，A，Alshali K，et al. Lipoxygenase inhibitors flavonoids from *Cyperus rotundus* aerial parts［J］. Revista Brasileira de Farmacognosia，2018，28（3）：320-324.

【药理参考文献】

［1］Ha J H，Lee K Y，Choi H C，et al. Modulation of radioligand binding to the GABAA-benzodiazepine receptor complex by a new component from *Cyperus rotundus*［J］. Biological & Pharmaceutical Bulletin，2002，25（1）：128-130.

［2］王君明，马艳霞，张蓓，等. 香附提取物抗抑郁作用研究［J］. 时珍国医国药，2013，24（4）：779-781.

［3］周中流，刘永辉. 香附提取物的抗抑郁活性及其作用机制研究［J］. 中国实验方剂学杂志，2012，18（7）：191-193.

［4］欧润妹，邓远辉，李伟英，等. 香附不同溶剂提取物解热镇痛效应的比较［J］. 山东中医杂志，2004，23（12）：740-742.

［5］邓远辉，刘瑜彬，罗淑文，等. α-香附酮的分离及其解热镇痛作用研究［J］. 中药新药与临床药理，2012，23（6）：28-31.

［6］陈运，赵韵宇，王晓轶，等. 鲜香附挥发油镇痛活性及其 GC-MS 分析［J］. 中药材，2011，34（8）：66-70.

［7］夏厚林，吴希，董敏，等. 香附不同溶剂提取物对痛经模型的影响［J］. 时珍国医国药，2006，17（5）：107-108.

［8］温东婷，张蕊，陈世忠. 香附化学成分的分离及对未孕大鼠离体子宫肌收缩的影响［J］. 北京大学学报（医学版），2003，35（1）：110-111.

［9］肖刚，周琼花，黄凯铃，等. 香附黄酮的体外抗氧化活性研究［J］. 安徽农业科学，2012，40（33）：16117-16119.

［10］Yazdanparast R，Ardestani A. *In vitro* antioxidant and free radical scavenging activity of *Cyperus rotundus*［J］. Journal of Medicinal Food，2007，10（4）：667-674.

［11］Seo E J，Lee D U，Kwak J H，et al. Antiplatelet effects of *Cyperus rotundus* and its component（+）-nootkatone［J］. Journal of Ethnopharmacology，2011，135（1）：48-54.

［12］Thebtaranonth C，Thebtaranonth Y，Wanauppathamkul S，et al. Antimalarial sesquiterpenes from tubers of *Cyperus rotundus*：structure of 10，12-peroxycalamenene，a sesquiterpene endoperoxide［J］. Phytochemistry（Oxford），1995，40（1）：125-128.

［13］Soltan M M，Zaki A K. Antiviral screening of forty-two Egyptian medicinal plants［J］. Journal of Ethnopharmacology，2009，126（1）：102-107.

［14］Lee C H，Hwang D S，Kim H G，et al. Protective effect of *Cyperi Rhizoma* against 6-hydroxydopamine-induced neuronal damage［J］. Journal of Medicinal Food，2010，13（3）：564-571.

［15］Raut N A，Gaikwad N J. Antidiabetic activity of hydro-ethanolic extract of *Cyperus rotundus* in alloxan induced diabetes in rats［J］. Fitoterapia，2006，77（7-8）：585-588.

［16］方国英，王天勇，白云霞. 香附有效成分的提取及其抗肿瘤药效的实验研究［J］. 中华危重症医学杂志（电子版），2015，8（4）：59-61.

［17］宋必卫，章方珺，刘洁琼，等. 香附超临界 CO_2 提取物体外抗肝癌作用［J］. 浙江工业大学学报，2016，44（6）：645-648.

［18］李超，孙秀梅，张兆旺，等．香附 5 种方法提取液对兔离体肠平滑肌的影响［J］．时珍国医国药，2010，21（1）：27-29.
［19］尚双艳，高翔．香附多糖对牛血清白蛋白诱导的肝纤维化大鼠血清 MMP-2、TIMP-2 和 TGF-β1 水平的影响［J］．实用肝脏病杂志，2018，21（1）：42-45.

【临床参考文献】

［1］王竞，徐玉锦．朝医香附子八物汤治疗少阴人慢性胃炎的临床观察［J］．中国民族医药杂志，2011，17（4）：6.
［2］周文祥．消散乳块饮治疗乳癖 67 例［J］．陕西中医，1990，（12）：552.
［3］崔文周．莎草花治小儿单纯性消化不良［J］．河南赤脚医生，1980，（3）：28.

4. 水蜈蚣属 *Kyllinga* Rottb.

多年生稀为一年生草本。匍匐根茎有或无；秆丛生或散生，三棱形；叶基生，条形，最下面 1 ～ 2 枚只有叶鞘而无叶片；无叶舌。苞片叶状，开展；穗状花序 1 ～ 3 枚，聚合呈头状或球形，顶生，密生多数小穗，无总花序梗；小穗小，压扁，基部具关节；鳞片 4，两行排列，最下面 2 鳞片小，中空无花，膜质状，常宿存于关节处，中间 1 鳞片具 1 两性花，最上面 1 鳞片无花或具 1 朵雄花；小穗轴脱落于最下面 2 枚无花鳞片上；下位刚毛或下位鳞片缺；雄蕊 1 ～ 3 枚；花柱基部不膨大，脱落，柱头 2 枚。小坚果两侧扁平，双凸状或平凸状，棱向小穗轴着生，与小穗轴同时脱落。

约 40 种，分布于温带、亚热带和热带地区。中国 6 种，主要分布于华南和西南地区，1 种分布于全国，法定药用植物 1 种。华东地区法定药用植物 1 种。

1077. 短叶水蜈蚣（图 1077）· *Kyllinga brevifolia* Rottb.

图 1077　短叶水蜈蚣　　摄影　李华东等

【别名】水蜈蚣（浙江）。

【形态】多年生草本，高 10 ～ 40cm。具匍匐根茎，外被膜质、褐色的鳞片，有多数节和节间，每节上长一秆；秆成列散生，细弱，扁三棱形，基部不膨大，具 5 ～ 4 片圆筒状叶鞘，最下面的 2 片叶鞘无叶片。叶条形，柔弱，宽 2 ～ 3mm，平展，边缘有细齿，苞片 3 枚，叶状，极开展，最后常向下反折。穗状花序单生，有极多数密生的小穗；小穗长圆状披针形或披针形，压扁，长约 3mm，有 1 朵两性花；鳞片卵形，膜质，背面龙骨状突起上多少具刺，顶端延伸成外弯的短尖头，有 5 ～ 8 脉；雄蕊 1 ～ 3 枚；花柱细长，柱头 2 枚。小坚果侧卵状长圆形，扁双凸状，表面有密的细点，成熟后黄褐色或褐色。花果期 5 ～ 10 月。

【生境与分布】多生于潮湿的路旁、田边、水沟边。分布于安徽、江苏、浙江、江西、福建、山东，另湖南、湖北、广东、广西、云南等全国大部分地区有分布；为世界广布种，日本、菲律宾、大洋洲、非洲、美洲等地均有分布。

【药名与部位】水蜈蚣，全草。

【采集加工】夏、秋二季花期采挖，洗净，晒干或鲜用。

【药材性状】长 10 ～ 30cm，淡绿色至灰绿色。根茎近圆柱形，细长，直径 0.1 ～ 0.2cm；表面棕红色至紫褐色，节明显，节处有残留的叶鞘及须根；断面类白色，粉性。茎细，三棱形。单叶互生，条形，长短不一，有的长于茎，基部叶鞘呈紫褐色。穗状花序顶生，球形，直径 0.5cm，基部有狭长叶状苞片 3 片。坚果扁卵形，褐色。气微，味淡。

【药材炮制】除去杂质，洗净，切段，干燥。

【药理作用】1. 抗氧化　从全草提取的总多酚和总黄酮对羟自由基（•OH）具有清除作用[1, 2]。2. 镇静催眠　根茎的醇提取物可增加戊巴比妥诱导的催眠作用，并呈剂量依赖性[3]。

毒性　口服给予根茎醇提取物 100mg/kg 剂量，可显著增加胃肠道运输；分别口服给予根茎醇提取物 1mg/kg、10mg/kg 和 100mg/kg 剂量，可降低小鼠自发运动能力、立毛、睑下垂、卡塔顿尼亚和定型行为，并对小鼠呼吸速率有减少作用[3]。

【性味与归经】微辛，平。

【功能与主治】截疟，止咳，化痰，祛风利湿。用于疟疾，感冒咳嗽，关节酸痛，乳糜尿；外治皮肤瘙痒。

【用法与用量】煎服 12 ～ 18g；外用适量，煎汤洗患处。

【药用标准】药典 1977、上海药材 1994、贵州药品 1994、贵州药材 2003 和广西壮药 2008。

【临床参考】1. 新生儿口腔黏膜白斑：鲜全草 50g，加水 250ml 煎至 50ml，药液涂擦患处，每日 5 ～ 6 次，同时哺乳前兼涂哺母乳头[1]。

2. 乳糜尿：鲜全草 30 ～ 60g（干品减半），水煎服[2]；全草 40g，加瞿麦、连翘、蒲公英、车前草各 30g，生地 20g，萆薢、黄柏各 12g，川牛膝、苍术、淡竹叶各 10g，琥珀粉（分吞）5g，小通草 8g，生甘草 5g[3]；鲜全草 30g，加萆薢 15g，石菖蒲、益智仁、苍术、黄柏、石韦各 10g，车前子（包煎）、牛膝、山药、玉米须各 15g，生薏苡仁、土茯苓、茯苓各 30g，通草 5g[4]；根茎 60g，加桂圆或黑枣 60g，水煎代茶。（《浙江药用植物志》）

3. 疟疾：全草 60g，加黄酒少许，水煎浓汁于发作前 3 ～ 4h 服，并以花穗捣烂，于发作前 3h 塞入两鼻孔和敷于两手内关穴上。

4. 细菌性痢疾：鲜全草 30g，水煎服。（3 方、4 方引自《浙江药用植物志》）

【附注】本种始载于《植物名实图考》卷十五湿草类，云："水蜈蚣生沙洲，处处有之。横根赭色多须，微似蜈蚣形。发青苗如茅芽，高三四寸，抽茎，结青毬，如指顶大。茎上复生细叶三四片。俚医以为杀虫败毒之药。"所指及附图即为本种。

【药理参考文献】

[1] 贤景春，傅彩红．水蜈蚣总多酚提取工艺及其提取物的抗氧化性研究［J］．安徽农业科学，2010，38（33）：18763-18764.

［2］贤景春，陈巧劢，赖金辉，等. 水蜈蚣总黄酮提取及对羟自由基的清除作用［J］. 江苏农业科学，2011，39（3）：441-443.
［3］HelliönIbarrola M C，Ibarrola D A，Montalbetti Y，et al. Acute toxicity and general pharmacological effect on central nervous system of the crude rhizome extract of *Kyllinga brevifolia* Rottb.［J］. Journal of Ethnopharmacology，1999，66（3）：271-276.

【临床参考文献】

［1］王忠华. 鲜水蜈蚣草治新生儿口腔粘膜白斑［J］. 新中医，1998，30（6）：34.
［2］杨利. 水蜈蚣治疗乳糜尿验案举隅［J］. 湖北民族学院学报（医学版），2011，28（4）：49，52.
［3］袁晓琳，金实. 金实治疗乳糜尿经验［J］. 中国中医基础医学杂志，2016，22（10）：1410-1411.
［4］刘沈林，徐景藩. 水蜈蚣治疗乳糜尿 22 例小结［J］. 南京中医学院学报，1983，（3）：16，22.

5. 薹草属 *Carex* Linn.

多年生草本，具地下根茎。秆丛生或散生，中生或侧生，直立，三棱形，基部常具无叶片的鞘。叶基生或秆生，平张，少数边缘卷曲，条形，稀为披针形，基部通常具鞘。苞片叶状，少数鳞片状或刚毛状，具苞鞘或无。花单性，由 1 朵雌花或 1 朵雄花组成 1 个支小穗，雌性支小穗外面包以边缘完全合生的先出叶，即果囊，果囊内有的具退化小穗轴，基部具鳞片 1 枚；小穗由多数支小穗组成，单性或两性，通常雌雄同株，少数雌雄异株，具柄或无柄，小穗柄基部具枝，先出叶或无，鞘状或囊状，小穗 1 至多数，单一顶生或多数时排列成穗状、总状或圆锥花序；雄花具雄蕊 3 枚，少数 2 枚，花丝分离；雌花具 1 枚雌蕊，花柱单一，柱头 2 ～ 3 枚；果囊具长短不一的喙。小坚果包于果囊内，三棱形或平凸状。

约 2000 种，广布于世界各地。中国约 500 种，分布于全国各地，法定药用植物 2 种。华东地区法定药用植物 1 种。

1078. 浆果薹草（图 1078）• *Carex baccans* Nees

【别名】浆果苔草。

【形态】多年生草本，高 50 ～ 150cm。根茎粗短，近木质。秆中生，粗壮，三棱形，基部具网状分裂的叶鞘，叶秆生或基生，长于秆，条形，草质，平展，叶脉和边缘较粗糙。苞片叶状，下部的较花序长，向上渐短，具苞鞘；圆锥花序复出，长 15 ～ 45cm，具长的总花序梗，分枝斜展，生于秆上部者稍密集，下部者疏离；枝先出叶囊状；小穗两性，雄雌顺序，雄性部分约占小穗长的 1/4；雌花鳞片阔卵形或卵形，长约 2.5mm，褐红色，具 3 脉，两侧具狭的白色膜质边缘，顶端钝，具芒尖。果囊近圆形或宽椭圆形，极膨胀，长约 4mm，宽约 2mm，略呈海绵质，成熟时血红色，脉多数，顶端急尖成短喙，喙口有 2 小齿。小坚果椭圆状三棱形，长约 2mm，柱头 3。花果期 10 ～ 12 月。

【生境与分布】多生于山地林中、路旁及水边。分布于浙江、福建，另华南、西南及台湾均有分布；马来西亚、印度、越南及日本也有分布。

【药名与部位】红稗，地上部分。

【采集加工】秋季采收，晒干。

【药材性状】茎三棱形，黄白色。叶细长，长 30 ～ 80cm，宽 0.8 ～ 1.2cm，基部抱茎，表面灰绿色，近根茎处为红棕色，叶面粗糙，背面光滑，平行叶脉中脉向背面凸起。圆锥果序穗状顶生，果实红色。气微香，味微甜。

【化学成分】地上部分含芪类：（+）-α- 葡萄素［（+）-α-viniferin］[1]；苯丙素类：土茯苓苷 A、B（smiglaside A、B）[1]。

【药理作用】1. 驱虫　根的乙醇粗提物能有效对抗鸡肠道提取的棘沟赖利绦虫，可导致寄生虫被膜

图 1078 浆果薹草　　摄影 桑雅清等

表面细微形貌的变形和破坏、微毛的侵蚀、肌肉层的破坏、被膜层和被膜下层的强烈空泡化及线粒体的肿胀和空泡化，被膜酶如乳糖酶和碱性酶的含量显著降低[1]。2. 降血糖　地上部分的甲醇提取物对 2 型糖尿病相关酶 α- 葡萄糖苷酶和 α- 淀粉酶的活性有抑制作用，其半数抑制浓度（IC_{50}）分别为（43.32±1.22）μg/ml 和（562.18±5.98）μg/ml[2]。

【性味与归经】微苦、涩，凉。归肺、肝经。

【功能与主治】解表透疹，活血调经。用于小儿麻疹不透；月经不调，痛经，崩漏带下。

【用法与用量】15 ～ 30g。

【药用标准】云南彝药 Ⅱ 2005 四册。

【附注】以山稗子之名始载于《滇南本草》，云：“山稗子，米味甘、壳涩，根叶苦涩，性微寒，专治妇人散经败血之症。”所述即本种。

本种的根（山稗子根）及坚果民间也入药，根用于凉血止血，调经。

【化学参考文献】

［1］Kumar D，Gupta N，Ghosh R，et al. α-Glucosidase and α-amylase inhibitory constituent of *Carex baccans*：bio-assay guided isolation and quantification by validated RP-HPLC-DAD［J］. J Funct Foods，2013，5（1）：211-218.

【药理参考文献】

［1］Challam M，Roy B，Tandon V. *In vitro* anthelmintic efficacy of *Carex baccans*（Cyperaceae）：ultrastructural，histochemical and biochemical alterations in the cestode，*Raillietina echinobothrida*［J］. Journal of Parasitic Diseases，2012，36（1）：81-86.

［2］Kumar D，Gupta N，Ghosh R，et al. α-Glucosidase and α-amylase inhibitory constituent of *Carex baccans*：bio-assay guided isolation and quantification by validated RP-HPLC–DAD［J］. Journal of Functional Foods，2013，5（1）：211-218.

一二九 棕榈科 Palmae

灌木、乔木或藤本。茎单生或丛生，常不分枝，表面光滑或粗糙或有刺，常覆以残存的老叶柄基部或叶痕，叶常聚生茎顶或在藤本种类中散生于茎上，通常很大，羽状或掌状分裂，稀为全缘或近全缘，裂片或小裂片在芽时内向或外向折叠；叶柄基部常扩大成具纤维的鞘。花小，辐射对称，两性或单性，雌雄同株或异株，有时杂性，排成分枝或不分枝的肉穗花序，花序通常大型，外包以 1 至多片、鞘状或管状或有时舟状的佛焰苞；花萼和花瓣各 3 片，分离或合生，覆瓦状或镊合状排列；雄蕊通常 6 枚，2 轮，有时 3 或 9 轮，花药 2 室，纵裂；心皮通常 3 枚，分离或合生，子房上位，1 ～ 3 室，稀 4 ～ 7 室，每室或每心皮内有胚珠 1 ～ 2 粒，花柱短或无，柱头 3 枚。浆果、核果或坚果，外果皮常纤维质，有时覆盖覆瓦状排列的鳞片。种子具丰富的均匀或嚼烂状胚乳。

约 217 属，2500 种，分布于热带和亚热带地区。中国约 28 属，100 余种（含常见栽培属、种），法定药用植物 7 属，7 种。华东地区法定药用植物 3 属，3 种。

棕榈科法定药用植物主要含皂苷类、黄酮类、酚酸类、生物碱类、苯丙素类等成分。皂苷类包括甾体皂苷、三萜皂苷，如甲基原薯蓣皂苷（methyl prodioscin）、薯蓣皂苷（dioscin）、环阿尔廷醇（cycloartenol）等；黄酮类包括黄酮、黄酮醇、二氢黄酮、黄烷、花色素等，如木犀草素葡萄糖苷（glucoluteolin）、苜蓿素 -7- 葡萄糖苷（tricin-7-glucoside）、异鼠李素 -3, 7- 二葡萄糖苷（isorhamnetin-3, 7-diglucoside）、消旋 -4′, 5- 二羟基 -3′, 5′, 7- 三甲氧基黄烷酮［（±）-4′, 5-dihydroxy-3′, 5′, 7-trimethoxyflavonone］、儿茶素（catechin）、白色矢车菊素（leucocyanidin）等；酚酸类如异香草酸（isovanillicacid）、原儿茶酸（protocatechuic acid）、没食子酸（gallic acid）等；生物碱包括异喹啉类、吡啶类、哌啶类等，如小檗碱（berberine）、巴马汀（palmatine）、去氢紫堇碱（dehydrocorydaline）、*N*- 甲基 -l, 2, 5, 6- 四氢 - 吡啶 -3- 羧酸乙酯（ethyl *N*-methyl-l, 2, 5, 6-tetrahydro-pyridine-3-carboxylate）、槟榔碱（areconline）等；苯丙素类如 3-*O*- 咖啡酰基莽草酸（3-*O*-caffeoylshikimic acid）、（*E*）-3-（4- 羟基苯基）丙烯酸［（*E*）-3-（4-hydroxyphenyl）acrylic acid］等。

棕榈属含皂苷类、黄酮类、酚酸类等成分。皂苷类多为甾体皂苷，如薯蓣皂苷 B（dioscin B）、甲基原薯蓣皂苷 B（methyl protodioscin B）等；黄酮类包括黄酮、黄烷等，如木犀草素葡萄糖苷（glucoluteolin）、儿茶素（catechin）等；酚酸类如对羟基苯甲酸（*p*-hydroxybenzoic acid）、原儿茶酸（protocatechuic acid）等。

蒲葵属含黄酮类、苯丙素类、酚酸类、生物碱类、皂苷类等成分。黄酮类包括黄酮、黄酮醇、黄烷等，如苜蓿素 -7- 葡萄糖苷（tricin-7-glucoside）、槲皮素 -3- 葡萄糖苷（quercetin-3-glucoside）、左旋 - 表儿茶素［（-）-epicatechin］等；苯丙素类如 5-*O*- 咖啡酰基莽草酸（5-*O*-caffeoylshikimic acid）、咖啡酸（caffeic acid）等；酚酸类如对羟基苯甲酸（4-hydroxybenzoic acid）、4- 羟基 -3- 甲氧基苯甲酸（4-hydroxy-3-methoxybenzoic acid）等；生物碱多为异喹啉类，如小檗碱（berberine）、巴马汀（palmatine）等；皂苷类多为甾体皂苷，如薯蓣皂苷元（diosgenin）等。

槟榔属含生物碱类、黄酮类、酚酸类等成分。生物碱包括吡啶类、哌啶类等，如烟碱（nicotine）、槟榔碱（arecoline）、去甲基槟榔次碱（guavacine）、*N*- 甲基哌啶 -3- 甲酸甲酯（methyl *N*-methylpiperidine-3-carboxylate）等；黄酮类包括黄酮、黄酮醇、二氢黄酮、黄烷、花色素等，如金圣草素（chrysoeriol）、芦丁（rutin）、甘草素（liquiritigenin）、D- 儿茶素（D-catechol）、矢车菊素酮（cyanidenon）等；酚酸类如异香草酸（isovanillicacid）、二羟基苯甲酸（dihydroxybenzoic acid）等。

分属检索表

1. 叶掌状分裂。
    2. 叶柄两侧仅具微粗糙的瘤突或细圆状齿；花单性……………………………1. 棕榈属 *Trachycarpus*
    2. 叶柄两侧具刺或至少近基部有刺；花两性……………………………………………2. 蒲葵属 *Livistona*
1. 叶羽状全裂，羽片多数…………………………………………………………………………3. 槟榔属 *Areca*

1. 棕榈属 *Trachycarpus* H. Wendl.

常绿乔木或灌木。茎直立，不分枝。叶聚生于茎顶；叶片圆扇形，掌状深裂，顶端 2 浅裂或具 2 齿；叶柄长，两侧具微粗糙的瘤突或细圆齿状的齿，顶端有三角形的小戟突，基部具纤维质的鞘。花单性，雌雄同株或异株，或两性，排列成多分枝的圆锥状肉穗花序，腋生；佛焰苞数枚，膜质至厚革质，鞘状或管状，上部开裂，被绒毛或无毛；花萼和花冠均为 3 深裂；雄花的雄蕊 6 枚，花丝分离，退化子房 3 深裂；雌花的子房由 3 枚离生心皮组成，顶端变狭成 1 个短圆锥状的花柱，退化雄蕊 6 枚或不存在。核果，肾形或长圆状椭圆形。种子形如果实，胚乳均匀。

约 8 种，分布于印度、中南半岛至中国和日本。中国 3 种，主产于长江以南地区，法定药用植物 1 种。华东地区法定药用植物 1 种。

1079. 棕榈（图 1079）• *Trachycarpus fortunei*（Hook.）H. Wendl.（*Trachycarpus wagnerianus* Becc.）

图 1079　棕榈　　摄影　李华东等

【别名】棕皮树（皖南）。

【形态】常绿乔木，高达 10m。茎圆柱形，有环纹，常被残存的纤维状老叶鞘所包围。叶圆扇状，直径 50 ～ 70cm，掌状深裂几达基部，裂片革质，坚硬，顶端具短 2 裂；叶柄两侧具细圆齿，顶端有明显的戟突；叶鞘纤维质，棕褐色，网状抱茎。肉穗花序圆锥状，腋生，较粗壮，分枝扩展；雄花序的分枝密而短，雌花序的疏而长；佛焰苞管状上部开裂，棕红色，密被脱落性锈色绒毛；花黄绿色；雄花较小，常成束或成团集生，萼片卵状，花瓣阔卵形，雄蕊 6 枚；雌花稍大，单生或成对着生于小枝两侧，萼片阔卵形或近圆形，基部稍合生，花瓣圆形，长于萼片 1/3，退化雄蕊 6 枚，心皮被银色毛，柱头 3 枚。核果肾形，成熟时黑色，被白粉；种子肾形，胚乳均匀。花期 4 ～ 6 月，果期 8 ～ 10 月。

【生境与分布】生于山地疏林中，分布于华东长江以南地区，或有栽培。另长江以南其他各地也有分布；日本也有分布。

【药名与部位】棕榈子，成熟果实。陈棕，叶鞘纤维。棕榈（棕板），叶柄。

【采集加工】棕榈子：秋季果实近成熟或成熟时采收，除去杂质，干燥。陈棕：多取自陈旧的棕纤维制品，漂洗，晒干。棕榈：秋季采收，割取枯叶柄的下延部分，除去纤维状棕毛；或割取纤维状的鞘片，干燥。

【药材性状】棕榈子：呈肾形或扁球形，直径 0.8 ～ 1.2cm，高 0.5 ～ 0.8cm。表面灰黄色至棕褐色。凹面有 1 条纵沟，沟的上端有点状花柱痕，下端有果柄或果柄痕。果皮薄，膜质，易脱落；果肉棕黑色；胚乳肥厚，白色，角质。质坚硬。气微，味涩、微甘。

陈棕：由多数纤维编成条状、片状或绳状物，表面棕褐色，粗糙。质坚韧，不易折断。气微，味微涩或几无味。

棕榈：呈长条板状，一端较窄而厚，另端较宽而稍薄，大小不等。表面红棕色，粗糙，有纵直皱纹；一面有明显的凸出纤维，纤维的两侧着生多数棕色茸毛。质硬而韧，不易折断，断面纤维性。气微，味淡。

【药材炮制】棕榈子：除去果梗等杂质，筛去灰屑；用时捣碎。

棕榈：除去杂质，洗净，干燥，切成 2 ～ 4cm 方块。置锅中，上覆一较小的锅，两锅联合处用盐泥密封，盖锅上压一重物，并在脐处放米少许，加热至米呈焦黄色时，离火，放凉，取出。

【化学成分】花含氨基酸类：5- 羟基高脯氨酸（5-hydroxypipecolic acid）、天冬酰胺（asparagine）和 γ-氨基丁酸（γ-propalanine）等[1]；挥发油类：丁香油酚（eugenol）和樟烯（camphene）等[2]。

花序含蛋白质：糖蛋白 -1（TP-1）[3]。

种皮含花青素类：白花青素苷（leucoanthocyanin）[4]；生物碱类：硬脂酰胺（stearamide）和 1-（4-氟苯基）-2-（甲硫基）-1H- 咪唑 -5- 甲酸［1-（4-fluorophenyl）-2-（methylthio）-1H-imidazole-5-carboxylic acid］；联苯类：2, 4, 5- 三乙酰氧基联苯（2, 4, 5-triacetoxybiphenyl）[5]。

茎含甾体类：甲基原薯蓣皂苷（methyl prodioscin）、薯蓣皂苷（dioscin）、甲基原棕榈皂苷 b（methyl proto-P b）和薯蓣皂苷 B（dioscin B）[6]。

叶及叶柄含黄酮类：洋蓟糖苷（scolymoside：luteolin-7-*O*-rutinoside）和木犀草素葡萄糖苷（glucoluteolin）[5]；甾体类：甲基原棕榈皂苷 b（methyl proto-P b）[5]。

地下部分含甾体类：甲基原薯蓣皂苷 B（methyl protodioscin B）和薯蓣皂苷（dioscin）[5]。

【药理作用】1. 止血　叶柄的炒炭品能显著缩短小鼠断尾的出血时间[1]；烫炭品和生品可明显增加全血低切黏度，且烫炭品可显著缩短凝血时间，显著缩短小鼠复钙时间，提高小鼠血液黏度[2]。2. 抗炎　叶柄的炒炭品能显著抑制二甲苯诱导的小鼠耳肿胀[1]。3. 调节平滑肌　花蕾的水提取液对兔的离体肠平滑肌具有抑制作用，可减慢平滑肌的收缩频率、收缩幅度，降低张力和活动力，此外可降低乙酰胆碱所致兔离体肠平滑肌的收缩频率、活动力，提示水提取液对肠平滑肌的抑制作用与阻断 M 受体有关[3]；花蕾的乙醇提取物及其石油醚、乙酸乙酯、正丁醇溶剂萃取后的水部位对小鼠离体子宫自主收缩有兴奋作用，但正丁醇萃取部位对小鼠离体子宫自主收缩有明显的抑制作用[4]。4. 抗菌　种皮的 20% 乙醇提取物对金黄色葡萄球菌、大肠杆菌、表皮葡萄球菌和蜡样芽孢杆菌的生长均有抑制作用，其抗菌成分为硬脂酰胺（stearamide）、1-（4-氟苯基）-2-（甲硫基）-1H-咪唑-5-甲酸［1-（4-fluorophenyl）-2-（methylthio）-1H-imidazole-5-carboxylic acid］和2, 4, 5-三乙酰氧基联苯（2, 4, 5-triacetoxybiphenyl），其中1-（4-氟苯基）-2-（甲硫基）-1H-咪唑-5-甲酸和2, 4, 5-三乙酰氧基联苯对革兰氏阴性菌具有抑制作用，2, 4, 5-三乙酰氧基联苯对表皮葡萄球菌具有较强的抑制作用，最低抑菌浓度（MIC）为39.06μg/ml[5]。

【性味与归经】棕榈子：苦、涩，平。归肝、肺经。陈棕：苦、涩，平。棕榈：苦、涩，平。归肺、肝、大肠经。

【功能与主治】棕榈子：收敛止血。用于吐血，衄血，便血，尿血，痢疾。陈棕：收涩止血。治吐衄，崩带，肠风，赤白下痢等。棕榈：收涩止血。用于吐血，衄血，尿血，便血，崩漏下血。

【用法与用量】棕榈子：3～10g。陈棕：3～9g，主供煅陈棕炭用。棕榈：3～9g，一般炮制后用。

【药用标准】棕榈子：部标中药材1992、浙江炮规2015和贵州药材2003；陈棕：上海药材1994；棕榈：药典1963—2015、浙江炮规2005和新疆药品1980二册。

【临床参考】1. 急性睑腺炎：取棕榈树干上的纤维毛或市售棕榈绳中较粗的纤维毛，剪去两头取15～20cm，75%乙醇浸泡备用，若上眼睑腺炎则透刺上泪点，下眼睑腺炎透刺下泪点，轻轻转动毳毛以刺激泪囊点直至泪液充盈眼眶为度，可重复2～3次[1]。

2. 慢性前列腺炎及肥大：根30g，加败酱草、土茯苓、丹参各30g，石韦、茯苓、泽泻、仙灵脾、仙茅、瞿麦、生地、熟地各15g，银花、连翘、柴胡、炮山甲各10g，龙胆草、甘草各5g，水煎服，每日1剂，1个月1疗程[2]。

3. 便血：果实100g，文火炒至微黄研末，1次5～10g，每日3次，饭前米汤送服，3日1疗程[3]。

4. 糖尿病辅助治疗：果实（以陈者为佳）60～150g，水煎代茶饮[4]。

5. 功能性子宫出血：果实炒炭6g，加血余炭6g、荷叶30g，水煎服；或果实研粉3g，吞服，每日3次。

6. 肠炎：果实9～15g，水煎服。

7. 高血压：果实9g，加筋骨草、海州常山、牛膝、决明子各9g，水煎服；高血压辅助治疗，叶或花3～9g，水煎服。

8. 子宫脱垂、胃下垂、疝气：根12g，加肾蕨、扶芳藤、梵天花、龙芽草各12g，水煎服；或根60g，加红枣，水煎服。

9. 预防百日咳：叶适量，水煎代茶饮。（5方至9方引自《浙江药用植物志》）

【附注】本种以拼榈木皮之名始载于《本草拾遗》，云："初生子黄白色，作房如鱼子。"《本草图经》云："棕榈亦曰拼榈，出岭南及西川，江南亦有之。木高一二丈，旁无枝条，叶大而圆，歧生枝端，有皮相重，被于四旁，每皮一匝为一节……六、七月生黄白花，八、九月结实，作房如鱼子，黑色，九月、十月采其皮木用。"《本草纲目》云："棕榈，川、广甚多，今江南亦种之，最难长。初生叶如白及叶，高二三尺则木端数叶大如扇，上耸，四散歧裂，其茎三棱，四时不凋。其干正直无枝，近叶处有皮裹之，每长一层即为一节……三月于木端茎中出数黄苞，苞中有细子成列，乃花之孕也，状如鱼腹孕子，谓之棕鱼，亦名棕笋。渐长出苞，则成花穗，黄白色，结实累累，大如豆，生黄熟黑，甚坚实。"即为本种。

本种的叶柄及叶鞘纤维（棕榈皮）出血诸症瘀滞未尽者不宜单独使用。

本种的叶、花、根及心材（棕榈心）民间也作药用。

本种尚含酚酸类成分儿茶素（catechin）、原儿茶醛（protocatechualdehyde）、对羟基苯甲酸（*p*-hydroxybenzoic acid）、原儿茶酸（protocatechuic acid）和没食子酸（gallic acid），但仅见含量测定的文献[1]。

【化学参考文献】

［1］Murakoshi I，Ikegami F，Hama T，et al. Study on the amino acid composition in the flowers of *Trachycarpus fortunei* H. Wendl［J］. Shoyakugaku Zasshi，1984，38（4）：355-358.

[2] Kameoka H，Wang C P. The constituents of the essential oils from *Trachycarpus excelsa* Wendl and *T. fortunei* W. [J]. Nippon Nogei Kagaku Kaishi，1980，54（2）：111-115.
[3] 杜良成，李英 . 棕榈花序中抗真菌蛋白质的分离及特性 [J]. 植物生理学报，1993，19（2）：167-171.
[4] Mizuno T，Uno A. Leucoanthocyanins in the seed testa of hemp palm，*Trachycarpus fortunei* [J]. Nippon Nogei Kagaku Kaishi，1967，41（10）：512-520.
[5] Shakeel A，Huimin L，Aqeel A，et al. Characterization of anti-bacterial compounds from the seed coat of Chinese windmill palm tree（*Trachycarpus fortunei*）[J]. Frontiers in Microbiology，2017，8：1-11.
[6] Hirai Y，Sanada S，Ida Y，et al. Studies on the constituents of Palmae plants. I. the constituents of *Trachycarpus fortunei*（Hook.）H. Wendl.（1）[J]. Chem Pharm Bull，1984，32（1）：295-301.

【药理参考文献】

[1] 贝宇飞，陈钧，代剑平，等 . 壁钱炭等六种炭药抗炎、镇痛、止血活性的比较研究 [J]. 中成药，2009，31（11）：1722-1724.
[2] 任遵华，王琦，郭长强，等 . 棕榈及其制炭品的药理作用比较 [J]. 时珍国药研究，1992，3（1）：7-9.
[3] 齐汝霞，王清，张鹏，等 . 棕榈花蕾水提取液对兔离体肠平滑肌作用的影响 [J]. 中国民族民间医药杂志，2006，79：115-116.
[4] 卢汝梅，张宏建，李兵，等 . 棕榈花蕾提取物对小鼠离体子宫平滑肌收缩功能的影响 [J]. 中国民族医药杂志，2009，11（11）：56-57.
[5] Shakeel A，Huimin L，Aqeel A，et al. Characterization of anti-bacterial compounds from the seed coat of Chinese windmill palm tree（*Trachycarpus fortunei*）[J]. Frontiers in Microbiology，2017，8：1-11.

【临床参考文献】

[1] 杨兵 . 棕榈毳毛透刺泪点治疗急性睑腺炎 35 例 [J]. 中国社区医师，2006，22（1）：43.
[2] 谢志豪，叶林夫 . 复方棕榈根散治疗慢性前列腺炎及肥大 128 例：附西药治疗对照 30 例 [J]. 浙江中医杂志，1999，34（12）：36.
[3] 任天华 . 一味棕榈散治便血 [J]. 四川中医，1990，（7）：39.
[4] 阮士军 . 棕榈子治疗糖尿病 [J]. 新中医，1985，（10）：6.

【附注参考文献】

[1] 孙立立，王琦 . 不同炮制方法对棕榈中 5 种主要化学成分的影响 [J]. 中国中药杂志，1995，20（10）：595-597.

2. 蒲葵属 *Livistona* R. Br.

常绿乔木。茎直立，有环状叶痕，顶部常为老叶鞘和棕色、网状纤维所包围。叶大，圆形，扇形折叠，掌状分裂至中部或中部以下，裂片顶端 2 浅裂或 2 深裂；叶柄长，两侧具刺或至少近基部有刺，顶端的上面具明显的戟突；叶鞘纤维质，棕色，网状。肉穗花序呈圆锥花序状，腋生，分枝扩展，佛焰苞多数，管状；花小，两性，花萼 3；花冠 3 裂几达基部；雄蕊 6 枚，花丝下部合生成 1 肉质环，顶部短钻状，离生；心皮 3 枚，离生，于子房顶部合生仅具花柱 1 枚，柱头点状或微 3 裂。核果球形或卵状椭圆形。

约 30 种，分布于亚洲及大洋洲热带地区。中国 3 种，分布于东南及西南部，法定药用植物 1 种。华东地区法定药用植物 1 种。

1080. 蒲葵（图 1080）• *Livistona chinensis*（Jacq.）R. Br.

【形态】常绿乔木，高 5 ～ 20m。茎圆柱形，下部有密集的环纹。叶扇形，直径达 1m 以上，掌状深裂至中部，裂片顶端长渐尖，2 深裂成丝状下垂的小裂片；叶柄中部以下两侧具下弯的尖锐小刺。肉穗花序腋生，分枝扩展，佛焰苞筒状，不等大，从基部向顶部渐变小；花小，两性；花萼 3，近圆形；花冠长约为花萼的 2 倍，深裂成 3 裂片；雄蕊 6 枚，基部合生成 1 环，花丝稍粗，宽三角形；子房 3 室。核果椭圆形，黑褐色。花期 3 ～ 4 月，果期 8 ～ 9 月。

图 1080　蒲葵　　摄影　吴棣飞等

【**生境与分布**】华东各地有栽培，我国西南部至东南部有分布；越南和日本也有分布。

【**药名与部位**】蒲葵子，成熟果实。

【**采集加工**】秋、冬季果实成熟时采集，除去杂质，晒干。

【**药材性状**】呈橄榄形，长 1.5 ～ 2.5cm，宽 1 ～ 1.5cm。表面黑褐色，具不规则细纵皱纹，可见 1 ~ 3 条纵向细棱，一端具果柄痕。质坚硬，敲开外壳，内面为黄色硬质种皮，可与外皮剥离。种子 1 枚，极坚硬，难粉碎，切面乳白色，角质。气微，味涩。

【**药材炮制**】除去杂质，洗净，干燥；用时打碎。

【**化学成分**】根含脂肪酸类：亚麻酸（linolenic acid）、亚油酸乙酯（ethyl linoleate）、月桂酸乙酯（ethyl laurate）、十六烷酸乙酯（hexadecanoic acid）、9- 十八烯酸乙酯（ethyl 9-octadecenoate）[1]，二十四烷 -（11*Z*, 14*Z*, 18*Z*）- 三烯酸［tetracosa-（11*Z*, 14*Z*, 18*Z*）-trienoic acid］、硬脂酸（stearic acid）、15- 氧代软脂酸（15-oxohexadecanoic acid）、16-［十二烷 -（4‴*Z*, 7‴*Z*）- 二烯基］-29- 酮基 -15-［十四烷 -（5″*Z*, 8″*Z*, 11″*Z*）- 三烯基］三十烷酸乙酯 {16-［dodeca-（4‴*Z*, 7‴*Z*）-dienyl］-29-oxo-15-［tetradeca-（5″*Z*, 8″*Z*, 11″*Z*）-trienyl］triacontanoic acid ethyl ester}、十八碳 -（6*Z*）- 烯酸［octadec-（6*Z*）-enoic acid］和 16- 羟基 -8- 氧代十六烷基十四酸酯（16-hydroxy-8-oxohexadecyl tetradecanoate）[2]；烷醇类：十八烷 -1, 18- 二醇（octadecane-1, 18-diol）、10- 癸基十九烷 -1, 19- 二醇（10-decylnonadecane-1, 19-diol）、二十六烷 -1- 醇（hexacosan-1-ol）、26- 羟基二十六烷 -2- 酮（26-hydroxyhexacosan-2-one）和 18- 羟基十八碳 -2- 酮（18-hydroxyoctadecan-2-one）[2]；烷烃类：十八烷（octadecane）[2]；甾体类：β- 谷甾

醇（β-sitosterol）、胡萝卜苷（daucosterol）、6′-*O*-（2″-羟基十七烷酰基）-β-D-葡萄糖基-β-谷甾醇［6′-*O*-（2″-hydroxyheptadecanoyl）-β-D-glucosyl-β-sitosterol］、6′-*O*-［二十烷-（9″*Z*, 12″*Z*）-二烯酰］-β-D-葡萄糖基-β-谷甾醇{6′-*O*-［eicosa-（9″*Z*, 12″*Z*）-dienoyl］-β-D-glucosyl-β-sitosterol}、6′-*O*-十六烷酰-β-D-葡萄糖基-β-谷甾醇（6′-*O*-hexadecanoyl-β-D-glucosyl-β-sitosterol）和3-*O*-十八烷酰基-β-谷甾醇（3-*O*-octadecanoyl-β-sitosterol）[2]；黄酮类：（2*R*, 3*R*）-3, 5, 6, 7, 3′, 4′-六羟基黄烷［（2*R*, 3*R*）-3, 5, 6, 7, 3′, 4′-hexahydroxyflavane］[3]，（－）-儿茶精［（－）-catechin］、（－）-表阿夫儿茶精［（－）-epiafzelechin］、（－）-表儿茶精［（－）-epicatechin］和（－）-阿夫儿茶精［（－）-afzelechin］；萘类：菲-2, 4, 9-三醇（phenanthrene-2, 4, 9-triol）和萘-2-醇（naphthalen-2-ol）[3]；苯并呋喃类：7-羟基-5, 4′-二甲氧基-2-芳基苯并呋喃（7-hydroxy-5, 4′-dimethoxy-2-arylbenzofuran）[3]；酰胺类：1-*O*-β-D-吡喃葡萄糖基-（2*S*, 3*S*, 4*R*, 9*Z*）-2-［（2*R*）-2-羟基二十二碳酰胺基］-9-十八碳烯-1, 3, 4-三醇{1-*O*-β-D-glucopyranosyl-（2*S*, 3*S*, 4*R*, 9*Z*）-2-［（2*R*）-2-hydroxydocosanoylamino］-9-octadecene-1, 3, 4-triol}、1-*O*-β-D-吡喃葡萄糖基-（2*S*, 3*S*, 4*R*, 9*Z*）-2-［（2*R*）-2-羟基二十四碳酰胺］-十八烷-1, 3, 4-三醇{1-*O*-β-D-glucopyranosyl-（2*S*, 3*S*, 4*R*, 9*Z*）-2-［（2*R*）-2-hydroxytetracosanoylamino］-1, 3, 4-octadecanetriol}和1-十八酰基-2-十九酰基-3-*O*-（6-氨基-6-脱氧）-β-D-吡喃葡萄糖基-sn-甘油［1-octadecanoyl-2-nonadecanoyl-3-*O*-（6-amino-6-deoxy）-β-D-glucopyranosyl-sn-glycerol］[4]。

叶含黄酮类：牡荆素（vitexin）和山柰酚-4′-甲醚（kaempferol-4′-methyl ether）[5]；甾体类：β-谷甾醇（β-sitosterol）和豆甾醇（stigmasterol）[5]；烷醇类：二十六烷醇（hexacosyl alcohol）[5]。

花含黄酮类：芦丁（rutin）、槲皮素（quercetin）、槲皮素-3-葡萄糖苷（quercetin-3-glucoside）、异鼠李素-7-葡萄糖苷（isorhamnetin-7-glucoside）、槲皮素-3, 4′-二葡萄糖苷（quercetin-3, 4′-diglucoside）、苜蓿素-7-葡萄糖苷（tricin-7-glucoside）、木犀草素-7-芸香糖苷（luteolin-7-rutinoside）和异鼠李素-3, 7-二葡萄糖苷（isorhamnetin-3, 7-diglucoside）[6]。

种子含黄酮类：金合欢素（acacetin）、商陆素（ombuin, ombuine）、山柰酚（kaempferol）[7]，左旋表阿夫儿茶精［（－）epiafzelechin］、左旋表儿茶素［（－）-epicatechin］、小麦黄素（tricin），即5, 7, 4′-三羟基-3′, 5′-二甲氧基黄酮（5, 7, 4′-trihydroxyl-3′, 5′-dimethoxyflavone）[8]和芹菜素（apigenin），即5, 7, 4′-三羟基黄酮（5, 7, 4′-trihydroxyflavone）[8]；生物碱类：小檗碱（berberine）、巴马汀（palmatine）[7]和去氢紫堇碱（dehydrocorydaline）[8]；甾体类：豆甾醇（stigmasterol）、β-谷甾醇（β-sitosterol）、胡萝卜苷（daucosterol）[8]和薯蓣皂苷元（diosgenin）[9]；酚酸类：原儿茶酸（protocatechuic acid）[7]；烷醇类：三十一烷醇（hentriacontanol）[8]和二十六烷醇（hexacosanol）[9]；脂肪酸类：棕榈酸（palmitic acid）[7]，棕榈酸甲酯（methyl palmitate）、亚油酸（linoleic acid）、亚油酸乙酯（ethyl linoleate）和月桂酸乙酯（lauric acid）[10]；芪类：反式-3, 5, 3′, 5′-四羟基-4′-甲氧基芪（*trans*-3, 5, 3′, 5′-tetrahydroxy-4′-methoxy-stilbene）、顺式-3, 5, 3′, 5′-四羟基-4′-甲氧基芪（*cis*-3, 5, 3′, 5′-tetrahydroxy-4′-methoxystilbene）和4-羟基-3′, 5′-二甲氧基芪（4-hydroxy-3′, 5′-dimethoxystilbene）[11]；其他尚含：蒲葵酮*A（livistone A）[11]。

果实含苯丙素类：（*E*）-［6′-（5′-羟基戊基）二十三烷基］-4-羟基-3-甲氧基桂皮酸酯{（*E*）-［6′-（5′-hydroxypentyl）tricosyl］-4-hydroxy-3-methoxycinnamate}[12, 13]，1-{ω-异阿魏基［6-（4-羟基丁基）十五酸］}甘油酯{1-{ω-isoferul［6-（4-hydroxybutyl）pentadecanoic acid］}glycerol}、3-*O*-咖啡酰基莽草酸（3-*O*-caffeoylshikimic acid）、5-*O*-咖啡酰基莽草酸（5-*O*-caffeoylshikimic acid）、（*E*）-3-（4-羟基苯基）丙烯酸［（*E*）-3-（4-hydroxyphenyl）acrylic acid］和咖啡酸（caffeic acid）[13]；苯并呋喃类：2-（3′-羟基-5′-甲氧基苯基）-3-羟基甲基-7-甲氧基-2, 3-二氢苯并呋喃-5-甲酸［2-（3′-hydroxy-5′-methoxyphenyl）-3-hydroxylmethyl-7-methoxy-2, 3-dihydrobenzofuran-5-carboxylic acid］和7-羟基-5, 4′-二甲氧基-2-芳基苯并呋喃（7-hydroxy-5, 4′-dimethoxy-2-arylbenzofuran）[13]；色酮类：6, 7-二羟基-2H-色烯-2-酮（6, 7-dihydroxy-2H-chromen-2-one）[13]；酚类：对羟基苯甲酸（4-hydroxybenzoic acid）、4-羟基苯甲醛（4-hydroxybenzaldehyde）、3-羟基-4-甲氧基苯甲酸（3-hydroxy-4-methoxybenzoic acid）、

3, 4- 二羟基苯甲酸（3, 4-dihydroxybenzoic acid）、4- 羟基 -3- 甲氧基苯甲酸（4-hydroxy-3-methoxybenzoic acid）和 3- 羟基 -4- 甲氧基苯甲醛（3-hydroxy-4-methoxybenzaldehyde）[13]。

【药理作用】1. 抗肿瘤　根的 70% 乙醇提取物中分离的成分 1-*O*-β-D- 吡喃葡萄糖基 -（2*S*, 3*S*, 4*R*, 9*Z*）-2-［（2*R*）-2- 羟基二十二碳酰胺基］-9- 十八碳烯 -1, 3, 4- 三醇 {1-*O*-β-D-glucopyranosyl-（2*S*, 3*S*, 4*R*, 9*Z*）-2-［（2*R*）-2-hydroxydocosanoylamino］-9-octadecene-1, 3, 4-triol}、1-*O*-β-D- 吡喃葡萄糖基 -（2*S*, 3*S*, 4*R*, 9*Z*）-2-［（2*R*）-2- 羟基二十四碳酰胺］- 十八烷 -1, 3, 4- 三醇 {1-*O*-β-D-glucopyranosyl-（2*S*, 3*S*, 4*R*, 9*Z*）-2-［（2*R*）-2-hydroxytetracosanoylamino］-1, 3, 4-octadecanetriol}、1- 十八酰基 -2- 十九酰基 -3-*O*-（6- 氨基 -6- 脱氧）-β-D- 吡喃葡萄糖基 -sn- 甘油［1-octadecanoyl-2-nonadecanoyl-3-*O*-（6-amino-6-deoxy）-β-D-glucopyranosyl-sn-glycerol］对人粒细胞白血病肿瘤 K562、粒细胞白血病肿瘤 HL-60、肝癌 HepG2 细胞和人鼻咽癌 CNE-1 细胞的增殖均具有显著的抑制作用，其半数抑制浓度（IC_{50}）为 10 ～ 65μmol/L[1]；根的乙酸乙酯提取物在浓度为 5.0μg/ml 以上时，对白血病 L1210 和 P388D1 细胞、宫颈癌 HeLa 细胞、人胃癌 SGC7901 细胞、黑色素瘤 B16 细胞、神经性肿瘤 NG108-15 细胞、人肝癌 Hele7404 细胞的生长均具有抑制作用[2]；种子的甲醇提取物对鼻咽癌 C666 和 5-8F 细胞的增殖具有明显抑制作用，并可诱导细胞凋亡[3]；种子的乙醇提取物可通过 Notch-VEGF 途径抑制人肝癌 Bel-7402 细胞的增殖和迁移，且抑制作用呈现一定的浓度依赖性和时间依赖性[4]；种子水提取液对人肝癌 HepG2 细胞有促凋亡的作用，其机制是 Bcl-2 含量下降、Bax 含量上升、Bcl-2/Bax 显著下降，同时，种子水提取液能抑制肿瘤血管的形成[5]。2. 护肝　从种子中提取的总黄酮成分对对乙酰氨基酚（APAP）诱导的人正常肝细胞 LO_2 细胞损伤具有一定的保护作用，其作用机制可能与抑制氧化应激和硝化应激有关[6]。3. 抗菌　果实的水提取物具有抗金黄色葡萄球菌的作用，其活性成分主要为酚类，不仅能使 DNA 和蛋白质变性，还能增加膜的通透性，进而产生抗菌作用[7]。4. 抗病毒　种子的乙酸乙酯提取物具有较强的体外抗人类免疫缺陷病毒（HIV）的作用，其作用机制可能主要为阻断病毒进入和抑制艾滋病蛋白酶活性[8]。5. 抗氧化　从果实中提取的黄酮类成分具有清除 1, 1- 二苯基 -2- 三硝基苯肼（DPPH）自由基和超氧阴离子自由基（O_2^-•）的作用[9]；种子水提取物中分离的成分蒲葵酮*A（livistone A）、反式 -3, 5, 3′, 5′- 四羟基 -4′- 甲氧基芪（*trans*-3, 5, 3′, 5′-tetrahydroxy-4′-methoxy-stilbene）、顺式 -3, 5, 3′, 5′- 四羟基 -4′- 甲氧基芪（*cis*-3, 5, 3′, 5′-tetrahydroxy-4′-methoxystilbene）和 4- 羟基 -3′, 5′- 二甲氧基芪（4-hydroxy-3′, 5′-dimethoxystilbene）对过氧化氢（H_2O_2）诱导人神经母细胞瘤 SH-SY5Y 细胞氧化损伤具有保护作用[10]。

【性味与归经】甘、涩，平。

【功能与主治】止血，抗癌。用于血崩，外伤出血及各种癌症。

【用法与用量】止血 6 ～ 9g，抗癌 50g。

【药用标准】上海药材 1994 和广西药材 1996。

【附注】蒲葵之名始见于《南方草木状》，云："蒲葵似栟榈而柔薄。可为扇笠，出龙川。"《本草纲目》载: 上古以羽为扇，故字从羽。后人以竹及纸为箑，故字从竹……东人多以蒲为之，岭南以蒲葵为之。"《清稗类钞》云："蒲葵为常绿乔木，叶作掌状分裂，酷类棕榈，惟蒲葵裂片颇尖，其基部连接不分，棕榈则否，以此为别。其材为用至广，叶可制扇，名葵扇，俗称芭蕉扇，行销极广。" 即为本种。

【化学参考文献】

［1］何小玉，崔建国，黄初升，等 . 蒲葵根中脂肪油的 GC-MS 联用分析［J］. 化工技术与开发，2003，32（2）：31-33.

［2］Zeng X B，Li C Y，Wang H，et al. Unusual lipids and acylglucosylsterols from the roots of *Livistona chinensis*［J］. Phytochem Lett，2013，6（1）：36-40.

［3］Zeng X B，Tian J，Cui L，et al. The phenolics from the roots of *Livistona chinensis* show antioxidative and obsteoblast differentiation promoting activity［J］. Molecules，2014，19（1）：263-278.

［4］Zeng X，Xiang L，Li C Y，et al. Cytotoxic ceramides and glycerides from the roots of *Livistona chinensis*［J］.

Fitoterapia，2012，83（3）：609-616.
［5］刘志平，崔建国，刘红星，等．蒲葵叶化学成分研究［J］．广西植物，2007，27（1）：140-142.
［6］Harborne J B，Williams C A，Greenham J，et al，Distribution of charged flavones and caffeylshikimic acid in Palmae［J］. Phytochemistry，1974，13（8）：1557-1559.
［7］陈屏，杨峻山．蒲葵籽化学成分的研究［J］．中国药学杂志，2008，43（21）：1669-1670.
［8］陈屏，杨峻山．蒲葵籽化学成分研究［J］．中草药，2007，38（5）：665-667.
［9］刘志平，崔建国，黄初升，等．蒲葵籽中有效化学成分的研究［J］．中草药，2007，38（2）：178-180.
［10］朱岳麟，陈少丽，冯利利，等．蒲葵籽乙醇提取物化学成分及抗癌活性分析［J］．化学与生物工程，2007，24（10）：35-38.
［11］Yuan T，Yang S P，Zhang H Y，et al. Phenolic compounds with cell protective activity from the fruits of *Livistona chinensis*［J］. Journal of Asian Natural Products Research，2009，11（3）：243-249.
［12］Cheng X S，Zhong F，He K，et al. EHHM，a novel phenolic natural product from *Livistona chinensis*，induces autophagy-related apoptosis in hepatocellular carcinoma cells［J］. Oncol Lett，2016，12（5）：3739-3748.
［13］Zeng X B，Wang Y H，Qiu Q，et al. Bioactive phenolics from the fruits of *Livistona chinensis*［J］. Fitoterapia，2012，83（1）：104-109.

【药理参考文献】

［1］Zeng X，Xiang L，Li C Y，et al. Cytotoxic ceramides and glycerides from the roots of *Livistona chinensis*［J］. Fitoterapia，2012，83（3）：609-616.
［2］钟振国，张凤芬，张雯艳，等．蒲葵根提取物的体外抗肿瘤实验研究［J］．中药材，2007，30（1）：60-63.
［3］许望纯，朱贾娴，李祖国．蒲葵子甲醇提取物抗鼻咽癌的实验研究［J］．中国疗养医学，2018，27（7）：673-677.
［4］刘俊斌，吴卫红，靳君华．蒲葵子乙醇提取物对人肝癌 Bel-7402 细胞增殖和迁移的影响［J］．中国现代医学杂志，2015，25（24）：14-18.
［5］何思远，罗翠，覃寿阳，等．蒲葵子水提液对人肝癌细胞株 HepG2 凋亡的作用［J］．广东医学，2016，37（15）：2255-2257.
［6］罗晓云，麦燕随，朱丽，等．蒲葵子总黄酮对肝损伤的保护作用及机制研究［J］．中草药，2019，50（4）：925-930.
［7］Kaur G，Singh R P. Antibacterial and membrane damaging activity of *Livistona chinensis* fruit extract［J］. Food and Chemical Toxicology，2008，46（7）：2429-2434.
［8］李春艳，曾艳波，彭芳，等．蒲葵籽提取物体外抗 HIV-1 活性及机制的初步研究［J］．中草药，2008，39（12）：1833-1838.
［9］Zeng X B，Qiu Q，Jiang C G，et al. Antioxidant flavanes from *Livistona chinensis*［J］. Fitoterapia，2011，82（4）：609-614.
［10］Yuan T，Yang S P，Zhang H Y，et al. Phenolic compounds with cell protective activity from the fruits of *Livistona chinensis*［J］. Journal of Asian Natural Products Research，2009，11（3）：243-249.

3. 槟榔属 *Areca* Linn.

乔木状或丛生灌木。茎有明显的环状叶痕。叶簇生于茎顶，羽状全裂，羽片多数，叶轴顶端的羽片合生；叶鞘圆筒形，光滑，边缘无纤维，紧密抱茎。肉穗花序腋生，多分枝，排成圆锥花序式，佛焰苞早落；花单性，雌雄同序；雄花小，生于分枝上部或整个分枝上，萼片 3 枚，花瓣 3 片，镊合状排列，雄蕊 3 或 6 枚，花丝短或无，花药基着；雌花大，生于分枝的基部或总轴上，萼片近圆形，覆瓦状排列，花瓣比萼片稍长或与萼片近等长，镊合状排列，退化雄蕊小或无，子房 1 室，胚株 1 粒，柱头 3 枚，无柄。核果卵形、球形或长圆形，基部有宿存的花被片。种子卵形或纺锤形，胚乳嚼烂状。

约 60 种，分布于亚洲热带地区和大洋洲。中国 2 种，分布于海南、云南及台湾等热带地区，法定药用植物 1 种。华东地区法定药用植物 1 种。

1081. 槟榔（图 1081）• *Areca catechu* Linn.

图 1081 槟榔 摄影 李华东等

【形态】乔木状，高 10 ～ 30m。茎有明显的环状叶痕，叶簇生于茎顶，羽状分裂，裂片两面光滑，无毛，上部的羽片合生，顶端有不规则的齿裂。肉穗花序长 25 ～ 30cm，雄雌顺序；雄花小，绿白色，无梗，常单生，稀成对着生，紧贴于花序轴的凹陷处，萼片卵状三角形，长不及 1mm，花瓣 3 片，卵状长圆形，5 ～ 6mm，雄蕊 6 枚，花丝极短或无，退化雌蕊 3 枚，丝状；雌花较大，单生或数朵聚生于分枝的基部，萼片卵形，花瓣近圆形，长 1.2 ～ 1.5cm，退化雄蕊 6 枚，合生，子房长圆形，柱头 3 裂。核果卵形至长椭圆形，基部有宿存的花被片，成熟时橙黄色，外果皮角质，中果皮厚，纤维质。种子卵形，胚乳嚼烂状，花期 3 ～ 6 月，果期翌年 3 ～ 6 月。

【生境与分布】福建有栽培，另云南、海南及台湾等热带地区均有分布；亚洲热带地区广泛栽培。

【药名与部位】枣槟榔（枣儿槟榔），幼果。槟榔，种子。大腹皮（大腹毛），成熟果皮。槟榔花，花序或雄花蕾。大肚皮，佛焰苞片。

【采集加工】枣槟榔：冬季果实未成熟时采收，蒸后干燥。槟榔：春末至秋初果实成熟时采收，水煮，干燥，取出种子，干燥。大腹皮：冬季至翌年春季采收未成熟的果实，煮后干燥，纵剖两瓣，剥取果皮，习称“大腹皮”；春末至秋初采收成熟果实，煮后干燥，剥取果皮，打松，晒干，习称“大腹毛”。槟榔花：夏季采集刚开放花序或收集雄花蕾，晒干。大肚皮：夏季采集脱落的苞片，晒干。

【药材性状】枣槟榔：倒卵形或长倒卵形。两端钝尖。长 4 ～ 6cm，直径 1.5 ～ 2.5 ～ 3cm，表面深棕褐色至棕黑色，略有光泽，上半部常平滑或具粗皱纹，下半部具细皱纹，顶端具有圆形的突起，基部有缩存花被片，花被片 6 枚，三角状圆状，革质，纤维性，作覆瓦状排列，与果皮同色。质颇坚实，击碎后果皮呈纤维性，厚 3 ～ 5mm，果皮内表面棕褐色或棕色，光滑或具细纵皱纹。种子 1 粒，位于果实上半部空腔内，极度皱缩至皱缩，少数较饱满，长圆锥形至扁圆形，基部较平坦，可见珠孔、合点与种脐。气特异，味涩。

槟榔：呈扁球形或卵形，高 1.5 ～ 3.5cm，底部直径 1.5 ～ 3cm。表面淡黄棕色或淡红棕色，具稍凹下的网状沟纹，底部中心有圆形凹陷的珠孔，其旁有 1 明显瘢痕状种脐。质坚硬，不易破碎，断面可见棕色种皮与白色胚乳相间的大理石样花纹。气微，味涩、微苦。

大腹皮：大腹皮略呈椭圆形或长卵形瓢状，长 4 ～ 7cm，宽 2 ～ 3.5cm，厚 0.2 ～ 0.5cm。外果皮深棕色至近黑色，具不规则的纵皱纹及隆起的横纹，顶端有花柱残痕，基部有果梗及残存萼片。内果皮凹陷，褐色或深棕色，光滑呈硬壳状。体轻，质硬，纵向撕裂后可见中果皮纤维。气微，味微涩。

大腹毛：略呈椭圆形或瓢状。外果皮多已脱落或残存。中果皮棕毛状，黄白色或淡棕色，疏松质柔。内果皮硬壳状，黄棕色或棕色，内表面光滑，有时纵向破裂。气微，味淡。

槟榔花：完整花序长 25 ～ 30cm，多分枝；花单性，雌雄同株；雄花蕾粒大如米而瘦，表面土黄色至淡棕色，雄花小，多数，无柄，易脱落，未脱落的雄花紧贴分枝上部，通常单生，很少对生，花萼 3 片，厚而细小，花瓣 3 片，卵状长圆形，长 5 ～ 6mm，雄蕊 6 枚，花丝短小；雌花较大而少数，无柄，着生于花序轴或分枝基部，花萼 3 片，长圆状卵形，长 12 ～ 15mm。气无，味淡。

大肚皮：长倒卵形，船形，长达 40cm，厚 1 ～ 3mm，多已切成长 1 ～ 5cm 的段片，表面黄白色或土黄色，有明显的纵向细纹，质脆。气微，味微涩。

【药材炮制】枣槟榔：除去杂质，洗净，干燥；用时捣碎。

槟榔：除去杂质，水浸 1 ～ 2 天，洗净，润软，切薄片，晾干；或捣碎。炒槟榔：取槟榔饮片，炒至表面微黄色，微具焦斑时，取出，摊凉。焦槟榔：取槟榔饮片，炒至焦黄色时，取出，摊凉。

大腹皮：除去杂质，洗净，切段，干燥。大腹毛：除去杂质，洗净，干燥。

槟榔花：除去杂质，花序切成短段，晒干。

大肚皮：除去杂质，洗净，切段，干燥。

【化学成分】果实含黄酮类：金圣草素（chrysoeriol）、消旋 -4′, 5- 二羟基 -3′, 5′, 7- 三甲氧基黄烷酮［（±）-4′, 5-dihydroxy-3′, 5′, 7-trimethoxyflavonone］、异鼠李素（isorhamnetin）、矢车菊素酮（cyanidenon）[1]，芦丁（rutin）[2]，白色矢车菊素（leucocyanidin）和 D- 儿茶素（D-catechol）[3]；屾酮类：巴西红厚壳素（jacareubin）[1,4]；酚酸类：异香草酸（isovanillicacid）、二羟基苯甲酸（dihydroxybenzoic acid）、对羟基苯甲酸（*p*-hydroxybenzoic acid）[1]和 4-［3′-（羟甲基）氧杂丙环烷 -2′- 基］-2, 6- 二甲氧基苯酚 {4-［3′-（hydroxymethyl）oxiran-2′-yl］-2, 6-dimethoxyphenol}[2]；苯丙素类：环氧松柏醇（epoxyconiferyl alcohol）[2]；环肽类：环 -（亮氨酸 - 酪氨酸）［cyclo-（Leu-Tyr）］[4]；生物碱类：烟碱（nicotine）、烟酸甲酯（methyl nicotinate）、烟酸乙酯（ethyl nicotinate）、槟榔碱（arecoline）、去甲基槟榔碱（guvacoline）、*N*- 甲基 -l, 2, 5, 6- 四氢 - 吡啶 -3- 羧酸乙酯（ethyl *N*-methyl-l, 2, 5, 6-tetrahydro-pyridine-3-carboxylate）、*N*- 甲基哌啶 -3- 羧酸甲酯（methyl *N*-methylpiperidine-3-carboxylate）、*N*- 甲基哌啶 -3- 羧酸乙酯（ethyl *N*-methylpiperidine-3-carboxylate）[5]，槟榔次碱（arecaidine）、去甲基槟榔次碱（guvacine）、异去甲基槟榔次碱（isoguvacine）、槟榔副碱（arecolidine）和高槟榔碱（homoarecoline）[6]；甾体类：β- 谷甾醇（β-sitosterol）[7]。

种子含黄酮类：3, 3′, 4, 4′, 5, 7- 六羟基黄烷（3, 3′, 4, 4′, 5, 7-hexahydroxyflavan）、左旋 - 表儿茶素［（-）-epicatechin］[8]，原矢车菊素 A-1、B-1、B-2、B-7（procyanidin A-1、B-1、B-2、B-7）[9]，二聚

体白色矢车菊素（two monomeric leucocyanidin）、六聚体白色矢车菊素（six monomeric leucocyanidin）[8]，右旋-儿茶素［（+）-catechin］[10, 11]，异鼠李素（isorhamnetin）、槲皮素（quercetin）、甘草素（liquiritigenin）和5, 7, 4′-三羟基-3′, 5′-二甲氧基二氢黄酮（5, 7, 4′-trihydroxy-3′, 5′-dimethoxyflavanone）[11]；苯丙素类：阿魏酸（ferulic acid）[11]；芪类：反式-白藜芦醇（*trans*-resveratrol）[11]；甾体类：5, 8-环二氧麦角甾-6, 22-二烯-3β-醇（5, 8-epidioxiergosta-6, 22-dien-3β-ol）、豆甾-4-烯-3-酮（stigmasta-4-en-3-one）和β-谷甾醇（β-sitosterol）[11]；三萜类：环阿尔廷醇（cycloartenol）[11]；酚类：香草酸（vanillic acid）和去-*O*-甲基毛色二孢素（de-*O*-methyllasiodiplodin）[11]；生物碱类：槟榔碱（areconline）、槟榔副碱（arecolidine）、槟榔次碱（arecaidine）、去甲基槟榔次碱（guavacine）和去甲基槟榔碱（guavacoline）[12]；酞类：酞酸（phthalic acid）和双-（2-乙基己基）邻苯二甲酰酯［bis-（2-ethylhexyl）-phthalate］[13]；脂肪酸类：月桂酸（lauric acid）、肉豆蔻酸（myristic acid）、软脂酸（palmitic acid）和硬脂酸（stearic acid）[13]。

【药理作用】1. 驱虫　从果实萃取的二氧化碳超临界提取物能减轻柔嫩艾美耳球虫感染后肉鸡的盲肠黏膜损伤，提高白细胞介素-2（IL-2）的含量，改善感染后肉鸡生长状态[1]；果实的水提取物和醇提取物对阴道毛滴虫有明显的抑制作用，抑虫率达81%～100%[2]。2. 抗菌　果实的乙醇提取物可抑制混合口腔菌群和8种革兰氏阴性菌株（大肠杆菌、肺炎克雷伯菌、普通变形糖菌、铜绿假单胞菌、非伤寒性沙门氏菌、伤寒沙门菌、弗式志贺氏菌和霍乱弧菌）的生长[3]；果皮的乙醇水提取物能抑制常见口腔病原菌白色念珠菌的生长[4]；花和花轴的水溶胶可显著抑制大肠杆菌和金黄色葡萄球菌的生长[5]。3. 调节胃肠　叶的乙醇提取物可促进酒精性胃溃疡模型小鼠受损胃上皮的再生和胃内血管再形成，其机制与降低肿瘤坏死因子-α（TNF-α）、白细胞介素-6受体（IL-6R）、诱导型一氧化氮合酶（NOS）、环氧合酶-2（COX-2）和核转录因子（NF-κB）的含量有关[6]；果实的水提取液有促进小鼠胃肠运动和大鼠胃底肌条收缩的作用，并可拮抗阿托品和对抗去甲肾上腺素对胃肠产生的抑制作用，其作用途径除与M胆碱受体有关外，同时也有可能与α-肾上腺素受体有关[7]；用果实制成的配方颗粒能通过增强健康人胃电活动促进胃动力，其作用机制可能是通过后脑肠肽（BGP）激素MTL、促肾上腺皮质激素释放激素（CRH）介导[8]；果皮水提取液可降低胃电节律紊乱模型大鼠的胃慢波频率变异系数及异常节律指数，其机制可能与增加胃窦肌间神经丛胆碱能神经分布及减少氮能神经分布有关[9]；果皮的水提取液可明显促进健康犬胃窦、十二指肠、空肠、回肠和结肠的运动，其机制可能是通过迷走神经和肠神经系统的胆碱能神经途径介导[10]；果皮的水提取液可在体外增强豚鼠胃体环行肌条的收缩活动，增大胃体环行肌条的收缩波平均振幅、增高肌条张力、加快收缩频率，并呈一定剂量依赖关系，其机制可能与胆碱能M3受体介导有关[11]。4. 降血糖　果实的70%乙醇提取物具有α-葡萄糖苷酶抑制作用，可有效抑制大鼠口服麦芽糖后的血糖升高[12]；花的70%乙醇提取物和水提取物可显著降低四氧嘧啶诱导的糖尿病大鼠的血糖含量，其机制可能是由于其中所含的酚类成分能有效地逆转生化的参数，并与改善了体重有关[13]。5. 降血脂　果实的乙醇提取物能显著降低高胆固醇喂养大鼠的小肠胰腺胆固醇酯酶（pCEase）及肝和肠的酰基辅酶A、胆固醇酰基转移酶（ACAT）含量[14]。6. 抗炎镇痛　去皮果实的80%丙酮提取物能抑制12-氧-十四烷酰佛波醇-13-乙酸酯（TPA）诱导口腔癌SAS细胞的环氧合酶-2的含量，可显著抑制卡拉胶诱导的急性炎症模型大鼠的炎症渗出物和前列腺素E_2（PGE_2）的形成，具有减轻急性炎症反应的作用，活性成分为原花青素（procyanidins）成分[15]；种子的50%乙醇提取物能延长小鼠热板反应时间，缩短福尔马林试验中的舔/咬行为持续时间，显著减轻角叉菜胶诱导大鼠的足肿胀，具有显著的镇痛、抗炎作用[16]；叶的70%乙醇提取物可减少脂多糖（LPS）致炎的RAW 264.7细胞的一氧化氮（NO）生成，降低一氧化氮合酶和环氧合酶-2的含量，也可明显减轻角叉菜胶诱导足肿胀大鼠的急性炎症反应，抗炎机制主要为通过下调一氧化氮合酶含量和核转录因子信号来抑制炎症和调节一氧化氮的生成[17]。7. 抗氧化　果实的乙醇提取物能有效地清除1, 1-二苯基-2-三硝基苯肼（DPPH）自由基[18]；种子的乙醇提取物具有清除1, 1-二苯基-2-三硝基苯肼自由基、羟自由基（·OH）、超氧阴离子自由基（O_2^-·）的作用，清除作用均高于常用抗氧化剂2, 6-二叔丁基-4-甲基苯酚（BHT），此外其还表现出较强的还原能力，并能有效延缓亚油酸自氧化反应的速率[19]。8. 抗偏头痛　果实的 50% 乙醇提取物可降低偏头痛模型大鼠血浆蛋白外渗（PPE）程度，具有抗偏头痛的作用，其机制可能与其镇痛、抗炎、抗氧化作用有关[20]。9. 抗衰老　种子的 90% 乙醇提取物能保存胶原蛋白和弹性蛋白纤维，防止水解酶降解，能促进细胞外基质蛋白的合成[21]；果实的 80% 乙醇提取物能改善衰老小鼠的学习记忆能力、脑组织抗氧化能力和组织学改变，有抗衰老作用[22]。10. 抗抑郁　果实的 70% 乙醇提取物的正乙烷萃取部位和水相部分能缩短强迫游泳实验（FST）和悬尾实验（TST）大鼠的不动时间，对大鼠脑中单胺氧化酶（MAO）活性有剂量依赖性地抑制作用，其中水相部分的抑制作用较强[23]；果实的乙醇提取物对急性和慢性强迫游泳应激抑郁模型大鼠具有抗抑郁作用，其机制与增强大鼠海马体中 5- 羟色胺（5-HT）和去甲肾上腺素（NE）含量有关，乙醇提取物经不同极性溶剂萃取后的水相部分显示抗抑郁作用，活性成分可能为皂苷类成分[24]。11. 抗肿瘤　从果实中分离纯化的槟榔碱（arecoline）在高浓度下（100μmol/L、300μmol/L、500μmol/L）具有抑制人乳腺癌 MCF-7 细胞的增殖、诱导其细胞凋亡的作用，并呈浓度依赖性，其机制可能与提高 P53 和 Bax 蛋白表达，降低 Bcl-2 蛋白表达有关[25]；从果实中提取分离的成分巴西红厚壳素（jacareubin）对人胃癌 SGC-7901 细胞和人肝癌 SMMC-7721 细胞具有细胞毒作用[26]。12. 改善性功能　果实的乙醇提取物有显著提高健康成年雄性大鼠性功能、增强性欲作用，其机制可能与神经作用有关[27]。

毒性　1. 口腔毒性　从果实中提取分离的槟榔碱可降低人永生化角质形成细胞（Hacat cell）和异常增生角质形成细胞的存活率，并呈浓度、时间依赖性，可诱导 Hacat 细胞和异常增生角质形成细胞脆性组氨酸三聚体（FHIT）蛋白和胰腺癌缺失（SMAD4）蛋白表达减少，FHIT 蛋白和 SMAD4 蛋白表达减少可能是口腔潜在恶性病变的发病机制之一[28]；槟榔碱可使体外口腔黏膜异常增生，上皮（DOK）细胞模型通透性增大，且与浓度和干扰时间成正比，这可能会增加槟榔碱透过量，从而加剧槟榔碱对异常增生组织的毒性作用，促使局部白细胞介素 -1β（IL-1β）分泌增多，进而促进了癌变的进程[29]；种子提取物对人胚口腔黏膜成纤维细胞（HE-OMF）具有细胞毒作用，能降低 HE-OMF 存活率，导致细胞 DNA 损伤，并呈浓度依赖性，具有潜在致癌的可能性[30]；2. 生殖毒性　新鲜果实的水提取液能提高小鼠精子畸形率，其中鲜果果仁水提取液对精子畸形的影响最大，其次是全果水提取液，果皮水提取液影响较小[31]；果实水提取物能降低健康雄性小鼠对雌鼠受孕率，且呈剂量依赖性，也能影响到子代的生长发育[32]，能显著减少健康雄性小鼠的精子数量，降低精子活动率[33]。3. 神经毒性　果实的二氯甲烷提取部位对纳洛酮促进的小鼠吗啡戒断症状有抑制作用[34]；槟榔碱单次给药可以剂量依赖性地抑制小鼠的自主活动，多次给药后这种抑制作用既不产生耐受，也不形成敏化，槟榔碱能增强小鼠吗啡诱导的急性高活动性和吗啡行为敏化的形成，有可能增强吗啡的成瘾性[35]。4. 肝肾毒性　果实的水粗提物与槟榔碱可显著升高小鼠血清谷丙转氨酶（ALT）、天冬氨酸氨基转移酶（AST）和碱性磷酸酶（ALP）含量，促进肝细胞的凋亡，明显加重肝组织病理损伤程度，且纯槟榔碱比水粗提物对肝脏的毒性可能更大[36]；槟榔碱可使小鼠肾组织形态出现病变，显著性升高肾功能生化指标肌酐（Cr）、尿素氮（BUN）以及尿素氮 / 肌酐（BUN/Cr）值的含量，对小鼠的肾功能有一定的损害作用[37]。

【性味与归经】枣槟榔：甘、微苦、涩，微温。归胃、大肠经。槟榔：苦、辛，温。归胃、大肠经。大腹皮：辛，微温。归脾、胃、大肠、小肠经。槟榔花：味淡，性凉。归胃、肺经。大肚皮：味辛，性微温。归脾、胃、大肠、小肠经。

【功能与主治】枣槟榔：消积，宽胸，止呕。用于痰癖食滞，胸闷呕吐。槟榔：杀虫消积，降气，行水，截疟。用于绦虫、蛔虫、姜片虫病，虫积腹痛，积滞泻痢，里急后重，水肿脚气，疟疾。大腹皮：下气宽中，行水消肿。用于湿阻气滞，脘腹胀闷，大便不爽，水肿胀满，脚气浮肿，小便不利。槟榔花：健胃、止渴，健脾理气、化痰止咳；用于痰浊阻肺证及脾气虚证引起的咳嗽痰多、神疲倦息、食欲不振、腹胀腹痛、睡眠不佳等。大肚皮：下气宽中，行水消肿。用于湿阻气滞，脘腹胀闷，大便不爽，水肿胀满，脚气浮肿，小便不利。

【用法与用量】枣槟榔：3 ～ 6g。槟榔：3 ～ 9g；驱绦虫、姜片虫 30 ～ 60g。大腹皮：4.5 ～ 9g。

槟榔花：5～15g，水煎服或炖肉服。大肚皮：5～10g。

【药用标准】枣槟榔：浙江炮规 2015、上海药材 1994、山东药材 2012 和四川药材 1987 增补；槟榔：药典 1953—2015、浙江炮规 2005、部标进药 1977、局标进药 2004、云南药品 1974、藏药 1979、新疆药品 1980 二册、内蒙古蒙药 1986、广西壮药 2008、香港药材六册和台湾 2013；大腹皮：药典 1963—2015、浙江炮规 2015、部标进药 1986、局标进药 2004、云南药品 1974、新疆药品 1980 二册和台湾 2013；槟榔花：海南药材 2011；大肚皮：海南药材 2011。

【临床参考】1. 痢疾：种子 3g，果皮 5g，加薏苡仁、白花蛇舌草、车前子各 8g，扁豆、蒲公英、黄芩、山楂、陈皮、麦冬、石斛、炙甘草各 3g，水煎，分 2 次服，每日 1 剂，3 日 1 疗程[1]。

2. 抑郁综合征：种子，加沉香、木香、紫硇砂、当归、制草乌、干姜、胡椒、荜拨、肉豆蔻、葶苈子等制成槟榔十三味丸口服，1 次 2g，每日 1 次，睡前服，病情重者用羊肉汤送服，病情轻者用温水送服，2 周 1 疗程[2]。

3. 湿热型胃痞病：种子 15g，加木香 7g，青皮 6g，陈皮、莪术、香附各 10g，黄连 3g、黄柏 9g、大黄 4g、牵牛子 2g，水煎服，每日 2 次，连服 3 周[3]。

4. 脑梗死：炒种子 25g，加砂仁 6g，茯苓、竹茹、黄芩、香附、川芎、枳壳、甘草各 10g，白术、天麻各 20g，半夏、钩藤、柴胡各 15g，水煎服，每日 1 剂[4]。

5. 便秘：果实（炒焦）15g，加柴胡、黄芩、大黄、枳实、厚朴、杏仁、赤芍各 10g，生地、玄参各 15g，水煎，分 2 次服，每日 1 剂[5]。

6. 水肿：果皮 15g，加黄芪 20g，当归、川芎 15g，茯苓皮 24g，桑白皮、炒白芍、枳壳各 12g，熟地黄、制香附、车前子（包煎）、生山楂各 15g，桂枝、白僵蚕、大黄各 10g，陈皮、蝉蜕、姜黄、生姜皮各 6g，绞股蓝 30g，水煎至 200ml，分 2 次温服，每日 1 剂[6]。

7. 小便不通：果皮 18g，加葱白 3g，水煎服[7]。

【附注】槟榔始载于《上林赋》，名“仁频”。《名医别录》将其列入中品，云：“疗寸白，生南海。”《本草经集注》载：“此有三四种：出交州，形小而味甘；广州以南者，形大而味涩；核亦有大者，名猪槟榔，作药皆用之。又小者，南人名蒳子，俗人呼为槟榔孙，亦可食。”《本草图经》载：“槟榔生南海，今岭外州郡皆有之，大如桄榔，而高五七丈，正直无枝，皮似青桐，节如桂竹，叶生木巅，大如楯头，又似甘蕉叶。其实作房，从叶中出，傍有刺，若棘针，重叠其下，一房数百实，如鸡子状，皆有皮壳……其实春生，至夏乃熟……尖长而有紫文者名槟，圆而矮者名榔，槟力小，榔力大。今医家不复细分，但取作鸡心状，存坐正稳心不虚，破之作锦文者为佳。”《本草纲目》载：“槟榔树初生若笋竿积硬，引茎直上，茎干颇似桄榔，椰子而有节，旁无枝柯，条从心生。端顶有叶如甘蕉，条派开破，风至则如羽扇扫天之状。三月叶中肿起一房，因自拆裂，出穗凡数百颗，大如桃李，又生刺重累于下，以护其实，五月成熟，剥去其皮，煮其肉而干之，皮皆筋丝，与大腹皮同也。”以上《本草经集注》的形大而味涩者，《本草图经》的尖长而有紫文者及《本草纲目》所描述者，即为本种。

药材槟榔或枣槟榔气虚下陷者禁服。

【化学参考文献】

[1] 张兴，梅文莉，曾艳波，等 . 槟榔果实的酚类化学成分与抗菌活性的初步研究 [J]. 热带亚热带植物学报，2009，17（1）：74-76.

[2] Zhang X，Wu J，Han Z，et al. Antioxidant and cytotoxic phenolic compounds of areca nut（*Areca catechu*）[J]. Chem Res Chin Univ，2010，26（1）：161-164.

[3] Banerjee S，Rajadurai S，Nayudamma Y. Occurrence of d-catechol and a 3，4-flavandiol in areca nut [J]. Bulletin of the Central Leather Research Institute Madras，1961，（8）：174-175.

[4] 吴娇，王辉，李小娜，等 . 槟榔果实中的细胞毒活性成分研究 [J]. 河南大学学报（自然科学版），2011，41（5）：511-514.

[5] Holdsworth D K，Jones R A，Self R. Volatile alkaloids from *Areca catechu* [J]. Phytochemistry，1998，48：581-582.

[6] Peng W, Liu Y J, Zhao C B, et al. In silico assessment of drug-like properties of alkaloids from *Areca catechu* L. nut [J]. Tropical Journal of Pharmaceutical Research, 2015, 14(4): 635-639.
[7] Govindachari T R, Mambiar A K N. Occurrence of β-sitosterol in the nuts of *Areca catechu* [J]. Indian J Agric Sci, 1956, 26: 401-402.
[8] Banerjee S, Rajadurai S, Sastry K N S, et al. The chemistry of areca nut tannins [J]. Leather Science (Madras), 1963, 10: 6-13.
[9] Ma YT, Hsu F L, Lan S J, et al. Tannins from betel nuts [J]. Journal of the Chinese Chemical Society (Taipei), 1996, 43(1): 77-81.
[10] Govindarajan V S, Mathew A G. Polyphenolic substances of arecanut. I. chromatographic analysis of fresh mature nut [J]. Phytochemistry, 1968, 2(4): 321-326.
[11] 杨文强，王红程，王文婧. 槟榔化学成分研究 [J]. 中药材，2012，35(3)：400-403.
[12] Wang C K, Hwang L S. Separation and hydrolysis of alkaloids from betel nut [J]. Shipin Kexue (Taipei), 1993, 20(6): 514-526.
[13] Begum G A, Khatun M, Rahman M, et al. Studies on betel nut (*Areca catechu*): composition and fatty acids constituents [J]. Bangladesh Journal of Scientific and Industrial Research, 1989, 24(1-4): 146-154.

【药理参考文献】

[1] Wang D, Zhou L L, Li W, et al. Anticoccidial effects of areca nut (*Areca catechu* L.) extract on broiler chicks experimentally infected with *Eimeria tenella* [J]. Experimental Parasitology, 2018, 184: 16-21.
[2] 杨家芬，欧阳颗. 清热解毒中药对 3 种肠道寄生原虫的体外抑制作用 [J]. 中国抗感染化疗杂志，2001，1(1)：43，49.
[3] Chin A A, Fernandez C D, Sanchez R B, et al. Antimicrobial performance of ethanolic extract of *Areca catechu* L. seeds against mixed-oral flora from tooth scum and gram negative laboratory isolates [J]. Int J Res Ayurveda Pharm, 2013, 4(6): 876-880.
[4] Maria B C, Vidya P, Ipe V, et al. Antimicrobial properties of *Areca catechu* (Areca nut) husk extracts against common oral pathogens [J]. Int J Res Ayurveda Pharm, 2015, 3(1): 81-84.
[5] Shen X J, Chen W B, Zheng Y J, et al. Chemical composition, antibacterial and antioxidant activities of hydrosols from different parts of *Areca catechu* L. and *Cocos nucifera* L. [J]. Industrial Crops and Products, 2017, 96: 110-119.
[6] Lee K P, Choi N H, Sudjarwo G W, et al. Protective effect of *Areca catechu* leaf ethanol extract against ethanol-induced gastric ulcers in ICR mice [J]. Journal of Medicinal Food, 2016, 19(2): 127-132.
[7] 倪依东，王建华，王汝俊. 槟榔水提液对胃肠运动的影响 [J]. 中药药理与临床，2003，19(5)：27-29.
[8] 孙娟，曹立幸，陈其城，等. 槟榔对健康人胃电图及胃动素、促肾上腺皮质激素释放激素的影响 [J]. 中药新药与临床药理，2016，27(2)：281-285.
[9] 朱金照，冷恩仁，张捷，等. 大腹皮对大鼠胃电节律失常的影响及其机制 [J]. 解放军医学杂志，2002，27(1)：39-40.
[10] 陈其城，曹立幸，庞凤舜，等. 大腹皮对犬胃肠运动的影响 [J]. 时珍国医国药，2015，26(6)：1366-1368.
[11] 李梅，蔺美玲，金珊，等. 大腹皮对豚鼠胃体环行肌条收缩活动的影响 [J]. 上海中医药大学学报，2008，22(2)：46-47.
[12] Senthil A M, Hazeena B V. Alpha-glucosidase inhibitory and hypoglycemic activities of *Areca catechu* extract [J]. Pharmacognosy Magazine, 2008, 4(15): 223-227.
[13] Ghate R, Patil V P, Hugar S, et al. Antihyperglycemic activity of *Areca catechu* flowers [J]. Asian Pacific Journal of Tropical Disease, 2014, 4(1): S148-S152.
[14] Byun S J, Kim H S, Jeon S M, et al. Supplementation of *Areca catechu* L. extract alters triglyceride absorption and cholesterol metabolism in rats [J]. Ann Nutr Metab, 2001, 45: 279-284.
[15] Huang P L, Chi C W, Liu T Y. Effects of *Areca catechu* L. containing procyanidins on cyclooxygenase-2 expression in vitro and *in vivo* [J]. Food and Chemical Toxicology, 2010, 48(1): 306-313.
[16] Bhandare A M, Kshirsagar A D, Vyawahare N S, et al. Potential analgesic, anti-inflammatory and antioxidant activities of

hydroalcoholic extract of *Areca catechu* L. nut［J］. Food and Chemical Toxicology，2010，48（12）：3412-3417.
［17］Lee K P，Sudjarwo G W，Kim J S，et al. The anti-inflammatory effect of Indonesian *Areca catechu* leaf extract *in vitro* and *in vivo*［J］. Nutrition Research and Practice，2014，8（3）：267-271.
［18］Ahn B Y. Free radical scavenging effect of ethanol extract from *Areca catechu*［J］. Journal of the Korean Society for Applied Biological Chemistry，2009，52（1）：92-95.
［19］张璐，郑亚军，李艳，等. 槟榔籽乙醇提取物抗氧化性的研究［J］. 食品研究与开发，2016，37（8）：1-4.
［20］Bhandare A M，Vyawahare N S，Kshirsagar A D. Anti-migraine effect of *Areca catechu* L. nut extract in bradykinin-induced plasma protein extravasation and vocalization in rats［J］. Journal of Ethnopharmacology，2015，171：121-124.
［21］Lee K K，Choi J D. The effects of *Areca catechu* L. extract on anti-aging［J］. International Journal of Cosmetic Science，1999，21（4）：285-295.
［22］刘月丽，徐汪伟，周丹，等. 海南槟榔提取物抗衰老作用研究［J］. 中国热带医学，2017，17（2）：123-125.
［23］Dar A，Khatoon S，Rahman G，et al. Anti-depressant activities of *Areca catechu* fruit extract［J］. Phytomedicine，1997，4（1）：41-45.
［24］Abbas G，Naqvi S，Erum S，et al. Potential antidepressant activity of *Areca catechu* nut via rlevation of serotonin and noradrenaline in the hippocampus of rats［J］. Phytotherapy Research，2012，27（1）：39-45.
［25］奉水东，伍迪，杨丝丝，等. 槟榔碱对人乳腺癌 MCF-7 细胞增殖和凋亡的影响［J］. 中国应用生理学杂志，2016，32（4）：370-372.
［26］Zhang X，Wu J，Han Z，et al. Antioxidant and cytotoxic phenolic compounds of *Areca nut*（*Areca catechu*）［J］. Chem Res Chinese Universitis，2010，26（1）：161-164.
［27］Anthikat R R N，Micheal A，Ignacimuthu S. Aphrodisiac effect of *Areca catechu* L. and *Pedalium murex* in rats［J］. Journal of Men' s Health，2012，10（2）：65-70.
［28］夏璐璐，高义军，尹晓敏. 槟榔碱对 Hacat 及 DOK 细胞 FHIT 和 SMAD4 蛋白表达影响研究［J］. 中国实用口腔科杂志，2017，10（11）：670-673.
［29］侯冬兰，陈蓉，高义军，等. 槟榔碱和 Ca^{2+} 对口腔黏膜异常增生上皮体外模型通透性的影响［J］. 口腔疾病防治，2017，25（1）：21-25.
［30］方厂云，刘蜀凡，沈子华，等. 槟榔提取物对人口腔纤维母细胞的毒性及 DNA 损伤的研究［J］. 湖南医科大学学报，1997，22（2）：105-108.
［31］刘书伟，王燕，胡劲召. 槟榔不同部位水提液对小鼠生理指标的影响［J］. 中国畜牧兽医，2016，43（10）：2648-2654.
［32］胡怡秀，臧雪冰，胡余明，等. 槟榔对雄性小鼠生育能力的影响［J］. 实用预防医学，1999，6（3）：172-173.
［33］胡怡秀，臧雪冰，胡余明，等. 槟榔对雄性小鼠生殖功能的影响［J］. 中华预防医学杂志，1999，33（1）：59-60.
［34］Kumarnsit E，Keawpradub N，Vongvatcharanon U，et al. Suppressive effects of dichloromethane fraction from the *Areca catechu* nut on naloxone-precipitated morphine withdrawal in mice［J］. Fitoterapia，2005，76：534-539.
［35］韩容，孙艳萍，李俊旭，等. 槟榔碱对小鼠吗啡行为敏化的影响［J］. 中国药物依赖性杂志，2005，14（3）：197-202.
［36］古桂花，曾薇，胡虹，等. 槟榔粗提物及槟榔碱对小鼠肝细胞凋亡的影响［J］. 中药药理与临床，2013，29（2）：56-59.
［37］曾薇，古桂花，李建新，等. 槟榔碱的肾毒性实验研究［J］. 湖南中医药大学学报，2015，35（6）：6-8.

【临床参考文献】

［1］许寿益. 槟榔扁豆汤治疗痢疾 1 例的体会［J］. 世界最新医学信息文摘，2016，16（51）：154.
［2］韩长寿. 蒙医槟榔十三味丸抗抑郁作用和改善抑郁综合症状的效果观察［J］. 临床医药文献电子杂志，2017，4（96）：18977.
［3］赵磊. 沈玉明. 运用木香槟榔丸加减治疗湿热型胃痞病疗效分析［J］. 内蒙古中医药，2017，36（20）：27.
［4］秦菁菁，王海荣，季洁，等. 赵红教授妙用槟榔、砂仁对药祛舌苔［J］. 内蒙古中医药，2017，36（5）：45.
［5］胡昕. 王文友从湿论治"便秘"经验浅析［J］. 中国实用医药，2018，13（34）：187-189.
［6］王浩浩，李鹏举，李冬霞，等. 刘爱华常用经验对药［J］. 河南中医，2017，37（5）：791-793.
［7］李文彬. 大腹皮、葱白治愈产后小便不通二例［J］. 福建中医药，1960，（10）：41.

一三〇 天南星科 Araceae

草本，具块茎或根茎，稀为攀援灌木。叶基生或茎生，2 列或互生；叶柄基部或中下部鞘状；叶脉网状，稀平行。花两性或单性，单性时雌雄同株（同序）或异株，花小，常有臭味，排列为肉穗花序，花序外面有佛焰苞，当雌雄同序时，雌花居于花序下部，雄花于雌花之上，两性花花被存在或缺，花被存在时为 4 ～ 6 片，雄蕊与之同数对生，无花被的花中，雄蕊数目不等，离生或合生为雄蕊柱，花药 2 室；不育雄蕊常存在；雌花子房上位，1 至多室，胚珠 1 至多数。浆果。种子 1 至多数，具肉质外种皮，胚乳丰富。

约 115 属，2000 余种，主要分布于热带和亚热带地区。中国 35 属，约 205 种（包括引种栽培），各地均产，主产于西南和华南地区，法定药用植物 12 属，29 种。华东地区法定药用植物 8 属，14 种。

天南星科法定药用植物主要含生物碱类、黄酮类、萜类、苯丙素类、木脂素类、酚酸类、皂苷类、醌类、香豆素类等成分。生物碱类构型多样，包括吡咯类、吡啶类、哌啶类、哌嗪类、吲哚类、酰胺类、异喹啉类等，如水苏碱（stachydrine）、葫芦巴碱（trigonelline）、掌叶半夏碱 D（pedatisectine D）、爬树龙碱（decursivine）、大麻酰胺 D、F（cannabisin D、F）、巴马亭（palmatine）等；黄酮类包括黄酮、黄酮醇、二氢黄酮等，如川陈皮素（nobiletin）、木犀草素 -6, 8-C- 二葡萄糖苷（luteolin-6, 8-C-diglucoside）、高良姜素（galangin）等；萜类包括单萜、倍半萜、二萜等，如菖蒲烯二醇（calamendiol）、菖蒲螺酮烯（acoronene）、菖蒲新酮（acolamone）等；苯丙素类如菖蒲定（acoradin）、松柏苷（coniferin）等；木脂素类如石菖蒲烷 C（tatanan C）、杜仲树脂酚（medioresinol）等；酚酸类如原儿茶酸（protocatechuic acid）、没食子酸（gillic acid）等；皂苷类多为三萜皂苷，包括五环三萜、四环三萜，如羽扇豆醇（lupeol）、环木菠萝烯酮（cycloartenone）等；醌类包括苯醌、蒽醌等，如 2, 5- 二甲氧基苯醌（2, 5-dimethoxybenzoquinone）、大黄酚（chrysophanol）等；香豆素类如香柑内酯（bergapten）、印度枸橘素（marmesin）等。

菖蒲属含萜类、苯丙素类、黄酮类、生物碱类、皂苷类、木脂素类、香豆素类、醌类、酚酸类、挥发油类等成分。萜类包括单萜、倍半萜、二萜等，如水菖蒲酮（shyobunone）、前异菖蒲烯二醇（preisocalamendiol）等；苯丙素类如 β- 细辛脑（β-asarone）、菖蒲定（acoradin）、菖蒲酮（acoramone）等；黄酮类包括黄酮、黄酮醇等，如木犀草素 -6, 8-C- 二葡萄糖苷（luteolin-6，8-C-diglucoside）、高良姜素 -3-*O*-β-D- 吡喃葡萄糖基 -7-*O*-β-L- 吡喃鼠李糖苷（galangin-3-*O*-β-D-glucopyranosyl-7-*O*-β-L-rhamnopyranoside）等；生物碱类包括酰胺类、哌啶类、异喹啉类等，如大麻酰胺 D、F（cannabisin D、F）、金色酰胺醇乙酸酯（aurantiamide acetate）、2，6- 二氧代哌啶 -3- 乙酸酯（2，6-dioxopiperidin-3-yl acetate）、巴马亭（palmatine）等；皂苷类多为三萜皂苷，如 3β, 22α, 24, 29- 四羟基齐墩果 -12- 烯 -3-*O*-［β-D- 阿拉伯糖基 -（1 → 3）］-β-D- 吡喃阿拉伯糖苷 {3β, 22α, 24, 29-tetrahydroxyolean-12-en-3-*O*-［β-D-arabinosyl-（1 → 3）］-β-D-arabinopyranoside}、1β, 2α, 3β, 19α- 四羟基熊果酸 -28-*O*-［β-D- 吡喃葡萄糖基 -（1 → 2）］-β-D- 吡喃半乳糖苷 {1β, 2α, 3β, 19α-tetrahydroxyursolic acid-28-*O*-［β-D-glucopyranosyl-（1 → 2）］-β-D-galactopyranoside}、羽扇豆醇（lupeol）、环木菠萝烯酮（cycloartenone）等；木脂素类如石菖蒲木烷 A（tatanan A）、石菖蒲烷 C（tatanan C）、石菖蒲脂素 O（tatarinan O）等；香豆素类如香柑内酯（bergapten）、印度枸橘素（marmesin）等；醌类包括蒽醌、苯醌等，如大黄酚（chrysophanol）、大黄素甲醚（physcion）、2, 5- 二甲氧基苯醌（2, 5-dimethoxybenzoquinone）等；酚酸类如香草酸（vanillic acid）、原儿茶酸（protocatechuic acid）等；挥发油含菖蒲醇酮（calamenone）、水菖蒲二醇（calamendiol）、菖蒲烯酮（calamusenone acorenone）、菖蒲大牻牛儿酮（acoragermacrone）等。

半夏属含生物碱类、黄酮类、木脂素类等成分。生物碱包括有机胺类、酰胺类、吲哚类等，如麻黄碱（ephedrine）、3, 6- 二异丙基 -2, 5- 二酮哌嗪（3, 6 -diisopropyl-2, 5-piperazinedione）、掌叶半夏碱 A、B、C（pedatisectine A、B、C）、1- 乙酰基 -β- 咔啉（1-acetyl-β-carboline）等；黄酮类如黄芩苷（baicalin）、

黄芩苷元（baicalein）等；木脂素类如肉桂木脂苷 A（cinnacassoside A）、杜仲树脂酚（medioresinol）、裂榄木脂素（burselignan）等。

犁头尖属含木脂素类、黄酮类等成分。木脂素类如松柏苷（coniferin）、新橄榄脂素（neoolivil）、落叶松脂醇（lariciresinol）等；黄酮类如异牡荆素（isovitexin）等。

天南星属含生物碱类、黄酮类、酚酸类等成分。生物碱包括酰胺类、吡咯烷类等，如秋水仙碱（colchicine）、水苏碱（stachydrine）等；黄酮类如夏佛托苷（schaftoside）、川陈皮素（nobiletin）、芹菜素-6-C-β-D-吡喃半乳糖-8-C-α-L-吡喃阿拉伯糖苷（apigenin-6-C-β-D-galactopyranosyl-8-C-α-L-arabincopyranoside）等；酚酸类如没食子酸（gillic acid）、没食子酸乙酯（ethylgallate）等。

分属检索表

1. 陆生植物。
  2. 叶片不分裂。
    3. 叶片狭长剑形；佛焰苞与叶片同形……………………1. 菖蒲属 *Acorus*
    3. 叶片非狭剑形；佛焰苞与叶片异形。
      4. 肉穗花序的雌花部分与佛焰苞贴生……………………2. 半夏属 *Pinellia*
      4. 肉穗花序的雌花部分与佛焰苞分离。
        5. 叶柄着生于叶片基部……………………3. 犁头尖属 *Typhonium*
        5. 叶片盾状着生。
          6. 植株无地上茎；肉穗花序的附属物小……………………4. 芋属 *Colocasia*
          6. 植株具地上茎；肉穗花序的附属物大……………………5. 海芋属 *Alocasia*
  2. 叶片掌状或鸟足状全裂。
    7. 肉穗花序与叶不同时存在；叶裂片一至二回羽状分裂……………………6. 磨芋属 *Amorphophallus*
    7. 肉穗花序与叶同时存在；叶裂片非羽状全裂。
      8. 佛焰苞管喉部不闭合，无横隔膜……………………7. 天南星属 *Arisaema*
      8. 佛焰苞管喉部闭合，有横隔膜；肉穗花序的雌花部分位于隔膜之下，雄花部分位于隔膜之上……………………2. 半夏属 *Pinellia*
1. 水生漂浮植物……………………8. 大薸属 *Pistia*

1. 菖蒲属 *Acorus* Linn.

多年生常绿草本。根茎匍匐，草质或近木质，分枝，常密生根，细胞富含芳香油。叶近基生，2 列，叶鞘套叠状，边缘膜质；叶片狭长，革质，基部对折，具平行脉。佛焰苞叶状，下部与总花梗合生；肉穗花序生于三棱形总花梗的顶端；花两性，密生，自下而上开放，花被 6 片，先端内弯；雄蕊 6 枚，花丝与花被片等长，先端渐狭为药隔，花药短，药室近对生，超出药隔，室缝纵长，全裂；子房与花被片等长，2 ～ 3 室，每室有多数胚珠，着生于子房室的顶部，柱头小。浆果长圆形，红色，藏于宿存的花被之下。种子长圆形，外种皮肉质，流苏状，内种皮薄，胚乳肉质。

4 种，分布于北温带至亚洲热带地区。中国 4 种，各省、区均有分布，法定药用植物 3 种。华东地区法定药用植物 3 种。

分种检索表

1. 叶片条状剑形，宽 1 ～ 3cm，具中肋……………………菖蒲 *A. calamus*

1. 叶片狭窄条形，宽不足 1.3cm，不具中肋。
   2. 叶片宽不及 6mm；叶状佛焰苞长仅 3 ～ 9cm……………………………………金钱蒲 *A. gramineus*
   2. 叶片宽 7 ～ 13mm；叶状佛焰苞长 13 ～ 25cm……………………………石菖蒲 *A. tatarinowii*

1082. 菖蒲（图 1082）• *Acorus calamus* Linn.

图 1082　菖蒲　　摄影　李华东等

【**别名**】水菖蒲（浙江），臭蒲（山东），白菖蒲（安徽）。

【**形态**】多年生草本。根茎横走，稍扁，直径达 2cm，外皮黄褐色，芳香。肉质根多数，且具毛发状须根。叶条状剑形，长 50 ～ 80（～ 150）cm，宽 1 ～ 3cm，草质，绿色，光亮，顶端渐尖，基部对折，两侧膜质叶鞘宽 45mm，向上渐狭，至叶长 1/3 处消失，中肋在两面明显凸起，侧脉每边 3 ～ 5 条，平行，不明显。花序柄三棱形，长（15 ～）20 ～ 40（～ 50）cm，叶状佛焰苞剑形，长 30 ～ 40cm；肉穗花序直立或稍斜出，圆柱状，长 4 ～ 8cm，直径 6 ～ 10mm；花黄绿色，花被片长约 2.5mm，顶端内弯；花丝长约 2.5mm；子房圆柱状，花柱短。浆果密集，长圆状，成熟时红色。花期 6 ～ 7 月，果期 8 月。

【**生境与分布**】生于水边、烂泥地、沼泽地或栽培于山区水田中。分布于浙江、江苏、江西、安徽、福建、山东，另广布于南北各地；全球温带、亚热带地区也有分布。

【**药名与部位**】菖蒲、白菖蒲、水菖蒲，根茎。

【采集加工】秋、冬二季采挖，除去叶、泥沙及须根，洗净，晒干或切厚片，晒干。

【药材性状】呈扁圆柱形，略弯曲，长 4 ～ 20cm，直径 0.8 ～ 2cm。表面灰棕色至棕褐色，节明显，节间长 0.5 ～ 1.5cm，具纵皱纹，一面具密集圆点状根痕；叶痕呈斜三角形，左右交互排列，侧面茎基痕周围常残留有鳞片状叶基和毛发状须根。质硬，断面淡棕色，内皮层环明显，可见众多棕色油细胞小点。气浓烈而特异，味辛。

【药材炮制】除去杂质，切片，干燥。

【化学成分】根含木脂素类：石菖蒲烷 A（tatanan A）[1]；挥发油类：α- 侧柏烯（α-thujene）、β-蒎烯（β-pinene）、对薄荷烷 -8- 醇（*p*-methan-8-ol）、龙脑（borneol）、马兜铃烯（aristolene）、去氢白菖烯（calamene）、6, 6- 二甲基双环［3, 1, 1］庚 -2- 烯 -2- 乙醇 {6, 6-dimethyl bicyclo［3, 1, 1］hept-2-en-2-ethanol}、（－）- 马兜铃烯［（－）-aristolene］、γ- 榄香烯（γ-elemene）、β- 古芸烯（β-gurjunene）、顺式 - 异榄香脂素（*cis*-isoelemicine）、菖蒲二烯（acoradiene）、β- 芳姜黄烯（β-curcumene）、二 - 表 -α-雪松烯环氧化物（di-epi-α-cedrene epoxide）[2]，菖蒲醇酮（calamenone）、水菖蒲二醇（calamendiol）、异水菖蒲二醇（isocalamendiol）[3]，菖蒲烯酮（calamusenone）、卓酮（tropone）[4]，6- 异丙基 -4- 甲基 -7, 8- 二氢 -6H- 萘［1, 8-bc］呋喃 {6-isopropyl-4-methyl-7, 8-dihydro-6H-naphtho［1, 8-bc］furan}、菖蒲呋喃（acorafuran）[5]，左旋 - 卡达烷 -1, 4, 9- 三烯［（－）-cadala-1, 4, 9-triene］[6] 和表白菖酮（epishyobunone）[7]；苯丙素类：β- 细辛醚（β-asarone）[7]；黄酮类：5, 4′- 二羟基 -7, 8- 二甲氧基黄酮（5, 4′-dihydroxy-7, 8-dimethoxyflavone）和 5- 羟基 -7, 8, 3′, 4′- 四甲氧基黄酮（5-hydroxy-7, 8, 3′, 4′-tetramethoxyflavone）[7]；甾体类：胡萝卜苷（daucosterol）[7]。

根茎含挥发油类：α- 蒎烯（α-pinene）、樟烯（camphene）、柠檬烯（limonene）、1- 甲基 -3-（1-甲基乙基）- 苯［1-methyl-3-（1-methylethyl）-benzene］、樟脑（camphor）、二氢 -α- 萜品醇（dihydro-α-terpineol）、异丁香酚甲醚（isohomogenol）、L- 菖蒲烯（L-calamenene）、α- 芳姜黄烯（α-curcumene）、菖蒲烯（calamenene）、β- 细辛脑（β-asarone）、（*Z*）- 细辛脑［（*Z*）-asarone］、水菖蒲酮（shyobunone）、前 - 异菖蒲烯二醇（pre-isocalamendiol）、雪松醇（cedrol）、异菖蒲烯二醇（isocalamendiol）、菖蒲烯二醇（calamendiol）[2]，表白菖酮（epishyobunone）、白菖酮（shyobunone）、异白菖酮（isoshyobunone）[8]，原异菖蒲二醇（preisocalamendiol）[9]，菖蒲醇（acorusnol）、菖蒲二醇（acorusdiol）、表菖蒲酮（epiacorone）、2- 羟基菖蒲烯酮（2-hydroxyacorenone）、1- 羟基表菖蒲螺酮（1-hydroxyepiacorone）、菖蒲酮（acorone）、2- 乙酰氧基菖蒲烯酮（2-acetoxyacorenone）、菖蒲螺酮烯（acoronene）、表菖蒲螺酮烯（epiacoronene）、1-羟基表菖蒲螺酮烯（1-hydroxyacoronene）[10]，异白菖新酮（isoacolamone）、白菖蒲新酮（acolamone）[11]，菖蒲酸（calamonic acid）[12]，菖蒲大牻牛儿酮（acoragermacrone）[13]，环氧异菖蒲大牻牛儿酮（expoxy-isoacoragermacrone）[14] 和菖蒲倍半萜醇（calamensesquiterpinenol）[15]；苯丙素类：1-（2, 4, 5- 三甲氧基苯基）- 丙烷 -1, 2- 二酮［1-（2, 4, 5-trimethoxyphenyl）-propane-1, 2-dione］、1-（2, 4, 5- 三甲氧基苯基）-1-甲氧基丙烷 -2- 醇［1-（2, 4, 5-trimethoxyphenyl）-1-methoxypropan-2-ol］[9]，3-（2, 4, 5- 三甲氧基苯基）-2-丙烯醛［3-（2, 4, 5-trimethoxyphenyl）-2-propenal］、2, 3- 二氢 -4, 5, 7- 三甲氧基 -l- 乙基 -2- 甲基 -3-（2, 4, 5-三甲氧基苯基）茚［2, 3-dihydro-4, 5, 7-trimethoxy-l-ethyl-2-methyl-3-（2, 4, 5-trimethoxyphenyl）indene］[16]，菖蒲二聚素（acoradin）[17]，异丁香油酚甲酯（isoeugenol methyl ether）、细辛醛（asarylaldehyde）、菖蒲螺新酮（acoramone）[18] 和 1-（对羟苯基）-1-（*O*- 乙酰基）-2- 丙烯［1-（*p*-hydroxyphenyl）-1-（*O*-acetyl）prop-2-ene］[19]；醌类：2, 5- 二甲氧基苯醌（2, 5-dimethoxybenzoquinone）[17]；黄酮类：高良姜素（galangin）[17]，木犀草素 -6, 8-C- 二葡萄糖苷（luteolin-6, 8-C-diglucoside）[20] 和高良姜素 -3-*O*-β-D- 吡喃葡萄糖基 -7-*O*-β-L-吡喃鼠李糖苷（galangin-3-*O*-β-D-glucopyranosyl-7-*O*-β-L-rhamnopyranoside）[21]；呫吨酮类：4, 5, 8- 三甲氧基 -2-*O*-β-D- 吡喃葡萄糖基 -（1 → 2）-*O*-β-D- 吡喃半乳糖苷［4, 5, 8-trimethoxy-2-*O*-β-D-glucopyranosyl-（1 → 2）-*O*-β-D-galactopyranoside］[22]；三萜类：1β, 2α, 3β, 19α- 四羟基熊果酸 -28-*O*-［β-D- 吡喃葡萄糖基 -（1 → 2）］-β-D- 吡喃半乳糖苷 {1β, 2α, 3β, 19α-tetrahydroxyursolic acid-28-*O*-［β-D-glucopyranosyl-

（1 → 2）］-β-D-galactopyranoside} 和 3β, 22α, 24, 29- 四羟基齐墩果 -l2- 烯 -3-*O*-［β-D- 阿拉伯糖基 -（1 → 3）］-β-D- 吡喃阿拉伯糖苷 {3β, 22α, 24, 29-tetrahydroxyolean-l2-en-3-*O*-［β-D-arabinosyl-（1 → 3）］-β-D-arabinopyranoside}[23]；木脂素类：石菖蒲烷 *C（tatanan C）[24]；酚酸及衍生物：丁香酸（syringic acid）[24], 2, 4, 5- 三甲氧基苯甲酸（2, 4, 5-trimethoxybenzoic acid）[12] 和 2, 4, 5- 三甲氧基苯甲醛（2, 4, 5-trimethoxybenzaldehyde）[17]；生物碱类：金色酰胺醇乙酸酯（aurantiamide acetate）、菖蒲碱甲（tatarine A）、2, 6- 二氧代哌啶 -3- 乙酸酯（2, 6-dioxopiperidin-3-acetate）和巴马亭（palmatine）[24]；倍半萜类：白藤素 A、B、C、D、E、F、G、H、I（calamusin A、B、C、D、E、F、G、H、I）[25]；甾体类：β-谷甾醇[17] 和酒酵母甾醇（cerevisterol）[24]；脂肪酸类：棕榈酸（palmitic acid）[17], 珠光脂酸（heptadecanoic acid）、十五烷酸单甘油酯（monopentadecanoin）和十九烷酸单甘油酯（mononomadecanoin）[24]。

【药理作用】1. 抗菌　根茎的乙醇提取物及其石油醚、三氯甲烷、乙酸乙酯和正丁醇萃取部位对金黄色葡萄球菌、表皮葡萄球菌、白假丝酵母菌、乙型溶血性链球菌、幽门螺杆菌等多种致病菌的生长均具有较强的抑制作用，对大肠杆菌、痢疾志贺氏杆菌的抑制作用较弱，对绿脓杆菌无抑制作用，其中乙醇提取物及其石油醚、三氯甲烷、乙酸乙酯萃取部位的抗菌作用明显强于正丁醇萃取部位和水层部位[1]；根茎中提取的挥发油及挥发油中分离的成分（*Z*）-β- 细辛醚［（*Z*）-β-asarone］能抑制大肠杆菌、沙门氏菌、金黄色葡萄球菌及多杀性巴氏杆菌的生长，对大肠杆菌的抑制效果最佳[2]；根茎所含的成分 β- 细辛醚（β-asarone）在 0.5mg/ml 时对白色念珠菌的生长具有良好的抑制作用，在 8mg/ml 时具有杀菌作用，机制可能是通过抑制麦角甾醇的生物合成[3]；根茎中提取的挥发油、挥发油中的主要成分甲基异丁香酚（isoeugenol）及根茎的己烷提取物对痤疮丙酸杆菌的生长均有抑制作用[4]。2. 抗病毒　根的乙醇提取物中分离纯化的成分石菖蒲烷 A（tatanan A）具有抗登革病毒的作用，能显著减轻登革热病毒 2 型（DENV2）诱导的细胞病理效应（CPE）和细胞毒作用[5]。3. 调节神经　根茎的 50% 乙醇提取物可预防长春新碱诱导大鼠的神经性疼痛，其机制可能与抗氧化、抗炎、神经保护和钙抑制作用有关[6]；50% 乙醇提取物通过调节大脑中动脉闭塞（MCAO）大鼠的抗氧化能力，具有神经保护作用[7]；根茎的皂苷提取物（SRE-AC）对大鼠坐骨神经慢性压迫性损伤（CCI）诱发的神经性疼痛有一定的改善作用，其机制可能与抗氧化、抗炎和神经保护等多种作用有关[8]。4. 降血糖　根茎中分离的成分 1β, 5α- 愈创木烷 -4β, 10α- 二醇 -6- 酮（1β, 5α-guaiane-4β, 10α-diol-6-one）具有良好的抗糖尿病作用，主要通过增加胰岛素抵抗模型 HepG2 细胞的葡萄糖消耗量[9]；根的乙醇提取物的乙酸乙酯萃取部位可通过直接或间接增加胰高血糖素样肽 -1（GLP-1）分泌来降低血糖含量，其机制可能是通过激活 Wnt 信号通路，增加高血糖素原基因（*gcg*）和激素原转化酶 3（pc3）的基因表达，发挥促胰岛素和胰岛保护等促胰岛素作用，降低血糖含量[10]；根的乙醇提取物的乙酸乙酯萃取部位具有改善正常小鼠餐后高血糖和心血管并发症的作用，其机制除具有胰岛素增敏作用外，还与通过胰岛素释放和 α- 葡萄糖苷酶抑制机制发挥降血糖作用有关[11]。5. 降血压　根茎的乙酸乙酯提取物具有降低肾动脉阻塞性高血压大鼠的血压作用，其机制是通过产生一氧化氮（NO）和降低血浆肾素含量[12]。6. 护心脏　根茎的 70% 乙醇提取物对异丙肾上腺素所致大鼠的心肌缺血具有一定的保护作用，其机制可能与降低钙调神经磷酸酶含量和氧化应激有关[13]；根茎的 70% 甲醇提取物具有抑制对离体灌注兔心脏的心室收缩力（FVC）、减慢心率（HR）和减少冠状动脉血流量（CF），对内皮源性超极化因子（EDHF）介导的离体牛冠状动脉舒张具有保护作用[14]。7. 护肝　根茎的甲醇提取物对大鼠酒精性肝中毒具有保护作用[15]；根茎乙醇提取物中分离纯化的倍半萜类化合物白藤素 C、D、G、I（alamusin C、D、G、I）（10μmol/L）对乙酰氨基酚（APAP）诱导的 HepG2 细胞损伤具有微弱的肝保护作用[16]。8. 护肾　根茎提取物中的甲醇部位对氯化镍（$NiCl_2$）诱导的大鼠肾中毒具有保护作用，呈剂量依赖性[17]。9. 免疫调节　根茎的乙醇提取物具有体外抗细胞增殖和免疫调节的作用，能抑制有丝分裂原（植物血凝素 PHA）和抗原（纯化蛋白衍生物 PPD）刺激的人外周血单核细胞（PBMCs）的增殖，抑制来源于小鼠和人类的几个细胞系的生长，还可抑制一氧化氮（NO）、白细胞介素 -2（IL-2）和肿瘤坏死因子 -α（TNF-α）的产生，下调 CD25 的表达[18]；从根茎中提取的水溶性多糖能激活 M1 型巨噬细胞，促进 Th1 型适应性免疫反应，可作为免疫调节剂[19]。10. 抗氧化 叶的甲醇提取物对 1, 1- 二苯基 -2- 三硝基苯肼（DPPH）自由基具有显著的清除作用，并具有螯合亚铁离子能力和还原能力，而根茎的甲醇提取物对超氧阴离子自由基（O_2^-•）具有最强的清除作用[20]；根茎的乙酸乙酯提取物和甲醇提取物对噪声应激（30 天，每天 100dBA/4h）大鼠脑离散区自由基清除剂及脂质过氧化具有保护作用[21]；根茎的苯提取物在体内外对氧化损伤都具有保护作用，如对 1，1- 二苯基 -2- 三硝基苯肼自由基、超氧阴离子自由基、羟自由基均具有清除作用，对亚铁离子有螯合作用，可抑制离体肝线粒体活性氧（ROS）生成，具有 DNA 保护作用，在灌胃量为 5mg/kg 剂量下可显著提高应激大鼠的血浆总抗氧化作用[22]。11. 降血脂 根茎的乙醇提取物在灌胃量为 100mg/kg 或 200mg/kg 剂量时能显著降低高脂血症大鼠的胆固醇（TC）和甘油三酯（TG）含量，升高高密度脂蛋白胆固醇（HDL-C）含量进而显著降低动脉粥样硬化指数；根茎的水提取物在喂养量为 200mg/kg 剂量时也具有相似的作用，但降血脂作用低于乙醇提取物；根茎的乙醇提取物中分离出的皂苷在灌胃量为 10mg/kg 剂量时的降血脂作用与水提取物相似，但皂苷升高高密度脂蛋白胆固醇的含量明显高于乙醇提取物和水提取物[23]。12. 抗炎 叶的水提取物能抑制白细胞介素 -8（IL-8）和白细胞介素 -6（IL-6）的 RNA 和蛋白质的表达，减弱经聚肌胞苷酸（poly I：C）处理后核转录因子（NF-κB）和 IRF3 的激活，还能抑制肽聚糖（PGN）诱导后白细胞介素 -8 的表达和核转录因子的活化，通过多种机制抑制人角质形成 HaCaT 细胞促炎细胞因子的产生[24]。13. 抗过敏 根茎的水提取物能有效地抑制细胞脱颗粒和二硝基苯基化人血清白蛋白（DNP-HSA）刺激大鼠的嗜碱性白血病 RBL-2H3 细胞分泌白细胞介素 -4（IL-4），并降低小鼠肥大细胞介导的被动皮肤过敏反应（PCA），具有抑制肥大细胞依赖性过敏反应的作用[25]。14. 抗抑郁 根茎的甲醇提取物中剂量在小鼠尾悬实验（TST）和强迫游泳试验（FST）中依赖性地显著缩短了小鼠的不动期，其机制可能是通过与肾上腺素能、多巴胺能血清素和 γ- 氨基丁酸（GABA）能系统的相互作用而表现出抗抑郁作用[26]。15. 抗肿瘤 根茎中分离的成分 α（1，2）-L- 鼠李 -α（1，4）-D- 聚吡喃半乳糖醛酸［α（1，2）-L-rhamno-α（1，4）-D-galactopyranosylcuronan］对小鼠肺癌 CD274 和 CD326 细胞的增殖具有抑制作用[27]。16. 平喘 根茎的 70% 甲醇提取物对豚鼠离体气管具有扩张作用[28]。17. 抗癫痫 根茎的乙醇提取物通过调节抗氧化酶对氯化铁诱发的大鼠癫痫具有抑制作用[29]。18. 解痉 根茎的 70% 甲醇提取物（0.1 ～ 3.0mg/ml）能抑制离体家兔空肠自发收缩，同时对高 K^+（80mmol/L）诱导的离体家兔空肠收缩也具有抑制作用，甲醇提取物的正己烷部位在低剂量时能抑制自发和高钾引起的收缩，甲醇提取物的乙酸乙酯部位在 0.30 ～ 5.0mg/ml 浓度时能抑制高 K^+ 引起的自发性收缩，解痉的机制可能是通过阻断电压依赖性钙通道（VDC_S）限制 Ca^{2+} 的进入[30]。

【性味与归经】苦、辛，温、燥、锐。

【功能与主治】温胃，消炎止痛。用于补胃阳，消化不良，食物积滞，白喉，炭疽等。

【用法与用量】3 ～ 6g。

【药用标准】药典 2000—2015、上海药材 1994、湖北药材 2009、四川药材 1987、吉林药品 1977、辽宁药品 1980、内蒙古蒙药 1986、内蒙古药材 1988、河南药材 1991、宁夏药材 1993、北京药材 1998、黑龙江药材 2001、贵州药材 2003 和新疆药品 1987。

【临床参考】1. 慢性鼻窦炎：根茎 10g，加黄芪 20g、泽泻 15g，白术、藿香、辛夷、白芷、茯苓、桑白皮、桔梗、川芎各 10g，甘草 6g、细辛 3g，兼风寒者加荆芥、防风各 10g，苏梗 15g；兼风热者加银花、牛蒡子、薄荷各 10g；兼湿热者加黄连 6g、鱼腥草 20g、龙胆草 10g；头痛较剧者加藁本、蔓荆子各 10g；纳差、大便溏脾虚者加苍术、鸡内金各 10g。水煎服，每日 1 剂，10 日为 1 疗程[1]。

2. 痢疾：根茎切片晒干，研粉装胶囊，1 次 3 粒（每粒 0.3g），温开水送服，每日 3 次。

3. 慢性支气管炎：根茎切片晒干，研粉装胶囊，1 次 2 粒（每粒 0.3g），温开水送服，每日 2 次，日 1 疗程。

4. 化脓性角膜炎：根茎 60g，加水 300ml，文火煎至 100ml，去渣，调 pH 值至中性，高压灭菌备用。点眼 1 次 2 ～ 3 滴，每日 3 次；眼浴 1 次 10min，每日 1 次。（2 方至 4 方引自《浙江药用植物志》）

【附注】水菖蒲始载于《名医别录》。《本草经集注》云："在下湿地，大根者名昌阳。真昌蒲，叶有脊，一如剑刃，四月、五月亦作小厘花也。"《本草拾遗》称："昌阳生水畔，人亦呼为昌蒲，与石上昌蒲有别，根大而臭，一名水昌蒲。"《本草图经》云："昌蒲，春生青叶，长一二尺许，其叶中心有脊，状如剑，无花实，今以五月五日收之。"《本草纲目》云："生于池泽，蒲叶肥根，高二三尺者，泥菖蒲，白昌也。"以上描述，除《本草经集注》的昌阳外，其余均为本种。

中国药典和卫生部标准藏药第一册（1995）等标准均收载药材藏菖蒲的基原植物为藏菖蒲 *Acorus calamus* Linn.，据初步研究，植物藏菖蒲当与菖蒲不同，故其拉丁学名不应与菖蒲相同，究竟是何种，当作进一步研究。

药材菖蒲阴虚阳亢、多汗、精滑者慎服。

【化学参考文献】

[1] Yao X G，Ling Y，Guo S X，et al. Atanan A from the *Acorus calamus* L. root inhibited dengue virus proliferation and infections［J］. Phytomedicine，2018，42：258-267.

[2] 龚先玲，典灵辉，张立坚，等. 水菖蒲根状茎与根挥发油化学成分研究［J］. 中国药房，2007，8（3）：176-178.

[3] Wu L J，Sun L L，Li M X，et al. Constituents of the roots of *Acorus calamus* L.［J］. Yakugaku Zasshi，1994，114（3）：183-185.

[4] Rohr M，Naegeli P，Daly J J. New sesquiterpenoids of sweet flag oil（*Acorus calamus*）［J］. Phytochemistry，1979，18（2）：279-281.

[5] Tkachev A V，Gur'ev A M，Yusubov M S. Acorafuran，a new sesquiterpenoid from *Acorus calamus* essential oil［J］. Chem Nat Compd，2006，42（6）：696-698.

[6] Rohr M，Naegeli P.（–）-Cadala-1，4，9-triene，a new sesquiterpenic hydrocarbon from *Acorus calamus*［J］. Phytochemistry，1979，18（2）：328-329.

[7] 肖昌钱，翁林佳，张相宜，等. 水菖蒲的化学成分研究［J］. 中草药，2008，39（10）：1463-1465.

[8] Iguchi M，Nishiyama A，Koyama H，et al. Isolation and structures of three new sesquiterpenes［J］. Tetrahedron Lett，1968，9（51）：5315-5318.

[9] Iguchi M，Nishiyama A，Yamamura S，et al. Preisocalamendiol，a plausible precursor of isocalamendiol［J］. Tetrahedron Lett，1970，11（11）：855-857.

[10] Nawamaki K，Kuroyanagi M. Sesquiterpenoids from *Acorus calamus* as germination inhibitors［J］. Phytochemistry，1996，43（6）：1175-1182.

[11] Niwa M，Nishiyama A，Iguchi M，et al. Selinane-type sesquiterpenes. acolamone and isoacolamone［J］. Chem Lett，1972，（9）：823-826.

[12] Ali M A. Structure of calamonic acid（2，4，5-trimethoxybenzoic acid）［J］. Pakistan Journal of Scientific and Industrial Research，1968，11（1）：9-11.

[13] Iguchi M，Niwa M，Nishiyama A，et al. Isolation and structure of acoragermacrone［J］. Tetrahedron Lett，1973，14（29）：2759-2760.

[14] Ueda H，Katayama C，Tanaka J. The crystal and molecular structure of epoxyisoacoragermacrone［J］. Bull Chem Soc，1980，53（5）：1263-1264.

[15] 吴立军，孙苓苓，李麦香，等. 菖蒲新倍半萜醇的晶体结构分析［J］. 中国药物化学杂志，1993，3（3）：201-202.

[16] Saxena D B. Phenyl indane from *Acorus calamus*［J］. Phytochemistry，1986，25（2）：553-555.

[17] Patra A，Mitra A K. Constituents of *Acorus calamus* Linn.［J］. Indian J Chem，1979，17B（4）：412-414.

[18] Patra A，Mitra A K. Constituents of *Acorus calamus*：structure of acoramone. Carbon-13 NMR spectra of *cis*-and *trans*-asarone［J］. J Nat Prod，1981，44（6）：668-670.

[19] Chowdhury A K A，Ara T，Hashim M F，et al. A new phenyl propane derivative from *Acorus calamus*［J］. Pharmazie，1993，48（10）：786-787.

[20] El'yashevich E G，Drozd G A，Koreshchuk K E，et al. *Acorus calamus*，a new source of C-diglycosides［J］. Khim Prir Soedin，1974，10（1）：94-95.

[21] Saxena V K，Saxena P. Galangin-3-*O*-β-D-glucopyranosyl-7-*O*-α-L-rhamnopyranoside from roots of *Acorus calamus*

（Linn.）［J］. J Inst Chem，2005，77（2）：40-43.
［22］Rai R，Gupta A，Siddiqui I R，et al. Xanthone glycoside from rhizome of *Acorus calamus*［J］. Indian J Chem，1999，38（B）：1143-1144.
［23］Rai R，Siddiqui I R，Singh J. Triterpenoid saponins from *Acorus calamus*［J］. Indian J Chem，1998，37B（5）：473-476.
［24］李娟，刘清茹，赵建平，等. 湖南产水菖蒲化学成分研究［J］. 中药材，2014，37（9）：1587-1590.
［25］Hao Z Y，Liang D，Luo H，et al. Bioactive sesquiterpenoids from the rhizomes of *Acorus calamus*［J］. J Nat Prod，2012，75（6）：1083-1089.

【药理参考文献】

［1］李娟，麻晓雪，李顺祥，等. 湖南产石菖蒲和水菖蒲乙醇提取物及其萃取组分抑菌活性的比较研究［J］. 中成药，2014，36（2）：393-396.
［2］Joshi N，Prakash O，Pant A. Essential oil composition and *in vitro* antibacterial activity of rhizome essential oil and β-Asarone from *Acorus calamus* L. collected from lower Himalayan region of Utarakhand［J］. Journal of Essential Oil Bearing Plants，2012，15（1）：32-37.
［3］Rajput S B，Karuppayil S M. β-Asarone，an active principle of *Acorus calamus* rhizome，inhibits morphogenesis，biofilm formation and ergosterol biosynthesis in *Candida albicans*［J］. Phytomedicine，2013，20（2）：139-142.
［4］Kim W J，Hwang K H，Park D G，et al. Major constituents and antimicrobial activity of Korean herb *Acorus calamus*［J］. Natural Product Research，2011，25（13）：1278-1281.
［5］Yao X，Ling Y，Guo S，et al. Tatanan A from the *Acorus calamus*，l. root inhibited dengue virus proliferation and infections［J］. Phytomedicine，2018，42（1）：258-267.
［6］Muthuraman A，Singh N. Attenuating effect of hydroalcoholic extract of *Acorus calamus*in vincristine-induced painful neuropathy in rats［J］. Journal of Natural Medicines，2011，65（3-4）：480-487.
［7］Shukla P K，Khanna V K，Ali M M，et al. Neuroprotective effect of *Acorus calamus* against middle cerebral artery occlusion-induced ischaemia in rat［J］. Human & Experimental Toxicology，2006，25（4）：187-194.
［8］Muthuraman A，Singh N. Neuroprotective effect of saponin rich extract of *Acorus calamus* L. in rat model of chronic constriction injury（CCI）of sciatic nerve-induced neuropathic pain［J］. Journal of Ethnopharmacology，2012，142（3）：723-731.
［9］Zhou C X，Qiao D，Yan Y Y，et al. A new anti-diabetic sesquiterpenoid from *Acorus calamus*［J］. Chinese Chemical Letters，2012，23（10）：1165-1168.
［10］Liu Y X，Si M M，Lu W，et al. Effects and molecular mechanisms of the antidiabetic fraction of *Acorus calamus* L. on GLP-1 expression and secretion *in vivo* and *in vitro*［J］. Journal of Ethnopharmacology，2015，166（1）：168-175.
［11］Si M M，Lou J S，Zhou C X，et al. Insulin releasing and alpha-glucosidase inhibitory activity of ethyl acetate fraction of *Acorus calamus in vitro* and *in vivo*［J］. Journal of Ethnopharmacology，2010，128（1）：154-159.
［12］Patel P，Vaghasiya J，Thakor A，et al. Antihypertensive effect of rhizome part of *Acorus calamus* on renal artery occlusion induced hypertension in rats［J］. Asian Pacific Journal of Tropical Disease，2012，2（1）：S6-S10.
［13］Singh B K，Pillai K K，Kohli K，et al. Isoproterenol-induced cardiomyopathy in rats：influence of *Acorus calamus* Linn.［J］. Cardiovascular Toxicology，2011，11（3）：263-271.
［14］Shah A J，Gilani A H. Aqueous-methanolic extract of sweet flag（*Acorus calamus*）possesses cardiac depressant and endothelial-derived hyperpolarizing factor-mediated coronary vasodilator effects［J］. J Nat Med，2012，66（1）：119-126.
［15］Ilaiyaraja N，Khanum F. Amelioration of alcohol-induced hepatotoxicity and oxidative stress in rats by *Acorus calamus*［J］. Journal of Dietary Supplements，2011，8（4）：331-345.
［16］Hao Z Y，Liang D，Luo H，et al. Bioactive sesquiterpenoids from the rhizomes of *Acorus calamus*［J］. Journal of Natural Products，2012，75（6）：1083-1089.
［17］Prasad L，Khan T H，Jahangir T，et al. *Acorus calamus* extracts and nickel chloride［J］. Biological Trace Element Research，2006，113（1）：77-91.
［18］Mehrotra S，Mishra K P，Maurya R，et al. Anticellular and immunosuppressive properties of ethanolic extract of *Acorus calamus* rhizome［J］. International Immunopharmacology，2003，3（1）：53-61.

[19] Belska N V, Guriev A M, Danilets M G, et al. Water-soluble polysaccharide obtained from *Acorus calamus* L. classically activates macrophages and stimulates Th1 response [J] . International Immunopharmacology, 2010, 10 (8) : 933-942.

[20] Devi S A, Ganjewala D. Antioxidant activities of methanolic extracts of sweet-flag (*Acorus calamus*) leaves and rhizomes [J] . Journal of Herbs Spices & Medicinal Plants, 2011, 17 (1) : 1-11.

[21] Manikandan S, Srikumar R, Jeya P N, et al. Protectiveeffect of *Acorus calamus* Linn. on free radical scavengers and lipid peroxidation in discrete regions of brain against noise stress exposed rat [J] . Biological & Pharmaceutical Bulletin, 2005, 28 (12) : 2327-2330.

[22] Devaki M, Nirupama R, Nirupama M, et al. Protective effect of rhizome extracts of the herb, vacha (*Acorus calamus*) against oxidative damage: an *in vivo* and *in vitro* study [J] . Food Science and Human Wellness, 2016, 5 (1) : 76-84.

[23] Parab R S, Mengi S A. Hypolipidemic activity of *Acorus calamus* L. in rats [J] . Fitoterapia, 2002, 73 (6) : 451-455.

[24] Kim H, Han T H, Lee S G. Anti-inflammatory activity of a water extract of *Acorus calamus* L. leaves on keratinocyte HaCaT cells [J] . Journal of Ethnopharmacology, 2009, 122 (1) : 149-156.

[25] Kim D Y, Lee S H, Kim W J, et al. Inhibitory effects of *Acorus calamus* extracts on mast cell-dependent anaphylactic reactions using mast cell and mouse model [J] . Journal of Ethnopharmacology, 2012, 141 (1) : 526-529.

[26] Pawar V S, Anup A, Shrikrishna B, et al. Antidepressant-like effects of *Acorus calamus* in forced swimming and tail suspension test in mice [J] . Asian Pacific Journal of Tropical Biomedicine, 2011, 1 (1) : S17-S19.

[27] Lopatina K A, Safonova E A, Nevskaya K V, et al. Effect of *Acorus calamus* L. polysaccharide on CD274 and CD326 expression by Lewis lung carcinoma cells in mice [J] . Bulletin of Experimental Biology and Medicine, 2017, 164 (1) : 102-105.

[28] Shah A J, Gilani A H. Bronchodilatory effect of *Acorus calamus* (Linn.) is mediated through multiple pathways [J] . Journal of Ethnopharmacology, 2010, 131 (2) : 471-477.

[29] Hazra R, Ray K, Guha D. Inhibitory role of *Acorus calamus* in ferric chloride-induced epileptogenesis in rat [J] . Human & Experimental Toxicology, 2007, 26 (12) : 947-953.

[30] Gilani A U H, Shah A J, Ahmad M, et al. Antispasmodic effect of *Acorus calamus* Linn. is mediated through calcium channel blockade [J] . Phytotherapy Research, 2006, 20 (12) : 1080-1084.

【临床参考文献】

[1] 谢洁 . 黄芪菖蒲泽泻汤治疗慢性鼻窦炎 86 例 [J] . 陕西中医, 2007, 28 (12) : 1633-1634.

1083. 金钱蒲（图 1083）• *Acorus gramineus* Soland.

【形态】多年生草本，高 20 ～ 30cm。根茎短，横走，芳香，淡黄色，节间长 1 ～ 5mm，根肉质，多数，须根密集，根茎上部多分枝，呈丛生状。叶狭窄条形，绿色，长 10 ～ 30cm，宽不足 6mm，顶端长渐尖，基部对折，两侧膜质叶鞘棕色，下部宽 2 ～ 3mm，上延至叶片中部以下，渐狭，脱落，全缘；无中肋，平行脉多条。花序柄长 2.5 ～ 9（～ 15）cm，叶状佛焰苞长 3 ～ 9cm，通常短于至等长于肉穗花序；肉穗花序黄绿色，圆柱形，长 3 ～ 9cm，直径 3 ～ 5mm；果序直径达 1cm，果成熟时黄绿色。花果期 5 ～ 8 月。

【生境与分布】多生于山谷、山沟流水的岩石上或阴湿石壁上，也见栽培，分布于江西、浙江、福建等地，另湖北、湖南、广东、广西、四川、贵州、云南、陕西、甘肃、西藏等地均有分布。

【药名与部位】石菖蒲，根茎。鲜石菖蒲，新鲜带叶根茎。

【采集加工】石菖蒲：秋、冬二季采挖，除去须根及泥沙，晒干。鲜石菖蒲：随用随采，除去杂质，洗净。

【药材性状】石菖蒲：呈扁圆柱形，多弯曲，常有分枝，长 3 ～ 20cm，直径 3 ～ 7mm。表面棕褐色或灰棕色，粗糙，有疏密不匀的环节，节间长 1 ～ 5mm，具细纵纹，一面残留须根或圆点状根痕；叶痕呈三角形，左右交互排列，有的其上有毛鳞状的叶基残余。质硬，断面纤维性，类白色或微红色，内皮层环明显，可见多数维管束小点及棕色油细胞。气芳香，味苦、微辛。

鲜石菖蒲：根茎呈扁圆柱形，长 15 ～ 18cm，直径 3 ～ 8mm，外表淡棕褐色，具明显的节，节间

图 1083 金钱蒲 摄影 张芬耀等

长 1 ～ 6mm，节上残存须根或须根痕；质柔软，断面稍具纤维性。叶长 5 ～ 15cm，宽 0.1 ～ 0.2cm，无中脉，绿色至深绿色。花序有时见存在，叶状佛焰苞的长度与肉穗花序等长或为其的 1 ～ 2 倍。根茎气芳香，味辛辣。

【药材炮制】石菖蒲：除去杂质，洗净，润透，切厚片，干燥。

【化学成分】根茎含生物碱类：金钱蒲春碱 *（gramichunosin）和 4-［2- 甲酰基 -5-（甲氧基甲基）-1H- 吡咯 -1- 基］丁酸 {4-［2-formyl-5-（methoxymethyl）-1H-pyrrol-1-yl］butanoic acid}[1]；烯醇类：（2*R*, 6*R*）- 辛 -7- 烯 -2, 6- 二醇［（2*R*, 6*R*）-oct-7-en-2, 6-diol］和（3*R*）- 辛 -1- 烯 -3- 醇［（3*R*）-oct-1-en-3-ol］[2]；脂肪酸类：（9*S*, 12*S*, 13*S*）-9, 12, 13- 三羟基 -（10*E*）- 十八烯酸甲酯［（9*S*, 12*S*, 13*S*）-9, 12, 13-trihydroxy-（10*E*）-octadecenoic acid methyl ester］和（9*S*, 12*R*, 13*S*）-9, 12, 13- 三羟基 -（10*E*）- 十八烯酸甲酯［（9*S*, 12*R*, 13*S*）-9, 12, 13-trihydroxy-（10*E*）-octadecenoic acid methyl ester］[2]；甾体类：6β- 羟基豆甾 -4- 烯 -3- 酮（6β-hydroxystigmast-4-en-3-one）和 3β- 羟基豆甾 -5- 烯 -7- 酮（3β-hydroxystigmast-5-en-7-one）[2]；倍半萜类：柑橘苷 B（citroside B）、（-）- 石竹烯氧化物［（-）-caryophyllene oxide］[2]，金钱蒲酮（gramenone）[3] 和白菖酮（shyobunone）[4]；苯丙素类：细辛醚（asarone）[4]，甲基胡椒酚（methylchavicol）[5]，（*Z*）- 甲基异丁香酚［（*Z*）-methyl isoeugenol］、（*E*）- 甲基异丁香酚［（*E*）-methyl isoeugenol］、反式 - 细辛脑（*trans*-asarone）、γ- 细辛脑（γ-asarone）、顺式 -β- 细辛脑（*cis*-β-asarone）[6] 和二聚细辛醚（bisasaricin）[7]；挥发油类：2, 2, 3, 5- 四甲基苯并吡喃 -4- 酮（2, 2, 3, 5-tetramethyl chroman-4-one）、2- 异丙烯基 -8, 10- 二甲基 - 双环［4.4.0］-1- 癸酮 {2-isopropenyl-8, 10-dimethylbicyclo［4.4.0］deca-1-one}[4]，1, 2- 二甲基 -4-［（*E*）-3′- 甲基环氧乙基］苯 {1, 2-dimethyl-4-［（*E*）-3′-methyl oxiranyl］benzene} 和 1, 2, 4- 三甲氧基 -5-［（*E*）-3′- 甲氧基呋喃基］- 苯 {1, 2, 4-trimethoxy-5-［（*E*）-3′-methoxyfuranyl］-benzene}[5]。

叶含挥发油：甲基胡椒酚（methylchavicol）和细辛醚（asarone）[4]。

【药理作用】1. 护神经　从根茎提取的挥发油通过阻断 NMDA 受体活性保护大鼠的大脑皮层神经元，甘氨酸结合位点可能为作用位点之一[1]；挥发油中分离的成分 α- 细辛醚（α-asarone）和 β- 细辛醚（β-asarone）是主要活性成分，通过阻断 Glu-NMDA 受体通路减轻大鼠兴奋性毒性造成的神经损伤[2]。2. 抗炎　从根茎中分离的成分金钱蒲春碱*（gramichunosin）可抑制脂多糖诱导的小胶质细胞（BV2）的一氧化氮（NO）含量，其半数抑制浓度（IC_{50}）为 7.83μmol/L[3]。3. 抗肿瘤　从根茎中提取分离的生物碱类成分对肺癌 A549 细胞、卵巢癌 SK-OV-3 细胞、皮肤癌 SK-MEL-2 细胞和结肠癌 HCT-15 细胞的增殖均具有抑制作用，其半数抑制浓度范围为 7.46 ～ 45.23μmol/L[3]。4. 抗菌　从根茎中提取的挥发油对枯草芽孢杆菌、大肠杆菌、金黄色葡萄球菌的生长具有一定的抑制作用[4]。5. 抗焦虑　从根茎中提取分离的成分 α- 细辛醚能使洞板实验（HBT）中模型大鼠的潜伏期延长，探洞次数减少，减轻焦虑症状，机制主要是通过调节 TrkB 信号通路[5]。6. 改善记忆　根茎的水提醇沉液能明显改善东莨菪碱、亚硝酸钠所致小鼠的记忆获得和巩固的障碍，也能明显改善亚硝酸钠、氰化钾和结扎两侧颈总动脉所致小鼠的缺氧状态[6]。7. 降血脂　从根茎中提取的挥发油中分离的成分二聚细辛醚（bisasaricin）有显著的降脂作用[7]。

【性味与归经】石菖蒲：辛、苦，温。归心、胃经。鲜石菖蒲：苦、辛，温。

【功能与主治】石菖蒲：化湿开胃，开窍豁痰，醒神益智。用于脘痞不饥，噤口下痢，神昏癫痫，健忘耳聋。鲜石菖蒲：开窍、豁痰，化湿，和胃。用于痰浊蒙蔽，昏厥舌强，胸腹胀闷，食欲不振。

【用法与用量】石菖蒲：3 ～ 9g。鲜石菖蒲：4.5 ～ 6g。

【药用标准】石菖蒲：药典 1963—1985、贵州药材 1965、藏药 1979、新疆药品 1980 二册、内蒙古蒙药 1986、香港药材五册和台湾 2013；鲜石菖蒲：上海药材 1994。

【临床参考】1. 脾虚肝亢型儿童多发性抽动症：根茎 20g，加天麻、钩藤、远志、茯神、炒白术各 15g，龙骨、牡蛎、珍珠母各 20g，磁石 10g、全蝎 6g、甘草 5g，水煎服，隔日 1 剂，连用 1 月[1]。

2. 急性踝关节扭伤：鲜根茎，加羊踯躅各适量，捣碎酒炒，外敷患处，纱布固定，每日 1 次，1 次 4 ～ 6h，10 日 1 疗程[2]。

3. 癫痫：根茎，加山莨菪碱、硝苯地平制成散剂（每克散剂含石菖蒲 8g）口服，成人 1 次 5g，每日 3 次；儿童 5 岁以下 1 次 1 ～ 2g，每日 3 次；5 ～ 10 岁 1 次 2 ～ 3g，每日 3 次；10 ～ 15 岁 3 ～ 4g，每日 3 次，3 个月 1 疗程，治疗 1 年[3]。

4. 手癣：根茎 30g，加水适量煎煮 15 ～ 20min，加 50g 食醋，煮沸，待温后浸泡洗涤患处，1 次 15 ～ 20min，每日 2 次，7 日 1 疗程[4]。

【附注】*Flora of China* 将石菖蒲 *Acorus tatarinowii* Schott 归并至本种。

《本草纲目》云："菖蒲凡五种，……，人家以砂栽之一年，至春剪洗，愈剪愈细，高四五寸，叶如韭，根如匙柄粗者亦石菖蒲也。甚则根长二三分，叶长寸许，谓之钱蒲是矣。"上述钱蒲应为本种。

药材石菖蒲阴虚阳亢、多汗、精滑者慎服。

【化学参考文献】

［1］Kim K H，Moon E，Kang K S，et al. Alkaloids from *Acorus gramineus* rhizomes and their biological activity［J］. Journal of the Brazilian Chemical Society，2015，26（1）：3-8.

［2］Kim K H，Kang H R，Eom H J，et al. A new aliphatic alcohol and cytotoxic chemical constituents from *Acorus gramineus* rhizomes［J］. Bioscience，Biotechnology，and Biochemistry，2015，79（9）：1402-1405.

［3］刘驰，朱亮锋，何志诚，等 . 石菖蒲中一新倍半萜［J］. 植物资源与环境，1993，2（3）：22-25.

［4］马学毅，郭峰，翟建军，等 . 贵阳石菖蒲精油化学成分研究［J］. 色谱，1993，11（6）：335-338.

［5］Du Z Z，Clery R A，Hammond C J. Volatiles from leaves and rhizomes of Fragrant *Acorus* spp.（Acoraceae）［J］. Chem Biodivers，2008，5（6）：887-895.

[6] Della Greca M, Monaco P, Previtera L, et al. Studies on aquatic plants. Part 12. allelochemical activity of phenylpropanes from *Acorus gramineus* [J]. Phytochemistry, 1989, 28 (9): 2319-2321.
[7] 袁倚盛，王承炜，周晓鹰. 石菖蒲降脂有效成分的研究 [J]. 中草药，1982，13 (9): 3-4.

【药理参考文献】

[1] Cho J, Kong J Y, Jeong D Y, et al. NMDA recepter-mediated neuroprotection by essential oils from the rhizomes of *Acorus gramineus* [J]. 2001, 68 (13): 1567-1573.
[2] Cho J, Kim Y H, Kong J Y, et al. Protection of cultured rat cortical neurons from excitotoxicity by asarone, a major essential oil component in the rhizomes of *Acorus gramineus* [J]. Life Sciences, 2002, 71 (5): 591-599.
[3] Kim K H, Moon E, Kang K S, et al. Alkaloids from *Acorus gramineus* rhizomes and their biological activity [J]. J Braz Chem Soc, 2014, 26 (1): 3-8.
[4] 赵超，张前军，关永霞. 金钱蒲挥发油的化学成分及其抑菌活性研究 [J]. 江苏中医药，2008，40 (1): 68-69.
[5] Lee B, Sur B, Yeom M, et al. Alpha-asarone, a major component of *Acorus gramineus*, attenuates corticosterone-induced anxiety-like behaviours via modulating TrkB signaling process [J]. Korean Journal of Physiology and Pharmacology, 2014, 18 (3): 191-200.
[6] 周大兴，李昌煜，张文龙，等. 石菖蒲的促进小鼠学习记忆和提高耐缺氧力作用 [J]. 现代应用药学，1993，10 (4): 4-6.
[7] 袁倚盛，王承炜，周晓鹰. 石菖蒲降脂有效成分的研究 [J]. 中草药，1982，13 (9): 3-4.

【临床参考文献】

[1] 关智莹，李恒，田雨灵，等. 石菖蒲治疗儿童多发性抽动症（脾虚肝亢证）的临床研究 [J]. 中国社区医师，2017，33 (11): 85-86, 88.
[2] 刘笑蓉，李硕夫，周日宝，等. 羊踯躅联合石菖蒲治疗急性踝关节扭伤的临床观察 [J]. 湖南中医药大学学报，2017，37 (1): 55-57.
[3] 喜斌，吴根子. 复方石菖蒲散剂治疗癫痫 152 例疗效观察 [J]. 天津中医，2002，19 (1): 66-67.
[4] 刘桂云，任冬梅. 石菖蒲煎洗治手癣 [J]. 中医外治杂志，1998，7 (3): 44.

1084. 石菖蒲（图 1084）• *Acorus tatarinowii* Schott

【别名】九节菖蒲、岩菖蒲（浙江）。

【形态】多年生草本，分枝常被纤维状宿存叶基。根茎芳香，直径 2 ～ 6mm，根肉质，具多数须根，根茎上部分枝甚密。叶狭窄条形，长 15 ～ 30（～ 40）cm，宽 7 ～ 13mm，顶端渐尖，基部对折，两侧膜质叶鞘绿色，少为棕色，上延几达叶片中部，中部以上平展，无中肋，平行脉多条，稍凸起或平。花序柄腋生，长 4 ～ 15cm，三棱形；叶状佛焰苞长 13 ～ 25cm，为肉穗花序长的 2 ～ 4 倍，稀近等长；肉穗花序圆柱状，长 4 ～ 8cm，直径 4 ～ 7mm，直立或稍斜出，花白色。成熟果序长 4 ～ 8cm，直径达 1cm，果成熟时淡黄绿色。花果期 4 ～ 7 月。

【生境与分布】生于山谷、河边岩石上或阴湿处。分布于华东各地，黄河以南各地均有分布；印度、泰国也有分布。

【药名与部位】石菖蒲，根茎。

【采集加工】秋、冬二季采挖，除去须根及泥沙，干燥；或鲜用。

【药材性状】呈扁圆柱形，多弯曲，常有分枝，长 3 ～ 20cm，直径 3 ～ 8mm。表面棕褐色或灰棕色，粗糙，有疏密不匀的环节，节间长 2 ～ 7mm，具细纵纹，一面残留须根或圆点状根痕；叶痕呈三角形，左右交互排列，有的其上有毛鳞状的叶基残余。质硬，断面纤维性，类白色或微红色，内皮层环明显，可见多数维管束小点及棕色油细胞。气芳香，味苦、微辛。

【质量要求】鲜石菖蒲：鲜活。石菖蒲：粗壮内色白，无毛须。

【药材炮制】鲜石菖蒲：除去杂质，洗净，切段。石菖蒲：除去杂质，洗净，略润，切厚片，干燥。

图 1084　石菖蒲　　摄影　李华东等

【**化学成分**】根含苯丙素类：异菖蒲酮（isoacoramone）、顺式-环氧细辛醚（*cis*-epoxyasarone）、苏式-1′, 2′-二羟基细辛醚（*threo*-1′, 2′-dihydroxyasarone）、赤式-1′, 2′-二羟基细辛醚（*erythro*-1′, 2′-dihydroxyasarone）、α-细辛醚（α-asarone）、β-细辛醚（β-asarone）和菖蒲酮（acoramone）[1]；木脂素类：石菖蒲脂素*O（tatarinan O）[2]，石菖蒲脂素*T（tatarinan T）和石菖蒲脂素*S（tatarinan S）[3]；芳香醛类：细辛醛（asaronaldehyde）[1]；倍半萜类：菖蒲烯酮（calamusenone）[1]；甾体类：β-谷甾醇（β-sitosterol）、豆甾醇（stigmasterol）和6′-*O*-棕榈酰基谷甾醇-3-*O*-β-D-葡萄糖苷（6′-*O*-palmitoylsitosterol-3-*O*-β-D-glucoside）[1]。

根茎含木脂素类：（+）-石菖蒲素*A、B、C、D、E、F［（+）-acortatarinowin A、B、C、D、E、F］、（–）-石菖蒲素*A、B、C、D、E、F［（–）-acortatarinowin A、B、C、D、E、F］[4]，（±）-石菖蒲素*G、H、I［（+）-acortatarinowin G、H、I］、石菖蒲素*J、K、L、M、N（acortatarinowin J、K、L、M、N）、（+）-外拉樟桂脂素［（+）-veraguensin］、（–）-盖尔格拉文［（–）-galgravin］、（+）-萨吾瑟亭二醇［（+）-saucernetindiol］、（–）-楠木脂素-I［（–）-machilin-I］、（+）-渥路可脂素［（+）-verrucosin］[5]，表桉脂素（epieudesmin）、

（+）- 肉豆蔻素 A_2［（+）-fragransin A_2］、（−）- 肉豆蔻素 A_2［（−）-fragransin A_2］[4]，消旋 - 细辛木脂素 *A（*meso*-asarolignan A）、（+）- 细辛木脂素 * B、C、E、F、G［（+）-asarolignan B、C、E、F、G］、（−）- 细辛木脂素 * B、C［（−）-asarolignan B、C］、（±）- 细辛木脂素 * D［（±）-asarolignan D］、木兰脂宁（magnoshinin）、石菖蒲素 *H（acortatarinowin H）、柳叶玉兰脂素（magnosalin）、石菖蒲脂素 * A（tatarinan A）、安达曼胡椒素 *（andamanicin）、5, 5′-［（1*R**, 2*R**, 3*R**, 4*S**）-3, 4- 二甲基环丁烷 -1, 2- 二基］二 -（1, 2, 4- 三甲氧基苯）{5, 5′-［（1*R**, 2*R**, 3*R**, 4*S**）-3, 4-dimethylcyclobutane-1, 2-diyl］bis-（1, 2, 4-trimethoxybenzene）}、石菖蒲烷 * A、B、C（tatanan A、B、C）[6]，石菖蒲烷 * C（tatanan C）[7]，类石菖蒲素 * C（tatarinoid C）[8]，类石菖蒲素 * D、E、F、G、H（tatarinoid D、E、F、G、H）、甘密树脂素 A（nectandrin A）、［*S**, *R**-（*E*）］-3, 4, 5- 三甲氧基 -{1-［2- 甲氧基 -4-（1- 丙烯基）苯氧基］乙基}- 苯甲醇 {［*S**, *R**-（*E*）］-3, 4, 5-trimethoxy-{1-［2-methoxy-4-（1-propenyl）phenoxy］ethyl}-benzenemethanol}、（2*R**, 3*R**）-2-（3, 4- 二甲氧基苯基）-2, 3- 二氢 -7- 甲氧基 -3- 甲基 -5-（1*E*）-1- 丙烯 -1- 基 - 苯并呋喃［（2*R**, 3*R**）-2-（3, 4-dimethoxyphenyl）-2, 3-dihydro-7-methoxy-3-methyl-5-（1*E*）-1-propen-1-yl-benzofuran］[9]，石菖蒲酮 *（tatarinone）[10]，（+）- 浆果瓣蕊花素［（+）-galbacin］[11]，（7*S*, 8*R*）-4, 9′- 二羟基 -3, 3′- 二甲氧基 -7, 8- 二氢苯并呋喃 -1′- 丙基新木脂素［（7*S*, 8*R*）-4, 9′-dihydroxyl-3, 3′-dimethoxyl-7, 8-dihydrobenzofuran-1′-propylneolignan］、（7*S*, 8*R*）-4, 9′- 二羟基 -3, 3′- 二甲氧基 -7, 8- 二氢苯并呋喃 -1′- 丙基新木脂素 -9-*O*-β-D- 吡喃葡萄糖苷［（7*S*, 8*R*）-4, 9′-dihydroxy-3, 3′-dimethoxyl-7, 8-dihydrobenzofuran-1′-propylneoligan-9-*O*-β-D-glucopyranoside］、7′- 羟基落叶松脂素 -9- 乙酰物（7′-hydroxylariciresinol-9-acetate）[12]，3-（3, 4- 二甲氧基苯基）丙烷 -1- 醇［3-（3, 4-dimethoxyphenyl）propan-1-ol］、（±）- 柳叶木兰脂素［（±）-magnosalicin］、（±）- 松脂酚［（±）-pinoresinol］、（7*S*, 8*R*）-9-*O*-β-D- 吡喃葡萄糖基二氢去氢二松柏醇［（7*S*, 8*R*）-9-*O*-β-D-glucopyranosyl dihydrodehydrodiconiferyl alcohol］、（7*S*, 8*R*）-9′-*O*-β-D- 吡喃葡萄糖基二氢去氢二松柏醇［（7*S*, 8*R*）-9′-*O*-β-D-glucopyranosyl dihydrodehydrodiconiferyl alcohol］[13]，石菖蒲杂素 * A、B（acorusin A、B）[14]，桉脂素（eudesmin）[4, 15, 16]，盖尔格拉文（galgravin）[15, 16]，外拉樟桂脂素（veraguensin）[16]，（2*S*, 3*R*）- 肥牛树木脂素［（2*S*, 3*R*）-ceplignan］和（2*R*, 3*S*）- 肥牛树木脂素［（2*R*, 3*S*）-ceplignan］[17]；苯丙素类：（7*R**, 8*S**）-7, 8- 二羟基细辛脑［（7*R**, 8*S**）-7, 8-dihydroxyasarone］、（7*S**, 8*S**）-7, 8- 二羟基细辛脑［（7*S**, 8*S**）-7, 8-dihydroxyasarone］、（7*R**, 8*S**）-（7- 甲氧基 -8- 羟基）- 细辛脑［（7*R**, 8*S**）-（7-methoxy-8-hydroxy）-asarone］、（7*S**, 8*S**）-（7- 甲氧基 -8- 羟基）- 细辛脑［（7*S**, 8*S**）-（7-methoxy-8-hydroxy）-asarone］、异菖蒲酮（isoacoramone）[7]，α- 细辛脑（α-asarone）、β- 细辛脑（β-asarone）、细辛醚醛（asaraldehyde）[7, 8]，石菖蒲素 *A（tatarinowin A）[8]，类石菖蒲素 *A、B（tatarinoid A、B）、1-（2, 4, 5- 三甲氧基苯基）丙烷 -2- 酮［1-（2, 4, 5-trimethoxyphenyl）propan-2-one］、1-（2, 4, 5- 三甲氧基苯基）丙烷 -1, 2- 二酮［1-（2, 4, 5-trimethoxyphenyl）propan-1, 2-dione］、1-（2, 4, 5- 三甲氧基苯基）丙烷 -1- 酮［1-（2, 4, 5-trimethoxyphenyl）propan-1-one］、（*Z*）-3-（2, 4, 5- 三甲氧基苯基）丙烯醛［（*Z*）-3-（2, 4, 5-trimethoxyphenyl）acrylaldehyde］、（*Z*）-1, 2- 二甲氧基 -4-（丙 -1- 烯基）苯［（*Z*）-1, 2-dimethoxy-4-（prop-1-enyl）benzene］、1-（3, 4- 二甲氧基苯基）丙烷 -2- 酮［1-（3, 4-dimethoxyphenyl）propan-2-one］[8]，反式桂皮酸（*trans*-cinnamic acid）[12]，（−）-（*R*）- 异石菖蒲苯基苯丙素［（−）-（*R*）-isoacorphenylpropanoid］、（+）-（*S*）- 异石菖蒲苯基苯丙素［（+）-（*S*）-isoacorphenylpropanoid］、对映 - 石菖蒲阿米醇 A、B、C、D（*ent*-acoraminol A、B、C、D）、石菖蒲阿米醇 A、B、C、D（acoraminol A、B、C、D）、（7*R**, 8*R**）-7, 8- 二羟基二氢细辛脑［（7*R**, 8*R**）-7, 8-dihydroxydihydroasarone］、（7*S**, 8*R**）-7, 8- 二羟基二氢细辛脑［（7*S**, 8*R**）-7, 8-dihydroxydihydroasarone］、1- 羟基 -1-（2, 4, 5- 三甲氧基苯基）丙烷 -2- 酮［1-hydroxy-1-（2, 4, 5-trimethoxyphenyl）propan-2-one］、1-（2, 4, 5- 三甲氧基苯基）乙酮［1-（2, 4, 5-trimethoxyphenyl）ethanone］[13]，甲基丁香酚（methyleugenol）、γ- 细辛醚（γ-asarone）[15]，咖啡酸（caffeic acid）、阿魏酸（ferulic acid）[18]，顺式 - 甲基异丁香酚（*cis*-methylisoeugenol）、细辛醛（asarylaldehyde）[19-21] 和 1-（2, 4, 5）- 三甲氧基苯基 - 丙烷 -1, 2- 二酮［1-（2, 4, 5）-trimethoxyphenyl-propane-1,

2-dione］[20]；倍半萜类：表菖蒲螺酮烯（epiacoronene）、水菖蒲倍半萜（calamensesquiterpenone）[8], 1-羟基-7（11）, 9-愈创二烯-8-酮［1-hydroxy-7（11）, 9-guaiadien-8-one］[11], 石菖蒲杂素*C、D、E（acorusin C、D、E）、左旋色木姜子烷A（litseachromolaevane A）、芍药吉酮（paeoniflorigenone）、白藤素A、E（calamusin A、E）[14], 菖蒲螺酮烯（acoronene）[8, 15], 石菖蒲螺烯酮（tatanone）、水菖蒲酮（calamusenone）、2-乙酰氧基菖蒲螺酮烯（2-acetyloxyacoronene）、菖蒲螺烯酮（acorenone）[15], 石菖蒲内酯*（tatarinolactone）[17], 菖蒲醇酮（calamenone）[19], 细辛酮（acoramone）[15, 22], 1-羟基菖蒲螺酮烯（1-hydroxyacoronene）、布鲁门醇A（blumenol A）[21],（+）-石菖蒲醚酮A［（+）-acortatarone A］、（-）-石菖蒲醚酮A［（-）-acortatarone A］[23], 石菖蒲醇（tatarol）、石菖蒲醇-12-β-D-葡萄糖苷（tataroside-12-β-D-glucoside）[24], 2-乙酰氧基菖蒲螺酮烯（2-acetoxyacorenone）、2-羟基菖蒲螺酮烯（2-hydroxyacorenone）、异水菖蒲二醇（isocalamediol）、石菖蒲素A（tatarinowin A）[8, 25], 石菖蒲素B（tatarinowin B）、4α, 10α-香橙烷二醇（4α, 10α-aromadendranediol）和菖蒲倍半萜醇（calamensesquiterpinenol）[25]；蒽醌类：大黄酚（chrysophanol）、大黄素甲醚（physcion）[11], 大黄素（emodin）[11, 20] 和两型曲霉醌A（variecolorquinone A）[24]；黄酮类：野漆树苷（rhoifolin）、紫云英苷（astragalin）、5-羟基-3, 7, 4′-三甲氧基黄酮（5-hydroxy-3, 7, 4′-trimethoxyflavone）、松属素-3-*O*-芸香糖苷（pinocembrin-3-*O*-rutinoside）、山柰酚-3-*O*-芸香糖苷（kaempferol-3-*O*-rutinoside）、德钦红景天苷（rhodionin）、异夏佛塔苷（isoschaftoside）[12] 和8-异戊烯基山柰酚（8-prenylkaempferol）[20]；三萜类：3, 7-二羟基-11, 15, 23-三氧代-羊毛脂-8, 16-二烯-26-酸（3, 7-dihydroxy-11, 15, 23-trioxo-lanost-8, 16-dien-26-oic acid）、3, 7-二羟基-11, 15, 23-三氧代-羊毛脂-8, 16-二烯-26-酸甲酯（3, 7-dihydroxy-11, 15, 23-trioxo-lanost-8, 16-dien-26-oic acid methyl ester）、环阿屯醇（cycloartenol）、羽扇豆醇（lupeol）[12] 和环木菠萝烯酮（cycloartenone）[22]；甾体类：胡萝卜苷（daucosterol）、（22*E*, 24*R*）-麦角甾-5, 7, 22-三烯-3β-醇［（22*E*, 24*R*）-ergosta-5, 7, 22-trien-3β-ol］[12], β-谷甾醇（β-asarone）[16] 和豆甾醇（stigmasterol）[16, 19]；生物碱类：菜椒酰胺K（grossamide K）[14],（*E*）-4-［3-（4-羟基-3-甲氧基苯基）丙烯酰胺］丁酸甲酯{（*E*）-4-［3-（4-hydroxy-3-methoxyphenyl）acrylamido］butanoic acid methyl ester}、（*Z*）-4-［3-（4-羟基-3-甲氧基苯基）丙烯酰胺］丁酸甲酯{（*Z*）-4-［3-（4-hydroxy-3-methoxyphenyl）acrylamido］butanoic acid methyl ester}[17], 刺蒺藜酰胺A（tribulusamide A）[21], 烟酸（nicotinic acid）[24], 石菖蒲宁碱*A（tatarinine A）、4-（2-甲酰基-5-甲氧基甲基吡咯-1-基）丁酸甲酯［4-（2-formyl-5-methoxymethyl pyrrol-1-yl）butyric acid methyl ester］[25], 石菖蒲螺环碱*A、B（acortatarin A、B）[26], 菖蒲碱甲（tatarine A）[25, 27], 菖蒲碱D、E（tatarine D、E）[27], 矛毒藤碱（telitoxine）、*N*-反式-阿魏酰酪胺（*N-trans*-feruloyl tyramine）[14, 21, 24, 27], 反式-*N*-阿魏酰基-3-*O*-甲基多巴胺（*trans-N*-feruloyl-3-*O*-methyldopamine）、（-）-*N*-（对香豆酰）章鱼胺［（-）-*N*-（*p*-coumaroyl）octopamine］、（-）-反式-*N*-阿魏酰章鱼胺［（-）-*trans-N*-feruloyloctopamine］、（+）-3-（4-羟基-3-甲氧基苯基）-*N*-［2-（4-羟基苯基）-2-甲氧基乙基］丙烯酰胺{（+）-3-（4-hydroxy-3-methoxyphenyl）-*N*-［2-（4-hydroxyphenyl）-2-methoxyethyl］acrylamide}、大麻酰胺D、F（cannabisin D、F）[27], 菖蒲碱甲、乙、丙（tatarine A、B、C）[28], 菖蒲碱丁（tatarine D）[29] 和石菖蒲酰胺*A、B（tataramideA、B）[30]；酚酸类：2, 4, 5-三甲氧基苯甲酸（2, 4, 5-trimethoxybenzoic acid）[16],（*R*）-4-羟基-3-［1-羟基-3-（4-羟基-3-甲氧基苯基）丙烷-2-基］-5-甲氧基苯甲酸{（*R*）-4-hydroxy-3-［1-hydroxy-3-（4-hydroxy-3-methoxyphenyl）propan-2-yl］-5-methoxybenzoic acid}[17], 香草酸（vanillic acid）、原儿茶酸（protocatechuic acid）[18], 苯甲酸（benzoic acid）[19], 对羟基苯甲醛（*p*-hydroxybenzaldehyde）[21] 和对羟基苯甲酸（*p*-hydroxybenzoic acid）[24]；苯醌类：2, 5-二甲氧基苯醌（2, 5-dimethoxybenzoquinone））[18, 24]；芳香醇醛类：2, 4, 5-三甲氧基苯甲醛（2, 4, 5-trimethoxybenzaldehyde）[18, 24] 和2, 4, 5-三甲氧基-2′-丁氧基-1, 2-苯丙二醇（2, 4, 5-trimethoxyl-2′-butoxy-1, 2-phenyl propandiol）[22]；香豆素类：香柑内酯（bergapten）、印度枸橘素（marmesin）和异茴芹内酯（isopimpinellin）[20]；核苷类：尿嘧啶（uracil）和胸腺嘧啶（thymine）[24]；脂肪酸类：十六烷酸（hexadecanoic acid）和（9*Z*, 12*Z*）-9, 12-十八碳二烯酸［（9*Z*, 12*Z*）-9, 12-octadecadienoic acid][31]；挥发油类：樟脑（camphor）、3, 7- 二甲基 -1, 6- 辛二烯 -3- 醇（3, 7-dimethyl-1, 6-octadien-3-ol）、莰烯（camphene）、α- 蒎烯（α-pinene）、β- 蒎烯（β-pinene）、邻苯二甲酸二丁酯（dibutyl phthalate）、石竹烯（caryophyllene）、异丁香油酚甲醚（methyl isoeugenol）、邻苯二甲酸二异丁酯（diisooctyl phthalate）、L- 冰片（L-borneol）、长叶烯（longifolene）、α- 杜松醇（α-cadinol）、α- 古芸烯（α-gurjunene）、β- 榄香烯（β-elemene）、α- 细辛脑（α-asarone）、β- 细辛脑（β-asarone）、γ- 细辛脑（γ-asarone）、马兜铃酮（aristolone）、α- 紫穗槐烯（α-amorphene）、水菖蒲酮（shyobunone）、大牻牛儿烯 D（germacrene D）和（-）- 喇叭茶烯［（-）-ledene］[31]；呋喃类：5- 羟甲基 -2- 糠醛（5-hydroxymethyl-2-furaldehyde）[12, 15, 21, 22]和 5- 丁氧甲基糠醛（5-butoxymethyl furfural）[22]；多元醇类：甘露醇（mannitol）[18]；二元羧酸类：丁二酸（butanedioic acid）[18, 24]和富马酸（fumaric acid）[24]。

叶含挥发油类：顺式 - 细辛脑（*cis*-asarone）、长叶环烯（longicyclene）、β- 衣兰油烯（β-muurolene）和沉香螺旋醇（agarospirol）等[32]。

【药理作用】1. 抗抑郁　根茎乙醇提取物及乙醇提取物的环己烷萃取部位、三氯甲烷萃取部位可降低抑郁模型小鼠血浆中的三碘甲状腺原氨酸（T3）、四碘甲状腺原氨酸（T4）、促肾上腺皮质激素（ACTH）以及脑组织中促肾上腺皮质激素含量，升高脑组织中 5- 羟色胺（5-HT）含量[1]。2. 抗癫痫　根茎去挥发油水提取液能明显降低戊四唑癫痫模型大鼠 3 级癫痫发作次数[2]。3. 改善记忆　根茎挥发油、去挥发油水提取液的乙醚部位可减少 NIH 老年小鼠水迷宫实验到达平台时间、降低错误次数；根茎挥发油及分离的 β- 细辛醚（β-asarone）成分能明显延长东莨菪碱诱导记忆获得障碍模型小鼠跳台实验潜伏期、减少错误次数；从根茎中分离的 β- 细辛醚成分、去油水提取液的乙醚部位、正丁醇部位以及水提取液能明显延长亚硝酸钠诱导记忆巩固障碍模型小鼠跳台实验潜伏期，减少犯错次数；根茎挥发油及分离的 β- 细辛醚成分、去油水提取液乙酸乙酯部位以及水提取液能明显延长乙醇诱导记忆再现障碍模型小鼠避暗实验潜伏期，减少犯错次数；根茎挥发油及分离的 β- 细辛醚成分、去油水提取液的乙酸乙酯部位能明显降低脑组织乙酰胆碱酯酶含量；根茎挥发油、水提取液能明显诱导大鼠海马 CA1 区即刻早基因（*C-jun*）的表达[3]。4. 抗惊厥　根茎多糖提取物能延长戊四唑诱导惊厥模型小鼠的死亡时间，降低死亡率，呈剂量依赖性[4]。5. 促进药物通过血脑屏障　根茎水提取液能升高卡马西平联合用药小鼠脑组织中的卡马西平浓度[5]。6. 调节神经细胞　根茎水提取物在完全培养条件和低血清培养条件下均能显著促进大鼠肾上腺嗜铬细胞瘤 PC12 细胞的增殖[6]；根茎挥发油能显著降低缺血 - 再灌注脑损伤模型大鼠大脑皮质中凋亡细胞数和凋亡细胞的积分密度[7]。7. 抗血栓　根茎挥发油及分离的 β- 细辛醚成分能抑制大鼠下腔静脉血栓形成，明显延长凝血酶原时间（PT）、活化部分凝血活酶时间（APTT）；根茎挥发油及 β- 细辛醚能明显降低高分子右旋糖酐诱导高黏血症大鼠的全血黏度和血浆黏度、显著延长小鼠凝血时间，并促进血浆纤维蛋白溶解[8]。8. 抑制气管平滑肌痉挛　根茎去挥发油的水提取液、总挥发油及分离得的 β- 细辛醚、α- 细辛醚（α-asarone）成分均能抑制由组胺、乙酰胆碱引起的豚鼠离体气管痉挛性收缩，呈剂量依赖性[9]。9. 护心肌　根茎挥发油中分离的 β- 细辛醚成分能显著提高二亚硫酸钠诱导心肌细胞缺氧 - 再灌注损伤模型的细胞存活率，降低培养液中乳酸脱氢酶（LDH）、肌酸激酶（CK）的含量，提高线粒体膜电位值[10]；根茎挥发油及 β- 细辛醚成分能明显抑制由异丙肾上腺素诱导升高的心肌缺血大鼠血浆内皮素（ET）、升高血浆和心肌组织一氧化氮（NO），减轻心肌损害程度[11]。10. 降血脂　根茎挥发油及 β- 细辛醚成分能显著降低动脉粥样硬化模型大鼠血清中总胆固醇（TC）和低密度脂蛋白（LDL）[11]。11. 抗疲劳　从根茎分离的 α- 细辛醚成分能缓解中华大蟾蜍腓肠肌受电刺激后的疲劳现象，延长中华大蟾蜍腓肠肌最大收缩幅度和持续收缩时间[12]。12. 抗炎　根茎微波水提取液涂抹皮肤能显著抑制二甲苯所致小鼠耳廓肿胀和角叉菜胶所致小鼠的足趾肿胀，呈剂量依赖性[13]。13. 抗菌　根茎微波水提取液可明显抑制铜绿假单胞菌、金黄色葡萄球菌、乙型副伤寒沙门菌、宋内志贺氏菌、表皮葡萄球菌、伤寒沙门菌、不动杆菌、福氏志贺氏菌、大肠杆菌的生长[14]。14. 兴奋胃平滑肌　根茎水提取液可增高大鼠离体胃窦环形肌收缩平均振幅、离体幽门环形肌运动指数[15]。15. 抗心律失常　根茎挥发油可减慢正常大鼠的心率、延长 P-R

间期，缩短由乌头碱诱发的大鼠心律失常时间，抑制由氯化钡诱发的家兔心律失常[16]。16. 改善微循环　根茎挥发油显著扩张吗啡戒断大鼠肠系膜微血管管径，加快血流速度，减少毛细血管渗出，明显改善出血程度[17]。17. 抗氧化　根茎乙醇提取物可显著减轻过氧化氢（H_2O_2）诱导的人神经母细胞瘤 SH-SY5Y 细胞的氧化损伤，提高细胞存活率[18]。

毒性　ICR 小鼠腹腔注射根茎挥发油的半数致死剂量（LD_{50}）为（0.22±0.055）ml/kg[16]；用根茎的主要成分 α- 细辛醚从第 6 日起灌胃妊娠大鼠，剂量 20.6mg/kg 或 61.7mg/kg，连续 10 天，胎鼠外观、身长、体重、内脏及骨骼均未发现异常，剂量增至 185.2mg/kg 剂量，给药 7 天，体重增长受到明显抑制，大鼠不孕率和胚胎吸收率增加，提示对孕鼠有一定毒性[19]；大鼠灌胃 α- 细辛醚使骨髓染色体畸变率显著上升，但小鼠骨髓微核试验为阴性[20]。

【性味与归经】辛、苦，温。归心、胃经。

【功能与主治】化湿开胃，开窍豁痰，醒神益智。用于脘痞不饥，噤口下痢，神昏癫痫，健忘耳聋。

【用法与用量】3 ～ 9g。

【药用标准】药典 1990—2015 和浙江炮规 2015。

【临床参考】1. 消化性溃疡、慢性胃炎（脾胃湿热型）：根茎 15g，加川厚朴、法半夏、紫苏梗、郁金各 15g，茯苓、木香各 10g，每日 1 剂，水煎服[1]。

2. 不寐（心火上扰、肝胃失和型）：根茎 10g，加郁金、合欢皮、紫苏梗各 15g，素馨花、枳壳、远志、山栀子、陈皮各 10g，赤芍 12g，麦芽 30g，甘草 6g，每日 1 剂，水煎服，分 2 次餐后 1h 温服[1]。

3. 支气管哮喘：根茎 15g，加杏仁 10g，生石膏 30g，化橘红、瓜蒌、法夏、茯苓、射干、桑皮各 15g，甘草 5g，水煎服，每日 1 剂，连服 4 剂[2]。

4. 痰湿内阻、神识昏乱：根茎 9g，加制半夏、茯苓各 9g，远志、陈皮各 4.5g，水煎服。

5. 胸腹胀闷：根茎 6g，加香附 12g、青木香 6g，水煎服。

6. 神经性耳聋：根茎 15g，水煎服；或根茎 60g，加鸡蛋 5 个同煮，食蛋服汤，1 天服完。

7. 噤口痢：根茎，加石莲肉、党参各适量，水煎服；或根茎研粉，1 次服 0.9 ～ 1.5g，每日 3 次。（4 方至 7 方引自《浙江药用植物志》）

【附注】菖蒲首载于《神农本草经》，列为上品。《名医别录》云："菖蒲生上洛池泽及蜀郡严道，一寸九节者良，露根不可用。"石菖蒲之名则首见于《本草图经》，谓："亦有一寸十二节，采之初虚软，曝干方坚实，折之中心色微赤，嚼之辛香少滓，人多植于干燥砂石土中，腊月移之尤易活。"并谓："黔蜀蛮人亦常将随行，以治卒患心痛，生蛮谷者尤佳，人家移种者亦堪用，此即医方所用石菖蒲也。"陈承《本草别说》云："菖蒲今阳羡山中生水石间者，其叶逆水而生，根须略无，少泥土，根叶紧细，一寸不啻九节，入药极佳。今二浙人家以瓦石器种之，旦暮易水则茂，水浊及有泥滓则萎，近方多称用石菖蒲，必此类也。"即为本种。

本种的根茎用作药材石菖蒲，而根纤细为须根，某些文献报道的根实为根茎。

Flora of China 已将本种归并至金钱蒲 *Acorus gramineus* Soland.。

药材石菖蒲阴虚阳亢、多汗、精滑者慎服。

【化学参考文献】

[1] Hu J F，Feng X Z. Phenylpropanes from *Acorus tatarinowii* [J]. Planta Med，2000，66（7）：662-664.

[2] Xu X H，Liu N，Wang Y J，et al. Tatarinan O，a lignin-like compound from the roots of *Acorus tatarinowii* Schott inhibits osteoclast differentiation through suppressing the expression of c-Fos and NFATc1 [J]. International Immunopharmacology，2016，34：212-219.

[3] Luo X H，Zhang Y Y，Chen X Y，et al. Lignans from the roots of *Acorus tatarinowii* Schott ameliorate β amyloid-induced toxicity in transgenic *Caenorhabditis elegans* [J]. Fitoterapia，2016，108：5-8.

[4] Lu Y Y，Xue Y B，Liu J J，et al.（±）-Acortatarinowins A-F，norlignan，neolignan，and lignan enantiomers from *Acorus tatarinowii* [J]. J Nat Prod，2015，78（9）：2205-2214.

[5] Lu Y Y, Xue Y B, Chen S J, et al. Antioxidant lignans and neolignans from *Acorus tatarinowii* [J]. Scientific Reports, 2016, 6: 22909/1-22909/10.

[6] Ni G, Shen Z F, Lu Y, et al. Glucokinase-activating sesquinlignans from the rhizomes of *Acorus tatarinowii* Schott [J]. J Org Chem, 2011, 76 (7): 2056-2061.

[7] Qin D P, Feng X L, Zhang W Y, et al. Anti-neuroinflammatory asarone derivatives from the rhizomes of *Acorus tatarinowii* [J]. RSC Advances, 2017, 7 (14): 8512-8520.

[8] Tong X G, Wu G S, Huang C G, et al. Compounds from *Acorus tatarinowii*: determination of absolute configuration by quantum computations and cAMP regulation activity [J]. J Nat Prod, 2010, 73 (6): 1160-1163.

[9] Zhang W Y, Feng X L, Lu D, et al. New lignans attenuating cognitive deterioration of Aβ transgenic flies discovered in *Acorus tatarinowii* [J]. Bioorg Med Chem Lett, 2018, 28 (4): 814-819.

[10] Nguyen T D, Nguyen T H, Pham D T, et al. Some chemical constituents isolated from *Acorus tatarinowii* Schott [J]. Tap Chi Hoa Hoc, 2007, 45 (3): 356-362.

[11] 朱梅菊，谭宁华，嵇长久，等. 石菖蒲乙醇提取物石油醚部分化学成分的研究 [J]. 中国中药杂志，2010，35 (2)：173-176.

[12] 仝晓刚，程永现. 石菖蒲的化学成分研究 [J]. 天然产物研究与开发，2011，23 (3)：404-409.

[13] Gao E, Zhou Z Q, Zou J, et al. Bioactive asarone-derived phenylpropanoids from the rhizome of *Acorus tatarinowii* Schott [J]. Journal of Natural Products, 2017, 80 (11): 2923-2929.

[14] Ni G, Shi G R, Zhang D, et al. Cytotoxic lignans and sesquiterpenoids from the rhizomes of *Acorus tatarinowii* [J]. Planta Med, 2016, 82 (7): 632-638.

[15] 倪刚，于德泉. 石菖蒲的化学成分研究 [J]. 中国中药杂志，2013，38 (4)：569-573.

[16] 董玉，石任兵，刘斌. 石菖蒲化学成分的研究（Ⅰ）[J]. 北京中医药大学学报，2007，30 (1)：61-63.

[17] Liang S, Ying S S, Liu Y T, et al. A novel sesquiterpene and three new phenolic compounds from the rhizomes of *Acorus tatarinowii* Schott [J]. Bioorg Med Chem Lett, 2015, 25 (19): 4214-4218.

[18] 董玉，石任兵，刘斌. 石菖蒲非挥发性部位化学成分研究 [J]. 中国药业，2008，17 (20)：18-19.

[19] 廖矛川，葛岚岚，陈峰，等. 石菖蒲化学成分研究 [J]. 中南民族大学学报（自然科学版），2011，30 (4)：45-47.

[20] 陶宏，朱恩圆，王峥涛. 石菖蒲的化学成分 [J]. 中国天然药物，2006，4 (2)：159-160.

[21] 吴春华，陈玥，李晓霞，等. 石菖蒲化学成分的分离与结构鉴定 [J]. 中国药物化学杂志，2014，24 (3)：209-213.

[22] 朱梅菊，谭宁华，熊静宇. 石菖蒲乙醇提取物的化学成分及体外抗疲劳活性研究 [J]. 中国中药杂志，2012，37 (19)：2898-2901.

[23] Gao E, Ren F F, Zou J, et al. Chiral resolution, absolute configuration, and bioactivity of a new racemic asarone derivative from the rhizome of *Acorus tatarinowii* [J]. Fitoterapia, 2017, 122: 7-10.

[24] 李广志，陈峰，沈连钢，等. 石菖蒲根茎的化学成分研究 [J]. 中草药，2013，44 (7)：808-811.

[25] Tong X G, Qiu B, Luo G F, et al. Alkaloids and sesquiterpenoids from *Acorus tatarinowii* [J]. J Asian Nat Prod Res, 2010, 12 (6): 438-442.

[26] Tong X G, Zhou L L, Wang Y H, et al. Acortatarins A and B, two novel antioxidative spiroalkaloids with a naturally unusual morpholine motif from *Acorus tatarinowii* [J]. Org Lett, 2010, 12 (8): 1844-1847.

[27] Feng X L, Li H B, Gao H, et al. Bioactive Nitrogenous compounds from *Acorus tatarinowii* [J]. Magn Reson Chem, 2016, 54 (5): 396-399.

[28] 劳爱娜，唐希灿，王洪诚，等. 石菖蒲中菖蒲碱及它们的用途 [P]：中国，1999，CN 1220260 A，1999-06-23.

[29] 石任兵，刘斌，董玉. 一种新化合物菖蒲碱丁及其分离鉴定方法 [P]：中国，2008，CN 101186596 A，2008-05-28.

[30] Wang M Fu, Lao A N, Wang H C. Two new amides from the roots of *Acorus tatarinowii* Schott [J]. Chinese Chemical Letters, 1997, 8 (1): 35-36.

[31] 金建忠，哈成勇. 超临界 CO_2 萃取石菖蒲精油的化学成分研究 [J]. 中草药，2007，38 (8)：1159-1160.

[32] Bui H T, Tran T H, Ngo T A, et al. Chemical composition of leaves oil of *Acorus tatarinowii* Schott and *Acorus pusillus* Sieb. [J]. Tap Chi Duoc Hoc, 2008, 48 (8): 34-37.

【药理参考文献】
[1] 周天，李辉，涂中一，等．石菖蒲不同极性部位对抑郁模型小鼠抗抑郁效应及其根茎机制［J］．医药导报，2016，35（4）：327-330.
[2] 林双峰，邹衍衍，李小兵，等．石菖蒲不同部位对戊四唑点燃大鼠药效学研究［J］．中国实验方剂学杂志，2010，16（9）：158-161.
[3] 吴宾，方永齐．石菖蒲益智作用的物质基础及其根茎机理研究［J］．中医药学刊，2004，22（9）：1635-1636，1640.
[4] 鲁效慧，赵芬琴．石菖蒲多糖的抗惊厥作用研究［J］．药理与毒理，2009，6（26）：39-30.
[5] 吴珊，王凌．石菖蒲促进卡马西平透过血脑屏障的实验研究［J］．福建医药杂志，2013，35（5）：67-68，84.
[6] 姚娜，梁迷，林森相，等．石菖蒲水提物对 PCl2 细胞增殖及细胞突起的作用［J］．安徽中医药大学学报，2015，34（2）：75-78.
[7] 匡忠生，谢宇晖，李玲，等．石菖蒲提取液对脑缺血 - 再灌注诱导的神经细胞凋亡的保护作用［C］第八次全国中西医结合虚证与老年医学学术研讨会论文集，2005，92-94.
[8] 吴启端，吴清和，王绮雯，等．石菖蒲挥发油及 β- 细辛醚的抗血栓作用［J］．中药新药与临床药理，2008，19（1）：29-31.
[9] 杨社华，王志旺，胡锦官．石菖蒲及其根茎有效成分对豚鼠气管平滑肌作用的实验研究［J］．甘肃中医学院学报，2003，20（2）：12-13，45.
[10] 吴启端，王绮雯，陈奕芝，等．β- 细辛醚对缺血—再灌注损伤心肌细胞的保护作用［J］．广州中医药大学学报，2009，26（3）：251-255.
[11] 吴启端，方永奇，陈奕芝，等．石菖蒲挥发油及 β- 细辛醚对心血管的保护作用［J］．中药新药与临床药理，2005，16（4）：244-247.
[12] 朱梅菊，谭宁华，熊静宇，等．石菖蒲化学成分体外抗疲劳活性研究［J］．天然产物研究与开发，2013，25：174-176.
[13] 刘扬俊，邱腾颖．石菖蒲微波水提液的抗炎及体外抗菌作用研究［J］．海峡药学，2012，24（6）：22-23.
[14] 邱腾颖，郑韵芳，杨宏芳．石菖蒲微波水提液体外抗菌作用研究［J］．海峡药学，2013，25（7）：50-51.
[15] 李伟，郑天珍，张英福，等．水菖蒲和石菖蒲对胃部平滑肌条作用的比较［J］．甘肃中医学院学报，2000，17（4）：7-9.
[16] 申军，肖柳英，张丹．石菖蒲挥发油抗心律失常的实验研究［J］．广州医药，1993，（3）：44-45.
[17] 李娜．654-2 及石菖蒲提取物对吗啡戒断大鼠肠微循环的影响［D］．石家庄：河北医科大学硕士学位论文，2008.
[18] 魏飞亭，董嘉皓，唐怡，等．石菖蒲醇提物对 SH-SY5Y 细胞增殖及抗氧化损伤作用［J］．江西中医药，2008，49（428）：55-57.
[19] 杨永年，李庆天，唐玲芬，等．石菖蒲主要成分 α - 细辛醚致突变研究［J］．南京医科大学学报（自然科学版），1986，6（4）：248-250.
[20] 杨永年，殷昌硕，肖杭，等．石菖蒲主要成分 α - 细辛醚致突变研究［J］．南京医科大学学报（自然科学版），1986，6（1）：11-14.

【临床参考文献】
[1] 林传权，胡玲．劳绍贤临证配伍运用石菖蒲经验拾遗［J］．广州中医药大学学报，2015，32（1）：147-148，151.
[2] 邹永祥，蔡典明，钟春玉．石菖蒲与薤白治疗支气管哮喘有效［J］．四川中医，2003，21（12）：26.

2. 半夏属 *Pinellia* Ten.

多年生草本，具块茎。叶柄下部、上部或叶片基部常有珠芽；叶片全缘、3 深裂、3 全裂或鸟足状分裂。花、叶同时从块茎抽出；佛焰苞管部席卷，喉部闭合，有横隔膜，檐部长圆形；肉穗花序两性，雄花部分位于隔膜之上，雌花部分位于隔膜之下，附属物条状，伸出佛焰苞外；花单性，无花被；雄花有雄蕊 2 枚；雌花子房 1 室，胚珠 1 粒。浆果长圆状，有不规则疣皱。

9 种，产于亚洲东部。中国 9 种，分布于全国大部分地区，法定药用植物 3 种。华东地区法定药用植物 3 种。

分种检索表

1. 叶片全缘，通常具叶仅 1 枚……………………………………………………………滴水珠 *P. cordata*
1. 叶片分裂（半夏的幼苗叶片可为全缘），具叶 1 ～ 5 枚。
   2. 叶片鸟足状分裂……………………………………………………………………虎掌 *P. pedatisecta*
   2. 叶片 3 全裂………………………………………………………………………………半夏 *P. ternata*

1085. 滴水珠（图 1085）• *Pinellia cordata* N. E. Br.

图 1085 滴水珠 摄影 张芬耀等

【**别名**】心叶半夏（安徽）。

【**形态**】多年生草本。块茎球状或椭圆状，直径 1 ～ 3cm。通常仅有 1 叶；叶片卵状心形，卵状披针形、长圆状椭圆形至截形，幼株叶较小，长 3 ～ 5cm，宽 1 ～ 2.5cm，多年生植株叶形、大小变异大，长 6 ～ 25cm，宽 2.5 ～ 8cm，顶端圆钝、短尖、渐尖至尾状渐尖，基部心形或有时戟形，叶面绿色，有时沿脉有白色或紫红色斑纹，背面淡绿色至紫红色，侧脉 5 ～ 9 对，最下部 1 ～ 2 对基出；叶柄长 10 ～ 25cm，紫色或绿色有紫斑，常在下部或与叶片连接处生珠芽。总花梗长 3 ～ 18cm；佛焰苞绿色、淡黄带紫色或青紫色，长 2.5 ～ 5cm，管部长约 1cm，椭圆状，不明显过渡为檐部，檐部椭圆形；雌花序长约 1cm，雄花序长 5 ～ 7mm，附属物青绿色，条状，长 5 ～ 20cm。花期 3 ～ 6 月，果期 7 ～ 9 月。

【**生境与分布**】生于山地溪旁、河边、潮湿草地、岩隙石壁上。分布于安徽、浙江、江西、福建，另广东、广西、湖南、湖北、贵州等地均有分布。

【药名与部位】滴水珠，块茎。

【药材炮制】除去杂质，洗净，干燥。

【化学成分】块茎含生物碱：新刺孢曲霉素 A（neoechinulin A）[1]；脂肪酸类：油酸（oleic acid）[2]；甾体类：β- 谷甾醇（β-sitosterol）和胡萝卜苷（daucosterol）[2]；其他尚含：氨基酸（amino acid）[2] 等。

【药理作用】抗蛇毒　块茎的醇提取物对尖吻蝮蛇（五步蛇）蛇毒引起的小鼠血浆凝血酶原时间（PT）、凝血酶时间（TT）、活化部分凝血酶时间（APTT）的延长和纤维蛋白原（FIB）下降具有显著的抑制作用，并能增加尖吻蝮蛇蛇毒中毒小鼠外周血血小板（PLT）、红细胞（RBC）和白细胞（WBC）数量，表明其具有一定的抗尖吻蝮蛇蛇毒的作用[1]。

【功能与主治】消肿解毒，散结止痛。

【药用标准】浙江炮规 2005。

【临床参考】1. 乳痈、肿痛：鲜块茎，加蓖麻子等量，捣烂加凡士林或猪油调匀，外敷患处。

2. 深部脓肿：鲜块茎 5 份，加草乌 1 份、鲜天南星 1 份，捣烂敷患处。

3. 腰痛：完整不破损的鲜块茎 1 粒，整粒用温开水吞服，另取鲜块茎加食盐或白糖捣烂敷患处。

4.肝癌疼痛：鲜块茎 1 粒，温开水整粒吞服。

5. 毒蛇咬伤的辅助治疗：鲜块茎 9 ～ 15g，温开水吞服，另取鲜块茎捣烂敷患处。（1 方至 5 方引自《浙江药用植物志》）

【附注】本种有小毒，内服需研末装入胶囊服用，以免引起喉麻痹，且切忌过量；孕妇及阴虚、热证患者禁服。

【化学参考文献】

［1］王琦，赵云丽，高晓霞，等. 中药滴水珠中 Neoechinulin A 的分离及测定［J］. 色谱，2009，27（4）：509-512.

［2］楼之岑，秦波. 常用中药材品种整理和质量研究［M］. 北京：北京大学医学出版社，2003：959.

【药理参考文献】

［1］田莎莎，李伟平，沈嫣婧，等. 半夏、天南星和滴水珠抗五步蛇毒中毒作用的研究［J］. 中药药理与临床，2013，29（3）：136-138.

1086. 虎掌（图 1086）• *Pinellia pedatisecta* Schott

【别名】狗爪半夏（浙江），掌叶半夏（山东），虎掌南星、禹南星。

【形态】多年生草本。块茎近圆球形，直径可达 4cm，四周常生有若干小球茎。叶 1 ～ 3 枚，或更多；叶片鸟足状分裂，裂片 6 ～ 11，披针形，中裂片最大，长 10 ～ 18cm，宽 1 ～ 3cm，两侧裂片依次渐小，最外面裂片有时长仅 4 ～ 5cm，顶端短尖至渐尖，向基部渐狭呈楔形，侧脉 6 ～ 7 对，纤细；叶柄淡绿色，具纵条纹，长 20 ～ 70cm，下部具鞘。总花梗直立，长 20 ～ 50cm；佛焰苞淡绿色，管部长圆形，长 2 ～ 4cm，向下渐收缩，檐部长披针形，锐尖，长 8 ～ 15cm；雌花序长 1.5 ～ 3cm，雄花序长 5 ～ 7cm；附属物黄绿色，条形，长 8 ～ 12cm，直立或 S 形弯曲。浆果卵圆形，绿色至淡黄色，藏于宿存的佛焰苞管内。花期 6 ～ 7 月，果期 8 ～ 11 月。

【生境与分布】生于林下、河谷阴湿处。分布于浙江、安徽、福建、江苏、山东，另广东、广西、湖北、湖南、河南、云南、贵州、四川、河北、山西、陕西等地均有分布。

【药名与部位】虎掌南星（禹南星、天南星），块茎。

【采集加工】秋、冬二季茎叶枯萎时采挖，除去须根及外皮，干燥。

【药材性状】呈扁圆球形，直径可达 4cm，厚 1 ～ 1.5cm；块茎四旁常生单个或若干个外突的小球茎；外表类白色或淡棕褐色，光滑而具粉性，上面中央有凹陷的茎痕，周围有麻点状的根痕；质坚硬，不易破碎，

图 1086 虎掌 摄影 赵维良等

断面不平坦，白色，粉性。气微辛，味麻辣。

【药材炮制】生虎掌南星：除去杂质，洗净，润软，切厚片，干燥。制虎掌南星：大小分档，水漂（如起白沫，换水后加白矾，每原药 100kg，加白矾 2kg，一日后换水），待口尝微有麻舌感时，取出。另取生姜片、白矾，置锅内，加水适量煮沸，投入虎掌南星净药材共煮，至内无干心时，取出，晾至半干，切厚片，干燥。胆虎掌南星：取制虎掌南星，研成细粉，分次加入胆汁，拌匀，压制成厚 2 ～ 3cm 的软块，再切成小方块，置适宜容器内，蒸 30min；或放置发酵，日晒夜露 3 ～ 4 天，干燥。

【化学成分】根茎含生物碱类：掌叶半夏碱 A、C（pedatisectine A、C）[1]，掌叶半夏碱 B（pedatisectine B）[2]，掌叶半夏碱 D、E（pedatisectine D、E）[3]，掌叶半夏碱 F、G（pedatisectine F、G）[4]，烟碱（nicotinamide）、1- 乙酰基 -β- 咔啉（1-acetyl-β-carboline）、β- 咔啉（β-carboline）、2- 甲基 -3- 羟基吡啶（2-methyl-3-hydroxypyridine）[2]，3- 乙酰胺基 -2- 哌啶酮（3-acetamino-2-piperidone）[3]，次黄嘌呤（hypoxanthine）[4]，胆碱（choline）、3, 6- 二异丙基 -2, 5- 二酮哌嗪（3, 6-diisopropyl-2, 5-piperazinedione）、3- 异丙基 -6- 特丁基 -2, 5- 二酮哌嗪（3-isopropyl-6-terbutyl-2, 5-piperazinedione）、3- 异丙基 - 吡咯并［1, 2a］-2, 5- 二酮哌嗪 {3-isopropyl-pyrrolo［1, 2a］piperazine-2, 5-dione}、3- 异丙基 -6- 甲基 -2, 5- 二酮哌嗪（3-isopropyl-6-methyl-2, 5-piperazinedione）[5]，9-［（5- 甲氧基吡啶 -2- 基）甲基］-9H- 嘌呤 -6- 胺 {9-［（5-methoxypyridin-2-yl）methyl］-9H-purin-6-amine}、4-［2-（2, 5- 二氧代吡咯烷 -1- 基）乙基］苯基乙酸酯 {4-［2-（2, 5-dioxopyrrolidin-1-yl）ethyl］phenyl acetate} 和 *N*-{9-［（5- 甲氧基吡啶 -2- 基）甲基］-9H- 嘌呤 -6- 基 } 乙酰胺 {*N*-{9-［（5-methoxypyridin-2-yl）methyl］-9H-purin-6-yl}acetamide}[6]；核苷类：5- 甲基尿嘧啶（5-methyluracil）、尿嘧啶（uracil）[2]，腺苷（adenosine）[3] 和尿苷（uridine）[4]；肽类：L- 酪氨酰 -L- 丙氨酸酐（L-tyrosyl-L-alanine anhydride）、L- 苯丙氨酰 -L- 丝氨酸酐（L-phenylalanyl-L-seryl anhydride）、L- 脯氨酰 -L- 丙氨酸酐（L-prolyl-L-alanine anhydride）[3]，L- 缬氨酰 -L- 丙氨酸酐（L-valyl-

L-alanine anhydride）、L- 脯氨酰 -L- 缬氨酸酐（L-prolyl-L-valine anhydride）、L- 缬氨酰 -L- 缬氨酸酐（L-valyl-L-valine anhydride）[5]，L- 缬氨酰 -L- 亮氨酸酐（L-valyl-L-leucine anhydride）、L- 甘氨酰 -L- 脯氨酸酐（L-glycyl-L-proline anhydride）、L- 脯氨酰 -L- 脯氨酸酐（L-prolyl-L-proline anhydride）、L- 苯丙氨酰 -L- 丙氨酸酐（L-phenylalanyl-L-alanine anhydride）、L- 酪氨酰 -L- 缬氨酸酐（L-tyrosyl-L-valine anhydride）、L- 酪氨酰 -L- 亮氨酸酐（L-tyrosyl-L-leucine anhydride）、L- 丙氨酰 -L- 亮氨酸酐（L-alanyl-L-leucine anhydride）、L- 丙氨酰 -L- 异亮氨酸酐（L-alanyl-L-isoleucine anhydride）[7]，L- 缬氨酰 -L- 缬氨酸（L-valyl-L-valine）、L- 脯氨酰 -L- 缬氨酸（L-prolyl-L-valine）、L- 丙氨酰 -L- 缬氨酸（L-alanyl-L-valine）、L- 亮氨酰 -L- 酪氨酸（L-leucyl-L-tyrosine）、L- 丙氨酰 -L- 异亮氨酸（L-alanyl-L-isoleucine）、L- 脯氨酰 -L- 脯氨酸（L-prolyl-L-proline）和 L- 缬氨酰 -L- 酪氨酸（L-valyl-L-tyrosine）[8]；甾体类：β- 谷甾醇（β-sitosterol）和胡萝卜苷（daucosterol）[1]；脂肪酸类：棕榈酸（palmitic acid）[2]；多元醇类：赤藓醇（erythritol）[4]和甘露醇（mannitol）[5]。

【药理作用】1. 抗肿瘤　块茎中提取的有效部位对宫颈癌 CaSki 和 HeLa 细胞的增殖有明显的抑制作用，表现在细胞表面及内部超微结构的变化，增殖抑制作用之一是阻断 ERK 的磷酸化[1]；从块茎提取的蛋白质对肝癌 HepG2 细胞的生长有明显的抑制作用，同时对各种肝癌细胞的作用程度有一定的差别[2]；从块茎分离得到的蛋白质对小鼠 S180 肿瘤细胞的生长具有显著的抑制作用，其体外抑制小鼠 S180 肿瘤细胞的生长却并非通过促进其细胞凋亡途径实现，而对 S180 荷瘤小鼠体内的肿瘤细胞杀伤作用弱且无明显的免疫激活作用[3]。2. 抗惊厥　块茎的超临界 CO_2 乙醇萃取物可延长青霉素诱发惊厥的潜伏期，并减弱发作强度，可对抗青霉素诱发的惊厥行为和痫样放电，具有抗惊厥作用[4]；块茎的水冷浸液对士的宁引起的小鼠惊厥有明显抑制作用，且可明显降低惊厥小鼠的死亡率，但这类成分加热可被破坏[5]。3. 镇静　块茎的醇提取物对小鼠有镇静催眠作用，可明显增加戊巴比妥钠阈下催眠剂量的入睡动物数，能明显延长戊巴比妥钠小鼠睡眠时间[6]。4. 抗心律失常　块茎的 60% 乙醇提取物对乌头碱诱发大鼠心律失常具有一定的对抗作用，既能延缓心律失常出现时间，又能缩短心律失常持续时间[7]。5. 抗氧化　块茎的醇提取物能显著提高小鼠血中谷胱甘肽过氧化物酶（GSH-Px）和过氧化氢酶（CAT）的含量[8]；块茎氯仿提取物中分离得到的 2 种生物碱能不同程度地清除超氧阴离子自由基（O_2^-·）作用，降低鼠肝线粒体脂质过氧化反应、异常膨胀和膜腺苷三磷酸酶（ATP）含量[9]。6. 抗衰老　块茎的 95% 乙醇提取物有抗衰老作用，可增强抗氧化能力，提高衰老大鼠的端粒酶含量，其可能的抗衰老机制与促进长寿基因 *SIRT1* 的表达有关，此外对 P53 和 FOXO3a 的表达也有一定的调控作用[10]。

毒性　块茎的 200 目细粉对兔眼有较强的刺激作用，但属可逆性，可在给药后 1 ～ 2 天恢复；小鼠口服大剂量（210g 生药 /kg）的块茎 60% 乙醇提取物，结果无小鼠死亡，未能测得口服给予的半数致死剂量（LD_{50}）[7]；块茎生品粉末可使兔眼结膜出现明显的水肿反应和小鼠腹膜刺激引起的扭体反应，而制品的刺激作用明显降低；块茎粉的混悬液以最大剂量一次灌胃，仅生品有一定的毒性反应，但受受试物浓度和给药容积的限制，无法测出半数致死剂量；24h 内灌胃 3 次，生品最大的耐受量为 10g/（kg·d），炮制品在 36g/（kg·d）以上；生品粉末混悬液大、小剂量组连续服药 4 周，于给药后 5 天起其体重增加值明显低于对照组和炮制品组，表明生品有一定的毒性和刺激性；生品和炮制品的水提取液给小鼠灌胃，日总剂量为 120g/kg，连续 7 日，各组均未见有明显毒性反应，提示其毒性成分可能难溶或不溶于水[11]。

【性味与归经】苦、辛，温；有毒。归肺、肝、脾经。

【功能与主治】燥湿化痰，祛风止痉，散结消肿。用于顽痰咳嗽，风痰眩晕，中风痰壅，口眼㖞斜，半身不遂，癫痫，惊风，破伤风。

【用法与用量】一般炮制后用，制虎掌南星 3 ～ 9g，胆虎掌南星 3 ～ 6g；外用生品适量，研末以醋或酒调敷患处。

【药用标准】浙江炮规 2015、上海药材 1994、江苏药材 1989、湖北药材 2009、山东药材 2012 和河南药材 1991。

【附注】虎掌始载于《神农本草经》，列为下品。《名医别录》云："生汉中，山谷及冤句，二月、八月采，阴干。"《本草经集注》谓："近道亦有，形似半夏但皆大，四边有子如虎掌。"《新修本草》云："其苗一茎，茎头一叶，枝丫夹茎，根大者如拳，小者如鸡卵，都似扁柿，四畔有圆牙，看如虎掌。"《本草图经》云："今河北州郡亦有之。初生根如豆大，渐长大似半夏而扁，累年者其根圆及寸，大者如鸡卵，周围生圆芽二三枚或五六枚。三月、四月生苗，高尺余，独茎，上有叶如爪，五六出分布，尖而圆。一窠生七八茎，时出一茎作穗，直上如鼠尾，中生一叶如匙，裹茎作房，旁开一口，上下尖，中有花，微青褐色，结实如麻子大，熟即白色。"上述描述并对照《本草图经》"冀州虎掌"附图，即为本种。

本种的块茎（药材虎掌南星）阴虚燥咳、热极、血虚动风者禁服，孕妇慎服。生虎掌南星使用不当易致中毒，症状有口腔黏膜糜烂，甚至坏死脱落、唇舌咽喉麻木肿胀、运动失灵、味觉消失、大量流涎、声音嘶哑、言语不清、发热、头昏、心慌、四肢麻木，严重者可出现昏迷、惊厥、窒息和呼吸停止。

【化学参考文献】

[1] 秦文娟，孔庆芬，范志同，等.掌叶半夏化学成分的研究Ⅳ.掌叶半夏碱甲的结构鉴定[J].中草药，1986，17（5）：197-199.

[2] 秦文娟，王蜀鑫，范志同，等.掌叶半夏化学成分的研究（Ⅱ）[J].中草药，1983，14（10）：443-445.

[3] 秦文娟，王瑞，温月笙，等.掌叶半夏化学成分的研究（Ⅴ）[J].中草药，1995，26（1）：3-6.

[4] 王瑞，温月笙，杨岚，等.掌叶半夏化学成分的研究[J].中国中药杂志，1997，22（7）：421-423.

[5] 秦文娟，孔庆芬，范志同，等.掌叶半夏化学成分的研究（Ⅰ）[J].中草药，1981，12（3）：5-9.

[6] Du J，Ding J，Mu Z Q，et al. Three new alkaloids isolated from the stem tuber of *Pinellia pedatisecta* [J]. Chin J Nat Med，2018，16（2）：139-142.

[7] 秦文娟，孔庆芬，范志同，等.掌叶半夏化学成分的研究（Ⅲ）[J].中草药，1984，15（11）：490-492，495.

[8] 秦文娟，孔庆芬，苏宪英，等.天南星（掌叶半夏）化学成分的研究[J].药学通报，1981，16（2）：51.

【药理参考文献】

[1] 李桂玲，归绥琪，夏晴，等.掌叶半夏有效提取物对宫颈癌细胞株增殖的抑制作用[J].中国组织化学与细胞化学杂志，2010，19（1）：53-57.

[2] 王桂芳.掌叶半夏有效提取物单独对体外培养肝癌 HepG2 细胞的作用[J].中国现代药物应用，2009，3（12）：113-114.

[3] 朱黎，范汉东，王雪，等.掌叶半夏凝集素的分离纯化及其在体内外对小鼠肉瘤 S180 细胞的影响[J].武汉大学学报（医学版），2009，30（1）：10-15.

[4] 陈靖京，杨蓉，王明正，等.掌叶半夏超临界 CO_2 乙醇萃取物的抗惊厥作用（英文）[J].中国药理学与毒理学杂志，2007，21（6）：449-454.

[5] 毛淑杰，程立平，吴连英，等.天南星（虎掌南星）抗惊厥作用探讨[J].中药材，2001，24（11）：813-814.

[6] 詹爱萍，王平，陈科力.半夏、掌叶半夏和水半夏对小鼠镇静催眠作用的比较研究[J].中药材，2006，29（09）：964-965.

[7] 秦彩玲，胡世林，刘君英，等.有毒中药天南星的安全性和药理活性的研究[J].中草药，1994，25（10）：527-530.

[8] 张企兰，张如松，蒋惠娣，等.虎掌南星、白附片抗氧化作用的实验研究[J].中草药，1996，27（9）：544-546.

[9] 刘春梅，陈文为.天南星生物碱对鼠肝线粒体膜的作用[J].生物化学杂志，1989，25（5）：451-455，473.

[10] 冯协和.掌叶半夏提取物抗衰老活性及作用机制研究[D].武汉：湖北中医药大学硕士学位论文，2016.

[11] 吴连英，程丽萍，毛淑杰，等.天南星（虎掌南星）生、制品毒性比较研究[J].中国中药杂志，1997，22（2）：26-28.

1087. 半夏（图 1087）• *Pinellia ternata*（Thunb.）Breit.

【形态】多年生草本。块茎圆球形，直径 1 ～ 2cm，生有多数须根。叶 2 ～ 5 枚，稀 1 枚；幼苗常为单叶，叶片卵状心形至戟形，成长植株叶为 3 全裂，裂片长椭圆形至披针形，中裂片较大，长 3 ～ 10cm，

图 1087　半夏　　摄影　郭增喜等

宽 1 ～ 3cm，两侧裂片一般较小，顶端短尖，渐尖至长渐尖，侧脉 5 ～ 10 对，纤细；叶柄长 5 ～ 20cm，在基部或与叶片连接处常见珠芽。总花梗长 25 ～ 30cm，长于叶柄；佛焰苞绿色或淡绿色，管部狭圆柱形，长 1.3 ～ 2cm，檐部长圆形，绿色或边缘带青紫色，长 4 ～ 5cm，顶端钝或微凹，雌花序长 1.3 ～ 2cm，雄花序长 5 ～ 7mm，附属器条状，绿色或青紫色，直立或 S 形弯曲，长 6 ～ 12cm。浆果圆形，黄绿色。花期 4 ～ 7 月，果期 7 ～ 8 月。

【生境与分布】生于田边、林旁、山地草坡或疏林下。分布于华东各地，另除新疆、青海、西藏、内蒙古未发现野生的外，其他各地区均有分布；日本、朝鲜也有分布。

【药名与部位】半夏，块茎。

【采集加工】夏、秋二季采挖，洗净，除去外皮及须根，干燥。

【药材性状】呈类球形，有的稍偏斜，直径 1 ～ 1.5cm，表面白色或浅黄色，顶端有凹陷的茎痕，周围密布麻点状根痕；下面钝圆，较光滑。质坚实，断面洁白，富粉性。气微，味辛辣、麻舌而刺喉。

【质量要求】色白，无细粒。

【药材炮制】生半夏：用时捣碎。法半夏：取生半夏，大小分开，用水浸泡至内无干心，取出；另取甘草适量，加水煎煮两次，合并煎液，倒入用适量水制成的石灰液中，搅匀，加入上述已浸透的半夏，浸泡，每日搅拌 1 ～ 2 次，并保持浸液 pH 12 以上，至剖面黄色均匀，口尝微有麻舌感时，取出，洗净，阴干或烘干。姜半夏：取生半夏，大小分开，用水浸泡至内无干心时，取出；另取生姜切片煎汤，加白矾与半夏共煮透，取出，晾干，或晾至半干，干燥；或切薄片，干燥。姜半夏（浙）：取生半夏，水漂 1 ～ 2 天，至内无干心，取出，晾至半干，切厚片，加入白矾粉，拌匀，置缸口压实，加水超过药面 2 ～ 3cm，腌 6 ～ 10 天，至口尝微有麻舌感时，取出，漂净，干燥，与姜汁拌匀，干燥。清半夏：取生半夏，大小分开，用 8% 白矾溶液浸泡至内无干心，口尝微有麻舌感，取出，洗净，切厚片，干燥。竹沥半夏：取姜半夏（浙），与竹沥拌匀，稍闷，干燥。

【化学成分】根茎含生物碱类：L- 麻黄碱（L-ephedrine）[1], 1-（1- 酮基 -7, 10- 十六碳二烯基）吡咯烷［1-（1-oxo-7, 10-hexadecadienyl）pyrrolidine］[2] 和烟酰胺（nicotinamide）[3]；脑苷类：半夏苷（pinelloside）[4], 异半夏苷（isopinelloside）[5] 和大豆脑苷 Ⅰ、Ⅱ（soyacerebroside Ⅰ、Ⅱ）[6]；核苷类：尿苷（uridine）、2′- 脱氧尿苷（2′-deoxyuridine）[7], 5′- 硫甲基 -5′- 硫代腺苷（5′-*S*-methyl-5′-thioadenosine）[3], 腺苷（adenosine）和尿嘧啶（uracil）[3,7]；蒽醌类：大黄酚（chrysophanol）[3,6]；苯丙素类：阿魏酸（ferulic acid）、（*E*）- 对香豆醇［（*E*）-*p*-coumaryl alcohol］、3, 4- 二羟基桂皮醇（3, 4-dihydroxycinnamyl alcohol）、库叶红景天苷 I（sachaliside I）和松柏苷（coniferin）[8]；木脂素类：右旋 - 异落叶松脂醇 -9-*O*-β-D- 吡喃葡萄糖苷［（+）-isolariciresinol-9-*O*-β-D-glucopyranoside］[7], 落叶松脂醇（lariciresinol）、赤式 - 愈创木烷甘油 -β-*O*-4′- 芥子醇醚（*erythro*-guaiacylglycerol-β-*O*-4′-sinapyl ether）、去氢二松柏醇（dehydrodiconiferyl alcohol）[8], 异落叶松脂醇（isolariciresinol）[8,9], 落叶松脂醇 -4-*O*-β-D- 吡喃葡萄糖苷（lariciresinol-4-*O*-β-D-glucopyranoside）、松脂醇 -4-*O*-β-*D*- 葡萄糖苷（pinoresinol-4-*O*-β-*D*-glucoside）、1-（4- 羟基 -3- 甲氧基苯基）-2-{4-［（*E*）-3- 羟基 -1- 丙烯基］-2- 甲氧基苯氧基}-1, 3- 丙二醇 {1-（4-hydroxy-3-methoxyphenyl）-2-{4-［（*E*）-3-hydroxy-1-propenyl］-2-methoxyphenoxy}-1, 3-propanediol}、去氢二松柏醇 -4-*O*-β-D- 吡喃葡萄糖苷（dehydrodiconiferyl alcohol-4-*O*-β-D-glucopyranoside）、新 - 橄榄树脂素（*neo*-olivil）、肉桂木脂苷 *A（cinnacassoside A）、杜仲树脂酚（medioresinol）、美商陆酚 A（americanol A）、松脂醇（pinoresinol）、裂榄木脂素（burselignan）、去氢二松柏醇 -9-*O*-β-D- 吡喃葡萄糖苷（dehydrodiconiferyl alcohol-9-*O*-β-D-glucopyranoside）、去氢二松柏醇 -9′-*O*-β-D- 吡喃葡萄糖苷（dehydrodiconiferyl alcohol-9′-*O*-β-D-glucopyranoside）、去氢二松柏醇 -4, 9- 二 -*O*-β-D- 葡萄糖苷（dehydrodiconiferylalcohol-4, 9-di-*O*-β-D-glucoside）、轮叶马先蒿苷 A（verticillatoside A）和紫椴木脂苷 *A（tiliamuroside A）[9]；三萜类：环木菠萝烯醇（cycloartenol）[5] 和环阿屯醇（cyaloartenol）[5]；甾体类：菜油甾醇（campesterol）、5, 22- 二烯 - 豆甾 -3- 醇（stigmasta-5, 22-dien-3-ol）、5, 24- 二烯 - 豆甾 -3- 醇（stigmasta-5, 24-dien-3-ol）[2], 胡萝卜苷（daucosterol）[3], β- 谷甾醇（β-sitosterol）[3,5], 3-*O*-（6′-*O*- 棕榈酰基 -β-D- 吡喃葡萄糖基）- 豆甾 -5- 烯［3-*O*-（6′-*O*-hexadecanoyl-β-D-glucopyranosyl）-stigmast-5-ene］[6], 胡萝卜苷 -6′-*O*- 二十烷酸酯（daucosterol-6′-*O*-eicosanate）、豆甾 -4- 烯 -3- 酮（stigmast-4-en-3-one）和 5α, 8α- 桥二氧麦角甾 -6, 22- 双烯 -3- 醇（5α, 8α-epidioxyergosta-6, 22-dien-3-ol）[10]；环肽类：环 -（苯丙氨酸 - 酪氨酸）［cyclo-（Phe-Tyr）］、环 -（亮氨酸 - 酪氨酸）［cyclo-（Leu-Tyr）］、环 -（缬氨酸 - 酪氨酸）［cyclo-（Val-Tyr）］[7], 环 - 脯氨酰 - 亮氨酸（cyclo-Prol-Lec）、环 - 脯氨酰 - 异亮氨酸（cyclo-Pro-Ile）和环 - 脯氨酰 - 缬氨酸（cyclo-Pro-Val）[9]；酚类：对二羟基苯酚（benzene-1, 4-diol）、邻二羟基苯酚（benzene-1, 2-diol）[6], 没食子酸（gallic acid）[7], 尿黑酸（homogentisic acid）和原儿茶酚（protocatechuaklehyde）[11]；脂肪酸类：棕榈酸（palmitic acid）、十八碳 -9, 12- 二烯酸（9, 12-octadecadienoic acid）[2], 单棕榈酸甘油

酯（α-monopalmitin）[5]，丁二酸（succinic acid）和十八烷-9, 12-二烯酸乙酯（octadeca-9, 12-dienoic acid ethyl ester）[6]；糖及糖脂类：（2*S*）-1-*O*-[（9*Z*, 12*Z*）-十八烷二烯基]-3-*O*-β-半乳糖基甘油{（2*S*）-1-*O*-[（9*Z*, 12*Z*）-octadecadienoyl]-3-*O*-β-galactopyranosyl glycerol}[3]，蔗糖（sucrose）[5]，单半乳糖二酰甘油酯（monogalactosyl diacyglycerol）、1, 6：3, 4-二脱水-β-D-吡喃阿洛糖（1, 6：3, 4-dianhydro-β-D-allopyranose）和1, 6：2, 3-二脱水-β-D-吡喃阿洛糖（1, 6：2, 3-dianhydro-β-D-allopyranose）[6]；多烯类：1, 3, 12-十九碳三烯（1, 3, 12-nonadecatriene）[2]；呋喃类：5-羟甲基-2-糠醛（5-hydroxymethyl-2-furancarboxaldehyde）[3,6]。

【药理作用】1. 抗肿瘤　从块茎提取的多糖提取物对小鼠艾氏腹水瘤EAC细胞、荷瘤小鼠实体瘤的生长有明显的抑制作用[1]，从块茎提取的可通过靶向Cdc42和67kDa层粘连蛋白受体（LR）抑制人胆管癌细胞的增殖和转移[2]，具有抗肿瘤作用，这可能与通过改善人体酶活性增强人体清除过量自由基的能力有关[3]；从新鲜半夏块茎分离得到的蛋白质（APPT）对Sarcoma 180细胞有一定的细胞毒性，可通过抑制肿瘤细胞DNA合成的起始抑制载瘤小鼠中肿瘤细胞的增殖[4]；根茎的总有机酸提取物或醇提取液的乙酸乙酯提取部位均可诱导HeLa细胞凋亡[5]；从新鲜块茎分离得到的环阿屯醇（cyaloartenol）和异半夏苷（isopinelloside）对脂多糖刺激的小鼠腹腔巨噬细胞产生肿瘤坏死因子-α（TNF-α）具有抑制作用[6]；从新鲜块茎提取分离得到的蛋白质对Bel-7402细胞生长具有明显的抑制作用及促进Bel-7402细胞凋亡[7]；块茎的乙酸乙酯提取物及从块茎提取的总有机酸可诱导人肝癌Bel-7402细胞凋亡[8]；总生物碱对慢性髓性白血病K562细胞的生长有抑制作用[9]。2. 止咳　从块茎提取的总生物碱具有明显的镇咳祛痰作用[10]；块茎的提取物可减轻吸入类固醇皮质激素的COPD大鼠黏液分泌和气道炎症[11]；块茎的水提取物可减轻卵白蛋白引起的过敏哮喘小鼠的气道炎症和黏液分泌[12]。3. 调节胃肠道　从块茎分离得到的生物碱对顺铂、阿扑吗啡所致水貂呕吐均有抑制作用，其止吐机制为抑制中枢[13]；从块茎提取分离的成分麻黄碱（ephedrine）具有镇痛止咳作用[14]。4. 抗炎　从块茎分离得到的总生物碱对二甲苯所致小鼠的耳廓肿胀、小鼠腹腔毛细血管通透性等急性炎症有抑制作用，对大鼠棉球肉芽肿亚急性炎症也具有较强的抑制作用[15]；块茎的水提醇沉液可显著降低胃酸酸度，使消炎痛进入胃黏膜数量减少，减弱其干扰前列腺素合成作用而发挥抗溃疡作用[16]。5. 调节神经　从块茎提取的总生物碱（TAPT）可改善学习记忆能力，对抗大鼠神经系统的退行性病变，可能通过改变帕金森病模型大鼠皮质部分及超氧化物歧化酶（SOD）、谷胱甘肽（GSH）的含量，抑制了丙二醛（MDA）和过氧化氢（H_2O_2）的产生[17]，可干预D-半乳糖诱导的衰老小鼠，可明显改善其学习和记忆功能，这可能与其具有抗氧化作用及抑制乙酰胆碱酯酶（AChE）的作用有关[18]；块茎的乙醇提取物能抑制小鼠的自主活动，对戊巴比妥诱导的睡眠表现出协同作用，且显著缩短了睡眠剂量戊巴比妥小鼠的入睡潜伏期，延长了其睡眠时间，具有明显的镇静、催眠作用[19]。6. 抗菌　块茎的醇提取液具有广谱的抗菌作用，可有效抑制革兰氏阳性和革兰氏阴性菌，对真菌的抑菌作用也有一定的作用[20]。7. 抗氧化　从块茎提取得到的生物碱具有抗氧化作用，且对1, 1-二苯基-2-三硝基苯肼（DPPH）自由基的清除作用显著高于对超氧阴离子自由基（O_2^-•）和羟自由基（•OH）的清除作用[21]；从块茎分离得到的多糖具有一定的体外抗氧化作用[22]；从块茎分离得到的β-谷甾醇（β-sitosterol）对超氧阴离子自由基具有较强的抗氧化作用，对油脂也有较强的抗氧化作用[23]；从块茎提取得到的生物碱可有效保护肺上皮细胞的炎症损伤，其机制可能与抑制一氧化氮（NO）、肿瘤坏死因子-α（TNF-α）的释放有关[24]；从块茎提取得到的总生物碱对6-羟基多巴胺（6-OHDA）诱导的大鼠肾上腺嗜铬细胞瘤PC12细胞损伤具有一定的保护作用，其机制可能与提高总超氧化物歧化酶（T-SOD）含量和抑制羟自由基（•OH）的作用及降低丙二醛（MDA）含量和天冬氨酸特异性半胱天冬蛋白酶-3（Caspase-3）的作用有关[25]。

【性味与归经】辛，温；有毒。归脾、胃、肺经。

【功能与主治】燥湿化痰，降逆止呕，消痞散结。用于痰多咳喘，痰饮眩悸，风痰眩晕，痰厥头痛，呕吐反胃，胸脘痞闷，梅核气。

【用法与用量】煎服；一般炮制后使用 3 ～ 9g；外用适量，磨汁涂或研末以酒调敷患处。

【药用标准】药典 1953—2015、浙江炮规 2015、贵州药材 1965、新疆药品 1980 二册和台湾 2013。

【临床参考】1. 咽异感症：块茎（制）10g，加厚朴、生姜、紫苏、香附、柴胡各 10g，茯苓 12g，多疑虑者加炙甘草、大枣、浮小麦；胸闷痰多者加瓜蒌仁、薤白；纳呆、苔白腻者加砂仁、陈皮。水煎，分 2 次餐后服，每日 1 剂，2 周 1 疗程[1]。

2. 慢性胃炎：块茎（制）15g，加干姜、人参各 15g，炙甘草、黄芩各 10g，黄连 5g、大枣 4 枚，泛酸者加吴茱萸 10g、海螵蛸 15g；纳呆、便溏者加山药、薏苡仁各 15g，茯苓 10g；舌苔黄腻者去干姜，加绵茵陈 10g、山栀子 15g；少腹胀满者加小茴香、乌药各 10g。水煎，分 2 次服，每日 1 剂[2]。

3. 前庭性偏头痛：天麻半夏方颗粒（块茎，加天麻、白术、枳壳、川芎、石菖蒲、远志、全蝎等制成颗粒），1 次 1 袋，每日 2 次，温水 150ml 冲服，连续治疗 2 周[3]。

4. 咳嗽气逆、痰湿壅滞：块茎（制），加茯苓、陈皮、甘草，水煎服。

5. 妊娠呕吐及神经性呕吐：生块茎（制）9g，加旋覆花（包煎）、竹茹各 9g，陈皮 6g，生姜 3 片，水煎服。

6. 无名肿毒初起、蛇虫咬伤：块茎适量，研粉醋调外敷。

7. 慢性化脓性中耳炎：生块茎适量，加 3 倍量乙醇浸渍 24h，取上清液，滴入已经过氧化氢洗过的患耳，每日 1 ～ 2 次。（4 方至 7 方引自《浙江药用植物志》）

【附注】半夏始载于《神农本草经》，列为下品。《名医别录》云："生槐里川谷，五八月采根暴干。"《新修本草》："半夏所在皆有，生平泽中者，名羊眼半夏，圆白为胜。"《蜀本草》云："苗一茎，茎端三叶，有二根相重，上小下大，五月采则虚小，八月采实大。"《本草图经》云："半夏，以齐州者为佳。二月生苗，一茎，茎端出三叶，浅绿色，颇似竹叶而光。"即为本种。

本种的块茎（药材半夏）阴虚燥咳、津伤口渴、血症及燥咳者禁服，孕妇慎服；不宜与川乌、制川乌、草乌、制草乌、附子同用。

全株有毒，尤以块茎为剧。生块茎使用不当可引起中毒，表现为口舌咽喉痒痛麻木、声音嘶哑、言语不清、流涎、味觉消失、恶心呕吐、胸闷、腹痛腹泻，严重者可出现喉头痉挛、呼吸困难、四肢麻痹、血压下降和肝肾功能损害等，最后可因呼吸中枢麻痹而死亡。

【化学参考文献】

[1] Haruji O，Tsukui M，Matsuoka T，et al. Isolation of l-ephedrine from "Pinelliae Tuber"［J］. Chem Pharm Bull，1978，26（7）：2096-2097.

[2] 郑宵蓓，陈科力，尹文仲，等 . 鄂西高产半夏脂溶性成分的 GC-MS 分析［J］. 中药材，2007，30（6）：665-667.

[3] 张之昊，戴忠，胡晓茹，等 . 半夏化学成分的分离与鉴定［J］. 中药材，2013，36（10）：1620-1622.

[4] Chen J H，Cui G Y，Liu J Y，et al. Pinelloside，an antimicrobial cerebroside from *Pinellia ternata*［J］. Phytochemistry，2003，64（4）：903-906.

[5] 杨秀伟，韩美华，钟国跃，等 . 半夏中抑制肿瘤坏死因子 -α 产生的新脑苷［J］. 中草药，2008，39（4）：485-490.

[6] 杨虹，俞桂新，王峥涛，等 . 半夏的化学成分研究［J］. 中国药学杂志，2007，42（2）：99-101.

[7] 徐剑锟，张天龙，易国卿，等 . 半夏化学成分的分离与鉴定［J］. 沈阳药科大学学报，2010，27（6）：429-433.

[8] 韩美华，杨秀伟，钟国跃，等 . 鲜半夏中抑制肿瘤坏死因子 -α 产生的活性成分［J］. 中国中药杂志，2007，32（17）：1755-1759.

[9] Wu Y Y，Huang X X，Zhang M Y，et al. Chemical constituents from the tubers of *Pinellia ternata*（Araceae）and their chemotaxonomic interest［J］. Biochem Syst Ecol，2015，62：236-240.

[10] 何萍，李帅，王素娟，等 . 半夏化学成分的研究［J］. 中国中药杂志，2005，30（9）：671-674.

[11] Suzuki M. Irritating substance of *Pinellia ternata*［J］. Arzneimittel-Forsch，1969，19（8）：1307-1309.

【药理参考文献】

[1] 张彩群，计建军，王长江 . 半夏多糖体内抗肿瘤作用与机制研究［J］. 海峡药学，2016，28（7）：22-24.

［2］Li Y，Li D，Chen J，et al. A polysaccharide from *Pinellia ternata* inhibits cell proliferation and metastasis in human cholangiocarcinoma cells by targeting of Cdc42 and 67kDa laminin receptor（LR）［J］. International Journal of Biological Macromolecules，2016，93：520-525.
［3］Li X，Lu P，Zhang W，et al. Study on anti-ehrlich ascites tumor effect of *Pinellia ternata* polysaccharide *in vivo*［J］. African Journal of Traditional，Complementary and Alternative Medicines，2013，10（5）：380-385.
［4］范汉东，王雪，蔡永君，等. 半夏中一种抗癌蛋白的纯化及其抗癌活性研究［J］. 湖北大学学报（自然科学版），2012，34（1）：105-109.
［5］李娟，陈科力，黄必胜，等. 半夏类药材提取物抗 HeLa 细胞活性研究［J］. 中国医院药学杂志，2010，30（2）：146-148.
［6］杨秀伟，韩美华，钟国跃，等. 半夏中抑制肿瘤坏死因子 -α 产生的新脑苷［J］. 中草药，2008，39（4）：485-490.
［7］付芸，黄必胜，李娟，等. 半夏蛋白抗肿瘤活性组分的提取分离［J］. 中国中医药信息杂志，2007，14（1）：45-46.
［8］黄必胜，陈科力. 半夏类药材不同提取物对人肝癌细胞 Bel-7402 生长抑制作用的研究［J］. 中国医院药学杂志，2007，27（11）：1510-1512.
［9］陆跃鸣，吴皓，王耿. 半夏各炮制品总生物碱对慢性髓性白血病细胞（K562）的生长抑制作用［J］. 南京中医药大学学报，1995，1（12）：84-85.
［10］曾颂，李书渊，吴志坚，等. 半夏镇咳祛痰的成分 - 效应关系研究［J］. 中国现代中药，2013，15（6）：452-455.
［11］Du W，Su J，Ye D，et al. *Pinellia ternata* attenuates mucus secretion and airway inflammation after inhaled corticosteroid withdrawal in COPD rats［J］. The American Journal of Chinese Medicine，2016，44（5）：1027-1041.
［12］Lee M Y，Shin I S，Jeon W Y，et al. *Pinellia ternata* Breitenbach attenuates ovalbumin-induced allergic airway inflammation and mucus secretion in a murine model of asthma［J］. Immunopharmacology and Immunotoxicology，2013，35（3）：410-418.
［13］王蕾，赵永娟，张媛媛，等. 半夏生物碱含量测定及止呕研究［J］. 中国药理学通报，2005，21（7）：864-867.
［14］张兆旺. 半夏的镇呕成分［J］. 山东中医药大学学报，1979，49（4）：44.
［15］周倩，吴皓. 半夏总生物碱抗炎作用研究［J］. 中药药理与临床，2006，22（4）：87-89.
［16］刘守义，尤春来，王义明. 半夏抗溃疡作用的实验研究［J］. 中药药理与临床，1993，（3）：27-29.
［17］段凯，唐瑛. 半夏总生物碱对帕金森病大鼠的学习记忆及氧化应激反应的影响［J］. 中国实验动物学报，2012，20（2）：49-53.
［18］唐瑛，雷呈祥，段凯，等. 半夏总生物碱对 D- 半乳糖所致衰老小鼠学习记忆障碍的改善作用［J］. 中国实验方剂学杂志，2012，20（18）：224-227.
［19］赵江丽，赵婷，张敏，等. 半夏不同溶剂提取物镇静催眠活性比较［J］. 安徽农业科学，2011，39（35）：21627-21628.
［20］黄亮，王玉，杨锦，等. 半夏乙醇提取物体外抑菌实验的初步研究［J］. 中国农学通报，2011，27（24）：103-107.
［21］张楠，郭春延，薛晶晶，等. 半夏生物碱提取方法及抗氧化性研究［J］. 实验技术与管理，2019，36（8）：61-64.
［22］杨有林，齐武强. 半夏多糖提取工艺优化及其抗氧作用研究［J］. 西部中医药，2016，29（7）：37-41.
［23］刘慧琼，郭书好，沈英森，等. 半夏中 β- 谷甾醇的抗氧化作用研究［J］. 广东药学院学报，2004，20（3）：281-283.
［24］吴伟斌，祝春燕，罗超. 半夏生物碱对肺上皮细胞炎症损伤的保护作用研究［J］. 内蒙古农业大学学报（自然科学版），2018，39（4）：1-8.
［25］段凯，唐瑛，刁波，等. 半夏总生物碱对 6-OHDA 诱导 PC12 细胞损伤的保护作用及机制［J］. 中国临床神经外科杂志，2012，17（4）：222-224.

【临床参考文献】

［1］贺秀荣. 半夏厚朴汤加减治疗咽易感症疗效体会［J］. 世界最新医学信息文摘，2018，18（93）：167.
［2］秦静. 含有半夏的常用方剂的临床应用［J］. 世界最新医学信息文摘，2018，18（93）：166.
［3］梁雪松，项颗，李桦，等. 天麻半夏方治疗前庭性偏头痛［J］. 吉林中医药，2018，38（12）：1390-1393.

3. 犁头尖属 *Typhonium* Schott

多年生草本，具块茎。叶基生；叶数片，箭状戟形或 3 ～ 5 浅裂或鸟足状分裂。总花梗短，稀伸长；佛焰苞管部短而宽，席卷，喉部多少收缩，宿存，檐部常紫红色，稀白绿色；肉穗花序两性，上部雄花部分与下部雌花部分之间为中性花部分；中性花同型或异型，下部与雌花相邻，呈细圆柱状或钻形，上部的细小；附属物各式；花单性，无花被；雄花有雄蕊 1 ～ 3 枚，花药近无柄，药隔薄，药室对生或近对生；雌花的子房 1 室，胚珠 1 ～ 2 粒，着生于室基，无花柱，柱头半球状。浆果有种子 1 ～ 2 粒，种皮薄，胚乳丰富。

35 种，分布于亚洲东南部至大洋洲。中国 13 种，南北均有，法定药用植物 2 种。华东地区法定药用植物 1 种。

1088. 鞭檐犁头尖（图 1088）· *Typhonium flagelliforme*（Lodd.）Blume

图 1088　鞭檐犁头尖　　摄影　郑方正等

【别名】水半夏。

【形态】多年生草本。块茎近球形，椭圆形、圆锥形或倒卵形，直径 1 ～ 2cm。叶 3 ～ 4 枚；叶柄长 15 ～ 30cm；叶片戟状长圆披针形至戟状披针形，侧脉 4 ～ 5 对。总花梗细，长 5 ～ 20cm；佛焰苞管部绿色，卵圆形或长圆形，长 1.5 ～ 2.5cm，檐部绿色至绿白色，披针形，常卷曲为长鞭状或较短而渐尖，长 7.5 ～ 25cm；雌花部分卵形，长 1.5 ～ 1.8cm，下部直径 8 ～ 10mm，中性花部分长 1.7cm，附属物淡黄绿色，具短柄，下部长圆锥形，向上渐细呈条形，全长 16 ～ 17cm；雄花有雄蕊 2 枚；雌花子房倒卵形或球形，柱头小；中性花异型，下部者棒状，上部者锥形。浆果卵圆形。花期 4 ～ 5 月，果期 6 ～ 8 月。

【生境与分布】浙江、福建有栽培，另广东、广西、云南均有分布；菲律宾、缅甸、泰国、马来西亚、印度尼西亚、孟加拉国、印度也有分布。

【药名与部位】水半夏，块茎。

【采集加工】冬末春初采挖，除去外皮及须根，晒干。

【药材性状】略呈椭球形、圆锥形或球形，直径 0.6 ～ 1.7cm，高 0.8 ～ 3cm。表面类白色或淡黄色，略有皱纹，并有多数隐约可见的细小根痕，上端类圆形，有凸起的叶痕或芽痕，呈黄棕色。有的下端略尖。质坚实，断面白色，粉性。气微，味辛辣，麻舌而刺喉。

【药材炮制】水半夏：除去杂质及灰屑。制水半夏：取水半夏饮片，大小分档，用水浸泡，至内无白心时，取出，沥干，大个的切厚片，加姜汁拌至吸尽，再加白矾粗粉，反复搅拌使匀透，置缸内腌 48h，然后沿缸边加入清水至超过水半夏平面约 10cm，注意不使白矾粉冲沉缸底，继续腌 2 ～ 4 天，至口嚼无麻辣感时，取出，洗去白矾粉，干燥；或取水半夏饮片，照上法浸泡至内无白心，另取生姜切片煎汤，加白矾与水半夏共煮透，取出，干燥。

【化学成分】根茎含苯丙素类：松柏苷（coniferin）和甲基松柏苷（methylconiferin）[1]；甾体类：β- 谷甾醇（β-sitosterol）和 β- 胡萝卜苷（daucosterol）[2]；脂肪酸类：油酸（oleic acid）、硬脂酸（stearic acid）、棕榈酸甲酯（methyl hexadecanoate）、13- 苯基十三烷酸（13-phenyl tridecanoic acid）和 9, 12- 十八烷二烯酸（9, 12-octadecadienoic acid）[2]；氨基烯醇类：1-*O*-β- 吡喃葡萄糖基 -2- ［（2- 羟基 - 十八烷酰基）氨基］-4, 8- 十八烷二烯 -1, 3- 二醇 {1-*O*-β-glucopyranosyl-2-［（2-hydroxyloctadecanoyl）amido］-4, 8-octadecadien-1, 3-diol}[2]；烷烃类：二十烷（eicosane）、十九烷（nonadecane）、十八烷（octadecane）、十七烷（heptadecane）、十六烷（hexadecane）、十五烷（pentadecane）、十四烷（tetradecane）、十三烷（tridecane）和十二烷（dodecane）[3]。

【药理作用】1. 止吐　块茎的水提取液能明显减少因硫酸铜刺激诱发鸽子的呕吐次数，减少率为 50%[1]。2. 镇咳祛痰　块茎的醇提取物、醇提取物的水提部分、乙酸乙酯萃取部分均能明显减少小鼠咳嗽次数和增加气管酚红排出量，延长哮喘潜伏期[2]，其祛痰作用略强于半夏[3]。3. 镇痛　块茎的醇提取物、醇提取物的水提部分、乙酸乙酯萃取部分均能明显减少乙酸导致小鼠的扭体次数，有较好的镇痛率[2]。4. 抗炎　块茎的醇提取物、醇提取物的水提部分、乙酸乙酯萃取部分均能明显抑制二甲苯所致小鼠的耳肿胀，提示水半夏提取物具有良好的抗炎作用[2]；块茎的水提取物能减轻小鼠棉球肉芽组织重量和抑制毛细血管通透性[4]。5. 抗过敏　块茎的水提取物对组织胺所致过敏反应、迟发型超敏反应和小鼠被动皮肤过敏反应均有明显的抑制作用[4]。6. 镇静　块茎的醇提取物、醇提取物的水提部分、乙酸乙酯萃取部分均能明显抑制小鼠自发活动的走动时间和双前肢向上抬举次数，具有明显的镇静作用[2]；块茎的水提取液对小鼠的自发活动有抑制作用，大剂量时有轻度增加戊巴比妥钠睡眠时间以及对抗电惊厥的趋势[5]；块茎醇提取物可明显增加戊巴比妥钠阈下催眠剂量的入睡动物数[6]。7. 抑制唾液分泌　块茎的水提取物可抑制毛果芸香碱所致的唾液分泌，能减少流泪现象、缩瞳程度，提示可能有类似阿托品作用[5]。8. 抗肿瘤　水半夏的二氯甲烷提取物对白血病 WEHI-3 细胞生长具有明显的细胞毒作用，半数抑制浓度（IC_{50}）为 24.0μg/ml 时，能使白血病 BALB/c 小鼠外周血中的幼稚粒细胞和单核细胞计数显著下降，抑制小鼠脾脏白血病 WEHI-3 细胞的生长，从而抑制细胞的生长和诱导凋亡[7]。

毒性　块茎和茎叶的甲醇提取物显示弱细胞毒作用，其半数抑制浓度分别为 15.0μg/ml 和 65.0μg/ml，而二者甲醇提取物的氯仿部位细胞毒作用相对较高，半数抑制浓度分别为 6.0μg/ml 和 8.0μg/ml[8]。

【性味与归经】辛，温；有毒。

【功能与主治】燥湿，化痰，止咳。用于咳嗽痰多，支气管炎。

【用法与用量】6 ～ 15g。

【药用标准】药典 1977、部标中药材 1992 和四川药材 1987 增补。

【附注】本种的根茎在江西、福建、广西局部地区民间作半夏药用，应注意鉴别。20 世纪 90 年代，半夏药源紧缺时，卫生部曾发文同意在中成药生产中水半夏可替代半夏。

药材水半夏阴虚燥咳及孕妇慎服。

【化学参考文献】

［1］黄平，Karagianis G，Waterman P G. 鞭檐犁头尖中的苯丙素甙类化合物［J］. 天然产物研究与开发，2004，16（5）：403-405.

［2］黄平，Karagianis G，Waterman P G. 水半夏化学成分研究［J］. 中药材，2004，27（3）：173-175.

［3］Choo C Y，Chan K L，Sam T W，et al. The cytotoxicity and chemical constituents of the hexane fraction of *Typhonium flagelliforme*（Araceace）［J］. J Ethnopharmacol，2001，77（1）：129-131.

【药理参考文献】

［1］中医研究院中药研究所，北京中医学院中药系 . 半夏炮制前后药效的比较（Ⅱ）［J］. 中草药，1985，16（4）：21-23.

［2］钟正贤，周桂芬，陈学芬，等 . 水半夏提取物的药理研究［J］. 中药材，2001，24（10）：735-738.

［3］刘继林，罗光宇，李玉纯，等 . 水半夏代半夏可行性的初步实验观察［J］. 成都中医学院学报，1986，（2）：36-39.

［4］钟正贤，陈学芬，周桂芬，等 . 水半夏提取物的抗炎抗过敏作用研究［J］. 中药药理与临床，2003，19（2）：25-27.

［5］刘继林，钟荞 . 水半夏与半夏部分药理作用的对比研究［J］. 成都中医学院学报，1989，12（2）：41-44.

［6］詹爱萍，王平，陈科力 . 半夏、掌叶半夏和水半夏对小鼠镇静催眠作用的比较研究［J］. 中药材，2006，29（9）：964-965.

［7］Mohan S，Abdul A B，Abdelwahab S I，et al. *Typhonium flagelliforme* inhibits the proliferation of murine leukemia WEHI-3 cells *in vitro* and induces apoptosis *in vivo*［J］. Leukemia Research，2010，34（11）：1483-1492.

［8］Choo C. 水半夏的细胞毒活性［J］. 国外医学（中医中药分册），2002，24（2）：114.

4. 芋属 *Colocasia* Schott

多年生草本。具块茎、根茎或直立的茎。叶片盾状着生，卵状心形或箭状心形；叶柄延长，下部鞘状。总花梗通常多数，从叶腋抽出，佛焰苞管部为檐部长的 1/5 ～ 1/2，管部卵圆形或长圆形，席卷，宿存，果期增大，然后不规则撕裂，檐部长圆形或狭披针形，脱落；肉穗花序短于佛焰苞，雄花序短，不育雄花序短而细，能育雄花序长圆柱形，不育附属器直立；花单性，无花被；雄花有雄蕊 3 ～ 6 枚，药室纵裂；雌花心皮 3 ～ 4 枚，子房 1 室，胚珠多数。浆果绿色，倒圆锥形或长圆形。种子多数，内种皮有明显槽纹。

13 种，分布于亚洲热带和亚热带地区，中国 8 种，产于长江以南各省，法定药用植物 1 种。华东地区法定药用植物 1 种。

1089. 芋（图 1089）• *Colocasia esculenta*（Linn.）Schott

【别名】毛芋头（山东），茵芋。

【形态】高大湿生草本。块茎通常椭圆形至卵圆形，常生数个小球茎，均富含淀粉。叶片盾状着生，卵形，长 20 ～ 50cm，宽 10 ～ 35cm，顶端短尖至圆钝，基部 2 裂，边全缘，中脉在背面凸起；叶柄粗壮，通常长（25 ～）35 ～ 90cm，绿色或稍带紫色，基部呈鞘状套叠包着内面叶柄，上部圆柱状，柄中呈海绵状，空隙很多。总花梗单生，短于叶柄；佛焰苞长短不一，通常长约 20cm，管部绿色，长约 4cm，檐部淡黄色至淡绿色，披针形，展开呈舟状，边缘内卷；肉穗花序长约 10cm，雌花序在最下部，长 3 ～ 3.5cm，中性花序与雌花序相接且近等长，雄花序在上部，长 1 ～ 4.5cm，附属器钻形，长约 1cm。花期 2 ～ 9 月。

【生境与分布】原产于印度。华东各地及南部各地常见栽培；热带和亚热带地区广泛栽培。

【药名与部位】芋头，块茎。

图 1089　芋　　摄影　赵维良等

【采集加工】8 ～ 10 月采挖，除去地上部分和须根，洗净，干燥。

【药材性状】呈卵圆形、类圆形或椭圆形，多附有小球茎或具小球茎剥离痕，直径 3 ～ 9cm，表面灰白色至淡灰棕色，可见棕色小点。残存环生的棕褐色纤毛状膜质鳞叶，剥离后可见层环痕。并有须根痕。顶端有茎基痕或芽痕。气微，味甘而麻。

【药材炮制】除去杂质，稍润，切片，干燥。

【化学成分】根茎含甾体类：二羟基甾醇Ⅰ、Ⅱ（dihydroxysterol Ⅰ、Ⅱ）[1]；黄酮类：花青素原（anthocyanogen）、矢车菊素 -3- 鼠李糖苷（cyanidin-3-rhamnoside）、天竺葵素 -3- 葡萄糖苷（pelargonidin-3-glucoside）、矢车菊素 -3- 葡萄糖苷（cyanidin-3-glucoside）[2] 和矢车菊素 -3- 芸香糖苷（cyanidin-3-rutinoside）[3]；生物碱类：1- 吡咯啉（1-pyrroline）、2- 乙酰基 -1- 吡咯啉（2-acetyl-1-pyrroline）[4] 和嘧啶（pyridine）[5]；脂肪酸类：棕榈酸（palmitic acid）、亚油酸（linoleic acid）[4] 和花生酸（eicosanoic acid）[5]；醛类：2- 甲基丁醛（2-methylbutanal）[5]。

茎含黄酮类：花青素原（anthocyanogen）、矢车菊素 -3- 鼠李糖苷（cyanidin-3-rhamnoside）、矢车菊素 -3- 葡萄糖苷（cyanidin-3-glucoside）、天竺葵素 -3- 葡萄糖苷（pelargonidin-3-glucoside）[2]，荭草素（orientin）、异荭草素（isoorientin）、牡荆素（vitexin）、异牡荆素（isovitexin）、夏佛托苷（schaftoside）、异夏佛

托苷（isoschaftoside）和木犀草素 -7-*O*- 槐糖苷（luteolin-7-*O*-sophoroside）[6]。

【药理作用】1. 抗焦虑与抑郁　叶的醇提取物可显著增加大鼠高架十字迷宫测试实验进入开臂次数，延长进入时间，减少行为绝望实验大鼠静止时间，延长硫喷妥钠诱导的小鼠睡眠时间，且均呈剂量依赖性[1]。2. 抑制胆固醇合成　块茎的乙醇提取物在体外能抑制重组表达人羊甾醇合酶（hOSC），抑制率最高达到55%[2]。3. 抗肿瘤　水提取物在体外可抑制大鼠结肠癌 YYT 细胞的增殖，诱导细胞凋亡，且呈浓度依赖性[3]；乙醇提取物在体外可抑制白血病 Su9T01 细胞、ED 细胞、S1T 细胞的增殖[4]。4. 免疫调节　块茎的水提取物在体外能促进小鼠脾淋巴细胞的增殖[3]。

毒性　大鼠腹腔注射叶 50% 醇提取物的半数致死剂量（LD_{50}）为 1000mg/kg[1]。

【性味与归经】甘、辛，平。生品有毒。归脾、胃、大肠经。

【功能与主治】固脾止泻。用于脾虚不固所致之久泻、久痢。

【用法与用量】6 ～ 12g。

【药用标准】湖北药材 2009。

【临床参考】1. 鸡眼：块茎切片，先用热水浸泡患处，擦干，将切成片的块茎摩擦患部，1 次10min，每日 3 次[1]。

2. 疖、痈：块茎 1 个，加大蒜 4 瓣，去皮，共捣为糊状，用纱布包裹外敷患处，每日早、晚各 1 次，1 次敷贴时间不可过长，自觉皮肤发热即去掉，连用 7 日[2]。

3. 类风湿关节炎：鲜块茎 1 个捣糊，加鲜生姜汁、面粉、蜂蜜搅匀调成糊状，摊在塑料布上，厚约 0.2cm，敷于患处，绷带包扎，上、下端扎紧以防药液外溢，冬季 3 日、夏季 1 ～ 2 日换药 1 次[3]。

4. 小儿腹泻：块茎煮或烤熟，剥皮蘸白糖吃，不拘多少，每日 1 ～ 2 次[4]。

5. 闪腰：生块茎（有赤、白两种，宜用白者）洗净去皮生吃，大者 1 个，小者 2 ～ 3 个，正常人嚼之辛涩，闪腰者嚼之无异味[5]。

6. 痈疽肿毒、跌打损伤：生块茎去皮，加 1/3 量生姜及适量面粉，调成糊状敷患处，患处红肿发热者冷敷，不红者加温敷。

7. 风湿痹痛：生块茎 1 个，加胡椒适量，捣烂外敷。

8. 癫痫：生块茎研细粉，每日早晨、睡前用冷水调成糊状，各服 15g，连服 2 个月，禁食酒、辣、腥，不能用热开水冲服及煮熟吃。

9. 淋巴结结核：块茎 500g 研粉，陈海蜇、荸荠各 500g，加水浓煎取汁，和粉制成丸剂口服，1 次 3 ～ 5g，每日 3 次。（5 方至 9 方引自《浙江药用植物志》）

【附注】芋入药始见于《名医别录》，陶弘景云："钱塘最多，生则有毒，味莶不可食。性滑，下石，服饵家所忌。种芋三年不采成梠芋。"《本草图经》云："芋，本经不著所出州土……今处处有之，闽、蜀、淮、甸尤殖此，种类亦多，大抵性效相近，蜀州出者形圆而大，状若蹲鸱，谓之芋魁……江西、闽中出者形长而大，叶皆相类，其细者如卵，生于大魁傍，食之尤美。"《本草衍义》云："芋，所在有之，江、浙、二川者最大而长。京、洛者差圆小，而惟东、西京者佳，他处味不及也。当心出苗者为芋头，四边附芋头而生者为芋子。八、九月已后可食，至时掘出，置十数日，却以好土匀埋，至春犹好。生则辛而涎，多食滞气困脾。"《本草纲目》云："芋属虽多，有水旱二种，旱芋山地可种，水芋水田莳之，叶皆相似，但水芋味胜。"又云："芋不开花，时或七八月间有开者，抽茎生花黄色，旁有一长萼护之，如半边莲花之状也。"上述所述，当包含本种及同属近似种。

本种有毒，不宜生食。

本种的叶、花及梗民间也作药用。

【化学参考文献】

[1] Ali M. New dihydroxysterols from *Colocasia esculenta* tubers [J]. Indian J Pharm Sci，1991，53（3）：98-100.

[2] Chan H T J，Kao-Jao T H C，Nakayama T O M. Anthocyanin composition of taro [J]. J Food Sci，1977，42（1）：

19-21.
[3] Naoko T, Terasawa N, Saotome A, et al. Identification and some properties of anthocyanin isolated from Zuiki, Stalk of *Colocasia esculenta* [J]. J Agric Food Chem, 2007, 55 (10): 4154-4159.
[4] Wong K C, Chong F N, Chee S G. Volatile constituents of taro [*Colocasia esculenta* (L.) Schott] [J]. J Essent Oil Res, 1998, 10 (1): 93-95.
[5] Maga J A, Liu M B. Extruded taro (*Colocasia esculenta*) volatiles [J]. ACS Symposium Series (Thermally Generated Flavors), 1994, 543: 365-369.
[6] Leong A C N, Kinjo Y, Tako M, et al. Flavonoid glycosides in the shoot system of Okinawa Taumu (*Colocasia esculenta* S.) [J]. Food Chem, 2010, 119 (2): 630-635.

【药理参考文献】

[1] Kalariya M, Parmar S, Sheth N. Neuropharmacological activity of hydroalcoholic extract of leaves of *Colocasia esculenta* [J]. Pharmaceutical Biology, 2010, 48 (11): 1207-1212.
[2] Sakano Y, Mutsuga M, Tanaka R, et al. Inhibition of human lanosterol synthase by the constituents of *Colocasia esculenta* (Taro) [J]. Biol Pharm Bull, 2005, 28 (2): 299-304.
[3] Brown C A, E. Reitzenstein J E, Liu J, et al. The anti-cancer effects of poi (*Colocasia esculenta*) on colonic adenocarcinoma cells *in vitro* [J]. Phytother Res, 2005, 19: 767-771.
[4] Kai H, Akamatsu E, Torii E, et al. Inhibition of proliferation by agricultural plant extracts in seven human adult T-cell leukaemia (ATL)-related cell lines [J]. J Nat Med, 2011, 65: 651-655.

【临床参考文献】

[1] 姜淑君，邓芙蓉，于海燕. 芋头治鸡眼 [J]. 河北中医，2005，27 (10)：730.
[2] 邱小丽，邢跃平，许映霞. 大蒜加芋头外敷治疗疖、痈 [J]. 中医外治杂志，2005，14 (4)：36.
[3] 胡士元，田建春. 姜汁芋头糊治疗关节炎 [J]. 中国社区医师，2002，18 (16)：36.
[4] 郭继光. 芋头治小儿腹泻 [J]. 农村新技术，1997，(5)：59.
[5] 钱焕祥. 生芋头治"闪腰" [J]. 医学文选，1991，(6)：62.

5. 海芋属 *Alocasia* (Schott) G. Don

多年生湿生草本。茎粗，大多为地下茎，也有直立上升的地上茎，叶柄痕明显。叶幼时通常盾状着生，成长植株叶多为箭状心形，全缘、浅波状或羽状深裂；叶柄长，下部多少具长鞘。花序从叶腋抽出；佛焰苞管部卵形、长圆形，席卷、宿存，果期不整齐撕裂，檐部通常舟状，后期后翻，从管部上缘脱落；肉穗花序短于佛焰苞，圆柱形，直立，雌花序短，锥状圆柱形；不育雄花序明显变狭；能育雄花序圆柱形，附属器有不规则槽纹；花单性，无花被；雄花为合生雄蕊柱，倒金字塔形，有雄蕊 3 ～ 8 枚；雌花有心皮 3 ～ 4 枚，1 室或有时最上端 3 ～ 4 室，胚珠少数。浆果大多红色，具宿存柱头；种子少数或单 1，近球形，胚乳丰富。

约 70 种，分布于热带亚洲。中国 4 种，产于南方热带地区，法定药用植物 1 种。华东地区法定药用植物 1 种。

1090. 海芋（图 1090）• *Alocasia macrorrhiza* (Linn.) Schott [*Alocasia odora* (Roxb.) K. Koch]

【别名】广东狼毒（上海）。

【形态】常绿草本植物，高达 3 ～ 5m。具匍匐根茎和直立地上茎，基部可生不定芽。叶椭圆状卵形，长 50 ～ 90cm，宽 40 ～ 90cm，顶端短尖，基部箭形，侧脉 9 ～ 12 对；叶柄绿色或有时紫绿色，螺旋状排列，长 0.5 ～ 1.5m。总花梗 2 ～ 3 枚丛生，长 12 ～ 60cm；佛焰苞管部绿色，卵形至椭圆形，长 3 ～ 5cm，檐部开花时黄绿色至淡绿色，舟状，长 10 ～ 30cm，顶端喙状；肉穗花序芳香，雌花序白色，长 2 ～ 4cm，

图 1090 海芋 摄影 郭增喜等

不育雄花序淡绿色，长 5 ～ 6cm，能育雄花序淡黄色，长 3 ～ 7cm，附属器淡绿色至乳黄色，长 3 ～ 5.5cm。浆果红色，卵形；种子 1 ～ 2 粒。花果期四季。

【生境与分布】生于林缘、沟谷水边。分布于福建、江西等地，浙江有栽培，另长江以南各地多有分布；日本、南亚次大陆、中南半岛至大洋洲也有分布。

【药名与部位】海芋（痕芋头、广狼毒），根茎。

【采集加工】全年均可采挖，除去鳞片，洗净，切片，晒干或鲜用。

【药材性状】近圆柱形，切片为近圆形或不规则的薄片，卷曲或皱缩，厚 1 ～ 3mm。外皮棕黄色，有的有残存鳞叶，切面白色或黄白色，有颗粒状突起及波状皱纹。质脆，易折断，富粉性。气微，味淡，嚼之麻舌而刺喉。

【药材炮制】除去杂质，洗净，晒干。

【化学成分】根茎含烷烃糖苷类：正丁醇 -β-D- 吡喃果糖苷（n-butyl-β-D-fructopyranoside）[1]；酰胺类：海芋酰胺 A（alomacrorrhiza A），即（2*S*, 3*S*, 4*R*）-2*N*-［（2′*R*）-2′- 羟基二十六烷酰］十四烷 -1, 3, 4- 三醇 {（2*S*, 3*S*, 4*R*）-2*N*-［（2′*R*）-2′-hydroxyhexacosanoyl］tetradecane-1, 3, 4-triol}、海芋酰胺 B（alomacrorrhiza B），即（2*S*, 3*S*, 4*R*）-2*N*-［（2′*R*）-2′- 羟基二十六烷酰］- 十六烷 -1, 3, 4- 三醇 {（2*S*, 3*S*, 4*R*）-2*N*-［（2′*R*）-2′-hydroxyhexacosanoyl］-hexadecane-1, 3, 4-triol}[2]，（±）-（*E*）-3-［2-（3- 羟基 -5- 甲氧基苯基）-3- 羟甲基 -7- 甲氧基 -2, 3- 二氢苯并呋喃 -5- 基］-*N*-（4- 羟基苯乙基）丙烯酰胺 {（±）-（*E*）-3-［2-（3-hydroxy-5-methoxyphenyl）-3-hydroxymethyl-7-methoxy-2, 3-dihydrobenzofuran-5-yl］-*N*-（4-hydroxyphenethyl）acrylamide}、（±）-（*E*）-3-［2-（4- 羟基 -3, 5- 二甲氧基苯基）-3- 羟甲基 -7-

甲氧基 -2, 3- 二氢苯并呋喃 -5- 基] -*N*-（4- 羟基苯乙基）丙烯酰胺 {（±）-（*E*）-3- [2-（4-hydroxy-3, 5-dimethoxyphenyl）-3-hydroxymethyl-7-methoxy-2, 3-dihydrobenzofuran-5-yl] -*N*-（4-hydroxyphenethyl）acrylamide}、（±）-（*Z*）-3- [2-（3- 羟基 -5- 甲氧基苯基）-3-（甲氧基苯基）-7- 甲氧基 -2, 3- 二氢苯并呋喃 -5- 基] -*N*-（4- 羟基苯乙基）丙烯酰胺 {（±）-（*Z*）-3- [2-（3-hydroxy-5-methoxyphenyl）-3-（hydroxymethyl）-7-methoxy-2, 3-dihydrobenzofuran-5-yl] -*N*-（4-hydroxyphenethyl）acrylamide}、（±）-（*Z*）-3- [2-（4- 羟基 -3, 5- 二甲氧基苯基）-3-（羟甲基）-7- 甲氧基 -2, 3- 二氢苯并呋喃 -5- 基] -*N*-（4- 羟基苯乙基）丙烯酰胺 {（±）-（*Z*）-3- [2-（4-hydroxy-3, 5-dimethoxyphenyl）-3-（hydroxymethyl）-7-methoxy-2, 3-dihydrobenzofuran-5-yl] -*N*-（4-hydroxyphenethyl）acrylamide}、（±）-4- [乙氧基（4- 羟基 -3- 甲氧基苯基）甲基] -2-（4- 羟基 -3- 甲氧基苯基）-*N*-（4- 羟基苯乙基）四氢呋喃 -3- 酰胺 {（±）-4- [ethoxy（4-hydroxy-3-methoxyphenyl）methyl] -2-（4-hydroxy-3-methoxyphenyl）-*N*-（4-hydroxyphenethyl）tetrahydrofuran-3-carboxamide}、顺式 - 菜椒酰胺（*cis*-grossamide）[3]，1, 2- 二氢 -6, 8- 二甲氧基 -7- 羟基 -1-（3, 5- 二甲氧基 -4- 羟基苯基）-N^1, N^2- 二 - [2-（4- 羟基苯基）乙基] -2, 3- 萘二酰胺 {1, 2-dihydro-6, 8-dimethoxy-7-hydroxy-1-（3, 5-dimethoxy-4-hydroxyphenyl）-N^1, N^2-bis- [2-（4-hydroxyphenyl）ethyl] -2, 3-naphthalene dicarboxamide}、大麻酰胺 F（cannabisin F）[4]，菜椒酰胺（grossamide）[3, 5]，*N*- 反式 - 阿魏酰酪胺（*N*-*trans*-feruloyltyramine）[5] 和 1-*O*-β-D- 吡喃葡萄糖基 -（2*S*, 3*R*, 4*E*, 8*Z*）-2- [（2*R*）- 氢化十八碳酰基氨基] -4, 8- 十八二烯 -1, 3- 二醇 {1-*O*-β-D-glucopyranosyl-（2*S*, 3*R*, 4*E*, 8*Z*）-2- [（2*R*）-hydroctadecanoyl amido] -4, 8-octadecadiene-1, 3-diol}[6]；生物碱类：5- 羟基 -1H- 吲哚 -3- 乙醛酸甲酯（5-hydroxy-1H-indole-3-glyoxylate methyl ester）、5- 羟基 -1H- 吲哚 -3- 乙醛酸乙酯（5-hydroxy-1H-indole-3-glyoxylate ethyl ester）、1H- 吲哚 -3- 甲醛（1H-indole-3-carbaldehyde）、1H- 吲哚 -3- 甲酸（1H-indole-3-carboxylic acid）、5- 羟基 -1H- 吲哚 -3- 甲醛（5-hydroxy-1H-indole-3-carbaldehyde）、5- 羟基 -1H- 吲哚 -3- 甲酸乙酯（5-hydroxy-1H-indole-3-carboxylic acid ethyl ester）、1- [2-（5- 羟基 -1H- 吲哚 -3- 基）-2- 氧代乙基] -1H- 吡咯 -3- 甲醛 {1- [2-（5-hydroxy-1H-indol-3-yl）-2-oxoethyl] -1H-pyrrole-3-carbaldehyde}[3]，9- [（2*R*, 5*R*, 6*S*）-5- 羟基 -6- 甲基 -2- 哌啶基] -1- 苯基 -4- 壬酮 {9- [（2*R*, 5*R*, 6*S*）-5-hydroxy-6-methyl-2-piperidinyl] -1-phenyl-4-nonanone}、1- [（2*R*, 5*R*, 6*S*）-5- 羟基 -6- 甲基 -2- 哌啶基] -9- 苯基 -5- 壬酮 {1- [（2*R*, 5*R*, 6*S*）-5-hydroxy-6-methyl-2-piperidinyl] -9-phenyl-5-nonanone}、（2*S*, 3*R*, 6*R*）-2- 甲基 -6-（9- 苯基壬基）-3- 哌啶醇 [（2*S*, 3*R*, 6*R*）-2-methyl-6-（9-phenylnonyl）-3-piperidinol]、（2*S*, 3*S*, 6*S*）-2- 甲基 -6-（9- 苯基壬基）-3- 哌啶醇 [（2*S*, 3*S*, 6*S*）-2-methyl-6-（9-phenylnonyl）-3-piperidinol]、（2*R*, 3*R*, 4*S*, 6*S*）-2- 甲基 -6-（9- 苯基壬基）-3, 4- 哌啶二醇 [（2*R*, 3*R*, 4*S*, 6*S*）-2-methyl-6-（9-phenylnonyl）-3, 4-piperidinediol]、（2*R*, 3*R*, 4*R*, 6*R*）-2- 甲基 -6-（9- 苯基壬基）-3, 4- 哌啶二醇 [（2*R*, 3*R*, 4*R*, 6*R*）-2-methyl-6-（9-phenylnonyl）-3, 4-piperidinediol][7]，2-（5- 羟基 -1H- 吲哚 -3- 基）-2- 氧化乙酸 [2-（5-hydroxy-1H-indol-3-yl）-2-oxoacetic acid]、5- 羟基 -1H- 吲哚 -3- 甲酸甲酯（5-hydroxy-1H-indole-3-carboxylic acid methyl ester）、海芋素 A、B、C、D、E（alocasin A、B、C、D、E）、苏拉湾海绵素（hyrtiosulawesin）[8] 和海绵萜素 * B（hyrtiosin B）[6, 8]；木脂素类：山橘脂酸（glycosmisic acid）[5]，海芋素 B（alocasin B）[8]，3- 表 - 白桦脂酸（3-epi-betulinic acid）和 3- 表 - 熊果酸（3-epi-ursolic acid）[6]；酚酸类：原儿茶酸（protocatechuic acid）、香草酸（vanillic acid）和对羟基苯甲酸甲酯（methyl 4-hydroxybenzoate）[5]；核苷类：尿嘧啶（uracil）[4]；甾体类：β- 谷甾醇 -3-*O*-6- 棕榈酰 -β-D- 吡喃葡萄糖苷（sitosterol-3-*O*-6-palmityl-β-D-glucopyranoside）[4]，β- 谷甾醇（β-sitosterol）、β- 胡萝卜苷（β-daucosterol）[5, 6]，豆甾醇（stigmasterol）、胆甾醇（cholesterol）、岩藻甾醇（fucosterol）和菜油甾醇（campesterol）[9]；脂肪酸及酯类：棕榈酸（palmitic acid）、棕榈酸甘油酯（1-monopalmitin）[4, 6]，油酸（oleic acid）、亚油酸（linoleic acid）、三半乳糖基二甘油酯（trigalactosyl diglyceride）和四半乳糖基二甘油酯（tetragalactosyl diglycerides）[10]；蛋白质：海芋素（alocasin）[11]；其他尚含：正丁基 -β-D- 吡喃果糖苷（*n*-butyl-β-D-fructopyranoside）[2] 和多糖（polysaccharide）[12]。

茎和叶含氰苷：海韭菜苷（triglochinin）[13]。

【药理作用】1. 抗炎镇痛 根茎水提取液皮下注射可增加小鼠炎症状态下腹腔毛细血管通透性，抑制二甲苯所致小鼠的耳肿胀，抑制小鼠棉球肉芽肿形成，显著提高小鼠热板刺激痛阈值，减少乙酸所致小鼠的扭体次数，显示具有明显的镇痛作用[1]。2. 抗肿瘤 根茎水提取物可抑制人肝癌 SMMC-7721 细胞的增殖及其移植荷瘤裸鼠的肿瘤生长，其抗肿瘤作用与阻滞细胞周期、促进细胞凋亡等机制有关[2]。3. 解热 根茎生品及甘草石灰制品的水提取物对干酵母所致发热大鼠具有解热作用，其中生品解热作用较强[3]。

毒性 鲜茎汁原液对小鼠灌胃给药后 7 天，出现食欲下降、体重减轻、精神不振、活动减少、排泄减少等毒副反应，外周血白细胞数（WBC）、血清谷丙转氨酶（ALT）升高[4]。

【性味与归经】辛，寒；有毒。

【功能与主治】清热解毒，消肿散结。用于热病高热，流行性感冒，肠伤寒；外治疔疮肿毒。

【用法与用量】煎服 9 ～ 30g；外用鲜品适量，捣烂敷患处。

【药用标准】药典 1977、上海药材 1994、海南药材 2011、广西药材 1990、广西壮药 2008 和云南傣药Ⅱ 2005 五册。

【临床参考】1. 肺结核辅助治疗：海芋散（根茎炮制后研末），1 次 3g，每日 2 次，开水冲服，全疗程使用[1]。

2. 阑尾脓肿辅助治疗：鲜根茎 100 ～ 150g，加食盐 5 ～ 10g 捣烂，将薄油纱垫于右下腹压痛明显处，上敷药，四周凡士林纱块围绕，上覆油纸并用胶布固定，1 次敷 2 ～ 4h，每日 1 次[2]。

3. 鼻咽癌咽喉部放射反应：鲜根茎 120 ～ 150g，去皮、切片，以布袋包裹，吊离锅底，加水 6 ～ 8 碗，文火煎 2h 以上，煎至 1 碗口服，每日 1 次[3]。

【附注】本种以天荷之名始载于《本草拾遗》，云："天荷与野芋相似而大也。"《本草纲目》载："海芋生蜀中，今亦处处有之。春生苗，高四五尺，大叶如芋叶而有干。夏秋间抽茎开花，如一瓣莲花，碧色，花中有蕊，长作穗……其根似芋魁，大者如升碗，长六七寸，盖野芋之类也。"又引《庚辛玉册》云："羞天草，阴草也。生江、广深谷涧边，其叶极大，可以御雨，叶背紫色，花如莲花，根叶皆有大毒，可煅粉霜、朱砂，小者名野芋。"上述所述，除《庚辛玉册》的野芋外，应为本种。

本种有毒，不宜生食（内服须煎煮 3 ～ 5h）。体虚者及孕妇慎服。其中毒症状为皮肤接触汁液发生瘙痒；眼与汁液接触可导致失明；误食茎、叶可引起舌、喉发痒、肿胀，流涎，肠胃灼痛、恶心、呕吐、腹泻，出汗，惊厥，严重者窒息，心脏停搏而死亡。

【化学参考文献】

［1］Tran H L，Tran D T，Nguyen X D. Study on the chemical composition of *Alocasia macrorrhiza*（L.）Schott growing in Viet Nam［J］. Tap Chi Duoc Hoc，2006，46（12）：4-6.

［2］Nguyen Q T，Pham H N，Pham H M，et al. Two new aloceramides from *Alocasia macrorrhiza*［J］. Tap Chi Hoa Hoc，2005，43（4）：513-516.

［3］Huang W J，Li C，Wang Y H，et al. Anti-inflammatory lignanamides and monoindoles from *Alocasia macrorrhiza*［J］. Fitoterapia，2017，117：126-132.

［4］朱玲花，孟令杰，叶文才，等 . 海芋化学成分研究［J］. 时珍国医国药，2013，24（12）：2859-2860.

［5］朱玲花，黄肖生，叶文才，等 . 海芋的化学成分研究［J］. 中国药学杂志，2012，47（13）：1029-1031.

［6］Elsbaey M，Ahmed K F M，Elsebai M，et al. Cytotoxic constituents of *Alocasia macrorrhiza*［J］. Zeitschrift fuer Naturforschung，C：Journal of Biosciences，2017，72（1-2）：21-25.

［7］Huang W J，Yi X M，Feng J Y，et al. Piperidine alkaloids from *Alocasia macrorrhiza*［J］. Phytochemistry，2017，143：81-86.

［8］Zhu L H，Chen C，Wang H，et al. Indole alkaloids from *Alocasia macrorrhiza*［J］. Chem Pharm Bull，2012，60（5）：670-673.

［9］Osagie A U. Phytosterols in some tropical tubers［J］. J Agri Food Chem，1977，25（5）：1222-1223.

［10］Opute F I，Osagie A U. Identification and quantitative determination of the lipids of *Alocasia macrorrhiza* tubers［J］. J Sci Food Agric，1978，29（12）：1002-1006.

[11] Wang H X，Ng T B. Alocasin，an anti-fungal protein from rhizomes of the giant taro *Alocasia macrorrhiza* [J] . Protein Exprs Purif，2003，28（1）：9-14.
[12] 王辉，陈泽宇，钟国华，等 . 海芋多糖的研究 [J] . 华南师范大学学报（自然科学版），2006，8（3）：92-95.
[13] Bradbury J H，Egan S，Matthews P J. Cyanide content of the leaves and stems of edible aroids [J] . Phytochem Anal，1995，6（5）：268-271.

【药理参考文献】

[1] 卢先明，黄国均，蒋桂华，等 . 海芋抗炎镇痛的药效学研究 [J] . 四川中医，2005，23（10）：44-45.
[2] Fang S，Lin C，Zhang Q，et al. Anticancer potential of aqueous extract of *Alocasia macrorrhiza* against hepatic cancer *in vitro* and *in vivo* [J] . Journal of Ethnopharmacology，2012，141（3）：947-956.
[3] 张俊荣，李育浩，吴清和，等 . 海芋及其不同炮制品煎剂解热作用初步实验研究 [J] . 新中医，1997，29（8）：31-33.
[4] 徐菲拉，何忠平，裘颖儿，等 . 海芋茎汁对小鼠急性毒性的研究 [J] . 中华中医药学刊，2016，34（6）：1508-1510.

【临床参考文献】

[1] 黄国楼，彭建明，罗伟新，等 . 海芋散在复治肺结核中的作用初探 [J] . 热带医学杂志，2008，8（9）：935-937.
[2] 李智勇 . 海芋外敷治疗阑尾脓肿 [J] . 中医外治杂志，1999，8（6）：52.
[3] 中山医学院附属肿瘤医院放射科及肿瘤研究所临床流行病学研究室 . 海芋治疗鼻咽癌咽喉部放射反应的疗效观察 [J] . 医学研究通讯，1977，（6）：22-24.

6. 磨芋属 *Amorphophallus* Blume ex Decne

多年生草本。块茎常扁球形，稀球形或长圆柱形。茎下部具鳞叶。叶片 1 枚，通常 3 全裂，裂片再羽状或二次羽状分裂；叶柄粗壮，常有各式色斑。花序单一，具长柄，稀具短柄；佛焰苞基部漏斗形或钟形，席卷，檐部常多少展开；肉穗花序直立，两性，下部为雌花序，上接能育的雄花序，最后为附属物，附属物增粗或延长；花单性，无花被；雄花有雄蕊 1 或 3 ～ 6 枚，雌花有心皮 1 枚，或 3 ～ 4 枚，子房 1 ～ 4 室，每室有 1 粒胚珠。浆果，球形或扁球形。

约200种，分布于非洲、亚洲、大洋洲的热带地区。中国16种，主产于长江以南各地，法定药用植物3种。华东地区法定药用植物 2 种。

1091. 疏毛磨芋（图 1091）• *Amorphophallus sinensis* Belval [*Amorphophallus kiusianus*（Makino）Makino]

【别名】华东魔芋、蛇头草（浙江）、疏毛摩芋。

【形态】块茎扁球形，直径 3 ～ 20cm。鳞叶 2 枚，卵状披针形，具青紫色、淡红色斑块。叶柄粗壮，绿色，具白色斑块，长达 1.5m，光滑；叶片绿色，掌状 3 全裂，每裂片 2 歧分叉后再羽状深裂，小裂片通常 8 ～ 30 枚，狭卵形或卵形，长 4 ～ 10cm，宽 3 ～ 3.5cm，顶端渐尖至尾状渐尖，基部向羽轴渐狭下延，全缘。总花梗长 20 ～ 45cm，光滑，绿色，具白色斑块；佛焰苞长 15 ～ 20cm，管部深卷，外面绿色，具白色斑块，内面暗青紫色，檐部展开呈斜漏斗状，外面淡绿色，内面淡红色；肉穗花序圆柱形，长 10 ～ 22cm，雌花序长 2 ～ 4cm，雄花序长 3 ～ 4cm，附属物长圆锥状，长 7 ～ 14cm，深青紫色，散生长约 10mm 的紫黑色硬毛；雄蕊 3 ～ 4 枚，药隔外凸；雌花子房球形，2 室，无花柱，柱头盘状。浆果红色，成熟后变蓝色。花期 5 ～ 6 月，果期 7 ～ 8 月。

【生境与分布】生于山地林下、灌丛中，或栽培。分布于江苏、浙江、江西和福建。

【药名与部位】蛇六谷，块茎。

【采集加工】秋、冬二季茎叶枯萎时采挖，除去须根及外皮，干燥。

【药材性状】呈扁球形，表面类白色、黄色至淡棕色，较光滑，有时可见凹陷的茎痕、麻点状根痕及暗褐色残留外皮。切面类白色至灰棕色，有细密的颗粒状突起或凹陷。粉性。微具鱼腥气，味淡，嚼

图 1091 疏毛磨芋 摄影 李华东等

之有麻舌感。

【药材炮制】除去杂质，洗净，润软，切厚片，干燥。

【性味与归经】辛，温；有毒。归肺、肝、脾经。

【功能与主治】化痰散积，行瘀消肿。用于痰嗽，积滞，疟疾，经闭，跌打损伤，痈肿，疔疮，丹毒，烫伤。

【用法与用量】煎服 5 ～ 10g。外用适量，醋磨涂或煮熟捣敷。

【药用标准】浙江炮规 2015。

【临床参考】1. 无名肿毒、疔痈：鲜块茎（或茎叶）适量，捣烂敷患处。

2. 颈淋巴结结核：块茎 15 ～ 30g，加水煎 2h 以上，取汁服。

3. 脚癣：块茎切块擦患处。

4. 毒蛇咬伤辅助治疗：鲜块茎适量加食盐少许捣烂敷伤处；或取块茎加浓茶磨汁，用鸡毛蘸敷肿胀处。（1 方至 4 方引自《浙江药用植物志》）

【附注】*Flora of China* 将本种修订为东亚魔芋 *Amorphophallus kiusianus*（Makino）Makino。

本种有毒，生品不可内服（《浙江药用植物志》）。

1092. 磨芋（图 1092）• *Amorphophallus rivieri* Durieu

图 1092　磨芋　　摄影　徐克学等

【别名】魔芋，蒟蒻（浙江）。

【形态】块茎扁球形，直径 7 ～ 25cm，有多数肉质根及纤维状须根。叶柄粗壮，长 30 ～ 150cm，基部粗 3 ～ 5cm，光滑，黄绿色，有绿褐色或白色斑块，基都有膜质鳞叶 2 ～ 3 枚，披针形；叶 3 全裂，裂片具长柄，每裂片再作二回羽状分裂或二歧分裂，小裂片互生，大小不等，长 2 ～ 8cm，长圆状椭圆形，骤狭渐尖，基部宽楔形，外侧下延呈翅状。总花梗长 50 ～ 70cm；佛焰苞漏斗形，长 20 ～ 30cm，基部席卷，管部苍绿色，杂以暗色斑块，边缘紫红色，檐部长心形，锐尖，边缘折波状，外面近绿色，内面深紫色；肉穗花序比佛焰苞长近 1 倍，雌花序长约 6cm，深紫色，杂以少数两性花的雄花序长约 8cm，附属物圆锥形，长 20 ～ 25cm，无毛，紫色，具小薄片或棱状体；子房长约 2mm，2 室；花柱与子房近等长，柱头边缘 3 裂。浆果球形，成熟时黄绿色。花期 5 ～ 6 月，果期 7 ～ 9 月。

【生境与分布】生于林下阴湿处。分布于安徽、浙江、江西及福建，另秦岭至长江以南各省、区均有分布；越南、泰国也有分布。

磨芋与疏毛磨芋的主要区别点：磨芋的附属物较长，无毛；花柱长约 2mm，柱头 3 裂；佛焰苞管部苍绿色，杂以暗色斑块，边缘紫红色，檐部长心形，锐尖，边缘折波状，外面近绿色，内面深紫色。疏毛磨芋的附属物较短，具硬毛；无花柱，柱头盘状；佛焰苞管部深卷，外面绿色，具白色斑块，内面暗青紫色，檐部展开呈斜漏斗状，外面淡绿色，内面淡红色。

【药名与部位】魔芋（独脚乌桕），块茎。

【采集加工】秋、冬二季茎叶枯萎时采挖，除去地上部分和须根，洗净，干燥或切厚片，干燥。

【药材性状】未切者呈扁球形，直径 7.5 ～ 25cm，顶部中央有凹陷的茎痕或残留的茎基，颈部周围散在须根痕、小瘤状芽痕和瘤状肉质根痕，底部光滑。切片者为横切或纵切的不规则块片，弯曲不平，厚薄不等，大小不一，外皮薄，表面黄褐色至暗红褐色。肉质，易断，断面类白色，颗粒状，可见线状导管。气微，味淡，微辣而麻舌。

【药材炮制】除去杂质，洗净，切厚片，干燥。

【化学成分】根茎含糖类：κ- 角叉菜胶（κ-carrageenan）、葡甘露聚糖（glucomannan）[1]，D- 葡萄糖（D-glucose）、D- 甘露糖（D-mannose）、甘露聚糖（mannan）[2] 和魔芋甘露聚糖（konjakmannan）[3]；脑苷类：1-*O*-β-D- 吡喃葡萄糖基 -（2*S*, 3*R*, 4*E*, 8*Z*）-2-*N*-［（2′*R*）- 羟基烷烃酰基］- 棕榈酰基十八鞘氨 -4, 8- 二烯醇 {1-*O*-β-D-glucopyranosyl-（2*S*, 3*R*, 4*E*, 8*Z*）-2-*N*-［（2′*R*）-hydroxyalkanoyl］-octadecasphinga-4, 8-dienine}、羟基烷烃酰基由 2- 羟基十六酰基（2-hydroxyhexadecanoyl）、2- 羟基十八酰基（2-hydroxyoctadecanoyl）、2- 羟基二十酰基（2-hydroxyeicosanoyl）、2- 羟基二十二酰基（2-hydroxydocosanoyl）和 2- 羟基二十四酰基（2-hydroxytetracosanoyl）组成[4]。

【药理作用】1. 降血糖　块茎水提取物可显著降低四氧嘧啶糖尿病模型大鼠的空腹血糖，显著增强糖耐量能力，并能改善胰岛结构[1]。2. 降血脂　块茎超细及纳米粉末可明显降低营养性肥胖大鼠的体重，降低血液中的甘油三酯（TG）、胆固醇（TC）和高密度脂蛋白（HDL）含量[2]；块茎中分离得的葡甘聚糖可降低脂肪肝鹌鹑模型血清中的甘油三酯、胆固醇、低密度脂蛋白胆固醇（LDL-C）含量，以及肝脏中的甘油三酯、胆固醇含量，减少肝脏系数、肝细胞脂变[3]。3. 减肥　块茎的超细粉末可明显降低营养性肥胖大鼠的体重，降低血液中的甘油三酯、高密度脂蛋白和胆固醇含量，降低 Lee’s 系数，其减肥作用超细粉末比其精粉及其多糖更明显[4]。4. 通便　从块茎水提取物分离得的葡甘聚糖可缩短地芬诺酯便秘模型小鼠的排便时间、增加排便数量和粪便含水量，可显著提高地芬诺酯便秘模型小鼠的小肠墨汁推进率[5]。5. 抗氧化　块茎精粉水提取物分离得的甘露低聚糖可显著提高脂多糖（LPS）氧化损伤处理的人结肠癌 Caco-2 细胞培养上清液中的超氧化物歧化酶（SOD）和还原型谷胱甘肽（GSH）含量，降低丙二醛（MDA）含量，可显著提高脂多糖诱导肠上皮细胞损伤模型小鼠的血清还原型谷胱甘肽含量和超氧化物歧化酶含量，减少小鼠肠道的炎性损伤[6]。6. 抗炎　块茎醇提水制剂可明显抑制蛋清所致大鼠的足跖肿胀[7]。7. 抗肿瘤　块茎乙醇提取物可显著抑制胃癌 SGC-7901 细胞和 AGS 细胞的增殖，增加细胞凋亡并诱导细胞周期停滞，降低凋亡相关蛋白 Survivin 和 Bcl-2 的表达，增加 Bax 和半胱氨酸蛋白酶 -9 的表达[8]。8. 降血压　块茎的提取物可降低家兔的血压[7]；从块茎提取制备的血管紧张素转化酶（ACE）抑制肽在体外具有降血压作用，其血管紧张素转化酶的抑制作用为 58.9%，低于阳性对照卡托普利[9]。9. 抗凝血抗血栓　从块茎葡甘聚糖制备的低聚魔芋葡甘聚糖醛酸丙酯硫酸酯钠盐能明显延长小鼠的凝血时间（CT），延长兔血浆中凝血酶原时间（PT）、降低纤维蛋白原（Fb）含量，降低手术性血栓模型大鼠的血栓重量[10]。10. 抗衰老　从块茎提取得到的多糖对 D- 半乳糖诱导的衰老模型小鼠可显著抑制老化指标，提高血中谷胱甘肽过氧化物酶（GSH-Px）及血清中胆固醇和脂质过氧化物含量，提高肝超氧化物歧化酶含量，降低过氧化氢酶、脑单胺氧化酶（MAO-B）含量[11]。11. 抗菌　块茎的水提取物对白喉杆菌、伤寒杆菌及溶血性链球菌的生长均有较好的抑制作用[7]；从块茎提取的葡甘露聚糖对大肠杆菌和金黄色葡萄球菌的生长有一定的抑制作用[12]。12. 抗缺氧　块茎的水提取物可延长正常小鼠常压缺氧生存时间、注射异丙肾上腺素小鼠常压缺氧生存时间[7]。

毒性　大鼠单次经口给予块茎甲醇提取物或水提取物的最大给药量 2g/kg，未见明显毒副反应，也未引起动物死亡[8]；块茎水提取物分离得到的葡甘聚糖对小鼠灌胃最大给药量 2g/kg，灌胃后小鼠出现行动迟缓，但过几分钟后恢复正常，粪便无异常，观察 1 周，小鼠未见死亡[4]。

【性味与归经】辛、苦，寒。有毒。

【功能与主治】化痰消积，解毒散结，行瘀止痛。用于痰嗽，积滞，疟疾，瘰疬，癥瘕，跌打损伤，痈肿，疔疮，丹毒，烫火伤，蛇咬伤。

【用法与用量】煎服 9 ～ 15g（需久煎 2h 以上）。外用适量，捣敷或抹醋涂。

【药用标准】湖北药材 2009 和广东药材 2011。

【临床参考】1. 乳痈、肿痛：魔芋大蒜多糖胶囊（块茎、大蒜中提取的魔芋多糖和大蒜多糖按 7 ∶ 3 的比例混匀，制备成胶囊，每粒重 0.3g）口服，1 次 3 粒，每日 3 次，4 周 1 疗程[1]。

2. 流行性急性结膜炎：块茎磨粉制成豆腐，做菜食用，中、晚餐各 250g[2]。

3. 老年慢性肾功能衰竭辅助治疗：块茎制成魔芋精粉口服，1 次 3 ～ 6g，每日 3 次，4 周 1 疗程，连用 3 ～ 4 疗程[3]。

4. 流行性腮腺炎：块茎 1 个，加红糖适量，捣碎，外敷患处，厚度约 1cm，敷 12h[4]。

5. 糖尿病辅助治疗：块茎磨粉制成豆腐，每日 150 ～ 300g（每 100g 含膳食纤维 2.7g），于午餐 1 次进食或分午、晚 2 餐分食[5]。

【附注】本种以蒟蒻之名始载《开宝本草》，云："生吴、蜀。叶似由跋、半夏，根大如碗。生阴地，雨（露）滴叶下生子。"《本草图经》在天南星条下云："茎斑花紫，是蒟蒻。"又云："江南吴中出白蒟蒻亦曰鬼芋，根都似天南星，生下平泽极多。皆杂采以为天南星，了不可辨，市中所收往往是此。但天南星肌细腻，而蒟蒻茎斑花紫，南星茎无斑，花黄，为异尔。"《本草纲目》云："蒟蒻出蜀中，施州亦于有之，呼为鬼头，闽中人亦种之……春时生苗，至五月移之。长一二尺，与南星苗相似，但多斑点，宿根亦自生苗……经二年者，根大如碗及芋魁，其外理白，味亦麻人。"上述描述当包含本种及同属近似种。

Flora of China 将本种和东川磨芋 *Amorphophallus mairei* Levl. 合并为花磨芋 *Amorphophallus konjac* K. Koch。

同属植物野磨芋 *Amorphophallus variabilis* Blume 的块茎民间也作磨芋药用。

本种块茎不宜生服，内服不宜过量；误食生品中毒症状为舌、咽喉灼热、痒痛、肿大。

【化学参考文献】

[1] Wootton A N，Luker-Brown M，Westcott R J，et al. The extraction of a glucomannan polysaccharide from konjac corms（elephant yam，*Amorphophallus rivieri*）[J]. J Sci Food Agric，1993，61（4）：429-433.

[2] 李志孝，武和平，蔡文涛，等. 魔芋甘露聚糖的研究[J]. 兰州大学学报（自然科学版），1987，23（4）：161-162.

[3] 吴万兴，李科友，张忠良，等. 魔芋甘露聚糖化学结构的研究[J]. 林产化学与工业，1997，17（2）：69-72.

[4] 侯雪，王红，李娟，等. 魔芋中脑苷脂类化合物的分离与结构鉴定（英文）[J]. 天然产物研究与开发，2009，21（6）：913-915.

【药理参考文献】

[1] 茅彩萍，徐乃玉，顾振纶. 魔芋精粉对四氧嘧啶糖尿病大鼠的降糖作用[J]. 中国现代应用药学，2001，18（3）：185-187.

[2] 吴道澄，吴红. 魔芋超细及纳米粉末的减肥特性研究[J]. 中草药，2003，34（2）：49-51.

[3] 刘红. 魔芋葡甘聚糖对鹌鹑脂肪肝的实验性治疗[J]. 营养学报，2005，27（1）：77-78.

[4] 席晓莉，吴道澄，吴红. 魔芋超细粉末的减肥作用[J]. 第四军医大学学报，2003，24（19）：1812-1814.

[5] 黄蕊. 魔芋葡甘聚糖提取工艺及其通便功效的研究[D]. 成都：四川师范大学硕士学位论文，2010.

[6] 张帅. 魔芋甘露低聚糖与枯草芽孢杆菌对 LPS 诱导肠道氧化损伤的保护作用及机制研究[D]. 武汉：华中农业大学硕士学位论文，2018.

[7] 谢志华. 魔芋的药理研究[J]. 广西中医药，1990，13（1）：46.

[8] Chen X，Yuan L Q，Li L J，et al. Suppression of gastric cancer by extract from the tuber of *Amorphophallus konjac* via induction of apoptosis and autophagy[J]. Oncology Reports，2017，38（2）：1051-1058.

[9] 周亚丽. 魔芋 ACE 抑制肽分离纯化及体外降血压活性研究[D]. 西安：陕西科技大学硕士学位论文，2017.

[10] 张迎庆，干信，曾凡波，等. 低聚魔芋葡甘聚糖醛酸丙酯硫酸酯钠盐抗凝血和抗血栓作用研究[J]. 中国生化药物杂志，2001，22（5）：221-223.

[11] 古元冬，史建勋，胡卓逸. 魔芋多糖的抗衰老作用[J]. 中草药，1999，30（2）：127-128.

[12] 熊武国，李太兵，李加兴，等. KGM 的乙醇沉淀法提取及体外抑菌活性 [J]. 吉首大学学报（自然科学版），2017，38（3）：60-63.

【临床参考文献】

[1] 向宏. 魔芋大蒜多糖胶囊治疗高脂血症的临床疗效观察 [J]. 医学信息（中旬刊），2011，24（2）：652-653.
[2] 王小荣，陈吉明. 魔芋豆腐对红眼病的治疗效果研究 [J]. 卫生职业教育，2005，23（24）：102-103.
[3] 程世平，刘加林，袁静. 魔芋对老年慢性肾功能衰竭患者血液流变性及肾功能影响的临床观察 [J]. 中国微循环，2005，9（4）：282-283.
[4] 陈元，肖强先，杨世丁. 魔芋外敷治疗流行性腮腺炎 [J]. 中国民族民间医药杂志，2001，（4）：244-245.
[5] 杨振娥. 魔芋豆腐应用于糖尿病降糖疗效观察 [J]. 云南中医中药杂志，1999，20（5）：38-39.

7. 天南星属 *Arisaema* Mart.

多年生草本。具块茎，茎下部常围有鳞叶。叶片为 3 浅裂、深裂、全裂或鸟足状或放射状全裂；叶柄多少具长鞘，常与花序柄具同样的斑纹。佛焰苞管部席卷，圆筒形或喉部开阔，檐部常盔状，渐尖；肉穗花序单性或两性，雌花序常密花，雄花序多疏花，两性花序接雌花序之上，上部常有少数中性花残遗物，附属物仅达佛焰苞喉部或稍伸出；花单性，雄花有雄蕊 2 ～ 5 枚，残遗中性花系不育雄花，雌花密集，子房 1 室，胚珠 1 ～ 9 粒。浆果，倒卵圆形。种子卵球状，具锥尖。

约 150 种，主产于亚洲热带和亚热带地区，少数产于非洲、美洲热带和亚热带地区。中国约 82 种，南北各省有分布，其中云南最多，法定药用植物 10 种。华东地区法定药用植物 2 种。

1093. 一把伞南星（图 1093）• *Arisaema erubescens*（Wall.）Schott（*Arisaema consanguineum* Schott）

【别名】天南星（浙江）。

【形态】块茎扁球形，直径 2 ～ 6cm。块茎鳞叶有紫褐斑纹。叶片 1 枚，极稀 2 枚，放射状全裂，幼株仅有裂片 3 ～ 4 枚，多年生植株叶可多达 20 枚以上，放射状平展，条形，长圆状条形、披针形至倒披针状长圆形，长 6 ～ 24cm，宽 1 ～ 5cm，顶端渐尖至尾状长尖，向基部渐狭，全缘，侧脉纤细；叶柄长 40 ～ 60cm，中部以下具鞘，鞘部粉绿色，上部绿色。总花梗短于叶柄；佛焰苞绿色，背面有清晰的白色条纹，或紫色而无条纹，管部圆筒形，喉部边缘截形，有时稍外卷，檐部通常颜色较深，长圆状卵形，常具条状长尾，长 4 ～ 7cm；肉穗花序单性，雌花序长约 2cm，雄花序长 2 ～ 4cm，附属物棒状圆柱形，直立；雄花有雄蕊 2 ～ 4 枚，雌花无花柱，柱头小。浆果成熟时红色。种子 1 ～ 2 粒，球形。花期 5 ～ 7 月，果期 8 ～ 9 月。

【生境与分布】生于林下阴湿处。分布于安徽、浙江、江西、山东和福建，另我国除东北、内蒙古、新疆等地外均有分布；泰国、缅甸、尼泊尔至印度也有分布。

【药名与部位】天南星，块茎。

【采集加工】秋、冬二季茎叶枯萎时采挖，除去须根及外皮，干燥。

【药材性状】呈扁球形，高 1 ～ 2cm，直径 1.5 ～ 6.5cm。表面类白色或淡棕色，较光滑，顶端有凹陷的茎痕，周围有麻点状根痕，有的块茎周边有小扁球状侧芽。质坚硬，不易破碎，断面不平坦，白色，粉性。气微辛，味麻辣。

【质量要求】去皮，色白。

【药材炮制】生天南星：除去杂质，洗净，干燥。生天南星片：除去杂质，洗净，润软，切厚片，干燥。制天南星：取生天南星，按大小分别用水浸泡，每日换水 2 ～ 3 次，如起白沫时，换水后加白矾（每 100kg 天南星，加白矾 2kg），泡 1 日后，再换水，至切开口尝微有麻舌感时取出。将生姜片、白矾置锅

图 1093　一把伞南星　　摄影　李华东等

内加适量水煮沸后，倒入天南星共煮至无干心时取出，除去姜片，晾至四至六成干，切薄片或厚片，干燥。胆南星：取制天南星，研成细粉，分次加入胆汁，拌匀，压制成厚 2 ～ 3cm 的软块，再切成小方块，置适宜容器内，蒸 30min；或放置发酵，日晒夜露 3 ～ 4 天，干燥。

【化学成分】块茎含黄酮类：夏佛托苷（schaftoside）、异夏佛托苷（isoschaftoside）、芹菜素 -6-C-β-D-吡喃葡萄糖基 -8-C-α-L- 阿拉伯糖苷（apigenin-6-C-β-D-glucopyranosyl-8-C-α-L-arabinoside）、芹菜素 -6-C-α-L- 阿拉伯糖基 -8-C-β-D- 吡喃葡萄糖苷（apigenin-6-C-α-L-arabinosyl-8-C-β-D-glucopyranoside）、芹菜素 -6-C- 阿拉伯糖 -8-C- 半乳糖苷（apigenin-6-C-arabinosyl-8-C-galactoside）、芹菜素 -6-C- 半乳糖糖基 -8-C-阿拉伯糖苷（apigenin-6-C-galactosyl-8-C-arabinoside）、芹菜素 -6, 8- 二 -C-β-D- 吡喃葡萄糖苷（apigenin-6, 8-di-C-β-D-glucopyranoside）和芹菜素 -6, 8- 二 -C-β-D- 半乳糖苷（apigenin-6, 8-di-C-β-D-galactoside）[1]；甾体类：β- 谷甾醇（β-sitosterol）和胡萝卜苷（daucosterol）[2]；脂肪酸类：二十六烷酸（hexacosanoic acid）和三十烷酸（triacontanoic acid）[2]；酰胺类：橙黄胡椒酰胺乙酯（aurantiamide acetate）[3]；呋喃类：2- 糠基 -5- 甲基呋喃（2-furfuryl-5-methylfuran）、2- 烯丙基呋喃（dimethyldially furan）、2- 呋喃甲醇乙酰酯（2-furanmethanol acetate）和 2, 2′- 次甲基呋喃（2, 2′-methylene furan）[4]；酚酸类：没食子酸（gillic acid）、没食子酸乙酯（ethylgallate）[2]，间甲基苯酚（*m*-cresol）[4] 和丹皮酚（paeonol）[5]；烷烃类：四十烷（tetraconta-diolefine）[2]；其他尚含：芳樟醇（linalool）和苯乙烯（styrene）[4]。

【药理作用】1. 镇静　块茎的 60% 乙醇提取物，对小鼠戊巴比妥钠的催眠均有明显的协同作用，也能抑制小鼠自主活动[1]。2. 抗心律失常　块茎的 60% 乙醇提取物，对乌头碱诱发大鼠心律失常具有一定的对抗作用，能缩短心律失常持续时间[1]。3. 抗菌　块茎的醇提取物对革兰氏阴性菌（大肠杆菌、鸡大肠杆菌、猪大肠杆菌）和革兰氏阳性菌（金黄色葡萄球菌、藤黄微球菌、蜡样芽孢杆菌、短小芽孢杆菌）的生长均有明显的抑制作用[2]。4. 抗惊厥　块茎的 60% 乙醇提取物在 10.5g 生药 /kg 时，能对抗戊四唑引起的小鼠惊厥[1]。

毒性 块茎的200目细粉对兔眼有刺激作用，但属于可逆性，可在给药后1～2天恢复；块茎的60%乙醇提取物对小鼠经口给予的半数致死剂量（LD_{50}）为167.3g生药/kg[1]。

【性味与归经】苦、辛，温。有毒。归肺、肝、脾经。

【功能与主治】燥湿化痰，祛风止痉，散结消肿。用于顽痰咳嗽，风痰眩晕，中风痰壅，口眼歪斜，半身不遂，癫痫，惊风，破伤风。

【用法与用量】一般炮制后用，制南星3～9g，胆南星3～6g；外用生品适量，研末以醋或酒调敷患处。

【药用标准】药典1963—2015、浙江炮规2015、贵州药材1965、藏药1979、新疆药品1980二册、内蒙古蒙药1986和台湾2013。

【附注】《本草拾遗》在记述天南星时云："天南星主金疮，伤折，瘀血，取根碎，敷伤处，生安东山谷，叶如荷，独根。"这里的'叶如荷'，即是本种叶裂片放射状排列的特征。

本种的块茎（药材天南星）阴虚燥咳、热极、血虚动风者禁服，孕妇慎服。生天南星使用不当易致中毒，症状有口腔黏膜糜烂，甚至坏死脱落、唇舌咽喉麻木肿胀、运动失灵、味觉消失、大量流涎、声音嘶哑、言语不清、发热、头昏、心慌、四肢麻木，严重者可出现昏迷、惊厥、窒息和呼吸停止。

【化学参考文献】

［1］杜树山，雷宁，徐艳春，等. 天南星黄酮成分的研究［J］. 中国药学杂志，2005，40（19）：1457-1459.

［2］杜树山，徐艳春，魏璐雪. 天南星化学成分研究（Ⅰ）［J］. 中草药，2003，34（4）：310-311.

［3］Ducki S，Hadfield J A，Zhang X G，et al. Isolation of aurantiamide acetate from *Arisaema erubescens*［J］. Planta Med，1996，62（3）：277-278.

［4］杨遒嘉，刘文炜，霍昕，等. 天南星挥发性成分研究［J］. 生物技术，2007，17（5）：52-54.

［5］Ducki S，Hadfield J A，Lawrence N J，et al. Isolation of paeonol from *Arisaema erubescens*［J］. Planta Med，1995，61（6）：586-587.

【药理参考文献】

［1］秦彩玲，胡世林，刘君英，等. 有毒中药天南星的安全性和药理活性的研究［J］. 中草药，1994，25（10）：527-530.

［2］王关林，蒋丹，方宏筠. 天南星的抑菌作用及其机理研究［J］. 畜牧兽医学报，2004，35（3）：280-285.

1094. 天南星（图1094）• *Arisaema heterophyllum* Blume

【别名】异叶天南星（浙江），蛇苞鲁（安徽）。

【形态】块茎扁球形，直径1.5～6cm，周围生根，常具侧生小块茎。鳞叶4～5枚，膜质。叶常1枚；叶柄圆柱形，长25～50cm，下部3/4鞘状；叶片鸟足状分裂，裂片7～19枚，倒披针形、长圆形，条状长圆形，先端渐尖，基部楔形，全缘，无柄或具短柄，侧裂片长7～22cm，宽2～6cm，中裂片长3～15cm，宽0.7～5.8cm，比侧裂片几短1/2。总花梗常短于叶柄；佛焰苞管部长3～8cm，宽1～2.5cm，喉部戟形，边缘稍外卷，檐部卵形或卵状披针形，常下弯呈盔状；肉穗花序有两性花序和单性雄花序两种；两性花序中，雄花部分长1.5～3.2cm，雄花疏生，大部分不育，雌花部分长1～2.2cm，雌花球形，花柱明显，柱头小；单性雄花序长3～5cm，雄花具柄，附属物绿白色，细长，鼠尾状，长10～50cm。浆果圆柱形，成熟时黄红色至橘红色。种子黄色，有红色斑点。花期4～5月，果期7～9月。

【生境与分布】生于林下阴湿处。分布于华东各地，另我国除西北、西藏外的省区均有分布；日本，朝鲜也有分布。

天南星与一把伞南星的主要区别点：天南星的叶片鸟足状分裂；附属物细长，鼠尾状。一把伞南星的叶片放射状全裂；附属物棒状圆柱形，直立。

图 1094　天南星　　摄影　李华东等

【药名与部位】天南星，块茎。

【采集加工】秋、冬二季茎叶枯萎时采挖，除去须根及外皮，干燥。

【药材性状】呈扁球形，高 1 ～ 2cm，直径 1.5 ～ 6.5cm。表面类白色或淡棕色，较光滑，顶端有凹陷的茎痕，周围有麻点状根痕，有的块茎周边有小扁球状侧芽。质坚硬，不易破碎，断面不平坦，白色，粉性。气微辛，味麻辣。

【质量要求】去皮，色白。

【药材炮制】生天南星：除去杂质，洗净，干燥。生天南星片：除去杂质，洗净，润软，切厚片，干燥。制天南星：取生天南星，按大小分别用水浸泡，每日换水 2 ～ 3 次，如起白沫时，换水后加白矾（每 100kg 天南星，加白矾 2kg），泡 1 日后再换水，至切开口尝微有麻舌感时取出。将生姜片、白矾置锅内加适量水煮沸后，倒入天南星共煮至无干心时取出，除去姜片，晾至四至六成干，切薄片或厚片，干燥。胆南星：取制天南星，研成细粉，分次加入胆汁，拌匀，压制成厚 2 ～ 3cm 的软块，再切成小方块，置适宜容器内，蒸 30min；或放置发酵，日晒夜露 3 ～ 4 天，干燥。

【化学成分】根含脂肪酸及酯类：琥珀酸（butanedioic acid）和十八酸单甘酯（glycerolmonostearic acid）[1]；甾体类：β- 谷甾醇（β-sitosterol）和胡萝卜苷（daucosterol）[1]。

【药理作用】1. 抗肿瘤　块茎醇提取物的氯仿萃取物可明显抑制肝癌 HepG2 细胞的增殖，且抑制作用随给药时间的延长及药物质量浓度的增加而明显增强[1]；块茎的醇提取物对肝癌 SMMC-7721 细胞增殖有显著的抑制作用，能诱导 SMMC-7721 细胞程序性凋亡，其抑制细胞生长率与药物浓度、作用时间呈剂量依赖性，诱导细胞凋亡的机制可能是通过激活特定的传导通路 Caspase 途径实现的[2]；块茎的醇提取物对体内移植的小鼠肉瘤 S180 和小鼠肝癌 H22 细胞的增殖具有显著的抑制作用，但对小鼠脾细胞增殖无抑制作用，相反在体外实验中大剂量对脾细胞的增殖有促进作用，因此推测可能是通过增强机体免疫力来实现其抗肿瘤的作用[3]；块茎的醇提取物和水提取物对体外人红白血病 K562 细胞、人胃癌 BGC823 细胞、人宫颈癌 HeLa 细胞的增殖有明显的抑制作用，且前者的作用大于后者[4]。2. 镇静 块茎的 60% 醇提取物能明显抑制小鼠自主活动[5]。3. 抗心律失常 块茎的 60% 乙醇提取物对乌头碱诱发大鼠心律失常具有一定的对抗作用，既能延缓心律失常出现时间，又能缩短心律失常持续时间[5]。

毒性 块茎的 200 目细粉对兔眼有刺激作用，但属可逆性，可在给药后 1 ～ 2 天恢复；块茎的 60% 乙醇提取物小鼠经口给予的半数致死剂量（LD_{50}）为 159.0g 生药 /kg[5]。

【性味与归经】苦、辛，温；有毒。归肺、肝、脾经。

【功能与主治】燥湿化痰，祛风止痉，散结消肿。用于顽痰咳嗽，风痰眩晕，中风痰壅，口眼歪斜，半身不遂，癫痫，惊风，破伤风。

【用法与用量】一般炮制后用，制南星 3 ～ 9g，胆南星 3 ～ 6g；外用生品适量，研末以醋或酒调敷患处。

【药用标准】药典 1963—2015、浙江炮规 2015、藏药 1979、新疆药品 1980 二册、内蒙古蒙药 1986 和台湾 2013。

【临床参考】1. 膝骨关节炎：制块茎（先煎 30min）15g，加续断、独活、骨碎补各 15g，熟地、山药、山茱萸、怀牛膝、当归、川芎、杜仲各 10g，红花 6g、没药 9g，肿胀明显者加泽泻、半夏各 10g，茯苓 12g、刘寄奴 15g；疼痛剧烈者二诊、三诊可增加制块茎剂量，1 次增加 5g，最大剂量 30g；腰膝无力者加补骨脂 10g、菟丝子 12g；阳虚寒盛者加制川乌 10g、细辛 5g；瘀滞明显者加地鳖虫 10g、大血藤 20g。水煎，分 2 次温服，每日 1 剂，10 日 1 疗程，疗程间休息 2 天，治疗 4 疗程[1]。

2. 疥疮：鲜块茎 50g 捣烂，加入 500ml 陈醋，浸泡 1 周备用，温水清洗后棉球蘸药外涂患处；若伴化脓性感染，过氧化氢消毒后再涂药水，每日 2 次，连用 3 ～ 10 日[2]。

3. 小儿流涎：块茎 100g，碾碎，用白醋 25 ～ 50ml 浸泡，晨起取两粒分别敷于两涌泉穴，胶布固定，睡前去掉，每日 1 次，10 日 1 疗程[3]。

4. 麦粒肿：块茎，加生地黄各等份，共研细末，蜜调成膏，外敷同侧太阳穴，1 日 1 次[4]。

5. 毒蛇咬伤：鲜块茎 10g，或干块茎 5g，1 次用食醋 10ml 磨细，搽患处及周围，搽涂范围越大效果越佳，每日 2 ～ 3 次，另宜配合西医治疗[5]。

6. 蝮蛇咬伤：鲜块茎适量，加初春虎杖根 40g，藤黄、鸭跖草各适量；虎杖根研粉，用酒和水各 50ml 煎服，同时用三棱针扩创，加盐水挤揉排毒，鲜块茎加鸭跖草捣烂外敷，藤黄粉调水涂抹全部肿胀部位，内服药 1 剂，每日分 2 次，外用药每日 1 次。

7. 破伤风、项强口噤：块茎，加防风各等份，研粉外敷创口，也可用生姜汁和温酒调服，1 次 3 ～ 6g。

8. 无名肿毒、腮腺炎：块茎，醋磨，外敷患处；或加野荞麦、野芋艿各等份，研细粉，加冰片少许，醋调外敷。

9. 刀伤出血：鲜块茎，加生半夏、漂净乌贼骨各等份研粉、混匀，外敷伤口。（7 方至 9 方引自《浙江药用植物志》）

【附注】天南星始载于《名医别录》，谓："生平泽，处处有之。叶似蒻叶，根如芋。二月、八月采之。"《本草图经》云："二月生苗似荷梗，茎高一尺以来。叶如蒟蒻，两枝相抱，五月开花似蛇头，黄色。七月结子作穗似石榴子，红色。根似芋而圆。"据所载形态特征及对照《本草图经》"滁州天南星"图，即为本种。

全株有毒，生块茎使用不当尤易致中毒，皮肤接触后发生瘙痒。咀嚼其块茎后可即刻发生舌、喉发痒灼热，舌体肿大，口唇水肿起泡，麻木，味觉丧失，语言不清，声音嘶哑，张口困难等症，严重者出现口腔黏膜糜烂，甚至坏死脱落；误食后，除上述症状外，尚有恶心、呕吐、腹泻、头昏、心跳及四肢麻木等症，常因咽喉严重水肿窒息而死亡（《浙江药用植物志》）。

同属植物刺柄南星 *Arisaema asperatum* N. E. Brown、螃蟹七 *Arisaema fargesii* Buchet 及川中南星 *Arisaema wilsonii* Engl. 的块茎在四川作天南星药用。

本种的块茎（药材天南星）阴虚燥咳、热极、血虚动风者禁服，孕妇慎服。

【化学参考文献】

［1］杨中林，韦英杰，叶文才 . 异叶南星的化学成分研究［J］. 中成药，2003，25（3）：228-229.

【药理参考文献】

［1］徐正哲，王飞雪，陈正爱 . 异叶天南星氯仿萃取物对肝癌 HepG-2 细胞的凋亡作用［J］. 延边大学医学学报，2016，39（1）：10-13.
［2］杨宗辉，尹建元，魏征人，等 . 天南星提取物诱导人肝癌 SMMC-7721 细胞凋亡及其机制的实验研究［J］. 中国老年学杂志，2007，32（2）：142-144.
［3］张志林，汤建华，陈勇，等 . 中药天南星醇提物抗肿瘤活性的研究［J］. 陕西中医，2010，31（2）：242-243.
［4］张志林，汤建华，刘晓明，等 . 中药天南星提取物抗肿瘤活性研究［J］. 山东医药，2009，49（52）：44-45.
［5］秦彩玲，胡世林，刘君英，程志铭 . 有毒中药天南星的安全性和药理活性的研究［J］. 中草药，1994，25（10）：527-530.

【临床参考文献】

［1］李晓成 . 天南星合补肾活血汤治疗膝骨关节炎 75 例临床观察［J］. 中国民族民间医药，2015，24（23）：50-51.
［2］邹泽春 . 陈醋浸生天南星治疗疥疮［J］. 湖北中医杂志，2001，23（3）：31.
［3］周凯 . 醋制天南星敷贴涌泉穴治疗小儿流涎 10 例［J］. 中国针灸，2000，19（1）：39.
［4］汤国瑶 ."天南星膏"外敷太阳穴治疗麦粒肿［J］. 江西中医药，1985，（1）：11.
［5］庞荣光 . 天南星解蛇毒［J］. 四川中医，1988，（5）：3.

8. 大薸属 *Pistia* Linn.

水生漂浮草本，茎上节间极短。叶簇生呈莲座状，密被细毛；叶鞘托叶状，几从叶基部与叶分离，芽由叶基背面旁侧萌发，后伸长为匍匐茎，最后形成新株分离。花序具极短的柄，佛焰苞极小，叶状，内面光滑，外面被毛，边缘合生至中部，檐部卵形，锐尖，近兜状；肉穗花序短于佛焰苞，但远超出管部，背面与佛焰苞合生长达 2/3，花单性同序，下部雌花序具单花，上部雄花序有花 2 ～ 8 朵，无附属物，雄花排列为轮状，雄花序之下有扩大的绿色盘状物；花无花被，雄花有雄蕊 2 枚，极短，彼此完全合生成柱，花药 2 室；雌花单一，子房卵圆形，斜生于肉穗花序轴上，1 室，胚珠多数，直生，无柄。浆果小；种子多数或少数。

仅 1 种，广布于热带、亚热带地区。中国 1 种，长江以南各地有野生或栽培，法定药用植物 1 种。华东地区法定药用植物 1 种。

1095. 大薸（图 1095）• *Pistia stratiotes* Linn.

【别名】水浮莲（山东、浙江），肥猪草（安徽），大浮萍（浙江）。

【形态】水生漂浮草本。具多数长而悬垂的羽状须根。叶簇生，莲座状；叶片倒卵状楔形，长 1.3 ～ 10cm，宽 1.5 ～ 6cm，顶端截形或浑圆，基部厚，两面被毛，基部尤为浓密，叶脉扇状伸展，背面明显隆起呈折皱状；叶鞘托叶状，干膜质。佛焰苞白色，长 0.5 ～ 1.2cm，外被茸毛，下部管状，上部张开；肉穗花序背面与佛焰苞合生长达 2/3，雄花 2 ～ 8 朵生于上部，雌花单生于下部。花期 5 ～ 11 月。

图 1095 大薸 摄影 徐克学等

【生境与分布】生于静水水面，分布于华东地区的长江以南省市，另长江以南各地也有分布；全球热带亚热带地区广布。

【药名与部位】大浮萍，全草。

【采集加工】夏季采收，除去须根，晒干。

【药材性状】多皱缩，全体呈团状。叶簇生，叶片展开后呈倒卵状楔形，长 1.5 ～ 8cm，宽 1 ～ 5cm，顶端钝圆而呈微波状，淡黄色至淡绿色，两面均有细密的白色短绒毛，基部被有长而密的棕色绒毛。须根残存。质松软，易碎。气微，味咸。

【化学成分】全草含单萜类：（3*S*, 5*R*, 6*S*, 7*E*, 9*R*）-3- 羟基 -5, 6- 环氧 -β- 紫罗兰酮 -3-*O*-β-D- 吡喃葡萄糖苷［（3*S*, 5*R*, 6*S*, 7*E*, 9*R*）-3-hydroxy-5, 6-epoxy-β-ionyl-3-*O*-β-D-glucopyranoside］[1] 和（3*S*, 5*R*, 6*R*, 7*E*, 9*R*）-3, 5, 6- 三羟基 -β- 紫罗兰酮 -3-*O*-β-D- 吡喃葡萄糖苷［（3*S*, 5*R*, 6*R*, 7*E*, 9*R*）-3, 5, 6-trihydroxy-β-ionyl-3-*O*-β-D-glucopyranoside］[2]；黄酮类：牡荆素（vitexin）、光牡荆素（lucenin）、荭草素（orientin）、巢菜素（vicenin）、矢车菊素 -3- 葡萄糖苷（cyanidin-3-glucoside）和木犀草素 -7- 糖苷（luteolin-7-glycoside）[3]；甾体类：豆甾烷（stigmastane）、7- 羟基 -4, 22- 豆甾二烯 -3- 酮（7-hydroxy-4, 22-stigmastadien-3-one）[4]，豆甾醇（stigmasterol）、豆甾 -4, 22- 二烯 -3- 酮（stigmast-4, 22-dien-3-one）、硬脂酸豆甾醇酯（stigmasteryl stearate）[5]，11α- 羟基 -5α- 胆甾烷 -3, 6- 二酮（11α-hydroxy-5α-cholestane-3, 6-dione］、11α- 羟基 -（24*S*）- 乙基 -5α- 胆甾 -22- 烯 -3, 6- 二酮［11α-hydroxy-（24*S*）-ethyl-5α-cholest-22-en-3, 6-dione］[6]，谷甾醇 -3-*O*-（2′-*O*- 十八酰基）-β-D- 木糖苷［sitosterol-3-*O*-（2′-*O*-stearyl）-β-D-xylopyranoside］、谷甾醇 -3-*O*-（4′-*O*- 十八酰基）-β-D- 木糖苷［sitosterol-3-*O*-（4′-*O*-stearyl）-β-D-xylopyranoside］和谷甾醇 -3-*O*-（2′, 4′-*O*- 二乙酰基 -6′-*O*- 十八酰基）-β-D- 吡喃葡萄糖苷［sitosterol-3-*O*-（2′, 4′-*O*-diacetyl-6′-*O*-stearyl）-β-D-glucopyranoside][7]；二烯类：降异戊二烯（norisoprenoid）[4]；脂肪酸类：棕榈酸（palmic acid）[5]。

叶含维生素类：维生素 C、E（vitamin C、E）[8]。

【药理作用】1. 镇痛　叶甲醇提取物可明显减少乙酸所致小鼠的扭体次数[1]。2. 止泻　叶甲醇提取物对小鼠蓖麻油引起的腹泻具有抑制作用，可增加腹泻潜伏期，减少排便次数[1]。3. 驱虫　全草乙醇提取物可引起受试蠕虫（蚯蚓、线虫）麻痹及死亡，驱虫效果相当或优于阳性对照枸橼酸哌嗪和阿苯达唑[2]。4. 对精子的作用　叶乙醇提取物、水提取物、乙醇提取物乙醚部位分离得的皂苷均可显著减少小鼠（经过 45 天给药后）的精子数量、活力，并降低睾丸、附睾和精囊的重量，具有雄性避孕潜力[3]；叶乙醇提取物可减轻由砷所致大鼠（经过 14 天给药后）的精子毒性作用[4]。

【性味与归经】辛，寒。

【功能与主治】凉血，活血，疏风解表，祛湿止痒。用于丹毒，水臌，跌打损伤，无名肿毒，感冒发热，皮肤湿疹。

【用法与用量】煎服 9～15g；外用适量，捣烂敷患处，或煎水熏洗患处。

【药用标准】广西药材 1990。

【临床参考】1. 慢性荨麻疹：全草 15g，加徐长卿、丹参各 15g，鸡血藤、生地黄、土茯苓各 30g，茵陈蒿、白鲜皮各 12g，威灵仙、陈皮各 9g，三七粉（冲服）3g、六一散（包煎）6g，水煎 3 次，早、中、晚分服，每日 1 剂，4 周 1 疗程[1]。

2. 汗瘢：鲜全草 1～3 棵，煎水洗，每日 2 次[2]。

3. 血热身痒：鲜全草，加鲜金银花、鲜土荆芥、鲜樟树叶各适量，煎水洗。

4. 跌打损伤：鲜全草适量，捣烂加热敷患处。（3 方、4 方引自《浙江药用植物志》）

【附注】药材大浮萍孕妇及非实热实邪者禁服。

【化学参考文献】

[1] Marina D G，Fiorentino A，Monaco P，et al，Absolute stereochemistry of stratioside I. a C13 norterpene glucoside from *Pistia stratiotes* [J]. Nat Prod Lett，1995，7（4）：267-273.

[2] Marina D G，Fiorentino A，Monaco P，et al，Stratioside Ⅱ -A C13 norterpene glucoside from *Pistia stratiotes* [J]. Nat Prod Lett，1996，8（2）：83-86.

[3] Zennie T M，McClure J W. The flavonoid chemistry of *Pistia stratiotes* L. and the origin of the Lemnaceae [J]. Aquat Bot，1977，3（1）：49-54.

[4] Ayyad S N. A new cytotoxic stigmastane steroid from *Pistia stratiotes* [J]. Pharmazie，2002，57（3）：212-214.

[5] 凌云，张永林，万峰，等. 中药大藻化学成分的研究 [J]. 中国中药杂志，1999，24（5）：289-290.

[6] Monaco P，Previtera L. Studies on aquatic plants. part 18. a steroid from *Pistia stratiotes* [J]. Phytochemistry，1991，30（7）：2420-2422.

[7] Marina D G，Molinaro A，Monaco P，et al. Studies on aquatic plants. part 19. acylglycosyl sterols from *Pistia stratiotes* [J]. Phytochemistry，1991，30（7）：2422-2424.

[8] Sudirman S，Herpandi，Nopianti R，et al. Isolation and characterization of phenolic contents，tannin，vitamin C and E from water lettuce（*Pistia stratiotes*）[J]. Oriental Journal of Chemistry，2017，33（6）：3173-3176.

【药理参考文献】

[1] Rahman M A，Haque E，Hasanuzzaman M，et al. Evaluation of antinociceptive and antidiarrhoeal properties of *Pistia stratiotes*（Araceae）leaves [J]. Journal of Pharmacology and Toxicology，2011，6（6）：596-601.

[2] Kumar H K，Bose A，Raut A，et al. Evaluation of anthelmintic activity of *Pistia stratiotes* Linn. [J]. Journal of Basic and Clinical Pharmacy，2010，1（2）：103-105.

[3] Singh K，Dubey B K，Tripathi A C，et al. Natural male contraceptive：phytochemical investigation and anti-spermatogenic activity of *Pistia stratiotes* Linn. [J]. Natural Product Research：Formerly Natural Product Letters，2014，28（16）：1313-1317.

[4] Ola-Davies O，Ajani O S. Semen characteristics and sperm morphology of *Pistia stratiotes* Linn.（Araceae）protected male

albino rats(Wistar strain)exposed to sodium arsenite[J]. Journal of Complementary & Integrative Medicine, 2016, 13(3): 289.

【临床参考文献】

[1] 黄宁，薛飞，阮爱星 . 祛湿化滞解毒法治疗慢性荨麻疹 126 例 [J] . 光明中医，2011，26（3）：488-489.
[2] 戴德善 . 大薸煎剂治疗汗瘢 [J] . 中级医刊，1966，（1）：48.

一三一 谷精草科 Eriocaulaceae

一年生或多年生湿生或水生草本。茎极短，稀延长。叶多为基生，常狭窄，通常具方格状的横脉。花葶直立而细长，具棱，基部有鞘；头状花序顶生，具总苞，2 至多列，覆瓦状排列；花很小，单性，多为雌雄同序，雄花与雌花混生，或雄花位于花序的中央，雌花位于周围；花被膜质或干膜质，常 2 轮；雄花的萼片离生或合生；花瓣合生或离生，稀缺；雄蕊与萼片同数（2～3 枚）或为萼片的 2 倍（4～6 枚），花药 1～2 室，纵裂；雌花的萼片离生或合生；花瓣离生或合生，稀缺；子房上位，2～3 室，胚珠每室 1 粒，花柱 1 枚，柱头单一或 2～3 裂。蒴果膜质，室背开裂。种子小，光滑或具条纹，胚乳丰富。

13 属，1200 种，广布于世界热带及亚热带地区，美洲尤多。中国 1 属，30 多种，除西北外，各地均产，法定药用植物 1 属，4 种。华东地区法定药用植物 1 属，3 种。

谷精草科法定药用植物中国仅谷精草属 1 属，该属含黄酮类、苯丙素类、木脂素类、生物碱类等成分。黄酮类包括黄酮、黄酮醇、异黄酮、花色素等，如泽兰黄酮（nepetin）、槲皮万寿菊素（quercetagetin）、万寿菊素 -3-*O*- 葡萄糖苷（patuletin 3-*O*-glycoside）、5, 3′- 二羟基 -7, 4- 二甲氧基二氢黄酮（5, 3′-dihydroxy-7, 4-dimethoxyflavanone）、野鸢尾苷元（irigenin）、棕矢车菊素 -7-*O*-β-D- 吡喃葡萄糖苷（jaceosidin-7-*O*-β-D-glucopyranoside）、芹菜素 -7-*O*-β-D- 吡喃葡萄糖苷（apigenin-7-*O*-β-D-glucopyranoside）、毛谷精草黄苷 A、B、C（eriocauloside A、B、C）等；苯丙素类如阿魏酸（ferulic acid）、咖啡酸（caffeic acid）等；木脂素类如 4- 酮基松脂酚（4-ketopinoresinol）等；生物碱类如 2, 6- 二酮基哌啶 -3- 乙酸酯（2, 6-dioxopiperidin-3-acetate）等。

1. 谷精草属 *Eriocaulon* Linn.

一年生或多年生草本，湿生。茎不显著。叶多为基生，窄条形。总花梗常比叶长；头状花序顶生，总苞片常多列，比花短，与花近等长或比花长；花小，单性，2～3 基数，雌雄花同序，且通常混生，苞片有毛或无毛；花被（1～）2 轮；雄花的萼片离生或合生；花瓣离生或下部合生，顶端 2～3 裂，常有黑色腺体；雄蕊 4～6 枚，花药黑色，稀为白色；雌花的萼片离生，稀合生；花瓣常离生，顶端有或无黑色腺体，稀无花瓣；子房（1～）2～3 室，胚珠每室 1 粒，花柱 1 枚，柱头 2～3 裂，稀单一。蒴果，室背开裂，每室种子 1 粒；种子小，橙红色或黄色，表面常具横格及 T 形毛。

约 400 种，广布于世界热带及亚热带地区。中国约 35 种，主产于西南部和南部，法定药用植物 4 种。华东地区法定药用植物 3 种。

分种检索表

1. 叶和总花梗被长柔毛（或无毛）；头状花序坚硬……………………………………毛谷精草 *E. australe*
1. 叶和总花梗无毛；头状花序柔软。
  2. 雌花萼片合生呈先端具 3 圆齿的佛焰苞状；花药黑色……………………………谷精草 *E. buergerianum*
  2. 雌花萼片离生或仅基部合生呈柄状；花药白色至乳白色……………………………白药谷精草 *E. cinereum*

1096. 毛谷精草（图 1096）• *Eriocaulon australe* R. Br.

【形态】湿生草本。叶基生，狭窄条形，长 10～35cm，或更短、更长，宽 2～4mm，两面被白色长柔毛。总花梗与叶近等长或比叶长，无毛或疏被白色长柔毛；头状花序近半球形，直径 5mm，各部分排列紧密，坚硬，被白色粉状微柔毛；总苞片革质，阔倒卵形，顶端圆钝；苞片革质，顶端急尖或短渐

图 1096 毛谷精草　　摄影 罗金龙

尖，内弯；花托有毛；雄花的萼片 3 枚，基部稍合生，其中 2 片较大，舟状，具翅，另 1 片较小，扁平，倒披针状长圆形；花瓣下部合生呈管状，裂片 3 枚，等大，条形，顶端具毛，中央有黑色腺体；雄蕊 6 枚，花药黑色；雌花萼片 3 枚；花瓣 3 片，离生，条形，顶端具毛，中央有黑色腺体；柱头 3 裂。花果期 6 ～ 12 月。

【生境与分布】生于水边湿地或水田中。分布于江西、福建，另海南、广东、广西及云南有分布；越南、柬埔寨、马来西亚及澳大利亚也有分布。

【药名与部位】浙谷精草（毛谷精草、谷精珠），带花茎或不带花茎的头状花序。

【采集加工】秋季采收，干燥。

【药材性状】头状花序扁球形，直径 4 ～ 6mm，顶端下凹，无花茎或具细长的花茎。总苞片层层紧密排列；苞片浅棕黄色，有光泽，上部密生白色短毛。花序托有明显的柔毛，外轮花被片合生呈佛焰苞状；内轮花被片雌花为棒状，雄花合生呈高脚杯状；柱头 3 枚。搓碎花序，可见多数黑色花药及细小红棕色未成熟的果实。气微，味淡。

【质量要求】有珠，无根、叶及泥杂。

【药材炮制】除去叶、根等杂质，切段，筛去灰屑；不带花茎者筛去灰屑。

【化学成分】花序含酚类：（*R*）- 半玫色毛癣菌素［（*R*）-semixanthomegnin］、决明内酯 -9-*O*-β-D- 吡喃葡萄糖苷（toralactone-9-*O*-β-D-glucopyranoside）、（-）- 半堇菜黄质 -9-*O*-β-D- 吡喃葡萄糖苷［（-）-semivioxanthin-9-*O*-β-D-glucopyranoside］和 3, 3′- 二羟基 -4, 4′- 二甲氧基联苯（3, 3′-dihydroxy-4, 4′-dimethoxybiphenyl）[1]；木脂素类：4- 酮基松脂酚（4-ketopinoresinol）[1]；甾体类：β- 胡萝卜苷（β-daucosterol）[1]；黄酮类：谷精草素 A（eriocaulin A）、毛谷精草黄苷 A、B、C（eriocauloside A、B、C）、粗毛豚草素（hispidulin）、粗毛豚草素 -7-*O*-β-D-（6-*O*- 香豆酰基）- 吡喃葡萄糖苷［hispidulin-7-*O*-β-D-（6-*O*-coumaroyl）glucopyranoside］、粗毛豚草素 -7-*O*-β-D-（6-*O*- 阿魏酰基）- 吡喃葡萄糖苷［hispidulin-7-*O*-β-D-（6-*O*-feruloyl）glucopyranoside］、粗毛豚草素 -7-*O*-β-D- 吡喃葡萄糖苷（hispidulin-7-*O*-β-D-glucopyranoside）、棕矢车菊素（jaceosidin］、鸢尾苷元 A（iristectorigenin A）、棕矢车菊素 -7-*O*-β-D- 吡喃葡萄糖苷（jaceosidin-7-*O*-β-D-glucopyranoside）、芹菜素 -7-*O*-β-D- 吡喃葡萄糖苷（apigenin-7-*O*-β-D-glucopyranoside）、野鸢尾苷元（irigenin）和 3′, 4′- 亚甲二氧基山黧豆醇（3′, 4′-methylenedioxyorobol）[2]。

【药理作用】抗肿瘤　从头状花序分离得到的黄酮类成分高车前素，即粗毛豚草素（hispidulin）和棕矢车菊素（jaceosidin）在体外对人肺癌 A549、人乳腺癌 MCF-7 和人宫颈癌 HeLa 细胞的生长具有明显的抑制作用，其余黄酮类成分也对不同种类的肿瘤细胞有一定程度的抑制作用[1, 2]。

【性味与归经】辛、甘，平。归肝、肺经。

【功能与主治】疏散风热，明目，退翳。用于风热目赤，肿痛羞明，眼生翳膜，风热头痛。

【用法与用量】4.5 ～ 9g。

【药用标准】浙江炮规 2015、江西药材 1996 和四川药材 2010。

【附注】药材谷精草血虚目疾者慎服；忌用铁器煎。

【化学参考文献】

［1］徐巧林，何春梅，王洪峰，等 . 毛谷精草花序的化学成分研究［J］. 中药材，2014，37（6）：992-995.

［2］Xu Q L，Xie H L，Wu P，et al. Flavonoids from the capitula of *Eriocaulon australe*［J］. Food Chem，2013，139（1-4）：149-154.

【药理参考文献】

［1］徐巧林，谢海辉，吴萍，等 . 毛谷精草头状花序的化学成分及其细胞毒活性研究［C］广东省植物学会 2012 年年会论文集，2012.

［2］Xu Q，Xie H，Wu P，et al. Flavonoids from the capitula of *Eriocaulon australe*［J］. Food chemistry，2013，139（1-4）：149-154.

1097. 谷精草（图 1097）• *Eriocaulon buergerianum* Koern.

【形态】湿生草本，常密集丛生。叶基生，披针状狭窄条形，长 6 ～ 16cm，中部宽 2 ～ 5mm，顶端钝或稍尖。总花梗多数，有明显的棱，长达 24cm。头状花序近球形，直径约 5mm，褐色或黄色，柔软；总苞片阔倒卵形或近圆形，稀长圆形，顶端圆形；苞片倒卵形，顶端短渐尖，背面上部和边缘被白色短柔毛；花托具白色短柔毛；雄花的萼片合生呈佛焰苞状，顶端 3 浅裂，被白色短柔毛；花瓣合生呈倒圆锥形，杯状；雄蕊 6 枚，花药黑色；雌花的萼片合化呈佛焰苞状，腹面被白色丝状长毛，先端 3 浅裂，被白色短柔毛；花瓣 3 片，离生，腹面被白色丝状长毛，顶端多为截形，有 1 枚黑色腺体；子房 3 室，柱头 3 裂。蒴果褐色。花果期 7 ～ 12 月。

【生境与分布】生于溪沟、水稻田或沼泽地。分布于安徽、江苏、浙江、江西、福建及上海，另我国中南、西南部均有分布；日本也有分布。

【药名与部位】谷精草（赛谷精草），带花茎或不带花茎的头状花序。

图 1097 谷精草 摄影 李华东

【采集加工】秋季采收，干燥。

【药材性状】头状花序半球形，直径 4 ～ 6mm，无花茎或具细长的花茎。总苞片层层紧密排列；苞片浅棕黄色，有光泽，上部密生白色短毛。花序托有短柔毛，外轮花被片合生呈佛焰苞状；内轮花被片雌花为棒状，雄花合生呈高脚杯状；柱头 3 枚。搓碎花序，可见多数黑色花药及细小红棕色未成熟的果实。气微，味淡。

【质量要求】有珠，无根、叶及泥杂。

【药材炮制】除去叶、根等杂质，切段，筛去灰屑；不带花茎者筛去灰屑。

【化学成分】全草含黄酮类：1, 3, 6- 三羟基 -2, 5, 7- 三甲氧基呫酮（1, 3, 6-trihydroxy-2, 5, 7-trimethoxyxanthone）、7, 3′- 二羟基 -5, 4′, 5′- 三甲氧基异黄酮（7, 3′-dihydroxy-5, 4′, 5′-trimethoxyisoflavone）、万寿菊素 -3-*O*-［2-*O*-（*E*）- 阿魏酰基 -β-D- 吡喃葡萄糖基 -（1 → 6）-β-D- 吡喃葡萄糖苷］{patuletin-3-*O*-［2-*O*-（*E*）-caffeoyl-β-D-glucopyranosyl-（1 → 6）-β-D-glucopyranoside］}、万寿菊素 -3-*O*-β-D- 吡喃葡萄糖基 -（1 → 3）-［2-*O*-（*E*）- 咖啡酰基 -β-D- 吡喃葡萄糖基 -（1 → 6）］-β-D- 吡喃葡萄糖苷 {patuletin-3-*O*-β-D-glucopyranosyl-（1 → 3）-［2-*O*-（*E*）-caffeoyl-β-D-glucopyranosyl-（1 → 6）］-β-D-glucopyranoside}[1,2]，1, 3, 6, 8- 四羟基 -2, 7- 二甲氧基呫酮（1, 3, 6, 8-tetrahydroxy-2, 7-dimethoxyxanthone）、万寿菊素（patuletin）、高车前素（hispidulin）、5, 7, 3′- 三羟基 -6, 4′, 5′- 三甲氧基异黄酮（5, 7, 3′-trihydroxy-6, 4′, 5′-trimethoxyisoflavone）、构棘异黄酮 A（gerontoisoflavone A）、1, 3, 6, 8- 四羟基 -2- 甲氧基呫酮（1, 3, 6, 8-tetrahydroxy-2-methoxyxanthone）、5, 4′- 二羟基 -6, 3′- 二甲氧基黄酮 -7-*O*-β-D- 吡喃葡萄糖苷（5, 4′-dihydroxy-6, 3′-dimethoxyflavone-7-*O*-β-D-glucopyranoside）、万寿菊素 -3-*O*-β-D- 吡喃葡萄糖苷（patuletin-3-*O*-β-D-glucopyranoside）、高车前素 -7-*O*-β-D- 吡喃葡萄糖苷（hispidulin-7-*O*-β-D-glucopyranoside）、

万寿菊素-3-*O*-β-D-龙胆二糖苷（patuletin-3-*O*-β-D-gentiobioside）和万寿菊素-3-*O*-β-D-芸香糖苷（patuletin-3-*O*-β-D-rutinoside）[1]；苯丙素类：阿魏酸（ferulic acid）[1]；蒽醌类：大黄素（emodin）[1]；酚酸类：决明内酯-9-*O*-β-D-吡喃葡萄糖苷（toralactone-9-*O*-β-D-glucopyranoside）、决明内酯-9-*O*-β-龙胆二糖苷（toralactone-9-*O*-β-gentiobioside）、（*R*）-半玫色毛癣菌素［（*R*）-semixanthomegnin］、香草酸（vanillic acid）和原儿茶酸（protocatechuic acid）[1]；生物碱类：2, 6-二酮基哌啶-3-乙酸酯（2, 6-dioxopiperidin-3-acetate）[1]；萘类：3, 4-二氢-10-羟基-7-甲氧基-3-（*R*）-甲基-1H-3, 4-二氢萘并-［2, 3c］-吡喃-1-酮-9-*O*-β-D-吡喃葡萄糖苷{3, 4-dihydro-10-hydroxy-7-methoxy-3-（*R*）-methyl-1H-3, 4-dihydronaphtho-［2, 3c］-pyran-1-one-9-*O*-β-D-glucopyranoside}、3, 4-二氢-10-羟基-7-甲氧基-3-（*R*）-甲基-1H-3, 4-二氢萘并-［2, 3c］-吡喃-1-酮-9-*O*-β-D-吡喃葡萄糖基-（1→6）-吡喃葡萄糖苷{3, 4-dihydro-10-hydroxy-7-methoxy-3-（*R*）-methyl-1H-3, 4-dihydronaphtho-［2, 3c］-pyran-1-one-9-*O*-β-D-glucopyranosyl-（1→6）-glucopyranoside}和3, 4-二氢-10-羟基-7-甲氧基-3-（*R*）-甲基-1H-3, 4-二氢萘并-［2, 3c］-吡喃-1-酮-9-*O*-β-D-吡喃阿洛糖基-（1→6）-吡喃葡萄糖苷{3, 4-dihydro-10-hydroxy-7-methoxy-3-（*R*）-methyl-1H-3, 4-dihydronaphtho-［2, 3c］-pyran-1-one-9-*O*-β-D-allopyranosyl-（1→6）-glucopyranoside}[1]。

花序含酚类：生育酚（tocopherol）[2]；黄酮类：（2*S*）-3′, 4′-亚甲二氧基-5, 7-二甲氧基黄烷［（2*S*）-3′, 4′-methylenedioxy-5, 7-dimethoxyflavan］和高车前素-7-［6-（*E*）-对-香豆酰-β-D-吡喃葡萄糖苷］{hispidulin-7-［6-（*E*）-*p*-coumaroyl-β-D-glucopyranoside］}[3]。

【药理作用】1. 抗菌　从头状花序提取的挥发性成分对合轴马拉色菌和糠秕马拉色菌具有杀菌作用，可应用于马拉色菌性皮肤病的治疗[1]；头状花序的水提取液对金黄色葡萄球菌、链球菌、巴氏杆菌、沙门氏菌、大肠杆菌等临床常见的病原微生物的生长都有较强的抑制作用[2]；从全草的乙醇提取物分离得到的酚类化合物对金黄色葡萄球菌的生长具有抑制作用[3]。2. 抗氧化　头状花序水提取物和醇提取物均具有较强的抗氧化作用，在相对低质量浓度下醇提取物的抗氧化作用比水提取物强[4]；提取得到的多糖具有较强的清除1, 1′-二苯基-2-三硝基苯肼（DPPH）自由基的作用[5]；头状花序乙醇提取物在SAR01/04细胞中具有明显的抗氧化作用，可降低细胞凋亡，诱导细胞内谷胱甘肽（GSH）含量的增多，其机制可能与调节Keap1 Nrf 2信号通路有关[6]；从头状花序提取的总黄酮对羟自由基（·OH）有一定的清除作用[7]。3. 调节神经　头状花序乙醇提取物对6-羟基多巴胺（6-OHDA）诱导的PC12细胞损伤具有保护作用，能减少6-OHDA引起的细胞凋亡，并可抑制6-OHDA在斑马鱼中的多巴胺神经元减少，其作用机制可能与降低一氧化氮（NO）的产生和一氧化氮合酶（NOS）的含量有关[8]。

【性味与归经】辛、甘，平。归肝、肺经。

【功能与主治】疏散风热，明目，退翳。用于风热目赤，肿痛羞明，眼生翳膜，风热头痛。

【用法与用量】4.5～9g。

【药用标准】药典1963—2015、浙江炮规2015、四川药材2010、新疆药品1980二册和台湾2013。

【临床参考】1. 花斑癣：花序36g，加茵陈、石决明、桑枝、白菊花各36g，木瓜、桑叶、青皮各45g，研为粗渣，盛于布袋内水煎制成50%的药液备用，为1周剂量。每日外涂1～2次，2周1疗程[1]。

2. 喉痹：花序5～10g，水煎服[2]。

3. 头痛：花序12g，加草决明、黄芩、栀子、地龙各10g，生石膏、白芍各15g，竹叶、全蝎各6g，金樱子12g，头后部属太阳头痛者加羌活、川芎；前额部及眉棱为阳明头痛者加白芷；头两侧为少阳头痛者加柴胡；巅顶连目系为厥阴头痛者加吴茱萸；太阴头痛者加苍术，少阴头痛者加细辛。水煎，早晚饭后温服，每日1剂，7日1疗程[3]。

4. 血管神经性头痛：花序15g，加草决明、生石膏各15g，全蝎、地龙、生甘草各6g，水煎，分2次温服，每日1剂[4]。

5. 目赤翳障：花序9g，加防风9g，水煎服。

6. 风热头痛：花序9～15g，加桑叶、菊花各9～15g，水煎服。

7. 中心性视网膜脉络膜炎：花序 6g，加党参、决明子、车前草、甘草各 6g，白茅根 9g，水煎服，10 ～ 15 日 1 疗程，停药 5 ～ 7 日，续服第 2 疗程。（5 方至 7 方引自《浙江药用植物志》）

8. 目赤肿痛：花序 15g，加荠菜、紫金牛各 15g，水煎服。

9. 疳积：花序 15g，加高天青地白 15g，水煎服。（8 方、9 方引自《湖南药物志》）

10. 小儿中暑吐泻：全草 30 ～ 60g，加鱼首石 9 ～ 15g，水煎，分 2 次服。（《泉州本草》）

【附注】谷精草始载于《本草拾遗》。《开宝本草》云："二月、三月于谷田中采之。一名戴星草，花白而小圆似星。"《本草图经》云："谷精草，旧不载所出州土，今处处有之。春生于谷田中，叶、秆俱青，根、花并白色。二月、三月内采花用……又有一种，茎梗差长有节，根微赤，出秦陇间，古方稀用，今口齿药多使之。"《本草纲目》云："此草收谷后，荒田中生之。江湖南北多有。一科丛生，叶似嫩谷秧。抽细茎，高四五寸，茎头有小白花，点点如乱星。九月采花，阴干。云二三月采者，误也。"以上所述，并根据《本草图经》所附"秦州谷精草"图及《植物名实图考》附图考证，应为本种及同属近似种。

药材谷精草血虚目疾者慎服；忌用铁器煎。

【化学参考文献】

[1] 朱海燕，叶冠 . 谷精草抑制 α- 葡萄糖苷酶活性成分研究［J］. 天然产物研究与开发，2010，22（1）：60-62.

[2] Fang J J，Ye G，Chen W L，et al. Antibacterial phenolic components from *Eriocaulon buergerianum*［J］. Phytochemistry，2008，69（5）：1279-1286.

[3] Ho J C，Chen C M. Flavonoids from the aquatic plant *Eriocaulon buergerianum*［J］. Phytochemistry，2002，61（4）：405-408.

【药理参考文献】

[1] 严洲平，王清玲，颜晓波，等 . 中药谷精草对合轴马拉色菌和糠秕马拉色菌的敏感性检测研究［J］. 中国中西医结合皮肤性病学杂志，2011，10（1）：28-29.

[2] 李向勇，粟玉刚，陈小军，等 . 谷精草有效成分分析及体外抗菌活性测定［J］. 草业与畜牧，2009，（5）：10-12.

[3] Fang J J，Ye G，Chen W L，et al. Antibacterial phenolic components from *Eriocaulon buergerianum*［J］. Phytochemistry，2008，69（5）：1279-1286.

[4] 黄挺章，郭圣奇，齐梁煜，等 . 谷精草提取物的抗氧化活性考察［J］. 中国实验方剂学杂志，2015，21（10）：13-15.

[5] 王庆 . 谷精草多糖的提取工艺及清除 DPPH 自由基活性的研究［J］. 安徽科技学院学报，2017，31（2）：51-56.

[6] 赵月娥，吴道雷，蓝淑琴，等 . 谷精草提取物对 H_2O_2 诱导人晶状体上皮细胞氧化损伤的保护作用［J］. 中医学报，2020，35（260）：140-143.

[7] 袁建梅，尚学芳，汪应灵，等 . 谷精草总黄酮提取及对羟自由基清除作用研究［J］. 时珍国医国药，2010，21（4）：894-895.

[8] 王美微，张在军，林志秀，等 . 谷精草提取物对 6-OHDA 所致 PC12 细胞及斑马鱼神经损伤模型的保护作用［J］. 中药新药与临床药理，2010，21（4）：341-346.

【临床参考文献】

[1] 刘晓，颜晓波 . 复方谷精草治疗花斑癣 50 例［J］. 光明中医，2008，23（7）：966.

[2] 佚名 . 谷精草——治疗喉痹之王［J］. 中国中医药现代远程教育，2013，11（13）：42.

[3] 薛英玲，李飞 . 谷精草汤治疗头痛的疗效观察［J］. 临床医药文献电子杂志，2015，2（16）：3176.

[4] 唐静，张建强，郭秋红 . 谷精草汤治疗血管神经性头痛 60 例疗效观察［J］. 光明中医，2010，25（12）：2232-2233.

1098. 白药谷精草（图 1098）• *Eriocaulon cinereum* R. Br.（*Eriocaulon sieboldianum* Sieb. et Zucc.）

【别名】赛谷精草（浙江）。

【形态】湿生或水生草本。叶基生，薄而略膜质，稍透明，披针状条形，长 3.5 ～ 7.5cm，中部宽约 1.5mm，

图 1098　白药谷精草　　摄影　吴棣飞等

顶端颇细尖，基部较宽，无毛，具明显的方格状支脉。总花梗多数，密集，较纤细，长达 17.5cm，无毛；头状花序近球形或卵状球形，直径约 5mm，草黄色、淡黄色或灰黑色，柔软；总苞片膜质，长圆形、近长圆形或倒卵状长圆形，顶端钝，无毛；苞片膜质，长椭圆形，顶端急尖，无毛；花托无毛或有毛；雄花萼片合生呈佛焰苞状，3 裂，或萼片 2 ～ 3 枚，几离生，仅基都合化呈柄状，无毛或疏被白色柔毛；花瓣下部合生呈管状，上部 3 裂，裂片有毛，具黑色腺体；雄蕊 6 枚，花药白色、乳白色至淡黄褐色；雌花萼片多为 2 枚，离生，狭条形，无毛或有毛；无花瓣；柱头 2 ～ 3 裂。花果期 6 ～ 11 月。

【生境与分布】常生于水田中。分布于华东各地，另中南、西南、西北地区均有分布；印度尼西亚、菲律宾、中南半岛、印度、斯里兰卡、日本及非洲也有分布。

【药名与部位】谷精草（赛谷精草），全草。

【采集加工】秋季花开时采收，除去杂质，干燥。

【药材性状】须根丛生。叶狭条形，长 2 ～ 8cm，宽 1 ～ 2mm。花葶数条，头状花序卵圆球形，直径 3 ～ 5mm。灰黄色或灰褐色。揉碎花序，可见多数黄白色花药和细小黄绿色未成熟果实。质柔软，气微，味淡。

【药材炮制】除去杂质，切段。

【化学成分】全草含黄酮类：高车前素（hispidulin）和槲皮素 -3-*O*-（6″-*O*- 没食子酰基）-β-D- 吡喃半乳糖苷［quercetin-3-*O*-（6″-*O*-galloyl）-β-D-galactopyranoside］[1]；甾体类：豆甾 -7, 22- 二烯 -3β, 4β-

二醇（stigmasta-7, 22-dien-3β, 4β-diol）、豆甾-5-烯-3β-醇（stigmast-5-en-3β-ol）和豆甾醇-3-*O*-β-D-吡喃葡萄糖苷（stigmasterol-3-*O*-β-D-glucopyranoside）[2]。

【药理作用】抗肿瘤 地上部分的60%乙醇提取物可抑制人白血病K562细胞的增殖，阻滞细胞周期和诱导凋亡[1]；从全草提取分离的成分高车前素（hispidulin）和槲皮素-3-*O*-（6″-*O*-没食子酰基）-β-D-吡喃半乳糖苷［quercetin-3-*O*-（6″-*O*-galloyl）-β-D-galactopyranoside］可通过p53、MAPKs和线粒体凋亡途径有效诱导人肝母细胞瘤HepG2细胞的凋亡[2]。

【性味与归经】辛、甘，平。归肝、肺经。

【功能与主治】疏风散热，明目退翳。用于风热目赤，肿痛羞明，眼生翳膜，风热头痛。

【用法与用量】4.5～9g。

【药用标准】四川药材2010。

【附注】华南谷精草 *Eriocaulon sexangulare* Linn. 的头状花序或带花梗的头状花序在四川及海南作谷精草药用。

药材谷精草血虚目疾者慎服；忌用铁器煎。

【化学参考文献】

［1］Fan Y H，Lu H Y，Ma H D，et al. Bioactive compounds of *Eriocaulon sieboldianum* blocking proliferation and inducing apoptosis of HepG2 cells might be involved in Aurora kinase inhibition［J］. Food & Function，2015，6（12）：3746-3759.

［2］Song M C，Yang H J，Park S K，et al. A new sterol from whole plants of *Eriocaulon sieboldianum*［J］. Bull Korean Chem Soc，2008，29（3）：669-671.

【药理参考文献】

［1］Fan Y，Lu H，An L，et al. Effect of active fraction of *Eriocaulon sieboldianum* on human leukemia K562 cells via proliferation inhibition，cell cycle arrest and apoptosis induction［J］. Environmental Toxicology and Pharmacology，2016，43：13-20.

［2］Fan Y，Lu H，Ma H，et al. Bioactive compounds of *Eriocaulon sieboldianum* blocking proliferation and inducing apoptosis of HepG2 cells might be involved in Aurora kinase inhibition［J］. Food & Function，2015，6（12）：3746-3759.

一三二　鸭跖草科 Commelinaceae

一年生或多年生草本。茎直立、匍匐或缠绕，节明显。单叶互生，全缘，具明显的叶鞘。蝎尾状聚伞花序再集成顶生或腋生圆锥花序，或缩短成伞形花序或头状花序，稀 1 至数花簇生于叶腋。花两性，极少单性；萼片 3 枚，通常分离，稀合生；花瓣 3 枚，分离或不同程度地合生；雄蕊 6 枚，全部发育或有时 2 或数枚退化成不育雄蕊；花丝分离或基部多少联合，有时具髯毛；花药具有 2 个平行或叉状的药室，纵裂或顶孔开裂；雌蕊 1 枚；子房上位，3 室或 2 室，每室具 1 至数粒胚珠；中轴胎座；花柱 1 枚，柱头头状或 3 裂。蒴果，室背开裂或不裂。种子具棱，种皮通常具细纹或凸起。

约 40 属，600 种，广泛分布于热带、亚热带和温带地区。中国 13 属，50 余种，主产于云南、广东、广西和海南等地，法定药用植物 3 属，3 种。华东地区法定药用植物 2 属，2 种。

鸭跖草科法定药用植物主要含黄酮类、生物碱类、苯丙素类、酚酸类等成分。黄酮类包括黄酮、黄酮醇、黄烷等，如柯伊利素 -7-*O*-β-D- 葡萄糖苷（chrysoeriol-7-*O*-β-D-glucoside）、荭草素（orientin）、异鼠李黄素 -3-*O*-β-D- 葡萄糖苷（isorhamnetin-3-*O*-β-D-glucoside）、表没食子酰儿茶素没食子酰酯（epigallocatechin gallate）等；生物碱包括酰胺类、吲哚类、吡咯类、哌啶类等，如 1, 2- 二氢 -6, 8- 二甲氧基 -7-1-（3, 5- 二甲氧基 -4- 羟基苯基）-N^1, N^2- 二 -［2-（4- 羟基苯基）乙基］-2, 3- 萘二酰胺 {1, 2-dihydro-6, 8-dimethoxy-7-1-（3, 5-dimethoxy-4-hydroxyphenyl）-N_1, N_2-bis-［2-（4-hydroxyphenyl）ethyl］-2, 3-naphthalene dicarboxamide}、哈尔满（harman）、2, 5- 二羟甲基 -3, 4- 二羟基吡咯烷（2, 5-dihydroxymethyl-3, 4-dihydroxypyrrolidine）、1- 去氧野尻霉素（1-deoxynojirimycin）等；苯丙素类如咖啡酸（caffeic acid）、对香豆酸（*p*-coumaric acid）等；酚酸类如原儿茶酸（protocatechuic acid）、香草酸（vanillic acid）等。

蓝耳草属含甾体类成分，如红苋甾酮（rubrosterone）、筋骨草甾酮 C（ajugasterone C）、β- 蜕皮甾酮（β-ecdysone）等。

鸭跖草属含黄酮类、生物碱类、苯丙素类、酚酸类等成分。黄酮类包括黄酮、黄酮醇、黄烷等，如牡荆素（vitexin）、芹菜素 -6-C-α-L- 鼠李糖苷（apigenin-6-C-α-L-rhamnoside）、槲皮素 -3-*O*-α-L- 鼠李糖苷（quercetin-3-*O*-α-L-rhamnoside）、木犀草素 -7-*O*-β-D- 葡萄糖苷（luteolin-7-*O*-β-D-glucoside）、表没食子酰儿茶素没食子酰酯（epigallocatechin gallate）等；生物碱类如去甲哈尔满（norharman）、1- 甲酯基 -β- 咔啉（1-carbomethoxy-β-carboline）、1- 去氧野尻霉素（1-deoxynojirimycin）等；苯丙素类如对香豆酸（*p*-coumaric acid）等；酚酸类如对羟基苯甲酸（*p*-hydroxybenzoic acid）、香草酸（vanillic acid）等。

1. 蓝耳草属 *Cyanotis* D. Don

多年生草本，茎直立或匍匐。叶条形至长圆形，无柄。花组成顶生或腋生的蝎尾状聚伞花序；苞片折叠，佛焰苞状，包裹花序；小苞片镰刀状，2 列，覆瓦状排列；花无梗，萼片 3 枚，披针形，无毛或具疏柔毛，近相等，基部合生或分离；花瓣 3 枚，稍不相等，中部联合成筒，两端分离；雄蕊 6 枚，全育，花丝顶端具髯毛或无毛，花药纵裂；子房 3 室，每室有胚珠 2 粒。蒴果 3 瓣裂，每室具种子 1 ~ 2 粒。种子正方形或柱状金字塔形，通常具窝孔。

约 30 种，分布于亚洲和非洲的热带和亚热带地区。中国 4 种，主产于华南及西南地区，法定药用植物 1 种。华东地区法定药用植物 1 种。

1099. 蛛丝毛蓝耳草（图 1099）• *Cyanotis arachnoidea* C. B. Clarke

图 1099 蛛丝毛蓝耳草 摄影 张芬耀等

【**别名**】露水草（浙江）。

【**形态**】多年生草本，高 15 ～ 30cm。植株被白色蛛丝状绵毛。根粗壮。茎披散。基生叶丛生，条形，长 8 ～ 30cm，宽 0.7 ～ 1.5cm，顶端渐尖；茎生叶长 2 ～ 5cm，宽 0.5 ～ 1cm，顶端钝尖；叶鞘筒状，膜质，抱茎，长 0.8 ～ 1.3cm。聚伞花序顶生或腋生，再组成头状，稀单生，无花序梗或具短梗，为佛焰状苞片包裹；苞片卵状披针形，长于花序；小苞片镰刀状弯曲，排列成覆瓦状，长 5 ～ 10mm，宽 3 ～ 4mm，带紫红色；萼片 3 枚，长 4 ～ 5mm；花瓣 3 枚，蓝紫色，长 6 ～ 7mm，中部联合，两端分离，顶端具裂片；雄蕊 6 枚，花丝被念珠状长绒毛；子房顶端簇生长刚毛，3 室，每室有胚珠 2 粒，花柱具髯毛。蒴果倒卵状三棱形；种子小，四方形，顶端具窝孔。花果期 5 ～ 10 月。

【**生境与分布**】生于山坡、草地或岩石壁上，也常见栽培。分布于福建、浙江，江西有栽培。另广东、广西、云南、贵州、台湾等地均有分布；印度、斯里兰卡至中南半岛也有分布。

【**药名与部位**】露水草根，根。

【**采集加工**】夏、秋季采挖，洗净，干燥。

【**药材性状**】常皱缩成团，根茎极短小，上部残留被绒毛的叶鞘。须根丛生，直径 0.2 ～ 0.7cm，表面灰黄色或黄褐色，有不整齐的纵皱纹或纵沟，质脆，断面整齐，显粉性，淡黄色或黄棕色。气微，味淡。

【**化学成分**】全草含甾体类：红苋甾酮（rubrosterone）、11α- 羟基红苋甾酮（11α-hydroxyrubrosterone）、二羟基红苋甾酮（dihydroxyrubrosterone）、坡斯特甾酮（poststerone）[1]，β- 蜕皮甾酮（β-ecdysone）、

筋骨草甾酮 C（ajugasterone C）、蓝耳草甾酮 A（cyanosterone A）[2]，蓝耳草甾酮 B（cyanosterone B）[3]，筋骨草甾酮 C-20, 22- 缩丙酮（ajugasterone C-20, 22-acetonide）、β- 蜕皮甾酮 -20, 22- 缩丙酮（β-ecdysone-20, 22-acetonide）、22- 羰基筋骨草甾酮 C（22-oxo-ajugasterone C）、22- 羰基 -β- 蜕皮甾酮（22-oxo-β-ecdysone）[4]，5α- 胆甾 -7- 烯 -3β, 22ξ- 二醇（5α-cholesta-7-en-3β, 22ξ-diol）、5α- 胆甾 -7- 烯 -22ξ- 醇 -3- 棕榈酸酯（5α-cholesta-7-en-22ξ-ol-3-palmitate）[5]，β- 蜕皮甾酮 -2, 3, 20, 22- 缩丙酮（β-ecdysone-2, 3, 20, 22-diacetonide）、β- 蜕皮甾酮 -2, 3, - 缩丙酮（β-ecdysone-2, 3-acetonide）、异费氏牡荆酮（isovitexirone）、荆节花甾酮 D（stachysterone D）[6]，罗汉松甾酮 C（podecdysone C）、土克甾酮（turkesterone）[7]，3β, 4α, 14α, 20*R*, 22*R*, 25- 六羟基 -5α- 胆甾 -7- 烯 -6- 酮（3β, 4α, 14α, 20*R*, 22*R*, 25-hexahydroxy-5α-cholest-7-en-6-one）[8]，β- 谷甾醇（β-sitosterol）[2,4] 和胡萝卜苷（daucosterol）[4]。

根含甾体类：β- 蜕皮甾酮（β-ecdysone）和 β- 蜕皮甾酮 -2- 乙酯（β-ecdysone-2-acetate）[9]。

【药理作用】降血糖　从全草提取分离的成分 β- 蜕皮甾酮（β-ecdysterone）可通过激活 IRS-1/Akt/GLUT4 和 IRS-1/Akt/GLUT2 途径产生潜在的抗糖尿病作用[1]。

【性味与归经】辛、微苦，温。归肝、肾经。

【功能与主治】祛风除湿，通经活络。用于消渴，风湿肿痛，手足麻木，腰痛水肿。

【用法与用量】10 ～ 20g。

【药用标准】云南彝药Ⅲ 2005 六册。

【化学参考文献】

[1] Tan C Y，Wang J H，Li X. Phytoecdysteroid constituents from *Cyanotis arachnoidea*［J］. J Asian Nat Prod Res，2003，5（4）：237-240.

[2] Tan C Y，Wang J H，Zhang H，et al. A new phytosterone from *Cyanotis arachnoidea*［J］. J Asian Nat Prod Res，2002，4（1）：7-10.

[3] Tan C Y，Wang J H，Xiao W，et al. A new phytosterone from *Cyanotis arachnoidea*［J］. Chin Chem Lett，2002，13（3）：245-246.

[4] 谭成玉，王金辉，李铣，等 . 露水草的化学成分［J］. 药学学报，2003，38（10）：760-762.

[5] 谭成玉，李铣，刘宇，等 . 露水草中的植物甾醇［J］. 中国药学杂志，2009，44（13）：979-981.

[6] 谭成玉，王金辉，李铣，等 . 露水草化学成分研究［J］. 中国药学杂志，2005，40（20）：1537-1538.

[7] 谭成玉，王金辉，李霞，等 . 露水草中的植物甾酮类成分［J］. 沈阳药科大学学报，2001，18（4）：263-265.

[8] 谭成玉，孔亮，李铣，等 . 云南露水草中的一种新植物甾酮的分离与分析［J］. 色谱，2011，29（9）：937-941.

[9] 聂瑞麟，许祥誉，何敏，等 . 露水草植物中蜕皮激素的分离和鉴定［J］. 化学学报，1978，36（2）：137-141.

【药理参考文献】

[1] Chen L，Zheng S，Huang M，et al. β-Ecdysterone from *Cyanotis arachnoidea* exerts hypoglycemic effects through activating IRS-1/Akt/GLUT4 and IRS-1/Akt/GLUT2 signal pathways in KK-Ay mice［J］. Journal of Functional Foods，2017，39：123-132.

2. 鸭跖草属 *Commelina* Linn.

一年生或多年生草本。茎直立或基部匍匐，分枝。叶片卵形至披针形，无柄或具短柄。花组成聚伞花序，单生，或数枚集生于主茎或分枝的顶端；总苞片 1 枚，佛焰苞状，包裹花序；花两性，具梗，生于聚伞花序上部分枝的花较小，早落；生于下部分枝的花较大，发育；萼片 3 枚，膜质，内方的 2 枚基部常合生；花瓣 3 枚，蓝色，完全分离，其中 1 ～ 2 枚较大而有柄；发育雄蕊 3 枚，其中 1 枚的花药较大，退化雄蕊 3 枚或 2 枚；子房 2 ～ 3 室，其中 2 室每室有胚珠 1 ～ 2 粒，第 3 室有胚珠 1 粒或为空室。蒴果藏于苞片内，三棱状椭圆形。种子具网纹、皱纹或有窝孔，稀光滑。

约 120 种，全球广布，主要产于热带和亚热带地区。中国 8 种，分布于南方各省、区，法定药用植物 1 种。华东地区法定药用植物 1 种。

鸭跖草属与蓝耳草属的主要区别点：鸭跖草属植物的发育雄蕊 3 枚，退化雄蕊 2 ～ 3 枚。蓝耳草属植物雄蕊 6 枚，全部发育。

1100. 鸭跖草（图 1100）• *Commelina communis* Linn.

图 1100　鸭跖草　　摄影　赵维良

【别名】蓝花草（浙江）。

【形态】一年生草本。茎多分枝，下部匍匐，节上生根。叶披针形或卵状披针形，长 2.5 ～ 7cm，宽 1 ～ 2cm，顶端渐尖，基部圆钝，两面多少被柔毛；无柄或近无柄；叶鞘筒状，抱茎，散生紫色斑点，鞘口具长睫毛。苞片具柄，近心形，折叠，基部不联合，微镰刀状弯曲，被微柔毛，边缘有时具长睫毛；聚伞花序单生于主茎或分枝的顶端；总苞片佛焰苞状，心状卵形，折叠，边缘分离；萼片白色，狭卵形；花瓣 3 枚，上方 2 枚较大，深蓝色，有长爪，下方 1 枚较小，白色，无爪；发育雄蕊 2 ～ 3 枚，位于前方，退化雄蕊 3 ～ 4 枚，位于后方；子房 2 室，每室具种子 2 粒；种子暗褐色，具皱纹和不规则的窝孔。花果期 4 ～ 11 月。

【生境与分布】生于山坡阴湿处、水田边。分布于华东各地，另云南以东、甘肃以南的南北各地均有分布；中南半岛、朝鲜、日本、俄罗斯及北美洲也有分布。

【药名与部位】鸭跖草，地上部分。

【采集加工】春至秋季采收，洗净，干燥，或鲜用。

【药材性状】长可达 60cm，黄绿色或黄白色，较光滑。茎有纵棱，直径约 0.2cm，多有分枝或须根，节稍膨大，节间长 3 ～ 9cm；质柔软，断面中心有髓。叶互生，多皱缩、破碎，完整叶片展平后呈卵状披针形或披针形，长 3 ～ 9cm，宽 1 ～ 2.5cm；先端尖，全缘，基部下延成膜质叶鞘，抱茎，叶脉平行。花多脱落，总苞佛焰苞状，心形，两边不相连；花瓣皱缩，蓝色。气微，味淡。

【药材炮制】除去杂质，抢水洗净，切段，干燥。

【化学成分】全草含黄酮类：鸭跖草苷（flavocommelin）[1,2]，异鼠李黄素 -3-*O*- 芸香苷（isorhamnetin-3-*O*-rutinoside）、木犀草素葡萄糖苷（glucoluteolin）、柯伊利素 -7-*O*-β-D- 葡萄糖苷（chrysoeriol-7-*O*-β-D-glucoside）、荭草素（orientin）、异荭草素（isoorientin）、牡荆素（vitexin）、当药黄酮（swertisin）、表没食子酰儿茶素没食子酰酯（epigallocatechin gallate）[2]，异槲皮苷（isoquercitrin）、异鼠李黄素 -3-*O*-β-D- 葡萄糖苷（isorhamnetin-3-*O*-β-D-glucoside）、异牡荆素（isovitexin）[2,3]，异分歧素*（isofurcatain）、芹菜素 -6-C-α-L- 鼠李糖苷（apigenin-6-C-α-L-rhamnoside）、槲皮素 -3-*O*-α-L- 鼠李糖苷（quercetin-3-*O*-α-L-rhamnoside）[3] 和木犀草素 -7-*O*-β-D- 葡萄糖苷（luteolin-7-*O*-β-D-glucoside）[4]；生物碱：1, 2- 二氢 -6, 8- 二甲氧基 -7-1-（3, 5- 二甲氧基 -4- 羟基苯基）-N^1, N^2- 二 -［2-（4- 羟基苯基）乙基］-2, 3- 萘二甲酰胺 {1, 2-dihydro-6, 8-dimethoxy-7-1-（3, 5-dimethoxy-4-hydroxyphenyl）-N^1, N^2-bis-［2-（4-hydroxyphenyl）ethyl］-2, 3-naphthalene dicarboxamide}[3]，哈尔满（harman）、去甲哈尔满（norharman）、1- 羰甲氧基 -β- 咔啉（1-carbomethoxy-β-carboline）[5]，1H- 吲哚 -3- 醛（1H-indole-3-carbaldehyde）[6]，1- 去氧曼野尻霉素（1-deoxymannojirimycin）、1- 去氧野尻霉素（1-deoxynojirimycin）和 2, 5- 二羟甲基 -3, 4- 二羟基吡咯烷（2, 5-dihydroxymethyl-3, 4-dihydroxypyrrolidine）[7]；酚酸类：没食子酸甲酯（methyl gallate）、原儿茶酸（protocatechuic acid）、对羟基苯甲酸（*p*-hydroxybenzoic acid）[3]，香草酸（vanillic acid）[4]，4, 8- 外 - 双（4- 羟基 -3- 甲氧苯基）-3, 7- 二噁二环［3.3.0］辛烷 -2- 酮 {4, 8-exo-bis（4-hydroxy-3-methoxyphenyl）-3, 7-dioxabicyclo［3.3.0］octan-2-one} 和 3, 4- 环氧 -5- 羟甲基苯甲酸 -2-C-β- 葡萄糖苷（3, 4-epoxy-5-hydroxymethyl benzoic acid-2-C-β-glucoside）[6]；苯丙素类：对香豆酸（*p*-coumaric acid）和咖啡酸（caffeic acid）[3]；芪类：土大黄苷（rhaponticin）[3]；木脂素类：（7*S*, 8*R*）- 二氢去氢二松柏醇 -9-*O*-β-D- 葡萄糖苷［（7*S*, 8*R*）-dihydrodehydrodiconiferyl alcohol-9-*O*-β-D-glucoside］[3]；芳香苷类：2- 苯乙基 -β-D- 葡萄糖苷（2-phenethyl-β-D-glycoside）[3]；脂肪酸类：杜鹃花酸（azeleic acid）[4]；甾体类：β- 谷甾醇（β-sitosterol）[4]；其他尚含：高野尻霉素（homonojirimycin）[8]。

【药理作用】1. 降血糖　茎叶水提取物可减轻链脲佐菌素（STZ）诱导的糖尿病小鼠的高血糖症[1]；地上部分的水提取物对正常小鼠血糖无明显影响，但能提高小鼠的糖耐量，并能降低肾上腺素和四氧嘧啶性高血糖小鼠的血糖[2]，黄酮类成分为治疗糖尿病的有效组分[3]；从地上部分分离得到的成分异槲皮苷（isoquercitrin）、异鼠李黄素 -3-*O*- 芸香糖苷（isorhamnetin-3-*O*-rutinoside）、牡荆素（vitexin）和当药黄素，即当药黄酮（swertisin）可抑制大鼠肠道中 α- 葡萄糖苷酶的活性[4]。2. 降血脂　地上部分的水提取物能调节血脂代谢异常，可能与其抗氧化作用有关[5]。3. 抗病毒　茎叶 75% 乙醇冷浸液具有抗呼吸道合胞病毒（RSV）的作用，蒸馏水提取液具有抗单纯疱疹病毒 I 型（HSV-1）的作用[6]；地上部分水提取物对流感病毒所致的小鼠肺部炎症有明显的抑制作用，并能明显降低流感病毒感染小鼠的死亡率和延长其存活时间[7]；从全草分离得到的生物碱成分高野尻霉素（homonojirimycin）可抵抗流感病毒感染并在体内产生有效的免疫反应[8]；从茎叶提取的总生物碱可通过减少肺部病毒载量和限制肺部病变而对小鼠肺部提供保护作用[9, 10]。4. 抗菌　全草水提取物对大肠杆菌、痢疾杆菌等 8 种细菌的生长繁殖具有很好的抑制作用[11]；从地上部分提取得到的挥发油具有抑制细菌生长的作用[12]；茎和叶甲醇提取液的石油醚部位均对枯草杆菌和大肠杆菌有一定的抑制作用[13]。5. 抗炎　全草乙醇提取物可减轻二甲苯所致小鼠的耳廓肿胀程度，减轻小鼠棉球肉芽肿胀程度，减少乙酸所致小鼠的扭体次数，具有明显的镇痛抗炎作用[14]，全草的水溶部位为抗炎活性部位，抗炎作用可能与其抑制炎症介质产生和抗氧化作用有关[15]。6. 抗氧化　从地上部分分离得到的成分木犀草素葡萄糖苷（glucoluteolin）、荭草素（orientin）、异荭草素（isoorientin）和异槲皮苷（isoquercitrin）具有抗氧化作用[4]；地上部分的水提取物及从地上部分提取分离的黄酮类成分具有较强的抗氧化作用[16-18]。7. 护神经　水提取物对小鼠脑缺血再灌损伤的神经具有保护作用，其机制可能与抗氧化作用有关[19]。

【性味与归经】甘、淡，寒。归肺、胃、小肠经。

【功能与主治】清热解毒，利水消肿。用于风热感冒，高热不退，咽喉肿痛，水肿尿少，热淋涩痛，痈肿疔毒。

【用法与用量】煎服 15 ～ 30g，鲜品 60 ～ 90g；外用适量。

【药用标准】药典 1977—2015 和浙江炮规 2005。

【临床参考】1. 急性尿路感染：鲜全草 150g，加水浓煎，分 2 次服，每日 1 剂，7 日 1 疗程[1]。

2. 先兆流产：全草 15g，加橘饼 30g，轻症者用方；或全草 15g，加党参、桑寄生、苎麻根各 15g，生甘草 3g，白术、川断、续断、菟丝子、苏梗、黄芩各 10g，砂仁（后下）5g，重症者用方。水煎，早晚分服，每日 1 剂，服 3 ～ 5 日[2]。

3. 胸部手术后瘢痕增生：全草，清净后紫外线消毒 1h，搅拌机搅成糊状，在 -16℃环境下存放，使用时将鸭跖草糊外敷于胸部切口处，覆盖无菌纱布后用干荷叶包裹，胸带包扎，每日 1 次，连用 1 周[3]。

4. 前列腺肥大症：全草 30g，加蒲公英、白花蛇舌草各 30g，丹参 15g，苍术、穿山甲各 6g，萆薢、车前子各 10g，甘草 9g，水煎，每日服 2 ～ 3 次[4]。

5. 血吸虫急性感染高热：鲜全草 150 ～ 250g，水煎代茶。

6. 上呼吸道感染、细菌性痢疾、疖肿：全草用醇提法制成浸膏片（每片重 0.5g，相当于生药 2g）口服，1 次 4 片，每日 3 次。

7. 腮腺炎：全草 24g，加金银花 9g，水煎服。（5 方至 7 方引自《浙江药用植物志》）

8. 赤白痢疾：全草 15g，加竹叶 9g，水煎服。（《吉林中草药》）

9. 高热惊厥：全草 15g，加钩藤 6g，水煎服。（《福建药物志》）

10. 喉痹肿痛：全草 60g，洗净捣汁，频频含服。

11. 黄疸型肝炎：全草 120g，加猪瘦肉 60g，水炖，服汤食肉，每日 1 剂。

12. 高血压：全草 30g，加蚕豆花 9g，水煎代茶饮。（10 方至 12 方引自《江西草药》）

【附注】鸭跖草始载于《本草拾遗》，云："生江东、淮南平地，叶如竹，高一二尺，花深碧，有角如乌嘴……花好为色。"《本草纲目》 云："竹叶菜处处平地有之。三四月生苗，紫茎竹叶，嫩时可食。四五月开花，如蛾形，两叶如翅，碧色可爱。结角尖曲如鸟喙，实在角中，大如小豆，豆中有细子，灰黑而皱，状如蚕屎。巧匠采其花，取汁作画色及彩羊皮灯，青碧如黛也。"对照《植物名实图考》所附鸭跖草图，即为本种。

同属植物大苞鸭跖草 *Commelina paludosa* Blume 的全草民间也作鸭跖草药用。

药材鸭跖草脾胃虚寒者慎服。

【化学参考文献】

[1] Oyama K，Kondo T. Total synthesis of flavocommelin，a component of the blue supramolecular pigment from *Commelina communis*，on the basis of direct 6-C-glycosylation of flavan [J]. The Journal of Organic Chemistry，2004，69（16）：5240-5246.

[2] Shibano M，Kakutani K，Taniguchi M，et al. Antioxidant constituents in the dayflower（*Commelina communis* L.）and their α-glucosidase-inhibitory activity [J]. Nat Med，2008，62（3）：349-353.

[3] 袁红娥，周兴栋，孟令杰，等. 鸭跖草的化学成分研究 [J]. 中国中药杂志，2013，38（19）：3304-3308.

[4] Yang Q，Ye G，Zhao W M. Chemical constituents of *Commelina communis* Linn. [J]. Biochem Syst Ecol，2007，35（9）：621-623.

[5] Bae K，Seo W，Kwon T，et al. Anticariogenic β-carboline alkaloids from *Commelina communis* [J]. Arch Pharm Res，1992，15（3）：220-223.

[6] Yang Q，Ye G. A new C-glucoside from *Commelina communis* [J]. Chem Nat Compd，2009，45（1）：59-60.

[7] Kim H S，Kim Y H，Hong Y S，et al. α-glucosidase inhibitors from *Commelina communis* [J]. Planta Med，

1999，65（5）：437-439.
[8] Zhang G，Tian L，Li Y，et al. Protective effect of homonojirimycin from *Commelina communis*（dayflower）on influenza virus infection in mice [J]. Phytomedicine，2013，20（11）：964-968.

【药理参考文献】

[1] Youn J Y，Park H Y，Cho K H. Anti-hyperglycemic activity of *Commelina communis* L.：inhibition of α-glucosidase [J]. Diabetes Research and Clinical Practice，2004，66：S149-S155.
[2] 谭志荣，李沛波，袁千军. 鸭跖草水提取物降血糖作用的实验研究 [J]. 中国热带医学，2009，9（8）：1457-1461.
[3] 吕贝然，董红环，张雷，等. 鸭跖草治疗糖尿病有效组分的制备 [C]. 中华中医药学会中药化学分会第八届学术年会论文集，2013.
[4] Shibano M，Kakutani K，Taniguchi M，et al. Antioxidant constituents in the dayflower（*Commelina communis* L.）and their α-glucosidase-inhibitory activity [J]. Journal of Natural Medicines，2008，62（3）：349-353.
[5] 王垣芳，杨美子，李祖成，等. 鸭跖草对高脂血症小鼠血脂代谢及抗氧化能力的影响 [J]. 中国实验方剂学杂志，2012，18（16）：273-277.
[6] 袁琦，侯林，刘相文，等. 鸭跖草不同提取方法提取物的体外抗病毒实验研究 [J]. 中华中医药学刊，2017，35（7）：1755-1758.
[7] 谭志荣，蒋友福，李沛波. 鸭跖草水提取物抗流感病毒的实验研究 [J]. 中国热带医学，2009，9（5）：829-831.
[8] Zhang G，Tian L，Li Y，et al. Protective effect of homonojirimycin from *Commelina communis*（dayflower）on influenza virus infection in mice [J]. Phytomedicine，2013，20（11）：964-968.
[9] Zhang G B，Bing F H，Liu J，et al. Effect of total alkaloids from *Commelina communis* L. on lung damage by influenza virus infection [J]. Microbiology and Immunology，2010，54（12）：754-757.
[10] Bing F H，Liu J，Li Z，et al. Anti-influenza-virus activity of total alkaloids from *Commelina communis* L. [J]. Archives of Virology，2009，154（11）：1837-1840.
[11] 万京华，章晓联，辛善禄. 鸭跖草的抑菌作用研究 [J]. 公共卫生与预防医学，2005，16（1）：25-27.
[12] 孟雪，王志英，孟庆敏，等. 吊金钱和鸭跖草挥发物主要成分的抑菌作用 [J]. 河南农业科学，2015，44（8）：87-91.
[13] 陆风. 紫苏和鸭跖草抗菌活性的研究 [J]. 中国民族民间医药，2009，18（17）：22-24.
[14] 陈芳. 鸭跖草抗炎镇痛有效部位实验研究 [J]. 海峡药学，2016，28（1）：214-216.
[15] 余昕，朱烨，欧丽兰，等. 鸭跖草抗炎活性部位筛选及抗炎机制 [J]. 中成药，2015，37（8）：1824-1827.
[16] 潘冬梅，张巧萍，卢丽珠，等. 鸭跖草总黄酮的大孔树脂纯化工艺及抗氧化活性研究 [J]. 中国现代应用药学，2018，35（2）：231-234.
[17] 潘冬梅. 鸭跖草总黄酮提取纯化及抗氧化分析 [D]. 杭州：浙江大学硕士学位论文，2015.
[18] 罗开梅，邹金美，张淑容，等. 鸭跖草总黄酮的提取工艺及抗氧化性研究 [J]. 漳州师范学院学报（自然科学版），2013，4（82）：45-49.
[19] 王垣芳，孙富家，刘同慎，等. 鸭跖草水提取物对小鼠脑缺血再灌注损伤的保护作用 [J]. 2011，27（3）：67-69.

【临床参考文献】

[1] 宓沛楠. 浅说鸭跖草鲜品治疗急性尿路感染 [C]. 浙江省基层卫生协会. 浙江省第二十届基层卫生改革与发展学术会议大会论文集，2012：2.
[2] 冯幕芬，赵喆. 鸭跖草汤治疗先兆流产 101 例 [J]. 实用中医药杂志，2006，22（9）：549.
[3] 施苏媚，陈小燕. 鸭跖草外敷防治术后瘢痕增生的临床研究 [J]. 护理与康复，2017，16（9）：972-973.
[4] 陈元春. 鸭跖草治疗前列腺肥大症 [J]. 浙江中医杂志，2006，41（4）：234.

一三三 灯心草科 Juncaceae

多年生草本，常具根茎；稀为一年生草本。茎直立，簇生，不分枝。叶通常着生于茎基部，圆筒状或扁平禾叶状，通常条形，基部有鞘或叶片不育而仅存叶鞘，叶鞘张开或闭合，顶端常有缘毛。花序各式，顶生或假侧生，其下具总苞片，分枝基部常具鞘状的枝先出叶；花小，整齐，两性，具梗或无梗，其下具1枚干膜质的苞片，有时内侧还具1～2枚小苞片状先出叶；花被片6枚，2轮，稀3枚，草质或干膜质；雄蕊离生，3枚或6枚，与花被片对生，花药2室，基部着生；子房上位，1室或3室，每室具3至多数胚珠，侧膜胎座、中轴胎座或基生胎座，花柱单一，柱头3枚。蒴果3瓣裂。种子小，有时具尾状附属物。

9属，400余种，分布于温带和寒带的湿润地区。中国2属，约90种，法定药用植物1属，2种1变种。华东地区法定药用植物1属，2种1变种。

灯心草科法定药用植物仅灯心草属1属，该属含菲类、黄酮类、皂苷类、苯丙素类等成分。菲类如灯心草酚（juncunol）、灯芯草宁素A、B、C、D（juncuenin A、B、C、D）、灯心草酮（juncunone）、去氢灯心草醛（dehydroeffusal）等；黄酮类包括黄酮、黄酮醇、二氢黄酮等，如川陈皮素（nobiletin）、槲皮素（quercetin）、异高山黄芩素（isoscutellarein）等；皂苷类多为三萜皂苷，如环阿屯-（23*Z*）-烯-3β，25-二醇［cycloart-（23*Z*）-en-3β，25-diol］、灯芯草三萜苷Ⅰ、Ⅱ、Ⅲ、Ⅳ、Ⅴ（juncoside Ⅰ、Ⅱ、Ⅲ、Ⅳ、Ⅴ）等；苯丙素类如对香豆酸（*p*-coumaric acid）等。

1. 灯心草属 *Juncus* Linn.

多年生或稀为一年生草本。植株常簇生，无毛。叶基生，稀同时茎生，扁平，圆柱状，条形，有时退化呈芒刺状或缺；叶鞘通常开展，顶端无毛；叶舌缺。花序顶生或假侧生，由单花或数个小头状花序集生成聚伞状或单独顶生的头状花序；总苞片叶状或苞片状，或似茎的延伸；先出叶存在或缺；花被片6枚，2轮排列，近等长；雄蕊3枚或6枚；子房无柄，3个侧膜胎座向中央延伸呈3室或不完全3室，有时1室，每室有多数胚珠。蒴果3瓣裂，具多数种子。种子小，有时两端具白色附属物。

约240种，主要分布于温带和寒带地区。中国70余种，南北均产，尤以西南地区为盛，法定药用植物2种1变种。华东地区法定药用植物2种1变种。

分种检索表

1. 秆直径1.5～4mm；叶片大多退化殆尽；子房3室……………………………………灯心草 *J. effusus*
1. 秆直径0.8～1.5mm；叶片大多退化呈刺芒状；子房不完全3室。
    2. 秆直立，总苞片似茎的延伸，直立……………………………………………野灯心草 *J. setchuensis*
    2. 秆常弧形弯曲，叶状总苞常弯曲……………………………………假灯心草 *J. setchuensis* var. *effusoides*

1101. 灯心草（图1101）• *Juncus effusus* Linn.［*Juncus effusus* Linn. var. *decipiens* Buchen.；*Juncus decipiens*（Buch.）Nakai］

【别名】龙须草（安徽）。

【形态】多年生草本。根茎粗短，横生；秆直立，丛生，高40～100cm，圆柱状，直径1.5～4mm，绿色，具纵条纹，质地软，内部充满乳白色的髓。叶基生或近基生，叶片大多退化殆尽，叶鞘中部以下紫褐色至黑褐色；叶耳缺。复聚伞花序假侧生，多密集，有时具开展的分枝，总苞片似茎的延伸，直立，

图 1101　灯心草　　摄影　张芬耀

长 5 ～ 20cm；花被片狭披针形，边缘膜质；雄蕊 3 枚，稀 6 枚，长为花被片长的 2/3，花药短于花丝；子房 3 室，花柱短，柱头 3 叉。蒴果三棱状长圆形。种子黄褐色，卵状长圆形，无附属物。花期 3 ～ 4 月，果期 4 ～ 7 月。

【生境与分布】生于山坡，路旁水湿地，分布于华东各地，另全国其他各地多有分布；世界温暖地区广布。

【药名与部位】灯心草，茎髓。

【采集加工】夏末至秋季采收地上茎，剥去外皮，整理顺直，捆成小把，干燥。

【药材性状】呈细圆柱形，长达 90cm，直径 0.1 ～ 0.3cm。表面白色或淡黄白色，有细纵纹。体轻，质软，略有弹性，易拉断，断面白色。气微，味淡。

【药材炮制】灯心草：除去杂质，剪段。黛灯心：取灯心草饮片，稍湿润，置适宜容器内，投入青黛，振摇至全部被均匀地黏附在表面时，取出。灯心炭：取灯心草饮片，置锅中，上覆一较小的锅，联合处用盐泥密封，盖锅上压一重物，并在脐处放米数粒，加热至米呈焦黄色时，离火，放凉，取出。

【化学成分】茎髓含菲类：厄弗酚（effusol）[1]，7- 羧基 -2- 羟基 -1- 甲基 -5- 乙烯基 -9, 10- 二氢菲（7-carboxy-2-hydroxy-1-methyl-5-vinyl-9, 10-dihydrophenanthrene）[2]，灯心草新酚（juncusol）[3]，去氢灯芯草醛（dehydroeffusal）[4]，灯芯草宁素 *E、F、G（juncuenin E、F、G）、去氢灯芯草宁素 *D、E（dehydrojuncuenin D、E）、9, 10- 二氢菲（9, 10-dihydrophenanthrene）[5]，2- 甲氧基 -7- 羟基 -1- 甲基 -5- 乙烯基菲（2-methoxy-7-hydroxy-1-methyl-5-vinylphenanthrene）、灯芯草斯素 *（juncusin）[6]，厄弗殊酚 A（effususol A）、去氢灯心草新酚（dehydrojuncusol）、灯芯草宁素 * B、D（juncuenin B、D）、去氢灯芯草宁素 * B（dehydrojuncuenin B）[7]，去氢厄弗酚（dehydroeffusol）[4, 6, 7]，厄弗殊酚 A 、B、C、D（effususol A 、B、C、D）[8]，8- 羟甲基 -2- 羟基 -1- 甲基 -5- 乙烯基 -9, 10- 二氢菲（8-hydroxymethyl-

2-hydroxyl-1-methyl-5-vinyl-9, 10-dihydrophenanthrene）、5-（1-甲氧基乙基）-1-甲基-2, 7-二醇［5-（1-methoxyethyl）-1-methyl-phenanthren-2, 7-diol］、2, 7-二羟基-1-甲基-5-醛-9, 10-二氢菲（2, 7-dihydroxy-1-methyl-5-aldehyde-9, 10-dihydrophenanthrene）、5-羟甲基-1-甲基菲-2, 7-二醇（5-hydroxymethyl-1-methylphenanthrene-2, 7-diol）、2, 7-二羟基-5-羟甲基-1-甲基-9, 10-二氢菲（2, 7-dihydroxy-5-hydroxymethyl-1-methyl-9, 10-dihydrophenathrene）、2, 7-二羟基-1, 8-二甲基-5-乙烯基-9, 10-二氢菲（2, 7-dihydroxy-1, 8-dimethyl-5-vinyl-9, 10-dihydrophenanthrene）、1-甲基芘-2, 7-二醇（1-methylpyrene-2, 7-diol）[9]和灯心草菲*B（effususin B）[10]；黄酮类：异黄芩素五甲基醚（isoscutellarein pentamethyl ether）、川皮苷（nobiletin）、槲皮素（quercetin）[1]，木犀草素-5, 3′-二甲酯（luteolin-5, 3′-dimethyl ester）[2]，木犀草素（luteolin）和木犀草素-5-甲醚（luteolin-5-methyl ether）[7]；甾体类：5α-菠甾醇（5α-spinasterol）、β-谷甾醇（β-sitosterol）[1]，豆甾-4-烯-6β-醇-3-酮（stigmast-4-en-6β-ol-3-one）、（24*R*）-豆甾-4-烯-3-酮［（24*R*）-stigmast-4-en-3-one］[3]，7-氧代-β-谷甾醇（7-oxo-β-sitosterol）、3β-羟基-5α, 8α-表二氧麦角甾-（6*E*, 22*E*）-二烯［3β-hydroxy-5α, 8α-epidioxyergosta-（6*E*, 22*E*）-diene］和胡萝卜苷（daucosterol）[11]；苯丙素类：对香豆酸（*p*-coumaric acid）[1]，1-*O*-阿魏酰甘油酯-2, 3-缩丙酮（1-*O*-feruloylglycerol-2, 3-acetonide）、（2*S*）-1-*O*-对羟基桂皮酰甘油酯-2, 3-缩丙酮［（2*S*）-1-*O*-*p*-hydroxy cinnamoylglycerol-2, 3-acetonide］[2]，单-对香豆酰甘油酯（mono-*p*-coumaroyl glyceride）[4]，乙基-5-*O*-反式-阿魏酰基-α-L-呋喃阿拉伯糖苷（ethyl-5-*O*-*trans*-feruloyl-α-L-arabinofuranoside）[5]，灯芯草酯A、B（juncusyl ester A、B）和（2*S*）-1-*O*-对香豆酰甘油酯［（2*S*）-1-*O*-*p*-coumaroyl glyceride］[11]；酚酸类：香草酸（vanillic acid）[1]和对羟基苯甲醛（*p*-hydroxybenzaldehyde）[2]；糖类：芸香二糖（rutinose）[1]；内酯类：4-羟基-2, 3-二甲基-2-壬烯-4-内酯（4-hydroxy-2, 3-dimethyl-2-nonen-4-olide）[7]；酮类：3-羟基-2, 5-己二酮（3-hydorxy-2, 5-hexadione）[11]。

茎含二萜类：灯芯草酮A（effusenone A）[12]；菲类：5-羟甲基-1-甲基菲-2, 7-二醇（5-hydroxymethyl-1-methylphenanthrene-2, 7-diol）[12]；芘类：1-甲基芘-2, 7-二醇（1-methylpyrene-2, 7-diol）和7-甲氧基-8-甲基芘-2-醇（7-methoxy-8-methylpyren-2-ol）[12]。

全草含二氢菲类：灯心草新酚（juncusol）、厄弗酚（effusol）[13]，灯心草醇（juncunol）、2, 7-二羟基-1, 8-二甲基-5-乙烯基-9, 10-二氢菲（2, 7-dihydroxy-1, 8-dimethyl-5-vinyl-9, 10-dihydrophenanthrene）、2, 8-二羟基-1, 6-二甲基-5-乙烯基-9, 10-二氢菲（2, 8-dihydroxy-1, 6-dimethyl-5-vinyl-9, 10-dihydrophenanthrene）、8-羟基-1, 6-二甲基-2-甲氧基-5-乙烯基-9, 10-二氢菲（8-hydroxy-1, 6-dimethyl-2-methoxyl-5-vinyl-9, 10-dihydrophenanthrene）、2, 8-二羟基-1-甲基-7-甲氧基-5-乙烯基-9, 10-二氢菲（2, 8-dihydroxy-1-methyl-7-methoxyl-5-vinyl-9, 10-dihydrophenanthrene）、2, 6-二羟基-1, 7-二甲基-5-乙烯基-9, 10-二氢菲（2, 6-dihydroxy-1, 7-dimethyl-5-vinyl-9, 10-dihydrophenanthrene）、7-羧基-2-羟基-1-甲基-5-乙烯基-9, 10-二氢菲（7-carboxy-2-hydroxy-1-methyl-5-vinyl-9, 10-dihydrophenanthrene）[14]，灯芯草苷Ⅰ、Ⅱ、Ⅲ、Ⅳ、Ⅴ（effuside Ⅰ、Ⅱ、Ⅲ、Ⅳ、Ⅴ）[15]，2-羟基-7-羟甲基-1-甲基-5-乙烯基-9, 10-二氢菲（2-hydroxy-7-hydroxymethyl-1-methyl-5-vinyl-9, 10 dihydrophenanthrene）、2-羟基-5-羟甲基-1, 7-二甲基-9, 10-二氢菲（2-hydroxy-5-hydroxymethyl-1, 7-dimethyl-9, 10-dihydrophenanthrene）、2-羟基-6-羟甲基-1-甲基-5-乙烯基-9, 10-二氢菲（2-hydroxy-6-hydroxymethyl-1-methyl-5-vinyl-9, 10-dihydrophenanthrene）、2-羟基-5-羟甲基-7-甲氧基-1, 8-二甲基-9, 10-二氢菲（2-hydroxy-5-hydroxymethyl-7-methoxy-1, 8-dimethyl-9, 10-dihydrophenanthrene）、2, 7-二羟基-5-羟甲基-1, 8-二甲基-9, 10-二氢菲（2, 7-dihydroxy-5-hydroxymethyl-1, 8-dimethyl-9, 10-dihydrophenanthrene）、2-羟基-1, 7-二甲基-9, 10-二氢菲并-［5, 6-b］-4′, 5′-二氢-4′, 5′-二羟基呋喃{2-hydroxy-1, 7-dimethyl-9, 10-dihydrophenanthro-［5, 6-b］-4′, 5′-dihydro-4′, 5′-dihydroxyfuran}、5-（1-乙氧基）-2, 7-二羟基-1, 8-二甲基-9, 10-二氢菲［5-（1-ethoxy）-2, 7-dihydroxy-1, 8-dimethyl-9, 10-dihydrophenanthrene］[16]，2-*O*-葡萄糖苷-1, 6-二甲基-7-羟基-5-乙烯基-9, 10-二氢菲（2-*O*-glucoside-1, 6-dimethyl-7-hydroxy-5-vinyl-9, 10-dihydrophenanthrene）、2, 7-二-*O*-葡萄糖苷-1, 6-

二甲基-5-乙烯基-9, 10-二氢菲（2, 7-di-*O*-glucoside-1, 6-dimethyl-5-vinyl-9, 10-dihydrophenanthrene）、7-*O*-葡萄糖苷-1, 6-二甲基-2-羟基-5-乙烯基-9, 10-二氢菲（7-*O*-glucoside-1, 6-dimethyl-2-hydroxy-5-vinyl-9, 10-dihydrophenanthrene）[17]和2, 7-二羟基-1, 6-二甲基-5-乙烯基-9, 10-二氢菲（2, 7-dihydroxy-1, 6-dimethyl-5-vinyl-9, 10-dihydrophenanthrene）[18]；芘类：2, 7-二-*O*-β-D-吡喃葡萄糖基-2, 7-二羟基-1, 6-二甲基-9, 10, 12, 13-四氢芘（2, 7-di-*O*-β-D-glucopyranosyl-2, 7-dihydroxy-1, 6-dimethyl-9, 10, 12, 13-tetrahydropyrene）、2-*O*-β-D-吡喃葡萄糖基-2, 7-二羟基-1, 6-二甲基-9, 10, 12, 13-四氢芘（2-*O*-β-D-glucopyranosyl-2, 7-dihydroxy-1, 6-dimethyl-9, 10, 12, 13-tetrahydropyrene）、2-*O*-α-D-吡喃葡萄糖基-2, 7-二羟基-1, 6-二甲基-9, 10, 12, 13-四氢芘（2-*O*-α-D-glucopyranosyl-2, 7-dihydroxy-1, 6-dimethyl-9, 10, 12, 13-tetrahydropyrene）、2, 7-二羟基-1, 6-二甲基-9, 10, 12, 13-四氢芘（2, 7-dihydroxy-1, 6-dimethyl-9, 10, 12, 13-tetrahydropyrene）、2-*O*-β-D-吡喃葡萄糖基-7-*O*-α-D-吡喃葡萄糖基-2, 7-二羟基-1, 6-二甲基-9, 10, 12, 13-四氢芘（2-*O*-β-D-glucopyranosyl-7-*O*-α-D-glucopyranosyl-2, 7-dihydroxy-1, 6-dimethyl-9, 10 12, 13-tetrahydropyrene）[18]和2, 7-二羟基-1, 6-二甲基-芘（2, 7-dihydroxy-1, 6-dimethyl-pyrene）[19]；三萜类：环阿屯-（23*Z*）-烯-3β, 25-二醇［cycloart-（23*Z*）-en-3β, 25-diol］、（24*R*）-24, 25-环氧环阿屯醇［（24*R*）-24, 25-epoxycycloartanol］、（24*S*）-环阿屯-25-烯-3β, 24-二醇［（24*S*）-cycloart-25-en-3β, 24-diol］、3β-羟基环阿屯烷-24-酮（3β-hydroxycycloartan-24-one）、（24*R*）-环阿屯-25-烯-3β, 24-二醇［（24*R*）-cycloart-25-en-3β, 24-diol］、3β-羟基-环阿屯-25-烯-24-酮（3β-hydroxy-cycloart-25-en-24-one）、（24*R*）-环阿屯烷-3β, 24, 25-三羟基［（24*R*）-cycloartan-3β, 24, 25-triol］、（24*S*）-24, 25-环氧环阿屯醇［（24*S*）-24, 25-epoxycycloartanol］、（24*S*）-环阿屯烷-3β, 24, 25-三醇［（24*S*）-cycloartan-3β, 24, 25-triol］[20]和灯芯草三萜苷Ⅰ、Ⅱ、Ⅲ、Ⅳ、Ⅴ（juncoside Ⅰ、Ⅱ、Ⅲ、Ⅳ、Ⅴ）[21]；黄酮类：2′, 5′, 5, 7-四羟基黄酮（2′, 5′, 5, 7-tetrahydroxyflavane）、木犀草素-7-*O*-β-D-葡萄糖苷（luteolin-7-*O*-β-D-glucoside）、圣草酚（eriodictyol）和木犀草素（luteolin）[22]；甾体类：β-谷甾醇（β-sitosterol）和胡萝卜苷（daucosterol）[13]；酚酸类：香草酸（vanillic acid）和对羟基苯甲酸甲酯（methyl *p*-hydroxybenzoate）[22]；苯丙素类：1-*O*-对香豆酰丙三醇（1-*O*-*p*-coumaroylglycerol）、2-*O*-对香豆酰丙三醇（2-*O*-*p*-coumaroylglycerol）、1-*O*-阿魏酰丙三醇（1-*O*-feruloylglycerol）和2, 3-异亚丙基-l-*O*-对香豆酰丙三醇（2, 3-isopropylidene-l-*O*-*p*-coumaroylglycerol）[23]；烷烃类：正十四烷（*n*-tetradecane）[22]；脂肪酸类：棕榈酸（hexadecanoic acid）[22]；苯并氧杂䓬类：2, 8-二羟基-1, 7-二甲基-6-乙烯基-10, 11-二氢二苯并［b, f］氧杂䓬{2, 8-dihydroxy-1, 7-dimethyl-6-vinyl-10, 11-dihydrodibenz［b, f］oxepin}[24]。

地上部分含菲类：7-羧基-2-羟基-1-甲基-5-乙烯基-菲（7-carboxy-2-hydroxy-1-methyl-5-vinyl-phenanthrene）、2, 7-二羟基-1-甲基-5-甲醛-9, 10-二氢菲（2, 7-dihydroxy-1-methyl-5-aldehyde-9, 10-dihydrophenanthrene）、厄弗酚（effusol）、去氢厄弗酚（dehydroeffusol）、去氢灯心草新酚（dehydrojuncusol）、7-羧基-2-羟基-1-甲基-5-乙烯基-9, 10-二氢菲（7-carboxy-2-hydroxy-1-methyl-5-vinyl-9, 10-dihydrophenanthrene）、8-羧基-2-羟基-1-甲基-5-乙烯基-9, 10-二氢菲（8-carboxy-2-hydroxy-1-methyl-5-vinyl-9, 10-dihydrophenanthrene）、灯心草新酚（juncusol）[25]、2-甲氧基-1, 6-二甲基-5-乙烯基-9, 10-二氢菲-7-醇（2-methoxy-1, 6-dimethyl-5-vinyl-9, 10-dihydrophenanthren-7-ol）、1, 6-二甲基-4, 5-二氢芘-2, 7-二醇（1, 6-dimethyl-4, 5-dihydropyrene-2, 7-diol）和1-（3, 7-二羟基-2, 8-二甲基-9, 10-二氢菲-1-基）乙酮［1-（3, 7-dihydroxy-2, 8-dimethyl-9, 10-dihydrophenanthren-1-yl）ethanone］[26]。

【药理作用】1. 镇静　全草乙醇提取物的乙酸乙酯提取部位可减少小鼠的自主活动，延长戊巴比妥钠导致的小鼠睡眠时间[1]。2. 抗氧化　全草乙醇提取物的乙酸乙酯部位对1，1-二苯基-2-三硝基苯肼（DPPH）自由基有较强的清除作用，提示其具有较好的抗氧化作用[2]。3. 抗菌　从全草乙醇提取物的乙酸乙酯部位分离的成分去氢厄弗酚（dehydroeffusol）对4种革兰氏阳性菌（枯草芽孢杆菌、草分枝杆菌、环状芽孢杆菌、金黄色葡萄球菌）和白色念珠菌的生长均有一定的抑制作用[3]。4. 抗肿瘤　从茎髓乙醇提取物分离的成分灯心草菲*B（effususin B）　对肿瘤HepG2、HeLa、MCF-7细胞的增殖均有较强的抑制作用[4]。5. 抗炎 从茎髓乙醇提取物分离的成分具抑制大鼠腹腔巨噬 RAW264.7 细胞释放一氧化氮（NO）的作用[4]。6. 神经保护 从全草提取的菲类化合物对 β 淀粉样蛋白（$A\beta_{25-35}$）诱导的 SH-SY5Y 细胞损伤的神经有一定的保护作用[5]。

【性味与归经】甘、淡，微寒。归心、肺、小肠经。

【功能与主治】清心火，利小便。用于心烦失眠，尿少涩痛，口舌生疮。

【用法与用量】煎服 1 ～ 3g；或入丸、散用；外用取炭研末撒或吹喉。

【药用标准】药典 1963—2015、上海药材 1994、香港药材三册和台湾 2013。

【临床参考】1. 口疮：茎适量，炒焦黄研末，外敷患处[1]。

2. 胃肠型感冒：选胸背反应点（如丘疹样，稍高出皮肤表面，多为暗红、浅红、灰暗色，压之不褪色），常规消毒后，用针柄压丘疹上，使之凹陷，将茎髓浸油点燃后迅速点于反应点并迅速移开，点处有粟米状伤痕，治疗期间不要洗澡，以防感染[2]。

3. 流行性腮腺炎：茎髓 10cm，蘸香油后点燃，迅速点灸角孙、翳风穴，1 次即可[3]。

4. 小儿顽固呕吐：患儿取仰卧位，取穴后常规皮肤消毒，取茎髓长 5cm，一端蘸麻油点燃，对准穴位迅速按下，爆响后立即离去，灸后保持疮面清洁，5 ～ 8 日灸疮会自行退去。选穴：先灸双侧内关，再灸双侧隐白，后灸配穴：纳差配中院，便稀配双侧足三里，胀腹痛配双侧天枢[4]。

5. 带状疱疹：取茎髓一段，蘸香油点燃，对准疱疹（最早出现的 3 ～ 4 颗疱疹）快速灸之，爆响后立即离去，若不愈，第 2 日再灸 1 次[5]。

6. 呃逆：茎髓 1 ～ 2g，白纸卷成“雪茄烟”状，点燃一端，嘱患者尽量吸入烟雾，屏气片刻，呼气后再次吸入，至“烟卷”燃尽，每日吸 2 次[6]。

7. 小儿夜啼：鲜全草约 30g，加瘦猪肉 25g，隔水炖 30min，去渣取汤分次口服，连服 2 ～ 3 日[7]。

8. 冬病夏治三伏贴后皮肤损伤：全草研末，湿润烧伤膏与全草粉末按 10 ∶ 1 比例配制，外敷患处，不必包扎，每日 2 次；若有水疱，用无菌注射器抽出水疱内液体后再涂[8]。

9. 顽固性口腔溃疡：全草 50g，加冰片 5g 制成散剂（制法：将全草紧扎成一把，塞入瓦罐内，加热到 400℃使罐红，待冷取出，将灯心草碳与冰片研细，调成散剂），使用时以 1g 散剂、2ml 利多卡因、3g 凡士林的比例调成糊状，外敷患处，每日 3 次[9]。

10. 五淋癃闭：全草 30g，加麦门冬、甘草各 15g，水煎服。（《方氏脉症正宗》）

11. 失眠、心烦：全草 18g，水煎代茶常服。（《现代实用中药》）

【附注】灯心草之名始载于《开宝本草》，云：“灯心草生江南泽地，丛生，茎圆细而长直，人将为席。”《本草衍义》云：“陕西亦有。蒸熟，干则拆取中心白穰燃灯者，是谓之熟草。又有不蒸，但生干剥取者，为生草。入药宜用生草。”《品汇精要》云：“灯心草，莳田泽中，圆细而长直，有干无叶。南人夏秋间采之，剥皮以为蓑衣。其心能燃灯，故名灯心草。”《本草纲目》云：“此即龙须之类，但龙须紧小而瓤实，此草稍粗而瓤虚白。”《植物名实图考》云：“江西泽畔极多。细茎绿润，夏从茎旁开花如穗，长不及寸，微似莎草花。”《本草纲目》及《植物名实图考》并附有灯心草图。经考证，即为本种。

药材灯心草下焦虚寒和小便失禁者禁服。

【化学参考文献】

[1] Jin D Z，Min Z D，Chiou G C Y，et al. Two *p*-coumaroyl glycerides from *Juncus effusus* [J]. Phytochemistry，1996，41（2）：545-547.

[2] 李红霞，邓铁忠，陈玉，等. 灯心草酚性成分的分离与结构鉴定 [J]. 药学学报，2007，42（2）：174-178.

[3] 田学军，李红霞，陈玉，等. 灯心草化学成分的研究（Ⅱ）[J]. 时珍国医国药，2007，18（9）：2121-2122.

[4] Shima K，Toyota M，Asakawa Y. Phenanthrene derivatives from the medullae of *Juncus effusus* [J]. Phytochemistry，1991，30（9）：3149-3151.

[5] Su X H，Yuan Z P，Li C Y，et al. Phenanthrenes from *Juncus effusus* [J]. Planta Med，2013，79（15）：1447-1452.

[6] Wang Y，Li G Y，Fu Q，et al. Two new anxiolytic phenanthrenes found in the medullae of *Juncus effusus* [J]. Natural

Product Communications, 2014, 9 (8): 1177-1178.
[7] Ishiuchi K, Kosuge Y, Hamagami H, et al. Chemical constituents isolated from *Juncus effusus* induce cytotoxicity in HT22 cells [J]. Journal of Natural Medicines, 2015, 69 (3): 421-426.
[8] Ma W, Liu F, Ding Y Y, et al. Four new phenanthrenoid dimers from *Juncus effusus* L. with cytotoxic and anti-inflammatory activities [J]. Fitoterapia, 2015, 105: 83-88.
[9] Ma, W, Zhang Y, Ding Y Y, et al. Cytotoxic and anti-inflammatory activities of phenanthrenes from the medullae of *Juncus effusus* L. [J]. Archives of Pharmacal Research, 2016, 39 (2): 154-160.
[10] 马伟. 灯芯草的化学成分研究及其抗肿瘤和抗炎活性 [D]. 合肥：安徽医科大学硕士学位论文，2015.
[11] 李红霞，陈玉，梅之南，等. 灯心草化学成分研究 [J]. 中药材，2006，29 (11)：1186-1187.
[12] Yang G Z, Li H X, Song F J, et al. Diterpenoid and phenolic compounds from *Juncus effusus* L. [J]. Helv Chim Acta, 2007, 90 (7): 1289-1295.
[13] Mody N V, Mody N V, Mahmoud I I, et al. Constituents of *Juncus effusus*: the x-ray analysis of effusol diacetate [J]. J Nat Prod, 1982, 45 (6): 733-737.
[14] Greca M D, Fiorentino A, Mangoni L, et al. 9, 10-Dihydrophenanthrene metabolites from *Juncus effusus* L. [J]. Tetrahedron Lett, 1992, 33 (36): 5257-5260.
[15] Greca M D, Fiorentino A, Monaco P, et al. Effusides I-V: 9, 10-dihydrophenanthrene glucosides from *Juncus effusus* [J]. Phytochemistry, 1995, 40 (2): 533-535.
[16] Greca M D, Monaco P, Previtera L, et al. Minor bioactive dihydrophenanthrenes from *Juncus effusus* [J]. J Nat Prod, 1997, 60 (12): 1265-1268.
[17] Greca M D, Fiorentino A, Molinaro A, et al. 9, 10-Dihydrophenanthrene glucosides from *Juncus effusus* [J]. Nat Prod Lett, 1995, 6 (2): 111-117.
[18] Greca M D, Fiorentino A, Monaco P, et al. Tetrahydropyrene glucosides from *Juncus effusus* [J]. Nat Prod Lett, 1995, 7 (2): 85-92.
[19] 李红霞，钟芳芳，陈玉，等. 灯心草抗菌活性成分的研究 [J]. 华中师范大学学报（自然科学版），2006，40 (2)：205-208.
[20] Greca M D, Fiorentino A, Monaco P, et al. Cycloartane triterpenes from *Juncus effusus* [J]. Phytochemistry, 1994, 35 (4): 1017-1022.
[21] Corsaro M M, Della Greca M, Fiorentino A, et al. Cycloartane glucosides form *Juncus effusus* [J]. Phytochemistry, 1994, 37 (2): 515-519.
[22] 单承莺，叶永浩，姜洪芳，等. 灯心草化学成分研究 [J]. 中药材，2008，31 (3)：374-376.
[23] Greca M D, Fiorentino A, Monaco P, et al. Antialgal phenylpropane glycerides from *Juncus effusus* [J]. Nat Prod Lett, 1998, 12 (4): 263-270.
[24] Greca M D, Fiorentino A, Molinaro A, et al. A bioactive dihydrodibenzoxepin from *Juncus effusus* [J]. Phytochemistry, 1993, 34 (4): 1182-1184.
[25] Wang Y G, Wang Y L, Zhai H F, et al. Phenanthrenes from *Juncus effusus* with anxiolytic and sedative activities [J]. Nat Prod Res, 2012, 26 (13): 1234-1239.
[26] Zhao W, Zhang X, Gong X W, et al. Three new phenanthrenes with antimicrobial activities from the aerial parts of *Juncus effuses* [J]. Fitoterapia, 2018, 130: 247-250.

【药理参考文献】

[1] 王衍龙，黄建梅，张硕峰，等. 灯心草镇静作用活性部位的研究 [J]. 北京中医药大学学报，2006，29 (3)：181-183.
[2] 陆风，沈建玲. 灯心草抗氧化活性成分研究 [J]. 中国民族民间医药，2008，17 (8)：28-30.
[3] 李红霞，钟芳芳，陈玉，等. 灯心草抗菌活性成分的研究 [J]. 华中师范大学学报（自然科学版），2006，40 (2)：70-73.
[4] 马伟. 灯芯草的化学成分研究及其抗肿瘤和抗炎活性 [D]. 合肥：安徽医科大学硕士学位论文，2015.
[5] 肖方. 三种药用植物的化学成分和生物活性研究 [D]. 上海：中国科学院上海药物研究所博士学位论文，2016.

【临床参考文献】

[1] 朱遵贤. 单味灯心草治疗口疮 [J]. 上海中医药杂志，1985，(3)：34.

[2] 张玉璞. 灯心草点治法治疗胃肠型感冒 150 例 [J]. 中医杂志，1988，(6)：51.

[3] 陈晓华. 灯心草灸角孙、翳风穴治疗小儿流行性腮腺炎 50 例报告 [J]. 河北职工医学院学报，1994，(3)：30.

[4] 党建卫，赵清珍. 灯心草灸治疗小儿顽固呕吐 32 例 [J]. 山西中医，1996，(1)：42.

[5] 金妙青. 灯心草灸治疗带状疱疹 [J]. 中国民间疗法，1996，14(6)：34.

[6] 张舒雁. 巧用灯心草治呃逆 [J]. 浙江中医杂志，2001，46(10)：41.

[7] 陈清容. 灯心草猪肉汤治疗小儿夜啼 [J]. 中国民间疗法，2014，22(2)：87.

[8] 涂长英，王丽萍，兰飞. 湿润烧伤膏联合灯心草粉末治疗冬病夏治三伏贴皮肤损伤的效果观察 [J]. 全科护理，2015，13(16)：1512-1513.

[9] 张敬之，葛康康，金红兰. 灯心草治疗顽固性口腔溃疡 120 例临床观察 [J]. 浙江中医杂志，2018，53(11)：807.

1102. 野灯心草（图 1102）• *Juncus setchuensis* Buchen. ex Diels

图 1102 野灯心草 摄影 张芬耀等

【别名】拟灯心草（安徽）。

【形态】多年生草本，高 30 ～ 50cm。根茎横走；茎簇生，圆柱形，直径 0.8 ～ 1.5mm，有多数细纵棱。叶基生或近基生；叶片大多退化呈刺芒状；叶鞘中部以下紫褐色至黑褐色；叶耳缺。复聚伞花序假侧生，通常较开展；总苞片似茎的延伸，直立，长 5 ～ 15cm；先出叶卵状三角形，长 0.5 ～ 0.8mm，膜质；花被片卵状披针形，近等长，长 2 ～ 2.5mm，边缘膜质，雄蕊 3 枚，长约为花被片长的 2/3，花药稍短于花丝，子房不完全 3 室。蒴果三棱状卵球形，成熟时稍长于花被片，顶端钝。种子黄褐色，倒卵形，长约 0.5mm，无附属物。花期 3 ～ 4 月，果期 4 ～ 7 月。

【生境与分布】生于沟边、田边及路边潮湿处，偶有栽培。分布于浙江、江苏、安徽、江西、福建，另长江以南各地均有分布；日本、朝鲜也有分布。

【药名与部位】秧草根，根及根茎。龙须草（水灯心、川灯心草），地上部分或全草。

【采集加工】秧草根：夏、秋二季采挖，洗净，干燥。龙须草：夏、秋二季采收，除去杂质，晒干。

【药材性状】秧草根：根茎呈不规则结节状，长 5 ～ 10cm，节间密，表面棕褐色至黑褐色，外被多数棕褐色膜质鳞叶，上面有残留茎基，下面着生多数须状根，呈圆柱形，多弯曲，长 2 ～ 10cm，直径 1 ～ 2mm，表面灰褐色。质韧，不易折断。气微，味淡。

龙须草：根茎呈圆柱形，略扁，节明显，密被棕褐色小鳞片，下部着生多数细根，灰棕色。茎呈细长圆柱形，长 30 ～ 50cm，直径 1 ～ 1.6mm。上部渐细尖，近基部稍粗，表面淡黄绿色，具纵直细纹理。质坚韧，断面黄白色，中央有白色疏松的髓。上部无叶，基部叶鞘红褐色至棕褐色。花穗或果穗侧生于茎上端，淡棕色。气微，味淡。

【药材炮制】龙须草：除去杂质，喷淋清水，稍润，切段，干燥，筛去灰屑。

【化学成分】带花地上部分含蒽醌类：2- 羟基 -3- 甲基蒽醌（2-hydroxy-3-methyl anthraquinone）和大黄素甲醚（physcion）[1,2]；甾体类：豆甾醇（stigmasterol）和豆甾 -3, 6- 二酮（stigmastan-3, 6-dione）[1,2]；酚酸类：香草醛（vanillin）[2]，反式对羟基桂皮酸（*trans-p*-hydroxycinnamic acid）和 4- 羟基 -3- 甲氧基苯甲酸（4-hydroxy-3-methoxybenzoic acid）[1,2]；脂肪酸类：二十四烷酸（tetracosanoic acid）[1] 和正二十七烷酸（*n*-heptacosanoic acid）[2]。

茎髓含菲类：龙须草醇 A（setchuenol A）、4- 乙烯基 -9, 10- 二氢 -1, 8- 二甲基 -2, 7- 菲二醇（4-ethenyl-9, 10-dihydro-1, 8-dimethyl-2, 7-phenanthrenediol）、厄弗酚（effusol）、去氢厄弗酚（dehydroeffusol）和 4- 乙烯基 -9, 10- 二氢 -7- 羟基 -8- 甲基 -1- 菲甲酸（4-ethenyl-9, 10-dihydro-7-hydroxy-8-methyl-1-phenanthrenecarboxylic acid）[3]。

地上部分含菲类：厄弗酚（effusol）、去氢厄弗酚（dehydroeffusol）、灯心草酚（juncusol）、去氢灯心草酚（dehydrojuncusol）、灯芯草宁素 *B、D（juncuenin B、D）、去氢灯芯草宁素 *B（dehydrojuncuenin B）、2- 甲氧基 -7- 羟基 -1- 甲基 -5- 乙烯基菲（2-methoxyl-7-hydroxyl-1-methyl-5-vinyl phenanthrene）、2- 羟基 -7- 羧基 -1- 甲基 -5- 乙烯基 -9, 10- 二氢菲（2-hydroxyl-7-carboxy-1-methyl-5-vinyl-9, 10-dihydrophenanthrene）和 2- 羟基 -7- 羧基 -1- 甲基 -5- 乙烯基菲（2-hydroxyl-7-carboxyl-1-methyl-5-vinylphenanthrene）[4]；黄酮类：木犀草素（luteolin）[4]；酚酸类：香草酸（vanillic acid）[4]；苯丙素类：对香豆酸（*p*-coumaric acid）[4]；香豆素类：瑞香素（daphnetin）[4]。

全草含菲类：灯芯草宁素 *A、B、C、D（juncuenin A、B、C、D）和去氢灯芯草宁素 *A、B、C（dehydrojuncuenin A、B、C）[5]。

【药理作用】抗焦虑　从地上部分乙醇提取物的乙酸乙酯部位分离的菲类成分灯芯草宁素 * B（juncuenin B）和去氢灯芯草宁素 * B（dehydrojuncuenin B）对小鼠有抗焦虑的作用[1]。

【性味与归经】秧草根：甘、淡，凉。归肺、心、膀胱经。龙须草：苦，凉。归心、小肠经。

【功能与主治】秧草根：清热解表，凉血止血，利水通淋，清心除烦。用于风热感冒，崩漏带下，小便淋涩，心烦失眠。龙须草：利水通淋、清热、安神、凉血止血。用于热淋、小便涩痛不利，肌胀浮肿，心烦，心悸失眠，口舌生疮，衄血，尿血等。

【用法与用量】秧草根：15 ～ 30g。龙须草：9 ～ 15g。

【药用标准】秧草根：云南彝药Ⅱ 2005 四册；龙须草：江苏药材 1989、湖南药材 2009、湖北药材 2009 和四川药材 2010。

【临床参考】1. 糖尿病肾病辅助治疗：全草经煎药机煎 1h，得药液 200ml（含生药 20g），每日 1 剂，煎服 2 次，2 周 1 疗程，持续治疗 3 疗程[1]。

2. 早期糖尿病：全草 60℃烘干，粉碎，过 60 目筛网细粉不超过 20%，滤纸袋包装（每袋 4g），1 次 2 包，每日 2 ～ 3 次，冲服[2]；或全草 60g，加鹿茸草 30g，水煎服（《浙江药用植物志》）。

3. 尿路感染、肾炎水肿：全草 30g，加车前草 30g、土茯苓 9g，水煎服；或根 60g，加马鞭草 15g、小蓟 30g，水煎服。

4. 乳糜尿：鲜全草 30 ～ 60g，水煎服。

5. 失眠：鲜全草 60g，加夜交藤 30g、丹参 15g，水煎服。（3 方至 5 方引自《浙江药用植物志》）

【附注】本种始载于《神农本草经》。《名医别录》云："九节多珠者良。生梁州山谷湿地。五月、七月采茎暴干。"《本草经集注》云："茎青细相连，实赤。今出近道水石处，似东阳龙须，以作席者，但多节尔。"《本草图经》云："茎如綖，丛生，俗名龙须草。今人以为席者，所在有之。八月、九月采根曝干。"《本草纲目》云："龙须丛生，状如粽心草及凫茈，苗直上。夏月茎端开小穗花，结细实，并无枝叶。今吴人多栽莳织席，他处自生者不多也。"《本草纲目拾遗》称野席草，云："生山泽水旁，较席草稍短细，亦名龙须草。清明后生苗，小满时开花细小，根类竹根，黑色，入药取根用。"根据以上形态、生境、分布的记载，即为本种。另外《滇南本草》所载之秧草根，经考证也为本种。

药材龙须草或水灯心下焦虚寒、小便失禁者禁服。

【化学参考文献】

[1] 蔡鹰，陆瑜，吴玉兰，等. 龙须草化学成分研究 [J]. 中药材，2014，37（4）：602-604.

[2] Cai Y，Qiu R L，Lu Y，et al. Hypoglycemic activity of two anthraquinone derivatives from *Juncus setchuensis* Buchen. [J]. International Journal of Clinical and Experimental Medicine，2016，9（10）：19664-19672.

[3] 李军，时圣明，孙玉坤，等. 龙须草中 1 个新的二氢菲类化合物 [J]. 中草药，2015，46（16）：2361-2364.

[4] 孙璐，付茜，张婵溪，等. 野灯心草地上部分菲类成分及其抗焦虑作用研究 [J]. 中国中药杂志，2016，41（6）：1070-1074.

[5] Wang X Y，Ke C Q，Tang C P，et al. 9，10-Dihydrophenanthrenes and phenanthrenes from *Juncus setchuensis* [J]. J Nat Prod，2009，72（6）：1209-1212.

【药理参考文献】

[1] 孙璐，付茜，张婵溪，等. 野灯心草地上部分菲类成分及其抗焦虑作用研究 [J]. 中国中药杂志，2016，41（6）：1070-1074.

【临床参考文献】

[1] 蔡鹰，纪永章，络文香，等. 龙须草袋煎剂治疗糖尿病肾病的临床观察 [J]. 中国中医药科技，2018，25（1）：75-76.

[2] 蔡鹰，陆晓和，张丽玲，等. 龙须草袋泡剂治疗早期糖尿病临床观察 [J]. 药学与临床研究，2012，20（2）：118-119.

1103. 假灯心草（图 1103）• *Juncus setchuensis* Buchen. var. *effusoides* Buchen.

【别名】拟灯心草（安徽）。

【形态】与原变种的区别为茎常弧形弯斜，具浅纵沟；叶状总苞常弯曲；蒴果通常圆球形，顶端极钝，果皮较薄。

【生境与分布】生于阴湿山坡、山沟、林下及路旁潮湿地。分布于江苏、浙江等地，陕西、甘肃、湖北、

图 1103　假灯心草　　摄影　张芬耀等

湖南、广西、四川、贵州、云南等地均有分布；朝鲜、日本也有分布。

【药名与部位】龙须草，地上部分。

【采集加工】7 ～ 10 月割取地上部分，晒干，扎束。

【药材性状】茎细长，圆柱形，略呈压扁状，长 30 ～ 70cm，直径 1 ～ 2mm，上部渐细，下部稍粗，表面光滑，淡黄绿色，具纵直细棱线，质坚实而柔韧，不易折断；断面黄白色，中央具白色疏松的髓。叶鞘包于茎基，下部红棕色，上部淡黄色至灰绿色。花穗或果穗侧生于茎的上端，细小。气微，味淡。

【性味与归经】甘，寒。

【功能与主治】清热利水，安神。用于小便不利，水肿，心烦失眠。

【用法与用量】4.5 ～ 9g。

【药用标准】上海药材 1994。

【附注】莎草科类头状花序藨草头 *Scirpus subcapitatus* Thw. 的全草在浙江作龙须草药用，应注意鉴别。

一三四 百部科 Stemonaceae

多年生直立或攀援或缠绕草本。根茎粗短或细长；须根肥大肉质或否，味苦。叶互生、对生或轮生，叶片边缘微波状或全缘，有明显的基出主脉和平行致密的横脉。花两性，辐射对称；总花梗腋生，稀部分贴生于叶片中脉上；花被 4 枚，花瓣状，排列为 2 轮，大小近相等；雄蕊 4 枚，花丝分离或基部稍合生，花药基着或背着，2 室，内向纵裂，药隔通常延伸于药室之上成 1 细长的附属物或无附属物；子房上位至半下位，1 室，花柱不分枝或缺；胚珠 2 至多数，倒生，生于子房室底或自室顶悬垂。蒴果开裂为 2 瓣；种子有丰富的胚乳，胚小，坚硬。

3 属，约 30 种，主要分布于亚洲东部、南部至澳大利亚，以及北美洲的亚热带地区。中国 2 属，6 种，法定药用植物 1 属，4 种。华东地区法定药用植物 1 属，3 种。

百部科法定药用植物仅百部属 1 属，该属含生物碱类、蒽醌类、酚酸类、菲类、二苯乙烯类、木脂素类等成分。生物碱类为该属的主要成分，以氮杂薁环为基本母核，如对叶百部碱（tuberostemonine）、异对叶百部碱（isotuberostemonine）、直立百部碱（sessilis temonine）等；蒽醌类如大黄素甲醚（physcion）、1, 8- 二羟基 -3- 甲基蒽醌（1, 8-dihydroxy-3-methylanthraquinone）等；酚酸类如对羟基苯甲酸（*p*-hydroxybenzoic acid）、3- 羟基 -4- 甲氧基苯甲酸（3-hydroxy-4-methoxy-benzoic acid）等；菲类如百部菲 A、B、C（stemophenanthrene A、B、C）、二氢菲（dihydrophenanthrene）等；二苯乙烯类如异赤松素 A（isopinosylvin A）、百部呋喃 Y（stemofuran Y）等；木脂素类如蜂斗菜单酯 A、B、C、D（japonin A、B、C、D）、芝麻素（sesamin）等。

1. 百部属 *Stemona* Lour.

攀援或缠绕草本。根茎粗短；须根簇生，肥大呈肉质纺锤状的块根，味苦。茎光滑无毛。叶互生、对生或轮生，具 3 至多条基出主脉及平行的横脉；叶具柄。花 1 ~ 3 朵腋生或组成少花的总状花序；苞片钻形或披针形；花被 4 枚，披针形；雄蕊 4 枚，花丝、花药几等长，花药紫红色，药隔及药室顶端延伸成 1 细长、直立的附属物；子房上位，1 室，胚珠 2 至多粒，基生，直立，花柱缺，柱头小。蒴果卵形至长圆形，内有种子数粒；种子卵形或长椭圆形，种皮厚，具纵槽。

约 10 种，分布于亚洲东部、东南部至大洋洲。中国 8 种，主产于长江以南及西南地区，法定药用植物 4 种。华东地区法定药用植物 3 种。

分种检索表

1. 茎缠绕；叶片基部不下延，叶柄明显；花均匀分布于全茎。
  2. 须根肥大部分长 12cm 以下；叶片长 10cm 以下；总花梗完全贴生于叶片中脉上……百部 *S. japonica*
  2. 须根肥大部分常长 20cm 以上；叶片长达 20cm；总花梗腋生，与叶柄完全分离…大百部 *S. tuberosa*
1. 茎直立；叶片基部下延，叶柄不明显；花集中在茎下部近地面的鳞片状苞腋内…直立百部 *S. sessilifolia*

1104. 百部（图 1104）• *Stemona japonica*（Blume）Miq.

【别名】蔓生百部（浙江）。

【形态】多年生蔓性缠绕草本，全株平滑无毛。须根肥大肉质，长 6 ~ 12cm，纺锤状，数个至数十个簇生。叶常 4 枚轮生，少数对生，卵形或卵状披针形，长 3 ~ 9cm，宽 1.5 ~ 4cm，顶端锐尖或渐尖，

图 1104　百部　　摄影　郭增喜等

全缘或微波状，基部圆形或近于截形，偶为浅心形，中脉 5 ～ 9 条，叶柄长 1.5 ～ 2.5cm。花单生或数朵排成聚伞状花序，总花梗完全贴生于叶片中脉上；花被 4 枚，淡绿色，卵状针形至卵形；雄蕊 4 枚，紫色，花丝短，花药顶端有 1 条形附属物；子房卵形，具浅纵槽 3 条。蒴果广卵形而扁；种子长椭圆形。花期 5 月，果期 7 月。

【生境与分布】生于阳坡灌木林下或竹林下。分布于浙江、江苏、安徽、江西，另湖南、湖北、四川、陕西等地均有分布。

【药名与部位】百部，块根。

【采集加工】春、秋二季采挖，除去须根，洗净，置沸水中略烫，或蒸至内无干心，干燥。

【药材性状】呈纺锤形，两端稍狭细，长 5 ～ 12cm，直径 0.5 ～ 1cm。表面黄白色或淡棕黄色，有不规则皱褶和横皱纹。质脆，易折断，断面平坦，角质样，淡黄棕色或黄白色，皮部较宽，中柱扁缩。气微，味甘、苦。

【质量要求】肥壮有肉，无泥杂，不油黑。

【药材炮制】百部：除去杂质，洗净，润软，切厚片，干燥。炒百部：取百部饮片，炒至表面微具焦斑时，取出，摊凉。蜜百部：取百部饮片，与炼蜜拌匀，稍闷，炒至不粘手时，取出，摊凉。

【化学成分】块根含生物碱类：对叶百部碱 B、C（tuberostemonine B、C）、双脱氢对叶百部碱 B、C（bisdehydrotuberostemonine B、C）[1]，二脱氢百部碱（didehydrostemonine）、脱氢原百部碱（didehydroprotostemonine）、百部碱（stemonine）[2]，氧代狭叶百部碱（oxymaistemonine）、百部定碱（stemonidine）[3]，异狭叶百部碱（isomaistemonine）[1,3]，双脱氢原百部碱（bisdehydroprotostemonine）、双脱氢新百部碱

（bisdehydroneostemonine）[4]，新百部碱（neostemonine）、异原百部碱（isoprotostemonine）[4, 5]，蔓生百部酰胺*（stemonmine）、异百部酰胺（isostemonamide）、百部酰胺（stemonamide）[6]，狭叶百部碱（maistemonine）[6, 7]，蔓生百部赤碱*（stemocochinin）、异蔓生百部赤碱*（isostemocochinin）、异萼金刚大碱（croomine）、原百部碱（protostemonine）[7]，异蔓生百部碱（isostemonamine）[6-8]，蔓生百部碱（stemonamine）[7, 8] 和百部新碱（stemoninine）[9]；蒽醌类：1, 8- 二羟基 -3- 甲基蒽醌（1, 8-dihydroxy-3-methylanthraquinone）和 1, 8- 二羟基 -6- 甲氧基 -3- 甲基蒽醌（1, 8-dihydroxy-6-methoxy-3-methylanthraquinone）[3]；甾体类：β- 谷甾醇（β-sitosterol）、豆甾醇（stigmasterol）和豆甾 -5, 11（12）- 二烯 -3β- 醇［stigmasta-5, 11（12）-dien-3β-ol］[3]；酚酸类：苯甲酸（benzoic acid）、4- 甲氧基苯甲酸（4-methoxybenzoic acid）[3]，3, 5- 二羟基 -4- 甲基二苯乙烷（3, 5-dihydroxy-4-methylbibenzyl）、3, 5- 二羟基 -2′- 甲氧基 -4- 甲基二苯乙烷（3, 5-dihydroxy-2′-methoxy-4-methylbibenzyl）、二苯乙烷酚 J、K、L（stilbostemin J、K、L）[10]，二苯乙烷酚 M（stilbostemin M）[11]，二苯乙烷酚 P、Q、R（stilbostemin P、Q、R）、3, 5- 二羟基 -2′- 甲氧基二苯乙烷（3, 5-dihydroxy-2′-methoxybibenzyl）、3, 3′- 二羟基 -2, 5′- 二甲氧基二苯乙烷（3, 3′-dihydroxy-2, 5′-dimethoxybibenzyl）和 3, 5, 2′- 三羟基 -4- 甲基二苯乙烷（3, 5, 2′-trihydroxy-4-methylbibenzyl）[12]；苯丙素类：绿原酸（chlorogenic acid）[3]，4-*O*- 阿魏酰奎尼酸（4-*O*-feruloyl quinic acid）、3-*O*- 阿魏酰奎尼酸（3-*O*-feruloyl quinic acid）、5-*O*- 咖啡酰奎尼酸甲酯（methyl 5-*O*-caffeyol quinate）、3-*O*- 阿魏酰奎尼酸甲基酯（methyl 3-*O*-feruloyl quinate）、3-*O*- 阿魏酰奎尼酸乙酯（ethyl 3-*O*-feruloyl quinate）、4-*O*- 阿魏酰奎尼酸甲酯（methyl 4-*O*-feruloyl quinate）和 4-*O*- 阿魏酰奎尼酸乙酯（ethyl 4-*O*-feruloyl quinate）[13]；木脂素类：蜂斗菜单酯 A、B、C、D（japonin A、B、C、D）[12]；环烯醚萜类：栀子苷（geniposide）[3]；菲类：百部菲 F（stemanthrene F）[10] 和二氢菲（dihydrophenanthrene）[13]；其他尚含有：藏红花素 A（crocin A）[3]。

地上部分含生物碱类：新百部叶碱（neostemofoline）、16- 羟基百部叶碱（16-hydroxystemofoline）、原百部二醇（protostemodiol）、6β- 羟基百部叶碱（6β-hydroxystemofoline）、13- 二甲氧基 -（11*S*, 12*R*）- 二氢原百部碱［13-demethoxy-（11*S*, 12*R*）-dihydroprotostemonine］[14]，百部定碱（stemonidine）和百部叶碱（stemofoline）[15]。

【药理作用】 1. 镇咳祛痰　从块根中提取分离的成分百部新碱（stemoninine）与罗汉果皂苷 V（mogroside V）配比后，对小鼠咳嗽潜伏期有明显的缩短作用，咳嗽次数明显减少，气管酚红排泌量明显增加（$P < 0.05$ 或 $P < 0.01$）[1]。2. 抗菌　从块根中提取的二氢芪类成分百部芪烷 L（stilbostemin L）、百部菲 F（stemanthrene F）、3, 5- 二羟基 -4- 甲基二苯乙烷（3, 5-dihydroxy-4-methylbibenzyl）和 3, 5- 二羟基 -2′- 甲氧基 -4- 甲基二苯乙烷（3, 5-dihydroxy-2′-methoxy-4-methylbibenzyl）对金黄色葡萄球菌与表皮葡萄球菌的生长有很强的抑制作用[2]；化合物 3, 5- 二羟基 -2′- 甲氧基二苯乙烷（3, 5-dihydroxy-2′-methoxybibenzyl）和 3, 3′- 二羟基 -2, 5′- 二甲氧基二苯乙烷（3, 3′-dihydroxy-2, 5′-dimethoxybibenzyl）具有显著的抗真菌作用[3]。3. 抗病毒　从块根中提取分离的成分 3-*O*- 阿魏酰奎宁酸甲酯（methyl 3-*O*-feruloylquinate）和 5-*O*- 咖啡酰奎宁酸甲酯（methyl 5-*O*-caffeyolquinate）具有抗 H5N1 病毒的作用[4]。4. 杀虫　从块根中提取分离的成分百部碱（stemonine）能麻痹离体小鼠回肠的蠕动，影响肝片形吸虫、广州管圆线虫和犬复孔绦虫等寄生虫的蠕动，有较好的杀虫作用[5]。

【性味与归经】 甘、苦，微温。归肺经。

【功能与主治】 润肺下气，止咳，杀虫。用于新久咳嗽，肺痨咳嗽，百日咳；外用于头虱，体虱，蛲虫病，阴痒。

【用法与用量】 煎服 3 ～ 9g；外用适量，水煎或酒浸。

【药用标准】 药典 1963—2015、浙江炮规 2015、新疆药品 1980 二册和台湾 2013。

【临床参考】 1. 寻常性痤疮：块根，加白花蛇舌草、丹参、三七、四季青、白芷等制成百部复方消痤膏，早、晚温水洗脸后涂于皮损处[1]。

2. 儿童咳嗽变异性哮喘：块根 8g，加紫菀、款冬花、前胡、地龙、蝉蜕、黄芪各 8g，补骨脂 6g、射干 5g、杏仁 4g，水煎 2 次，分 3 次服，每日 1 剂，以上药量为 7 岁儿童量，年龄大小及体重不同酌情加减[2]。

3. 慢性外耳道炎：块根 30g，加大黄 30g，生理盐水清洗后放入密闭容器，加 75% 乙醇 100ml，常温下放置 10 日，置滤网过滤，以每瓶 8ml 分装，棉签蘸取涂搽患处，每日 3 次，连用 1 周[3]。

4. 慢性肛周湿疹：块根 20g，加蛇床子 30g，苦参、地肤子、当归、生地黄、生甘草各 20g，白鲜皮、茯苓、丹参、白及各 15g，蒲公英、防风各 10g，红花 6g，用自动煎药机煎成水剂，取 300ml，2 袋分装，1 次 1 袋，用时用 1500ml 开水冲泡，先熏 10min，待药液温度降至适宜时坐浴 20min，早、晚各 1 次，每日 1 剂[4]。

5. 慢性支气管炎：块根 15g，加地龙、蝉蜕、橘红各 12g，竹茹、桔梗各 6g，玄参、生地、麦冬、蚤休、甘草各 9g，黄芩、车前子各 15g（包煎），胆星 2g，肺部干性罗音多者加麻黄 4.5g、杏仁 9g；气虚自汗者加黄芪 20g；脾虚食欲不振者去生地、麦冬，加白术、茯苓、木香各 9g，焦麦芽、焦谷芽、焦建曲 30g；感冒引起急性发作者加银花、板蓝根各 15g，连翘 9g。水煎，早晚分服，每日 1 剂[5]。

6. 气管炎：块根 15g，加紫菀、杏仁各 9g，川贝母 6g；或块根 9g，加白前 9g、陈皮 4.5g，水煎服。

7. 百日咳：块根 9 g，加夏枯草 9g，水煎服；或块根 4.5g，加天冬 4.5g，水煎服；或块根 6 ～ 9g，加竹茹 9g、天冬 6g、制半夏 3g、橘红 3g，水煎服。

8. 肺结核：块根 15g，加丹参 15g，黄芩、沙参各 9g，水煎服。

9. 阿米巴痢疾：块根 6 ～ 9g，水煎服。

10. 蛲虫病：块根 30g，煎汁灌肠；或制成软膏，外涂肛门。

11. 疥癣：鲜块根适量，捣烂绞汁，或块根浓煎后擦敷。

12. 体虱、头虱：块根，制成 20% 乙醇浸液或 50% 水煎液，外涂患处；或全草 60g，加鹿茸草 30g，水煎服。（6 方至 12 方引自《浙江药用植物志》）

【附注】《名医别录》始载有“百部根。”《本草经集注》云：“山野处处有，根数十相连，似天门冬而苦强，但苗异尔。”《本草图经》谓：“百部根旧不著所出州土，今江、湖、淮、陕、齐、鲁州郡皆有之。春生苗，作藤蔓，叶大而尖长，颇似竹叶，面青色而光，根下作撮如芋子，一撮乃十五六枚，黄白色。”即为本种。

药材百部有毒，脾胃虚弱者慎服。服用量多，可引起呼吸中枢麻痹（《浙江药用植物志》）。

【化学参考文献】

[1] Zou C，Fu H Z，Lei H M，et al. New alkaloids from the roots of *Stemona japonica* Miq.［J］. J Chin Pharm Sci，1999，8（4）：185-190.

[2] Zou C，Zou C Y，Li J，et al. A new alkaloid from root of *Stemona japonica* Miq.［J］. J Chin Pharm Sci，2000，9（3）：113-115.

[3] 杨新洲，唐春萍，柯昌强，等 . 蔓生百部的化学成分研究［J］. 天然产物研究与开发，2008，20（3）：399-402.

[4] Ye Y，Qin G W，Xu R S. Alkaloids of *Stemona japonica*［J］. Phytochemistry，1994，37（4）：1205-1208.

[5] Ye Y，Xu R S. Studies on new alkaloids of *Stemona japonica*［J］. Chin Chem Lett，1992，3（7）：511-514.

[6] Ye Y，Qin G W，Xu R S. Alkaloids of *Stemona japonica*［J］. J Nat Prod，1994，57（5）：655-669.

[7] Yi M，Xia X，Wu H Y，et al. Structures and chemotaxonomic significance of Stemona alkaloids from *Stemona japonica*［J］. Natural Product Communications，2015，10（12）：2097-2099.

[8] Iizuka H，Irie H，Masaki N，et al. X-ray crystallographic determination of the structure of stemonamine. a new alkaloid from *Stemona japonica* isolation of isostemonamine［J］. J Chem Soc Chem Commun，1973，（4）：125-126.

[9] 吴旖，江仁望，赵斌 . 百部新碱与罗汉果皂苷 V 联用对小鼠的镇咳、祛痰作用研究［J］. 中国药房，2017，（13）：1755-1757.

[10] Yang X Z，Tang C P，Ye Y. Stilbenoids from *Stemona japonica*［J］. J Asian Nat Prod Res，2006，8（1-2）：47-53.

[11] Yang X Z，Lin L G，Tang C P，et al. Nonalkaloid constituents from *Stemona japonica*［J］. Helv Chim Acta，2007，90（2）：318-325.

[12] Zhang Y Z，Xu G B，Zhang T. Antifungal stilbenoids from *Stemona japonica*［J］. J Asian Nat Prod Res，2008，10（7）：

634-639.
[13] Ge F, Ke C Q, Tang W, et al. Isolation of chlorogenic acids and their derivatives from *Stemona japonica* by preparative HPLC and evaluation of their anti-AIV (H5N1) activity *in vitro* [J]. Phytochem Analysis, 2007, 18 (3): 213-218.
[14] Tang C P, Chen T, Velten R, et al. Alkaloids from stems and leaves of *Stemona japonica* and their insecticidal activities [J]. J Nat Prod, 2007, 71 (1): 112-116.
[15] Sakata K, Aoki K, Chang C F, et al. Stemospironine, a new insecticidal alkaloid of *Stemona japonica* Miq., isolation, structural determination and activity [J]. Agric Biol Chem, 1978, 42 (2): 457-463.

【药理参考文献】

[1] 吴旖，江仁望，赵斌 . 百部新碱与罗汉果皂苷V联用对小鼠的镇咳、祛痰作用研究 [J]. 中国药房，2017，(13)：1755-1757.
[2] Yang X, Tang C, Ye Y. Stilbenoids from *Stemona japonica* [J]. Journal of Asian Natural Products Research, 2006, 8 (1-2): 47-53.
[3] Zhang Y Z, Xu G B, Zhang T. Antifungal stilbenoids from *Stemona japonica* [J]. Journal of Asian Natural Products Research, 2008, 10 (7-8): 639-644.
[4] Ge F, Ke C, Tang W, et al. Isolation of chlorogenic acids and their derivatives from *Stemona japonica* by preparative HPLC and evaluation of their anti-AIV (H_5N_1) activity *in vitro* [J]. Phytochemical Analysis, 2007, 18 (3): 213-218.
[5] Terada M, Sano M, Ishii A I, et al. Studies on chemotherapy of parasitic helminths (Ⅲ) effects of tuberostemonine from *Stemona japonica* on the motility of parasitic helminths and isolated host tissues (author's transl) [J]. Folia Pharmacologica Japonica, 1982, 79 (2): 93-103.

【临床参考文献】

[1] 彭红华 . 百部复方消痤膏治疗寻常性痤疮 [J]. 中国实验方剂学杂志，2013，19 (12)：318-322.
[2] 董莉，吴洲红 . 百部止咳汤治疗儿童咳嗽变异性哮喘 42 例 [J]. 陕西中医药大学学报，2016，39 (6)：71-72.
[3] 尹志华，刘宏建 . 大黄百部浸液治疗慢性外耳道炎疗效观察 [J]. 人民军医，2011，54 (4)：326-327.
[4] 杨志华，熊国华，应光耀 . 复方百部洗剂熏洗治疗慢性肛周湿疹 30 例临床观察 [J]. 河北中医，2016，38 (1)：51-52.
[5] 余音 . 龙蝉黄芩百部汤治疗慢性支气管炎 36 例临床观察 [J]. 中国民族民间医药，2014，23 (14)：70.

1105. 大百部（图 1105）• *Stemona tuberosa* Lour.

【别名】对叶百部。

【形态】多年生缠绕草本，全株无毛，下部木质化。块根肉质，长 10 ～ 30cm，纺锤形或圆柱形。叶对生或轮生，偶兼有互生，卵状针形，长 6 ～ 30cm，宽 2 ～ 17cm，顶端渐尖或尾状渐尖，基部心形，全缘或微波状；基出主脉 7 ～ 13 条，横脉细密而平行；叶柄长 3 ～ 10cm。花序腋生，单花或 2 ～ 3 朵排列成总状；总花梗长 2 ～ 6cm；花被 4 片，黄绿色，披针形，长 4 ～ 6cm，宽 7 ～ 10mm；雄蕊 4 枚，紫色，花丝短而粗；花药条形，直立，顶端具附属物；药隔延伸为长钻状或披针形的附属物，蒴果倒卵形，略扁，长 4 ～ 6cm。种子 5 至多数，顶端具短喙。花期 5 ～ 8 月，果期 7 ～ 9 月。

【生境与分布】生于山坡林下、溪边、路旁、山谷和阴湿岩石上。分布于浙江、江西、福建，另湖南、湖北、广东、海南、广西、四川、贵州、云南等地均有分布；越南、缅甸、泰国、老挝、印度北部和菲律宾也有分布。

【药名与部位】百部，块根。

【采集加工】春、秋二季采挖，除去须根，洗净，置沸水中略烫，或蒸至内无干心，干燥。

【药材性状】呈长纺锤形或长条形，长 8 ～ 24cm，直径 0.8 ～ 2cm。表面浅黄棕色至灰棕色，具浅纵皱纹或不规则纵槽。质坚实，断面黄白色至暗棕色，中柱较大，髓部类白色。气微，味甘、苦。

【质量要求】肥壮有肉，无泥杂，不油黑。

【药材炮制】百部：除去杂质，洗净，润软，切厚片，干燥。炒百部：取百部饮片，炒至表面微具

图 1105　大百部　　　　摄影　李华东等

焦斑时，取出，摊凉。蜜百部：取百部饮片，与炼蜜拌匀，稍闷，炒至不粘手时，取出，摊凉。

【化学成分】根含生物碱类：对叶百部锡林碱*（tuberostemonoxirine）、9α-表-百部螺环碱*（9α-epi-tuberospironine）[1]，百部-胺*B（stemona-amine B）、百部-内酰胺*M、N、O、P、Q、R（stemona-lactam M、N、O、P、Q、R）[2]，百部-内酰胺*S（stemona-lactam S）[3]，百部螺环林碱*（tuberostemospiroline）[3,4]，二去氢对叶百部碱A（didehydrotuberostemonine A）、百部宁酮*（stemoninone）、对叶百部碱L（tuberostemonine L）、2-氧代百部宁碱（2-oxostenine）、直立百部叶酰胺H（sessilifoliamide H）、二去氢百部新碱（bisdehydrostemoninine）、百部胺（tuberostemoamide）[4]，二去氢对叶百部碱（didehydrotuberostemonine）、对叶百部碱（tuberostemonine）[4,5]，对叶百部碱H、K（tuberostemonine H、K）、对叶百部林碱*（tuberostemoline）、二去氢对叶百部碱（bisdehydrostemonine）、百部新碱（stemoninine）[5]，对叶百部柔酮*A、B、C（stemonatuberone A、B、C）、对叶百部柔醇*A（stemonatuberonol A）、对叶百部辛碱*A（stemonatuberosine A）[6]，百部烯胺（stemoenonine）、9a-*O*-甲基百部烯胺（9a-*O*-methylstemoenonine）、氧代百部烯胺（oxystemoenonine）、1, 9a-裂环-百部烯胺（1, 9a-*seco*-stemoenonine）、氧代百部新碱（oxystemoninine）、百部酰胺（stemoninoamide）[7]，对叶百部酮（tuberostemonone）[4,8]，对叶百部烯酮（tuberostemoenone）[8]，对叶百部醇（tuberostemol）[9]，异脱氧对叶百部碱（isodidehyrotuberostemonine）、*N*-氧-对叶百部碱（*N*-oxy-tuberostemonine）、氧代对叶百部碱（oxotuberostemonine）和脱氢对叶百部碱（didehydrotuberostemonine）[10]；菲类：百部酚菲*A、B、C（stemophenanthrene A、B、C）[11]和9, 10-二氢-5-甲氧基-8-甲基-2, 7-菲二醇（9, 10-dihydro-5-methoxy-8-methyl-2, 7-phenanthrenediol）[12]；芪类：异赤松素A（isopinosylvin A）[11]和百部呋喃（stemofuran Y）[13]；苯丙素类：阿魏酸甲酯（methyl ferulate）[11]；酚类：（2*S*, 4′*R*, 8′*R*）-3, 4-δ-去氢生育酚［（2*S*, 4′*R*, 8′*R*）-3, 4-δ-otocopherol］和（2*R*, 4′*R*, 8′*R*）-3, 4-δ-去氢生育酚［（2*R*, 4′*R*, 8′*R*）-3, 4-δ-dehydrotocopherol］[12]；聚酮类：百部聚酮A、B（stemonone

A、B）[14]。

【药理作用】1. 抗氧化　从块根水提醇沉法提取的多糖成分在不同体系中对超氧阴离子自由基（O_2^-·）、羟自由基（·OH）和1, 1-二苯基-2-三硝基苯肼（DPPH）自由基均有较强的清除作用，其半数抑制浓度（IC_{50}）分别为（218.6±16.1）μg/ml、（319.1±18.2）μg/ml和（375.3±16.4）μg/ml[1]。2. 镇咳平喘　从块根提取的总生物碱对豚鼠有很好的止咳作用[2]，使咳嗽次数减少，并可延长咳嗽潜伏期，其止咳作用随总生物碱的用量增加而作用增强[3]，可延长氨水引起的小鼠咳嗽时间，止咳的有效剂量为6.9g/kg[4]。3. 抗炎　从块根的甲醇提取物分离的成分阿魏酸甲酯（methyl ferulate）可显著抑制巨噬细胞释放促炎细胞因子，抑制环氧合酶-2（COX-2）的表达和巨噬细胞中一氧化氮（NO）的生成[5]。4. 抗肿瘤　块根的粗提物可上调甲状腺髓样癌细胞（MTC）Caspase-3的活性和Bcl-2的表达，具有增强细胞凋亡诱导的作用[6]。

【性味与归经】甘、苦，微温。归肺经。

【功能与主治】润肺下气，止咳，杀虫。用于新久咳嗽，肺痨咳嗽，百日咳；外用于头虱，体虱，蛲虫病，阴痒。

【用法与用量】煎服3～9g；外用适量，水煎或酒浸。

【药用标准】药典1963—2015、浙江炮规2015、贵州药材1965、新疆药品1980二册和台湾2013。

【附注】药材百部脾胃虚弱者慎服。

【化学参考文献】

［1］Yue Y，Deng A J，Xu D S，et al，Two new stemona alkaloids from *Stemona tuberosa* Lour［J］. J Asian Nat Prod Res，2013，15（2）：145-150.

［2］Hitotsuyanagi Y，Fukaya H，Takeda E，et al. Structures of stemona-amine B and stemona-lactams M-R［J］. Tetrahedron，2013，69（30）：6297-6304.

［3］Fukaya H，Hitotsuyanagi Y，Aoyagi Y，et al. Absolute structures of stemona-lactam S and tuberostemospiroline，alkaloids from *Stemona tuberosa*［J］. Chem Pharm Bull，2013，61（10）：1085-1089.

［4］Lin L G，Ke C Q，Wang Y T，et al. Two new alkaloids from roots of *Stemona tuberosa*［J］. Records of Natural Products，2014，8（4）：317-322.

［5］Zhang R R，Tian H Y，Wu Y，et al. Isolation and chemotaxonomic significance of stenine-and stemoninine-type alkaloids from the roots of *Stemona tuberosa*［J］. Chin Chem Lett，2014，25（9）：1252-1255.

［6］Yue Y，Deng A J，Li Z H，et al. New stemona alkaloids from the roots of *Stemona tuberosa*［J］. Magnetic Resonance in Chemistry，2014，52（11）：719-728.

［7］Lin L G，Li K M，Tang C P，et al. Antitussive stemoninine alkaloids from the roots of *Stemona tuberosa*［J］. J Nat Prod，2008，71（6）：1107-1110.

［8］崔育新，林文翰. 对叶百部烯酮和对叶百部酮的2D NMR研究［J］. 波谱学杂志，1998，15（6）：515-520.

［9］林文瀚，傅宏征，程铁明，等. 对叶百部醇的结构研究［J］. 科学通报，1998，43（4）：405-408.

［10］Lin W，Fu H Z. Three new alkaloids from the roots of *Stemona tuberosa* Lour.［J］. J Chin Pharm Sci，1999，8（1）：1-7.

［11］Khamko V A，Quang D N，Dien P H. Three new phenanthrenes，a new stilbenoid isolated from the roots of *Stemona tuberosa* Lour. and their cytotoxicity［J］. Natural Product Research，2013，27（24）：2328-2332.

［12］Kil Y S，Park J Y，Han A R，et al. A new 9，10-dihydrophenanthrene and cell proliferative 3，4-δ-dehydrotocopherols from *Stemona tuberosa*［J］. Molecules，2015，20（4）：5965-5974.

［13］Quang D N，Khamko V A，Trang N T，et al. Stemofurans X-Y from the roots of *Stemona species* from Laos［J］. Nat Prod Commun，2014，9（12）：1741-1742.

［14］Fang L，Zhou J，Zhang H，et al. Two new polyketides from the roots of *Stemona tuberosa*［J］. Fitoterapia，2018，129：150-153.

【药理参考文献】

［1］姜登钊，吴家忠，李辉敏. 对叶百部多糖的提取及其抗氧化活性研究［J］. 时珍国医国药，2012，23（6）：1467-1469.

［2］Chung H S，Hon P M，Lin G，et al. Antitussive activity of stemona alkaloids from *Stemona tuberosa*［J］. Planta Medica，2003，69（10）：914-920.
［3］廖静妮，覃山丁，屈啸声，等 . 广西不同产地对叶百部 4 种生物碱含量测定及止咳活性比较［J］. 中药材，2014，37（11）：1956-1960.
［4］王孝勋，黄茂春，赵旭，等 . 序贯法研究广西不同产地对叶百部总生物碱对小鼠的止咳作用［J］. 中华中医药杂志，2012，27（7）：211-213.
［5］Phuong N T M，Cuong T T，Quang D N. Anti-inflammatory activity of methyl ferulate isolated from *Stemona tuberosa* Lour.［J］. Asian Pacific Journal of Tropical Medicine，2014，7S1：S327-31.
［6］Rinner B，Siegl V，Pürstner P，et al. Activity of novel plant extracts against medullary thyroid carcinoma cells［J］. Anticancer Research，2004，24（2A）：495.

1106. 直立百部（图 1106）· *Stemona sessilifolia*（Miq.）Miq.

图 1106　直立百部　　摄影　中药资源办等

【形态】直立半灌木，不分枝。块根肉质，长 4 ～ 10cm，纺锤形。叶通常 3 ～ 4 枚轮生，卵状长圆形，长 2.5 ～ 6cm，宽 2 ～ 4cm，顶端短尖，基部渐狭，楔形，全缘呈微波状，反卷；主脉 3 ～ 7 条，中间 3 条较明显；叶无柄或稍具短柄。花单生叶腋，通常出自茎下部鳞片腋内，花被 4 片，披针形，长 1 ～ 1.5cm，宽 2 ～ 3mm。雄蕊 4 枚，紫红色；花丝短，花药条形，长约 3.5mm，顶端具狭卵状附属物，药隔直立，延伸为披针形附属物，长约为花药长的 2 倍；子房卵形，具浅纵槽 3 条。蒴果卵形，稍扁，成熟时裂为 2 瓣，具种子数粒。花期 3 ～ 4 月，果期 6 ～ 7 月。

【生境与分布】生于山坡林下或见于药圃栽培。分布于浙江、江苏、安徽、江西、山东，另河南、湖北等地均有分布；日本也见栽培。

【药名与部位】百部，块根。

【采集加工】春、秋二季采挖，除去须根，洗净，置沸水中略烫，或蒸至内无干心，干燥。

【药材性状】呈纺锤形，上端较细长，皱缩弯曲，长 5 ～ 12cm，直径 0.5 ～ 1cm。表面黄白色或淡棕黄色，有不规则深纵沟，间或有横皱纹。质脆，易折断，断面平坦，角质样，淡黄棕色或黄白色，皮部较宽，中柱扁缩。气微，味甘、苦。

【质量要求】肥壮有肉，无泥杂，不油黑。

【药材炮制】百部：除去杂质，洗净，润软，切厚片，干燥。炒百部：取百部饮片，炒至表面微具焦斑时，取出，摊凉。蜜百部：取百部饮片，与炼蜜拌匀，稍闷，炒至不粘手时，取出，摊凉。

【化学成分】根含生物碱类：百部酰胺（stemoninoamide）、新对叶百部醇（neotuberostemonol）、2-氧代百部宁碱（2-oxostenine）、对叶百部酮（tuberostemonone）、百部宁碱（stenine）、直立百部叶酰胺 A、B、C、D（sessilifoliamide A、B、C、D）[1]，直立百部叶酰胺 E、F、G、H（sessilifoliamide E、F、G、H）[2]，直立百部叶酰胺 I（sessilifoliamide I）[3]，直立百部叶酰胺 J（sessilifoliamide J）[4]，百部宁碱 A、B（stenine A、B）[5]，新百部宁碱（neostenine）、新对叶百部碱（neotuberostemonine）[5]，原百部次碱（protostemotinine）、百部螺碱（stemospironine）[6]，原百部碱（protostemonine）[7]，二氢百部新碱（dihydrostemoninine）、直立百部胺 A、B、C（sessilistemonamine A、B、C）[8]，直立百部胺 D（sessilistemonamine D）[9]，对叶百部碱（tuberostemonine）、异氧代狭叶百部碱（isooxymaistemonine）、直立百部因碱（stemosessifoine）、双去氢百部新碱（bisdehydrostemoninine）、异狭叶百部碱（isomaistemonine）、异双去氢百部新碱（isobisdehydrostemoninine）、二脱氢对叶百部碱（bisdehydrotuberostemonine）[10]，百部新碱 A、B（stemoninine A、B）、双去氢百部新碱（bisdehydrostemoninine）A[11]，狭叶百部碱（maistemonine）、蔓生百部碱（stemonamine）和原百部酰胺（protostemonamide）[12]；甾体类：β- 谷甾醇（β-sitosterol）[6]，豆甾醇（stigmasterol）[7] 和胡萝卜苷（daucosterol）[13]；三萜类：羽扇豆烷 -3- 酮（lupan-3-one）[13]；酚酸类：二苯乙烷酚 B、D（stilbostemin B、D）[6, 14]，二苯乙烷酚 M、N、O（stilbostemin M、N、O）[15]，二苯乙烷酚 G、H、I（stilbostemin G、H、I）[14]，β- 生育酚（β-tocopherol）、γ- 生育酚（γ-tocopherol）、6- 甲氧基 -3, 4- 去氢 -δ- 生育酚（6-methoxy-3, 4-dehydro-δ-tocopherol）、3, 5- 二羟基 -2′- 甲氧基联苄（3, 5-dihydroxy-2′-methoxybibenzyl）、3, 5- 二羟基联苄（3, 5-dihydroxy bibenzyl）[15]，4′- 甲基赤松素（4′-methylpinosylvin）[6]，苯甲酸（benzoic acid）、香草酸（vanillic acid）[7]，4- 甲基苯甲酸（4-methyl benzoic acid）、3, 4- 二甲氧基苯酚（3, 4-dimethoxyphenol）、4- 羟基苯甲酸（4-hydroxybenzoic acid）、4-甲氧基苯甲酸（4-methoxybenzoic acid）、4- 羟基 -3, 5, 二甲氧基苯甲酸（4-hydroxy-3, 5-dimethoxybenzoic acid）、3, 3′- 双（3, 4- 二氢 -4- 羟基 -6- 甲氧基）-2H-1- 苯并吡喃 [3, 3′-bis（3, 4-dihydro-4-hydroxy-6-methoxy）-2H-1-benzopyran]、4- 羟基 -3- 甲氧基苯甲酸（4-hydroxy-3-methoxybenzoic acid）和 4- 羟基 -3-甲氧基苯甲醛（4-hydroxy-3-methoxybenzaldehyde）[13]；菲类：7- 甲氧基 -3- 甲基 -2, 5- 二羟基 -9, 10- 二氢菲（7-methoxy-3-methyl-2, 5-dihydroxy-9, 10-dihydrophenanthrene）[7] 和百部菲 A、C、E*（stemanthrene A、C、E）[14]；木脂素类：芝麻素（sesamin）[6] 和左旋 - 丁香树脂酚 -4-*O*-β-D- 吡喃葡萄糖苷 [（－）-syringaresinol-4-*O*-β-D-glucopyranoside][7]；苯丙素类：绿原酸（chlorogenic acid）和 3- 阿魏酰赤那素*（3-feruloyl-chinasueure）[13]；脂肪酸酯类：28- 羟基二十八烷酸 -3′- 甘油单酯（28-hydroxyoctacosanic acid-3′-glycerin monoester）和 26- 羟基 - 正二十六烷酸 -3′- 甘油单酯（26-hydroxyhexacosanic acid-3′-glycerin-monoester）[6]。

茎含生物碱：直立百部酰胺 A（sessilifoliamide A）、直立百部碱 A、B（sessilifoline A、B）、对叶百部碱（tuberstemonine）和百部酰胺（stemoninoamide）[16]。

全草含酚酸类：3, 5- 二羟基 -4- 甲基二苯乙烷（3, 5-dihydroxy-4-methylbibenzyl）、3, 5- 二羟基 -2′-甲氧基 -4- 甲基二苯乙烷（3, 5-dihydroxy-2′-methoxy-4-methylbibenzyl）、3, 3′- 二羟基 -5, 6′- 二甲氧基二

苯乙烷（3, 3′-dihydroxy-5, 6′-dimethoxybibenzyl）和3, 5-二羟基-2′, 5′-二甲氧基二苯乙烷（3, 5-dihydroxy-2′, 5′-dimethoxybibenzyl）[17]。

【药理作用】1. 抗动脉粥样硬化　从块根提取的生物碱成分异氧代狭叶百部碱（isooxymaistemonine）对动脉粥样硬化有预防作用，其机制可能是通过降低CD36与CLA-1而产生作用[1]。2. 镇咳　从块根提取的原百部碱（protostemonine）、百部螺碱（stemospironine）、狭叶百部碱（maistemonine）和蔓生百部碱（stemonamine）对柠檬酸诱导的模型几内亚猪咳嗽具有显著的镇咳作用[2]。

【性味与归经】甘、苦，微温。归肺经。

【功能与主治】润肺下气，止咳，杀虫。用于新久咳嗽，肺痨咳嗽，百日咳；外用于头虱，体虱，蛲虫病，阴痒。

【用法与用量】煎服3～9g；外用适量，水煎或酒浸。

【药用标准】药典1963—2015、浙江炮规2015、贵州药材1965、新疆药品1980二册和台湾2013。

【附注】宋《本草图经》附有"滁州百部"和"衡州百部"图。滁州百部即为本种，衡州百部极似对叶百部。

四川及云南的局部地区将百合科的羊齿天门冬 *Asparagus filicinus* Ham. ex D. Don 的根作为小百部使用，应注意鉴别。

药材百部脾胃虚弱者慎服。

【化学参考文献】

[1] Kakuta D, Hitotsuyanagi Y, Matsuura N, et al. Structures of new alkaloids sessilifoliamides A-D from *Stemona sessilifolia* [J]. Tetrahedron, 2003, 59 (39): 7779-7786.

[2] Hitotsuyanagi Y, Hikita M, Oda T, et al. Structures of four new alkaloids from *Stemona sessilifolia* [J]. Tetrahedron, 2006, 63 (4): 1008-1013.

[3] Hitotsuyanagi Y, Hikita M, Nakada K, et al. Sessilifoliamide I, a new alkaloid from *Stemona sessilifolia* [J]. Heterocycles, 2007, 71 (9): 2035-2040.

[4] Hitotsuyanagi Y, Takeda E, Fukaya H, et al. Sessilifoliamine A and sessilifoliamide J: new alkaloids from *Stemona sessilifolia* [J]. Tetrahedron Lett, 2008, 49 (52): 7376-7379.

[5] Lai D H, Yang Z D, Xue W W, et al. Isolation, characterization and acetylcholinesterase inhibitory activity of alkaloids from roots of *Stemona sessilifolia* [J]. Fitoterapia, 2013, 89: 257-264.

[6] 吕丽华，叶文才，赵守训，等. 直立百部的化学成分[J]. 中国药科大学学报，2005，36（5）：408-410.

[7] 谭国英，张朝凤，张勉，等. 野生直立百部的化学成分[J]. 中国药科大学学报，2007，38（6）：499-501.

[8] Wang P, Liu A L, An Z, et al. Novel alkaloids from the roots of *Stemona sessilifolia* [J]. Chemistry & Biodiversity, 2007, 4 (3): 523-530.

[9] Wang P, Qin H L, Li Z H, et al. A new alkaloid from *Stemona sessilifolia* [J]. Chin Chem Lett, 2007, 18 (2): 152-154.

[10] Guo A B, Jin L, Deng Z W, et al. New stemona alkaloids from the roots of *Stemona sessilifolia* [J]. Chemistry & Biodiversity, 2008, 5 (4): 598-605.

[11] Wang P, Liu A, Li Z H, et al. Stemoninine-type alkaloids from the roots of *Stemona sessilifolia* [J]. J Asian Nat Prod Res, 2008, 10 (4): 311-314.

[12] Yang X Z, Zhu J Y, Tang C P, et al. Alkaloids from roots of *Stemona sessilifolia* and their antitussive activities [J]. Planta Med, 2009, 75 (2): 174-177.

[13] 杨新洲，林理根，唐春萍，等. 直立百部的非生物碱化学成分研究[J]. 天然产物研究与开发，2008，20（1）：56-59.

[14] Yang X Z, Tang C P, Ke C Q, et al. Stilbenoids from *Stemona sessilifolia* [J]. J Asian Nat Prod Res, 2007, 9 (3): 261-266.

[15] Zhang T, Zhang Y Z, Tao J S. Antibacterial constituents from *Stemona sessilifolia* [J]. J Asian Nat Prod Res, 2007, 9 (5): 479-485.

[16] Qian J, Zhan Z J. Novel alkaloids from *Stemona sessilifolia* [J]. Helv Chim Acta, 2007, 90 (2): 326-331.

[17] Yang X Z, Yang Y P, Tang C P, et al. Rapid identification of bibenzyls of *Stemona sessilifolia* using hyphenated LC-UV-NMR and LC-MS methods [J]. Chemical Research in Chinese Universities, 2007, 23 (1): 48-51.

【药理参考文献】

[1] Guo A, Jin L, Deng Z, et al. New stemona alkaloids from the roots of *Stemona sessilifolia* [J]. Chemistry & Biodiversity, 2008, 5 (4): 598-605.

[2] Yang X Z, Zhu J Y, Tang C P, et al. Alkaloids from roots of *Stemona sessilifolia* and their antitussive activities [J]. Planta Medica, 2009, 75 (2): 174-177.

一三五 百合科 Liliaceae

多年生草本，稀为木本；具根茎、块茎或鳞茎。叶基生或茎生，互生、轮生或对生，有时叶片退化呈鳞片状；叶脉通常基出，稀具网状脉；具柄或无柄。花两性，稀单性异株或杂性，辐射对称，稀稍两侧对称；花被片 6 枚，稀 4 或多枚，通常排列成 2 轮，离生或基部多少合生；雄蕊通常与花被片同数，花丝离生或贴生于花被筒上，花药基着或丁字状着生，花药 2 室，纵裂，稀合成 1 室而横缝开裂；心皮合生或多少离生；子房上位，稀半下位，3 室，稀 2 或 4 ～ 5 室，中轴胎座，稀 1 室而侧膜胎座，每室具 1 至多数倒生胚珠。蒴果或浆果，稀坚果。种子具丰富胚乳，胚小。

约 230 属，3500 余种，广布世界各地，主要分布于温带和亚热带地区。中国 60 属，约 700 余种，法定药用植物 32 属，124 种。华东地区法定药用植物 21 属，44 种 3 变种。

百合科法定药用植物主要含皂苷类、黄酮类、生物碱类、萜类、二苯乙烯类、苯丙素类、蒽醌类、硫化物、环烯醚萜类、木脂素类等成分。皂苷类包括甾体皂苷、三萜皂苷，如重楼皂苷 Ⅰ、Ⅴ（polyphyllin Ⅰ、Ⅴ）、罗斯考皂苷元 -3-*O*-α-L- 吡喃鼠李糖苷（ruscogenin-3-*O*-α-L-rhamnopyranoside）、麦冬皂苷 B、D（ophiopogonin B、D）、华东菝葜皂苷 A（sieboldiin A）、人参皂苷 Rb_1（ginsenoside Rb_1）、β- 乳香酸（β-boswellic acid）等；黄酮类包括黄酮、黄酮醇、二氢黄酮、二氢黄酮醇、查耳酮、高异黄酮等，如木犀草苷（luteoloside）、山柰酚 -7-*O*-α-L- 吡喃鼠李糖苷（kaempferlo-7-*O*-α-L-rhamnopyranside）、4, 2′, 4′- 三羟基查耳酮（4, 2′, 4′-trihydroxychalcone）、甲基麦冬黄烷酮 A、B（methylophiopogonanone A、B）、花旗松素（taxifolin）、落新妇苷（astilbin）、矢车菊素 -3″- 丙二酰葡萄糖苷（cyaniding-3″-malonylglucoside）等；生物碱包括异喹啉类、吲哚类、酰胺类、吡啶类、甾体类、萘胺类等，如 7- 去氧 - 反式 - 二氢石蒜西定醇（7-deoxy-*trans*-dihydronarciclasine）、欧省沽油碱（pinnatanine）、1- 氢 - 吲哚 -3- 环己烯（1-hydro-indole-3-cyclohexene）、穆坪马兜铃酰胺（feruloyltyramine）、贝母辛碱（peimisine）、β- 澳洲茄边碱（β-solamargine）、7- 羟基 -*N*- 酰基萘胺 -*O*-β-D- 吡喃葡萄糖苷（7-hydroxy-*N*-naphthalide-*O*-β-D-glucopyranoside）等；萜类多为二萜，如灌木香料酮（fruticolone）、头花杜鹃素（capitatin）等；二苯乙烯类如白藜芦醇（resveratrol）、3, 5, 3′, 4′- 四羟基二苯乙烯（3, 5, 3′, 4′-tetrahydroxystilbene）等；苯丙素类如毛蕊花糖苷（verbascoside）、土茯苓苷 A、B、C、D（smiglaside A、B、C、D）、4-*O*- 咖啡酰基奎宁酸（4-*O*-caffeoyl quinic acid）、绿原酸甲酯（methyl chlorogenate）等；蒽醌类如美决明子素甲醚（2-methoxyobtusifolin）、大黄酚（chrysophanol）、大黄素（emodin）等；硫化物为葱属特异嗅味物质，构型多为二硫醚、三硫醚，如大蒜辣素（allicin）等；环烯醚萜类如萱草苷（hemerocalloside）、獐牙菜苷（sweroside）等；木脂素类如丁香树脂酚（syringaresinol）、苦树苷 C（picraquassioside C）、苦鬼臼毒素（picropodophyllotoxin）等。

天门冬属含皂苷类、木脂素类、黄酮类、苯丙素类等成分。皂苷类包括甾体皂苷、三萜皂苷，如小百部苷 A（aspafilioside A）、天冬宁 A、B、C（asparanin A、B、C）、天冬苷 A、B（asparaside A、B）、薯蓣皂苷元（diosgenin）、薯蓣皂苷元 -3-*O*-β-D- 吡喃葡萄糖苷（diosgenin-3-*O*-β-D-glucopyranoside）、委陵菜酸（tormentic acid）等；木脂素类如 3″- 甲氧基尼亚酚（3″-methoxynyasol）、石刁柏素醇（asparenyol）、丁香树脂酚 -4′-*O*-β-D- 吡喃葡萄糖苷（syringaresinol-4′-*O*-β-D-glucopyranoside）等；黄酮类包括黄酮、黄酮醇、花色素等，如芹菜素 -7-β-D- 吡喃葡萄糖苷（apigenin-7-β-D-glucopyranoside）、黄芩素（baicalein）、槲皮素（quercetin）、花色素 -3- 芸香苷（cyanidin-3-rutinoside）等；苯丙素类如咖啡酸（caffeic acid）、阿魏酸（ferulic acid）等。

山麦冬属含皂苷类、生物碱类等成分。皂苷类包括甾体皂苷、三萜皂苷，如罗斯考皂苷元 -3-*O*-α-L- 吡喃鼠李糖苷（ruscogenin-3-*O*-α-L-rhamnopyranoside）、山麦冬皂苷 A、B（spicatoside A、B）、湖北山麦冬苷 A、B、C、D（lirioprolioside A、B、C、D）、亚莫皂苷元 -3-*O*-β- 马铃薯三糖苷（yamogenin-3-*O*-

β-chacotrioside）、熊果酸（ursolic acid）、齐墩果酸（oleanolic acid）等；生物碱类如金色酰胺醇酯（aurantiamide acetate）、对羟基香豆酰酪胺（*p*-hydroxy-coumaroyltyramine）等。

沿阶草属含皂苷类、黄酮类、酚酸类、蒽醌类等成分。皂苷类多为甾体皂苷，如麦冬皂苷 B、D（ophiopogonin B、D）、薯蓣皂苷元（diosgenin）、巴拉次薯蓣皂苷元 A（prazerigenin A）等；黄酮类主要为黄烷酮，如甲基麦冬黄烷酮 A、B（methylophiopogonanone A、B）、6- 醛基异麦冬黄酮 A（6-aldehydo-isoophipogonone A）、6- 醛基异麦冬黄烷酮 A、B（6-aldehydoisoophiopogonanone A、B）等；酚酸类如香草酸（vanillic acid）、对羟基苯甲酸（*p*-hydroxybenzoic acid）等；蒽醌类如大黄酚（chrysophanol）、大黄素（emodin）等。

萱草属含蒽醌类、黄酮类、生物碱类、皂苷类、苯丙素类、苯乙醇苷类、木脂素类、环烯醚萜类等成分。蒽醌类如美决明子素甲醚（2-methoxyobtusifolin）、美决明子素（obtusifolin）、大黄酚（chrysophanol）、大黄酸（rhein）、芦荟大黄素（aloeemodin）等，在该属植物中含量很高；黄酮类包括黄酮、黄酮醇、二氢黄酮、异黄酮、黄烷等，如金丝桃苷（hyperoside）、山柰酚 -3-*O*-α-L- 吡喃阿拉伯糖苷（kaempferol-3-*O*-α-L-arabinopyranoside）、3′- 甲氧基葛根素（3′-methoxypuerarin）、橙皮苷（hesperidin）、儿茶素（catechin）等；生物碱类多为二氢呋喃酰胺衍生物，少数为萘胺类，如欧省沽油碱（pinnatanine）、1′, 2′, 3′, 4′- 四氢 -5′- 去氧欧省沽油碱（1′, 2′, 3′, 4′-tetrahydro-5′-deoxypinnatanine）、7- 羟基 -*N*- 酰替萘胺（7-hydroxynaphthalide）等；皂苷类包括三萜与甾体类，如 β- 乳香酸（β-boswellic acid）、3β- 羟基羊毛甾 -8, 24- 二烯 -21- 羧酸（3β-hydroxylanosta-8, 24-dien-21-oic acid）等；苯丙素类如 4-*O*- 咖啡酰基奎宁酸（4-*O*-caffeoyl quinic acid）、绿原酸甲酯（methyl chlorogenate）等；苯乙醇苷类如淫羊藿苷 D_2（icariside D_2）、红景天苷（salidroside）等；木脂素类如苦树苷 C（picraquassioside C）、落叶松脂素（lariciresinol）等；环烯醚萜类如马钱子苷（loganin）、獐牙菜苷（sweroside）等。

玉簪属含皂苷类、黄酮类、生物碱类等成分。皂苷类多为甾体皂苷，如海柯皂苷元（hecogenin）、吉托皂苷元 -3-*O*-β-D- 吡喃半乳糖苷（gitogenin-3-*O*-β-D-galactopyranoside）、支脱皂苷元（gitogenin）、曼诺皂苷元（manogenin）等；黄酮类多为黄酮醇，如山柰酚 -3-*O*- 芸香糖苷（kaempferol-3-*O*-rutinoside）、紫云英苷（astragalin）、玉簪黄酮 A、B（plantanone A、B）等；生物碱类包括苄基苯乙胺类、异喹啉类、吡咯烷类、哌啶类等，如玉簪碱（hostasine）、7- 去氧 - 反式 - 二氢石蒜西定醇（7-deoxy-*trans*-dihydronarciclasine）、9-*O*- 去甲基 -7-*O*- 甲基石蒜宁碱（9-*O*-demethyl-7-*O*-methyllycorenine）、也门文殊兰碱 C（yemenine C）等。

重楼属含皂苷类、黄酮类、苯丙素类、生物碱类等成分。皂苷类包括甾体皂苷、三萜皂苷，甾体皂苷构型多样，包括螺甾烷型、呋甾烷型、胆甾烷型、孕甾烷型等，三萜皂苷包括羽扇豆碗型、齐墩果烷型等，如纤细薯蓣皂苷（gracillin）、重楼皂苷 Ⅰ、Ⅴ（polyphyllin Ⅰ、Ⅴ）、二十八碳酸羽扇豆醇酯（lupeol octacosanoate）等；黄酮类包括黄酮、黄酮醇、查耳酮等，如木犀草苷（luteoloside）、异鼠李素 -3-*O*-β-D- 吡喃葡萄糖苷（isorhamnetin-3-*O*-β-D-glucopyranoside）、4, 2′, 4′- 三羟基查耳酮（4, 2′, 4′-trihydroxychalcone）等；苯丙素类如咖啡酸甲酯（methyl caffeoate）等；生物碱类如萝芙木亭碱 A、B、C（verticillatine A、B、C）、酒渣碱（flazin）等。

黄精属含皂苷类、黄酮类、生物碱类、木脂素类等成分。皂苷类包括甾体皂苷、三萜皂苷，甾体皂苷如玉竹甾苷 A、B、C、D、E、F、G、H（polygodoside A、B、C、D、E、F、G、H）、西伯利亚蓼苷 B（sibiricoside B）、黄精苷 A、B、C、D（polygonatoside A、B、C、D）、纤细薯蓣皂苷（gracillin）、康定玉竹苷 A（pratioside A）等，三萜皂苷如人参皂苷 Rb_1（ginsenoside Rb_1）、拟人参皂苷 F_{11}（pseudoginsenoside F_{11}）、羟基积雪草苷（madecassoside）等；黄酮类包括黄酮、黄酮醇、二氢黄酮等，如芹菜素 -7-*O*-β-D- 葡萄糖苷（apigenin-7-*O*-β-D-glucoside）、异鼠李素 -3-*O*-（6″-α-L- 吡喃鼠李糖）-β-D- 葡萄糖苷［isorhamnetin-3-*O*-（6″-α-L-rhamnopyranosyl）-β-D-glucoside］、新异甘草苷（neoisoliquiritin）、甘草素（liquiritigenin）、异甘草素（isoliquiritigenin）、甲基麦冬黄烷酮 B（methyl ophiopogonanone B）等；生

物碱包括吲哚类、酰胺类、吡啶类、吡咯烷类等，如穆坪马兜铃酰胺（feruloyltyramine）、*N*-阿魏酰基去甲辛弗林（*N*-feruloyloctopamine）、奎宁（quinine）、1-氢-吲哚-3-环己烯（1-hydro-indole-3-cyclohexene）、5-酮基-吡咯烷-2-羧酸甲酯（5-oxo-pyrrolidine-2-carboxylic acid methyl ester）等；木脂素类如丁香脂素-β-D-吡喃葡萄糖苷（syringaresinol-β-D-glucopyranoside）、鹅掌楸苷（liriodendrin）等。

葱属含硫化物、皂苷类、黄酮类、酚酸类、苯丙素类等成分。挥发性硫化物是该属特异嗅味物质，构型多为二硫醚、三硫醚，如大蒜辣素（allicin）、甲基烯丙基二硫醚（methyl allyl disulfide）、二烯丙基三硫醚（diallyltrisulfide）等；皂苷类多为甾体皂苷，如大蒜甾醇苷 R_2（sativoside R_2）、藠头皂苷 II、III（chinenoside II、III）、去半乳糖替告皂苷（desgalactotigonin）、薤白苷 A（macrostemonoside A）等；黄酮类包括黄酮、黄酮醇、二氢黄酮、二氢黄酮醇、花色素等，如 7-羟基-2, 5-二甲基黄酮（7-hydroxy-2, 5-dimethylflavone）、山柰酚-3-*O*-槐糖苷-7-*O*-葡萄糖苷酸（kaempferol-3-*O*-sophoroside-7-*O*-glucuronide）、3-间苯三酚基-2, 3-环氧黄烷酮（3-phloroglucinoyl-2, 3-epoxyflavanone）、芍药素-3-*O*-（6″-*O*-丙二酰基-β-吡喃葡萄糖苷）［peonidin-3-*O*-（6″-*O*-malonyl-β-glucopyranoside）］、花旗松素-4′-*O*-β-吡喃葡萄糖苷（taxifolin-4′-*O*-β-glucopyranoiside）等；酚酸类如香草酸（vanillic acid）、对羟基苯甲酸（*p*-hydroxybenzoic acid）等；苯丙素类如薤白阿魏酸酯素 A、B、C（allimacronoid A、B、C）、韭菜阿魏酸酯素 A（tuberonoid A）等。

藜芦属含生物碱类、二苯乙烯类、黄酮类等成分。生物碱种类较多，母核多为异胆甾烷和胆甾烷，如原藜芦碱（protoveratrine）、藜芦马林碱（veramarine）、藜芦嗪宁（verazinine）、去乙酰基原藜芦碱 A（deacetylprotoveratrine A）等；二苯乙烯类如 3, 4, 3′, 5′-四羟基二苯乙烯（3, 4, 3′, 5′-tetrahydroxystilbene）、白藜芦醇（resveratrol）、氧化白藜芦醇-3-*O*-葡萄糖苷（oxyresveratrol-3-*O*-glucoside）等；黄酮类包括黄酮、黄酮醇等，如芹菜素-7-*O*-葡萄糖苷（apigenin-7-*O*-glucoside）、柯伊利素-7-*O*-葡萄糖苷（chrysoeriol-7-*O*-glucoside）、异槲皮苷（isoquercitrin）等。

贝母属含生物碱类、萜类、皂苷类、黄酮类、木脂素类等成分。生物碱多为甾体生物碱，如贝母辛碱（peimisine）、西贝素（imperialine）、平贝碱 A（pingpeimine A）等；萜类多为贝壳杉烷型二萜，如对映-贝壳杉-15-烯-17-醇（*ent*-kauran-15-en-17-ol）、对映-贝壳杉-15-烯-3β, 17-二醇（*ent*-kauran-15-en-3β, 17-diol）、浙贝萜 A、B（fritillarinol A、B）等；皂苷类包括甾体皂苷、三萜皂苷，如绵草薢孕甾醇苷 A（spongipregnoloside A）、知母皂苷 H（timosaponin H）、七叶一枝花皂苷 V（polyphyllin V）、9, 19-环阿庭-25-烯-3β, 24ξ-二醇（9, 19-cycloart-25-en-3β, 24ξ-diol）等；黄酮类包括黄酮、黄酮醇等，如二氢芹菜素（dihydroapigenin）、异鼠李素-3-*O*-β-D-葡萄糖基-7-*O*-α-L-鼠李糖苷（isorhamnetin-3-*O*-β-D-glucosyl-7-*O*-α-L-rhamnoside）、山柰酚-3-*O*-α-L-鼠李糖苷（kaempferol-3-*O*-α-L-rhamnoside）等；木脂素类如丁香树脂酚（syringaresinol）、苦鬼臼毒素（picropodophyllotoxin）等。

百合属含皂苷类、生物碱类、黄酮类、酚酸类等成分。皂苷类多为甾体皂苷，如薯蓣皂苷（dioscin）、26-*O*-β-D-吡喃葡萄糖基-奴阿皂苷元-3-*O*-β-D-吡喃葡萄糖苷（26-*O*-β-D-glucopyranosylnuatigenin-3-*O*-β-D-glucopyranoside）等；生物碱包括甾体类、酰胺类、异喹啉类等，如 β-澳洲茄边碱（β-solamargine）、假白榄内酰胺（jatropham）、小檗碱（berberin）等；黄酮类包括黄酮醇、黄烷等，如山柰酚-3-*O*-芸香糖苷（kaempferol-3-*O*-rutinoside）、异鼠李素-3-*O*-芸香糖苷（isorhamnetin-3-*O*-rutinoside）、儿茶素（catechin）、表儿茶素（epicatechin）等；酚酸类如原儿茶酸（protocatechuic acid）、香草酸（vanillic acid）等。

菝葜属含皂苷类、黄酮类、二苯乙烯类、苯丙素类、木脂素类、酚酸类等成分。皂苷类多为甾体皂苷，如华东菝葜皂苷 A（sieboldiin A）、雅姆皂苷元-3-*O*-β-D-葡萄糖苷（yamogenin-3-*O*-β-D-glucoside）、牛尾菜苷 B（riparoside B）、菝葜皂苷 A、B、C、D（smilaxchinoside A、B、C、D）、甲基原薯蓣皂苷（methyl protodioscin）等；黄酮类构型多样，包括黄酮、黄酮醇、二氢黄酮、二氢黄酮醇、查耳酮、异黄酮、黄烷等，如芹菜素（apigenin）、山柰酚-7-*O*-β-D-葡萄糖苷（kaempferol-7-*O*-β-D-glucoside）、花旗松素（taxifolin）、落新妇苷（astilbin）、光叶菝葜查耳酮（smiglabrol）、葛根素（puerarin）、儿茶素-3β-羟基-［（1*R*）-3, 4-二羟苯基吡喃酮］{catechin-3β-hydroxy-［（1*R*）-3, 4-dihydroxyphenylpyranone］} 等；二苯乙烯类如白

藜芦醇（resveratrol）、荆三棱素 A（scirpusin A）、云杉芪酚（piceatannol）等；苯丙素类如土茯苓苷 A、B、C、D（smiglaside A、B、C、D）、胡麻花苷 A（helonioside A）、菝葜苯丙素苷 A、B、C、D、E、F（smilaside A、B、C、D、E、F）等；木脂素类如菝葜木脂素 A（smilgnin A）、丁香脂素（syringaresinol）等；酚酸类如香草酸（vanillic acid）、丁香酸（syringic acid）等。

分属检索表

1. 多年生直立草本或攀援状草本；叶柄上无卷须。
  2. 小枝退化呈刚毛状、近圆柱状、宽条形或镰刀状的叶状枝，簇生；叶退化呈鳞片状……………………………………………………………………………………………………1. 天门冬属 *Asparagus*
  2. 小枝和叶发育正常。
    3. 植株具根茎或地下横走茎，无鳞茎。
      4. 叶基生、近基生或生于匍匐茎上。
        5. 花单朵，从根茎中抽出………………………………………………2. 蜘蛛抱蛋属 *Aspidistra*
        5. 花多数，排列成各式花序。
          6. 穗状花序；浆果。
            7. 根茎粗壮；花序多少带肉质，雄蕊不伸出花被外。
              8. 苞片通常长于花；花被裂片明显可见………………………………3. 开口箭属 *Tupistra*
              8. 苞片短于花；花被裂片不明显………………………………………4. 万年青属 *Rohdea*
            7. 根茎细长；花序非肉质，雄蕊伸出花被外……………………………5. 吉祥草属 *Reineckia*
          6. 总状花序或圆锥花序；蒴果，稀浆果。
            9. 叶条形或禾叶状。
              10. 总状花序；叶鞘膜质或边缘膜质。
                11. 雄蕊 3 枚…………………………………………………………6. 知母属 *Anemarrhena*
                11. 雄蕊 6 枚。
                  12. 花葶近浑圆；花梗直立；子房上位；花丝与花药近等长或长于花药……………………………………………………………………………7. 山麦冬属 *Liriope*
                  12. 花葶通常扁平，两侧多少具狭翅；花梗梗下弯；子房半下位；花丝长不及花药 1/2…………………………………………………8. 沿阶草属 *Ophiopogon*
              10. 圆锥花序；叶鞘非膜质……………………………………………9. 萱草属 *Hemerocallis*
            9. 叶椭圆形、卵圆形或卵状心形……………………………………………10. 玉簪属 *Hosta*
      4. 叶茎生或兼有基生叶。
        13. 叶肉质，肥厚，多汁，叶片边缘具硬齿或硬刺………………………………11. 芦荟属 *Aloe*
        13. 叶非肉质，叶片全缘。
          14. 叶 4 枚至多枚轮生……………………………………………………………12. 重楼属 *Paris*
          14. 叶互生。
            15. 花单朵或数朵排成腋生伞形花序、伞房花序或总状花序……………………………………………………………………………………13. 黄精属 *Polygonatum*
            15. 花单朵或数朵排成顶生伞形花序……………………………………14. 万寿竹属 *Disporum*
    3. 植株具球形、扁球形、卵形或圆柱形鳞茎。
      16. 植株有葱蒜味；伞形花序……………………………………………………15. 葱属 *Allium*
      16. 植株无葱蒜味；非伞形花序。

17. 鳞茎圆柱形，外皮撕裂成纤维状或网状；圆锥花序……………………16. 藜芦属 *Veratrum*
17. 鳞茎球形、扁球形或卵形；非圆锥花序。
18. 叶片心形，具网状脉……………………………………………………17. 大百合属 *Cardiocrinum*
18. 叶片非心形，无网状脉。
19. 鳞茎无膜质外皮，鳞片裸露；花被片内侧基部具蜜腺。
20. 花被片内面基部的腺窝下凹成蜜腺窝；蒴果具 6 棱………18. 贝母属 *Fritillaria*
20. 花被片内面基部的腺窝不下凹成蜜腺窝；蒴果具 3 棱…………19. 百合属 *Lilium*
19. 鳞茎具数层外皮，鳞片内藏；花被片内面基部无蜜腺……………20. 郁金香属 *Tulipa*
1. 灌木或攀援状灌木，稀攀援状草本；叶柄通常具卷须，稀无卷须………………………21. 菝葜属 *Smilax*

1. 天门冬属 *Asparagus* Linn.

多年生草本或亚灌木，直立或攀援。根茎粗壮，根稍肉质，有时具纺锤状块根。叶状枝扁平、锐三棱形或近圆柱形，具棱槽，常数枚成簇，茎、分枝和叶状枝有时具透明乳突状软骨质齿。叶鳞片状，基部多少延伸成距或刺。花小，每 1 ～ 4 朵腋生或数朵组成总状花序或伞形花序。花两性或单性，有时杂性，雄花具退化雌蕊，雌花具 6 枚退化雄蕊；花梗具关节；花被片 6 枚，离生；雄蕊着生于花被片基部，花丝离生或部分贴生于花被片，花药长圆形或圆形，背着或近背着。浆果球形，具种子 1 至数粒。

约300种，除美洲之外，全世界温带至热带地区均有分布。中国24种，分布几遍全国，法定药用植物7种。华东地区法定药用植物 3 种。

分种检索表

1. 直立草本。
2. 根稍肉质，细长；叶状枝 3 ～ 6 枚簇生，近扁圆柱形，纤细，稍弧曲；果实成熟时红色……………………………………………………………………………………………石刁柏 *A. officinalis*
2. 根肉质，纺锤状；叶状枝 5 ～ 8 枚簇生，扁平，镰刀形；果实成熟时黑色…羊齿天门冬 *A. filicinus*
1. 攀援草本；叶状枝常 3 枚簇生，扁平或中脉龙骨状微呈锐三棱形…………天门冬 *A. cochinchinensis*

1107. 石刁柏（图 1107）• *Asparagus officinalis* Linn.

【别名】芦笋（通称）。

【形态】多年生直立草本，高达 1m。根茎粗短，具稍肉质细长根。茎初时直立，后上部常俯垂，分枝较柔弱。叶状枝 3 ～ 6 枚簇生，近扁圆柱形，纤细，稍弧曲，长 0.5 ～ 3cm；鳞叶基部有刺状短距或近无距。花 1 ～ 4 朵腋生，黄绿色。花瓣长 0.8 ～ 1.4cm，关节位于上部或近中部；雄花花被片长约 0.6cm；雌花花被片较小。浆果圆球形，成熟时红色。花期 5 ～ 6 月，果期 9 ～ 10 月。

【生境与分布】生于山地、疏林下或灌丛中。分布于山东，江苏、浙江、安徽有栽培，另内蒙古中部、河北中部、河南西部、山西中部、四川东北部、新疆西北部均有分布，其他地区多为栽培，部分地区已野化。

【药名与部位】芦笋，嫩茎。石刁柏，地下嫩茎。

【采集加工】芦笋：4 ～ 6 月或 9 ～ 10 月采挖，洗净，鲜用或晒干。前者为“鲜芦笋”，后者为“干芦笋”。石刁柏：3 ～ 4 月采挖地下茎，洗净，低温干燥。

【药材性状】芦笋：鲜芦笋　呈长圆柱形，表面白色或绿色，顶部带有较淡的紫色或绿色。茎粗厚，有多数节，节上有紧贴的鳞片状叶，茎顶芽圆或先端鳞芽多聚生，形成鳞芽群。味苦，微辛。

图 1107　石刁柏　　摄影　张芬耀等

干芦笋：表面黄白色或土黄色。有不规则沟槽。质地柔韧，断面淡黄白色，中柱椭圆形，黄色。味苦，微辛。

石刁柏：略呈长圆条形，长 10 ～ 20cm，直径约 1cm，常扭曲而干瘪。表面黄白色或略呈浅绿色，有不规则纵沟纹，节处具抱茎的退化成披针形至卵状披针形的膜质鳞片，节间长 1 ～ 4cm。质脆，易折断，断面黄白色，维管束散生，导管孔明显。气微，味微甘。

【药材炮制】石刁柏：洗净，切段，干燥。

【化学成分】根含苯丙素类：咖啡酸（caffeic acid）和阿魏酸（ferulic acid）[1]；黄酮类：槲皮素（quercetin）、芹菜素（apigenin）、黄芩素（baicalein）和山柰酚（kaempferol）[1]；甾体类：菝葜皂苷元 M、N（sarsasapogenin M、N）、亚莫皂苷元（yamogenin）、（25*S*）-5β- 螺甾烷 -3β- 醇 -3-*O*-β-D- 吡喃葡萄糖基 -（1 → 2）-［β-D- 吡喃木糖基 -（1 → 4）］-β-D- 吡喃葡萄糖苷 {（25*S*）-5β-spirostan-3β-ol-3-*O*-β-D-glucopyranosyl-（1 → 2）-［β-D-xylopyranosyl-（1 → 4）］-β-D-glucopyranoside}、（25*S*）-5β- 螺甾烷 -3β- 醇 -3-*O*-β-D- 吡喃葡萄糖基 -（1 → 2）-β-D- 吡喃葡萄糖苷［（25*S*）-5β-spirostan-3β-ol-3-*O*-β-D-glucopyranosyl-（1 → 2）-β-D-glucopyranoside］、（25*S*）-5β- 螺甾烷 -3β- 醇 -3-*O*-α-D- 吡喃鼠李糖基 -（1 → 2）-［α-D- 吡喃鼠李糖基 -（1 → 4）］-β-D- 吡喃葡萄糖苷 {（25*S*）-5β-spirostan-3β-ol-3-*O*-α-D-rhamnopyranosyl-（1 → 2）-［α-D-rhamnopyranosyl-（1 → 4）］-β-D-glucopyranoside}、（25*S*）-26-*O*-β-D- 吡喃葡萄糖基 -5β- 呋甾 -20（22）- 烯 -3β, 26- 二醇 -3-*O*-β-D- 吡喃葡萄糖基 -（1 → 2）-β-D- 吡喃葡萄糖苷［（25*S*）-26-*O*-β-D-glucopyranosyl-5β-furost-20（22）-en-3β, 26-diol-3-*O*-β-D-glucopyranosyl-（1 → 2）-β-D-glucopyranoside］、β- 谷甾醇（β-sitosterol）、谷甾醇 -β-D- 葡萄糖（sitosterol-β-D-glucoside）[2]，菝葜皂苷元 O（sarsasapogenin O）[3]，（25*R*）-5β- 螺甾烷 -3β- 醇 -3-*O*-β-D- 吡喃葡萄糖苷［（25*R*）-5β-spirostan-3β-ol-3-*O*-β-D-glucopyranoside］、石刁柏皂苷 A（asparagoside A）、菝葜皂苷元（sarsasapogenin）、

菝葜皂苷元酮（sarsasapogenone）、（25*S*）-新螺甾烷-4-烯-3-酮[（25*S*）-neospirost-4-en-3-one]、（25*S*）-螺甾-1, 4-二烯-3-酮[（25*S*）-spirosta-1, 4-dien-3-one]和豆甾醇（stigmasterol）[3]；糖类：1^F-β-呋喃果糖基-6^G（1-β-呋喃果糖基）$_3$-蔗糖[1^F-β-fructofuranosyl-6^G（1-β-fructofuranosyl）$_3$-sucrose]和1^F（1-β-呋喃果糖基）$_2$-6^G（1-β-呋喃果糖基）$_2$-蔗糖[1^F（1-β-fructofuranosyl）$_2$-6^G（1-β-fructofuranosyl）$_2$-sucrose][4]。

茎皮含甾体类：天门冬属皂苷Ⅰ、Ⅱ（asparasaponin Ⅰ、Ⅱ）、亚莫皂苷元-3-*O*-[α-L-吡喃鼠李糖基-（1→4）-β-D-吡喃葡萄糖苷]{yamogenin-3-*O*-[α-L-rhamnopyranosyl-（1→4）-β-D-glucopyranoside]}、β-谷甾醇（β-sitosterol）和胡萝卜苷（daucosterol）[5]；脂肪酸类：二十四烷酸（tetracosanoic acid）和棕榈酸（palmitic acid）[5]。

茎含甾体类：（25*S*）-螺甾烷-5-烯-3β-醇-3-*O*-α-L-吡喃鼠李糖基-（1→2）-[α-L-吡喃鼠李糖基-（1→4）]-β-D-吡喃葡萄糖苷{（25*S*）-spirostan-5-en-3β-ol-3-*O*-α-L-rhamnopyranosyl-（1→2）-[α-L-rhamnopyranosyl-（1→4）]-β-D-glucopyranoside}、亚莫皂苷元Ⅱ（yamogenin Ⅱ）[6]和石刁柏宁素（asparinin A）[7]；炔类：石刁柏酚素*A、B（asparoffin A、B）[8]，石刁柏酚素*C、D（asparoffin C、D）、戈壁天门冬炔素B（gobicusin B）和1-甲氧基-2-羟基-4-[5-（4-羟基苯氧基）-3-丙烯-1-炔基]苯酚{1-methoxy-2-hydroxy-4-[5-（4-hydroxyphenoxy）-3-penten-1-ynyl] phenol}[7]；木脂素类：石刁柏素醇（asparenyol）[7]，3″-*O*-甲氧基尼亚酚（3″-*O*-methoxynyasol）和尼亚酚（nyasol）[8]。

地上部分含苯丙素类：阿魏酸（ferulic acid）、1-*O*-阿魏酰基-3-*O*-对香豆酰基丙三醇（1-*O*-feruloyl-3-*O*-*p*-coumaroylglycerol）、1, 3-*O*-二-对香豆酰基丙三醇（1, 3-*O*-di-*p*-coumaroylglycerol）、1, 3-*O*-二阿魏酰基丙三醇（1, 3-*O*-diferuloylglycerol）和2-*O*-二阿魏酰基丙三醇（2-*O*-diferuloylglycerol）[9]；木脂素类：石刁柏素（asparenyn）、石刁柏素醇（asparenyol）、2-羟基石刁柏素（2-hydroxyasparenyn）和消旋-表松脂素[（±）-epipinoresinol][9]；黄酮类：花色素-3-[3″-（*O*-β-D-吡喃葡萄糖基）-6″-（*O*-α-L-吡喃鼠李糖基）-*O*-β-D-吡喃葡萄糖苷]{cyanidin-3-[3″-（*O*-β-D-glucopyranosyl）-6″-（*O*-α-L-rhamnopyranosyl）-*O*-β-D-glucopyranoside]}和花色素-3-芸香糖苷（cyanidin-3-rutinoside）[10]；降倍半萜类：布卢姆醇C（blumenol C）[9]；脂肪酸类：消旋-1-单棕榈甘油酯[（±）-1-monopalmitin]和亚油酸（linoleic acid）[9]；其他尚含：天门冬酸-顺式-*S*-氧化物甲酯（asparagusic acid syn-*S*-oxide methyl ester）和天门冬酸-反式-*S*-氧化物甲酯（asparagusic acid anti-*S*-oxide methyl ester）[9]。

果实含类胡萝卜素类：玉米黄素（zeaxanthin）、辣椒玉红素（capsorubin）、辣椒红（capsanthin）、百合黄素（antheraxanthin）、叶黄素（lutein）、辣椒红-5, 6-环氧化物（capsanthin-5, 6-epoxide）、新黄质（neoxanthin）、堇黄素（violaxanthin）、玉米黄质差向异构体体（mutatoxanthin epimer）、隐黄质（cryptoxanthin）和胡萝卜素（carotene）[11]。

种子含甾体类：原薯蓣皂苷（protodioscin）和甲基原薯蓣皂苷（methyl protodioscin）[12]。

花期全草含黄酮类：异槲皮素（isoquercitrin）、金丝桃苷（hyperoside）、芦丁（rutin）、大波斯菊苷（cosmosiin）、山柰酚-3-*O*-L-吡喃鼠李糖基-β-D-葡萄糖苷（kaempferol-3-*O*-L-rhamnopyranosyl-β-D-glucoside）、槲皮素-3-芸香糖苷（quercetin-3-rutinoside）和芹菜素-7-β-D-吡喃葡萄糖苷（apigenin-7-β-D-glucopyranoside）[13]。

嫩苗含三萜类：菝葜皂苷元（smilagenin）[14]。

【药理作用】1. 降血糖　块根的水提取物在链脲佐菌素诱导的糖尿病大鼠中具有降血糖作用[1]。2. 降血脂　嫩茎的水提取物能降低高脂饮食小鼠的体重，雄性小鼠和雌性小鼠的体重变化存在差异[2]，能降低高脂饮食小鼠肠道内细菌、乳杆菌和双歧杆菌的数量，并且可显著降低高脂饮食小鼠淀粉酶、木聚糖酶和蛋白酶等肠道酶的含量[3]，能降低高脂饮食小鼠的肝脏指数，降低小鼠的总胆固醇（TC）、甘油三酯（TG）含量，并提高小鼠高密度脂蛋白胆固醇（HDL-C）含量[4]；从老茎提取的皂苷可通过提高机体的抗氧化能力，缓解氧自由基对肝脏的损伤，改善肝脏的功能，从而加快脂质的代谢和清除[5]；生粉及提取的黄酮类化合物可改善高胆固醇血症大鼠的血脂水平和肝脏抗氧化状态[6]；苗的下部乙醇提取物的正丁醇提取部分对高脂饮食小鼠具有降血脂作用[7]。3. 降血压　嫩茎可通过抑制自发性高血压大鼠肾脏中的血管紧张素转化酶活性预防高血压[8]。4. 抗疲劳　嫩茎的乙醇提取物有明显的抗疲劳作用及一定的耐缺氧作用[9]。5. 抗氧化　从嫩茎提取的总皂苷具有明显的抗氧化作用[10]；从老茎提取的膳食纤维（SDF）具有较强的抗氧化作用[11]；从嫩茎提取的黄酮能提高小鼠血清和肝组织液中超氧化物歧化酶（SOD）含量，有效减少丙二醛（MDA）含量，具有较强的抗脂质过氧化的作用[12]，可提高运动大鼠抗氧化和自由基清除作用，进而延缓机体力竭时间[13]；嫩苗乙醇提取物的乙酸乙酯提取部位具有较好清除自由基的作用，且作用强弱呈剂量依赖关系，具有抑制前脂肪细胞分化的作用，且随剂量升高而作用增大[14]，嫩苗提取物有助于增强氧化应激小鼠的抗氧化作用[15]。6. 抗肿瘤　从嫩苗提取分离的菝葜皂苷元（smilagenin）能显著抑制乳腺癌细胞的增殖，并进一步促进细胞的凋亡[16]；从嫩苗提取的低质量浓度总皂苷对人乳腺肿瘤细胞的体外增殖具有促进作用，但当总皂苷浓度大于 550mg/L 时，在体外可抑制细胞的增殖，且抑制率随浓度的增加而增强[17]；从苗的上部和下部分离的多糖对 MCF-7 细胞的增殖均具有抑制作用[18]，从嫩苗分离的多糖可通过提高肿瘤小鼠红细胞膜离子通道的功能，稳定细胞内环境，从而有助于保护红细胞膜结构，维持红细胞发挥正常功能[19]；嫩苗的水提取物可减轻酒精宿醉和保护肝细胞免受毒性损害[20]；从苗的下部提取的皂苷可通过靶向 Rho GTPase 信号通路抑制肿瘤细胞迁移和侵袭[21]；从块根提取的甾体类成分菝葜皂苷元 O（sarsasapogenin O）等对人 A2780、HO-8910、Eca-109、MGC-803、CNE、LTEP-a-2、KB 和小鼠 L1210 肿瘤细胞具有明显的细胞毒性[22]。7. 促进肠蠕动　从嫩苗提取的低聚糖能增强小鼠小肠蠕动作用，缩短便秘小鼠的首次排便时间，增加小鼠的粪便粒数与重量，具有润肠通便的作用[23]。

【性味与归经】芦笋：苦、甘，微温。

【功能与主治】芦笋：润肺镇咳，祛痰杀虫。治肺热，杀疳虫，抗癌。外治皮肤疥癣和寄生虫。石刁柏：温肺祛痰，活血化瘀。用于痰瘀互结所致乳腺结块，肿胀疼痛及乳腺小叶增生。

【用法与用量】芦笋：煎服 15 ～ 30g；外用鲜品适量，研末敷患处或煎水洗。石刁柏：供制剂用。

【药用标准】芦笋：山东药材 2012 和四川药材 2010；石刁柏：浙江药材 2000。

【临床参考】灼口综合征：由鲜品提取物制成芦笋胶囊口服，1 次 0.9g，每日 3 次，连服 30 日[1]。

【化学参考文献】

[1] Zhang H X，Birch J，Pei J J，et al.Identification of six phytochemical compounds from *Asparagus officinalis* L.root cultivars from New Zealand and China using UAE-SPE-UPLC-MS/MS：effects of extracts on H_2O_2-induced oxidative stress [J].Nutrients，2019，11（1）：107.

[2] Huang X F，Kong L Y.Steroidal saponins from roots of *Asparagus officinalis* [J].Steroids，2006，71（2）：171-176.

[3] Huang X F，Lin Y Y，Kong L Y.Steroids from the roots of *Asparagus officinalis* and their cytotoxic activity [J].J Integr Plant Biol，2008，50（6）：717-722.

[4] Shiomi N.Two novel hexasaccharides from the roots of *Asparagus officinalis* [J].Phytochemistry，1981，20（11）：2581-2583.

[5] 孙建华，左春旭，杨尚军，等.芦笋茎皮化学成分的研究 [J].中草药，1999，30（12）：888-890.

[6] Sun Z X，Huang X F；Kong L Y.A new steroidal saponin from the dried stems of *Asparagus officinalis* L. [J].Fitoterapia，2010，81（3）：210-213.

[7] Li X M，Cai J L，Wang L，et al.Two new phenolic compounds and antitumor activities of asparinin A from *Asparagus officinalis* [J].J Asian Nat Prod Res，2017，19（2）：164-171.

[8] Li X M，Cai J L，Wang W X，et al.Two new acetylenic compounds from *Asparagus officinalis* [J].J Asian Nat Prod Res，2016，18（4）：344-348.

[9] Jang D S，Cuendet M，Fong H H S，et al.Constituents of *Asparagus officinalis* evaluated for inhibitory activity against cyclooxygenase-2 [J].J Agric Food Chem，2004，52（8）：2218-2222.

[10] Sakaguchi Y，Ozaki Y，Miyajima I，et al.Major anthocyanins from purple asparagus（*Asparagus officinalis*）[J].Phytochemistry，2008，69（8）：1763-1766.

[11] Deli J，Matus Z，Toth G.Carotenoid composition in the fruits of *Asparagus officinalis* [J] .J Agric Food Chem，2000，48（7）：2793-2796.
[12] Shao Y，Poobrasert O，Kennelly E J，et al.Steroidal saponins from *Asparagus officinalis* and their cytotoxic activity [J] . Planta Med，1997，63（3）：258-262.
[13] Kartnig T，Gruber A，Stachel J.Flavonoid pattern from *Asparagus officinalis* [J] .Planta Med，1985，（3）：288.
[14] 王晓芳，黄嫒，李明娟，等.芦笋菝葜皂苷元的分离纯化及其抗肿瘤活性研究 [J] . 嘉兴学院学报，2017，29（6）：109-114.

【药理参考文献】

[1] Zhao J，Zhang W，Zhu X，et al.The aqueous extract of *Asparagus officinalis* L.by-product exerts hypoglycaemic activity in streptozotocin-induced diabetic rats [J] .Journal of the Science of Food and Agriculture，2011，91（11）：2095-2099.
[2] 何云山，邹龙，彭买姣，等.芦笋对高脂饮食小鼠体质量的影响 [J] . 中国微生态学杂志，2019，31（2）：31-34.
[3] 何云山，喻嵘，彭买姣.芦笋对高脂饮食小鼠肠道微生物及酶活性的影响 [J] . 中国微生态学杂志，2018，30（12）：28-32.
[4] 何云山，惠华英，喻嵘，等.芦笋对高脂饮食小鼠脏器指数及血生化的影响 [J] . 中国微生态学杂志，2018，30（11）：27-31.
[5] 朱兴磊，张雯，高云，等.芦笋老茎皂苷对小鼠实验性高脂血症的预防作用 [J] . 云南大学学报（自然科学版），2018，40（5）：195-201.
[6] Sara V C，Rocío D P，María D G G，et al.Bioactive constituents from "Triguero" *Asparagus* improve the plasma lipid profile and liver antioxidant status in hypercholesterolemic rats [J] .International Journal of Molecular Sciences，2013，14（11）：21227-21239.
[7] Zhu X，Zhang W，Pang X，et al.Hypolipidemic effect of n-butanol extract from *Asparagus officinalis* L.in mice fed a high-fat diet [J] .Phytotherapy Research，2011，25（8）：1119-1124.
[8] Matsuda S，Aoyagi Y.Green Asparagus（*Asparagus officinalis*）prevented hypertension by an inhibitory effect on angiotensin-converting enzyme activity in the kidney of spontaneously hypertensive rats [J] .Journal of Agricultural & Food Chemistry，2013，61（23）：5520-5525.
[9] 田颖刚，牛俊卿，谢明勇，等.芦笋提取物抗疲劳及耐缺氧活性研究 [J] . 食品工业科技，2013，34（13）：287-291.
[10] 葛思琪，赵庆生，孙广利，等.芦笋总皂苷的提取纯化及抗氧化研究 [J] . 食品研究与开发，2018，39（20）：64-69.
[11] 杨晓宽，李汉臣，张建才，等.芦笋膳食纤维品质分析及抗氧化性研究 [J] . 中国食品学报，2013，13（10）：205-212.
[12] 董孝元，方冬芬，杨梅，等.纤维素酶辅助提取芦笋黄酮及其抗氧化活性分析 [J] . 食品科学，2014，35（6）：17-23.
[13] 许弟群，阮友萍，吴继宝，等.芦笋黄酮对力竭大鼠抗氧化功能的影响 [J] . 哈尔滨体育学院学报，2017，35（2）：21-24.
[14] 张雨林，谭洋，詹济华，等.芦笋提取物抗氧化和抑制 3T3-L1 前脂肪细胞分化活性研究 [J] . 湖南中医药大学学报，2018，38（1）：27-30.
[15] 马朝阳，马淑凤，王芳，等.芦笋提取物的抗氧化作用的研究 [J] . 食品工业科技，2012，33（22）：365-368.
[16] 王晓芳，黄嫒，李明娟，等.芦笋菝葜皂苷元的分离纯化及其抗肿瘤活性研究 [J] . 嘉兴学院学报，2017，29（6）：109-114.
[17] 张颖，杨冬梅，叶清，等.芦笋总皂苷对人乳腺肿瘤细胞 MCF-7 体外增殖的影响 [J] . 吉首大学学报（自然科学版），2017，38（1）：45-48.
[18] 金情政，郑明.芦笋不同部位多糖含量及抗肿瘤活性的研究 [J] . 中国药师，2015，18（11）：1870-1873.
[19] 季宇彬，汲晨锋，等.芦笋多糖对肿瘤小鼠红细胞离子通道活性的影响 [J] . 中国食品学报，2014，14（7）：27-31.
[20] Kim B Y，Cui Z G，Lee S R，et al.Effects of *Asparagus officinalis* extracts on liver cell toxicity and ethanol metabolism [J] .

Journal of Food Science，2009，74（7）：H204-H208.
［21］Wang J，Liu Y，Zhao J，et al.Saponins extracted from by-product of *Asparagus officinalis* L.suppress tumour cell migration and invasion through targeting Rho GTPase signalling pathway［J］.Journal of the Science of Food and Agriculture，2013，93（6）：1492-1498.
［22］Huang X F，Lin Y Y，Kong L Y .Steroids from the roots of *Asparagus officinalis* and their cytotoxic activity［J］.Journal of Integrative Plant Biology，2008，50（6）：717-722.
［23］刘丽媛 . 芦笋低聚糖润肠通便功能的研究［J］. 食品研究与开发，2017，38（4）：165-167.

【临床参考文献】

［1］李连科，王涛 . 芦笋胶囊治疗灼口综合征临床疗效观察［J］. 实用医技杂志，2012，19（9）：967-968.

1108. 羊齿天门冬（图 1108）• *Asparagus filicinus* Ham. ex D. Don

图 1108 羊齿天门冬 摄影 郑海磊等

【别名】滇百部。

【形态】多年生直立草本，高 0.5 ～ 0.7m。根茎粗短，具肉质纺锤状根。茎多分枝，具纵棱；叶状枝 5 ～ 8 条簇生，扁平，镰刀形，长 0.3 ～ 1.5cm，宽 0.8 ～ 2mm，具中脉。花小，单生或 2 朵簇生叶腋，淡绿色。花梗纤细，长 1.2 ～ 2cm，关节位于近中部；雄花花被片长约 2.5mm；雌花花被片与雄花花被片近等大或略小。浆果圆球形，成熟时黑色，具种子 2 ～ 3 粒。花期 5 ～ 7 月，果期 8 ～ 9 月。

【生境与分布】生于海拔 1200 ～ 3000m 山坡疏林下阴湿处或沟边。分布于安徽南部、浙江西北部，另山西西南部、陕西秦岭以南、宁夏南部、甘肃、青海、西藏、四川、云南、贵州、广西、湖南、湖北西部、河南等地均有分布。

【药名与部位】小百部，去皮块根。

【化学成分】块根含甾体类：羊齿天门冬素（aspafilisine）[1]，小百部苷A、B、C（aspafilioside A、B、C）[2]，小百部苷D（aspafilioside D）[3]，小百部苷E、F（aspafilioside E、F）[4]，羊齿苷A、B（filicinoside A、B）[5]，天门冬素A（asparagusin A）[6]，羊齿天门冬苷A、B、C、D（filiasparoside A、B、C、D）[7]，石刁柏苦素-II（officinalisnin-II）、26-*O*-β-D-吡喃葡萄糖基-22-甲氧基呋甾烷-3β, 26-二醇-3-β-*O*-D-吡喃木糖基-（1→6）-β-D-吡喃葡萄糖苷［26-*O*-β-D-glucopyranosyl-22-methoxyfurostane-3β, 26-diol-3-β-*O*-D-xylopyranosyl-（1→6）-β-D-glucopyranoside］[8]，旌节花甾酮B（stachysterone B）、蜕皮甾酮（ecdysterone）、25-羟基海南陆均松甾酮（25-hydroxydacryhainansterone）、5-去氧番薯甾酮（5-deoxykaladasterone）、月光花甾酮（calonysterone）、β-谷甾醇（β-sitosterol）和胡萝卜苷（daucosterol）[9]；木脂素类：（+）-4′-*O*-甲基尼亚酚［（+）-4′-*O*-methylnyasol］[8]，（+）-尼亚酚［（+）-nyasol］[8, 9]和丁香树脂酚-4′-*O*-β-D-吡喃葡萄糖苷（syringaresinol-4′-*O*-β-D-glucopyranoside）[9]；三萜类：委陵菜酸（tormentic acid）[8]；苯丙素类：1-*O*-阿魏酰甘油（1-*O*-feruloyl glycerol）[9]。

【药理作用】1. 抗病毒　块根甲醇提取物具有很强的抗单纯疱疹病毒（HSV-1）和流感病毒A的作用[1]。2. 抗肿瘤　块根乙醇提取物的乙酸乙酯部位对人骨肉瘤Saos-2细胞的增殖和生长具有抑制作用，其机制可能与诱导人骨肉瘤细胞S期阻滞和抑制环氧合酶-2（COX-2）蛋白水平表达有关[2]；从块根分离的甾体皂苷类成分对人肺腺癌A549和乳腺癌MCF-7细胞株均有不同程度的抑制作用[3]；从块根分离的甾体皂苷成分羊齿天冬苷B（aspafilioside B）能通过上调ERK和p38 MAPK信号通路在人肝癌HepG2细胞中的H-Ras和N-Ras诱导G_2/M细胞周期阻滞和凋亡[4]，从块根分离的成分羊齿天冬洛苷A、B、C、D（filiasparoside A、B、C、D）和羊齿天门冬苷A、B（aspafilioside A、B）对人肺癌A549和乳腺腺癌MCF-7细胞具有细胞毒性[5]；从块根分离的羊齿天门冬苷A、B和羊齿天冬洛苷C（filiasparoside C）等成分对人乳腺腺癌MDA-MB-231细胞表现出明显的细胞毒性[6]。

【药用标准】云南药品1996。

【附注】宋《本草图经》百部条下载有“峡州百部”图，据其形态考证，即为本种。《滇南本草》所载百部即为本种。本种一直被作为小百部使用，为西南地区小百部的一个主要基源。

同属植物小天门冬 *Asparagus pseudofilicinus* Wang et Tang（《中国植物志》未收载该种）的块茎在云南作小百部药用；另外短梗天门冬 *Asparagus lycopodineus* Wall. ex Baker的块茎在云南局地民间也作小百部药用。

【化学参考文献】

［1］Wang J P，Cai L，Chen F Y，et al.A new steroid with unique rearranged seven-membered B ring isolated from roots of *Asparagus filicinus*［J］.Tetrahedron Lett，2017，58（37）：3590-3593.

［2］丁怡，杨崇仁. 小百部的甾体皂甙成分［J］. 药学学报，1990，25（7）：509-514.

［3］Li Y F，Hu L H，Lou F C，et al.A new furostanoside from *Asparagus filicinus*［J］.Chin Chem Lett，2003，14（4）：379-382.

［4］Zhou L B，Chen D F.Steroidal saponins from the roots of *Asparagus filicinus*［J］.Steroids，2008，73（1）：83-87.

［5］Sharma S C，Thakur N K.Furostanosides from *Asparagus filicinus* roots［J］.Phytochemistry，1994，36（2）：469-471.

［6］Cong X D，Ye W C，Che C T.A new enolate furostanoside from *Asparagus filicinus*［J］.Chin Chem Lett，2000，11（9）：793-794.

［7］Zhou L B，Chen T H，Bastow K F，et al.Filiasparosides A-D，cytotoxic steroidal saponins from the roots of *Asparagus filicinus*［J］.J Nat Prod，2007，70（8）：1263-1267.

［8］Li Y F，Hu L H，Lou F C，et al.Furostanoside from *Asparagus filicinus*［J］.J Asian Nat Prod Res，2005，7（1）：43-47.

［9］吴佳俊，汪豪，叶文才，等. 羊齿天门冬的化学成分［J］. 中国药科大学学报，2006，37（6）：487-490.

【药理参考文献】

［1］Rajbhandari M，Mentel R，Jha P K，et al.Antiviral activity of some plants used in Nepalese traditional medicine［J］.Evid Based Complement Alternat Med，2009，6（4）：517-522.

［2］瞿家权，石莺，贾薇，等 . 羊齿天门冬根茎提取物对人骨肉瘤细胞增殖的抑制作用［J］. 重庆医学，2014，43（2）：203-205.

［3］周丽波 . 小百部的抗肿瘤活性成分及其体内外分析［D］. 上海：复旦大学博士学位论文，2007.

［4］Liu W，Ning R，Chen R N，et al.Aspafilioside B induces G_2/M cell cycle arrest and apoptosis by up - regulating H - Ras and N - Ras via ERK and p38 MAPK signaling pathways in human hepatoma HepG2 cells［J］.Molecular Carcinogenesis，2015，55（5）：440-457.

［5］Zhou L B，Chen T H，Bastow K F，et al.Filiasparosides A-D，cytotoxic steroidal saponins from the roots of *Asparagus filicinus*［J］.Journal of Natural Products，2007，70（8）：1263-1267.

［6］Wu J J，Cheng K W，Zuo X F，et al.Steroidal saponins and ecdysterone from *Asparagus filicinus* and their cytotoxic activities［J］.Steroids，2010，75（10）：734-739.

1109. 天门冬（图 1109）• *Asparagus cochinchinensis*（Lour.）Merr.

图 1109　天门冬　　摄影　李华东

【别名】天冬，千条蜈蚣赶条蛇（江西宜丰、铜鼓），乳薯（福建），小叶青（江西、福建）。

【形态】多年生攀援草本。根茎粗短，根中部或近末端膨大呈肉质纺锤状。茎光滑，常弯曲或扭曲，长 1 ～ 2m，分枝具纵棱或狭翅；叶状枝常 3 条簇生，扁平或中脉龙骨状微呈锐三棱形，长 0.5 ～ 8cm，宽 1 ～ 2mm。主茎上鳞片状叶基部延伸为长约 3mm 硬刺，分枝上刺较短或不明显。花小，常 2 至数朵腋生，淡绿色。花梗中部或中下部具关节；雄花花被片椭圆形；雌花与雄花近等大。浆果圆球形，成熟时红色，具种子1粒。花期5～6月，果期8～10月。

【生境与分布】生于山坡疏林下、山路边、沟谷或灌丛中，垂直分布可达1750m。分布于山东、江苏南部、江西、浙江、福建，另河北南部、湖北西部、湖南、广东、香港、广西北部、贵州、四川、西藏、甘肃南部、陕西南部、山西南部、河南、台湾等地均有分布；日本、朝鲜、老挝、越南也有分布。

【药名与部位】天冬（天门冬），块根。

【采集加工】秋、冬二季采挖，洗净，除去茎基及须根，置沸水中煮，或蒸至透心，趁热除去外皮，洗净，干燥。

【药材性状】呈长纺锤形，略弯曲，长5～18cm，直径0.5～2cm。表面黄白色至淡黄棕色，半透明，光滑或具深浅不等的纵皱纹，偶有残存的灰棕色外皮。质硬或柔润，有黏性，断面角质样，中柱黄白色。气微，味甜、微苦。

【质量要求】肥壮，去皮，色黄亮。

【药材炮制】天冬：除去杂质及油黑者，抢水洗净，晾至半干，切段，干燥。炒天冬：取天冬饮片，炒至表面起泡，微具焦斑时，取出，摊凉。

【化学成分】块根含甾体类：天门冬皂苷A、B（aspacochioside A、B）[1]，天门冬皂苷（aspacochioside C）[2]，3-*O*-［α-L-吡喃鼠李糖基-（1→4）-β-D-吡喃葡萄糖基］-26-*O*-（β-D-吡喃葡萄糖基）-（25*S*）-5β-螺甾-3β-醇{3-*O*-［α-L-rhamnopyranosyl-（1→4）-β-D-glucopyranosyl］-26-*O*-（β-D-glucopyranosyl）-（25*S*）-5β-spirostan-3β-ol}[3]，天门冬柯素A、B（asparacosin A、B）、天门冬柯苷（asparacoside）[4]，伪原薯蓣皂苷（pseudoprotodioscin）、3-*O*-［α-L-吡喃鼠李糖基-（1→4）-β-D-吡喃葡萄糖基］-26-*O*-（β-D-吡喃葡萄糖基）-（25*R*）-呋甾-5, 20-二烯-3β, 26-二醇{3-*O*-［α-L-rhamnopyranosyl-（1→4）-β-D-glucpyranosyl］-26-*O*-（β-D-glucopyranosyl）-（25*R*）-furost-5, 20-dien-3β, 26-diol}[5]，26-*O*-β-D-吡喃葡萄糖基-22甲氧基呋甾-3β, 26-二醇-3-*O*-α-L-吡喃鼠李糖基-（1→6）-β-D-吡喃葡萄糖苷［26-*O*-β-D-glucopyranosyl-22-methoxyfurostan-3β, 26-diol-3-*O*-α-L-rhamnopyranosyl-（1→6）-β-D-glucopyranoside］、26-*O*-β-D-吡喃葡萄糖基-22-甲氧基呋甾-3β, 26-二醇-3-*O*-β-D-吡喃木糖基-（1→4）-［α-L-吡喃鼠李糖基-（1→6）］-β-D-吡喃葡萄糖苷{26-*O*-β-D-glucopyranosyl-22-methoxyfurostan-3β, 26-diol-3-*O*-β-D-xylopyranosyl-（1→4）-［α-L-rhamnopyranosyl-（1→6）］-β-D-glucopyranoside}、26-*O*-β-D-吡喃葡萄糖基-22-甲氧基呋甾-3β, 26-二醇-3-*O*-β-D-吡喃木糖基-（1→4）-β-D-吡喃葡萄糖苷［26-*O*-β-D-glucopyranosyl-22-methoxyfurostan-3β, 26-diol-3-*O*-β-D-xylopyranosyl-（1→4）-β-D-glucopyranoside］、26-*O*-β-D-吡喃葡萄糖基-22-甲氧基呋甾-3β, 26-二醇-3-*O*-［β-D-吡喃葡萄糖基-（1→2）-β-D-吡喃木糖基-（1→4）-α-L-吡喃鼠李糖基-（1→6）］-β-D-吡喃葡萄糖苷{26-*O*-β-D-glucopyranosyl-22-methoxyfurostan-3β, 26-diol-3-*O*-［β-D-glucopyranosyl-（1→2）-β-D-xylopyranosyl-（1→4）-α-L-rhamnopyranosyl-（1→6）］-β-D-glucopyranoside}[6]，菝葜皂苷元（smilagenin）、延龄草素（trillin）、26-*O*-β-D-吡喃葡萄糖基呋甾-3β, 22, 26-三醇-3-*O*-β-D-吡喃葡萄糖基-（1→2）-*O*-β-D-吡喃葡萄糖苷［26-*O*-β-D-glucopyranosyl furost-3β, 22, 26-triol-3-*O*-β-D-glucopyranosyl-（1→2）-*O*-β-D-glucopyranoside］、26-*O*-β-D-吡喃葡萄糖基呋甾-3β, 26-二醇-22-甲氧基-3-*O*-α-L-吡喃鼠李糖基-（1→4）-*O*-β-D-吡喃葡萄糖苷［26-*O*-β-D-glucopyranosyl furost-3β, 26-diol-22-methoxy-3-*O*-α-L-rhamnopyranosyl-（1→4）-*O*-β-D-glucopyranoside］、26-*O*-β-D-吡喃葡萄糖基呋甾-5, 20-二烯-3β, 2α, 26-三醇-3-*O*-［α-L-吡喃鼠李糖基-（1→2）］-［α-L-吡喃鼠李糖基-（1→4）］-β-D-吡喃葡萄糖苷{26-*O*-β-D-glucopyranosyl furost-5, 20-dien-3β, 2α, 26-triol-3-*O*-［α-L-rhamnopyranosyl-（1→2）］-［α-L-rhamnopyranosyl-（1→4）］-β-D-glucopyranoside}[7]，（25*S*）-26-*O*-β-D-吡喃葡萄糖基-5β-呋甾烷-3β, 22α, 26-三醇-12-酮-3-*O*-β-D-吡喃葡萄糖苷［（25*S*）-26-*O*-β-D-glucopyranosyl-5β-furostan-3β, 22α, 26-triol-12-one-3-*O*-β-D-glucopyranoside］、（25*S*）-26-*O*-β-D-吡喃葡萄糖基-22α-甲氧基-5β-呋甾烷-3β, 26-二醇-12-酮-3-

O-β-D- 吡喃葡萄糖苷［（25*S*）-26-*O*-β-D-glucopyranosyl-22α-methoxy-5β-furostan-3β, 26-diol-12-one-3-*O*-β-D-glucopyranoside］、（25*S*）-26-*O*-β-D- 吡喃葡萄糖基 -5β- 呋甾烷 -3β, 22α, 26- 三醇［（25*S*）-26-*O*-β-D-glucopyranosyl-5β-furostan-3β, 22α, 26-triol］、（25*S*）-26-*O*-β-D- 吡喃葡萄糖基 -5β- 呋甾烷 -3β, 22α, 26- 三醇 -3-*O*-β-D- 吡喃葡萄糖苷［（25*S*）-26-*O*-β-D-glucopyranosyl-5β-furstan-3β, 22α, 26-triol-3-*O*-β-D-glucopyranoside］、（25*S*）-26-*O*-β-D- 吡喃葡萄糖基 -5β- 呋甾烷 -3β, 22α, 26- 三醇 -3-*O*-α-L- 吡喃鼠李糖基 -（1→4）-β-D- 吡喃葡萄糖苷［（25*S*）-26-*O*-β-D-glucopyranosyl-5β-furostan-3β, 22α, 26-triol-3-*O*-α-L-rhamnopyranosyl-（1→4）-β-D-glucopyranoside］、（25*S*）-5β- 螺甾烷 -3β- 醇 -3-*O*-α-L- 吡喃鼠李糖苷［（25*S*）-5β-spirostan-3β-ol-3-*O*-α-L-rhamnopyranoside］、（25*S*）-5β- 螺甾烷 -3β- 醇 -3-*O*-β-D- 吡喃葡萄糖苷［（25*S*）-5β-spirostan-3β-ol-3-*O*-β-D-glucopyranoside］[8]，天门冬呋甾苷 L、M（aspacochinoside L、M）[9]，天门冬呋甾苷 N、O、P（aspacochinoside N、O、P）、3-*O*-β-D- 吡喃木糖基 -（1→4）-［β-D- 吡喃葡萄糖基 -（1→2）］-β-D- 吡喃葡萄糖基 -26-*O*-β-D- 吡喃葡萄糖基 -（25*S*）-5β- 呋甾烷 -3β, 22α, 26- 三醇 {3-*O*-β-D-xylopyranosyl-（1→4）-［β-D-glucopyranosyl-（1→2）］-β-D-glucopyranosyl-26-*O*-β-D-glucopyranosyl-（25*S*）-5β-furostane-3β, 22α, 26-triol}、3-*O*-β-D- 吡喃木糖基 -（1→4）-［β-D- 吡喃葡萄糖基 -（1→2）］-β-D- 吡喃葡萄糖基 -26-*O*-β-D- 吡喃葡萄糖基 -（25*R*）-5β- 呋甾烷 -3β, 22α, 26- 三醇 {3-*O*-β-D-xylopyranosyl-（1→4）-［β-D-glucopyranosyl-（1→2）］-β-D-glucopyranosyl-26-*O*-β-D-glucopyranosyl-（25*R*）-5β-furostane-3β, 22α, 26-triol}、3-*O*-α-L- 吡喃鼠李糖基 -（1→4）-［β-D- 吡喃葡萄糖基 -（1→2）］-β-D- 吡喃葡萄糖基 -26-*O*-β-D- 吡喃葡萄糖基 -（25*R*）-5β- 呋甾烷 -3β, 22α, 26- 三醇 {3-*O*-α-L-rhamnopyranosyl-（1→4）-［β-D-glucopyranosyl-（1→2）］-β-D-glucopyranosyl-26-*O*-β-D-glucopyranosyl-（25*R*）-5β-furostane-3β, 22α, 26-triol}、3-*O*-β-D- 吡喃葡萄糖基 -（1→2）-β-D- 吡喃葡萄糖基 -26-*O*-β-D- 吡喃葡萄糖基 -（25*S*）-5β- 呋甾烷 -3β, 22α, 26- 三醇［3-*O*-β-D-glucopyranosyl-（1→2）-β-D-glucopyranosyl-26-*O*-β-D-glucopyranosyl-（25*S*）-5β-furostane-3β, 22α, 26-triol］[10]，甲基原薯蓣皂苷（methylprotodioscin）[5, 11]和薯蓣皂苷（dioscin）[11]；木脂素类：3″- 甲氧基尼亚酚（3″-methoxynyasol）、1, 3- 双 - 二 - 对羟苯基 -4- 戊烯 -1- 酮（1, 3-bis-di-*p*-hydroxyphenyl-4-penten-1-one）、3′- 羟基 -4′- 甲氧基 -4′- 去羟基尼亚酚（3′-hydroxy-4′-methoxy-4′-dehydroxynyasol）[4]和（+）- 尼亚酚［（+）-nyasol］[12]；炔类：3″- 甲氧基天门冬烯炔二醇（3″-methoxyasparenydiol）和天门冬烯炔二酚（asparenydiol）[4]；苯丙素类：反式 - 松柏醇（*trans*-coniferyl alcohol）[4]；糖类：天门冬多聚糖 A、B、C、D（asparagus polysaccharide A、B、C、D）[13]和新蔗果三糖（neokestose）[14]。

【药理作用】1. 抗肿瘤 从块根中提取的多糖成分半乳葡聚糖（ACP）对人乳腺癌 MCF-7 及人口腔上皮癌 KB 细胞的生长有较好的抑制作用，并对 Lewis 肿瘤有一定的抑制作用[1]；块根水提取液的 80% 乙醇沉淀物对小鼠肉瘤 S180 的抑制作用比较明显，抑制率可达 35% ～ 45%[2]。2. 抗氧化 从块根中提取的多糖成分在体外可清除 NADH-PMS-NBT 系统产生的超氧阴离子自由基（O_2^-·），降低 Fe^{2+}- 维生素 C（VitC）引起的小鼠肝微粒体脂质过氧化产物丙二醛（MDA）的含量，抑制过氧化氢（H_2O_2）诱导大鼠的红细胞氧化溶血[3]；块根的醇提取液能提高 D- 半乳糖致衰小鼠脑组织中一氧化氮合酶（NOS）、超氧化物歧化酶（SOD）的含量，使一氧化氮含量增加、过氧化脂质（LPO）含量降低[4]。3. 止咳化痰平喘 块根的水提取液能减少浓氨水诱发的小鼠咳嗽次数，能明显增加小鼠呼吸道中酚红排泌量，且能明显减少组胺诱发的豚鼠咳嗽次数，对磷酸组胺诱导的豚鼠哮喘能明显减轻哮喘发作症状，但其平喘作用仅维持 2h 左右[5]。4. 抗炎 块根的 75% 醇提取物能明显抑制二甲苯所致小鼠的耳肿胀厚度，抑制作用持续 4h 以上，但明显抑制角叉菜胶所致小鼠的足肿胀厚度的持续时间仅 2h，对乙酸提高小鼠腹腔毛细血管通透性的抑制作用不明显[6]。5. 抗溃疡 块根的 75% 醇提取物对小鼠水浸应激性溃疡具有较好的抑制作用，抑制率可达 63.2%[7]。6. 止泻 75% 醇提取物给小鼠 5g 生药 /kg 和 15g 生药 /kg 剂量，可显著减少蓖麻油所致的小肠性腹泻，但不影响小鼠墨汁胃肠推进运动[8]。7. 抗血栓 块根的 5% 醇提取物可显著延长电刺激大鼠颈总动脉血栓形成时间，延长率为 48.6%，并使凝血时间延长 41.4%；白陶土部分对凝血活酶时间仅有轻度的延长作用[9]。8. 抗菌　块根的水提取液对炭疽杆菌 206、甲型及乙型溶血性链球菌、白喉杆菌、类白喉杆菌、肺炎链球菌、金黄色葡萄球菌、柠檬色葡萄球菌、白色葡萄球菌及枯草杆菌的生长均有不同程度的抑制作用[10]。9. 降血糖　块根的水提取物给予四氧嘧啶糖尿病大鼠 5g/kg、10g/kg、20g/kg 剂量，连续给药 20 天后观察，给药组动物体重比模型组分别增加了 16.2%、22.2%、27.9%，饮水量比模型组减少了 53.5%、53.5%、58.5%，血糖含量比模型组降低了 69.3%、78.8%、92.4%，实验期间动物未出现不良反应和毒副作用[11]。

【性味与归经】甘、苦，寒。归肺、肾经。

【功能与主治】养阴润燥，清肺生津。用于肺燥干咳，顿咳痰黏，咽干口渴，肠燥便秘。

【用法与用量】6 ～ 12g。

【药用标准】药典 1963—2015、浙江炮规 2015、内蒙古蒙药 1986、贵州药材 1965、新疆药品 1980 二册、云南药品 1996 和台湾 2013。

【临床参考】1. 气阴两亏型慢性胃炎：除去外皮的块根 6g，加人参、麦冬、天花粉各 10g，生地 15g，五味子 5g，水煎，分 2 次服，每日 1 剂[1]。

2. 带状疱疹：除去外皮的鲜块根适量，加少量米酒，捣泥状，取 1/3 量开水冲泡后 1 次顿服，余 2/3 量外敷于患部，消毒纱布带缠腰固定，连用 3 ～ 7 日[2]。

3. 肝肾阴虚、虚阳上亢型眩晕：除去外皮的块根 30g，加巴戟天、茯苓各 15g，麦冬、白芍各 30g，阿胶（烊服）、炙甘草各 10g，黄连 3g、五味子 6g、熟地黄 60g，水煎服[3]。

4. 喉痹：除去外皮的块根 15g，加生鳖甲 24g，玄参、天花粉、芦根各 30g，知母、淡竹叶各 12g，生甘草、桔梗各 10g，木通 3g、胖大海 6g、生地 15g，水煎，分 2 次服[4]。

5. 舌灼痛：除去外皮的块根 15g，加生鳖甲 24g，玄参、天花粉、芦根各 30g，知母、淡竹叶、生甘草各 12g，生地 15g、木通 3g、杏仁 10g，水煎，分 2 次服[4]。

6. 便秘：除去外皮的块根 15g，加生鳖甲 24g，玄参、冬葵子、槐角各 15g，天花粉、芦根各 30g，生地 20g、知母 12g、枳实 10g、杏仁 9g，水煎，分 2 次服[4]。

7. 不寐：除去外皮的块根 15g，加生鳖甲 24g，知母、淡竹叶各 12g，天花粉、芦根、丹参各 30g，木通、灯芯草各 3g，生甘草 10g，水煎，分 2 次服[4]。

8. 久咳失音：除去外皮的块根 15g，加麦门冬 15g、川贝 6g，水煎服。

9. 肺结核咳嗽：除去外皮的块根 15g，加生地 12g、沙参 9g，水煎服。

10. 百日咳：除去外皮的块根 6g，加麦门冬、百部、瓜蒌各 6g，贝母 3g，水煎服。（8 方至 10 方引自《浙江药用植物志》）

【附注】本种始载于《神农本草经》，列为上品。《名医别录》云："天门冬生奉高山谷。二月、三月、七月、八月采根，暴干。"《本草经集注》引《桐君药录》云："叶有刺，蔓（重）生，五月花白，十月实黑，根连数十枚。"《新修本草》云："有二种，苗有刺而涩者，无刺而滑者，俱是门冬。"《本草图经》谓："今处处有之。春生藤蔓，大如钗股，高至丈余。叶如茴香，极尖细而疏滑，有逆刺，亦有涩而无刺者，其叶如丝杉而细散，皆名天门冬。夏生白花，亦有黄色者，秋结黑子在其根枝傍。入伏后无花，暗结子。其根白或黄紫色，大如手指，长二三寸，大者为胜，颇与百部根相类，然圆实而长，一二十枚同撮。"以上所述有刺者与本种相符。

药材天冬虚寒泄泻及风寒咳嗽者禁服。

【化学参考文献】

[1] Yang Y C，Huang S，Shi J G.Two new furostanol glycosides from *Asparagus cochinchinensis* [J].Chin Chem Lett，2002，13（12）：1185-1188.

[2] Yang Y C，Huang S Y，Mo S Y，et al.A new furost-20（22）-ene oligoglycoside from *Asparagus cochinchinensis* [J].Chin Chem Lett，2003，14（7）：717-719.

[3] Shi J G，Li G Q，Huang S Y，et al.Furostanol oligoglycosides from *Asparagus cochinchinensis* [J] .J Asian Nat Prod Res，2004，6（2）：99-105.

[4] Zhang H J，Sydara K，Tan G T，et al.Bioactive constituents from *Asparagus cochinchinensis* [J] .J Nat Prod，2004，67（2）：194-200.

[5] Liang Z Z，Aquino R，De Simone F，et al.Oligofurostanosides from *Asparagus cochinchinensis* [J] Planta Med，1988，54（4）：344-346.

[6] Konishi T，Shoji J.Studies on the constituents of Asparagi Radix.I.on the structures of furostanol oligosides of *Asparagus cochinchinensis*（Loureio）Merrill [J] .Chem Pharm Bull，1979，27（12）：3086-3094.

[7] 沈阳，陈海生，王琼．天冬化学成分的研究（Ⅱ）[J]．第二军医大学学报，2007，28（11）：1241-1244.

[8] Zhu G L，Hao Q，Li R T，et al.Steroidal saponins from the roots of *Asparagus cochinchinensis* [J] .Chin J Nat Med，2014，12（3）：213-217.

[9] Jian R，Li J，Zeng K W，et al.Two new furostanol glycosides from *Asparagus cochinchinensis*（Lour.）Merr. [J] .J Chin Pharm Sci，2013，22（2）：201-204.

[10] Jian R，Zeng K W，Li J，et al.Anti-neuroinflammatory constituents from *Asparagus cochinchinensis* [J] .Fitoterapia，2013，84：80-84.

[11] Lee H J，Yoon Y P，Hong J H，et al.Dioscin and methylprotodioscin isolated from the root of *Asparagus cochinchinensis* suppressed the gene expression and production of airway MUC5AC mucin induced by phorbol ester and growth factor [J] . Phytomedicine，2015，22（5）：568-572.

[12] Tsui W Y，Brown G D.（+）-Nyasol from *Asparagus cochinchinensis* [J] .Phytochemistry，1996，43（6）：1413-1415.

[13] 杜旭华，郭允珍．抗癌植物药的开发研究——Ⅳ．中药天冬的多糖类抗癌活性成分的提取与分离 [J]．沈阳药科大学学报，1990，7（3）：197-201.

[14] Tomoda M，Satoh N.Constituents of the radix of *Asparagus cochinchinensis*.I.isolation and characterization of oligosaccharides [J] .Chem Pharm Bull，1974，22（10）：2306-2310.

【药理参考文献】

[1] 李志孝，黄成钢，陈谦，等．天门冬半乳葡聚糖的化学结构及其抑瘤活性的研究 [J]．兰州大学学报，2000，36（5）：77-81.

[2] 杜旭华，郭允珍．抗癌植物药的开发研究——Ⅳ．中药天冬的多糖类抗癌活性成分的提取与分离 [J]．沈阳药学院学报，1990，7（3）：197-201.

[3] 李志孝，黄成钢，蔡育军，等．天门冬多糖的化学结构及体外抗氧化活性 [J]．药学学报，2000，36（5）：358-362.

[4] 张鹏霞，曲凤玉，白晶，等．天冬醇提取液对D半乳糖致衰小鼠脑抗氧化作用的实验研究 [J]．中国老年学杂志，2000，20（1）：42.

[5] 罗俊，龙庆德，李诚秀，等．地冬与天冬的镇咳、祛痰及平喘作用比较 [J]．贵阳医学院学报，1998，23（2）：24-26.

[6] 张明发，沈雅琴，王红武，等．辛温（热）合归脾胃经中药药性研究 Ⅲ．抗炎作用 [J]．中药药理与临床，1998，14（6）：13-17.

[7] 张明发，沈雅琴，朱自平，等．辛温（热）合归脾胃经中药药性研究（Ⅱ）抗溃疡作用 [J]．中药药理与临床，1997，13（4）：1-5.

[8] 张明发，沈雅琴，朱自平，等．辛温（热）合归脾胃经中药药性研究（Ⅴ）抗腹泻作用 [J]．中药药理与临床，1997，13（5）：3-6.

[9] 张明发，沈雅琴，朱自平，等．辛温（热）合归脾胃经中药药性研究——抗血栓形成和抗凝作用 [J]．中国中药杂志，1997，32（11）：51-53.

[10] 国家中医药管理局，中华本草编委会．中华本草．第八卷 [M]．上海：上海科学技术出版社，1999：64.

[11] 俞发荣，连秀珍，郭红云．天门冬提取物对血糖的调节 [J]．中国临床康复，2006，10（27）：57-59.

【临床参考文献】

[1] 李永吉．三才汤治慢性胃炎治验 [N]．中国中医药报，2014-07-24（005）.

［2］王子福．鲜天门冬外用治带状疱疹效佳［J］．新中医，1996，（11）：48.
［3］陈隐漪，肖辉，姜山，等．引火汤治疗脑系疾病临床应用举隅［J］．湖南中医杂志，2018，34（7）：125-126.
［4］潘艺芳．滋阴清热法临证验案 4 则［J］．江苏中医药，2018，50（8）：52-53.

2. 蜘蛛抱蛋属 *Aspidistra* Ker-Gawl.

多年生常绿草本。根茎粗短或细长，横走，具密节，节上具覆瓦状鳞片。叶单生或 2 ～ 4 枚簇生于根茎各节上，叶片具横脉，具叶柄或叶柄不明显。花单朵，花梗生于根茎上；苞片 2 至数枚；花被肉质，钟状、杯状或坛状；花被片通常 6 ～ 8 枚，中部或中下部合生，裂片内侧有时具多数乳头状突起或具 2 ～ 4 条肉质脊状隆起；雄蕊与花被片同数；着生于花被筒基部或下部，与花被裂片对生，花丝极短；花药背着，2 室，内向纵裂；子房上位，3 ～ 4 室，每室具胚珠 2 至数粒；花柱具关节或无关节；柱头多盾状膨大。浆果圆球形，通常仅具种子 1 粒。

约 50 种，分布于亚洲热带和亚热带地区。中国 47 种，法定药用植物 1 种。华东地区法定药用植物 1 种。

1110. 蜘蛛抱蛋（图 1110）• *Aspidistra elatior* Blume

图 1110　蜘蛛抱蛋　　摄影　张芬耀等

【别名】一叶兰（安徽）。

【形态】多年生常绿草本。叶单生于根茎各节，相距 1 ～ 3.5cm；叶片披针形、椭圆状披针形或近椭圆形，长 20 ～ 80cm，宽 8 ～ 11cm，先端短渐尖，基部楔形，边缘多少呈皱波状，两面绿色，有时稍具黄白色斑点或条纹；叶柄粗壮，长 5 ～ 40cm。花序梗长 0.5 ～ 2cm；苞片 3 ～ 4 枚，其中 2 枚贴生于花基部，宽卵形，淡绿色，有时具紫色斑点；花单朵。花被钟状，长 1.2 ～ 1.8cm，直径 0.9 ～ 1.5cm，外侧紫色，内侧紫褐色；花被片 8 枚，裂片近三角形，向外开展或外弯，先端钝，内侧具 4 条肉质脊状肥厚突起，中间 2 条较长，外侧 2 条粗短，紫红色；花被筒长 0.7 ～ 0.9cm；雄蕊 8 枚，着生于花被筒基部；子房 4 室，每室具胚珠 2 粒。浆果近球形或卵状椭圆形，长 1 ～ 3cm，直径 0.8 ～ 2.5cm，具瘤状突起。花期 5 ～ 6 月。

【生境与分布】华东地区各地公园或温室有栽培，另中国各地公园或温室均有栽培；原产于日本。

【药名与部位】竹节伸筋，根茎。

【采集加工】秋季采挖，除去须根及泥沙，干燥或鲜用。

【药材性状】呈不规则圆柱形，略弯曲，长 8 ～ 27cm，直径 0.5 ～ 1.5cm。表面灰黄色或黄棕色，有疏密不匀的环节和纵沟，根茎一面的节上残留未除尽的须根或点状根痕。质硬，可折断，断面黄白色，纤维性。气微，味甜后苦。

【药材炮制】除去杂质，洗净泥沙，浸泡 1 ～ 2h，捞出润透，切段片，干燥，筛去灰屑。

【化学成分】根茎含甾体类：蜘蛛抱蛋皂苷 A、B、C、D（aspidsaponinA、B、C、D）和（25*S*）-呋甾 -20（22）- 烯 -1β, 2β, 3β, 4β, 5β, 26- 六羟基 -4-*O*-β-D- 吡喃木糖苷 -26-*O*-β-D- 吡喃葡萄糖苷［（25*S*）-furost-20（22）-en-1β, 2β, 3β, 4β, 5β, 26-hexahydroxy-4-*O*-β-D-xylopyranoside-26-*O*-β-D-glucopyranoside］[1]。

地下部分含甾体类：蜘蛛抱蛋苷（aspidistrin）[2]，甲基原蜘蛛抱蛋苷（methyl protoaspidistrin）、原蜘蛛抱蛋苷（protoaspidistrin）[3]，新蜘蛛抱蛋苷（neoaspidistrin）[4]，开口箭洛苷 H（tupiloside H）、开口箭苷 G（tupstroside G）、蜘蛛抱蛋苷 A（aspidoside A）、新五羟螺皂苷元（neopentologenin）、蜘蛛抱蛋苷元 A（aspidistrogenin A）、新五羟螺皂苷元 -5-*O*-β-D- 吡喃葡萄糖苷（neopentologenin-5-*O*-β-D-glucopyranoside）、（25*S*）-3β- 羟基螺甾 -5- 烯 -3-*O*-β-D- 吡喃葡萄糖基 -（1 → 2）-［β-D- 吡喃木糖基 -（1 → 3）］-β-D- 吡喃葡萄糖基 -（1 → 4）-β-D- 吡喃半乳糖苷 {（25*S*）-3β-hydroxyspirost-5-en-3-*O*-β-D-glucopyranosyl-（1 → 2）-［β-D-xylopyranosyl-（1 → 3）］-β-D-glucopyranosyl-（1 → 4）-β-D-galactopyranoside} 和（25*S*）-26-*O*-β-D- 吡喃葡萄糖基呋甾 -5- 烯 -3β, 22ζ, 26- 三醇 -3-*O*-β-D- 吡喃葡萄糖基 -（1 → 2）-［β-D- 吡喃木糖基 -（1 → 3）］-β-D- 吡喃葡萄糖基 -（1 → 4）-β-D- 吡喃半乳糖苷 {（25*S*）-26-*O*-β-D-glucopyranosyl furost-5-en-3β, 22ζ, 26-triol-3-*O*-β-D-glucopyranosyl-（1 → 2）-［β-D-xylopyranosyl-（1 → 3）］-β-D-glucopyranosyl-（1 → 4）-β-D-galactopyranoside}[5]。

叶含甾体类：蜘蛛抱蛋苷（aspidistrin）、26-*O*-β-D- 吡喃葡萄糖基 -22- 甲氧基 -5β- 呋甾 -1β, 2β, 3β, 4β, 5β, 26- 六醇 -5-*O*-β-D- 吡喃葡萄糖苷（26-*O*-β-D-glucopyranosyl-22-methoxy-5β-furostan-1β, 2β, 3β, 4β, 5β, 26-hexaol-5-*O*-β-D-glucopyranoside）、26-*O*-β-D- 吡喃葡萄糖基 -22- 甲氧基 -5β- 呋甾 -1β, 3β, 4β, 5β, 26- 五醇 -5-*O*-β-D- 吡喃葡萄糖苷（26-*O*-β-D-glucopyranosyl-22-methoxy-5β-furostan-1β, 3β, 4β, 5β, 26-pentaol-5-*O*-β-D-glucopyranoside）、26-*O*-β-D- 吡喃葡萄糖基 -22- 甲氧基 -5β- 呋甾 -1β, 3β, 4β, 5β, 26- 五羟基 -2β- 基 - 硫酸镁单羟化物（Mg-26-*O*-β-D-glucopyranosyl-22-methoxy-5β-furostan-1β, 3β, 4β, 5β, 26-pentahydroxy-2β-yl-sulfate monohydroxide）和新五羟螺皂苷元 -5-*O*-β-D- 吡喃葡萄糖苷（neopentologenin-5-*O*-β-D-glucopyranoside）[6]。

【药理作用】1. 抗肿瘤　根茎生理盐水提取物经硫酸铵沉淀分离得到的凝集素（AEL）可抑制人前列腺癌 Pro-01 细胞、肺癌 Lu-04 细胞、乳腺癌 Bre-04 细胞、肝癌 HepG2 细胞的增殖[1-3]，促进细胞周期阻滞，诱导细胞凋亡相关基因 *p53* 和 *p21* 的表达[1]。2. 抗病毒　根茎生理盐水提取物经硫酸铵沉淀分离得到的凝集素可抑制水泡性口炎病毒、柯萨奇病毒 B4 和呼吸道合胞病毒对人宫颈癌 HeLa 细胞和非洲猴肾 Vero 细胞的感染作用[1, 2]。3. 促凝血　根茎生理盐水提取物经硫酸铵沉淀分离得到的凝集素（AEL）能特异性凝集兔红细胞，其最低凝集浓度为 3.9μg/ml[2, 3]。

【性味与归经】辛、甘，微寒。归肝、胃、膀胱经。

【功能与主治】活血止痛，清肺止咳，利尿通淋。用于跌打损伤，风湿痹痛，腰痛，经闭腹痛，肺热咳嗽，砂淋，小便不利。

【用法与用量】煎服 9 ～ 15g，鲜品 30 ～ 60g；外用适量。

【药用标准】湖南药材 2009。

【临床参考】1. 肺热咳嗽：鲜根 30g，水煎，调冰糖服。

2. 砂淋：根，加通草、木通各适量，水煎服。

3. 跌打损伤：鲜根适量，捣烂，包敷伤处。（1 方至 3 方引自《浙江药用植物志》）

【附注】以一帆青之名始载于《质问本草》。《植物名实图考》卷九山草类云："蜘蛛抱蛋一名飞天蜈蚣，建昌、南赣皆有之。状如初生棕叶，下细上阔，长至二尺余，粗纹韧质，凌冬不凋。近根结青黑实如卵，横根甚长，稠结密须，形如百足，故以其状名之。土医以根卵治热症，南安土呼哈萨喇，以治腰痛咳嗽"所述及附图，即为本种。

服用药材蜘蛛抱蛋时忌食生冷食物，孕妇忌服。

本种尚可用于毒蛇咬伤的辅助治疗，用鲜叶适量，捣烂取汁，雄黄调敷伤处（《浙江药用植物志》）。

【化学参考文献】

[1] Zuo S Q，Liu Y N，Yang Y，et al.Aspidsaponins A-D，four new steroidal saponins from the rhizomes of *Aspidistra elatior* Blume and their cytotoxicity [J].Phytochem Lett，2018，25：126-131.

[2] Mori Y，Kawasaki T.New diosgenin glycoside，aspidistrin，from *Aspidistra elatior* [J].Chem Pharm Bull，1973，21（1）：224-227.

[3] Hirai Y，Konishi T，Sanada S，et al.Studies on the constituents of *Aspidistra elatior* Blume. I. on the steroids of the underground part [J].Chem Pharm Bull，1982，30（10）：3476-3484.

[4] 陈昌祥，周俊 . 蜘蛛抱蛋根茎中的甾体皂甙 [J]. 云南植物研究，1994，16（4）：397-400.

[5] 杨庆雄，杨崇仁 . 云南永善产蜘蛛抱蛋的甾体成分 [J]. 云南植物研究，2000，22（1）：109-115.

[6] Konishi T，Kiyosawa S，Shoji J.Studies on the constituents of *Aspidistra elatior* Blume II. on the steroidal glycosides of the leaves（1）[J].Chem Pharm Bull，1984，32（4）：1451-1460.

【药理参考文献】

[1] Xu X C，Zhang Z W，Chen Y E，et al.Antiviral and antitumor activities of the lectin extracted from *Aspidistra elatior* [J]. Z Naturforsch C，2015，70（1-2）：7-13.

[2] 徐小超 . 蜘蛛抱蛋（*Aspidistra elatior* Blume）凝集素的分离、纯化及性质研究 [D]. 成都：四川大学硕士学位论文，2007.

[3] Xu X，Wu C，Liu C，et al.Purification and characterization of a mannose-binding lectin from the rhizomes of *Aspidistra elatior* Blume with antiproliferative activity [J].Acta Biochimica et Biophysica Sinica，2007，39（7）：507-519.

3. 开口箭属 *Tupistra* Ker-Gawl.

多年生常绿草本。根茎粗壮，直生或横生；根密被白色绵毛。叶数枚，基生或近基生，稀生于延长的茎上；叶片扩展，基部抱茎。花葶侧生，远短于叶片，基部具鞘叶；花多数，钟状或圆筒状，排列成密集穗状花序；苞片通常长于花，全缘或边缘呈流苏状；花被钟状或筒状，6 裂，中部或中上部以下合生，喉部有时具环状体，裂片开展，先端尖；雄蕊 6 枚，着生于花被筒上部或喉部，花丝下部与花被筒合生，花药背着，2 室，内向纵裂；子房 3 室，每室具胚珠 2 ～ 4 粒，花柱圆柱状或不明显，柱头膨大。浆果圆球形，具种子 1 ～ 3 粒。

16 种，主要分布于亚洲。中国 16 种，法定药用植物 2 种。华东地区法定药用植物 1 种。

1111. 开口箭（图 1111）· *Tupistra chinensis* Baker [*Campylandra chinensis* (Baker) M.N.Tamura, S. Yun Liang et Turland; *Rohdea chinensis* (Baker) N. Tanaka]

图 1111 开口箭 摄影 中药资源办等

【别名】竹根七（安徽），牛尾七（江西），斩蛇剑（江西）。

【形态】多年生直立草本。根茎圆柱形，直径 0.5 ~ 2cm。叶基生；叶片倒披针形、条状披针形、条形或长圆状披针形，长 15 ~ 65cm，宽 1.5 ~ 9.5cm，基部渐窄；叶鞘 2 枚，披针形或长圆形，长 2.5 ~ 10cm。穗状花序直立，长 2.5 ~ 10cm，花钟状，密集；花序梗长 1 ~ 6cm；苞片绿色，卵状披针形或披针形，每朵花具小苞片 1 枚，常具数枚无花苞片聚生于花序顶端；花被片卵形，肉质，黄色或黄绿色；花丝基部扩大，边缘不贴生于花被片，花丝上部分离，内弯，花柱不明显，柱头钝三棱形，顶端 3 裂。浆果圆球形，成熟时红色或紫红色。花期 4 ~ 6 月，果期 9 ~ 11 月。

【生境与分布】生于海拔 1000 ~ 2960m 林下阴湿地或溪边。分布于江苏、安徽、浙江、江西、福建，另广东东部、广西北部、湖南、湖北、河南、陕西南部、四川、贵州东部、云南等地均有分布。

【药名与部位】开口箭（刺七、老蛇莲、心不干），根茎。

【采集加工】秋、冬二季采挖，除去须根，洗净，干燥或鲜用。

【药材性状】呈圆柱形，长 3 ~ 15cm，直径 0.5 ~ 2.5cm，微弯曲，上端留有茎痕及叶痕。表面灰棕色至黄绿色，节明显，具点状须根痕。节间具环纹，近节处环纹较密。质硬、易折断，断面黄白色至淡黄棕色。气微，味微甘而后苦。

【药材炮制】除去须根，洗净，斜切成厚片，干燥。

【化学成分】根茎含甾体类：（25*S*）-5β- 呋甾 -1β, 2β, 3β, 4β, 5β, 22α, 26- 七醇 -26-*O*-β-D- 吡喃葡萄糖苷［（25*S*）-5β-furost-1β, 2β, 3β, 4β, 5β, 22α, 26-heptaol-26-*O*-β-D-glucopyranoside］、（25*S*）-6-*O*-β-D-吡喃葡萄糖基 -5β- 呋甾 -3β, 6β, 22α, 26- 四醇 -26-*O*-β-D- 吡喃葡萄糖苷［（25*S*）-6-*O*-β-D-glucopyranosyl-5β-furost-3β, 6β, 22α, 26-tetraol-26-*O*-β-D-glucopyranoside］、3-*O*-β-D- 吡喃葡萄糖基 -（1→4）-β-D- 吡喃葡萄糖基 -5β- 呋甾 -25（27）- 烯 -1β, 3β, 22α, 26- 四醇 -26-*O*-β-D- 吡喃葡萄糖苷［3-*O*-β-D-glucopyranosyl-（1→4）-β-D-glucopyranosyl-5β-furost-25（27）-en-1β, 3β, 22α, 26-tetraol-26-*O*-β-D-glucopyranoside］[1]，开口箭赤苷 A（tupichinin A）[2]，开口箭赤苷 B、C、D（tupichinin B、C、D）[3]，3- 表新假叶树苷元 -3-β-D- 吡喃葡萄糖苷（3-epi-neoruscogenin-3-β-D-glucopyranoside）、3- 表假叶树苷元 -3-β-D- 吡喃葡萄糖苷（3-epi-ruscogenin-3-β-D-glucopyranoside）、螺甾四醇 A（ranmogenin A）、铃兰皂苷元 B（convallagenin B）、3- 表新假叶树苷元（3-epi-neoruscogenin）、开口箭苷元 E（tupichigenin E）、（20*S*, 22*R*）- 螺甾 -25（27）- 烯 -1β, 2β, 3β, 4β, 5β, 7α- 六醇 -6- 酮［（20*S*, 22*R*）-spirost-25（27）-en-1β, 2β, 3β, 4β, 5β, 7α-hexaol-6-one］、β- 谷甾醇（β-sitosterol）、胡萝卜苷（daucosterol）[4]，开口箭甾苷 G、H、I（tupistroside G、H、I）、异万年青皂苷元 -3-*O*-β-D- 吡喃葡萄糖苷（isorhodeasapogenin-3-*O*-β-D-glucopyranoside）、万年青皂苷元 -3-*O*-β-D- 吡喃葡萄糖苷（rhodeasapogenin-3-*O*-β-D-glucopyranoside）、（25*R*）- 螺甾烷 -1β, 3β, 5β- 三醇 -3-*O*-β-D- 吡喃葡萄糖苷［（25*R*）-spirostane-1β, 3β, 5β-triol-3-*O*-β-D-glucopyranoside］[5]，（22α, 25*R*）-26-*O*-β-D- 吡喃葡萄糖基 -22- 甲氧基呋甾 -5（6）- 烯 -3β, 26- 二醇 -3-*O*-α-L- 吡喃鼠李糖基 -（1→2）-β-D- 吡喃葡萄糖基 -（1→4）-β-D- 吡喃半乳糖苷［（22α, 25*R*）-26-*O*-β-D-glucopyranosyl-22-methoxyl furost-5（6）-en-3β, 26-diol-3-*O*-α-L-rhamnopyranosyl-（1→2）-β-D-glucopyranosyl-（1→4）-β-D-galactopyranoside］、（25*S*）-26-*O*-β-D- 吡喃葡萄糖基 - 呋甾 -5（6）- 烯 -3β, 22α, 26- 三醇 -3-*O*-α-L- 吡喃鼠李糖基 -（1→2）-β-D- 吡喃葡萄糖基 -（1→4）-β-D- 吡喃半乳糖苷［（25*S*）-26-*O*-β-D-glucopyranosyl furost-5（6）-en-3β, 22α, 26-triol-3-*O*-α-L-rhamnopyranosyl-（1→2）-β-D-glucopyranosyl-（1→4）-β-D-galactopyranoside］、26-*O*-β-D- 吡喃葡萄糖基 -5β- 呋甾 -25（27）- 烯 -3β, 22α, 26- 三醇 -3-*O*-β-D- 吡喃葡萄糖基 -（1→4）-β-D- 吡喃葡萄糖苷［26-*O*-β-D-glucopyranosyl-5β-furost-25（27）-en-3β, 22α, 26-triol-3-*O*-β-D-glucopyranosyl-（1→4）-β-D-glucopyranoside］、（25*R*）-26-*O*-β-D-吡喃葡萄糖基 -5β- 呋甾 -1β, 3α, 22α, 26- 四醇 -3-*O*-β-D- 吡喃葡萄糖苷［（25*R*）-26-*O*-β-D-glucopyranosyl-5β-furost-1β, 3α, 22α, 26-tetraol-3-*O*-β-D-glucopyranoside］、（25*S*）-26-*O*-β-D- 吡喃葡萄糖基 -5β- 呋甾 -1β, 3β, 22α, 26- 四醇 -1-*O*-α-L- 吡喃鼠李糖基 -（1→2）-β-D- 吡喃木糖苷［（25*S*）-26-*O*-β-D-glucopyranosyl-5β-furost-1β, 3β, 22α, 26-tetraol-1-*O*-α-L-rhamnopyranosyl-（1→2）-β-D-xylopyranoside］、（25*S*）-26-*O*-β-D- 吡喃葡萄糖基呋甾 -3β, 5β, 22α, 26- 四醇 -5-*O*-β-D- 吡喃葡萄糖苷［（25*S*）-26-*O*-β-D-glucopyranosyl furost-3β, 5β, 22α, 26-tetraol-5-*O*-β-D-glucopyranoside］、26-*O*-β-D- 吡喃葡萄糖基 - 呋甾 -25（27）- 烯 -3β, 5β, 22α, 26- 四醇 -5-*O*-β-D- 吡喃葡萄糖苷［26-*O*-β-D-glucopyranosyl furost-25（27）-en-3β, 5β, 22α, 26-tetraol-5-*O*-β-D-glucopyranoside］、26-*O*-β-D- 吡喃葡萄糖基呋甾 -25（27）- 烯 -3β, 4β, 5β, 22α, 26- 五醇 -5-*O*-β-D- 吡喃葡萄糖苷［26-*O*-β-D-glucopyranosyl furost-25（27）-en-3β, 4β, 5β, 22α, 26-pentol-5-*O*-β-D-glucopyranoside］、（25*S*）- 呋甾 -1β, 3α, 5β, 22α, 26- 五醇 -26-*O*-β-D- 吡喃葡萄糖苷［（25*S*）-furost-1β, 3α, 5β, 22α, 26-pentol-26-*O*-β-D-glucopyranoside］、（25*S*）- 呋甾 -1β, 3β, 5β, 22α, 26- 五醇 -26-*O*-β-D- 吡喃葡萄糖苷［（25*S*）-furost-1β, 3β, 5β, 22α, 26-pentol-26-*O*-β-D-glucopyranoside］、（25*R*）-26-*O*-β-D- 吡喃葡萄糖基 -5β- 呋甾 -3β, 22α, 26- 三醇 -3-*O*-β-D- 吡喃葡萄糖基 -（1→4）-β-D- 吡喃葡萄糖苷［（25*R*）-26-*O*-β-D-glucopyranosyl-5β-furost-3β, 22α, 26-triol-3-*O*-β-D-glucopyranosyl-（1→4）-β-D-glucopyranoside］、（25*S*）-26-*O*-β-D- 吡喃葡萄糖基 -5β- 呋甾 -3β, 22α, 26- 三醇 -3-*O*-β-D- 吡喃葡萄糖基 -（1→4）-β-D- 吡喃葡萄糖苷［（25*S*）-26-*O*-β-D-glucopyranosyl-5β-furost-3β, 22α, 26-triol-3-*O*-β-D-glucopyranosyl-（1→4）-β-D-glucopyranoside］、（25*R*）-26-*O*-β-D- 吡喃葡萄糖基呋甾 -1β, 3β, 5β, 22α,

26- 五醇 -3-*O*-β-D- 吡喃葡萄糖苷［（25*R*）-26-*O*-β-D-glucopyranosyl furost-1β, 3β, 5β, 22α, 26-pentaol-3-*O*-β-D-glucopyranoside］、（25*S*）-26-*O*-β-D- 吡喃葡萄糖基呋甾 -1β, 3β, 5β, 22α, 26- 五醇 -3-*O*-β-D- 吡喃葡萄糖苷［（25*S*）-26-*O*-β-D-glucopyranosyl furost-1β, 3β, 5β, 22α, 26-pentaol-3-*O*-β-D-glucopyranoside］、26-*O*-β-D- 吡喃葡萄糖基呋甾 -25（27）-en-1β, 3β, 5β, 22α, 26- 五醇 -3-*O*-β-D- 吡喃葡萄糖苷［26-*O*-β-D-glucopyranosyl furost-25（27）-en-1β, 3β, 5β, 22α, 26-pentaol-3-*O*-β-D-glucopyranoside］[6]，26-*O*-β-D- 吡喃葡萄糖基 -（22*S*, 25*S*）- 呋甾烷 -22, 25- 环氧 -1β, 3β, 5β, 26- 四醇 -3-*O*-β-D- 吡喃葡萄糖苷［26-*O*-β-D-glucopyranosyl-（22*S*, 25*S*）-furostan-22, 25-epoxy-1β, 3β, 5β, 26-tetraol-3-*O*-β-D-glucopyranoside］、26-*O*-β-D- 吡喃葡萄糖基 -（22*S*, 25*S*）-5β- 呋甾烷 -22, 25- 环氧 -1β, 3β, 26- 三醇 -3-*O*-β-D- 吡喃葡萄糖苷［26-*O*-β-D-glucopyranosyl-（22*S*, 25*S*）-5β-furostan-22, 25-epoxy-1β, 3β, 26-triol-3-*O*-β-D-glucopyranoside］、26-*O*-β-D- 吡喃葡萄糖基 -（22*S*, 25*S*）-5β- 呋甾烷 -22, 25- 环氧 -1β, 3α, 26- 三醇 -3-*O*-β-D- 吡喃葡萄糖苷［26-*O*-β-D-glucopyranosyl-（22*S*, 25*S*）-5β-furostan-22, 25-epoxy-1β, 3α, 26-triol-3-*O*-β-D-glucopyranoside］、26-*O*-β-D- 吡喃葡萄糖基 -（22*S*, 25*S*）- 呋甾烷 -22, 25- 环氧 -1β, 3α, 5β, 26- 四醇 -3-*O*-β-D- 吡喃葡萄糖苷［26-*O*-β-D-glucopyranosyl-（22*S*, 25*S*）-furostan-22, 25-epoxy-1β, 3α, 5β, 26-tetraol-3-*O*-β-D-glucopyranoside］、26-*O*-β-D- 吡喃葡萄糖基 -（22*S*, 25*S*）- 呋甾烷 -22, 25- 环氧 -3β, 5β, 26, 27- 四醇 -5-*O*-β-D- 吡喃葡萄糖苷［26-*O*-β-D-glucopyranosyl-（22*S*, 25*S*）-furostan-22, 25-epoxy-3β, 5β, 26, 27-tetraol-5-*O*-β-D-glucopyranoside］、（25*R*）-5β- 螺甾烷 -1β, 3β- 二醇 -1-*O*-α-L- 吡喃鼠李糖基 -（1 → 2）-β-D- 吡喃木糖苷 -3-*O*-α-L- 吡喃鼠李糖苷［（25*R*）-5β-spirostan-1β, 3β-diol-1-*O*-α-L-rhamnopyranosyl-（1 → 2）-β-D-xylopyranoside-3-*O*-α-L-rhamnopyranoside］、（25*S*）-5β- 螺甾烷 -1β, 3β- 二醇 -1-*O*-α-L- 吡喃鼠李糖基 -（1 → 2）-β-D- 吡喃木糖苷 -3-*O*-α-L- 吡喃鼠李糖苷［（25*S*）-5β-spirostan-1β, 3β-diol-1-*O*-α-L-rhamnopyranosyl-（1 → 2）-β-D-xylopyranosido-3-*O*-α-L-rhamnopyranoside］、（25*R*）-5β- 螺甾烷 -1β, 3β-diol-1-*O*-α-L- 吡喃鼠李糖基 -（1 → 2）-β-D- 吡喃木糖苷 -3-*O*-β-D- 吡喃葡萄糖苷［（25*R*）-5β-spirostan-1β, 3β-diol-1-*O*-α-L-rhamnopyranosyl-（1 → 2）-β-D-xylopyranoside-3-*O*-β-D-glucopyranoside］、5β- 螺甾 -25（27）- 烯 -1β, 3β- 二醇 -1-*O*-α-L- 吡喃鼠李糖基 -（1 → 2）-β-D- 吡喃木糖苷 -3-*O*-β-D- 吡喃葡萄糖苷［5β-spirost-25（27）-en-1β, 3β-diol-1-*O*-α-L-rhamnopyranosyl-（1 → 2）-β-D-xylopyranoside-3-*O*-β-D-glucopyranoside］、5β- 螺甾 -25（27）- 烯 -1β, 3β- 二醇 -1-*O*-α-L- 吡喃鼠李糖基 -（1 → 2）-β-D- 吡喃木糖苷 -3-*O*-α-L- 吡喃鼠李糖苷［5β-spirost-25（27）-en-1β, 3β-diol-1-*O*-α-L-rhamnopyranosyl-（1 → 2）-β-D-xylopyranoside-3-*O*-α-L-rhamnopyranoside］[7]，螺甾 -25（27）- 烯 -1β, 3β, 5β- 三醇 -3-*O*-β-D- 吡喃葡萄糖苷［spirost-25（27）-en-1β, 3β, 5β-triol-3-*O*-β-D-glucopyranoside］、（25*R*, *S*）- 螺甾烷 -1β, 3β, 5β- 三醇 -3-*O*-β-D- 吡喃葡萄糖基 -（1 → 4）-β-D- 吡喃葡萄糖苷［（25*R*, *S*）-spirostan-1β, 3β, 5β-triol-3-*O*-β-D-glucopyranosyl-（1 → 4）-β-D-glucopyranoside］、螺甾 -25（27）- 烯 -1β, 3β, 5β- 三醇 -3-*O*-β-D- 吡喃葡萄糖基 -（1 → 4）-β-D- 吡喃葡萄糖苷［spirost-25（27）-en-1β, 3β, 5β-triol-3-*O*-β-D-glucopyranosyl-（1 → 4）-β-D-glucopyranoside］、（25*R*, *S*）- 螺甾烷 -1β, 3α, 5β- 三醇［（25*R*, *S*）-spirostan-1β, 3α, 5β-triol］、（25*R*, *S*）- 螺甾烷 -1β, 3α, 5β- 三醇 -3-*O*-β-D- 吡喃葡萄糖苷［（25*R*, *S*）-spirostan-1β, 3α, 5β-triol-3-*O*-β-D-glucopyranoside］[8]，螺甾 -25（27）- 烯 -1β, 2β, 3β, 4β, 5β- 五醇 -2-*O*-β-D- 吡喃木糖苷［spirost-25（27）-en-1β, 2β, 3β, 4β, 5β-pentol-2-*O*-β-D-xylopyranoside］、螺甾 -25（27）- 烯 -1β, 2β, 3β, 4β, 5β- 五醇 -2-*O*-α-L- 吡喃阿拉伯糖苷［spirost-25（27）-en-1β, 2β, 3β, 4β, 5β-pentol-2-*O*-α-L-arabinopyranoside］、螺甾 -25（27）- 烯 -1β, 3α, 5β- 三醇［spirost-25（27）-en-1β, 3α, 5β-triol］、螺甾 -25（27）- 烯 -1β, 3α, 4β, 5β, 6β- 五醇［spirost-25（27）-en-1β, 3α, 4β, 5β, 6β-pentol］、螺甾 -25（27）- 烯 -1β, 2β, 3β, 5β- 四醇 -5-*O*-β-D- 吡喃葡萄糖苷［spirost-25（27）-en-1β, 2β, 3β, 5β-tetraol-5-*O*-β-D-glucopyranoside］、5β- 螺甾 -25（27）- 烯 -1β, 3β- 二醇 -3-*O*-β-D- 吡喃葡萄糖基 -（1 → 4）-β-D- 吡喃葡萄糖苷［5β-spirost-25（27）-en-1β, 3β-diol-3-*O*-β-D-glucopyranosyl-（1 → 4）-β-D-glucopyranoside］、（25*R*）-5β- 螺甾烷 -1β, 3β- 二醇 -3-*O*-β-D- 吡喃葡萄糖基 -（1 → 6）-β-D- 吡喃葡萄糖苷［（25*R*）-5βspirostan-1β, 3β-diol-3-*O*-β-D-glucopyranosyl-（1 → 6）-β-D-glucopyranoside］、（25*R*）-5β- 螺甾烷 -1β, 3β- 二醇 -3-*O*-β-D- 呋喃果糖基 -（2 → 6）-β-D- 吡喃葡萄糖苷［（25*R*）-5β-spirostan-1β, 3β-diol-3-*O*-β-D-fructofuranosyl-（2 → 6）-β-D-glucopyranoside］、5β- 螺甾 -25（27）- 烯 -3β- 醇 -3-*O*-β-D- 吡喃葡萄糖基 -（1 → 4）-β-D- 吡喃葡萄糖苷［5β-spirost-25（27）-en-3β-ol-3-*O*-β-D-glucopyranosyl-（1 → 4）-β-D-glucopyranoside］、螺甾 -25（27）- 烯 -1β, 3β, 4β, 5β- 四醇 -5-*O*-β-D- 吡喃葡萄糖苷［spirost-25（27）-en-1β, 3β, 4β, 5β-tetraol-5-*O*-β-D-glucopyranoside］、新螺甾烯五醇（neopentrogenin）、25（27）-en- 螺甾烯五醇［25（27）-en-pentrogenin］、新螺甾烯五醇 -5-*O*-β-D- 吡喃葡萄糖苷（neopentrogenin-5-*O*-β-D-glucopyranoside）、螺甾 -25（27）- 烯 -1β, 2β, 3β, 4β, 5β- 五醇 -5-*O*-β-D- 吡喃葡萄糖苷［spirost-25（27）-en-1β, 2β, 3β, 4β, 5β-pentol-5-*O*-β-D-glucopyranoside］、螺甾 -25（27）- 烯 -1β, 2β, 3β, 4β, 5β, 7α- 六醇 -6- 酮［spirost-25（27）-en-1β, 2β, 3β, 4β, 5β, 7α-hexaol-6-one］、弯蕊开口箭苷元 A（wattigenin A）、螺甾 -25（27）- 烯 -1β, 2β, 3β, 4β, 5β, 6β, 7α- 七醇［spirost-25（27）-en-1β, 2β, 3β, 4β, 5β, 6β, 7α-heptol］、螺甾 -25（27）- 烯 -1β, 2β, 3β, 4β, 5β, 7α- 七醇 -6- 酮 -4-*O*-β-D- 吡喃木糖苷［spirost-25（27）-en-1β, 2β, 3β, 4β, 5β, 7α-hexaol-6-one-4-*O*-β-D-xylopyranoside］、开口箭苷元 D（tupichigenin D）、螺甾 -25（27）- 烯 -1β, 3β, 5β- 三醇 -5-*O*-β-D- 吡喃葡萄糖苷［spirost-25（27）-en-1β, 3β, 5β-triol-5-*O*-β-D-glucopyranoside］、（25*S*）-5β- 螺甾烷 -3β- 醇 -3-*O*-β-D- 吡喃葡萄糖基 -（1 → 4）-β-D- 吡喃葡萄糖苷［（25*S*）-5β-spirostan-3β-ol-3-*O*-β-D-glucopyranosyl-（1 → 4）-β-D-glucopyranoside］、（25*R*）-5β- 螺甾烷 -3β- 醇 -3-*O*-β-D- 吡喃葡萄糖基 -（1 → 4）-β-D- 吡喃葡萄糖苷［（25*R*）-5β-spirostan-3β-ol-3-*O*-β-D-glucopyranosyl-（1 → 4）-β-D-glucopyranoside］、弯蕊开口箭苷 I（wattoside I）[9]，（25*S*）-26-*O*-（β-D- 吡喃葡萄糖基）- 呋甾 -5- 烯 -3β, 22α, 26- 三醇 -3-*O*-β-D- 吡喃葡萄糖基 -（1 → 2）-β-D- 吡喃葡萄糖基 -（1 → 4）-β-D- 吡喃葡萄糖苷［（25*S*）-26-*O*-（β-D-glucopyranosyl）-furost-5-en-3β, 22α, 26-triol-3-*O*-β-D-glucopyranosyl-（1 → 2）-β-D-glucopyranosyl-（1 → 4）-β-D-glucopyranoside］、（25*S*）-26-*O*-β-D- 吡喃葡萄糖基 -22α- 甲氧基呋甾 -5（6）- 烯 -3β, 26- 二醇 -3-*O*-β-D- 吡喃葡萄糖基 -（1 → 2）-β-D- 吡喃葡萄糖基 -（1 → 4）-β-D- 吡喃葡萄糖苷［（25*S*）-26-*O*-β-D-glucopyranosyl-22α-methoxyfurost-5（6）-en-3β, 26-diol-3-*O*-β-D-glucopyranosyl-（1 → 2）-β-D-glucopyranosyl-（1 → 4）-β-D-glucopyranoside］、（25*R*）-26-*O*-β-D- 吡喃葡萄糖基 -22α- 甲氧基呋甾 -5（6）- 烯 -3β, 26- 二醇 -3-*O*-β-D- 吡喃葡萄糖基 -（1 → 2）-β-D- 吡喃葡萄糖基 -（1 → 4）-β-D- 吡喃葡萄糖苷［（25*R*）-26-*O*-β-D-glucopyranosyl-22α-methoxyfurost-5（6）-en-3β, 26-diol-3-*O*-β-D-glucopyranosyl-（1 → 2）-β-D-glucopyranosyl-（1 → 4）-β-D-glucopyranoside］、（25*R*）-26-*O*-（β-D- 吡喃葡萄糖基）- 呋甾 -5- 烯 -3β, 22α, 26- 三醇 -3-*O*-β-D- 吡喃葡萄糖基 -（1 → 2）-β-D- 吡喃葡萄糖基 -（1 → 4）-β-D- 吡喃葡萄糖苷［（25*R*）-26-*O*-（β-D-glucopyranosyl）-furost-5-en-3β, 22α, 26-triol-3-*O*-β-D-glucopyranosyl-（1 → 2）-β-D-glucopyranosyl-（1 → 4）-β-D-glucopyranoside］[10]，3-*O*-β-D- 吡喃葡萄糖基 -（25*S*）-22-*O*- 甲基 -5β- 呋甾 -1β, 3β, 5β, 22α, 26- 五醇 -26-*O*-β-D- 吡喃葡萄糖苷［3-*O*-β-D-glucopyranosyl-（25*S*）-22-*O*-methyl-5β-furost-1β, 3β, 5β, 22α, 26-pentaol-26-*O*-β-D-glucopyranoside］[11]，5β- 呋甾 -25（27）- 烯 -1β, 2β, 3β, 4β, 5β, 6β, 7α, 22ζ, 26- 九醇 -26-*O*-β-D- 吡喃葡萄糖苷［5β-furost-25（27）-en-1β, 2β, 3β, 4β, 5β, 6β, 7α, 22ζ, 26-nonaol-26-*O*-β-D-glucopyranoside］、5β- 呋甾 -25（27）- 烯 -1β, 2β, 3β, 4β, 5β, 7α, 22ζ, 26- 八醇 -6- 酮 -26-*O*-β-D- 吡喃葡萄糖苷［5β-furost-25（27）-en-1β, 2β, 3β, 4β, 5β, 7α, 22ζ, 26-octaol-6-one-26-*O*-β-D-glucopyranoside］[12]，（25*R*）-26-*O*-（β-D- 吡喃葡萄糖基）- 呋甾 -1β, 3β, 22α, 26- 四醇 -3-*O*-β-D- 吡喃葡萄糖基 -（1 → 4）-β-D- 吡喃葡萄糖基 -（1 → 2）-β-D- 吡喃葡萄糖苷［（25*R*）-26-*O*-（β-D-glucopyranosyl）-furost-1β, 3β, 22α, 26-tetraol-3-*O*-β-D-glucopyranosyl-（1 → 4）-β-D-glucopyranosyl-（1 → 2）-β-D-glucopyranoside］、（25*S*）-26-*O*-（β-D- 吡喃葡萄糖基）- 呋甾 -1β, 3β, 22α, 26- 四醇 -3-*O*-β-D- 吡喃葡萄糖基 -（1 → 4）-β-D- 吡喃葡萄糖基 -（1 → 2）-β-D- 吡喃葡萄糖苷［（25*S*）-26-*O*-（β-D-glucopyranosyl）-furost-1β, 3β, 22α, 26-tetraol-3-*O*-β-D-glucopyranosyl-（1 → 4）-β-D-glucopyranosyl-（1 → 2）-β-D-glucopyranoside］[13]，3-*O*-β-D-

吡喃葡萄糖基 -（1 → 4）-β-D- 吡喃葡萄糖基 -（25*R*）-5β- 呋甾 -1β, 3β, 22α, 26- 四醇 -26-*O*-β-D- 吡喃葡萄糖苷［3-*O*-β-D-glucopyranosyl-（1 → 4）-β-D-glucopyranosyl-（25*R*）-5β-furost-1β, 3β, 22α, 26-tetraol-26-*O*-β-D-glucopyranoside］、3-*O*-β-D- 吡喃葡萄糖基 -（1 → 4）-β-D- 吡喃葡萄糖基 -（25*S*）-5β- 呋甾 -1β, 3β, 22α, 26- 四醇 -26-*O*-β-D- 吡喃葡萄糖苷［3-*O*-β-D-glucopyranosyl-（1 → 4）-β-D-glucopyranosyl-（25*S*）-5β-furost-1β, 3β, 22α, 26-tetraol-26-*O*-β-D-glucopyranoside］[14]，螺甾 -25（27）- 烯 -1β, 2β, 3β, 4β, 5β, 6β, 7α- 七醇［spirost-25（27）-en-1β, 2β, 3β, 4β, 5β, 6β, 7α-heptol］、（20*S*, 22*R*）- 螺甾 -25（27）- 烯 -1β, 2β, 3β, 4β, 5β, 7α- 六醇 -6- 酮［（20*S*, 22*R*）-spirost-25（27）-en-1β, 2β, 3β, 4β, 5β, 7α-hexaol-6-one］[15]，（25*R*）-26-*O*-β-D- 吡喃葡萄糖基呋甾 -1β, 3β, 22α, 26- 四醇 -3-*O*-β-D- 葡萄糖苷［（25*R*）-26-*O*-β-D-glucopyranosyl furost-1β, 3β, 22α, 26-tetraol-3-*O*-β-D-glucoside］、（25*S*）-26-*O*-β-D- 吡喃葡萄糖基呋甾 -1β, 3β, 22α, 26- 四醇 -3-*O*-β-D- 葡萄糖苷［（25*S*）-26-*O*-β-D-glucopyranosyl furost-1β, 3β, 22α, 26-tetraol-3-*O*-β-D-glucoside］、（25*R*）-26-*O*-β-D- 吡喃葡萄糖基 -20（22）- 烯 - 呋甾 -1β, 3β, 5β, 26- 四醇 -3-*O*-β-D- 葡萄糖苷［（25*R*）-26-*O*-β-D-glucopyranosyl-20（22）-en-furost-1β, 3β, 5β, 26-tetraol-3-*O*-β-D-glucoside］和（25*R*）-26-*O*-β-D- 吡喃葡萄糖基 -20（22）- 烯 - 呋甾 -1β, 3β, 5β, 26- 四醇 -3-*O*-β-D- 葡萄糖苷［（25*R*）-26-*O*-β-D-glucopyranosyl-20（22）-en-furost-1β, 3β, 5β, 26-tetraol-3-*O*-β-D-glucoside］[16]；木脂素类：开口箭木脂素 A（tupichilignan A）[2]；黄酮类：鼠李柠檬素（rhamnocitrin）、3, 4′- 二羟基 -7- 甲氧基黄酮（3, 4′-dihydroxy-7-methoxyflavone）、3, 4′, 7- 三羟基黄酮（3, 4′, 7-trihydroxyflavone）、3, 4′, 5, 7, 8- 五甲氧基黄酮（3, 4′, 5, 7, 8-pentamethoxyflavone）、2-（4- 羟苯基）-4H- 色烯 -7- 醇［2-（4-hydroxyphenyl）-4H-chromen-7-ol］、开口箭黄醇 D、E、F（tupichinol D、E、F）[2]，开口箭黄醇 A、B、C（tupichinol A、B、C）、开口箭黄苷 A（tupichiside A）、（2*R*, 3*R*）-3, 4′- 二羟基 -7- 甲氧基黄烷［（2*R*, 3*R*）-3, 4′-dihydroxy-7-methoxyflavane］和（2*R*）-7, 4′- 二羟基 -8- 甲基黄烷［（2*R*）-7, 4′-dihydroxy-8-methylflavane］[5]；生物碱类：氧代海罂粟碱（oxoglaucine）和氧代紫番荔枝碱（oxopurpureine）[2]；挥发油类：1, 2- 苯二甲酸双（2- 甲丙基）酯［1, 2-dicarboxylic acid-bis（2-methylpropyl）ester］和（*Z*, *Z*）-1, 12- 十八碳二烯酸［（*Z*, *Z*）-1, 12-octadecadienoic acid］[17]。

根含甾体类：26-*O*-β-D- 吡喃葡萄糖基呋甾 -1β, 3β, 5β, 22α, 26- 五醇 -25（27）- 烯 -3-*O*-β-D- 葡萄糖苷［26-*O*-β-D-glucopyranosyl furost-1β, 3β, 5β, 22α, 26-pentaol-25（27）-en-3-*O*-β-D-glucoside］、（25*R*）-26-*O*-β-D- 吡喃葡萄糖基呋甾 -1β, 3β, 5β, 22α, 26- 五醇 -3-*O*-β-D- 葡萄糖苷［（25*R*）-26-*O*-β-D-glucopyranosyl furost-1β, 3β, 5β, 22α, 26-pentaol-3-*O*-β-D-glucoside］和（25*S*）-26-*O*-β-D- 吡喃葡萄糖基呋甾 -1β, 3β, 5β, 22α, 26- 五醇 -3-*O*-β-D- 葡萄糖苷［（25*S*）-26-*O*-β-D-glucopyranosyl furost-1β, 3β, 5β, 22α, 26-pentaol-3-*O*-β-D-glucoside］[18]。

根和根茎含甾体类：（24*S*, 25*R*）-1β- 羟基 -3β-［（β-D- 吡喃葡萄糖苷）氧基］- 螺甾 -5- 烯 -24- 基 -β-D- 吡喃葡萄糖苷 {（24*S*, 25*R*）-1β-hydroxy-3β-［（β-D-glucopyranoside）oxy］-spirost-5-en-24-yl-β-D-glucopyranoside}、（24*S*）- 螺甾 -25（27）- 烯 -1β, 3β, 4β, 5β, 6β, 24β- 六羟基 -24-*O*-β-D- 吡喃葡萄糖苷［（24*S*）-spirost-25（27）-en-1β, 3β, 4β, 5β, 6β, 24β-hexahydroxy-24-*O*-β-D-glucopyranoside］、（22*S*, 25*S*）-1β, 3β, 4β, 5β, 26, 27- 六羟基呋喃螺甾 -5, 26-*O*-β-D- 吡喃葡萄糖苷［（22*S*, 25*S*）-1β, 3β, 4β, 5β, 26, 27-hexanol furospirost-5, 26-*O*-β-D-glucopyranoside］、3- 表薯蓣皂苷元 -3-β-D- 吡喃葡萄糖苷（3-epidiosgenin-3-β-D-glucopyranosid）、3- 表假叶树苷元（3-epiruscogenin）、25（*R*）-1β- 羟基螺甾 -5- 烯 -3α- 基 -*O*-β-D- 吡喃葡萄糖苷［25（*R*）-1β-hydroxyspirost-5-en-3α-yl-*O*-β-D-glucopyranoside］、开口箭赤苷 A（tupichinin A）[19]，（20*S*, 22*R*）- 螺甾 -25（27）- 烯 -1β, 3β, 4β, 5β- 四醇 -5-*O*-β-D- 吡喃葡萄糖苷［（20*S*, 22*R*）-spirost-25（27）-en-1β, 3β, 4β, 5β-tetraol-5-*O*-β-D-glucopyranoside］、（20*S*, 22*R*）- 螺甾 -25（27）- 烯 -1β, 3β, 5β- 三醇 -5-*O*-β-D- 吡喃葡萄糖苷［（20*S*, 22*R*）-spirost-25（27）-en-1β, 3β, 5β-triol-5-*O*-β-D-glucopyranoside］、（20*S*, 22*R*）- 螺甾 -25（27）- 烯 -1β, 2β, 3β, 4β, 5β- 五醇 -5-*O*-β-D- 吡喃葡萄糖苷［（20*S*, 22*R*）-spirost-25（27）-en-1β, 2β, 3β, 4β, 5β-pentaol-5-*O*-β-D-glucopyranoside］、25（27）- 烯 - 螺甾烯五

醇［25（27）-en-pentrogenin］、螺甾四醇 A（ranmogenin A）[20]，1β, 2β, 3β, 4β, 5β, 26- 六羟基呋甾 -20（22），25（27）- 二烯 -5, 26-*O*-β-D- 吡喃葡萄糖苷［1β, 2β, 3β, 4β, 5β, 26-hexahydroxyfurost-20（22），25（27）-dien-5, 26-*O*-β-D-glucopyranoside］、1β, 2β, 3β, 4β, 5β, 6β, 7α, 23ξ, 26- 九羟基呋甾 -20（22），25（27）- 二烯 -26-*O*-β-D- 吡喃葡萄糖苷［1β, 2β, 3β, 4β, 5β, 6β, 7α, 23ξ, 26-nona-hydroxyfurost-20（22），25（27）-dien-26-*O*-β-D-glucopyranoside］、（20*S*, 22*R*）- 螺甾 -25（27）- 烯 -1β, 3β, 5β- 三羟基 -1-*O*-β-D-木糖苷［（20*S*, 22*R*）-spirost-25（27）-en-1β, 3β, 5β-trihydroxy-1-*O*-β-D-xyloside］、5β- 呋甾 -25（27）- 烯 -1β, 2β, 3β, 4β, 5β, 7α, 22ξ, 26- 八羟基 -6- 酮 -26-*O*-β-D- 吡喃葡萄糖苷［5β-furost-25（27）-en-1β, 2β, 3β, 4β, 5β, 7α, 22ξ, 26-octahydroxy-6-one-26-*O*-β-D-glucopyranoside］、开口箭柔甾苷*B（tupisteroide B）[21]，万年青皂苷元 -3-*O*-β-D- 吡喃葡萄糖基 -（1→4）-β-D- 吡喃葡萄糖苷［rhodeasapogenin-3-*O*-β-D-glucopyranosyl-（1→4）-β-D-glucopyranoside］、万年青皂苷元 -3-*O*-β-D- 吡喃葡萄糖苷（rhodeasapogenin-3-*O*-β-D-glucopyranoside）、（25*S*）- 螺甾 -1β, 3β, 5β- 三醇 -3-*O*-β-D- 吡喃葡萄糖苷［（25*S*）-spirostan-1β, 3β, 5β-triol-3-*O*-β-D-glucopyranoside］[22]，开口箭苷元 A（tupichigenin A）、（20*S*, 22*R*）- 螺甾 -25（27）- 烯 -1β, 2β, 3β, 4β, 5β, 7α- 六醇 -6- 酮［（20*S*, 22*R*）-spirost-25（27）-en-1β, 2β, 3β, 4β, 5β, 7α-hexaol-6-one］[23]，开口箭苷元 B、C（tupichigenin B、C）[24]，25（27）- 烯 - 螺甾烯五醇［25（27）-en-pentrogenin］、兰莫皂苷元 A（ranmogenin A）[24]，开口箭苷元 D、E、F（tupichigenin D、E、F）、开口箭孕烯醇酮（tupipregnenolone）、3- 表新假叶树皂苷元（3-epineoruscogenin）、3- 表假叶树皂苷元（3-epiruscogenin）、β-谷甾醇（β-sitosterol）和豆甾醇（stigmasterol）[25]；黄酮类：开口箭黄醇 A、B、C（tupichinol A、B、C）[25]；苯丙素类：顺式 - 对羟基香豆酸（*cis*-*p*-hydroxycoumaric acid）、反式 - 对羟基香豆酸（*trans*-*p*-hydroxycoumaric acid）和反式 - 对香豆酸甲酯（methyl *trans*-*p*-coumarate）[25]；木脂素类：（+）- 丁香树脂酚［（+）-syringaresinol］[25]；酚酸类：苯甲酸（benzoic acid）、苯甲酸甲酯（methyl benzoate）、香草醛（vanillin）、香草酸（vanillic acid）、异香草酸（isovanillic acid）和丁香酸（syringic acid）[25]。

【药理作用】1. 抗炎镇痛　根茎水提取物可明显抑制乙酸所致小鼠腹腔毛细血管通透性增加，抑制二甲苯所致小鼠耳廓肿胀；可显著延长小鼠热板所致疼痛反应时间，减少乙酸所致小鼠扭体反应次数[1]。2. 护心肌　从根茎提取的总皂苷可明显改善异丙肾上腺素诱导心肌肥厚模型大鼠的心功能血流动力学，减少心脏重量指数，改善心脏病理损伤[2]；根茎的石油醚、乙酸乙酯、正丁醇和水提取部位均能减轻异丙肾上腺素诱导的心肌缺血模型小鼠的心脏病理损伤，减少心脏重量指数，降低血浆心肌酶含量[3]。3. 抗肿瘤　根茎乙醇提取物可显著抑制人肝癌 HepG2 细胞和人肺腺癌 A549 细胞的增殖，诱导 HepG2 细胞 S 期阻滞引起细胞凋亡，呈剂量依赖性[4]；根茎甲醇提取物可明显抑制小鼠黑色素瘤 B16-BL6 细胞自发性转移瘤模型小鼠的肺转移结节数、总转移结节数和转移率[5]；根茎总皂苷可抑制腹水瘤肉瘤 S180 细胞荷瘤模型小鼠实体瘤重增长，可抑制小鼠腹水瘤肉瘤 S180 细胞、人神经胶质瘤 U251 细胞、人肾癌 HEK293 细胞、人肺腺癌 A549 细胞、人胃癌 SGC-7901 细胞、人白血病 K562 细胞及小鼠肥大细胞瘤 P815 细胞的增殖，诱导肿瘤细胞凋亡[6]；根茎乙醇提取物可抑制甲状腺髓样癌 MTC-TT 细胞的增殖，且呈剂量依赖性[7]；从根茎提取的多糖能显著提高 S180 实体瘤小鼠血清肿瘤坏死因子 -α（TNF-α）含量及腹腔巨噬细胞的吞噬率与吞噬指数[8]。4. 免疫调节　根茎乙醇提取物可提高内毒素休克模型小鼠的存活率，延长存活时间，可降低血清白细胞介素 -1β（IL-1β）、肿瘤坏死因子 -α 含量[9]。5. 护肝　根茎乙醇提取物可显著改善刀豆蛋白 A（ConA）诱导的免疫性肝损伤模型小鼠肝脏病理损伤，降低血清天冬氨酸氨基转移酶（AST）、谷丙转氨酶（ALT）、肿瘤坏死因子和 γ 干扰素（IFN-γ）含量[10]。6. 抗动脉粥样硬化　根茎乙醇提取物可降低高脂饮食诱导动脉粥样硬化模型小鼠血清总胆固醇（TC）和低密度脂蛋白胆固醇（LDL-C）含量，升高高密度脂蛋白胆固醇（HDL-C）含量，抑制肠道中胆固醇微胶粒形成[11]。7. 抗菌　根茎甲醇提取物可抑制金黄色葡萄球菌、乙型溶血性链球菌、铜绿假单胞菌的生长[12]。8. 祛痰　根茎甲醇提取物可增加小鼠气管段酚红排泌量[12]。9. 护肠黏膜　根茎乙醇提取物能减轻三硝基苯磺酸诱导溃疡性结肠炎模型大鼠结肠黏膜损伤程度[13]。

毒性　小鼠连续 7 天灌胃给予根茎甲醇提取物的半数致死剂量（LD_{50}）为 148.7g/kg[12]。

【性味与归经】辛、苦，寒。归肺、肝、大肠经。

【功能与主治】清热解毒，散瘀止痛。用于咽喉肿痛，目赤肿痛，牙龈肿痛，跌打损伤，痈疖肿毒，毒蛇咬伤等。

【用法与用量】煎服 1.5 ～ 3g。外用鲜品适量，捣烂敷患处或研末敷。

【药用标准】湖北药材 2009、四川药材 1987 增补、广西壮药 2008、云南彝药 2005 二册和广西瑶药 2014 一卷。

【临床参考】慢性咽炎：根茎 3 ～ 5g，开水浸泡代茶饮，每日 2 次，10 日 1 疗程，戒烟酒忌食辛辣刺激食物[1]。

【附注】以开口剑之名始载于《植物名实图考》，云："按九江俚医以治无名肿毒、疔疮、牙痛，隐其名为开口剑或谓能治蛇伤，亦呼为斩蛇剑。"核对附图，似为本种。

本种根茎孕妇禁服。

同属植物筒花开口箭 *Tupistra delavayi* Franch.［*Campylandra delavayi*（Franch.）M. N. Tamura，S. Yun Liang et Turland］及疏花开口箭 *Tupistra sparsiflora* S. C. Chen et Y. T. Ma［*Flora of China* 已将该种并入开口箭，学名修订为 *Campylandra chinensis*（Baker）M. N. Tamura，S. Yun Liang et Turland］的根茎在湖北作开口箭药用；此外剑叶开口箭 *Tupistra ensifolia* Wang et Tang［*Campylandra ensifolia*（Wang et Tang）M. N. Tamura et al］的根茎民间也作开口箭药用。

本种有毒，中毒时可见头痛、眩晕、恶心、呕吐等症状。孕妇禁服（《全国中草药汇编》）。

【化学参考文献】

［1］Liu C X，Guo Z Y，Deng Z S，et al.New furostanol saponins from the rhizomes of *Tupistra chinensis*［J］.Nat Prod Res，2013，27（2）：123-129.

［2］Pan W B，Wei L M，Wei L L，et al.Chemical constituents of *Tupistra chinensis* rhizomes［J］.Chem Pharm Bull，2006，54（7）：954-958.

［3］Wei L M，Wu Y C，Chen C C，et al.Tupichinins B-D，three new spirostanol saponins from *Tupistra chinensis* rhizomes［J］.Nat Prod Res，2014，28（2）：74-80.

［4］宁德生，蒋丽华，刘金磊，等.开口箭根茎中甾体化合物的研究［J］.天然产物研究与开发，2014，26（6）：879-882，901.

［5］Xiao Y H，Yin H L，Chen L，et al.Three spirostanol saponins and a flavane-*O*-glucoside from the fresh rhizomes of *Tupistra chinensis*［J］.Fitoterapia，2015，102：102-108.

［6］Xiang L M，Yi X M，Wang Y H，et al.Antiproliferative and anti-inflammatory furostanol saponins from the rhizomes of *Tupistra chinensis*［J］.Steroids，2016，116：28-37.

［7］Xiang L M，Wang Y H，Yi X M，et al.Furospirostanol and spirostanol saponins from the rhizome of *Tupistra chinensis* and their cytotoxic and anti-inflammatory activities［J］.Tetrahedron，2016，72（1）：134-141.

［8］Xiang L M，Wang Y H，Yi X M，et al.Bioactive spirostanol saponins from the rhizome of *Tupistra chinensis*［J］.Steroids，2016，108：39-46.

［9］Xiang L M，Yi X M，Wang Y H，et al.Antiproliferative and anti-inflammatory polyhydroxylated spirostanol saponins from *Tupistra chinensis*［J］.Scientific Reports，2016，6：31633.

［10］Zou K，Wang J Z，Du M，et al.A pair of diastereoisomeric steroidal saponins from cytotoxic extracts of *Tupistra chinensis*［J］.Chem Pharm Bull，2006，54（10）：1440-1442.

［11］Zou K，Wu J，Liu C，et al.A furostanol saponin from the cytotoxic fraction of *Tupistra chinensis* rhizomes［J］.Chin Chem Lett，2006，17（10）：1335-1338.

［12］Xu L L，Zou K，Wang J Z，et al.New polyhydroxylated furostanol saponins with inhibitory action against NO production from *Tupistra chinensis* rhizomes［J］.Molecules，2007，12（8）：2029-2037.

［13］Zou K，Wang J Z，Wu J，et al.Furostanol saponins with inhibitory action against COX-2 production from *Tupistra chinensis* rhizomes［J］.Chin Chem Lett，2007，18（10）：1239-1242.

[14] Zou K，Wu J，Du M，et al.Diastereoisomeric saponins from the rhizomes of *Tupistra chinensis* [J].Chin Chem Lett，2007，18（1）：65-68.
[15] 吴光旭，刘爱媛，魏孝义，等.开口箭甾体皂甙元的分离鉴定及其抗荔枝霜疫霉菌活性[J].武汉植物学研究，2007，25（1）：89-92.
[16] Zou K，Wang J Z，Guo Z Y，et al.Structural elucidation of four new furostanol saponins from *Tupistra chinensis* by 1D and 2D NMR spectroscopy [J].Magn Reson Chem，2009，47（1）：87-91.
[17] 杨春艳，邹坤，潘家荣，等.开口箭挥发油成分的分析[J].三峡大学学报（自然科学版），2006，28（4）：360-362.
[18] Guo Z Y，Zou K，Wang J Z，et al.Structural elucidation and NMR spectral assignment of three new furostanol saponins from the roots of *Tupistra chinensis* [J].Magn Reson Chem，2009，47（7）：613-616.
[19] Song B，Li Y Z，Liu J L，et al.Three new steroidal saponins from the roots and rhizomes of *Rohdea chinensis*（Baker）N.Tanaka（synonym *Tupistra chinensis* Baker）[J].Nat Prod Res，2019，DOI：org/10.1080/14786419.2019.1616723.
[20] Song X M，Li Y Z，Zhang D L，et al.Two new spirostanol saponins from the the roots and rhizomes of *Tupistra chinensis* [J].Phytochem Lett，2015，13：6-10.
[21] Li Y Z，Wang X，He H，et al.Steroidal saponins from the roots and rhizomes of *Tupistra chinensis* [J].Molecules，2015，20（8）：13659-13669.
[22] Wu G X，Wei X Y，Chen W X.Spirostane steroidal saponins from the underground parts of *Tupistra chinensis* [J].Chin Chem Lett，2005，16（7）：911-914.
[23] Pan W B，Chang F R，Wu Y C.Tupichigenin A，a new steroidal sapogenin from *Tupistra chinensis* [J].J Nat Prod，2000，63（6）：861-863.
[24] Pan W B，Chang F R，Wu Y C.Spirostanol sapogenins from the underground parts of *Tupistra chinensis* [J].Chem Pharm Bull，2000，48（9）：1350-1353.
[25] Pan W B，Chang F R，Wei L M，et al.New flavans，spirostanol sapogenins，and a pregnane genin from *Tupistra chinensis* and their cytotoxicity [J].J Nat Prod，2003，66（2）：161-168.

【药理参考文献】

[1] 李小莉，张迎庆，洪蓓蓓，等.民间草药开口箭的抗炎镇痛作用的研究[J].湖北中医学院学报，2005，7（4）：28-29.
[2] 石孟琼，金家红，黄晓飞，等.开口箭总皂苷对异丙肾上腺素致大鼠心肌肥厚的保护作用[J].中药药理与临床，2013，29（2）：64-69.
[3] 石孟琼，彩虹，孙桂林，等.开口箭不同提取部位对异丙肾上腺素致小鼠心肌缺血损伤的影响[J].中国临床药理学与治疗学，2013，18（12）：1344-1352.
[4] 谢锦艳，张东东，李玉泽，等.开口箭皂苷诱导肿瘤细胞凋亡研究[J].中药药理与临床，2014，30（3）：82-86.
[5] 袁华兵，林平发，陶晓军.开口箭皂苷抗黑色素瘤侵袭与转移作用研[J].医药导报，2013，32（8）：1018-1020.
[6] 蔡晶.开口箭皂苷的抗肿瘤作用与其抗肿瘤机制的研究[D].广州：第一军医大学硕士学位论文，2007.
[7] 沈鑫，夏玉坤，张莹雯，等.开口箭皂苷对人甲状腺髓样癌TT细胞的抑制作用及对Notch1的影响[J].天津中医药大学学报，2018，37（3）：225-229.
[8] 解燕，朱正光，余传林，等.开口箭酸性多糖对小鼠免疫功能的调节作用及抗肿瘤作用的初步研究[J].中药材，2010，33（4）：596-599.
[9] 任婧.开口箭皂苷抗内毒素及免疫调节作用的研究[D].广州：南方医科大学硕士学位论文，2012.
[10] 樊晶晶.开口箭提取物对免疫性肝损伤的改善作用及机制研究[D].南京：南京大学硕士学位论文，2012.
[11] 廖安妮.神农架开口箭皂苷提取物对动脉粥样硬化的影响[D].武汉：华中科技大学硕士学位论文，2009.
[12] 杨春艳，杨兴海，刘英，等.开口箭祛痰、抗炎及抑菌实验研究[J].中国民族民间医药杂志，2005，2：103-106，124.
[13] 邱教，董卫国.开口箭提取物对大鼠实验性结肠炎的治疗机制研究[J].山东医药，2005，45（26）：4-6.

【临床参考文献】
［1］覃勇，邹坤，祝君红，等. 开口箭治疗慢性咽炎临床疗效观察［J］. 时珍国医国药，2008，19（7）：1757-1758.

4. 万年青属 *Rohdea* Roth

多年生常绿草本。根茎较粗短，具多数纤维根，根密生白色绵毛。叶数枚基生，近 2 列套叠，厚纸质，向下渐窄，基部稍扩展，抱茎。花葶侧生；穗状花序稍肉质，具膜质苞片。花多数，球状钟形，苞片短于花，全缘，花被片 6 枚，中上部以下合生；雄蕊 6 枚，着生于花被筒上部至喉部，花丝不明显，花药卵形，背着，2 室，内向开裂；子房上位，3 室，每室具胚珠 2 粒；花柱不明显，柱头膨大，微 3 裂。浆果球形，具种子 1 粒。

单种属，分布于东亚。中国法定药用植物 1 种。华东地区法定药用植物 1 种。

1112. 万年青（图 1112）· *Rohdea japonica*（Thunb.）Roth

图 1112　万年青　　摄影　李华东

【别名】白沙车（上海），冬不凋草（安徽）。

【形态】多年生直立草本。根茎粗壮，具多数密生白色绵毛的纤维根。叶 3 ～ 6 枚，基生，近 2 列套叠，厚纸质，长圆形、披针形或倒披针形，长 15 ～ 50cm，宽 2.5 ～ 7cm，先端急尖，基部稍扩展，抱茎。花葶侧生，远短于叶片；穗状花序稍带肉质，长 3 ～ 4cm；花密集，淡黄色，肉质，球状钟形；苞片膜质，卵形，短于花；花被片中上部以下合生，裂片极小，内弯，先端圆钝；花柱不明显，柱头膨大，微 3 裂。浆果球形，成熟时红色。花期 5 ～ 6 月，果期 7 ～ 11 月。

【生境与分布】生于海拔 750 ～ 1700m 林下潮湿处、草地或沟谷。分布于山东、江苏南部、浙江、福建西部、江西、安徽，另湖北、湖南、广西、贵州、四川、台湾等地均有分布。

【药名与部位】白河车（万年青根），根茎。万年青子，果实。

【采集加工】白河车：全年均可采挖，除去须根，洗净，干燥。万年青子：果实成熟时采收，开水烫，晒干。

【药材性状】白河车：呈圆柱状，长 5 ～ 15cm，直径 1.5 ～ 2cm。外表灰白色至灰褐色，皱缩，节与节间密集，显波状环纹，散有圆点状根痕或长短不等的残根，顶端有时可见茎、叶残痕。质韧，折断面不平坦，黄白色或类白色，散有维管束斑痕。气微，味苦、辛。

万年青子：呈类球形或为不规则的多面体团粒状，直径 0.8 ～ 1.6cm，表面棕褐色至黑褐色，极皱缩，具 1 ～ 4 条粗纵沟，于扩大镜下可见顶端具浅棕色三角形柱头痕，基部具圆形果梗痕。果皮紧贴种子，质坚硬，分离后呈革质状，脆性；种子 1 ～ 5 粒，呈球形、半球形、橘瓣形，长 0.6 ～ 0.9mm，宽 4 ～ 6mm，表面深棕色至棕黑色，角质化，半透明。气微，味略酸涩，果皮嚼之有柔滑感。

【质量要求】白河车：内色白，不油蛀。万年青子：不碎。

【药材炮制】白河车：除去杂质，大小分档，洗净，润软，切厚片，干燥。

万年青子：除去杂质，筛去灰屑。

【化学成分】根和叶含甾体类：万年青苷 A、B（rhodexin A、B）[1] 和万年青苷 C（rhodexin C）[2]。

叶含甾体类：万年青苷 B（rhodexin B）、杠柳苷元（periplogenin）、洋地黄毒苷元（digitoxigenin）[3] 和万年青新苷（rhodexoside）[4]；香豆素类：伞形花内酯（umbelliferone）和东莨菪内酯（scopoletin）[5]；黄酮类：槲皮素（quercetin）、异槲皮素（isoquercetin）、山柰酚（kaempferol）和紫云英苷（astragalin）[5]。

种子含甾体类：万年青苷 A、C（rhodexin A、C）[6]。

地上部分含甾体类：万年青苷 D（rhodexin D），即夹竹桃苷元 - 葡萄糖 - 葡萄糖（oleandrigenin-glucose-glucose）[7]。

全草含甾体类：万年青皂苷元（rhodeasapogenin）[8] 和异万年青皂苷元（isorhodeasapogenin）[9]。

【药理作用】强心　全草提取物浸膏对离体蛙心有强心作用，作用比毛地黄类药物强，与毛地黄叶相比，其所致的心动振幅较大、心动频率较缓[1]。

【性味与归经】白河车：微甘、苦，寒；有毒。万年青子：甘、苦，寒；有小毒。

【功能与主治】白河车：强心利尿，清热解毒。用于心力衰竭，扁桃体炎，白喉，咽喉肿痛。万年青子：催生。用于难产。

【用法与用量】白河车：3 ～ 10g。万年青子：4.5 ～ 9g。

【药用标准】白河车：浙江炮规 2015、上海药材 1994、江苏药材 1989 和山东药材 2012；万年青子：浙江炮规 2005 和上海药材 1994。

【临床参考】1. 顽固性呃逆：鲜根茎 2g，加水 300ml，煎 15min，口服，每日 1 剂，3 日 1 疗程，配合针刺鸠尾穴、膻中穴、期门穴并留针 30min[1]。

2. 鸡眼：叶适量，捣烂，敷于已去除表面死皮的鸡眼处，纱布包好，胶布固定，每日换药 1 次[2]。

3. 喉痹：鲜叶 3~5 片捣汁，纱布过滤后调蜂蜜水 1 小杯频频含咽，每日 2 剂[3]。

4. 室上性心动过速、房性早搏、房颤所致之心律失常：鲜根茎 10g（干品 5g），水煎服，见效后及时停药[4]。

5. 扁桃体炎：根茎适量，醋磨，蘸搽患处；或鲜根茎 9g，加温开水捣汁，含咽。

6. 流行性腮腺炎：鲜根茎捣烂，敷于患侧耳垂下，每日早、晚各 1 次。

7. 乳腺炎：鲜根茎（叶），加鲜半边莲、鲜佛甲草各等份，捣烂外敷。

8. 心力衰竭：叶 3g，水煎服，每日 2~3 次；或鲜根茎 4.5 ～ 9g，水煎服，不可久服。

9. 跌打损伤：根茎 1.5g，加棕树根须 6g，水煎，冲红糖、黄酒服；另用鲜叶捣汁搽患处。（5 方至 9

方引自《浙江药用植物志》)

【附注】万年青始载于《履巉岩本草》，原名千年润。《本草纲目拾遗》云："取其四季长青，有长春之义。故有万年青、冬不雕草、千年润，亦作千年蒀。阔叶丛生，每枝独瓣无歧，梗叶颇青厚，夏则生蕊如玉黍状，开小花，丛缀蕊上，入冬则结子红色。性善山土，人家多植之。浙婚礼多用之伴礼函，取其四季长青，有长春之义。"《植物名实图考》云："阔叶丛生，深绿色，冬夏不萎。浆果熟时呈橘红色，故称状元红。"上述描述并对照附图特征，即为本种。

本种的叶和花民间也作药用。

本种根茎、叶有毒，孕妇禁服。服用过量出现的中毒症状主要为恶心、呕吐、腹泻、胸闷、眩晕，四肢发冷、心率缓慢，以致完全性房室传导阻滞等，终因心跳、呼吸停止而死亡(《浙江药用植物志》)。

【化学参考文献】

[1] Nawa H.Rohdexin A and B，cardiac glycosides of *Rohdea japonica* [J].Proc Jpn Acad，1951，27：436-440.

[2] Nawa H.Components of *Rohdea japonica*.V.a new cardiac glucoside，rhodexin C [J].Yakugaku Zasshi，1952，72：507-508.

[3] Kuchukhidze D K，Komissarenko N F.Periplogenin from *Rohdea japonica* [J].Khim Prir Soedin，1977，(2)：286.

[4] Kuchukhidze D K，Komissarenko N F，Eristavi L I.Rhodexoside from the *Rohdea japonica* [J].Izv Akad Nauk Gruz SSR，Ser Khim，1982，8(2)：157-159.

[5] Kuchukhidze D K，Komissarenko N V，Eristavi L I.coumarins and flavonoids of *Rohdea japonica* [J].Khim Prir Soedin，1973，9(4)：552.

[6] Nawa H.Components of *Rohdea japonica*. Ⅵ.glycosides in the fresh plant [J].Yakugaku Zasshi，1952，72：888-890.

[7] Mitsuhashi H，Kanno K，Hayashi K.constituents of *Rohdea japonica* [J].Chem Pharm Bull，1971，19(2)：282-285.

[8] Nawa H.Rohdea-sapogenin，a new steroidal sapogenin of *Rohdea japonica* [J].Proc Jpn Acad，1953，29：214-217.

[9] Nawa H.Components of Rohdea japonica. Ⅺ.structure of rohdeasapogenin.4 [J].Chem Pharm Bull，1958，6：255-263.

【药理参考文献】

[1] 郭协埙，卞北辰，沈澄寰，等.万年青的初步药理试验及其临床应用 [J].上海中医药杂志，1958，(11)：44-46.

【临床参考文献】

[1] 丁丽丽，林咸明，曹锐剑.透刺配合万年青根饮治疗顽固性呃逆 30 例 [J].陕西中医学院学报，2014，37(2)：37-38.

[2] 郭亚维.万年青外敷治鸡眼 [J].中国民族民间医药杂志，2000，(4)：210.

[3] 章健.万年青叶治疗喉痹 80 例 [J].实用中医药杂志，2009，25(1)：23.

[4] 光裕.万年青治疗心律失常 [C].中国毒理学会生物毒素毒理专业委员会、中国生物化学与分子生物学学会天然毒素专业委员会.第八届中国生物毒素学术研讨会论文摘要集，2007：1.

5. 吉祥草属 *Reineckia* Kunth

多年生常绿草本。茎匍匐状，似根茎，绿色，具多节，先端具叶簇；根聚生于叶簇下面。叶片条形或披针形，下部渐狭成柄。花葶直立；穗状花序，上部花有时为单性雄花，具苞片；花被片合化呈短筒状，上部 6 裂，与花被筒近等长；雄蕊 6 枚，花丝贴生于花被筒，花药近长圆形，背着，内向纵裂；子房瓶状，每室胚珠 2 粒，花柱细长，柱头头状。浆果球形。

单种属，分布于东亚。中国法定药用植物 1 种。华东地区法定药用植物 1 种。

1113. 吉祥草(图 1113)• *Reineckia carnea*(Andr.)Kunth [*Reineckea carnea*(Andr.)Kunth]

【别名】玉带草(安徽)，松寿兰、小叶万年青(上海)。

图 1113　吉祥草　　摄影　赵维良

【形态】多年生草本，高 20 ～ 45cm。叶常 3 ～ 8 枚簇生；叶片条形或披针形，长 10 ～ 40cm，宽 0.5 ～ 3.5cm，深绿色。花葶高 5 ～ 15cm，穗状花序长 2 ～ 6.5cm，上部有时为雄花；苞片长 5 ～ 7mm。花芳香，粉红色，花被片下部合化呈短筒状，上部 6 裂，裂片长圆形，长 0.5 ～ 0.7cm，与花被筒近等长；花丝丝状，花药近长圆形；花柱细长。浆果球形，成熟时鲜红色。花期 7 ～ 8 月，果期 9 ～ 11 月。

【生境与分布】生于海拔 150 ～ 3200m 阴湿山坡、沟谷或林下。分布于江苏南部、浙江、福建南部、江西、安徽南部，另湖北西部、湖南、广东、广西、贵州、云南、西藏东南部、四川、陕西南部、河南等地均有分布。

【药名与部位】吉祥草（观音草、玉带草），全草。

【采集加工】全年均可采收，洗净，晒干或鲜用。

【药材性状】根茎呈圆柱形，直径 2 ～ 5mm，表面黄棕色或黄绿色，节明显，有纵皱纹；节稍膨大，具皱缩纹，常有残留的膜质叶鞘和须根。叶簇生于茎顶或节处，叶片绿褐色或棕褐色，多皱折，或破碎，完整者展平后呈条状披针形，全缘，无柄，叶脉平行，中脉明显。气微，味甘、微苦。

【药材炮制】除去杂质，切段，干燥。

【化学成分】根茎含甾体类：（25*S*）-26-*O*-β-D- 吡喃葡萄糖基 -5β- 呋甾 -20（22）- 烯 -1β, 3β, 14β, 26- 四醇 -1-*O*-α-L- 吡喃鼠李糖基 -（1 → 2）-β-D- 吡喃木糖苷［（25*S*）-26-*O*-β-D-glucopyranosyl-5β-furostan-20（22）-en-1β, 3β, 14β, 26-tetraol-1-*O*-α-L-rhamnopyranosyl-（1 → 2）-β-D-xylopyranoside］、（25*S*）-5β- 螺甾烷 -1β, 3β, 14β- 三醇 -1-*O*-α-L- 吡喃鼠李糖基 -（1 → 2）-β-D- 吡喃木糖苷［（25*S*）-5β-spirostan-1β, 3β, 14β-triol-1-*O*-α-L-rhamnopyranosyl-（1 → 2）-β-D-xylopyranoside］、（25*S*）-5β- 螺甾烷 -1β, 3β-

二醇-1-O-α-L-吡喃鼠李糖基-（1→2）-β-D-吡喃木糖苷［（25S）-5β-spirostan-1β, 3β-diol-1-O-α-L-rhamnopyranosyl-（1→2）-β-D-xylopyranoside］、（25S）-26-O-β-D-吡喃葡萄糖基-5β-呋甾烷-3β, 26-二醇［（25S）-26-O-β-D-glucopyranosyl-5β-furostan-3β, 26-diol］、（25R）-26-O-β-D-吡喃葡萄糖基-5β-呋甾烷-3β, 26-二醇-3-O-β-D-吡喃葡萄糖苷［（25R）-26-O-β-D-glucopyranosyl-5β-furostan-3β, 26-diol-3-O-β-D-glucopyranoside］[1]和（1β, 3β, 5β, 25S）-螺甾烷-1, 3-二醇-1-［α-L-吡喃鼠李糖基-（1→2）-β-D-吡喃木糖苷］{（1β, 3β, 5β, 25S）-spirostan-1, 3-diol-1-［α-L-rhamnopyranosyl-（1→2）-β-D-xylopyranoside］}[2,3]。

新鲜地下部分含甾体类：凯提皂苷元-5-O-β-D-吡喃葡萄糖苷（kitigenin-5-O-β-D-glucopyranoside）、五羟螺皂苷元（pentologenin）、（25R）-5β-螺甾-1β, 2β, 3β, 4β, 5β, 6β-六醇［（25R）-5β-spirostan-1β, 2β, 3β, 4β, 5β, 6β-hexol］、（25R）-5β-螺甾-1β, 2β, 3β, 4β, 5β-五醇-1-O-β-D-吡喃木糖苷［（25R）-5β-spirostan-1β, 2β, 3β, 4β, 5β-pentol-1-O-β-D-xylopyranoside］、1β, 3β, 5β-三羟基-（25R）-5β-螺甾-4β-基硫酸钠［sodium 1β, 3β, 5β-trihydroxy-（25R）-5β-spirostan-4β-yl sulfate］、1β, 2β, 3β, 5β-四羟基-（25R）-5β-螺甾-4β-基硫酸酯［1β, 2β, 3β, 5β-tetrahydroxy-（25R）-5β-spirostan-4β-yl sulfate］、（22S）-胆甾-5-烯-1β, 3β, 16β, 22-四醇-1-O-α-L-吡喃鼠李糖苷-16-O-β-D-吡喃葡萄糖苷［（22S）-cholest-5-en-1β, 3β, 16β, 22-tetraol-1-O-α-L-rhamnopyranoside-16-O-β-D-glucopyranoside］、22-O-甲基-26-O-β-D-吡喃葡萄糖基-（25R）-呋甾-5-烯-3β, 22ζ, 26-三醇-3-O-{O-β-D-吡喃葡萄糖基-（1→2）-O-［β-D-吡喃木糖基-（1→3）］-O-β-D-吡喃葡萄糖基-（1→4）-β-D-吡喃半乳糖苷}{22-O-methyl-26-O-β-D-glucopyranosyl-（25R）-furost-5-en-3β, 22ζ, 26-triol-3-O-{O-β-D-glucopyranosyl-（1→2）-O-［β-D-xylopyranosyl-（1→3）］-O-β-D-glucopyranosyl-（1→4）-β-D-galactopyranoside}}、22-O-甲基-26-O-β-D-吡喃葡萄糖基-（25R）-5β-呋甾-1β, 2β, 3β, 4β, 5β, 22ζ, 26-七醇-5-O-β-D-吡喃半乳糖苷［22-O-methyl-26-O-β-D-glucopyranosyl-（25R）-5β-furostan-1β, 2β, 3β, 4β, 5β, 22ζ, 26-heptol-5-O-β-D-galactopyranosid］和蜘蛛抱蛋苷（aspidistrin）[4]。

全草含甾体类：凯提皂苷元（kitigenin）、新蜘蛛抱蛋苷（neoaspidistrin）、凯提皂苷元-5-O-β-D-吡喃葡萄糖苷（kitigenin-5-O-β-D-glucopyranoside）、五羟螺皂苷元（pentologenin）、（22S）-胆甾-5-烯-1β, 3β, 16β, 22-四醇-1, 16-二-（β-D-吡喃葡萄糖苷）［（22S）-cholest-5-en-1β, 3β, 16β, 22-tetraol-1, 16-di-（β-D-glucopyranoside）］、万年青皂苷元-1-O-α-L-吡喃鼠李糖基-（1→2）-β-D-吡喃木糖苷［rhodeasapogenin-1-O-α-L-rhamnopyranosyl-（1→2）-β-D-xylopyranoside］[5]，豆甾-5, 22-二烯-3-O-β-D-吡喃葡萄糖苷（stigmast-5, 22-dien-3-O-β-D-glucopyranoside）、1α, 3β-二羟基-5β-孕甾-16-烯-20-酮-3-O-β-D-吡喃葡萄糖苷（1α, 3β-dihydroxy-5β-pregn-16-en-20-one-3-O-β-D-glucopyranoside）、胡萝卜苷（daucosterol）[6]，（17, 20-S-反式）-孕甾-5, 16-二烯-3β-醇-20-酮-3-O-β-D-吡喃葡萄糖基-（1→2）-O-［β-D-吡喃木糖基-（1→3）］-O-β-D-吡喃葡萄糖基-（1→4）-O-β-D-吡喃半乳糖苷{（17, 20-*S-trans*）-pregna-5, 16-dien-3β-ol-20-one-3-O-β-D-glucopyranosyl-（1→2）-O-［β-D-xylopyranosyl-（1→3）］-O-β-D-glucopyranosyl-（1→4）-O-β-D-galactopyranoside}、（22S）-胆甾-1β, 3β, 16β, 22-四醇-1-O-β-D-吡喃葡萄糖苷-16-O-β-D-吡喃葡萄糖苷［（22S）-cholest-1β, 3β, 16β, 22-tetraol-1-O-β-D-glucopyranoside-16-O-β-D-glucopyranoside］、（22S）-胆甾-1β, 3β, 16β, 22-四醇-1-O-α-L-吡喃鼠李糖基-（1→2）-β-D-吡喃葡萄糖苷-16-O-β-D-吡喃葡萄糖苷［（22S）-cholest-1β, 3β, 16β, 22-tetraol-1-O-α-L-rhamnopyranosyl-（1→2）-β-D-glucopyranoside-16-O-β-D-glucopyranoside］[7]，（17, 20-S-反式）-5β-孕甾-16-烯-1β, 3β-二醇-20-酮-1-O-α-L-吡喃鼠李糖基-（1→2）-β-D-吡喃岩藻糖基-3-O-α-L-吡喃鼠李糖苷［（17, 20-*S-trans*）-5β-pregn-16-en-1β, 3β-diol-20-one-1-O-α-L-rhamnopyranosyl-（1→2）-β-D-fucopyranosyl-3-O-α-L-rhamnopyranoside］、3β, 16α, 23-三羟基-11, 13（18）-二烯-28-甲基酮齐墩果-3-O-β-D-吡喃葡萄糖基-（1→3）-β-D-吡喃岩藻糖苷［3β, 16α, 23-trihydroxy-11, 13（18）-dien-28-methylketone-oleane-3-O-β-D-glucopyranosyl-（1→3）-β-D-fucopyranoside］、1β, 3β, 26-三羟基-16, 22-二酮-胆甾烷-1-O-α-L-吡喃鼠李糖基-（1→2）-β-D-吡喃木糖基-3-O-α-L-吡喃鼠李糖基苷［1β,

3β, 26-trihydroxy-16, 22-dioxo-cholestane-1-*O*-α-L-rhamnopyranosyl-（1 → 2）-β-D-xylopyranosyl-3-*O*-α-L-rhamnopyranoside］、5β- 孕甾 -16- 烯 -1β, 3β- 二醇 -20- 酮（5β-pregn-16-en-1β, 3β-diol-20-one）、原柴胡皂苷元 D（prosaikogenin D）、柴胡皂苷 b_2（saikosaponin b_2）[8]，1β, 2β, 3β, 4β, 5β, 6β- 六羟基孕甾 -16- 烯 -20- 酮（1β, 2β, 3β, 4β, 5β, 6β-hexolhydroxypregn-16-en-20-one）、麦冬皂苷 T（ophiopogonin T）、（25*S*）-5β-螺甾烷 -1β, 2β, 3β, 4β, 5β- 五醇 -5-*O*-β-D- 吡喃葡萄糖苷［（25*S*）-5β-spirostan-1β, 2β, 3β, 4β, 5β-pentol-5-*O*-β-D-glucopyranoside］、凯提皂苷元 -5-*O*-β-D- 吡喃葡萄糖苷（kitigenin-5-*O*-β-D-glucopyranoside）、（20*S*, 22*R*）- 螺甾 -25（27）- 烯 -1β, 2β, 3β, 4β, 5β- 五醇 -5-*O*-β-D- 吡喃葡萄糖苷［（20*S*, 22*R*）-spirost-25（27）-en-1β, 2β, 3β, 4β, 5β-pentol-5-*O*-β-D-glucopyranoside］、（20*S*, 22*R*）- 螺甾 -25（27）- 烯 -1β, 3β, 4β, 5β- 四醇 -5-*O*-β-D- 吡喃葡萄糖苷［（20*S*, 22*R*）-spirost-25（27）-en-1β, 3β, 4β, 5β-tetraol-5-*O*-β-D-glucopyranoside］、（1β, 3β, 16β, 22*S*）- 胆甾 -5- 烯 -1, 3, 16, 22- 四醇 -1, 16- 二（β-D- 吡喃葡萄糖苷）［（1β, 3β, 16β, 22*S*）-cholest-5-en-1, 3, 16, 22-tetraol-1, 16-di（β-D-glucopyranoside）］、（1β, 3β, 16β, 22*S*）- 胆甾 -5- 烯 -1, 3, 16, 22- 四醇 -1-［*O*-α-L- 吡喃鼠李糖基 -（1 → 2）-β-D- 吡喃葡萄糖苷］-16-（β-D- 吡喃葡萄糖苷）{（1β, 3β, 16β, 22*S*）-cholest-5-en-1, 3, 16, 22-tetraol-1-［*O*-α-L-rhamnopyranosyl-（1 → 2）-β-D-glucopyranoside］-16-（β-D-glucopyranoside）}、薯蓣皂苷（dioscin）[9] 和（17, 20-*S*- 反式）-5β- 孕甾 -16- 烯 -1β, 3β- 醇 -20- 酮 -1-*O*-β-D- 吡喃木糖基 -（1 → 2）-α-L- 吡喃鼠李糖苷 -3-*O*-α-L- 吡喃鼠李糖苷［（17, 20-*S-trans*）-5β-pregn-16-en-1β, 3β-ol-20-one-1-*O*-β-D-xylopyranosyl-（1 → 2）-α-L-rhamnopyranoside-3-*O*-α-L-rhamnopyranoside］[7, 9]；黄酮类：槲皮素 -3-*O*-α-L- 吡喃鼠李糖基 -（1 → 6）-β-D- 吡喃葡萄糖苷［quercetin-3-*O*-α-L-rhamnopyranosyl-（1 → 6）-β-D-glucopyranoside］[5]，槐黄酮 B（sophoraflavone B）[6]，异鼠李素 -3-*O*- 芸香糖苷（isorhamnetin-3-*O*-rutinoside）、木犀草素（luteolin）、1, 2, 8- 三羟基 -5, 6- 二甲氧基呫酮（1, 2, 8-trihydroxy-5, 6-dimethoxyxanthone）和杜鹃素（farrerol）[8]；木脂素类：丁香树脂酚 -β-D-葡萄糖苷（syringaresinol-β-D-glucoside）[6]；苯丙素类：*N*- 对香豆酰酪胺（*N-p*-coumaroyltyramine）[10]；三萜类：熊果酸（ursolic acid）[10]；脂肪酸类：亚油酸甲酯（methyl linoleate）、十四酸（tetradecanoic acid）、1-*O*- 单棕榈酸甘油酯（glycerol 1-*O*-monopalmitate）和十六烷酸（hexadecanoic acid）[10]；烷烃类：三十烷（triacontane）[10]；挥发油类：芳樟醇（linalool）、反式石竹烯（*trans*-caryophyllene）和松油酮（pinocarvone）[11]；生物碱类：（3- 氯 -2- 羟丙基）氯化三甲基铵［（3-chloro-2-hydroxypropyl）trimethylammonium chloride］[12]。

【药理作用】1. 抗肿瘤　根茎的乙醇提取物中分离得到的成分（1β，3β，5β，25*S*）- 螺甾烷 -1, 3- 二醇 -1-［α-L- 吡喃鼠李糖基 -（1 → 2）-β-D- 吡喃木糖苷 {（1β，3β，5β，25*S*）-spirostan-1，3-diol-1-［α-L-rhamnopyranosyl-（1 → 2）-β-D-xylopyranoside} 能促进细胞乳酸脱氢酶（LDH）的释放；增加 DNA 断裂和细胞凋亡，减少 PI3K、蛋白激酶（Akt）、雷帕霉素靶蛋白（mTOR）、NF-κBp65 的磷酸化水平，抑制 Bcl-2 蛋白表达，升高 Bax/Bcl-2 表达率，降低白细胞介素 -1（IL-1β）及白细胞介素 -6（IL-6）在人宫颈癌 HeLa 细胞中的表达，促进 HeLa 细胞的凋亡[1]；全草中提取分离的 3 种甾体苷类成分对人肿瘤 1299 细胞具有细胞毒性，其半数抑制浓度（IC_{50}）分别为 50.3μmol/L、67.2μmol/L、61.8μmol/L[2]；从根中提取分离的 2 种螺甾醇和一种新的糠甾醇成分对 A594 细胞具有不同程度的细胞毒性[3]；全草中提取得到的 2 种孕烷苷类化合物以及 2 种的胆甾烷苷类成分对人 A549 肿瘤细胞具有细胞毒性，其半数抑制浓度（IC_{50}）分别为 87.7μmol/L、41.2μmol/L、46.6μmol/L、49.5μmol/L[4]；从根中提取分离的甾体苷类成分对 Caski 癌细胞具有细胞毒性，其半数抑制浓度（IC_{50}）分别为 34.4μmol/L 及 3.7μmol/L[5]。2. 祛痰止咳　从地上部分分离得到的 6 种甾体类成分能使组胺诱导的豚鼠离体气管收缩减少，且呈剂量依赖性，最大松弛率可达 55%[6]；地上部分水提取物的 90% 乙醇馏分在剂量为 0.372g/kg 时能明显延长氨水引起的咳嗽潜伏期，降低咳嗽频率，60% 乙醇馏分在剂量为 0.570g/kg 时可明显降低小鼠气管酚红的排泌量[7]；水提取物 90% 乙醇馏分中提取分离的生物碱类成分（3- 氯 -2- 羟丙基）氯化三甲基铵［（3-chloro-2-hydroxypropyl）trimethylammonium chloride］能显著减少咳嗽次数，延长咳嗽潜伏期[8]。3. 抗补体　从全草中提取分离的孕烷类成分具抗补体作用，其中 1β，2β，3β，4β，5β，6β- 六羟基孕甾 -16- 烯 -20- 酮（1β，2β，3β，4β，5β，6β-hexolhydroxy-pregn-16-en-20-one）的作用最强，其血清总补体活性（CH_{50}）值为 0.043mg/ml[9]。4. 杀钉螺 全草的生粉溶液浓度在 17.50mg/L、35.0mg/L 时，浸杀 72h，钉螺死亡率可达 86.0%，经 120h 均达到 100.0%，半数杀死浓度（LC_{50}）为 4.97mg/L；浓度达到 60mg/L 时，斑马鱼 168h 未见死亡[10]。5. 抗氧化 全草的甲醇提取物中的总黄酮成分对 1，1- 二苯基 -2- 三硝基苯肼（DPPH）自由基具有清除作用，在铁离子还原（FRAP）实验中其 FRAP 值为（0.964 ± 0.028）mmol/g[11]。6. 抗炎 从根茎提取分离的化合物 RCE-4 能显著减少促炎因子的分泌量，抑制角叉莱胶所致小鼠的足趾肿胀，减少佐剂性关节炎模型组织内和血清中的一氧化氮（NO）含量，并且抑制作用具有明显的时间和剂量依赖性，其机制可能与抑制促炎细胞因子和一氧化氮的释放有关[12]。7. 降血糖 从全草提取的总皂苷能显著降低非胰岛素依赖性糖尿病大鼠的血糖值，增加大鼠肝糖原、肌糖原水平，提高外周组织对葡萄糖的利用，改善非胰岛素依赖性糖尿病模型大鼠的胰岛素抵抗[13]。

【性味与归经】甘，凉。归肺、肝、脾经。

【功能与主治】清肺止咳，凉血解毒。用于肺热咳嗽，咯血，咽喉肿痛，目赤翳障，痈肿疮毒。

【用法与用量】煎服 15 ～ 30g；鲜品 30 ～ 60g；外用适量，捣敷。

【药用标准】湖北药材 2009、湖南药材 2009、江西药材 1996、贵州药材 2003、广西药材 1990、四川药材 1979、云南药材 2005 一册和云南药品 1996。

【临床参考】1. 慢性阻塞性肺病急性加重期：鲜全草适量，加水煮沸，吸入气雾，10 日 1 疗程，同时抗炎等治疗[1]。

2. 肺热咳嗽：全草 15g，加麦冬、芦根、桑叶各适量，水煎服。

3. 咳嗽咯血：全草 15g，加白茅根、芙蓉花各适量，水煎服。

4. 疳积：全草适量研粉，加入面粉中做馒头食用。

5. 腰痛：鲜根茎 3cm，嚼烂用酒送服。

6. 跌打损伤：鲜全草适量，捣烂敷伤处。

7. 咽喉肿痛：鲜根茎适量，捣烂绞汁，取汁 9~15g，饮服。（2 方至 7 方引自《浙江药用植物志》）

【附注】吉祥草始载于《本草拾遗》，谓其："生西国，胡人将来也。"《本草纲目》云："吉祥草，叶如漳兰，四时青翠，夏开紫花成穗，易繁。"《植物名实图考》云："吉祥草苍翠如建兰而无花，不藉土而能活，涉冬不枯。"又云："松寿兰，产赣州形状极类吉祥草。叶微宽，花六出稍大，冬开，盆盎中植之。秋结实如天门冬，实色红紫有尖。滇南谓之结实兰。"《本草纲目拾遗》载其"大冷子宫。凡妇人欲断产，取其子百粒捣汁服，永不再孕。"《植物名实图考》的松寿兰及其他本草上述的描述即为本种。

【化学参考文献】

［1］Zheng J Y，Wang Q，Liu Z X，et al.Two new steroidal glycosides with unique structural feature of 14α-hydroxy-5β-steroids from *Reineckia carnea*［J］.Fitoterapia，2016，115：19-23.

［2］Bai C H，Yang X J，Zou K，et al.Anti-proliferative effect of RCE-4 from *Reineckia carnea* on human cervical cancer HeLa cells by inhibiting the PI3K/Akt/mTOR signaling pathway and NF-κB activation［J］.Naunyn-Schmiedeberg's Archives of Pharmacology，2016，389（6）：573-584.

［3］杨小姣，白彩虹，邹坤，等.吉祥草中甾体皂苷 RCE-4 对宫颈癌裸鼠移植瘤的抑制作用［J］. 第三军医大学学报，2016，38（5）：476-482.

［4］Kanmoto T，Mimaki Y，Sashida Y，et al.Steroidal constituents from the underground parts of *Renieckea carnea* and their inhibitory activity on cAMP phosphodiesterase［J］.Chem Pharm Bull，1994，42（4）：926-931.

［5］周欣，刘海，赵超，等.吉祥草化学成分研究［J］. 中国中药杂志，2008，33（23）：2793-2796.

［6］徐鑫，付宏征.吉祥草的化学成分研究［J］. 中国中药杂志，2008，33（20）：2347-2350.

［7］Zhang D D，Wang W，Li Y Z，et al.Two new pregnane glycosides from *Reineckia carnea*［J］.Phytochemistry Letters，2016，15：142-146.

[8] Xu X，Tan T，Zhang J，et al.Isolation of chemical constituents with anti-inflammatory activity from *Reineckia carnea* herbs [J] .J Asian Nat Prod Res，2019，DOI：org/10.1080/10286020.2019.1575818.
[9] Xu X，Wu B，Zhan Y Z，et al.Steroids from herbs of *Reineckia carnea* and their anticomplement activities [J] .Nat Prod Res，2019，33（11）：1570-1576.
[10] 刘海，周欣，赵超，等 . 吉祥草化学成分研究 [J] . 中国药房，2009，20（12）：914-916.
[11] 刘海，周欣，张怡莎，等 . 吉祥草挥发油化学成分的研究 [J] . 分析测试学报，2008，27（5）：560-562，566.
[12] Wang J，Han N，Wang Y，et al.Three alkaloids from *Reineckia carnea* herba and their antitussive and expectorant activities [J] .Natural Product Research，2014，28（16）：1306-1309.

【药理参考文献】

[1] Bai C，Yang X，Zou K，et al.Anti-proliferative effect of RCE-4 from *Reineckia carnea* on human cervical cancer HeLa cells by inhibiting the PI3K/Akt/mTOR signaling pathway and NF-κB activation [J] .Naunyn-Schmiedeberg’s Archives of Pharmacology，2016，389（6）：573-584.
[2] Song X M，Zhang D D，He H，et al.Steroidal glycosides from *Reineckia carnea* [J] .Fitoterapia，2015，105：240-245.
[3] Wang Q，Hou Q，Guo Z，et al.Three new steroidal glycosides from roots of *Reineckia carnea* [J] .Natural Product Research，2013，27（2）：85-92.
[4] Zhang D D，Wang W，Li Y Z，et al.Two new pregnane glycosides from *Reineckia carnea* [J] .Phytochemistry Letters，2016，15：142-146.
[5] Zheng J Y，Wang Q，Liu Z X，et al.Two new steroidal glycosides with unique structural feature of 14α-hydroxy-5β-steroids from *Reineckia carnea* [J] .Fitoterapia，2016，115：19-23.
[6] Han N，Chen L L，Wang Y，et al.Steroidal glycosides from *Reineckia carnea* herba and their antitussive activity [J] . Planta Medica，2013，79（9）：788-791.
[7] Han N，Chang C，Wang Y，et al.The *in vivo* expectorant and antitussive activity of extract and fractions from *Reineckia carnea* [J] .Journal of Ethnopharmacology，2010，131（1）：220-223.
[8] Wang J，Han N，Wang Y，et al.Three alkaloids from *Reineckia carnea* herba and their antitussive and expectorant activities [J] .Natural Product Research，2014，28（16）：1306-1309.
[9] Xu X，Wu B，Zhan Y，et al.Steroids from herbs of *Reineckia carnea* and their anticomplement activities [J] .Natural Product Research，2018，33（11）：1570-1576.
[10] 冯玉文，李文新，刘实，等 . 吉祥草中杀灭钉螺化合物的提取分离 [J] . 中国血吸虫病防治杂志，2006，18（3）：178-181.
[11] 王慧，林奇泗，王森，等 . 吉祥草总黄酮提取物的抗氧化活性评价 [J] . 沈阳药科大学学报，2014，31（1）：17-20.
[12] 付雪娇，邹坤，王桂萍，等 . 吉祥草乙酸乙酯提取物抗炎作用及机制研究 [J] . 时珍国医国药，2013，24（4）：822-825.
[13] 张元，胡一冰，王学勇，等 . 吉祥草总皂苷对非胰岛素依赖性糖尿病模型大鼠肌糖原、肝糖原及糖代谢的影响 [J] . 武警医学，2008，19（9）：818-820.

【临床参考文献】

[1] 刘炜 . 苗药吉祥草雾化吸入治疗痰热郁肺型 COPD 急性加重期临床观察 [J] . 中国民族医药杂志，2012，18（8）：5-6.

6. 知母属 *Anemarrhena* Bunge

多年生草本。根茎横走，为残存叶鞘覆盖；根较粗。叶基生，禾叶状，平行脉。花葶生于叶丛中或侧生；花数朵簇生，排成总状花序；苞片小；花被片 6 枚，二轮排列，基部稍联合，宿存；雄蕊 3 枚，着生于内轮花被片中部，花丝短，扁平，花药近基着，内向纵裂；子房 3 室，每室胚珠 2 粒，花柱与子房近等长，柱头小。蒴果，室背开裂，每室具种子 1 ～ 2 粒。

单种属，分布于中国和朝鲜半岛。中国法定药用植物 1 种。华东地区法定药用植物 1 种。

1114. 知母（图 1114）• *Anemarrhena asphodeloides* Bunge

图 1114　知母　　　　摄影　郭增喜等

【别名】穿地龙（山东）。

【形态】多年生草本。根茎为残存叶鞘覆盖，根多而较粗。叶基生，禾叶状，长 15 ～ 60cm，宽 0.2 ～ 1.1cm，先端渐尖成近丝状，基部渐宽成鞘状，具数条平行脉，中脉不明显。花葶生于叶丛中央或侧生，直立；花 2 ～ 3 朵簇生，排成总状花序，长 20 ～ 50cm；苞片小，卵形或卵圆形，先端长渐尖。花粉红色、淡紫色或白色；花被片 6 枚，条形，长 0.5 ～ 1cm，具 3 脉，宿存。蒴果窄椭圆形，长 0.8 ～ 1.3cm，顶端具短喙。种子成熟时黑色，具 3 ～ 4 窄翅。花期 6 ～ 7 月，果期 8 ～ 9 月。

【生境与分布】生于山坡、草地或山路边，垂直分布可达 1450m。分布于山东胶东半岛，另黑龙江西南部、辽宁、吉林西部、河北、河南、山西东部、陕西北部、宁夏东部、甘肃东部等地均有分布。

【药名与部位】知母，根茎。

【采集加工】春、秋二季采挖，除去须根和泥沙，干燥，习称“毛知母”；或除去外皮，干燥，习称“知母肉”；或趁鲜切成厚片，干燥。

【药材性状】呈长条状，微弯曲，略扁，偶有分枝，长 3 ～ 15cm，直径 0.8 ～ 1.5cm，一端有浅黄色的茎叶残痕。表面黄棕色至棕色，上面有一凹沟，具紧密排列的环状节，节上密生黄棕色的残存叶基，由两侧向根茎上方生长；下面隆起而略皱缩，并有凹陷或突起的点状根痕。质硬，易折断，断面黄白色。气微，味微甜、略苦，嚼之带黏性。

【药材炮制】知母：除去杂质，洗净，润软，切厚片，干燥，去毛屑。产地已切片者，筛去灰屑。炒知母：取知母饮片，炒至表面深黄色，微具焦斑时，取出，摊凉。盐知母：取知母饮片，炒至表面深黄色，微具焦斑时，喷淋盐水，炒干，取出，摊凉。

【化学成分】根茎含生物碱类：知母碱苷*A、B、C（aneglycoside A、B、C）[1]；甾体类：知母新皂苷 A_1、A_2、B（anemarsaponin A_1、A_2、B）[2]，知母皂苷 A-I、A-II、A-III、A-IV、B-I、B-II（timosaponin A-I、A-II、A-III、A-IV、B-I、B-II）[3]，知母皂苷 BII-b、BII-d、BIII-c（timosaponin BII-b、BII-d、BIII-c）[4]，知母皂苷 BIII、BIII-a、BIII-b（timosaponin BIII、BIII-a、BIII-b）[5]，知母皂苷 A IV、B IV（timosaponin A IV、B IV）[6]，知母皂苷 B IV、B V、B VI（timosaponin BIV、B V、B VI）[7]，知母皂苷 C_1、C_2、D_1、D_2（timosaponin C_1、C_2、D_1、D_2）[8]，知母新皂苷 C、E（anemarsaponin C、E）[9]，知母新皂苷 F（anemarsaponin F）[4]，知母皂苷 E_1、E_2（timosaponin E_1、E_2）[10]，知母皂苷 F、G（timosaponin F、G）[11]，知母皂苷 H_1、H_2、I_1、I_2（timosaponin H_1、H_2、I_1、I_2）[12]，知母皂苷 J、K、L（timosaponin J、K、L）[13]，知母皂苷 N、O（timosaponin N、O）[14]，知母皂苷 P、Q（timosaponin P、Q）[15]，知母皂苷 R、S（timosaponin R、S）[16]，知母皂苷 U（timosaponin U）[1]，知母皂苷 X、Y（timosaponin X、Y）[17]，洋菝葜皂苷元（sarsasapogenin）、（20*R*, 25*S*）-5β- 螺甾烷 -3β- 醇 -3-*O*-β-D- 吡喃葡萄糖基 -（1→2）-β-D- 吡喃半乳糖苷［（20*R*, 25*S*）-5β-spirostane-3β-ol-3-*O*-β-D-glucopyranosyl-（1→2）-β-D-galactopyranoside］[4]，（25*S*）宽叶葱苷*C［（25*S*）-karatavioside C］、（25*S*）- 石刁柏甾素 -I［（25*S*）-officinalisnin-I］[13]，毛地黄芰脱苷（purpureagitoside）[13, 14]，丝兰皂苷*F_2（schidigerasaponin F_2）[13, 16]，知母孕甾烷 B（timopregnane B）、（25*S*）- 知母皂苷 B II［（25*S*）-timosaponin B II］、知母皂苷 B II-a（timosaponin B II-a）、原去半乳糖基替告皂苷（protodesgalactotigonin）[17]，原知母皂苷 A III（prototimosaponin A III）、伪原知母皂苷 A III（pseudoprototimosaponin A III）[18]，西陵皂苷 A、B（xilingsaponin A、B）[19]，知母甾苷 I、II、III、IV（anemarrhenasaponin I、II、III、IV）[20]，知母甾苷 A_2（anemarrhenasaponin A_2）[13]，知母呋甾苷 A、B（anemarnoside A、B）[21]，知母甾体苷 S_1、S_2、S_3、S_4、S_5（anemarrhena S_1、S_2、S_3、S_4、S_5）、2- 羟基知母皂苷 A III（2-hydroxyl timosaponin A III）、（27）- 烯 - 知母皂苷 A III［（27）-en-timosaponin A III］[22]，知母皂苷 C、D（timosaponin C、D）、韭子苷 G（tuberoside G）、留兰香苷 B（spicatoside B）、薤白苷 F（macrostemonoside F）、玉簪甾苷 C（hostaplantagineoside C）[23]，知母新皂苷 B II、P、Q、R、S（anemarsaponin B II、P、Q、R、S）[24]，（25*S*）-26-*O*-β-D- 吡喃葡萄糖基 -22- 羟基 -5β- 呋甾 -3β, 26- 二醇 -3-*O*-β-D- 吡喃葡萄糖基 -（1→2）-β-D- 吡喃半乳糖苷［（25*S*）-26-*O*-β-D-glucopyranosyl-22-hydroxy-5β-furostan-3β, 26-diol-3-*O*-β-D-glucopyranosyl-（1→2）-β-D-galactopyranoside］[9]，胡萝卜苷（daucosterol）、β- 谷甾醇（β-sitosterol）[25]，知母甾苷 A、B（anemarrhena A、B）[26] 和 21- 羟基知母皂苷元（21-hydroxysarsasapogenin）[27]；三萜类：桔梗皂苷 D、D_2、D_3（platycodin D、D_2、D_3）、桔梗苷 A（platycoside A）和远志皂苷 D_2（polygalacin D_2）[23]；氨基酸类：色氨酸（tryptophan）[23]；核酸类：腺苷（adenosine）[23]；烯烃苷类：α-D- 葡萄糖单烯丙基醚（α-D-glucose monoallyl ether）[23]；木脂素类：尼亚酚（nyasol）[28-30]，4′-*O*- 甲基尼亚酚（4′-*O*-methylnyasol）[30, 31]，3″- 甲氧基尼亚酚（3″-methoxynyasol）、3″- 羟基 -4″- 甲氧基 -4″- 去羟基尼亚酚（3″-hydroxy-4″-methoxy-4″-dehydroxynyasol）[30] 和（-）- 尼亚酚［（-）-nyasol］[32]；酚类：3, 4- 二羟基烯丙基苯 -3-*O*-α-L- 吡喃鼠李糖基 -（1→6）-β-D- 吡喃葡萄糖糖苷［3, 4-dihydroxyallylbenzene-3-*O*-α-L-rhamnopyranosyl-（1→6）-β-D-glucopyranoside］、反式 - 扁柏脂酚（*trans*-hinokiresinol）[23]，（*Z*）-（-）- 扁柏脂酚［（*Z*）-（-）-hinokiresinol］[26]，4- 羟基苯甲酸（4-hydroxybenzoic acid）、香草酸（vanillic acid）和酪醇（tyrosol）[33]；苯酮类：2, 6, 4′- 三羟基 -4- 甲氧基苯酮（2, 6, 4′-trihydroxy-4-methoxybenzophenone）[23]，鸢尾酚酮（iriflophene）、知母苷 A（zimoside A）[23, 33]，2, 4′, 6- 三羟基 -4-

甲氧基苯酮（2, 4′, 6-trihydroxy-4-methoxybenzophenone）、线芒果苷 A（foliamangiferoside A）、（2, 3-二羟基-4-甲氧基苯基）(4-羟基苯基)-甲酮[（2, 3-dihydroxy-4-methoxyphenyl）(4-hydroxyphenyl)-methanone］和4-羟基苯乙酮（4-hydroxyacetophenone）[33]；香豆素类：知母香豆素 A（anemarcoumarin A）[31]；黄酮类：芒果苷（mangiferin）、新芒果苷（neomangiferin）、去甲盖蹄蕨屾酮（norathyriol）、四乙酰化去甲盖蹄蕨屾酮（tetraacetate norathyriol）[4]，牡荆素（vitexin）、异牡荆素（isovitexin）[23]，宝藿苷 I（baohuoside I）、淫羊藿次苷 I（icariside I）、7-*O*-吡喃葡萄糖基芒果苷（7-*O*-glucopyranosylmangiferin）[25]，5, 7-二羟基-3-（4-甲氧苄基）色满-4-酮［5, 7-dihydroxy-3-（4-methoxybenzyl）chroman-4-one］、7-羟基-3-（4-甲氧苄基）色满酮［7-hydroxy-3-（4-methoxybenzyl）chromanone］[26]，（*E*）-4′-去甲基-6-甲基凤梨百合素［（*E*）-4′-demethyl-6-methyleucomin］、2′-*O*-甲基异甘草素（2′-*O*-methyl isoliquiritigenin）、（*E*）-5, 7-二羟基-3-（4′-羟基苯亚甲基）色烷-4-酮［（*E*）-5, 7-dihydroxy-3-（4′-hydroxybenzylidene）chroman-4-one］、2′, 4′, 4-三羟基查耳酮（2′, 4′, 4-trihydroxychalcone）[31]，1, 4, 5, 6-四羟基屾酮（1, 4, 5, 6, -tetrahydroxyxanthone）、异樱花素（isosakuranetin）[33]和知母宁（chinonin）[34]；呋喃类：5-羟甲基-2-糠醛（5-hydroxymethyl-2-furaldehyde）[33]；多糖类：知母多糖 A、B、C、D（anemaran A、B、C、D）[35]；烷醇类：二十九烷醇（nonacosanol）[25]；脂肪酸类：二十八烷酸（octacosanoic acid）[25]；其他尚含：（*Z*）-1, 3-双（4-羟苯基）-1, 4-戊二烯［（*Z*）-1, 3-bis（4-hydroxyphenyl）-1, 4-pentadiene］[28]，知母查耳酮炔（anemarchalconyn）、构树宁 A（broussonin A）[31]和构树宁 B（broussonin B）[26]。

须根含酚类：丁香脂酚-4′-*O*-β-D-葡萄糖苷（syringaresinol-4′-*O*-β-D-glucoside）[36]；生物碱类：4-［甲酰基-5-（甲氧基甲基）-1H-吡咯-1-基］丁酰酯{4-［formyl-5-（methoxymethyl）-1H-pyrrol-1-yl］butanoate}、川芎哚（perlolyrine）[36]和（*S*）-5-［2, 4-二羟基-3-（4-羟基苯甲酰基）-6-甲氧基苯基］吡咯烷-2-酮{（*S*）-5-［2, 4-dihydroxy-3-（4-hydroxybenzoyl）-6-methoxyphenyl］pyrrolidin-2-one}[37]；苯酮类：2-［2, 4-二羟基-3-（4 羟基苯甲酰基）-6-甲氧基苯基］乙酸甲酯{methyl 2-［2, 4-dihydroxy-3-（4-hydroxybenzoyl）-6-methoxypheyl］acetate}、4′, 6-二羟基-4-甲氧基苯酮-2-*O*-（2″）, 3-C-（1″）-1″-去氧-α-L-呋喃果糖苷［4′, 6-dihydroxy-4-methoxybenzophenone-2-*O*-（2″）, 3-C-（1″）-1″-desoxy-α-L-fructofuranoside］[36, 37]和（4-羟基苯基）（2, 3, 4-三羟基苯基）甲酮［（4-hydroxyphenyl）（2, 3, 4-trihydroxyphenyl）methanone］[37]。

【药理作用】1. 抗肿瘤　根茎的水提取物和分离得到的成分知母皂苷 A Ⅲ（timosaponin A III）可显著降低胰腺癌细胞的增殖和细胞周期，对半胱天冬蛋白酶（Caspase）依赖性凋亡和促凋亡 PI3K/Akt 途径蛋白的激活呈剂量依赖性增加，随后促生存 PI3K/Akt 途径蛋白下调[1]；根茎的水提取物对人肺癌 A549 细胞、小鼠肺癌 LLC 细胞、人胰腺癌 Panc-1 和 Panc02 细胞、人前列腺癌 PC-3 和 LNCaP 细胞、人乳腺癌 MCF-7 和 MCNeuA 细胞的生长均有一定的抑制作用[2]；从根茎提取分离得到的成分知母皂苷 A Ⅲ抑制迁移和人非小细胞肺癌 A549 细胞的侵袭，通过抑制与基质金属蛋白酶 MMP-2、MMP-9 的调节有密切相关的 ERK1/2、Src/FAK 和 b-连环蛋白信号，减弱 MMP-2 和 MMP-9 的表达[3]；知母皂苷 A Ⅲ具有很强的肿瘤抑制作用，通过 Myc-BMI1-miR-200c/141 的途径调节[4]；知母皂苷 A Ⅲ通过 JNK1/2 途径诱导 HL-60 细胞凋亡[5]；从根茎中分离得到的中性和酸性知母多糖均能显著抑制 HepG2 细胞的生长[6]；从根茎中提取分离的知母皂苷元，即洋菝葜皂苷元（sarsasapogenin）能诱导肝癌 HepG2 细胞凋亡，其作用系通过阻滞 G_2/M 阶段的细胞周期而产生的[7]；知母皂苷 A Ⅲ显著抑制人结、直肠癌 HCT-15 细胞在去胸腺裸鼠中的肿瘤生长，可能是通过细胞周期阻滞和诱导凋亡进行[8]；知母皂苷 A Ⅲ通过改变 IAP 家族的表达诱导 HepG2 细胞线粒体介导和半胱天冬蛋白酶依赖性凋亡来抑制 HepG2 细胞[9]；从根茎中分离得到的甾体类成分对 A549、HepG2 和 Hep3B 细胞的增殖有明显的抑制作用[10]；根茎的水提取物（含知母皂苷 A Ⅲ）可诱导多种癌细胞的凋亡，在正常细胞中不会引起细胞死亡，在肿瘤细胞的促凋亡的激活，通过 mTOR 活性的恢复和 ER 应激的诱导而产生作用[11]；知母皂苷 A Ⅲ能明显抑制黑色素瘤 B16 和 A375 细胞的生长[12]。2. 降血糖　从根茎中分离得到的中性和酸性知母多糖具有降血糖的作用，中性的知母多糖较酸性知母多糖作用明显[6]；知母多糖可显著降低四氧嘧啶引起的家兔血糖升高，可能与增加葡萄糖的利用有关，促进脂肪组织对葡萄糖的摄取，使血糖降低[13]；根茎的水提取物可使KK-Ay小鼠在胰岛素耐受实验中显著降低血糖水平，其机制可能使降低胰岛素抵抗所致，其中有效成分芒果苷（mangiferin）和7-*O*-葡萄糖基芒果苷（7-*O*-glucosyl mangiferin）均能降低血糖含量[14]；根茎的水提取物对能增加葡萄糖依赖性胰岛素释放的胰高血糖素样肽-1（GLP-1）有刺激作用[15]；根茎的60%乙醇提取物可有效抑制链脲佐菌素诱导的糖尿病大鼠的糖尿病眼病的进展，有效作用成分可能为芒果苷和新芒果苷（neomangiferin）[16]；根茎的提取物中分离得到的知母总酚能显著降低四氧嘧啶和链脲佐菌素引起的糖尿病动物的空腹血糖；分离得到的芒果苷在体外有较好的抑制α-葡萄糖苷酶活性的作用[17]；根茎的盐炮制品醇提取物的石油醚、氯仿、乙酸乙酯和正丁醇部位对2型糖尿病大鼠糖代谢均具有较好的改善作用，其中氯仿部位的作用最强[18]；从根茎提取的知母总皂苷对糖尿病（DM）状态下海马中乙酰胆碱酯酶（AChE）活性具有一定的改善作用，可能与其抗氧化应激和改善糖尿糖基本症状有关[19]；根茎的酸水解残渣中分离的21-羟基知母皂苷元（21-hydroxysarsasapogenin）对α-葡萄糖苷酶有很强的抑制作用[20]；根茎的甲醇/水提取物中分离的成分知母多糖A、B、C、D（anemaran A、B、C、D）在高血糖小鼠中显示出显著的降血糖作用[21]。3. 抗炎　根茎的水提取物及总多糖能显著抑制二甲苯所致小鼠耳廓肿胀和乙酸所致腹腔毛细血管通透性增高，且根茎的水提取物的抑制作用具有剂量依赖性，根茎的醇提取物只能抑制乙酸所致腹腔毛细血管通透性增高，对二甲苯所致耳廓肿胀无明显的抑制作用[22]；从根茎提取的知母总多糖（TPA）能显著抑制二甲苯所致小鼠的耳廓肿胀、乙酸所致小鼠腹腔毛细血管通透性增高、角叉菜胶所致大鼠的足趾肿胀及大鼠棉球性肉芽肿增生的炎症反应，对急慢性炎症均有明显的抑制作用[23]；根茎的水提取物可介导一氧化氮（NO）减少，脂多糖诱导的环氧合酶-2（COX-2）的蛋白质表达水平和炎性酶减少，是由于核转录因子（NF-κB）和激活蛋白1转录活性的抑制，其次是抑制因子-κBα的稳定和p38的抑制[24]；根茎中分离得到的降木脂素成分（-）-异扁柏脂素，即（-）-尼亚酚［（-）-nyasol］可抑制一氧化氮和前列腺素E_2（PGE_2）的产生，并诱导诱导型一氧化氮合酶和环氧合酶-2的表达，同时抑制激活的小胶质细胞中肿瘤坏死因子-α（TNF-α）和白细胞介素-1β（1L-1β）的mRNA水平[25]；根茎的水提取物可抑制化合物48/80诱导的小鼠全身过敏反应，以及抑制二硝基苯基lgE抗体激活的大鼠局部过敏反应，抑制化合物48/80诱导的肥大细胞活化，还可显著抑制肿瘤坏死因子、白细胞介素-1（1L-1）和白细胞介素-6（1L-6）的分泌[26]；知母皂苷明显抑制脂多糖引起的巨噬细胞炎症因子释放，其机制与下调p38MAPK和c-Jun氨基末端激酶（JNK）信号通路表达有关[27]；知母皂苷能显著抑制脂多糖（LPS）引起的巨噬细胞炎症因子肿瘤坏死因子和一氧化氮的释放[28]；知母皂苷能明显抑制脂多糖诱导大鼠的皮层AC炎症因子的释放[29]；知母皂苷AⅢ能抑制巨噬细胞炎症[12]；知母皂苷AⅢ可显著抑制脂多糖诱导的ALI小鼠的炎症标志物，减轻肺部炎症[30]；知母皂苷B（anemarsaponin B）能显著降低诱导型一氧化氮合酶（NOS）和环氧合酶-2（COX-2）的蛋白质和mRNA水平，降低促炎细胞因子肿瘤坏死因子和白细胞介素-6的表达和产生，对脂多糖诱导的RAW264.7巨噬细胞的炎症抑制是通过抑制因子-κBα的稳定和p38途径的负调节实现的[31]；知母皂苷B-Ⅱ（timosaponin B-II）显著改善棕榈酸酯（PA）诱导的胰岛素抵抗和炎症反应是通过IRS-1/PI3K/Akt和IKK/NF-κB，减少肿瘤坏死因子和白细胞介素-6含量[32]。4. 抗病毒　从根茎提取分离的知母宁（chinonin）具有较强的抗流感病毒A型（H1N1）的作用[33]；知母宁对单纯疱疹病毒Ⅱ型（HSV-Ⅱ）有明显的抑制作用，在高浓度时，抑制强度基本维持稳定[34]；知母宁在体外从多个作用点有明显抑制单纯疱疹病毒Ⅰ型的作用[35]；知母宁有抗乙肝病毒的作用，其机制可能与抑制HBV-DNA的复制有关[36]；从根茎中分离的（-）-（*R*）-尼亚酚［（-）-（*R*）-nyasol］、（-）-（*R*）-4′-*O*-甲基尼亚酚［（-）-（*R*）-4′-*O*-methylnyasol］和构树宁A（broussonin A）对呼吸道融合病毒（RSV）具有很强的抑制作用[37]。5. 抗老年痴呆　从根茎提取的知母总皂苷能显著改善老年大鼠学习记忆能力，可能与上调SYP和PSD95表达及激活Akt/mTOR信号通路有关[38]；知母总皂苷能降低慢性温和应激模型小鼠血浆促肾上腺皮质激素和皮质醇的含量，提高海马组织内海马脑源性神经生长因子含量，改善抑郁状态和学习记忆能力[39]；知母总皂苷在大鼠体内经吸收转化后可显著降低东莨菪碱模型大鼠脑皮质内乙酰胆碱酯酶的含量[40]，能明显抑制淀粉样 β 蛋白片段 1-42（Aβ1-42）引起的空间学习障碍以及海马神经元损伤[41]；从根茎提取的知母皂苷能改善脂多糖引起的大鼠学习记忆障碍，抑制其海马的炎症反应[42]；知母皂苷能剂量依赖性地对衰老大鼠脑 N 受体有上调作用[43]；知母皂苷能明显对抗三氯化铝所致老年痴呆型大鼠学习记忆能力的下降，抑制背海马（H1）和齿状回（GD）内 β-APP 阳性神经元的生成[44]；从根茎中分离的成分知母皂苷元半乳糖拟痴呆模型小鼠的学习记忆障碍有明显的改善作用，同时能显著增强脑组织中超氧化物歧化酶（SOD）的作用，降低脑组织中脂质过氧化物和脂褐素的浓度[45]，能提高东莨菪碱拟痴呆小鼠的学习记忆能力，增强脑内胆碱乙酰转移酶（ChAT）的活性[46]，能使痴呆动物脑内 M 受体密度增加[47]，能上调老年大鼠的脑 M、M1 和 M2 受体，改善大鼠学习记忆能力的作用[48, 49]；从根茎提取分离的脂溶成分 ZDY101 能上调大鼠脑内注射兴奋性氨基酸所致拟痴呆模型的脑 M 受体密度[50]；知母皂苷 B 可通过抑制 β-AP 引起的 p53 及其后续的 DKK 的表达增加而有效改善阿尔茨海默病（AD）大鼠脑内神经元的 tau 蛋白过度磷酸化[51]；知母皂苷 AⅢ可抑制肿瘤坏死因子或东莨菪碱诱导的 BV-2 小胶质细胞和 SK-N-SH 神经母细胞瘤细胞 NF-κB 信号的激活，改善记忆缺陷[52]。6. 调节神经　知母皂苷元能明显对抗谷氨酸引起的神经元 SYP 蛋白表达降低及活性 Caspase-3、钙蛋白酶Ⅰ蛋白表达增加，从而保护皮层神经元损伤[53]，对体外培养的皮层神经元树突的发育有促进作用[54]，能改善淀粉样 β 蛋白片段 1-42（$A\beta_{1-42}$）引起的海马神经元损伤[55]，保护高糖引起的海马神经元损伤[56]，能明显增加突触囊泡蛋白的表达水平，通过上调 PI3K/Akt/GSK3β 信号通路对抗 $A\beta_{1-42}$ 诱导的海马神经元突触损伤[57]。7. 抗抑郁　知母皂苷元在一定浓度下可明显升高去甲肾上腺素和 5- 羟色胺的含量，在小鼠脑中表现出单胺氧化酶（MAO）的抑制作用[58]；知母总皂苷可显著增加慢性温和应激模型动物的活动次数以及蔗糖水消耗量，增加 5- 羟色胺酸诱导小鼠的甩头次数，长期给药可明显改善抑郁状态，并呈现一定的量效关系[59]；知母皂苷 B- Ⅱ有抗抑郁作用，可能与脑内 5- 羟色胺酸、多巴胺神经系统有关[60]。8. 抗血小板聚集和抗脑缺血　知母皂苷 B- Ⅱ能显著抑制 ADP 诱导的血小板聚集，显著降低血栓的湿重、干重和长度[61]；根茎中分离的知母甾苷 A（anemarrhena A、B）、构树宁 B（broussonin B）、5，7- 二羟基 -3-（4- 甲氧苄基）色满 -4- 酮［5，7-dihydroxy-3-（4-methoxybenzyl）chroman-4-one］和（*Z*）-（−）- 扁柏脂酚［（*Z*）-（−）-hinokiresinol］在体外具有一定的抗血小板聚集作用；7- 羟基 -3-（4- 甲氧苄基）色满酮［7-hydroxy-3-（4-methoxybenzyl）chromanone］具有潜在的抗血小板聚集作用[62]；知母皂苷 AⅢ在体内可减少大鼠血栓的湿重和干重，具有抗血栓的作用[63]；知母皂苷 AⅢ及其异构体、知母皂苷 AⅠ（timosaponin AⅠ）和知母皂苷Ⅲ（timosaponin Ⅲ）均有不同程度的抗血小板聚集的作用[64]；知母皂苷通过减轻自由基损伤、炎症反应以及一氧化氮的毒性作用，从而对脑缺血再灌注大鼠具有一定的保护作用[65]；知母总皂苷可降低缺血损伤后脑组织含水量、增加缺血组织超氧化物歧化酶含量，降低丙二醛（MDA）含量，对脑缺血再灌注后引起的脑损伤具有一定的保护作用[66]。9. 血脂和动脉粥样硬化调控　知母总皂苷具有明显地增强高脂血症大鼠肝脏低密度脂蛋白（LDL）受体活性的作用，从而加快血中低密度脂蛋白的清除，起到调控血脂水平的作用[67]；知母皂苷对高脂饲料喂养的鹌鹑实验性高脂血症及动脉粥样硬化具有明显的抑制作用，可明显降低血清总胆固醇（TC）、甘油三酯（TG）、低密度脂蛋白（LDL）和高密度脂蛋白（HDL）的含量，提高高密度脂蛋白 / 总胆固醇（HDL/TC）值，缩小斑块面积，减轻动脉粥样硬化程度[68]；知母皂苷能有效降低血脂，促进血脂代谢[69]，能明显改善血液流变学和微循环指标全血黏度、红细胞压积、纤维蛋白原、肠系膜动脉直径、血流速度和毛细血管密度[70]。10. 抗菌　根茎乙醇提取物制成的乳膏对皮肤浅部真菌感染有较好的治疗作用[71]；根茎、不同炮制品及菝葜皂苷元，即知母皂苷元对痢疾杆菌、大肠杆菌、金黄色葡萄球菌和铜绿假单胞菌的生长有较强的抑制作用，其中菝葜皂苷元的作用最强，不同炮制品中，盐麸制品的作用最强[72]；甲醇提取物具有很强的抗菌作用；分离得到的尼亚酚（nyasol）能有效抑制圆孢炭疽菌、辣椒霉、终极腐霉、茄霉和黄瓜枝孢菌的生长[73]；从根茎中分离得到的化合物 KZY-2 对氟咪唑和 ifraconazo 耐药的白色念珠菌的生长具有良好的抑制作用[74]；根茎的水提取液在体外对金黄色葡萄球菌、白色葡萄球菌、绿脓杆菌、大肠杆菌、伤寒杆菌、甲型链球菌、乙型链球菌的生长有明显的抑制作用[75]。11. 抗氧化　从根茎中提取的知母多糖在体外能明显抑制人血红细胞自氧化和过氧化氢（H_2O_2）所致红细胞氧化溶血作用[76]；知母宁对羟自由基（·OH）、超氧阴离子自由基（O_2^-·）均有较强的清除和淬灭作用[77]。12. 激素调节　知母皂苷能减轻糖皮质激素的副作用，不影响糖皮质激素的治疗和药理作用[78]，对动物甲状腺激素引起的大鼠脑组织 β- 受体表观结合位点数的升高具有抑制作用[79]；知母皂苷元可使家兔肾上腺皮质激素机能亢进模型升高的 β- 肾上腺素受体数目趋于正常[80]；知母皂苷和知母皂苷元对动物病理性升高的 β- 受体具有调整作用，知母皂苷不影响兔肝脏糖皮质激素受体密度和血清皮质醇含量[81]。13. 护心肌　知母皂苷 D（zhimusaponin D）能降低心肌缺血 / 复灌引起的心电图改变，抑制在此过程中可增加血清肌酸激酶（CK）及丙二醛（MDA）含量，减少心肌梗死范围，从而保护心肌缺血 / 复灌损伤[82]。14. 护皮肤　知母皂苷在体外可降低紫外线诱导的人角质形成细胞的有丝分裂原活化蛋白激酶激酶 1（MEK）和细胞外信号调节激酶（ERK）磷酸化，在体内可抑制紫外线诱导的无毛小鼠皮肤皱纹的平均长度和平均深度[83]。15. 降低肺动脉高压　知母宁具有降低缺氧性肺动脉高压的作用，可能是通过阻断内皮素 -1（ET-1）和血小板活化因子（PAF）受体的途径[84]，有抑制慢性低氧高氧化碳性肺动脉高压和肺血管结构重建的作用，能上调血红素氧合酶 -1（HO-1）及 mRNA 表达，使 CO 合成增多[85]。16. 抗过敏　口服知母皂苷 A Ⅲ、知母皂苷 D 和知母皂苷 B Ⅲ（timosaponin B Ⅲ）可阻断小鼠被动皮肤过敏反应，以知母皂苷 A Ⅲ最为有效，腹腔注射知母皂苷元可抑制过敏反应的能力，对抗原 - 免疫球蛋白抗原复合物诱导的 RBL-2H3 细胞脱颗粒及白细胞介素 -4（IL-4）蛋白的表达具有抑制作用[86]。17. 抗哮喘　知母宁能延长豚鼠诱喘时间及哮喘持续时间，降低抽搐发生率，明显减轻肺组织炎性反应，显著降低血清一氧化氮（NO）及肺泡灌洗液中内皮素 -1（ET-1）含量[87]。18. 降脂　根茎甲醇提取物的乙酸乙酯部位中分离的成分知母查耳酮炔（anemarchalconyn）对前脂肪 3T3-L1 细胞的分化有较强的抑制作用[88]。19. 免疫调节　知母宁可使小鼠体重明显增加，血浆 cAMP 含量和 cAMP/cGMP 含量明显降低，能明显提高小鼠血清溶血素含量，增强小鼠迟发性变态反应，增强体液免疫和细胞免疫功能[89]。20. 扩张血管　知母皂苷 A Ⅲ通过诱导内皮细胞释放一氧化氮而起抑制苯肾上腺素引起的血管收缩的作用[90]。

【性味与归经】苦、甘，寒。归肺、胃、肾经。

【功能与主治】清热泻火，生津润燥。用于外感热病，高温烦渴，肺热燥咳，骨蒸潮热，内热消渴，肠燥便秘。

【用法与用量】6 ～ 12g。

【药用标准】药典 1963—2015、浙江炮规 2015、新疆药品 1980 二册、香港药材三册和台湾 2013。

【临床参考】1. 类风湿性关节炎：根茎 15g，加桂枝、附子、竹茹各 6g，炒白芍、青蒿各 15g、炙麻黄 5g，炒白术、防风各 10g，甘草 3g，制鳖甲、僵蚕各 10g，水煎，分 2 次服，每日 1 剂，常规西药治疗[1]。

2. 系统性红斑狼疮：根茎 6g，加桂枝、附子各 6g，炒白芍、麦芽各 15g，炒白术、防风、枳壳各 10g，青蒿 12g，佛手、半夏各 9g，炙麻黄 5g、甘草 3g，水煎，分 2 次服，每日 1 剂，常规西药治疗[1]。

3. 复发性口腔溃疡：根茎 6g，加桂枝、附子各 6g，炒白芍、矮地茶、六月雪各 15g，炒白术、防风、凤尾草各 10g，姜半夏 9g，炙麻黄 5g、甘草 3g，水煎，分 2 次服，每日 1 剂[1]。

4. 抑郁症：根茎 10g，加大枣 10 枚、合欢皮 15g、淮小麦 20g，百合、甘草各 30g，兼心脾两虚者加阿胶、酸枣仁、地黄、熟地；兼痰气郁结者加陈皮、厚朴、茯苓、苍术；兼肝气郁结者加郁金、枳壳、青皮；兼气郁化火者加黄连、牡丹皮、栀子。水煎，分 2 次服，每日 1 剂，8 周 1 疗程[2]。

5. 糖尿病周围神经病变：根茎 9g，加桂枝、赤芍、白术各 15g，炮附子（先煎）、防风、生姜各 9g，麻黄 6g，细辛、全蝎各 3g，炙甘草 6g，气虚明显者加党参 15g；阳虚明显者加细辛 3g；血虚明显者加当归 12g；阴虚明显者加天冬 9g；血瘀明显者加鸡血藤 15g。水煎，早晚饭后分服，每日 1 剂，同时降糖治疗[3]。

6. 产后身痛：根茎 10g，加桂枝、白芍、麻黄、黄芪、防己、穿山龙、当归、甘草各 10g，羌活、防风各 5g，白术、王不留行、桔梗各 20g，狗脊 15g，水煎，早饭前、晚饭后各服 1 次，每日 1 剂[4]。

【附注】知母始载于《神农本草经》，列为中品。《名医别录》载："知母生河内川谷，二月八月采根暴干。"《本草经集注》云："今出彭城，形似菖蒲而柔润，叶至难死，掘出随生，须枯燥乃止。"《本草图经》载："知母生河内川谷，今濒河诸郡及解州、滁州亦有之。根黄色，似菖蒲而柔润，叶至难死，掘出随生，须燥乃止。四月开青花如韭花，八月结实。二月八月采根，暴干用。"《植物名实图考》云："今药肆所售，根外黄，肉白，长数寸，原图三种，盖其韭叶者。"可见古代所用知母，存在异物同名问题，从《本草图经》所附 5 幅知母图分析，隰州和卫州知母与本种符合，《本草纲目》所绘知母图，亦是本种，为知母的正品。

药材知母脾胃虚寒、大便溏泻者禁服。

【化学参考文献】

[1] Yang B Y，Bi X Y，Liu Y，et al.Four new glycosides from the rhizoma of *Anemarrhena asphodeloides* [J].Molecules，2017，22（11）：1995/1-1995/8.

[2] 董俊兴，韩公羽.中药知母有效成分研究[J].药学学报，1992，27（1）：26-32.

[3] Kawasaki T，Yamauchi T，Itakura N.Saponins of Timo（*Anemarrhenae Rhizoma*）.I.[J].Yakugaku Zasshi，1963，83：892-896.

[4] Guo J，Xu C H，Xue R，et al.Cytotoxic activities of chemical constituents from rhizomes of *Anemarrhena asphodeloides* and their analogues [J].Arch Pharm Res，2015，38（5）：598-603.

[5] Wu B，Liu Z Y，Fan M S. The structural elucidation of two new artificial steroidal saponins [J].Chin Chem Lett，2012，23（3）：332-334.

[6] Peng Y，Zhang Y J，Ma Z Q，et al.Two new saponins from *Anemarrhena asphodeloides* Bge. [J].Chin Chem Lett，2007，18（2）：171-174.

[7] 孟志云，徐绥绪.知母中三个新的呋甾皂苷[J].沈阳药科大学学报，1998，15（2）：55-56.

[8] 杨军衡，曾雷，易诚，等.中药知母新皂甙成分的研究[J].天然产物研究与开发，2001，13（5）：18-21.

[9] 马百平，董俊兴，王秉，等.知母中呋甾皂甙的研究[J].药学学报，1996，4（31）：271-277.

[10] 孟志云，徐绥绪，孟令宏，等.知母皂甙 E1 和 E2[J].药学学报，1998，33（9）：54-57.

[11] 孟志云，李文，徐绥绪，等.知母的皂苷成分[J].药学学报，1999，34（6）：52-54.

[12] 孟志云，徐绥绪，李文，等.知母中新的皂苷成分[J].中国药物化学杂志，1999，9（4）：63-67.

[13] Kang L P，Zhang J，Cong Y，et al.Steroidal glycosides from the rhizomes of *Anemarrhena asphodeloides* and their antiplatelet aggregation activity [J].Planta Med，2012，78（6）：611-616.

[14] 康利平，马百平，史天军，等.知母中的两种新呋甾皂苷[J].药学学报，2006，（6）：527-532.

[15] Sun X H，Zhu F T，Zhang Y W，et al.Two new steroidal saponins isolated from *Anemarrhena asphodeloides* [J].Chin J Nat Med，2017，15（3）：220-224.

[16] Zhang Y W，Zhao Y F，Wang Y R，et al.Steroidal saponins with cytotoxic activities from the rhizomes of *Anemarrhena asphodeloids* Bge. [J].Phytochem Lett，2017，20：102-105.

[17] Yuan J C，Zhang J，Wang F X，et al.New steroidal glycosides from the rhizome of *Anemarrhena asphodeloides* [J].J Asian Nat Prod Res，2014，16（9）：901-909.

[18] Nakashima N，Kimura I，Kimura M.Isolation of pseudoprototimosaponin AIII from rhizomes of *Anemarrhena asphodeloides* and its hypoglycemic activity in streptozotocin-induced diabetic mice [J].J Nat Prod，1993，56（3）：345-350.

[19] 洪永福，张广明，孙连娜，等.西陵知母中甾体皂苷的分离与鉴定[J].药学学报，1999，34（7）：518-521.

[20] Saito S，Nagase S，Ichinose K.New steroidal saponins from the rhizomes of *Anemarrhena asphodeloides* Bunge（Liliaceae）[J].Chem Pharm Bull，1994，42（11）：2342-2345.

[21] Liu Q B，Peng Y，Li L Z，et al.Steroidal saponins from *Anemarrhena asphodeloides* [J].J Asian Nat Prod Res，2013，15（8）：891-898.

[22] Sun Y，Wu J，Sun X，et al.Steroids from the rhizome of *Anemarrhena asphodeloides* and their cytotoxic activities [J] . Bioorg Med Chem Lett，2016，26（13）：3081-3085.
[23] Wang Z Y，Cai J F，Fu Q，et al.Anti-inflammatory activities of compounds isolated from the rhizome of *Anemarrhena asphodeloides* [J] .Molecules，2018，23（10）：2631/1-2631/15.
[24] Yang B Y，Zhang J，Liu Y，et al.Steroidal saponins from the rhizomes of *Anemarrhena asphodeloides* [J] .Molecules，2016，21（8）：1075.
[25] 边际，徐绥绪，黄松，等 . 知母化学成分的研究 [J] . 沈阳药科大学学报，1996，（1）：34-40.
[26] Sun Y，Li L，Liu C，et al.Two new components from the rhizome of *Anemarrhena asphodeloides* Bge.and their antiplatelet aggregative activity [J] .Phytochemistry Letters，2014，7：207-211.
[27] Khang P V，Phuong D M，Ma L .New steroids from Anemarrhena asphodeloides rhizome and their α-glucosidase inhibitory activity [J] .Journal of Asian Natural Products Research，2016，19（5）：1-6.
[28] Iida Y，Oh K B，Saito M，et al.Detection of antifungal activity in *Anemarrhena asphodeloides* by sensitive BCT method and isolation of its active compound [J] .J Agric Food Chem，1999，47（2）：584-587.
[29] Park Y J，Ku C S，Kim M J，et al.Cosmetic activities of nyasol from the rhizomes of *Anemarrhena asphodeloide* [J] . Journal of Applied Biological Chemistry，2015，58（1）：31-38.
[30] Bak J P，Cho Y M，Kim I，et al.Inhibitory effects of norlignans isolated from *Anemarrhena asphodeloides* on degranulation of rat basophilic leukemia-2H3 cells [J] .Biomed Pharmacother，2016，84：1061-1066.
[31] Youn U J，Lee Y S，Jeong H N，et al.Identification of antiadipogenic constituents of the rhizomes of *Anemarrhena asphodeloides* [J] .J Nat Prod，2009，72（10）：1895-1898.
[32] Lee H J，Li H，Chang H R，et al.（-）-Nyasol，isolated from *Anemarrhena asphodeloides* suppresses neuroinflammatory response through the inhibition of I-κBα degradation in LPS-stimulated BV-2 microglial cells [J] .Journal of Enzyme Inhibition and Medicinal Chemistry，2013，28（5）：954-959.
[33] Jo Y H，Kim S B，Ahn J H，et al.Inhibitory activity of benzophenones from *Anemarrhena asphodeloides* on pancreatic lipase [J] .Nat Prod Commun，2013，8（4）：481-483.
[34] 张红雨，王芙媛，李明，等 . 知母宁清除活性氧作用的研究 [J] . 辐射研究与辐射工艺学报，1997，15（4）：224-228.
[35] Takahashi M，Konno C，Hikino H.Isolation and hypoglycemic activity of anemarans A，B，C and D，glycans of *Anemarrhena asphodeloides* rhizomes [J] .Planta Med，1985，（2）：100-102.
[36] 廖振东，许凤清，吴德玲，等 . 知母须根中 1 个新的二苯甲酮类化合物 [J] . 中国中药杂志，2019，44（7）：1392-1396.
[37] Wu D L，Kong L Y，Wu D L，et al.Benzophenones from *Anemarrhena asphodeloides* Bge.exhibit anticancer activity in HepG2 cells via the NF-κB signaling pathway [J] .Molecules，2019，24（12）：2246.

【药理参考文献】

[1] Catherine B M，Arielle E S，Tiffany A S，et al.*Anemarrhena asphodeloides* Bunge and its constituent timosaponin - AIII induce cell cycle arrest and apoptosis in pancreatic cancer cells [J] .Febs Open Bio，2018，8（7）：1155-1166.
[2] Shoemaker M，Hamilton B，Dairkee S H，et al.*In vitro* anticancer activity of twelve Chinese medicinal herbs [J] . Phytotherapy Research，2005，19（7）：649-651.
[3] Jung O，Lee J，Lee Y J，et al.Timosaponin AIII inhibits migration and invasion of A549 human non-small-cell lung cancer cells via attenuations of MMP-2 and MMP-9 by inhibitions of ERK1/2，Src/FAK and β-catenin signaling pathways [J] . Bioorganic & Medicinal Chemistry Letters，2016，26（16）：3963-3967.
[4] Gergely J E，Dorsey A E，Dimri G P，et al.Timosaponin A-III inhibits oncogenic phenotype via regulation of PcG protein BMI1 in breast cancer cells [J] .Molecular Carcinogenesis，2018，DOI：10.1002/mc.22804.
[5] Huang H L，Chiang W L，Hsiao P C，et al.Timosaponin AIII mediates caspase activation and induces apoptosis through JNK1/2 pathway in human promyelocytic leukemia cells [J] .Tumor Biology，2015，36（5）：3489-3497.
[6] Jianga Q Q，Zhaoa Y P，Gaoa W Y，et al.Isolation，purification，characterization and effect upon HepG2 cells of anemaran from *Rhizome Anemarrhena* [J] .Iranian Journal of Pharmaceutical Research（IJPR），2013，12（4）：777-788.

［7］Bao W N，Pan H F，Lu M，et al.The apoptotic effect of sarsasapogenin from *Anemarrhena asphodeloides* on HepG2 human hepatoma cells［J］.Cell Biology International，2007，31（9）：887-892.

［8］Kang Y J，Chung H J，Nam J W，et al.Cytotoxic and antineoplastic activity of timosaponin A-III for human colon cancer cells［J］.Journal of Natural Products，2011，74（4）：701-706.

［9］Nho K J，Chun J M，Kim H K .Induction of mitochondria-dependent apoptosis in HepG2 human hepatocellular carcinoma cells by timosaponin A-III［J］.Environmental Toxicology and Pharmacology，2016，45：295-301.

［10］Sun Y，Wu J，Sun X，et al.Steroids from the rhizome of *Anemarrhena asphodeloides* and their cytotoxic activities［J］. Bioorganic & Medicinal Chemistry Letters，2016，26：3081-3085.

［11］Frank W K，Sylvia F，Chandi G，et al .Timosaponin AIII is preferentially cytotoxic to tumor cells through inhibition of mTOR and induction of ER stress［J］.Plos One，2009，4（9）：e7283.

［12］潘会君，陈中建，章丹丹.知母皂苷 A Ⅲ对 2 种黑色素瘤细胞生长及巨噬细胞活化的影响［J］.中国药师，2015，18（2）：181-185.

［13］黄彩云，谢世荣，黄胜英.知母多糖对家兔血糖的影响［J］.大连大学学报，2004，25（4）：102-103.

［14］Miura T，Ichiki H，Iwamoto N，et al.Antidiabetic activity of the rhizoma of *Anemarrhena asphodeloides* and active components，mangiferin and its glucoside［J］.Biological & Pharmaceutical Bulletin，2001，24（9）：1009-1011.

［15］Kim K H，Kim K S，Shin M H，et al.Aqueous extracts of *Anemarrhena asphodeloides* stimulate glucagon-like pepetide-1 secretion in enteroendocrine NCI-H716 cells［J］.BioChip Journal，2013，7（2）：188-193.

［16］Li X，Cui X B，Wang J J，et al.Rhizoma of *Anemarrhena asphodeloides* counteracts diabetic ophthalmopathy progression in streptozotocin-induced diabetic rats［J］.Phytother Res，2013，27：1243-1250.

［17］黄芳，徐丽华，郭建明，等.知母提取物的降血糖作用［J］.中国生化药物杂志，2005，26（6）：332-335.

［18］吴莹，高慧，宋泽璧.盐知母不同有效部位改善链脲佐菌素诱导 2 型糖尿病大鼠糖代谢的研究［J］.现代药物与临床，2016，31（3）：17-20.

［19］Zhai Y P，Zhu X，Lu Q，et al.Total saponins from *Rhizoma Anemarrhenae* increase acetylcholinesterase activity in the hippocampus of diabetic rats［J］.Acta Neuropharmacologica，2012，2（1）：1-9.

［20］Khang P V，Phuong D M，Ma L .New steroids from *Anemarrhena asphodeloides* rhizome and their α-glucosidase inhibitory activity［J］.Journal of Asian Natural Products Research，2016，19（5）：1-6.

［21］Takahashi M，Konno C，Hikino H .Isolation and hypoglycemic activity of anemarans A，B，C and D，glycans of *Anemarrhena asphodeloides* rhizomes［J］.Planta Medica，1985，51（2）：100-102.

［22］陈万生，乔传卓.知母抗炎作用初探［J］.药学情报通讯，1993，11（3）：14-15.

［23］陈万生，韩军.知母总多糖的抗炎作用［J］.第二军医大学学报，1999，20（10）：758-760.

［24］Kim B R，Le H T T，Vuong H L .Suppression of inflammation by the rhizome of *Anemarrhena asphodeloides* via regulation of nuclear factor-κB and p38 signal transduction pathways in macrophages［J］.Biomedical Reports，2017，6（6）：691-697.

［25］Lee H J，Li H，Chang H R，et al.（－）-Nyasol，isolated from *Anemarrhena asphodeloides* suppresses neuroinflammatory response through the inhibition of I-κBα degradation in LPS-stimulated BV-2 microglial cells［J］.Journal of Enzyme Inhibition and Medicinal Chemistry，2013，28（5）：954-959.

［26］Chai O H，Shon D H，Han E H，et al.Effects of *Anemarrhena asphodeloides* on IgE-mediated passive cutaneous anaphylaxis，compound 48/80-induced systemic anaphylaxis and mast cell activation［J］.Experimental and Toxicologic Pathology，2013，65（4）：419-426.

［27］刘卓，隋海娟，闫恩志，等.知母皂苷对脂多糖诱导巨噬细胞炎症介质释放影响［J］.中国公共卫生，2013，29（3）：384-386.

［28］刘卓，隋海娟，闫恩志，等.知母皂苷对脂多糖引起巨噬细胞分泌 TNF-α 和 NO 的影响及机制［J］.中药药理与临床，2013，29（1）：67-69.

［29］刘卓，隋海娟，闫恩志，等.知母皂苷对脂多糖引起星形胶质细胞炎症因子释放的影响及机制［J］.中国药理学通报，2012，28（7）：970-974.

[30] Park B K, So K S, Ko H J, et al.Therapeutic Potential of the Rhizomes of *Anemarrhena asphodeloides* and timosaponin A-III in an animal model of lipopolysaccharide-induced lung inflammation [J].Biomolecules and Therapeutics, 2018, 26(6): 553-559.
[31] Kim J Y, Shin J S, Ryu J H, et al.Anti-inflammatory effect of anemarsaponin B isolated from the rhizomes of *Anemarrhena asphodeloides* in LPS-induced RAW 264.7 macrophages is mediated by negative regulation of the nuclear factor-κB and p38 pathways [J].Food and Chemical Toxicology, 2009, 47(7): 0-1617.
[32] Yuan Y L, Lin B Q, Zhang C F, et al.Timosaponin B-II ameliorates palmitate-induced insulin resistance and inflammation via IRS-1/PI3K/Akt and IKK/NF-κB pathways [J].The American Journal of Chinese Medicine, 2016, 44(4): 1-15.
[33] 蒋杰，李明，向继洲.知母宁抗流感病毒作用研究[J].中国药师，2004，7(5)：335-338.
[34] 李沙，甄宏，蒋杰，等.知母宁的体外抗单纯疱疹病毒Ⅱ型作用[J].华中科技大学学报(医学版)，2005，34(3)：53-56.
[35] 蒋杰，向继洲.知母宁体外抗单纯疱疹病毒Ⅰ型体外活性研究[J].中国药师，2004，7(9)：666-670.
[36] 丁蔚茅.知母宁抗乙肝病毒作用的实验研究[J].中国新技术新产品，2009，DOI：10.13612/j.cnki.cntp.2009.17.150.
[37] Green B, Jae-Rang Y, Jun L, et al.Identification of nyasol and structurally related Compounds as the active principles from *Anemarrhena asphodeloides* against respiratory syncytial virus (RSV) [J].Chemistry & Biodiversity, 2007, 4: 2231-2235.
[38] 杨成，金英，李世章，等.知母总皂苷对老年大鼠学习记忆行为和海马突触相关蛋白表达的影响[J].中国药理学与毒理学杂志，2012，26(2)：145-150.
[39] 任利翔，罗轶凡，高威，等.知母总皂苷对慢性温和应激小鼠的保护作用及机制研究[J].中药新药与临床药理，2011，22(4)：86-89.
[40] 欧阳石，孙莉莎，徐江平，等.知母总皂苷对大鼠脑皮质乙酰胆碱酯酶的抑制作用[J].中国药学杂志，2006，41(19)：1472-1474.
[41] 梁冰，隋海娟，金英.知母总皂苷对 $A\beta_{1\text{-}42}$ 引起的老年大鼠学习记忆能力及海马炎症反应的影响[J].中国生化药物杂志，2012，33(2)：117-119.
[42] 刘卓，金英，刘婉珠，等.知母皂苷对脂多糖引起的大鼠学习记忆障碍和炎症反应的影响[J].中国药理学通报，2010，26(10)：108-112.
[43] 王顺官，徐江平.知母皂苷对衰老大鼠脑乙酰胆碱受体的调节作用[J].解放军药学学报，2001，17(2)：71-73.
[44] 马玉奎，李莉，刘国宾.知母皂苷对三氯化铝致老年性痴呆模型大鼠的作用[J].齐鲁药事，2005，24(10)：625-626.
[45] 陈勤，胡雅儿.知母皂甙元对半乳糖拟痴呆模型小鼠学习记忆和脑内自由基代谢的影响[J].中药药理与临床，2000，16(5)：14-16.
[46] 陈勤，胡雅儿，夏宗勤.知母皂甙元对东莨菪碱所致学习记忆障碍和脑胆碱乙酰转移酶活力降低的影响[J].中药材，2001，24(7)：496-498.
[47] 陈勤，夏宗勤，胡雅儿.知母皂苷元对痴呆模型大鼠脑内M受体密度分布的影响[J].激光生物学报，2003，12(6)：445-449.
[48] 张乃钲，孙启祥，胡雅儿，等.知母皂甙元对大鼠脑内总M及M1受体的影响[J].上海第二医科大学学报，2004，21(6)：481-483.
[49] 胡梅，胡雅儿，张蔚，等.知母活性成分ZMS对老年大鼠脑M受体的调节作用[J].中华核医学与分子影像杂志，2001，21(3)：158-161.
[50] 孙启祥，胡雅儿，管宏，等.知母活性成分ZDY101对脑内定位注射鹅膏蕈氨酸拟痴呆大鼠的影响[J].核技术，2004，27(4)：297-300.
[51] 钟雷，谭洁，欧阳石，等.知母皂苷B对大鼠海马注射β-AP(25～35)致tau蛋白磷酸化的影响[J].南方医科大学学报，2006，26(8)：1106-1109.
[52] Lee B, Jung K, Kim D H.Timosaponin AIII, a saponin isolated from *Anemarrhena asphodeloides*, ameliorates learning and memory deficits in mice [J].Pharmacology Biochemistry & Behavior, 2009, 93(2): 121-127.

［53］王琦，隋海娟，屈文慧，等．知母皂苷元对谷氨酸引起的皮层神经元损伤的保护作用研究［J］．中国药理学通报，2013，29（2）：281-285.
［54］王金宁，董燕，隋海娟，等．知母皂苷元对体外培养皮层神经元树突发育的影响及信号转导机制［J］．中国药理学通报，2011，27（11）：1565-1569.
［55］王立军，金英，隋海娟，等．知母皂苷元改善淀粉样 β 蛋白引起的体外培养乳大鼠海马神经元的损伤［J］．中国药理学与毒理学杂志，2013，27（4）：629-634.
［56］隋海娟．知母皂苷元对高糖引起的体外培养大鼠海马神经元损伤的保护作用［J］．中国药理学通报，2013，29（1）：107-112.
［57］卢英，金英，隋海娟，等．知母皂苷元通过上调 PI3K/Akt 信号通路减轻淀粉样 β 蛋白诱导的乳大鼠海马神经元突触损伤［J］．中国药理学与毒理学杂志，2013，27（4）：635-640.
［58］Ren L X，Luo Y F，Li X，et al.Antidepressant-like effects of sarsasapogenin from *Anemarrhena asphodeloides* Bunge（Liliaceae）［J］.Biological & Pharmaceutical Bulletin，2006，29（11）：2304-2306.
［59］任利翔，罗轶凡，宋少江，等 知母总皂苷抗实验性抑郁作用的研究［J］．中药新药与临床药理，2007，18（1）：28-31.
［60］路明珠，张治强，伊佳，等．知母皂苷 B- Ⅱ抗抑郁作用及其机制研究［J］．药学实践杂志，2010，28（4）：283-287.
［61］Lu W Q，Qiu Y，Li T J，et al.Antiplatelet and antithrombotic activities of timosaponin B-II，an extract of *Anemarrhena asphodeloides*［J］.Clinical & Experimental Pharmacology & Physiology，2011，38（7）：380-384.
［62］Sun Y，Li L，Liu C，et al.Two new components from the rhizome of *Anemarrhena asphodeloides* Bge.and their antiplatelet aggregative activity［J］.Phytochemistry Letters，2014，7：207-211.
［63］李素燕，赵振虎，裴海云，等．知母皂苷 A Ⅲ抗血栓作用研究［J］．军事医学科学院院刊，2006，30（4）：340-342.
［64］丛悦，柳晓兰，余祖胤，等．知母皂苷抑制血小板聚集的活性成分筛选及构效关系分析［J］．解放军医学杂志，2010，35（11）：1370-1373.
［65］邓云，徐秋萍，刘振权，等．知母皂苷化合物对脑缺血再灌注大鼠的保护作用［J］．北京中医药大学学报，2005，28（2）：33-35.
［66］吴非，郭胜蓝，程玉芳，等．知母总皂苷对大鼠脑缺血及再灌注损伤的保护作用［J］．中国药学杂志，2006，41（9）：668-671.
［67］付宝才，林娟，杨林海．知母总皂苷对高脂血症大鼠肝脏低密度脂蛋白受体活性的影响［J］．医学综述，2009，15（14）：2226-2227.
［68］韩兵，李春梅，李敏，等．知母皂苷的降脂及抗动脉粥样硬化作用［J］．上海中医药杂志，2006，40（11）：68-70.
［69］Li C L，Liu Z F，Han B，et al.A140.effect of saponins from *Anemarrhena asphodeloides* Bunge on blood lipid concentration of hyperlipemia quail［J］.Journal of Molecular & Cellular Cardiology，2006，40（6）：884.
［70］Chunmei L，Zhifeng L，Bing H，et al.A141.effect of sponins from *Anemarrhena asphodeloides* Bunge on hemorheology and microcirculation in quails［J］.Journal of Molecular & Cellular Cardiology，2006，40（6）：884.
［71］巨艳红，甄清，李勇，等．知母提取物抗真菌作用实验研究［J］．特产研究，2009，（3）：23-24，27.
［72］韩云霞，周燕，袁荣献．不同炮制方法对知母体外抗菌活性的影响［J］．中国药业，2008，17（2）：25.
［73］Park H J，Lee J Y，Moon S S，et al.Isolation and anti-oomycete activity of nyasol from *Anemarrhena asphodeloides* rhizomes［J］.Phytochemistry，2003，64（5）：997-1001.
［74］Ma L L，Liu Z C，Zhang W P，et al.Antifungi efficacy of the compound preparation of *Anemarrhena asphodeloides* Bunge on the drug resistant strain of *Candida Albicans*［J］.Advanced Materials Research，2012，518-523：5569-5572.
［75］杜镇镇，王志强，李恒元，等．知母体外抑菌作用研究［J］．时珍国医国药，2008，19（5）：1158.
［76］王德洁，李娟，巨艳红，等．知母多糖的体外抗氧化作用研究［J］．现代中药研究与实践，2008，22（2）：31-32.
［77］张红雨，王芙媛，李明，等．知母宁清除活性氧作用的研究［J］．辐射研究与辐射工艺学报，1997，15（4）：224-228.
［78］朱起之，赵树进．知母皂甙对糖皮质激素副作用的影响［J］．实用医学杂志，2001，17（7）：583-584.

［79］韩丽萍，赵树进．知母皂甙对动物甲状腺激素引起的异丙肾上腺素反应升高的调整作用及其机制［J］．中药新药与临床药理，1998，9（4）：224-226，253.
［80］赵树进，郑维华，易宁育，等．知母皂甙元对家兔氢化可的松模型血淋巴细胞β受体的作用［J］．核技术，1992，15（5）：262-266.
［81］赵树进，韩丽萍．知母皂苷及其苷元对动物模型β肾上腺素受体的调整作用［J］．中国医院药学杂志，2000，20（2）：70-73.
［82］金有豫，耿朝晖．知母皂甙D对心肌缺血／复灌性损伤的保护作用的分析［J］．首都医科大学学报，1994，15（2）：138.
［83］Kim H S，Song J H，Youn U J，et al.Inhibition of UVB-induced wrinkle formation and MMP-9 expression by mangiferin isolated from *Anemarrhena asphodeloides*［J］.European Journal of Pharmacology，2012，689（1-3）：38-44.
［84］李惠萍，全彩娟．知母宁对大鼠急性常压低氧性肺动脉高压的影响［J］．中国中医药科技，1997，20（6）：339.
［85］黄晓颖，王良兴，李明，等．知母宁对慢性低 O_2 高 CO_2 大鼠肺动脉高压的影响及其机制研究［J］．中国应用生理学杂志，2002，12（3）：35.
［86］Lee B，Trinh H T，Jung K，et al.Inhibitory effects of steroidal timosaponins isolated from the rhizomes of *Anemarrhena asphodeloides*，against passive cutaneous anaphylaxis reaction and pruritus［J］.Immunopharmacology and Immunotoxicology，2010，32（3）：357-363.
［87］丁劲松，李继红，刘晓玲．知母宁对豚鼠哮喘的预防作用及其对内皮素和一氧化氮的影响［J］．中国中医药科技，2007，14（2）：89-90.
［88］Youn U J，Lee Y S，Jeong H，et al.Identification of antiadipogenic constituents of the rhizomes of *Anemarrhena asphodeloides*［J］.Journal of Natural Products，2009，72（10）：1895-1898.
［89］王凤芝，陶站华，王晓惠，等．中药知母对小鼠免疫功能的影响［J］．黑龙江医药科学，2002，25（3）：7-8.
［90］Wang G J，Lin L C，Chen C F，et al.Effect of timosaponin A-III，from *Anemarrhenae asphodeloides* Bunge（Liliaceae），on calcium mobilization in vascular endothelial and smooth muscle cells and on vascular tension［J］.Life Sciences，2002，71（9）：1081-1090.

【临床参考文献】

［1］蒋昭昭，董飞侠．董飞侠主任医师运用桂枝芍药知母汤治疗风湿免疫疾病经验［J］．中国现代医生，2018，56（24）：132-135.
［2］陈雪梅．甘麦大枣汤合百合知母汤加减治疗抑郁症的效果研究［J］．中国实用医药，2018，13（9）：107-109.
［3］汪艳茹．桂枝芍药知母汤改善糖尿病周围神经病变感觉异常效果分析［J］．糖尿病新世界，2017，20（24）：166-167.
［4］苏改娟，张灵娟，王斐繁，等．桂枝芍药知母汤化裁辨证治疗产后身痛［J］．云南中医中药杂志，2018，39（6）：41-43.

7. 山麦冬属 *Liriope* Lour.

多年生草本。根茎短或不明显，常具细长地下匍匐茎；根细长，近末端有时呈纺锤状。茎极短。叶基生，密集成丛，禾叶状，基部叶鞘膜质或边缘膜质。花葶直立，通常近浑圆，生于叶丛中央；花小，单朵至数朵簇生于苞片内，排成总状花序；苞片小，干膜质；花梗直立，具关节；花被片6枚，离生，2轮排列；雄蕊着生于花被片基部，花丝与花药等长或长于花药，花药基着，2室，近内向开裂；子房上位，3室，每室胚珠2粒，花柱三棱柱形，柱头小，微3齿裂。蒴果，未成熟时不规则开裂，露出种子。种子浆果状。

约8种，分布于越南、菲律宾、日本和中国。中国6种，法定药用植物3种。华东地区法定药用植物2种。

1115. 阔叶山麦冬（图 1115）• *Liriope platyphylla* F. T. Wang et T. Tang［*Liriope muscari*（Decne.）L. H. Bailey］

图 1115 阔叶山麦冬 摄影 赵维良等

【别名】短葶山冬麦（浙江）。

【形态】多年生草本。根茎短，木质；根细长，多分枝，常具纺锤形小块根。叶密集丛生，叶片长 25 ~ 45cm，宽 1 ~ 3.5cm，基部渐窄，具横脉。花葶高达 1m；总状花序，长 15 ~ 45cm，花 3 ~ 8 朵簇生于苞片腋内，苞片刚毛状，小苞片卵形，干膜质。花梗长约 0.5cm，关节生于中部或中上部；花被片长圆状披针形或近长圆形，紫色或红紫色；子房近球形。种子球形，直径约 0.7cm，成熟时黑色或黑紫色。花期 7 ~ 8 月，果期 9 ~ 10 月。

【生境与分布】生于海拔 50 ~ 1400m 山地、沟谷、疏林下或潮湿处。分布于山东、江苏、浙江、福建、江西、安徽，另湖北、湖南、广东、广西、贵州、四川、陕西南部、河南、台湾等地均有分布；日本也有分布。

【药名与部位】山麦冬（土麦冬），块根。

【采集加工】夏初采挖，洗净，反复曝晒、堆置，至近干，除去须根，干燥。

【药材性状】呈纺锤形，稍扁，两端略尖，长 2 ~ 5cm，直径 0.3 ~ 0.8cm，具粗纵纹。表面淡黄色至棕黄色，具不规则纵皱纹。质柔韧，干后质硬脆，易折断，断面淡黄色至棕黄色，角质样，中柱细小。气微，味甘、微苦。

【药材炮制】除去杂质，洗净，干燥。

【化学成分】块根含甾体类：薯蓣皂苷（dioscin）、亚莫皂苷元-3-*O*-β-马铃薯三糖苷（yamogenin-3-*O*-β-chacotrioside）、假叶树皂苷元-1-硫酸酯-3-*O*-α-L-吡喃鼠李糖苷（ruscogenin-1-sulfate-3-*O*-α-L-rhamnopyranoside）、甲基原薯蓣皂苷（methyl protodioscin）、（25*S*）-假叶树皂苷元-1-*O*-α-L-吡喃鼠李糖基-（1→2）-β-D-吡喃岩藻糖苷［（25*S*）-ruscogenin-1-*O*-α-L-rhamnopyranosyl-（1→2）-β-D-fucopyranoside］、假叶树皂苷元-3-*O*-β-D-吡喃葡萄糖基-（1→3）-α-L-吡喃鼠李糖苷［ruscogenin-3-*O*-β-D-glucopyranosyl-（1→3）-α-L-rhamnopyranoside］、假叶树皂苷元-3-*O*-α-L-吡喃鼠李糖苷（ruscogenin-3-*O*-α-L-rhamnopyranoside）、（25*S*）-假叶树皂苷元-1-*O*-β-D-吡喃岩藻糖苷-3-*O*-α-L-吡喃鼠李糖苷[（25*S*)-ruscogenin-1-*O*-β-D-fucopyranoside-3-*O*-α-L-rhamnopyranoside]、薯蓣皂苷元-3-*O*-［α-L-吡喃鼠李糖基-（1→2）］［β-D-吡喃木糖基-（1→3）］-β-D-吡喃葡萄糖苷{diosgenin-3-*O*-［α-L-rhamnopyranosyl-(1→2)][β-D-xylopyranosyl-(1→3)]-β-D-glucopyranoside}、亚莫皂苷元-3-*O*-［α-L-吡喃鼠李糖基-（1→2）］［β-D-吡喃木糖基-（1→3）］-β-D-吡喃葡萄糖苷{yamogenin-3-*O*-［α-L-rhamnopyranosyl-（1→2）］［β-D-xylopyranosyl-（1→3）］-β-D-glucopyranoside}[1]，山麦冬皂苷A、B（spicatoside A、B）[2]，薯蓣皂苷元（diosgenin）、β-谷甾醇（β-sitosterol）[3]，（25*S*）-假叶树皂苷元-1-*O*-β-D-吡喃葡萄糖基-（1→2）-［β-D-吡喃木糖基-（1→3）］-β-D-吡喃葡萄糖苷{（25*S*）-ruscogenin-1-*O*-β-D-glucopyranosyl-（1→2）-［β-D-xylopyranosyl-（1→3）］-β-D-glucopyranoside}、（25*R*）-假叶树皂苷元-1-*O*-β-D-吡喃葡萄糖基-（1→2）-［β-D-吡喃木糖基-（1→3）］-β-D-吡喃葡萄糖苷{（25*R*）-ruscogenin-1-*O*-β-D-glucopyranosyl-（1→2）-［β-D-xylopyranosyl-（1→3）］-β-D-glucopyranoside}、（25*S*）-假叶树皂苷元-1-*O*-β-D-吡喃葡萄糖基-（1→2）-［β-D-吡喃木糖基-（1→3）］-β-D-吡喃木糖苷{（25*S*）-ruscogenin-1-*O*-β-D-glucopyranosyl-（1→2）-［β-D-xylopyranosyl-（1→3）］-β-D-xylopyranoside}、（25*R*）-假叶树皂苷元-1-*O*-β-D-吡喃葡萄糖基-（1→2）-［β-D-吡喃木糖基-（1→3）］-β-D-吡喃木糖苷{（25*R*）-ruscogenin-1-*O*-β-D-glucopyranosyl-（1→2）-［β-D-xylopyranosyl-（1→3）］-β-D-xylopyranoside}、（25*R*）-假叶树皂苷元-1-*O*-α-L-吡喃鼠李糖基-（1→2）-［β-D-吡喃木糖基-（1→3）］-β-D-吡喃葡萄糖苷{（25*R*）-ruscogenin-1-*O*-α-L-rhamnopyranosyl-（1→2）-［β-D-xylopyranosyl-（1→3）］-β-D-glucopyranoside}、（25*S*）-假叶树皂苷元-1-*O*-β-D-吡喃葡萄糖基-（1→2）-［α-L-呋喃阿拉伯糖基-（1→3）］-β-D-吡喃岩藻糖苷{（25*S*）-ruscogenin-1-*O*-β-D-glucopyranosyl-（1→2）-［α-L-arabinofuranosyl-（1→3）］-β-D-fucopyranoside}、（25*R*）-假叶树皂苷元-1-*O*-β-D-吡喃葡萄糖基-（1→2）-［α-L-呋喃阿拉伯糖基-（1→3）］-β-D-吡喃岩藻糖苷{（25*R*）-ruscogenin-1-*O*-β-D-glucopyranosyl-（1→2）-［α-L-arabinofuranosyl-（1→3）］-β-D-fucopyranoside}、新假叶树皂苷元-1-*O*-β-D-吡喃葡萄糖基-（1→2）-［β-D-吡喃木糖基-（1→3）］-β-D-吡喃木糖苷{neoruscogenin-1-*O*-β-D-glucopyranosyl-(1→2)-[β-D-xylopyranosyl-(1→3)]-β-D-xylopyranoside}、新假叶树皂苷元-1-*O*-α-L-吡喃鼠李糖基-（1→2）-［β-D-吡喃木糖基-（1→3）］-β-D-吡喃葡萄糖苷{neoruscogenin-1-*O*-α-L-rhamnopyranosyl-（1→2）-［β-D-xylopyranosyl-（1→3）］-β-D-glucopyranoside}、新假叶树皂苷元-1-*O*-β-D-吡喃葡萄糖基-（1→2）-［β-D-吡喃木糖基-（1→3）］-β-D-吡喃岩藻糖苷{neoruscogenin-1-*O*-β-D-glucopyranosyl-(1→2)-[β-D-xylopyranosyl-(1→3)]-β-D-fucopyranoside}、(25*R*)-假叶树皂苷元-1-*O*-β-D-吡喃葡萄糖基-（1→2）-［β-D-吡喃木糖基-（1→3）］-β-D-吡喃岩藻糖苷{（25*R*）-ruscogenin-1-*O*-β-D-glucopyranosyl-（1→2）-［β-D-xylopyranosyl-（1→3）］-β-D-fucopyranoside}、（25*S*）-假叶树皂苷元-1-*O*-β-D-吡喃葡萄糖基-（1→2）-［β-D-吡喃木糖基-（1→3）］-β-D-吡喃岩藻糖苷{（25*S*）-ruscogenin-1-*O*-β-D-glucopyranosyl-（1→2）-［β-D-xylopyranosyl-（1→3）］-β-D-fucopyranoside}、（25*S*）-假叶树皂苷元-1-*O*-α-L-吡喃鼠李糖基-（1→2）-［β-D-吡喃木糖基-（1→3）］-β-D-吡喃葡萄糖苷{（25*S*）-ruscogenin-1-*O*-α-L-rhamnopyranosyl-（1→2）-［β-D-xylopyranosyl-（1→3）］-β-D-glucopyranoside}[4]，阔叶山麦冬甾苷Ⅰ、Ⅱ（liriopem Ⅰ、Ⅱ）[5]，25（*R*, *S*）-假叶树皂苷元-1-*O*-［α-L-吡喃鼠李糖基-（1→2）］-［β-D-吡喃木糖基-（1→3）］-β-D-吡喃岩藻糖苷-3-*O*-

α-L- 吡喃鼠李糖苷 {25（*R*, *S*）-ruscogenin-1-*O*-［α-L-rhamnopyranosyl-（1 → 2）］-［β-D-xylopyranosyl-（1 → 3）］-β-D-fucopyranoside-3-*O*-α-L-rhamnopyrnoside} 和 25（*R*, *S*）- 假叶树皂苷元 -1-*O*-β-D- 吡喃葡萄糖基 -（1 → 2）［β-D- 吡喃木糖基 -（1 → 3）］-β-D- 吡喃岩藻糖苷 {25（*R*, *S*）-ruscogenin-1-*O*-β-D-glucopyranosyl-（1 → 2）［β-D-xylopyranosyl-（1 → 3）］-β-D-fucopyranoside}[5]；三萜类：熊果酸（ursolic acid）、羽扇豆醇（lupeol）和羽扇豆烯酮（lupenone）[3]。

须根含黄酮类：3, 5- 二羟基 -7- 甲氧基 -3-（4- 羟基苄基）色烷 -4- 酮［3, 5-dihydroxy-7-methoxy-3-（4-hydroxybenzyl）chroman-4-one］和 3, 5- 二羟基 -7- 甲氧基 -6- 甲基 -3-（4- 羟基苄基）色烷 -4- 酮［3, 5-dihydroxy-7-methoxy-6-methyl-3-（4-hydroxybenzyl）chroman-4-one］[6]；木脂素类：（4*R*, 5*S*）-5-（3- 羟基 -2, 6- 二甲基苯基）-4- 异丙基二氢呋喃 -2- 酮［（4*R*, 5*S*）-5-（3-hydroxy-2, 6-dimethylphenyl）-4-isopropyldihydrofuran-2-one］[6]；生物碱类：金色酰胺醇酯（aurantiamide acetate）、对羟基桂皮酰酪胺（*N*-*p*-coumaroyltyramine）[6]，*N*- 反式 - 阿魏酰酪胺（*N*-*trans*-feruloyltyramine）和 *N*- 反式 - 阿魏酰章鱼胺（*N*-*trans*-feruloyloctopamine）[7]；蒽醌类：大黄素（emodin）[6]；甾体类：豆甾醇（stigmasterol）和 β- 胡萝卜苷（β-daucosterin）[6]。

【药理作用】1. 抗氧化　块根的乙醚部位具有较好的清除氧自由基的作用[1]；从块根分离得到的成分 *N*- 反式 - 阿魏酰酪胺（*N*-*trans*-feruloyltyramine）和 *N*- 反式 - 阿魏酰章鱼胺（*N*-*trans*-feruloyloctopamine）具有明显的清除 1，1- 二苯基 -2- 三硝基苯肼（DPPH）自由基和 2，2′- 联氨 - 二（3- 乙基 - 苯并噻唑 -6- 磺酸）二铵盐（ABTS）自由基的作用，并且 C-3 处的—OCH_3 基团影响抗氧化作用[2]。2. 抗肿瘤　所含的甾体皂苷类成分可通过抑制 PI3K/Akt 信号通路发挥抗前列腺癌转移和增殖的作用[3]，从块根分离的成分 DT-13 可抑制人肺癌 A549 细胞对 HUVEC 和纤连蛋白的增殖和黏附，并通过细胞外基质的侵袭抑制 A549 细胞，可能通过抑制基质金属蛋白酶 -2/9 的表达，发挥其抑制肿瘤转移的作用[4]，能够从缺氧微环境及肿瘤间质细胞两方面抑制肿瘤细胞的迁移及内皮细胞管腔形成，从而达到抗肿瘤转移的作用[5]；块根乙醇提取物的乙酸乙酯部位能明显改变人乳腺癌 MCF-7 细胞的细胞形态，促进其凋亡，降低线粒体膜电位[6]。3. 免疫调节　从块根分离得到的短葶山麦冬多糖能显著增强小鼠腹腔巨噬细胞吞噬能力和趋化作用，促进肿瘤坏死因子 -α（TNF-α）、白细胞介素 -6（IL-6）的释放[7]，能升高免疫低下小鼠胸脏指数，明显增加小鼠腹腔巨噬细胞吞噬率，增加血清溶血素和细胞因子（白细胞介素 -2、肿瘤坏死因子 -α）的含量，同时能明显提高脾淋巴细胞增殖能力和自然杀伤（NK）细胞的活性，从而增强免疫抑制小鼠机体免疫功能[8]，对胸腺指数、碳廓清能力、巨噬细胞吞噬鸡红细胞能力、自然杀损细胞活性均有显著作用，能增强小鼠非特异性免疫功能[9]。4. 抗炎　块根水溶性提取物能抑制二甲苯引起的耳肿胀和卡拉胶致足肿胀，具有抗炎作用[10]。5. 抗血栓　从块根分离得到的短葶山冬麦皂苷 C（DT-13）通过下调白细胞介素 -6 和增加 TF 的 mRNA 表达水平具有抗血栓作用[11]。6. 抗衰老　分离得到的阔叶山麦冬总皂苷（LPTS）对 D- 半乳糖衰老小鼠学习记忆障碍有一定的改善作用，可显著促进衰老小鼠体重增长，提高其胸腺系数和脾系数，降低血清丙二醛（MDA）的含量，降低脑组织单胺氧化酶活性和脂褐质含量，提高血清超氧化物歧化酶（SOD）含量，升高肝谷胱甘肽（GSH）含量，具有抗衰老的作用[12]。7. 护肝　从块根分离得到的假叶树皂苷元糖苷类成分（ruscogenin glycosides）可通过肝浸润淋巴细胞功能障碍改善肝损伤[13]。

【性味与归经】甘、微苦，微寒。归心、肺、胃经。

【功能与主治】养阴生津，润肺清心。用于肺燥干咳，阴虚痨嗽，喉痹咽痛，津伤口渴，内热消渴，心烦失眠，肠燥便秘。

【用法与用量】9 ～ 15g。

【药用标准】药典 1995—2015、部标中药材 1992 和湖南药材 2009。

【附注】同属植物湖北麦冬 *Liriope spicata*（Thunb.）Lour. var. *prolifera* Y. T. Ma 的块根在河南作山麦冬药用，禾叶山麦冬 *Liriope graminifolia*（Linn.）Baker 及矮小山麦冬 *Liriope minor*（Maxim.）Makino 的块根在民间也作山麦冬或土麦冬药用。

本种在 *Flora of China* 中的学名为 *Liriope muscari*（Decne.）L. H. Bailey。

【化学参考文献】

[1] Watanabe Y，Sanada S，Ida Y，et al.Comparative studies on the constituents of ophiopogonis tuber and its congeners.I.studies of the constituents of the subterranean part of *Liriope platyphylla* Wang et Tang.（1）[J].Chem Pharm Bull，1983，31（6）：1980-1990.

[2] Baek N I，Cho S J，Bang M H，et al.Cytotoxicity of steroid-saponins from the tuber of *Liriope platyphylla* W.T. [J]. Han'guk Nonghwa Hakhoechi，1998，41（5）：390-394

[3] 姜涛，黄宝康，张巧艳，等.阔叶山麦冬的化学成分研究[J].中药材，2007，30（9）：1079-1081.

[4] Wu Y，Wang X M，Bi S X，et al.Novel cytotoxic steroidal saponins from the roots of *Liriope muscari*（Decne.）L.H.Bailey [J]. RSC Advances，2017，7（23）：13696-13706.

[5] Li Y W，Qi J，Zhang Y Y，et al.Novel cytotoxic steroidal glycosides from the roots of *Liriope muscari* [J].Chin J Nat Med，2015，13（6）：461-466.

[6] 吴炎，李永伟，戚进，等.短葶山麦冬须根乙酸乙酯部位化学成分[J].中国实验方剂学杂志，2014，20（1）：40-43.

[7] Jie L W，Long C X，Jing L，et al.Phenolic compounds and antioxidant activities of *Liriope muscari* [J].Molecules，2012，17（2）：1797-1808.

【药理参考文献】

[1] 陈斐冷，胡正芳，戚进.基于 HPLC-UV-CL 联用分析技术评价不同产地山麦冬清除过氧化氢活性[J].中国中药杂志，2019，44（5）：990-995.

[2] Jie L W，Long C X，Jing L，et al.Phenolic compounds and antioxidant activities of *Liriope muscari* [J].Molecules，2012，17（2）：1797-1808.

[3] 王铮铭.短葶山麦冬皂苷 C 抗前列腺癌作用及分子机理[D].天津：天津医科大学硕士学位论文，2018.

[4] Zhang Y Y，Liu J H，Kou J P，et al.DT-13，a steroidal saponin from *Liriope muscari* L.H.Bailey，suppresses A549 cells adhesion and invasion by inhibiting MMP-2/9 [J].Chinese Journal of Natural Medicines，2012，10（6）：436-440.

[5] 孙立，林森森，刘阳，等.短葶山麦冬皂苷 C 抗肿瘤转移作用研究[C].医学科学前沿论坛全国肿瘤药理与化疗学术会议，2011.

[6] 李琼.短葶山麦冬抗肿瘤有效部位与作用机制研究[D].厦门：华侨大学硕士学位论文，2016.

[7] 刘用国，许娇红，张红雷.短葶山麦冬多糖对小鼠腹腔巨噬细胞功能的影响[J].中成药，2015，（10）：195-197.

[8] 刘用国，张红雷，许娇红.短葶山麦冬多糖对免疫抑制小鼠的免疫功能的影响[J].海峡药学，2015，27（2）：13-15.

[9] 刘用国，张红雷，许娇红.短葶山麦冬总多糖对小鼠免疫功能的影响[J].海峡药学，2014，26（11）：30-32.

[10] Tian Y Q，Kou J P，Li L Z，et al.Anti-inflammatory effects of aqueous extract from *Radix Liriope muscari* and its major active fraction and component [J].Chinese Journal of Natural Medicines，2011，9（3）：222-226.

[11] Tian Y Q，Ma S T，Lin B Q，et al.Anti-thrombotic activity of DT-13，a saponin isolated from the root tuber of *Liriope muscari* [J].Indian J Pharmacol，2013，45：283-285.

[12] 姜涛，黄宝康，张巧艳.阔叶山麦冬总皂苷对 D- 半乳糖衰老小鼠学习记忆及代谢产物的影响[J].中西医结合学报，2007，5（6）：670-674.

[13] Wu F，Cao J，Jiang J，et al.Ruscogenin glycoside（Lm-3）isolated from *Liriope muscari* improves liver injury by dysfunctioning liver-infiltrating lymphocytes [J].Journal of Pharmacy & Pharmacology，2010，53（5）：681-688.

1116. 山麦冬（图 1116）• *Liriope spicata*（Thunb.）Lour.[*Liriope spicata*（Thunb.）Lour. var. *prolifera* Y. T. Ma]

【别名】大麦冬、麦冬（安徽），门冬、山韭菜（江西）。

【形态】多年生草本。根茎短，具地下横走茎；根细长，多分枝，根近末端呈长圆形、椭圆形或纺

图 1116 山麦冬 摄影 丁炳扬等

锤形肉质小块根。叶常密集丛生，叶片长 25 ~ 60cm，宽 4 ~ 6mm，基部常具褐色叶鞘；叶脉 5 条，边缘具细锯齿。花葶长 25 ~ 65cm；总状花序，长 6 ~ 20cm，花常 2 ~ 5 朵簇生于苞片腋内，苞片小，披针形，干膜质。花梗长约 0.4cm，关节生于中部以上或近顶端；花被片长圆形、长圆状披针形，淡紫色或淡蓝色；子房近球形；柱头不明显。种子近球形，直径约 0.5cm，成熟时蓝黑色或紫黑色。花期 5 ~ 7 月，果期 8 ~ 10 月。

【生境与分布】生于海拔 50 ~ 1400m 山坡、林下或潮湿处。分布于山东东部、江苏、浙江、福建、安徽，另河北、湖南、湖北、广东、香港、海南东北部、云南南部、四川、甘肃南部、陕西南部、山西西南部、河南、台湾等地均有分布；日本、越南也有分布。

山麦冬与阔叶山麦冬的主要区别点：山麦冬叶较窄，宽不超过 6mm；花葶较矮，高不超过 0.6m；花梗上关节在中部以上或近顶端；种子成熟时蓝黑色或紫黑色。阔叶山麦冬叶宽 1 ~ 3.5cm；花葶高达 1m，花梗上关节在中部或中上部；种子成熟时黑色或紫黑色。

【药名与部位】土麦冬，块根。

【采集加工】夏季采挖，洗净，反复曝晒，堆置，摊晒，至七八成干，除去须根，干燥。

【药材性状】呈纺锤形，有的略弯曲，两端狭尖，中部略粗，长 1.5 ~ 2 ~ 5cm，直径 0.3 ~ 0.5cm。表面淡黄色或黄棕色，具粗糙的纵皱纹。质柔韧，木心较粗，味较淡。

【药材炮制】除去杂质，洗净，润透，压扁，干燥。

【化学成分】块根含甾体类：山麦冬皂苷 A、B（spicatoside A、B）[1]，山麦冬皂苷 C（spicatoside C）[2]、（25*S*）- 假叶树皂苷元 -1-*O*-α-L- 吡喃鼠李糖基 -（1 → 2）-β-D- 吡喃木糖苷［（25*S*）-ruscogenin-1-*O*-α-L- rhamnopyranosyl-（1 → 2）-β-D-xylopyranoside］、（25*S*）- 假叶树皂苷元 -1-*O*-β-D- 吡喃岩藻糖苷 -3-*O*-α-L- 吡喃鼠李糖苷［（25*S*）-ruscogenin-1-*O*-β-D-fucopyranoside-3-*O*-α-L-rhamnopyranoside］、（25*S*）- 假叶树皂苷元 -1-*O*-［α-L- 吡喃鼠李糖基 -（1 → 2）］［β-D- 吡喃木糖基 -（1 → 3）］-β-D- 吡喃岩藻糖苷｛（25*S*）-

ruscogenin-1-*O*-［α- L-rhamnopyranosyl-（1→2）］［β-D-xylopyranosyl-（1→3）］-β-D-fucopyranoside}[3]，沿阶草苷 B（ophiopogonin B）[4]，β- 谷甾醇（β-sitosterol）和豆甾醇 -β-D- 吡喃葡萄糖苷（stigmasterol-β-D-glucopyranoside）[3]；烷烃苷类：1- 正丁基 -β-D- 吡喃果糖苷（1-*n*-butyl-β-D-fructopyranoside）[5]。

地下部分含甾体类：湖北山麦冬苷 A、B、C、D（lirioprolioside A、B、C、D）、（25*S*）- 假叶树皂苷元 -1-*O*-β-D- 吡喃岩藻糖苷 -3-*O*-α-L- 吡喃鼠李糖苷［（25*S*）-ruscogenin-1-*O*-β-D-fucopyranoside-3-*O*-α-L-rhamnopyranoside］、（25*S*）- 假叶树皂苷元 -1-*O*-β-D- 吡喃木糖苷 -3-*O*-α-L- 吡喃鼠李糖苷［（25*S*）-ruscogenin-1-*O*-β-D-xylopyranoside-3-*O*-α-L-rhamnopyranoside］、（25*S*）- 假叶树皂苷元 -1-*O*-α-L-吡喃鼠李糖基 -（1→2）-β-D- 吡喃木糖苷［（25*S*）-ruscogenin-1-*O*-α-L-rhamnopyranosyl-（1→2）-β-D-xylopyranoside］、沿阶草苷 A（ophiopogonin A）、（25*S*）- 假叶树皂苷元 -1-*O*-［（2-*O*- 乙酰基）-α-L-吡喃鼠李糖基 -（1→2）］［β-D- 吡喃木糖基 -（1→3）］-β-D- 吡喃岩藻糖苷 {（25*S*）-ruscogenin-1-*O*-［（2-*O*-acetyl）-α-L-rhamnopyranosyl-（1→2）］［β-D-xylopyranosyl-（1→3）］-β-D-fucopyranoside}、（25*S*）-假叶树皂苷元 -1-*O*-［（3-*O*- 乙酰基）-α-L- 吡喃鼠李糖基 -（1→2）］［β-D- 吡喃木糖基 -（1→3）］-β-D-吡喃岩藻糖苷 {（25*S*）-ruscogenin-1-*O*-［（3-*O*-acetyl）-α-L-rhamnopyranosyl-（1→2）］［β-D-xylopyranosyl-（1→3）］-β-D-fucopyranoside}、亚莫皂苷元 -3-*O*-［α-L- 吡喃鼠李糖基 -（1→2）］［β-D- 吡喃木糖基 -（1→3）］-β-D- 吡喃葡萄糖苷 {yamogenin-3-*O*-［α-L-rhamnopyranosyl-（1→2）］［β-D-xylopyranosyl-（1→3）］-β-D-glucopyranoside}[6]，（25*S*）- 假叶树皂苷元 -1-*O*-［α-L- 吡喃鼠李糖基 -（1→2）］［β-D-吡喃木糖基 -（1→3）］-β-D- 吡喃岩藻糖苷 {（25*S*）-ruscogenin-1-*O*-［α-L-rhamnopyranosyl-（1→2）］［β-D-xylopyranosyl-（1→3）］-β-D-fucopyranoside}[7] 和胡萝卜苷（daucosterol）[6]。

须根含甾体类：（25*S*）- 假叶树皂苷元 -*O*-2, 3-*O*- 二乙酰基 -α-L- 吡喃鼠李糖基 -（1→2）-［β-D-吡喃木糖基 -（1→3）］-β-D- 吡喃岩藻糖苷［（25*S*）-ruscogenin1-*O*-2, 3-*O*-diacetyl-α-L-rhamnopyranosyl-（1→2）-［β-D-xylopyranosyl-（1→3）］-β-D-fucopyranoside］、新假叶树皂苷元 -1-*O*-3-*O*- 乙酰基 -α-L- 吡喃鼠李糖基 -（1→2）-β-D- 吡喃岩藻糖苷［neoruscogenin-1-*O*-3-*O*-acetyl-α-L-rhamnopyranosyl-（1→2）-β-D-fucopyranoside］、新假叶树皂苷元 -1-*O*-2-*O*- 乙酰基 -α-L- 吡喃鼠李糖基 -（1→2）-β-D-吡喃岩藻糖苷［neoruscogenin-1-*O*-2-*O*-acetyl-α-L-rhamnopyranosyl-（1→2）-β-D-fucopyranoside］、25（*R*, *S*）- 假叶树皂苷元［25（*R*, *S*）-ruscogenin］、25（*R*, *S*）- 假叶树皂苷元 -1-*O*-β-D- 吡喃岩藻糖苷［25（*R*, *S*）-ruscogenin-1-*O*-β-D-fucopyranoside］、25（*R*, *S*）- 假叶树皂苷元 -1-*O*-α-L- 吡喃鼠李糖基 -（1→2）-β-D- 吡喃岩藻糖苷［25（*R*, *S*）-ruscogenin-1-*O*-α-L-rhamnopyranosyl-（1→2）-β-D-fucopyranoside］、25（*R*, *S*）- 假叶树皂苷元 -1-*O*-［3-*O*- 乙酰基 -α-L- 吡喃鼠李糖基 -（1→2）］-β-D- 吡喃岩藻糖苷 {25（*R*, *S*）-ruscogenin-1-*O*-［3-*O*-acetyl-α-L-rhamnopyranosyl-（1→2）］-β-D-fucopyranoside}、25（*R*, *S*）- 假叶树皂苷元 -1-*O*-［β-D- 吡喃果糖基 -（1→2）］［β-D- 吡喃木糖基 -（1→3）］-β-D- 吡喃岩藻糖苷 {25（*R*, *S*）-ruscogenin-1-*O*-［β-D-glucopyranosyl-（1→2）］［β-D-xylopyranosyl-（1→3）］-β-D-fucopyranoside}、（25*S*）-假叶树皂苷元 -3-*O*-α-L- 吡喃鼠李糖苷［（25*S*）-ruscogenin-3-*O*-α-L-rhamnopyranoside］、（25*S*）- 假叶树皂苷元 -1-*O*-α-L- 吡喃鼠李糖基 -（1→2）-β-D- 吡喃木糖苷［（25*S*）-ruscogenin-1-*O*-α-L-rhamnopyranosyl-（1→2）-β-D-xylopyranoside］、（25*S*）- 假叶树皂苷元 -1-*O*-［3-*O*- 乙酰基 -α-L- 吡喃鼠李糖基 -（1→2）］［β-D- 吡喃木糖基 -（1→3）］-β-D- 吡喃岩藻糖苷 {（25*S*）-ruscogenin-1-*O*-［3-*O*-acetyl-α-L-rhamnopyranosyl-（1→2）］［β-D-xylopyranosyl-（1→3）］-β-D-fucopyranoide}、（25*S*）- 假叶树皂苷元 -1-*O*-［α-L-吡喃鼠李糖基 -（1→2）］-［β-D- 吡喃木糖基 -（1→3）］-β-D- 吡喃岩藻糖苷 {（25*S*）-ruscogenin-1-*O*-［α-L-rhamnopyranosyl-（1→2）］-［β-D-xylopyranosyl-（1→3）］-β-D-fucopyranoside}、新假叶树皂苷元（neoruscogenin）、新假叶树皂苷元 -1-*O*-α-L- 吡喃鼠李糖基 -（1→2）-β-D- 吡喃岩藻糖苷［neoruscogenin-1-*O*-α-L-rhamnopyranosyl-（1→2）-β-D-fucopyranoside］、亚莫皂苷元 -1-*O*-［α-L- 吡喃鼠李糖基 -（1→2）］-［β-D- 吡喃木糖基 -（1→3）］-β-D- 吡喃葡萄糖苷 {yamogenin-1-*O*-［α-L-rhamnopyanosyl-（1→2）］-［β-D-xylopyranosyl-（1→3）］-β-D-glucopyranoside}、喷诺皂苷元 -3-*O*-α-L- 吡喃鼠李糖

基 -（1 → 2）-β-D- 吡喃木糖基 -（1 → 4）-β-D- 吡喃葡萄糖苷［pennogenin-3-*O*-α-L-rhamnopyranosyl-（1 → 2）-β-D-xylopyranosyl-（1 → 4）-β-D-glucopyranoside］和糖苷 B（glycoside B），即（25*S*）- 假叶树皂苷元 -1-*O*-β-D- 吡喃岩藻糖苷 -3-*O*-α-L- 吡喃鼠李糖苷［（25*S*）-ruscogenin-1-*O*-β-D-fucopyranosido-3-*O*-α-L-rhamnopyranoside］[8]。

【药理作用】1. 降血糖　从块根提取的多糖能在胰岛素抵抗的人源肝癌 HepG2 细胞的 mRNA 和蛋白质水平增加 PI3K、Akt、InsR 和 PPARγ 的表达，降低 PTP1B 的表达，并增加糖的消耗，具有潜在的降血糖作用[1]。2. 抗心肌缺血　从块根提取的总氨基酸对垂体后叶素所致大鼠心电图急性缺血性改变有明显的预防作用[2]；从块根提取的总皂苷可明显降低 Iso 所致大鼠心肌缺血模型血清磷酸肌酸激酶（CPK）水平，在结扎冠脉所致心肌梗死实验中，可显著抑制心肌组织磷酸肌酸激酶的释放，同时能增加心肌超氧化物歧化酶（SOD）活性，降低心肌丙二醛（MDA）水平，此外还降低心肌 FFA 的生成，缩小心肌梗死面积，对实验性心肌缺血有保护作用，其作用机制可能与防止心肌细胞脂质过氧化及改善脂肪酸代谢有关[3]；块根的水溶性提取物能显著对抗垂体后叶素诱发大鼠心肌缺血心电图（ECG）T 波的改变，并能降低心律失常发生率[4]。3. 抗心律失常　块根的水醇提取物可引起家兔正常心电图改变，表现 P-R 间期延长，Q-T 间期缩短、心率减慢及 T 波低平[5]；块根的水溶性提取物对氯化钡致大鼠心律失常有明显的对抗作用[6]；块根的水提醇沉提取物能提高小鼠的耐缺氧能力，能对抗垂体后叶素诱发的大鼠心肌缺血时 T 波的变化并降低室性心律失常发生率[7]。4. 抗氧化　块根甲醇提取物的乙醚部位具有较好清除过氧化氢（H_2O_2）的作用[8]。5. 免疫调节　从块根提取的多糖对由环磷酰胺造成的免疫低下小鼠的胸腺和脾脏有保护作用，还具一定的升高白细胞作用，对小鼠原发性肝癌实体瘤（HAC）的生长有一定的抑制作用[9]。6. 心肌抑制　从块根提取的总皂苷对麻醉猫心肌有抑制作用，能显著降低心肌耗氧量[10]。7. 中枢抑制　从块根提取的总皂苷能明显降低小鼠自发活动数，并可显著对抗苯甲酸钠咖啡因所致的运动性兴奋[11]；总皂苷可降低大鼠局灶性脑缺血梗死灶面积，减轻损伤形态学改变，改善神经功能障碍，对局灶性脑缺血损伤有保护作用[12]。

【性味与归经】甘、微苦，微寒。归心、肺、胃经。

【功能与主治】养阴润肺，清心除烦，益胃生津。用于肺燥干咳，咽干口燥，心烦失眠，消渴，热病伤津，便秘。

【用法与用量】6 ～ 12g。

【药用标准】湖南药材 2009。

【附注】华东局部地区民间以禾本科淡竹叶 *Lophatherum gracile* Brongn. 的块根作竹叶麦冬或土麦冬（山麦冬）药用，其块根瘦小细长，质坚，味淡，断面中央无细木质芯，应注意鉴别。

【化学参考文献】

［1］Lee D Y，Son K H，Do J C，et al.Two new steroidal saponins from the tubers of *Liriope spicata*［J］.Arch Pharm Res，1989，12（4）：295-299.

［2］Do J C，Jung K Y，Sung Y K，et al.Spicatoside C，a new steroidal saponin from the tubers of *Liriope spicata*［J］.J Nat Prod，1995，58（5）：778-781.

［3］刘伟，王著禄，梁华清.湖北山麦冬化学成分的研究［J］.药学学报，1989，24（10）：749-754.

［4］Do J C，Sung Y K，Son K H.Further spirostanol glycosides from the tuber of *Liriope spicata*［J］.Saengyak Hakhoechi，1991，22（2）：73-77.

［5］Zhu Y，Ling D K，Liu L Z.1-*n*-Butyl-β-D-fructopyranoside from *Liriope spicata* var.*prolifera*［J］.Planta Med，1991，57（2）：198.

［6］Yu B，Yu B Y，Hirai Y，et al.Comparative studies on the constituents of ophiopogonis tuber and its congeners.VI.studies on the constituents of the subterranean part of *Liriope spicata* var.*prolifera* and *L.muscari*.（1）［J］.Chem Pharm Bull，1990，38（7）：1931-1935.

［7］Yu B Y，Qiu S X，Zaw H，et al.Steroidal glycosides from the subterranean parts of *Liriope spicata* var.*prolifera*［J］.

Phytochemistry，1996，43（1）：201-206.
［8］Qi J，Hu Z F，Zhou Y F，et al.Steroidal sapogenins and glycosides from the fibrous roots of *Ophiopogon japonicus* and *Liriope spicata* var.*prolifera* with anti-inflammatory activity［J］.Chem Pharm Bull，2015，63（3）：187-194.

【药理参考文献】

［1］Gong Y，Zhang J，Gao F，et al.Structure features and，*in vitro*，hypoglycemic activities of polysaccharides from different species of Maidong［J］.Carbohydrate Polymers，2017，DOI：org/doi：10.1016/j.carbpol.2017.05.076.
［2］高广猷，宋晓亮，叶丽虹 . 山麦冬总氨基酸对大鼠实验性心肌缺血的保护作用［J］. 中国药理学通报，1993，9（4）：281-284.
［3］宋晓亮，高广猷 . 山麦冬总皂甙对实验性心肌缺血的影响［J］. 中国药理学通报，1996，12（4）：329-332.
［4］高广猷，李淑媛，王勖 . 山麦冬水溶物提取物抗心肌缺血的实验观察［J］. 大连医科大学学报，1985，7（3）：25-27.
［5］高广猷，韩国柱，刘玉华，等 . 山麦冬的某些心血管药理作用［J］. 大连医科大学学报，1984，6（3）：12-15.
［6］高广猷，李淑媛，王勖 . 山麦冬水溶性提取物对动物实验性心律失常的影响［J］. 大连医科大学学报，1986，8（3）：30-33.
［7］高广猷，韩国柱，刘玉华 . 山麦冬对心血管系统药理作用的研究［J］. 中草药，1984，15（3）：21-24.
［8］陈斐冷，胡正芳，戚进 . 基于 HPLC-UV-CL 联用分析技术评价不同产地山麦冬清除过氧化氢活性［J］. 中国中药杂志，2019，44（5）：990-995.
［9］韩凤梅，刘春霞，陈勇 . 山麦冬多糖对免疫低下小鼠的保护作用［J］. 中华中医药杂志，2004，19（6）：347-348.
［10］宋晓亮，高广猷，叶丽虹 . 山麦冬总皂甙对麻醉猫血流动力学的影响［J］. 大连医科大学学报，1993，15（1）：27-29.
［11］高广猷，李传勋 . 山麦冬总皂甙对中枢神经系统的抑制作用［J］. 中药药理与临床，1990，6（1）：35-37.
［12］邓卅 . 山麦冬总皂甙的分离及其对缺血性脑损伤保护作用的实验研究［D］. 大连：大连医科大学硕士学位论文，2004.

8. 沿阶草属 *Ophiopogon* Ker-Gawl.

多年生草本。根茎不明显或较长，有时具细长地下走茎；根细长或粗壮，常具膨大呈长圆形、椭圆形或纺锤形小块根。叶基生或茎生，无柄或有柄；叶条形、宽条形、椭圆形或倒披针形；叶鞘膜质。花葶直立，通常扁平，两侧多少具狭翅，生于叶丛中央；花小，1 朵或数朵簇生苞片腋内，苞片小，干膜质；花梗下弯，具关节；小苞片极小，着生于花梗基部；花被片 6 枚，分离，2 轮排列；雄蕊 6 枚，离生，着生于花被片基部，花丝极短，有时不明显，花药圆锥形，顶端尖，基着，2 室，近内向纵裂；子房半下位，3 室，每室胚珠 2 粒，花柱三棱柱形、细圆柱状或近圆锥形，柱头 3 浅裂。蒴果，未成熟时不整齐开裂，露出种子。种子浆果状。

约 50 种，分布于亚洲东部和南部亚热带及热带地区。中国约 40 种，法定药用植物 1 种。华东地区法定药用植物 1 种。

1117. 麦冬（图 1117）• *Ophiopogon japonicus*（Linn. f.）Ker-Gawl.

【别名】麦门冬（浙江、安徽），沿阶草（上海、安徽、山东），书带草（上海），小叶麦冬、韭叶麦冬（江西）。

【形态】多年生草本。根茎粗短，木质，具细长地下横走茎；根较粗壮，中部或末端具椭圆形或纺锤形小块根。地上茎极短或不明显。叶基生成丛，无柄，禾叶状，长 10 ～ 50cm，宽 1.5 ～ 4mm。花葶从叶丛中抽出，远短于叶，扁平，两侧具狭翼；总状花序长 6 ～ 7cm；苞片小，披针形；花白色或淡紫色，单朵或成对生于苞片腋内；花梗下垂，关节位于中上部或近中部；花被片披针形，先端尖；雄蕊着生于花被片基部，花丝不明显，花药三角状披针形；花柱基部宽，向上渐窄，稍高出雄蕊。种子球形，成熟

图 1117　麦冬　　摄影　赵维良

时蓝色或暗蓝色。花期 5 ～ 8 月，果期 8 ～ 9 月。

【生境与分布】生于山坡林下、阴湿地或溪边，垂直分布可达 2000m。分布于山东东部、江苏、浙江、福建、江西和安徽，另河北、湖北、湖南、广东、广西、贵州、云南、四川、陕西、河南等地均有分布；日本、越南、印度也有分布。

【药名与部位】麦冬（麦门冬），块根。

【采集加工】夏季采挖，洗净，反复曝晒、堆置，到七八成干，除去须根，干燥。产于浙江，栽培 3 年者，称浙麦冬（杭麦冬）。

【药材性状】呈纺锤形，两端略尖，长 1.5 ～ 3cm，直径 0.3 ～ 0.6cm。表面淡黄色或灰黄色，有细纵纹。质柔韧，断面黄白色，半透明，中柱细小。气微香，味甘、微苦。

【质量要求】外色微黄，内色白，头须修尽，无烂、枯、油黑子。

【药材炮制】麦冬：除去杂质，洗净，润软，轧扁或切段，干燥。炒麦冬：取麦冬饮片，炒至表面深黄色，微鼓起，略具焦斑时，取出，摊凉。黛麦冬：取青黛，与麦冬饮片拌匀，至表面被均匀地黏附时为度。

【化学成分】须根含甾体类：（25*S*）- 假叶树皂苷元 -1-*O*- [α-L- 吡喃鼠李糖基 -（1 → 2）] [β-D- 吡喃木糖基 -（1 → 2）] -β-D- 吡喃岩藻糖苷 {（25*S*）-ruscogenin-1-*O*- [α-L-rhamnopyranosyl-（1 → 2）] [β-D-xylopyranosyl-（1 → 2）] -β-D-fucopyranoside}、薯蓣皂苷元 -3-*O*- [α-L- 吡喃鼠李糖基 -（1 → 2）] [β-D- 吡喃木糖基 -（1 → 3）] -β-D- 吡喃葡萄糖苷 {diosgenin-3-*O*- [α-L-rhamnopyranosyl-

(1→2)][β-D-xylopyranosyl-(1→3)]-β-D-glucopyranoside}、假叶树皂苷元-1-*O*-α-L-吡喃鼠李糖基-(1→2)-β-D-吡喃岩藻糖苷[ruscogenin-1-*O*-α-L-rhamnopyranosyl-(1→2)-β-D-fucopyranoside]、偏诺皂苷元-3-*O*-[2′-*O*-乙酰基-α-L-吡喃鼠李糖基-(1→2)]β-D-吡喃木糖基-(1→3)-β-D-吡喃葡萄糖苷{pennogenin-3-*O*-[2′-*O*-acetyl-α-L-rhamnopyranosyl-(1→2)]-β-D-xylopyranosyl-(1→3)-β-D-glucopyranoside}[1]，(25*R*)-螺甾-5, 14-二烯-3β-*O*-α-L-吡喃鼠李糖基-(1→2)-β-D-吡喃木糖基-(1→4)-β-D-吡喃葡萄糖苷[(25*R*)-spirost-5, 14-dien-3β-*O*-α-L-rhamnopyranosyl-(1→2)-β-D-xylopyranosyl-(1→4)-β-D-glucopyranoside]、沿阶草皂苷元-3-*O*-β-D-吡喃葡萄糖苷(ophiogenin-3-*O*-β-D-glucopyranoside)[2]，沿阶草苷H、I(ophiopogonin H、I)[3]，沿阶草苷J、K(ophiopogonin J、K)[4]，纤根沿阶草苷*A、B(fibrophiopogonin A、B)、(25*R*)-26-[*O*-β-D-吡喃葡萄糖基-(1→2)-β-D-吡喃葡萄糖基]-22α-羟基呋甾-5-烯-3-*O*-[α-L-吡喃鼠李糖基-(1→2)]-β-D-吡喃葡萄糖苷{(25*R*)-26-[*O*-β-D-glucopyranosyl-(1→2)-β-D-glucopyranosyl]-22α-hydroxyfurost-5-en-3-*O*-[α-L-rhamnopyranosyl-(1→2)]-β-D-glucopyranoside}[5]，沿阶草皂苷元(ophiogenin)、麦冬苷D(ophiopogonin D)、麦冬苷D′(ophiopogonin D′)、偏诺皂苷元-3-*O*-[α-L-吡喃鼠李糖基-(1→2)]-[β-D-吡喃木糖基-(1→4)]-β-D-吡喃葡萄糖苷{pennogenin-3-*O*-[α-L-rhamnopyranosyl-(1→2)]-[β-D-xylopyranosyl-(1→4)]-β-D-glucopyranoside}、假叶树皂苷元-1-*O*-[2-*O*-乙酰基-α-L-吡喃鼠李糖基-(1→2)]-β-D-吡喃木糖基-(1→3)-β-D-吡喃岩藻糖苷{ruscogenin-1-*O*-[2-*O*-acetyl-α-L-rhamnopyranosyl-(1→2)]-β-D-xylopyranosyl-(1→3)-β-D-fucopyranoside}、1β-羟基假叶树皂苷元-1-硫酸酯(1β-hydroxyruscogenin-1-sulfate)[6]，(25*R*)-螺甾-5, 8(14)-二烯-3β-ol-3-*O*-α-L-吡喃鼠李糖基-(1→2)-[β-D-吡喃木糖基-(1→4)]-β-D-吡喃葡萄糖苷{(25*R*)-spirost-5, 8(14)-dien-3β-ol-3-*O*-α-L-rhamnopyranosyl-(1→2)-[β-D-xylopyranosyl-(1→4)]-β-D-glucopyranoside}、假叶树皂苷元-1-*O*-α-L-吡喃鼠李糖基-(1→2)-4-*O*-硫酸酯基-α-L-吡喃阿拉伯糖苷-3-*O*-β-D-吡喃葡萄糖苷[ruscogenin-1-*O*-α-L-rhamnopyranosyl-(1→2)-4-*O*-sulfo-α-L-arabinopyranoside-3-*O*-β-D-glucopyranoside]、假叶树皂苷元-1-*O*-β-D-吡喃岩藻糖苷(ruscogenin-1-*O*-β-D-fucopyranoside)、假叶树皂苷元-1-*O*-硫酸酯(ruscogenin-1-*O*-sulfate)、假叶树皂苷元-1-*O*-α-L-吡喃鼠李糖基-(1→2)-4-*O*-硫酸酯基-α-L-吡喃阿拉伯糖苷[ruscogenin-1-*O*-α-L-rhamnopyranosyl-(1→2)-4-*O*-sulfate-α-L-arabinopyranoside]、假叶树皂苷元-1-*O*-α-L-吡喃鼠李糖基-(1→2)-4-*O*-硫酸酯基-α-L-吡喃岩藻糖苷-3-*O*-β-D-吡喃葡萄糖苷[ruscogenin-1-*O*-α-L-rhamnopyranosyl-(1→2)-4-*O*-sulfate-α-L-fucopyranosido-3-*O*-β-D-glucopyranoside]、薯蓣皂苷元-3-*O*-[2-*O*-乙酰基-α-L-吡喃鼠李糖基-(1→2)]-β-D-吡喃木糖基-(1→3)-β-D-吡喃葡萄糖苷{diosgenin-3-*O*-[2-*O*-acetyl-α-L-rhamnopyranosyl-(1→2)]-β-D-xylopyranosyl-(1→3)-β-D-glucopyranoside}、沿阶草皂苷元-3-*O*-α-L-吡喃鼠李糖基-(1→2)-β-D-吡喃葡萄糖苷[ophiogenin-3-*O*-α-L-rhamnopyanosyl-(1→2)-β-D-glucopyranoside]、巴拉次薯蓣皂苷元A(prazerigenin A)、巴拉次薯蓣皂苷元A-3-*O*-β-D-吡喃葡萄糖苷(prazerigenin A-3-*O*-β-D-glucopyranoside)和巴拉次薯蓣皂苷元A-3-*O*-α-L-吡喃鼠李糖基-(1→2)-β-D-吡喃葡萄糖苷[prazerigenin A-3-*O*-α-L-rhamnopyranosyl-(1→2)-β-D-glucopyranoside][7]；黄酮类：甲基麦冬黄烷酮A、B(methylophiopogonanone A、B)、6-醛基异麦冬黄酮A(6-aldehydoisoophiopogonone A)、甲基麦冬黄酮A(methylophiopogonone A)[1]，芫花素(genkwanin)、淫羊藿苷(icariin)、淫羊藿次苷I(icariside I)、金合欢素-7-*O*-β-D-吡喃葡萄糖苷(acacetin-7-*O*-β-D-glucopyranoside)[8]，去甲基异麦冬黄酮B(desmethyl isoophiopogonone B)、甲基麦冬黄烷酮A、E(methylophiopogonanone A、E)、5, 7-二羟基-6, 8-二甲基-3-(4′-羟基-3′, 5′-甲氧苄基)色满-4-酮[5, 7-dihydroxy-6, 8-dimethyl-3-(4′-hydroxy-3′, 5′-methoxybenzyl) chroman-4-one]、甲基麦冬黄酮B(methylophiopogonone B)、5, 7, 2′-三羟基-8-甲基-3-(3′, 4′-亚甲二氧苄基)色酮[5, 7, 2′-trihydroxy-8-methyl-3-(3′, 4′-methylenedioxybenzyl)-chromone]和5, 7, 2′-三羟基-6, 8-二甲基-3-(3′, 4′-亚基二氧基苄基)色酮[5, 7, 2′-trihydroxy-6, 8-dimethyl-3-(3′, 4′-methylenedioxybenzyl)-chromone][9]；

木脂素类：牛蒡苷元（arctigenin）和 2-（3″- 甲氧基 -4″- 羟基苄基）-3-（3′- 甲氧基 -4′- 羟基苄基）-γ- 丁内酯［2-（3″-methoxy-4″-hydroxybenzyl）-3-（3′-methoxy-4′-hydroxybenzyl）-γ-butyrolactone］[8]；单萜类：L- 龙脑 -7-*O*-［β-D- 呋喃芹菜糖基 -（1→6）］-β-D- 吡喃葡萄糖苷 {L-borneol-7-*O*-［β-D-apiofuranosyl-（1→6）］-β-D-glucopyranoside}[6]；倍半萜类：沿阶草倍半萜苷 *A（ophioside A）、沿阶草苷元醇（ophiopogonol）[6]，β- 芹子烯（β-selinene）、臭灵丹二醇（pterodondiol）、花盘飞蛾藤三醇（disciferitriol）和莱尔德醇 A（lairdinol A）[9]；糖类：葡萄糖（glucose）[1]。

块根含单萜糖苷类：龙脑 -7-*O*-α-L- 呋喃阿拉伯糖基 -（1→6）-β-D- 吡喃葡萄糖苷［bornyl-7-*O*-α-L-arabinofuranosyl-（1→6）-β-D-glucopyranoside］[10]，L- 龙脑 -7-*O*-β-D- 吡喃葡萄糖苷（L-borneol-7-*O*-β-D-glucopyranoside）和 L- 龙脑 -7-*O*-［β-D- 呋喃芹糖基 -（1→6）］-β-D- 吡喃葡萄糖苷 {L-borneol-7-*O*-［β-D-apiofuranosyl-（1→6）］-β-D-glucopyranoside}[11]；甾体类：沿阶草皂苷元 -3-*O*-α-L- 吡喃鼠李糖基 -（1→2）-β-D- 吡喃葡萄糖苷［ophiogenin-3-*O*-α-L-rhamnopyranosyl-（1→2）-β-D-glucopyranoside］[10]，（22*S*）- 胆甾 -5- 烯 -1β, 3β, 16β, 22- 四醇 -1-*O*-α-L- 吡喃鼠李糖 -16-*O*-β-D- 吡喃葡萄糖苷［（22*S*）-cholest-5-en-1β, 3β, 16β, 22-tetraol-1-*O*-α-L-rhamnopyranosyl-16-*O*-β-D-glucopyranoside］[11]，（25*S*）- 假叶树皂苷元 -1-*O*-β-D- 吡喃木糖基 -（1→2）-［β-D- 吡喃木糖基 -（1→3）］-β-D- 吡喃岩藻糖苷 {（25*S*）-ruscogenin-1-*O*-β-D-xylopyranosyl-（1→2）-［β-D-xylopyranosyl-（1→3）］-β-D-fucopyranoside}、新假叶树皂苷元 -1-*O*-α-L- 吡喃鼠李糖基 -（1→3）-α-L- 吡喃鼠李糖基 -（1→2）-β-D- 吡喃岩藻糖苷［neoruscogenin-1-*O*-α-L-rhamnopyranosyl-（1→3）-α-L-rhamnopyranosyl-（1→2）-β-D-fucopyranoside］、（25*S*）- 假叶树皂苷元 -1-*O*-α-L- 吡喃鼠李糖基 -（1→2）-［β-D- 吡喃木糖基 -（1→3）］-4-*O*- 乙酰基 -β-D- 吡喃岩藻糖苷 {（25*S*）-ruscogenin-1-*O*-α-L-rhamnopyranosyl-（1→2）-［β-D-xylopyranosyl-（1→3）］-4-*O*-acetyl-β-D-fucopyranoside}、（25*S*）- 假叶树皂苷元 -1-*O*-α-L- 吡喃鼠李糖基 -（1→2）-［β-D- 吡喃木糖基 -（1→3）］-β-D- 吡喃岩藻糖苷 {（25*S*）-ruscogenin-1-*O*-α-L-rhamnopyranosyl-（1→2）-［β-D-xylopyranosyl-（1→3）］-β-D-fucopyranoside}[12]，麦冬皂苷 A、B（ophiopojaponin A、B）[13]，麦冬皂苷 C（ophiopojaponin C）、假叶树皂苷元 -1-*O*-［2-*O*- 乙酰基 -α-L- 吡喃鼠李糖基 -（1→2）］-β-D- 吡喃木糖基 -（1→3）-β-D- 吡喃岩藻糖苷 {ruscogenin-1-*O*-［2-*O*-acetyl-α-L-rhamnopyranosyl-（1→2）］-β-D-xylopyranosyl-（1→3）-β-D-fucopyranoside}、薯蓣皂苷元 -3-*O*-［2-*O*- 乙酰基 -α-L- 吡喃鼠李糖基 -（1→2）］-β-D- 吡喃木糖基 -（1→3）-β-D- 吡喃葡萄糖苷 {diosgenin-3-*O*-［2-*O*-acetyl-α-L-rhamnopyranosyl-（1→2）］-β-D-xylopyranosyl-（1→3）-β-D-glucopyranoside}、麦门冬皂苷元 -3-*O*-［α-L- 吡喃鼠李糖基 -（1→2）］-β-D- 吡喃木糖基 -（1→4）-β-D- 吡喃葡萄糖苷 {ophiopogenin-3-*O*-［α-L-rhamnopyranosyl-（1→2）］-β-D-xylopyranosyl-（1→4）-β-D-glucopyranoside}[14]，薯蓣皂苷元 -3-*O*-［α-L- 吡喃鼠李糖基 -（1→2）］［β-D- 吡喃木糖基 -（1→3）］-β-D- 吡喃葡萄糖苷 {diosgenin-3-*O*-［α-L-rhamnopyranosyl-（1→2）］［β-D-xylopyranosyl-（1→3）］-β-D-glucopyranoside}、（25*R*）- 假叶树皂苷元［（25*R*）-ruscogenin］、假叶树皂苷元 -1-*O*-［α-L- 吡喃鼠李糖基 -（1→2）］-β-D- 吡喃木糖基 -（1→3）-β-D- 吡喃岩藻糖苷 {ruscogenin-1-*O*-［α-L-rhamnopyranosyl-（1→2）］-β-D-xylopyranosyl-（1→3）-β-D-fucopyranoside}[15]，（25*S*）- 假叶树皂苷元［（25*S*）-rucogenin］、沿阶草苷 D（ophiopogonin D）[16]，沿阶草苷 B（ophiopogonin B）、麦冬珀苟皂苷 A（ophiopogoside A）[17]，沿阶草苷 E（ophiopogonin E）、偏诺皂苷元 -3-*O*-［2′-*O*- 乙酰基 -α-L- 吡喃鼠李糖基 -（1→2）］-β-D- 吡喃木糖基 -（1→3）-β-D- 吡喃葡萄糖苷 {pennogenin-3-*O*-［2′-*O*-acetyl-α-L-rhamnopyranosyl-（1→2）］-β-D-xylopyranosyl-（1→3）-β-D-glucopyranoside}、（25*R*）- 假叶树皂苷元 -1-*O*-［α-L- 吡喃鼠李糖基 -（1→2）］［β-D- 吡喃木糖基 -（1→3）］-β-D- 吡喃岩藻糖苷 {（25*R*）-ruscogenin-1-*O*-［α-L-rhamnopyranosyl-（1→2）］［β-D-xylopyranosyl-（1→3）］-β-D-fucopyranoside}、薯蓣皂苷元 -3-*O*-［2- 乙酰基 -α-L- 吡喃鼠李糖基 -（1→2）］［β-D- 吡喃木糖基 -（1→3）］-β-D- 吡喃葡萄糖苷 {diosgenin-3-*O*-［2-acetyl-α-L-rhamnopyranosyl-（1→2）］［β-D-xylopyranosyl-（1→3）］-β-D-glucopyranoside}、薯蓣皂苷元 -3-*O*-［α-L-

吡喃鼠李糖基 -（1→2）］［β-D- 吡喃木糖基 -（1→3）］-β-D- 吡喃葡萄糖苷 {diosgenin-3-*O*-［α-L-rhamnopyranosyl-（1→2）］［β-D-xylopyranosyl-（1→3）］-β-D-glucopyranoside}[18]，麦冬呋甾皂苷 B（ophiofurospiside B）[19]，偏诺皂苷元 -3-*O*-α-L- 吡喃鼠李糖基 -（1→2）-β-D- 吡喃木糖基 -（1→4）-β-D- 吡喃葡萄糖苷［pennogenin-3-*O*-α-L-rhamnopyranosyl-（1→2）-β-D-xylopyranosyl-（1→4）-β-D-glucopyranoside］、偏诺皂苷元 -3-*O*-α-L- 吡喃鼠李糖基 -（1→2）-β-D- 吡喃葡萄糖苷［pennogenin-3-*O*-α-L-rhamnopyranosyl-（1→2）-β-D-glucopy-ranoside］[20]，（25*R*）- 螺甾 -5- 烯 -3β, 14α- 二醇 -3-β-*O*-β-L- 吡喃鼠李糖基 -（1→2）-［β-D- 吡喃木糖基 -（1→4）］-β-D- 吡喃葡萄糖苷 {（25*R*）-spirost-5-en-3β, 14α-diol-3-β-*O*-β-L-rhamnopyranosyl-（1→2）-［β-D-xylopyranosyl-（1→4）］-β-D-glucopyranoside}、26-*O*-β-D- 吡喃葡萄糖基 -（25*S*）- 呋甾 -5- 烯 -1β, 3β, 22α, 26- 四醇 -1-*O*-β-D- 吡喃木糖基 -（1→3）-［α-L- 吡喃鼠李糖基 -（1→2）］-β-D- 吡喃岩藻糖苷 {26-*O*-β-D-glucopyranosyl-（25*S*）-furost-5-en-1β, 3β, 22α, 26-tetraol-1-*O*-β-D-xylopyranosyl-（1→3）-［α-L-rhamnopyranosyl-（1→2）］-β-D-fucopyranoside}[21]，14- 羟基斯普本皂苷 C（14-hydroxysprengerinin C）、沿阶草皂苷元 -3-*O*-α-L- 吡喃鼠李糖基 -（1→2）-β-D- 吡喃葡萄糖苷［ophiogenin-3-*O*-α-L-rhamno-pyranosyl-（1→2）-β-D-glucopyranoside］、胡萝卜苷（daucosterol）[22]，斯普本皂苷 C（sprengerinin C）[22, 23]，斯普本皂苷 A（sprengerinin A）、沿阶草苷 P、Q、R、S（ophiopogonin P、Q、R、S）、薯蓣皂苷元 -3-*O*-［2-*O*- 乙酰基 -α-L- 吡喃鼠李糖基 -（1→2）］［β-D- 吡喃木糖基 -（1→4）］-β-D- 吡喃葡萄糖糖苷 {diosgenin-3-*O*-［2-*O*-acetyl-α-L-rhamnopyranosyl-（1→2）］［β-D-xylopyranosyl-（1→4）］- β-D-glucopyranoside}、14- 羟基薯蓣皂苷元 -3-*O*-α-L- 吡喃鼠李糖基 -(1→2)-β-D- 吡喃葡萄糖糖苷［14-hydroxydiosgenin-3-*O*-α-L-rhamnopyranosyl-（1→2）-β-D-glucopyranoside］、（25*R*）- 螺甾 -5, 14- 二烯 -3β-*O*-α-L- 吡喃鼠李糖基 -（1→2）-［β-D- 吡喃木糖基 -（1→4）］-β-D- 吡喃葡萄糖糖苷 {（25*R*）-spirost-5, 14-dien-3β-*O*-α-L-rhamnopyranosyl-（1→2）-［β-D-xylopyranosyl-（1→4）］-β-D-glucopyranoside}、14- 羟基薯蓣皂苷元 -3-*O*-α-L- 吡喃鼠李糖基 -（1→2）-［β-D- 吡喃木糖基 -（1→4）］-β-D- 吡喃葡萄糖糖苷 {14-hydroxydiosgenin-3-*O*-α-L-rhamnopyranosyl-（1→2）-［β-D-xylopyranosyl-（1→4）］-β-D-glucopyranoside}[23]，（20*R*, 25*R*）-26-*O*-β-D- 吡喃葡萄糖糖基 -3β, 26- 二羟基胆甾 -5- 烯 -16, 22- 二酮基 -3-*O*-α-L- 吡喃鼠李糖基 -（1→2）-β-D- 吡喃葡萄糖糖苷［（20*R*, 25*R*）-26-*O*-β-D-glucop-yranosyl-3β, 26-dihydroxycholest-5-en-16, 22-dioxo-3-*O*-α-L-rhamnopyranosyl-（1→2）-β-D-glucopyranoside］、（20*S*, 25*R*）-26-*O*-β-D- 吡喃葡萄糖糖基 -3β, 26- 二羟基胆甾 -5- 烯 -16, 22- 二酮基 -3-*O*-α-L- 吡喃鼠李糖基 -（1→2）-β-D- 吡喃葡萄糖糖苷［（20*S*, 25*R*）-26-*O*-β-D-glucopyranosyl-3β, 26-dihydroxycholest-5-en-16, 22-dioxo-3-*O*-α-L-rhamnopyranosyl-（1→2）-β-D-glucopyranoside］、26-*O*-β-D- 吡喃葡萄糖糖基 -（25*R*）- 呋甾 -5- 烯 -3β, 14α, 17α, 22α, 26- 五羟基 -3-*O*-α-L- 吡喃鼠李糖基 -（1→2）-β-D- 吡喃葡萄糖糖苷［26-*O*-β-D-glucopyranosyl-（25*R*）-furost-5-en-3β, 14α, 17α, 22α, 26-pentaol-3-*O*-α-L-rhamnopyranosyl-（1→2）-β-D-glucopyranoside］、重楼苷 VI（chonglouoside VI）、（25*R*）-5- 烯 - 螺甾 -3β, 14α, 17α- 三羟基 -3-*O*-α-L- 吡喃鼠李糖基 -（1→2）-β-D- 吡喃葡萄糖糖苷［（25*R*）-5-en-spirost-3β, 14α, 17α-trihydroxy-3-*O*-α-L-rhamnopyranosyl-（1→2）-β-D-glucopyranoside］、（25*R*）- 龙血树苷 F［（25*R*）-dracaenoside F］、（25*R*）- 螺甾 -5- 烯 -3β, 17α- 二羟基 -3-*O*-α-L- 吡喃鼠李糖基 -（1→2）-［β-D- 吡喃木糖基 -（1→4）］-β-D- 吡喃葡萄糖糖苷 {（25*R*）-spirost-5-en-3β, 17α-dihydroxy-3-*O*-α-L-rham-nopyranosisyl-（1→2）-［β-D-xylopyranosyl-（1→4）］-β-D-glucopyranoside}[24]，沿阶草苷 T（ophiopogonin T）[25]，沿阶草甾苷*A、B、C、D、E（ophiojaponin A、B、C、D、E）、26-*O*-β-D- 吡喃葡萄糖糖基 -3β, 26- 二醇 -（25*R*）- 呋甾 -5, 20（22）- 二烯 -3-*O*-α-L- 吡喃鼠李糖基 -（1→2）-*O*-β-D- 吡喃葡萄糖糖苷［26-*O*-β-D-glucopyranosyl-3β, 26-diol-（25*R*）-furost-5, 20（22）-dien-3-*O*-α-L-rhamnopyranosyl-（1→2）-*O*-β-D-glucopyranoside］、伊贝母甾苷 A（pallidifloside A）、假叶树皂苷元 -1-*O*-α-L- 吡喃鼠李糖基 -（1→2）-4-*O*- 硫酸酯基 -β-D- 吡喃岩藻糖苷 -3-*O*-β-D- 吡喃葡萄糖糖苷［ruscogenin-1-*O*-α-L-rhamnopyranosyl-（1→2）-4-*O*-sulfo-β-D-fucopyranosido-3-*O*-β-D-glucopyranoside］、

假叶树皂苷元 -1-*O*-α- L- 吡喃鼠李糖基 -（1→2）-4-*O*- 硫酸酯基 -β-D- 吡喃岩藻糖苷［ruscogenin-1-*O*-α-L-rhamnopyranosyl-（1→2）-4-*O*-sulfo-β-D-fucopyranoside］、沿阶草苷 C（ophiopogonin C）、沿阶草苷 D^0（ophiopogonin D^0）[26]，（25*R*）- 螺甾 -5- 烯 -3β, 14α, 17α- 三醇 -3-*O*-α-L- 吡喃鼠李糖基 -（1→2）-β-D- 吡喃葡萄糖糖苷［（25*R*）-spirost-5-en-3β, 14α, 17α-triol-3-*O*-α-L-rhamnopyranosyl-（1→2）-β-D-glucopyranoside］[26, 27] 和沿阶草苷 H、I、J、K、L、M、N、O（ophiopogonin H、I、J、K、L、M、N、O）[27]；黄酮类：麦冬黄烷酮 E（ophiopogonanone E）[9]，6- 醛基异麦冬黄酮 A、B（6-aldehydoisoophiopogonone A、B）[28]，甲基麦冬黄烷酮 A、B（methylophiopogonanone A、B）、6- 醛基异麦冬黄烷酮 A（6-aldehydoisoophiopogonanone A）、6- 醛基异麦冬黄酮 A、B（6-aldehydoisoophiopogonone A、B）[29]，麦冬黄烷酮 A（ophiopogonanone A）[30]，麦冬黄烷酮 C、D、E、F（ophiopogonanone C、D、E、F）、麦冬黄酮 C（ophiopogonone C）[31]，甲基麦冬黄酮 A、B（methylophiopogonone A、B）、5, 7- 二羟基 -8- 甲氧基 -6- 甲基 -3-（2′- 羟基 -4′- 甲氧苄基）色满 -4- 酮［5, 7-dihydroxy-8-methoxy-6-methyl-3-（2′-hydroxy-4′-methoxybenzyl）chroman-4-one］、2′- 羟基甲基麦冬黄酮 A（2′-hydroxymethylophiopogonone A）[32]，5, 7- 二羟基 -6- 甲基 -8- 甲氧基 -（3*S*）-（2′- 羟基 -4′- 甲氧苄基）色满 -4- 酮［5, 7-dihydroxy-6-methyl-8-methoxy-（3*S*）-（2′-hydroxy-4′-methoxybenzyl）chroman-4-one］、5, 7- 二羟基 -6, 8- 二甲基 -（3*R*）-（3-′甲氧基 -4′- 羟苄基）色满 -4- 酮［5, 7-dihydroxy-6, 8-dimethyl-（3*R*）-（3-′methoxy-4-′hydroxybenzyl）chroman-4-one］、5, 7- 二羟基 -6- 甲基 -8- 甲氧基 -（3*R*）-（2′- 羟基 -4′- 甲氧苄基）色满 -4- 酮［5, 7-dihydroxy-6-methyl-8-methoxy-（3*R*）-（2′-hydroxy-4′-methoxybenzyl）chroman-4-one］、5, 7- 二羟基 -6, 8- 二甲基 -（3*S*）-（3′- 甲氧基 -4′- 羟苄基）色满 -4- 酮［5, 7-dihydroxy-6, 8-dimethyl-（3*S*）-（3′-methoxy-4′-hydroxybenzyl）chroman-4-one］[33]，7- 羟基 -5, 8- 二甲氧基 -6- 甲基 -3-（2′- 羟基 -4′- 甲氧基苄基）色满 -4- 酮［7-hydroxy-5, 8-dimethoxy-6-methyl-3-（2′-hydroxy-4′-methoxybenzyl）chroman-4-one］、2, 5, 7- 三羟基 -6, 8- 二甲基 -3-（3′, 4′- 亚甲二氧基苄基）色满 -4- 酮［2, 5, 7-trihydroxy-6, 8-dimethyl-3-（3′, 4′-methylenedioxybenzyl）chroman-4-one］、2, 5, 7- 三羟基 -6, 8- 二甲基 -3-（4′- 甲氧苄基）色满 -4- 酮［2, 5, 7-trihydroxy-6, 8-dimethyl-3-（4′-methoxybenzyl）chroman-4-one］、5, 7- 三羟基 -6, 8- 二甲基 -3-（2′- 羟基 -3′, 4′- 亚甲二氧基苄基）色酮［5, 7-trihydroxy-6, 8-dimethyl-3-（2′-hydroxy-3′, 4′-methylenedioxybenzyl）chromone］、甲基麦冬黄酮 A（methylophiopogonone A）、6- 甲酰基异麦冬黄酮 A（6-formylisoophiopogonone A）、5- 羟基 -7, 8- 二甲氧基 -6- 甲基 -3-（3′, 4′- 二羟苄基）色满 -4- 酮［5-hydroxy-7, 8-dimethoxy-6-methyl-3-（3′, 4′-dihydroxybenzyl）chroman-4-one］、5, 7- 二羟基 -6, 8- 二甲基 -3-（4′- 羟基 -3′, 8′- 二甲氧苄基）色满 -4- 酮［5, 7-dihydroxy-6, 8-dimethyl-3-（4′-hydroxy-3′, 8′-dimethoxybenzyl）chroman-4-one］[34]，高异沿阶草酮 *A、B、C、D（homoisopogon A、B、C、D）[35] 和 5, 7- 二羟基 -6- 甲酰基 -8- 甲基 -3-（3, 4- 亚基二氧苄基）-4- 色酮［5, 7-dihydroxy-6-formyl-8-methyl-3-（3, 4-methylenedioxybenzyl）-4-chromanone］[36]；倍半萜类：麦冬苷 A（ophiopogonoside A）[37] 和柳杉二醇 -11-*O*-β-D- 吡喃木糖基 -（1→6）-β-D- 吡喃葡萄糖苷［cryptomeridiol-11-*O*-β-D-xylopyranosyl-（1→6）-β-D-glucopyranoside］[38]；三萜类：齐墩果酸（oleanolic acid）[37]；苯丙素类：对羟基反式香豆酸（*p-trans*-coumarinic acid）[32]，3, 4- 二羟基烯丙基苯 -3-*O*-β-D- 吡喃葡萄糖基 -4-*O*-β- D- 呋喃芹糖基 -（1→6）-β-D- 吡喃葡萄糖苷［3, 4-dihydroxy-allylbenzene-3-*O*-β-D-glucopyranosyl-4-*O*-β-D-apiofuranosyl-（1→6）-β-D-glucopyranoside］、3, 4, 5- 三羟基烯丙基苯 -3-*O*-β-D- 吡喃葡萄糖基 -4-*O*-β- D- 吡喃葡萄糖苷［3, 4, 5-trihydroxy-allylbenzene-3-*O*-β-D-glucopyranosyl-4-*O*-β-D-glucopyranoside］、1, 2- 二 -*O*-β-D- 吡喃葡萄糖基 -4- 烯丙基苯（1, 2-di-*O*-β-D-glucopyranosyl-4-allylbenzene）、4- 烯丙基 -2- 羟基苯基 -1-*O*-β-D- 芹糖基 -（1→6）-β-D- 吡喃葡萄糖苷［4-allyl-2-hydroxyphenyl-1-*O*-β-D-apiosyl-（1→6）-β-D-glucopyranoside］、4- 羟基烯丙基苯 -4-*O*-β-D- 吡喃葡萄糖苷（4-hydroxy-allylbenzene-4- *O*-β-D-glucopyranoside）和咖啡酸 -3-*O*-β-D- 吡喃葡萄糖苷（caffeic acid-3-*O*-β-D-glucopyranoside）[38]；蒽醌类：大黄酚（chrysophenol）和大黄素（emodin）[32]；酚苷类：4- 烯丙基 -1, 2- 苯二酚 -1-*O*-α-L- 吡喃鼠李糖基 -（1→6）-*O*-β-D- 吡喃葡萄糖苷［4-allyl-1, 2-benzenediol-1-*O*-α-L-rhamnopyranosyl-（1→6）-*O*-β-D-glucopyranoside］[11]，

香草酸（vanillic acid）和对羟基苯甲醛（*p*-hydroxybenzaldenhyde）[32]；生物碱类：*N*- 对香豆酰酪胺（*N*-*p*-coumaroyltyramine）[37] 和 *N*-［2-（4- 羟苯基）乙基］-4- 羟基肉桂酰胺 {*N*-［2-（4-hydroxyphenyl）ethyl］-4-hydroxycinnamide}[39]；环肽类：环苯丙氨酸 - 酪氨酸［cyclo-（Phe-Tyr）］和环亮氨酸 - 异亮氨酸［cyclo-（Leu-ILe）］[39]；脂肪酸类：壬二酸（azelaic acid）、正二十三烷酸（*n*-tricosanoic acid）[32] 和天师酸（tianshic acid）[39]。

新鲜地下部分含单萜类：L- 冰片 -*O*-β-D- 吡喃葡萄糖苷（L-borneol-*O*-β-D-glucopyranoside）和 L- 冰片 -*O*-β-D- 呋喃芹菜糖基 -（1 → 6）-β-D- 吡喃葡萄糖苷［L-borneol-*O*-β-D-apiofuranosyl-（1 → 6）-β-D-glucopyranoside］[40]；甾体类：沿阶草苷 B、D（ophiopogonin B、D）、（25*S*）- 假叶树皂苷元 -1-*O*-α-L- 吡喃鼠李糖基 -（1 → 2）-β-D- 吡喃岩藻糖苷［（25*S*）-ruscogenin-1-*O*-α-L-rhamnopyranosyl-（1 → 2）-β-D-fucopyranoside］、（25*R*）- 假叶树皂苷元 -1-*O*-［α-L- 吡喃鼠李糖基 -（1 → 2）］-［β-D- 吡喃木糖基 -（1 → 3）］-β-D- 吡喃岩藻糖苷 {（25*R*）-ruscogenin-1-*O*-［α-L-rhamnopyranosyl-（1 → 2）］-［β-D-xylopyranosyl-（1 → 3）］-β-D-fucopyranoside}，即 Ls-10、假叶树皂苷元 -1-*O*- 硫酸酯（ruscogenin-1-*O*-sulfate）、（23*S*, 24*S*, 25*S*）-23, 24- 二羟基假叶树皂苷元 -1-*O*-［α-L- 吡喃鼠李糖基 -（1 → 2）］［β-D- 吡喃木糖基 -（1 → 3）］-α-L- 吡喃阿拉伯糖苷 -24-*O*-β-D- 吡喃岩藻糖苷 {（23*S*, 24*S*, 25*S*）-23, 24-dihydroxyruscogenin-1-*O*-［α-L-rhamnopyranosyl-（1 → 2）］［β-D-xylopyranosyl-（1 → 3）］-α-L-arabinopyranoside-24-*O*-β-D-fucopyranoside}、（23*S*, 24*S*, 25*S*）-23, 24- 二羟基假叶树皂苷元 -1-*O*-［α-L-2, 3, 4- 三 -*O*- 乙酰基吡喃鼠李糖基 -（1 → 2）］［β-D- 吡喃木糖基 -（1 → 3）］-α-L- 吡喃阿拉伯糖苷 -24-*O*-β-D- 吡喃岩藻糖苷 {（23*S*, 24*S*, 25*S*）-23, 24-dihydroxyruscogenin-1-*O*-［α-L-2, 3, 4-tri-*O*-acetylrhamnopyranosyl-（1 → 2）］［β-D-xylopyranosyl-（1 → 3）］-α-L-arabinopyranoside-24-*O*-β-D-fucopyranoside}、（23*S*, 24*S*, 25*S*）-23, 24- 二羟基假叶树皂苷元 -1-*O*-［α-L-4-*O*- 乙酰基吡喃鼠李糖基 -（1 → 2）］［β-D- 吡喃木糖基 -（1 → 3）］-α-L- 吡喃阿拉伯糖苷 -24-*O*-β-D- 吡喃岩藻糖苷 {（23*S*, 24*S*, 25*S*）-23, 24-dihydroxyruscogenin-1-*O*-［α-L-4-*O*-acetylrhamnopyranosyl-（1 → 2）］［β-D-xylopyranosyl-（1 → 3）］-α-L-arabinopyranoside-24-*O*-β-D-fucopyranoside}[40] 和沿阶草苷 F、G（ophiopogonin F、G）[41]。

地下部分含黄酮类：麦冬黄酮 A（ophiopogonone A）、麦冬黄烷酮 A（ophiopogonanone A）、甲基麦冬黄烷酮 A（methylophiopogonanone A）、去甲基异麦冬黄酮 B（desmethylisoophiopogonone B）、5, 7- 二羟基 -3-（4′- 羟苄基）-6- 甲基色酮［5, 7-dihydroxy-3-（4′-hydroxybenzyl）-6-methylchromone］、5, 7, 2′- 三羟基 -6- 甲基 -3-（3′, 4′- 亚甲二氧基苄基）色酮［5, 7, 2′-trihydroxy-6-methyl-3-（3′, 4′-methylenedioxybenzyl）chromone］、5, 7, 2′- 三羟基 -8- 甲基 -3-（3′, 4′- 亚甲二氧基苄基）色酮［5, 7, 2′-trihydroxy-8-methyl-3-（3′, 4′-methylenedioxybenzyl）chromone］和 5- 羟基 -7, 8- 二甲氧基 -6- 甲基 -3-（3′, 4′- 二羟基苄基）色满 -4- 酮外消旋体［racemate of 5-hydroxy-7, 8-dimethoxy-6-methyl-3-（3′, 4′-dihydroxybenzyl）chroman-4-one］[42]。

花含甾体类：薯蓣皂苷元 -3-*O*-［α-L- 吡喃鼠李糖基 -（1 → 2）］-β-D- 吡喃葡萄糖苷 {diosgenin-3-*O*-［α-L-rhamnopyranosyl-（1 → 2）］-β-D-glucopyranoside}、薯蓣皂苷元 -3-*O*-［α-L- 吡喃鼠李糖基 -（1 → 2）］［α-L- 吡喃鼠李糖基 -（1 → 4）］-β-D- 吡喃葡萄糖苷 {diosgenin-3-*O*-［α-L-rhamnopyranosyl-（1 → 2）］［α-L-rhamnopyranosyl-（1 → 4）］-β-D-glucopyranoside}、薯蓣皂苷元 -3-*O*-［α-L- 吡喃鼠李糖基 -（1 → 2）］［β-D- 吡喃木糖基（1 → 3）］-β-D- 吡喃葡萄糖苷 {diosgenin-3-*O*-［α-L-rhamnopyranosyl-（1 → 2）］［β-D-xylopyranosyl-（1 → 3）］-β-D-glucopyranoside}、假叶树皂苷元 -1-*O*-［α-L- 吡喃鼠李糖基 -（1 → 2）］［β-D- 吡喃木糖基 -（1 → 3）］-β-D- 吡喃岩藻糖苷 {ruscogenin-1-*O*-［α-L-rhamnopyranosyl-（1 → 2）］［β-D-xylopyranosyl-（1 → 3）］-β-D-fucopyranoside} 和 β- 谷甾醇（β-sitosterol）[43]；黄酮类：山柰酚 -3-*O*-β-D- 葡萄糖苷（kaempferol-3-*O*-β-D-glycoside）[43]。

【药理作用】1. 护心肌　块根提取物对冠状动脉结扎模型犬具有明显的抗心肌缺血作用，并呈现出一定的量效关系[1]；用块根制成的麦冬注射液可促进雄性家兔心肌损伤的愈合，缩小梗死范围及坏死区域，并可对抗动物长时间游泳后的心肌细胞缺氧性损害[2]；从块根提取的总皂苷可有效预防或对抗由 $CHCl_3$-

Adr 诱发的兔心律失常、$BaCl_2$ 和 Aco 诱发的大鼠心律失常，并使结扎犬冠状动脉 24h 后的室性心律失常发生率由（87 ± 8）% 降至（57 ± 7）%，且电生理实验表明总皂苷成分 15mg/kg 剂量可明显降低兔单相动作电位的 V_{max}，缩短其 APD_{10}，50μg/ml 浓度也可使豚鼠乳头状肌细胞跨膜动作电位的 APA、V_{max} 明显降低[3]。2. 免疫调节　从块根提取的多糖能显著抗缺氧、增加小鼠的脾脏重量、增强小鼠的碳粒廓清作用和刺激小鼠血清中溶血素的产生，并可对抗由环磷酰胺和 ^{60}Co 照射引起小鼠的白细胞下降、增强兔血红细胞凝集率[4]；块根的水提取液对蛋白胨所致的腹膜炎豚鼠有较强的增强机体免疫作用[5]；块根的水提取液和膨化品浸剂均能升高环磷酰胺所致免疫抑制小鼠血清溶血素含量和白细胞（WBC）数，提高小鼠腹腔巨噬细胞吞噬功能[6]。3. 止咳　从块根提取的粗多糖对乙酰胆碱和组胺混合液引起的豚鼠支气管收缩有极显著的抑制作用，对小鼠 PCA 反应的抑制率为 32.79%，并可显著延长卵白蛋白所致的致敏豚鼠呼吸困难、抽搐和跌倒的潜伏期[7]。4. 降血糖　从块根提取的多糖 100mg/kg 剂量时对正常小鼠血糖有明显的降低作用，在 200mg/kg 剂量时能明显降低四氧嘧啶糖尿病小鼠的血糖含量，且口服后 4 ～ 11h 降血糖作用最明显，24h 时仍有降血糖的作用[8]；从块根提取的多糖对糖尿病小鼠体重有轻微降低作用，在 300mg/kg 剂量时对糖尿病小鼠的随机血糖和空腹血糖均有显著的降低作用，并可改善小鼠口服糖耐量和血清胰岛素水平[9]。5. 抗肿瘤　用不同方法化学修饰后的块根多糖（S-WPOJ）其抗肿瘤作用有不同程度的提高，其中以羧甲基化修饰的麦冬多糖对人白血病 K562 细胞的增殖具有最强的抑制作用[10]。6. 抗氧化　块根的醇提取物、水提取物、水提醇沉物和稀碱提取物均能有效清除 1，1- 二苯基 -2- 三硝苯肼（DPPH）自由基、羟自由基（·OH），并具有较强的还原能力[11]。7. 抗衰老　块根的水提取液可对抗 D- 半乳糖衰老模型大鼠的超氧化物歧化酶（SOD）、谷胱甘肽过氧化物酶（GSH-Px）含量的降低和丙二醛（MDA）含量的升高，拮抗自由基对生物膜的脂质过氧化损伤，发挥抗衰延寿的作用[12]。

【性味与归经】甘、微苦，微寒。归心、肺、胃经。

【功能与主治】养阴生津，润肺清心。用于肺燥干咳，虚痨咳嗽，津伤口渴，心烦失眠，内热消渴，肠燥便秘，咽白喉。

【用法与用量】6 ～ 12g。

【药用标准】药典 1963—2015、浙江炮规 2015、内蒙古蒙药 1986、贵州药材 1965、新疆药品 1980 二册、台湾 2013 和香港药材三册。

【临床参考】1. 小儿慢性剥脱性舌炎（地图舌）：块根 15g，加沙参、玉竹、天花粉、陈皮、清半夏、白果仁、蜜瓜蒌子、款冬花、桔梗、枳壳各 10g，桑叶、茯苓、生白术、竹茹、莱菔子各 15g，乌梅、甘草各 6g，水煎 200ml，每日 100ml，早晚分服，2 日 1 剂[1]。

2. 干燥综合征：块根 20g，加生地、白芍各 15g，桃仁、紫菀各 10g，水煎，早晚分服，每日 1 剂[2]。

3. 气阴两虚型大肠癌术后便秘：块根 24g，加生地 24g、玄参 30g，加水 800ml，煎取 200ml，药渣再煎取 200ml，两煎混合后 2 次分服，每日 1 剂[3]。

4. 消渴症：块根 20g，加炒乌梅 6g，水煎取汁[4]。

5. 心肾阴虚型冠心病：块根 30g，加生地黄 30g、薏苡仁 50g、生姜 10g、大米 100g，煮粥服食[4]。

6. 萎缩性胃炎：块根 9g，加党参、北沙参、玉竹、天花粉各 9g，乌梅、知母、甘草各 6g，共为粗末，白开水冲代茶饮[4]。

7. 胃热口渴、不思纳食：块根 30g，加炙甘草 10g、淡竹叶 15g、粳米 100g、大枣 6 枚，煮粥随意食[4]。

8. 咽喉肿痛：块根 9g，加沙参、玄参各 9g，水煎服。

9. 肺热咳嗽：鲜全草 30~60g，水煎服；或块根 9g，加桑叶 9g、生石膏 12g、杏仁 6g，水煎服。（8 方、9 方引自《浙江药用植物志》）

【附注】麦门冬始载于《神农本草经》，列为上品。《吴普本草》云："生山谷肥地，叶如韭，肥泽，丛生，采无时，实青黄。"《本草拾遗》云："出江宁小润，出新安大白。其大者苗如鹿葱，小者如韭叶，大小有三四种，功用相似，其子圆碧。"《本草图经》云："今所在有之，叶青似莎草，长及尺余，四季不凋，根黄白色，有须，根作连珠形，似 麦颗粒，故名麦门冬。四月开淡红花如红蓼花，实碧而圆如珠。江南出者，叶大者苗如鹿葱，小者如韭。大小有三四种。功能相似，或云吴地者尤胜。”并附“随州麦门冬”“睦州麦门冬”图。根据以上所述，可见古代药用麦门冬不止一种，可能包括沿阶草属 *Ophiopogon* Ker-Gawl. 和山麦冬属 *Liriope* Lour. 的多种植物。《本草纲目》云：“古人惟用野生者，后世所用多是种莳而成……浙中来者甚良，其叶似韭而多纵纹且坚韧为异。”李时珍所说产浙江、人工栽培的麦冬，与本种相符。

药材麦冬现主产浙江、四川二地，浙产者质优价高，两地药材的性状、化学成分和基原植物的形态均有一定区别。

药材麦冬虚寒泄泻、湿浊中阻、风寒或寒痰咳喘者均禁服。

【化学参考文献】

[1] 姜宇，段昌令，柴兴云，等. 麦冬须根化学成分研究［J］. 中国中药杂志，2007，32（11）：1111-1114.

[2] Zhou Y F，Qi J，Zhu D N，et al.Two new steroidal glycosides from *Ophiopogon japonicus*［J］.Chin Chem Lett，2008，19（9）：1086-1088.

[3] Duan C L，Ma X F，Jiang Y，et al.Two new furostanol glycosides from the fibrous root of *Ophiopogon japonicus*（Thunb.）Ker-Gawl［J］.J Asian Nat Prod Res，2010，12（9）：745-751.

[4] Kang Z Y，Zhang M J，Wang J X，et al.Two new furostanol saponins from the fibrous root of *Ophiopogon japonicus*［J］.J Asian Nat Prod Res，2013，15（12）：1230-1236.

[5] Duan C L，Li Y J，Wang F Y，et al.New steroidal glycosides from the fibrous roots of *Ophiopogon japonicus*［J］.J Asian Nat Prod Res，2018，20（8）：744-751.

[6] Lan S，Yi F，Shuang L，et al.Chemical constituents from the fibrous root of *Ophiopogon japonicus*，and their effect on tube formation in human myocardial microvascular endothelial cells［J］.Fitoterapia，2013，85：57-63.

[7] Qi J，Hu Z F，Zhou Y F，et al.Steroidal sapogenins and glycosides from the fibrous roots of *Ophiopogon japonicus* and *Liriope spicata* var.*prolifera* with anti-inflammatory activity［J］.Chem Pharm Bull，2015，63（3）：187-194.

[8] Feng T，Lan S，Wang C J，et al.Chemical components of the fibrous root of *Ophiopogon japonicus*［J］.Chem Nat Compd，2014，50（4）：732-734.

[9] Zhou Y F，Qi J，Zhu D N，et al.Homoisoflavonoids from *Ophiopogon japonicus* and its oxygen free radicals（OFRs）scavenging effects［J］.Chin J Nat Med，2008，6（3）：201-204.

[10] Adinolfi M，Parrilli M，Zhu Y X.Terpenoid glycosides from *Ophiopogon japonicus* roots［J］. Phytochemistry，1990，29（5）：1696-1699.

[11] 戴好富，周俊，邓世明，等. 麦冬的配糖体成分［J］. 天然产物研究与开发，2000，12（5）：5-7.

[12] Ye Y，Qu Y，Tang R Q，et al.Three new neuritogenic steroidal saponins from *Ophiopogon japonicus*（Thunb.）Ker-Gawl［J］. Steroids，2013，78（12-13）：1171-1176.

[13] Dai H F，Zhou J，Ding Z T，et al.Two new steroidal glycosides from *Ophiopogon japonicus*［J］Chin Chem Lett，2000，11（10）：901-904.

[14] Dai H F，Deng S M，Tan N H，et al.A new steroidal glycoside from *Ophiopogon japonicus*（Thunb.）Ker-Gawl［J］.J Integr Plant Biol，2005，47（9）：1148-1152.

[15] 戴好富，周俊，谭宁华，等. 川麦冬中的新 C27 甾体甙［J］. 植物学报，2001，43（1）：97-100.

[16] Kou J P，Sun Y，Lin Y W，et al.Anti-inflammatory activities of aqueous extract from *Radix Ophiopogon japonicus* and its two constituents［J］.Biol Pharm Bull，2005，28（7）：1234-1238.

[17] 徐暾海，陈萍，徐雅娟，等. 川麦冬中的新呋甾皂苷的分离与鉴定［J］. 高等学校化学学报，2007，28（2）：286-288.

[18] Cheng Z H，Wu T，Yu B Y.Steroidal glycosides from tubers of *Ophiopogon japonicus*［J］.J Asian Nat Prod Res，2006，8（6）：555-559.

[19] Xu T H，Xu Y J，Chen P，et al.A new furospirostanol saponin，ophiofurospiside B from *Ophiopogon japonicus*（Thunb.）Ker-Gawl［J］.Chem Res Chinese U，2007，23（6）：742-744.

[20] Wang J Z，Ye L M，Chen X B.A new C27-steroidal glycoside from *Ophiopogon japonicus*［J］.Chin Chem Lett，2008，19（1）：82-84.

[21] Xu Y J，Xu T H，Hao L Z，et al.Two new steroidal glucosides from *Ophiopogon japonicus*（L.f.）Ker-Gawl［J］.Chin

Chem Lett，2008，19（7）：825-828.

［22］王建忠，陈小兵，王锋鹏，等.川麦冬皂苷类化学成分的研究［J］.有机化学，2008，28（9）：1620-1623.

［23］Li N，Zhang L，Zeng K W，et al.Cytotoxic steroidal saponins from *Ophiopogon japonicus*［J］.Steroids，2013，78（1）：1-7.

［24］Liu Y，Meng L Z，Xie S X，et al.Studies on chemical constituents of *Ophiopogon japonicus*［J］.J Asian Nat Prod Res，2014，16（10）：982-990.

［25］Lee S R，Han J Y，Kang H R，et al.A new steroidal saponin from the tubers of *Ophiopogon japonicus* and its protective effect against cisplatin-induced renal cell toxicity［J］.Journal of the Brazilian Chemical Society，2016，27（4）：706-711.

［26］Wang L，Jiang X L，Zhang W M，et al.Homo-aro-cholestane，furostane and spirostane saponins from the tubers of *Ophiopogon japonicus*［J］.Phytochemistry，2017，136：125-132.

［27］Zhang T，Kang L P，Yu H S，et al.Steroidal saponins from the tuber of *Ophiopogon japonicus*［J］.Steroids，2012，77（12）：1298-1305.

［28］Zhu Y X，Yan K D，Tu G S.Two homoisoflavones from *Ophiopogon japonicus*［J］.Phytochemistry，1987，26（10）：2873-2874.

［29］朱永新，严克东，涂国士，等.麦冬中高异黄酮的分离与鉴定［J］.药学学报，1987，22（9）：679-684.

［30］黄晓刚，邹萍，胡晓斌，等.绵麦冬的化学成分研究［J］.华西药学杂志，2006，21（6）：529-531.

［31］Chang J M，Shen C C，Huang Y L，et al.Five new homoisoflavonoids from the tuber of *Ophiopogon japonicus*［J］.J Nat Prod，2002，65（11）：1731-1733.

［32］程志红，吴弢，李林洲，等.中药麦冬脂溶性化学成分的研究［J］.中国药学杂志，2005，40（5）：20-24.

［33］江洪波，田祥琴，胡小兵，等.麦冬中几种二氢高异黄酮的立体结构［J］.华西药学杂志，2006，21（5）：416-419.

［34］Hoang A N T，Nguyen T，Van S T，et al.Homoisoflavonoids from *Ophiopogon japonicus* Ker-Gawler［J］.Phytochemistry，2003，62（7）：1153-1158.

［35］Dang N H，Chung N D，Tuan H M，et al.Cytotoxic homoisoflavonoids from *Ophiopogon japonicus* tubers［J］.Chem Pharm Bull，2017，65（2）：204-207.

［36］刘成基，曾诠，马蓓，等.麦冬化学成分的研究［J］.中草药，1988，19（4）：154-155.

［37］Cheng Z H，Wu T，Bligh S W，et al.*cis*-Eudesmane sesquiterpene glycosides from *Liriope muscari* and *Ophiopogon japonicus*［J］.J Nat Prod，2004，67（10）：1761-1763.

［38］Liu S Q，Liu B，Liu S Q，et al.New sesquiterpenoid glycoside and phenylpropanoid glycosides from the tuber of *Ophiopogon japonicus*［J］.J Asian Nat Prod Res，2016，18（6）：520-527.

［39］程志红，吴弢，余伯阳.麦冬块根化学成分的研究［J］.天然产物研究与开发，2005，17（1）：1-3，25

［40］Asano T，Murayama T，Hirai Y，et al.Comparative studies on the constituents of ophiopogonis tuber and its congeners. VIII.studies on the glycosides of the subterranean part of *Ophiopogon japonicus* Ker-Gawler cv.Nanus.（2）［J］.Chem Pharm Bull，1993，41（3）：566-570.

［41］Zhang T，Zou P，Kang L P，et al.Two novel furostanol saponins from *Ophiopogon japonicus*［J］.J Asian Nat Prod Res，2009，11（9-10）：824-831.

［42］Asano T，Murayama T，Hirai Y，et al.Comparative studies on the constituents of ophiopogonis tuber and its congeners.VII. studies on the homoisoflavonoids of the subterranean part of *Ophiopogon japonicus* Ker-Gawler cv.Nanus.（1）［J］.Chem Pharm Bull，1993，41（2）：391-393.

［43］张敬华，任璐，马玉芳，等.麦冬花化学成分研究［J］.西北药学杂志，2013，28（6）：562-565.

【药理参考文献】

［1］程金波，卫洪昌，章忱，等.麦冬提取物抗犬心肌缺血的药效学实验研究［J］.中国病理生理杂志，2001，17（8）：810.

［2］顾双林，许迺珊，纪克，等.麦冬对实验性心肌梗塞及心肌缺氧时亚微结构的影响［J］.上海中医药杂志，1983，（7）：44-45.

［3］陈敏，杨正苑.麦冬总皂甙抗心律失常作用及其电生理特性［J］.中国药理学报，1990，11（2）：161-165.

［4］余伯阳，殷霞，张春红，等.麦冬多糖的免疫活性研究［J］.中国药科大学学报，1991，22（5）：286-288.

[5] 刘巧玲 . 麦冬对免疫功能的影响 [J] . 甘肃中医，2005，18（1）：43.
[6] 王盛民，侯新江，张瑛 . 膨化麦冬对环磷酰胺所致免疫抑制小鼠免疫功能的影响 [J] . 陕西中医，2006，27（3）：368-370.
[7] 汤军，钱华，黄琦，等 . 麦冬多糖平喘和抗过敏作用研究 [J] . 中国现代应用药学，1994，16（2）：16-19.
[8] 张卫星，王乃华 . 麦冬多糖对四氧嘧啶糖尿病小鼠高血糖的降低作用 [J] . 中草药，1993，24（1）：30-31.
[9] 王源，王硕，王令仪，等 . 麦冬多糖 MDG-1 对糖尿病小鼠模型的降糖作用 [J] . 上海中医药大学学报，2011，25（4）：66-70.
[10] 张小平，孙润广，王小梅，等 . 化学修饰水提麦冬多糖 WPOJ 的抗肿瘤活性研究 [J] . 食品与生物技术学报，2014，33（4）：37-42.
[11] 陈华，赵荣华，贾巧，等 . 麦冬不同溶剂提取物的体外抗氧化活性 [J] . 分析试验室，2013，32（3）：24-27.
[12] 陶站华，白书阁，白晶 . 麦冬对 D 半乳糖衰老模型大鼠的抗衰老作用研究 [J] . 黑龙江医药科学，1999，22（4）：36-37.

【临床参考文献】

[1] 李姗姗，贺爱燕 . 贺爱燕运用沙参麦冬汤加减治疗小儿地图舌验案 2 则 [J] . 湖南中医杂志，2018，34（10）：101.
[2] 晏婷婷，汪悦 . 麦冬地芍汤治疗干燥综合征 20 例临床观察 [J] . 南京中医药大学学报，2008，24（1）：63-65.
[3] 侯中博，肖天保，苗大兴，等 . 增液汤治疗大肠癌术后便秘的临床观察 [J] . 名医，2018，（7）：51.
[4] 晓燕 . 养生药膳之麦冬及其临床研究 [J] . 数理医药学杂志，2018，31（11）：1661-1663.

9. 萱草属 *Hemerocallis* Linn.

多年生草本。根茎短；根稍肉质，中下部有时纺锤状。叶基生，2 列，带状。花葶生于叶丛中央。总状花序或假二歧圆锥花序顶生；具苞片。花具柄；花直立或平展，中上部花被近漏斗状，下部花被管状；花被裂片 6 枚，长于花被管，2 轮排列，内 3 片较外 3 片宽大；雄蕊 6 枚，着生于花被管上部；花药背着或近基着；子房 3 室，每室胚珠多数，花柱细长，柱头小。蒴果，三棱状椭圆形或倒卵形，室背开裂。种子小，具棱角。

约 14 种，主要分布于亚洲温带至亚热带地区，少数种类分布于欧洲。中国 11 种，法定药用植物 4 种。华东地区法定药用植物 2 种。

1118. 黄花菜（图 1118）• *Hemerocallis citrina* Baroni

【别名】金针菜（通称），黄花萱草（浙江），柠檬萱草。

【形态】多年生草本。根近肉质，中下部常纺锤形。叶基生，带状，长 40 ～ 80cm，宽 0.6 ～ 2.5cm，通常暗绿色。花葶长短不等，常稍长于叶，基部三棱形，上部近圆柱形，具分枝；苞片披针形，长 3 ～ 10cm，自下向上渐小。花梗长不超过 1cm；花多数；花被淡黄色，有时花蕾时顶端带黑紫色；花被管长 3 ～ 5cm，花被裂片长 6 ～ 12cm，内轮 3 枚宽 2 ～ 3cm。蒴果，钝三棱状椭圆形，长 3 ～ 5cm。种子约 20 粒，成熟时黑色，具棱。花果期 5 ～ 9 月。

【生境与分布】生于山坡、山谷、荒地、疏林下或林缘，垂直分布可达 2000m。分布于山东、江苏、安徽、江西，另河北、湖北、湖南、贵州、四川、甘肃、陕西南部、山西西南部、河南等地均有分布。

【药名与部位】萱草根（野金针菜根、藜芦），根及根茎。萱草，全草。萱草花，花蕾。

【采集加工】萱草根：春、秋二季采挖，洗净，略烫，晒干。萱草：四季均可采收，晒干。萱草花：七八月间，花蕾未开放前采摘，晒干。

【药材性状】萱草根：根茎圆柱形，顶端有的残留叶基。根簇生，干瘪皱缩，长 8 ～ 20cm，偶有纺锤形的小块根，表面灰褐色或灰棕色，有多数横纹及纵皱纹，末端残留细须根。体轻，质松软，不易折断，

图 1118　黄花菜　　摄影　李华东等

断面灰褐色或灰棕色，多裂隙。气微香，味淡。

萱草：根茎呈短圆柱形，长 1 ～ 1.5cm。有的顶端留有叶残基；根簇生，多数已折断。完整的根长 8 ～ 20cm，上部直径 3 ～ 4cm，中下部偶有膨大成纺锤形块根，直径 0.5 ～ 1cm，多干瘪皱，有多数纵皱及少数横纹，表面灰褐色至淡灰棕色。体轻，质松软，稍有韧性，不易折断，断面灰棕色或暗棕色，有多数放射状裂隙。完整叶片展平后呈宽条形，长 30 ～ 60cm，宽约 1.5cm，有棱脊，下部重叠，主脉较粗，基部枯烂后常残存灰褐色纤维状维管束。气微香，味稍甜。

萱草花：呈细长棒形，长 6 ～ 15cm，直径 3 ～ 5mm，上半部略膨大，下半部细柱状，外表淡黄褐色至黄褐色，顶端钝尖，基部着生短梗；花被下部 3 ～ 5cm 合生成花被筒，上部花被片 2 轮，每轮 3 片，但匀未开放或略呈隙状开放；雄蕊、雌蕊均被包埋于花被片内，未伸出花被片。质柔软。气微清香，味淡。

【药材炮制】萱草根：除去杂质，洗净，切段，干燥。

【化学成分】根含蒽醌类：大黄酚（chrysophanol）、芦荟大黄素（aloe-emodin）、黄花蒽醌（hemerocal）、2- 甲氧基钝叶决明素（2-methoxyobtusifolin）和钝叶决明素（obtusifolin）[1]；挥发油类：2- 呋喃甲醇（2-furanmethanol）、柠檬烯（limonene）、α- 蒎烯（α-pinene）、1，8- 桉叶素（1，8-cineole）和 α- 侧柏烯（α-thujene）等[2]。

【药理作用】1. 抗抑郁　花的乙醇提取物可显著减少小鼠强迫游泳实验和悬尾实验中的悬浮和悬尾不动时间，但无改变旷场实验中的自发活动，主要通过增加脑部额皮质和海马区域的 5- 羟色胺（5-HT）、去甲肾上腺素（NA）、多巴胺（DA）含量并作用于相应受体而发挥抗抑郁作用[1]；花的乙醇提取物能使皮质酮诱导的抑郁大鼠糖水偏好实验和强迫游泳实验表现的异常行为被反转，并能上调大脑额皮质及海马区域的脑源性神经营养因子（BDNF）及其受体酪氨酸受体激酶 B（TrkB）的蛋白质表达，提示其抗抑郁作用可能被大脑额皮质及海马区域 BDNF-TrkB 受体信号通路介导[2]；从花中提取的总酚类化合物通过调节大脑的神经递质和海马区域的脑源性神经营养因子含量，减轻皮质酮含量，减轻氧化应激来改善慢性轻度不可预见性应激抑郁模型大鼠的类抑郁情绪状态和认知障碍[3]。2. 抗菌　黄花菜精制多糖（DPH）对金黄色葡萄球菌、铜绿假单胞菌、大肠杆菌的生长具有明显的抑制作用，最低抑菌浓度（MIC）分别为 10mg/ml、10mg/ml、25mg/ml[4]。

【性味与归经】萱草根：甘，凉；有小毒。萱草：甘、平，寒；小毒。归肝、脾、膀胱经。萱草花：甘，凉。

【功能与主治】萱草根：利尿消肿。用于浮肿，小便不利。萱草：清热利湿，凉血止血，解毒消肿。用于黄疸，水肿，小便不利，带下，便血，乳痈。萱草花：利水渗湿，清热止渴，解郁宽胸。用于小便赤涩，烦热口渴，胸闷忧郁。

【用法与用量】萱草根：3 ～ 6g。萱草：煎服 3 ～ 6g。外用适量，捣烂敷。萱草花：10 ～ 15g。

【药用标准】萱草根：药典 1977、部标中药材 1992、浙江炮规 2005、上海药材 1994、江苏药材 1989、内蒙古药材 1988 和新疆药品 1980 二册；萱草：贵州药品 2003；萱草花：上海药材 1994。

【临床参考】1. 乳汁缺乏：鲜根 60g，加猪蹄 1 只，炖熟，少量黄酒调味，食蹄喝汤[1]。

2. 小便不利、水肿：鲜根 9 ～ 15g，水煎服，每日 1 ～ 2 次[1]。

3. 神经衰弱、心烦失眠：叶 6g，加合欢皮 6g，水煎服，每日 2 ～ 3 次[1]。

4. 肝炎：鲜根 60g，加车前子 9g，水煎服，每日 1 ～ 2 次[1]。

5. 目赤肿痛：全草 30g，加马齿苋 30g，水煎代茶饮[2]。

【附注】《本草纲目》引晋代嵇含所著的《宜男花序》中云："荆楚之士号为鹿葱，可以荐菹。尤可凭据。今东人采其花跗干而货之，名曰黄花菜。"所述即为本种。

同属植物北黄花菜 *Hemerocallis lilio-asphodetus* Linn. 和小黄花菜 *Hemerocallis minor* Mill. 的花蕾在民间也作黄花菜药用。

本种的根、根茎、花及全草均有小毒，服用过量可能损害视力，根过量服用尚可引起小便失禁；故内服宜慎，不宜过量或久服。

【化学参考文献】

[1] 贺贤国，余其龙，赵志远，等. 黄花（*Hemerocallis citrina* Baroni）根中一个新蒽醌的分离和结构研究 [J]. 植物学报，1982，24（2）：154-158.

[2] 王鹏，吴玉，等. 黄花菜的挥发性成分 [J]. 云南植物研究，1994，16（4）：431-434.

【药理参考文献】

[1] Gu L，Liu Y J，Wang Y B，et al.Role for monoaminergic systems in the antidepressant-like effect of ethanol extracts from *Hemerocallis citrina* [J] .Journal of Ethnopharmacology，2012，139（3）：780-787.

[2] Yi L T，Li J，Li H C，et al.Ethanol extracts from *Hemerocallis citrina* attenuate the decreases of brain-derived neurotrophic factor，TrkB levels in rat induced by corticosterone administration [J] .Journal of Ethnopharmacology，2012，144（2）：328-334.

[3] Xu P，Wang K Z，Lu C，et al.Antidepressant-like effects and cognitive enhancement of the total phenols extract of *Hemerocallis citrina* Baroni in chronic unpredictable mild stress rats and its related mechanism [J] .Journal of Ethnopharmacology，2016，194：819-826.

[4] 周纪东，李余动. 黄花菜多糖的提取、结构性质及抑菌活性 [J]. 食品科学，2015，36（8）：61-66.

【临床参考文献】

[1] 包剑. 黄花菜的药用功效 [J]. 湖南农业，2006，（9）：28.

[2] 吴红举. 黄花菜马齿苋饮治疗眼疾 [J]. 中国民间疗法，2007，15（2）：61.

1119. 萱草（图 1119）• *Hemerocallis fulva*（Linn.）Linn.

图 1119 萱草 摄影 李华东

【别名】忘萱草，黄花萱草，川草花（上海），黄花菜（江西九江），黄花、野金针（江西）。

【形态】多年生草本。根近肉质，中下部常纺锤状。叶条形，长 40 ～ 80cm，宽 1.3 ～ 3.5cm，通常鲜绿色。花葶粗壮，高 0.6 ～ 1m；圆锥花序具花数朵；苞片卵状披针形。花橘红色或橘黄色；花梗短，花被片长 7 ～ 12cm，下部合化呈管状；外轮花被片长圆状披针形，宽 1.2 ～ 1.8cm，具平行脉，内轮花被片长圆形，下部具色斑，宽达 2.5cm，具分枝脉，边缘波状皱褶，盛开时裂片反曲；雄蕊短于花被片；花柱伸出，长于雄蕊。蒴果，长圆形。花果期 6 ～ 11 月。

【生境与分布】生于海拔 300 ～ 2500m 山地、溪边或疏林下。分布于山东东部、江苏、安徽、江西、浙江、福建，另辽宁南部、河北、河南西部、湖北、湖南、广东、广西北部、贵州、云南、西藏东部、四川、甘肃、陕西南部、台湾等地均有分布或栽培。

黄花菜与萱草主要区别点：黄花菜叶通常宽不超过 2.5cm，通常暗蓝色；花淡黄色。萱草叶宽达 3.5cm，鲜绿色；花橘红色或橘黄色。

【药名与部位】萱草根（野金针菜根、藜芦），根及根茎。萱草，全草。萱草花，花蕾。

【采集加工】萱草根：春、秋二季采挖，洗净，略烫，晒干。萱草：四季均可采收，晒干。萱草花：七八月间，花蕾未开放前采摘，晒干。

【药材性状】萱草根：根茎圆柱形，顶端有的残留叶基。根簇生，干瘪皱缩，长 5 ～ 10cm，直径 3 ～ 5mm；末端或中部常肥大呈纺锤形，表面灰黄色或淡灰棕色，有多数横纹及纵皱纹，末端残留细须根。体轻，质松软，不易折断，断面灰褐色或灰棕色，多裂隙。气微香，味淡。

萱草：根茎呈短圆柱形，长 1 ～ 1.5cm。有的顶端留有叶残基；根簇生，多数已折断。完整的根长 5 ～ 15cm，上部直径 3 ～ 4cm，中下部膨大成纺锤形块根，直径 0.5 ～ 1cm，多干瘪皱，有多数纵皱及少数横纹，表面淡黄色至淡灰棕色。体轻，质松软，稍有韧性，不易折断，断面灰棕色或暗棕色，有多数放射状裂隙。完整叶片展平后呈宽线形，长 30 ～ 60cm，宽约 2cm，有棱脊，下部重叠，主脉较粗，基部枯烂后常残存灰褐色纤维状维管束。气微香，味稍甜。

萱草花：呈细长棒形，长 6 ～ 15cm，直径 3 ～ 5mm，上半部略膨大，下半部细柱状，外表淡黄褐色至黄褐色，顶端钝尖，基部着生短梗；花被下部 3 ～ 5cm 合生成花被筒，上部花被片 2 轮，每轮 3 片，但匀未开放或略呈隙状开放；雄蕊、雌蕊均被包埋于花被片内，未伸出花被片。质柔软。气微清香，味淡。

【药材炮制】萱草根：除去杂质，洗净，切段，干燥。

【化学成分】根含蒽醌类：大黄酚（chrysophanol）、芦荟大黄素（aloe-emodin）、钝叶决明素（obtusifolin）、2- 羟基大黄酚（2-hydroxychrysophanol）、8-*O*- 甲基大黄酚（8-*O*-methylchrysophanol）、钝叶决明素 -2- 甲酯（obtusifolin-2-methyl ether）、3, 8- 二羟基 -1- 甲基 -9, 10- 蒽醌（3, 8-dihydroxy-1-methyl-9, 10-anthracenedione）、葡萄糖基钝叶决明素（glucoobtusifolin）、7, 8- 二羟基 -1, 2- 二甲氧基 -3- 甲基蒽醌（7, 8-dihydroxy-1, 2-dimethoxy-3-methylanthraquinone）、7- 羟基 -1, 2, 8- 三甲氧基 -3- 甲基蒽醌（7-hydroxy-1, 2, 8-trimethoxy-3-methylanthraquinone）、3, 8- 二羟基 -1- 甲基蒽醌 -2- 羧酸（3, 8-dihydroxy-1-methylanthraquinone-2-carboxylic acid）[1] 和官佐醌 *A、B、C、D、E、E（kwanzoquinones A、B、C、D、E）[2]；三萜类：无羁萜（friedelin）[3]，3α- 乙酰基 -11- 氧代 -12- 乌苏烯 -24- 羧酸（3α-acetoxy-11-oxo-12-ursen-24-oic acid）、3β- 羟基羊毛甾 -8, 24- 二烯 -21- 羧酸（3β-hydroxylanosta-8, 24-dien-21-oic acid）、3- 氧代羊毛甾 -8, 24- 二烯 -21- 羧酸（3-oxolanosta-8, 24-dien-21-oic acid）、α- 乳香酸（α-boswellic acid）、β- 乳香酸（β-boswellic acid）、3α- 羟基羊毛甾 -8, 24- 二烯 -21- 羧酸（3α-hydroxylanosta-8, 24-dien-21-oic acid）、11α- 羟基 -3- 乙酰基 -β- 乳香酸（11α-hydroxy-3-acetoxy-β-boswellic acid）[4]，11- 氧代 -β- 乳香酸（11-keto-β-boswellic acid）、何帕烷 -6α, 22- 二醇（hopane-6α, 22-diol）[5] 和长春藤皂苷元 -3-*O*-β-D- 吡喃葡萄糖基 -（1 → 3）-α-L- 吡喃阿拉伯糖基 -28-*O*-β-D- 吡喃葡萄糖基酯苷［hederagenin-3-*O*-β-D-glucopyranosyl-（1 → 3）-α-L-arabinopyranoside-28-*O*-β-D-glucopyranosylester］[6]；二萜类：萱草萜 A（hemerocallal A）[7]；黄酮类：2′, 4, 6′- 三羟基 -4′- 甲氧基 -3′- 甲基二氢查耳酮（2′, 4, 6′-trihydroxy-4′-methoxy-3′-methylchalcone）[4]，3- 甲氧基葛根素（3′-methoxypuerarin）和葛根素（puerarin）[6]；甾体类：菜油甾醇（campesterol）、β- 谷甾醇（β-sitosterol）、豆甾醇（stigmasterol）[4]，25（*R*）- 螺甾 -4- 烯 -3, 12- 二酮［25（*R*）-spirost-4-en-3, 12-dione］[4]，豆甾 -4- 烯 -3- 酮（stigmast-4-en-3-one）、豆甾 -4- 烯 -3β- 醇（stigmast-4-en-3β-ol）和海柯皂苷元（hecogenin）[5]；环烯醚萜类：马钱子苷（loganin）、獐牙菜苷（sweroside）[6] 和萱草苷（hemerocalloside）[7]；生物碱类：7- 羟基萘内酯（7-hydroxynaphthalide）[4]，蒺藜噁嗪（terresoxazine）[5] 和 7- 羟基萘内酯 -*O*-β-D- 吡喃

葡萄糖苷（7-hydroxylnaphthalide-*O*-β-D-glucopyranoside）[6]；苯丙素类：ω-阿魏酰烷酸（ω-feruloyloxy acid）、（*E*）-3, 4-二羟基桂皮酸［（*E*）-3, 4-dihydroxylcinnamic acid］和（*E*）-对甲基桂皮酸［（*E*）-*p*-methylcinnamic acid］[5]；酚酸类：香草酸（vanillic acid）[5]，苦树苷 C（picraquassioside C）和地衣酚 -3-*O*-β-D-吡喃葡萄糖苷（orcinol-3-*O*-β-glucopyranoside）[6]；烷烃类：二十五烷（pentacosane）[3]；烷醇类：二十八烷醇（octacosanol）[3]。

叶含木脂素类：落叶松脂醇（lariciresinol）[8]；降倍半萜类：长春花苷（roseoside）和金黄糙苏苷（phlomuroside）[8]；黄酮类：槲皮素 -3, 7-*O*-β-D-二吡喃葡萄糖苷（quercetin-3, 7-*O*-β-D-diglucopyranoside）、槲皮素 -3-*O*-β-D-葡萄糖苷（quercetin-3-*O*-β-D-glucoside）、槲皮素 -3-*O*-α-L-吡喃鼠李糖基 -（1→6）-β-D-吡喃葡萄糖基 -7-*O*-β-D-吡喃葡萄糖苷［quercetin-3-*O*-α-L-rhamnopyransyl-（1→6）-β-D-glucopyranosyl-7-*O*-β-D-glucopyranoside］、鼠李素 -3-*O*-β-D-6′-乙酰吡喃半乳糖苷（isorhamnetin-3-*O*-β-D-6′-acetylgalactopyranoside）和鼠李素 -3-*O*-β-D-6′-乙酰吡喃葡萄糖苷（isorhamnetin-3-*O*-β-D-6′-acetylglucopyranoside）[8]；生物碱类：1′, 2′, 3′, 4′-四氢 -5′-去氧欧省沽油碱（1′, 2′, 3′, 4′-tetrahydro-5′-deoxypinnatanine）和欧省沽油碱（pinnatanine）[8]。

全草含蒽醌类：大黄酸（rhein）、甲基大黄酸（methyl rhein）、大黄酚（chrysophanol）和 1, 8-二羟基 -3-甲氧基蒽醌（1, 8-dihydroxy-3-methoxyanthraquinone）[9]；甾体类：β-谷甾醇（β-sitosterol）[9]。

花含黄酮类：芦丁（rutin）[10]。

【药理作用】 1. 抗抑郁　花的乙醇提取物及其分离的成分芦丁（rutin）能显著减少大鼠强迫游泳实验的不动时间，增加游泳时间，同时增加海马、前额皮层、纹状体和杏仁核等脑区的多种神经递质 5-羟色胺、去甲肾上腺素、多巴胺含量；长期试验表明乙醇提取物显著提高了这些脑区的血清素浓度，降低了血清素的转化率，但没有影响前额皮层，乙醇提取物主要通过调节血清素能系统发挥抗抑郁作用[1]。2. 抗氧化　从花中分离的蒽醌（anthraquinone）类、咖啡酰奎宁酸衍生物和黄酮类化合物能显著抑制 Hepg2 细胞中活性氧（ROS）的产生[2]；从叶中分离的成分长春花苷（roseoside）、金黄糙苏苷（phlomuroside）、落叶松脂素（lariciresinol）、槲皮素 -3-*O*-β-D-葡萄糖苷（quercetin-3-*O*-β-D-glucoside）等可通过脂质过氧化抑制展现出强抗氧化作用[3]。3. 降血糖　花的水提取物和乙醇提取物对高糖诱导的人脐静脉内皮 HUVE 细胞凋亡、氧化应激和炎症损伤具有保护作用，具有潜在的抗糖尿病作用[4]。4. 护肝　四氯化碳诱导的肝纤维化的病理进程中，萱草活性成分黄酮苷可有效缓解大鼠肝损伤，改善肝功能，降低模型大鼠血清蛋白、丙氨酸氨基转移酶及血清白蛋白与球蛋白比值[5]。5. 抗血吸虫　从根中分离的成分 2-羟基大黄酚（2-hydroxychrysophanol）和官佐醌 E*（kwanzoquinones E）具有较强的抗血吸虫作用，曼氏血吸虫尾蚴暴露于 2-羟基大黄酚（3.1μg/ml）中 15s 即停止泳动，暴露于化合物 6（25μg/ml）中 12 ～ 14min 即停止泳动，成虫暴露于 2-羟基大黄酚（50μg/ml）和官佐醌 E（50μg/ml）中 16h 即停止泳动[6]。

【性味与归经】 萱草根：甘，凉；有小毒。萱草：甘、平，寒；小毒。归肝、脾、膀胱经。萱草花：甘，凉。

【功能与主治】 萱草根：利尿消肿。用于浮肿，小便不利。萱草：清热利湿，凉血止血，解毒消肿。用于黄疸，水肿，小便不利，带下，便血，乳痈。萱草花：利水渗湿，清热止渴解郁宽胸。用于小便赤涩，烦热口渴，胸闷忧郁。

【用法与用量】 萱草根：3 ～ 6g。萱草：煎服 3 ～ 6g。外用适量，捣烂敷。萱草花：10 ～ 15g。

【药用标准】 萱草根：药典 1963、药典 1977、部标中药材 1992、浙江炮规 2005、上海药材 1994、江苏药材 1989、山西药材 1987、内蒙古药材 1988 和新疆药品 1980 二册；萱草：贵州药品 2003；萱草花：上海药材 1994。

【临床参考】 1. 功能性失眠症：根 25g，加合欢皮、焦山栀、郁金、甘松各 10g，珍珠母、铁扫帚、丹参、百合各 20g，生白芍、麦冬、石斛各 15g，兼心肾阴虚者加制首乌、女贞子各 15g，墨旱莲 20g；心气亏虚者加酸枣仁、磁石、神曲各 10g；兼心肝阴虚者加黄连 3g，远志、五味子各 5g；兼心脾两虚者去焦山栀，加鸡内金、炒白术各 10g，生薏苡仁 20g；兼肝肾阴虚者加地骨皮、枸杞子各 15g，牡丹皮、白薇、煅牡蛎各 10g；兼心胃阴虚者加天花粉 10g、葛根 20g；兼血虚者加阿胶、夜交藤各 15g；兼肺胃阴虚者加北沙参 15g、天冬 10g；兼心肾阳虚者加仙灵脾、桑寄生各 15g；兼胃肾阴虚者加生地、川牛膝各 15g。水煎，分 2 次服，每日 1 剂，14 日 1 疗程[1]。

2. 冠心病心绞痛伴焦虑：根 10g，加桂枝、白芍、郁金、制香附、茯神各 10g，半夏、浙贝母、柏子仁各 15g，陈皮、合欢皮、炙甘草各 6g，生牡蛎、生龙骨各 30g，兼睡眠不安者加夜交藤 20g、酸枣仁 20g；兼烘热焦躁者加柴胡 15g、栀子 10g、浮小麦 30g；兼瘀血症状者加丹参 20g、红花 6g。水煎，分 2 次服，每日 1 剂，同时常规西药治疗[2]。

3. 咯血：根 15g，加红枣 10 个，冰糖适量，水煎服。

4. 扁桃体炎、白带、淋巴管炎：鲜根 30 ～ 60g，水煎服。

5. 腮腺炎：鲜根 30 ～ 60g，水煎，调冰糖服；另用鲜根适量，捣烂外敷。

6. 乳腺炎、颈淋巴结炎：鲜根 30 ～ 60g，酒水煎服，另用鲜叶适量和冷饭捣烂外敷；或鲜根，加犁头草、苎麻根等份捣敷。

7. 水肿：鲜根 30 ～ 60g，加米泔水煎服；或鲜根适量捣烂，上面加酒酿，用酒杯覆敷于脐部。

8. 神经官能症：叶 3 ～ 6g，水煎服。（3 方至 8 方引自《浙江药用植物志》）

【附注】萱草始载于《本草拾遗》。《本草纲目》谓："萱宜下湿地，冬月丛生。叶如蒲、蒜辈而柔弱，新旧相代，四时青翠。五月抽茎开花，六出四垂，朝开暮蔫，至秋深乃尽，其花有红黄紫三色。结实三角，内有子大如梧子，黑而光泽，其根与麦门冬相似，最易繁衍。"其花红黄色者即为本种。

本种的嫩苗民间也作药用。同属植物小黄花菜 *Hemerocallis minor* Mill. 的根在山西及新疆作萱草根药用，全草在贵州作萱草药用；大苞萱草 *Hemerocallis middendorffii* Trautv. et Mey 的根民间也作萱草根药用。

本种的根、根茎、花及全草服用过量可能损害视力，甚至致失明，根服用过量尚可引起小便失禁；故内服宜慎，不宜过量或久服。

【化学参考文献】

[1] Huang Y L，Chow F H，Shieh B J，et al.Two new anthraquinones from *Hemerocallis fulva* [J].Chin Pharm J，2003，55（1）：83-86.

[2] Robert H C，Kee-Chong L，James H M，et al.Kwanzoquinones A-G and other constituents of *Hemerocallis fulva* 'Kwanzo' roots and their activity against the human pathogenic trematode *Schistosoma mansoni* [J].Tetrahedron，2002，58：8597-8606.

[3] Kim J S，Kang S S，Son K H，et al.Constituents from the roots of *Hemerocallis fulva* [J].Saengyak Hakhoechi，2002，33（2）：105-109.

[4] 杨中铎，李援朝. 萱草根化学成分的分离与结构鉴定 [J]. 中国药物化学杂志，2003，13（1）：34-37.

[5] 杨中铎，李涛，彭程. 萱草根化学成分的分离与结构鉴定（Ⅱ）[J]. 中草药，2008，39（9）：1288-1290.

[6] 杨中铎，李涛，李援朝，等. 萱草根化学成分的研究 [J]. 中国中药杂志，2008，33（3）：269-272.

[7] Yang Z D，Chen H，Li Y C.A new glycoside and a novel-type diterpene from *Hemerocallis fulva*（L.）L. [J].Helv Chim Acta，2003，86（10）：3305-3309.

[8] Zhang Y J，Cichewicz R H，Nair M G.et al.Lipid peroxidation inhibitory compounds from daylily（*Hemerocallis fulva*）leaves [J].Life Sci，2004，75（6）：753-763.

[9] Sarg T M，Salem S A，Farrag N M，et al.Phytochemical and antimicrobial investigation of *Hemerocallis fulva* L.grown in Egypt [J].Int J Crude Drug Res，1990，28（2）：153-156.

[10] Lin S H，Chang H C，Chen P J，et al.The Antidepressant-like effect of ethanol extract of daylily flowers in rats [J]. Journal of Traditional and Complementary Medicine，2013，3（1）：53-61.

【药理参考文献】

[1] Lin S H，Chang H C，Chen P J，et al.The Antidepressant-like effect of ethanol extract of daylily flowers in rats [J].Journal of Traditional and Complementary Medicine，2013，3（1）：53-61.

[2] Lin Y L，Lu C K，Huang Y J，et al.Antioxidative caffeoylquinic acids and flavonoids from *Hemerocallis fulva* flowers [J]. Journal of Agricultural and Food Chemistry，2011，59（16）：8789-8795.
[3] Zhang Y，Cichewicz R H，Nair M G.Lipid peroxidation inhibitory compounds from daylily（*Hemerocallis fulva*）leaves [J]. Life Sciences，2004，75（6）：753-763.
[4] Wu W T，Mong M C，Yang Y C，et al.Aqueous and ethanol extracts of daylily flower（*Hemerocallis fulva* L.）protect HUVE cells against high glucose [J].Journal of Food Science，2018，83（5）：1463-1469.
[5] 黄红焰，李玉白．肝纤维化模型大鼠肝功能变化与萱草活性成分黄酮苷的干预 [J]．中国组织工程研究与临床康复，2011，15（41）：7665-7667.
[6] Robert H C，Kee-Chong L，James H M，et al.Kwanzoquinones A-G and other constituents of *Hemerocallis fulva* 'Kwanzo' roots and their activity against the human pathogenic trematode *Schistosoma mansoni* [J].Tetrahedron，2002，58：8597-8606.

【临床参考文献】

[1] 陈国中，张昌禧，范永升，等．萱草抗郁方治疗功能性失眠症 156 例 [J]．浙江中医杂志，2008，43（7）：397.
[2] 陈斌，姚斌．萱草忘忧汤加减治疗冠心病心绞痛并焦虑 24 例临床观察 [J]．湖南中医杂志，2018，34（9）：52-53.

10. 玉簪属 *Hosta* Tratt.

多年生草本。根茎粗短，有时具横走茎。叶基生成簇，具弧形脉和纤细横脉；具长柄。花葶生于叶丛中央，常具 1 ～ 3 枚苞片状叶；总状花序，花常单生，稀 2 ～ 3 朵簇生，具小苞片；花被近漏斗状，上部近钟状，裂片 6 枚；雄蕊 6 枚，离生或下部贴生于花被管，常稍伸出于花被之外，花丝纤细，花药背部具凹穴，丁字状着生，2 室；子房 3 室，每室具胚珠多粒，花柱细长，柱头小，伸出雄蕊之外。蒴果，常具棱，室背开裂。种子多粒，具扁平翅。

约 10 种，分布于亚洲温带与亚热带地区。中国 3 种，法定药用植物 2 种。华东地区法定药用植物 2 种。

1120. 玉簪（图 1120）• *Hosta plantaginea*（Lam.）Aschers.

【别名】玉簪三七（浙江临安），白萼花（安徽），白鹤花、玉簪棒（上海），银净花、白鹤仙（福建），化骨莲（江西）。

【形态】多年生草本。根茎粗壮，直径 1.5 ～ 3cm。叶卵状心形、卵形或卵圆形，长 14 ～ 24cm，宽 8 ～ 16cm，先端渐尖，基部心形；侧脉 6 ～ 10 对；叶柄长 20 ～ 40cm。花葶高 40 ～ 80cm，具花数朵至 10 余朵，外苞片卵形或披针形，长 2.5 ～ 7cm，宽 1 ～ 1.5cm，内苞片极小；花单生或 2 ～ 3 朵簇生，长 10 ～ 13cm，白色，芳香；花梗长约 1cm；雄蕊与花被近等长，下部贴生于花被管。蒴果圆柱形，具棱 3 条，长约 6cm，直径约 1cm。花期 8 ～ 9 月，果期 9 ～ 10 月。

【生境与分布】生于疏林下、草坡或岩石缝中，垂直分布可达 2000m。分布于江苏南部、安徽、浙江东部、福建西北部，另广东西北部、湖南、湖北、贵州、四川等地均有分布。

【药名与部位】玉簪花，花。

【采集加工】夏、秋二季花将开放时采摘，及时阴干。

【药材性状】多皱缩呈条状，完整者长 8 ～ 12.5cm。花被漏斗状，黄白色或褐色；花被 6 裂，裂片椭圆形，先端渐尖。雄蕊 6 枚，与花被等长，下部与花筒贴生。花柱细长，超出雄蕊。体轻，质软。气微，味微苦。

【化学成分】全草含生物碱类：玉簪碱（hostasine）、8- 去甲氧基 -10-*O*- 甲基玉簪碱（8-demethoxy-10-*O*-methylhostasine）、10-*O*- 甲基玉簪碱（10-*O*-methylhostasine）、9-*O*- 去甲基 -7-*O*- 甲基石蒜宁碱（9-*O*-demethyl-7-*O*-methyllycorenine）、8- 去甲氧基玉簪碱（8-demethoxyhostasine）、白斑网球花碱

图 1120　玉簪　　摄影　赵维良等

（albomaculine）、7- 去氧 - 反式 - 二氢水仙环素（7-deoxy-*trans*-dihydronarciclasine）、也门文殊兰碱 C（yemenine C）、*O*- 甲基石蒜宁碱（*O*-methyllycorenine）、（+）- 网球花胺［（+）-haemanthamine］、*O*- 去甲基网球花胺（*O*-demethylhaemanthamine）、伪石蒜碱（pseudolycorine）、波斯石蒜明（ungeremine）、石蒜碱（lycorine）、8-*O*- 去甲基滨海全能花定（8-*O*-demethylmaritidine）、网球花定（hemanthidine, pancratine），即网球花定碱（haemanthidine）、去甲铁血箭碱（norsanguinine）[1] 和玉簪宁 A（hostasinine A）[2]。

叶含甾体类：β- 谷甾醇（β-sitosterol）、豆甾醇（stigmasterol）、（25*R*）-2α, 3β- 二羟基 -5α- 螺甾烷 -9（11）- 烯 -12- 酮 -3-*O*-{*O*-β-D- 吡喃葡萄糖基 -（1 → 2）-*O*-［β-D- 吡喃木糖基 -（1 → 3）］-*O*-β-D- 吡喃葡萄糖基 -（1 → 4）-β-D- 吡喃半乳糖苷}{（25*R*）-2α, 3β-dihydroxy-5α-spirostane-9（11）-en-12-one-3-*O*-{*O*-β-D-glucopyranosyl-（1 → 2）-*O*-［β-D-xylopyranosyl-（1 → 3）］-*O*-β-D-glucopyranosyl-（1 → 4）-β-D-galactopyranoside}}、（25*R*）-2α, 3β- 二羟基 -5α- 螺甾烷 -9（11）- 烯 -12- 酮［（25*R*）-2α, 3β-dihydroxy-5α-spirostane-9（11）-en-12-one］、（25*R*）-2α, 3β, 12β- 三羟基 -5α- 螺甾烷 -3-*O*-［*O*-α-L- 吡喃鼠李糖基 -（1→2）-β-D- 吡喃半乳糖苷］{（25*R*）-2α, 3β, 12β-trihydroxy-5α-spirostane-3-*O*-［*O*-α-L-rhamnopyranosyl-（1 → 2）-β-D-galactopyranoside］}、吉托皂苷元 -3-*O*-β-D- 吡喃葡萄糖基 -（1 → 4）-β-D- 吡喃半乳糖苷［gitogenin-3-*O*-β-D-glucopyranosyl-（1 → 4）-β-D-galactopyranoside］、胡萝卜苷（daucosterol）[3]，玉簪塔甾苷 *I、II、III、IV（hostaside I、II、III、IV）、（25*R*）-2α, 3β- 二羟基 -5α- 螺甾烷 -3-*O*-α-L- 吡喃鼠李糖基 -（1 → 2）-［β-D- 吡喃葡萄糖基 -（1 → 4）］-β-D- 吡喃半乳糖苷 {（25*R*）-2α, 3β-dihydroxy-5α-spirostane-3-*O*-α-L-rhamnopyranosyl-（1 → 2）-［β-D-glucopyranosyl-（1 → 4）］-β-D-galactopyranoside}、（25*R*）-2α, 3β, 12β- 三羟基 -5α- 螺甾烷 -3-*O*-α-L- 吡喃鼠李糖基 -（1 → 2）-β-D- 吡喃半乳糖苷［（25*R*）-2α, 3β, 12β-trihydroxy-5α-spirostane-3-*O*-α-L-rhamnopyranosyl-（1 → 2）-β-D-galactopyranoside］、

（25*R*）-2α, 3β- 二羟基 -5α- 螺甾烷 -3-*O*-β-D- 吡喃葡萄糖基 -（1→4）-β-D- 吡喃半乳糖苷［（25*R*）-2α, 3β-dihydroxy-5α-spirostane-3-*O*-β-D-glucopyranosyl-（1 → 4）-β-D-galactopyranoside］、（25*R*）-2α, 3β- 二羟基 -5α- 螺甾烷 -3-*O*-α-L- 吡喃鼠李糖基 -（1→2）-β-D- 吡喃半乳糖苷［（25*R*）-2α, 3β-dihydroxy-5α-spirostane-3-*O*-α-L-rhamnopyranosyl-（1→2）-β-D-galactopyranoside］和（25*R*）-2α, 3β- 二羟基 -5α- 螺甾烷 -9- 烯 -12- 酮 -3-*O*-β-D- 吡喃葡萄糖基 -（1→2）-［β-D- 吡喃木糖基 -（1→3）］-β-D- 吡喃葡萄糖基 -（1→4）-β-D- 吡喃半乳糖苷 {（25*R*）-2α, 3β-dihydroxy-5α-spirost-9-en-12-one-3-*O*-β-D-glucopyranosyl-（1→2）-［β-D-xylopyranosyl-（1→3）］-β-D-glucopyranosyl-（1→4）-β-D-galactopyranoside}[4]；黄酮类：山柰酚 -3-*O*-β-D- 芸香糖苷 -7-*O*-β-D- 吡喃葡萄糖苷（kaempferol-3-*O*-β-D-rutinoside-7-*O*-β-D-glucopyranoside）和山柰酚 -3-*O*-（2″-*O*-β-D- 吡喃葡萄糖基）-β-D- 芸香糖苷［kaempferol-3-*O*-（2″-*O*-β-D-glucopyranosyl）-β-D-rutinoside］[3]；烷醇类：二十二烷醇（docosanol）[3]。

花含甾体类：吉托皂苷元（gitogenin）、吉托皂苷元 -3-*O*-β-D- 吡喃半乳糖苷（gitogenin-3-*O*-β-D-galactopyranoside）、吉托皂苷元 -3-*O*-α-L- 吡喃鼠李糖基 -（1→2）-β-D- 吡喃半乳糖苷［gitogenin-3-*O*-α-L-rhamnopyranosyl-（1→2）-β-D-galactopyranoside］、吉托皂苷元 -3-*O*-β-D- 吡喃葡萄糖基 -（1→2）-β-D- 吡喃半乳糖苷［gitogenin-3-*O*-β-L-glucopyranosyl-（1→2）-β-D-galactopyranoside］、吉托皂苷元 -3-*O*-β-D- 吡喃葡萄糖基 -（1→4）-*O*-［α-L- 吡喃鼠李糖基 -（1→2）］-β-D- 吡喃半乳糖苷 {tigogenin-3-*O*-β-D-glucopyranosyl-（1 → 4）-*O*-［α-L-rhamnopyranosyl-（1 → 2）］-β-D-galactopyranoside}、吉托皂苷元 -3-*O*-β-D- 吡喃葡萄糖基 -（1→4）-*O*-［α-L- 吡喃鼠李糖基（1→2）］-β-D- 吡喃半乳糖苷 {gitogenin-3-*O*-β-D-glucopyranosyl-（1→4）-*O*-［α-L-rhamnopyranosyl-（1→2）］-β-D-galactopyranoside}、吉托皂苷元 -3-*O*-［β-D- 吡喃木糖基 -（1→4）-β-D- 吡喃葡萄糖基 -（1→2）-β-D- 吡喃木糖基（1→3）-*O*-β-D- 吡喃葡萄糖基 -（1→4）-β-D- 吡喃半乳糖苷］{gitogenin-3-*O*-［β-D-xylopyranosyl-（1→4）-β-D-glucopyranosyl-（1→2）-β-D-xylopyranosyl-（1→3）-*O*-β-D-glucopyranosyl-（1→4）-β-D-galactopyranoside］}[5], 曼诺皂苷元（manogenin）、吉托皂苷元（gitogenin）[6], 吉托皂苷元 -3-*O*-［β-D- 吡喃葡萄糖基 -（1→2）-*O*-β-D- 吡喃木糖基 -（1→3）-*O*-β-D- 吡喃葡萄糖基 -（1→4）-β-D- 吡喃半乳糖苷］{gitogenin-3-*O*-［β-D-glucopyranosyl-（1→2）-*O*-β-D-xylopyranosyl-（1→3）-*O*-β-D-glucoyranosyl-（1→4）-β-D-galactopyranoside］}、吉托皂苷元 -3-*O*-β-D- 吡喃葡萄糖基 -（1→2）-β-D- 吡喃葡萄糖基 -（1→4）-β-D- 吡喃半乳糖苷［gitogenin-3-*O*-β-D-glucopyranosyl-（1 → 2）-β-D-glucopyranosyl-（1 → 4）-β-D-galactopyranoside］、吉托皂苷元 -3-*O*-β-D- 吡喃葡萄糖基 -（1→2）-*O*-［α-L- 吡喃鼠李糖基 -（1→4）-β-D- 吡喃木糖基 -（1→3）］-*O*-β-D- 吡喃葡萄糖基 -（1→4）-β-D- 吡喃半乳糖苷 {gitogenin-3-*O*-β-D-glucopyranosyl-（1 → 2）-*O*-［α-L-rhamnopyranosyl-（1 → 4）-β-D-xylopyranosyl-（1 → 3）］-*O*-β-D-glucopyranosyl-（1→4）-β-D-galactopyranoside}[5,6] 和玉簪甾苷 A、B、C、D（hostaplantagineoside A、B、C、D）[7]；单萜类：玉簪单萜苷*A（hoplanoside A）[8]；黄酮类：山柰酚（kaempferol）、槲皮素（quercetin）、山柰酚 -3-*O*- 芸香糖苷（kaempferol-3-*O*-rutinoside）[9], 玉簪黄酮*A、B（plantanone A、B）、山柰酚 -3-*O*- 槐糖苷（kaempferol-3-*O*-sophoroside）、山柰酚 -3-*O*-β-D- 吡喃葡萄糖基 -（1→2）-［α-L- 吡喃鼠李糖基 -（1→6）］-β-D- 吡喃葡萄糖苷 {kaempferol-3-*O*-β-D-glucopyranosyl-（1→2）-［α-L-rhamnopyranosyl-（1→6）］-β-D-glucopyranoside}、紫云英苷（astragalin）、山柰酚 -7-*O*-β-D- 吡喃葡萄糖苷（kaempferol-7-*O*-β-D-glucopyranoside）、山柰酚 -3, 7- 二 -*O*-β-D- 吡喃葡萄糖苷（kaempferol-3, 7-di-*O*-β-D-glucopyranoside）、山柰酚 -3-*O*- 芸香糖苷 -7-*O*- 吡喃葡萄糖苷（kaempferol-3-*O*-rutinoside-7-*O*-glucopyranoside）、山柰酚 -3-*O*-α-L- 吡喃鼠李糖基 -（1→6）-β-D- 吡喃葡萄糖基 -（1→2）-β-D- 吡喃葡萄糖苷［kaempferol-3-*O*-α-L-rhamnopyranosyl-（1→6）-β-D-glucopyranosyl-（1→2）-β-D-glucopyranoside］、山柰酚 -3-*O*-（2G- 葡萄糖基芸香糖苷）-7-*O*- 葡萄糖苷［kaempferol-3-*O*-（2G-glucosylrutinoside）-7-*O*-glucoside］[10], 玉簪二氢黄酮*A（hostaflavanone A）[11], 玉簪黄酮*A（hostaflavone A）、山柰酚 -3-*O*- 槐糖苷 -7-*O*- 葡萄糖苷（kaempferol-3-*O*-sophoroside-7-*O*-glucoside）[12] 和玉簪黄酮 C（plantanone C）[13]；脂肪酸及酯

类：正二十烷酸（*n*-eicosanoic acid）和十六碳酸-2, 3-二羟基丙酯（hexadecanoic acid-2, 3-dihydroxypropyl ester）[9]；苯丙素类：抗-1-苯丙烷-1, 2-二醇-2-*O*-β-D-吡喃葡萄糖苷（anti-1-phenylpropane-1, 2-diol-2-*O*-β-D-glucopyranoside）和抗-1-苯丙烷-1, 2-二醇（anti-1-phenylpropane-1, 2-diol）[11]；苯乙基类：苯乙基1-*O*-β-D-吡喃葡萄糖苷（phenethyl-*O*-β-D-glucopyranoside）、苯乙醇-β-D-龙胆二糖苷（phenethanol-β-D-gentiobioside）和苯乙基-*O*-芸香糖苷（phenethyl-*O*-rutinoside）[11]；生物碱类：（1*S*, 3*S*）-1-甲基-1, 2, 3, 4-四氢-β-咔啉-3-甲酸［（1*S*, 3*S*）-1-methyl-1, 2, 3, 4-tetrahydro-β-carboline-3-carboxylic acid］和（1*R*, 3*S*）-1-甲基-1, 2, 3, 4-四氢-β-咔啉-3-甲酸［（1*R*, 3*S*）-1-methyl-1, 2, 3, 4-tetrahydro-β-carboline-3-carboxylic acid］[11]；脑苷类：玉簪神经鞘苷A（hosta cerebroside A）[14]，即1-*O*-β-D-吡喃葡萄糖基-（2*S*, 3*E*, 7*E*）-2-［（2′*R*）-2′-羟基二十一酰胺基］-（3*E*, 7*E*）-十二二烯-1, 9-二醇{1-*O*-β-D-glucopyranosyl-（2*S*, 3*E*, 7*E*）-2-［（2′*R*）-2′-hydroxyheneicosanoylamino］-（3*E*, 7*E*）-dodecadien-1, 9-diol}。

根茎含甾体类：玉簪皂苷*A、B（hostasaponin A、B）和2α, 3β-二羟基-5α-孕甾-16-烯-20-酮（2α, 3β-dihydroxy-5α-pregn-16-en-20-one）[15]。

【药理作用】1. 抗炎　从花中分离的成分玉簪黄酮*A（hostaflavone A）和山柰酚-3-*O*-槐糖苷-7-*O*-葡萄糖苷（kaempferol-3-*O*-sophoroside-7-*O*-glucoside）对环氧合酶-1（COX-1）有显著的抑制作用，并对环氧合酶-2（COX-2）有一定的抑制[1]；从花中分离的成分玉簪黄酮A、B（plantanone A、B）对环氧合酶-1和环氧合酶-2具有抑制作用[2]；从花中分离的成分苯乙醇-β-D-龙胆二糖苷（phenethanol-β-D-gentiobioside）、苯乙基-*O*-芸香糖苷（phenethyl-*O*-rutinoside）和苯乙醇-*O*-β-D-吡喃葡萄糖苷（phenethyl-*O*-β-D-glucopyranoside）对环氧合酶-1和环氧合酶-2具有抑制作用[3]；花的醇提取物对消痔灵所致大鼠慢性前列腺炎有显著的抑制作用[4]；叶的乙醇提取物对急性和慢性炎症模型均有明显的抑制作用，其中乙醇提取物的乙酸乙酯部位对急性和慢性炎症模型均有显著的抑制作用[5]；地上部分色醇提取物对炎症早期血管通透性增高和水肿有明显的抑制作用，能明显减轻二甲苯所致小鼠的耳廓肿胀，显著抑制冰乙酸所致小鼠的腹腔毛细血管通透性增高[6]。2. 抗氧化　从花中分离得到的成分山柰酚（kaempferol）和山柰酚-7-*O*-β-D-吡喃葡萄糖（kaempferol-7-*O*-β-D-glucopyranoside）具有很强的抗氧化作用[2]；花80%乙醇提取物中分离得到的玉簪黄酮C（plantanone C）有较强的体外抗氧化作用[7]。3. 抗菌　从花中分离得到的成分玉簪单萜苷*A（hoplanoside A）对金黄色葡萄球菌的生长有明显的抑制作用，对蜡样芽孢杆菌、大肠杆菌、小肠结肠炎耶尔森氏菌的生长均有一定的抑制作用[8]；从叶中分离得到的玉簪塔甾苷*I、II（hostaside I、II）对白色念珠菌和尖孢镰刀菌的生长有明显的抑制作用[9]；从根茎中分离得到的玉簪皂苷*A、B（hostasaponin A、B）对白色念珠菌的生长有很强的抑制作用[10]；花醇提取物的乙酸乙醇部位对金黄色葡萄球菌、大肠杆菌及枯草芽孢杆菌的生长具有明显的抑制作用；玉簪花的正丁醇提取部分对白色念球菌、红色毛癣菌的生长具有较好的抑制作用，其抗菌成分可能为黄酮类化合物和皂苷[11]。4. 抗肿瘤　从花中分离得到的甾体皂苷成分吉托皂苷元-3-*O*-β-D-吡喃葡萄糖基-（1→4）-*O*-［α-L-吡喃鼠李糖基（1→2）］-β-D-吡喃半乳糖苷{gitogenin-3-*O*-β-D-glucopyranosyl-（1→4）-*O*-［α-L-rhamnopyranosyl-（1→2）］-β-D-galactopyranoside}、吉托皂苷元-3-*O*-β-D-吡喃葡萄糖基-（1→2）-β-D-吡喃葡萄糖基-（1→4）-β-D-吡喃半乳糖苷［gitogenin-3-*O*-β-D-glucopyranosyl-（1→2）-β-D-glucopyranosyl-（1→4）-β-D-galactopyranoside］等对肝癌HepG2、乳腺癌MCF7和胃癌SGC7901细胞均有明显的细胞毒作用[12]；从地下部分分离的C_{22}-甾类糖苷对白血病HL-60细胞具有细胞毒作用[13]。

【性味与归经】甘，凉。

【功能与主治】清热，解毒，止咳，利咽喉。用于肺热，咽喉肿痛，嘶哑，胸热，毒热。

【用法与用量】6～9g。

【药用标准】部标蒙药1998和内蒙古蒙药1986。

【临床参考】1. 急性扁桃体炎：花15g，加沉香、甘草各4g，广枣、肉蔻、沙参、栀子、苦参各5g，天竺黄、川楝子各7.5g，檀香2.5g，诃子、木香各6g，瞿麦6. 5g、丁香3g，诸药共研细末，1次

3g，每日 3 次，温开水送服[1]。

2. 骨质增生症：根和叶 250g 洗净捣烂，加陈醋 150g，文火浓煎，连汁带渣趁热外敷患处，每日煎敷 3 次[2]。

3. 烧伤：花 500g，加香油 2000ml 浸泡 2 个月，备用，先用生理盐水清洗创面，如起水疱，用消毒针挑破并挤净，消毒棉球蘸药外涂，1 ～ 2 日涂药 1 次，夏天不必包扎，将患处暴露，冬天用浸药的纱布包敷患处[3]。

4. 急性咽喉疼痛：鲜叶 10 张（小儿酌减）捣绒，加冷开水 100ml、少许白糖，频服缓咽[4]。

5. 乳腺炎、疮疖、颈淋巴结核：鲜全草（或根）适量，捣烂外敷患处。

6. 小腿慢性溃疡（老烂脚）：鲜叶，浸菜油数天后，贴敷患处，每日换 1 次。（5 方、6 方引自《浙江药用植物志》）

7. 咽喉肿痛：花 3g，加板蓝根、玄参各 15g，水煎服。（《山东中草药手册》）

8. 小便不通：花 6g，加蛇蜕 6g、丁香 3g，共为末，1 次服 3g，酒调送下。（《纲目拾遗》引《医学指南》玉龙散）

9. 尿路感染：花 3g，加萹蓄 12g，野菊花、车前草各 30g，水煎服。（《青岛中草药手册》）

【附注】玉簪花始载于明《品汇精要》，云："谨按此即白鹤花也。苗高尺余，叶生茎端，淡绿色。六七月抽茎，分歧生数蕊，长二三寸，清香莹白，形如冠簪，故名玉簪花也。"《本草纲目》以玉簪之名收载之，并以花之形象，称为白鹤仙，云："玉簪，处处人家栽为花草。二月生苗成丛，高尺许，柔茎如白菘。其叶大如掌，团而有尖，叶上纹如车前叶，青白色，颇娇莹。六、七月抽茎，茎上有细叶，中出花朵十数枚，长二三寸，本小末大。未开时，正如白玉搔头簪形，又如羊肚蘑菇之状；开时微绽四出，中吐黄蕊，颇香，不结子。其根连生，如鬼臼、射干、生姜辈，有须毛。旧茎死则根有一臼，新根生则旧根腐。"所述即为本种。

张山雷《本草正文》道："颐尝采鲜根捣自然汁，晒干作小丸，治牙痛欲落者，以一丸嵌痛处，听其自化。一丸不落，再嵌二三次，无不自落，而无痛苦，确验。又吾乡有齿痛甚剧者，闻人言玉簪根汁点牙自落，乃捣汁漱口，不一月，而全口之齿无一存者，此是实事，可证此物透骨之猛，且其人年仅三十余也。"

本种的叶、全草、根民间也作药用。

【化学参考文献】

[1] Wang Y H，Zhang Z K，Yang F M，et al.Benzylphenethylamine alkaloids from *Hosta plantaginea* with inhibitory activity against *Tobacco Mosaic* virus and acetylcholinesterase [J] .J Nat Prod，2007，70（9）：1458-1461.

[2] Wang Y H，Gao S，Yang F M，et al.Structure elucidation and biomimetic synthesis of hostasinine A，a new benzylphenethylamine alkaloid from *Hosta plantaginea* [J] .Org Lett，2007，9（25）：5279-5281.

[3] 瞿江媛，王梦月，王春明，等.玉簪抗炎活性部位及化学成分研究 [J] . 中草药，2011，42（2）：217-221.

[4] Wang M Y，Peng Y，Peng C S，et al.The bioassay-guided isolation of antifungal saponins from *Hosta plantaginea* leaves [J] .J Asian Nat Prod Res，2018，20（6）：501-509.

[5] 刘接卿，王翠芳，邱明华，等.玉簪花的抗肿瘤活性甾体皂苷成分研究 [J] . 中草药，2010，41（4）：520-526.

[6] 张金花，解红霞，薛培凤，等.蒙药玉簪花中的甾体化合物 [J] . 中国药学杂志，2010，45（5）：335-337.

[7] Li X J，Wang L，Xue P F，et al.New steroidal glycosides from *Hosta plantaginea*（Lam.）Aschers [J] .J Asian Nat Prod Res，2015，17（3）：224-231.

[8] Wang Q H，Han J J，Bao B.Antibacterial effects of two monoterpene glycosides from *Hosta plantaginea*（Lam.）Aschers [J] .Journal of Food Biochemistry，2017，41（2）：12320/1-12320/4.

[9] 解红霞，张金花，张宏桂，等.蒙药玉簪花的化学成分研究 [J] . 中国药学杂志，2009，44（10）：733-735.

[10] He J W，Yang L，Mu Z Q，et al.Anti-inflammatory and antioxidant activities of flavonoids from the flowers of *Hosta plantaginea* [J] .RSC Advances，2018，8（32）：18175-18179.

[11] Yang L，Jiang S T，Zhou Q G，et al.Chemical constituents from the flower of *Hosta plantaginea* with cyclooxygenases inhibition and antioxidant activities and their chemotaxonomic significance [J].Molecules，2017，22（11）：1825/1-1825/9.

[12] He J W，Huang X Y，Wang Y Q，et al.A new flavonol glycoside from the flowers of *Hosta plantaginea* with cyclooxygenases-1/2 inhibitory and antioxidant activities [J].Nat Prod Res，2019，33（11）：1599-1604.

[13] 周庆光，杨丽，何军伟，等.玉簪花中1个新黄酮苷类化合物及其抗氧化活性研究 [J].中国中药杂志，2019，44（15）：3312-3315.

[14] 解红霞，薛培凤.玉簪花中一个新的神经鞘苷 [J].中国药业，2014，23（5）：12-14.

[15] Wang M Y，Xu Z H，Peng Y，et al.Two new steroidal saponins with antifungal activity from *Hosta plantaginea* [J]. Chem Nat Comd，2016，52（6）：1047-1051.

【药理参考文献】

[1] He J W，Huang X Y，Wang Y Q，et al.A new flavonol glycoside from the flowers of *Hosta plantaginea* with cyclooxygenases-1/2 inhibitory and antioxidant activities [J].Natural Product Letters，2019，33（11）：1599-1604.

[2] He J W，Yang L，Mu Z Q，et al.Anti-inflammatory and antioxidant activities of flavonoids from the flowers of *Hosta plantaginea* [J].RSC Advances，2018，8（32）：18175-18179.

[3] Yang L，Jiang S T，Zhou Q G，et al.Chemical constituents from the flower of *Hosta plantaginea* with cyclooxygenases inhibition and antioxidant activities and their chemotaxonomic significance [J].Molecules，2017，22（11）：1825-1833.

[4] 王秀梅，梁新丽，管咏梅，等.蒙药玉簪花提取物指标成分含量测定及其抗慢性前列腺炎的研究 [J].中华中医药杂志，2018，33（5）：394-398.

[5] 瞿江媛，王梦月，王春明，等.玉簪抗炎活性部位及化学成分研究 [J].中草药，2011，42（2）：217-221.

[6] 吕小满，彭芳，杨永寿，等.玉簪抗炎作用的实验研究 [J].大理学院学报，2010，9（12）：15-17.

[7] 周庆光，杨丽，何军伟，等.玉簪花中1个新黄酮苷类化合物及其抗氧化活性研究 [J].中国中药杂志，2019，44（15）：3312-3315.

[8] Wang Q，Han J，Bao B .Antibacterial effects of two monoterpene glycosides from *Hosta plantaginea*（Lam.）Aschers [J]. Journal of Food Biochemistry，2016，41（2）：1-4.

[9] Wang M Y，Peng Y，Peng C S，et al.The bioassay-guided isolation of antifungal saponins from *Hosta plantaginea* leaves [J].Journal of Asian natural products research，2017，20（6）：1-9.

[10] Wang M，Xu Z，Peng Y，et al.Two new steroidal saponins with antifungal activity from *Hosta plantaginea* rhizomes [J]. Chemistry of Natural Compounds，2016，52（6）：1047-1051.

[11] 叶晓川，李文媛，颜彦，等.玉簪花体外抑菌实验研究 [C].全国中药和天然药物学术研讨会大会报告集，2007：573-575.

[12] 刘接卿，王翠芳，邱明华，等.玉簪花的抗肿瘤活性甾体皂苷成分研究 [J].中草药，2010，41（4）：24-30.

[13] Mimaki Y，Kameyama A，Kuroda M，et al.Steroidal glycosides from the underground parts of *Hosta plantaginea* var.*japonica* and their cytostatic activity on leukaemia HL-60 cells [J].Phytochemistry（Oxford），1997，44（2）：305-310.

【临床参考文献】

[1] 斯琴格日乐，白娜仁.蒙药治疗急性扁桃体炎26例 [J].中国民族医药杂志，2014，20（1）：55.

[2] 唐僖.玉簪花根治疗骨质增生验案 [J].中国乡村医生杂志，1992，（4）：32.

[3] 韩德承.玉簪花治烧伤 [N].家庭医生报，2015-11-09（007）.

[4] 何志模.玉簪叶治疗急性咽喉疼痛 [J].四川中医，1994，（4）：53.

1121. 紫萼（图1121）• *Hosta ventricosa*（Salisb.）Stearn

【别名】紫玉簪（安徽），棱子草、耳叶七（江西），紫玉萼。

【形态】多年生草本。根茎直径0.3～1cm。叶卵状心形、卵形或卵圆形，长8～19cm，宽4～17cm，先端近短尾尖或骤尖，基部心形或近平截；侧脉7～11对；叶柄长6～30cm。花葶高达1m，具花

图 1121　紫萼　　　　摄影　郭增喜等

10 ～ 30 朵；苞片长圆状披针形，长 1 ～ 2cm，白色，膜质；花单生，长 4 ～ 6cm，淡紫色或紫红色；花梗长 0.7 ～ 1cm；雄蕊伸出花被外，离生。蒴果圆柱形，具棱 3 条，长 2.5 ～ 4.5cm，直径约 0.7cm。花果期 6 ～ 7 月，果期 7 ～ 9 月。

【生境与分布】生于 500 ～ 2400m 山坡疏林下、草坡、林缘或草丛中。分布于江苏西南部、浙江、福建西部、江西、安徽，另湖北、湖南、广东北部、广西东北部、云南、贵州、四川、陕西南部、河南等地均有分布。

紫萼与玉簪主要区别点：紫萼花较小，长 4 ～ 4cm，淡紫色或紫红色。玉簪花较大，长 10 ～ 13cm，白色。

【药名与部位】紫玉簪，根及根茎。

【化学成分】叶含黄酮类：山柰酚 -3- 槐糖苷（kaempferol-3-sophoroside）、山柰酚 -3-（2^G- 葡萄糖

基芸香糖苷）[kaempferol-3-（2^G-glucosylrutinoside）]、山柰酚-3-槐糖苷-7-葡萄糖苷（kaempferol-3-sophoroside-7-glucoside）、山柰酚-3-（2^G-葡萄糖基芸香糖苷）-7-葡萄糖苷[kaempferol-3-（2^G-glucosylrutinoside）-7-glucoside]、山柰酚-3-芸香糖苷-7-葡萄糖苷（kaempferol-3-rutinoside-7-glucoside）、山柰酚-3-芸香糖苷（kaempferol-3-rutinoside）和山柰酚-3-木糖基芸香糖苷-7-葡萄糖苷（kaempferol-3-xylosylrutinoside-7-glucoside）[1]。

【药理作用】 1. 抗炎　根茎乙醇提取物的乙酸乙酯、正丁醇萃取部位和水溶液洗脱的糖部位在大剂量时对二甲苯诱导的小鼠耳肿胀具有抑制作用，糖部位作用最强，糖部位还能显著减少角叉菜胶所致大鼠的胸腔积液体积，同时能极显著地抑制白细胞游走[1]。2. 抗肿瘤　从花中提取的总皂苷（纯度57.49%）对人胃癌SGC-7901细胞、乳腺癌MCF-7细胞、人肝癌HepG2细胞的生长具有较强的抑制作用，其半数抑制浓度（IC_{50}）分别为15.47μg/L、28.08μg/L和17.37μg/L[2]。

毒性　根茎乙醇提取物的正丁醇部位灌胃小鼠的半数致死量（LD_{50}）为5.95g/kg，相当于生药111.5g/kg，乙酸乙酯和糖部位灌胃小鼠未能测出LD_{50}。

【药用标准】 云南药品1996。

【附注】 紫玉簪始载于《汝南圃史》。《品汇精要》卷四十在玉簪花下收载之，云："一种茎叶花蕾与此无别，但短小深绿色而花紫，嗅之似有恶气，殊不堪食，谓之紫鹤，人亦呼为紫玉簪也。八月作角如桑螵蛸，有六瓣子，亦若榆钱而黑亮如漆。"《本草纲目》亦在玉簪条下注云："玉簪，处处人家栽为花草。亦有紫花者，叶微狭，"《品汇精要》的紫玉簪及《本草纲目》的紫花者即为本种。

本种的叶及根民间也作药用。

【化学参考文献】

[1] Budzianowski J.Kaempferol glycosides from *Hosta ventricosa* [J].Phytochemistry，1990，29（11）：3643-3647.

【药理参考文献】

[1] 崔力剑，黄芸，赵淑芳.中药紫萼抗非特异性炎症活性研究[J].河北中医药学报，2003，18（3）：28-30.

[2] 曲中原，李雪，邹翔，等.紫萼玉簪花总皂苷的纯化及抗肿瘤活性研究[J].天然产物研究与开发，2018，（30）：1432-1436，1443.

11. 芦荟属 *Aloe* Linn.

多年生草本。茎短或明显。叶肉质，基生叶簇生或莲座状，茎生叶互生；叶片先端锐尖，边缘常有硬齿或硬刺。花葶直立，生于叶丛中央；总状花序或伞形花序。苞片膜质；花被圆筒状，稀稍弯曲；花被片6枚，离生或基部合生；雄蕊6枚，着生于花被筒基部，花丝较长，花药背着，2室，内向纵裂；子房上位，3室，每室具胚珠多粒，花柱细长，柱头小。蒴果具3棱，室背开裂。种子细小。

约200种，分布于非洲，主要产非洲南部干旱地区，亚洲南部也有分布。中国1种，法定药用植物4种。华东地区法定药用植物1种。

1122. 芦荟（图1122）• *Aloe vera* Linn. var. *chinensis*（Haw.）Berg. [*Aloe chinensis*（Haw.）Baker；*Aloe vera*（Linn.）N. L. Burman；*Aloe barbadensis* Mill.]

【别名】 斑纹芦荟，库拉索芦荟，油葱，龙角（上海），草芦荟（上海、安徽），象胆（福建）。

【形态】 多年生草本。叶近簇生或稍2列着生，肥厚多汁，条状披针形，粉绿色，长15～35cm，基部宽4～5cm，顶端具数个小齿，边缘疏生刺状小齿。花葶高60～90cm，不分枝或有时分枝；总状花序具多花；苞片近披针形，先端锐尖；花下垂，淡黄色而具红斑；花被长约2.5cm，裂片三角形；雄蕊与花被片近等长或稍长，花柱伸出花被外。蒴果三棱形，室背开裂。花果期7～10月。

图 1122　芦荟　　摄影　郭增喜

【生境与分布】华东地区各地多有温室栽培，我国南方各地也常见温室栽培。

【药名与部位】芦荟，叶汁液的干燥品。

【采集加工】全夏末秋初将叶自基部切断，收集流出的汁液，干燥。

【药材性状】为不规则团块或破碎的颗粒，棕褐色或墨绿色。质松脆，易破碎，破碎面光滑，具玻璃样光泽。有特异臭气，味极苦。

【药材炮制】除去杂质，用时捣碎。

【化学成分】叶含色酮类：2, 5- 二甲基 -8-C-β-D- 吡喃葡萄糖 -7- 羟基色酮（2, 5-dimethyl-8-C-β-D-glucopyranosyl-7-hydroxychromone）、芦荟苦素（aloesin）、异芦荟苦素（isoaloesin）[1]，异芦荟苦素 D（isoaloeresin D）、8-C- 葡萄糖基 -7-*O*- 甲基 -（*S*）- 芦荟醇［8-C-glucosyl-7-*O*-methyl-（*S*）-aloesol］、芦荟苦素 E（aloeresin E）[2]，8-C- 葡萄糖基 -（*S*）- 芦荟醇［8-C-glucosyl-（*S*）-aloesol］、8-C- 葡萄糖基 -7-*O*- 甲基芦荟二醇（8-C-glucosyl-7-*O*-methylaloediol）、异拉巴依芦荟色酮（isorabaichromone）[3]，芦荟苦素 G（aloeresin G）、好望角芦荟内酯（feralolide）[4]，9- 二羟基 -2′-*O*-（*Z*）- 桂皮酰基 -7- 甲氧基 - 芦荟苦素［9-dihydroxyl-2′-*O*-（*Z*）-cinnamoyl-7-methoxy-aloesin］和 7-*O*- 甲基芦荟苦素 A（7-*O*-methylaloeresin A）[5]；蒽醌类：芦荟大黄素（aloe-emodin）[1]，埃尔贡芦荟二聚素 A、B（elgonica dimer A、B）[4]，芦荟苷 A、B（aloin A、B）[5]，10- 羟基芦荟素 A、B（10-hydroxyaloin A、B）和 8-*O*- 甲基 -7- 羟基芦荟素 A、B（8-*O*-methyl-7-hydroxyaloin A、B）[6]；酚苷类：对香豆酰芦荟宁（*p*-coumaroylaloenin）、芦荟宁 B（aloenin B）和库拉索芦荟苷 A（aloveroside A）[7]；

多糖类：芦荟多糖（aloeride）[8]；甾体类：β- 谷甾醇（β-sitosterol）和胡萝卜苷（daucosterol）[4]；三萜类：何帕烷 -3- 醇（hopan-3-ol）[4]。

分泌的树脂含色酮类：7- 甲氧基 -6′-*O*- 香豆酰基芦荟苦素（7-methoxy-6′-*O*-coumaroylaloesin）[9]；香豆素类：好望角芦荟内酯（feralolide）[9]。

地上部分含萘类：3- 羟基 -1-（1, 7- 二羟基 -3, 6- 二甲氧基萘 -2- 基）-1- 丙酮［3-hydroxy-1-（1, 7-dihydroxy-3, 6-dimethoxynaphthalen-2-yl）propan-1-one］[10]。

【药理作用】 1. 调节免疫　从叶中提取的多糖 A_{60} 对小鼠淋巴细胞转化功能和腹腔巨噬细胞的增殖均有一定的促进作用[1]；芦荟凝胶中提取的多糖通过抑制 Th2 免疫应答抑制卵蛋白诱导的小鼠食物过敏反应，刺激食物过敏小鼠的白细胞介素 -10（IL-10）分泌[2]。2. 降血糖　叶的乙醇提取物能降低四氧嘧啶诱导的糖尿病大鼠的血糖含量[3]。3. 降脂减肥　从叶中提取的凝胶通过激活脂肪分解作用和预防肥胖相关的代谢改变来减少食源性肥胖大鼠脂肪积累[4]。4. 护肝　从叶中提取的芦荟总苷和分离纯化的结晶Ⅲ（结构待鉴定）能降低四氯化碳（CCl_4）、硫代乙酰胺和 D- 氨基半乳糖引起的小鼠或大鼠谷丙转氨酶（ALT）升高，对四氯化碳引起的肝细胞损伤有保护作用[5]。5. 护肾　芦荟提取物可能通过减少脂质改变、降低肾脏氧化应激和提供直接的肾脏保护作用来预防糖尿病肾病的发生[6]。6. 抗胃溃疡　从叶中提取的粗多糖给予小鼠灌胃，剂量为 250mg/kg 时对拘束水浸应激性胃溃疡有抑制作用，抑制率为 69.7%，剂量为 500mg/kg 时对乙醇诱导的小鼠胃溃疡抑制率为 46.8%，剂量为 250mg/kg 时对消炎痛诱导的小鼠胃溃疡抑制率为 50.4%，而相同剂量小鼠静脉注射给药，对消炎痛诱导的小鼠胃溃疡抑制率达 64.8%[7]。7. 抗氧化　叶提取物的乳杆菌发酵物对 1，1- 二苯基 -2- 三硝基苯肼（DPPH）自由基、超氧阴离子自由基（O_2^-•）和羟自由基（•OH）的清除率分别为 56.12%、93.5% 和 76.12%，亚铁离子螯合率为 82%，具有较强的体外抗氧化作用[8]。8. 抗菌　叶提取物的乳杆菌发酵物对美国沙门氏菌、肠炎沙门菌、志贺氏菌、大肠杆菌、单核细胞增生李斯特菌、痢疾杆菌 301、金黄色葡萄球菌、痤疮丙酸杆菌的生长均具有明显的体外抑制作用[8]。9. 抗炎　叶提取物的乳杆菌发酵物可显著降低大鼠肿瘤坏死因子 -α（TNF-α）和白细胞介素 -1β（IL-1β）的含量，极大地增加了抗炎因子白细胞介素 -4（IL-4）的含量[8]。10. 促愈合　在烧伤模型实验中叶提取物的乳杆菌发酵物可使大鼠产生更多的嗜酸性粒细胞和成纤维细胞，并减少血管增生，促进脱落结痂和毛发生长，加快烧伤大鼠的伤口愈合[8]。

【性味与归经】 苦，寒。

【功能与主治】 清肝热，通便。用于便秘，小儿疳积，惊风；外治湿癣。

【用法与用量】 1.5 ～ 4.5g，多入丸散服；外用适量，研末敷患处。

【药用标准】 药典 1963、药典 1977、部标 1963、部标进药 1986、云南药品 1996、新疆药品 1980 二册、新疆维药 1993 和台湾 2006。

【临床参考】 1. 功能性便秘：叶，加当归、火麻仁、肉苁蓉、生地等制成当归芦荟胶囊（每粒 0.5g），1 次 2 粒，每日 2 次，温开水送服，连服 1 周[1]。

2. 阴癣：鲜叶 200g，加白矾 10g，用 600ml 开水冲调，先洗后坐浴，然后将鲜全草捣烂敷患处，每日 1 ～ 2 次，连续治疗 2 周[2]。

3. 疖肿、溃疡：鲜叶，捣烂敷患处，1 次敷 2 ～ 3h，每日 2 次[2]。

4. 鼻衄：鲜叶，捣烂塞鼻中[2]。

5. 黄褐斑：叶，加木香、珍珠制成芦荟珍珠胶囊口服，1 次 2 粒，每日 2 次，同时氨甲环酸片口服，1 次 250mg，每日 2 次[3]。

6. 静脉炎：鲜叶 1 段，洗净，剪去两边的刺，破开，胶状物外涂患处皮肤，纱布包扎，每隔 2 ～ 3h 换药 1 次[4]。

7. 产妇急性发作型痔疮：鲜叶取汁，生理盐水清洗肛周后，用棉签将汁涂抹肛周及痔核，每日 3 次[5]。

8. 慢性肝炎活动期、肝原性低热：叶 1.5g，加胡黄连 1.5g、黄柏 3g，水泛为丸，1 次吞服 3g，每日 2 次。

9. 淋浊：鲜叶 15g，水煎服。

10. 指甲边沟炎：鲜叶 1 片，于炭火上熨软后，取其黏液厚涂患处，每日 3 次。

11. 疔疮疖肿、烫伤、蜂螫伤：鲜叶适量，捣烂敷或捣烂绞汁涂患处。（8 方至 11 方引自《浙江药用植物志》）

【附注】《植物名实图考》卷三十群芳类所载"油葱"，引《岭南杂记》云："油葱，形如水仙叶，叶厚一指，而边有刺。不开花结子，从根发生，长者尺余。破其叶，中有膏，妇人涂掌中以泽发代油，贫家妇多种之屋头，问之则怒，以为笑其贫也。"根据所述及其附图考证，与本种相符。

明代《品汇精要》载有一则鉴别芦荟药材真伪的方法："此种多伪，若欲辨之，以磁盘贮热水，取卢会如黄豆许两粒，置于水内两傍，其水底各出黄色一道，自然相接者乃为真也。"录此供参考。

本种的学名在 *Flora of China* 中为 *Aloe vera*（Linn.）N. L. Burman。

药材芦荟脾胃虚寒者及孕妇禁服。

据报道，芦荟尚含大黄素甲醚（physcion）、大黄素（emodin）、大黄酸（rhein）、1，8- 二羟基 -9，10- 蒽酮 -3- 甲基 -（2- 羟基）丙酸酯［1，8-dihydroxy-9，10-anthraquinone-3-methyl-（2-hydroxy）propionateester］和大黄酚（chrysophanol）等蒽醌和蒽酮类成分，但研究样品未鉴定系芦荟属 *Aloe* Linn. 何种[1]。

【化学参考文献】

［1］袁阿兴，康书华，覃凌，等．斑纹芦荟的化学成分研究［J］．中草药，1994，25（7）：339-341，390.

［2］Okamura N，Hine N，Harada S，et al.Three chromone components from *Aloe vera* leaves［J］.Phytochemistry，1996，43（2）：495-498.

［3］Okamura N，Hine N，Tateyama Y，et al.Three chromones of *Aloe vera* leaves［J］.Phytochemistry，1997，45（7）：1511-1513.

［4］肖志艳，陈迪华，斯建勇，等．库拉索芦荟化学成分的研究［J］．药学学报，2000，35（2）：120-123.

［5］Kim J H，Yoon J Y，Yang S Y.Tyrosinase inhibitory components from *Aloe vera* and their antiviral activity［J］.Journal of Enzyme Inhibition and Medicinal Chemistry，2017，32（1）：78-83.

［6］Okamura N，Hine N，Harada S，et al.Diastereomeric C-glucosylanthrones of *Aloe vera* leaves［J］.Phytochemistry，1997，45（7）：1519-1522.

［7］Yang Q Y，Yao C S，Fang W S.A new triglucosylated naphthalene glycoside from *Aloe vera* L.［J］.Fitoterapia，2010，81（1）：59-62.

［8］Pugh N，Ross S A，ElSohly M A，et al.Characterization of aloeride，a new high-kolecular-weight polysaccharide from *Aloe vera* with potent immunostimulatory activity［J］.J Agric Food Chem，2000，49（2）：1030-1034.

［9］Rehman N U，Hussain H，Khiat M，et al.Bioactive chemical constituents from the resin of *Aloe vera*［J］.Zeitschrift fuer Naturforschung，B，2017，72（12）：955-958.

［10］孔维松，李晶，刘欣，等．芦荟中 1 个具有抗菌活性的多取代基萘类新化合物［J］．中国中药杂志，2017，42（19）：3761-3763.

【药理参考文献】

［1］王蜀秀，温远影，王雷，等．芦荟多糖的研究［J］．植物学报，1989，31（5）：389-392.

［2］Lee D，Kim H S，Shin E，et al.Polysaccharide isolated from *Aloe vera* gel suppresses ovalbumin-induced food allergy through inhibition of Th2 immunity in mice［J］.Biomedicine & Pharmacotherapy，2018，101：201-210.

［3］Peniati E，Setiadi E，Susanti R，et al.Anti-hyperglycemic effect of *Aloe vera* peel extract on blood sugar level of alloxan-induced Wistar rats［J］.Journal of Physics，2018，983：1-5.

［4］Walid R，Hafida M，Abdelhamid E H I，et al.Beneficial effects of *Aloe vera* gel on lipid profile lipase activities and oxidant/antioxidant status in obese rats［J］.Journal of Functional Foods，2018，48：525-532.

［5］樊亦军，李茂，杨婉玲，等．芦荟提取物对实验性肝损伤的保护作用及初步临床观察［J］．中国中药杂志，1989，14（12）：42-44，59.

[6] Mandeep K A, Yogesh S, Ritu T, et al.Amelioration of diabetes-induced diabetic nephropathy by *Aloe vera*: implication of oxidative stress and hyperlipidemia [J].Journal of Dietary Supplements, 2019, 16(2): 227-244.
[7] 钟正贤，周桂芬. 芦荟多糖对实验性胃溃疡作用的初步观察 [J]. 中草药，1995，25(2)：83，113.
[8] Hai Z W, Ren Y M, Hu J W, et al.Evaluation of the treatment effect of *Aloe vera* fermentation in burn injury healing using a rat model [J].Mediators of Inflammation, 2019, DOI: org/10.1155/2019/2020858.

【临床参考文献】

[1] 焦晨莉，张敏，高玉芳，等. 当归芦荟胶囊治疗老年功能性便秘临床研究 [J]. 现代中医药，2018，38(5)：72-75.
[2] 范树新. 芦荟外用临床观察 [J]. 世界最新医学信息文摘，2016，16(50)：114.F.
[3] 居兴刚，郑双进，姚莹，等. 芦荟珍珠胶囊联合氨甲环酸治疗黄褐斑的效果观察 [J]. 河南医学研究，2017，26(16)：2951-2952.
[4] 胡佑志. 芦荟治静脉炎 [N]. 中国中医药报，2018-05-16(005).
[5] 李恒，杨春，李海，等. 新鲜芦荟治疗产妇急性发作型痔疮的效果 [J]. 宁夏医学杂志，2016，38(4)：370-372.

【附注参考文献】

[1] 孟云，严宝珍，胡高飞，等. 芦荟中蒽醌类化合物成分研究 [J]. 北京化工大学学报(自然科学版)，2004，31(3)：70-73.

12. 重楼属 *Paris* Linn.

多年生草本。根茎粗壮或细长，不等粗，具环节，横走。茎直立，不分枝，基部具 1 ～ 3 枚膜质鞘。叶通常 4 至多枚轮生于茎顶端，具主脉 3 条。花单生于轮生叶中央；花被片离生，宿存，2 轮排列，外轮萼片叶状，绿色，稀白色，内轮花瓣条形或丝状，黄绿色，稀无花瓣；雄蕊与花被片同数，2 轮排列，稀 3 轮排列，花药条形，2 室，侧向纵裂；子房上位，4 ～ 10 室，每室具胚珠数粒，顶端具盘状花柱基或无花柱基，花柱短或细长，具 4 ～ 10 分枝。蒴果或浆果状蒴果，光滑或具棱，子房 1 室的室背开裂，多室的不开裂。种子小，10 余粒至几十粒，具红色或黄色多汁外种皮。

约 24 种，分布于欧亚大陆温带和亚热带地区。中国 22 种，法定药用植物 6 种。华东地区法定药用植物 1 种。

1123. 华重楼（图 1123）• *Paris polyphylla* Sm.var. *chinensis* (Franch.) Hara (*Paris chinensis* Franch.)

【别名】重楼、蚤休、七叶一枝花。

【形态】多年生草本。根茎粗壮，不等粗，密生环节，直径 1 ～ 3cm。茎高 0.5 ～ 1m，基部具 1 ～ 3 枚膜质鞘。叶 5 ～ 8 枚，通常 7 枚，轮生于茎顶端，叶长圆形、倒卵状长圆形或倒卵状椭圆形，长 7 ～ 20cm，宽 2.5 ～ 8cm，先端渐尖或短尾状，基部圆钝或宽楔形；叶柄长 0.5 ～ 3cm。花单生于茎顶端；花梗长 5 ～ 20cm；花被片每轮 4 ～ 7 枚，外轮花被片叶状，绿色，长 2 ～ 8cm，宽 1 ～ 3cm，内轮花被片宽条形，通常远短于外轮花被片，稀近等长；雄蕊 2 轮，基部稍合生，花丝长 4 ～ 7mm，花药宽条形，远长于花丝；花柱具 4 ～ 7 分枝。蒴果近圆形，具棱，室背开裂。种子具红色肉质外种皮。花期 4 ～ 6 月，果期 7 ～ 10 月。

【生境与分布】生于海拔 300 ～ 3000m 山坡林下、阴湿处、沟边草丛或竹林下。分布于江苏、浙江、江西、安徽，福建，另湖北、湖南、广东、广西、四川、贵州、云南、台湾等地均有分布。

【药名与部位】重楼，根茎。

【采集加工】秋季采挖，除去须根，洗净，干燥。

【药材性状】呈结节状扁圆柱形，略弯曲，长 5 ～ 12cm，直径 1 ～ 4.5cm。表面黄棕色或灰棕色，外皮脱落处呈白色；密具层状突起的粗环纹，一面结节明显，结节上具椭圆形凹陷茎痕，另一面有疏生

图 1123　华重楼　　摄影　李华东

的须根或疣状须根痕。顶端具鳞叶和茎的残基。质坚实，断面平坦，白色至浅棕色，粉性或角质。气微，味微苦、麻。

【药材炮制】除去杂质，大小分档，水浸 1 ～ 2h，洗净，润软，切厚片，干燥；或除去杂质，洗净，干燥，研成细粉。

【化学成分】根茎含甾体类：重楼皂苷 I、II、V、VI、VII（paris saponin I、II、V、VI、VII）、纤细薯蓣皂苷（gracillin）[1]，七叶一枝花皂苷 E（parispolyside E）[2]，薯蓣皂苷元 -3-*O*-α-L- 呋喃阿拉伯糖基 -（1 → 3）-［α-L- 吡喃鼠李糖基 -（1 → 2）］-β-D- 吡喃葡萄糖苷 {diosgenin-3-*O*-α-L-arabinofuranosyl-（1 → 3）-［α-L-rhamnopyranosyl-（1 → 2）］-β-D-glucopyranoside}、薯蓣皂苷元 -3-*O*-α-L- 呋喃阿拉伯糖基 -（1 → 2）-［α-L- 呋喃阿拉伯糖基 -（1 → 3）］-β-D- 吡喃葡萄糖苷 {diosgenin-3-*O*-α-L-arabinofuranosyl-（1 → 2）-［α-L-arabinofuranosyl-（1 → 3）］-β-D-glucopyranoside}[3]，3β, 21- 二羟基孕甾 -5- 烯 -（20*S*）-22, 16- 内酯 -1-*O*-α-L- 吡喃鼠李糖基 -（1 → 2）-［α-D- 吡喃木糖基 -（1 → 3）］-β-D- 吡喃葡萄糖苷 {3β, 21-dihydroxypregnane-5-en-（20*S*）-22, 16-lactone-1-*O*-α-L-rhamnopyranosyl-（1 → 2）-［α-D-xylopyranosyl-（1 → 3）］-β-D-glucopyranoside}、薯蓣皂苷元（diosgenin）、偏诺皂苷元（pennogenin）、薯蓣皂苷元 -3-*O*-α-L- 吡喃鼠李糖基 -（1 → 2）-β-D- 吡喃葡萄糖苷［diosgenin-3-*O*-α-L-rhamnopyranosyl-（1 → 2）-β-D-glucopyranoside］、偏诺皂苷元 -3-*O*-α-L- 吡喃鼠李糖基 -（1 → 2）-β-D- 吡喃葡萄糖苷［pennogenin-3-*O*-α-L-rhamnopyranosyl-（1 → 2）-β-D-glucopyranoside］、薯蓣皂苷元 -3-*O*-α-L- 吡喃鼠李糖基 -（1 → 2）-［α-L- 呋喃阿拉伯糖基 -（1 → 4）］-β-D- 吡喃葡萄糖苷 {diosgenin-3-*O*-α-L-rhamnopyranosyl-（1 → 2）-［α-L-arabinofuranosyl-（1 → 4）］-β-D-glucopyranoside}、偏诺皂苷元 -3-*O*-α-L- 吡喃鼠李糖基 -（1 → 2）-［α-L- 呋喃阿拉伯糖基 -（1 → 4）］-β-D- 吡喃葡萄糖苷 {pennogenin-3-*O*-α-L-rhamnopyranosyl-（1 → 2）-［α-L-arabinofuranosyl-（1 → 4）］-β-D-glucopyranoside}、薯蓣皂苷元-3-*O*-α-L-吡喃鼠李糖基-（1→2）-［β-D-吡喃葡萄糖基-（1→3）］-β-D-吡喃葡萄糖苷{diosgenin-3-*O*-α-L-rhamnopyranosyl-（1→2）-［β-D-glucopyranosyl-（1→3）］-β-D-glucopyranoside}、薯蓣皂苷元-3-*O*-α-L-吡喃鼠李糖基-（1→4）-α-L-吡喃鼠李糖基-（1→4）［α-L-吡喃鼠李糖基-（1→2）］-β-D-吡喃葡萄糖苷{diosgenin-3-*O*-α-L-rhamnopyranosyl-（1→4）-α-L-rhamnopyranosyl-（1→4）-［α-L-rhamnopyranosyl-（1→2）］-β-D-glucopyranoside}、偏诺皂苷元-3-*O*-α-L-吡喃鼠李糖基-（1→4）-α-L-吡喃鼠李糖基-（1→4）-［α-L-吡喃鼠李糖基-（1→2）］-β-D-吡喃葡萄糖苷{pennogenin-3-*O*-α-L-rhamnopyranosyl-（1→4）-α-L-rhamnopyranosyl-（1→4）-［α-L-rhamnopyranosyl-（1→2）］-β-D-glucopyranoside}、3-*O*-α-L-呋喃阿拉伯糖基-（1→4）-［α-L-吡喃鼠李糖基-（1→2）］-β-D-吡喃葡萄糖苷-β-D-马铃薯三糖基-26-*O*-β-D-吡喃葡萄糖苷{3-*O*-α-L-arabinofuranosyl-（1→4）-［α-L-rhamnopyranosyl-（1→2）］-β-D-glucopyranoside-β-D-chacotriosyl-26-*O*-β-D-glucopyranoside}、2β, 3β, 14α, 20β, 22α, 25β-六羟基胆甾-7-烯-6-酮（2β, 3β, 14α, 20β, 22α, 25β-hexahydroxycholest-7-en-6-one）、2β, 3β, 14α, 20β, 24β, 25β-六羟基胆甾-7-烯-6-酮（2β, 3β, 14α, 20β, 24β, 25β-hexahydroxycholest-7-en-6-one）[4]，薯蓣皂苷元-3-*O*-α-L-呋喃阿拉伯糖基-（1→4）-β-D-吡喃葡萄糖苷［diosgenin-3-*O*-α-L-arabinofuranosyl-（1→4）-β-D-glucopyranoside］、延龄草素（trillin）、偏诺皂苷元-3-*O*-α-L-呋喃阿拉伯糖基-（1→4）-β-D-吡喃葡萄糖苷［pennogenin-3-*O*-α-L-arabinofuranosyl-（1→4）-β-D-glycopyranoside］和蜕皮甾酮（ecdysterone）[5]。

地上部分含黄酮类：山柰酚（kaempferol）、木犀草素（luteolin）、槲皮素（quercetin）和木犀草苷（luteoloside）[6]；甾体类：月光花甾酮（calonysterone）、麦角甾-7, 22-二烯-3-酮（ergosta-7, 22-dien-3-one）、β-蜕皮激素（β-ecdysone）、3β, 5α, 9α-三羟基麦角甾-7, 22-二烯-6-酮（3β, 5α, 9α-trihydroxyergosta-7, 22-dien-6-one）、β-谷甾醇（β-sitosterol）和胡萝卜苷（daucosterol）[6]。

【药理作用】1. 抗肿瘤　根茎的水、甲醇、乙醇提取物对人肺癌A549细胞、人乳腺癌MCF-7细胞、人结肠腺癌HT-29细胞、人肾腺癌A496细胞、人胰腺癌PACA-2细胞、人前列腺癌PC-3细胞的生长均具有抑制作用；另从根茎中提取分离的成分纤细薯蓣皂苷（gracillin）对肿瘤细胞有抑制作用[1]。2. 抗炎　从根茎中提取的总皂苷能明显降低多发性创伤模型大鼠血清肿瘤坏死因子-α（TNF-α）、白细胞介素-1β（IL-1β）及白细胞介素-6（IL-6）等炎症介质的含量，在一定程度上抑制炎症的发生和发展，避免形成过度的炎症反应和脓毒症，进而减轻由过度的炎症反应带来的局部或全身的损害[2]；根茎和地上部分提取物对二甲苯所致炎症小鼠的耳部肿胀均有抑制作用[3]。3. 镇痛　根茎和地上部分提取物均可提高小鼠热板痛阈值，减少60s舔后足的次数和减少冰乙酸所致小鼠的扭体反应[3]。4. 镇静　根茎提取物可使小鼠300s内的活动时间减少，静止时间增加[3]。5. 抗菌　根茎乙醚脱脂后的甲醇提取物对宋氏内痢疾杆菌、黏质沙雷氏菌、大肠杆菌、金黄色葡萄球菌（耐药）、金黄色葡萄球菌（敏感）的生长均具有一定程度的抑制作用[4]。6. 止血　根茎甲醇提取物去脂后给小鼠灌胃给药能明显缩短凝血时间[4]。

【性味与归经】苦，微寒；有小毒。归肝经。

【功能与主治】清热解毒，消肿止痛，凉肝定惊。用于疔疖痈肿，咽喉肿痛，毒蛇咬伤，跌扑伤痛，惊风抽搐。

【用法与用量】煎服3～9g；外用适量，研末调敷。

【药用标准】药典1977—2015、浙江炮规2015、海南药材2011和云南药品1974。

【临床参考】1. 毛虫皮炎：根茎制成酊，涂患处[1]。

2. 骨折：根茎9g，加当归、牡丹皮、红花、广木香各6g，延胡索、茯苓、续断、焦山楂、建曲各12g，赤芍9g、泽兰10g、赤小豆30g、穿山甲3g、鸡血藤15g，水煎，每日1剂，早晚分服，同时杉树皮小夹板固定[2]。

3. 辅治蝮蛇咬伤：根茎，加50%乙醇按3∶7浸泡3日，取出浸液，再用等量50%乙醇浸泡药渣3日，取2次浸液合并，制成30%的酊剂，以创口为中心（不要覆盖创口），向四周涂擦，涂擦范围超出肿胀部位 12cm，每日 3 次，常规抗蝮蛇毒血清、破伤风抗毒素等治疗[3]。

4. 疮疡肿毒、瘰疬：鲜根茎适量，捣烂或醋磨汁外敷患处。

5. 白喉、急性喉炎、扁桃体炎：根茎 9g，水煎服；另取根茎研粉调醋涂喉，每日 3 次。

6. 小儿肺炎：根茎 3g，加单叶铁线莲、三叶青各 9g，水煎服。

7. 支气管炎：根茎 6g，加地龙 9g、盐肤木 15g，水煎服。（4 方至 7 方引自《浙江药用植物志》）

【附注】以蚤休之名首载《神农本草经》，列为下品。《名医别录》云："生山阳、川谷及冤句。"《新修本草》云："今谓重楼者是也，一名重台，南人名草甘遂，苗似王孙、鬼臼等，有二三层，根如肥大菖蒲，细肌脆白。"《日华子本草》记载："重台，根如尺二蜈蚣，又如肥紫菖蒲，又名蚤休、螫休也"《本草图经》云："今河中、河阳、华凤、文州及江淮间亦有之。苗叶似王孙、鬼臼等，作二三层，六月开黄紫花，蕊赤黄色，上有金丝垂下，秋结红子，根似肥姜，皮赤肉白。四月、五月采根，日干用。"并附有滁州蚤休图，即为本种。

药材重楼有小毒，中毒主要症状为恶心、呕吐、头痛，严重者引起痉挛（《浙江药用植物志》）；虚寒证、阴证外疡者及孕妇禁服。

【化学参考文献】

［1］Mimaki Y，Kuroda M，Obata Y，et al.Steroidal saponins from the rhizomes of *Paris polyphylla* var.*chinensis* and their cytotoxic activity on HL-60 cells［J］.Nat Prod Lett，1999，14（5）：357-364.

［2］黄芸，王强，叶文才，等. 华重楼中一个新的类胆甾烷皂苷［J］. 中国天然药物，2005，3（3）：138-140.

［3］徐学民，钟炽昌. 华重楼化学成分的研究 Ⅱ. 华重楼皂甙 C 的化学结构［J］. 中草药，1988，19（6）：138-140.

［4］Huang Y，Cui L J，Zhan W H，et al.Separation and identification of steroidal compounds with cytotoxic activity against human gastric cancer cell lines *in vitro* from the rhizomes of *Paris polyphylla* var.*chinensis*［J］.Chem Nat Compd，2007，43：672-677.

［5］Liu H，Huang Y，Wang Q，et al.Detection of saponins in extracts from the rhizomes of *Paris* species and prepared Chinese medicines by high performance liquid chromatography-electrospray ionization mass spectrometry［J］.Planta Med，2006，72（9）：835-841.

［6］尹伟，宋祖荣，刘金旗，等. 七叶一枝花地上部分化学成分研究［J］. 中药材，2015，38（9）：1875-1878.

【药理参考文献】

［1］季申，周坛树，张锦哲. 中药重楼和云南白药中抗肿瘤细胞毒活性物质 Gracillin 的测定［J］. 中成药，2001，23（3）：58-61.

［2］凌丽，梁昌强，单立婧，等. 重楼总皂苷对多发性创伤大鼠血清细胞因子水平的影响［J］. 辽宁中医药大学学报，2009，11（6）：241-244.

［3］丁立帅. 七叶一枝花化学成分和药理作用研究［D］. 郑州：河南中医药大学硕士学位论文，2017.

［4］王强，徐国钧，程永宝. 中药七叶一枝花类的抑菌和止血作用研究［J］. 中国药科大学学报，1989，20（4）：251-253.

【临床参考文献】

［1］苏德澄. 单味七叶一枝花治疗毛虫皮炎体会［J］. 中国实用乡村医生杂志，2004，11（4）：21.

［2］倪晓亮，孟春，胡森锋. 孟春治疗骨伤疾病临证经验举隅［J］. 浙江中西医结合杂志，2015，25（10）：899-900，904.

［3］赵汉敏，赵炎，陆周翔. 七叶一枝花酊辅助治疗蝮蛇咬伤 12 例［J］. 浙江中西医结合杂志，2012，22（8）：646-647.

13. 黄精属 *Polygonatum* Mill.

多年生草本。根茎粗壮，肉质，圆柱状、结节状、连珠状或姜块状。茎直立或上部稍下倾，不分枝，基部各节具膜质鞘。叶互生、对生或轮生，全缘；具柄或无柄。花 1 ～ 2 朵至数朵着生于腋生，常集生成伞形、伞房或总状花序；苞片缺或微小而早落；花筒状钟形，6 裂，花被筒基部与子房贴生，呈柄状，并与花梗间具 1 个关节；雄蕊 6 枚，着生于花被筒中部或中上部，内藏，花丝丝状或两侧扁，下部贴生于花被筒，上部离生，花药背着，基部 2 裂，内向纵裂；子房 3 室，每室具胚珠 2 ～ 6 粒，花柱丝状，常不伸出花被外，柱头小，不分裂。浆果，近球形，常具种子数粒至十余粒。

约 60 种，分布于北温带和北亚热带。中国 39 种，主要分布于西南部，法定药用植物 9 种。华东地区法定药用植物 5 种。

分种检索表

1. 叶 3 ～ 6 枚轮生，叶先端拳卷。
  2. 根茎连珠状或块状；叶椭圆形、长圆状披针形、披针形或条形；花被筒近喉部稍缢缩………………………………………………………………………………………湖北黄精 *P. zanlanscianense*
  2. 根茎结节状；叶条状披针形；花被筒中部稍缢缩………………………………………黄精 *P. sibiricum*
1. 叶互生，叶先端不拳卷。
  3. 根茎连珠状或结节成块状；花 2 ～ 7 朵。
    4. 叶两面无毛；花序梗较粗壮，长 1 ～ 4cm……………………………………多花黄精 *P. cyrtonema*
    4. 叶背面脉上具短毛；花序梗纤细，下垂，长 3 ～ 8cm…………………………长梗黄精 *P. filipes*
  3. 根茎圆柱形；花 2 朵，稀 1 朵或 3 朵…………………………………………………………玉竹 *P. odoratum*

1124. 湖北黄精（图 1124）· *Polygonatum zanlanscianense* Pamp.

图 1124　湖北黄精　　摄影　张芬耀等

【别名】虎其尾。

【形态】多年生草本，高 0.3 ～ 1m。根茎横走，连珠状或块状，直径 1 ～ 3cm。茎直立或上部呈攀援状。叶 3 ～ 6 枚轮生，椭圆形、长圆状披针形、披针形或条形，长 5 ～ 15cm，宽 0.4 ～ 3.5cm，先端拳卷，基部楔形。花序近伞形，常具花 2 ～ 11 朵，花序梗长 0.5 ～ 2cm。花梗长 4 ～ 7mm；苞片着生于花梗基部，膜质，条状披针形，具脉 1 条；花被白色、淡黄色或淡紫色，长 6 ～ 9mm，花被筒近喉部稍缢缩。浆果近球形，成熟时紫红色或黑色，具种子 2 ～ 4 粒。花期 5 ～ 7 月，果期 9 ～ 10 月。

【生境与分布】生于海拔 800 ～ 2700m 疏林下或山坡阴湿处。分布于安徽、江苏南部、浙江北部、江西西北部，另陕西、宁夏南部、四川、贵州、湖南、湖北、河南等地均有分布。

【药名与部位】甘肃白药子（老虎姜），根茎。

【采集加工】春、秋二季采挖，除去茎叶及须根，洗净，切厚片或直接干燥。

【药材性状】呈结节状，每节呈半月状或不规则形，常数个盘曲连接，肥厚，无分枝，长短不一，直径 1.5 ～ 3.5cm。表面淡黄白色或黄棕色，粗糙，具不规则皱纹及疣状突起的须根痕，茎痕呈圆盘状，凹陷，6 ～ 7 环节明显，两端常密集。质坚硬，不易折断，断面角质样，类白色，显粗糙。切片呈类圆形，表面黄白色，角质状，具多数浅色点状或线状维管束，质地坚而脆，易折断。气微，味苦，有黏性。

【药材炮制】除去杂质，洗净，晒干，用时捣碎。

【化学成分】根茎含甾体类：黄精苷 A、B、C、D（polygonatoside A、B、C、D）、滇重楼皂苷 Pb（parisaponin Pb）、纤细薯蓣皂苷（gracillin）、异芒兰皂苷元 -3-*O*-α-L- 吡喃鼠李糖基 -（1 → 2）-［α-L- 吡喃鼠李糖基 -（1 → 4）］-β-D- 吡喃葡萄糖苷 {isonarthogenin-3-*O*-α-L-rhamnopyranosyl-（1 → 2）-［α-L-rhamnopyranosyl-（1 → 4）］-β-D-glucopyranoside}、异芒兰皂苷元 -3-*O*-β-D- 吡喃葡萄糖基 -（1 → 2）-β-D- 吡喃葡萄糖基 -（1 → 4）-β-D- 吡喃半乳糖苷［isonarthogenin-3-*O*-β-D-glucopyranosyl-（1 → 2）-β-D-glucopyranosyl-（1 → 4）-β-D-galactopyranoside］[1]，乙基原薯蓣皂苷（ethyl protodioscin）和薯蓣皂苷（dioscin）[2]；大柱香波龙烷类：（6*R*, 9*R*）-9- 羟基 -4- 大柱香波龙烯 -3- 酮 -9-*O*-β-D- 吡喃葡萄糖基 -（1 → 6）-β-D- 吡喃葡萄糖苷［（6*R*, 9*R*）-9-hydroxy-4-megastigmen-3-one-9-*O*-β-D-glucopyranosyl-（1 → 6）-β-D-glucopyranoside］[1]。

【药理作用】抗肿瘤　从根中提取分离的成分薯蓣皂苷（dioscin）对人白血病 HL-60 细胞的生长具有明显的抑制作用，诱导其分化和凋亡，在高浓度大于 10mmol/L 的条件下，也显示出对 HL-60 细胞的细胞毒作用[1]，该成分还对人类宫颈癌 HeLa 细胞、HL60 细胞、肺癌 H14 细胞和乳腺癌 MDA-MB-435 细胞等肿瘤细胞的生长具有明显的抑制作用[2]。

【性味与归经】苦、辛，凉。

【功能与主治】滋阴润肺，健脾益气，祛痰止血，消肿解毒。用于虚痨咳嗽，头痛，食少，崩漏带下，产后体亏，吐血，衄血，外伤出血，咽喉肿痛，疮肿，瘰疬。

【用法与用量】煎服 5 ～ 15g；外用适量，捣汁或磨汁涂患处。

【药用标准】甘肃药材 2009 和宁夏药材 1993。

【附注】《新华本草纲要》载其根茎连珠状或姜状，味苦，不作黄精用，应注意鉴别。

【化学参考文献】

［1］Jin J M，Zhang Y J，Li H Z，et al.Cytotoxic steroidal saponins from *Polygonatum zanlanscianense*［J］.J Nat Prod，2004，67（12）：1992-1995.

［2］Wang Z，Zhou J B，Yong J，et al.Effects of two saponins extracted from the *Polygonatum zanlanscianense* Pamp on the human leukemia（HL-60）cells［J］.Biol Pharm Bull，2001，24（2）：159-162.

【药理参考文献】

［1］Wang Z，Zhou J B，Ju Y，et al.Effects of two saponins extracted from the *Polygonatum zanlanscianense* Pamp on the human leukemia（HL-60）cells［J］.Biol Pharm Bull，2001，24（2）：159-162.

[2] Wang Z, Zhou J B, Ju Y, et al.Effects of dioscin extracted from *Polygonatum zanlanscianense* Pamp on several human tumor cell lines [J].Tsinghua Science and Technology, 2001, 6 (3): 239-242.

1125. 黄精（图 1125）• *Polygonatum sibiricum* Delar. ex Redoute

图 1125　黄精　　摄影　李华东等

【别名】鸡头黄精（安徽、浙江），东北黄精、轮叶黄精。

【形态】多年生草本，高 0.5 ～ 0.9m。根茎横走，结节状，彼此具较长的间隔，直径 1 ～ 2cm。茎上部有时呈攀援状。叶 4 ～ 6 枚轮生，条状披针形，长 8 ～ 15cm，宽 0.4 ～ 1.6cm，先端拳卷，基部渐狭，边缘具细小乳头状突起。伞形花序，常具花 2 ～ 4 朵，下垂；总花梗扁平，长 1 ～ 2cm；花梗长 0.3 ～ 1cm；苞片着生于花梗基部，膜质，钻形或条状披针形，具脉 1 条；花被乳白色或淡黄色，长 9 ～ 12mm，花被筒中部稍缢缩，裂片小，狭卵形。浆果近球形，成熟时黑色，具种子 4 ～ 7 粒。花期 5 ～ 6 月，果期 8 ～ 9 月。

【生境与分布】生于海拔 800 ～ 2800m 疏林下、山坡阴湿处或灌丛中。分布于山东、江苏南部、浙江西北部、安徽，另黑龙江西南部、吉林西部、辽宁、内蒙古、河北、湖北、四川、青海、甘肃、宁夏、陕西、山西、河南等地均有分布；朝鲜、蒙古国、俄罗斯也有分布。

【药名与部位】黄精，根茎。

【采集加工】春、秋二季采挖，除去须根，洗净，置沸水中略烫或蒸至透心，干燥。习称“鸡头黄精”。

【药材性状】呈结节状弯柱形，长 3 ～ 10cm，直径 0.5 ～ 1.5cm。结节长 2 ～ 4cm，略呈圆锥形，常有分枝。表面黄白色或灰黄色，半透明，有纵皱纹，茎痕圆形，直径 5 ～ 8mm。气微，味甜，嚼之有黏性。

【药材炮制】黄精：除去杂质，洗净，略润，切厚片，干燥。酒黄精：取黄精，加酒拌匀，润透，置适宜的容器内蒸或炖透，稍晾，切厚片，干燥；制黄精：除去杂质，洗净，置适宜容器内，蒸约 8h，焖过夜。如此反复蒸至滋润黑褐色时，取出，晾至半干，切厚片，干燥；或先切厚片，再蒸至滋润黑褐色时，取出，干燥。

【化学成分】根茎含甾体类：新巴拉次薯蓣皂苷元A（neoprazerigenin A）、黄精皂苷A、B（sibiricoside A、B）[1]，新黄精皂苷A、B、C、D、PO-2、PO-3（neosibiricoside A、B、C、D、PO-2、PO-3）[2]，黄精诺苷A、B（polygonoside A、B）[3]，3-*O*-β-D-吡喃葡萄糖基-（1→4）-β-D-吡喃岩藻糖基-（25*R*）-螺甾-5-烯-3β, 17α-二醇［3-*O*-β-D-glucopyranosyl-（1→4）-β-D-fucopyranosyl-（25*R*）-spirost-5-en-3β, 17α-diol］、3-*O*-β-D-吡喃葡萄糖基-（1→4）-β-D-吡喃岩藻糖基-（25*S*）-螺甾-5-烯-3β, 17α-二醇［3-*O*-β-D-glucopyranosyl-（1→4）-β-D-fucopyranosyl-（25*S*）-spirost-5-en-3β, 17α-diol］、3-*O*-β-D-吡喃葡萄糖基-（1→2）-β-D-吡喃葡萄糖基-（1→4）-β-D-吡喃岩藻糖基-（25*R*）-螺甾-5-烯-3β, 17α-二醇［3-*O*-β-D-glucopyranosyl-（1→2）-β-D-glucopyranosyl-（1→4）-β-D-fucopyranosyl-（25*R*）-spirost-5-en-3β, 17α-diol］、3-*O*-β-D-吡喃葡萄糖基-（1→4）-β-D-吡喃岩藻糖基-（25*R*/*S*）-螺甾-5-烯-3β, 12β-二醇［3-*O*-β-D-glucopyranosyl-（1→4）-β-D-fucopyranosyl-（25*R*/*S*）-spirost-5-en-3β, 12β-diol］、3-*O*-β-D-吡喃葡萄糖基-（1→4）-β-D-吡喃岩藻糖基-（25*R*/*S*）-螺甾-5-烯-3β, 12β-二醇［3-*O*-β-D-glucopyranosyl-（1→4）-β-D-fucopyranosyl-（25*R*/*S*）-spirost-5-en-3β, 12β-diol］、3-*O*-β-D-吡喃葡萄糖基-（1→4）-β-D-吡喃半乳糖基-（25*S*）-螺甾-5-烯-3β-醇［3-*O*-β-D-glucopyranosyl-（1→4）-β-D-galactopyranosyl-（25*S*）-spirost-5-en-3β-ol］、3-*O*-β-D-吡喃葡萄糖基-（1→4）-β-D-吡喃岩藻糖基-（25*S*）-螺甾-5-烯-3β-醇［3-*O*-β-D-glucopyranosyl-（1→4）-β-D-fucopyranosyl-（25*S*）-spirost-5-en-3β-ol］、3-*O*-β-D-吡喃葡萄糖基-（1→4）-β-D-吡喃半乳糖基-（25*R*/*S*）-螺甾-5-烯-3β-醇-12-酮［3-*O*-β-D-glucopyranosyl-（1→4）-β-D-galactopyranosyl-（25*R*/*S*）-spirost-5-en-3β-ol-12-one］[4]，黄精甾苷Z（kingianoside Z）[5]，东北黄精甾苷1、2、3、4、5、6、7（polygonoside 1、2、3、4、5、6、7）、（25*R*）-螺甾-5-烯-3β, 14α-二醇-3-*O*-α-L-吡喃鼠李糖基-（1→2）-β-D-吡喃葡萄糖苷［（25*R*）-spirost-5-en-3β, 14α-diol-3-*O*-α-L-rhamnopyranosyl-（1→2）-β-D-glycopyranoside］、麦冬苷元-3-*O*-α-L-吡喃鼠李糖基-（1→2）-β-D-吡喃葡萄糖苷［ophiogenin-3-*O*-α-L-rhamnopyranosyl-（1→2）-β-D-glucopyranoside］、偏诺苷元-3-*O*-α-L-吡喃鼠李糖基-（1→2）-β-D-吡喃木糖基-（1→4）-β-D-吡喃葡萄糖苷［pennogenin-3-*O*-α-L-rhamnopyranosyl-（1→2）-β-D-xylopyranosyl-（1→4）-β-D-glucopyranoside］、麦冬苷D（ophiopogonin D）、原薯蓣皂苷（protodioscin）、原新薯蓣皂苷（protoneodioscin）、26-*O*-β-D-吡喃葡萄糖基-3β, 26-二羟基-（25*R*）-呋甾-5, 20-二烯-3-*O*-α-L-吡喃鼠李糖基-（1→2）-*O*-β-D-吡喃葡萄糖苷［26-*O*-β-D-glucopyranosyl-3β, 26-dihydroxy-（25*R*）-furostan-5, 20-dien-3-*O*-α-L-rhamnopyranosyl-（1→2）-*O*-β-D-glucopyranoside］、26-*O*-β-D-吡喃葡萄糖基-（20*S*, 25*R*）-呋甾-5, 22-二烯-3β, 21α, 26-三醇 3-*O*-β-D-吡喃葡萄糖基-（1→4）-［α-L-吡喃鼠李糖基-（1→2）］-β-D-吡喃葡萄糖苷{26-*O*-β-D-glucopyranosyl-（20*S*, 25*R*）-furost-5, 22-dien-3β, 21α, 26-triol-3-*O*-β-D-glucopyranosyl-（1→4）-［α-L-rhamnopyranosyl-（1→2）］-β-D-glucopyranoside}、26-*O*-β-D-吡喃葡萄糖基-3β, 20α, 26-三醇-（25*R*）-5, 22-二烯呋甾-3-*O*-α-L-吡喃鼠李糖基-（1→2）-［α-L-吡喃鼠李糖基-（1→4）］-β-D-吡喃葡萄糖苷{26-*O*-β-D-glucopyranosyl-3β, 20α, 26-triol-（25*R*）-5, 22-dien-furostan-3-*O*-α-L-rhamnopyranosyl-（1→2）-［α-L-rhamnopyranosyl-（1→4）］-β-D-glucopyranoside}、菝葜皂苷A（smilaxchinoside A）、孕甾-5, 16-二烯-3β-醇-20-酮-3-*O*-α-L-吡喃鼠李糖基-（1→2）-［α-L-吡喃鼠李糖基-（1→4）］-β-D-吡喃葡萄糖苷{pregna-5, 16-dien-3β-ol-20-one-3-*O*-α-L-rhamnopyranosyl-（1→2）-［α-L-rhamnopyranosyl-（1→4）］-β-D-glucopyranoside}、孕甾-5-烯-3β-醇-20-酮-3-*O*-二-β-D-吡喃葡萄糖基-（1→2, 1→6）-β-D-吡喃葡萄糖苷［pregn-5-en-3β-ol-20-one-3-*O*-bis-β-D-glucopyranosyl-（1→2, 1→6）-β-D-glucopyranoside］、孕甾-5-烯-3β,（20*S*）-二醇-3-*O*-二-β-D-吡喃葡萄糖基-（1→2, 1→6）-β-D-吡喃葡萄糖苷［pregn-5-en-3β,（20*S*）-diol-3-*O*-bis-β-D-glucopyranosyl-（1→2, 1→6）-β-D-glucopyranoside］、粉背薯蓣苷G（hypoglaucin G）、对生虎尾兰甾素*2（sansevistatin 2）、绿花夜香树甾苷*A（parquisoside A）、原比奥皂苷（protobioside）、

原普洛薯蓣皂苷元 II（protoprogenin II）、甲基原普洛薯蓣皂苷元 II（methyl protoprogenin II）、卵叶蜘蛛抱蛋苷 A（typaspidoside A）、（25*S*）-卵叶蜘蛛抱蛋苷 A[（25*S*）-typaspidoside A]、重楼甾苷 SL-8（chonglouoside SL-8）[6]，豆甾 -5- 烯 -3β, 7α- 二醇（stigmast-5-en-3β, 7α-diol）、豆甾 -5- 烯 -3β, 7β- 二醇（stigmast-5-en-3β, 7β-diol）、β- 谷甾醇（β-sitosterol）和 β- 胡萝卜苷（β-daucosterol）[7]；生物碱类：[5-（9H-β- 咔啉 -1- 基）- 呋喃 -2- 基]- 甲醇 {[5-（9H-β-carbolin-1-yl）-furan-2-yl]-methanol}、4-（9H-β- 咔啉 -1- 基）-4- 酮基 - 丁 -2- 烯酸甲酯[4-（9H-β-carbolin-1-yl）-4-oxo-but-2-enoic acid methyl ester]、（2*R*, 5*S*）-5-（9H-β- 咔啉 -1- 基）- 戊烷 -1, 2, 5- 三醇[（2*R*, 5*S*）-5-（9H-β-carbolin-1-yl）-pentane-1, 2, 5-triol]、（2*S*, 5*R*）-5-（9H-β- 咔啉 -1- 基）- 戊烷 -1, 2, 5- 三醇[（2*S*, 5*R*）-5-（9H-β-carbolin-1-yl）-pentane-1, 2, 5-triol]、1-（5- 羟甲基 - 四氢呋喃 -2- 基）-9H-β- 咔啉 -3- 甲酸[1-（5-hydroxymethyl-tetrahydrofuran-2-yl）-9H-β-carboline-3-carboxylic acid]、2, 3, 4, 6- 四氢 -1H-β- 咔啉 -3- 甲酸（2, 3, 4, 6-tetrahydro-1H-β-carboline-3-carboxylic acid）、5- 羟基吡啶 -2- 甲酸酯（5-hydroxypyridine-2-carboxylate）、5- 酮基吡咯烷 -2- 甲酸甲酯（5-oxo-pyrrolidine-2-carboxylic acid methyl ester）、5- 酮基 - 吡咯烷 -2- 甲酸丁酯（5-oxo-pyrrolidine-2-carboxylic acid butyl ester）、2-（6- 氨基嘌呤 -9- 基）-5- 羟甲基四氢 - 呋喃 -3, 4- 二醇[2-（6-aminopurin-9-yl）-5-hydroxymethyl-tetrahydrofuran-3, 4-diol]、黄精林碱 A（polygonapholine A）[7]，3- 乙氧甲基 -5, 6, 7, 8- 四氢 -8- 吲嗪酮（3-ethoxymethyl-5, 6, 7, 8-tetrahydro-8-indolizinone）[8]，黄精碱 A（polygonatine A）[9, 10] 和黄精碱 B（polygonatine B）[9]；黄酮类：4′- 二甲基 -3, 9- 二氢斑点凤梨百合黄素 *（4′-demethyl-3, 9-dihydropunctatin）、（±）-5, 7- 二羟基 -6, 8- 二甲基 -3-（2′- 羟基 -4′- 甲氧基苄基）- 色烷 -4- 酮[（±）-5, 7-dihydroxy-6, 8-dimethyl-3-（2′-hydroxyl-4′-methoxybenzyl）-chroman-4-one]、（3*R*）-5, 7- 二羟基 -8- 甲基 -3-（2′, 4′- 二羟基苄基）- 色烷 -4- 酮[（3*R*）-5, 7-dihydroxy-8-methyl-3-（2′, 4′-dihydroxybenzyl）-chroman-4-one]、3-（4′- 羟基苄基）-5, 7- 二羟基 -6, 8- 二甲基色烷 -4- 酮[3-（4′-hydroxybenzyl）-5, 7-dihydroxy-6, 8-dimethyl chroman-4-one][4]，（±）-5, 7- 二羟基 -6, 8- 二甲基 -3-（2′, 4′- 二羟基苄基）- 色烷 -4- 酮[（±）-5, 7-dihydroxy-6, 8-dimethyl-3-（2′, 4′-dihydroxybenzyl）-chroman-4-one][7]，4′, 5, 7- 三羟基 -6, 8- 二甲基高异二氢黄酮（4′, 5, 7-trihydroxy-6, 8-dimethyl homoisoflavanone）、4′, 5, 7- 三羟基高异二氢黄酮（4′, 5, 7-trihydroxyhomoisoflavanone）、4′, 5, 7- 三羟基 -6- 甲基高异二氢黄酮（4′, 5, 7-trihydroxy-6-methyl homoisoflavanone）、2′, 5, 7- 三羟基 -4′- 甲氧基 -6, 8- 二甲基高异二氢黄酮（2′, 5, 7-trihydroxy-4′-methoxy-6, 8-dimethyl homoisoflavanone）、2′, 5, 7- 三羟基 -4′- 甲氧基高异二氢黄酮（2′, 5, 7-trihydroxy-4′-methoxyhomoisoflavanone）、2′, 5, 7- 三羟基 -4′- 甲氧基 -8- 甲基高异二氢黄酮（2′, 5, 7-trihydroxy-4′-methoxy-8-methyl homoisoflavanone）[10]，（3*R*）-5- 羟基 -7- 甲氧基 -3-（2′- 羟基 -4′- 甲氧基苄基）- 色烷 -4- 酮[（3*R*）-5-hydroxy-7-methoxyl-3-（2′-hydroxy-4′-methoxybenzyl）-chroman-4-one]、（3*R*）-5, 7- 二羟基 -3-（2′- 羟基 -4′- 甲氧基苄基）- 色烷 -4- 酮[（3*R*）-5, 7-dihydroxy-3-（2′-hydroxy-4′-methoxybenzyl）-chroman-4-one]、（3*R*）-5, 7- 二羟基 -8- 甲基 -3-（2′- 羟基 -4′- 甲氧基苄基）- 色烷 -4- 酮[（3*R*）-5, 7-dihydroxy-8-methyl-3-（2′-hydroxy-4′-methoxybenzyl）-chroman-4-one]、（3*R*）-5, 7- 二羟基 -6, 8- 二甲基 -3-（2′- 羟基 -4′- 甲氧基苄基）- 色烷 -4- 酮[（3*R*）-5, 7-dihydroxy-6, 8-dimethyl-3-（2′-hydroxy-4′-methoxybenzyl）-chroman-4-one]、（3*R*）-5, 7- 二羟基 -3-（4′- 羟基苄基）- 色烷 -4- 酮[（3*R*）-5, 7-dihydroxy-3-（4′-hydroxybenzyl）-chroman-4-one]、（3*R*）-5, 7- 二羟基 -8- 甲基 -3-（4′- 羟基苄基）- 色烷 -4- 酮[（3*R*）-5, 7-dihydroxy-8-methyl-3-（4′-hydroxybenzyl）-chroman-4-one]、（3*R*）-5, 7- 二羟基 -6, 8- 二甲基 -3-（4′- 羟基苄基）- 色烷 -4- 酮[（3*R*）-5, 7-dihydroxy-6, 8-dimethyl-3-（4′-hydroxybenzyl）-chroman-4-one][11] 和 6, 8- 二甲基 -4′, 5, 7- 三羟基高异黄酮（6, 8-dimethyl-4′, 5, 7-trihydroxyhomoisoflavone）[12]；三萜类：铁冬青酸（rotundic acid）、具栖冬青苷（pedunculoside）[6]，羟基积雪草苷（madecassoside）、积雪草苷（asiaticoside）、3β- 羟基 -（3 → 1）- 吡喃葡萄糖基 -（4 → 1）- 吡喃葡萄糖基 -（4 → 1）- 吡喃葡萄糖基齐墩果烷[3β-hydroxy-（3 → 1）-glucopyranosyl-（4 → 1）-glucopyranosyl-（4 → 1）-glucopyranosyl oleanane]、3β- 羟基 -（3 → 1）- 吡喃葡萄糖基 -（2 → 1）- 吡喃葡萄糖基齐墩果酸[3β-hydroxy-（3 → 1）-glucopyranosyl-（2 → 1）-glucopyranosyl oleanolic acid]、3β- 羟基 -（3 → 1）- 吡

喃葡萄糖基 -（4 → 1）- 吡喃葡萄糖基 -（28 → 1）- 吡喃阿拉伯糖基 -（2 → 1）- 吡喃阿拉伯糖基齐墩果酸［3β-hydroxy-（3 → 1）-glucopyranosyl-（4 → 1）-glucopyranosyl-（28 → 1）-arabinopyranosyl-（2 → 1）-arabinopyranosyl oleanolic acid］和 3β, 30β- 二羟基 -（3 → 1）- 吡喃葡萄糖基 -（2 → 1）- 吡喃葡萄糖基齐墩果烷［3β, 30β-dihydroxy-（3 → 1）-glucopyranosyl-（2 → 1）-glucopyranosyl oleanolic acid］[13]；木脂素类：鹅掌楸素（liriodendrin）、（+）- 丁香树脂酚［（+）-syringaresinol］、（+）- 丁香树脂酚 -*O*-β-D- 吡喃葡萄糖苷［（+）-syringaresinol-*O*-β-D-glucopyranoside］、（+）- 松脂酚 -*O*-β-D- 吡喃葡萄糖基 -（1 → 6）-β-D- 吡喃葡萄糖苷［（+）-pinoresinol-*O*-β-D-glucopyranosyl-（1 → 6）-β-D-glucopyranoside］[12] 和丁香树脂酚 - 二 -*O*-β-D- 葡萄糖苷（syringaresinol-di-*O*-β-D-glucoside）[14]；酚酸类：2- 羟基苯甲酸（2-hydroxybenzoic acid）[7]；糖及烷基苷类：3-*O*-β- 石蒜四糖（3-*O*-β-lycotetraoside）[1]，α-D- 吡喃果糖（α-D-fructopyranose）、β-D- 吡喃果糖（β-D-fructopyranose）、呋喃半乳糖甲苷（methyl-α-D-galactofuranoside）、α-D- 呋喃阿拉伯糖甲苷（methyl-α-D-arabinofuranoside）、β-D- 呋喃果糖基 -α-D- 吡喃葡萄糖苷（β-D-fructofuranosyl-α-D-glucopyranoside）[7] 和 β-D- 吡喃果糖丁苷（butyl-β-D-fructopyranoside）[12]；脂肪酸类：丁二酸（succinic acid）、丙二酸丁酯（butyl malonate）、十二碳 -4, 6, 8- 三烯酸 -2- 羟基 -1- 羟甲基乙醚（dodeca-4, 6, 8-trienoic acid-2-hydroxy-1-hydroxymethyl ethyl ester）[7] 和甘油单亚油酸酯（glyceryl monolinoleate）[15]；神经鞘苷类：黄精神经鞘苷 A、B、C（polygosicerabroside A、B、C）[12]；胆碱类：甘油磷酸胆碱（glycerophosphorylcholine）和 1, 2- 二油酰基磷酸胆碱（1, 2-dioleoyl phosphatidylcholine）[7]；多糖类：黄精多聚糖 A、B、C（polygosi-polysaccharide A、B、C）、黄精寡聚糖 A、B、C（polygosi-oligosaccharide A、B、C）[16] 和黄精多糖 PSW-1a、PSW-1b-2（polygosi-polysaccharide PSW-1a、PSW-1b-2）[17]。

【药理作用】1. 护心脏　根茎的水醇提取液能使离体蟾蜍收缩幅度增高，使家兔心脏收缩幅度增加[1]；多糖成分使心律、左心室收缩压、血清超氧化物歧化酶（SOD）、心肌 Na^+-K^+-ATP 酶、Ca^{2+}-Mg^{2+}-ATP 酶和琥珀酸脱氢酶含量，以及半胱天冬蛋白酶 -3（Caspase-3）蛋白质表达水平显著降低，使左室舒张末压、血清 cTnI、CK-MB、肿瘤坏死因子 -α（TNF-α）、白细胞介素 -6（IL-6）、丙二醛（MDA）、一氧化氮（NO）含量均能显著降低，从而预防阿霉素所致的急性心力衰竭，其机制可能与其抗氧化应激、抗炎和抑制心肌细胞凋亡有关[2]。2. 降血压　根茎的水醇提取液能使狗和家兔的血压下降[1]。3. 解痉　根茎的水醇提取液具有缓解兔回肠乙酰胆碱痉挛及氯化钡所致痉挛的作用[1]。4. 抗骨质疏松　从根茎提取的多糖成分能使骨质疏松大鼠的骨密度明显增加，且呈剂量相关性，使骨小梁排列相对整齐，脂肪空泡数量相对减少，高剂量能明显降低骨质疏松大鼠的骨钙素（BGP）、骨特异性碱性磷酸酶（BALP）、抗酒石酸性磷酸酶（TRAP）的阳性表达作用，成骨细胞和破骨细胞的功能下降，大鼠的骨形成蛋白（BMP）、碱性成纤维细胞生长因子（bFGF）阳性表达升高[3]。5. 抗阿尔茨海默病　从根茎提取的多糖成分可明显减少细胞的死亡，显著减少 β- 淀粉样蛋白酶，从而抑制线粒体功能障碍和细胞色素 c 释放到细胞质中，抑制半胱天冬蛋白酶 -3 的活性，提高 PC-12 细胞中 P-Akt 的含量[4]。6. 抗炎　根茎水提取物使小鼠巨噬细胞中一氧化氮含量降低，抑制诱导性一氧化氮合酶（NOS）和肿瘤坏死因子 -α 蛋白的表达[5]。7. 抗氧化　根茎水提取物能清除 1，1- 二苯基 -2- 三硝基苯肼（DPPH）自由基和羟自由基（·OH），降低活性氧（ROS）含量[5]。8. 免疫调节　从根茎提取的多糖成分能促进环磷酰胺诱导免疫抑制小鼠脾脏和胸腺指数的恢复，增强 T 细胞和 B 细胞的增殖反应及腹腔巨噬细胞吞噬功能，还以剂量依赖的方式恢复了小鼠血清中白细胞介素 -2（IL-2）、肿瘤坏死因子 -α、白细胞介素 -8（IL-8）和白细胞介素 -10（IL-10）的含量[6]。9. 抗肿瘤　从根茎提取的多糖成分能抑制荷瘤小鼠肿瘤的生长，提高脾脏指数、胸腺指数、细胞因子分泌及淋巴细胞 CD4/CD8 值[7]。10. 催眠　根茎的水提取物能使大鼠非快速眼动增加 38%，快速眼动减少 31%，睡眠潜伏期缩短，睡眠时间延长[8]。11. 抗糖尿病　从根茎提取分离的酚类化合物对晚期糖基化终产物的形成有明显的抑制作用[9]；从根茎提取的多糖成分使糖尿病大鼠的血管扭曲和渗漏相对减轻，并降低了 Bax、EGF、p38、VEGF 和 TGF-β mRNA 的表达，但增加了 Bcl-2 mRNA 的表达，对糖尿病视网膜损伤具有剂量依赖性的保护作用[10]。

【性味与归经】甘，平。归脾、肺、肾经。

【功能与主治】补气养阴，健脾，润肺，益肾。用于脾胃气虚，体倦乏力，胃阴不足，口干食少，肺虚燥咳，劳嗽咯血，精血不足，内热消渴。

【用法与用量】9 ～ 15g。

【药用标准】药典 1963—2015、浙江炮规 2015、广西壮药 2008、内蒙古蒙药 1986、新疆药品 1980 二册、藏药 1979 和台湾 2013。

【临床参考】1. 原发性高血压：根茎 30g，加地骨皮、川芎、山萸肉各 10g，天麻、枸杞子、龙骨、牡蛎、茯苓、钩藤各 15g，龟板、白芍各 12g，天冬 9g，水煎取汁 300ml，早、晚各温服 1 次[1]。

2. 膝关节骨性关节炎：根茎制备成颗粒剂（每袋 3g），1 次 2 袋，每日 3 次，温水冲服，联合塞来昔布胶囊口服治疗[2]。

3. 老年性黄斑变性（湿性）：根茎，加制首乌、当归、枸杞子、金樱子、菟丝子、楮实子、覆盆子、车前子、泽泻、茯神、黄芪，用量据实际情况定，每日 1 剂，水煎分 2 次温服[3]。

【附注】黄精始载于《雷公炮炙论》，并指出其“叶似竹叶。”《本草经集注》云：“今处处有。二月始生，一枝多叶，叶状似竹而短，根似萎蕤。萎蕤根如荻根及菖蒲，概节而平直；黄精根如鬼臼、黄连，大节而不平，虽燥并柔软有脂润。”宋《图经本草》中所绘“滁州黄精”、”解州黄精”、”扬州黄精”、“丹州黄精”及明《本草纲目》中所绘皆为叶片轮生的种类，均系本种。

药材黄精中寒泄泻、痰湿痞满气滞者禁服。

【化学参考文献】

[1] Son K H，Do J C.Steroidal saponins from the rhizomes of *Polygonatum sibiricum* [J] .J Nat Prod，1990，53（2）：333-339.

[2] Ahn M J，Kim C Y，Yoon K D，et al.Steroidal saponins from the rhizomes of *Polygonatum sibiricum* [J] .J Nat Prod，2006，69（3）：360-364.

[3] Xu D P，Hu C Y，Zhang Y.Two new steroidal saponins from the rhizome of *Polygonatum sibiricum* [J] .J Asian Nat Prod Res，2009，11（1）：1-6.

[4] Tang C，Yu Y M，Qi Q L，et al.Steroidal saponins from the rhizome of *Polygonatum sibiricum* [J] .J Asian Nat Prod Res，2019，21（3）：197-206.

[5] Zhang H Y，Hu W C，Ma G X，et al.A new steroidal saponin from *Polygonatum sibiricum* [J] .J Asian Nat Prod Res，2018，20（6）：586-592.

[6] Zhou D，Li X Z，Chang W H，et al.Antiproliferative steroidal glycosides from rhizomes of *Polygonatum sibiricum* [J] . Phytochemistry，2019，164：172-183.

[7] Zhao H，Wang Q L，Hou S B，et al.Chemical constituents from the rhizomes of *Polygonatum sibiricum* Red.and anti-inflammatory activity in RAW264.7 macrophage cells [J] .Nat Prod Res，2019，33（16）：2359-2362.

[8] 孙隆儒，王素贤，李铣 . 中药黄精中的新生物碱 [J] . 中国药物化学杂志，1997，7（2）：129.

[9] Sun L R，Li X，Wang S X.Two new alkaloids from the rhizome of *Polygonatum sibiricum* [J] .J Asian Nat Prod Res，2005，7（2）：127-130.

[10] Tang C，Yu Y M，Guo P，et al.Chemical constituents of *Polygonatum sibiricum* [J] .Chem Nat Compd，2019，55（2）：331-333.

[11] Chen H，Li Y J，Li X F，et al.Homoisoflavanones with estrogenic activity from the rhizomes of *Polygonatum sibiricum* [J] . J Asian Nat Prod Res，2018，20（1）：92-100.

[12] 孙隆儒，李铣 . 黄精化学成分的研究（Ⅱ）[J] . 中草药，2001，32（7）：586-588.

[13] 徐德平，孙婧，齐斌，等 . 黄精中三萜皂苷的提取分离与结构鉴定 [J] . 中草药，2006，37（10）：1470-1472.

[14] Zhai L P，Wang X.Syringaresinol-di-*O*-β-D-glucoside，a phenolic compound from *Polygonatum sibiricum*，exhibits an antidiabetic and antioxidative effect on a streptozotocin-induced mouse model of diabetes [J] .Molecular Medicine Reports，2018，18（6）：5511-5519.

[15] Jo K, Suh H J, Kim H, et al.Isolation of a sleep-promoting compound from *Polygonatum sibiricum* rhizome [J].Food Sci Biotechnol, 2018, 27(6): 1833-1842.
[16] 杨明河, 于德泉.黄精多糖和低聚糖的研究[J].药学通报, 1980, 15(7): 44.
[17] Liu L, Dong Q, Dong X T, et al.Structural investigation of two neutral polysaccharides isolated from rhizome of *Polygonatum sibiricum* [J].Carbohydrate Polymers, 2007, 70(3): 304-309.

【药理参考文献】

[1] 韩玺, 李月贵.锦州地区产东北黄精(*Polygonatum sibiricum* Redoute)的药理观察[J].锦州医学院学报, 1982, 3(3): 1-8.
[2] Zhu X Y, Wu W, Chen X Y, et al.Protective effects of *Polygonatum sibiricum* polysaccharide on acute heart failure in rats 1 [J].Acta Cirurgica Brasileira, 2018, 33(10): 868-878.
[3] Zheng G F, Zhang Z Y, Liu L, et al.Bone protective effects and mechanism of *Polygonatum sibiricum* polysaccharide in ovariectomized rat [C].Remote Sensing, Environment and Transportation Engineering (RSETE) International Conference, 2011.
[4] Zhang H X, Cao Y Z, Chen L X, et al.A polysaccharide from *Polygonatum sibiricum* attenuates amyloid-β-induced neurotoxicity in PC12 cells [J].Carbohydrate Polymers, 2015, DOI: org/10.1016/j.carbpol.2014.10.034.
[5] Debnath T, Park S R, Kim D H, et al.Antioxidant and anti-inflammatory activity of *Polygonatum sibiricum* rhizome extracts [J].Asian Pacific Journal of Tropical Disease, 2013, 3(4): 308-313.
[6] Liu N, Dong Z H, Zhu X S, et al.Characterization and protective effect of *Polygonatum sibiricum* polysaccharide against cyclophosphamide-induced immunosuppression in Balb/c mice [J].International Journal of Biological Macromolecules, 2018, DOI: org/10.1016/j.ijbiomac.2017.09.051.
[7] Long T T, Liu Z J, Shang J C, et al.*Polygonatum sibiricum* polysaccharides play anti-cancer effect through TLR4-MAPK/NF-κB signaling pathways [J].International Journal of Biological Macromolecules, 2018, DOI: org/10.1016/j.ijbiomac.2018.01.070.
[8] Jo K, Kim H, Choi H S, et al.Isolation of a sleep-promoting compound from *Polygonatum sibiricum* rhizome [J].Food Science and Biotechnology, 2018, DOI: org/10.1007/s10068-018-0431-0.
[9] Wang J, Lu C S, Liu D Y, et al.Constituents from *Polygonatum sibiricum* and their inhibitions on the formation of advanced glycosylation end products [J].Journal of Asian Natural Products Research, 2016, DOI: 10.1080/10286020.2015.1135905.
[10] Wang Y, Lan C J, Liao X, et al.*Polygonatum sibiricum* polysaccharide potentially attenuates diabetic retinal injury in a diabetic rat model [J].Journal of Diabetes Investigation, 2019, DOI: 0000-0003-0097-684X.

【临床参考文献】

[1] 刘金平.黄精益阴汤治疗原发性高血压临床观察[J].光明中医, 2017, 32(22): 3248-3250.
[2] 王金杰, 俞倩丽, 朱磊, 等.黄精制剂治疗膝关节骨性关节炎临床观察[J].新中医, 2018, 50(4): 109-112.
[3] 王珍, 梁丽娜, 白昱旸, 等.浅析国医大师唐由之运用制首乌及黄精经验[J].中国中医眼科杂志, 2014, 24(3): 180-182.

1126. 多花黄精(图 1126) · *Polygonatum cyrtonema* Hua

【别名】姜状黄精(通称),黄精,白芨黄精、山捣臼(浙江),囊丝黄精(安徽、浙江),城口黄精(安徽),山姜、南黄精(江西)。

【形态】多年生草本,高 0.5～1m。根茎横走,连珠状或结节成块状,直径 1～2.5cm。茎下部直立,上部弯拱。叶互生,椭圆形、卵状披针形或长圆状披针形,长 8～20cm,宽 2～8cm,先端渐尖,基部圆钝。伞形花序,常具花 2～7 朵,下垂;花序梗较粗壮,长 1～4cm,花梗长 0.5～1.5cm;苞片小,条形,着生于花梗中下部,早落;花被黄绿色,近圆筒形,长 1.8～2.5cm,裂片小,宽卵形;雄蕊着生于花被筒中部,花丝两侧稍扁,被白色短绵毛;花柱不伸出花被外。浆果近球形,成熟时黑色,具种子 3～9 粒。

图 1126 多花黄精 摄影 张芬耀等

花期 5 ～ 6 月，果期 8 ～ 10 月。

【生境与分布】生于海拔 500 ～ 2100m 疏林下、灌丛、沟边或山坡阴湿处。分布于江西、安徽、江苏南部、浙江、福建，另四川、贵州、湖南、湖北、河南西南部、广东中部和北部、广西北部等地均有分布。

【药名与部位】黄精，根茎。

【采集加工】春、秋二季采挖，除去须根，洗净，置沸水中略烫或蒸至透心，干燥。

【药材性状】呈长条结节块状，长短不等，常数个块状结节相连。表面灰黄色或黄褐色，粗糙，结节上侧有突出的圆盘状茎痕，直径 0.8 ～ 2cm。气微，味甜，嚼之有黏性。

【质量要求】色黄白，无须根，不油。

【药材炮制】黄精：除去杂质，洗净，略润，切厚片，干燥。酒黄精：取黄精，加酒拌匀，润透，置适宜的容器内蒸或炖透，稍晾，切厚片，干燥；制黄精：除去杂质，洗净，置适宜容器内，蒸约 8h，焖过夜。如此反复蒸至滋润黑褐色时，取出，晾至半干，切厚片，干燥；或先切厚片，再蒸至滋润黑褐色时，取出，干燥。

【化学成分】根茎含黄酮类：（3*R*）-2′, 5, 7- 三羟基 -8- 甲基 -4′- 甲氧基高异黄烷酮［（3*R*）-2′, 5, 7-trihydroxy-8-methyl-4′-methoxyhomoisoflavanone］[1]，黄精黄酮 D、H（polygonatone D、H）、5, 7- 二羟基 -6, 8- 二甲基 -3-（4′- 羟基苄基）- 色烷 -4- 酮［5, 7-dihydroxy-6, 8-dimethyl-3-（4′-hydroxybenzyl）-chroman-4-one］、5, 7- 二羟基 -6, 8- 二甲基 -3-（2′- 甲氧基 -4′- 羟基苄基）- 色烷 -4- 酮［5, 7-dihydroxy-6, 8-dimethyl-3-（2′-methoxy-4′-hydroxybenzyl）-chroman-4-one］、5, 7- 二羟基 -6- 甲基 -3-（4′- 羟基苄基）- 色烷 -4- 酮［5, 7-dihydroxy-6-methyl-3-（4′-hydroxybenzyl）-chroman-4-one］、5, 7- 二羟基 -8- 甲基 -3-（4′- 羟基苄基）- 色烷 -4- 酮［5, 7-dihydroxy-8-methyl-3-（4′-hydroxybenzyl）-chroman-4-one］、5, 7- 二羟基 -6- 甲基 -3-（4′- 甲氧基苄基）- 色烷 -4- 酮［5, 7-dihydroxy-6-methyl-3-（4′-methoxybenzyl）-chroman-

4-one]、5, 7- 二羟基 -6, 8- 二甲基 -3-（4′- 甲氧基苄基）- 色烷 -4- 酮 [5, 7-dihydroxy-6, 8-dimethyl-3-（4′-methoxybenzyl）-chroman-4-one]、5, 7- 二羟基 -3-（4′- 甲氧基苄基）- 色烷 -4- 酮 [5, 7-dihydroxy-3-（4′-methoxybenzyl）-chroman-4-one]、竹根七素（disporopsin）、5, 7- 二羟基 -3-（4′- 羟基苄基）- 色烷 -4- 酮 [5, 7-dihydroxy-3-（4′-hydroxybenzyl）-chroman-4-one]、5, 7- 二羟基 -6- 甲基 -3-（2′, 4′- 二羟基苄基）- 色烷 -4- 酮 [5, 7-dihydroxy-6-methyl-3-（2′, 4′-dihydroxybenzyl）-chroman-4-one]、5, 7- 二羟基 -3-（2′- 羟基 -4′- 甲氧基苄基）- 色烷 -4- 酮 [5, 7-dihydroxy-3-（2′-hydroxy-4′-methoxybenzyl）-chroman-4-one]、5- 羟基 -7- 甲氧基 -6, 8- 二甲基 -3-（2′- 羟基 -4′- 甲氧基苄基）- 色烷 -4- 酮 [5-dihydroxy-7-methoxy-6, 8-dimethyl-3-（2′-hydroxy-4′-methoxybenzyl）-chroman-4-one] 和 5, 7- 二羟基 -3-（4′- 羟基亚苄基）- 色烷 -4- 酮 [5, 7-dihydroxy-3-（4′-hydroxybenzylidene）-chroman-4-one][2]；甾体皂苷类：（25*R*）- 螺甾烷 -5- 烯 -12- 酮 -3-*O*-β-D- 吡喃葡萄糖基 -（1 → 2）-*O*- [β-D- 吡喃葡萄糖基 -（1 → 3）] -*O*-β-D- 吡喃葡萄糖基 -（1 → 4）-β-D- 吡喃半乳糖苷 {（25*R*）-spirostan-5-en-12-one-3-*O*-β-D-glucopyranosyl-（1 → 2）-*O*- [β-D-glucopyranosyl-（1 → 3）] -*O*-β-D-glucopyranosyl-（1 → 4）-β-D-galactopyranoside}、（25*S*）- 螺甾烷 -5- 烯 -12- 酮 -3-*O*-β-D- 吡喃葡萄糖基 -（1 → 2）-*O*- [β-D- 吡喃葡萄糖基 -（1 → 3）] -*O*-β-D- 吡喃葡萄糖基 -（1 → 4）-β-D- 吡喃半乳糖苷 {（25*S*）-spirostan-5-en-12-one-3-*O*-β-D-glucopyranosyl-（1 → 2）-*O*- [β-D-glucopyranosyl-（1 → 3）] -*O*-β-D-glucopyranosyl-（1 → 4）-β-D-galactopyranoside}、（25*R*, 25*S*）- 螺甾烷 -5- 烯 -12- 酮 -3-*O*-D- 吡喃葡萄糖基 -（1 → 2）-*O*- [β-D- 吡喃木糖基 -（1 → 3）] -*O*-β-D- 吡喃葡萄糖基 -（1 → 4）-β-D- 吡喃半乳糖苷 {（25*R*, 25*S*）-spirostan-5-en-12-one-3-*O*-D-glucopyranosyl-（1 → 2）-*O*- [β-D-xylopyranosyl-（1 → 3）] -*O*-β-D-glucopyranosyl-（1 → 4）-β-D-galactopyranoside}、（25*S*）- 螺甾烷 -5- 烯 -12- 酮 -3-*O*-D- 吡喃葡萄糖基 -（1 → 2）-*O*- [β-D- 吡喃木糖基 -（1 → 3）] -*O*-β-D- 吡喃葡萄糖基 -（1 → 4）-β-D- 吡喃半乳糖苷 {（25*S*）-spirostan-5-en-12-one-3-*O*-D-glucopyranosyl-（1 → 2）-*O*- [β-D-xylopyranosyl-（1 → 3）] -*O*-β-D-glucopyranosyl-（1 → 4）-β-D-galactopyranoside}、（25*R*）-3β- 羟基螺甾 -5- 烯 -12- 酮 [（25*R*）-3β-hydroxyspirost-5-en-12-one] 和（25*S*）-3β- 羟基螺甾 -5- 烯 -12- 酮 [（25*S*）-3β-hydroxyspirost-5-en-12-one][3]；多糖类：多花黄精多糖（PD）[4]；凝集素类：囊丝黄精凝集素（PCL）[5]。

【药理作用】1. 抗肿瘤　从根茎提取的粗多糖可明显抑制小鼠 S180 肉瘤生长，延长荷瘤小鼠存活期，提高荷瘤小鼠的胸腺指数和脾脏指数，且呈现良好的剂量 - 效应关系，明显抑制 S180 肿瘤细胞、人乳腺癌 MCF-7 细胞的生长[1]；根茎挥发油可显著抑制肺癌 NCI-H460 细胞的生长，抑制率最高达 98%[2]。2. 抗菌　根茎挥发油对大肠杆菌、金黄色葡萄球菌和红酵母等的生长有较强的抑制作用[2]。3. 免疫调节　从根茎黄酒炖制品提取物分离的多糖可提高小鼠腹腔巨噬细胞吞噬百分率和吞噬指数，促进小鼠溶血素的生成，增加小鼠肝脏和胸腺脏器指数[3]。4. 抗病毒　从根茎中提取的甘露糖 / 唾液酸结合凝集素对人类免疫缺陷病毒（HIV）有较强的抑制作用[4]；从根茎提取的多糖可抑制单纯疱疹病毒 2 型（HSV-2），细胞病变法（CPE）和空斑减数法测定药物半数有效浓度（EC_{50}）分别为 2mg/ml、3.3mg/ml，具有剂量依赖性[5]；从根茎提取物分离的凝集素 II（PCLII）可降低人类单纯疱疹病毒 II 型（HSV-II）对 Vero 细胞的感染[6]。

【性味与归经】甘，平。归脾、肺、肾经。

【功能与主治】补气养阴，健脾，润肺，益肾。用于脾胃气虚，体倦乏力，胃阴不足，口干食少，肺虚燥咳，劳嗽咯血，精血不足，内热消渴。

【用法与用量】9 ～ 15g。

【药用标准】药典 1963—2015、浙江炮规 2015、广西壮药 2008、贵州 1965、新疆药品 1980 二册、藏药 1979 和台湾 2013。

【临床参考】1. 原发性高血压：根茎 30g，加地骨皮、川芎、山茱萸各 10g，天麻、枸杞子、龙骨、牡蛎、茯苓、钩藤各 15g，龟板、白芍各 12g，天冬 9g，水煎，取汁 300ml，早晚各温服 1 次[1]。

2. 慢性乙型肝炎：根茎 30g，加夜交藤、生地各 30g，当归、苍术、白术、青皮、陈皮、柴胡、姜黄、郁金、炙甘草各 10g，薄荷 5g 等，兼瘀血明显者加丹参、鸡血藤、桃仁、莪术；兼气虚者加黄芪、党参；兼湿热明显者加茜草、豨莶草、黄芩、泽泻；兼阴虚者，苍术、白术、青皮、陈皮减量，加沙参、麦冬；食少纳呆者加炒山楂、炒麦芽、神曲、莱菔子、鸡内金。水煎 2 次，1 次 30 ～ 40min，混匀，分 2 次服，每日 1 剂，连服 2 剂，停药 1 日，每月可服 20 剂，连续 2 ～ 3 个月[2]。

3. 糖尿病合并肺结核：根茎 50g，水煎，分 2 次服，同时降糖、抗结核治疗[3]。

4. 预防喘证发作：根茎 15g，加川贝母 6g，冬春季加防风；秋季加沙参 10g，梨 1 枚；夏季加金银花 10g。每日 1 剂，水煎频服，10 日 1 疗程，在季节交替前服用[4]。

5. 慢性胃炎：根茎 15g，加蒲公英、白芍各 15g，黄芪 20g、黄连 4g、桂枝 9g、生姜 6g、大枣 10g，兼脾胃虚寒明显、胃脘寒冷怕凉者加高良姜、砂仁；兼胃阴虚者加沙参、麦冬、乌梅；兼瘀血者加丹参、莪术、延胡索。水煎，分 3 次服，每日 1 剂[5]。

6. 胃阴不足、脾失健运型小儿厌食症：根茎 10g，加焦白术、砂仁、草豆蔻、建曲各 6g，千年健 10g，水煎服[6]。

7. 遗精：根茎（制）20g，加炒柴胡 10g、赤芍、白芍、菟丝子、覆盆子、断续、狗脊各 12g，枸杞子 15g、五味子 6g、陈皮 4g、丹参 20g、冰糖 10g（烊服），水煎服[7]。

8. 足癣、股癣：根茎 250g，加水煎熬成清膏，涂搽患处，每日 2 次。（《浙江药用植物志》）

【附注】宋代《图经本草》中所绘“永康军黄精”及清代《植物名实图考》载有黄精条附图叶均为互生，可确定为本种。

同属植物卷叶黄精 *Polygonatum cirrhifolium*（Wall）Royle 的根茎在云南及贵州作黄精药用。

药材黄精中寒泄泻、痰湿痞满气滞者禁服。

【化学参考文献】

[1] Gan L S，Chen J J，Shi M F，et al.A new homoisoflavanone from the rhizomes of *Polygonatum cyrtonema*［J］.Nat Prod Commun，2013，8（5）：597-598.

[2] Wang W X，Dabu X L，He J，et al.Polygonatone H，a new homoisoflavanone with cytotoxicity from *Polygonatum cyrtonema* Hua［J］.Nat Prod Res，2019，33（12）：1727-1733.

[3] Ma K，Huang X F，Kong L Y.Steroidal saponins from *Polygonatum cyrtonema*［J］.Chem Nat Compd，2013，49（5）：888-891.

[4] Liu F，Liu Y H，Meng Y W，et al.Structure of polysaccharide from *Polygonatum cyrtonema* Hua and the antiherpetic activity of its hydrolyzed fragments［J］.Antiviral Research，2004，63（3）：183-189.

[5] Liu B，Cheng Y，Zhang B，et al.*Polygonatum cyrtonema* lectin induces apoptosis and autophagy in human melanoma A375 cells through a mitochondria-mediated ROS-p38-p53 pathway［J］.Cancer Letters，2009，275（1）：54-60.

【药理参考文献】

[1] 叶红翠，张小平，余红，等．多花黄精粗多糖抗肿瘤活性研究［J］．中国实验方剂学杂志，2008，14（6）：34-36.

[2] 余红，张小平，邓明强，等．多花黄精挥发油 GC-MS 分析及其生物活性研究［J］．中国实验方剂学杂志，2008，14（5）：4-6.

[3] 姜晓昆，魏尊喜．多花黄精中多糖的免疫活性研究［J］．中国社区医师（医学专业），2011，18（13）：5-7.

[4] An J，Liu J Z，Wu C F，et al.Anti-HIV I/II activity and molecular cloning of a novel Mannose/Sialic acid-binding lectin from rhizome of *Polygonatum cyrtonema* Hua［J］.Acta Biochimica et Biophysica Sinica，2006，38（2）：70-78.

[5] Liu F，Liu Y，Meng Y，et al.Structure of polysaccharide from *Polygonatum cyrtonema* Hua and the antiherpetic activity of its hydrolyzed fragments［J］.Antiviral Res，2004，63：183-189.

[6] 安洁．囊丝黄精（*Polygonatum cyrtonema* Hua）凝集素 II 基因在大肠杆菌中克隆表达、重组蛋白纯化及性质研究［D］．成都：四川大学硕士学位论文，2006.

【临床参考文献】

[1] 刘金平．黄精益阴汤治疗原发性高血压临床观察［J］．光明中医，2017，32（22）：3248-3250.

［2］姜学连，孙云廷，魏铭，等．加味黄精汤治疗慢性乙型肝炎的临床研究［J］．中华中医药学刊，2009，27（8）：1611-1612.
［3］曾迎春，杨银妹．黄精辅助治疗糖尿病合并肺结核的疗效观察［J］．实用中西医结合临床，2010，10（2）：25-26.
［4］牟林茂．黄精预防喘证发作［J］．中医杂志，2000，41（9）：521.
［5］李德珍．黄精治疗慢性胃炎［J］．中医杂志，2000，41（9）：521-522.
［6］李秀忠．黄精善治小儿厌食症［J］．中医杂志，2000，41（9）：522.
［7］谭永东．黄精治遗精有殊功［J］．中医杂志，2000，41（9）：522.

1127. 长梗黄精（图 1127）• *Polygonatum filipes* Merr. ex C. Jeffrey et McEwan

图 1127　长梗黄精　　摄影　李华东等

【形态】多年生草本，高 30 ～ 70cm。根茎横走，连珠状，直径 1.5 ～ 2.5cm。叶互生，长圆状披针形或椭圆形，长 6 ～ 15cm，宽 2 ～ 7cm，先端急尖或短渐尖，基部圆钝，背面沿脉疏生短毛。伞形花序或伞房花序，常具花 2 ～ 7 朵，花序梗纤细，长 3 ～ 8cm，下垂；花梗长 0.5 ～ 1.5cm；花被淡黄绿色，近圆筒形，长 1.5 ～ 2cm，裂片小，卵状三角形；雄蕊着生于花被筒中部，花丝被短绵毛；花柱稍伸出花被外。浆果近球形，成熟时黑色，具种子 2 ～ 5 粒。花期 5 ～ 6 月，果期 8 ～ 10 月。

【生境与分布】生于海拔 200 ～ 600m 疏林下、灌丛或山坡草丛中。分布于江苏、安徽、浙江、福建、江西，另湖北、湖南、广东北部、广西东北部等地均有分布。

【药名与部位】浙黄精，根茎。

【采集加工】春、秋二季采挖，除去须根，洗净，置沸水中略烫或蒸至透心，干燥。

【药材性状】呈结节块状，直径 0.5 ～ 2cm。表面淡黄色，具皱纹及隆起的环纹，有时可见圆形多数点状维管束的茎痕。质硬而韧，不易折断，断面角质，淡黄色。气微，味甜，嚼之有黏性。

【药材炮制】 除去杂质，洗净，置适宜容器内，照蒸法蒸约 8h，焖过夜。如此反复蒸至外面为滋润黑褐色、断面中心处为深褐色或棕褐色时，取出，晾至半干，切厚片或短段，干燥；或先切厚片或短段，再蒸至外面为滋润黑褐色、断面中心处为深褐色或棕褐色时，取出，干燥。

【化学成分】 新鲜根茎含挥发油类：石竹烯（caryophyllene）、反式橙花叔醇（*trans*-nerolidol）、顺式橙花叔醇（*cis*-nerolidol）、氧化石竹烯（caryophyllene oxide）、十四烷（tetr adecane）、1, 2- 二戊基环丙烯（1, 2-dipentylcyclopropene）、戊二酸二丁酯（dibutyl pentanedioate）、[*S*-（*Z*, *E*）]-1, 5- 二甲基 -8-（1- 甲基乙烯基）-1, 5- 环癸二烯 {[*S*-（*Z*, *E*）]-1, 5-dimethyl-8-（1-methyletheny）-1, 5-cyclodecadiene}、己二酸二异丁酯（bis-isobutyl hexanedioate）、邻苯二甲酸二丁酯（dibutyl phthalate）、邻苯二甲酸二丁酯（dibutyl phthalate）、1, 2- 邻苯二基酸二异辛酯（diisooctyl 1, 2-benzenedicarboxylate）、1, 2- 邻苯二甲酸二异辛酯（diisooctyl 1, 2-benzenedicarboxylate）、十五烷（pentadecane）、十六烷（hexadecane）、十八烷（octadecane）、十九烷（nonadecane）、二十烷（eicosane）和二十七烷（heptacosane）[1]。

【药理作用】 1. 抗氧化　从根茎乙醇提取物分离的总黄酮具有较强的总抗氧化能力，并具有一定的抑制超氧阴离子（O_2^-•）以及羟自由基（•OH）作用[1]；从根茎水提取物分离的多糖可显著降低果蝇体内脂褐素（LF）含量，提高过氧化氢酶（CAT）含量[2]。2. 抗菌　从根茎提取的挥发油可明显抑制金黄色葡萄球菌和红酵母的生长[3]。

【性味与归经】 甘，平。归脾、肺、肾经。

【功能与主治】 补气养阴，健脾，润肺，益肾。用于脾胃气虚，体倦乏力，胃阴不足，口干食少，肺虚燥咳，劳嗽咯血，精血不足，内热消渴。

【用法与用量】 9 ～ 15g。

【药用标准】 浙江炮规 2015。

【附注】 本种的根茎，据《新华本草纲要》记载，长江以南诸省民间也作黄精药用。

药材黄精中寒泄泻、痰湿痞满气滞者禁服。

【化学参考文献】

[1] 叶红翠，张小平，高贵宾，等. 长梗黄精挥发油的化学成分及其生物活性[J]. 广西植物，2009，29（3）：417-419.

【药理参考文献】

[1] 马健锦. 长梗黄精总黄酮提取、分离纯化及其抗氧化活性的研究[D]. 福州：福建农林大学硕士学位论文，2012.
[2] 骆文灿. 长梗黄精多糖提取、分离纯化及其抗氧化性研究[D]. 福州：福建农林大学硕士学位论文，2015.
[3] 叶红翠，张小平，高贵宾，等. 长梗黄精挥发油的化学成分及其生物活性[J]. 广西植物，2009，29（3）：417-419.

1128. 玉竹（图 1128）• *Polygonatum odoratum*（Mill.）Druce（*Polygonatum officinale* All.）

【别名】 萎，萎蕤（浙江、安徽），欧玉竹。

【形态】 多年生草本。根茎圆柱形，直径 0.5 ～ 1.4cm。茎高 20 ～ 50cm。叶互生，椭圆形或卵状长圆形，长 5 ～ 12cm，宽 2 ～ 4cm，先端急尖或钝，基部楔形或圆钝，背面带灰白色。伞形花序，常具花 2 朵，稀 1 朵或 3 朵；花序梗长 0.7 ～ 1.5cm；苞片条状披针形或无苞片；花被黄绿色或白色，近圆筒形，长 1.3 ～ 2cm，裂片近圆形；雄蕊着生于花被筒中部，花丝丝状；花柱不伸出花被外。浆果球形，成熟时紫黑色，具种子 7 ～ 9 粒。花期 5 ～ 6 月，果期 7 ～ 9 月。

【生境与分布】 生于海拔 500 ～ 3000m 疏林下、山坡草丛或沟边阴湿处。分布于山东、安徽、江西、江苏，另黑龙江、吉林、辽宁、河北、山西、内蒙古、甘肃、青海、河南、湖南、湖北、台湾等地均有分布；欧亚大陆温带地区广布。

图 1128 玉竹 摄影 李华东

【药名与部位】玉竹，根茎。

【采集加工】秋季采挖，除去须根，洗净，晒至柔软时，反复揉搓，再晾晒至无硬心，干燥；或蒸透后，揉至半透明，干燥。

【药材性状】呈长圆柱形，略扁，少有分枝，长 4 ～ 18cm，直径 0.3 ～ 1.6cm。表面黄白色或淡黄棕色，半透明，具纵皱纹和微隆起的环节，有白色圆点状的须根痕和圆盘状茎痕。质硬而脆或稍软，易折断，断面角质样或显颗粒性。气微，味甘，嚼之发黏。

【质量要求】色黄亮，肥壮有肉，不泛油虫蛀。

【药材炮制】玉竹：除去杂质及油黑者，抢水洗净，润软，切段或厚片，干燥。制玉竹：取玉竹饮片，置适宜容器内，蒸 6 ～ 8h，焖 8 ～ 10h，必要时上下翻动，继续蒸焖至外表黑色、内部黑色或近黑色时，取出，晾至六七成干，再将蒸时所得汁液浓缩拌入，待吸尽，干燥。

【化学成分】根茎含甾体类：（25*R*, *S*）- 螺甾 -5- 烯 -3β-*O*-β-D- 吡喃葡萄糖基 -（1 → 2）-［β-D- 吡喃木糖基 -（1 → 3）］-β-D- 吡喃葡萄糖基 -（1 → 4）-β- 吡喃半乳糖苷｛（25*R*, *S*）-spirost-5-en-3β-*O*-β-D-glucopyranosyl-(1 → 2)-[β-D-xylopyranosyl-(1 → 3)]-β-D-glucopyranosyl-(1 → 4)-β-galactopyranoside｝、25（*R*）- 螺甾 -5- 烯 -3β, 14α- 二醇 -3-*O*-β-D- 吡喃葡萄糖基 -（1 → 2）-［β-D- 吡喃木糖基 -（1 → 3）］-β-D- 吡喃葡萄糖基 -（1 → 4）-β-D- 吡喃半乳糖苷 {25（*R*）-spirost-5-en-3β, 14α-diol-3-*O*-β-D-glucopyranosyl-（1 → 2）-［β-D-xylopyranosyl-（1 → 3）］-β-D-glucopyranosyl-（1 → 4）-β-D-galactopyranoside}、25（*R*, *S*）- 螺甾 -5- 烯 -3β, 14α- 二醇 -3-*O*-β-D- 吡喃葡萄糖基 -（1 → 2）-［β-D- 吡喃木糖基 -（1 → 3）］-β-D- 吡喃葡萄糖基 -（1 → 4）-β- 吡喃半乳糖苷 {25（*R*, *S*）-spirost-5-en-3β, 14α-diol-3-*O*-β-D-glucopyranosyl-（1 → 2）-［β-D-xylopyranosyl-（1 → 3）］-β-D-glucopyranosyl-（1 → 4）-β-galactopyranoside}、25（*R*, *S*）- 螺甾 -5- 烯 -3β- 醇 -3-*O*-β-D- 吡喃葡萄糖基 -（1 → 2）-［β-D- 吡喃葡萄糖基 -（1 → 3）］-β-D- 吡喃葡萄

糖基(1→4)-β-吡喃半乳糖苷{25(*R*, *S*)-spirost-5-en-3β-*O*-β-D-glucopyranosyl-(1→2)-[β-D-glucopyranosyl-(1→3)]-β-D-glucopyranosyl-(1→4)-β-galactopyranoside}[1], 22-羟基-25(*R*, *S*)-呋甾-5-烯-12-酮-3β, 22, 26-三羟基-26-*O*-β-D-吡喃葡萄糖苷[22-hydroxy-25(*R*, *S*)-furost-5-en-12-one-3β, 22, 26-triol-26-*O*-β-D-glucopyranoside][2], 3-*O*-β-D-吡喃葡萄糖基-(1→2)-[β-D-吡喃木糖基-(1→3)]-β-D-吡喃葡萄糖基-(1→4)-吡喃半乳糖基-(25*S*)-螺甾-5(6)-烯-3β-醇{3-*O*-β-D-glucopyranosyl-(1→2)-[β-D-xylopyranosyl-(1→3)]-β-D-glucopyranosyl-(1→4)-galactopyranosyl-(25*S*)-spirost-5(6)-en-3β-ol}、3-*O*-β-D-吡喃葡萄糖基-(1→2)-[β-D-吡喃木糖基-(1→3)]-β-D-吡喃葡萄糖基-(1→4)-吡喃半乳糖基-25(*S*)-螺甾-5(6), 14(15)-二烯-3β-醇{3-*O*-β-D-glucopyranosyl-(1→2)-[β-D-xylopyranosyl-(1→3)]-β-D-glucopyranosyl-(1→4)-galactopyranosyl-25(*S*)-spirost-5(6), 14(15)-dien-3β-ol}、3-*O*-β-D-吡喃葡萄糖基-(1→2)-[β-D-吡喃木糖基-(1→3)]-β-D-吡喃葡萄糖基-(1→4)-吡喃半乳糖基-(25*S*)-螺甾-5(6)-烯-3β, 14α-二醇{3-*O*-β-D-glucopyranosyl-(1→2)-[β-D-xylopyranosyl-(1→3)]-β-D-glucopyranosyl-(1→4)-galactopyranosyl-(25*S*)-spirost-5(6)-en-3β, 14α-diol}[3], β-谷甾醇(β-sitosterol)、胡萝卜苷(daucosterol)[1], 玉竹甾苷A、B、C、D、E(polygonatumoside A、B、C、D、E)[4], 3-*O*-β-D-吡喃葡萄糖基-(1→2)-[β-D-吡喃木糖基-(1→3)]-β-D-吡喃葡萄糖基-(1→4)-β-D-吡喃半乳糖基亚莫皂苷元{3-*O*-β-D-glucopyranosyl-(1→2)-[β-D-xylopyranosyl-(1→3)]-β-D-glucopyranosyl-(1→4)-β-D-galacopyranosyl yamogenin}、(25*S*)-(3β, 14α)-二羟基螺甾-5-烯-3-*O*-β-D-吡喃葡萄糖基-(1→2)-[β-D-吡喃木糖基-(1→3)]-β-D-吡喃葡萄糖基-(1→4)-β-D-吡喃半乳糖苷{(25*S*)-(3β, 14α)-dihydroxyspirost-5-en-3-*O*-β-D-glucopyranosyl-(1→2)-[β-D-xylopyranosyl-(1→3)]-β-D-glucopyranosyl-(1→4)-β-D-galacopyranoside}[4, 5], (22*S*)-胆甾-5-烯-1β, 3β, 16β, 22-四醇-1-*O*-α-L-吡喃鼠李糖基-16-*O*-β-D-吡喃葡萄糖苷[(22*S*)-cholest-5-en-1β, 3β, 16β, 22-tetraol-1-*O*-α-L-rhamnopyranosyl-16-*O*-β-D-glucopyranoside][4-6], 玉竹甾苷F、G(polygonatumoside F、G)、知母皂苷H_1(timosaponin H_1)、(25*S*)-玉簪苷B[(25*S*)-funkioside B]、(25*S*)-(3β, 14α)-二羟基螺甾-5-烯-3-*O*-β-D-吡喃葡萄糖基-(1→2)-β-D-吡喃葡萄糖基-(1→4)-β-D-吡喃半乳糖苷[(25*S*)-(3β, 14α)-dihydroxyspirost-5-en-3-*O*-β-D-glucopyranosyl-(1→2)-β-D-glucopyranosyl-(1→4)-β-D-galactopyranoside][5], (22*S*)-胆甾-5-烯-1β, 3β, 16β, 22-四羟基-1, 16-二-*O*-β-D-吡喃葡萄糖苷[(22*S*)-cholest-5-en-1β, 3β, 16β, 22-tetraol-1, 16-di-*O*-β-D-glucopyranoside]、(25*S*)-螺甾-5-烯-3β-醇-3-*O*-β-D-吡喃葡萄糖基-(1→4)-β-D-吡喃半乳糖苷[(25*S*)-spirost-5-en-3β-ol-3-*O*-β-D-glucopyranosyl-(1→4)-β-D-galactopyranoside]、(25*S*)-螺甾-5-烯-3β-醇-3-*O*-β-D-吡喃葡萄糖基-(1→2)-β-D-吡喃葡萄糖基-(1→4)-β-D-吡喃半乳糖苷[(25*S*)-spirost-5-en-3β-ol-3-*O*-β-D-glucopyranosyl-(1→2)-β-D-glucopyranosyl-(1→4)-β-D-galactopyranoside]、14-羟基螺甾-5-烯-3β-*O*-β-D-吡喃葡萄糖基-(1→2)-*O*-[β-D-吡喃葡萄糖基-(1→3)]-*O*-β-D-吡喃葡萄糖基-(1→4)-β-D-吡喃半乳糖苷{14-hydroxyspirost-5-en-3β-*O*-β-D-glucopyranosyl-(1→2)-*O*-[β-D-glucopyranosyl-(1→3)]-*O*-β-D-glucopyranosyl-(1→4)-β-D-galactopyranoside}、(25*S*)-螺甾-5-烯-3β, 14α-二醇[(25*S*)-spirost-5-en-3β, 14α-diol][6], 麦角甾-7, 22-二烯-3β, 5α, 6β-三醇(ergosta-7, 22-dien-3β, 5α, 6β-triol)[6, 7], 3β, 5α, 9α-三羟基麦角甾-7, 22-二烯-6-酮(3β, 5α, 9α-trihydroxyergosta-7-22-dien-6-one)、(22*E*, 24*R*)-麦角甾-7, 22-二烯-3β-醇[(22*E*, 24*R*)-ergosta-7, 22-dien-3β-ol]、5α, 8α-表二氧基-(22*E*, 24)-麦角甾-6, 22-二烯-3β-醇[5α, 8α-epidiory-(22*E*, 24)-ergosta-6, 22-dien-3β-ol]和麦角甾-7, 22-二烯-3-酮(ergosta-7, 22-dien-3-one)[7]；黄酮类：5, 7-二羟基-6-甲基-8-甲氧基-3-(4′-甲氧基苄基)色烷-4-酮[5, 7-dihydroxy-6-methyl-8-methoxy-3-(4′-methoxylbenzyl)chroman-4-one]、(3*S*)-3, 5, 7-三羟基-6-甲基-3-(4′-甲氧基苄基)色烷-4-酮[(3*S*)-3, 5, 7-trihydroxy-6-methyl-3-(4′-methoxybenzyl)chroma-4-one]、5, 7-二羟基-3-(2′, 4′-二羟基苄基)色烷-4-酮[5, 7-dihydroxy-3-(2′, 4′-dihydroxybenzyl)chroman-4-one]、(3*S*)-3, 5, 7-三羟基-6, 8-二甲基-3-(4′-羟基苄基)色烷-4-

酮［（3*S*）-3, 5, 7-trihydroxy-6, 8-dimethyl-3-（4′-hydroxybenzyl）chroman-4-one］、5, 7, 4′- 三羟基异黄酮（5, 7, 4′-trihydroxyisoflavone）、5, 7, 4′- 三羟基 -6- 甲氧基异黄酮（5, 7, 4′-trihydroxy-6-methoxyisoflavone）、5, 7, 4′- 三羟基 -6, 3′- 二甲氧基异黄酮（5, 7, 4′-trihydroxy-6, 3′-dimethoxyisoflavone）、异鼠李素 -3-*O*-（6″-*O*-α-L- 吡喃鼠李糖基）-β-D- 吡喃葡萄糖苷［isorhamnetin-3-*O*-（6″-*O*-α-L-rhamnopyransoyl）-β-D-glucopyranoside］[6]，2, 3- 二氢 -3-［（15- 羟苯基）甲基］-5, 7- 二羟基 -6- 甲基 -8- 甲氧基黄酮 {2, 3-dihydro-3-［（15-hydroxyphenyl）methyl］-5, 7-dihydroxy-6-methyl-8-methoxyflavone}、2, 3- 二 氢 -3-［（15- 羟苯基）甲基］-5, 7- 二羟基 -6, 8- 二甲基黄酮 {2, 3-dihydro-3-［（15-hydroxyphenyl）methyl］-5, 7-dihydroxy-6, 8-dimethylflavone}[8]，甲基麦冬黄烷酮 B（methylophiopogonanone B）、4′, 5, 7- 三羟基 -6, 8- 二甲基高异黄烷酮（4′, 5, 7-trihydroxy-6, 8-dimethyl homoisoflavanone）、4′, 5, 7- 三羟基 -6- 甲基 -8- 甲氧基高异黄烷酮（4′, 5, 7-trihydroxy-6-methyl-8-methoxy-homoisoflavanone）、4′, 5, 7- 三羟基 -6- 甲基高异黄烷酮（4′, 5, 7-trihydroxy-6-methyl homoisoflavanone）[9]，2′, 4′, 5, 7- 四羟基 -6- 甲基高异黄烷酮（2′, 4′, 5, 7-tetrahydroxy-6-methyl homoisoflavanone）、散斑竹根七素（disporopsin）、2′, 4′, 5, 7- 四羟基 -8- 甲基 -6- 甲氧基高异黄烷酮（2′, 4′, 5, 7-tetrahydroxy-8-methyl-6-methoxy-homoisoflavanone）、5, 4′- 二羟基 -7- 甲氧基 -6- 甲基黄烷（5, 4′-dihydroxy-7-methoxy-6-methylflavane）、金圣草素（chrysoeriol）、5, 7- 二羟基 -8- 甲基 -4′, 6- 二甲氧基高异黄烷酮（5, 7-dihydroxy-8-methyl-4′, 6-dimethoxy-homoisoflavanone）[10]，3-（4′- 羟基苄基）-5, 7- 二羟基 -6- 甲基色烷 -4- 酮［3-（4′-hydroxyl benzyl）-5, 7-dihydroxy-6-methyl chroman-4-one］、5, 7- 二羟基 -6- 甲基 -8- 甲氧基 -3-（4′- 羟基苄基）色烷 -4- 酮［5, 7-dihydroxy-6-methyl-8-methoxy-3-（4′-hydroxybenzyl）chroman-4-one］、5, 7- 二羟基 -6, 8- 二甲基 -3-（4′- 羟基苄基）- 色烷 -4- 酮［5, 7-dihydroxyl-6, 8-dimethyl-3-（4′-hydroxylbenzyl）-chroman-4-one］[11-13]，黄精黄酮 A、B、C（polygonatone A、B、C）[12]，（3*R*）-5, 7- 二羟基 -8- 甲基 -3-（2′, 4′- 二羟基苄基）色烷 -4- 酮［（3*R*）-5, 7-dihydroxy-8-methyl-3-（2′, 4′-dihydroxybenzyl）-chroman-4-one］、（3*R*）-5, 7- 二羟基 -8- 甲基 -3-（4′- 羟基苄基）- 色烷 -4- 酮［（3*R*）-5, 7-dihydroxy-8-methyl-3-（4′-hydroxybenzyl）-chroman-4-one］、（3*R*）-5, 7- 二羟基 -3-（2′- 羟基 -4′- 甲氧基苄基）- 色烷 -4- 酮［（3*R*）-5, 7-dihydroxy-3-（2′-hydroxy-4′-methoxybenzyl）-chroman-4-one］、（3*R*）-5, 7- 二羟基 -3-（2′, 4′- 二羟基苄基）- 色烷 -4- 酮［（3*R*）-5, 7-dihydroxy-3-（2′, 4′-dihydroxybenzyl）-chroman-4-one］、（3*R*）-5, 7- 二羟基 -3-（4′- 羟基苄基）- 色烷 -4- 酮［（3*R*）-5, 7-dihydroxy-3-（4′-hydroxybenzyl）-chroman-4-one］、（3*R*）-5, 7- 二羟基 -6- 甲氧基 -8- 甲基 -3-（2′, 4′- 二羟基苄基）- 色烷 -4- 酮［（3*R*）-5, 7-dihydroxy-6-methoxy-8-methyl-3-（2′, 4′-dihydroxybenzyl）-chroman-4-one］、（3*R*）-5, 7- 二羟基 -8- 甲氧基 -3-（2′- 羟基 -4′- 甲氧基苄基）- 色烷 -4- 酮［（3*R*）-5, 7-dihydroxy-8-methoxy-3-（2′-hydroxy-4′-methoxybenzyl）-chroman-4-one］、（3*R*）-5, 7- 二羟基 -6- 甲基 -3-（4′- 羟基苄基）- 色烷 -4- 酮［（3*R*）-5, 7-dihydroxy-6-methyl-3-（4′-hydroxybenzyl）-chroman-4-one］、（3*R*）-5, 7- 二羟基 -6- 甲基 -8- 甲氧基 -3-（4′- 羟基苄基）- 色烷 -4- 酮［（3*R*）-5, 7-dihydroxy-6-methyl-8-methoxy-3-（4′-hydroxybenzyl）-chroman-4-one］、（3*R*）-5, 7- 二羟基 -6, 8- 二甲基 -3-（4′- 羟基苄基）- 色烷 -4- 酮［（3*R*）-5, 7-dihydroxy-6, 8-dimethyl-3-（4′-hydroxybenzyl）-chroman-4-one］和（3*R*）-5, 7- 二羟基 -6- 甲基 -8- 甲氧基 -3-（4′- 甲氧基苄基）- 色烷 -4- 酮［（3*R*）-5, 7-dihydroxy-6-methyl-8-methoxy-3-（4′-methoxybenzyl）-chroman-4-one］[14]；三萜类：3β, 19α- 二羟基熊果 -12- 烯 -24, 28- 二甲酸（3β, 19α-dihydroxyurs-12-en-24, 28-dioic acid）[6]和（24*R/S*）-9, 19- 环阿尔廷 -25- 烯 -3β, 24- 二醇［（24*R/S*）-9, 19-cycloart-25-en-3β, 24-diol］[15]；脂肪酸类：1, 8- 辛二酸（1, 8-suberic acid）和 1, 9- 壬二酸（1, 9-azelaic acid）[6]；呋喃类：5- 羟基甲基 -2- 呋喃甲醛（5-hydroxymethyl-2-furancarboxaldehyde）[7]；单萜类：宁波玄参苷元（ningpogenin）和巴戟醚萜（borreriagenin）[7]；环烯醚萜类：6-*O*- 对羟基苯甲酰桃叶珊瑚素（6-*O*-*p*-hydroxybenzoylaucubin）[7]；酚类：对羟基苯乙醇（*p*-hydroxybenzylethanol）[7]；木脂素类：鹅掌楸苷（liriodendrin）、（+）- 丁香树脂酚 -*O*-β-D- 吡喃葡萄糖苷［（+）-syringaresinol-*O*-β-D-glucopyranoside］[6]，（+）- 丁香树脂酚［（+）-syringaresinol］[6, 10]和 3′- 二去甲基松脂酚（3′-bisdemethylpinoresinol）[7]；生物碱类：

N- 反式 - 阿魏酰酪胺（*N-trans*-feruloyltyramine）和 *N*- 反式 - 阿魏酰章鱼胺（*N-trans*-feruloyloctopamine）[10]；多糖类：玉竹多糖 YZ-2（polygonatum odoratum polysaccharide YZ-2）[16]。

须根含甾体类：玉竹甾苷 A、B、C、D、E、F、G、H（polygodoside A、B、C、D、E、F、G、H）、玉竹甾苷元 A（polygodosin A）、新巴拉次薯蓣皂苷元 A（neoprazerigenin A）、（25*S*）- 螺甾 -5- 烯 -3β- 醇 -3-*O*-β-D- 吡喃葡萄糖基 -（1→2）-［β-D- 吡喃木糖基 -（1→3）］-β-D- 吡喃葡萄糖基 -（1→4）-2-*O*- 乙酰基 -β-D- 吡喃半乳糖苷 {（25*S*）-spirost-5-en-3β-ol-3-*O*-β-D-glucopyranosyl-（1→2）-［β-D-xylopyranosyl-（1→3）］-β-D-glucopyranosyl-（1→4）-2-*O*-acetyl-β-D-galactopyranoside}、（25*S*）- 螺甾 -5- 烯 -3β- 醇 -3-*O*-β-D- 吡喃葡萄糖基 -（1→4）-β-D- 吡喃半乳糖苷［（25*S*）-spirost-5-en-3β-ol-3-*O*-β-D-glucopyranosyl-（1→4）-β-D-galactopyranoside］、（25*S*）- 螺甾 -5- 烯 -3β- 醇 -β-D- 吡喃半乳糖苷［（25*S*）-spirost-5-en-3β-ol-β-D-galactopyranoside］、（22*S*）-16β-［（α-L- 吡喃鼠李糖基）氧基］-3β, 22- 二羟基胆甾 -5- 烯 -1β- 基 -α-L- 吡喃鼠李糖苷［（22*S*）-16β-［（α-L-rhamnopyranosyl）oxy］-3β, 22-dihydroxycholest-5-en-1β-yl-α-L-rhamnopyranoside］、（22*S*）- 胆甾 -5- 烯 -1β, 3β, 16β, 22- 四醇 -1-*O*-α-L- 吡喃鼠李糖苷 -16-*O*-β-D- 吡喃葡萄糖苷［（22*S*）-cholest-5-en-1β, 3β, 16β, 22-tetraol-1-*O*-α-L-rhamnpyranoside-16-*O*-β-D-glucopyranoside］、（22*S*）- 胆甾 -5- 烯 -1β, 3β, 16β, 22- 四醇 -1, 16- 二 -*O*-β-D- 吡喃葡萄糖苷［（22*S*）-cholest-5-en-1β, 3β, 16β, 22-tetraol-1, 16-di-*O*-β-D-glucopyranoside］、（22*S*）- 胆甾 -5- 烯 -1β, 3β, 16β, 22- 四醇 -16-*O*-β-D- 吡喃葡萄糖苷［（22*S*）-cholest-5-en-1β, 3β, 16β, 22-tetraol-16-*O*-β-D-glucopyranoside］、（25*S*, *R*）- 螺甾 -5- 烯 -12- 酮 -3β- 醇 -3-*O*-β-D- 吡喃葡萄糖基 -（1→2）-［β-D- 吡喃木糖基 -（1→3）］-β-D- 吡喃葡萄糖基 -（1→4）-β-D- 吡喃半乳糖苷 {（25*S*, *R*）-spirost-5-en-12-one-3β-ol-3-*O*-β-D-glucopyranosyl-（1→2）-［β-D-xylopyranosyl-（1→3）］-β-D-glucopyranosyl-（1→4）-β-D-galactopyranoside}、螺甾 -5- 烯 -3β-*O*-β-D- 吡喃葡萄糖基 -（1→2）-*O*-［β-D- 吡喃木糖基 -（1→3）］-*O*-β-D- 吡喃葡萄糖基 -（1→4）-β-D- 吡喃半乳糖苷 {spirost-5-en-3β-*O*-β-D-glucopyranosyl-（1→2）-*O*-［β-D-xylopyranosyl-（1→3）］-*O*-β-D-glucopyranosyl-（1→4）-β-D-galactopyranoside}、14- 羟基螺甾 -5- 烯 -3β-*O*-β-D- 吡喃葡萄糖基 -（1→2）-*O*-［β-D- 吡喃葡萄糖基 -（1→3）］-*O*-β-D- 吡喃葡萄糖基 -（1→4）-β-D- 吡喃半乳糖苷 {14-hydroxyspirost-5-en-3β-*O*-β-D-glucopyranosyl-（1→2）-*O*-［β-D-glucopyranosyl-（1→3）］-*O*-β-D-glucopyranosyl-（1→4）-β-D-galactopyranoside}、螺甾 -5- 烯 -3β-*O*-β-D- 吡喃葡萄糖基 -（1→2）-*O*-［β-D- 吡喃葡萄糖基 -（1→3）］-*O*-β-D- 吡喃葡萄糖基 -（1→4）-β-D- 吡喃半乳糖苷 {spirost-5-en-3β-*O*-β-D-glucopyranosyl-（1→2）-*O*-［β-D-glucopyranosyl-（1→3）］-*O*-β-D-glucopyranosyl-（1→4）-β-D-galactopyranoside} 和 3β-*O*-β-D- 吡喃葡萄糖基 -（1→2）-［β-D- 吡喃木糖基 -（1→3）］-β-D- 吡喃葡萄糖基 -（1→4）-β-D- 吡喃半乳糖苷 -（25*R*, *S*）- 螺甾 -5- 烯 -3β, 14α- 二醇 {3β-*O*-β-D-glucopyranosyl-（1→2）-［β-D-xylopyranosyl-（1→3）］-β-D-glucopyranosyl-（1→4）-β-D-galactopyranosyl-（25*R*, *S*）-spirost-5-en-3β, 14α-diol}[17]。

【药理作用】1. 抗氧化　根茎的水提取液可有效提高衰老小鼠血中的超氧化物歧化酶（SOD）含量，降低肝脏组织中的丙二醛（MDA）含量，且抗氧化作用随着剂量的增加而增强[1]；从根茎提取的多糖成分对 1，1- 二苯基 -2- 三硝基苯肼（DPPH）自由基、羟自由基（·OH）和超氧阴离子自由基（O_2^-·）均有一定的清除作用，且对过氧化氢（H_2O_2）的清除作用尤为明显[2]；从根茎提取的脂溶性成分、总皂苷和多酚类成分均对 1，1- 二苯基 -2- 三硝基苯肼自由基、羟自由基具有一定的清除作用[3]。2. 降血糖　根茎的醇提取物能使链脲佐菌素（STZ）诱导的 1 型糖尿病小鼠的空腹血糖值降低，使小鼠的胰岛可见少量炎细胞浸润现象，完整的胰岛 β 细胞数量增多，小鼠脾细胞上清液中 γ 干扰素（IFN-γ）水平和 γ 干扰素 / 白细胞介素 -4（IFN-γ/IL-4）值均明显降低[4]；从根茎提取的总皂苷能显著抑制 α- 葡萄糖苷酶的活性，抑制率为 58%，对正常小鼠血糖没有明显影响，但使其糖耐量曲线趋于平缓，能显著提高四氧嘧啶高糖小鼠的糖耐量，并显著降低其空腹血糖[5]；从根茎提取的多羟基生物碱成分有显著的 α- 葡萄糖苷酶抑制作用和对 α- 淀粉酶一定的抑制作用[6]。3. 抗肿瘤　从根茎提取的多糖成分对 S180、EAC

具有明显的抑制作用，且能提高免疫能力[7]；根茎的提取物对 S180 移植小鼠足垫所形成的移植瘤有明显的抑制作用，延长小鼠的存活期[8]。4. 免疫调节　根茎的水提取液能提高环磷酰胺所致免疫抑制模型小鼠胸腺与脾脏质量、吞噬百分率、吞噬指数，促进溶血素、溶血斑形成，提高淋巴细胞转化率，提高免疫抑制小鼠各免疫指数[9]；从根茎用醇水法提取的成分在一定浓度范围内可促进小鼠脾 αβT 细胞增殖，其中以 1000μg/ml 的浓度作用最强，在该浓度下具有降低 $CD4^+$αβT 细胞与 $CD8^+$αβT 细胞比值，提高 $CD8^+$αβT 细胞数量的作用，且能有效刺激小鼠脾淋巴细胞释放细胞因子 γ 干扰素，而对白细胞介素 -4 的产生没有明显的影响[10]。5. 抗菌　从根茎提取的挥发油成分对细菌、霉菌、酵母菌、放线菌的生长均有一定的抑制作用，并具有良好的热稳定性[11]；从根茎的石油醚提取分离的成分（24*R/S*）-9，19- 环阿尔廷 -25- 烯 -3β，24- 二醇［（24*R/S*）-9，19-cycloart-25-en-3β，24-diol］在浓度为 100μg/ml 时，对灵杆菌的抑菌能力与红霉素相当[12]。6. 抗疲劳　根茎的水提取液可使 ICR 小鼠体重增长、游泳时间延长和耐缺氧时间延长[13]。7. 抗病毒　根茎的醇提取物能降低内毒血症小鼠 72h 死亡率，降低血清肿瘤坏死因子 -α（TNF-α）和一氧化氮（NO）含量[14]。8. 护心肌　根茎的水提醇沉液对乳鼠心率、心肌搏动频率有减慢作用，且可明显降低乳酸脱氢酶（LDH）含量[15]。

【性味与归经】甘，微寒。归肺、胃经。

【功能与主治】养阴润燥、生津止渴。用于肺胃阴伤，燥热咳嗽，咽干口渴，内热消渴。

【用法与用量】6 ～ 12g。

【药用标准】药典 1963—2015、浙江炮规 2015、内蒙古蒙药 1986、新疆药品 1980 二册和台湾 2013。

【临床参考】1. 冠心病：根茎 15g，加桂枝、麦冬、川芎、五味子、远志肉、路路通各 10g，炒白芍、全当归、清半夏、茯苓、连翘壳各 12g，太子参、桑寄生各 15g，生甘草 6g，水煎服，每日 1 剂[1]。

2. 2 型糖尿病：根茎 12g，加南沙参、枸杞子、太子参、茯苓、泽泻各 10g，石斛、白芍、黄芪、白术、丹参、川牛膝、赤芍各 12g，水煎 2 次混匀煎液 400ml，分 2 次口服，每日 1 剂，4 周 1 疗程，同时基础治疗和预防[2]。

3. 湿热蕴结型痛风性关节炎：根茎 30g，加桑枝 30g，薏苡仁、丝瓜络各 20g，徐长卿、滑石（包煎）、桃仁、竹茹各 15g，牛膝、防己各 10g，豨莶草、络石藤各 12g，甘草 5g，加水浓煎取 450ml，分早、中、晚 3 次服，每日 1 剂，同时双氯芬酸钠肠溶缓释胶囊口服，1 次 75mg，每日 1 次，连服 5~7 日[3]。

4. 咳嗽：根茎 25g，加沙参 50g，莲子、百合各 25g，洗净，同鸡蛋（带壳）一起下锅，同炖 30min，将鸡蛋去壳，加水与药物再煮 30min，食蛋饮汤，可加糖调味，脾虚湿盛或实热痰多、身热口臭者不宜[4]。

5. 热病伤津：生根茎 15g，水煎服（《浙江药用植物志》）。

【附注】本种以女萎之名始载于《神农本草经》，列为上品。《尔雅》云："叶似竹，大者如箭竿，有节，叶狭长，而表白里青，根大如指，长一二尺，可啖。"《本草经集注》谓："根似黄精而小异。"《本草图经》云："生泰山山谷、丘陵。今滁州、舒（岳）州及汉中皆有之。叶狭而长，表白里青，亦类黄精，茎干强直似竹箭干，有节，根黄多须，大如指，长一二尺。或云可啖。三月开青花，结圆实。"《本草纲目》云："其根横生似黄精，差小，黄白色，性柔多须，最难燥。其叶如竹，两两相值。"综上所述，与本种基本相符。

药材玉竹痰湿气滞者禁用，脾虚便溏者慎用。

误食药材玉竹 250g 以上，可致头痛、头晕、腹痛、恶心、呕吐，重者出现紫绀、心动徐缓、血压下降等症。

【化学参考文献】

［1］林厚文，韩公羽，廖时萱 . 中药玉竹有效成分研究［J］. 药学学报，1994，29（3）：215-222.

［2］Qin H L，Li Z H，Wang P.A new furostanol glycoside from *Polygonatum odoratum*［J］.Chin Chem Lett，2003，14（12）：

1259-1260.
[3] Wang D M, Li D W, Zhu W, et al.Steroidal saponins from the rhizomes of *Polygonatum odoratum* [J].Nat Prod Res, 2009, 23(10): 940-947.
[4] Bai H, Li W, Zhao H X, et al.Isolation and structural elucidation of novel cholestane glycosides and spirostane saponins from *Polygonatum odoratum* [J].Steroids, 2014, 80: 7-14.
[5] Liu Q B, Li W, Nagata K, et al Isolation, structural elucidation, and liquid chromatography-mass spectrometry analysis of steroidal glycosides from *Polygonatum odoratum* [J].J Agric Food Chem, 2018, 66(2): 521-531.
[6] Quan L T, Wang S C, Zhang J.Chemical constituents from *Polygonatum odoratum* [J].Biochem System Ecol, 2015, 58: 281-284.
[7] 尹伟，陶阿丽，刘金旗.玉竹的化学成分研究[J].天然产物研究与开发，2014，26(7)：1034-1037，1046.
[8] Vastano B C, Rafi M M, DiPaola R S, et al.Bioactive homoisoflavones from Vietnamese coriander or pak pai (*Polygonatum odoratum*) [J].ACS Symp Ser, 2002, 803: 269-280.
[9] 王冬梅，张京芳，李登武.秦岭地区玉竹根茎的高异黄烷酮化学成分[J].林业科学，2008，44(9)：125-129.
[10] 李丽红，任风芝，陈书红，等.玉竹中新的双氢高异黄酮[J].药学学报，2009，44(7)：764-767.
[11] Wang D M, Zeng L, Li D W, et al.Antioxidant activities of different extracts and homoisoflavanones isolated from the *Polygonatum odoratum* [J].Nat Prod Res, 2013, 27(12): 1111-1114.
[12] Guo H J, Zhao H X, Kanno Y, et al.A dihydrochalcone and several homoisoflavonoids from *Polygonatum odoratum* are activators of adenosine monophosphate-activated protein kinase [J].Bioorg Med Chem Lett, 2013, 23(11): 3137-3139.
[13] Wang H J, Liu R M, Su J, et al.Homoisoflavonoids are potent glucose transporter 2 (GLUT2) inhibitors: A potential mechanism for the glucose-lowering properties of *Polygonatum odoratum* [J].J Agric Food Chem, 2018, 66(12): 3137-3145.
[14] Zhou X L, Liang J S, Zhang Y, et al.Antioxidant homoisoflavonoids from *Polygonatum odoratum* [J].Food Chemistry, 2015, 186: 63-68.
[15] 王冬梅，张京芳，李登武.秦岭地区玉竹根茎的脂溶性成分及其抑菌活性研究[J].武汉植物学研究，2010，28(5)：644-647.
[16] Jiang H Y, Xu Y, Sun C Y, et al.Physicochemical properties and antidiabetic effects of a polysaccharide obtained from *Polygonatum odoratum* [J].Int J Food Sci Technol, 2018, 53(12): 2810-2822.
[17] Zhang H, Chen L, Kou J P, et al.Steroidal sapogenins and glycosides from the fibrous roots of *Polygonatum odoratum* with inhibitory effect on tissue factor (TF) procoagulant activity [J].Steroids, 2014, 89: 1-10.

【药理参考文献】

[1] 徐大量，林辉，李盛青，等.玉竹水提液体内外抗氧化的实验研究[J].中药材，2008，31(5)：729-731.
[2] 杨颖，孙文武，周晨，等.响应曲面法优化玉竹水溶性多糖提取及体外抗氧化研究[J].食品与生物技术学报，2013，32(3)：298-306.
[3] 林奇泗，李京华，杨冬芝，等.玉竹三种提取物抗氧化活性比较[J].食品研究与开发，2013，34(21)：25-28.
[4] 张立新，庞维，付京晶，等.玉竹对STZ诱导的1型糖尿病小鼠的降糖作用[J].中药药理与临床，2012，28(2)：107-110.
[5] 郭常润，戴平，张欣，等.玉竹总皂苷降血糖作用实验研究[J].海峡药学，2011，23(4)：19-21.
[6] 刘梓晗，李春，晏仁义.玉竹水溶性成分分离及其糖苷酶抑制活性[J].中国实验方剂学杂志，2016，22(18)：51-55.
[7] 许金波，陈正玉.玉竹多糖抗肿瘤作用及其对免疫功能影响的实验研究[J].深圳中西医结合杂志，1996，6(1)：13-15.
[8] 潘兴瑜，张明策，李宏伟，等.玉竹提取物B对肿瘤的抑制作用[J].中国免疫学杂志，2000，16(7)：376-377.
[9] 吴国学.玉竹对小鼠免疫抑制调节作用的研究[J].中国医学创新，2013，10(9)：13-14.
[10] 郭秀珍，潘兴瑜.玉竹生物活性成分C对小鼠免疫功能的影响[J].微生物学杂志，2012，32(3)：61-65.
[11] 赵秀红，曾洁，高海燕，等.玉竹挥发油超临界CO_2萃取条件及抑菌活性研究[J].食品科学，2011，32(8)：155-158.

[12] 王冬梅，张京芳，李登武 . 秦岭地区玉竹根茎的脂溶性成分及其抑菌活性研究［J］. 武汉植物学研究，2010，28（5）：644-647.
[13] 林莉 . 铁皮石斛与玉竹抗疲劳作用的比较研究［J］. 浙江中西医结合杂志，2015，25（2）：127-129.
[14] 卢颖，李会，金艳书，等 . 玉竹提取物 A 对内毒素血症小鼠血清中肿瘤坏死因子 α 及一氧化氮水平影响的量效依赖性［J］. 中国临床康复，2006，10（3）：104-106.
[15] 黄米武，杨锋 . 玉竹对体外培养乳鼠心肌细胞缺氧缺糖性损伤的保护作用［J］. 中国中医药科技，1997，4（4）：220-221.

【临床参考文献】

[1] 何钱 . 玉竹临床功用多［N］. 中国中医药报，2018-05-25（005）.
[2] 王麒又 . 沙参玉竹汤辅助治疗 2 型糖尿病效果分析［J］. 江西中医药，2017，48（5）：50-51.
[3] 黄伟毅，黄锐，黄丽群，等 . 桑枝玉竹汤治疗湿热蕴结型痛风性关节炎的效果探析［J］. 世界最新医学信息文摘，2018，18（59）：140，14.
[4] 侯红岩，崔从强 . 沙参玉竹莲子百合汤治疗咳嗽［J］. 中国民间疗法，2016，24（11）：11.

14. 万寿竹属 *Disporum* Salisb.

多年生草本。根茎短，有时具匍匐茎；根稍肉质。茎直立，上部常有分枝，下部各节具膜质鞘。叶互生；主脉 3 ～ 7 条，叶柄短或无柄。伞形花序，着生于茎或分枝顶端；无苞片；花被窄钟形或近筒状，常多少俯垂；花被片 6 枚，离生，基部囊状或距状；雄蕊 6 枚，着生于花被片基部，花丝扁平，花药长圆形，基着，2 室，半外向纵裂；子房上位，3 室，每室具倒生胚珠 2 ～ 6 粒。浆果近球形，成熟时黑色，具种子 2 ～ 3 粒。种子表面具点状皱纹。

20 种，分布于东亚和北美，少数种类分布至热带亚洲。中国 14 种，法定药用植物 3 种。华东地区法定药用植物 1 种。

1129. 宝铎草（图 1129）• *Disporum sessile*（Thunb.）D. Don（*Disporum uniflorum* Baker ex S. Moore）

【别名】黄花宝铎草（安徽）。

【形态】多年生草本，高 30 ～ 80cm。根茎肉质，横走，长 8 ～ 20cm；根簇生。茎上部分枝或不分枝。叶宽椭圆形或长圆状卵形，长 4 ～ 9cm，宽 1 ～ 6.5cm，基部近圆形或宽楔形，两面无毛。伞形花序生于茎和分枝顶端，具花 1 ～ 3 朵；花黄色，花被片匙状倒披针形或倒卵形，长 2 ～ 3cm，宽 0.5 ～ 1cm，基部具短距；雄蕊不伸出花被外。浆果近球形，成熟时蓝黑色，具种子 3 粒。花期 3 ～ 6 月，果期 7 ～ 11 月。

【生境与分布】生于海拔 100 ～ 2500m 疏林下或沟边。分布于山东、江苏、安徽、江西、福建，另辽宁、河北、陕西南部、甘肃南部、四川、云南、广西等地均有分布；朝鲜、日本也有分布。

【药名与部位】百尾参，根及根茎。

【采集加工】夏、秋二季采挖，除去杂质，洗净，蒸熟，干燥。

【药材性状】根茎短粗，呈结节状，上有残茎痕，下簇生多数细根，表面棕黄色，弯曲，长 10 ～ 25cm，直径约 0.3cm。质硬脆，易断，断面平整，中间有黄色柔韧的木心，周围浅黄白色。气微，味淡，具黏性。

【化学成分】叶含黄酮类：芹菜素（apigenin）、木犀草素（luteolin）和金圣草素（chrysoeriol）[1]。

【药理作用】1. 抗菌　根及根茎醇提取物水洗脱部位对金黄色葡萄球菌、大肠杆菌、铜绿假单胞菌和肺炎克雷伯菌的生长有抑制作用；醇提取物和醇提取物 95% 乙醇洗脱部位对金黄色葡萄球菌具有杀灭作用[1]。2. 止咳祛痰　全草醇提取物乙酸乙酯部位可延长氨水诱发小鼠咳嗽潜伏期、减少咳嗽次数；全

图 1129　宝铎草　　摄影　李华东

草醇提取物乙酸乙酯部位及水部位可增加小鼠气管酚红分泌量，提高兔离体气管段纤毛运动速率[2]。3. 抗皮肤光老化　叶甲醇提取物对紫外线 B（UVB）诱导升高的原代人真皮成纤维细胞（NHDF）和人角质化 HaCaT 细胞的基质金属蛋白酶 -1（MMP-1）mRNA 和蛋白质表达有明显的抑制作用，并可增强由 UVB 照射引起降低的前胶原蛋白表达及总胶原蛋白含量[3]。

【性味与归经】甘、淡，平。

【功能与主治】润肺止咳，健脾消积。用于虚损咳喘，痰中带血，肠风下血，食积胀满。

【用法与用量】10 ～ 15g。

【药用标准】贵州药材 2003。

【临床参考】1. 肺热虚咳：根茎 9~15g，水煎服。

2. 烫伤：根茎适量，水煎浓缩成膏，外搽患处。（1 方、2 方引自《浙江药用植物志》）

【附注】*Flora of China* 已将本种的名称修改为少花万寿竹 *Disporum uniflorum* Baker ex S. Moore。同属植物短蕊万寿竹 *Disporum bodinieri*（Levl. et Vert.）Wang et Tang 的根及根茎民间也作百尾参药用。

【化学参考文献】

[1] Williams C A，Richardson J，Greenham J，et al.Correlations between leaf flavonoids，taxonomy and plant geography in the genus *Disporum*［J］.Phytochemistry，1993，34（1）：197-203.

【药理参考文献】

[1] 江滟，马莹，茅向军，等 . 宝铎草提取物体外抗菌活性的研究［J］. 中国实验方剂学杂志，2013，19（4）：203-205.

[2] 马莹，沈祥春，茅向军 . 宝铎草的止咳、祛痰作用研究［J］. 中国实验方剂学杂志，2012，18（19）：261-263.

[3] Mohamed M A A，Jung M，Lee S M，et al.Protective effect of *Disporum sessile* D.Don extract against UVB-induced photoaging via suppressing MMP-1 expression and collagen degradation in human skin cells［J］.Journal of Photochemistry & Photobiology B：Biology，2014，133：73-79.

15. 葱属 *Allium* Linn.

多年生草本。全株常有葱蒜味。鳞茎圆柱形、圆球形或扁球形，外有膜质、革质或纤维质鳞茎皮。叶基生或兼茎生；叶条形或卵圆形，扁平、半圆形或圆柱状，中空或实心，无柄或有柄，具闭合叶鞘。花葶从鳞茎中抽出；花数朵至数十朵排成顶生伞形花序，有时兼具珠芽，花蕾时为闭合的总苞包被。花两性，稀单性；花被片6枚，2轮排列，离生或基部合生；雄蕊6枚，着生于花被片基部，花丝基部扩大，全缘或两侧各具1齿，基部常彼此合生并与花被片贴生；花药椭圆形，背着，2室，内向纵裂；子房上位，3室，每室具胚珠1至多粒，沿腹缝基部常具蜜腺，蜜腺常生于子房基部，花柱单一，钻形，柱头小，不裂或微3裂。蒴果具三棱，室背开裂。种子黑色，多棱形或近圆球形。

约600种，分布于北半球，主要在亚洲。中国138种，法定药用植物10种。华东地区法定药用植物6种。

分种检索表

1. 叶扁平。
  2. 鳞茎单个，扁球形或球形，外皮白色或紫色，膜质，不裂；叶宽条形……………………蒜 *A. sativum*
  2. 鳞茎数个聚生，圆柱形，外皮暗黄色或黄褐色，网状或近网状；叶条形…………韭 *A. tuberosum*
1. 叶非扁平，中空。
  3. 鳞茎球形或扁球形。
    4. 鳞茎球大，直径5～10cm；叶圆柱形……………………………………………………………洋葱 *A. cepa*
    4. 鳞茎球小，直径不超过2cm；叶半圆柱形或三棱状半圆柱形…………………薤白 *A. macrostemon*
  3. 鳞茎圆柱形或窄卵形。
    5. 叶棱柱状，具纵棱3～5条…………………………………………………………………藠头 *A. chinense*
    5. 叶圆柱形，无纵棱……………………………………………………………………………葱 *A. fistulosum*

1130. 蒜（图1130）· *Allium sativum* Linn.

【别名】大蒜（安徽、浙江），大蒜头（安徽）。

【形态】鳞茎单生，扁球形或球形，常由数个小鳞茎组成，外皮数层，白色或紫色，膜质，不裂。叶宽条形或条状披针形，通常短于花葶。花葶圆柱形，高25～60cm，中部以下被叶鞘；总苞喙长7～20cm，早落；伞形花序具花数朵，间具数枚珠芽；花梗纤细，长于花被片；小苞片膜质，卵形，具短尖头；花淡红色；内轮花被片卵形，外轮花被片卵状披针形，稍长于内轮；花丝短于花被片，基部合生并与花被片贴生，内轮花丝基部扩大部分两侧各具1齿，外轮锥形；子房球形；花柱不伸出花被外。少见结实。花果期7～9月。

【生境与分布】原产于亚洲东部。中国各地广泛栽培。

【药名与部位】大蒜，鳞茎。

【采集加工】夏季叶枯时采挖，除去须根和泥沙，通风晾晒至外皮干燥。

【药材性状】呈类球形，直径3～6cm。表面被白色、淡紫色或紫红色的膜质鳞皮。顶端略尖，中间有残留花葶，基部有多数须根痕。剥去外皮，可见独头或6～16个瓣状小鳞茎，着生于残留花茎基周围。鳞茎瓣略呈卵圆形，外皮膜质，先端略尖，一面弓状隆起，剥去皮膜，白色，肉质。气特异，味辛辣，具刺激性。

【化学成分】根含甾体类：大蒜苷 R_1、R_2（sativoside R_1、R_2）、原-去半乳糖替告皂苷（proto-desgalactotigonin）、去半乳糖替告皂苷（desgalactotigonin）和F-芰脱皂苷（F-gitonin）[1]。

图 1130　蒜　　　　　　　　　　　　　　　　　　摄影　郭天亮等

鳞茎含甾体类：大蒜苷 -B_1（sativoside-B_1）、原去半乳糖替告皂苷（proto-desgalactotigonin）[1]，原异紫蒜苷 B（protoisoeruboside B）、紫蒜甾醇苷 B（eruboside B）、异 - 紫蒜甾醇苷 B（iso-eruboside B）和大蒜苷 -C（sativoside-C）[2]；核苷类：腺苷（adenosine）[2]；氨基酸类：色氨酸（Trp）[2]；含硫化合物：蒜宁素*A（garlicnin A）[3]，蒜宁素*B_1、C_1、D（garlicnin B_1、C_1、D）[4]，阿藿硫戊烷*（ajothiolane）[5]，双 -2- 烯丙基四硫醚（bis-2-propenyltetrasulfide）、双 -2- 烯丙基三硫醚（bis-2-propenyltrisulfide）、双 -2- 烯丙基硫代磺酸酯（bis-2-propenylthiosulfonate）、双 -2- 烯丙基五硫醚（bis-2-propenyl pentasulfide）、反式 - 硫酸烯丙基酯 -3- 烯丙基巯基 - 烯丙基酯（*trans*-sulfuric acid allyl ester 3-allylsulfanyl-allyl ester）[6]，大蒜素（allicin）[7]，3- 乙烯基 -1, 2- 二硫环已 -5- 烯（3-vinyl-1, 2-dithiocyclohex-5-ene）、二 -2- 丙烯基三硫化物（di-2-propenyl trisulfide）、3- 乙烯基 -1, 2- 二硫环已 -4- 烯（3-vinyl-1, 2-dithiocyclohex-4-ene）和二烯丙基二硫化物（diallyl disulphide）等[8]，大蒜辣素（allicin；diallylthiosulfinate）[9] 和二氟大蒜素（difluoroallicin）[10]；烯醇类：3- 异丙基 -4- 甲基癸 -1- 烯 -4- 醇（3-isopropyl-4-methyl-dec-1-en-4-ol）[8]；脂肪酸酯类：十六碳酰基乙酯（hexadecanoyl ethyl ester）和 9, 12- 十八二烯酰乙酯（9, 12-octadecadienoyl ethyl ester）[8]；脑苷脂类：脑苷 AS-1-1、AS-1-2、AS-1-3、AS-1-4、AS-1-5（cerebroside AS-1-1、AS-1-2、AS-1-3、AS-1-4、AS-1-5）[11]；酶类：蒜氨酸酶（alliinase）[12]。

叶含黄酮类：矢车菊素 -3″- 丙二酰葡萄糖苷（cyaniding-3″-malonylglucoside）、矢车菊素 -3″, 6″- 二丙二酰葡萄糖苷（cyaniding-3″, 6″-dimalonylglucoside）、矢车菊素 -3-（6″- 丙二酰葡萄糖苷）［cyanidin-3-（6″-malonylglucoside）］和矢车菊素 -3- 葡萄糖苷（cyanidin-3-glucoside）[13]；氨基酸糖苷类：（−）-*N*-（1′- 脱氧 -1′-β-D- 吡喃果糖基）-*S*- 烯丙基 -L- 半胱氨酸亚砜［（−）-*N*-（1′-deoxy-1′-β-D-fructopyranosyl）-*S*-allyl-L-cysteine sulfoxide］[14]；氨基酸类：蒜氨酸（alliin）、（+）-*S*- 甲基 -L- 半胱氨酸亚砜［（+）-*S*-methyl-L-cysteine sulfoxide］和（+）-*S*-（反式 -1- 丙烯基）-L- 半胱氨酸亚砜［（+）-*S*-（*trans*-1-propenyl）-L-cysteine sulfoxide］[14]。

【药理作用】1. 抗病原微生物　鳞茎的无水乙醇提取物对副溶血弧菌的生长有较好的抑制作用，最小抑菌浓度为 18.25mg/ml[1]；从鳞茎提取的成分大蒜素（allicin）对金黄色葡萄球菌和大肠杆菌的生长都有良好的抑制作用，最小抑菌浓度分别为 2.5% 和 1.25%[2]；大蒜素对 24 株耐碳青霉烯抗菌药物鲍曼不动杆菌的最低抑制浓度（MIC）均为 512μg/ml，其抑制作用与其引起细菌体内氧化失衡有关[3]；鳞茎的水提取物对白色念珠菌的生长有抑制作用，机制为通过含巯基蛋白质的氧化从而导致酶的失活，进而抑制微生物的生长[4]，也有研究表明鳞茎的水提取物通过抑制白色念珠菌的脂质合成来抑制其生长[5]；饲粮中添加鳞茎水提取物有助于提高鱼对迟发性肠杆菌感染的抵抗力[6]；新鲜鳞茎和水通道蛋白混合制成的提取物对鸡胚胎传染性支气管炎病毒（IBV）有抑制作用[7]；从鳞茎提取的蒜氨酸（alliin）对大肠杆菌、枯草芽孢杆菌、金黄色葡萄球菌、痢疾杆菌、幽门螺杆菌等测试菌株有极强的杀死作用[8]。2. 降血脂　鳞茎中所含的成分大蒜素、蒜氨酸和蒜氨酸酶（alliinase）都具有良好的降血脂作用，其机制可能与阻断脂质过氧化、抑制胆固醇合成途径中的限速酶—3- 羟 -3- 甲戊二酸单酰辅酶 A 还原酶（HMG-CoA 还原酶）的含量密切相关，蒜氨酸加蒜氨酸酶降低血清总胆固醇（TC）含量和 HMG-CoA 还原酶含量、提高高密度脂蛋白胆固醇（HDL-C）含量和超氧化物歧化酶（SOD）含量的效果优于大蒜素[9]。3. 抗动脉粥样硬化　从鳞茎提取的成分大蒜素可减少高脂饮食大鼠巨噬细胞上的清道夫受体 SR-A 和 CD36 表达，并抑制 JNK 和 p38 激酶激活，从而发挥抗泡沫化和动脉粥样硬化的作用[10]；大蒜素有抑制血管平滑肌细胞活化和增殖的作用，从而抑制动脉损伤后再狭窄的形成[11]。4. 抗心肌纤维化　从鳞茎提取的成分大蒜辣素（allicin；diallylthiosulfinate）具有抗大鼠心肌梗死后纤维化作用，可减轻心肌纤维化程度，减少心肌组织Ⅰ、Ⅲ型胶原表达，其机制部分与调节 TGF-β/Smads 信号通路有关[12]。5. 抗血栓　从鳞茎提取的成分大蒜素和二氟大蒜素（difluoroallicin）具有抗血小板的作用，抑制血小板聚集，在抗凝血试验中，与大蒜素和其他含硫化合物相比，二氟大蒜素能浓度依赖性地抑制凝血块强度[13]。6. 降血糖　从鳞茎提取的成分大蒜素能够降低链脲佐菌素诱导的 2 型糖尿病大鼠的血糖，与给药剂量呈正相关[14]。7. 抗肿瘤　从鳞茎提取的成分蒜氨酸对肿瘤细胞人急性早幼粒白血病 HL-60 细胞和人肝癌 H-7402 细胞有很强的体外抑制和杀死作用[8]，经大蒜素及其前体物质蒜氨酸、蒜氨酸酶和蒜氨酸加蒜氨酸酶处理后，人胃癌 MGC-9 细胞和小鼠黑色素瘤 B16 细胞产生不同程度的变圆，体积缩小，脱壁细胞增多；另除蒜氨酸酶外，蒜氨酸、大蒜素和蒜氨酸加蒜氨酸酶都能对 MGC-9 细胞和 B16 细胞的增殖产生时间和剂量依赖性的抑制作用，其中蒜氨酸加蒜氨酸酶的作用尤为显著[15]；大蒜素可通过停滞细胞周期进程和 / 或诱导细胞凋亡而产生达到抑制人骨肉瘤 Saos-2 细胞增殖的作用[16]；大蒜素及其前药（蒜氨酸加蒜氨酸酶）可能是通过线粒体通路抑制食管癌 Eca 9706 细胞增殖和诱导其凋亡[17]；大蒜素可能通过调节 *Bax/Bcl-2* 两个基因的表达值，诱导人结肠癌 HT-29 细胞的凋亡，进而抑制癌细胞的增殖[18]。8. 调节免疫　蒜氨酸提取物、大蒜提取物和大蒜多糖能明显提高免疫抑制小鼠血液中的白细胞总数、显著增强免疫抑制小鼠单核 - 巨噬细胞功能，促进细胞因子白细胞介素 -2（IL-2）、肿瘤坏死因子 -α（TNF-α）和γ干扰素（IFN-γ）的分泌[19]；鳞茎的甲醇提取物可通过在受体水平上直接抑制 Toll 样受体（TLRs）介导的信号通路来调节免疫[20]。9. 抗炎　从鳞茎提取的成分大蒜素可能通过抑制 ERK1/2 信号通路，减轻 PM2.5 诱导的炎症反应及氧化应激损伤，从而保护 EA.hy926 细胞[21]；大蒜素可能通过抑制脑缺血再灌注模型大鼠缺血皮质区的小胶质细胞活化以及抑制小胶质细胞释放白细胞介素 -1β（IL-1β）等细胞因子发挥抗炎作用[22]；发酵鳞茎的 50%

乙醇提取物能明显抑制脂多糖（LPS）诱导的RAW264.7巨噬细胞一氧化氮（NO）、前列腺素E_2（PGE_2）、白细胞介素-1β和白细胞介素-6（IL-6）的分泌，具有抗炎作用，其作用与在转录水平和翻译水平上抑制一氧化氮合成酶（NOS）和环氧合酶-2（COX-2）有关[23]；新鲜鳞茎碾碎过滤的汁液在体外对炎症性肠病（IBD）相关的炎症反应机制为抑制Th1和炎性细胞因子，同时增加白细胞介素-10（IL-10）的含量[24]。10. 抗氧化　从鳞茎中提取的多糖可促进正常大鼠嗜铬瘤PC12细胞增殖，且对过氧化氢（H_2O_2）诱导PC12细胞损伤具有保护作用，其作用机制可能与提高PC12细胞的抗氧化作用有关[25]。11. 镇咳　大蒜素具有显著的镇咳作用，其镇咳机制可能与增加中枢5-羟色胺（5-HT）的生成有关，而其在外周作用则主要是抗炎、减少外周气管局部黏膜充血，保护气管黏膜上皮细胞，促进其功能的正常化[26]。

【性味与归经】辛，温。归脾、胃、肺经。

【功能与主治】解毒消肿，杀虫，止痢。用于痈肿疮疡，疥癣，肺痨，顿咳，泄泻，痢疾。

【用法与用量】9～15g。

【药用标准】药典1977、药典2010—2015、部标蒙药1998、藏药1979、河南药材1993、山东药材2002、北京药材1998、内蒙古蒙药1986、贵州药材2003和广东药材2011。

【临床参考】1. 早期哺乳期急性乳腺炎：鲜鳞茎100g，去皮洗净捣碎，加芒硝50g搅拌成糊状，外敷患处，纱布覆盖，乳罩固定，24h换1次，连用3日，同时将淤积的乳汁定时排空[1]。

2. 白喉：鳞茎适量，去皮3～5min后捣烂如泥状，贴于患者双手合谷穴固定，经4～6h，局部有痛痒及灼热感，8～10h，表面出现水泡，用消毒针刺破拭干，涂以龙胆紫液，消毒纱布包扎，防止感染[2]。

3. 百日咳：鳞茎适量，制成20%大蒜浸出液（加食糖适量），5岁以上儿童1次15ml口服，每日3次，服3～4日[2]。

4. 流行性感冒：鳞茎适量，制成10%大蒜浸出液70～100ml（37～38℃）保留灌肠，每日1次，6次1疗程，同时，每日取紫皮鳞茎1颗，分3次生食，紫皮鳞茎较白皮鳞茎效果好[2]。

5. 细菌性痢疾：紫皮鳞茎去皮50g，捣碎浸入38℃温开水100ml 2h，用纱布过滤，加入糖浆50ml（冷藏1周不变质），成人1次口服20～30ml，每4～6h 1次[2]。

6. 蜈蚣咬伤：鳞茎1头（新鲜独头蒜为佳），剥去蒜衣，切除蒜肉一层，将截面涂搽伤处，每1h搽1次，1次搽10～15min[2]。

7. 咳嗽：鳞茎1瓣，切细捣匀，置伤湿止痛膏中心，每晚洗足后贴双足涌泉穴，次晨揭去，连贴3～5次[2]。

8. 咳血：鲜鳞茎去皮捣泥，取10g贴于双足涌泉穴，隔日换药1次，敷药前先在穴位上搽少许石蜡油，以防起泡[2]。

9. 花斑癣（汗斑）：鲜鳞茎（紫皮）适量，捣泥涂搽患部，每日2～3次[2]。

10. 慢性盆腔炎：10%大蒜浸液30ml（新鲜鳞茎榨汁后，按10ml大蒜汁加入90ml生理盐水配制），加白花蛇舌草、鱼腥草、仙鹤草各60g，羊蹄草、败酱草各30g，水煎，取200ml，睡前排完大便后保留灌肠，每日1次，5日1疗程，停2日开始下一疗程，连续2疗程[3]。

11. 预防流行性脑脊髓膜炎、痢疾、感冒、麻疹、白喉、百日咳：鳞茎生食，不拘量。

12. 肺结核：生鳞茎2～3瓣，每日饭后嚼服，2个月1疗程。

13. 阑尾炎、深部脓肿：鳞茎12枚，加芒硝60g，捣泥，先用醋涂擦患处，再敷药泥3 cm厚，2h后去掉，温水洗净，再用醋调大黄粉60g，外敷12h。

14. 阴道滴虫：陈鳞茎9g，加苦参、蛇床子各6g、白糖3g，共研细粉装入胶囊，每晚用葱白7根煎汤坐浴后，用上药2粒塞入阴道，连用5～10日。

15. 蜂窝组织炎：生鳞茎捣烂，以1∶6加水放锅内煮成浓汁，去渣后熬成膏，外敷患处。

16. 鸡眼、扁平疣：洗净患处，拭干，生鳞茎去皮折断，用断面渗出的汁擦患处，1次1min，每日1～2次。（11方至16方引自《浙江药用植物志》）

【附注】本种以葫之名始载《名医别录》。陶弘景云："今人谓葫为大蒜。"张华《博物志》谓："张骞使西域，得大蒜。”《本草图经》云：“旧不著所出州土，今处处有之，人家园圃所莳也。每头六七瓣，初种一瓣，当年便成独子葫，至明年则复其本矣。然其花中有实，亦葫瓣状而极小，亦可种之。”本种原产胡地，汉代引入我国内地，今各地均有栽培。

药材大蒜生品阴虚火旺、肝热目疾及口齿、喉舌患者均禁服，熟品慎服；敷脐、作栓剂或灌肠均不宜用于孕妇；外用对局部有强烈的刺激性，能引起灼热、疼痛、发泡，不可久敷。

【化学参考文献】

[1] Matsuura H，Ushiroguchi T，Itakura Y，et al.Further studies on steroidal glycosides from bulbs，roots and leaves of *Allium sativum* L.［J］.Chem Pharm Bull，1989，37（10）：2741-2743.

[2] 彭军鹏，陈浩，乔艳秋，等.大蒜中两种新的甾体皂甙成分及其对血液凝聚性的影响［J］.药学学报，1996，31（8）：607-612.

[3] El-Aasr M，Fujiwara Y，Takeya M，et al.Garlicnin A from the fraction regulating macrophage activation of *Allium sativum*［J］.Chem Pharm Bull，2011，59（11）：1340-1343.

[4] Nohara T，Kiyota Y，Sakamoto T，et al.Garlicnins，from the fraction regulating macrophage activation of *Allium sativum*［J］.Chem Pharm Bull，2012，60（6）：747-751.

[5] Block E，Dethier B，Bechand B，et al.Ajothiolanes：3，4-dimethylthiolane natural products from garlic（*Allium sativum*）［J］.Journal of Agricultural and Food Chemistry，2018，66（39）：10193-10204.

[6] Hu Q，Hu Q H，Yang Q，et al.Isolation and identification of organosulfur compounds oxidizing canine erythrocytes from garlic（*Allium Sativum*）［J］.J Agric Food Chem，2002，50（5）：1059-1062.

[7] Cavallito C J，Bailey J H.Allicin，the antibacterial principle of *Allium sativum*.I.isolation，physical properties and antibacterial action［J］.J Am Chem Soc，1944，66（11）：1950-1951.

[8] 田莉，杨秀伟，陶海燕.大蒜化学成分的气-质联用分析［J］.天然产物研究与开发，2005，17（5）：533-538.

[9] 李少春，马丽娜，陈坚，等.大蒜辣素对大鼠心肌梗死后纤维化的影响及与TGFβ/Smads信号通路的关系［J］.中国中药杂志，2016，41（13）：2517-2521.

[10] Eric B，Benjamin B，Sivaji G，et al.Fluorinated analogs of organosulfur compounds from garlic（*Allium sativum*）：synthesis，chemistry and anti-angiogenesis and antithrombotic studies［J］.Molecules，2017，22（12）：1-20.

[11] Inagaki M，Harada Y，Yamada K，et al.Isolation and structure determination of cerebrosides from garlic，the bulbs of *Allium sativum* L.［J］.Chem Pharm Bull，1998，46（7）：1153-1156.

[12] 赵立，苟萍，王霞，等.大蒜活性物质对高脂小鼠血脂代谢的影响［J］.中成药，2013，35（1）：28-32.

[13] Fossen T，Andersen O M.Malonated anthocyanins of garlic *Allium sativum* L.［J］.Food Chem，1997，58（3）：215-217.

[14] Mutsch-Eckner M，Erdelmeier C A J，Sticher O，et al.A novel amino acid glycoside and three amino acids from *Allium sativum*［J］.J Nat Prod，1993，56（6）：864-869.

【药理参考文献】

[1] 马弋，朱必婷，王田.大蒜素对副溶血弧菌抑菌作用的研究［J］.公共卫生与预防医学，2017，28（1）：130-132.

[2] 时威，张岩，白阳，等.大蒜素的抑菌作用及其稳定性研究［J］.食品与发酵科技，2011，47（3）：76-78，86.

[3] 于亮，王梅，姜梅杰，等.大蒜素对耐碳青霉烯类抗菌药物鲍曼不动杆菌体外抑菌作用的研究［J］.中华实验和临床感染病杂志（电子版），2013，7（1）：50-55.

[4] Ghannoum M A. Studies on the anticandidal mode of action of *Allium sativum*（garlic）［J］.Journal of General Microbiology，1988，134（11）：2917-2924.

[5] Adetumbi，M，Javor，G T，Lau，B H.*Allium sativum*（garlic）inhibits lipid synthesis by *Candida albicans*［J］.Antimicrobial Agents and Chemotherapy，1986，30（3）：499-501.

[6] Abraham T J，Ritu R.Effects of dietary supplementation of garlic（*Allium sativum*）extract on the resistance of *Clarias gariepinus* against *Edwardsiella tarda* infection［J］.Iranian Journal of Fisheries Sciences，2015，14（3）：719-733.

[7] Tabassom M S，Arash G L，Vahid K，et al.The effect of *Allium sativum*（garlic）extract on infectious bronchitis virus in specific pathogen free embryonic egg［J］.Avicenna Journal of Phytomedicine，2016，6（4）：458-467.

[8] 刘同军，李田，董永胜，等.大蒜功效成分蒜氨酸的提取与生理活性研究［J］.生物技术，2007，17（2）：59-61.

[9] 赵立，苟萍，王霞，等.大蒜活性物质对高脂小鼠血脂代谢的影响［J］.中成药，2013，35（1）：28-32.

[10] 王喜欢，张金华，胡亚南，等．大蒜素对高脂饮食 $ApoE^{-/-}$ 小鼠动脉粥样硬化形成的影响［J］．中国动脉硬化杂志，2017，25（2）：140-144.
[11] 李自成，李庚山，黄从新，等．大蒜素对培养的兔主动脉平滑肌细胞增殖的影响［J］．中国中药杂志，1998，23（2）：109-111.
[12] 李少春，马丽娜，陈坚，等．大蒜辣素对大鼠心肌梗死后纤维化的影响及与 TGFβ/Smads 信号通路的关系［J］．中国中药杂志，2016，41（13）：2517-2521.
[13] Eric B，Benjamin B，Sivaji G，et al.Fluorinated analogs of organosulfur compounds from garlic（*Allium sativum*）：synthesis，chemistry and anti-angiogenesis and antithrombotic studies［J］.Molecules，2017，22（12）：1-20.
[14] 刘浩，崔美芝，李春艳．大蒜素对 2 型糖尿病大鼠血糖的干预效应［J］．中国临床康复，2006，10（31）：73-75.
[15] 王霞，苟萍，孙桂琳，等．大蒜生理活性物质对胃癌细胞和黑色素瘤细胞抑制作用的研究［J］．中成药，2010，32（4）：557-561.
[16] 张永奎，李建民，王东隶，等．大蒜素对体外人骨肉瘤细胞周期和细胞凋亡的影响［J］．肿瘤，2013，33（3）：214-222.
[17] 常全娥，苟萍．大蒜素及前药对人食管癌细胞 Eca9706 的增殖抑制及其凋亡基因表达的影响［J］．中成药，2014，36（6）：1117-1124.
[18] 邵淑丽，刘锐，隋文静，等．大蒜素诱导结肠癌 HT-29 细胞凋亡［J］．基因组学与应用生物学，2015，34（2）：227-233.
[19] 许良，李瑞瑞，李心雨，等．大蒜化学成分（组）对免疫抑制小鼠免疫功能的调节作用［J］．西北药学杂志，2018，33（6）：762-765.
[20] Youn H S，Lim H J，Lee H J，et al.Garlic（*Allium sativum*）extract inhibits lipopolysaccharide-induced toll-like receptor 4 dimerization［J］.Bioscience Biotechnology & Biochemistry，2008，72（2）：368-375.
[21] 万强，杨玉萍，刘中勇．大蒜素对 PM2.5 损伤 EA.hy926 内皮细胞的保护作用及机制［J］．中国药理学通报，2016，32（5）：692-697.
[22] 姜云传．大蒜素抑制小胶质细胞活化在脑缺血再灌注模型中发挥抗炎效应的研究［J］．免疫学杂志，2017，33（10）：850-855.
[23] 罗海青，吴磊，强倩，等．黑蒜提取物对脂多糖诱导 RAW264.7 细胞炎症因子的影响［J］．食品科技，2017，42（8）：199-205.
[24] Hodge G，Hodge S，Han P .*Allium sativum*（garlic）suppresses leukocyte inflammatory cytokine production *in vitro*：potential therapeutic use in the treatment of inflammatory bowel disease［J］.Cytometry，2002，48（4）：209-215.
[25] 郑颖，王辉，郭国庆，等．大蒜多糖抗氧化活性及其对 PC12 细胞增殖的影响［J］．暨南大学学报（医学版），2008，29（2）：110-114.
[26] 郑浩锋，许志威，陈佳敏，等．大蒜素在氨水诱导的小鼠实验性咳嗽中的镇咳作用及机制［J］．中山大学学报（医学科学版），2015，36（6）：821-826.

【临床参考文献】

[1] 贾思跃，张彩芬，王丽娟．大蒜、芒硝外敷治疗早期哺乳期急性乳腺炎［J］．医学研究与教育，2015，32（6）：53-55，101.
[2] 魏清芳．大蒜的临床新用［J］．中国医药导报，2007，4（6）：86-87.
[3] 梁智东，冯惠珍，苏大年，等．五草汤加大蒜浸液治疗慢性盆腔炎患者 115 例［J］．中医杂志，2014，55（5）：432-433.

1131. 韭（图 1131）• *Allium tuberosum* Rott. ex Spreng.

【别名】韭菜（浙江、安徽）。

【形态】鳞茎数个簇生，圆柱形，外皮暗黄色或黄褐色，网状或近网状。叶条形，扁平，长 15 ～ 30cm，宽 1.5 ～ 8mm。花葶圆柱形，高 15 ～ 60cm，常具纵棱 2 条，下部被叶鞘；总苞常单侧开裂，有时 2 ～ 3 裂，宿存；伞形花序半球形或近球形；花梗近等长，具小苞片；花白色，花被片中脉绿色或黄绿色，

图 1131　韭　　　摄影　郭增喜等

内轮长圆状倒卵形，稀长圆状卵形，外轮稍窄，长圆状卵形或长圆状披针形；花丝等长，基部合生并与花被片贴生；子房倒圆锥状球形，具疣状突起，基部无凹陷蜜穴。花期 7 ～ 8 月，果期 8 ～ 9 月。

【生境与分布】华东各地有栽培，我国其他各地广泛栽培；原产于亚洲东南部。

【药名与部位】韭根，根及根茎。韭菜子，种子。韭菜，全草。

【采集加工】韭根：全年均可采挖，洗净，鲜用或干燥。韭菜子：秋季果实成熟时采收，取出种子，干燥。韭菜：全年均可采收，除去杂质，晒干或鲜用。

【药材性状】韭根：根茎呈圆柱形，表面棕褐色，具多数须根。上有 1 ～ 3 个丛生的鳞茎，呈卵状圆柱形。须根棕黄色，细圆柱形，表面皱缩不平。质脆，易折断。气强烈、特异，味淡。

韭菜子：呈半圆形或半卵圆形，略扁，长 2 ～ 4mm，宽 1.5 ～ 3mm。表面黑色，一面突起，粗糙，有细密的网状皱纹，另一面微凹，皱纹不甚明显。顶端钝，基部稍尖，有点状突起的种脐。质硬。气特异，味微辛。

韭菜：鲜品鳞茎簇生，近圆柱状。叶片基生，狭长而尖，呈条形，扁平，实心，长 15 ～ 35cm，宽 1.8 ～ 9mm，上下表面及边缘平滑。花葶圆柱状，常具 2 纵棱，高 25 ～ 50cm，下部被叶鞘；伞形花序半球状或近球状，花白色；花被片常具绿色或黄绿色的中脉。具特殊香气。干品长 20 ～ 40cm，全体暗黄色至黄褐色。根茎短小，倾斜横生。鳞茎簇生，近圆柱状，破裂后呈纤维状。叶皱缩卷曲，展平后呈扁平条形，宽 1.5 ～ 8mm，先端渐尖，上下表面灰黄色至黄褐色。花葶圆柱状，略比叶片长，常具 2 纵棱。气浓香，味辛淡。

【质量要求】韭菜子：色黑，粒饱满，无屑杂。

【药材炮制】韭根：除去杂质，洗净，润透，切段，干燥。

韭菜子：除去果梗等杂质，筛去灰屑。盐韭菜子：取韭菜子饮片，加盐水拌匀，闷透，用文火炒干，取出，放凉。

【化学成分】根含黄酮类：槲皮素-3-*O*-（6-反式-阿魏酰基）-β-D-吡喃葡萄糖基-（1→2）-β-D-吡喃葡萄糖苷-7-*O*-β-D-吡喃葡萄糖苷［quercetin-3-*O*-（6-*trans*-feruloyl）-β-D-glucopyranosyl-（1→2）-β-D-glucopyranoside-7-*O*-β-D-glucopyranoside］、山柰酚-3-*O*-（6-反式-阿魏酰基）-β-D-吡喃葡萄糖基-（1→2）-β-D-吡喃葡萄糖苷-7-*O*-β-D-吡喃葡萄糖苷［kaempferol-3-*O*-（6-*trans*-feruloyl）-β-D-glucopyranosyl-（1→2）-β-D-glucopyranoside-7-*O*-β-D-glucopyranoside］、槲皮素-3-*O*-（6-反式-对-香豆酰基）-β-D-吡喃葡萄糖基-（1→2）-β-D-吡喃葡萄糖苷-7-*O*-β-D-吡喃葡萄糖苷［quercetin-3-*O*-（6-*trans*-*p*-coumaroyl）-β-D-glucopyranosyl-（1→2）-β-D-glucopyranoside-7-*O*-β-D-glucopyranoside］、3-{{2-*O*-{6-*O*-［（2*E*）-3-（3, 4-二羟基苯基）-1-酮基-2-丙烯-1-基］-β-D-吡喃葡萄糖基}-β-D-吡喃葡萄糖基}氧基}-7-（β-D-吡喃葡萄糖氧基）-5-羟基-2-（4-羟基苯基）-4H-1-苯并吡喃-4-酮{3-{{2-*O*-{6-*O*-［（2*E*）-3-（3, 4-dihydroxyphenyl）-1-oxo-2-propen-1-yl］-β-D-glucopyranosyl}-β-D-glucopyranosyl}oxy}-7-（β-D-glucopyranosyloxy）-5-hydroxy-2-（4-hydroxyphenyl）-4H-1-benzopyran-4-one}、7-（β-D-吡喃葡萄糖氧基）-5-羟基-2-（4-羟基苯基）-3-{{2-*O*-{6-*O*-［（2*E*）-3-（4-羟基苯基）-1-氧基-2-丙烯-1-基］-β-D-吡喃葡萄糖基}-β-D-吡喃葡萄糖基}-氧基}-4H-1-苯并吡喃-4-酮{7-（β-D-glucopyranosyloxy）-5-hydroxy-2-（4-hydroxyphenyl）-3-{{2-*O*-{6-*O*-［（2*E*）-3-（4-hydroxyphenyl）-1-oxo-2-propen-1-yl］-β-D-glucopyranosyl}-β-D-glucopyranosyl}-oxy}-4H-1-benzopyran-4-one}、3, 7-二-（β-D-吡喃葡萄糖氧基）-5-羟基-2-（4-羟基苯基）-4H-1-苯并吡喃-4-酮［3, 7-bis-（β-D-glucopyranosyloxy）-5-hydroxy-2-（4-hydroxyphenyl）-4H-1-benzopyran-4-one］、7-［（6-α-L-吡喃鼠李糖）-氧基］-3-［（2-*O*-β-D-吡喃葡萄糖基-β-D-吡喃葡萄糖氧基）-氧基］-5-羟基-2-（4-羟基苯基）-4H-1-苯并吡喃-4-酮{7-［（6-α-L-rhamnopyranosyl）-oxy］-3-［（2-*O*-β-D-glucopyranosyl-β-D-glucopyranosyl）-oxy］-5-hydroxy-2-（4-hydroxyphenyl）-4H-1-benzopyran-4-one}、3-［（2-*O*-β-D-吡喃葡萄糖基-β-D-吡喃葡萄糖基）-氧基］-5, 7-二羟基-2-（4-羟苯基）-4H-1-苯并吡喃-4-酮{3-［（2-*O*-β-D-glucopyranosyl-β-D-glucopyranosyl）-oxy］-5, 7-dihydroxy-2-（4-hydroxyphenyl）-4H-1-benzopyran-4-one}、3-［（2-*O*-β-D-吡喃葡萄糖基-β-D-吡喃葡萄糖基）-氧基］-7-（β-D-吡喃葡萄糖氧基）-5-羟基-2-（4-羟基苯基）-4H-1-苯并吡喃-4-酮{3-［（2-*O*-β-D-glucopyranosyl-β-D-glucopyranosyl）-oxy］-7-（β-D-glucopyranosyloxy）-5-hydroxy-2-（4-hydroxyphenyl）-4H-1-benzopyran-4-one}、2-（3, 4-二羟基苯基）-3-［（2-*O*-β-D-吡喃葡萄糖基-β-D-吡喃葡萄糖基）-氧基］-5, 7-二羟基-4H-1-苯并吡喃-4-酮{2-（3, 4-dihydroxyphenyl）-3-［（2-*O*-β-D-glucopyranosyl-β-D-glucopyranosyl）-oxy］-5, 7-dihydroxy-4H-1-benzopyran-4-one}[1]，山柰酚-3-*O*-β-槐糖苷（kaempferol-3-*O*-β-sophoroside）、3-*O*-β-D-（2-*O*-阿魏酰基）葡萄糖基-7, 4′-二-*O*-β-D-葡萄糖基山柰酚［3-*O*-β-D-（2-*O*-feruloyl）glucosyl-7, 4′-di-*O*-β-D-glucosyl kaempferol］、3-*O*-β-槐糖基-7-*O*-β-D-（2-*O*-阿魏酰基）葡萄糖基山柰酚［3-*O*-β-sophorosyl-7-*O*-β-D-（2-*O*-feruloyl）glucosyl kaempferol］和山柰酚-3, 4′-二-*O*-β-D-葡萄糖苷（kaempferol-3, 4′-di-*O*-β-D-glucoside）[2]；甾体类：韭甾素A、B、C（tuberosine A、B、C）、韭子苷O（tuberoside O）、25（*S*）-莫哈韦丝兰皂苷D_5［25（*S*）-schidigera-saponin D_5］、总序天冬皂素Ⅳ（shatavarin Ⅳ）[3]和胡萝卜苷（daucosterol）[4]；生物碱类：（*R*）-2-（1-乙氧基）-5-（2-乙氧基）-吡嗪［（*R*）-2-（1-ethoxyl）-5-（2-ethoxyl）-pyrazine］、2-甲基-3-甲基-5-乙基吡嗪（2-methyl-3-methyl-5-ethylpyrazine）、（*R*）-2-（1-乙氧基）-6-乙基哒嗪［（*R*）-2-（1-ethoxyl）-6-ethylpyridazine］、（*R*）-2, 3-二-甲基-6-（1-乙氧基）-哒嗪［（*R*）-2, 3-di-methyl-6-（1-ethoxyl）-pyridazine］和1-甲基-l, 2, 3, 4-四氢咔啉-3-羧酸（1-methyl-l, 2, 3, 4-tetrahydrocarboline-3-carboxylic acid）[1]；氨基酸类：D-色氨酸（D-tryptophan）和D-苯丙氨酸（D-phenylalanine）[1]；核苷类：脱氧尿苷（deoxyuridine）、胸腺嘧啶（thymine）、脱氧胸苷（deoxythymidine）、胸苷（thymidine）、鸟苷（guanosine）、脱氧鸟苷（deoxyguanosine）、腺嘌呤（adenine）、腺苷（adenosine）和脱氧腺苷（deoxyadenosine）[1]；苯丙素类：3-（3, 4-二羟基苯基）-（2*E*）-2-丙烯酸［3-（3, 4-dihydroxyphenyl）-（2*E*）-2-propenoic acid］、1-［3-（4-羟基-3-甲氧基苯基）-2-丙烯酸酯］-D-吡喃葡萄糖{1-［3-

(4-hydroxy-3-methoxyphenyl)-2-propenoate]-D-glucopyranose}、3-苯基丙基-β-D-吡喃葡萄糖苷(3-phenylpropyl-β-D-glucopyranoside)[1]，韭菜阿魏酸酯素A、B(tuberonoid A、B)[2]，韭菜素宁*D(tuberosinine D)[5]，4, 8-二羟基苯乙酮-8-O-阿魏酸酯(4, 8-dihydroxyacetophenone-8-O-ferulate)和3, 4, 5-三甲氧基苯丙烯酸(3, 4, 5-trimethoxycinnamic acid)[4]；脂肪酸类：(Z)-(11R, 12S, 13S)-三羟基-9-十八碳烯酸酯[(Z)-(11R, 12S, 13S)-trihydroxy-9-octadecenoate][5]，天师酸(tianshic acid)和亚油酸(linoleic acid)[4]；木脂素类：(7R, 8S)-二氢去氢二松柏醇-二-9, 9′-O-β-D-吡喃葡萄糖苷[(7R, 8S)-dihydrodehydrodiconiferyl alcohol-di-9, 9′-O-β-D-glucopyranoside]、2-[(1R, 2R)-2-羟基-2-(4-羟基-3-甲氧基苯基)-1-(羟甲基)-乙氧基]-5-(3-羟丙基)-苯基-β-D-吡喃葡萄糖苷{2-[(1R, 2R)-2-hydroxy-2-(4-hydroxy-3-methoxyphenyl)-1-(hydroxymethyl)-ethoxy]-5-(3-hydroxypropyl)-phenyl-β-D-glucopyranoside}、4-[(2S, 3R)-2, 3-二氢-3-羟甲基-5-(3-羟丙基)-7-甲氧基-2-苯并呋喃]-2-甲氧基苯基-β-D-吡喃葡萄糖苷{4-[(2S, 3R)-2, 3-dihydro-3-(hydroxymethyl)-5-(3-hydroxypropyl)-7-methoxy-2-benzofuranyl]-2-methoxyphenyl-β-D-glucopyranoside}、[(2S, 3R)-2, 3-二氢-2-(4-羟基-3-甲氧基苯基)-5-(3-羟基丙基)-7-甲氧基-3-苯并呋喃]甲基-β-D-吡喃葡萄糖苷{[(2S, 3R)-2, 3-dihydro-2-(4-hydroxy-3-methoxyphenyl)-5-(3-hydroxypropyl)-7-methoxy-3-benzofuranyl]methyl-β-D-glucopyranoside}、2, 3-二氢-2-(4-羟基-3-甲氧基苯基)-3-羟甲基-7-甲氧基-(2S, 3R)-5-苯并呋喃丙醇[2, 3-dihydro-2-(4-hydroxy-3-methoxyphenyl)-3-hydroxymethyl-7-methoxy-(2S, 3R)-5-benzofuranpropanol][1]和醉鱼草醇D(buddlenol D)[5]；酚酸类：对羟基苯甲酸(4-hydroxybenzoic acid)、β-D-吡喃葡萄糖苷-4-羟基-3-甲氧基苯基(β-D-glucopyranoside-4-hydroxy-3-methoxyphenyl)[1]，4, 8-二羟基苯乙酮(4, 8-dihydroxyacetophenone)和3, 4, 5-三甲氧基苯甲酸(3, 4, 5-trimethoxybenzoic acid)[5]；糖苷类：α-D-吡喃木糖乙苷(ethyl-α-D-xylopyranoside)、α-D-吡喃葡萄糖丁苷(butyl-α-D-glucopyranoside)和6-O-α-L-吡喃阿拉伯糖基-β-D-吡喃葡萄糖(6-O-α-L-arabinopyranosyl-β-D-glucopyranose)[1]；烯酮类：5-羟基-6-甲基-(3E, 5R)-3-庚烯-2-酮[5-hydroxy-6-methyl-(3E, 5R)-3-hepten-2-one][1]；硫杂烷类：(E)-1, 6, 11-三烯-4, 5, 9-三硫杂十二烷-9, 9-二氧化物[(E)-1, 6, 11-trien-4, 5, 9-trithiadodeca-9, 9-dioxide][4]。

根茎含挥发油类：2-甲基-2-戊烯醛(dimethyl-2-pentene aldehyde)、二甲基三硫醚(dimethyl trisulfide)、甲基丙基三硫醚(methylpropyl triisulfide)和甲基丙烯基三硫醚(methylpropenyl triisulfide)[6]。

叶含黄酮类：山柰酚-3-O-β-D-(2-O-阿魏酰基)-葡萄糖基-7, 4′-二-O-β-D-葡萄糖苷[kaempferol-3-O-β-D-(2-O-feruloyl)-glucosyl-7, 4′-di-O-β-D-glucoside]、山柰酚-3, 4′-二-O-β-D-葡萄糖苷(kaempferol-3, 4′-di-O-β-D-glucoside)、槲皮素-3, 4′-二-O-β-D-葡萄糖苷(quercetin-3, 4′-di-O-β-D-glucoside)、山柰酚-3, 4′-二-O-β-D-(2-O-阿魏酰基)葡萄糖苷[kaempferol-3, 4′-di-O-β-D-(2-O-feruloyl)-glucoside]、山柰酚-3-O-β-槐糖基l-7-O-β-D-(2-O-阿魏酰基)葡萄糖苷[kaempferol-3-O-β-sophorosyl-7-O-β-D-(2-O-feruloyl)-glucoside]和山柰酚-3-O-β-槐糖苷(kaemferol-3-O-β-sophoroside)[7]；脂肪酸类：亚油酸(linoleic acid)、油酸(oleic acid)和棕榈酸(palmitic acid)[8]；挥发油类：2-甲基-2-戊烯醛(dimethyl-2-pentene aldehyde)[6]，甲基-1-丙烯基二硫醚(methyl-1-propenyl disulfide)、二甲基三硫醚(dimethyl trisulfide)、甲基-2-丙烯基二硫醚(methyl-2-propenyl disulfide)[9]，甲基丙基三硫醚(methylpropyl trisulfide)和二甲基二硫醚(dimethyl disulfide)[10]。

花含挥发油类：甲基丙基三硫醚(methylpropyl triisulfide)和2-十三酮(2-tridecanone)[6]。

种子含甾体类：韭菜苷A、B、C(tuberoside A、B、C)[11]，韭菜苷D、E(tuberoside D、E)[12]，韭菜苷F、G、H、I(tuberoside F、G、H、I)[13]，韭菜苷J、K、L(tuberoside J、K、L)[14]，韭菜苷M(tuberoside M)[15]，韭菜苷N、O、P、Q、R、S、T、U(tuberoside N、O、P、Q、R、S、T、U)[16]，(25S)-5β-螺甾-3β, 6α-二醇-3-O-α-L-吡喃鼠李糖基-(1→4)-β-D-吡喃葡萄糖苷[(25S)-5β-spirostan-3β, 6α-diol-3-O-α-L-rhamnopyranosyl-(1→4)-β-D-glucopyranoside]、(25S)-螺甾-3β, 5β, 6α-三醇-3-O-α-L-鼠李糖基-(1→4)-β-D-吡喃葡萄糖苷[(25S)-spirostan-3β, 5β, 6α-triol-3-O-α-L-rhamnopyranosyl-(1→4)-β-D-glucopyranoside]、（25*S*）- 螺甾 -5- 烯 -2α, 3β- 二醇 -3-*O*-α-L- 吡喃鼠李糖基 -（1→4）-[α-L- 吡喃鼠李糖基 -（1→2）]-β-D- 吡喃葡萄糖苷 {（25*S*）-spirost-5-en-2α, 3β-diol-3-*O*-α-L-rhamnopyranosyl-（1→4）-[α-L-rhamnopyranosyl-（1→2）]-β-D-glucopyranoside}[17]，烟草苷 C（nicotianoside C）、（22*S*）- 胆甾 -5- 烯 -1β, 3β, 16β, 22- 四羟基 -1-*O*-α-L- 吡喃鼠李糖苷 -16-*O*-β-D- 吡喃葡萄糖苷[（22*S*）-cholest-5-en-1β, 3β, 16β, 22-tetraol-1-*O*-α-L-rhamnopyranoside-16-*O*-β-D-glucopyranoside][18]，芰脱皂苷元 -3-*O*-α-L- 吡喃鼠李糖基 -（1→2）-β-D- 吡喃半乳糖苷[gitogenin-3-*O*-α-L-rhamnopyranosyl-（1→2）-β-D-galactopyranoside]、（2α, 3β, 5α, 25*S*）-2, 3, 27- 三羟基螺甾 -3-*O*-α-L- 吡喃鼠李糖基 -（1→2）-*O*-[α-L- 吡喃鼠李糖基 -（1→4）]-β-D- 吡喃葡萄糖苷 {（2α, 3β, 5α, 25*S*）-2, 3, 27-trihydroxyspirostan-3-*O*-α-L-rhamnopyranoyl-（1→2）-*O*-[α-L-rhamnopyranoyl-（1→4）]-β-D-glucopyranoside}[19]，26-*O*-β-D- 吡喃葡萄糖基 -（25*S*）-3β, 5β, 6α, 22ζ, 26- 五羟基 -5β- 呋甾 -3-*O*-α-L- 吡喃鼠李糖基 -（1→4）-β-D- 吡喃葡萄糖苷[26-*O*-β-D-glucopyranosyl-（25*S*）-3β, 5β, 6α, 22ζ, 26-pentahydroxyl-5β-furostan-3-*O*-α-L-rhamnopyranosyl-（1→4）-β-D-glucopyranoside]、26-*O*-β-D- 吡喃葡萄糖基 -（25*R*）-3β, 22ζ, 26- 三羟基 -5α- 呋甾 -3-*O*-β-卡茄三糖苷[26-*O*-β-D-glucopyranosyl-（25*R*）-3β, 22ζ, 26-trihydroxyl-5α-furostan-3-*O*-β-chacotrioside]、3-*O*-α-L- 吡喃鼠李糖基 -（1→4）-β-D- 吡喃葡萄糖基 -3β, 5β, 6α, 16β- 四羟基孕甾 -16-[5-*O*-β-D- 吡喃葡萄糖基 -（4*S*）- 甲基 -5- 羟基戊酸]酯 {3-*O*-α-L-rhamnopyranosyl-（1→4）-β-D-glucopyranosyl-3β, 5β, 6α, 16β-tetrahydroxypregnan-16-[5-*O*-β-D-glucopyranoyl-（4*S*）-methyl-5-hydroxypentanoic acid] ester}[20]，（24*S*, 25*S*）-5β- 螺甾 -2β, 3β, 24- 三醇 -3-*O*-α-L- 吡喃鼠李糖基 -（1→2）-*O*-[α-L- 吡喃鼠李糖基 -（1→4）]-β-D- 吡喃葡萄糖苷 {（24*S*, 25*S*）-5β-spirostan-2β, 3β, 24-triol-3-*O*-α-L-rhamnopyranoyl-（1→2）-*O*-[α-L-rhamnopyranosyl-（1→4）]-β-D-glucopyranoside}[21]，5β- 螺甾烷 -2α, 3β, 5, 24- 四醇 -3-*O*-α-L-吡喃鼠李糖基 -（1→2）-*O*-[α-L- 吡喃鼠李糖基 -（1→4）]-β-D- 吡喃葡萄糖苷 {5β-spirostan-2α, 3β, 5, 24-tetraol-3-*O*-α-L-rhamnopyranosyl-（1→2）-*O*-[α-L-rhamnopyranosyl-（1→4）]-β-D-glucopyranoside}[22]和胡萝卜苷（daucosterol）[18]；鞘氨基醇类：韭菜神经酰胺（tuber-ceramide）[23]；脑苷脂类：大豆脑苷 I（soya-cerebroside I）[23]；生物碱类：韭子碱 A（tuberosine A）[24]，韭子碱 B（tuberosine B）[25]，*N*- 反式香豆酰酪胺（*N-trans*-coumaroyltyramine）、*N*- 反式阿魏酰基 -3- 甲基多巴胺（*N-trans*-feruloyl-3-methyldopamine）、3- 吡啶甲酸（3-pyridinecarboxylic acid）和 3- 甲酰吲哚（3-formylindole）[24]；木脂素类：丁香树脂酚（syringaresinol）[25]；黄酮类：7- 羟基 -2, 5- 二甲基黄酮（7-hydroxy-2, 5-dimethylflavone）[25]；酚酸类：3- 甲氧基 -4- 羟基苯甲酸（3-methoxy-4-hydroxybenzoic acid）、3, 5- 二甲氧基 -4- 羟基苯甲酸（3, 5-dimethoxy-4-hydroxybenzoic acid）和对羟基苯甲酸（*p*-hydroxybenzoic acid）[25]；腺苷类：腺嘌呤核苷（adenosine）、胸腺嘧啶核苷（thymidine）[18]和 2- 羟基嘌呤核苷（2-hydroxyadenosine）[26]；挥发油类：甲硫醇亚磺酸 *S*- 甲酯（*S*-methyl methanthiosulfinate）、2- 丙烯 -1- 硫酸 *S*- 甲酯（*S*-methyl 2-propen-1-thiosulfinate）[27]，10- 十九烯 -2- 酮（10-nonadecanen-2-one）、己烯醛（hexanal）和 2- 戊基呋喃（2-pentyl furan）[28]；氨基酸类：*S*- 烯丙基半胱氨酸（*S*-allylcysteine）[19]；多元醇类：甘露醇（mannitol）[19]；脂肪酸类：亚油酸（linoleic acid）、棕榈酸（palmitic acid）[29]和斑鸠菊酸（vernolic acid）[25]。

地上部分含磺酸盐类：硫代亚磺酸盐（thiosulfinates）[30]。

【药理作用】1. 调节免疫　种子的水提取物可有效恢复和增强免疫功能低下小鼠的非特异性免疫和体液免疫功能，有效地纠正免疫功能低下，显著提高巨噬细胞的吞噬功能以及使抗体生成细胞数增多，使其恢复至正常水平[1]，具有恢复老年小鼠免疫功能的作用[2]。2. 抗菌　从根中提取分离的成分 25（*S*）- 莫哈韦丝兰皂苷 D5[25（*S*）-schidigera-saponin D5]（32μg/ml）和总序天冬皂素 IV（shatavarin IV）（16μg/ml）在体外对枯草芽孢杆菌、大肠杆菌的生长具有抑制作用[3]。3. 抗衰老　种子的水提取物可增加衰老小鼠超氧化物歧化酶（SOD）含量，抑制体内脂质过氧化物及终产物生成，抑制单胺氧化酶 -B（MAO-B）活性，进而延缓机体衰老过程[4]。4. 抗胃溃疡　根的水提取液对利血平诱导的胃溃疡具有防治作用，机制与其抑制胃酸分泌和增加胃黏液分泌有关[5]。5. 抗氧化　从全草中提取的总黄酮对羟自由基（·OH）具有较好的清除作用[6]。6. 抗肿瘤　种子中提取的多糖可抑制人食管癌 EC9706 细胞的增殖，诱导肿瘤细胞凋亡[7]；从地上部分提取的成分硫代亚磺酸盐（thiosulfinates）通过激活 Caspase 依赖性和非 Caspase 依赖性凋亡通路抑制人结肠癌 HT-29 细胞的增殖，诱导其凋亡[8]。7. 壮阳　种子的正丁醇提取物能显著增强雄鼠性交交配能力，结果表明其对雄鼠性行为中的爬背频率（MF）、插入频率（IF）和射精频率（EF）有显著的增强作用，而对于爬背潜伏期（ML）、插入潜伏期（IL）、射精潜伏期（EL）和射精后间隔（PEI）有显著减少的作用[9]。

【性味与归经】韭根：辛，温。韭菜子：辛、甘，温。归肝、肾经。韭菜：辛，温。归肾、胃、肺、肝经。

【功能与主治】韭根：温中，行气，散瘀。用于胸痹，食积腹胀，赤白带下，吐血，衄血，癣疮，跌扑损伤。韭菜子：温补肝肾，壮阳固精。用于阳痿遗精，腰膝酸痛，遗尿尿频，白浊带下。韭菜：补肾，温中行气，散瘀，解毒。用于肾虚阳痿，胃寒腹痛，噎膈反胃，胸痹疼痛，衄血，吐血，尿血，痢疾，痔疮，痈疮肿毒，漆疮，跌打损伤。

【用法与用量】韭根：煎服 10～20g；鲜品 40～80g，或捣汁服；外用适量，捣烂敷或研末调敷。韭菜子：3～9g。韭菜：15～30g；鲜品 60～120g。水煎服或捣汁饮、煮粥、炒熟、做羹。外用适量。

【药用标准】韭根：贵州药材 2003；韭菜子：药典 1963—2015、浙江炮规 2005、贵州药材 1988、新疆药品 1980 二册、香港药材六册和台湾 2013；韭菜：广西壮药 2011 二卷。

【临床参考】1. 足踝部软组织损伤：鲜叶（冬天可用腌制的代替）250g，加盐末 3g、酒 30g，捣成泥状，外敷患处，清洁纱布包住并固定，3～4h 后去掉，第 2 日再敷 1 次[1]。

2. 创伤出血：鲜全草 1 份，加生石灰 3 份，捣烂做成饼状，阴干，研细过箩筛瓶装备用，使用时将药末撒伤口，无菌纱布加压包扎[2]。

3. 阳痿、遗精：种子 9g，加芡实、枸杞、补骨脂各 12g，莲须 6g，水煎服。

4. 腰膝酸软、小便频数、遗尿、白带多：种子 9g，加桑螵蛸 9g，水煎服。

5. 神经性呃逆：种子 15～30g，水煎服；或研粉吞服，1 次 9g，每日 2 次。

6. 过敏性皮炎：鲜叶捣烂外擦。

7. 盗汗：根适量，水煎服。（3 方至 7 方引自《浙江药用植物志》）

【附注】以韭之名始见于《名医别录》，列为中品。《本草纲目》云："叶丛生丰本，长叶青翠，可以根分，可以子种，其性内生，不得外长，叶高三寸便剪，剪忌日中，一岁不过五剪，收子者只可一剪。八月开花成丛，收取腌藏供馔，谓之长生韭，言剪而复生，久而不乏也。九月收子，其子黑色而扁，须风处阴干，勿令浥郁。北人至冬移根于土窖中，培以马屎，暖则即长，高可尺许，不见风日，其叶黄嫩，谓之韭黄，豪贵皆珍之。"即为本种。

药材韭菜阴虚内热及疮疡、目疾患者慎食；韭菜子阴虚火旺者禁服；韭根阴虚内热者慎服。

【化学参考文献】

[1] Gao Q, Li X B, Sun J, et al.Isolation and identification of new chemical constituents from Chinese chive（*Allium tuberosum*）and toxicological evaluation of raw and cooked Chinese chive［J］.Food and Chemical Toxicology, 2018, 112：400-411.

[2] Han S H, Suh W S, Park K J, et al.Two new phenylpropane glycosides from *Allium tuberosum* Rottler［J］.Arch Pharm Res, 2015, 38（7）：1312-1316.

[3] Fang Y S, Cai L, Li Y, et al.Spirostanol steroids from the roots of *Allium tuberosum*［J］.Steroids, 2015, 100：1-4.

[4] 马迎聪，俞静，王家鹏，等.韭菜根的化学成分研究［J］.中国药学杂志，2016，1（12）：972-975.

[5] Fang Y S, Liu S X, Ma Y C, et al.A new phenylpropanoid glucoside and a chain compound from the roots of *Allium tuberosum*［J］.Nat Prod Res, 2017, 31（1）：70-76.

[6] 王鸿梅，冯静.韭菜挥发油中化学成分的研究［J］.天津医科大学学报，2002，8（2）：191-192.

[7] Yoshida T, Saito T, Kadoya S.New acylated flavonol glucosides in *Allium tuberosum* Rottler［J］.Chem Pharm Bull,

1987，35（1）：97-107.
[8] 张玲，徐新刚，王淑静，等. 韭菜子脂肪酸的 GC-Ms 分析 [J]. 时珍国药研究，1995，6（4）：19.
[9] 卫煜英，万仁忠. 韭菜挥发油主要成份的气相色谱 / 质谱分析 [J]. 分析化学，1996，24（2）：192-194.
[10] Pino J A，Fuentes V，Correa M T.Volatile constituents of Chinese Chive（*Allium tuberosum* Rottl.ex Sprengel）and Rakkyo（*Allium chinense* G.Don）[J].J Agric Food Chem，2001，49（3）：1328-1330.
[11] Sang S，Lao A N，Wang H C，et al.Furostanol saponins from *Allium tuberosum* [J].Phytochemistry，1999，52（8）：1611-1615.
[12] Sang S，Lao A N，Wang H C，et al.Two new spirostanol saponins from *Allium tuberosum* [J].J Nat Prod，1999，62（7）：1028-1029.
[13] Sang S M，Mao S L，Lao A N，et al.Four new steroidal saponins from the seeds of *Allium tuberosum* [J].J Agric Food Chem，2001，49（3）：1475-1478.
[14] Sang S M，，Zou M L.Xia Z H，et al.New spirostanol saponins from Chinese Chives（*Allium tuberosum*）[J].J Agric Food Chem，2001，49（10）：4780-4783.
[15] Sang S M，Zou M L，Zhang X W，et al.Uberoside M，a new cytotoxic spirostanol saponin from the seeds of *Allium tuberosum* [J].J Asian Nat Prod Res，2002，4（1）：69-72.
[16] Sang S M，Mao S L，Lao A N et al.New steroid saponins from the seeds of *Allium tuberosum* L. [J].Food Chem，2003，83（4）：499-506.
[17] Ikeda T，Tsumagari H，Nohara T.Steroidal oligoglycosides from the seeds of *Allium tuberosum* [J].Chem Pharm Bull，2000，48（3）：362-365.
[18] 桑圣民，夏增华，毛士龙，等. 中药韭子化学成分的研究 [J]. 中国中药杂志，2000，25（5）：286-288.
[19] Zou Z M，Yu D Q，Cong P Z.A steroidal saponin from the seeds of *Allium tuberosum* [J].Phytochemistry，2001，57（8）：1219-1222.
[20] Ikeda T，Tsumagari H，Okawa M，et al.Pregnane-and furostane-type oligoglycosides from the seeds of *Allium tuberosum* [J].Chem Pharm Bull，2004，52（1）：142-145.
[21] Hu G H，Mao R G，Ma Z Z.A new steroidal saponin from the seeds of *Allium tuberosum* [J].Food Chem，2009，113（4）：1066-1068.
[22] Hu G H，Lu Y H，Yu W J，et al.A steroidal saponin from the seeds of *Allium tuberosum* [J].Chem Nat Comd，2014，49（6）：1082-1086.
[23] Zou Z M，Li L J，Yu D Q，et al.Sphingosine derivatives from the seeds of *Allium tuberosum* [J].J Asian Nat Prod Res，1999，2（1）：55-61.
[24] 桑圣民，毛士龙，劳爱娜，等. 中药韭子中一个新酰胺成分 [J]. 中草药，2000，31（4）：244-245.
[25] 桑圣民，毛士龙，劳爱娜，等. 中药韭子中一个新生物碱成分 [J]. 天然产物研究与开发，2000，12（2）：1-3.
[26] 胡国华. 韭子化学成分及其生物活性研究 [D]. 上海：华东理工大学博士学位论文，2006.
[27] Park K W，Kim S Y，Jeong I Y，et al.Cytotoxic and antitumor activities of thiosulfinates from *Allium tuberosum* L. [J].J Agric Food Chem，2007，55（19）：7957-7961.
[28] 胡国华，陈昊，马正智. 韭菜籽挥发油组分的分析鉴定 [J]. 食品科学，2009，30（6）：232-234.
[29] Hu G H，Lu Y H，Wei D Z.Fatty acid composition of the seed oil of *Allium tuberosum* [J]. Bioresource Technol，2005，96（14）：1630-1632.
[30] Lee J H，Yang H S，Park K W，et al.Mechanisms of thiosulfinates from *Allium tuberosum* L.-induced apoptosis in HT-29 human colon cancer cells [J].Toxicology Letters，2009，188（2）：142-147.

【药理参考文献】

[1] 于艳. 韭子增强非特异性免疫和体液免疫作用的实验研究 [J]. 黑龙江医药科学，2006，29（1）：19-20.
[2] 王建杰，于艳，翟丽，等. 韭子对老年小鼠免疫功能影响的实验研究 [J]. 中国老年学杂志，2007，27（14）：1360-1361.
[3] Fanga Y S，Cai L，Li Y，Spirostanol steroids from the roots of *Allium tuberosum* [J].Steroids，2015，100：1-4.
[4] 韩晶利，岳晓钟，陈春梅. 韭子抗衰老作用的实验研究 [J]. 中国老年学杂志，2008，27（10）：957-958.

［5］黄碧兰，胡旺平，刘寿先，等．韭菜根液对利血平引起的大鼠胃溃疡的影响［J］．中国中西医结合杂志，1997，17（1）：138-139.
［6］黄锁义，林丹英，尤婷婷．韭菜总黄酮的提取及对羟自由基的清除作用研究［J］．时珍国医国药，2007，18（11）：2786-2787.
［7］张红波，屈二军，杨海波，等．韭籽多糖对食管癌 EC9706 细胞增殖和凋亡的影响［J］．癌变．畸变．突变，2013，25（6）：430-434.
［8］Lee J H，Yang H S，Park K W，et al.Mechanisms of thiosulfinates from *Allium tuberosum* L.-induced apoptosis in HT-29 human colon cancer cells［J］.Toxicology Letters，2009，188（2）：142-147.
［9］Hu G H，Lu Y H，Mao R G，et al.Aphrodisiac properties of *Allium tuberosum* seeds extract［J］.Journal of Ethnopharmacology，2009，122（3）：579-582.

【临床参考文献】

［1］谢远华．止血验方［J］．湖南中医杂志，1987，（5）：53.
［2］张沛莲，黄应中．临床治验二则［J］．西北民族学院学报，1987，（1）：149-150.

1132. 洋葱（图 1132）• *Allium cepa* Linn.

【别名】洋葱头（安徽），圆葱（山东）。

【形态】鳞茎单生，扁球形或近球形，直径 5 ～ 10cm，外被紫红色、红褐色、淡红褐色、黄色或淡黄色，纸质或薄革质，不裂。叶圆柱形，中空，短于花葶，直径 0.5 ～ 2cm。花葶圆柱形，中空，中下部膨大，高达 1m，下部被叶鞘；总苞 2 ～ 3 裂，宿存；伞形花序球形，花多而密集；花丝稍长于花被片，下部合生，合生部分中部以下与花被片贴生，内轮基部扩大部分两侧各具 1 齿，外轮锥形；子房近球形，腹缝基部具有帘的凹陷蜜穴，花柱稍伸出花被外。花果期 5 ～ 7 月。

【生境与分布】原产于亚洲西部。中国各地常见栽培。

【药名与部位】洋葱头（洋葱），鳞茎。洋葱子，种子。

【化学成分】鳞茎含黄酮类：槲皮素 -3-*O*- 槐糖苷 -7-*O*- 葡萄糖苷酸（quercetin-3-*O*-sophoroside-7-*O*-glucuronide）、山柰酚 -3-*O*- 槐糖苷 -7-*O*- 葡萄糖苷酸（kaempferol-3-*O*-sophoroside-7-*O*-glucuronide）[1]，芍药素 -3-*O*-（6″-*O*- 丙二酰基 -β- 吡喃葡萄糖苷）-5-*O*-β- 吡喃葡萄糖苷［peonidin-3-*O*-（6″-*O*-malonyl-β-glucopyranoside）-5-*O*-β-glucopyranoside］、矢车菊素 -3, 4′- 二 -*O*-β- 吡喃葡萄糖苷（cyaniding-3, 4′-di-*O*-β-glucopyranoside）、芍药素 -3-*O*-（6″-*O*- 丙二酰基 -β- 吡喃葡萄糖苷）［peonidin-3-*O*-（6″-*O*-malonyl-β-glucopyranoside）］、矢车菊素 -4′-*O*-β- 葡萄糖苷（cyaniding-4′-*O*-β-glucoside）[2]，槲皮素 -4′-*O*-β- 吡喃葡萄糖苷（quercetin-4′-*O*-β-glucopyranoside）、4′-*O*- 甲基槲皮素（4′-*O*-methylquercetin）、4′- 甲基槲皮素 -3-*O*-β- 吡喃葡萄糖苷（4′-methylquercetin-3-*O*-β-glucopyranoside）、3- 间苯三酚基 -2, 3- 环氧黄烷酮（3-phloroglucinoyl-2, 3-epoxyflavanone）、3-［3-（1- 甲基乙醛酸酯 -2, 4, 6- 三羟苄基）］-2, 3- 环氧黄烷酮 {3-［3-（1-methyl glyoxylate-2, 4, 6-trihydroxyphenyl）］-2, 3-epoxyflavanone}、3-（槲皮素 -8- 基）-2, 3- 环氧黄烷酮［3-（quercetin-8-yl）-2, 3-epoxyflavanone］、2, 5, 7, 3′, 4′- 五羟基 -3, 4- 黄二酮（2, 5, 7, 3′, 4′-pentahydroxy-3, 4-flavandione）[3]，槲皮素（quercitrin）[3, 4]，山柰酚（kaempferol）[4]，山柰酚 -3-*O*-β-D-6-*O*-（对香豆酰基）- 吡喃葡萄糖苷［kaempferol-3-*O*-β-D-6-*O*-（*p*-coumaroyl）-glucopyranoside］[5]，槲皮素 -4′- 葡萄糖苷（quercetin-4′-glucoside）和异鼠李素 -4′- 葡萄糖苷（isorhamnetin-4′-glucoside）[6]；甾体类：胡萝卜苷（daucosterol）[3] 和洋葱皂苷 *A、B、C（ceposide A、B、C）[7]；木脂素类：丁香树脂酚（syringaresinol）[3]；酚酸类：半月苔素 -4-*O*-β-D- 葡萄糖苷（lunularin-4-*O*-β-D-glucoside）、2-（3, 4- 二羟苯基）-4, 6- 二羟基 -2- 甲氧基苯并呋喃 -3- 酮［2-（3, 4-dihydroxyphenyl）-4, 6-dihydroxy-2-methoxybenzofuran-3-one］、2, 4, 6- 三羟基苯基乙醛酸甲酯（methyl 2, 4, 6-trihydroxyphenylglyoxylate）、

图 1132　洋葱　　摄影　周建军等

4, 2′, 3′- 三羟基联苯（4, 2′, 3′-trihydroxybibenzyl）、三羟基苯基乙醛酸酯（trihydroxyphenylglyoxylate）、3, 4- 二羟基苯甲酸（3, 4-dihydroxybenzoic acid）、没食子酸（gallic acid）、3, 4- 二羟基苯甲酸根皮酚酯（phloroglucinoyl 3, 4-dihydroxybenzoate）、根皮酚（phloroglucinol）、对羟基苯甲酸（*p*-hydroxybenzoic acid）、3, 4- 二羟基苯甲酸甲酯（methyl 3, 4-dihydroxybenzoate）[3]，4- 羟基桂皮酸（4-hydroxylcinnamic acid）、香草乙酮（acetovanillone）和阿魏酸甲酯（methyl ferulate）[8]；肽类：γ-L- 谷氨酰基 - 反式 -*S*-1- 丙烯 -L- 半胱氨酸亚砜（γ-L-glutamyl-*trans*-*S*-1-propenyl-L-cysteine sulfoxide）[9]；挥发油类：蒜氨酸（alliin）[10]，3, 4- 二甲基 -2, 5- 二氧代 -2, 5- 二羟基噻吩（3, 4-dimethyl-2, 5-dioxo-2, 5-dihydrothiophene）[11] 和 5- 羟甲基 -2- 糠醛（5-hydroxymethyl-2-furaldehyde）[8, 12]；氨基酸类：谷氨酸（glutamic acid）[13]；多元羧

酸类：柠檬酸（citric acid）和苹果酸（malic acid）[13]；呋喃类：5- 羟基 -3- 甲基 -4- 丙基巯基 -5H- 呋喃 -2- 酮（5-hydroxy-3-methyl-4-propylsulfanyl-5H-furan-2-one）[8]；环戊酮类：5- 己基环戊 -1, 3- 二酮（5-hexylcyclopenta-1, 3-dione）和 5- 辛基环戊 -1, 3- 二酮（5-octylcyclopenta-1, 3-dione）[14]；其他尚含：1-（甲基亚磺酰）- 丙基甲基二硫醚［1-（methylsulphinyl）-propylmethyl disulphide］[15] 和洋葱素 A（onionin A）[16]。

叶含黄酮类：槲皮素（quercetin）、槲皮素 -3, 4′-*O*-β- 二吡喃葡萄糖苷（quercetin-3, 4′-*O*-β-diglucopyranoside）、槲皮素 -4′-*O*-β- 吡喃葡萄糖苷（quercetin-4′-*O*-β-glucopyranoside）、槲皮素 -3, 7, 4′-*O*-β- 三吡喃葡萄糖苷（quercetin-3, 7, 4′-*O*-β-triglucopyranoside）和花旗松素 -4′-*O*-β- 吡喃葡萄糖苷（taxifolin-4′-*O*-β-glucopyranoiside）[17]。

种子含胺类：*N*- 反式 - 阿魏酰酪胺（*N-trans*-feruloyltyramine）[18]；甾体类：β- 谷甾醇（β-sitosterol）、胡萝卜苷（daucosterol）、β- 谷甾醇 -3β- 吡喃葡萄糖苷 -6′- 棕榈酸酯（β-sitosterol-3β-glucopyranoside-6′-palmitate）[18] 和洋葱苷 A、B（ceparoside A、B）[19]；氨基酸类：色氨酸（tryptophan）[18]；核苷类：腺苷（adenosine）[18]；脂肪酸类：天师酸（tanshicacic acid）[18]。

鲜绿茎含挥发油类：1- 烯丙基 -3- 甲基三硫化物（1-allyl-3-methyltrisulfide）、1- 甲基 -2-（丙 -1- 烯基）二硫化物［1-methyl-2-（prop-1-enyl）disulfide］、1- 甲基 -3-（丙 -1- 烯基）三硫化物［1-methyl-3-（prop-1-enyl）trisulfide］和 1- 甲基 -3- 丙基三硫化物（1-methyl-3-propyltrisulfide）[20]。

【药理作用】1. 抗菌　鳞茎中提取分离的成分洋葱皂苷 *A、B、C（ceposide A、B、C）对真菌均有抑制作用，且抑制作用随着提取液浓度的增加而增强，3 种皂苷对灰霉病菌和阿托维德木霉的抑制作用有显著的协调作用[1]；从鳞茎提取的挥发油成分对大肠杆菌、枯草芽孢杆菌、金黄色葡萄球菌、酵母菌、酿酒酵母菌、热带念珠菌、黑曲霉菌、土曲霉的抑制作用良好，最低抑菌浓度（MIC）与最低杀菌浓度（MMC）范围分别为 0.18 ～ 1.80mg/ml、0.54 ～ 3.60mg/ml[2]；鳞茎冻干粉的乙酸乙酯提取物中的黄酮类化合物槲皮素（quercitrin）和山柰酚（kaempferol）对革兰氏阴性菌（G^-）具有明显的抑制作用[3]；鳞茎乙醇提取物中的黄酮类化合物对临床分离的结核分枝杆菌 MD R -TB、XD R -TB 以及敏感的结核分枝杆菌具有较好的抑制作用，且 280μg/ml 为最佳的抑菌浓度[4]。2. 降血糖和血脂　从鳞茎提取的挥发油成分能显著降低佐菌素诱导的糖尿病大鼠的血脂、过氧化脂质形成，降低血糖，增加血清胰岛素含量[5]；鳞茎提取物中的血管紧张素转化酶（ACE）通过氧化还原的改变逆转大鼠镉诱导的血脂异常[6]；鳞茎外层的乙醇提取物对 SD 大鼠肠道蔗糖酶的半数抑制浓度（IC_{50}）为 0.11mg/ml，显著降低了蔗糖负荷后的血糖峰值，血糖 - 时间曲线下面积（ACU_{last}），从而改善餐后血糖峰值和葡萄糖稳态，机制可能是因为它抑制肠道蔗糖酶，从而延迟碳水化合物的吸收[7]；鳞茎的冻干水提取物中分离的成分山柰酚 -3-*O*-β-D-6-*O*-（对香豆酰基）- 吡喃葡萄糖苷［kaempferol-3-*O*-β-D-6-*O*-（*p*-coumaroyl）-glucopyranoside］对四氧嘧啶诱导的糖尿病大鼠具有降低血糖作用，其 25mg/kg 与格列本脲 2mg/kg 浓度作用强度相当[8]；从红皮鳞茎中提取制成的多肽能使四氧嘧啶所致糖尿病小鼠的饮水量下降，体重恢复正常，血糖值明显下降[9]；从鳞茎中提取的蛋白质和多肽成分能有效降低 T2DM 小鼠血糖和血脂，显著提高其口服耐糖量，其效果接近于临床降糖药物二甲双胍[10]。3. 护神经　深红色鳞茎的羟乙醇提取物能使氯化铝中的小鼠海马区空泡化的细胞质减少，锥体细胞减少，其机制可能是 PPARg 受体激动作用[11]；从叶中提取分离的成分槲皮素能使糖尿病性神经病（DN）大鼠热痛觉过敏程度降低、尾戒断潜伏期增加、爪子戒断潜伏期增加、足滑数量降低[12]；鳞茎提取物中的总黄酮成分能促进糖尿病 SD 大鼠 Bcl-2 的表达，抑制 Bax 的表达，减少大鼠视网膜神经节细胞（RGCs）的凋亡，对 RGCs 具有神经保护作用[13]。4. 护心脏　鳞茎的乙酸乙酯提取物在浓度为 10mg/kg、20mg/kg、40mg/kg 时能使大鼠收缩压明显下降且呈剂量依赖性，并能使血浆中的血清心肌标记物质肌酸激酶（CK）、谷丙转氨酶（ALT）、天冬氨酸氨基转移酶（AST）含量明显降低，总胆固醇（TC）明显减少，谷胱甘肽（GSH）含量降低[14]；鳞茎的水提取液在剂量为 400mg/kg 时能使异丙肾上腺素诱导心肌损伤大鼠的心脏损伤标志物肌钙蛋白 I、乳酸脱氢酶（LDH）、肌酸激酶（CK-MB）、谷丙转氨酶（ALT）降低至正常水平，心律与呼吸频率恢复至正常水平[15]；鳞茎的醇提取物可使离体蟾蜍心脏心肌收缩力先减弱后增强，心率变化不明显[16]。5. 护肝　鳞茎的水提取物可使乙醇性肝损伤大鼠血清中的天冬氨酸氨基转移酶、谷丙转氨酶、碱性磷酸酶（ALP）、总胆红素（T-BIL）含量降低，降低乙醇对肝的毒性作用[17]；提取物可使阿奇霉素致肝毒性大鼠天冬氨酸氨基转移酶、谷丙转氨酶、丙二醛（MDA）和谷胱甘肽含量明显下降，而超氧化物歧化酶（SOD）、谷胱甘肽过氧化物酶（GSH-Px）含量升高，使阿奇霉素导致的肝组织实质坏死、胆管增生现象显著减轻，其机制可能是由于 ACE 的抗氧化特性，ACE 预处理可防止氧化应激引起的肝毒性[18]。6. 护脑　鳞茎的甲醇提取物能使大脑中动脉闭塞致脑缺血小鼠脑含水量、埃文斯蓝渗出液降低，抑制脑缺血所致的咬合带 -1 和咬合蛋白破坏，并能显著抑制脑缺血引起的过氧化氢酶（CAT）和谷胱甘肽过氧化物酶含量的降低及脑组织丙二醛含量的升高[19]；从鳞茎乙醇回流提取得到的黄酮类成分使脑出血模型大鼠出血后 48h、72h 和 7 天时间点行为学评分升高，小胶质细胞的活化数目减少，血肿脑组织促炎因子肿瘤坏死因子 -α（TNF-α）及白细胞介素 -1β（IL-1β）的表达降低，其机制可能是通过抑制脑出血后血肿周围小胶质细胞的活化及促炎因子的释放，而改善脑出血模型大鼠的症状[20]。7. 护肾　冷冻干燥的鳞茎能使链脲佐菌素诱导的糖尿病大鼠肾肥大症减轻、肾脏组织肌酐清除率增加，明显地抑制与糖尿病相关的肾胆固醇和甘油三酯的升高，有效抑制糖尿病大鼠肾脏组织的炎症细胞因子和氧化应激标志物，使糖尿病大鼠肾 8- 羟基 -2- 脱氧鸟苷及其排泄、DNA 断裂和线粒体 DNA 缺失均显著消失[21]。8. 抗动脉粥样硬化　从鳞茎提取的挥发油成分能显著减少氧化型低密度脂蛋白（ox-LDL）诱导的人静脉内皮细胞（HUVEC）损伤模型炎症因子白细胞介素 -6（IL-6）、肿瘤坏死因子 -α 的分泌和活性氧的产生；促进抗炎因子白细胞介素 -10（IL-10）的产生及增加细胞内超氧化物歧化酶含量[22]。9. 抗血小板凝集　鳞茎汁的水浓度为 0.09ml/kg 时静脉注射能使冠状动脉机械性损伤的犬在 20min 内循环流量（CFR）增加，并使胶原诱导的体外全血血小板聚集减少了 60%[23]；鳞茎甲醇减压浓缩后乙醚萃取得到的油类成分能抑制血小板凝集，1-（甲基亚磺酰）- 丙基甲基二硫醚［1-（methylsulphinyl）-propylmethyl disulphide］是起血小板凝集抑制作用的成分[24]。10. 改善记忆　鳞茎外层和内层乙醇提取物的乙酸乙酯部位能使三甲基丁酸诱导学习障碍（TMT）小鼠在 y 迷宫测试中自发和改变行为都有所增加，总运动量减少，在被动避碰测试中短期学习能力有所提高，在莫里斯水迷宫（MWM）测试中长期学习能力以及记忆能力有所增强，其机制可能是其通过抑制乙酰胆碱酯酶（AChE）和抗氧化作用提高小鼠的认知功能，外层的作用较内层更强，槲皮素（quercetin）、槲皮素 -4′- 葡萄糖苷（quercetin-4′-glucoside）和异鼠李素 -4′- 葡萄糖苷（isorhamnetin-4′-glucoside）为有效成分[25]；鳞茎生粉能减轻小鼠固定应力诱导的行为缺陷，抑制脑脂质过氧化，增加超氧化物歧化酶、过氧化氢酶、谷胱甘肽过氧化物酶和乙酰胆碱酯酶活性[26]。11. 抗氧化　从鳞茎提取的挥发油成分对 2，2′- 联氮 - 二 -（3- 乙基 - 苯并噻唑 -6- 磺酸）二铵盐（ABTS）自由基的清除作用随着浓度的增加而增强，其半数抑制浓度（IC_{50}）为 0.67mg/ml，对 1，1- 二苯基 -2- 三硝基苯肼（DPPH）自由基的清除作用随着浓度的增加而增强，当挥发油浓度从 0.2mg/ml 增加到 1.0mg/ml 时，清除率从 3.31% 增加到 61.61%，其半数抑制浓度（IC_{50}）为 0.63mg/ml[2]；鳞茎冻干粉的乙酸乙酯提取物对 2，2′- 联氮 - 二 -（3- 乙基 - 苯并噻唑 -6- 磺酸）二铵盐自由基具有较好的清除作用[3]；红色鳞茎水提取液可减少链脲佐菌素诱导的糖尿病大鼠体内血清过氧化氢酶、谷胱甘肽过氧化物酶、超氧化物歧化酶含量显著增加，使丙二醛含量显著减少[27]；从鳞茎外层用乙醇、热水和亚临界水提取得到的黄酮类化合物均对 1，1- 二苯基 -2- 三硝基苯肼自由基具有清除作用，用硫氰酸铁法测定也证明均具有抗氧化作用，其中乙醇提取物抗氧化作用最明显，而 SW 在 110℃提取得到的化合物抗氧化作用强于其在 165℃时提取得到的化合物[28]；鳞茎外层的乙酸乙酯提取物中的多酚类物质对三氯化铁诱导的脂质过氧化、蛋白质裂解具有预防或清除作用[29]；鳞茎外层及内层乙醇提取物中的总酚、总黄酮成分对 1，1- 二苯基 -2- 三硝基苯肼自由基与 2，2′- 联氮 - 二 -（3- 乙基 - 苯并噻唑 -6- 磺酸）二铵盐自由基均具有清除作用；紫色鳞茎外层及内层的抗氧化活性均高于黄色鳞茎，紫色和黄色鳞茎外层的抗氧化活性均高于内层[30]；鳞茎汁的浓缩液可使支气管肺泡灌洗液（BALF）致哮喘大鼠体内丙二醛（MDA）、白细胞介

素 -4（IL-4）含量降低[31]；鳞茎的丙酮、正丁醇、水、乙醇、乙酸乙酯提取物对羟自由基（·OH）、1，1- 二苯基 -2- 三硝基苯肼自由基、超氧阴离子自由基（O_2^-·）均具有清除作用，其中水提取物的还原力最强，对 1，1- 二苯基 -2- 三硝基苯肼自由基、超氧阴离子自由基和羟自由基清除作用也最强；丙酮提取物对 Fe^{2+} 的螯合作用最强[32]；鳞茎乙醇回流提取物中的总黄酮可使链脲佐菌素诱导的糖尿病大鼠血清及视网膜组织丙二醛含量明显降低，使超氧化物歧化酶含量明显增加[33]。12. 免疫调节 鳞茎汁的浓缩液使免疫球蛋白 E（IgE）及白细胞介素 -4 明显减少[31]；鳞茎中提取分离的洋葱凝集素（ACA）能显著促进环磷酰胺诱导免疫抑制大鼠淋巴细胞计数的恢复，显著促进免疫反应，促使促炎分子产生，免疫调节分子的表达水平升高，具有免疫保护作用[34]；鳞茎汁和鳞茎含有的成分槲皮素均能降低大鼠由于缺少蛋白质饮食而引起的 IgE 细胞以及 B 淋巴细胞数量的减少[35]；鳞茎中提取分离的洋葱凝集素能诱导小鼠胸腺细胞有丝分裂激活小鼠胸腺细胞导致释放 γ 干扰素 -2（IFN-γ-2），激活巨噬细胞，促进吞噬作用，并从活化的巨噬细胞中诱导一氧化氮，诱导白细胞介素 -12（IL-12）和肿瘤坏死因子 -α（TNF-α）RAW264.7 细胞的产生[36]；鳞茎的甲醇提取物可使前列腺增生大鼠白细胞介素 -6（IL-6）、白细胞介素 -8（IL-8）、肿瘤坏死因子、IGF-1 组织表达降低，转化生长因子 -β_1（TGF-β_1）增加，且呈现剂量依赖性[37]。13. 抗炎 鳞茎所含的成分槲皮素能显著提高脂多糖（LPS）诱导的 RAW264.7 巨噬细胞 HO-1 表达水平，增加 Nrf2 的表达水平，且降低 Keap1 的表达水平，显著降低 Keap1/Nrf2 值，能增强 ARE 介导的萤光素酶活性，其机制可能是通过诱导 HO-1 的表达产生抗炎作用，这种诱导作用可能与 Keap1/Nrf2/ARE 信号通路有关[38]；鳞茎所含的成分槲皮素能提高巨噬细胞的吞噬功能，刺激巨噬细胞，抑制巨噬细胞白细胞介素 -1β（IL-1β）和环氧合酶 -2（COX-2）的产生，其机制可能是通过提高巨噬细胞的吞噬功能、影响细胞因子和炎症介质的分泌，而发挥抗炎作用[39]。14. 抗肿瘤 鳞茎的水提取物、70% 乙醇提取物以及氯仿提取物对细胞的有丝分裂均有影响，能使非分裂细胞增加，且水提取物强于有机物提取物，水提取物能有效降低人乳腺癌 MCF-7 细胞的活力，其作用机制可能是通过直接与细胞受体或酶结合并引发信号或细胞凋亡来阻止细胞增殖[40]；鳞茎的丙酮提取物中分离的含硫化合物洋葱素 A（onionin A）可通过抑制 M2 选择性活化巨噬细胞的极化来抑制肿瘤细胞的增殖[41]；鳞茎汁可使阿霉素诱导的主动脉内皮细胞凋亡小鼠体内丙二醛含量显著降低，谷胱甘肽含量升高，可显著降低血管内皮细胞的活性和凋亡量以及主动脉内皮细胞的凋亡指数[42]；鳞茎的水提取物对正常细胞有明显的细胞保护作用，对肿瘤细胞有明显的细胞毒作用，可显著减少黑素瘤 B16F10 细胞数量[43]；从鳞茎提取的挥发油成分体外对人肝癌 QCY-7703、人胃癌 MGC-803、人宫颈癌 HeLa、人肺腺癌 SPC-A-1 细胞的增殖具有抑制作用，体内对小鼠 S180 肉瘤和小鼠艾氏腹水癌的生长均有显著的抑制作用[44]；紫皮鳞茎的水提取物和乙酸乙酯提取物中的黄酮类成分对结肠癌细胞的凋亡具有剂量依赖性，其中水提取物引起 SW480、HCT-8 细胞凋亡率较乙醇提取物高，而乙醇提取物引起 HT-29 细胞凋亡率较水提取物高，其机制可能是将结肠癌细胞的细胞周期阻滞在 G_1 期，阻碍其向 S 期转换，以抑制细胞增殖[45]。15. 平喘 鳞茎所含的槲皮素成分能使炎症细胞因子的产生减少，气管环松弛，肺 BAL 和 EPO 细胞总数减少[46]；鳞茎汁浓缩物能使哮喘大鼠支气管肺泡液（BALF）气管反应性显著降低、肺炎性细胞和磷脂酶 A2（PLA2）含量降低，中性粒细胞和嗜酸性粒细胞计数明显减少，但导致淋巴细胞计数显著增加[47]；鳞茎的含水丙酮提取物中的黄酮类成分具有解除支气管平滑肌痉挛以及扩张支气管的作用[48]。16. 抗骨质疏松 鳞茎制成的粉能提高去势大鼠雌二醇含量，促进雌激素分泌，增加骨密度[49]。17. 抗抑郁、抗焦虑 鳞茎的冻干粉能减轻小鼠固定应力诱导的行为缺陷，提高小鼠的记忆力，降低脑脂质过氧化水平、增强超氧化物歧化酶、过氧化氢酶、谷胱甘肽氧化酶和乙酰胆碱酯酶的含量[50]。18. 通便 鳞茎汁的冻干粉能使燥结型便秘小鼠黑便粒数、粪便总粒数、粪便重量和小肠推进率提高，使脾虚型便秘小鼠的排便潜伏期、粪便总粒数及粪便重量增加，可对抗毛果芸香碱引起的离体大鼠肠管强直性收缩，并使肠管的振动幅度增强，其机制可能与肠管上的乙酰胆碱受体有关[51]。

【药用标准】洋葱头：部标成方三册 1991 附录和收载于药典 2010 附录；洋葱子：部标维药 1999 附录。

【临床参考】1. 心血管病预防：鲜鳞茎 2 ～ 3 个洗净，去掉表面茶色外皮并切开，加红葡萄酒 500 ～ 600ml 浸泡，1 次饮 40ml（老年人 20ml），每日 1 ～ 2 次，浸过的鳞茎可一起食用[1]。

2. 滴虫性阴道炎：鲜鳞茎，加鲜芹菜等份，捣烂取汁，加醋适量，临睡前用带绒棉球蘸药汁塞阴道，次晨取出，连用 1 周。（《福建药物志》）

【附注】我国古代称洋葱为浑提葱，很早自阿富汗一带传入新疆。据《岭南杂记》载"洋葱，形似独颗蒜，而无肉，剥之如葱。澳门白鬼饷客，缕切如丝，珑玱满盘，味极甘辛。余携归二颗种之，发生如常葱，至冬而萎。"所述即本种。另有学者根据《蜀本草》所载胡葱"茎叶粗短，根若金灯"之特点，认为古代的胡葱亦即为本种。

【化学参考文献】

[1] Urushibara S，Kitayama Y，Watanabe T，et al.New flavonol glycosides，major determinants inducing the green fluorescence in the guard cells of *Allium cepa* [J].Tetrahedron Lett，1992，33（9）：1213-1216.

[2] Fossen T，Andersen O.Anthocyanins from red onion，*Allium cepa*，with novel aglycone [J].Phytochemistry，2003，62（8）：1217-1220.

[3] Ramos F A，Takaishi Y，Shirotori M，et al.Antibacterial and antioxidant activities of quercetin oxidation products from yellow onion（*Allium cepa*）skin [J].J Agric Food Chem，2006，54（10）：3551-3557.

[4] Santas J，María P A，Rosa C.Antimicrobial and antioxidant activity of crude onion（*Allium cepa* L.）extracts [J].International Journal of Food Science & Technology，2010，45（2）：403-409.

[5] Ikechukwu O J，Ifeanyi O S.The Antidiabetic effects of the bioactive flavonoid [kaempferol-3-*O*-β-D-6（*p*-coumaroyl）glucopyranoside] isolated from *Allium cepa* [J].Bentham Science，2016，11：44-52.

[6] Seon K P，Dong E J，Chang H P，et al.Ameliorating effects of ethyl acetate fraction from onion（*Allium cepa* L.）flesh and peel in mice following trimethyltin-induced learning and memory impairment [J].Food Research International，2015，75：53-60.

[7] Virginia L，Adriana R，Stefania L，et al.Antifungal saponins from bulbs of white onion，*Allium cepa* L. [J].Phytochemistry，2012，74：133-139.

[8] Xiao H，Parkin K L.Isolation and identification of potential cancer chemopreventive agents from methanolic extracts of green onion（*Allium cepa*）[J].Phytochemistry，2007，68（7）：1059-1067.

[9] Wetli H A，Brenneisen R，Tschudi I，et al.A γ-glutamyl peptide isolated from onion（*Allium cepa* L.）by bioassay-guided fractionation inhibits resorption activity of osteoclasts [J].J Agric Food Chem，2005，53（9）：3408-3414.

[10] Liakopoulou-Kyriakides M，Sinakos Z，Kyriakidis D A.Identification of alliin，a constituent of *Allium cepa* with an inhibitory effect on platelet aggregation [J].Phytochemistry，1985，24（3）：600-601.

[11] Albrand M，Dubois P，Etievant P，et al.Identification of a new volatile compound in onion（*Allium cepa*）and leek（*Allium porum*）：3，4-dimethyl-2，5-dioxo-2，5-dihydrothiophene [J].J Agric Food Chem，2002，28（5）：1037-1038.

[12] 李杰红，陈代武 . 洋葱中挥发性成分的气相色谱 - 质谱法测定 [J]. 邵阳学院学报（自然科学版），2006，3（3）：66-68.

[13] Rodríguez G B，Tascon R C，Rodriguez R E，et al.Organic acid contents in onion cultivars（*Allium cepa* L.）[J].J Agr Food Chem，2008，56（15）：6512-6519.

[14] Tverskoy L，Dmitriev A，Kozlovskii A，et al.Two phytoalexins from *Allium cepa* bulbs [J].Phytochemistry，1991，30（3）：799-800.

[15] Kawakishi S，Morimitsu Y.New inhibitor of platelet aggregation in onion oil [J].Lancet，1988，2（8606）：330.

[16] Mona E A，Yukio F，Motohiro T，et al.Onionin A from *Allium cepa* inhibits macrophage activation [J].Journal of Natural Products，2010，73（7）：1306-1308.

[17] Fossen T，Pedersen A T，Andersen O M.Flavonoids from red onion（*Allium cepa*）[J].Phytochemistry，1998，47（2）：281-285.

[18] 袁玲，吉腾飞，王爱国，等 . 洋葱籽化学成分的研究 [J]. 中药材，2008，31（2）：222-223.

［19］Yuan L，Ji T F，Wang A G，et al.Two new furostanol saponins from the seeds of *Allium cepa* L.［J］.Chin Chem Lett，2008，19（4）：461-464.

［20］Iqbal Z，Farman F，Liaqat L，et al.Essential oil from the fresh green stalk of *Allium cepa* L.and their DPPH assay［J］.World Journal of Pharmaceutical Research，2016，5（6）：1994-2001.

【药理参考文献】

［1］Virginia L，Adriana R，Stefania L，et al.Antifungal saponins from bulbs of white onion，*Allium cepa* L.［J］.Phytochemistry，2012，74：133-139.

［2］Ye C L，Dai D H，Hu W L.Antimicrobial and antioxidant activities of the essential oil from onion（*Allium cepa* L.）［J］.Food Control，2013，30：48-53.

［3］Santas J，María P A，Rosa C.Antimicrobial and antioxidant activity of crude onion（*Allium cepa* L.）extracts［J］.International Journal of Food Science & Technology，2010，45（2）：403-409.

［4］方草.洋葱中黄酮类化合物对结核分枝杆菌的抑菌作用研究［J］.河北医药，2018，40（20）：3045-3048，3053.

［5］Neveen A E S，Mona K.Antioxidative effects of *Allium cepa* essential oil in streptozotocin induced diabetic rats［J］.Macedonian Journal of Medical Sciences，2010，3（4）：344-351.

［6］Ige S F，Akhigbe R E.Common onion（*Allium cepa*）extract reverses cadmium-induced organ toxicity and dyslipidaemia via redox alteration in rats［J］.Pathophysiology，2013，20：269-274.

［7］Kim S H，Jo S H，Kwon Y I，et al.Effects of onion（*Allium cepa* L.）extract administration on intestinal α-glucosidases activities and spikes in postprandial blood glucose levels in SD rats model［J］.International Journal of Molecular Sciences，2011，12：3757-3769.

［8］Ikechukwu O J，Ifeanyi O S.The Antidiabetic effects of the bioactive flavonoid［kaempferol-3-*O*-β-D-6（*p*-coumaroyl）glucopyranoside］isolated from *Allium cepa*［J］.Bentham Science，2016，11：44-52.

［9］谭珺隽，曹聪，柯尊军，等.洋葱多肽对四氧嘧啶糖尿病小鼠的影响［J］.食品科技，2018，43（3）：223-226.

［10］刘阳，周涵黎，黄光强，等.洋葱多肽及蛋白对T2DM小鼠降血糖及降血脂作用研究［J］.食品科技，2017，42（9）：227-232.

［11］Tanveer S，Rajesh K G.Neuroprotective effect of *Allium cepa* L.in aluminium chloride induced neurotoxicity［J］.Neurotoxicology，2015，49：1-7.

［12］Dureshahwar K，Mubashir M，Une H D.Quantification of quercetin obtained from *Allium cepa* Lam.leaves and its effects on streptozotocin-induced diabetic neuropathy［J］.Pharmacognosy Research，2017，9：287-293.

［13］郝风芹，李娜.洋葱总黄酮对大鼠糖尿病视网膜神经节细胞的神经保护作用［J］.山东大学学报（医学版），2016，54（1）：7-10，16.

［14］Olanrewaju S O，Mary T O，Olamide O C，et al.Ethylacetate extract of red onion（*Allium cepa* L.）tunic affects hemodynamic parameters in rats［J］.Food Science and Human Wellness，2015，4：115-122.

［15］Kharadi G，Patel K，Purohit B，et al.Evaluation of cardioprotective effect of aqueous extract of *Allium cepa* Linn.bulb on isoprenaline-induced myocardial injury in Wistar albino rats［J］.Research in Pharmaceutical Sciences，2016，11（5）：419-427.

［16］吕云瑶，王兴娜，张梦芸，等.洋葱醇提物对离体蟾蜍心脏功能的影响［J］.西部中医药，2018，31（3）：15-18.

［17］Kumar K E，Harsha K N，Sudheer V，et al.*In vitro* antioxidant activity and *in vivo* hepatoprotective activity of aqueous extract of *Allium cepa* bulb in ethanol induced liver damage in Wistar rats［J］.Food Science and Human Wellness，2013，2：132-138.

［18］Mete R，Oran M，Topcu B，et al.Protective effects of onion（*Allium cepa*）extract against doxorubicin-induced hepatotoxicity in rats［J］.Toxicology and Industrial Health，2016，32（3）：551-557.

［19］Hyun S W，Jang M，Park S W，et al.Onion（*Allium cepa*）extract attenuates brain edema［J］.Nutrition，2013，29：244-249.

［20］罗岗，黄祎诺，王建军，等.洋葱黄酮类提取物对大鼠脑出血后血肿周围活化小胶质细胞及炎症因子的抑制作用［J］.中国中西医结合杂志，2016，36（7）：854-860.

［21］Pradeep S R，Srinivasan K.Alleviation of oxidative stress-mediated nephropathy by dietary fenugreek（*Trigonella foenum-*

graecum) seeds and onion (*Allium cepa*) in streptozotocin-induced diabetic rats [J].Food & Function，2017，DOI：10.1039/c7fo01044c.
[22] 欧学兰，杨春艳，魏锦秋，等.洋葱精油对 ox-LDL 诱导人脐静脉内皮细胞损伤的保护作用 [J].中国动脉硬化杂志，2018，26（7）：698-704，730.
[23] Briggs W H，Folts J D，Osman H E，et al.Administration of raw onion inhibits platelet-mediated thrombosis in dogs [J].The Journal of Nutrition，2001，131（10）：2619-2622.
[24] Kawakishi S，Morimitsu Y.New inhibitor of platelet aggregation in onion oil [J].Lancet，1988，2（8606）：330.
[25] Seon K P，Dong E J，Chang H P，et al.Ameliorating effects of ethyl acetate fraction from onion (*Allium cepa* L.) flesh and peel in mice following trimethyltin-induced learning and memory impairment [J].Food Research International，2015，75：53-60.
[26] Samad N，Saleem A.Administration of *Allium cepa* L.bulb attenuates stress-produced anxiety and depression and improves memory in male mice [J].Metabolic Brain Disease，2018，33：271-281.
[27] Chinaka O N，Julius O O，Florence C.*Allium cepa* Linn.（Liliaceae）（red onion）bulb aqueous extract increases membrane stability of red blood cells and ameliorates oxidative stress in diabetes [J].Comparative Clinical Pathology，2014，23（6）：1727-1731.
[28] Lee K A，Kim K T，Kim H J，et al.Antioxidant activities of onion (*Allium cepa* L.) peel extracts produced by ethanol，hot water，and subcritical water extraction [J].Food Sci Biotechnol，2014，23（2）：615-621.
[29] Singh B N，Singh B R，Singh R L，et al.Polyphenolics from various extracts/fractions of red onion (*Allium cepa*) peel with potent antioxidant and antimutagenic activities [J].Food & Chemical Toxicology，2009，47（6）：1161-1167.
[30] 王存堂，李建立，张译心，等.黄、紫洋葱外层干皮和内层果肉总酚、总黄酮含量及抗氧化活性研究 [J].江苏农业科学，2018，46（8）：180-182.
[31] Marefati N，Eftekhar N，Kaveh M，et al.The effect of *Allium cepa* extract on lung oxidant，antioxidant and immunological biomarkers in ovalbumin-sensitized rats [J].Medical Principles and Practice，2018，27：122-128.
[32] 张强，王松华，蒋圣娟，等.洋葱不同溶剂提取物体外抗氧化活性评价 [J].科技信息，2012，（5）：76-77，101.
[33] 郝风芹，李娜.洋葱总黄酮对糖尿病大鼠丙二醛与超氧化物歧化酶的影响 [J].中国临床药理学杂志，2016，32（9）：838-840.
[34] Vaddi P K，Yeldur P V.Alleviation of cyclophosphamide-induced immunosuppression in Wistar rats by onion lectin (*Allium cepa* agglutinin) [J].Journal of Ethnopharmacology，2016，186：280-288.
[35] Insani E M，Mignaqui A C，Salomón V M，et al.Cellular immune response in intestinal villi of rats after consumption of onion (*Allium cepa* L.) or quercetin [J].Proceedings of the Nutrition Society，2010，DOI：10.1017/S002966511000073X.
[36] Vaddi K P，Yeldur P V.Characterization of onion lectin (*Allium cepa* agglutinin) as an immunomodulatory protein inducing Th1-type immune response *in vitro* [J].International Immunopharmacology，2015，26：304-313.
[37] Ahmed A E，Shagufta M，Jaudah A M，et al.Immunomodulatory effect of red onion (*Allium cepa* Linn.) scale extract on experimentally induced atypical prostatic hyperplasia in Wistar rats [J].Mediators of Inflammation，2014，DOI：org/10.1155/2014/640746.
[38] 张敏，王筱婧.洋葱槲皮素对巨噬细胞 HO-1 表达影响及相关信号通路的研究 [J].免疫学杂志，2019，35（8）：732-736.
[39] 倪湾，李敬双，于洋.洋葱槲皮素对脂多糖诱导的小鼠腹腔巨噬细胞炎症反应抑制作用 [J].食品工业科技，2017，38（23）：284-288.
[40] Thenmozhi A，Rao U S M.Evaluation of antimitotic activity of *Solanum torvum* using *Allium cepa* root meristamatic cells and anticancer activity using MCF-7-human mammary gland breast adenocarcinoma cell lines [J].Drug Invention Today，2011，3（12）：290-296.
[41] Mona E A，Yukio F，Motohiro T，et al.Onionin A from *Allium cepa* inhibits macrophage activation [J].Journal of Natural Products，2010，73（7）：1306-1308.
[42] Alpsoy S，Uygur R，Aktas C，et al.The effects of onion (*Allium cepa*) extract on doxorubicin-induced apoptosis in aortic

endothelial cells［J］.Journal of Applied Toxicology，2013，33：364-369.
［43］Shrivastava S，Ganesh N .Tumor inhibition and cytotoxicity assay by aqueous extract of onion（*Allium cepa*）& Garlic（*Allium sativum*）：an *in vitro* analysis［J］.International Journal of Phytomedicine，2011，2（1）：571-573.
［44］方阅，刘皋林，张渊 . 洋葱挥发油抗肿瘤作用的实验研究［J］. 中国药房，2011，22（7）：22-24.
［45］周阿成，金黑鹰，谈瑄忠，等 . 洋葱提取物对人结肠癌细胞凋亡及周期的影响［J］. 时珍国医国药，2012，23（4）：809-811.
［46］Potential therapeutic effect of *Allium cepa* L.and quercetin in a murine model of *Blomia tropicalis* induced asthma［J］. DARU Journal of Pharmaceutical Sciences，2015，23（1）：18-39.
［47］Ghorani V，Marefati N，Shakeri F，et al.The effects of *Allium cepa* extract on tracheal responsiveness，lung inflammatory cells and phospholipase A2 level in asthmatic rats［J］.Iran J Allergy Asthma Immunol June，2018，17（3）：221-231.
［48］Satur-renman M，Atallah A，Ianan M A Y，et al.The mechanisms underlying the spasmolytic and bronchodilatory activities of the flavonoids-rich red onion "*Allium cepa* L." peel extract［J］.International Journal of Pharmacology，2014，10（2）：82-89.
［49］郭辉，苟丽，熊鑫鑫，等 . 洋葱干预后对去势大鼠骨质疏松的影响［J］. 中国骨质疏松杂志，2016，22（4）：25-28，65.
［50］Samad N，Saleem A .Administration of *Allium cepa* L.bulb attenuates stress-produced anxiety and depression and improves memory in male mice［J］.Metabolic Brain Disease，2017，33：271-281.
［51］黄麟媛，翟海峰，宣边斐，等 . 洋葱对不同便秘小鼠肠运动和大鼠离体肠管的影响［J］. 时珍国医国药，2013，24（12）：2825-2828.

【临床参考文献】

［1］李洪芬 . 活血化瘀验方［J］. 中国民间疗法，2017，25（12）：77.

1133. 薤白（图 1133）• *Allium macrostemon* Bunge

【别名】小根蒜（山东），山蒜（安徽、浙江），野葱、胡葱（浙江）。

【形态】鳞茎单生，近球形，直径 0.7 ～ 2cm，基部常具数个小鳞茎，外皮纸质或膜质，不裂。叶半圆柱形或三棱状半圆柱形，中空，短于花葶。花葶圆柱形，高 25 ～ 70cm，下部具叶鞘；总苞 2 裂，宿存；伞形花序半球形或球形，花多而密集，常间具珠芽或全为珠芽；花梗近等长，长于花被片，具小苞片；珠芽暗紫色，具小苞片；花淡紫色或淡红色；花被片长圆状卵形或长圆状披针形；花丝常短于花被片，基部合生并与花被片贴生，基部三角形，内轮基部较外轮宽；子房近球形，腹缝基部具有帘的凹陷蜜穴，花柱伸出花被外。花期 5 ～ 6 月，果期 6 ～ 7 月。

【生境与分布】生于海拔 50 ～ 3000m 山坡疏林下、沟边或草丛中。分布于山东、江苏、浙江、福建、江西、安徽，另黑龙江、辽宁、吉林、内蒙古、河北、河南、湖南、湖北、广东、广西北部、贵州、云南、西藏东部等地均有分布；俄罗斯、朝鲜、日本也有分布。

【药名与部位】薤白，鳞茎。

【采集加工】夏、秋二季采挖，洗净，除去须根，置沸水中略烫，干燥。

【药材性状】呈不规则卵圆形，高 0.5 ～ 1.5cm，直径 0.5 ～ 1.8cm。表面黄白色或淡黄棕色，皱缩，半透明，有类白色膜质鳞片包被，底部有突起的鳞茎盘。质硬，角质样。有蒜臭，味微辣。

【药材炮制】薤白：除去残茎等杂质及油、黑者。筛去灰屑。炒薤白：取薤白饮片，炒至表面黄棕色、微具焦斑时，取出，摊凉。

【化学成分】鳞茎含甾体类：薤白苷 A、D（macrostemonoside A、D）[1]，薤白苷 B、M、N（macrostemonoside B、M、N）[2]，薤白苷 C（macrostemonoside）[3]，薤白苷 E、F（macrostemonoside E、F）[4]，薤白苷 G、H、I（macrostemonoside G、H、I）[5]，薤白苷 J、K、L（macrostemonoside J、K、L）[6]，薤白

图 1133 薤白 摄影 赵维良等

苷 O、P、Q、R（macrostemonoside O、P、Q、R）[7]，薤白苷 S（macrostemonoside S）[8]，（25*R*）-26-*O*-β-D- 吡喃葡萄糖基 -22- 羟基呋甾 -3β, 26β- 二醇 -3-*O*-β-D- 吡喃葡萄糖基 -（1 → 2）-β-D- 吡喃半乳糖苷［（25*R*）-26-*O*-β-D-glucopyranosyl-22-hydroxyfurost-3β, 26β-diol-3-*O*-β-D-glucopyranosyl-（1 → 2）-β-D-galactopyranoside］、（25*S*）-26-*O*-β-D- 吡喃葡萄糖基 -22- 羟基呋甾 -3β, 26β- 二醇 -3-*O*-β-D- 吡喃葡萄糖基 -（1 → 2）-β-D- 吡喃半乳糖苷［（25*S*）-26-*O*-β-D-glucopyranosyl-22-hydroxyfurost-3β, 26β-diol-3-*O*-β-D-glucopyranosyl-（1 → 2）-β-D-galactopyranoside］[2]，（25*R*）-26-*O*-β-D- 吡喃葡萄糖基 -22- 羟基呋甾 -5（6）烯 -3β, 26- 二醇 -3-*O*-β-D- 吡喃葡萄糖基 -（1 → 2）-β-D- 吡喃葡萄糖基 -（1 → 3）-β-D- 吡喃葡萄糖基 -（1 → 4）-β-D- 吡喃半乳糖苷［（25*R*）-26-*O*-β-D-glucopyranosyl-22-hydroxyfurost-5（6）-en-3β, 26-diol-3-*O*-β-D-glucopyranosyl-（1 → 2）-β-D-glucopyranosyl-（1 → 3）-β-D-glucopyranosyl-（1 → 4）-β-D-galactopyranoside］、（22*S*）- 胆甾 -5- 烯 -1-β, 3β, 16β, 22- 四醇 -1-*O*-α-L- 吡喃鼠李糖基 -16-*O*-β-D- 吡喃葡萄糖苷［（22*S*）-cholest-5-en-1-β, 3β, 16β, 22-tetraol-1-*O*-α-L-rhamnopyranosyl-16-*O*-β-D-glucopyranoside］、（25*R*）-26-*O*-β-D- 吡喃葡萄糖基 -22- 羟基 -5-β- 呋甾 -3β, 26- 二醇 -3-*O*-β-D- 吡喃葡萄糖基 -（1 → 2）-β-D- 吡喃半乳糖苷［（25*R*）-26-*O*-β-D-glucopyranosyl-22-hydroxy-5-β-furost-3β, 26-diol-3-*O*-β-D-glucopyranosyl-（1 → 2）-β-D-galactopyranoside］[3]，（25*R*）-5β- 螺甾 -3β, 12β- 二醇 -3-*O*-β-D- 吡喃葡萄糖基 -（1 → 2）-β-D- 吡喃半乳糖苷［（25*R*）-5β-spirostane-3β, 12β-diol-3-*O*-β-D-glucopyranosyl-（1 → 2）-β-D-galactopyranoside］[8]，26-*O*-β-D- 吡喃葡萄糖基 -5α- 呋甾 -25（27）- 烯 -3β,

12β, 22, 26- 四醇 -3-*O*-β-D- 吡喃葡萄糖基 -（1→2）-［β-D- 吡喃葡萄糖基 -（1→3）］-β-D- 吡喃葡萄糖基 -（1→4）-β-D- 吡喃半乳糖苷 {26-*O*-β-D-glucopyranosyl-5α-furost-25（27）-en-3β, 12β, 22, 26-tetraol-3-*O*-β-D-glucopyranosyl-（1→2）-［β-D-glucopyranosyl-（1→3）］-β-D-glucopyranosyl-（1→4）-β-D-galactopyranoside} 和 26-*O*-β-D- 吡喃葡萄糖基 -5β- 呋甾 -20（22）, 25（27）- 二烯 -3β, 12β, 26 三醇 -3-*O*-β-D- 吡喃葡萄糖基 -（1→2）-β-D- 吡喃半乳糖苷［26-*O*-β-D-glucopyranosyl-5β-furost-20（22）, 25（27）-dien-3β, 12β, 26-triol-3-*O*-β-D-glucopyranosyl-（1→2）-β-D-galactopyranoside］[9]；挥发油类：二甲基三硫醚（dimethyltrisulfide）、甲基丙基三硫醚（methylpropyltriisulfide）、甲基丙基二硫醚（methylpropyldisulfide）和丙基异丙基二硫醚（propylisopropyl disulfide）[10]；元素：锌（Zn）、磷（P）、钯（Pb）、钴（Co）、镉（Cd）、镍（Ni）、钡（Ba）、铁（Fe）、锰（Mn）、铬（Cr）、镁（Mg）、钙（Ca）、铜（Cu）、铝（Al）、锶（Sr）、钠（Na）和钾（K）[11]。

叶含苯丙素类：薤白阿魏酸酯素 *A、B、C（allimacronoid A、B、C）、韭菜阿魏酸酯素 *A（tuberonoid A）[12]，薤白阿魏酸酯素 *D（allimacronoid D）、1-*O*-（*E*）- 阿魏酰基 -β-D- 龙胆二糖苷［1-*O*-（*E*）-feruloyl-β-D-gentiobioside］、1-*O*-（*E*）- 阿魏酰基 -β-D- 吡喃葡萄糖苷［1-*O*-（*E*）-feruloyl-β-D-glucopyranoside］和反式 - 阿魏酸（*trans*-ferulic acid）[13]；元素：锌（Zn）、磷（P）、钴（Co）、镉（Cd）、镍（Ni）、钡（Ba）、铁（Fe）、锰（Mn）、铬（Cr）、镁（Mg）、钙（Ca）、铜（Cu）、铝（Al）、锶（Sr）、钠（Na）和钾（K）[11]。

茎含元素：锌（Zn）、磷（P）、钴（Co）、镉（Cd）、镍（Ni）、钡（Ba）、铁（Fe）、锰（Mn）、铬（Cr）、镁（Mg）、钙（Ca）、铜（Cu）、铝（Al）、锶（Sr）、钠（Na）和钾（K）[11]。

全草含甾体类：薤白甾苷 A、B、C、D、E（allimacroside A、B、C、D、E）、龙葵苷 B（solanigroside B）、韭白苷 O（macrostemonoside O）、（25*R*）-26-*O*-β-D- 吡喃葡萄糖基 -22- 羟基 -5β- 呋甾 -3β-26- 二醇 -3-*O*-β-D- 吡喃葡萄糖基 -（1″→2′）-β-D- 吡喃半乳糖苷［（25*R*）-26-*O*-β-D-glucopyranosyl-22-hydroxy-5β-furost-3β-26-diol-3-*O*-β-D-glucopyranosyl-（1″→2′）-β-D-galactopyranoside］、洋葱苷 B（ceparoside B）[14] 和薤白甾苷 F（allimacroside F）[15]；芳香苷类：苄基 -*O*-α-L- 吡喃鼠李糖基 -（1→6）-β-D- 吡喃葡萄糖苷［benzyl-*O*-α-L-rhamnopyranosyl-（1→6）-β-D-glucopyranoside］和苯乙基 -*O*-α-L- 吡喃鼠李糖基 -（1→6）-β-D- 吡喃葡萄糖苷［phenylethyl-*O*-α-L-rhamnopyranosyl-（1→6）-β-D-glucopyranoside］[15]；烯苷类：（*Z*）-3- 己烯基 -*O*-α-L- 吡喃鼠李糖基 -（1→6）-β-D- 吡喃葡萄糖苷［（*Z*）-3-hexenyl-*O*-α-L-rhamnopyranosyl-（1→6）-β-D-glucopyranoside］[15]。

【药理作用】1. 抗抑郁　鳞茎的水提取物能减少小鼠在被迫游泳测试和悬尾测试中的不动时间，增加含 5- 溴 -2- 脱氧尿苷（BrdU）细胞的数量，并使海马体内的脑源性神经营养因子（BDNF）表达水平显著升高，其机制可能与其对神经发生和脑源性神经营养因子释放的积极作用有关[1]。2. 抗氧化　分级乙醇沉淀法对鳞茎水提取物中的多糖成分（AMBP）进行分馏，得到 3 种不同比例的多糖 AMBP40、AMBP60、AMBP80，其对羟自由基（·OH）、超氧阴离子自由基（O_2^-·）、金属螯合剂均具有清除作用，且 AMB40 的作用强于其他两种多糖，原因可能是其分子量的差异[2]。3. 抗凝血　从鳞茎中分离出的 3 种呋甾烷醇皂苷成分对磷酸二腺苷（ADP）诱导的人血小板激活具有抑制作用，并显著降低血小板中磷酸化蛋白激酶（Akt）的表达，并抑制 Ca^{2+} 的生成[3]；从鳞茎中提取分离的一种呋甾烷皂苷成分可通过降低 CD61、CD62P 的表达抑制 ADP 诱导的血小板活化[4]；从鳞茎中提取分离的呋甾烷成分薤白苷戊（macrostemonoside E）和薤白苷已（macrostemonoside F）均能较强抑制 ADP 诱导的人血小板凝集[5]。4. 抗肿瘤　从鳞茎中提取分离的 10 种糠醇皂苷成分对 HepG2、MCF-7、NCl-H460 和 SF-268 实体瘤细胞，以及耐药肿瘤 R-HepG2 细胞均具有细胞毒性[6]；从鳞茎中提取分离的两种新型甾体苷类成分对小鼠 SK-MEL-2 细胞具有一定的细胞毒性，其半数抑制浓度（IC_{50}）分别为 23.43μmol/L 和 14.27μmol/L[7]；从鳞茎中分离得到的两个甾体皂苷成分分别对 SF-268 细胞和 NCL-H460 细胞具有特异性的细胞毒性[8]。5. 护

心脏　从鳞茎提取分离的甾烷醇类成分能使细胞内 Ca^{2+} 增加，增加的幅度远远高于氯化钾，能增强心肌功能[9]。6. 肺动脉舒张　从鳞茎水蒸气蒸馏提取得到的挥发油成分可使大鼠离体肺动脉内皮细胞 Ca^{2+} 内流，使大鼠肺动脉舒张，且呈剂量依赖性，其机制可能与蛋白激酶 A（PKA）依赖的一氧化氮合酶（NOS）磷酸化和一氧化氮（NO）信号转导等内皮依赖机制有关[10]。7. 平喘　鳞茎的乙醇及二氯甲烷混合液冷浸提取物在剂量为 0.04g/kg、0.08g/kg 时均能显著延长豚鼠哮喘的潜伏期[11]。8. 抗菌　全草的水提取液对金黄色葡萄球菌、枯草芽孢杆菌、蜡状芽孢杆菌、大肠杆菌、绿脓杆菌、沙门氏菌的生长均具有抑制作用，对菌的作用强度为金黄色葡萄球菌＞枯草芽孢杆菌＞蜡状芽孢杆菌＞大肠杆菌＞绿脓杆菌＞沙门氏菌，且作用强度随着浓度的降低而降低，32 倍稀释液仅对枯草杆菌和金黄色葡萄球菌有部分的抑制作用[12]。9. 增强免疫　鳞茎的提取物能增加小鼠脾脏和胸腺的重量，增加碳粒廓清指数 K 及吞噬指数 α，还能增加淋巴细胞介导红细胞溶血（QHS）值，促进单核巨噬细胞的吞噬功能[13]。

【性味与归经】辛、苦，温。归心、肺、胃、大肠经。

【功能与主治】通阳散结，行气导滞。用于胸痹疼痛，痰饮咳喘，泻痢后重。

【用法与用量】4.5 ～ 9g。

【药用标准】药典 1963—2015、浙江炮规 2015、新疆药品 1980 二册和台湾 2013。

【临床参考】1. 神经官能症：鳞茎 20g，加瓜蒌、石菖蒲、合欢花、白术、茯苓各 20g，法半夏、干姜、枳壳、苦杏仁各 13g，陈皮 16g，麦芽 30g，郁金、知母、川楝子、远志各 10g，水煎，分 2 次服，每日 1 剂，连服 2 周[1]。

2. 慢性阻塞性肺疾病：鳞茎 20g，加瓜蒌、党参、茯苓、紫苏子各 20g，法半夏、陈皮各 16g，苦杏仁、桔梗、白芥子、莱菔子、厚朴、甘草各 10g，水煎，分 2 次服，每日 1 剂[1]。

3. 心律失常：鳞茎 20g，加瓜蒌 20g，法半夏 13g，桂枝、制附子、川芎、红花、炙甘草各 10g，丹参 20g，茯苓 16g，黄芪 30g，水煎，分 2 次服，每日 1 剂，同时常规西药治疗[1]。

4. 胸痹：鳞茎 10g，加瓜蒌、白豆蔻各 15g，桂枝 6g，枳壳、郁金、丹参、佩兰、炙甘草各 10g，米酒 1 小杯，水煎，分 2 次服，每日 1 剂，连服 2 周[2]。

5. 赤白痢下：鳞茎适量，煮粥食。（《食医心镜》）

【附注】薤始载于《神农本草经》，列于中品。《新修本草》云："薤乃是韭类，叶不似葱……薤有赤白二种：白者补而美，赤者主金疮及风，苦而无味。"《蜀本草》载："形似韭而无实。山薤一名葝。茎叶相似，体性亦同，叶皆冬枯，春秋分莳。"《本草图经》谓："薤，生鲁山平泽，今处处有之。"《本草纲目》云："薤八月栽根正月分莳，宜肥壤，数枝一本，则茂而根大。叶状似韭。韭叶中实而扁，有剑脊。薤叶中空，似细葱叶而有棱，气亦如葱。二月开细花，紫白色。根如小蒜，一本数颗，相依而生。五月叶青则掘之，否则肉不满也"，并引王祯《农书》云："野薤俗名天薤，生麦原中，叶似薤而小，味益辛，亦可供食，但不多有。"上述描述，主要包含本种和藠头 *Allium chinense* G. Don.，但《新修本草》的赤者，《蜀本草》的山薤当不包含该二种。

药材薤白（鳞茎）阴虚及发热者慎服。

【化学参考文献】

[1] 彭军鹏，吴雁，姚新生，等. 薤白中两种新甾体皂甙成分［J］. 药学学报，1992，27（12）：918-922.

[2] Chen H F，Wang N L，Sun H L，et al.Novel furostanol saponins from the bulbs of *Allium macrostemon* Bunge and their bioactivity on［Ca^{2+}］$_i$ increase induced by KCl［J］. J Asian Nat Prod Res，2006，8（1-2）：21-28.

[3] 陈海峰，王乃利，姚新生. 小根蒜甾体皂苷类成分的分离鉴定及抗癌活性［J］. 中国药物化学杂志，2005，15（3）：142-147.

[4] Peng J P，Wang X，Yao X S.Studies of two new furostanol glycosides from *Allium macrostemon* Bunge［J］.Chin Chem Lett，1993，4（2）：141-144.

[5] Peng J P，Yao X S，Kobayashi H，et al.Novel furostanol glycosides from *Allium macrostemon*［J］.Planta Med，1995，61（1）：58-61.

[6] 彭军鹏，姚新生，冈田嘉仁，等 . 薤白甙 J，K 和 L 的结构［J］. 药学学报，1994，29（7）：526-531.

[7] Chen H F，Wang G H，Wang N L，et al.New furostanol saponins from the bulbs of *Allium macrostemon* Bunge and their cytotoxic activity［J］.Pharmazie，2007，62（7）：544-548.

[8] 程书彪，汪悦，张玉峰，等 . 薤白中皂苷类化学成分研究［J］. 中草药，2013，44（9）：1078-1081.

[9] Chen H F，Wang G H，Luo Q，et al.Two new steroidal saponins from *Allium macrostemon* Bunge and their cytotoxity on different cancer cell lines［J］.Molecules，2009，14（6）：2246-2253.

[10] 吴雁，彭军鹏，姚利强，等 . 葱属植物挥发油研究——1 中药薤白（*Allium macrostemon* Bunge）挥发油成分的研究［J］. 沈阳药学院学报，1993，10（1）：45-46，62.

[11] 陈燕芹，刘红，贾娇 . 微波辅助消解 ICP-AES 法测定小根蒜不同部位的 18 种元素［J］. 食品工业科技，2013，34（17）：320-322，359.

[12] Usui A，Matsuo Y，Tanaka T，et al.Ferulic acid esters of glucosylglucose from *Allium macrostemon* Bunge［J］.J Asian Nat Prod Res，2017，19（3）：215-221.

[13] Usuia A，Matsuo Y，Tanaka T，et al.Ferulic-Acid Esters of Oligo-glucose from *Allium macrostemon*［J］.Natural Product Communications，2017，12（1）：89-91.

[14] Kim Y S，Suh W S，Park K J，et al.Allimacrosides A-E，new steroidal glycosides from *Allium macrostemon* Bunge［J］. Steroids，2017，118：41-46.

[15] Kim Y S，Cha J M，Kim D H，et al.A new steroidal glycoside from *Allium macrostemon* Bunge［J］.Natural Product Sciences，2018，24（1）：54-58.

【药理参考文献】

[1] Lee S，Kim D H，Lee C H，et al.Antidepressant-like activity of the aqueous extract of *Allium macrostemon* in mice［J］. Journal of Ethnopharmacology，2010，131：386-395.

[2] Zhang Z，Wang F，Wang M，et al.Extraction optimisation and antioxidant activities *in vitro* of polysaccharides from *Allium macrostemon* Bunge［J］.International Journal of Food Science & Technology，2012，47（4）：723-730.

[3] Ou W C，Chen H F，Zhong Y，et al.Inhibition of platelet activation and aggregation by furostanol saponins isolated from the bulbs of *Allium macrostemon* Bunge［J］.The American Journal of the Medical Sciences，2012，344（4）：261-267.

[4] Xie W，Zhang Y，Wang N，et al.Novel effects of macrostemonoside A，a compound from *Allium macrostemon* Bunge，on hyperglycemia，hyperlipidemia，and visceral obesity in high-fat diet-fed C57BL/6 mice［J］.European Journal of Pharmacology，2008，599（1-3）：159-165.

[5] 彭军鹏，王宣，姚新生 . 薤白中两种新呋甾皂甙的结构［J］. 药学学报，1993，（7）：526-531.

[6] Chen H，Wang G，Wang N，et al.New furostanol saponins from the bulbs of *Allium macrostemon* Bunge and their cytotoxic activity［J］.Pharmazie，2007，62（7）：544-548.

[7] Kim Y S，Suh W S，Park K J，et al.Allimacrosides A-E，new steroidal glycosides from *Allium macrostemon* Bunge［J］. Steroids，2017，118：41-46.

[8] Hai-Feng C，Guang-Hui W，Qiang L，et al.Two new steroidal saponins from *Allium macrostemon* Bunge and their cytotoxity on different cancer cell lines［J］.Molecules，2009，14（6）：2246-2253.

[9] Chen H F，Wang N L，Sun H L，et al.Novel furostanol saponins from the bulbs of *Allium macrostemon* B.and their bioactivity on（Ca^{2+}）$_i$ increase induced by KCl［J］.Journal of Asian Natural Products Research，2006，8（1-2）：21-28.

[10] Han C，Qi J，Gao S，et al.Vasodilation effect of volatile oil from，*Allium macrostemon* Bunge are mediated by PKA/NO pathway and its constituent dimethyl disulfide in isolated rat pulmonary arterials［J］.Fitoterapia，2017，120：52-57.

[11] 覃丽蓉，吴珊，韦锦斌 . 薤白提取物平喘作用的实验研究［J］. 广西医学，2008，30（12）：1844-1845.

[12] 陈锡雄 . 薤白抑菌作用的初步研究［J］. 杭州师范学院学报（自然科学版），2004，3（4）：337-340.

[13] 万京华，章晓联，辛善禄 . 薤白对小鼠免疫功能的影响［J］. 承德医学院学报，2005，22（3）：188-190.

【临床参考文献】

[1] 管昱鑫 . 顾群主任瓜蒌薤白半夏汤加减诊治经验［J］. 世界最新医学信息文摘，2018，18（A2）：282，285.

[2] 王亚飞 . 瓜蒌薤白三方加减治疗胸痹病医案举隅［J］. 江苏中医药，2013，45（8）：45-46.

1134. 藠头（图 1134）• *Allium chinense* G. Don（*Allium bakeri* Regel）

图 1134　藠头　　摄影　张芬耀等

【别名】薤，荞头（浙江），茭头，野薤。

【形态】鳞茎常数枚聚生，窄卵形，外皮白色或带红色，膜质，不裂。叶棱柱状，具纵棱 3 ～ 5 条，中空，与花葶近等长，直径 1 ～ 3mm。花葶侧生，圆柱形，高达 40cm，下部被叶鞘；总苞 2 裂，宿存；伞形花序近半球形，花疏生。花梗近等长，长于花被片，具小苞片；花紫色或暗紫色；花被片宽椭圆形或近圆形，内轮稍长；花丝长于花被片，基部联合并与花被片贴生，内轮基部扩大，扩大部分两侧具齿，外轮锥形；子房倒卵圆形，腹缝基部具有帘的凹陷蜜穴，花柱伸出花被外。花果期 10 ～ 11 月。

【生境与分布】长江流域及以南地区均有野生或栽培。

【药名与部位】薤白，鳞茎。

【采集加工】夏、秋二季采挖，洗净，除去须根，置沸水中略烫，干燥。

【药材性状】略扁的长卵形，高 1 ～ 3cm，直径 0.3 ～ 1.2cm。表面淡黄棕色或棕褐色，具浅纵皱纹。质较软，断面可见鳞叶 2 ～ 3 层。嚼之黏牙。有蒜臭气，味微辛。

【药材炮制】薤白：除去残茎等杂质及油、黑者。筛去灰屑。炒薤白：取薤白饮片，炒至表面黄棕色、微具焦斑时，取出，摊凉。

【化学成分】鳞茎含甾体类：藠头皂苷 I（chinenoside I）[1]，藠头皂苷 II、III（chinenoside II、III）[2]，藠头皂苷 IV、V（chinenoside IV、V）[3]，藠头皂苷 VI（chinenoside VI）[4]，替告皂苷元（tigogenin）、

拉肖皂苷元（laxogenin）[2]，拉肖皂苷元-3-O-［O-（2-O-乙酰基-α-L-吡喃阿拉伯糖基）-（1→6）-β-D-吡喃葡萄糖苷］{laxogenin-3-O-［O-（2-O-acetyl-α-L-arabinopyranosyl）-（1→6）-β-D-glucopyranoside］}、拉肖皂苷元-3-O-［O-α-L-吡喃阿拉伯糖基-（1→6）-β-D-吡喃葡萄糖苷］{laxogenin-3-O-［O-α-L-arabinopyranosyl-（1→6）-β-D-glucopyranoside］}、拉肖皂苷元-3-O-［O-β-D-吡喃木糖基-（1→4）-O-α-L-吡喃阿拉伯糖基-（1→6）-β-D-吡喃葡萄糖苷］{laxogenin-3-O-［O-β-D-xylopyranosyl-（1→4）-O-α-L-arabinopyranosyl-（1→6）-β-D-glucopyranoside］}、（25R, S）-5α-螺甾-3β-醇-3-O-［O-β-D-吡喃葡萄糖基-（1→2）-O-β-D-吡喃葡萄糖基-（1→3）-O-β-D-吡喃葡萄糖基-（1→4）-β-D-吡喃半乳糖苷］{（25R, S）-5α-spirostan-3β-ol-3-O-［O-β-D-glucopyranosyl-（1→2）-O-β-D-glucopyranosyl-（1→3）-O-β-D-glucopyranosyl-（1→4）-β-D-galactopyranoside］}、（25R, S）-5α-螺甾-2α, 3β-二醇-3-O-［O-β-D-吡喃葡萄糖基-（1→2）-O-［β-D-吡喃葡萄糖基-（1→3）-O-β-D-吡喃葡萄糖基-（1→4）-β-D-吡喃半乳糖苷］{（25R, S）-5α-spirostan-2α, 3β-diol-3-O-［O-β-D-glucopyranosyl-（1→2）-O-［β-D-glucopyranosyl-（1→3）-O-β-D-glucopyranosyl-（1→4）-β-D-galactopyranoside］}、（25R, S）-5α-螺甾-2α, 3β-二醇-3-O-［O-β-D-吡喃葡萄糖基-（1→2）-O-β-D-吡喃葡萄糖基-（1→4）-β-D-吡喃半乳糖苷］{（25R, S）-5α-spirostan-2α, 3β-diol-3-O-［O-β-D-glucopyranosyl-（1→2）-O-β-D-glucopyranosyl-（1→4）-β-D-galactopyranoside］}[5]，（25R, S）-5α-螺甾-3β-ol-3-O-［β-D-吡喃葡萄糖基-（1→2）-β-D-吡喃葡萄糖基-（1→3）］-（6-乙酰基-β-D-吡喃葡萄糖基）-（1→4）-β-D-吡喃半乳糖苷］{（25R, S）-5α-spirostan-3β-ol-3-O-［β-D-glucopyranosyl-（1→2）-β-D-glucopyranosyl-（1→3）-（6-acetyl-β-D-glucopyranosyl）-（1→4）-β-D-galactopyranoside］}[6]，新薤白苷D（neomacrostemonoside D）[7]，拉肖皂苷元-3-O-α-L-吡喃阿拉伯糖基-（1→6）-β-D-吡喃葡萄糖苷［laxogenin-3-O-α-L-arabinopyranosyl-（1→6）-β-D-glucopyranoside］、拉肖皂苷元-3-O-β-D-吡喃木糖基-（1→4）-［α-L-吡喃阿拉伯糖基-（1→6）］-β-D-吡喃葡萄糖苷{laxogenin-3-O-β-D-xylopyranosyl-（1→4）-［α-L-arabinopyranosyl-（1→6）］-β-D-glucopyranoside}、β-谷甾醇葡萄糖苷（β-sitosterol glucoside）[8]，拉肖皂苷元-3-O-β-D-吡喃葡萄糖苷（laxogenin-3-O-β-D-glucopyranoside）、拉肖皂苷元-3-O-［β-D-吡喃木糖基-（1→4）-β-D-吡喃葡萄糖苷］{laxogenin-3-O-［β-D-xylopyranosyl-（1→4）-β-D-glucopyranoside］}、拉肖皂苷元-3-O-β-D-吡喃葡萄糖基-（1→4）-α-L-吡喃阿拉伯糖基-（1→6）-β-D-吡喃葡萄糖苷［laxogenin-3-O-β-D-glucopyranosyl-（1→4）-α-L-arabinopyranosyl-（1→6）-β-D-glucopyranoside］、新吉托皂苷元（neogitogenin）、（25S）-5α-螺甾烷-3β-ol-3-O-［O-β-D-吡喃葡萄糖基-（1→2）-O-β-D-吡喃葡萄糖基-（1→4）-β-D-吡喃半乳糖苷］{（25S）-5α-spirostane-3β-ol-3-O-［O-β-D-glucopyranosyl-（1→2）-O-β-D-glucopyranosyl-（1→4）-β-D-galactopyranoside］}、（25R）-5α-螺甾烷-3-O-［O-（4-O-乙酰基-α-L-吡喃阿拉伯糖基）-（1→6）-β-D-glucopyranoside］{（25R）-5α-spirostan-3-O-［O-（4-O-acetyl-α-L-arabinopyranosyl）-（1→6）-β-D-吡喃葡萄糖苷］}、（25R）-3β-羟基-5β-螺甾烷-6-酮-3-O-β-D-吡喃木糖基-（1→4）-［α-L-吡喃阿拉伯糖基-（1→6）］-β-D-吡喃葡萄糖苷{（25R）-3β-hydroxy-5β-spirostan-6-one-3-O-β-D-xylopyranosyl-（1→4）-［α-L-arabinopyranosyl-（1→6）］-β-D-glucopyranoside}、（25R）-3β-羟基-5α-螺甾烷-6-酮-3-O-{［O-β-D-吡喃葡萄糖基-（1→3）-O-β-D-吡喃木糖基］-（1→4）-O-［α-L-吡喃阿拉伯糖基-（1→6）］}-β-D-吡喃葡萄糖苷{（25R）-3β-hydroxy-5α-spirostan-6-one-3-O-{［O-β-D-glucopyranosyl-（1→3）-O-β-D-xylopyranosyl］-（1→4）-O-［α-L-arabinopyranosyl-（1→6）］}-β-D-glucopyranoside}、（25S）-3β, 24β-二羟基-5α-螺甾烷-6-酮-3-O-［α-L-吡喃阿拉伯糖基-（1→6）］-β-D-吡喃葡萄糖苷{（25S）-3β, 24β-dihydroxy-5α-spirostan-6-one-3-O-［α-L-arabinopyranosyl-（1→6）］-β-D-glucopyranoside}、（25S）-24-O-β-D-吡喃葡萄糖基-3β, 24β-二羟基-5α-螺甾烷-6-酮［（25S）-24-O-β-D-glucopyranosyl-3β, 24β-dihydroxy-5α-spirostan-6-one］、（25R）-5α-螺甾烷-3β-基-3-O-乙酰-O-β-D-吡喃葡萄糖基-（1→2）-O-［β-D-吡喃葡萄糖基-（1→3）］-O-β-D-吡喃葡萄糖基-（1→4）-β-D-吡

喃半乳糖苷{(25*R*)-5α-spirostan-3β-yl-3-*O*-acetyl-*O*-β-D-glucopyranosyl-(1→2)-*O*-[β-D-glucopyranosyl-(1→3)]-*O*-β-D-glucopyranosyl-(1→4)-β-D-galactopyranoside}和5α-螺甾烷-25(27)-烯-2α,3β-二醇-3-*O*-[*O*-β-D-吡喃葡萄糖基-(1→2)-*O*-β-D-吡喃葡萄糖基-(1→4)-β-D-吡喃半乳糖苷]{5α-spirostane-25(27)-en-2α,3β-diol-3-*O*-[*O*-β-D-glucopyranosyl-(1→2)-*O*-β-D-glucopyranosyl-(1→4)-β-D-galactopyranoside]}[9];黄酮类:异甘草素(isoliquiritigenin)和异甘草素-4-*O*-葡萄糖苷(isoliquiritigenin-4-*O*-glucoside)[8];挥发油类:甲基烯丙基三硫醚(allyl methyl trisulfide)、二甲基三硫醚(dimethyl trisulfide)、二甲基二硫醚(dimethyldisulfide)、甲基丙基三硫醚(methylpropyltrisulfide)、甲基丙基二硫醚(methylpropyldisulfide)[10],二丙基二硫醚(dipropyldisulphide)和2,3-二羟基-2-己基-5-甲基呋喃-3-酮(2,3-dihydro-2-hexyl-5-methylfuran-3-one)[11];元素:铝(Al)、钠(Na)、钾(K)、铬(Cr)、铜(Cu)、铁(Fe)、镁(Mg)、锰(Mn)、钙(Ca)、锶(Sr)和锌(Zn)[12];生物碱类:2,3,4,9-四氢-lH-吡啶并-[3,4-b]吲哚-3-甲酸{2,3,4,9-tetrahydro-lH-pyrido-[3,4-b]indole-3-carboxylic acid}[2];核苷类:腺苷(adenosine)[2];氨基酸类:色氨酸(Try)[2]。

【药理作用】1. 抗菌 从鳞茎提取的总皂苷对酵母菌、白色念球菌及金黄色葡萄球菌等的生长具有抑制作用[1];从鳞茎提取的甲基烯丙基硫化物类成分可抑制白色念球菌的生长[2]。2. 抗肿瘤 从鳞茎提取的总蛋白质可抑制小鼠B16黑色素瘤细胞和小鼠肉瘤Meth-A细胞的生长[3];从鳞茎提取的皂苷可抑制人宫颈癌细胞和肺癌细胞的生长[4];从鳞茎提取的成分联合5-FU可提高人胃癌BGC-823细胞的生长及减少其毒副作用[5]。3. 降血脂 从鳞茎提取的总甾体皂苷可降低高脂血症大鼠血清中的总胆固醇(TC)、甘油三酯(TG)、低密度脂蛋白(LDL)、丙二醛(MDA)的含量,升高血清高密度脂蛋白(HDL)、谷胱甘肽过氧化酶(GSH-Px)、超氧化物歧化酶(SOD)及大鼠肝脏中脂蛋白酯酶和肝脂肪酶含量,肝脏形态学观察表明其总甾体皂苷能显著减少脂肪滴的产生[6]。

【性味与归经】辛、苦,温。归心、肺、胃、大肠经。

【功能与主治】通阳散结,行气导滞。用于胸痹疼痛,痰饮咳喘,泻痢后重。

【用法与用量】4.5～9g。

【药用标准】药典1963、药典2000—2015、浙江炮规2015、湖南药材1993和台湾2013。

【附注】本种的本草考证等内容参见3905页薤白的附注项。

【化学参考文献】

[1] Matsuura H, Ushiroguchi T, Itakura Y, et al.A furostanol glycoside from *Allium chinense* G.Don[J].Chem Pharm Bull, 1989, 37(5): 1390-1391.

[2] Peng J P, Yao X S, Tezuka Y, et al.Furostanol glycosides from bulbs of *Allium chinense*[J].Phytochemistry, 1996, 41(1): 283-285.

[3] Peng J P, Yao X S, Tezuka Y, et al.New furostanol glycosides, chinenoside IV and V, from *Allium chinense*[J].Planta Med, 1996, 62(5): 465-468.

[4] Jiang Y, Wang, N L, Yao X S, et al.A new spirostanol saponin from *Allium chinense*[J].Chin Chem Lett, 1997, 8(11): 965-966.

[5] Kuroda M, Mimaki Y, Kameyama A, et al.Steroidal saponins from *Allium chinense* and their inhibitory activities on cyclic AMP phosphodiesterase and Na^+/K^+ ATPase[J].Phytochemistry, 1995, 40(4): 1071-1076.

[6] 姜勇,王乃利,姚新生,等.薤中抗凝和抗癌活性成分的结构鉴定[J].药学学报,1998,33(5):355-361.

[7] Jiang Y, Wang N L, Yao X S, et al, Steroidal saponins from the bulbs of *Allium chinense*[C].Studies in Plant Science(Advances in Plant Glycosides, Chemistry and Biology), 1999: 212-219.

[8] Baba M, Ohmura M, Kishi N, et al.Saponins isolated from *Allium chinense* G.Don and antitumor-promoting activities of isoliquiritigenin and laxogenin from the same drug[J].Biol Pharm Bull, 2000, 23(5): 660-662.

[9] Wang Y H, Li C, Xiang L M, et al.Spirostanol saponins from Chinese onion(*Allium chinense*)exert pronounced anti-inflammatory and anti-proliferative activities[J].Journal of Functional Foods, 2016, 25: 208-219.

[10] Pino J A，Fuentes V，Correa M T.Volatile constituents of Chinese Chive（*Allium tuberosum* Rottl.ex Sprengel）and rakkyo（*Allium chinense* G.Don）[J].J Agric Food Chem，2001，49（3）：1328-1330.

[11] Kameoka H，Iida H，Hashimoto S，et al.Sulfides and furanones from steam volatile oils of *Allium fistulosum* and *Allium chinense* [J] Phytochemistry，1984，23（1）：155-158.

[12] 刘红，陈燕芹，蔡丽，等. 微波辅助消解 ICP-AES 法测定藠头中 11 种微量元素 [J]. 中国调味品，2013，38（4）：111-113.

【药理参考文献】

[1] 禹智辉，丁学知，夏立秋，等. 藠头总皂苷抗菌活性及其作用机理 [J]. 食品科学，2013，34（15）：75-80.

[2] 孟松，胡胜标，谢伟岸，等. 藠头中活性物质对白色念珠菌的抑制作用及其机理研究 [J]. 食品科学，2005，26（9）：119-123.

[3] 刘巍，丁学知，夏立秋，等. 藠头蛋白质分离及抗肿瘤作用的研究 [J]. 食品科学，2013，34（1）：300-302.

[4] Baba M，Ohmura M，Kishi N，et al.Saponins isolated from *Allium chinense* G.DON and antitumor-promoting activities of isoliquiritigenin and laxogenin from the same drug [J].Biological & Pharmaceutical Bulletin，2000，23（5）：660-662.

[5] 孙运军，刘卓灵，丁学知，等. 藠头提取物对氟尿嘧啶的增效减毒作用的研究 [J]. 食品科学，2007，28（12）：462-465.

[6] 雷荣剑，李军，金圣煊，等. 藠头总甾体皂苷对高脂大鼠降脂作用研究 [J]. 中成药，2013，35（8）：1615-1619.

1135. 葱（图 1135）• *Allium fistulosum* Linn.

【别名】大葱、小葱（浙江），火葱、葱白（安徽）。

【形态】鳞茎单生或数个聚生，圆柱形，稀窄卵状圆柱形，直径 1 ～ 2cm，外皮白色，稀淡红褐色，膜质或薄革质，不裂。叶圆柱形，中空，与花葶近等长。花葶圆柱形，中空，高 50 ～ 60 ～（100）cm，下部被叶鞘；总苞 2 裂，宿存；伞形花序球形；花梗近等长，纤细，等于或长于花被片，无小苞片；花白色；花被片卵形，先端渐尖，具反折小尖头；花丝锥形，长于花被片，基部合生并与花被片贴生；子房倒卵圆形，腹缝基部具不明显蜜穴；花柱伸出花被。花期 4 ～ 5 月，果期 6 ～ 7 月。

【生境与分布】原产于亚洲。中国各地均有栽培。

【药名与部位】葱子，种子。鲜葱，新鲜全草。

【采集加工】葱子：夏秋种子成熟时采收果序，晒干，搓取种子，除去杂质。鲜葱：四季采收，洗净，鲜用。其新鲜鳞茎称“葱白”。

【药材性状】葱子：类三角状卵形，长 3 ～ 4mm，宽 2 ～ 3mm。表面黑色，一面微凹，一面隆起，隆起面有棱线 1 ～ 2 条，光滑或有疏皱纹。基部有两个小突起，较短的突起为种脐，顶端灰棕色或灰白色；较长的突起顶端为珠孔。质坚硬，种皮较薄，破开后可见灰白色胚乳，富油性。气特异，味如葱。

鲜葱：为多年生草本，高可达 50cm。鳞茎呈圆柱形，常数颗簇生成束，先端稍大，长短不一，直径 5 ～ 15mm，白色。表面光滑，具白色纵纹，上端为膜质叶鞘数层，基部有黄白色鳞茎盘；其下簇生多数白色的细须根。质嫩，不易折断，断面白色，不平坦，可见数层同心环纹，并有白色黏液渗出。气清香特异，味辛辣。

【药材炮制】葱子：除去杂质，洗净，晒干，生用或微炒用，用时捣碎。

鲜葱：除去杂质，洗净。葱白：取鲜葱，除去须根、叶及外膜。

【化学成分】鳞茎含硫化合物：葱素 A_1、A_2、A_3、B_1、B_2、B_3（kujounin A_1、A_2、A_3、B_1、B_2、B_3）和葱亚砜 A_1、A_2、A_3（allium sulfoxide A_1、A_2、A_3）[1]；挥发油类：1- 甲乙基丙基二硫醚（1-methylethyldisulfide）、二丙基二硫醚（dipropyldisulfide）和二丙基三硫醚（dipropyltrisulfide）等[2]。

图 1135　葱　　摄影　李华东等

种子含酚酸类：对羟基苯甲酸（*p*-hydroxybenzoic acid）和香草酸（vanillic acid）[3]；脂肪酸类：(*E*)-8, 11, 12- 三羟基 -9- 十八碳烯酸甘油单酯［glycerol mono-（*E*）-8, 11, 12-trihydroxy-9-octadecenoate］和天师酸（tianshic acid）[3]；甾体类：胡萝卜苷（daucosterol）[3]；生物碱类：4-（2- 甲酰基 -5- 羟甲基吡咯 -1- 基）丁酸［4-（2-formyl-5-hydroxymethylpyrrol-1-yl）butyric acid］[3]。

地下部分含甾体类：管葱皂苷 A、B、C（fistuloside A、B、C）、薯蓣皂苷（dioscin）和重楼皂苷 II（paris saponin II）[4]。

【药理作用】1. 抗心肌缺血　种子的水提取物能显著减轻犬心肌梗死时的心肌缺血程度，减少梗死范围，减轻缺血心肌细胞的损伤，对大鼠心肌缺血再灌注损伤有保护作用，可明显抑制缺血再灌注所致大鼠心肌损伤时乳酸脱氢酶（LDH）、肌酸激酶（CK）溢出，降低血清乳酸脱氢酶、肌酸激酶的含量，可明显缩小心肌梗死面积，各剂量组麻醉犬的各项血流动力学指标有波动，但与给药前比较差异均不显著，可明显增加麻醉犬冠脉流量，明显降低心肌氧摄取率，显著降低心肌耗氧量，对心输出量、总外周阻力均无明显影响[1]。2. 抗氧化 喂养红、白大葱带叶基的鳞茎，能有效抑制高脂高糖（HFS）喂养大鼠血浆中脂质过氧化物的增加，白大葱能有效抑制肝脏脂质过氧化物的增加，白大葱的抗氧化作用强于红大葱[2]。3. 降脂减肥 喂养红大葱带叶基的鳞茎，能有效抑制高脂高糖大鼠血浆和肝脏脂质升高[2]；叶的 70% 乙醇提取物通过下调高脂饮食诱导的肥胖小鼠脂肪组织中脂肪发生相关基因的表达，抑制脂肪体积、脂肪积累和血脂浓度[3]。4. 降血压 喂养红大葱带叶基的鳞茎，能有效抑制高脂高糖大鼠血压升高[2]。5. 护肝 全草提取物对四氯化碳诱导的大鼠肝损伤具有保护作用，冬季产者效果更明显[4]。6. 抗肿瘤 从鳞茎（葱白）提取的挥发油可以剂量依赖性地抑制胃癌 MGC80-3 细胞的增殖，并诱导其凋亡[5]。

【性味与归经】葱子：辛，温。归肺、肝、胃经。鲜葱：辛，温。归肺、胃经。

【功能与主治】葱子：补中益精，明目散风。用于肾虚，目眩，风寒感冒。鲜葱：发表，通阳，解毒，杀虫。用于风寒感冒，阴寒腹痛，虫积内阻，小便不通，痢疾，肌肤肿痛。

【用法与用量】葱子：3 ～ 9g。鲜葱：煎服 10 ～ 15g；外用适量。

【药用标准】葱子：部标中药材 1992 和山西药材 1987；鲜葱：湖南药材 2009。

【临床参考】1. 男性不育症：种子 20g，加五味子 15g，菟丝子、车前子、枸杞子、茯苓各 12g，金樱子、蛇床子、熟附片各 10g，韭菜子 20g，女贞子、石斛、枣皮、党参、黄芪、熟地各 15g，巴戟天 5 g，水煎，分 2 次服，每日 1 剂[1]。

2. 防治流行性感冒：鳞茎 100g 捣烂，加冷开水 10ml、乙醇 5ml，浸 1 ～ 2h，用消毒棉花过滤，滤液加入等量甘油，再加薄荷油 3 ～ 5 滴，用此液涂两侧鼻腔内，预防用每 2 ～ 3 日涂 1 次，治疗用每日涂 1 次。

3. 感冒：鳞茎，加淡豆豉，水煎服；或鳞茎 5 根，加生姜 3 片，水煎服。

4. 蛔虫性肠梗阻：生鳞茎 30g，捣烂取汁，加麻油 30g 调服，每日 2 次；或鳞茎 30 ～ 60g，炒熟后加入麻油、香醋适量内服。

5. 湿疹、风疹块、下肢溃疡：鳞茎 500g，煎水温洗患处。

6. 睾丸积液：鳞茎 500g，加明矾 30g，煎水温洗患处。（2 方至 6 方引自《浙江药用植物志》）

7. 蜂窝组织炎、痈疖肿痛（未破者）：鳞茎，加蜂蜜、蒲公英各等份，共捣糊状，外敷患处。（《外科精义》）

【附注】葱始载于《神农本草经》，列为中品。《新修本草》云："人间食葱有二种：一种冻葱，经冬不死，分茎栽莳而无子；一种汉葱，冬即叶枯。食用入药，冻葱最善，气味亦佳也。"《本草图经》云："入药用山葱、胡葱，食品用冬葱、汉葱。又有一种楼葱，亦冬葱类也，江南人呼为龙角葱，言其苗有八角，故云尔。淮、楚间多种之。"《本草纲目》云："冬葱即慈葱；或名太官葱。谓其茎柔细而香，可以经冬，太官上供宜之，故有数名。汉葱一名木葱，其茎粗硬，故有木名。冬葱无子。汉葱春末开花成丛，青白色。其子味辛色黑，有皱纹，作三瓣状。收取阴干，勿令浥郁，可种可栽。"上述冻葱和冬葱，当包含本种。

本种的葱白（鳞茎）、葱汁、葱须（须根）、葱花民间均入药。

药材鲜葱、葱白表虚多汗者慎服。

【化学参考文献】

[1] Fukaya M，Nakamura S，Nakagawa R，et al.Cyclic sulfur-containing compounds from *Allium fistulosum* 'Kujou'[J]. Journal of Natural Medicines，2019，73（2）：397-403.

[2] 何洪巨，王希丽，张建丽，等.GC-MS 法测定大葱、细香葱、小葱中的挥发性物质[J].分析测试学报，2004，23（S1）：98-100，103.

[3] Sang S M，Lao A N，Wang Y S，et al.Antifungal constituents from the seeds of *Allium fistulosum* L.[J].J Agric Food Chem，2002，50（22）：6318-6321.

[4] Do J C，Jung K Y，Son K H.Steroidal saponins from the subterranean part of *Allium fistulosum*[J].J Nat Prod，1992，55（2）：168-173.

【药理参考文献】
[1] 来威. 葱子的生物活性及生药鉴定 [D]. 上海：第二军医大学硕士学位论文，2006.
[2] Aoyama S，Hiraike T，Yamamoto Y .Antioxidant，lipid-lowering and antihypertensive effects of red welsh onion（*Allium fistulosum*）in spontaneously hypertensive rats [J] .Food Science and Technology Research，2008，14（1）：99-103.
[3] Sung Y Y，Yoon T，Kim S J，et al.Anti-obesity activity of *Allium fistulosum* L.extract by down-regulation of the expression of lipogenic genes in high-fat diet-induced obese mice [J] .Molecular Medicine Reports，2011，4（3）：431-435.
[4] Cha H S，Seong K S，Kim S H，et al.Protective effects of welsh onion（*Allium fistulosum* L.）on drug-induced hepatotoxicity in rats [J] .Journal of the Korean Society of Food Science & Nutrition，2005，34（9）：1344-1349.
[5] 罗海滨. 大葱油诱导胃癌细胞凋亡作用机制的初步研究 [D]. 石家庄：河北医科大学硕士学位论文，2002.
【临床参考文献】
[1] 佚名. 男性不育症 [J]. 医学文选，1991，（5）：12.

16. 藜芦属 *Veratrum* Linn.

多年生草本。根茎粗，具稍肉质须根。叶互生，茎下部叶常较大，向上渐小呈苞片状。圆锥花序，雄花和两性花同株，稀全为两性花；花被片 6 枚，离生，内轮花被片较外轮花被片窄长，宿存；雄蕊 6 枚，生于花被片基部，花丝丝状，较花被片短或稍长，花药近肾形，背着，合成 1 室；子房上部微 3 裂，3 室，每室具胚珠多数，花柱 3 枚，多少向外弯，宿存，柱头小。蒴果，常具 3 钝棱，室间开裂，每室具种子多数。种子扁平，种皮薄，周围具膜质翅。

约 40 种，分布于亚洲、欧洲和北美洲。中国 13 种，法定药用植物 6 种。华东地区法定药用植物 4 种。

分种检索表

1. 包裹茎基部的叶鞘只具纵脉，无横脉；叶片下面密被短柔毛；花较大，花被片长 11 ～ 17mm………………………………………………………………………………毛叶藜芦 *V. grandiflorum*
1. 包裹茎基部的叶鞘具纵脉与横脉；叶两面无毛；花较小，花被片长 5 ～ 9mm。
  2. 叶无柄或只在茎上部的稍具柄………………………………………………………藜芦 *V. nigrum*
  2. 叶具柄。
    3. 茎下部叶宽椭圆形或长圆形；花被片黄绿色、绿白色或淡褐色…………牯岭藜芦 *V. schindleri*
    3. 茎下部叶近披针形或长圆状披针形；花被片通常黑紫色或紫堇色………黑紫藜芦 *V. japonicum*

1136. 毛叶藜芦（图 1136）• *Veratrum grandiflorum*（Maxim.）Loes. f.（*Veratrum puberulum* Loes. f.）

【别名】人头发，棕包头（江西庐山、九江），棕包脚（江西井冈山）。

【形态】多年生草本，高达 1.5m。茎基部残存叶鞘具无网眼的纤维状纵脉，无横脉。叶宽椭圆形或长圆状披针形，长 10 ～ 26cm，宽 6 ～ 9cm，先端钝圆或渐尖，基部抱茎，下面密被褐色或淡灰色短柔毛。圆锥花序塔形，侧生总状花序直立或斜升，顶生总状花序较侧生总状花序长。花被片绿白色，长圆形或椭圆形，长 11 ～ 17mm，宽约 6mm，先端钝，基部具短爪，边缘啮噬状，外轮花被片背面尤其中下部密被短柔毛；花梗短于小苞片，密被短柔毛或近无毛；雄蕊短于花被片；子房密被短柔毛。蒴果直立，长 1.5 ～ 2.5cm。花果期 7 ～ 8 月。

【生境与分布】常生于海拔 1200 ～ 4000m 山坡林下或潮湿草丛中。分布于安徽、浙江西部、江西北

图 1136 毛叶藜芦 摄影 刘军等

部，另湖南西北部、湖北西部、四川、云南东北部和西北部等地均有分布。

【药名与部位】藜芦（披麻草），根或根茎。

【采集加工】秋季采挖，除去泥沙及杂质，干燥。

【药材性状】根茎粗短，长圆锥形或类圆柱形。外表面黑褐色。顶端残留有叶基和棕毛状纤维，形如蓑衣，四周簇生多数须根。须根长 5 ～ 25cm，直径 2 ～ 4mm，表面灰黄色或灰褐色，有横纵纹，下部纵纹明显。体轻，质脆，易折断。断面白色或黄白色，粉性。气微，味苦。

【药材炮制】除去杂质，洗净，切段，干燥。

【化学成分】叶含芪类：氧化白藜芦醇（oxyresveratrol）、白藜芦醇 -3-*O*- 葡萄糖苷（resveratrol-3-*O*-glucoside），即云杉新苷（piceid）、白藜芦醇（resveratrol）和氧化白藜芦醇 -3-*O*- 葡萄糖苷（oxyresveratrol-3-*O*-glucoside）[1]；黄酮类：木犀草素 -7-*O*- 葡萄糖苷（luteolin-7-*O*-glucoside）、芹菜素 -7-*O*- 葡萄糖苷（apigenin-7-*O*-glucoside）和柯伊利素 -7-*O*- 葡萄糖苷（chrysoeriol-7-*O*-glucoside）[1]。

芽含甾体类：多曼替醇（dormantinol）和胆甾醇（cholesterol）[2]。

根含芪类：白藜芦醇（resveratrol）和羟基白藜芦醇（hydroxyresveratrol）[3]。

全草含生物碱类：藜芦胺（veratramin）[4]，特因明（teinemine）、异特因明（isoteinemine）[5]，（20*R*, 25*R*）-12β-*O*-乙酰基-20β-羟基异藜芦嗪［（20*R*, 25*R*）-12β-*O*-acetyl-20β-hydroxyisoverazine］、（20*R*, 25*R*）-12β-*O*-乙酰基-20β-羟基异藜芦嗪-3-*O*-β-D-吡喃葡萄糖苷［（20*R*, 25*R*）-12β-*O*-acetyl-20β-hydroxyisoverazine-3-*O*-β-D-glucopyranoside］、（20*R*, 25*R*）-异阿尔泰藜芦宁碱*［（20*R*, 25*R*）-isoveralodinine］、藜芦嗪（verazine）、异藜芦洛辛（isoveralosine）、茄啶（solanidine）和3-当归酰基棋盘花碱（3-angeloylzygadenine）[6]；甾体类：3β-羟基-$\Delta^{5,16}$-孕甾二烯-20-酮（3β-hydroxy-$\Delta^{5,16}$-pregnadien-20-one）[7]。

【药理作用】1. 抗菌　从叶中分离得到的氧化白藜芦醇（oxyresveratrol）有一定的抗菌作用[1]。2. 抗肿瘤　从根部分离得到的白藜芦醇（resveratrol）对人结肠癌 HT29、SW480 细胞的增殖有抑制作用[2]。

【性味与归经】辛、苦、寒。有毒。归肺、胃、肝经。

【功能与主治】祛风痰，杀虫毒。用于中风痰壅，癫痫，喉痹。外用治恶疮疥癣。

【用法与用量】煎服 1 ～ 3g；外用适量。

【药用标准】贵州药材 1988、四川药材 2010 和云南药品 1996。

【附注】同属植物狭叶藜芦 *Veratrum stenophyllum* Diels 及大理藜芦 *Veratrum taliense* Loes. f. 的根及根茎在云南民间也作披麻草药用。

药材藜芦或披麻草体虚气弱者及孕妇禁服；不宜久服、多服，服之吐不止，可饮葱汤解之。反细辛、芍药及人参、沙参、丹参、玄参、苦参等诸参。

【化学参考文献】

［1］Hanawa F，Tahara S，Mizutani J.Antifungal stress compounds from *Veratrum grandiflorum* leaves treated with cupric chloride［J］.Phytochemistry，1992，31（9）：3005-3007.

［2］Kaneko K，Tanaka M W，Mitsuhashi H.Dormantinol，a possible precursor in solanidine biosynthesis，from budding *Veratrum grandiflorum*［J］.Phytochemistry，1977，16（8）：1247-1251.

［3］Takaoka M.Phenolic substances of white hellebore（*Veratrum grandiflorum* Loes.fil.）［J］.J Faculty Sci，Hokkaido Imp Univ，1940，3（Ser.III）：1-16.

［4］Saito K.Alkaloids of white hellebore.IV.veratramine，a new alkaloid of white hellebore（*Veratrum grandiflorum* Loes. fil.）［J］.Bull Chem Soc Jpn，1940，15：22-27.

［5］Kaneko K，Tanaka M W，Takahashi E，et al.Teinemine and isoteinemine，two new alkaloids from *Veratrum grandiflorum*［J］.Phytochemistry，1977，16（10）：1620-1622.

［6］Gao L J，Chen F Y，Li X Y，et al.Three new alkaloids from *Veratrum grandiflorum* Loes with inhibition activities on hedgehog pathway［J］.Bioorg Med Chem Lett，2016，26（19）：4735-4738.

［7］Kaneko K，Watanabe M，Mitsuhashi H.3β-Hydroxy-$\Delta^{5,16}$-pregnadien-20-one from *Veratrum grandiflorum*［J］.Phytochemistry，1973，12（6）：1509-1510.

【药理参考文献】

［1］Hanawa F，Tahara S，Mizutani J .Antifungal stress compounds from *Veratrum grandiflorum* leaves treated with cupric chloride［J］.Phytochemistry，1992，31（9）：3005-3007.

［2］赖丽琴，魏红权 . 白藜芦醇对人结肠癌细胞增殖、凋亡以及细胞周期的影响研究［J］. 浙江中医杂志，2016，51（7）：488-489.

1137. 藜芦（图 1137）• *Veratrum nigrum* Linn.（*Veratrum nigrum* Linn. var. *ussuriense* Nakai；*Veratrum bracteatum* Batal.）

【别名】黑藜芦，山葱（山东），乌苏里藜芦，阿勒泰藜芦。

【形态】多年生草本，高达 1m。茎粗壮，基部残存黑色叶鞘具纤维网状纵脉与横脉。叶椭圆形、宽卵状椭圆形或卵状披针形，长 22 ～ 25cm，宽约 10cm，先端锐尖，基部无柄或茎上部叶具短柄，两面无毛。

图 1137　藜芦　　　　摄影　朱仁斌等

圆锥花序塔形，侧生总状花序直立伸展，常具雄花，顶生总状花序常长于侧生总状花序，花全为两性花；花密生，花被片黑紫色；花序轴和花梗均密被白色绵状毛；小苞片披针形，边缘和背面被毛；两性花花被片稍反折，长圆形，长 0.5 ～ 0.8cm，先端圆，基部稍窄；雄蕊短于花被片；子房无毛。蒴果直立，长 1.5 ～ 2cm。花果期 7 ～ 9 月。

【生境与分布】生于海拔 1200 ～ 3300m 山坡林下或草丛中。分布于山东、安徽，另黑龙江、辽宁、吉林、内蒙古、山西、河北、河南、湖北、四川、陕西南部、甘肃南部、宁夏南部、贵州等地均有分布；亚洲北部、欧洲中部也有分布。

【药名与部位】藜芦，根及根茎（鳞茎）。

【采集加工】春季采挖，除去苗叶、泥沙，晒干。

【药材性状】根茎短粗，表面褐色。上端残留棕色纤维状的叶基，下面丛生须根，根长 10 ～ 20cm，直径约 0.3cm，表面黄白色或灰褐色，上端有细密的横皱纹，下端多纵皱纹。质脆，易折断，断面白色，粉性，中心有一淡黄色的木质部，易与皮部分离。气微，味辛、极苦，粉末有强烈的催嚏性。

【化学成分】种子含脂肪酸类：亚油酸（linoleic acid）和油酸（oleic acid）[1]。

根和根茎含甾体生物碱类：胚芽儿碱（germerine）、去乙酰原藜芦碱 A（deacetylprotoveratrine A）[2]，吉伏米定（gevmidine）、藜芦玛碱（veramarine）、原藜芦碱 A（protoveratrine A）[3]，蒜藜芦碱（jervine）、红藜芦碱（rubijervine）、异红藜芦碱（isorubijervine）、棋盘花碱（zygadenine）、藜芦酰棋盘花碱（veratroylzygadenine）[4]，藜芦生碱（verazine）[3,5]，表-藜芦生碱（epiverazine）、藜芦胺（veratramin）[5]，新哥布定（neogermbudine）[6]，（1β, 3α, 5β）-1, 3-二羟基蒜藜芦宁-12-烯-11-酮［（1β, 3α, 5β）-1, 3-dihydroxyjervanin-12-en-11-one］、藜芦帕土碱（neoverapatuline）、表藜芦生碱（epiverazine）、藜芦托素（veratrosine）[7]，藜芦维定（verdine）、12β-羟基藜芦酰棋盘花碱（12β-hydroxylveratroylzygadenine）[8]，（－）-藜芦尼素［（－）-veranigrine］[9]，蒜藜芦碱-3-甲酰酯（jervine-3-formate）、藜芦玛碱-3-甲酰酯（veramarine-3-formate）、蒜藜芦-5, 11-二烯-3β, 13β-二醇（jerv-5, 11-dien-3β, 13β-diol）和（1β, 3β, 5β）-1, 3-二羟基蒜藜芦宁-12（13）-烯-11-酮［（1β, 3β, 5β）-1, 3-dihydroxyjervanin-12（13）-en-11-one］和藜芦胺-3-乙酸酯（veratramine-3-acetate）[10]。

全草含甾体生物碱类：15-*O*-（2-甲基丁酰基）-3-*O*-藜芦酰原藜芦素［15-*O*-（2-methylbutanoyl）-3-*O*-veratroylprotoverine］、23-甲氧基环巴胺（23-methoxycyclopamine）[11]，15-*O*-（2-甲基丁酰基）计明胺［15-*O*-（2-methylbutanoyl）germine］、新大理藜芦碱 B（neoverataline B）和白藜芦胺，即计明胺（germine）[12]；黄酮类：槲皮素（quercetin）、异槲皮苷（isoquercitrin）、异鼠李黄素（isorhamnetin）、3-甲氧基异鼠李黄素（3-methoxylisorhamnetin）、3-甲氧基槲皮素（3-methoxylquercetin）、5, 7, 3′, 5′-四羟基黄酮（5, 7, 3′, 5′-tetrahydroxyflavone）、5, 7, 3′, 4′-四羟基黄酮（5, 7, 3′, 4′-tetrahydroxyflavone）、5, 7, 4′-三羟基-3′-甲氧基黄酮（5, 7, 4′-trihydroxy-3′-methoxylflavone）、3, 5, 7-三羟基-3′, 5′-二甲氧基黄酮（3, 5, 7-trihydroxy-3′, 5′-dimethoxylflavone）[13]，4′-甲氧基葡萄苜蓿素（4′-methoxyglucotricin）和 3′, 4′-二甲氧基槲皮苷（3′, 4′-dimethoxyquercitrin）[14]。

【药理作用】1. 护肺与脑　从根中提取的藜芦生物碱能改善肺组织的病理学改变，减少中性粒细胞浸润，通过抑制黏附分子和选择素的过度表达，减轻肝缺血再灌注诱导的肺损伤[1]；从根中提取的生物碱类成分（乌苏里藜芦碱）对大鼠局灶性脑缺血-再灌注损伤有保护作用，其保护作用与降低损伤区 ICAM21 有关[2]。2. 抗肿瘤　从根中提取的生物碱类成分（乌苏里藜芦碱）对结肠癌 Colon 26-L5 细胞有明显的凋亡诱导作用，表现为抑制肿瘤细胞的增殖、侵袭、迁移和黏附，可能与其诱导细胞凋亡和抑制 MMP2 及 MMP9 分泌有关[3]；藜芦碱类成分（藜芦定、瑟瓦狄灵、沙巴丁和盐酸藜芦碱的混合物）能抑制人肝癌 HepG2 细胞的增殖，损伤细胞膜和线粒体进而启动凋亡基因胱天蛋白酶 9 和胱天蛋白酶 3 mRNA 的表达[4]；根的水提取物对人体肺癌 PC9 细胞的增殖具有明显的抑制作用[5]。3. 抗氧化　根的水提取物对 1，1-二苯基-2-三硝基苯肼（DPPH）自由基具有清除作用[5]。4. 降血压　从根中提取的乌苏里藜芦生物碱能短暂性地增加钙电流，延长动作电位，从而增强心肌收缩功能，改善高血压时的心脏负荷状态[6]；乌苏里藜芦生物碱可明显增强 RHR C1、C2、A5 区酪氨酸 3-单加氧酶（TM）-免疫反应阳性（IP）神经元的免疫反应活性，发挥降压作用[7]。5. 护心肌　从根中提取的乌苏里藜芦生物碱在一定剂量范围内可抑制血管紧张素Ⅱ（Ang Ⅱ）诱导的心肌细胞肥大作用，并具有剂量依赖性，可能与其抑制细胞内 CaN 表达有关[8]，可抑制异丙肾上腺素诱导的小鼠心肌肥大[9]。6. 兴奋神经　小剂量藜芦碱（veratridine）可在大鼠脑海马 CA1 区锥体神经元上诱发出阵发性去极化漂移样癫痫作用[10]；藜芦碱可引起峰间期慢波振荡[11]。7. 抗菌　根和茎的 95% 乙醇提取物对大肠杆菌、金黄色葡萄球菌和枯草芽孢杆菌的生长均有一定的抑制作用[12]。8. 抗血栓　藜芦总生物碱以及单体成分 15-*O*-（2-甲基丁酰基）计明胺［15-*O*-（2-methylbutanoyl）germine］、计明胺（germine）和新大理藜芦碱 B（neoverataline B）等均能显著降低血栓湿质量和血小板聚集率，延长凝血酶时间（TT），对凝血激酶时间（APTT）和凝血酶原时间（PT）无明显影响，有抗血栓的作用[13]。9. 抗脂　根和根茎的乙醇提取物对高脂饮食引起的肥胖 C57BL/6J 鼠具有抑制其体重增加的作用[14]。10. 雌激素调节　藜芦可降低丹参的雌激素活性，此作用可能与雌激素分泌的调节和雌激素受体通过雌激素受体 α/β 的雌激素响应元素途径有关[15]。

【性味与归经】辛、苦，寒。有毒。归肝、肺、胃经。

【功能与主治】吐风痰，杀虫毒。用于中风痰涌，喉痹不通，久疟，癫痫等症。外用治疥癣秃疮。

【用法与用量】煎服 0.3 ～ 0.9g；外用适量，研末或调敷。

【药用标准】江西药材 2014、贵州药材 2003、山东药材 2012、山西药材 1987、四川药材 2010、湖南药材 2009、吉林药品 1977 和新疆药品 1980 二册。

【临床参考】1. 跌打损伤：根研粉，每次 0.3 ～ 0.6g，黄酒送服。

2. 骨折：根，加牛膝、血余炭各等量，研粉，白酒调匀，外敷正骨后的伤处，再用小夹板固定。

3. 指头炎：鲜根 60 ～ 90g，捣烂外敷患处。

4. 疟疾：取约 3cm 长的根 3 支，插入鸡蛋内煮熟，去药吃蛋，于发病前 1 ～ 2h 服，忌鱼腥。（1 方至 4 方引自《浙江药用植物志》）

【附注】藜芦始载于《神农本草经》，列入下品。《蜀本草》载："叶似郁金、秦艽、蘘荷等，根若龙胆，茎下多毛，夏生冬凋。今所在山谷皆有，八月采根，阴干。"《本草图经》云："今陕西山南东西州郡皆有之。辽州、均州、解州者尤佳。三月生苗。叶青，似初出棕心，又似车前。茎似葱白，青紫色，高五六寸，上有黑皮裹茎，似棕皮。有花肉红色。根似马肠根，长四五寸许，黄白色，二、三月采根，阴干。"参考其附图，似为本种。

药材藜芦体虚气弱者及孕妇禁服。服之吐不止，可饮葱汤解之。反细辛、芍药及人参、沙参、丹参、玄参、苦参等诸参。

【化学参考文献】

[1] Poethke W, Trabert H.Constituents of *Veratrum nigrum*（alkaloids and seed oil）[J].Pharm Zentralhalle Dtschl, 1947, 86: 321-324.

[2] Bondarenko N V.Alkaloids from *Veratrum nigrum* [J].Khim Prir Soedin, 1979, （1）: 105-106.

[3] Bondarenko N V.Alkaloids of *Veratrum nigrum*.II [J].Chemistry of Natural Compounds, 1979, 15（3）: 366.

[4] Bondarenko N V.Alkaloids of *Veratrum nigrum*.III [J].Khim Prir Soedin, 1981, （4）: 527-528.

[5] Jin M H, Kim H J, Kang S, et al.Three melanogenesis inhibitors from the roots of *Veratrum nigrum* [J].Saengyak Hakhoechi, 2002, 33（4）: 399-403.

[6] 赵伟杰，陈均，郭永沺，等.藜芦生物碱的化学研究[J].中药通报，1987，12（1）：34-35.

[7] Cong Y, Jia W, Chen J, et al.Steroidal alkaloids from the roots and rhizomes of *Veratrum nigrum* L. [J].Helv Chim Acta, 2007, 90（5）: 1038-1042.

[8] Cong Y, Wang J H, Wang R, et al.A study on the chemical constituents of *Veratrum nigrum* L.processed by rice vinegar [J].J Asian Nat Prod Res, 2008, 10（7）: 616-621.

[9] Christov V, Mikhova B, Selenge D, et al.（-）-Veranigrine, a new steroidal alkaloid from *Veratrum nigrum* L. [J] Fitoterapia, 2009, 80（1）: 25-27.

[10] Kang C H, Han J H, Oh J, et al.Steroidal alkaloids from *Veratrum nigrum* enhance glucose uptake in skeletal muscle cells [J].Journal of Natural Products, 2015, 78（4）: 803-810.

[11] Wang B, Zhang W D, Shen Y H, et al.Two new steroidal alkaloids from *Veratrum nigrum* L. [J].Helv Chim Acta, 2008, 91（2）: 244-248.

[12] 宋其玲，王世盛，李悦青，等.藜芦生物碱抗血栓作用及构效关系研究[J].中药材，2014，37（11）：2034-2038.

[13] 王斌，李慧梁，汤建，等.藜芦的黄酮类化学成分研究[J].药学服务与研究，2007，7（5）：347-349.

[14] Li H L, Tang J, Liu R H, et al.Two new flavanone glycosides from *Veratrum nigrum* L. [J].Nat Prod Res, 2009, 23（2）: 122-126.

【药理参考文献】

[1] Tian X F, Zhang X S, Zhao H D, et al.Effect of *Veratrum nigrum* L.var.*ussurience* Nakai alkaloids on expression of ICAM-1 and E-selection in lung injury induced by hepatic ischemia/reperfusion in rats [C].International Conference on

Bioinformatics & Biomedical Engineering，2009.
[2] 由广旭，周琴，李卫平，等. 乌苏里藜芦碱对大鼠脑缺血 - 再灌注损伤的保护作用［J］. 中草药，2004，35（8）：908-911.
[3] 何巍，韩国柱，吕莉. 乌苏里藜芦碱的抗肿瘤作用及机制的研究［J］. 临床医药文献电子杂志，2016，3（34）：18-20.
[4] 刘苍龙，王宇光，马增春，等. 藜芦碱对 HepG2 细胞的毒性作用及其机制［J］. 中国药理学与毒理学杂志，2014，28（3）：391-397.
[5] 金善花，姜成哲，崔正云，等. 藜芦提取物的体外 DPPH 自由基清除作用和对 PC9 肺癌细胞增殖的影响［J］. 中国中医药现代远程教育，2010，8（20）：182-183.
[6] 王建民，魏苑，钟慈声，等. 乌苏里藜芦生物碱对豚鼠心肌细胞动作电位及钙电流的影响［J］. 第三军医大学学报，2001，23（12）：1403-1405.
[7] Li H，Gao G Y，Li S Y，et al.Effects of *Veratrum nigrum* alkaloids on central catecholaminergic neurons of renal hypertensive rats［J］.Acta Pharmacologica Sinica，2000，21（1）：23-28.
[8] 王丽，李华，周琴，等. 乌苏里藜芦生物碱对血管紧张素Ⅱ诱导的乳鼠心肌细胞肥大的影响［J］. 大连医科大学学报，2009，31（1）：49-51.
[9] 曹琳琳，李华，李淑媛，等. 乌苏里黎芦生物碱对小鼠心肌肥大保护作用的实验研究［J］. 大连医科大学学报，2009，30（2）：112-115.
[10] 雷革胜，朱俊玲，万业宏，等. 小剂量藜芦碱诱发大鼠脑海马 CA1 区锥体神经元异常放电癫痫脑片模型的特征［J］. 中国临床康复，2005，9（25）：238-239.
[11] 段建红，段玉斌，韩晟，等. 藜芦碱引起神经元放电峰峰间期慢波振荡［J］. 生物物理学报，2002，18（1）：49-52.
[12] 田慧霞，成莉，薛文娟，等. 藜芦活性物质的提取及其抑菌效果研究［J］. 山西农业科学，2012，40（8）：60-63.
[13] 宋其玲，王世盛，李悦青，等. 藜芦生物碱抗血栓作用及构效关系研究［J］. 中药材，2014，37（11）：2034-2038.
[14] Park J，Um J Y，Lee J，et al.*Veratri Nigri* Rhizoma et Radix（*Veratrum nigrum* L.）and its constituent jervine prevent adipogenesis via activation of the LKB1-AMPKα-ACC axis *in vivo* and *in vitro*［J］.Evidence-Based Complementray and Alternative Medicine，2016，DOI：org/10.1155/2016/8674397.
[15] Xu Y，Chen T，Li X，et al.*Veratrum nigrum* inhibits the estrogenic activity of *Salvia miltiorrhiza* Bunge *in vivo* and *in vitro*［J］.Phytomedicine，2018，DOI：10.1016/j.phymed.2018.03.038.

1138. 牯岭藜芦（图 1138）• *Veratrum schindleri* Loes. f.

【别名】天目藜芦、山棕榈（浙江），闵浙藜芦（浙江、福建）。

【形态】多年生草本，高约 1m。茎基部具残存棕褐色叶鞘带网状纵脉和横脉。茎下部叶宽椭圆形或长圆形，长约 30cm，宽 5 ~ 13cm，两面无毛，先端渐尖，基部渐狭下延成柄；叶柄长 5 ~ 10cm。圆锥花序具多数近等长的侧生总状花序；花序轴和花梗均密被灰白色绵状毛；花被片黄绿色、绿白色或淡褐色，近椭圆形或倒卵状椭圆形，长 0.6 ~ 0.8cm，先端钝，基部无爪，外轮花被片背面至少基部被毛；小苞片背面被绵状毛；雄蕊短于花被片。蒴果直立，长 1.5 ~ 2cm。花果期 6 ~ 10 月。

【生境与分布】生于海拔 700 ~ 1300m 山坡林下阴湿处。分布于江苏西南部、浙江、福建、安徽南部，另湖北、湖南、广东北部、广西东北部等地均有分布。

【药名与部位】藜芦，带鳞茎及鳞茎盘的根。

【采集加工】秋季及夏季开花前采挖，洗净，晒干。

【药材性状】鳞茎近圆柱形，基部稍膨大，长 2 ~ 4cm，直径 0.6 ~ 1.5cm；表面棕黄色、土黄色或类白色，外被棕毛样网状叶柄基，除去鳞茎者可见近圆形的鳞茎盘，网状叶柄残基少见。鳞茎盘下方具生有多数须根的短柱状根茎，须根细长柱形，略弯曲，长 3 ~ 20cm，直径 0.1 ~ 0.4cm；表面黄白色或

图 1138 牯岭藜芦 摄影 浦锦宝等

黄褐色，上端具较密横纹；断面韧皮部类白色，粉性，中央具细小淡黄色木质心，易与韧皮部分离。气微，味微苦、涩，无明显催嚏性。

【药材炮制】除去杂质，抢水洗净，捞起晾至爽水，切段，干燥。

【化学成分】根含甾体生物碱类：藜芦胺（veratramine）、蒜藜芦碱（jervine）、异红藜芦碱（isorubijervine）、藜芦托素（veratrosine）和藜芦酰棋盘花碱（veratroylzygadenine）[1]。

根茎含甾体生物碱类：当归酰棋盘花碱（angeloylzygadenine）[2]。

全草含甾体生物碱类：藜芦生碱（verazine）、藜芦西定（veralosidine）、藜芦苯甲胺（verabenzoamine）、藜芦洛明（veralomine）、藜芦嗪宁（verazinine）、原藜芦定（protoveratridine）、戈蔓春（germanitrine）、3, 15- 二当归酰基胚芽碱（3, 15-diangeloylgermine）、乌苏里藜芦碱（verussurine）、吉米特林（germitrine）、新吉米特林（neogermitrine）、胚芽定（germidine）、3- 当归酰基胚芽碱（3-angeloygermine）、2- 甲基丁酰基棋盘花碱（2-methylbutyryl zygadenine）、棋盘花碱（zygadenine）和棋盘花素（zygacine）[3]；酚类：3, 5- 二羟基苯甲醇（3, 5-dihydroxybenzyl alcohol）、4- 羟基苯甲酸（4-hydroxybenzoic acid）、3, 4- 二羟基苯甲酸（3, 4-dihydroxybenzoic acid）和 3, 5- 二羟基苯甲醛（3, 5-dihydroxybenzaldehyde）[4]；黄酮类：山柰酚（kaempferol）、山柰酚 -3-*O*-（2, 3, 4-*O*- 三乙酰基吡喃鼠李糖苷）［kaempferol-3-*O*-（2, 3

4-*O*-triacetyl rhamnopyranoside）]、山柰酚 -3-*O*-（3, 4-*O*- 二乙酰吡喃鼠李糖苷）[kaempferol-3-*O*-（3, 4-*O*-diacetylrhamnopyranoside）]、山柰酚 -3-*O*- 吡喃鼠李糖苷（kaempferol-3-*O*-rhamnopyranoside）、山柰酚 -3-*O*-（2-*O*- 乙酰吡喃鼠李糖苷）[kaempferol-3-*O*-（2-*O*-acetylrhamnopyranoside）]、山柰酚 -3-*O*-（2, 4-*O*- 二乙酰吡喃鼠李糖苷）[kaempferol-3-*O*-（2, 4-*O*-diacetylrhamnopyranoside）]、异山柰酚（isokaempferide）和（*Z*）-4- 甲氧基 -6, 4′- 二羟基橙酮 [（*Z*）-4-methoxy-6, 4′-dihydroxyaurone][4]；芪类：氧化白藜芦醇（oxyresveratrol）、白藜芦醇（resveratrol）和白藜芦醇苷（piceid）[4]。

【性味与归经】苦、辛，寒；有毒。归肺、胃、肝经。

【功能与主治】涌吐风痰，杀虫疗疮。用于中风痰壅，风痫癫痰，喉痹不通，疟疾，疥癣恶疮，杀蚤虱。

【用法与用量】煎服 0.3 ～ 0.6g；外用适量，研末敷患处。

【药用标准】江西药材 1996 和江西药材 2014。

【附注】药材藜芦体虚气弱者及孕妇禁服；不宜久服、多服。服之吐不止，可饮葱汤解之。反细辛、芍药及人参、沙参、丹参、玄参、苦参等诸参。

【化学参考文献】

[1] 周剑侠，康露，沈征武 . 天目藜芦生物碱成分研究 [J]. 中国药学杂志，2006，41（18）：1379-1381.

[2] 赵伟杰，孟庆伟，王世盛 . 天目藜芦生物碱的化学研究 [J]. 中国中药杂志，2003，28（10）：91-92.

[3] Huang H Q，Li H L，Tang J，et al.Steroidal alkaloids from *Veratrum schindleri* and *Veratrum maackii* [J].Biochem Syst Ecol，2008，36（5-6）：430-433.

[4] Huang H Q，Li H L，Tang J，et al.A new aurone and other phenolic constituents from *Veratrum schindleri* Loes. f. [J]. Biochem Syst Ecol，2008，36（7）：590-592.

1139. 黑紫藜芦（图 1139）• *Veratrum japonicum*（Baker）Loes. f. [*Veratrum atroviolaceum* Loes. f.]

【形态】植株高 40 ～ 100cm。鳞茎近圆柱形，茎基部叶鞘具带纵脉与横脉的纤维网。叶多数，茎下部叶片近披针形或长圆状披针形，长 15 ～ 30（50）cm，宽 0.5 ～ 4cm 或更宽，先端锐尖，基部下延为柄，抱茎，两面无毛。圆锥花序长 15 ～ 20cm，花序轴和花梗密生白色短棉毛；雄性花和两性花同株或全为两性花；花被片反折，通常黑紫色或深紫堇色，矩圆形或矩圆状披针形，通常长 5 ～ 8mm，宽 1.5 ～ 3mm，先端钝或稍尖，基部无柄，全缘，外花被片背面常生白色短柔毛；小苞片短于或近等长于花梗，背面密生白色绵状毛；雄蕊纤细，长 2 ～ 3mm，子房无毛。蒴果直立，长 1 ～ 1.5cm，宽约 1cm。花果期 7 ～ 9 月。

【生境与分布】生于海拔 1300 ～ 2500m 的山坡林下或草地上。分布于浙江、安徽、福建、江西，另湖北、广东、广西、云南南部、贵州、台湾也有分布。

【药名与部位】黑紫藜芦，带鳞茎及鳞茎盘的根。

【采集加工】秋季及夏季开花前采挖，洗净，晒干。

【药材性状】鳞茎近圆柱形，基部稍膨大，长 2 ～ 4cm，直径 0.6 ～ 1.5cm；表面棕黄色、土黄色或类白色，外被棕毛样网状叶柄基，除去鳞茎者可见近圆形的鳞茎盘，网状叶柄残基少见。鳞茎盘下方具生有多数须根的短柱状根茎，须根细长柱形，略弯曲，长 3 ～ 20cm，直径 0.1 ～ 0.4cm；表面黄白色或黄褐色，上端具较密横纹；断面韧皮部类白色，粉性，中央具细小淡黄色木质心，易与韧皮部分离。气微，味苦、辛，有刺喉感；粉末具强烈的催嚏性。

【药材炮制】除去杂质，抢水洗净，捞起晾至爽水，切段，干燥。

【化学成分】根茎和根含生物碱类：白藜芦胺（germine）、白藜芦任（germerine）、新白藜芦胺（neogermine）和新绿藜芦布定（neogermbudine）[1]。

图 1139　黑紫藜芦　　　摄影　刘军等

根含生物碱类：白藜芦碱（jervine）和表红藜芦碱（epirubijervine）[2]；甾体类：β- 谷甾醇（β-sitosterol）和胡萝卜苷（daucosterol）[2]；烷醇类：二十八烷醇（octacosanol）[2]。

【药理作用】 毒性　根和根茎的水提取物和黑紫藜芦总碱对小鼠小脑和大脑皮层细胞均能产生 DNA 损伤，其中黑紫藜芦总碱对 DNA 破坏最强[1]；从根和根茎中分离得到的成分白藜芦胺（germine）、白藜芦任（germerine）、新白藜芦胺（neogermine）和新绿藜芦布定（neogermbudine）对小鼠的脑细胞显示出基因毒性[2]。

【性味与归经】 苦、辛，寒；有毒。归肺、胃、肝经。

【功能与主治】 涌吐风痰，杀虫疗疮。用于中风痰壅，风痫癫痰，喉痹不通，疟疾，疥癣恶疮，杀蚤虱。

【用法与用量】 煎服 0.3 ～ 0.6g；外用适量，研末敷患处。

【药用标准】 贵州药材 2003 和江西药材 2014。

【附注】 本种形态与牯岭藜芦 *Veratrum schindleri* Loes. 相近，故 *Flora of China* 已将本种归并至牯岭藜芦。不同点在本种的叶通常带状或狭矩圆形，花通常黑紫色或紫堇色。

药材藜芦体虚气弱者及孕妇禁服；不宜久服、多服。服之吐不止，可饮葱汤解之。反细辛、芍药及人参、沙参、丹参、玄参、苦参等诸参。

【化学参考文献】

[1] Cong Y，Guo L，Yang J Y，et al.Steroidal alkaloids from *Veratrum japonicum* with genotoxicity on brain cell DNA of the

cerebellum and cerebral cortex in mice［J］.Planta Med，2007，73（15）：1588-1591.
［2］周剑侠，康露，沈征武，等 . 黑紫藜芦化学成分研究［J］. 中国药物化学杂志，2006，16（5）：303-305.

【药理参考文献】

［1］丛悦，张亚宏，郭磊 . 黑紫藜芦对小鼠小脑和大脑皮层细胞 DNA 损伤研究［J］. 中成药，2011，33（7）：1234-1236.
［2］Cong Y，Guo L，Yang J Y，et al.Steroidal alkaloids from *Veratrum japonicum* with genotoxicity on brain cell DNA of the cerebellum and cerebral cortex in mice［J］.Planta Med，2007，73：1588-1591.

17. 大百合属 *Cardiocrinum*（Endl.）Lindley

多年生草本。基生叶叶柄基部膨大形成鳞茎，在花序抽出后凋萎；小鳞茎数枚，卵形，具纤维质鳞茎皮，无鳞片。茎高大。叶基生或茎生，具柄，叶脉网状。总状花序，具花 3 ～ 16 朵；花冠窄喇叭形，白色，具紫纹；花被片 6 枚，离生；雄蕊 6 枚，花丝扁平，花药背着；子房圆柱形，花柱长于子房，柱头头状，微 3 裂。蒴果长圆形，顶端具小突尖，果柄粗短，具 6 钝棱及多数横纹。种子多数，扁平，红棕色，周围具窄翅。

3 种，分布于中国和日本。中国 2 种，法定药用植物 1 种。华东地区法定药用植物 1 种。

1140. 荞麦大百合（图 1140）• *Cardiocrinum cathayanum*（Wils.）Stearn

图 1140　荞麦大百合　　　摄影　丁炳扬等

【别名】荞麦叶贝母（安徽），百合莲（江西）。

【形态】多年生草本。小鳞茎高 2.5cm，直径 1.2 ～ 1.5cm。茎高 0.65 ～ 1.5m。叶卵状心形或卵形，长 10 ～ 22cm，宽 6 ～ 16cm，基部心形，具网状脉；叶柄长 6 ～ 20cm。总状花序具花 3 ～ 5 朵；花梗粗短；苞片长圆状披针形，长 4 ～ 5.5cm，宿存；花乳白色或淡绿色，内面具紫纹；花被片条状倒披针形，长 14 ～ 15cm；花丝长 8 ～ 10cm，花药长约 0.9cm。蒴果长球形，长 4 ～ 5cm，成熟时红棕色。花期 7 ～ 8 月，果期 8 ～ 9 月。

【生境与分布】生于海拔 600 ～ 1200m 山坡林下、溪边或阴湿处。分布于江苏西南部、浙江、福建西部、江西、安徽南部，另湖北、湖南、贵州、河南等地均有分布。

【药名与部位】百合马兜铃，成熟果实。

【采集加工】秋季果实由绿变黄时采收，干燥。

【药材性状】呈卵球形，果顶尖，长 4 ～ 6cm，直径 4cm。外表黄棕色至褐色，常由上半部开裂成 3 瓣，基部有粗短果柄。质轻脆，易破裂，破开后，内面黄白色，光亮，有厚隔将果实隔成 3 室，每室内有多数种子，层层相叠。种子三角形，周围为半透明膜质（翅），中间深棕色，剥开后，内有一白色子仁。无臭，味微甘。

【性味与归经】甘、微苦，凉。归肺、脾、大肠经。

【功能与主治】润肺降气，止咳平喘，清肠消痔。用于肺热咳喘，痰中带血，肠热痔血，痔疮肿痛。

【用法与用量】3 ～ 9g。

【药用标准】贵州药材 2003。

【附注】清《植物名实图考》有蘘荷一条，云："……抽茎开花青白色，如荷而小，未舒时摘而酱渍之，细瓣层层如剥蕉也。"作者误以为所描述的为蘘荷，对照附图，实为本种。

18. 贝母属 *Fritillaria* Linn.

多年生草本。鳞茎由鳞片和鳞茎盘组成，近卵圆形或球形，稀莲座状，外有鳞茎皮，鳞片 2 枚，稀 3 枚，白粉质，内有小鳞片 2 ～ 3 对。茎直立，不分枝。茎生叶对生、轮生或散生，先端卷曲或不卷曲，基部半抱茎。花钟状，俯垂，辐射对称，稀近两侧对称，单朵顶生或多朵组成总状花序或伞形花序，具叶状苞片；花被片 6 枚，2 轮排列，内面近基部各具一凹陷蜜腺窝；雄蕊 6 枚，花药近基着或背着，2 室，内向开裂；花柱长于雄蕊，柱头 3 裂或不裂；子房 3 室，每室具胚珠 2 粒，中轴胎座。蒴果直立，具 6 棱，棱上常具翅，室背开裂。种子多数，扁平，边缘有狭翅。

约 130 种，主要分布北半球温带地区。中国 24 种，法定药用植物 18 种。华东地区法定药用植物 2 种 1 变种。

分种检索表

1. 叶先端明显卷曲；花被片长圆状卵形。
   2. 鳞茎扁球形，鳞片 2 枚；叶对生、轮生或散生，披针形或条状披针形…………浙贝母 *F. thunbergii*
   2. 鳞茎椭圆形或卵形，鳞片 3 枚；叶对生，宽条形………………东贝母 *F. thunbergii* var. *chekiangensis*
1. 叶先端不卷曲或稍卷曲；花被片长圆状倒披针形………………………………天目贝母 *F. monantha*

1141. 浙贝母（图 1141）• *Fritillaria thunbergii* Miq.［*Fritillaria verticillata* Willd. var. *thunbergii*（Miq.）Baker］

【别名】浙贝、象贝（浙江、安徽）。

【形态】多年生草本，高 50 ～ 80cm。鳞茎扁球形，直径 1.5 ～ 3cm，鳞片 2 枚。叶对生、轮生或散生，

图 1141　浙贝母　　摄影　李华东等

叶片披针形或条状披针形，长 7 ～ 11cm，宽 1 ～ 2.5cm，先端卷曲。花 1 ～ 6 朵，顶生或腋生；花被片淡黄色，内面有时具不明显方格纹；顶生花具 3 ～ 4 枚轮生叶状苞片，多与下面叶片合生，其余的常 2 枚簇生，腋生花其叶状苞片多不与下面叶片合生，先端卷曲；花被片长圆状卵形，长 2 ～ 3cm，宽 1 ～ 1.8cm，蜜腺窝不明显突起，蜜腺卵形或椭圆形，长约 0.5cm；柱头 3 裂。蒴果长 2 ～ 2.2cm，棱上具翅。花期 3 ～ 4 月，果期 5 月。

【生境与分布】生于海拔 600m 以下竹林下或稍荫蔽草丛中。分布于江苏南部、浙江、安徽，另湖北、湖南、四川东部、河南东南部等地均有分布。

【药名与部位】浙贝母，鳞茎。贝母花，带茎梢的花。

【采集加工】浙贝母：初夏植株枯萎时采挖，洗净。大小分开，大者除去芯芽，习称“大贝”；小者不去芯芽，习称“珠贝”。分别撞擦，除去外皮，拌以锻过的贝壳粉，吸去擦出的浆汁，干燥；或取鳞茎，大小分开，洗净，除去芯芽，趁鲜切成厚片，洗净，干燥，习称“浙贝片”。贝母花：花期采摘，干燥。

【药材性状】浙贝母：大贝　为鳞茎外层的单瓣鳞叶，略呈新月形，高 1 ～ 2cm，直径 2 ～ 3.5cm。外表面类白色至淡黄色，内表面白色或淡棕色，被有白色粉末。质硬而脆，易折断，断面白色至黄白色，富粉性。气微，味微苦。珠贝　为完整的鳞茎，呈扁球形，高 1 ～ 1.5cm，直径 1 ～ 2.5cm。表面类白色，外层鳞叶 2 瓣，肥厚，略似肾形，互相抱合，内有小鳞叶 2 ～ 3 枚和干缩的残茎。浙贝片　为鳞茎外层的单瓣鳞叶切成的片。椭圆形或类圆形，直径 1 ～ 2cm，边缘表面淡黄色，切面平坦，粉白色。质脆，易折断，断面粉白色，富粉性。

贝母花：多皱缩，完整的花呈钟状，花梗长 1 ～ 2cm。花被片 6，黄绿色至棕黄色，分 2 轮排列，花被片长倒卵形至卵圆形，长 2 ～ 3cm，宽约 2cm，外面有棕色条纹。雄蕊 6，着生于花被基部；雌蕊 1，柱头 3 歧。气微，味苦。

【质量要求】浙贝母：大贝 色白，无泥杂，不松朴，无僵子，成只。珠贝 无泥杂灰屑，无虫蛀。贝母花：色黄白，略有脑梢，无叶梗。

【药材炮制】浙贝母：除去杂质，洗净，润软，切厚片，干燥；产地已切片者，筛去灰屑。

贝母花：除去杂质。

【化学成分】鳞茎含生物碱类：贝母宁苷（peiminoside）、浙贝甲素（peimine），即浙贝母碱（verticine）[1]，浙贝乙素（peiminine），即去氢浙贝母碱（verticinone）、浙贝宁（zhebeinine）[2]，浙贝林（zhebeirine）、埃贝母定（eduardine）[3]，浙贝酮（zhebeinone）[4]，贝母辛（peimisine）、浙贝宁苷（zhebeininoside）[5]，浙贝丙素（puqiedinone）、蒲贝素 A（puqiedine）和贝母辛 -*N*- 氧化物（peimisine-*N*-oxide）[6]；甾体类：β- 谷甾醇（β-sitosterol）和胡萝卜苷（daucosterol）[5]；二萜类：浙贝萜 A、B（fritillarinol A、B）、16α, 17- 环氧 - 对映 - 贝壳杉烷（16α, 17-epoxy-*ent*-kaurane）、异海松 -7, 15- 二烯（isopimara-7, 15-diene）、16β- 甲氧基 -17- 羟基 - 对映 - 贝壳杉烷（16β-methoxy-17-hydroxyl-*ent*-kaurane）、16β, 17- 二羟基 - 对映 - 贝壳杉烷（16β, 17-dihydroxyl-*ent*-kaurane）和（-）- 对映 - 贝壳杉 -16- 烯［（-）-*ent*-kaur-16-ene］[7]；木脂素类：苦鬼臼毒素（picropodophyllotoxin）[8]。

茎叶含生物碱类：2, 5- 二甲氧基 -1, 4- 醌（2, 5-dimethoxy-1, 4-benzoquinone）和茄啶（solanidine）[9]；黄酮类：槲皮素 -3-*O*- 芸香糖苷（quercetin-3-*O*-rutinoside）、山柰苷（kaempferitrin）、山柰酚（kaempferol）、山柰酚 -7-*O*-β-D- 葡萄糖基 -3-*O*-α-L- 鼠李糖苷（kaempferol-7-*O*-β-D-glucosyl-3-*O*-α-L-rhamnoside）、山柰酚 -3-*O*-β-D- 葡萄糖基 -7-*O*-α-L- 鼠李糖苷（kaempferol-3-*O*-β-D-glucosyl-7-*O*-α-L-rhamnoside）、槲皮素（quercetin）、甲基槲皮素（methylquercetin）、异鼠李素 -3-*O*-β-D- 葡萄糖基 -7-*O*-α-L- 鼠李糖苷（isorhamnetin-3-*O*-β-D-glucosyl-7-*O*-α-L-rhamnoside）、山柰酚 -7-*O*-β-D- 葡萄糖苷（kaempferol-7-*O*-β-D-glucoside）、山柰酚 -3-*O*-β-D- 葡萄糖苷（kaempferol-3-*O*-β-D-glucosid）和槲皮素 -3-*O*-β-D- 葡萄糖苷（quercetin-3-*O*-β-D-glucosid）[6]；木脂素：丁香树脂酚（syringaresinol）[9]。

花含生物碱类：浙贝丙素（puqiedinone）、蒲贝素 A（puqiedine）和贝母辛 -*N*- 氧化物（peimisine-*N*-oxide）[6]；花含黄酮类：异鼠李素（isorhamnetin）、二氢芹菜素（dihydroapigenin）、3, 3′- 二甲氧基 -4′, 5, 7- 三羟基黄酮（3, 3′-dimethoxy-4′, 5, 7-trihydroxyflavone）、山柰酚 -3-*O*-α-L- 鼠李糖苷（kaempferol-3-*O*-α-L-rhamnoside）、山柰酚 -3-*O*-α-L- 葡萄糖苷（kaempferol-3-*O*-α-L-glucoside）和山柰苷（kaempferitrin）[10]；烷醇类：正十七烷醇（1-heptadecanol）[10]；脂肪酸酯类：十七烷酸单甘油酯（monoheptadecanoin）[10]。

花蕾含生物碱类：浙贝丙素（puqiedinone）、蒲贝素 A（puqiedine）和贝母辛 -*N*- 氧化物（peimisine-*N*-oxide）[6]；黄酮类：槲皮素（quercetin）、槲皮素 -3-*O*- 芸香糖苷（quercetin-3-*O*-rutinoside）、槲皮素 -7-*O*- 芸香糖苷（quercetin-3-*O*-rutinoside）、山柰酚（kaempferol）、甲基槲皮素（methylquercetin）、槲皮素 -3-*O*-β-D- 葡萄糖基 -7-*O*-α-L- 鼠李糖苷（quercetin-3-*O*-β-D-glucosyl-7-*O*-α-L-rhamnoside）、山柰酚 -7-*O*-β-D- 葡萄糖苷（kaempferol-7-*O*-β-D-glucoside）、山柰苷（kaempferitrin）、山柰酚 -7-*O*-β-D- 葡萄糖基 -3-*O*-α-L- 鼠李糖苷（kaempferol-7-*O*-β-D-glucosyl-3-*O*-α-L-rhamnoside）、山柰酚 -3-*O*-β-D- 葡萄糖基 -7-*O*-α-L- 鼠李糖苷（kaempferol-3-*O*-β-D-glucosyl-7-*O*-α-L-rhamnoside）、异鼠李素 -3-*O*-β-D- 芸香糖苷（isorhamnetin-3-*O*-β-D-rutinoside）、异鼠李素 -3-*O*-β-D- 葡萄糖基 -7-*O*-α-L- 鼠李糖苷（isorhamnetin-3-*O*-β-D-glucosyl-7-*O*-α-L-rhamnoside）、山柰酚 -3-*O*-β-D- 葡萄糖苷（kaempferol-3-*O*-β-D-glucosid）、槲皮素 -3-*O*-β-D- 葡萄糖苷（quercetin-3-*O*-β-D-glucosid）和异鼠李素 -3-*O*-β-D- 葡萄糖苷（isorhamnetin-3-*O*-β-D-glucoside）[6]。

地上部分含生物碱类：贝母碱酮（verticinone）、β-1-卡茄碱（β-1-chaconine）、哈帕卜宁碱（hapepunine）、茄啶-3-*O*-α-L-吡喃鼠李糖基-（1→2）-［β-D-吡喃葡萄糖基-（1→4）］-β-D-吡喃葡萄糖苷{solanidine-3-*O*-α-L-rhamnopyranosyl-(1→2)-[β-D-glucopyranosyl-(1→4)]-β-D-glucopyranoside}和哈帕卜宁碱-3-*O*-α-L-吡喃鼠李糖基-(1→2)-β-D-吡喃葡萄糖苷[hapepunine-3-*O*-α-L-rhamnopyranosyl-(1→2)-β-D-glucopyranoside][11]。

【药理作用】1. 镇咳　从鳞茎提取的总生物碱、单体成分浙贝母碱（verticine）和去氢浙贝母碱（verticinone）可抑制氨水引起的小鼠咳嗽[1]；浙贝母碱和去氢浙贝母碱的醇提取物可减少电刺激猫喉上神经引起的咳嗽次数[2, 3]；浙贝母碱和去氢浙贝母碱可抑制猪鬃刺激麻醉豚鼠气管分叉处黏膜引起的咳嗽[2]。2. 祛痰　从鳞茎提取的总生物碱可增加小鼠呼吸道中酚红排泄量[1]；醇提取物可增加小鼠呼吸道分泌液分泌量[2]。3. 抗血小板凝聚　鳞茎的水提取物可降低大鼠全血黏度，抑制红细胞聚集和提高红细胞变形能力[4]。4. 抗溃疡　鳞茎的醇提取物可抑制水浸应激性和盐酸性小鼠胃溃疡的形成[5]。5. 镇痛　鳞茎的醇提取物可抑制乙酸所致小鼠的扭体反应和热痛刺激引起的甩尾反应[5]。6. 抗炎　鳞茎的醇提取物可抑制二甲苯诱导的小鼠耳肿胀、抑制角叉菜胶引起的小鼠足趾肿胀和抑制乙酸所致小鼠腹腔毛细血管通透性增高[6]。7. 止泻　鳞茎的醇提取物可抑制蓖麻油和番泻叶引起的小鼠腹泻[6]。8. 抗菌　鳞茎的贝母碱成分可抑制金黄色葡萄球菌、卡他球菌、大肠杆菌和肺炎克雷伯菌的生长；去氢贝母碱可抑制大肠杆菌和肺炎克雷伯菌的生长[7]；从鳞茎提取的挥发油可抑制大肠杆菌、金黄色葡萄球菌和肺炎克雷伯菌的生长[8]。9. 抗肿瘤　从鳞茎提取的成分贝母素甲可抑制人乳腺癌 MCF-7/TAM 细胞的增殖，并诱导其凋亡[9]，抑制多药耐药人白血病 K562/A02 细胞的活性、诱导其凋亡[10]；从鳞茎提取的成分贝母素乙（浙贝乙素）通过调节结肠癌 HCT-116 细胞中的嘧啶代谢通路抑制其细胞增殖[11]；浙贝母碱可促进肺癌 A549/DDP 细胞的凋亡、下调 LRP 蛋白表达，逆转肺癌 A549/DDP 细胞的多药耐药[12]。10. 护肺　贝母素甲（浙贝甲素）可拮抗脂多糖诱导的小鼠急性肺组织损伤，抑制促炎因子肿瘤坏死因子-α（TNF-α）、白细胞介素-2（IL-2）、白细胞介素-6（IL-6）、白细胞介素-8（IL-8）的表达，促进 SP-A 合成及释放[13, 14]；贝母素乙可降低博来霉素诱导的急性肺损伤大鼠肺间质炎症程度，抑制肺间质纤维化[15, 16]。

【性味与归经】浙贝母：苦，寒。归肺、心经。贝母花：苦，微寒。归肺经。

【功能与主治】浙贝母：清热散结，化痰止咳。用于风热犯肺，痰火咳嗽，肺痈，乳痈，瘰疬，疮毒。贝母花：止咳化痰。用于咳嗽痰多，支气管炎。

【用法与用量】浙贝母：4.5～9g。贝母花：煎服 3～6g；或入丸、散。

【药用标准】浙贝母：药典 1963—2015、浙江炮规 2015、部标 1963、新疆药品 1980 二册、香港药材三册和台湾 2013；贝母花：药典 1977 和浙江炮规 2015。

【临床参考】1. 慢性前列腺炎：鳞茎 15g，加当归、苦参、滑石各 15g，鱼腥草 30g，蒲公英、生蒲黄（包煎）、皂角刺各 18g，生甘草 6g，水煎，分 2 次服，每日 1 剂[1]。

2. 尿道炎：鳞茎 12g，加当归、苦参各 15g，陈皮 12g，黄连 6g，黄芩 10g，蒲公英，石韦各 20g，薏苡仁、益母草各 30g，鸡内金、金银花各 18g，琥珀（冲服）3g，水煎，分 2 次服，每日 1 剂[1]。

3. 尿频症：鳞茎 12g，加当归、苦参、陈皮各 12g，黄芪 18g，茯苓、车前子、丹参各 15g，桂枝 6g，水煎，分 2 次服，每日 1 剂[1]。

4. 小儿咳嗽伴高热：鳞茎 10g，加杏仁、陈皮、紫苏叶、前胡、桔梗、枳壳、炙桑白皮、黄芩、麦冬、炒僵蚕各 10g，生甘草 6g，麻黄 5g，生石膏 15g，红参 5g，水煎，分多次服，煎煮时加姜 3 片，每日 1 剂，连服 3 剂[2]。

5. 闭经：鳞茎 15g，加熟地黄 24g，山药 12g，山茱萸 15g，茯苓、牡丹皮、泽泻、红花各 9g，桃仁、丹参各 15g，水煎，分 2 次服，每日 1 剂[3]。

6. 咳嗽、气管炎：鳞茎 9g，加知母、桑叶、杏仁各 9g，紫苏 6g，水煎服。

7. 肺炎：鳞茎 6g，加桔梗 6g，筋骨草 15g，杏仁 9g，生石膏 12 ～ 30g，水煎服；或鳞茎 9g，加桑白皮、桔梗各 9g，筋骨草 15g，水煎服。（6 方、7 方引自《浙江药用植物志》）

【附注】《本草纲目拾遗》载："浙贝出象山，俗呼象贝母。皮糙味苦，独颗无瓣，顶圆心斜，入药选圆白而小者佳。"又引叶闇斋云："宁波象山所出贝母，亦分两瓣，味苦而不甜，其顶平而不尖，不能如川贝之象荷花蕊也。"《百草镜》云："土贝形大如钱，独瓣不分，与川产迥别，……，浙江惟宁波鄞县之樟村及象山有之，入药选白大而燥皮细者良。"即为本种。

药材浙贝母寒痰、湿痰及脾胃虚寒者慎服；不宜与川乌、制川乌、草乌、制草乌、附子同用。

【化学参考文献】

[1] Morimoto H，Kimata S.Components of *Fritillaria thunbergii*.Ⅰ.isolation of peimine and its new glycoside [J].Chem Pharm Bull，1960，8：302-307.
[2] 张建兴，马广恩，劳爱娜，等.浙贝母化学成分研究 [J].药学学报，1991，26（3）：231-233.
[3] 张建兴，劳爱娜，马广恩，等.浙贝母化学成分的研究Ⅱ [J].植物学报，1991，33（12）：923-926.
[4] 张建兴，劳爱娜，黄慧珠，等.浙贝母化学成分的研究：Ⅲ.浙贝酮的分离和鉴定 [J].药学学报，1992，27（6）：472-475.
[5] 张建兴，劳爱娜，徐任生，等.浙贝母新鲜鳞茎化学成分的研究 [J].中国中药杂志，1993，18（6）：354-355.
[6] 崔明超，张加余，陈少军.浙贝母植株各部位中生物碱和黄酮的 LC-LTQ-Orbitrap MS^n 分析 [J].中国中药杂志，2016，41（11）：2124-2130.
[7] Park J E，Lee S Y，Woo K W，et al.Two new ent-kaurane diterpenoids from the roots of *Fritillaria thunbergii* [J].Bull Korean Chem Soc，2013，34（5）：1589-1591.
[8] 张建兴，劳爱娜，徐任生，等.浙贝母化学成分研究Ⅳ [J].植物学报，1993，35（3）：238-241.
[9] 严铭铭，金向群，徐东铭.浙贝母茎叶化学成分的研究 [J].中草药，1994，25（7）：344-346.
[10] Peng W，Han T，Liu Q C，et al.Chemical constituents of the flower of *Fritillaria thunbergii* [J].Chem Nat Compd，2012，48（3）：491-492.
[11] Kitajima J，Komori T，Kawasaki T，et al.Field desorption mass spectrometry of natural products.Part 9.Basic steroid saponins from aerial parts of *Fritillaria thunbergii* [J].Phytochemistry，1982，21（1）：187-192.

【药理参考文献】

[1] 李萍，季晖，徐国钧，等.贝母类中药的镇咳祛痰作用研究 [J].中国药科大学学报，1993，24（6）：360-362.
[2] 钱伯初，许衡钧.浙贝母碱和去氢浙贝母碱的镇咳镇静作用 [J].药学学报，1985，20（4）：306-308.
[3] 汪丽燕，韩传环.皖贝与川贝和浙贝止咳祛痰的药理作用比较 [J].安徽医学，1993，14（3）：57-58.
[4] 蒋文跃，杨宇，李燕燕.化痰药半夏、瓜蒌、浙贝母、石菖蒲对大鼠血液流变性的影响 [J].中医杂志，2002，43（3）：215-218.
[5] 张明发，朱自平.浙贝母的抗溃疡和镇痛作用 [J].西北药学杂志，1998，13（5）：208-209.
[6] 张明发，沈雅琴，朱自平，等.浙贝母的抗炎和抗腹泻作用 [J].湖南中医药导报，1998，4（10）：30-31.
[7] 肖灿鹏，赵浩如，李萍，等.中药贝母几种主要成分的体外抗菌活性 [J].中国药科大学学报，1992，23（3）：188-189.
[8] 侯敏娜，成昕玥，赵明光，等.浙贝母挥发油提取工艺优选及抑菌活性实验研究 [J].西部林业科学，2019，48（1）：87-92.
[9] 谌海燕，陈信义.贝母素甲抑制人乳腺癌细胞 MCF-7/TAM 增殖及其对细胞凋亡的影响 [J].中医药学报，2012，40（4）：12-15.
[10] 齐彦，廖斌，徐成波，等.贝母素甲对多药耐药人白血病细胞活力和凋亡的影响及机制 [J].山东医药，2017，57（26）：17-20.
[11] 张喆，何勤思，吴晨雯，等.中药提取物贝母素乙对人结肠癌 HCT-116 细胞基因表达的影响 [J].中医杂志，2016，57（17）：1504-1509.
[12] 唐晓勇，唐迎雪.浙贝母碱对肺癌 A549/DDP 细胞多药耐药的逆转作用观察及机制探讨 [J].山东医药，2012，52（18）：4-6.

[13] 归改霞 . 贝母素甲对急性肺损伤小鼠保护作用的实验研究 [J]. 中医临床研究，2016，8（26）：4-6.
[14] 归改霞，夏西超，马瑜红，等 . 贝母素甲对内毒素性急性肺损伤小鼠炎症因子表达的影响 [J]. 中国老年学杂志，2014，35（18）：5089-5091.
[15] 郭海，吉福志，赵晓峰，等 . 贝母素乙对肺纤维化大鼠肺组织 MEK1/2、ERK1/2 及其磷酸化的影响 [J]. 南京中医药大学学报，2016，32（2）：170-175.
[16] 郭海，吉福志，赵晓峰，等 . 贝母素乙对肺损伤大鼠 TGF-β/MAPK 信号通路的影响 [J]. 中药药理与临床，2016，32（3）：37-41.

【临床参考文献】

[1] 黄晓春 . 当归贝母苦参丸临床新用 [J]. 浙江中医杂志，2011，46（1）：60.
[2] 寇宁，马国义 . 杏苏饮加减治疗小儿咳嗽临床举隅 [J]. 内蒙古中医药，2017，36（4）：54.
[3] 王海华 . 浙贝母在妇科临床中的应用 [J]. 中医杂志，2004，45（7）：492.

1142. 东贝母（图 1142）• *Fritillaria thunbergii* Miq. var. *chekiangensis* P. K. Hsiao et K. C. Hsia

【别名】东贝（浙江），东阳贝母。

【形态】多年生草本，高 15 ～ 30cm。鳞茎椭圆形或卵形，直径 0.5 ～ 2cm，鳞片 3 枚。叶对生，叶片宽条形，长 5 ～ 10cm，宽 1.5 ～ 3cm，先端稍卷曲。花 1 ～ 3 朵，顶生或腋生；花被片淡黄色，内面有时具不明显方格纹；顶生花具 3 ～ 4 枚轮生叶状苞片，多与下面叶片合生，其余的常 2 枚簇生，腋生花其叶状苞片多不与下面叶片合生，先端卷曲；花被片长圆状卵形，长 2 ～ 3cm，宽 1 ～ 1.8cm，蜜腺窝不明显突起，蜜腺卵形或椭圆形，长约 0.5cm；柱头 3 裂。蒴果长 2 ～ 2.2cm，棱上具翅。花期 3 ～ 4 月，果期 5 ～ 6 月。

【生境与分布】生于较低山丘稍荫蔽处或竹林下。分布于浙江。

【药名与部位】浙贝母（大东贝、小东贝），鳞茎。

【采集加工】初夏植株枯萎后采挖，洗净，除去根蒂，大小分档（大的习称“大东贝”，小的习称“小东贝”），分别撞擦除去外皮，拌以石灰粉吸去擦出的浆汁，干燥；或不经撞擦，直接用硫黄熏制后，干燥。

【药材性状】大东贝　鳞茎完整或分离，完整者呈椭圆形或卵圆形，高 1.5 ～ 2.5cm，直径 1 ～ 1.5cm。表面类白色。外层鳞叶 2 瓣，近等大，内有小鳞叶 1 ～ 2 枚及干缩的残茎。质硬而脆，易折断，断面白色至淡黄白色，富粉性。气微，味苦。

小东贝　鳞茎完整，呈长椭圆形，两端略尖，高 0.8 ～ 1.2cm，直径 0.6 ～ 1cm。表面淡黄白色。外层鳞叶 2 瓣，大小悬殊，有时小鳞叶可多达 2 或 3 枚。

【药材炮制】除去杂质，洗净，干燥，用时捣碎。

【化学成分】鳞茎含生物碱类：贝母素甲（verticine）、贝母素乙（verticinone）、异贝母素甲（isoverticine）、浙贝双酮（verticindione）[1]，浙贝宁（zhebeinine）、东贝宁（dongbeinine）和东贝素（dongbeirine）[2]；甾体类：β- 谷甾醇（β-sitosterol）和胡萝卜苷（daucosterol）[1]。

【性味与归经】苦，寒。归肺、心经。

【功能与主治】清热化痰，开郁散结。用于风热，燥热，痰火咳嗽，肺痈，乳痈，瘰疬，疮毒，心胸郁闷。

【用法与用量】4.5 ～ 9g。

【药用标准】浙江药材 2000。

【附注】本变种与原变种的区别在于其鳞茎由 3 枚鳞片组成，直径约为 1cm。小东贝曾经作为川贝母销售，应注意鉴别。

图 1142　东贝母　　　　摄影　宗侃侃等

药材浙贝母（东贝母）不宜与川乌、制川乌、草乌、制草乌和附子同用。

【化学参考文献】

［1］张建兴，劳爱娜，陈秋群，等. 东贝母化学成分的研究（Ⅰ）［J］. 中草药，1993，24（7）：341-342，347，388.

［2］Zhang J X，Lao A N，Xu R S.Steroidal alkaloids from *Fritillaria thunbergii* var.*chekiangensis*［J］.Phytochemistry，1993，33（4）：946-947.

1143. 天目贝母（图 1143）· *Fritillaria monantha* Migo

【别名】彭泽贝母。

【形态】多年生草本，高 0.6 ～ 1m。鳞茎扁球形，直径 1.2 ～ 3cm，鳞片 2 ～ 3 枚。叶对生、轮生兼有散生，椭圆状披针形、长圆形或披针形，先端不卷曲或稍卷曲，长 5 ～ 12cm，宽 1.5 ～ 4.5cm。花 1 ～ 4

图 1143 天目贝母 摄影 张芬耀

朵，钟状；花被片淡黄色或淡紫色，具黄褐色或紫色方格纹或斑点；叶状苞片与下面叶合生；花梗长 1 ～ 4cm；花被片长圆状倒披针形，长 3.5 ～ 5cm，蜜腺披针形或三角形，长 0.6 ～ 1cm；花丝无乳突或稍具乳突；柱头 3 裂。蒴果长 2.5 ～ 3cm，棱上具翅。花期 4 ～ 6 月，果期 6 ～ 7 月。

【生境与分布】生于海拔 100 ～ 1600m 的林下、沟谷水边、潮湿地、石灰岩土壤或河滩。分布于浙江西北部、安徽、江西北部，另湖南西北部、湖北、四川东部、贵州东北部、河南等地均有分布。

【药名与部位】江西贝母，鳞茎。

【采集加工】夏初植株枯萎后采挖，用石灰水或清水浸泡，干燥。

【药材性状】呈近卵圆形、类扁球形或类圆锥形，高 0.8 ～ 1.8cm，直径 0.7 ～ 2.0cm。表面白色至淡黄白色。外层鳞叶 2 瓣，较大而肥厚，肾形，互相对合，大小相近，或一大抱一小；顶端钝圆或尖，开口，内常见 1 ～ 3 枚小磷叶及残茎；基部平整或稍歪斜，偶有残留须根。质硬而脆，断面白色，富粉性。气微，味微苦。

【化学成分】鳞茎含二萜类：对映-贝壳杉-15-烯-17-醇（*ent*-kauran-15-en-17-ol）、鄂贝新醇（fritillaziebinol）、对映-贝壳杉-16α, 17-二醇（*ent*-kauran-16α, 17-diol）、对映-贝壳杉-15-烯-3α, 17-二醇（*ent*-kauran-15-en-3α, 17-diol）、对映-贝壳杉-3α, 16α, 17-三醇（*ent*-kauran-3α, 16α, 17-triol）、对映-贝壳杉-16α, 17-二醇（*ent*-kauran-16α, 17-diol）和对映-16, 17-环氧贝壳杉-3α-醇（*ent*-16, 17-epoxykauran-3α-ol）[1]；生物碱类：浙贝甲素（peimine）和贝母辛（peimisine）[2]。

【药理作用】平喘　从鳞茎分离的成分浙贝甲素（peimine）和贝母辛（peimisine）可抑制乙酰胆碱引起的平滑肌收缩，舒张气管平滑肌[1]。

【性味与归经】苦、甘，微寒。归肺、心经。

【功能与主治】清热润肺，化痰止咳，开郁散结。用于热痰咳嗽，干咳少痰，胸闷，瘰疬，疮痈。

【用法与用量】煎服，3～9g；研粉冲服，每次1～2g。

【药用标准】江西药材1996。

【附注】湖北贝母 *Fritillaria hupehensis* Hsiao et K. C. Hsia 与本种很近，区别点在于前者叶状苞片先端卷曲，花梗长1～2cm，叶通常3～7枚轮生。*Flora of China* 已将其归并至本种。湖北贝母含生物碱、二萜类和三萜类等成分，具镇咳、祛痰、平喘和抗菌等作用[1-4]。

本种的鳞茎味苦，在浙江民间作浙贝母药用。

药材江西贝母不宜与川乌、制川乌、草乌、制草乌和附子同用。

【化学参考文献】

[1] 刘红宁，李飞，罗永明，等.彭泽贝母中二萜类成分[J].药学学报，2007，42（11）：1152-1154.

[2] 赵益，梁迎春，余日跃，等.彭泽贝母有效成分贝母辛、浙贝甲素平喘作用的机理研究[C].第九届全国中药和天然药物学术研讨会大会报告及论文集，2007.

【药理参考文献】

[1] 赵益，梁迎春，余日跃，等.彭泽贝母有效成分贝母辛、浙贝甲素平喘作用的机理研究[C].第九届全国中药和天然药物学术研讨会大会报告及论文集，2007.

【附注参考文献】

[1] 张勇慧，阮汉利，曾凡波，等.湖北贝母镇咳、祛痰、平喘药效部位的筛选[J].中草药，2003，34（11）：1016-1018.

[2] 张勇慧，阮汉利，皮慧芳，等.湖北贝母生物碱单体的镇咳、祛痰和平喘作用[J].中草药，2005，36（8）：1205-1207.

[3] 徐仿周，张鹏，张勇慧，等.湖北贝母总生物碱平喘作用及其机理的研究[J].时珍国医国药，2009，20（6）：1335-1337.

[4] 牛换云，余河水，金施施，等.湖北贝母体外抑菌活性研究[J].辽宁中医药大学学报，2016，18（1）：62-64.

19. 百合属 *Lilium* Linn.

多年生草本。鳞茎具多数肉质鳞片，白色，稀黄色。叶散生，稀轮生，全缘或有小乳突。花单生或数朵组成总状花序，稀近伞形或伞房状，具叶状苞片；花被片6枚，2轮排列，离生，常多少靠合成喇叭形或钟形，稀反卷，内侧基部有蜜腺，有时具鸡冠状或流苏状突起；雄蕊6枚，花丝钻形；花药椭圆形，背着；子房圆柱形，花柱细长，柱头3裂。蒴果长圆形，背室开裂。种子多数，扁平，周围具翅。

约115种，分布于北半球温带和高山地区。中国55种，法定药用植物12种，华东地区法定药用植物1种1变种。

1144. 百合（图 1144）• *Lilium brownii* F. E. Brown var. *viridulum* Baker（*Lilium brownii* F. E. Brown var. *colchesteri* Wils. Van Houtte ex Stapf）

图 1144　百合　　摄影　李华东等

【别名】野百合（安徽），喇叭筒（江西庐山），野百合、百公花（江西赣南）。

【形态】鳞茎球形，直径 2 ~ 4.5cm；鳞片披针形，长 1.8 ~ 4cm。茎高达 2m，有时具紫斑，下部常有小乳头状突起。叶散生，倒披针形或倒卵形，长 6 ~ 15cm，宽 0.5 ~ 2cm，两面无毛。花单生或数朵组成近伞形；花梗长 3 ~ 10cm；苞片披针形，长 3 ~ 9cm；花喇叭形，有香气；花被片向外张开或先端外弯，乳白色，外面稍带紫色，长 13 ~ 18cm，外轮花被片宽 2 ~ 5cm，内轮花被片宽 3.5 ~ 5.5cm，蜜腺两侧具小乳状突起；花丝长 10 ~ 14cm，中部以下密生柔毛，稀无毛，花药长 1 ~ 1.6cm；子房长 3.2 ~ 3.6cm，花柱长 8.5 ~ 12cm。蒴果长 4.5 ~ 6cm，具棱。花期 5 ~ 6 月，果期 9 ~ 10 月。

【生境与分布】生于海拔 300 ~ 950m 山坡草丛、疏林下或村旁。分布于安徽、浙江、江西、福建、江苏，另陕西、山西、河北、湖北、湖南、云南、四川等地均有分布。

【药名与部位】百合，肉质鳞叶。

【采集加工】秋季采挖鳞茎，洗净，剥取鳞叶，置沸水中略烫，迅速捞出，再用冷水冲凉，干燥。

【药材性状】呈长椭圆形，长 2 ~ 5cm，宽 1 ~ 2cm，中部厚 1.3 ~ 4mm。表面黄白色至淡棕黄色，有的微带紫色，有数条纵直平行的白色维管束。顶端稍尖，基部较宽，边缘薄，微波状，略向内弯曲。质硬而脆，断面较平坦，角质样。气微，味微苦。

【质量要求】色白或玉白，无油黑者。

【药材炮制】百合：除去杂质及油黑者。筛去灰屑。蜜百合：取百合饮片，与炼蜜拌匀，稍闷，炒至不粘手时，取出，摊凉。

【化学成分】鳞茎含甾体皂苷类：26-*O*-β-D-吡喃葡萄糖基纽替皂苷元-3-*O*-α-L-吡喃鼠李糖基-（1→2）-β-D-吡喃葡萄糖苷［26-*O*-β-D-glucopyranosyl nuatigeni-3-*O*-α-L-rhamnopyranosyl-（1→2）-β-D-glucopyranoside］、26-*O*-β-D-吡喃葡萄糖基纽替皂苷元-3-*O*-α-L-吡喃鼠李糖基-（1→2）-*O*-［β-吡喃葡萄糖基-（1→4）］-β-D-吡喃葡萄糖苷{26-*O*-β-D-glucopyranosyl nuatigeni-3-*O*-α-L-rhamnopyranosyl-（1→2）-*O*-［β-glucopyraosyl-（1→4）］-β-D-glucopyranoside}、百合皂苷（brownioside）、去酰百合皂苷（deacyl brownioside）、27-*O*-（3-羟基-3-甲基戊二酰基）异娜草皂苷元-3-*O*-α-L-吡喃吡喃糖-（1→2）-*O*-［β-D-吡喃葡萄糖基-（1→4）］-β-D-吡喃葡萄糖苷{27-*O*-（3-hydroxy-3-methyl glutaroyl）isonarthogenin-3-*O*-α-L-rhamnopyranosyl-（1→2）-*O*-［β-D-glucopyranosyl-（1→4）］-β-D-glucopyranoside}[1]，27-*O*-［（3*S*）-3-*O*-β-D-吡喃葡萄糖基-3-甲基戊二酰基］异娜草皂苷元-3-*O*-［α-L-吡喃鼠李糖基-（1→2）］-β-D-吡喃葡萄糖苷{27-*O*-［（3*S*）-3-*O*-β-D-glucopyranosyl-3-methylglutaroyl］isonarthogenin-3-*O*-［α-L-rhamnopyranosyl-（1→2）］-β-D-glucopyranoside}、（24*S*, 25*S*）-3β, 17α, 24-三羟基-5α-螺甾烷-6-酮-3-*O*-［α-L-鼠李糖基-（1→2）］-β-D-吡喃葡萄糖苷{（24*S*, 25*S*）-3β, 17α, 24-trihydroxy-5α-spirostan-6-one-3-*O*-［α-L-rhamnopyranosyl-（1→2）］-β-D-glucopyranoside}、远志醇苷-3-*O*-［β-D-吡喃葡萄糖基-（1→4）］-β-D-吡喃葡萄糖苷{tenuifoliol-3-*O*-［β-D-glucopyranosyl-（1→4）］-β-D-glucopyranoside}、26-*O*-β-D-吡喃葡萄糖基纽替皂苷（26-*O*-β-D-glucopyranosyl nuatigenin）、26-*O*-β-D-吡喃葡萄糖基纽替皂苷元-3-*O*-β-D-吡喃葡萄糖苷（26-*O*-β-D-glucopyranosyl nuatigenin-3-*O*-β-D-glucopyranoside）、26-*O*-β-D-吡喃葡萄糖基纽替皂苷元-3-*O*-α-L-吡喃鼠李糖基-（1→2）-［β-D-吡喃葡萄糖基-（1→6）］-β-D-吡喃葡萄糖苷{26-*O*-β-D-glucopyranosyl nuatigenin-3-*O*-α-L-rhamnopyranosyl-（1→2）-［β-D-glucopyranosyl-（1→6）］-β-D-glucopyranoside}、26-*O*-［β-D-吡喃葡萄糖基-（1→2）］-β-D-吡喃葡萄糖基纽替皂苷元-3-*O*-［α-L-吡喃鼠李糖基-（1→2）］-β-D-吡喃葡萄糖苷{26-*O*-［β-D-glucopyranosyl-（1→2）］-β-D-glucopyranosyl nuatigenin-3-*O*-［α-L-rhamnopyranosyl-（1→2）］-β-D-glucopyranoside}、25（*R*）-3β, 17α-二羟基-5-α-螺甾烷-6-酮-3-*O*-α-L-吡喃吡喃糖基-（1→2）-β-D-吡喃葡萄糖苷［25（*R*）-3β, 17α-dihydroxy-5-α-spirostan-6-one-3-*O*-α-L-rhamnopyranosyl-（1→2）-β-D-glucopyranoside］、远志糖苷A（tenuifolioside A）、26-*O*-β-D-吡喃葡萄糖基纽替皂苷元-3-*O*-α-L-吡喃鼠李糖基-（1→2）-β-D-吡喃葡萄糖苷［26-*O*-β-D-glucopyranosyl nuatigenin-3-*O*-α-L-rhamnopyranosyl-（1→2）-β-D-glucopyranoside］、26-*O*-β-D-吡喃葡萄糖基纽替皂苷元-3-*O*-α-L-吡喃鼠李糖基-（1→2）-*O*-［β-D-吡喃葡萄糖基-（1→4）］-β-D-吡喃葡萄糖苷{26-*O*-β-D-glucopyranosyl nuatigenin-3-*O*-α-L-rhamnopyranosyl-（1→2）-*O*-［β-D-glucopyranosyl-（1→4）］-β-D-glucopyranoside}[2]，26-*O*-β-D-吡喃葡萄糖基-3β, 26-二羟基胆甾烷-16, 22-二氧化-3-*O*-α-L-吡喃鼠李糖基-（1→2）-β-D-吡喃葡萄糖苷［26-*O*-β-D-glucopyranosyl-3β, 26-dihydroxycholestan-16, 22-dioxo-3-*O*-α-L-rhamnopyranosyl-（1→2）-β-D-glucopyranoside］[3]，26-*O*-β-D-吡喃葡萄糖基-3β, 26-二羟基-5-胆甾烯-16, 22-二酮基-3-*O*-α-L-吡喃鼠李糖基-（1→2）-β-D-吡喃葡萄糖苷［26-*O*-β-D-glucopyranosyl-3β, 26-dihydroxy-5-cholesten-16, 22-dioxo-3-*O*-α-L-rhamnopyranosyl-（1→2）-β-D-glucopyranoside］和26-*O*-β-D-吡喃葡萄糖基-3β, 26-二羟基胆甾烯-16, 22-二酮基-3-*O*-α-L-吡喃鼠李糖基-（1→2）-β-D-吡喃葡萄糖苷［26-*O*-β-D-glucopyranosyl-3β, 26-dihydroxy-cholesten-16, 22-dioxo-3-*O*-α-L-rhamnopyranosyl-（1→2）-β-D-glucopyranoside］[4]；生物碱类：$β_1$-澳洲茄边碱（$β_1$-solamargine）和澳洲茄次碱-3-*O*-α-L-吡喃鼠李糖基-（1→2）-*O*-［β-D-吡喃葡萄糖基-（1→4）］-β-D-吡喃葡萄糖苷

{solasodine-3-*O*-α-L-rhamnopyranosyl-（1→2）-*O*-[β-D-glucopyranosyl-（1→4）]-β-D-glucopyranoside}[1]；苯丙素类：3, 6′-*O*- 二阿魏酰基蔗糖（3, 6′-*O*-diferuloylsucrose）、1-*O*- 阿魏酰甘油酯（1-*O*-feruloylglycerol）、岷江百合苷 A、D（regaloside A、D）、1-*O*- 对香豆酰基甘油酯（1-*O*-*p*-coumaroylglycerol）[1]，1-*O*- 阿魏酰 -2-*O*- 对香豆素酰甘油（1-*O*-feruloyl-2-*O*-*p*-coumaroylglycerol）和 1, 3-*O*- 二阿魏酸甘油（1, 3-*O*-diferuloylglycerol）[5]；酚苷类：2, 4, 6- 三氯 -3- 甲基 -5- 甲氧基苯酚 -1-*O*-β-D- 吡喃葡萄糖基 -（1→6）-β-D- 吡喃葡萄糖苷[2, 4, 6-trichlorol-3-methyl-5-methoxyphenol-1-*O*-β-D-glucopyranosyl-（1→6）-β-D-glucopyranoside]、4- 氯 -5- 羟基 -3- 甲基苯酚 -1-*O*-α-L- 吡喃鼠李糖基 -（1→6）-β-D- 吡喃葡萄糖苷[4-chlorol-5-hydroxyl-3-methyl phenol-1-*O*-α-L-rhamnopyranosyl-（1→6）-β-D-glucopyranoside]、丁香酚 -4-*O*-α-L- 吡喃鼠李糖基 -（1→6）-β-D- 吡喃葡萄糖苷[eugenol-4-*O*-α-L-rhamnopyranosyl-（1→6）-β-D-glucopyranoside]、2, 6- 二甲氧基 -4-（丙 -2- 烯基）苯基 -*O*-β-D- 吡喃葡萄糖基 -（1→6）-β-D- 吡喃葡萄糖苷[2, 6-dimethoxy-4-（prop-2-enyl）phenyl-*O*-β-D-glucopyranosyl-（1→6）-β-D-glucopyranoside]和 2, 6- 二甲氧基 -4-（丙 -2- 烯基）苯基 -*O*-α-L- 吡喃鼠李糖基 -（1→6）-β-D- 吡喃葡萄糖苷[2, 6-dimethoxy-4-（prop-2-enyl）phenyl-*O*-α-L-rhamnopyranosyl-（1→6）-β-D-glucopyranoside][6]；甾体类：菜油甾醇（campesterol）、麦角碱 -5- 烯 -3 醇（ergost-5-en-3ol）、豆甾醇（stigmasterol）[7]，β- 谷甾醇（β-sitosterol）和胡萝卜苷（daucosterol）[4]；脂肪酸类：正十六烷酸（*n*-hexadecanoic acid）、（*Z*, *Z*）-9, 12- 十八碳二烯酸[（*Z*, *Z*）-9, 12-octadecadienoic acid][7]，十八碳烷酸（octadecanoic acid）[8]，正癸酸（*n*-capric acid）、2- 十一碳烯酸（2-undecylenic acid）、油酸（oleic acid）和十九烷酸（nonadecanoic acid）[9]；烷烃类：正十一烷（*n*-undecane）、3- 乙基 -3- 甲基庚烷（3-ethyl-3-methyl heptane）、3, 7- 二甲基癸烷（3, 7-dimethyl decane）、3- 乙基 -3- 甲基 - 壬烷（3-ethyl-3-methyl heptane）、十二烷（dodecane）、2, 5- 二甲基正十一烷（2, 5-dimethyl *n*-undecane）、4- 甲基十二烷（4-methyl dodecane）、4, 6- 二甲基十二烷（4, 6-dimethyl dodecane）、正十三烷（*n*-tridecane）、正十七烷（*n*-heptadecane）、2- 甲基十三烷（2-methyl tridecane）、3- 甲基十三烷（3-methyl tridicane）、2, 6, 10, 14- 四甲基十六烷（2, 6, 10, 14-tetramethyl hexadecane）、正十四烷（*n*-tetradecane）、正二十一烷（*n*-heneicosane）、8- 甲基十七烷（8-methyl heptadecane）、2, 6, 10- 三甲基十五烷（2, 6, 10-trimethyl pentadecane）、二十烷（eicosane）、正十八烷（*n*-octadecane）、2, 6, 10, 14- 四甲基十六烷（2, 6, 10, 14-tetramethyl hexadecane）、正二十二烷（*n*-docosane）、三十二烷（dotriacontane）、正三十四烷（*n*-tetratriacontane）、正二十五烷（*n*-pentacosane）、正四十烷（*n*-tetracontane）、五十四烷（tetrapentacontane）[8]，十六烷（hexadecane）、正十五烷（*n*-hexadecane）[8,9]，二十七烷（heptacosane）、二十八烷（octacosane）、二十三烷（tricosane）、1-（2- 羟乙氧基）十三烷[1-（2-hydroxyethoxy）tridecane]、角鲨烷（squalane）和 1, 1- 二氟十二烷（1, 1-difluoro dodecane）[9]；烯烃类：2-（3- 甲基 -2- 丁烯基）-2- 苯基 -1, 3- 二氧戊烷[2-（3-methyl-2-butenyl）-2-phenyl-1, 3-dioxolane][9]，9- 十八碳烯酰胺（9-octadecenamide）[7]和 1- 十二碳烯（1-dodecene）[8]；挥发油类：D- 柠檬烯（D-limonene）、乙二酸 -2- 乙基 - 二己酯（2-ethyl dihexyl oxalate）、邻苯二甲酸二异丁酯（diisobutyl phthalate）、乳酸乙酯（ethyl lactate）、丙酮酸乙酯（ethyl pyruvate）、乙酸烯丙酯（allyl acetate）、十三酸甲酯（methyl tridecanoate）、丙酸香茅酯（citronellyl propionate）、4- 甲氧基 -2- 戊酮（4-methoxy-2-pentanone）、α- 姜黄烯（α-curcumene）、新植二烯（neophytadiene）和角鲨烯（squalene）等[8,9]；醇苷类：正丁基 -β-D- 吡喃果糖苷（*n*-butyl-β-D-fructopyranoside）[4]。

花含脂肪酸类：十二酸（dodecanic acid）、十四烯酸（tetradecenic acid）[10]，正十六烷酸（*n*-hexadecanoic acid）、亚油酸（linoleic acid）和亚麻酸（linolenic acid）[11]；挥发油类：1, 3- 二甲基苯（1, 3-dimethyl benzene）、4- 癸烯（4-decene）、1- 甲氧基（1- 甲基 -2- 环丁基）-1- 丙烯[1-methoxy（1-methyl-2-cyclobutyl）-1-propene]、5, 7- 二甲基 -1, 6- 辛二烯（5, 7-dimethyl-1, 6-octene）、苯乙醛（phenylacetaldehyde）、2- 十二醇（2-dodecyl alcohol）、2- 甲氧基 -4- 乙烯基苯酚（2-methoxy-4-vinyl phenol）、1- 十三醇（1-tridecyl alcohol）、2- 十三酮（2-decanone）、2- 十四醇（2-tetradecyl）、邻苯二甲酸二乙酯（diethyl phthalate）、2-

十七醇（2-heptadecanol）、十四醛（myristic aldehyde）、邻苯二甲酸二异丁酯（diisobutyl phthalate）、邻苯二甲酸二丁酯(dibutyl phthalate)[10]，二十三烷(tricosane)[11]，顺式-1, 3-二甲基环戊烷(*cis*-1, 3-dimethyl cyclopentane）、1, 2-二甲基环戊烷（1, 2-dimethyl cyclopentane）、甲基环己烷（methyl cyclohexane）、草蒿脑（estragole）、十六烷（hexadecane）、正三十二烷醇（*n*-dodecyl alcohol）、3, 4-二甲基-2-己酮（3, 4-dimethyl-2-hexanone）、5-甲基-3-庚醇（5-methyl-3-heptanol）、(*R*)-(−)-2-戊醇[(*R*)-(−)-2-pentanol]、6-甲基-3-庚酮（6-methyl-3-heptanone）和1-戊醇（1-pentanol）等[12]；三萜类：熊果酸（ursolic acid）[12]；甾体类：β-谷甾醇（β-sitosterol）和（24*S*）-豆甾-4-烯-3-酮[（24*S*）-stigmasterol-4-en-3-one][12]。

【药理作用】1. 止咳化痰　肉质鳞叶生品和蜜炙品水提取物均可减少浓氨和二氧化硫刺激所致小鼠的咳嗽[1]；鲜品肉质鳞叶水提取物和水提醇沉物均可延长小鼠二氧化硫刺激所致咳嗽的潜伏期[2]。2. 镇静催眠　鲜品肉质鳞叶水提取物和水提醇沉物均可使小鼠翻正反射消失，缩短小鼠入睡时间[2]。3. 抗应激性损伤　鲜品肉质鳞叶水提取物和水提醇沉物均可延长小鼠因缺氧死亡时间[2]。4. 免疫调节　从新鲜鳞茎提取的多糖可提高免疫抑制模型小鼠的免疫器官指数，促进其吞噬指数和腹腔巨噬细胞增殖反应，提高其血清溶血素IgG、IgM含量，促进正常及免疫抑制小鼠碳粒廓清率，促进溶血素及溶血空斑形成，促进淋巴细胞转化，促进小鼠脾细胞的增殖[3-5]。5. 抗肿瘤　从新鲜鳞茎提取的多糖可抑制H22负荷小鼠肿瘤的生长[6]。6. 降血糖　从新鲜鳞茎提取的多糖可降低四氧嘧啶引起的糖尿病模型小鼠的血糖浓度[7]，从新鲜鳞茎提取的多糖可减缓链脲佐菌素诱导的1型糖尿病大鼠体重的负增长，降低空腹血糖和丙二醛含量，升高胰岛素、己糖激酶、琥珀酸脱氢酶和总超氧化物歧化酶的含量[8]。7. 抗抑郁　从新鲜鳞茎提取的总皂苷能明显缩短小鼠悬尾的不动时间和游泳时间[9]。8. 抗氧化　新鲜鳞茎的醇提取物和多糖具有清除羟自由基（•OH）的作用[10, 11]；从新鲜鳞茎提取的多糖可抑制D-半乳糖致衰老小鼠血中超氧化物歧化酶（SOD）、过氧化氢酶（CAT）及谷胱甘肽酶（GSH-Px）含量的升高，降低血浆、脑匀浆和肝匀浆中脂质过氧化物（LPO）的含量[12]。

【性味与归经】甘，寒。归心、肺经。

【功能与主治】养阴润肺，清心安神。用于阴虚久咳，痰中带血，虚烦惊悸，失眠多梦，精神恍惚。

【用法与用量】6～12g。

【药用标准】药典1977—2015、浙江炮规2015、贵州药材1965、内蒙古蒙药1986、新疆药品1980二册和台湾2013。

【临床参考】1. 抑郁症：鳞叶20g，加甘草10g、浮小麦30g、生地黄15g、大枣10～15个，烦躁不安者加合欢皮；痰多口干者加麦冬、茯苓；郁闷难耐者加郁金；食欲不振者加山楂；便秘者加麻子仁。水煎，早晚分服，每日1剂，连服3个月[1]。

2. 肺癌晚期并发胸水辅助治疗：鳞叶20g，加玄参、生地黄、代赭石、北沙参、浙贝母、焦山楂各15g，瓜蒌、丹参、党参各20g，鸡内金、延胡索各10g，砂仁（后下）8g，黄芪30g，水煎，分早、中、晚饭后1h服，每日1剂，连服10日[2]。

3. 功能性消化不良：鳞叶30g，加乌药、川楝子各12g，鸡内金、延胡索、炒枳实各20g，檀香、威灵仙、蒲公英各15g，木香6g，槟榔6g，生大黄（勿后下）9g，香附子、甘草各10g，水煎，早晚分服，每日1剂，30日1疗程[3]。

4. 精神分裂症辅助治疗：鳞叶50g，加石菖蒲、郁金各20g，龙骨、牡蛎、合欢皮、夜交藤、礞石、丹参各30g，炒酸枣仁80g，当归15g，黄连、柴胡各12g，甘草8g，水煎2次，合并得1200ml，每日晨服400ml，1剂药服3日，周日停服，连用12周[4]。

5. 慢性胃炎：鳞叶15g，加丹参15g，柴胡、黄芩、川楝子、郁金、乌药各10g，水煎，分2次服，每日1剂，连用2周，同时西药治疗[5]。

6. 失眠：鳞叶12g，加炒酸枣仁、夜交藤、茯苓、生龙骨、生牡蛎各30g，合欢花12g，蝉蜕6g，知母15g，川芎10g，心火炽盛者加栀子、黄连；阴虚火旺者加麦冬、五味子、栀子；痰热内扰者加胆南星、法半夏、陈皮；胃气失和者加焦谷芽、焦麦芽、焦神曲、法半夏、厚朴；心脾两虚者加人参、黄芪、白术；心胆气虚者加人参、龙齿、朱茯神、石菖蒲；大便秘结者加柏子仁，火麻仁。水煎，于上午、晚睡前各服1次，每日1剂，连服3周[6]。

7. 肺结核咳血：鳞叶60g，加大枣10枚，水煎服，冰糖为引；或鳞片30g，煮烂，加糖吃；如痰中带血，加白及9g，水煎服。

8. 神经衰弱、病后虚热：鳞叶15g，加知母6g，水煎服。

9. 疖疮、多发性脓疡：鲜鳞叶60g，加糯米饭适量，捣烂敷患处；或鲜鳞叶，加鲜车前草、鲜水芹、鲜蛇莓各适量，白糖少许，捣烂外敷。（7方至9方引自《浙江药用植物志》）

【附注】百合始载于《神农本草经》，列为中品。《本草经集注》云："根如胡蒜，数十片相累。"《新修本草》云："此药有二种，一种细叶，花红白色；一种叶大，茎长，根粗，花白，宜入药用。"《本草图经》云："百合，生荆州川谷，今近道处处有之。春生苗，高数尺，秆粗如箭，四面有叶如鸡距，又似柳叶，青色，叶近茎微紫，茎端碧白，四五月开红白花，如石榴嘴而大，根如胡蒜重叠，生二三十瓣。二月、八月采根，暴干。人亦蒸食之，甚益气。"《本草纲目》云："叶短而阔，微似竹叶，白花四垂者，百合也。"除《新修本草》的细叶者外，上述的其余描述，即指本种。

本种的花和种子民间也作药用。

药材百合风寒咳嗽及中寒便溏者禁服。

【化学参考文献】

[1] Mimaki Y，Sashida Y.Steroidal saponins and alkaloids from the bulbs of *Lilium brownii* var.*colchesteri* [J].Chem Pharm Bull，1990，38（11）：3055-3059.

[2] Hong X X，Luo J G，Guo C，et al.New steroidal saponins from the bulbs of *Lilium brownii* var.*viridulum* [J].Carbohydr Res，2012，361：19-26.

[3] 侯秀云，陈发奎，吴立军.百合中新的甾体皂苷的结构鉴定[J].中国药物化学杂志，1998，8（1）：49，53.

[4] 侯秀云，陈发奎.百合化学成分的分离和结构鉴定[J].药学学报，1998，33（12）：923-926.

[5] Ma T，Wang Z，Zhang Y W，et al.Bioassay-guided isolation of anti-inflammatory components from the bulbs of *Lilium brownii* var.*viridulum* and identifying the underlying mechanism through acting on the NF-κB/MAPKs pathway [J].Molecules，2017，22（4）：506/1-506/17.

[6] Hong X X，Luo J G，Kong L Y.Two new chlorophenyl glycosides from the bulbs of *Lilium brownii* var.*viridulum* [J].J Asian Nat Prod Res，2012，14（8）：769-775.

[7] 张志杰，蔡宝昌，李林，等.百合的GC/MS指纹图谱研究[J].中成药，2006，28（5）：625-627.

[8] 刘世尧.百合弱极性成分GC-MS鉴定及其特征性成分TIC指纹图谱构建[J].西南大学学报（自然科学版），2014，36（6）：53-61.

[9] 傅春燕，刘永辉，曾立，等.超临界CO_2提取的百合挥发油化学成分的GC-MS分析[J].中国现代应用药学，2015，32（6）：715-718.

[10] 回瑞华，侯冬岩，李铁纯.GC/MS法分析百合花化学成分[J].鞍山师范学院学报，2003，5（2）：61-63.

[11] 王鹏禹，焦瑶歌，张京华，等.百合花脂溶性成分分析[J].河南大学学报（医学版），2018，37（2）：105-106，119.

[12] 孙春阳.五脉地椒和百合花中化学成分的提取分离[D].烟台：烟台大学硕士学位论文，2014.

【药理参考文献】

[1] 康重阳，刘昌林，邓三平，等.百合炮制后对小鼠止咳作用的影响[J].中国中药杂志，1999，24（2）：24-25.

[2] 胡焕萍，张剑，甘银凰，等.单味新鲜百合止咳镇静催眠等作用药理实验[J].时珍国医国药，2006，17（9）：1704-1705.

[3] 弥曼，任利君，梅其炳，等.百合多糖对小鼠免疫功能的影响[J].医学争鸣，2007，28（22）：2034-2036.

[4] 李新华，弥曼，李汾，等.百合多糖免疫调节作用的实验研究[J].现代预防医学，2010，37（14）：2708-2709.

[5] 苗明三，杨林莎.百合多糖免疫兴奋作用[J].中药药理与临床，2003，19（1）：15-16.

[6] 弥曼，李汾，任利君，等．百合多糖的分离纯化及抗肿瘤作用[J]．西安交通大学学报（医学版），2009，30（2）：177-180.
[7] 刘成梅，付桂明，涂宗财，等．百合多糖降血糖功能研究[J]．食品科学，2002，23（6）：113-114.
[8] 肖遐，吴雄，何纯莲．百合多糖对Ⅰ型糖尿病大鼠的降血糖作用[J]．食品科学，2014，35（1）：209-213.
[9] 傅春燕，刘永辉，李明娟，等．百合总皂苷提取工艺及抗抑郁活性研究[J]．天然产物研究与开发，2012，24（5）：682-686.
[10] 何纯莲，陈腊生，任凤莲．药用百合提取液对羟自由基清除作用的研究[J]．理化检验（化学分册），2005，41（8）：558-560.
[11] 王多宁，张小莉，杨颖，等．百合多糖对羟自由基的清除作用[J]．陕西中医学院学报，2006，29（4）：53-55.
[12] 苗明三．百合多糖抗氧化作用研究[J]．中药药理与临床，2001，17（2）：12-13.

【临床参考文献】

[1] 杨改萍．百合甘麦汤加味治疗抑郁症临床研究[J]．临床医药文献电子杂志，2018，5（66）：134-135.
[2] 杨建平．百合固金汤治疗肺癌晚期并发胸水的临床观察[J]．光明中医，2018，33（21）：3164-3166.
[3] 陈天顺．百合六磨汤治疗功能性消化不良[N]．中国中医药报，2018-03-30（004）.
[4] 陈红昊．百合宁神汤用于精神分裂症治疗中的应用[J]．继续医学教育，2018，32（3）：158-160.
[5] 穆雷霞，王磊．肝胃百合汤联合雷贝拉唑治疗慢性胃炎42例[J]．西部中医药，2018，31（10）：88-90.
[6] 郭锦桥．自拟百合枣仁助眠汤治疗失眠临床研究[J]．光明中医，2018，33（13）：1832-1834.

1145. 卷丹（图 1145）• *Lilium tigrinum* Ker-Gawl.（*Lilium lancifolium* Thunb.）

【别名】百合（安徽），卷丹百合（江西），虎皮百合、虎儿百合（上海），山百合（山东）。

【形态】鳞茎扁球形，高约3.5cm，直径4～8cm；鳞片宽卵形，长2.5～4.5cm，白色。茎高达1.5m，具紫色条纹和白色绵毛。叶散生，长圆状披针形或披针形，长6.5～9cm，宽1～1.8cm，两面近无毛，先端有白毛，边缘具乳头状突起，具5～7脉，茎上部叶腋常具珠芽。花常3～6朵着生于茎顶端；苞片叶状，卵状披针形，长1.5～2cm，先端有白色绵毛；花梗长达9cm，紫色，具白色绵毛；花下垂，花被片披针形，反卷，橙红色，具紫黑色斑点，外轮花被片长6～10cm，宽1～2cm，内轮花被片稍宽，蜜腺两侧具乳头状及流苏状突起；花丝长5～7cm，淡红色，无毛，花药长约2cm；子房长1.5～2cm，花柱长4.5～6.5cm，柱头3裂。蒴果窄长卵圆形，长3～4cm。花期7～8月，果期9～10月。

【生境与分布】生于海拔400～2500m的山坡灌木林下、沟边或草地。分布于山东、江苏、浙江、福建、江西西部、安徽南部，另吉林东南部、辽宁东南部、河北、湖北、湖南、广西、云南、四川、西藏、青海、甘肃、陕西、山西、河南等地均有分布；日本、朝鲜、韩国也有分布。

百合与卷丹主要区别点：百合鳞片披针形；叶倒披针形或倒卵形；花被片乳白色。卷丹鳞片宽卵形；叶长圆状披针形或倒披针形；花被片橙红色。

【药名与部位】百合，肉质鳞叶。百合花，花。

【采集加工】百合：秋季采挖鳞茎，洗净，剥取鳞叶，置沸水中略烫，迅速捞出，再用冷水冲凉，干燥。百合花：夏初见花蕾及花时采收，及时干燥。

【药材性状】百合：呈长椭圆形，长2～5cm，宽1～2cm，中部厚1.3～4mm。表面黄白色至淡棕黄色，有的微带紫色，有数条纵直平行的白色维管束。顶端稍尖，基部较宽，边缘薄，微波状，略向内弯曲。质硬而脆，断面较平坦，角质样。气微，味微苦。

百合花：多皱缩，展平后花被片6枚，红棕色或黄褐色，长6～10cm，宽1～2cm，内面可见紫黑色斑点；雄蕊6枚，长约为花被的1/2，花药线形，丁字着生，多已脱落；雌蕊1枚。质柔韧。气香，味酸、微苦。

【质量要求】百合：色白或玉白，无油黑者。

图 1145　卷丹　　　　摄影　郭增喜等

【**药材炮制**】百合：除去杂质及油黑者。筛去灰屑。蜜百合：取百合饮片，与炼蜜拌匀，稍闷，炒至不粘手时，取出，摊凉。

百合花：除去杂质，筛去灰屑。

【**化学成分**】鳞茎含甾体类：（25*R*, 26*R*）-26- 甲氧基螺甾 -5- 烯 -3β-*O*-α-L- 吡喃鼠李糖基 -（1→2）-［β-D- 吡喃葡萄糖基 -（1→6）］-β-D- 吡喃葡萄糖苷｛（25*R*, 26*R*）-26-methoxyspirost-5-en-3β-*O*-α-L-rhamnopyranosyl-（1 → 2）-［β-D-glucopyranosyl-（1 → 6）］-β-D-glucopyranoside｝、（25*R*）- 螺甾 -5- 烯 -3β-*O*-α-L- 吡喃鼠李糖基 -（1→2）-［β-D- 吡喃葡萄糖基 -（1→6）］-β-D- 吡喃葡萄糖苷｛（25*R*）-spirost-5-en-3β-*O*-α-L-rhamnopyranosyl-（1 → 2）-［β-D-glucopyranosyl-（1 → 6）］-β-D-glucopyranoside｝、（25*R*, 26*R*）-17α- 羟基 -26- 甲氧基螺甾 -5- 烯 -3β-*O*-α-L- 吡喃鼠李糖基 -（1→2）-［β-D- 吡喃葡萄糖基 -（1→6）］-β-D- 吡喃葡萄糖苷｛（25*R*, 26*R*）-17α-hydroxy-26-methoxyspirost-5-en-3β-*O*-α-L-rhamnopyranosyl-（1→2）-［β-D-glucopyranosyl-（1→6）］-β-D-glucopyranoside｝和胡萝卜苷（daucosterol）[1]；生物碱类：小檗碱（berberin）[1]；挥发油类：2- 苯基十四烷（2-phenyltetradecane）、山达海松二烯（sandaracopimaradiene）、2- 乙基己基己二酸酯（2-ethylhexyl adipate）、1- 羧甲基 -4-（1, 5- 二甲基 -3- 氧代己基）-1- 环己烯［1-carboxmethoxy-4-（1, 5-dimethyl-3-oxohexyl）-1-cyclohexene］、2- 苯基 -4, 4- 二甲基癸烷（2-phenyl-4, 4-dimethyldecane）和 3- 苯基十四烷（3-phenyltetradecane）[2]；苯丙素类：岷江百合苷 A、C（regaloside A、C）[1]，1-*O*- 咖啡酰甘油（1-*O*-caffeoylglycerol）、1-*O*- 阿魏酰

甘油（1-*O*-feruloylglycerol）、1-*O*- 对香豆酰甘油（1-*O*-*p*-coumaroylglycerol）、1, 3-*O*- 二阿魏酰甘油（1, 3-*O*-diferuloylglycerol）、1-*O*- 阿魏酰基 -3-*O*- 对香豆酰甘油（1-*O*-feruloyl-3-*O*-*p*-coumaroylglycerol）、1, 2-*O*- 二阿魏酰甘油（1, 2-*O*-diferuloylglycerol）和 1-*O*- 对香豆酰基 -2-*O*- 阿魏酰甘油（1-*O*-*p*-coumaroyl-2-*O*-feruloylglycerol）[3]。

茎叶含乙酰糖苷类：百合苷 C（lilioside C）[4]。

鳞叶含甾体类：卷丹皂苷 A（lililancifoloside A）和沿阶草苷 D′（ophiopogonin D′）[5, 6] 和 γ- 谷甾醇（γ-sitosterol）[7]；多糖类：卷丹叶多糖 -1、-2、-3（LLP-1、LLP-2、LLP-3）[8]；酚酸类：3- 烯丙基 -6- 甲氧基苯酚（3-allyl-6-methoxyphenol）[7] 和没食子酸（gallic acid）[9]；烯酸类：（*Z*, *Z*）-9, 12- 十八二烯酸［（*Z*, *Z*）-9, 12-octadecadienoic acid］[7]；黄酮类：芦丁（rutin）[9]。

花含黄酮类：矢车菊素（cyanidin）[10]。

【药理作用】1. 抗菌　肉质鳞叶乙酸乙酯浸提物对金黄色葡萄球菌和藤黄微球菌的生长具有较强的抑制作用；肉质鳞叶水浸提取物对藤黄微球菌的生长具有较强的抑制作用；肉质鳞叶乙醇浸提物对金黄色葡萄球菌、大肠杆菌和绿脓杆菌的生长具有较强的抑制作用[1]。2. 抗肿瘤　肉质鳞叶的水提取物在体外可诱导肿瘤细胞凋亡而抑制肺腺癌 A549 细胞的增殖[2]；从肉质鳞叶中分离得到的成分对香豆酸可抑制肺癌 A549 细胞及胃癌 SGC-7901 细胞的增殖；从肉质鳞叶中分离得到的成分没食子酸（gallic acid）可抑制胃癌 HGC-27 细胞的增殖；从肉质鳞叶中分离得到的成分芦丁（rutin）可抑制肺癌 A549 细胞、胃癌 SGC-7901 和 HGC-27 细胞的增殖[3]；从肉质鳞叶中提取的总皂苷可抑制肺癌 A549 细胞的增殖、迁移及侵袭，诱导细胞凋亡[4]。3. 抗衰老　肉质鳞叶的水提取物可提高 D- 半乳糖衰老模型小鼠的学习记忆能力，提高小鼠大脑血清超氧化物歧化酶（SOD）含量，降低丙二醛（MDA）含量[5]。4. 护肝　从花中提取分离的成分矢车菊素（cyanidin）可降低四氯化碳诱导的急性肝损伤模型小鼠血清中谷丙转氨酶（ALT）、天冬氨酸氨基转移酶（AST）和碱性磷酸酶（ALP）含量，提高肝组织匀浆超氧化物歧化酶、过氧化氢酶（CAT）的含量，降低丙二醛（MDA）含量，上调肝脏组织中 Nrf2、HO-1 和 NQO1 蛋白表达[6]。5. 抗氧化　肉质鳞叶醇提取物的乙酸乙酯部位和正丁醇提取部位可明显清除 1，1- 二苯基 -2- 三硝基苯肼（DPPH）自由基和 2，2′- 联氮 - 二（3- 乙基 - 苯并噻唑 -6- 磺酸）二铵盐（ABTS）自由基，具有还原 Fe^{3+} 和抑制脂质过氧化的作用[7]；从肉质鳞叶中提取的酚类化合物对 1，1- 二苯基 -2- 三硝基苯肼自由基和 2，2′- 联氮 - 二（3- 乙基 - 苯并噻唑 -6- 磺酸）二铵盐自由基具有清除作用[8]。6. 改善睡眠　肉质鳞叶的水提取物可抑制小鼠自发活动，延长戊巴比妥诱导的睡眠时间及增加戊巴比妥诱导的睡眠发生率[9]。7. 活血化瘀　肉质鳞叶的水提取物可延长小鼠的凝血激酶时间（APTT）[10]。8. 提高耐力　肉质鳞叶的水提取物可延长小鼠负荷游泳时间，提高生存能力[10]。9. 镇痛消炎　肉质鳞叶的水提取物可减少乙酸所致小鼠的扭体次数，抑制由二甲苯所致小鼠的耳郭肿胀[11]。10. 抗抑郁　从肉质鳞叶提取的总皂苷能提高抑郁症模型大鼠大脑皮层多巴胺（DA）、5- 羟色胺（5-HT）的含量[12]。11. 止咳化痰　肉质鳞叶醇提取物的二氯甲烷和正丁醇部位可延长小鼠氨水刺激所致咳嗽的潜伏期，减少咳嗽次数；二氯甲烷部位可促进小鼠气管段苯酚红排泌[13]。

【性味与归经】百合：甘，寒。归心、肺经。百合花：甘、微苦，微寒。归肺、肝、心经。

【功能与主治】百合：养阴润肺，清心安神。用于阴虚久咳，痰中带血，虚烦惊悸，失眠多梦，精神恍惚。百合花：清热润肺，宁心安神。用于咳嗽痰少或黏，眩晕，心烦，夜寐不安。

【用法与用量】百合：6 ～ 12g。百合花：6 ～ 12g。

【药用标准】百合：药典 1977—2015、浙江炮规 2015、内蒙古蒙药 1986、新疆药品 1980 二册和台湾 2013；百合花：湖南药材 2009。

【附注】《本草图经》在百合项下云："又有一种，花黄有黑斑，细叶，叶间有黑子。"《本草纲目》云："茎叶似山丹而稍长大，红花带黄，六瓣四垂，上有黑斑点，其子先结在枝叶间者，卷丹也。"即为本种。

本种与百合 *Lilium brownii* F. E. Brown var. *viridulum* Baker（*Lilium brownii* F. E. Brown var. *colchesteri*

Wils.）的肉质鳞叶同用作药材百合，临床参考内容可参考百合。

本种的花和种子民间也药用。

同属植物麝香百合 *Lilium longiflorum* Thunb. 和淡黄花百合 *Lilium sulphureum* Baker 的肉质鳞片在贵州作百合药用。

药材百合风寒咳嗽及中寒便溏者禁服。

【化学参考文献】

［1］胡文彦，段金廒，钱大玮，等. 卷丹化学成分研究［J］. 中国中药杂志，2007，32（16）：1656-1659.

［2］Kameoka H，Sagara K.The volatile components of bulbus *Lilium lancifolium* Thunb.［J］.Developments in Food Science，1988，18：469-481.

［3］Zhou Z L，Lin S Q，Yang H Y，et al.Antiviral constituents from the bulbs of *Lilium lancifolium*［J］.Asian Journal of Chemistry，2014，26（22）：7616-7618.

［4］Kaneda M，Mizutani K，Tanaka K.Glycerol glucosides in *Lilium* genus.Part 20.lilioside C，a glycerol glucoside from *Lilium lancifolium*［J］.Phytochemistry，1982，21（4）：891-893.

［5］杨秀伟，吴云山，崔育新，等. 卷丹中新甾体皂苷的分离和鉴定［J］. 药学学报，2002，37（11）：863-866.

［6］杨秀伟，崔育新，刘雪辉. 卷丹皂苷 A 和甾体皂苷的 NMR 特征［J］. 波谱学杂志，2002，19（3）：301-308.

［7］张志杰，蔡宝昌，武露凌，等. 卷丹及其水提液中亲脂性成分的 GC-MS 分析［J］. 南京中医药大学学报，2006，22（2）：91-93.

［8］Xu Z，Wang H D，Wang B L，et al.Characterization and antioxidant activities of polysaccharides from the leaves of *Lilium lancifolium* Thunb.［J］.International Journal of Biological Macromolecules，2016，92：148-155.

［9］李玲，刘湘丹，詹济华，等. 卷丹百合化学成分抗肿瘤活性研究［J］. 湖南中医药大学学报，2018，38（10）：46-49.

［10］肖静，彭安林. 卷丹百合矢车菊素对 CCl_4 所致小鼠急性肝损伤的保护作用［J］. 现代食品科技，2018，34（11）：21-26.

【药理参考文献】

［1］周英，段震，王寒，等. 卷丹百合提取物的体外抑菌作用研究［J］. 食品科学，2008，29（2）：94-96.

［2］艾庆燕，赵豫凤，王爱红，等. 卷丹百合体外对肺腺癌 A549 细胞抑制作用的实验研究［J］. 陕西中医，2015，36（4）：497-499.

［3］李玲，刘湘丹，詹济华，等. 卷丹百合化学成分抗肿瘤活性研究［J］. 湖南中医药大学学报，2018，38（10）：46-49.

［4］罗林明，覃丽，詹济华，等. 百合总皂苷对肺癌细胞增殖、凋亡及侵袭转移的作用及其初步机制研究［J］. 中国中药杂志，2018，43（22）：140-147.

［5］谢焕松，周鸣鸣. 卷丹水提物对 D- 半乳糖衰老模型小鼠的影响［J］. 中国老年学杂志，2008，28（14）：1376-1377.

［6］肖静，彭安林. 卷丹百合矢车菊素对 CCl_4 所致小鼠急性肝损伤的保护作用［J］. 现代食品科技，2018，34（11）：21-26.

［7］周中流，石任兵，刘斌，等. 卷丹乙醇提取物及其不同极性部位抗氧化活性的比较研究［J］. 食品科学，2011，32（9）：62-65.

［8］周中流，石任兵，刘斌，等. 卷丹甾体皂苷和酚类成分及其抗氧化活性研究［J］. 中草药，2011，42（1）：31-34.

［9］张洁，谢焕松，周鸣鸣. 卷丹水提物对小鼠睡眠的影响［J］. 中国老年学杂志，2011，12（23）：4609-4610.

［10］谢焕松，周鸣鸣，等. 卷丹水提物活血化瘀药理作用及对小鼠耐力的影响［J］. 辽宁中医药大学学报，2008，10（9）：146-147.

［11］谢焕松，周鸣鸣，刘鑫燕，等. 南通军山卷丹水提物镇痛消炎作用的研究［J］. 辽宁中医药大学学报，2007，9（4）：176-177.

［12］郭秋平，高英，李卫民. 百合有效部位对抑郁症模型大鼠脑内单胺类神经递质的影响［J］. 中成药，2009，31（11）：1669-1672.

［13］李林，张志杰，蔡宝昌. 中药百合有效部位的药效学筛选［J］. 南京中医药大学学报，2005，21（3）：175-177.

20. 郁金香属 *Tulipa* Linn.

多年生草本。鳞茎皮外层褐色或暗褐色，内层被伏毛或杂毛，稀无毛。茎直立，下部常生于地下。叶 2 ～ 4 枚，稀 5 ～ 6 枚。花大，仰立，单朵顶生；苞片无，稀具苞片；花冠钟状或漏斗状钟形；花被片 6 枚，离生，易脱落；雄蕊 6 枚，等长或 3 长 3 短，花药基着，内向开裂，花丝中部或基部宽；子房长椭圆形，3 室，胚珠多数，柱头 3 裂。蒴果，室背开裂。种子扁平，近三角形。

约 150 种，分布于亚洲和北非温带，主要产于中亚和地中海区域。中国 15 种，法定药用植物 1 种。华东地区法定药用植物 1 种。

1146. 老鸦瓣（图 1146）· *Tulipa edulis*（Miq.）Baker［*Amana edulis*（Miq.）Honda］

图 1146　老鸦瓣　　摄影　张芬耀等

【别名】山慈姑、光慈姑（浙江），毛地梨（江苏），老鸦蒜（安徽）。

【形态】鳞茎皮纸质，内面密被长柔毛。茎直立，高 10 ～ 25cm，无毛。叶 2 枚，条形，长 10 ～ 25cm，宽 0.5 ～ 1.2cm，无毛。花单朵顶生；苞片 2 枚，对生，条形，长 2 ～ 3cm，稀 3 枚轮生；花被片狭椭圆状披针形，长 2 ～ 3cm，宽 0.4 ～ 0.7cm，白色，背面具紫红色纵纹；雄蕊 3 长 3 短，花丝中部稍宽；子房长椭圆形。蒴果近球形，具较长喙。花期 3 ～ 4 月，果期 4 ～ 5 月。

【生境与分布】生于山坡草地、疏林下或山路边草丛中，垂直分布可达 1700m。分布于山东、江苏西南部、浙江、江西北部、安徽，另陕西西南部、河南、湖北、湖南、辽宁东部等地均有分布；朝鲜、日本也有分布。

【药名与部位】光慈姑，鳞茎。

【采集加工】春、夏二季采挖，除去须根及外皮，洗净，晒干。

【药材性状】呈类圆锥形，高 1 ～ 2cm，直径 0.5 ～ 1cm。表面类白色、黄白色或浅棕色，光滑，顶端尖，基部圆平而凹陷，一侧有纵沟，自基部伸向顶端。质硬而脆，断面白色，富粉性，内有 1 圆锥形心芽。气微，味淡。

【药材炮制】除去杂质，洗净，晒干，用时打碎。

【化学成分】花含花青素类：矢车菊素 -3-*O*-（6″-*O*-α- 吡喃鼠李糖基 -β- 吡喃葡萄糖苷）[cyanidin-3-*O*-（6″-*O*-α-rhamnopyranosyl-β-glucopyranoside）]、矢车菊素 -3-*O*-[6″-*O*-(2‴-*O*- 乙酰基 -α- 吡喃鼠李糖基)-β-吡喃葡萄糖苷]{cyanidin-3-*O*-[6″-*O*-(2‴-*O*-acetyl-α-rhamnopyranosyl)-β-glucopyranoside]}、飞燕草素 -3-*O*-（6″-*O*-α- 吡喃鼠李糖基 -β- 吡喃葡萄糖苷)[delphinidin-3-*O*-(6″-*O*-α-rhamnopyranosyl-β-glucopyranoside ）]、天竺葵素 -3-*O*-（6″-*O*-α- 吡喃鼠李糖基 -β- 吡喃葡萄糖苷）[pelargonidin-3-*O*-（6″-*O*-α-rhamnopyranosyl-β-glucopyranoside）] 和天竺葵素 -3-*O*- [6″-*O*-（2‴-*O*- 乙酰基 -α- 吡喃鼠李糖基）-β- 吡喃葡萄糖苷] {pelargonidin-3-*O*- [6″-*O*-（2‴-*O*-acetyl-α-rhamnopyranosyl）-β-glucopyranoside] }[1]。

【药理作用】抗氧化　地上部分提取的多糖可保护过氧化氢（H_2O_2）对果蝇的氧化损伤，显著提高果蝇体内的超氧化物歧化酶（SOD）、过氧化氢酶（CAT）的含量，显著降低丙二醛（MDA）含量[1]。

【性味与归经】辛、甘，寒；有小毒。

【功能与主治】消肿散结，解毒。用于淋巴结结核，痈肿。

【用法与用量】3 ～ 9g。

【药用标准】药典 1977、部标中药材 1992、内蒙古药材 1988、山西药材 1987 和河南药材 1991。

【临床参考】1. 无名肿毒：鲜鳞茎适量，捣烂敷患处。

2. 咳喘：鳞茎，加芫荽菜、白术、桔梗各适量，水煎，白糖冲服。（1 方、2 方引自《浙江药用植物志》）

【附注】以山慈姑之名始载于《本草纲目》，云："山慈姑，处处有之。冬月生叶，如水仙花之叶而狭。二月中抽一茎，如箭杆，高尺许。茎端开花白色，亦有红色、黄色者，上有黑点，其花乃众花簇成一朵，如丝纽成可爱。三月结子，有三棱，四月初苗枯，即掘取其根，状如慈姑及小蒜，迟则苗腐难寻矣。根苗与老鸦蒜极相类，但老鸦蒜根无毛，山慈姑有毛壳包裹为异尔，用之去毛壳。"《植物名实图考》载有老鸦瓣，云："老鸦瓣生田野中，湖北谓之棉花包，固始呼为老鸦头，春初即生，长叶铺地，如萱草叶而屈曲索结，长至尺余，抽葶开五瓣尖白花，似海栀子而狭，背淡紫，绿心黄蕊，入夏即枯。根如独根蒜……。"《本草纲目》之开花白色者及《植物名实图考》的老鸦瓣即为本种。

【化学参考文献】

[1] Torskangerpoll K, Noerbaek R, Nodland E, et al.Anthocyanin content of *Tulipa* species and cultivars and its impact on tepal colours [J].Biochem System Ecol, 2005, 33（5）: 499-510.

【药理参考文献】

[1] 周妍，肖兵，张明冬，等. 老鸦瓣多糖的制备及其对 H_2O_2 致果蝇氧化损伤的保护作用 [J]. 长江大学学报（自科版），2018，15（22）：46-49.

21. 菝葜属 *Smilax* Linn.

攀援或直立小灌木，常绿或落叶，稀草质藤本。茎和枝木质而实心，稀草质而中空，常具皮刺。叶互生，2 列；叶革质或草质，全缘，具主脉 3 ～ 7 条；叶柄两侧常具翅状鞘，鞘先端具 1 对卷须或无卷须，近卷须着生点处至叶柄顶端不同位置上具叶脱落点。花小，单性，雌雄异株；伞形花序，总花梗基部有时具 1 枚与叶柄相对的鳞片；花被片 6 枚，离生；雄花具雄蕊 6 枚，稀 3 枚，花药基着，2 室，内向纵裂；雌蕊常具 3 ～ 6 枚退化雄蕊；子房 3 室，每室具胚珠 1 ～ 2 粒，花柱较短，柱头 3 裂。浆果通常球形，种子少数。

约 300 种，广布热带地区，也见于东亚和北美温暖地区，少数种类产地中海一带。中国 79 种，法定药用植物 11 种。华东地区法定药用植物 7 种。

分种检索表

1. 灌木或攀援状灌木，茎木质而实心。
  2. 枝具皮刺。
    3. 叶纸质或革质；主脉 3 ～ 5 条。
      4. 叶纸质或薄革质；果实成熟时红色或黑色。
        5. 叶近圆形、卵形或宽卵形；果实成熟时红色……菝葜 *S. china*
        5. 叶椭圆形；果实成熟时黑色……黑果菝葜 *S. glauco-china*
      4. 叶革质，卵形或椭圆状卵形；果实成熟时蓝黑色……短梗菝葜 *S. scobinicaulis*
    3. 叶草质；主脉 5 ～ 7 条……华东菝葜 *S. sieboldii*
  2. 枝无皮刺。
    6. 叶革质，长圆状披针形或披针形，具 3 条主脉……土茯苓 *S. glabra*
    6. 叶纸质，卵形或卵圆形，具 5 条主脉……鞘柄菝葜 *S. stans*
1. 草质藤本，茎中空……牛尾菜 *S. ripara*

1147. 菝葜（图 1147）· *Smilax china* Linn.

图 1147　菝葜　　摄影　李华东等

【别名】白茯苓（江苏），狗骨刺（福建），金刚鞭（江西），金刚刺（浙江、安徽）。

【形态】落叶攀援灌木，高 1 ～ 3m。根茎坚硬，块状，直径 2 ～ 4cm。茎疏生小皮刺。叶厚纸质或薄革质，近圆形、卵形或宽卵形，长 3 ～ 10cm，宽 1.5 ～ 8cm，先端短尖或骤尖，基部宽楔形或近圆形，稀微心形；主脉 3 ～ 5 条；叶柄长 0.5 ～ 1.5cm，具卷须，翅状鞘为叶柄 1/2 ～ 2/3，脱落点位于卷须着生点处。伞形花序球形，具花 10 余朵或更多，生于叶尚幼嫩的小枝上；花序梗长 1 ～ 2cm；花序托稍膨大，具小苞片；花黄绿色；雄花花药稍宽于花丝；雌花与雄花大小相似，具退化雄蕊 6 枚。浆果圆球形，成熟时红色，常具粉霜。花期 2 ～ 5 月，果期 9 ～ 11 月。

【生境与分布】生于山坡疏林下或灌丛中，垂直分布可达 2000m。分布于山东、江苏、浙江、福建、江西、安徽，另河南、湖北西部、湖南、广东、香港、海南、广西、贵州、台湾等地均有分布；缅甸、越南、泰国、菲律宾也有分布。

【药名与部位】菝葜（红土茯苓、金刚刺、萆薢），根茎。

【采集加工】秋末至翌年春采挖，除去须根，洗净，干燥或趁鲜切片，干燥。

【药材性状】为不规则块状或弯曲扁柱形，有结节状隆起，长 10 ～ 20cm，直径 2 ～ 4cm。表面黄棕色或紫棕色，具圆锥状突起的茎基痕，并残留坚硬的刺状须根残基或细根。质坚硬，难折断，断面呈棕黄色或红棕色，纤维性，可见点状维管束和多数小亮点。切片呈不规则形，厚 0.3 ～ 1cm，边缘不整齐，切面粗纤维性；质硬，折断时有粉尘飞扬。气微，味微苦、涩。

【药材炮制】除去杂质，洗净，润透，切片，干燥或除去杂质，筛去灰屑。

【化学成分】根茎含甾体类：异纳索皂苷元 -3-*O*-α-L- 吡喃鼠李糖基 -（1→2）-［α-L- 吡喃鼠李糖基 -（1→4）］-β-D- 吡喃葡萄糖苷 {isonarthogenin-3-*O*-α-L-rhamnopyranosyl-（1→2）-［α-L-rhamnopyranosyl-（1→4）］-β-D-glucopyranoside}[1]，甲基原纤细皂苷（methyl protogracillin）、薯蓣皂苷次皂苷元 A（dioscin prosapogenin A）、纤细薯蓣皂苷（gracillin）[2]，β- 谷甾醇（β-sitosterol）[3]，麦角甾醇（ergosterol）[4]，胡萝卜苷（daucosterol）[5]，崇仁菝葜苷 *A、B、C、D、E、F、G（chongrenoside A、B、C、D、E、F、G）、三脉菝葜苷 *A（trinervuloside A）、甲基原 Pb（methylproto-Pb）、甲氧基 -25（*S*）- 原 Pb［methoxy-25（*S*）-proto-Pb］、黄山药皂苷 C（dioscoreside C）、23- 酮基 - 伪原薯蓣皂苷（23-oxo-pseudoprotodioscin）、26-*O*-β-D- 吡喃葡萄糖基 -3β, 20α, 26- 三羟基 -（25*R*）-5, 22- 二烯 -3-*O*-α-L- 吡喃鼠李糖基 -（1→4）-［α-L- 吡喃鼠李糖基 -（1→2）］-*O*-β-D- 吡喃葡萄糖苷 {26-*O*-β-D-glucopyranosyl-3β, 20α, 26-trihydroxy-（25*R*）-5, 22-dien-3-*O*-α-L-rhamnopyranosyl-（1 → 4）-［α-L-rhamnopyranosyl-（1 → 2）］-*O*-β-D-glucopyranoside}、黄山药皂苷 E（dioscoreside E）[6]，豆甾 -5- 烯 -3β- 醇 -3β-*O*-D- 吡喃葡萄糖基 -（1→4）-β-*O*-D- 吡喃葡萄糖苷［stigmast-5-en-3β-ol-3β-*O*-D-glucopyranosyl-（1→4）-β-*O*-D-glucopyranoside］、豆甾醇（stigmasterol）[7]，原薯蓣皂苷（protodioscin）[8-10]，薯蓣皂苷（dioscin）[1, 9]，菝葜皂苷 A、B、C、D（smilaxchinoside A、B、C、D）、（25*R*）-26-*O*-β-D- 吡喃葡萄糖基 -3β, 20α, 26- 三羟基呋甾烷 -5, 22- 二烯 -3-*O*-α-L- 吡喃鼠李糖基 -（1→2）-［α-L- 吡喃鼠李糖基 -（1→4）］-*O*-β-D- 吡喃葡萄糖苷 {（25*R*）-26-*O*-β-D-glucopyranosyl-3β, 20α, 26-trihydroxyfurostan-5, 22-dien-3-*O*-α-L-rhamnopyranosyl-（1→2）-［α-L-rhamnopyranosyl-（1→4）］-*O*-β-D-glucopyranoside}、薯蓣皂苷次皂苷元 B（prosapogenin B of dioscin）、薯蓣皂苷元（diosgenin）[9]，伪原薯蓣皂苷（pseudoprotodioscin）[9, 10]，15- 甲氧基基伪原薯蓣皂苷（15-methoxypseudoprotodioscin）、15- 羟基伪原薯蓣皂苷（15-hydroxypseudoprotodioscin）、（25*R*）- 螺甾烷 -5- 烯 -3-*O*-α-L- 吡喃鼠李糖基 -（1→2）-［α-L- 吡喃鼠李糖基 -（1→4）-α-L- 吡喃鼠李糖基 -（1→4）］-*O*-β-D- 吡喃葡萄糖苷 {（25*R*）-spirostan-5-en-3-*O*-α-L-rhamnopyranosyl-（1→2）-［α-L-rhamnopyranosyl-（1 → 4）-α-L-rhamnopyranosyl-（1 → 4）］-*O*-β-D-glucopyranoside}、异纳索皂苷元 -3-*O*-α-L- 吡喃鼠李糖基 -（1→2）-［α-L- 吡喃鼠李糖基 -（1→4）］-*O*-β-D- 吡喃葡萄糖苷 {isonarthogenin-3-*O*-α-L-rhamnopyranosyl-（1 → 2）-［α-L-rhamnopyranosyl-（1 → 4）］-*O*-β-D-glucopyranoside}[10] 和甲基原薯蓣皂苷（methyl protodioscin）[1, 2, 9, 10]；黄酮类：槲皮素 -4′-*O*-β-D- 葡萄

糖苷（quercetin-4′-*O*-β-D-glucoside）[11]，儿茶素-（7, 8-bc）-4β-（3, 4-二羟苯基）-二氢吡喃-2（3H）-酮［catechin-（7, 8-bc）-4β-（3, 4-dihydroxyphenyl）-dihydropyran-2（3H）-one］[5, 12]，儿茶素-3β-羟基-［（1*R*）-3, 4-二羟苯基］吡喃酮{catechin-3β-hydroxy-［（1*R*）-3, 4-dihydroxyphenyl］pyranone}、儿茶素-3β-羟基-（1*S*）-3, 4-二羟苯基吡喃酮［catechin-3β-hydroxy-（1*S*）-3, 4-dihydroxyphenyl pyranone］、左旋-表儿茶素［（−）-epicatechin］[12]，二氢槲皮素（dihydroquercetin）、儿茶素（catechin）、儿茶素-（5, 6-e）-4β-（3, 4-二羟苯基）-二氢-2（3H）-吡喃酮［catechin-（5, 6-e）-4β-（3, 4-dihydroxyphenyl）-dihydro-2（3H）-pyranone］、儿茶素-（5, 6-e）-4α-（3, 4-二羟苯基）-二氢-2（3H）-吡喃酮［catechin-（5, 6-e）-4α-（3, 4-dihydroxyphenyl）-dihydro-2（3H）-pyranone］[5]，（2*R*, 3*R*）-二氢山柰酚-3-*O*-β-D-吡喃葡萄糖苷［（2*R*, 3*R*）-dihydrokaempferol-3-*O*-β-D-glucopyranoside］、（2*R*, 3*R*）-二氢槲皮素-3-*O*-β-D-吡喃葡萄糖苷［（2*R*, 3*R*）-dihydroquercetin-3-*O*-β-D-glucopyranoside］、3, 5, 7, 3′, 5′-五羟基-（2*R*, 3*R*）-二氢黄酮-3-*O*-α-L-吡喃鼠李糖苷［3, 5, 7, 3′, 5′-pentahydroxy-（2*R*, 3*R*）-flavanonol-3-*O*-α-L-rhamnopyranoside］、芦丁（rutin）、紫云英苷（astragalin）[8]，秋茄树鞣素B-5（kandelin B-5）、黄杞苷（engeletin）[3, 13]，即二氢山柰酚-3-*O*-α-L-吡喃鼠李糖苷（dihydrokaempferol-3-*O*-α-L-rhamnopyranoside）[3]，落新妇苷（astilbin）、新落新妇苷（neoastilbin）、异落新妇苷（isoastilbin）、异新落新妇苷（isoneoastilbin）、槲皮素-3-*O*-L-吡喃鼠李糖苷（quercetin-3-*O*-L-rhamnopyranoside）、木犀草素-3-*O*-L-吡喃鼠李糖苷（luteolin-3-*O*-L-rhamnopyranoside）、（−）-表儿茶素［（−）-epicatechin］、5, 7, 4′-三羟基二氢黄酮（5, 7, 4′-trihydroxyflavonone）、金鸡勒鞣质Ia、Ib、IIa、IIb（cinchonain Ia、Ib、IIa、IIb）、儿茶素-［8, 7-e］-4β-（3, 4-二羟基苯基）-二氢-2（3H）-吡喃酮{catechin-［8, 7-e］-4β-（3, 4-dihydroxyphenyl）-dihyro-2（3H）-pyranone}、儿茶素-［8, 7-e］-4α-（3, 4-二羟基苯基）-二氢-2（3H）-吡喃酮{catechin-［8, 7-e］-4α-（3, 4-dihydroxyphenyl）-dihyro-2（3H）-pyranone}[13]，菝葜𠮿酮A、B（smilone A、B）、1, 3, 6-三羟基-2, 7-二甲氧基𠮿酮（1, 3, 6-trihydroxy-2, 7-dimethoxyxanthone）、1, 3, 6-三羟基-7-甲氧基𠮿酮（1, 3, 6-trihydroxy-7-methoxyxanthone）、1, 3, 6, 7-四羟基𠮿酮（1, 3, 6, 7-tetrahydroxyxanthone）、柚皮素（naringenin）、4-羟基苯乙酮新落新妇苷（4-hydroxyacetophenone neoastilbin）[14]，菝葜素（smilaxin）[15]，二氢山柰酚（dihydrokaempferol）、槲皮素-4′-*O*-β-D-葡萄糖苷（quercetin-4′-*O*-β-D-glucoside）[16]，二氢山柰酚-5-*O*-β-D-葡萄糖苷（dihydrokaempferol-5-*O*-β-D-glucoside）[17]，山柰酚-7-*O*-β-D-葡萄糖苷（kaempferol-7-*O*-β-D-glucoside）[18]，（2*R*, 3*R*）-3, 5, 7, 3′, 5′-五羟基黄烷［（2*R*, 3*R*）-3, 5, 7, 3′, 5′-pentahydroxyflavane］、槲皮素-3′-*O*-葡萄糖苷（quercetin-3′-*O*-glucoside）、花旗松素-3-*O*-葡萄糖苷（taxifolin-3-*O*-glucoside）、高丽槐素（maackoline）、莫辛素M（morcin M）[19]，槲皮素（quercetin）、槲皮素-3-α-L-鼠李糖苷（quercetin-3-α-L-rhamnoside）和山柰酚（kaemferol）[20]；芪类：3, 5, 4′-三羟基芪（3, 5, 4′-trihydroxystibene）、3, 5, 2′, 4′-四羟基芪（3, 5, 2′, 4′-tetrahydroxstilbene）[11]，氧化白藜芦醇（oxyresveratrol）[8]，荆三棱素A（scirpusin A）[13]，白藜芦醇（resveratrol）[13, 14]，顺式-白藜芦醇（*cis*-resveratrol）[14]，3, 5, 4′-三羟基芪（3, 5, 4′-trihydroxystilbene）、3, 5, 2′, 4′-四羟基芪（3, 5, 2′, 4′-tetrahydroxystilbene）[16]和云杉芪酚（piceatannol）[19]；木脂素类：菝葜木脂素*A（smilgnin A）、丁香脂素（syringaresinol）、3-*O*-对-香豆酰基-6-*O*-阿魏酰基-β-D-呋喃果糖基-6-*O*-乙酰基-β-D-吡喃葡萄糖苷（3-*O*-*p*-coumaroyl-6-*O*-feruloyl-β-D-fructofuranosyl-6-*O*-acetyl-β-D-glucopyranoside）、（6-*O*-阿魏酰基）-β-D-呋喃果糖基-（6-*O*-乙酰基）-α-D-吡喃葡萄糖苷［（6-*O*-feruroyl）-β-D-fructofuranosyl-（6-*O*-acetyl）-α-D-glucopyranoside］和牛蒡苷元（arctigenin）[14]；苯丙素类：咖啡酸乙酯（ethyl caffeate）、胡麻花苷A（helonioside A）[9]，金鸡勒鞣质1a、1b、1c（cinchonain 1a、1b、1c）[9]，绿原酸（chlorogenic acid）[13]和咖啡酸（caffeic acid）[14]；酚酸类：香草酸（vanillic acid）[3]，没食子酸（gallic acid）[4]，4, 6-二羟基苯乙酮-2-*O*-β-D-吡喃葡萄糖苷（4, 6-dihydroxy-acetophenone-2-*O*-β-D-glucopyranoside）、4, 6-二羟基苯甲酸甲酯-2-*O*-β-D-吡喃葡萄糖苷（methyl 4, 6-trihydroxybenzoate-2-*O*-β-D-glucopyranoside）[8]，原儿茶酸（protocatechuic acid）[11, 13, 14]，3-羟基-4-甲氧基苯甲酸（3-hydroxy-4-methoxybenzoic acid）、3, 5-二羟基苯甲酸（3,

5-dihydroxybenzoic acid)、对羟基苯甲酸(*p*-hydroxybenzoic acid)、2, 5- 二羟基苯甲酸(2, 5-dihydroxybenzoic acid)、丁香酸(syringic acid)、苯甲酸(benzoic acid)和儿茶酚(catechol)[14]；脂肪酸类：棕榈酸(palmitic acid)[5]，顺式 - 正四十烷 -15- 烯酸(*cis*-*n*-tetracont-15-enoic acid)和顺式 - 正四十二烷 -17- 烯酸(*cis*-*n*-dotetracont-17-enoic acid)[7]；其他尚含：异丝氨酰基 -*S*- 甲基半胱胺亚砜(isoseryl-*S*-methyl-cysteamine sulfoxide)[21]。

茎含苯丙素类：菝葜苯丙素苷*A、B、C、D、E、F(smilaside A、B、C、D、E、F)、土茯苓苷 E(smiglaside E)、胡麻花苷 B(helonioside B)、2′, 6′- 二乙酰基 -3, 6- 二阿魏酰蔗糖(2′, 6′-diacetyl-3, 6-diferuloylsucrose)[22]，3-*O*- 咖啡酰奎宁酸(3-*O*-caffeoylquinic acid)、4-*O*- 咖啡酰奎宁酸(4-*O*-caffeoylquinic acid)、5-*O*- 咖啡酰奎宁酸(5-*O*-caffeoylquinic acid)和胡麻花苷 A(helonioside A)[23]；黄酮类：槲皮苷(quercitrin)、阿福豆苷(afzelin)、异黄芩素 -8-*O*- 鼠李糖苷(isoscutellarein-8-*O*-rhamnoside)和山柰酚 -3-*O*-β-D- 吡喃葡萄糖基 -7-*O*-α-L- 吡喃鼠李糖苷(kaempferol-3-*O*-β-D-glucopyranosyl-7-*O*-α-L-rhamnopyranoside)[23]；酚酸类：原儿茶酸(protocatechuic acid)[23]；芪类：反式白藜芦醇(*trans*-resveratrol)[23]。

叶含黄酮类：芦丁(rutin)[24]，山柰酚 -7-*O*-α-L- 吡喃鼠李糖苷(kaempferol-7-*O*-α-L-rhamnopyranoside)、山柰酚 -3, 7-*O*-α-L- 二吡喃鼠李糖苷(kaempferol-3, 7-*O*-α-L-dirhamnopyranoside)[25]，4′- 甲氧基 -5, 7- 二羟基黄酮 -(3-*O*-7″)-4‴, 5″, 7″- 三羟基黄酮 [4′-methoxy-5, 7-dihydroxyflavone-(3-*O*-7″)-4‴, 5″, 7″-trihydroxyflavone]、5, 7- 二羟基 -4′- 甲氧基异黄酮 -2′-*O*-β-D- 吡喃葡萄糖苷(5, 7-dihydroxy-4′-methoxyisoflavone-2′-*O*-β-D-glucopyranoside)、山柰酚(kaempferol)、山柰素(kaempferide)、桑色素(morin)、缅茄苷(kaempferin)、槲皮素 -4′-*O*-β-D- 葡萄糖苷(quercetin-4′-*O*-β-D-glucoside)、牡荆素(vitexin)、山柰苷(kaempferitrin)、独行菜苷(lepidoside)、葛根素(puerarin)、柚皮素(naringenin)、1, 3, 6- 三羟基屾酮(1, 3, 6-trithydroxyxanthone)[26] 和桑辛素 M(moracin M)[27]；酚酸类：4- 羟基苯甲酸(4-hydroxybenzoic acid)、3, 4- 二羟基苯甲醛(3, 4-dihydroxybenzaldehyde)、3, 4- 二羟基苯甲酸(3, 4-dihydroxybenzoic acid)、3, 4- 二羟基苯乙酮(3, 4-dihydroxyacetophenone)和 3- 羟基 -4- 甲氧基苯甲酸(3-hydroxy-4-methoxybenzoic acid)[27]；苯丙素类：反式 - 对羟基桂皮酸(*trans*-*p*-hydroxycinnamic acid)和顺式 - 对羟基桂皮酸(*cis*-*p*-hydroxycinnamic acid)[27]；芪类：反式 - 白藜芦醇(*trans*-resveratrol)、顺式 - 白藜芦醇(*cis*-resveratrol)和二氢白藜芦醇(dihydroresveratrol)[27]。

全草含甾体类：华东菝葜皂苷元(sieboldogenin)[28]。

【药理作用】 1. 抗炎镇痛　从全草甲醇提取物的乙酸乙酯部位分离纯化的甾体成分华东菝葜皂苷元(sieboldogenin)在体外对脂氧合酶具有明显的抑制作用，对角叉菜胶诱导小鼠的足肿胀具有显著的抑制作用[1]；根茎的乙酸乙酯提取物能显著降低蛋清诱导大鼠的足跖肿胀度、甲醛诱导小鼠的足肿胀程度、小鼠腹腔毛细血管通透性增高和二甲苯诱导的耳廓肿胀，同时对炎症晚期也有一定的抑制作用[2]；根茎醇提取物的乙酸乙酯和正丁醇部位在 24、12、6g 生药量 /kg 时能显著抑制前列腺素 E_2(PGE_2)的释放，其作用均显著优于金刚藤对照组，并能显著降低 TXB2/6-keto-PGF1a 含量，且作用显著优于阳性对照组[3]；从根茎提取的总皂苷对慢性盆腔炎模型大鼠的子宫炎症有明显的抑制作用，并对全血黏度的各项指标也有明显的改善作用[4]；根茎的乙酸乙酯部位、正丁醇部位、皂苷和总提取液均能降低非细菌性前列腺炎模型大鼠的前列腺指数，其中总提取液作用最明显[5]。2. 免疫抑制　根茎的水提取液、醇提取物和水提取物的不同溶剂提取部位均有抑制钙调磷酸酶(CaN)活性的作用，作用强弱顺序依次为水提取物的正丁醇部位 > 水提取物的乙酸乙酯部位 > 乙醇提取物 > 水提取物[6]。3. 抗氧化　从根茎分离到的芪类和天然多酚类成分均具有较强的抗氧化作用，能有效清除 1，1- 二苯基 -2- 三硝基苯肼(DPPH)自由基[7]；从根茎分离的多酚类成分具有很强的抗氧化作用，均能有效清除 2，2′- 联氮 - 二(3- 乙基 - 苯并噻唑 -6- 磺酸)二铵盐(ABTS)自由基和 1，1- 二苯基 -2- 三硝基苯肼自由基，作用最强的成分在浓度 50μmol/L 时对 1，1- 二苯基 -2- 三硝基苯肼自由基的清除作用为(95.95 ± 0.76)%[8]。4. 抗肿瘤　根茎的提取物对人脑瘤 SF763-1、人肺癌 A549-3、人子宫颈癌 HeLa、人肝癌 7402、人肺癌 A549-1、人结肠癌 HT29 等 6 种肿瘤细胞的增殖均有一定的抑制作用[9]；根茎的乙酸乙酯提取物可在体内外有效抑制肿瘤细胞的增殖，对小鼠 S180、H22、EAC 肿瘤细胞及 HepG2 细胞的半数抑制浓度（IC_{50}）分别为（0.521 ± 0.272）g/L、（0.801 ± 0.333）g/L、（0.512 ± 0.217）g/L、（0.608 ± 0.268）g/L[10]；根茎的乙酸乙酯提取物对 H22 荷瘤小鼠的胸腺指数和脾指数有所提高，且中、高剂量组碳廓清指数 *K* 值和吞噬指数 *a* 值显著高于模型组，提示其具有较好的免疫促进作用和抗肿瘤作用[11]。5. 抗菌　根茎的乙酸乙酯和乙醇提取物均可在体外有效抑制金黄色葡萄球菌、大肠杆菌、表皮葡萄球菌、白色念珠菌、表皮毛癣菌等的增殖，并对染菌小鼠起到显著的保护作用[12]；根茎的乙醇提取物对金黄色葡萄球菌、苏云金芽孢杆菌、大肠杆菌和枯草芽孢杆菌的生长均具有较强的抑制作用，但乙醇提取物对产黄青霉和啤酒酵母的生长无明显的抑制作用[13]。6. 抗诱导突变　从根茎中提取分离的甾体皂苷成分薯蓣皂苷（dioscin）、纤细薯蓣皂苷（gracillin）通过激活区 -2（AF-2）显示出抗 β- 半乳糖苷酶（β-galactosidase）的作用[14]。7. 降血糖　从根茎中提取分离的成分（3*S*）-5，7，4′- 三羟基二氢黄酮［（3*S*）-5，7，4′-trihydroxyflavanone］具有 α- 葡萄糖苷酶和醛糖还原酶抑制作用，显示了有效的降血糖作用[15]；从根茎中提取分离的槲皮素（quercetin）、槲皮素 -3-α-L- 鼠李糖苷（quercetin-3-α-L-rhamnoside）和山柰酚（kaemferol）等成分对 α- 葡萄糖苷酶具有较强的抑制作用[16]。8. 抗衰老　从根茎提取的皂苷元成分可明显升高去卵巢大鼠血清超氧化物歧化酶（SOD）、过氧化氢酶（CAT）、谷胱甘肽过氧化酶（GSH-Px）、谷胱甘肽（GSH）含量，降低血清丙二醛（MDA）含量，有效提高去卵巢大鼠抗氧化能力，延缓衰老[17]。9. 改善血小板功能　根茎的水提取液及正丁醇萃取液对特发性血小板减少性紫癜小鼠有明显的治疗作用，给药后小鼠血小板数明显增多，骨髓细胞成熟障碍减轻，巨核细胞数恢复正常，产板巨核细胞显著增多，脾脏指数降低[18]。

【性味与归经】甘、微苦、涩，平。归肝、肾经。

【功能与主治】祛风利湿，解毒散瘀。用于筋骨酸痛，小便淋漓，带下量多，疔疮痈肿。

【用法与用量】10 ～ 15g。

【药用标准】药典 2005—2015、部标维药 1999、浙江药材 2000、河南药材 1993、江苏药材 1989、江西药材 1996、山东药材 2002、上海药材 1994、新疆维药 1993、四川药材 1987、贵州药材 2003、湖南药材 1993 和广西药材 1990。

【临床参考】1. 肝郁脾虚腹泻型肠易激综合征：根茎 20g，加炒白术、炒苍术、枳实各 15g，腹痛甚者加延胡索、川楝子各 15g，水煎取汁 300ml，早晚分服，每日 1 剂[1]。

2. 糖尿病腹泻：根茎 30g，加山药、焦白术、葛根各 20g，藿香、苍术、木香、防风各 10g，甘草 6g，茯苓 15g，兼形寒肢冷者加补骨脂 10g，干姜 3g；兼腹痛者加延胡索 15g，白芍 20g；兼泻泄不止者加芡实 20g，五味子 15g。水煎，分 2 次服，每日 1 剂。同时胰岛素诺和灵 50R 餐前 30min 皮下注射，空腹血糖及餐后 2h 血糖均控制达标[2]。

3. 血热型银屑病：根茎 30g，加土茯苓 30g，生槐花、生地黄、牡丹皮、赤芍、紫草、茜草、当归、白鲜皮各 15g，虎杖、白花蛇舌草、丹参各 20g，生甘草 6g，水煎，早晚分服，每日 1 剂，6 周 1 疗程，同时卡泊三醇软膏外用，早晚各 1 次[3]；鲜根茎 60g，水煎，分 2 次服。（《浙江药用植物志》）

4. 风湿痹痛：根茎 60g，加中华常春藤 9g，黄酒、水各半煎服，或单味浸酒服。

5. 黄疸型肝炎：根茎 60g，加金樱子根 60g、半边莲 15g，水煎服。（4 方、5 方引自《浙江药用植物志》）

6. 风湿关节痛：根茎 30g，加虎杖 30g、寻骨风 15g，白酒 750g，泡酒 7 日后服，每次服 1 盅（约 15g），早晚各 1 次。

7. 乳糜尿：根茎 30g，加楤木根 30g，水煎服，每日 1 剂。（6 方、7 方引自《全国中草药汇编》）

8. 淋症：根（盐水炒）15g，加银花 9g、萹蓄 6g，水煎服。

9. 吐血：根 6g，加地茶 9g，水煎服。

10. 闭经：根 15~30g，水煎兑甜酒服。（8 方至 10 方引自《湖南药物志》）

【附注】本种始载于《名医别录》，云："菝葜生山野，二月、八月采根，暴干。"《本草经集注》云："此有三种，大略根苗并相类。菝葜茎紫，短小，多细刺，小减萆薢而色深。"《新修本草》云："萆薢有刺者，叶粗相类，根不相类。萆薢细长而白，菝葜根作块结，黄赤色，殊非狗脊之流也。"《本草图经》云："菝葜旧不载所出州土，但云生山野，今近京及江浙州郡多有之。苗茎成蔓，长二三尺，有刺，其叶如冬青、乌药叶，又似菱叶差大。秋生黄花，结黑子樱桃许大。其根作块，赤黄色。"《本草纲目》云："菝葜山野中甚多。其茎似蔓而坚强，植生有刺。其叶团大，状如马蹄，光泽似柿叶，不类冬青。秋开黄花，结红子。其根甚硬，有硬须如刺。"《植物名实图考》云："实熟红时，味甘酸可食。其根有刺甚厉。"《本草纲目》之描述及《植物名实图考》之描述和附图，即指本种。

本种的叶民间也作药用。

【化学参考文献】

[1] Sashida Y，Kubo S，Mimaki Y，et al.Steroidal saponins from *Smilax riparia* and *S.china* [J].Phytochemistry，1992，31（7）：2439-2443.

[2] Kim S W，Chung K C，Son K H，et al.Steroidal saponins from the rhizomes of *Smilax china* [J].Saengyak Hakhoechi，1989，20（2）：76-82.

[3] 阮汉利，张勇慧，赵薇，等.金刚藤化学成分研究[J].天然产物研究与开发，2002，14（1）：35-36，41.

[4] 干国平，于伟，张莲萍，等.菝葜化学成分研究[J].湖北中医杂志，2007，29（6）：61.

[5] 赵钟祥，冯育林，阮金兰，等.菝葜化学成分及其抗氧化活性的研究[J].中草药，2008，39（7）：975-977.

[6] Xie Y，Hu D，Zhong C，et al.Anti-inflammatory furostanol saponins from the rhizomes of *Smilax china* L. [J].Steroids，2018，140：70-76.

[7] Alam P，Ali M，Naquvi K J，et al.New long chain fatty acids and steroidal glycosides from rhizomes of *Smilax china* L. [J]. Asian Journal of Biochemical and Pharmaceutical Research，2015，5（3）：230-237.

[8] 黄钟辉，郝倩，李蓉涛，等.菝葜的化学成分研究[J].昆明理工大学学报（自然科学版），2014，39（1）：80-86.

[9] Shao B，Guo H Z，Cui Y J，et al.Steroidal saponins from *Smilax china* and their anti-inflammatory activities [J]. Phytochemistry，2007，68（5）：623-630.

[10] Huang H L，Liu R H，Shao F，et al.Structural determination of two new steroidal saponins from *Smilax china* [J].Magn Reson Chem，2009，47（9）：741-745.

[11] 干国平，于伟，刘焱文.菝葜化学成分的研究[J].时珍国医国药，2007，18（6）：1404-1405.

[12] Huang H L，Lu Z Q，Chen G T，et al.Phenylpropanoid-substituted catechins and epicatechins from *Smilax china* [J]. Helv Chim Acta，2007，90（9）：1751-1757.

[13] Zhong C，Hu D，Hou L B，et al.Phenolic compounds from the rhizomes of *Smilax china* L.and their anti-inflammatory activity [J].Molecules（2017），22（4）：515/1-515/8.

[14] Zheng X W，Zhang L，Zhang W Y，et al.Two new xanthones，a new lignin，and twenty phenolic compounds from *Smilax china* and their NO production inhibitory activities [J].J Asian Nat Prod Res，2019，DOI：org/10.1080/10286020.2019.1598395.

[15] 巢琪，刘星堦，张德成.菝葜中菝葜素的结构及其合成方法的初探[J].上海医科大学学报，1989，16（3）：222-224，231.

[16] 冯锋，柳文媛，陈优生，等.菝葜中黄酮和芪类成分的研究[J].中国药科大学学报，2003，34（2）：119-121.

[17] 阮金兰，邹健，蔡亚玲.菝葜化学成分研究[J].中药材，2005，28（1）：24-26.

[18] Li Y L，Gan G P，Zhang H Z，et al.A flavonoid glycoside isolated from *Smilax china* L.rhizome *in vitro* anticancer effects on human cancer cell lines [J].J Ethnopharmacol，2007，113（1）：115-124.

[19] 熊跃，果德安，黄慧莲，等.菝葜化学成分研究[J].中国现代中药，2008，10（12）：20-22.

[20] 袁杰.菝葜抑制α-葡萄糖苷酶活性成分的研究[D].武汉：湖北中医药大学硕士学位论文，2014.

[21] Kasai T，Sakamura S.Isoseryl *S*-methylcysteamine sulfoxide，a new amide in the tubers of Sarutori-Ibara（*Smilax china*）[J].Agric Biol Chem，1982，46（6）：1613-1615.

[22] Kuo Y H, Hsu Y W, Liaw C C, et al.Cytotoxic phenylpropanoid glycosides from the stems of *Smilax china* [J].J Na Prod, 2005, 68 (10): 1475-1478.

[23] Lee H E, Kim J A, Whang W K.Chemical constituents of *Smilax china* L.stems and their inhibitory activities agains glycation, aldose reductase, α-glucosidase, and lipase [J].Molecules, 2017, 22 (3): 451/1-451/18.

[24] Nakaoki T, Morita N.Medicinal resources.XVI.flavonoids of the leaves of *Castanea pubinervis*, *Hydrocotyle wilfordi*, *Sanguisorba hakusanensis*, *Euptelaea polyandra*, *Carthamus tinctorius*, *Lactuca repens*, *Daucus carota sativa*, *Ile integra*, *Smilax china*, and *Smilax medica* [J].Yakugaku Zasshi, 1960, 80: 1473-1475.

[25] Cha B C, Lee E H.Antioxidant activities of flavonoids from the leaves of *Smilax china* Linne [J].Saengyak Hakhoechi, 2007, 38 (1): 31-36.

[26] Zhao B T, Le D D, Nguyen P H, et al.PTP1B, α-glucosidase, and DPP-IV inhibitory effects for chromene derivative from the leaves of *Smilax china* L. [J].Chemico-Biological Interactions, 2016, 253: 27-37.

[27] Kim S H, Ahn J H, Jeong J Y, et al.Tyrosinase inhibitory phenolic constituents of *Smilax china* leaves [J].Saengyak Hakhoechi, 2013, 44 (3): 220-223.

[28] Khan I, Nisar M, Ebad F, et al.Anti-inflammatory activities of Sieboldogenin from *Smilax china* Linn.: experimental an computational studies [J].J Ethnopharmacol, 2009, 121 (1): 175-177.

【药理参考文献】

[1] Khan I, Nisar M, Ebad F, et al.Anti-inflammatory activities of sieboldogenin from *Smilax china* Linn.: experimental an computational studies [J].Journal of Ethnopharmacology, 2009, 121: 175-177.

[2] 舒孝顺，高中洪，杨祥良．菝葜醋酸乙酯提取物对大鼠和小鼠的抗炎作用［J］．中国中药杂志，2006，31（3）：239.

[3] 晏绿金，文莉，干国平，等．菝葜活性部位抗炎机理研究［J］．中药材，2008，31（8）：129-131.

[4] 黄嗣航，赵洁，张明，等．菝葜治疗大鼠慢性盆腔炎有效部位的初步筛选［J］．现代食品与药品杂志，2006，16（2）：51-53.

[5] 周璐敏，阮金兰，官福兰，等．菝葜治疗非细菌性前列腺炎有效部位的初步筛选［J］．医药导报，2008，27（6）：634-636.

[6] 陈东生，华小黎，于丽秀．菝葜不同溶剂提取物抑制钙调磷酸酶活性作用的研究［J］．中药材，2007，30（11）：1436-1439.

[7] 赵钟祥，冯育林，阮金兰，等．菝葜化学成分及其抗氧化活性的研究［J］．中草药，2008，39（7）：21-23.

[8] 赵钟祥，金晶，方伟，等．菝葜多酚类成分抗氧化活性的研究［J］．医药导报，2008，27（7）：765-767.

[9] 王晓静．菝葜（*Smilax china* L.）酚性成分及其抗肿瘤活性研究［D］．南京：南京理工大学硕士学位论文，2009.

[10] 王涛，王鹏．菝葜乙酸乙酯提取物抗癌活性的实验研究［J］．肿瘤基础与临床，2007，20（3）：234-236.

[11] 王红英，黄燕芬．菝葜抗小鼠移植性肿瘤的实验研究［J］．海峡药学，2012，24（9）：23-25.

[12] 王涛，薛淑好．菝葜乙酸乙酯提取物抑菌作用研究［J］．医药论坛杂志，2006，27（21）：23-25.

[13] 刘世旺，游必纲，徐艳霞．菝葜乙醇提取物的抑菌作用［J］．资源开发与市场，2004，20（5）：328-329.

[14] Kim S W, Son K H, Chung K C.Mutagenic effect of steroidal saponins from *Smilax china* rhizomes [J].Yakhak Heechi, 1989, 33 (5): 285-289.

[15] 沈忠明，丁勇，施堃，等．菝葜降血糖活性成分及对相关酶的抑制作用［J］．中药材，2008，31（11）：117-120.

[16] 袁杰．菝葜抑制 α- 葡萄糖苷酶活性成分的研究［D］．武汉：湖北中医药大学硕士学位论文，2014.

[17] 杨茗．菝葜皂苷元对去卵巢大鼠内分泌及抗氧化功能的影响［J］．中草药，2007，38（2）：245-247.

[18] 华小黎，陈东生．菝葜有效部位对特发性血小板减少性紫癜动物模型的实验研究［J］．世界临床药物，2006，27（2）：123-125.

【临床参考文献】

[1] 李铁男，李杨，李季委．枳术菝葜饮治疗肝郁脾虚腹泻型肠易激综合征 34 例［J］．中国中医药科技，2010，17（2）：107.

[2] 屠庆年．菝葜山药白术汤治疗糖尿病腹泻 32 例［J］．中国中西医结合消化杂志，2004，12（6）：367.

[3] 李天举，黄玉成，陈俊杰，等．土槐菝葜汤治疗血热型银屑病临床研究［J］．中医学报，2017，32（6）：1094-1097.

1148. 黑果菝葜（图 1148）• *Smilax glauco-china* Warb.

图 1148　黑果菝葜　　摄影　李华东等

【别名】粉叶菝葜、粉菝葜（安徽），后娘藤（江苏）、黑刺菝葜。

【形态】落叶攀援灌木，高 0.5 ～ 4m。根茎坚硬，块状，直径 2 ～ 3.5cm。茎疏生短刺。叶厚纸质，椭圆形，长 5 ～ 13cm，宽 2 ～ 10cm，先端骤尖，基部圆形或宽楔形，背面苍白色；主脉 3 ～ 5 条；叶柄长 0.7 ～ 1.5cm，具卷须，翅状鞘长为叶柄的 1/2，脱落点位于卷须着生点稍上方。伞形花序具花数朵；花序梗长 1 ～ 3cm；花序托稍膨大；小苞片宿存；花黄绿色；雄花花被片长约 0.6cm；雌花与雄花大小近相似，具退化雄蕊 3 枚。浆果球形，成熟时黑色，常具粉霜。花期 3 ～ 5 月，果期 9 ～ 11 月。

【生境与分布】生于山坡灌丛、沟谷或疏林下，垂直分布可达 1600m。分布于安徽、江苏西南部、浙江、江西，另甘肃南部、陕西秦岭以南、山西南部、河南、湖北、湖南、广东、广西、贵州、四川等地均有分布。

【药名与部位】萆薢，根茎。

【采集加工】全年均可采挖，洗净，除去坚硬须根，趁鲜切片，干燥。

【药材性状】呈不规则的片，厚薄不均，常为 0.2 ～ 1cm。边缘黄褐色，具乳头状突起的钉包。切面红棕色或淡红棕色，粗糙，有的可见微凸起的黄色小点（纤维）散在。气微，味涩。

【药材炮制】除去杂质；未切片者，浸泡，洗净，润透，切薄片、干燥。

【化学成分】块根含甾体类：黑果菝葜苷 A、B、C、D、E、F（glauco-chinaoside A、B、C、D、E、F）和黄山药皂苷 C（dioscoreside C）[1]。

【性味与归经】甘、酸，平。归肾、肝经。

【功能与主治】祛风利湿，解毒散肿。用于风湿痹痛，关节不利，腰背疼痛，疮痈，皮肤风癣，痢疾等。

【用法与用量】12 ～ 30g。

【药用标准】四川药材 2010。

【附注】以粘鱼须之名始载于《救荒本草》，云："粘鱼须，一名龙须菜，生郑州贾峪山及新郑山野中亦有之。初先发笋，其后延蔓生茎发叶，每叶间皆分出一小叉，及出一丝蔓，叶似土茜叶而大，又似金刚刺叶，亦似牛尾菜叶，不涩而光泽。"据其描述及《植物名实图考》附图，似为本种。

同属植物粉背菝葜 *Smilax hypoglauca* Benth. 的根茎民间也供药用。

【化学参考文献】

［1］Liu X，Liang J，Pan L L，et al.Six new furostanol glycosides from *Smilax glauco-china* and their cytotoxic activity［J］. Asian Nat Prod Res，2017，19（8）：754-765.

1149. 短梗菝葜（图 1149）• *Smilax scobinicaulis* C. H. Wright

图 1149　短梗菝葜　　摄影　张芬耀

【别名】威灵仙，黑刺菝葜（安徽）。

【形态】落叶攀援灌木，高 1 ～ 2m。根茎块状。茎和枝常疏生皮刺或近无刺，刺针状。叶革质，卵形或椭圆状卵形，干后有时黑褐色，长 4 ～ 13cm，宽 2.5 ～ 8cm，先端渐尖，基部钝或浅心形；主脉 5 条；叶柄长 0.5 ～ 1.5cm，具卷须，翅状鞘短于叶柄并与叶柄合生。伞形花序具花数朵，花序总梗短，长不及叶柄长的 1/2；雄花花被片黄绿色；雌花具 3 枚退化雄蕊，花被片稍小于雄花花被片。浆果圆球形，成熟时蓝黑色。花期 5 ～ 6 月，果期 10 月。

【生境与分布】生于海拔 600 ～ 200m 山坡阴湿处、疏林下或灌丛中。分布于安徽、江西、福建，另河北西南部、山西南部、陕西、甘肃、四川、云南、贵州、湖南、湖北等地均有分布。

【药名与部位】威灵仙（铁丝威灵仙），根及根茎。

【采集加工】7 ～ 10 月采挖，除去茎、叶和泥土，捆成小把，干燥。

【药材性状】根茎长块状，略弯，具针状小刺，下侧着生多数细根。根长 20 ～ 100cm，直径 1 ～ 2mm，表面灰褐色或灰棕色，有细小的钩状刺及少数须根。质韧，富弹性，不易折断。断面外侧为浅棕色环，导管小孔状，排成一圈。气微，味淡。

【药材炮制】除去杂质，用水浸泡至稍软，切厚片或块，干燥。

【化学成分】根和根茎含甾体类：（25*R*）-5α- 螺甾烷 -3β, 6β- 二醇 -3-*O*-β-D- 吡喃葡萄糖基 -（1 → 4）-［α-L- 吡喃阿拉伯糖基 -（1 → 6）］-β-D- 吡喃葡萄糖苷 {（25*R*）-5α-spirostan-3β, 6β-diol-3-*O*-β-D-glucopyranosyl-（1 → 4）-［α-L-arabinopyranosyl-（1 → 6）］-β-D-glucopyranoside}、（25*S*）- 螺甾烷 -5- 烯 -3β, 27- 二醇 -3-*O*-［α-L- 吡喃阿拉伯糖基 -（1 → 6）］-β-D- 吡喃葡萄糖苷 {（25*S*）-spirostan-5-en-3β, 27-diol-3-*O*-［α-L-arabinopyranosyl-（1 → 6）］-β-D-glucopyranoside}、替告皂苷元 -3-*O*-β-D- 吡喃葡萄糖基 -（1 → 4）-［α-L- 吡喃阿拉伯糖基 -（1 → 6）］-β-D- 吡喃葡萄糖苷 {tigogenin-3-*O*-β-D-glucopyrnosyl-（1 → 4）-［α-L-arabinopyranosyl-（1 → 6）］-β-D-glucopyranoside}、（25*S*）- 螺甾烷 -5- 烯 -3β, 17α, 27- 三醇 -3-*O*-［α-L- 吡喃阿拉伯糖基 -（1 → 6）］-β-D- 吡喃葡萄糖苷 {（25*S*）-spirostan-5-en-3β, 17α, 27-triol-3-*O*-［α-L-arabinopyranosyl-（1 → 6）］-β-D-glucopyranoside}、（25*S*）- 螺甾烷 -5- 烯 -3β, 17α, 27- 三醇 -3-*O*-β-D- 吡喃葡萄糖基 -（1 → 4）-［α-L- 吡喃阿拉伯糖基 -（1 → 6）］-β-D- 吡喃葡萄糖苷 {（25*S*）-spirostan-5-en-3β, 17α, 27-triol-3-*O*-β-D-glucopyrnosyl-（1 → 4）-［α-L-arabinopyranosyl-（1 → 6）］-β-D-glucopyranoside}[1]，26-*O*-β-D- 吡喃葡萄糖苷 -3β, 26- 二羟基 -（25*R*）-5α- 呋甾烷 -22- 甲氧基 -6- 酮 -3-*O*-α-L- 吡喃阿拉伯糖基 -（1 → 6）-β-D- 吡喃葡萄糖苷［26-*O*-β-D-glucopyranoside-3β, 26-dihydroxy-（25*R*）-5α-furostan-22-methoxyl-6-one-3-*O*-α-L-arabino- pyranosyl-（1 → 6）-β-D-glucopyranoside］、26-*O*-β-D- 吡喃葡萄糖苷 -3β, 26- 二羟基 -（25*R*）-5α- 呋甾烷 -22- 甲氧基 -6- 酮［26-*O*-β-D-glucopyranoside-3β, 26-dihydroxy-（25*R*）-5α-furostan-22-methoxyl-6-one］、26-*O*-β-D- 吡喃葡萄糖苷 -3β, 26- 二羟基 -（25*R*）-5α- 呋甾烷 -20（22）- 烯 -6- 酮［26-*O*-β-D-glucopyranoside-3β, 26-dihydroxy-（25*R*）-5α-furostan-20（22）-en-6-one］、26-*O*-β-D- 吡喃葡萄糖苷 -3β, 23, 26- 三羟基 -（23*R*, 25*R*）-5α- 呋甾烷 -20（22）- 烯 -6- 酮［26-*O*-β-D-glucopyranoside-3β, 23, 26-trihydroxy-（23*R*, 25*R*）-5α-furostan-20（22）-en-6-one］、26-*O*-β-D- 吡喃葡萄糖基 -3β, 22ξ, 26- 三羟基 -（25*R*）-5α- 呋甾烷 -6- 酮 -3-*O*- α-L- 吡喃阿拉伯糖基 -（1 → 6）-β-D- 吡喃葡萄糖苷［26-*O*-β-D-glucopyranosyl-3β, 22ξ, 26-trihydroxy-（25*R*）-5α-furostan-6-one-3-*O*-α-L-arabinopyranosyl-（1 → 6）-β-D-glucopyranoside］、26-*O*-β-D- 吡喃葡萄糖基 -3β, 26- 二羟基 -（25*R*）-5α- 呋甾烷 -20（22）- 烯 -6- 酮 -3-*O*-α-L- 吡喃阿拉伯糖基 -（1 → 6）-β-D- 吡喃葡萄糖苷［26-*O*-β-D-glucopyranosyl-3β, 26-dihydroxy-（25*R*）-5α-furostan-20（22）-en-6-one-3-*O*-α-L-arabino-pyranosyl-（1 → 6）-β-D-glucopyranoside］和华东菝葜皂苷元 -3-*O*-α-L- 吡喃阿拉伯糖基 -（1 → 6）-β-D- 吡喃葡萄糖苷［sieboldogenin-3-*O*-α-L-arabinopyranosyl-（1 → 6）-β-D-glucopyranoside］[2]；黄酮类：7, 3′, 5′- 三羟基 -5, 6, 4′- 三甲氧基黄酮（7, 3′, 5′-trihydroxy-5, 6, 4′-trimethoxyflavone）、7- 羟基 -5, 6, 3′, 4′, 5′- 五甲氧基黄酮（7-hydroxy-5, 6, 3′, 4′, 5′-pentamethoxyflavone）、7, 5′- 二羟基 -5, 6, 3′, 4′- 四甲氧基黄酮（7, 5′-dihydroxy-5, 6, 3′, 4′-tetramethoxyflavone）、5, 8- 二羟基 -7- 甲氧基黄酮（5, 8-dihydroxy-7-methoxyflavone）、5, 7- 二羟基二氢黄酮（5, 7-dihydroxyflavanone）、7, 4′- 二羟基异黄酮（7, 4′-dihydroxyisoflavone）、5, 7, 4′- 三羟基黄酮（5, 7, 4′-trihydroxyflavone）、5, 6- 二羟基 -7- 甲氧基黄酮（5, 6-dihydroxy-7-methoxyflavone）、5, 7- 二羟基 -8- 甲氧基黄酮（5, 7-dihydroxy-8-methoxyflavone）[3]，橙皮素 -7-*O*-［β-D- 吡喃葡萄糖基 -（1 → 3）］-β-D- 吡喃葡萄糖苷 {hesperetin-7-*O*-［β-D-glucopyranosyl-（1 → 3）］-β-D-glucopyranoside}、

铁线莲亭（clematine）、杧柄花苷（ononin）、大豆苷（daidzin）和葛根素（puerarin）[4]；酚酸类：对香豆酸甲酯（methyl *p*-coumarate）、3, 4- 二羟基苯甲酸甲酯（methyl 3, 4-dihydroxybenzoate）、3, 5-二甲氧基苯甲酸（3, 5-dimethoxybenzoic acid）、3- 甲氧基苯甲酸（3-methoxybenzoic acid）、4- 羟基苯甲醛（4-hydroxybenzaldehyde）、3, 5- 二甲氧基 -4- 羟基苯甲酸（3, 5-dimethoxy-4-hydroxybenzoic acid）、3- 羟基 -4- 甲氧基苯甲酸（3-hydroxy-4-methoxybenzoic acid）、3, 5- 二甲氧基苯甲醛（3, 5-dihydroxybenzaldehyde）[3] 和桑辛素 M（moracin M）[5]；苯丙素类：3- 羟基 -4- 甲氧基桂皮酸（3-hydroxy-4-methoxycinnamic acid）、4- 羟基桂皮酸（4-hydroxycinamic acid）[3]，咖啡酸乙酯（ethyl caffeate）、1-*O*- 咖啡酰甘油酯（1-*O*-caffeoylglycerol）、1-*O*- 对香豆酰基甘油酯（1-*O*-*p*-coumaroylglycerol）和 1-*O*- 阿魏酰甘油酯（1-*O*-feruloylglycerol）[5]；芪类：白藜芦醇 -3-*O*-β-D- 吡喃葡萄糖基 -（1→3）-β-D-吡喃葡萄糖苷［resveratrol-3-*O*-β-D-glucopyranosyl-（1→3）-β-D-glucopyranoside］、白藜芦醇（resveratrol）和 δ-葡萄素（δ-viniferin）[5]；生物碱类：大海米酰胺（grossamide）[5]。

根茎含甾类：26-*O*-β-D- 吡喃葡萄糖基 -（25*R*）- 呋甾 -5- 烯 -3β, 17α- 二羟基 -3-*O*-［α-L- 吡喃鼠李糖基（1→2）］-α-L- 吡喃鼠李糖苷 {26-*O*-β-D-glucopyranosyl-（25*R*）-furost-5-en-3β, 17α-diol-3-*O*-［α-L-rhamnopyranosyl-（1→2）］-α-L-rhamnopyranoside}[6]，拉克索皂苷元 -3-*O*-α-L- 吡喃阿拉伯糖基 -（1→6）-β-D- 吡喃葡萄糖苷［laxogenin-3-*O*-α-L-arabinopyranosyl-（1→6）-β-D-glucopyranoside］、拉克索皂苷元 -3-*O*-β-D- 吡喃葡萄糖基 -（1→4）-α-L- 吡喃阿拉伯糖基 -（1→6）-β-D- 吡喃葡萄糖苷［laxogenin-3-*O*-β-D-glucopyrnosyl-（1→4）-α-L-arabinopyranosyl-（1→6）-β-D-glucopyranoside］[7]，（25D）-螺甾 -5- 烯 -3β, 17α, 27- 三羟基 -3-*O*-β-D- 吡喃葡萄糖基 -（1→4）-*O*-α-L- 吡喃阿拉伯糖基 -（1→6）-β-D- 吡喃葡萄糖苷［（25D）-spirost-5-en-3β, 17α, 27-triol-3-*O*-β-D-glucopyranosyl-（1→4）-*O*-α-L-arabinopyranosyl-（1→6）-β-D-glucopyranoside］、（25D）- 螺甾 -3β, 17α, 27- 三羟基 -3-*O*-β-D- 吡喃葡萄糖基 -（1→4）-*O*-α-L- 吡喃阿拉伯糖基 -（1→6）-β-D- 吡喃葡萄糖苷［（25D）-spirost-3β, 17α, 27-triol-3-*O*-β-D-glucopyranosyl-（1→4）-*O*-α-L-arabinopyranosyl-（1→6）-β-D-glucopyranoside］[8]，3β, 27- 二羟基 -（25*S*）-5α- 螺甾烷 -6- 酮 -3-*O*-β-D- 吡喃葡萄糖基 -（1→4）-*O*-α-L- 吡喃阿拉伯糖基 -（1→6）-β-D- 吡喃葡萄糖苷［3β, 27-dihydroxy-（25*S*）-5α-spirostan-6-one-3-*O*-β-D-glucopyrnosyl-（1→4）-*O*-α-L-arabinopyranosyl-（1→6）-β-D-glucopyranoside］[9] 和豆甾醇（stigmasterol）[6]；三萜类：木栓酮（friedelin）[6]，短梗菝葜苷 C、D、E、F（smilscobinoside C、D、E、F）、薯蓣皂苷（dioscin）、非洲山地龙血树苷 *（afromontoside）和（25*R*）- 螺甾烷 -3β- 醇 -6- 酮 -3-*O*-α-L- 吡喃阿拉伯糖基 -（1→6）-β-D-吡喃葡萄糖苷［（25*R*）-spirostan-3β-ol-6-one-3-*O*-α-L-arabinopyranosyl-（1→6）-β-D-glucopyranoside］[10]；芪类：反式白藜芦醇（*trans*-resveratrol）[11]；黄酮类：槲皮素 -3-*O*-β-D- 吡喃葡萄糖苷（quercetin-3-*O*-β-D-glucopyranoside）和木犀草素 -7-*O*-β-D- 吡喃葡萄糖苷（luteolin-7-*O*-β-D-glucopyranoside）[11]。

【药理作用】1. 抗菌　根茎乙醇提取物中的甾体皂苷对蜡样芽孢杆菌、变形杆菌、枯草杆菌、巨大芽孢杆菌、大肠杆菌、金黄色葡萄球菌和木霉、青霉、黑曲霉、黄曲霉的生长有非常强的抑制作用[1]；根及根茎 70% 乙醇提取物的 80% 乙醇洗脱物对绿木霉、大肠杆菌的生长有极强抑制作用，70% 乙醇提取物的石油醚、乙酸乙酯和正丁醇洗脱物对枯草芽孢杆菌、大肠杆菌生长均显示有较强的抗性，石油醚和乙酸乙酯洗脱物尚对金黄色葡萄球菌、蜡状芽孢杆菌和巨大芽孢杆菌等的生长有较强的抑制作用[2]。2. 抗肿瘤　从根茎中提取分离的成分 26-*O*-β-D- 吡喃葡萄糖苷 -3β，26- 二羟基 -（25*R*）-5α- 呋甾烷 -22-甲氧基 -6- 酮 -3-*O*-α-L- 吡喃阿拉伯糖基 -（1→6）-β-D- 吡喃葡萄糖苷［26-*O*-β-D-glucopyranoside-3β，26-dihydroxy-（25*R*）-5α-furostan-22-methoxyl-6-one-3-*O*-α-L-arabinopyranosyl-（1→6）-β-D-glucopyranoside］和华东菝葜皂苷元 -3-*O*-α-L- 吡喃阿拉伯糖基 -（1→6）-β-D- 吡喃葡萄糖苷［sieboldogenin-3-*O*-α-L-arabinopyranosyl-（1→6）-β-D-glucopyranoside］对宫颈癌 HeLa 细胞和肝癌 SMMC-7221 细胞具有细胞毒性[3]；从根茎中分离的甾体皂苷类成分短梗菝葜苷 D、F（smilscobinoside D、F）对人结肠癌 HCT-116 细胞和人胃癌 SGC-7901 细胞的生长有明显的抑制作用[4]。

【性味与归经】甘，温。

【功能与主治】祛风活血，消肿止痛。用于风湿筋骨疼痛，疔疮肿毒，偏头痛。

【用法与用量】煎服 5 ~ 9g；外用适量。

【药用标准】山东药材 2012、北京药材 1998、河南药材 1991、山西药材 1987 和内蒙古药材 1988。

【附注】同属植物黑叶菝葜 *Smilax nigrescens* Wang et Tang ex P. Y. Li 的根在甘肃作铁丝威灵仙药用。

【化学参考文献】

[1] Zhang C L，Feng S X，Zhang L X，et al.A new cytotoxic steroidal saponin from the rhizomes and roots of *Smilax scobinicaulis* [J].Nat Prod Res，2013，27（14）：1255-1260.

[2] Xu J，Feng S X，Wang Q，et al.Four new furostanol saponins from the rhizomes and roots of *Smilax scobinicaulis* and their cytotoxicity [J].Molecules，2014，19（12）：20975-20987.

[3] Zhang C L，Feng S X，Wang Q，et al.Flavonoids and phenolic compounds from *Smilax scobinicaulis* [J].Chem Nat Compd，2014，50（2）：254-257.

[4] Xu J，Feng S X，Wang Q，et al.A new flavonoid glycoside from the rhizomes and roots of *Smilax scobinicaulis* [J].Nat Prod Res，2014，28（8）：517-521.

[5] 王萍，许静，王琪，等.黑刺菝葜根茎中苯丙素和二苯乙烯类化学成分的研究 [J].中国中药杂志，2013，38（10）：1531-1535.

[6] 刘俊彦，傅建熙，高锦明，等.黑刺菝葜根茎中的一个新呋甾烷甙 [J].西北农林科技大学学报（自然科学版），2002，30（6）：222-224.

[7] 张存莉，李文闯，高锦明，等.黑刺菝葜中的甾体皂甙研究 [J].西北农林科技大学学报（自然科学版），2003，31（4）：163-166.

[8] 张存莉，朱玮，程逸梦，等.黑刺菝葜中的甾体皂苷 [J].西北植物学报，2003，23（11）：1972-1975.

[9] 张存莉，朱玮，李小明，等.黑刺菝葜根中甾体皂苷抗菌活性成分研究 [J].林业科学，2006，42（9）：69-73.

[10] Shu J C，Zhu G H，Huang G Y，et al.New steroidal saponins with L-arabinose moiety from the rhizomes of *Smilax scobinicaulis* [J].Phytochem Lett，2017，21：194-199.

[11] 张存莉，王冬梅，朱玮，等.黑刺菝葜茎的化学成分研究 [J].中国药学杂志，2006，41（20）：1540-1542.

【药理参考文献】

[1] 张存莉，朱玮，李小明，等.黑刺菝葜根中甾体皂苷抗菌活性成分研究 [J].林业科学，2006，42（9）：69-73.

[2] 张存莉，朱玮，王冬梅，等.黑刺菝葜根提取物的抑菌活性研究 [J].西北植物学报，2005，25（12）：173-176.

[3] Xu J，Feng S，Wang Q，et al.Four new furostanol saponins from the rhizomes and roots of *Smilax scobinicaulis* and their cytotoxicity [J].Molecules，2014，19（12）：20975-20987.

[4] Shu J C，Huang G G，Zhu G H，et al.Steroidal saponins from the rhizomes of *Smilax scobinicaulis* and their cytotoxic activity [C].中国化学会第十一届全国天然有机化学学术会议，2016：272.

1150. 华东菝葜（图 1150）• *Smilax sieboldii* Miq.

【别名】威灵仙（华东），粘鱼须（浙江、山东），鲇鱼须（安徽）。

【形态】落叶攀援状灌木或亚灌木，高 1 ~ 2m。根茎粗短，块状，须根发达，疏生短刺。当年生小枝常草质，具细长针刺。叶草质，卵形，长 3 ~ 9cm，宽 3 ~ 7cm，先端骤尖或渐尖，基部平截或宽楔形，稀浅心形；主脉 5 ~ 7 条；叶柄长 1 ~ 2cm，具卷须，翅状鞘长为叶柄长的 1/2，脱落点位于卷须着生点稍上方。伞形花序具花数朵；总花梗纤细，长于叶柄或与叶柄近等长；花序托几不膨大，小苞片细小，早落；花黄绿色；雄花花被片长 0.4 ~ 0.5cm，花丝长于花药；雌花小于雄花，具退化雄蕊 6 枚。浆果球形，成熟时蓝黑色。花期 5 ~ 6 月，果期 10 月。

【生境与分布】生于山坡疏林下、林缘灌丛中，垂直分布可达 2500m。分布于山东胶东半岛、江苏、

图 1150　华东菝葜　　摄影　李华东

安徽、江西东部、浙江、福建西部，另辽宁、河南东南部、台湾等地均有分布；朝鲜、日本也有分布。

【药名与部位】威灵仙（铁丝威灵仙），根及根茎。

【采集加工】春、秋二季采挖，除去泥沙，晒干。

【药材性状】根茎呈不规则块状，表面黑褐色，上面残留茎基，根茎下丛生多数细长的根，长 30 ～ 80cm，直径 1 ～ 2mm，常呈扭曲状，有少数细小须根及细小钩状刺，刺尖微曲，表面灰褐色。质坚韧，不易折断，断面平坦，灰白色，中间有棕色环纹，环纹外圈可见小孔（导管）。气微，味淡。

【药材炮制】除去杂质，洗净，润透，切段，干燥。

【化学成分】根茎含甾体类：拉肖皂苷元 -3-*O*-α-L- 吡喃阿拉伯糖基 -（1 → 6）-β-D- 吡喃葡萄糖苷［laxogenin-3-*O*-α-L-arabinopyranosyl-（1 → 6）-β-D-glucopyranoside］、3β, 27- 二羟基 -（25*S*）-5α- 螺甾烷 -6- 酮 -3-*O*-β-D- 吡喃葡萄糖基 -（1 → 4）-*O*-［α-L- 吡喃阿拉伯糖基 -（1 → 6）］-β-D- 吡喃葡萄糖苷 {3β, 27-dihydroxy-（25*S*）-5α-spirostan-6-one-3-*O*-β-D-glucopyranosyl-（1 → 4）-*O*-［α-L-arabinopyranosyl-（1 → 6）］-β-D-glucopyranoside}、拉肖皂苷元 -3-*O*-β-D- 吡喃葡萄糖基 -l-（1 → 4）-*O*-α-L- 吡喃阿拉伯糖基 -（1 → 6）-β-D- 吡喃葡萄糖苷［laxogenin-3-*O*-β-D-glucopyranosyl-（1 → 4）-*O*-α-L-arabinopyranosyl-（1 → 6）-β-D-glucopyranoside］、26-*O*-β-D- 吡喃葡萄糖基 -3β, 22ζ, 26- 三羟基 -（25*R*）-5α- 呋甾烷 -6- 酮 -3-*O*-α-L- 吡喃阿拉伯糖基 -（1 → 6）-β-D- 吡喃葡萄糖苷［26-*O*-β-D-glucopyranosyl-3β, 22ζ, 26-trihydroxy-（25*R*）-5α-furostan-6-one-3-*O*-α-L-arabinopyranosyl-（1 → 6）-β-D-glucopyranoside］、替告皂苷元 -3-*O*-β-D- 吡喃葡萄糖基 -（1 → 4）-*O*-α-L- 吡喃阿拉伯糖基 -（1 → 6）-β-D- 吡喃葡萄糖苷［tigogenin-3-*O*-β-D-glucopyranosyl-（1 → 4）-*O*-α-L-arabinopyranosyl-（1 → 6）-β-D-glucopyranoside］和 26-*O*-β-D- 吡喃葡萄糖基 -3β, 22ζ, 26- 三羟基 -（25*R*）-5α- 呋甾烷 -6- 酮 -3-*O*-β-D- 吡喃葡萄糖基 -（1 → 4）-*O*-α-L- 吡喃阿拉伯糖基 -（1 → 6）-β-D- 吡喃葡萄糖苷［26-*O*-β-D-glucopyranosyl-3β, 22ζ,

26-trihydroxy-（25*R*）-5α-furstan-6-one-3-*O*-β-D-glucopyranosyl-（1 → 4）-*O*-α-L-arabinopyranosyl-（1 → 6）-β-D-glucopyranoside］[1]。

地下部分含甾体类：菝葜素 A、B、C（smilaxin A、B、C）和华东菝葜素 A、B（sieboldiin A、B）[2]。

【性味与归经】甘，温。

【功能与主治】祛风活血，消肿止痛。用于风湿筋骨疼痛，疔疮肿毒，偏头痛。

【用法与用量】煎服 5 ～ 9g；外用捣敷或研末调敷。

【药用标准】山东药材 2002 和内蒙古药材 1988。

【附注】《中药大辞典》认为本种即《救荒本草》中的“粘魚须”，本种茎常密生淡黑色细长针刺，叶卵形，实际与《救荒本草》描述和《植物名实图考》中的粘魚须图不相同。《救荒本草》中的“粘魚须”更接近黑果菝葜 *Smilax glauco-china* Warb.。

【化学参考文献】

［1］Kubo S，Mimaki Y，Sashida Y，et al.Steroidal saponins from the rhizomes of *Smilax sieboldii*［J］.Phytochemistry，1992，31（7）：2445-2450.

［2］Woo M H，Do J C，Son K H.Five new spirostanol glycosides from the subterranean parts of *Smilax sieboldii*［J］.J Nat Prod，2004，55（8）：1129-1135.

1151. 土茯苓（图 1151）• *Smilax glabra* Roxb.

图 1151　土茯苓　　摄影　张芬耀等

【别名】光叶菝葜（浙江、广东），山硬硬、羊舌藤（浙江），毛尾薯（福建）。

【形态】常绿攀援灌木，高 1 ～ 4m。根茎坚硬，不规则块状，直径 1.5 ～ 5cm。茎无刺。叶革质，长圆状披针形或披针形，长 5 ～ 15cm，宽 1 ～ 7cm，先端骤尖或渐尖，基部圆形或楔形，背面有时苍白色；主脉 3 条；叶柄长 0.3 ～ 1.5cm，具卷须，翅状鞘长为叶柄长的 3/5 或 1/4，脱落点位于叶柄近顶端。伞形花序具花数朵；花序梗常短于或近等长于叶柄；花序托膨大；小苞片宿存；花绿白色；雄花外轮花被片兜状，内轮花被片近圆形，边缘具不规则细齿；雄蕊靠合，与内轮花被片近等长，花丝极短；雌花外轮花被片与雄花相似，内轮花被片全缘，具退化雄蕊 3 枚。浆果球形，成熟时紫黑色，具粉霜。花期 7 ～ 11 月，果期 11 月至翌年 4 月。

【生境与分布】生于疏林下、灌丛中、河岸、山谷或林缘，垂直分布可达 1800m。分布于江苏南部、安徽南部、浙江、福建，另江西、甘肃、陕西、河南、湖北、湖南、广东、香港、广西、贵州、云南、四川、台湾等地均有分布；越南、泰国、印度也有分布。

【药名与部位】土茯苓，根茎。

【采集加工】夏、秋二季采挖，除去须根，洗净，切薄片或厚片，干燥；或直接干燥。

【药材性状】略呈圆柱形，稍扁或呈不规则条块，有结节状隆起，具短分枝，长 5 ～ 22cm，直径 2 ～ 5cm。表面黄棕色或灰褐色，凹凸不平，有坚硬的须根残基，分枝顶端有圆形芽痕，有的外皮有不规则裂纹，并有残留的鳞叶。质坚硬。切片呈长圆形或不规则，厚 1 ～ 5mm，边缘不整齐；切面类白色至淡红棕色，粉性，可见点状维管束及多数小亮点；质略韧，折断时有粉尘飞扬，以水湿润后有黏滑感。气微，味微甘、涩。

【质量要求】鲜土茯苓：鲜活，内色白，无泥杂，不霉烂。土茯苓片：色白片薄，无黑片，杂屑，无霉气。

【药材炮制】除去杂质，筛去灰屑；未切片者，水浸，洗净，润软，切薄片，干燥。

【化学成分】根含黄酮类：（2*S*）-5- 羟基 -6, 8- 二甲氧基二氢黄酮 -7-*O*-β-D- 吡喃葡萄糖基 -（1 → 6）-*O*-β-D- 吡喃葡萄糖苷[（2*S*）-5-hydroxy-6, 8-dimethoxyflavonone-7-*O*-β-D-glucopyranosyl-（1 → 6）-*O*-β-D-glucopyranoside]、5- 羟基 -3, 8- 二甲氧基黄酮 -7-*O*-β-D- 吡喃葡萄糖基 -（1 → 6）-*O*-β-D- 吡喃葡萄糖苷[5-hydroxy-3, 8-dimethoxyflavone-7-*O*-β-D-glucopyranosyl-（1 → 6）-*O*-β-D-glucopyranoside]、3, 7- 二羟基 -8- 甲氧基黄酮 -6-*O*-β-D- 吡喃葡萄糖基 -（1 → 6）-*O*-β-D- 吡喃葡萄糖苷[3, 7-dihydroxy-8-methoxyflavone-6-*O*-β-D-glucopyranosyl-（1 → 6）-*O*-β-D-glucopyranoside]、二氢槲皮素（dihydroquercetin）、落新妇苷（astilbin）、新落新妇苷（neoastilbin）、黄杞苷（engeletin）、β, 2, 3′, 4, 4′, 6- 六羟基 -α-（α-L- 吡喃鼠李糖基）- 二氢查耳酮[β, 2, 3′, 4, 4′, 6-hexahaydroxy-α-（α-L-rhamnopyranosyl）-dihyarochalcone][1]，光叶菝葜苷（smiglanin）[2]；7, 6′- 二羟基 -3′- 甲氧基异黄酮（7, 6′-dihydroxy-3′-methoxyisoflavone）[3] 和花旗松素（taxifolin）[4]。

根茎含黄酮类：落新妇苷（astilbin）、黄杞苷（engeletin）[5]，花旗松素（taxifolin）[6]，表儿茶精（epicatechol）[7]，异黄杞苷（isoengeletin）、异落新妇苷（isoastilbin）[8]，柚皮素（naringenin）[9]，槲皮素（quercetin）、土茯苓苷（tufulingoside）[10]，新落新妇苷（neoastilbin）、新异落新妇苷（neoisoastilbin）、（2*R*, 3*R*）- 花旗松素 -3′-*O*-β-D- 吡喃葡萄糖苷[（2*R*, 3*R*）-taxifolin-3′-*O*-β-D-pyranglucoside][11]，槲皮素 -4′-*O*-β-D- 吡喃葡萄糖苷（quercetin-4′-*O*-β-D-pyranglucoside）[12]，光叶菝葜色酮 *（smilachromanone）、光叶菝葜查耳酮 *（smiglabrol）、二氢山柰酚（dihydrokaempferol）、樱花素（sakuranetin）、藏报春素（sinensin）、（-）- 表儿茶素[（-）-epicatechin]、（+）- 儿茶素[（+）-catechin]、金鸡勒鞣质 Ia、Ib（cinchonain Ia、Ib）、芹菜素（apigenin）、木犀草素（luteolin）、杨梅素（myricetin）、4, 4′, 6- 三羟基橙酮（4, 4′, 6-trihydroxyaurone）、金鱼草素（aureusidin）、节肢蕨素 *B（arthromerin B）、（2*S*, 3*S*）- 花旗松素 -3- 葡萄糖苷[（2*S*, 3*S*）-glucodistylin]和含羞草宁素 *B（kukulkanin B）[13]；色原酮类：光叶菝葜苷（smiglanin）[6]；木脂素类：（+）- 丁香树脂醇 -4-*O*-β-D- 吡喃葡萄糖基 -（1 → 6）-β-D- 吡喃葡萄糖苷[（+）-syringaresinol-4-*O*-β-D-glucopyranosyl-（1 → 6）-β-D-glucopyranoside][14]，（-）- 裂环异落叶松树脂酚[（-）-secoisolariciresinol]、4- 酮基松脂酚（4-ketopinoresinol）、光叶菝

菝脂醇（smiglabranol），即 1, 4- 二（4- 羟基 -3, 5- 二甲氧基苯基）-2, 3- 二（羟甲基）-1, 4- 丁烷二醇［1, 4-bis（4-hydroxy-3, 5-dimethoxyphenyl）-2, 3-bis（hydroxymethyl）-1, 4-butanediol］、（+）- 南烛木树脂酚［（+）-lyoniresinol］、甘巴豆酚 A（kompasinol A）和急怒棕榈酚 *（aiphanol）[14]；芪类：3, 5, 4′- 三羟基芪（3, 5, 4′-trihydroxystilbene）[7]，光叶菝葜芪 *（smiglastilbene）[13]，反式 - 白藜芦醇（*trans*-resveratrol）、反式 - 云杉苷（*trans*-piceid）、云杉鞣酚（piceatanno）[14] 和白藜芦醇 -3-*O*-β-D- 吡喃葡萄糖苷（resveratrol-3-*O*-β-D-glucopyranoside）[15]；苯丙素类：阿魏酸（ferulic acid）、3-*O*- 咖啡酰莽草酸［3-*O*-caffeoylshikimic acid］[5]，反式 - 咖啡酸（*trans*-caffeic acid）、5-*O*- 阿魏酰莽草酸（5-*O*-caffeoylshikimic acid）、3-*O*- 对香豆酰莽草酸（3-*O*-*p*-coumaroylshikimic acid）、（2*S*）-1, 2-*O*- 二 - 反式 - 对香豆酰甘油［（2*S*）-1, 2-*O*-di-*trans*-*p*-coumaroylglycerol］、灯芯草酯 B（juncusyl ester B）、1-*O*- 对香豆酰甘油（1-*O*-*p*-coumaroylglycerol）[14] 和土茯苓苷 A、B、C、D、E（smiglaside A、B、C、D、E）[16]；酚酸类：紫丁香酸（syringic acid）[6]，光叶菝葜酮 *A、B（smiglabrone A、B）、光叶菝葜内酯 *（smiglactone）[13]，香草醛（vanillin）、对羟基苯甲醛（*p*-hydroxy-benzaldehyde）、香草乙酮（acetovanillone）、（+）- 小柱孢酮［（+）-scytalone］、丁香酸葡萄糖苷（glucosyringic acid）、原儿茶酸（protocatechuic acid）、3- 甲氧基没食子酸（3-methoxygallic acid）、香草酸 -1-*O*-β-D- 葡萄糖基酯苷（vanillic acid-1-*O*-β-D-glucopyranosyl ester）、羟基酪醇（hydroxytyrosol）[14]，2, 4, 6- 三羟基苯乙酮 -2, 4- 二 -*O*-β-D- 吡喃葡萄糖苷（2, 4, 6-trihydroxyacetophenone-2, 4-di-*O*-β-D-glucopyranoside）、3, 4, 5- 三甲氧基苯基 -1-*O*-β-D- 吡喃葡萄糖苷（3, 4, 5-trimethoxyphenyl-1-*O*-β-D-glucopyranoside）、3, 4, 5- 三甲氧基苯基 -1-*O*-［β-D- 呋喃芹糖基 -（1 → 6）］-β-D- 吡喃葡萄糖苷［3, 4, 5-trimethoxyphenyl-1-*O*-［β-D-apiofuranosyl-（1 → 6）］-β-D-glucopyranoside］、3, 4- 二羟基苯乙醇 -3-*O*-β-D- 吡喃葡萄糖苷（3, 4-dihydroxyphenothyl-3-*O*-β-D-glucopyranoside）和 8, 8′- 双二氢丁香苷元葡萄糖苷（8, 8′-bisdihydro syringeninglucoside）[15]；三萜类：乙酰基 -11- 酮基 -β- 乳香酸（acetyl-11-keto-β-boswellic acid）[15]；甾体类：豆甾醇 -3-*O*-β-D- 吡喃葡萄糖苷（stigmasterol-3-*O*-β-D-glucopyranoside）[10]，β- 谷甾醇棕榈酸酯（β-sitosterol palmitate）[12]，β- 谷甾醇（β-sitosterol）、豆甾醇（stigmasterol）和胡萝卜苷（daucosterol）[15]；烷基糖苷类：正丁基 -β-D- 吡喃果糖苷（*n*-butyl-β-D-fructopyranoside）、正丁基 -α-D- 呋喃果糖苷（*n*-butyl-α-D-fructofuranoside）和正丁基 -β-D- 呋喃果糖苷（*n*-butyl-β-D-fructofuranoside）[17]；酰胺类：尼克酰胺（nicotinamide）[17]；脂肪酸类：2- 甲基琥珀酸（2-methylsuccinic acid）[6]，琥珀酸（succinic acid）、棕榈酸（palmitic acid）[10]，1- 棕榈酰基 -3-*O*-β-D- 半乳糖基甘油酯（1-*O*-hexadecanoyl-3-*O*-β-D-galactopyranosylglycerol）[12]，2- 甲基丁二酸 -4- 乙酯（2-methylbutanedioic acid-4-ethyl ester）、二十四烷酸（soselachoceric acid）[13]，正十六酸甲酯（methyl *n*-hexadecanoate）、9, 12- 十八碳二烯酸甲酯（methyl 9, 12-octadecadienoate）和戊二酸丁二丁酯（dibutyl pentanedioate）等[18]；呋喃类：5- 羟甲基糠醛（5-hydroxymethylfurfural）[17]；蛋白质类：菝葜蛋白（smilaxin）[19]；其他尚含：莽草酸（shikimic acid）[5]，异菝契皂苷元（smilagenin）、5- 羟基麦芽醇（5-hydroxymaltol）和 5- 羟基尿苷（5-hydroxyuridine）[13]。

叶含黄酮类：槲皮素（quercetin）和山柰酚（kaempferol）[5]。

【药理作用】1. 抗氧化　叶和种子醇提取物的乙酸乙酯组分可清除 1, 1- 二苯基 -2- 三硝苯肼（DPPH）自由基；正丁醇组分可有效清除 2, 2′- 联氮 - 二（3- 乙基 - 苯并噻唑 -6- 磺酸）二铵盐（ABTS）自由基，并可还原 Fe^{3+}，提示具有较强的抗氧化作用，叶的效果要优于种子[1]；根茎水提取物的水、30% 乙醇、50% 乙醇、70% 乙醇和 90% 乙醇各洗脱部位清除 1, 1- 二苯基 -2- 三硝苯肼自由基、还原能力和总的抗氧化作用均随总黄酮和总酚浓度的增加而增强，其中 5 个洗脱部位均有一定的抗氧化作用，对体外自由基有较好的清除作用[2]；从根茎提取分离的成分白藜芦醇（resveratrol）对酪氨酸酶具有较强的抑制作用，且对 1, 1- 二苯基 -2- 三硝苯肼自由基有较强的清除作用[3]。2. 抗血栓　由根茎提取制成的注射剂对大鼠下腔静脉血栓形成及体外血栓形成均有显著的抑制作用，高、低剂量组对大鼠体外血栓形成的血栓长度和血栓干、湿重均有显著的抑制作用，且呈剂量依赖性[4]。3. 改善心血管　根茎的水提醇沉物可抑制白细胞介素 -1（IL-1）诱导的人脐静脉内皮细胞（HUVECs）血管细胞黏附分子 -1（VCAM-1）的升高，具有保护作用[5]；从根茎提取分离的成分赤土茯苓苷（smigrabrin）可保护大鼠缺血再灌注心肌超氧化物歧化酶（SOD）与硒谷胱甘肽过氧化物酶（Se-GSH-Px），降低脂质过氧化产物丙二醛（MDA）的含量，增加再灌后冠脉流量、冠脉阻力，促进心肌收缩幅度的恢复，减轻心脏水肿[6, 7]。4. 抗炎镇痛　由根茎提取制成的注射剂可明显抑制右旋糖酐所致大鼠的足肿胀，显著减少小鼠的扭体反应次数，并可降低毛细血管通透性，改善微循环，提示其具有一定的抗炎消肿和镇痛作用[8]。5. 抗肿瘤　从根茎提取的总皂苷对体外培养的艾氏腹水癌细胞、肉瘤 S180 细胞和肝癌细胞的生长均有较强的抑制作用[9]；从根茎提取的多糖硫酸化后对肿瘤 HepG2 细胞和 MCF-7 细胞的增殖具有一定的抑制作用，且酸化修饰能提高土茯苓多糖的抗肿瘤作用，并与浓度呈依赖性关系[10]。6. 免疫调节　根茎水提取物可明显抑制小鼠佐剂性关节炎大鼠导致的一氧化氮（NO）增加，显著提升了佐剂性关节炎大鼠导致的体重减轻和 T 淋巴细胞减少，增强了免疫力[11]；从根茎提取分离的赤土茯苓苷各剂量组均可使小鼠血清溶血素（HC50）和溶血空斑形成细胞数（PFC）明显增加，并能增加小鼠腹腔吞噬细胞吞噬中性红的能力，提示其对由二硝基氯苯诱发的迟发型超敏反应有明显的抑制作用[12]。7. 抗胃溃疡　从根茎提取分离的土茯苓苷（tufulingoside）对小鼠利血平型、应激型及大鼠幽门结扎型胃溃疡均有保护作用，其中各组溃疡指数、出血点数均明显小于生理盐水对照组，可提高应激型小鼠胃黏膜硒谷胱甘肽过氧化物酶含量，降低丙二醛含量，并提高幽门结扎型大鼠胃液量和胃液的 pH 等[13]。8. 抗菌　根茎的水提取液对金黄色葡萄球菌、福氏痢疾杆菌、白喉杆菌、炭疽杆菌有极强的抑菌作用和很高的抑菌率，对大肠杆菌、溶血链球菌、绿脓杆菌、鼠伤寒沙门菌的抑菌作用稍弱[14]。

【性味与归经】甘、淡，平。归肝、胃经。

【功能与主治】除湿，解毒，通利关节。用于湿热淋浊，带下，痈肿，瘰疬，疥癣，梅毒及汞中毒所致肢体拘挛，筋骨疼痛。

【用法与用量】15 ～ 60g。

【药用标准】药典 1963—2015、浙江炮规 2015、广西壮药 2008、内蒙古蒙药 1986、新疆药品 1980 二册、香港药材四册和台湾 2013。

【临床参考】1. 膀胱湿热型淋症：根茎 100g，加金银花、连翘、生地黄、车前子（包煎）、地骨皮、白花蛇舌草各 15g，黄芩、泽泻、黄柏、白头翁各 10g，生地榆、鲜白茅根各 60g，蒲公英 30g，水煎，分 2 次服，每日 1 剂[1]。

2. 结肠癌术后：生根茎 100g，加半边莲、半枝莲、黄芩、茵陈、金银花、紫花地丁各 10g，枳实、山茱萸、泽泻、白术各 20g，陈皮 5g、大黄（后下）6g、黄芪 50g、红参 20g、生全蝎 5 只、生蜈蚣 2 条、金边水蛇 1 条，水煎服[2]。

3. 肺癌术后：生根茎 100g，加生全蝎 5 只、生蜈蚣 2 条、金边水蛇 1 条、独蒜子 30g，赤小豆、黑灵芝各 20g，干姜 5g、蜜枣 6 个，煎 30min，另用半边莲、半枝莲、紫花地丁、金银花、茵陈、蒲公英、黄芩各 10g，红参、天花粉、川贝母各 20g，建曲、陈皮各 6g，黄芪 100g，大黄（后下）5g，天然牛黄（冲服）0.2g，每日 1 剂，每剂煎 2 次，温服[2]。

4. 湿热蕴结型痛风性关节炎：根茎 100g，加水 500ml 煎至 200ml，每日 1 剂，中午和晚上各服 1 次，同时依托考昔口服，1 次 60mg，每日 1 次，1 周 1 疗程，连服 2 疗程[3]。

5. 痈疽疮疖：根茎 25~50g，加瘦猪肉 150g，水同炖，服肉喝汤。

6. 血淋：根茎 25g，加茶叶树根 25g，白糖为引，水煎服。（5 方、6 方引自江西《草药手册》）

7. 流行性腮腺炎：根茎适量，洗净，加醋磨成浓汁，纱布浸药汁敷患处，每日换 4 次。（《湖南药物志》第一卷）

【附注】本种以禹余粮之名始载于《本草经集注》，陶弘景在注“石部”禹余粮时曰：“南人又呼平泽中有一种藤，叶如菝葜，根作块有节，似菝葜而色赤，根形似薯蓣，谓为禹余粮。”《本草拾遗》云：“草禹余粮，根如盏连缀，半在土上，皮如茯苓，肉赤，味涩。人取以当谷……今多生海畔山谷。”《本草纲目》云：“土茯苓，楚、蜀山箐中甚多。蔓生如莼，茎有细点。其叶不对，状颇类大竹叶而质厚滑，如瑞香叶而长五六寸。其根状如菝葜而圆，其大若鸡鸭子，连缀而生，远者离尺许，近或数寸，其肉软，可生啖。有赤白二种，入药用白者良……往往指为萆薢及菝葜，然其根苗迥然不同。”以上《本草拾遗》和《本草纲目》描述的特征，与本种基本相符。

同科植物肖菝葜 *Heterosmilax japonica* Kunth 及云南肖菝葜 *Heterosmilax yunnanensis* Gagnep. 的根茎在湖南作土茯苓药用。

药材土茯苓肝肾阴虚或肾功能不全者慎服；忌茶，忌用铁器煎煮。

【化学参考文献】

[1] Shu J C，Li L Y，Zhou M，et al.Three new flavonoid glycosides from *Smilax glabra* and their anti-inflammatory activity [J]. Nat Prod Res，2018，32（15）：1760-1768.

[2] Cao Z Z，Yi Y J，Cao Y，et al.A new chromone glycoside from *Smilax glabra* Roxb. [J].Chin Chem Lett，1995，6（7）：587-588.

[3] Yi Y J，Cao Z Z，Yang D L，et al.A new Isoflavone from *Smilax glabra* [J].Molecules，1998，3（5）：145-147.

[4] 易以军，曹正中，杨大龙，等.土茯苓化学成分研究（IV）[J].药学学报，1998，33（11）：873-875.

[5] Chien N Q，Adam G.Constituents of *Smilax glabra*（Roxb.）.Part 4：natural substances of plants of the Vietnamese flora [J]. Pharmazie，1979，34（12）：841-843.

[6] 易以军，曹正中，杨文红，等.土茯苓化学成分的研究（Ⅲ）：光叶菝葜甙的分离和鉴定 [J].药学学报，1995，30（9）：718-720.

[7] 张敏，李海棠，李苑，等.土茯苓的化学成分研究（一）[J].中药材，1995，18（4）：194-196.

[8] 陈广耀，沈连生，江佩芬，等.土茯苓中二氢黄酮醇甙的研究 [J].中国中药杂志，1996，21（6）：355-357，383.

[9] 陈广耀，沈连生，江佩芬.土茯苓化学成分的研究 [J].北京中医药大学学报，1996，19（1）：44.

[10] 李伊庆，易杨华，汤海峰，等.土茯苓化学成分研究 [J].中草药，1996，27（12）：712-714.

[11] 袁久志，窦德强，陈英杰，等.土茯苓二氢黄酮醇类成分研究 [J].中国中药杂志，2004，29（9）：50-53.

[12] 吴博，马跃平，袁久志，等.土茯苓化学成分的分离与鉴定 [J].沈阳药科大学学报，2010，27（2）：116-119.

[13] Xu S，Shang M Y，Liu G X，et al.Chemical constituents from the rhizomes of *Smilax glabra* and their antimicrobial activity [J].Molecules，2013，18：5265-5287.

[14] Yuan J Z，Li W，Koike K，et al.Phenolic glycosides from rhizomes of *Smilax glabra* [J].Heterocycles，2003，60（7）：1633-1637.

[15] 袁久志，窦德强，陈英杰，等.土茯苓酚苷类成分研究 [J].中草药，2004，9（9）：967-969.

[16] Chen T，Li J X，Xu Q.Phenylpropanoid glycosides from *Smilax glabra* [J].Phytochemistry，2000，53（8）：1051-1055.

[17] 袁久志，吴立军，陈英杰，等.土茯苓化学成分的分离与鉴定 [J].中国药物化学杂志，2004，14（5）：291-293，297.

[18] 曹正中，易以军，曹园，等.土茯苓挥发油化学成分的研究（II）[J].天然产物研究与开发，1994，6（2）：33-36.

[19] Chu KT，Ng T B.Smilaxin，a novel protein with immunostimulatory，antiproliferative，and HIV-1-reverse transcriptase inhibitory activities from fresh *Smilax glabra* rhizomes [J].Biochemical and Biophysical Research Communications，2006，340（1）：118-124.

【药理参考文献】

[1] 朱晓娣，张祥，王红亚，等.土茯苓叶和种子的抗氧化活性研究 [J].天然产物研究与开发，2016，28：1816-1821.

[2] 黄河，蒋剑平，陈芝芸，等.土茯苓大孔树脂不同洗脱部位的体外抗氧化活性研究 [J].浙江中医药大学学报，2014，38（5）：617-621.

[3] 秦汝兰.土茯苓抑制酪氨酸酶活性成分研究 [D].长春：吉林农业大学硕士学位论文，2007.

[4] 孙晓龙，王宽宇，张丹琦．土茯苓注射液对大鼠血栓形成影响的实验研究[J]．中国中医药科技，2004，11（4）：229-231.
[5] 黄秀兰，张雪静，王伟．土茯苓对白细胞介素 -1 诱导的血管细胞粘附分子 -1 表达的影响[J]．中国中医药信息杂志，2006，3（13）：45-46.
[6] 新华·那比，艾尼瓦尔，周承明，等．赤土茯苓苷对离体大鼠心脏缺血再灌注损伤的保护作用[J]．西北药学杂志，2000，15（3）：110-111.
[7] 丁岩，新华·那比，帕尔哈提．赤土茯苓苷对不完全脑缺血小鼠的保护作用[J]．中国新药杂志，2000，9（4）：238-239.
[8] 孙晓龙，王宽宇，张丹琦．土茯苓注射液抗炎、镇痛作用的实验研究[J]．中国中医药科技，2004，11（4）：231-232.
[9] 邱光清，许连好，林洁娜，等．土茯苓总皂甙的抗肿瘤作用研究[J]．中药药理与临床，2001，17（5）：14-15.
[10] 覃军，邓广海，罗明超，等．正交实验优选土茯苓多糖的硫酸化工艺研究及修饰产物抗肿瘤活性测定[J]．广州中医药大学学报，2017，2（34）：254-260.
[11] Jiang J，Xu Q.Immunomodulatory activity of the aqueous extract from rhizome of *Smilax glabra* in the later phase of adjuvant-induced arthritis in rats[J].Journal of Ethnopharmacology，2003，85：53-59.
[12] 白丽，邬利娅·伊明，连军，等．赤土茯苓苷对正常小鼠免疫功能的影响[J]．新疆医科大学学报.2003，26（6）：573-574.
[13] 杜鹏．赤土茯苓苷对实验性胃溃疡的保护作用[J]．中草药，2000，31（4）：277-280.
[14] 纪莉莲，范怡梅．土茯苓体外抗菌活性实验[J]．中国生化药物杂志，2002，23（5）：239-241.

【临床参考文献】

[1] 张美英．金银花土茯苓汤加减治疗淋证[N]．中国中医药报，2018-02-07（005）.
[2] 庾美玲．林丽珠教授运用生蜈蚣、生土茯苓治疗恶性肿瘤经验浅谈[J]．中医临床研究，2018，10（19）：113-114.
[3] 安巍巍．土茯苓治疗湿热蕴结型痛风性关节炎的效果观察[J]．当代医药论丛，2018，16（12）：166-167.

1152. 鞘柄菝葜（图 1152）• *Smilax stans* Maxim.

【别名】翅柄菝葜，鞘叶菝葜（安徽）。

【形态】落叶灌木或亚灌木，直立或披散，高 0.3 ～ 3m。茎和枝稍具棱，无刺。叶纸质，卵形或近圆形，长 1.5 ～ 4cm，宽 1.2 ～ 3.5cm，先端凸尖或急尖，基部圆形或楔形，背面苍白色；主脉 5 条；叶柄长 0.5 ～ 1.2cm，无卷须，翅状鞘长为叶柄的 2/3 ～ 4/5，全部与叶柄合生，脱落点位于叶柄顶端。花序常具花 1 ～ 3 朵；总花梗纤细，远长于叶柄；花序托不膨大；小苞片宿存；花黄绿色或稍带淡红色；雄花外轮花被片长约 3mm；雌花稍小于雄花，具退化雄蕊 6 枚。浆果球形，成熟时黑色，具白霜。花期 5 ～ 6 月，果期 10 月。

【生境与分布】生于海拔 400 ～ 3200m 山坡疏林下、林缘或灌丛中。分布于山东、安徽、浙江、江西、江苏，另河北、河南西部、广西北部、湖南西北部、湖北、四川、贵州、云南、西藏东南部、青海、甘肃南部、宁夏南部、陕西、山西等地均有分布；日本也有分布。

【药名与部位】铁丝威灵仙（铁丝根），根及根茎。

【采集加工】秋季采挖，除去杂质，捆成小把，干燥。

【药材性状】根茎呈不规则块状，略横向延长，弯曲，质坚硬，难折断。根茎两侧及下端着生许多细长的根，略弯曲，长 20 ～ 100cm，直径 1 ～ 3mm；表面灰黑色或灰褐色，须根痕呈钩刺状。质坚韧，难折断，断面外圈为灰棕色环。气弱，味淡。

【药材炮制】铁丝威灵仙：除去残留茎及杂质，水洗，润透，切成中段，干燥。酒铁丝威灵仙：取铁丝威灵仙饮片，置容器内，用黄酒拌匀，闷润，置锅内，用文火加热，炒至微干，取出，放凉。

【化学成分】根含三萜类：木栓酮（friedelin）[1]；甾体类：薯蓣皂苷（dioscin）、薯蓣皂苷元

图 1152　鞘柄菝葜　　摄影　陈征海等

（diosgenin）、甲基原薯蓣皂苷（methylprotodioscin）、伪原薯蓣皂苷（pseudoprotodioscin）、胡萝卜苷（daucosterol）[1] 和 β- 谷甾醇（β-sitosterol）[2]；芪类：3, 5, 4′- 三羟基芪（3, 5, 4′-trihydroxylstilbene）和 3, 5, 3′, 4′- 四羟基芪（3, 5, 3′, 4′-tetrahydroxylstilbene）[1]；烷基糖苷类：正丁基 -*O*-β-D- 吡喃果糖苷（*n*-butyl-*O*-β-D-fructopyranoside）[1]。

【性味与归经】辛、咸，温。归膀胱经。

【功能与主治】祛风除湿，通络止痛。用于风湿痹痛，肢体麻木，筋脉拘挛，屈伸不利。

【用法与用量】6 ～ 9g。

【药用标准】北京药材 1998、甘肃药材 2009、河南药材 1991 和山西药材 1987。

【附注】服用药材铁丝威灵仙（根及根茎）期间忌饮茶。

【化学参考文献】

［1］孙学军，巨勇，杜枚，等 . 鞘柄菝葜化学成分研究［J］. 中草药，1995，26（8）：395-396，399.
［2］孙学军，李长正，朱振富，等 . 鞘柄菝葜化学成分研究［J］. 新乡医学院学报，1994，11（3）：283-286.

1153. 牛尾菜（图 1153）• *Smilax riparia* A. DC.

【别名】草菝葜（福建），鲤鱼须（江西）。

【形态】攀援草本，高 1 ～ 2m。根茎不发达，具细长发达的须根。茎中空，无刺。叶草质或薄纸质，卵形、椭圆形或长圆状披针形，长 7 ～ 16cm，宽 2 ～ 10cm，先端骤尖或短渐尖，基部浅心形或近圆形，两面无毛或背面具乳突状微柔毛；主脉 5 ～ 7 条；叶柄长 0.7 ～ 2cm，具卷须，翅状鞘极短，条状披针形，

图 1153　牛尾菜　　摄影　张芬耀等

长为叶柄的 1/5 ~ 1/2，全部与叶柄合生，脱落点位于叶柄顶端稍下方。伞形花序具花数朵；花序梗长 3 ~ 10cm，具纵棱数条；花序托稍膨大，具小苞片数枚，花期常宿存；花黄绿色；雄花花被片长 0.4cm；雌花花被片较雄花花被片稍小，常无退化雄蕊。浆果球形，成熟时黑色。花期 5 ~ 7 月，果期 8 ~ 10 月。

【生境与分布】生于山坡疏林下、沟谷、河边或草丛中，垂直分布可达 1600m。分布于山东、江苏南部、安徽、江西、浙江、福建，另吉林南部、辽宁、内蒙古、河北、湖南、湖北、广西、贵州、云南东南部、四川、甘肃南部、陕西、山西南部、河南、台湾等地均有分布；朝鲜、日本、菲律宾也有分布。

【药名与部位】大伸筋（牛尾菜），根及根茎。牛尾菜，全草。

【采集加工】大伸筋：夏、秋二季采挖，除去泥沙，干燥。牛尾菜：夏秋采收，除去杂质，晒干。

【药材性状】大伸筋：根茎呈不规则结节状，扭曲，长短不一，直径 0.5 ~ 2cm，外表面棕褐色，一侧有圆柱形茎基残留，茎基中央凹入，外侧显纤维性。根茎上着生多数细根，长可达 40cm，直径 0.1 ~ 0.3cm，多弯曲，外表面淡黄色至淡黄棕色，有细纵纹，有的可见深陷的横纹，皮部横裂处露出木心。根上有多数须根。质韧，不易折断，断面木心黄白色。气微，味微苦。

牛尾菜：根茎呈密结节状，弯曲，长短及粗细不一，表面灰棕色。根细长弯曲，密生于节上，长 15 ~ 40cm，直径 1 ~ 3mm，表面灰黄色或灰棕色，有纵皱纹，质坚韧不易折断，断面皮部黄白色，木质部黄色，茎圆柱形，长短不一，直径 2 ~ 10mm，表面灰绿色或灰棕色，节处的可见残存的卷须。叶互生，膜质皱缩卷曲，黄绿色，完整叶片展平后呈长圆状卵形或披针形，长 6 ~ 15cm，宽 2 ~ 8cm，边缘全，两面无毛，具掌状脉 3 ~ 5 条，叶柄近基部处有 1 对残存卷须。有的可见腋生的伞形花序；花被片 6 枚，离生；雄蕊 6 枚，皱缩。果实少见，圆球形，皱缩。气微，味微甘、微辛。

【药材炮制】大伸筋：除去杂质，洗净，润透，根切段，根茎切厚片，干燥。

牛尾菜：除去杂质，洗净，切段，干燥。

【化学成分】根和根茎含甾体类：牛尾菜皂苷 A、B（riparoside A、B）[1]，菝葜皂苷 A、C（smilaxchinoside A、C）[2]，知母皂苷 J（timosaponin J）[3]，伊贝母皂苷 D（pallidifloside D）[4]，新替告皂苷元 -3-*O*-α-L- 吡喃鼠李糖基 -（1→6）-β-D- 吡喃葡萄糖苷［neotigogenin-3-*O*-α-L-rhamnopyranosyl-（1→6）-β-D-glucopyranoside］和新替告皂苷元 -3-*O*-D- 吡喃葡萄糖基 -（1→4）-*O*-［*O*-α-L- 吡喃鼠李糖基 -（1→6）-β-D- 吡喃葡萄糖苷 {neotigogenin-3-*O*-D-glucopyranosyl-（1→4）-*O*-［*O*-α-L-rhamnopyranosyl-（1→6）-β-D-glucopyranoside}[5]；黄酮类：槲皮素（quercetin）、鼠李黄素（rhamnetin）、木犀草素（luteolin）和木犀草苷（luteoloside）[1]；酚苷类：7-*O*- 甲基 -10- 氧化百里酚龙胆二糖苷（7-*O*-methyl-10-oxythymol gentiobioside）[1]；苯丙素类：阿魏酸蔗糖酯（sucrosyl ferulic acid ester）[1]，胡麻花苷 B（helonioside B）、3, 6- 二阿魏酰基 -2′, 6′- 二乙酰基蔗糖（3, 6-diferuloyl-2′, 6′-diacetylsucrose）、土茯苓苷 A、B（smiglaside A、B）、菝葜苯丙素苷 *P（smilaside P）[6] 和阿魏酸甲酯（methyl ferulate）[7]；酚酸类：5- 甲氧基 -［6］- 姜酚 {5-methoxy-［6］-gingerol}、3, 5- 二甲氧基 -4- 羟基苯甲酸（3, 5-dimethoxy-4-hydroxybenzonic acid）、异香草醛（isovanillin）、香草酸（vanillic acid）、对羟基桂皮酸（*p*-hydroxycinnamic acid）、对羟基桂皮酸甲酯（*p*-hydroxycinnamic methyl ester）和对羟基苯甲醛（*p*-hydroxybenzaldehyde）[7]。

根含甾体类：26-*O*-D- 吡喃葡萄糖基 -（25*S*）-5- 呋甾烷 -20（22）- 烯 -3, 26- 二醇 -3-*O*-L- 吡喃鼠李糖基 -（1→2）-［α-L- 吡喃鼠李糖基 -（1→6）］-D- 吡喃葡萄糖苷 {26-*O*-D-glucopyranosyl-（25*S*）-5-furostane-20（22）-en-3, 26-diol-3-*O*-L-rhamnopyranosyl-（1→2）-［α-L-rhamnopyranosyl-（1→6）］-D-glucopyranoside}、豆甾 -5- 烯 -3- 醇 -7- 酮（stigmast-5-en-3-ol-7-one）、豆甾醇（stigmasterol）、3β- 羟基豆甾 -5, 22- 二烯 -7- 酮（3β-hydroxystigmast-5, 22-dien-7-one）、β- 谷甾醇（β-sitosterol）和胡萝卜苷（daucosterol）[8]；呋喃类：5β-（6, 7- 二羟乙基）-4-（5′- 羟甲基呋喃 -2- 基 - 亚甲基）-2α- 甲氧基二氢呋喃 -3- 酮［5β-（6, 7-dihydroxyethyl）-4-（5′-hydroxymethylfuran-2-yl-methylene）-2α-methoxydihydrofuran-3-one］和 5α-（6, 7- 二羟乙基）-4-（5′- 羟甲基呋喃 -2α- 基 - 亚甲基）-2- 甲氧基二氢呋喃 -3- 酮［5α-（6, 7-dihydroxyethyl）-4-（5′-hydroxymethylfuran-2α-yl-methylene）-2-methoxydihydrofuran-3-one］[8]；单萜类：（1*R*, 2*R*, 4*S*）- 反式 -2- 羟基 -1, 8- 桉树脑 -*O*-D- 吡喃葡萄糖苷［（1*R*, 2*R*, 4*S*）-*trans*-2-hydroxy-1, 8-cineole-*O*-D-glucopyranoside］和野花椒苷 A（zansimuloside A）[7]；环烯醚萜类：马钱子苷（loganin）和鸡矢藤苷酸（paederosidic acid）[8]；生物碱类：4-［甲酰基 -5-（甲氧基甲基）-1H- 吡咯烷 -1- 基］丁酸酯 {4-［formyl-5-（methoxymethyl）-1H-pyrrol-1-yl］butanoate}[8]。

叶含黄酮类：芹菜素 -7-*O*-α-L- 吡喃鼠李糖基 -（1→2）-β-D- 吡喃葡萄糖苷［apigenin-7-*O*-α-L-rhamnopyranosyl-（1→2）-β-D-glucopyranoside］、芹菜素 -7-*O*-α-L- 吡喃鼠李糖基 -（1→6）-β-D- 吡喃葡萄糖苷［apigenin-7-*O*-α-L-rhamnopyranosyl-（1→6）-β-D-glucopyranoside］和儿茶素 -（4α→6）- 表儿茶素［catechin-（4α→6）-epicatechin］[9]。

【药理作用】1. 抗氧化　从根茎中提取分离的成分 5- 甲氧基 -［6］- 姜酚 {5-methoxy-［6］-gingerol}、3，5- 二甲氧基 -4- 羟基苯甲酸（3，5-dimethoxy-4-hydroxybenzonic acid）、异香草醛（isovanillin）、香草酸（vanillic acid）、对羟基桂皮酸（*p*-hydroxycinnamic acid）、对羟基桂皮酸甲酯（*p*-hydroxycinnamic methyl ester）、对羟基苯甲醛（*p*-hydroxybenzaldehyde）、阿魏酸甲酯（methyl ferulate）对 1，1- 二苯基 -2- 三硝苯肼（DPPH）自由基均具有明显的清除作用[1]；从根及根茎中提取分离的成分土茯苓苷 A、B（smiglaside A、B）和菝葜苯丙素苷 *P（smilaside P）具有一定的抗氧化作用[2]。2. 抗炎　根及根茎的乙醇提取物可显著抑制大鼠佐剂性关节炎的继发性炎症，且可明显降低血清中白细胞介素 -6（IL-6）、白细胞介素 -1β（IL-1β）和肿瘤坏死因子 -α（TNF-α）含量，可显著抑制乙酸扭体模型小鼠的疼痛反应[3]。3. 抗肿瘤　从根及根茎中提取分离的成分菝葜苯丙素苷 P 对人类早幼粒细胞白血病 HL-60 细胞、肝癌 SMMC-7721 细胞、肺癌 A549 细胞、胃癌 MCF-7 细胞和结肠癌 SW480 细胞的生长均有一定的抑制作用[2]；从根茎中提取分离的成分 5β-（6，7- 二羟乙基）-4-（5′- 羟甲基呋喃 -2- 基 - 亚甲基）-2α- 甲氧基二氢呋喃 -3- 酮［5β-（6，7-dihydroxyethyl）-4-（5′-hydroxymethylfuran-2-yl-methylene）-2α-methoxydihydrofuran-3-

one］、5α-（6，7-二羟乙基）-4-（5′-羟甲基呋喃-2α-基-亚甲基）-2-甲氧基二氢呋喃-3-酮［5α-（6，7-dihydroxyethyl）-4-（5′-hydroxymethylfuran-2α-yl-methylene）-2-methoxydihydrofuran-3-one］可抑制趋化因子-上皮生长因子（EGF）诱导的 MDA-MB-231 乳腺癌细胞迁移[4]。4. 抗高尿酸　根及根茎的乙醇提取物能改善别嘌呤醇的抗高尿酸血症作用，降低血清尿素含量的作用比单独使用别嘌呤醇明显[5]。

【性味与归经】大伸筋：甘、苦，平。归肝、肺经。牛尾菜：甘、苦，平。

【功能与主治】大伸筋：舒筋通络，活血，止痛，健胃，利湿。用于风湿疼痛，跌打损伤，胃痛，月经不调，水肿。牛尾菜：补气活血，舒筋通络，祛痰止咳。用于气虚浮肿，筋骨疼痛，支气管炎，咳嗽吐血，跌打损伤，肾虚腰痛。

【用法与用量】大伸筋：15～30g。牛尾菜：煎服 15～30g；外用适量。

【药用标准】大伸筋：湖北药材 2009、湖南药材 2009 和江西药材 1996；牛尾菜：广西药材 1996 和广西壮药 2008。

【临床参考】1. 头痛、头晕：根 60g，加娃儿藤根 15g，鸡蛋 2 只，水煎，食蛋服汤。

2. 风湿痹痛：根 90g，加酒水各半煎服。

3. 跌打损伤：鲜根适量，加甜酒少许，捣烂敷患处。（1 方至 3 方引自《浙江药用植物志》）

【附注】牛尾菜始载于《救荒本草》，云："生辉县鸦子口山野间。苗高二三尺，叶似龙须菜叶。叶间分生叉枝，及出一细丝蔓，又似金刚刺叶而小，纹脉皆竖。茎叶梢间开白花，结子黑色。"《植物名实图考》也有记载，列入卷五蔬类。据上描述及附图，似为本种。

【化学参考文献】

［1］Li J，Bi X L，Zheng G H，et al.Steroidal glycosides and aromatic compounds from *Smilax riparia*［J］.Chem Pharm Bull，2006，54（10）：1451-1454.

［2］Wu X H，Wang C Z，Zhang J，et al.Effects of smilaxchinoside A and smilaxchinoside C，two steroidal glycosides from *Smilax riparia*，on hyperuricemia in a mouse model［J］.Phytotherapy Research，2014，28（12）：1822-1828.

［3］Wu X H，Zhang J，Wang S Q，et al.Riparoside B and timosaponin J，two steroidal glycosides from *Smilax riparia*，resist to hyperuricemia based on URAT1 in hyperuricemic mice［J］.Phytomedicine，2014，21（10）：1196-201.

［4］Hou P Y，Mi C，He Y，et al.Pallidifloside D from *Smilax riparia* enhanced allopurinol effects in hyperuricemia mice［J］.Fitoterapia，2015，105：43-48.

［5］Sashida Y，Kubo S，Mimaki Y，et al.Steroidal saponins from *Smilax riparia* and *S.china*［J］.Phytochemistry，1992，31（7）：2439-2443.

［6］Wang W X，Li T X，Ma H，et al.Tumoral cytotoxic and antioxidative phenylpropanoid glycosides in *Smilax riparia* A.DC［J］.J Ethnopharmacol，2013，149（2）：527-532.

［7］陈雯，唐生安，秦楠，等.牛尾菜抗氧化活性成分研究［J］.中国中药杂志，2012，37（6）：806-810.

［8］Chen W，Shou X A，Chen Y，et al.A New aurone from *Smilax riparia*［J］.Chem Nat Compd，2014，50（6）：989-993.

［9］Cho E S，Kim J I，Kim H H，et al.The anti-oxidative compounds of *Smilax riparia* leaves［J］.Yakhak Hoechi，2003，47（5）：300-306.

【药理参考文献】

［1］陈雯，唐生安，秦楠，等.牛尾菜抗氧化活性成分研究［J］.中国中药杂志，2012，37（6）：806-810.

［2］Wang W X，Li T X，Ma H，et al.Tumoral cytotoxic and antioxidative phenylpropanoid glycosides in *Smilax riparia* A.DC［J］.Journal of Ethnopharmacology，2013，149：527-532.

［3］陈人萍，张英华，刘卫，等.牛尾菜乙醇提取物抗类风湿性关节炎作用研究［J］.特产研究，2014，（2）：47-50.

［4］Chen W，Shou X A，Chen Y，et al.A new aurone from *Smilax riparia*［J］.Chemistry of Natural Compounds，2014，50（6）：989-993.

［5］Wu X H，Wang C Z，Wang S Q，et al.Anti-hyperuricemia effects of allopurinol are improved by *Smilax riparia*，a traditional Chinese herbal medicine［J］.Journal of Ethnopharmacology，2015，162：362-368.

一三六　石蒜科 Amaryllidaceae

多年生草本，极少数为半灌木、灌木以至乔木状。具鳞茎，少数有根茎或块茎。叶多数基生，少茎生，呈条形或宽条形，全缘或有刺状锯齿。花两性，辐射对称或为左右对称；单生或排列成伞形花序、总状花序、穗状花序、圆锥花序，通常具佛焰苞状总苞，总苞片 1 至数枚，膜质；花被片 6 枚，2 轮；雄蕊通常 6 枚，着生于花被管喉部或花被片基部，花药背着或基着，通常内向开裂；子房下位，3 室，中轴胎座，每室胚珠多数或少数，花柱细长，柱头头状或 3 裂。蒴果多数背裂或不整齐开裂，稀为浆果；种子含有胚乳。

约 100 属，1200 多种，分布于热带、亚热带及温带。中国约 10 属，34 种，多分布于长江以南，全国各地均有栽培。法定药用植物 2 属，2 种。华东地区法定药用植物 2 属，2 种。

石蒜科法定药用植物主要含生物碱类、木脂素类、皂苷类、黄酮类、酚苷和酚酸类等成分。生物碱包括异喹啉类、酰胺类，如石蒜碱（lycorine）、鲍威氏文殊兰碱（powelline）、前多花水仙碱（pretazettine）、葱莲酰胺 A、B、C、D（zephyranamide A、B、C、D）等；木脂素类如尼亚小金梅草苷（nyasicoside）、短葶仙茅素 B、C（breviscapin B、C）等；皂苷类多为三萜皂苷，如仙茅皂苷 A、B、C、D、E、F、G（curculigosaponin A、B、C、D、E、F、G）、仙茅皂苷元 B、C（curculigenin B、C）等；黄酮类包括黄酮、黄酮醇等，如 3′，4′，5′- 三甲氧基 -6，7- 亚甲二氧基黄酮（3′，4′，5′-trimethoxy-6，7-methylenedioxyflavone）、5，7- 二甲氧基二氢杨梅素 -3-*O*-α-L- 吡喃木糖基 -4-*O*-β-D- 吡喃葡萄糖苷（5，7-dimethoxydihydromyricetin-3-*O*-α-L-xylopyranosyl-4-*O*-β-D-glucopyranoside）等；酚苷和酚酸类如仙茅苷 A、D（curculigoside A、D）、仙茅素 B、C（curculigine B、C）、红门醇葡萄糖苷 B（orcinol glucoside B）、地衣酚糖苷 A（corchioside A）、丁香酸（syringic acid）等。

石蒜属富含生物碱类成分，构型多为异喹啉类，如石蒜碱（lycorine）、高石蒜碱（homolycorine）、多花水仙碱（tazettine）、雪花莲胺碱（galanthamine）、去甲雨石蒜碱（norpluviine）、文殊兰碱（crinine）、小星蒜碱（hippeastrine）等。此外尚含甾体皂苷类等成分，如去半乳糖替告皂苷（desgalactotigonin）、F-芰脱皂苷（F-gitonin）等。

仙茅属含酚苷和酚酸类、皂苷类、黄酮类等成分。酚苷类如仙茅苷 F、G、H（curculigoside F、G、H）、仙茅素（curculigine）、短葶仙茅素 B、C（breviscapin B、C）、仙茅酚苷 D、E、F、G（orcinoside D、E、F、G）等；酚酸类如丁香酸（syringic acid）、2，6- 二甲基苯甲酸（2，6-dimethoxybenzoic acid）等；皂苷类多为三萜皂苷，如仙茅皂苷 H、I、G（curculigosaponin H、I、G）、环阿屯醇（cycloartenol）、仙茅萜醇（curculigol）等；黄酮类如结合卵果蕨苷（phegopolin）、3′，4′，5′- 三甲氧基 -6，7- 亚甲二氧基黄酮（3′，4′，5′-trimethoxy-6，7-methylenedioxyflavone）、5，7- 二甲氧基二氢杨梅素 -3-*O*-α-L-吡喃木糖基 -4-*O*-β-D- 吡喃葡萄糖苷（5，7-dimethoxydihydromyricetin-3-*O*-α-L-xylopyranosyl-4-*O*-β-D-glucopyranoside）等。

1. 石蒜属 *Lycoris* Herb.

多年生草本。鳞茎近球形或卵形，鳞茎皮褐色或黑褐色。叶于花前或花后抽出，带状。花茎单一，直立，实心；伞形花序顶生，有花 4 ～ 8 朵；花白色、乳白色、奶黄色、金黄色、粉红色至鲜红色；花被管筒状，上部 6 裂，裂片倒披针形或长椭圆形，边缘皱缩或不皱缩；雄蕊 6 枚，着生于花被管喉部，花丝丝状，花丝间有 6 枚极微小的齿状鳞片，花药丁字形着生；雌蕊 1 枚，柱头头状，极小，子房下位，3 室。蒴果通常具三棱，室背开裂；种子近球形，黑色。

约 20 种，主要分布于中国和日本。中国约 15 种，主要分布于长江以南，法定药用植物 1 种。华东地区法定药用植物 1 种。

1154. 石蒜（图 1154）• *Lycoris radiata*（L'Hér.）Herb.

图 1154　石蒜　　　　摄影　李策宏等

【别名】蟑螂花（上海、安徽、江苏、浙江），龙爪花（安徽、江苏南京），三十六桶（浙江），红花石蒜、老鸦蒜（江西遂川、福建），义八花（江西九江），蒜头草（江西都昌），螃蟹花（福建），山蒜、鬼蒜、九层蒜、野独蒜（福建）。

【形态】多年生草本。鳞茎近球形，直径 2 ~ 4cm。叶秋季抽出，次年夏季枯死，狭带状，长 15 ~ 30cm，宽约 0.5cm，先端钝，深绿色，中间有粉绿色带。花茎高约 30cm；总苞片 2 枚，棕褐色，披针形；伞形花序有花 4 ~ 7 朵，花鲜红色；花被裂片狭倒披针形，长约 3cm，宽约 0.5cm，强烈皱缩和反卷，花被管绿色，长约 0.5cm；雄蕊显著伸出于花被外，约比花被长 1 倍。花期 8 ~ 9 月，果期 10 ~ 11 月。

【生境与分布】生于阴湿山坡和溪沟边。分布于山东、安徽、江西、福建、江苏、浙江，另河南、湖南、湖北、广东、广西、陕西、贵州、云南、四川等地均有分布。

【药名与部位】老鸦蒜，鳞茎。

【采集加工】秋、冬二季采挖，除去须根，洗净，干燥。

【药材性状】鳞茎类球形，直径 2 ~ 4cm，顶端残留叶基。鳞茎外面包有 2 ~ 3 层膜质鳞片，暗棕色，内有数层鳞叶，中央有黄白色的芽，鳞茎盘下端残留淡黄白色须根。气微，味苦微辣。

【化学成分】根含甾体类：大蒜苷 R_1、R_2（sativoside R_1、R_2）、去半乳糖替告皂苷（desgalactotigonin）、原去半乳糖替告皂苷（proto-desgalactotigonin）和 F- 芰脱皂苷（F-gitonin）[1]；生物碱类：瑟奇萨宁（sekisanine）和石蒜碱（lycorine）[1]。

鳞茎含生物碱类：乙基拉蒂碱（ethylradiatine）[2]，石蒜西定（lycoricidine）、石蒜西定醇（lycoricidinol）[3]，水仙花碱（tazettine）[4]，石蒜宁碱（lycorenine）、石蒜碱（lycorine）、小星蒜碱（hippeastrine）[2, 5]，石蒜胺（lycoramine）、*O*- 去甲基石蒜胺（*O*-demethyllycoramine）、*O*- 去甲基高石蒜碱（*O*-demethylhomolycorine）、高石蒜碱[5]，石蒜伦碱 A、B（lycoranine A、B）[6]，2α- 甲氧基 -6-*O*- 乙基香水仙灵（2α-methoxy-6-*O*-ethyloduline）、*O*- 去甲基石蒜胺 -*N*- 氧化物（*O*-demethyllycoramine-*N*-oxide）、*N*- 氯化甲基优吉敏碱（*N*-chloromethylungiminorine）、拉蒂碱（radiatine）、2α- 羟基 -6-*O*- 甲基香水仙灵（2α-hydroxy-6-*O*-methyloduline）、*O*- 乙基石蒜宁碱（*O*-ethyllycorenine）、*O*- 甲基石蒜宁碱（*O*-methyllycorenine）、9-*O*- 去甲基高石蒜碱（9-*O*-demethylhomolycorine）、9-*O*- 去甲基 -2α- 羟基高石蒜碱（9-*O*-demethyl-2α-hydroxyhomolycorine）、石蒜胺 -*N*- 氧化物（lycoramine-*N*-oxide）、加兰他敏 -*N*- 氧化物（galanthamine-*N*-oxide）、石蒜红碱 *（sanguine）、加兰他敏（galanthamine）、（−）- 表 - 葱莲碱［（−）-epi-zephyranthine］、二氢石蒜碱（dihydrolycorine）、4-*O*- 甲基石蒜碱（4-*O*-methyllycorine）、伪石蒜碱（pseudolycorine）、雨石蒜碱（pluviine）、（−）-3-*O*- 甲基滨生全能花星碱［（−）-3-*O*-methylpancracine］、滨生全能花星碱（pancracine）、石蒜西定醇（narciclasine）、2′- 去氧胸苷（2′-deoxythymidine）、全能花宁碱 *C（pancratinine C）、朱顶红明碱（hippamine）[7]，（+）-5, 6- 去氢石蒜碱［（+）-5, 6-dehydrolycorine］、（+）-3α, 6β- 二乙酰基鳞状茎文珠兰碱［（+）-3α, 6β-diacetyl bulbispermine］、（+）-3α- 羟基 -6β- 乙酰基鳞状茎文珠兰碱［（+）-3α-hydroxy-6β-acetyl bulbispermine］、（+）-8, 9- 亚甲二氧基高石蒜碱 -*N*- 氧化物［（+）-8, 9-methylenedioxylhomolycorine-*N*-oxide］、5, 6- 二氢 -5- 甲基 -2- 羟基菲啶（5, 6-dihydro-5-methyl-2-hydroxyphenanthridine）、（+）-3α- 甲氧基 -6β- 乙酰鳞状茎文珠兰碱［（+）-3α-methoxy-6β-acetylbulbispermine］、（+）- 高石蒜碱 -*N*- 氧化物［（+）-homolycorine-*N*-oxide］[8]，高石蒜碱（homolycorine）[2, 9]，网球花定（haemanthidine）、网球花胺（haemanthamine）、α- 二氢石蒜碱（α-dihydrolycorine）、雪花莲碱（galanthine）、石蒜伦碱 C、D、E、F（lycoranine C、D、E、F）[9]，6- 羟基水仙花碱（6-hydroxytazettine）、2-*O*- 乙酰石蒜碱（2-*O*-acetyllycorine）、二氢加兰他敏（dihydrogalantamine）、石蒜西宁 B（lycosinine B）、秘鲁水仙碱（ismine）、三球波斯石蒜定（trisphaeridine）、3- 表大花文殊兰碱（3-epimacronine）、6-*O*- 甲基前多花水仙碱（6-*O*-methylpretazettine）[10]，三球波斯石蒜碱（trispherine）、8-*O*- 去甲基高石蒜碱（8-*O*-demethylhomolycorine）、香水仙灵（oduline）、6α-*O*- 甲基石蒜宁碱（6α-*O*-methyllycorenine）[11]，（+）-*N*- 甲氧基羰基 -1, 2- 亚甲二氧基 - 异紫堇定碱［（+）-*N*-methoxylcarbonyl-1, 2-methylenedioxyl-isocorydione］、异紫堇定碱（isocorydione）、8- 去甲基 - 去氢克班宁（8-demethyl dehydrocrebanine）、（+）-3- 羟基 - 脱水石蒜碱 -*N*- 氧化物［（+）-3-hydroxy-anhydrolycorine-*N*-oxide］、全能花宁碱 *D（pancratinine D）、也门文殊兰碱 A（yemenine A）、11-*O*- 乙酰网球花胺（11-*O*-acetylhaemanthamine）、矢车菊水仙宁碱 *（vasconine）[12]，氧化条纹碱（oxovittatine）、阿朴网球花胺（apohaemanthamine）、香石蒜亭碱 *（incartine）、恩其明（ungeremine）[13]，*O*- 去甲基加兰他敏（*O*-demethylgalantamine）、葱莲碱（zephyranthine）、大花文殊兰碱（macronine1）[14] 和（+）-1- 羟基波斯石蒜明［（+）-1-hydroxyungeremine］[15]；酚类：1- 乙氧基烯丙基 -3- 甲氧基 -4-*O*-β-D- 吡喃葡萄糖基苯（1-ethoxyallyl-3-methoxy-4-*O*-β-D-glucopyranosyl benzene）[7]；多糖类：石蒜 -（*R*）- 葡甘露聚糖［lycoris-（*R*）-glucomannan］[16] 和二 -D- 呋喃果糖 -1, 2′：2, 3′- 二酐（di-D-fructofuranose-1, 2′：2, 3′-dianhydride）[17]。

花含生物碱类：加兰他敏（galanthamine）、石蒜胺（lycoramine）、小星蒜碱（hippeastrine）、氮氧化石蒜胺（lycoramine-*N*-oxide）、氮氧化小星蒜碱（hippeastrine *N*-oxide）、氮氧化加兰他敏（galanthamine *N*-oxide）、氮氧化 -*O*- 甲基石蒜宁碱（*O*-methyllycorenine-*N*-oxide）、条纹碱（vittatine）、水仙花碱（tazettine）、石蒜碱（lycorine）、网球花定（haemanthidine）、*O*- 甲基石蒜宁碱（*O*-methyllycorenine）、氮氧化高石

蒜碱（homolycorine-*N*-oxide）、高石蒜碱（homolycorine）、*O*- 去甲基石蒜胺（*O*-demethyllycoramine）、*O*- 去甲基高石蒜碱（*O*-demethylhomolycorine）、二棕榈酰磷脂酰基胆碱（dipalmitoylphosphatidylcholine）和 1- 棕榈酰基 -2- 亚麻酰磷脂酰基胆碱（1-palmitoyl-2-linoleoylphosphatidylcholine）[18]；二元羧酸类：2-（4- 羟苄基）苹果酸［2-（4-hydroxybenzyl）malic acid］[19]。

全草含生物碱类：石蒜碱（lycorine）、高石蒜碱（homolycorine）、瑟奇萨宁林碱（sekisanoline）、瑟奇萨宁（sekisanine）[20]，网球花胺（haemanthamine）、条纹碱（vittatine）[21]，加兰他敏（galanthamine）、石蒜胺（lycoramine）和 *O*- 甲基石蒜宁碱（*O*-methyllycorenine）[22]；黄酮类：（-）-3′- 羟基 -4′- 甲氧基 -7- 羟基 -8- 甲基黄烷［（-）-3′-hydroxy-4′-methoxy-7-hydroxy-8-methylflavan］[22]。

【药理作用】1. 抗炎　鳞茎乙醇提取物中分离得出的（+）-1- 羟基波斯石蒜明［（+）-1-hydroxyungeremine］等 2 种生物碱成分均对环氧合酶 -2（COX-2）具有选择性抑制作用[1]；从鳞茎中分离得到的成分石蒜西定醇（narciclasine）对 L02、HepG2、HT-29 和 RAW264.7 细胞的增殖均表现出明显的抑制作用，能降低巨噬细胞中的一氧化氮（NO）、白细胞介素 -6（IL-6）、肿瘤坏死因子 -α（TNF-α）和白细胞介素 -1β（IL-1β）的含量[2]。2. 抗肿瘤　鳞茎乙醇提取物中分离得出的（+）-1- 羟基波斯石蒜明等 6 种生物碱成分在体外对脑膜瘤 BEN-MEN-1、星形细胞瘤 CCFSTTG1、胶质瘤 CHG-5、胶质瘤 SHG-44、胶质瘤 U251、人髓性白血病 HL-60 等细胞均具有不同程度的细胞毒性[1]，从鳞茎分离的生物碱类成分石蒜碱（lycorine）在剂量为 10mg/kg、14mg/kg、20mg/kg、28mg/kg、40mg/kg 时对小鼠肺癌 Lewis 细胞均具有抑制作用，抑瘤率随着剂量的增加而提高，高剂量组（40mg/kg）抑瘤率达 56.8%；HE 染色结果显示高剂量组（40mg/kg）小鼠瘤组织细胞间隙增大，细胞数目明显减少，其机制可能是通过上调促凋亡蛋白 Fas-L、Caspase-9、Bax，下调抑凋亡蛋白 Bcl-2，促进肺癌 Lewis 细胞凋亡[3]；石蒜碱能使肉骨瘤 143B 细胞中迁移和侵袭相关蛋白基质金属蛋白酶 -7（MMP-7）和基质金属蛋白酶 -9（MMP-9）的表达量明显下调，凋亡相关蛋白 Bcl-2 表达量下调，而 Caspase-3 和 c-Caspase-3 的表达量明显上调，同时 TCF/LEF 转录作用明显下降，Wnt/β-catenin 信号通路中 β-catenin、c-Myc 和 Cyclin D1 蛋白水平均明显降低，其机制可能是通过阻断 Wnt/β-catenin 信号通路来抑制人骨肉瘤 143B 细胞的增殖、迁移和侵袭能力，并促进细胞凋亡[4]；石蒜碱对 HT-29 细胞的半数抑制浓度（IC_{50}）为 8.878μmol/L；剂量为 1.25μmol/L、2.5μmol/L、5μmol/L 时能诱导细胞凋亡，上调 Caspase-3、Bax 的 mRNA 和 Caspase-3、Bax 蛋白含量，下调 Bcl-2 的 mRNA 和 Bcl-2 蛋白含量[5]。3. 抗疟　从鳞茎 80% 乙醇提取物中提取得到的成分（+）-5，6- 去氢石蒜碱［（+）-5，6-dehydrolycorine］对恶性疟原虫菌株 D-6 以及 W-2 具有抑制作用，半数抑制浓度（IC_{50}）分别为 2.3μmol/L 和 1.9μmol/L[6]。4. 护神经　从鳞茎中分离得到的 20 余种生物碱类成分对 $CoCl_2$ 诱导的 SH-SY5Y 细胞损伤具有显著的神经保护作用[7]。

【性味与归经】辛、甘，温。有小毒。归胃、心、肺经。

【功能与主治】祛痰催吐，解毒消肿，活血散结，杀虫。用于食物中毒，咽喉肿痛，痰涎壅塞，痰核，瘰疬，痈疽肿毒。

【用法与用量】煎服 3 ～ 5g；外用适量。

【药用标准】云南彝药Ⅲ 2005 六册。

【临床参考】1. 急慢性肾炎：鳞茎 1 个，加蓖麻子 70 粒，捣烂，贴于两侧足底涌泉穴，每日 1 次，7 日 1 疗程，如需再治疗则停药 7 日[1]。

2. 急喉风：鳞茎 3 个，加茶子花 5g、筋骨草 100g、火硝 10g、硼砂（炒）5g、胆矾 3g、蟾酥 1g，前 3 味取鲜者绞汁，后 4 味共研极细粉末，再入药汁研匀，将药汁频频滴入鼻内，双鼻孔交替滴用[2]。

3. 妊娠水肿：鳞茎 4 个，加附子 10g、生姜 15g、田螺（去壳）6 个，上药除田螺外，蒸软捣烂再入田螺共捣为糊，将药糊捏成掌心大圆饼 2 块，趁热敷两足阴陵泉，绷带固定，1 日换药 1 次[2]。

4. 瘰疬：鳞茎 12 个，加生南星、生半夏各 10g，猪胆 20g，前 3 味烘干研极细粉末，将猪胆汁倾入耐火瓶中熬至挑起成丝，加入药末徐徐搅匀，文火收膏，用时将药膏涂患处，纱布覆盖，胶布固定，隔日 1 次[2]。

5. 黄疸：鲜鳞茎1个，加蓖麻子7个（去皮），捣烂敷两足心，每日1次。（《南京地区常用中草药》）

6. 风湿关节痛：鲜鳞茎，加生姜、葱各适量，共捣烂敷患处。（《全国中草药汇编》）

7. 腮腺炎：鲜鳞茎适量，捣烂外敷患处。（《广东省惠阳地区中草药》）

8. 疔疮肿毒：鲜鳞茎1个，加白糖适量，同捣烂外敷患处。

9. 骨髓炎：鲜鳞茎适量，加甜酒捣烂，敷患处。

10. 扁桃体炎：鲜鳞茎，捣烂取汁10滴，用凉开水冲淡，漱喉部，小孩、孕妇忌用。（8方至10方引自《浙江药用植物志》）

【附注】石蒜始载于《本草图经》，云："水麻，生鼎州、静州，其根名石蒜，九月采。又，金灯花，其根亦名石蒜，或云即此类也。"《本草纲目》云："石蒜，处处下湿地有之，古谓之乌蒜，俗谓之老鸦蒜、一支箭是也。春初生叶，如蒜秧及山慈姑叶，背有剑脊，四散布地。七月苗枯，乃于平地抽出一茎如箭杆，长尺许。茎端开花四五朵，六出，红色，如山丹花状而瓣长，黄蕊长须。其根状如蒜，皮色紫赤，肉白色。"《本草纲目拾遗》引《百草镜》对石蒜的描述与《本草纲目》相同。《本草图经》所附黔州石蒜图，均为本种。

同属植物中国石蒜 *Lycoris chinensis* Traub 的鳞茎民间也作石蒜药用。

本种全株有毒，尤以鳞茎为剧，误食会引起中毒，表现为流涎、恶心呕吐、腹泻、舌硬说话困难、抽搐、手脚发冷、脉弱，至呼吸中枢麻痹而死亡（《浙江药用植物志》）。

药材老鸦蒜体虚无实邪者及孕妇禁服，皮肤破损者禁敷。

【化学参考文献】

[1] Kondo H，Tomimura K.Alkaloid of *Lycoris radiata*. Ⅲ [J].Yakugaku Zasshi，1929，49：438-414.

[2] Uyeo S，Yamato Y.The structure of radiatine，a new alkaloid in *Lycoris radiata* [J].Yakugaku Zasshi，1965，85（7）：615-618.

[3] Okamoto T，Torii Y，Isogai Y.Lycoricidinol and lycoricidine，new plant-growth regulators in the bulbs of *Lycoris radiata* [J].Chem Pharm Bull，1968，16（9）：1860-1864.

[4] Kobayashi S，Takeda S，Ishikawa H，et al.Alkaloids of the Amaryllidaceae.a new alkaloid，sanguinine，from *Lycoris sanguinea* Maxim.var.*kiushiana* Makino，and pretazettine from *Lycoris radiata* Herb [J].Chem Pharm Bull，1976，24（7）：1537-1543.

[5] Kobayashi S，Yuasa K，Imakura Y，et al.Isolation of *O*-demethyllycoramine from bulbs of *Lycoris radiata* Herb. [J]. Chem Pharm Bull，1980，28（11）：3433-3436.

[6] Wang L，Zhang，X Q，Yin Z Q，et al.Two new Amaryllidaceae alkaloids from the bulbs of *Lycoris radiata* [J].Chem Pharm Bull，2009，57（6）：610-611.

[7] Li X，Yu H Y，Wang Z Y，et al.Neuroprotective compounds from the bulbs of *Lycoris radiata* [J].Fitoterapia，2013，88：82-90.

[8] Hao B，Shen S F，Zhao Q J.Cytotoxic and antimalarial Amaryllidaceae alkaloids from the bulbs of *Lycoris radiata* [J]. Molecules，2013，18：2458-2468.

[9] Song A，Liu X M，Huang X J，et al.Four new Amaryllidaceae alkaloids from *Lycoris radiata* and their cytotoxicity [J]. Planta Med，2015，81（18）：1712-1718.

[10] Lee J Y，Cha M R，Lee J E，et al.A new amaryllidaceae alkaloid from the bulbs of *Lycoris radiata* [J].Bulletin of the Korean Chemical Society，2014，35（12）：3665-3667.

[11] Huang S D，Zhang Y，He H P，et al.A new Amaryllidaceae alkaloid from the bulbs of *Lycoris radiata* [J].Chin J Nat Med，2013，11（4）：406-410.

[12] 胡疆，刘雁，李强，等.红花石蒜生物碱化学成分的研究[J].中国中药杂志，2018，43（10）：2086-2090.

[13] 刘霞妹，王磊，殷志琦，等.石蒜鳞茎中的生物碱成分研究[J].中国中药杂志，2013，38（8）：1188-1192.

[14] 胡誉怀，穆淑珍，晏晨，等.黔产红花石蒜中生物碱成分的分离与鉴定[J].沈阳药科大学学报，2013，30（7）：517-522.

[15] Liu Z M，Huang X Y，Cui M R，et al.Amaryllidaceae alkaloids from the bulbs of *Lycoris radiata* with cytotoxic and anti-inflammatory activities [J].Fitoterapia，2015，101：188-193.

［16］Tomoda M，Shimizu N.Plant mucilages.XXXI.An acetyl-rich mucous polysaccharide，“lycoris-*R*-glucomannan，” from the bulbs of *Lycoris radiata*［J］.Chem Pharm Bull，1982，30（11）：3965-3969.
［17］Li H Y，Hagiwara H，Zhu W R，et al.Isolation and NMR studies of di-D-fructose anhydride III from *Lycoris radiata* Herbert by supercritical extraction with carbon dioxide［J］.Carbohydrate Research，1997，299（4）：301-305.
［18］Kihara M，Konishi K，Xu L，et al.Alkaloidal constituents of the flowers of *Lycoris radiata* Herb.（Amaryllidaceae）［J］. Chem Pharm Bull，1991，39（7）：1849-1853.
［19］Koizumi T，Isogai Y，Nomoto S，Shudo K，et al.Isolation of 2-（4-hydroxybenzyl）malic acid from *Lycoris radiata*［J］. Phytochemistry，1976，15（2）：342-343.
［20］Kondo H，Tomimura K，Ishiwata S.Alkaloids of *Lycoris radiata* Herb.V and VI［J］.Yakugaku Zasshi，1932，52：433-458.
［21］Uyeo S，Kotera K，Okada T，et al.Occurrence of the alkaloids vittatine and haemanthamine in *Lycoris radiata*［J］.Chem Pharm Bull，1966，14（7）：793-794.
［22］Numata A，Takemura T，Ohbayashi H，et al.Antifeedants for the larvae of the yellow butterfly，*Eurema hecabe mandarina*，in *Lycoris radiata*［J］.Chem Pharm Bull，1983，31（6）：2146-2149.

【药理参考文献】

［1］Liu Z M，Huang X Y，Cui M R，et al.Amaryllidaceae alkaloids from the bulbs of *Lycoris radiata* with cytotoxic and anti-inflammatory activities［J］.Fitoterapia，2015，101：188-193.
［2］Shen C Y，Xu X L，Yang L J，et al.Identification of narciclasine from *Lycoris radiata*（L'Her.）Herb.and its inhibitory effect on LPS-induced inflammatory responses in macrophages.［J］.Food and Chemical Toxicology，2019，125：605-613.
［3］王玲，李居伟，杨扬．石蒜碱对 Lewis 肺癌小鼠的抑瘤作用及机制［J］．武汉大学学报（理学版），2019，65（4）：363-368.
［4］袁晓慧，张平，喻婷婷，等．石蒜碱对骨肉瘤的抑制作用及机制探讨［J］．肿瘤，2019，39（9）：691-700.
［5］姚佳，李世正，杜煜，等．石蒜碱诱导结肠癌 HT-29 细胞凋亡机制研究［J］．现代预防医学，2018，45（13）：2408-2412.
［6］Bin H，Shen S，Zhao Q J.Cytotoxic and antimalarial Amaryllidaceae alkaloids from the bulbs of *Lycoris radiata*［J］. Molecules，2013，18（3）：2458-2468.
［7］Li X，Yu H Y，Wang Z Y，et al.Neuroprotective compounds from the bulbs of *Lycoris radiata*［J］.Fitoterapia，2013，88：82-90.

【临床参考文献】

［1］古田医院．石蒜球根治疗急慢性肾炎［J］．福建中医药，1959，4（4）：41-42.
［2］董国良．石蒜外治妙用［J］．中医外治杂志，1995，（6）：31-32.

2. 仙茅属 *Curculigo* Gaertn.

多年生草本。通常具块状或圆柱状根茎。叶基生，革质或纸质，通常披针形，具折叠状脉，有毛。花茎从叶腋抽出；花两性，通常黄色，单生或排列成总状或穗状花序，有时花序强烈缩短呈头状或伞房状；苞片披针形，宿存；花被片下部离生或合生；花被管存在或无；花被裂片 6，长圆形或披针形；雄蕊 6 枚，着生于花被裂片基部，一般短于花被裂片；花柱圆柱形，较纤细，柱头 3 裂；子房下位，通常被毛，3 室，中轴胎座；每室胚珠 2 至多数，常排成 2 列。果实为浆果，有喙或无喙，不开裂，种子小，表面常有纵凸纹，具明显凸出的种脐。

约 20 种，主要分布于亚洲、非洲、南美洲和大洋洲。中国 7 种，主要分布于华南和西南，法定药用植物 1 种。华东地区法定药用植物 1 种。

仙茅属与石蒜属的主要区别点为：仙茅属通常具块状或圆柱状根茎；花茎上有向上渐小呈苞片状的叶，果实为不开裂的浆果。石蒜属具鳞茎；花茎上无叶，果实为蒴果。

1155. 仙茅（图 1155）• *Curculigo orchioides* Gaertn.

图 1155　仙茅　　摄影　李华东

【别名】山棕榈（浙江），山党参（福建），独脚丝茅（江西宜丰、江西铜鼓），茅参（江西武宁），千年棕（江西），婆罗门参、芽瓜子。

【形态】多年生草本。根茎近圆柱状，肉质，长可达 10cm。叶条形、条状披针形或披针形，长 10 ～ 45cm，宽 5 ～ 25mm，先端长渐尖，基部渐狭成短柄或近无柄，两面散生疏柔毛或无毛。花茎短，长 6 ～ 7cm，藏于叶鞘内；苞片披针形，长 2.5 ～ 5cm，具缘毛；总状花序多少呈伞房状，通常具花 4 ～ 6 朵；花梗长约 2mm；花黄色；花被管纤细，长 2 ～ 2.5cm，有长柔毛，裂片长圆状披针形，长 8 ～ 12mm，宽 2.5 ～ 3mm，外轮的背面散生长柔毛。浆果近纺锤状，长 1.2 ～ 1.5cm，顶端有长喙。种子表面具波状沟纹。花果期 4 ～ 9 月。

【生境与分布】生于海拔 1600m 以下的林中、草地或荒坡上。分布于江西、福建、浙江，另湖南、广东、广西、贵州、云南、四川、台湾等地均有分布；东南亚及日本也有分布。

【药名与部位】仙茅，根茎。

【采集加工】秋、冬二季采挖，除去茎、叶及须根，洗净，干燥。

【药材性状】呈圆柱形，略弯曲，长3～10cm，直径0.4～1.2cm。表面棕色至褐色，粗糙，有细孔状的须根痕和横皱纹。质硬而脆，易折断，断面不平坦，灰白色至棕褐色，近中心处色较深。气微香，味微苦、辛。

【质量要求】条长，体肥，质坚，不霉。

【药材炮制】除去杂质，抢水洗净，润软，切段，干燥。

【化学成分】根茎含酚酸类：仙茅苷A、D（curculigoside A、D）[1]，仙茅苷B（curculigoside B）[2]，仙茅苷C（curculigoside C）[3]，仙茅苷E（curculigoside E）[4]，仙茅苷F、G、H（curculigoside F、G、H）[5]，仙茅苷I（curculigoside I）[6,7]，仙茅素A（curculigine A）[8]，仙茅素B、C（curculigine B、C）[2]，仙茅素D（curculigine D）[9]，仙茅素E、F、G、H、I（curculigine E、F、G、H、I）[10]，仙茅素J、K、L、M、N（curculigine J、K、L、M、N）[11]，仙茅酚苷A、B、C（orcinoside A、B、C）[12]，仙茅酚苷D、E、F、G（orcinoside D、E、F、G）[13]，仙茅酚苷H（orcinoside H）[10]，仙茅酚苷I、J（orcinoside I、J）[11]，红门兰醇-1-*O*-β-D-呋喃芹菜糖基-（1→6）-β-D-吡喃葡萄糖苷［orcinol-1-*O*-β-D-apiofuranosyl-（1→6）-β-D-glucopyranoside］、2, 6-二甲基苯甲酸（2, 6-dimethoxybenzoic acid）[3]，丁香酸（syringic acid）[3,10]，拟红门兰仙茅苷D（orchioside D）[4]，3-羟基-5-甲基苯酚-1-*O*-［β-D-吡喃葡萄糖基-（1→6）-β-D-吡喃葡萄糖苷］{3-hydroxy-5-methylphenol-1-*O*-［β-D-glucopyranosyl-（1→6）-β-D-glucopyranoside］}[8]，红门醇葡萄糖苷B（orcinol glucoside B）、仙茅苷（curculigoside）、仙茅苷G（curculigoside G）、苄基-*O*-β-D-吡喃葡萄糖苷（benzyl-*O*-β-D-glucopyranoside）[9]，红门醇吡喃葡萄糖苷（orcinol glucopyranoside）[8,10]，淫洋藿苷F_2（icariside F_2）[11]，地衣酚糖苷A（corchioside A）[14]，拟红门兰仙茅苷B（orchioside B）[15]和4, 4-二氯-5-羟基-3-甲基苯酚-1-*O*-β-D-吡喃葡萄糖基-（1→6）-β-D-吡喃葡萄糖苷［4, 4-dichlorine-5-hydroxyl-3-methylphenol-1-*O*-β-D-glucopyranosyl-（1→6）-β-D-glucopyranoside］[16]；苯丙素类：（2*S*）-3-（4-羟基-3-甲氧基苯基）-丙烷-1, 2-二醇［（2*S*）-3-（4-hydroxy-3-methoxyphenyl）-propane-1, 2-diol］、（2*S*）-3-（4-羟基-3, 5-二甲氧基苯基）-丙烷-1, 2-二醇［（2*S*）-3-（4-hydroxy-3, 5-dimethoxyphenyl）-propane-1, 2-diol］、4-烯丙基-2, 6-二甲氧基苯基葡萄糖苷（4-ally-2, 6-dimeoxyphenolglucoside）和（±）-胡椒苷［（±）-piperoside］[11]；降倍半萜类：（3*S*, 5*R*, 6*S*, 6*E*, 9*R*）-大柱香波龙-7-烯-3, 5, 6, 9-四醇［（3*S*, 5*R*, 6*S*, 6*E*, 9*R*）-megatigma-7-en-3, 5, 6, 9-tetraol］、（6*S*, 9*R*）-长寿花糖苷［（6*S*, 9*R*）-roseoside］和猕猴桃紫罗苷（actinidioionoside）[11]；单萜糖苷类：（-）-归叶棱子芹醇-2-*O*-β-D-吡喃葡萄糖苷［（-）-angelicoidenol-2-*O*-β-D-glucopyranoside］和（-）-归叶棱子芹醇-2-*O*-β-呋喃芹糖基-（1→6）-β-D-吡喃葡萄糖苷［（-）-angelicoidenol-2-*O*-β-apiofuranosyl-（1→6）-β-D-glucopyranoside］[11]；三萜类：环阿屯醇（cycloartenol）[14]，仙茅萜醇（curculigol）[17]，仙茅皂苷A、B、C、D、E、F（curculigosaponin A、B、C、D、E、F）[18]，仙茅皂苷G、H、I、J（curculigosaponin G、H、I、J）[19]，仙茅皂苷元A（curculigenin A）[18,20]，仙茅皂苷元B、C（curculigenin B、C）[21]，（24*S*），3β, 11α, 16β, 24-四羟基环阿屯醇-3-*O*-β-D-吡喃葡萄糖基-（1→2）-β-D-吡喃葡萄糖苷［（24*S*），3β, 11α, 16β, 24-tetrahyaroxycycloartenol-3-*O*-β-D-glucopyranosyl-（1→2）-β-D-glucopyranoside］、（24*S*）-3β, 11α, 16β, 24-四羟基环阿屯醇-3-*O*-α-L-吡喃鼠李糖基-（1→2）-β-D-吡喃葡萄糖苷［（24*S*）-3β, 11α, 16β, 24-tetrahydroxycycloartenol-3-*O*-α-L-rhamnopyranosyl-（1→2）-β-D-glucopyranoside］[8]，（24*S*）-3β, 11α, 16β, 24-四羟基环阿尔廷烷-3-*O*-［β-D-吡喃葡萄糖基-（1→3）-β-D-吡喃葡萄糖基-（1→2）-β-D-吡喃葡萄糖基］-24-*O*-β-D-吡喃葡萄糖苷{（24*S*）-3β, 11α, 16β, 24-tetrahydroxycycloartane-3-*O*-［β-D-glucopyranosyl-（1→3）-β-D-glucopyranosyl-（1→2）-β-D-glucopyranosyl］-24-*O*-β-D-glucopyranoside}、3β, 11α, 16β-三羟基环阿尔廷烷-24-酮-3-*O*-［β-D-吡喃葡萄糖基-（1→3）-β-D-吡喃葡萄糖基-（1→2）-β-D-吡喃葡萄糖基］-16-*O*-α-L-吡喃阿拉伯糖苷{3β, 11α, 16β-trihydroxycycloartane-24-one-3-*O*-［β-D-glucopyranosyl-（1→3）-β-D-glucopyranosyl-（1→2）-β-D-glucopyranosyl］-16-*O*-α-L-arabinopyranoside}[22]和12α, 16β-二羟基环阿尔廷烷-3, 24-二酮（12α, 16β-dihydroxycycloartane-3,

24-dione）[23]；木脂素类：3, 3′, 5, 5′- 四甲氧基 -7, 9′：7′, 9- 二环氧木脂素 -4, 4′-di-*O*-β-D- 吡喃葡萄糖苷（3, 3′, 5, 5′-tetramethoxy-7, 9′：7′, 9-diepoxylignan-4, 4′-di-*O*-β-D-glucopyranoside）[24]；黄酮类：2, 3, 4, 7-四甲氧基屾酮（2, 3, 4, 7-tetramethoxyxanthone）[3] 和 5, 7- 二甲氧基二氢杨梅素 -3-*O*-α-L- 吡喃木糖基 -4-*O*-β-D-吡喃葡萄糖苷（5, 7-dimethoxydihydromyricetin-3-*O*-α-L-xylopyranosyl-4-*O*-β-D-glucopyranoside）[25]；甾体类：胡萝卜苷（daucosterol）[8]，β- 谷甾醇（β-sitosterol）、豆甾醇（stigmasterol）[14] 和 3β, 12α, 16β- 三羟基 -9, 19- 环羊毛甾烷 -24- 酮（3β, 12α, 16β-trihydroxy-9, 19-cyclolanostan-24-one）[26]；烷醇类：三十一烷醇（hentriacontanol）[14]；烷酮类：21- 羟基四十烷 -20- 酮（21-hydroxytetracontan-20-one）[27]，27- 羟基三十烷 -6- 酮（27-hydroxytriacontan-6-one）、23- 羟基三十烷 -2- 酮（23-hydroxytriacontan-2-one）[28] 和 25- 羟基 -33- 甲基三十五烷 -6- 酮（25-hydroxy-33-methylpentatricontan-6-one）[29]；脂肪酸类：4- 甲基十七烷酸（4-methylheptadecanoic acid）[27]；核苷类：1, 3, 7- 三甲基黄嘌呤（1, 3, 7-trimethylxanthine）[8]；生物碱类：3- 乙酰基 -5- 甲酯基 -2H-3, 4, 5, 6- 四氢 -1, 2, 3, 5, 6- 噁四嗪（3-acetyl-5-carbomethoxy-2H-3, 4, 5, 6-tetrahydro-1, 2, 3, 5, 6-oxatetrazine）、*N*- 乙酰基 -*N*- 羟基 -2- 氨基甲酸甲酯（*N*-acetyl-*N*-hydroxy-2-carbamic acid methyl ester）和 *N*, *N*, *N*′, *N*′- 四甲基琥珀酰胺（*N*, *N*, *N*′, *N*′-tetramethyl succinamide）[30]；内酯类：普通蓟吡喃酮（tetillapyrone）[11]；二肽类：环 -（L- 丙氨酸 -L- 酪氨酸）[cyclo-（L-Ala-L-Tyr）]、环 -（L- 丝氨酸 -L- 苯丙氨酸）[cyclo-（L-Ser-L-Phe）]、环 -（亮氨酸 - 丙氨酸）[cyclo-（Leu-Ala）]、环 -（亮氨酸 - 苏氨酸）[cyclo-（Leu-Thr）]、环 -（亮氨酸 - 丝氨酸）[cyclo-（Leu-Ser）]、环 -（*S*- 脯氨酸 -*R*- 亮氨酸）[cyclo-（*S*-Pro-*R*-Leu）]、环 -（缬氨酸 - 丙氨酸）[cyclo-（Val-Ala）] 和环 -（甘氨酸 -*D*- 缬氨酸）[cyclo-（Gly-*D*-Val）][11]；糖类：蔗糖（sucrose）[14] 和仙茅多糖 90-1（COP90-1）[31]。

【药理作用】1. 护肝　从根茎中提取分离得到的成分丁香酸（syringic acid）对肝损伤有保护作用，在浓度为 500μg/ml 时，人肝脏 HL-7702 细胞在其中的存活率可达（130.64 ± 2.30）%[1]；根茎的乙酸乙酯提取物在 200mg/kg 和 400mg/kg 的剂量下，可降低四氯化碳（CCl_4）诱导肝毒性小鼠血清谷丙转氨酶（ALT）、天冬氨酸氨基转移酶（AST）、碱性磷酸酶（ALP）、胆红素（TBIL）和总蛋白质含量[2]。2. 抗阿尔茨海默病　从根茎中提取分离的成分仙茅苷（curculigoside）在剂量为每日 20mg/kg、40mg/kg 时连续使用 14 天可明显减少老年大鼠在降压实验和 Y- 迷宫实验中的潜伏期和错误数，降低大鼠脑内乙酰胆碱酯酶（ACHE）的含量，调整其海马体中 BACE1 的表达[3]；仙茅苷可使阿尔茨海默病模型大鼠在 Morris 水迷宫实验中的穿台次数增多，海马神经元凋亡比例明显下降[4]。3. 抗糖尿病　根茎的乙醇提取物及水提取物在剂量为 500mg/kg 及 1000mg/kg 时，均可使四氧嘧啶所致大鼠的血糖显著降低[5]。4. 抗菌　根茎的甲醇、乙腈、三氯甲烷、正己烷 4 种不同提取物均对黑曲霉的生长具有抑制作用，其中甲醇提取物的抑菌作用最强，抑制率可达 86.7%[6]。5. 抗骨质疏松　根茎乙醇提取物中的酚类化合物对成骨细胞增殖和碱性磷酸酶活性均有促进作用，有促进成骨细胞增殖的作用，有轻微促进成骨细胞碱性磷酸酶含量的作用，有降低骨吸收面积、破骨细胞形成面积及捕集活性的作用[7]；从根茎提取分离的仙茅酚苷类成分在 10^{-9}mol/L 和 10^{-8}mol/L 的浓度下可促进成骨细胞的增殖，在 10^{-7} ～ 10^{-5}mol/L 浓度时抑制破骨细胞 TRAP 的活性，可减少破骨细胞的数目，抑制破骨细胞的形成，可增加成骨细胞 ALP 的活性和骨矿化结节的形成，在一定程度上使 1，25- 二羟维生素 D_3 损伤的成骨细胞骨架的结构得以恢复，减少破骨细胞在骨片上形成的骨吸收陷窝面积，破坏破骨细胞伪足和 F-actin 的结构[8]。6. 抗氧化　根茎的乙酸乙酯提取物在浓度为（52.93 ± 0.66）μg/ml 时对 1，1- 二苯基 -2- 三硝基苯肼（DPPH）自由基有清除作用[9]；20%、40% 乙醇洗脱物对羟自由基（·OH）和超氧阴离子自由基（O_2^-·）的半数抑制浓度（IC_{50}）分别为 3.42mg/ml、4.17mg/ml 和 1.56mg/ml、2.48mg/ml[10]；仙茅苷对羟自由基和超氧阴离子自由基均有明显的清除作用，半数抑制浓度分别为 296.9μg/ml 和 56.2μg/ml[11]。7. 护肾　全草的甲醇提取物能有效改善环磷酰胺（CPA）所致尿毒症小鼠的肾毒副作用，降低肾脏内 γ 干扰素（IFN-γ）、白细胞介素 -2（IL-2）及肿瘤坏死因子 -α（TNF-α）的含量[12]；根茎的 80% 乙醇提取液的正丁醇萃取部位能使去势雄性小鼠附性器官（包皮腺、精液囊、前列腺）重量明显增加[13]。8. 抗听觉损伤　根茎的乙醇提取物能剂量依赖性地减少顺铂诱导的HEI-OC1细胞损伤，对顺铂诱导听力损伤小鼠体内的超氧阴离子自由基、羟自由基、过氧化氢（H_2O_2）自然基、1，1-二苯基-2-三硝基苯肼自由基具有清除作用，并且可降低脂质过氧化[14]。9.抗炎 根茎的水提取物能够使幽门结扎术后大鼠食管损伤率显著降低，使肿瘤坏死因子-α、白细胞介素-1β及白细胞介素-6含量显著降低，显著降低环氧合酶-2（COX-2）的含量，且成剂量依赖性[15]。10.平喘 根茎的乙醇提取物在浓度为100μg/ml和25μg/ml时对组胺引起的羊离体气管链和豚鼠离体回肠收缩具有松弛作用，在375mg/kg剂量下，白细胞和淋巴细胞增加最多，嗜酸粒细胞减少最多[16]。11.雌激素调节 根茎的醇提取物能显著增加双侧卵巢切除的白化幼鼠阴道角化百分率，增加子宫湿重，增加子宫糖原含量，增加子宫内膜增生性变化[17]。12.免疫调节 根茎的甲醇提取物具有抗细胞毒性药物的保护作用，在正常的体液免疫和细胞免疫以及环磷酰胺诱导的免疫抑制小鼠体内产生了体液抗体（HA）滴度，延迟型超敏反应（DTH），使白细胞（WBC）数剂量依赖性的增加[18]；从根茎提取的多糖类成分可显著提高用环磷酰胺建立的免疫低下模型小鼠的脾脏和胸腺指数及脾淋巴细胞转化能力，$CD4^+$ T亚群数量和$CD4^+$ T/$CD8^+$ T值均能得到有效恢复，显著提高免疫低下模型小鼠血清中的肿瘤坏死因子-α含量[19]；多糖类成分在体外能单独刺激小鼠脾淋巴细胞增殖，但对小鼠胸腺细胞无作用，在刀豆蛋白A（ConA）存在的条件下对胸腺细胞增殖有协同作用，体外对尼龙毛柱分离小鼠脾T细胞富含部分有明显刺激增殖作用；体外能对抗由氢化可的松（HC）抑制刀豆蛋白A诱导脾T细胞增殖作用，体内对HC诱导免疫受抑小鼠胸腺及脾脏重量降低、胸腺细胞及脾TB细胞增殖降低有明显的对抗作用[20]。13.保护神经 甲醇提取物中的黄酮类成分和多酚类成分能够促进环磷酰胺诱导神经毒性动物体内过氧化氢酶、超氧化物歧化酶和谷胱甘肽的含量恢复正常，使丙二醛（MDA）含量显著降低[21]；根茎的提取物能使局灶性脑缺血模型大鼠脑组织超氧化物歧化酶含量明显增加，丙二醛含量明显降低[22]，从根茎提取的仙茅苷显著缩短电刺激应激小鼠不动时间，电刺激前后给药均不影响小鼠在中央格停留时间比，药物组电刺激前后给药具有提高小鼠运动总路程的趋势[23]。14.抗肿瘤 从根茎中分离的3β，12α，16β-三羟基-9，19-环羊毛甾烷-24-酮（3β，12α，16β-trihydroxy-9，19-cyclolanostan-24-one）等2种成分对人白血病HL-60细胞具有抑制作用，半数抑制浓度（IC_{50}）分别为9.0μmol/L和1.8μmol/L[24]；根茎热水浸提法和超声波辅助提取法提取得到的多糖类成分对小鼠S180实体瘤的抑瘤率分别为64.50%和51.10%[25]。15.护心肌 从根茎提取的仙茅苷能使过氧化氢的氧化损伤心肌细胞、乳酸脱氢酶（LDH）、丙二醛含量明显下降，谷胱甘肽过氧化物酶（GSH-Px）含量明显升高，细胞生长抑制率和凋亡率均降低，且呈浓度依赖性[26]。16.抗抑郁 从根茎提取的仙茅苷能明显缩短学习无助模型小鼠强迫游泳和悬尾试验中的不动时间，减少其海马DG区的神经细胞凋亡的数量，减弱其星形胶质细胞活化，促进蛋白激酶A磷酸化水平和突触后密度蛋白95的表达[27]。

【性味与归经】辛，热；有毒。归肾、肝、脾经。

【功能与主治】补肾阳，强筋骨，祛寒湿。用于阳痿精冷，筋骨痿软，腰膝冷痹，阳虚冷泻。

【用法与用量】3～9g。

【药用标准】药典1963—2015、浙江炮规2005、贵州药材1965、新疆药品1980二册、云南药品1974、香港药材四册和台湾2013。

【临床参考】1.肾阳虚型慢性前列腺炎合并弱精子症：根茎15g，加仙灵脾、巴戟天、葫芦巴、补骨脂、附子各15g，当归、黄柏、知母、肉桂各9g，水煎服[1]。

2.乳腺增生：根茎15g，加仙灵脾、浙贝母、赤芍、没药、川楝子、天花粉各15g，夏枯草、皂角刺、牡蛎、玄参各20g，柴胡、穿山甲各10g，水煎300ml，早晚分服，每日1剂，10日1疗程，连用2~3疗程[2]。

3.男性更年期综合征：根茎10g，加仙灵脾12g，当归、巴戟天、黄柏、知母、黄精、炙甘草各10g，熟地15g，兼脾肾阳虚者加白术、山药、茯苓；兼肾虚肝郁者加柴胡、白芍、香附、合欢花；兼心肾不交者加牡丹皮、淮小麦、大枣；兼阴虚阳亢者加龙骨、牡蛎、生龟板，水煎，早晚分服，每日1剂，7日1疗程[3]。

4.阳痿：根茎15g，加枸杞子15g、淫羊藿9g、韭菜子6g、甘草3g，水煎服。

5. 妇女更年期综合征：根茎，加淫羊藿、当归、巴戟天、知母、黄柏各适量，水煎服。

6. 血清胆固醇过高症：根茎 15g，加徐长卿、五指毛桃、何首乌各 15g，楤木 9g，水煎服。

7. 瘰疬：鲜根茎 60g，加夏枯草 6g，水煎服。

8. 跌打损伤：全草 30g，加一枝黄花根 30g，酒水煎服。（4 方至 8 方引自《浙江药用植物志》）

【附注】仙茅始载于《雷公炮炙论》。《海药本草》云："生西域。粗细有筋，或如笔管，有节文理，其黄色多涎。"《本草图经》谓："生西域及大庾岭，今蜀川、江湖、两浙诸州亦有之。叶青如茅而软，复稍阔，面有纵理，又似棕榈。至冬尽枯，春初乃生。三月有花如栀子黄，不结实。其根独茎而直，傍有短细根相附，肉黄白，外皮稍粗，褐色。"上述描述及《本草图经》"江宁府仙茅"附图均与本种相符。

药材仙茅阴虚火旺者禁服。

【化学参考文献】

[1] Valls J，Richard T，Larronde F，et al.Two new benzylbenzoate glucosides from *Curculigo orchioides* [J].Fitoterapia，2006，77（6）：416-419.

[2] 徐俊平，徐任生 . 仙茅的酚性甙成分研究 [J]. 药学学报，1992，（5）：353-357.

[3] Wu Q，Fu D X，Hou A J，et al.Antioxidative phenols and phenolic glycosides from *Curculigo orchioides* [J].Chem Pharm Bull，2005，53（8）：1065-1067.

[4] Dall'Acqua S，Shrestha B B，Comai S，et al.Two phenolic glycosides from *Curculigo orchioides* Gaertn [J].Fitoterapia，2009，80（5）：279-282.

[5] Zuo A X，Shen Y，Jiang Z Y，et al.Three new phenolic glycosides from *Curculigo orchioides* G. [J].Fitoterapia，2010，81（7）：910-913.

[6] Kubo M，Namba K，Nagamoto N，et al.A new phenolic glucoside，curculigoside from rhizomes of *Curculigo orchioide* [J].Planta Med，1983，47（1）：52-55.

[7] Wang Z H，Ma X C，Li G Y，et al.Four new phenolic glucosides from *Curculigo orchioides* Gaertn [J].Phytochem Lett，2014，9：153-157.

[8] 陈昌祥，倪伟，梅文莉 . 仙茅根茎中的配糖体 [J]. 云南植物研究，1999，21（4）：521-524.

[9] Jiao L，Cao D P，Qin L P，et al.Antiosteoporotic activity of phenolic compounds from *Curculigo orchioides* [J]. Phytomedicine，2009，16（9）：874-881.

[10] Wang Z H，Huang J，Ma X C，et al.Phenolic glycosides from *Curculigo orchioides* Gaertn. [J].Fitoterapia，2013，86：64-69.

[11] Chen X L，Deng Z T，Zuo A X，et al.New phenolic glycosides from *Curculigo orchioides* and their xanthine oxidase inhibitory activities [J].Fitoterapia，2017，122：144-149.

[12] Zuo A X，Shen Y，Jiang Z Y，et al.Three new dimeric orcinol glucosides from *Curculigo orchioides* [J].Helv Chim Acta，2010，93（3）：504-510.

[13] Zuo A X，Shen Y，Zhang X M，et al.Four new trace phenolic glycosides from *Curculigo orchioides* [J].J Asian Nat Prod Res，2010，12（1）：43-50.

[14] Garg S N，Misra L N，Agarwal S K.Corchioside A，an orcinol glycoside from *Curculigo orchioides* [J]. Phytochemistry，1989，28（6）：1771-1772.

[15] Gupta M，Achari B，Pal B C.Glucosides from *Curculigo orchioides* [J].Phytochemistry，2005，66（6）：659-663.

[16] 曹大鹏，韩婷，郑毅男，等 . 仙茅的酚苷和木脂素类成分的分离和鉴定 [J]. 第二军医大学学报，2009，30（2）：194-197.

[17] Misra T N，Singh R S，Tripathi D M，et al.Curculigol，a cycloartane triterpene alcohol from *Curculigo orchioides* [J]. Phytochemistry，1990，29（3）：929-931.

[18] Xu J P，Xu R S.New cycloartane sapogenin and its saponins from *Curculigo orchioides* [J].Chin Chem Lett，1991，2（3）：227-230.

[19] Xu J P，Xu R S，Li X Y.Four new cycloartane saponins from *Curculigo orchioides* [J].Planta Med，1992，58（2）：208-210.

[20] Xu J P, Xu R S, Li X Y.Glycosides of a cycloartane sapogenin from *Curculigo orchioides* [J].Phytochemistry, 1991, 31 (1): 233-236.

[21] Xu J P, Xu R S.Cycloartane-type sapogenins and their glycosides from *Curculigo orchioides* [J].Phytochemistry, 1992, 31 (7): 2455-2458.

[22] 李宁，贾爱群，刘玉青，等.仙茅中两个新的环阿尔廷醇型三萜皂苷[J].云南植物研究，2003，25（2）：241-244.

[23] Jiao W, Chen X Z, Wang H B, et al.A new hepatotoxic triterpenoid ketone from *Curculigo orchioides* [J].Fitoterapia, 2013, 84: 1-5.

[24] 李宁，赵友兴，贾爱群，等.仙茅的化学成分研究[J].天然产物研究与开发，2003，15（3）：208-211.

[25] Tiwari R D, Misra G.Structural studies of the constituents of the rhizomes of *Curculigo orchioides* [J].Planta Med, 1976, 29 (3): 291-294.

[26] Yokosuka A, Sato K, Yamori T, et al.Triterpene glycosides from *Curculigo orchioides* and their cytotoxic activity [J].Journal of Natural Products, 2010, 73 (6): 1102-1106.

[27] Misra T N, Singh R S, Tripathi D M.Aliphatic compounds from *Curculigo orchioides* rhizomes [J].Phytochemistry, 1984, 23 (10): 2369-2371.

[28] Misra T N, Singh R S, Upadhyay J, et al.Aliphatic hydroxy ketones from *Curculigo orchioides* rhizomes [J].Phytochemistry, 1984, 23 (8): 1643-1645.

[29] Mehta B K, Sharma S, Porwal M.A new aliphatic compound from *Curculigo orchioides* Gaertn [J].Indian J Chem, 1990, 29B (5): 493-494.

[30] Porwal M, Batra A, Mehta B K.Some new compounds from the rhizome of *Curculigo orchioides* Gaertn [J].Indian J Chem, 1988, 27B (9): 856-857.

[31] Wang X Q, Zhang M L, Zhang D W, et al.An *O*-acetyl-glucomannan from the rhizomes of *Curculigo orchioides*: structural characterization and anti-osteoporosis activity *in vitro* [J].Carbohydrate Polymers, 2017, 174: 48-56.

【药理参考文献】

[1] Jiao W, Chen X, Wang H, et al.A new hepatotoxic triterpenoid ketone from *Curculigo orchioides* [J].Fitoterapia, 2013, 84: 1-5.

[2] Babu G G, Shalima N K, Divya T A, et al.Evaluation of hepatoprotective activity of rhizomes of *Curculigo orchioides* research [J].J Pharm and Tech, 2013, 6 (10): 1127-1130.

[3] Wu X Y, Li J Z, Guo J Z, et al.Ameliorative effects of curculigoside from *Curculigo orchioides* Gaertn on learning and memory in aged rats [J].Molecules, 2012, 17 (12): 10108-10118.

[4] 李若淳，曾明燕，苏艳丽，等.仙茅苷对阿尔茨海默病大鼠行为学及海马神经元凋亡的影响[J].中国临床药理学杂志，2019，35（7）：654-656，670.

[5] Madhavan V, Joshi R, Murali A, et al.Antidiabetic activity of *Curculigo orchioides* root tuber [J].Pharmaceutical Biology, 2007, 45 (1): 18-21.

[6] Rajesh Singh, A.K.Gupta.Antimicrobial and antitumor activity of the fractionated extracts of Kalimusli (*Curculigo orchioides*) [J].International Journal of Green Pharmacy, 2008, 2: 34-36.

[7] Jiao L, Cao D P, Qin L P, et al.Antiosteoporotic activity of phenolic compounds from *Curculigo orchioides* [J].Phytomedicine, 2009, 16 (9): 874-881.

[8] 张乃丹，蒋益萍，薛黎明，等.仙茅酚苷类成分促进成骨细胞骨形成和抑制破骨细胞骨吸收[J].第二军医大学学报，2016，37（5）：562-568.

[9] Hejazi I I, Khanam R, Mehdi S H, et al.Antioxidative and anti-proliferative potential of *Curculigo orchioides*, gaertn in oxidative stress induced cytotoxicity: *in vitro*, *ex vivo* and in silico studies [J].Food & Chemical Toxicology, 2018, 115: 244-259.

[10] Wu Q, Fu D X, Hou A J, et al.Antioxidative phenols and phenolic glycoside from *Curculigo orchioides* [J].Chem Pharm Bull, 2005, 53: 1065-1067.

[11] 吴琼，程小卫，雷光青，等.仙茅苷对自由基的清除作用[J].中国现代应用药学，2007，24（1）：6-9.

［12］Murali V P，Kuttan G .*Curculigo orchioides* Gaertn effectively ameliorates the Uro-and nephrotoxicities induced by cyclophosphamide administration in experimental animals［J］.Integrative Cancer Therapies，2016，15（2）：205-215.
［13］张梅，宋芹 . 仙茅对去势小鼠补肾壮阳作用有效部位研究［J］. 四川中医，2005，23（5）：22.
［14］Kang T H，Hong B N，Jung S Y，et al.*Curculigo orchioides* protects cisplatin-induced cell damage［J］.The American Journal of Chinese Medicine，2013，41（2）：425-441.
［15］Ku S K，Kim J S，Seo Y B，et al.Effect of *Curculigo orchioides* on reflux esophagitis by suppressing proinflammatory cytokines［J］.The American Journal of Chinese Medicine，2012，40（6）：1241-1255.
［16］Pandit P，Singh A，Bafna A R，et al.Evaluation of antiasthmatic activity of *Curculigo orchioides* Gaertn.rhizomes［J］. Indian Journal of Pharmaceutical Sciences，2008，70（4）：440-444.
［17］Vijayanarayana K，Rodrigues R S，Chandrashekhar K S，et al.Evaluation of estrogenic activity of alcoholic extract of rhizomes of *Curculigo orchioides*［J］.Journal of Ethnopharmacology，2007，114（2）：241-245.
［18］Bafna A R，Mishra S H.Immunostimulatory effect of methanol extract of *Curculigo orchioides* on immunosuppressed mice［J］.Journal of Ethnopharmacology，2006，104：1-4.
［19］蔡琨，王晓敏，张波，等 . 仙茅多糖对环磷酰胺所致免疫低下小鼠免疫功能的影响［J］. 中华中医药杂志，2016，31（12）：5030-5034.
［20］周勇，张丽，赵离原，等 . 仙茅多糖对小鼠免疫功能调节作用实验研究［J］. 上海免疫学杂志，1996，16（6）：336-338.
［21］Ganeshpurkar A，Karchuli M S，Ramchandani D，et al.Protective effect of *Curculigo orchioides* extract on cyclophosphamide-induced neurotoxicity in murine model［J］.Toxicology International，2014，21（3）：232-235.
［22］温红娟，祝恩智，阚俊明，等 . 仙茅提取物对局灶性脑缺血损伤大鼠的保护作用［J］. 中华中医药杂志，2018，33（5）：2028-2030.
［23］陈慧，李君耀，李庆林，等 . 仙茅苷对电刺激应激小鼠神经精神活动的影响［J］. 安徽中医药大学学报，2017，36（1）：63-66.
［24］Yokosuka A，Sato K，Yamori T，et al.Triterpene glycosides from *Curculigo orchioides* and their cytotoxic activity［J］. Journal of Natural Products，2010，73（6）：1102-1106.
［25］彭梅，唐健波，肖雄，等 . 提取方法对仙茅多糖提取率及抗肿瘤活性的影响［J］. 中成药，2014，36（9）：1985-1988.
［26］王洁，汪云开，来晏，等 . 仙茅苷对 H_2O_2 氧化损伤心肌细胞的保护作用［J］. 同济大学学报（医学版），2014，35（5）：1-5.
［27］申丰铭，杨三娟，张峥嵘，等 . 仙茅苷对学习无助抑郁模型小鼠海马细胞凋亡的作用及其机制研究［J］. 安徽中医药大学学报，2019，38（6）：38-43.

【临床参考文献】

［1］胡晓华 . 二仙温阳汤治疗慢性前列腺炎合并弱精子症 18 例［C］. 中国中西医结合学会男科专业委员会 . 第十次全国中西医结合男科疾病诊疗新进展学习班论文集，2015：1.
［2］赵娟，田娟娟 . 乳核散结汤治疗乳腺增生 364 例［J］. 中国民间疗法，2011，19（10）：36.
［3］杨晓勇 . 仙茅汤加味治疗男性更年期综合症 48 例［J］. 湖南中医杂志，2002，18（5）：32.

一三七　薯蓣科 Dioscoreaceae

一年生至多年生缠绕草质或木质藤本，稀矮小草本。地下茎发达，形状多样。茎左旋或右旋，有毛或无毛，有的具翅、刺、毛等附属物。叶互生，有时中部以上对生，单叶或掌状复叶，单叶常为心形或卵形、椭圆形，掌状复叶的小叶常为披针形或卵圆形；叶柄扭转，有时基部有关节。花小，单性，雌雄异株，稀两性或同株；花单生、簇生或排列成穗状、总状或圆锥花序；花被片 6 枚，2 轮排列，基部合生或离生；雄蕊 6 枚，有时其中 3 枚退化，花丝着生于花被的基部或花托上；退化子房有或无；雌花具退化雄蕊 3 枚或 6 枚或无；子房下位，3 室，中轴胎座，每室通常有胚珠 2 粒，花柱 3 裂。果实多为具三锐棱的蒴果，少数为蒴果或翅果。种子有翅或无翅。

约 9 属，650 多种，分布于热带及温带。中国 1 属，约 49 种，多分布于西南及东南地区。法定药用植物 1 属，14 种 1 变种。华东地区法定药用植物 1 属，12 种 1 变种。

薯蓣科中国仅薯蓣属 1 属，该属法定药用植物主要含皂苷类成分，此外尚含黄酮类、萜类、二苯乙烷（烯）类、菲类、木脂素类、酚酸类等成分。皂苷类多为甾体皂苷，少数三萜皂苷，如薯蓣皂苷（dioscin）、原薯蓣皂苷（protodioscin）、龙血树苷 G（dracaenoside G）、圆三角叶薯蓣苷 A（orbiculatoside A）、黄山药皂苷 C、E（dioscoreside C、E）、表木栓醇（epifriedelanol）、人参皂苷 Rb_1（ginsenoside Rb_1）、三七皂苷 R_1（notoginsenoside R_1）、木通皂苷 D（akebiasaponin D）等；黄酮类包括黄酮、黄酮醇、二氢黄酮、黄烷、花色素等，如芹菜素（apigenin）、山柰酚 -3-*O*-α-L- 鼠李吡喃糖基 -β-D- 吡喃葡萄糖苷（kaempferol-3-*O*-α-L-rhampyranosyl-β-D-glucopyranoside）、甘草素（liquiritigenin）、儿茶素（catechin）、芍药花色素 -3-*O*-（4″- 芥子酰基龙胆二糖）[peonidin-3-*O*-（4″-sinapolygentiobioside）]、参薯素 A、B（alatanin A、B）等；萜类主要为二萜，如黄药子素 A、B、C、D、E、F、G、H（diosbulbin A、B、C、D、E、F、G、H）、黄独苷 G（diosbulbinoside G）、8- 表黄独素 E 乙酸酯（8-epidiosbulbin E acetate）等；二苯乙烷（烯）类如山药素Ⅲ（batatasin Ⅲ）、百部芪烷 N（stilbostemin N）、二氢赤松素（dihydropinosylvin）、笋兰烯（thunalbene）等；菲类如 2, 7- 二羟基 -3, 4, 6- 三甲氧基菲（2, 7-dihydroxy-3, 4, 6-trimethoxyphenanthrene）、黄药杜鹃利宁（flavanthrinin）、山药菲苷 A、B（dioscopposide A、B）等；木脂素类如胡椒醇（piperitol）、芝麻素酮（sesaminone）等；酚酸类如 3, 4- 二羟基苯甲酸（3, 4-dihydroxybenzoic acid）、异香草酸（isovanillicacid）、原儿茶酸（protocatechuic acid）等。

1. 薯蓣属 *Dioscorea* Linn.

一年生至多年生缠绕藤本。须根细长，质韧，富弹性，皮部易脱落。地下有根茎或块茎。茎具细纵槽。单叶或掌状复叶，互生，有时中部以上对生；叶片多为纸质，少数为肉质、革质，稀膜质；基出脉 3 ～ 9，侧脉网状；有些种的叶腋内有珠芽。花单性，雌雄异株，稀同株；花序腋生；花被片 6 枚；雄花有雄蕊 6 枚，有时其中 3 枚退化；雌花有退化雄蕊 3 枚或 6 枚或无。蒴果三棱形，每棱翅状，成熟后顶端开裂；种子有膜质翅。

约 600 种，主要分布于热带、亚热带及温带地区。中国 49 种，主要分布于东南和西南，法定药用植物 14 种 1 变种。华东地区法定药用植物 12 种 1 变种。

分种检索表

1. 茎右旋。

　2. 块茎表面黑色，断面红色；地上茎木质；叶片革质，长卵形至卵状披针形，主脉 3 条……薯莨 *D. cirrhosa*

2. 块茎表面棕色至褐色，断面白色；地上茎草质；叶片纸质，长三角形至心形，主脉 7 条。
3. 叶片常三浅裂至三中裂，侧裂片耳状……………………………………………………薯蓣 *D. opposita*
3. 叶片不分裂。
4. 茎具明显的 4 条狭翅………………………………………………………………………参薯 *D. alata*
4. 茎无翅。
5. 茎具棱 4 ～ 8 条；茎、叶柄、叶片干后常红褐色………………………褐苞薯蓣 *D. persimilis*
5. 茎、叶非上述情况。
6. 叶片宽披针形、长椭圆状卵形或椭圆状卵形，先端渐尖或尾尖……………………山薯 *D. fordii*
6. 叶片长三角状心形至披针状心形，先端渐尖……………………………………日本薯蓣 *D. japonica*
1. 茎左旋。
7. 地下茎为块茎，直生………………………………………………………………………黄独 *D. bulbifera*
7. 地下茎横走，为根茎。
8. 叶柄基部着生。
9. 茎被细毛或微毛。
10. 叶片不裂……………………………………………………粉背薯蓣 *D. collettii* var. *hypoglauca*
10. 叶片 5 ～ 7 浅裂至中裂……………………………………………………穿龙薯蓣 *D. nipponica*
9. 茎光滑无毛。
11. 叶片不裂，下表面沿叶脉有时密生乳头状小突起……………………………山萆薢 *D. tokoro*
11. 茎下部叶片掌状分裂，下表面无乳头状小突起。
12. 根茎外皮黄褐色；两面沿叶脉疏生白色刺毛…………………………福州薯蓣 *D. futschauensis*
12. 根茎表面枯黄色至黑棕色；两面散生白色柔毛…………………………绵萆薢 *D. spongiosa*
8. 叶柄盾状着生……………………………………………………………………盾叶薯蓣 *D. zingiberensis*

1156. 薯莨（图 1156）• *Dioscorea cirrhosa* Lour.

【别名】红孩儿（浙江、福建）。

【形态】多年生木质藤本。块茎一般生长在表土层，为卵形、球形、长圆形或葫芦状，外皮黑褐色，凹凸不平，断面新鲜时富含红色黏液，干后紫黑色。茎无毛，右旋，有分枝，下部具短刺。单叶，茎中、下部的互生，中部以上的对生，革质或近革质，长卵形至卵状披针形，长 5 ～ 20cm，宽 1 ～ 4cm，先端渐尖，基部钝圆，全缘，两面无毛，上表面深绿色，下表面粉绿色，基出脉 3 ～ 5 条；叶柄长 1.3 ～ 2.3cm。雌雄异株，雄花序为穗状花序，再排列成圆锥花序，圆锥花序长 2 ～ 14cm 或更长；花被片黄绿色；雄蕊 6 枚，稍短于花被片；雌花序为穗状花序，单生于叶腋。蒴果三棱状扁球形，长 1.8 ～ 3.5cm，宽 2.5 ～ 5.5cm。花期 5 ～ 7 月，果期 8 ～ 10 月。

【生境与分布】生于海拔 350 ～ 1500m 的山坡、路旁、河谷边的阔叶林中、灌丛中或林边。分布于江西、福建、浙江，另湖南、广东、广西、贵州、云南、四川、西藏、台湾等地均有分布。越南也有分布。

【药名与部位】薯莨（红孩儿、红药子），块茎。

【采集加工】夏、秋二季采挖，洗净，切片，干燥。

【药材性状】为不规则圆形或长卵形片，直径 1.5 ～ 10cm，厚 0.2 ～ 0.7cm。外皮深褐色或褐棕色，凹凸不平，有点状突起的须根痕。切面暗红色或棕红色，有多数黄色斑点或斑纹。质硬而实，断面多呈颗粒状突起，显暗红与黄色交错的花纹，有的可见亮星。气微，味涩、苦。

图 1156 薯茛 摄影 张芬耀等

【化学成分】块茎含单宁类：原花青素 B-1、B-2、B-5、C-1（procyanidin B-1、B-2、B-5、C-1）、儿茶素-（4α→6）-表儿茶素-（4β→8）-表儿茶素［catechin-（4α→6）-epicmtechin-（4β→8）-epicatechin］、表儿茶素-（4β→6）-表儿茶素-（4β→8）-儿茶素［epicatechin-（4β→6）-epicatechin-（4β→8）-catechin］、表儿茶素-（4β→8）-儿茶素-（4α→8）-表儿茶素［epicatechin-（4β→8）-catechin-（4α→8）-epicatechin］、表儿茶素-（4β→8）-儿茶素-（4α→8）-儿茶素［epicatechin-（4β→8）-catechin-（4α→8）-catechin］和儿茶素-（4α→6）-表儿茶素-（4β→8）-表儿茶素-（4β→8）-表儿茶素［catechin-（4α→6）-epicatechin-（4β→8）-epicatechin-（4β→8）-epicatechin］[1]；脂肪酸类：亚油酸（linolic acid）和棕榈酸（palmitic acid）[2]；酚类：间甲基苯酚（*m*-cresol）和邻甲基苯酚（*o*-cresylic acid）[2]等。

【药理作用】1. 止血 块茎的乙醇提取物能有效缩短小鼠的出血时间和凝血时间，并可提高血小板数量[1]。2. 抗菌 从块茎提取的色素不同程度抑制大肠杆菌、桉树青菇菌、巴氏杆菌、蜡状芽孢杆菌、芽孢杆菌、沙门菌的生长[2]；块茎的鞣质粗提物可抑制大肠杆菌 TG1、黄曲霉及木霉的生长[3]；块茎的乙醇提取物可抑制大肠杆菌、蜡状芽孢杆菌、枯草杆菌、金黄色葡萄球菌、放线菌、白曲霉菌的生长[4]。3. 抗氧化 乙醇提取物可提高猪油抗氧化的作用[4]；块茎的鞣质粗提物具有清除 1，1-二苯基-2-三硝基苯肼（DPPH）自由基的作用[5]。4. 降血压 块茎醇提取物的正丁醇部位化合物能降低正常 SD 肥胖大鼠舒张压、收缩压和平均压[6]。5. 提高平滑肌收缩 块茎的水提取物可增加小鼠子宫平滑肌的最大收缩强度和平均收缩强度，高剂量使子宫活动力增加[7]。

【性味与归经】微苦、涩，微寒。

【功能与主治】止血，活血，养血。用于崩漏，产后出血，咯血，尿血，上消化道出血，贫血。

【用法与用量】9 ～ 15g。

【药用标准】药典 1977、上海药材 1994、湖南药材 2009、贵州药材 2003、湖北药材 2009、云南药材 2005 七册、四川药材 2010 和云南药品 1996。

【临床参考】1. 功能性子宫出血：块茎 9 ～ 12g，兼流血过多者加十全大补汤去川芎（党参、当归、白术、茯苓、白芍、生地、甘草、黄芪、肉桂）；兼阴虚发热者加地骨皮、青蒿、枸杞各 9g。水煎服，每日 1 剂[1]。

2. 应激性溃疡：块茎 250g，加水 1500ml，浸泡 30min，以文火煎熬至凝胶状，约 160ml，1 次口服 20ml，每日 3 次，昏迷病人鼻饲[2]。

3. 跌打损伤：块茎 9g，加茜草 15g，朱砂根、丹参各 9g，紫金牛 6g，水煎服。

4. 月经不调：块茎 9g，加大血藤、雪见草、紫金牛、海金沙各 9g，水煎服。

5. 外伤出血：块茎，研细粉，撒敷伤处并包扎。

6. 细菌性痢疾、消化不良：块茎 15 ～ 30g，水煎服。（3 方至 6 方引自《浙江药用植物志》）

【附注】以薯良之名载于《药性考》。据《植物名实图考》载："薯莨产闽广诸山。蔓生开花，叶形尖长如夹竹桃，节节有小刺。根如山药有毛，形如芋子，大小不一，外皮紫黑色，内肉红黄色。节节向下生，每年生一节，野生。土人采取其根，煮汁染网罾，入水不濡。留根在山，生生不息。"所绘之图十分清晰，即为本种。但在我国历代本草著作中早有此植物的记载，原名为"赭魁"。"赭魁"之名《名医别录》最早收录，《新修本草》、《梦溪笔谈》以及《本草纲目》中所记载的赭魁具有煮汁染罾、染皮、制靴的用途，这和本种的特征也完全相符。

本种块茎加工的药材孕妇慎服。

【化学参考文献】

[1] Hsu F L, Nonaka G, Nishioka I. Tannins and related compounds. XXXⅢ. isolation and characterization of procyanidins in *Dioscorea cirrhosa* Lour. [J]. Chem Pharm Bull, 1985, 33 (8): 3293-3298.

[2] 李晓菲，宋文东，纪丽丽，等. 薯莨块茎脂肪酸和挥发油成分的 GC-MS 分析 [J]. 中国实验方剂学杂志，2012，18（4）：129-131.

【药理参考文献】

[1] 安静波，郭健，宋文东，等. 薯莨提取物止血效果及化学成分的初步研究 [J]. 食品工业科技，2013，34（12）：344-346，352.

[2] 彭建飞，范润珍，李晓菲. 薯莨色素的提取工艺及基本成分和抗菌活性研究 [J]. 食品与药品，2014，16（2）：106-109.

[3] 邓先扩，陈明，许义红，等. 薯莨鞣质粗提物体外抗霉菌作用及对人肿瘤细胞生长的影响 [J]. 中国医药指南，2016，14（29）：22-23.

[4] 黎碧娜，何鸣. 从野生植物薯莨中提取抗氧化成分的研究 [J]. 现代化工，199，6（6）：26-28.

[5] 岳峰，王庆蓉，张蕾蕾，等. 薯莨鞣质的提取、鉴别及对自由基的清除作用 [J]. 中医药临床杂志，2013，25（7）：578-580.

[6] 夏承来，钟超. 薯莨醇提成分对大鼠血压的影响 [J]. 南方医科大学学报，2010，30（1）：160-162.

[7] 丁乐，刘明轩，彭绵林，等. 薯莨水提液对小鼠子宫平滑肌收缩的影响 [J]. 赣南医学院学报，2012，32（6）：815-816.

【临床参考文献】

[1] 胡安黎，沈向才. 薯莨治疗功能性子宫出血 67 例 [J]. 湖北中医杂志，1987，（2）：3.

[2] 吴国正. 薯莨治疗应激性溃疡 58 例临床报告 [J]. 中国中西医结合外科杂志，2000，6（3）：35-36.

1157. 薯蓣（图 1157）• *Dioscorea opposita* Thunb.（*Dioscorea polystachya* Turcz.；*Dioscorea batatas* Decne.；*Dioscorea doryphora* Hance）

图 1157 薯蓣 摄影 郭增喜等

【别名】山药（浙江、安徽、山东），怀山药（浙江），野山豆（江苏唯宁），竹稿薯（江西井冈山、遂川、分宜），怀山（江西永新），恒春薯蓣。

【形态】多年生缠绕草质藤本。块茎长圆柱形，垂直生长，表面灰黄色至灰棕色，断面乳白色，富黏液。茎通常带紫红色，右旋，无毛。单叶，在茎下部的互生，中部以上的对生，很少3叶轮生；叶片纸质，变异大，卵状三角形至宽卵形或戟形，长3～16cm，宽2～14cm，先端渐尖，基部心形，边缘常三浅裂至中裂，中裂片卵状椭圆形至披针形，侧裂片耳状；幼苗时一般叶片为卵状心形，两面无毛，基出脉7条。叶腋内常有珠芽。花单性，雌雄异株；花被淡黄色；雄花序穗状，近直立，2～8个簇生于叶腋；花序轴明显地呈“之”字状曲折；苞片和花被片有紫褐色斑点；雄蕊6枚；雌花序穗状，1～3个着生于叶腋。蒴果不反折，三棱状球形，长1.2～2cm，宽1.5～3cm，外面有白粉。花期6～9月，果期7～11月。

【生境与分布】生于山坡、山谷林下，溪边、路旁的灌丛中或杂草中；或为栽培。分布于浙江、江苏、江西、福建、山东、安徽，另黑龙江、辽宁、吉林、河北、湖北、河南、贵州、四川、甘肃、陕西、广西、湖南、台湾等地均有分布；日本、朝鲜也有分布。

【药名与部位】山药，块茎。

【采集加工】冬季茎叶枯萎时采挖，切去根头，洗净，除去外皮，干燥，习称“毛山药”；或除去外皮，趁鲜切厚片，干燥，称为“山药片”；或选“毛山药”之肥大顺直者，置清水中浸至内无干心，闷透，切齐两端，在木板上搓成圆柱状，干燥，打光，习称“光山药”。

【药材性状】毛山药 略呈圆柱形，弯曲而稍扁，长 15 ～ 30cm，直径 1.5 ～ 6cm。表面黄白色或淡黄色，有纵沟、纵皱纹及须根痕，偶有浅棕色外皮残留。体重，质坚实，不易折断，断面白色，粉性。气微，味淡、微酸，嚼之发黏。

山药片 为不规则的厚片，皱缩不平，切面白色或黄白色，质坚脆，粉性。气微，味淡、微酸。

光山药 呈圆柱形，两端平齐，长 9 ～ 18cm，直径 1.5 ～ 3cm。表面光滑，白色或黄白色。

【药材炮制】山药：取毛山药或光山药除去杂质，分开大小个，泡润至透，切厚片，干燥。山药片：取山药片，除去杂质。麸炒山药：取麸皮，置热锅中翻炒，待其冒烟后，投入山药，炒至表面黄色时，取出，筛去麸皮，摊凉。麸山药：取蜜炙麸皮，置热锅中，翻动，待其冒烟，投入山药，迅速翻炒至表面黄色时，取出，筛去麸皮，摊凉。

【化学成分】根茎含芪类：3, 5- 二羟基 -4- 甲氧基二苯乙烷（3, 5-dihydroxy-4-methoxybibenzyl）、2′, 3, 5- 三羟基二苯乙烷（2′, 3, 5-trihydroxybibenzyl）、2′, 4- 二羟基 -3, 5- 二甲氧基二苯乙烷（2′, 4-dihydroxy-3, 5-dimethoxybibenzyl）、3, 4- 二甲氧基 -2′- 羟基二苯乙烷（3, 4-dimethoxy-2′-hydroxybibenzyl）、3, 4- 二甲氧基 -2′- 羟基二苯乙烷（3, 4-dimethoxy-2′-hydroxybibenzyl）[1]，山药素Ⅲ、Ⅳ（batatasin Ⅲ、Ⅳ）、球茎石豆兰素（tristin）、3, 3′, 5- 三羟基 -2′- 甲氧基二苯乙烷（3, 3′, 5-trihydroxy-2′-methoxybibenzyl）[1,2]，3, 5- 二甲氧基 -2′- 羟基二苯乙烷（3, 5-dimethoxy-2′-hydroxybibenzyl）、3, 5- 二甲氧基二苯乙烷（3, 5-dimethoxybibenzyl）、3, 4- 二甲氧基 -2′, 5- 二羟基二苯乙烷（3, 4-dimethoxy-2′, 5-dihydroxybibenzyl）和山药素Ⅴ（batatasin Ⅴ）[2]；氧杂革类：10, 11- 二氢二苯并［b, f］氧杂革 -2, 4- 二醇 {10, 11-dihydrodibenz［b, f］oxepin-2, 4-diol}、10, 11- 二氢 -4- 甲氧基 - 二苯并［b, f］氧杂革 -2- 醇 {10, 11-dihydro-4-methoxy-dibenz［b, f］oxepin-2-ol}[1]，9, 10- 二氢 - 二苯并氧杂革 -2, 4- 二醇（9, 10-dihydro-dibenzoxepin-2, 4-diol）和 9, 10- 二氢 -4- 甲氧基 - 二苯并氧杂革 -2- 醇（9, 10-dihydro-4-methoxy-dibenzoxepin-2-ol）[2]；二芳基庚烷类：（3*R*, 5*R*）-3, 5- 二羟基 -1, 7- 双（4- 羟基苯基）-3, 5- 庚二醇［（3*R*, 5*R*）-3, 5-dihydroxy-1, 7-bis（4-hydroxyphenyl）-3, 5-heptanediol］、（3*R*, 5*R*）-1, 7- 双（4- 羟基 -3- 甲氧基苯基）-3, 5- 庚二醇［（3*R*, 5*R*）-1, 7-bis（4-hydroxy-3-methoxyphenyl）-3, 5-heptanediol］、（1*E*, 4*E*, 6*E*）-1, 7- 双（4- 羟基苯基）-1, 4, 6- 庚三烯 -3- 酮［（1*E*, 4*E*, 6*E*）-1, 7-bis（4-hydroxyphenyl）-1, 4, 6-heptatrien-3-one］、（4*E*, 6*E*）-1, 7- 双（4- 羟基苯基）-4, 6- 庚二烯 -3- 酮［（4*E*, 6*E*）-1, 7-bis（4-hydroxyphenyl）-4, 6-heptadien-3-one］和（4*E*, 6*E*）-7-（4- 羟基 -3- 甲氧基苯基）-1-（4- 羟基苯基）-4, 6- 庚二烯 -3- 酮［（4*E*, 6*E*）-7-（4-hydroxy-3-methoxyphenyl）-1-（4-hydroxyphenyl）-4, 6-heptadien-3-one］[1,2]；苯丙素类：*p*- 羟基苯乙基 -*p*- 香豆酸酯（*p*-hydroxyphenylethyl-*p*-coumarate）和 *p*- 羟基苯乙基 - 反式 - 阿魏酸酯（*p*-hydroxyphenethyl-*trans*-ferulate）[2]；菲类：9, 10- 二氢 -7- 甲氧基 -2, 5- 菲二醇（9, 10-dihydro-7-methoxy-2, 5-phenanthrenediol）[1]，蜥蜴兰醇（hircinol）、3, 5- 二甲氧基 -2, 7- 菲二醇（3, 5-dimethoxy-2, 7-phenanthrenediol）[1,2]，山药素Ⅰ（batatasin Ⅰ）、2, 5- 二羟基 -7- 甲氧基 -9, 10- 二氢菲（2, 5-dihydroxy-7-methoxy-9, 10-dihydrophenanthrene）[2]，3, 4, 6- 三羟基菲 -3-*O*-β-D- 吡喃葡萄糖苷（3, 4, 6-trihydroxyphenanthrene-3-*O*-β-D-glucopyranoside）[3] 和山药菲苷 *A、B（dioscopposide A、B）[4]；黄酮类：芹菜素（apigenin）[1]；甾体类：β- 谷甾醇（β-sitosterol）[3,5]，β- 胡萝卜苷（β-daucosterol）、β- 谷甾醇乙酸酯（β-sitosterol acetate）[5]，7- 酮基 -β- 谷甾醇（7-oxo-β-sitosterol）[6] 和（25*R*）-26-*O*-β-D- 吡喃葡萄糖基呋甾烷 -5- 烯 -3β, 22ξ- 二醇 -3-*O*-β-D- 吡喃葡萄糖基（1 → 3）-β-D- 吡喃葡萄糖基（1 → 4）-［α-L- 吡喃鼠李糖基（1 → 2）］-β-D- 吡喃葡萄糖苷 {（25*R*）-26-*O*-β-D-glucopyranosyl furostan-5-en-3β, 22ξ-diol-3-*O*-β-D-glucopyranosyl（1 → 3）-β-D-glucopyranosyl（1 → 4）-［α-L-rhamnopyranosyl（1 → 2）］-β-D-glucopyranoside}[7]；脂肪酸类：棕榈酸（palmitic acid）[3,5]，油酸（oleic acid）和壬

二酸（nonanedioic acid）[5]；环二肽类：环（苯丙氨酸 - 酪氨酸）［cyclo-（Phe-Tyr）］和环（酪氨酸 - 酪氨酸）［cyclo-（Tyr-Tyr）］[5]；核苷类：腺苷（adenosine）[3,6]和尿嘧啶（uracil）[6]；胆碱类：棕榈酰磷脂酰胆碱（palmitoyl oleoylphosphatidyl choline）[3]，脑苷脂类：大豆脑苷 I（soyacerebroside I）[3]；呋喃类：5- 羟甲基 -2- 糠醛［5-（hydroxymethyl）furfural］[5]；多元羧酸酯类：6- 甲基柠檬酸甲酯（6-methylcitrate）、柠檬酸 -1, 5- 二甲基酯（1, 5-dimethylcitrate）和柠檬酸三甲基酯（trimethylcitrate）[5]；蛋白质类：薯蓣科林*（dioscorin）[8]；蒽醌类：6- 羟基 -2, 7- 二甲氧基 -1, 4- 羟基蒽醌（6-hydroxy-2, 7-dimethoxy-1, 4-henanthraquinone）[9]。

珠芽含酚类类：山药素 I（batatasin Ⅰ）[10, 11]，山药素Ⅱ、Ⅲ（batatasin Ⅱ、Ⅲ）[11]和山药素Ⅳ、Ⅴ（batatasin Ⅳ、Ⅴ）[12]。

地上部分含黄酮类：金圣草素 -4′-*O*-β-D- 吡喃葡萄糖苷（chrysoeriol-4′-*O*-β-D-glucopyranoside）、金圣草素 -7-*O*-β-D- 吡喃葡萄糖苷（chrysoeriol-7-*O*-β-D-glucopyranoside）和空心莲子草素（alternanthin）[13]；菲类：6, 7- 二羟基 -2- 甲氧基 -1, 4- 菲二酮（6, 7-dihydroxy-2-methoxy-1, 4-phenanthrenedione）[13]；三萜类：环桉烯醇（cycloeucalenol）、9, 19- 环木菠萝 -25- 烯 -（3β, 24*R*）- 二醇［9, 19-cyclolart-25-en-（3β, 24*R*）-diol］和表木栓醇（epifriedelanol）[14]；甾体类：（24*S*）-24- 乙基胆甾 -3β, 5α, 6β- 三醇［（24*S*）-24-ethylcholsta-3β, 5α, 6β-triol］、豆甾 -4- 烯 -3α, 6β- 二醇（stigmast-4-en-3α, 6β-diol）、（22*E*）-5α, 8α- 表二氧麦角甾 -6, 22- 二烯 -3β- 醇［（22*E*）-5α, 8α-epidioxyergosta-6, 22-dien-3β-ol］、（3β, 7α）-7- 甲氧基豆甾 -5- 烯 -3- 醇［（3β, 7α）-7-methoxystigmast-5-en-3-ol］和 β- 谷甾醇（β-sitosterol）[14]；脂肪酸类：棕榈酸酸（palmitic acid）、二十四烷酸（tetracosanoic acid）和 1- 正十六烷酸甘油酯（1-monoglyceride hexadecanoate）[14]。

【药理作用】1. 免疫调节 从根茎分离得到的多糖可明显提高环磷酰胺所致免疫功能低下小鼠的腹腔巨噬细胞吞噬百分率和吞噬指数，促进其溶血素和溶血空斑的形成以及淋巴细胞转化，并明显提高外周血 T 淋巴细胞比例[1]；从根茎分离得到的多糖可增强鸡的胸腺、脾脏和法氏囊发育的作用，通过对这些免疫器官的影响来提高机体特异性体液免疫[2]。2. 抗氧化 从根茎分离得到的多糖能明显提高衰老模型小鼠血红细胞中超氧化物歧化酶（SOD）及血中过氧化氢酶（CAT）含量，提高机体抗氧化作用，抑制脂褐等的形成，使衰老模型小鼠血、脑匀浆和肝匀浆中的过氧化脂质（LPO）含量明显降低，从而表现出具有良好的抗衰老作用[3]；从根茎分离得到的多糖可明显拮抗 D- 半乳糖所致衰老小鼠免疫器官组织的萎缩，使皮质厚度增加，皮质细胞数和淋巴细胞数增多，以大剂量怀山药多糖作用为优[4]；从根茎分离得到的多糖硫酸酯化后抗氧化作用高于多糖[5]；从根茎分离得到的山药储藏蛋白薯蓣科林*（dioscorin）可减弱 G_2/M 细胞周期阻滞时过氧化氢（H_2O_2）的转化，可能与 IκB 的激活和核转因子录（NF-κB）的失活有关，抑制了白细胞介素 -8（IL-8）的分泌和减少了过氧化氢的致损 A549 细胞黏附因子的表达[6]；从根茎分离得到的黏多糖可促进小鼠腹腔巨噬细胞氧化反应及细胞因子的产生[7]。3. 降血糖 从根茎水提醇沉物分离得到的多糖可明显降低糖尿病大鼠的血糖，同时升高 C 肽含量，可能与增加胰岛素分泌、改善受损的胰岛 B 细胞功能有关[8]；从根茎分离得到的多糖具有较好调节糖脂的作用，其作用机制可能与改善胰岛素敏感性及抗氧化作用有关[9]；根茎水提取物在细胞和动物模型上对 2 型糖尿病有治疗作用[10]。4. 抗炎 从根茎分离得到的 6- 羟基 -2, 7- 二甲氧基 -1, 4- 羟基蒽醌（6-hydroxy-2, 7-dimethoxy-1, 4-henanthraquinone）具抗炎作用，可抑制小鼠骨髓肥大细胞前列腺素 D2 和白三烯 C4 的生成[11]；根茎正己烷提取物具抗炎作用，可能与抑制 toll 样受体介导的信号转导有关[12]。5. 调节心脑血管 从根茎分离得到的多糖可有效减少缺血再灌注损伤大鼠脑梗死面积，其作用机制与抑制神经元凋亡，改善脑组织抗氧化能力及抑制炎性细胞因子过度表达有关[13]；从新鲜根茎中分离得到的（25*R*）-26-*O*-β-D- 吡喃葡萄糖基呋甾烷 -5- 烯 -3β, 22ξ– 二醇 -3-*O*-β-D- 吡喃葡萄糖基（1 → 3）-β-D- 吡喃葡萄糖基（1 → 4）-［α-L- 吡喃鼠李糖基（1 → 2）］-β-D- 吡喃葡萄糖苷｛（25*R*）-26-*O*-β-D-glucopyranosyl furostan-5-en-3β, 22ξ–diol-3-*O*-β-D-glucopyranosyl（1 → 3）-β-D-glucopyranosyl（1 → 4）-［α-L-rhamnopyranosyl（1 → 2）］-β-D-gluc opyranoside} 对大鼠离体缺血再灌注损伤的心脏具有显著的保护和修复作用[14]；从根茎分离得到的山药多糖对四氧嘧啶诱导的糖尿病肾病（DN）小鼠肾功能有一定的保护作用，其机制可能与抑制高糖激活的 AR/P38MAPK/CREB 信号通路有关[15]；中剂量和高剂量山药多糖对环磷酰胺所致小鼠肝脾损伤具有良好的保护作用[16]；从根茎分离得到的山药糖蛋白对葡萄糖 / 葡萄糖氧化酶诱导的小鼠胸腺细胞死亡有保护作用[17]。

【性味与归经】甘，平。归脾、肺、肾经。

【功能与主治】补脾养胃，生津益肺，补肾涩精。用于脾虚食少，久泻不止，肺虚喘咳，肾虚遗精，带下，尿频，虚热消渴。

【用法与用量】15 ～ 30g。

【药用标准】药典 1963—2015、浙江炮规 2005、新疆药品 1980 二册和台湾 2013。

【临床参考】1. 咳嗽：块茎 12g，加麦冬、地骨皮、紫菀、焦山楂、焦六神曲各 11g，天花粉 16g，玉竹、焦麦芽各 9g，白扁豆、桑叶、生甘草各 8g，水煎服，每日 3 次，每日 1 剂[1]；或块茎 40g，加玄参、天冬、南沙参、北沙参各 15g，炒牛蒡子、桑叶、化橘红、前胡各 12g，北豆根 10g，炒枳壳 8g，荆芥、锦灯笼各 6g，薄荷 4g，300ml 水煎，每日早、中、晚 3 次分服[2]。

2. 轮状病毒肠炎：6 个月至 1 岁，每日用块茎 5g，加薏苡仁 10g、粳米 25g，母乳或奶粉每日 2 ～ 3 次，不足者予药膳服用；1 ～ 3 岁，每日用块茎 10g，加薏苡仁 20g、粳米 50 ～ 100g，所需水量以苹果煮水代之[3]。

3. 妇人白带：块茎（炒）30g，加白术（土炒）30g，党参 6g，白芍 15g，车前子、苍术各 10g，甘草 3g，陈皮、炒荆芥各 3g，柴胡 3g，水煎服，每日 2 ～ 3 次，每日 1 剂[4]。

4. 慢性衰弱疾病：根茎 600g，加当归、桂枝、神曲、生地、扁豆各 200g，炙甘草 560g，异种参（或新开河参）、阿胶各 140g，川芎、白芍、白术、麦冬、杏仁、防风各 120g，柴胡、桔梗、茯苓各 100g，干姜 60g，白蔹 40g，共为细末，大枣 200 枚去核为膏，炼蜜和丸，制成 300 丸。1 次 1 丸，空腹温水送下，每日服 3 ～ 4 次，并饮黄酒 1 茶匙以助药力（忌酒者勿强饮）。慢性肾炎：加黄芪 400g，蝉蜕 300g；顽固性荨麻疹：加僵蚕、蝉蜕各 200g；肺结核：加百部 400g，黄芩 200g；心功能减退：加丹参 400g，五味子 200g；慢性结肠炎：加蚕沙、芡实各 300g；慢性肝炎：加醋鳖甲、丹参各 300g；慢性胃炎：加半夏、黄芩各 200g；白细胞减少症、恶性肿瘤化疗后加黄芪、黄精各 400g[5]。

5. 脾虚腹胀、食少便溏：根茎 15g，加苍术 9g，薏苡仁 12g，水煎服。

6. 慢性肾炎：根茎 30g，加白术、黄芪、党参、泽泻各 15g，车前子 12g，水煎服。

7. 糖尿病：根茎 15g，加天花粉、沙参各 15g，知母、五味子各 9g，水煎服。

8. 皮肤湿疹、丹毒：根茎 90 ～ 125g，煎汤熏洗；或鲜茎适量，捣烂外敷。（5 方至 8 方引自《浙江药用植物志》）

【附注】薯蓣始载于《神农本草经》，列为上品。因唐代宗名李豫，故避讳改为薯药，后又因避宋英宗赵曙讳，遂改为山药。宋代《本草图经》记载颇详，云："今处处有之，以北都、四明者为佳。春生苗，蔓延篱援，茎紫、叶青，有三尖角，似牵牛更厚而光泽，夏开细白花，大类枣花，秋生实于叶间，状如铃，二月、八月采根。"《本草纲目》云："薯蓣入药，野生者为胜；若供馔，则家种者为良。四月生苗延蔓，紫茎绿叶，叶有三尖，似白牵牛叶而更光润。五六月开花成穗，淡红色。结荚成簇，荚凡三棱合成，坚而无仁。其子别结于一旁，状似雷丸，大小不一，皮色土黄而肉白，煮食甘滑，与其根同。所述特征，与本种一致。

本种鲜根茎治脚气有效，章炳麟曰："薯蓣一味，开血痹特有神效，血痹虚劳方中风气诸不足，用薯蓣丸。今云南人患脚气者，以生薯蓣切片，散布胫上，以布缠之，约一时许，胫上热痒即愈。"

本种的藤及珠芽（零余子）民间也作药用。

药材山药湿盛中满或有实邪、积滞者禁服。

【化学参考文献】

［1］Yang M H，Yoon K D，Chin Y W，et al. Phenolic compounds with radical scavenging and cyclooxygenase-2（COX-2）inhibitory activities from *Dioscorea opposite*［J］. Bioorg Med Chem，2009，17（7）：2689-2694.
［2］Yang M H，Chin Y W，Yoon K D，et al. Phenolic compounds with pancreatic lipase inhibitory activity from Korean yam（*Dioscorea opposita*）［J］. Journal of Enzyme Inhibition and Medicinal Chemistry，2014，29（1）：1-6.
［3］Sautour M，Mitaine-Offer A C，Miyamoto T，et al. A new phenanthrene glycoside and other constituents from *Dioscorea opposita*［J］. Chem Pharm Bull，2004，52（10）：1235-1237.
［4］Zheng K Y Z，Zhang Z X，Zhou W L，et al. New phenanthrene glycosides from *Dioscorea opposita*［J］. J Asian Nat Prod Res，2014，16（2）：148-152.
［5］白冰，李明静，王勇，等. 怀山药化学成分研究［J］. 中国中药杂志，2008，33（11）：1272-1274.
［6］白冰，刘绣华，王勇，等. 怀山药化学成分研究（Ⅱ）［J］. 化学研究，2008，19（3）：67-69.
［7］胡长鹰，于文喜. 山药皂苷及其对离体心脏缺血再灌注损伤的保护作用［J］. 食品工业科技，2011，32（2）：309-312.
［8］Hsu J Y，Chu J J，Chou M C，et al. Dioscorin pre-treatment protects A549 human airway epithelial cells from hydrogen peroxide-induced oxidative stress［J］. Inflammation，2013，36（5）：1013-1019.
［9］Jin M H，Lu Y，Yang J H，et al. Anti-inflammatory activity of 6-hydroxy-2，7-dimethoxy-1，4-henanthraquinone from tuberous roots of yam（*Dioscorea batatas*）through inhibition of prostaglandin D2 and leukotriene C4 production in mouse bone marrow-derived mast cells［J］. Archives of Pharmacal Research，2011，34（9）：1495-1501.
［10］El-Olemy M M，Reisch J. Natural product chemistry. Part 67. isolation of batatasin I from nondormant bulbils of *Dioscorea opposita*. an improved method for isolation of batatasin I［J］. Planta Med，1979，37（1）：67-69.
［11］Hashimoto T，Hasegawa K，Kawarada A. Batatasins：new dormancy-inducing substances of yam bulbils［J］. Planta，1972，108（4）：369-374.
［12］Hashimoto T，Tajima M. Structures and synthesis of the growth inhibitors batatasins Ⅳ、Ⅴ，and their physiological activities［J］. Phytochemistry，1978，17（7）：1179-1184.
［13］Ma C，Wang W，Chen Y Y，et al. Neuroprotective and antioxidant activity of compounds from the aerial parts of *Dioscorea opposita*［J］. J Nat Prod，2005，68（8）：1259-1261.
［14］刘军伟，吕洁丽，张来宾. 山药地上部分石油醚部位的化学成分研究［J］. 新乡医学院学报，2016，33（6）：457-461，465.

【药理参考文献】

［1］苗明三. 怀山药多糖对小鼠免疫功能的增强作用［J］. 中药药理与临床，1997，13（3）：25-26.
［2］张红英，崔保安，邱妍，等. 怀山药多糖对鸡免疫功能的影响［J］. 中兽医医药杂志，2007，（1）：11-12.
［3］苗明三. 怀山药多糖抗氧化作用研究［J］. 中国医药学报，1997，12（2）：22-23.
［4］蒋艳玲. 怀山药多糖对衰老小鼠免疫器官组织的影响［J］. 河南中医药学刊，2002，17（6）：18-19.
［5］许春平，孙懿岩，白家峰，等. 怀山药多糖的提取、硫酸酯化修饰及抗氧化活性研究［J］. 河南工业大学学报（自然科学版），2019，40（3）：50-55.
［6］Hsu J Y，Chu J J，Chou M C，et al. Dioscorin pre-treatment protects A549 human airway epithelial cells from hydrogen peroxide-induced oxidative stress［J］. Inflammation，2013，36（5）：1013-1019.
［7］Choi E M，Hwang J K. Enhancement of oxidative response and cytokine production by yam mucopolysaccharide in murine peritoneal macrophage［J］. Fitoterapia，2002，73（7-8）：629-637.
［8］张忠泉，陈百泉，许启泰. 山药多糖对大鼠血糖及胰岛释放影响的研究［J］. 上海中医药杂志，2003，37（10）：52-53.
［9］李晓冰，裴兰英，陈玉龙，等. 山药多糖对链脲菌素糖尿病大鼠糖脂代谢及氧化应激的影响［J］. 中国老年学，2014，34（2）：420-422.
［10］Yeo J Y，Kang Y M，Cho S I，et al. Effects of a multi-herbal extract on type 2 diabetes［J］. Chinese Medicine，2011，6（1）：1-10.
［11］Jin M H，Lu Y，Yang J H，et al. Anti-inflammatory activity of 6-hydroxy-2，7-dimethoxy-1，4-henanthraquinone from

tuberous roots of yam (*Dioscorea batatas*) through inhibition of prostaglandin D_2 and leukotriene C_4 production in mouse bone marrow-derived mast cells [J]. Archives of Pharmacal Research, 2011, 34 (9): 1495-1501.

[12] Koo H J, Lee S, Chang K J, et al. Hepatic anti-inflammatory effect of hexane extracts of *Dioscorea batatas* Decne: Possible suppression of toll-like receptor 4-mediated signaling [J]. Biomedicine & Pharmacotherapy, 2017, 92: 157-167.

[13] 彭啸宇，石峥，梁晨，等. 山药多糖对大鼠脑缺血再灌注损伤的保护作用 [J]. 中药药理与临床，2019，35（2）：60-63.

[14] 胡长鹰，于文喜. 山药皂苷及其对离体心脏缺血再灌注损伤的保护作用 [J]. 食品工业科技，2011，32（2）：309-312.

[15] 高子涵，李瑞芳，吕行直，等. 山药多糖对糖尿病肾病小鼠肾功能和醛糖还原酶通路的影响 [J]. 中药材，2019，42（3）：643-646.

[16] 宋俊杰，范军朝，王莹，等. 山药多糖对环磷酰胺致小鼠脾脏损伤的保护作用 [J]. 亚太传统医药，2019，15（2）：15-17.

[17] Oh P S, Lim K T. Protective activity of 30kDa phytoglycoprotein from glucose/glucose oxidase-induced cell death in primary cultured mouse thymocytes [J]. Environmental Toxicology & Pharmacology, 2008, 25 (1): 114-120.

【临床参考文献】

[1] 张海燕. 山药和麦冬的配伍机制及其临床运用 [J]. 中西医结合心血管病电子杂志，2016，4（9）：103-104.

[2] 田耀军. 施今墨对药临床应用举隅 [J]. 名医，2018，（2）：109.

[3] 刘云，缪春节，陆世新，等. 山药苡仁粳米粥治疗轮状病毒肠炎临床观察 [J]. 实用中医药杂志，2016，32（12）：1161-1162.

[4] 陈锐. 完带汤临床新用 [J]. 中国社区医师，2012，28（38）：13.

[5] 涂钟馨. 薯蓣丸的临床应用 [J]. 国医论坛，1994，（1）：19-20.

1158. 参薯（图 1158）• *Dioscorea alata* Linn.

【别名】大薯（浙江）。

【形态】多年生缠绕草质藤本。野生的块茎多数为长圆柱形，而栽培的随品种而异。茎右旋，无毛，具4条狭翅，无毛。单叶，茎下部者互生，中部及以上者对生；叶片绿色或带紫红色，纸质，卵形至卵圆形，长6～20cm，宽4～13cm，先端短渐尖、尾尖或凸尖，基部心形、深心形至箭形，有时为戟形，两耳钝，两面无毛；叶柄绿色或带紫红色，长4～15cm。叶腋内有大小不等的珠芽，球形、卵形或倒卵形。雌雄异株；雄花组成穗状花序，2至数个簇生或排成圆锥花序；雌花序为穗状花序，1～3个着生于叶腋。蒴果不反折，三棱状扁圆形，有时为三棱状倒心形，长1.5～2.5cm，宽2.5～4.5cm。花期11至翌年1月，果期12至翌年1月。

【生境与分布】长江以南各地常有栽培。东南亚、大洋洲、非洲、北美洲亦有栽培。

【药名与部位】温山药（山药、参薯），根茎。

【采集加工】冬季茎叶枯萎时采挖，切去根头，洗净，除去外皮，干燥，习称“毛山药”；或趁鲜切厚片，干燥。或选“毛山药”之肥大顺直者，置清水中浸至内无干心，闷透，切齐两端，在木板上搓成圆柱状，干燥，打光，习称“光山药”。

【药材性状】毛山药　呈类圆柱形，弯曲或稍扁，长15～30cm，直径1.5～6cm。表面黄白色或淡黄色，有纵皱纹、纵沟及须根痕，偶有棕色外皮残留。体重，质坚实，不易折断，断面白色或类白色，粉性，致密或具蠕虫状裂隙，有的散布有淡棕色的筋脉点。气微，味淡、微酸，嚼之粘牙。

光山药　呈圆柱形，两端平齐。表面平滑，白色或类白色。

图 1158　参薯　　摄影　李华东等

【药材炮制】温山药：大小分档，水浸 1 ～ 2 天，洗净，切厚片，干燥；产地已切片者，筛去灰屑。麸温山药：取蜜炙麸皮，置热锅中，翻动，待其冒烟，投入温山药饮片，迅速翻炒至表面黄色或深黄色，折断面略显黄色时，取出，筛去麸皮，摊凉。

【化学成分】块茎含酚类：无色花色素（leucoanthocyanidin）、儿茶酚胺（catecholamine）[1]，γ-生育酚 -9（γ-tocopherol-9）、氢 -Q9- 色烯（hydro-Q9-chromene）、RRR-α- 生育酚（RRR-α-tocopherol）和 1- 阿魏酰甘油醇（1-feruloylglycerol）[2]；黄酮类：花色素 -3-*O*- 龙胆二糖（cyaniding-3-*O*-gentiobioside）、芍药花色素 -3-*O*-（4″- 芥子酰基龙胆二糖）［peonidin-3-*O*-（4″-sinapolygentiobioside）］、花色素 -3-*O*-（4″-*O*- 芥子酰基龙胆二糖）［cyanidin-3-*O*-（4″-*O*-sinapolygentiobioside）］[3]，参薯素 A、B（alatanin A、B）[4, 5]，参薯素 C（alatanin C）[4-6]，参薯素 D、E、F、G（alatanin D、E、F、G）和 3-*O*-（6-*O*-β-D-吡喃葡萄糖基 -β-D- 吡喃葡萄糖基）- 花青素［3-*O*-（6-*O*-β-D-glucopyranosyl-β-D-glucopyranosyl）-cyanidin］[5]；蛋白酶类：山药储存性蛋白（dioscorin）[7]；其他尚含有：辅酶 Q9（coenzyme Q9）[2]。

叶含黄酮类：芦丁（rutin）和槲皮素（quercetin）[8]；酚酸类：迷迭香酸（rosmarinic acid）[8]。

【药理作用】1. 抗氧化　块茎的水提取物和甲醇提取物对 1, 1- 二苯基 -2- 三硝基苯肼（DPPH）自由基均具有一定的清除作用，甲醇提取物的抗氧化作用高于水提取物，清除率可达 85%，水提取物仅为 12.6%，这可能与甲醇提取物中含有更多的酚类成分有关[1]。2. 免疫调节　块茎的 70% 乙醇提取物可通过上调 γ 干扰素（IFN-γ）和白细胞介素 -2（IL-2）的表达，下调白细胞介素 -4（IL-4）和白细胞介素 -10（IL-10）的含量，使 TH0 淋巴细胞群向 TH1 免疫反应的表达积极极化，且具有有丝分裂作用[2]。

【性味与归经】甘，平。归脾、肺、肾经。

【功能与主治】补脾养胃，生津益肺，补肾涩精。用于脾虚食少，久泻不止，肺虚喘咳，肾虚遗精，带下，尿频，虚热消渴。

【用法与用量】15 ～ 30g。

【药用标准】浙江炮规 2015、福建药材 2006、湖南药材 2009 和江西药材 1996。

【附注】《植物名实图考》载："江西、湖南有一种扁阔者，俗称脚板薯，味淡。其子谓之零余子，野生者结荚作三棱，形如风车。"似为本种。

据称本种新鲜块茎有毒，可致麻醉，煮或炒食后即无毒，可食用。（《新华本草纲要》）

【化学参考文献】

[1] Martin F W，Ruberte R. Polyphenol of *Dioscorea alata*（yam）tubers associated with oxidative browning [J]. J Agric Food Chem，1976，24（1）：67-70.

[2] Cheng W Y，Kuo Y H，Huang C J. Isolation and identification of novel estrogenic compounds in yam tuber（*Dioscorea alata* cv. Tainung No. 2）[J]. J Agric Food Chem，2007，55（18）：7350-7358.

[3] Shoyama Y，Nishioka I，Herath W，et al. Two acylated anthocyanins from *Dioscorea alata* [J]. Phytochemistry，1990，29（9）：2999-3001.

[4] Yoshida K，Kondo T，Kameda K，et al. Structures of alatanin A，B and C isolated from edible purple yam *Dioscorea alata* [J]. Tetrahedron Lett，1991，32（40）：5575-5578.

[5] Moriya C，Hosoya T，Agawa S，et al. New acylated anthocyanins from purple yam and their antioxidant activity [J]. Biosci Biotechnol Biochem，2015，79（9）：1484-1492.

[6] Yoshida K，Kondo T，Goto T. Unusually stable monoacylated anthocyanin from purple yam *Dioscorea alata* [J]. Tetrahedron Lett，1991，32（40）：5579-5580.

[7] Hsu F L，Lin Y H，Lee M H，et al. Both dioscorin，the tuber storage protein of yam（*Dioscorea alata* cv. Tainong No. 1），and its peptic hydrolysates exhibited angiotensin converting enzyme inhibitory activities [J]. J Agric Food Chem，2002，50（21）：6109-6113.

[8] Zhou L，Shi X M，Ren X M，et al. Chemical composition and antioxidant activity of phenolic compounds from *Dioscorea*（Yam）leaves [J]. Pakistan J Pharm Sci，2018，31（supplementary3）：1031-1038.

【药理参考文献】

[1] Faiyaz A，Asna U J. Total phenolic content and antioxidant activity of aqueous and methanol extracts of *Dioscorea alata* tuber [J]. Journal of Pharmacy Research，2009，2（10）：1663-1665.

[2] Dey P，Chaudhuri T K. *In vitro* modulation of TH1 and TH2 cytokine expression by edible tuber of *Dioscorea alata* and study of correlation patterns of the cytokine expression [J]. Food Science and Human Wellness，2014，3（1）：1-8.

1159. 褐苞薯蓣（图 1159）• *Dioscorea persimilis* Prain et Burkill

【别名】珍薯（浙江）。

【形态】多年生缠绕草质藤本。块茎长圆柱形，直生，外皮棕黄色，断面新鲜时白色。茎右旋，无毛，较细而硬，干时带红褐色，常有棱 4 ～ 8 条。单叶，在茎下部的互生，中部以上的对生；纸质，干时带红褐色，卵形、三角形至长椭圆状卵形，或近圆形，长 4 ～ 15cm，宽 2 ～ 6cm，先端渐尖至凸尖，基部宽心形至戟形，全缘，基出脉 7 ～ 9 条，常带红褐色，两面无毛。叶腋内偶见珠芽。花单性，雌雄异株；雄花序穗状，2 ～ 4 个簇生或单生于花序轴上排列呈圆锥花序；花序轴呈"之"字状曲折；雄蕊 6 枚；雌花序穗状，常单生。蒴果不反折，三棱状扁圆形，长 1.5 ～ 2.5cm，宽 2.5 ～ 4cm。花期 7 至翌年 1 月，果期 9 至翌年 1 月。

【生境与分布】生于海拔 100 ～ 1950m 的阴湿山谷沟边或林下。分布于浙江，另广东、广西、湖南、海南、贵州、云南等地均有分布。

【药名与部位】山药（广山药），块茎。

【采集加工】冬季茎叶枯萎后挖取，切去根头，洗净，除去外皮及须根，再浸入明矾水中，取出，

图 1159　褐苞薯蓣　　　摄影　黄青良等

用硫黄熏后，干燥。

【药材性状】多呈类长纺锤形至圆柱形，长 15 ～ 45cm，直径 2 ～ 5cm。表面黄白色或白色，常凹凸不平。质坚实，易折断，断面白色，颗粒状，粉性，削平后网状纹理不明显。气微，味微甘、酸，嚼之发黏。

【药材炮制】山药：除去杂质，大小分档，泡润至透，切厚片，干燥。麸炒山药：取麸皮，置热锅中翻炒，待其冒烟后，投入山药，炒至表面黄色时，取出，筛去麸皮，摊凉。

【化学成分】全草含甾体类：薯蓣皂苷（dioscin）、薯蓣皂苷元（diosgenin）和 β- 谷甾醇（β-sitosterol）[1]。

根茎含氨基酸类：天冬氨酸（Asp）、谷氨酸（Glu）和精氨酸（Arg）[2]；元素：铁（Fe）、锌（Zn）、铜（Cu）、钴（Co）和铬（Cr）[2]。

【药理作用】1. 补肾　块茎水提醇沉液有补肾与雄激素样作用[1]。2. 补脾　块茎水提醇沉液有补脾作用[2]。3. 降血糖　块茎水提醇沉液能降低四氧嘧啶引起的高血糖，并能对抗肾上腺素引起的血糖升高和降低正常小鼠的血糖值[3]。4. 免疫调节　块茎水提醇沉液有特异性免疫作用[2]；块茎水提醇沉液能提高小鼠玫瑰花形成细胞数、淋巴细胞转化功能，能增多末梢血液 ANA 阳性淋巴细胞数，还能促进血清溶血素的生成[4]。

【性味与归经】甘，平。归脾、肺、肾经。

【功能与主治】健脾养胃，生津益肺，补肾涩精。用于脾虚食少，久泻不止，肺虚咳嗽，遗精，带下，尿频，消渴。

【用法与用量】15 ～ 30g。

【药用标准】湖南药材 2009、福建药材 2006、广西药材 1996、广西壮药 2008 和广东药材 2011。

【化学参考文献】

［1］Nguyen V B，Do T D. Preliminary comparison of chemical components of *Dioscorea persimilis* Prain et Burkill and *Dioscorea* sp. ［J］. Tap Chi Duoc Hoc，1996，（3）：18-19.
［2］杭悦宇，周太炎，丁志遵，等. 山药类中药的氨基酸和微量元素的分析［J］. 中药通报，1988，13（7）：421-423.

【药理参考文献】

［1］覃俊佳，周芳，王建如，等. 褐苞薯蓣对去势小鼠和肾阳虚小鼠的影响［J］. 中医药学刊，2003，21（12）：1993-1995.
［2］覃俊佳，周芳，方红，等. 褐苞薯蓣对小鼠脾虚证的影响［J］. 时珍国医国药，2003，14（3）：193-194.
［3］覃俊佳，庞声航，周芳，等. 褐苞薯蓣对正常小鼠和高血糖小鼠血糖水平影响的实验研究［J］. 中国中医药科技，2003，10（3）：158-159.
［4］李树英，陈家畅. 五种山药对小鼠免疫功能影响的比较研究［J］. 河南中医，1992，12（1）：23-24.

1160. 山薯（图 1160）• *Dioscorea fordii* Prain et Burkill

图 1160　山薯　　　　摄影　郭增喜等

【别名】广东薯蓣、广东山药（浙江），褐葆薯蓣（福建），称根薯（福建）。

【形态】多年生缠绕草质藤本。块茎长圆柱形，直生，表面浅灰黄色，断面白色。茎无毛，右旋，具棱 4 ～ 8 条，基部有刺。单叶，茎下部者互生，中部以上者对生；叶片纸质；宽披针形、长椭圆状卵形或椭圆状卵形，有时为卵形，长 4 ～ 17cm，宽 1.5 ～ 13cm，先端渐尖或尾尖，基部变异大，浅心形至戟形，两耳稍开展，全缘，两面无毛，基出脉 5 ～ 7 条。雌雄异株，雄花序穗状，2 ～ 4 个簇生或再排列成圆锥花序，花序轴明显地呈“之”字状曲折；雄蕊 6 枚，全育；雌花序穗状，常单生。蒴果不反折，三棱状扁圆形，长 1.5 ～ 3cm，宽 2 ～ 4.5cm。花期 10 至翌年 1 月，果期 12 至翌年 1 月。

【生境与分布】生于海拔 50 ～ 1150m 的山坡、山凹、溪沟边或路旁的杂木林中。分布于福建、浙江，另湖南、广东、广西、香港等地均有分布。

【药名与部位】温山药（广山药），根茎。

【采集加工】冬季茎叶枯萎时采挖，切去根头，洗净，除去外皮，干燥，习称“毛山药”；或趁鲜切厚片，干燥。或选“毛山药”之肥大顺直者，置清水中浸至内无干心，闷透，切齐两端，在木板上搓成圆柱状，干燥，打光，习称“光山药”。

【药材性状】毛山药　呈类圆柱形，弯曲或稍扁，长 15 ～ 30cm，直径 1.5 ～ 6cm。表面黄白色或淡黄色，有纵皱纹、纵沟及须根痕，偶有棕色外皮残留。体重，质坚实，不易折断，断面白色或类白色，粉性，致密或具蠕虫状裂隙，有的散布有淡棕色的筋脉点。气微，味淡、微酸，嚼之粘牙。

光山药　呈圆柱形，两端平齐。表面平滑，白色或类白色。

【药材炮制】温山药：大小分档，水浸 1 ～ 2 天，洗净，切厚片，干燥；产地已切片者，筛去灰屑。麸温山药：取蜜炙麸皮，置热锅中，翻动，待其冒烟，投入温山药饮片，迅速翻炒至表面黄色或深黄色，折断面略显黄色时，取出，筛去麸皮，摊凉。

【化学成分】块茎含多糖类：山薯多糖 N-I、A-I（DFP N-I、DFP A-I）[1]；氨基酸类：天冬氨酸（Asp）、谷氨酸（Glu）和精氨酸（Arg）[2]；元素：铁（Fe）、锌（Zn）、铜（Cu）、钴（Co）和铬（Cr）[2]。

【性味与归经】甘，平。归脾、肺、肾经。

【功能与主治】补脾养胃，生津益肺，补肾涩精。用于脾虚食少，久泻不止，肺虚喘咳，肾虚遗精，带下，尿频，虚热消渴。

【用法与用量】15 ～ 30g。

【药用标准】浙江炮规 2015 和广东药材 2011。

【化学参考文献】

［1］聂凌鸿，宁正祥．广东淮山多糖的纯化及化学结构鉴定研究［J］．林产化学与工业，2004，24（S1）：101-106.
［2］杭悦宇，周太炎，丁志遵，等．山药类中药的氨基酸和微量元素的分析［J］．中药通报，1988，13（7）：421-423.

1161. 日本薯蓣（图 1161）• *Dioscorea japonica* Thunb.［*Dioscorea japonica* Thunb. var. *pseudojaponica*（Hayata）Yamam.］

【别名】尖叶薯蓣、尖叶山药、尖叶怀山药、山蝴蝶、千斤拔（浙江），风车子（江西广昌），基隆山药，野山药、野山芋（安徽、福建），山药（福建）。

【形态】多年生缠绕草质藤本。根茎直生，圆柱形，略扁，末端较粗壮，表面灰黄色至灰棕色。茎右旋，具细纵槽，无毛。单叶互生，纸质，长三角状心形至披针状心形，长 6 ～ 18cm，宽 2 ～ 9cm，先端渐尖，基部心形至箭形，两面无毛，基出脉 7 条。花单性，雌雄异株；花被淡黄绿色；雄花序穗状，单生或 2 ～ 3 个簇生；雄蕊 6 枚，全育；雌花序与雄花序相似，单生或 2 ～ 3 个簇生。果序下弯，果梗不反曲；蒴果三棱状扁球形，每棱翅状，长 1 ～ 2cm，宽 1.4 ～ 3.1cm。花期 6 ～ 9 月，果期 7 ～ 10 月。

图 1161　日本薯蓣　　摄影　李华东

【生境与分布】生于海拔 50 ～ 1000m 的向阳山坡杂木林缘及矮灌丛或草丛中。分布于江苏、安徽、江西、福建、浙江，另湖北、湖南、广东、广西、贵州、四川、台湾等地均有分布；日本、朝鲜也有分布。

【药名与部位】山药，根茎。

【采集加工】冬季茎叶枯萎后挖取，切去根头，洗净，除去外皮及须根，再浸入明矾水中，取出，用硫黄熏后，干燥。

【药材性状】多呈圆柱形或长纺锤形，长 10 ～ 40cm，直径 2 ～ 3cm。表面黄白色或白色，有明显的不规则纵皱纹，质坚实，易折断，断面白色，颗粒状，粉性，削平后网纹不明显。气微，味微甘、酸，嚼之发黏。

【药材炮制】山药：除去杂质，大小分档，泡润至透，切厚片，干燥。麸炒山药：取麸皮，置热锅中翻炒，待其冒烟后，投入山药，炒至表面黄色时，取出，筛去麸皮，摊凉。

【化学成分】根茎含多糖类：薯蓣多糖 A、B、C、D、E、F（dioscoran A、B、C、D、E、F）[1]；倍半萜类：右旋 -β- 桉叶醇［（+）-β-eudesmol］[2]；酚类：芍药酮（paeonol）[2]，没食子酸（gallic acid）和香草酸（vanillic acid）[3]；脂肪酸类：棕榈酸（palmitic acid）、亚油酸（linoleic acid）、十五

酸（pentadecanoic acid）和油酸（oleic acid）[4]；甾体类：日本薯蓣呋甾苷*B（coreajaponin B）[5]；蛋白质类：薯蓣科林*（dioscorin）[6]；内酯类：薯蓣醉茄内酯*A、B（dioscorolide A、B）[7]。

珠芽含倍半萜类：7′- 羟基脱落酸（7′-hydroxyabscisic acid）[8]。

【药理作用】1. 降血糖 根茎的多糖提取物可改善 HepG2 细胞的葡萄糖消耗能力，并且可增强细胞对胰岛素的敏感性，具有体外降血糖的作用[1]；根茎的乙醇提取物 DA9801 可改善糖尿病小鼠的听觉反应[2]。2. 降血脂 把根茎喂食大鼠可改善高胆固醇饮食大鼠的脂质代谢[3]；25% 根茎的饮食可改善 Balbc 小鼠的肠道功能和脂质代谢[4]。3. 护神经 根茎乙醇提取物 DA9801 可保护糖尿病 SD 大鼠的外周神经[5]；根茎乙醇提取物 DA9801 可治疗 2 型糖尿病 db/db 小鼠的糖尿病周围神经病变，这种作用系通过诱导神经生长因子（NGF）而产生[6]；根茎的乙醇提取物 DA9801 可通过 PC12 细胞中的 ERK12-CREB 途径促进神经突向外生长[7]；根茎的乙醇提取物对链脲佐菌素诱导的糖尿病大鼠周围神经有保护作用[8]；从根茎提取分离的呋喃甾醇皂苷类成分可潜在地改善神经退行性疾病和糖尿病多发性神经病，其作用与上调神经生长因子有关，其中日本薯蓣呋甾苷*B（coreajaponin B）的作用最强[9]。4. 抗过敏 从根茎分离的储藏蛋白薯蓣科林*（dioscorin）可抑制卵清蛋白致敏小鼠的过敏反应[10]。5. 抗氧化 根茎的乙醇提取液中分离的成分没食子酸（gallic acid）和香草酸（vanillic acid）具有显著的自由基清除作用[11]。6. 抗肿瘤 根茎的乙醇提取液可下调前列腺素 E_2 合成途径并诱导肺癌细胞凋亡[12, 13]。7. 免疫调节 从根茎提取的蛋白质可增强胸腺和脾脏中 $CD19^+$ 细胞以及脾脏 $CD4^+$、$CD8^+$ 和 $Tim3^+$（Th1）细胞的增殖[14]。8. 护心脏 根茎水提取液或乙醇提取液可减弱多柔比星诱导的小鼠心脏毒性[15]；从根茎提取的醉茄内酯类成分薯蓣醉茄内酯*A、B（dioscorolide A、B）对肿瘤 A549、SK-OV-3、SK-MEL-2 和 HCT15 细胞具有选择性毒性[16]。

【性味与归经】甘，平。

【功能与主治】补脾养胃、生津益肺、补肾涩精。用于脾虚食少，久泻不止，肺虚咳嗽，遗精，带下，尿频，消渴。

【用法与用量】15 ～ 30g。

【药用标准】湖南药材 1993 和台湾 2013。

【附注】《植物名实图考》云：“狂风藤江西赣南山中有之，赭根，绿茎蔓生柔苒，参差生叶，长柄细韧，似山药叶而长，仅有直纹数道，土人以治风疾。”根据形态描述、分布及附图，应为本种。

本种果实四川、江西局部地区民间称风车子或风车儿，也作药用。

【化学参考文献】

［1］Hikino H，Konno C，Takahashi M，et al. Oriental medicines. Part 109. antidiabetes drugs. Part 21. isolation and hypoglycemic activity of dioscorans A，B，C，D，E，and F；glycans of *Dioscorea japonica* rhizophors［J］. Planta Med，1986，52（3）：168-171.

［2］Miyazawa M，Shimamura H，Nakamura S，et al. Antimutagenic activity of（+）-β-eudesmol and paeonol from *Dioscorea japonica*［J］. J Agric Food Chem，1996，44（7）：1647-1650.

［3］Chiu C S，Deng J S，Chang H Y，et al. Antioxidant and anti-inflammatory properties of Taiwanese yam［*Dioscorea japonica* Thunb. var. *pseudojaponica*（Hayata）Yamam. ］and its reference compounds.［J］. Food Chemistry，2013，141（2）：1087-1096.

［4］Miyazawa M，Shimamura H，Kameoka H，et al. Volatile components of the rhizomes of *Dioscorea japonica*［J］. Nat Prod Lett，1997，9（4）：245-248.

［5］Kim K H，Kim M A，Moon E，et al. Furostanol saponins from the rhizomes of *Dioscorea japonica* and their effects on NGF induction［J］. Bioorganic & Medicinal Chemistry Letters，2011，21（7）：2075-2078.

［6］Hsu Y J，Weng C F，Lin K W，et al. Suppression of allergic reactions in ovalbumin-sensitized mice by yam storage proteins dioscorins［J］. Journal of Agricultural and Food Chemistry，2013，61（47）：11460-11467.

［7］Kim K H，Choi S U，Choi S Z，et al. Withanolides from the rhizomes of *Dioscorea japonica* and their cytotoxicity［J］.

Journal of Agricultural and Food Chemistry，2011，59（13）：6980-6984.
[8] Tanno N，Nakayama M，Satoh Y，et al. Identification of 7′-hydroxyabscisic acid from dormant bulbils of *Dioscorea japonica* [J]. Proceedings of the Plant Growth Regulator Society of America，1996，23：93-98.

【药理参考文献】

[1] 苏瑾，焦钧，于莲，等. 山药多糖对人肝癌 HepG2 细胞葡萄糖消耗能力及胰岛素抵抗的影响 [J]. 中国药房，2015，26（4）：458-460.
[2] Lee Y R，Hong B N，You R H，et al. Amelioration of auditory response by DA9801 in diabetic mouse [J]. Evidence-Based Complementray and Alternative Medicine，2015，DOI：org/10. 1155/2015/230747.
[3] Kusano Y，Tsujihara N，Masui H，et al. Consumption of Japanese yam improves lipid metabolism in high-cholesterol diet-fed rats [J]. Journal of Nutritional Science & Vitaminology，2016，62（5）：350-360.
[4] Chen H，Wang C，Chang C，et al. Effects of Taiwanese yam（*Dioscorea japonica* Thunb var. *pseudojaponica* Yamamoto）on upper gut function and lipid metabolism in Balb/c mice [J]. Nutrition，2003，19（7）：646-651.
[5] Jin H Y，Sun H K，Yu H M，et al. Therapeutic potential of *Dioscorea* extract（DA-9801）in comparison with alpha lipoic acid on the peripheral nerves in experimental diabetes [J]. Journal of Diabetes Research，2013，DOI：org/10. 1155/2013/631218.
[6] Moon E，Lee S O，Kang T H，et al. *Dioscorea* extract（DA-9801）modulates markers of peripheral neuropathy in type 2 diabetic db/db mice [J]. 2014，22（5）：445-452.
[7] Won J H，Ahn K H，Back M J，et al. DA-9801 promotes neurite outgrowth via ERK1/2-CREB pathway in PC12 cells [J]. Biological & Pharmaceutical Bulletin，2015，38（2）：169-178.
[8] Lee K A，Jin H Y，Baek H S，et al. The protective effects of DA-9801（*Dioscorea* extract）on the peripheral nerves in streptozotocin-induced diabetic rats [J]. Journal of Nutritional Science and Vitaminology，2013，59（5）：437-446.
[9] Kim K H，Kim M A，Moon E，et al. Furostanol saponins from the rhizomes of *Dioscorea japonica* and their effects on NGF induction [J]. Bioorganic & Medicinal Chemistry Letters，2011，21（7）：2075-2078.
[10] Hsu Y J，Weng C F，Lin K W，et al. Suppression of allergic reactions in ovalbumin-sensitized mice by yam storage proteins dioscorins [J]. Journal of Agricultural and Food Chemistry，2013，61（47）：11460-11467.
[11] Chiu C S，Deng J S，Chang H Y，et al. Antioxidant and anti-inflammatory properties of Taiwanese yam [*Dioscorea japonica* Thunb. var. *pseudojaponica*（Hayata）Yamam.] and its reference compounds [J]. Food Chemistry，2013，141（2）：1087-1096.
[12] Suzuki-Yamamoto T，Tanaka S，Tsukayama I，et al. *Dioscorea japonica* extract down-regulates prostaglandin E2 synthetic pathway and induces apoptosis in lung cancer cells [J]. Journal of Clinical Biochemistry and Nutrition，2014，55（3）：162-167.
[13] Tsukayama I，Toda K，Takeda Y，et al. Preventive effect of *Dioscorea japonica* on squamous cell carcinoma of mouse skin involving down-regulation of prostaglandin E2 synthetic pathway [J]. Journal of Clinical Biochemistry & Nutrition，2018，62（2）：139-147.
[14] Lin P L，Lin K W，Weng C F，et al. Yam storage protein *Dioscorins* from *Dioscorea alata* and *Dioscorea japonica* exhibit distinct immunomodulatory activities in mice [J]. Journal of Agricultural and Food Chemistry，2009，57（11）：4606-4613.
[15] Chen C T，Wang Z H，Hsu C C，et al. Taiwanese and Japanese yam（*Dioscorea* spp.）extracts attenuate doxorubicin-induced cardiotoxicity in mice [J]. Journal of Food & Drug Analysis，2017，25（4）：872-880.
[16] Kim K H，Choi S U，Choi S Z，et al. Withanolides from the rhizomes of *Dioscorea japonica* and their cytotoxicity [J]. Journal of Agricultural and Food Chemistry，2011，59（13）：6980-6984.

1162. 黄独（图 1162）• *Dioscorea bulbifera* Linn.

【别名】黄药，零余薯（福建），珠芽薯蓣（安徽），金线吊葫芦（江西）。

图 1162 黄独　　　　摄影 郭增喜等

【形态】多年生缠绕草质藤本。块茎卵球形或梨形，直径 4 ～ 10cm，单生或 2 ～ 3 个簇生，外皮棕黑色，表面密生须根。茎左旋，具细纵槽，光滑无毛。单叶互生，叶片宽卵状心形或卵状心形，长 9 ～ 15cm，宽 6 ～ 13cm，先端尾状渐尖，边缘全缘或微波状，两面无毛；叶腋内有紫棕色、球形或卵圆形珠芽，大小不一，表面有圆形斑点。花单性，雌雄异株，雄花序穗状，下垂，常数个丛生于叶腋，有时分枝呈圆锥状；雌花序与雄花序相似，常 2 至数个丛生叶腋，长 20 ～ 50cm；退化雄蕊 6 枚，长仅为花被片长的 1/4。蒴果三棱状长圆形，长 1.5 ～ 3cm，宽 0.5 ～ 1.5cm，两端钝圆，成熟时草黄色，表面密被紫色小斑点，无毛。花期 7 ～ 10 月，果期 8 ～ 11 月。

【生境与分布】生于海拔几十米至 2000m 的高山，多生于河谷边、山谷阴沟或杂木林边缘。分布于安徽、江苏、江西、福建、浙江，另河南、湖南、湖北、广东、广西、贵州、云南、四川、陕西、甘肃、西藏、台湾等地均有分布。日本、朝鲜、印度、缅甸、大洋洲、非洲也有分布。

【药名与部位】黄药子，块茎。

【采集加工】夏末至冬初采挖，洗净，除去须根，趁鲜切片，干燥。

【药材性状】为圆形或椭圆形厚片，直径 2 ～ 7cm，厚 0.5 ～ 1.5cm。外皮深褐色，具皱折并密布类白色圆点状凸起的须根痕，有的尚具未去净的细小硬须根。切面淡黄色至棕黄色，密布许多橙黄色麻点。质坚脆，易折断，断面黄白色，粉性。气微，味苦。

【质量要求】片色黄，不霉烂。

【药材炮制】除去杂质，洗净，润软，横切丝，干燥。

【化学成分】块茎含二萜类：8-表黄独素E乙酸酯（8-epidiosbulbin E acetate）[1]，黄独素B、D（diosbulbin B、D）[2]，黄独素A、C、D、F、G、N、O、P（diosbulbin A、C、D、F、G、N、O、P）[3]，黄独素B（diosbulbin B）[3,4]，黄独素E、H（diosbulbin E、H）[5]，黄独素K、L、M（diosbulbin K、L、M）和黄独素苷G（diosbulbinoside G）[6]；黄酮类：7,4′-二羟基-3,5-二甲氧基黄酮（7,4′-dihydroxy-3,5-dimethoxyflavone）、5,7,3′,4′-四羟基黄烷-3-醇（5,7,3′,4′-tetrahydroxyflavan-3-ol）[4]，3,7-二甲氧基-5,3′,4′-三羟基黄酮（3,7-dimethoxy-5,3′,4′-trihydroxyflavone）、3,7-二甲氧基-5,4′-二羟基黄酮（3,7-dimethoxy-5,4′-dihydroxyflavone）[7]，3,5-二甲氧基山柰酚（3,5-dimethoxykaempferol）、山柰酚（kaempferol）、山柰酚-3-*O*-β-D-吡喃半乳糖苷（kaempferol-3-*O*-β-D-galactopyranoside）、山柰酚-3-*O*-β-D-吡喃葡萄糖苷（kaempferol-3-*O*-β-D-glucopyranoside）[8]，3,5,3′-三甲氧基槲皮素（3,5,3′-trimethoxyquercetin）[9]，金丝桃苷（hyperin）、杨梅树皮素-3-*O*-β-D-半乳糖苷（myricetin-3-*O*-β-D-galactoside）、杨梅树皮素-3-*O*-β-D-葡萄糖苷（myricetin-3-*O*-β-D-glucoside）[10]，山核桃素（caryatin）、（+）-儿茶素［（+）-catechin］[8,11]，杨梅素（myricetin）[10,11]，山柰酚-3,5-甲醚（kaempferol-3,5-dimethyl ether）、杨梅素-3-*O*-吡喃半乳糖苷（myricetin-3-*O*-galactopyranoside）、槲皮素-3-*O*-吡喃半乳糖苷（quercetin-3-*O*-galactopyranoside）和杨梅素-3-*O*-吡喃葡萄糖苷（myricetin-3-*O*-glucopyranoside）[11]；菲类：2,4,6,7-四羟基-9,10-二氢菲（2,4,6,7-tetrahydroxy-9,10-dihydrophenanthrene）和2,4,5,6-四羟基菲（2,4,5,6-tetrahydroxyphenanthrene）[2]；糖类：山梨醇（sorbitol）[2]；蒽醌类：大黄素（emodin）[7]；甾体类：薯蓣皂苷元（diosgenin）、β-谷甾醇（β-sitosterol）、豆甾醇（stigmasterol）、胡萝卜苷（daucosterol）、薯蓣皂苷元-3-*O*-α-L-吡喃鼠李糖基-（1→2）-β-D-吡喃葡萄糖苷［diosgenin-3-*O*-α-L-rhamnopyranosyl-（1→2）-β-D-glucopyranoside］、箭根薯苷（taccaoside）[12]和β-扶桑甾醇酚（β-rosasterol）[13]；酚酸类：香草酸（vanillic acid）、异香草酸（isovanillic acid）[9]和3,4-二羟基苯甲酸（3,4-dihydroxybenzoic acid）[10]；色素类：新黄质（neoxanthin）、堇菜黄质（violaxanthin）、玉米黄质（zeaxanthin）、叶黄素（xanthophyll）、金黄质（auroxanthin）和隐黄质（cryptoxanthin）[14]；苯乙酮类：4-羟基-（2-反式-3′,7′-二甲基-辛-2′,6′-二烯基）-6-甲氧基苯乙酮［4-hydroxy-（2-*trans*-3′,7′-dimethyl-octa-2′,6′-dienyl）-6-methoxyacetophenone］和4,6-二羟基-2-*O*-（4′-羟丁基）苯乙酮［4,6-dihydroxy-2-*O*-（4′-hydroxybutyl）acetophenone］[15]。

株芽含黄酮类：杨梅素（myricetin）、槲皮素-3-*O*-β-D-吡喃葡萄糖苷（quercetin-3-*O*-β-D-glucopyranoside）和槲皮素-3-*O*-β-D-吡喃半乳糖苷（quercetin-3-*O*-β-D-galactopyranoside）[16]；生物碱类：尿囊素（allantoin）[16]；酚类：2,4,3′,5′-四羟基双苄基（2,4,3′,5′-tetrahydroxybibenzyl）、5,7,4′-三羟基-2-苯乙烯色酮（5,7,4′-trihydroxy-2-styrylchromone）和2,4,6,7-四羟基-9,10-二氢菲（2,4,6,7-tetrahydroxy-9,10-dihydrophenanthrene）[16]；芪类：二氢白藜芦醇（dihydroresveratrol）[17]；酚类：脱甲基山药素IV（demethylbatatasin IV）[17]。

【药理作用】1. 抗肿瘤　块茎75%乙醇提取物的乙酸乙酯溶出物中的黄酮类成分对小鼠表皮JB6细胞的生长具有抑制作用[1]，黄独多糖在100mg/kg剂量时的抑瘤率为25.6%，在150mg/kg剂量时为37.6%，降低外周血T细胞亚群$CD4^+/CD8^+$值，使氧化应激降低，黄独多糖与环磷酰胺（CTX）联用可抑制CTX诱导的氧化应激，增强环磷酰胺的抗肿瘤作用，并可减轻环磷酰胺诱导的U14颈肿瘤小鼠的免疫抑制和氧化应激[2]；块茎的醇提取物高浓度组（120mg/L）和低浓度组（60mg/L）均能使人胃癌MGC-803细胞的生长速率明显减缓，G_1期细胞比例降低，S期和G_2/M期比例增高，使细胞的凋亡率明显升高，增殖、侵袭能力显著下降，高浓度组和低浓度组细胞相比促进凋亡和抑制表皮型脂肪酸结合蛋白-5（FABP-5）表达的作用更明显，FABP-5、mRNA和蛋白质表达都明显下降[3]；醇提取物高浓度组（120mg/L）和低浓度组（60mg/L）能使胃癌细胞体外增殖速率明显减慢、平板克隆形成，高浓度组的细胞迁移能力明显降低[4]；块茎的石油醚提取物能显著延长小鼠存活期，降低肿瘤腹水生成量和肿瘤细胞存活率，用药后肿瘤细胞再次传代，肿瘤腹水的形成时间显著延长[5]；块茎的乙醇提取物、乙醇提取物的石油醚部位及从石油醚部位分离的成分黄独乙素，即黄独素 B（diosbulbin B）和 β- 扶桑甾醇（β-rosasterol）均能不同程度的抑制人胃癌 MGC803、BGC823 和 SGC7901 细胞的生长[6]。2. 抗炎　块茎的甲醇提取物能剂量依赖性地减少脂多糖（LPS）刺激小鼠腹腔巨噬细胞（Mφ）的一氧化氮（NO）生成，其中 EED50μg/ml 和 100μg/ml 能显著抑制腹腔 Mφ 释放一氧化氮；同时 EED 也能剂量依赖性地抑制脂多糖刺激 Mφ 的诱导型一氧化氮合酶（NOS）mRNA 的表达[7]；块茎的甲醇提取物对大鼠右后足趾肿胀程度具有抑制作用，对小鼠耳廓肿胀程度具有一定的抑制作用[8]；从块茎提取分离的成分黄独乙素剂量为 50mg/（kg・d）及 200mg/（kg・d）对大鼠角叉菜胶性足跖肿及大鼠棉球肉芽肿有显著的抑制作用[9]；块茎的乙醇提取物剂量为 100mg/kg、200mg/kg 时可使小鼠耳肿胀明显降低，且具有量效关系，对二甲苯诱导的炎症病理状态下小鼠血清谷丙转氨酶（ALT）、天冬氨酸氨基转移酶（AST）含量均无影响，200mg/kg 剂量时可明显降低小鼠炎症耳组织内过高的炎症因子前列腺素 E_2（PGE_2）的含量[10]。3. 降血糖　块茎的水提取液可使链脲佐菌素（STZ）处理后的 Wistar 大鼠血糖值明显降低，体重增加，使以高脂饲料喂养诱导发生血脂异常的 C57BL/6J 小鼠血糖和血脂水平恢复正常[11]；块茎的石油醚、乙酸乙酯、甲醇和 70% 乙醇（*V*/*V*）提取物均可作为 α- 淀粉酶和 α- 糖苷酶抑制剂，其中乙酸乙酯提取物的抑制率最高达 72.06%，其余 3 种提取物则抑制率分别为 60.51%、82.64% 和 62.32%；从块茎提取分离的成分薯蓣皂苷原（diosgenin）也有较强的 α- 淀粉酶和 α- 糖苷酶抑制作用[12]。4. 抗菌　块茎的水提取液对金黄色葡萄球菌、白色葡萄球菌、柠檬色葡萄球菌、大肠杆菌的最低抑菌浓度（MIC）分别为 0.12 5g/ml、0.25g/ml、0.125g/ml 和 0.25g/ml[13]。5. 抗氧化　块茎的醇提取物和水提取物中的黄酮类和酚类成分均具有抗氧化作用，醇提取物的抗氧化作用强于水提取物，醇提取物对 1, 1- 二苯基 -2- 三硝基苯肼（DPPH）自由基和羟自由基（・OH）具有明显的清除作用，具有较强的抗脂质过氧化能力和一定的还原能力[14]。

毒性　主要是肝毒性。块茎的不同剂量水提取液对小鼠血清谷丙转氨酶、天冬氨酸氨基转移酶及肝指数均有明显影响，剂量越大谷丙转氨酶含量越高，各剂量组小鼠肝脏呈暗褐色，体积增大，中、高剂量组肝细胞病理改变明显[15]；块茎的醇提取物高剂量组和中剂量组 Caco-2 细胞摄取液作用后，HL-7702 和 HepG2 细胞的存活率显著降低，高剂量组 Caco-2 细胞摄取液作用 72h 后，HL-7702 细胞上清液中谷丙转氨酶、天冬氨酸氨基转移酶含量显著升高；作用 48h 和 72h 后，HepG2 细胞上清液中谷丙转氨酶、天冬氨酸氨基转移酶含量显著升高，高剂量组和中剂量组 Caco-2 细胞摄取液作用 48h 和 72h 后，HL-7702 和 HepG2 细胞上清液中丙二醛（MDA）含量显著升高，谷胱甘肽氧化酶（GSH-Px）显著降低[16]；块茎的醇提取物不同剂量灌胃后，多数动物出现消瘦、竖毛、呼吸急促、精神萎靡等异常反应，并在 1 ～ 3 天之内死亡的小鼠数超过整个急性毒性试验小鼠死亡数的 50%，观察期内给药组小鼠剖检后肉眼可见肝脏肿大和不同程度的颜色不均、偏黄、纹理粗糙，其他器官肉眼观无明显异常发现，观察期末（第 14 天）各给药组存活小鼠剖检各脏器未见明显异常[17]；水提取物、70% 或 80% 乙醇提取物、乙酸乙酯部位均可引起小鼠或大鼠的肝毒性，肝毒机制可能与肝细胞膜损伤、脂质过氧化、抗氧化能力下降，磷酸三腺苷（ATP）合成减弱，线粒体抗氧化损伤增强，氨基酸、胆汁酸、脂质、嘌呤、嘧啶、肠道微生物群落和能量的代谢异常等有关[18]；块茎的水提取物各剂量下连续给药后发现病理组织学检查呈现不同程度的肝脏损伤，并可增加肝脏系数，具有一定的剂量和时间依赖性；给药剂量为 20g/kg 时，给药 10 天和 20 天的小鼠谷丙转氨酶和天冬氨酸氨基转移酶含量出现不同程度地升高，给药 10 天还可使小鼠总胆红素（TBIL）含量升高，但连续 30 天分别给小鼠灌胃 2g/kg、10g/kg 和 20g/kg 剂量后，谷丙转氨酶、天冬氨酸氨基转移酶和总胆红素均未见明显差异[19]。

【性味与归经】苦、平；有小毒。归肝、心经。

【功能与主治】清热，凉血，解毒，消瘿。用于咽喉肿痛，吐血，咯血，瘿瘤结肿，疮疖，无名肿毒，蛇犬咬伤。

【用法与用量】煎服 4.5 ～ 9g；外用适量，研末涂敷患处。

【药用标准】药典 1963、部标中药材 1992、浙江炮规 2015、广东药材 2011、贵州药材 2003、江苏药材 1989、四川药材 1987、内蒙古药材 1988 和新疆药品 1980 二册。

【临床参考】1. 乳癖：块茎 20g，加瓜蒌、柴胡、香附各 15g，昆布、赤芍、陈皮各 20g，浙贝母（研粉冲服）12g、炮穿山甲 10g，海藻 30g，水煎服[1]。

2. 甲状腺腺瘤：块茎 15g，加海藻、昆布、生地、郁金各 15g，玄参、浙贝母、半夏、青皮各 12g，生牡蛎 25g、煅瓦楞子 20g，兼胸闷不舒者加全瓜蒌、香附；兼肿块坚硬者加露蜂房、莪术；兼月经不调者加当归、益母草、川芎。水煎服，每日 1 剂，20 日 1 疗程，连用 2 疗程[2]。

3. 小儿哮喘：块茎 100g，加大枣 10 枚、冰糖 20g，合煎 2 次，5 岁以下儿童药量酌减，1 日分数次服完，隔日 1 剂，3 剂 1 疗程[3]。

4. 百日咳：块茎 9 ～ 15g，加石胡荽 4.5g，水煎服，或用珠芽 9 ～ 15g，水煎调冰糖服。

5. 无名肿毒：鲜根茎 30g，水煎服，同时用鲜块茎或珠芽捣烂，外敷患处。（4 方、5 方引自《浙江药用植物志》）

【附注】《千金·月令》载有“万州黄药子”，用以疗瘿疾。《开宝本草》载有“黄药根”。《滇南本草》首载“黄药子”之名，但无形态描述。《本草原始》云：“黄药子，皮紫黑色，多须，每须处有白眼，肉色黄。”《植物名实图考》在“山慈姑”条下云：“江西、湖南皆有之，非花叶不相见者。蔓生绿茎，叶如蛾眉豆叶而圆大，深纹多皱。根大如拳，黑褐色，四周有白须长寸余，蓬茸如蝟。”《本草原始》及《植物名实图考》所述特征均与本种一致。

药材黄药子内服剂量不宜过大，并不宜久服。过量服用可引起口、舌、喉等处烧灼痛，流涎、恶心、呕吐、腹痛、腹泻，瞳孔缩小，严重者出现昏迷，呼吸困难和心脏麻痹而死亡。（《浙江药用植物志》）

本种的零余子（叶腋内生长的紫褐色珠芽）民间也作药用。

【化学参考文献】

［1］Shriram V，Jahagirdar S，Latha C，et al. A potential plasmid-curing agent，8-epidiosbulbin E acetate，from *Dioscorea bulbifera* L. against multidrug-resistant bacteria［J］. International Journal of Antimicrobial Agents，2008，32（5）：405-410.

［2］Wij M，Rangaswami S. Chemical components of *Dioscorea bulbifera*：isolation and structure of a new dihydrophenanthrene（2，4，6，7-tetrahydroxy-9，10-dihydrophenanthrene）and a new phenanthrene（2，4，5，6-tetrahydroxyphenanthrene）［J］. Indian J Chem，1978，16B（7）：643-644.

［3］Tang Y，Xue Y B，Zhou L，et al. New norclerodane diterpenoids from the tubers of *Dioscorea bulbifera*［J］. Chem Pharm Bull，2014，62（7）：719-724.

［4］高慧媛，卢熠，吴立军，等. 中药黄独的化学成分研究［J］. 沈阳药科大学学报，2001，18（3）：185-188.

［5］Ida Y，Kubo S，Fujita M，et al. Furanoid norditerpenes from Dioscoreaceae plants，V. structures of the diosbulbins-D，-E，-F，-G，and -H［J］. Justus Liebigs Annalen der Chemie，1978，（5）：818-833.

［6］Liu H，Chou G X，Guo Y L，et al. Norclerodane diterpenoids from rhizomes of *Dioscorea bulbifera*［J］. Phytochemistry，2010，71（10）：1174-1180.

［7］李石生，Iliya I A，邓京振，等. 黄独中的黄酮和蒽醌类化学成分的研究［J］. 中国中药杂志，2000，25（3）：159-160.

［8］黄开毅，张冬松，高慧媛，等. 黄独的化学成分［J］. 沈阳药科大学学报，2007，24（3）：145-147.

［9］高慧媛，隋安丽，陈艺虹，等. 中药黄独的化学成分［J］. 沈阳药科大学学报，2003，20（3）：178-180.

［10］高慧媛，吴立军，尹凯，等. 中药黄独的化学成分研究［J］. 沈阳药科大学学报，2001，（6）：414-416.

［11］Gao H Y，Kuroyanagi M，Wu L J，et al. Antitumor-promoting constituents from *Dioscorea bulbifera* L. in JB6 mouse epidermal cells［J］. Biol Pharm Bull，2002，25（9）：1241-1243.

［12］李石生，邓京振，赵守训，等. 黄独块茎的甾体类成分［J］. 植物资源与环境，1999，8（2）：62-63.

[13] 李春峰，邱军强，苗晶囡，等．黄药子体外抗胃癌活性成分的筛选及分析 [J]．中成药，2014，36（2）：387-390.

[14] Martin F W，Telek L，Ruberte R M. Yellow pigments of *Dioscorea bulbifera* [J]. J Agric Food Chem，1974，22（2）：335-337.

[15] Gupta D，Singh J. *p*-Hydroxyacetophenone derivatives from *Dioscorea bulbifera* [J]. Phytochemistry，1989，28（3）：947-949.

[16] Chaniad P，Wattanapiromsakul C，Tewtrakul S，et al. Anti-HIV-1 integrase compounds from *Dioscorea bulbifera* and molecular docking study [J]. Pharm Biol，2016，54（6）：1077-1085.

[17] Adesanya S A，Ogundana S K，Roberts M F. Dihydrostilbene phytoalexins from *Dioscorea bulbifera* and *D. Dumentorum* [J]. Phytochemistry，1989，28（3）：773-774.

【药理参考文献】

[1] Gao H，Kuroyanagi M，Wu L，et al. Antitumor-promoting constituents from *Dioscorea bulbifera* L. in JB6 mouse epidermal cells [J]. Biological & Pharmaceutical Bulletin，2002，25（9）：1241-1243.

[2] Cui H，Li T，Wang L，et al. *Dioscorea bulbifera* polysaccharide and cyclophosphamide combination enhances anti-cervical cancer effect and attenuates immunosuppression and oxidative stress in mice [J]. Scientific Reports，2016，5：19185.

[3] 郑彬，孙峰．黄药子醇提物对人胃癌细胞凋亡及 FABP-5 表达的影响 [J]．中国临床药理学与治疗学，2016，21（3）：252-258.

[4] 王磊磊，王丹丹，陈贯虹，等．黄药子醇提物抑制胃癌细胞功能的研究 [J]．天津医药，2015，43（2）：133-136，225.

[5] 喻泽兰，刘欣荣，Michael M C，等．黄药子抗肿瘤活性组分筛选及作用分析 [J]．中国中药杂志，2004，29（6）：74-78.

[6] 李春峰，邱军强，苗晶囡，等．黄药子体外抗胃癌活性成分的筛选及分析 [J]．中成药，2014，36（2）：387-390.

[7] 刘佳，王蝉，刘培，等．黄药子甲醇提取物对 LPS 诱导的小鼠腹腔巨噬细胞释放 NO 及 iNOS 表达的影响 [J]．贵阳中医学院学报，2008，30（2）：79-80.

[8] 饶有佐，文庭亮，赵红梅．黄药子甲醇提取物抗炎作用的研究 [J]．安徽农学通报，2010，16（9）：64，140.

[9] 谭兴起，阮金兰，陈海生，等．黄药子抗炎活性成分的研究 [J]．第二军医大学学报，2003，24（6）：677-679.

[10] 王君明，王再勇，刘海，等．黄药子乙醇提取物抗炎活性研究 [J]．中医学报，2010，25（6）：1127-1129.

[11] Ahmed Z，Chishti M Z，Johri R K，et al. Antihyperglycemic and antidyslipidemic activity of aqueous extract of *Dioscorea bulbifera* tubers [J]. Diabetologia Croatica，2009，38（3）：63-71.

[12] Ghosh S，More P，Derle A，et al. Diosgenin from *Dioscorea bulbifera*：novel hit for treatment of type II diabetes mellitus with inhibitory activity againstma-amylase and α-Glucosidase [J]. Plos One，2014，DOI：10. 1371/journal. pone. 0106039.

[13] 胡俊峰，马永德，宋跃．黄药子水煎液体外抗细菌作用的初步研究 [J]．黑龙江医药，2007，20（1）：13-15.

[14] 刘新，杨海，夏雪奎，等．黄药子体外抗氧化活性研究 [J]．中药材，2010，33（10）：1612-1614.

[15] 陈德煜，禄保平，范普雨．不同剂量黄药子对小鼠血清 ALT、AST 活性及肝组织病理形态学的影响 [J]．中医学报，2013，28（4）：541-542，617.

[16] 陈莹蓉，王翔，闵丽姗，等．黄药子醇提物 Caco-2 细胞摄取液对 HL-7702 和 HepG2 细胞毒性研究 [J]．中国现代应用药学，2013，30（4）：368-372.

[17] 李刚，赵宜红，孙曼，等．黄药子醇提物的小鼠急性毒性试验 [J]．医药论坛杂志，2013，34（5）：70-72.

[18] 王君明，巫晓慧，刘晨，等．黄药子毒性、配伍及炮制研究 [J]．时珍国医国药，2019，30（10）：2480-2482.

[19] 赵林钢，刘若囡，时乐，等．黄药子水提物多次给药致小鼠肝脏损伤的量 - 时 - 毒关系 [J]．中药药理与临床，2013，29（4）：96-98.

【临床参考文献】

[1] 王万祖．黄独海藻汤治乳癖 [J]．四川中医，1986，（11）：43.

[2] 李仁廷．黄独汤治疗甲状腺腺瘤 116 例 [J]．四川中医，2001，19（10）：25.

[3] 王乃山．黄独汤治疗小儿哮喘 [J]．中成药研究，1983，（9）：47.

1163. 粉背薯蓣（图 1163）• *Dioscorea collettii* Hook. f. var. *hypoglauca*（Palib.）Pei et C. T. Ting（*Dioscorea hypoglauca* Palib.）

图 1163　粉背薯蓣　　摄影　李华东等

【别名】粉萆薢（浙江、安徽），黄萆薢（福建、安徽、浙江），山田薯、土薯蓣（福建），粉背叶薯蓣。

【形态】多年生缠绕草质藤本。根茎横走，竹节状，长短不一，直径约 2cm，表面着生细长弯曲的须根，断面黄色。茎左旋，具细纵槽，疏生细毛。单叶互生，长三角形或长三角状心形，先端渐尖，基部心形至平截，边缘波状或近全缘，有时具半透明膜质边缘，鲜时上面深绿色，有光泽，常具大块白斑，下表面灰绿色，多少被白粉，折痕变黑；基出脉 9 条，脉上疏生短硬毛。花单性，雌雄异株；雄花序穗状，单生或 2 ～ 3 个簇生于叶腋；雄花无梗，在花序基部由 2 ～ 3 朵簇生，至顶部常单生；花被片淡黄绿色，碟形，6 裂；雄蕊 6 枚，仅 3 枚能育，着生于花被管上，花丝较短，退化雄蕊有时只存有花丝。蒴果三棱状球形，顶端微凹，基部钝圆，表面栗褐色，富有光泽，成熟后反曲下垂。花期 5 ～ 8 月，果期 6 ～ 10 月。

【生境与分布】生于海拔 200 ～ 1300m 山腰陡坡、山谷缓坡或水沟边阴处的混交林边缘或疏林下。分布于安徽、江西、福建、浙江，另河南、湖北、湖南、广东、广西、台湾等地均有分布。

【药名与部位】粉萆薢（黄山药、萆薢），根茎。

【采集加工】秋、冬二季采挖，除去须根，洗净，切片，干燥。

【药材性状】为不规则的薄片，边缘不整齐，大小不一，厚约 0.5mm。有的有棕黑色或灰棕色的外皮。切面黄白色或淡灰棕色，维管束呈小点状散在。质松，略有弹性，易折断，新断面近外皮处显淡黄色。气微，味辛、微苦。

【质量要求】片薄、色白，无霉烂。

【药材炮制】除去杂质，筛去灰屑。

【化学成分】根茎含甾体类：粉背薯蓣皂苷 A（hypoglaucine A）、原粉背薯蓣皂苷 A（protohypoglaucine A）[1]，粉背薯蓣皂苷 F（hypoglaucin F）[2,3]，粉背薯蓣皂苷 G、H（hypoglaucin G、H）[3,4]，薯蓣皂苷原皂苷元 A（prosapogenin A of dioscin）、薯蓣皂苷（dioscin）、纤细薯蓣皂苷（gracillin）[2]，（25*S*）-26-（β-D- 吡喃葡萄糖氧基）-22α- 甲氧基呋甾 -5- 烯 -3β-*O*-α-L- 吡喃鼠李糖基 -（1 → 2）-*O*-［β-D- 吡喃葡萄糖基 -（1 → 3）］-β-D- 吡喃葡萄糖苷 {（25*S*）-26-（β-D-glucopyranosyloxy）-22α-methoxyfurost-5-en-3β-*O*-α-L-rhamnopyranosyl-（1 → 2）-*O*-［β-D-glucopyranosyl-（1 → 3）］-β-D-glucopyranoside}[3]，孕甾 -5, 16- 二烯 -3β- 醇 -20- 酮 -3-*O*-α-L- 吡喃鼠李糖基 -（1 → 2）-［α-L- 吡喃鼠李糖基 -（1 → 4）］-β-D- 吡喃葡萄糖苷 {pregna-5, 16-dien-3β-ol-20-one-3-*O*-α-L-rhamnopyranosyl-（1 → 2）-［α-L-rhamnopyranosyl-（1 → 4）］-β-D-glucopyranoside}[4]，原新薯蓣皂苷（protoneodioscin）、原薯蓣皂苷（protodioscin）、原新纤细薯蓣皂苷（protoneogracillin）、原纤细薯蓣皂苷（protogracillin）、甲基原薯蓣皂苷（methyl protodioscin）、甲基原新薯蓣皂苷（methyl protoneodioscin）、甲基原新纤细薯蓣皂苷（methyl protoneogracillin）、甲基原纤细薯蓣皂苷（methyl protogracillin）[2,5]，$\Delta^{3,5}$- 去氧替告皂苷元（$\Delta^{3,5}$-deoxytigogenin）、$\Delta^{3,5}$- 去氧新替告皂苷元（$\Delta^{3,5}$-deoxyneotigogenin）、薯蓣皂苷元棕榈酸酯（diosgenin palmitate）、亚莫皂苷元棕榈酸酯（yamogenin palmitate）、薯蓣皂苷元乙酸酯（diosgenin acetate）、亚莫皂苷元乙酸酯（yamogenin acetate）、薯蓣皂苷元（diosgenin）、亚莫皂苷元（yamogenin）和 β- 谷甾醇（β-sitosterol）[6]；挥发油类：对二甲苯（*p*-xylene）、邻苯二甲酸二异丁酯（diisobutyl phthalate）、1, 2- 联苯二甲酸丁醇辛醇酯（1, 2-biphenyldicarbocylic acid butyloctyl ester）、正十六烷酸（*n*-hexadecanoic acid）、邻苯二甲酸二丁酯（dibutyl phthalate）、2, 4- 双（1- 甲基 -1- 苯乙基）苯酚［2, 4-bis（1-methyl-1-phenylethyl）-phenol］和单（2- 乙己基）邻苯二甲酸酯［mono（2-ethylhexyl）phthalate］[7]。

【药理作用】1. 抗肿瘤 从块茎中提取的挥发油可抑制肺癌 NCI-H460 细胞的增殖[1]；从块茎中提取分离的甾体皂苷成分甲基原新纤细薯蓣皂苷（methyl protoneogracillin）对白血病 CCRF-CEM 和 RPMT-8226 细胞、结肠癌 KM12 细胞、中枢神经系统癌 SF-539 和 U251 细胞等有很强的细胞毒作用，而纤细薯蓣皂苷（gracillin）也对许多肿瘤细胞株具有细胞毒作用[2]。从根茎提取分离的成分原薯蓣皂苷（protodioscin）对白血病 Molt-4 细胞、非小细胞肺癌 A549/ATCC 细胞、结肠癌 HCT-166 和 SW-620 细胞等均具细胞毒作用[3]。2. 抗菌 从块茎中提取的挥发油可抑制金黄色葡萄球菌、大肠杆菌和红酵母的生长[1]。

【性味与归经】苦，平。归肾、胃经。

【功能与主治】利湿去浊，祛风除痹。用于膏淋，白浊，白带过多，风湿痹痛，关节不利，腰膝疼痛。

【用法与用量】9 ～ 15g。

【药用标准】药典 1977—2015、浙江炮规 2015、贵州药材 2003、新疆药品 1980 二册和台湾 2013。

【临床参考】1. 高尿酸血症：根茎 15g，加黄芪 20g，白术、女贞子各 12g，丹参、灵芝、首乌藤、土茯苓各 30g，当归、枸杞子、知母、黄柏各 9g，赤芍、酒黄精、玉米须各 15g，水煎服，每日 1 剂，同时别嘌呤醇口服，1 次 0.1g，每日 1 次[1]。

2. 痰湿中阻型肝病：根茎 15g，加苍术、白术、茯苓、浙贝母、草决明、黄芩、桑寄生、巴戟天、丹参各 15g，垂盆草 30g、枳壳 9g、白芥子 12g，水煎服[2]。

3. 痛风：根茎 20g，加泽泻、玉米须、防己、川牛膝、虎杖、郁金各 10g，车前子（包煎）、生地、土茯苓、薏苡仁各 15g，秦皮 20g、制大黄 6g、六一散（包煎）10g，水煎，早晚分服，每日 1 剂[3]。

4. 肾炎：根茎，加黄柏、知母、泽泻、茯苓、益智仁、牡丹皮制成复方萆薢丸，1 次 9g，饭前开水吞服，每日 3 次，7 日 1 疗程。

5. 乳糜尿：根茎 15g，加石菖蒲、乌药各 9g，食盐少许，水煎服。（4 方、5 方引自《浙江药用植物志》）

【附注】萆薢之名始载于《神农本草经》，列为中品。《名医别录》谓“萆薢生真定山谷。二月、八月采根，曝干。”《新修本草》云：“此药有二种：茎有刺者，根白实；无刺者，根虚软，内软者为胜，叶似薯蓣，蔓生。”由此看来，在唐代已出现了两类萆薢并用的情形。一类茎有刺者应为菝葜属 *Smilax* Linn. 植物；另一类茎无刺、叶似薯蓣、蔓生，应为薯蓣属 *Dioscorea* Linn. 植物。其中，《本草图经》附有兴元府萆薢等四幅萆薢图，其中兴元府萆薢与本变种及其原变种叉蕊薯蓣 *Dioscorea collettii* Hook. f. 比较一致。

原变种叉蕊薯蓣 *Dioscorea collettii* Hook. f. 的根茎在贵州作黄山药药用；此外同属植物纤细薯蓣 *Dioscorea gracillima* Miq. 及细柄薯蓣 *Dioscorea tenuipes* Franch. et Sav. 的根茎浙江局部地区民间也作粉萆薢药用。

药材粉萆薢阴虚阴亏者慎服。

【化学参考文献】

[1] 唐世蓉，庞自洁 . 粉背薯蓣甾体皂甙的分离鉴定 [J]. 植物学报，1984，26（4）：419-424.

[2] Hu K，Dong A J，Yao X S，et al. A furostanol glycoside from rhizomes of *Dioscorea collettii* var. *hypoglauca* [J]. Phytochemistry，1997，44（7）：1339-1342.

[3] Hu K，Dong A J，Yao X S，et al. Antineoplastic steroidal saponins from rhizomes of *Dioscorea collettii* var. *hypoglauca* [J]. Studies in Plant Science，（Advances in Plant Glycosides，Chemistry and Biology），1999，6：220-229.

[4] Hu K，Yao X S，Dong A J，et al. A new pregnane glycoside from *Dioscorea collettii* var. *hypoglauca* [J]. J Nat Prod，1999，62（2）：299-301.

[5] Hu K，Dong A J，Yao X S，et al. Antineoplastic agents. Part 2. four furostanol glycosides from rhizomes of *Dioscorea collettii* var. *hypoglauca* [J]. Planta Med，1997，63（2）：161-165.

[6] 娄伟，杨永庆，陈延镛，等 . 粉背薯蓣中甾体皂甙元的分离和鉴定 [J]. 云南植物研究，1984，6（4）：412-416.

[7] 邓明强，张小平，王琼，等 . 粉背薯蓣挥发油的成分分析及生物活性的初步研究 [J]. 中国实验方剂学杂志，2008，14（2）：6-8.

【药理参考文献】

[1] 邓明强，张小平，王琼，等 . 粉背薯蓣挥发油的成分分析及生物活性的初步研究 [J]. 中国实验方剂学杂志，2008，14（2）：6-8.

[2] Hu K，Yao X . The cytotoxicity of methyl protoneogracillin（NSC - 698793）and gracillin（NSC - 698787），two steroidal saponins from the rhizomes of *Dioscorea collettii* var. *hypoglauca*，against human cancer cells *in vitro* [J]. Phytotherapy Research，2003，17：620-626.

[3] Hu K，Yao X . Protodioscin（NSC-698 796）：its spectrum of cytotoxicity against sixty human cancer cell lines in an anticancer drug screen panel [J]. Planta Medica，2002，68（4）：297-301.

【临床参考文献】

[1] 彭欣，徐蓉娟 . 健脾化痰、补肾泄浊法治疗高尿酸血症 [J]. 中医杂志，2018，59（15）：1340-1341.

[2] 况成宝 . 临床肝病治验 3 则 [J]. 云南中医中药杂志，2011，32（4）：34-35.

[3] 张宇成，王红艳，汪悦 . 汪悦治疗痛风的经验 [J]. 江苏中医药，2016，48（7）：22-23.

1164. 穿龙薯蓣（图 1164）• *Dioscorea nipponica* Makino

【别名】龙萆薢（浙江），山常山（山东），竹根薯、铁根薯（浙江），穿山龙薯蓣，穿山龙。

【形态】多年生缠绕草质藤本。根茎横走，外皮污棕色，外皮常显著层状松动甚至自动剥落致露出枯黄色的内层，鲜时断面黄色。茎左旋，具细纵槽，被微毛。单叶互生，茎下部或幼株顶端常 3 ～ 4 枚轮生，纸质，茎中下部叶为掌状卵心形，长 8 ～ 18cm，宽 6 ～ 15cm，先端渐尖，基部心形，5 ～ 7 浅裂至中裂，中间裂片最大，茎上部者形渐小，分裂渐浅，茎顶端者不裂，长卵状心形，边缘浅波状，两面具白色细柔毛，基出脉 9 条。花单性，雌雄异株；花被淡黄绿色；雄花序穗状，或再排列成圆锥花序，下部花常 2 ～ 3 多簇生，上部花常单生；雄蕊 6 枚，全育；雌花序穗状，雌花单生。果序下垂，果梗反曲，果面向上；蒴果三棱状倒卵形，长 1.6 ～ 2.3cm，宽 1.1 ～ 1.6cm，顶端微凹，暗黄棕色。花期 5 ～ 7 月，果期 7 ～ 9 月。

图 1164 穿龙薯蓣 摄影 中药资源办等

【生境与分布】生于海拔 500 ～ 1200m 的阴湿山谷沟边或林下。分布于安徽、浙江、江西、山东，另河南、河北、四川、山西、陕西、甘肃、宁夏、青海、内蒙古、辽宁、吉林、黑龙江、青海等地均有分布；日本、朝鲜、俄罗斯也有分布。

【药名与部位】穿山龙，根茎。

【采集加工】春、秋二季采挖，洗净，除去须根和外皮，晒干。

【药材性状】根茎呈类圆柱形，稍弯曲，长 15 ～ 20cm，直径 1.0 ～ 1.5cm。表面黄白色或棕黄色，有不规则纵沟、刺状残根及偏于一侧的突起茎痕。质坚硬，断面平坦，白色或黄白色，散有淡棕色维管束小点。气微，味苦涩。

【药材炮制】除去杂质，洗净，润透，切厚片，干燥。

【化学成分】根茎含二元羧酸类：对苄基酒石酸（piscidic acid）[1]；甾体类：薯蓣皂苷（dioscin）[2]，纤细薯蓣皂苷（gracillin）[3]，原薯蓣皂苷（protodioscin）、伪原薯蓣皂苷（pseudoprotodioscin）、甲基原薯蓣皂苷（methyl protodioscin）[4]，薯蓣皂苷元 3-*O*-［α-L- 吡喃鼠李糖 -（1 → 3）-α-L- 吡喃鼠李糖 -（1 → 4）-α-L- 吡喃鼠李糖 -（1 → 4）］-β-D- 吡喃葡萄糖苷 {diosgenin-3-*O*-［α-L-rhamnopyranosyl-（1 → 3）-α-L-rhamnopyranosyl-（1 → 4）-α-L-rhamnopyranosyl-（1 → 4）］-β-D-glucopyranoside}[5]，26-*O*-α-D- 吡喃葡萄糖基呋甾 -5（6），20（22）- 二烯 -3α, 26- 二醇［26-*O*-α-D-glucopyranosyl furost-5（6），20（22）-dien-3α, 26-diol］[6]，26-*O*-β-D- 吡喃葡萄糖基 -（25*R*）-22- 羟基 - 呋甾 -$\Delta^{5(6)}$-3β, 26- 二羟基 -3-*O*-［α-L- 吡喃鼠李糖基 -（1 → 2）］-β-D- 吡喃葡萄糖基 -（1 → 3）-β-D- 吡喃葡萄糖苷 {26-*O*-β-D-glucopyranosyl-（25*R*）-22-hydroxy-furostane-$\Delta^{5(6)}$-3β, 26-dihydroxy-3-*O*-［α-L-rhamnopyranosyl-（1 → 2）］-β-D-glucopyranosyl-（1→3）-β-D-glucopyranoside}、26-*O*-β-D- 吡喃葡萄糖基 -（25*R*）-22- 羟基 - 呋甾 -$\Delta^{5(6)}$-3β, 26- 二羟基 -3-*O*-［α-L- 吡喃鼠李糖基 -（1→2）］-α-L- 吡喃鼠李糖基 -（1→4）-β-D- 吡喃葡萄糖苷 {26-*O*-β-D-glucopyranosyl-（25*R*）-22-hydroxy-furostane-$\Delta^{5(6)}$-3β, 26-dihydroxy-3-*O*-［α-L-rhamnopyranosyl-（1→2）］-α-L-thamnopyranosyl-（1→4）-β-D-glucopyranoside}［7］, 7- 酮基薯蓣皂苷（7-oxodioscin）、日本草薢苷 G（dioseptemloside G）、（25*R*）- 龙血树苷 G［（25*R*）-dracaenoside G］、圆果薯蓣皂苷 B（orbiculatoside B）、甲基原薯蓣皂苷（methylprotodioscin）、26-（β-D- 吡喃葡萄糖氧基）-22- 甲氧基呋甾 -5- 烯 -3-*O*-［α-L- 吡喃鼠李糖基 -（1→4）］-β-D- 吡喃葡萄糖苷 {26-（β-D-glucopyranosyloxy）-22-methoxyfurost-5-en-3-*O*-［α-L-rhamnopyranosyl-（1→4）］-β-D-glucopyranoside}［8］, 薯蓣皂苷元（diosgenin）［9］, 延龄草苷（trillin）［10, 11］, 甲基原薯蓣皂苷（methylprotodioscin）、原薯蓣皂苷（protodioscin）、薯预皂苷（dioscin）、薯蓣皂苷元 -3, 6- 二酮（diosgenin-3, 6-dione）、1, 7- 二 -（4- 羟苯基）-（4*E*, 6*E*）- 庚二烯 -3- 酮［1, 7-bis-（4-hydroxyphenyl）-（4*E*, 6*E*）-heptadien-3-one］、原薯蓣皂苷元Ⅱ（progenin Ⅱ）、龙血树苷 E（dracaenoside E）［11］和原薯蓣皂苷元Ⅲ（prodiosgenin Ⅲ）［8, 11］；二芳基庚烷类：穿龙薯蓣醇 *A、B（diosniponol A、B）、（1*S*, 3*R*, 5*S*）-1, 7- 二 -（4- 羟基苯基）-1, 5- 环氧 -3- 羟基庚烷［（1*S*, 3*R*, 5*S*）-1, 7-bis-（4-hydroxyphenyl）-1, 5-epoxy-3-hydroxyheptane］、（1*S*, 3*S*, 5*S*）-1, 7- 二 -（4- 羟基苯基）-1, 5- 环氧 -3- 羟基庚烷［（1*S*, 3*S*, 5*S*）-1, 7-bis-（4-hydroxyphenyl）-1, 5-epoxy-3-hydroxyheptane］、（1*S*, 3*S*, 5*R*, 6*E*）-1, 7- 二 -（4- 羟基苯基）-1, 5- 环氧 -3- 羟基庚烷 -6- 酮［（1*S*, 3*S*, 5*R*, 6*E*）-1, 7-bis-（4-hydroxyphenyl）-1, 5-epoxy-3-hydroxyhept-6-one］、（3*R*, 5*R*）-3, 5- 二羟基 -1-（4- 羟基 -3- 甲氧基苯基）-7-（3, 4- 二羟基苯基）庚烷［（3*R*, 5*R*）-3, 5-dihydroxy-1-（4-hydroxy-3-methoxyphenyl）-7-（3, 4-dihydroxyphenyl）heptane］、草果芳酮（tsaokoarylone）、1, 7- 二 -（4- 羟基苯基）- 庚 -（4*E*, 6*E*）- 二烯 -3- 酮［1, 7-bis-（4-hydroxyphenyl）-hepta-（4*E*, 6*E*）-dien-3-one］、1, 7- 二 -（3, 4- 二羟基苯基）庚 -（4*E*, 6*E*）- 二烯 -3- 酮［1, 7-bis-（3, 4-dihydroxyphenyl）-hepta-（4*E*, 6*E*）-dien-3-one］、（4*E*, 6*E*）-1-（3′, 4′- 二羟基苯基）-7-（4″- 羟基苯基）庚 -4, 6- 二烯 -3- 酮［（4*E*, 6*E*）-1-（3′, 4′-dihydroxyphenyl）-7-（4″-hydroxyphenyl）hepta-4, 6-dien-3-one］和 5- 羟基 -1-（4′- 羟基苯基）-7-（4″- 羟基苯基）庚 -1- 烯 -3- 酮［5-hydroxy-1-（4′-hydroxyphenyl）-7-（4″-hydroxyphenyl）hepta-1-en-3-one］［12］；二芳基烯酮类：7-（4- 羟基 -3- 甲氧基苯基）-1-（4- 羟苯基）-（4*E*, 6*E*）- 庚二烯 -3- 酮［7-（4-hydroxy-3-methoxyphenyl）-1-（4-hydroxyphenyl）-（4*E*, 6*E*）-heptadien-3-one］［11］和 1-（4- 羟基 -3- 甲氧基苯基）-5-（4- 羟基苯基）- 戊 -（1*E*, 4*E*）-1, 4- 二烯 -3- 酮［1-（4-hydroxy-3-methoxyphenyl）-5-（4-hydroxyphenyl）-penta-（1*E*, 4*E*）-1, 4-dien-3-one］［12］；芪类：穿龙薯蓣醇 *C、D（diosniponol C、D）、穿龙薯蓣醇苷 *A、B（diosniposide A、B）、6- 甲氧基贝母兰宁（6-methoxycoelonin）、3, 7- 二羟基 -2, 4, 6- 三甲氧基菲（3, 7-dihydroxy-2, 4, 6-trimethoxy-phenanthrene）和 4, 7- 二氢 -2, 6- 二甲氧基 -9, 10- 二氢菲（4, 7-dihydro-2, 6-dimethoxy-9, 10-dihydrophenanthrene）［13］；木脂素类：（+）- 丁香脂素［（+）-syringaresinol］和（+）- 丁香脂素 -*O*-β-D- 吡喃葡萄糖苷［（+）-syringaresinol-*O*-β-D-glucopyranoside］［13］；酚酸类：香草酸（vanillic acid）、对羟基苯甲醛（*p*-hydoxybenzaldehyde）、对羟基苯甲酸（*p*-hydroxybenzoic acid）、原儿茶酸（protocatechuic acid）和 4-（4- 羟基苯基）- 丁烷 -2- 酮［4-（4-hydroxyphenyl）-butan-2-one］［13］；胺类：酪胺（tyramine）和 *N*- 乙酰酪胺（*N*-acetyltyramine）［13］；黄酮类：甘草素（liquiritigenin）［13］。

地上部分含甾体类：薯蓣皂苷元（diosgenin）、β- 谷甾醇（β-sitosterol）和胡萝卜苷（daucosterol）［14］；醌类：7- 羟基 -2, 6- 二甲氧基 -1, 4- 菲醌（7-hydroxy-2, 6-dimethoxy-1, 4-phenanthraquinone）［14］；黄酮类：山柰酚 -3-*O*-β- 芸香糖苷（kaempferol-3-*O*-β-rutinoside）和山柰酚 -3-*O*-β-D- 吡喃葡萄糖苷（kaempferol-3-*O*-β-D-glucopyranoside）［14］；香豆素类：（3*S*）-6, 8- 二羟基 -3- 苯基 -3, 4- 二氢异香豆素［（3*S*）-6, 8-dihydroxy-3-phenyl-3, 4-dihydroisocoumarin］［14］；酚类：4′, 5- 二羟基 -3, 3′- 二甲氧基联苄（4′, 5-dihydroxy-3, 3′-dimethoxybibenzyl）［14］；多糖类：穿龙薯蓣多糖 A、B（DMA、DMB）［13］；多元醇类：甘露醇（mannitol）［14］；烷烃类：正癸烷（*n*-decane）［14］。

【药理作用】1. 抗炎 地上部分水提取物有显著的抗炎作用[1]；从根茎提取的总皂苷对尿酸钠晶体（MSU）诱导的痛风性关节炎（GA）具有抗炎作用，通过影响 TLR5 2/4-IL1R 受体信号通路来实现[2]；总皂苷可通过 SDF-1/CXCR4 和 p38 MAPK 受体信号通路对痛风性关节炎具有抗炎作用[3]；总皂苷可通过调节溶酶体酶、抗氧化和 NALP3 炎症来治疗痛风性关节炎[4]；总皂苷对佐剂性关节炎大鼠（AA）有良好的抗炎作用[5]；总皂苷可减少佐剂性关节炎大鼠膝关节滑膜新生血管数量，能明显降低Ⅱ型胶原诱导性关节炎（CIA）大鼠的膝关节滑膜 VEGF 及其受体 Flk-1、Ang-2 及其受体 Tie-2.VEGF mRNA 的表达水平[6]；总皂苷通过抑制转录因子 AP-1 来调控血管新生相关基因的表达，抑制血管新生[7]；总皂苷能显著降低 rIL-1β 诱导下大鼠 FLS 中的 p-PI3K、p-AKT 含量，可抑制 PI3K/Akt 信号转导通路[8]；总皂苷可抑制 SDF-1 及 IκB 激酶的激活，可能通过对 SDF-1 的表达调控进而调控 IKK 的表达[9]；总皂苷可抑制 VEGF mRNA 表达水平及 AP-1 DNA 结合作用，其机制可能是通过抑制转录因子 AP-1 来调控血管新生关键因子 VEGF 的产生，进而抑制血管新生[10]；总皂苷能明显降低Ⅱ型胶原诱导性关节炎大鼠血清中的肿瘤坏死因子 -α（TNF-α）、白细胞介素 -1β（IL-1β）和白细胞介素 -6（IL-6）含量，减轻滑膜组织的病理损伤，表明其对治疗类风湿关节炎有一定的作用[11]；总皂苷可能通过降低滑膜血管内皮生长因子 mRNA、血管生成素 -2 及 Tie-2 的表达，抑制滑膜血管新生，从而对类风湿关节炎发挥治疗作用[12]；总皂苷可能通过抑制核转录因子（NF-κB）信号转导通路中核转录因子 p65 的活性和 JAK-STAT 信号转导通路中重要底物 STAT3 蛋白的表达，起到抑制类风湿性关节炎血管新生的作用[13]；总皂苷对Ⅱ型胶原诱导性关节炎有免疫调节作用[14]；总皂苷可通过对 β- 半乳糖苷酶和 β-*N*- 乙酰氨基葡萄糖酶活性的调节，即溶酶体酶的调节作用达到治疗痛风性关节炎的目的[15]；总皂苷可抑制白细胞介素 -1β 及其介导的信号转导通路[16]；总皂苷可通过调节鸟苷、肌酐与尿酸的含量对痛风性关节炎起潜在的治疗作用[17]；总皂苷有良好的抗炎及免疫调节作用，其机制部分可能与调节机能依赖性的双向免疫及抑制炎性细胞因子产生有关[18]；总皂苷含药血清可抑制核转录因子 p65 的 DNA 结合作用及 STAT3 蛋白的表达[19]；总皂苷可使Ⅱ型胶原诱导性关节炎大鼠的管滑膜组织核转录因子 p65、AP-1 的 DNA 结合作用及 STAT3 蛋白的表达显著降低[20]；从根茎提取分离的成分薯蓣皂苷元（diosgenin）在体外对Ⅱ型胶原诱导性关节炎模型小鼠的 Thl 和 Th17 细胞可以产生明显的抑制作用，对 Th2 细胞有一定的促进作用，但效果不显著[21]；薯蓣皂苷元可降低哮喘 BABL/c 小鼠炎症细胞浸润和减少肿瘤坏死因子 -α、白细胞介素 -1β 和白细胞介素 -6 的含量[22]；从根茎提取分离的成分延龄草苷（trillin）可减少四氯化碳（CCl_4）诱导小鼠肝损伤的肝脏慢性炎症和纤维化[23]；从根茎提取分离的成分薯蓣皂苷（dioscin）可抑制氧化应激和炎症，对脂多糖诱导的急性肺损伤具有保护作用[24]；薯蓣皂苷通过 PGC-1α/ERα 途径预防卵巢切除术后 LDLR-/- 小鼠绝经后动脉粥样硬化[25]；薯蓣皂苷可抑制 Th17 细胞反应减弱胶原诱导的关节炎[26, 27]；从根茎提取分离的二芳基庚烷类成分（diarylheptanoids）有抗神经炎作用[28]；从根茎提取分离的有机酚类衍生物（phenolic derivatives）有显著的抗神经炎和神经保护作用[29]；从根茎提取的水溶性总皂苷可提高 $CD4^+$T 细胞亚群数值和 CD4/CD8 值，改善 Thl/Th2 失衡状态，从而达到免疫调节作用，改善桥本甲状腺炎（HT）的免疫炎性反应[30]；水溶性总皂苷能降低甲状腺自身抗体，其可能通过降低白细胞介素 -2（IL-2）的含量、升高白细胞介素 -4（IL-4）的含量而调节 Th1/Th2 的失衡[31]；水溶性总皂苷可抑制核转录因子通路的活化，阻碍下游多种基因的分泌与活化[32]；水溶性总皂苷可能通过抑制 RSC-364 细胞分泌 MMP-2 和 MMP-9 发挥抗类风湿性关节炎的作用[33]；水溶性总皂苷可抑制类风湿关节炎患者成纤维样滑膜细胞的核转录因子的表达[34]。2. 平喘 根茎制成的浸膏能明显减轻哮喘气道炎症，其机制可能与通过促进凋亡因子 Caspase-3 和 Caspase-9 的表达，来调控哮喘大鼠肺组织中的 EOS 的凋亡有关[35]；根茎制成的浸膏能减少哮喘大鼠气道内 Eos 的浸润，能够明显减轻哮喘气道炎症[36]；根茎制成的浸膏可明显减少哮喘豚鼠肺组织 Eos 浸润，减轻哮喘气道炎症，可通过诱导减低 Eos Bcl-2 mRNA 的表达水平及减少 Bcl-2 蛋白表达而促使 Eos 凋亡[37]；根茎制成的浸膏能减少哮喘豚鼠肺组织 Eos 的浸润，减低细胞因子白细胞介素 -5（IL-5）、白细胞介素 -3（IL-3）、GM-CSF 的含量，从而减轻哮喘气道炎症[38]；从根茎提取的总皂苷可不同程度地有效降低急性及亚急性气道高反应模型的气道阻力及白细胞介素 -17A（IL-17A）的含量[39]；总皂苷能抑制慢性迁延期哮喘小鼠气道壁及支气管平滑肌的增生，抑制其肺泡灌洗液、肺组织匀浆中白细胞介素 -17A 的表达，控制哮喘的发生、发展[40]；总皂苷能抑制哮喘小鼠肺组织表达 α-SMA，影响平滑肌增厚，改善哮喘小鼠气道重塑状态[41]；总皂苷能改善哮喘小鼠气道结构，并可通过抑制 MMP-9、增加 TIMP-1 蛋白的表达从而减轻小鼠哮喘气道重塑状态[42]。3. 降血糖　根茎的水提取物可降低血糖，源于改善胰岛素抵抗所致[43]；从根茎提取的总皂苷有抗糖尿病作用，可降低食物 / 水摄入量、空腹血糖和血脂参数，改善口服葡萄糖和胰岛素耐量试验水平[44]；根茎的水提取物有降血糖作用，能够改善胰岛素抵抗，其改善胰岛素抵抗的机制可能是增加 *GLUT4* 基因的表达[45]；从根茎提取的总皂苷可降低肥胖胰岛素抵抗大鼠的 INS、总胆固醇（TC）、甘油三酯（TG）、空腹血糖（FBG），并升高高密度脂蛋白胆固醇（HDL-C），降低 IRI，能显著改善脂肪肝[46]；根茎的水提取物具有改善胰岛素抵抗的作用，其机制可能是通过抑制脂肪细胞中核转录因子的活化[47]。4. 降血尿酸　根及根茎水提取物 30% 乙醇洗脱部分可显著降低高尿酸血症小鼠的血尿酸含量[48]；根茎的 60% 乙醇提取物可显著降低急性高尿酸血症大鼠的血尿酸含量[49]；根茎的 50% 乙醇提取物可改善小鼠尿酸排泄[50]；从根茎提取物分离得到的总皂苷具有降高尿酸血症血尿酸和抗炎作用，其降尿酸的机制可能是通过抑制尿酸生成并促进尿酸的排泄而实现的[51]。5. 免疫调节　从根茎提取的总皂苷（TSDN）对体液和细胞免疫功能有显著的抑制作用，可显著降低小鼠 SRBC 溶血素抗体生成量和减弱 DNFB 所致小鼠迟发型超敏反应[52]；从根茎提取的总皂苷可通过调节 T 细胞亚群的分化，抑制炎症性 Th1 细胞因子和抗凋亡来有效地减轻佐剂性关节炎[53]；从根茎提取的总皂苷含药血清可抑制刀豆蛋白 A（Con A）诱导的大鼠脾淋巴细胞增殖及白细胞介素 -2（Il-2）的产生[54]；从根茎提取的成分薯蓣皂苷的含药血清可抑制脂多糖（LPS）诱导小鼠的脾淋巴细胞增殖及白细胞介素 -6 的产生，可能是免疫抑制作用的机制之一[55]；从根茎提取的总皂苷可抑制佐剂性关节炎（AA）小鼠 BMMSCs PPARγ 和 C/EBPα 的表达，减少脂肪细胞分泌 Adiponectin、Leptin，进而有效地抑制 BMMSCs 向脂肪细胞的过度分化[56]；薯蓣皂苷能调节提高再障小鼠骨髓 $CD3^+$、$CD4^+$ 的表达，抑制小鼠骨髓 $CD8^+$ 的表达，促进 $CD4^+/CD8^+$ 值的恢复，从而抑制骨髓 T 细胞的异常激活，促进骨髓造血功能的恢复[57]；薯蓣皂苷能下调再障小鼠 p-mTOR、p-S6 基因及蛋白质表达，从而抑制 T 淋巴细胞的异常激活，发挥免疫抑制作用，改善骨髓造血功能[58]。6. 抗氧化　从地上部分水提取物分离得到的多糖具有清除羟自由基（•OH）的作用[59]；从根茎提取分离的多糖通过干扰 NADPH 氧化酶 / 活性氧（ROS）信号通路抑制过氧化氢（H_2O_2）造成的 HUVECs 氧化损伤，保护内皮细胞[60]；从根茎提取的多糖可用于消除 1, 1- 二苯基 -2- 三硝基苯肼（DPPH）自由基以及超氧阴离子自由基（O_2^-•）等，具有一定的体外抗氧化作用[61]；根茎烯碱提取物对革兰氏阴性菌大肠杆菌和真菌假丝酵母的生长有一定的抑制作用，最低抑菌浓度（MIC）分别为 20g/L 与 4g/L[62]。7. 抗肿瘤　从根茎乙醇提取物分离得到的甲基原薯蓣皂苷（methylprotodioscin）、原薯蓣皂苷（protodioscin）、薯预皂苷（dioscin）、薯蓣皂苷元 -3, 6- 二酮（diosgenin-3，6-dione）、7-（4- 羟基 -3- 甲氧基苯基）-1-（4- 羟苯基）-（4*E*，6*E*）- 庚二烯 -3- 酮［7-（4-hydroxy-3-methoxyphenyl）-1-（4-hydroxyphenyl）-（4*E*, 6*E*）-heptadien-3-one］、1, 7- 二 -（4- 羟苯基）-（4*E*, 6*E*）- 庚二烯 -3- 酮［1, 7- 二 -（4-hydroxyphenyl）-（4*E*, 6*E*）-heptadien-3-one］、原薯蓣皂苷元 II、III（progenin II、III）、龙血树苷 E（dracaenoside E）和延龄草皂苷（trillin）对肝癌 HepG2 细胞的生长具有一定的抑制作用[63]；根茎提取物可抑制核转录因子和 SP-1 在肝癌细胞中的作用，通过抑制 PI3K/Akt 减弱尿激酶型纤溶酶原激活剂的迁移和侵袭[64]；根茎乙醇提取物可抑制人类口腔癌 HSC-3 细胞的迁移和侵袭，通过调节 CREB 和 AP-1 的作用抑制基质金属蛋白酶 -2[65]；从根茎提取分离的薯蓣皂苷元可诱导前列腺癌细胞的自噬和凋亡[66]。8. 镇痛　从根茎提取物分离得到的薯蓣皂苷可改善糖尿病（DM）大鼠血清致痛物质的表达，作用强于强的松[67]；从根茎提取物分离得到的薯蓣皂苷可通过抑制痛性糖尿病周围神经病变大鼠坐骨神经 Nav1.7、Nav1.8、Nav1.9 mRNA 的表达，缓解糖尿病神经病理性疼痛的症状[68, 69]；薯蓣皂苷可减轻糖尿病周围神经病变大鼠的疼痛症状，改善痛性糖尿病周围神经病变大鼠的神经损伤[70]；

薯蓣皂苷对三硝基苯磺酸（TNBS）诱导的肠易激综合征（IBS）大鼠具有治疗作用[71]。9. 抗血栓　根茎提取物甾体皂苷（CSL）有一定的对抗血栓形成的作用[72]。10. 抑制血管增生　从根茎提取分离的总皂苷可能通过降低关节滑膜 VEGF 的表达发挥抑制滑膜血管新生的作用[73]；总皂苷可能通过抑制 VEGF 和 Flk-1 的表达来发挥抗血管新生作用[74]。

【性味与归经】甘、苦，温。归肝、肾、肺经。

【功能与主治】祛风除湿，舒筋通络，活血止痛，止咳平喘。用于风湿痹病，关节肿胀，疼痛麻木，跌扑损伤，闪腰岔气，咳嗽气喘。

【用法与用量】9 ～ 15g；也可制成酒剂用。

【药用标准】药典 1977、药典 2005—2015、甘肃药材（试行）1995、河南药材 1991、山西药材 1987、山东药材 2002、宁夏药材 1993、内蒙古药材 1988 和香港药材七册。

【附注】《本草图经》载："今河、陕、京东、荆、蜀诸郡有之。根黄白色，多节，三指许大，苗叶俱青，作蔓生，叶作三叉，似山竽，今成德军所产者根亦如山竽，体硬，其苗叶引蔓，叶似荞麦，子三棱……。"所绘之成德军萆薢系薯蓣属植物，根据其分布地区看，应为本种。

药材穿山龙粉碎加工时，注意防护，以免发生过敏反应。

【化学参考文献】

[1] 何宝俊，刘振庸，金光石，等. 穿山龙水溶性有效成分的研究 I —对 - 羟苄基酒石酸的分离和鉴定[J]. 药学学报，1980，15（12）：764-765.

[2] Tsukamoto T，Kawasaki T，Naraki A，et al. Saponins of Japanese Dioscoreaceae. II. water-in-soluble saponins from *Dioscorea nipponica*，*Dioscorea gracillima*，and *Dioscorea tennipes*[J]. Yakugaku Zasshi，1954，74：984-987.

[3] 方一苇，赵家俊，贺玉珍，等. 穿龙薯芋中两种水难溶性甾体皂甙的结构研究[J]. 药学学报，1982，17（5）：388-391.

[4] Lin S H，Wang D M，Yang D P，et al. Characterization of steroidal saponins in crude extract from *Dioscorea nipponica* Makino by liquid chromatography tandem multi-stage mass spectrometry[J]. Anal Chim Acta，2007，599（1）：98-106.

[5] 都述虎，刘文英，付铁军，等. 穿龙薯蓣总皂苷中甾体皂苷的分离与鉴定[J]. 药学学报，2002，37（4）：267-270.

[6] Cui CB，Xu C，Gu Q Q，et al. A new furostanol saponin from the water-extract of *Dioscorea nipponica* Mak.，the raw material of the traditional Chinese herbal medicine Wei Ao Xin[J]. Chin Chem Lett，2004，15（10）：1191-1194.

[7] 康利平，马百平，王煜，等. 穿山龙中甾体皂苷的分离鉴定[J]. 中国药学杂志，2005，40（20）：1538-1541.

[8] Ali Z，Smillie T J，Khan I A. 7-Oxodioscin，a new spirostan steroid glycoside from the rhizomes of *Dioscorea nipponica*[J]. Nat Prod Commun，2013，8（3）：319-321.

[9] Tsukamoto T，Kawasaki T. Saponins of Japanese Dioscoreaceae. I. sapogenins from *Dioscorea nipponica*，*D. gracillima*，*D. quinqueloba*，and *D. tenuipes*[J]. Yakugaku Zasshi，1954，74：72-75.

[10] Tan H，He Q，Li R，et al. Trillin reduces liver chronic inflammation and fibrosis in carbon tetrachloride induced liver injury in mice[J]. Immunological Investigations，2016，45（5）：371-382.

[11] 舒艳. 穿龙薯蓣（*Dioscorea nipponica* Mak.）抗癌活性成分的研究[D]. 沈阳：沈阳药科大学硕士学位论文，2006.

[12] Woo K W，Moon E J，Kwon O W，et al. Anti-neuroinflammatory diarylheptanoids from the rhizomes of *Dioscorea nipponica*[J]. Bioorg Med Chem Lett，2013，23（13）：3806-3809.

[13] Woo K W，Kwon O W，Kim S Y，et al. Phenolic derivatives from the rhizomes of *Dioscorea nipponica* and their anti-neuroinflammatory and neuroprotective activities[J]. J Ethnopharmacol，2014，155（2）：1164-1170.

[14] 卢丹，王春宇，刘金平，等. 穿龙薯蓣地上部分的化学成分[J]. 中草药，2007，38（12）：1785-1787.

【药理参考文献】

[1] 刘玉玲，佟继铭，陈光晖，等. 穿山龙地上部分水提取物抗炎作用研究[J]. 承德医学院学报，2008，25（4）：349-351.

[2] Zhou Q，Lin F F，Liu S M，et al. Influence of the total saponin fraction from *Dioscorea nipponica* Makino on TLR2/4-IL1R receptor singnal pathway in rats of gouty arthritis[J]. Journal of Ethnopharmacology，2017，DOI：org/10. 1016/j. jep. 2017. 04. 024.

[3] Lu F, Liu L, Yu D H, et al. Therapeutic effect of *Rhizoma Dioscoreae Nipponicae* on gouty arthritis based on the SDF-1/CXCR 4 and p38 MAPK pathway: an *in vivo* and *in vitro* study [J]. Phytotherapy Research, 2014, 28 (2): 280-288.

[4] Zhou Q, Yu D H, Zhang N, et al. Anti-inflammatory effect of total saponin fraction from *Dioscorea nipponica* Makino on gouty arthritis and its influence on NALP3 inflammasome [J]. Chinese Journal of Integrative Medicine, 2017, DOI: 10. 1007/s11655-016-2741-5.

[5] 谢守军，宋鸿儒，彭兴荣. 穿山龙总皂甙对佐剂性关节炎大鼠病理改变的影响 [J]. 四川中医，2007，25 (8): 10-12.

[6] 董文娟. 穿山龙总皂苷对 CIA 大鼠关节滑膜血管新生相关因子及其受体的影响 [D]. 承德：承德医学院硕士学位论文，2011.

[7] 高亚贤，王永为，郭亚春，等. 穿山龙总皂苷对大鼠滑膜细胞株 VEGF 与 AP-1 的影响 [J]. 医药导报，2015，34 (3): 285-289.

[8] 于栋华，刘磊，卢芳，等. 穿山龙总皂苷对白介素 -1β 诱导大鼠成纤维样滑膜细胞 PI3K/AKT 的影响 [J]. 中国实验方剂学杂志，2012，18 (23): 199-202.

[9] 周琦，张宁，卢芳，等. 穿山龙总皂苷对白介素 -1β 诱导的成纤维样滑膜细胞基质细胞衍生因子 -1 及 IκB 激酶表达的影响 [J]. 中国中西医结合杂志，2015，35 (2): 234-238.

[10] 高亚贤，王永为，郭亚春，等. 穿山龙总皂苷对大鼠滑膜细胞株 VEGF 与 AP-1 的影响 [J]. 医药导报，2015，34 (3): 285-289.

[11] 梁秀军，孙同友，董文娟，等. 穿山龙总皂苷对胶原性关节炎大鼠炎性细胞因子的影响 [J]. 时珍国医国药，2013，24 (3): 522-524.

[12] 董文娟，郭亚春，宋鸿儒. 穿山龙总皂苷对胶原诱导关节炎大鼠滑膜血管内皮生长因子、血管生成素 -2 及受体 Tie-2 表达的影响 [J]. 中国药学杂志，2013，48 (2): 101-105.

[13] 高亚贤，梁秀军，董文娟，等. 穿山龙总皂苷对胶原诱导性关节炎大鼠关节滑膜组织 NF-κBp65 活性及 STAT3 表达的影响 [J]. 中国医科大学学报，2012，41 (6): 485-489.

[14] 郭亚春，黄群，宋鸿儒，等. 穿山龙总皂苷对胶原诱导性关节炎大鼠血清及滑膜组织肿瘤坏死因子 α 影响的研究 [J]. 中国全科医学，2012，15 (36): 4196-4199.

[15] 薛剑. 穿山龙总皂苷对痛风性关节炎大鼠肝脏组织 β 半乳糖苷酶和 β-*N*- 乙酰氨基葡萄糖酶活性的影响 [J]. 中医药学报，2014，42 (4): 47-49.

[16] 周琦，张宁，卢芳，等. 穿山龙总皂苷对痛风性关节炎大鼠关节炎滑膜 IL-1β 及其信号转导通路的影响 [J]. 中药药理与临床，2013，29 (6): 52-57.

[17] 林芳芳，周琦，刘树民. 穿山龙总皂苷对痛风性关节炎大鼠尿液中生物标志物的影响 [J]. 天津中医药，2017，34 (7): 59-63.

[18] 谢守军，宋鸿儒. 穿山龙总皂苷对佐剂性关节炎大鼠免疫调节作用的实验研究 [J]. 辽宁中医杂志，2007，34 (9): 1323-1325.

[19] 高亚贤，郭亚春，肖丽君，等. 穿山龙总皂苷含药血清对 IL-17 和 TNF-α 诱导的大鼠滑膜细胞株 RSC-364NF-κB p65 活性、STAT3 及 VEGF mRNA 表达的影响 [J]. 免疫学杂志，2012，28 (10): 848-852.

[20] 高亚贤. 穿山龙总皂苷体内体外对 NF-κB p65、STAT3 及 AP-1 表达的影响 [D]. 承德：承德医学院硕士学位论文，2012.

[21] 赵晓菲. 穿龙薯蓣皂苷元体外对胶原诱导性关节炎小鼠 Th1、Th2、Th17 细胞及特异性转录因子的影响 [D]. 承德：承德医学院硕士学位论文，2016.

[22] Junchao Y, Zhen W, Yuan W, et al. Anti-trachea inflammatory effects of diosgenin from *Dioscorea nipponica* through interactions with glucocorticoid receptor α [J]. Journal of International Medical Research, 2017, 45 (1): 101-113.

[23] Tan H, He Q, Li R, et al. Trillin reduces liver chronic inflammation and fibrosis in carbon tetrachloride induced liver injury in mice [J]. Immunological Investigations, 2016, 45 (5): 371-382.

[24] Hong Y, Yiping S, Shasha S, et al. Protective effects of dioscin against lipopolysaccharide-induced acute lung injury through inhibition of oxidative stress and inflammation [J]. Frontiers in Pharmacology, 2017, DOI: 10. 3389/fphar. 2017. 00120.

［25］Yang Q N，Wang C Y，Jin Y，et al. Disocin prevents postmenopausal atherosclerosis in ovariectomized LDLR$^{-/-}$mice through a PGC-1α/ERα pathway leading to promotion of autophagy and inhibition of oxidative stress，inflammation and apoptosis［J］. Pharmacol Res，2019，DOI：org/10. 1016/j. phrs. 2019. 104414.

［26］Cao Y J，Xu Y，Liu B，et al. Dioscin，a steroidal saponin isolated from *Dioscorea nipponica* attenuates collagen-induced arthritis by inhibiting Th17 cell response［J］. The American Journal of Chinese Medicine，2019，47（2）：423-437.

［27］安高 . 穿龙薯蓣皂苷对胶原诱导性关节炎小鼠 CD4^{+}T 细胞亚群平衡的影响及其调控机制研究［D］. 承德：承德医学院硕士学位论文，2015.

［28］Woo K W，Moon E，Kwon O W，et al. Anti-neuroinflammatory diarylheptanoids from the rhizomes of *Dioscorea nipponica*［J］. Bioorganic & Medicinal Chemistry Letters，2013，23（13）：3806-3809.

［29］Wan W K，Wook K O，Yeou K S，et al. Phenolic derivatives from the rhizomes of *Dioscorea nipponica* and their anti-neuroinflammatory and neuroprotective activities［J］. Journal of Ethnopharmacology，2014，155（2）：1164-1170.

［30］曹拥军，蒋晟昰，罗燕萍，等 . 穿山龙对桥本甲状腺炎患者 Th1/Th2 型细胞因子表达的影响［J］. 中华中医药杂志，2016，31（3）：1103-1105.

［31］曹拥军，罗燕萍，徐作俊，等 . 穿山龙水溶性总皂苷对实验性桥本甲状腺炎大鼠 Th1/Th2 型细胞因子表达的影响［J］. 江苏中医药，2016，48（2）：81-85.

［32］段一娜，王明娟，杨佳琪，等 穿山龙水溶性总皂苷对 RA 细胞模型及其下游因子的影响［J］. 世界科学技术 - 中医药现代化，2014，16（6）：1396-1400.

［33］段一娜，杨佳琪，王晶，等 . 穿山龙水溶性总皂苷对 RSC-364 细胞分泌 MMP-2 和 MMP-9 的影响［J］. 承德医学院学报，2014，31（3）：189-191.

［34］段一娜，王明娟，杨佳琪，等 . 穿山龙水溶性总皂苷对类风湿患者成纤维样滑膜细胞核因子 KBp65 的抑制作用［J］. 广州中医药大学学报，2014，31（2）：243-246.

［35］王媛，夏永良，陈晓庆，等 . Caspases 在哮喘大鼠肺内的表达及中药穿山龙对其干预作用的研究［J］. 中华中医药学刊，2012，30（2）：308-311，454.

［36］王媛，陈晓庆，王非，等 . 穿山龙对哮喘大鼠气道炎症的影响［J］. 中国中医药科技，2013，20（3）：250-251.

［37］王媛，洪东华 . 穿山龙对哮喘豚鼠凋亡抑制基因 BCL-2 表达的影响［J］. 山东中医杂志，2011，30（2）：117-120.

［38］王媛，孔微，洪东华，等 . 中药穿山龙对哮喘豚鼠嗜酸性粒细胞影响的实验研究［J］. 中华中医药学刊，2009，27（9）：1898-1902.

［39］王爱利，王悦，郭佳，等 . 穿山龙总皂苷对臭氧诱导的小鼠气道高反应性和 IL-17A 表达的影响［J］. 生物医学工程研究，2018，37（4）：59-64.

［40］叶育双，宋康，江立斌 . 穿山龙总皂苷对慢性迁延期哮喘小鼠白介素 -17A 表达的影响［J］. 中华中医药学刊，2015，33（1）：168-171.

［41］蔡晓璐，王真，江立斌 . 穿山龙总皂苷对哮喘小鼠气道重塑的影响［J］. 浙江中医药大学学报，2013，37（6）：756-760.

［42］胡晶晶，杨珺超，汪潞，等 . 穿山龙总皂苷对哮喘小鼠气道重塑及 MMP-9、TIMP-1 表达的影响［J］. 云南中医学院学报，2014，37（6）：1-4.

［43］陈新焰，许凤，赵世华，等 . 穿山龙对胰岛素抵抗糖尿病大鼠血糖改善作用及其机制［J］. 辽宁中医药大学学报，2009，11（9）：156-159.

［44］Yu H，Zheng L，Xu L，et al. Potent effects of the total saponins from *Dioscorea nipponica* Makino against streptozotocin-induced type 2 diabetes mellitus in rats［J］. Phytotherapy Research，2015，29（2）：228-240.

［45］陈新焰 . 穿山龙对糖尿病大鼠肾脏核转录因子 -κB P65 活性的影响［J］. 陕西医学杂志，2011，40（3）：273-275.

［46］姚兰兰 . 穿山龙总皂苷对肥胖大鼠代谢指标的改善作用［D］. 青岛：青岛大学硕士学位论文，2008.

［47］吕婧 . 穿山龙对 3T3-L1 脂肪细胞 NF-κB 表达的影响及治疗急性痛风性关节炎的疗效观察［D］. 青岛：青岛大学硕士学位论文，2009.

［48］姚丽，刘树民 . 中药穿山龙新的药理作用及其有效部位的实验研究［J］. 中华中医药学刊，2010，28（9）：1979-1981.

［49］周忠东，王建平，钱莺，等 . 穿山龙提取物的降血尿酸作用及醇提工艺研究［J］. 中国现代应用药学，2014，31（6）：

699-702.
[50] Zhou Q, Yu D H, Zhang C, et al. Total saponins from *Discorea nipponica* ameliorate urate excretion in hyperuricemic mice [J]. Planta Medica, 2014, 80 (15): 1259-1268.
[51] 周琦，张翀，于栋华，等. 穿山龙总皂苷对高尿酸血症的降尿酸及细胞抗炎作用研究 [J]. 中华中医药杂志，2013，28（5）：1444-1448.
[52] 高巍，宋鸿儒，赵铁华，等. 穿山龙总皂甙对小鼠免疫功能的影响 [J]. 承德医学院学报，2001，18（1）：9-10.
[53] Wang Y, Yan T, Ma L, et al. Effects of the total saponins from *Dioscorea nipponica* on immunoregulation in aplastic anemia mice [J]. The American Journal of Chinese Medicine, 2015, 43 (2): 289-303.
[54] 于海荣，王济兴，张风英，等. 穿山龙总皂苷对大鼠 T 淋巴细胞功能影响的血清药理学研究 [J]. 时珍国医国药，2006，17（9）：1653-1654.
[55] 于海荣，王济兴，陈建双，等. 穿山龙总皂苷含药血清对小鼠脾淋巴细胞增殖及 IL-6 产生影响的实验研究 [J]. 江苏中医药，2007，39（1）：57-58.
[56] 张珊，尹立祥，王爱迪，等. 穿龙薯蓣皂苷对再生障碍性贫血小鼠 PPARγ、C/EBPα 及脂肪分泌因子表达的影响 [J]. 中国实验方剂学杂志，2019，25（5）：134-142.
[57] 张伟锋，刘宝山. 穿龙薯蓣皂苷对障碍再生性贫血小鼠骨髓 T 细胞亚群的影响 [J]. 天津中医药大学学报，2011，30（3）：160-162.
[58] 刘宝山，纪超伦，杨向东，等. 穿龙薯蓣皂苷抑制再生障碍性贫血 p-mTOR/p-S6 的机制研究 [J]. 中国中医基础医学杂志，2014，20（12）：1637-1641.
[59] 李志明，罗巅辉，王昭晶. 穿山龙多糖 DMA 的结构和抗氧化活性研究（英文）[J]. 天然产物研究与开发，2015，27（8）：1334-1339.
[60] 张晓雪. 穿山龙多糖影响 NADPH 氧化酶 /ROS 信号通路抗 H_2O_2 诱导的 HUVECs 细胞损伤作用研究 [J]. 大连医科大学学报，2017，39（3）：214-219.
[61] 邓寒霜. 穿山龙多糖提取、纯化工艺及其体外抗氧化活性研究 [D]. 西安：西北大学硕士学位论文，2015.
[62] 王昭晶. 穿山龙稀碱提取物的抗氧化活性和抑菌作用研究 [J]. 海南师范大学学报（自然科学版），2008，21（3）：319-322.
[63] 舒艳. 穿龙薯蓣（*Dioscorea nipponica* Mak.）抗癌活性成分的研究 [D]. 沈阳：沈阳药科大学硕士学位论文，2006.
[64] Hsieh M J, Yeh C B, Chiou H L, et al. Erratum: "*Dioscorea nipponica* attenuates migration and invasion by inhibition of urokinase-type plasminogen activator through involving PI3K/Akt and transcriptional inhibition of NF-κB and SP-1 in hepatocellular carcinoma" [J]. American Journal of Chinese Medicine, 2016, 44 (1): 177-195.
[65] Chien M H, Ying T H, Hsieh Y S, et al. *Dioscorea nipponica* Makino inhibits migration and invasion of human oral cancer HSC-3 cells by transcriptional inhibition of matrix metalloproteinase-2 through modulation of CREB and AP-1 activity [J]. Food & Chemical Toxicology, 2012, 50 (3-4): 558-566.
[66] Nie C, Zhou J, Qin X, et al. Diosgenin-induced autophagy and apoptosis in a human prostate cancer cell line [J]. Molecular Medicine Reports, 2016, 14 (5): 4349-4359.
[67] 冷锦红，邱狮，董佳妮，等. 穿山龙提取物薯蓣皂苷对糖尿病模型大鼠血清 HA 和 5-HT 的影响 [J]. 江苏中医药，2015，47（8）：76-78.
[68] 冷锦红，侯丽，邓丽，等. 穿山龙提取物薯蓣皂苷对痛性糖尿病周围神经病变大鼠钠通道基因表达的影响 [J]. 中华中医药学刊，2018，36（10）：2372-2374.
[69] 侯丽. 穿山龙提取物薯蓣皂苷对痛性糖尿病周围神经病变大鼠钠离子通道基因表达影响的研究 [D]. 沈阳：辽宁中医药大学硕士学位论文，2018.
[70] 李莹. 穿山龙提取物薯蓣皂苷对痛性糖尿病周围神经病变大鼠血清中致痛物质的影响 [D]. 沈阳：辽宁中医药大学硕士学位论文，2018.
[71] 赵旭，张宁，刘国良，等. 穿山龙提取物薯蓣皂苷对 TNBS 诱导的 IBS 大鼠 VIP 表达的作用 [J]. 中医药学报，2017，45（4）：13-15.
[72] 赵娜夏. 穿龙薯蓣中甾体皂苷类成分及其抗血栓形成活性研究 [D]. 天津：天津大学硕士学位论文，2010.
[73] 董文娟，梁秀军，翟泽玲，等. 穿山龙总皂苷对 CIA 大鼠滑膜血管新生的作用 [J]. 承德医学院学报，2010，27（4）：

360-362.
[74] 董文娟，郭亚春，宋鸿儒 . 穿山龙总皂苷对 CIA 大鼠滑膜血管内皮生长因子及其受体 Flk-1 的影响 [J]. 中国中医基础医学杂志，2012，18（9）：986-988.

1165. 山萆薢（图 1165）• *Dioscorea tokoro* Makino

图 1165 山萆薢 摄影 中药资源办等

【别名】土黄连（江苏溧阳）。

【形态】多年生缠绕草质藤本。根茎横走，常弯曲，多分枝，节不明显，表面浅枯黄色，向地的一面着生多数须根。茎左旋，光滑，有纵沟。单叶互生；茎下部的叶深心形，中部以上渐成三角状浅心形，长 8 ～ 15cm，宽 5 ～ 14cm，先端渐尖，基部心形，边缘全缘或浅波状，上表面光滑，绿色，下表面沿叶脉有时密生乳头状小突起，基出脉 9 条。花单性，雌雄异株；花被淡黄绿色；雄花序为总状或再排成圆锥花序；花被基部结合成管，顶端 6 裂，裂片长圆形；雄蕊 6 枚，全育；雌花序穗状，单生。果序下垂，果梗不反曲，果面向下；蒴果三棱状宽倒卵形，长 1.4 ～ 1.7cm，宽 1.1 ～ 1.3cm，顶端微凹，灰棕色。花期 6 ～ 8 月，果期 8 ～ 10 月。

【生境与分布】生于海拔 60 ～ 1000m 的稀疏杂木林或竹林下。分布于安徽、江苏、浙江、江西、福建，另河南、湖北、四川、湖南、贵州等地均有分布；日本也有分布。

【药名与部位】萆薢，根茎。

【化学成分】根茎含甾体类：薯蓣皂毒苷（dioscorea sapotoxin）[1,2]，薯蓣皂苷元（diosgenin）[2,3]，薯蓣皂毒苷 A、B（dioscorea sapotoxin A、B）、$\Delta^{3,5}$- 去氧替告皂苷元（$\Delta^{3,5}$-deoxytigogenin）[3]，扬诺皂

苷元（yonogenin）[4]，山萆薢皂苷元（tokorogenin）[5]，薯蓣皂苷（dioscin）[1,2,6]，山萆薢皂苷（tokoronin）、扬诺皂苷（yononin）、纤细薯蓣皂苷（gracillin）[6]，亚莫皂苷元（yamogenin）[7]，原皂苷元 A、B、C（prosapogenin A、B、C）[8]，原纤细薯蓣皂苷（protogracillin）和原薯蓣皂苷（protodioscin）[9]。

花含甾体类：衣盖皂苷元（igagenin）、薯蓣皂苷元（diosgenin）[10]，山萆薢皂苷元（tokorogenin）[10,11]和扬诺皂苷元（yonogenin）[11]。

种子含甾体类：山萆薢皂苷元（tokorogenin）[10]。

地上部分含甾体类：异地奥替皂苷元（isodiotigenin）、薯蓣皂苷元（diosgenin）[12]，可盖皂苷元（kogagenin）、扬诺皂苷元（yonogenin）、25D, 5β- 螺甾 -2- 烯（25D, 5β-spirost-2-ene）[13]，山萆薢皂苷元（tokorogenin）[14]，19- 羟基扬诺皂苷元（19-hydroxyyonogenin）[15]，原新扬诺皂苷元（protoneoyonogenin）和原扬诺皂苷元（protoyonogenin）[16]。

幼苗含甾体类：异地奥替皂苷元（isodiotigenin）[17]。

【药理作用】抗肿瘤 从根茎乙腈提取物中分离得到的原薯蓣皂苷（protodioscin）对人白血病 HL-60 细胞的增殖有抑制作用[1]。

【药用标准】台湾 1985 一册。

【化学参考文献】

[1] Honda J. Saponin substances of *Dioscorea tokoro* Makino [J]. Arch exp Path Pharm，1904，51：211-226.

[2] Tsukamoto T，Ueno Y. Glucosides of *Dioscorea tokoro* Makino. Ⅰ. dioscin，dioscoreasapotoxin and diosgenin [J]. Yakugaku Zasshi，1936，56：802.

[3] Tsukamoto T，Kawasaki T，Yamauchi T. Saponins of Japanese Dioscoreaceae. Ⅷ. saponins from the rhizomes of *Dioscorea tokoro* [J]. Yakugaku Zasshi，1957，77：1225-1229.

[4] Nishikawa M，Morita K. Steroids. Ⅺ. Sapogenins of *Dioscorea tokoro*. 4. Contents of tokorogenin，yonogenin，and diosgenin [J]. Bull Chem Soc Jpn，1959，32：800-804.

[5] Nishikawa M，Morita K，Hagiwara H，et al. Steroids. Ⅱ. Tokorogenin，a new sapogenin isolated from *Dioscorea tokoro* [J]. Yakugaku Zasshi，1954，74（11）：1165-1167.

[6] Kawasaki T，Yamauchi T. Saponins of Japanese Dioscoreaceae. Ⅻ. yononin and tokoronin，new steroid saponins in rhizome of *Dioscorea tokoro* [J]. Yakugaku Zasshi，1963，83（8）：757-760.

[7] 唐世蓉，吴照华. 甾体化合物 XLⅥ. 甾体皂甙配基的研究 Ⅲ. 山萆薢植物中甾体皂甙配基的分离 [J]. 药学学报，1964，11（11）：787-789.

[8] Kawasaki T，Yamauchi T. Structures of prosapogenin-B and -A of dioscin and cooccurrence of B with dioscin in the rhizoma of *Dioscorea tokoro* [J]. Chem Pharm Bull，1968，16（6）：1070-1075.

[9] 唐世蓉，姜志东. 浙江山萆薢甾体皂甙的研究 [J]. 植物学报，1987，29（2）：193-196.

[10] Akahori A，Okuno I，Okanishi T，et al. Steroidal components of domestic plants. LV. steroidal sapogenins of the female flowers and the seeds of *Dioscorea tokoro* [J]. Chem Pharm Bull，1968，16（10）：1994-1996.

[11] Akahori A. Steroidal components of domestic plants. XLⅢ. constituents of male flowers of *Dioscorea tokoro* [J]. Shionogi Kenkyusho Nenpo，1963，13：68-70.

[12] Akahori A，Yasuda F，Togami M，et al. Steroidal components of domestic plants. LVⅢ. variation in isodiotigenin and diosgenin content in the aerial parts of *Dioscorea tokoro* [J]. Phytochemistry，1969，8（11）：2213-2217.

[13] Takeda K，Okanishi T，Shimaoka A. Steroidal components of domestic plants. ⅩⅦ structure of yonogenin，a new steroidal sapogenin from *Dioscorea tokoro* [J]. Chem Pharm Bull，1958，6（5）：532-536.

[14] Okanishi T，Akabori A，Yasuda F. Steroidal components of Japanese plants. ⅩⅩⅨ. constituent of the aerial parts of *Dioscorea tokoro* [J]. Shionogi Kenkyusho Nenpo，1960，10：153-157.

[15] Miyahara K，Kanezaki E，Kawasaki T. New spirostanol，19-hydroxyyonogenin，from the aerial parts of *Dioscorea tokoro* [J]. Chem Pharm Bull，1975，23（11）：2550-2555.

[16] Uomori A，Seo S，Tori K，et al. Protoyonogenin and protoneoyonogenin from the aerial parts and tissue cultures of *Dioscorea tokoro* [J]. Phytochemistry，1983，22（1）：203-206.

[17] Akahori A, Yasuda F, Okuno I, et al. Steroidal components of domestic plants. LVI. changes in the sapogenin composition of *Dioscorea tokoro* in its first season's growth from seed [J]. Phytochemistry, 1969, 8 (1): 45-50.

【药理参考文献】

[1] Oyama M, Tokiwano T, Kawaii S, et al. Protodioscin, isolated from the rhizome of *Dioscorea tokoro* collected in northern Japan is the major antiproliferative compound to HL-60 leukemic cells [J]. Bentham Science, 2013, 13: 170-174.

1166. 福州薯蓣（图 1166）• *Dioscorea futschauensis* Uline ex R. Knuth

图 1166　福州薯蓣　　摄影　张芬耀等

【别名】福萆薢、猴子薯（浙江），萆薢、土萆薢、猴骨草（福建）。

【形态】多年生缠绕草质藤本。根茎横走，不规则长圆柱形，外皮黄褐色。茎左旋，具细纵槽，无毛。单叶互生，微革质，茎中下部叶为掌状圆形，7 裂，裂片大小不等，基部深心形，中部以上叶为卵状心形，边缘波状或全缘，先端渐尖，两面沿叶脉疏生白色刺毛。花单性，雌雄异株；雄花序总状，通常再排列成圆锥花序，单生或 2 ～ 3 个簇生于叶腋；雄花有短梗，花被新鲜时橙黄色，干后黑色，裂片 6 枚，卵圆形；雄蕊 6 枚，有时仅 3 枚发育；雌花序与雄花序相似，雌花单生。蒴果三棱状扁球形，每棱翅状，长 1.5 ～ 1.8cm，宽 1 ～ 1.2cm。花期 6 ～ 7 月，果期 7 ～ 10 月。

【生境与分布】生于海拔 700m 以下的山坡灌丛和林缘、沟谷边或路旁。分布于福建、浙江，另湖南、广东、广西等地均有分布。

【药名与部位】绵萆薢，根茎。

【采集加工】秋、冬二季采挖，除去须根，洗净，切厚片，干燥。

【药材性状】为不规则的斜切片，边缘不整齐，大小不一，厚 2 ～ 5mm。外皮黄棕色至黄褐色，有稀疏的须根残基，呈圆锥状突起。质疏松，略呈海绵状，切面灰白色至浅灰棕色，黄棕色点状维管束散在。气微，味微苦。

【质量要求】片色白，不霉。

【药材炮制】除去杂质，洗净，略润，切丝，干燥。

【化学成分】全草含甾体类：薯蓣皂苷元（diosgenin）、薯蓣皂苷（dioscin）、薯蓣皂苷元棕榈酸酯（diosgenin palmitate）、纤细薯蓣皂苷（gracillin）、$\Delta^{3,5}$- 去氧替告皂苷元（$\Delta^{3,5}$-deoxytigogenin）、延令草次苷（trillin）和 β- 谷甾醇[1]。

根茎含甾体类：16α- 甲氧基 -3β-［*O*-α-L- 吡喃鼠李糖基 -（1→2）-*O*-α-L- 吡喃鼠李糖基 -（1→4）-β-D- 吡喃葡萄糖基 - 氧基］- 孕甾 -5- 烯 -20- 酮 {16α-methoxyl-3β-［*O*-α-L-rhamnopyranosyl-（1→2）-*O*-α-L-rhamnopyranosyl-（1→4）］-β-D-glucopyranosyl-oxy］-pregn-5-en-20-one}、21- 甲氧基 -3β-［*O*-α-L- 吡喃鼠李糖基 -（1→2）-*O*-α-L- 吡喃鼠李糖基 -（1→4）-β-D- 吡喃葡萄糖基 - 氧基］- 孕甾 -5, 16- 二烯 -20- 酮 {21-methoxyl-3β-［*O*-α-L-rhamnopyranosyl-（1→2）-*O*-α-L-rhamnopyranosyl-（1→4）-β-D-glucopyranosyl-oxy］-pregn-5, 16-dien-20-one}、3β-［*O*-α-L- 吡喃鼠李糖基 -（1→2）-*O*-α-L- 吡喃葡萄糖基 -（1→3）-β-D- 吡喃葡萄糖基 - 氧基］- 孕甾 -5, 16- 二烯 -20- 酮 {3β-［*O*-α-L-rhamnopyranosyl-（1→2）-*O*-α-L-glucopyranosyl-（1→3）-β-D-glucopyranosyl-oxy］-pregn-5, 16-dien-20-one}、3β-［*O*-α-L- 吡喃鼠李糖基 -（1→2）-*O*-α-L- 吡喃鼠李糖基 -（1→4）-β-D- 吡喃葡萄糖基 - 氧基］- 孕甾 -5, 16- 二烯 -20- 酮 {3β-［*O*-α-L-rhamnopyranosyl-（1→2）-*O*-α-L-rhamnopyranosyl-（1→4）-β-D-glucopyranosyl-oxy］-pregn-5, 16-dien-20-one}[2]，纤细薯蓣皂苷（gracillin）、薯蓣皂苷（dioscin）、（25*S*）- 螺甾 -5- 烯 -3β, 27- 二醇 -30-［α-L- 吡喃鼠李糖基 -（1→2）-β-D- 吡喃葡萄糖基 -（1→3）］-β-D- 吡喃葡萄糖苷 {（25*S*）-spirost-5-en-3β, 27-diol-30-［α-L-rhamnopyranosyl-（1→2）- β-D-glucopyranosyl-（1→3）］-β-D-glucopyranoside}[3]，26-*O*-β-D- 吡喃葡萄糖基 -3β, 26- 二醇 -23（*S*）- 甲氧基 -（25*R*）- 呋甾 -5, 20（22）- 二烯 -3-*O*-［α-L- 吡喃鼠李糖基 -（1→2）-β-D- 吡喃葡萄糖基 -（1→3）］-β-D- 吡喃葡萄糖苷 {26-*O*-β-D-glucopyranosyl-3β, 26-diol-23（*S*）-methoxyl-（25*R*）-furost-5, 20（22）-dien-3-*O*-［α-L-rhamnopyranosyl-（1→2）-β-D-glucopyranosyl-（1→3）］-β-D-glucopyranoside}[4]，黄山药皂苷 C、E（dioscoreside C、E）、伪原薯蓣皂苷（pseudoprotodioscin）、原薯蓣皂苷（protodioscin）、伪原纤细薯蓣皂苷（pseudoprotogracillin）、原新薯蓣皂苷（protoneodioscin）、原纤细薯蓣皂苷（protogracillin）、22- 甲氧基原新薯蓣皂苷（22-methoxyl protoneodioscin）、原新纤细薯蓣皂苷（protoneogracillin）、22- 甲氧基原纤细薯蓣皂苷（22-methoxyl protogracillin）、22- 甲氧基原薯蓣皂苷（22-methoxyl protodioscin）、22- 甲氧基原新纤细薯蓣皂苷（22-methoxyl protoneogracillin）、26-*O*-β-D- 吡喃葡萄糖基 -3β, 26- 二羟基 -25（*R*）- 呋甾 -5, 20（22）- 二烯 -3-*O*-α-L- 吡喃鼠李糖基 -（1→2）-β-D- 吡喃葡萄糖苷［26-*O*-β-D-glucopyranosyl-3β, 26-dihydroxy-25（*R*）-furosta-5, 20（22）-dien-3-*O*-α-L-rhamnopyranosyl-（1→2）-β-D-glucopyranoside］[5] 和薯蓣皂苷元 -3-*O*-α-L- 吡喃鼠李糖基 -（1→4）-β-D- 吡喃葡萄糖苷［diosgenin-3-*O*-α-L-rhamnopyranosyl-（1→4）-β-D-glucopyranoside］[6]；香豆素类：薯蓣酮 A（dioscorone A）和苯基二羟基二氢异香豆素（phenyl dihydroxydihydroisocoumarin）[7]。

【药理作用】抗肿瘤　从根茎中提取分离的薯蓣皂苷的次皂苷元 B，即薯蓣皂苷元 -3-*O*-α-L- 吡喃鼠李糖基（1→4）-β-D- 吡喃葡萄糖苷［diosgenin-3-*O*-α-L-rhamnopyranosyl（1→4）-β-D-glucopyranoside］

可抑制人白血病 K56 细胞和人大肠癌 HCT-15 细胞的增殖和诱导细胞凋亡[1, 2]。

【性味与归经】苦，平。归肾、胃经。

【功能与主治】利湿去浊，祛风通痹。用于淋病白浊，白带过多，湿热疮毒，腰膝痹痛。

【用法与用量】9～15g。

【药用标准】药典 1977—2015 和浙江炮规 2005。

【化学参考文献】

[1] 刘承来，陈延镛．薯蓣属植物化学成分的研究—Ⅷ、福州薯蓣中甾体皂甙和皂甙元的分离和鉴定[J]．中草药，1984，15（9）：10-12.

[2] Liu H W，Xiong Z L，Li F M，et al. Two new pregnane glycosides from *Dioscorea futschauensis* R. Kunth [J]. Chem Pharm Bull，2003，51（9）：1089-1091.

[3] Liu H W，Hu K，Zhao Q C，et al. Bioactive saponins from *Dioscorea futschauensis* [J]. Pharmazie，2002，57（8）：570-572.

[4] Liu H W，Qu G X，Yao X S. A new furostanol saponin from *Dioscorea futshauensis* [J]. Chin Chem Lett，2002，13（3）：241-244.

[5] Liu H W，Wang S L，Cai B，et al. New furostanol glycosides from the rhizomes of *Dioscorea futschauensis* R. Kunth [J]. J Asian Nat Prod Res，2003，5（4）：241-247.

[6] Wang S L，Cai B，Cui C B，et al. Diosgenin-3-O-alpha-L-rhamnopyranosyl-（1 → 4）-beta-D-glucopyranoside obtained as a new anticancer agent from *Dioscorea futschauensis* induces apoptosis on human colon carcinoma HCT-15 cells via mitochondria-controlled apoptotic pathway [J]. J Asian Nat Prod Res，2004，6（2）：115-125.

[7] Liu H W，Wang S L，Cai B，et al. Two new non-steroidal constituents from *Dioscorea futschauensis* R. Kunth [J]. Pharmazie，2003，58（3）：214-215.

【药理参考文献】

[1] 王三龙，蔡兵，崔承彬，等．薯蓣皂苷的次皂苷元 B 体外诱导人慢性髓系白血病细胞 K562 凋亡的研究[J]．癌症，2003，22（8）：795-800.

[2] 王三龙，罗红梅，蔡兵，等．薯蓣皂苷的次皂苷元 B（DRG）体外诱导人大肠癌 HCT-15 细胞凋亡的机制研究[J]．中国药学杂志，2011，46（15）：1167-1172.

1167. 绵萆薢（图 1167）• *Dioscorea spongiosa* J. Q. Xi，M. Mizuno et W. L. Zhao（*Dioscorea septemloba* auct. non Thunb.）

【别名】猴骨草（福建），大萆薢（福建），畚箕斗、山畚箕、山薯、狗粪棵（浙江）。

【形态】多年生缠绕草质藤本。根茎横走，粗大，直径 2～8cm，多分枝，质地疏松，表面枯黄色至黑棕色，具多数细长须根。茎左旋，具细纵槽，光滑无毛。单叶互生，纸质，上表面绿色，下表面灰白色，基出脉 9 条；叶有二型，一种从茎基部至顶端全为三角状或卵状心形，全缘或边缘微波状；另一种茎基部的叶为掌状 5～9 裂，裂片先端渐尖，茎中部以上的叶为三角状或卵状心形，全缘；两面散生白色柔毛；叶柄长为叶片长的 1/2～2/3。花单性，雌雄异株；雄花序圆穗状，有时具分枝而成圆锥花序，腋生；花新鲜时黄色，有短梗，单生或 2 朵成对着生，稀疏排列于花序轴上；花被基部联合成管，花冠裂片 6 枚，披针形，花开时平展；雄蕊 6 枚，全育；雌花序与雄花序相似；退化雄蕊有时呈花丝状。果序下垂，蒴果三棱状扁倒卵形至扁球形，长 1.3～1.6cm，宽 1～1.3cm。花期 6～8 月，果期 7～10 月。

【生境与分布】生于海拔 450～750m 山地疏林或灌丛中。分布于浙江、江西、福建，另湖北、广西、湖南、广东等地均有分布；日本也有分布。

【药名与部位】绵萆薢，根茎。

【采集加工】秋、冬二季采挖，除去须根，洗净，切厚片，干燥。

图 1167　绵萆薢　　　　摄影　中药资源办等

【药材性状】为不规则的斜切片，边缘不整齐，大小不一，厚 2 ～ 5mm。外皮黄棕色至黄褐色，有稀疏的须根残基，呈圆锥状突起。质疏松，略呈海绵状，切面灰白色至浅灰棕色，黄棕色点状维管束散在。气微，味微苦。

【质量要求】片色白，不霉。

【药材炮制】除去杂质，洗净，略润，切丝，干燥。

【化学成分】根茎含甾体类：原薯蓣皂苷（protodioscin）、甲基原薯蓣皂苷（methyl protodioscin）、原纤细皂苷（protogracillin）、甲基原纤细皂苷（methyl protogracillin）、伪原薯蓣皂苷（pseudoprotodioscin）、伪原纤细皂苷（pseudoprotogracillin）、粉背薯蓣苷 G（hypoglaucin G）、绵萆薢苷 B（spongioside B）、豆甾醇（stigmasterol）、长柔毛薯蓣皂苷 *A（dioscoreavilloside A）、26-*O*-β-D- 吡喃葡萄糖基 -3β, 23, 26- 三羟基 -（25*R*）- 呋甾 -5, 20（22）- 二烯 -3-*O*-α-L- 吡喃鼠李糖基 -（1 → 4）-［α-L- 吡喃鼠李糖基 -（1 → 2）］-β-D- 吡喃葡萄糖苷 {26-*O*-β-D-glucopyranosyl-3β, 23, 26-triol-（25*R*）-furosta-5, 20（22）-dien-3-*O*-α-L-rhamnopyranosyl-（1 → 4）-［α-L-rhamnopyranosyl-（1 → 2）］-β-D-glucopyranoside}[1]，绵萆薢孕甾醇苷 A、B、C、D（spongipregnoloside A、B、C、D）、绵萆薢苷 A、B（spongioside A、B）、薯蓣皂苷（dioscin）、纤细薯蓣皂苷（gracillin）、孕甾二烯醇酮 -3-*O*-β- 纤细薯蓣三糖苷（pregnadienolone-3-*O*-β-gracillimatrioside）、孕甾二烯醇酮 -3-*O*-β- 马铃薯三糖苷（pregnadienolone-3-*O*-β-chacotrioside）、灌木天门冬苷（dumoside）、原皂苷元 A（prosapogenin A）、胡卢巴苷 D-1（trigofoenoside D-1）、异芒兰皂苷元 -3-*O*-α-L- 吡喃鼠李糖基 -（1 → 2）-*O*-［α-L- 吡喃鼠李糖基 -（1 → 4）］-β-D- 吡喃葡萄糖苷 {isonarthogenin-3-*O*-α-L-rhamnopyranosyl-（1 → 2）-*O*-［α-L-rhamnopyranosyl-（1 → 4）］-β-D-glucopyranoside}、胡萝卜苷（daucosterol）、（25*R*）-26-*O*-（β-D- 吡喃葡萄糖基）- 呋甾 -5- 烯 -3β, 22ξ, 26-

三羟基-3-*O*-α-L-吡喃鼠李糖基-（1→2）-β-D-吡喃葡萄糖苷［（25*R*）-26-*O*-（β-D-glucopyranosyl）-furost-5-en-3β, 22ξ, 26-triol-3-*O*-α-L-rhamnopyranosyl-（1→2）-β-D-glucopyranoside］[2]，日本萆薢苷A、B、C、D、E、F、G、H（dioseptemloside A、B、C、D、E、F、G、H）[3]，薯蓣皂苷元棕榈酸酯（diosgenin palmitate）、薯蓣皂苷元（diosgenin）、$\Delta^{3,5}$-去氧替告皂苷元（$\Delta^{3,5}$-deoxytigogenin）和β-谷甾醇（β-sitosterol）[1,4]；三萜类：人参皂苷Rb_1（ginsenoside Rb_1）、人参皂苷Rd（ginsenoside Rd）、人参皂苷Re（ginsenoside Re）、人参皂苷Rg_1（ginsenoside Rg_1）、（20*S*）-人参皂苷Rh_1［（20*S*）-ginsenoside Rh_1］、三七皂苷R_1（notoginsenoside R_1）、木通皂苷D（akebiasaponin D）和常青藤皂苷元-3-*O*-α-L-吡喃阿拉伯糖苷（hederagenin-3-*O*-α-L-arabinopyranoside）[5]；烷基糖苷类：（*R*）-辛-1-烯-3-基*O*-α-L-吡喃阿拉伯糖基-（1→6）-β-D-吡喃葡萄糖苷［（*R*）-oct-1-en-3-yl-*O*-α-L-arabinopyranosyl-（1→6）-β-D-glucopyranoside］和无刺枣催吐醇苷Ⅰ（zizyvoside Ⅰ）[2]；二芳基庚烷类：绵萆薢素A、B、C（diospongin A、B、C）[6]；木脂素类：胡椒醇（piperitol）、芝麻素酮（sesaminone）和（+）-丁香树脂酚［（+）-syringaresinol］[6]；脂肪酸类：棕榈酸（palmitic acid）[4]。

【药理作用】1. 抗骨质疏松　根茎水提取液可提高去卵巢雌性大鼠股骨密度及最大载荷、最大应力[1]。2. 降尿酸　根茎的水提取物（主要含薯蓣皂苷dioscin）、根茎的70%乙醇提取物可显著降低高尿酸血症模型大鼠的血清尿酸含量，增加尿液中尿酸排泄量，并增加肾脏组织中乳腺癌耐药蛋白（Bcrp）的表达[2]；根茎的70%乙醇提取物可显著降低高尿酸血症模型小鼠血清尿酸和肌酐含量，增加两者清除率，增加尿酸的排泄，并减轻肾脏病理损伤[3]。3. 抗炎镇痛　根茎的乙醇提取物可显著减轻二甲苯所致模型小鼠耳廓肿胀程度，显著提高对腹腔注射乙酸溶液、足底皮下注射福尔马林溶液以及热板刺激引发疼痛的耐受性[4]。4. 抗菌　根茎的水提取物对湿疹皮损表面常见菌金黄色葡萄球菌、糠秕马拉色菌的生长有抑制作用[5]。5. 调血脂　根茎乙醇提取物的氯仿部位、石油醚部位均能降低高脂血症模型大鼠血清总胆固醇（TC）、甘油三酯（TG）和低密度脂蛋白（LDL）含量，升高高密度脂蛋白（HDL）含量[6]。6. 抗肿瘤　根茎的乙醇总提取物、石油醚、乙酸乙酯部位对小鼠白血病L-1210细胞的增殖有抑制作用[7]。

【性味与归经】苦，平。归肾、胃经。

【功能与主治】利湿去浊，祛风通痹。用于淋病白浊，白带过多，湿热疮毒，腰膝痹痛。

【用法与用量】9～15g。

【药用标准】药典1977—2015、浙江炮规2005和新疆1980二册。

【临床参考】1. 带状疱疹：绵萆薢浸液（乙醇含量约50%的白酒浸泡绵萆薢1周）涂敷患处，每日数次，水疱破裂、糜烂处直接喷洒绵萆薢细粉，配合西药抗病毒治疗[1]。

2. 慢性肾小管间质性肾炎：根茎30g，加菟丝子、墨旱莲、山药、黄芪、丹参、太子参、煅牡蛎、桑寄生各30g，熟附片、熟大黄、牡丹皮各20g，肉苁蓉、白茅根、当归、三七、蒲公英、砂仁各10g，水煎，早晚分服，每日1剂[2]。

3. 急性痛风性关节炎：根茎30g，加土茯苓、丹参、石菖蒲、泽泻、醋延胡索各30g，白术15g，防己、当归、玉米须、薏苡仁、乌药、炒僵蚕、甘草各10g，水煎，早晚分服，每日1剂[3]。

【附注】萆薢始载于《神农本草经》，列为中品。历代本草都有收载，据考证主要为薯蓣科和百合科菝葜属的多种植物，但未见有绵萆薢之称，只是近代在商品药材上有萆薢、粉萆薢、绵萆薢之分别。《新修本草》云："此药（萆薢）有二种：茎有刺者，根白实；无刺者，根虚软，内软者为胜，叶似薯蓣，蔓生。"，认为根虚软等特征与本种相符。

【化学参考文献】

［1］阮静雅，刘艳霞，晁利平，等．绵萆薢中甾体类成分的分离与鉴定Ⅱ［J］．沈阳药科大学学报，2016，33（6）：438-443.

［2］Yin J，Kouda K，Tezuka Y，et al. Steroidal glycosides from the rhizomes of *Dioscorea spongiosa*［J］. J Nat Prod，2003，66（5）：646-650.

[3] Liu X T，Wang Z Z，Xiao W，et al. Cholestane and spirostane glycosides from the rhizomes of *Dioscorea septemloba* [J]. Phytochemistry，2008，69（6）：1411-1418.
[4] 娄伟，陈延镛. 薯蓣属植物绵萆薢中甾体皂甙元的分离和鉴定[J]. 植物学报，1983，25（4）：352-355.
[5] 晁利平，刘艳霞，阮静雅，等. 绵萆薢三萜皂苷类成分研究[J]. 热带亚热带植物学报，2016，24（5）：589-594.
[6] Yin J，Kouda K，Tezuka Y，et al. New diarylheptanoids from the rhizomes of *Dioscorea spongiosa* and their antiosteoporotic activity [J]. Planta Med，2004，70（1）：54-58.

【药理参考文献】

[1] 邢国胜，娄建石，王志彬，等. 绵萆薢对去卵巢大鼠骨代谢改变的干预作用[J]. 中国中药杂志，2007，32（18）：1909-1913.
[2] 王晓华，周燕，王沛，等. 绵萆薢水提物及其主要成分薯蓣皂苷对肾小管上皮细胞膜乳腺癌耐药蛋白 Bcrp 的调控[J]. 兰州大学学报（医学版），2017，43（6）：35-40.
[3] Zhang Y，Jin L J，Liu J C，et al. Effect and mechanism of dioscin from *Dioscorea spongiosa* on uric acid excretion in animal model of hyperuricemia [J]. J Ethnopharmacol，2018，214：29-36.
[4] 魏鹏. 绵萆薢抗炎镇痛活性及其化学成分研究[D]. 上海：第二军医大学硕士学位论文，2008.
[5] 毛娟娟. 绵萆薢水提取物体外抑菌活性的实验研究[D]. 长沙：湖南中医药大学硕士学位论文，2014.
[6] 郝丽萍. 绵萆薢提取物调血脂作用及其薯蓣皂苷元的含量测定方法研究[D]. 青岛：青岛大学硕士学位论文，2013.
[7] 李雪征. 绵萆薢抗肿瘤活性成分的研究[D]. 延边：延边大学硕士学位论文，2002.

【临床参考文献】

[1] 叶晓云，杨建秋. 绵萆薢外用治疗带状疱疹疗效观察[J]. 实用中西医结合临床，2010，10（4）：37，45.
[2] 韩世辉. 中药治疗慢性肾小管间质性肾炎验案一则[J]. 中国中医药现代远程教育，2018，16（1）：91-92.
[3] 张哲旗，张文举，杨豪. 萆薢消痛饮治疗急性痛风性关节炎的临床观察[J]. 中国中医药现代远程教育，2018，16（24）：100-101.

1168. 盾叶薯蓣（图 1168）• *Dioscorea zingiberensis* C. H. Wright

【别名】盾叶萆薢（浙江）。

【形态】多年生缠绕草质藤本。根茎横走，近圆柱形，指状或不规则分枝，新鲜时外皮棕褐色，粗糙，常呈鱼鳞状皱裂，断面橙黄色至橙红色，干后除去须根常留有白色点状痕迹。茎左旋，光滑无毛，具细纵槽。单叶互生；叶片厚纸质，三角状卵形、心形或箭形，通常耳状三浅裂至三深裂，中间裂片三角状卵形或披针形，两侧裂片圆耳状或长圆形，边缘全缘；两面光滑无毛，上表面绿色，常有不规则斑块，干时呈灰褐色，下表面灰绿色，略具白粉，两面无毛；叶柄盾状着生。花单性，雌雄异株或同株，花被紫红色；雄花序穗状，单生或 2 ～ 3 个簇生，或再排列成圆锥状；花被片 6 枚；雄蕊 6 枚，着生于花托的边缘，花丝极短，与花药几等长；雌花序穗状，常单生；雌花具花丝状退化雄蕊。蒴果三棱状圆球形，每棱翅状，长 1.2 ～ 2cm，宽 1 ～ 1.5cm，干后蓝黑色，表面常有白粉。花期 5 ～ 8 月，果期 7 ～ 10 月。

【生境与分布】生于海拔 100 ～ 1500m，多生长在破坏过的杂木林间或森林、沟谷边缘的路旁，常见于腐殖质深厚的土层中。分布于安徽、江苏、浙江、江西、福建，另河南、湖北、四川、湖南、甘肃、陕西等地均有分布。

【药名与部位】盾叶薯蓣，根茎。

【采集加工】春、秋二季采挖，去净泥土，晒干。

【药材性状】呈不规则的圆柱形，多有分枝，长短不一，直径 1 ～ 2cm。根茎顶部有时可见薄膜状鳞片覆盖。表面灰棕色，皱缩，有白色点状的须根痕。质较硬，易折断，断面淡黄色或黄白色，粉性。味极苦。

【药材炮制】除去杂质，洗净，润透，切片，干燥。

图 1168 盾叶薯蓣 摄影 李华东

【**化学成分**】根茎含甾体类：盾叶新苷（zingiberensis newsaponin）、原三角叶薯蓣皂苷宁（protodeltonin）、三角叶薯蓣皂苷宁（deltonin）、薯蓣皂苷元（diosgenin）、薯蓣皂苷元-3-*O*-［β-D-吡喃葡萄糖基-（1→4）］-β-D-吡喃葡萄糖苷{diosgenin-3-*O*-［β-D-glucopyranosyl-（1→4）］-β-D-glucopyranoside}[1]，小花盾叶薯蓣皂苷（parvifloside）、胡芦巴皂苷Ⅳa、XⅢa（trigoneoside Ⅳa、XⅢa）、三角薯蓣皂苷（deltoside）、原生物苷（protobioside）、百合糖苷K（lilioglycoside K）、盾叶新苷Ⅰ（zingiberensis newsaponin Ⅰ）、三角叶皂苷（deltonin）、薯蓣次苷A（prosapogenin A of dioscin）[2]，延龄草素（trillin）[2,3]，纤细薯蓣皂苷（gracillin）、薯蓣皂苷元双葡萄糖苷（diosgenin diglucoside）、表菝葜皂苷元（epismilagenin）[3]，薯蓣皂苷（dioscin）[1,4]，螺甾-5-烯-3-基-β-D-吡喃葡萄糖基-（1→3）-β-D-吡喃葡萄糖基-（1→4）-［α-L-吡喃鼠李糖基-（1→2）］-β-D-吡喃葡萄糖苷{spirost-5-en-3-yl-β-D-glucopyranosyl-（1→3）-β-D-glucopyranosyl-（1→4）-［α-L-rhamnopyranosyl-（1→2）］-β-D-glucopyranoside}[4]，盾叶薯蓣甾苷A、B（zingiberenoside A、B）、3β，26-二羟基-（25*R*）-呋甾-5，20（22）-二烯-3-*O*-α-L-吡喃鼠李糖基-（1→2）-*O*-β-D-吡喃葡萄糖苷［3β，26-dihydroxy-（25*R*）-furosta-5，20（22）-dien-3-*O*-α-L-rhamnopyranosyl-（1→2）-*O*-β-D-glucopyranoside］、甲基小花盾叶薯蓣皂苷（methyl parvifloside）、甲基三角薯蓣皂苷（methyl deltoside）、原薯蓣皂苷元Ⅲ（progenin Ⅲ）、薯蓣皂苷元二葡萄糖苷（diosgenin diglucoside）和盾叶薯蓣新皂苷（zingiberensis new saponin）[5]；芪类：3，5-二羟基-4，4′-二甲氧基二苯乙烷（3，5-dihydroxy-4，4′-dimethoxybibenzyl）、3，5-二羟基-4-甲氧基二苯乙烷（3，5-dihydroxy-4-methoxybibenzyl）和3，5′-二羟基-3′，4-二甲氧基二苯乙烷（3，5′-dihydroxy-3′，4-dimethoxybibenzyl）[6]；二芳基庚烷类：（3*R*，5*R*）-3，5-二羟基-1，7-二-（4-羟基苯基）-庚烷［（3*R*，5*R*）-3，5-dihydroxy-1，7-bis-（4-hydroxyphenyl）-heptane］、（3*R*，5*R*）-3，5-二羟基-1-（3，4-二羟基苯基）-7-（4-羟基苯基）-庚烷［（3*R*，5*R*）-3，5-dihydroxy-1-（3，4-dihydroxyphenyl）-7-（4-hydroxyphenyl）-heptane］、（3*R*，5*R*）-3，5-二羟基-1-（4-羟基-3-甲氧基苯基）-7-（4-

羟基苯基）- 庚烷［（3*R*, 5*R*）-3, 5-dihydroxy-1-（4-hydroxy-3-methoxyphenyl）-7-（4-hydroxyphenyl）-heptane］和（3*R*, 5*R*）-3, 5- 二羟基 -1, 7- 二 -（4- 羟基 -3- 甲氧基苯基）- 庚烷［（3*R*, 5*R*）-3, 5-dihydroxy-1, 7-bis-（4-hydroxy-3-methoxyphenyl）-heptane］[6]；菲类：2, 5- 二羟基 -4, 6- 二甲氧基 -9, 10- 二氢菲（2, 5-dihydroxy-4, 6-dimethoxy-9, 10-dihydrophenanthrene）[6], 2, 5, 7- 三甲氧基 -9, 10- 二氢菲 -1, 4- 二酮（2, 5, 7-trimethoxy-9, 10-dihydrophenanthrene-1, 4-dione）、2, 5, 6- 三羟基 -3, 4- 二甲氧基 -9, 10- 二氢菲（2, 5, 6-trihydroxy-3, 4-dimethoxy-9, 10-dihydrophenanthrene）、5, 6- 二羟基 -2, 4- 二甲氧基 -9, 10- 二氢菲（5, 6-dihydroxy-2, 4-dimethoxy-9, 10-dihydrophenanthrene）和 2, 5- 二羟基 -3, 4, 6- 三甲氧基 -9, 10- 二氢菲（2, 5-dihydroxy-3, 4, 6-trimethoxy-9, 10-dihydrophenanthrene）[7]；蒽醌类：2, 5, 7- 三甲氧基蒽 -1, 4- 二酮（2, 5, 7-trimethoxyanthracene-1, 4-dione）[7]。

新鲜根茎含甾体类：纤细薯蓣皂苷（gracillin）、盾叶薯蓣皂苷 A、G（zingiberenin A、G）[8]，盾叶薯蓣皂苷 H（zingiberenin H）[9]，薯蓣皂苷元 -3-*O*-β-D- 吡喃葡萄糖基 -（1→3）-β-D- 吡喃葡萄糖基 -（1→4）-［α-L- 吡喃鼠李糖基 -（1→2）］-β-D- 吡喃葡萄糖苷 {diosgenin-3-*O*-β-D-glucopyranosyl-（1→3）-β-D-glucopyranosyl-（1→4）-［α-L-rhamnopyranosyl-（1→2）］-β-D-glucopyranoside}、（25*R*）-26-*O*-β-D- 吡喃葡萄糖基呋甾 -5- 烯 -3β, 22ζ- 二醇 -3-*O*-β-D- 吡喃葡萄糖基 -（1→3）-β-D- 吡喃葡萄糖基 -（1→4）-［α-L- 吡喃鼠李糖基 -（1→2）］-β-D- 吡喃葡萄糖苷 {（25*R*）-26-*O*-β-D-glucopyranosyl furost-5-en-3β, 22ζ-diol-3-*O*-β-D-glucopyranosyl-（1→3）-β-D-glucopyranosyl-（1→4）-［α-L-rhamnopyranosyl-（1→2）］-β-D-glucopyranoside} 和（25*R*）-26-*O*-β-D- 吡喃葡萄糖基呋甾 -5- 烯 -3β, 22ζ- 二醇 -7- 羰基 -3-*O*-β -D- 吡喃葡萄糖基 -（1→3）-β-D- 吡喃葡萄糖基 -（1→4）-［α-L- 吡喃鼠李糖基 -（1→2）］-β-D- 吡喃葡萄糖苷 {（25*R*）-26-*O*-β-D-glucopyranosyl furost-5-en-3β, 22ζ-diol-7-carbonyl-3-*O*-β -D-glucopyranosyl-（1→3）-β-D-glucopyranosyl-（1→4）-［α-L-rhamnopyranosyl-（1→2）］-β-D-glucopyranoside}[9]。

新鲜全草含甾体类：（25*R*）-26-*O*-β-D- 吡喃葡萄糖基呋甾 -5- 烯 -3β, 22ξ, 26- 三醇 -3-*O*-β-D- 吡喃葡萄糖基 -（1→3）-β-D- 吡喃葡萄糖基 -（1→4）-［α-L- 吡喃鼠李糖基 -（1→2）］-β-D- 吡喃葡萄糖苷 {（25*R*）-26-*O*-β-D-glucopyranosyl furost-5-en-3β, 22ξ, 26-triol-3-*O*-β-D-glucopyranosyl-（1→3）-β-D-glucopyranosyl-（1→4）-［α-L-rhamnopyranosyl-（1→2）］-β-D-glucopyranoside}、（25*R*）-26-*O*-β-D- 吡喃葡萄糖基呋甾 -5- 烯 -3β, 22ξ, 26- 三醇 -3-*O*-β-D- 吡喃葡萄糖基 -（1→4）-［α-L- 吡喃鼠李糖基 -（1→2）］-β-D- 吡喃葡萄糖苷 {（25*R*）-26-*O*-β-D-glucopyranosyl furost-5-en-3β, 22ξ, 26-triol-3-*O*-β-D-glucopyranosyl-（1→4）-［α-L-rhamnopyranosyl-（1→2）］-β-D-glucopyranoside}、（25*R*）-26-*O*-β-D- 吡喃葡萄糖基呋甾 -5- 烯 -3β, 22ξ, 26- 三醇 -3-*O*-α-L- 吡喃鼠李糖基 -（1→2）-β-D- 吡喃葡萄糖苷 {（25*R*）-26-*O*-β-D-glucopyranosyl furost-5-en-3β, 22ξ, 26-triol-3-*O*-α-L-rhamnopyranosyl-（1→2）-β-D-glucopyranoside}、薯蓣皂苷元 -3-*O*-β-D- 吡喃葡萄糖基 -（1→3）-β-D- 吡喃葡萄糖基 -（1→4）-［α-L- 吡喃鼠李糖基 -（1→2）］-β-D- 吡喃葡萄糖苷 {diosgenin-3-*O*-β-D-glucopyranosyl-（1→3）-β-D-glucopyranosyl-（1→4）-［α-L-rhamnopyranosyl-（1→2）］-β-D-glucopyranoside}、盾叶薯蓣皂苷 G（zingiberenin G）[10]，盾叶薯蓣皂苷 E（zingiberenin E）、（25*R*）-26-*O*-β-D- 吡喃葡萄糖基呋甾 -5- 烯 -3β, 26- 二醇 -22- 甲氧基 -3-*O*-{α-L- 吡喃鼠李糖基 -（1→4）-［β-D- 吡喃葡萄糖基 -（1→3）-β-D- 吡喃葡萄糖基 -（1→2）］-β-D- 吡喃葡萄糖苷 }{（25*R*）-26-*O*-β-D-glucopyranosyl furost-5-en-3β, 26-diol-22-methoxy-3-*O*-{α-L-rhamnopyranosyl-（1→4）-［β-D-glucopyranosyl-（1→3）-β-D-glucopyranosyl-（1→2）］-β-D-glucopyranoside}}[11] 和盾叶薯蓣皂苷 F（zingiberenin F）[12]；酚酸类：2, 4- 二羟基苯甲酸 -2-*O*- 葡萄糖苷（2, 4-dihydroxybenzoic acid-2-*O*-glucoside）[11]；胺类：对羟基苯甲胺（4-hydroxybenzylamine）[11]。

【药理作用】1. 抗肿瘤　从根茎乙醇提取物中分离的甾体皂苷类成分可抑制小鼠结肠癌 C26 细胞、人肺癌 A549 细胞、Lewis 肺癌 LL2 细胞、人卵巢癌 SK-OV-3 细胞和黑色素瘤 B16 细胞的增殖，并可诱导小鼠结肠癌 C26 细胞凋亡[1]。2. 抗血栓　从根茎提取的总甾体皂苷可抑制大鼠血小板聚集和血栓形成，并能延长活化的部分凝血活酶时间（APTT）、凝血酶时间（TT）和凝血酶原时间（PT），且呈剂量依赖性[2]。3. 降血脂　根茎总甾体皂苷可显著降低高脂血症模型金黄地鼠的血清总胆固醇（TC）、甘油三酯（TG）、低密度脂蛋白胆固醇（LDL-C）、极低密度脂蛋白胆固醇（VLDL-C）含量，升高高密度脂蛋白胆固醇（HDL-C）/ 低密度脂蛋白胆固醇 + 极低密度脂蛋白胆固醇值，且呈剂量依赖性[3]。4. 抗炎　根茎总甾体皂苷可降低佐剂性关节炎（AIA）大鼠踝关节损伤评分、胸腺指数、脾脏指数、爪肿胀程度，升高体重[4]；根茎总甾体皂苷可降低促炎细胞因子肿瘤坏死因子 -α（TNF-α）、白细胞介素 -6（IL-6）、白细胞介素 -1β（IL-1β）含量，升高抗炎细胞因子白细胞介素 -10（IL-10）含量，且呈剂量依赖性[5]。5. 护神经　根茎总甾体皂苷能显著减少局灶性缺血再灌注脑损伤大鼠脑梗死体积、降低脑含水量、提高大鼠神经功能评分[6]。6. 护心脏　根茎总甾体皂苷可降低异丙肾上腺素诱导心肌缺血模型大鼠的血清肌酸激酶（CK）、乳酸脱氢酶（LDH）、天冬氨酸氨基转移酶（AST）含量，减轻心肌病理损伤[7]。

毒性　根茎的总皂苷提取物（含总皂苷 60%）对小鼠灌胃的最大给药量为 24.0g/kg，相当于人日用量的 1440 倍；大鼠经口给予 120mg/kg、600mg/kg、1200mg/kg（相当人用量的 12 倍、60 倍和 120 倍）剂量，犬经口给予 50mg/kg、250mg/kg、500mg/kg（相当于人用量的 5 倍、25 倍、50 倍）剂量，1 次 / 日，连用 3 个月和停药 2 周后，动物未发现有与给药有关的明显毒副反应，亦未发现有迟发性毒性反应，提示其无明显的慢性毒性作用[3, 8]。

【性味与归经】苦，凉。归肝、胃、膀胱经。

【功能与主治】利湿通淋，清肺止咳，通络止痛，解毒消肿。用于湿热淋痛，肺热咳嗽，风湿腰痛，痈肿恶疮，跌打扭伤，蜂蜇虫咬。

【用法与用量】10 ～ 15g。

【药用标准】湖北药材 2009 和山东药材 2002。

【附注】本种根茎中薯蓣皂苷元含量和纯度均高，为提取半合成口服避孕药及其甾体激素类药物的最重要原料植物，我国于 20 世纪 60 年代起就开始种植和利用。

药材盾叶薯蓣皮肤已溃破及脓已形成者忌用。

【化学参考文献】

[1] 钱士辉，袁丽红，杨念云，等 . 盾叶薯蓣中甾体类化合物的分离与结构鉴定 [J]. 中药材，2006，29（11）：1174-1176.

[2] 汪晶晶，刘奕训，文迪，等 . 盾叶薯蓣中甾体皂苷及其体外血小板活性研究 [J]. 中国中药杂志，2014，39（19）：3782-3787.

[3] 刘承来，陈延镛，唐易芳，等 . 盾叶薯蓣中甾体皂甙的分离和鉴定 [J]. 植物学报，1984，26（3）：283，289.

[4] Sun W J，Tu G Z，Zhang Y M.A new steroidal saponin from *Dioscorea zingiberensis* Wright [J].Nat Prod Res，2003，17（4）：287-292.

[5] Zheng L，Zhou Y，Zhang J Y，et al.Two new steroidal saponins from the rhizomes of *Dioscorea zingiberensis* [J].Chin J Nat Med，2014，12（2）：142-147.

[6] Du D，Jin T，Zhang R，et al.Phenolic compounds isolated from *Dioscorea zingiberensis* protect against pancreatic acinar cells necrosis induced by sodium taurocholate [J].Bioorg Med Chem Lett，2017，27（6）：1467-1470.

[7] Du D，Zhang R，Xing Z H，et al.9，10-Dihydrophenanthrene derivatives and one 1，4-anthraquinone firstly isolated from *Dioscorea zingiberensis* C.H.Wright and their biological activities [J].Fitoterapia，2016，109：20-24.

[8] 杨如同，徐德平，唐世蓉，等 . 盾叶薯蓣鲜根茎中甾体皂苷的分离鉴定 [J]. 中草药，2008，39（4）：493-496.

[9] 程娟，胡长鹰，庞自洁，等 . 盾叶薯蓣中甾体皂苷的分离与结构鉴定 [J]. 中草药，2008，39（2）：165-167.

[10] 徐德平，胡长鹰，魏蕾，等 . 盾叶薯蓣中水溶性甾体皂苷成分 [J]. 药学学报，2007，11（11）：1162-1165.

[11] 徐德平，胡长鹰，唐世蓉，等 . 盾叶薯蓣水溶性成分的研究 [J]. 中草药，2007，38（1）：6-8.

[12] 徐德平，胡长鹰，王琳，等 . 盾叶薯蓣中新甾体皂苷的研究 [J]. 药学学报，2009，44（1）：56-59.

【药理参考文献】

[1] Tong Q Y，He Y，Zhao Q B，et al.Cytotoxicity and apoptosis-inducing effect of steroidal saponins from *Dioscorea zingiberensis* Wright against cancer cells [J].Steroids，2012，77（12）：1219-1227.

[2] Li H，Huang W，Wen Y Q，et al.Anti-thrombotic activity and chemical characterization of steroidal saponins from *Dioscorea zingiberensis* C.H.Wright [J].Fitoterapia，2010，81（8）：1147-1156.

[3] 康阿龙.黄姜素新药的开发研究[D].西安：西北大学硕士学位论文，2003.

[4] Zhang X X，Ito Y，Liang J R，et al.Therapeutic effects of total steroid saponin extracts from the rhizome of *Dioscorea zingiberensis* C.H.Wright in Freund' s complete adjuvant induced arthritis in rats [J].International Immunopharmacology，2014，23（2）：407-416.

[5] Zhang X X，Chen L，Liu J L，et al.Neuroprotection of total steroid saponins from *Dioscorea zingiberensis* against transient focal cerebral ischemia-reperfusion injury in rats via anti-inflammatory and antiapoptotic effects [J].Planta Medica，2014，80（17）：1597-1604.

[6] Zhang X X，Chen L，Dang X，et al.Neuroprotective effects of total steroid saponins on cerebral ischemia injuries in animal model of focal ischemia/reperfusion [J].Planta Medica，2014，80（8/9）：637-644.

[7] Tang Y N，He X C，Huang H，et al.Cardioprotective effect of total saponins from three medicinal species of *Dioscorea* against isoprenaline-induced myocardial ischemia [J].Journal of Ethnopharmacology，2015，DOI：org/10.1016/j.jep.2015.10.004.

[8] Zhang X X，Jin M，Tadesse N，et al.Safety investigation on total steroid saponins extracts from *Dioscorea zingiberensis* C.H.Wright：sub-acute and chronic toxicity studies on dogs [J].Regulatory Toxicology and Pharmacology，2017，91：58-67.

一三八　鸢尾科 Iridaceae

多年生、稀一年生草本。地下部分通常具根茎、球茎或鳞茎。叶多基生，少为互生，条形、剑形或为丝状，基部常沿中脉对折成鞘状，互相套叠，具平行脉。花两性，色泽鲜艳，辐射对称，少为左右对称，单生、数朵簇生或多花排列成总状、穗状、聚伞及圆锥花序；花或花序下有 1 至多个草质或膜质的苞片；花被裂片 6 枚，两轮排列，内轮裂片与外轮裂片同形等大或不等大，基部常合生成丝状或喇叭形的花被管；雄蕊 3 枚，着生于花被管上至花被裂片基部，花药多外向开裂；花柱 1 枚，上部多有 3 个分枝，分枝圆柱形或扁平呈花瓣状，子房下位，3 室，中轴胎座，胚珠多数。蒴果，成熟时室背开裂。种子多数，半圆形或为不规则的多面体，少为圆形，扁平，表面光滑或皱缩，常有附属物或小翅。

约 70 属，1800 种，广泛分布于热带、亚热带及温带地区。中国 11 属，约 71 种 13 变种 5 变型，多分布于西南、西北及东北地区。法定药用植物 4 属，7 种 1 变种。华东地区法定药用植物 3 属，5 种 1 变种。

鸢尾科法定药用植物主要含黄酮类、酚酸和酚苷类、生物碱类、萜类、二苯乙烯类、木脂素类等成分。黄酮类包括黄酮、异黄酮、黄酮醇、花色素等，如汉黄芩素（wogonin）、鸢尾苷（iridin）、鸢尾甲黄素 A、B（iristectorigenin A、B）、异鼠李素 -3-*O*-β- 芸香糖苷（isorhamnetin-3-*O*-β-rutinoside）、锦葵花素 -3, 5- 二葡萄糖苷（malvidin-3，5-diglucoside）、芍药素 -3-*O*- 芸香糖苷 -5- 葡萄糖苷（peonidin-3-*O*-rutinoside-5-glucoside）等；酚酸和酚苷类如没食子酸（gallic acid）、龙胆酸（gentisic acid）、丁香酸（syringic acid）、射干酚苷 B（belalloside B）、点地梅双糖苷（tectoruside）等；生物碱包括吲哚类、酰胺类等，如刺蒺藜碱（tribulusterine）、哈尔满（harman）、烟酰胺（nicotinamide）等；萜类包括单萜、二萜、三萜、四萜等，如藏红花素（crocin）、藏红花酸二甲酯（crocetin dimethyl ester）、28- 去乙酰射干醛（28-deacetylbelamcandal）、多环化假鸢尾醛 E、F、G、H、I、J（polycycloiridal E、F、G、H、I、J）等；二苯乙烯类如射干素 B（shegansu B）、鸢尾苷（tectoridin）等；木脂素类如赤式愈创木基甘油 -β-*O*-4′- 松柏基醚（*erythro*-guaiacylglycerol-β-*O*-4′-coniferyl ether）、新 - 橄榄脂素（neo-olivil）等。

番红花属含黄酮类、酚酸类、生物碱类、萜类、蒽醌类等成分。黄酮类多为黄酮醇与花色苷，如飞燕草素 -3, 5- 二葡萄糖苷（delphinidin-3，5-diglucoside）、黄芪苷（astragalin）、锦葵花素 -3, 5- 二葡萄糖苷（malvidin-3，5-diglucoside）、矮牵牛素 -3- 葡萄糖干（petunidin-3-glucoside）、山柰酚 -3- 槐糖苷（kaempferol-3-sophoroside）、异鼠李素 -3-*O*-β- 芸香糖苷（isorhamnetin-3-*O*-β-rutinoside）等；酚酸类如对羟基苯甲酸（*p*-hydroxy-benzoic acid）、香草醛（vanillin）、水杨酸（salicylic acid）等；生物碱类如烟酰胺(nicotinamide)、5- 甲基脲嘧啶(5-methyl uracil)、刺蒺藜碱(tribulusterine)、苯并噻唑(benzothiazole)等；蒽醌类如 2- 羟基大黄素（2-hydroxyemodin）、大黄素（emodin）等；萜类包括单萜、二萜、三萜、四萜等，如藏红花醛（safranal）、藏红花酸（crocetin）、藏红花酸二甲酯（crocetin dimethyl ester）、藏红花素（crocin）、玉米黄素（zeaxanthine）、假鸢尾三萜醇 C、D、E、F（iritectol C、D、E、F）、鸢尾射干醛 A（iridobelamal A）等；蒽醌类如大黄素（emodin）、2- 羟基大黄素（2-hydroxyemodin）、1- 甲基 -3- 甲氧基 -8- 羟基蒽醌 -2- 羧酸（1-methyl-3-methoxy-8-hydroxyanthraquinone-2-carboxylic acid）等。

射干属含黄酮类、萜类、二苯乙烯类、酚苷类等成分。黄酮类包括黄酮、黄酮醇、二氢黄酮、异黄酮、花色素等，如木犀草素（luteolin）、二甲基鸢尾苷元（dimethyltectorigenin）、5-*O*- 去甲基川陈皮素（5-*O*-demethylnobiletin）、白射干素（dichotomitin）、矢车菊苷（jaceoside）等；萜类包括倍半萜、二萜、三萜等，如去氢木香内酯（dehydrocostus lactone）、牡荆内酯（vitexilactone）、鸢尾烯 B（iristectorene B）、异德国鸢尾道醛（isoiridogermanal）等；二苯乙烯类如射干素 B（shegansu B）、白藜芦醇（resveratrol）等；酚苷类如射干酚苷 A、B（belalloside A、B）等。

鸢尾属含黄酮类、二苯乙烯类、三萜类、酚酸和酚苷类、木脂素类等成分。黄酮类包括异黄酮、黄酮醇、黄酮、二氢黄酮等，以异黄酮为特征性成分，如鸢尾甲黄素 A、B（iristectorigenin A、B）、南欧鸢尾素

（irisflorentin）、鸢尾酮苷（tectoruside）、汉黄芩素（wogonin）、柽柳黄素 -7- 葡萄糖苷（tamarixetin - 7-glucoside）、5, 3′- 二羟基 -7, 2′- 二甲氧基二氢黄酮（5, 3′-dihydroxy-7，2′-dimethoxyflavanone）、矢车菊素 -3-*O*- 芸香糖苷 -5- 葡萄糖苷（cyanidin-3-*O*-rutinoside-5-glucoside）等；二苯乙烯类如反式白藜芦醇（*trans*-resveratrol）等；三萜类如鸢尾酮 A、B、C、D、E、F、G、H（iristectorone A、B、C、D、E、F、G、H）、假鸢尾三萜醇 A、B（iritectol A、B）等；酚酸和酚苷类如香草酸（vanillic acid）、对羟基苯甲酸（*p*-hydroxybenzoic acid）、胡黄连新苷 A、B（scroneoside A、B）、射干酚苷 B（belalloside B）等；木脂素类如新 - 橄榄脂素（neo-olivil）、淫羊藿醇 A_2（icariol A_2）等。

分属检索表

1. 地下部分具球茎；叶基部不套叠……………………………………………1. 番红花属 *Crocus*
1. 地下部分具根茎；叶基部互相套叠。
  2. 根茎不规则块状；地上茎明显；花橙红色，花柱分枝不明显而呈浅三裂状…2. 射干属 *Belamcanda*
  2. 根茎圆柱形；地上茎不明显；花非橙红色，花柱分枝扁平呈花瓣状………………………3. 鸢尾属 *Iris*

1. 番红花属 *Crocus* Linn.

多年生草本。球茎圆球形或扁圆形，外具膜质的包被。叶条形，丛生，基部不互相套叠，叶基部包有膜质的鞘状叶。花茎甚短，不伸出鞘外；苞片舌状或无；花白色、粉红色、黄色、淡蓝色或蓝紫色；花被管细长，裂片 6 枚，2 轮排列，内、外轮花被裂片近于同形且等大；雄蕊 3 枚，着生于花被管喉部；花柱 1 枚，上部 3 分枝，柱头楔形或略膨大，子房下位，3 室，中轴胎座，胚珠多数。蒴果小，卵圆形，成熟时室背开裂。

约 80 种，主要分布于欧洲、地中海、中亚等地。中国 2 种，野生的 1 种分布于新疆，另一种各地常见栽培。法定药用植物 1 种。华东地区法定药用植物 1 种。

1169. 番红花（图 1169）• *Crocus sativus* Linn.

【别名】西红花、藏红花（浙江、安徽、山东）。

【形态】多年生草本。球茎扁圆球形，直径约 3cm，外有黄褐色的膜质鳞叶包被。叶基生，9 ～ 15 枚，条形，灰绿色，长 15 ～ 35cm，宽 2 ～ 3mm。花茎甚短，不伸出鞘外；花 1 ～ 2 朵，淡蓝色、红紫色或白色，有香味，直径 2.5 ～ 3cm；花被裂片 6 枚，2 轮排列，内、外轮花被裂片皆为倒卵形，先端钝，长 4 ～ 5cm；雄蕊直立，长 2.5cm，花药黄色，顶端尖，略弯曲；花柱橙红色，长约 4cm，上部 3 分枝，分枝弯曲而下垂，柱头略扁，顶端楔形，子房狭纺锤形。蒴果椭圆形，长约 3cm。花期 10 ～ 11 月，果期 12 月。

【生境与分布】中国各地常见栽培。

【药名与部位】西红花（番红花、泊夫蓝），柱头。

【采集加工】秋季花开时采收，低温烘干。

【药材性状】呈线形，三分枝，长约 3cm。暗红色，上部较宽而略扁平，顶端边缘显不整齐的齿状，内侧有一短裂隙，下端有时残留一小段黄色花柱。体轻，质松软，无油润光泽，干燥后质脆易断。气特异，微有刺激性，味微苦。

【质量要求】色鲜红，体糯有光泽和香味。

【药材炮制】除去杂质。

图 1169　番红花　　摄影　李华东等

【化学成分】花柱头含环己烯类：藏红花醛葡萄糖苷（safranal glycoside）[1]和藏红花苦素（picrocrocin）[2]；二萜类：红花苦素（crocin）、红花苦素 -2（crocin-2），即藏红花酸 -（β-D- 葡萄糖基）-（β-龙胆二糖基）酯[crocetin-（β-D-glucosyl）-（β-gentibiosyl）ester]、红花苦素 -3（crocin-3），即藏红花酸 - 单 -（β-龙胆二糖基）酯[crocetin mono-（β-gentiobiosyl）ester]、反式 - 藏红花酸 -1- 醛 -1-*O*-β- 龙胆二糖基酯（*trans*-crocetin-1-al-1-*O*-β-gentiobiosyl ester）[1]，全反式 - 藏红花酸 - 单（β-D- 葡萄糖基）酯[all-*trans*-crocetin-mono（β-D-glucosyl）ester][3]，全反式 - 藏红花酸 - 二（β- 龙胆二糖基）酯[all-*trans*-crocetin-di（β-gentibiosyl）ester]、全反式 - 藏红花酸 -β- 龙胆二糖基 -β-D- 葡萄糖基酯（all-*trans*-crocetin-β-gentibiosyl-β-D-glucosyl ester）、全反式 - 藏红花酸 - 二（β-D- 葡萄糖基）酯[all-*trans*-crocetin-di（β-D-glucosyl）ester]、全反式 - 藏红花酸 - 单（β- 龙胆二糖基）- 酯[all-*trans*-crocetin-mono（β-gentibiosyl）ester]、13- 顺式 - 藏红花酸 - 二（β- 龙胆二糖基）酯[13-*cis*-crocetin-di（β-gentibiosyl）ester]、13- 顺式 - 藏红花酸 -β-龙胆二糖基 -β-D- 葡萄糖基酯（13-*cis*-crocetin-β-gentibiosyl-β-D-glucosyl ester）[4]，顺式 - 藏红花酸 -β- 三葡萄糖基 -β- 龙胆二糖基酯（*cis*-crocetin-β-triglucosyl-β-gentibiosyl ester）和反式 - 藏红花酸 -β- 三葡萄糖基 -β-龙胆二糖基酯（*trans*-crocetin-β-triglucosyl-β-gentibiosyl ester）[5]；烯酸苷类：2- 甲基 -6- 酮 -2, 4- 庚 -2, 4-二烯酸 -*O*-β- 龙胆二糖基酯（2-methyl-6-oxo-2, 4-hepta-2, 4-dienoic acid-*O*-β-gentibiosyl ester）[5]和（4*R*）-4-羟基 -2, 6, 6- 三甲基环己 -1- 烯甲酸 -*O*-β-D- 吡喃葡萄糖苷[（4*R*）-4-hydroxy-2, 6, 6-trimethylcyclohex-1-enecarboxylic acid-*O*-β-D-glucopyranoside][6]；烯酮苷类：4- 羟甲基 -3, 5, 5- 三甲基环己烯 -2- 酮 -4-*O*-β-D- 龙胆二糖苷（4-hydroxymethyl-3, 5, 5-trimethylcyclohexen-2-one-4-*O*-β-D-gentibioside）[5]；烯醛苷类：（4*R*）-4- 羟基 -2, 6, 6- 三甲基环己 -1- 烯甲醛 -*O*-β-D- 龙胆二糖苷[（4*R*）-4-hydroxy-2, 6, 6-trimethylcyclohex-1-enecarbaldehyde-*O*-β-D-gentiobioside][6]；烯醇苷类：（1*R*）-3, 5, 5- 三甲基环己 -3-烯醇 -*O*-β-D- 吡喃葡萄糖苷[（1*R*）-3, 5, 5-trimethylcyclohex-3-enol-*O*-β-D-glucopyranoside][6]；苯烷苷类：2-

苯乙基 -*O*-β-D- 吡喃葡萄糖苷（2-phenylethyl-*O*-β-D-glucopyranoside）和苄基 -*O*-β-D- 吡喃葡萄糖苷（benzyl-*O*-β-D-glucopyranoside）[6]；呋喃类：2- 甲酰基 -5- 甲氧基呋喃（2-formyl-5-methoxyfuran）[2]，5- 羟基 -7, 7- 二甲基 -4, 5, 6, 7- 四氢 -3H- 异苯并呋喃 -5-*O*-β-D- 龙胆二糖苷（5-hydroxy-7, 7-dimethyl-4, 5, 6, 7-tetrahydro-3H-isobenzofuranone-5-*O*-β-D-gentibioside）[5]，（4*S*）-4- 羟基二氢呋喃 -2- 酮 -*O*-β-D- 四乙酰吡喃葡萄糖苷［（4*S*）-4-hydroxydihydrofuran-2-one-*O*-β-D-tetraacetate glucopyranoside］和（4*R*）-4- 羟基二氢呋喃 -2- 酮 -*O*-β-D- 四乙酰吡喃葡萄糖苷［（4*R*）-4-hydroxydihydrofuran-2-one-*O*-β-D-tetraacetate glucopyranoside］[6]；黄酮类：山柰酚 -7- 槐糖苷（kaempferol-7-sophoroside）和槐属黄酮苷（sophoraflavonoloside）[1]；单萜类：藏红花亭 B、C、F、G、H、I（crocusatin B、C、F、G、H、I）[2]；挥发油：藏红花醛（safranal）、3, 5, 5- 三甲基 -3- 环己烯 -1- 酮（3, 5, 5-trimethyl-3-cyclohexen-1-one）、异佛尔酮（isophorone）、2, 6, 6- 三甲基 -1, 4- 环己二烯 -1- 甲醛（2, 6, 6-trimethyl-1, 4-cyclohexadien-1-carboxaldehyde）和 2, 6, 6- 三甲基 -2- 环己烯 -1, 4- 二酮（2, 6, 6-trimethyl-2-cyclohexen-1, 4-dione）[7]；酚酸类：对羟基苯甲酸甲酯（methylparaben）[2]；二萜类：α- 藏红花酸（α-crocetin）、β- 藏红花酸（β-crocetin）、γ- 藏红花酸（γ-crocetin）和藏红花酸单甲酯（crocetin monomethyl ester）[2]；倍半萜类：3- 羟基 -β- 香堇酮（3-hydroxy-β-ionone）[2]；环己烯醇类：4- 羟甲基 -3, 5, 5- 三甲基环己 -3- 烯醇（4-hydroxymethyl-3, 5, 5-trimethylcyclohex-3-enol）和 4- 羟基 -2, 6, 6- 三甲基 -3- 氧代环己 -1, 4- 二烯甲醛（4-hydroxy-2, 6, 6-trimethyl-3-oxocyclohexa-1, 4-diencarbaldehyde）[2]；环己烯酮类：2- 羟基 -3, 5, 5- 三甲基环己 -2- 烯 -1, 4- 二酮（2-hydroxy-3, 5, 5-trimethylcyclohex-2-en-1, 4-dione）和 4- 羟基 -3, 5, 5- 三甲基环己 -2- 烯酮（4-hydroxy-3, 5, 5-trimethylcyclohex-2-enone）[2]；生物碱类：吡啶 -3- 基 - 甲醇（pyridin-3-yl-methanol）和 5- 甲基尿嘧啶（5-methyluracil）[2]。

花粉含黄酮类：山柰酚 -3-*O*-β-D- 吡喃葡萄糖基 -（1 → 2）-β-D- 吡喃葡萄糖苷［kaempferol-3-*O*-β-D-glucopyranosyl-（1 → 2）-β-D-glucopyranoside］和番红花新苷甲（crosatoside A）[8]；苯烷苷类：番红花新苷乙（crosatoside B）[8]。

花被含黄酮类：山柰酚（kaempferol）、紫云英苷（astragalin）、山柰酚 -3-*O*-β-D- 吡喃葡萄糖基 -（1 → 2）-β-D-6- 乙酰吡喃葡萄糖苷［kaempferol-3-*O*-β-D-glucopyranosyl-（1 → 2）-β-D-6-acetylglucopyranoside］、蜡菊苷（helichrysoside）和山柰酚 -3-*O*-β-D- 吡喃葡萄糖基 -（1 → 2）-β-D- 吡喃葡萄糖苷［kaempferol-3-*O*-β-D-glucopyranosyl-（1 → 2）-β-D-glucopyranoside］[9]。

花瓣含单萜类：藏红花亭 C、D、E、I、J、K、L（crocusatin C、D、E、I、J、K、L）[10]；黄酮类：紫云英苷（astragalin）、山柰酚 -3-*O*-β-D-（2-*O*-β-D-6-*O*- 乙酰葡萄糖基）吡喃葡萄糖苷［kaempferol-3-*O*-β-D-（2-*O*-β-D-6-*O*-acetylglucosyl）glucopyranoside］、山柰酚 -3-*O*-β-D-（6-*O*- 乙酰基）吡喃葡萄糖苷［kaempferol-3-*O*-β-D-（6-*O*-acetyl）glucopyranoside］、山柰酚 -7-*O*-β-D- 吡喃葡萄糖苷（kaempferol-7-*O*-β-D-glucopyranoside）、山柰酚 -3-*O*-β-D-（2-*O*-β-D- 葡萄糖基）吡喃葡萄糖苷［kaempferol-3-*O*-β-D-（2-*O*-β-D-glucosyl）glucopyranoside］、山柰酚 -3-*O*-β-D-（6-*O*- 乙酰基）吡喃葡萄糖苷 -7-*O*-β-D- 吡喃葡萄糖苷［kaempferol-3-*O*-β-D-（6-*O*-acetyl）glucopyranoside-7-*O*-β-D-glucopyranoside］、山柰酚 -3-*O*-β-D-（2-*O*-β-D-6- 乙酰葡萄糖基）吡喃葡萄糖苷 -7-*O*-β-D- 吡喃葡萄糖苷［kaempferol-3-*O*-β-D-（2-*O*-β-D-6-acetylglucosyl）glucopyranoside-7-*O*-β-D-glucopyranoside］和山柰酚 -3, 7- 二 -*O*-β-D- 吡喃葡萄糖苷（kaempferol-3, 7-di-*O*-β-D-glucopyranoside）[10]；生物碱类：哈尔满（harman）、刺蒺藜碱（tribulusterine）和烟酰胺（nicotinamide）[10]；酚酸类：香草酸（vanillic acid）、香草酸甲酯（methyl vanillate）、原儿茶酸（protocatechuic acid）、原儿茶酸甲酯（methyl protocatechuate）、4- 羟基苯甲酸（4-hydroxybenzoic acid）、对羟基苯甲酸甲酯（methylparaben）、4- 羟基苯乙醇（4-hydroxyphenethyl alcohol）、3- 羟基 -4- 甲氧基苯甲酸（3-hydroxy-4-methoxybenzoic acid）和对香豆酸（*p*-coumaric acid）[10]；环己烯类：藏红花苦素（picrocrocin）[10]；环己烯酮类：6- 羟基 -3- 羟甲基 -2, 4, 4- 三甲基 -2, 5- 环己二烯 -1- 酮 -6-*O*-β-D- 葡萄糖苷（6-hydroxy-3-hydroxymethyl-2, 4, 4-trimethyl-2, 5-cyclohexadien-1-one-6-*O*-β-D-glucoside）、4- 羟基 -3, 5, 5- 三甲基环己 -2- 烯酮（4-hydroxy-3, 5, 5-trimethylcyclohex-2-enone）和 3- 甲酰基 -6- 羟基 -2, 4, 4-

三甲基-2, 5-环己二烯-1-酮（3-formyl-6-hydroxy-2, 4, 4-trimethyl-2, 5-cyclohexadien-1-one）[10]；脂肪酸类：（3*S*）-4-二羟基丁酸［（3*S*）-4-dihydroxybutyric acid］[10]。

侧芽含蒽醌类：大黄素（emodin）、2-羟基大黄素（2-hydroxyemodin）、1-甲基-3-甲氧基-8-羟基蒽醌-2-甲酸（1-methyl-3-methoxy-8-hydroxyanthraquinone-2-carboxylic acid）和1-甲基-3-甲氧基-6, 8-二羟基蒽醌-2-甲酸（1-methyl-3-methoxy-6, 8-dihydroxyanthraquinone-2-carboxylic acid）[11]；γ-内酯糖苷：3-*S*-3-β-D-吡喃葡萄糖基氧化丁内酯（3-*S*-3-β-D-glucopyranosyloxybutanolide）[12]；酚苷类：2, 3, 4-三羟基-6-甲氧基苯乙酮-3-β-D-吡喃葡萄糖苷（2, 3, 4-trihydroxy-6-methoxyacetopenone-3-β-D-glucopyranoside）和2, 4-二羟基-6-甲氧基苯乙酮-2-β-D-吡喃葡萄糖苷（2, 4-dihydroxy-6-methoxyacetophenone-2-β-D-glucopyranoside）[12]。

【药理作用】1. 抗肿瘤　西红花95%乙醇提取物对小鼠肉瘤S180细胞、小鼠白血病P388细胞、艾氏腹水癌EAC细胞、道氏淋巴瘤DLA细胞的增殖均有抑制作用，延长移植性小鼠肉瘤S180细胞腹水瘤、艾氏腹水瘤EAC细胞及道氏淋巴瘤腹水瘤DLA细胞的荷瘤小鼠的生存期[1]；球茎的三羟甲基氨基甲烷-盐酸（Tris-HCl）缓冲液提取物经分离纯化得的蛋白聚糖对人肺癌A549细胞、人子宫颈癌HeLa细胞、人肝癌SMMC-7721细胞、人乳腺癌MCF7细胞、人胃癌SGC-7901细胞和肉瘤S180细胞的增殖均有明显的抑制作用，对S180荷瘤模型小鼠有明显的体内抑瘤作用[2, 3]。2. 护肝　柱头的水提浓缩液可降低肝纤维化大鼠血清透明质酸（HA）、Ⅲ型前胶原（PC-Ⅲ）、层粘连蛋白（LN）、Ⅳ型胶原（Ⅳ-C）的含量，减少大鼠肝脏胶原蛋白的沉积[4]；柱头的水提浓缩液能显著降低四氯化碳（CCl_4）诱导肝损伤模型小鼠血清中的谷丙转氨酶（ALT）、天冬氨酸氨基转移酶（AST）和丙二醛（MDA）的含量，减轻肝细胞变性、坏死以及炎症细胞浸润，且呈剂量依赖性[5]；柱头的水提浓缩液能显著降低白酒和四氯化碳诱导肝损伤模型大鼠的谷丙转氨酶含量，防治由白酒和四氯化碳引起的肝组织损伤[6]。3. 降血压　花瓣乙醇提取物和水提取物呈剂量依赖性地降低雄性大鼠的平均动脉压，且乙醇提取物的作用强于水提取物[7]。4. 护肾　花瓣乙醇提取物和水提取物可减轻阳离子化牛血清白蛋白（c-BSA）诱导肾炎模型大鼠的蛋白尿，降低肾皮质前列腺素E_2（PGE_2）、血栓素B_2（TXB_2）含量，升高前列环素（PGI_2）含量，抑制血小板聚集，减轻肾脏病理损害程度[8]。5. 调节免疫　球茎中提取得到的蛋白多糖可激活巨噬细胞，增加一氧化氮（NO）释放，迅速活化蛋白激酶C和核转录因子（NF-κB），可引起巨噬细胞凋亡[9]。6. 抗氧化　从柱头提取分离的藏红花酸，即西红花酸（crocetin）对过氧化氢（H_2O_2）系统的羟自由基（·OH）有较强的清除作用，并能抑制Vc-Fe^{2+}系统诱导肝线粒体脂质过氧化产物丙二醛（MDA）的产生，并抑制肝线粒体膨胀度[10]。7. 防治骨质疏松　柱头的水提取液可明显升高去卵巢大鼠股骨骨密度，升高雌二醇含量，显著降低碱性磷酸酶（ALP）含量[11]。8. 抗炎镇痛　柱头、花瓣的水提取物和乙醇提取物可降低乙酸诱导小鼠的扭体次数，抑制二甲苯所致小鼠耳廓肿胀；柱头水提取物、乙醇提取物及花瓣乙醇提取物可降低足部注射甲醛溶液慢性炎症模型大鼠的足肿胀程度[12]；顶芽的醇提取物和水提取物及柱头的醇提取物和水提取物可减少乙酸诱导的小鼠扭体次数；侧芽的醇提取物和柱头的醇提取物可降低二甲苯所致小鼠耳廓肿胀[13]；从柱头提取分离的西红花总苷能明显抑制二甲苯所致小鼠急性耳廓肿胀、乙酸所致小鼠腹腔毛细血管通透性增高及蛋清、角叉菜胶所致大鼠足肿胀，且有一定的镇痛效应[14]。9. 抗糖尿病　从柱头中分离得到的藏红花酸减少糖尿病大鼠体内晚期糖基化终产物（AGEs）及其中间产物的形成，抑制蛋白质非酶糖化反应，下调RAGE蛋白表达，保护糖尿病大鼠血管[15]；柱头乙醇提取物能降低四氧嘧啶诱导糖尿病模型大鼠和正常大鼠的血糖，改善胰岛病理损伤[16]。10. 抗抑郁　球茎乙醇提取物石油醚部位、二氯甲烷部位及柱头的乙醇提取物、水提取物均可显著缩短小鼠游泳不动时间，其中柱头的水提取物、醇提取物效果优于球茎的石油醚部位、二氯甲烷部位[13]。11. 促子宫收缩　柱头的水提取液、乙醇提取液、乙醚提取液和蒸馏法获得的挥发成分对离体兔子宫有明显的兴奋作用，促进子宫收缩；水提取液、乙醇提取液对兔、犬在体子宫表现出小剂量先短暂抑制而后兴奋，大剂量则完全出现兴奋作用[17]。12. 抗动脉粥样硬化　从柱头提取分离的西红花总苷能明显抑制高脂饮食所致实验性动脉粥样硬化模型鹌鹑的血清总胆固醇（TC）、甘油三酯（TG）、低密度脂蛋白胆固醇（LDL-C）、极低密度脂蛋白胆固醇（VLDL-C）和动脉粥样硬化指数（AI）的升高，防止高密度脂蛋白（HDL）和高密度脂蛋白胆固醇（HDL-C）含量的降低，减少胆固醇及胆固醇酯在鹌鹑动脉壁中的沉积，降低脂质过氧化物对血管内皮细胞的损伤，可减轻高脂饲料所致动脉粥样硬化斑块的形成和肝系数的升高，对抗因高脂饲料所造成冠状动脉血管壁增厚、管腔变小及肝组织脂肪变性[18]。13. 抗凝血、抗血栓　从柱头提取分离的西红花总苷能明显延长小鼠的凝血时间，缓解二磷酸腺苷（ADP）、花生四烯酸（AA）诱导的小鼠肺血栓形成所致的呼吸窘迫症状，明显抑制血小板血栓的形成，对二磷酸腺苷和凝血酶诱发的兔体内血小板聚集均有明显的抑制作用[19]。

毒性　小鼠单次灌胃给予柱头水提取液的半数致死剂量（LD_{50}）为 20.7g 生药 /kg；小鼠以含 1% ～ 5% 其生品的食物饲养，在 2% 浓度饲养 1 个月开始出现体重减轻等毒性症状，剂量再增加则出现死亡，临死前一般表现为萎靡不振、眼角有黄色分泌物[17]。大鼠灌胃给予柱头水提取浓缩溶液，每日 1 次，给药 6 周，80mg 生药 /kg 剂量组大鼠出现血清碱性磷酸酶（ALP）含量随给药时间的延长而升高，肝细胞排列紊乱、条索状结构消失、呈小泡状脂变、炎细胞浸润，显示有肝毒性[20]。

【性味与归经】甘，平。归心、肝经。

【功能与主治】活血化瘀，凉血解毒，解郁安神。用于经闭癥瘕，产后瘀阻，温毒发斑，忧郁痞闷，惊悸发狂。

【用法与用量】3 ～ 9g。

【药用标准】药典 1963—2015、部标进药 1977、局标进药 2004、浙江炮规 2005、内蒙古蒙药 1986、香港药材五册和台湾 2013。

【临床参考】1. 药物外渗致新生儿皮下坏死：干燥柱头 1g，加温开水 30ml 浸 10min 制成药液，生理盐水清洁局部皮肤后，用浸药液的纱布敷患处，1 次 1h，每日 2 ～ 3 次，同时红霉素软膏外涂[1]。

2. 中风后遗症：干燥柱头（冲服）3g，加生黄芪 40 ～ 80g、当归 15g、赤芍 40g、川芎 18g、桃仁 10g，石菖蒲、地龙、僵蚕各 12g，全蝎、胆南星各 4g，麝香（冲服）0.2g，水煎，早晚分服，每日 1 剂[2]。

3. 颌下淋巴结肿痛辅助治疗：干燥柱头 1g，泡水代茶饮[3]。

4. 胸痹心痛症辅助治疗：干燥柱头 1g，泡水代茶饮[3]。

5. 经闭腹痛及产后血晕：干燥柱头，加牡丹皮、当归、蒲黄各适量，水煎服。（《浙江药用植物志》）

【附注】番红花之名始载于《品汇精要》，云“撒馥兰，三月莳种于阴处。其根如蒜，硬而有须，抽一茎，高六七寸，上著五六叶，亦如蒜叶，细长，绿色。五月茎端开花五六朵，如红蓝花，初黄渐红。六月结子，大如黍。花能疗疾，彼土人最珍重，今亦入贡，合香多用之。”《本草纲目拾遗》云：“出西藏，形如菊。干之可以治诸痞。试验之法：将一朵入滚水内，色如血，又入色亦然，可冲四次者真。”即为本种。

本种浙江建德等地有引种，上海崇明也曾大量栽培。

西红花有用于胎死腹中等做堕胎用，但服用过量，往往引起胃肠出血、肠绞痛、呕吐、血尿、意识不清、谵妄、惊觉以致昏迷。可洗胃、输液、用兴奋剂等方法解救（《全国中草药汇编》）。药材西红花（番红花）孕妇禁服。

【化学参考文献】

[1] Nguyen H T，Shoyama Y. New minor glycoside components from saffron［J］. J Nat Med，2013，67（3）：672-676.

[2] Li C Y，Wu T S. Constituents of the stigmas of *Crocus sativus* and their tyrosinase inhibitory activity［J］. J Nat Prod，2002，65（10）：1452-1456.

[3] Pfister S，Meyer P，Steck A，et al. Isolation and structure elucidation of carotenoid-glycosyl esters in gardenia fruits（*Gardenia jasminoides* Ellis）and saffron（*Crocus sativus* Linne）［J］. J Agric Food Chem，1996，44（9）：2612-2615.

[4] Van C M R，Bissonnette M C，Cormier F，et al. Spectroscopic characterization of crocetin derivatives from *Crocus sativus* and *Gardenia jasminoides*［J］. J Agric Food Chem，1997，45（4）：1055-1061.

[5] Carmona M，Zalacain A，Sanchez A M，et al. Crocetin esters，picrocrocin and its related compounds present in *Crocus sativus* stigmas and *Gardenia jasminoides* fruits. Tentative identification of seven new compounds by LC-ESI-MS［J］. J

Agric Food Chem，2006，54（3）：973-979.
[6]Straubinger M，Bau B，Eckstein S，et al. Identification of novel glycosidic aroma precursors in saffron(*Crocus sativus* L.)[J]. J Agric Food Chem，1998，46（8）：3238-3243.
[7] Tarantilis P A，Polissiou M G. Isolation and identification of the aroma components from saffron（*Crocus sativus*）[J]. J Agric Food Chem，1997，45（2）：459-462.
[8] 宋纯清，徐任生. 番红花化学成分研究Ⅲ. 番红花花粉中的番红花新苷甲和乙的结构[J]. 化学学报，1991，（49）：917-920.
[9] 宋纯清. 番红花化学成分研究 Ⅱ. 番红花花被中的黄酮醇类化合物[J]. 中草药，1990，21（10）：7-9.
[10] Li C Y，Lee E J，Wu T S. Antityrosinase principles and constituents of the petals of *Crocus sativus* [J]. J Nat Prod，2004，67（3）：437-440.
[11] 高文运，李医明，朱大元，等. 番红花侧芽中的新蒽醌化合物[J]. 植物学报，1999，41（5）：82-84.
[12] Gao W Y，Li Y M，Zhu D Y. Phenolic glucosides and a γ-lactone glucoside from the sprouts of *Crocus sativus* [J]. Planta Med，1999，65（5）：425-427.

【药理参考文献】

[1] Nair S C，Pannikar B，Panikkar K R. Antitumour activity of saffron（*Crocus sativus*）[J]. Cancer Letters，1991，57（2）：109-114.
[2] 潘薛波. 番红花球茎蛋白聚糖抗肿瘤研究及其在愈伤组织中的诱导[D]. 杭州：浙江大学博士学位论文，2009.
[3] 赵凯. 番红花球茎活性成分分离及其抗肿瘤的研究[D]. 杭州：浙江大学硕士学位论文，2009.
[4] 汪云，朱丽影. 藏红花抗大鼠肝纤维化的实验研究[J]. 现代生物医学进展，2010，10（17）：3244-3247.
[5] 杨春潇，李丽丽，席烨，等. 藏红花对 CCl_4 致小鼠急性肝损伤的保护作用[J]. 现代中医药，2009，29（2）：64-65.
[6]马安林，吴铁墉，董恩玉，等. 藏红花对酒精及酒精加四氯化碳所致大鼠肝损伤的防治作用[J]. 中西医结合肝病杂志，2000，10（6）：34-35.
[7] Fatehi M，Rashidabady T，Fatehihassanabad Z. Effects of *Crocus sativus* petals' extract on rat blood pressure and on responses induced by electrical field stimulation in the rat isolated vas deferens and guinea-pig ileum [J]. Journal of Ethnopharmacology，2003，84（2）：199-203.
[8] 李志坚，许乃贵，何柏林，等. 抵克力得及中药灯盏花素、藏红花在大鼠阳离子化牛血清白蛋白肾炎中的影响[J]. 中华肾脏病杂志，1996，12（6）：44-46.
[9] Escribano J，Díaz-Guerra M J M，Riesec H H，et al. In vitro activation of macrophages by a novel proteoglycan isolated from corms of *Crocus sativus* L.[J]. Cancer Letters，1999，144（1）：107-114.
[10] 龚国清，刘同征，李立文，等. 西红花酸的体外抗氧化作用的研究[J]. 中国药科大学学报，2001，32（4）：68-71.
[11] 曹鹏冲，雷伟，高雁翎，等. 藏红花提取液对去卵巢大鼠骨密度及骨代谢生化指标的影响[J]. 现代生物医学进展，2011，11（6）：1009-1012.
[12] Hosseinzadeh H，Younesi H M. Antinociceptive and anti-inflammatory effects of *Crocus sativus* L. stigma and petal extracts in mice [J]. BMC Pharmacology，2002，DOI：biomedcentral. com/1471-2210/2/7.
[13] 朱昱. 番红花球茎脱毒快速繁殖及药效学研究[D]. 上海：第二军医大学硕士学位论文，2007.
[14] 马世平，周素娣，舒斌，等. 西红花总苷的药理学研究 I. 对炎症及免疫功能的影响[J]. 中草药，1998，29（8）：536-539.
[15] 向敏，钱之玉，周成华. 西红花酸对糖尿病大鼠体内晚期糖基化终产物的形成及其受体表达的影响[J]. 中国临床药理学与治疗学，2006，11（4）：448-452.
[16] Mohajeri D，Mousavi G，Doustar Y. Antihyperglycemic and pancreas-protective effects of *Crocus sativus* L.（Saffron）stigma ethanolic extract on rats with alloxan-induced diabetes [J]. Journal of Biological Sciences，2009，9（4）：302-310.
[17] 张培棪，王继光，梁重栋，等. 藏红花的药理研究 I. 对子宫、动情周期和毒性的观察[J]. 药学学报，1964，11（2）：94-100.

[18] 张陆勇，季慧芳，周素娣，等. 西红花总苷对鹌鹑实验性动脉粥样硬化的影响[J]. 中国药科大学学报，1999，30(5)：383-386.
[19] 马世平，刘保林，周素娣，等. 西红花总苷的药理学研究Ⅱ. 对血凝、血小板聚集及血栓形成的影响[J]. 中草药，1999，30（3）：196-198.
[20] 汪云，李红霞，朱丽影. 藏红花对大鼠肝毒性的实验研究[J]. 哈尔滨医科大学学报，2010，44（2）：133-138.

【临床参考文献】

[1] 边巴卓玛. 藏红花外敷治疗药物外渗致新生儿皮下坏死 1 例[J]. 西藏医药，2017，38（3）：98.
[2] 杨寅，孙艳芳. 西红花应用于补阳还五汤治疗中风后遗症的临床体会[J]. 医学信息（上旬刊），2011，24（7）：4271-4272.
[3] 张勇，刘亚军. 番红花临床应用概述[J]. 北京中医药，2013，32（11）：878-879.

2. 射干属 *Belamcanda* Adans.

多年生直立草本。根茎为不规则的块状。茎直立，实心。叶互生，两列，剑形，扁平，嵌叠状排列。二歧状伞房花序顶生；苞片小，膜质；花橙红色；花被管甚短，花被裂片 6 枚，排成 2 轮，外轮的略宽大；雄蕊 3 枚，着生于外轮花被裂片的基部；花柱圆柱形，柱头 3 浅裂，子房下位，3 室，中轴胎座，胚珠多数。蒴果倒卵形，黄绿色，成熟时 3 瓣裂；种子球形，黑紫色，有光泽。

1 种，分布于亚洲东部。中国 1 种，分布于东北、西北、华东及南部各地。法定药用植物 1 种。华东地区法定药用植物 1 种。

1170. 射干（图 1170）• *Belamcanda chinensis*（Linn.）DC.

图 1170 射干 摄影 李华东等

【别名】扁竹、鬼蒲扇（安徽）。

【形态】多年生草本。根茎为不规则的结节状，黄色或黄褐色。茎高 1 ～ 1.5m，实心。叶互生，嵌叠状排列，剑形，长 20 ～ 60cm，宽 2 ～ 4cm，基部鞘状抱茎，先端渐尖，无中脉。花序顶生，叉状分枝，每分枝的顶端聚生有花数朵；花梗细，长约 1.5cm；花梗及花序的分枝处均包有膜质的苞片，苞片披针形或卵圆形；花橙红色，散生紫褐色的斑点，直径 4 ～ 5cm；花被裂片 6 枚，排成 2 轮，外轮花被裂片倒卵形或长椭圆形，长约 2.5cm，宽约 1cm，先端钝圆或微凹，内轮花被裂片较外轮略短而狭；雄蕊 3 枚，着生于外花被裂片的基部；花柱上部稍扁，先端 3 裂，裂片边缘略向外卷，有细而短的毛。蒴果倒卵形或长椭圆形，长 2.5 ～ 3cm，直径 1.5 ～ 2.5cm，顶端无喙，常残存有凋萎的花被，成熟时室背开裂，果瓣外翻，中央有直立的果轴。种子圆球形，黑紫色，有光泽。花期 6 ～ 8 月，果期 7 ～ 9 月。

【生境与分布】生于林缘或山坡草地，大部分生于海拔较低的地方。分布于江西、安徽、江苏、浙江、山东、福建，另吉林、辽宁、河北、山西、河南、湖北、四川、湖南、甘肃、陕西、广东、广西、贵州、云南、西藏等地均有分布。

【药名与部位】射干，根茎。射干叶，叶。

【采集加工】射干：春初刚发芽或秋末茎叶枯萎时采挖，除去须根，除去泥沙，干燥。射干叶：8 ～ 9 月采收，切丝，干燥。

【药材性状】射干：呈不规则结节状，长 3 ～ 10cm，直径 1 ～ 2cm。表面黄褐色、棕褐色或黑褐色，皱缩，有较密的环纹。上面有数个圆盘状凹陷的茎痕，偶有茎基残存；下面有残留细根及根痕。质硬，断面黄色，颗粒性。气微，味苦、微辛。

射干叶：为卷曲状粗丝。上下表面均为黄绿色至黄棕色。平行脉数条，分别在上下表面间隔突起。体轻，质韧，易纵向撕裂。气微，味淡。

【质量要求】射干：肥壮，肉色黄，无须根，泥杂。

【药材炮制】射干：除去地上部分等杂质，洗净，润透，切薄片，干燥。

【化学成分】根茎含芪类：射干素 B（shegansu B）[1]，白藜芦醇（resveratrol）、异食用大黄苷元（isorhapontigenin）[2]和白藜芦醇（resveratrol）[3]；黄酮类：射干素 A（shegansu A）、鸢尾苷元（tectorigenin）、南欧鸢尾苷（iridin）、鸢尾苷（tectoridin）[2]，矢车菊苷（jaceoside）、鸢尾黄酮新苷 A、B（iristectorin A、B）、鸢尾灵 D（irilin D）[3]，南欧鸢尾苷元，即野鸢尾苷元（irigenin）[4]，鸢尾黄酮新苷元 A（iristectorigenin A）、甲基尼泊尔鸢尾异黄酮（methyl irisolidone）[5]，南欧鸢尾素（irisflorentin）[6]，3′, 4′, 5, 7- 四羟基 -8- 甲氧基异黄酮（3′, 4′, 5, 7-tetrahydroxy-8-methoxyisoflavone）、白射干素（dichotomitin）[7]，去甲南欧鸢尾素（noririsflorentin）[8]，鸢尾苷元（tectorigenin）[7, 9, 10]，南欧鸢尾苷（iridin）、6″-*O*- 对羟基苯甲酰南欧鸢尾苷（6″-*O*-*p*-hydroxybenzoyliridin）、6″-*O*- 香草酰南欧鸢尾苷（6″-*O*-vanilloyliridin）、2, 3- 二氢南欧鸢尾苷元（2, 3-dihydroirigenin）、鼠李柠檬素（rhamnocitrin）、5, 6, 7, 3′- 四羟基 -4′- 甲氧基异黄酮（5, 6, 7, 3′-tetrahydroxy-4′-methoxyisoflavone）[10]，染料木素（genistein）、二甲基鸢尾苷元（dimethyltectorigenin）、德国鸢尾酮（irilone）[11]，5, 6, 7, 4′- 四羟基 -8- 甲氧基异黄酮（5, 6, 7, 4′-tetrahydroxy-8-methoxylisoflavone）[12]，维太菊苷（vittadinoside）、异鼠李素（isorhamnetin）、粗毛豚草素（hispidulin）[13]，3′, 5′- 二甲氧基尼鸢尾黄素 -4′-*O*-β-D- 葡萄糖苷（3′, 5′-dimethoxyirisolone-4′-*O*-β-D-glucoside）、5, 4′- 二羟基 -6, 7- 亚基二氧基 -3′- 甲氧基黄酮（5, 4′-dihydroxy-6, 7-methylenedioxy-3′-methoxyflavone）[14]，4′- 甲氧基 -5, 6- 二羟基异黄酮 -7-*O*-β-D- 吡喃葡萄糖苷（4′-methoxy-5, 6-dihydroxyisoflavone-7-*O*-β-D-glucopyranoside）、6- 甲氧基 -5, 7, 8, 4′- 四羟基异黄酮（6-methoxy-5, 7, 8, 4′-tetrahydroxyisoflavone）[15]，鼠李黄素（rhamnazin）[16]，异南欧鸢尾苷（isoiridin）[17]，5, 7, 4′- 三羟基 -3′, 5′- 二甲氧基黄酮（5, 7, 4′-trihydroxy-3′, 5′-dimethoxyflavone）、芹菜素（apigenin）、5, 7, 4′- 三羟基二氢黄酮（5, 7, 4′-trihydroxyflavanone）、木犀草素（luteolin）、鸢尾苷（tectoridin）[18]，鸢尾黄酮新苷元 B（iristectorigenin B）、紫苜蓿烷酮（sativanone）、3′-*O*- 甲基堇紫黄檀酮（3′-*O*-methylviolanone）、紫檀素（pterocarpin）、高紫檀素（homopterocarpin）和 5-*O*- 去甲基川

陈皮素（5-*O*-demethylnobiletin）[19]；倍半萜类：去氢木香内酯（dehydrocostus lactone）[19]；二萜类：牡荆内酯（vitexilactone）[19]；苯醌类：1, 4- 苯醌（1, 4-benzoquinone）[20]；苯丙素类：射干素 C（shegansu C）[21]；三萜类：16-*O*- 乙酰异德国鸢尾道醛（16-*O*-acetyl isoiridogermanal）[20, 22]，射干醛（belamcandal）、28- 去乙酰射干醛（28-deacetylbelamcandal）、异德国鸢尾道醛（isoiridogermanal）[20]，鸢尾烯 B（iristectorene B）、异德国鸢尾道醛（isoiridogermanal）、3-*O*- 十四酰基 -16-*O*- 乙酰异德国鸢尾道醛（3-*O*-tetradecanoyl-16-*O*-acetylisoiridogermanal）、3-*O*- 癸酰基 -16-*O*- 乙酰异德国鸢尾道醛（3-*O*-decanoyl-16-*O*-acetylisoiridogermanal）、（6*R*, 10*S*, 11*R*）-26 ζ - 羟基 -（13*R*）- 氧杂螺鸢尾醛 -16- 烯醛［（6*R*, 10*S*, 11*R*）-26 ζ -hydroxy-（13*R*）-oxaspiroirid-16-enal］、射干呋喃醛（belachinal）、表脱水射干呋喃醛（epianhydrobelachinal）、脱水射干呋喃醛（anhydrobelachinal）、异脱水射干呋喃醛（isoanhydrobelachinal）、螺鸢尾醛（spiroiridal）[22]，鸢尾射干醛 A（iridobelamal A）[23]，鸢尾射干醛 B（iridobelamal B）[24]，28- 去乙酰射干醛（28-deacetylbelamcandal）、（6*R*, 10*S*, 11*S*, 14*S*, 26*R*）-26- 羟基 -15- 亚甲基螺鸢尾醛 -16- 烯醛［（6*R*, 10*S*, 11*S*, 14*S*, 26*R*）-26-hydroxy-15-methylidene spiroirid-16-enal］[23]，环木菠萝烷醇（cycloartanol）[25]，射干三萜宁素 *A（belamchinenin A）[26]，多环假鸢尾醛 K、L、M、N、O、P、Q、R、S、T（polycycloiridal K、L、M、N、O、P、Q、R、S、T）[27] 和裂环降假鸢尾酮 A（seconoriridone A）[28]；甾体类：豆甾醇（stigmasterol）[7]，β- 谷甾醇（β-sitosterol）[7, 19] 和胡萝卜苷（daucosterol）[2, 13, 19]；酚酸类：对羟基苯甲酸（*p*-hydroxybenzoic acid）[2]，射干酚苷 A、B（belalloside A、B）、射干苯酮（belamphenone）、南欧鸢尾苯酮（iriflophenone）、美国茶叶花素（androsin）[3]，罗布麻宁（apocynin）[7]，对羟基苯乙酮（4-hydroxy-acetophenone）[18]，香草乙酮（acetovanillone）[19, 20]，黄檀素（latifolin）、5-*O*- 甲基黄檀素（5-*O*-methyllatifolin）、黄檀酚（dalbergiphenol）、5-*O*- 甲基黄檀酚（5-*O*-methyldalbergiphenol）和香草醛（vanillin）[19]；脂肪酸类：十四烷酸（tetradecanoic acid）和十六烷酸（hexadecanoic acid）[29]；呋喃酮类：5- 庚基二氢 -2（3H）- 呋喃酮［5-heptyldihydro-2（3H）-furanone］[29]；烷烃类：5, 8- 二乙基 - 十二烷（5, 8-diethyl-dodecane）[29]；其他尚含：八聚异戊二烯类化合物（polyoctapentene）[7] 和乙酰香兰酮（acetovanilone）[16]。

种子含二苯并呋喃类：射干酮 A、B、C、D（belamcandone A、B、C、D）[30]；醌类：射干醌（belamcandaquinone）[30]；三萜类：射干三萜素 A、B、C、D（belamchinane A、B、C、D）[31]；木脂素类：（+）- 丁香脂素［（+）-syringaresinol］[32]；黄酮类：槲皮素（quercetin）、染料木素（genistein）和 2, 3- 二氢南欧鸢尾苷元（2, 3-dihydroirigenin）[32]；蔗糖衍生物：射干蔗苷 * A、B（belamcanoside A、B）[32]；酚类：射干苯酚（belamcandaphenol）[30]，（–）- 坡垒酚［（–）-hopeaphenol］[32] 和射干酚 A、B（belamcandol A、B）[33]。

地上部分含黄酮类：异当药黄素（isoswertisin）、2″-*O*-α-L- 鼠李糖基 -4′-*O*- 甲基异牡荆素（2″-*O*-α-L-rhamnosyl-4′-*O*-methylisovitexin）、2″-*O*- 鼠李糖基当药黄素（2″-*O*-rhamnosylswertisin）、恩比宁（embinin）、野鸢尾苷（iridin）、6″-*O*- 乙酰基恩比宁（6″-*O*-acetylembinin）、3″-*O*- 乙酰基恩比宁（3″-*O*-acetylembinin）、南欧鸢尾苷元 -3′-*O*-β- 吡喃葡萄糖苷（irigenin-3′-*O*-β-glucopyranoside）和 2′- 乙酰基 -1, 3-*O*- 二阿魏酰基蔗糖（2′-acetyl-1, 3-*O*-diferuloylsucrose）[34]。

【药理作用】1. 抗炎　根茎的 70% 乙醇提取物对组胺、乙酸所致小鼠皮肤或腹腔毛细血管通透性增高、巴豆油所致炎性渗出、大鼠的透明质酸酶性足浮肿、大鼠甲醛性足肿胀以及棉球肉芽组织增生均有明显的抑制作用[1]；根茎的 70% 乙醇提取物可显著降低实验组血清及咽喉组织中白细胞介素 -4（IL-4）、血清及肺组织中 IgE、血清中 LTC4 含量，表明射干提取物对慢性咽炎的治疗作用可能是通过降低血清及肺组织中 IgE 水平，抑制血清及咽喉组织中白细胞介素 -4 和血清中 LTC4 的表达等来实现的[2]。2. 抗菌　根茎的乙醇提取物对大肠杆菌、绿脓杆菌、金黄色葡萄球菌、乙型溶血性链球菌、絮状表皮癣菌、红色毛癣菌、犬小孢子菌、白色念珠菌、新型隐球菌和黑曲霉菌等的生长均有抑制作用[3]；根茎的水提取液对绿脓杆菌和多重耐药菌株绿脓杆菌 P29 的生长具有较强的抑制作用，同时对 P29 株所携带耐药性质粒也具有消除作用[4]。3. 抗病毒　根茎的乙醇提取液对流感病毒 FM1 株、腺病毒Ⅲ型致细胞病变有抑制作用，对疱疹病毒Ⅰ有一定延迟作用，对小鼠流感病毒所致肺炎有抑制发生发展，使其炎症减轻的作用[5]。4. 抗肿瘤 根茎的水提取物可抑制荷瘤小鼠（S180）肿瘤的生长，水提取物组小鼠脾脏和胸腺指数与模型组对比无差异性[6]；根茎的乙醇提取物可明显抑制肺癌细胞的锚定非依赖性生长能力和侵袭能力，显著下调肺癌细胞中 microRNA-21 的表达水平，表明可以抑制肺癌细胞的恶性行为[7]。5. 调节胃肠道 根茎的 75% 乙醇提取物可抑制小鼠吲哚美辛加乙醇性胃溃疡形成，对盐酸性及水浸应激性胃溃疡形成有抑制趋向，对正常小鼠胃肠运动无影响，但能显著对抗番泻叶引起的大肠性腹泻和蓖麻油引起的小肠性腹泻[8]。6. 抗骨质疏松 从根茎提取的射干总黄酮及根茎醇提取物均能明显改善大鼠因雌激素缺乏引起的骨矿丢失，提高骨矿密度（BMD）和骨矿含量（BMC），改善骨骼力学性能，表明具有良好的抗骨质疏松症的作用[9]。7. 抗氧化 从根茎中提取分离的白射干素（dichotomitin）、野鸢尾黄素即野鸢尾苷元（irigenin）、鸢尾黄素即鸢尾苷元（tectorigenin）和野鸢尾苷（iridin）4 个成分均有一定的清除 1，1-二苯基 -2- 三硝基苯肼（DPPH）自由基的作用，其中野鸢尾苷抗氧化作用强于维生素 C（VC）[10]；根茎的甲醇提取物对超氧阴离子自由基（O_2^-•）、羟自由基（•OH）与过氧化氢（H_2O_2）自由基均具有良好的清除作用[11]。

【性味与归经】射干：苦，寒。归肺经。射干叶：微苦、涩，凉。归肾、膀胱、肝、胆、肺经。

【功能与主治】射干：清热解毒，消痰，利咽。用于热毒痰火郁结，咽喉肿痛，痰涎壅盛，咳嗽气喘。射干叶：清火解毒，凉血止血，利胆退黄，利尿化石，收敛止汗。用于六淋证出现的尿频、尿急、尿痛、尿血、尿中夹有沙石；月经不调，崩漏；胆汁病出现的黄疸；消渴病；肺痨咳血（傣医）。

【用法与用量】射干：3 ～ 9g。射干叶：15 ～ 30g。

【药用标准】射干：药典 1963—2015、浙江炮规 2005、新疆药品 1980 二册、湖南药材 1993、贵州药材 1965、香港药材三册和台湾 2013；射干叶：云南傣药 2005 三册。

【临床参考】1. 外感发热：根茎 10g，加荆芥、防风、连翘、炒牛蒡子、枳壳、黄芩各 10g，玄参 20g，赤芍、桔梗、天花粉各 15g，川贝或浙贝、白芥子、甘草各 5g，灯心草 1 扎，流感属表寒里热、挟湿重者去灯心草加滑石；急性扁桃体炎者去灯心草加板蓝根或岗梅根；流行性腮腺炎者去灯心草加板蓝根，并予青黛外用水煎服，每日 1 剂，小儿用量酌减[1]。

2. 乳糜尿：根茎 15g，水煎服，病程较长者加川芎 9g、赤芍 12g；患乳糜血尿者加生地、仙鹤草各 15g，每日 1 剂，分 3 次服[2]。

3. 慢性咽炎：将猪板油 500g 切成小块，放入铝锅炼油去渣，得猪油约 300g，根茎 200g 切碎浸入上述油内，微火煎 40 ～ 50min，待根茎由黄色变褐色，去渣，纱布将油过滤后冷藏备用，1 次 10g，每日 3 次饭后含服，1 个月 1 疗程[3]；或根茎加桔梗、升麻、芒硝、木通、百合、甘草制成中成药射干利咽口服液（每支 10ml）口服，2 ～ 5 岁，1 次 1 支，每日 3 次；6 ～ 9 岁，1 次 2 支，每日 2 次；10 ～ 14 岁，1 次 2 支，每日 3 次[4]；或根茎，加金银花、甘草各 6g，将金银花蒸馏后，再将根茎、甘草、金银花残渣加水 200ml 煎煮，浓缩至 20ml，加 95% 乙醇醇沉，回收乙醇，混均，定容至 20ml，1 次用量为 20ml，超声雾化吸入，每日 2 次，7 日 1 疗程[5]。

4. 难治性哮喘：根茎 15g，加麻黄 15g，生姜、细辛、款冬花、姜半夏、陈皮各 10g，大枣 10 枚，紫菀、五味子各 6g，黄芪 15g，瓜蒌 20g，咳嗽痰多者加用葶苈子 10g、杏仁 5g；咳嗽严重伴咽喉痒者加地龙 15g。水煎，早晚分服，每日 1 剂，连续服 3 个月[6]。

5. 儿童寒性哮喘：根茎 6g，加紫菀、制半夏、葶苈子各 6g，炙麻黄、五味子各 5g，款冬花、大枣各 10g，生姜、细辛各 3g，伴发热者加柴胡 6g；痰多者加瓜蒌 10g；鼻塞、流涕者加辛夷花 6g、苍耳子 5g；腹泻、腹胀、纳差者加茯苓 10g、白术 6g；大便干者加火麻仁 5g、莱菔子 10g；汗多者加龙骨、牡蛎各 15g。加水 500ml 煎至 100 ～ 150ml，分 2 次服，每日 1 剂[7]。

6. 儿童疱疹性咽峡炎：根茎加桔梗、升麻、芒硝、木通、百合、甘草制成中成药射干利咽口服液（每支 10ml）口服，1 ～ 2 岁，1 次 5ml，每日 2 ～ 3 次；2 ～ 5 岁，1 次 10ml，每日 3 次；6 ～ 9 岁，1 次

20ml，每日2次，4日1疗程[8]。

7. 慢性胃炎：根茎10g，加陈皮、党参、法半夏各10g，瓜蒌皮、瓜蒌子各30g，茯苓15g，丹参20g，炙甘草、砂仁各6g，如脘痛连胁、嗳气反酸者加柴胡、川楝子、郁金等；胃脘灼痛、口苦口干者加黄连、栀子、代赭石等；胃脘刺痛、痛有定处者加檀香、苏木、九香虫等；胃脘隐痛、喜温喜按者加干姜、吴茱萸、熟附片等；胃脘隐痛、口干咽燥、舌红少苔者去党参、法半夏、陈皮，加麦冬、沙参、川楝子、白芍、生地等，水煎，分2次服，每日1剂[9]。

8. 病毒性肺炎：根茎100g，加天花粉100g，薄荷70g，桑叶、野菊花、金银花各300g，桔梗50g，枳壳70g，玄参、平贝母各150g，蜜炙紫菀120g，大青叶500g，制成2000ml口服液备用，1周岁以下，1次10ml；1～3岁，1次20ml；3～6岁，1次30ml，1日3次[10]。

9. 阳痿：根茎3g，加甘松3g，共研细末，于行房前1h用白酒送服[11]。

10. 咽喉肿痛、口腔炎：根茎9g，水煎服；或根茎6g，加山豆根6g，桔梗、金银花、玄参各9g，水煎服。

11. 气管炎：根茎磨粉，水提取浓缩成浸膏，加淀粉压片，每片含浸膏0.25g，1次3～6片，每日2次。

12. 哮喘：根茎9g，加葛花、土茯苓各6g，水煎服，每日2剂。

13. 腮腺炎、乳腺炎初起：根茎6～9g，水煎服；另取鲜根茎捣烂，敷患处。

14. 水田皮炎：根茎750g，水13L，煎1h，加食盐120g，保持药液温度在30～40℃，洗擦患部。

15. 无名肿毒、毒蛇咬伤：鲜根茎，加鲜七叶一枝花、鲜八角莲、鲜石蟾蜍、鲜青木香各适量，捣烂外敷。（10方至15方引自《浙江药用植物志》）

16. 白喉：根茎3g，加山豆根3g、金银花15g、甘草6g，水煎服。（《青岛中草药手册》）

17. 关节炎、跌打损伤：根茎90g，加白酒500g，浸泡1周，1次饮15g，每日2次。（《安徽中草药》）

【附注】射干始载于《神农本草经》，列为下品。《名医别录》云："生南阳川谷田野。三月三日采根，阴干。"《本草拾遗》谓："射干、鸢尾，按此二物相似，人多不分……射干即人间所种为花卉，亦名凤翼，叶如乌翅，秋生红花，赤点。鸢尾亦人间多种，苗低下于射干，如鸢尾，春夏生紫碧花者是也。"《本草图经》谓："今在处有之，人家庭砌间亦多种植，春生苗，高二三尺，叶似蛮姜而狭长，横张疏如翅羽状，故名乌翣，谓其叶耳；叶中抽茎，似萱草而强硬。六月开花，黄红色，瓣上有细纹。秋结实作房，中子黑色。根多须，皮黄黑，肉黄赤。"历代本草所述，射干、鸢尾时有混同，上述名射干，花色红黄者即指本种。

药材射干病无实热、脾虚便溏者及孕妇禁服。

【化学参考文献】

[1] Zhou L X，Lin M. A new stilbene dimer-shegansu B from *Belamcanda chinensis* [J]. J Asian Nat Prod Res，2000，2（3）：169-175.

[2] Zhou L X，Lin M. Studies on chemical constituents of *Belamcanda chinensis*（L.）DC. Ⅱ[J]. Chin Chem Lett，1997，8（2）：133-134.

[3] Monthakantirat O，De-Eknamkul W，Umehara K，et al. Phenolic constituents of the rhizomes of the Thai medicinal plant *Belamcanda chinensis* with proliferative activity for two breast cancer cell lines [J]. J Nat Prod，2005，68（3）：361-364.

[4] 胡晓兰，徐谧，黄天霞，等. 射干化学成分的分离与鉴定 [J]. 中药通报，1982，（1）：29-30，34.

[5] Yamaki M，Kato T，Kashihara M，et al. Isoflavones of *Belamcanda chinensis* [J]. Planta Med，1990，56（3）：335.

[6] 刘合刚，陈浩清，葛建萍，等. 栽培射干化学成分的分离与鉴定 [J]. 中药材，1994，17（7）：27-28，56.

[7] 周立新，林茂，赫兰峰. 射干的化学成分研究（Ⅰ）[J]. 中草药，1996，27（1）：8-10，59.

[8] Won W S，Woo E H. An isoflavone noririsflorentin from *Belamcanda chinensis* [J]. Phytochemistry，1993，33（4）：939-940.

[9] 刘合刚，胡新斌，葛建萍，等. 栽培射干化学成分的分离与鉴定（Ⅱ）[J]. 中药材，1997，20（6）：299-301.

[10] Ito H，Onoue S，Yoshida T. Isoflavonoids from *Belamcanda chinensis* [J]. Chem Pharm Bull，2001，49（9）：1229-1231.

[11] 吉文亮，秦民坚，王峥涛，等.射干的化学成分研究（Ⅰ）[J].中国药科大学学报，2001，32（3）：39-41.
[12] 秦民坚，吉文亮，刘峻，等.射干中异黄酮成分清除自由基的作用[J].中草药，2003，34（7）：67-68.
[13] 秦民坚，吉文亮，王峥涛，等.射干的化学成分研究（Ⅱ）[J].中草药，2004，35（5）：487-489.
[14] Jin L，Chen H S，Xiang Z B，et al. New flavone and isoflavone glycoside from *Belamcanda chinensis* [J]. Chin Chem Lett，2007，18（2）：158-160.
[15] Song Z J，Luo F，Zhou Y，et al. Two new isoflavonoids from the rhizomes of *Belamcanda chinensis* [J]. Chin Chem Lett，2007，18（6）：694-696.
[16] Jin L，Chen H S，Jin Y S，et al. Chemical constituents from *Belamcanda chinensis* [J]. J Asian Nat Prod Res，2008，10（1）：89-94.
[17] 邱鹰昆，高玉白，徐碧霞，等.射干的化学成分研究[J].中国药学杂志，2006，41（15）：1133-1135.
[18] 冯传卫，沈刚，陈海生.中药射干的化学成分分析[J].第二军医大学学报，2010，31（10）：1120-1122.
[19] Lee J W，Lee C，Jin Q H，et al. Chemical constituents from *Belamcanda chinensis* and their inhibitory effects on nitric oxide production in RAW 264. 7 macrophage cells [J]. Arch Pharm Res，2015，38（6）：991-997.
[20] Abe F，Chen R F，Yamauchi T. Iridals from *Belamcanda chinensis* and *Iris japonica* [J]. Phytochemistry，1991，30（10）：3379-3382.
[21] Lin M，Zhou L X，He W Y，et al. Shegansu C，a novel phenylpropanoid ester of sucrose from *Belamcanda chinensis* [J]. J Asian Nat Prod Res，1998，1（1）：67-75.
[22] Ito H，Onoue S，Miyake Y，et al. Iridal-type triterpenoids with ichthyotoxic activity from *Belamcanda chinensis* [J]. J Nat Prod，1998，62（1）：89-93.
[23] Takahashfi K，Hoshino Y，Suzuki S，et al. Iridals from *Iris tectorum* and *Belamcanda chinensis* [J]. Phytochemistry，2000，53（8）：925-929.
[24] Takahashi K，Suzuki S，Hano Y，et al. Protein kinase C activation by iridal type triterpenoids [J]. Biol Pharm Bull，2002，25（4）：432-436.
[25] 伍实花，张国刚，左甜甜，等.射干化学成分的分离与鉴定[J].沈阳药科大学学报，2008，25（10）：796-799.
[26] Ni G，Li J Y，Yu D Q. Belamchinenin A，an unprecedented tricyclic-fused triterpenoid with cytotoxicity from *Belamcanda chinensis* [J]. Org Biomol Chem，2018，16（20）：3754-3759.
[27] Li J Y，Ni G，Liu Y F，et al. Iridal-type triterpenoids with a cyclopentane unit from the rhizomes of *Belamcanda chinensis* [J]. J Nat Prod，2019，DOI：10. 1021/acs. jnatprod. 8b00993.
[28] Li J Y，Ni G，Liu Y F，et al. Seconoriridone A：A C16-seco-noriridal derivative with a 5/5/7 tricyclic skeleton from *Belamcanda chinensis* [J]. Tetrahedron Lett，2019，60（13）：900-905.
[29] 秦民坚，王强，徐珞珊，等.射干和鸢尾的挥发性成分[J].植物资源与环境，1997，6（2）：55-56.
[30] Seki K，Haga K，Kaneko R. Belamcandones A-D，dioxotetrahydrodibenzofurans from *Belamcanda chinensis* [J]. Phytochemistry，1995，38（3）：703-709.
[31] Song Y Y，Qin F Y，Yang J，et al. Belamchinane A-D from *Belamcanda chinensis*：triterpenoids with an unprecedented carbon skeleton and their activity against age-related renal fibrosis [J]. Org Lett，2018，20（17）：5506-5509.
[32] Song Y Y，Liu Y，Yan Y M，et al. Phenolic compounds from *Belamcanda chinensis* seeds [J]. Molecules，2018，23（3）：580.
[33] Fukuyama Y，Okino J，Kodama M. Structures of belamcandols A and B isolated from the seed of *Belamcanda chinensis* [J]. Chem Pharm Bull，1991，39（7）：1877-1179.
[34] Ha D T，Binh B T，Thu N T，et al. Four new compounds isolated from the aerial part of *Belamcanda chinensis*（L.）and their effect on vascular smooth muscle cell（VSMC）proliferation V [J]. Chem Pharm Bull，2019，67（1）：41-46.

【药理参考文献】

[1] 吴泽芳，熊朝敏.射干与白射干、川射干（鸢尾）的药理作用比较研究[J].中药药理与临床，1990，6（6）：28-30.
[2] 温雯，马跃海，朱竟赫，等.射干传统功效考证及其实验药理学验证[J].世界科学技术-中医药现代化，2017，19（5）：846-850.

[3] 黄庆华，姜昌富，王晶，等．百部等5种中药及其复方乙醇提取物的抗菌作用[J]．中医研究，1993，6(2)：27-29，2.
[4] 王云，于军，于红．射干提取液对绿脓杆菌P29株R质粒体内外消除作用研究[J]．长春中医学院学报，1999，15(3)：64.
[5] 韩杨，孔红，李宜平．射干的抗病毒实验研究[J]．中草药，2004，35(3)：72-74.
[6] 陈靖，吴成举，柴纪严．射干提取物体内抗肿瘤作用研究[J]．北方药学，2013，10(5)：72.
[7] 王振飞，刘丽，陈永霞，等．射干提取物抑制肺癌细胞恶性行为的研究[J]．国医论坛，2018，33(2)：57-59.
[8] 王红武，张明发，沈雅琴，朱自平．射干对消化系统及实验性血栓的影响[J]．中医药研究，1997，13(5)：45-47.
[9] 冯汉林，严启新．射干提取物抗雌激素缺乏大鼠骨质疏松的研究[J]．现代药物与临床，2012，27(3)：209-213.
[10] 张晓瑞，尤献民，邹桂欣，等．射干抗炎止咳有效成分的分离及抗氧化活性研究[J]．辽宁中医杂志，2014，41(8)：1712-1714.
[11] 秦民坚，刘俊，吉文亮，等．生物化学发光法测定射干类中药清除自由基的作用[J]．药学实践杂志，2000，18(5)：304-306.

【临床参考文献】

[1] 吴兆怀，卓爱琴，何吴，等．通天达地汤的临床应用[J]．现代中西医结合杂志，2006，(10)：1370-1371.
[2] 李象复．射干治疗乳糜尿104例[J]．中医杂志，1981，22(5)：44.
[3] 张迷娥，王宪章，张书春，等．猪油煎射干治疗慢性咽炎体会[J]．北京军区医药，1999，11(5)：395.
[4] 徐田华，李新民，张雅凤，等．射干利咽口服液治疗小儿急性咽炎肺胃热盛证的多中心临床研究[J]．天津中医药，2014，31(3)：138-141.
[5] 周小虎．射干、金银花、甘草雾化治疗慢性咽炎的药理分析[J]．光明中医，2014，29(4)：855-856.
[6] 孟国奇．射干麻黄汤加味治疗难治性哮喘的疗效观察[J]．光明中医，2015，30(10)：2141-2142.
[7] 黄壬海．射干麻黄汤加减对儿童寒性哮喘的疗效及对患儿CRP的影响观察[J]．医学理论与实践，2015，28(6)：756-757.
[8] 赵志霞，荆爱霞，徐莉．射干利咽口服液治疗儿童疱疹性咽峡炎108例[J]．湖南中医杂志，2008，24(2)：73.
[9] 蔡柳洲．射干瓜蒌饮治疗慢性胃炎68例[J]．北京中医，1991，10(5)：20-21.
[10] 姜宇霖．射干兜铃汤（加减）治疗病毒性肺炎疗效观察[J]．中外妇儿健康，2011，19(8)：310-311.
[11] 郑建民．射甘散治疗阳痿[J]．山西中医，1994，10(2)：41.

3. 鸢尾属 *Iris* Linn.

多年生草本。根茎长条形或块状，横走或斜伸，纤细或肥厚。叶多基生，相互套叠，排成两列；叶剑形，条状，叶脉平行，中脉明显或无，基部鞘状，先端渐尖。多数种类地上茎不明显，花茎自叶丛中抽出，伸出地面，稀短缩而不伸出。花序生于分枝的顶端或仅在花茎顶端生花1朵；花及花序基部具膜质或草质的苞片数枚；花较大，蓝紫色、紫色、红紫色、黄色、白色；花被管喇叭形、丝状或甚短，花被裂片6枚，排成2轮，外轮花被裂片3枚，较内轮稍大，上部常反折下垂，无附属物或具有鸡冠状或须毛状的附属物，内轮花被裂片3枚，直立或向外倾斜；雄蕊3枚，着生于外轮花被裂片的基部；雌蕊的花柱单一，上部3个分枝，分枝扁平，拱形弯曲，有鲜艳的色彩，顶端再2裂，裂片半圆形、三角形或狭披针形。蒴果椭圆形、卵圆形或圆球形，顶端有喙或无，成熟时室背开裂。种子梨形、扁平半圆形或为不规则的多面体，有或无附属物。

约200种，分布于北温带。中国约60种，分布于东北、西北及西南各地。法定药用植物4种1变种。华东地区法定药用植物3种1变种。

分种检索表

1. 叶片中脉明显……………………………………………………………………玉蝉花 *I. ensata*
1. 叶片无明显中脉。

2. 叶较狭，宽 4 ～ 6mm……………………………………………………马蔺 *I. lactea* var. *chinensis*
2. 叶较宽，宽大于 1cm。
3. 花较小，直径 4.5 ～ 5cm，淡蓝色或淡紫色……………………………………蝴蝶花 *I. japonica*
3. 花较大，直径约 10cm，蓝紫色……………………………………………………鸢尾 *I. tectorum*

1171. 玉蝉花（图 1171）· *Iris ensata* Thunb.

图 1171 玉蝉花 摄影 李华东等

【**别名**】紫花鸢尾、东北鸢尾（浙江），花菖蒲（山东）。

【**形态**】多年生草本，植株基部围有叶鞘残留的纤维。根茎粗壮，斜伸；须根细长，有皱缩的横纹。叶条形，长 30 ～ 80cm，宽 0.5 ～ 1.2cm，先端渐尖或长渐尖，基部鞘状，两面中脉明显。花茎圆柱形，高 40 ～ 100cm，实心，有 1 ～ 3 枚茎生叶；苞片 3 枚，近革质，披针形，长 4.5 ～ 7.5cm，宽 0.8 ～ 1.2cm，先端急尖、渐尖或钝，平行脉明显而突出，内有花 2 朵；花深紫色，直径 9 ～ 10cm；花梗长 1.5 ～ 3.5cm；花被管漏斗形，长 1.5 ～ 2cm，外轮花被裂片倒卵形，长 7 ～ 8.5cm，宽 3 ～ 3.5cm，中脉上有黄色斑纹，内轮花被裂片小，直立，披针形或宽条形，长约 5cm，宽 5 ～ 6mm；雄蕊长约 3.5cm，花药紫色，子房圆柱形，长 1.5 ～ 2cm；花柱分枝扁平，长约 5cm，紫色，顶端裂片三角形，边缘具疏齿。蒴果长椭圆形，长 4.5 ～ 5.5cm，宽 1.5 ～ 1.8cm，顶端具喙，6 条肋明显，成熟时自顶端向下开裂至 1/3 处；种子棕褐色，扁平，半圆形，边缘呈翅状。花期 6 ～ 7 月，果期 8 ～ 9 月。

【生境与分布】生于沼泽地或河岸的水湿地。分布于浙江、山东，另吉林、辽宁、黑龙江等地均有分布；朝鲜、日本、俄罗斯也有分布。

【药名与部位】马蔺子，种子。马蔺花，花。

【采集加工】马蔺子：秋季采收果实，晒干，搓取种子，除去果壳及杂质，晒干。马蔺花：春季花开后，择晴天采摘，阴干。

【药材性状】马蔺子：呈不规则多面体，或扁卵形，长 4 ～ 5mm，宽 3 ～ 4mm。表面红棕色至棕褐色，多数边缘隆起，基部有浅色种脐。质坚硬，不易破碎。切断面胚乳肥厚，灰白色，角质，胚位于种脐的一端，黄白色，细小弯曲。气微，味淡。

马蔺花：干燥花朵具花被 6 片，线形，长 3 ～ 5cm，直径 2 ～ 4mm，多皱缩，顶端弯曲，基部膨大，呈深棕色或蓝紫色，雄蕊 3 枚，花药多碎断或脱落，有残存的花丝，花柄长短不等，质轻，气较浓，味微苦。

【药材炮制】马蔺子：除去杂质，筛去灰屑，洗净，干燥。用时捣碎。

马蔺花：除去杂质，筛去灰屑。

【化学成分】花含黄酮类：矮牵牛花素 -3-（对香豆酰基）- 鼠李糖基葡萄糖苷 -5- 葡萄糖苷［petunidin-3-（*p*-coumaroyl）-rhamnosylglucoside-5-glucoside］、锦葵花素（malvidin）、矮牵牛花素 - 非乙酰化 -3- 鼠李糖基葡萄糖苷 -5- 葡萄糖苷（petunidin-nonacylated-3-rhamnosylglucoside-5-glucoside）[1]，矢车菊素 -3-*O*-（4- 对反式香豆酰基 -α-L- 吡喃鼠李糖基）-（1→6）-*O*-β-D- 吡喃葡萄糖苷 -5-*O*-β-D- 吡喃葡萄糖苷［cyanidin-3-*O*-（4-*p*-*trans*-coumaroyl-α-L-rhamnopyranosyl）-（1→6）-*O*-β-D-glucopyranoside-5-*O*-β-D-glucopyranoside］、芍药素 -3-*O*-（4- 对反式香豆酰基 -α-L- 吡喃鼠李糖基）-（1→6）-*O*-β-D- 吡喃葡萄糖苷 -5-*O*-β-D- 吡喃葡萄糖苷［peonidin-3-*O*-（4-*p*-*trans*-coumaroyl-α-L-rhamnopyranosyl）-（1→6）-*O*-β-D-glucopyranoside-5-*O*-β-D-glucopyranoside］[2]，矮牵牛花素 -3-*O*-（4- 对反式香豆酰基 -α-L- 吡喃鼠李糖基）-（1→6）-*O*-β-D- 吡喃葡萄糖苷 -5-*O*-β-D- 葡萄糖苷［petunidin-3-*O*-（4-*p*-*trans*-coumaroyl-α-L-rhamnopyranosyl）-（1→6）-*O*-β-D-glucopyranoside-5-*O*-β-D-glucopyranoside］、锦葵花素 -3-*O*-（4- 对反式香豆酰基 -α-L- 吡喃鼠李糖基）-（1→6）-*O*-β-D- 吡喃葡萄糖苷 -5-*O*-β-D- 吡喃葡萄糖苷［malvidin-3-*O*-（4-*p*-*trans*-coumaroyl-α-L-rhamnopyranosyl）-（1→6）-*O*-β-D-glucopyranoside-5-*O*-β-D-glucopyranoside］、飞燕草素 -3-*O*-（4- 对反式香豆酰基 -α-L- 吡喃鼠李糖基）-（1→6）-*O*-β-D- 吡喃葡萄糖苷 -5-*O*-β-D- 吡喃葡萄糖苷［delphinidin-3-*O*-（4-*p*-*trans*-coumaroyl-α-L-rhamnopyranosyl）-（1→6）-*O*-β-D-glucopyranoside-5-*O*-β-D-glucopyranoside］、异牡荆素（isovitexin）[3]，矮牵牛花素 -3-*O*-β- 葡萄糖苷（petunidin-3-*O*-β-glucoside）、矮牵牛花素 -3-*O*- 芸香糖苷 -5- 葡萄糖苷（petunidin-3-*O*-rutinoside-5-glucoside）、矢车菊素 -3-*O*- 芸香糖苷 -5- 葡萄糖苷（cyanidin-3-*O*-rutinoside-5-glucoside）、飞燕草素 -3-*O*-β- 葡萄糖苷（delphinidin-3-*O*-β-glucoside）、飞燕草素 -3-*O*- 芸香糖苷（delphinidin-3-*O*-rutinoside）、矮牵牛花素 -3-*O*-（4- 对反式香豆酰基 -α-L- 吡喃鼠李糖基）-（1→6）-*O*-β-D- 吡喃葡萄糖苷［petunidin-3-*O*-（4-*p*-*trans*-coumaroyl-α-L-rhamnopyranosyl）-（1→6）-*O*-β-D-glucopyranoside］、芍药素 -3-*O*- 芸香糖苷 -5- 葡萄糖苷（peonidin-3-*O*-rutinoside-5-glucoside）[4]，矮牵牛花素 -3-*O*-β-［4‴-（*Z*）-*p*- 香豆酰基 -α- 吡喃鼠李糖基 -（1→6）-β- 吡喃葡萄糖苷］-5-*O*-β- 吡喃葡萄糖苷 {petunidin-3-*O*-β-［4‴-（*Z*）-*p*-coumaroyl-α-rhamnopyranosyl-（1→6）-β-glucopyranoside］-5-*O*-β-glucopyranoside}、矮牵牛花素 -3-*O*-β-［4‴-（*E*）-*p*- 香豆酰基 -α- 吡喃鼠李糖基 -（1→6）-β- 吡喃葡萄糖苷］-5-*O*-β- 吡喃葡萄糖苷 {petunidin-3-*O*-β-［4‴-（*E*）-*p*-coumaroyl-α-rhamnopyranosyl-（1→6）-β-glucopyranoside］-5-*O*-β-glucopyranoside}、锦葵花素 -3-*O*-β-［4‴-（*Z*）-*p*- 香豆酰基 -α- 吡喃鼠李糖基 -（1→6）-β- 吡喃葡萄糖苷］-5-*O*-β- 吡喃葡萄糖苷 {malvidin-3-*O*-β-［4‴-（*Z*）-*p*-coumaroyl-α-rhamnopyranosyl-（1 → 6）-β-glucopyranoside］-5-*O*-β-glucopyranoside}、锦葵花素 -3-*O*-β-［4'''-（*E*）-*p*- 香豆酰基 -α- 吡喃鼠李糖基 -（1 → 6）-β- 吡喃葡萄糖苷］-5-*O*-β- 吡喃葡萄糖苷 {malvidin-3-*O*-β-［4'''-（*E*）-*p*-coumaroyl-α-rhamnopyranosyl-（1 → 6）-β-glucopyranoside］-5-*O*-β-glucopyranoside}、矮牵牛花素（petunidin）和锦葵花素 -3-*O*- 芸香糖苷 -5-*O*- 葡萄糖苷（malvidin-3-*O*-rutinoside-5-*O*-glucoside）[5]。

地上部分含黄酮类：高荭草素（homoorientin）、荭草苷（orientin）[6]，恩比宁（embinin）[7]和 4′, 7-二甲氧基芹菜素 -6-C-β-D- 吡喃葡萄糖基 -*O*-L- 鼠李糖苷（4′, 7-dimethoxyapigenin-6-C-β-D-glucopyranosyl-*O*-L-rhamnoside）[8]；苯丙素类：阿魏酸（ferulic acid）和对香豆酸（*p*-coumaric acid）[9]；酚酸类：香草酸（vanillic acid）和对羟基苯甲酸（*p*-hydroxybenzoic acid）[9]。

【药理作用】抗氧化 根茎的甲醇提取物对超氧阴离子自由基（O_2^-•）、羟自由基（•OH）与过氧化氢（H_2O_2）自由基均具有良好的清除作用，对超氧阴离子自由基的半数抑制浓度（IC_{50}）低于 30mg/ml，对羟自由基与过氧化氢的半数抑制浓度均低于 3mg/ml[1]。

【性味与归经】马蔺子：甘，平。归脾、胃、大肠、肺经。马蔺花：咸、酸、微苦，凉。

【功能与主治】马蔺子：清热利湿，解毒，止血。用于湿热黄疸，痢疾，咽炎，痈肿，吐血，衄血，血崩。马蔺花：清热解毒，止血，利尿。用于治疗喉痹，吐血，衄血，小便不利，淋病，疝气，痈疽。

【用法与用量】马蔺子：5 ～ 10g。马蔺花：煎服 4.5 ～ 9g，外用捣敷。

【药用标准】马蔺子：山东药材 2002 和河南药材 1993；马蔺花：山东药材 2002。

【临床参考】白塞病：种子 9g，加金莲花、耳环石斛 12g，南沙参、北沙参、天花粉各 15g，牡丹皮、山萸肉、枸杞子、锦灯笼、黄芪各 9g，花粉 15g，水煎，早晚分 2 次服，每日 1 剂；身热不退者去锦灯笼、马蔺子，加生地、地骨皮；同时，西瓜霜料、生硼砂、硇砂（炙）各 6g，生寒水石、珍珠（豆腐制）各 9g，青黛 18g，冰片 1.5g，牛黄 2g，共研细末制成锡类散，吹撒患处[1]。

【附注】同属植物喜碱鸢尾 *Iris halophila* Pall. 的根茎在新疆作马蔺根药用。

药材马蔺根孕妇禁服。

【化学参考文献】

［1］Yabuya T，Yamaguchi M，Fukui Y，et al. Characterization of anthocyanin *p*-coumaroyltransferase in flowers of *Iris ensata*［J］. Plant Sci，2001，160（3）：499-503.

［2］Yabuya T，Nakamura M，Yamasaki A. *p*-Coumaroyl glycosides of cyanidin and peonidin in the flowers of Japanese garden iris，*Iris ensata* Thunb.［J］. Euphytica，1994，74（1-2）：47-50.

［3］Yabuya T，Nakamura M，Iwashina T，et al. Anthocyanin-flavone copigmentation in bluish purple flowers of Japanese garden iris（*Iris ensata* Thunb.）［J］. Euphytica，1997，98（3）：163-167.

［4］Imayama T，Yabuya T. Characterization of anthocyanins in flowers of Japanese garden iris，*Iris ensata* Thunb.［J］. Cytologia，2003，68（2）：205-210.

［5］Kitahara K，Murai Y，Bang S W，et al. Anthocyanins from the flowers of nagai line of Japanese garden iris（*Iris ensata*）［J］. Nat Prod Commun，2014，9（2）：201-204.

［6］Pryakhina N I，Blinova K F. C-glycosides of luteolin from *Iris ensata*［J］. Khim Prir Soedin，1984，（1）：109-110.

［7］Kitanov G，Pryakhina N. Determination of structure of 6-C-rhamnoglucoside isolated from *Iris ensata*［J］. Farmatsiya，1985，35（3）：10-13.

［8］Blinova K F，Glyzin V I，Pryakhina N I. C-Glycoside from *Iris ensata*［J］. Khim Prir Soedin，1977，（1）：116.

［9］Pryakhina N I，Blinova K F. Phenolic acids from *Iris ensata*［J］. Khim Prir Soedin，1979，（6）：861-862.

【药理参考文献】

［1］秦民坚，刘俊，吉文亮，等. 生物化学发光法测定射干类中药清除自由基的作用［J］. 药学实践杂志，2000，18（5）：304-306.

【临床参考文献】

［1］王山峰，王高峰. 金莲愈溃饮治疗白塞病 7 例［J］. 中国社区医师（综合版），2005，7（3）：45.

1172. 马蔺（图 1172）• *Iris lactea* Pall. var. *chinensis*（Fisch.）Koidz.（*Iris pallasii* Fisch. var. *chinensis* Fisch.）

图 1172　马蔺　　摄影　郭增喜等

【**别名**】蠡实（浙江、安徽），兰花草、紫蓝草（安徽）。

【**形态**】多年生密丛草本。根茎粗壮，木质，斜伸，外包有大量致密的红紫色折断的老叶残留叶鞘及毛发状的纤维；须根粗长，黄白色，分枝少。叶基生，坚韧，灰绿色，条形或狭剑形，长约 50cm，宽 4 ～ 6mm，基部带红紫色，无明显的中脉。花茎光滑，高 3 ～ 10cm；苞片 3 ～ 5 枚，草质，绿色，边缘白色，披针形，长 4.5 ～ 10cm，宽 0.8 ～ 1.6cm，顶端渐尖或长渐尖，内有花 2 ～ 4 朵；花淡蓝色、蓝色或蓝紫色，直径 5 ～ 6cm；花梗长 4 ～ 7cm；花被管极短，长约 3mm，外轮花被裂片倒披针形，长 4.5 ～ 6.5cm，宽 0.8 ～ 1.2cm，顶端钝或急尖，爪部楔形，内轮花被裂片狭倒披针形，长 4.2 ～ 4.5cm，宽 5 ～ 7mm；雄蕊长 2.5 ～ 3.2cm，花药黄色；子房纺锤形，长 3 ～ 4.5cm。蒴果倒卵形，长 4 ～ 6cm，直径 1 ～ 1.4cm，有 6 条明显的肋，顶端有短喙。花期 4 ～ 5 月，果期 8 ～ 9 月。

【**生境与分布**】生于山坡较阴蔽而湿润的草地、疏林下或林缘草地。分布于安徽、江苏、浙江，另黑龙江、吉林、辽宁、内蒙古、河北、山西、山东、河南、湖北、湖南、陕西、甘肃、宁夏、青海、新疆、四川、西藏等地均有分布；朝鲜、俄罗斯、印度也有分布。

【**药名与部位**】马蔺子，种子。马蔺花，花。

【**采集加工**】马蔺子：秋季果实成熟时采收，取出种子，除去杂质，干燥。马蔺花：六、七月花开放时采摘，晒干。

【药材性状】马蔺子：呈不规则圆形，具条棱，长 2.5 ～ 4.5mm，宽达 3.5mm。棕褐色至棕黑色，基部有黄棕色种脐，顶端有略突起的合点。质坚硬。切断面胚乳肥厚，灰白色，角质状。胚白色，细小，弯曲状。气微，味淡。

马蔺花：花被裂片多已碎落，少有较完整者，常扭曲或旋曲，黄褐色，有时下部色更深，长 2.5 ～ 3.5cm；花被裂片 6，外轮花被裂片较内轮者为长，条状披针形或倒披针形，内轮花被裂片较狭，两侧膜质，半透明；雄蕊花药细长，常贴附于内轮花被裂片上，花柱长约 1cm，连同花药长 1.5 ～ 2cm；气微，味淡。

【药材炮制】马蔺子：除去杂质，洗净，干燥。

马蔺花：除去杂质，筛去灰屑。

【化学成分】叶含黄酮类：高车前素（hispidulin）、5, 4′- 二羟基 -6, 7- 亚甲二氧基黄酮（5, 4′-dihydroxy-6, 7-methylenedioxyflavon），即冠崎黄酮 -2（kanzakiflavone-2）、恩比吉宁（embigenin）、恩比宁（embinin）、芒果苷（mangiferin）、鸢尾宁 B（ayamenin B）[1]，恩比宁 A、B、C（embinin A、B、C）[2]，马蔺苷 A、B（irislactin A、B）[3] 和马蔺叶素 *C（irislactin C）[2]；甾体类：胡萝卜苷（daucosterol）和 β- 谷甾醇（β-sitosterol）[1]；有机酸类：2- 羟基 -3- 苯基丙酸甲酯（papuline）和 3- 苯基乳酸（3-phenyl lactic acid）[1]。

种子含脂肪酸及酯类：棕榈酸（hexadecanoic acid）、棕榈酸乙酯（hexadecanoic acid ethyl ester）和（*Z*）式 - 十八碳 -9- 烯酸［（*Z*）-9-octadecenoic acid］等[4]；苯醌类：马蔺子甲素反式异构体［（*E*）-pallasone aisomer］[4]，马蔺子甲素（pallasone A）[4,5]，马蔺子乙素（pallasone B）[4,6]，马蔺子丙素（pallasone C）[6]，6- 甲氧基 -2- 十七烷基 -1, 4- 苯醌（6-methoxy-2-heptadecyl-1, 4-benzoquinone）[7]，2- 甲氧基 -6- 十五烷基 -1, 4- 苯醌（2-methoxy-6-pentadecyl-1, 4-benzoquinone）、3- 羟基马蔺子素（3-hydroxyirisquinone）[8] 和马蔺子素 A（irisquinone A）[9]；三萜类：白桦脂醇（betulin）和羽扇豆烯 -3- 酮（lupine-3-one）[10]；甾体类：β- 谷甾醇（β-sitosterol）[10]；芪类：反式 -ξ- 葡萄素（*trans*-ξ-viniferin）、γ-2- 葡萄素（γ-2-viniferin）[8]，葡萄素 A、B、C（vitisin A、B、C）、ε- 葡萄素（ε-viniferin）[11, 12]，顺式葡萄素 A（*cis*-vitisin A）和葡萄素 D（vitisin D）[12]；黄酮类：表儿茶素（epicatechin）[8]，原飞燕草素 B_3（prodelphinidin B_3）和原花青素 B_1、B_3、B_7（procyanidin B_1、B_3、B_7）[13]。

地上部分含黄酮类：日当药黄素（swertiajaponin）[14]。

根和根茎含黄酮类：5- 羟基 -7- 甲氧基黄酮（5-hydroxy-7-methoxyflavone），即杨芽黄素（tectochrysin）、大苞鸢尾酮 A、D（irisoid A、D）、5, 2′- 二羟基 -6, 7- 亚甲二氧基二氢黄酮（5, 2′-dihydroxy-6, 7-methylenedioxyflavanone）、5, 7- 二羟基 -6, 2′- 二甲氧基异黄酮（5, 7-dihydroxy-6, 2′-dimethoxyisoflavone）、4′, 5- 二羟基 -6, 7- 二甲氧基异黄酮（4′, 5-dihydroxy-6, 7-dimethoxyisoflavone）、4′, 5, 7- 三羟基 -6- 甲氧基异黄酮（4′, 5, 7-trihydroxy-6-methoxyisoflavone）、5, 3′- 二羟基 -2′- 甲氧基 -6, 7- 亚甲二氧基异黄酮（5, 3′-dihydroxy-2′-methoxy-6, 7-methylenedioxyisoflavone）和 5, 2′- 二羟基 -6, 7- 亚甲二氧基异黄酮（5, 2′-dihydroxy-6, 7-methylenedioxyisoflavone）[15]；脂肪酸类：十七烷酸（heptadecanoic acid）[15]。

根含黄酮类：芒果苷（mangiferin）、恩比宁（embinin）和 5, 7, 3′- 三羟基 -4′- 甲氧基黄酮（5, 7, 3′-trihydroxy-4′-methoxyflavone）[16]；酚酸类：香草酸（vanillic acid）[16]；甾体类：胡萝卜苷（daucosterol）和 β- 谷甾醇（β-sitosterol）[16]；脂肪酸类：癸酸（decanoic acid）和 4- 甲基戊酸（4-methylpentanoic acid）[16]；核苷类：1-β-D- 呋喃阿拉伯糖基尿嘧啶（1-β-D-arabinofuranosyluracil）[16]；内酯类：金丝桃内酯 B（hyperolactone B）[16]；醇苷类：2- 甲基丙基 -β-*D*- 葡萄吡喃糖苷（2-methylpropyl-β-D-glucopyranoside）[16]。

【药理作用】1. 抗肿瘤　种皮中所提取的醌类化合物马蔺子素（irisquinone）对多种肿瘤具有放射增敏作用，马蔺子素能抑制小鼠肝癌 H22 细胞模型肺转移，机制与其提高细胞免疫及减少肿瘤血管内皮生长因子及微血管密度有关[1]；种皮中所含的马蔺子甲素（pallasone A）对多种鼻咽癌细胞具有细胞毒作用，也能诱导人咽鳞癌 Fadu 细胞的凋亡[2]；马蔺子甲素能通过破坏肿瘤细胞的存在而抵抗肿瘤，但是对多药抗药性肿瘤细胞的表达及增加并没有产生明显的影响[3]。2. 抗氧化　叶的 60% 乙醇提取物具有较强的抗氧化作用[4]。

【性味与归经】马蔺子：甘，平。归脾、胃、大肠经。马蔺花：咸、酸、微苦，凉。归胃、脾、肺、肝经。

【功能与主治】马蔺子：凉血止血，清热利湿。用于吐血，衄血，血崩，白带，黄疸，泻痢，小便不利，喉痹，痈肿，蛇虫咬伤。马蔺花：清热解毒，止血，利尿。用于喉痹，吐血，衄血，小便不利，淋病。

【用法与用量】马蔺子：3 ~ 9g；用时捣碎。马蔺花：5 ~ 9g。

【药用标准】马蔺子：部标藏药 1995、浙江炮规 2015、甘肃药材 2009、上海药材 1994、北京药材 1998、江苏药材 1989、山西药材 1987、河南药材 1993、内蒙古蒙药 1986 和新疆维药 1993；马蔺花：上海药材 1994、山东药材 2012、山西药材 1987 和青海药品 1992。

【附注】以蠡实之名始载于《神农本草经》。《本草图经》载："蠡实，马蔺子也……叶似韭而长厚，三月开紫碧花，五月结实作角，子如麻大而赤色有棱，根细长通黄色，人取以为刷。"并附冀州蠡实图。《本草纲目》载："蠡草生荒野中，就地丛生，一本二三十茎，苗高三四尺，叶中抽茎，开花结实。"《本草纲目》所述，结合冀州蠡实图与产地，与本种相符。

本变种在 *Flora of China* 中已被归并至原变种白花马蔺 *Iris lactea* Pall.，本书仍按《中国植物志》作为变种处理。原变种白花马蔺 *Iris lactea* Pall. 产吉林、内蒙古、青海、新疆、西藏；花乳白色，其他特征均与马蔺相同。

常有将玉蝉花 *Iris ensata* Thunb. 误用作马蔺者，如《山东省药材标准》2002 年版等。

药材马蔺花脾虚便溏者慎服。

【化学参考文献】

[1] 沈文娟，秦民坚，邓雪阳，等 . 马蔺叶的化学成分 [J]. 中国药学杂志，2009，44（4）：249-251.

[2] Meng Y，Qin M J，Qi B X，et al. Four new C-glycosylflavones from the leaves of *Iris lactea* Pall. var. *chinensis*（Fisch.）Koidz [J]. Phytochem Lett，2017，22：33-38.

[3] Shen W J，Qin M J，Shu P，et al. Two new C-glycosylflavones from the leaves of *Iris lactea* var. *chinensis* [J]. Chin Chem Lett，2008，19（7）：821-824.

[4] 李明，魏宁漪，牛剑钊 . 马蔺子种皮乙醚提取物化学成分分析 [J]. 中国实验方剂学杂志，2011，17（8）：108-109.

[5] 吴寿金，杨企铮 . 马蔺子化学成分的研究 [J]. 化学学报，1980，38（2）：156-161.

[6] 吴寿金，张丽，杨秀贤，等 . 马蔺子化学成分的研究 [J]. 化学学报，1981，39（8）：767-770.

[7] 牛剑钊，刘怀林，张启明 . 马蔺子化学成分的研究 [J]. 中国新药杂志，2011，20（22）：2251-2253.

[8] 侯微 . 马蔺子中天然化合物的提取鉴定及其活性的研究 [D]. 沈阳：辽宁师范大学硕士学位论文，2012.

[9] 夏光成，臧静逸，刘雪明，等 . 马蔺子的资源利用与本草考证 [J]. 药学学报，1985，20（4）：316-319.

[10] 吴寿金，张丽，杨秀贤，等 . 马蔺子化学成分的研究 [III] [J]. 中草药，1984，15（4）：145-146.

[11] Lv H H，Wang H L，He Y F. Separation and purification of four oligostilbenes from *Iris lactea* Pall. var. *chinensis*（Fisch.）Koidz by high-speed counter-currentchromatography [J]. J Chromatogr B，2015，988：127-134.

[12] Tie F F，Luan G X，Zhou W N，et al. Effects of the oligostilbenes from *Iris lactea* Pall. var. *chinensis*（Fisch.）Koidz on the adipocytes differentiation of 3T3-L1 cells [J]. Pharmazie，2018，73（2）：98-103.

[13] Lv H H，Yuan Z Z，Wang X Y，et al. Rapid separation of three proanthocyanidin dimers from *Iris lactea* Pall. var. *Chinensis*（Fisch.）Koidz by high-speed counter-current chromatography with continuous sample load and double-pump balancing mode [J]. Phytochem Ana，2015，26：444-453.

[14] Pryakhina N I，Blinova K F. Swertiajaponin from *Iris lactea* [J]. Khim Prir Soedin，1987，（2）：304-305.

[15] 王昕，秦民坚，黎路，等 . 马蔺地下部分的化学成分 [J]. 中国药科大学学报，2005，36（6）：517-519.

[16] 徐鑫鑫，秦民坚 . 马蔺根的化学成分研究 [J]. 药学与临床研究，2010，18（3）：260-261，264.

【药理参考文献】

[1] 朱伟宏，孙维凯，于永春，等 . 放射增敏药马蔺子素对 H22 肝癌小鼠肺转移的影响 [J]. 江苏医药，2008，34（2）：176-178.

[2] 蔡蓝，符立梧，潘启超 . 马蔺子甲素诱导鼻咽癌细胞凋亡的研究 [J]. 广东药学，2000，10（1）：6-7.
[3] 符立梧，李小波，梁永钜，等 . 马蔺子甲素抗多药抗药性肿瘤作用及其机制探讨 [J]. 中国药理学通报，2001，17（2）：234-236.
[4] 姜显光，侯冬岩，翁霞，等 . 马蔺叶中黄酮的超声提取工艺优化及抗氧化性能的测定 [J]. 现代农业科技，2014，（2）：301-303.

1173. 蝴蝶花（图 1173）• *Iris japonica* Thunb.

图 1173 蝴蝶花　　摄影 李华东

【别名】 紫燕（浙江），金剪刀（江西），日本鸢尾（福建），铁扁担根（上海）。

【形态】 多年生草本。根茎可分为较粗的扁圆形的直立根茎和纤细的横走根茎。叶基生，暗绿色，有光泽，剑形，长 25 ～ 60cm，宽 1.5 ～ 3cm，无明显的中脉。花茎直立，高于叶片，顶生稀疏总状聚伞花序，分枝 5 ～ 12 条，与苞片等长或略长；苞片叶状，3 ～ 5 枚，宽披针形或卵圆形，长 0.8 ～ 1.5cm，先端钝，有花 2 ～ 4 朵；花淡蓝色或淡紫色，直径 4.5 ～ 5cm；花梗伸出苞片之外，长 1.5 ～ 2.5cm；花被管明显，长 1.1 ～ 1.5cm，外轮花被裂片倒卵形或椭圆形，长 2.5 ～ 3cm，宽 1.4 ～ 2cm，先端微凹，边缘波状，有细齿裂，中脉上有隆起的黄色鸡冠状附属物，内轮花被裂片椭圆形或狭倒卵形，长约 3cm，宽 1.5 ～ 2.1cm，爪部楔形，先端微凹，边缘有细齿裂；雄蕊长 0.8 ～ 1.2cm；花柱分枝较内轮花被裂片略短，中肋处淡蓝色，先端裂片缝状丝裂，子房纺锤形，长 0.7 ～ 1cm。蒴果椭圆状柱形，长 2.5 ～ 3cm，直径 1.2 ～ 1.5cm，顶端微尖，基部钝，无喙，纵肋 6 条明显，成熟时自顶端开裂至中部；种子为不规则的多面体，无附属物。花期 3 ～ 4 月，果期 5 ～ 6 月。

【生境与分布】 生于山坡较荫蔽而湿润的草地、疏林下或林缘草地。分布于安徽、江苏、浙江、福建，另湖北、四川、湖南、甘肃、陕西、广东、广西、贵州、云南等地均有分布；日本也有分布。

【药名与部位】铁扁担，带叶根茎。

【采集加工】花后夏、秋二季采挖，放置阴凉通风处鲜用或阴干。

【药材性状】根茎呈竹鞭状，细长，匍匐，粗 1cm 左右，节明显，有膜质鳞片，节间长 2 ～ 3cm，节上着生新的较细长的根茎及须状根。根茎的顶端常可见幼叶着生，外表青褐色或淡黄白色，断面淡黄白色至白色。叶着生于根茎顶端，呈马刀状 2 列，长 10 ～ 20cm，宽 1 ～ 2cm，绿色，基部近根茎处常为淡紫色。气淡，味微苦。

【化学成分】根茎和茎含三萜类：射干醛（belamcandal）、异德国鸢尾道醛（isoiridogermanal）、28-去乙酰射干醛（28-deacetylbelamcandal）和 16-*O*- 乙酰基异德国鸢尾道醛（16-*O*-acetylisoiridogermanal）[1]。

根茎含黄酮类：鸢尾苷（tectoridin）、鸢尾苷元（tectorigenin）、芹菜素（apigenin）、芹菜素 -7-*O*-β-D- 吡喃葡萄糖苷（apigenin-7-*O*-β-D-glucopyranoside）、椴树素 -7-*O*-β-D- 吡喃葡萄糖苷（tilianin-7-*O*-β-D-glucopyranoside）[2], 3, 5- 二羟基 -7, 4′- 二甲氧基二氢黄酮（3, 5-dihydroxy-7, 4′-dimethoxyflavanone）、槲皮素（quercetin）、山柰酚（kaempferol）和山柰酚 -3-*O*-β-D- 吡喃葡萄糖苷（kaempferol-3-*O*-β-D-glucopyranoside）[3]；甾体类：豆甾醇（stigmasterol）和胡萝卜苷（daucosterol）[2]；脂肪酸类：肉豆蔻酸（myristic acid）、癸酸（capric acid）、月桂酸（lauric acid）、棕榈酸（palmitic acid）和辛酸（octanoic acid）等[4]。

花瓣含黄酮类：恩比宁（embinin）和当药素（swertisin）[5]。

地上部分含黄酮类：蝴蝶花素 A、B（irisjaponin A、B）、鸢尾苷元（tectorigenin）、尼泊尔鸢尾黄酮（irisoridon）、鸢尾黄酮新苷元 A（iristectorigenin A）、刺柏苷元 B（junipegenin B）、库门鸢尾素甲基醚（iriskumaonin methyl ether）、7-*O*- 甲基山黧豆醇（7-*O*-methylorobol）和尼鸢尾黄素甲醚（irisolone methyl ether）[6]。

全草含黄酮类：鸢尾苷元 -7-*O*-β-D- 吡喃葡萄糖基 -（1 → 3）-*O*-β-D- 吡喃葡萄糖苷［tectorigenin-7-*O*-β-D-glucopyranosyl-（1 → 3）-*O*-β-D-glucopyranoside］、鸢尾苷元 -7-*O*-β-D- 去氧吡喃阿洛糖苷（tectorigenin-7-*O*-β-D-deoxyallopyranoside）、鸢尾苷元 -7-*O*-β-D- 吡喃金鸡纳糖苷（tectorigenin-7-*O*-β-D-quinovopyranoside）、鸢尾苷元 -7-*O*-β-D- 吡喃岩藻糖苷（tectorigenin-7-*O*-β-D-fucopyranoside）、鸢尾苷（tectoridin）、鸢尾黄酮新苷 A、B（iristectorin A、B）、野鸢尾苷（iridin）、当药素（swertisin）、恩比宁（embinin）和鸢尾苷元 -7-*O*-β-D- 葡萄糖基 -（1 → 6）- 葡萄糖苷［tectorigenin-7-*O*-β-D-glucosy-（1 → 6）-glucoside］[7]；假鸢尾骨架类：蝴蝶花萜醛 A、B、C（iridojaponal A、B、C）[8]；苯乙酮类：（-）-4- 羟基 -3- 甲氧基苯乙酮 -4-*O*-β-D-{6-*O*-［4-*O*-（7*R*, 8*S*）-（4- 羟基 -3- 甲氧基苯基甘油 -8- 基）-3- 甲氧基苯甲酰基］} 吡喃葡萄糖苷 {（-）-4-hydroxy-3-methoxyacetophenone-4-*O*-β-D-{6-*O*-［4-*O*-（7*R*, 8*S*）-（4-hydroxy-3-methoxyphenylglycerol-8-yl）-3-methoxybenzoyl］}glucopyranoside}、（-）-4- 羟基 -3- 甲氧基苯乙酮 -4-*O*-β-D-{6-*O*-［4-*O*-（7*S*, 8*R*）-（4- 羟基 -3- 甲氧基苯基甘油 -8- 基）-3- 甲氧基苯甲酰基］} 吡喃葡萄糖苷 {（-）-4-hydroxy-3-methoxyacetophenone-4-*O*-β-D-{6-*O*-［4-*O*-（7*S*, 8*R*）-（4-hydroxy-3-methoxyphenylglycerol-8-yl）-3-methoxybenzoyl］}glucopyranoside}、（-）-4- 羟基 -3- 甲氧基苯乙酮 -4-*O*-β-D-{6-*O*-［4-*O*-（7*R*, 8*R*）-（4- 羟基 -3- 甲氧基苯基甘油 -8- 基）-3- 甲氧基苯甲酰基］} 吡喃葡萄糖苷 {（-）-4-hydroxy-3-methoxyacetophenone-4-*O*-β-D-{6-*O*-［4-*O*-（7*R*, 8*R*）-（4-hydroxy-3-methoxyphenylglycerol-8-yl）-3-methoxybenzoyl］}glucopyranoside} 和（-）-4- 羟基 -3- 甲氧基苯乙酮 -4-*O*-β-D-{6-*O*-［4-*O*-（7*S*, 8*S*）-（4- 羟基 -3- 甲氧基苯基甘油 -8- 基）-3- 甲氧基苯甲酰基］} 吡喃葡萄糖苷 {（-）-4-hydroxy-3-methoxyacetophenone-4-*O*-β-D-{6-*O*-［4-*O*-（7*S*, 8*S*）-（4-hydroxy-3-methoxyphenylglycerol-8-yl）-3-methoxybenzoyl］}glucopyranoside}[9]。

【性味与归经】苦，寒。

【功能与主治】清热解毒，通便。用于各种肝炎，肝痛，大便秘结。

【用法与用量】鲜品 30 ～ 45g；干品 6 ～ 9g。

【药用标准】上海药材 1994。

【临床参考】1. 轻、中型肠梗阻：鲜根 30g，磨成糊状，开水冲服[1]。

2. 肝炎、肝肿痛、喉痛：全草 15 ～ 30g，水煎服。

3. 肾炎水肿、便秘：鲜根茎 15g，水煎服；或鲜根茎 12 ～ 30g，捣烂敷脐部，每日换药 1 次。

4. 跌打损伤：鲜根茎 6 ～ 9g，切细，开水吞服；另取白接骨、及已适量，捣烂外敷；或鲜根茎 2 ～ 3 株，洗净，捣烂取汁，开水冲服。（2 方至 4 方引自《浙江药用植物志》）

【附注】药材铁扁担脾虚便溏者忌服。

【化学参考文献】

[1] Abe F，Chen R F，Yamauchi T. Iridals from *Belamcanda chinensis* and *Iris japonica* [J]. Phytochemistry，1991，30（10）：3379-3382.

[2] 黎路，秦民坚 . 蝴蝶花的化学成分研究 [J]. 中草药，2006，37（8）：1141-1142.

[3] Do T T H，Ngo T P，Nguyen T H A，et al. Flavonoids from *Iris japonica* [J]. Tap Chi Hoa Hoc，2013，51（4）：467-470.

[4] 秦军，陈桐，吕晴，等 . 扁竹根挥发油组分的测定 [J]. 贵州工业大学学报（自然科学版），2003，32（2）：31-32，45.

[5] Arisawa M，Morita N，Kondo Y，et al. Constituents of *Iris* genus plants. Ⅵ. constituents of the rhizome of *Iris florentina* and the constituents of the petals of *Iris japonica* [J]. Yakugaku Zasshi，1973，93（12）：1655-1659.

[6] Minami H，Okubo A，Kodama M，et al. Highly oxygenated isoflavones from *Iris japonica* [J]. Phytochemistry，1996，41（4）：1219-1221.

[7] Shi G R，Wang X，Liu Y F，et al. Bioactive flavonoid glycosides from whole plants of *Iris japonica* [J]. Phytochem Lett，2017，19：141-144.

[8] Shi G R，Wang X，Liu Y F，et al. Novel iridal metabolites with hepatoprotective activities from the whole plants of *Iris japonica* [J]. Tetrahedron Lett，2016，57（51）：5761-5763.

[9] Shi G R，Wang X，Liu Y F，et al. Aromatic glycosides from the whole plants of *Iris japonica* [J]. J Asian Nat Prod Res，2016，18（10）：921-927.

【临床参考文献】

[1] 佚名 . 中西医结合治疗肠梗阻 72 例报告 [J]. 赤脚医生杂志，1975，（2）：26-28.

1174. 鸢尾（图 1174）• *Iris tectorum* Maxim.

【别名】蓝蝴蝶（浙江、福建），蝴蝶蓝、铁扁担（安徽），扁竹花（上海）。

【形态】多年生草本，植株基部残留膜质叶鞘及纤维。根茎粗壮，二歧分枝，斜伸；须根较细短。叶基生，稍弯曲，中部略宽，宽剑形，长 15 ～ 50cm，宽 1.5 ～ 3.5cm，先端渐尖或短渐尖，基部鞘状，有数条不明显的纵脉。花茎光滑，高 20 ～ 40cm，顶部常有 1 ～ 2 条短侧枝，中、下部有 1 ～ 2 枚茎生叶；苞片 2 ～ 3 枚，草质，边缘膜质，披针形或长卵圆形，长 5 ～ 7.5cm，宽 2 ～ 2.5cm，先端渐尖或长渐尖，内有花 1 ～ 2 朵；花蓝紫色，直径约 10cm；花梗极短；花被管细长，长约 3cm，外轮花被裂片圆形或宽卵形，长 5 ～ 6cm，宽约 4cm，顶端微凹，爪部狭楔形，中脉上有不规则的鸡冠状附属物，内轮花被裂片椭圆形，长 4.5 ～ 5cm，宽约 3cm，斜展；雄蕊长约 2.5cm，花药黄色；花柱分枝扁平，淡蓝色，长约 3.5cm，顶端裂片近四方形，有疏齿，子房纺锤状圆柱形。蒴果长椭圆形或倒卵形，长 4.5 ～ 6cm，直径 2 ～ 2.5cm，有 6 条明显的肋，成熟时自上而下三瓣裂。种子黑褐色，梨形，无附属物。花期 4 ～ 5 月，果期 6 ～ 8 月。

【生境与分布】生于向阳坡地、林缘及水边湿地。分布于安徽、江苏、浙江、福建，另湖北、湖南、江西、广西、陕西、甘肃、四川、贵州、云南、西藏等地均有分布；日本也有分布。

图 1174　鸢尾　　　　摄影　李华东等

【药名与部位】川射干（鸢尾、土知母），根茎。铁扁担，带叶根茎。

【采集加工】川射干：全年均可采挖，除去须根及泥沙，干燥。铁扁担：花后夏、秋二季采挖，放置阴凉通风处或阴干。

【药材性状】川射干：呈不规则条状或圆锥形，略扁，有分枝，长 3 ～ 10cm，直径 1 ～ 2.5cm。表面灰黄褐色或棕色，有环纹和纵沟。常有残存的须根及凹陷或圆点状突起的须根痕。质松脆，易折断，断面黄白色或黄棕色。气微，味甘、苦。

铁扁担：根茎肥厚粗壮，新、老根茎呈二叉状分枝生长，每段根茎长 8 ～ 10cm，宽 3cm 左右，前端较粗，尾端较细，环纹较密集，以背面较明显，下面着生众多条状根。顶端有凹穴（老根茎）或有新生根茎或有叶着生。外表淡黄褐色，内部白色或淡黄色，叶长 20 ～ 50cm，宽 3cm 左右，粉绿色，基部不带紫色。

【药材炮制】川射干：除去杂质，洗净，润透，切薄片，干燥。

【化学成分】根茎含黄酮类：鸢尾黄酮新苷 A（iristectorin A）[1]，鸢尾黄酮新苷 B（iristectorin B）[2]，鸢尾苷（tectoridin）[3]，鸢尾苷元（tectorigenin）、南欧鸢尾素（irisflorentin）、鸢尾黄酮新苷元 A（iristectorigenin A）、南欧鸢尾苷元（irigenin）[4]，南欧鸢尾苷（iridin）、鼠李柠檬素（rhamnocitrin）、鸢尾苷元 -7-*O*-β 葡萄糖基 -4′-*O*-β- 葡萄糖苷（tectorigenin-7-*O*-β-glucosyl-4′-*O*-β-glucoside）、二氢山柰甲黄素（dihydrokaempferid）[5]，7-*O*- 甲基香橙素（7-*O*-methylaromadendrin）[6]，二甲基鸢尾黄酮素（dimethytectorigenin）、染料木素（genistein）[7]，鸢尾苷元 -7-*O*-β-D- 吡喃岩藻糖苷（tectorigenin-7-*O*-β-D-fucopyranoside）、3, 5, 4′- 三羟基 -7, 3′- 二甲氧基二氢黄酮 -5-*O*-α-L- 吡喃鼠李糖苷（3, 5, 4′-trihydroxy-7, 3′-dimethoxyflavanone-5-*O*-α-L-rhamnopyranoside）、鼠李秦素 -3-*O*-β-D- 吡喃葡萄糖苷（rhamnazin-3-*O*-β-D-glucopyranoside）[8] 和二氢山柰甲黄素（dihydrokaempferide）[9]；木脂素类：（7*R*, 7′*R*, 8*S*, 8′*S*）-5′- 甲氧基新橄榄脂素 [（7*R*, 7′*R*, 8*S*, 8′*S*）-5′-methoxy-neo-olivil]、7*S*, 7′*S*, 8*R*, 8′*R*）-5′- 甲氧基新橄榄脂素 [（7*S*, 7′*S*, 8*R*, 8′*R*）-5′-methoxy-neo-olivil]、（7*S*, 7′*R*, 8*S*, 8′*S*）- 新橄榄脂素 [（7*S*, 7′*R*, 8*S*, 8′*S*）-neo-olivil]、（7*R*, 7′*S*, 8*R*, 8′*R*）- 新橄榄脂素 [（7*R*, 7′*S*, 8*R*, 8′*R*）-neo-olivil]、（7*R*, 7′*R*, 8*S*, 8′*S*, 7″*S*, 8″*S*）- 苏式 - 新橄榄脂素 -4′-*O*-8- 愈创木基甘油醚 [（7*R*, 7′*R*, 8*S*, 8′*S*, 7″*S*, 8″*S*）-*threo*-neo-olivil-4′-*O*-8-guaiacylglycerol ether]、新橄榄脂素（neo-olivil）、淫羊藿醇 A_2（icariol A_2）、赤式愈创木基甘油 -β-*O*-4′- 松柏基醚（*erythro*-guaiacylglycerol-β-*O*-4′-coniferyl ether）、苏式愈创木基甘油 -β-*O*-4′- 松柏基醚（*threo*-guaiacylglycerol-β-*O*-4′-coniferyl ether）、赤式愈创木基甘油 -8- 香草酸醚（*erythro*-guaiacylglycerol-8-vanillic acid ether）和苏式愈创木基甘油 -8- 香草酸醚（*threo*-guaiacylglycerol-8-vanillic acid ether）[10]；三萜类：28- 去乙酰射干醛（28-deacetylbelamcandal）[11]，虹膜鸢尾 A、B（iridotectoral A、B）[12]，假鸢尾三萜醛 *C、D（iridotectoral C、D）[13]，假鸢尾三萜醇 *A、B（iritectol A、B）[14]，螺旋假鸢尾醛 A、B、C、D、E、F（spirioiridotectal A、B、C、D、E、F）[15]，假鸢尾三萜醇 *C、D、E、F（iritectol C、D、E、F）、22- 表假鸢尾三萜醇 D（22-epiiritectol D）、22- 表假鸢尾三萜醇 E（22-epiiritectol E）、22- 表假鸢尾三萜醇 F（22-epiiritectol F）[16]，鸢尾射干醛 A（iridobelamal A）[12, 16]，异德国鸢尾醛（isoiridogermanal）[14, 16]，多环化假鸢尾醛 A、B、C、D（polycycloiridal A、B、C、D）[17]，多环化假鸢尾醛 E、F、G、H、I、J（polycycloiridal E、F、G、H、I、J）[18]，假鸢尾三萜醇 *G（iritectol G）[19, 20]，假鸢尾三萜醇 *H（iritectol H）和 19- 表假鸢尾三萜醇 H（19-epiiritectol H）[19]；酚酸及苷类：香草乙酮 -β-D- 二葡萄糖苷（acetovanillone-β-D-diglucoside）[2]，二罗布麻宁（diapocynin）、点地梅双糖苷（tectoruside）[9]，美国茶叶花素（androsin）[1, 21]，罗布麻宁（apocynin）[5, 9, 21]，胡黄连新苷 A、B（scroneoside A、B）、射干酚苷 B（belalloside B）、胡黄连酚苷 C-7- 乙醚（scrophenoside C-7-ethyl ether）、罗布麻宁 -4-*O*-β-D-（6′-*O*- 丁香酚基）- 吡喃葡萄糖苷 [apocynin-4-*O*-β-D-（6′-*O*-syringyl）-glucopyranoside] 和罗布麻宁 -4-*O*-β-D- 吡喃木糖苷（apocynin-4-*O*-β-D-xylopyranoside）[21]；脂肪酸类：十四酸（tetradecanoic acid）[22]；挥发油类：5- 庚基 - 二氢 -2（3H）- 呋喃酮 [5-heptyldihydro-2（3H）-furanone]、6- 庚基 - 四氢 -2H- 吡喃 -2- 酮（6-heptyltetrahydro-2H-pyran-2-one）和 3- 羟基苯甲醛肟（3-hydroxyl-benzaldehyde-oxime）[22]；甾体类：β- 谷甾醇（β-sitosterol）和胡萝卜苷（daucosterol）[5]；烷烃苷类：正丁基 -β-D- 吡喃果糖苷（*n*-butyl-β-D-fructopyranoside）[5]。

花含黄酮类：鸢尾宁素（embinin）[23]。

种子含三萜类：鸢尾酮 A、B、C、D、E、F、G、H（iristectorone A、B、C、D、E、F、G、H）[24]，鸢尾烯 A、C、D、E、F、G（iristectorene A、C、D、E、F、G）[25] 和鸢尾烯 B（iristectorene B）[26]；挥发油类：大牻牛儿烯 D（germacrene D）和别香树烯（alloaromadendrene）[27]。

【药理作用】1. 抗癫痫　从根茎提取分离的三萜成分假鸢尾三萜醇 G（iritectol G）在体外通过抑制钠通道表现出抗癫痫作用[1]。2. 抗肿瘤　从根茎提取分离的成分异德国鸢尾醛（isoiridogermanal）和鸢尾射干醛 A（iridobelamal A）对人乳腺癌 MCF-7 细胞和人无色素性黑色素瘤 C32 细胞具有细胞毒性[2]，根茎所含的成分鸢尾苷元（tectorigenin）通过线粒体介导的途径诱导人肝癌 HepG2 细胞凋亡[3]。3. 保

护神经　从根茎提取分离的成分螺旋假鸢尾醛 A、B、F（spirioiridotectal A、B、F）对血清剥夺引起的 PC12 细胞损伤的神经具有保护作用[4]。

【性味与归经】川射干：苦，寒。归肺经。铁扁担：苦，寒。

【功能与主治】川射干：清热解毒，祛痰，利咽。用于热毒痰火郁结，咽喉肿痛，痰涎壅盛，咳嗽气喘。铁扁担：清热解毒，通便。用于各种肝炎，肝痛，大便秘结。

【用法与用量】川射干：6～10g。铁扁担：鲜品 30～45g；干品 6～9g。

【药用标准】川射干：药典 2005—2015、四川药材 1987 和贵州药材 2003；铁扁担：上海药材 1994。

【临床参考】1. 肝炎、肝肿痛、喉痛、胃痛：全草 15～30g，水煎服。（《庐山中草药》）

2. 膀胱炎：花叶 3g，红糖为引，水煎服。

3. 骨折：鲜全草适量，捣烂，胡椒为引，调匀敷患处。（2 方、3 方引自《云南中草药》）

4. 小儿疳积：全草适量，与瘦猪肉共蒸，食肉。

5. 皮肤瘙痒：全草 10～20g，煎水洗。（4 方、5 方引自《中国民族药志》）

【附注】鸢尾始载于《神农本草经》，列为下品。《新修本草》谓："此草叶似射干而阔短，不抽长茎，花紫碧色，根似高良姜，皮黄肉白，嚼之戟人咽喉，与射干全别。"《蜀本草》载："此草叶名鸢尾，根名鸢头，亦谓之鸢根。"又引《本草图经》云："叶似射干布地生。黑根似高良姜而节大，数个相连。今所在皆有，九月十月采根日干。"根据上述描述及考《植物名实图考》附图，即为本种。

药材川射干（鸢尾）脾虚便溏者及孕妇禁服。

【化学参考文献】

[1] Morita N，Shimokoriyama M，Shimizu M，et al. Medicinal resources. XXXII. components of rhizome of *Iris tectorum* (Iridaceae)[J]. Chem Pharm Bull，1972，20(4)：730-733.

[2] Morita N，Shimokoriyama M，Shimizu M，et al. Medicinal resources. XXXIII. components of rhizome of *Iris tectorum* (Iridaceae). 2.[J]. Yakugaku Zasshi，1972，92(8)：1052-1054.

[3] Shibata B. Constituents of *Iris tectorum* Maxim. I [J]. Yakugaku Zasshi，1927，543：380-385.

[4] 许云龙，马云保，熊江，等. 黄射干的异黄酮类成分[J]. 云南植物研究，1999，21(1)：125-130.

[5] 赏后勤，秦民坚，吴靳荣，等. 川射干的化学成分[J]. 中国天然药物，2007，5(4)：312-314.

[6] Fang R，Houghton P J，Hylands P J. Cytotoxic effects of compounds from *Iris tectorum* on human cancer cell lines[J]. J Ethnopharmacol，2008，118(2)：257-263.

[7] 袁崇均，王筋，陈帅，等. 川射干化学成分的研究[J]. 天然产物研究与开发，2008，20(3)：444-446，449.

[8] Zhang C L，Wang Y，Liu Y F，et al. Two new flavonoid glycosides from *Iris tectorum* [J]. Phytochem Lett，2016，15：63-65.

[9] 张志国，吕泰省，邱庆浩，等. 川射干中非异黄酮类化学成分研究[J]. 中药材，2013，36(8)：1281-1283.

[10] Zhang C L，Wang Y，Liu Y F，et al. Lignans from the rhizomes of *Iris tectorum* [J]. Fitoterapia，2016，108：93-97.

[11] Takahashi K，Hano Y，Suganuma M，et al. 28-deacetylbelamcandal，a tumor-promoting triterpenoid from *Iris tectorum*[J]. J Nat Prod，1999，62(2)：291-293.

[12] Takahashfi K，Hoshino Y，Suzuki S，et al. Iridals from *Iris tectorum* and *Belamcanda chinensis* [J]. Phytochemistry，2000，53(8)：925-929.

[13] Takahashi K，Suzuki S，Hano Y，et al. Protein kinase C activation by iridal type triterpenoids[J]. Biol Pharm Bull，2002，25(4)：432-436.

[14] Fang R，Houghton P J，Luo C，et al. Isolation and structure determination of triterpenes from *Iris tectorum* [J]. Phytochemistry，2007，68(9)：1242-1247.

[15] Zhang C L，Wang Y，Liu Y F，et al. Iridal-type triterpenoids with neuroprotective activities from *Iris tectorum* [J]. J Nat Prod，2014，77(2)：411-415.

[16] Zhang C L，Wang Y，Liu Y F，et al. Cytotoxic iridal-type triterpenoids from *Iris tectorum* [J]. Tetrahedron，2015，71(34)：5579-5583.

[17] Zhang C L, Liu Y F, Wang Y, et al. Polycycloiridal A-D, four iridal-type triterpenoids with an α-terpineol moiety from *Iris tectorum* [J]. Org Lett, 2015, 17 (22): 5686-5689.

[18] Zhang C L, Hao Z Y, Liu Y F, et al. Polycycloiridals with a cyclopentane ring from *Iris tectorum* [J]. J Nat Prod, 2017, 80 (1): 156-161.

[19] Zhang C L, Wang Y, Zhao F, et al. Rearranged iridal-type triterpenoids from *Iris tectorum* [J]. Fitoterapia, 2019, DOI: org/10. 1016/j. fitote. 2019. 104193.

[20] Zhang C L, Chen J, Zhao F, et al. Iritectol G, a novel iridal-type triterpenoid from *Iris tectorum* displays anti-epileptic activity *in vitro* through inhibition of sodium channels [J]. Fitoterapia, 2017, 122: 20-25.

[21] Zhang C L, Shi G R, Liu Y F, et al. Apocynin derivatives from *Iris tectorum* [J]. J Asian Nat Prod Res, 2017, 19 (2): 128-133.

[22] 秦民坚，王强，徐珞珊，等. 射干和鸢尾的挥发性成分 [J]. 植物资源与环境，1997，6 (2): 54-55.

[23] Hirose Y, Hayashi S, Hayashida T, et al. The utilization of plant products. V. a new flavonoid occurring in the flowers of *Iris tectorum* [J]. Kumamoto Pharm Bull, 1962, 5: 48-50.

[24] Seki K, Tomihari T, Haga K, et al. Iristectorones A-H, spirotriterpene-quinone adducts from *Iris tectorum* [J]. Phytochemistry, 1994, 37 (3): 807-815.

[25] Seki K, Tomihari T, Haga K, et al. Iristectorenes A and C-G, monocyclic triterpene esters from *Iris tectorum* [J]. Phytochemistry, 1994, 36 (2): 425-431.

[26] Seki K, Tomihari T, Haga K, et al. Iristectorene B, a monocyclic triterpene ester from *Iris tectorum* [J]. Phytochemistry, 1994, 36 (2): 433-438.

[27] Seki K, Kaneko R. Sesquiterpene hydrocarbons from the seed oil of *Iris tectorum* Maxim. [J]. Yukagaku, 1986, 35 (3): 176-181.

【药理参考文献】

[1] Zhang C, Chen J, Zhao F, et al. Iritectol G, a novel iridal-type triterpenoid from *Iris tectorum* displays anti-epileptic activity *in vitro* through inhibition of sodium channels [J]. Fitoterapia, 2017, 122: 20-25.

[2] Fang R, Houghton P J, Hylands P J, et al. Cytotoxic effects of compounds from *Iris tectorum* on human cancer cell lines [J]. Journal of Ethnopharmacology, 2008, 118: 257-263.

[3] Jiang C P, Ding H, Shi D H, et al. Pro-apoptotic effects of tectorigenin on human hepatocellular carcinoma HepG2 cells [J]. World Journal of Gastroenterology, 2012, 18 (15): 1753.

[4] Zhang C L, Wang Y, Liu Y F, et al. Iridal-type triterpenoids with neuroprotective activities from *Iris tectorum* [J]. Journal of Natural Products, 2014, 77 (2): 411-415.

一三九　芭蕉科 Musaceae

多年生草本，常有由叶鞘层层重叠而成的树干状假茎。叶通常较大型，螺旋排列或两行排列，全缘；叶脉羽状。花两性或单性，两侧对称，常排成顶生或腋生的聚伞花序，生于一大型而有鲜艳颜色的佛焰苞中，稀单生或数朵组成的聚伞花序直接自根茎生出；花被片3基数，2轮，分离或有合生花被片和离生花被片之分；雄蕊6枚，常5枚可育，1枚退化；子房下位，3室，胚珠多粒，中轴胎座或单个基生；花柱1枚，柱头3～6浅裂或头状。果实为浆果或为蒴果，蒴果室背或室间开裂，或为革质不开裂。种子坚硬，有假种皮或无，胚直，具粉质外胚乳及内胚乳。

3属，约40种，分布于亚洲、非洲的热带、亚热带地区。中国3属，14种，多分布于南部及西南部。法定药用植物1属，3种。华东地区法定药用植物1属，3种。

芭蕉科法定药用植物仅芭蕉属1属，该属含菲类、黄酮类、二苯乙烯类、酚酸类、苯丙素类、木脂素类、皂苷类等成分。菲类如羟基红花袋鼠爪酮（hydroxyanigorufone）、红花袋鼠爪酮（anigorufone）、香蕉菲酮C、D、E、F（musanolone C、D、E、F）、甲氧基红花袋鼠爪酮（methoxyanigorufone）等；黄酮类包括黄酮、黄酮醇、二氢黄酮醇、查耳酮、黄烷等，如2′, 3, 4′-三羟基黄酮（2′, 3, 4′-trihydroxyflavone）、山柰酚-3-*O*-芸香糖苷（kaempferol-3-*O*-rutinoside）、（2*R*, 3*S*）-5, 7, 3′, 4′, 5′-五羟基二氢黄酮醇［（2*R*, 3*S*）-5, 7, 3′, 4′, 5′-pentahydroxyflavanonol］、紫铆因（butein）、没食子儿茶精（gallocatechin）、（+）-表阿夫儿茶素［（+）-epiafzelechin］等；二苯乙烯类如野蕉素A、B、C（musabalbisiane A、B、C）等；酚酸类如对羟基苯甲酸（*p*-hydroxybenzoic acid）、原儿茶酸（protocatechuic acid）等；苯丙素类如咖啡酸甲酯（caffeic acid methylester）、对香豆酸（*p*-coumaric acid）、阿魏酸（ferulic acid）等；木脂素类如3-（3, 4-二羟基苯基）-丙烯酸-1-（3, 4-二羟基苯基）-2-甲氧基羧酸乙酯［3-（3, 4-dihydroxyphenyl）-acrylic acid-1-（3, 4-dihydroxyphenyl）-2-methoxy carbonyl ethyl ester］、1, 7-二（3, 4-二羟基苯基）-庚-（4*E*, 6*E*）-二烯-3-酮［1, 7-bis（3, 4-dihydroxyphenyl）-hepta-（4*E*, 6*E*）-dien-3-one］等；皂苷类多为四环三萜型，如环木菠萝烯醇（cycloartenol）、环鸦片烯醇（cyclolaudenol）、钝叶脂醇（obtusifoliol）、3-表环桉烯醇（3-epicycloeucalenol）等。

1. 芭蕉属 *Musa* Linn.

高大多年生草本，具根茎，多次结实。假茎粗壮，基部不膨大。叶大型，螺旋状排列，叶片长圆形，叶柄伸长，且在下部增大成一抱茎的叶鞘。穗状花序直立、下垂或半下垂；苞片扁平或具槽，芽时旋转或多少覆瓦状排列，绿、褐、红或暗紫色，易脱落，每一苞片内有花1或2列，下部苞片内的花为雌花或两性花，上部苞片内的花为雄花，有时在栽培或半栽培的类型中，其各苞片上的花均为不孕；合生花被片管状，先端具5（3+2）齿，二侧齿先端具钩、角或其他附属物或无任何附属物；离生花被片与合生花被片对生；雄蕊5枚；子房下位，3室。浆果伸长，肉质，有多数种子或在栽培类型中无种子。

约30种，主产亚洲东南部。中国11种，分布于南部及西南部各地。法定药用植物3种。华东地区法定药用植物3种。

分种检索表

1. 栽培变种；果实通常无种子，可食用。
   2. 假茎以上叶柄较短，通常30cm以下，叶翼张开；雄苞片不脱落……………………香蕉 *M. nana*
   2. 假茎以上叶柄较长，通常30cm以上，叶翼闭合；雄苞片脱落……………………大蕉 *M. sapientum*
1. 野生种或栽培变种；果实通常充满种子，不堪食用……………………………………芭蕉 *M. basjoo*

1175. 香蕉（图 1175）• *Musa nana* Lour.（*Musa cavendishii* Lamb.）

图 1175　香蕉　　摄影　邢福武等

【别名】龙溪蕉，天堂蕉（福建），小果野蕉，阿加蕉。

【形态】植株丛生，矮型的高 3.5m 以下，一般高不及 2m，高者可达 4 ～ 5m，假茎均浓绿而带黑斑，被白粉，尤以上部为多。叶片长圆形，长 1.5 ～ 2.5m，宽 60 ～ 85cm，先端钝圆，基部近圆形，两侧对称，叶面深绿色，无白粉，叶背浅绿色，被白粉；叶柄短粗，通常长在 30cm 以下，叶翼显著，边缘褐红色或鲜红色。穗状花序下垂，花序轴密被褐色绒毛，苞片披针状船形，外面紫红色，被白粉，内面深红色，具光泽，雄苞片不脱落，每苞片内有花 2 列。最大的果序有果 300 多个，一般的果序有果束 8 ～ 10 段，有果 150 ～ 200 个。果身弯曲，略为浅弓形，幼果向上，直立，成熟后逐渐趋于平伸，长 10 ～ 30cm，直径 3.4 ～ 3.8cm，果棱 4 ～ 5 条，明显，先端渐狭，非显著缩小，果柄短，果皮青绿色，果肉松软，黄白色，味甜，无种子，香味特浓。

【生境与分布】多为人工栽培。分布于福建，另广东、广西、云南、台湾等地均有分布。

【药名与部位】香蕉，未成熟果实。香蕉皮，果皮。

【采集加工】香蕉：全年采收，除去果皮，切片烘干。

【药材性状】香蕉：为干燥的类圆形或椭圆形饮片。直径 2 ～ 3cm。厚 4 ～ 8mm。表面呈淡黄白色或黄白色，外果皮已除去，中果皮表面可见褐色纵向条纹和斑点，质脆，易折断，粉性，横断面中部凹陷，断面可见中柱胎座，子房三室，可见黄褐色胚珠，无臭，味淡，微涩。

【化学成分】果皮含黄酮类：没食子儿茶精（gallocatechin）[1]；菲类：2-（4′- 羟基苯基）-1, 8- 萘二甲酸酐［2-（4′-hydroxyphenyl）-1, 8-naphthalic anhydride］、红花袋鼠爪酮（anigorufone）、羟基红花袋鼠爪酮（hydroxyanigorufone）、艾诺酮（irenolone）、2- 羟基 -4-（4′- 甲氧基苯基）- 菲烯 -1- 酮［2-hydroxy-4-（4′-methoxyphenyl）-phenalen-1-one］、2- 甲氧基 -9- 苯基菲烯 -1- 酮（2-methoxy-9-phenylphenalen-1-one）、（－）- 反式 -2, 3- 二氢 -2, 3- 二羟基 -9- 苯基菲烯 -1- 酮［（－）-*trans*-2, 3-dihydro-2, 3-dihydroxy-9-phenylphenalen-1-one］、（－）- 顺式 -2, 3- 二氢 -2, 3- 二羟基 -9- 苯基菲烯 -1- 酮［（－）-*cis*-2, 3-dihydro-2, 3-dihydroxy-9-phenylphenalen-1-one］、（－）-l, 2- 反式 -2, 3- 顺式 -2, 3- 二氢 -1, 2, 3- 三羟基 -4-（4′- 甲氧基苯基）- 菲烯［（－）-l, 2-*trans*-2, 3-*cis*-2, 3-dihydro-1, 2, 3-trihydroxy-4-（4′-methoxyphenyl）-phenalene］、（－）- 反式 -2, 3- 二氢 -2, 3- 二羟基 -9-（4′- 甲氧基苯基）- 菲烯 -1- 酮［（－）-*trans*-2, 3-dihydro-2, 3-dihydroxy-9-（4′-methoxyphenyl）-phenalen-1-one］、（＋）- 顺式 -2, 3- 二氢 -2, 3- 二羟基 -4-（4′- 羟基苯基）- 菲烯 -1- 酮［（＋）-*cis*-2, 3-dihydro-2, 3-dihydroxy-4-（4′-hydroxyphenyl）-phenalen-1-one］、9-（3′, 4′- 二甲氧基苯基）-2- 甲氧基菲烯 -1- 酮［9-（3′, 4′-dimethoxyphenyl）-2-methoxyphenalen-1-one］和 9-（4′- 羟基苯基）-2- 甲氧基菲烯 -1- 酮［9-（4'-hydroxyphenyl）-2-methoxyphenalen-1-one］[2]。

果肉含多糖类：香蕉酸性多糖（ABPP），主链为→ 4-α-D- 吡喃半乳糖醛酸 -1 →［→ 4-α-D-GalpA-1 →］和→ 4-α-D- 吡喃半乳糖醛酸甲酯 -1 →［→ 4-α-D-GalpAMe-1 →］连续骨架[3]。

【药理作用】1. 降血糖　未成熟果实制成的生粉可使 2 型糖尿病模型大鼠的体重下降，体毛有光泽接近正常大鼠，显著改善多饮多食多尿的症状，有效改善糖尿病大鼠的脂代谢紊乱及胰岛素抵抗，后期可使糖尿病大鼠体重逐步增加；并能改善 2 型糖尿病大鼠肝脏功能，对 2 型糖尿病造成的肝脏损害具有一定的保护作用[1, 2]；从果实（包括果肉和果皮）用酶法提取的香蕉多糖能明显降低四氧嘧啶性糖尿病小鼠的血糖值，对正常小鼠的血糖值无影响[3]。从花蕊醇提取液纯化制成的多糖水溶液具有明显的降糖作用[4]。2. 降血压　用果实饲喂 L-NNA 造模家兔，小剂量组对家兔的收缩压有直接的降低作用，其作用可能与香蕉富含钾离子相关[5]。3. 降血脂　从果皮提取的多酚成分能明显降低高血脂模型大鼠的总胆固醇（TC）、甘油三酯（TG）、低密度脂蛋白胆固醇（LDL-C）水平，升高高密度脂蛋白胆固醇（HDL-C）水平，并具有一定的量效关系[6, 7]。4. 抗氧化　从果皮提取的多酚成分可以提高大鼠血清超氧化物歧化酶（SOD）活性，降低丙二醛（MDA）的含量[7]。5. 降低血浆氧化应激　喂食果肉可降低机体血浆氧化应激，增强对低密度脂蛋白氧化修饰的抵抗力[8]。

【性味与归经】香蕉：甘、寒。归肺、脾经。

【功能与主治】香蕉：清热，润肠，解毒。用于热病烦渴，便秘，痔血。

【用法与用量】香蕉：生食或炖熟食，100 ～ 200g。

【药用标准】香蕉：福建药材 2006；香蕉皮：江苏苏药管注（2001）282 号。

【临床参考】1. 预防低血钾：果实 100g，嚼食，每日 1 次[1]。

2. 高血压辅助治疗：皮 30g，水煎服，每日 3 次[2]。

3. 皮肤皲裂：皮内层擦局部皮肤，数日可见效[2]。

4. 扁平疣：内皮（白色的内皮层）贴患处，每日 2 次[2]。

5. 慢性咳嗽：果实 2 个，冰糖 50g，切成约 3.3cm 大小的块（去皮），隔水炖 10min，口服，每晚 1 次[2]。

6. 中耳炎：取茎汁液，滴耳。（《全国中草药汇编》）

【附注】栽培香蕉是无种子的三倍体，其原始种被认为是二倍体的小果野蕉 *Musa acuminata* Coll.，

故 *Flora of China* 不再收载无种子的三倍体，而将其归并至小果野蕉，本书仍按《中国植物志》使用 *Musa nana* Lour. 这一名称。

小果野蕉的根茎含菲类、黄酮、酚酸类和降倍半萜类等成分[1-4]。

【化学参考文献】

[1] Someya S，Yoshiki Y，Okubo K. Antioxidant compounds from bananas（*Musa cavendish*）[J]. Food Chem，2002，79（3）：351-354.

[2] Kamo T，Kato N，Hirai N，et al. Phenylphenalenone-type phytoalexins from unripe *Bungulan banana* fruit [J]. Biosci Biotechnol Biochem，1998，62（1）：95-101.

[3] Liu H L，Jiang Y M，Yang H H，et al. Structure characteristics of an acidic polysaccharide purified from banana（*Musa nana* Lour.）pulp and its enzymatic degradation [J]. Int J Biol Macromol，2017，101：299-303.

【药理参考文献】

[1] 朱小花，蒋爱民，余铭，等. 香蕉粉对Ⅱ型糖尿病模型大鼠血糖及胰岛素抵抗的影响[J]. 现代食品科技，2016，32（3）：7-11，29.

[2] 朱小花，蒋爱民，程永霞，等. 香蕉粉对Ⅱ型糖尿病大鼠肝脏的保护作用 [J]. 食品研究与开发，2016，37（7）：48-51.

[3] 伍曾利，陈厚宇. 香蕉多糖降血糖功能研究 [J]. 轻工科技，2014，（12）：9-10.

[4] 林德球. 香蕉花蕊有效成分的提取及其降糖作用的研究 [C]. 遗传学进步与人口健康高峰论坛论文集，2007.

[5] 杜静，蒋洁，陈丹，等. 香蕉对家兔血压作用的研究 [J]. 临床医学研究与实践，2016，1（18）：6，18.

[6] 赵磊，朱开梅，王晓，等. 香蕉皮多酚对高脂血症大鼠降血脂作用的实验研究[J]. 中国实验方剂学杂志，2012，18（13）：201-204.

[7] 朱开梅，赵文鹏，赵磊，等. 香蕉皮多酚对高脂血症大鼠血脂水平及抗氧化能力的影响 [J]. 中国实验方剂学杂志，2013，19（19）：213-216.

[8] Yin X Z，Quan J S，Kanazawa T. Banana prevents plasma oxidative stress in healthy individuals [J]. Plant Foods for Human Nutrition，2008，63（2）：71-76.

【临床参考文献】

[1] 张新梅，方兵香，李萍，等. 香蕉对预防慢性阻塞性肺疾病患者低钾血症的影响 [J]. 实用中西医结合临床，2018，18（2）：150-152.

[2] 汤华涛，赵红丽. 香蕉的妙用 [J]. 中国民间疗法，2014，22（8）：96.

【附注参考文献】

[1] Opitz S，Otalvaro F，Echeverri F，et al. Isomeric oxabenzochrysenones from *Musa acuminata* and *Wachendorfia thyrsiflora* [J]. Nat Prod Lett，2002，16（5）：335-3388.

[2] Luis J G，Quinones W，Echeverri F，et al. Musanolones：four 9-phenylphenalenones from rhizomes of *Musa acuminata* [J]. Phytochemistry，1996，41（3）：753-757.

[3] Luis J G，Fletcher W Q，Echeverri F，et al. Phenalenone-type phytoalexins from *Musa acuminata* synthesis of 4-phenylphenalenones [J]. Tetrahedron，1994，50（37）：10963-10970.

[4] Abdel-Raziq M S，Abdel Bar F M，Gohar A A. Alpha-amylase inhibitory compounds from *Musa cavendishii* [J]. British J Pharm Res，2016，DOI：10. 9734/BJPR/2016/29280.

1176. 大蕉（图 1176）• *Musa sapientum* Linn.（*Musa paradisiaca* Linn.）

【别名】粉芭蕉。

【形态】植株丛生，高 3 ～ 7m，假茎厚而粗重，多少被白粉。叶直立或上举，长圆形，长 1.5 ～ 3m，宽 40 ～ 60cm，叶上表面深绿色，下表面淡绿色，被明显的白粉，基部近心形或耳形，近对称，叶柄长 30cm 以上，被白粉，叶翼闭合。穗状花序顶生，下垂，花序轴无毛，苞片卵形或卵状披针形，长

图 1176 大蕉 摄影 张芬耀等

15 ~ 30cm 或以上，外面呈紫红色，内面深红色，每苞片有花 2 列，雄花连同苞片易脱落；花被片黄白色，合生花被片长 4 ~ 6.5cm，离生花被片长约为合生花被片长之半，为透明蜡质，具光泽，长圆形或近圆形，先端具小突尖或卷曲成一囊。果序由 7 ~ 8 段至数十段的果束组成；浆果三棱状长圆形，10 ~ 20cm，果柄通常伸长，果肉细腻，味甜可食。花果期全年。

【生境与分布】多为人工栽培。分布于浙江、福建，另广东、广西、云南、台湾等地均有分布；印度、马来西亚也有分布。

【药名与部位】香蕉皮，果皮。

【化学成分】花含胺类：5- 羟色胺（serotonin）、去甲肾上腺素（noradrenalin）、多巴胺（dopamine）

和多巴（dopa）[1]；苯丙素类：桂皮酸（cinnamic acid）、对香豆酸（*p*-coumaric acid）、阿魏酸（ferulic acid）和咖啡酸（caffeic acid）[1]；酚酸类：原儿茶酸（protocatechuic acid）和没食子酸（gallic acid）[1]；三萜类：环大蕉烯醇*（cyclomusalenol）和环大蕉烯酮*（cyclomusalenone）[1]；甾体类：豆甾醇（stigmasterol）、菜油甾醇（campesterol）和 β- 谷甾醇（β-sitosterol）[1]。

果皮含三萜类：3- 表环桉烯醇（3-epicycloeucalenol）、3- 表环大蕉烯醇*（3-epicyclomusalenol）、28- 降甲基环大蕉烯酮*（28-norcyclomusalenone）、24- 酮基 -29- 降环木菠萝烷酮（24-oxo-29-norcycloartanone）[2]，4- 表环桉烯酮（4-epicycloeucalenone）、4- 表环大蕉烯酮*（4-epicyclomusalenone）、环大蕉烯酮*（cyclomusalenone）[3]，31- 去甲基环鸦片烯酮（31-norcyclolaudenone）[4]，环桉烯酮（cycloeucalenone）[3,5]，环木菠萝烯醇（cycloartenol）、24- 亚甲基环木菠萝烷醇（24-methylenecycloartanol）、环鸦片烯醇（cyclolaudenol）、（24*S*）-31- 去甲基环鸦片烯醇［（24*S*）-31-norcyclolaudenol］、钝叶脂醇（obtusifoliol）和 24- 亚甲基 -31- 去甲基 -5α- 羊毛脂 -9（11）- 烯 -3β- 醇［24-methylene-31-nor-5α-lanost-9（11）-en-3β-ol］[6]；甾体类：24- 亚甲基花粉烷甾酮（24-methylenepollinastanone）[2]，14α- 甲基 -9β, 19- 环 -5α- 麦角甾 -24（28）- 烯 -3β- 醇［14α-methyl-9β, 19-cyclo-5α-ergost-24（28）-en-3β-ol］[5]，24- 亚甲基花粉烷甾醇（24-methylenepollinastanol）、胆甾醇（cholesterol）、（24*S*）-24- 甲基 -25- 去氢花粉烷甾醇［（24*S*）-24-methyl-25-dehydropollinastanol］、谷甾醇（sitosterol）、24- 甲基胆甾醇（24-methylcholesterol）、24- 亚甲基胆甾醇（24-methylenecholesterol）、豆甾醇（stigmasterol）、异岩藻甾醇（isofucosterol）和（24*S*）-24- 甲基 -25- 去氢胆甾醇［（24*S*）-24-methyl-25-dehydrocholesterol］[6]；色酮类：7, 8- 二羟基 -3- 甲基异色烷 -4- 酮（7, 8-dihydroxy-3-methylisochroman-4-one）[7]；挥发油类：己基 -（4*Z*）- 烯 -1- 醇乙酸酯［hex-（4*Z*）-en-1-ol acetate］、己基 -（4*Z*）- 烯 -1- 醇丁酸酯［hex-（4*Z*）-en-1-ol butanoate］、己基 -（4*Z*）- 烯 -1- 醇 -3- 甲基丁酸酯［hex-（4*Z*）-en-1-ol-3-methylbutanoate］、己基 -（4*Z*）- 烯 -1- 醇戊酸酯［hex-（4*Z*）-en-1-ol pentanoate］、七碳 -（4*Z*）- 烯 -2- 醇乙酸酯［hept-（4*Z*）-en-2-ol acetate］、七碳 -（4*Z*）- 烯 -2- 醇丁酸酯［hept-（4*Z*）-en-2-ol butanoate］、七碳 -（4*Z*）- 烯 -2- 醇 - 甲基丁酸酯［hept-（4*Z*）-en-2-ol-3-methylbutanoate］、七碳 -（4*Z*）- 烯 -2- 醇戊酸酯［hept-（4*Z*）-en-2-ol pentanoate］、八碳 -（4*Z*）- 烯 -1- 醇乙酸酯［oct-（4*Z*）-en-1-ol acetate］、八碳 -（4*Z*）- 烯 -1- 醇丁酸酯［oct-（4*Z*）-en-1-ol butanoate］、八碳 -（4*Z*）- 烯 -1- 醇 -3- 甲基丁酸酯［oct-（4*Z*）-en-1-ol-3-methylbutanoate］、八碳 -（4*Z*）- 烯 -1- 醇戊酸酯［oct-（4*Z*）-en-1-ol pentanoate］、八碳 -（5*Z*）- 烯 -1- 醇乙酸酯［oct-（5*Z*）-en-1-ol acetate］、八碳 -（5*Z*）- 烯 -1- 醇丁酸酯［oct-（5*Z*）-en-1-ol butanoate］、八碳 -（5*Z*）- 烯 -1- 醇 -3- 甲基乙酸酯［oct-（5*Z*）-en-1-ol-3-methylbutanoate］、八碳 -（5*Z*）- 烯 -1- 醇戊酸酯［oct-（5*Z*）-en-1-ol pentanoate］、己烷 -2- 基丁酸酯（hexan-2-yl butanoate）、己烷 -2- 基 -3- 甲基丁酸酯（hexan-2-yl-3-methylbutanoate）、己烷 -2- 基戊酸酯（hexan-2-yl pentanoate）、戊烷 -2- 基丁酸酯（pentan-2-yl butanoate）、戊烷 -2- 基 -3- 甲基丁酸酯（pentan-2-yl-3-methylbutanoate）和戊烷 -2- 基戊酸酯（pentan-2-yl pentanoate）[8]。

种子含黄烷类：黄烷 -3, 4, 4′, 7- 四醇（flavan-3, 4, 4′, 7-tetraol）、黄烷 -3, 4, 4′- 三醇（flavan-3, 4, 4′-triol）、黄烷 -3, 4, 4′, 5, 7- 五醇（flavan-3, 4, 4′, 5, 7-pentaol）[9]，（-）-（2*S*, 3*S*, 4*R*）-2, 3- 顺式 -3, 4- 反式 -4′, 7- 二羟基黄烷 -3, 4- 二醇［（-）-（2*S*, 3*S*, 4*R*）-2, 3-*cis*-3, 4-*trans*-4′, 7-dihydroxyflavan-3, 4-diol］、（-）-（2*S*, 3*R*, 4*R*）-2, 3- 反式 -3, 4- 顺式 -4′, 7- 二羟基黄烷 -3, 4- 二醇［（-）-（2*S*, 3*R*, 4*R*）-2, 3-*trans*-3, 4-*cis*-4′, 7-dihydroxyflavan-3, 4-diol］、（-）-（2*S*, 3*R*, 4*R*）-2, 3- 反式 -3, 4- 顺式 -4′- 羟基黄烷 -3, 4- 二醇［（-）-（2*S*, 3*R*, 4*R*）-2, 3-*trans*-3, 4-*cis*-4′-hydroxyflavan-3, 4-diol］和（-）-（2*S*, 3*S*, 4*R*）-2, 3- 顺式 -3, 4- 反式 -4′, 5, 7- 三羟基黄烷 -3, 4- 二醇［（-）-（2*S*, 3*S*, 4*R*）-2, 3-*cis*-3, 4-*trans*-4′, 5, 7-trihydroxyflavan-3, 4-diol］[10]；黄酮类：2′, 3, 4′- 三羟基黄酮（2′, 3, 4′-trihydroxyflavone）[9]。

【药理作用】1. 护肝　茎的水提取物可降低四氯化碳（CCl_4）所致肝毒性大鼠的谷丙转氨酶（ALT）和天冬氨酸氨基转移酶（AST）的含量，使之接近正常值，并可使大鼠血液中的丙二醛（MDA）和谷胱甘肽（GSH）含量明显下降，超氧化物歧化酶（SOD）的含量增加[1]。2. 抗炎　果皮的水提取物具有较强抑制一氧化氮（NO）的作用，半数抑制浓度（IC_{50}）为（6.68±0.34）μg/ml[2]。3. 抗氧化　果皮的水提取物对 1，1- 二苯基 -2- 三硝基苯肼（DPPH）自由基具有较强的清除作用[2]；茎的甲醇提取物可减少肝脏中脂质过氧化产物的含量，增加过氧化氢酶（CAT）和超氧化物歧化酶的含量，具有较强的抗氧化作用[3]。4. 降血糖　鲜茎汁可显著降低链脲佐菌素诱导的糖尿病大鼠的血糖，明显提高血清中的胰岛素含量，使糖尿病引起的血脂、肝糖原、葡萄糖激酶、葡萄糖 -6- 磷酸酶和 HMG-CoA 还原酶活性的变化均恢复至正常水平，具有良好的抗糖尿病和降血脂作用[4]。5. 抗焦虑　茎的水提取物对抑郁模型小鼠张开双臂的次数和张开双臂所花费的时间以剂量依赖的方式显著增加，与地西泮对照组相比，治疗组在闭合手臂中花费的时间以剂量依赖的方式显著减少[5]。6. 抗惊厥　除去叶鞘的茎的水提取物可显著增加最大电击惊厥模型小鼠 PTZ 给药后肌阵挛性抽搐发作的潜伏期和阵挛性抽搐的持续时间，大脑丙二醛（MDA）含量显著降低，超氧化物歧化酶含量明显提高[6]。

【药用标准】江苏苏药管注（2001）282 号。

【附注】本种始载于《名医别录》。《证类本草》云："此药本出广州，然有数种……按此花、叶与芭蕉相似而极大，子形圆长及生青熟黄，南人皆食之。"《本草图经》云："甘蕉根旧不著所出州郡。陶隐居云本出广州，江东并有。根、叶无异，惟子不堪食。今出二广、闽中、川蜀者有花，闽、广者食极美，可啖。"《本草纲目拾遗》在"香蕉"条下载："《两广杂志》载：蕉种甚多，子皆甘美，以香牙蕉为第一。名龙奶，奶者，乳也，言若龙之乳不可多得，然食之寒气沁心，颇有邪甜之目。其叶有朱砂斑点，植必以木夹之……花出于心，每一心辄抽一茎作花，闻雷而坼，坼者如倒垂菡萏，层层作卷瓣，瓣中无蕊，悉是瓣。渐大则花出瓣中，每一花开，必三四月乃阖，一花固成十余子，十花阖成百余子，大小各为房，随花而长，长至五六寸许，先后相次，两两相抱……子经三四月始熟。"上述产地及形态特征，与本种和香蕉较为一致。

大蕉现在认为是人工杂交起源，学名为 *Musa × paradisiaca* Linn.，本书学名仍采用《中国植物志》者。

【化学参考文献】

[1] Lin Y L. Constituents of the flower groups of *M. sapientum* L. [J]. Guoli Zhongguo Yiyao Yangjiuso Yanjiu Baogao, 1985,（July）: 115-128.

[2] Akihisa T, Kimura Y, Tamura T. Cycloartane triterpenes from the fruit peel of *Musa sapientum* [J]. Phytochemistry, 1998, 47（6）: 1107-1110.

[3] Akihisa T, Kimura Y, Kokke W C M C, et al. 4-Epicycloeucalenone and 4-epicyclomusalenone: two 3-oxo-28-norcycloartanes from the fruit peel of *Musa sapientum* L. [J]. Chem Pharm Bull, 1997, 45（4）: 744-746.

[4] Knapp F F, Nicholas H J. Isolation of 31-norcyclolaudenone from *Musa sapientum* [J]. Steroids, 1970, 16（3）: 329-351.

[5] Knapp F F, Phillips D O, Goad L J, et al. Isolation of 14α-methyl-9β, 19-cyclo-5α-ergost-24（28）-en-3β-ol from *Musa sapientum* [J]. Phytochemistry, 1972, 11（12）: 3497-3500.

[6] Akihisa T, Shimizu N, Tamura T, et al.（24*S*）-14α, 24-dimethyl-9β, 19-cyclo-5α-cholest-25-en-3β-ol: a new sterol and other sterols in *Musa sapientum* [J]. Lipids, 1986, 21（8）: 494-487.

[7] Qian H, Huang W L, Wu X M, et al. A new isochroman-4-one derivative from the peel of *Musa sapientum* L. and its total synthesis [J]. Chin Chem Lett, 2007, 18（10）: 1227-1230.

[8] Shiota H. New esteric components in the volatiles of banana fruit（*Musa sapientum* L.）[J]. J Agric Food Chem, 1993, 41（11）: 2056-2062.

[9] Ali M, Bhutani K K, Gupta D K. Chemical constituents of *Musa sapientium* seeds [J]. Fitoterapia, 1997, 68（1）: 82.

[10] Ali M, Bhutani K K. Flavan-3, 4-diols from *Musa sapientum* seeds [J]. Pharmazie, 1993, 48（6）: 455-456.

【药理参考文献】

[1] Dikshit P, Tyagi M K, Shukla K, et al. Hepatoprotective effect of stem of *Musa sapientum* Linn. in rats intoxicated with carbon tetrachloride [J]. Annals of Hepatology, 2011, 10（3）: 333-339.

[2] Phuaklee P, Ruangnoo S, Itharat A. Anti-inflammatory and antioxidant activities of extracts from *Musa sapientum* peel [J]. J Med Assoc Thai, 2012, 95 (suppl 1): s142-s146.

[3] Dikshit P, Tyagi M K, Shukla K, et al. Antihypercholesterolemic and antioxidant effect of sterol rich methanol extract of stem of *Musa sapientum* (banana) in cholesterol fed wistar rats [J]. Journal of Food Science and Technology, 2016, 53 (3): 1690-1697.

[4] Dikshit P, Shukla K, Tyagi M K, et al. Antidiabetic and antihyperlipidemic effect of stem of *Musa sapientum* Linn. in streptozotocin-induced diabetic rats [J]. Journal of Diabetes, 2012, 4 (4): 378-385.

[5] Jielella R A, Kumar D A, Handu S, et al. Effects of *Musa sapientum* stem extract on experimental models of anxiety [J]. Avicenna Journal of Phytomedicine, 2017, 7 (6): 495-501.

[6] Reddy A J, Dubey A K, Handu S S, et al. Anticonvulsant and antioxidant effects of *Musa sapientum* stem extract on acute and chronic experimental models of epilepsy [J]. Pharmacognosy Research, 2018, 10 (1): 49-54.

1177. 芭蕉（图 1177）• *Musa basjoo* Sieb. et Zucc.

图 1177 芭蕉 摄影 李华东等

【别名】巴蕉、天苴、板焦、牙蕉（福建），大叶芭蕉（江西），甘蕉。

【形态】植株高 2.5 ～ 4m。叶片长圆形，长 2 ～ 3m，宽 25 ～ 30cm，先端钝，基部圆形或不对称，上表面鲜绿色，有光泽；叶柄粗壮，长可达 30cm。穗状花序顶生，下垂；苞片红褐色或紫色；雄花生于花序上部，雌花生于花序下部；雌花在每一苞片内 10 ～ 16 朵，排成 2 列；合生花被片长 4 ～ 4.5cm，具 5（3+2）齿裂，离生花被片几与合生花被片等长，顶端具小尖头。浆果三棱状，长圆形，长 5 ～ 7cm，具 3 ～ 5 棱，近无柄，肉质，内具多数种子，不可食。种子黑色，具疣突及不规则棱角。花期夏季至秋季，果期翌年 5 ～ 6 月。

【生境与分布】多为人工栽培。分布于江苏、浙江、福建，另湖北、湖南、江西、广西、广东、四川、贵州、云南、台湾等地均有分布；日本也有分布。

【药名与部位】芭蕉根，根茎。

【采集加工】全年均可采收，除去须根及泥沙，晒干，或切片，干燥。

【药材性状】呈圆柱形，具棕色鳞片，直径 10 ～ 20cm。切片不规则，表面棕黄色，凹凸不平，可见明显纤维束，质韧，不易折断，断面不整齐，纤维状。气香，味淡。

【化学成分】根茎含萘已环（苊）类：顺式 -3-（4′- 甲氧基苯基）- 萘已环 -1, 2- 二醇［*cis*-3-（4′-methoxyphenyl）-acenaphthene-1, 2-diol］、反式 -（1*S*, 2*S*）-3- 苯基萘已环 -1, 2- 二醇［*trans*-（1*S*, 2*S*）-3-phenyl acenaphthene-1, 2-diol］、8-（4- 羟基苯基）-2H- 萘已环 -1- 酮［8-（4-hydroxyphenyl）-2H-acenaphthylen-1-one］[1]，3, 3′- 二 - 羟基红花袋鼠爪酮（3, 3′-bis-hydroxyanigorufone）、艾诺酮（irenolone）和 2, 4- 二羟基 -9-（4′- 羟基苯基）- 萘酮［2, 4-dihydroxy-9-（4′-hydroxyphenyl）-phenalenone］[2]；酚醛类：3, 4- 二羟基苯甲醛（3, 4-dihydroxybenzaldehyde）[2]；黄酮类：2′, 3, 4′- 三羟基黄酮（2′, 3, 4′-trihydroxyflavone）[2]。三萜类：羽扇烯酮（lupenone）[3]。

花含黄酮类：槲皮苷（quercitrin）、异槲皮苷（isoquercitrin）、紫铆因（butein）和（2*R*, 3*S*）-5, 7, 3′, 4′, 5′- 五羟基二氢黄酮醇［（2*R*, 3*S*）-5, 7, 3′, 4′, 5′-pentahydroxyflavanonol］[4]；酚酸类：没食子酸（gallic acid）和咖啡酸甲酯（methyl caffeate）[4]；甘油酯类：愈创木基甘油（guaiacylglycerol）和苏式 - 愈创木基甘油 -8-*O*-β-D- 吡喃葡萄糖苷（*threo*-guaiacylglycerol-8-*O*-β-D-glycopyranoside）[4]；木脂素类：3-（3, 4- 二羟基苯基）- 丙烯酸 -1-（3, 4- 二羟基苯基）-2- 甲氧基甲酸基乙酯［3-（3, 4-dihydroxyphenyl）-acrylic acid-1-（3, 4-dihydroxyphenyl）-2-methoxycarbonyl ethyl ester］和 1, 7- 二（3, 4- 二羟基苯基）- 庚烷 -（4*E*, 6*E*）- 二烯 -3- 酮［1, 7-bis（3, 4-dihydroxyphenyl）-hepta-（4*E*, 6*E*）-dien-3-one］[4]；脂肪酸类：亚油酸（linoleic acid）、棕榈酸（palmitic acid）和棕榈酸乙酯（ethyl palmitate）[5]；挥发油类：辛烷（octane）、庚醛（heptanal）、2- 戊基呋喃（2-pentylfuran）、壬醛（nonanal）、（*E*）-2- 壬烯醛［（*E*）-2-nonenal］、十五烷（pentadecane）、（*E*, *E*）-2, 4- 癸二烯醛［（*E*, *E*）-2, 4-decadienal］、十三烷（tridecane）、十四醛（tetradecanal）、10- 二十一烯（10-heneicosene）、二十一烷（heneicosane）、二十二烷（docosane）、11- 二十三烯（11-tricosene）、二十三烷（tricosane）、环二十四烷（cyclotetracosane）、（*Z*）-9- 十三烯［（*Z*）-9-tricosene］、十七碳烷（heptadecane）、二十四烷（tetracosane）、十五醛（pentadecanal）、（*Z*）-14- 二十三烯基甲酸酯［（*Z*）-14-tricosenyl formate］、十八烷（octadecane）、棕榈醛（hexadecanal）、二十五烷（pentacosane）、十九烷（nonadecane）、（*Z*）-12- 二十五碳烯［（*Z*）-12-pentacosene］、1- 二十六醇（1-hexacosanol）、二十七烷（heptacosane）、二十九烷（nonacosene）、二十烷（eicosane）和十八烷醛（octadecanal）[5]。

【药理作用】1. 抗菌　根茎和花的石油醚提取物对金黄色葡萄球菌、耐甲氧西林的金黄色葡萄球菌和 β- 内酰胺酶阳性的金黄色葡萄球菌的生长具有抑制作用[1]；从果实提取得到的蛋白质能抑制尖孢镰刀菌和花生分枝杆菌的菌丝体的生长[2]。2. 抗炎　从根茎提取分离的成分羽扇烯酮（lupenone）可调节转录因子 p65、核转录因子 κB 抑制剂 α（NF-κB inhibitor alpha）、转录因子 AP-1、核转录因子必需调节剂、核转录因子 p105 亚基、表皮生长因子受体、缺氧诱导因子 1-α，以及其他与 PI3K-Akt、Toll 样受体和核转录因子信号通路相关的蛋白质，明显降低小鼠的急性和亚急性炎症以及糖尿病大鼠胰腺中的白细胞介素 -1β（IL-1β）和γ干扰素（IFN-γ）含量[3]。3. 抗氧化　从叶提取的挥发油具有较强的抗氧化作用，当挥发油浓度为 0.30mg/ml 时，对 1, 1- 二苯基 -2- 三硝基苯肼（DPPH）自由基的清除率达 82.2%[4]；从根茎提取分离的成分 2′, 3, 4′- 三羟基黄酮（2′, 3, 4′-trihydroxyflavone）、3, 3′- 二羟基红花袋鼠爪酮（3, 3′-bis-hydroxyanigorufone）、艾诺酮（irenolone）、2, 4- 二羟基 -9-（4′- 羟基苯基）- 萘酮［2, 4-dihydroxy-9-（4′-hydroxyphenyl）-phenalenone］和 3, 4- 二羟基苯甲醛（3, 4-dihydroxybenzaldehyde）在体外具有抗氧化作用，其中 3, 4- 二羟基苯甲醛的作用最强[5]。4. 抗肿瘤　花乙醇提取物的石油醚和乙酸乙酯萃取部位对肝癌 BEL-7402 细胞的增殖具有显著的抑制作用，且石油醚和乙酸乙酯部位对 Ang Ⅱ诱导的 A7r5 平滑肌细胞增殖有抑制作用[6]；从根茎 70% 乙醇提取分离的成分对多种人肿瘤细胞具有细胞毒作用，下列两成分效果尤好，1, 7- 二（4- 羟基苯基）庚烷 -（4*E*, 6*E*）- 二烯 -3- 酮［1, 7-bis（4-hydroxyphenyl）hepta-（4*E*, 6*E*）-dien-3-one］对肿瘤 HeLa 细胞株的半数抑制浓度（IC_{50}）为（2.65±0.38）μg/ml, 而 2- 苯基萘二甲酸酐（2-phenylnaphthalic anhydride）对肿瘤 HeLa、MDA-MB231 和 WM9 细胞株的其半数抑制浓度（IC_{50}）分别为（6.51±0.44）μg/ml、（18.54±0.68）μg/ml 和（7.98±1.44）μg/ml[7]。5. 调节肠道菌群　果实生粉可通过平衡小鼠肠道微生物的益生菌和病原体来调节肠道菌群[8]。

【性味与归经】甘，寒。归胃、脾、肝经。

【功能与主治】清热解毒，止渴利尿。用于风热头痛，水肿脚气，血淋，肌肤肿痛，丹毒。

【用法与用量】煎服 15 ～ 30g；或研末服用。

【药用标准】贵州药材 2003 和贵州药品 1994。

【临床参考】1. 慢性化脓性中耳炎：汁液（刀砍芭蕉树，用玻璃杯回收自刀口处滴出的芭蕉水）10ml，加冰片 1g 配成药液，滴患耳，1 次 1 ～ 2 滴，每日 2 ～ 3 次[1]。

2. 夏季热：鲜根 30 ～ 40g 洗净，切碎，水煎取汁，加少许白糖，代茶饮[2]。

3. 糖尿病：鲜根 60g，捣烂取汁，加晚蚕砂粉 30g，蜂蜜少许冲服。

4. 关节肿痛：鲜根适量，捣烂敷患处。

5. 颈淋巴结核：根 60g，水煎服。（3 方至 5 方引自《浙江药用植物志》）

【附注】　芭蕉根药用始载于《日华子本草》。《本草图经》在甘蔗根条云："近岁都下往往种之，甚盛，皆芭蕉也。"《本草衍义》云："芭蕉，三年以上即有花自心中出，一茎止一花，全如莲花。叶亦相似，但其色微黄绿，从下脱叶。花心但向上生，常如莲样，然未尝见其花心，剖而视之亦无蕊，悉是叶，但花头常下垂。每一朵自中夏开，直至中秋后方尽。凡三叶，开则三叶脱落。"其所述形态特征，与本种较为一致。

本种的花、种子及茎中的汁液（称芭蕉油）民间也作药用。

药材芭蕉根和芭蕉叶阳虚脾弱无实热者忌服。

【化学参考文献】

［1］李勇军，李银，马雪，等 . 芭蕉根中三个新化合物及提取分离方法［P］. 中国：CN 109942385 A 20190628.

［2］张倩，康文艺 . 芭蕉根活性成分研究［J］. 中国中药杂志，2010，35（18）：2424-2427.

［3］Wang X P，Hao J J，Xu S N . The chemical constituents in ethyl acetate extraction from the *Rhizoma Musae*［J］. Lishizhen Med Mater Med Res，2012，23：515-516.

［4］Tai Z G，Chen A Y，Qin B D，et al. Chemical constituents and antioxidant activity of the *Musa basjoo* flower［J］. Eur Food Res Technol，2014，239（3）：501-508.

［5］Huang J，Tang R R，Wu H M，et al. GC-MS analysis of essential oil from the flowers of *Musa basjoo*［J］. Chem Nat Compd，2016，52（2）：334-335.

【药理参考文献】

［1］魏金凤，张倩，赵琳，等 . 苗药芭蕉体外抗菌活性研究［J］. 中国实验方剂学杂志 2010，16（17）：69-71.

［2］Ho V S M，Wong J H，Ng T B . A thaumatin-like antifungal protein from the emperor banana［J］. Peptides，2007，28（4）：

760-766.
[3] Xu F，Yang L，Huang X，et al. Lupenone is a good anti-inflammatory compound based on the network pharmacology [J] . Mol Divers，2019，22：1-10.
[4] 李谷才，陈容，张儒，等 . 芭蕉叶挥发油的提取及其抗氧化活性研究 [J]. 湖南工程学院学报（自然科学版），2015，25（3）：59-61，69.
[5] 张倩，康文艺 . 芭蕉根活性成分研究 [J] . 中国中药杂志，2010，35（18）：2424-2427.
[6] 方紫岑，周志远，谢哲，等 . 芭蕉花活性成分提取及其体外生物活性研究 [J] . 广东药学院学报，2017，33（4）：503-508.
[7] Jiang L，Zhang B，Wang Y，et al. Three new acenaphthene derivatives from rhizomes of *Musa basjoo* and their cytotoxic activity [J] . Nat Prod Res，2019，DOI：10. 1080/14786419. 2019. 1647422.
[8] Wei T，Bao J Y，Yang H H，et al. *Musa basjoo* regulates the gut microbiota in mice by rebalancing the abundance of probiotic and pathogen [J] . Microbial Pathogenesis，2019，131：205-211.

【临床参考文献】

[1] 周启合 . 慢性化脓性中耳炎 [J] . 广西中医药，1978，（3）：39.
[2] 汪振华 . 章子觉临床经验拾萃 [J] . 安徽中医临床杂志，1997，9（5）：233-234.

一四〇　姜科 Zingiberaceae

多年生稀一年生草本，通常具芳香、横走或块状的根茎，有时根的末端膨大呈块状。地上茎高大或很矮或无，基部通常具鞘。叶基生或茎生，两行排列，稀螺旋状排列，叶片较大，通常为披针形或椭圆形，有多数致密、平行的羽状脉自中脉斜出；叶有柄或无，具有闭合或不闭合的叶鞘，顶端具明显的叶舌。花单生或组成穗状、总状或圆锥花序，生于具叶的茎顶，或单独由根茎发出，或生于花葶上；花两性，通常两侧对称；花被片 6 枚，2 轮，外轮萼片状，通常合生成管，一侧开裂及顶端齿裂，内轮花冠状，基部合化呈管状，上部具 3 裂片，通常位于后方的 1 枚裂片较大；退化雄蕊 2 或 4 枚，其中外轮的 2 枚侧生退化雄蕊，呈花瓣状、齿状或不存在，内轮的 2 枚联合成一显著的唇瓣，稀无；发育雄蕊 1 枚，花丝具槽，花药 2 室，药隔顶端有时具附属物；子房下位，3 室，中轴胎座，或 1 室，侧膜胎座；花柱 1 枚，丝状，通常经发育雄蕊花丝的槽由花药室间穿出，子房顶部有 2 枚形状各式的蜜腺或隔膜腺。果为蒴果，室背开裂或不规则开裂，或浆果状。种子圆球形或有棱角，有假种皮，胚乳丰富。

约 50 属，约 1300 种，分布于热带、亚热带地区。中国 20 属，200 余种，多分布于东南部至西南部各地。法定药用植物 10 属，33 种 2 变种。华东地区法定药用植物 4 属，6 种。

姜科法定药用植物主要含挥发油类、二苯基庚烷类、萜类、黄酮类、酚酸类等成分。挥发油类含单萜、倍半萜等，如柠檬烯（limonene）、樟烯（camphene）、1, 8- 桉叶素（1, 8-cineole）、莪术烯醇（curcumenol）、姜黄鹤虱醇 A（curcarabranol A）、姜烯（zingiberene）等；二苯基庚烷类如去甲氧基姜黄素（demethoxycurcumine）、云南草蔻素 A、B、D、E（blepharocalyxin A、B、D、E）、姜酮 A、B、C（gingerenone A、B、C）等；萜类包括单萜、倍半萜、二萜等，如温郁金素 L（wenyujinin L）、温郁金倍半萜内酯 A、B（curdionolide A、B）、姜花素 E（coronarin E）、温郁金醇 A、B（curcuminol A、B）等；黄酮类包括黄酮醇、二氢黄酮、黄烷等，如高良姜素（galangin）、山姜苷（alpinetin）、姜油酮（zingerone）、黄烷香豆素（flavanocoumarin）等；酚酸类如香草酸 -1-β-D- 葡萄糖酯苷（vanillic acid-1-β-D-glucopyranosyl ester）、3- 乙氧基对羟基苯甲酸（3-ethoxy-p-hydroxybenzoic acid）等。

山姜属含挥发油类、二苯基庚烷类、萜类、黄酮类等成分。挥发油类如 β- 蒎烯（β-pinene）、1, 8- 桉叶素（1, 8-cineole）、α- 松油醇（α-terpineol）、杜松烯（cadinene）等；二苯基庚烷类如草蔻素 A、B（calyxin A、B）、云南草蔻素 A、E（blepharocalyxin A、E）、益智仁酮 A（yakuchinone A）、益智醇（oxyphyllacinol）等；萜类包括倍半萜、二萜等，如汉山姜酮（hanalpinone）、汉山姜米醇（hanamyol）、艳山姜素 A、B（zerumin A、B）、姜花素 E（coronarin E）等；黄酮类包括黄酮、黄酮醇、二氢黄酮等，如白杨素（chrysin）、高良姜素（galangin）、山柰酚 -4′- 甲醚（kaempferol-4′-methy lether）、松属素（pinocembrin）等。

姜黄属含挥发油类、二苯基庚烷类、萜类等成分。挥发油含莪术二酮（curdione）、莪术醇（curcumol）、姜黄醇酮（curcolone）、吉马酮（germacrone）、莪术呋喃（zedoarofuran）、小花姜黄烯 A、B、C、D（parviflorene A、B、C、D）等；二苯基庚烷类如双去甲氧基姜黄素（bidemethoxycurcumine）、姜黄素（curcumin）等；萜类包括单萜、倍半萜、二萜等，如温郁金素 L（wenyujinin L）、毛郁金素 A、B、C、D、E、F、G、H（aromaticane A、B、C、D、E、F、G、H）、蓬莪术内酯 B（zedoarolide B）、温郁金倍半萜内酯 A、B（curdionolide A、B）、心叶凹唇姜酮 B（longiferone B）、温郁金醇 A、B、C、D、E（curcuminol A、B、C、D、E）等。

分属检索表

1. 花序生于有叶的茎顶……………………………………………………………………1. 山姜属 *Alpinia*
1. 花序生于由根茎或叶鞘内发出的花葶上。

2. 侧生退化雄蕊花瓣状，与唇瓣离生……………………………………………………2. 姜黄属 *Curcuma*
2. 侧生退化雄蕊较小，与唇瓣合生。
3. 根茎伸长为匍匐状；茎基部通常膨大呈球形；花冠管常与花萼管等长或较短于花萼管…………
……………………………………………………………………………………3. 豆蔻属 *Amomum*
3. 根茎块状；茎基部不膨大；花冠管通常较花萼管长……………………………4. 姜属 *Zingiber*

1. 山姜属 *Alpinia* Roxb.

多年生草本，根茎通常横走。茎直立，稀缺。叶片长圆形或披针形。花序通常为顶生的圆锥花序、总状花序或穗状花序；蕾时常包藏于佛焰苞状的总苞片中；总苞片早落；小苞片扁平、管状或有时包围着花蕾；萼筒陀螺状、管状，顶端具 3 齿；花冠管与花萼等长或较长，裂片长圆形，通常后方的 1 片较大，兜状，两侧的较狭；侧生退化雄蕊极小，呈齿状、钻状，与唇瓣基部合生；唇瓣显著，顶端常 2 裂；花丝扁平，药室平行，纵裂，药隔顶端有时具附属物；子房 3 室，胚珠多数。蒴果圆球形或椭圆形，通常不开裂或不规则开裂或室背开裂；种子多数，有假种皮。

约 230 种，主产亚洲热带地区。中国约 51 种，分布于东南至西南各地，法定药用植物 12 种 1 变种。华东地区法定药用植物 1 种。

据记载法定药用植物益智 *Alpinia oxyphylla* Miq.、红豆蔻 *Alpinia galanga*（Linn.）Willd. 福建有产，华山姜 *Alpinia oblongifolia* Hayata [*Alpinia chinensis*（Retz.）Rosc.] 福建、江西有产，但仅少量种植，或《中国植物志》未记载，本书暂不收载。

1178. 山姜（图 1178）• *Alpinia japonica*（Thunb.）Miq.

【别名】和山姜，福建土砂仁（浙江、安徽、福建），土砂仁（福建、江西），九节莲（安徽），九姜连（安徽），箭秆风、九姜连、九龙盘、鸡爪莲（江西）。

【形态】多年生草本。根茎横生，分枝，有结，结上具鳞片状叶，嫩部红色。茎丛生，斜上，高 15 ～ 100cm。叶通常 2 ～ 5 枚，披针形，倒披针形或狭长椭圆形，长 25 ～ 40cm，宽 4 ～ 7cm，两端渐尖，先端具小尖头，两面被短柔毛；叶柄近无或长达 2cm；叶舌 2 裂，长约 2mm，与叶鞘被短柔毛。总状花序顶生，长 15 ～ 30cm，花序轴密生绒毛；总苞片披针形，长约 9cm，开花时脱落；小苞片极小，早落；花通常 2 朵聚生，在 2 朵花之间常有退化的小花残迹；花梗长约 2mm；萼筒长 1 ～ 1.2cm，被短柔毛，先端 3 齿裂；花冠管长约 1cm，被疏柔毛，花冠裂片长圆形，长约 1cm，外被绒毛，后方的 1 枚兜状；侧生退化雄蕊条形，长约 5mm；唇瓣卵形，宽约 6mm，白色而具红色脉纹，顶端 2 裂，边缘具不整齐缺刻；可育雄蕊长 1.2 ～ 1.4cm；子房密被绒毛。蒴果球形或椭圆形，直径 1 ～ 1.5cm，被短柔毛，熟时橙红色，先端有宿存的萼筒。种子多角形，长约 5mm，直径约 3mm，有樟脑味。花期 5 ～ 6 月，果期 10 ～ 12 月。

【生境与分布】生于林下阴湿处。分布于浙江、福建，另湖北、湖南、江西、广西、广东、四川、贵州、云南等地均有分布；日本也有分布。

【药名与部位】山姜，根茎。湘砂仁，成熟果实。山姜子，种子团。

【采集加工】山姜：春季采挖，洗净，晒干。湘砂仁：秋季采收，低温干燥。山姜子：夏秋间果实成熟时采收，剥取种子团，晒干或低温干燥。

【药材性状】山姜：呈圆柱形，有分枝，长 5 ～ 20cm，直径 0.3 ～ 1.2cm。表面棕色或红棕色，有细密的纵皱纹及灰棕色的细密环节，被有鳞皮状叶鞘，节上有细长须根及圆形的根痕。分枝顶端有茎痕或芽痕。质柔韧，不易折断。断面黄白色或灰白色，纤维性较强，有明显的粉性，圆形内皮层环纹明显，

图 1178 山姜 摄影 张芬耀等

可见细小的孔隙及筋脉点。气香，味辛辣。

湘砂仁：呈类球形或椭圆形，长 0.7 ～ 1.3cm，直径 0.6 ～ 1.2cm。外表面棕黄色或橙红色，光滑，有的被短柔毛；顶端有突起的花被残迹；基部有果柄痕或残留果柄。果皮薄，易剥离，内表面黄白色，可见纵向脉纹。种子团分 3 瓣，外有黄褐色或灰白色假种皮包被；每瓣有种子 4 ～ 6 粒，各瓣均被白色隔膜分开。种子呈不规则的多面体，直径 0.2 ～ 0.4mm，表面灰褐色至棕褐色，有皱纹。质硬，胚乳灰白色。味辛、苦，有樟脑气。

山姜子：果皮多已除去。种子团呈长椭圆形，直径 0.5 ～ 1cm，长 1.5 ～ 2cm，外表呈淡棕色，光滑，种子团 3 瓣，由浅棕褐色的薄膜间隔，每瓣有种子 3 ～ 8 粒，紧密排列成团。种子呈不规则多面体，长 5 ～ 6mm，宽 3 ～ 4mm，每面似一三角形，大小不等，背面平坦，较小一面具明显的凹陷（即种脐），合点在较大的一面。质坚硬，呈棕褐色，断面黄白色或类白色，气芳香，味辛辣，微苦。

【药材炮制】山姜：除去杂质，略泡，洗净，润透，切片，干燥。

湘砂仁：除去杂质及枝梗，用时捣碎。

山姜子：除去杂质，用时捣碎。

【化学成分】根茎含倍半萜类：姜烯酮（alpinenone）、异汉山姜酮（isohanalpinone）、山姜内酯过氧化物（alpinolide peroxide）、6-羟基山姜内酯（6-hydroxyalpinolide）、汉山姜酮（hanalpinone）[1]，β-桉叶醇（β-eudesmol）、10-表-5α-氢过氧基-β-桉叶醇（10-epi-5α-hydroperoxy-β-eudesmol）、10-表-5β-氢过氧基-β-桉叶醇（10-epi-5β-hydroperoxy-β-eudesmol）、4,10-表-5β-羟基二氢桉叶醇（4,10-epi-5β-hydroxydihydroeudesmol）[2]，10-表-γ-桉叶醇（10-epi-γ-eudesmol）、汉山姜醇（hanalpinol）[3]，山姜萜醇（alpiniol）、山姜烯酮（alpinenone）、9-羟基山姜内酯（9-hydroxyalpinolide）、$\Delta^{9(10)}$-佛术烯-11-醇[$\Delta^{9(10)}$-eremophilene-11-ol]、山姜内酯（alpinolide）、汉山姜米醇（hanamyol）、9-羟基山姜内酯（9-hydroxyalpinolide）[4]，3β,4β-环氧沉香呋喃（3β,4β-epoxyagarofuran）、α-沉香呋喃（α-agarofuran）、4α-羟基二氢沉香呋喃（4α-hydroxydihydroagarofuran）、二氢沉香呋喃（dihydroagarofuran）、3α,4α-环氧沉香呋喃（3α,4α-oxidoagarofuran）[5-7]，（1*R*,4*R*,6*S*,7*S*,9*S*）-4α-羟基-1,9-过氧甜没药-2,10-二烯[（1*R*,4*R*,6*S*,7*S*,9*S*）-4α-hydroxy-1,9-peroxybisabola-2,10-diene]、4α-羟基甜没药醇-1-酮（4α-hydroxybisabol-1-one）[8]，（*Z*）-4-（2,6-二甲基七碳-1,5-二烯-1-基）-1-甲基环丁-1-烯[（*Z*）-4-（2,6-dimethylhepta-1,5-dien-1-yl）-1-methyl cyclobut-1-ene]、3,4-裂环甜没药醇-10-烯-3-酮-1,4-交酯（3,4-seco-biasbol-10-en-3-one-1,4-olide）、（1*S*,6*S*）-1α-羟基甜没药醇-2,10-二烯-14-醛[（1*S*,6*S*）-1α-hydroxybiasbol-2,10-dien-14-al]、（1*S*,6*S*）-1α,10-二羟基甜没药醇-2,11-二烯-4-酮[（1*S*,6*S*）-1α,10-dihydroxybiasbol-2,11-dien-4-one]、黄根醇（xanthorrhizol）、1β-羟基甜没药醇-2,10-二烯-4-酮（1β-hydroxybiasbol-2,10-dien-4-one）、1α-羟基甜没药醇-2,10-二烯-4-酮（1α-hydroxybiasbol-2,10-dien-4-one）、8-羟基甜没药醇-2,10-二烯-4-酮（8-hydroxybiasbol-2,10-dien-4-one）、4β-羟基甜没药醇-2,10-二烯-1-酮（4β-hydroxybiasbol-2,10-dien-1-one）、山姜烯酮（alpinenone）和芳-姜黄烯-15-醇（ar-curcumen-15-ol）[9]；二萜类：（12*E*）-16-氧代半日花-8（17），12-二烯-15-羧酸甲酯[methyl（12*E*）-16-oxolabda-8（17），12-dien-15-oate]、（12*R*）-15-乙氧基-12-羟基半日花-8（17），13（14）-二烯-16,15-交酯[（12*R*）-15-ethoxy-12-hydroxylabda-8（17），13（14）-dien-16,15-olide]、（11*E*）-14,15,16-三去甲半日花-8（17），11-二烯-13-羧酸甲酯[methyl（11*E*）-14,15,16-trinorlabda-8（17），11-dien-13-oate]、（12*E*）-17-去甲基半日花-12-烯-8-酮-16,15-交酯[（12*E*）-17-norlabd-12-en-8-one-16,15-olide]、姜花素D甲醚（coronarin D methyl ether）、温郁金醇D（curcuminol D）和（12*Z*,14*R*）-半日花-8（17），12-二烯-14,15,16-三醇[（12*Z*,14*R*）-labda-8（17），12-dien-14,15,16-triol][8]。

种子含黄酮类：鼠李柠檬素（rhamnocitrin）和熊竹山姜素（kumatakenin）[10]。

【药理作用】1. 抗菌 种子的水提取液对结肠炎耶尔森菌和摩根变形杆菌的生长均有较强的抑制作用，对福界痢疾杆菌有较弱的杀菌作用[1]。2. 抗溃疡 种子的水提取液对幽门结扎型、应激型及利血平型大鼠实验性胃溃疡均有不同程度的抑制作用，但对消炎痛型胃溃疡作用不明显[2]。

【性味与归经】山姜：辛，温。归肺、胃经。湘砂仁：辛，温。归脾、胃经。山姜子：辛，温。归肺、胃经。

【功能与主治】山姜：温中，散寒，祛风，活血。用于脘腹冷痛，风湿筋骨疼痛，劳伤吐血，跌损瘀滞，月经不调。湘砂仁：温中散寒，行气调中。用于气滞痞胀腹痛，噎膈呕吐，寒泻冷痢，妊娠恶阻，胎动不安。山姜子：祛风行气，温中止痛。用于胃痛，胸腹胀痛，呕吐，泄泻，哮喘。

【用法与用量】山姜：煎服 5～10g；外用适量，捣敷或煎水洗。湘砂仁：1.5～6g；入煎剂宜后下。山姜子：3～9g。

【药用标准】山姜：湖南药材 2009、湖北药材 2009 和广西瑶药 2014 一卷；湘砂仁：湖南药材 2009；山姜子：福建药材 2006 和江西药材 1996。

【临床参考】1. 胃、十二指肠溃疡：种子 3g，研粉，分 2 次开水送服，第 2 周、第 3 周剂量减半，连服 3 周，每周间停药 1 天[1]。

2. 胃痛：根 3 ～ 6g，加乌药 3 ～ 6g，研粉，温开水送服；或全草 30g，加红楤木根 15g，水煎服。

3. 风湿痹痛：根 15g，加钩藤根、铺地蜈蚣、桑枝各 15g，白酒 500ml，浸泡 5 天，1 次服 15 ～ 30ml，每日 2 次。

4. 跌打损伤：根 15g，加茜草 15g，大血藤根 30g，牛膝、泽兰各 9g，白酒 500ml，浸 3 ～ 7 天，1 次服 15 ～ 30ml，每日 2 次。

5. 无名肿毒：鲜根适量，加鲜蒲公英适量，捣烂外敷。（2 方至 5 方引自《浙江药用植物志》）

【附注】山姜之名始载于《本草经集注》，云："山姜根及苗，并如姜而大，作樟木臭。"《本草图经》外草类谓："山姜，生卫州……开紫花，不结子，八月、九月采根用。"《本草纲目》云："山姜，生南方。叶似姜，花赤色，甚辛；子似草豆蔻，根如杜若及高良姜。"又引苏颂云："山姜茎、叶皆姜也，但根不堪食。是与豆蔻花相乱而微小耳。花生叶间，作穗如麦粒，嫩红色。"根据以上形态及产地，除开紫花者外，当为本种。

同属植物华山姜 *Alpinia chinensis*（Retz.）Rosc 的根与茎在广西作山姜药用。

【化学参考文献】

［1］Itokawa H，Morita H，Osawa K，et al. Novel guaiane-and secoguaiane-type sesquiterpenes from *Alpinia japonica*（Thunb.）Miq.［J］. Chem Pharm Bull，1987，35（7）：2849-2859.

［2］Itokawa H，Morita H，Watanabe K. Novel eudesmane-type sesquiterpenes from *Alpinia japonica*（Thunb.）Miq.［J］. Chem Pharm Bull，1987，35（4）：1460-1463.

［3］Itokawa H，Watanabe K，Morita H，et al. A novel sesquiterpene peroxide from *Alpinia japonica*（Thunb.）Miq.［J］. Chem Pharm Bull，1985，33（5）：2023-2027.

［4］Itokawa H，Morita H，Osawa K，et al. Structural relationships of sesquiterpenes obtained from *Alpinia japonica*（Thunb.）Miq.［J］. Tennen Yuki Kagobutsu Toronkai Koen Yoshishu，1985，27：458-465.

［5］Itokawa H，Morita H，Watanabe K，et al. Agarofuran-，eudesmane-and eremophilane-type sesquiterpenoids from *Alpinia japonica*（Thunb.）Miq.［J］. Chem Pharm Bull，1985，33（3）：1148-1153.

［6］Itokawa H，Watanabe K，Mihashi S，et al. Studies on zingiberaceous plants. Part I. isolation of agarofuran-type sesquiterpenes from *Alpinia japonica*（Thunb.）Miq.［J］. Chem Pharm Bull，1980，28（2）：681-682.

［7］Itokawa H，Morita H，Watanabe K，et al. Two new sesquiterpenoids（alpinolide and hanamyol）from *Alpinia japonica*（Thunb.）Miq.［J］. Chem Lett，1984，（10）：1687-1690.

［8］Li Q M，Luo J G，Yang M H，et al. Terpenoids from rhizomes of *Alpinia japonica* inhibiting nitric oxide production［J］. Chemistry & Biodiversity，2015，12（3）：388-396.

［9］Li Q M，Luo J G，Wang X B，et al. Sesquiterpenes from the rhizomes of *Alpinia japonica* and their inhibitory effects on nitric oxide production［J］. Fitoterapia，2013，86：29-34.

［10］Kimura Y，Takido M，Takahashi S. Constituents of Alpinia. XI. constituents of the seeds of *A. japonica.* 6［J］. Yakugaku Zasshi，1967，87（9）：1132-1133.

【药理参考文献】

［1］陈永培，黄哲元 . 山姜与长泰砂仁的抑菌试验［J］. 福建中医药，1990，21（5）：25-26.

［2］倪峰，郑兴中 . 山姜抗溃疡的实验研究［J］. 中药药理与临床，1995，（4）：29-31.

【临床参考文献】

［1］黄哲元，林炳辉，孙华香，等 . 山姜对胃、十二指肠溃疡病的临床药效观察［J］. 福建医药杂志，1984，（6）：24-25.

2. 姜黄属 *Curcuma* Linn.

多年生草本。有肉质、芳香的根茎，有时根末端膨大呈块状。叶大型，通常基生，披针形至椭圆形。穗状花序具密集的苞片，呈球果状，生于由根茎或叶鞘抽出的花葶上，先叶或与叶同出；苞片大，覆瓦状排列，宿存，基部彼此连生呈囊状，内储黏液，先端常带紫红色或淡红色，中下部每一苞片内有花 2 至数朵，排成蝎尾状聚伞花序；小苞片呈佛焰苞状；萼筒短，顶端具 2 ～ 3 齿；花冠管漏斗状，裂片卵形或长圆形，近相等或后方 1 枚较长；侧生退化雄蕊花瓣状；唇瓣较大，圆形或倒卵形，微凹或先端二裂，反折，基部与侧生退化雄蕊相连；药室紧贴，基部有距，稀无距，药隔顶端无附属体；子房 3 室，胚珠多数。蒴果球形，藏于苞片内，3 瓣裂，果皮膜质。种子小，有假种皮。

约 50 种，主产亚洲东南部。中国 12 种，分布于东南至西南各地。法定药用植物 5 种。华东地区法定药用植物 3 种。

分种检索表

1. 叶片背面有明显短柔毛，花冠裂片白色而带粉红……郁金 *C. aromatica*
1. 叶片两面均无毛，或仅背面具稀疏短柔毛，花冠裂片白色或黄色。
   2. 叶片全部绿色，中央无紫色带，花冠裂片白色……温郁金 *C. wenyujin*
   2. 叶片中央有紫色带，花冠裂片黄色……莪术 *C. phaeocaulis*

1179. 郁金（图 1179）· *Curcuma aromatica* Salisb.

图 1179　郁金　　　　摄影　徐克学

【别名】毛郁金（福建），姜黄。

【形态】高约 1m。根茎肉质，肥大，椭圆形或长椭圆形，断面黄色，芳香；根端膨大呈纺锤状。叶基生，长圆形，长 30 ～ 60cm，宽 10 ～ 20cm，顶端具细尾尖，基部渐狭，叶仅下表面被柔毛；叶柄约与叶片等长。花葶单独由根茎抽出，与叶同时发出或先叶而出，穗状花序圆柱形，长约 15cm，有花的苞片淡绿色，卵形，长 4 ～ 5cm，上部无花的苞片较狭，长圆形，顶端带淡红色，顶端常具小尖头，被毛；花萼被疏柔毛，长 0.8 ～ 1.5cm；花冠管漏斗形，长 2.3 ～ 2.5cm，喉部被毛，花冠裂片长圆形，长 1.5cm，后方 1 枚较大，顶端具小尖头，被毛；侧生退化雄蕊淡黄色，与花冠裂片相似；唇瓣黄色，倒卵形，长 2.5cm，顶段微 2 裂；子房被长柔毛。花期 4 ～ 6 月。

【生境与分布】人工栽培或生于林下。分布于江苏、浙江、福建，另湖北、湖南、江西、广西、广东、四川、贵州、云南等地均有分布。

【药名与部位】莪术（毛郁金、黄莪术），根茎。郁金，块根。

【采集加工】莪术：冬季茎叶枯萎后采挖，洗净，蒸或煮至透心，干燥后除去须根及杂质。郁金：冬季茎叶枯萎后采挖，除去泥沙及细根，蒸或煮至透心，取出干燥。

【药材性状】莪术：呈卵圆形、圆锥形或长纺锤形，长 2 ～ 8cm，直径 1.5 ～ 4cm。表面灰黄色至黄棕色，环节明显，节上有圆形稍凹下的须根痕或有残留须根，有的可见刀削痕。体重，质坚实，断面黄绿色至棕褐色，蜡样，内皮层环纹黄白色，维管束点状，淡黄棕色。气微香，味微苦而辛。

郁金：呈卵圆形至长纺锤形，有的稍扁或弯曲，长 2 ～ 6cm，直径 0.5 ～ 2cm。表面灰黄棕色至灰褐色，具纵直或杂乱的皱纹，纵纹隆起处色较浅。质坚实，断面角质样，浅灰黄色至灰黑色，中部有 1 颜色较浅的内皮层环纹。气微，味淡。

【药材炮制】莪术：除去杂质，略泡，洗净，蒸软，切薄片，干燥。醋莪术：取莪术饮片，加醋适量，至适宜容器内煮至醋尽透心，取出，稍晾，切厚片，干燥。

郁金：洗净，润透，切薄片，干燥；或洗净，干燥，打碎。

【化学成分】根含二酚基庚烷类：毛郁金酚 *A、B、C、D（aromaticanoid A、B、C、D）、（3*R*, 5*R*）-二羟基-1-（3, 4-二羟基苯基）-7-（4-羟基苯基）-庚烷[（3*R*, 5*R*）-dihydroxy-1-（3, 4-dihydroxyphenyl）-7-（4-hydroxyphenyl）-heptane]、（3*S*, 5*S*）-二羟基-1, 7-二（3, 4-二羟基苯基）-庚烷[（3*S*, 5*S*）-dihydroxy-1, 7-bis（3, 4-dihydroxyphenyl）-heptane]、（3*S*, 5*S*）-3, 5-二羟基-1-（3-羟基-4-甲氧基苯基）-7-（4-甲氧基苯基）-庚烷[（3*S*, 5*S*）-3, 5-dihydroxy-1-（3-hydroxy-4-methoxyphenyl）-7-（4-methoxyphenyl）-heptane]、（3*S*, 5*S*）-1-（4-甲氧基苯基）-7-苯基庚烷-3, 5-二醇[（3*S*, 5*S*）-1-（4-methoxyphenyl）-7-phenylheptane-3, 5-diol]和 2, 3, 5-三羟基-1, 7-二（3-甲氧基-4-羟基苯基）-庚烷[2, 3, 5-trihydroxy-1, 7-bis（3-methoxy-4-hydroxyphenyl）-heptane][1]；酚类：毛郁金酚 *E（aromaticanoid E）[1]；倍半萜类：毛郁金素 A、B、C、D、E、F、G、H（aromaticane A、B、C、D、E、F、G、H）、蓬莪术内酯 B（zedoarolide B）、莪术内酯 C（zedoalactone C）、蓬莪术辛素 B（phaeocaulisin B）、4β-羟基-5β-H-愈创木-1（10）, 7（11）, 8-三烯-12, 8-内酯[4β-hydroxy-5β-H-guai-1（10）, 7（11）, 8-trien-12, 8-olide]、桂莪术内酯（gweicurculactone）、温郁金倍半萜内酯 A、B（curdionolide A、B）、异大根老鹳草呋烯内酯（isogermafurenolide）、7, 8-裂环-9（10）, 11（12）-愈创木二烯-8, 5-内酯[7, 8-*seco*-9（10）, 11（12）-guaiadien-8, 5-olide]、4α, 8β-二羟基-5α-（H）-桉叶-7（11）-烯-8, 12-内酯[4α, 8β-dihydroxy-5α-（H）-eudesm-7（11）-en-8, 12-olide]、蓬莪二醇（zedoarondiol）、温郁金素 B（wenyujinin B）、原莪术烯醇（procurcumenol）、姜黄奥二醇（curcumadiol）和姜黄二环素 D（phacadinane D）[2]；二萜类：毛郁金素 I、J（aromaticane I、J）[2]，（*E*）-3-羟基半日花-8（17）, 12-二烯-16, 15-内酯[（*E*）-3-hydroxylabda-8（17）, 12-dien-16, 15-olide]和半日花-8（17）, 13（14）-二烯-15, 16-内酯[labda-8（17）, 13（14）-dien-15, 16-olide][2]。

根和根茎含倍半萜类：心叶凹唇姜酮 B（longiferone B）[3]；二苯基庚烷类：毛郁金明素 A、B、C（curcumaromin A、B、C）[3]。

根茎含倍半萜类：莪术二酮（curdione）、桂莪术内酯（gweicurculactone）、莪术烯醇（curcumenol）、原莪术烯醇（procurcumenol）、莪术二醇（aerugidiol）、桉叶烷-3, 6-二酮（eudesmane-3, 6-dione）、蓬莪二醇（zedoarondiol）、莪术醇（curcumol）、鳞鹧鸪花醇（voleneol）、莪术双环烯酮（curcumenone）[4]，二高倍半萜（dihomosesquiterpene）和莪术二酮（curdione）[5]；二苯基庚烷类：姜黄素（curcumin）、去甲氧基姜黄素（demethoxycurcumin）[4]，5′-甲氧基姜黄素（5′-methoxycurcumin）、去甲氧基姜黄素（demethoxycurcumin）、二去甲氧基姜黄素（bisdemethoxycurcumin）和姜黄素（curcumin）[6]；三萜类：羽扇豆醇（lupeol）[4]；甾体类：豆甾醇（stigmasterol）、β-谷甾醇（β-sitosterol）[4]和β-谷甾醇（β-sitosterol）[5]；核苷类：尿嘧啶（uracil）[4]；脂肪酸类：三十烷酸（triaconatanoic acid）[4]；挥发油类：莪术二酮（curdione）、莪术醇（curcumol）、四甲基吡嗪（tetramethylpyrazine）、新莪术二酮（neocurdione）、（*R*）-右旋-1, 2-十六烷二醇［（*R*）-（+）-1, 2-hexadecanediol］[7]，α-蒎烯（α-pinene）、β-蒎烯（β-pinene）、1, 8-桉叶素（1, 8-cineole）、龙脑（borneol）、异龙脑（isoborneol）、樟烯（camphene）、樟脑（camphor）、吉马酮（germacrone）和异呋吉马烯（isofuranogermacrene）[8]。

茎叶含挥发油：α-蒎烯（α-pinene）、β-蒎烯（β-pinene）、1, 8-桉叶素（1, 8-cineole）和芳樟醇（linalool）[9]。

【药理作用】1. 降血脂　根茎乙醇提取物可降低大鼠血清总胆固醇（TC）、甘油三酯（TG）和低密度脂蛋白（LDL）的含量，提高血清高密度脂蛋白（HDL）含量，中剂量组对降低甘油三酯、升高高密度脂蛋白含量的作用较佳，各给药组均对大鼠血清低密度脂蛋白含量有极显著的降低作用[1]。2. 镇痛、止血　根茎的水提取物和醇提取物均能明显抑制小鼠扭体反应及延长热致痛潜伏期，其中水提取物能明显缩短小鼠断尾出血时间（BT）及血浆钙时间（RT），提示其具有镇痛和止血作用[2]。3. 抗氧化　叶的甲醇提取物和从叶提取的挥发油对 1, 1-二苯基-2-三硝基苯肼（DPPH）自由基具有较强的清除作用，半数抑制浓度（IC_{50}）分别为 14.45μg/ml 和 16.58μg/ml，高于丁基羟基茴香醚的半数抑制浓度（18.27μg/ml），提示其具有显著的自由基清除作用[3]。4. 抗菌　从叶提取的挥发油对金黄色葡萄球菌、单核细胞增生李斯特菌、枯草芽孢杆菌、金黄色葡萄球菌的生长具有显著的抑制作用[4]。5. 抗炎　根茎的乙醇提取物对花生四烯酸诱导的耳炎小鼠具有明显的抗炎作用，并有较强的伤口愈合作用[5]。6. 抗心肌缺血　根茎的乙酸乙酯提取物可减少心肌缺血再灌注损伤模型大鼠的心肌梗死范围、增加射血分数（EF），在 2g/kg 和 4g/kg 剂量下可增加左室内压最大上升速率（＋LVdp/dtmax），4g/kg 剂量可增加左室内压最大下降速率（−LVdp/dtmax），并可不同程度降低 CK-MB、LDH 心肌酶含量，调节氧化 / 抗氧化平衡，提高超氧化物歧化酶 / 丙二醛（SOD/MDA）、谷胱甘肽 / 丙二醛（GSH/MDA）的值，并使心肌细胞肿胀和炎性细胞浸润减轻[6]。

【性味与归经】莪术：辛、苦，温。归肝、脾经。郁金：辛、苦，寒。归肝、心、肺经。

【功能与主治】莪术：行气破血，消积止痛。用于癥瘕痞块，瘀血经闭，食积胀痛；早期宫颈癌。郁金：行气化瘀，清心解郁，利胆退黄。用于经闭痛经，胸腹胀痛、刺痛，热病神昏，癫痫发狂，黄疸尿赤。

【用法与用量】莪术：4.5～9g。郁金：3～9g。

【药用标准】莪术：药典 1977、药典 1985、贵州药材 2003、云南傣药Ⅱ 2005 五册和新疆药品 1980 二册；郁金：药典 1963—1985、新疆药品 1980 二册和台湾 1985 二册。

【临床参考】1. 乳腺增生症：根茎、块根各 10～15g，加柴胡、川楝子、香附、三棱、桃仁、王不留行各 10～15g，浙贝母、海蛤壳各 15～20g，仙茅、仙灵脾各 10g，水煎，早晚分服，每日 1 剂[1]。

2. 脑卒中后抑郁症：块根 15g，加石菖蒲 25g，炒栀子、陈皮各 12g，鲜竹叶、竹茹、土鳖虫、桃仁、红花、牡丹皮各 10g，连翘、灯心草、枳实、法半夏各 15g，川木通 6g、茯苓 30g，兼痰热重者加竹沥（冲）20g、明矾 10g；兼焦虑甚者加朱砂 5g、酸枣仁 30g、合欢花 15g；兼性情急躁者加琥珀 15g、朱砂 10g。水煎，早晚分服，每日 1 剂，连服 8 周，同时氟哌噻吨美利曲辛片（黛力新）口服，1 次 1 片，每日 2 次[2]。

3. 多发性抽动症：块根 10g，加石菖蒲、白鲜皮各 10g，天麻、天竺黄、僵蚕、陈皮各 8g，全蝎 5g，焦山楂、磁石、石决明各 20g，兼肝经实热者加龙胆草、夏枯草、泽泻、栀子；兼脾虚痰湿者加太子参、黄芪、白术、茯苓、枳壳、浙贝母；兼阴虚动风者加白芍、麦冬；兼眨眼频繁者加木贼、菊花；兼咽部发声存在不适感者加射干、桔梗；兼搐鼻明显者加白芷、辛夷；兼肢体抽动者加木瓜、葛根、伸筋草；兼性情急躁者加白芍、柴胡；兼心神不宁者加夜交藤、炙五味子。水煎，分 3 次服，4 周 1 疗程，连服 3 疗程，同时泰必利片口服，4 ～ 7 岁 1 次 50mg，每日 2 次；7 ～ 10 岁 1 次 75mg，每日 2 次；10 ～ 18 岁 1 次 100mg，每日 2 次，症状控制后，每日服用剂量维持在 150mg[3]。

4. 胃痛：块根 10g，加厚朴、延胡索各 6g，炮姜炭、醋煅赭石各 l0g，煨木香 5g、薤白头 13g、广陈皮 3g、丝瓜络 2 寸，陈酒 1 杯与水同煎，每日 1 剂[4]；根茎（蒸熟）10g，加柴胡、黄芩、清半夏各 10g，人参、甘草各 6g，桂枝、延胡索各 15g，白芍、八月扎、枳实、生地各 30g，蒲公英 18g，焦麦芽、焦山楂、神曲各 10g，水煎，早晚分服，每日 1 剂[5]。

5. 气滞血瘀型囊性乳腺增生：根茎（蒸熟）12g，加三棱、红花、桃仁、炒王不留行、醋香附、山慈菇各 12g，生牡蛎、海藻、夏枯草、醋鳖甲、丹参各 18g，醋柴胡、醋青皮各 9g，水煎，早晚分服，每日 1 剂，同时枸橼酸他莫昔芬片口服，1 次 20mg，每日 1 次。从当月月经来潮开始服，至下次月经来潮停服，1 个月经周期为 1 疗程，连服 3 疗程[6]。

6. 肾虚血瘀型子宫内膜异位症：根茎（蒸熟）15g，加三棱 15g、延胡索 10g，黄芪、淫羊藿各 25g（均为中药配方颗粒），开水冲服 200ml，每日 2 次，每日 1 剂，连服 3 个月，经期不停药[7]。

7. 瓜藤缠：根茎（蒸熟）15g，加牛膝 12g，红花 10g，赤芍、茜草、三棱、浙贝母、络石藤各 15g，生地、土茯苓、薏苡仁、牡蛎各 30g，丝瓜络 20g，水煎，分 3 次服，每日 1 剂，同时药渣煎水泡洗患处[8]。

【附注】本种始载于《新修本草》姜黄项下，谓：“其花春生于根，与苗并出，夏花烂，无子，根有黄、青、白三色。”宋《图经本草》载：“今江广蜀川多有之，叶青绿，长一二尺许，阔三四寸，有斜纹，如红蕉叶而小，花红白色，至中秋渐凋，春末方生，其花先生，次方生叶，不结实，根盘屈，黄色。”上述描述应包含本种。

药材莪术孕妇禁服；郁金不宜与丁香、母丁香同用。

【化学参考文献】

[1] Dong S J，Luo X D，Liu Y P，et al. Diarylheptanoids from the root of *Curcuma aromatica* and their antioxidative effects [J]. Phytochem Lett，2018，27：148-153.

[2] Dong S J，Li B C，Dai W F，et al. Sesqui-and diterpenoids from the radix of *Curcuma aromatica* [J]. J Nat Prod，2017，80（12）：3093-3102.

[3] Qin X D，Zhao Y，Gao Y，et al. Curcumaromins A，B，and C，three novel curcuminoids from *Curcuma aromatica* [J]. Helv Chim Acta，2015，98（9）：1325-1331.

[4] 黄艳，柴玲，蒋秀珍，等. 毛郁金的化学成分研究 [J]. 中草药，2014，45（16）：2307-2311.

[5] Agnihotri V K，Thakur S，Pathania V，et al. A new dihomosesquiterpene，termioic acid A，from *Curcuma aromatica* [J]. Chem Nat Compd，2014，50（4）：665-668.

[6] Siripong P，Nakamura E S，Kanokmedhakul K，et al. Anti-invasive effects of curcuminoid compounds from *Curcuma aromatica* Salisb. on murine colon 26-L5 carcinoma cells [J]. Wakan Iyakugaku Zasshi，2002，19（6）：209-215.

[7] 黄可新，陶正明，张安将，等. 温莪术化学成分的研究 [J]. 中国中药杂志，2000，25（3）：163-165.

[8] 郭永沺，初学魁，陈玉仁，等. 温莪术成分的研究 [J]. 药学学报，1980，15（5）：251-252.

[9] Behura S，Sahoo S，Srivastava V K. Major constituents in leaf essential oils of *Curcuma longa* L. and *Curcuma aromatica* Salisb. [J]. Curr Sci，2002，83（11）：1312-1313.

【药理参考文献】

[1] 吴尤娇，黄敏桃，黄云峰，等. 毛郁金乙醇提取物降血脂作用研究 [J]. 广西科学，2015，22（2）：20-24.

[2] 黄勇其，莫艳珠，耿晓照，等. 黔产毛郁金的镇痛、止血作用实验研究 [J]. 现代中药研究与实践，2004，18（4）：46-48.

[3] Al-Reza S M，Rahman A，Sattar M A，et al. Essential oil composition and antioxidant activities of *Curcuma aromatica* Salisb. [J]. Food and Chemical Toxicology，2010，48：1757-1760.

[4] Al-Reza S M，Rahman A，Parvin T，et al. Chemical composition and antibacterial activities of essential oil and organic

extract of *Curcuma aromatica* Salisb. [J]. Journal of Food Safety，2011，31（4）：433-438.
[5] Amit K，Rajiv C，Praveen K，et al，Anti inflammatory and wound healing activity of *Curcuma aromatica* Salisb extract and its formulation [J]. Journal of Chemical and Pharmaceutical Research，2009，1（1）：304-310.
[6] 石冰卓，郝春华，张蕊，等. 毛郁金醋酸乙酯提取物对大鼠心肌缺血再灌注损伤的治疗作用[J]. 中草药，2018，49(3)：633-639.

【临床参考文献】

[1] 张会，张丽丽. 柴胡郁金方改善乳腺增生症 [J]. 中国民间疗法，2016，24（4）：14.
[2] 焦雪蕾，李长聪. 菖蒲郁金汤合温胆汤治疗脑卒中后抑郁症的临床观察 [J]. 中医药导报，2016，22（8）：95-97.
[3] 翟妙琴. 菖蒲郁金汤加减治疗多发性抽动症的临床观察 [J]. 光明中医，2018，33（21）：3170-3172.
[4] 雍履平. 朱莜臣医案选析 [J]. 中医杂志，1996，37（8）：468-469.
[5] 冯夏，李廷荃，王雁彬. 李廷荃教授运用八月札、莪术治疗胃脘痛临床经验总结 [J]. 世界最新医学信息文摘，2018，18（80）：206，208.
[6] 杨银芬. 莪术消癥汤治疗气滞血瘀型囊性乳腺增生的临床研究 [J]. 深圳中西医结合杂志，2018，28（3）：42-43.
[7] 王欣. 复方莪术散治疗肾虚血瘀型子宫内膜异位症 74 例小结 [J]. 湖南中医杂志，2016，32（5）：70-71.
[8] 杨小乐. 活血化淤法临床运用体会 [J]. 实用中医药杂志，2005，21（4）：230-231.

1180. 温郁金（图 1180）• *Curcuma wenyujin* Y. H. Chen et C. Ling（*Curcuma aromatica* Salisb. cv. Wenyujin）

【别名】姜黄子（浙江）。

【形态】多年生草本。根茎多分枝，粗大，肉质，断面黄色，芳香；根细长，先端膨大成纺锤形的块根。叶具鞘，椭圆形或长圆形，长 35 ～ 75cm，宽 14 ～ 22cm，先端短渐尖或短尾状，基部楔形或渐狭，两面无毛。穗状花序由根茎抽出，花序圆柱形，长 15 ～ 30cm；下部苞片绿色，长 3 ～ 5cm，先端钝圆或微尖，反曲；上部苞片紫红色，长圆形，长 5 ～ 8cm，先端钝尖；花 2 ～ 3 朵生于下部苞片内；花萼白色，具不规则 3 齿，微被短柔毛；花冠白色，花冠管喉部密被柔毛，3 裂，后方 1 枚较大；侧生退化雄蕊花瓣状，黄色；唇瓣宽卵形，黄色，反曲，基部有 2 枚棒状附属物。花期 4 ～ 5 月。

【生境与分布】浙江、福建有栽培，另广西也有栽培。

【药名与部位】莪术（片姜黄、温莪术），根茎。郁金（温郁金），块根。

【采集加工】莪术：冬季茎叶枯萎后采挖，洗净，蒸或煮至透心，低温干燥，除去须根及杂质。片姜黄：冬季茎叶枯萎后采挖，洗净，除去须根，趁鲜纵切厚片，干燥。郁金：冬季茎叶枯萎后采挖，除去细根及泥沙，蒸或煮至透心，干燥。

【药材性状】莪术：呈卵圆形、长卵形、圆锥形或长纺锤形，顶端多钝尖，基部钝圆，长 2 ～ 8cm，直径 1.5 ～ 4cm。表面灰黄色至灰棕色，上部环节突起，有圆形微凹的须根痕或残留的须根，有的两侧各有 1 列下陷的芽痕和类圆形的侧生根茎痕，有的可见刀削痕。体重，质坚实，断面黄棕色至棕褐色，常附有淡黄色至黄棕色粉末。气香或微香，味微苦而辛。

片姜黄：呈长圆形或不规则的片状，大小不一，长 3 ～ 6cm，宽 1 ～ 3cm，厚 0.1 ～ 0.4cm。外皮灰黄色，粗糙皱缩，有时可见环节及须根痕。切面黄白色至棕黄色，有一圈环纹及多数筋脉小点。质脆而坚实。断面灰白色至棕黄色，略粉质。气香特异，味微苦而辛凉。

郁金：呈长圆形或卵圆形，稍扁，有的微弯曲，两端渐尖，长 3.5 ～ 7cm，直径 1.2 ～ 2.5cm。表面灰褐色或灰棕色，具不规则的纵皱纹，纵纹隆起处色较浅。质坚实，断面灰棕色，角质样；内皮层环明显。气微香，味微苦。

【质量要求】莪术：无须，无老头块；片姜黄：无泥杂，片状；郁金：无根须，不虫蛀。

【药材炮制】莪术：除去杂质，水浸 2 ～ 4h，洗净，润软，切厚片，干燥；或蒸约 1h，趁热切厚

图 1180 温郁金 摄影 郭增喜等

片或薄片，干燥。醋莪术：取莪术饮片，与醋拌匀，稍闷，炒至表面色变深时，取出，摊凉。

片姜黄：除去杂质，筛去灰屑。

郁金：除去杂质，洗净，润软，切厚片，干燥。

【化学成分】块根含倍半萜类：（1*R*, 4*R*, 5*S*, 7*S*）- 温郁金酮 * ［（1*R*, 4*R*, 5*S*, 7*S*）-curwenyujinone］、莪术内酯 E、H（zedoalactone E、H）、莪术双环烯酮（curcumenone）[1]，温郁金明醇 G（curcuminol G）[2]，温郁金倍半萜内酯 A（curdionolide A）、蓬莪术内酯 B（zedoarolide B）[1, 3]，郁金酮 *A、B（curcujinone A、B）、莪术醇（curcumol）、莪术奥酮二醇（zedoarondiol）、莪术烯醇（curcumenol）、7α, 11α- 环氧 -5β- 羟基 -9- 愈创木烯 -8- 酮（7α, 11α-epoxy-5β-hydroxy-9-guaiaen-8-one）、（1*S*, 4*S*, 5*S*, 10*R*）- 异蓬莪二醇［（1*S*, 4*S*, 5*S*, 10*R*）-isozedoarondiol］、原姜黄奥二醇（procurcumadiol）、蓬莪术辛素 E（phaeocaulisin E）、12- 羟基莪术烯醇（12-hydroxycurcumenol）、6- 愈创木烯 -4α, 10α- 二醇（6-guaiene-4α, 10α-diol）、原莪术烯醇（procurcumenol）、4, 10- 表蓬莪二醇（4, 10-epizedoarondiol）、莪术内酯 A（zedoalactone A）、反式 , 反式 - 吉马酮（*trans*, *trans*-germacrone）、（1*S*, 10*S*, 4*S*, 5*S*）- 吉马酮［（1*S*, 10*S*, 4*S*, 5*S*）-germacrone］、姜黄二酮（curdione）、莪术呋喃醚酮（zederone）、13- 羟基吉马

酮（13-hydroxygermacrone）、莪术呋喃二烯酮（furanodienone）、[1（10）*Z*, 4*Z*]-莪术呋喃二烯-6-酮{[1（10）*Z*, 4*Z*]-furanodiene-6-one}、莪术倍半萜内酯A、B（curcumanolide A、B）、莪术萜内酯A、B（gajutsulactone A、B）、莪术轭烯内酯*（curcuzedoalide）、温郁金素C（wenyujinin C）、莪术呋喃烯酮（curzerenone）、长莎草醇C（cyperusol C）、缩砂蔤素*A（amoxanthin A）[3]，桂莪术内酯（gweicurculactone）[1,4]，4-表-莪术烯醇（4-epi-curcumenol）和姜黄奥二醇（curcumadiol）[4]；苯甲酸氧生物：温郁金醇F（curcuminol F）和温郁金苷（wenyujinoside）[2]；酰胺类：橙黄胡椒酰胺（aurantiamide）[2]；二萜类：温郁金醇D、E（curcuminol D、E）[5]和温郁金醇A、B、C（curcuminol A、B、C）[6]；二苯基庚烷类：姜黄素（curcumin）、去甲氧基姜黄素（demethoxycurcumin）和二去甲氧基姜黄素（bisdemethoxycurcumin）[4]；单萜糖苷类：（1*R*, 2*S*, 4*S*, 5*R*）-归叶棱子芹醇-2-*O*-β-D-吡喃葡萄糖苷[（1*R*, 2*S*, 4*S*, 5*R*）-angelicoidenol-2-*O*-β-D-glucopyranoside][3]；环己烷衍生物：巴豆环氧化物（crotepoxide）[4]。

根茎含倍半萜类：莪术内酯A、B、C（zedoalactone A、B、C）、蓬莪术内酯B（zedoarolide B）、异莪术奥酮二醇（isozedoarondiol）、莪术二醇（aerugidiol）、莪术奥酮二醇（zedoarondiol）[7]，温郁金内酯A（wenyujinlactone A）、尖叶新木姜子酮A（neolitamone A）、（1*R*, 10*R*）-环氧-（−）-1, 10-二氢姜黄定[（1*R*, 10*R*）-epoxy-（−）-1, 10-dihydrocurdine]、莪术醇（curcumol）、莪术二酮（curdione）[8]，温郁金倍半萜内酯A、B、C（curdionolide A、B、C）、（+）-（4*S*, 5*S*）-吉马酮-4, 5-环氧化物[（+）-（4*S*, 5*S*）-germacrone-4, 5-epoxide]、（1*E*, 4*E*, 8*R*）-8-羟基吉马-1（10）, 4, 7（11）-三烯-12, 8-内酯[（1*E*, 4*E*, 8*R*）-8-hydroxygermacra-1（10）, 4, 7（11）-trien-12, 8-lactone]、（1*E*, 4*Z*）-8-羟基-6-氧代吉马-1（10）, 4, 7（11）-三烯-12, 8-内酯[（1*E*, 4*Z*）-8-hydroxy-6-oxogermacra-1（10）, 4, 7（11）-trien-12, 8-lactone][9]，榄香-1, 3, 7（11）, 8-四烯-8, 12-内酰胺[elema-1, 3, 7（11）, 8-tetraen-8, 12-lactam]、7β, 8α-二羟基-1α, 4αH-愈创-9, 11-二烯-5β, 8β-内向环氧（7β, 8α-dihydroxy-1α, 4αH-guai-9, 11-dien-5β, 8β-endoxide）、羟基异大根老鹳草呋烯内酯（hydroxyisogermafurenolide）、异大根老鹳草呋烯内酯（isogermafurenolide）、莪术烯醇（curcumenol）、4-表莪术烯醇（4-epicurcumenol）、新莪术烯醇（neocurcumenol）[10]，（4*S*）-4-羟基桂莪术内酯[（4*S*）-4-hydroxygweicurculactone]、莪术内酯G（zedoalactone G）、（1*R*, 4*R*, 5*S*, 10*S*）-莪术内酯B[（1*R*, 4*R*, 5*S*, 10*S*）-zedoalactone B]、（+）-莪术内酯A[（+）-zedoalactone A][11]，原莪术烯醇（procurcumenol）、泽泻薁醇氧化物（alismoxide）、温郁金螺内酯（curcumalactone）、1α, 8α-表二氧-4α-羟基-5αH-愈创-7（11）, 9-二烯-12, 8-内酯[1α, 8α-epidioxy-4α-hydroxy-5αH-guai-7（11）, 9-dien-12, 8-olide]、8, 9-裂环-4β-羟基-1α, 5βH-7（11）-愈创木烯-8, 10-内酯[8, 9-*seco*-4β-hydroxy-1α, 5βH-7（11）-guaen-8, 10-olide]、8α-羟基-1α, 4β, 7βH-愈创-10（15）-烯-5β, 8β-内向环氧[8α-hydroxy-1α, 4β, 7βH-guai-10（15）-en-5β, 8β-endoxide]、7β, 8α-二羟基-1α, 4αH-愈创-10（15）-烯-5β, 8β-内向环氧[7β, 8α-dihydroxy-1α, 4αH-guai-10（15）-en-5β, 8β-endoxide]、7-羟基-5（10）, 6, 8-杜松三烯-4-酮[7-hydroxy-5（10）, 6, 8-cadinatriene-4-one][12]，（6*R*）-去羟基斯盘荻内酯*[（6*R*）-dehydroxysipandinolide]、温郁金克内酯*（curcolide）、温郁金克二酮*（curcodione）、温郁金二酮醇*（curcumadionol）、莪术双环烯酮（curcumenone）、（4*S*）-二氢莪术双环烯酮[（4*S*）-dihydrocurcumenone]、（*Z*）-1β, 4α-二羟基-5α, 8β（H）-桉叶-7（11）-烯-12, 8-内酯[（*Z*）-1β, 4α-dihydroxy-5α, 8β（H）-eudesm-7（11）-en-12, 8-olide]、姜黄诺醇（curcolonol）[13]，温郁金素A、B、C、D、E、F、G、H、I、J、K（wenyujinin A、B、C、D、E、F、G、H、I、J、K）[14]，7α, 11-环氧-6α-羟基卡拉布烷-4, 8-二酮（7α, 11-epoxy-6α-hydroxycarabrane-4, 8-dione）、8β-羟基异大根老鹳草呋烯内酯（8β-hydroxy-isogermafurenolide）、异莪术烯醇（isocurcumenol）、莪术内酯E（zedoalactone E）、7-表温郁金螺内酯（7-epicurcumalactone）[15]，原姜黄奥二醇（procurcumadiol）、表原莪术烯醇（epiprocurcumenol）、4, 8-二酮-6β-甲氧基-7β, 11-环氧卡拉布烷（4, 8-dioxo-6β-methoxy-7β, 11-epoxycarabrane）、4, 8-二酮-6β-甲氧基-7α, 11-环氧卡拉布烷（4, 8-dioxo-6β-methoxy-7α, 11-epoxycarabrane）、（4*Z*, 7*Z*, 9*Z*）-11-羟基-4, 7, 9-吉马三烯-1, 6-二酮[（4*Z*, 7*Z*, 9*Z*）-11-hydroxy-4, 7, 9-germacratriene-1, 6-dione][16]，4, 8-二酮-6β-羟基-7β, 11-环氧卡拉布烷（4,

8-dioxo-6β-hydroxyl-7β, 11-epoxycarabrane）、4, 8-二酮-6β-羟基-7α, 11-环氧卡拉布烷（4, 8-dioxo-6β-hydroxyl-7α, 11-epoxycarabrane）、温郁金素Q、R（wenyujinin Q、R）、新原莪术烯醇（neoprocurcumenol）、蓬莪术辛素E（phaeocaulisin E）、（1*S*, 4*S*, 5*S*, 10*S*）-1, 10：4, 5-二环氧吉马酮［（1*S*, 4*S*, 5*S*, 10*S*）-1, 10：4, 5-diepoxygermacrone］、姜黄奥二酮（curcumadione）、八氢-5, 8-二羟基-5, 8a-二甲基-3-（1-甲基亚乙基）［octahydro-5, 8-dihydroxy-5, 8a-dimethyl-3-（1-methylethylidene）］[17]，新莪术二酮（neocurdione）、异莪术醇（isocurcumol）、4-表-莪术醇（4-epi-curcumol）、5βH-榄香-1, 3, 7, 8-四烯-8, 12-交酯（5βH-elem-1, 3, 7, 8-tetraen-8, 12-olide）、7α, 11-环氧-6α-甲氧基卡拉布烷-4, 8-二酮（7α, 11-epoxy-6α-methoxycarabrane-4, 8-dione）、8, 11-表二氧-8-羟基-4-酮-6-卡拉布烯（8, 11-epidioxy-8-hydroxy-4-oxo-6-carabren）[18]，温郁金莫内酯（curcumolide）[19]，莪术呋喃二烯（furanodiene）和（1*R*, 10*R*）-（−）-1, 10-二氢姜黄二酮［（1*R*, 10*R*）-（−）-1, 10-dihydrocurdione］[20]；单萜类：温郁金素L（wenyujinin L）[14]；生物碱类：四甲基吡嗪（tetramethyl pyrazine）[21]；烷醇类：（*R*）-（+）-1, 2-十六烷二醇［（*R*）-（+）-1, 2-hexadecanediol］[21]；挥发油类：莪术醇（curcumol）、莪术二酮（curdione）、（4*S*, 5*S*）-吉马酮-4, 5-环氧化物［（4*S*, 5*S*）-germacrone-4, 5-epoxide］、吉马酮-1, 10-环氧化物（germacrone-1, 10-epoxide）、新莪术二酮（neocurdione）、（5*R*, 6*R*, 7α*R*）-5-异丙烯基-3, 6-二甲基-6-乙烯基-5, 6, 7, 7α-四氢-4H-苯并呋喃-2-酮［（5*R*, 6*R*, 7α*R*）-5-isopropenyl-3, 6-dimethyl-6-vinyl-5, 6, 7, 7α-tetrahydro-4 H-benzofuran-2-one］、羟基异大根老鹳草呋烯内酯（hydroxyisogermafurenolide）、（5*R*, 6*R*, 7a*S*）-5-异丙烯基-3, 6-二甲基-6-乙烯基-5, 6, 7, 7α-四氢-4H-苯并呋喃-2-酮［（5*R*, 6*R*, 7a*S*）-5-isopropenyl-3, 6-dimethyl-6-vinyl-5, 6, 7, 7α-tetrahydro-4H-benzofuran-2-one］、脱氢-1, 8-桉叶素（dehydro-1, 8-cineol）和对薄荷-2-烯-1, 8-二醇（*p*-menth-2-en-1, 8-diol）[22]。

茎叶含倍半萜类：莪术烯酮（curcumenone）、新莪术二酮（neocurdione）、莪术二酮（curdione）、反式, 反式-吉马酮（*trans, trans*-germacrone）、顺式, 反式-吉马酮（*cis, trans*-germacrone）、姜黄奥二酮（curcumadione）、欧亚活血丹内酯（glechomanolide）、异原莪术烯醇（isoprocurcumenol）和（1*R*, 10*R*）-（−）-1, 10-二氢莪术二酮［（1*R*, 10*R*）-（−）-1, 10-dihydrocurdione］[23]；单萜类：桉油精（eucalyptol）和龙脑（borneol）等[24]。

地上部分含倍半萜类：桉叶烷-4（15）-烯-1β, 6α-二醇［eudesm-4（15）-en-1β, 6α-diol］和党参内酯（codonolactone）[25]；甾体类：芒果甾醇（mangdesisterol）、β-谷甾醇（β-sitosterol）和胡萝卜苷（daucosterol）[25]；脂肪酸类：二十八烷酸（octacosanoic acid）[25]。

【药理作用】1. 抗炎　根茎乙酸乙酯提取物对小鼠热板法、二甲苯致耳肿胀法和冰乙酸引发的疼痛及毛细血管通透性改变等急性炎症具有明显的抑制作用，并随着剂量的增加作用增强，高剂量能明显降低耳组织中肿瘤坏死因子-α（TNF-α）的含量[1]。2. 抗肿瘤　根茎水提取、石油醚提取物和乙醇提取物在体外均能抑制胃癌SGC-7901细胞的增殖，水提取物体外细胞抑制率最低，醇提取物体外细胞抑制率最高[2]；块根的水提取物可显著降低裸鼠人胃癌SGC-7901移植瘤细胞的体积和重量，抑瘤率为42.5%，肿瘤组织环氧合酶-2（COX-2）阳性染色强度和阳性细胞所占比例也显著低于对照组[3]；块根的水蒸气蒸馏液使血管内皮生长因子（VEGF）的表达和微血管密度（MVD）显著降低[4]，提示其提取物对人胃癌裸鼠移植瘤的生长具有明显的抑制作用。3. 护肝　块根提取制成的注射液通过观察急性中毒性肝炎治疗的病理形态学发现其具有抑制肝炎炎症反应和良好的抗损伤作用，并能明显促进肝细胞损伤修复，保护肝细胞及促进肝组织再生[5]。4. 护心肌　从块根提取的挥发油可抑制由大剂量维生素D_3所致心肌损伤大鼠的谷胱甘肽过氧化物酶（GSH-Px）的下降，使其降至正常值，也可使脂质过氧化终产物（LPO）含量下降到正常值，并能升高超氧化物歧化酶（SOD）含量，是有效的心肌保护剂[6]。5. 抗抑郁　块根醇提取物及其水、石油醚、乙酸乙酯、正丁醇4个不同极性部位均可不同程度地缩短绝望模型中小鼠悬尾和强迫游泳的不动时间，其中以醇提取物、石油醚部位和乙酸乙酯部位的作用最为显著[7]。

【性味与归经】莪术：辛、苦，温。归肝、脾经。片姜黄：辛、苦，温。归肝、脾经。郁金：辛、苦，寒。归肝、心、肺经。

【功能与主治】莪术：行气破血，消积止痛。用于癥瘕痞块，瘀血经闭，食积胀痛，早期宫颈癌。片姜黄：破血行气，通经止痛。用于血滞经闭，行经腹痛，胸胁刺痛，风湿痹痛，肩臂疼痛，跌扑损伤。郁金：行气化瘀，清心解郁，利胆退黄。用于经闭痛经，胸腹胀痛，刺痛，热病神昏，癫痫发狂，黄疸尿赤。

【用法与用量】莪术：6～9g。片姜黄：3～9g。郁金：3～9g。

【药用标准】莪术：药典 1990—2015、浙江炮规 2015、广西壮药 2008、香港药材二册和台湾 2013；片姜黄：药典 1990—2015 和浙江炮规 2005；郁金：药典 1990—2015、浙江炮规 2015、广西壮药 2008、香港药材六册和台湾 2013。

【临床参考】1. 胆石症：块根 30g，加金钱草 30g、广木香 9g、生大黄（后下）、玄明粉各 15g，水煎服。

2. 癫痫：白金丸（块根，加白矾）1 次 6g，开水吞服，每日 2 次。（1 方、2 方引自《浙江药用植物志》）

【附注】《本草图经》云："蓬莪茂生西戎及广南诸州，今江、浙或有之。三月生苗在田野中。其茎如钱大，高二三尺。叶青白色，长一二尺，大五寸已来，颇类蘘荷。五月有花，作穗，黄色，头微紫。根如生姜而茂在根下，似鸡鸭卵，大小不常。"并附端州蓬莪茂和温州蓬莪茂图，其中后图即为本种。

本种《中国植物志》是作为郁金 *Curcuma aromatica* Salisb. 的变种处理的，考虑到 *Flora of China*、中国药典及其他药材标准均把其作为独立的种，故本书以 *Curcuma wenyujin* Y. H. Chen et C. Ling 作为其学名。

中国药典 1977 和 1985 年版收载郁金（毛郁金）*Curcuma aromatica* Salisb. 作为药材莪术和郁金的基原植物；中国药典 1990 以后收载本种作为药材莪术、郁金和片姜黄的基原植物，不再收载植物郁金。

作为药材莪术和郁金的基原植物尚有莪术（蓬莪术）*Curcuma phaeocaulis* Valeton［*Curcuma zedoaria* auct. non（Christm.）Rosc.］。

药材莪术孕妇禁服；郁金不宜与丁香、母丁香同用。

【化学参考文献】

［1］Wu H H，Zheng H H，Xu Y T，et al. Two new sesquiterpenes from a kind of TCM pieces，*Curcumae Radix*［J］. Records of Natural Products，2014，8（4）：334-341.

［2］Ma Z J，Meng Z K，Zhang P. Chemical constituents from the radix of *Curcuma wenyujin*［J］. Fitoterapia，2009，80（6）：374-376.

［3］Zhou C X，Zhang L S，Chen F F，et al. Terpenoids from *Curcuma wenyujin* increased glucose consumption on HepG2 cells［J］. Fitoterapia，2017，121：141-145.

［4］Wang D，Huang W，Shi Q，et al. Isolation and cytotoxic activity of compounds from the root tuber of *Curcuma wenyujin*［J］. Nat Prod Commun，2008，3（6）：861-864.

［5］Zhang P，Huang W，Song Z H，et al. Cytotoxic diterpenes from the radix of *Curcuma wenyujin*［J］. Phytochem Lett，2008，1（2）：103-106.

［6］Huang W，Zhang P，Jin Y C，et al. Cytotoxic diterpenes from the root tuber of *Curcuma wenyujin*［J］. Helv Chim Acta，2008，91（5）：944-950.

［7］胡丹，马宁，楼燕，等 . 温莪术中的愈创木烷型倍半萜［J］. 沈阳药科大学学报，2008，25（3）：188-190，218.

［8］王世盛，张金梅，郭修晗，等 . 温郁金中的新桉叶烷型倍半萜内酯［J］. 药学学报，2007，42（10）：1062-1065.

［9］Lou Y，Zhao F，Wu Z H，et al. Germacrane-type sesquiterpenes from *Curcuma wenyujin*［J］. Helv Chim Acta，2009，92（8）：1665-1672.

［10］Qiu G G，Yan P C，Shao W W，et al. Two new sesquiterpenoids including a sesquiterpenoid lactam from *Curcuma wenyujin*［J］. Chem Pharm Bull，2013，61（9）：983-986.

［11］Yin G P，An Y W，Hu G，et al. Three new guaiane sesquiterpene lactones from rhizomes of *Curcuma wenyujin*［J］. J Asian Nat Prod Res，2013，15（7）：723-730.

［12］Dong J Y，Ma X Y，Cai X Q，et al. Sesquiterpenoids from *Curcuma wenyujin* with anti-influenza viral activities［J］. Phytochemistry，2013，85：122-128.

［13］Lou Y，Zhao F，He H，et al. Four new sesquiterpenes from *Curcuma wenyujin* and their inhibitory effects on nitric oxide production［J］. Chem Biodiversity，2010，7（5）：1245-1253.

[14] Yin G P, Li L C, Zhang Q Z, et al. iNOS inhibitory activity of sesquiterpenoids and a monoterpenoid from the rhizomes of *Curcuma wenyujin* [J]. J Nat Prod, 2014, 77 (10): 2161-2169.

[15] Gao S Y, Xia G Y, Wang L Q, et al. Sesquiterpenes from *Curcuma wenyujin* with their inhibitory activities on nitric oxide production in RAW 264. 7 cells [J]. Nat Prod Res, 2017, 31 (5): 548-554.

[16] Huang H F, Zheng C J, Mo Z R, et al. Antibacterial sesquiterpenoids from the petroleum ether extract of *Curcuma wenyujin* dreg [J]. Chem Nat Compd, 2016, 52 (3): 527-530.

[17] Huang H F, Zheng C J, Chen G Y, et al. Sesquiterpenoids from *Curcuma wenyujin* dreg and their biological activities [J]. Chin Chem Lett, 2016, 27 (10): 1612-1616.

[18] Xia G Y, Zhou L, Ma J H, et al. Sesquiterpenes from the essential oil of *Curcuma wenyujin* and their inhibitory effects on nitric oxide production [J]. Fitoterapia, 2015, 103: 143-148.

[19] Dong J Y, Shao W W, Yan P C, et al. Curcumolide, a unique sesquiterpenoid with anti-inflammatory properties from *Curcuma wenyujin* [J]. Bioorg Med Chem Lett, 2015, 25 (2): 198-202.

[20] 钮智刚，陈豪华，高成威，等．温莪术药渣化学成分的研究［J］．广东化工，2014，41（16）：22-23.

[21] 黄可新，陶正明，张安将，等．温莪术化学成分的研究［J］．中国中药杂志，2000，25（3）：163-165.

[22] 刘晓宇，楼燕，胡丹，等．温郁金挥发油的化学成分［J］．沈阳药科大学学报，2007，24（11）：682-686.

[23] 王利霞，邓志威，黄可新，等．温郁金茎叶化学成分研究［J］．中国中药杂志，2008，33（7）：785-788.

[24] 汤淙淙，秦坤良，黄可新，等．温郁金茎叶化学成分及抗肿瘤活性［J］．温州医学院学报，2007，37（2）：110-113.

[25] 陶正明，李颖玉，季萍，等．温郁金地上部分的化学成分［J］．中国中药杂志，2007，32（24）：2604-2606.

【药理参考文献】

[1] 裘关关，蔡渊，方亮莲，等．温郁金乙酸乙酯提取物的抗炎镇痛作用［J］．温州医科大学学报，2014，44（9）：660-663.

[2] 徐毅，吕宾，丁志山，等．不同温郁金提取物抑制胃癌细胞 SGC-7901 增殖和诱导凋亡的实验研究［J］．浙江医学，2004（7）：503-505.

[3] 王佳林，吕宾，倪桂宝，等．温郁金对人胃癌裸鼠移植瘤生长和环氧合酶 -2 表达的影响［J］．胃肠病学，2006，11（5）：277-280.

[4] 王佳林，吕宾，倪桂宝，等．温郁金对 VEGF 和 MVD 在人胃癌裸小鼠移植瘤中表达的研究［J］．肿瘤，2005，25（1）：55-57.

[5] 刘仁义，张万峰．温郁金Ⅰ号注射液对急性中毒性肝炎疗效的病理形态学研究［J］．中医药学报，1990，（1）：44-45.

[6] 崔晓兰，张志仁，高光敏，等．温郁金 1 号注射液对大剂量维生素 D3 所致大鼠心肌损伤的保护作用［J］．中国中西医结合杂志，1995，（S1）：13-14.

[7] 赵铮蓉，张萍，吴月国，等．温郁金抗抑郁活性部位的筛选［J］．中华中医药杂志，2011，26（8）：1868-1869.

1181. 莪术（图 1181）· *Curcuma phaeocaulis* Valeton [*Curcuma zedoaria* auct. non (Christm.) Rosc.]

【别名】蓬莪术、蓬莪茂、山姜黄、臭屎姜。

【形态】植株高约 1m；根茎圆柱形，黄色，黄绿色或浅蓝色，肉质，具樟脑样香味；根细长或末端膨大成块根。叶直立，长圆状披针形，正面无毛，背面具稀疏短柔毛，长 25 ～ 60cm，宽 10 ～ 15cm，中部沿叶脉两侧常有紫斑，叶鞘暗褐色；叶柄长于叶片。穗状花序由根茎单独发出，常先叶而生，阔椭球形，长 10 ～ 18cm，直径 5 ～ 8cm，被疏松、细长的鳞片状鞘数枚；苞片顶端的红色，宽披针形，先端渐尖或锐尖；下部能育的苞片绿色；花萼长 1 ～ 1.2cm，白色，顶端 3 裂；花冠管长 2 ～ 2.5cm，裂片长圆形，黄色，不相等，后方的 1 片较大，长 1.5 ～ 2cm，顶端具小尖头；侧生退化雄蕊瓣状，较唇瓣小；唇瓣淡黄色，中心黄色，近

图 1181　莪术　　　　　摄影　徐克学

倒卵形，长约2cm，宽1.2～1.5cm，顶端微缺；花药长约4mm，药隔基部具叉开的距；子房有毛。花期4～6月。

【生境与分布】生于林荫下。福建有栽培，云南有分布，另广东、广西、四川等地均有栽培；印度至马来西亚也有分布。

【药名与部位】莪术（莪茂），根茎。郁金，块根。

【采集加工】莪术：冬季茎叶枯萎后采挖，洗净，除去须根及杂质，蒸或煮至透心，低温干燥。郁金：冬季茎叶枯萎后采挖，除去细根及泥沙，蒸或煮至透心，干燥。

【药材性状】莪术：呈卵圆形、长卵形、圆锥形或长纺锤形，顶端多钝尖，基部钝圆，长2～8cm，直径1.5～4cm。表面灰黄色至灰棕色，上部环节突起，有圆形微凹的须根痕或残留的须根，有的两侧各有1列下陷的芽痕和类圆形的侧生根茎痕，有的可见刀削痕。体重，质坚实，断面灰褐色至蓝褐色，蜡样，常附有灰棕色粉末，皮层与中柱易分离，内皮层环纹棕褐色。气微香，味微苦而辛。

郁金：桂郁金呈长圆锥形或长圆形，长2～6.5cm，直径1～1.8cm。表面具疏浅纵纹或较粗糙网状皱纹。气微，味微辛苦。绿丝郁金呈长椭圆形，较粗壮，长1.5～3.5cm，直径1～1.2cm。气微，味淡。

【药材炮制】莪术：除去杂质，水浸2～4h，洗净，润软，切厚片，干燥；或蒸约1小时，趁热切厚片或薄片，干燥。郁金：除去杂质，洗净，润软，切厚片，干燥。

【化学成分】根茎含倍半萜类：莪术醇（curcumol）[1]，莪术呋喃醚酮（zederone）[2]，莪术二酮（curdione）[3]，莪术呋喃二烯（furanodiene）[4]，姜黄醇酮（curcolone）[5]，焦蓬莪术烯酮（pyrocurzerenone）[6]，原莪术烯醇（procurcumenol）[7]，异莪术烯醇（isocurcumenol）[8]，蓬莪术烯酮（curzerenone）[9]，莪术二醇（curcumadiol）[10]，去氢莪术二酮（dehydrocurdione）[11]，（-）-莪术双环烯酮[（-）-curcumenone]、莪术烯醇（curcumenol）、吉马酮（germacrone）、呋喃二烯酮（furanodienone）、（+）-吉马酮-4, 5-环氧化物[（+）-germacrone-4, 5-epoxide]、莪术螺内酯A、B（curcumanolide A、B）[12]，莪术愈创木醇*（zedoarol）[13]，莪术芳烷酮*（curzeone）、13-羟基吉马酮（13-hydroxygermacrone）[13, 14]，莪术奠酮二醇（zedoarondiol）、（9*E*）-6, 7, 8, 11-四氢-3, 10-二甲基-6-亚甲基环癸[b]呋喃-4（5H）-酮{（9*E*）-6, 7, 8, 11-tetrahydro-3, 10-dimethyl-6-methylenecyclodeca[b]furan-4（5H）-one}[14]，表原莪术烯醇（epiprocurcumenol）[15]，芳-姜黄酮（ar-turmerone）、β-姜黄酮（β-turmerone）[16]，葎草烯-8-氢过氧化物（humulene-8-hydroperoxide）[17]，黑心姜呋喃醚酮（curcuzederone）[18]，莪术裂环愈创木内酯（curcuzedoalide）[19, 20]，花姜酮环氧化物（zerumbone epoxide）、异原莪术烯醇（isoprocurcumenol）、吉马酮-1, 10-环氧化物（germacrone-1, 10-epoxide）、多叶姜黄酮Ⅱ*（comosone Ⅱ）、桂莪术内酯（gweicurculactone）[20]，列当酮（orobanone）[21]，13-羟基蓬莪术烯酮（13-hydroxycurzerenone）、1-氧代蓬莪术烯酮（1-oxocurzerenone）[22]，莪术烯醇-9, 10-环氧化物（curcumenol-9, 10-epoxide）、莪术裂环愈创木内酯B（curcuzedoalide B）、[1（10）*Z*, 4*Z*]-莪术呋喃二烯-6-酮{[1（10）*Z*, 4*Z*]-furanodien-6-one}、加珠松内酯A（gajutsulactone A）、12-羟基莪术烯醇（12-hydroxycurcumenol）、吉马酮-4, 5-环氧化物（germacrone-4, 5-epoxide）、氧代莪术烯醇环氧化物（oxycurcumenol epoxide）、4, 8-二酮基-6β-甲氧基-7α, 11-环氧卡拉布烷（4, 8-dioxo-6β-methoxy-7α, 11-epoxycarabrane）、4, 8-二酮基-6β-甲氧基-7β, 11-环氧卡拉布烷（4, 8-dioxo-6β-methoxy-7β, 11-epoxycarabrane）、莪术呋喃（zedoarofuran）、（1*S*, 4*S*, 5*S*, 10*R*）-莪术奠酮二醇[（1*S*, 4*S*, 5*S*, 10*R*）-zedoarondiol]、温郁金素R（wenyujinin R）[23]、13-羟基-1-氧代蓬莪术烯酮（13-hydroxy-1-oxocurzerenone）、莪术双环烯酮（curcumenone）[24]，异呋喃二烯酮（isofuranodienone）、表蓬莪术烯酮（epicurzerenone）[25]，莪术呋喃烯（curzerene），即异呋喃大牻牛儿烯（isofuranogermacrene）[26]，法萨尔韦酮*（phasalvione）、蓬莪术卡酮*（phaeocauone）[27]、蓬莪术辛素A、B、C、D、E、F、G、H、I、J（phaeocaulisins A、B、C、D、E、F、G、H、I、J）[28]、蓬莪术辛素K、L、M（phaeocaulisins K、L、M）、法加麦二醇*（phagermadiol）[29]和姜黄二环素（phacadinane A、B）[30]；二萜类：温郁金醇D（curcuminol D）[19]，半日花-8（17），12-二烯-15, 16-二醛[labda-8（17），12-dien-15, 16-dial]、艳山姜素A（zerumin A）[20, 24]和距花山姜素A（calcaratarin A）[20]；生物碱类：吲哚-3-甲酸（indole-3-carbaldehyde）[19]；芳庚烷类：1, 7-双（4-羟基苯基）-1, 4, 6-庚三烯-3-酮[1, 7-bis（4-hydroxyphenyl）-1, 4, 6-heptatrien-3-one][15]，姜黄素（curcumin）[22, 31]，对-羟基桂皮酰阿魏酰甲烷（*p*-hydroxycinnamoyl feruloyl methane）、对, 对'-二羟基二桂皮酰甲烷（*p*, *p*'-dihydroxydicinnamoyl methane）[31]，二甲氧基姜黄素（dimethoxycurcumin）[32]，姜黄素P（curcumin P）[33]，（5*R*）-1, 7-双（3, 4-二甲氧苯基）-3-甲氧基-1-庚烯-5-醇[（5*R*）-1, 7-bis（3, 4-dimethoxyphenyl）-3-methoxy-1-hepten-5-ol][34]和蓬莪术庚氧化物*（phaeoheptanoxide）[27]；黄酮类：柚皮素（naringenin）[18]，岳桦素（ermanin）[22]和山柰素（kaempferide）[32]；香豆素类：脱肠草素（herniarin）[32]；苯丙素类：对甲氧基桂皮酸乙酯（ethyl *p*-methoxycinnamate）[35]；甘油酯类：1-油酰基-2, 3-二硬脂酰甘油（1-oleoyl-2, 3-distearoylglycerol）[22]；甾体类：β-谷甾醇（β-sitosterol）、豆甾醇（stigmasterol）、豆甾-4-烯-3, 6-二酮（stigmast-4-en-3, 6-dione）、豆甾-4, 22-二烯-3, 6-二酮（stigmasta-4, 22-dien-3, 6-dione）、6β-羟基豆甾-4-烯-3-酮（6β-hydroxystigmast-4-en-3-one）和6β-羟基豆甾-4, 22-二烯-3-酮（6β-hydroxystigmasta-4, 22-dien-3-one）[22]；多糖类：杂多糖（heteropolysaccharide），由D-葡萄糖（D-glucose）、D-半乳糖（D-galactose）、L-阿拉伯糖（L-arabinose）、D-半乳糖醛酸甲酯（D-methyl galacturonate）和L-鼠李糖（L-rhamnose）组成[36]；糖酯类：8-表半乳糖内酯（8-epi-galanolactone）[37]；挥发油类：α-葎草烯（α-humulene）、花姜酮（zerumbone）、花姜酮-2

3- 环氧化物（zerumbone-2, 3-epoxide）、葎草烯 -8- 过氧化物（humulene-8-hydroperoxide）[38]，蓬莪术烯酮（curzerenone）、1, 8- 桉叶脑（1, 8-cineole）、吉马酮（germacrone）[39]，脂叶素 -1（6）- 烯 -4β- 醇 -5- 酮［lippifoli-1（6）-en-4β-ol-5-one］、2- 苯并噻唑 -2- 硫醚（2-benzothiazole-2-thiol）、α- 香附酮（α-cyperone）、曼陀林素 A（mandolin A）、1, 6- 二甲基 -9-（1- 甲基乙基烯）-5, 12- 二氧三环十二烷 -8- 酮［1, 6-dimethyl-9-（1-methyl ethylidene）-5, 12-dioxatricyclododecan-8-one］、苯并［1, 2-*b*：4, 3-*b′*］双吡喃 -3, 6- 二酮 -2, 2- 二甲基 {benzo［1, 2-*b*：4, 3-*b′*］dipyran-3, 6-dione-2, 2-dimethyl}[40]，α- 蒎烯（α-pinene）、β- 蒎烯（β-pinene）、樟烯（camphene）、香桧烯（sabinene）、月桂烯（myrcene）、α- 水芹烯（α-phellandrene）、芳樟醇（linalool）、樟脑（camphor）、异冰片（isoborneol）、冰片（borneol）、萜品烯 -4- 醇（terpinen-4-ol）、α- 萜品醇（α-terpineol）、β- 榄香烯（β-elemene）、（*E*）- 石竹烯［（*E*）-caryophyllene］、（*Z*）-β- 法尼烯［（*Z*）-β-farnesene］、β- 芹子烯（β-selinene）、α- 芹子烯（α-selinene）、大香叶烯 A、B、D（germacrene A、B、D）、莪术呋喃烯（curzerene）、氧化石竹烯（caryophyllene oxide）、空心泡醇（rosifoliol）、臭根子草醇（intermedeol）、吉马酮（germacrone）和莪术烯醇（curcumenol）[41]；芳香酸类：3- 甲基 -4-（3- 氧亚基 - 丁基）- 苯甲酸［3-methyl-4-（3-oxo-butyl）-benzoic acid］[27]。

块根含倍半萜类：姜黄诺醇（curcolonol）、愈创萜二醇（guaidiol）和 3, 7- 二甲基茚烷 -5- 甲酸（3, 7-dimethylindan-5-carboxylic acid）[42]；芳庚烷类：姜黄素（curcumin）、去甲氧基姜黄素（demethoxycurcumin）和二去甲氧基姜黄素（bisdemethoxycurcumin）[42]。

茎皮含倍半萜类：莪术内酯 A、B、C（zedoalactone A、B、C）[43]。

叶含挥发油类：桉叶油素（eucalyptol）、樟脑（camphor）、异冰片（isoborneol）、樟烯（camphene）和 $\Delta^{1,9}$- 八氢萘 -2- 酮（$\Delta^{1,9}$ 2-octalone）[44]。

【药理作用】1. 抗肿瘤　从根茎中提取分离的莪术醇（curcumol）可作用于乳腺癌 MCF-7 细胞 G_0/G_1 期，抑制 JAK2、STAT3 磷酸化的表达，从而抑制细胞增殖，诱导细胞凋亡[1]，可抑制非小细胞肺癌 A549 细胞侵袭、迁移和上皮间质转化，其作用机制与 Wnt/β-catenin 通路相关[2]，能够在体外以浓度依赖性的抑制结直肠癌细胞的增殖，针对不同细胞系抑制能力略有不同，可能与影响 PTEN、PI3K/Akt 通路有关[3]，能明显抑制结肠癌 HCT116 细胞的分化增殖，其机制可能与上调凋亡蛋白 BAX、半胱氨酸天冬氨酸蛋白酶 -9（Caspase-9）的表达，降低抗凋亡 Bcl-2 的表达有关[4]，对肺癌 H1650 细胞有明显的增殖抑制作用，能明显的引起其凋亡并增加细胞内活性氧的产生，这可能与莪术醇下调 JAK2-STAT3 信号通路蛋白表达有关[5]，能通过抑制 PI3K/Akt 通路诱导人肝癌 HepG2 细胞凋亡[6]，通过诱导 miR-152-3P 的表达，靶向负调控 MET 的表达，抑制 FAK-PI3K-Akt 的信号通路和 MMP-2、MMP-9 的表达水平，调控恶性黑色素瘤 B16 细胞的增殖、侵袭和转移[7]，通过下调 Bcl-2/Bax 比例，在体内外诱导乳腺癌 MCF-7 细胞凋亡[8]，能够抑制 Raf/MEK/ERK 信号通路从而诱导肝癌细胞凋亡，具有明显的体内外抗肝癌 Bel-7402、$HepG_2$ 和 SMMC-77212 细胞作用[9]，能够在体外诱导肝癌 HepG2 细胞早衰，其机制可能是通过活化抑癌基因 p53，上调 p21WAF1、p16INK4 等 CKI 分子及 PTEN 的表达水平，通过一系列涉及衰老通路关联分子参与，从而诱导细胞周期 G_0/G_1 期阻滞[10]，能明显抑制人多发性骨髓瘤细胞的增殖能力，并且与时间和浓度因素呈正相关，其机制是通过活化 TLR4/NF-κB 信号通路促进人多发性骨髓瘤细胞凋亡及诱导 G_0/G_1 周期阻滞[11]，具有显著的抗肺癌 H460 细胞作用，并且在一定剂量范围内具有选择性，与阻滞细胞 G_0/G_1 期、诱导细胞凋亡、降低线粒体细胞膜电位和下调 JAK2、STAT3、Caspase-3 蛋白表达水平，上调 Cleaved-Caspase 3 蛋白水平等有关[12]，可通过下调 CDKL3 抑制抗胆管癌 RBE 细胞发生、发展[13]，能通过抑制细胞周期蛋白 D1 使肝胆管癌 RBE 细胞阻滞在 G_1 期，抑制其增殖并通过激活线粒体凋亡途径诱导其凋亡[14]，在体外能显著抑制人宫颈癌 SiHa、HCC94 细胞增殖，诱导细胞自噬和凋亡，具有潜在的抗宫颈癌作用[15]，能降低鼻咽癌 HNE1 细胞迁移能力并对荷瘤鼠肿瘤具有抑制作用[16]，对膀胱癌 EJ 和 T24 细胞有增殖抑制和诱导凋亡的作用，其机制可能与下调细胞中 *EZH2* 基因表达有关[17]，具有剂量依赖性诱导 MGC803 胃癌细胞凋亡的作用，而且具有细胞周期阻滞的作用，升高细胞内活性氧，在蛋白质水平的基因水平下调 IDH1，使肿瘤对抗细胞内活性氧升高的机制被破坏，增加肿瘤细胞内活性氧的积累，达到诱导肿瘤细胞凋亡的效果[18]，通过 ROS/JNK 信号通路引起人非小细胞肺癌 A549 细胞凋亡，同时还能够将细胞周期阻滞在 G_2/M 期，导致细胞的增殖抑制[19]，能干扰体外多发性骨髓瘤（MM）细胞周期，诱导细胞凋亡，在下调成骨分化基因核因子 -κB（NF-κB）受体活化因子配体（RANKL）表达的同时，上调骨保护素（OPG）表达，但骨髓间充质干细胞（BMSCs）共培养可明显抑制莪术醇诱导的 MM 细胞凋亡，可能与 MM 细胞耐药有关[20]；可抑制小鼠黑色素瘤 B16-F10 的增殖并促进细胞凋亡，其凋亡机制可能与细胞内活性氧组分的产生以及线粒体膜电位的变化有关[21]；从根茎中提取的莪术油可对人乳腺癌 MCF7 细胞增殖产生抑制作用，并使细胞阻滞于 G_1 期[22]，对人结肠癌 SW620 细胞的增殖具有显著抑制作用，能通过下调转移灶中 OPN 及 OPN MRNA 的表达，减少结肠癌肝转移的发生[23]，能够抑制卵巢癌荷瘤裸鼠移植瘤的增长，具有一定的抗肿瘤效果，其机制可能与调节肿瘤生长因子 α 干扰素（IFN-α）、NM23、VEGF、NF-KBP65、PCNA 及免疫相关因子白细胞介素 -2（IL-2）、γ 干扰素（IFN-γ）的表达有关[24]，可以上调宫颈癌 HeLa 细胞 HLA-Ⅰ、TAP1、TAP2 的基因表达，从而加强宫颈癌细胞表面的抗原呈递，避免病变细胞免疫逃逸，帮助机体清除 HPV 感染及癌变细胞，这应该系莪术油治疗宫颈 HPV 感染及宫颈癌的作用机制之一[25]，能明显抑制直肠癌 SW1463 细胞增殖，诱导细胞凋亡，其机制可能与上调 Caspase-3 和 Bax 蛋白表达、下调 Bcl-2 蛋白表达相关[26]，可以抑制阿霉素诱导耐药的人甲状腺未分化癌细胞株 HTh74Rdox 细胞的生长并改善其耐药作用，其机制可能分别与提高 Bax/Bcl-2 值和降低 MDR1、ABCG2mRNA 表达有关[27]；从根茎中提取分离的莪术二酮（curdione）可通过抑制 PI3K/Akt 信号通路诱导人肾癌 ACHN 细胞凋亡，从而抑制 ACHN 细胞的增殖[28]，能明显抑制人乳腺癌 HCC1937 细胞的迁移和侵袭能力，其机制可能与通过下调 MAPK 和 Akt 信号通路上关键蛋白 ERK、JNK 和 Akt 的磷酸化水平，进而使 MMP-2、MMP-9 表达量下降有关[29]；根茎 90% 乙醇提取物具有抑制肿瘤细胞增殖的作用，其抑制作用可能是通过 PI3K/Akt 信号通路，降低 Akt 磷酸化水平来实现，且根茎醋制后作用更明显[30]；从根茎中提取分离的榄香烯（elemene）能通过调节凋亡抑制基因（Survivin）和 Caspase-3 蛋白表达从而抑制肝癌 H22 荷瘤小鼠肿瘤生长[31]，可抑制大鼠垂体瘤 GH3 细胞的体外增殖，抑制 RAF/MEK/ERK 信号通路，下调下游癌基因 *Bcl-2* 表达，增加 Bax/Bcl-2 值，诱导细胞凋亡，且其作用呈剂量和时间依赖性[32]；根茎水提取物具有体内外抑制口腔癌细胞增殖的作用，其作用机制与促进口腔癌细胞凋亡、上调 *notch1* 基因表达有关[33]；根茎乙醇提取物通过诱导 ROS 形成增加，减少 $\Delta\Psi m$，调节 Bcl-2 家族蛋白表达和激活胱天蛋白酶介导的凋亡产生抑制人乳腺癌 MCF7 细胞增殖的作用[34]；从根茎中提取分离的莪术烯醇（curcumenol）、蓬莪术烯酮（curzerenone）和异莪术烯醇（isocurcumenol）能明显抑制肝癌细胞和子宫内膜癌细胞的生长[35]，根茎水提取物对小鼠移植肿瘤宫颈癌 U14 细胞的生长和体外培养的小鼠白血病 P388 细胞的生长、集落形成和 MTT 甲化合物生成均有显著抑制作用[36]，从根茎中提取分离的姜黄素 P（curcumin P）可选择性抑制人胃癌 HGC27 细胞的增殖并对人正常肝 L02 细胞无明显毒性作用[37]。2. 抗纤维化　从根茎中提取分离的莪术醇可抑制肺纤维化大鼠肺组织中转化生长因子 -β_1（TGF-β_1）和纤溶酶原激活物抑制因子（PAI-1）的表达，缓解博来霉素诱导的大鼠肺纤维化[38]，可通过调控自噬干预人肺成纤维细胞胶原合成，其机制是通过增加 HLF 细胞自噬小体形成，提高 Beclin1、ATG7 表达水平，增加 LC3B-II 蛋白表达，提高激活 HLF 细胞自噬作用[39]，可抗肝纤维化，其抑制肝窦内皮细胞 TLR4/NF-κB 信号通路的活动，可能是其作用机制之一[40]，可诱导 HSC 的 RIPK1/RIPK3 依赖性程序性坏死，竞争性抑制促细胞生长的核因子 -κB 信号，削弱 POSTN 的分泌与表达，抑制 HSC 的迁移与粘附，从而发挥抗肝纤维化的作用[41]，能够通过抑制肌醇必需酶（IRE1）磷酸化介导下游肿瘤坏死因子受体相关因子 2（TRAF2）蛋白表达，干预 IRE1-XBP1 信号通路活化，阻止细胞凋亡，从而减缓肾间质纤维化的进程[42]；从根茎提取的挥发油可通过下调转化生长因子 -β_1（TGF-β_1）、Smad2、Smad3 蛋白和 mRNA 表达，产生减轻血瘀证肝纤维化小鼠的肝纤维化程度[43]。3. 抗血栓　从根茎中提取分离的莪术二酮可通过 PLC-PKC-MAPKs 通路抑制凝血酶诱导的血小板活化和聚集[44]，可通过调节 β1-tubulin 的表达调控 vincculin/talin1 介导的整合信号通路从而抑制血小板活化[45]。4. 抗炎　从根茎中提取分离的（5*R*）-1, 7- 双（3, 4- 二甲氧苯基）-3- 甲氧基 -1- 庚烯 -5- 醇［（5*R*）-1, 7-bis（3，4-dimethoxyphenyl）-3-methoxy-1-hepten-5-ol］可抑制白细胞介素 -6（IL-6）诱导的 STAT3 磷酸化[46]；从根茎中提取分离的蓬莪术烯酮和 8- 表半乳糖内酯（8-epi-galanolactone）可通过阻断白细胞介素 -6 激活的 JAK2/STAT3 和 ERK-MAPK 信号通路显著抑制促炎基因白细胞介素 -1β（IL-1β）和 CRP 的 mRNA 表达水平[47]；从根茎中提取分离的法萨尔韦酮*（phasalvione）、蓬莪术卡酮*（phaeocauone）、3- 甲基 -4-（3- 氧亚基丁基）- 苯甲酸［3-methyl-4-（3-oxo-butyl）-benzoic acid］和蓬莪术庚氧化物*（phaeoheptanoxide）具有较强的一氧化氮（NO）抑制作用[48]，蓬莪术辛素 K、L、M（phaeocaulisins K、L、M）和法加麦二醇*（phagermadiol）具有 iNOS 抑制活性[49]，姜黄二环素（phacadinanes A、B）对 RAW 264.7 细胞中一氧化氮产生有抑制活性[50]，蓬莪术辛素 A、B、C、D、E、F、G、H、I、J（phaeocaulisins A、B、C、D、E、F、G、H、I、J）对 RAW 264.7 巨噬细胞中 LPS 诱导的一氧化氮生成有抑制活性[51]。5. 抗氧化　从根茎中提取分离的姜黄素类提取物可增加小鼠过氧化氢酶（CAT）、超氧化物歧化酶（SOD）和谷胱甘肽过氧化物酶（GSH-Px）等的活性[52]；从叶和根茎中提取分离的黄酮具有清除 1, 1- 二苯基 -2- 三硝基苯肼（DPPH）自由基、羟自由基（•OH）和超氧阴离子自由基（O_2^-•）的作用[53, 54]，从根茎中提取分离的多糖 CPP-1、CPP-2 均具有较好的体外抗氧化活性，主要表现为良好的自由基清除能力和还原能力[55]；从干燥根茎和叶以及新鲜根茎和叶中提取分离的挥发油均具有清除 2, 2′- 联氮 - 二（3- 乙基 - 苯并噻唑 -6- 磺酸）二铵盐自由基（ABTS）自由基、1, 1- 二苯基 -2- 三硝基苯肼自由基、超氧阴离子自由基和羟自由基的作用，具有还原和抗脂质过氧化能力[56]；从根茎中提取分离的多糖具有较强的还原能力，对 1, 1- 二苯基 -2- 三硝基苯肼自由基、羟自由基和超氧阴离子自由基具有明显的清除作用[57]。6. 抗病毒　根茎乙醇提取物可抑制禽传染性支气管炎病毒（IBV）在 H1299 中的复制并影响 STAT1 细胞因子的表达量[58]，从根茎中提取分离的莪术醇、莪术二酮和吉马酮（germacrone）在体外具有抗 H1N1 流感病毒作用并呈剂量依赖性,其中吉马酮的作用最强[59]。7. 护肝　根茎甲醇提取物对四氯化碳致小鼠肝损伤有保护作用[60]。8. 促进肠平滑肌收缩　从根茎中提取分离的莪术醇能明显促进离体空肠和回肠平滑肌的收缩，这种作用可能通过 M 受体、α 受体和 β 受体以及促进外钙内流等途径实现[61]。9. 改善子宫症状　从根茎中提取分离的莪术醇能够改善实验性大鼠子宫内膜异位症（EMS），其作用机制可能与抑制腹腔微环境中炎症反应有关[62]，在体外能显著抑制子宫腺肌症异位子宫内膜间质细胞（EESCs）增殖和迁移，诱导细胞凋亡，具有潜在的治疗子宫腺肌症作用[63]；根茎水提取液对实验性子宫内膜异位症（EMS）大鼠有改善作用，该作用的机制与抑制蛋白酪氨酸激酶 2 和信号转导与转录激活因子（JAK2/STAT3）信号通路有关[64]。10. 增加记忆抗衰老　根茎水提液具有增加动物学习记忆和延缓衰老的作用[65]。

【性味与归经】莪术：辛、苦，温。归肝、脾经。郁金：辛、苦，寒。归肝、心、肺经。

【功能与主治】莪术：行气破血，消积止痛。用于癥瘕痞块，瘀血经闭，食积胀痛，早期宫颈癌。郁金：行气化瘀，清心解郁，利胆退黄。用于经闭痛经，胸腹胀痛，刺痛，热病神昏，癫痫发狂，黄疸尿赤。

【用法与用量】莪术：6 ～ 9g。郁金：3 ～ 9g。

【药用标准】莪术：药典 1963-2015、广西壮药 2008、新疆药品 1980 二册、香港药材二册、台湾 2013 和中华药典 1930；郁金：药典 1977-2015、广西壮药 2008、新疆药品 1980 二册、香港药材六册和台湾 2013。

【临床参考】1. 异位妊娠：根茎 10g，加乳香、三棱、红花、没药各 10g，丹参、赤芍和桃仁各 15g，天花粉 20g，每日 1 剂，水煎，分 2 次服，配合甲氨蝶呤注射液肌内注射，每次 20mg，每日 1 次[1]。

2. 胃脘痛：根茎 10g，加柴胡、黄芩、清半夏、焦麦芽、焦山楂、焦神曲各 10g，人参、甘草各 6g，桂枝、延胡索各 15g，白芍、八月扎、枳实、生地各 30g，蒲公英 18g，每日 1 剂，水煎，分 2 次服[2]。

3. 冠状动脉粥样硬化性心脏病：根茎醋制 15g，加三七、桃仁、大腹皮、党参、生姜、炙淫羊藿、枸杞子、酒山茱萸各 9g，火麻仁 60g，浙贝母、郁李仁、陈皮各 15g，生白术、蜜黄芪各 30g，每日 1 剂，水煎，分 2 次服[3]。

4. 胁痛：根茎 10g，加柴胡、甘草各 5g，白芍、党参、丹参、郁金、延胡索各 15g，白术、茯苓、枳壳、香附各 10g，山药、黄芪各 30g，三棱 5g，每日 1 剂，加水煎至 400mL，早晚温服[4]。

【附注】本种以蓬莪术之名始载于《雷公炮炙论》。《唐本草》归姜黄条，云："花春生于根，与苗并出，夏花烂无子，根有黄青白三色。"莪术之名始见于《药性论》，曰："亦可单用。能治女子血气心痛，破痃癖冷气，以酒醋磨服，效。"《图经本草》载："蓬莪茂生西戎及广南诸州，今江浙或有之。三月生苗，五月有花作穗，头微紫。根如生姜，而茂在根下，似鹅鸭卵，大小不常；九月采，削去外皮，蒸熟暴干用。"《图经本草》并附图 4 幅。《本草纲目》草部载蓬莪术，释名莪述，曰："气味（根）苦、辛、温、无毒。主治心腹冷痛。"《植物名实图考》载："蓬莪术……颇类蘘荷，莪在根下，如鸭鸡卵。"综上所述，古代各种本草所记载的蓬莪术、姜黄、莪术、蓬莪茂等，其植物基原，当有莪术、温郁金 *Curcuma wenyujin* Y. H. Chen et C. Ling 和广西莪术 *Curcuma kwangsiensis* S. G. Lee et C. F. Liang，而《唐本草》描述的根有黄青白三色，基本与本种莪术相符，《图经本草》的端州蓬莪术附图也与本种较为符合；《图经本草》的温州蓬莪茂附图则与温郁金相符。

本种《中国植物志》中名称为莪术 *Curcuma zedoaria*（Christm.）Rosc.，中国药典中名称为蓬莪术 *Curcuma phaseocaulis* Valeton，*Flora of China* 中名称为莪术 *Curcuma phaeocaulis* Valeton，并注明 *Curcuma phaeocaulis* Valeton 一直被误定为 *Curcuma zedoaria*（Christm.）Rosc. 等种；关于 *Curcuma phaeocaulis* Valeton 的误定问题，可参考 Acta Bot. Austro-Sin. 4：1-5，1989。本书的名称根据 *Flora of China* 确定，有关 *Curcuma zedoaria*（Christm.）Rosc. 的文献也一并收入本书中。

药材莪术孕妇禁用；药材郁金不宜与丁香、母丁香同用。

【化学参考文献】

[1] Hikino H，Meguro K，Sakurai Y，et al. Structure of curcumol [J]. Chem Pharm Bull，1965，13（12）：1484-1485.

[2] Hikino H，Takahashi H，Sakurai Y，et al. Structure of zederone [J]. Chem Pharm Bull，1966，14（5）：550-551.

[3] Hikino H，Sakurai Y，Takahashi H，et al. Structure of curdione [J]. Chem Pharm Bull，1967，15（9）：1390-1394.

[4] Hikino H，Agatsuma K，Takemoto T. Furanodiene，a precursor of furan-containing sesquiterpenoids [J]. Tetrahedron Lett，1968，（8）：931-933.

[5] Hikino H，Sakurai Y，Takemoto T. Sesquiterpenoids. XX. structure and absolute configuration of curcolone [J]. Chem Pharm Bull，1968，16（5）：827-831.

[6] Hikino H，Agatsuma K，Konno C，et al. Thermal rearrangement of curzerenones [J]. Tetrahedron Lett，1968，（42）：4417-4419.

[7] Hikino H，Sakurai Y，Takemoto T. Sesquiterpenoids. XXVI. structure of procurcumenol [J]. Chem Pharm Bull，1968，16（8）：1605-1607.

[8] Hikino H，Agatsuma K，Takemoto T. Sesquiterpenoids. XXXII. structure of isocurcumenol [J]. Chem Pharm Bull，1969，17（5）：959-960.

[9] Fukushima S，Kuroyanagi M，Ueno A，et al. Structure of curzerenone，a new sesquiterpene from *Curcuma zedoaria* [J]. Yakugaku Zasshi，1970，90（7）：863-869.

[10] Hikino H，Konno C，Takemoto T. Sesquiterpenoids. XXXIX. structure of curcumadiol，a sesquiterpenoid of *Curcuma zedoaria* [J]. Chem Pharm Bull，1969，1971，19（1）：93-96.

[11] Hikino H，Konno C，Takemoto T. Sesquiterpenoids. XLIII. structure of dehydrocurdione，a sesquiterpenoid of *Curcuma zedoaria* [J]. Chem Pharm Bull，1972，20（5）：987-989.

[12] Shiobara Y，Asakawa Y，Kodama M，et al. Curcumenone，curcumanolide A and curcumanolide B，three sesquiterpenoids from *Curcuma zedoaria* [J]. Phytochemistry，1985，24（11）：2629-2633.

[13] Shiobara Y，Asakawa Y，Kodama M，et al. Zedoarol，13-hydroxygermacrone and curzeone，three sesquiterpenoids from *Curcuma zedoaria* [J]. Phytochemistry，1986，25（6）：1351-1353.

[14] Makabe H，Maru N，Kuwabara A，et al. Anti-inflammatory sesquiterpenes from *Curcuma zedoaria* [J]. *Nat Prod Res*，2006，20（7）：680-685.

[15] Jang M K，Sohn D H，Ryu J. A curcuminoid and sesquiterpenes as inhibitors of macrophage TNF-α release from *Curcuma zedoaria* [J] . Planta Med，2001，67（6）：550-552.

[16]Hong C H, Kim Y L, Lee S K. Sesquiterpenoids from the rhizome of *Curcuma zedoaria*[J]. Arch Pharm Res, 2001, 24(5): 424-426.

[17] Giang P M. Structure of humulene-8-hydroperoxide，a new humulane-type sesquiterpenoid from Vietnamese *Curcuma zedoaria* [J] . Tap Chi Hoa Hoc，2003，41（3）：109-110.

[18] Eun S，Choi I，Shim S H. A new sesquiterpenoid from the rhizome of *Curcuma zedoaria* [J] . Bull Korean Chem Soc，2010，31（5）：1387-1388.

[19] Park G，Eun S H，Shim S H. Chemical constituents from *Curcuma zedoaria* [J] . Biochem System Ecol，2012，40：65-68.

[20] Ahmed Hamdi O A，Abdul Rahman S N S，Awang K，et al. Cytotoxic constituents from the rhizomes of *Curcuma zedoaria* [J] . Scientific World Journal，2014，DOI：321943/1-321943/12.

[21] Jeong C S，Shim S H. Antibiotic components from the rhizomes of *Curcuma zedoaria* [J] . Nat Prod Sci，2015，21（3）：147-149.

[22] Chen J J，Tsai T H，Liao H R，et al. New sesquiterpenoids and anti-platelet aggregation constituents from the rhizomes of *Curcuma zedoaria* [J] . Molecules，2016，21（10）：1385/1-1385/11.

[23] Lee T K，Lee D，Lee S R，et al. Sesquiterpenes from *Curcuma zedoaria* rhizomes and their cytotoxicity against human gastric cancer AGS cells [J] . Bioorg Chem，2019，87：117-122.

[24] Hsiao J W，Chen L C，Lin C L，et al. A new sesquiterpenoid and bioactive constituents of *Curcuma zedoaria* [J] . Chem Nat Compd，2020，DOI：10. 1007/s10600-020-03230-9.

[25] Hikino H，Konno C，Agatsuma K，et al. Sesquiterpenoids. XLVII. structure，configuration，conformation，and thermal rearrangements of furanodienone，isofuranodienone，curzerenone，epicurzerenone，and pyrocurzerenone，sesquiterpenoids of *Curcuma zedoaria* [J] . J Chem Soc，Perkin Transactions 1：Org Bio-Org Chem，1975，（5）：478-484.

[26] Hikino H，Agatsuma K，Konno C，et al. Sesquiterpenoids. XXXV. structure of furanodiene and isofurano-germacrene（curzerene）[J] . Chem Pharm Bull，1970，18（4）：752-755.

[27] Ma J H，Zhao F，Wang Y，et al. Natural nitric oxide（NO）inhibitors from the rhizomes of *Curcuma phaeocaulis* [J] . Organic & Biomolecular Chemistry，2016，46（49）：8349-8358.

[28] Liu Y，Ma J H，Zhao Q，et al. Guaiane-type sesquiterpenes from *Curcuma phaeocaulis* and their inhibitory effects on nitric oxide production [J] . Journal of Natural Products，2013，DOI：org/10. 1021/np400202fl.

[29] Ma J H，Wang Y，Liu Y，et al. Four new sesquiterpenes from the rhizomes of *Curcuma phaeocaulis* and their iNOS inhibitory activities [J] . Journal of Asian Natural Products Research，2015，17（5）：532-540.

[30] Ma J H，Wang Y，Liu Y，et al. Cadinane sesquiterpenes from *Curcuma phaeocaulis* with their inhibitory activities on nitric oxide production in RAW 264. 7 cells [J] . Fitoterapia，2015，103：90-96.

[31] Kuroyanagi M，Natori S. Curcuminoids from Zingiberaceae plants [J] . Yakugaku Zasshi，1970，90（11）：1467-1470.

[32] Rahayu D U C，Setyani D A，Dianhar H，et al. Phenolic compounds from Indonesian white turmeric（*Curcuma zedoaria*）rhizomes [J] . Asian J Pharm Clin Res，2020，13（7）：194-198.

[33] 陈金凤，熊亮，刘菲，等 . 蓬莪术姜黄素类化学成分研究 [J] . 中草药，2020，51（1）：16-20.

[34] Jang H J，Park E J，Lee S J，et al. Diarylheptanoids from *Curcuma phaeocaulis* suppress IL-6-induced STAT3 activation [J] . Planta Medica，2019，85（2）：94-102.

[35] Gupta S K，Banerjee A B，Achari B. Isolation of ethyl *p*-methoxycinnamate，the major antifungal principle of *Curcuma zedoaria* [J] . Lloydia，1976，39（4）：218-222.

[36] Nandan C K，Sarkar R，Bhanja S K，et al. Structural characterization of a heteropolysaccharide isolated from the rhizomes of *Curcuma zedoaria*（Sati）[J] . Carbohydr Polym，2011，86（3）：1252-1259.

[37] Jang H J，Lim H J，Lee S J，et al. STAT3-inhibitory activity of sesquiterpenoids and diterpenoids from *Curcuma phaeocaulis* [J] . Bioorganic Chemistry，2019，DOI：org/10. 1016/j. bioorg. 2019. 103267.

[38] Phan M G，Van N H，Phan T S. Sesquiterpenoids from the rhizomes of *Curcuma zedoaria*（Berg.）Roscoe of Vietnam [J] . Tap Chi Hoa Hoc，1998，36（4）：70-73，78.

[39] Purkayastha J, Nath S C, Klinkby N. Essential oil of the rhizome of *Curcuma zedoaria* (Christm.) Rosc. native to northeast India [J]. Journal of Essential Oil Research, 2006, 18 (2): 154-155.

[40] Syahbirin G, Chahyaningtias A L, Radita R, et al. Secondary metabolites of Temu Putih (*Curcuma zedoaria*) rhizome [C]. The 8th International Conference of the Indonesian Chemical Society (ICICS) 2019, 2020.

[41] Junior G D S L, Campos J P, Monteiro C M O, et al. Chemical composition and acaricidal activity of essential oils from fruits of *Illicium verum* and rhizomes of *Curcuma zedoaria* against dermacentor nitens (Acari: Ixodidae) [J]. Journal of Essential Oil Research, 2020, DOI: org/10. 1080/10412905. 2020. 1804002.

[42] Syu W J, Shen C C, Don M J, et al. Cytotoxicity of curcuminoids and some novel compounds from *Curcuma zedoaria* [J]. J Nat Prod, 1998, 61 (12): 1531-1534.

[43] Kasahara K, Nomura S, Subeki. et al. Anti-babesial compounds from *Curcuma zedoaria* [J]. Planta Med, 2005, 71 (5): 482-484.

[44] Chowdhury J U, Yusuf M, Begum J, et al. Aromatic plants of Bangladesh: constituents of leaf and rhizome oils of *Curcuma zedoaria* Rosc [J]. Indian Perfumer, 2005, 49 (1): 57-60.

【药理参考文献】

[1] 马春兰, 张宝亮, 张常虹. 莪术醇对乳腺癌细胞增殖凋亡及JAK2/STAT3信号通路的影响[J]. 肿瘤学杂志, 2020, 26(7): 616-620.

[2] 周微，韩景兰，李太红. 莪术醇对非小细胞肺癌A549细胞侵袭、迁移及上皮间质转化的影响[J]. 中医学报，2019，34（8）：1675-1680.

[3] 刘皓葳. 基于miR-21的莪术醇抗结直肠癌增殖作用研究[D]. 桂林：桂林医学院硕士学位论文，2019.

[4] 梁乔芳，廖小林，吴洪文. 莪术醇对结肠癌细胞HCT116的影响及作用机制研究[J]. 亚太传统医药，2019，15（2）：18-20.

[5] 黎莉莉，郭芳，莫斯喻，等. 莪术醇诱导H1650肺癌细胞凋亡的机制探讨[J]. 沈阳药科大学学报，2019，36（2）：175-179.

[6] 吴皓，李政，彭信幸. 莪术醇通过调控PI3K/AKT通路促进人肝癌HepG2细胞凋亡[J]. 中南药学，2019，17（1）：11-14.

[7] 宁宁. 莪术醇抑制恶性黑色素瘤增殖、侵袭和转移的作用及其机制[D]. 长沙：湖南师范大学硕士学位论文，2018.

[8] 郭芳，黎莉莉，臧林泉. 莪术醇通过下调Bcl-2蛋白表达介导抗乳腺癌的机制研究[J]. 中国临床药理学杂志，2018，34（10）：1175-1178.

[9] 郭芳. 莪术醇调控Raf/MEK/ERK信号通路诱导肝癌细胞凋亡[D]. 广州：广东药科大学硕士学位论文，2018.

[10] 黄岚珍，杨飞城，阳晶，等. 莪术醇诱导人肝癌HepG2细胞衰老及其机制研究[J]. 广西植物，2018，38（7）：894-902.

[11] 田鸿来. 莪术醇对人多发性骨髓瘤细胞增殖抑制及促凋亡作用的研究[D]. 济南：山东大学博士学位论文，2018.

[12] 黎莉莉. 莪术醇抗人肺癌H460细胞的药效学及其作用机制研究[D]. 广州：广东药科大学硕士学位论文，2018.

[13] 张金铎. 莪术醇对胆管癌细胞生长的抑制作用及其药靶的筛选与验证[D]. 兰州：兰州大学硕士学位论文，2018.

[14] 张金铎，苏刚，逯娅雯，等. 莪术醇诱导胆管癌细胞凋亡和调控细胞周期的体外研究[J]. 兰州大学学报（医学版），2018，44（1）：65-70.

[15] 刘发英，邹阳，杨必成，等. 莪术醇对人宫颈癌SiHa和HCC94细胞增殖、自噬及凋亡的影响[J]. 中药药理与临床，2018，34（1）：62-66.

[16] 甘晓云，寇光，张五萍，等. 莪术醇对HNE1鼻咽癌细胞荷瘤鼠的抑瘤作用[J]. 实验动物科学，2017，34（5）：18-22.

[17] 周理. 莪术醇对膀胱癌细胞增殖和凋亡及EZH2表达的影响[D]. 桂林：桂林医学院硕士学位论文，2017.

[18] 臧诗蕾. 莪术醇的抗胃癌作用及其机制研究[D]. 广州：广东药科大学硕士学位论文，2017.

[19] 董芳蕊. 莪术醇通过ROS/JNK信号通路诱导肺癌细胞凋亡[D]. 广州：广东药科大学硕士学位论文，2017.

[20] 孙红，李凌云，周湘明，等. 莪术醇对体外多发性骨髓瘤细胞生物学行为的影响[J]. 中国中西医结合杂志，2016，36（10）：1229-1234.

[21] 孙平，张春辉，邱静，等. 莪术醇诱导小鼠黑色素瘤B16-F10细胞凋亡作用研究[J]. 中药药理与临床，2016，32（4）：12-16.

[22] 蒋钰为. 莪术油对人乳腺癌细胞株MCF-7增殖以及细胞周期阻滞的影响[J]. 亚太传统医药，2019，15（12）：13-15.

[23] 王洪倩 . 莪术油下调 OPN 基因表达抑制结肠癌细胞增殖及肝转移分子机制的研究 [D]. 杭州：浙江中医药大学硕士学位论文，2019.

[24] 陈仲波，邢洁，朱笕青，等 . 莪术油对卵巢癌裸鼠移植瘤的抑制作用及其联合顺铂的协同作用研究 [J]. 中国现代应用药学，2019，36（12）：1462-1467.

[25] 贾静，李云波，王群 . 莪术油影响宫颈癌细胞 MHC- Ⅰ类抗原呈递相关基因表达水平的实验研究 [J]. 中国中西医结合杂志，2018，38（11）：1344-1349.

[26] 廖彬汛，唐超，潘年松，等 . 莪术油对直肠癌 SW1463 细胞株增殖、凋亡及 Caspase-3、Bax、Bcl-2 蛋白表达的影响 [J]. 药物评价研究，2017，40（7）：897-903.

[27] 周临娜，曹萌，毛春芹，等 . 莪术油对阿霉素耐药的人甲状腺未分化癌细胞株 HTh74Rdox 的作用研究 [J]. 中华中医药学刊，2017，35（4）：1-3.

[28] 王鹏，赵文兵，王毅东 . 基于 PI3K/Akt 通路探讨莪术二酮诱导人肾癌 ACHN 细胞凋亡的实验研究 [J]. 中国中医药科技，2020，27（2）：196-199.

[29] 孙学然，杨克，吕玲玲，等 . 莪术二酮对乳腺癌 HCC1937 细胞迁移和侵袭的影响及机制 [J]. 中国实验方剂学杂志，2019，25（3）：66-73.

[30] 袁雪芳 . 生、醋莪术对大鼠原发性肝癌模型的治疗作用及对 HepG2 的抑制增殖作用研究 [D]. 南京：南京中医药大学硕士学位论文，2018.

[31] 李慧乐，莫传伟，赵春辉，等 . 莪术提取物榄香烯对肝癌 H22 荷瘤小鼠的抑瘤作用 [J]. 中国临床药理学杂志，2018，34（11）：1345-1348.

[32] 张星，熊伟，曹洁 . 莪术提取物榄香烯调控 RAF/MEK/ERK 信号通路对垂体瘤大鼠细胞生长、分化的影响 [J]. 临床和实验医学杂志，2020，19（21）：2245-2248.

[33] 李浩渤，陈勇，陈宇 . 莪术水提物通过上调 notch1 诱导口腔癌细胞凋亡 [J]. 中国老年学杂志，2018，38（16）：3999-4001.

[34] Chen X，Pei L，Zhong Z，et al. Anti-tumor potential of ethanol extract of *Curcuma phaeocaulis* Valeton against breast cancer cells [J]. Phytomedicine International Journal of Phytotherapy & Phytopharmacology，2011，18（14）：1238-1243.

[35] 彭炳先，周欣，石京山，等 . 蓬莪术挥发油及其中 3 种成分抗肝癌和子宫内膜癌的研究 [J]. 华西药学杂志，2007，22（3）：312-313.

[36] 贾正平，谢景文，魏虎来 . 蓬莪术水提物抗肿瘤作用 [J]. 兰州医学院学报，1995，21（2）：65-67.

[37] 陈金凤，熊亮，刘菲，等 . 蓬莪术姜黄素类化学成分研究 [J]. 中草药，2020，51（1）：16-20.

[38] 顾燕兰，张雅琴，孙钢 . 莪术醇对大鼠肺纤维化模型的干预作用及对 TGF-β1 和 PAI-1 表达的影响 [J]. 中医药导报，2019，25（10）：27-31.

[39] 刘洋 . 莪术主要成分激活自噬干预 HLF 细胞胶原合成的实验研究 [D]. 昆明：云南中医药大学硕士学位论文，2019.

[40] 郑洋，王嘉孺，刘露露，等 . 基于 Toll 样受体 4/ 核因子 -κB 信号通路研究莪术醇抗肝纤维化的分子机制 [J]. 临床肝胆病杂志，2020，36（7）：1508-1513.

[41] 贾岩 . 莪术醇调控 HSC 程序性坏死在抗肝纤维化中的作用及其分子机制研究 [D]. 南京：南京中医药大学硕士学位论文，2019.

[42] 张翠，张思琪，王丹枫，等 . 莪术醇对梗阻性肾病大鼠 IRE1 调控 TRAF2、XBP1 抑制细胞凋亡的影响 [J]. 中国药学杂志，2018，53（18）：1557-1563.

[43] 刘露露，吕贝贝，彭岳，等 . 莪术油对血瘀证肝纤维化小鼠 TGF-β1，Smad 2，Smad 3 表达的影响 [J]. 时珍国医国药，2019，30（6）：1284-1287.

[44] 乔文豪，张冬玲，赵营莉，等 . 莪术二酮抑制凝血酶诱导血小板活化和聚集的研究 [J]. 安徽医科大学学报，2017，52（3）：376-382.

[45] 张冬玲 . 莪术二酮抑制凝血酶诱导血小板活化的蛋白组学研究 [D]. 合肥：安徽医科大学硕士学位论文，2017.

[46] Jang H J，Park E J，Lee S J，et al. Diarylheptanoids from *Curcuma phaeocaulis* suppress IL-6-Induced STAT3 activation [J]. Planta Medica，2019，85（2）：94-102.

[47] Jang H J，Lim H J，Lee S J，et al. STAT3-inhibitory activity of sesquiterpenoids and diterpenoids from *Curcuma phaeocaulis* [J]. Bioorganic Chemistry，2019，DOI：org/10. 1016/j. bioorg. 2019. 103267.

[48] Ma J H，Zhao F，Wang Y，et al. Natural nitric oxide（NO）inhibitors from the rhizomes of *Curcuma phaeocaulis* [J].

Organic & Biomolecular Chemistry，2016，46（49）：8349-8358.
［49］Ma J H，Wang Y，Liu Y，et al. Four new sesquiterpenes from the rhizomes of *Curcuma phaeocaulis* and their iNOS inhibitory activities［J］. Journal of Asian Natural Products Research，2015，17（5）：532-540.
［50］Ma J H，Wang Y，Liu Y，et al. Cadinane sesquiterpenes from *Curcuma phaeocaulis* with their inhibitory activities on nitric oxide production in RAW 264. 7 cells［J］. Fitoterapia，2015，103：90-96.
［51］Liu Y，Ma J H，Zhao Q，et al. Guaiane-type sesquiterpenes from *Curcuma phaeocaulis* and their inhibitory effects on nitric oxide production［J］. Journal of Natural Products，2013，DOI：org/10. 1021/np400202fl.
［52］延琪瑶，闫朝阳，王浩峰，等. 两种莪术类药用植物姜黄素提取物对小鼠抗氧化活性研究［J］. 基因组学与应用生物学，2020，39（1）：225-231.
［53］李洋益. 蓬莪术叶黄酮的提取纯化、成分分析及抗氧化活性研究［D］. 雅安：四川农业大学硕士学位论文，2017.
［54］李洋益，高刚，张艳，等. 蓬莪术根茎总黄酮的提取及体外抗氧化分析［J］. 基因组学与应用生物学，2018，37（4）：1614-1620.
［55］荀学梅. 蓬莪术多糖的分离纯化和结构鉴定及抗氧化活性研究［D］. 雅安：四川农业大学硕士学位论文，2015.
［56］王茜. 蓬莪术挥发油提取分析及抗氧化抑菌活性研究［D］. 雅安：四川农业大学硕士学位论文，2015.
［57］荀学梅，王茜，高刚，等. 蓬莪术多糖体外抗氧化活性研究［J］. 食品工业科技，2015，36（6）：122-125.
［58］向谈婷，刘卫荣，彭小琴，等. 蓬莪术乙醇提取物的抗 IBV 作用研究［J］. 中国动物传染病学报，2019，27（4）：39-42.
［59］李玲. 莪术油中三种主要活性物质抗 H1N1 流感病毒作用及机制研究［D］. 兰州：兰州大学硕士学位论文，2018.
［60］Li S H，Zeng J Y，Wu X J. 莪术甲醇提取物对四氯化碳致小鼠肝损伤的保肝作用研究（英文）［C］. 第八届中国民族植物学学术研讨会暨第七届亚太民族植物学论坛，2016.
［61］金龙，马艳庆，马建秀，等. 莪术醇对大鼠空肠和回肠平滑肌收缩的影响［J］. 中国药理学通报，2019，35（12）：1710-1713.
［62］聂晓博，马怡坤，赵娜，等. 莪术醇对子宫内膜异位症模型大鼠炎症因子的影响［J］. 天津医药，2019，47（9）：913-916.
［63］赵静，周江妍，万腊根. 莪术醇对子宫腺肌症异位子宫内膜间质细胞增殖、凋亡及迁移的影响［J］. 南昌大学学报，2019，59（4）：12-16.
［64］韩丽丽，张文秀，刘姣. 莪术对子宫内膜异位症大鼠的改善作用［J］. 中国临床药理学杂志，2019，35（19）：2328-2331.
［65］李莲姬，韩春姬. 莪术对老年小鼠学习记忆与脂质过氧化作用的影响［J］. 中药材，1998，21（10）：522-523.

【临床参考文献】

［1］宋李丽. 三棱莪术汤联合甲氨蝶呤治疗异位妊娠的效果［J］. 河南医学研究，2020，29（17）：127-128.
［2］冯夏，李廷荃，王雁彬. 李廷荃教授运用八月札、莪术治疗胃脘痛临床经验总结［J］. 世界最新医学信息文摘（电子版），2018，18（80）：206-206.
［3］于晓彤，邸莎，张培，等. 莪术、三七、浙贝母治疗大血管不通经验 ——仝小林三味小方撷萃［J］. 吉林中医药，2020，40（3）：289-291.
［4］刘乐鑫，池晓玲，萧焕明. 池晓玲"延胡索 - 三棱 - 莪术"药对治疗胁痛［J］. 实用中医内科杂志，2016，30（10）：8-10.

3. 豆蔻属 *Amomum* Roxb.

多年生草本。根茎延长呈匍匐状，茎基部略膨大呈球形。具叶的茎和花葶通常各自长出。叶成2行排列，叶片长圆状披针形、长圆形或条形，叶舌不裂或2浅裂。穗状花序，生于由根茎抽出且密生覆瓦状鳞片的花葶上；苞片覆瓦状排列，内有少花或多花；小苞片常为管状；花萼圆筒状，常一侧深裂，顶端具3齿裂；花冠管圆筒形，与花萼管等长或稍短，裂片长圆形或条状长圆形，后方的一片直立，常呈兜状；侧生退化雄蕊较短，钻状或条形，与唇瓣合生；花丝一般长而宽，药室基部叉开，常密生短毛；药隔附属体延长；蜜腺2枚；子房3室，胚珠多数；花柱丝状，柱头常为漏斗状，顶端常有缘毛。蒴果不裂或不规则地开裂，果皮光滑，具翅或柔刺。种子芳香，假种皮膜质或肉质，顶端撕裂状。

约150种，主产亚洲及大洋洲的热带地区。中国约39种，分布于福建、广东、广西、贵州、云南、西藏等地。法定药用植物6种1变种。华东地区法定药用植物1种。

1182. 砂仁（图 1182）· *Amomum villosum* Lour.

图 1182　砂仁　　摄影　李华东等

【别名】阳春砂仁、春砂仁（通称），阳春砂、长泰砂仁（福建）。

【形态】株高 1.5 ～ 3m。叶片狭披针形，长 20 ～ 35cm，宽 4 ～ 5.5cm，上部叶较窄，顶端尾尖，基部近圆形，两面光滑无毛；叶舌半圆形，长 3 ～ 5mm；叶鞘上有略凹陷的方格状网纹。穗状花序椭圆形，总花梗长 4 ～ 8cm，被褐色短绒毛；鳞片膜质，椭圆形；苞片披针形，长 1.8mm，膜质；小苞片管状，长 10mm，膜质；花萼管长 1.5 ～ 1.8cm，顶端具 3 浅齿，白色，基部被稀疏柔毛；花冠管长 1.6 ～ 2.2cm；裂片倒卵状长圆形，白色；唇瓣圆匙形，长宽 1.6 ～ 2cm，白色，顶端具 2 裂、反卷的黄色小尖头，中脉黄色而染紫红色，基部具 2 个紫色的痂状斑，具瓣柄；雄蕊长 10 ～ 12mm，药隔附属体 3 裂；子房被淡黄色柔毛。蒴果卵圆形，长 1.5 ～ 2cm，成熟时紫红色，果皮被软刺。种子被白色假种皮。花期 5 ～ 6 月；果期 8 ～ 10 月。

【生境与分布】栽培或生于山地阴湿处。分布于福建，另广西、广东、云南等地均有分布。

【药名与部位】砂仁，果实或种子。

【采集加工】夏、秋二季果实成熟时采收，低温干燥，称“壳砂”；取出种子团，称“原砂”；分离的种子，称“砂米”。

【药材性状】呈椭圆形或卵圆形，有不明显的三棱，长 1.5 ～ 2cm，直径 1 ～ 1.5cm。表面棕褐色，密生刺状突起，顶端有花被残基，基部常有果梗。果皮薄而软。种子集结成团，具三钝棱，中有白色隔膜，将种子团分成 3 瓣，每瓣有种子 5 ～ 26 粒。种子为不规则多面体，直径 2 ～ 3mm；表面棕红色或暗褐色，有细皱纹，外被淡棕色膜质假种皮；质硬，胚乳灰白色。气芳香而浓烈，味辛凉、微苦。

【药材炮制】壳砂仁：取壳砂，除去果柄等杂质，筛去灰屑，用时捣碎。原砂、砂米：取原砂或砂米，除去残留果皮等杂质，筛去灰屑，用时捣碎。砂仁粉：取原砂或砂米，研成细粉。

【化学成分】根及根茎含甾体类：β- 谷甾醇（β-sitosterol）、胡萝卜苷（daucosterol）和豆甾 -4- 烯 -1, 3- 二酮（stigmast-4-en-1, 3-dione）[1]；脂肪酸酯类：二十八烷酸乙酯（ethyl octacosate）和二十二烷醇己酸酯（docosyl hexylate）[1]。

茎含蒽醌类：大黄素单葡萄糖苷（emodin monoglycoside）[1]；甾体类：胡萝卜苷（daucosterol）[1]；挥发油：α- 蒎烯（α-pinene）、β- 蒎烯（β-pinene）和甲基胡椒酚（methyl chavicol）等[2]。

果实含黄酮类：异鼠李素 -3-β-D- 葡萄糖苷（isorhamnetin-3-β-D-glucoside）、黄烷香豆素（flavanocoumarin）、异黄烷香豆素（isoflavanocoumarin）[3]，槲皮苷（quercitrin）和异槲皮苷（isoquercitrin）[4]；酚酸类：香草酸 -1-β-D- 葡萄糖酯苷（vanillic acid-1-β-D-glucopyranosyl ester）和 3- 乙氧基对羟基苯甲酸（3-ethoxy-*p*-hydroxybenzoic acid）[3]；挥发油类：α- 蒎烯（α-pinene）、β- 蒎烯（β-pinene）、柠檬烯（limonene）、莰烯（camphene）、2- 甲基 -3- 丁烯基 -1- 醇（2-methyl-3-butene-1-ol）、月桂烯（myrene）、α- 水芹烯（α-phellandrene）、芳樟醇（linalcol）、(+)- 樟脑［(+)-camphor］、异龙脑（isoborneol）、龙脑（borneol）、龙脑乙酯（bornyl acetate）、β- 榄香烯（β-elemene）、新二氢香芹醇（neodihydrocarveol）、吡喃（pyrran）、吉马烯（germacrene）、(−)-β- 石竹烯［(−)-β-caryophyllene］、β- 香柠檬烯（β-bergomotene）、β- 金合欢烯（β-farnesene）、β- 石竹烯（β-caryophyllene）、β- 倍半菲兰烯（β-seisquiphellandrene）、γ- 龙脑乙酰酯（γ-bornyl acetate）、γ- 榄香烯（γ-elemene）、α- 檀香醇（α-santalol）、α- 香柠醇（α-bergamotol）、棕榈酸（palmitic acid）、硬脂酸（stearic acid）、L- 乳酸（L-lactic acid）、γ- 丁内酯（γ-butyrolactone）、苯甲醇（benzyl alcohol）、吡咯酮（pyrrolidinone）、2, 5- 呋喃二酮（2, 5-furandione）、2- 酮基戊二酸（2-oxopentanedioic acid）、2, 3- 二甲基 -3- 己烯 -2- 酮（2, 3-dimethyl-3-hexen-2-one）、香草醛（vanillin）、苹果酸（malic acid）、1, 2- 二羟基柠檬烯（1, 2-dihydroxylimonene）、邻苯二甲酸二甲酯（dimethyl phthalate）、4- 羟基苯甲醛（4-hydroxybenzaldehyde）、香草酸（vanillic acid）、5- 羟甲基 -2- 呋喃醛（5-hydroxymethyl-2-furancarboxaldehyde）、邻苯二甲酸二丁酯（dibutyl phthalate）、*N*- 苯基 -β- 萘胺（*N*-phenyl-β-naphthaleneamine）和二十烷（ericosane）[5-7]；元素：锌（Zn）、锰（Mn）、钴（Co）、镍（Ni）、铜（Cu）、硼（B）、磷（P）、铁（Fe）、钾（K）、镁（Mg）、银（Ag）和铅（Pb）等[8]。

【药理作用】1. 抗氧化　从种子提取的水溶性多糖结构中含丰富的醛糖酸（uronic acid）和硫酸盐，具有很强的抗氧化作用[1]；根的水提取物对羟自由基（·OH）的消除率比茶多酚高；叶的水提取物对超氧阴离子（O_2^-·）和羟自由基的清除率比茶多酚要高，而还原能力和对 1, 1- 二苯基 -2- 三硝基苯肼（DPPH）自由基的清除率比茶多酚低[2]。2. 抗溃疡　果实的挥发油中、低剂量组可增加乙酸破坏胃窦壁制成的大鼠胃溃疡的愈合率，提高大鼠血清超氧化物歧化酶（SOD）含量，同时减少大鼠血清丙二醛（MDA）含量，说明砂仁挥发油可提高机体清除氧自由基的能力，并间接发挥其抗溃疡作用[3]；从果实提取的挥发油能下调血小板活化因子（PAF）的表达，并能通过影响胃黏膜氨基己糖及磷脂含量，从而影响胃黏膜疏水性，加强黏液凝胶层稳定性，从而防止溃疡的产生和复发[4]；砂仁叶油有明显的抗大鼠幽门结扎性溃疡的作用，对兔、豚鼠离体回肠正常运动有明显的抑制作用[5]。3. 调节胃肠道　果实的水提取液使大鼠胃动力显著增强，血浆、胃窦及空肠组织胃动素（MTL）、P 物质（SP）的含量明显增加[6]；果实挥发纳米脂质体可提高厌食动物进食量和体重增量，可拮抗地芬诺酯引起的肠蠕动减缓，可提高家兔离体肠段的收缩频率和肠道张力，促进胃肠功能[7]；种子经浸提获得黄色油状液体对各剂量组小鼠的小肠墨汁推进率均明显高于模型对照组，说明在促进小肠运动功能方面具有较强的作用[8]；从果实提取的挥发油能显著抑制胃液、胃酸、胃泌素分泌及胃蛋白酶活性，增加前列腺素 E_2（PGE_2）的分泌和 VIP 表达，延长胃排空和番泻叶诱导大鼠排稀便的时间，减少稀便次数[9]；种子的水提取物对肠道菌群失调有明显的恢复作用[10]。4. 抗肿瘤　从种子提取分离的组分 ASP-3 含丰富的多糖、蛋白质、硫酸根和醛酸，对肝癌 HepG2 细胞的生长有很强的抑制作用[11]。5. 抗炎镇痛　从果实提取的挥发油中的乙酸龙脑酯加挥发油中的其他成分，对小鼠耳肿胀有消炎作用[12]；挥发油的抗胃炎作用可能与其杀灭幽门螺杆菌（HP）和影响胃黏膜的疏水性有关[13]；口服种子生粉可改善大鼠小肠术后的局部供血，降低炎症反应[14]；果实提取的挥发油中的乙酸龙脑酯可延长尾尖压痛大鼠模型痛阈时间，具有明显的镇痛作用[15]。6. 缩尿　盐炙的种子对水负荷小鼠尿多模型有显著的缩尿性作用，且作用较生品更强[16]。7. 抗菌　从种子和果壳中分离得到的挥发油对红色毛癣菌、须毛癣菌、石膏样小孢子癣菌、金黄色葡萄球菌和粪肠球菌的生长均具有显著的抑制作用[17]；果实的乙醇提取物对枯草芽孢杆菌、大肠杆菌、沙门氏菌、铜绿假单胞菌、金黄色葡萄球菌和肺炎克雷伯菌的生长有不同程度的抑制作用[18]。8. 扩血管　种子的水提取物对兔主动脉条的收缩有抑制作用，主要是通过抑制平滑肌细胞膜电压依赖 Ca^{2+} 通道与内钙释放而发挥作用，对受体操控的 Ca^{2+} 通道也具有一定的抑制作用[19]。9. 抗血小板聚集　种子生粉能明显抑制家兔体内血小板聚集，剂量增加作用相应延长，对花生四烯酸或胶原与肾上腺素混合剂所诱发的小鼠急性死亡有明显的保护作用[20]。10. 降血糖　果实的水提取物可通过抑制核转录因子（NF-κB）的作用来阻止四氧嘧啶诱导的糖尿病，有保护大鼠胰岛瘤细胞株的白细胞介素 -1β（IL-1β）和 γ 干扰素（IFN-γ）介导的细胞毒作用，并能显著减少白细胞介素 -1β、γ 干扰素诱导的一氧化氮（NO）的含量[21]。11. 调节免疫　果实的水提取物具有减缓免疫球蛋白 IgE 介导的皮肤过敏反应，减少组胺释放，降低 P38 有丝分裂原蛋白激活酶性等作用，并得出砂仁可抑制肥大细胞介导的过敏反应[22]；砂仁提取物处理过的树突细胞（BM-DCs）具有活化表型并可分泌白细胞介素 -12p70（IL-12p70），可能具有活化 DCs 和协助 DCs 免疫的价值[23]。

【性味与归经】辛，温。归脾、胃、肾经。

【功能与主治】化湿开胃，温脾止泻，理气安胎。用于湿浊中阻，脘痞不饥，脾胃虚寒，呕吐泄泻，妊娠恶阻，胎动不安。

【用法与用量】3 ～ 6g；入煎剂宜后下。

【药用标准】药典 1963—2015、浙江炮规 2015、新疆药品 1980 二册和台湾 2013。

【临床参考】1. 遗尿症：果实研细粉待用，睡前先用白酒将患者脐部擦净，取果实粉（约 0.2g）放脐眼，胶布固定，热水袋压在胶布上 1 ～ 2h，次晨起床时将胶布去掉[1]。

2. 乳腺炎：果实 10 ～ 20g，研细粉，与糯米饭少许拌匀，搓成花生米大小，外裹消毒纱布，左侧乳腺炎塞右鼻，右侧乳腺炎塞左鼻，每隔 12h 更换 1 次[2]。

3. 功能性消化不良：果实 8g，加党参、白术、茯苓各 15g，炙甘草 5g，兼纳呆者加炒麦芽 30g、炒建曲 20g；兼烧心、反酸者加盐吴茱萸 3g、海螵蛸 30g；兼胃脘痞满者加木香 10g、大腹皮 15g；兼胃脘痛、嗳气者加柴胡、枳壳各 10g，合欢皮 15g。水煎，分 3 次服，每日 1 剂[3]。

4. 脑萎缩伴手足逆冷症：果实 9g，熟地、鹿角胶、茯苓、麻黄、木瓜、牛膝、桂枝、白芥子、伸筋草、红花等随症变化加减，水煎服，每日 1 剂[4]。

5. 脑梗死伴苔腻：果实 6g，加炒槟榔 25g，白术、天麻各 20g，半夏、钩藤、柴胡各 15g，茯苓、竹茹、黄芩、香附、川芎、枳壳、甘草各 10g，水煎，分 2 次服，每日 1 剂[5]。

【附注】本种始载于《药性论》，谓："缩沙蜜出波斯国。"《海药本草》云："今按陈氏，生西海及西戎诸地。味辛，平，咸。得诃子、鳖甲、豆蔻、白芜荑等良。多从安东道来。"《本草图经》载："缩沙蜜生南地，今惟岭南山泽间有之。苗茎似高良姜，高三四尺，叶青，长八九寸，阔半寸已来。三月、四月开花在根下，五六月成实，五七十枚作一穗，状似益智，皮紧厚而皱，如栗纹，外有刺，黄赤色。皮间细子一团，八漏可四十余粒，如黍米大，微黑色。"并附有新州缩沙蜜图一幅，即为本种。

药材砂仁阴虚有热者禁服。

【化学参考文献】

[1] 范新，杜元冲，魏均娴．西双版纳产砂仁根、根茎及茎的化学成分研究［J］．中国中药杂志，1994，19（12）：734-736.

[2] Dai D N，Huong L T，Thang T D，et al. Chemical constituents of essential oil from the stem of *Amomum villosum* Lour.［J］. Trends in Phytochemical Research，2018，2（1）：61-64.

[3] 陈程，付琛，叶文才，等．阳春砂仁的酚性成分研究［J］．中药材，2012，35（4）：571-573.

[4] 孙兰，余竞光，周立东，等．中药砂仁中的黄酮苷化合物［J］．中国中药杂志，2002，27（1）：36-38.

[5] 陈河如，吕秋兰，李冬梅，等．春砂仁药用化学成分的液 - 液分级萃取分析［J］．汕头大学学报（自然科学版），2008，23（1）：54-59.

[6] 尹雪，魏刚，何建雄，等．阳春砂仁 GC-MS 特征指纹图谱数字化信息的 GC 验证［J］．中药新药与临床药理，2008，19（6）：473-476.

[7] 马洁，张丽霞，彭建明，等．西双版纳不同种质阳春砂仁挥发油的化学成分比较［J］．中药材，2007，30（12）：1489-1491.

[8] 吴忠，林敬明，黄镇光．砂仁及其混伪品宏量与微量元素特征的模糊聚类分析［J］．中药材，2000，23（4）：208-210.

【药理参考文献】

[1] Yan Y J，Li X，Wan M J，et al. Effect of extraction methods on property and bioactivity of water-soluble polysaccharides from *Amomum villosum*［J］. Carbohydrate Polymers，2015，117：632-635.

[2] 尤小梅，李远志，廖有传，等．春砂仁根和叶提取物抗氧化活性研究［J］．食品科技，2012，37（2）：226-228，232.

[3] 胡玉兰，张忠义，王文婧，等．砂仁挥发油对大鼠乙酸性胃溃疡的影响及其机理探讨［J］．中药材，2005，28（11）：1022-1024.

[4] 黄国栋，黄媛华，唐丽君，等．砂仁挥发油对胃溃疡黏膜 PAF 表达的影响［J］．中药材，2008，31（11）：1714-1716.

[5] 邢莲影，崔燎，刘莎莎．砂仁叶油对胃肠道作用的研究［J］．湛江医学院学报，1988，6（4）：152-157.

[6] 朱金照，冷恩仁，陈东风，等．砂仁对大鼠胃肠运动及神经递质的影响［J］．中国中西医结合消化杂志，2001，9（4）：205-207.

[7] 吴敏，李战，谈珍．砂仁挥发油纳米脂质体对厌食模型动物胃肠功能的影响［J］．上海中医药杂志，2004，38（10）：51-53.

[8] 阴文娅，曾果，郑卫东，等．阳春砂促进消化功能的实验研究［J］．食品研究与开发，2008，29（6）：30-33.

[9] 黄国栋，游宇，黄媛华，等．砂仁挥发油对胃肠功能及 VIP 表达的影响［J］．中药材，2009，32（10）：1587-1589.

[10] 闫瑶，金美兰，周磊，等．砂仁对抗生素所致肠道菌群失调小鼠调节作用的探讨［J］．中国微生态学杂志，2013，25（9）：1040-1043.

[11] Zhang D，Li S，Xiong Q，et al. Extraction，characterization and biological activities of polysaccharides from *Amomum villosum*［J］. Carbohydrate Polymers，2013，95（1）：114-122.

[12] 李生茂，曾滨阳，叶强，等．砂仁挥发油抗炎活性谱效关系研究［J］．中国实验方剂学杂志，2015，21（9）：133-136.

[13] 黄国栋，黄媛华，肖美珍，等．砂仁挥发油对慢性胃炎伴 Hp 感染患者胃黏膜血小板活化因子和乳癌相关肽表达的影响［J］．中国中西医结合杂志，2008，28（7）：605.

[14] 张勤，谢晓红，叶再元，等．砂仁对大鼠小肠吻合口愈合的影响［J］．中国中西医结合外科杂志，2009，15（3）：96-98.

[15] 吴晓松，肖飞，张志东，等．砂仁挥发油中乙酸龙脑酯的镇痛作用及其机制研究［J］．中药材，2005，28（6）：505-507.

[16] 熊磊，胡昌江，帅小翠，等．砂仁盐炙前后“缩尿”作用比较研究［J］．成都医学院学报，2009，4（2）：31-32.

[17] 张生潭，王兆玉，汪铁山，等．中药砂仁挥发油化学成分及其抗菌活性（英文）［J］．天然产物研究与开发，2011，23（3）：76-84.

[18] 唐建阳，刘凤娇，苏明星，等. 砂仁提取物的抗菌及抗氧化效应研究 [J]. 厦门大学学报（自然科学版），2012，51（4）：145-148.
[19] 冯广卫，陶玲，沈祥春，等. 砂仁提取液对离体家兔主动脉条收缩性能的影响 [J]. 时珍国医国药，2006，17（11）：119-121.
[20] 吴师竹. 砂仁对血小板聚集功能的影响 [J]. 中药药理与临床，1990，6（5）：32-33.
[21] Kwon K B，Kim J H，Lee Y R，et al. *Amomum xanthoides* extract prevents cytokine-induced cell death of RINm5F cells through the inhibition of nitric oxide formation [J]. Life Sciences，2003，73（2）：181-191.
[22] Kim S H，Lee S，Kim I K，et al. Suppression of mast cell-mediated allergic reaction by *Amomum xanthiodes* [J]. Food and Chemical Toxicology，2007，45（11）：2138-2144.
[23] Huang Y L，Yen G C，Sheu F，et al. Dose effects of the food spice cardamom on aspects of hamster gut physiology [J]. Molecular Nutrition & Food Research，2007，51（5）：602-608.

【临床参考文献】

[1] 王传群. 砂仁末外敷治疗遗尿症 20 例 [J]. 人民军医，1992，（6）：59.
[2] 孙亚威. 砂仁塞鼻法治疗乳腺炎 [J]. 中国民间疗法，2014，22（2）：28.
[3] 王超六. 砂仁异功散加减治疗痞满的临床疗效观察 [J]. 医学信息，2018，31（8）：138-139，141.
[4] 栾永红. 应用砂仁治疗 3 例手足逆冷症疗效观察 [J]. 中国中医基础医学杂志，2011，17（9）：1041-1042.
[5] 秦菁菁，王海荣，季洁，等. 赵红教授妙用槟榔、砂仁对药祛舌苔 [J]. 内蒙古中医药，2017，36（5）：45.

4. 姜属 *Zingiber* Boehm.

多年生草本。根茎肉质块状，分枝，具芳香；地上茎直立。叶二列，叶片披针形至椭圆形，无柄。穗状花序球果状，生于由根茎抽出的总花梗上，后叶而出；苞片绿色或其他颜色，覆瓦状排列，宿存，每一苞片内通常有花 1 朵；小苞片佛焰苞状；花萼管状，顶端 3 裂，通常一侧开裂；花冠管裂片中后方的一片常较大，内凹，直立，白色或淡黄色；侧生退化雄蕊较小，常与唇瓣相联合，似唇瓣的侧裂片状，罕无侧裂片，唇瓣外翻，全缘，先端微凹或短 2 裂，皱波状；花丝短，药隔附属体延伸成长喙状；子房 3 室，中轴胎座，每室胚珠多粒。蒴果卵形至长圆形，室背开裂或不整齐开裂。种子黑色，被假种皮。

100 ～ 150 种，主产亚洲热带及亚热带地区。中国 42 种，分布于西南至东南部各地。法定药用植物 3 种。华东地区法定药用植物 1 种。

1183. 姜（图 1183）• *Zingiber officinale* Rosc.

【别名】生姜（通称）。

【形态】株高 0.5 ～ 1m。根茎肥厚，多分枝，有芳香及辛辣味。叶片披针形，长 15 ～ 30cm，宽 2 ～ 2.5cm，无毛，无叶柄；叶舌膜质，长 2 ～ 4mm。总花梗长达 25cm；穗状花序球果状，长 4 ～ 5cm；苞片卵形，长约 2.5cm，淡绿色或边缘淡黄色，先端有小尖头；花萼管长约 1cm；花冠黄绿色，管长 2 ～ 2.5cm，裂片披针形；侧生退化雄蕊较小，与唇瓣合生；唇瓣中央裂片长圆状倒卵形，短于花冠裂片，有紫色条纹及淡黄色斑点；可育雄蕊暗紫色，花丝极短，花药长约 9mm；子房无毛，花柱淡紫色。蒴果长圆形。花果期夏秋季。

【生境与分布】多为栽培。华东各地均有栽培，另湖北、湖南、江西、广西、广东、四川、贵州、云南等地均有栽培。

【药名与部位】干姜（生姜），根茎。姜皮（生姜皮），根茎栓皮。

【采集加工】干姜：冬季采挖，除去须根和泥沙，低温干燥。姜皮：秋季采挖根茎，洗净，刮取外层栓皮，干燥。

【药材性状】干姜：呈扁平块状，具指状分枝，长 3 ～ 7cm，厚 1 ～ 2cm。表面灰黄色或浅灰棕色，

图 1183 姜 摄影 郭增喜等

粗糙，具纵皱纹和明显的环节。分枝处常有鳞叶残存，分枝顶端有茎痕或芽。质坚实，断面黄白色或灰白色，粉性或颗粒性，内皮层环纹明显，维管束及黄色油点散在。气香、特异，味辛辣。

姜皮：呈不规则的卷缩碎片，直径 0.3 ～ 1.2cm，厚约 0.1mm。外表面灰黄色，有细皱纹，有的具线状的环节痕迹；内表面不平滑，可见黄色油点。体轻、质软。有生姜的特异香气，味微辛辣。

【质量要求】生姜：鲜活不烂，无须。干姜：色白不霉。姜皮：洁净，无泥杂。

【药材炮制】干姜：除去杂质，洗净，润软，切薄片、厚片或块，干燥。炮姜：取沙子，置热锅中，翻动，待其滑利，投入干姜饮片，炒至表面棕褐色并鼓起时，取出，摊凉。姜炭：取干姜饮片，炒至浓烟上冒，表面焦黑色，内部棕褐色时，微喷水，灭尽火星，取出，晾干。

姜皮：除去杂质，筛去灰屑。

【化学成分】根茎含单萜苷类：反式 -1, 8- 桉树脑 -3, 6- 二羟基 -3-*O*-β-D- 吡喃葡萄糖苷（*trans*-1, 8-cineole-3, 6-dihydroxy-3-*O*-β-D-glucopyranoside）、5, 9- 二羟基龙脑 -2-*O*-β-D- 吡喃葡萄糖苷（5, 9-dihydroxyborneol-2-*O*-β-D-glucopyranoside）、反式 -3- 羟基 -1, 8- 桉树脑 -3-*O*-β-D- 吡喃葡萄糖苷（*trans*-3-hydroxy-1, 8-cineole-3-*O*-β-D-glucopyranoside）、归叶棱子芹醇 -2-*O*-β-D- 吡喃葡萄糖苷（angelicoidenol-2-*O*-β-D-glucopyranoside）、维科菊二醇 -2-*O*-β-D- 吡喃葡萄糖苷（vicodiol-2-*O*-β-D-glucopyranoside）[1]，姜苷 A、B（zingiberoside A、B）、姜苷 C 甲酯（zingiberoside C methyl ester）[2] 和姜苷 C（zingiberoside C）[1, 2]；二芳基庚烷类：姜酮 A、B、C（gingerenone A、B、C）、异姜酮 B（isogingerenone B）[3]，（3*S*, 5*S*）-3, 5- 二乙酰氧基 -1, 7- 二（4- 羟基 -3- 甲氧基苯基）庚烷［（3*S*, 5*S*）-3, 5-diacetoxy-1, 7-bis（4-hydroxy-3-methoxyphenyl）heptane］、（3*R*, 5*S*）-3- 乙酰氧基 -5- 羟基 -1, 7- 二（4- 羟基 -3- 甲氧基苯基）庚烷［（3*R*, 5*S*）-3-acetoxy-5-hydroxy-1, 7-bis（4-hydroxy-3-methoxyphenyl）heptane］、（3*R*, 5*S*）- 二羟基 -1-（4- 羟基 -3, 5-

二甲氧基苯基)-7-(4-羟基-3-甲氧基苯基)庚烷[(3*R*, 5*S*)-dihydroxy-1-(4-hydroxy-3, 5-dimethoxyphenyl)-7-(4-hydroxy-3-methoxyphenyl) heptane]、(3*R*, 5*S*)-3, 5-二乙酰氧基-1, 7-二(4-羟基-3-甲氧基苯基)庚烷[(3*R*, 5*S*)-3, 5-diacetoxy-1, 7-bis(4-hydroxy-3-methoxyphenyl) heptane]、(3*R*, 5*S*)-3, 5-二乙酰氧基-1-(4-羟基-3, 5-二甲氧基苯基)-7-(4-羟基-3-甲氧基苯基)庚烷[(3*R*, 5*S*)-3, 5-diacetoxy-1-(4-hydroxy-3, 5-dimethoxyphenyl)-7-(4-hydroxy-3-methoxyphenyl) heptane]、(3*S*, 5*S*)-3, 5-二羟基-1, 7-二(4-羟基-3-甲氧基苯基)庚烷[(3*S*, 5*S*)-3, 5-dihydroxy-1, 7-bis(4-hydroxy-3-methoxyphenyl) heptane]、(3*R*, 5*S*)-3, 5-二羟基-1, 7-二(4-羟基-3-甲氧基苯基)庚烷[(3*R*, 5*S*)-3, 5-dihydroxy-1, 7-bis(4-hydroxy-3-methoxyphenyl) heptane]、(5*S*)-5-乙酰氧基-1, 7-二(4-羟基-3-甲氧基苯基)庚烷-3-酮[(5*S*)-5-acetoxy-1, 7-bis(4-hydroxy-3-methoxyphenyl) heptan-3-one]、5-羟基-1-(3, 4-二羟基-5-甲氧基苯基)-7-(4-羟基-3-甲氧基苯基)庚烷-3-酮[5-hydroxy-1-(3, 4-dihydroxy-5-methoxyphenyl)-7-(4-hydroxy-3-methoxyphenyl) heptan-3-one]、5-羟基-1-(4-羟基-3-甲氧基苯基)-7-(3, 4-二羟基-5-甲氧基苯基)庚烷-3-酮[5-hydroxy-1-(4-hydroxy-3-methoxyphenyl)-7-(3, 4-dihydroxy-5-methoxyphenyl) heptan-3-one]、5-羟基-1-(4-羟基-3-甲氧基苯基)-7-(3, 4-二羟基苯基)庚烷-3-酮[5-hydroxy-1-(4-hydroxy-3-methoxyphenyl)-7-(3, 4-dihydroxyphenyl) heptan-3-one]、六氢姜黄素(hexahydrocurcumin)、1, 5-环氧-3-羟基-1-(4-羟基-3, 5-二甲氧基苯基)-7-(4-羟基-3-甲氧基苯基)庚烷[1, 5-epoxy-3-hydroxy-1-(4-hydroxy-3, 5-dimethoxyphenyl)-7-(4-hydroxy-3-methoxyphenyl) heptane]、3-乙酰氧基-1, 5-环氧-1-(3, 4-二羟基-5-甲氧基苯基)-7-(4-羟基-3-甲氧基苯基)庚烷[3-acetoxy-1, 5-epoxy-1-(3, 4-dihydroxy-5-methoxyphenyl)-7-(4-hydroxy-3-methoxyphenyl) heptane]、1, 7-二(4-羟基-3-甲氧基苯基)庚-4-烯-3-酮[1, 7-bis(4-hydroxy-3-methoxyphenyl) hept-4-en-3-one][4], 内消旋-3, 5-二乙酰氧基-1, 7-二(4-羟基-3-甲氧基苯基)-庚烷[*meso*-3, 5-diacetoxy-1, 7-bis(4-hydroxy-3-methoxyphengyl)-heptane]、3, 5-二乙酰氧基-1-(4-羟基-3, 5-二甲氧基苯基)-7-(4-羟基-3-甲氧基苯基)庚烷[3, 5-diacetoxy-1-(4-hydroxy-3, 5-dimethoxyphenyl)-7-(4-hydroxy-3-methoxyphenyl) heptane]、姜烯酮A(gingerenone A)[5], 3-乙酰氧基-l, 5-环氧-l-(3, 4-二羟基-5-甲氧基苯基)-7-(4-羟基-3-甲氧基苯基)-庚烷[3-acetoxy-l, 5-epoxy-l-(3, 4-dihydroxy-5-methoxyphenyl)-7-(4-hydroxy-3-methoxyphenyl)-heptane]、1, 5-环氧-3-羟基-1-(3, 4-二羟基-5-甲氧基苯基)-7-(4-羟基-3-甲氧基苯基)-庚烷[1, 5-epoxy-3-hydroxy-1-(3, 4-dihydroxy-5-methoxyphenyl)-7-(4-hydroxy-3-methoxyphenyl)-heptane]、1, 5-环氧-3-羟基-1-(4-羟基-3, 5-二甲氧基苯基)-7-(4-羟基-3-甲氧基苯基)-庚烷[1, 5-epoxy-3-hydroxy-1-(4-hydroxy-3, 5-dimethoxyphenyl)-7-(4-hydroxy-3-methoxyphenyl)-heptane][6], 5-羟基-7-(4-羟基苯基)-1-(4-羟基-3-甲氧基苯基)-3-庚酮[5-hydroxy-7-(4-hydroxyphenyl)-1-(4-hydroxy-3-methoxyphenyl)-3-heptanone]、5-羟基-1-(4-羟基-3, 5-二甲氧基苯基)-7-(4-羟基-3-甲氧基苯基)-3-庚酮[5-hydroxy-1-(4-hydroxy-3, 5-dimethoxyphenyl)-7-(4-hydroxy-3-methoxyphenyl)-3-heptanone]、5-羟基-7-(4-羟基-3, 5-二甲氧基苯基)-1-(4-羟基-3-甲氧基苯基)-3-庚酮[5-hydroxy-7-(4-hydroxy-3, 5-dimethoxyphenyl)-1-(4-hydroxy-3-methoxyphenyl)-3-heptanone][7]和1, 5-环氧-3-羟基-1-(3, 4-二羟基-5-甲氧基苯基)-7-(3, 4-二羟苯基)-庚烷[1, 5-epoxy-3-hydroxy-1-(3, 4-dihydroxy-5-methoxyphenyl)-7-(3, 4-dihydroxyphenyl)-heptane][8]; 酚类: 姜酮酚(paradol)、(3*S*, 5*S*)-[6]-姜二醇{(3*S*, 5*S*)-[6]-gingerdiol}、(3*R*, 5*S*)-[6]-姜二醇{(3*R*, 5*S*)-[6]-gingerdiol}、(3*R*, 5*S*)-3, 5-二乙酰氧基-[6]-姜二醇{(3*R*, 5*S*)-3, 5-diacetoxy-[6]-gingerdiol}、[4]-姜辣醇{[4]-gingerol}、[6]-姜辣醇{[6]-gingerol}、5-乙酰基-[6]-姜辣醇{5-acetoxy-[6]-gingerol}、1-(3, 4-二甲氧基苯基)-5-羟基-癸-3-酮[1-(3, 4-dimethoxyphenyl)-5-hydroxy-decan-3-one]、[8]-姜辣醇{[8]-gingerol}、[10]-姜辣醇{[10]-gingerol}、去氢姜二酮(dehydrogingerdione)、[10]-生姜酚{[10]-shogaol}[4], (3*R*, 5*S*)-5-乙酰氧基-3-羟基-1-(4-羟基-3-甲氧基苯基)癸烷[(3*R*, 5*S*)-5-acetoxy-3-hydroxy-1-(4-hydroxy-3-methoxyphenyl) decane]、(3*R*, 5*S*)-3-乙酰氧基-5-羟基-1-(4-羟基-3-甲氧基苯基)癸烷[(3*R*, 5*S*)-3-acetoxy-5-

hydroxy-1-（4-hydroxy-3-methoxyphenyl）decane］、（3*R*, 5*S*）-3, 5-二乙酰氧基-1-（4-羟基-3-甲氧基苯基）癸烷［（3*R*, 5*S*）-3, 5-diacetoxy-1-（4-hydroxy-3-methoxyphenyl）decane］、（3*R*, 5*S*）-3, 5-二乙酰氧基-1-（3, 4-二甲氧基苯基）癸烷［（3*R*, 5*S*）-3, 5-diacetoxy-1-（3, 4-dimethoxyphenyl）decane］[9]，6-去氢姜酚（6-dehydroshogaol）、8-去氢姜酚（8-dehydroshogaol）、10-去氢姜酚（10-dehydroshogaol）[10]，1-去氢姜辣二酮（1-dehydrogingerdione）[11]，6-去氢姜辣二酮（6-dehydrogingerdione）、6-二氢姜辣二酮（6-dihydrogingerdione）、4-姜辣素（4-gingerol）、6-脱氢姜辣素（6-dehydroxygingerol）、6-二氢姜辣素（6-dihydroxygingerol）[12]，［6］-生姜酚{［6］-shogaol}[4, 13]，生姜内酯（zingiberolide）、3, 5-二酮-1, 7-二（4-羟基-3-甲氧基苯基）-庚烷［3, 5-dion-1, 7-bis（4-hydroxy-3-methoxyphenyl）-heptane］、6-姜辣磺酸（6-gingesulfonic acid）[14]，5-*O*-β-D-吡喃葡萄糖基-3-羟基-1-（4-羟基-3-甲氧基苯基）-癸烷［5-*O*-β-D-glucopyranosyl-3-hydroxy-1-(4-hydroxy-3-methoxyphenyl)-decane］、1-(4-*O*-β-D-吡喃葡萄糖基-3-甲氧基苯基)-3, 5-二羟基癸烷［1-（4-*O*-β-D-glucopyranosyl-3-methoxyphenyl）-3, 5-dihydroxydecane］[15]，去氢-［14］-姜二酮{dehydro-［14］-gingerdione}、去氢-［16］-姜二酮{dehydro-［16］-gingerdione}、芳-姜黄烯（ar-curcumene）、α-姜烯（α-zingiberene）、β-倍半水芹烯（β-sesquiphellandrene）、甲基-［6］-姜辣醇{methyl-［6］-gingerol}、二-*O*-乙酰基-［4］-姜二醇{di-*O*-acetyl-［4］-gingerdiol}、二-*O*-乙酰基-［8］-姜二醇{di-*O*-acetyl-［8］-gingerdiol}、二-*O*-乙酰基-［10］-姜二醇{di-*O*-acetyl-［10］-gingerdiol}、去氢-［4］-姜二酮{dehydro-［4］-gingerdione}、去氢-［6］-姜二酮{dehydro-［6］-gingerdione}、去氢-［8］-姜二酮{dehydro-［8］-gingerdione}、去氢-［10］-姜二酮{dehydro-［10］-gingerdione}、去氢-［12］-姜二酮{dehydro-［12］-gingerdione}[16]，9-生姜酚（9-shogaol）、12-副姜油酮（12-paradol）、6-异去氢姜二酮（6-isodehydrogingerdione）、8-异去氢姜二酮（8-isodehydrogingerdione）、5-羟基-1-（4′-羟基-3′-甲氧基苯基）-4-十六碳烯-3-酮［5-hydroxy-1-（4′-hydroxy-3′-methoxyphenyl）-4-hexadecen-3-one］和5-乙氧基-1-（4-羟基-3-甲氧基苯基）十四烷-3-酮［5-ethoxy-1-（4-hydroxy-3-methoxyphenyl）tetradecan-3-one］[17]；苯丙素类：1-（3-甲氧基-4-羟基-苯基）-丙烷-1, 2-二醇［1-（3-methoxy-4-hydroxyphenyl）-propan-1, 2-diol］[4]和香叶基-（*E*）-阿魏酸［（*E*）-geranylferulic acid］[17]；二萜类：高良姜萜内酯（galanolactone）[4]；甾体类：β-谷甾醇（β-sitosterol）和6β-羟基豆甾-4-烯-3-酮（6β-hydroxystigmast-4-en-3-one）[4]；挥发油类：姜黄烯（curcumene）、柠檬醛（citral）、桉叶素（cineole）、（+）-樟烯［（+）-camphene］、香叶醇（geraniol）、萜品醇（terpineol）、β-倍半水芹烯（β-sesquiphellandrene）、龙脑（borneol）、β-水芹烯（β-phellandrene）、芳姜黄烯（arcurcumene）、α-姜烯（α-zingiberene）、β-甜没药烯（β-bisabolene）、（*E*, *E*）-α-金合欢烯［（*E*, *E*）-α-farnesene］和姜醇（zingiberol）等[18, 19]；糖脂类：姜糖脂A、B、C（gingerglycolipid A、B、C）[20]；其他尚含：（+）-当归棱子芹醇-2-*O*-β-D-吡喃葡萄糖苷［（+）-angelicoidenol-2-*O*-β-D-glucopyranoside］[20]。

地上部分含苯丙素类：反式阿魏酰基苹果酸酯（*trans*-feruloylmalate）[21]；单萜类：8-氧代香叶醇（8-oxogeraniol）[21]；脂肪酸类：6, 7-二羟基-3, 7-二甲基辛-2-烯酸（6, 7-dihydroxy-3, 7-dimethyloct-2-enoic acid）[21]；脂肪烃苷类：1, 1-二甲基丙-2-烯基-1-*O*-β-D-吡喃葡萄糖苷（1, 1-dimethylprop-2-enyl-1-*O*-β-D-glucopyranoside）、6-羟基-2-*O*-β-D-吡喃葡萄糖基庚烷（6-hydroxy-2-*O*-β-D-glucopyranosylheptane）、高山红景天苷VII（sachaloside VII）和伪郎诺苷（pseudoranoside）[21]。

【药理作用】1. 抗氧化　从根茎中分离得到的成分［10］-姜烯酚，即［10］-生姜酚{［10］-shogaol}对1, 1-二苯基-2-三硝基苯肼（DPPH）自由基具有清除作用，对金属有螯合作用[1]；根茎皮的甲醇提取物含丰富的酚，具有很强的抗氧化作用[2]；叶的甲醇提取物中酚含量比茎和根茎的含量高，根茎的抗氧化作用高于叶[3]；根茎以CO_2高压提取的多酚成分显示了较高的螯合作用，对羟自由基（·OH）的清除作用要优于槲皮素[4]；从根茎中分离得到的一新环状二苯基庚烷类化合物能显著抑制过氧化氢（H_2O_2）所致人红细胞溶血作用，明显抑制小鼠肝组织丙二醛（MDA）的产生[5]；根茎的水提取物可降低丙二醛的含量，丙二醛是脂质过氧化的最终产物[6]；水提取物对大鼠匀浆中Fe^{2+}诱导的脂质过氧化作用有抑制作用[7]；根茎的黄酮类化合物有一定的消除自由基的作用[8]；根茎的80%乙酸提取物抗氧化作用显著，柠檬酸、抗坏血酸和生育酚对其有一定的增效协同作用[9]；根茎的石油醚提取物对红细胞的氧化有明显的抗氧化作用，对红细胞膜有保护作用，对羟自由基有很强的清除作用，抑制肝微粒体的脂质体过氧化作用[10]；根茎的乙醇和植物油提取物均具有显著的抗氧化作用[11]。2. 降血糖　根茎的水提取物可提高四氧嘧啶诱导的糖尿病和胰岛素抵抗糖尿病大鼠的血清胰岛素水平及胰岛素敏感性[6]；鲜根茎汁可显著降低5-羟色胺（5-HT）引起的高血糖，明显降低链脲佐菌素（STZ）诱导的I型糖尿病大鼠模型空腹血糖[12]。3. 抗炎解热镇痛　根茎的乙醇提取物对小鼠热性和化学性伤害性疼痛具有剂量依赖性的镇痛作用，显著抑制新鲜鸡蛋蛋白诱导的急性炎症[13]；根茎生粉能显著抑制大鼠佐剂性关节炎，减少促炎细胞因子的产生[14]；根茎乙醇粗提物能减轻角叉菜胶、48/80复合物和5-羟色胺引起的大鼠足趾肿胀和皮肤水肿[15]；根茎的乙醇提取物可抑制二甲苯所致小鼠耳壳肿胀及乙酸所致小鼠扭体反应，对家兔静脉注射伤寒、副伤寒甲乙三联菌苗后体温升高有明显的抑制发热作用[16]；根茎的水提取物可明显减少大鼠的乙酸扭体反应，显著提高小鼠光辐射热甩尾反应的痛阈[17]；从根茎超临界二氧化碳萃取的棕红色油状液体能明显抑制二甲苯引起的小鼠耳肿胀和大鼠蛋清性足肿胀，抑制纸片引起的小鼠肉芽肿组织增生，拮抗2,4-二硝基氯苯（DNCB）引起的小鼠迟发性超敏反应[18]；根茎的提取物能降低蒙古沙鼠幽门螺杆菌负荷，显著降低幽门螺杆菌引起的急性和慢性肌肉和黏膜下炎症、隐窝炎以及上皮细胞变性和侵蚀[19]。4. 抗菌　根茎的乙醇提取物对肺炎链球菌、溶血性链球菌的抑制作用较强，对金黄色葡萄球菌、绿脓杆菌、福氏痢疾杆菌的抑制作用稍弱[16]；根茎的乙醇提取物对克雷伯氏菌、大肠杆菌、芽孢杆菌、绿脓杆菌的生长有抑制作用[20]；从根茎、根茎皮和去皮根茎提取的挥发油对大肠杆菌、枯草芽孢杆菌、金黄色葡萄球菌、根霉、黑曲霉和绳状青霉的生长均有一定的抑制作用[21]；根茎的乙醚提取物对多种微生物如金黄色葡萄球菌、枯草杆菌、黑曲霉、青霉、大肠杆菌、啤酒酵母菌的生长均有明显的抑制作用[22]。5. 抗肿瘤　叶的80%甲醇提取物对人结直肠癌HCT116、SW480和LoVo细胞的作用呈剂量依赖性降低细胞活力和诱导凋亡，这可能是结直肠癌细胞中ERK1/2激活启动子的激活及其对激活转录因子3（ATF3）表达而产生[23]；特殊培养的根茎和地上部分的甲醇提取浓缩物对人乳腺癌MCF-7细胞的生长有强抑制作用，可能与其高含量的黄酮类化合物有关[24]；从根茎中提取的姜酚（shogaol）和姜辣素（gingerol）对人肺癌H-1299细胞和人结肠癌HCT-116细胞有较强的抑制作用，并且对花生四烯酸的释放有很强的抑制作用，姜酚较姜辣素作用更强[25]；根茎的乙醇提取物对小鼠肿瘤有抑制作用，对12-*O*-十四烷基佛波醇-13-乙酸酯引起的表皮水肿和增生有明显的抑制作用[26]；根茎经蒸制后姜烯酚的含量提高，对人肿瘤HeLa细胞的抑制作用也随之增强[27]；根茎的醇提取物能明显升高荷瘤鼠的溶血素（IgM）含量，促进T淋巴细胞的转化功能，可增强免疫功能，产生防治肿瘤的作用[28]。6. 促进皮肤修复　从根茎中分离得到的10-姜烯酚可促进人正常表皮角质形成细胞和真皮成纤维细胞的生长，对转化生长因子-β（TGF-β）、血小板衍生生长因子-αβ（PDGF-αβ）和血管内皮生长因子（VEGF）均有促进作用[1]。7. 对胃肠道的调节作用　根茎的醇提取物能显著促进正常和抑制状态的小鼠小肠运动，对亢进状态的小鼠小肠运动有明显的抑制作用，对肠道平滑肌运动有双向调节作用[29]；根茎的醇提取物能促进正常小鼠胃排空，明显促进阿托品、多巴胺引起的胃排空减慢[30]。8. 抗凝血　根茎的水提取物及从根茎提取的挥发油对实验性大鼠体内的血栓均具有明显的对抗作用[31]；根茎的醇提取物可降低大鼠纤维蛋白原黏度（比），抵抗ADP诱导的血小板聚集，对由乙醇引起的血小板聚集也有抑制作用[32]。9. 护脑　根茎的水提取物具有明显降低全脑缺血再灌注模型大鼠脑组织水肿、改善凝血功能的作用[33]；水提取物能明显降低局灶性脑缺血再灌注大鼠皮层TUNEL、Caspase、Bax和Bcl-2阳性细胞数，Bcl-2/Bax显著升高[34]；根茎的醇提取物能显著增加全脑缺血再灌注模型小鼠脑组织Na^+、K^+-ATP酶、Ca^{2+}-ATP酶和超氧化物歧化酶（SOD）含量，显著降低丙二醛（MDA）含量[35]。10. 抗胃溃疡　根茎的醇提取物各剂量组对复制水浸束缚应激型、无水乙醇所致胃黏膜、幽门结扎型模型的大鼠胃黏膜损伤均有良好的保护作用，可使实验动物溃疡指数显著降低[36]；根茎的乙醇提取物对80%乙醇、0.6mol/L HCl、0.2mol/L NaOH和25%NaCl诱发的大鼠胃黏膜损伤具有明显的细胞保护作用[37]。11. 抗心衰 根茎超临界流体 CO_2 萃取的提取物对兔急性心力衰竭模型形成具有保护作用，能通过改善心室舒缩功能，降低外周阻力，改善心衰程度，对急性心力衰竭具有实验性治疗作用[38]，能改善心衰兔的心肌舒缩性能，减轻心衰症状，作用随剂量增加而增强[39]。12. 利胆 根茎的醇提取物经口或十二指肠给药均能明显增加胆汁分泌[40]。13. 护心肌 根茎的水提取液对急性心肌缺血大鼠血 Ang Ⅱ、肿瘤坏死因子 -α（TNF-α）、丙二醛、一氧化氮（NO）均有一定的调控作用，可缓解急性心肌缺血缺氧的状态[41]；从根茎提取的挥发油可加快心率，升高急性心肌缺血缺氧大鼠的左心室内压、提升左心室内压最大上升速率，缓解急性心肌缺血缺氧状态[42]；干姜和陈皮的混合提取物能降低心肌缺血大鼠心电图的 ST 段、减少心肌梗死面积、减少心肌酶的释出、改善血液流变学指标，表明其对结扎左冠状动脉所致的心肌缺血具有显著的保护作用[43]。14. 调血脂 根茎经液 - 固萃取法所得的有效部位能显著降低血清中甘油三酯（TG）、低密度脂蛋白胆固醇（LDL-C）的含量，升高高密度脂蛋白胆固醇（HDL-C）的含量[44]。15. 抗病毒 根茎的水提取物能防止手足口病毒感染，其作用是通过阻断病毒附着、内吞作用，阻止人呼吸道合胞病毒诱导的气道上皮菌斑形成，并刺激 β 干扰素（IFN-β）的分泌而产生[45]。16. 抗焦虑 根茎和银杏叶混合提取物能使大鼠避暗实验潜伏期延长，具有抗焦虑作用[46]。17. 抗缺氧 根茎的乙醇提取物可有效地提高缺氧小鼠肝组织及心肌细胞过氧化氢酶（CAT）的含量，降低脑及肝组织细胞中丙二醛的含量，对急性缺氧小鼠的心、脑及肝细胞具有一定的保护作用[47]；根茎的石油醚提取物可延长常压密闭缺氧和 KCN 中毒缺氧模型小鼠的存活时间，也能延长断头小鼠的张口动作持续时程[48]。18. 调节免疫 根茎的水提取物能促进脾细胞抗体的生成，增加小鼠腹腔巨噬细胞吞噬活性及细胞毒作用，增强自然杀损性（NK）细胞的作用[49]。19. 抗虫 根茎的水提取物可使曼氏血吸虫感染小鼠的肝和肠中肉芽肿性炎症浸润的数量和大小减少，具有抗血吸虫作用[50]；从根茎的石油醚提取物中分离得到的 4- 姜辣素（4-gingerol）、6- 脱氢姜辣素（6-dehydroxygingerol）和 6- 二氢姜辣素（6-dihydroxygingerol）对埃及伊蚊 4 龄幼虫有杀伤作用[51]。

【性味与归经】干姜：辛，热。归脾、胃、肾、心、肺经。姜皮：辛，凉。归脾、肺经。

【功能与主治】干姜：温中散寒，回阳通脉，燥湿消痰。用于脘腹冷痛，呕吐泻泄，肢冷脉微，痰饮喘咳。姜皮：行水消肿。用于浮肿，腹胀，痞满，小便不利。

【用法与用量】干姜：3 ～ 9g。姜皮：1.5 ～ 6g。

【药用标准】干姜：药典 1953—2015、浙江炮规 2005、内蒙古蒙药 1986、新疆药品 1980 二册、藏药 1979、四川药材 1987 增补、中华药典 1930 和台湾 2013；姜皮：上海药材 1994、湖南药材 2009、山东药材 2012、湖北药材 2009、江苏药材 1989 和内蒙古药材 1988。

【临床参考】1. 寒热错杂型便秘：根茎 9g，加白芍、蚕沙、焦苍术各 15g，黄芩、陈皮、厚朴、荆芥各 9g，蒲公英 30g，甘草 6g、升麻 5g，黄连、肉桂、广木香、柴胡各 4g，水煎，分 2 次服，每日 1 剂[1]。

2. 慢性肾炎并肾功能衰竭：根茎 9g，加黄芪 40g，丹参 30g，薏苡仁 24g，当归、益智仁各 9g，茯苓、附子（先煎）、泽泻、猪苓、竹叶、牛膝、大腹皮各 12g，党参、苍术、白术、滑石、益母草各 15g，柴胡、甘草各 4g，水煎，分 3 次服，每日 1 剂，配合中成药桂附地黄丸，1 次口服 6g，每日 3 次[1]。

3. 慢性结肠炎：根茎 9g，加细辛、黄连、黄柏各 3g，当归、乌梅、附子各 9g，花椒 5g，人参 18g，桂枝 20g，水煎，分 2 次服，每日 1 剂[2]。

4. 胃溃疡吐血：根茎（炒制）45g，加人参、白术、炙甘草各 45g，血余炭 10g（另包分 4 次冲服），水煎，分 4 次服，每日 1 剂[3]。

5. 糖尿病性炎症：根茎制成片剂，每片含生药 1g，每日 2 次，1 次一片，午餐和晚餐后口服，8 周为 1 疗程[4]。

6. 风寒感冒：根茎 9g，水煎数沸，取汁 150ml，1 次热服。

7. 胃寒呕吐：鲜根茎（或根茎）3 ～ 9g，加制半夏 9g，水煎服。

8. 面目水肿：根茎栓皮 3 ～ 6g，加橘皮 3 ～ 6g，桑白皮、茯苓皮、大腹皮各 9g，水煎服。

9. 肺寒咳嗽、多痰：根茎 1.5 ～ 4.5g，加细辛 1.5 ～ 4.5g，五味子、茯苓、炙甘草各 3 ～ 9g，水煎服。（6 方至 9 方引自《浙江药用植物志》）

【附注】姜始载于《神农本草经》，被列为中品。《本草图经》载："姜生犍为山谷及荆州、扬州。今处处有之，以汉、温、池州者为良。苗高二三尺，叶似箭竹叶而长，两两相对，苗青，根黄，无花实。"《本草纲目》云："初生嫩者其尖微紫，名紫姜，或作子姜；宿根谓之母姜也。"又云："姜宜原湿沙地。四月取母姜种之。五月生苗如初生嫩芦，而叶稍阔似竹叶，对生，叶亦辛香。秋社前后新芽顿长，如列指状，采食无筋，谓之子姜。秋分后者次之，霜后则老矣。"即为本种。

药材干姜阴虚内热及热实证者禁服。

【化学参考文献】

［1］Guo T，Tan S B，Wang Y，et al. Two new monoterpenoid glycosides from the fresh rhizome of Tongling White Ginger（*Zingiber officinale*）［J］. Nat Prod Res，2018，32（1）：71-76.

［2］Hori Y，Miura T，Wakabayashi Y，et al. Five monoterpene glycosides from *Zingiberis rhizome*（Shokyo）［J］. Heterocycles，2005，65（10）：2357-2367.

［3］Endo K，Kanno E，Oshima Y. Structures of antifungal diarylheptenones，gingerenones A，B，C and isogingerenone B，isolated from the rhizomes of *Zingiber officinale*［J］. Phytochemistry，1990，29（3）：797-799.

［4］Ma J P，Jin X L，Yang L，et al. Diarylheptanoids from the rhizomes of *Zingiber officinale*［J］. Phytochemistry，2004，65（8）：1137-1143.

［5］Kikuzaki H，Usuguchi J，Nakatani N. Constituents of Zingiberaceae. I. diarylheptanoids from the rhizomes of ginger（*Zingiber officinale* Roscoe）［J］. Chem Pharm Bull，1991，39（1）：120-122.

［6］Kikuzaki H，Nakatani N. Cyclic diarylheptanoids from rhizomes of *Zingiber officinale*［J］. Phytochemistry，1996，43（1）：273-277.

［7］Kikuzaki H，Kobayashi M，Nakatani N. Constituents of Zingiberaceae. Part 4. diarylheptanoids from rhizomes of *Zingiber officinale*［J］. Phytochemistry，1991，30（11）：3647-3651.

［8］何文珊，魏孝义，李琳，等. 生姜中一新的抗氧化二苯基环氧庚烷成分［J］. 植物学报，2001，43（7）：757-759.

［9］Kikuzaki H，Tsai S M，Nakatani N. Constituents of Zingiberaceae. Part 5. gingerdiol related compounds from the rhizomes of *Zingiber officinale*［J］. Phytochemistry，1992，31（5）：1783-1786.

［10］Wu T S，Wu Y C，Wu P L，et al. Structure and synthesis of［*n*］-dehydroshogaols from *Zingiber officinale*［J］. Phytochemistry，1998，48（5）：889-891.

［11］Charles R，Garg S N，Kumar S. New gingerdione from the rhizomes of *Zingiber officinale*［J］. Fitoterapia，2000，71（6）：716-718.

［12］Rahuman A A，Gopalakrishnan G，Venkatesan P，et al. Mosquito larvicidal activity of isolated compounds from the rhizome of *Zingiber officinale*［J］. Phytother Res，2008，22（8）：1035-1039.

［13］Kim J S，Lee S I，Park H W，et al. Cytotoxic components from the dried rhizomes of *Zingiber officinale* Roscoe［J］. Arch Pharm Res，2008，31（4）：415-418.

［14］彭卫新，张阳德，杨科，等. 罗平产生姜的化学成分［J］. 云南植物研究，2007，29（1）：125-128.

［15］Sekiwa Y. Kubota K，Kobayashi A. Isolation of novel glucosides related to gingerdiol from ginger and their antioxidative activities［J］. J Agric Food Chem，2000，48（2）：373-377.

［16］Olennikov D N，Kashchenko N I. 1-Dehydro-［14］-gingerdione，a new constituent from *Zingiber officinale*［J］. Chem Nat Compd，2015，51（5）：877-881.

［17］李琰，王彦志，李泽之，等. 干姜中姜酚类成分的分离鉴定［J］. 中国药学杂志，2017，52（20）：1812-1815.

［18］Langner E，Greifenberg S，Gruenwald J. Ginger：history and use［J］. Adv Ther，1998，15（1）：25-44.

［19］Wohlmuth H，Smith M K，Brooks L O，et al. Essential oil composition of diploid and tetraploid clones of ginger（*Zingiber officinale* Roscoe）grown in Australia［J］. J Agric Food Chem，2006，54（4）：1414-1419.

［20］Yoshikawa M，Yamaguchi S，Kunimi K，et al. Stomachic principles in ginger. III. an anti-ulcer principle，6-gingesulfonic acid，and three monoacyldigalactosylglycerols，gingerglycolipids A，B，and C，from *Zingiberis Rhizoma* originating in

Taiwan［J］. Chem Pharm Bull，1994，42（6）：1226-1230.
［21］Xie G Y，Wang Y，Wang D，et al. Chemical constituents of the aerial part of *Zingiber officinale*［J］. Chem Nat Compd，2019，55（2）：343-344.

【药理参考文献】

［1］Chen C Y，Cheng K C，Chang A Y，et al. 10-Shogaol，an antioxidant from *Zingiber officinale* for skin cell proliferation and migration enhancer［J］. International Journal of Molecular Sciences，2012，13（12）：1762-1777.
［2］El-Ghorab A H，Nauman M，Anjum F M，et al. A Comparative study on chemical composition and antioxidant activity of ginger（*Zingiber officinale*）and cumin（*Cuminum cyminum*）［J］. Journal of Agricultural and Food Chemistry，2010，58（14）：8231-8237.
［3］Ghasemzadeh A，Jaafar H Z E，Rahmat A. Antioxidant activities，total phenolics and flavonoids content in two varieties of Malaysia young ginger（*Zingiber officinale* Roscoe）［J］. Molecules，2010，15（6）：4324-4333.
［4］Stoilova I，Krastanov A，Stoyanova A，et al. Antioxidant activity of a ginger extract（*Zingiber officinale*）［J］. Food Chemistry，2007，102（3）：764-770.
［5］何文珊，李琳，郭祀远，等. 生姜中一种新化合物的抗氧化活性［J］. 中国病理生理杂志，2004，17（5）：461-463.
［6］Iranloye B O，Arikawe A P，Rotimi G，et al. Anti-diabetic and anti-oxidant effects of *Zingiber Officinale* on alloxan-induced and insulin-resistant diabetic male rats［J］. Nig J Physiol Sci，2011，26（1）：89-96.
［7］Oboh G，Akinyemi A J，Ademiluyi A O. Antioxidant and inhibitory effect of red ginger（*Zingiber officinale* var. *rubra*）and white ginger（*Zingiber officinale* Roscoe）on Fe^{2+} induced lipid peroxidation in rat brain *in vitro*［J］. Experimental and Toxicologic Pathology：Official Journal of the Gesellschaft fur Toxikologische Pathologie，2012，64（1-2）：31-36.
［8］李蜀眉，王丽荣，张卫东，等. 干姜中黄酮类化合物的提取及抗氧化性能的研究［J］. 食品工业，2015，36（1）：141-143.
［9］李爱华. 生姜抗氧化作用的研究［J］. 食品科学，1995，16（12）：35-38.
［10］王桥，曾昭晖. 生姜石油醚提取物对四种氧自由基体系抗氧化作用的研究［J］. 中国药学杂志，1997，32（6）：343-346.
［11］李迎秋，田文利，黄雪松. 生姜提取物在食用油脂中的抗氧化效果［J］. 山东轻工业学院学报（自然科学版），2004，18（2）：47-50.
［12］Akhani S P，Vishwakarma S L，Goyal R K. Anti-diabetic activity of *Zingiber officinale* in streptozotocin-induced type I diabetic rats［J］. Journal of Pharmacy and Pharmacology，2004，56（1）：101-105.
［13］Ojewole J A O. Analgesic，antiinflammatory and hypoglycaemic effects of ethanol extract of *Zingiber officinale*（roscoe）rhizomes（Zingiberaceae）in mice and rats［J］. Phytotherapy Research，2006，20：764-772.
［14］Gamal R，Mohammed A A K，Wael M E S. Anti-inflammatory and anti-oxidant properties of *Curcuma longa*（Turmeric）Versus *Zingiber officinale*（Ginger）rhizomes in rat adjuvant-induced arthritis［J］. Inflammation，2011，34（4）：291-301.
［15］Penna S C，Medeiros M V，Aimbire F S C，et al. Anti-inflammatory effect of the hydralcoholic extract of *Zingiber officinale* rhizomes on rat paw and skin edema［J］. Phytomedicine，2003，10（5）：381-385.
［16］王梦，钱红美，苏简单. 干姜乙醇提取物解热镇痛及体外抑菌作用研究［J］. 中药新药与临床药理，2003，14（5）：299-301.
［17］马晓茜，赵晓民. 干姜水提物解热镇痛作用的实验研究［J］. 山东医学高等专科学校学报，2011，33（5）：327-329.
［18］王贵林，朱路. 生姜油的抗炎作用［J］. 中药药理与临床，2006，22（5）：26-28.
［19］Gaus K，Huang Y，Israel D A，et al. Standardized ginger（*Zingiber officinale*）extract reduces bacterial load and suppresses acute and chronic inflammation in *Mongolian gerbils* infected with cagA+ helicobacter pylori［J］. Pharmaceutical Biology，2009，47（1）：92-98.
［20］Karuppiah P，Rajaram S. Antibacterial effect of *Allium sativum* cloves and *Zingiber officinale* rhizomes against multiple-drug resistant clinical pathogens［J］. Asian Pacific Journal of Tropical Biomedicine，2012，2（8）：597-601.
［21］刘瑜，张卫明，单承莺，等. 生姜挥发油抑菌活性研究［J］. 食品工业科技，2008，29（3）：88-90.

[22] 周孟清 . 生姜提取物的抗菌作用及其应用 [J]. 养殖技术顾问，2005，（10）：27.

[23] Gwang H P，Jae H P，Hun M S，et al . Anti-cancer activity of Ginger (*Zingiber officinale*) leaf through the expression of activating transcription factor 3 in human colorectal cancer cells [J]. BMC Complementary and Alternative Medicine，2014，14：1-8.

[24] Asif I，Faizus S，Shahedur R . *In vitro* antioxidant and anticancer activity of young *Zingiber officinale* against human breast carcinoma cell lines [J]. BMC Complementary and Alternative Medicine，2011，11 (1)：76.

[25] Sang S，Hong J，Wu H，et al. Increased growth inhibitory effects on human cancer cells and anti-inflammatory potency of shogaols from *Zingiber officinale* relative to gingerols [J]. Journal of Agricultural and Food Chemistry，2009，57 (22)：10645-10650.

[26] Katiyar S K，Agarwal R，Mukhtar H . Inhibition of tumor promotion in SENCAR mouse skin by ethanol extract of *Zingiber officinale* rhizome [J]. Cancer Research，1996，56 (5)：1023-1030.

[27] Cheng X L，Liu Q，Peng Y B，et al. Steamed ginger (*Zingiber officinale*)：changed chemical profile and increased anticancer potential [J]. Food Chemistry，2011，129 (4)：1785-1792.

[28] 刘辉，朱玉真 . 生姜醇提物对荷瘤鼠免疫功能的影响 [J]. 卫生研究，2002，31 (3)：66-67.

[29] 蒋苏贞，陈玉珊 . 干姜醇提取物对肠道平滑肌运动的影响 [J]. 医药导报，2011，30 (1)：11-14.

[30] 蒋苏贞，朱春丽 . 干姜醇提取物对胃排空的影响 [J]. 中国当代医药，2010，17 (14)：17-18.

[31] 许青媛，于利森 . 干姜及其主要成分的抗凝作用 [J]. 中国中药杂志，1991，16 (2)：112-113.

[32] 陈昆南，杨书麟 . 生姜醇提物抗凝血作用的进一步探讨 [J]. 中药药理与临床，1997，13 (5)：31-32.

[33] 张关亭，王军，张磊，等 . 生姜水提物对全脑缺血再灌注大鼠凝血功能的影响 [J]. 中医研究，2007，20 (4)：18-20.

[34] 王军，于震，张红霞，等 . 生姜对局灶性脑缺血再灌注大鼠皮层神经细胞凋亡及 Bcl-2、Bax、caspase-3 表达的影响 [J]. 中国中药杂志，2011，36 (19)：2734-2736.

[35] 王军，张磊，王子华，等 . 生姜醇提物对脑缺血再灌注小鼠脑组织 ATP 酶和自由基代谢的影响 [J]. 江苏中医药，2007，39 (4)：59-60.

[36] 蒋苏贞，廖康 . 干姜醇提取物对实验性胃溃疡的影响 [J]. 中国民族民间医药，2010，（8）：79-80.

[37] Al-Yahya M A，Rafatullah S，Mossa J S，et al. Gastroprotective activity of ginger *Zingiber Officinale* Rosc. in albino rats [J]. The American Journal of Chinese Medicine，1989，17 (1-2)：51-56.

[38] 许庆文，卢传坚，欧明，等 . 干姜提取物对兔急性心衰模型的保护和治疗作用 [J]. 中药新药与临床药理，2004，15 (4)：244-247.

[39] 卢传坚，许庆文，欧明，等 . 干姜提取物对心衰模型兔心功能的影响 [J]. 中药新药与临床药理，2004，15 (5)：301-305.

[40] 王梦，钱红美，苏简单 . 干姜醇提物对大鼠利胆作用研究 [J]. 西北药学杂志，1999，14 (4)：157-158.

[41] 周静，杨卫平，李应龙，等 . 干姜水煎液对急性心肌缺血大鼠血浆血管紧张素 Ⅱ、血清肿瘤坏死因子 α、丙二醛、一氧化氮的影响 [J]. 时珍国医国药，2014，25 (2)：288-290.

[42] 陈颖，刘冬，周静，等 . 干姜挥发油对急性心肌缺血缺氧模型大鼠血流动力学的实验研究 [J]. 成都中医药大学学报，2011，34 (1)：80-82.

[43] 欧立娟，孙晓萍，刘启德，等 . 干姜、陈皮提取物对大鼠心肌缺血的影响 [J]. 中药材，2009，32 (11)：1723-1726.

[44] 武彩霞，魏欣冰，丁华，等 . 生姜有效部位的调血脂作用研究 [J]. 药学研究，2005，24 (3)：174-176.

[45] Chang J S，Wang K C，Yeh C F，et al. Fresh ginger (*Zingiber officinale*) has anti-viral activity against human respiratory syncytial virus in human respiratory tract cell lines [J]. Journal of Ethnopharmacology，2013，145 (1)：146-151.

[46] Topic B，Hasenöhrl R U，Häcker R，et al. Enhanced conditioned inhibitory avoidance by a combined extract of *Zingiber officinale* and *Ginkgo biloba* [J]. Phytotherapy Research，2002，16 (4)：312-315.

[47] 宋学英，王桥，朱莹，田晓娟 . 生姜对急性缺氧小鼠的保护作用 [J]. 首都医科大学学报，2004，25 (4)：438-440.

[48] 张明发，沈雅琴 . 干姜对缺氧和受寒小鼠的影响 [J]. 中国中药杂志，1991，16 (3)：170-172.

［49］熊平源，马丙娜，郭明雄．生姜对小鼠免疫功能影响的实验研究［J］．数理医药学杂志，2006，19（3）：243-244.
［50］Mostafa O M S，Eid R A，Adly M A．Antischistosomal activity of ginger（*Zingiber officinale*）against *Schistosoma mansoni* harbored in C57 mice［J］．Parasitology Research，2011，109（2）：395-403.
［51］Rahuman A A，Gopalakrishnan G，Venkatesan P，et al. Mosquito larvicidal activity of isolated compounds from the rhizome of *Zingiber officinale*［J］．Phytotherapy Research，2008，22（8）：1035-1039.

【临床参考文献】

［1］邓飞．戴裕光，临床验案举隅［J］．实用中医药杂志，2017，33（6）：724-725.
［2］黄永凯，王晓红．乌梅丸的再认识与临床应用［J］．新中医，2017，49（1）：221-223.
［3］罗建忠．理中汤临床应用举隅［J］．实用中医药杂志，2018，34（7）：856-857.
［4］Mahluji S，Ostadrahimi A，Mobasseri M，et al. Anti-Inflammatory effects of *Zingiber officinale* in type 2 diabetic patients［J］．Advanced Pharmaceutical Bulletin，2013，3（2）：273-276.

一四一　美人蕉科 Cannaceae

多年生直立草本，有块状的根茎。叶大型，互生，宽椭圆形至长圆形，先端具丝状短尾，有明显的羽状平行脉，具叶鞘。花两性，大而美丽，不对称，排成顶生的穗状花序、总状花序或狭圆锥花序；总苞片佛焰苞状；每一苞片内通常有花 2 朵；萼片 3 枚，分离，宿存；花瓣 3 枚，下部合化呈管状并常和退化雄蕊群联合；退化雄蕊花瓣状，3 ～ 4 枚，外轮的 3 枚（有时 2 枚或无）较大，内轮的 1 枚较狭，向外反折，称为唇瓣；发育雄蕊 1 枚，花丝亦增大呈花瓣状，多少旋卷，边缘有 1 枚仅具 1 室的花药；子房下位，3 室，每室有胚珠多粒；花柱棒状，扁平。蒴果，3 瓣裂，密生小瘤体或柔刺。种子球形。

1 属，10 余种，分布于美洲热带、亚热带地区。中国 1 属，1 种，各地均有栽培。法定药用植物 1 属，1 种。华东地区法定药用植物 1 属，1 种。

美人蕉科仅美人蕉属 1 属，法定药用植物主要含挥发油类、二萜类、甾体类等成分。挥发油类如 1, 1- 二乙氧基乙烷（1, 1-diethoxyethane）、二甲基氰膦（dimethyl-cyano-phosphine）等；二萜类如对映 -11α- 羟基 -15- 酮基 - 贝壳杉 -16- 烯 -19- 羧酸（*ent*-11α-hydroxy-15-oxo-kaur-16-en-19-oic acid）等；甾体类如 β- 谷甾醇（β-sitosterol）、胡萝卜苷（daucosterol）等。

1. 美人蕉属 *Canna* Linn.

属的特征与科同。

1184. 美人蕉（图 1184）• *Canna indica* Linn.

【别名】昙华（上海）。

【形态】植株全部绿色，高可达 1.8m。叶片长圆形，长 10 ～ 40cm，宽 5 ～ 15cm。总状花序花疏，略超出于叶片之上；花单生或孪生于苞片内；总苞片绿色，长 10 ～ 15cm；苞片绿白色，宽卵形，长 1 ～ 2cm；萼片披针形，长约 1cm；花冠管稍短于花萼，花冠裂片披针形，长 3 ～ 4cm，稍带红色；外轮退化雄蕊 3 枚或 2 枚，红色，其中侧生 2 枚倒披针形，长 4 ～ 9cm，后方 1 枚若存在则极小；唇瓣倒披针形，先端钝或微凹；发育雄蕊长 2.5cm，花药长 6 ～ 10mm。蒴果绿色，长卵形，有软刺，长 1.2 ～ 1.8cm。花果期 3 ～ 12 月。

【生境与分布】多为栽培。全国各地均有栽培。

【药名与部位】美人蕉根，根茎。

【药材炮制】除去杂质，洗净，润软，切厚片，干燥。

【化学成分】根茎含二萜类：对映 -11α- 羟基 -15- 酮基 - 贝壳杉 -16- 烯 -19- 羧酸（*ent*-11α-hydroxy-15-oxo-kaur-16-en-19-oic acid）[1]；甾体类：β- 谷甾醇（β-sitosterol）和胡萝卜苷（daucosterol）[1]；脂肪酸类：棕榈酸（palmitic acid）和棕榈酸 -1- 单甘油酯（1-monopalmitin）[1]；挥发油类：胡萝卜次醇（carotol）和 9- 柏木酮 *（9-cedranone, cedran-9-one）[2]。

叶含挥发油类：1, 1- 二乙氧基乙烷（1, 1-diethoxyethane）、二甲基氰膦（dimethyl-cyano-phosphine）和邻苯二甲酸单（2- 乙基已基）酯［mono（2-ethylhexyl）phthali acid ester］等[3]。

【药理作用】1. 利胆　根茎水提醇沉提取的酚类和萜类成分能增加肝胆汁分泌量，增加家兔胆汁中胆红素的排泄[1]。2. 抗氧化　地上部分的甲醇提取物具有较好的清除 1, 1- 二苯基 -2- 三硝基苯肼（DPPH）自由基、羟自由基（•OH）、一氧化氮（NO）自由基和过氧化氢（H_2O_2）的作用[2]。3. 护脑　根和根茎的甲醇提取物对缺血诱导的氧化应激具有保护作用，其机制包括抑制自由基生成、活性氧清除和调节

图 1184 美人蕉 摄影 郭增喜等

细胞内抗氧化剂对缺血再灌注诱导的减少，对脑缺血再灌注损伤有明显的改善作用，增强了机体的抗氧化防御能力[3]。4. 抗炎 根茎的水提取物通过刺激肝细胞再生和炎症区域的愈合，具有抗氧化作用，表现为天冬氨酸氨基转移酶含量降低，具有抗炎作用的成分为胡萝卜次醇（carotol）和 9- 柏木酮*（9-cedranone, cedran-9-one）[4]。5. 镇痛 叶、花、根茎、种子的苯和甲醇的提取物在热板法及乙酸扭体法中均显示出明显的中枢和外周镇痛作用，其中叶甲醇提取物和苯提取物对乙酸扭体的抑制作用最强[5]。6. 抗病毒 根茎的水提取物对 HIV-1 RT 的活性具有抑制作用，水提取物中纯化得到的蛋白质 Cip31 和 Cip14 对 HIV-1 RT 的活性具有较强的抑制作用，蛋白质是蕉根茎中 HIV-RT 的有效成分[6]。

【功能与主治】清热解毒，调经，利水。

【药用标准】浙江炮规 2005。

【临床参考】1. 带状疱疹：鲜根 150 ～ 200g，加冰片 6 ～ 10g，面粉适量，共同捣烂外敷患处，敷料覆盖，胶布固定，每日 1 次[1]。

2. 白带多：根茎 30g，加紫茉莉根 30g，水煎服，每日 1 剂[2]。

3. 疮疡肿毒：鲜根茎，加苦瓜叶等量，洗净捣烂，外敷患处[2]。

4. 急性黄疸型肝炎：鲜根茎 60g，加茵陈、马鞭草各 30g，陆英根 20g，水煎，分 3 次服，每日 1 剂，连服半月[2]。

5. 风湿麻木：块茎 30g，加羌活、防风、威灵仙、僵蚕各 9g，水煎服[2]。

6. 小儿发热腹胀：鲜花、叶各 50g，加鲜过路黄 30g，捣烂，炒热，敷贴肚脐，2h 揭去[2]。

7. 扭挫伤：鲜根茎适量，加食盐、甜酒糟少许，捣烂，外敷患处[2]。

8. 吐血、鼻衄：花 6g，加白茅根 30g，水煎服。（《安徽中草药》）

【附注】《本草纲目拾遗》载有虎头蕉，云："虎头蕉，出福建、台湾五虎山者佳。一茎独上。叶抱茎生。不相对，形类蕉而小。苗高五六寸。秋时起茎。开花似兰，色红结实有刺，类蓖麻子，外面苞状。若高三四尺者，名美人蕉。”《植物名实图考》引《枫窗小牍》谓：“广中美人蕉大都不能过霜节，唯郑皇后宅中鲜茂倍常，盆盎溢坐，不独过冬，更能作花。”又引《群芳谱》谓：“美人蕉产福建福州府者，其花四时皆开，深红照眼，经月不谢，中心一朵，晓生甘露。”即为本种。

【化学参考文献】

[1] 唐祥怡，刘军，张执候，等. 美人蕉的化学成分研究［J］. 中草药，1995，26（2）：107.

[2] Longo D F，Teuwa A，Fogue S K，et al. Hepatoprotective effects of *Canna indica* L. rhizome against acetaminophen（paracetamol）［J］. World Journal of Pharmacy and Pharceutical Science，2015，4（5）：1609-1624.

[3] 孔杜林，李永辉，范超军，等. 美人蕉叶挥发油的 GC-MS 分析［J］. 中国现代中药，2013，15（6）：445-447.

【药理参考文献】

[1] 曾祥元，杭宜卿，乔智慧. 美人蕉提取物利胆作用的实验观察［J］. 中国药学杂志，1983，18（3）：34-35.

[2] Joshi Y M，Kadam V J，Kaldhone P R. *In vitro* antioxidant activity of methanolic extract of aerial parts of *Canna indica* L.［J］. Journal of Pharmacy Research，2009，2（11）：1712-1715.

[3] Talluri M R，Killari N K，Manepalli V M，et al. Protective effect of *Canna indica* on cerebral ischemia-reperfusion injury in rats［J］. Agriculture and Natural Resources，2018，DOI：10. 1016/j. anres. 2018. 03. 007.

[4] Longo D F，Teuwa A，Fogue S K，et al. Hepatoprotective effects of *Canna indica* L. rhizome against acetaminophen（paracetamol）［J］. World Journal of Pharmacy and Pharceutical Science，2015，4（5）：1609-1624.

[5] Nirmal S A，Shelke S M，Gagare P B，et al. Antinociceptive and anthelmintic activity of *Canna indica*［J］. Natural Product Research，2007，21（12）：1042-1047.

[6] Woradulayapinij W，Soonthornchareonnon N，Wiwat C. *In vitro* Hiv type 1 reverse transcriptase inhibitory activities of Thai medicinal plants and *Canna indica* L. rhizomes［J］. Journal of Ethnopharmacology，2005，101：84-89.

【临床参考文献】

[1] 朱德宝. 美人蕉根治疗带状疱疹体会［J］. 中国乡村医生杂志，1998，（12）：19-20.

[2] 韩学俭. 美人蕉药用 8 则［J］. 农村新技术，2009，（17）：48.

一四二　兰科 Orchidaceae

地生、附生或较少为腐生草本，罕为攀援藤本。地生与腐生种类常有块茎或肥厚的根茎，附生的具有肥厚、肉质的气生根。茎直立，常在基部或全部膨大为具一节或多节、呈多种形状的假鳞茎。叶基生或茎生，茎生者通常互生或生于假鳞茎顶端或近顶端处，扁平或有时圆柱形或两侧压扁。花葶或花序顶生或侧生；具花 1 朵或具花多数而排列成总状、穗状或伞形花序，两性，通常两侧对称；花被片 6 枚，2 轮；中央 1 枚花瓣的形态常有较大的特化，明显不同于 2 枚侧生花瓣，称唇瓣，唇瓣由于花作 180° 扭转或 90° 弯曲，常处于下方；子房下位，1 室，侧膜胎座，较少 3 室而具中轴胎座；除子房外整个雌雄蕊器官完全融合成柱状体，称合蕊柱。果实通常为蒴果，较少呈荚果状，具极多种子。种子细小，无胚乳，种皮常在两端延长成翅状。

约 800 属，25 000 ～ 30 000 种，分布于热带、亚热带、温带地区。中国 194 属，1388 种，全国各地均有分布。法定药用植物 22 属，48 种 2 变种。华东地区法定药用植物 12 属，14 种。

兰科法定药用植物主要含生物碱类、联苄类、菲类、酚类、黄酮类、木脂素类、有机酸酯类等成分。生物碱类包括有机胺类、吡咯类、哌啶类、喹啉类、萜类等，如 *N-p-* 香豆酰酪胺（*trans-N-p*-coumaroyl tyramine）、*N-* 反式阿魏酸酰对羟基苯乙胺（*N-trans*-feruloyl tyramine）、金雀花碱（cytisine）、曲唇羊尔蒜碱（kumokirine）、玫瑰石斛定碱（crepidine）、玫瑰石斛碱（dendrocrepine）、开唇兰碱（anoectochine）、葡糖靛青苷（glucoindican）、色胺酮（tryptanthrin）、金钗石斛碱 A（dendronobiline A）、细茎石斛碱（moniline）等；联苄类如流苏金石斛酚 A、B（fimbriol A、B）、黄药杜鹃利宁（flavanthrinin）、卷瓣兰菲灵（cirrhopetalin）、鼓槌菲（chrysotoxene）、林荫银莲灵（flaccidinin）等；菲类如白及双菲醚 A、B、C、D（blestrin A、B、C、D）、鼓槌菲（chrysotoxene）、石豆兰菲素（bulbophyllanthrin）、毛兰素（erianthridin）等；酚类如 4- 羟基苯甲醇（4-hydroxybenzylalcohol）、天麻素（gastrodin）、帕氏万带兰素 B, C（parishin B, C）等；黄酮类包括黄酮、黄酮醇、查耳酮等，如白杨素（chrysin）、槲皮素 -7-*O*-α-L- 鼠李糖苷（quercetin-7-*O*-α-L-rhamnoside）等；木脂素类如松脂素（pinoresinol）、丁香脂素（syringaresinol）等；有机酸酯类如巴利森苷 B, 即 1, 2- 双［4-（β-D- 吡喃葡萄糖氧基）苄基］枸橼酸酯 {1, 2-bis［4-（β-D-glucopyranosyloxy）benzyl］citrate}、巴利森苷 C, 即 1, 3- 双［4-（β-D- 吡喃葡萄糖氧基）苄基］枸橼酸酯 {1, 3-bis［4-（β-D-glucopyranosyloxy）benzyl］citrate} 等。

天麻属含酚类、酰胺类、有机酸酯类等成分。酚类如天麻素（gastrodin）、派立辛（parishin）、天麻醚苷（gastrodioside）、天麻酚 A（gastrol A）等；酰胺类如菜椒酰胺（grossamide）、天麻胺（gastrodamine）等；有机酸酯类如 L- 柠檬酸 -1, 5- 二甲酯（L-1, 5-dimethyl citrate）、巴利森苷 B, 即 1, 2- 双［4-（β-D- 吡喃葡萄糖氧基）苄基］枸橼酸酯 {1, 2-bis［4-（β-D-glucopyranosyloxy）benzyl］citrate}、巴利森苷 C, 即 1, 3- 双［4-（β-D- 吡喃葡萄糖氧基）苄基］枸橼酸酯 {1, 3-bis［4-（β-D-glucopyranosyloxy）benzyl］citrate} 等。

白及属含联苄类、菲类、黄酮类等。联苄类如山药素 Ⅲ（batatasin Ⅲ）、3′-*O*- 甲基山药素 Ⅲ（3′-*O*-methylbatatasin Ⅲ）、独蒜兰定 D（bulbocodin D）、3, 5- 二甲氧基联苄（3, 5-dimethoxybibenzyl）等；菲类如白及二氢菲并吡喃酚 A、B、C（bletlol A、B、C）、4, 7- 二羟基 -2- 甲氧基 -9, 10- 二氢菲（4, 7-dihydroxy-2-methoxy-9, 10-dihydrophenanthrene）、2, 4, 7- 三甲氧基菲（2, 4, 7-trimethoxyphenanthrene）、紫花美冠兰酚（nudol）、白及菲螺醇（blespirol）、白及双菲醚 A、B、C、D（blestrin A、B、C、D）、白及联菲 A、B、C（blestriarene A、B、C）等；黄酮类包括黄酮、黄酮醇等，如芹菜素（apigenin）、山柰酚 -7-*O*-β-D- 吡喃葡萄糖苷（kaempferol-7-*O*-β-D-glucopyranoside）、异鼠李素（isorhamnetin）等。

石斛属含生物碱类、菲类、联苄类、倍半萜类、香豆素类、多糖类等成分。生物碱包括倍半萜类、吡咯类、吲哚类、咪唑类等，如石斛碱（dendrobine）、木比隆碱 C（mubironine C）、石斛醚碱（dendroxine）、石斛胺（dendramine）、石斛酯碱（dendrine）等；菲类如拖鞋状石斛素（moscatin）、鼓槌菲（chrysotoxene）、毛兰素（erianthridin）、细茎石斛醇（moniliformine）、金钗石斛菲醌（denbinobin）、金石斛醌（ephemeranthoquinone）等；联苄类如鼓槌石斛素（chrysotoxine）、堆花石斛素（cumulatin）、球茎石豆兰素（tristin）、3-甲基大叶兰酚（3-methylgigantol）等；倍半萜类如石斛苷 A（dendroside A）、金钗石斛苷 A、B、C、D、E（dendronobiloside A、B、C、D、E）等；香豆素类如阿牙潘泽兰内酯（ayapin）、东莨菪素（scopoletin）等；多糖类如霍山石斛多糖 1、2、3、4（DHP1、2、3、4）等。

石豆兰属含菲类、联苄类、苯丙素类等成分。菲类如流苏金石斛酚 B（fimbriol B）、黄药杜鹃利宁（flavanthrinin）、紫花美冠兰酚（nudol）、石豆兰菲素（bulbophyllanthrin）、线瓣石豆兰素（gymnopusin）等；联苄类如山药素Ⅲ（batatasin Ⅲ）、二氢白藜芦醇（dihydroresveratrol）、纹瓣兰酚Ⅰ（aloifol Ⅰ）、堆花石斛素（cumulatin）等；苯丙素类如甲基异丁香酚（methyl isoeugenol）、双氢松柏醇（dihydroconiferyl alcohol）等。

石仙桃属含联苄类、菲类、二苯乙烯类、皂苷类等成分。联苄类如山药素Ⅲ（batatasin Ⅲ）、大叶兰酚（gigantol）、3, 3′, 5- 三羟基联苄（3, 3′, 5-trihydroxybibenzyl）等；菲类如美冠兰酚（eulophiol）、卢斯兰菲（lusianthridin）、蜥蜴兰醇（hircinol）、毛兰素（erianthridin）等；二苯乙烯类如反式 -3- 羟基 -2′3′, 5- 三甲氧基二苯乙烯（*trans*-3-hydroxy-2′3′, 5-trimethoxystilbene）、顺式 -3, 3′- 二羟基二苯乙烯（*cis*-3, 3′-dihydroxystilbene）等；皂苷类多为四环三萜，如环石仙桃萜酮（cyclopholidone）、环石仙桃萜醇（cyclopholidonol）、新木姜子烷醇（cycloneolitsol）等。

分属检索表

1. 腐生植物；叶退化呈鳞片状或鞘状，非绿色……1. 天麻属 *Gastrodia*
1. 非腐生植物；叶非上述情况，绿色。
  2. 总花梗和花序轴上具翅……2. 羊耳蒜属 *Liparis*
  2. 总花梗和花序轴上无翅。
    3. 地生植物，若生于石壁上，则表面必有覆土。
      4. 无假鳞茎或假鳞茎隐藏于叶丛之中而不明显。
        5. 茎长而明显，无假鳞茎；叶茎生。
          6. 茎坚挺，竹茎状；叶呈禾叶状，条形……3. 竹叶兰属 *Arundina*
          6. 茎稍肥厚，非竹茎状；叶不呈禾叶状条形。
            7. 叶片上表面常具白色或黄白色纹；唇瓣不呈 Y 形……4. 斑叶兰属 *Goodyera*
            7. 叶片上表面具金黄色细网脉；唇瓣呈 Y 形……5. 开唇兰属 *Anoectochilus*
        5. 茎极短，假鳞茎不明显，隐藏于叶丛中；叶近基生或丛生……6. 兰属 *Cymbidium*
      4. 具明显可见的假鳞茎。
        8. 假鳞茎扁球形或扁斜卵形，具 2 个长的突起，具荸荠样的环带；叶 3 枚以上……7. 白及属 *Bletilla*
        8. 假鳞茎非上述情况；叶 3 枚以下。
          9. 花序仅具花 1 朵；叶 1 枚……8. 独蒜兰属 *Pleione*
          9. 花序具花多数；叶 1～2 枚……9. 杜鹃兰属 *Cremastra*
    3. 附生植物。
      10. 茎丛生，肉质，具明显的节间……10. 石斛属 *Dendrobium*
      10. 无丛生的茎。
        11. 花葶从假鳞茎基部的根茎上抽出……11. 石豆兰属 *Bulbophyllum*
        11. 花葶从假鳞茎顶端抽出……12. 石仙桃属 *Pholidota*

1. 天麻属 *Gastrodia* R. Br.

腐生草本。根茎肉质，横生，椭圆形或卵圆形，通常平卧，具节，节常较密。茎直立，常为黄褐色，无绿叶，一般在花后延长，中部以下具数节，节上被筒状或鳞片状鞘。总状花序顶生，具数花至多花，较少减退为单花；花近壶形、钟状或宽圆筒状；萼片与花瓣合生成筒，先端5齿裂；花被筒基部有时膨大呈囊状，偶见2枚侧萼片之间开裂；唇瓣贴生于合蕊柱足末端，通常较小，几乎完全藏于花被筒内；合蕊柱长，具狭翅，基部有短的合蕊柱足；花药较大，近顶生；花粉团2个，粒粉质，通常由可分的小团块组成，无花粉团柄和黏盘。

约20种，分布于东亚、东南亚至大洋洲。中国15种，多分布于东北部至西南部各地。法定药用植物1种。华东地区法定药用植物1种。

1185. 天麻（图1185）· *Gastrodia elata* Blume

图1185 天麻　　摄影 徐克学等

【别名】赤箭（安徽）。

【形态】植株高 30 ～ 100cm，有时可达 2m。根茎肥厚，椭圆形，肉质，长 3 ～ 15cm，直径 2 ～ 6cm，具较密的节，节上被许多三角状宽卵形的鞘。茎直立，黄褐色，无绿叶，下部被数枚膜质鞘。总状花序长 5 ～ 10cm，通常具多数花；苞片长圆状披针形，长 0.6 ～ 1.0cm，膜质；花扭转，绿黄色或淡黄色；萼片和花瓣合生成歪斜的花被筒，长约 1cm，直径 5 ～ 7mm，顶端具 5 裂，裂片卵状三角形，先端钝；唇瓣长圆状卵圆形，长 6 ～ 7mm，基部贴生于合蕊柱足末端与花被筒内壁上，3 裂，中裂片舌状，具乳突，边缘流苏状，侧裂片耳状；合蕊柱长 5 ～ 7mm，有短的合蕊柱足。蒴果倒卵状椭圆形，长 1.4 ～ 1.8cm，宽 8 ～ 9mm。花果期 5 ～ 7 月。

【生境与分布】生于海拔 400 ～ 3200m 的疏林下，林中空地、林缘，灌丛边缘。分布于江西、浙江、江苏、安徽，另吉林、辽宁、内蒙古、河北、山西、陕西、甘肃、河南、湖北、湖南、四川、贵州、云南、西藏、台湾等地均有分布；尼泊尔、印度、朝鲜、不丹、日本等地也有分布。

【药名与部位】天麻，根茎。

【采集加工】立冬后至翌年清明前采挖，立即洗净，蒸透，敞开，低温干燥；或趁热直接切薄片。

【药材性状】呈椭圆形或长条形，略扁，皱缩而稍弯曲，长 3 ～ 15cm，宽 1.5 ～ 6cm，厚 0.5 ～ 2cm。表面黄白色至黄棕色，有纵皱纹及由潜伏芽排列而成的横环纹多轮，有时可见棕褐色菌索。顶端有红棕色至深棕色鹦嘴状的芽或残留茎基；另端有圆脐形疤痕。质坚硬，不易折断，断面较平坦，黄白色至淡棕色，角质样。气微，味甘。

【质量要求】体实肉厚，色黄白，断面明亮，无空心或少空心。

【药材炮制】大小分档，水浸 1 ～ 2h，洗净，润透，切薄片，除去油黑者，干燥；或蒸软，趁热切薄片，干燥。产地已切片者，筛去灰屑，除去油黑者。

【化学成分】根茎含酚类：天麻素（gastrodin）[1]，派立辛（parishin）、派立辛 B、C（parishin B、C）[2]，派立辛 D、E（parishin D、E）、对羟基苯甲醇（4-hydroxybenzyl alcohol）、4-（4′- 羟苄基）苯酚［4-（4′-hydroxybenzyl）-phenol］、对羟基苄基甲醚（*p*-hydroxybenzyl methyl ether）、对羟基苄基乙醚（*p*-hydroxybenzyl ethyl ether）[3]，派立辛 A（parishin A）[4]，派立辛 F、G（parishin F、G）[5]，派立辛 H、I、J、K、L、M、N、O、P、Q、R、S、T、U、V、W（parishin H、I、J、K、L、M、N、O、P、Q、R、S、T、U、V、W）[6]，1-*O*-（4- 羟基甲基苯氧基）-2-*O*- 反式 - 桂皮酰基 -β-D- 葡萄糖苷［1-*O*-（4-hydroxymethylphenoxy）-2-*O*-*trans*-cinnamoyl-β-D-glucoside］、1-*O*-（4- 羟基甲基苯氧基）-3-*O*- 反式 - 桂皮酰基 -β-D- 葡萄糖苷［1-*O*-（4-hydroxymethylphenoxy）-3-*O*-*trans*-cinnamoyl-β-D-glucoside］、1-*O*-（4- 羟基甲基苯氧基）-4-*O*- 反式 - 桂皮酰基 -β-D- 葡萄糖苷［1-*O*-（4-hydroxymethylphenoxy）-4-*O*-*trans*-cinnamoyl-β-D-glucoside］、1-*O*-（4- 羟基甲基苯氧基）-6-*O*- 反式 - 桂皮酰基 -β-D- 葡萄糖苷［1-*O*-（4-hydroxymethylphenoxy）-6-*O*-*trans*-cinnamoyl-β-D-glucoside］、天麻醚苷（gastrodioside）、二（4- 羟基苄基）醚［bis（4-hydroxybenzyl）ether］、4, 4′- 二羟基苄基亚砜（4, 4′-dihydroxybenzylsulfoxide）[7]，4- 羟基 -3-（4- 羟基苄基）苄基甲醚［4-hydroxy-3-（4-hydroxybenzyl）benzyl methyl ether］、4-（甲氧基甲基）苯基 -1-*O*-β-D- 吡喃葡萄糖苷［4-（methoxymethyl）phenyl-1-*O*-β-D-glucopyranoside］、4- 羟基 -3-（4- 羟基苄基）苯甲醛［4-hydroxy-3-（4-hydroxylbenzyl）benzaldehyde］、4-（4- 羟基苄基）-2- 甲氧基苯酚［4-（4-hydroxybenzyl）-2-methoxyphenol］、4, 4′- 亚甲基双（2- 甲氧基苯酚）［4, 4′-methylene bis（2-methoxyphenol）］、3- 甲氧基 -4- 羟基苄基乙醚（3-methoxy-4-hydroxybenzoylethol ether）、对羟基苯甲醇（*p*-hydroxylbenzyl alcohol）、对羟基苯甲酸（*p*-hydroxybenzoic acid）、4-（乙氧甲基）苯基 -1-*O*-β-D- 吡喃葡萄糖苷［4-（ethoxymethyl）phenyl-1-*O*-β-D-glucopyranoside］、4-（β-D- 吡喃葡萄糖基氧基）苯甲醛［4-（β-D-glucopyranosyloxy）benzaldehyde］[8]，天麻呋喃二酮（gastrofurodione）、2, 4- 二（4- 羟基苄基）- 苯酚［2, 4-bis（4-hydroxybenzl）-phenol］、1- 呋喃 -2- 基 -2-（4- 羟基苯基）- 乙酮［1-furan-2-yl-2-（4-hydroxyphenyl）-ethanone］[9]，4, 4′- 亚甲基二苯酚（4, 4′-methylenediphenol）、4-（羟甲基）苯酚［4-（hydroxymethyl）phenol］、天麻素 A（gastrodin A）[10]，4- 羟基苯甲醛（4-hydroxybenzaldehyde）、4, 4′- 二羟基二苯基甲烷（4, 4′-dihydroxydiphenylmethane）[11]，

3, 4- 二羟基苯甲醛（3, 4-dihydroxybenzaldehyde）、4, 4′- 二羟基二苄基醚（4, 4′-dihydroxydibenzyl ether）、4- 羟苄基 -4′- 羟基 -3′-（4″- 羟基苄基）苄基醚［4-hydroxymethylbenzyl-4′-hydroxy-3′-（4″-hydroxybenzyl）benzyl ether］、对乙氧基苄醇（4-ethoxybenzyl alcohol）、茴芹醇（anisic alcohol）、二（3, 4- 二羟基苯基）甲烷［bis（3, 4-dihydroxyphenyl）methane］、4-（甲氧甲基）苯 -1, 2- 二酚［4-（methoxymenthyl）benzene-1, 2-diol］[12]，2, 2′- 亚甲基 - 二（6- 叔丁基 -4- 甲基苯酚）［2, 2′-methylene-bis（6-tertbutyl-4-methylphenol）］[13]，香荚兰醇（vanillyl alcohol）[14]，兰定 A（cymbinodin A）、香草醛（vanillin）[15]，天麻素苷元（gastrodigenin）[16]，天麻酚 A（gastrol A）[17]，3, 5- 二甲氧基苯甲酸 -4-*O*-β-D- 吡喃葡萄糖苷（3, 5-dimethoxybenzoic acid-4-*O*-β-D-glucopyranoside）[18]，4-羟基苄基-β-D-吡喃葡萄糖苷（4-hydroxybenzyl-β-D-glucopyranoside）[19]，二（对羟基苄基）醚单 -β-D-吡喃葡萄糖苷［bis（*p*-hydroxybenzyl）-ether mono-β-D-glucopyranoside］和 4-（4′- 羟基苄氧基）苄基甲醚［4-（4′- hydroxybenzyloxy）benzyl methyl ether］[20]；核苷类：腺苷（adenosine）和 N^6-（4-羟基苄基）腺苷［N^6-（4-hydroxybenzyl）adenosine］[7]；酰胺类：菜椒酰胺（grossamide）[7, 11]，天麻胺（gastrodamine）[10] 和 α- 乙酰胺基苯丙基 -α- 苯甲酰胺基苯丙酰酯（α-acetylamino-phenylpropyl-α-benzoylamino-phenylpropionate）[21]；含硫化合物：二（4- 羟基苄基）硫化物［bis（4-hydroxybenzyl）sulfide］、*S*-（4- 羟基苄基）谷胱甘肽［*S*-（4-hydroxybenzyl）glutathione］[7]，对羟基苄基二硫醚（*p*-hydroxybenzy1 disulfide）[9]，4, 4′- 亚硫酰基二（亚甲基）二苯酚［4, 4′-sulfinyl bis（methylene）diphenol］[10]，4-（甲基亚磺酰甲基）苯酚［4-（methylsulfinylmethyl）phenol］[11] 和 4, 4′- 二羟基苯亚砜（4, 4′-dihydroxybenzylsulfone）[22]；甾体皂苷类：薯蓣皂苷元（diosgenin）[8]；呋喃类：5- 羟甲基糠醛（5-hydroxymethyl-furan aldehyde）[8]，5- 羟甲基 -2- 呋喃甲醛（5-hydroxymethyl-2-furancarboxaldehyde）、呋喃 -2- 基 -2- 对羟苯基乙酮（furan-2-yl-2-*p*-hydroxyphenyl ethanone）、5-（4- 羟苯氧基甲基）- 呋喃 -2-甲醛［5-（4-hydroxybenzyloxymethyl）-furan-2-carbaldehyde］[23] 和蓟醛（cirsiumaldehyde）[24]；脂肪酸及其酯类：柠檬酸（citric acid）、柠檬酸对称单甲酯（citric acid monometyl ester）、棕榈酸（palmitic acid）[13]，丙三醇 1- 软脂酸酯（glycerol 1-cetylic acid ester）[15]，琥珀酸（succinic acid）[25]，柠檬酸 -1, 5- 二甲酯（citric acid-1, 5-dimethyl ester）[26]，十七烷酸（heptadecanoic acid）和十五酸（pentadecanoic acid）[27]；甾体类：4- 羟基苯 -β- 谷甾醇醚（4-hydroxyphenyl-β-sitosterol ether）[21]，β-谷甾醇（β-sitosterol）[12, 25] 和胡萝卜苷（daucosterol）[23]；芳烃苷类：对甲苯基 -1-*O*-β-D- 吡喃葡萄糖苷（*p*-methylphenyl-1-*O*-β-D-glucopyranoside）[8]；烷烃苷类：甲基 -*O*-β-D- 吡喃葡萄糖苷（methyl-*O*-β-D-glucopyranoside）[8]；糖酯类：{1-［4-（β-D- 吡喃葡萄糖基 -（1→3）-β-D- 吡喃葡萄糖氧基）苄基］-2-［4-（β-D- 吡喃葡萄糖氧基）苄基］} 柠檬酸酯 {{1-［4-（β-D-glucopyranosyl-（1→3）-β-D-glucopyranosyloxy）benzyl］-2-［4-（β-D-glucopyranosyloxy）benzyl］}citrate}[9]；芳烃衍生物：L- 苯基乳酸（L-phenyllactic acid）[8]，4- 丁氧基苯甲醇（4-butoxyphenylmethanol）、（4- 甲氧基苯基）甲醇［（4-methoxyphenyl）methanol］[10]，邻苯二甲酸二丁酯（di-butylphthalate）、邻苯二甲酸二辛酯（dioctylphthalate）[11] 和邻苯二甲酸二甲酯（dimethyl phthalate）[13]；环烯类：环十二烯（cyclododecene）[27]；其他尚含：三甲基柠檬酰 -β-D-吡喃半乳糖苷（trimethylcitryl-β-D-galactopyranoside）[16] 和 L- 焦谷氨酸（L-pyroglutamic acid）[28]。

新鲜根茎含酚类：天麻苷（gastrodin）、派立辛（parishin）、对羟基苯甲醛（*p*-hydroxybenzaldehyde）、对羟基苯甲醇（*p*-hydroxybenzyl alcohol）、3, 4- 二羟基苯甲醛（3, 4-dihydroxybenzaldehyde）、对羟基苄基乙醚（*p*-hydroxybenzyl ethyl ether）、4, 4′- 二羟基二苯基甲烷（4, 4′-dihydroxydiphenyl methane）、4, 4′- 二羟基二苄基醚（4, 4′-dihydroxy-dibenzyl ether）、4- 乙氧基甲苯基 -4′- 羟基苄基醚（4-ethoxymethylphenyl-4′-hydroxybenzyl ether）[29]，二（4- 羟基苄基甲烷）［bis（4-hydroxyphenyl）methane］、4-［4′-（4″- 羟苄基氧）- 苯甲氧基］苄基甲基醚 {4-［4′-（4″-hydroxybenzyloxy）-benzyloxy］benzyl methyl ether}[30] 和 4-乙氧基甲基苯酚（4-ethoxy-methylphenol）[31]；甾体类：β- 谷甾醇（β-sitosterol）和 3-*O*-（4′- 羟苄基）-β-谷甾醇［3-*O*-（4′-hydroxybenzyl）-β-sitosterol］[30]；脂肪酸类：棕榈酸（palmic acid）[30]；烷基苷类：

正丁基 -β-D- 吡喃果糖苷（*n*-butyl-β-D-fructopyranoside）[32]。

地上部分含酚类：天麻苷（gastrodin）和对羟基苯甲醛（*p*-hydroxybenzaldehyde）[33]；酚酸及脂肪酸类：苯甲酸（benzoic acid）、硬脂酸（octadecanoic acid）、三十一酸（hentriacotanoic acid）、三十二烷酸（dotriacontanoic acid）和二十二烷酸环氧乙烷甲酯（docosanoic acid oxiranylmethyl ester）[33]；甾体类：β- 谷甾醇（β-sitosterol）[33]。

【药理作用】1. 护神经　从块根的甲醇提取物纯化得到的有效组分作为腺苷 A2A 的受体（A2A-r）可增加 cAMP 的形成、PKA 的活性和 CREB 蛋白的磷酸化，诱导 CREB 蛋白磷酸化[1]；块茎的水提取物能显著上调过氧化氢酶（CAT）、超氧化物歧化酶（SOD）、谷胱甘肽过氧化物酶（GSH-Px）的含量，并降低反应性氧化产物的产生和凋亡标志物 Caspase-3 活性[2]，根茎的水提取液喂食大鼠 3 个月，能在蛋白质组水平上调节脑蛋白代谢，是通过下调 Gnao1、Dctn2 等多种与神经元生长锥控制、突触活性相关的蛋白质表达而产生作用[3]；从块根提取分离的成分天麻素（gastrodin）可明显提高谷氨酸诱导的 PC12 细胞还原 MTT 的能力，抑制该细胞乳酸脱氢酶（LDH）的释放；天麻素还可抑制兴奋性氨基酸所引起的细胞内 Ca^{2+} 含量的升高，剂量相关性地降低 PC12 细胞的凋亡百分率，可明显减轻过氧化氢（H_2O_2）引起的 PC12 细胞损伤，降低静息状态下 PC12 细胞内过氧化氢的含量[4]。2. 护心肌　从块根制成的注射剂可使心肌炎小鼠心肌细胞凋亡率显著降低，Caspase-3 蛋白表达显著降低[5]；块茎的稀醇提取液剂量为 1g/kg，静脉注射可降低家兔后肢和头部的血管阻力，增加脑血流量；豚鼠离体心脏灌流，可使冠脉流量增加；大鼠十二指肠给药 10g/kg 或腹腔注射给药 5g/kg 剂量均显示降压和减慢心率的作用，2g/kg 静脉注射时可明显防止大鼠垂体后叶素所致心肌缺血心电图变化；对小鼠在常压或常压加异丙基肾上腺素时的缺氧，腹腔注射 5g/kg 剂量均可明显延长死亡时间，并降低在低压缺氧时的死亡率[6]；从块茎提取的多糖类成分能显著降低垂体后叶素致急性心肌缺血大鼠的心电 T 波变化值，提高大鼠血清超氧化物歧化酶（SOD）含量，降低血清中肌酸激酶（CK）、乳酸脱氢酶含量，显著降低丙二醛（MDA）含量，且这些作用呈现一定的剂量依赖关系[7]。3. 降血压　从块茎提取的多糖类成分能明显降低 RHR 大鼠的收缩压和舒张压，尤其是中、高剂量组，并且在剂量范围内呈剂量依赖性，对大鼠心率及尿量没有明显的作用，可使血清一氧化氮含量和血浆内皮素含量下降[8]。4. 抗肌肉萎缩　从块茎提取分离的成分天麻素能使转染 $hSOD1^{WT}$ 和 $hSOD1^{G93A}$ 质粒的 NSC34 细胞活力明显增加，丙二醛含量下降[9]。5. 改善记忆　块根的水提取物可明显改善老龄鼠学习记忆功能，降低血清脂质过氧化物（LOP）的含量[10]；从块茎提取的水溶性多糖低、中、高剂量组［100mg/（kg bw • d）、200mg/（kg bw • d）、400mg/（kg bw • d）］能使东莨菪碱所致记忆损伤模型小鼠找到平台的时间明显缩短，高剂量组［400mg/（kg bw • d）］使小鼠脑组织乙酰胆碱（ACH）含量显著升高，中等剂量组［200mg/（kg bw • d）］小鼠脑组织丙二醛含量显著降低[11]；从块茎提取的多糖类成分高和低剂量组可使结扎左侧颈总动脉并缺氧 1h 建立的脑瘫模型大鼠行为学错误次数减少，跳台潜伏期增加，大鼠在大脑皮层中一氧化氮、去甲肾上腺素（NE）、5- 羟色氨（5-HT）、一氧化氮合酶（NOS）含量增加，乙酰胆碱酯酶（AChE）减少，高剂量组大鼠海马体中的一氧化氮、去甲肾上腺素和一氧化氮合酶含量增加，乙酰胆碱酯酶减少，低、高剂量组大鼠海马组织结构均未见水肿，细胞排列整齐[12]。6. 护肝　从块茎提取的天麻多糖在剂量为 25mg/kg、50mg/kg、100mg/kg 时可明显降低四氯化碳所致肝损伤小鼠的谷丙转氨酶（ALT）和天冬氨酸氨基转移酶（AST）含量及酒精性肝损伤小鼠模型中甘油三酯（TG）含量，抑制肝脏中的丙二醛含量，并提高肝脏中超氧化物歧化酶含量[13]。7. 护肾　块茎制成的注射液在灌注 6h、12h 和 24h 后使急性肾缺血再灌注损伤模型大鼠肾组织超氧化物歧化酶含量明显升高，丙二醛含量明显降低[14]。8. 抗癫痫　块茎的醇提取液在剂量为 10ml/kg 时能缩短癫痫持续状态时间，减少海马 CA1、CA3 区及齿状回门区神经元的丢失，但不能阻止齿状回苔藓纤维出芽及癫痫的自发发作[15]；天麻素可使戊四氮（PTZ）点燃大鼠模型海马结构内 GAP-43 免疫反应产物的密度降低，校正吸光度值增高，免疫反应产物颗粒细小淡染、稀疏[16]。9. 抗衰老　从块茎提取的多糖类成分能呈时间和剂量依赖性改善 D- 半乳糖诱导的小鼠骨骼肌萎缩，维持脏器系数稳定，增强小鼠的肌肉力量，使肌纤维横截面积有改善，肌组织中的超氧化物歧化酶、过氧化氢酶（CAT）、谷胱甘肽过氧化物酶（GSH-Px）含量升高，而丙二醛、8- 羟基脱氧鸟苷（8-OHdG）含量明显降低，并明显下调 Caspase-3、MAFbX、MURF-1 的 mRNA 表达和蛋白质水平[17]。10. 抗血管性痴呆 从块茎提取分离的成分天麻素能显著提高血管性痴呆大鼠的学习记忆能力，并降低脑内乙酰胆碱酯酶的含量，提高脑内胆碱乙酰转移酶（ChAT）的含量，显著降低谷氨酸（Glu）含量；天麻素对 PC12 细胞过氧化氢损伤有显著的保护作用，提高细胞内超氧化物歧化酶和总腺苷三磷酸（ATP）含量，降低细胞内丙二醛和乳酸（LD）含量[18]。11. 抗凝血 块茎乙醇提取物的乙酸乙酯萃取部位中用硅胶柱分离出的 b 段组分对腺苷二磷酸（ADP）诱导的血小板聚集具有明显的抑制作用，半数抑制浓度（IC_{50}）为 3.41mg/ml，可明显抑制血小板细胞内总钙含量的升高，对内钙释放和外钙内流均有明显的作用，且呈现出剂量依赖性，机制可能是抑制细胞膜上的钙离子通道，使［Ca^{2+}］内流受阻，即通过抑制钙离子的内流达到抑制血小板聚集的作用，同时也有可能与其在胞质中抑制磷脂酶 C，导致胞内的致密系统释放钙离子减少，从而降低胞内［Ca^{2+}］有关[19]；块茎的提取物能抑制由腺苷二磷酸诱导的血小板聚集，还能抑制由血小板活化因子（PAF）诱导的血小板聚集[20]。12. 抗炎 块茎制成的注射剂皮下注射小鼠，能抑制其乙酸所致腹腔毛细血管通透性增加和 5- 羟色胺（5-HT）和前列腺素 E_2（PGE_2）所致大鼠皮肤毛细血管通透性增加并能明显抑制多种炎症的肿胀如对琼脂性、角叉菜胶性、5- 羟色胺性肿胀，但不能抑制大鼠巴豆油性肉芽囊肿，多次用药对肾上腺重量无明显影响，但可明显提高脾脏的重量[21]。13. 抗氧化 从块茎提取的多糖类组分 GEP1-G 和 GEP2-G 在浓度为 1mg/ml 时，两者对 1，1- 二苯基 -2- 三硝基苯肼（DPPH）自由基的清除率分别为 44.50% 和 25.60%，对超氧阴离子自由基（O_2^-•）的抑制率分别为 33.32% 和 21.55%，对羟自由基（•OH）的抑制率分别为 39.50% 和 22.80%[22]；块茎 80% 乙醇提取物中的多糖类成分在剂量为 0 ～ 500μg/ml 范围时，对 1，1- 二苯基 -2- 三硝基苯肼自由基的清除率和 α- 硫辛酸的清除效果相近，清除率达到 22.37%；对超氧阴离子自由基的清除率达到 12.23%[23]。14. 抗肿瘤 从块茎提取的多糖类成分可明显减轻 H22 荷瘤小鼠瘤重，高剂量抑瘤率可达 44.7%，可显著升高 Caspase-3、Caspase-8、Caspase-9 含量及 G_0/G_1 期细胞百分数，降低 G_2/M 期细胞百分数[24]。15. 免疫调节 从块茎提取的多糖类成分中、高剂量组可显著升高环磷酰胺所致免疫功能低下小鼠血清 IgA、IgG 及血清溶血素含量，高剂量组可升高脾指数和胸腺指数，中剂量组可明显提高血清 IgM 水平[25]；块茎制成的注射液在浓度为 2.5mg/kg、5mg/kg、10mg/kg 和 20mg/kg 时，注射 12h 后能显著刺激小鼠的脾淋巴细胞转化，剂量为 0.1 ～ 100μg/ml 时可使小鼠脾淋巴细胞转化明显增加[26]。16. 镇静催眠 块茎制成的注射液可使杏仁核的去甲肾上腺素（NA）含量减少，并能降低其他三脑区去甲肾上腺素的含量，在离体脑片孵育法中观察到剂量为 2.5×10^{-3}g 时，可使皮层、丘脑、脑干和杏仁核四脑区的人工脑脊液中的去甲肾上腺素含量明显增多，因为中枢 NA 能神经末梢重摄取和储存功能受到抑制，NA 的重摄取和储存减少，结果囊泡储存的 NA 逐渐减少以至耗竭，以致出现大鼠脑内 NA 含量降低和大鼠离体脑片的人工脑脊液中 NA 含量增加的现象[27]；块茎的超微粉能明显延长小鼠的睡眠持续时间和减少小鼠扭体次数，明显提高小鼠痛阈值[28]。

【性味与归经】甘、平。归肝经。

【功能与主治】平肝息风止痉。用于头痛眩晕，肢体麻木，小儿惊风，癫痫抽搐，破伤风。

【用法与用量】3 ～ 9g。

【药用标准】药典 1963—2015、浙江炮规 2005、新疆药品 1980 二册、贵州药材 1965、甘肃药材（试行）1996、湖南药材 1993、云南药品 1974、香港药材三册和台湾 2013。

【临床参考】1. 脾虚痰湿型糖尿病合并眩晕：块茎 15g，加半夏、陈皮、茯苓各 10g，白术 15g，生姜、甘草各 5g，大枣 3g，水煎，分 2 次服，每日 1 剂，4 周 1 疗程，连服 3 周，同时服降糖药[1]。

2. 前庭性偏头痛：天麻半夏方（块茎，加半夏、白术、枳壳、川芎、石菖蒲、远志、全蝎等）颗粒剂，1 次 1 袋，每日 2 次，温水 150ml 冲服，连服 2 周[2]。

3. 高血压：块茎 15g，加钩藤（后下）、杜仲、怀牛膝、桑寄生、栀子、夜交藤各 15g，石决明（先煎）、益母草、茯神木各30g，黄芩10g，水煎，分2次服，每日1剂[3]。

4. 眩晕、头痛：块茎9g，加白术9g，白芷6g，川芎5.5g，水煎服。

5. 小儿惊痫：块茎6g，加蜈蚣、全蝎各1.5g，水煎服；或研粉吞服。（4方、5方引自《浙江药用植物志》）

【附注】以赤箭之名始载于《神农本草经》，列为上品。《吴普本草》载："茎如箭赤无叶，根如芋子。三月、四月、八月采根，日干。"《雷公炮炙论》首载"天麻"之名，详述了天麻的炮炙方法。《开宝本草》云："叶如芍药而小，当中抽一茎直上如箭杆，茎端结实，状若续随子，至叶枯时子黄熟，其根连一二十枚，犹如天门冬之类，形如黄瓜，亦如芦菔，大小不定。"《本草图经》云："春生苗，初出若芍药，独抽一茎直上，高三二尺，如箭杆状，青赤色，故名赤箭脂。茎中空，依半以上贴茎微有尖小叶，梢头生成穗，开花结子如豆粒大，其子至夏不落，却透虚入茎中，潜生土内，其根形如黄瓜，连生一二十枚，大者有重半斤或五六两，其皮黄白色，名白龙皮，肉名天麻。"《本草衍义》把"赤箭"与"天麻"合为一条，并云："赤箭，天麻苗也，然与天麻治疗不同，故后人分之为二。"《本草别说》云："今医家见用天麻即是赤箭根……赤箭则言苗，有自表入里之功；天麻则言根，有自内达外之理。"根据各家本草所述特征，赤箭与天麻为同一植物，即为本种。

药材天麻气血虚甚者慎服。

【化学参考文献】

[1] 冯孝章，陈玉武，杨峻山. 天麻化学成分的研究[1]. 化学学报，1979，37(3)：175-181.

[2] Lin J H，Liu Y C，Hau J P，et al. Parishins B and C from rhizomes of *Gastrodia elata*[J]. Phytochemistry，1996，42(2)：549-551.

[3] Yang X D，Zhu J，Yang R，et al. Phenolic constituents from the rhizomes of *Gastrodia elata*[J]. Nat Prod Res，2007，21(2)：180-186.

[4] 肖红斌，王莉，刘欣欣，等. 一种用于防治痴呆的天麻有效成分组合物及其应用[P]，中国：CN 105748500 A 20160713.

[5] Wang L，Xiao H B，Yang L，et al. Two new phenolic glycosides from the rhizome of *Gastrodia elata*[J]. J Asian Nat Prod Res，2012，14(5)：457-462.

[6] Li Z F，Wang Y W，Ouyang H，et al. A novel dereplication strategy for the identification of two new trace compounds in the extract of *Gastrodia elata* using UHPLC/Q-TOF-MS/MS[J]. Journal of Chromatography B，2015，988：45-52.

[7] Wang Z W，Li Y，Liu D H，et al. Four new phenolic constituents from the rhizomes of *Gastrodia elata* Blume[J]. Nat Prod Res，2019，33(8)：1140-1146.

[8] 王亚男，林生，陈明华，等. 天麻水提取物的化学成分研究[J]. 中国中药杂志，2012，37(12)：1775-1781.

[9] 李志峰，王亚威，王琦，等. 天麻的化学成分研究(Ⅱ)[J]. 中草药，2014，45(14)：1976-1979.

[10] Ma Q Y，Wan Q L，Huang S H，et al. Phenolic constituents with inhibitory activities on acetylcholinesterase from the rhizomes of *Gastrodia elata*[J]. Chem Nat Compd，2015，51(1)：158-160.

[11] 王亚威，李志峰，何明，等. 天麻化学成分研究[J]. 中草药，2013，44(21)：2974-2976.

[12] 段小花，李资磊，杨大松，等. 昭通产天麻化学成分研究[J]. 中药材，2013，36(10)：1608-1611.

[13] 王莉，肖红斌，梁鑫淼，等. 天麻化学成分研究(Ⅰ)[J]. 中草药，2003，34(7)：584-585.

[14] 刘星堦，杨毅. 中药天麻成分的研究Ⅰ. 香荚兰醇的提取与鉴定[J]. 上海第一医学院学报，1958，S1：67-68.

[15] 肖永庆，李丽，游小琳，等. 天麻有效部位化学成分研究(Ⅰ)[J]. 中国中药杂志，2002，27(1)：35-36.

[16] Choi J H，Lee D U. A new citryl glycoside from *Gastrodia elata* and its inhibitory activity on GABA transaminase[J]. Chem Pharm Bull，2006，54(12)：1720-1721.

[17] Li N，Wang K J，Chen J J，et al. Phenolic compounds from the rhizomes of *Gastrodia elata*[J]. J Asian Nat Prod Res，2007，9(4)：373-377.

[18] 黄占波，宋冬梅，陈发奎. 天麻化学成分的研究(Ⅰ)[J]. 中国药物化学杂志，2005，15(4)：227-229.

[19] 王莉，王艳萍，肖红斌，等. 天麻化学成分研究(Ⅱ)[J]. 中草药，2006，37(11)：1635-1637.

[20] Taguchi H，Yosioka I，Yamasaki K，et al. Studies on the constituents of *Gastrodia elata* Blume[J]. Chem Pharm Bull，

1981，29（1）：55-62.

［21］XiaoYQ，Li L，You X L，et al. A new compound from *Gastrodia elata* Blume［J］. J Asian Nat Prod Res，2002，4（1）：73-79.

［22］Pyo M K，Jin J L，Koo Y K，et al. Phenolic and furan type compounds isolated from *Gastrodia elata* and their anti-platelet effects［J］. Arch Pharm Res，2004，27（4）：381-385.

［23］Lee Y K，Woo M H，Kim C H，et al. Two new benzofurans from *Gastrodia elata* and their DNA topoisomerases I and II inhibitory activities［J］. Planta Med，2007，73（12）：1287-1291.

［24］Yun-Choi H S，Pyo M K，Park K M. Cirsiumaldehyde from *Gastrodia elata*［J］. Nat Prod Sci，1997，3（2）：104-105.

［25］周俊，杨雁宾，杨崇仁，等. 天麻的化学研究—Ⅰ. 天麻化学成分的分离和鉴定［J］. 化学学报，1979，37（3）：183-189.

［26］Pyo M K，Park，K M，Yun-Choi H S. Isolation and anti-thrombotic activity of citric acid 1，5-dimethyl ester from *Gastrodia elata*［J］. Nat Prod Sci，2000，6（2）：53-55.

［27］Lee J W，Kim Y K. Volatile flavor constituents in the rhizoma of *Gastrodia elata*［J］. Han'guk Nonghwa Hakhoechi，1997，40（5）：455-458.

［28］郝小燕，谭宁华，周俊，等. 黔产天麻的化学成分［J］. 云南植物研究，2000，22（1）：81-84.

［29］周俊，浦湘渝，杨雁宾，等. 新鲜天麻的九种酚性成分［J］. 科学通报，1981，26（18）：1118.

［30］Yun-Choi H S，Pyo M K，Park K M. Isolation of 3-*O*-（4′-hydroxybenzyl）-β-sitosterol and 4-［4′-（4″-hydroxybenzyloxy）benzyloxy］benzyl methyl ether from fresh tubers of *Gastrodia elata*［J］. Arch Pharm Res，1998，21（3）：357-360.

［31］周俊，杨雁宾，浦湘渝. 新鲜天麻的酚类成分（简报）［J］. 云南植物研究，1980，2（3）：370.

［32］Pyo M K，Yun-Choi H S，Kim Y K. Isolation of n-butyl-β-D-fructopyranoside from *Gastrodia elata* Blume［J］. Nat Prod Sci，2006，12（2）：101-103.

［33］Liu X Q，Baek W S，Kyun A D，et al. The constituents of the aerial part of *Gastrodia elata* Blume［J］. Nat Prod Sci，2002，8（4），137-140.

【药理参考文献】

［1］Tsai C F，Huang C L，Lin Y L，et al. The neuroprotective effects of an extract of *Gastrodia elata*［J］. Journal of Ethnopharmacology，2011，138（1）：119-125.

［2］Ng C F，Ko C H，Koon C M，et al. The Aqueous extract of rhizome of *Gastrodia elata* protected drosophila and PC12 cells against beta-amyloid-induced neurotoxicity［J］. Evidence-Based Complementary and Alternative Medicine，2013，DOI：org/10. 1155/2013/516741.

［3］Manavalan A，Feng L，Sze S K，et al. New insights into the brain protein metabolism of *Gastrodia elata*-treated rats by quantitative proteomics［J］. Journal of Proteomics，2012，75（8）：2468-2479.

［4］李运曼，陈芳萍，刘国卿. 天麻素抗谷氨酸和氧自由基诱导的 PC12 细胞损伤的研究［J］. 中国药科大学学报，2003，34（5）：70-74.

［5］魏征人，刘国梁，梁蕾，等. 天麻对病毒性心肌炎实验小鼠心肌细胞凋亡的影响［J］. 临床儿科杂志，2008，26（5）：392-394.

［6］任世兰，于龙顺，赵国举. 天麻对血管阻力和耐缺血缺氧能力的影响［J］. 中草药，1992，23（6）：302-304，335.

［7］李佳，李红磊，唐慧慧. 天麻多糖对垂体后叶素致急性心肌缺血大鼠的保护作用［J］. 中国医院用药评价与分析，2010，10（9）：818-820.

［8］缪化春，沈业寿. 天麻多糖的降血压作用［J］. 高血压杂志，2006，14（7）：531-534.

［9］姜懿纳，阳松威，朱天碧，等. 天麻素对肌萎缩侧索硬化症细胞模型的药理作用及机制研究［J］. 中药新药与临床药理，2017，28（6）：729-733.

［10］高南南，于澍仁，徐锦堂. 天麻对老龄大鼠学习记忆的改善作用［J］. 中国中药杂志，1995，20（9）：562-563，568，577.

［11］明建，曾凯芳，吴素蕊，等. 天麻多糖 PGEB-3-H 对东莨菪碱所致小鼠学习记忆障碍的影响［J］. 食品科学，2010，31（3）：246-249.

[12] 史华，何琦，娄元俊，等. 天麻多糖对脑瘫幼鼠脑内神经递质的影响［J］. 中国实验方剂学杂志，2017，23（23）：140-145.
[13] 胡德坤，沈业寿. 天麻多糖 -2 对小鼠四氯化碳肝损伤和酒精肝损伤的保护作用［J］. 中国中医药信息杂志，2007，14（12）：29-31.
[14] 刘凌钊，邓慧，陈婉辉，等. 天麻对大鼠肾缺血再灌注损伤中 SOD、MDA 作用的研究［J］. 现代临床医学生物工程学杂志，2004，10（6）：479-481.
[15] 王本国，杨楠，廖卫平，等. 天麻提取物在锂 - 匹罗卡品癫痫大鼠中的神经保护作用［J］. 中国康复理论与实践，2009，15（3）：203-205.
[16] 连亚军，孙圣刚，方树友，等. 托吡酯及天麻素对戊四氮点燃大鼠的行为、脑电图和海马生长相关蛋白 -43 表达的影响［J］. 中华神经科杂志，2005，38（11）：710-712.
[17] 王新梅，刘坤祥. 天麻多糖对小鼠骨骼肌衰老作用的实验研究［J］. 遵义医学院学报，2019，42，（2）：135-140.
[18] 张乐多，龚晓健，胡苗苗，等. 天麻素抗血管性痴呆作用及其机理［J］. 中国天然药物，2008，6（2）：130-134.
[19] 淤泽溥，林青，李秀芳，等. 天麻醋酸乙酯提取物抗 ADP 诱导的家兔血小板聚集作用及机制［J］. 中草药，2007，38（5）：743-745.
[20] 林青，李秀芳，李文军，等. 天麻提取物对血小板聚集的影响［J］. 中国微循环，2006，10（1）：33-35.
[21] 于龙顺，赵国举，任世兰，等. 天麻抗炎效应的研究［J］. 中草药，1989，20（5）：19-21.
[22] 陈琛，李鑫鑫，徐尤美，等. 天麻多糖的分离纯化与抗氧化活性研究［J］. 中国临床药理学杂志，2018，34（18）：2203-2206.
[23] 许龙，黄运安，朱秋劲，等. 天麻多糖的提取及其清除自由基作用研究［J］. 广东农业科学，2015，42（21）：117-123.
[24] 刘现辉，郭晓娜，展俊平，等. 天麻多糖对 H22 荷瘤小鼠细胞周期及 caspase 蛋白活性的影响［J］. 中国老年学杂志，2015，35（20）：5681-5682.
[25] 李晓冰，展俊平，张月腾，等. 天麻多糖对环磷酰胺所致免疫功能低下小鼠体液免疫功能的影响［J］. 中国老年学杂志，2016，36（5）：1027-1028.
[26] 黄秀兰，孟庆勇. 天麻注射液对小鼠脾淋巴细胞转化的影响［J］. 广西中医药，2003，26（2）：52-54.
[27] 黄彬，石京山，吴芹，等. 天麻对大鼠脑内去甲肾上腺素含量及释放的影响［J］. 贵州医药，1993，17（6）：331-332.
[28] 刘智，李诚秀，李玲. 天麻粉不同粒径的镇静镇痛作用研究［J］. 中国现代应用药学，2002，19（5）：383-385.

【临床参考文献】

[1] 王玲玲. 半夏白术天麻汤治疗脾虚痰湿型糖尿病合并眩晕［J］. 中医学报，2018，33（11）：2099-2103.
[2] 梁雪松，项颗，李桦，等. 天麻半夏方治疗前庭性偏头痛［J］. 吉林中医药，2018，38（12）：1390-1393.
[3] 赵连强，雍凯龙. 天麻钩藤饮治疗高血压病的临床研究［J］. 医学信息，2018，31（22）：158-160.

2. 羊耳蒜属 *Liparis* Rich.

地生或附生草本，通常具假鳞茎或有时具多节的肉质茎。假鳞茎密集或疏离，常被有膜质鞘。叶 1 至数枚，基生或茎生，或生于假鳞茎顶端或近顶端的节上，草质、纸质至厚纸质，基部鞘状抱茎，无关节。花葶从假鳞茎顶端长出，常稍呈扁圆柱形并在两侧具狭翅；总状花序疏生或密生多花；苞片小而宿存；花倒置，唇瓣位于下方；萼片相似，离生或极少两枚侧萼片合生，平展或反折；花瓣通常比萼片狭；唇瓣不裂或偶见 3 裂，有时在中部或下部缢缩，上端常反折，基部或中部常有胼胝体，无距；合蕊柱一般较长，半圆柱状，上部两侧常多少具翅，无合蕊柱足；花药俯倾，极少直立；花粉团 4 个，成 2 对，蜡质，无明显的花粉团柄和黏盘。

约 300 种，分布于热带与亚热带地区。中国 63 种，多分布南部及西南各地。法定药用植物 1 种。华东地区法定药用植物 1 种。

1186. 见血青（图 1186）• *Liparis nervosa*（Thunb. ex A. Murray）Lindl.

图 1186 见血青 摄影 张芬耀等

【别名】脉羊耳兰，虎头蕉（浙江），见血清。

【形态】地生草本。假鳞茎聚生，圆柱状，肉质，具节，外被膜质鳞片。叶 2 ～ 5 枚，卵形至卵状椭圆形，干后膜质，长 5 ～ 12cm，宽 2.5 ～ 5cm，先端渐尖，全缘，基部收狭并下延成鞘状抱茎，无关节。花葶顶生，长 10 ～ 30cm；总状花序通常具花数朵至 10 余朵；花序轴有时具狭翅；苞片细小，卵状披针形，长约 2mm；花紫色；中萼片条形，长 8 ～ 10mm，宽 1.5 ～ 2mm，先端钝，边缘外卷，具不明显的 3 脉；侧萼片狭卵状长圆形，稍斜歪，长 6 ～ 7mm，宽 3 ～ 3.5mm，先端钝，通常扭曲反折，亦具 3 脉；花瓣条状，长 7 ～ 8mm，亦具 3 脉；唇瓣倒卵形，长约 7mm，宽 5mm，先端截形并微凹，基部收狭并具 2 个近长圆形的胼胝体；合蕊柱较粗壮，长 4 ～ 5mm，上部两侧有狭翅。蒴果倒卵状长圆形或狭椭圆形，长约 1.5cm。花期 5 ～ 6 月，果期 9 ～ 10 月。

【生境与分布】生于海拔 1000 ～ 2100m 的林下、溪谷旁、草丛阴处或岩石覆土上。分布于江西、浙江、福建，另湖南、广东、广西、四川、贵州、云南、西藏、台湾等地均有分布；日本也有分布。

【药名与部位】虎头蕉（见血清），全草。

【采集加工】夏、秋二季采收，除去杂质，晒干。

【药材性状】根茎上着生细长的须根数条。假鳞茎圆柱形，长 2.5 ～ 7cm，具节，基部有灰白色膜质叶柄残基。单叶互生，2 ～ 5 片，黄绿色，质薄，略皱缩；展平后呈卵形或卵状椭圆形，长 5 ～ 12cm，宽 2.5 ～ 6cm，先端渐尖，基部呈鞘状抱茎，脉 3 ～ 7 条。总状花序顶生，常可见宿存的蒴果；蒴果纺锤形，黄白色，长 0.8 ～ 1.5cm，宽 0.4 ～ 0.6cm。气微，味苦。

【药材炮制】除去杂质，切段，干燥。

【化学成分】全草含生物碱类：脉纹羊耳兰碱（nervosine）[1]，脉羊耳兰碱 B（nervosine B）[2]，脉纹羊耳兰碱Ⅰ、Ⅱ、Ⅲ、Ⅳ、Ⅴ、Ⅵ（nervosine Ⅰ、Ⅱ、Ⅲ、Ⅳ、Ⅴ、Ⅵ）[3]，脉纹羊耳兰碱Ⅶ、Ⅷ、Ⅸ（nervosine Ⅶ、Ⅷ、Ⅸ）[4]，脉纹羊耳兰碱Ⅹ、Ⅺ、Ⅻ、XⅢ、XⅣ、XⅤ（nervosine Ⅹ、Ⅺ、Ⅻ、XⅢ、XⅥ、XⅤ）[5]，耳形羊耳蒜碱（auriculine）、湿生金锦香碱（paludosine）[3]，脉纹羊耳兰碱Ⅶ -*N*- 氧化物（nervosine Ⅶ -*N*-oxide）[5] 和脉纹羊耳兰碱XⅥ、XⅦ、XⅧ、XⅨ（nervosine XⅥ、XⅦ、XⅧ、XⅨ）[6]；黄酮类：当药黄素（swertisin）、芹菜素 -6, 8- 二 -C-α-L- 吡喃阿拉伯糖苷（apigenin-6, 8-di-C-α-L-arabinopyranoside）、芫花素 -6, 8- 二 -C-α-L- 吡喃阿拉伯糖苷（genkwanin-6, 8-di-C-α-L-arabinopyranoside）、芹菜素 -8-C-α-L- 吡喃阿拉伯糖苷（apigenin-8-C-α-L-arabinopyranoside）[2]，芫花素（genkwanin）和芹菜素（apigenin）[7]；三萜类：木栓酮（friedelin）[2]；甾体类：α- 菠甾醇（α-spinasterol）[2] 和 α- 菠甾醇葡萄糖苷（α-spinasterol glucoside）[7]；菲类：脉羊耳兰菲 A、B、C（liparisphenanthrene A、B、C）、2, 7, 2′- 三羟基 -4, 4′, 7′- 三甲氧基 -1, 1′- 双菲（2, 7, 2′-trihydroxy-4, 4′, 7′-trimethoxy-1, 1′-biphenanthrene）、2, 2′- 二羟基 -4, 4′, 7, 7′- 四甲氧基 -1, 1′- 双菲（2, 2′-dihydroxy-4, 4′, 7, 7′-tetramethoxy-1, 1′-biphenanthrene）和卷瓣兰菲（cirrhopetalanthin）[8]；神经酸类：3, 5- 二（3- 甲基 -2- 丁烯基）-4-*O*-[β-D- 吡喃葡萄糖基 -（1 → 4）-β-D- 吡喃葡萄糖基]苯甲酸 {3, 5-bis（3-methyl-2-butenyl）-4-*O*-[β-D-glucopyranosyl-（1 → 4）-β-D-glucopyranosyl] benzoic acid}、3, 5- 二（3- 甲基 -2- 丁烯基）-4-*O*-[β-D- 吡喃葡萄糖基 -（1 → 2）-α-L- 吡喃阿拉伯糖基]苯甲酸 {3, 5-bis（3-methyl-2-butenyl）-4-*O*-[β-D-glucopyranosyl-（1 → 2）-α-L-arabinopyranosyl] benzoic acid}、3, 5- 二（3- 甲基 -2- 丁烯基）-4-*O*-[β-D- 吡喃葡萄糖基 -（1 → 2）-β-D- 吡喃葡萄糖基]苯甲酰胺 {3, 5-bis（3-methyl-2-butenyl）-4-*O*-[β-D-glucopyranosyl-（1 → 2）-β-D-glucopyranosyl] benzamide}、3, 5- 二（3- 甲基 -2- 丁烯基）-4-*O*-[β-D- 吡喃葡萄糖基 -（1 → 2）-α-L- 吡喃阿拉伯糖基]苯甲酰胺 {3, 5-bis（3-methyl-2-butenyl）-4-*O*-[β-D-glucopyranosyl-（1 → 2）-α-L-arabinopyranosyl] benzamide}、3, 5- 二（3- 甲基 -2- 丁烯基）-4-*O*-[β-D- 吡喃葡萄糖基 -（1 → 4）-β-D- 吡喃葡萄糖基]苯甲酰胺 {3, 5-bis（3-methyl-2-butenyl）-4-*O*-[β-D-glucopyranosyl-（1 → 4）-β-D-glucopyranosyl] benzamide}[9]，[6-*O*-（4- 酮基 -4H- 吡喃 -3- 氧基 -*O*-β-D- 吡喃葡萄糖基）]-4- 羟基 -3, 5- 二（3- 甲基 -2- 丁烯基）苯甲酸酯 {[6-*O*-（4-oxo-4H-pyran-3-oxy-*O*-β-D-glucopyranosyl）]-4-hydroxy-3, 5-bis（3- methyl-2-butenyl）benzoate}、1-*O*-（6- 乙酰基 -*O*-β-D- 吡喃葡萄糖基）-4- 羟基 -3, 5- 二（3- 甲基 -2- 丁烯基）苯甲酸酯 [1-*O*-（6-acetyl-*O*-β-D-glucopyranosyl）-4-hydroxy-3, 5-bis（3-methyl-2-butenyl）benzoate]、3, 5- 二（3- 甲基 -2- 丁烯基）-4-*O*-（α-L- 吡喃阿拉伯糖基）苯甲酸甲酯 [3, 5-bis（3-methyl-2-butenyl）-4-*O*-（α-L-arabinopyranosyl）benzoic acid methyl ester]、3, 5- 二（3- 甲基 -2- 丁烯基）-4-*O*-[β-D- 吡喃葡萄糖基 -（1 → 2）-α-L- 吡喃阿拉伯糖基]苯甲酸甲酯 {3, 5-bis（3-methyl-2-butenyl）-4-*O*-[β-D-glucopyranosyl-（1 → 2）-α-L-arabinopyranosyl] benzoic acid methyl ester}、3, 5- 二（3- 甲基 -2- 丁烯基）-4-*O*-（β-D- 吡喃葡萄糖基）苯甲酸甲酯 [3, 5-bis（3-methyl-2-butenyl）-4-*O*-（β-D-glucopyranosyl）benzoic acid methyl ester]、3, 5- 二（3- 甲基 -2- 丁烯基）-4-*O*-（β-D- 吡喃葡萄糖基）苯甲酰胺 [3, 5-bis（3-methyl-2-butenyl）-4-*O*-（β-D-glucopyranosyl）benzamide]、3-[（1*E*）-（3- 羟基 -3- 甲基 -1- 丁烯基）-4-*O*-[β-D- 吡喃葡萄糖基 -（1 → 2）-α-L- 吡喃阿拉伯糖基]-5-（3- 甲基 -2- 丁烯基）苯甲酰胺 {3-[（1*E*）-（3-hydroxy-3-methyl-1-butenyl）-4-*O*-[β-D-glucopyranosyl-（1 → 2）-α-L-arabinopyranosyl]-5-（3-methyl-2-butenyl） benzamide}、3-（3-羟基-3-甲基丁基）-4-*O*-（β-D-吡喃葡萄糖基）-5-（3-甲基-2-丁烯基）苯甲酰胺［3-（3-hydroxy-3-methylbutyl）-4-*O*-（β-D-glucopyranosyl）-5-（3-methyl-2-butenyl）benzamide］、3-（3-羟基-3-甲基丁基）-4-*O*-［β-D-吡喃葡萄糖基-（1→2）-β-D-吡喃葡萄糖基］-5-（3-甲基-2-丁烯基）苯甲酰胺{3-（3-hydroxy-3-methylbutyl）-4-*O*-［β-D-glucopyranosyl-（1→2）-β-D-glucopyranosyl］-5-（3-methyl-2-butenyl）benzamide}、3-（3-羟基-3-甲基丁基）-4-*O*-［β-D-吡喃葡萄糖基-（1→2）-α-L-吡喃阿拉伯糖基］-5-（3-甲基-2-丁烯基）苯甲酰胺{3-（3-hydroxy-3-methylbutyl）-4-*O*-［β-D-glucopyranosyl-（1→2）-α-L-arabinopyranosyl］-5-（3-methyl-2-butenyl）benzamide}、1-（乙氧基）-3-［（3-羟基-3-甲基丁基）-4-*O*-β-D-吡喃葡萄糖基-（1→2）-α-L-吡喃阿拉伯糖基］-5-（3-甲基-2-丁烯基）苯甲酰胺{1-（ethoxy）-3-［（3-hydroxy-3-methylbutyl）-4-*O*-β-D-glucopyranosyl-（1→2）-α-L-arabinopyranosyl］-5-（3-methyl-2-butenyl）benzoate}[10]和3, 5-二（3-甲基-丁-2-烯基）-4-*O*-［β-D-吡喃木糖基-（1→2）-β-D-吡喃葡萄糖基］-苯甲酸{3, 5-bis（3-methyl-but-2-enyl）-4-*O*-［β-D-xylopyranosyl-（1→2）-β-D-glucopyranosyl］-benzoic acid}[11]；核苷类：胸苷（thymidine）[2]和腺苷（adenosine）[11]；酚醛类：对羟基苯甲醛（*p*-hydroxybenzaldehyde）[2]；苯并吡喃类：2, 2-二甲基-8-（3-羟基异戊烷）-苯并二氢吡喃-6-甲酸［2, 2-dimethyl-8-（3-hydroxyisoamyl）chroman-6-carboxylic acid］[7]；脂肪酸类：亚油酸（linoleic acid）、单棕榈酸甘油酯（glycerol monopalmitate）和琥珀酸（succinic acid）[7]。

【药理作用】1. 止血　全草的醇提取物可缩短小鼠的凝血时间，缩短断尾小鼠的出血时间[1]；从全草提取的总生物碱可缩短小鼠体内出血时间和出血量，缩短家兔体外凝血时间（CT）、凝血酶原时间（PT）和血浆复钙时间（PRT）[2]；从全草提取的总皂苷在体外可促进红细胞聚集[3]。2. 抗氧化　从全草提取的总皂苷和总生物碱具有清除1, 1-二苯基-2-三硝基苯肼（DPPH）自由基的作用[3, 4]；从全草提取的多糖具有清除羟自由基（·OH）的作用[5]。3. 抗菌　从全草提取的总生物碱可抑制金黄色葡萄球菌、蜡状芽孢杆菌、枯草芽孢杆菌、乳酸菌、亚硝化球菌、卡拉双球菌、沙门氏菌、运动拜叶林克氏菌、溶血不动杆菌、蓝细菌、红螺菌等的生长[4]；从全草提取的多糖可抑制金黄色葡萄球菌、蜡状芽孢杆菌、卡拉双球菌、沙门氏菌、白色念球菌和玉米纹枯病菌的生长[5]。4. 抗炎　从全草提取分离的吡咯里西啶类生物碱可抑制脂多糖诱导的小鼠RAW264.7巨噬细胞产生一氧化氮（NO）[6]。5. 抗肿瘤　从带根全草提取的双菲类成分脉羊耳兰菲A（liparisphenanthrene A）、2, 7, 2′-三羟基-4, 4′, 7′-三甲氧基-1, 1′-双菲（2, 7, 2′-trihydroxy-4, 4′, 7′-trimethoxy-1, 1′-biphenanthrene）和2, 2′-羟基-4, 4′, 7, 7′-四甲氧基-1, 1′-双菲（2, 2′-dihydroxy-4, 4′, 7, 7′-tetramethoxy-1, 1′-biphenanthrene）在体外对胃HGC-27细胞和结肠癌HT-29细胞有细胞毒性作用[7]。

【性味与归经】苦、寒。归心、肝、胃、肺经。

【功能与主治】凉血止血，清热解毒。用于胃热吐血，肺热咯血，热毒疮疡，蛇咬伤。

【用法与用量】煎服6～15g；外用适量，捣烂敷患处。

【药用标准】浙江炮规2005和四川药材2010。

【临床参考】1. 肺病吐血：全草20g，作煎剂或泡酒饮[1]。

2. 疖肿：鲜全草捣烂外敷[1]。

3. 小儿惊风：全草40g，水煎服[1]。

4. 辅助治疗蝮蛇咬伤：全草4株，水煎，冲滴水珠末5g，口服，另用野菊花、金银花、青木香、苦爹菜、羊乳、三叶青等三至四味各25g，水煎服，当茶饮；同时外用滴水珠、七叶一枝花、大黄等研末，醋调搽肿处[2]。

5. 手术出血：全草1kg，加鱼秋串、挖耳草根各1kg，水煎后制成复方止血药水备用，术中将消毒纱布或棉球浸药水按压出血处[3]。

6. 外伤出血：全草适量，水煎浓缩，以药棉蘸药液覆盖伤口。

7. 疮疖肿痛：鲜全草捣烂外敷，或研末醋调敷患处。（6方、7方引自《四川中药志》）

【附注】《植物名实图考》群芳卷之二十八载："羊耳蒜生滇南山中，独根大如箭，赭色，初生一叶如玉簪叶，即从叶中发葶，开褐色花，中一瓣大如小指甲，夹以二尖瓣，又有三尖须翘起。"对照附图及文字描述，即为本种。

【化学参考文献】

[1] Nishikawa K, Miyamura M, Hirata Y. Chemotaxonomical alkaloid studies structures of *Liparis* alkaloids [J]. Tetrahedron, 1969, 25 (13): 2723-2741.
[2] 赵颖，胡少南，王昌华，等. 见血青化学成分研究 [J]. 中草药，2013，44 (21): 2955-2959.
[3] Huang S, Zhou X L, Wang C J, et al. Pyrrolizidine alkaloids from *Liparis nervosa* with inhibitory activities against LPS-induced NO production in RAW264. 7 macrophages [J]. Phytochemistry, 2013, 93: 154-161.
[4] Huang S, Zhong D X, Shan L H, et al. Three new pyrrolizidine alkaloids derivatives from *Liparis nervosa* [J]. Chin Chem Lett, 2016, 27 (5): 757-760.
[5] Chen L, Huang S, Li C, et al. Pyrrolizidine alkaloids from *Liparis nervosa* with antitumor activity by modulation of autophagy and apoptosis [J]. Phytochemistry, 2018, 153: 147-155.
[6] Chen L, Li J, Huang S, et al. Two new pairs of epimeric pyrrolizidine alkaloids from *Liparis nervosa* [J]. Chem Nat Compd, 2019, 55 (2): 305-308.
[7] 赵颖，胡少南，王昌华，等. 兰科药用植物见血青乙酸乙酯部位化学成分研究 [J]. 中国实验方剂学杂志，2013，19 (22): 111-113.
[8] Liu L, Yin Q M, Zhang X W, et al. Bioactivity-guided isolation of biphenanthrenes from *Liparis nervosa* [J]. Fitoterapia, 2016, 115: 15-18.
[9] Huang S, Pan M F, Zhou X L, et al. Five new nervogenic acid derivatives from *Liparis nervosa* [J]. Chin Chem Lett, 2013, 24 (8): 734-736.
[10] Huang S, Zhou X L, Wang C J, et al. New nervogenic acid derivatives from *Liparis nervosa* [J]. Planta Med, 2013, 79 (3-4): 281-287.
[11] Song Q, Shou Q Y, Gou X J, et al. A new nervogenic acid glycoside with pro-coagulant activity from *Liparis nervosa* [J]. Nat Prod Commun, 2013, 8 (8): 1115-1116.

【药理参考文献】

[1] 宋芹，赵琦，苟小军，等. 见血清止血作用研究 [J]. 成都大学学报（自然科学版），2013，32 (1): 27-28，31.
[2] 张杨，樊晓旭，柴淑丽，等. 见血青总生物碱凝血活性的研究 [J]. 四川大学学报（自然科学版），2017，54 (4): 870-873.
[3] 曾春菡，刘小波，曹弈璘，等. 见血青总皂苷体外溶血与抗氧化活性研究 [J]. 四川大学学报（自然科学版），2015，52 (5): 1141-1144.
[4] 董艳芳，李伟阳，叶睿超，等. 见血青总生物碱的抑菌活性和抗氧化性研究 [J]. 四川大学学报（自然科学版），2010，47 (3): 669-673.
[5] 董艳芳，陈法志，郭彩霞，等. 见血青多糖的抑菌活性与抗氧化性 [J]. 湖北农业科学，2012，51 (12): 2570-2573.
[6] 黄帅. 四种药用植物的化学成分及生物活性研究 [D]. 成都：西南交通大学博士学位论文，2013.
[7] Liu L, Yin Q M, Zhang X W, et al. Bioactivity-guided isolation of biphenanthrenes from *Liparis nervosa* [J]. Fitoterapia, 2016, 115: 15-18.

【临床参考文献】

[1] 张仁强，刘正友，梁大刚. 草药见血清中化学物质的提取及医用功效探讨 [J]. 教育教学论坛，2015，(26): 51-52.
[2] 张仁强，刘正友，梁大刚. 草药见血清中化学物质的提取及医用功效探讨 [J]. 教育教学论坛，2015，(26): 51-52.
[3] 周继铭，刘常五，冉崇行，等. 复方见血清外用止血药的初步研究 [J]. 中国医院药学杂志，1983，3 (3): 5-7.

3. 竹叶兰属 *Arundina* Blume

地生草本，地下具粗壮的根茎。茎直立，常数个簇生，不分枝，质硬，具多枚互生叶。叶二列，禾叶状，基部具关节和抱茎的鞘。花序顶生，不分枝或稍分枝，具少数花；苞片小，宿存；花大；萼片相似，中萼片直立，侧萼片常在唇瓣背面靠合；花瓣明显宽于萼片；唇瓣贴生于合蕊柱基部，3 裂，基部无距；侧裂片围抱合蕊柱；唇瓣上有纵褶片；合蕊柱中等长，上端有狭翅，基部无明显的合蕊柱足；花药俯倾；花粉团 8 个，4 个成簇，蜡质，具短的花粉团柄。

1 种，分布于热带亚洲，自东南亚至南亚和喜马拉雅地区，向北到达中国南部和日本琉球群岛，向东南到达塔希堤岛。中国 1 种，多分布于秦岭以南地区。法定药用植物 1 种。华东地区法定药用植物 1 种。

1187. 竹叶兰（图 1187）· *Arundina graminifolia*（D. Don）Hochr.（*Arundina chinensis* Blume）

图 1187　竹叶兰　　　摄影　徐克学等

【别名】土白芨（福建）。

【形态】植株高 30 ～ 100cm，有时可达 1m 以上；地下根茎常在连接茎基部处呈卵球形膨大，似假鳞茎，直径 1 ～ 3cm。茎直立，圆柱形，通常为叶鞘所包，具叶多枚。叶条状披针形，薄革质或坚纸质，长 8 ～ 20cm，宽 8 ～ 15mm，先端渐尖，基部呈鞘状抱茎，近基部具关节，叶脉两面凸起。总状花序顶生，长 2 ～ 8cm，具花 2 ～ 10 朵；苞片宽卵状三角形，基部围抱花序轴；花粉红色或略带紫色或白色；萼片长圆状披针形，长 2.5 ～ 4cm，宽 7 ～ 9mm；花瓣卵状长圆形，与萼片近等长，宽 1.3 ～ 1.5cm；唇瓣近长圆状卵形，长 2.5 ～ 4cm，3 裂；中裂片较大，先端二浅裂或微凹，边缘波状；侧裂片钝，内弯，围抱合蕊柱；唇瓣上有 2、3 或 5 条褶片；合蕊柱稍向前弯，长 2 ～ 2.5cm。蒴果近长圆形，长约 3cm。花期主要为 9 ～ 10 月，果期 10 ～ 11 月。

【生境与分布】生于海拔 400 ～ 2800m 的草坡、溪谷旁、灌丛下或林中。分布于江西、浙江、福建，另湖南、广东、海南、广西、四川、贵州、云南、西藏、台湾等地均有分布；印度、尼泊尔、越南、泰国等地也有分布。

【药名与部位】竹叶兰，地下球茎。百样解，全草。

【采集加工】百样解：全年均可采挖，洗净，干燥。

【药材性状】百样解：地下球茎呈串珠状，直径 1.5 ～ 3cm，环节明显，须根簇生，根茎头部残留纤维状叶鞘；茎扁圆柱形，长 30 ～ 100cm，直径 0.3 ～ 0.5cm，浅黄色，节明显，有纵皱纹；体轻质韧，断面黄白色，有的中空。叶互生，线状披针形，长 8 ～ 20cm，宽 0.3 ～ 2cm，先端渐尖，叶基下延鞘状抱茎，全缘，平行脉。气微，味淡。

【化学成分】球茎含菲类：竹叶兰醇（arundinaol），即 7- 羟基 -1-（对羟基苄基）-2, 4- 二甲氧基 -9, 10- 二氢菲［7-hydroxy-1-（*p*-hydroxybenzyl）-2, 4-dimethoxy-9, 10-dihydrophenanthrene］[1]，红门兰酚（orchinol），即 7- 羟基 -2, 4- 二甲氧基 -9, 10- 二氢菲（7-hydroxy-2, 4-dimethoxy-9, 10-dihydrophenanthrene）[2]，2, 7- 二羟基 -1-（对 - 羟基苄基）-4- 甲氧基 -9, 10- 二氢菲［2, 7-di-hydroxy-1-（*p*-hydroxylbenzyl）-4-methoxy-9, 10-dihydrophenanthrene］、4, 7- 二羟基 -1-（对 - 羟基苄基）-2- 甲氧基 -9, 10- 二氢菲［4, 7-dihydroxy-1-（*p*-hydroxylbenzyl）-2-methoxy-9, 10-dihydrophenanthrene］[3]，卢斯兰菲（lusianthridin），即 4, 7- 二羟基 -2- 甲氧基 -9, 10- 二氢菲（4, 7-dihydroxy-2-methoxy-9, 10-dihydrophenanthrene）、贝母兰宁（coelonin），即 2, 7- 二羟基 -4- 甲氧基 -9, 10- 二氢菲（2, 7-dihydroxy-4-methoxy-9, 10-dihydrophenanthrene）、密花石斛酚 B（densiflorol B）、金石斛醌（ephemeranthoquinone），即 7- 羟基 -2- 甲氧基 -9, 10- 二氢菲 -1, 4- 二酮（7-hydroxy-2-methoxy-9, 10-dihydrophenanthrene-1, 4-dione）[2, 4]，白及素 A（blestriarene A）和山慈姑亭（shancidin）[4]；芪及联苄类：3, 3′- 二羟基 -5- 甲氧基联苄（3, 3′-dihydroxy-5-methoxybibenzyl）[3]，3- 羟基 -5- 甲氧基联苄（3-hydroxy-5-methoxybibenzyl）[5] 和竹叶兰烷（arundinan）[6]；苯丙素类：反式 - 阿魏酸二十四烷酯（tetracosyl *trans*-ferulate）、（2*E*）-2- 丙烯酸 -3（4- 羟基 3- 甲氧基苯基）- 二十五烷酯［（2*E*）-2-propenoic acid-3-（4-hydroxy-3-methoxyphenyl）-pentacosyl ester］[3]，（2*E*）-2- 丙烯酸 -3（4- 羟基 3- 甲氧基苯基）- 二十二烷醇酯［（2*E*）-2-propenoic acid-3-（4-hydroxy-3-methoxyphenyl）-decosyl ester］[5]，反式 - 阿魏酸（*trans*-ferulic acid）、反式 - 阿魏酸二十三烷醇酯（*trans*-ferulic acid-tricosyl ester）和二十六烷醇 -3- 反式 - 阿魏酰酯（*trans*-ferulic acid-hexacosyl ester）[7]；酚酸类：对羟基苄基乙醚（*p*-hydroxybenzyl ethyl ether）、对羟基苯甲醇（*p*-hydroxybenzyl alcohol）[5] 和 1, 2- 苯二甲酸 - 二（2- 甲基庚酯）［1, 2-benzendicarboxylic acid-bis（2-methylheptyl ester）］[7]；甾体类：β- 谷甾醇（β-sitosterol）和豆甾醇（stigmasterol）[7]；脂肪酸类：十五烷酸（pentadecyl acid）[3] 和棕榈酸（palmitic acid）[7]；烷醇类：三十烷醇（triacontanol）[5]；糖类：葡萄糖（glucose）和蔗糖（sucrose）[7]。

地下部分含酚苷类：竹叶兰酚苷 D、E、F、J、K、L、M、N、O、P、Q（arundinoside D、E、F、J、K、L、M、N、O、P、Q）[8]。

地上部分含酚苷类：竹叶兰酚苷 A、B、C、D、E、F、G（arundinoside A、B、C、D、E、F、G）[9]；醌类：竹叶兰醌（arundiquinone）和竹叶兰明醌（arundigramin）[10]；木脂素类：消旋丁香脂素（*rac*-syringaresinol）[10]；芪类：山药素Ⅲ（batatasin Ⅲ）[10]；菲类：红门兰酚（orchinol）、金石斛

醌（ephemeranthoquinone）、密花石斛酚 B（densiflorol B）、贝母兰宁（coelonin）、卢斯兰菲（lusianthridin）和黄药杜鹃素（flavanthrin）[10]。

全草含菲类：红门兰酚（orchinol）、密花石斛酚 B（densiflorol B）[11]，大叶仙茅菲苷（cucapitoside）和大叶仙茅菲醛（curcapital）[12]；酚类：竹叶兰醇 *A（gramphenol A）、（+）- 斜蕊樟素 A［（+）-licarin A］[12]，川木香醇 F（vladinol F）、9′- 去羟基川木香醇 F（9′-dehydroxy-vladinol F）、川木香醇 F-9-*O*-β-D-吡喃木糖苷（vladinol F-9-*O*-β-D-xylopyranoside）、4, 9- 二羟基 -4′, 7- 环氧 -8′, 9′- 二去甲基 -8, 5′- 新木脂素 -7′- 羧酸（4, 9-dihydroxy-4′, 7-epoxy-8′, 9′-dinor-8, 5′-neolignan-7′-oic acid）[13]，竹叶兰素 C、D、E、F、G（gramniphenol C、D、E、F、G）、桑辛素 M（moracin M）、2, 4, 7- 三羟基 -5- 甲氧基 -9H- 芴 -9- 酮（2, 4, 7-trihydroxy-5-methoxy-9H-fluoren-9-one）、1, 4, 7- 三羟基 -5-methoxy-9H- 芴 -9- 酮（1, 4, 7-trihydroxy-5-methoxy-9H-fluoren-9-one）、弯枝黄檀宁 *A（candenatenin A）[14]，竹叶兰素 H（gramniphenol H）、1, 4, 5- 三羟基 -7- 甲氧基 -9H- 芴 -9- 酮（1, 4, 5-trihydroxy-7-methoxy-9H-fluoren-9-one）、密花石斛芴三酚（dendroflorin）、曲轴石斛素（dengibsin）、束花石斛芴酮 A（denchrysan A）[15]，竹叶兰素 I（gramniphenol I）[16]，竹叶兰素 J（gramniphenol J）[17] 和竹叶兰素 K（gramniphenol K）[18]；苯丙素类：竹叶兰素 A、B（gramniphenol A、B）[12]，6-（3- 羟基丙酰基）-5- 甲氧基异苯并呋喃 -1（3H）-酮［6-（3-hydroxypropanoyl）-5-methoxy-isobenzofuran-1（3H）-one］、香豆酸（coumaric acid）、ω- 羟基化愈创木丙酮（ω-hydroxypropioguaiacone）和 3- 甲氧基 -4- 羟基苯丙醇（3-methoxy-4-hydroxypropyl alcohol）[19]；黄酮类：新西兰牡荆苷 -2（vicenin-2），即芹菜素 -6, 8- 二 -C-β- 吡喃葡萄糖苷（apigenin-6, 8-di-C-β-glucopyranoside）[11]，山柰酚（kaempferol）、槲皮素（quercetin）[13, 20]，（3*S*, 4*S*）-3′, 4′- 二羟基 -7, 8, - 亚甲二氧基紫檀烷［（3*S*, 4*S*）-3′, 4′-dihydroxyl-7, 8, -methylenedioxylpterocarpan］、美迪紫檀素（medicarpin）、5- 羟基 -2″, 2″- 二甲基色烯 -（3″, 4″：6：7）- 黄酮［5-hydroxy-2″, 2″-dimethylchromene-（3″, 4″：6：7）-flavone］、紫铆因（butein）、硫黄菊素（sulfuretin）、槲皮素 -3-*O*-β-D- 葡萄糖苷（quercetin-3-*O*-β-D-glucoside）、山柰酚 -3-*O*-β-D- 葡萄糖苷（kaempferol-3-*O*-β-D-glucoside）、（+）-儿茶素［（+）-catechin］、草大戟素 -4′-*O*-β-D- 葡萄糖苷（steppogenin-4′-*O*-β-D-glucoside）[20]，竹叶兰黄素 *A（gramflavonoid A）、钝角鱼藤酮 A、B（derriobtusone A、B）、倒卵灰毛豆素（obovatin）和合生果素（lonchocarpin）[21]；芪类：山药素 III（batatasin III），即 3′, 3′- 二羟基 -5′- 甲氧基联苄（3′, 3′-dihydroxy-5′-methoxybibenzyl）[22]，竹叶兰素 H、I（gramniphenol H、I）、赤松素（pinosylvin）、3, 5- 二羟基芪 -3-*O*-β-D- 葡萄糖苷（3, 5-dihydroxystilbene-3-*O*-β-D-glucoside）、土大黄苷元（rhapontigen）、羊蹄甲抑素 D（bauhiniastatin D）、3- 羟基 -4, 3, 5- 三甲氧基 - 反式 - 芪（3-hydroxy-4, 3, 5-trimethoxy-*trans*-stilbene）、2, 3- 二羟基 -3, 5- 二甲氧基芪（2, 3-dihydroxy-3, 5-dimethoxystilbene）[23]，竹叶兰素 L（gramniphenol L）[24]，竹叶兰双苄素 A、B（graminibibenzyl A、B）、5, 12- 二羟基 -3- 甲氧基双苄 -6-甲酸（5, 12-dihydroxy-3-methoxybibenzyl-6-carboxylic acid）、5- 乙酰氧基 -12- 羟基 -3- 甲氧基双苄 -6- 甲酸（5-acetyloxy-12-hydroxy-3-methoxybibenzyl-6-carboxylic acid）、3- 羟基 -5- 甲氧基双苄（3-hydroxy-5-methoxybibenzyl）、3, 3′- 二羟基 -5- 甲氧基双苄（3, 3′-dihydroxy-5-methoxybibenzyl）、2, 5, 2′, 5′- 四羟基 -3-甲氧基双苄（2, 5, 2′, 5′-tetrahydroxy-3-methoxybibenzyl）[25]，竹叶兰芪素 *A、B、C（gramistilbenoid A、B、C）、二氢赤松素（dihydropinosylvin）、4′- 甲基赤松素（4′-methylpinosylvin）、3-（γ, γ- 二甲基烯丙基）白藜芦醇［3-（γ, γ-dimethylallyl）resveratrol］、5-（γ, γ- 二甲基烯丙基）氧化白藜芦醇［5-（γ, γ-dimethylallyl）oxyresveratrol］和 3- 羟基 -4, 3′, 5′- 三甲氧基 - 反式 - 芪（3-hydroxy-4, 3′, 5′-trimethoxy-*trans*-stilbene）[26]；C-4- 烷基化脱氧安息香类：竹叶兰脱氧安息香 A、B、C、D、E、F、G、H（gramideoxybenzoin A、B、C、D、E、F、G、H）[26]；甾体类：β- 谷甾醇（β-sitosterol）和胡萝卜苷（daucosterol）[11]；环已烯酮类：4-（4- 羟基苄基）-3, 4, 5- 三甲氧基环己 -2, 5- 二烯酮［4-（4-hydroxybenzyl）-3, 4, 5-trimethoxycyclohexa-2, 5-dienone］[11]；脂肪酸酯类：正二十四烷酸甘油酯 -1（tetracosanoic acid glyceride-1）[11]；苯丙烷酮类：1-（4- 羟基 -3, 5- 二甲氧基苯基）丙烷 -1- 酮［1-（4-hydroxy-3, 5-dimethoxyphenyl）propan-1-one］[11]。

茎含菲类：7- 羟基 -2- 甲氧基 -9, 10- 二氢菲 -1, 4- 二酮（7-hydroxy-2-methoxy-9, 10-dihydrophenanthrene-1, 4-dione）[27]。

【药理作用】1. 抗氧化　全草醇提取物的氯仿、乙酸乙酯、正丁醇和水部位均有抗氧化作用，呈显著剂量效应关系，其抗氧化作用因反应体系的不同而不同，且不同极性部位抗氧化作用稍有差异，乙酸乙酯部位的抗氧化作用最强[1]；根、茎、叶和全草的醇提取液中所含的多酚、黄酮均有抗氧化作用，并有明显的量效关系，且不同采集部位抗氧化作用也有差异，抗氧化作用根提取物＞叶提取物＞全草提取物＞茎提取物[2]；根、茎和叶的醇提取液具有很强的清除 1, 1- 二苯基 -2- 三硝基苯肼（DPPH）自由基的作用[3]。2. 抗脂质过氧化　全草的乙酸乙酯提取物对四氯化碳（CCl_4）诱导脂质过氧化有抑制作用，能有效抑制 Fenton 自由基所致卵磷脂脂质体脂质过氧化、四氯化碳诱导鼠肝细胞以及人血红细胞脂质过氧化，表明其解毒机制与竹叶兰对化学毒物诱导脂质过氧化具有明显的抑制作用有关[4]。3. 抗菌　全草醇提取液的乙酸乙酯部位能明显抑制金黄色葡萄球菌、枯草芽孢杆菌和大肠杆菌的生长，减弱金黄色葡萄球菌外毒素对红细胞的损伤，有显著的抗菌作用[5]；全草醇提取物的乙酸乙酯部位对金黄色葡萄球菌、枯草芽孢杆菌、大肠杆菌以及沙门氏菌的生长均有抑制作用，其中乙酸乙酯提取物具有广谱的抑菌效果，甲醇与丙酮提取物能显著抑制沙门氏菌的繁殖[6]；从全草提取分离的白及素 A（blestriarene A）和山慈姑亭（shancidin）可抑制金黄色葡萄球菌、枯草芽孢杆菌及大肠杆菌的生长，系通过破坏细胞壁和细胞膜的完整性而起到抑制作用[7]。4. 抗溶血　分离得到的竹叶兰菲酚类成分白及素 A、山慈姑亭和密花石斛酚 B（densiflorol B）对由细菌引起的红细胞溶血有对抗作用[7]。5. 抗肿瘤　从球茎和茎叶分离得到的竹叶兰联苯类化合物 2, 7- 二羟基 -1-（对 - 羟基苄基）-4- 甲氧基 -9, 10- 二氢菲［2, 7-dihydroxy-1-（*p*-hydroxylbenzyl）-4-methoxy-9, 10-dihydrophenanthrene］、4, 7- 二羟基 -1-（对 - 羟基苄基）-2- 甲氧基 -9, 10- 二氢菲［4, 7-dihydroxy-1-（*p*-hydroxylbenzyl）-2-methoxy-9, 10-dihydrophenanthrene］、反式阿魏酸二十四烷酯（tetracosyl *trans*-ferulate）、反式阿魏酸二十五烷酯（pentacosyl *trans*-ferulate）和十五烷酸（pentadecyl acid）对 BGC823 细胞和 Bel7402 细胞均具一定的抑制作用，开环型联苄类化合物的作用强于闭环型联苄类化合物[8]；从球茎和茎叶分离得到芪类化合物对人肝癌 Bel-7402 细胞和人胃癌 BGC-823 细胞有一定的细胞毒作用[9]；从全草的含水丙酮提取物分离的成分竹叶兰脱氧安息香 D、E（gramideoxybenzoin D、E）等对人急性早幼粒细胞白血病 NB4 细胞、人肺腺癌 A549 细胞、人神经母细胞瘤 SHSY5Y 细胞等均有显著的细胞毒性[10]。6. 抑制肝纤维化　从茎提取分离的成分对大鼠肝星状细胞具抑制作用，在 50μg/ml 和 100μg/ml 给药浓度下均显著抑制大鼠肝星状细胞增殖，其中 7- 羟基 -2- 甲氧基 -9, 10- 二氢菲 -1, 4- 二酮（7-hydroxy-2-methoxy-9, 10-dihydrophenanthrene-1, 4-dione）的抑制作用最好[11]。

【性味与归经】百样解：苦，凉。归肺、脾、肝、胆、膀胱经。

【功能与主治】百样解：解药，调平四塔，清火解毒，利水退黄。用于食物、药物及各种中毒引起的恶心呕吐，腹痛腹泻，头昏目眩；产后气血两虚所致的头昏头痛，周身酸软无力，形体消瘦；癫痫发作后头昏头痛；胆汁病出现的黄疸；感冒；六淋证出现的尿频，尿急，尿痛，脓尿，血尿，尿血，白尿；水肿病（傣医）。

【用法与用量】百样解：10 ～ 30g。

【药用标准】竹叶兰：云南药品 1996；百样解：云南傣药 2005 三册。

【临床参考】中暑、黄疸：全草 9 ～ 15g，水煎服。（《浙江药用植物志》）

【化学参考文献】

［1］Liu M F，Han Y，Xing D M，et al. One new benzyldihydrophenanthrene from *Arundina graminifolia*［J］. J Asian Nat Prod Res，2005，7（5）：767-770.

［2］刘美凤，丁怡，张东明 . 竹叶兰菲类化学成分研究［J］. 中国中药杂志，2005，30（5）：353-356.

［3］刘美凤，吕浩然，丁怡 . 竹叶兰中联苄类化学成分和抗肿瘤活性研究［J］. 中国中药杂志，2012，37（1）：66-70.

［4］Yan X M，Tang B X，Liu M F. Phenanthrenes from *Arundina graminifolia* and *in vitro* evaluation of their antibacterial and

anti-haemolytic properties［J］. Nat Prod Res，2018，32（6）：707-710.
［5］刘美凤，韩芸，邢东明，等. 竹叶兰化学成分研究［J］. 中国中药杂志，2004，29（2）：147-149.
［6］Liu M F，Han Y，Xing D M，et al. A new stilbenoid from *Arundina graminifolia*［J］. J Asian Nat Prod Res，2004，6（3）：229-232.
［7］刘美凤，丁怡，杜力军，等. 傣药竹叶兰的化学成分研究［J］. 中草药，2007，38（5）：676-677.
［8］Auberon F，Olatunji O J，Waffo-Teguo P，et al. New glucosyloxybenzyl 2*R*-benzylmalate derivatives from the undergrounds parts of *Arundina graminifolia*（Orchidaceae）［J］. Fitoterapia，2019，135：33-43.
［9］Auberon F，Olatunji O J，Krisa S，et al. Arundinosides A-G，new glucosyloxybenzyl 2*R*-benzylmalate derivatives from the aerial parts of *Arundina graminifolia*［J］. Fitoterapia，2018，125：199-207.
［10］Auberon F，Olatunji O J，Krisa S，et al. Two new stilbenoids from the aerial parts of *Arundina graminifolia*（Orchidaceae）［J］. Molecules，2016，21（11）：1430/1-1430/9.
［11］朱慧，宋启示. 竹叶兰化学成分的研究［J］. 天然产物研究与开发，2008，20（1）：5-7，40.
［12］Gao Z R，Xu S T，Wei J，et al. Phenolic compounds from *Arundina graminifolia* and their anti-tobacco mosaic virus activities［J］. Asian Journal of Chemistry，2013，25（5）：2747-2749.
［13］Gao X M，Yang L Y，Shen Y Q，et al，Phenolic compounds from *Arundina graminifolia* and their anti-tobacco mosaic virus activity［J］. Bull Korean Chem Soc，2012，33（7）：2447-2449.
［14］Hu Q F，Zhou B，Huang J M，et al. Antiviral phenolic compounds from *Arundina graminifolia*［J］. J Nat Prod，2013，76（2）：292-296.
［15］Niu D Y，Han J M，Kong W S，et al. Antiviral fluorenone derivatives from *Arundina gramnifolia*［J］. Asian Journal of Chemistry，2013，25（17）：9514-9516.
［16］Li L，Xu W X，Liu C B，et al. A new antiviral phenolic compounds from *Arundina gramnifolia*［J］. Asian Journal of Chemistry，2015，27（9）：3525-3526.
［17］Gao Y，Jin Y C，Yang S，et al. A new diphenylethylene from *Arundina graminifolia* and its cytotoxicity［J］. Asian Journal of Chemistry，2014，26（13）：3903-3905.
［18］Meng C Y，Niu D Y，Li Y K，et al. A new cytotoxic stilbenoid from *Arundina graminifolia*［J］. Asian Journal of Chemistry，2014，26（8）：2411-2413.
［19］董伟，周堃，王月德，等. 傣药竹叶兰中 1 个新苯丙素及其抗烟草花叶病毒活性［J］. 中草药，2015，46（20）：2996-2998.
［20］Shu L D，Shen Y Q，Yang L Y，et al. Flavonoids derivatives from *Arundina graminifolia* and their cytotoxicity［J］. Asian Journal of Chemistry，2013，25（15）：8358-8360.
［21］Li Y K，Yang L Y，Shu L D，et al. Flavonoid compounds from *Arundina graminifolia*［J］. Asian Journal of Chemistry，2013，25（9）：4922-4924.
［22］彭霞，何红平，卯明霞，等. 竹叶兰的化学成分研究［J］. 云南中医学院学报，2008，31（3）：32-33.
［23］Li Y K，Zhou B，Ye Y Q，et al. Two new diphenylethylenes from *Arundina graminifolia* and their cytotoxicity［J］. Bull Korean Chem Soc，2013，34（11）：3257-3260.
［24］Yang J X，Wang H，Lou J，et al. A new cytotoxic diphenylethylene from *Arundina graminifolia*［J］. Asian Journal of Chemistry，2014，26（14）：4517-4518.
［25］Du G，Shen Y Q，Yang L Y，et al. Bibenzyl derivatives of *Arundina graminifolia* and their cytotoxicity［J］. Chem Nat Compd，2014，49（6）：1019-1022.
［26］Hu Q F，Zhou B，Ye Y Q，et al. Cytotoxic deoxybenzoins and diphenylethylenes from *Arundina graminifolia*［J］. J Nat Prod，2013，76（10）：1854-1859.
［27］王慧婷. 百样解中化学成分的分离分析及活性研究［D］. 北京：北京理工大学硕士学位论文，2016.

【药理参考文献】

［1］刘琼，李乔丽，放茂良，等. 傣族药竹叶兰不同极性部位提取物的抗氧化性研究［J］. 中国农学通报，2011，27（14）：77-81.
［2］陈毅坚，石雪，屈睿，等. 竹叶兰不同部位抗氧化活性比较研究［J］. 中药材，2013，36（11）：1845-1849.

[3] 刘萍，高云涛，杨露，等．竹叶兰不同部位提取物清除 DPPH 自由基的研究［J］. 北方园艺，2013，（19）：72-75.
[4] 高云涛，刘萍，何弥尔，等．竹叶兰萃取物对四氯化碳诱导脂质过氧化抑制作用［J］. 云南民族大学学报（自然科学版），2013，22（3）：182-185.
[5] 闫雪孟，汤冰雪，刘美凤．竹叶兰提取物抗氧化与抗菌活性研究［J］. 时珍国医国药，2017，28（12）：2862-2864.
[6] 闫雪孟．傣药竹叶兰解毒和抗感染药效物质基础及药理活性研究［D］. 广州：华南理工大学硕士学位论文，2017.
[7] Yan X M，Tang B X，Liu M F. Phenanthrenes from *Arundina graminifolia* and *in vitro* evaluation of their antibacterial and anti-haemolytic properties［J］. Nat Prod Res，2018，32（6）：707-710.
[8] 刘美凤，吕浩然，丁怡，等．竹叶兰中联苄类化学成分和抗肿瘤活性研究［J］. 中国中药杂志，2012，37（1）：66-70.
[9] 刘美凤．傣药竹叶兰化学成分研究与抗抑郁新药 YL102 的药学研究［D］. 北京：清华大学博士学位论文，2004.
[10] Hu Q F，Zhou B，Ye Y Q. Cytotoxic deoxybenzoins and diphenylethylenes from *Arundina graminifolia*［J］. Journal of Natural Products，2013，76（10）：1854-1859.
[11] 王慧婷．百样解中化学成分的分离分析及活性研究［D］. 北京：北京理工大学硕士学位论文，2016.

4. 斑叶兰属 *Goodyera* R. Br.

地生草本。根茎常伸长，茎状，匍匐，具节，节上生根。茎直立，具叶多枚。叶互生，稍肉质，卵形或椭圆状披针形，具柄，上面常具杂色的斑纹。花序顶生，具少数至多数花，总状；花常较小，罕稍大，偏向一侧或不偏向一侧，唇瓣位于下方；萼片离生，近相似，背面常被毛，中萼片直立，凹陷，与较狭窄的花瓣黏合呈兜状；侧萼片直立或张开；花瓣较萼片薄，膜质；唇瓣围绕合蕊柱基部，不裂，无爪，基部凹陷呈囊状，前部渐狭，先端多少向外弯曲；合蕊柱短，无附属物；花药直立或斜卧，位于蕊喙的背面；花粉团 2 个，狭长，每个纵裂为 2，为具小团块的粒粉质，无花粉团柄，共同具 1 个大或小的黏盘。蒴果直立，无喙。

约 100 种，主产北温带地区。中国 29 种，多分布于西南部及南部各地。法定药用植物 2 种。华东地区法定药用植物 1 种。

1188. 斑叶兰（图 1188）• *Goodyera schlechtendaliana* Rchb. f.

【别名】银线莲（福建），大斑叶兰、小叶青、小将军、麻叶青、竹叶青、蕲蛇药、肺角草、尖叶山蝴蝶（浙江）。

【形态】植株高 15 ～ 35cm。根茎伸长，茎状，匍匐，具节。茎直立，绿色，具叶 4 ～ 6 枚。叶片卵形或卵状披针形，长 3 ～ 8cm，宽 0.8 ～ 2.5cm，上表面绿色，具黄白色斑纹，下表面淡绿色，先端急尖，基部楔形，具柄，叶柄长 4 ～ 10mm，基部扩大成抱茎的鞘。花茎直立，长 10 ～ 28cm，被长柔毛，具鞘状苞片 3 ～ 5 枚；总状花序疏生基本偏向一侧的花几朵至 20 余朵；苞片披针形，长约 12mm，宽 4mm，背面被短柔毛；花较小，白色或带粉红色，半张开；萼片背面被柔毛，具脉 1 条，中萼片狭椭圆状披针形，长 7 ～ 10mm，宽 3 ～ 3.5mm，舟状，先端急尖，与花瓣黏合呈兜状；侧萼片卵状披针形，与中萼片等长；花瓣菱状倒披针形，无毛，长 7 ～ 10mm，宽 2.5 ～ 3mm，先端钝或稍尖，具脉 1 条；唇瓣卵形，长 6 ～ 8.5mm，基部凹陷呈囊状，内面具多数腺毛，前部舌状，略向下弯；合蕊柱短，长 3mm；花药卵形，渐尖。花期 8 ～ 10 月。

【生境与分布】生于海拔 500 ～ 2800m 的山坡或沟谷阔叶林下。分布于江苏、安徽、江西、浙江、福建，另山西、陕西、河南、甘肃、湖北、湖南、海南、广西、广东、四川、贵州、云南、台湾等地均有分布；尼泊尔、印度、越南、日本等地也有分布。

【药名与部位】银线莲，全草。

图 1188 斑叶兰 摄影 郭增喜等

【化学成分】全草含黄酮类：斑叶兰苷 A、B（goodyeroside A、B）[1]，芦丁（rutin）、斑叶兰素（goodyerin）、异鼠李素 -3-*O*- 芸香糖苷（isorhamnetin-3-*O*-rutinoside）和山柰酚 -3-*O*- 芸香糖苷（kaempferol-3-*O*-rutinoside）[2]；酚类：丁香醛（syringaldehyde）和香草酸（vanillic acid）[3]；苯丙素类：阿魏酸（ferulic acid）[3]；香豆素类：别欧前胡素（alloimperatorin）[3]；呋喃类：5- 羟甲基糠醛（5-hydroxymethylfurfural）[3]；脂肪酸酯类：单棕榈酸甘油（glyceroyl monopalmitate）[3]；甾体类：β-谷甾醇（β-sitosterol）[3]。

【药理作用】1. 抗炎　全草的乙醇提取物对二甲苯所致小鼠耳廓肿胀度具有抑制作用，且具有剂量依赖性[1]。2. 抗氧化　全草乙醇提取物的乙酸乙酯部位对 1，1- 二苯基 -2- 三硝基苯肼（DPPH）自由基具有清除作用，在剂量为 0.5g/L 时清除率可达到 92.31%[2]。3. 护肝　从全草提取分离的成分斑叶兰酯苷 *（goodyeroside A）能抑制体重和肝脏重量的增加，显著改善肝内甘油三酯（TG）的含量，同时降低子宫脂肪沉积[3]。4. 抗糖尿病并发症　全草的乙醇提取物能拮抗对甲基乙二醛（MG）对蛋白质修饰的作用，并抑制糖基化终末代谢产物（AGEs）的产生，具有明显的抗蛋白质非酶糖基化作用，通过抑制 AGEs 的生成可以有效防治动物糖尿病并发症[4]。

【药用标准】部标成方九册 1994 附录。

【临床参考】1. 鼻疖：鲜全草 2 株（3 ～ 5g），加半枝莲 2 株（3 ～ 5g），洗净捣烂，加 75% 乙醇适量、氮酮两滴拌匀，敷于疖肿表面最隆起部，每隔 4h 更换 1 次，3 日 1 疗程[1]。

2. 颈椎骨质增生：全草 300g，加葛根 250g，鸡血藤、楮实子、酸枣仁各 300g，血竭、蕲蛇头、地龙、全蝎各 200g，补骨脂、沙苑子、菟丝子、芍药各 350g，制附片 100g，研成细末混匀，1 次饭后温开水或黄酒冲服 10g，每日 3 次[2]。

3. 肺痨咳嗽：全草 30g，加白糖适量，水煎，睡前服。

4. 气管炎：全草 6g，加单叶铁线莲 12g，水煎服，10 日 1 疗程。

5. 淋巴结结核：全草 6g，水炖服。

6. 辅助治疗毒蛇咬伤：鲜全草 2 株，捣烂敷伤口，另取鲜羊乳 60g，嚼烂后冷开水冲服；或全草 9 ～ 15g，水煎服，另取鲜全草和白糖捣烂，敷伤处。（3 方至 6 方引自《浙江药用植物志》）

【附注】同属植物小斑叶兰 *Goodyera repens*（Linn.）R. Br.、大花斑叶兰 *Goodyera biflora*（Lindl.）Hook. f. 及绒叶斑叶兰 *Goodyera velutina* Maxim. 的全草民间也作银线莲药用。

【化学参考文献】

[1] Du X M，Sun N Y，Chen Y，et al. Hepatoprotective aliphatic glycosides from three *Goodyera* species [J]. Biol Pharm Bull，2000，23（6）：731-734.

[2] Du X M，Sun N Y，Shoyama Y. Flavonoids from *Goodyera schlechtendaliana* [J]. Phytochemistry，2000，53（8）：997-1000.

[3] 刘量，张婉菁，殷启蒙，等 . 斑叶兰化学成分研究 [J]. 中药材，2015，38（12）：2547-2549.

【药理参考文献】

[1] 朱平福，赵怡，金晶 . 斑叶兰抗炎作用的实验研究 [J]. 中国民族民间医药，2010，19（4）：35-36.

[2] 张婉菁，刘量，胡荣，等 . 斑叶兰抗氧化活性组分研究及其乳膏的制备 [J]. 中医药导报，2017，23（1）：59-62，72.

[3] Du X M，Irino N，Furusho N，et al. Pharmacologically active compounds in the *Anoectochilus* and *Goodyera* species [J]. Journal of Natural Medicines，2008，62（2）：132-148.

[4] 唐勇军，邹俊 . 银线莲提取物抗蛋白质非酶糖基化研究 [J]. 中国民族民间医药，2010，19（23）：73-75.

【临床参考文献】

[1] 王惠兴 . 半枝莲与斑叶兰外敷治疗鼻疖 36 例 [J]. 中医外治杂志，2001，10（6）：52.

[2] 周德松，杨小乐 . 颈椎骨质增生中医临证心得 [J]. 中国民族民间医药，2011，20（21）：72.

5. 开唇兰属 *Anoectochilus* Blume

地生，根茎伸长，茎状，匍匐，肉质，具节，节上生根。茎直立，或向上伸展，圆柱形，具叶。叶互生，常稍肉质，有时上表面具杂色的脉网或脉纹，具柄。花序总状，顶生，具花几朵至 10 余朵；苞片通常短于花；萼片离生，背面通常被毛，中萼片凹陷，舟状，与花瓣黏合呈兜状；侧萼片常较中萼片稍长；花瓣较萼片薄，膜质，与中萼片近等长，常斜歪；唇瓣基部与合蕊柱贴生，前部多明显扩大成 2 裂，裂片的形状多样且叉开，少数不裂，裂片边缘流苏状撕裂或锯齿状或全缘，中部收狭成爪，唇瓣基部凹陷成球状距或为伸长的圆锥状距，距内沿中脉有 1 褶片状的隔膜或无，中脉两侧各有 1 枚胼胝体且形状多样；合蕊柱短，两侧具附属物。蒴果长圆柱形，直立。

约 30 种，分布于亚洲热带地区至大洋洲。中国 11 种，多分布于西南部至南部各地。法定药用植物 1 种。华东地区法定药用植物 1 种。

1189. 金线兰（图 1189）• *Anoectochilus roxburghii*（Wall.）Lindl.

【别名】金线莲、花叶开唇兰，金钱兰（浙江）。

图 1189　金线兰　　　　摄影　赵维良等

【形态】植株高 8 ～ 18cm，具匍匐根茎，伸长，肉质，具节，节上生根。茎直立，肉质，圆柱形，下部具叶 2 ～ 4 枚。叶片卵圆形或卵形，长 1.5 ～ 5cm，宽 0.8 ～ 3cm，上表面暗紫色，具金黄色带有绢丝光泽的网脉，下表面淡紫红色，先端近急尖或稍钝，基部圆形；叶柄长 4 ～ 10mm，基部扩大成抱茎的鞘。总状花序具花 2 ～ 6 朵，长 3 ～ 5cm；花序轴淡红色，和花序梗均被柔毛；苞片淡红色，卵状披针形，先端长渐尖；花白色或淡红色，唇瓣位于上方；萼片背面被柔毛，中萼片卵形，凹陷呈舟状，长约 6mm，宽 2.5 ～ 3mm，先端渐尖，与花瓣黏合呈兜状；侧萼片张开，卵状椭圆形，稍偏斜，与中萼片近等长；花瓣质地薄，近镰刀状，与中萼片等长；唇瓣长约 12mm，前部扩大并 2 裂，呈 Y 形，裂片舌状条形，边缘全缘，中部收狭成爪，其两侧各具 6 ～ 8 条流苏状细裂条。花期 9 ～ 10 月。

【生境与分布】生于海拔 50 ～ 1600m 的常绿阔叶林下或沟谷阴湿处。分布于江西、浙江、福建，另湖南、海南、广西、广东、四川、云南、西藏等地均有分布；尼泊尔、印度、越南、泰国、日本等地也有分布。

【药名与部位】金线莲，全草。

【采集加工】夏、秋二季茎叶茂盛时采收，除去杂质，鲜用或晒干。

【药材性状】常缠结成团，深褐色。展开后完整的植株 4 ～ 24cm，茎细，约 0.5 ～ 1mm，具纵皱纹，断面棕褐色，叶互生，呈卵形，长 2 ～ 5cm，宽 1 ～ 3cm，先端急尖，叶脉为橙红色，叶柄短，基部呈鞘状，气微香，味淡微甘。

【药材炮制】洗净，去除杂质，鲜用或晒干。

【化学成分】全草含黄酮类：芦丁（rutin）、3′, 4′, 7- 三甲氧基 -3, 5- 二羟基黄酮（3′, 4′, 7-trimethoxy-3, 5-dihydroxyflavone）[1]，甲基条叶蓟素（cirsilineol）、槲皮素（quercetin）[2]，异鼠李素（isorhamnetin）、槲皮素 -3′-*O*-β-D- 吡喃葡萄糖苷（quercetin-3′-*O*-β-D-glucopyranoside）、槲皮素 -3-*O*-β-D- 吡喃葡萄糖苷（quercetin-3-*O*-β-D-glucopyranoside）、8- 对羟苄基槲皮素（8-*p*-hydroxybenzylquercetin）[3]，异鼠李素 -3, 4′-*O*-β-D- 二葡萄糖苷（isorhamnetin-3, 4′-*O*-β-D-diglucoside）、异鼠李素 -3, 7-*O*-β-D- 二葡萄糖苷（isorhamnetin-3, 7-*O*-β-D-diglucoside）、异鼠李素 -7-*O*-β-D- 二葡萄糖苷（isorhamnetin-7-*O*-β-D-diglucoside）、槲皮素 -7-*O*-β-D- 葡萄糖苷（quercetin-7-*O*-β-D-glucoside）、槲皮素 -3-*O*-β-D- 芸香糖苷（quercetin-3-*O*-β-D-rutinoside）[4]，异鼠李素 -3-*O*-β-D- 芸香糖苷（isorhamnetin-3-*O*-β-D-rutinoside）[1,5]，异鼠李素 -7-*O*-β-D- 吡喃葡萄糖苷（isorhamnetin-7-*O*-β-D-glucopyranoside）、异鼠李素 -3-*O*-β-D- 吡喃葡萄糖苷（isorhamnetin-3-*O*-β-D-glucopyranoside）、槲皮素 -7-*O*-β-D-［6″-*O*-（反式 - 阿魏酰）］- 吡喃葡萄糖苷 {quercetin-7-*O*-β-D-［6″-*O*-（*trans*-feruloyl）］-glucopyranoside}、山柰酚 -3-*O*-β-D- 吡喃葡萄糖苷（kaempferol-3-*O*-β-D-glucopyranoside）、山柰酚 -7-*O*-β-D- 吡喃葡萄糖苷（kaempferol-7-*O*-β-D-glucopyranoside）和 5- 羟基 -3′, 4′, 7- 三甲氧基黄酮醇 -3-*O*-β-D- 芸香糖苷（5-hydroxy-3′, 4′, 7-trimethoxyflavonol-3-*O*-β-D-rutinoside）[5]；三萜类：齐墩果酸（oleanolic acid）、羊毛脂醇（lanosterol）[1]，木栓酮（friedelin）、高粱醇（sorghumol）[6]，高粱醇 -3-*O*-（*E*）- 对羟基香豆素［sorghumol-3-*O*-（*E*）-*p*-coumarate］和高粱醇 -3-*O*-（*Z*）- 对羟基香豆素［sorghumol-3-*O*-（*Z*）-*p*-coumarate］[7]；挥发油类：（*Z, Z, Z*）-9, 12, 15- 十八碳三烯酸甲酯［（*Z, Z, Z*）-9, 12, 15-octadecadienoic acid methyl ester］、（*Z, Z*）-9, 12- 十八碳二烯酸［（*Z, Z*）-9, 12-octadecadienoic acid］、11, 14, 17- 二十碳三烯酸甲酯（11, 14, 17-eicosatrienoyl methyl ester）和（*Z, Z*）-9, 12- 十八碳二烯酸甲酯［（*Z, Z*）-9, 12-octadecadienoyl methyl ester］[8]；甾体类：β- 谷甾醇（β-sitosterol）[1] 和胡萝卜苷（daucosterol）[2]；苯丙素类：阿魏酸（ferulic acid）[2]，对香豆酸（*p*-coumaric acid）[3] 和对羟基香豆酸（*p*-hydroxycoumaric acid）[9]；酚类：对羟基苯甲醛（*p*-hydroxybenzaldehyde）、3- 甲氧基 - 对羟基苯甲醛（3-methoxyl-*p*-hydroxybenzaldehyde）[1] 和邻苯二酚（*o*-hydroxy phenol）[9]；生物碱类：开唇兰碱（anoectochine）[7]；脂肪酸类：琥珀酸（succinic acid）[3]，棕榈酸（palmitic acid）[6] 和硬脂酸（stearic acid）[7]；酯苷类：（3*R*）-β-D- 吡喃葡萄糖基 - 羟基丁酯［（3*R*）-β-D-glucopyranosyl-hydroxybutanolide］、金线莲苷（kinsenoside）和 4-β-D- 吡喃葡萄糖氧基 - 丁酸甲酯（methyl 4-β-D-glucopyranosyl-butanoate）[9]。

【药理作用】1. 护肝　从全 95% 乙醇提取物中分离的多糖 ARPPs、ARPP80 组分可抑制 CCl_4 诱导的急性肝损伤小鼠血清中天冬氨酸氨基转移酶（AST）和谷丙转氨酶（ALT）的活性，降低丙二醛（MDA）的含量，升高超氧化物歧化酶（SOD）、过氧化氢酶、谷胱甘肽过氧化物酶及谷胱甘肽（GSH）的活性，作用剂量与水飞蓟素（200mg/kg）相当[1]；从全草提取分离的多糖类组分 ARPT 可显著降低四氯化碳诱导肝损伤小鼠血清谷丙转氨酶、天冬氨酸氨基转移酶和丙二醛含量，显著提高肝脏组织中超氧化物歧化酶、过氧化氢酶、谷胱甘肽过氧化物酶和谷胱甘肽含量，且呈剂量依赖性，并能显著抑制细胞色素 P450 亚家族 2E1（CYP2E1）mRNA 的表达，减少核转录因子（NF-κB）p65 表达，抑制转移生长因子 -$β_1$（TGF-$β_1$）表达和肝细胞凋亡，防止 DNA 片段化，其作用机制可能部分与减少氧化应激、炎症和凋亡相关[2]；从全草分离的成分金线莲苷（kinsenoside）在剂量为 20mg/kg、40mg/kg 时均能使酒精性肝损伤小鼠体内甘油三酯（TG）、丙二醛、低密度脂蛋白（LDL）、谷胱甘肽、谷丙转氨酶和天冬氨酸氨基转移酶含量降低，同时还能显著降低 CYP2E1 蛋白水平[3]。2. 降血糖　从全草、根和叶中提取分离的 6 种多糖类组分，分别是全草多糖 ARPs、AFPs，根多糖 ARPs-1、AFPs-1，叶多糖 ARPs-2、AFPs-2，均能使 STZ 诱导的糖尿病小鼠体重、肝糖原和胰岛素含量升高，小鼠体内谷胱甘肽过氧化物酶、超氧化物歧化酶、过氧化氢酶含量升高，丙二醛含量下降，血糖下降，作用强度依次为全草多糖＞根多糖＞叶多糖[4]；全草甲醇提取物的正丁醇部位具有降血糖作用，其降血糖机制可能与提高大鼠抗氧化能力以及减轻胰岛及胰腺细胞损伤，减少细胞凋亡有关[5]；从全草提取分离的金线莲苷可通过调控肌管细胞 Akt 和 AMPK 的活性改善细胞胰岛素抵抗，促进胰岛素抵抗细胞对葡萄糖的摄取[6]。3. 降血脂　从全草、根和叶中提取分离的 6 种多糖类组分，分别是全草多糖 ARPs、AFPs, 根多糖 ARPs-1、AFPs-1, 叶多糖 ARPs-2、AFPs-2, 均能使总胆固醇（TC）、甘油三酯、低密度脂蛋白含量明显降低，高密度脂蛋白（HDL）含量明显升高[4]。4 抗炎　从全草提取分离的多糖类组分 ARP 能明显降低 II 型胶原诱导关节炎（CIA）大鼠关节炎指数，改善炎性细胞浸润和滑膜组织破坏，且能明显的抑制一氧化氮（NO）的产生[7]。5. 抗氧化　从全草提取的酚类成分具较好的抗氧化作用，当酚类成分浓度达到 1mg/ml 时对 1, 1- 二苯基 -2- 三硝基苯肼（DPPH）自由基清除率为82.58%, 对2, 2′- 联氮 - 二(3- 乙基 - 苯并噻唑 -6- 磺酸)二铵盐(ABTS)自由基的清除率为97.62%[8]。6. 增强免疫　从全草提取分离的多糖类组分 ARP 在 50 400μg/ml 时可明显促进免疫抑制小鼠脾淋巴细胞体外增殖，促进一氧化氮的分泌，促进细胞因子白细胞介素 -2（IL-2）、白细胞介素 -6（IL-6）和 γ 干扰素（IFN-γ）的分泌[9]；多糖类组分 ARP 可促进小鼠脾淋巴细胞体外增殖，与刀豆蛋白 A（Con A）、脂多糖（LPS）共同使用时具有协同作用，在一定范围内呈量效关系，对小鼠脾淋巴细胞未显毒性[10]。7. 抗肿瘤　石油醚提取物对人宫颈癌 HeLa 细胞、人体黑色素瘤 A375 细胞、人喉癌 Hep2 细胞和人结肠癌 LoVo 细胞的生长增殖均具有较强的抑制作用，其中对 LoVo 细胞的抑制效果最明显，作用 48h 后其半数抑制浓度（IC_{50}）为（45.51±1.66）μg/ml, HE 染色和 AO/EB 荧光染色结果都显示作用于 LoVo 细胞后，出现了典型的凋亡形态学特征[11]；其抗肿瘤作用与全草富含的成分金线莲苷相关性不大[12]。

【性味与归经】平，甘。归肺、肝、肾、膀胱经。

【功能与主治】清热凉血，祛风利湿。用于肾炎，膀胱炎，糖尿病，支气管炎，风湿性关节炎，小儿急惊风等症。

【用法与用量】煎服 10 ～ 15g，或研末。

【药用标准】福建药材 2006。

【临床参考】1.2 型糖尿病：全草 12g，水煎，分三餐餐前 30min 服，1 个月为 1 疗程，连服 6 疗程[1]。

2. 风湿性关节炎：全草 50g 或鲜品 250g，另取猪脚 1 只煮烂去骨，加全草同煮 20min 后食用，每周 1 次，2 周 1 疗程[2]。

3. 新生儿黄疸：鲜全草 5g，加白英 12g，绵茵陈、茯苓各 9g，水煎，徐徐服之，每日 1 剂[3]。

4. 新生儿夜啼：全草 5g 或鲜品 3g，水煎，徐徐服之，每日 1 剂[3]。

5. 儿童白血病化疗后口腔溃疡：全草经榨取、消毒、分装等工艺制成金线莲液喷雾剂 10ml（每毫升相当于生药 5g），喷于口腔内，每日早上 7 时、中午 12 时、晚上 5 时饭前或饭后漱口后各 1 次，1 周为 1 疗程[4]。

【附注】台湾银线兰 *Anoectochilus formosanus* Hayata 的全草民间也作金线莲药用。

【化学参考文献】

[1] 杨秀伟，韩美华，靳彦平．金线莲化学成分的研究［J］．中药材，2007，30（7）：797-800.

[2] 何春年，王春兰，郭顺星．福建金线莲的化学成分研究Ⅱ［J］．中国中药杂志，2005，30（10）：761-763.

[3] 何春年，王春兰，郭顺星，等．福建金线莲的化学成分研究［J］．中国药学杂志，2005，40（8）：581-583.

[4] 关璟，王春兰，郭顺星．福建产金线莲中黄酮苷成分的研究［J］．中草药，2005，36（10）：1450-1453.

[5] He C N，Wang C L，Guo S X，et al. A novel flavonoid glucoside from *Anoectochilus roxburghii*（Wall.）Lindl［J］. J Integr Plant Biol，2006，48（3）：359-363.

[6] 何春年，王春兰，郭顺星，等．福建金线莲的化学成分研究Ⅲ［J］．天然产物研究与开发，2005，17（3）：259-262.

[7] Han M H，Yang X W，Jin Y P. Novel triterpenoid acyl esters and alkaloids from *Anoectochilus roxburghii*［J］. Phytochem Anal，2008，19（5）：438-443.

[8] 韩美华，杨秀伟，靳彦平．金线莲挥发油化学成分的研究［J］．天然产物研究与开发，2006，18（1）：65-68.

[9] 蔡金艳，宫立孟，张勇慧，等 . 金线莲化学成分的研究 [J] . 中药材，2008，31（3）：370-372.

【药理参考文献】

[1] Zeng B Y，Su M H，Chen Q X，et al. Antioxidant and hepatoprotective activities of polysaccharides from *Anoectochilus roxburghii* [J] . Carbohydrate Polymers，2016，153：391-398.
[2] Zeng B Y，Sua M H，Chen Q X，et al. Protective effect of a polysaccharide from *Anoectochilus roxburghii* against carbon tetrachloride-induced acute liver injury in mice [J] . Journal of Ethnopharmacology，2017，200：124-135.
[3] Zou S P，Wang Y F，Zhou Q，et al. Protective effect of kinsenoside on acute alcohol-induced liver injury in mice [J] . Revista Brasileira de Farmacognosia，2019，29：637-643.
[4] Tang T，Duan X，Ke Y，et al. Antidiabetic activities of polysaccharides from *Anoectochilus roxburghii* and *Anoectochilus formosanus* in STZ-induced diabetic mice [J] . International Journal of Biological Macromolecules，2018，DOI：org/10. 1016/j. ijbiomac. 2018. 02. 042.
[5] 唐菲，张小琼，徐江涛，等 . 金线莲降血糖活性部位的筛选 [J] . 中草药，2011，42（2）：340-343.
[6] 朱碧丽，吴序栎，辛启航，等 . 金线莲苷促进骨骼肌细胞摄取葡萄糖的分子机制研究 [J] . 现代食品科技，2018，34（6）：18-23.
[7] Guo Y L，Ye Q，Yang S L，et al. Therapeutic effects of polysaccharides from *Anoectochilus roxburghii* on type II collagen-induced arthritis in rats [J] . International Journal of Biological Macromolecules，2018，122：882-892.
[8] Xu M J，Shao Q S，Ye S Y，et al. Simultaneous extraction and identification of phenolic compounds in *Anoectochilus roxburghii* using microwave-assisted extraction combined with UPLC-Q-TOF-MS/MS and their antioxidant activities [J] . Frontiers in Plant Science，2017，DOI：10. 3389/fpls. 2017. 01474.
[9] 马玉芳，郑小香，衣伟萌，等 . 金线莲多糖对免疫抑制小鼠脾淋巴细胞体外增殖、分泌 NO 及细胞因子的影响 [J] . 天然产物研究与开发，2018，30（1）：21-26.
[10] 郑小香，李萍，潘晓丽，等 . 金线莲多糖对小鼠脾淋巴细胞体外增殖、细胞周期及分泌 IL-2、IFN-γ 的影响 [J] . 中国食品学报，2017，17（6）：47-52.
[11] 张晶，吕镇城，郑倩，等 . 金线莲抗肿瘤活性部位的体外筛选及对 LoVo 细胞凋亡的影响 [J] . 中成药，2017，39（7）：1507-1511.
[12] 蔡金，艳张锦文，唐菲，等 . 金线莲主要成分 kinsenoside 的体外抗癌活性研究 [J] . 时珍国医国药，2010，21（10）：2444-2445.

【临床参考文献】

[1] 朱细华 . 金线兰治疗 Ⅱ 型糖尿病 90 例 [J] . 中国民间疗法，1999，（11）：34.
[2] 林敏忠 . 金线兰治疗风湿性关节炎 65 例 [J] . 中国社区医师，2002，（2）：11.
[3] 林鼎新，肖家沂 . 新生儿验方五则 [J] . 中医药学刊，2005，23（11）：181.
[4] 李芹，黄伟，周文，等 . 金线莲液治疗儿童白血病化疗后口腔溃疡的临床研究 [J] . 南京中医药大学学报，2016，32（5）：422-424.

6. 兰属 *Cymbidium* Sw.

地生草本，罕有腐生，通常具假鳞茎，通常包藏于叶基部的鞘之内。叶数枚至多枚，通常生于假鳞茎基部或下部节上，带形或剑形，少数为椭圆形而具柄。花葶侧生或发自假鳞茎基部；总状花序具多数花或仅生 1 朵花；苞片宿存，有时呈鞘状；花中等大，具香气；萼片与花瓣离生，多少相似；唇瓣 3 裂，基部有时与合蕊柱合生达 3 ～ 6mm；侧裂片直立，常围抱合蕊柱；唇瓣上有纵褶片 2 条，基部贴生于合蕊柱基部，无距；合蕊柱较长，稍弧形或半圆柱形，两侧有翅，腹面凹陷或有时具短毛，花粉团 2 个，有深裂隙，或 4 个而形成不等大的 2 对，蜡质，以很短的、弹性的花粉团柄连接于近三角形的黏盘上。

约 55 种，分布于亚洲热带及亚热带地区。中国 49 种，多分布于秦岭以南地区。法定药用植物 1 种。华东地区法定药用植物 1 种。

1190. 建兰（图 1190）· *Cymbidium ensifolium*（Linn.）Sw.

图 1190　建兰　　摄影　徐克学等

【别名】 四季兰，秋兰（浙江、上海），剑叶兰（上海），山兰花、官兰花（福建）。

【形态】 地生植物，假鳞茎卵球形，包藏于叶基之内。叶 2 ～ 6 枚，带状，有光泽，长 30 ～ 60cm，宽 1 ～ 1.7cm，较柔软而弯曲下垂，先端急尖，基部收狭。花葶从假鳞茎基部发出，直立，长 20 ～ 35cm；总状花序具花 3 ～ 9 朵；苞片卵状披针形，上部的短于子房；花常有香气，色泽变化较大，通常为浅黄绿色而具紫斑，花被片具 5 条深色的脉；萼片近狭长圆形或狭椭圆形，长 2.3 ～ 2.8cm，宽 5 ～ 8mm，侧萼片常向下斜展；花瓣狭椭圆形或狭卵状椭圆形，长 1.5 ～ 2.4cm，宽 5 ～ 8mm，近平展；唇瓣近卵形，长 1.5 ～ 2.3cm，具红色斑点和短硬毛，不明显 3 裂；中裂片较大，卵圆形，向下反卷，边缘波状，具小乳突；侧裂片直立，多少围抱合蕊柱，也有小乳突；唇盘上具 2 条半月形白色纵褶；合蕊柱长 1 ～ 1.4cm，稍向前弯曲，两侧具狭翅。花期 6 ～ 10 月。

【生境与分布】生于海拔 600 ～ 1800m 的疏林下、灌丛中、山谷旁或草丛中。分布于安徽、江西、浙江、福建，另湖南、广东、海南、广西、四川、贵州、云南、台湾等地均有分布；东南亚及日本等地也有分布。

【药名与部位】建兰叶，新鲜叶。

【药用标准】上海药材 1994 附录。

【临床参考】1. 体虚白带过多：根 15 ～ 30g，猪肉适量，同炖，食肉服汤。

2. 支气管炎、咳嗽：叶 2 ～ 4 枚，水煎服。（1 方、2 方引自《浙江药用植物志》）

【附注】本种以四季兰之名始载于《群芳谱》，药用始载于《本草纲目拾遗》，云："建兰有长叶、短叶、阔叶诸种，其花备五色，色黑者名墨兰，不易得，治青盲最效。红花者名红兰，气臭浊不入药。黄花者名蜜兰，可以止泻。青色者惟堪点茶或蜜浸，取其甘芳通气分。素心者名素心兰，入药最佳。"又云："草兰叶短而狭小，春花者名春兰，秋花者名秋兰，皆一干一花；有一干数花者，名九节兰；其萼中无红斑点色纯者名草素，尤香。"《植物名实图考》卷二十六"兰花"条称："其种亦多，山中春时，一茎一花，一茎数花者，所在皆有，闽产以素心为贵。"上述描述当包含兰属 *Cymbidium* Sw. 多种植物，《植物名实图考》中所附兰花图一茎数花，叶较宽，似为建兰。

本种的花、根及果实民间也作药用。

7. 白及属 *Bletilla* Rchb. f.

地生植物。假鳞茎扁球形，具荸荠似的环带，肉质，富黏性。茎直立，生于假鳞茎顶端，具叶 3 ～ 6 枚，互生，狭长圆状披针形至条状披针形，叶柄互相卷抱成茎状。总状花序顶生，常具多数花；花序轴常常曲折成"之"字状；苞片小而早落；花紫红色、粉红色、黄色或白色，倒置，唇瓣位于下方；萼片离生，与花瓣相似，近等长；唇瓣中部以上常明显 3 裂，上面有 3 ～ 5 条脊状褶片；合蕊柱半圆柱状，稍向前弯曲，两侧具翅；花药 2 室。蒴果长圆状纺锤形，直立。

约 6 种，分布于亚洲的缅甸北部经中国至日本。中国 4 种，多分布于华中及西南各地。法定药用植物 2 种。华东地区法定药用植物 1 种。

1191. 白及（图 1191）• *Bletilla striata*（Thunb.）Rchb. f.

【别名】凉姜（上海），千年棕榈（江苏、浙江），利知子（江西），白芨。

【形态】植株高 18 ～ 60cm。假鳞茎扁球形，上面具荸荠似的环带，富黏性。叶 4 ～ 6 枚，狭长圆形或披针形，长 8 ～ 29cm，宽 1.5 ～ 4cm，先端渐尖，基部收狭成鞘并抱茎。总状花序顶生，具花 3 ～ 10 朵，常不分枝或极罕分枝；花序轴或多或少呈"之"字状曲折；苞片长圆状披针形，长 2 ～ 2.5cm，开花时常凋落；花大，紫红色或粉红色；萼片和花瓣近等长，离生，狭长圆形，长 25 ～ 30mm，先端急尖；唇瓣较萼片和花瓣稍短，倒卵状椭圆形，长 23 ～ 28mm，白色带紫红色，具紫色脉；唇盘上面具纵褶 5 条，从基部伸至中裂片近顶部，仅在中裂片上面为波状；合蕊柱长 18 ～ 20mm，具狭翅，稍弓曲。花期 4 ～ 5 月，果期 7 ～ 9 月。

【生境与分布】生于海拔 100 ～ 3200m 的常绿阔叶林下，栎树林或针叶林下、路边草丛或岩石缝中。分布于江西、浙江、江苏、安徽、福建，另陕西、甘肃、湖北、湖南、广东、广西、四川、贵州等地均有分布；朝鲜、日本等地也有分布。

【药名与部位】白及（白芨），块茎。

【采集加工】夏、秋二季采挖，除去须根，洗净，置沸水中煮或蒸至无白心，晒至半干，除去外皮，干燥。

【药材性状】呈不规则扁球形，多有 2 ～ 3 个爪状分枝，长 1.5 ～ 5cm，厚 0.5 ～ 1.5cm。表面灰白

图 1191 白及　　摄影 李华东等

色或黄白色，有数圈同心环节和棕色点状须根痕，上面有突起的茎痕，下面有连接另一块茎的痕迹。质坚硬，不易折断，断面类白色，角质样。气微，味苦，嚼之有黏性。

【质量要求】玉白色或米白色，有肉，无瘪子。

【药材炮制】白及：除去杂质，大小分档，洗净，润透，切薄片，干燥。白及粉：除去杂质，洗净，干燥，研成细粉；或取白及饮片，研成细粉。白及炭：取白及饮片，炒至浓烟上冒，表面焦黑色，内部棕褐色时，微喷水，灭尽火星，取出，晾干。

【化学成分】块茎含菲类：白芨双菲醚 A、B（blestrin A、B）[1]，白芨双菲醚 C、D（blestrin C、D）[2]，白芨联菲 A、B、C（blestriarene A、B、C）[3]，白芨酚 A、B、C（blestrianol A、B、C）、1, 8- 二（对羟基苄基）-4- 甲氧基菲 -2, 7- 二醇［1, 8-bis（4-hydroxybenzyl）-4-methoxyphenanthrene-2, 7-diol］[4]，白

芨菲螺醇（blespirol）[5]，4, 4′- 二甲氧基 -2, 2′, 7, 7′- 四羟基 -1, 1′- 联菲（4, 4′-dimethoxy-2, 2′, 7, 7′-tetrahydroxy-1, 1′-biphenanthrene）[6]，2, 7- 二羟基 -1, 3- 二（对羟基苄基）-4- 甲氧基 -9, 10- 二氢菲［2, 7-dihydroxy-1, 3-bis(*p*-hydroxybenzyl)-4-methoxy-9, 10-dihydrophenanthrene］、4, 7- 二羟基 -1-(对羟苄基)-2- 甲氧基 -9, 10- 二氢菲［4, 7-dihydroxy-1-（*p*-hydroxybenzyl）-2-methoxy-9, 10-dihydrophenanthrene］、1-（对羟基苄基）-4, 8- 二甲氧基菲 -2, 7- 二醇［1-（*p*-hydroxybenzyl）-4, 8-dimethoxyphenanthrene-2, 7-diol］[7]，2, 7- 二羟基 -1-（对羟基苯甲酰基）-4- 甲氧基 -9, 10- 二氢菲［2, 7-dihydroxy-1-（*p*-hydroxybenzoyl）-4-methoxy-9, 10-dihydrophenanthrene］、2, 7- 二羟基 -1, 3- 二（对羟基苄基）-4- 甲氧基 -9, 10- 二氢菲［2, 7-dihydroxy-1, 3-bis（*p*-hydroxybenzyl）-4-methoxy-9, 10-dihydrophenanthrene］[8]，4, 7- 二羟基 -1-（对羟基苄基）-2- 甲氧基 -9, 10- 二氢菲［4, 7-dihydroxy-1-（*p*-hydroxybenzyl）-2-methoxy-9, 10-dihydrophenanthrene］、4, 7- 二羟基 -2- 甲氧基 -9, 10- 二氢菲（4, 7-dihydroxy-2-methoxy-9, 10-dihydrophenanthrene）[9]，2, 4, 7- 三甲氧基菲（2, 4, 7-trimethoxyphenanthrene）、2, 4, 7- 三甲氧基 -9, 10- 二氢菲（2, 4, 7-trimethoxy-9, 10-dihydrophenanthrene）、2, 3, 4, 7- 四甲氧基菲（2, 3, 4, 7-tetramethoxyphenanthrene）[10]，3, 4- 二甲氧基菲 -2, 7- 二醇（3, 4-dimethoxyphenanthrene-2, 7-diol）、4- 甲氧基菲 -2, 7- 二醇（4-methoxyphenanthrene-2, 7-diol）[11]，2, 7- 二羟基 -3, 4- 二甲氧基菲（2, 7-dihydroxy-3, 4-dimethoxphenanthrene）、2, 7- 二羟基 -4- 甲氧基 -9, 10- 二氢菲（2, 7-dihydroxy-4-methoxy-9, 10-dihydrophenanthrene）[12]，4- 甲氧基菲 -2, 7-*O*-β-D- 二葡萄糖苷（4-methoxyphenanthrene-2, 7-*O*-β-D-diglucoside）、7- 羟基 -4- 甲氧基菲 -2-*O*-β-D- 葡萄糖苷（7-hydroxy-4-methoxyphenanthrene-2-*O*-β-D-glucoside）、7- 羟基 -2, 4- 二甲氧基菲 -3-*O*-β-D- 葡萄糖苷（7-hydroxy-2, 4-dimethoxyphenanthrene-3-*O*-β-D-glucoside）[13]，3-(对羟基苄基)-4- 甲氧基 -9, 10- 二氢菲 -2, 7- 二醇［3-（*p*-hydroxybenzyl）-4-methoxy-9, 10-dihydrophenanthrene-2, 7-diol］、2- 甲氧基 -9, 10- 二氢菲 -4, 7- 二醇（2-methoxy-9, 10-dihydrophenanthrene-4, 7-diol）、1- 对羟基苄基 -4- 甲氧基菲 -2, 7- 二醇（1-*p*-hydroxybenzyl-4-methoxyphenanthrene-2, 7-diol）、1, 6- 二（对羟基苄基）-4- 甲氧基 -9, 10- 二氢菲 -2, 7- 二醇［1, 6-bis（4-hydroxybenzyl）-4-methoxy-9, 10-dihydrophenanthrene-2, 7-diol］、2- 甲氧基 -9, 10- 二氢菲 -2, 7- 二醇（2-methoxy-9, 10-dihydrophenanthrene-2, 7-diol）、1-（对羟基苄基）-2- 甲氧基 -9, 10- 二氢菲 -4, 7- 二醇［1-（*p*-hydroxybenzyl）-2-methoxy-9, 10-dihydrophenanthrene-4, 7-diol］、1-(对羟基苄基)-4- 甲氧基 -9, 10- 二氢菲 -2, 7- 二醇［1-（*p*-hydroxybenzyl）-4-methoxy-9, 10-dihydrophenanthrene-2, 7-diol］[14]，2, 7- 二羟基 -4- 甲氧基菲 -2, 7-*O*- 二葡萄糖苷（2, 7-dihydroxy-4-methoxyphenanthrene-2, 7-*O*-diglucoside）、2, 7- 二羟基 -4- 甲氧基菲 -2-*O*- 葡萄糖苷（2, 7-dihydroxy-4-methoxyphenanthrene-2-*O*-glucoside）、2, 7- 二羟基 -1-（4′- 羟苄基）-4- 甲氧基 -9, 10- 二氢菲 -4′-*O*- 葡萄糖苷［2, 7-dihydroxy-1-（4′-hydroxybenzyl）-4-methoxy-9, 10-dihydrophenanthrene-4′-*O*-glucoside］、3, 7- 二羟基 -2, 4- 二甲氧基菲 -3-*O*- 葡萄糖苷（3, 7-dihydroxy-2, 4-dimethoxyphenanthrene-3-*O*-glucoside）[15]，2, 2′, 2″, 7, 7′, 7″- 六羟基 -4, 4′, 4″- 三甲氧基 -［9, 9′, 9″, 10, 10′, 10″］- 六氢 -1, 8, 1′, 6″- 三联菲 {2, 2′, 2″, 7, 7′, 7″-hexahydroxy-4, 4′, 4″-trimethoxy-［9, 9′, 9″, 10, 10′, 10″］-hexahydro-1, 8, 1′, 6″-triphenanthrene}、2, 7- 二羟基 -4- 甲氧基 -9, 10- 二羟基菲（2, 7-dihydroxy-4-methoxy-9, 10-dihydroxyphenanthrene）[16]，白芨苄醚 A、B、C（bletilol A、B、C）[17]，1-（对羟基苄基）-4, 7- 二甲氧基菲 -2- 醇［1-（*p*-hydroxybenzyl）-4, 7-dimethoxyphenanthrene-2-ol］[16, 18]，1-（对羟基苄基）-4, 7- 二甲氧基菲 -2, 8- 二醇［1-（*p*-hydroxybenzyl）-4, 7-dimethoxyphenanthrene-2, 8-diol］、1-（对羟基苄基）-4, 7- 二甲氧基菲 -2, 6- 二醇［1-（*p*-hydroxybenzyl）-4, 7-dimethoxyphenanthrene-2, 6-diol］[18]，1-（对羟基 - 苯甲酰基）-2- 甲氧基 -4, 7- 二羟基 -9, 10- 二氢菲［1-（*p*-hydroxy-benzoyl）-2-methoxy-4, 7-dihydroxy-9, 10-dihydrophenanthrene］、2- 甲氧基 -4, 7- 二羟基 -9, 10- 二氢菲（2-methoxy-4, 7-dihydroxy-9, 10-dihydrophenanthrene）、1-（对羟基苄基）-2- 甲氧基 -4, 7- 二羟基 -9, 10- 二氢菲［1-（*p*-hydroxybenzyl）-2-methoxy-4, 7-dihydroxy-9, 10-dihydrophenanthrene］、1-（对羟基苄基）-4- 甲氧基 -2, 7- 二羟基 -9, 10- 二氢菲［1-（*p*-hydroxybenzyl）-4-methoxy-2, 7-dihydroxy-9, 10-dihydrophenanthrene］[19]，3, 7- 二羟基 -2, 4- 二甲氧基菲（3, 7-dihydroxy-2, 4-dimethoxyphenanthrene）、4, 7- 二甲氧基 -9, 10- 二氢菲 -2,

8- 二醇（4, 7-dimethoxy-9, 10-dihydrophenanthrene-2, 8-diol）、1-（4′- 羟基苄基）-4, 7- 二甲氧基 -9, 10- 二氢菲 -2, 8- 二醇［1-（4′-hydroxybenzyl）-4, 7-dimethoxy-9, 10-dihydrophenanthrene-2, 8-diol］[20], 7- 羟基 -2, 4- 二甲氧基菲（7-hydroxy-2, 4-dimethoxyphenanthrene）、4, 4′- 二甲氧基 -9, 10- 二氢 -［6, 1′- 双菲］-2, 2′, 7, 7′- 四醇 {4, 4′-dimethoxy-9, 10-dyhydro-［6, 1′-biphenanthrene］-2, 2′, 7, 7′-tetraol}、（2, 3- 反式）-2-（4- 羟基 -3- 甲氧基苯基）-3- 羟甲基 -10- 甲氧基 -2, 3, 4, 5- 四氢菲［2, 1-b］呋喃 -7- 醇 {（2, 3-*trans*）-2-（4-hydroxy-3-methoxyphenyl）-3-hydroxymethyl-10-methoxy-2, 3, 4, 5-tetrahydrophenanthro［2, 1-b］furan-7-ol}、小白芨明 B、D（bleformin B、D）、紫花美冠兰酚（nudol）、手参素 C（gymconopin C）、独蒜兰西醇（shanciol）[21], 3, 7- 二羟基 -2, 4- 二甲氧基菲（3, 7-dihydroxy-2, 4-dimethoxyphenanthrene）[12, 22], 3, 7- 二羟基 -2, 4, 8- 三甲氧基菲（3, 7-dihydroxy-2, 4, 8-trimethoxyphenanthrene）[20, 22], 2, 5- 二甲氧基 -9, 10- 二氢菲 -1, 7- 二醇（2, 5-dimethoxy-9, 10-dihydrophenanthrene-1, 7-diol）和 4, 4′, 8, 8′- 四甲氧基 -［1, 1′- 二菲］-2, 2′, 7, 7′- 四醇 {4, 4′, 8, 8′-tetramethoxy-［1, 1′-biphenanthrene］-2, 2′, 7, 7′-tetrol}[22]；酚及酚苷类：肿根素 E（dactylorhin E）[11], 四裂红门兰素（militarine）[13, 16, 23], 小白芨明 *J（bleformin J）、白芨丙素苷 *A（bletilloside A）、天麻素（gastrodin）[23], 手参苷 Ⅵ（gymnoside Ⅵ）、对羟基苯甲醛（*p*-hydroxybenzaldehyde）[12, 16], 肿根素 A（dactylorhin A）[11, 16, 19, 23], 手参苷（gymnoside Ⅰ、Ⅱ）[11, 19], 4- 羟甲基苯基 -β-D- 葡萄糖苷（4-hydroxymethylphenyl-β-D-glucoside）、4- 甲基苯基 -1-*O*-β-D- 吡喃葡萄糖苷（4-menthylphenyl-1-*O*-β-D-glucopyranoside）、红柄木犀苷 *（armatuside）、3, 4- 二羟基苯甲醛（3, 4-dihydroxybenzaldehyde）[19], 山慈菇素 I（shancigusin I）[19, 23], 手参苷Ⅴ、Ⅸ、Ⅹ（gymnoside Ⅴ、Ⅸ、Ⅹ）和 4, 4′- 二羟基二苯基甲烷（4, 4′-dihydroxydiphenylmethane）[24]；二元羧酸酯类：白及苹果酸酯 *A（bletimalate A）[19]；芪类：3′-*O*- 甲基山药素 III（3′-*O*-methylbatatasin III）[3], 5- 羟基 -4-（对羟基苄基）-3′, 3- 二甲氧基联苄［5-hydroxy-4-（*p*-hydroxybenzyl）-3′, 3-dimethoxybibenzyl］[6], 3′, 5- 二羟基 -2-（对羟苄基）-3- 甲氧基联苄［3′, 5-dihydroxy-2-（*p*-hydroxybenzyl）-3-methoxybibenzyl］[7, 8], 3, 3′- 二羟基 -4-（对羟基苄基）-5- 甲氧基联苄［3, 3′-dihydroxy-4-（*p*-hydroxybenzyl）-5-methoxybibenzyl］[8], 3, 3′- 二羟基 -5- 甲氧基 -2, 5′, 6- 三（对羟苄基）联苄［3, 3′-dihydroxy-5-methoxy-2, 5′, 6-tris（*p*-hydroxybenzyl）bibenzyl］[9], 3, 5- 二甲氧基联苄（3, 5-dimethoxybibenzyl）、3, 3′, 5- 三甲氧基联苄（3, 3′, 5-trimethoxybibenzyl）[10], 2, 6- 二（对羟基苄基）-3′, 5- 二甲氧基 -3- 羟基联苄［2, 6-bis（*p*-hydroxybenzyl）-3′, 5-dimethoxy-3-hydroxybibenzyl］[9, 16], 白芨亭 A、B、C（blestritin A、B、C）、独蒜兰酚（bulbocol）、手参素 D（gymconopin D）、2-（对羟基苄基）-5- 甲氧基联苄 -3′, 5- 二醇［2-（4-hydroxybenzyl）-5-methoxybibenzyl-3′, 5-diol］、2-（对羟苄基）-3- 甲氧基联苄 -3, 3′- 二醇［2-（*p*-hydroxybenzyl）-3-methoxybibenzyl-3, 3′-diol］、独蒜兰定（bulbocodin）、独蒜兰定 D（bulbocodin D）、2, 6- 二（对羟苄基）-5, 3′- 二甲氧基联苄 -3- 醇［2, 6-bis（*p*-hydroxybenzyl）-5, 3′-dimethoxybibenzyl-3-ol］、5, 4′- 二甲氧基联苄 -3, 3′- 二醇（5, 4′-dimethoxybibenzyl-3, 3′-diol）、2′, 6′- 二 -（对羟苄基）-5- 甲氧基联苄 -3, 3′- 二醇［2′, 6′-bis（*p*-hydroxybenzyl）-5-methoxybibenzyl-3, 3′-diol］[11], 3, 3′- 二羟基 -5- 甲氧基联苄（3, 3′-dihydroxy-5-methoxybibenzyl）[12, 16], 3′- 羟基 -5- 甲氧基联苄 -3-*O*-β-D- 吡喃葡萄糖苷（3′-hydroxy-5-methoxybibenzyl-3-*O*-β-D-glucopyranoside）[13], 2, 6- 二（对羟基苄基）-3, 3′- 二羟基 -5- 甲氧基联苄［2, 6-bis（*p*-hydroxybenzyl）-3, 3′-dihydroxy-5-methoxybibenzyl］、3, 3′- 二羟基 -2-（4- 羟基苄基）-5- 甲氧基联苄［3, 3′-dihydroxy-2-（4-hydroxybenzyl）-5-methoxybibenzyl］[16], 3, 3′- 二羟基 -2-（对羟基苄基）-5- 甲氧基联苄［3, 3′-dihydroxy-2-（*p*-hydroxybenzyl）-5-methoxybibenzyl］[8, 16], 山药素 III（batatasin III）[3, 19, 20], 大叶兰酚（gigantol）、3′, 4″- 二羟基 -5′, 3″, 5″- 三甲氧基联苄（3′, 4″-dihydroxy-5′, 3″, 5″-trimethoxybibenzyl）[20], 5- 羟基 -2-（对羟基苄基）-3- 甲氧基联苄［5-hydroxy-2-（*p*-hydroxybenzyl）-3-methoxybibenzyl］、山慈菇素 B（shancigusin B）、山慈菇醇（shanciguol）、竹叶兰烷（arundinan）、3′, 5- 二羟基 -2, 4- 二（对 - 羟基苄基）-3- 甲氧基联苄［3′, 5-dihydroxy-2, 4-di（*p*-hydroxybenzyl）-3-methoxybibenzyl］、竹叶兰亭 *（arundin）[21], 3, 3′- 二羟基 -2′, 6′- 二（对羟基苄基）-5- 甲氧基联苄［3, 3′-dihydroxy-2′, 6′-bis（*p*-hydroxybenzyl）-5-methoxybibenzyl］[7, 9, 21], 3, 4′- 二羟基 -3′, 5, 5′-

三甲氧基联苄（3, 4′-dihydroxy-3′, 5, 5′-trimethoxybibenzyl）[22] 和 5- 甲氧基联苄 -3, 3′-di-*O*-β-D- 吡喃葡萄糖苷（5-methoxybibenzyl-3, 3′-di-*O*-β-D-glucopyranoside）[23]；木脂素类：五味子醇甲（schizandrin）[6]，3″- 甲氧基尼亚金梅草酚（3″-methoxynyasol）、松脂素（pinoresinol）[22]，丁香树脂醇（syringaresinol）[22, 25] 和留兰香木脂素 B（spicatolignan B）[24]；黄酮类：开口箭酚 A（tupichinol A）和白芨黄烷醇 A、B（bletillanol A、B）[22]；苯丙素类：4- 烯丙基儿茶酚（4-allylcatechol）[22]，咖啡酸（caffeic acid）[25] 和二十六烷醇 -3-（4- 羟基 -3- 甲氧基苯）反式 - 阿魏酰酯［hexacosanoic alcohol-3-（4-hydroxy-3-methoxybenzol）*trans*-acryliceylenate］[26]；蒽醌类：大黄素甲醚（physcion）[26]；硫醚类：4, 4′- 二羟基苄基硫醚（4, 4′-dihydroxybenzylsulfide）[23]；三萜类：青冈醇（cyclobalanol）[26]，环水龙骨烯醇（cyclomargenol）、新木姜子烷醇（cycloneolitsol）、环水龙骨烯酮（cyclomargenone）、青冈酮（cyclobalanone）和 24- 亚甲基环木菠萝烷醇棕榈酸酯（24-methylenecycloartanol palmitate）[27]；甾体类：β- 谷甾醇（β-sitosterol）、胡萝卜苷（daucosterol）[25]，豆甾醇棕榈酸酯（stigmasterol palmitate）、β- 谷甾醇棕榈酸酯（β-sitosterol palmitate）[27] 和 4- 氯化 -β- 豆甾酮（4-chloro-β-sitosterone）[28]；核苷类：5- 甲基 -2′- 脱氧尿苷（5-methyl-2′-deoxyuridine）[19]；低聚糖类：*O*-α-D- 吡喃甘露糖基 -（1 → 4）-D- 吡喃甘露糖［*O*-α-D-mannopyranosyl-（1 → 4）-D-mannopyranose］、*O*-β-D- 吡喃甘露糖基 -（1 → 4）-D- 吡喃甘露糖［*O*-β-D-mannopyranosyl-（1 → 4）-D-mannopyranose］、*O*-β-D- 吡喃葡萄糖基 -（1 → 4）-D- 吡喃甘露糖［*O*-β-D-glucopyranosyl-（1 → 4）-D-mannopyranose］、*O*-β-D- 吡喃甘露糖基 -（1 → 4）-D- 吡喃葡萄糖［*O*-β-D-mannopyranosyl-（1 → 4）-D-glucopyranose）、*O*-β-D- 吡喃葡萄糖基 -（1 → 4）-D- 吡喃葡萄糖［*O*-β-D-glucopyranosyl-（1 → 4）-D-glucopyranose］、*O*-β-D- 吡喃甘露糖基 -（1 → 4）-*O*-β-D- 吡喃甘露糖基 -（1 → 4）-D- 吡喃甘露糖［*O*-β-D--mannopyranosyl-（1 → 4）-*O*-β-D-mannopyranosyl-（1 → 4）-D-mannopyranose］、*O*-β-D- 吡喃葡萄糖基 -（1 → 4）-*O*-β-D- 吡喃甘露糖基 -（1 → 4）-D- 吡喃甘露糖［*O*-β-D-glucopyranosyl-（1 → 4）-*O*-β-D-mannopyranosyl-（1 → 4）-D-mannopyranose］、*O*-β-D- 吡喃甘露糖基 -（1 → 4）-*O*-β-D- 吡喃甘露糖基 -（1 → 4）-D- 吡喃葡萄糖［*O*-β-D-mannopyranosyl-（1 → 4）-*O*-β-D-mannopyranosyl-（1 → 4）-D-glucopyranose］、*O*-β-D- 吡喃甘露糖基 -（1 → 4）-*O*-β-D- 吡喃葡萄糖基 -（1 → 4）-D- 吡喃葡萄糖［*O*-β-D-mannopyranosyl-（1 → 4）-*O*-β-D-glucopyranosyl-（1 → 4）-D-glucopyranose］、*O*-β-D- 吡喃甘露糖基 -（1 → 4）-*O*-β-D- 吡喃葡萄糖基 -（1 → 4）-D- 吡喃甘露糖［*O*-β-D-mannopyranosyl-（1 → 4）-*O*-β-D-glucopyranosyl-（1 → 4）-D-mannopyranose］、*O*-β-D- 吡喃葡萄糖基 -*O*-β- 吡喃葡萄糖基 -（1 → 4）-D- 吡喃甘露糖［*O*-β-D-glucopyranosyl-*O*-β-glucopyranosyl-（1 → 4）-D-mannopyranose］、*O*-β-D- 吡喃甘露糖基 -（1 → 4）-*O*-β-D- 吡喃甘露糖基 -（1 → 4）-*O*-β-D- 吡喃甘露糖基 -（1 → 4）-D- 吡喃甘露糖［*O*-β-D-mannopyranosyl-（1 → 4）-*O*-β-D-mannopyranosyl-（1 → 4）-*O*-β-D-mannopyranosyl-（1 → 4）-D-mannopyranose］、*O*-β-D- 吡喃葡萄糖基 -（1 → 4）-*O*-β-D- 吡喃甘露糖基 -（1 → 4）-*O*-β-D- 吡喃甘露糖基 -（1 → 4）-D- 吡喃甘露糖［*O*-β-D-glucopyranosyl-（1 → 4）-*O*-β-D-mannopyranosyl-（1 → 4）-*O*-β-D-mannopyranosyl-（1 → 4）-D-mannopyranose］和 *O*-β-D- 吡喃甘露糖基 -（1 → 4）-*O*-β-D- 吡喃葡萄糖基 -（1 → 4）-*O*-β-D- 吡喃甘露糖基 -（1 → 4）-D- 吡喃甘露糖［*O*-β-D-mannopyranosyl-（1 → 4）-*O*-β-D-glucopyranosyl-（1 → 4）-*O*-β-D-mannopyranosyl-（1 → 4）-D-mannopyranose］[29]；呋喃类：5- 羟甲基糠醛（5-hydroxymethylfuraldehyde）[19]；二元羧酸及酯类：白芨苹果酸酯 * B（bletimalate B）[19]，1-（4-β-D- 吡喃葡萄糖氧基苄基）-4- 甲氧基（2*R*）-2- 羟基异丁基苹果酸酯［1-（4-β-D-glucopyranosyloxybenzyl）-4-methoxyl（2*R*）-2-hydroxyisobutylmalate］[22] 和 α- 异丁基苹果酸（α-isobutylmalic acid）[23]。

花含花青素类：矢车菊素 -3-*O*-［6-*O*-（丙二酸单酰基）-β-D- 吡喃葡萄糖苷］-3′-*O*-［6-*O*-（反式 -4-*O*-6-*O*- 反式 -4-*O*-β-D- 吡喃葡萄糖基咖啡酰基 -β-D- 吡喃葡萄糖基咖啡酰基）-β-D- 吡喃葡萄糖苷］-7-*O*-［6-*O*-（反式 - 咖啡酰基）-β-D- 吡喃葡萄糖苷］{cyanidin-3-*O*-［6-*O*-（malonyl）-β-D-glucopyranoside］-3′-*O*-［6-*O*-（*trans*-4-*O*-6-*O*-*trans*-4-*O*-β-D-glucopyranosyl caffeyl-β-D-glucopyranosyl caffeyl）-β-D-glucopyranoside］-7-*O*-［6-*O*-（*trans*-caffeyl）-β-D-glucopyranoside］} 和矢车菊素 -3-*O*-［6-*O*-（丙二酸单酰基）-β-D- 吡喃

葡萄糖苷］-3′-*O*-［6-*O*-（反式 -4-*O*-6-*O*- 反式 -4-*O*-β-D- 吡喃葡萄糖基 - 对香豆酰基 -β-D- 吡喃葡萄糖基 - 对香豆酰基）-β-D- 吡喃葡萄糖苷］-7-*O*-［6-*O*-（反式 - 对香豆酰基）-β-D- 吡喃葡萄糖苷］{cyanidin-3-*O*-［6-*O*-（malonyl）-β-D-glucopyranoside］-3′-*O*-［6-*O*-（*trans*-4-*O*-6-*O*-*trans*-4-*O*-β-D-glucopyranosyl-*p*-coumaryl-β-D-glucopyranosyl-*p*-coumaryl）-β-D-glucopyranoside］-7-*O*-［6-*O*-（*trans*-*p*-coumaryl）-β-D-glucopyranoside］}[30]。

全草含芪类：5- 羟基 -4-（对羟基苄基）-3′, 3- 二甲氧基联苄［5-hydroxy-4-（*p*-hydroxybenzyl）-3′, 3-dimethoxybibenzyl］[31]。

【药理作用】1. 止血　从块茎提取的白芨多糖中、高剂量能增加大鼠血小板聚集率，缩短凝血酶原时间（PT）、凝血酶时间（TT）、部分凝血激酶时间（APTT），显著增加纤维蛋白原（FIB）、凝血功能及血浆血栓素 B2（TXB2）含量和降低 6- 酮 - 前列腺素 F1α（6-keto-PGF1α）含量，其作用机制可能是通过激活内源性、外源性凝血系统，促进血小板聚集和调节 TXB2、6-keto-PGF1α 的含量，从而发挥止血作用[1]；块茎 95% 乙醇提取物经 D101 大孔树脂的 80% 乙醇洗脱组分可剂量依赖性地缩短全身肝素化小鼠的凝血时间（CT）和肝素化的出血时间（BT），明显促进磷酸二腺苷（ADP）诱导的大鼠体内血小板聚集作用；明显缩短大鼠的凝血酶时间，高剂量组可明显增加纤维蛋白原含量（FIB），中、高剂量组可明显增加血小板膜糖蛋白 P- 选择素（P-S）、凝血酶 - 抗凝血酶复合物（TAT）、纤溶酶原激活物抑制剂 -1（PAI-1），减少 D- 二聚体（D-D）的生成，通过促进血小板聚集和凝血而发挥止血作用[2]。2. 保护胃肠黏膜　块茎的水提取物可使结肠黑变病（MC）模型豚鼠结肠黑变病评分显著降低，结肠黏膜上皮细胞 TUNNEL 染色细胞凋亡阳性率显著低于模型组，结肠肿瘤坏死因子 -α（TNF-α）和 B 淋巴细胞瘤 -2（Bcl-2）表达量较模型组显著下降，Bax 表达比模型组显著增高，其机制可能是通过抑制 MC 豚鼠结肠组织肿瘤坏死因子 -α 和 Bcl-2 蛋白表达，增加 Bcl-2 相关 x 蛋白（Bax）表达，降低 Bcl-2/Bax 值，抑制结肠上皮细胞凋亡，从而改善结肠黑变病[3]。3. 促进创口愈合　从块茎提取的多糖成分能显著促进糖尿病溃疡创面愈合，能有效刺激炎症细胞浸润，促进上皮组织形成，使成纤维细胞（FB）增殖明显，羟脯氨酸（OHP）含量增加[4]。4. 改善子宫功能　从块茎提取的多糖类成分能使自然老化围绝经期大鼠卵巢血管内皮生长因子（VEGF）蛋白表达升高，血清丙二醛含量降低，并存在剂量依赖性，子宫内膜随剂量的增加而出现内膜层增厚以及腺体增多，改善子宫功能，从而延缓大鼠围绝经期的进程[5]。5. 护肺　块茎粉末混悬液能使 PM2.5 致肺损伤大鼠肺泡灌洗液（BALF）中肿瘤坏死因子 -α、白细胞介素 -6（IL-6）和活性氧（ROS）含量显著降低，血浆游离 DNA 及过氧化物酶（MPO）-DNA 复合物（MPO-DNA）含量显著减少，肺组织中性粒细胞胞外诱捕网（NETs）生成减少，病理损伤减轻[6]。6. 抗病毒　提取物能使流感病毒感染的 MDCK 细胞中 856 个基因表达上调，占基因总数的 2.62%，1158 个基因下调，占基因总数的 3.54%，差异基因均涉及细胞的生理功能；使甲型流感病毒通路中热休克蛋白 70（*HSP70*）基因等 11 个差异基因上调，黑色素瘤分化相关抗原 5（*MDA5*）基因等 15 个基因下调，PI3K-Akt 信号通路中受体酪氨酸激酶（RTK）、磷脂酰肌醇 -3- 激酶（PI3K）等 15 个基因上调，RIG-1-like 信号通路中 *MDA5*、*RIG-1* 等 9 个基因下调；与病毒对照组比较，白及提取物作用后 MHC Ⅱ类转录激活因子（*CⅡTA*）、*HSP70*、*PI3K*、核因子 κB 抑制因子（*IκB*）等基因表达上调，表达量分别提高 4.32 倍、12.13 倍、17.88 倍、18.25 倍，干扰素调节因子 7（IRF7）、Toll 样受体 3（TLR3）、RIG、MDA5、双链 RNA 依赖的蛋白激酶（PKR）等基因均有明显的不同程度下调[7]；块茎的水提取物和醇提取物均具有良好的抗流感病毒复制作用，均可降低病毒 RNA 的合成，且具有较好的抗病毒入侵作用，在细胞实验中对病毒的抑制率分别高达（87.04±7.81）% 和（60.14±6.88）%，水提取物通过干预 MDCK 细胞 HA 受体阻止病毒的入侵；醇提取物具有较好的神经氨酸酶抑制作用，NA 的半数抑制浓度（IC_{50}）为 16.0mg/ml[8]；块茎的乙醇提取物高、中、低剂量［8g/（kg·d）、4g/（kg·d）、2g/（kg·d）］组能使流感小鼠模型的炎症改善、炎性浸润细胞数量下降，高剂量组尤其明显，肺指数抑制率最高达 35.8%，降钙素（Ct）值增加，病毒载量逐渐减少，小鼠血清中细胞因子白细胞介素 -2（IL-2）含量均升高，感染后第 1～3 天，小鼠血清中干扰素 -α、-β（IFN-α、-β）

含量明显升高，到第 5 ～ 7 天又逐渐下降，与模型组比较，高剂量组第 1、3、5 天的 α 干扰素含量升高，中、低剂量组第 1、3 天的 α 干扰素含量升高，高、中剂量组第 1、3、5、7 天的 β 干扰素含量升高，白及提取物低剂量组第 5 天的 β 干扰素含量升高[9]。7. 抗菌　须根乙醇提取物中的菲类成分对金黄色葡萄球菌包括临床分离株和耐甲氧西林金黄色葡萄球菌（MRSA）的生长均具有抑制作用，最低抑制浓度（MIC）从 8μg/ml 到 64μg/ml 不等，其对金黄色葡萄球菌 3304 和 ATCC 29213 也有杀灭作用，对金黄色葡萄球菌 3211 有抑菌作用，且对人体红细胞未显细胞毒性[10]；块茎的甲醇提取物、甲醇提取物的正己烷和二氯甲烷萃取部位对大肠杆菌、金黄色葡萄球菌、枯草芽孢杆菌和绿脓杆菌物的生长均具有较好的抑制作用，以二氯甲烷部位的抑菌作用最显著，该部位的抑菌作用与浓度呈正相关，其对 4 种受试菌的最小抑菌浓度均为 2mg/ml[11]。8. 抗炎　块茎的水提取液可使卡拉胶诱导的 SD 大鼠炎症模型鼠足体积显著减少，压痛值显著降低，注射足血流速度显著加快，并且血流速度与压痛值降低程度呈正相关，血流速度与足趾肿胀程度呈正相关，剂量为 2.25mg/kg 时能显著降低大鼠炎症足的血流速度[12]；苦味有效成分四裂红门兰素（militarine）外用高剂量组对小鼠耳廓肿胀的抑制率达到 35.9%[13]。9. 抗氧化　块茎的甲醇提取物及其正己烷、二氯甲烷、乙酸乙酯、正丁醇萃取部位和水部位中的总酚、总黄酮均具有较强的抗氧化作用，其还原能力和对 1, 1- 苯基 -2- 三硝基苯肼（DPPH）自由基、2, 2′- 联氮 - 二（3- 乙基 - 苯并噻唑 -6- 磺酸）二铵盐（ABTS）自由基的清除作用与其浓度呈现良好的线性依赖关系[14]。10. 降血糖　块茎的甲醇提取物及其正己烷、二氯甲烷、乙酸乙酯、正丁醇萃取部位和水部位中的总酚、总黄酮对 α- 淀粉酶均具有一定的抑制作用，以二氯甲烷部位的抑制效果最显著，其半数抑制浓度（IC_{50}）为 15.75mg/ml，总酚含量与抗氧化及 α- 淀粉酶抑制作用呈显著的正相关[14]。11. 抗肿瘤　块茎的微球给予动脉灌注可使大鼠肝脏肿瘤生长受到明显抑制，肿瘤体积由 0.3674cm^3 减小至 0.0573cm^3[15]；从块茎水提醇沉法得到的粗多糖成分均能降低人肝癌 HepG2 细胞的存活率和增殖能力，并与浓度呈正相关，其中多糖和有机小分子物质的半数抑制浓度（IC_{50}）分别为 65.99μg/ml 和 52.62μg/ml，并能抑制 HepG2 细胞的克隆形成能力[16]；从块茎中分离纯化得到的多糖 BSP-1 能抑制肝癌 HepG2 细胞的增殖，体内可显著抑制裸鼠的瘤质量，抑制率为 66.42%[17]。12. 免疫调节　从块茎提取的多糖成分能显著提高免疫抑制小鼠的吞噬指数，其作用与 100mg/（kg・d）的左旋咪唑大致相当，淋巴细胞增殖试验中，1μg/ml、3μg/ml、10μg/ml 均可显著提升刀豆蛋白 A（Con A）诱导的小鼠 T 淋巴细胞增殖的能力，浓度为 3μg/ml 时，提升作用最为显著，可显著提升脂多糖（LPS）诱导的小鼠 B 淋巴细胞增殖的能力[18]。13. 抑制胃溃疡　块茎粉末的混悬液能使阿司匹林溶液灌胃建立胃溃疡小鼠模型溃疡指数降低，血清肿瘤坏死因子 -α（TNF-α）、白细胞介素 -6（IL-6）含量减少，胃黏膜前列腺素 E_2（PGE_2）含量增加、内皮素（ET）含量减少，环氧合酶 -1（COX-1）和蛋白质表达均增加、环氧合酶 -2（COX-2）和蛋白质表达均减少，胃黏膜组织病理损伤减轻，其中高剂量组的治疗效果最明显[19]；从块茎提取的多糖成分 0.5g/kg 剂量组可使大鼠病理见胃黏膜出现较多腺体，炎症细胞浸润、坏死层明显减少，组织病理学检查评分明显降低，各剂量组肿瘤坏死因子 -α、白细胞介素 -1β 及白细胞介素 -6 含量明显降低，基因表达均下调，JNK 及 p38 MAPK 基因及蛋白质表达水平均下调[20]。

毒性　块茎所含的四裂红门兰素在浓度为 0.100g/L、0.200g/L、0.800g/L、1.600g/L、3.200g/L 时对孵育的斑马鱼胚胎受精后 24h（hpf）尾部抽动数与空白对照组比较有显著差异，且随着质量浓度的增加斑马鱼胚胎的尾部自主抽动次数减少，且随着质量浓度的增加斑马鱼胚胎的心率变缓，各浓度组胚胎孵化率在不同时间段呈现不同趋势，中间浓度组胚胎的孵化率较高，斑马鱼胚胎的死亡率和畸形率均随时间的延长和浓度的增加而逐渐增大[21]。

【性味与归经】苦、甘、涩，微寒。归肺、肝、胃经。

【功能与主治】收敛止血，消肿生肌。用于咳血吐血，外伤出血，疮疡肿毒，皮肤皲裂，肺结核咳血，溃疡病出血。

【用法与用量】煎服 6 ～ 15g；研粉吞服 3 ～ 6g；外用适量。

【药用标准】药典 1963—2015、浙江炮规 2015、内蒙古蒙药 1986、新疆维药 1993、贵州药材 1965、新疆药品 1980 二册、云南药品 1974 和台湾 2013。

【临床参考】1. 崩漏：块茎 40g，加阿胶（蛤粉炒）、制附片各 40g，生晒参 30g，黄芪 90g，三七、血余炭各 20g，共研细末，1 次 5g，温开水送服，每日 3 次[1]。

2. 咯血：块茎 30g，加阿胶（蛤粉炒）30g，北沙参 50g，三七、葶苈子、川贝母各 20g，共研细末，1 次 5g，冷开水送服，每日 3 次[1]。

3. 便血：块茎 40g，加阿胶（蛤粉炒）、西洋参各 30g，三七、海螵蛸各 20g，浙贝母 15g，共研细末，1 次 5g，冷开水送服，每日 3 次[1]。

4. 食道炎：块茎 30g，加辨证治疗处方浓煎，使药汁成胶状，稍凉后吞服，每日 1 剂[2]。

5. 溃疡性结肠炎：块茎 3g 研粉，加血竭、三七粉、延胡索（研粉）各 3g，睡前吞服；白天吴茱萸、黄连各 3g，党参、炒白术、补骨脂、葛根各 15g，桂枝、五味子各 6g，茯苓 12g，薏苡仁、败酱草各 30g，仙鹤草、炒白芍、炒谷芽、炒麦芽各 20g，煨木香、乌梅炭、槐花炭各 10g，桔梗 5g，水煎，分 2 次服，每日 1 剂；同时配合灌肠，黄柏、马齿苋、地榆各 20g，苦参、五倍子、茜草各 10g，锡类散 1.5g，加水浓煎灌肠，每日 1 剂，连用 2 周[3]。

6. 胃脘痛：块茎 9g，加丹参、延胡索、半枝莲、白芷各 15g，檀香、木香各 12g，沉香曲 3g，瓦楞子 30g，砂仁、干姜 9g，连翘、苍术各 12g，大黄、炙甘草 6g，水煎，分早晚温服，每日 1 剂[4]。

7. 肺结核咳血、支气管扩张咯血、上消化道出血：块茎研粉，1 次服 6 ～ 9g，每日 3 ～ 4 次；或块茎研粉 9 ～ 15g，加地榆粉、三七粉、海螵蛸粉适量，调糊状服。

8. 矽肺、咳嗽少痰：鲜块茎 60g，加桔梗 9 ～ 15g，水煎，冲白糖，早、晚各服 1 次。

9. 百日咳：块茎 15g，水煎，冲蜂蜜 30g，分 3 次服。

10. 刀伤出血：块茎，加煅石膏等量，研细粉外敷伤处。

11. 疮疡肿毒：块茎适量，研细粉，外敷患处。

12. 皮肤皲裂：块茎适量，研粉水调，外涂患处。（7 方至 12 方引自《浙江药用植物志》）

【附注】白及始载于《神农本草经》，列为下品。《吴普本草》载："茎叶如生姜、藜芦。十月花，直上，紫赤，根白，连。"《本草经集注》云："叶似杜若，根形似菱米，节间有毛。方用亦稀，可以作糊。"《蜀本草》引《本草图经》云："叶似初生栟榈及藜芦。茎端生一台，四月开生紫花。七月实熟，黄黑色。冬凋。根似菱，三角，白色，角头生芽。今出申州，二月、八月采根用。"《本草纲目》云："一科止抽一茎，开花长寸许，红紫色，中心如舌，其根如菱米，有脐，如凫茈之脐，又如扁扁螺旋纹，性难干。"结合《本草图经》和《本草纲目》的附图考证，即为本种。

药材白及外感及内热壅盛者禁服；不宜与川乌、制川乌、草乌、制草乌、附子同用。

【化学参考文献】

[1] Bai L, Yamaki M, Inoue K, et al. Blestrin A and B, bis (dihydrophenanthrene) ethers from *Bletilla striata* [J]. Phytochemistry, 1990, 29 (4): 1259-1260.

[2] Yamaki M, Bai L, Kato T, et al. Bisphenanthrene ethers from *Bletilla striata*. Part 7 [J]. Phytochemistry, 1992, 31 (11): 3985-3987.

[3] Yamaki M, Bai L, Inoue K, et al. Biphenanthrenes from *Bletilla striata* [J]. Phytochemistry, 1989, 28 (12): 3503-3505.

[4] Bai L, Kato T, Inoue K, et al. Nonpolar constituents from *Bletilla striata*. Part 6. blestrianol A, B and C, biphenanthrenes from *Bletilla striata* [J]. Phytochemistry, 1991, 30 (8): 2733-2735.

[5] Yamaki M, Bai L, Kato T, et al. Blespirol, a phenanthrene with a spirolactone ring from *Bletilla striata* [J]. Phytochemistry, 1993, 33 (6): 1497-1498.

[6] 韩广轩，王立新，顾正兵，等. 中药白及中一新的联苄化合物 [J]. 药学学报，2002，37（3）：194-195.

[7] Morita H, Koyama K, Sugimoto Y, et al. Antimitotic activity and reversal of breast cancer resistance protein-mediated drug

resistance by stilbenoids from *Bletilla striata* [J]. Bioorg Med Chem Lett, 2005, 15 (4): 1051-1054.

[8] Bai L, Kato T, Inoue K, et al. Constituents of *Bletilla striata*. Part 11. stilbenoids from *Bletilla striata* [J]. Phytochemistry, 1993, 33 (6): 1481-1483.

[9] Takagi S, Yamaki M, Inoue K. Antimicrobial agents from *Bletilla striata* [J]. Phytochemistry, 1983, 22 (4): 1011-1015.

[10] Yamaki M, Kato T, Bai L, et al. Nonpolar constituents from *Bletilla striata*. Part 5. methylated stilbenoids from *Bletilla striata* [J]. Phytochemistry, 1991, 30 (8): 2759-2760.

[11] Feng J Q, Zhang R J, Zhao W M. Novel bibenzyl derivatives from the tubers of *Bletilla striata* [J]. Helv Chim Acta, 2008, 91 (3): 520-525.

[12] 韩广轩，王立新，杨志，等.中药白及的化学成分研究（Ⅰ）[J].第二军医大学学报，2002，23（4）：443-445.

[13] 韩广轩，王立新，张卫东，等.中药白及化学成分研究（Ⅱ）[J].第二军医大学学报，2002，23（9）：1029-1031.

[14] Yamaki M, Bai L, Inoue K, et al. Benzylphenanthrenes from *Bletilla striata* [J]. Phytochemistry, 1990, 29 (7): 2285-2287.

[15] Yamaki M, Kato T, Bai L, et al. Constituents of *Bletilla striata*. 9. phenanthrene glucosides from *Bletilla striata* [J]. Phytochemistry, 1993, 34 (2): 535-537.

[16] Xu D L, Pan Y C, Li L, et al. Chemical constituents of *Bletilla striata* [J]. J Asian Nat Prod Res, 2019, DOI: org/10.1080/10286020. 2018. 1516212.

[17] Yamaki M, Bai L, Kato T, et al. Constituents of *Bletilla striata*. Part 8. three dihydrophenanthropyrans from *Bletilla striata* [J]. Phytochemistry, 1993, 32 (2): 427-430.

[18] Xiao S, Yuan F M, Zhang M S, et al. Three new 1-(*p*-hydroxybenzyl) phenanthrenes from *Bletilla striata* [J]. J Asian Nat Prod Res, 2017, 19 (2): 140-144.

[19] Guan H Y, Wang A M, Liu J H, et al. Isolation and characterization of two new 2-isobutylmalates from *Bletilla striata* [J]. Chin J Nat Med, 2016, 14 (11): 871-875.

[20] Woo K W, Park J E, Choi S U, et al. Phytochemical constituents of *Bletilla striata* and their cytotoxic activity [J]. Nat Prod Sci, 2014, 20 (2): 91-94.

[21] 马先杰，崔保松，韩少伟，等.中药白及的化学成分研究 [J].中国中药杂志，2017，42（8）：1578-1584.

[22] Bae J Y, Lee J W, Jin Q H, et al. Chemical constituents isolated from *Bletilla striata* and their inhibitory effects on nitric oxide production in RAW 264. 7 cells [J]. Chemistry & Biodiversity, 2017, DOI: 10. 1002/cbdv. 201600243.

[23] Zhao Y, Niu J J, Cheng X C, et al. Chemical constituents from *Bletilla striata* and their NO production suppression in RAW 264. 7 macrophage cells [J]. J Asian Nat Prod Res, 2018, 20 (4): 385-390.

[24] 鄢艳，关焕玉，王爱民，等.黔产白及的化学成分 [J].中国实验方剂学杂志，2014，20（18）：57-60.

[25] 韩广轩，王立新，王麦莉，等.中药白及化学成分的研究 [J].药学实践杂志，2001，19（6）：360-361.

[26] 王立新，韩广轩，舒莹，等.中药白及化学成分的研究 [J].中国中药杂志，2001，26（10）：690-692.

[27] Yamaki M, Honda C, Kato T, et al. The steroids and triterpenoids from *Bletilla striata* [J]. Nat Med, 1997, 51 (5): 493.

[28] 仰莲，彭成，杨雨婷，等.白及中1个新颖含氯甾体化合物 [J].中草药，2015，46（3）：325-328.

[29] Tomoda M, Kimura S. Plant mucilages. Ⅻ. fourteen oligosaccharides obtained from *Bletilla*-glucomannan by partial acetolysis [J]. Chem Pharm Bull, 1976, 24 (8): 1807-1812.

[30] Saito N, Ku M, Tatsuzawa F, et al. Acylated cyanidin glycosides in the purple-red flowers of *Bletilla striata* [J]. Phytochemistry, 1995, 40 (5): 1523-1529.

[31] Han G X, Wang L X, Gu Z B, et al. A new bibenzyl derivative from *Bletilla striata* [J]. Chin Chem Lett, 2002, 13 (3): 231-232.

【药理参考文献】

[1] 董莉，董永喜，刘星星，等.白芨多糖对大鼠血小板聚集、凝血功能及 TXB_2、6-keto-$PGF_{1\alpha}$ 表达的影响 [J].贵阳医学院学报，2014，39（4）：459-462.

[2] 赵菲菲，杨馨，徐丹，等．白及非多糖组分的止血作用及其机制的初步研究［J］．中国药理学通报，2016，32（8）：1121-1126.
[3] 张兆林，陈冻伢，徐虹，等．白芨水煎剂对结肠黑变病模型豚鼠结肠上皮细胞凋亡及凋亡相关蛋白的影响［J］．浙江中西医结合杂志，2019，29（3）：191-194，260.
[4] 俞林花，聂绪强，潘会君，等．白及多糖对糖尿病溃疡创面愈合的作用研究［J］．中国中药杂志，2011，36（11）：1487-1491.
[5] 颜文斌，曾祥涛，戴孟诗，等．白芨多糖对围绝经期大鼠卵巢 VEGF、血清 MDA、子宫内膜形态学的影响［J］．长沙医学院学报，2019，17（2）：13-17.
[6] 高俊，钱苏海，丁志山，等．白及对 PM2. 5 致大鼠肺损伤的治疗作用［J］．中华中医药杂志，2019，34（9）：4302-4305.
[7] 陈江，张兵，冯燕，等．白及提取物对流感病毒感染 MDCK 细胞基因表达的干预研究［J］．浙江中医药大学学报，2019，43（5）：481-492.
[8] 张兵，史亚，周芳美，等．白及提取物体外抗流感病毒药效及其机理研究［J］．中药材，2017，40（12）：2930-2935.
[9] 黄楠，张兵，冯燕，等．白及提取物小鼠体内抗流感病毒药效研究［J］．浙江中医药大学学报，2019，43（8）：734-742.
[10] Guo J J，Dai B L，Chen N P，et al. The anti-staphylococcus aureus activity of the phenanthrene fraction from fibrous roots of *Bletilla striata*［J］. BMC Complementary and Alternative Medicine，2016，DOI 10. 1186/s12906-016-1488-z.
[11] 吴永祥，程满怀，江海涛，等．白及萃取物的抑菌活性及其二氯甲烷萃取物化学成分分析［J］．食品与机械，2017，33（12）：76-79.
[12] 庞坦，李小锦，庄朋伟．白及对卡拉胶大鼠炎症足血流速度的影响［J］．影像研究与医学应用，2018，2（11）：229-231.
[13] 吴梅，田守征，郑永仁，等．白及苦味成分的分离、鉴定及抗炎药效学初研［J］．时珍国医国药，2019，30（2）：372-374.
[14] 胡长玉，吴永祥，吴丽萍，等．白芨活性成分的抗氧化和对 α- 淀粉酶的抑制作用［J］．天然产物研究与开发，2018，30（6）：915-922.
[15] Qian J，Vossoughi D，Woitaschek D，et al. Combined transarterial chemoembolization and arterial administration of *Bletilla striata* in treatment of liver tumor in rats［J］. World Journal of Gastroenterology，2003，9（12）：2676-2680.
[16] 令狐浪，李成龙，姚晓东．白芨水提物对人肝癌 HepG2 细胞增殖的影响［J］．中国民族民间医药，2018，27（23）：29-32.
[17] 陈思思，吴蓓，谭婷，等．白及多糖 BSP-1 的分离纯化、结构表征及抗肿瘤活性研究［J］．中草药，2019，50（8）：1921-1926.
[18] 邱红梅，张颖，周岐新，等．白芨多糖对小鼠免疫功能的调节作用［J］．中国生物制品学杂志，2011，24（6）：676-678.
[19] 高俊，丁兴红，丁志山，等．白及对阿司匹林致大鼠胃溃疡的治疗作用研究［J］．浙江中医药大学学报，2019，43（2）：182-187，191.
[20] 巩子汉，王强，段永强，等．白及多糖对胃溃疡模型大鼠胃组织 TNF-α、IL-1β、IL-6 及 JNK、p38 MAPK 基因蛋白表达水平的影响［J］．中药药理与临床，2019，35（4）：90-95.
[21] 陈浩，刘慧，郑林，等．白及主要活性成分 Militarine 对斑马鱼胚胎发育的安全性评价［J］．中国药业，2019，28（23）：1-4.

【临床参考文献】

[1] 张友政．阿胶白及三七散治疗血证验案举隅［J］．实用中医药杂志，2007，23（7）：460.
[2] 黄秀琴．白及擅治食道炎［J］．河南中医，2004，24（10）：57.
[3] 许宝才，陈伟．陈伟治疗溃疡性结肠炎特色浅析［J］．辽宁中医杂志，2016，43（11）：2274-2277.
[4] 李艳，丁广智，谢旭善．谢旭善治疗脾胃病常用药对浅析［J］．中医药报，2016，15（5）：24-26.

8. 独蒜兰属 *Pleione* D. Don

地生草本。假鳞茎卵形、圆锥形、梨形至陀螺形，向顶端逐渐收狭成长颈或短颈，或骤然收狭成短颈，叶脱落后呈盘状或浅杯状的环宿存于假鳞茎上。叶 1 ～ 2 枚，生于假鳞茎顶端，通常纸质，多少具折扇状脉，有短柄，少宿存。花葶从假鳞茎基部长出，直立，与叶同时或先叶出现；通常具花 1 朵；花大，一般较艳丽，倒置；萼片离生，相似；花瓣一般与萼片等长，但略狭于萼片；唇瓣宽大，不裂或不明显 3 裂，基部常多少收狭，有时贴生于合蕊柱基部而呈囊状，先端具不整齐的齿或流苏，上面具纵褶片 2 至数条或沿脉具流苏状毛；合蕊柱细长，稍向前弯曲，两侧具狭翅，翅在顶端扩大；花粉团 4 个，蜡质，每 2 个成对，每对常有 1 个花粉团较大。蒴果纺锤状，具纵棱 3 条，成熟时沿纵棱开裂。

约 26 种，分布于中国秦岭以南，西至喜马拉雅地区，南至缅甸、老挝和泰国的亚热带地区和热带凉爽地区。中国 23 种，主要分布于西南、华中和华东等地。法定药用植物 2 种。华东地区法定药用植物 1 种。

1192. 独蒜兰（图 1192）• *Pleione bulbocodioides*（Franch.）Rolfe

图 1192　独蒜兰　　摄影　陈贤兴等

【别名】石仙桃、独叶一支抢（安徽），山慈菇、野白及、岩慈姑、一粒珠、石龙珠、扁叶兰、岩寿桃（浙江）。

【形态】植株高 10 ～ 25cm。假鳞茎狭卵形至卵状圆锥形，上端有明显的颈，长 1 ～ 2.5cm，顶端具叶1枚。叶在花期尚幼嫩，成熟后椭圆形至椭圆状披针形，纸质，长10～25cm，宽2～5.8cm，先端渐尖，基部收狭成柄；叶柄长2～6.5cm。花葶从假鳞茎基部发出，直立，长7～20cm，下半部包藏在3枚膜质的圆筒状鞘内，顶生花1朵；苞片条状长圆形，长1.5～4cm，明显长于花梗和子房，先端钝；花粉红色至淡紫色，唇瓣上有深色斑；萼片与花瓣等长，近同形；中萼片近倒披针形，长3.5～5cm，宽7～9mm；侧萼片稍歪斜，与中萼片等长，常略宽；花瓣倒披针形，稍歪斜，长3.5～5cm，宽4～7mm，具5脉，中脉明显；唇瓣宽倒卵形，长3.5～4.5cm，宽3～4cm，先端不明显3裂，侧裂片先端圆钝，中裂片半圆形，先端中央凹缺或不凹，边缘具不整齐锯齿，基部楔形并多少贴生于合蕊柱上，内面通常具4～5条褶片；合蕊柱长条形，长2.7～4cm，多少弧曲，顶端扩大呈翅状。蒴果近长圆形，长2.7～3.5cm。花期4～6月，果期7月。

【生境与分布】生于海拔900～3600m的常绿阔叶林下或灌木林缘腐殖质丰富的土壤上或苔藓覆盖的岩石上。分布于安徽、江西、浙江、福建，另陕西、甘肃、湖北、湖南、广东、广西、四川、贵州、云南、西藏等地均有分布。

【药名与部位】山慈菇（冰球子），假鳞茎。

【采集加工】夏季采挖，除去地上部分及泥沙，大小分档，蒸煮至透心，干燥。

【药材性状】呈圆锥形，瓶颈状或不规则团块，直径1～2cm，高1.5～2.5cm。顶端渐尖，尖端断头处呈盘状，基部膨大且圆平，中央常凹入，有1～2条环节，多偏向一侧。撞去外皮者表面黄白色，带表皮者浅棕色，光滑，有不规则皱纹。断面浅黄色，角质半透明。

【药材炮制】除去杂质，水浸1h，洗净，润透，切薄片或厚片，干燥。

【化学成分】假鳞茎含菲类：卢斯兰菲（lusianthridin）、贝母兰宁（coelonin）[1]，独蒜兰西醇（shanciol）、白芨苄醚B（bletilol B）[2]，白芨苄醚A、C（bletilol A、C）[3]，独蒜兰西醇E、F（shanciol E、F）[4]，独蒜兰西醇G、H（shanciol G、H）[5]，9-（4′-羟基-3′-甲氧基苯基）-10-（羟甲基）-11-甲氧基-5, 6, 9, 10-四氢菲并［2, 3-b］呋喃-3-醇{9-（4′-hydroxy-3′-methoxyphenyl）-10-（hydroxymethyl）-11-methoxy-5, 6, 9, 10-tetrahydrophenanthro［2, 3-b］furan-3-ol}[6]，{3-羟基-9-（4′-羟基-3′-甲氧基苯基）-11-甲氧基-5, 6, 9, 10-四氢菲［2, 3-b］呋喃-10-基}甲酰乙酯{{3-hydroxy-9-（4′-hydroxy-3′-methoxyphenyl）-11-methoxy-5, 6, 9, 10-tetrahydrophenanthro［2, 3-b］furan-10-yl}methyl acetate}[7]，4, 7-二羟基-2-甲氧基-9, 10-二氢菲（4, 7-dihydroxy-2-methoxy-9, 10-dihydrophenanthrene）、2, 7-二羟基-4-甲氧基-9, 10-二氢菲（2, 7-dihydroxy-4-methoxy-9, 10-dihydrophenanthrene）[8]，2, 7, 2′-三羟基-4, 4′, 7′-三甲氧基-1, 1′-二聚菲（2, 7, 2′-trihydroxy-4, 4′, 7′-trimethoxy-1, 1′-biphenanthrene）、7-羟基-7′-（4′-羟基-3′-甲氧基苯基）-4-甲氧基-9, 10, 7′, 8′-四氢菲并［2, 3-b］呋喃-8′-基-甲酰乙酯{7-hydroxy-7′-（4′-hydroxy-3′-methoxyphenyl）-4-methoxy-9, 10, 7′, 8′-tetrahydrophenanthro［2, 3-b］furan-8′-yl-methyl acetate}、2, 7-二羟基-1-（对羟基苄基）-4-甲氧基菲［2, 7-dihydroxy-1-（*p*-hydroxybenzyl）-4-methoxyphenanthrene］、白芨烯A（blestriarene A）、短瓣兰菲素*A（monbarbatain A）、云南独蒜兰菲素*B（pleionesin B）、赫尔西酚（hircinol）、贝母兰宁（coelonin）[9]，独蒜兰菲醌A、B、C、D（bulbocodioidinA、B、C、D）[10]，2, 7-二羟基-1-（对羟基苄基）-4-甲氧基-9, 10-二氢菲［2, 7-dihydroxy-1-（*p*-hydroxybenzyl）-4-methoxy-9, 10-dihydrophenanthrene］[1,9,11]，白芨烯B（blestriarene B）、4, 4′, 7, 7′-四羟基-2, 2′-二甲氧基-9, 9′, 10, 10′-四氢-1, 1′-双菲（4, 4′, 7, 7′-tetrahydroxy-2, 2′-dimethoxy-9, 9′, 10, 10′-tetrahydro-1, 1′-biphenanthrene）、云南石仙桃宁A（phoyunnanin A）、1-（4-羟基苄基）-4, 7-二甲氧基-9, 10-二氢菲-2-醇［1-（4-hydroxybenzyl）-4, 7-dimethoxy-9, 10-dihydrophenanthrene-2-ol］和2, 2′-二羟基-4, 7, 4′, 7′-四甲氧基-1, 1′-双菲（2, 2′-dihydroxy-4, 7, 4′, 7′-tetramethoxy-1, 1′-biphenanthrene）[11]；芪和联苄类：山慈姑灵（shancilin）、山慈姑定（shancidin）、山慈姑醇（shanciguol）[1]，独蒜兰西醇C、D（shanciol C、D）[3]，独蒜兰定C、D（bulbocodin C、D）[4]，2-（4″-羟基苄基）-3-（3′-羟基苯乙基）-5-甲氧基环己-2, 5-二烯-1, 4-二酮［2-（4″-hydroxybenzyl）-3-（3′-hydroxyphenethyl）-5-methoxycyclohexa-2, 5-dien-1, 4-dione］[6]，山药素III（batatasin III）[6,9,11]，石

斛酚（gigantol）[9]，独蒜兰素*A、B、C、D（dusuanlansin A、B、C、D）、羊蹄甲酚C（bauhinol C）、2, 5, 2′, 5′-四羟基-3-甲氧基双苄（2, 5, 2′, 5′-tetrahydroxy-3-methoxybibenzyl）、2, 5, 2′, 3′-四羟基-3-甲氧基双苄（2, 5, 2′, 3′-tetrahydroxy-3-methoxybibenzyl）、芦竹啶宁（arundinin）、异芦竹啶宁Ⅰ、Ⅱ（isoarundinin Ⅰ、Ⅱ）、5-*O*-甲基山慈姑醇（5-*O*-methylshanciguol）、白芨亭B（blestritin B）[11]，6′-（3″-羟基苯乙基）-4′-甲氧基二苯基-2, 2′, 5-三醇［6′-（3″-hydroxyphenethyl）-4′-methoxydiphenyl-2, 2′, 5-triol］[12]，2, 5, 2′, 5′-四羟基-3-甲氧基双苄（2, 5, 2′, 5′-tetrahydroxy-3-methoxybibenzyl）[13]，手参素*D（gymconopin D）[6, 7, 14]，山药素III-3-*O*-葡萄糖苷（batatasin Ⅲ-3-*O*-glucoside）[11, 15]，3′-*O*-甲基山药素Ⅲ（3′-*O*-methylbatatasin Ⅲ）、山药素III-3-*O*-葡萄糖苷（batatasin Ⅲ-3-*O*-glucoside）、3′-*O*-甲基山药素Ⅲ-3-*O*-葡萄糖苷（3′-*O*-methylbatatasin III-3-*O*-glucoside）[15]，独蒜兰定（bulbocodin）、独蒜兰酚（bulbocol）[16]，3, 3′-二羟基-2-（4-羟基苄基）-5-甲氧基双苄基［3, 3′-dihydroxy-2-（4-hydroxybenzyl）-5-methoxybibenzyl］、3′, 5-二羟基-2-（4-羟基苄基）-3-甲氧基双苄基［3′, 5-dihydroxy-2-（4-hydroxybenzyl）-3-methoxybibenzyl］[13, 16]，3, 3′-二羟基-4-（对羟基苄基）-5-甲氧基双苄基［3, 3′-dihydroxy-4-（*p*-hydroxybenzyl）-5-methoxybibenzyl］[16]，5-甲氧基双苄基-3, 3′-二-*O*-β-D-吡喃葡萄糖苷（5-methoxyl bibenzyl-3, 3′-di-*O*-β-D-glucopyranoside）和3′-羟基-5-甲氧基双苄基-3-*O*-β-D-吡喃葡萄糖苷（3′-hydroxyl-5-methoxylbibenzyl-3-*O*-β-D-glucopyranoside）[17]；黄酮类：独蒜兰西醇A、B（shanciol A、B）[3]，3, 5, 7, 3′-四羟基-8, 4′-二甲氧基-6-（3-甲基丁-2-烯基）-黄酮［3, 5, 7, 3′-tetrahydroxy-8, 4′-dimethoxy-6-（3-methylbut-2-enyl）-flavone］、3, 5, 3′-三羟基-8, 4′-二甲氧基-7-（3-甲基丁-2-烯氧基）黄酮［3, 5, 3′-trihydroxy-8, 4′-dimethoxy-7-（3-methylbut-2-enyloxy）flavone］、异鼠李素-3, 7-二-*O*-β-D-吡喃葡萄糖苷（isorhamnetin-3, 7-di-*O*-β-D-glucopyranoside）、3′-*O*-甲基槲皮素-3-*O*-β-D-吡喃葡萄糖苷（3′-*O*-methylquercetin-3-*O*-β-D-glucopyranoside）[8]，汉黄芩素（wogonin）[13]，穗花杉双黄酮（amentoflavone）和榧双黄酮（kayaflavone）[14]；木脂素类：鹅掌楸树脂醇B（lirioresinol B）[8]，丁香脂素（syringaresinol）[9]，连翘脂素（phillygenin）、（+）-表松脂醇［（+）-epipinoresinol］[13]，丁香脂素单-*O*-β-D-葡萄糖苷（syringaresinol mono-*O*-β-D-glucoside）、（7*S*, 8*R*）-去氢二松柏醇-9′-*O*-β-D-吡喃葡萄糖苷［（7*S*, 8*R*）-dehydrodiconiferyl alcohol-9′-*O*-β-D-glucopyranoside］[17]和独蒜兰木脂素A、B（sanjidin A、B）[18]；蒽醌类：大黄酚（chrysophanol）和大黄素甲醚（physcion）[13]；甾体类：麦角甾-4, 6, 8（14），22-四烯-3-酮［ergosta-4, 6, 8（14），22-tetraen-3-one］[9]和β-谷甾醇（β-sitosterol）[13]；酚和酚苷：四裂红门兰素（militarine）、黄花白芨素*A（bletillin A）[11]，4, 4′-二羟基二苯基甲烷（4, 4′-dihydroxy-bisphenxyl）[13]，对二羟基苯（*p*-dihydroxybenzene）[5, 7, 14]，3-羟基苯甲酸（3-hydroxybenzoic acid）、4-羟基苯乙酸甲酯（methyl 4-hydroxyphenylacetate）[5, 14]，对羟基苯甲醛（*p*-hydroxybenzaldehyde）[12, 14]，对羟基苯甲酸（*p*-hydroxybenzcic acid）[12-14]，天麻苷（gastrodine）[14]，一叶兰酚（pleionol）[16]，一叶兰素A（pleionin A）[18]，4-（4″-羟基苄基）-3-（3′-羟基苯乙基）呋喃-2（5H）-酮［4-（4″-hydroxybenzyl）-3-（3′-hydroxyphenethyl）furan-2（5H）-one］、3-（3′-羟基苯乙基）呋喃-2（5H）-酮［3-（3′-hydroxyphenethyl）furan-2（5H）-one］[19]和天麻素（gastrodin）[20]；苄酯苷类：独蒜兰苷A、B、C、D、E、F、G、H、J、K（pleionoside A、B、C、D、E、F、G、H、J、K）[17]，蜥蜴兰素（loroglossin）、（−）-（2*R*, 3*S*）-1-［（4-*O*-β-D-吡喃葡萄糖氧基）苄基］-4-甲基-2-异丁基酒石酸酯{（−）-（2*R*, 3*S*）-1-［（4-*O*-β-D-glucopyranosyloxy）-benzyl］-4-methyl-2-isobutyltartrate}、{（−）-（2*S*）-1-［（4-*O*-β-D-吡喃葡萄糖氧基）-苄基］-2-异丙基-4-［（4-*O*-β-D-吡喃葡萄糖氧基）-苄基］苹果酸酯}{（−）-（2*S*）-1-［（4-*O*-β-D-glucopyranosyloxy）-benzyl］-2-isopropyl-4-［（4-*O*-β-D-glucopyranosyloxy）-benzyl］malate}、根歧素A（dactylorhin A）、棒叶万代兰苷II（vandateroside II）、巨兰苷*A、B（grammatophylloside A、B）、克罗纳帕品（cronupapine）和手参苷I（gymnoside I）[17, 21]；脂肪酸类：4-氧代戊酸（4-oxopentanoic acid）[14]。

【药理作用】1. 抗肿瘤　假鳞茎醇提取物的乙酸乙酯萃取物能显著抑制K562和HL-60细胞的增殖，并通过触发内源性线粒体凋亡通路诱导这2种细胞凋亡[1]；假鳞茎醇提取物的乙酸乙酯和石油醚萃取物对 LA795 细胞的生长有一定的抑制作用，乙酸乙酯萃取物在 800μg/ml 和 400μg/ml 时抑制率均达到 70% 以上，石油醚萃取物在 800μg/ml 时抑制率达到 75.58%，但在 400μg/ml 及以下则无明显的抑制作用，正丁醇萃取物无论在高浓度还是在低浓度对 LA795 细胞的生长均无抑制作用[2]；假鳞茎乙醇提取物分离得到的菲醌类成分对人肝癌 HepG2、胃癌 BGC-823 和乳癌 MCF-7 等 5 种癌细胞株均有很强的细胞毒作用，其中独蒜兰菲醌 A、D（bulbocodioidinA、D）的作用尤其明显[3]。2. 抗炎　从假鳞茎分离得到的 2, 5, 2′, 5′-四羟基-3-甲氧基联苄（2, 5, 2′, 5′-tetrahydroxy-3-methoxybibenzyl）和 2, 5, 2′, 3′-四羟基-3-甲氧基联苄（2, 5, 2′, 3′-tetrahydroxy-3-methoxybibenzyl）成分在 BV-2 小胶质细胞中显示出脂多糖（LPS）刺激产生一氧化氮（NO）的作用，抗炎效果明显[4]。3. 抗痴呆　从假鳞茎中筛选到具有抗痴呆作用的部位，从中分离得到的独蒜兰苷 A、B、C、D、E、F（pleionoside A、B、C、D、E、F）、手参苷Ⅰ（gymnoside Ⅰ）、蜥蜴兰素（loroglossin）和天麻素（gastrodin）等 17 种成分[5]。4. 护肝　从假鳞茎乙醇提取物分离的成分具有对抗 *N*-乙酰基-对-氨基苯酚（APAP）诱导体外 HepG2 细胞损伤的作用，从而显示出有效的护肝作用，在 10μmol/L 时细胞存活率约为 32%[6]。

【性味与归经】甘、微辛，凉。归肝、脾经。

【功能与主治】清热解毒，化痰散结。用于痈肿疔毒，瘰疬痰核，淋巴结结核，蛇虫咬伤。

【用法与用量】煎服 3～6g；外用适量。

【药用标准】药典 1990—2015 和浙江炮规 2015。

【临床参考】1. 背痈：鲜假球茎 3～4 个，加细叶石仙桃鲜假球茎 3～4 个，嚼服，每日 1 次；另取上药适量，捣烂外敷患处，外贴菜叶或其他鲜叶，用纱布包扎，每日换药 1 次。

2. 指头炎、疖肿：假球茎 9～15g，水煎，连渣服；另取假球茎适量，加烧酒或醋捣烂，外敷患部。（1 方、2 方引自《浙江药用植物志》）

【附注】有学者认为《浙江植物志》收载的独蒜兰实为台湾独蒜兰 *Pleione formosana* Hayata，浙江少有独蒜兰分布。

同属植物云南独蒜兰 *Pleione yunnanensis* Rolfe 的假鳞茎在贵州作毛慈姑药用。

【化学参考文献】

[1] Bai L，Yamaki M，Takagi S. Stilbenoids from *Pleione bulbocodioides* [J]. Phytochemistry，1996，42（3）：853-856.

[2] Bai L，Yamaki M，Yamagata Y，et al. Shanciol，a dihydrophenanthropyran from *Pleione bulbocodioides* [J]. Phytochemistry，1996，41（2）：625-628.

[3] Bai L，Yamaki M，Takagi S. Flavan-3-ols and dihydrophenanthropyrans from *Pleione bulbocodioides* [J]. Phytochemistry，1998，47（6）：1125-1129.

[4] Bai L，Masukawa N，Yamaki M，et al. Four stilbenoids from *Pleione bulbocodioides* [J]. Phytochemistry，1998，48（2）：327-331.

[5] Liu X Q，Guo Y Q，Gao W Y，et al. Two new phenanthrofurans from *Pleione bulbocodioides* [J]. J Asian Nat Prod Res，2008，10（5）：453-457.

[6] Liu X Q，Yuan Q Y，Guo Y Q. Two new stilbenoids from *Pleione bulbocodioides* [J]. J Asian Nat Prod Res，2009，11（2）：116-121.

[7] Liu X Q，Gao W Y，Guo Y Q，et al. A new phenanthro [2，3-b] furan from *Pleione bulbocodioides* [J]. Chin Chem Lett，2007，18（9）：1089-1091.

[8] Li Y，Wu Z H，Zeng K W，et al. A new prenylated flavone from *Pleione bulbocodioides* [J]. J Asian Nat Prod Res，2017，19（7）：738-743.

[9] 王超，韩少伟，崔保松，等. 独蒜兰的化学成分研究 [J]. 中国中药杂志，2014，39（3）：442-447.

[10] Shao S Y，Wang C，Han S W，et al. Phenanthrenequinone enantiomers with cytotoxic activities from the tubers of *Pleione bulbocodioides* [J]. Org Biomol Chem，2019，17（3）：567-572.

[11] Li Y，Zhang F，Wu Z H，et al. Nitrogen-containing bibenzyls from *Pleione bulbocodioides*：Absolute configurations and biological activities [J]. Fitoterapia，2015，102：120-126.

[12] Liu X Q, Yuan Q Y. A new dibenzyl from *Pleione bulbocodioides* [J]. Asian Journal of Chemistry, 2013, 25 (6): 3519-3520.
[13] 张凡，赵明波，李军，等. 独蒜兰的化学成分研究 [J]. 中草药，2013，44 (12)：1529-1533.
[14] 袁桥玉，刘新桥. 独蒜兰化学成分研究 [J]. 中药材，2012，35 (10)：1602-1604.
[15] Bai L, Masukawa N, Yamaki M, et al. Two bibenzyl glucosides from *Pleione bulbocodioides* [J]. Phytochemistry, 1997, 44 (8): 1565-1567.
[16] Bai L, Masukawa N, Yamaki M, et al. A polyphenol and two bibenzyls from *Pleione bulbocodioides* [J]. Phytochemistry, 1998, 47 (8): 1637-1640.
[17] Han S W, Wang C, Cui B S, et al. Hepatoprotective activity of glucosyloxybenzyl succinate derivatives from the pseudobulbs of *Pleione bulbocodioides* [J]. Phytochemistry, 2019, 157: 71-81.
[18] Bai L, Yamaki M, Takagi S. Lignans and a bichroman from *Pleione bulbocodioides* [J]. Phytochemistry, 1997, 44 (2): 341-343.
[19] Liu X Q, Gao W Y, Guo Y Q, et al. Two new α, β-unsaturated butyrolactone derivatives from *Pleione bulbocodioides* [J]. Chin Chem Lett, 2007, 18 (9): 1075-1077.
[20] 韩少伟，王超，崔保松，等. 独蒜兰抗痴呆活性部位的化学成分研究 [C]. 中国化学会第十届全国天然有机化学学术会议，2014.
[21] 韩少伟，王超，崔保松，等. 独蒜兰中丁二酸苄酯苷类化学成分的研究 [J]. 中国中药杂志，2015，40 (5)：908-914.

【药理参考文献】

[1] 郝岗平，郝佳丽，李悦，等. 独蒜兰乙酸乙酯萃取物通过内源性线粒体通路诱导白血病 K562 细胞和 HL-60 细胞凋亡 [J]. 中国病理生理杂志，2018，34 (5)：769-777.
[2] 刘新桥. 中药山慈菇的化学成分及其抗肿瘤活性研究 [D]. 天津：天津大学博士学位论文，2007.
[3] Shao S Y, Wang C, Han S W, et al. Phenanthrenequinone enantiomers with cytotoxic activities from the tubers of *Pleione bulbocodioides* [J]. Organic & Biomolecular Chemistry, 2019, 17 (3): 567-572.
[4] Li Y, Zhang F, Wu Z H, et al. Nitrogen-containing bibenzyls from *Pleione bulbocodioides*: absolute configurations and biological activities [J]. Fitoterapia, 2015, 102: 120-126.
[5] 韩少伟，王超，崔保松，等. 独蒜兰抗痴呆活性部位的化学成分研究 [C]. 中国化学会第十届全国天然有机化学学术会议，2014.
[6] Han S W, Wang C, Cui B S, et al. Hepatoprotective activity of glucosyloxybenzyl succinate derivatives from the pseudobulbs of *Pleione bulbocodioides* [J]. Phytochemistry, 2019, 157: 71-81.

9. 杜鹃兰属 *Cremastra* Lindl.

地生草本，具匍匐根茎与假鳞茎。假鳞茎近球形，基部密生多数纤维根。叶 1 ～ 2 枚，生于假鳞茎顶端，通常狭椭圆形，基部收狭成较长的叶柄。花葶从假鳞茎上部一侧节上发出，直立或稍外弯，较长，中下部具筒状鞘 2 ～ 3 枚；总状花序具多数花；苞片较小，宿存；花中等大；萼片与花瓣离生，近相似，展开或多少靠合；唇瓣紫红色，先端 3 裂，基部有爪并具浅囊；侧裂片常较狭而呈条形或狭长圆形；中裂片基部有肉质突起 1 枚；合蕊柱细长，无合蕊柱足；花粉团 4 个，成 2 对，两侧稍压扁，蜡质，共同附着于黏盘上。

4 种，分布于印度北部、尼泊尔、不丹、泰国、越南、日本等地区。中国 3 种，多分布于秦岭以南各地。法定药用植物 1 种。华东地区法定药用植物 1 种。

1193. 杜鹃兰（图 1193）• *Cremastra appendiculata* (D. Don) Makino [*Cremastra variabilis* (Blume) Nakai]

【别名】 毛慈菇，采配兰（浙江），多变杜鹃兰。

图 1193 杜鹃兰 摄影 吴棣飞等

【形态】高可达 60cm。假鳞茎卵球形，长 1.5cm，直径 1.2 ～ 2cm，有节，外被撕裂成纤维状的残存鞘。叶通常 1 枚，生于假鳞茎顶端，狭椭圆形至长圆形，长 18 ～ 34cm，宽 5 ～ 8cm，先端急尖，基部收狭成柄；叶柄长 7 ～ 17cm，下半部常为残存的鞘所包蔽。花葶从假鳞茎上部节上发出，近直立，长 27 ～ 37cm；总状花序具花 5 ～ 20 朵；苞片披针形至卵状披针形，长 5 ～ 12mm，膜质；花常偏花序一侧，多少下垂，不完全开放，有香气，狭钟形，淡紫褐色；萼片倒披针形，从中部向基部骤然收狭而成近狭条形，长 2 ～ 3cm；花瓣与萼片几同形，长 1.8 ～ 2.6cm，上部宽 3 ～ 5mm，先端渐尖；唇瓣与花瓣近等长，倒披针形，先端三裂；侧裂片近条形，长 4 ～ 5mm；中裂片三角状卵形，长 6 ～ 8mm，基部与合蕊柱贴生，具 1 枚紧贴或多少分离的附属物。蒴果近椭圆形，下垂，长 2.5 ～ 3cm。花期 5 ～ 6 月，果期 9 ～ 12 月。

【生境与分布】生于海拔 500 ～ 2900m 的林下湿地或沟边湿地上。分布于江苏、安徽、江西、浙江，另山西、陕西、甘肃、河南、湖北、湖南、广东、四川、贵州、云南、西藏、台湾等地均有分布；日本、印度、尼泊尔、泰国等地也有分布。

【药名与部位】山慈菇（毛慈菇），假鳞茎。

【采集加工】夏、秋二季采挖，除去地上部分及泥沙，大小分档，蒸煮至透心，干燥。

【药材性状】呈不规则扁卵球形或圆锥形，顶端渐突起，基部有须根痕。长 1.8 ～ 3cm，膨大部直径 1 ～ 2cm。表面黄棕色或棕褐色，有纵皱纹或纵沟，中部有 2 ～ 3 条微突起的环节，节上有鳞片叶干枯腐烂后留下的丝状纤维。质坚硬，难折断，断面灰白色或黄白色，略呈角质。气微，味淡，带黏性。

【药材炮制】除去杂质，水浸 1h，洗净，润透，切薄片或厚片，干燥。

【化学成分】假鳞茎含菲类：1- 羟基 -4, 7- 二甲氧基 -1-（2- 氧丙基）-1H- 菲 -2- 酮［1-hydroxy-4, 7-dimethoxy-1-（2-oxopropyl）-1H-phenanthren-2-one］、1, 7- 二羟基 -4- 甲氧基 -1-（2- 氧丙基）-1H- 菲 -2- 酮［1, 7-dihydroxy-4-methoxy-1-（2-oxopropyl）-1H-phenanthren-2-one］、2- 羟基 -4, 7- 二甲氧基菲（2-hydroxy-4, 7-dimethoxyphenanthrene）、2, 2′- 二羟基 -4, 7, 4′, 7′- 四甲氧基 -1, 1′- 双菲（2, 2′-dihydroxy-4, 7, 4′, 7′-tetramethoxy-1, 1′-biphenanthrene）、2, 7, 2′- 三羟基 -4, 4′, 7′- 三甲氧基 -1, 1′- 双菲（2, 7, 2′-trihydroxy-4, 4′, 7′-trimethoxy-1, 1′-biphenanthrene）、2, 7, 2′, 7′, 2″- 五羟基 -4, 4′, 4″, 7″- 四甲氧基 -1, 8, 1′, 1″- 四菲（2, 7, 2′, 7′, 2″-pentahydroxy-4, 4′, 4″, 7″-tetramethoxy-1, 8, 1′, 1″-tetraphenanthrene）[1], 2, 7- 二羟基 -4- 甲氧基 -9, 10- 二氢菲（2, 7-dihydroxy-4-methoxy-9, 10-dihydrophenanthrene）[2], 卷瓣兰蒽（cirrhopetalanthrin）[3], 黄药杜鹃利宁（flavanthrinin）、4- 甲氧基菲 -2, 7- 二醇（4-methoxyphenanthrene-2, 7-diol）、异蜥蜴兰醇（isohircinol）[4], 4, 4′- 二甲氧基 -9, 9′, 10, 10′- 四氢 -（1, 1′- 双菲）-2, 2′, 7, 7′- 四醇［4, 4′-dimethoxy-9, 9′, 10, 10′-tetrahydro-（l, l′-biphenanthrene）-2, 2′, 7, 7′-tetrol］、4, 4′, 7, 7′- 四羟基 -2, 2′- 二甲氧基 -1, 1′- 双菲（4, 4′, 7, 7′-tetrahydroxy-2, 2′-dimethoxy-1, 1′-biphenanthrene）、3, 5- 二羟基 -2, 4- 二甲氧基菲（3, 5-dihydroxy-2, 4-dimethoxyphenanthrene）[5], 白及素 A（blestriarene A）[6], 7- 羟基 -4- 甲氧基菲 -2-*O*-β-D- 葡萄糖苷（7-hydroxy-4-methoxyphenanthrene-2-*O*-β-D-glucoside）[3, 7], 卷瓣兰菲（cirrhopetalanthin）[7], 1-（3′- 甲氧基 -4′- 羟基苄基）-4- 甲氧基菲 -2, 7- 二醇［1-（3′-methoxy-4′-hydroxybenzyl）-4-methoxyphenanthrene-2, 7-diol］、1-（3′- 甲氧基 -4′- 羟基苄基）-7- 甲氧基 -9, 10- 二氢菲 -2, 4- 二醇［1-（3′-methoxy-4′-hydroxybenzyl）-7-methoxy-9, 10-dihydrophenanthrene-2, 4-diol］、1-（3′- 甲氧基 -4′- 羟基苄基）-4- 甲氧基菲 -2, 6, 7- 三醇［1-（3′-methoxy-4′-hydroxybenzyl）-4-methoxyphenanthrene-2, 6, 7-triol］、1-（4′- 羟基苄基）-4- 甲氧基菲 -2, 7- 二醇［1-（4′-hydroxybenzyl）-4-methoxyphenanthrene-2, 7-diol］[8], 7- 羟基 -2, 4- 二甲氧基菲（7-hydroxy-2, 4-dimethoxyphenanthrene）[6, 7, 9], 贝母兰宁（coelonin）[6, 9, 10], 7- 羟基 -4- 甲氧基 -9, 10- 二氢菲 -2-*O*-β-D- 吡喃葡萄糖苷（7-hydroxy-4-methoxy-9, 10-dihydrophenanthrene-2-*O*-β-D-glucopyranoside）、7- 羟基 -5- 甲氧基 -9, 10- 二氢菲 -2-*O*-β-D- 吡喃葡萄糖苷（7-hydroxy-5-methoxy-9, 10-dihydrophenanthrene-2-*O*-β-D-glucopyranoside）、4- 甲氧基 -9, 10- 二氢菲 -2, 7- 二 -*O*-β-D- 吡喃葡萄糖苷（4-methoxy-9, 10-dihydrophenanthrene-2, 7-di-*O*-β-D-glucopyranoside）、4, 4′- 二甲氧基 -9, 10- 二氢 -［6, 1′- 双菲］-2, 2′, 7, 7′- 四醇 {4, 4′-dimethoxy-9, 10-dihydro-［6, 1′-biphenanthrene］-2, 2′, 7, 7′-tetraol}、（2, 3- 反式）-2-（4- 羟基 -3- 甲氧基苯基）-3- 羟甲基 -10- 甲氧基 -2, 3, 4, 5- 四氢菲并［2, 1-b］呋喃 -7- 醇 {（2, 3-*trans*）-2-（4-hydroxy-3-methoxyphenyl）-3-hydroxymethyl-10-methoxy-2, 3, 4, 5-tetrahydrophenanthro［2, 1-b］furan-7-ol}、（2, 3- 反式）-3-［（2, 7- 二羟基 -4- 甲氧基 - 菲 -1- 基）甲基］-2-（4- 羟基 -3- 甲氧基苯基）-10- 甲氧基 -2, 3, 4, 5- 四氢菲并［2, 1-b］呋喃 -7- 醇 {（2, 3-*trans*）-3-［（2, 7-dihydroxy-4-methoxy-phenanthren-1-yl）methyl］-2-（4-hydroxy-3-methoxyphenyl）-10-methoxy-2, 3, 4, 5-tetrahydrophenanthro［2, 1-b］furan-7-ol}、（2, 3- 反式）-3-［2- 羟基 -6-（3- 羟基苯乙基）-4- 甲氧基苄基］-2-（4- 羟基 -3- 甲氧基苯基）-10- 甲氧基 -2, 3, 4, 5- 四氢菲并［2, 1-b］呋喃 -7- 醇 {（2, 3-*trans*）-3-［2-hydroxy-6-（3-hydroxyphenethyl）-4-methoxybenzyl］-2-（4-hydroxy-3-methoxyphenyl）-10-methoxy-2, 3, 4, 5-tetrahydrophenanthro［2, 1-b］furan-7-ol}、4, 7- 二羟基 -1- 对羟基苄基 -2- 甲氧基 -9, 10- 二氢菲（4, 7-dihydroxy-1-*p*-hydroxybenzyl-2-methoxy-9, 10-dihydrophenanthrene）、2- 羟基 -5, 7- 二甲氧基菲（2-hydroxy-5, 7-dimethoxyphenanthrene）、1- 对羟基苄基 -4- 甲氧基菲 -2, 7- 二醇（1-*p*-hydroxybenzyl-4-methoxyphenanthrene-2, 7-diol）、白及素 B、C（blestriarene B、C）、手参素 *C（gymconopin C）、白及烷醇 A（blestrianol A）、云南独蒜兰菲素 *C（pleionesin C）、独蒜兰西醇 H（shanciol H）[9], 2′, 7′- 二羟基 -4, 4′- 二甲氧基 -1, 1′- 双菲 -2, 7- 二 -*O*-β-D- 吡喃葡萄糖苷（2′, 7′-dihydroxy-4, 4′-dimethoxy-1, 1′-biphenanthrene-2, 7-di-*O*-β-D-glucopyranoside）[10], 2′- 羟基 -4, 4′, 7′- 三甲氧基 -1, l′- 双菲 -2, 7- 二 -*O*-β-D- 葡萄糖苷（2′-hydroxy-4, 4′, 7′-trimethoxy-1, l′-biphenanthrene-2, 7-di-*O*-β-D-glucoside）、1-（4- 羟基苄基）-4-

甲氧基-2, 7-二羟基菲-8-*O*-β-D-葡萄糖苷[1-(4-hydroxybenzyl)-4-methoxy-2, 7-dihydroxyphenanthrene-8-*O*-β-D-glucoside][11], 7-羟基-4-甲氧基菲-2, 8-二-*O*-β-D-葡萄糖苷(7-hydroxy-4-methoxyphenanthrene-2, 8-di-*O*-β-D-glucoside)、8-羟基-4-甲氧基菲-2, 7-二-*O*-β-D-葡萄糖苷(8-hydroxy-4-methoxyphenanthrene-2, 7-di-*O*-β-D-glucoside)[12], 2′, 7-二羟基-4, 4′-二甲氧基-1, 1′-双菲-2, 7′-二-*O*-β-D-葡萄糖苷(2′, 7-dihydroxy-4, 4′-dimethoxy-1, 1′-biphenanthrene-2, 7′-di-*O*-β-D-glucoside)[13], 杜鹃兰菲A、B、C、D、E(cremaphenanthrene A、B、C、D、E)[14], 杜鹃兰菲F、G(cremaphenanthrene F、G)[15]和杜鹃兰菲L、M、N、O、P(cremaphenanthrene L、M、N、O、P)[16]；苯丙素类：4-*O*-β-D-吡喃葡萄糖基桂皮酸酯(4-*O*-β-D-glucopyranosylcinnamate)、肉桂酸(cinnamic acid)[6], 水腊树酯A(ibotanolide A)[7], 山慈菇素I(shancigusin I)[6, 12]和4-*O*-(6′-*O*-葡萄糖基-对香豆酰基)-4-羟基苯甲醇[4-*O*-(6′-*O*-glucosyl-*p*-coumaroyl)-4-hydroxybenzyl alcohol][13]；芪类：独蒜兰定D(bulbocodin D)[6, 12], 山药素Ⅲ(batatasin Ⅲ)[2, 9], 5, 4′-二羟基-二苯乙基-3-*O*-β-D-葡萄糖苷(5, 4′-bihydroxy-bibenzyl-3-*O*-β-D-glucoside)、3, 3′-二羟基-5-甲氧基-2, 4-二(对羟基苄基)-联苄[3, 3′-dihydroxy-5-methoxy-2, 4-di(*p*-hydroxybenzyl) bibenzy]、3, 5, 3′-三羟基联苄(3, 5, 3′-trihydroxybibenzyl)[7, 9], 3, 3′-二羟基-4-(对羟基苄基)-5-甲氧基联苄[3, 3′-dihydroxy-4-(*p*-hydroxybenzyl)-5-methoxybibenzyl][9], 独蒜兰酚(bulbocol)[13], 3′, 5′, 3″-三羟基联苄(3′, 5′, 3″-trihydroxybibenzyl)[17], 3′, 5-二羟基-2-(对羟基苄基)-3-甲氧基联苄[3′, 5-dihydroxy-2-(*p*-hydroxybenzyl)-3-methoxybibenzyl]、3, 3′-二羟基-2-(对羟苄基)-5-甲氧基联苄[3, 3′-dihydroxy-2-(*p*-hydroxybenzyl)-5-methoxybibenzyl][9, 17]和5-甲氧基联苄-3, 3′-二-*O*-β-D-吡喃葡萄糖苷(5-methoxybibenzyl-3, 3′-di-*O*-β-D-glucopyranoside)[9, 18]；酚酸类：3, 5-二甲氧基-4-羟基苯甲醛(3, 5-dimethyoxy-4-hydroxybenzaldehyde)、3, 4-二羟基苯甲酸(3, 4-dihydroxybenzoic acid)、4-羟基苯甲酸(4-hydroxybenzoic acid)[2], 4-(2-羟基乙基)-2-甲氧基苯-1-*O*-β-D-吡喃葡萄糖苷[4-(2-hydroxyethyl)-2-methoxyphenyl-1-*O*-β-D-glucopyranoside]、酪醇-8-*O*-β-D-吡喃葡萄糖苷(tyrosol-8-*O*-β-D-glucopyranoside)、香荚兰醇苷(vanilloloside)[3], 对羟基苯乙醇(*p*-hydroxyphenylethyl alcohol)、3, 4-二羟基苯乙醇(3, 4-dihydroxyphenylethyl alcohol)[4], 3-甲氧基-4-羟基苯乙醇(3-methoxy-4-hydroxyphenylethanol)、丁香酸(syringic acid)、香草醛(vanillin)[5], 3-羟基苯丙酸(3-hydroxyphenylpropionic acid)[6], 天麻苷(gastrodine)[6, 9], 四裂红门兰素(militarine)[6, 9, 10], 对羟基苯甲醛(*p*-hydroxybenzaldehyde)[5, 7], 3′-β-D-吡喃葡萄糖氧基-4, 5′-二羟基-3-甲氧基-1, 2-二苯基乙烷(3′-β-D-glucopyranosyloxy-4, 5′-dihydroxy-3-methoxy-1, 2-diphenylethane)[7], 蜥蜴兰素(loroglossin)[9, 18]和原儿茶酸(protocatechuic acid)[18]；二元羧酸及酯类：1-(4-β-D-吡喃葡萄糖氧基苄基)4-甲基-(2*R*)-2-异丁基苹果酸酯[1-(4-β-D-glucopyranosyloxybenzyl)-4-methyl-(2*R*)-2-isobutylmalate]、1-(4-β-D-吡喃葡萄糖氧基苄基)-4-乙基-(2*R*)-2-异丁基苹果酸酯[1-(4-β-D-glucopyranosyloxybenzyl)-4-ethyl-(2*R*)-2-isobutylmalate]、1-(4-β-D-吡喃葡萄糖氧基苄基)-4-甲基-(2*R*)-2-苄基苹果酸酯[1-(4-β-D-glucopyranosyloxybenzyl)-4-methyl-(2*R*)-2-benzylmalate]、1, 4-二(4-β-D-吡喃葡萄糖氧基苄基)-(2*R*)-2-苄基苹果酸酯[1, 4-bis(4-β-D-glucopyranosyloxybenzyl)-(2*R*)-2-benzylmalate]、(−)-(2*R*, 3*S*)-1-(4-β-D-吡喃葡萄糖氧基苄基)-4-甲基-2-异丁基酒石酸二甲酯[(−)-(2*R*, 3*S*)-1-(4-β-D-glucopyranosyloxybenzyl)-4-methyl-2-isobutyltartrate][9]和丁二酸(butanedioic acid)[18]；木脂素类：木酯素糖苷(lignan glycoside)[7]；甾体类：β-谷甾醇(β-sitosterol)[4]和β-胡萝卜苷(β-daucosterin)[7]；醌类：密花石斛酚B(densiflorol B)[2], 大黄素甲醚(physcion)[2, 5], 大黄酚(chrysophanol)和大黄素(emodin)[5]；黄酮类：芫花素(genkwanin)、槲皮素(quercetin)、槲皮素-3′-*O*-β-D-吡喃葡萄糖苷(quercetin-3′-*O*-β-D-glucopyranoside)[5]和5, 7-二羟基-3-(3-羟基-4-甲氧基苄基)-6-甲氧基色原烷-4-酮[5, 7-dihydroxy-3-(3-hydroxy-4-methoxybenzyl)-6-methoxychroman-4-one][19]；生物碱类：杜鹃兰碱(cremastrine)[20]；倍半萜类：(−)-杜松-4, 10(15)-二烯-11-羧酸[(−)-cadin-4, 10(15)-dien-11-oic acid][21]；二萜类：(−)-对映-12β-羟基贝壳杉-16-烯-19-羧酸-19-*O*-β-D-吡喃木糖基-(1→6)-*O*-β-D-吡喃葡萄糖苷[(−)-*ent*-12β-hydroxykaur-16-en-19-oic acid-19-*O*-β-D-xylopyranosyl-（1→6）-*O*-β-D-glucopyranoside］[21]；三萜类：（+）-24, 24- 二甲基 -25, 32- 环 -5α- 羊毛脂 -9（11）- 烯 -3β- 醇［（+）-24, 24-dimethyl-25, 32-cyclo-5α-lanosta-9（11）-en-3β-ol］[21]；糖类：蔗糖（sucrose）[3]；核苷类：腺苷（adenosine）[3,9]；呋喃类：5- 羟甲基糠醛（5-hydroxymethylfurfural）[17]。

【药理作用】1. 抗肿瘤　从假鳞茎提取分离的成分卷瓣兰蒽（cirrhopetalanthrin）对结肠癌 HCT-8 细胞、肝癌 Bel7402 细胞、胃癌 BGC-823 细胞、肺癌 A549 细胞、乳腺癌 MCF-7 细胞和卵巢癌 A2780 细胞具有非选择性中等强度的细胞毒作用[1]；从假鳞茎提取的多糖可抑制 H22 肝癌实体瘤小鼠肿瘤的生长，增加血清中白细胞介素 -2（IL-2）、肿瘤坏死因子 -α（TNF-α）的含量；减少抗凋亡因子 Bcl-2 的表达量[2]，延长腹水瘤小鼠生存时间[3]；假鳞茎的水提取物可抑制乳腺癌 4T1 细胞和人乳腺癌 MDA-MB-231 细胞的增殖[4, 5]；假鳞茎的醇提取物可抑制小鼠 Lewis 肺癌、S180 实体瘤和肝癌的生长，在体外可抑制人肝癌 7721 细胞的增殖[6]。2. 抗菌　假鳞茎的醇提取物对肺炎杆菌、大肠杆菌、硝酸盐阴性杆菌、绿脓杆菌、金黄色葡萄球菌和表皮葡萄球菌的生长均有抑制作用[6]；假鳞茎的 45% 乙醇提取物对短帚霉、总状共头霉、互隔交链孢霉、蜡叶芽枝霉、柔毛葡柄霉、葡萄孢霉、杂色曲霉、黑曲霉、土曲霉、焦曲霉、皱褶青霉、产紫青霉、草酸青霉、绳状青霉、圆弧青霉、镰刀菌的生长均有不同程度的抑制作用[7]。3.M3 受体阻断　假鳞茎的 70% 乙醇提取物中分离出的成分杜鹃兰碱（cremastrine）可选择性地阻断 M3 受体[8]。4. 抗血管生成　假鳞茎的乙醇提取物中的化合物在体外可抑制碱性成纤维细胞生长因子（bFGF）诱导的人类脐带血管内皮细胞（HUVECs）的增殖，在体内可抑制鸡胚胎绒毛尿囊膜的毛细血管生成[9]。5. 激活酪氨酸酶　假鳞茎的 50% 乙醇提取物对酪氨酸酶的活性呈一定的上调激活作用[10]。6. 护神经　假鳞茎的乙醇提取物可提高谷氨酸诱导的损伤 PC12 细胞的细胞存活率，降低乳酸脱氢酶（LDH）的释放量和胞内活性氧（ROS）的生成量，增加超氧化物歧化酶（SOD）含量，减少丙二醛（MDA）含量，抑制凋亡蛋白 Caspase 凋亡级联反应[11]。

【性味与归经】甘、微辛，凉。归肝、脾经。

【功能与主治】清热解毒，化痰散结。用于痈肿疔毒，瘰疬痰核，淋巴结结核，蛇虫咬伤。

【用法与用量】煎服 3～6g；外用适量。

【药用标准】药典 1990—2015、浙江炮规 2015、内蒙古药材 1988、四川药材 1987、贵州药材 1988 和新疆药品 1980 二册。

【临床参考】1. 热毒痈肿疮痒：鲜假鳞茎 25g，洗净捣烂，加醋 30ml，调匀外敷[1]。

2. 乳腺癌、食道癌、宫颈癌辅助治疗：假鳞茎 3～10g，水煎服[1]。

3. 乳腺炎初起：假鳞茎研末，每次服 1.5g，每日 2 次[2]。

4. 血栓性浅静脉炎：假球茎 90g，碾碎，浸于 75% 乙醇 500ml 中，7 天后用，使用时将药液少许倒入手掌，在患处来回用力搓擦，直到皮肤发热，每日 3～5 次，7 日 1 疗程[3]。

5. 脓性指头炎：鲜假球茎 25g，洗净捣烂，加米醋 3ml 和匀稍蒸温，敷患指，每日换药 1 次[4]。

【附注】本种以山慈菇根之名始载于《本草拾遗》，云："山慈菇根，有小毒。主痈肿、疮瘘、瘰疬结核等，醋磨傅之。生山中湿地，一名金灯花，叶似车前，根如慈姑。"似为本种。

【化学参考文献】

［1］Xue Z，Li S，Wang S J，et al. Mono-，bi-，and triphenanthrenes from the tubers of *Cremastra appendiculata*［J］. J Nat Prod，2006，69（6）：907-913.

［2］张金超，申勇，朱国元，等 . 杜鹃兰的化学成分研究［J］. 中草药，2007，38（8）：1161-1162.

［3］夏文斌，薛震，李帅，等 . 杜鹃兰化学成分及肿瘤细胞毒活性研究［J］. 中国中药杂志，2005，30（23）：1827-1830.

［4］薛震，李帅，王素娟，等 . 山慈菇 *Cremastra appendiculata* 化学成分［J］. 中国中药杂志，2005，30（7）：511-513.

［5］刘量，叶静，李萍，等 . 杜鹃兰假鳞茎化学成分研究［J］. 中国中药杂志，2014，39（2）：250-253.

［6］袁桥玉，刘新桥 . 杜鹃兰假鳞茎化学成分研究［J］. 中药材，2015，38（2）：298-301.

［7］李小平，原文珂，李建烨，等．杜鹃兰的化学成分研究［J］．中草药，2016，47（3）：388-391.
［8］Liu L，Li J，Zeng K W，et al. Three new phenanthrenes from *Cremastra appendiculata*（D. Don）Makino［J］. Chin Chem Lett，2013，24（8）：737-739.
［9］Wang Y，Guan S H，Meng Y H，et al. Phenanthrenes，9，10-dihydrophenanthrenes，bibenzyls with their derivatives，and malate or tartrate benzyl ester glucosides from tubers of *Cremastra appendiculata*［J］. Phytochemistry，2013，94：268-276.
［10］Liu X Q，Li X P，Yuan Q Y. A new biphenanthrene glucoside from *Cremastra appendiculata*［J］. Chem Nat Compd，2015，51（6）：1035-1037.
［11］Liu X Q，Li X Pi，Yuan W K，et al. Two new phenanthrene glucosides from *Cremastra appendiculata* and their cytotoxic activities［J］. Nat Prod Commun，2016，11（4）：477-479.
［12］Liu X Q，Li X P，Yuan Q Y. Two new phenanthrene glucosides from *Cremastra appendiculata*［J］. Chem Nat Compd，2016，52（1）：23-25.
［13］Liu X Q，Yuan W K，Yuan Q Y，et al. A new biphenanthrene glucoside with cytotoxic activity from *Cremastra appendiculata*［J］. Chem Nat Compd，2017，53（2）：211-214.
［14］Liu L，Li J，Zeng K W，et al. Five new biphenanthrenes from *Cremastra appendiculata*［J］. Molecules，2016，21（8）：1089/1-1089/10.
［15］Liu L，Yin Q M，Gao Q，et al. New biphenanthrenes with butyrylcholinesterase inhibitory activitiy from *Cremastra appendiculata*［J］. Nat Prod Res，2019，DOI：org/10. 1080/14786419. 2019. 1601091.
［16］Liu L，Li J，Zeng K W，et al. Five new benzylphenanthrenes from *Cremastra appendiculata*［J］. Fitoterapia，2015，103：27-32.
［17］张金超，申勇，朱国元，等．杜鹃兰 *Cremastra appendiculata* 化学成分研究［J］．河北大学学报（自然科学版），2007，27（3）：262-264，303.
［18］刘净，于志斌，叶蕴华，等．山慈菇的化学成分［J］．药学学报，2008，43（2）：181-184.
［19］Shim J S，Kim J H，Lee J Y，et al. Anti-angiogenic activity of a homoisoflavanone from *Cremastra appendiculata*［J］. Planta Med，2004，70（2）：171-173.
［20］Ikeda Y，Nonaka H，Furumai T，et al. Cremastrine，a pyrrolizidine alkaloid from *Cremastra appendiculata*［J］. J Nat Prod，2005，68（4）：572-573.
［21］Li S，Xue Z，Wang S J，et al. Terpenoids from the tuber of *Cremastra appendiculata*［J］. J Asian Nat Prod Res，2008，10（7-8）：685-691.

【药理参考文献】

［1］夏文斌，薛震，李帅，等．杜鹃兰化学成分及肿瘤细胞毒活性研究［J］．中国中药杂志，2005，30（23）：1827-1830.
［2］徐小娟，蔡懿鑫，毛宇，等．山慈菇多糖对荷 H22 肝癌小鼠的抗肿瘤机制研究［J］．食品研究与开发，2015，36（7）：23-25.
［3］徐小娟，周志涵，毛宇，等．山慈菇多糖对 H22 肝癌小鼠 IL-2 及 p53 蛋白表达的影响［J］．食品研究与开发，2016，37（18）：6-10.
［4］刘银花，钟世军，曾涛，等．山慈菇提取液对小鼠 4T1 乳腺癌细胞抑制作用机制的研究［J］．湖北农业科学，2016，55（1）：134-137.
［5］牛晓雨，王璐，孙放，等．山慈菇水煎剂对乳腺癌 MDA-MB-231 细胞的影响［J］．中成药，2018，40（1）：197-200.
［6］阮小丽，施大文．山慈菇的抗肿瘤及抑菌作用［J］．中药材，2009，32（12）：1886-1888.
［7］孙红祥．一些中药及其挥发性成分抗霉菌活性研究［J］．中国中药杂志，2001，26（2）：99-102.
［8］Ikeda Y，Nonaka H，Furumai T，et al. Cremastrine，a pyrrolizidine alkaloid from *Cremastra appendiculata*［J］. Journal of Natural Products，2005，68（4）：572-573.
［9］Shim J S，Kim J H，Lee J，et al. Anti-angiogenic activity of a homoisoflavanone from *Cremastra appendiculata*［J］. Planta Medica，2004，70（2）：171-173.

[10] 闫军，李昌生，陈声利，等 . 21 味中药对酪氨酸酶活性影响的研究 [J]. 中药材，2002，25（10）：724-726.
[11] 霍金凤，季彬，杨滨 . 杜鹃兰乙醇提取物对谷氨酸诱导的 PC12 细胞损伤的保护作用 [J]. 中国新药杂志，2018，27（5）：560-565.

【临床参考文献】

[1] 文林，亓晶 . 山慈姑的功用 [J]. 中国民族民间医药杂志，2003，（6）：343-369.
[2] 李恩威 . 山慈菇散治乳房炎 [J]. 江苏中医，1958，（8）：37.
[3] 赵秀珍，陈留池，钱南平 . 山慈姑酊治疗血栓性浅静脉炎 [J]. 中国中西医结合杂志，1992，12（3）：186.
[4] 陈卓全 . 山慈姑调醋治愈脓性指头炎 7 例 [J]. 中医杂志，1990，31（4）：30.

10. 石斛属 *Dendrobium* Sw.

附生草本。茎多丛生，直立或下垂，圆柱形或扁三棱形，具节，有时 1 至数个节间膨大呈种种形状，质地较硬，具少数至多数叶。叶互生，扁平，先端不裂或 2 浅裂，基部有关节和通常具抱茎的鞘。总状花序，稀伞形花序，直立，斜出或下垂，生于茎的中部以上节上，具少数至多数花，稀退化为单花；花通常开展；萼片近相似，离生；侧萼片基部着生在合蕊柱足上，与唇瓣基部共同形成萼囊；唇瓣着生于合蕊柱足末端，3 裂或不裂，基部收狭为短爪或无爪，有时具距；合蕊柱粗短，顶端两侧各具 1 枚合蕊柱齿，基部具合蕊柱足；蕊喙很小；花粉团蜡质，卵形或长圆形，4 个，离生，每 2 个为一对，几无附属物。

约 1100 种，分布于亚洲热带和亚热带地区至大洋洲。中国 78 种，主要分布于秦岭以南各地。法定药用植物 15 种 1 变种。华东地区法定药用植物 2 种。

1194. 霍山石斛（图 1194） • *Dendrobium huoshanense* C. Z. Tang et S. J. Cheng

图 1194　霍山石斛　　摄影　霍山县中药中心等

【形态】茎直立，肉质，长 3 ～ 9cm，从基部上方向上逐渐变细，不分枝，具 3 ～ 7 节，节间长 3 ～ 8mm，淡黄绿色，有时带淡紫红色斑点。叶革质，2 ～ 3 枚互生于茎的上部，斜出，舌状长圆形，长 0.9 ～ 2.1cm，宽 5 ～ 7mm，先端钝并且微凹，基部鞘状抱茎；叶鞘膜质，宿存。总状花序 1 ～ 3 个，从老茎上部发出，具花 1 ～ 2 朵；鞘纸质，卵状披针形，长 3 ～ 4mm，先端锐尖；苞片浅白色带栗色，卵形，长 3 ～ 4mm，先端锐尖；花淡黄绿色，开展；中萼片卵状披针形，长 12 ～ 14mm，宽 4 ～ 5mm，先端钝，具脉 5 条；侧萼片镰状披针形，长 12 ～ 14mm，宽 5 ～ 7mm，先端钝，基部歪斜；萼囊近矩形，长 5 ～ 7mm；花瓣卵状长圆形，通常长 12 ～ 15mm，宽 6 ～ 7mm，先端钝，具脉 5 条；唇瓣近菱形，长和宽近相等，1 ～ 1.5cm，基部楔形并具 1 个胼胝体；唇瓣上部稍 3 裂，两侧裂片之间密生短毛，近基部处密生长白毛；中裂片半圆状三角形，先端近钝尖，基部密生长白毛并且具 1 个黄色横椭圆形的斑块；合蕊柱淡绿色，长约 4mm，具长 7mm 的合蕊柱足。花期 5 月。

【生境与分布】生于山地林中树干上和山谷岩石上。分布于安徽，另河南有分布。

【药名与部位】石斛，茎。

【采集加工】11 月至翌年 3 月采收，除去杂质，加热去除叶鞘，洗净，干燥，得霍山石斛干条；或边加热边扭成螺旋形或弹簧状，干燥，得霍山石斛枫斗。

【药材性状】干条　呈直条状或不规则弯曲形，长 2 ～ 8cm，直径 1 ～ 5mm。表面淡黄绿色至黄绿色，偶有黄褐色斑块，有细纵纹，节明显，节上有时可见残留的灰白色膜质叶鞘；一端可见茎基部残留的短须根或须根痕，另一端为茎尖，较细。质硬而脆，易折断，断面平坦，灰黄色至灰绿色，略角质状。气微，味淡，嚼之有黏性。

枫斗　呈螺旋形或弹簧状，通常为 2 ～ 5 个旋纹，茎拉直后长 2 ～ 8cm，直径 1 ～ 5mm。表面淡黄色至黄绿色，有细纵纹，节明显，节上有时可见残留的灰白色膜质叶鞘；一端可见茎基部残留的短须根或须根痕，另一端为茎尖，较细。质硬而脆，易折断，断面平坦。气微，味淡，嚼之有黏性。

【化学成分】茎叶含黄酮类：6-C-（α- 吡喃阿拉伯糖基）-8-C-（2-*O*-α- 吡喃鼠李糖基 -β- 吡喃葡萄糖基）芹菜素［6-C-（α-arabinopyranosyl）-8-C-（2-*O*-α-rhamnopyranosyl-β-glucopyranosyl）apigenin］、6-C-（β- 吡喃木糖基）-8-C-（2-*O*-α- 吡喃鼠李糖基 -β- 吡喃葡萄糖基）芹菜素［6-C-（β-xylopyranosyl）-8-C-（2-*O*-α-rhamnopyranosyl-β-glucopyranosyl）apigenin］、6-C-（α- 吡喃阿拉伯糖基）-8-C-（2-*O*-α- 吡喃鼠李糖基 -β- 吡喃半乳糖基）芹菜素［6-C-（α-arabinopyranosyl）-8-C-（2-*O*-α-rhamnopyranosyl-β-galactopyranosyl）apigenin］和 6-C-（2-*O*-α- 吡喃鼠李糖基 -β- 吡喃葡萄糖基）-8-C-（α- 吡喃阿拉伯糖基）芹菜素［6-C-（2-*O*-α-rhamnopyranosyl-β-glucopyranosyl）-8-C-（α-arabinopyranosyl）apigenin］[1]。

幼苗含多糖：霍山石斛多糖 1、2、3、4（DHP1、2、3、4）[2]。

【药理作用】1. 抗肿瘤　茎乙醇提取物对胃癌 SGC-7901 细胞的生长有明显的抑制作用[1]。2. 抗疲劳　茎乙醇提取物能明显缓解甲状腺素所致肾阴虚小鼠的一般状态，增加体重，延长小鼠力竭游泳时间[2]。3. 肝酶调节　茎水提取物可上调 C57BL/6 小鼠肝微粒体 CYP1A1、CYP1A2、CYP2B 蛋白表达，呈剂量依赖性，升高其中 CYP1A2 含量，加快 CYP1A2 亚型酶对应探针药物非那西丁的代谢速率与清除率[3]。4. 抗氧化　茎乙醇提取物能提高糖尿病性白内障模型大鼠眼晶状体组织谷胱甘肽过氧化物酶（GSH-Px）、谷胱甘肽还原酶（GR）、谷胱甘肽 -*S*- 转移酶（GST）、过氧化氢酶（CAT）、超氧化物歧化酶（SOD）的含量，降低丙二醛（MDA）、蛋白质羰基化产物的含量，作用呈剂量依赖性[4]。5. 心脏改善　茎乙醇提取物作用于大鼠离体心脏缺血再灌注损伤模型，可减轻心肌细胞的坏死程度和心肌梗死面积，降低心肌细胞凋亡率，减少心肌酶乳酸脱氢酶（LDH）和肌酸激酶（CK）的释放，降低细胞炎症因子和氧化应激水平，改善心脏功能[5]。6. 护肝　从茎提取的多糖作用于亚急性酒精性肝损伤模型小鼠，可显著降低肝组织中的磷酸胆碱含量，并降低血清中的 L- 脯氨酸含量[6]。7. 降血糖　从茎提取的多糖可显著降低链脲佐菌素诱导 2 型糖尿病模型小鼠的血糖，明显改善葡萄糖耐量受损和胰岛素敏感性，并抑制胰岛中 β 细胞的凋亡[7]。8. 免疫调节　从茎提取的多糖灌胃给予健康小鼠及甲氨蝶呤抑制模型小鼠可增强小肠、脾和肝免疫反应，促进细胞增殖、增加细胞因子 γ 干扰素（IFN-γ）和白细胞介素 -4（IL-4）的分泌[8]。9. 抗炎　从茎提取的多糖可降低香烟烟雾诱导肺损伤模型小鼠血清和肺组织炎症因子肿瘤坏

死因子 -α（TNF-α）、白细胞介素 -1β（IL-1β）含量，减轻肺脏病理损伤，减少炎症细胞的浸润[9]。

【性味与归经】味甘，性平。归肾、胃经。

【功能与主治】益胃生津，滋阴清热。用于阴伤津亏，口干烦渴，食少干呕，病后虚热，目暗不明。

【用法与用量】6 ～ 12g。

【药用标准】药典 2020。

【临床参考】冠心病：茎 3 ～ 7g，加桂枝 6 ～ 10g、瓜蒌 12 ～ 16g、薤白 20 ～ 24g、破皮子根 3 ～ 7g、厚朴 8 ～ 21g、枳实 2 ～ 6g、芒硝 3 ～ 7 g、桃仁 6 ～ 10g、川芎 10 ～ 14g、紫丹参 11 ～ 15g、炙甘草 6 ～ 10g、红花见草 1 ～ 5g、香春兰 1 ～ 5g，制成胶囊口服，1 次 2 粒（每粒胶囊 3g），每日 3 次，3 周 1 疗程[1]。

【附注】本种始见于《本草纲目拾遗》："霍石斛出江南霍山，形较钗斛细小，色黄，而形曲不直，有成球者，彼土人以代茶茗，云极解暑醒脾，止渴利水，益人气力，或取熬膏饷客，初未有行之者，近年江南北盛行之，有不给。市贾率以风兰根伪充，但风兰形直不缩，色青黯，嚼之不粘齿，味微辛，霍石斛嚼之微有浆，粘齿，味甘微咸，形缩者真。"《百草镜》云："石斛近时有一种形短只寸许，细如灯心，色青黄，咀之味甘，微有滑涎，系出六安州及颍州府霍山县，名霍山石斛，最佳。咀之无涎者，系生木上，不可用。其功长于清胃热，惟胃肾有虚热者宜之，虚而无火者忌用。年希尧集验良方：长生丹用甜石斛，即霍石斛也。范瑶初云：霍山属六安州，其地所产石斛，名米心石斛。以其形如累米，多节，类竹鞭，干之成团，他产者不能米心，亦不成团也。甘平微咸。陈廷庆云；本草多言石斛甘淡入脾，咸平入胃。今市中金钗及诸斛俱苦而不甘，性亦寒，且形似金钗，当以霍斛为真金钗斛。"即为本种。

本种为国家一级保护植物。

《中国植物志》电子版接受把本种与黄石斛 *Dendrobium tosaense* Makino 合并，名称改为黄石斛 *Dendrobium catenatum* Lindl.。

【化学参考文献】

[1] Chang C C，Ku A F，Tseng Y Y，et al. 6，8-Di-*C*-glycosyl flavonoids from *Dendrobium huoshanense* [J]. J Nat Prod，2010，73（2）：229-232.

[2] 田长城，罗建平 . 霍山石斛中不同多糖组分的保肝活性 [J]. 食品科学，2015，36（7）：162-166.

【药理参考文献】

[1] 黄森 . 霍山石斛多糖提取分离以及抗肿瘤活性的研究 [D]. 合肥：合肥工业大学硕士学位论文，2007.

[2] 侯燕，费文婷，王玉杰，等 . 霍山石斛对甲状腺素致肾阴虚小鼠抗疲劳作用研究 [J]. 环球中医药，2018，11（10）：1503-1508.

[3] 王长锁，王凯，孟欣，等 . 霍山石斛对小鼠肝脏细胞色素 P450 酶表达和活性的影响 [J]. 中国中药杂志，2018，43（21）：4323-4329.

[4] 李秀芳，邓媛元，潘利华，等 . 霍山石斛多糖对糖尿病性白内障大鼠眼球晶状体组织抗氧化作用的研究 [J]. 中成药，2012，34（3）：418-421.

[5] 房雪，韩吉春，李德芳，等 . 霍山石斛多糖通过激活 GSK-3β 信号通路减轻大鼠心肌缺血 - 再灌注损伤 [J]. 中药材，2017，40（4）：925-930.

[6] Wang X Y，Luo J P，Chen R，et al. *Dendrobium huoshanense* polysaccharide prevents ethanol-induced liver injury in mice by metabolomic analysis [J]. International Journal of Biological Macromolecules，2015，78：354-362.

[7] Wang H Y，Li Q M，Yu N J，et al. *Dendrobium huoshanense* polysaccharide regulates hepatic glucose homeostasis and pancreatic β-cell function in type 2 diabetic mice [J]. Carbohydrate Polymers，2019，211：39-48.

[8] Zha，X Q，Zhao H W，Bansal V，et al. Immunoregulatory activities of *Dendrobium huoshanense* polysaccharides in mouse intestine，spleen and liver [J]. International Journal of Biological Macromolecules，2014，64：377-382.

[9] Ge J C，Zha X Q，Nie C Y，et al. Polysaccharides from *Dendrobium huoshanense* stems alleviates lung inflammation in cigarette smoke-induced mice [J]. Carbohydrate Polymers，2018，189：289-295.

【临床参考文献】

［1］李德祥，王学涵，李路，等．霍山石斛组方治疗冠心病的临床研发与应用［J］．中国医药指南，2014，12（13）：314-315.

1195. 铁皮石斛（图 1195）• *Dendrobium officinale* Kimura et Migo（*Dendrobium candidum* auct. non Lindl.）

图 1195　铁皮石斛　　摄影　郭增喜等

【别名】石竹（江西），石竹子（江西遂川，井冈山），铁吊兰（浙江），黑节草。

【形态】茎直立，丛生，圆柱形，长 9 ～ 35cm，不分枝，具多节，节间长 1 ～ 1.7cm，常在中部以上互生叶 3 ～ 5 枚。叶二列，纸质，长圆状披针形，长 3 ～ 4cm，宽 9 ～ 11mm，先端钝并且多少钩转，基部下延为抱茎的鞘，边缘和中肋常带淡紫色；叶鞘常具紫斑，老时其上缘与茎松离而张开，并且与节留下 1 个环状铁青的间隙。总状花序从老茎上部发出，具花 2 ～ 3 朵；花序轴回折状弯曲，长 2 ～ 4cm；苞片干膜质，浅白色，卵形，长 5 ～ 7mm，先端稍钝；萼片和花瓣黄绿色，近相似，长圆状披针形，长约 1.8cm，宽 4 ～ 5mm，先端锐尖，具 5 脉；侧萼片基部较宽阔，宽约 1cm；萼囊圆锥形，长约 5mm；唇瓣白色，基部具 1 个绿色或黄色的胼胝体，卵状披针形，比萼片稍短，中部反折，先端急尖，不裂或不明显 3 裂，中部以下两侧具紫红色条纹，边缘多少波状；唇盘密布细乳突状的毛，并且在中部以上具 1 个紫红色斑块；合蕊柱黄绿色，长约 3mm，先端两侧各具 1 个紫点；合蕊柱足黄绿色带紫红色条纹，疏生毛。花期 3 ～ 6 月。

【生境与分布】生于海拔 1600m 的山地半阴湿的岩石上。分布于安徽、浙江、福建，另广西、四川、云南均有分布。

铁皮石斛与霍山石斛的主要区别点为：铁皮石斛植株较大，茎长 9 ～ 35cm，节较多，节间长 1.3 ～ 1.7cm。霍山石斛植株较小，茎长 3 ～ 9cm，节较少，节间长 3 ～ 8mm。

【药名与部位】铁皮石斛（石斛、黑节草、霍山石斛），茎。

【采集加工】鲜品 11 月后可全年采收；干品 11 月至翌年 3 月采收。除去叶片和须根等杂质。干品切段，低温烘干；或边加热边扭成螺旋形或弹簧状，习称"铁皮枫斗"。

【药材性状】铁皮枫斗　呈螺旋形或弹簧状，通常为 2 ～ 6 个旋纹，茎拉直后长 5 ～ 15cm，直径 2 ～ 4mm。表面黄绿色或略带金黄色，有细纵皱纹，节明显，节上有时可见残留的灰白色叶鞘；一端可见茎基部留下的短须根。质坚实，易折断，断面平坦，灰白色至灰绿色，略角质状。气微，味淡，嚼之有黏性。

铁皮石斛　呈圆柱形的段，长短不等。

【质量要求】不枯萎，不霉根。

【药材炮制】鲜铁皮石斛：临用洗净，切段。铁皮枫斗：除去杂质。

【化学成分】根茎含菲类：纳咔若哎菲 *（nakaharain），即 1, 5- 二羧基 -1, 2, 3, 4- 四甲氧基菲（1, 5-dicarboxy-1, 2, 3, 4-tetramethoxyphenanthrene）、2, 3, 4, 7- 四甲氧基菲（2, 3, 4, 7-tetramethoxyphenanthrene）、紫花美冠兰酚（nudol）、石豆兰菲素（bulbophyllanthrin）、2, 5- 二羟基 -3, 4- 二甲氧基菲（2, 5-dihydroxy-3, 4-dimethoxyphenanthrene）、3, 5- 二羧基 -2, 4- 二甲氧基菲（3, 5-dicarboxy-2, 4-dimethoxyphenanthrene）和毛兰菲（confusarin），即 1, 5, 6- 三甲氧基 -2, 7- 菲二醇（1, 5, 6-trimethoxy-2, 7-phenanthrenediol）[1]。

原球茎含苯丙素类：1-*O*-*p*- 阿魏酰基 -β-D- 吡喃葡萄糖苷（1-*O*-*p*-feruloyl-β-D-glucopyranoside）[2]；低聚糖类：荷花山桂花糖 B（arillatose B）[2]；三萜类：环木菠萝 -23- 烯 -3β, 25- 二醇（cycloart-23-en-3β, 25-diol）[2]；芳香糖苷类：4-（β-D- 吡喃葡萄糖基）苄醇［4-（β-D-glucopyranosyloxy）benzyl alcohol］和 4- 羟甲基 -2, 6- 二甲氧基苯基 -β-D- 吡喃葡萄糖苷（4-hydroxymethyl-2, 6-dimethoxyphenyl-β-D-glucopyranoside）[2]；脂肪酸类：正三十六烷酸（*n*-hexatriacontanoic acid）[2]；烷醇类：正二十七烷醇（*n*-heptacosanol）[2]；甾体类：β- 谷甾醇（β-sitosterol）[2]。

茎含双苄类：铁皮石斛素 A、B（dendrocandin A、B）[3]，铁皮石斛素 C、D、E（dendrocandin C、D、E）[4]，铁皮石斛素 F、G、H、I（dendrocandin F、G、H、I）[5]，铁皮石斛素 J、K、L、M、N、O、P、Q（dendrocandin J、K、L、M、N、O、P、Q）[6]，铁皮石斛素 T、U（dendrocandin T、U）[7]，4, 4′- 二羟基 -3, 5- 二甲氧基联苄（4, 4′-dihydroxy-3, 5-dimethoxybibenzyl）、3, 4- 二羟基 -5, 4′- 二甲氧基联苄（3, 4-dihydroxy-5, 4′-dimethoxybibenzyl）、石斛酚（dendrophenol）[3]，3-*O*- 甲基大叶兰酚（3-*O*-methylgigantol）、大叶兰酚（gigantol）[3, 7]，4-（3, 5- 二甲氧基苯乙基）苯酚［4-（3, 5-dimethoxyphenethyl）phenol］、3-（4- 羟基苯乙基）-5- 甲氧基苯酚［3-（4-hydroxyphenethyl）-5-methoxyphenol］、3-（3- 羟基苯乙基）-5- 甲氧基苯酚［3-（3-hydroxyphenethyl）-5-methoxyphenol］、4-（4- 羟基苯乙基）-2, 6- 二甲氧基苯酚［4-（4-hydroxyphenethyl）-2, 6-dimethoxyphenol］、4-（4- 羟基 -3- 甲氧基苯乙基）-2, 6- 二甲氧基苯酚［4-（4-hydroxy-3-methoxyphenethyl）-2, 6-dimethoxyphenol］和 3-*O*- 甲基大叶兰酚（3-*O*-methylgigantol）[7]；黄酮类：芹菜素 -7-*O*-β-D- 吡喃葡萄糖苷（apigenin-7-*O*-β-D-glucopyranoside）[8]，异鼠李素 -3-*O*-α-L- 吡喃鼠李糖基 -（1 → 2）-β-D- 吡喃葡萄糖苷［isorhamnetin-3-*O*-α-L-rhamnopyranosyl-（1 → 2）-β-D-glycopyranoside］、柚皮素（naringenin）[9]，芹菜素 -6, 8- 二 -C-β-D- 吡喃葡萄糖苷（apigenin-6, 8-di-C-β-D-glucopyranoside）、芹菜素 -6-C-α-L- 吡喃阿拉伯糖基 -8-C-β-D- 吡喃木糖苷（apigenin-6-C-α-L-arabinopyranosyl-8-C-β-D-xylopyranoside）、芹菜素 -6-C-（2″-*O*-β-D- 吡喃葡萄糖基）-α-L- 吡喃阿拉伯糖苷［apigenin-6-C-（2″-*O*-β-D- glucopyranosyl）-α-L-arabinopyranoside］、芹菜素 -8-C-（2″-*O*-β-D- 吡喃葡萄糖基）-α-L- 吡

喃阿拉伯糖苷［apigenin-8-C-（2″-*O*-β-D-glucopyranosyl）-α-L-arabinopyranoside］和槲皮素-3-*O*-β-D-芸香糖苷（quercetin-3-*O*-β-D-rutinoside）[10]；苯丙素类：枸橼苦素C（citrusin C）、灯盏花素2（erigeside 2）[8]和4-烯丙基-2, 6-二甲氧基苯基葡萄糖苷（4-allyl-2, 6-dimethoxyphenylglucoside）[8]；香豆素类：7-甲氧基香豆素-6-*O*-β-D-吡喃葡萄糖苷（7-methoxycoumarin-6-*O*-β-D-glucopyranoside）[8]；木脂素类：淫羊藿醇A_2-4-*O*-β-D-吡喃葡萄糖苷（icariol A_2-4-*O*-β-D-glucopyranoside）、（+）-丁香脂素-*O*-β-D-吡喃葡萄糖苷［（+）-syringaresinol-*O*-β-D-glucopyranoside］[8]，（+）-丁香脂素［（+）-syringaresinol］和丁香脂素-4′-*O*-β-D-单葡萄糖苷（syringaresinol -4′-*O*-β-D-mono-glucoside）[9]；酚苷和酚酸类：3, 5-二甲氧基-4-羟基苯基-1-*O*-β-D-吡喃葡萄糖苷（3, 5-dimethoxy-4-hydroxyphenyl-1-*O*-β-D-glucopyranoside）[8]，松巢苷（conicaoside）、3, 4, 5-三甲氧基苯-1-*O*-β-D-吡喃葡萄糖苷（3, 4, 5-trimethoxyphenyl-1-*O*-β-D-glucopyranoside）、2, 6-二甲氧基-4-羟基苯酚-1-*O*-β-葡萄糖苷（2, 6-dimethoxy-4-hydroxyphenol-l-*O*-β-D-glucoside）、4-（3′-羟丙基）-2, 6-二甲氧基苯酚-3′-*O*-β-D-葡萄糖苷［4-（3′-hydroxypropyl）-2, 6-dimethoxyphenol-3-*O*-β-D-glcoside］、紫丁香苷（syringin）和对羟基苯甲酸（*p*-hydroxybenzoic acid）[9]；核苷类：胸腺嘧啶脱氧核苷（thymidine）[9]；芳基醇苷类：苯甲醇-*O*-β-D-吡喃葡萄糖苷（benzyl-*O*-β-Dglucopyranoside）[9]；糖类：D-蔗糖（D-sucrose）[10]；甾体糖苷类：β-谷甾醇-3-*O*-β-D-吡喃葡萄糖苷（β-sitosterol-3-*O*-β-D-glucopyranoside）[10]。

地上苗含苯酚类：2, 6-二甲氧基-4-（2-丙烯-l-基）-苯酚［2, 6-dimethoxy-4-（2-propen-l-yl）-phenol］[11]。

【药理作用】1. 增强免疫　从茎提取分离的多糖能显著升高环磷酰胺诱导免疫抑制模型小鼠外周白细胞数，促进淋巴细胞产生移动抑制因子，提高机体的免疫功能[1, 2]。2. 抗肿瘤　从原球茎提取的粗多糖可降低肝癌H22细胞腹腔移植瘤小鼠瘤重，显著提高胸腺和脾指数[3]。3. 降血糖　从茎提取的浸膏能明显降低肾上腺素诱导高血糖模型小鼠及链脲佐菌素诱导糖尿病模型大鼠的血糖值，升高血清胰岛素含量、降低胰高血糖素含量，增加大鼠胰岛β细胞数量，减少胰岛α细胞数量，增加肝糖原含量[4]。4. 抗氧化　从原球茎提取的粗多糖能有效地清除超氧阴离子自由基（O_2^-·）和羟自由基（·OH），抑制小鼠肝组织自发性氧化和Fe^{2+}、过氧化氢（H_2O_2）诱导的脂质过氧化，抑制小鼠肝匀浆及肝线粒体丙二醛（MDA）的生成，减轻小鼠肝线粒体肿胀度[5]。5. 抗菌　从原球茎与野生品经水提醇沉得到的粗多糖对大肠杆菌、金黄色葡萄球菌、枯草芽孢杆菌、白色念珠菌的生长均有显著的抑制作用，且野生品粗多糖的抑制作用比原球茎多糖效果更好[6]。6. 养阴生津　从茎提取的浸膏可升高甲状腺素及利血平诱导阴虚模型小鼠的体重，增加进食量、进水量，降低死亡率，可对抗阿托品对兔唾液分泌的抑制作用，与西洋参合用具有协同作用[7]；从茎提取的浸膏与西洋参提取物的混合物能明显促进大鼠胃液分泌，增加胃液量、胃酸排出量与胃蛋白酶排出量，增强小鼠小肠推进运动，软化大便[8]。7. 镇痛　从茎提取的浸膏与西洋参混合粉末能显著减少乙酸所致小鼠扭体反应次数[8]。8. 抗疲劳　从茎提取的浸膏与西洋参混合粉末可显著延长小鼠负重游泳时间，显著降低小鼠运动后血尿素氮、乳酸含量[9]。9. 抑制肠平滑肌　茎的醇提取物对豚鼠离体肠管活动有抑制作用，但几分钟后恢复至给药前水平[10]。10. 祛痰　茎的水提取物能明显促进家兔气管纤毛的运动速度，并促进小鼠肺酚红的排泄[11]。

【性味与归经】甘，微寒。归胃、肾经。

【功能与主治】益胃生津，滋阴清热。用于阴伤津亏，口干烦渴，食少干呕，病后虚热，目暗不明。

【用法与用量】6～12g，入复方宜先煎，单用可久煎；鲜品15～30g；或截切小段用于成方制剂投料。

【药用标准】药典1977—2015、浙江炮规2015、内蒙古蒙药1986、新疆药品1980二册、云南药品1996、香港第七册和台湾2013。

【临床参考】1. 胃癌术后低热乏力：鲜茎（另煎兑入）12g，加淡竹叶、竹茹、佛手、黄芩各10g，山药30g，知母、北沙参各20g，炒麦芽15g，瓜蒌皮、瓜蒌仁、鸡内金各15g，生甘草3g，水煎，分3次服，每日1剂[1]。

2. 萎缩性胃炎合并十二指肠球部溃疡：鲜茎6g，加炙甘草6g，炒白芍30g，红枣10枚，黄芪、山药、炒麦芽各 20g，苏梗 10g，水煎，分 2 次服，每日 1 剂[1]。

3. 复发性口腔溃疡：鲜茎 6g，加黄连、炙甘草 6g，赤芍 20g，淡竹叶、麦冬、生山栀各 10g，生石膏（先煎）30g，肉桂粉（冲入）3g，水煎，分 2 次服，每日 1 剂[1]。

4. 2 型糖尿病：鲜茎 12g，加生地、山药、玄参、丹参各 30g，生黄芪、生首乌、白蒺藜各 20g，苍术、桑寄生、牛膝各 15g，泽泻、生蒲黄（包煎）各 10g，水煎，分 2 次服，每日 1 剂[1]。

5. 病后虚热口渴：鲜茎 9g，加麦冬、五味子各 9g，水煎代茶饮。

6. 肺热干咳：鲜茎 9g，加枇杷叶、瓜蒌皮各 9g，生甘草、桔梗各 3g，水煎服。（5 方、6 方引自《浙江药用植物志》）

【附注】以石斛之名始载于《名医别录》，云："石斛生六安山谷水旁石上。七月、八月采茎，阴干。"《图经本草》载："生六安山谷水傍石上，今荆、湖、川、广州郡及温、台州亦有之，以广南者为佳。多在山谷中，五月生苗，茎似竹节，节节间出碎叶。七月开花，十月结实。其根细长，黄色，七月八月采茎。以桑灰汤沃之，色如金，阴干用。"清《本草述钩元》载："出六安山谷，及荆襄汉中，江左庐州，浙中台，近以温台者为贵。"民国《雁荡山志》载："石斛产岩壁，山间人以巨绠束腰际，悬崖采之，为状绝险，往往有失事者。价贵时，每两售洋一元，视药铺中所售为贱也。"民国《瑞安市》《温州市志》载：民国时期的瑞安和乐清大荆区已形成较大规模的铁皮石斛加土枫斗的基地。民国时期温州名医张寿颐亦云：必以皮色深绿，质地坚实，生嚼之脂膏粘舌，味厚微甘者为上品，名铁皮石斛，价亦较贵。上述所述，均指本种。

【化学参考文献】

[1] 李榕生，杨欣，何平，等. 铁皮石斛根茎中菲类化学成分分析［J］. 中药材，2009，32（2）：220-223.

[2] 孟志霞，舒莹，王春兰，等. 铁皮石斛原球茎的化学成分研究［J］. 中国药学杂志，2012，47（12）：953-955.

[3] Li Y，Li Y，Wang C，et al. Two new compounds from *Dendrobium candidum*［J］. Chem Pharm Bull，2008，56（10）：1477-1479.

[4] Li Y，Wang C L，Wang Y J，et al. Three new bibenzyl derivatives from *Dendrobium candidum*［J］. Chem Pharm Bull，2009，57（2）：218-219.

[5] Li Y，Wang C L，Wang Y J，et al. Four new bibenzyl derivatives from *Dendrobium candidum*［J］. Chem Pharm Bull，2009，57（9）：997-999.

[6] Li Y，Wang C L，Zhao H J，et al. Eight new bibenzyl derivatives from *Dendrobium candidum*［J］. J Asian Nat Prod Res，2014，16（11）：1035-1043.

[7] Yang L，Liu S J，Luo H R，et al. Two new dendrocandins with neurite outgrowth-promoting activity from *Dendrobium officinale*［J］. J Asian Nat Prod Res，2015，17（2）：125-131.

[8] 魏泽元，陆静金，金传山，等. 铁皮石斛茎乙醇提取物正丁醇溶性部分化学成分研究［J］. 中国现代中药，2013，15（12）：1042-1045.

[9] 周佳，周先丽，梁成钦，等. 铁皮石斛化学成分研究［J］. 中草药，2015，46（9）：1292-1295.

[10] 罗镭，祝明，陈立钻，等. 铁皮石斛化学成分的研究［J］. 中国药学杂志，2013，48（19）：1681-1683.

[11] 陶正明，姜武，包晓青，等. 基于超临界萃取与模拟移动床技术的铁皮石斛化学成分研究［J］. 中国药学杂志，2016，51（24）：2155-2162.

【药理参考文献】

[1] 黄民权，蔡体育，刘庆伦. 铁皮石斛多糖对小白鼠白细胞数和淋巴细胞移动抑制因子的影响［J］. 天然产物研究与开发，1996，8（3）：39-41.

[2] 黄民权，黄步汉，蔡体育，等. 铁皮石斛多糖的提取、分离和分析［J］. 中草药，1994，25（3）：128-129.

[3] 何铁光，杨丽涛，李杨瑞，等. 铁皮石斛原球茎多糖 DCPP1a-1 的理化性质及抗肿瘤活性［J］. 天然产物研究与开发，2007，19（4）：578-583.

[4] 吴昊姝，徐建华，陈立钻，等. 铁皮石斛降血糖作用及其机制的研究［J］. 中国中药杂志，2004，29（2）：160-163.

[5] 何铁光，杨丽涛，李杨瑞，等. 铁皮石斛原球茎多糖粗品与纯品的体外抗氧活性研究［J］. 中成药，2007，29（9）：

1265-1269.
［6］王玲，唐德强，王佳佳，等．铁皮石斛原球茎与野生铁皮石斛多糖的抗菌及体外抗氧化活性比较［J］．西北农林科技大学学报（自然科学版），2016，44（6）：167-180.
［7］徐建华，李莉，陈立钻．铁皮石斛与西洋参的养阴生津作用研究［J］．中草药，1995，26（2）：79-80，111.
［8］王立明，徐建华，陈立钻，等．铁皮枫斗晶对实验性胃阴虚证的药效学研究［J］．中成药，2002，24（10）：803-805.
［9］许天新，赵硕．铁皮枫斗晶抗疲劳作用检验［J］．浙江预防医学，2002，14（11）：80-81.
［10］徐国钧，杭秉茜，李满飞．11 种石斛对豚鼠离体肠管和小鼠胃肠道蠕动的影响［J］．中草药，1988，19（1）：21-23.
［11］郑高利，周彦刚，许衡均，等．铁皮石斛提取物的祛痰作用［J］．浙江省医学科学院学报，1998，35：24-25.

【临床参考文献】

［1］王杰，王邦才．鲜铁皮石斛临床应用举隅［J］．浙江中医杂志，2012，47（11）：841-842.

11. 石豆兰属 *Bulbophyllum* Thou.

附生草本。根茎匍匐。假鳞茎形状多样、大小不一。叶通常 1 枚，少有 2 ～ 3 枚，生于假鳞茎顶，无假鳞茎的直接从根茎上发出；叶片肉质或革质，先端稍凹或锐尖、圆钝，基部无柄或具柄。花葶侧生于假鳞茎基部的根茎上，头状伞形花序、总状花序或单花，顶生；苞片小；萼片近相等或侧萼片远比中萼片长，侧萼片离生或下侧边缘彼此黏合，基部贴生于合蕊柱足上，形成萼囊；花瓣比萼片小，全缘或边缘具齿、毛等附属物，或具流苏状齿；唇瓣肉质，比花瓣小，舌状，基部收狭，贴生于合蕊柱足末端，可活动，唇盘上常具乳突或毛；合蕊柱短，顶端常具 1 对芒状或齿状的合蕊柱齿；花药前倾，2 室或由于隔膜消失而成 1 室；花粉团蜡质，4 个成 2 对，无附属物。蒴果卵球形或长椭圆形，无喙。

约 1900 种，分布于亚洲、美洲、非洲等热带和亚热带地区。中国 103 种，主要分布于长江流域及其以南各地。法定药用植物 3 种。华东地区法定药用植物 1 种。

1196. 广东石豆兰（图 1196）• *Bulbophyllum kwangtungense* Schltr.

【别名】岩枣、独叶岩珠、青龙菜、岩板楂、珠兰、鸭舌兰、线岩珠、石豆、岩豆（浙江）。

【形态】根茎匍匐，直径约 2mm。假鳞茎直立，彼此隔 2 ～ 7cm，圆柱状，长 1 ～ 2.5cm，顶生叶 1 枚，幼时被膜质鞘。叶革质，长圆形，通常长 2 ～ 6.5cm，宽 5 ～ 10mm，先端钝圆并稍凹，基部渐狭成楔形，具短柄，中脉明显。花葶从假鳞茎基部或靠近假鳞茎基部的根茎节上发出，直立，纤细，远高出叶，长达 8cm；总状花序缩短呈伞状，具花 2 ～ 4 朵；苞片狭披针形；花淡黄色；萼片近同形，离生，狭披针形，长 8 ～ 10mm，先端长渐尖，中部以上两侧边缘内卷，具脉 3 条；侧萼片比中萼片稍长，基部贴生于合蕊柱足上；花瓣狭卵状披针形，长 4 ～ 5mm，中部宽约 0.4mm，逐渐向先端变狭，边缘全缘；唇瓣肉质，狭披针形，对折，较花瓣短，唇盘上具褶片 4 条。花期 5 ～ 8 月，果期 9 ～ 10 月。

【生境与分布】生于海拔 800m 的山坡林下岩石上。分布于江西、浙江、福建，另湖南、湖北、广东、广西、香港、贵州、云南均有分布。

【药名与部位】石豆兰，全草。

【采集加工】夏、秋二季采收，洗净，鲜用；或干燥。

【药材性状】根茎纤细，节间长，节上生根。假鳞茎着生于根茎节上，狭圆锥形或近圆柱形，表面黄绿色，有不规则的纵皱纹，顶端具 1 叶。叶片革质，倒卵状披针形或长圆形，长 2 ～ 4cm，宽 5 ～ 10mm，先端急尖或微凹，基部骤狭成短柄状，具平行脉。气微，味淡。

【药材炮制】除去杂质及霉烂者，洗净，切段，干燥。

图 1196　广东石豆兰　　摄影　李华东等

【化学成分】地上部分含芪类：5-（2, 3- 二甲氧基苯乙基）-6- 甲基苯并［d］［1, 3］二氧杂环戊烯 {5-（2, 3-dimethoxyphenethyl）-6-methylbenzo［d］［1, 3］dioxole} 和 10, 11- 二氢 -2, 7- 二甲氧基 -3, 4- 亚甲二氧基二苯并［b, f］噁庚英 {10, 11-dihydro-2, 7-dimethoxy-3, 4-methylenedioxydibenzo［b, f］oxepine}[1]。

茎和叶含菲类：折叠石斛酚 B（plicatol B）[2]；酚类：7, 8- 二氢 -5- 羟基 -12, 13- 亚甲二氧基 -11- 甲氧基联苯［b, f］噁庚英 {7, 8-dihydro-5-hydroxy-12, 13-methylenedioxy-11-methoxy-dibenz［b, f］oxepine}、7, 8- 二氢 -4- 羟基 -12, 13- 亚甲二氧基 -11- 甲氧基联苯［b, f］噁庚英 {7, 8-dihydro-4-hydroxy-12, 13-methylenedioxy-11-methoxy-dibenz［b, f］oxepine} 和 7, 8- 二氢 -3- 羟基 -12, 13- 亚甲二氧基 -11- 甲氧基联苯［b, f］噁庚英 {7, 8-dihydro-3-hydroxy-12, 13-methylenedioxy-11-methoxy-dibenz［b, f］oxepine}[2]；芪类：堆花石斛素（cumulatin）和密花石斛酚 A（densiflorol A）[2]。

全草含菲类：2, 3, 4, 5- 四甲氧基菲（2, 3, 4, 5-tetramethoxyphenanthrene）、2, 3, 4- 三甲氧基 -5- 羟基菲（2, 3, 4-trimethoxy-5-hydroxyphenanthrene）、石豆兰菲素（bulbophyllanthrin）、2, 4, 7- 三甲氧基 -9, 10- 二氢菲（2, 4, 7-trimethoxy-9, 10-dihydrophenanthrene）和贝母兰宁（coelonin），即 2, 7- 二羟基 -4- 甲氧基 -9, 10- 二氢菲（2, 7-dihydroxy-4-methoxy-9, 10-dihydrophenanthrene）[3]。

【药理作用】1. 抗肿瘤　全草乙醇提取物的乙酸乙酯和正丁醇部位对人宫颈癌 HeLa 细胞的增殖有明显的抑制作用，与阳性对照药物 5- 氟尿嘧啶（5-FU）作用相当[1]。2. 抗氧化　茎水提醇沉得到的粗多糖对羟自由基（·OH）和超氧阴离子自由基（O_2^-·）有一定的清除作用，但总还原力、清除 1, 1- 二苯基 -2- 三硝基苯肼（DPPH）自由基的作用、对 Fe^{2+}的螯合作用较弱[2]。

【性味与归经】甘、淡，凉。

【功能与主治】清热解毒，软坚散结，止咳化痰。用于外感发热，淋巴结结核，慢性支气管炎，疮疖肿痛。

【用法与用量】煎服 9 ～ 15g，鲜品 15 ～ 30g；外用鲜品适量，捣敷患处。

【药用标准】浙江炮规 2005。

【临床参考】1. 咳嗽：假鳞茎 100g，加麦冬 30g、桑叶 15g，水煎，连续服 3 ～ 5 日[1]。

2. 急性扁桃体炎：假鳞茎 120g，加杠板归 150g，水煎服[1]。

3. 牙痛：假鳞茎 200g，水煎服[1]。

【化学参考文献】

［1］吴斌，陈坚波，何山，等．广东石豆兰中的噁庚英和联苄类化合物［J］．高等学校化学学报，2008，29（2）：305-308.

［2］Wu B，He S，Pan Y J. New dihydrodibenzoxepins from *Bulbophyllum kwangtungense*［J］. Planta Med，2006，72（13）：1244-1247.

［3］白淑芳，刘岱琳，陈虹．广东石豆兰的化学成分研究［J］．天津药学，2008，20（5）：4-7.

【药理参考文献】

［1］吴斌，吴德康，陈坚波．广东石豆兰不同提取部位体外抗肿瘤实验研究［J］．南京中医药大学学报，2004，20（2）：114-115.

［2］苗永美，孙佳琦，徐荣华，等．广东石豆兰多糖的提取工艺及其抗氧化活性［J］．天然产物研究与开发，2019，31（5）：779-785.

【临床参考文献】

［1］朱金喜，刘向阳，刘仁林．广东石豆兰的民间药用价值［J］．江西林业科技，2007，（2）：64.

12. 石仙桃属 *Pholidota* Lindl. ex Hook.

附生草本，根茎匍匐，具节，节上生根。假鳞茎生于根茎上，卵形至圆筒状。叶 1 ～ 2 枚，生于假鳞茎顶端，具短柄。花葶生于假鳞茎顶端；总状花序常多少弯曲，具多数花，二列；花序轴多少曲折；苞片大，宿存或脱落，卵状长圆形，舟状；花小，常不完全张开；萼片相似，常多少凹陷；侧萼片背面一般有龙骨状突起；花瓣与萼片近似；唇瓣基部凹陷成浅囊状，不裂或罕有 3 裂，唇盘上有时有粗厚的脉或褶片，无距；合蕊柱短，上端有翅围绕花药，无合蕊柱足；花粉团 4 个，蜡质，近等大，成 2 对，共同附着于黏质物上。蒴果较小，常有棱。

约 30 种，分布于亚洲热带和亚热带南缘地区。中国 12 种，主要分布于西南、华南至台湾等地。法定药用植物 3 种。华东地区法定药用植物 2 种。

1197. 细叶石仙桃（图 1197）• *Pholidota cantonensis* Rolfe

【别名】岩珠（浙江）。

【形态】根茎长而匍匐，直径 2.5 ～ 3.5mm，密被鳞片状鞘；假鳞茎疏生于根茎上，彼此相距 2 ～ 3cm，节上疏生根，狭卵形至卵状长圆形，长 1 ～ 2cm，宽 5 ～ 8mm，顶端生叶 2 枚。叶条状披针形，革质，长 2 ～ 8cm，宽 5 ～ 7mm，先端短尖或钝，边缘常多少外卷，基部收狭成柄。花葶生于幼假鳞茎顶端；总状花序通常具花 10 余朵；花序轴不曲折；苞片卵状长圆形，早落；花小，白色或淡黄色，直径约 4mm；萼片近相似，椭圆状长圆形，长 3 ～ 4mm，宽约 2mm，离生，具脉 1 条，侧萼片背面具狭脊；花瓣卵状长圆形，与萼片等长；唇瓣宽椭圆形，长约 3mm，宽 4 ～ 5mm，凹陷而成舟状，唇盘上无附属物；合蕊柱粗短，长约 3mm，顶端两侧有翅。蒴果倒卵形，长 6 ～ 8mm。花期 3 ～ 4 月，果期 8 ～ 9 月。

【生境与分布】生于海拔 200 ～ 850m 的林中或荫蔽处的岩石上。分布于江西、浙江、福建，另湖南、广东、广西、台湾均有分布。

【药名与部位】果上叶（小瓜石斛），假鳞茎。石仙桃，全草。

【采集加工】果上叶：全年均可采收，除去须根、叶片，干燥。石仙桃：全年可采，鲜用或用开水

图 1197　细叶石仙桃　　摄影　浦锦宝等

烫后晒干。

【药材性状】果上叶：根茎粗壮，匍匐而短，节多密集，节间长约 0.2cm，直径 2 ～ 3mm，被残留纤维状叶鞘，红棕色，质较韧，折断面不平坦，黄白色。假鳞茎肉质，卵形、矩圆形或卵状矩圆形，长 1 ～ 5cm，直径 0.3 ～ 0.8cm；表面具较粗的纵皱纹，金黄色；质柔韧，折断面不平坦，灰白色；顶端偶见残留叶片 2 枚。气微，味淡微苦涩。

石仙桃：根茎横生，粗 2mm 左右，被鳞片，其下着生细长弯曲须状根，常在节处较为集中。假鳞茎疏生，间隔 1.5 ～ 2cm，长 1 ～ 1.5cm，直径 5 ～ 8mm，具沟状纵皱缩；根茎最顶端的一个假鳞茎具苞状鳞片疏松包被着偶尔可见残存的花葶。叶片大多脱落，但假鳞茎的顶端常可见圆形和弯月形叶脱落痕迹各一，示具 2 枚叶着生，叶片条形，革质，长 3 ～ 7cm，宽不及 1cm，顶端急尖，基部渐狭成短柄。嗅微，味淡。

【化学成分】全草含菲类：金石斛醌（ephemeranthoquinone）、红门兰酚（orchinol）[1, 2]，密花石斛酚 B（densiflorol B）[2]，细叶石仙桃醇 *（phocantol）、细叶石仙桃酮 *（phocantone）和卢斯兰菲（lusianthridin）[3]；芪和联苄类：山药素Ⅲ（batatasin Ⅲ）[1, 2]，大叶兰酚（gigantol）和笋兰烯（thunalbene）[3]；苯丙素类：桂皮酸（cinnamic acid）[2]，桂皮酸丁酯（butylcinnamate）和反式 - 阿魏酸二十二醇酯［（*E*）-ferulic acid docosyl ester］[3]；木脂素类：丁香脂素（syringaresinol）[2]；酚类：石仙桃醌（pholidonone）[1]，3, 5- 二甲氧基 -4- 羟基 - 苯丙酮（3, 5-dimethoxy-4-hydroxy-propiophenone）[2]，丁香醛（syringaldehyde）、丁香酸（syringate）和紫丁香苷（syringin）[3]；三萜类：24- 亚甲基环木菠萝烷醇（24-methylenecycoartanol）[2]，24- 亚甲基环木菠萝酮（24-methylenecycloartone）和何帕 -22（29）-烯［hop-22（29）-ene］[3]；二萜类：细叶石仙桃二萜苷 * A、B（phocantoside A、B）、丹参酮 II_A（tanshinone II_A）、新丹参内酯（neo-tanshinlactone）和丹参苷Ⅲ（tangshennoside Ⅲ）[3]；甾体类：麦角甾醇过氧化物（ergosterol peroxide）[2]，β- 谷甾醇（β-sitosterol）[2, 3]，24- 亚甲基花粉烷甾酮（24-methylenepollinastanone）、

豆甾醇（stigmasterol）和胡萝卜苷（daucosterol）[3]；黄酮类：7- 羟基 -3-（4′- 羟苯基）异黄酮［7-hydroxy-3-（4′-hydroxyphenyl）isoflavone］和 7- 羟基 -3-（4′- 甲氧基苯基）色原酮［7-hydroxy-3-（4′-methoxyphenyl）chromone］[4]。

地上部分含挥发油：六氢化法呢基丙酮（hexahydrofarnesyl acetone）、（*R*, *R*）-2, 3- 丁二醇［（*R*, *R*）-2, 3-butanediol］、（*E*）-15- 十七碳烯醛［（*E*）-15-heptadecenal］、十七烷（heptadecane）、2, 3- 丁二醇（2, 3-butanediol）、正棕榈酸（*n*-hexadecanoic acid）、十六烷（hexadecane）、菲（phenanthrene）、植烷（phytan）、广藿香醇（patchouli alcohol）和亚油酸甲酯（methyl linoleate）[5]。

【药理作用】1. 抗氧化 全草的乙酸乙酯提取物具有优异的清除 2, 2′- 联氮 - 二（3- 乙基 - 苯并噻唑 -6- 磺酸）二铵盐自由基（ABTS $^{\cdot +}$）的作用，其作用可能与其较高的总酚含量有关[1]；带根全草醇提取物的乙酸乙酯、正丁醇部位及水层均有显著的清除 2, 2′- 联氮 - 二（3- 乙基 - 苯并噻唑 -6- 磺酸）二铵盐自由基及 1, 1- 二苯基 -2- 三硝基苯肼（DPPH）自由基的作用，不同萃取物的总酚含量与抗氧化作用呈正相关，乙酸乙酯萃取物抗氧化作用最强[2]；全草乙醇提取物及乙醇提取物的石油醚部位具有较好的清除 2, 2′- 联氮 - 二（3- 乙基 - 苯并噻唑 -6- 磺酸）二铵盐自由基的作用[3,4]；从全草提取的粗多糖对羟自由基（·OH）具有一定的清除作用[5]；地上部分甲醇提取物的乙酸乙酯部位对 1, 1- 二苯基 -2- 三硝基苯肼（DPPH）自由基有很好的清除作用，且清除率呈剂量依赖性[6]。2. 降血糖 地上部分甲醇提取物的石油醚部位和乙酸乙酯部位均有 α- 葡萄糖苷酶抑制活性，其中乙酸乙酯部位抑制活性最强[6]。3. 抗菌 全草乙醇提取物的石油醚、氯仿、乙酸乙酯、正丁醇部位对白假丝酵母菌、金黄色葡萄球菌、表皮葡萄球菌、消化链球菌的生长具有明显的抑制作用，其中正丁醇部位抑制作用最强[7]。4. 免疫调节 从全草提取的多糖能促进脾淋巴细胞转化，提高机体的免疫功能[5]。5. 镇痛 从全草提取的多糖具有显著的镇痛作用[5]。6. 抗肿瘤 从全草分离的成分 7- 羟基 -3-（4′- 羟苯基）异黄酮［7-hydroxy-3-（4′-hydroxyphenyl）isoflavone］能显著抑制人结肠癌 HT-29 细胞、小鼠移植性肿瘤 S180 和人乳腺癌 MCF-7 细胞的生长，7- 羟基 -3-（4′- 甲氧基苯基）色原酮［7-hydroxy-3-（4′-methoxyphenyl）chromone］能抑制肝癌 H22 细胞的生长，其机制为诱导 H22 细胞周期阻滞于 G_0/G_1 期[8]。

【性味与归经】果上叶：甘、微苦，凉。归肺、肾经。石仙桃：苦、微酸，凉。

【功能与主治】果上叶：养阴清肺，化痰止咳，行气止痛。用于肺结核咳嗽、咯血，慢性气管炎，慢性咽炎，疝气疼痛，月经不调，疮疡肿痛。石仙桃：清热，滋阴，润肺，解毒。用于感冒，肺热咳嗽，咯血，急性胃肠炎，慢性骨髓炎，关节肿痛，跌打损伤。

【用法与用量】果上叶：煎服 9 ～ 30g；外用适量，研末调敷。石仙桃：煎服 30 ～ 60g；外用鲜草适量，捣烂敷患处。

【药用标准】果上叶：贵州药材 2003；石仙桃：上海药材 1994。

【临床参考】1. 感冒、急性胃肠炎：鲜全草水煎，浓缩制成颗粒状冲剂（每包相当生药 30g），1 次 1 包，开水冲服，每日 3 次。

2. 肺热咳嗽、咯血：鲜假球茎 30 ～ 90g，水煎，调冰糖服。

3. 慢性骨髓炎：鲜全草适量，捣烂敷患处；或用淡米酒浸软捣汁，外搽患处。（1 方至 3 方引自《浙江药用植物志》）

【附注】《植物名实图考》载："对叶草，生云南山石上。根如麦门冬，累缀成簇，下有短须甚硬。根上生叶如指甲，双双对生；冬开小白花四瓣；作穗长二三分。与瓜子金相类而花异，性亦应同石斛。"根据描述和附图，接近于本种。

药材果上叶孕妇慎服。

【化学参考文献】

［1］李建晨，冯丽，野原稔弘，等 . 细叶石仙桃的化学成分［J］. 中国中药杂志，2008，33（14）：1691-1693.
［2］李斌，高洁莹，李娟，等 . 细叶石仙桃乙酸乙酯部位化学成分研究［J］. 中药材，2014，37（6）：986-989.

[3] Li B，Ali Z，Chan M，et al. Chemical constituents of *Pholidota cantonensis*［J］. Phytochemistry，2017，137：132-138.
[4] 陈小兵，黄丽芸，许军，等 . 细叶石仙桃黄酮类成分的分离及其抗肿瘤活性［J］. 临床医药文献杂志，2017，4（55）：10822-10823.
[5] 李锟，卢引，顾雪竹，等 . 细叶石仙桃地上部分挥发性成分的 HS-SPME-GC-MS 分析［J］. 中国药房，2012，23（35）：3319-3320.

【药理参考文献】

[1] 李培源，彭炳华，莫媛媛 . 树上虾乙酸乙酯部位抗氧化活性研究［J］. 广州化工，2018，46（23）：32-33，79.
[2] 骆鑫，王委，刘量 . 细叶石仙桃不同萃取物总酚含量和抗氧化活性的比较［J］. 扬州大学学报（农业与生命科学版），2018，39（4）：56-60，99.
[3] 李培源，贾智若，彭炳华，等 . 细叶石仙桃石油醚部位抗氧化活性研究［J］. 安徽农业科学，2018，46（36）：166-167，175.
[4] 李培源，彭炳华，莫媛媛 . 细叶石仙桃乙醇提取物抗氧化活性研究［J］. 山东化工，2018，47（24）：24-25，27.
[5] 田超 . 福建细叶石仙桃主要化学成分及其生物活性初步研究［D］. 福州：福建农林大学硕士学位论文，2008.
[6] 祁献芳 . 朱砂根和细叶石仙桃化学成分与生物活性研究［D］. 郑州：河南大学硕士学位论文，2012.
[7] 李斌，张晓青，陈钰妍，等 . 细叶石仙桃不同提取物体外抑菌作用的研究［J］. 湖南中医药大学学报，2014，34（6）：9-12.
[8] 陈小兵，黄丽芸，许军，等 . 细叶石仙桃黄酮类成分的分离及其抗肿瘤活性［J］. 临床医药文献杂志，2017，4（55）：10822-10823.

1198. 石仙桃（图 1198）• *Pholidota chinensis* Lindl.

【别名】石橄榄、果上叶、石萸肉、石莲（福建）。

【形态】根茎粗壮，匍匐，直径 3 ～ 8mm 或更粗，具较密的节和较多的根；假鳞茎生于根茎上，彼此相距 1 ～ 2cm，狭卵状长圆形，长 2 ～ 8cm，宽 6 ～ 18mm，基部收狭成柄状。叶 2 枚，生于假鳞茎顶端，长椭圆形、倒披针形或长卵形，长 5 ～ 22cm，宽 3 ～ 6cm，先端渐尖，基部楔形，收狭成柄；具 3 条较明显的脉；叶柄长 1 ～ 2cm。花葶生于幼嫩假鳞茎顶端，长 12 ～ 38cm；总状花序常多少外弯，具花数朵至 20 余朵；苞片卵状披针形，宿存；花白色或带浅黄色；萼片近相似，卵形，长约 1cm，先端钝，具脉 3 条，侧萼片背面具脊；花瓣披针形，长 9 ～ 10mm，宽 1.5 ～ 2mm，背面略有龙骨状突起；花瓣条形，与萼片近等长，宽 1 ～ 1.5mm，具 1 脉；唇瓣略 3 裂，下半部凹陷成囊，侧裂片叠盖于中裂片；合蕊柱长 4 ～ 5mm，中部以上具翅。蒴果卵形，长 1.5 ～ 3cm，有纵棱 6 条。花期 4 ～ 5 月，果期 7 ～ 8 月。

【生境与分布】生于海拔 1500m 以下的林中或林缘树上、岩壁上或岩石上。分布于浙江、福建，另广东、广西、海南、云南、西藏等地均有分布；越南、缅甸也有分布。

石仙桃与细叶石仙桃的主要区别点为：石仙桃植株较大，假鳞茎长 4 ～ 8cm，叶长 6 ～ 20cm，苞片宿存。细叶石仙桃植株较小，假鳞茎长 1 ～ 2cm，叶长 2 ～ 8cm，苞片早落。

【药名与部位】石上仙桃，假鳞茎。石仙桃，全草。

【采集加工】石上仙桃：全年均可采收，洗净，干燥。石仙桃：全年可采，鲜用或用开水烫后晒干。

【药材性状】石上仙桃：假鳞茎呈类圆柱形或长条形，长 2 ～ 8cm，直径 5 ～ 15mm，皱缩，具纵棱，黄绿色至黄棕色，少数棕褐色，具蜡样光泽，顶端叶痕半月状，花茎痕圆形，有时基部收狭成柄状。质轻而韧，不易折断，断面海绵状，具多数筋脉点。气微，味微涩。

石仙桃：根茎长圆柱形，直径 5 ～ 10mm，具较多的灰黑色须根和较密的节，节上有干枯的膜质鳞叶；每隔 7 ～ 18mm 生一枚肉质肥厚呈瓶状的假鳞茎，假鳞茎短圆形或卵状短圆形，长 3 ～ 7.5cm，直径 5 ～ 15mm，表面碧绿色，具 5 ～ 7 条纵棱，基部收缩呈柄状。叶 2 枚，生于假鳞茎顶端，叶片革质，较厚，椭圆披针形或倒披针形，长 5 ～ 18cm 或更长，宽 3 ～ 6cm，先端渐尖，基部楔形，收缩成柄状，具 3 条较明显的脉；叶片多脱落而留有“U”形叶痕。花序顶生，多已脱落。气微，味淡微甘。

图 1198　石仙桃　　摄影　徐晔春等

【药材炮制】石仙桃：除去杂质，洗净，鲜用或开水烫后晒干。

【化学成分】全草含菲类：石仙桃宁素 A、B、C、D、E、F（phochinenin A、B、C、D、E、F）、白芨双菲醚 A（blestrin A）[1]，石仙桃宁素 G、H、I、J、K、L（phochinenin G、H、I、J、K、L）、云南石仙桃宁 D（phoyunnanin D）、手参素 C（gymconopin C）、黄药杜鹃素（flavanthrin）、白芨酚 A（blestrianol A）[2]，9, 10-2H-2, 4- 二羟基 -7- 甲氧基菲（9, 10-2H-2, 4-dihydroxy-7-methoxyphenanthrene）[3]，贝母兰宁（coelonin）、蜥蜴兰醇（hircinol）、卢斯兰菲（lusianthridin）、美人蕉对二氢菲（cannabidihydrophenanthrene）、毛兰素（erianthridin）、美冠兰酚（eulophiol）、4, 5- 二羟基 -2- 甲氧基 -9, 10- 二氢菲（4, 5-dihydroxy-2-methoxy-9, 10-dihydrophenanthren）、2, 4, 7- 三羟基 -9, 10- 二氢菲（2, 4, 7-trihydroxy-9, 10-dihydrophenanthrene）和石

豆兰酚乙（bulbophylol B）[4]；芪和联苄类：山药素Ⅲ（batatasin Ⅲ）、3, 4′- 二羟基 -3′, 5- 二甲氧基联苄（3, 4′-dihydroxy-3′, 5-dimethoxybibenzyl）[1]，石仙桃酚 A、B（pholidotol A、B）[5]，石仙桃酚 C、D（pholidotol C、D）[4]，2, 5- 二甲氧基 -3, 4：3′, 4′- 二（二亚甲二氧基）联苄［2, 5-dimethoxy-3, 4：3′, 4′-bis（dimethylenedioxy）bibenzyl］、5, 3′- 二羟基 -2, 3- 亚甲二氧基联苄［5, 3′-dihydroxy-2, 3-（methylenedioxy）bibenzyl］[3]，3, 4′- 二羟基 -5- 甲氧基二氢芪（3, 4′-dihydroxy-5-methoxydihydrostilbene）、3, 4′- 二羟基 -4- 甲氧基二氢芪（3, 4′-dihydroxy-4-methoxydihydrostilbene）、笋兰烯（thunalbene）、白藜芦醇（resveratrol）、反式 -3- 羟基 -2′, 3′, 5- 三甲氧基芪（*trans*-3-hydroxy-2′, 3′, 5-trimthoxystilbene）和反式 -3, 3′- 二羟基 -2′, 5- 二甲氧基芪（*trans*-3, 3′-dihydroxy-2′, 5-dimthoxystilbene）[5]；三萜类：环石仙桃萜醇（cyclopholidonol）和环石仙桃萜酮（cyclopholidone）[6]。

叶含酚类：4, 4′- 二羟基二苯基甲烷（4, 4′-dihydroxydiphenylmethane）、原儿茶醛（protocatechualdehyde）、对羟基苯甲醇（*p*-hydroxybenzyl alcohol）和对羟基苯甲醛（*p*-hydroxybenzaldehyde）[7]；三萜类：环石仙桃萜醇（cyclopholidonol）和环石仙桃萜酮（cyclopholidone）[7]；甾体类：β- 胡萝卜苷（β-daucosterol）[7]。

根和茎含菲类：贝母兰宁（coelonin）[8]；芪类：山药素Ⅲ（batatasin Ⅲ）和石仙桃酚 D（pholidotolD）[8]。

茎和叶含菲类：2, 7- 二羟基 -3, 4, 6- 三甲氧基二氢菲（2, 7-dihydroxy-3, 4, 6-trimethoxy-dihydrophenanthrene）、红门兰醇（orchinol）和贝母兰宁（coelonin）[9]；芪和联苄类：山药素Ⅲ（batatasin Ⅲ）、3′-*O*- 甲基山药素Ⅲ（3′-*O*-methylbatatasin Ⅲ）和 3, 4′- 二羟基 -5, 5′- 二甲氧基双苄（3, 4′-dihydroxy-5, 5′-dimethoxybibenzyl）[9]。

【药理作用】 1. 抗缺氧　从全草提取的总黄酮可明显延长常压缺氧小鼠和腹腔注射亚硝酸钠缺氧小鼠的存活时间，延长小鼠负重游泳存活时间，呈剂量依赖性[1]。2. 镇痛　全草水提取物及其乙酸乙酯萃取部位可明显抑制冰乙酸诱导小鼠的扭体反应，提高热板法致痛小鼠的痛阈值[2]。3. 麻醉　全草的水提取物可阻断离体、在体蟾蜍坐骨神经干动作电位，降低兔眨眼反应阳性率，对兔眼角膜表面有麻醉作用，兔腰椎间隙注入其水提取液，兔给药后表现为后肢截瘫，药物作用消失后活动即恢复正常[3]。4. 抑制中枢神经　全草的乙醇提取物可明显减少小鼠自发活动，延长小鼠戊巴比妥钠诱导的睡眠时间，增加阈下催眠剂量戊巴比妥钠的催眠作用，减少电刺激诱导小鼠后肢强直性惊厥的动物数[4]。

【性味与归经】 石上仙桃：甘、淡，凉。归肺、肾、肝经。石仙桃：甘、淡，凉。归肝、肺、脾经。

【功能与主治】 石上仙桃：清热生津，润肺止咳，续筋接骨。用于肺燥咳嗽，咽喉肿痛虚火牙痛；跌打损伤，骨折。石仙桃：养阴，清肺，利湿，消瘀。用于治疗眩晕，头痛，咳嗽，吐血，梦遗，痢疾，白带，疳积，胃及十二指肠溃疡。

【用法与用量】 石上仙桃：煎服 15 ～ 30g；外用适量。石仙桃：15 ～ 30g，鲜品 60 ～ 120g，水煎服。

【药用标准】 石上仙桃：云南彝药Ⅱ 2005 四册；石仙桃：福建药材 2006、上海药材 1994、广东药材 2004 和海南药材 2011。

【临床参考】 1. 神经性头痛：头痛定糖浆（假鳞茎提取物制成）口服，1 次 15 ～ 20ml（含生药 60 ～ 80g），每日 3 次，连服 2 ～ 4 周[1]。

2. 遗尿：全草 30g，加鲜金丝草 15g，水煎服。（《福建中草药》）

3. 急性扁桃体炎：鲜全草 30g，加鲜杠板归 60g、鲜一枝黄花 15g，水煎服。（《香港中草药》）

4. 疳积：全草 30g，加猪脚疳 15g，煲猪肉食。（《广西中药志》）

【化学参考文献】

［1］Yao S，Tang C P，Li X Q，et al. Phochinenins A-F，dimeric 9，10-dihydrophenanthrene derivatives，from *Pholidota chinensis*［J］. Helv Chim Acta，2008，91（11）：2122-2129.

［2］Yao S，Tang C P，Ye Y，et al. Stereochemistry of atropisomeric 9，10-dihydrophenanthrene dimers from *Pholidota chinensis*［J］. Tetrahedron Asymmetry，2008，19（17）：2007-2014.

［3］Wu B，Qu H B，Cheng Y Y. Cytotoxicity of new stilbenoids from *Pholidota chinensis* and their spin-labeled derivatives［J］.

Chemistry & Biodiversity, 2008, 5（9）: 1803-1810.
[4] Wang J, Wang L Y, Kitanaka S. Stilbene and dihydrophenanthrene derivatives from *Pholidota chinensis* and their nitric oxide inhibitory and radical-scavenging activities [J]. J Nat Med, 2007, 61（4）: 381-386.
[5] Wang J, Matsuzaki K, Kitanaka S. Anti-allergic agents from natural sources. 19. stilbene derivatives from *Pholidota chinensis* and their anti-inflammatory activity [J]. Chem Pharm Bull, 2006, 54（8）: 1216-1218.
[6] Lin W, Chen W M, Xue Z, et al. New triterpenoids of *Pholidota chinensis* [J]. Planta Med, 1986, 52（1）: 4-6.
[7] 林丽聪，张怡评，吴春敏，等. 石仙桃叶化学成分研究时珍国医国药，2009，20（4）：922-923.
[8] Rueda D C, Schoffmann A, Mieri M D, et al. Identification of dihydrostilbenes in *Pholidota chinensis* as a new scaffold for GABAA receptor modulators [J]. Bioorg Med Chem, 2014, 22（4）: 1276-1284.
[9] Chen Y, Cai S N, Deng L, et al. Separation and purification of 9, 10-dihydrophenanthrenes and bibenzyls from *Pholidota chinensis* by high-speed countercurrent chromatography [J]. J Sep Sci, 2015, 38（3）: 453-459.

【药理参考文献】

[1] 刘建新，李燕，凌红，等. 石仙桃总黄酮提取物对小鼠抗缺氧作用的研究 [J]. 湖北农业科学，2015，54（22）：5668-5670.
[2] 刘洪旭，吴春敏，林丽聪，等. 石仙桃镇痛有效提取部位研究 [J]. 福建中医学院学报，2004，14（4）：34-36.
[3] 舒文海. 石仙桃的局麻作用研究 [J]. 中国药学杂志，1989，24（5）：304.
[4] 刘建新，周青，连其深. 石仙桃对中枢神经系统抑制作用 [J]. 赣南医学院学报，2004，24（2）：119-121.

【临床参考文献】

[1] 林礒石，严德志. 头痛定糖浆对神经机能性头痛的疗效观察 [J]. 福建医药杂志，1958，7（6）：28.

苔藓植物门 BRYOPHYTA

一 真藓科 Bryaceae

多年生，直立，雌雄异株或同株。茎横切呈圆形或五角形，通常有分化的中轴。叶多列，基叶小而疏，顶叶大而密集；叶形卵形至狭长披针形，稀倒卵形或圆形；边缘平滑或具齿，常具分化的边缘。生殖孢多顶生，稀侧生，有线性的配丝；孢蒴卵状梨形或棒状；蒴齿通常两层。孢子球形，黄色、绿色或黄棕色。

15 属，分布于世界各地。中国 11 属，分布几遍及全国，法定药用植物 1 属，2 种。华东地区法定药用植物 1 属，1 种。

真藓科法定药用植物主要含挥发油类、皂苷类、酚酸类、甾体类等成分。挥发油类如薄荷脑（menthol）、蘑菇醇（amyl vinyl carbinol）、香茅醇（citronellol）、樟脑（camphor）等；皂苷类多为五环三萜类，如熊果酸（ursolic acid）、木栓醇（friedelinol）、3β- 羟基 - 齐墩果 -8（11）- 烯［3β-hydroxy-olean-8（11）-ene］等；酚酸类如水杨苷（salicin）、4- 羟基 -3- 甲氧基苯甲酸（4-hydroxy-3-methoxy benzoic acid）等；甾体类如胡萝卜苷（daucosterol）、麦角甾 -7, 22- 双烯 -3β，5α，6β- 三醇（ergosta-7，22-dien-3β，5α，6β-triol）等。

1. 大叶藓属 *Rhodobryum*（Schimp.）Hamp.

植物体丛生或疏生，雌雄异株。茎倾立，具横走的根茎。基叶小，鳞片状，贴茎；顶叶大，丛生张开如花形或伞状；具分化的边缘。孢蒴 1 ～ 3 枚，丛生，平列或下垂，长圆柱形；蒴柄紫红色，上部弓形；蒴齿两层，外齿层齿片 16 枚，内齿层齿条 16 枚，均为条状披针形。孢子黄棕色，球形。

约 40 种。中国 2 种，分布几遍及全国，法定药用植物 2 种。华东地区法定药用植物 1 种。

1199. 暖地大叶藓（图 1199）• *Rhodobryum giganteum*（Schwaegr.）Par.

【别名】南大叶藓，茴心草，回心草，太阳草。

【形态】植株稀疏丛集，雌雄异株。茎直立，具明显的横生根茎。顶叶卵形至狭长披针形，丛生于茎顶，呈伞状，鲜绿色或褐绿色；基叶较小，鳞片状，紫红色，贴茎；叶边缘明显具双齿。孢蒴长圆柱形，下垂，褐色；蒴柄微弓形，紫红色；蒴齿两层。孢子球形，黄棕色，透明。

【生境与分布】生于溪边岩石上或潮湿的林地中。分布于安徽、江西、浙江、福建，另甘肃、陕西、湖北、湖南、云南、四川、广西、广东均有分布。

【药名与部位】回心草，全草。

【采集加工】夏、秋季采收，除去杂质，晒干。

【药材性状】多干缩，以水浸泡后叶片很快舒展，并明显返青。根茎纤细，长 5 ～ 8cm，着生有红褐色绒毛状假根。茎红棕色，长 4 ～ 7cm，下部有鳞片状小叶片紧密贴茎，紫红色至褐色；顶叶大，簇生如花苞状，着生于茎的顶部，或呈楼台状簇生 2 层，绿色至黄绿色；叶片长倒卵状披针形，具短尖，无柄，长 1 ～ 1.5cm，宽 0.2 ～ 0.4mm，边缘明显分化，上部有细齿，中下部全缘；中肋直达叶尖。偶见孢蒴，蒴柄黄色，直立，顶部弯曲；孢蒴下垂，有短喙。气微腥，味淡。

【化学成分】全草含苯丙素类：对羟基桂皮酸（*p*-hydroxycinnamic acid）和咖啡酸 -4-*O*-β-D- 吡喃葡萄糖苷（caffeic acid-4-*O*-β-D-glucopyranoside）[1]；脂肪酸及酯类：二十四烷酸（tetracosanoic acid）、（*E*）-4- 乙氧基 -4- 氧代丁烯 -2- 酸［（*E*）-4-ethoxy-4-oxobut-2-enoic acid］、5- 乙氧基 -5- 氧代戊酸（5-ethoxy-5-oxopentanoic acid）、4- 氧代己酸（4-oxohexanoic acid）、（*E*）-4- 羟基 -2- 己酸［（*E*）-4-hydroxyhex-2-enoic acid］[1]，棕榈酸（palmitic acid）[2]，琥珀酸（succinin acid）[3]，异戊酸己酯（hexyl

图 1199　暖地大叶藓　　摄影　吴棣飞

isovalerate）、2- 甲基丁酸己酯（2-methyl-butyric acid hexyl ester）[4]，壬酸（nonannoic acid）、（*Z*）-9- 十八烯醇油酸酯［（*Z*）-9-octadecenyl oleic acid ester］、十六烷酸（hexadecanoic acid）和硬脂酸内酯（stearolactone）[5]；酚酸类：水杨苷（salicin）、4- 羟基 -3, 5- 二甲氧基苯甲酸（4-hydroxy-3, 5-dimethoxybenzoic acid）、4- 羟基 -3- 甲氧基苯甲酸（4-hydroxy-3-methoxybenzoic acid）和 4- 羟基苯甲酸（4-hydroxybenzoic acid）[1]；酰胺类：棕榈酸酰胺（palmitamide）[2]，二乙基氰酰胺（diethyl cyanamide）[4] 和 *n*, *n*- 二（2-羟乙基）- 十二烷酰胺［*n*, *n*-bis（2-hydroxyethyl）-dodecanamide］[5]；香豆素类：7, 8- 二羟基香豆素（7, 8-dihydroxycoumarin）[2]；三萜类：熊果酸（ursolic acid）、木栓醇（friedelinol）和 3β- 羟基 - 齐墩果 -8（11）- 烯［3β-hydroxy-olean-8（11）-ene］[1]；环肽类：暖地大叶藓肽 *A（rhopeptin A）[6]；挥发油类：3, 3′, 5, 5′- 四甲氧基 -（1, 1′- 联苯）-4, 4′- 二醇［3, 3′, 5, 5′-tetramethoxy-（1, 1′-biphenyl）-4, 4′-diol］、4- 羟基 -3, 5- 二甲氧基苯甲醛（4-hydroxy-3, 5-dimethoxybenzaldehyde）、1-（4- 羟基 -3, 5- 二甲氧苯基）- 乙酮［1-（4-hydroxy-3, 5-dimethoxyphenyl）-ethanone］、1-（4- 羟基 -3- 甲氧苯基）- 乙酮［1-（4-hydroxy-3-methoxyphenyl）-ethenone］、4- 羟基 -3- 甲氧基苯甲醛（4-hydroxy-3-methoxybenzaldehyde）、4- 羟基苯甲醛（4-hydroxybenzaldehyde）[1]，薄荷脑（menthol）[2]，二十九烷（nonacosane）[3]，3, 4- 二氢 -2H-吡喃（3, 4-dihydro-2H-pyran）、正己醛（*n*-hexanal）、2- 己烯醛（2-hexenal）、1- 甲氧基 -2- 丙醇乙酸酯（1-methoxy-2-propyl acetate）、异己醇（isohexanol）、正己醇（*n*-hexanol）、正庚醛（*n*-heptanal）、α-蒎烯（α-pinene）、苯甲醛（benzaldehyde）、戊基乙烯基甲醇（amyl vinyl carbinol）、6- 甲基 -5- 庚烯 -2-酮（6-methyl-5-hepten-2-one）、2- 戊基呋喃（2-pentylfuran）、辛醛（caprylic aldehyde）、2- 乙基己醇（2-ethylhexanol）、柠檬烯（limonene）、正十一烷（*n*-undecane）、壬醛（*n*-nonanal）、樟脑（camphor）、四氢化萘（tetralin）、正癸醛（*n*-decanal）、2- 乙基 -5- 甲基呋喃（2-ethyl-5-methylfuran）、草蒿脑（estragole）、

月桂醛（lauraldehyde）、［（1*S*）-（1α, 3αβ, 4α, 8αβ）］- 十氢 -4, 8, 8- 三甲基 -9- 亚甲基 -1, 4- 亚甲基薁｛［（1*S*）-（1α, 3αβ, 4α, 8αβ）］-decahydro-4, 8, 8-trimethyl-9-methylene-1, 4-methanoazulene｝、香叶基丙酮（geranylacetone）、正十五烷（*n*-pentadecane）、金合欢烯（farnesene）、2, 6- 二叔丁基对甲酚（2, 6-dibutylated hydroxytoluene）、正十三醛（*n*-tridecylaldehyde）、正十六烷（*n*-hexadecane）、2, 6, 11, 15- 四甲基十七烷（2, 6, 11, 15-tetramethylhexadecane, crocetane）、正十七烷（*n*-heptadecane）、2, 6, 10, 14- 四甲基十五烷（2, 6, 10, 14-tetramethylpentadecane）[4], 7- 十四碳烯（7-tetradecene）、（*R*）-（-）-（*Z*）-14-甲基 -8- 十六烯 -1- 醇［（*R*）-（-）-（*Z*）-14-methyl-8-hexadecen-1-ol］、2- 乙基 -1, 1- 二甲基环戊烷（2-ethyl-1, 1-dimethylcyclopentane）、2, 6, 10, 15- 四甲基十七烷（2, 6, 10, 15-tetramethyl heptadecane）、2, 4- 癸二烯醛（2, 4-decadienal）、3- 甲基 -6-（1- 甲基乙烯基）-（3*R*- 反式）- 环己烯［3-methyl-6-（1-methylethenyl）-（3*R*-*trans*）-cyclohexene］、（1*E*, 6*Z*）-10- 十六碳烯［（1*E*, 6*Z*）-10-hexadecatnene］、橙花叔醇（nerolidol）、3, 7, 11- 二甲基 -2, 10- 十二碳烯 -1- 醇（3, 7, 11-trimethyl-2, 10-dodecadien-1-ol）、环十五烷醇（cyclopentadecanol）、正十五烷醇（*n*-pentadecanol）、六氢化金合欢烯基丙酮（hexahydrofamesyl acetone）、香茅醇（citronellol）、异植醇（isophytol）和 5- 二十碳烯（5-eicosene）[5]；甾体类：5α, 8α- 表二氧麦角甾 -6,（22*E*）- 二烯 -3β-醇［5α, 8α-epidioxyergosta-6,（22*E*）-dien-3β-ol］[1]，麦角甾 -7, 22- 二烯 -3β, 5α, 6β- 三醇（ergosta-7, 22-dien-3β, 5α, 6β-triol）、β- 谷甾醇（β-sitosterol）和胡萝卜苷（daucosterol）[3]；吡喃酮类：3- 羟基 -2-甲基 -4H - 吡喃 -4- 酮（3-hydroxy-2-methyl-4H-pyran-4-one）[1]；黄酮类：槲皮素（quercetin）[3]；其他尚含：尿囊素（allantoin）[2] 和尿嘧啶（uracil）[3]。

【药理作用】1. 保护内皮细胞　全草的水提取物以及单体成分槲皮素（quercetin）等直接作用于 H_2O_2 损伤的内皮细胞，均可增加一氧化氮合酶（NOS）活性，促进一氧化氮（NO）的分泌，减轻内皮细胞的损伤[1, 2]。2. 抗低氧　全草的水提取物以及分离得到的成分对羟基桂皮酸（*p*-hydroxycinnamic acid）和 7, 8- 二羟基香豆素（7, 8-dihydroxycoumarin）能提高缺氧损伤心肌细胞的活力[3, 4]。

【性味与归经】淡，平。归心经。

【功能与主治】养心安神。用于心悸，怔忡，神经衰弱。

【用法与用量】3 ～ 9g。

【药用标准】云南药材 2005 一册。

【临床参考】1. 冠心病心绞痛：回心草无糖颗粒（由全草制成）口服，每包 15g，1 次 1 包，每日 2 次[1]。

2. 精神病、神经衰弱：全草 9g，加辰砂 3g，水煎，加酒少许冲服。

3. 目赤肿痛：全草，加柏树子各适量，水煎熏洗患眼。

4. 刀伤出血：鲜全草捣烂外敷。（2 方至 4 方引自《浙江药用植物志》）

【附注】本种以一把伞之名始载于《植物名实图考》，云：“一把伞生大理府石上，似峨眉万年松而叶圆。”结合其附图，当包含本种。

同属植物大叶藓 *Rhodobryum roseum*（Weis.）Limpr. 在云南也作回心草药用。

【化学参考文献】

［1］张海娟 . 五种植物的化学成分及其生物活性研究［D］. 济南：山东大学博士学位论文，2007.

［2］Cai Y，Yu L，Chen R，et al. Anti-hypoxia activity and related components of *Rhodobryum giganteum* Par.［J］. Phytomedicine，2011，18（2-3）：224-229.

［3］焦威，鲁改丽，邵华武，等 . 暖地大叶藓化学成分的研究［J］. 天然产物研究与开发，2010，22（2）：235-237.

［4］Li L，Zhao J. Determination of the volatile composition of *Rhodobryum giganteum*（Schwaegr.）Par.（Bryaceae）using solid-phase microextraction and gas chromatography/mass spectrometry（GC/MS）［J］. Molecules，2009，14（6）：2195-2201.

［5］乔菲，马双成，林瑞超，等 . 暖地大叶藓挥发油成分的 GC-MS 分析［J］. 中国药学杂志，2004，40（9）：704-705.

［6］Jiao W，Wu Z，Chen X，et al. Rhopeptin A：first cyclopeptide isolated from *Rhodobryum giganteum*［J］. Helv Chim Acta，2013，96（1）：114-118.

【药理参考文献】

[1] 蔡鹰，魏群利，陆晓和．回心草对脐静脉内皮细胞的保护作用及对分泌一氧化氮和一氧化氮合酶的影响［J］．中国实验方剂学杂志，2009，15（7）：79-82.
[2] 李伶，纪永章．回心草单体成份对内皮细胞的保护作用及对血管内皮细胞分泌 NO 和 NOS 的影响［J］．药物生物技术，2009，16（4）：364-368.
[3] Cai Y，Yu L，Chen R，et al. Anti-hypoxia activity and related components of *Rhodobryum giganteum* Par. ［J］. Phytomedicine，2011，18（2-3）：224-229.
[4] 蔡小军，陈艳，俞云，等．回心草对心肌细胞缺氧损伤的保护作用［J］．中国实验方剂学杂志，2012，18（5）：204-206.

【临床参考文献】

[1] 蔡鹰，赵宁志，张丽玲，等．回心草无糖颗粒对糖尿病合并冠心病心绞痛的疗效观察［J］．中国实验方剂学杂志，2012，18（18）：298-300.

藻类 ALGAE*

褐藻门 PHAEOPHYTA

* 本书按传统的生物二界分类系统（Linnaeus，1753），将藻类归至植物界。

一 海带科 Laminariaceae

藻体由固着器、柄部及叶片三部分组成。固着器假根状或盘状，柄部一般不分枝，叶片单条状或深裂为掌状，表面光滑或具有各种粗糙的构造。内部构造由髓部、皮层和表皮三层组织组成。单室孢子囊产生于叶片表皮细胞，有隔丝，经减数分裂形成游孢子，分别发育成单细胞的雌配子体及由数个细胞组成、具分枝的丝状雄配子体。生长方式为居间生长。生活史为异型世代交替型。

2 属，约 60 种，分布于辽宁、山东、浙江、福建等沿海地区，中国法定药用植物 2 属，2 种。华东地区法定药用植物 2 属，2 种。

海带科法定药用植物主要含多糖类、多酚类、甾体类等成分。多糖类如海带多糖硫酸酯（fucoidan-galactosan sulgate）等；多酚类如付克地酚 G（fucodiphloroethol G）、二昆布酚（dieckol）等；甾体类如 24- 亚甲基胆甾醇（24-methylene cholesterol）、岩藻甾醇（fucosterol）等。

海带属含多糖类、甾体类等成分。多糖类如岩藻糖胶（fucoidan）、海带氨酸（laminine）等；甾体类如岩藻甾醇（fucosterol）、β- 谷甾醇（β-sitosterol）等。

昆布属含多糖类、多酚类等成分。多糖类如岩藻硫酸盐多糖 B-Ⅰ、B-Ⅱ、C-Ⅰ、C-Ⅱ（fucose-containing sulphated polysaccharides B-Ⅰ、B-Ⅱ、C-Ⅰ、C-Ⅱ）等；多酚类如昆布酚（eckol）、间苯三酚岩藻鹅掌菜酚 A（phlorofucofuroeckol A）等。

1. 海带属 *Laminaria* Lamx.

藻体由固着器、柄部及叶片三部分组成。固着器假根状或吸盘状；柄部圆柱形；叶片单条或深裂为掌状，有纵向的中肋或无，表面光滑或具各种粗糙的构造。内部构造由髓部、皮层和表皮三层组织组成。单室孢子囊产生于叶片表皮细胞，夹在隔丝中，经减数分裂形成游动孢子，分别发育成由一至数个细胞组成的雌配子体及由数个细胞组成、具分枝的丝状雄配子体。生长方式为居间生长。生活史为异型世代交替型。

50 余种，分布于北太平洋和北大西洋。中国 1 种，分布于山东及辽宁沿海，法定药用植物 1 种。华东地区法定药用植物 1 种。

1200. 海带（图 1200）• *Laminaria japonica* Aresch.（*Laminaria ochotensis* Miyabe）

【别名】海昆布（山东）。

【形态】藻体褐色，革质，由固着器、柄部及叶片三部分组成。固着器幼时吸盘状，渐长为数轮叉状分枝的假根状；柄部圆柱形；叶片狭长，成熟时长 2 ～ 6m，宽 10 ～ 40cm。内部构造分为表皮、皮层及髓部。表皮由 1 ～ 2 层具色素的小细胞组成，其外覆盖一层胶质膜。皮层可分外皮层和内皮层，外皮层为排列整齐的薄壁细胞，内有黏液腔；内皮层为厚壁细胞。髓部由内皮层分化出的藻丝组成，藻丝细胞一端膨大呈喇叭状。孢子秋季成熟，成堆的生长在叶片两面。

【生境与分布】一般生长于大干潮线以下 1 ～ 3m 的岩礁上。分布于山东沿海地区，另辽宁沿海也有分布。

【药名与部位】昆布，叶状体。

【采集加工】夏、秋二季采捞，干燥。

【药材性状】全体卷曲折叠成团状，或缠结成把。呈黑褐色或绿褐色，表面附有白霜。用水浸软则

图 1200　海带　　　　提供　赵盛龙等

膨胀成扁平长带状，长 50 ～ 150cm，宽 10 ～ 40cm，中部较厚，边缘较薄而呈波状。类革质，残存柄部扁圆柱状。气腥，味咸。

【药材炮制】除去假根等杂质，浸漂 4 ～ 6h，洗净，晾至半干，切宽丝，干燥。

【化学成分】叶状体含多糖：褐藻胶（algin）、岩藻糖胶（fucoidan）[1]，海带淀粉（laminarin）[1,2]，海带多糖硫酸酯（fucoidan-galactosan sulfate）[1,3]，褐藻酸（alginic acid）[2]，海带氨酸（laminine）[4]，海带多糖 -11（laminaria japonica polysaccharide-11）[5] 和海带多糖 -1（laminarin polysaccharide-1）[6]；甾体类：岩藻甾醇（fucosterol）[4]，24- 亚甲基胆甾醇（24-methylene cholesterol）、β- 谷甾醇（β-sitosterol）[7]，麦角甾 -4, 24（28）- 二烯 -3- 酮［ergosta-4, 24（28）-dien-3-one］、麦角甾 -4, 24（28）- 二烯 -3, 6- 二酮［ergosta-4, 24（28）-dien-3, 6-dione］、豆甾 -4, 24（28）- 二烯 -3- 酮［stigmasta-4, 24（28）-dien-3-one］和豆甾 -4, 24（28）- 二烯 -3, 6- 二酮［stigmasta-4, 24（28）-dien-3, 6-dione］[8]；生物碱类：2, 6- 二溴 -4-（2- 甲基胺）乙基苯酚［2, 6-dibromo-4-（2-methylamino）ethyl phenol］、6- 溴 -1H- 吲哚 -3- 甲醛（6-bromo-1H-indole-3-carbaldehyde）、1H- 吲哚 -3- 甲醛（1H-indole-3-carbaldehyde）[9] 和 *N*, *N*, 2, 2, 6, 6- 六甲基哌啶酮盐酸盐（*N*, *N*, 2, 2, 6, 6-hexamethylpiperidone chloride）[10]；含卤素化合物：4- 溴苯甲醛（4-bromo benzoic aldehyde）和 4- 溴苯甲酸（4-bromobenzoic acid）[9]；酚酸类：邻苯二甲酸二丁酯（dibutyl phthalate）、邻苯二甲酸丁基酯 -2- 乙基己基酯（butyl 2-ethylhexyl phthalate）、邻苯二甲酸二（2- 乙基己基）酯［di（2-ethylhexyl）phthalate］[7]，4- 羟基苯甲酸（4-hydroxybenzoic acid）[9,11] 和 4- 羟基苯甲醛（4-hydroxybenzaldehyde）[11]；脂肪酸类：二十碳五烯酸（eicosapentaenoic acid）、棕榈酸（palmitic acid）、油酸（oleic acid）、亚油酸（linoleic acid）、γ- 亚麻酸（γ-linolenic acid）、十八碳四烯酸（octadecatetraenoic acid）、花生四烯酸（arachidonic acid）[4, 12]，顺式 -5, 8, 11, 14- 二十碳四烯酸（*cis*-5, 8, 11, 14-arachidonic acid）[7]，十四烷酸（tetradeconic acid）、十五烷酸（pentadecanoic acid）、9- 十六碳烯酸（9-hexadecenoic acid）、十七烷酸（heptadecanoic acid）、十八烷酸（octadecanoic acid）、9- 十八碳烯酸（9-octadecenoic acid）和 9, 12- 十八碳二烯酸（9, 12-octadecadienoic acid）[12]；多元醇类：甘露醇（mannitol）[1]；元素：碘（I）[13, 14]，钾（K）、钠（Na）、钙（Ca）、铁（Fe）、锶（Sr）、镍（Ni）、钼（Mo）、锌（Zn）、锰（Mn）和铬（Cr）等[14]。

【药理作用】1. 降血脂抗动脉粥样硬化 叶状体粉喂养干预高脂血症模型大鼠 2 周后，可显著降低模型大鼠血清中的甘油三酯（TG）、总胆固醇（TC）、低密度脂蛋白（LDL）水平，显著升高高密度脂蛋白（HDL）水平，显著提高血清和肝组织中的脂蛋白酯酶（LPL）和肝脂酶（HL）水平以及肝组织中的羟甲基戊二酰辅酶 A（HMG-CoA）的含量，显著降低肝组织中的羟甲基戊二酰辅酶 A 还原酶（HMG-CR）的活性[1]；叶状体提取物可降低大鼠血清总胆固醇和甘油三酯，全血高切黏度、低切黏度、血浆黏度及纤维蛋白原也均明显低于阳性对照组，其具有明显的抗脂质过氧化和降血脂血液黏度作用[2]；从叶状体中提取的多糖高剂量组（1000mg/kg）能够显著降低用高脂饲料喂饲 +VitD3 复制粥样动脉硬化模型大鼠的血清甘油三酯、总胆固醇、低密度脂蛋白，显著升高高密度脂蛋白水平，且明显抑制主动脉细胞间黏附分子（ICAM1）和血管黏附分子（VCAM1）的表达，其对高脂饲料诱导的大鼠动脉粥样硬化具有保护作用，其机制可能与其调节血脂，调节细胞黏附因子分泌有关[3]。2. 抗氧化 叶状体提取物可明显降低小鼠血浆中超氧化物歧化酶（SOD）、丙二醛（MDA）及全血谷胱甘肽过氧化物酶（GSH-Px）的含量[3]。3. 降血糖 叶状体粉喂养四氧嘧啶所致的糖尿病模型大鼠 2 周后，可升高模型大鼠血清胰岛素水平，降低空腹血糖以及血清丙二醛（MDA）和 NO 水平，提高血清超氧化物歧化酶和谷胱甘肽过氧化物酶活性[4]。4. 降血压 叶状体粉喂饲自发性高血压大鼠（SHR）后，能有效降低大鼠动脉收缩压[5]。5. 抗凝血 从叶状体中提取的海带细胞壁多糖能显著延长凝血酶时间（APTT）、凝血酶原时间（PT）和全血凝固时间（CT），并呈明显的量效关系[6]。6. 抗肿瘤 从叶状体中提取的海带细胞壁多糖能显著提高荷瘤小鼠脾系数，能够促进淋巴细胞增殖，显著提高 T 淋巴细胞增殖功能，呈一定的量效关系，并能显著提高荷瘤小鼠肝脏谷胱甘肽过氧化物酶的活性和血清过氧化氢酶（CAT）活性，显示一定的抗肿瘤作用[7]；从叶状体中提取分离的多糖硫酸酯可抑制 BxPC-3 细胞的增殖，降低细胞 Bc1-2 基因蛋白质的表达，增加 Bax 基因蛋白质的表达[8]；从叶状体中提取分离的多糖硫酸酯对急性髓细胞性白血病 HL-60 细胞增殖有抑制作用，多糖硫酸酯浓度增加其抑制程度也增强，在 3.125μg/ml 浓度下抑制作用达最强[9]。7. 免疫调节 从叶状体中提取的褐藻糖胶在体外可诱导白细胞介素 -1（IL-1）和 γ 干扰素（IFN-γ）产生，体内给药可增强 T 细胞、B 细胞、巨噬细胞（M_{ϕ}）和自然杀伤细胞（NK 细胞）功能，促进对绵羊红细胞（SRBC）的初次抗体应答[10]。8. 抗衰老 从叶状体中提取的海带多糖可缓解衰老小鼠胸腺和脾脏的萎缩，增强巨噬细胞的吞噬能力，并升高小鼠血清中抗氧化酶的活性，降低丙二醛的含量，表明海带多糖可增强衰老小鼠的免疫力和抗氧化能力，具有较好的抗衰老作用[11]。9. 抗疲劳 所含的海带多糖能显著提高受试小鼠负重游泳时间和常压缺氧下的存活时间，明显升高受试小鼠的血红蛋白[12]。10. 抗菌 所含的海带多糖对大肠杆菌、沙门氏菌、金黄色葡萄球菌和粪肠球菌均有一定的抑制作用，但不能抑制志贺氏菌[13]。11. 抗病毒 从叶状体中提取的褐藻多糖硫酸酯有一定的抗流感 A（H5N1）病毒的活性[14]。

【性味与归经】咸，寒。归肝、胃、肾经。

【功能与主治】软坚散结，消痰，利水，消肿。用于瘿瘤，瘰疬，睾丸肿痛，痰饮水肿。

【用法与用量】6 ～ 12g。

【药用标准】药典 1963—2015、浙江炮规 2015、广西壮药 2011 二卷和台湾 2013。

【临床参考】1. 静脉炎：干叶状体 1 片，水泡 30min 后敷于患处，覆盖保鲜膜保湿，并用特定电滋波谱（TDP）照射，每日 2 次[1]。

2. 甲状腺腺瘤：叶状体 10g，加海藻、昆布、制半夏、陈皮、青皮、连翘、贝母、当归、川芎、独活各 10g，甘草 5g，每日一剂，水煎 2 次，分早、晚温服[2]。

3. 地方性甲状腺肿：叶状体，加海藻等份，水泛为丸，1 次 3g，每日 2 次，40 日为 1 疗程，中间休息 20 日。

4. 脚气水肿：叶状体，加海藻、泽泻、桑白皮、防己各适量，水煎服。（3 方、4 方引自《浙江药用植物志》）

【附注】海带一名始载于《嘉祐本草》。《海药本草》载："其草顺流而生，出新罗者，叶细，黄黑色，胡人搓之为索，阴干，从舶上来中国"及《医学入门》谓："昆，大也。形长大如布，故名昆布。"从上叙述与《植物名实图考》卷十八之海带中所绘海带图对照，应与本种相符。

药材昆布（海带）脾胃虚寒者、孕妇慎服；反半夏、甘草。

【化学参考文献】

［1］肖培根 . 新编中药志（第五卷）［M］. 北京：化学工业出版社，2007：1355.

［2］Kim K H，Kim Y W，Kim B H，et al. Anti-apoptotic activity of laminarin polysaccharides and their enzymatically hydrolyzedoligosaccharides from *Laminaria japonica*［J］. Biotechnol Letters，2006，28（6）：439-446.

［3］魏碧娜 . 海带多糖的提取及生物活性研究［D］. 福州：福建农林大学硕士学位论文，2016.

［4］肖培根 . 新编中药志（第三卷）［M］. 北京：化学工业出版社，2002：880.

［5］Zha X Q，Lu C Q，Cui S H，et al. Structural identification and immunostimulating activity of a *Laminaria japonica* polysaccharide［J］. Int J Biol Macromol，2015，78：429-438.

［6］Kim K H，Kim Y W，Kim H B. Anti-apoptotic activity of laminarin polysaccharides and their enzymatically hydrolyzed oligosaccharides from *Laminaria japonica*［J］. Biotechnol Lett，2006，28（6）：439-446.

［7］王璐，南海函，陈少波，等 . 海带化学成分研究［J］. 浙江农业科学，2016，57（8）：1280-1284.

［8］Nishizawa M，Takahashi N，Shimozawa K，et al. Cytotoxic constituents in the holdfast of cultivated *Laminaria japonica*［J］. Fisheries Science，2003，69（3）：639-643.

［9］Wang C，Yang Y，Mei Z N，et al. Cytotoxic compounds from *Laminaria japonica*［J］. Chem Nat Compd，2013，49（4）：699-701.

［10］Shimoi N，Ishikawa S，Mitsui T，et al. Isolation of a new piperidone derivative from the brown alga，*Laminaria japonica*［J］. Fisheries Science，1997，63（4）：650-651.

［11］Tian M L，Zhu T，Park H，et al. Purification of 4-hydroxybenzoic acid and from *Laminaria japonica* Aresch using commercial and monolithic sorbent in SPE cartridge［J］. Anal Lett，2012，45（16）：2359-2366.

［12］罗盛旭，梁振益，陈佩 . 海带脂肪酸的提取及其成分分析［J］. 海南大学学报（自然科学版），2005，23（3）：220-223.

［13］迟玉森，庄桂东，黄国清，等 . 海带生物有机活性碘的提取、分离、纯化和结构验证测定［J］. 食品与生物技术学报，2009，28（6）：781-785.

［14］洪紫萍，王贵公 . 海带中微量元素含量研究［J］. 广东微量元素科学，1996，3（7）：66-68.

【药理参考文献】

［1］徐新颖，于竹芹，帅莉，等 . 海带对实验性高脂血症大鼠血脂水平的调节作用机制［J］. 中华中医药杂志，2011，26（2）：384-387.

［2］李厚勇，王蕊，高晓奇，等 . 海带提取物对脂质过氧化和血液流变学的影响［J］. 中国公共卫生，2002，18（3）：263-264.

［3］陈向凡，王玉琴，陈建忠，等 . 海带多糖预防大鼠动脉粥样硬化的研究［J］. 中药药理与临床，2012，28（5）：84-87.

［4］于竹芹，李晓丹，徐新颖，等 . 海带在四氧嘧啶糖尿病大鼠模型中的降糖作用［J］. 中国药理学通报，2011，27（5）：651-655.

［5］胡颖红，李向荣，冯磊 . 海带对高血压的降压作用观察［J］. 浙江中西医结合杂志，1997，7（5）：266-267.

［6］卢俊宇，班碧秀，谢华志，等 . 广西海带细胞壁多糖抗凝血的实验研究［J］. 广西医科大学学报，2005，22（1）：18-19.

［7］王长振，丛建波，先宏，等．海藻硫酸多糖的分离纯化及其抗肿瘤作用研究［J］．解放军药学学报，2010，26（4）：283-286.
［8］肖青，董蒲江，胡妮妮，等．昆布多糖硫酸酯抑制 BxPC-3 细胞增殖的实验研究［J］．重庆医学，2004，33（3）：417-418.
［9］肖青．昆布多糖硫酸酯抑制 HL-60 细胞增殖及诱导凋亡的实验研究［D］．重庆：重庆医科大学硕士学位论文，2006.
［10］杨晓林，孙菊云，许汉年，等．褐藻糖胶的免疫调节作用［J］．中国海洋药物，1995，55（3）：9-13.
［11］杨伟丽，刘青，祁梅，等．海带多糖对小鼠的抗衰老作用［J］．兰州大学学报（医学版），2009，35（4）：46-48.
［12］阎俊，李林，谭晓东，等．海带多糖对小鼠耐缺氧效应及抗疲劳作用［J］．湖北预防医学杂志，2002，13（3）：7-8.
［13］徐扬，杨保伟，柴博华，等．超声波—酶法提取海带多糖及其抑菌活性［J］．农业工程学报，2010，26（S1）：356-362.
［14］Makarenkova I D，Deriabin P G，L' vov D K，et al. Antiviral activity of sulfated polysaccharide from the brown algae *Laminaria japonica* against avian influenza A（H5N1）virus infection in the cultured cells［J］. Vopr Viruso，2009，55（1）：41-45.

【临床参考文献】

［1］王二妮．海带局部贴敷配合 TDP 照射治疗静脉炎效果观察［J］．中国医药导报，2009，6（26）：37-38.
［2］刘洪，陈宏鹏，王宽宇，等．海藻玉壶汤治疗甲状腺腺瘤 30 例［J］．光明中医，2011，26（5）：949-950.

2. 昆布属 *Ecklonia* Hornmen

藻体由固着器、柄部和叶片组成。固着器由二叉分枝的假根组成；柄部圆柱形；叶片羽状分裂，边缘有粗锯齿，无中肋。单室孢子囊群散生于叶片的表面。

3 种，分布于暖温带和亚热带海洋。中国 1 种，分布于浙江和福建沿海一带，法定药用植物 1 种。华东地区法定药用植物 1 种。

昆布属与海带属的主要区别点：昆布属叶片羽状分裂。海带属叶片单条或深裂为掌状。

1201. 昆布（图 1201）• *Ecklonia kurome* Okam.

【别名】荒布（浙江），鹅掌菜（福建）。

【形态】藻体黑褐色，革质，高 30 ～ 100cm，或更高，由固着器、柄部及叶片三部分组成。固着器由二叉分枝状的假根组成；柄部圆柱形，长 5 ～ 10cm，直径 3 ～ 6mm；叶片中央部分稍厚，叶片两侧羽裂，裂片长舌状，叶缘有粗锯齿，叶面褶皱。藻体的皮层细胞中有环状排列的黏液腔；髓部由一端膨大呈喇叭状的藻丝细胞组成。孢子秋季成熟，单室孢子囊群散生于叶片表面。

【生境与分布】生长于水肥、流急的低潮线附近或自大干潮线至 7 ～ 8m 深处的岩礁上。分布于浙江、福建沿海一带。

【药名与部位】昆布，叶状体。

【采集加工】夏、秋二季采捞，干燥。

【药材性状】全体卷曲皱缩成不规则团状。呈黑色，较薄。用水浸软则膨胀呈扁平的叶状，长、宽为 16 ～ 26cm，厚约 1.6mm；两侧呈羽状深裂，裂片呈长舌状，边缘有小齿或全缘。质柔滑。

【药材炮制】除去假根等杂质，浸漂 4 ～ 6h，洗净，晾至半干，切宽丝，干燥。

【化学成分】叶状体含多聚糖：藻胶酸（alginic acid）、岩藻硫酸酯多糖 B-Ⅰ、B-Ⅱ、C-Ⅰ、C-Ⅱ（fucosfucose sulphate polysaccharide B-Ⅰ、B-Ⅱ、C-Ⅰ、C-Ⅱ）[1]，昆布糖（laminaran）和昆布素（laminine）[2]；多酚类：二苯对二氧杂环己熳（dibenzo-*p*-dioxine）、多羟基二苯对二氧杂环己熳（polyhydroxydibenzo-*p*-dioxine）、昆布酚（eckol）、6, 6′-双昆布酚（6, 6′-bieckol）、二昆布酚（dieckol）、2-间苯三酚基鹅掌菜酚（2-phloroeckol）、

图 1201　昆布　　　　摄影　浦锦宝

2-*O*-（2, 4, 6 三羟基苯基）-6, 6′- 双昆布酚［2-*O*-（2, 4, 6-trihydroxyphenyl）-6, 6′-bieckol］、8, 8′- 双昆布酚（8, 8′-bieckol）、间苯三酚岩藻鹅掌菜酚 A（phlorofucofuroeckol A）[1]，间苯三酚（phloroglucinol）、1-（3′, 5′- 二羟基苯氧基）-7-（2″, 4″, 6- 三羟基苯氧基）-2, 4, 9- 三羟基二苯基 -1, 4- 二氧杂环己熳［1-（3′, 5′-dihydroxyphenoxy）-7-（2″, 4″, 6-trihydroxyphenoxy）-2, 4, 9-trihydroxydibenzo-1, 4-dioxine］、岩藻二间苯酚香醇 * G（fucodiphloroethol G）[3] 和间苯酚单宁 974-A、974-B（phlorotannin 974-A、974-B）[4]；元素：碘（I）、钾（K）、钇（Y）、镧（La）、铈（Ce）和钕（Nd）[5]；多元醇类：甘露醇（mannitol）[1]；其他尚含：粗蛋白（crude protein）等[1]。

【药理作用】1. 调节脂质代谢　叶状体的醇提取物能明显提高高脂血症大鼠血清卵磷脂胆固醇酰基转移酶（LCAT）的活性，使血清高密度脂蛋白胆固醇（HDL-C）尤其是 HDL_2-C 水平提高，总胆固醇（TC）水平降低，并能降低高脂血症大鼠血脂质过氧化物（LPO）的含量，提示其可通过提高 LCAT 活性，促进 HDL_3-C 向 HDL_2-C 转化，加速胆固醇的消除而改善血脂代谢紊乱、增强机体抗脂质过氧化作用，从而达到抗动脉硬化的形成与发展[1]。2. 增强免疫　从叶状体中提取的昆布多糖，可使小鼠免疫器官增重、免疫抑制剂处理的外周血白细胞数下降恢复至正常，并能显著增加小鼠抗体形成细胞数、增加正常小鼠及免疫抑制剂处理小鼠血清溶血素的含量、增加小鼠外周血液 T 淋巴细胞数和增强腹腔巨噬细胞的吞噬功能，同时能明显提高小鼠静脉注射碳粒廓清速率，表明具有明显的增强体液免疫和细胞免疫的作用[2]。3. 抑制肺间质纤维化　叶状体中提取的昆布多糖，可抑制羟脯氨酸的合成，减少肺胶原的产生，对大鼠肺间质纤维化的形成有抑制作用[3]。4. 抑菌　叶状体浸出液对红色毛癣菌、石膏样毛癣菌、絮状表皮癣菌、狗小孢子菌和孢子丝菌等 5 种常见皮肤癣菌有一定的抑制作用[4]。5. 降血糖 叶状体的水提取物给予链脲佐菌素诱导的糖尿病模型大鼠，100mg/kg 剂量时使大鼠肝组织内谷胱甘肽过氧化物酶（GSH-Px）活性明显提高，而丙二醛（MDA）的含量明显减少，与对照组相比较均有显著性差异，提示昆布提取物可清除自由基，抑制脂质过氧化进程，具有降血糖的作用[5]。

【性味与归经】咸，寒。归肝、胃、肾经。

【功能与主治】软坚散结，消痰，利水，消肿。用于瘿瘤，瘰疬，睾丸肿痛，痰饮水肿。

【用法与用量】6 ～ 12g。

【药用标准】药典 1963—2015、浙江炮规 2015、广西壮药 2011 二卷和台湾 2013。

【临床参考】1. 新生儿头皮血肿：叶状体 6g，浸泡搅拌成糊状，加水蛭粉 3g，混匀涂在头皮血肿处，每日 2 次[1]。

2. 子宫肌瘤：叶状体 12g，加海藻 15g、党参 12g、茯苓 15g 等，水煎服，每日 1 剂，经期照服，3 个月 1 疗程[2]。

3. 乳腺增生病：叶状体 15g，加海藻 18g、瓜蒌 18g、夏枯草 30g 等，每日 1 剂，水煎，分 2 次服，于月经来潮第 15 日开始服，连服 12 日为 1 疗程[3]。

4. 甲状腺结节：叶状体 30g，加海藻、夏枯草、生牡蛎各 30g，浙贝母 20g，三棱、莪术、青皮各 15g；兼胸闷胁痛者加柴胡 15g、郁金 10g、香附 25g；兼纳差便溏者加白术 15g，茯苓、山药各 20g；兼唇甲色淡者加当归、川芎各 15g，每日 1 剂，分早晚 2 次温服[4]。

5. 地方性甲状腺肿：叶状体，加海藻等份，水泛为丸，1 次 3g，每日 2 次，40 日为 1 疗程，中间停药 20 日。

6. 脚气水肿：叶状体，加海藻、泽泻、桑白皮、防己各适量，水煎服。（5 方、6 方引自《浙江药用植物志》）

【附注】昆布始载于《吴普本草》。《名医别录》列为中品，谓："今惟出高丽。绳把索之如卷麻，作黄黑色，柔韧可食。"《本草纲目》将昆布、海带分列在草部十九卷，云："昆布生登、莱者，搓如绳索之状。出闽、浙者，大叶似菜。"认为："出闽、浙者，大叶似菜"的叙述与《植物名实图考》卷十八之海带中所绘昆布之图对照，与现今昆布（鹅掌菜）相符。

药材昆布脾胃虚寒者及孕妇慎服；反半夏、甘草。

【化学参考文献】

[1] 肖培根 . 新编中药志（第 3 卷）[M]. 北京：化学工业出版社，2002：880.

[2] 朱立俏，何伟，袁万瑞 . 昆布化学成分与药理作用研究进展 [J]. 食品与药品，2006，（3）：9-12.

[3] 张名利，姜云飞，吴操，等 . 昆布药材中聚合酚类成分研究 [J]. 中国药房，2016，27（15）：2111-2113.

[4] Yotsu-Yamashita M，Kondo S，Segawa S，et al. Isolation and structural determination of two novel phlorotannins from the brown alga *Ecklonia kurome* Okamura，and their radical scavenging activities [J]. Marine drugs，2013，11（1）：165-183.

[5] 雷超海 . 微波消解 -ICP-MS 法测定昆布中 15 种稀土元素 [J]. 广州化工，2017，45（5）：68-69，104.

【药理参考文献】

[1] 黄兆胜，王宗伟，刘明平，等 . 昆布对实验性高脂血症大鼠脂质代谢的影响 [J]. 中国海洋药物，1998，65（1）：35-37.

[2] 钱永昌，朱世臣，丁安伟 . 昆布多糖的免疫药理学研究 [J]. 药学与临床研究，1997，5（1）：12-15.

[3] 姜山，邵磊，杜晓光，等 . 昆布多糖对博来霉素诱导的大鼠肺间质纤维化的影响 [J]. 中国海洋药物，2007，26（3）：53-54.

[4] 孔俐君，黄作顺，秦城 . 昆布浸出液对常见皮肤癣菌抑菌效果的实验观察 [J]. 大连医科大学学报，1994，16（3）：212-213.

[5] 梁玫，朴光春，吕惠子，等 . 昆布提取物对糖尿病大鼠谷胱甘肽过氧化物酶活性及丙二醛含量的影响 [J]. 延边大学

医学学报，2006，29（4）：247-248.

【临床参考文献】

[1] 邵秀英. 水蛭与昆布治疗新生儿头皮血肿的临床观察[J]. 中国医学创新，2010，7（26）：3-4.
[2] 贾文芳. 海藻昆布汤治疗子宫肌瘤34例[J]. 现代中医药，2006，26（6）：7-8.
[3] 王明松，铁钢. 海藻昆布汤治疗乳腺增生病24例[J]. 实用中医药杂志，2004，20（6）：292-293.
[4] 孙志东，段国相，吴雪. 海藻昆布方加减治疗甲状腺结节临床观察[C]. 全国中西医结合内分泌代谢病学术大会暨糖尿病论坛论文集，2012：2.

二 翅藻科 Alariaceae

藻体由固着器、柄部及叶片组成。固着器假根状；柄部圆柱形；叶片单条或深裂为掌状、羽状，中肋有或无。内部由表皮、皮层和髓部组成。单室孢子囊散生于叶表面或在柄部形成褶迭状的孢子囊叶。生长方式为居间生长。生活史为异型世代交替型。

多分布于中国沿海一带，中国法定药用植物 3 属，3 种。华东地区法定药用植物 1 属，1 种。

翅藻科法定药用植物科特征成分鲜有报道。

裙带菜属含多糖类、甾体类等成分。多糖类如古洛糖醛酸（guluronic acid）、昆布聚糖（laminaran）、藻酸（alginic acid）等；甾体类如大褐马尾藻甾醇（saringosterol）、河岩藻甾醇（fucosterol）等。

1. 裙带菜属 *Undaria* Sur.

藻体由固着器、柄部和叶片组成。固着器假根状；柄部扁圆柱形；叶片羽状分裂，边缘无粗锯齿，具中肋。单室孢子囊群集中生于柄部的孢子囊叶上。

3 种，分布于日本和朝鲜。中国 1 种，分布于辽宁、山东及浙江沿海地区，法定药用植物 1 种。华东地区法定药用植物 1 种。

1202. 裙带菜（图 1202）• *Undaria pinnatifida*（Harv.）Sur.（*Alaria pinnatifida* Harv.）

图 1202　裙带菜　　提供　赵盛龙等

【别名】海芥菜（浙江），布菜（浙江温州）。

【形态】藻体褐色，高 50 ～ 100cm，宽 20 ～ 50cm，具有固着器、柄部和叶片三部分。固着器叉状分枝呈假根状，轮生于柄的下端；柄部扁圆柱形，成熟时，两侧生有重叠皱褶且富含胶质的孢子叶；叶片中部具纵向的中肋，叶片两侧羽裂，叶缘无锯齿。单室孢子囊棒状，密生于柄部的孢子叶上，囊间有隔丝，隔丝顶端有帽状黏块。

【生境与分布】生长于风浪较小、水质肥沃的海湾内，大干潮线下 1 ～ 5m 处的岩礁上。分布于山东、浙江沿海地区，另辽宁沿海地区也有分布。

【药名与部位】裙带菜（昆布），叶状体。

【采集加工】春、夏、秋季采捞，晒干。

【药材性状】全体呈卷曲皱缩的不规则团状或条状。呈黑色或绿黑色，多已破碎。质韧不易折断。用水浸软膨胀成扁平长带状，叶状体呈 1 次羽状深裂，中央有隆起的筋肋，质较硬；对光透视，呈半透明状，表面可见众多黑色小斑。气腥，味咸。

【化学成分】叶状体含甾体类：大褐马尾藻甾醇（saringosterol）和岩藻甾醇（fucosterol）[1]；多糖类：昆布聚糖（laminaran）、藻酸（alginic acid）、古洛糖醛酸（guluronic acid）、甘露糖醛酸（mannuronic acid）[1,2]，岩藻衣聚糖（fucoidan）[2,3]，裙带菜多糖 -2（undaria pinnatifida polysaccharide-2）[4] 和裙带菜硫酸化多糖（undaria pinnatifida sulfated polysaccharide）[5]；糖蛋白类：裙带菜糖蛋白（undaria pinnatifida glycoprotein）[6]；脂肪酸类：亚麻酸（linolenic acid）、花生四烯酸（arachidonic acid）、棕榈酸（palmitic acid）和亚麻酸甲酯（methyl linolenate）[1]；三萜类：木栓酮（friedelin）[1]；胡萝卜素类：岩藻黄质（Fucoxanthin）[7,8]；元素：碘（I）、钙（Ca）、镁（Mg）、铝（Al）、铁（Fe）和磷（P）等[9]；烯醇类：叶绿醇（phytol）[1]；多元醇类：甘露醇（mannitol）[1]。

【药理作用】1. 抗肿瘤　叶状体中提取的裙带菜多糖体外对人肝癌细胞 HepG-2 有很强的增殖抑制作用，体内对小鼠腹水型肝癌 Hca-f 实体瘤有较强的抑瘤作用，并对 5- 氟尿嘧啶（5-FU）所致荷瘤小鼠脾脏萎缩有明显的防护作用，作用呈现一定的剂量相关性[1]；叶状体的水提取液体外对人卵巢癌 SK-OV3 细胞、人红白血病 K562 细胞等 4 种肿瘤细胞均有不同程度的增殖抑制作用，并呈剂量相关性[2]。2. 降血脂　叶状体中提取的裙带菜纤维可降低高脂大鼠的血清总胆固醇（TC）、甘油三酯（TG）和低密度脂蛋白胆固醇（LDL-C），并升高高密度脂蛋白胆固醇（HDL-C）[3]；叶状体喂养大鼠，可明显降低葡萄糖 -6- 磷酸脱氢酶的活性及血清及肝脏甘油三酯浓度[4]。3. 抗凝血　叶状体乙醇提取物的正丁醇萃取部分有较强的抗小鼠体内凝血作用[5]。4. 降压　叶状体经蛋白酶水解得到的裙带菜水解产物喂饲自发性高血压大鼠，可明显降低大鼠的心脏收缩压[6]；从叶状体的水解产物中分离得到 7 种血管紧张素 I 转换酶（ACE）对自发性高血压大鼠均有降压作用，其中 4 种在 1mg/kg 的剂量下即可产生作用[7]。5. 免疫调节　叶状体的水提取物可刺激小鼠脾细胞增殖、刺激人淋巴细胞增殖，并可诱导小鼠 B 细胞产生抗体，刺激腹膜渗出液中巨噬细胞产生肿瘤坏死因子（TNF）[8]。6. 抗氧化　叶状体喂养高脂模型大鼠，可明显降低血中总胆固醇、甘油三酯，升高高密度脂蛋白胆固醇含量，并有效清除高脂模型大鼠体内代谢所产生的自由基，使超氧阴离子发生反应生成水和分子氧，降低过氧化脂质水平[9]。7. 抗突变　叶状体的水提取物有明显的抗突变活性，它对 2- 乙酰氨基氟（2-AAF）或者 3- 氨基 -1，4- 二甲基 -5 氢吡哆［4, 3-b］芳香族氨基酸（Trp-P-1）诱导的基因突变有较强的抑制作用，起主要作用的是其非多糖的低分子量成分[10]。

【性味与归经】咸，寒。归肝、胃、肾经。

【功能与主治】软坚散结，消痰，利水。用于瘿瘤，瘰疬，睾丸肿痛，痰饮水肿。

【用法与用量】5 ～ 15g。

【药用标准】山东药材 2012 和台湾 1985 一册。

【附注】明《食物本草》载：“裙带菜主女人赤白带下，男子精泄梦遗。”从主治说明，不作昆布药用。

本种生长于风浪较小、水质肥沃的海湾内的大于潮线下 1 ～ 5m 处的岩礁上。我国裙带菜可分为两型：

北海型藻体较为细长，羽状裂缺接近中肋，孢子叶距叶部有相当的距离，生长在大连、山东沿海；南海型体形较短，羽状裂缺较浅，孢子叶接近叶部，在浙江嵊泗列岛海域自然生长。

药材裙带菜脾胃虚寒者、孕妇慎服；反半夏、甘草。裙带菜碘含量甚低，不宜作昆布药用。

【化学参考文献】

[1] 肖培根 . 新编中药志（第三卷）[M]. 北京：北京化学工业出版社，2002：887.

[2] Kimura J，Maki N. New loliolide derivatives from thebrown alga *Undaria pinnatifida* [J]. J Nat Prod，2002，65（1）：57-58.

[3] Alghazwi M，Smid S，Karpiniec S，et al. Comparative study on neuroprotective activities of fucoidans from *Fucus vesiculosus* and *Undaria pinnatifida* [J]. Int J Biol Macromol，2019，122：255-264.

[4] Yu Y Y，Zhang Y J，Hu C B，et al. Chemistry and immunostimulatory activity of a polysaccharide from *Undaria pinnatifida* [J]. Food Chem Toxicol，2019，128：119-128.

[5] Han Y，Wu J，Liu T，et al. Separation，characterization and anticancer activities of a sulfated polysaccharide from *Undaria pinnatifida* [J]. Int J Biol Macromol，2016，83：42-49.

[6] Rafiquzzaman S M，Kim E Y，Kim Y R，et al. Antioxidant activity of glycoprotein purified from *Undaria pinnatifida* measured by an *in vitro* digestion model [J]. Int J Biol Macromol，2013，62：265-272.

[7] 周卫松 . 裙带菜中岩藻黄质、岩藻多糖的综合提取纯化研究 [D]. 杭州：浙江大学硕士学位论文，2014.

[8] Zhu J X，Sun X W，Chen X L，et al. Chemical cleavage of fucoxanthin from *Undaria pinnatifida* and formation of apo-fucoxanthinone s and apo-fucoxanthinals identified using LC-DAD-APCI-MS/MS [J]. Food Chem，2016，211：365-373.

[9] 吕建洲，张冬玲，李晶 . 海带和裙带菜碘及微量元素含量的测定 [J]. 微量元素与健康研究，2005，22（2）：33-34.

【药理参考文献】

[1] 王雪，邹向阳，郭莲英，等 . 裙带菜多糖抗肿瘤作用的研究 [J]. 大连医科大学学报，2006，28（2）：98-100.

[2] 高淑清，单保恩，张兵，等 . 裙带菜和海带提取液体外抑瘤实验研究 [J]. 营养学报，2004，26（1）：79-80.

[3] 肖红波，胡亚平，谭超，等 . 裙带菜纤维对高脂血症大鼠降血脂作用的研究 [J]. 中兽医医药杂志，2004，23（2）：12-13.

[4] Murata M，Ishihara K，Saito H. Hepatic fatty acid oxidation enzyme activities are stimulated in rats fed the brown seaweed，*Undaria pinnatifida*（wakame）[J]. Journal of Nutrition，1999，129（1）：146-151.

[5] 刘承初，周颖，邬英睿，等 . 羊栖菜和裙带菜中抗凝血活性物质的初步筛选 [J]. 水产学报，2004，28（4）：473-476.

[6] Sato M，Oba T，Yamaguchi T，et al. Antihypertensive effects of hydrolysates of wakame（*Undaria pinnatifida*）and their angiotensin-I-converting enzyme inhibitory activity [J]. Annals of Nutrition & Metabolism，2002，46（6）：259-267.

[7] Minoru S，Takao H，Toshiyasu Y，et al. Angiotensin I-converting enzyme inhibitory peptides derived from wakame（*Undaria pinnatifida*）and their antihypertensive effect in spontaneously hypertensive rats [J]. Journal of Agricultural & Food Chemistry，2002，50（21）：6245.

[8] Liu J N，Yoshida Y，Wang M Q，et al. B cell stimulating activity of seaweed extracts [J]. International Journal of Immunopharmacology，1997，19（3）：135-142.

[9] 张健，苏秀榕，张士达，等 . 裙带菜降血脂及抗氧化活性的研究 [J]. 辽宁师范大学学报（自然科学版），1998，21（2）：148-151.

[10] Okai Y，Higashi-Okai K，Nakamura S. Identification of heterogenous antimutagenic act ivities in the extract of edible brown seaweeds，*Laminaria japonica*（makonbu）and *Undaria pinnat*（wakame）by the umu gene expreeion system in *Salmonella typhimurium*（TA1535/Psk1002）[J]. Mutat Res，1993，303（2）：63-70.

三 马尾藻科 Sargassaceae

藻体由固着器、主干、叶组成。固着器有盘状、圆锥状、瘤状、假盘状及假根状等；主干圆柱形，辐射分枝，极少数种具有两侧分枝；叶扁平或棒状。分枝上具气囊，有圆柱形、倒卵形、纺锤形及球形，帮助藻体直立在水中。成熟时发育出生殖托，呈纺锤形或圆锥形。气囊与生殖托均出自叶腋。生长方式为顶端生长。生活史为异型世代交替型。

中国法定药用植物 1 属，2 种。华东地区法定药用植物 1 属，2 种。

马尾藻科法定药用植物主要含甾体类、多糖类、黄酮类、生物碱类等成分。甾体类如岩藻甾醇（fucosterol）、海藻甾醇（saringosterol）、大褐马尾藻甾醇（saringosterol）等；多糖类如羊栖菜多糖 A（SFPP）、羊栖菜多糖 B（SFPPR）、褐藻糖胶（fucoidan）等；黄酮类包括黄酮、异黄酮等，如黄芩素（baicalein）、汉黄芩素（wogonin）、毛蕊异黄酮（calycosin）等；生物碱多为酰胺类，如（-）- 伞形香青酰胺［（-）-anabellamide］、金色酰胺醇（aurantiamide）等。

1. 马尾藻属 *Sargassum* C. Agardh

藻体褐色，由固着器、主干、叶组成。固着器盘状、圆锥状及假根状；主干圆柱状，辐射分枝；叶扁平或棒状。气囊和生殖托均生于叶腋。气囊有倒卵形、纺锤形、球形。生殖托多圆柱形，具短柄。雌雄同株或异株。

250 余种，分布于太平洋西北部的暖水和温水海域。中国 60 余种，分布于浙江、福建沿海一带，法定药用植物 2 种。华东地区法定药用植物 2 种。

1203. 羊栖菜（图 1203）• *Sargassum fusiforme*（Harv.）Setch.［*Hizikia fusiforme*（Harv.）Okam.；*Cystophyllum fusiforme* Harv.］

【别名】海大麦（浙江），海菜芽、鹿角尖（山东），胡须泡（福建）。

【形态】藻体黄褐色，肉质，高 7 ～ 50cm，由固着器、主干及叶组成。固着器为叉状分枝的假根状；主干圆柱形，直径 2 ～ 4mm，具分枝和叶状凸起，分枝互生；叶形多呈棒状。气囊与生殖托均腋生。气囊纺锤形、球形、倒卵形，囊柄长短不一。生殖托圆柱形或长椭圆形，钝头，具柄，丛生，通常雄托长 4 ～ 10mm，直径 1 ～ 1.5mm，雌托长 2 ～ 4mm，直径 1 ～ 1.5mm。雌雄异株。

【生境与分布】生长于经常有浪水冲击的低潮和大干潮线下的岩石上。分布于山东、福建、浙江沿海地区，另辽宁、广东均有分布。

【药名与部位】海藻，藻体。

【采集加工】夏、秋二季采捞，除去杂质，洗净，干燥。

【药材性状】呈皱缩卷曲状，黑褐色，有的被白霜，长 10 ～ 40cm。主干呈圆柱状，具圆锥形突起，主枝自主干两侧生出，分枝互生，无刺状突起。叶条形或细匙形，先端稍膨大，中空。气囊腋生，纺锤形或球形，囊柄较长。质较硬，潮润时柔软；水浸后膨胀，肉质，黏滑。气腥，味微咸。

【药材炮制】除去杂质，浸漂 4 ～ 6h，洗净，晾至半干，切段，干燥。

【化学成分】叶状体含甾体类：岩藻甾醇（fucosterol）[1,2]，（24*R*, 28*R*）- 环氧 -24- 乙基胆甾醇［（24*R*, 28*R*）-epoxy-24-ethylcholesterol］、（24*S*, 28*S*）- 环氧 -24- 乙基胆甾醇［（24*S*, 28*S*）-epoxy-24-ethylcholesterol］、（24*S*）-5, 28- 豆甾 -5, 28 二烯 -3β, 24- 二醇［（24*S*）-stigmast-5, 28-dien-3β, 24-diol］、（24*R*）- 豆甾 -5, 28- 二烯 -3β, 24- 二醇［（24*R*）-stigmasterol-5, 28-diene-3β, 24-diol］[1]，大褐马尾藻甾醇（saringosterol）[2]，胆甾醇

图 1203　羊栖菜　　摄影　胡仁勇

（cholesterol）[3]，24- 氢过氧 -24- 乙烯基胆甾醇（24-hydroperoxy-24-vinyl cholesterol）、29- 氢过氧 - 豆甾 -5, 24（28）- 二烯 -3β- 醇［29-hydroperoxy-stigmasta-5, 24（28）-dien-3β-ol］[1,4]，24- 亚甲基胆甾醇（24-methylene cholesterol）、24- 酮基 - 胆甾醇（24-keto-cholesterol）和 5α, 8α- 表二氧麦角甾 -6, 22- 二烯 -3β- 醇（5α, 8α-epidioxyergosta-6, 22-dien-3β-ol）[4]；多元醇类：D- 甘露醇（D-mannitol）[2,3]；糖类：羊栖菜多糖 A（SFPA）、羊栖菜多糖 B（SFPB）、羊栖菜多糖 C（SFPC）、褐藻淀粉（laminarin）、D- 甘露糖醛酸（D-mannuronic acid）[2]，褐藻酸（alginic acid）和褐藻糖胶（fucoidan）[5]；甘油酯类：1-*O*- 十四碳酰基 -3-*O*-（6′- 硫代 -α-D- 吡喃奎诺糖基）- 甘油［1-*O*-tetradecanoyl -3-*O*-（6′-sulfo-α-D-quinovopyranosyl）-glycerol］和 1-*O*- 十六碳酰基 -3-*O*-（6′- 硫代 -α-D- 吡喃奎诺糖基）- 甘油［1-*O*-hexadecanoyl-3-*O*-（6′-sulfo-α-D-quinovopyranosyl）-glycerol］[1]；脂肪酸类：棕榈酸（palmitic acid）[3]；酰胺类：油酸酰胺（oleic acid amide）和芥酸酰胺（erucylamide）[3]；元素：钾（K）、钙（Ca）、钠（Na）、碘（I）[6]，铁（Fe）、镁（Mg）、钡（Ba）、锰（Mn）和铝（Al）[7,8]；烯醇类：叶绿醇（phytol）[3]；乙酰内酯类：2, 4- 二羟基 -2, 6- 三甲基 -$\Delta^{1,\alpha}$- 环己烷乙酰 -γ- 内酯（2, 4-dihydroxy-2, 6-trimethyl-$\Delta^{1,\alpha}$-cyclohexaneacetic-γ-lactone）[9]；其他尚含：雪松醇（cedrol）[9]。

【药理作用】1. 抗氧化　叶状体的水、乙醇、0.5% 碳酸钠水溶液和 0.5% 碳酸钠 - 乙醇混合液的提取物对 1, 1- 二苯基 -2- 三硝基苯肼（DPPH）自由基、烷基自由基、羟自由基（·OH）和超氧阴离子自由基（O_2^-·）均有较强的清除作用[1]；从叶状体提取的多糖能显著降低脂质过氧化物（LPO）和丙二醛（MDA）含量，增强超氧化物歧化酶（SOD）和谷胱甘肽过氧化物酶（GSH-P_X）的活性[2]。2. 增强免疫　从全藻中提取得到的羊栖菜多糖能增强淋巴细胞白血病 P388 小鼠红细胞免疫功能的机制与其降低 P388 小鼠红细胞膜过氧化脂质含量，抑制红细胞膜蛋白和收缩蛋白交联高聚物（HMP）的形成，增加红细胞膜封闭度、唾液酸含量，增强红细胞膜超氧化物歧化酶（SOD）、过氧化氢酶（CAT）、Na^+，K^+-ATP 酶活性有关[3]；羊栖菜多糖能明显提高荷瘤小鼠红细胞 C3b 受体花环率和红细胞 C3b 受体花环促进率，降低红细胞免疫复合物花环率[4]。3. 降血糖血脂　从全藻提取分离的羊栖菜多糖能明显降低四氧嘧啶所致的糖尿病小鼠的血糖、血清及胰腺组织中的过氧化脂质水平，并明显提高糖的耐受能力[5]；从全藻提取分离的羊栖菜多糖和全藻乙醇提取物对四氧嘧啶糖尿病小鼠有治疗作用，能明显降低糖尿病小鼠血糖水平，对正常小鼠和糖尿病小鼠糖耐量无明显改善[6]；羊栖菜多糖能明显降低高脂饲料、果糖、表面活性剂（TirtonW-R1339）、脂肪乳（英脱匹利）等方法引起的高脂血症家兔的血脂水平[7]。4. 抗肿瘤　从全藻提取分离的羊栖菜多糖对人胃癌 SGG7901 细胞和人直肠癌 COLO-205 细胞有较好的增殖抑制作用，可阻滞 SGC-7901 人胃癌细胞由 G_0/G_1 期进入 S 期，升高细胞凋亡指数，能抑制小鼠移植性 S180 肉瘤的生长，延长荷瘤小鼠的生存时间[8-10]。5. 抗病毒　从全藻提取分离的羊栖菜多糖对单纯疱疹病毒 1 型（HSV-1）、柯萨奇病毒（CVB3）有明显的抗病毒作用，且随着纯度的提高，其抗病毒作用增强[11]。6. 减肥　羊栖菜多糖可降低大鼠低密度脂蛋白含量，升高高密度脂蛋白含量，并减轻大鼠的体重[12]。7. 抗疲劳　从全藻提取分离的羊栖菜多糖能明显延长小鼠负重游泳时间，增强小鼠血清超氧化物歧化酶活性，提高肝糖原含量，降低血清丙二醛（MDA）、肌乳酸及血清尿素氮（BUN）的含量[13]。

【性味与归经】苦、咸，寒。归肝、胃、肾经。

【功能与主治】软坚散结，消痰，利水，消肿。用于瘿瘤，瘰疬，睾丸肿痛，痰饮水肿。

【用法与用量】6 ～ 12g。

【药用标准】药典 1963—2015、浙江炮规 2015、新疆药品 1980 二册和台湾 1985 一册。

【临床参考】1. 高铅儿童：羊栖菜胶囊口服，每粒 0.3g，每日 2 次，1 次 3 粒[1]。

2. 慢性淋巴腺炎、淋巴结结核：藻体 9g，加昆布、浙贝各 9g，水煎服。

3. 肾炎蛋白尿：藻体，加蝉衣、昆布各适量，水煎服。（2 方、3 方引自《浙江药用植物志》）

【附注】海藻始载于《神农本草经》，列为中品。《名医别录》云：“海藻生海岛上，黑色如乱发而大少许，叶大都似藻叶。”《本草图经》载：“海藻生东海池泽，今出登莱诸州海中，凡水中皆有藻……今谓海藻者乃是海中所生，根着水底石上，黑色，如乱发而粗大少许，叶类水藻而大，谓之大叶藻……又有一种马尾藻生浅水中，状如短马尾，细，黑色。”据考证，上述特征包括本种及海蒿子等其他种类，其中乱发而大少许、短马尾等特征与本种相符。

药材海藻脾胃虚寒者禁服；反甘草。

【化学参考文献】

[1] 王威，李红岩，王艳艳，等. 褐藻羊栖菜化学成分的研究[J]. 中草药，2008，(5)：657-661.

[2] 钱浩，胡巧玲. 羊栖菜的化学成分研究[J]. 中国海洋药物，1998，(3)：33-34.

[3] 周书娟. 褐藻羊栖菜等化学成分及其抗氧化活性的研究[D]. 温州：温州大学硕士学位论文，2015.

[4] Chen Z，Liu J，Fu Z F，et al. 24(*S*)-Saringosterol from edible marine seaweed *Sargassum fusiforme* is a novel selective LXRβ agonist[J]. J Agric Food Chem，2014，62(26)：6130-6137.

[5] 史永富. 羊栖菜[*Sargassum fusiforme*(Harv.) Setchel]的研究现状及前景[J]. 现代渔业信息，2006，21(5)：20-23.

[6] 曹琰，段金廒，郭建明，等. 不同产地海蒿子、羊栖菜中无机元素的含量分析与评价[J]. 科技导报，2014，32(15)：15-24.

[7] 许秀兰 . 微波消解 ICP-MS 法同时测定羊栖菜中 13 种元素及其食用风险评估 [J]. 现代食品科技，2013，29（3）：636-639.
[8] 韩超，刘翠平，詹秀明 . 微波消解 - 等离子体原子发射光谱法测定羊栖菜中的微量元素 [J]. 分析科学学报，2008，24（1）：91-93.
[9] 徐石海，岑颖洲，蔡利铃，等 . 羊栖菜 *Sargassum fusiform* 化学成分的研究 [J]. 中药材，2001，24（7）：491-492.

【药理参考文献】

[1] 张燕平，张虹，洪泳平，等 . 羊栖菜提取物体外自由基清除能力的研究 [J]. 河南工业大学学报（自然科学版），2003，24（1）：50-53.
[2] 王尊文，华玉琴，李国平，等 . 羊栖菜多糖对高血脂模型大鼠血脂和抗氧化功能的影响 [J]. 中国海洋药物，2008，27（6）：13-15.
[3] 季宇彬，孔琪，孙红，等 . 羊栖菜多糖对 P388 小鼠红细胞免疫促进作用的机制研究 [J]. 中国海洋药物，1998，66（2）：14-18.
[4] 季宇彬，张海滨，刘中海，等 . 羊栖菜多糖对荷瘤小鼠红细胞免疫功能的影响 [J]. 中国海洋药物，1995，54（2）：10-14.
[5] 王兵，黄巧娟 . 羊栖菜多糖降血糖作用的实验研究 [J]. 中国海洋药物，2000，（3）：33-35.
[6] 张华芳 . 羊栖菜提取物的降血糖作用研究 [J]. 时珍国医国药，2006，DOI：10. 3969/j. issn. 1008-0805. 2006. 02. 032.
[7] 张信岳，程敏，孟倩超，等 . 羊栖菜多糖降血脂作用研究 [J]. 中国海洋药物，2003，22（5）：27-31.
[8] 季宇彬，高世勇，张秀娟 . 羊栖菜多糖体外抗肿瘤作用及其诱导肿瘤细胞凋亡的研究 [J]. 中草药，2003，34（7）：638-640.
[9] 季宇彬，高世勇，张秀娟 . 羊栖菜多糖抗肿瘤作用及其作用机制的研究 [J]. 中国海洋药物，2004，23（4）：7-10.
[10] 高世勇，季宇彬 . 羊栖菜多糖对 SGC-7901 人胃癌细胞内 [Ca^{2+}] i 的影响 [J]. 天津中医药，2003，20（4）：62-64.
[11] 岑颖洲，王凌云，马夏军，等 . 羊栖菜多糖体外抗病毒作用研究 [J]. 中国病理生理杂志，2004，20（5）：765-768.
[12] 李亚娜，彭志英 . 羊栖菜多糖的减肥功能评价 [J]. 现代食品科技，2004，20（2）：63-64.
[13] 吴越，曲敏，佟长青，等 . 羊栖菜多糖对小鼠抗疲劳作用的研究 [J]. 食品工业科技，2013，34（8）：350-352.

【临床参考文献】

[1] 王丽英，竹剑平 . 羊栖菜胶囊治疗高铅儿童 50 例临床疗效观察 [J]. 当代医学（学术版），2008，（11）：76-77.

1204. 海蒿子（图 1204）• *Sargassum confusum* C. Agardh [*Sargassum pallidum*（Turn.）C. Agardh；*Fucus pallidus* Turn.]

【别名】海根菜（山东），海草（江苏）。

【形态】藻体暗褐色，高 30 ～ 100cm，由固着器、主干及叶组成。固着器盘状或圆锥状；主干圆柱形，两侧有呈钝角或直角的羽状分枝及腋生侧枝；叶的形状大小差异很大，披针形、倒披针形、倒卵形和线性均可见，长 2 ～ 25cm，宽 1 ～ 25mm，中肋和毛窠斑点常见于较宽的叶片。气囊生于最终分枝上，有柄，成熟时类球形，表面有稀疏的毛窠斑点。生殖托单生或总状排列于生殖小枝上，圆柱形，长 3 ～ 15mm 或更长，直径约 1mm。

【生境与分布】生长于低潮线下海水激荡处的岩石上。分布于山东沿海地区，另辽宁沿海也有分布。

海蒿子与羊栖菜的主要区别点：海蒿子固着器盘状或圆锥状，较宽的叶表面具毛窠斑点。羊栖菜固着器假根状，叶表面无毛窠斑点。

【药名与部位】海藻，藻体。

【采集加工】夏、秋二季采捞，除去杂质，洗净，干燥。

图 1204　海蒿子　　　　　摄影　浦锦宝

【药材性状】呈皱缩卷曲状，黑褐色，有的被白霜，长 30 ～ 60cm。主干呈圆柱状，具圆锥形突起，主枝自主干两侧生出，侧枝自主枝叶腋生出，具短小的刺状突起。初生叶披针形或倒卵形，长 5 ～ 7cm，宽约 1cm，全缘或具粗锯齿；次生叶条形或披针形，叶腋间着生有条状叶的小枝。气囊黑褐色，球形或卵圆形，有的有柄，顶端钝圆，有的具细短尖。质脆，潮润时柔软；水浸后膨胀，肉质，黏滑。气腥，味微咸。

【药材炮制】除去杂质，浸漂 4 ～ 6h，洗净，晾至半干，切段，干燥。

【化学成分】藻体含酰胺及氨类：（－）- 伞形香青酰胺［（－）-anabellamide］[1]，（－）- 金色酰胺醇乙酸酯［（－）-aurantiamide acetate］[1,2]，异金色酰胺醇乙酸酯（dia-aurantiamide acetate）、金色酰胺醇（aurantiamide）[2]，苯甲酰基苯基氨醇（benzoylphenylaninol）[3] 和苯甲酰金色酰胺醇（benzoyl phenylalaninol）[4]；香豆素类：黑黄檀亭（melanettin）和羟基黄檀内酯（stevenin）[2]；核苷类：2′-*O*-甲氧基尿嘧啶核苷（2′-*O*-methoxyluridine）、核黄素（riboflavin）、β- 腺苷（β-adenosine）[1] 和胸腺嘧啶脱氧核苷（thymidine）[1,4]；噻唑类：2- 苯并噻唑（2-benzothiazole）[4]；黄酮类：毛蕊异黄酮（calycosin）、甘草素（liquiritigenin）[2]，2′, 5- 二羟基 -6, 6′, 7, 8- 四甲氧基黄酮（2′, 5-dihydroxy-6, 6′, 7, 8-tetramethoxyflavone）、5, 6- 二羟基 -7- 甲氧基黄酮（5, 6-dihydroxy-7-methoxyflavone）、5, 7- 二羟基 -8-甲氧基黄酮（5, 7-dihydroxy-8-methoxyflavone）[3]，黄芩素（baicalein）和汉黄芩素（wogonin）[5]；喹诺

酮类：2, 3- 二氢 -4（1H）- 喹诺酮［2, 3-dihydro-4（1H）-quinolone］[1]和 4（1H）- 喹诺酮［4（1H）-quinolinone］[3]；酚酸酯类：邻苯二甲酸二异丁酯（diisobutyl phthalate）和 4- 羟基邻羟甲基苯甲酸内酯（4-hydroxyphthalide）[3]；甾体类：岩藻甾醇（fucosterol）、大褐马尾藻甾醇（saringosterol）和麦角甾过氧化物（ergosterol peroxide）[2]；环肽类：环（L- 丙氨酸 -L- 脯氨酸）［cyclo（L-Ala-L-Pro）］[1]；环己烯羧酸类：2- 环己烯基乙酸（2-cyclohexenyl-acetic acid）[5], 2, 6, 6- 三甲基 -4- 氧 -2- 环己烯 -1- 乙酸（2, 6, 6-trimethyl-4-oxo-2-cyclohexene-1-acetic acid）和 2, 6, 6- 三甲基 -4- 氧 -2- 环己烯 -1- 乙酸甲酯（2, 6, 6-trimethyl-4-oxo-2-cyclohexene-1-acetic acid methyl ester）[6]；元素：钾（K）、钙（Ca）、钠（Na）、镁（Mg）和铜（Cu）等[7]；多糖及低聚糖类：褐藻糖胶 P1、P2、P3（fucoidan P1、P2、P3）[8]和海蒿子低聚糖（SCO）[9]；生物碱类：（－）- 栝楼酯碱［（－）-trichosanatine］和 1-（β-D-呋喃核糖）-1H-1, 2, 4- 三嗪酮［1-（β-D-ribofuranosyl）-1H-1, 2, 4-triazone］[1]；苯酞类：4- 羟基苯酞（4-hydroxyphthalide）[3]和二 -（2- 乙基己基）- 苯酞［di-（2-ethylhexyl）-phthalate］[10]；甘油衍生物：1, 2- 二酰基 -3- 羟基 -*sn*- 甘油（1, 2-diacyl-3-hydroxy-*sn*-glycerol）和 1-*O*- 酰基 -3-*O*-（β-D- 吡喃半乳糖基）-*sn*- 甘油［1-*O*-acyl-3-*O*-（β-D-galactopyranosyl）-*sn*-glycerol］[10]；其他尚含：榕酸*（ficusic acid）[4]和 1, 2- 二酰基甘油基 -3-*O*-2′-（羟甲基）-（*N, N, N*- 三甲基）-β- 丙氨酸［1, 2-diacylglycero-3-*O*-2′-（hydroxymethyl）-（*N, N, N*-trimethyl）-β-alanine］[10]。

【药理作用】1. 抗肿瘤　从全藻中分离得到的多糖组分对白血病 P-388 细胞株具有增殖抑制活性[1]；从全藻中分离得到的成分胸腺嘧啶脱氧核苷（thymidine）、4- 羟基苯酞（4-hydroxyphthalide）和 2′, 5- 二羟基 -6, 6′, 7, 8- 四甲氧基黄酮（2′, 5-dihydroxy-6, 6′, 7, 8-tetramethoxyflavone）对小鼠白血病细胞株 P-388 均有细胞周期（G_0/G_1 期）抑制活性；（1H）- 喹诺酮［（1H）-quinolinone］和 2′, 5- 二羟基 -6, 6′, 7, 8- 四甲氧基黄酮对人白血病 K562 细胞具有细胞周期抑制活性[2-4]。2. 镇静睡眠　从全藻提取得到的多糖成分可导致小鼠的矫正反射时间缩短，缩短小鼠进入睡眠的时间[5]。3. 降血脂　从全藻提取得到的多糖成分能明显降低高血脂小鼠血清中总胆固醇（TC）、甘油三酯（TG），其作用强度随剂量的增加而增强[6]。4. 抗氧化　从全藻中提取得到的多糖对羟自由基（·OH）、超氧阴离子自由基（O_2^-·）均有较强的清除作用，对卵黄蛋白（LPO）有抑制作用[7]。5. 抑菌　全藻的乙醚提取物及藻体侧枝和主枝的甲醇甲苯混合溶剂提取液对金黄色葡萄球菌均有一定的抑制作用，且对细菌的抑菌活性比对真菌的抑菌活性强[8, 9]；藻体所含的脂肪酸成分对金黄色葡萄球菌等有抑制作用[10]。6. 抗血栓　从藻体提取得到的硫酸甘糖脂对动脉内膜受损后血小板血栓的形成具有明显的抑制作用，并且显示对凝血酶诱导的人血小板膜活化标记蛋白 GMP-140 分子的表达具有明显的抑制作用[11]。7. 调节甲状腺功能　全藻的水提取液可抑制丙基硫氧嘧啶所致的甲状腺肿模型大鼠甲状腺抗体升高[12]。

【性味与归经】苦、咸，寒。归肝、胃、肾经。

【功能与主治】软坚散结，消痰，利水，消肿。用于瘿瘤，瘰疬，睾丸肿痛，痰饮水肿。

【用法与用量】6 ～ 12g。

【药用标准】药典 1963—2015、浙江炮规 2015 和新疆药品 1980 二册。

【临床参考】疝气：藻体 15g，加昆布 15g、小茴香 30g，水煎服。（《中国药用海洋生物》）

【附注】海藻始载于《神农本草经》，列为中品。《本草图经》云："海藻生东海池泽，今出登莱诸州海中，凡水中皆有藻……今谓海藻者乃是海中所生，根着水底石上，黑色，如乱发而粗大少许，叶类水藻而大，谓之大叶藻……又有一种马尾藻生浅水中，状如短马尾，细，黑色。"可知古代药用海藻就有小叶与大叶等种类，另据《本草原始》所载之海藻图对照，大叶者似为本种。

药材海藻脾胃虚寒、气血两亏者及孕妇禁服；反甘草。

【化学参考文献】

［1］李丹丹，丁丽琴，杨灵等 . 海蒿子含氮有机化学成分研究［J］. 中草药，2017，48（9）：1735-1739.

［2］Liu X，Wang C Y，Shao C L，et al. Chemical constituents from *Sargassum pallidum*（Turn. ）C. Agardh［J］. Biochem

System Ecol，2009，37：127-129.
［3］郭立民，邵长伦，刘新．海藻海蒿子化学成分及其体外抗肿瘤活性［J］．中草药，2009，40（12）：1879-1882.
［4］郭立民．中药海藻海蒿子 *Sargassum pallidum*（Turn.）C. Ag. 的抗肿瘤活性成分研究［D］．青岛：中国海洋大学硕士学位论文，2006.
［5］许福泉，冯媛媛，郭雷，等．大叶海藻化学成分研究［J］．安徽农业科学，2013，41（15）：6658-6659.
［6］Wang C Y，Liu X，Guo L M，et al. Two new natural Keto-acid deriv-atives from *Sargassum pallidum*［J］. Chem Nat Compd，2010，46（2）：292-294.
［7］曹琰，段金廒，郭建明，等．不同产地海蒿子、羊栖菜中无机元素的含量分析与评价［J］．科技导报，2014，32（15）：15-24.
［8］魏晓蕾，王长云，刘斌，等．海藻海蒿子褐藻糖胶的分离与组成分析［J］．中草药，2007，38（1）：11-14.
［9］Yang C F，Lai S S，Chen Y H，et al. Anti-diabetic effect of oligosaccharides from seaweed *Sargassum confusum* via JNK-IRS1/PI3K signalling pathways and regulation of gut microbiota［J］. Food Chem Toxicol，2019，131：110562.
［10］Gerasimenko N I，Logvinov S V，Busarova N G，et al. Structure and biological activity of several classes of compounds from the brown alga *Sargassum pallidum*［J］. Chem Nat Compd，2013，49（5）：927-929.

【药理参考文献】

［1］李俊卿，赵宇，李志萍，等．海蒿子多糖 DEI、DEII 组分分离纯化、结构及抗癌活性研究［J］．天然产物研究与开发，2005，17（5）：35-38.
［2］郭立民．中药海藻海蒿子 *Sargassum pallidum*（Turn.）C. Ag. 的抗肿瘤活性成分研究［D］．青岛：中国海洋大学硕士学位论文，2006.
［3］刘斌．中药海藻海蒿子多糖的分离与鉴定及其抗肿瘤活性初步研究［D］．青岛：中国海洋大学硕士学位论文，2005.
［4］郭立民，邵长伦，刘新，等．海藻海蒿子化学成分及其体外抗肿瘤活性［J］．中草药，2009，40（12）：1879-1882.
［5］Ji A，Yao Y，Che O，et al. Isolation and characterization of sulfated polysaccharide from the *Sargassum pallidum*（Turn.）C. Ag. and its sedative/hypnotic activity［J］. Journal of Medicinal Plants Research，2011，5（21）：5240-5246.
［6］张华锋，高征，罗亚飞，等．海蒿子活性多糖降血脂作用的研究［J］．中成药，2009，31（12）：1925-1927.
［7］方飞，唐志红．海蒿子多糖的抗氧化活性研究［J］．安徽农业科学，2011，39（16）：9590-9591.
［8］林雄平，周逢芳，陈晓清，等．石花菜和海蒿子提取物抗菌活性初步研究［J］．亚热带植物科学，2011，40（1）：28-30.
［9］陈灼华，郑怡．10 种红藻和褐藻抗细菌抗真菌活性的研究［J］．福建师大学报（自然科学版），1994，（4）：75-79.
［10］Gerasimenko N I，Martyyas E A，Logvinov S V，et al. Biological activity of lipids and photosynthetic pigments of *Sargassum pallidum* C. Agardh［J］. Prikladnaia Biokhimiia I Mikrobiologiia，2014，50（1）：73-81.
［11］陈献明．硫酸甘糖酯的抗拴作用及其作用机制的研究［D］．北京：中国协和医科大学博士学位论文，1994.
［12］丁选胜，阚毓铭，李欧．海藻甘草对甲状腺肿模型大鼠甲状腺激素及其抗体的影响［J］．中草药，2003，34（1）：54-56.

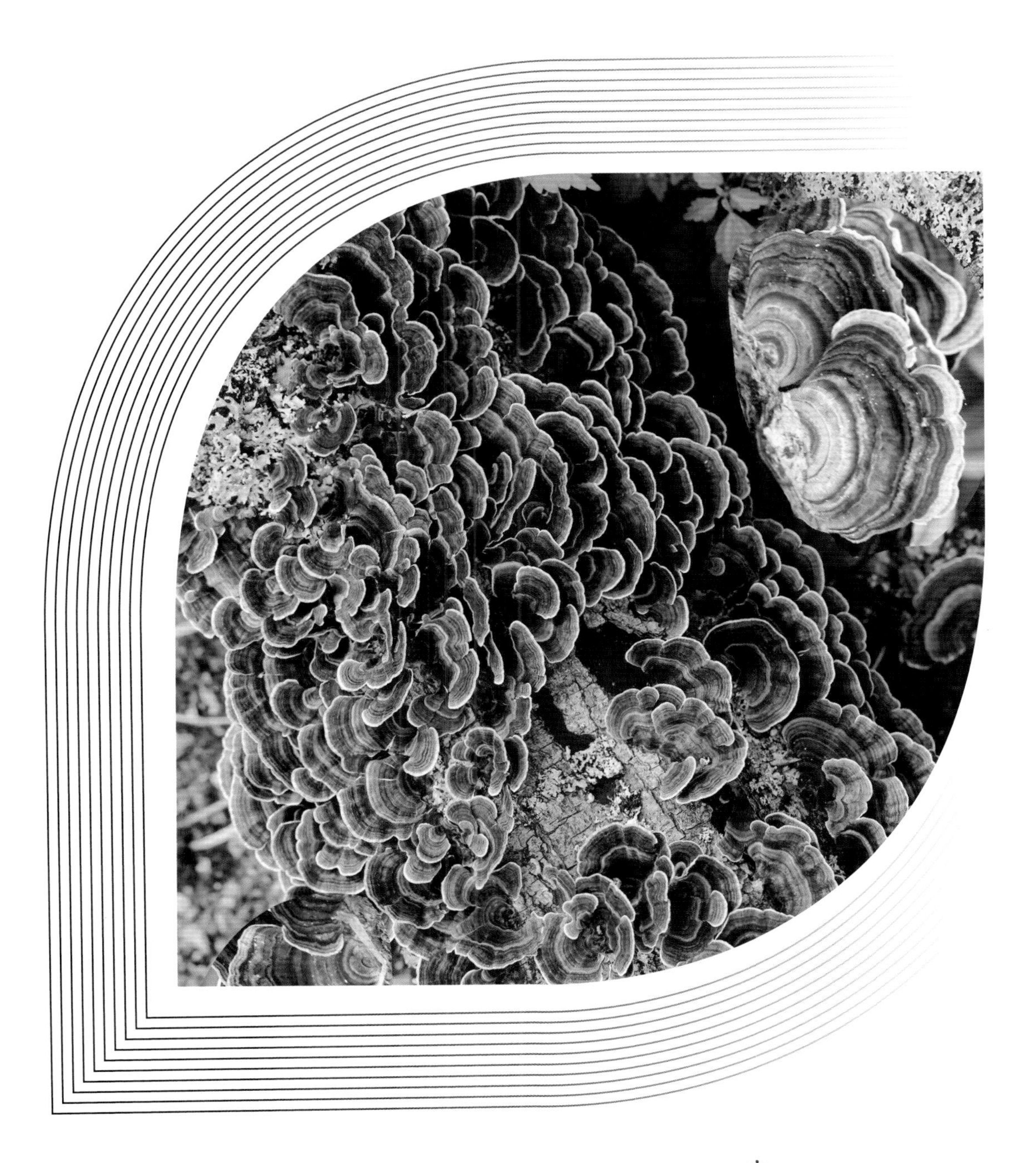

真菌类 FUNGI*

真菌门 EUMYCOTA

* 本书按传统的生物二界分类系统（Linnaeus，1753），将真菌归至植物界。

子囊菌纲 ASCOMYCETES

一　丛梗孢科 Moniliaceae

菌丝及孢子梗无色或有色，疏松棉绒状，罕见成束。分生孢子无色或有色。

分布于华东、东北、西北、华中等地，中国法定药用植物 1 属，1 种。华东地区法定药用植物 1 属，1 种。

丛梗孢科法定药用植物主要含苯醌类、甾体类等成分。苯醌类如卵孢菌素（oosporein）等；甾体类如麦角甾醇（ergosterol）等。

1. 白僵菌属 *Beauveria* Vuill.

菌丝白色，疏松，绒毛状或成簇；孢子梗密集，分枝或不分枝，基部膨大；分生孢子顶生于孢子梗上，卵形或球形。

分布几遍及全国，中国法定药用植物 1 种。华东地区法定药用植物 1 种。

1205. 白僵菌（图 1205）• *Beauveria bassiana*（Bals.-Criv.）Vuill.

图 1205　白僵菌　　摄影　贺新生等

【别名】僵蚕，僵蚕菌。

【形态】菌丝绒毛状，成簇，由寄主节缝中长出，进而覆盖寄主全体，后变为粉末状，白色，干后渐变为乳黄色。往往在一些昆虫上形成一层较厚的棉絮状菌丝体。孢子梗不分枝或分枝，筒形或瓶状，分生孢子顶生于孢子梗上，球形或卵形，无色，大小不等。

【生境与分布】寄生于34科200多种昆虫的幼虫、蛹或成虫上。分布于浙江、江苏、安徽、江西、福建，另河北、黑龙江、吉林、辽宁、广东、陕西、青海、西藏、四川均有分布。

【药名与部位】僵蚕，香蛾科昆虫家蚕4～5龄的幼虫感染（或人工接种）白僵菌而致死的干燥体。

【采集加工】春、秋二季收集，干燥。

【药材性状】家蚕幼虫感染白僵菌的干燥体略呈圆柱形，多弯曲皱缩。长2～5cm，直径0.5～0.7cm。表面灰黄色，被有白色粉霜状的气生菌丝和分生孢子。头部较圆，足8对，体节明显，尾部略呈二分歧状。质硬而脆，易折断，断面平坦，外层白色，中间有亮棕色或亮黑色的丝腺环4个。气微腥，味微咸。

【药材炮制】僵蚕 淘洗后干燥，除去杂质。炒僵蚕 取僵蚕，照麸炒法炒至表面黄色。蜜麸僵蚕 取僵蚕饮片，照麸炒法用蜜炙麸皮炒至表面棕黄色时，取出，筛去蜜炙麸皮，摊凉。

【化学成分】菌体或菌丝体或培养液含环肽类：白僵菌素（beauvericin）[1]，白僵菌亭*（bassiatin）[2]，白僵菌环四肽（bassianolide）[3]，白僵菌环缩醇酸肽A、B、C、D、E、F、Ba、Ca、Ea、Fa（beauverolide A、B、C、D、E、F、Ba、Ca、Ea、Fa）[4]，白僵菌环缩醇酸肽Ja、Ka（beauverolide Ja、Ka）[5]，白僵菌环缩醇酸肽H、I（beauverolide H、I）[6]，白僵菌环三肽A（beauverilide A）、白僵菌环三肽B（beauverilide B）[7]和白僵菌肽素（beauverin）[8]；生物碱类：光色素（lumichrome）、吡哆白僵菌素（pyridovericin）、吡哆白僵菌素-*N*-*O*-（4-*O*-甲基-β-D-吡喃葡萄糖苷）[pyridovericin-*N*-*O*-（4-*O*-methyl-β-D-glucopyranoside）]、1-甲基-11-羟基光色素（1-methyl-11-hydroxylumichrome）和前护素B（pretenellin B）[9]；甾体类：麦角甾醇（ergosterol）[10]；多酮类：僵蚕四酮A、B、C（beauvetetraone A、B、C）[11]；蛋白酶类：凝乳弹性蛋白酶（chymoelastase, BbPrl）[12]和僵蚕丝氨酸蛋白酶（bassiasin I）[13]；其他尚含：卵孢菌素（oosporein）[14]，软白僵菌素（tenellin）和白僵菌黄色素（bassianin）[15, 16]。

感染白僵菌的家蚕幼虫含环肽类：环（D-脯-D-缬）二肽[cyclo（D-Pro-D-Val）]、环[（*S*）-脯-（*R*）-亮]二肽{cyclo[（*S*）-Pro-（*R*）-Leu]}、环（D-脯-D-异亮）二肽[cyclo（D-Pro-D-Ile）]和环（D-脯-D-苯丙）二肽[cyclo（D-Pro-D-Phe）][17]；木脂素类：（+）-松脂醇[（+）-pinoresinol]、（−）-落叶松树脂醇[（−）-lariciresinol]和（−）-杜仲树脂酚[（−）-medioresinol][17]；单萜类：异黑麦草内酯（isololiolide）[17]；酚类：4-羟基苯乙酸甲酯（methyl 4-phydroxyphenylacetate）[17]；生物碱类：金色酰胺醇酯（aurantiamide）和2-吡咯烷酮-5-羧酸丁酯（butyl 2-pyrrolidone-5-carboxylate）[17]；甾体类：β-谷甾醇（β-sitosterol）和麦角甾-6, 22-二烯-3β, 5α, 8α-三醇（erogosta-6, 22-dien-3β, 5α, 8α-triol）[18]。

【药理作用】1. 抗菌 菌体所含的成分卵孢素，即卵孢菌素（oosporein）对革兰氏阳性菌有较好的抑制作用，而对革兰氏阴性菌效果较差；另对真菌也有抑制作用[1]。2. 杀虫 菌体所含的成分球孢交酯，即白僵菌环四肽（bassianolide）具有杀虫活性[2]。3. 抗肿瘤 菌体所含的成分白僵菌素（beauvericin）具有诱导细胞程序性死亡的作用，对肝癌、肺癌、人急性淋巴细胞白血病细胞和人类非小细胞肺癌等有诱导凋亡作用，具有抗癌活性[3, 4]。4. 抗病毒 菌体所含的成分白僵菌素在体外能有效抑制人类免疫缺陷病毒-1（HIV-1）整合酶，具有潜在的抗病毒作用[5]。5. 抗抑郁 菌体的提取物可使慢性应激大鼠水平得分与垂直得分显著增加，育亨宾给药后24h的小鼠死亡率升高，5-羟色胺（5-HT）诱导甩头小鼠的甩头次数明显增加，显示具有一定的抗抑郁作用，其作用可能与增强去甲肾上腺素（NE）和5-羟色胺能神经系统功能有关[6]。

毒性 小鼠吸入白僵菌分生孢子，其间质性肺炎的发生、肉芽肿和/或早期纤维化明显地高于空白对照组，但吸入或口服白僵菌分生孢子的小鼠均没有发现良性肿瘤和恶性肿瘤生长[7]；口服白僵菌分生孢子的大、小鼠的胃、肠、肝等主要消化器官都未见明显的病变，而吸入白僵菌分生孢子的大、小鼠的肺脏观察到较明显的病变，其主要病变是间质性肺炎和肉芽肿伴早期纤维化形成，但吸入组和口服组的大、小鼠均未发现肿瘤形成[8]。

【性味与归经】咸、辛，平。归肝、肺、胃经。

【功能与主治】祛风定惊，化痰散结。用于惊风抽搐，咽喉肿痛，皮肤瘙痒，颌下淋巴结炎，面神经麻痹。

【用法与用量】4.5 ～ 9g。

【药用标准】中国药典 1977—2015、浙江炮规 2015、贵州药材 1988、内蒙古药材 1988、山西药材 1987 和新疆维药 1980 二册。

【临床参考】1. 恶性淋巴瘤、鼻咽癌：被白僵菌感染的家蚕幼虫研末，1 次 1.5g，开水冲服，每日 3 次[1]。

2. 肺癌咳嗽：被白僵菌感染的家蚕幼虫，加蜂房、蝉蜕各等份共研末，炼蜜为丸，1 次 9g，每日 2 次[1]。

3. 肝癌：被白僵菌感染的家蚕幼虫 6g，加白马尿调服，或配合逍遥丸治疗[1]。

4. 慢性粒细胞性白血病：被白僵菌感染的家蚕幼虫，加全蝎、土鳖虫各等份，研末制成散剂，1 次 0.3g，蒸鸡蛋服[1]。

5. 肠癌下血：被白僵菌感染的家蚕幼虫 30g，加乌梅肉 30g，研末米糊为丸，梧子大，1 次服百丸，每日 3 次，饭前白汤下[1]。

6. 脑肿瘤：被白僵菌感染的家蚕幼虫 15g，加鱼脑石 15g，葵树子 30g，研末，开水送服，1 次服 6g，每日 2 次[1]。

7. 胃癌、直肠癌：被白僵菌感染的家蚕幼虫 75g，加牛膝 75g，无花果 700g，重楼 150g，研末，1 次服 10g，每日 3 次[1]。

8. 脑癌：被白僵菌感染的家蚕幼虫 15g，加鱼脑石、生半夏、生南星各 15g，水煎服，每日 1 剂[1]。

【附注】感染本菌的白僵蚕始载于《神农本草经》，列为中品。《本草经集注》云："人家养蚕时，有合箔皆僵者，即暴燥都不坏。今见小白色，似有盐度者为好。"《本草图经》载："白僵蚕，生颍川平泽。今所在养蚕处皆有之。用自僵死，白色而条直者为佳。"据以上所述，白僵蚕即为蚕蛾的幼虫感染本菌所得。

【化学参考文献】

[1] Klaric M S，Pepeljnjak S. Beauvericin：chemical and biological aspects and occurrence [J]. Arhivza Higijenu Radai Toksikologiju，2005，56（4）：343-350.

[2] Kagamizono T，Nishino E，Matsumoto K，et al. Bassiatin，a new platelet aggregation inhibitor produced by *Beauveria bassiana* K-717 [J]. Journal of Antibiotics，1995，48（12）：1407-1412.

[3] Suzuki A，Kanaoka M，Isogai A，et al. Bassianolide，a new insecticidal cyclodepsipeptide from *Beauveria bassiana* and *Verticillium lecanii* [J]. Tetrahedron Lett，1977，（25）：2167-2170.

[4] Elsworth J，Grove J F. Cyclodepsipeptides from *Beauveria bassiana*. part 2. beauverolides A to F and their relationship to isarolide [J]. Journal of the Chemical Society，Perkin Transactions 1，1980，（8）：1795-1799.

[5] Grove J F. Cyclodepsipeptides from *Beauveria bassiana*. part 3. the isolation of beauverolides Ba，Ca，Ja，and Ka [J]. Journal of the Chemical Society，Perkin Transactions 1，1980，（12）：2878-2880.

[6] Elsworth J F，Grove J F. Cyclodepsipeptides from *Beauveria bassiana* Bals. part 1. beauverolides H and I [J]. Journal of the Chemical Society，Perkin Transactions 1，1977，（3）：270-273.

[7] Isogai A，Kanaoka M，Matsuda H，et al. Structure of a new cyclodepsipeptide，beauverilide A from *Beauveria bassiana* [J]. Agric Biol Chem，1978，42（9）：1797-1798.

[8] Hamill R L，Higgens C E，Boaz H E，et al. The structure of beauvericin，a new depsipeptide antibiotic toxic to *Artbmia salina* [J]. Tetrahedron Letters，1969，10（49）：4255-4258.

[9] Andrioli W J，Lopes A A，Cavalcanti B C，et al. Isolation and characterization of 2-pyridone alkaloids and alloxazines from *Beauveria bassiana* [J]. Nat Prod Res，2017，31（16）：1920-1929.

[10] 谢翎，陈红梅，陈安徽，等. 超声波破碎法提取球孢白僵菌麦角甾醇的条件优化研究 [J]. 徐州工程学院学报（社会科学版），2007，22（2）：10-13.

[11] Lee S R，Kufner M，Park M，et al. Beauvetetraones A-C，phomaligadione-derived polyketide dimers from the entomopat-

hogenic fungus，*Beauveria bassiana*［J］. Organic Chemistry Frontiers，2019，6（2）：162-166.
［12］杨星勇，王中康，夏玉先，等. 球孢白僵菌凝乳弹性蛋白酶（BbPr1）的纯化与特性［J］. 菌物学报，2000，19（2）：254-260.
［13］Kim H K，Hoe H S，Dong S S，et al. Gene structure and expression of the gene from *Beauveria bassiana* encoding bassiasin I，an insect cuticle-degrading serine protease［J］. Biotechnology Letters，1999，21（9）：777-783.
［14］胡丰林，丁晓娟，杨成，等. 一种白僵菌中 MAO 抑制剂的分离纯化和结构鉴定［J］. 菌物学报，2006，25（2）：273-277.
［15］Basyouni S H E，Brewer D，Vining L C. Pigments of the genus *Beauveria*［J］. Canadian Journal of Botany，2011，46（4）：441-448.
［16］Wat C K，McInnes A G，Smith D G，et al. The yellow pigments of *Beauveria* species. structures of tenellin and bassianin［J］. Canadian J Chem，1977，55（23）：4090-4098.
［17］黄居敏，邓华勇，蔡英，等. 白僵蚕化学成分研究［J］. 中草药，2015，46（16）：2377-2380.
［18］郭晓恒，严铸云，刘涛，等. 僵蚕单体化合物抗惊厥活性［J］. 中国实验方剂学杂志，2013，19（17）：248-250.

【药理参考文献】

［1］Taniguchi M，Kawaguchi T，Tanaka T，et al. Antimicrobial and respiration-inhibitory activities of oosporein［J］. Agric Bio Chem，1984，48（4）：1065-1067.
［2］Suzuki A，Kanaoka M，Isogai A，et al. Bassianolide，a new insecticidal cyclodepsipeptide from *Beauveria bassiana* and *Verticillium lecanii*［J］. Tetrahedron Lett，1977，18（25）：2167-2170.
［3］Jow G M，Chou C J，Chen B F，et al. Beauvericin induces cytotoxic effects in human acute lymphoblastic leukemia cells through cytochrome c release，caspase-3 activation：the causative role of calcium［J］. Cancer Lett，2004，216（2）：165-173.
［4］Lin H I，Lee Y J，Chen B F，et al. Involvement of Bcl-2 family，cytochrome c and caspase 3 in induction of apoptosis by beauvericin in human non-small cell lung cancer cells［J］. Cancer Lett，2005，230（2）：248-259.
［5］Shin C G，An D G，Song H H，et al. Beauvericin and enniatins H，I and MK1688 are newpotent inhibitors of human immunodeficiency virus type-1 integrase［J］. J Antibiot，2009，62（12）：687-690.
［6］周兰兰，明亮，马传庚，等. 一种白僵菌代谢产物提取物抗抑郁作用的研究［J］. 中国药理学通报，2005，21（3）：358-360.
［7］洪生明，詹丽芬，张玉芝，等. 白僵菌对小白鼠致癌作用的实验研究［J］. 癌变·畸变·突变，1997，9（2）：37-39.
［8］洪生明，宋继谒，鲁效竹，等. 白僵菌慢性致病作用的实验研究［J］. 中国医科大学学报，1989，18（S1）：29-32.

【临床参考文献】

［1］蒋三俊. 白僵菌抗癌食疗应用［J］. 食用菌，1996，（4）：40.

二 散囊菌科 Eurotiaceae

子囊壳小，无柄，无孔口，包被较薄，不规则的开裂；子囊不规则排列，每个子囊含 8 个孢子。孢子单细胞，无色或有色，类球形或卵形。

中国法定药用植物 1 属，1 种。华东地区法定药用植物 1 属，1 种。

散囊菌科法定药用植物主要含色素类、甾体类等成分。色素类如红曲红素（monascorubin）、红斑胺素（rubropunctamine）等；甾体类如麦角甾醇（ergosterol）等。

1. 红曲霉属 *Monascus* Van Tiegh.

菌丝体具隔，分枝。子囊壳类球形，含子囊数个，每个子囊具 8 个子囊孢子。子囊孢子卵形或类球形，无色或有色，透明，光滑。

广泛分布于自然界中，也可人工大量培养。中国法定药用植物 1 种。华东地区法定药用植物 1 种。

1206. 红曲霉（图 1206）• *Monascus purpureus* Went（*Monascus anka* Nakazawa et Sato.）

图 1206 红曲霉（米粒） 摄影 顾新伟等

【别名】红曲红曲霉，紫色红曲霉，红槽，红大米。

【形态】菌丝体初期生长在粳米内部，无色，后渐变为红色，并使米粒变成紫红色。菌丝体早期白色，后变紫红色，具隔，大量分枝，分枝顶端产生单个或成串的分生孢子，分生孢子褐色，呈球形或椭圆形。子囊壳橙红色，近球形，含有多数子囊，子囊内含 8 个子囊孢子，成熟后子囊壁消失；子囊孢子卵形或类球形，无色或淡红色，透明，光滑。

【生境与分布】此菌自然界分布，多生于乳制品中，也有人工大量培养。

【药名与部位】红曲，红曲霉寄生在禾本科植物稻种仁上形成的红色米。

【采集加工】全年均可加工。

【药材性状】红曲霉寄生的红色米完整者呈长椭圆形，一端较尖，另一端钝圆，长 5 ～ 8mm，宽约 2mm；碎裂者呈不规则的颗粒，状如碎米。表面紫红色或暗红色，断面粉红色。质酥脆。气微，味淡或微苦、微酸。

【药材炮制】红曲：除去杂质，筛去灰屑。炒红曲：取红曲，清炒至浓烟上冒，表面焦黑色、内部棕褐色时，微喷水，灭尽火星，取出，晾干。

【化学成分】红曲菌含嗜氮酮类：红曲菲林酮*A、B、C（monaphilone A、B、C）[1]，红曲素（monascin）、红曲黄素（ankaflavin）[1-3]，红曲丙烯酮 A、B、C（monapurone A、B、C）[4]，红曲嗜氮酮*A、B、C（monascusazaphilone A、B、C）[5]，红曲荧光素*A、B（monasfluore A、B）[5-7]，红曲蓝荧光素*A、B（monapurfluore A、B）[7]，红曲丙素醇*A、B、C、D（monapilol A、B、C、D）、红曲红色素（monascorubrin）、红斑红曲素（rubropunctatin）[8]，红曲二内酯*（monascodilone）[9]和橘霉素（citrinin）[10]；吡喃酮类：红曲螺内酯*A、B（monascuspirolide A、B）[2]；酚衍生物：紫红曲酮（monaspurpurone）、紫色红曲素*B（monapurpureusin B）[2]，丁香醛（syringaldehyde）、丁香酸（syringic acid）、对茴香酸（*p*-anisic acid）[3]和紫红曲素（monascupurpurin）[11]；三环酯类：莫那可林 K（monacolin K），即洛伐他汀（lovastatin）[12-15]，莫那可林 K 酸（monacolin K acid）、莫那可林 K 羟酸甲酯（monacolin K hydroxyl acid methyl ester）、莫那可林 L 羟酸甲酯（monacolin L hydroxyl acid methyl ester）、莫那可林 R（monacolin R）、莫那可林 S（monacolin S）、莫那可林 S 羟酸甲酯（monacolin S hydroxyl acid methyl ester）[12]，莫那可林 J（monacolin J）、莫那可林 L（monacolin L）、莫那可林 M（monacolin M）、莫那可林 X（monacolin X）、二氢莫那可林 L（dihydromonaeolin L）[16-18]，α, β- 去氢洛伐他汀（α, β-dehydrolovastatin）和 α, β- 二去氢洛伐他汀（α, β-didehydrolovastatin）[19]；萘衍生物：莫那可林 V1、V2、V3、V4、V5、V6（monacolin V1、V2、V3、V4、V5、V6）[12]，莫那可林 O、P（monacolin O、P）[19]，去氢莫那可林 -MV2（dehydromonacolin-MV2）[20]，莫那可林 T、U（monacolin T、U）、6α-*O*- 甲基 -4, 6- 二氢莫那可林 L（6α-*O*-methyl-4, 6-dihydromonacolin L）、6α-*O*- 乙基 -4, 6- 二氢莫那可林 L（6α-*O*-ethyl-4, 6-dihydromonacolin L）[21]，紫色红曲霉酮（monaspurpurone）[22]和芳莫那可林 A（aromonacolin A）[23]；生物碱类：红曲吡啶*C、D（monascopyridine C、D）[7]，对硝基苯酚（*p*-nitrophenol）[22]，红曲亭内酯（monascustin）[24]，红曲吡啶*A（monascopyridine A）[25]，紫色红曲吡啶*A（monapurpyridine A）[26]，9-（1- 羟基己基）-3-（2- 羟基丙基）-6a- 甲基 -9, 9a- 二氢呋喃［2, 3-h］异喹啉 -6, 8（2H, 6aH）- 二酮 {9-（1-hydroxyhexyl）-3-（2-hydroxypropyl）-6a-methyl-9, 9a-dihydrofuro［2, 3-h］isoquinoline-6, 8（2H, 6aH）-dione}[27]和红曲紫色素（rubropunctamine, monascorubramine）[28]；甾体类：麦角甾过氧化物（ergosterol peroxide）[3]，β- 谷甾醇棕榈酸酯（β-sitosteryl palmitate）[22]，（22*S*, 23*R*, 24*S*）-20β, 23α, 25α- 三羟基 -16, 22- 环氧 -4, 6, 8（14）- 三烯麦角甾 -3- 酮［（22*S*, 23*R*, 24*S*）-20β, 23α, 25α-trihydroxy-16, 22-epoxy-4, 6, 8（14）-trienergosta-3-one］、（22*E*, 24*R*）-3β, 5α- 二羟基麦角甾 -23- 甲基 -7, 22- 二烯 -6- 酮［（22*E*, 24*R*）-3β, 5α-dihydroxyergosta-23-methyl-7, 22-dien-6-one］、（22*E*, 24*R*）-3β, 5α- 二羟基麦角甾 -7, 22- 二烯 -6- 酮［（22*E*, 24*R*）-3β, 5α-dihydroxyergosta-7, 22-dien-6-one］、（22*E*, 24*R*）-6β- 甲氧基麦角甾 -7, 22- 二烯 -3β, 5α- 二醇［（22*E*, 24*R*）-6β-methoxyergosta-7, 22-dien-3β, 5α-diol］[29]，豆甾 -4- 烯 -3- 酮（stigmast-4-en-3-one）、豆甾醇（stigmasterol）、7β- 羟基豆甾醇（7β-hydroxystigmasterol）、3β- 羟基豆甾 -5- 烯 -7- 酮（3β-hydroxystigmast-5-en-7-one）、3β- 羟基豆甾 -5, 22- 二烯 -7- 酮（3β-hydroxystigmast-5, 22-dien-7-one）、5α, 8α- 过氧麦角甾 -6, 22- 二烯 -3β-

醇（5α, 8α-epidioxyergosta-6, 22-dien-3β-ol）、β- 谷甾醇（β-sitosterol）[30] 和麦角甾醇（ergosterol）[22, 31]；脂肪酸类：亚麻酸（linolenic acid）[3]；内酯类：紫红曲烯酮（purpureusone）[3]，过氧红曲吡喃酮*（peroxymonascuspyrone）和 α- 环孢菌酮 A（α-tocospiro A）[6]；三萜类：3- 表 - 白桦脂酸（3-epi-betulinic acid）、3- 表 - 白桦脂酸乙酸酯（3-epi-betulinic acid acetate）、无羁萜 -3- 酮（friedelan-3-one）[6] 和 3- 酮基 -24- 亚甲基环木菠萝烷（3-oxo-24-methylenecycloartane）[30]；二萜类：反可巴醇（anticopalol）[6]；倍半萜类：α- 杜松醇（α-cadinol）和匙叶桉油烯醇（spathulenol）[6]；酶类：淀粉酶（amylase）、糖化酶（saccharifying enzyme）、蛋白酶（protease）、酯化酶（esterifying enzyme）、果胶酯酶（pectinesterase）和麦芽糖酶（maltase）等[28]。

【药理作用】 1. 抑菌　从红曲米中分离纯化的红曲霉培养液具有明显的抗菌作用，对革兰氏阳性菌枯草芽孢杆菌抗菌作用较强，而对酵母和霉菌则无抗菌效果[1]；从红曲米中分离得到的红曲霉，其固体培养物和液体发酵液以及红曲酶孢子发酵液对蜡状芽孢杆菌、霉状杆菌、枯草杆菌、金黄色葡萄球菌、荧光假单胞菌均有较强的抑制作用[2, 3]；其抗菌谱可能与红曲霉的种类相关。2. 降胆固醇　红曲米的水溶液能明显降低高脂血症大鼠血清胆固醇含量和血清甘油三酯含量，并且增加喂食量可明显增高高脂血症大鼠血清高密度脂蛋白[4]；所含成分莫纳可林 K（monacolin K），即洛伐他汀（lovastatin）通过动物实验发现能特异性对抗抑制胆固醇合成系统中的限速酶 HMG-CoA（3- 羟基 -3 甲基 - 戊二酰 -CoA）还原酶的活性，通过促进血浆中低密度蛋白的清除，从而达到降低血浆中胆固醇浓度的目的[5-7]；莫纳可林 K 的同系物有莫纳可林 J、L、X（monacolin J、L、X）等[2]。3. 降压　发酵物可降低自发性高血压大鼠、DOCA- 盐型高血压大鼠的收缩压，但对肾血管性高血压大鼠的作用不明显[8-10]。4. 抗疲劳　菌丝体及发酵液可抑制小鼠过度肥胖，并能提高小白鼠游泳耐受能力和缺氧耐受力，同时还可较大程度提高小鼠的运动能力[11, 12]。

【性味与归经】 甘，温。归肝、脾、大肠经。

【功能与主治】 消食活血，健脾养胃。用于瘀滞腹痛，赤白下痢，跌打损伤，产后恶露不尽。

【用法与用量】 6 ～ 12g。

【药用标准】 浙江炮规 2015、河南药材 1991、云南药材 2005 一册、山东药材 2012、内蒙古药材 1988、福建药材 2006、北京药材 1998 和湖北药材 2009。

【临床参考】 1. 血脂异常：红曲 6g（1 袋）沸水冲泡 20min 后代茶饮，每日 2 次[1]。

2. 高脂血症、老年便秘：脂必妥片（主要组分为紫色红曲霉）口服，每日 2 次，1 次 3 片[2]。

3. 饮食停滞、胸膈满闷、消化不良：菌丝体 9g，加麦芽 6g、山楂 9g，水煎服，每日 2 次。

4. 跌打损伤：菌丝体 6g，加铁苋菜 31g，水煎服，1 次服完，每日 3 次。（3 方、4 方引自《中国药用真菌》）

【附注】 红曲始载于元《饮膳正要》。《本草纲目》中详细记载了红曲的制法，云："红曲本草不载，法出近世，亦奇术也。其法用白粳米一石五斗，水淘浸一宿，作饭。分作十五处，入曲母三斤，搓揉令匀，并作一处，以帛密覆。热即去帛摊开，觉温急堆起，又密覆。次日日中又作三堆，过一时分作五堆，再一时合作一堆，又过一时分作十五堆，稍温又作一堆，如此数次。第三日用大桶盛新汲水，以竹箩盛曲作五六分，蘸湿完又作一堆，如前法作一次。第四日，如前又蘸。若曲半沉半浮，再依前法作一次，又蘸。若尽浮则成矣，取出，日干收之。其米过心者谓之生黄，入酒及酢醢中，鲜红可爱。未过心者不甚佳。入药以陈久者良。"以上记述所指本种的菌丝体寄生于粳米而成。

药材红曲脾阴不足，内无瘀血者慎服。

【化学参考文献】

[1] Hsu Y W, Hsu L C, Liang Y H, et al. Monaphilone A-C, three new antiproliferative azaphilone derivatives from *Monascus purpureus* NTU 568 [J]. J Agric Food Chem, 2010, 58 (14): 8211-8216.

[2] Wu H C, Cheng M J, Wu M D, et al. Three new constituents from the fungus of *Monascus purpureus* and their anti-inflammatory activity [J]. Phytochem Lett, 2019, 31: 242-248.

[3] Cheng M J, Wu M D, Chen I S, et al. Chemical constituents from the fungus *Monascus purpureus* and their antifungal activity [J]. Phytochem Lett, 2011, 4 (3): 372-376.

[4] Li J J, Shang X Y, Li L L, et al. New cytotoxic azaphilones from *Monascus purpureus*-fermented rice (red yeast rice) [J]. Molecules, 2010, 15: 1958-1966.

[5] Wu M D, Cheng M J, Yech Y J, et al. Monascusazaphilones A-C, three new azaphilone analogues isolated from the fungus *Monascus purpureus* BCRC 38108 [J]. Nat Prod Res, 2013, 27 (13): 1145-1152.

[6] Cheng M J, Chen J J, Wu M D, et al. Isolation and structure determination of one new metabolite isolated from the red fermented rice of *Monascus purpureus* [J]. Nat Prod Res, 2010, 24 (10): 979-988.

[7] Hsu Y W, Hsu L C, Chang C L, et al. New anti-inflammatory and anti-proliferative constituents from fermented red mold rice *Monascus purpureus* NTU 568 [J]. Molecules, 2010, 15 (11): 7815-7824.

[8] Hsu Y W, Hsu L C, Liang Y H, et al. New bioactive orange pigments with yellow fluorescence from Monascus-fermented dioscorea [J]. J Agric Food Chem, 2011, 59 (9): 4512-4518.

[9] Wild D, Toth G, Humpf H U. New monascus metabolite isolated from red yeast rice (angkak, red koji) [J]. J Agric Food Chem, 2002, 50 (14): 3999-4002.

[10] Blanc P J, Laussac J P, Le Bars J, et al. Characterization of monascidin A from *Monascus* as citrinin [J]. Int J Food Microbiol, 1995, 27 (2-3): 201-213.

[11] Cheng M J, Wu M D, Cheng Y C, et al. One new compound from the extract of the fungus *Monascus purpureus* BCRC 31499 [J]. Chem Nat Compd, 2016, 52 (4): 634-636.

[12] Liu B Y, Xu F, Bai J, et al. Six new monacolin analogs from red yeast rice [J]. Chin J Nat Med, 2019, 17 (5): 394-400.

[13] 洪智勇，毛宁. 红曲霉降胆固醇有效成分的研究 [J]. 海峡药学，2002，14 (1): 33-35.

[14] 毛宁，陈松生. 红曲霉有效成分的生理活性及应用研究 [J]. 中国酿造，1997，(1): 9-12.

[15] Endo A. Monacolin K a new hypocholesterolemic agent that specifically inhibits 3-hydroxy-3-methyglutaryl coencyme a redutase [J]. Journal of Antibiotics, 1980, 33 (3): 334-336.

[16] Endo A, Hasumi K, Negishi S. Monacolins J and L, new inhibitors of cholesterol biosynthesis produces by *Monascus ruber* [J]. Journal of Antibiotics, 1985, 38 (3): 420-422.

[17] Endo A, Komagata D, Shimada H. Monacolins M, a new inhibitor of cholesterol biosynthesis [J]. Journal of Antibiotics, 1986, 39 (12): 1670-1673.

[18] EndoA, Hasumi K. Dihydrononacolin L and monacolin X, new metabolites those inhibit cholesterol biosynthesis [J]. Journal of Antibiotics, 1985, 38 (3): 321-327.

[19] Liu M T, Wang A L, Sun Z, et al. Cytotoxic monacolin analogs from *Monascus purpureus*-fermented rice [J]. J Asian Nat Prod Res, 2013, 15 (6): 600-609.

[20] Dhale M A, Divakar S, Umesh-Kumar S, et al. Characterization of dehydromonacolin-MV2 from *Monascus purpureus* mutant [J]. J Appl Microbiol, 2007, 103 (6): 2168-2173.

[21] Zhang B, Wang A L, Li J J, et al. Four new monacolin analogs from *Monascus purpureus*-fermented rice [J]. J Asian Nat Prod Res, 2018, 20 (3): 209-216.

[22] Cheng M J, Wu M D, Chen I S, et al. Secondary metabolites from the red mould rice of *Monascus purpureus* BCRC 38113 [J]. Nat Prod Res, 2010, 24 (18): 1719-1725.

[23] Liu M T, Luan N, Li J J, et al. Structure elucidation and NMR assignments of an unusual aromatic monacolin analog from *Monascus purpureus*-fermented rice [J]. Magn Res Chem, 2012, 50 (10): 709-712.

[24] Wei W D, Wang A L, Li J J, et al. Monascustin, an unusual γ-lactam from red yeast rice [J]. J Nat Prod, 2017, 80 (1): 201-204.

[25] Wild D, Toth G, Humpf H U. New monascus metabolites with a pyridine structure in red fermented rice [J]. J Agric Food Chem, 2003, 51 (18): 5493-5496.

[26] Hsu L C, Hsu Y W, Liang Y H, et al. Induction of apoptosis in human breast adenocarcinoma cells MCF-7 by monapurpyridine A, a new azaphilone derivative from *Monascus purpureus* NTU 568 [J]. Molecules, 2012, 17 (1):

664-673.
[27] Mukherjee G, Singh S K. Purification and characterization of a new red pigment from *Monascus purpureus* in submerged fermentation [J]. Process Biochemistry (Amsterdam, Netherlands), 2011, 46 (1): 188-192.
[28] 张徐兰，吴天祥，李鹏.红曲霉有效成分应用研究进展 [J].酿酒科技，2006，147 (9)：78-81.
[29] Shang X Y, Li J J, Liu M T, et al. Cytotoxic steroids from *Monascus purpureus*-fermented rice [J]. Steroids, 2011, 76 (10-11): 1185-1189.
[30] 尚小雅，王若兰，尹素琴，等.紫红曲代谢产物中的甾体成分 [J].中国中药杂志，2009，34 (14)：1809-1811.
[31] 陈松生，毛宁，陈哲超，等.红曲霉的麦角固醇研究 [J].食品与发酵工业，1995，(6)：18-23.

【药理参考文献】

[1] 毛瑞丰，黄丽，仁绍坤，等.红曲米中红曲霉的分纯及抗菌作用的研究 [J].广西大学学报(自然科学版)，2006，31 (4)：319-321.
[2] 陈运中.红曲的功能性及其应用 [J].中国酿造，2001，20 (5)：5-6.
[3] 董明盛，沈昌.红曲霉抑菌作用的探讨 [J].中国调味品，1991，(1)：11-12.
[4] 傅剑云，夏勇，孟佳.红曲对实验性高脂血症大鼠体重及血脂水平的影响 [J].中国组织工程研究，2002，6 (1)：57-57.
[5] 洪智勇，毛宁.红曲霉降胆固醇有效成分的研究 [J].海峡药学，2002，14 (1)：33-35.
[6] 张义光，彭德姣.红曲及红曲霉的研究与应用 [J].湖北农学院学报，2000，20 (2)：188-191.
[7] 宋洪涛，郭涛，宓鹤鸣，等.中药红曲对高脂血症鹌鹑模型的降血脂作用 [J].中草药，1998，29 (5)：317-319.
[8] 孙明，李悠慧，严卫星.红曲降血压作用的研究 [J].卫生研究，2001，30 (4)：206-208.
[9] 郑建全，郭俊霞，金宗濂.红曲对自发性高血压大鼠降压机理研究 [J].食品工业科技，2007，28 (3)：207-208.
[10] 金宗濂.红曲降压活性、活性成分及作用机理研究 [J].农产品加工：学刊，2005，44，45 (9，10)：86-90.
[11] 黄谚谚，毛宁，陈松生.红曲霉发酵产物抗疲劳作用的研究 [J].食品科学，1998，19 (9)：9-11.
[12] 许红峰，毛宁，黄谚谚，等.红曲霉菌丝体及发酵滤液抗疲劳作用的研究 [J].中国体育科技，1999，35 (11)：51-53.

【临床参考文献】

[1] 史茂伟，赵映，胡国友，等.红曲代茶饮对高龄患者调脂作用的临床观察 [J].实用医药杂志，2015，32 (4)：328-329.
[2] 蔡若舟，侯安国.脂必妥制剂临床应用研究进展 [J].云南医药，2014，35 (2)：227-229.

三 麦角菌科 Clavicipitaceae

有或无子座，子座有时自暗色的菌核发生，有或无柄。子囊果有真正的子囊壳壁，具孔口和周丝，常聚生在子座内，深埋或生在子座上部并突出子座外。侧丝只在子囊果的侧壁上。子囊细长，单囊壁，壁薄，顶部变厚，形成顶帽，有狭窄、条形的孔口，孢子即由此强力射出。子囊存留，柱形，一般成束着生在子囊果底部。子囊孢子条形，成熟时无色或淡褐色，单胞或有隔膜，孢子释放后可断裂或不断裂成小段。

中国法定药用植物 3 属，7 种。华东地区法定药用植物 2 属，3 种。

麦角菌科法定药用植物主要含生物碱类、甾体类、核苷类等成分。生物碱类如麦角卡里碱（α-ergocryptine）、麦角新碱（ergometrine）等；甾体类如麦角甾醇（ergosterol）等；核苷类如虫草素（cordyceps）、尿苷（uridine）等。

麦角菌属含生物碱类、甾体类等成分。生物碱类如野麦角碱（elymoclavine）、麦角生碱（ergosine）、α- 麦角卡里胺（α-ergocryptam）等；甾体类如麦角甾醇（ergosterol）等。

虫草属含核苷类、甾体类、生物碱类等成分。核苷类如胞嘧啶（cytosine）、虫草素（cordyceps）、腺苷（adenosine）等；甾体类如麦角甾醇（ergosterol）等；生物碱类如茶碱 -9- 葡萄糖苷（theophylline-9-glucoside）等。

1. 麦角菌属 *Claviceps* Tul.

菌核圆柱状或角状，一个菌核上可生出多个子座。子囊壳生于子座内，子囊生于子囊壳内，圆柱形。孢子丝状，无色透明。

分布几遍及全国，中国法定药用植物 1 种。华东地区法定药用植物 1 种。

1207. 麦角菌（图 1207）• *Claviceps purpurea*（Fr.）Tul.

【别名】麦角，紫麦角。

【形态】菌核圆柱形或角状，稍弯曲，长 0.7 ～ 4.5cm，初期 3 ～ 4mm，生于禾本科植物的子房上，初期柔软并富有黏性，成熟后变硬而脆，外表紫黑色或紫棕色，内部类白色。一个菌核可生出 20 ～ 30 个子座。子座柄部暗褐色，多弯曲；头部红色，类球形，直径 1 ～ 2mm。子囊壳全部埋生于子座内部，子囊生于子囊壳内，圆柱形。每个子囊具孢子 8 个，孢子无色透明，丝状，单细胞。

【生境与分布】寄主多为禾本科植物，以小麦、大麦、燕麦及禾本科杂草的花序上最为常见。分布于浙江、江苏等地，另河北、内蒙古、东北各地均有分布。

【药名与部位】麦角，菌核。

【药材性状】呈具三条或四条钝棱的圆柱形。微弯。两端稍狭细。长 0.7 ～ 4.5cm，直径 2 ～ 5mm。外面显类黑色或紫棕色，有纵沟与横裂纹。质脆。折断而平坦。内面显灰白色或紫白色。臭特殊，但无霉酸气。味油性、微辛。

【化学成分】菌核含氨基酸类：4, 4- 二甲基烯丙基色氨酸（4, 4-dimethylallyltryptophan）[1]，*N*-（麦角 - 异亮氨酰基）- 环（苯丙氨酰基 - 脯氨酰）[*N*-（lysergyl-isoleucyl）-cyclo（phenylalanyl-prolyl）][2]，*N*- 乙酰 -L- 色氨酸（*N*-acetyl-L-tryptophan）[3] 和去甲亮氨酸（norleucine）[4]；生物碱类：野麦角碱（elymoclavine）、麦角胺（ergotamine）、α- 麦角卡里碱（α-ergocryptine）、麦角生碱（ergosine）、α- 麦角隐酰胺（α-ergocryptam）、β- 麦角隐酰胺（β-ergocryptam）、麦角内酰胺 *（ergoannam）[2]，6, 7- 裂环 - 曲麦角碱（6, 7-*seco*-agroclavine）[5]，麦角宾碱（ergobine）、麦角布林碱（ergobutyrine）[6]，麦

图 1207　麦角菌　　　　摄影　顾新伟

角碱（clavine）[7]，麦角新碱（ergometrine）[1,7]，麦角柯宁碱（ergocornine）、β-麦角隐亭-5′-表异构体（β-ergocryptine-5′-epimer）[8]，麦角异胺（ergotaminine）、裸麦角碱（chanoclavine）、麦角辛素（ergosime）、麦角琪普亭（ergokyptine）[9]，麦角酸（purpurolic acid）[10]，麦角宾碱（ergobine）[11]，麦角柯利胺（ergocristam）[12]，麦角生碱（ergosine）、麦角异生碱（ergosinine）和麦角异新碱（ergometrinine）[13]；甾体类：麦角甾醇（ergosterol）[14]。

【药用标准】药典 1953 和中华药典 1930。

【临床参考】产后出血、偏头痛：菌核制成流浸膏，1 次 0.5 ～ 2ml，每日 3 次或 4 次。（《中华本草》）

【附注】本种的菌核有毒，孕妇在临产及胎盘尚未完全排出时禁用；肝病及周围血管病患者慎服。误服后常引起口渴、呕吐、腹泻、肢冷、面色苍白、视觉及听觉障碍，严重者出现幻觉、惊厥，甚至昏迷死亡。

同属真菌小头麦角菌 *Claviceps microcephala*（Wallr.）Tul. 及大头麦角菌 *Claviceps macrocephala* Torl 的菌核民间也作麦角药用。

【化学参考文献】

［1］张攀 . *Claviceps purpurea* 菌的分离及其代谢产物的研究［D］. 成都：西南交通大学硕士学位论文，2014.

［2］Uhlig S，Petersen D. Lactam ergot alkaloids（ergopeptams）as predominant alkaloids in sclerotia of *Claviceps purpurea* from Norwegian wild grasses［J］. Toxicon，2008，52：175-185.

［3］Liang H J L，Anderson J A. N-Acetyl-L-tryptophan in *Claviceps purpurea* PRL 1980［J］. Phytochemistry，1978，17（3）：

597-598.
[4] Cvak L, Jegorov A, Sedmera P, et al. Norleucine, a natural occurrence in a novel ergot alkaloid gamma-ergokryptinine [J]. Amino Acids, 2005, 29 (2): 145-150.
[5] Horwell D C, Verge J P. Isolation and identification of 6, 7-seco-agroclavine from *Claviceps purpurea* [J]. Phytochemistry, 1979, 18 (3): 519.
[6] Bianchi M L, Crespi-Perellino N, Gioia B, et al. Two ergot peptide alkaloids of a new series by *Claviceps purpurea* [J]. Int Conf Chem Biotechnol Biol Act Nat. Prod, 1981, 3 (1): 351-357.
[7] Kopp B, Rehm H J. Alkaloid production by immobilized mycelia of *Claviceps purpurea* [J]. Eur J Appl Microbiol Biotechnol, 1983, 18 (5): 257-263.
[8] Flieger M, Sedmera P, Vokoun J, et al. New alkaloids from a saprophytic culture of *Claviceps purpurea* [J]. J Nat Prod, 1984, 47 (6): 970-976.
[9] Baumert A, Erge D, Groeger D, et al. Ergotamine and ergotaminine from *Claviceps purpurea* [J]. Ger (East), 1986, DD 234172 A3 19860326.
[10] Roberts A, Beaumont C, Manzarpour A, et al. purpurolic acid: A new natural alkaloid from *Claviceps purpurea* (Fr.) Tul [J]. Fungal Biology, 2016, 120 (1): 104-110.
[11] Crespi Perellino N, Malyszko J, Ballabio M, et al. Identification of ergobine, a new natural peptide ergot alkaloid [J]. J Nat Prod, 1993, 56 (4): 489-493.
[12] Negard M, Uhlig S, Kauserud H, et al. Links between genetic groups, indole alkaloid profiles and ecology within the grass-parasitic *Claviceps purpurea* species complex [J]. Toxins, 2015, 7 (5): 1431-1456.
[13] 黎莲娘，方起程 . 麦角菌发酵物中生物碱的化学研究 [J]. 药学学报，1966，13 (4): 259-263.
[14] 许向前，洪文荣，陈代杰 . 黑麦麦角菌产生麦角甾醇的研究 [J]. 中国抗生素杂志，2006，31 (6): 379-381.

2. 虫草属 *Cordyceps* (Fr.) Link

子座从寄主昆虫或某些大团囊菌的子实体长出，形态及颜色各异；子座柄由纵向平行或略呈网状的菌丝组成，向上在形成子囊壳的部分形成中心髓部或分化成略微疏松的网状组织；子座于寄主体内形成肉质的内菌核。内菌核菌丝分隔，有油滴，可间生、顶生或侧生球形、梭形、柱状或棒状的孢子囊。子囊壳类球形或圆锥形，具明显的壁，表生或埋生于网状菌丝中。孢子囊纺锤形或棒状，顶部大多增厚呈帽状结构。孢子丝状或长梭形，透明，具多隔。

中国 110 余种，分布几遍及全国，法定药用植物 5 种。华东地区法定药用植物 2 种。

虫草属与麦角菌属的区别点：虫草属真菌的寄主多为昆虫，子座稍粗，直径 1 ～ 5mm。麦角菌属真菌的寄主通常为禾本科植物，子座具头部和柄，柄直径常 1mm 以下。

1208. 大蝉草（图 1208）• *Cordyceps cicadae* (Miq.) Massee

【别名】蝉花、蝉花虫草、蝉虫草、蝉拟青霉。

【形态】子座新鲜时白色，丛生，分枝或不分枝，从虫体前端发出；可孕部膨大，子座柄丝状，长 2 ～ 6cm，直径 1 ～ 2mm。子囊壳埋生，类卵形。子囊帽半球形。子囊孢子成熟时断裂。

【生境与分布】寄生于蝉的若虫上。分布于浙江、福建、安徽等地，另广东也有分布。

【药名与部位】金蝉花，大蝉草寄生在蝉科昆虫山蝉若虫上的子座及若虫尸体的复合体。

【采集加工】夏季采收，干燥。

【药材性状】虫体长椭圆形，微弯曲，长约 3cm，直径 1 ～ 1.4cm；表面棕黄色，大部为灰白色菌丝包被；断面粗糙，白色至类白色，充满松软的内容物。子座自虫体头部生出，灰白色，长条形，卷曲或有分枝，成熟者末端肥大，灰黑色，其上有多数点状突出的子囊壳孔。子座易脱落。气特异，味淡。

图 1208　大蝉草　　摄影　贺新生等

【药材炮制】除去杂质，刷净，干燥，筛去灰屑。

【化学成分】子实体含核苷类：胞嘧啶（cytosine）、尿苷（uridine）、肌苷（inosine）、鸟苷（guanosine）、腺苷（adenosine）、虫草素（cordyceps）[1]和 N^6-（2-羟乙基）-腺苷［N^6-（2-hydroxyethyl）-adenosine］[2]；糖类：金蝉花多糖 CPA-1、CPB-2（cordyceps cicadae polysaccharide A-1、B-2）[3]，半乳甘露糖（galactomannan）[4]和半乳甘露糖 CI-P、CI-A（galactomannan CI-P、CI-A）[5]；多元醇类：甘露醇（mannitol）[6]；甾体类：麦角甾醇（ergosterol）[6]；元素：钙（Ca）、铁（Fe）、锌（Zn）、镁（Mg）、铜（Cu）、锰（Mn）、硒（Se）、砷（As）、铅（Pb）、汞（Hg）、铬（Cr）、镉（Cd）和锡（Sn）[6]；氨基酸类：天冬氨酸（Asp）、亮氨酸（Leu）、苏氨酸（Thr）、色氨酸（Trp）、丝氨酸（Ser）、苯丙氨酸（Phe）、谷氨酸（Glu）、赖氨酸（Lys）、甘氨酸（Gly）、酪氨酸（Try）、脯氨酸（Pro）、组氨酸（His）、丙氨酸（Ala）、精氨酸（Arg）、缬氨酸（Val）、蛋氨酸（Met）和异亮氨酸（Ile）[6]；三萜类：角鲨烯（squalene）[7]；其他尚含：多球壳菌素（myriocin）[8]。

发酵液含脂肪酸类：（2*S*, 3*R*, 4*R*, 6*E*）-2-氨基-3, 4-二羟基-2-羟甲基-1, 14-*O*-6-二十烯酸［（2*S*, 3*R*, 4*R*, 6*E*）-2-amino-3, 4-dihydroxy-2-dihydroxy-1, 14-*O*-6-eicosenoic acid］[9]。

【药理作用】1. 改善肾功能　人工培养子实体提取物的乙醇部位和乙酸乙酯部位在体内具有抑制肾纤维化作用，可降低部分肾切除术模型导致的肾损伤、IV 型胶原蛋白（Col IV）、纤维链接蛋白（FN）、转化生长因子-β_1（TGF-β_1）和组织生长因子（CTGF）的表达，TE 在每日 2g/kg 剂量时的治疗效果，在某些方面优于氯沙坦[1]。2. 抗真菌　发酵液的乙酸乙酯萃取物对黑曲霉和白色念珠菌有抑制作用，其中对白色念珠菌的抑制作用最为明显，抑菌活性成分为（2*S*, 3*R*, 4*R*, 6*E*）-2-氨基-3, 4-二羟基-2-羟甲基-1, 14-*O*-6-二十烯酸［（2*S*, 3*R*, 4*R*, 6*E*）-2-amino-3, 4-dihydroxy-2-dihydroxy-1, 14-*O*-6-eicosenoic acid］[2]。3. 抗疲劳和衰老　子座及寄主的干燥复合体的水提取液能明显延长负荷小鼠的游泳时间，提高在常压缺氧状态以及高温下小鼠的存活时间，高剂量组能显著延长雄性果蝇的寿命[3]。4. 调节免疫　从子座及寄主的干燥复合体提取分离的多糖对脂多糖（LPS）诱导 THP-1 细胞产生的 NF-κB 有抑制作用，并具有较高的肿瘤抑制活性[4]；发酵液所含的多糖对小鼠脾淋巴细胞具有增殖作用，并与剂量存在依赖关系，最适剂量为400μg/ml[5]；子实体的水提取物能明显增加小鼠免疫器官脾脏、胸腺指数，促进淋巴细胞增殖反应，提高巨噬细胞吞噬功能[6]。5. 改善睡眠　人工培养的子实体和菌丝体对阈下剂量戊巴比妥钠诱导的小鼠睡眠有一定的促进作用，但没有明显的剂量依赖关系；对戊巴比妥钠致小鼠睡眠时间有明显的延长作用，但对巴比妥钠睡眠潜伏期基本无影响，且无直接致眠作用[7]。6. 抗贫血　子座及寄主的干燥复合体的水提取物能显著提高尾尖端放血所致的失血性贫血和盐酸苯肼所致的贫血小鼠血中的红细胞（RBC）、血红蛋白（HB）的量，呈现明显的量效关系[8]。7. 抗肝细胞损伤　菌丝体胞外和胞内多糖能清除以 H_2O_2 诱导的人肝 LO_2 细胞氧化损伤模型的 1, 1- 二苯基 -2- 三硝基苯肼（DPPH）自由基、羟自由基（·OH）和 2, 2′- 联氮 - 二（3- 乙基 - 苯并噻唑 -6- 磺酸）二铵盐（ABTS）自由基，上调超氧化物歧化酶（SOD）、过氧化氢酶（CAT）活力，降低了细胞 ROS 水平，提高了细胞存活率，结果表明菌丝体胞外和胞内多糖均具有良好的抗肝氧化损伤活性，且胞外多糖比胞内多糖活性更好[9]。8. 修复肠黏膜　人工培养子实体粉末混悬液可从机械屏障、免疫屏障、生物屏障等多个方面修复 5- 氟尿嘧啶（5-FU）所致大鼠肠黏膜损伤[10]。

毒性　子座及寄主的干燥复合体的水提取物灌胃给药，对小鼠的最大耐药量为 80g/kg[8]。

【性味与归经】甘，寒。

【功能与主治】散风热，定惊镇痉。用于风热咳嗽，小儿夜啼，壮热惊悸，手足抽搐。

【用法与用量】3 ～ 6g。

【药用标准】浙江炮规 2015、四川药材 2010 和江西药材 1996。

【临床参考】1. 痘疹遍身作痒：带菌的干燥虫体（微炒）30g，加地骨皮（炒黑）30g，研末，1 次 1 茶匙，水酒调服。

2. 小儿惊风、夜啼、咬牙、咳嗽、咽喉臃肿：带菌的干燥虫体 0.3g，加白僵蚕（酒炒）、甘草（炙）各 0.3g，延胡索 0.15g，共研细末，1 岁 1 次 0.3g，4 ～ 5 岁 1 次 1.5g，每日 2 次。（1 方、2 方引自《中国药用真菌》）

【附注】本种始载于《本草图经》，云："今蜀中有一种蝉，其蜕壳头上有一角，如花冠状，谓之蝉花。"《证类本草》亦载："蝉花，七月采。所在皆有，生苦竹林者良，花出土上。"《本草衍义》在蚱蝉项下亦云："西川有蝉花，乃是蝉在壳中不出而化为花，自顶中出。"《本草纲目》引宋祁《方物赞》云："蝉之不蜕者，至秋则花。其头长一二寸，黄碧色。"以上记载与现今蝉花一致，即本种真菌的子座及其所寄生的虫体的复合体。

现学者研究认为本种应采用原名称蝉棒束孢 *Isaria cicadae* Miq. 并归属于虫草菌科 Cordycipitaceae[1]；又有学者把本种定为新种 *Cordyceps chanhua* Z. Z. Li，F. G. Luan，Hywel-Jones，C. R. Li et S. L. Zhang[2]。

蝉蛹草（蝉菌）*Cordyceps sobolifera*（Hill.）Berk. et Br. 寄生在蝉科动物蛁蟟 *Cncotymana maculaticollis* Motsh. 及他种蝉的若虫的子座与寄主复合体，在四川作蝉花药用。

【化学参考文献】

［1］陈安徽，陈宏伟，徐洋，等. 蝉花虫草中核苷类成分的分离纯化和鉴定［J］. 食品科学，2013，34（1）：131-134.

［2］Zhang L G，Wu T，Olatunji O J，et al. N^6-（2-hydroxyethyl）-adenosine from *Cordyceps cicadae* attenuates hydrogen peroxide induced oxidative toxicity in PC12 cells［J］. Metabolic Brain Disease，2019，DOI：org/10. 1007/s11011-019-00440-1.

［3］Olatunji O J，Feng Y，Olatunji O O，et al. Polysaccharides purified from *Cordyceps cicadae* protects PC12 cells against glutamate-induced oxidative damage［J］. Carbohydrate Polymers 2016，153：187-195.

［4］Ukai S，Matsuura S，Hara C，et al. Structure of a new galactomannan from the ascocarps of *Cordyceps cicadae* Shing［J］. Carbohydrate Research，1982，（101）：109-116.

［5］Kiho T，Nagai K，Miyamoto I，et al. Polysaccharides in fungi. XXV. biological activities of two galactomannans from the insect-body portion of Chanhua（fungus：*Cordyceps cicadae*）［J］. Yakugaku Zasshi，1990，110（4）：286-288.

［6］葛飞，夏成润，李春如，等. 蝉拟青霉菌丝体与天然蝉花中化学成分的比较分析［J］. 菌物学报，2007，（1）：68-75.

［7］卫亚丽，杨茂发，刘爱英，等. 毛细管气相色谱法测定中药蝉花中角鲨烯的含量［J］. 药物分析杂志，2014，34（11）：

1975-1978.
[8] 徐红娟，莫志宏，余佳文，等．蝉花抗真菌活性成分的分离纯化研究［J］．天然产物研究与开发，2010，22（5）：794-797.
[9] 胡凯，程文明，李春如．大蝉虫草发酵液抗真菌活性成分的分离与结构鉴定［J］．菌物学报，2017，36（3）：332-338.

【药理参考文献】

[1] Zhu R，Chen Y P，Deng Y Y，et al. *Cordyceps cicadae* extracts ameliorate renal malfunction in a remnant kidney model［J］. Journal of Zhejiang University Science B（Biomedicine & Biotechnology），2011，12（12）：1024-1033.
[2] 胡凯，程文明，李春如．大蝉虫草发酵液抗真菌活性成分的分离与结构鉴定［J］．菌物学报，2017，36（3）：332-338.
[3] 王砚，赵小京，唐法娣．蝉花药理作用的初步探讨［J］．浙江中医杂志，2001，5：37-38.
[4] 杨全伟，肖柳，黄雄超，等．金蝉花多糖的含量组成分析及其对 LPS 诱导的 THP-1 细胞 NF-κB 活性的研究［J］．中国现代中药，2016，18（9）：1129-1134.
[5] 闫梅霞，胡清秀，张瑞，等．药用菌发酵液多糖对脾淋巴细胞的增殖作用［J］．特产研究，2010，32（4）：27-29，38.
[6] 李思迪，盛益华，张忠亮，等．蝉花水提物及蝉花复方对小鼠免疫功能影响的实验研究［J］. 2020，43（4）：636-641.
[7] 张忠亮，王玉芹，樊美珍．培育蝉花改善小鼠睡眠功能的试验研究［J］．哈尔滨商业大学学报（自然科学版），2016，32（6）：663-667.
[8] 宋捷民，忻家础，朱英，等．蝉花对造血功能的影响及其急性毒性实验研究［J］．中国现代应用药学，2004，21（S1）：12-13.
[9] 刘城移，袁源，郝心怡，等．蝉虫草菌丝体胞内和胞外多糖抗肝细胞氧化损伤比较研究［J］．菌物学报，39（2）：421-433.
[10] 喻振，于瑞莲，邵佳蔚，等．人工蝉花对 5- 氟尿嘧啶诱发大鼠肠黏膜损伤的修复作用研究［J］．中国药房，2019，30（21）：2973-2979.

【附注参考文献】

[1] Luangsa-ard J J，Hywel-Jones N L，Manoch L，et al. On the relationships of Paecilomyces Sect. *Isarioidea* species［J］. Mycol Res，2005，109：581-589.
[2] 李增智，栾丰刚，Hywel-Jones N L，等．与蝉棒束孢有关的虫草菌生物多样性的研究Ⅱ．重要药用真菌蝉花有性型的发现及命名［J］．菌物学报，2021，40（2）：1-12.

1209. 蝉蛹草（图 1209）· *Cordyceps sobolifera*（Hill.）Berk. et Br.

【别名】蝉菌，蝉茸，蝉花，大蝉草菌，金蝉花，冠蝉，胡蝉，螗蜩。

【形态】子座土黄色至淡褐色，单生，棒状，不分枝或偶有分枝，从寄主头部长出；可孕部柱状或梭状膨大；子座柄柱状，长 25 ~ 45mm，直径 3 ~ 4mm，与寄主连接的部分有明显的缢缩。子囊壳埋生，瓶形至柱状。子囊帽半球形。子囊孢子丝状，多隔，成熟时断裂成次生孢子囊孢子。

【生境与分布】寄生于蝉的若虫上。分布于浙江、安徽等地，另四川也有分布。

蝉蛹草与大蝉草的区别点：蝉蛹草子座土黄色至淡褐色，单生。大蝉草子座白色，丛生。

【药名与部位】蝉花，蝉蛹草寄生在蝉科昆虫蟪蟟 *Oncotypmana maculaticollis* Motsch. 及他种蝉的若虫的子座及若虫尸体的复合体。

【药材性状】虫体呈蝉形，棕褐色，长 2 ~ 4.5cm, 直径 0.7 ~ 1.6cm，质脆易折断，断面实心，黄白色， 质松软；子座单个或 2 ~ 3 个成束地从寄主(虫体)前端生出，长 4 ~ 12cm，扭曲，外表棕褐色，有时具小分枝，头部呈棒状。气腥，味淡。

【质量要求】以体大、完整、饱满、断面不显乌黑色、无碎断、气腥者为佳。

【药材炮制】炒至微黄。

【化学成分】子实体含核苷类：尿苷（uridine）、鸟苷（guanosine）、腺苷（adenosine）和虫草素（cordycepin）[1]；氨基酸类：天冬氨酸（Asp）、亮氨酸（Leu）、苏氨酸（Thr）、色氨酸（Trp）、

图 1209　蝉蛹草　　　　摄影　顾新伟

丝氨酸（Ser）、苯丙氨酸（Phe）、谷氨酸（Glu）、赖氨酸（Lys）、甘氨酸（Gly）、酪氨酸（Try）、脯氨酸（Pro）、组氨酸（His）、丙氨酸（Ala）、精氨酸（Arg）、半胱氨酸（Cys）、缬氨酸（Val）、蛋氨酸（Met）和异亮氨酸（Ile）[1]；其他尚含：蛋白质（protein）、脂肪（fat）、纤维（fiber）和多糖（polysaccharide）[1]。

【性味与归经】甘、咸、寒。

【功能与主治】明目散翳，用于小儿惊痫瘈瘲、夜啼、心悸及虚人久翳不退等。

【用法与用量】9 ～ 15g。

【药用标准】四川药材 1977。

【附注】现学者 Sung 等（2007）研究认为本种名称应为多座线虫草 *Ophiocordyceps sobolifera*（Hill ex Watson）G. H. Sung，J. M. Sung，Hywel-Jones et Spatafora[1]。

【化学参考文献】

[1] 张红霞，高新华，陈伟，等 . 人工培育蝉花与天然蝉花中化学成分的比较［J］. 食用菌学报，2012，19（3）：59-62.

【附注参考文献】

[1] Sung G H，Hywel-Jones N L，Sung J M，et al. Phylogenetic classification of *Cordyceps* and the clavicipitaceous fungi［J］. Studies in Mycology，2007，57：5-59.

四 肉座菌科 Hypocreaceae

子座肉质，多为不规则球状，子囊壳部分或全部埋生于子座中。子囊长圆柱形或近似棒状，每个子囊含孢子 8 个左右，孢子具隔，无色或近无色。

分布于华东、华中地区。

中国法定药用植物 3 属，3 种。华东地区法定药用植物 1 属，1 种。

肉座菌科法定药用植物华东地区仅竹黄属 1 属，该属含蒽醌类、甾体类、黄酮类、多糖类等成分。蒽醌类如竹红菌甲素（hypocrellin A）、1，8- 二羟基蒽醌（1，8-dihydroxy anthraquinone）等；甾体类如过氧化麦角甾醇（ergosterol peroxide）、麦角甾醇（ergosterol）、麦角甾 -7，24（28）- 二烯 -3β- 醇［ergosta-7，24（28）-dien-3β-ol］等；黄酮类如 3，6，8- 三羟基 -1- 甲基屾酮（3，6，8-trihydroxy-l-methylxanthone）、（+）- 灰黄霉素［（+）-griseofulvin］、2，3，6，8- 四羟基 -1- 甲基屾酮（2，3，6，8-tetrahydroxy-l-methylxanthone）等；多糖类如竹黄多糖 SB-1、BSP-2（shiraia bambusicola polysaccharide SB-1、BSP-2）等。

1. 竹黄属 *Shiraia* Henn.

子座肉质，不规则瘤状。子囊壳类球形，埋生于子座内。子囊长圆柱形，每个子囊含孢子 6 个左右，孢子无色或微黄色。

分布于长江中下游地区。中国法定药用植物 1 种。华东地区法定药用植物 1 种。

1210. 竹黄（图 1210）• *Shiraia bambusicola* Henn.

【别名】竹黄菌，竹茧（浙江），竹花，竹赤团子，赤团子。

【形态】子座多呈不规则瘤状，长 1 ～ 4.5cm，宽 0.5 ～ 2.5cm；初期表面较平滑，色淡，后期粉红色，可龟裂，内部粉红色肉质，后变为木栓质。子囊壳类球形，埋生于子座内。子囊长圆柱形，含孢子 6 个，排成一线，侧丝条形。孢子长椭圆形或近纺锤形，具隔，两端稍尖，无色或近无色，成堆时柿黄色。

【生境与分布】寄生于簕竹属（*Bambusa* Schreber）及刚竹属（*Phyllostachys* Sieb.et Zucc.）植物的竿上。分布于浙江、江苏、安徽、江西，另湖南、湖北等地均有分布。

【药名与部位】竹篁（竹黄），子实体。

【采集加工】春末采收，除去泥沙，洗净，晒干。

【药材性状】呈短圆柱形或纺锤形，略扁，长 1 ～ 5cm，直径 0.5 ～ 2.5cm。表面灰白色、粉红色或棕红色，凹凸不平；有瘤状突起或具细小龟裂状的灰色斑点；底面有 1 条凹沟，紧裹于竹枝上。体轻，质脆，断面浅红色至红色，中央色较浅。气微，味苦，舔之微黏舌。

【药材炮制】除去杂质。

【化学成分】子座含醌类：寄生菌素 A（hypomycin A）、竹红菌甲素（hypocrellin A）、竹红菌乙素（hypocrellin B）、竹红菌丙素（hypocrellin C）、1, 8- 二羟基蒽醌（1, 8-dihydroxy-anthraquinone）[1]，竹红菌丁素（hypocrellin D）[2]，六孢素（hexascosporin）[3] 和 1, 5- 二羟基 -3- 甲氧基 -7- 甲基蒽 -9, 10- 二酮（1, 5-dihydroxy-3-methoxy-7-methylanthracene-9, 10-dione）[4]；甾体类：麦角甾醇（ergosterol）、麦角甾醇过氧化物（ergosterol peroxide）[1]，（22*E*, 24*R*）-5α, 8α- 过氧化麦角甾 -6, 9（11）, 22- 三烯 -3β- 醇［（22*E*, 24*R*）-5α, 8α-ergosterol peroxide-6, 9（11）, 22-trien-3β-ol］、麦角甾 -7, 24（28）- 二烯 -3β-

图 1210 竹黄 摄影 顾新伟

醇［ergost-7, 24（28）-dien-3β-ol］、（22*E*, 24*R*）- 麦角甾 -7, 22- 二烯 -3β, 5α, 6β- 三醇［（22*E*, 24*R*）-ergost-7, 22-dien-3β, 5α, 6β-triol］、（22*E*, 24*R*）- 麦角甾 -7, 22- 二烯 -3β, 5α, 6β- 三醇 -3-*O*- 棕榈酸酯［（22*E*, 24*R*）-ergost-7, 22-dien-3β, 5α, 6β-triol-3-*O*-palmitate］和（22*E*, 24*R*）- 麦角甾 -7, 22- 二烯 -3β, 5α, 6β- 三醇 -6-*O*- 棕榈酸酯［（22*E*, 24*R*）-ergost-7, 22-dien-3β, 5α, 6β-triol-6-*O*-palmitate］[5]；多糖类：竹黄多糖 - Ⅰ、- Ⅱ（SB-I、SB-II）和竹黄多糖 -1、-2（BSP-1、BSP-2）[6,7]；脂肪酸类：硬脂酸（stearic acid）、硬脂酸乙酯（ethyl stearate）[3]，棕榈酸 -α- 单甘油酯（palmitic acid-α-monoglyceride）和棕榈酸 -α, α′- 甘油二酯（palmitic acid-α, α′-diglyceride）[5]；黄酮类：3, 6, 8- 三羟基 -1- 甲基呫酮（3, 6, 8-tetrahydroxy-l-methylxanthone）、3, 8- 二羟基 -6- 甲氧基 -1- 甲基呫酮（3, 8-dihydroxy-6-methoxy-1-methylxanthone）、2, 3, 6, 8- 四羟基 -1- 甲基呫酮（2, 3, 6, 8-trihydroxy-l-methylxanthone）和 3, 4, 6, 8- 四羟基 -1- 甲基呫酮（3, 4, 6, 8-tetrahydroxy-l-methylxanthone）[8]；甾体类：孕甾 -5（10）- 烯 -3β, 17α, 20β- 三醇［pregn-5（10）-en-3β, 17α, 20β-troil］[8]；大环内酯类：小球壳孢菌内酯 *A（macrospelide A）[2,8]；多元醇类：甘露醇（mannitol）[5]；苯并呋喃环己烯酮类：（+）- 灰黄霉素［（+）-griseofulvin］和灰黄霉素 A（griseofulvin A）[8]；其他尚含：11, 11′- 二去氧沃替西林（11, 11′-dideoxyverticillin）[8,9]。

菌丝体含醌类：竹黄色素 A、B、C（shiraiachrome A、B、C）[10]。

发酵液含脂肪酸类：棕榈酸甲酯（methyl palmitate）和棕榈酸（palmitic acid）[11]；酚酸类：4- 羟基苯甲酸（4-hydroxybenzoic acid）[11]；甾体类：胡萝卜苷（daucosterol）和 5α, 8α- 表二氧 -（22*E*, 24*R*）- 麦角甾 -6, 22- 烯 -3β- 醇［5α, 8α-epidiory-（22*E*, 24*R*）-ergosta-6, 22-dien-3β-ol］[11]；糖醇类：D- 阿洛醇（D-alcohol）[11]。

【药理作用】1. 抗肿瘤　子座中所含的成分竹红菌甲素（hypocrellin A）对人宫颈癌 HeLa 细胞具有明显的细胞杀伤作用，可使红细胞产生溶血和 K^+ 释放，导致细胞膜 ATP 酶和乙酰胆碱酯酶失活，对肝癌细胞的线粒体和微粒体膜的脂质过氧化有促进作用，竹红菌甲素合并光照能破坏肝癌细胞的 DNA，使其修复缓慢[1]，可诱导人黑色素瘤细胞 A375-S2 凋亡，作用机制可能与促进细胞周期因子 CylinB1 mRNA 表达及使细胞周期停滞在 S 期有关[2]；子座的 75% 乙醇提取物在高浓度时可以促使肿瘤坏死因子 -α（TNF-α）诱导的小鼠成纤维细胞（L929 细胞株）凋亡，低浓度时具有抗 TNF-α 诱导的 L929 细胞凋亡作用，推测其可能含有药理作用相反的物质，通过调节信号网络中关键蛋白 COX-2 和 Bcl-2 等的变化，进而改变信号网络平衡，发挥抗肿瘤与抗炎作用[3]。2. 麻醉和镇痛　子座的水浸液可以增加蟾蜍坐骨神经干的刺激阈，表现出局部麻醉作用[4]；子实体的水提取液和水提醇沉液能提高热板法小鼠的痛阈值，减少酒石酸锑钾致痛小鼠的扭动次数[5]。3. 抗氧化　从子实体中提取的多糖对羟自由基（•OH）和 1，1- 二苯基 -2- 三硝基苯肼（DPPH）自由基具有较强的清除能力，对超氧阴离子自由基（O_2^-•）的清除能力较弱[6]；从子实体中分离得到的多糖组分具有一定的抗猪油自动氧化能力[7]。4. 抗菌　其发酵液的乙酸乙酯萃取物有较广的抗菌谱，对大肠杆菌、金黄色葡萄球菌、枯草芽孢杆菌、酿酒酵母、白地霉和黑曲霉均有明显的抗菌作用[8, 9]。5. 对心血管的影响　子座的水提取液能使离体蛙心收缩力减弱，心率变慢，对离体兔耳血管有直接扩张作用，增加灌流量，尤其是对处于挛缩状态的血管作用更为明显，能降低麻醉兔血压，其机制可能是影响了心排血量和使小血管（小动脉）扩张、外周阻力减低引起[10]。

【性味与归经】淡、平。归肺、胃、心、肝经。

【功能与主治】化痰止咳，活血通络，祛风利湿。用于咳嗽痰多，百日咳，带下，胃痛，风湿痹痛，小儿惊风，跌打损伤。

【用法与用量】煎服 6 ～ 15g；或浸酒。外用适量，酒浸敷。

【药用标准】湖南药材 2009、上海药材 1994 和湖北药材 2009。

【临床参考】1. 小儿外感发热：子座 6g，加防风、全蝎、钩藤各 6g 等，水煎，每日 1 剂，分 2 ～ 3 次服[1]。

2. 痛风：竹黄通痹胶囊（主要组分为竹黄、车前子、竹叶、黄柏和牛膝等）口服，每日 3 次，1 次 4 粒，连服 15 日[2]。

3. 类风湿性关节炎：真菌竹黄胶囊（由子座提取制成）口服，每日 2 次，1 次 3 ～ 6 粒[3]。

4. 风湿痹痛、四肢麻木：子座 60g，加烧酒 250ml，浸 24h 后，每晚服药酒 30ml，或以药酒外擦患处。（《浙江药用植物志》）

【附注】竹篁（竹黄）与天竺黄、天竹黄为不同的中药材，天竺黄为青皮竹（青竹皮）*Bambusa textilis* Meclure 和薄竹（华思劳竹）*Schizostachyum chinense* Rendle 等竹竿内的分泌物干燥后的块状物；台湾将毛金竹 *Phyllostachys nigra*（Lodd.ex Lindl.）Munro var. *henonis*（Mitford）Stapf ex Rendle 因病在节内生成的块状物用作天竹黄。中国药典 1977 年版、云南和新疆曾将薄竹（华思劳竹）和青皮竹竿内分泌液干燥后的块状物用作竹黄。应注意区别。

湖南省药材标准记载：药材竹黄“孕妇及高血压患者禁服，服药期间忌食萝卜及酸辣食品。”

【化学参考文献】

［1］沈云修，荣先国，高宗华．竹黄的化学成分研究［J］．中国中药杂志，2002，27（9）：37-39.

［2］房立真，刘吉开．竹黄化学成分的研究［J］．天然产物研究与开发，2010，22（6）：1021-1023，1056.

［3］胡晓，沈联德．竹黄化学成分的分离和结构鉴定［J］．华西药学杂志，1992，7（1）：1-4.

[4] 张梁，楼志华，陶冠军，等．一种蒽醌类色素的提取分离和结构分析[J]．中国中药杂志，2006，31（19）：1645-1646.
[5] 殷志琦，陈占利，张健，等．药用真菌竹黄的化学成分研究[J]．中国中药杂志，2013，38（7）：1008-1013.
[6] 叶淳渠，方积年．竹黄多糖 SB-Ⅰ及 SB-Ⅱ的组成研究Ⅰ．竹黄多糖 SB-Ⅰ及 SB-Ⅱ的检定及克分子比测定[J]．药学学报，1981，16（7）：524-529.
[7] 陈佳佳，扶教龙，顾华杰，等．竹黄多糖 BSP-1 的组成和抗氧化活性分析[J]．食品研究与开发，2008，29（8）：120-123.
[8] 刘双柱，赵维民．药用真菌竹黄化学成分的研究[J]．中草药，2010，41（8）：1239-1242.
[9] Chen Y，Zhang Y X，Li M H，et al. Antiangiogenic activity of 11，11′-dideoxyverticillin，a natural product isolated from the fungus *Shiraia bambusicola*[J]. Biochem Biophys Res Commun，2005，329：1334-1342.
[10] Wu H M，Lao X F，Wang Q W，et al. The shiraiachromes：novel fungal perylenequinone pigments from *Shiraia bambusicola*[J]. J Nat Prod，1989，52（5）：948-951.
[11] 胡居杰，尹伟，吴培云，等．竹黄菌发酵液化学成分研究[J]．安徽中医学院学报，2011，30（6）：58-60.

【药理参考文献】

[1] 傅乃武，诸衍信，黄磊，等．竹红菌甲素对肿瘤细胞光动力作用和体内代谢的研究[J]．癌症，1989，8（6）：450-451，478.
[2] 陈洁，藤利荣，郑克岩，等．竹红菌甲素诱导人黑色素瘤 A375-S2 细胞凋亡的分子机制[J]．中国药学杂志，2005，40（6）：431-434.
[3] 张树冰，周亚玲，李凌，等．真菌竹黄双向调节 TNF-α 诱导的 L929 细胞凋亡过程[J]．天然产物研究与开发，2012，24（12）：1733-1737，1781.
[4] 熊大邃，杨长友，苏惠民．竹黄局麻作用[J]．中药药理与临床，1985，（1）：96-97.
[5] 王顺祥，魏经建，王奕鹏．9 种中草药镇痛作用的筛选实验[J]．河南中医，2006，26（1）：37-39.
[6] 陈佳佳，扶教龙，胡翠英，等．竹黄多糖的提取工艺及清除自由基活性研究[J]．江苏农业科学，2008，2：196-198.
[7] 陈佳佳，扶教龙，顾华杰，等．竹黄多糖 BSP-1 的组成和抗氧化活性分析[J]．食品研究与开发，2008，29（8）：120-123.
[8] 李加友，李兆兰，焦庆才，等．竹黄菌发酵液萃取物的抗菌活性研究[J]．南京中医药大学学报，2003，19（3）：159-160.
[9] 于建兴，沈洁，陆筑凤，等．竹黄菌的液体发酵及生物学活性研究[J]．药物评价研究，2013，36（1）：26-29.
[10] 万阜昌．真菌竹黄对心血管等作用的研究[J]．中药通报，1982，（5）：31-33.

【临床参考文献】

[1] 李凤英，李军洲，许栓虎．中药治疗小儿外感发热 40 例[J]．陕西中医，2002，23（11）：1001.
[2] 邢军，周淑英，梁云，陆训波．竹黄通痹胶囊治疗痛风 43 例[J]．中国自然医学杂资料志，2001，3（1）：32-33.
[3] 胡红胜．真菌竹黄胶囊[J]．中药新药与临床药理，1994，（1）：32.

五 炭角菌科 Xylariaceae

子囊壳黑色，壁明显，单生或多数埋生于子座内。子囊圆柱形，有柄，延壳壁内排列成层，含 8 个孢子。孢子单细胞，浅褐色至暗褐色，典型者呈不等边椭圆形。侧丝多，条形。

中国 14 属，约 125 种，分布几遍及全国，法定药用植物 1 属，1 种。华东地区法定药用植物 1 属，1 种。

炭角菌科法定药用植物主要含生物碱类、黄酮类、甾体类、核苷类等成分。生物碱类如黑柄炭角菌碱苷 A、B、C、D（xylapyrroside A、B、C、D）、2-（5- 羟甲基 -2- 甲酰基吡咯 -1- 基）-4- 异戊酸内酯［2-（5-hydroxymethyl-2-formylpyrrol-1-yl）-4-isovaleric acid lactone］等；黄酮类如金雀异黄素（genistein）、5, 7- 二羟基 -2- 甲基 -4- 二氢色原酮（5, 7-dihydroxy-2-methyl-4-dihydrochromone）、5- 羟基 -2- 甲基 -4- 二氢色原酮（5-hydroxy-2-methyl-4-dihydrochromone）等；甾体类如谷甾醇 -3-*O*-6″- 亚油基 -β-D- 吡喃葡萄糖苷（sitosterol-3-*O*-6″-linoleoyl-β-D-glucopyranoside）、大戟醇（euphorbia）、β- 谷甾醇（β-sitosterol）等；核苷类如腺嘌呤（adenine）、乌苷（guanosine）、腺苷（adenosine）等。

1. 炭角菌属 *Xylaria* Hill ex Grev.

子座有柄，直立，圆柱形、棒形或条形，具炭质皮壳，内部往往白色。子囊壳埋生于子座内。孢子褐色，无横隔。

中国约 52 种，分布几遍及全国，法定药用植物 1 种。华东地区法定药用植物 1 种。

1211. 黑柄炭角菌（图 1211）• *Xylaria nigripes*（Klotzsch）Sacc.

【别名】乌灵参，地炭棍。

【形态】子座通常单生，但有时分枝，分散或丛生于地上，高 3.5 ～ 16cm，地下部分连接白蚁窝；头部与柄部有纵皱纹，头部呈圆柱形，初期灰褐色或白色，后变黑色；内部肉色，后变暗色，充实；柄部长 1.5 ～ 7cm，由基部向下有延伸的假根，末端连接着菌核，卵圆形，暗褐色至黑色。子囊壳类长椭圆形，埋生，孔口疣状、黑色。子囊圆筒状，含 8 个孢子，单行排列。孢子褐色，不等边椭圆形至半球形。

【生境与分布】散生于阔叶林中地上。分布于江苏、浙江、江西、福建，另广东、四川、西藏、河南、海南、广西、台湾均有分布。

【药名与部位】乌灵菌粉，黑柄炭角菌经深层发酵而得到的菌丝体干燥品。

【采集加工】取新鲜黑柄炭角菌，分离得到菌种，通过深层发酵获得的菌丝体再经干燥，粉碎，即得。

【药材性状】为浅棕色至棕色粉末，气特异，味甘淡。

【化学成分】菌丝体含核苷类：胸腺嘧啶（thymidine）、脱氧尿苷（deoxyuridine）和 2′- 脱氧腺苷（2′-deoxyadenosine）[1]；多糖类：黑柄炭角菌多糖 W-1、W-2（xylaria nigripes polysaccharide W-1、W-2）[2]；甾体类：（22*E*, 24*R*）- 麦角甾 -7, 9, 22- 三烯 -3β- 醇［（22*E*, 24*R*）-ergosta-7, 9, 22-trien-3β-ol］、麦角甾 -6, 22- 二烯 -3β, 5α, 8α- 三醇（ergosta-6, 22-dien-3β, 5α, 8α-triol）、（22*E*, 24*R*）- 麦角甾 -7, 22- 二烯 -3β, 5α, 8α- 三醇［（22*E*, 24*R*）-ergosta-7, 22-dien-3β, 5α, 8α-triol］、3β, 5α- 二羟基 -6β- 甲氧基麦角甾 -7, 22- 二烯（3β, 5α-dihydroxy-6β-methoxyergosta-7, 22-diene）、（24*R*）-24- 乙基 -5α- 胆甾烷 -3β, 5, 6β- 三醇［（24*R*）-24-ethyl-5α-cholestane-3β, 5, 6β-triol］、谷甾醇 -3-*O*-6″- 亚油基 -β-D- 吡喃葡萄糖苷（sitosterol-3-*O*-6″-linoleoyl-β-D-glucopyranoside）[1]，（22*E*）- 麦角甾 -7, 22- 二烯 -3β, 5α, 6β- 三醇［（22*E*）-ergosta-7, 22-dien-3β, 5α, 6β-triol］、豆甾烷 -3β, 5α, 6β- 三醇（stigmastane-3β, 5α, 6β-triol）和豆甾 -5- 烯 -6-*O*-［（9*Z*, 12*Z*）- 十八碳 -9, 12- 二烯酰］-3β-*O*-β-D- 吡喃葡萄糖苷 {stigmasta-5-en-6-*O*-

图 1211　黑柄炭角菌　　摄影　林文飞等

［（9*Z*, 12*Z*）-octadeca-9, 12-dienoyl］-3β-*O*-β-D-glucopyranoside}[3]；色原酮类：5- 羟基 -7- 甲氧基 -2- 甲基 -4- 二氢色原酮（5-hydroxy-7-methoxy-2-methyl-4-dihydrochromone）、5, 7- 二羟基 -2- 甲基 -4- 二氢色原酮（5, 7-dihydroxy-2-methyl-4-dihydrochromone）和 5- 羟基 -2- 甲基 -4- 二氢色原酮（5-hydroxy-2-methyl-4-dihydrochromone）[4]；异香豆素类：5- 羟基蜂蜜曲菌素（5-hydroxymellein）、5- 羰基蜂蜜曲菌素（5-carboxylmellein）和 5- 甲基蜂蜜曲菌素（5-methylmellein）[5]；黄酮类：（5*R*）-7-*O*-（2, 3- 二羟基异戊基）大豆苷元［（5*R*）-7-*O*-（2, 3-dihydroxyisopentyl）daidzein］[1], 3-{4-［（2*R*）-2, 3- 二羟基 -3- 甲基丁氧基］苯基}-7- 羟基 -4H- 色烯 -4- 酮 {3-{4-［（2*R*）-2, 3-dihydroxy-3-methylbutoxy］phenyl}-7-hydroxy-4H-chromen-4-one}[3] 和金雀异黄素（genistein）[5]；生物碱类：黑柄炭角菌吡咯苷*A、B、C、D（xylapyrroside A、B、C、D）、2-（5- 羟甲基 -2- 甲酰吡咯 -1- 基）-2- 苯基丙酸内酯［2-（5-hydroxymethyl-2-formylpyrrol-1-yl）-2-phenylpropionic acid lactone］、2-（5- 羟甲基 -2- 甲酰吡咯 -1- 基）-4- 甲基戊酸内酯［2-（5-hydroxymethyl-2-formylpyrrol-1-yl）-4-methylpentanoic acid lactone］、2-（5- 羟甲基 -2- 甲酰吡咯 -1- 基）- 异戊酸内酯［2-（5-hydroxymethyl-2-formylpyrrol-1-yl）-isovaleric acid lactone］、4-［甲酰基 -5-（羟甲基）-1H- 吡咯 -1- 基］丁酸 {4-［formyl-5-（hydroxymethyl）-1H-pyrrol-1-yl］butanoic acid}、4-［甲酰基 -5-（甲氧基甲基）-1H- 吡咯 -1- 基］丁酸 {4-［formyl-5-（methoxymethyl）-1H-pyrrol-1-yl］butanoic acid}、4-［甲酰基 -5-（甲氧基甲基）-1H- 吡咯 -1- 基］丁酸 {4-［formyl-5-

(methoxymethyl)-1H-pyrrol-1-yl] butanoic acid}、5-乙氧基甲基-1H-吡咯-2-甲醛[5-ethoxymethyl-1H-pyrrol-2-carbaldehyde][1]，(4S)-3, 4-二氢-4-(对羟基苄基)-3-酮基-1H-吡咯[2, 1-c][1, 4]噁嗪-6-甲醛{(4S)-3, 4-dihydro-4-(p-hydroxybenzyl)-3-oxo-1H-pyrrol[2, 1-c][1, 4]oxazine-6-carbaldehyde}、(4S)-4-苄基-3, 4-二氢-3-酮基-1H-吡咯[2, 1-c][1, 4]噁嗪-6-甲醛{(4S)-4-benzyl-3, 4-dihydro-3-oxo-1H-pyrrol[2, 1-c][1, 4]oxazine-6-carbaldehyde}、(4S)-3, 4-二氢-3-酮基-4-(丙烷-2-基)-1H-吡咯[2, 1-c][1, 4]噁嗪-6-甲醛{(4S)-3, 4-dihydro-3-oxo-4-(propan-2-yl)-1H-pyrrol[2, 1-c][1, 4]oxazine-6-carbaldehyde}、(4S)-3, 4-二氢-4-(2-甲基丙基)-3-酮-1H-吡咯[2, 1-c][1, 4]噁嗪-6-甲醛{(4S)-3, 4-dihydro-4-(2-methylpropyl)-3-oxo-1H-pyrrolo[2, 1-c][1, 4]oxazine-6-carbaldehyde}、4-[2-甲酰-5-(羟甲基)-1H-吡咯-1-基]丁酸{4-[2-formyl-5-(hydroxymethyl)-1H-pyrrol-1-yl] butanoic acid}、4-[2-甲酰基-5-(甲氧基甲基)-1H-吡咯-1-基]丁酸甲酯{4-[2-formyl-5-(methoxymethyl)-1H-pyrrol-1-yl] butanoic acid methyl ester}、4-[2-甲酰基-5-(甲氧基甲基)-1H-吡咯-1-基]丁酸{4-[2-formyl-5-(methoxymethyl)-1H-pyrrol-1-yl]butanoic acid}、5-(羟甲基)呋喃-2-甲醛[5-(hydroxymethyl)furan-2-carbaldehyde][3]和(2S)-(2-甲酰基-5-羟甲基-1H-吡咯-1-基)-3-(4-羟基苯基)丙酸甲酯[(2S)-(2-formyl-5-hydroxymethyl-1H-pyrrol-1-yl)-3-(4-hydroxyphenyl) propanoic acid methyl ester][1,3]；挥发油类：姜黄二酮(curdione)、2-甲酰基-5-羟甲基呋喃(2-formyl-5-hydroxymethyl furan)[1]和2-(对羟基苯)乙醇[2-(p-hydroxybenzene) ethanol][4]。

子座含甾体类：(22E, 24R)-麦角甾-5, 7, 22-三烯-3β-醇[(22E, 24R)-ergosta-5, 7, 22-trien-3β-ol]和5α, 8α-表二氧-(22E, 24R)-麦角甾-6, 22-二烯-3β-醇[5α, 8α-epidioxy-(22E, 24R)-ergosta-6, 22-dien-3β-ol][6]；生物碱类：黑柄炭角菌酮*A、B、C(xylanigripone A、B、C)、曲麦角碱(agroclavine)、8, 9-二去氢-10-羟基-6, 8-二甲基麦角灵(8, 9-didehydro-10-hydroxy-6, 8-dimethylergolin)和(6S)-曲麦角碱-N-氧化物[(6S)-agroclavine-N-oxide][7]；脑苷脂类：脑苷脂B、D(cerebroside B、D)[6]；脂肪酸类：硬脂酸(stearic acid)和亚油酸甘油三酯(trilinolein)[6]；糖和糖醇类：α-曲二糖(α-kojibiose)和D-阿洛糖醇(D-allylalcohol)[6]；氨基酸类：L-氨基丙酸(L-aminopropionic acid)[6]；胺类：尿囊素(allantoin)[6]。

发酵液含倍半萜类：黑柄炭角菌萜A、B、C、D、E、F(nigriterpene A、B、C、D、E、F)[8]；酚类：2-羟甲基-3-戊基苯酚(2-hydroxymethyl-3-pentylphenol)、3-丁基-7-羟基苯酞(3-butyl-7-hydroxyphthalide)和柱霉酮(scytalone)[8]；苯并呋喃类：层孔菌毒素(fomannoxin)[8]。

【药理作用】1. 抗抑郁 发酵的菌丝体制成的乌灵菌粉具有抗抑郁作用，能明显增强大鼠脑组织中乙酰化组蛋白比例和5-羟色胺受体(5-HTT)、酪氨酸羟化酶(TH)和mRNA表达[1]；乌灵菌粉可改善脑卒中后抑郁大鼠的行为学能力，提升5-羟色胺受体(5-HTT)和5-羟基吲哚乙酸(5-HIAA)的水平[2]；乌灵菌粉可使慢性轻度应激(CMS)致抑郁模型小鼠脑内多种功能基因的异常表达趋向正常水平[3]。2. 抗焦虑 高剂量的乌灵菌粉可改善创伤后应激障碍模型大鼠焦虑样行为，显著降低海马组织中IL-1β、IL-6含量[4]。3. 改善脑损伤 乌灵菌粉的水提取物对中脑动脉栓塞(MCAO)模型小鼠海马结构具有保护作用，表现为空洞样改变减少，脑源性神经影响因子(BDNF)和γ氨基丁酸(GABA)显著高于模型组[5]。4. 抗癫痫 乌灵菌粉能延缓大鼠戊四唑癫痫发作的形成过程，明显降低发作级别，延长肌阵挛潜伏期，同时可改善癫痫大鼠的学习能力，放射状八臂迷宫训练3天后，其工作记忆和参考记忆错误次数的改善明显于模型对照组[6]。5. 抗氧化 从发酵黑柄炭角菌粉提取分离的水溶性黑柄炭角菌肽在体外具有明显的抗氧化作用，能明显降低邻苯三酚自氧化速率，对羟自由基(·OH)有极强的清除能力，对1, 1-二苯基-2-三硝基苯肼(DPPH)自由基清除率随着浓度的增加而增强，黑柄炭角菌肽还原力与浓度成正比，同时也能抑制脂质体的过氧化反应[7]。6. 缓解动脉粥样硬化 乌灵菌粉能降低动脉粥样硬化兔的甘油三酯(TG)水平及增加抗氧化酶活力，抑制部分炎性因子的产生达到降低或缓解动脉粥样硬化的目的[8]。7. 抗肿瘤 子实体乙醇提取液的乙酸乙酯萃取部位能引起SPCA-1细胞内ROS释放，诱导 SPCA-1 细胞凋亡，抑制肿瘤细胞增殖[9]。8. 镇静　乌灵菌粉有一定的镇静作用，在戊巴比妥钠协同下有明显的促催眠作用，使小鼠自主活动减少，小鼠脑内谷氨酸（Glu）和γ-氨基丁酸（GABA）的含量及 GABA 受体的结合活性均高于对照组，同时还能提高谷氨酸脱羧酶（GAD）的活性[10]。

【功能与主治】补肾健脑，养心安神。用于心肾不交所致的失眠、健忘、心悸心烦、神疲乏力、腰膝酸软、头晕耳鸣、少气懒言、脉细或沉无力；神经衰弱见上述证候者。

【药用标准】药典 2015（乌灵胶囊的原料）。

【附注】本种未见本草记载。以乌苓参之名始载于清代四川《灌县志》，称："乌苓参，其苗出土易长，根延数丈，结实虚悬空窟中，当雷震时必转动，故谓之雷震子。圆而黑，其内色白。能益气。"据考证，所述形态、生长习性及功效与现今四川、云南民间习用乌灵参相符，即本种。

Martin（1976）研究认为本种学名应为 *Podosordaria nigripes*（Klotzsch）P. M. D. Martin。

【化学参考文献】

［1］黄亚 . 乌灵菌粉乙酸乙酯部位化学成分研究［D］. 上海：复旦大学硕士学位论文，2014.

［2］尹军华 . 黑柄炭角菌菌丝体水溶性多糖的分离纯化与结构鉴定［D］. 长沙：湖南师范大学硕士学位论文，2008.

［3］Xiong J，Huang Y，Wu X Y，et al. Chemical constituents from the fermented mycelia of the medicinal fungus *Xylaria nigripes*［J］. Helv Chim Acta，2016，99（1）：83-89.

［4］龚庆芳，张玉梅，谭宁华，等 . 黑柄炭角菌发酵菌丝体的化学成分研究［J］. 中国中药杂志，2008，（11）：1269-1272.

［5］陆静娴，罗镭，陈勇，等 . 乌灵菌粉化学成分研究［J］. 中国现代应用药学，2014，31（5）：541-543.

［6］杨小龙，刘吉开，罗都强，张苏 . 黑柄炭角菌的化学成分［J］. 天然产物研究与开发，2011，23（5）：846-849.

［7］Hu D B，Li M. Three new ergot alkaloids from the fruiting bodies of *Xylaria nigripes*（KL.）Sacc.［J］. Chem Biodiversity，2017，DOI：10. 1002/cbdv. 201600173.

［8］Chang J C，Hsiao，Lin R K，et al. Bioactive constituents from the termite nest-derived medicinal fungus *Xylaria nigripes*［J］. J Nat Prod，2017，80：38-44.

【药理参考文献】

［1］黎功炳，雷宁，覃树勇，等 . 乌灵胶囊对抑郁大鼠脑组织中乙酰化 H3 及 5-HTT、TH 表达的影响［J］. 现代生物医学进展，2012，12（1）：3642-3644，3617.

［2］裘涛，陈眉，陶水良，等 . 乌灵菌粉对脑卒中后抑郁大鼠海马区单胺类神经递质及行为学改变的影响［J］. 中国新药杂志，2007，16（11）：857-860.

［3］杨楠，刘雁勇，郝文宇，等 . 应用基因芯片技术探讨乌灵菌粉的抗抑郁机制［J］. 中国康复理论与实践，2010，16（4）：328-331.

［4］李凤蕾，杜菲，吴迪，等 . 乌灵菌粉早期应用对创伤后应激障碍模型大鼠行为及海马组织中 IL-1β、IL-6 水平的影响［J］. 中国药房，2016，27（25）：3478-3480.

［5］舒忙巧，何珊珊，彭正午，等 . 乌灵菌粉水提物对 MCAO 小鼠海马结构及 BDNF，GABA 水平的影响［J］. 现代生物医学进展，2017，17（13）：2407-2410.

［6］陈冠锋，任光丽，张力三，等 . 乌灵菌粉抗大鼠戊四唑诱导癫痫的作用［J］. 浙江大学学报（医学版），2012，41（6）：647-652.

［7］翁榕安，胡劲松，翁诗玉 . 水溶性黑柄炭角菌肽的体外抗氧化活性［J］. 湖南中医药大学学报，2012，32（3）：10-13.

［8］白云霞，王刚，王海红 . 乌灵菌粉对实验性动脉粥样硬化兔的抗氧化系统及炎症因子的影响［J］. 中国现代应用药学，2014，31（6）：671-674.

［9］李传华，贾薇，杨海芮，等 . 人工栽培黑柄炭角菌子实体的生物活性［J］. 食用菌学报，2016，23（2）：59-64，119.

［10］马志章，左萍萍，陈宛如，等 . 乌灵菌粉的镇静作用及其机理研究［J］. 中国药学杂志，1999，34（6）：14-17.

担子菌纲 BASIDIOMYCETES

六　银耳科 Tremellaceae

担子果胶质、蜡质或干燥，形态有平展贴生，也有的具叶状瓣片，或具短柄至发育出完整的柄和盖。原担子无隔，球形或卵形，并由其直接发育成下担子；下担子纵向十字形分隔为4个细胞，少见2～3个细胞；每个细胞长出一个管状上担子。担孢子萌发产生再生孢子或萌发管。

分布于热带和亚热带地区。中国12属，约60种，多分布于秦岭以南，法定药用植物1属，1种。华东地区法定药用植物1属，1种。

银耳科法定药用植物主要含多糖类、氨基酸类等成分。多糖类如银耳多糖（tremellan）等；氨基酸类如甘氨酸（Gly）、精氨酸（Arg）、酪氨酸（Tyr）、蛋氨酸（Met）等。

1. 银耳属 *Tremella* Dill ex Fr.

担子果鲜时胶质，平展仰生、垫状、脑状至稍平展而具直立的短厚裂片或大型叶状，干后角质。原担子球形或类球形，直接发育成下担子；下担子类球形、卵形或棒状，十字形纵分隔成4个细胞，稀2或3个，每个细胞长出一个管状至棒状、先端具小尖的上担子。担孢子类球形至广卵形，无色或淡黄色至淡褐色，成堆时白色、黄色至橙黄或黄褐色，萌发产生再生孢子或萌发管。

约60种，分布几遍及世界。中国32种，分布几遍及全国，法定药用植物1种。华东地区法定药用植物1种。

1212. 银耳（图1212）• *Tremella fuciformis* Berk.

【别名】白木耳、银耳子。

【形态】担子果叶状，纯白色至乳白色，胶质，半透明，柔软富有弹性，由数片薄而波状的瓣片下部联合组成，直径5～15cm；基蒂黄色至淡橘黄色；干后基本保持原状，角质，白色或淡黄色。子实层生于瓣片表面。下担子类球形至卵形，无色，2～4十字形纵隔；担孢子类球形，无色，光滑，有小尖。萌发产生再生孢子。

【生境与分布】夏秋季节生于阔叶树的腐木上，也有广泛人工栽培。分布于浙江、江苏、福建等地，另四川、云南、广东、广西等地均有分布。

【药名与部位】银耳（白木耳），子实体。

【采集加工】多为人工栽培，4～9月采收，拣去杂质，洗净，干燥。

【药材性状】呈不规则皱缩的块片状。由众多细小屈曲的瓣片组成，形似花朵，直径4～10cm。外表白色或类黄色，微有光泽，基蒂黄褐色。质硬而脆，易碎。气微，味淡。

【质量要求】白色或米黄色，肉厚，朵大，少耳脚（基蒂）。

【药材炮制】除去杂质及杂色部分。

【化学成分】子实体含多糖类：酸性杂葡聚糖（acidic heteroglycan）[1,2]，β-葡聚糖（β-glucan）[3]等，儿茶素结合银耳多糖（catechin-g-TPS）[4]，银耳多糖-2（TSP-2）[5]和银耳多糖A、B、C（TF polysaccharide A、B、C）[6]；脂肪酸类：十一烷酸（undecanoic acid）、正十二烷酸（*n*-dodecanoic

图 1212　银耳　　摄影　中药资源办等

acid）、十三烷酸（tridecanoic acid）、正十四烷酸（*n*-tetradecanoic acid）、十五烷酸（pentadecanoic acid）、十六烷酸（n-hexadecanoic acid）、正十八烷酸（*n*-octadecanoic acid）、十六碳 -9- 烯酸（hexadec-9-enoic acid）、十八碳 -9- 烯酸（octadec-9-enoic acid）和十八碳 -9, 12- 烯酸（octadeca-9, 12-dienoic acid）[7]；磷酸酯类：磷脂酰甘油（phosphatidyl glycerol）、磷脂酰乙醇胺（phosphatidylethanolamiae）、磷脂酰丝氨酸（phosphatidylserine）、磷脂酰胆碱（phosphatidylcholine）和磷脂酰肌醇（phosphatidylinositol）[7]；甾体类：麦角甾醇（ergosterol）、麦角甾 -5, 7- 二烯 -3β- 醇（ergosta-5, 7-dien-3β-ol）、麦角甾 -7- 烯 -3β- 醇（ergost-7-en-3β-ol）[7] 和 3-*O*-β-D- 吡喃葡萄糖基 -（22*E*, 24*R*）-5α, 8β- 表二氧麦角甾 -6, 22- 二烯［3-*O*-β-D-glucopyranosyl-（22*E*, 24*R*）-5α, 8β-epidioxyergosta-6, 22-diene］[8]。

【药理作用】1. 抗氧化　孢子发酵物中用碱液提取得到的多糖组分均能显著降低 H_2O_2 诱导的红细胞氧化溶血率，并对超氧阴离子自由基（O_2^-•）与羟自由基（•OH）有较好的清除能力[1-3]；从子实体中提取分离的银耳多糖（tremellapolysaccharide）能显著增强 D- 半乳糖所致衰老小鼠血清、肝脏、脑组织中超氧化物歧化酶（SOD）、过氧化氢酶（CAT）与谷胱甘肽过氧化物酶（GSH-Px）活性和总抗氧化能力，明显抑制异常上升的丙二醛（MDA）含量，显著提高皮肤中的羟脯氨酸含量[4, 5]。2. 抗肿瘤　子实体水提取物能诱导人前列腺癌 PC-3 细胞凋亡[6]；银耳多糖可抑制小鼠移植性 S180 肉瘤的生长[7]；通过深层发酵生产的酵母型银耳可明显减少荷腹水型肝癌小鼠腹围[8]；子实体所含的多糖具有抑制小鼠艾氏腹水癌生长，抑制癌细胞 DNA 合成的效果[9]；银耳多糖（相对分子质量为 68 000）对荷 H22 肝癌小鼠有较好抑瘤作用，基因表达谱芯片分析结果显示，共有 324 个基因有表达差异，其中表达上调基因 185 个，表达下调基因 139 个[10]。3. 降血糖和血脂　从发酵物中提取的多糖能降低 1 型糖尿病和高糖饮食大鼠（血糖水平达到 130mg/dl 时）的胆固醇（TC）、甘油三酯（TG）、丙氨酸氨基转移酶（ALT）、尿素水平，增加高密度脂蛋白胆固醇（HDL-C）的水平[11]；从孢子中提取的多糖对正常及四氧嘧啶诱发的高血糖小鼠都有明显的降血糖作用[12]；银耳多糖可降低四氧嘧啶诱发的高血糖小鼠的血糖水平[13]，链脲佐菌素和高能量饲料诱发的 2 型糖尿病大鼠的血糖、甘油三酯、总胆固醇（TCH）及低密度脂蛋白胆固醇（LDL-C）水平，升高高低密度脂蛋白胆固醇水平[14]。4. 提高认知能力 子实体提取物可减弱因三甲基氯化锡诱导的失忆症的老鼠引起的学习和记忆缺陷，并可显著改善海马体的葡萄糖活性，增加 PC 12h 细胞的神经突生长[15]。5. 抗溃疡 从子实体和孢子中提取的多糖均能明显抑制大鼠应激性溃疡的形成，促进乙酸引发的大鼠胃溃疡愈合[16]。

【性味与归经】甘、淡、平。归肺、胃、肾经。

【功能与主治】滋阴润肺，养胃生津。用于虚劳咳嗽，痰中带血，阴虚低热，口干津少。

【用法与用量】3 ～ 10g，炖服。

【药用标准】上海药材 1994、江西药材 2014、甘肃药材 2009、福建药材 2006、河南药材 1993、湖南药材 2009、山东药材 2012、四川药材 2010、新疆药品 1980 二册、内蒙古药材 1988、广西药材 1996 和贵州药材 2003。

【临床参考】1. 十二指肠溃疡：银耳多糖 10g，用开水冲成稀糊状，三餐前及晚睡前各服 1 次，6 周为 1 疗程[1]。

2. 口腔溃疡：子实体 18g（先用水浸泡），加冰糖适量，炖烂服，每日 1 剂[2]。

3. 肺燥咳嗽：子实体 6g，加竹参 6g，淫羊藿 3g，先将子实体及竹参用冷水发胀，然后加水 1 小碗，用冰糖、猪油适量调和，淫羊藿稍截碎，置碗中共蒸，去淫羊藿渣，竹参木耳连汤服下。（《贵州民间方药集》）

4. 肺阴虚所致咳嗽、痰少、口渴：子实体 6g（先用水浸泡），冰糖 15g，加水适量，隔水蒸透，制成木耳糖汤，分 2 次服，每日 1 剂。

5. 热病伤津所致口渴引饮：子实体 10g，加芦根 15g、小环草 10g，水煎，取银耳，滤去药渣，服银耳喝汤，每日 1 剂。

6. 癌症放疗、化疗期：子实体 12g，加绞股蓝 45g，党参、黄芪各 30g，共煎水，取银耳，去药渣，加苡仁、大米各 30g 煮粥吃，每日 1 剂，长期配合放疗、化疗，可防止白细胞下降。

7. 原发性高血压：子实体 10g，加米醋、水各 1000ml，鸡蛋 3 个（先煮熟去壳），共慢火炖汤，每日吃蛋 1 个，服银耳喝汤。（4 方至 7 方引自《药用寄生》）

【附注】《神农本草经》载有“五木耳。”《名医别录》曰：“生犍为山谷，六月多雨时采，即暴干。”《本草经集注》云：“此云五木耳而不显四者是何木，按老桑树生燥耳，有黄者，赤、白者，又多雨时亦生，软湿者人采以作俎。”《新修本草》所载五木耳是指生于楮、槐、榆、柳、桑五种树上之木耳。另唐《酉阳杂俎》谓：“郭代公常山居……见木上有白木耳，大如数斗。”宋《清异录》载：“北方桑生白耳，名桑鹅。”上述古代本草等文献中提到的白色、大如数斗、多雨时生、软湿可食即包含本种。

白木耳在采集加工过程中忌烘、晒，以防僵化或变色，以阴干或风干为佳。

药材白木耳风寒咳嗽及湿热酿痰致咳者禁服。

【化学参考文献】

[1] Ukai S，Hirose K，Kiho T，et al. Polysaccharides in fungi. I. purification and characterization of acidic heteroglycans from aqueous extract of *Tremella fuciformis*［J］. Chem Pharm Bull，1974，22（5）：1102-1107.

[2] Ukai S，Kiho T，Hara C. Polysaccharides in fungi. IV. acidic oligosaccharides from acidic heteroglycans of *Tremella fuciformis* Berk and detailed structures of the polysaccharides［J］. Chem Pharm Bull，1978，26（12）：3871-3876.

[3] Kardono L B S，Tjahja I P，Artanti N，et al. Isolation，characterization and α-glucosidase inhibitory activity of crude beta glucan from silver ear mushroom（*Tremella fuciformis*）［J］. Journal of Biological Sciences（Faisalabad，Pakistan），2013，13（5）：406-411.

[4] Liu J，Meng C G，Yan Y H，et al. Structure，physical property and antioxidant activity of catechin grafted *Tremella fuciformis* polysaccharide［J］. Int J Biol Macromol，2016，82：719-724.

［5］姜瑞芝，陈怀永，陈英红，等. 银耳孢糖的化学结构初步研究及其免疫活性［J］. 中国天然药物，2006，4（1）：73-76.
［6］Taro M，Hiroshi M. Isolations and characterizations of polysaccharides from *Tremella fuciformis* Berk［J］. Chem Pharm Bull，1972，20（6）：1347-1348.
［7］黄步汉，张树庭. 银耳脂类化学成分研究［J］. 植物学报，1984，26（1）：66-70.
［8］张洋，裴亮，高丽娟，等. 来源于白木耳的诱导神经突起伸长的活性分子［J］. 中国中药杂志，2011，36（17）：2358-2360.

【药理参考文献】

［1］刘培勋，高小荣，徐文清，等. 银耳碱提多糖抗氧化活性的研究［J］. 中药药理与临床，2005，21（4）：169-170.
［2］颜军，郭晓强，邬晓勇，等. 银耳多糖的提取及其清除自由基作用［J］. 成都大学学报（自然科学版），2006，25（1）：35-38.
［3］Hong G，Liu P X，Gao X R，et al. Purification，chemical characterization and antioxidant activity of alkaline solution extracted polysaccharide from *Tremella fuciformis* Berk.［J］. Bulletin of Botanical Research，2010，30（2）：221-227.
［4］蔡东联，沈卫，曲丹，等. 银耳多糖对 D- 半乳糖致衰老模型小鼠抗氧化能力的影响［J］. 氨基酸和生物资源，2008，30（4）：52-54.
［5］张泽生，孙东，徐梦莹，等. 银耳多糖抗氧化作用的研究［J］. 食品研究与开发，2014，35（18）：10-15.
［6］Han C K，Chiang H C，Lin C Y，et al. Comparison of immunomodulatory and anticancer activities in different strains of *Tremella fuciformis* Berk.［J］. American Journal of Chinese Medicine，2015，43（8）：1637-1655.
［7］Ukai S，Hirose K，Kiho T，et al. Antitumor activity on sarcoma 180 of the polysaccharides from *Tremella fuciformis* Berk.［J］. Chemical & Pharmaceutical Bulletin，1972，20（10）：2293-2294.
［8］刘淑华，杨凤桐. 银耳制剂对小鼠移植性肿瘤预防及其机理的实验研究［J］. 中国肿瘤临床，1994，21（1）：68-70.
［9］周爱如，吴彦坤，侯元怡. 银耳多糖抗肿瘤作用的研究［J］. 北京医科大学学报，1987，19（3）：150.
［10］韩英，徐文清，杨福军，等. 银耳多糖的抗肿瘤作用及其机制［J］. 医药导报，2011，30（7）：849-852.
［11］Bach E E，Costa S G，Oliveira H A，et al. Use of polysaccharide extracted from *Tremella fuciformis* Berk for control diabetes induced in rats［J］. Thoracic & Cardiovascular Surgeon，2015，27（7）：2103-2105.
［12］薛惟建，鞠彪，王淑如，等. 银耳孢子多糖对四氧嘧啶糖尿病小鼠高血糖的防治作用［J］. 中国药科大学学报，1988，19（4）：303-304.
［13］薛惟建，鞠彪，王淑如，等. 银耳多糖和木耳多糖对四氧嘧啶糖尿病小鼠高血糖的防治作用［J］. 中国药科大学学报，1989，20（3）：181-183.
［14］田春雨，薄海美，李继安. 银耳多糖对实验性 2 型糖尿病大鼠血糖及血脂的影响［J］. 辽宁中医杂志，2011，38（5）：986-987.
［15］Park H J，Shim H S，Yong H A，et al. *Tremella fuciformis*，enhances the neurite outgrowth of PC12 cells and restores trimethyltin-induced impairment of memory in rats via activation of CREB transcription and cholinergic systems［J］. Behavioural Brain Research，2012，229（1）：82-90.
［16］薛惟建，王淑如，陈琼华. 银耳多糖、银耳孢子多糖及黑木耳多糖的抗溃疡作用［J］. 中国药科大学学报，1987，18（1）：45-47.

【临床参考文献】

［1］侯建明，翁维权. 银耳多糖治疗十二指肠溃疡 124 例疗效观察［J］. 中国疗养医资料学，2008，17（10）：613-614.
［2］陈小花，张进华. 白木耳治疗口腔溃疡 50 例［J］. 四川中医，1996，14（12）：50.

七 齿菌科 Hydnaceae

担子果肉质、革质或木栓质，白色或微有着色，平伏或有菌盖。菌盖半球形，无柄或有侧生或中生的柄；菌盖有时不发达，仅有成簇的菌刺悬垂于担子果的主枝上，子实层着生在菌刺表面，担子细长棒状。担孢子椭圆形或类球形，无色，光滑。

中国法定药用植物 1 属，1 种。华东地区法定药用植物 1 属，1 种。

齿菌科法定药用植物主要含萜类、多糖类、酚酸类、蒽醌类、皂苷类、甾体类等成分。萜类如猴头素 A、B、H、I、J、K、P（erinacines A、B、H、I、J、K、P）、猴头菌烯酮 A、B、L、I、J（hericenone A、B、L、I、J）等；多糖类如 α- 葡聚糖（α-glucan/HEP-4）、D- 赤藓糖醇（D-erythritol）等；酚酸类如 4- 氯 -3，5- 二甲氧基苯甲酸（4-chloro-3，5-dimethoxybenzoic ester）、4- 氯 -3, 5- 二甲氧基苯甲酸甲酯（4-chloro-3, 5-dimethoxybenzoic acid methyl ester）等；蒽醌类如芦荟大黄素（aloeemodin）、大黄素甲醚（physcion）、大黄素（emodin）等；皂苷类如猴菇菌素Ⅲ、Ⅳ（herierin Ⅲ、Ⅳ）等；甾体类如麦角甾醇（ergosterol）、5α- 豆甾 -3，6- 二酮（5α-stigmasta-3，6-dione）等。

1. 猴头菌属 *Hericium* Pers. ex Grey

担子果肉质，纯白色或淡黄色，中等偏大，直径 5 ～ 30cm，半球形，无柄或有短柄。菌刺多而密，柔软，肉质，下垂生长在子实体的主枝或柄上，子实层生于菌刺表面。担孢子类球形，具小尖，无色，光滑，含 1 油滴。

分布于全国大部分地区。

中国法定药用植物 1 种。华东地区法定药用植物 1 种。

1213. 猴头菇（图 1213）• *Hericium erinaceus*（Bull. ex Fr.）Pers.

【别名】猴头菌，猴头，猴头蘑，刺猬菌。

【形态】担子果肉质，扁半球形或头状，较大，直径 5 ～ 10cm，大者可达 30cm，新鲜时白色，干后浅黄色至浅褐色。无数肉质菌刺生长在短柄上，下垂，长 1 ～ 3cm，新鲜时白色，后期浅黄色至浅褐色，子实层生于菌刺周围。担孢子类球形，具小尖，无色透明，光滑，含 1 油滴。

【生境与分布】秋季多生长在栎树等阔叶树的立木或腐木上。分布于浙江、安徽，另河北、山西、内蒙古、黑龙江、吉林、河南、广东、广西、陕西、贵州、甘肃、四川、云南、湖南、西藏均有分布。

【药名与部位】猴头菇，子实体。

【采集加工】子实体近成熟时采收，晒干。

【药材性状】呈半球形或头状，直径 3.5 ～ 8cm 或更大，下部有一粗短的菌柄，表面棕黄色或浅褐色，其上密被多数肉质软刺。刺长 0.6 ～ 2cm，粗 0.3 ～ 0.5mm，质轻而软，断面乳白色。气香，味淡。

【药材炮制】除去杂质，洗净，润软，切片，干燥。

【化学成分】菌丝体含二萜类：猴头菌酮 A、B（hericenone A、B）[1]，猴头菌酮 C、D、E（hericenone C、D、E）[2]，猴头菌酮 F、G、H（hericenone F、G、H）[3]，猴头菌多醇 H、I（erinacine H、I）[4]，猴头菌多醇 J、K（erinacine J、K）[5]，猴头菌多醇 P（erinacine P）[6]和猴头菌多醇 Q（erinacine Q）[7]；三萜类：猴菇菌素 III、IV（herierin III、IV）[8]；酚酸及其酯：4- 氯 -3, 5- 二甲氧基苯甲酸（4-chloro-3, 5-dimethoxybenzoic acid）、4- 氯 -3, 5- 二甲氧基苯甲酸 -*O*- 阿拉伯糖醇酯（4-chloro-3, 5-dimethoxybenzoic acid-*O*-arabitol ester）和 4- 氯 -3, 5- 二甲氧基苯甲酸甲酯（4-chloro-3, 5-dimethoxy benzoic acid methyl

图 1213　猴头菇　　摄影　林文飞等

ester）[8]；甾体类：5α- 麦角烷 -3- 酮（5α-ergostan-3-one）、5α- 豆甾 -22- 烯 -3- 酮（5α-stigmastan-22-en-3-one）和 5α- 豆甾 -3- 酮（5α-stigmastan-3-one）[8]；脂肪酸类：棕榈酸（palmic acid）、硬脂酸（stearic acid）、二十二烷酸（behenic acid）和二十四烷酸（tetracosanic acid）[8]；吡喃酮类：猴头菌吡喃酮 A、B（erinapyrone A、B）[9]。

子实体含生物碱类：猴头菌碱（hericerin）[10]，猴头素 *A（erinacerin A）[11]，异猴头菌碱（isohericerin）、*N*- 去苯基乙基异猴头菌碱（*N*-dephenylethyl isohericerin）[12] 和 5-[（2′*E*）-3′, 7′- 二甲基 -2′, 6′- 辛二烯基]-4-羟基 -6- 甲氧基 -1- 异吲哚酮 {5-[（2′*E*）-3′, 7′-dimethyl-2′, 6′-octadienyl]-4-hydroxy-6-methoxy-1-isoindolinone}[13]；酚类：猴头素 * B（erinacerin B）[11] 和猴头菌烯 A（hericene A）[12, 14]；二萜类：猴头菌酮 A（hericenone A）[9, 11]，猴头菌酮 B（hericenone B）[9]，猴头菌酮 C、L（hericenone C、L）[12, 14]，4-[3′, 7′- 二甲基 -2′, 6′- 辛二烯基]-2- 甲酰基 -3- 羟基 -5- 甲氧基苄醇 {4-[3′, 7′-dimethyl-2′, 6′-octadienyl]-2-formyl-3-hydroxy-5-methoxybenzylalcohol}[12]，猴头菌酮 I、J（hericenone I、J）、3- 羟基猴头菌酮 F（3-hydroxyhericenone F）[15] 和猴头菌酮 E、F（hericenone E、F）[16]；甾体类：5α, 6α- 环氧 -（22*E*）-麦角甾 -8（14），22- 二烯 -3β, 7α- 二醇[5α, 6α-epoxy-（22*E*）-ergosta-8（14），22-dien-3β, 7α-diol]、（22*E*）-麦角甾 -7, 9（11），22- 三烯 -3β, 5α, 6β- 三醇[（22*E*）-ergosta-7, 9（11），22- trien-3β, 5α, 6β-triol]、（22*E*）-麦角甾 -7, 22- 二烯 -3β, 5α, 6α, 9α- 四醇[（22*E*）-ergosta-7, 22-dien-3β, 5α, 6α, 9α-tetrol][13]，3β- 羟基 - 麦角甾 -5, 7, 22- 三烯（3β-hydroxyergosta-5, 7, 22-triene）和 3β- 羟基 -5α, 8α- 表二氧麦角甾 -6, 22- 二烯（3β-hydroxy-5α, 8α-epidioxyergosta-6, 22-diene）[16]；呋喃衍生物：猴头菇内酯 D、E、F（erinaceolactone D、E、F）[17]，猴头菇内酯 G、H（erinaceolactone G、H）[18]，3, 4- 二氢 -5- 甲氧基 -2- 甲基 -2-（4′- 甲基 -2′-oxo-3′- 戊烯基）-9（7H）- 酮基 -2H- 呋喃[3, 4-h]苯并吡喃 {3, 4-dihydro-5-methoxy-2-methyl-2-（4′-methyl-2′-oxo-3′-pentenyl）-9（7H）-oxo-2H-furo[3, 4-h]benzopyran} 和 6-[（2′*E*）-3′, 7′- 二甲基 -5′- 酮基 -2′, 6′- 辛二烯基]-7-羟基 -5- 甲氧基 -1（3H）- 异苯并呋喃酮 {6-[（2′*E*）-3′, 7′-dimethyl-5′-oxo-2′, 6′-octadienyl]-7-hydroxy-

5-methoxy-1（3H）-isobenzofuranone}[17]；脂肪酸类：亚油酸甲酯（methyl linoleate）[12]，硬脂酸（stearic acid）、油酸（oleic acid）[16]，亚油酸（linoleic acid）、十六烷酸己酯（hexyl cetylate）和己基亚油酸（hexyl linoleic acid）[19]；脑酰胺类：1-*O*-β-D- 吡喃葡萄糖基 -（2*S*, 4*E*, 8*E*, 2′*R*）-2-*N*-（2′- 羟基十六烷酰）-9- 甲基 -4, 8- 神经鞘胺二烯素［1-*O*-β-D-glucopyranosyl-（2*S*, 4*E*, 8*E*, 2′*R*）-2-*N*-（2′-hydroxy-pentadecaamide）-9-methyl-4, 8-sphingadienine］[16]；多元醇类：D- 赤藓糖醇（D-erythritol）[16]，D- 阿拉伯糖醇（D-arabinitol）[12, 16]和 1-D- 赤藓糖醇单亚油酸（1-D-arabinitol monolinoleate）[12]；多糖类：猴头菇多糖 -1（HEP-1）、猴头菇多糖 -2（HEP-2）、猴头菇多糖 -3（HEP-3）、猴头菇多糖 -4（HEP-4）、猴头菇多糖 -5（HEP-5）[20]和猴头菇多糖 A、B（HP A、B）[21]；元素：铁（Fe）、锰（Mn）、锌（Zn）、铜（Cu）和铬（Cr）[19]。

培养物含甾体类：麦角甾醇（ergosterol）、β- 谷甾醇（β-sitosterol）、5α- 豆甾 -3, 6- 二酮（5α-stigmasta-3, 6-dione）和麦角甾醇过氧化物（ergosterol peroxide）[22]；恩醌类类：大黄酚（chrysophanol）、大黄素甲醚（physcion）、大黄素（emodin）、芦荟大黄素（aloe-emodin）和大黄酸（rhein）[22]；醛类：3- 吲哚甲醛（indole-3-carboxaldehyde）[22]；内酯类：猴头菇内酯 A、B、C（erinaceolactone A、B、C）[23]；吡喃酮类：2- 羟甲基 -6- 甲基 -4H- 吡喃 -4- 酮（2-hydroxymethyl-6-methyl-4H-pyran-4-one）[23]。

【药理作用】1. 抑菌 子实体的水提取液、猴头菌深层培养物以及猴头菌多糖对细菌、酵母菌和霉菌均有不同程度的抑制作用[1]；从人工栽培子实体提取分离的多糖对大肠杆菌有一定的抑制作用，但对金黄色葡萄球菌、枯草芽孢杆菌、沙门氏菌几乎没有抑菌作用[2]；发酵培养菌丝体的乙醇提取液和超声提取液均具有良好的抑菌效果[3]。2. 抗氧化 发酵培养的菌丝体的乙醇提取液、沸水提取液和超声水提取液均有清除 1，1- 二苯基 -2- 三硝基苯肼（DPPH）自由基的能力[3]；菌丝体的 80% 乙醇提取液有较强的清除 DPPH 自由基的能力，并在体外具有很强的保肝作用[4]；子实体多糖饲喂小鼠，可有效提高小鼠大脑和肝脏中的超氧化物歧化酶（SOD）和过氧化氢酶（CAT）含量，并能显著降低小鼠大脑和肝脏中的丙二醛（MDA）含量，降低脂质过氧化值，增加抗氧化酶活性[5, 6]。3. 保护胃黏膜 子实体多糖和菌丝体多糖对大鼠消炎痛性胃溃疡和乙酸、乙醇所致的大鼠急性胃黏膜损伤均有较好的保护作用，可使大鼠的溃疡指数明显降低，并有抑制大鼠总酸排出量、降低胃蛋白酶活性的作用，且呈量效关系[7]；子实体、菌丝体以及所含的多糖均能增进无水乙醇所致的急性胃黏膜损伤模型大鼠的食欲，并可明显减轻胃黏膜充血、出血、水肿和坏死，减轻黏膜下炎细胞提润[8-11]。4. 抗肿瘤 子实体的水提取物对荷瘤小鼠的结肠癌 CT-26 细胞抑制率达 30% ～ 50%[12]；子实体多糖作为增强剂可提高阿霉素介导的凋亡信号，通过激活和增强细胞内阿霉素抑制癌细胞的增长[13]；从子实体分离得到的两种芳香类成分猴头菌碱 A（hericerin A）、猴头菌酮 J（hericenone J）可显著抑制肿瘤细胞的增殖，并诱导人急性白血病细胞 HL-60 的凋亡[14]；子实体多糖对小鼠移植性实体瘤 H22 有一定的抑制作用，可显著提高荷瘤小鼠的胸腺系数、血清中肿瘤坏死因子 -α（TNF-α）和白介素 -2（IL-2）的水平，降低实体瘤组织血管内皮生长因子（VEGF）的水平[15]。5. 降血糖 子实体多糖能明显降低正常小鼠以及四氧嘧啶所致糖尿病小鼠的血糖，子实体蛋白多糖及菌丝体蛋白多糖均能明显降低四氧嘧啶所引起糖尿病小鼠的血糖浓度[16, 17]。6. 增强免疫 子实体多糖高剂量组可明显提高小鼠自然杀伤细胞的活性，促进 T 细胞中介的迟发型超敏反应的发生并增强巨噬细胞的吞噬能力[18]。7. 抗衰老 菌丝体多糖和子实体多糖均能显著增加果蝇的飞翔能力，降低刚孵化果蝇和小鼠心肌组织脂褐质含量，并能增加小鼠脑和肝脏中超氧化物歧化酶（SOD）的比活力[19]，子实体多糖能延长 D- 半乳糖致亚急性衰老小鼠在跳台实验中的潜伏期，减少错误次数，提高脑、肝组织中超氧化物歧化酶、谷胱甘肽过氧化物酶（GSH-Px）和 Na^+-K^+-ATP 酶水平，显著降低单胺氧化酶（MAO）和丙二醛的含量[20]。

【性味与归经】甘，平。归脾、胃经。

【功能与主治】健脾和胃，益气安神。用于消化不良，神经衰弱，身体虚弱，胃溃疡。

【用法与用量】10 ～ 30g。

【药用标准】浙江药材 2001、浙江炮规 2015、上海药材 1994、江西药材 2014、山东药材 2012、广东药材 2004 和广西药材 1996。

【临床参考】1. 冠心病：子实体制成片剂（每片含生药 1g）口服，1 次 3 片，每日 3 次[1]。

2. 胃溃疡、十二指肠溃疡：猴头菌颗粒（每袋 3g）口服，1 次 1 袋，每日 3 次，并联合泮托拉唑肠溶胶囊 40mg 口服，每日早晨 1 粒[2]。

3. 胃炎：猴头菌提取物颗粒口服，1 次 3g，每日 3 次，于餐前 30min 服，2 ～ 6 周为 1 疗程[3]。

4. 胃癌、食管癌、肝癌：子实体 60g，加藤梨根、白花蛇舌草各 60g，水煎服。（《中国药用孢子植物》）

5. 消化不良：子实体 60g，水浸软后，切成薄片，水煎服，每日 2 次，黄酒为引。

6. 神经衰弱：子实体 150g，切片后与鸡共煮食用，每日 1 次（或用鸡汤煮食）。（5 方、6 方引自《全国中草药汇编》）

【附注】三国时期沈莹《临海水土异物志》载："民皆好啖猴头羹，虽五肉臛不能及之，其俗言：'宁负千石之粟，不愿负猴头羹。'"明代徐光启《农政全书》载："如天花、麻菇、鸡枞、猴头之属皆草木根腐坏而成。"所言之猴头，皆系本种。

【化学参考文献】

[1] Kawagishi H，Ando M，Mizuno T. Hericenone A and B as cytotoxic principles from the mushroom *Hericium erinaceum* [J]. Tetrahedron Lett，1990，31（3）：373-376.

[2] Kawagishi H，Ando M，Sakamoto H，et al. Hericenones C，D and E，stimulators of nerve growth factor（NGF）-synthesis，from the mushroom *Hericium erinaceum* [J]. Tetrahedron Lett，1991，32（35）：4561-4564.

[3] Kawagishi H，Ando M，Shinba K，et al. Chromans，hericenones F，G and H from the mushroom *Hericium erinaceum* [J]. Phytochemistry，1992，32（1）：175-178.

[4] Lee E W，Shizuki K，Hosokawa S，et al. Two novel diterpenoids，erinacines H and I from the mycelia of *Hericium erinaceum* [J]. Biosci Biotechnol Biochem，2000，64（11）：2402-2405.

[5] Kawagishi H，Masui A，Tokuyama S，et al. Erinacines J and K from the mycelia of *Hericium erinaceum* [J]. Tetrahedron，2006，62（36）：8463-8466.

[6] Kenmoku H，Sassa T. Kato N. Isolation of erinacine P，a new parental metabolite of cyathane-xylosides，from *Hericium erinaceum* and its biomimetic conversion into erinacines A and B [J]. Tetrahedron Letters，2000，41（22）：4389-4393.

[7] Kenmoku H，Shimai T，Toyomasu T，et al. Erinacine Q，a new erinacine from *Hericium erinaceum*，and its biosynthetic route to erinacine C in the basidiomycete [J]. Biosc，Biotechnol，Biochem，2002，66（3）：571-575.

[8] 钱伏刚，徐光漪，杜上，等. 猴菇菌培养物中二个新吡喃酮化合物的分离与鉴定 [J]. 药学学报，1990，25（7）：522-525.

[9] 李敬轩，张敬贤. 从猴头菌得到的 2 种新的生理活性物质 [J]. 吉林农业大学学报，1998，（s1）：171.

[10] Kimura Y，Nishibe M，Nakajima H，et al. Hericerin，a new pollen growth inhibitor from the mushroom *Hericium erinaceum* [J]. Agric Biol Chem，1991，55（10）：2673-2674.

[11] Yaoita Y，Danbara K，Kikuchi M. Two new aromatic compounds from *Hericium erinaceum*（Bull. ex Fr.）Pers. [J]. Chem Pharm Bull，2005，53（9）：1202-1203.

[12] Miyazawa M，Takahashi T，Horibe I，et al. Two new aromatic compounds and a new D-arabinitol ester from the mushroom *Hericium erinaceum* [J]. Tetrahedron，2012，68（7）：2007-2010.

[13] Yaoita Y，Yonezawa S，Kikuchi M，et al. A new geranylated aromatic compound from the mushroom *Hericium erinaceum* [J]. Nat Prod Commun，2012，7（4）：527-528.

[14] Ma B J，Ma J C，Ruan Y，et al. Hericenone L，a new aromatic compound from the fruiting bodies of *Hericium erinaceums* [J]. Chin J Nat Med，2012，10（5）：363-365.

[15] Ueda K，Tsujimori M，Kodani S，et al. An endoplasmic reticulum（ER）stress-suppressive compound and its analogues from the mushroom *Hericium erinaceum* [J]. Bioorg Med Chem，2008，16（21）：9467-9470.

[16] 麻兵继，徐俊蕾，文春南，等. 猴头菌子实体化学成分研究 [J]. 天然产物研究与开发，2012，24（9）：1165-1175.

[17] Wang X L，Gao J，Li J，et al. Three new isobenzofuranone derivatives from the fruiting bodies of *Hericium erinaceus* [J]. J Asian Nat Prod Research，2017，19（2）：134-139.
[18] Li J，Wang X L，Li G，et al. Two new isobenzofuranone derivatives from the fruiting bodies of *Hericium erinaceus* [J]. J Asian Nat Prod Res，2017，19（11）：1108-1113.
[19] 曹瑞敏，王志才，苗人培，等.猴头菌中部分脂肪酸和微量元素分析[J].吉林大学学报（医学版），1996，22（3）：243-244.
[20] 贾联盟，刘柳，董群，等.猴头菇子实体中的主要多糖成分[J].中草药，2005，36（1）：10-12.
[21] Wang Z J，Luo D H，Liang Z Y. Structure of polysaccharides from the fruiting body of *Hericium erinaceus* Pers [J]. Carbohydrate Polymers，2004，57：241-247.
[22] 喻凯，李光，李福双，等.猴头菌培养物化学成分研究[J].菌物研究，2014，12（2）：111-114.
[23] Wu J，Tokunaga T，Kondo M，et al. Erinaceolactones A to C，from the culture broth of *Hericium erinaceus* [J]. J Nat Prod，2015，78（1）：155-158.

【药理参考文献】

[1] 张庭廷，潘继红，朱升学.猴头菌制备物的抑菌活性研究[J].安徽师范大学学报（自科版），2003，26（2）：159-160.
[2] 陈庆榆，缪成贵，何华奇.人工栽培猴头菌多糖提取工艺及抑菌作用研究[J].生物学杂志，2012，29（4）：89-91.
[3] 张虎成，杨国伟，杨军，等.猴头菇提取液抑菌及抗氧化活性研究[J].中国食品添加剂，2013，（5）：114-120.
[4] Zhang Z，Lv G，Pan H，et al. Antioxidant and hepatoprotective potential of endo-polysaccharides from *Hericium erinaceus* grown on tofu whey [J]. International Journal of Biological Macromolecules，2012，51：1140-1146.
[5] 杜志强，王建英.猴头菇多糖抗氧化活性及耐缺氧功能的研究[J].江苏农业科学，2011，39（5）：398-399.
[6] Han Z H，Ye J M，Wang G F. Evaluation of *in vivo* antioxidant activity of *Hericium erinaceus* polysaccharides [J]. International Journal of Biological Macromolecules，2013，52（1）：66-71.
[7] 黄萍，罗珍，郭重仪，等.猴头菇多糖胃黏膜保护作用研究[J].中药材，2011，34（10）：1588-1590.
[8] 于成功，徐肇敏，祝其凯，等.猴头菌对实验大鼠胃粘膜保护作用的研究[J].胃肠病学，1999，4（2）：93-96.
[9] 杨焱，唐庆九，周昌艳，等.猴头菌提取物对大鼠胃粘膜损伤保护作用的研究[J].食用菌学报，1999，6（1）：16-19.
[10] 林海鸣，许琼明，孙晓飞，等.猴头菌抗胃溃疡作用的研究[J].中草药，2008，39（12）：1861-1863.
[11] Abdulla M A，Fard A A，Sabaratnam V，et al. Potential activity of aqueous extract of culinary-medicinal lion's mane mushroom，*Hericium erinaceus*（Bull. ex Fr.）Pers.（Aphyllophoromycetideae）in accelerating wound healing in rats [J]. International Journal of Medicinal Mushrooms，2011，13（1）：33-39.
[12] Kim S P，Kang M Y，Kim J H，et al. Composition and mechanism of antitumor effects of *Hericium erinaceus* mushroom extracts in tumor-bearing mice [J]. Journal of Agricultural & Food Chemistry，2011，59（18）：9861-9869.
[13] Lee J S，Hong E K. *Hericium erinaceus*，enhances doxorubicin-induced apoptosis in human hepatocellular carcinoma cells [J]. Cancer Letters，2010，297：144-154.
[14] Li W，Zhou W，Kim E J，et al. Isolation and identification of aromatic compounds in lion's mane mushroom and their anticancer activities. [J]. Food Chemistry，2015，170：336-342.
[15] 彭瀛，宋晓琳，沈明花.猴头菌多糖对小鼠H22肝癌移植瘤的抑制作用[J].食品科学，2012，33（9）：244-246.
[16] 周慧萍，孙立冰，陈琼华.猴头多糖的抗突变和降血糖作用[J].中国生化药物杂志，1991，（4）：35-36.
[17] 杜志强，任大明，葛超，等.猴头菌丝多糖降血糖作用研究[J].生物技术，2006，16（6）：40-41.
[18] 杨焱，周昌艳.猴头菌多糖调节机体免疫功能的研究[J].食用菌学报，2000，7（1）：19-22.
[19] 周慧萍，刘文丽.猴头菌多糖的抗衰老作用[J].中国药科大学学报，1991，22（2）：86-88.
[20] 刘浩，李华.猴头菌提取物抗衰老作用研究[J].山东医药，2009，49（16）：37-38.

【临床参考文献】

[1] 陈国良，严惠芳，李惠华，等.猴头菇药效研究[J].食用菌学报，1996，3（4）：45-51.
[2] 崔保星.猴头菌颗粒联合泮托拉唑治疗消化性溃疡78例临床疗效[J].中国继续医学教育，2015，7（4）：222-223.
[3] 胡洪勇，李正修.猴头菌提取物颗粒治疗药物性胃炎56例临床疗效观察[J].中国医药指南，2012，10（21）：51-52.

八 多孔菌科 Polyporaceae

担子果一年生到多年生，有柄或无柄，平伏或平展至反卷，肉质、革质、纤维质、木质、木栓质或半胶质。菌盖圆形、半圆形、类半圆形以及其他形状，表面颜色各异。菌肉均质或分为两层。子实层体通常呈圆筒状菌管，菌管浅至深，一层至多层；管口类圆形、多角形或不规则形。菌丝系统一体、两体或三体型；生殖菌丝透明，壁薄，具锁状联合或简单隔膜；骨架菌丝和缠绕菌丝无色，壁厚，分枝有或无，骨架菌丝有时有色。担孢子长圆柱形、椭圆形或类球形，单壁，无色，壁薄或厚，平滑或有纹。

约 700 种，分布几遍及世界。中国 69 属，约 300 种，分布几遍及全国，法定药用植物 6 属，10 种。华东地区法定药用植物 4 属，5 种。

多孔菌科法定药用植物主要含皂苷类、多糖类、酚酸类、甾体类、蒽醌类、核苷类等成分。皂苷类多为三萜皂苷，如茯苓酸 A、AM、B、C、D、DM、E、H（poricoic acid A、AM、B、C、D、DM、E、H）等；多糖类如云芝多糖 B（CVPS-B）、灰树花多糖（grifropolysaccharide）、茯苓多糖（pachyman）等；酚酸类如邻苯二甲酸二异丁酯（diisobutyl phthalate）、3- 甲氧基 -4- 羟基苯甲酸（3-methoxyl-*p*-hydroxybenzoic acid）等；甾体类如猪苓酮Ⅰ、Ⅱ（polyporusterones Ⅰ、Ⅱ）、多孔菌甾酮 A、B、C（polyporoid A、B、C）等；蒽醌类如大黄素甲醚（physcion）、大黄酚（chrysophanol）等；核苷类如腺嘌呤核苷（adenosine）等。

栓菌属含甾体类、酚酸类、多糖类、皂苷类等成分。甾体类如麦角甾醇 -7- 烯 -3β，5α，6β- 三醇（ergosta-7-en-3β，5α，6β-triol）、麦角甾醇过氧化物（ergosterol peroxide）、麦角甾醇 -7，22- 二烯 -3β- 棕榈酸酯（ergosta-7，22-dien-3β-palmitate）等；酚酸类如 3- 甲氧基 -4- 羟基苯甲酸（3-methoxyl-*p*-hydroxybenzoic acid）、3，5- 二甲氧基 -4- 羟基苯甲酸（3，5-dimethoxyl-*p*-hydroxybenzoic acid）等；多糖类如 α，α- 海藻糖（α，α-trehalose）、云芝多糖 B（CVPS-B）等；皂苷类如白桦脂酸（betulinic acid）等。

卧孔菌属含皂苷类、甾体类、多糖类等成分。皂苷类如猪苓酸 C（polyporenic acid C）、茯苓酸（pachymic acid）、茯苓羊毛脂酮 A、B（poriacosone A、B）、茯苓环酮双烯三萜酸（cyclohexanondientriterpenic acid）等；甾体类如麦角甾 -7，2- 二烯 -3β- 醇（ergosta-7，2-dien-3β-ol）、过氧麦角甾醇（peroxy-ergosterol）、β- 谷甾醇（β-sitosterol）等；多糖类如茯苓多糖（pachyman）等。

奇果菌属含多糖类、酚酸类、甾体类等成分。多糖类如灰树花多糖（polysaccharide of grifola frondosa）等；酚酸类如邻苯二甲酸二异丁酯（diisobutyl phthalate）等；甾体类如麦角甾醇（ergosterol）等。

多孔菌属含甾体类、多糖类、皂苷类、蒽醌类、核苷类等成分。甾体类如猪苓酮Ⅰ、Ⅱ（polyporusterones Ⅰ、Ⅱ）、多孔菌甾酮 A、B、C（polyporoid A、B、C）、扶桑甾 -4- 烯 -3β-*O*- 乙酸酯（rosaste-4-en-3β-*O*-acetate）、麦角甾醇（ergosterol）等；多糖类如猪苓多糖（polyporus polysaccharide）等；皂苷类如甘遂醇（tirucallol）、齐墩果酸（oleanolic acid）、木栓酮（friedelin）等；蒽醌类如大黄素甲醚（physcion）、大黄酚（chrysophanol）等；核苷类如腺嘌呤核苷（adenosine）、尿嘧啶（uracil）等。

分属检索表

1. 担子果无柄。
   2. 生殖菌丝具锁状联合……………………………………………………1. 栓菌属 *Trametes*
   2. 生殖菌丝具简单隔膜……………………………………………………2. 卧孔菌属 *Poria*
1. 担子果有柄。

3. 担孢子卵圆形至椭圆形，骨架菌丝不分枝……………………………………………………3. 奇果菌属 *Grifola*
3. 担孢子多圆柱形，骨架菌丝分枝…………………………………………………………4. 多孔菌属 *Polyporus*

1. 栓菌属 *Trametes* Fr.

担子果一年至多年生，无柄。菌盖半圆形或扇形，质地柔韧至坚硬，表面有粗毛至光滑，常有环带。菌肉白色、淡黄色或蛋壳色，均质或两层。菌丝系统三体型；生殖菌丝具锁状联合；骨架菌丝厚壁至实心；缠绕菌丝壁厚，扭曲，分枝。担孢子圆柱形或椭圆形，透明，光滑。

中国约 27 种，分布几遍及全国，法定药用植物 3 种。华东地区法定药用植物 1 种。

1214. 云芝（图 1214）• *Trametes versicolor*（Linn.）Lloyd［*Polyporus versicolor*（Linn. ex Fr.）Fr.；*Boletus versicolor* Linn.；*Polystictus versicolor* Linn. ex Fr.］

图 1214　云芝　　　　摄影　浦锦宝

【别名】彩色革盖菌，彩绒革盖菌、变色栓菌。

【形态】担子果一年生，无柄或平展至反卷，近革质或革栓质。菌盖黑灰色或棕褐色，多种颜色相间组成同心环纹；半圆形或扇形，呈多层覆瓦状排列，表面具长绒毛或光滑狭窄的带；边缘较薄，全缘或破裂，波状，有时具一条白色的边缘带。菌肉白色，与盖毛间有一薄的黑色带。菌管白色，管口类圆形或不规则形。菌丝系统三体型；生殖菌丝透明，壁薄，扭曲，具锁状联合；骨架菌丝无色，厚壁至实心；缠绕菌丝无色，壁厚，分枝且弯曲。担孢子圆柱形，透明，光滑。

【生境与分布】生于阔叶树的枯枝、木材上，常见于杨、柳、桦、李、苹果等树上。华东各地均有分布，另全国其他各地也均有分布。

【药名与部位】云芝，子实体。

【采集加工】全年均可采收，除去杂质，晒干。

【药材性状】菌盖单个呈扇形、半圆形或贝壳形，常数个叠生成覆瓦状或莲座状；直径 1 ～ 10cm，厚 1 ～ 4mm。表面密生灰、褐、蓝、紫黑等颜色的绒毛（菌丝），构成多色的狭窄同心性环带，边缘薄；腹面灰褐色、黄棕色或淡黄色，无菌管处呈白色，菌管密集，管口近圆形至多角形，部分管口开裂成齿。革质，不易折断，断面菌肉类白色，厚约 1mm；菌管单层，长 0.5 ～ 2mm，多为浅棕色，管口近圆形至多角形，每 1mm 有 3 ～ 5 个。气微，味淡。

【药材炮制】除去杂质，洗净，干燥。

【化学成分】子实体含甾体类：（22*E*, 24*R*）- 麦角甾 -6, 22- 二烯 -3β, 5α, 8α- 三醇［（22*E*, 24*R*）-ergosta-6, 22-dien-3β, 5α, 8α-triol］、5α, 6α- 环氧 -（22*E*, 24*R*）- 麦角甾 -8, 22- 二烯 -3β, 7α- 二醇［5α, 6α-epoxy-（22*E*, 24*R*）-ergosta-8, 22-dien-3β, 7α-diol］[1]，麦角甾醇 -7, 22- 二烯 -3β- 醇（ergosta-7, 22-dien-3β-ol）、麦角甾醇 -7- 烯 -3β, 5α, 6β- 三醇（ergosta-7-en-3β, 5α, 6β-triol）、麦角甾醇 -7, 22- 二烯 -3β, 5α, 6β-三醇（ergosta-7, 22-dien-3β, 5α, 6β-triol）、麦角甾醇过氧化物（ergosterol peroxide）[2]，（22*E*, 24*R*）- 麦角甾 -7, 22- 二烯 -3β- 醇［（22*E*, 24*R*）-ergosta-7, 22-dien-3β-ol］[1, 3] 和麦角甾醇 -7, 22- 二烯 -3β- 棕榈酸酯（ergosterol-7, 22-dien-3β-palmitate）[3]；三萜类：白桦脂酸（betulic acid）[3]；脂肪酸类：二十四碳酸（tetracosanoic acid）和二十六碳酸（hexacosanoic acid）[1]；酚酸类：对羟基苯甲酸（4-hydroxy benzoic acid）、3- 甲氧基 -4- 羟基苯甲酸（3-methoxy-4-hydroxybenzoic acid）和 3, 5- 二甲氧基 -4- 羟基苯甲酸（3, 5-dimethoxyl-4-hydroxybenzoic acid）[3]；呋喃类：2- 呋喃酸（2-furoic acid）[3]；生物碱类：烟酸（nicotinic acid）[3]；二元羧酸类：草酸（oxalic acid）[4]；葡萄糖醇衍生物：2, 3, 4, 6- 四 -*O*- 甲基 -D- 葡萄糖醇（2, 3, 4, 6-tetra-*O*-methyl-D-glucitol）、2, 4, 6- 三 -*O*- 甲基 -D- 葡萄糖醇（2, 4, 6-tri-*O*-methyl-D-glucitol）、2, 3, 4- 三 -*O*- 甲基 -D- 葡萄糖醇（2, 3, 4-tri-*O*-methyl-D-glucitol）、2, 3, 6- 三 -*O*-甲基 -D- 葡萄糖醇（2, 3, 6-tri-*O*-methyl-D-glucitol）、2, 4- 二 -*O*- 甲基 -D- 葡萄糖醇（2, 4-di-*O*-methyl-D-glucitol）和 2, 3- 二 -*O*- 甲基 -D- 葡萄糖醇（2, 3-di-*O*-methyl-D-glucitol）[5]；多糖类：α, α- 海藻糖（α, α-trehalose）[1]，云芝多糖 -B（CVPS-B）[6] 和云芝多糖 F_{1-4}（CV F_{1-4}）[7]；糖肽类：云芝糖肽（polysaccharide peptide of trametes versicolor）[8]；脂类：阿斯卡脂质 C、D（ascolipid C、D）[1]；酰胺类：神经酰胺（russulamide）[1]。

【药理作用】1. 免疫调节　从菌丝体或子实体中提取分离的云芝糖肽（polysaccharide peptide）可促进大鼠的淋巴细胞转化，并可防止环磷酰胺所致的胸腺和脾脏重量减轻，减小白细胞数的下降幅度[1]，可使大鼠的脾脏 T 淋巴细胞增加并引起脾脏和外周血 T 淋巴细胞的明显增殖，可明显提高大鼠细胞免疫和体液免疫[2]；云芝糖肽和环孢素（ciclosporin）共同作用能显著降低由植物凝血素（phytohaemagglutinin）刺激引起的 $CD8^+$ 淋巴细胞比例增加，可控制活化细胞异常增殖和刺激静止细胞增殖的选择性[3]；云芝糖肽能显著减小荷 EAC 实体瘤小鼠的肿瘤重量、胸腺重量，显著提高脾脏白细胞介素 -2（IL-2）和白细胞介素 -2 受体的高效表达[4]；云芝糖肽作用于人早幼粒细胞白血病 HL-60 细胞，可使白细胞介素 -1β（IL-1β）和白细胞介素 -6（IL-6）的表达量显著增加[5]。2. 抗炎镇痛　采用热板法和电刺激 - 嘶叫法两种方法测痛，结果表明云芝糖肽对小鼠和大鼠具有确切的镇痛作用[6]；云芝糖肽通过促进白细胞介素 -2 的分泌，使外周白细胞介素 -2 通过血脑屏障进入脑内，从而白细胞介素 -2 的增加导致下丘脑内测基底部区域白细胞介素 -2 受体阳性颗粒表达减少，产生镇痛作用并提高大鼠的痛阈[7, 8]；云芝糖肽对刺激腹腔、二甲苯致急性炎症疼痛小鼠有明显的镇痛抗炎作用[9]。3. 抗肿瘤 云芝糖肽将细胞阻滞在 G_0/G_1 期和 G_2/M 期，使 DNA 合成时间延长，增强 Doxo、VP-16 的 S 期特异性细胞毒作用，并通过降低 Bcl-x/Bax 值诱导细胞凋亡[10]；云芝糖肽可抑制 S180A 荷瘤小鼠的肿瘤生长，延长存活率[11]；子实体多糖提取物可显著抑制皮下接种的小鼠肝癌 HepA 细胞的生长，提高血清中免疫球蛋白的含量并促进胸腺 T 淋巴细胞的转化增生[12]。4. 抗溃疡 云芝糖肽对大鼠应激型、幽门结扎型、乙酸型、消炎痛型等实验性胃溃疡均有明显抑制作用，并能显著降低幽门结扎型溃疡的胃液总酸度，但对正常的胃液分泌量、胃蛋白酶活性、游离酸度、胃液前列腺素 E_2（PGE_2）的含量均无明显影响[13]。

【性味与归经】甘，平。归心、脾、肝、肾经。

【功能与主治】健脾利湿，清热解毒。用于湿热黄疸，胁痛，纳差，倦怠乏力。

【用法与用量】9 ～ 27g。

【药用标准】药典 2005—2015、部标中药材 1992 和黑龙江药材 2001。

【临床参考】1. 乙型肝炎：云芝胞内糖肽胶囊（由菌丝体提取制成）口服，1 次 1g，每日 3 次[1]；或子实体 15g，加广金钱草 30g，水煎服，每日 1 剂，半个月为 1 疗程。（《中国民间生草药原色图谱》）

2. 老年肺炎：云芝胞内糖肽胶囊口服，1 次 1g，每日 3 次[2]。

3. 咽喉肿痛久治不愈：子实体 15g，加毛冬青根皮 15g，水煎凉服。

4. 肿瘤、白血病：子实体 15g，加喜树皮 30g，水煎服。

5. 迁延性肝炎、慢性活动性肝炎：子实体 15g，加地耳草 30g，水煎温服，20 日为 1 疗程。

6. 慢性气管炎、肿瘤：子实体 15g，水煎服。（3 方至 6 方引自《中国民间生草药原色图谱》）

【化学参考文献】

[1] 秦向东，刘吉开 . 云芝化学成分研究［J］. 云南农业大学学报，2012，27（5）：774-776.

[2] 米芳 . 白腐真菌云芝代谢产物的初步研究［D］. 杨陵：西北农林科技大学硕士学位论文，2010.

[3] Bi C，Guo X Y，Che Q M. Chemical constituents from *Coriolus versicolor* L.［J］. J Chin Pharm Sci，2007，16（1）：38-40.

[4] Adams P，Lynch J，De Leij F. Desorption of zinc by extracellularly produced metabolites of *Trichoderma harzianum*，*Trichoderma reesei* and *Coriolus versicolor*［J］. Journal of Applied Microbiology，2007，103（6）：2240-2247.

[5] Jeong S C，Yang B K，Ra K S，et al. Characteristics of anti-complementary biopolymer extracted from *Coriolus versicolor*［J］. Carbohydrate Polymers，2004，55（3）：255-263.

[6] 陈海生，梁荣能 . 野生云芝中水溶性多糖的分离鉴定［J］. 解放军药学学报，2000，16（5）：268-270.

[7] 张翼伸，李治平，苗春艳，等 . 云芝多糖的分离与鉴定［J］. 东北师大学报（自然科学版），1979，（2）：112-119.

[8] Lee C L，Jiang P，Sit W H，et al. Regulatory properties of polysaccharopeptide derived from *Coriolu sversicolor* and its combined effect with ciclosporin on the homeostasis of human lymphocytes［J］. Journal of Pharmacy & Pharmacology，2010，62（8）：1028-1036.

【药理参考文献】

[1] 许美凤，周文轩 . 云芝糖肽对大鼠免疫功能的影响［J］. 苏州大学学报（医学版），1993，13（4）：270-272.

[2] Yu G D，Yin Q Z，Hu Y M，et al. Effects of *Coriolus versicolor* polysaccharides peptides on electric activity of mediobasal hypothalamus and on immune function in rats［J］. Acta Pharmacologica Sinica，1996，17（3）：271-274.

[3] Lee C L，Jiang P，Sit W H，et al. Regulatory properties of polysaccharopeptide derived from *Coriolu sversicolor* and its combined effect with ciclosporin on the homeostasis of human lymphocytes［J］. Journal of Pharmacy & Pharmacology，2010，62（8）：1028-1036.

[4] 祝绚，鲍依稀，李进，等 . 云芝糖肽、丹参酮Ⅱ A 对荷瘤小鼠的抗肿瘤及免疫调节作用［J］. 中国免疫学杂志，2008，24（6）：526-529.

[5] Hsieh T C, Kunicki J, Darzynkiewicz Z, et al. Effects of extracts of *Coriolus versicolor* (I' m-Yunity) on cell-cycle progression and expression of interleukins-1 beta, -6, and -8 in promyelocytic HL-60 leukemic cells and mitogenically stimulated and nonstimulated human lymphocytes [J]. Journal of Alternative & Complementary Medicine, 2002, 8 (5): 591.
[6] 殷伟平，龚珊，蒋星红，等. 云芝糖肽的镇痛作用及其机理的初步分析 [J]. 中成药，2002，24 (1)：41-43.
[7] 刘远嵘，顾振纶，印其章. 白介素 -2 参与云芝糖肽镇痛作用的研究 [J]. 浙江中医药大学学报，2009，33 (6)：881-882.
[8] 张玉英，李金华，金杉，等. 云芝糖肽可能通过白介素提高小鼠抗急性缺氧的能力 [J]. 中草药，1997，(7)：418-419.
[9] 张玉英，龚珊，张惠琴. 云芝糖肽镇痛抗炎作用的实验研究 [J]. 苏州大学学报（医学版），2004，24 (5)：652-653.
[10] Wan J M, Sit W H, Louie J C. Polysaccharopeptide enhances the anticancer activity of doxorubicin and etoposide on human breast cancer cells ZR-75-30 [J]. International Journal of Oncology, 2008, 32 (3): 689-699.
[11] 梁中琴，王晓霞. 云芝糖肽抗肿瘤的实验研究 [J]. 苏州大学学报（医学版），1999，19 (7)：763-764.
[12] 刘瑞，侯亚义，张伟云，等. 云芝子实体提取物的抗肿瘤作用研究 [J]. 医学研究生学报，2004，17 (5)：413-415，419.
[13] 胡月娟，金若敏. 云芝糖肽的抗溃疡作用 [J]. 中成药，1990，12 (11)：22-23.

【临床参考文献】

[1] 朱艳芳，龚力，傅茂英. 恩替卡韦联合云芝胞内糖肽胶囊治疗慢性乙型肝炎的临床疗效 [J]. 中西医结合肝病杂志，2015，25 (5)：269-270.
[2] 黄根牙，彭良欢. 云芝胞内糖肽对老年肺炎临床预后的影响 [J]. 中华临床医师杂志（电子版），2014，8 (22)：4006-4009.

2. 卧孔菌属 *Poria* Pers. ex Gray

担子果一年生，平伏。菌管白色或浅黄色，管口类圆形或多角形。菌丝系统一到二体型；生殖菌丝薄壁至厚壁，具简单隔膜；骨架菌丝壁厚。担孢子椭圆形至圆柱形，透明，平滑。

中国 2 种，分布于华东、华南及西南各地，法定药用植物 1 种。华东地区法定药用植物 1 种。

1215. 茯苓（图 1215）• *Poria cocos* (Schw.) Wolf. [*Sclerotium cocos* Schw.; *Wolfiporia cocos* (Schw.) Ryv. et Gilbn.]

【别名】 茯苓菌，松茯苓。

【形态】 担子果一年生，平伏于菌核表面，老后或干后变成浅褐色。菌管管口多角形、不规则形，或迷宫状。菌丝系统二体型；生殖菌丝透明，薄壁至厚壁，具简单隔膜，少分枝；骨架菌丝无色或淡黄褐色，厚壁至实心，少分枝。担孢子近圆柱形，透明，平滑。菌核球形、椭圆形、卵圆形或不规则形，直径 10 ～ 30cm，鲜时软，干后硬。皮壳深褐色，多皱。内部白色或淡粉红色，干后稍硬。常附于松树根附近。

【生境与分布】 菌核生于松树下的土壤中。安徽、浙江、江西、福建、江苏等地有分布和栽培，另陕西、云南、贵州、四川、广东、广西、湖南、湖北均有分布及栽培。

【药名与部位】 茯苓（茯苓块），菌核。茯神，带有松根的菌核。

茯苓皮，菌核的外皮。茯神木，菌核中间的松根或松枝。

【采集加工】 茯苓　立秋前后采挖，除去泥沙，“发汗”，去皮，按色泽分为“白茯苓”和“赤茯苓”；切薄片、方块或骰粒形块，分别习称“镜面苓”、“杭方”或“骰方”，干燥。茯神　选取菌核中间带

图 1215　茯苓　　摄影　郭增喜等

有松根或松枝者，切方块干燥。茯苓皮立秋前后采挖，除去泥沙，“发汗”，取皮，干燥。茯神木　立秋前后采挖，取出，干燥。

【药材性状】茯苓　茯苓个　呈类球形、椭圆形、扁圆形或不规则团块，大小不一。外皮薄而粗糙，棕褐色至黑褐色，有明显的皱缩纹理。体重，质坚实，断面颗粒性，有的具裂隙，外层淡棕色，内部白色，少数淡红色，有的中间抱有松根。气微，味淡，嚼之黏牙。

茯苓块　为去皮后切制的茯苓，呈立方块状或方块状厚片，大小不一。白色、淡红色或淡棕色。

茯苓片　为去皮后切制的茯苓，呈不规则厚片，厚薄不一。白色、淡红色或淡棕色。

茯神　呈 4 ～ 5cm 的扁平方块状，表面白色至类白色，中间带有直径不超过 1.5cm 的松根或松枝。

茯苓皮　呈长条形或不规则块片，大小不一。外表面棕褐色至黑褐色，有疣状突起，内面淡棕色并常带有白色或淡红色的皮下部分。质较松软，略具弹性。气微、味淡，嚼之黏牙。

茯神木　表面黄白色或灰黄色，附有少量茯苓。切面光滑，具同心环状年轮。体轻，质松。气微，味淡。

【质量要求】茯苓　茯苓片　片形不拘，但不能过厚，去皮，不霉。茯苓皮　无泥沙、碎皮、碎屑。

【药材炮制】茯苓　茯苓　取茯苓个，浸泡，洗净，润后稍蒸，及时削去外皮，切制成块或切厚片，晒干。炒茯苓　取茯苓饮片，照清炒法炒至表面微黄色，微具焦斑，取出，推凉，筛去灰屑。茯神　除去杂质，筛去灰屑。茯苓皮　除去杂质，洗净，切块，干燥。茯神木　洗净，置适宜容器内，蒸软，切厚片或劈碎，干燥。

【化学成分】菌核含三萜类：去氢茯苓酸（dehydropachymic acid）[1]，茯苓酸（pachymic acid）[1,2]，猪苓酸 C（polyporenic acid C）[2]，茯苓酸甲酯（pachymic acid methyl ester）、16-*O*- 乙酰茯苓酸（16-*O*-acetylpachymic acid）、16-*O*- 乙酰茯苓酸甲酯（16-*O*-acetylpachymic acid methyl ester）、土莫酸（tumulosic acid）[3]，去氢齿孔酸（dehydroeburicoic acid）、齿孔酸（eburicoic acid）、去氢栓菌醇酸（dehydrotrametenolic acid）、栓菌醇酸（trametenolic acid）、茯苓酸 C、D、AM、DM（poricoic acid C、D、AM、DM）[4]，3β- 羟基 -16α- 乙酰羊毛脂 -7, 9（11），24- 三烯 -21- 羧酸［3β-hydroxy-16α-acetyllanosta-7, 9（11），24-trien-21-oic acid］、31- 羟基 -16-*O*- 乙酰茯苓酸（31-hydroxyl-16-*O*-acetylpachymic acid）、灵芝酸 B（ganoderic acid B）、茯苓酸甲酯（methyl pachymate）、3β- 羟基 -16α- 乙酰氧基羊毛脂 -7, 9（11），24- 三烯 -21- 羧酸［3β-hydroxy-16α-acetyloxy-lanosta-7, 9（11），24-trien-21-oic acid］、*O*- 乙酰茯苓酸（*O*-acetylpachymic acid）、*O*- 乙酰茯苓酸甲酯（metyl *O*-acetylpachymate）、*O*- 乙酰茯苓酸 -25- 醇（*O*-acetylpachymic acid-25-ol）、3β- 羟基羊毛脂 -7, 9（11），24- 三烯 -21- 酸［3β-hydroxylanosta-7, 9（11），24-trien-21-oic acid］、β- 香树脂醇乙酸酯（β-amyrin acetate）[5]，3β-*O*- 乙酰基 -16α- 羟基栓菌酸（3β-*O*-acetyl-16α-hydroxytrametenolic acid）、3- 表去氢茯苓酸（3-epidehydropachymic acid）、3β-*O*- 乙酰基 -16α- 羟基 - 去氢栓菌醇酸（3β-*O*-acetyl-16α-hydroxy-dehydrotrametenolic acid）[6]，3β, 16α- 二羟基羊毛脂 -7, 9（11），24- 三烯 -21- 羧酸［3β, 16α-dihydroxylanosta-7, 9（11），24-trien-21-oic acid］、去氢土莫酸（dehydrotumulosic acid）、6α- 羟基去氢茯苓酸（6α-hydroxydehydropachymic acid）、16α- 羟基栓菌醇酸（16α-hydroxytrametenolic acid）[7]，3β- 对 - 羟基苯甲酰基去氢土莫酸（3β-*p*-hydroxybenzoyl dehydrotumulosic acid）[8]，25- 羟基 -3- 表去氢土莫酸（25-hydroxy-3-epidehydrotumulosic acid）、3- 表去氢土莫酸（3-epidehydrotumulosic acid）、茯苓酸 E、F、BM（poricoic acid E、F、BM）[9]，茯苓环酮双烯三萜酸（cyclohexanon-dientriterpenic acid）[10]，茯苓酸 A、B（poricoic acid A、B）[11]，茯苓酸 G、H（poricoic acid G、H）[12]，茯苓羊毛脂酮 A、B（poriacosone A、B）、6α- 羟基猪苓酸 C（6α-hydroxypolyporenic acid C）、3β, 16α- 二羟基羊毛脂 -7, 9（11），24- 三烯 -21- 酸［3β, 16α-dihydroxylanosta-7, 9（11），24-trien-21-oic acid］、29- 羟基猪苓酸 C（29-hydroxypolyporenic acid C）、25- 羟基茯苓酸（25-hydroxypachymic acid）[13]，去氢栓菌酮酸（dehydrotrametenonic acid）、3-*O*- 甲酰基 - 去氢栓菌醇酸（3-*O*-formyl dehydrotrametenolic acid）、3-*O*- 甲酰基齿孔酸（3-*O*-formyl-eburicoic acid）[14]，3β- 羟基羊毛脂 -7, 9（11），24- 三烯 -21- 甲酯［methyl 3β-hydroxylanosta-7, 9（11），24-trien-21-oate］、去氢齿孔酸甲酯（methyl dehydroeburicoate）、栓菌醇酸甲酯（methyl trametenolate）[15]，茯苓酸 AE、CE（poricoic acid AE、CE）、3-*O*- 乙酰去氢齿孔酸（3-*O*-acetyl dehydroeburicoic acid）、3- 酮基羊毛脂 -7, 9（11），24（31）- 三烯 -21- 羧酸［3-oxolanosta-7, 9（11），24（31）-trien-21-oic acid］[16]，6α- 羟基去氢土莫酸（6α-hydroxy-dehydrotumulosic acid）、齐墩果酸（oleanic acid）、β- 香树脂醇乙酸酯（β-amyrin acetate）、α- 香树脂醇乙酸酯（α-amyrin acetate）、齐墩果酸 -3β-*O*- 乙酸酯（oleanic acid-3β-*O*-acetate）[17] 和乙酰齿孔酸（acetyleburicoic acid）[18]；二萜类：去氢松香酸甲酯（dehydroabietic acid methyl ester）[12]；倍半萜类：（*S*）-（+）- 姜黄酮［（*S*）-（+）-turmerone］[19]；甾体类：麦角甾 -7, 22- 二烯 -3β- 醇（ergosta-7, 22-dien-3β-ol）[13]，麦角甾 -5, 7, 22- 三烯 -3β- 醇（ergosta-5, 7, 22-trien-3β-ol）、麦角甾 -6, 22- 二烯 -5, 8- 表二氧 -3- 醇（ergosta-6, 22-dien-5, 8-epidioxy-3-ol）、3β, 5α- 二羟基麦角甾 -7, 22- 二烯 -6- 酮（3β, 5α-dihydroxyergosta-7, 22-dien-6-one）、3β, 5α, 9α- 三羟基麦角甾 -7, 22- 二烯 -6- 酮（3β, 5α, 9α-trihydroxyergosta-7, 22-dien-6-one）、麦角甾 -7, 22- 二烯 -3- 酮（ergosta-7, 22-dien-3-one）、6, 9- 环氧麦角甾 -7, 22- 二烯 -3β- 醇（6, 9-epoxyergosta-7, 22-dien-3-ol）、麦角甾 -4, 22- 二烯 -3- 酮（ergosta-4, 22-dien-3-one）、麦角甾 -7, 22- 二烯 -3β, 5α, 6α- 三醇（ergosta-7, 22-dien-3β, 5α, 6α-triol）、麦角甾 -5, 6- 环氧 -7, 22- 二烯 -3β- 醇（ergosta-5, 6-epoxy-7, 22-dien-3β-ol）、麦角甾 -4, 6, 8（14），22- 四烯 -3- 酮［ergosta-4, 6, 8（14），22-tetraen-3-one］、β- 谷甾醇（β-sitosterol）、胡萝卜苷（daucosterol）[17]，麦角甾醇过氧化物（ergosterol peroxide）[18, 19]，啤酒甾醇（cerevisterol）、麦角甾 -7- 烯 -3β- 醇（ergosta-7-en-3β-ol）、麦角甾 -7, 22- 二烯 -3β- 醇（ergosta-7, 22-dien-3β-ol）[18] 和孕甾 -7- 烯 -2β, 3α,

15α, 20- 四醇（pregn-7-en-2β, 3α, 15α, 20-tetrol）[20]；呋喃类：（5- 甲酰基呋喃 -2- 基）- 甲基 -2- 羟基丙酸酯［（5-formylfuran-2-yl）-methyl-2-hydroxypropanoate］、（5- 甲酰基呋喃 -2- 基）- 甲基 -2-（4- 羟基苯基）- 乙酸酯［（5-formylfuran-2-yl）-methyl-2-（4-hydroxyphenyl）-acetate］和 5- 羟甲基糠醛（5-hydroxymethyl furfural）[20]；生物碱类：（3*S*, 6*S*）-3-［（1*R*）-1- 羟基乙基］-6-（苯基甲基）-2, 5- 哌嗪二酮 {（3*S*, 6*S*）-3-［（1*R*）-1-hydroxyethyl］-6-（phenylmethyl）-2, 5-piperazinedione}[20]；核苷类：腺苷（adenosine）[17, 20] 和胸腺嘧啶（thymine）[20]；多元醇类：半乳糖醇（galactitol）、核糖醇（ribitol）和甘露醇（mannitol）[20]；氨基酸类：组氨酸（histidine）[20]；挥发油类：壬醛（nonanal）、樟脑（camphor）、2, 3- 二甲基萘烷（2, 3-dimethyldecalin）、反橙花叔醇（*trans*-nerolidol）、金合欢醇（farnesol）和 α- 柏木醇（α-cedrol）[21]；糖类：α-D- 葡萄糖（α-D-glucose）、α-D- 半乳糖（α-D-galactose）、海藻糖（trehalose）[20] 和茯苓多糖 S1、S2、S3-I、S3-II、S4-I、S4-II（PC S1、S2、S3-I、S3-II、S4-I、S4-II）[22]；糖肽类：茯苓糖肽（PCSC）[23]；脂肪酸类：二十七烷酸（carboceric acid）[17]，辛酸（octanoic acid）、月桂酸（lauric acid）、十一烷酸（undecanoic acid）、十二烷酸（dodecanoic acid）和棕榈酸（palmitic acid）[24]；元素：铅（Pb）、镉（Cd）、氯（Cl）、硅（Si）、磷（P）、硫（S）、镁（Mg）、铜（Cu）、铁（Fe）、锌（Zn）、镍（Ni）、钴（Co）、锰（Mn）、钙（Ca）、钾（K）、钠（Na）和铬（Cr）[25]。

菌丝体含多糖类：茯苓多糖 M1、M2、M3、M4（PC M1、M2、M3、M4）[26]。

【药理作用】1. 免疫调节　从菌核提取的茯苓多糖（pachymaran）可以有效对抗环磷酰胺诱导的模型小鼠派氏结（PPs）和肠系膜淋巴结（MLNs）中的 $CD3^+$、$CD19^+$ 细胞比例的变化，但对脾脏（SP）中的 $CD3^+$、$CD19^+$ 细胞比例变化的作用不显著[1]。2. 抗肿瘤　从菌核提取的多糖以及菌核的乙酸乙酯提取物能显著抑制胃癌 SGC-7901 细胞和乳腺癌 Bcap-37 细胞的增殖，并呈一定的量效关系[2]；茯苓多糖对 B16 荷瘤小鼠的体重无明显影响，高剂量可明显降低肺表面转移灶个数，高、低剂量可减少肺微小转移灶个数，高剂量组外周血白细胞数量明显降低，低剂量可增加 B16 荷瘤鼠的脾质量和脾系数，高、低剂量组脾质量和脾系数均高于顺铂对照组[3]。3. 护肝　从菌核中提取分离的三萜类成分能够显著降低四氯化碳所致肝损伤小鼠血清中的天冬氨酸氨基转移酶（AST）和谷丙转氨酶（ALT）活性，显著减轻小鼠肝组织的损伤程度[4]。4. 抑制胃肠运动　菌核的水提取液对正常小鼠的胃残留、小肠推进具有抑制作用[5]。5. 镇静催眠　菌核、有木心的菌核（茯神）的水提取液对小鼠的直接睡眠作用较弱，但均可明显增加戊巴比妥钠阈下剂量的小鼠入睡率，除菌核水煎液小剂量组外，其余各组均能明显延长阈上戊巴比妥钠小鼠睡眠时间；茯神水提取液尚有一定的抗惊厥作用[6]。6. 利尿　菌核外皮的乙醇提取物对生理盐水负荷正常大鼠具有显著的利尿作用，同时能够增加电解质 Na^+ 的排出，减少 K^+ 的排出，使尿液中 Na^+/K^+ 值升高，其主要化学成分为四环三萜类化合物[7]。

【性味与归经】茯苓：甘、淡，平。归心、肺、脾、肾经。茯神：甘、淡，平。归心、肺、脾、肾经。茯苓皮：甘、淡，平。归脾、肺经。茯神木：甘，平。

【功能与主治】茯苓：利水渗湿，健脾宁心。用于水肿尿少，痰饮眩悸，脾虚食少，便溏泄泻，心神不安，惊悸失眠。茯神：养心安神。用于心悸怔忡，恍惚健忘，失眠，惊痫。茯苓皮：利水，消肿。用于面浮肢肿，小便不利。茯神木：安神，舒筋通络。用于心悸失眠，筋脉不利。

【用法与用量】茯苓：9 ～ 15g。茯神：9 ～ 15g。茯苓皮：4.5 ～ 9g。茯神木：4.5 ～ 9g。

【药用标准】茯苓：药典 1963—2015、浙江炮规 2015、贵州药材 1965、新疆药品 1980 二册、内蒙古蒙药 1986、云南药品 1974 和台湾 2013；茯神：浙江炮规 2015、贵州药材 2003、湖南药材 2009、甘肃药材 2009、山东药材 2012 和台湾 1985 一册；茯苓皮：药典 2010、药典 2015 和浙江炮规 2005；茯神木：浙江炮规 2015、四川药材 2010、北京药材 1998 和山东药材 2012。

【临床参考】1. 不寐：菌核 50g，水煎，分 2 次服[1]。

2. 2 型糖尿病：每日服茯苓馒头 4 个（茯苓总量 50g），分 2 次服[2]。

3. 慢性盆腔炎：桂枝茯苓胶囊（由桂枝、茯苓、赤芍等组成）口服，每日 3 次，1 次 3 粒，连服 3 个月[3]。

4. 老年抑郁症：茯苓神志爽心丸（由茯苓、茯神、人参、远志等组成）口服，1 次 6 丸，每日 2 次，连服 4 个月[4]。

5. 2 型糖尿病高尿酸血症：菌核 15g，加人参、甘草各 6g，白术、泽泻、黄芩、山栀、大黄各 10g，葛根、天花粉、寒水石、滑石各 15g，桔梗、薄荷各 8g，砂仁 4g，气虚明显者人参、白术量加倍；肢端麻木者加鸡血藤、地龙、牛膝；关节疼痛者加豨莶草、海风藤，每日 1 剂，浓煎取汁 200ml，分 2 次口服；配合常规西药治疗[5]。

6. 四肢浮肿、小便不利：菌核 250g，加米糠粉（或麦麸皮）60g，共研细粉，1 次 9g，开水调服，每日 2 次；或五皮饮（菌核皮 12g，加陈皮、桑白皮、大腹皮各 9g，生姜皮 6g）水煎服。

7. 脾虚食少脘闷：菌核 15g，加白术、党参各 9g，枳实、陈皮、生姜各 6g，水煎服。（6 方、7 方引自《浙江药用植物志》）

8. 孕妇转胞：菌核、赤白各 15g，加升麻 4.5g，当归 6g，川芎 3g，苎根 9g，急流水煎服，或调琥珀末 6g 服更佳。（《医学心悟》）

9. 水肿：菌核 9g，加白术（净）6g，郁李仁（杵）4.5g，生姜汁煎服。（《不知医必要》）

10. 头风虚眩、五劳七伤：菌核粉同曲米酿酒饮。（《本草纲目》）

11. 汗斑：菌核，加白蜜涂上，满七日。（《肘后备急方》）

12. 小便多、滑数不禁：菌核（去黑皮），加山药（去皮），白矾水内浸过，慢火焙干，上二味，各等份，为细末，稀米饮调服。（《儒门事亲》）

【附注】本种在《神农本草经》列为上品。《名医别录》曰："茯苓、茯神生太山山谷大松下。二月、八月采，阴干。"《本草经集注》载："自然成者，大如三四升器，外皮黑细皱，内坚白，形如乌、兽、龟、鳖者良。"《本草图经》载："茯苓生泰山山谷，今泰、华、嵩山皆有之。出大松下，附根而生，无苗、叶、花、实，作块如拳，在土底，大者至数斤。似人形、龟形者佳，皮黑，肉有赤白两种。"即本种的菌核。

Johans 和 Ryvarden（1979）研究认为本种的学名正名应为 *Macrohyporia cocos*（Schwein.）I.Johans.et Ryvarden。

本种菌核所含多糖主要为 D- 鼠李糖、D- 岩藻糖、D- 木糖、D- 半乳糖、D- 葡萄糖、D- 葡萄糖醛酸等组成的杂多糖。

药材茯苓阴虚而无湿热、虚寒滑精、气虚下陷者慎服。

【化学参考文献】

[1] Tai T，Akahori A，Shingu T. A lanostane triterpenoid from *Poria cocos* [J]. Phytochemistry，1992，31（7）：2548-2549.

[2] 李静，黎红，许津. 茯苓中集落刺激因子诱生剂的分离鉴定 [J]. 中国药学杂志，1997，32（7）：401-403.

[3] Shibata S，Natori S，Fujita K，et al. Metabolic products of fungi. XV. pachymic acid，a constituent of "Bukuryo"（Fu Ling），a sclerotium of *Poria cocos*（Schw.）Wolf [J]. Chem Pharm Bull，1958，6（6）：608-611.

[4] Tai T，Akahori A，Shingu T. Triterpenes of *Poria cocos* [J]. Phytochemistry，1993，32（5）：1239-1244.

[5] 王利亚，万惠杰. 茯苓化学成分的研究 [J]. 中草药，1998，29（3）：145-148.

[6] Tai T，Shingu T，Kikuchi T，et al. Isolation of lanostane-type acids having an acetoxyl group from sclerotia of *Poria cocos* [J]. Phytochemistry，1995，40（1）：225-231.

[7] Nukaya H，Yamashiro H，Fukazawa H，et al. Isolation of inhibitors of TPA-induced mouse ear edema from Hoelen，*Poria cocos* [J]. Chem Pharm Bull，1996，44（4）：847-849.

[8] Yasukawa K，Kaminaga T，Kitanaka S，et al. 3-*p*-hydroxybenzoyldehydro-tumulosic acid from *Poria cocos*，and its anti-inflammatory effect [J]. Phytochemistry，1998，48（8）：1357-1360.

[9] Tai T，Shingu T，Kikuchi T，et al. Triterpenes from the surface layer of *Poria cocos* [J]. Phytochemistry，1995，39（5）：1165-1169.

[10] 许先栋，许津，顾惠儿，等 . 茯苓环酮双烯三萜酸的晶体结构和分子结构研究 [J]. 中国药物化学杂志，1994，4(1)：23-27.
[11] Tai T，Akahori A，Shingu T. Triterpenoids from *Poria cocos* [J]. Phytochemistry，1991，30(8)：2796-2797.
[12] Ukiya M，Akihisa T，Tokuda H，et al. Inhibition of tumor-promoting effects by poricoic acids G and H and other lanostane-type triterpenes and cytotoxic activity of poricoic acids A and G from *Poria cocos* [J]. J Nat Prod，2002，65(4)：462-465.
[13] 郑艳，杨秀伟 . 中药材规范化种植茯苓化学成分研究 [J]. 中国现代中药，2017，19(1)：44-50，63.
[14] 李慧，黄帅，单连海，等 . 茯苓皮中三萜酸类成分的研究 [J]. 华西药学杂志，2016，31(1)：6-10.
[15] Moon S K，Min T J. Study on the isolation and structure determination of the triterpenoids from Korean white *Poria cocos* (Schw.) Wolf [J]. Han'guk Saenghwa Hakhoechi，1987，20(2)：178-184.
[16] Yang C H，Zhang S F，Liu W Y，et al. Two new triterpenes from the surface layer of *Poria cocos* [J]. Helv Chim Acta，2009，92(4)：660-667.
[17] 杨鹏飞 . 桂枝茯苓胶囊及其单味药茯苓化学成分和生物活性研究 [D]. 北京：北京协和医学院硕士学位论文，2012.
[18] 王帅，姜艳艳，朱乃亮，等 . 茯苓化学成分分离与结构鉴定 [J]. 北京中医药大学学报，2010，33(12)：841-844.
[19] Li G，Xu M L，Lee C S，et al. Cytotoxicity and DNA topoisomerases inhibitory activity of constituents from the sclerotium of *Poria cocos* [J]. Arch Pharm Res，2004，27(8)：829-833.
[20] Chen T，Chou G X，Zhang C G，et al. A new highly oxygenated pregnane and two new 5-hydroxymethylfurfural derivatives from the water decoction of *Poria cocos* [J]. J Asian Nat Prod Res，2018，20(12)：1101-1107.
[21] 廖川，杨迺嘉，刘建华，等 . 茯苓超微粉挥发性成分研究 [J]. 时珍国医国药，2008，19(10)：2365-2367.
[22] Wang Y F，Zhang M，Ruan D，et al. Chemical components and molecular mass of six polysaccharides isolated from the sclerotium of *Poria cocos* [J]. Carbohydrate Research，2004，339：327-334.
[23] Lee K Y，Jeon Y J. Polysaccharide isolated from *Poria cocos* sclerotium induces NF-κB/Rel activation and iNOS expression in murine macrophages [J]. Int Immunopharmacol，2003，3：1353-1362.
[24] Moon S K，Park S S，Min T J. Studies on the fatty acids in the white *Poria cocos* [J]. Han'guk Kyunkakhoechi，1987，15(1)：9-13.
[25] 王德淑，张敏 . 茯苓中微量金属元素的测定 [J]. 现代中药研究与实践，2003，17(4)：30-31.
[26] 丁琼，张俐娜，张志强 . 茯苓菌丝体多糖的分离及结构分析 [J]. 高分子学报，2000，2(2)：224-227.

【药理参考文献】

[1] 王青，胡明华，董燕，等 . 茯苓多糖对免疫抑制小鼠粘膜淋巴组织及脾脏中 $CD3^+$ 和 $CD19^+$ 细胞变化的影响 [J]. 中国免疫学杂志，2011，27(3)：228-231.
[2] 王晓菲，刘春琰，窦德强 . 中药茯苓抗肿瘤有效组分研究 [J]. 辽宁中医杂志，2014，41(6)：1240-1244.
[3] 张密霞，张德生，庄朋伟，等 . 茯苓多糖对 B16 黑色素瘤人工肺转移模型的影响 [J]. 天津中医药，2014，31(2)：98-101.
[4] 张先淑，饶志刚，胡先明，等 . 茯苓总三萜对小鼠肝损伤的预防作用 [J]. 食品科学，2012，33(15)：270-273.
[5] 冉小库，孙云超，刘霞，等 . 茯苓对正常小鼠胃肠功能的影响 [J]. 中国现代中药，2015，17(7)：686-689.
[6] 游秋云，王平 . 茯苓、茯神水煎液对小鼠镇静催眠作用的比较研究 [J]. 湖北中医药大学学报，2013，15(2)：15-17.
[7] 田婷，陈华，殷璐，等 . 茯苓和茯苓皮水和乙醇提取物的利尿作用及其活性成分的分离鉴定 [J]. 中国药理学与毒理学杂志，2014，28(1)：57-62.

【临床参考文献】

[1] 范桂滨 . 大剂量茯苓治疗不寐 24 例 [J]. 中医研究，2006，19(2)：35-36.
[2] 蔡缨，沈忠松 . 茯苓对老年 2 型糖尿病降糖效果观察 [J]. 解放军预防医学杂志，2006，(3)：198-199.
[3] 孔晓静 . 桂枝茯苓胶囊治疗慢性盆腔炎的临床疗效观察 [J]. 内蒙古中医药，2017，36(8)：13-14.
[4] 马忠金，王利春，邓志云 . 茯苓神志爽心丸联合心理干预对老年抑郁症的疗效观察 [J]. 中西医结合心脑血管病杂志，2014，12(1)：123-124.
[5] 李秀英 . 人参茯苓散加减治疗 2 型糖尿病高尿酸血症 48 例临床观察 [J]. 中医药导报，2010，16(6)：45-46.

3. 奇果菌属 *Grifola* S. F. Gray

担子果一年生，具柄，柄单一或分枝。菌盖灰白色至淡褐色，通常扇形，覆瓦状，有绒毛或光滑。菌肉白色；菌管下延，管口类圆形。菌丝系统二体型；生殖菌丝具锁状联合；骨架菌丝壁厚，淡黄色。担孢子卵圆形至椭圆形，透明，平滑。

中国 1 种，分布于浙江、山东、河北、吉林、广西、四川、西藏等地，法定药用植物 1 种。华东地区法定药用植物 1 种。

1216. 灰树花菌（图 1216）• *Grifola frondosa*（Dicks.）Gray（*Boletus frondosus* Dicks.；*Polyporus frondosus* Dicks. ex Fr.）

图 1216　灰树花菌　　摄影　林文飞

【别名】贝叶奇果菌、灰树花、贝叶多孔菌，栗蘑。

【形态】担子果一年生，有柄且多次分枝，肉质或半肉质。菌盖白色至灰白色，干后变淡褐色，扇形至匙形，具绒毛；边缘较薄，内卷。菌肉白色；菌管沿柄下延，管口类圆形或多角形。菌丝系统二体型；生殖菌丝透明，壁薄，少分枝，具锁状联合；骨架菌丝无色或淡黄色，透明，平滑。担孢子卵圆形至椭圆形，透明，平滑。

【生境与分布】生于栎树等阔叶树根部周围的地上。分布于浙江、山东，另河北、吉林、广西、四川、西藏均有分布。

【药名与部位】灰树花，子实体。

【采集加工】春、秋二季子实体成熟时采收，除去柄蒂部及杂物，干燥。

【药材性状】呈覆瓦状丛生，近无柄或有柄，柄可多次分枝。菌盖扇形或匙形，宽 2 ～ 7cm，厚 1 ～ 2mm。表面灰色至灰褐色，初有短茸毛，后渐变光滑；孔面白色至淡黄色，密生延生的菌管，管口多角形，平均每平方毫米 1 ～ 3 个。体轻，质脆，断面类白色，不平坦。气腥，味微甘。

【药材炮制】除去杂质，分成小片。

【化学成分】子实体含呋喃酮类：（*S*）- 甲基 -2-（2- 羟基 -3, 4- 二甲基 -5- 酮 -2, 5- 二氢呋喃 -2- 基）乙酸酯［（*S*）-methyl-2-（2-hydroxy-3, 4-dimethyl-5-oxo-2, 5-dihydrofuran-2-yl）acetate］[1]；神经酰胺类：（2*S*, 3*S*, 4*R*）-2-［（2′*R*）-2′- 羟基二十二烷酰氨基］-1, 3, 4- 十八烷三醇 {（2*S*, 3*S*, 4*R*）-2-［（2′*R*）-2′-hydroxy-docosanoylamino］-1, 3, 4-octadecanetriol}、（2*S*, 3*S*, 4*R*）-2-［（2′*R*）-2′- 羟基二十三烷酰氨基］-1, 3, 4- 十八烷三醇 {（2*S*, 3*S*, 4*R*）-2-［（2′*R*）-2′-hydroxy-tricosanoylamino］-1, 3, 4-octadecanetriol}、（2*S*, 3*S*, 4*R*）-2-［（2′*R*）-2′- 羟基二十五烷酰氨基］-1, 3, 4- 十八烷三醇 {（2*S*, 3*S*, 4*R*）-2-［（2′*R*）-2′-hydroxy-pentacosanoylamino］-1, 3, 4-octadecanetriol} 和（2*S*, 3*S*, 4*R*）-2-［（2′*R*）-2′- 羟基二十六烷酰氨基］-1, 3, 4- 十八烷三醇 {（2*S*, 3*S*, 4*R*）-2-［（2′*R*）-2′-hydroxy-hexacosanoylamino］-1, 3, 4-octadecanetriol }[2]；氨基酸类：天冬氨酸（Asp）、苏氨酸（Thr）、丝氨酸（Ser）、谷氨酸（Glu）、脯氨酸（Pro）、甘氨酸（Cly）、丙氨酸（Ala）、胱氨酸（Cyt）、缬氨酸（Lys）、蛋氨酸（Met）、异亮氨酸（Ile）、亮氨酸（Leu）、酪氨酸（Tyr）、苯丙氨酸（Phe）、组氨酸（His）、赖氨酸（Lys）、色氨酸（Trp）、精氨酸（Arg）、谷氨酰胺（Gln）、半胱氨酸（Gys）和天冬酰胺（Asn）[3]；脂肪酸及酯类：十五酸乙酯（ethyl pentadecanoate）、棕榈酸（palmitic acid）、棕榈酸乙酯（ethyl palmitate）、9- 十六碳烯酸乙酯（9-hexadecenoic acid ethyl ester）、亚油酸（linoleic acid）、亚油酸乙酯（ethyl linoleate）、硬脂酸乙酯（ethyl stearate）和 13- 十八碳烯酸（13-octadecenoic acid）[4]；烯烃及烯醛类：1- 十八烯（1-octadecene）、1- 十九烯（1-nonadecene）、9- 十八碳烯醛（9-octadecenal）和 9, 17- 十八碳二烯醛（9, 17-octadecadienal）[4]；酚酸酯类：邻苯二甲酸二异丁酯（diisobutyl phthalate）[4]；甾体类：麦角固醇（ergosterol）[4]；多糖类：灰树花 -β- 葡聚糖 BW1（GFP-β-glucan BW1）[5]，灰树花多糖 -22（GFP-22）[6] 和硫酸酯化灰树花多糖（*S*-GFB）[7]；糖蛋白类：灰树花糖蛋白 -3a（GFG-3a）[8]。

【药理作用】1. 免疫调节　子实体提取物可以通过提高巨噬细胞吞噬能力和产生一氧化氮（NO）能力，以及淋巴细胞转化率、NK 细胞杀伤活性的途径提高脾虚小鼠的免疫功能[1]；从深层发酵液中得到的胞外多糖（EXGFP-A）对 RAW264.7 的细胞增殖和吞噬活性具有明显的促进作用，能够促进细胞的形态变化，使细胞呈现出激活状态，从而增强机体的免疫活性[2]；菌丝体胞内多糖使小鼠脏器显著增大，并显著增强了脾淋巴细胞的增殖能力；T 淋巴细胞亚群中免疫细胞 CD4/CD8 值随着用药量的增加而提升；同时上调小鼠肠道中的细胞因子白细胞介素 -6（IL-6）、白细胞介素 -8（IL-8）和肿瘤坏死因子 -α（TNF-α）分子的表达，并下调炎症因子 CRP 的表达[3]。2. 抗肿瘤　子实体的多糖提取物可以增强骨髓树突状细胞的免疫活性，发挥抗 BALB/c 小鼠结肠癌作用[4]；子实体的水提取物可有效降低人肝癌 PLC/PRF/5 和 HepG2 细胞存活率，提高细胞乳酸脱氢酶（LDH）释放，增加 Caspase-3 活力，减弱线粒体跨膜电位，增加 Bax 表达，降低 Bcl-2 蛋白含量，降低 Akt/GSK3β 磷酸化水平，在不改变体重的情况下，可有效抑制 PLC/PRF/5 异位荷瘤裸鼠的肿瘤生长[5]。3. 保肝护肝　从发酵液中得到的胞外多糖可以明显降低四氯化碳致急性肝损伤小鼠血清天冬氨酸转氨酶（AST）、谷丙转氨酶（ALT）、丙二醛（MDA）和乳酸脱氢酶活力，明显升高过氧化氢酶（CAT）活力，能显著减轻肝组织病理变化程度[6]；子实体粉的混悬液可以明显减少非酒精性脂肪肝大鼠肝组织的 NAFLD 活动度积分（NAS），降低血清丙氨酸转氨酶和肝组织甘油三酯（TG）、CHOL、丙二醛、肿瘤坏死因子 -α、白细胞介素 -6 水平，显著增强超氧化物歧化酶（SOD）、谷胱甘肽过氧化物酶（GSH-Px）活性[7]。4. 保护胃肠道　子实体的水提取物可以通过抑制肿瘤坏死因子 -α 的产生以及通过核转录因子 -κB（NF-κB）信号转导的炎症趋化因子 MCP-1 和白细胞介素 -8

的表达，从而改善结肠炎[8]；毛细管对单层融合的胃黏膜上皮细胞（GES - 1）进行划痕以及模拟胃黏膜创伤的实验结果显示，子实体的多糖通过上调表皮生长因子（EGF）、三叶因子 2（TFF2），下调转移生长因子 -β_1（TGF - β_1）表达而促进人正常胃黏膜上皮细胞增殖，促进其向创伤区域迁移，可以完全覆盖创伤区域达到修复胃黏膜作用[9]。5. 抗氧化　子实体的热水提取物、冷水提取物、乙醇提取物对亚铁离子、1，1- 二苯基 -2- 三硝基苯肼（DPPH）自由基具有较好的抗氧化能力[10]。6. 抗炎　子实体的水溶性多糖可以促进 RAW264.7 细胞中细胞因子和趋化因子的产生，从而发挥抗炎作用[11]。7. 降糖和血脂　菌丝体中的多糖能显著降低链尿佐菌素所致糖尿病小鼠的血糖值、血清中的甘油三酯、总胆固醇（TC）、低密度脂蛋白（LDL）[12]。8. 抗菌　子实体中的多酚类物质体外对细菌和酵母菌都有较强的抑制作用，温度和 pH 对多酚类物质的抑菌效果影响较大[13]。

【功能与主治】益气健脾，补虚扶正。用于脾虚引起的体倦乏力，神疲懒言，饮食减少，食后腹胀及肿瘤患者放化疗后有上述症状者。

【用法与用量】10 ～ 20g。

【药用标准】浙江药材 2000。

【临床参考】1. 肿瘤：灰树花多糖软胶囊（每粒含子实体多糖 7.5mg）口服，1 次 3 粒，每日 2 次，6 周为 1 疗程[1]。

2. 糖耐量减低：灰树花胶囊（每粒 0.5g，含子实体 6.8g）口服，每日 9 粒，分 3 次服[2]。

3. 肿瘤放化疗后神疲乏力：子实体 10 ～ 20g，水煎服。（《中华本草》）

【附注】本种多糖种类繁多，主要含有 β-1，3- 支链的 β-1，6- 葡聚糖，目前发现的多糖有几十种，分子量从几十万到几百万不等[1]。

【化学参考文献】

［1］He X Y，Du X Z，He X Y，et al. Extraction，identification and antimicrobial activity of a new furanone，grifolaone A，from *Grifola frondosa*［J］. Nat Prod Res，2016，30（8）：941-947.

［2］Yaoita Y，Ishizuka T，Kakuda R，et al. Structures of new ceramides from the fruit bodies of *Grifola frondosa*［J］. Chem Pharm Bull，2000，48（9）：1356-1358.

［3］吴应淼，徐丽红，吴银华，等 . 不同海拔高度对灰树花氨基酸含量的影响［J］. 浙江农业科学，2015，56（7）：1004-1007.

［4］兰蓉，王晓杰，陈亮 . 超声波提取灰树花挥发油及其 GC-MS 分析［J］. 食品科技，2014，39（4）：206-208.

［5］Fang J P，Wang Y，Lv X F，et al. Structure of a β-glucan from *Grifola frondosa* and its antitumor effect by activating Dectin-1/Syk/NF-κB signaling［J］. Glycoconjugate Journal，2012，29（5-6）：365-377.

［6］Li Q，Zhang W J，Zhang F M，et al. Purification，characterization and immunomodulatory activity of a novel polysaccharide from *Grifola frondosa*［J］. Int J Bioll Macromol，2018，111：1293-1303.

［7］Wang C L，Meng M，Liu S B，et al. A chemically sulfated polysaccharide from *Grifola frondosa* induces HepG2 cell apoptosis by notch1-NF-κB pathway［J］. Carbohydrate Polymers，2013，95（1）：282-287.

［8］Cui F J，Zan X Y，Li Y H，et al. *Grifola frondosa* glycoprotein GFG-3a arrests S phase，alters proteome，and induces apoptosis in human gastric cancer cells［J］. Nutrition and Cancer，2016，68（2）：267-279.

【药理参考文献】

［1］雷萍，陈文娜，陈殿学，等 . 灰树花提取物对脾虚小鼠腹腔巨噬细胞和脾细胞的影响［J］. 中国实验方剂学杂志，2011，17（10）：205-207.

［2］韩丽荣，程代，孟梦，等 . 灰树花胞外多糖的分离纯化及免疫调节作用［J］. 天津科技大学学报，2016，31（4）：25-29.

［3］朱晗，何欣，李长田 . 灰树花菌丝体胞内多糖对于小鼠的免疫调节作用［J］. 中国农业大学学报，2017，22（3）：109-115.

［4］Masuda Y，Ito K，Konishi M，et al. A polysaccharide extracted from *Grifola frondosa* enhances the anti-tumor activity of bone marrow-derived dendritic cell-based immunotherapy against murine colon cancer［J］. Cancer Immunol Immunother，2010，59（10）：1531-1541.

[5] 胡馨予，胡爽，张峻榕，等. 灰树花提取物抗肝癌活性及初步机制研究[J]. 中国药学杂志，2015，50（24）：2107-2111.
[6] 曹小红，朱慧，王春玲，等. 灰树花胞外多糖对四氯化碳致小鼠肝损伤的保护作用[J]. 天然产物研究与开发，2010，22（5）：777-780.
[7] 戴显微，陈芝芸，严茂祥，等. 灰树花干预非酒精性脂肪性肝炎的实验研究[J]. 中国中药杂志，2015，40（9）：1808-1811.
[8] Lee J S，Park S D，Choi M K，et al. *Grifola frondosa* water extract alleviates intestinal inflammation by suppressing TNF-alpha production and its signaling[J]. Experimental & Molecular Medicine，2010，42（2）：143-154.
[9] 黄家福，黄铁群，赖亚栋，等. 灰树花多糖对体外胃粘膜创伤的修复作用[J]. 菌物学报，2016，35（3）：326-334.
[10] Yeh J Y，Hsieh L H，Wu K T，et al. Antioxidant properties and antioxidant compounds of various extracts from the edible basidiomycete *Grifola frondosa*（maitake）[J]. Molecules，2011，16：3197-3211.
[11] Meng M，Cheng D，Han L，et al. Isolation，purification，structural analysis and immunostimulatory activity of water-soluble polysaccharides from *Grifola Frondosa* fruiting body[J]. Carbohydrate Polymers，2016，157：1134-1143.
[12] 虎松艳，王晓东，姜笑寒. 灰树花菌丝体多糖对STZ致糖尿病小鼠血糖和血脂的影响[J]. 今日药学，2016，26（3）：159-161.
[13] 柴丽，张公亮，侯红漫. 灰树花多酚类物质抑菌作用的研究[J]. 中国酿造，2012，31（3）：91-93.

【临床参考文献】

[1] 刘安，臧立华，孙庆济. 灰树花多糖抗肿瘤作用的临床观察[J]. 山东轻工业学院学报（自然科学版），2008，22（2）：43-45.
[2] 任慧雅. 灰树花胶囊干预治疗糖耐量低减的临床观察[C]. 中华中医药学会. 中医治疗糖尿病及其并发症的临床经验、方案与研究进展——第三届糖尿病（消渴病）国际学术会议论文集中华中医药学会，2002：3.

【附注参考文献】

[1] 茅仁刚，林东昊，洪筱坤，等. 灰树花活性多糖的研究进展[J]. 中草药，2003，34（2）：100-103.

4. 多孔菌属 *Polyporus* Fr.

担子果一年生，具柄，鲜时韧，干后硬。菌盖淡色至深褐色，初期表面有绒毛，而后变光滑。菌肉与菌管白色；管口类圆形至多角形。菌柄光滑或具细绒毛，淡色至深褐色，平滑或有纵皱。菌丝系统二体型；生殖菌丝具锁状联合；骨架菌丝厚壁到实心，树状分枝，骨架干末端形成鞭毛状的无色缠绕菌丝。担孢子多圆柱形，偶见长椭圆形或类球形，透明，平滑。

分布几遍及世界。中国约29种，分布几遍及全国，法定药用植物3种。华东地区法定药用植物2种。

1217. 猪苓（图1217）• *Polyporus umbellatus*（Pers.）Fr.［*Grifola umbellata*（Pers.）Pilat.］

【别名】猪苓多孔菌、粉猪苓（上海），野猪粪（浙江），猪粪菌。

【形态】担子果一年生，具中生柄，由多数略圆形具中生柄的小菌盖组成，肉质。菌盖淡白色至淡褐色，被深色细鳞片；边缘较薄，内卷，中部下凹或近漏斗状。菌管与菌肉白色；菌管沿柄下延，管口类圆形、多角形或不规则齿裂。菌丝系统二体型，生殖菌丝透明，壁薄，分枝少，具锁状联合；骨架缠绕菌丝无色，厚壁至实心，树状分枝，骨架干末端形成鞭毛状缠绕菌丝。担孢子圆柱形，透明，光滑。

【生境与分布】多生于阔叶树林中地上，以栎树根部或腐木桩旁常见。分布于浙江，另河北、山西、湖北、广西、陕西、云南、贵州、四川、甘肃、西藏、内蒙古、吉林、河南、黑龙江、青海均有分布。

【药名与部位】猪苓，菌核。

【采集加工】春、秋二季采挖，除去泥沙，干燥。

图 1217　猪苓　　　　　　　　　　摄影　赵国柱等

【药材性状】呈条形、类圆形或扁块状，有的有分枝，长 5 ～ 25cm，直径 2 ～ 6cm。表面黑色、灰黑色或棕黑色，皱缩或有瘤状突起。体轻，质硬，断面类白色或黄白色，略呈颗粒状。气微，味淡。

【药材炮制】除去杂质，洗净，润软，切厚片，干燥。

【化学成分】菌核或菌丝体含甾体类：麦角甾醇（ergosterol）[1]，麦角甾 -7, 22- 二烯 -3β, 5α, 6β- 三醇（ergosta-7, 22-dien-3β, 5α, 6β-triol）[1,2]，9α- 羟基 -1, 2, 3, 4, 5, 10, 19- 七去甲麦角甾 -7, 22- 二烯 -6, 9- 内酯（9α-hydroxy-1, 2, 3, 4, 5, 10, 19-heptanorergosta-7, 22-dien-6, 9-lactone）[2]，麦角甾 -7, 22- 二烯 -3- 酮［ergosta-7, 22-dien-3-one］[1,3]，麦角甾 -7, 22- 二烯 -3β- 醇（ergosta-7, 22-dien-3β-ol）、麦角甾 -5, 7, 22- 三烯 -3β- 醇（ergosta-5, 7, 22-trien-3β-ol）、5α, 8α- 表二氧麦角甾 -6, 22- 二烯 -3β- 醇（5α, 8α-epidioxyergosta-6, 22-dien-3β-ol）[3]，（23*R*, 24*R*, 25*R*）-23, 26- 环氧 -3β, 14α, 21α, 22α- 四羟基麦角甾 -7- 烯 -6- 酮［（23*R*, 24*R*, 25*R*）-23, 26-epoxy-3β, 14α, 21α, 22α-tetrahydroxyergost-7-en-6-one］、（20*S*, 22*R*, 24*R*）-16, 22- 环氧 -3β, 14α, 23β, 25- 四羟基麦角甾 -7- 烯 -6- 酮［（20*S*, 22*R*, 24*R*）-16, 22-epoxy-3β, 14α, 23β, 25-tetrahydroxyergost-7-en-6-one］[4]，猪苓酮 I、II（polyporusterone I、II）[5]，麦角甾酮（ergone），即麦角甾 -4, 6, 8（14）, 22- 四烯 -3- 酮［ergosta-4, 6, 8（14）,

22-tetraen-3-one］[6-8]，猪苓酮 A、B、C、D、E、F、G（polyporusterone A、B、C、D、E、F、G）[9]，麦角甾-6, 22-二烯-3β, 5α, 6β-三醇（ergosta-6, 22-dien-3β, 5α, 6β-triol）、（22*E*, 24*R*）-麦角甾-7, 22-二烯-3β-醇［（22*E*, 24*R*）-ergosta-7, 22-dien-3β-ol］、5α, 8α-环二氧-（22*E*, 24*R*）-麦角甾-6, 22-二烯-3β-醇［5α, 8α-epidioxy-（22*E*, 24*R*）-ergosta-6, 22-dien-3β-ol］[10]，多孔菌甾酮 A、B、C（polyporoid A、B、C）[11]，25-去氧罗汉松甾酮 A（25-deoxymakisterone A）、25-去氧-24（28）-去氢罗汉松甾酮 A［25-deoxy-24（28）-dehydromakisterone A］[12]，扶桑甾-4-烯-3β-*O*-乙酸酯（rosaste-4-en-3β-*O*-acetate）、5α, 8α-环二氧-（24*S*）-麦角甾-6-烯-3β-醇［5α, 8α-epidioxy-（24*S*）-ergosta-6-en-3β-ol］、3-甲氧基-（22*E*, 24*R*）-麦角甾-7, 22-二烯［3-methoxy-（22*E*, 24*R*）-ergosta-7, 22-diene］、15-甲基-3-甲氧基-（22*E*, 24*R*）-麦角甾-7, 22-二烯［15-methyl-3-methoxy-（22*E*, 24*R*）-ergosta-7, 22-diene］、（24*S*）-24α-甲氧基胆甾-5-烯-3β, 25-二醇［（24*S*）-24α-methoxyl cholest-5-en-3β, 25-diol］、（24*S*）-麦角甾-7-烯-3β, 5α, 6β-三醇［（24*S*）-ergosta-7-en-3β, 5α, 6β-triol］和（24*S*）-24α-甲基胆甾烷-1β, 2β, 5α, 6β-四醇［（24*S*）-24α-methyl cholestane-1β, 2β, 5α, 6β-tetrol］[13]；生物碱类：烟酸（nicotinic acid）[1]；三萜类：木栓酮（friedelin）[14]；蒽醌类：大黄素甲醚（physcion）、大黄酚（chrysophanol）[14]和大黄素（emodin）[15]；脑苷类：*N*-（2′-羟基二十四烷酰）-1, 3, 4-三羟基-2-十八鞘氨［*N*-（2′-hydroxytetracosanoyl）-1, 3, 4-trihydroxy-2-octodecanine］[1, 14]和脑苷脂 B（cerebroside B）[15]；核苷类：腺苷（adenosine）、尿苷（uridine）和尿嘧啶（uracil）[1]；脂肪酸类：二十八碳酸（octyacosanoic acid）、琥珀酸（succinic acid）[15]，羟基二十四烷酸（hydroxytetracosanoic acid）、羟基二十四烷酸乙酯（hydroxytetracosanoic acid ethyl ester）[16]和 2-羟基-二十四烷酸（2-hydroxytetracosanoic）[17]；苯丙素类：阿魏酸（ferulic acid）[15]；酚醛类：对羟基苯甲醛（*p*-hydroxybenzaldehyde）[1]和 3, 4-二羟基苯甲醛（3, 4-dihydroxybenzaldehyde）[18]；酮类：乙酰丁香酮（acetosyringone）[18]；多元醇类：甘露糖醇（mannitol）[16]；呋喃类：5-羟甲基糠醛（5-hydroxymethylfurfuraldehyde）[16]；氨基酸类：天冬氨酸（Asp）、苏氨酸（Thr）、丝氨酸（Ser）、谷氨酸（Glu）、甘氨酸（Gly）、脯氨酸（Pro）、半胱氨酸（Gys）、丙氨酸（Ala）、缬氨酸（Val）、亮氨酸（Leu）、酪氨酸（Tyr）、苯丙氨酸（Phe）、赖氨酸（Lys）和精氨酸（Arg）等[19]；元素：钙（Ca）、镁（Mg）、锌（Zn）、铁（Fe）、锰（Mn）、锶（Si）、硒（Se）、镍（Ni）、锗（Ge）、钼（Mo）、铅（Pb）和铬（Cr）等[19]；糖类：D-甘露糖（D-mannose）[8]，阿拉伯糖（arabinitol）[16]，猪苓多糖（ZPS）[20]和猪苓水溶性杂多糖-1（PUP60W-1）等[21]。

【药理作用】1. 免疫调节　从菌核提取分离的多糖可通过上调 *N*-丁基-*N*-（4-羟丁基）亚硝胺（BBN）诱导的膀胱癌模型大鼠外周血的 $CD8^+CD3^+$ 和 $CD28^+$ 及 TCRγΔ$^+$T 淋巴细胞水平，增强膀胱癌大鼠对抗原的免疫应答水平，从而促进免疫功能的恢复[1]，可显著促进膀胱癌大鼠腹腔巨噬细胞的吞噬功能和表面免疫相关分子的表达，并且不同剂量对巨噬细胞功能的影响不同[2]；多糖可以极化巨噬细胞为 M1 型，可以增加由 INF-γ 诱导的 M1 炎症因子的表达，同时也增加抗炎因子的表达，有着双向的调节作用[3, 4]。2. 抗氧化　从菌核提取分离的新型水溶性多糖对 1, 1-二苯基-2-三硝基苯肼自由基（DPPH·）、羟自由基（·OH）和超氧阴离子自由基（O_2^-·）具有较好的清除作用，并呈剂量相关性[5]。3. 抗炎　从菌核中分离得到的多孔菌甾酮 A、B、C（polyporoid A、B、C）等 8 个蜕皮甾类成分对 12-氧-十四烷酰佛波醇-13-乙酸酯（TAP）诱导的耳肿胀炎症模型小鼠具有较强的抗炎作用[6]；从菌核提取的水溶性多糖可以降低脂多糖（LPS）诱导的炎症因子的白细胞介素-1（IL-1）、白细胞介素-10（IL-10）、肿瘤坏死因子-α（TNF-α）、肿瘤坏死因子-γ（TNF-γ）和 IL-6mRNA 升高与脂多糖（LPS）导致的 p38、ERK42/44、p65 磷酸化的表达[7]。4. 抗肿瘤　菌核颗粒及其多糖可通过影响膀胱癌模型大鼠胸腺、脾系数、膀胱组织和癌旁组织淋巴细胞浸润及 CD86 表达，参与抑制肿瘤的发生发展过程[8]。5. 利尿　菌核的正己烷提取物、正丁醇提取物及提取得到的三个化合物麦角甾-4, 6, 8（14），22-四烯-3-酮［ergosta-4，6, 8（14），22-tetraen-3-one］、麦角甾醇（ergosterol）和 D-甘露糖（D-mannose）具有一定利尿作用，其中麦角甾-4, 6, 8（14），22-四烯-3-酮的利尿作用最强[9]。

【性味与归经】甘、淡，平。归肾、膀胱经。

【功能与主治】利水渗湿。用于小便不利，水肿，泄泻，淋浊，带下。

【用法与用量】6 ～ 12g。

【药用标准】药典 1963—2015、浙江炮规 2005、青海药品 1976、新疆药品 1980 二册、香港药材七册和台湾 2013。

【临床参考】1. 血液病：菌核 20g，加白花蛇舌草 20g、甘草 20g，水煎服，每日 2 次[1]。

2. 糖尿病肾病：菌核 20g，加茯苓 20g、泽泻 10g、阿胶（烊化）10g 等，水煎，每日 1 剂，分 2 次服，8 周为 1 疗程[2]。

3. 乙型肝炎肝硬化腹水：菌核 24g，加炙甘草 15g、生姜 15g、桂枝 10g 等，水煎服，1 个月为 1 疗程[3]。

4. 糖尿病肾病Ⅳ期：菌核 15g，加茯苓、泽泻、滑石、阿胶各 15g，每日 1 剂，早晚分服，另加厄贝沙坦片 150mg，每日 1 次，口服 6 周[4]。

5. 原发性肾病综合征：菌核 10g，加茯苓、泽泻、阿胶、川芎、当归、白芍、白术各 10g，滑石 20g；偏气虚者加黄芪 30g、党参 10g；偏阴虚者加生地黄、知母各 10g；偏阳虚者加淫羊藿 15g、仙茅 20g；脾虚者加薏苡仁 15g；瘀血明显者加红花 10g、丹参 20g；血尿者加茜草 15g、仙鹤草 10g；皮肤痒者加地肤子、白鲜皮各 10g。水煎为每袋 150ml，早晚各 1 袋温服，同时予强的松 1mg/（kg • d），早饭后顿服，4 周后开始逐渐减量，每 1 ～ 2 周减少原剂量的 10% ～ 20%；抗凝药双嘧达莫 50mg，每日 3 次；调脂药辛伐他汀滴丸 10mg，每日 1 次[5]。

【附注】猪苓早在《庄子》一书中就有记载，名为“豕零”。药用始载于《神农本草经》，列为中品。《本草经集注》载：“是枫树苓，其皮去黑作块，似猪屎，故以名之，肉白而实者佳，用之削去黑皮。”《本草图经》载：“猪苓生衡山山谷及济阴、冤句，今蜀州、眉州亦有之。旧说是枫木苓，今则不必枫根下乃有，生土底，皮黑作块，似猪粪。”对照附图，即本种之菌核。

【化学参考文献】

[1] 陈晓梅，周微微，王春兰，等 . 猪苓菌丝体的化学成分研究［J］. 中国现代中药，2014，16（3）：187-191.

[2] Ohta K，Yaoita Y，Matsuda N，et al. Sterol constituents from the sclerotium of *Polyporus umbellatus* Fries［J］. Natural Medicines，1996，50（2）：179-181.

[3] Lu W，Adachi I，Kano K，et al. Platelet aggregation potentiators from Cho-Rei［J］. Chem Pharm Bull，1985，33（11）：5083-5087.

[4] Zhou W W，Lin W H，Guo S X. Two new polyporusterones isolated from the sclerotia of *Polyporus umbellatus*［J］. Chem Pharm Bull，2007，55（8）：1148-1150.

[5] Zheng S Z，Yang H P，Ma X M. Two new polyporusterones from *Polyorus umbellatus*［J］. Nat Prod Res，2004，18（5）：403-407.

[6] Lee W Y，Park Y K，Ahn J K，et al. Cytotoxic activity of ergosta-4，6，8（14），22-tetraen-3-one from the sclerotia of *Polyporus umbellatus*［J］. Bull Korean Chem Soc，2005，26（9）：1464-1466.

[7] Yuan A，Yamamoto K，Bi K S，et al. Studies on the marker compounds for standardization of traditional Chinese medicine *Polyporus sclerotium*［J］. Yakugaku Zasshi，2003，123（2）：53-62.

[8] Zhao Y Y，Xie R M，Chao X，et al. Bioactivity-directed isolation，identification of diuretic compounds from Polyporus umbellatus［J］. Journal of Ethnopharmacology，2009，126（1）：184-187.

[9] Ohsawa T，Yukawa M，Takao C，et al. Studies on constituents of fruit body of *Polyporus umbellatus* and their cytotoxic activity［J］. Chem Pharm Bull，1992，40（1）：143-147.

[10] Zhao Y Y，Chao X，Zhang Y M，et al. Cytotoxic steroids from *Polyporus umbellatus*［J］. Planta Med，2010，76（15）：1755-1758.

[11] Sun Y，Yasukawa K. New anti-inflammatory ergostane-type ecdysteroids from the sclerotium of *Polyporus umbellatus*［J］. Bioorg Med Chem Lett，2008，18（11）：3417-3420.

[12] Murayama M，Osawa T. Makisterone derivatives as anticancer agents［P］. Jpn Kokai Tokkyo Koho，1992，JP 04021696

A 19920124.
[13] 杨红澎 . 猪苓和小红柳化学成分的研究 . 兰州：西北师范大学硕士学位论文，2003：24-54.
[14] Zhou W W，Guo S X. Components of the sclerotia of *Polyporus umbellatus* [J]. Chem Nat Compd，2009，45（1）：124-125.
[15] 赵英永 . 中药猪苓的化学成分及其药理学研究 [D]. 西安：西北大学博士学位论文，2010：16 - 21.
[16] 周微微 . 猪苓菌核及发酵菌丝体化学成分研究及质量分析（D）. 北京：中国协和医科大学博士论文，2008：49-52.
[17] Yoshioka I，Yamamoto T. Constituents of *Polyporus umbellatus*. 2-hydroxytetracosanoic acid [J]. Yakugaku Zasshi，1964，84（8）：742-744.
[18] Ishida H，Inaoka Y，Shibatani J，et al. Studies of the active substances in herbs used for hair treatment. II. isolation of hair regrowth substances，acetosyringone and polyporusterone A and B，from *Polyporus umbellatus* Fries [J]. Biol Pharm Bull，1999，22（11）：1189-1192.
[19] 杨革 . 担子菌纲 8 种真菌的营养成分 [J]. 无锡轻工大学学报，2000，19（2）：173-176.
[20] Dai H，Han X Q，Gong F Y，et al. Structure elucidation and immunological function analysis of a novel β-glucan from the fruit bodies of *Polyporus umbellatus*（Pers.）Fries [J]. Glycobiology，2012，22（12）：1673-1683.
[21] He P F，He L，Zhang A Q，et al. Structure and chain conformation of a neutral polysaccharide from sclerotia of *Polyporus umbellatus* [J]. Carbohydrate Polymers，2017，155：61-67.

【药理参考文献】

[1] 李彩霞，曾星，黄羽，等 . 猪苓及猪苓多糖对 BBN 诱导的膀胱癌大鼠外周血 T 淋巴细胞亚群表达的影响 [J]. 中药新药与临床药理，2010，21（6）：573-576.
[2] 曾星，李彩霞，黄羽，等 . 猪苓及猪苓多糖对膀胱癌模型大鼠腹腔巨噬细胞吞噬和表面免疫相关分子表达的影响 [J]. 中国免疫学杂志，2011，27（5）：414-418.
[3] 江泽波，胡金萍，温晓文，等 . 猪苓多糖对巨噬细胞 RAW264. 7 的双向免疫调节作用 [J]. 免疫学杂志，2014，30（12）：1033-1038.
[4] 江泽波，黄闰月，张娴，等 . 猪苓多糖对 M1 型巨噬细胞细胞因子表达的调节作用 [J]. 细胞与分子免疫学杂志，2014，30（10）：1030-1033.
[5] He P F，Zhang A Q，Wang X L，et al. Structure elucidation and antioxidant activity of a novel polysaccharide from *Polyporus umbellatus* sclerotia [J]. International Journal of Biological Macromolecules，2016，82：411-417.
[6] Sun Y，Yasukawa K. New anti-inflammatory ergostane-type ecdysteroids from the sclerotium of *Polyporus umbellatus* [J]. Bioorganic & Medicinal Chemistry Letters，2008，18（11）：3417-3420.
[7] 江泽波，李思明，赵晋，等 . 猪苓多糖对 LPS 诱导的 J774 炎症模型的抗炎作用及其机制 [J]. 中国实验方剂学杂志，2015，21（3）：156-159.
[8] 李彩霞，曾星，黄羽，等 . 猪苓及猪苓多糖对 BBN 诱导的膀胱癌大鼠胸腺、脾指数及 CD86 表达的影响 [J]. 免疫学杂志，2012，28（2）：116-119.
[9] Zhao Y Y，Xie R M，Chao X，et al. Bioactivity-directed isolation，identification of diuretic compounds from *Polyporus umbellatus* [J]. Journal of Ethnopharmacology，2009，126（1）：184-187.

【临床参考文献】

[1] 罗正凯，郝晶，王小东，等 . 孙伟正应用猪苓治疗血液病经验与学术观点 [J]. 中华中医药杂志，2016，31（3）：881-883.
[2] 马迎儿 . 加味猪苓汤结合常规疗法治疗糖尿病肾病 30 例临床观察 [J]. 甘肃中医药大学学报，2017，34（1）：42-45.
[3] 刘礼剑，黄晓燕，杨成宁，等 . 炙甘草汤合猪苓汤治疗乙型肝炎肝硬化腹水的临床疗效观察 [J]. 中国中西医结合消化杂志，2017，25（2）：93-96.
[4] 彭亚军，何泽云，彭亚平，等 . 加减猪苓汤治疗糖尿病肾病Ⅳ期的临床观察及对尿 AQP2 的影响 [J]. 世界中西医结合杂志，2016，11（10）：1376-1379.
[5] 柳志猛，吴国庆 . 当归芍药散合猪苓汤治疗原发性肾病综合征的临床观察 [J]. 实用中西医结合临床，2016，16（10）：58-59.

1218. 雷丸（图 1218）• *Polyporus mylittae* Cke. et Mass.（*Omphalia lapidescens* Schroet.）

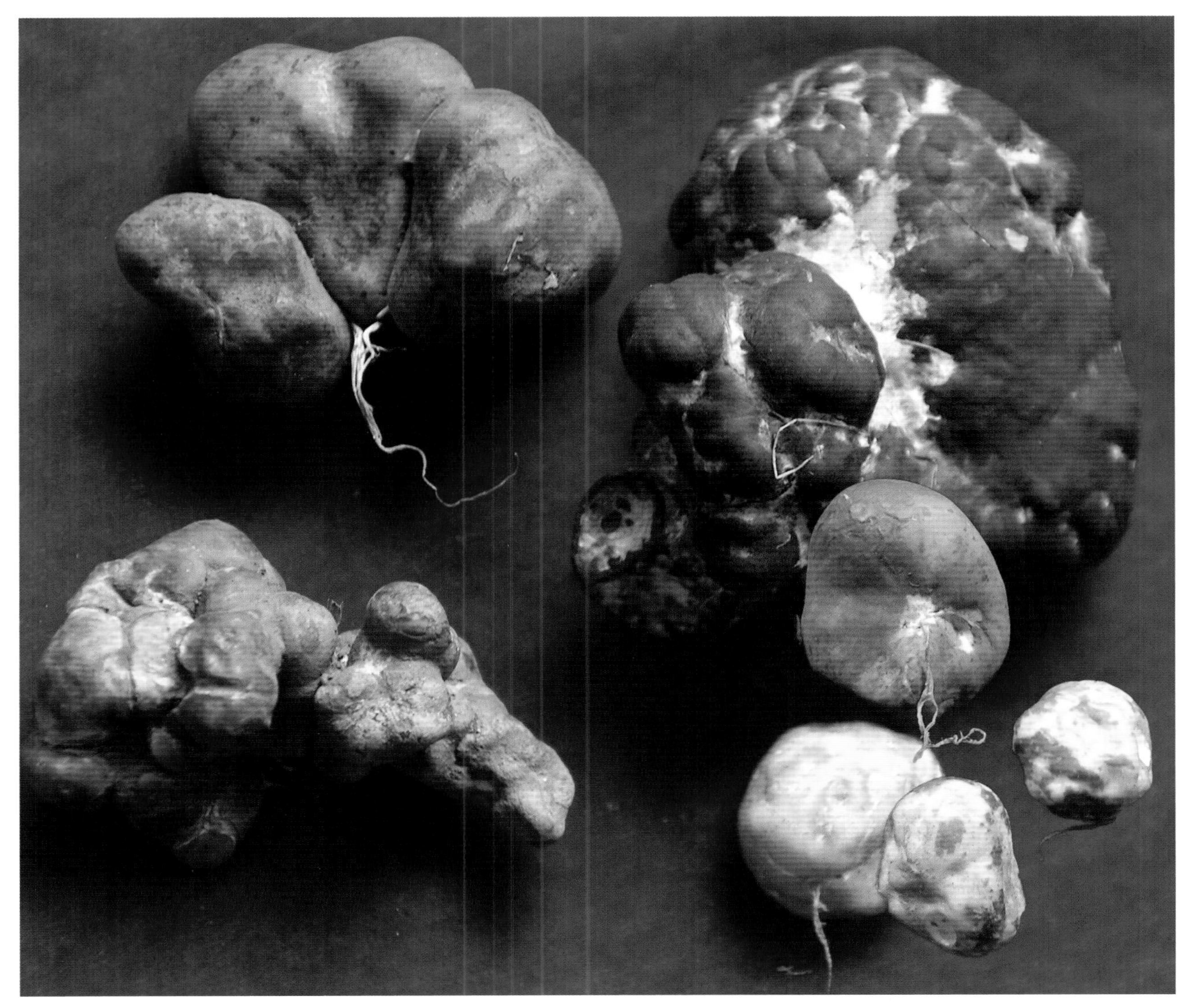

图 1218　雷丸　　摄影　贺新生

【别名】雷丸多孔菌、巨核雷丸、巨核雷丸菌、雷丸菌，竹苓，竹铃芝，雷实，雷矢。

【形态】担子果一年生，具中生柄，单生或 2 ～ 5 个成簇，革质。菌盖硫黄色到褐色，不规则圆形，表面硫黄色到栗褐色，有同心纹理，具放射状纤毛；边缘较薄，向下卷，全缘，偶见齿裂。菌肉白色或乳黄色；菌管口多角形，乳黄色。菌丝系统二体型；生殖菌丝分枝，具锁状联合；缠绕菌丝扭曲，分枝，无隔。担孢子椭圆形或纺锤形，有尖，透明，平滑。

【生境与分布】多生于竹林下，生长在竹根上或老竹兜下。分布于浙江、安徽、福建，另河南、湖南、湖北、广西、陕西、云南、贵州、四川、甘肃均有分布。

雷丸与猪苓的区别点：雷丸菌盖可见明显的同心纹理，担孢子椭圆形或纺锤形。猪苓菌盖无同心纹理，担孢子圆柱形。

【药名与部位】雷丸，菌核。

【采集加工】全年可采，除去杂质，低温干燥。

【药材性状】呈类球形或不规则团块，直径 1 ～ 3cm。表面黑褐色或棕褐色，有略隆起的不规则网状细纹。质坚实，不易破裂，断面不平坦，白色或浅灰黄色，常有黄白色大理石样纹理。气微，味微苦，嚼之有颗粒感，微带黏性，久嚼无渣。

【质量要求】个大体坚，内色白。

【药材炮制】雷丸片：除去杂质，略浸，洗净，润软，切薄片，低温干燥。雷丸粉：取雷丸，挑去杂质，洗净，低温干燥，研成细粉；或取雷丸片，研成细粉。

【化学成分】菌核含甾体类：麦角甾醇过氧化物（ergosterol peroxide）、豆甾醇（stigmasterol）、豆甾 -7, 22- 二烯 -3β, 5α, 6β- 三醇（stigmast-7, 22-dien-3β, 5α, 6β-triol）、3β- 羟基豆甾 -5, 22- 二烯 -7- 酮（3β-hydroxystigmast-5, 22-dien-7-one）、β- 谷甾醇（β-sitosterol）[1]，（22*E*, 24*R*）- 麦角甾 -7, 9（11）, 22- 三烯 -3β, 5β, 6α- 三醇［（22*E*, 24*R*）-ergosta-7, 9（11）, 22-trien-3β, 5β, 6α-triol］、（22*E*）- 麦角甾 -7, 22- 二烯 -3β, 5β, 6α- 三醇［（22*E*）-ergosta-7, 22-dien-3β, 5β, 6α-triol］、木蹄层孔菌醇*B（fomentarol B）、（22*E*, 24*R*）- 麦角甾 -8, 22- 二烯 -3β, 5α, 6β, 7α- 四醇［（22*E*, 24*R*）-ergosta-8, 22-dien-3β, 5α, 6β, 7α-tetrol］、（22*E*）-5α, 8α- 表二氧麦角甾 -6, 22- 二烯 -3β- 醇［（22*E*）-5α, 8α-epidioxyergosta-6, 22-dien-3β-ol］、（22*E*）- 麦角甾 -6, 9, 22- 三烯 -3β, 5α, 8α- 三醇［（22*E*）-ergosta-6, 9, 22-trien-3β, 5α, 8α-triol］、4- 羟基 -17- 甲基内甾醇（4-hydroxy-17-methylincisterol）[2]，（22*E*, 24*R*）-9α, 11α- 环氧麦角甾 -7, 22- 二烯 -3β, 5α, 6α- 三醇［（22*E*, 24*R*）-9α, 11α-epoxyergosta-7, 22-dien-3β, 5α, 6α-triol］、5α, 6α- 二羟基二氢麦角甾醇（5α, 6α-dihydroxydihydroergosterol）、（22*E*, 24*R*）- 麦角甾 -7, 22- 二烯 -3β, 5α, 6α, 9α- 四醇［（22*E*, 24*R*）-ergosta-7, 22-dien-3β, 5α, 6α, 9α-tetrol］、酵母甾醇（cerevisterol）、（3β, 5α, 6β, 22*E*）-6- 甲氧基麦角甾 -7, 22- 二烯 -3, 5- 二醇［（3β, 5α, 6β, 22*E*）-6-methoxyergosta-7, 22-dien-3, 5-diol］、木蹄层孔菌醇* C（fomentarol C）、5, 6β- 二羟基 -5α- 麦角甾 -7, 22- 二烯 -3β- 乙酸酯（5, 6β-dihydroxy-5α-ergosta-7, 22-dien-3β-acetate）、3β, 5α- 二羟基 -（22*E*, 24*R*）- 麦角甾 -7, 22- 二烯 -6- 酮［3β, 5α-dihydroxy-（22*E*, 24*R*）-ergosta-7, 22-dien-6-one］、3β, 5α, 9α- 三羟基 -（22*E*, 24*R*）- 麦角甾 -7, 22- 二烯 -6- 酮［3β, 5α, 9α-trihydroxy-（22*E*, 24*R*）-ergosta-7, 22-dien-6-one］、5α, 6α- 环氧 -3β- 羟基麦角甾 -22- 烯 -7- 酮（5α, 6α-epoxy-3β-hydroxyergosta-22-en-7-one）、5α, 6α- 环氧 -3β- 羟基 -（22*E*）- 麦角甾 -8（14）, 22- 二烯 -7- 酮［5α, 6α-epoxy-3β-hydroxy-（22*E*）-ergosta-8（14）, 22-dien-7-one］、（22*E*）-3β- 羟基 -5α, 6α, 8α, 14α- 二环氧麦角甾 -22- 烯 -7- 酮［（22*E*）-3β-hydroxy-5α, 6α, 8α, 14α-diepoxyergosta-22-en-7-one］、5α, 6α- 环氧麦角甾 -8（14）, 22- 二烯 -3β, 7α- 二醇［5α, 6α-epoxyergosta-8（14）, 22-dien-3β, 7α-diol］、5α, 6α- 环氧麦角甾 -8, 22- 二烯 -3β, 7α- 二醇（5α, 6α-epoxyergosta-8, 22-dien-3β, 7α-diol）、（22*E*, 24*R*）-9α, 15α- 二羟基麦角甾 -4, 6, 8（14）, 22- 四烯 -3- 酮［（22*E*, 24*R*）-9α, 15α-dihydroxyergosta-4, 6, 8（14）, 22-tetraen-3-one］、灵芝烯脂 D（ganodermaside D）、麦角甾 -4, 6, 8, 22- 四烯 -3- 酮（ergosta-4, 6, 8, 22-tetraen-3-one）[3]，雷丸甾醇 A、B（leiwansterol A、B）[4]，麦角甾醇（ergosterol）[1, 5]，（22*E*, 24*R*）- 麦角甾 -7, 22- 二烯 -3β, 5α, 6β- 三醇［（22*E*, 24*R*）-ergosta-7, 22-dien-3β, 5α, 6β-triol］、7- 麦角甾烯醇（7-ergostenol）、麦角甾醇 D（ergosterol D）、9（11）- 去氢麦角甾醇［9（11）-dehydroergosterol］、（22*E*, 24*R*）-5α, 8α- 表二氧麦角甾 -6, 22- 二烯 -3β- 醇［（22*E*, 24*R*）-5α, 8α-epidioxyergosta-6, 22-dien-3β-ol］、（22*E*, 24*R*）- 麦角甾 -7, 22- 二烯 -3β- 醇［（22*E*, 24*R*）-ergosta-7, 22-dien-3β-ol］、5α- 麦角甾 -8（9）, 22- 二烯 -3β- 醇［5α-ergosta-8（9）, 22-dien-3β-ol］、5α, 6α- 环氧 -（22*E*, 24*R*）- 麦角甾 -8（14）, 22- 二烯 -3β, 7α- 二醇［5α, 6α-epoxy-（22*E*, 24*R*）-ergosta-8（14）, 22-dien-3β, 7α-diol］、（5α, 22*E*）- 麦角甾 -6, 8, 22- 三烯 -3β- 醇［（5α, 22*E*）-ergosta-6, 8, 22-trien-3β-ol］、（22*E*, 24*R*）-5α, 8α- 表二氧麦角甾 -6, 9（11）, 22- 三烯 -3β- 醇［（22*E*, 24*R*）-5α, 8α-epidioxyergosta-6, 9（11）, 22-trien-3β-ol］、22, 23- 二氢酵母甾醇（22, 23-dihydrocerevisterol）、5α, 6α- 环氧 -（22*E*, 24*R*）- 麦角甾 -8（14）, 22- 二烯 -3β, 7β- 二醇［5α, 6α-epoxy-（22*E*, 24*R*）-ergosta-8（14）, 22-dien-3β, 7β-diol］、（22*E*, 24*R*）- 麦角甾 -7, 9（11）, 22- 三烯 -3β,

5α, 6β- 三醇［（22*E*, 24*R*）-ergosta-7, 9（11）, 22-trien-3β, 5α, 6β-triol］和 5α, 6α；8α, 9α- 二环氧 -（22*E*, 24*R*）- 麦角甾 -22- 烯 -3β, 7α- 二醇［5α, 6α；8α, 9α-diepoxy-（22*E*, 24*R*）-ergost-22-en-3β, 7α-diol］[5]；三萜类：甘遂醇（tirucallol）、齐墩果酸（oleanolic acid）、木栓酮（friedelin）、表木栓醇（epifriedelanol）[1]，（20*S*）-3β- 羟基 -24, 25, 26, 27- 四去甲基羊毛脂 -8- 烯 -21（23）- 内酯［（20*S*）-3β-hydroxy-24, 25, 26, 27-tetranorlanost-8-en-21（23）-lactone］、齿孔酸（eburicoic acid）和齿孔酸乙酸酯（eburicoic acid acetate）[2]；蛋白质类：雷丸蛋白酶（omphalia proteinase）[6] 和雷丸凝集素（omphalia agglutinin）[7]；氨基酸类：天冬氨酸（Asp）、谷氨酸（Glu）、丝氨酸（Ser）、甘氨酸（Gly）、组氨酸（His）、精氨酸（Arg）、苏氨酸（Thr）、丙氨酸（Ala）、脯氨酸（Pro）、酪氨酸（Tyr）、缬氨酸（Val）、蛋氨酸（Met）、异亮氨酸（Ile）、亮氨酸（Leu）、苯丙氨酸（Phe）和赖氨酸（Phe）[8]；多糖类：雷丸多糖 S-4001（PMP S-4001）[9] 和（1→3）-β-D- 葡聚糖［（1→3）-β-D–glucan］[10]。

【药理作用】1. 免疫调节　从菌核中提取分离的多糖能提高血清刚果红染料廓清模型小鼠血液中的刚果红的廓清速度，即增强了小鼠网状内皮系统的吞噬功能，能提高免疫溶血反应模型小鼠血清半数溶血度值[1]。2. 抗炎　从菌核中提取分离的多糖对巴豆油耳部炎症模型小鼠、琼脂性关节肿模型大鼠、酵母性关节肿模型大鼠、佐剂型多发性关节炎模型大鼠、腹腔白细胞游走模型大鼠均有显著的抗炎作用[1]。3. 抗氧化　从菌核中提取得到的多糖对 1, 1- 二苯基 -2- 三硝基苯肼（DPPH）自由基和羟自由基（·OH）具有显著的清除能力，并呈一定的量效关系[2]。4. 抗虫　菌核具有驱绦虫作用[3]，其有效成分为雷丸蛋白酶。5. 降血糖　菌核和菌丝体水提醇沉的多糖提取物对链脲佐菌素诱导的糖尿病小鼠腹膜内注射可引起血糖下降，作用表现一定的时间和剂量效应[4]。6. 抗肿瘤　从菌核中提取分离的雷丸蛋白酶在一定剂量范围可直接杀伤人胃癌 MC-4 细胞[5]；提取分离的雷丸菌丝蛋白对小鼠肝癌 H22 细胞所致实体瘤具有明显抑制作用，并能增强小鼠免疫功能[6]；从菌核中提取分离的多糖经 Smith 降解和甲基化分析后，证明其为具高度分支的结构，有抗肿瘤作用[7]；发酵菌丝蛋白与菌核蛋白在体外对肿瘤 HepG2 细胞具抑制作用[8]；菌核制成的雷丸注射液具有抗小鼠 S180 肿瘤效果，作用可能是增强了小白鼠机体的免疫功能所致[9]；从菌核中提取分离的（1→3）-β-D- 葡聚糖［（1→3）-β-D–glucan］具有抗 S180 腹水瘤作用[10]。

【性味与归经】微苦，寒。归胃、大肠经。

【功能与主治】杀虫消积。用于绦虫病，钩虫病，蛔虫病，虫积腹痛，小儿疳积。

【用法与用量】15～21g，不宜煎服，多研粉服用。1 次 5～7g，饭后用温开水调服，每日 3 次，连服 3 天。

【药用标准】药典 1963—2015、浙江炮规 2015、新疆药品 1980 二册、贵州药材 1965 和台湾 1985 二册。

【临床参考】1. 广泛期小细胞肺癌：雷丸胶囊口服，1 次 3 粒，每日 3 次，连服 30 日[1]。

2. 绦虫病：生雷丸粉（菌核粉）口服，青壮年 1 次 60g，年老体弱者 1 次 40g，10 岁以下儿童 1 次 30g，睡前用温开水送服 1 次，次日晨起及中餐前 1h，用槟榔煎汤送服生雷丸粉各 1 次，服药期间禁食，第 3 次服药后 1h 即可进食[2]。

3. 斑秃：菌核研粉，先用生姜 1 片涂患处，再用生姜沾菌核粉涂患处，每日 2 次[3]。

4. 丝虫病：菌核 10g，加治肾炎药，连服 7 日[4]。

5. 虫积腹痛：菌核 18g，研粉，凉开水冲服，每日 3 次，连服 3 日，服前可先服小苏打 1g，饭前饭后均可。

6. 钩虫病、蛔虫病：菌核 2 份研细粉，加榧子 1 份（去壳，水煎，浓缩），干燥后研成粉或制成丸剂，每晚服 30～45g，连服 2 晚。（5 方、6 方引自《浙江药用植物志》）

【附注】雷丸始载于《神农本草经》。《名医别录》曰："生石城山谷及汉中土中，八月采根曝干。"《本草经集注》载："今出建平、宜都间，累累相连如丸。"《新修本草》云："雷丸，竹之苓也。无有苗蔓，皆零出，无相连者。今出房州、金州。"《本草纲目》载："雷丸大小如栗，状如猪苓而圆，皮黑肉白，甚坚实。"即本种之菌核。

戴玉成等研究认为本种的名称应为雷丸菌 *Laccocephalum mylittae*（Cooke et Massee）Núñez et Ryvarden[1]。

雷丸的有效成分不耐热，所以在加工和炮制过程中不宜蒸煮或高温烘烤，如断面色褐呈角质样者，说明已经高温加工，不可再供药用。

药材雷丸少无虫积者禁服，有虫积而脾胃虚寒者慎服。

【化学参考文献】

[1] 许明峰，沈莲清，王奎武．雷丸化学成分的研究［J］．中草药，2011，42（2）：251-254.

[2] Liu F，Chen J F，Wang Y，et al. Cytotoxicity of lanostane-type triterpenoids and ergosteroids isolated from *Omphalia lapidescens* on MDA-MB-231 and HGC-27 cells［J］. Biomed Pharmacother，2019，118：109273.

[3] Wang Y，Dai O，Peng C，et al. Polyoxygenated ergosteroids from the macrofungus *Omphalia lapidescens* and the structure-cytotoxicity relationship in a human gastric cancer cell line［J］. Phytochem Lett，2018，25：99-104.

[4] Yan H，Rong X，Chen P T，et al. Two new steroids from sclerotia of the fungus *Omphalia lapidescens*［J］. J Asian Nat Prod Res，2014，16（3）：265-270.

[5] Yaoita Y，Tominari K，Kakuda R，et al. Sterol constituents from *Omphalia lapidescens*［J］. Nat Med，2000，54（2）：105.

[6] 杜传馨，李明．雷丸蛋白酶性质研究［J］．中草药，1987，18（3）：114-116.

[7] 于勇海，龚隽，余明琨．雷丸凝集素的纯化及理化性质的研究［J］．菌物系统，2000，19（2）：278-282.

[8] 郑灏，程显隆，魏锋，等．雷丸中 16 种氨基酸的柱前衍生化 RP-HPLC 法含量测定［J］．药物分析杂志，2011，31（9）：1631-1635.

[9] 王文杰，朱秀媛．雷丸多糖的抗炎及免疫刺激作用［J］．药学学报，1989，24（2）：151-154.

[10] Ohno N，Miura T，Saito K，et al. Physicochemical characteristics and antitumor activities of a highly branched fungal（1 → 3）-beta-D-glucan，OL-2，isolated from *Omphalia lapidescens*［J］. Chemical & Pharmaceutical Bulletin，1992，40（8）：2215-2218.

【药理参考文献】

[1] 朱秀媛，杜晓敏，Jan C J，等．雷丸多糖 S-4002 的抗炎免疫调节作用［J］．中国医学科学院学报，2016，38（2）：245-246.

[2] 许明峰，沈莲清，王奎武，等．雷丸多糖的提取分离及其抗氧化活性研究［J］．中国食品学报，2011，11（6）：42-46.

[3] 刘进新．中药雷丸不同剂量驱杀鸡绦虫效果观察［J］．贵州畜牧兽医，1996，20（2）：25-26.

[4] Zhang G Q，Huang Y D，Bian Y，et al. Hypoglycemica ctivity of the fungi *Cordyceps militaris*，*Cordyceps sinensis*，*Tricholoma mongolicum*，and *Omphalia lapidescensins* treptozotocin induced diabetic rats［J］. Applied Microbiology & Biotechnology，2006，72（6）：1152-1156.

[5] 陈宜涛，陆群英，林美爱．PVP 荷载雷丸蛋白诱导人胃癌细胞 MC-4 的凋亡作用［J］．中华中医药学刊，2011，29（6）：1296-1298.

[6] 陈宜涛，林美爱，程东庆，等．雷丸菌丝蛋白对 H22 荷瘤小鼠的肿瘤抑制及免疫调节作用［J］．中药材，2009，32（12）：1870-1874.

[7] 王宏，程显好，刘强．雷丸研究进展［J］．安徽农业科学，2008，36（35）：15526-15527.

[8] 陈宜涛，施美芬，姚金晶，等．雷丸菌核与发酵菌丝蛋白体外抑瘤对比分析［J］．现代医学生物进展，2008，8（7）：1250-1252.

[9] 刘经平，刘力．中药雷丸注射液抗小白鼠 S180 后瘤块的组织学观察［J］．赣南医专学报，1988，8（1）：12-14.

[10] Ohno N，Miura T，Saito K，et al. Physicochemical characteristics and antitumor activities of a highly branched fungal（1 → 3）-beta-D-glucan，OL-2，isolated from *Omphalia lapidescens*［J］. Chemical & Pharmaceutical Bulletin，1992，40（8）：2215-2218.

【临床参考文献】

[1] 梁荣祥．雷丸胶囊联合化疗治疗广泛期小细胞肺癌 35 例［J］．中医杂志，2012，53（9）：782.

[2] 李春斌，倪茹华 . 雷丸槟榔治疗绦虫 100 例 [J]. 云南中医中药杂志，1997，（2）：20.
[3] 韩桂兰，吕善云 . 雷丸和生姜治疗斑秃 [J]. 中华综合医学，2001，（3）：262.
[4] 上海市第七人民医院中医科 . 雷丸煎汁治疗丝虫病 [J]. 上海中医药杂志，1959，（1）：41.

【附注参考文献】

[1] 戴玉成，杨祝良 . 中国药用真菌名录及部分名称的修订 [J]. 菌物学报，2008，27（6）：801-824.

九　灵芝科 Ganodermataceae

担子果一年或多年生，近革质或木栓质到木质。菌盖颜色多种，圆形、半圆形、马蹄形、漏斗形或其他形状；上表面有或无漆样光泽，有或无环带、环纹或纵皱。菌柄有或无。菌肉呈淡白色、木材色、褐色至肉桂色；菌管一至多层，管口类圆形或其他形状。菌丝系统三体型，稀二体型。担孢子椭圆形、类球形或顶端平截，双层壁，外壁无色透明，内壁淡褐色至褐色。

分布几遍及世界。中国 4 属，约 120 种，多分布于我国南方，法定药用植物 1 属，3 种。华东地区法定药用植物 1 属，3 种。

本科过去曾为多孔菌科 Polyporaceae 的一个属。

灵芝科法定药用植物仅灵芝属 1 属，该属含皂苷类、甾体类、多糖类、生物碱类、黄酮类等成分。皂苷类多为三萜皂苷，如灵芝烯酸 A（ganoderenic acid A）、树舌酸（ganoderenic acids）、灵芝酸（ganoderic acid）、灵芝三醇（ganodermatriol）、紫芝酸（sinensoic acid）、弗瑞德齐墩果 -5- 烯 -3- 酮（friedoolean-5-en-3-one）、赤芝孢子酸 A（ganosporeric acid A）等；甾体类如赤芝酮 A（lucidone A）、麦角甾烷 -7, 16- 二烯 -3β- 醇（ergosta-7, 16-dien-3β-ol）等；多糖类如海藻糖（trehalose）、灵芝多糖（Ganoderma lucidum polysaccharides）等；生物碱包括吡啶类、有机胺类、吲哚类、吡咯烷类等，如紫芝碱 A（sinensine A）、泥湖鞘鞍醇（hemisceramide）、灵芝碱甲（ganoine）、甜菜碱（betaine）等；黄酮类如山柰酚（kaemferol）、金雀异黄素（genistein）等。

1. 灵芝属 *Ganoderma* P. Karst.

担子果一年至多年生，柄有或无，木栓质或木质，常具皮壳或硬皮壳。菌盖表面有或无漆样光泽。菌肉 1 层或具不同颜色的 2 ～ 3 层；菌管一至多层，管口通常类圆形或其他形状。菌丝系统三体型；生殖菌丝透明，壁薄；骨架菌丝淡褐色至褐色，厚壁至实心；缠绕菌丝无色，多分枝，壁厚。担孢子卵圆形、椭圆形或顶端平截，双层壁。

中国约 85 种，多分布于南方，法定药用植物 3 种。华东地区法定药用植物 3 种。

分种检索表

1. 菌盖表面无漆样光泽，无柄……………………………………………………1. 树舌灵芝 *G. applanatum*
1. 菌盖及菌柄表面有漆样光泽，有柄。
　2. 皮壳紫黑色，菌肉颜色均匀………………………………………………………2. 紫芝 *G. sinense*
　2. 皮壳黄褐色至红褐色，菌肉颜色分 2 层……………………………………………3. 灵芝 *G. lingzhi*

1219. 树舌灵芝（图 1219）• *Ganoderma applanatum*（Pers.）Pat.［*Boletus applanatus* Pers.；*Fomes applanatus*（Pers.）Gill.］

【别名】扁芝（江苏），树舌扁灵芝，树舌。

【形态】担子果多年生，无柄，木栓质到木质。菌盖半圆形或扇形，直径 15 ～ 25cm，表面灰白色、灰褐色，无漆样光泽，有同心环纹棱，有时被锈色孢子粉，边缘薄或圆钝。菌肉棕褐色或深褐色；菌管褐色，管口类圆形。皮壳构造毛皮壳型，由透明、薄壁的生殖菌丝和厚壁、褐色的骨架菌丝及无色的缠

图 1219　树舌灵芝　　　　摄影　浦锦宝

绕菌丝黏在一起构成。菌丝系统三体型；生殖菌丝淡褐色，壁薄；骨架菌丝褐色，厚壁至实心，树状分枝或不分枝，分枝末端形成鞭毛状无色缠绕菌丝；缠绕菌丝无色，壁厚，分枝且弯曲。担孢子通常卵圆形，顶端有时平截，双层壁；外壁无色，平滑；内壁淡褐色至褐色，具小刺。

【生境与分布】生于阔叶树的树干、木桩或腐木上。分布于华东各地，另西南、西北、华北、东北等地均有分布。

【药名与部位】树舌，子实体。

【药材炮制】除去杂质，洗净，润软，切成条状，再切厚片，干燥。

【化学成分】子实体含甾体类：麦角甾醇（ergosterol）、麦角甾 -7, 22- 二烯 -3- 酮（ergosta-7, 22-dien-3-one）、麦角甾 -7, 22- 二烯 -3β- 醇（ergosta-7, 22-dien-3β-ol）[1]，（24*S*）-24- 甲基 -5α- 胆甾 -7- 烯 - 3β- 醇［（24*S*）-24-methyl-5α-cholest-7-en-3β-ol］、（24*S*）-24- 甲基 -5α- 胆甾 -7, 16- 二烯 -3β- 醇［（24*S*）-24-methyl-5α-cholest-7, 16-dien-3β-ol］[2] 和麦角甾 -7, 22- 二烯 -3β- 棕榈酸酯（ergosta-7, 22- dien-3β-palmitate）、麦角甾 -5, 8, 22- 三烯 -3β, 15- 二醇（ergosta-5, 8, 22-trien-3β, 15-diol）[3]，5- 二氢麦角甾醇（5-dihydroergosterol）、麦角甾醇过氧化物（ergosterol peroxide）、酵母甾醇（cerevisterol）[4]，麦角甾 -4, 6, 8（14）, 22- 四烯 -3- 酮［ergosta-4, 6, 8（14）, 22-tetraen-3-one］和 5α, 8α- 表二氧麦角甾 -6, 9（11）, 22- 三烯 -3β- 醇［5α, 8α-epidioxyergosta-6, 9（11）, 22-trien-3β-ol］[5]；三萜类：木栓酮（friedelin）、弗瑞德齐墩果 -5- 烯 -3- 酮（friedoolean-5-en-3-one）[1]，欧洲桤木酮（alnusenone）[3]，3β, 7β, 20, 23ξ- 四羟基 -11, 15- 二氧代羊毛脂 -8- 烯 -26- 酸（3β, 7β, 20, 23ξ-tetrahydroxy-11, 15-dioxolanosta-8-en-26-oic acid）、7β, 20, 23ξ- 三羟基 -3, 11, 15- 三氧代羊毛脂 -8- 烯 -26- 酸（7β, 20, 23ξ-trihydroxy-3, 11, 15-trioxolanosta-8-en-26-oic acid）、7β, 23ξ- 二羟基 -3, 11, 15- 三氧代羊毛脂 -8, 20*E*（22）- 二烯 -26- 酸［7β, 23ξ-dihydroxy-3, 11, 15-trioxolanosta-8, 20*E*（22）-dien-26-oic acid］、7β- 羟基 -3, 11, 15, 23- 四氧

代羊毛脂 -8, 20*E*（22）- 二烯 -26- 酸甲酯［7β-hydroxy-3, 11, 15, 23-tetraoxolanosta-8, 20*E*（22）-dien-26-oic acid methyl ester］[4, 5], 24 ξ - 甲基 -5α- 羊毛脂 -25- 酮（24 ξ -methyl-5α-lanosta-25-one）、赤芝萜酮 A（lucidone A）[6]，灵芝烯酸 A、D、G（ganoderenic acid A、D、G）、β- 香树脂醇乙酸酯（β-amyrin acetate）[7]，树舌环氧酸 A、B、C、D（applanoxidic acid A、B、C、D）[8]，灵芝烯酸 F（ganoderenic acid F）、灵芝烯酸 H 甲酯（mthyl ganoderenate H）、灵芝烯酸 I 甲酯（mthyl ganoderenate I）、灵芝酸 AP 甲酯（methyl ganoderate AP）、呋喃灵芝酸（furanoganoderic acid）、7α- 羟基 -7- 去酮基灵芝酸 AP 甲酯（7α-hydroxy-7-deoxoganoderic acid AP methyl ester）[9]，树舌环氧酸 E、F、G、H（applanoxidic acid E、F、G、H）[10]，3α, 16α- 二羟基羊毛脂 -7, 9（11）, 24- 三烯 -21- 酸［3α, 16α-dihydroxylanosta-7, 9（11）, 24-trien-21-oic acid］、3α, 16α, 26- 三羟基羊毛脂 -7, 9（11）, 24- 三烯 -21- 酸［3α, 16α, 26-trihydroxylanosta-7, 9（11）, 24-trien-21-oic acid］、16α- 羟基 -3- 酮基羊毛脂 -7, 9（11）, 24- 三烯 -21- 酸［16α-hydroxy-3-oxolanosta-7, 9（11）, 24-trien-21-oic acid］、3α- 羧基乙酰氧基 -24- 亚甲基 -23- 酮基羊毛脂 -8- 烯 -26- 酸［3α-carboxyacetoxy-24-methylene-23-oxolanost-8-en-26-oic acid］、3α- 羧基乙酰氧基 -24- 甲基 -23- 酮基羊毛脂 -8- 烯 -26- 酸［3α-carboxyacetoxy-24-methyl-23-oxolanost-8-en-26-oic acid］[11]，灵芝烯酸 B（ganoderenic acid B）、灵芝酸 AP_2、AP_3（furanoganoderic acid AP_2、AP_3）[12]，树舌灵芝酸 *A、B、C、F（ganoapplanic acid A、B、C、F）、树舌灵芝酸内酯 *A、B、C（ganoapplanilactone A、B、C）、树舌灵芝酸 D 甲酯（methyl ganoapplaniate D）、树舌灵芝酸 E 甲酯（methyl ganoapplaniate E）、树舌环氧酸 G 甲酯（methyl applanoxidate G）、树舌酸 B（elfvingic acid B）[13]，树舌灵芝内酯 *A、B、C（applanlactone A、B、C）、树舌灵芝酮酸 * B、C、D（applanoic acid B、C、D）、树舌灵芝酮酸 *A 甲酯（methyl applaniate A）和降树舌灵芝酮 *A、B、C、D、E（applanone A、B、C、D、E）[14]；杂萜类：树舌灵芝萜 *A（applanatumin A）[15]，树舌灵芝醇 *A、B（applanatumol A、B）[16]，树舌灵芝醇 * C、D、E、F、G、H、I、J、K、L、M、N、O、P、Q、R、S、T、U、V、W、X、Y、Z、Z_1、Z_2（applanatumol C、D、E、F、G、H、I、J、K、L、M、N、O、P、Q、R、S、T、U、V、W、X、Y、Z、Z_1、Z_2）[17]，树舌灵芝素 *A、B、C、D、E、F、G、H、I、J、K、L、M、N、O、P、Q（spiroapplanatumine A、B、C、D、E、F、G、H、I、J、K、L、M、N、O、P、Q）、螺环灵芝素 *A、B、D（spirolingzhine A、B、D）[18] 和树舌灵芝醇 *Z_3、Z_4（applanatumol Z_3、Z_4）[19]；酚类：2, 5- 二羟基苯甲酸（2, 5-dihydroxybenzoic acid）[7]，（±）- 灵芝内酯 B［（±）-lingzhilactone B］、（±）- 灵芝酚［（±）-lingzhiol］、（±）- 赤芝内酯 *B［（±）-lucidulactone B］[19]，（±）- 树舌灵芝酚［（±）-ganoapplanin］[20]，（3*R*, 4*R*）- 树舌素 *B［（3*R*, 4*R*）-shushene B］、（3*S*, 4*S*）- 树舌素 *B［（3*S*, 4*S*）-shushene B］、赤芝内酯 *A（lucidulactone A）和 2, 3- 二羟基 -1-（4- 羟基 -3, 5- 二甲氧苯基）-1- 丙酮［2, 3-dihydroxy-1-（4-hydroxy-3, 5-dimethoxyphenyl）-1-propanone］[21]；生物碱类：树舌灵芝明碱 *A、B（ganoapplanatumine A、B）和表树舌灵芝明碱 *B（epi-ganoapplanatumine B）[17]；芳香酸类：树舌酸 A、B、C、D（shushe acid A、B、C、D）[22]；苯并吡喃类：树舌灵芝亭 A、B（applanatin A、B）[23]；吡喃酮类：树舌灵芝醛 *（ganoderma aldehyde）[7] 和 6- 羟基 -4H- 苯并吡喃 -4- 酮（6-hydroxy-4H-benzopyran-4-one）[21]；大柱香波龙烷类：树舌素 *A（shushene A）[21]；醇类：1-（4- 苯乙基）-1, 2- 乙二醇［1-（4-ethylphenyl）-1, 2-ethanediol］和 1-（2- 苯乙基）-1, 2- 乙二醇［1-（2-phenylethyl）-1, 2-ethanediol］[21]；醛类：吲哚 -3- 甲醛（indole-3-carboxaldehyde）[21]；多糖：海藻糖（trehalose）[24]；氨基酸类：蛋氨酸（Met）、缬氨酸（Val）、谷氨酸（Glu）、天冬氨酸（Asp）、亮氨酸（Leu）、丙氨酸（Ala）、苏氨酸（Thr）、异亮氨酸（Ile）、丝氨酸（Ser）、酪氨酸（Tyr）、苯丙氨酸（Phe）、甘氨酸（Gly）、赖氨酸（Lys）、组氨酸（His）、胱氨酸（Cys-s）、精氨酸（Arg）和脯氨酸（Pro）等[25]；脂肪酸类：2- 羟基二十六烷酸（2-hydroxyhexacosanoic acid）[7]；元素：钙（Ca）、铁（Fe）、锌（Zn）、锰（Mn）、铜（Cu）和硒（Se）[25]。

菌丝体含甾体类：麦角甾醇（ergosterol）[26]，（22*E*）- 麦角甾 -5, 7, 22- 三烯 -3β 醇［（22*E*）-ergosta-5, 7, 22-trien-3β-ol）］和 5, 6 二氢麦角甾醇（5, 6-dihydroergosterol）[27]；菲类：3- 乙酰菲（3-acetylphenanthrene）

和 9- 乙酰菲（9-acetylphenanthrene）[27]；烷烃类：7, 9- 二甲基十六烷（7, 9-dimethyl hexadecane）、十一烷（nudecane）、十二烷（dodecane）、2- 溴基十二烷（2-bromo-dodecane）、1- 碘代十八烷（1-iodo-octadecane）、十四烷（tetradecane）、十五烷（pentadecane）、十六烷（hexadecane）、十七烷（heptadecane）、9- 辛烷基十七烷（9-octylheptadecane）、2- 甲基十七烷（2-methylheptadecane）、二十七烷（heptacosane）和二十八烷（octaosane）[27]；丁羟基甲苯（butyl hydroxytoluene）[27]；多元醇类：甘露醇（mannital）和赤藓糖醇（erythritol）[26]。

液体发酵物含甾体类：3β, 5α, 6β, 8β, 14α- 五羟基 -（22*E*, 24*R*）- 麦角甾 -22- 烯 -7- 酮［3β, 5α, 6β, 8β, 14α-pentahydroxy-（22*E*, 24*R*）-ergosta-22-en-7-one］、3β, 5α, 9α- 三羟基 -（22*E*, 24*R*）- 麦角甾 -7, 22- 二烯 -6- 酮［3β, 5α, 9α-trihydroxy-（22*E*, 24*R*）-ergosta-7, 22-dien-6-one］、麦角甾过氧化物（ergosterol peroxide）、6- 去氢酵母甾醇（6-dehydrocerevisterol）和酵母甾醇（cerevisterol）[28]；苯并呋喃类：树舌灵芝亭 A、B、C、D、E（applanatin A、B、C、D、E）和白腐菌内酯*D（echinolactone D）[29]；倍半萜类：树舌灵芝霉素（ganodermycin）[30]。

【药理作用】1. 保护胃黏膜　从子实体中提取分离的多糖对乙酸型大鼠胃溃疡有较好的改善作用，可使胃黏膜层缺损、黏膜肌层破裂宽度、溃疡底部厚度均能不同程度减轻，溃疡周围黏膜上皮出现再生，溃疡已由肉芽组织充填，再生胃黏膜结构接近正常，并可显著增加胃黏膜损伤大鼠血清和胃黏膜中 NO 的含量[1, 2]，可明显对抗应激型、乙酸型、药物（消炎痛）诱发型和幽门结扎型大鼠胃溃疡，对胃酸和胃蛋白酶活性皆有抑制作用[3]。2. 保肝　子实体乙醇提取物的石油醚、乙酸乙酯萃取部位以及粗多糖在浓度分别为 0.1g/kg、0.2g/kg、0.4g/kg 时，均可抑制四氯化碳所致的肝损伤小鼠天冬氨酸氨基转移酶（AST）、谷丙转氨酶（ALT）活力，其活力的升高幅度与石油醚提取物的剂量呈正相关[4]。3. 抗肿瘤　从液体深层发酵浸膏中提取得到的多糖 1 对人结肠腺癌 SW1116 细胞的增殖呈现出明显的抑制作用，且抑制率与其浓度呈量效正相关，能诱导肿瘤细胞凋亡，并能抑制小鼠移植性 S180 肉瘤的生长，且抑瘤率与 GAFP 1 浓度和作用时间呈依赖性关系，同时还能提高荷瘤小鼠免疫器官的胸腺和脾脏系数[5]；从子实体中提取得到的多糖组分与环磷酰胺合用的抑瘤率明显高于单用，并可减轻环磷酰胺的毒副作用，使减少的胸腺系数和脾系数有明显的升高作用[6]，可通过增加抗癌基因 *Rb* 的核仁面积和降低 N-ras mRNA 量及 Ras 蛋白的表达，从而抑制小鼠的 HepA 瘤细胞的增殖[7, 8]；从子实体提取分离的多糖对小鼠肝癌 HepA 细胞肿瘤坏死因子 -α（TNF-α）的表达有激活作用，可能是抗肿瘤的机制之一[9, 10]；从子实体水提取物中分离得到的多糖成分可抑制移植性小鼠 S180 肉瘤的生长[11]。4. 免疫调节　子实体的多糖组分可刺激脾脏免疫细胞的增殖，使小鼠脾脏免疫细胞数量增加[12]；发酵液浸膏中的多糖可提高肉鸡消化器官相对重量、肠黏膜抗氧化能力、上皮内淋巴细胞和杯状细胞的数量，改善小肠绒毛形态，促进肠黏膜中白细胞介素 -2（IL-2）和 S-Ig A 分泌及空肠黏膜 Toll 样受体 4（TLR4）、核转录因子 -κB（NF-κB）和 TRAF6 关键基因 mRNA 的表达[13]。5. 抗炎镇痛　子实体乙醇提取物的石油醚、正丁醇萃取部位和粗多糖对二甲苯所致炎症小鼠均有明显的抗炎作用，其中正丁醇部位的效果最好[4]。6. 抗菌　子实体的提取物对金黄色葡萄球菌和志贺氏杆菌有较强的抑制作用[14]。

【功能与主治】益气，安神。

【药用标准】浙江炮规 2005。

【临床参考】1. 肝癌术后复发：子实体 100g，文火煎 2 次，1 次加水 500ml，每次煎 30min，混合两次所得药液，浓缩至 300ml，为防止树舌多糖长时间高温遭到破坏，加热浓缩不宜超过 30min，分别于早晚饭后服用，4 周为 1 疗程，从术后第 3 日开始服[1]。

2. 鼻咽癌：子实体 30g，加蒲葵子 30g，水煎分 3 次服。

3. 慢性咽喉炎：子实体 90g，加蜂蜜 60ml，水煎，分 3 次缓缓饮下。（2 方、3 方引自《中国民间生草药原色图谱》）

4. 食管癌：子实体（生于皂角树上者）30g，炖猪心、肺共服，每日 2 ～ 3 次。（《中国药用真菌》）

【化学参考文献】

[1] Protiva J, Skorkovská H, Urban J, et al. Triterpenes LXIII. triterpenes and steroids from *Ganoderma applanatum* [J] . Collection of Czechoslovak Chemical Communications, 1980, 45 (10) : 2710-2713.

[2] Strigina L I, Elkin Y N, Elyakov G B. Steroid metabolites of *Ganoderma applanatum* basidiomycete [J] . Phytochemistry, 1971, 10 (10) : 2361-2365.

[3] Chiang H C, Ho C C. Studies on the constituents of *Ganoderma applanatum* [J] . Huaxue, 1990, 48 (4) : 253-258.

[4] Lee S H, Shim S H, Kim J S, et al. Constituents from the fruiting bodies of *Ganoderma applanatum* and their aldose reductase inhibitory activity [J] . Arch Pharm Res, 2006, 29 (6) : 479-483.

[5] Shim S H, Ryu J Y, Kim J S, et al. New lanostane-type triterpenoids from *Ganoderma applanatum* [J] . J Nat Prod, 2004, 67 (7) : 1110-1113.

[6] Gan K H, Kuo S H, Lin C N. Steroidal constituents of *Ganoderma applanatum* and *Ganoderma neo-japonicum* [J] . J Nat Prod, 1998, 61 (11) : 1421-1422.

[7] Ming D S, Chilton J, Fogarty F, et al. Chemical constituents of *Ganoderma applanatum* of British Columbia forests [J] . Fitoterapia, 2002, 73 (2) : 147-152.

[8] Chairul T T, Yoshinori H, Mugio N, et al. Applanoxidic acids A, B, C and D, biologically active tetracyclic triterpenes from *Ganoderma applanatum* [J] . Phytochemistry, 1991, 30 (12) : 4105-4109.

[9] Nishitoba T, Goto S, Sato H, et al. Bitter triterpenoids from the fungus *Ganoderma applanatum* [J] . Phytochemistry, 1989, 28 (1) : 193-197.

[10] Chairul, Chairul S M, Hayashi Y. Lanostanoid triterpenes from *Ganoderma applanatum* [J] . Phytochemistry, 1994, 35 (5) : 1305-1308.

[11] Silva E D, Sar S A, Santha R G L, et al. Lanostane triterpenoids from the Sri Lankan Basidiomycete *Ganoderma applanatum* [J] . J Nat Prod, 2006, 69 (8) : 1245-1248.

[12] Wang F, Liu J K. Highly oxygenated lanostane triterpenoids from the fungus *Ganoderma applanatum* [J] . Chem Pharm Bull, 2008, 56 (7) : 1035-1037.

[13] Li L, Peng X R, Dong J R, et al. Rearranged lanostane-type triterpenoids with anti-hepatic fibrosis activities from *Ganoderma applanatum* [J] . RSC Advances, 2018, 8 (55) : 31287-31295.

[14] Peng X R, Li L, Dong J R, et al. Lanostane-type triterpenoids from the fruiting bodies of *Ganoderma applanatum* [J] . Phytochemistry, 2019, 157: 103-110.

[15] Luo Q, Di L, Dai W F, et al. Applanatumin A, a new dimeric meroterpenoid from *Ganoderma applanatum* that displays potent antifibrotic activity [J] . Org Lett, 2015, 17 (5) : 1110-1113.

[16] Luo Q, Di L, Yang X H, et al. Applanatumols A and B, meroterpenoids with unprecedented skeletons from *Ganoderma applanatum* [J] . RSC Advances, 2016, 6 (51) : 45963-45967.

[17] Luo Q, Yang X H, Yang Z L, et al. Miscellaneous meroterpenoids from *Ganoderma applanatum* [J] . Tetrahedron, 2016, 72 (30) : 4564-4574.

[18] Luo Q, Wei X Y, Yang J, et al. Spiro meroterpenoids from *Ganoderma applanatum* [J] . J Nat Prod, 2017, 80 (1) : 61-70.

[19] Luo Q, Tu Z C, Cheng Y X. Two rare meroterpenoidal rotamers from *Ganoderma applanatum* [J] . RSC Advances, 2017, 7 (6) : 3413-3418.

[20] Li L, Li H, Peng X R, et al. (±) -Ganoapplanin, a pair of polycyclic meroterpenoid enantiomers from *Ganoderma applanatum* [J] . Org Lett, 2016, 18 (23) : 6078-6081.

[21] 卜庆华，罗奇，程永现 . 树舌灵芝的化学成分及新化合物的绝对构型测定 [J] . 天然产物研究与开发，2016，(5) : 650-654.

[22] Luo Q, Zhang Y J, Shen Z Q, et al. Shushe acids A-D from *Ganoderma applanatum* [J] . Nat Prod Commun, 2017, 12 (3) : 391-394.

[23] Wang F, Dong Z J, Liu J K. Benzopyran-4-one derivatives from the fungus *Ganoderma applanatum* [J] . Zeitschrift fuer Naturforschung, B: Chemical Sciences, 2007, 62 (10) : 1329-1332.

[24] 周忠波，马红霞，图力古尔．树舌灵芝中 3 种化学成分的分离与鉴定［J］．西北农业学报，2008，17（6）：286-288.
[25] 李田田，黄梓芮，潘雨阳，等．树舌灵芝化学成分分析及其多糖、三萜组分的抗氧化活性研究［J］．食品工业科技，2017，DOI：kns. cnki. net/kcms/detail/11. 1759. TS. 20170627. 1552. 018. html.
[26] 刘英杰，李雨婷，苏玲，等．树舌灵芝液体深层发酵菌丝体化学成分研究［J］．中国生化药物杂志，2011，32（5）：360-362.
[27] 刘英杰，翟凤艳，宋慧．树舌灵芝菌丝体不皂化物 GC-MS 分析［J］．资源开发与市场，2011，27（1）：4-5.
[28] Lee S Y，Kim J S，Lee S，et al. Polyoxygenated ergostane-type sterols from the liquid culture of *Ganoderma applanatum*［J］. Nat Prod Res，2011，25（14）：1304-1311.
[29] Fushimi K，Horikawa M，Suzuki K，et al，Applanatines A–E from the culture broth of *Ganoderma applanatum*［J］. Tetrahedron，2010，66：9332-9335.
[30] Jung M，Liermann J C，Opatz T，et al. Ganodermycin，a novel inhibitor of CXCL10 expression from *Ganoderma applanatum*［J］. Journal of Antibiotics，2011，64（10）：683-686.

【药理参考文献】

[1] 于德伟，杨明，孙红，等．树舌多糖对胃黏膜损伤大鼠血清和胃黏膜中 NO 含量的影响［J］．中成药，2009，31（1）：129-130.
[2] 杨明，王晓娟，孙红，等．树舌多糖对大鼠醋酸性胃溃疡的保护作用［J］．中国药理学通报，2005，21（6）：767-768.
[3] 杨明，王晓娟，孙红，等．树舌多糖抗溃疡作用［J］．中药药理与临床，2004，20（6）：11-13.
[4] 马述清．树舌灵芝部分提取物的分离及其药理活性研究［D］．长春：吉林农业大学硕士学位论文，2008.
[5] 刘小腊．树舌灵芝液体深层发酵浸膏多糖的抗肿瘤活性研究［D］．长春：吉林农业大学硕士学位论文，2011.
[6] 宋高臣，于英君，管宇，等．树舌多糖 GF 注射液与环磷酰胺联合抗肿瘤作用的实验研究［J］．中医药信息，2004，21（6）：49-50.
[7] 方志伟，于英君．树舌多糖 GF 对 HepA 瘤细胞 *N-ras* 基因表达的影响［J］．中医药学报，2005，33（3）：60-61.
[8] 于英君，潘洪明，张庆梅，等．树舌多糖 GF 对 HepA 瘤细胞 *p16* 基因表达的影响［J］．中华中医药学刊，2002，20（2）：150.
[9] 潘洪明，于英君．树舌多糖、猪苓多糖对小鼠 HepA 瘤细胞 TNF-α 表达的影响［J］．中国基层医药，2002，9（6）：486-487.
[10] 张庆梅，潘洪明，于英君．树舌多糖 GF 对小鼠 HepA 瘤 TNF-α 含量的影响［J］．中华中医药学刊，2003，21（6）：913.
[11] Sasaki T，Arai Y，Ikekawa T，et al. Antitumor polysaccharides from some polyporaceae，*Ganoderma applanatum*（Pers.）Pat and *Phellinus linteus*（Berk. et Curt）Aoshima.［J］. Chemical & Pharmaceutical Bulletin，1971，19（4）：821-826.
[12] 于英君，刘丽波，何维．树舌多糖 GF 免疫调节作用研究［J］．中医药信息，1999，（2）：64.
[13] 邢亚丽．树舌发酵浸膏多糖对肉鸡肠黏膜免疫功能的影响［D］．长春：吉林农业大学硕士学位论文，2015.
[14] Mohanta Y K，Singdevsachan S K，Parida U K，et al. Green synthesis and antimicrobial activity of silver nanoparticles using wild medicinal mushroom *Ganoderma applanatum*（Pers.）Pat. from Similipal Biosphere Reserve，Odisha，India［J］. Iet Nanobiotechnology，2016，10（4）：184-189.

【临床参考文献】

[1] 赵娜．单味树舌煎剂联合 TACE 对肝癌术后复发患者治疗效果的临床观察［J］．哈尔滨医药，2015，35（3）：231-234.

1220. 紫芝（图 1220）• *Ganoderma sinense* J. D. Zhao，L. W. Hsu et X. Q. Zhang［*Ganoderma japonicum*（Fr.）Lloyd］

【别名】灵芝草（江西），紫灵芝，黑芝。

图 1220 紫芝 摄影 林文飞等

【形态】担子果一年生，具侧生或偏生的柄，木质。菌盖半圆形至肾形，表面紫黑色，有漆样光泽，具同心环纹和辐射状皱纹，边缘薄，颜色较淡。菌肉褐色；菌管颜色与菌肉相近，管口类圆形。菌柄与菌盖同色或更深，有光泽。皮壳构造拟子实层型，组成菌丝棍棒状。菌丝系统三体型；生殖菌丝透明，壁薄，具锁状联合；骨架菌丝淡褐色至褐色，厚壁至实心，树状分枝或不分枝，分枝末端形成鞭毛状无色缠绕菌丝；缠绕菌丝无色，壁厚，分枝。担孢子卵圆形或顶端稍平截，双层壁；外壁无色透明，平滑；内壁淡褐色，具小刺。

【生境与分布】生于林中阔叶树木桩旁或朽木上。分布于浙江、江西、福建、江苏等地，另云南、贵州、四川、广东、广西、湖南、湖北均有分布。

【药名与部位】灵芝，子实体。

【采集加工】全年采收，除去杂质，剪除附有朽木、泥沙或培养基质的下端菌柄。阴干或在 40 ～ 50℃烘干。

【药材性状】呈伞状、菌盖肾形、半圆形或近圆形，直径 10 ～ 18cm，厚 1 ～ 2cm。皮壳坚硬，紫黑色，有漆样光泽，具环状棱纹和辐射状皱纹，边缘薄而平截，常稍内卷。菌肉锈褐色。菌柄圆柱形，侧生，少偏生，长 17 ～ 23cm，直径 1 ～ 3.5cm，红褐色至紫褐色，光亮。孢子细小，黄褐色。气微香，味苦涩。

【药材炮制】除去杂质，洗净，润软，切厚片，干燥。

【化学成分】子实体含三萜类：灵芝醇 A（ganoderiol A）、灵芝醇 A 三酯（ganoderiol A triacetate）、灵芝三醇（ganodermatriol）、灵芝酮三醇（ganodermanontriol）、灵芝内脂 B（ganolactone B）、20（21）-脱氢赤芝酸［20（21）-dehydrolucidenic acid］、灵芝酸 A、D（ganoderic acid A、D）[1]，灵芝酸 GS-1、

GS-2、GS-3（ganoderic acid GS-1、GS-2、GS-3）、20- 羟基赤芝酸 A（20-hydroxylucidenic acid A）、20（21）- 去氢赤芝酸 N［20（21）-dehydrolucidenic acid N］、灵芝酸 β（ganoderic acid β）、灵芝醇 A、B（ganoderiol A、B）[2]，紫芝酸（sinensoic acid）[3]，紫芝酸 A、B（ganosinensic acid A、B）、紫芝酸 A 甲酯（methyl ganosinensate A）[4]，灵芝二醇（ganodermadiol）[5]，灵芝醇 J（ganoderiol J）、灵芝四醇（ganodermatetraol）、紫芝醇 A（ganosineniol A）、紫芝苷 A（ganosinoside A）、灵芝酸 Jc、Jd、γa（ganoderic acid Jc、Jd、γa）、赤芝酸 Ha 甲酯（methyl lucidenate Ha）、灵芝酮 F（ganolucidate F）、赤芝醇 B（lucidumol B）、灵芝酸酯 E（ganoderate E）、3α- 乙酰氧基 -5α- 羊毛脂 -8, 24- 二烯 -21- 羧酸酯 -β-D- 葡萄糖苷（3α-acetoxy-5α-lanosta-8, 24-dien-21-oic acid ester-β-D-glucoside）、紫芝酸 C（ganolucidic acid C）、赤芝三萜二醇（lucidadiol）[6]，法尼基羟醌醚羊毛脂三萜 A、B、C（ganosinensin A、B、C）[7]，赤芝酸 A（luidenic acid A）、灵芝酸 B（ganoderic acid B）和赤芝孢子酸 A（ganosporeric acid A）[8]；倍半萜类：灵芝倍半萜素（ganosinensine）[6]；混源杂萜类（meroterpenoids）：紫芝素 *A、B、C、D、E、F（zizhine A、B、C、D、E、F）、硬孔灵芝素 *A（fornicin A）[9]，紫芝素 * G、H、I、J、K、L、M、N、O（zizhine G、H、I、J、K、L、M、N、O）、法尼基紫芝酚 A、B（ganosinensol A、B）、硬孔灵芝杂萜酚 *A、B（ganoduriporol A、B）和灵芝酚（lingzhiol）[10]；甾体类：麦角甾醇（ergosterol）、麦角甾 -7, 22- 二烯 -1α, 4β- 二醇（ergosta-7, 22-dien-1α, 4β-diol）、麦角甾 -7, 22- 二烯 -3β- 醇（ergosta-7, 22-dien-3β-ol）、6, 9- 环氧麦角甾 -7, 22- 二烯 -3β- 醇（6, 9-epidioxyergosta-7, 22-dien-3β-ol）、5, 8- 环氧麦角甾 -6, 22- 二烯 -3β- 醇（5, 8-epidioxyergosta-6, 22-dien-3β-ol）、麦角甾 -7, 22- 二烯 -2β, 3α, 9α 三醇（ergosta-7, 22-dien-2β, 3α, 9α-triol）、麦角甾 -7, 22- 二烯 -3β, 5α, 6β, 9α- 四醇（ergosta-7, 22-dien-3β, 5α, 6β, 9α-tetraol）、5α- 豆甾醇 -3, 6- 二酮（5α-stigmastan-3, 6-dione）、β- 谷甾醇（β-sitosterol）、胡萝卜苷（daucosterol）[11, 12]，灵芝卡利芬 A、B、C（ganocalidophin A、B、C）、5α, 6α- 环氧麦角甾 -8（14）, 22- 二烯 -3β, 7α- 二醇［5α, 6α-epoxyergosta-8（14）, 22-dien-3β, 7α-diol］、麦角甾 -5, 7, 22- 三烯 -3β-ol（ergosta-5, 7, 22-trien-3β-ol）、啤酒甾醇（cerevisterol）、3β, 5α, 9α- 三羟基麦角甾 -7, 22- 二烯 -6- 酮（3β, 5α, 9α-trihydroxyergosta-7, 22-dien-6-one）[13]，（22*E*, 24*R*）- 麦角甾 -7, 9（11）, 22- 三烯 -3β, 5α, 6β- 三醇［（22*E*, 24*R*）-ergosta-7, 9（11）, 22-trien-3β, 5α, 6β-triol］、杯形秃马勃甾醇（cyathisterol）、麦角甾 -4, 6, 8（14）, 22- 四烯 -3- 酮［ergosta-4, 6, 8（14）, 22-tetraen-3-one］[14, 15]，四氧代柠檬胆酸（tetraoxycitricolic acid）、（22*E*, 24*R*）-6β- 甲氧基麦角甾 -7, 9（11）, 22- 三烯 -3β, 5α- 二醇［（22*E*, 24*R*）-6β-methoxyergosta-7, 9（11）, 22-trien-3β, 5α-diol］、（22*E*, 24*R*）- 麦角甾 -7, 9（11）, 22- 三烯 -3β, 5α, 6α- 三醇［（22*E*, 24*R*）-ergosta-7, 9（11）, 22-trien-3β, 5α, 6α-triol］、麦角甾 -7, 22- 二烯 -3- 酮（ergosta-7, 22-dien-3-one）、（22*E*, 24*S*）-5α, 8α- 表二氧 -24- 甲基胆甾 -6, 22- 二烯 -3β- 醇［（22*E*, 24*S*）-5α, 8α-epidioxy-24-methyl cholesta-6, 22-dien-3β-ol］、（22*E*, 24*S*）-5α, 8α- 表二氧 -24- 甲基胆甾 -6, 9（11）, 22- 三烯 -3β- 醇［（22*E*, 24*S*）-5α, 8α-epidioxy-24-methyl cholesta-6, 9（11）, 22-trien-3β-ol］、（22*E*）-7α- 甲氧基 -5α, 6α- 环氧麦角甾 -8（14）, 22- 二烯 -3β- 醇［（22*E*）-7α-methoxy-5α, 6α-epoxyergosta-8（14）, 22-dien-3β-ol］、豆甾 -7, 22- 二烯 -3β, 5α, 6α- 三醇（stigmasta-7, 22-dien-3β, 5α, 6α-triol）、（22*E*, 24*R*）- 麦角甾 -7, 22- 二烯 -3β, 5α, 6β- 三醇［（22*E*, 24*R*）-ergosta-7, 22-dien-3β, 5α, 6β-triol］和（22*E*）-6β- 甲氧基麦角甾 -7, 22- 二烯 -3β, 5α- 三醇［（22*E*）-6β-methoxyergosta-7, 22-dien-3β, 5α-triol］[15]；生物碱类：泥湖鞘鞍醇（hemisceramide）[3]，紫芝碱 A、B、C、D、E（sinensine A、B、C、D、E）[11, 16]，（+）- 赤芝酰胺 *A［（+）-sinensilactam A］和（−）- 赤芝酰胺 * A［（−）-sinensilactam A］[17]；脂肪醇及醚类：2, 3- 二甲基 -1- 丁醇（2, 3-dimethyl-1-butanol）、2- 甲基 -1- 戊醇（2-methyl-1-pentanol）、2- 壬醇（2-nonanol）、2- 丙基 -1- 癸醇（2-propyl-1-decanol）、1- 十四烷醇（1-tetradecanol）、双 -（3, 5, 5- 三甲基己基）醚［di-（3, 5, 5-trimethylhexyl）ether］、3, 7- 二甲基 -1, 6- 癸二烯 -3- 醇 -4- 酮（3, 7-dimethyl-1, 6-decadien-3-ol-4-one）、1- 十五烷醇（1-pentadecanol）和 1- 十七烷醇（1-heptadecanol）[18]；烷烃及烯烃类：2, 3- 二甲基癸烷（2, 3-dimethyldecane）、4- 甲基十一碳烯 -1（4-methyl undecene-1）、2, 2, 3, 4, 5, 5- 六甲基己烷（2, 2, 3, 4, 5, 5-hexamethylhexane）、3, 3- 二甲基己

烷（3, 3-dimethylhexane）、2, 3, 4- 三甲基己烷（2, 3, 4-trimethylhexane）和 1, 1, 3, 3- 四甲基环戊烷（1, 1, 3, 3-tetramethyl cyclopentane）[18]；脂肪酸及酯类：α- 羟基二十四烷酸（α-hydroxytetracosanoic acid）[12]，2- 乙基己基丁酸酯（2-ethylhexylbutyrate）、二甲基乙酸癸酯（dimethyl decyl acetate）、乙酸癸酯（decyl acetate）、己二醇乙酸酯（hexanediol acetate）和 1- 棕榈酸正癸醇（decyl palmitate）[18]；环肽类：环（D-脯氨酸 -D- 缬氨酸）［cyclo（D-Pro-D-Val）］[12]等；酚类：法尼基紫芝酚 A、B、C、D（ganosinensol A、B、C、D）[19]和 2, 6- 二叔丁基苯酚（2, 6-di-tert-butylphenol）[20]等。

【药理作用】 1. 抗胃溃疡　子实体的乙醇提取物对应激型、慢性乙酸型和幽门结扎型胃溃疡具有明显的防治作用，对毛果芸香碱诱发胃酸分泌之效应起明显的抑制作用，但对消炎痛型胃溃疡无效，对组织胺释放胃酸作用也无影响[1]。2. 抗菌　从子实体提取的三萜组分对大肠杆菌和金黄色葡萄球菌的生长有较明显的抑制作用，最小抑菌浓度均为 30mg/ml, 而对枯草芽孢杆菌、青霉和黑曲霉的抑制作用较弱[2, 3]。3. 抗肿瘤　发酵液的胞内水提醇沉物中的多糖组分对小鼠 H22 肝癌和 Lewis 肺癌具有较好的抑制作用，但体外细胞毒作用较弱[4]。4. 保护脐带内皮细胞　从子实体提取分离的生物碱成分具有保护人脐带内皮细胞，防止过氧化氢氧化诱导的细胞损伤作用[5]。5. 抗病毒　从子实体提取分离的三萜类成分灵芝酸 GS-1（ganoderic acid GS-1），即 7β- 羟基 -3, 11, 15- 三氧代羊毛甾烷 -8,（24*E*）- 二烯 -26- 羧酸［7β-hydroxy-3, 11, 15-trioxolanosta-8,（24*E*）-dien-26-oic acid］、灵芝酸 GS-2（ganoderic acid GS-2），即 7β, 15α- 二羟基 -3, 11- 二氧代羊毛甾烷 -8,（24*E*）- 二烯 -26- 羧酸［7β, 15α-dihydroxy-3, 11-dioxolanosta-8,（24*E*）-dien-26-oic acid］和 20（21）- 去氢赤芝酸 N［20（21）-dehydrolucidenic acid N］，即 3β, 7β- 二羟基 -11, 15- 二氧代 -25, 26, 27- 三去甲羊毛甾烷 -8, 20（21）- 二烯 -24- 羧酸［3β, 7β-dihydroxy-11, 15-dioxy-25, 26, 27-tridemethyllanosta-8, 20（21）-dien-24-oic acid］能抑制人类免疫缺陷病毒 -1（HIV-1）蛋白酶活性，半数抑制浓度（IC_{50}）分别为 58mol/L、30mol/L 和 48mol/L[6]。

【性味与归经】 甘，平。归心、肺、肝、肾经。

【功能与主治】 补气安神，止咳平喘。用于眩晕失眠，心悸气短，虚劳咳嗽。

【用法与用量】 6 ～ 12g；研末或浸酒服。

【药用标准】 药典 2000—2015、浙江炮规 2015、内蒙古药材 1988、北京药材 1998、广西药材 1996、新疆药品 1980 二册、贵州药材 1988、河南药材 1991、山东药材 1995、湖南药材 1993、山西药材 1987、江西药材 1996、四川药材 1987 增补和上海药材 1994。

【临床参考】 白细胞减少症：紫芝多糖口服，每日 0.9 ～ 1.8g，5 周 1 疗程[1]。

【附注】 芝类药物始载于《神农本草经》，根据芝的颜色不同，将芝类分成“赤芝、黑芝、青芝、白芝、黄芝、紫芝”六种。《本草经集注》载：“此六芝皆仙草之类，俗所稀见，族种甚多，形色环异，并载‘芝草图’中。今俗所用紫芝，此是朽树木株上所生，状如木檽。”《本草纲目》载：“芝类甚多，亦有花实者，本草惟以六芝标名，然其种属不可不识。”又引‘抱朴子’云：“芝有石芝、木芝、草芝、肉芝、菌芝，凡数百种也。”古代关于芝的记载，类别复杂、品种繁多，显得十分神秘。《本草经集注》所指的紫芝，应为本种。

【化学参考文献】

［1］Qiao Y，Zhang X M，Qiu M H.Two novel lanostane triterpenoids from *Ganoderma sinense*［J］.Molecules，2007，12（8）：2038-2046.

［2］Sato N，Zhang Q，Ma C M，et al.Anti-human immunodeficiency virus-1 protease activity of new lanostane-type triterpenoids from *Ganoderma sinense*［J］.Chem Pharm Bull，2009，57（10）：1076-1080.

［3］刘超，陈若芸 . 紫芝中的一个新三萜［J］. 中草药，2010，41（1）：8-11.

［4］Wang C F，Liu J Q，Yan Y X，et al.Three new triterpenoids containing four-membered ring from the fruiting body of *Ganoderma sinense*［J］.Org Lett，2010，12（8）：1656-1659.

［5］陈体强，吴锦忠，吴岩斌 . 紫芝超临界萃取物中 3 种三萜醇的分离与鉴定［J］. 食用菌学报，2012，19（2）：87-90.

［6］Liu J Q，Wang C F，Li Y，et al.Isolation and bioactivity evaluation of terpenoids from the medicinal fungus *Ganoderma*

sinense［J］.Planta Med，2012，78（4）：368-376.
［7］Sato N，Ma C M，Komatsu K，et al.Triterpene-farnesyl hydroquinone conjugates from *Ganoderma sinense*［J］.J Nat Prod，2009，72（5）：958-961.
［8］张宪民，乔英，邱明华 . 紫芝中三萜化合物标准化提取方法研究［J］. 天然产物研究与开发，2007，19（1）：109-112.
［9］Cao W W，Luo Q，Cheng Y X，et al.Meroterpenoid enantiomers from *Ganoderma sinensis*［J］.Fitoterapia，2016，110：110-115.
［10］Luo Q，Cao W W，Wu Z H，et al.Zizhines G-O，AchE inhibitory meroterpenoids from *Ganoderma sinensis*［J］.Fitoterapia，2019，134：411-416.
［11］刘超 . 紫芝和松杉灵芝化学成分研究及灵芝三萜酸的含量测定［D］. 北京：中国协和医科大学硕士学位论文，2009.
［12］刘超，王洪庆，李保明，等 . 紫芝的化学成分研究［J］. 中国中药杂志，2007，32（3）：235-237.
［13］Mei R Q，Zuo F J，Duan X Y，et al.Ergosterols from *Ganoderma sinense* and their anti-inflammatory activities by inhibiting NO production［J］.Phytochem Lett，2019，32：177-180.
［14］Zheng M H，Tang R T，Deng Y，et al.Steroids from *Ganoderma sinense* as new natural inhibitors of cancer-associated mutant IDH1［J］.Bioorganic Chemistry，2018，79：89-97.
［15］Bao F Y，Yang K Y，Wu C R，et al.New natural inhibitors of hexokinase 2（HK2）：Steroids from *Ganoderma sinense*［J］. Fitoterapia，2018，125：123-129.
［16］Liu J Q，Wang C F，Peng X R，et al.New alkaloids from the fruiting bodies of *Ganoderma sinense*［J］.Nat Prod Bioprosp，2011，1（2）：93-96.
［17］Luo Q，Tian L，Di L，et al.（±）-Sinensilactam A，a pair of rare hybrid metabolites with Smad3 phosphorylation inhibition from *Ganoderma sinensis*［J］.Org Lett，2015，17（6）：1565-1568.
［18］包海鹰，王欣宇 . 紫芝的化学成分研究进展［J］. 菌物研究，2014，12（4）：187-196，202，184.
［19］Wang M，Wang F，Xu F，et al.Two pairs of farnesyl phenolic enantiomers as natural nitric oxide inhibitors from *Ganoderma sinense*［J］.Bioorg Med Chem Lett，2016，26（14）：3342-3345.
［20］陈体强，吴锦忠，朱金荣 . 紫芝超细粉挥发油成分 GC-MS 分析［J］. 菌物学报，2007，26（2）：279-283.

【药理参考文献】

［1］冯高闭，刘惠篆，吴俊芳，等 . 野生紫芝对实验性胃溃疡作用的研究［J］. 中药药理与临床，1988，4（2）：33-35.
［2］王晓玲，刘高强，周国英 . 紫芝发酵菌体中三萜类化合物的抑菌活性研究［J］. 时珍国医国药，2008，19（11）：2636-2637.
［3］刘高强，赵艳 . 紫芝胞外三萜物质的体外抑菌作用［J］. 食品工业科技，2008，29（12）：67-68.
［4］杨国红，杨义芳，金隽迪 . 紫芝液体深层发酵液的抗肿瘤活性部位研究［J］. 中草药，2008，39（6）：877-880.
［5］Liu C，Zhao F，Chen R Y.A novel alkaloid from the fruiting bodies of *Ganoderma sinense* Zhao，Xu et Zhang［J］.Chinese Chemical Letters，2010，21：197-199.
［6］Sato N，Zhang Q，Ma C M，et al.Anti-human immunodeficiency virus-1 protease activity of new lanostane-type triterpenoids from *Ganoderma sinense*［J］.Chem Pharm Bull，2009，57（10）：1076-1080.

【临床参考文献】

［1］毛洪鹤 . 紫芝多糖治疗 27 例白细胞减少症疗效观察［J］. 工业卫生与职业病，1988，14（4）：251.

1221. 灵芝（图 1221）• *Ganoderma lucidum*（Leyss. ex Fr.）Karst.（*Ganoderma lingzhi* Sheng H. Wu，Y. Cao et Y. C. Dai；*Boletus lucidus* auct. non Curtis；*Polyporus lucidus* auct. non Curtis ex Fr.）

【别名】赤芝，红芝，木灵芝。

【形态】担子果一年生，具侧生或偏生柄，木栓质。菌盖肾形、半圆形或类圆形，表面红褐色并有

图 1221　灵芝　　　　摄影　林文飞等

油漆光泽，具有环状棱纹和辐射状皱纹，边缘薄，常内卷。菌肉白色至淡褐色；菌管淡白色，淡褐色至褐色，管口类圆形。菌柄与菌盖同色或紫褐色，有光泽。皮壳构造拟子实层型，组成菌丝棍棒状。菌丝系统三体型；生殖菌丝透明，壁薄，有分枝；骨架菌丝淡黄褐色，厚壁至实心，具树状分枝，分枝末端形成鞭毛状无色缠绕菌丝；缠绕菌丝无色，壁厚，多弯曲，分枝。担孢子卵圆形或顶端平截，双层壁；外壁无色透明，平滑；内壁淡褐色，中间有时可见油滴。

【生境与分布】多生于阔叶树木桩旁。分布于山东、浙江、江苏、安徽、江西、福建，另湖南、湖北、广东、广西、贵州、云南、山西、陕西、海南均有分布。

【药名与部位】灵芝，子实体。灵芝孢子，成熟孢子。

【采集加工】灵芝：全年采收，除去杂质，剪除附有朽木、泥沙或培养基质的下端菌柄。阴干或在 40 ～ 50℃烘干。灵芝孢子：灵芝弹射孢子时采收，除去杂质，干燥。

【药材性状】灵芝　外形呈伞状，菌盖肾形、半圆形或近圆形，直径 10 ～ 18cm，厚 1 ～ 2cm。皮壳坚硬，黄褐色至红褐色，有光泽，具环状棱纹和辐射状皱纹，边缘薄而平截，常稍内卷。菌肉白色至淡棕色。菌柄圆柱形，侧生，少偏生，长 7 ～ 15cm，直径 1 ～ 3.5cm，红褐色至紫褐色，光亮。孢子细小，黄褐色。气微香，味苦涩。

灵芝孢子　为黄棕色的粉末。气微，味淡。

【药材炮制】灵芝：除去杂质，洗净，润软，切厚片，干燥。

灵芝孢子粉：除去杂质，过筛；灵芝孢子粉（破壁）：取灵芝孢子粉，采用物理方法，如挤压、碾磨、剪切、气流粉碎等方式将孢子壁破碎，过筛，干燥。

【化学成分】子实体含三萜类：灵芝酸 A、B（ganoderic acid A、B）[1]，灵芝酸 C（ganoderic acid C）[2]，灵芝酸 D、E、F、H（ganoderic acid D、E、F、H）、赤芝酸 D、E、F（lucidenic acid D、E、

F）[3]，灵芝酸 G（ganoderic acid G）、赤芝酸 D_2、E_2（lucidenic acid D_2、E_2）、灵芝烯酸 D（ganoderenic acid D）[4]，灵芝酸 C_2、I、K（ganoderic acid C_2、I、K）[5]，灵芝烯酸 A、D、G（ganoderenic acid A、D、G）、灵芝酸 A（ganoderic acid A）、20- 羟基灵芝酸 G（20-hydroxyganoderic acid G）、赤芝酸 D_2（lucidenic acid D_2）[6]，赤芝酸 A、B、C（lucidenic acid A、B、C）[7]，7- 表灵芝酸 C_2（7-epiganoderate C_2）、灵芝酸 K、M、N、O（ganoderic acid K、M、N、O）、赤芝酸 E、E_2、H、I、J、K、L、M（lucidenic acid E、E_2、H、I、J、K、L、M）、灵芝烯酸 E（ganoderenic acid E）[8]，8β, 9α- 二羟基灵芝酸 J（8β, 9α-dihydroganoderic acid J）、20- 羟基灵芝酸 G（20-hydroxylganoderic acid G）、灵芝酸 AM_1（ganoderic acid AM_1）、12- 去乙酰基灵芝酸 H（12-deacetylganoderic acid H）[9]，灵芝醇 A、B（ganoderiol A、B）[10]，灵芝醇 C、D、E、F、G、H、I（ganoderiol C、D、E、F、G、H、I）、丹芝酸 D、E（ganolucidic acid D、E）[11]，丹芝酸 A、B（ganolucidic acid A、B）[12]，赤芝萜酮 A、B（lucidone A、B）[13]，赤芝萜酮 C（lucidone C）、灵芝酸 L（ganoderic acid L）、赤芝酸 G（lucidenic acid G）[14]，灵芝酸 J（ganoderic acid J）、丹芝酸 C（ganolucidic acid C）[15]，赤芝萜酮 D（lucidone D）[16]，赤芝醇 A、B（lucidumol A、B）、灵芝酸 β（ganoderic acid β）、灵芝酸 C_1（ganoderic acid C_1）、灵芝萜酮二醇（ganodermanondiol）[17]，灵芝烯酸 F（ganoderenic acid F）、赤芝羊毛脂萜二醇*（lucidadiol）、15α- 羟基 -3- 酮基 -5α- 羊毛脂 -7, 9,（24*E*）- 三烯 -26- 羧酸［15α-hydroxy-3-oxo-5α-lanosta-7, 9,（24*E*）-trien-26-oic acid］、15α, 26- 二羟基 -5α- 羊毛脂 -7, 9,（24*E*）- 三烯 -3- 酮［15α, 26-dihydroxy-5α-lanosta-7, 9,（24*E*）-trien-3-one］、3β- 羟基 -5α- 羊毛脂 -7, 9,（24*E*）- 三烯 -26- 羧酸［3β-hydroxy-5α-lanosta-7, 9,（24*E*）-trien-26-oic acid］、3β- 羟基 -7- 酮基 -5α- 羊毛脂 -8,（24*E*）- 二烯 -26- 羧酸［3β-hydroxy-7-oxo-5α-lanosta-8,（24*E*）-dien-26-oic acid］、7β, 12β- 二羟基 -3, 11, 15, 23- 四酮基 -5α- 羊毛脂 -8- 烯 -26- 羧酸［7β, 12β-dihydroxy-3, 11, 15, 23-tetraoxo-5α-lanosta-8-en-26-oic acid］、灵芝烯酸 B（ganoderenic acid B）、12β- 羟基 -3, 7, 11, 15, 23- 五酮基 -5α- 羊毛脂 -8- 烯 -26- 羧酸［12β-hydroxy-3, 7, 11, 15, 23-pentaoxo-5α-lanosta-8-en-26-oic acid］、灵芝酸 B 甲酯（methyl ganoderate B）、灵芝烯酸 AM（ganoderic acid AM）、12β- 乙酰氧基 -3β, 7β- 二羟基 -11, 15, 23- 三酮基 -5α- 羊毛脂 -8, 20- 二烯 -26- 羧酸（12β-acetoxy-3β, 7β-dihydroxy-11, 15, 23-trioxo-5α-lanosta-8, 20-dien-26-oic acid）、赤芝酸 C 甲酯（methyl lucidenate C）、灵芝酸 T-Q（ganoderic acid T-Q）、3β, 7β, 15α- 三羟基 -11, 23- 二酮基 -5α- 羊毛脂 -8- 烯 -26- 羧酸（3β, 7β, 15α-trihydroxy-11, 23-dioxo-5α-lanosta-8-en-26-oic acid）、11α- 羟基 -3, 7- 二酮基 -5α- 羊毛脂 -8,（24*E*）- 二烯 -26- 羧酸［11α-hydroxy-3, 7-dioxo-5α-lanosta-8,（24*E*）-dien-26-oic acid］、11β- 羟基 -3, 7- 二酮基 -5α- 羊毛脂 -8,（24*E*）- 二烯 -26- 羧酸［11β-hydroxy-3, 7-dioxo-5α-lanosta-8,（24*E*）-dien-26-oic acid］、12β- 乙酰氧基 -7β- 羟基 -3, 11, 15, 23- 四酮基 -5α- 羊毛脂 -8, 20- 二烯 -26- 羧酸（12β-acetoxy-7β-hydroxy-3, 11, 15, 23-tetraoxo-5α-lanosta-8, 20-dien-26-oic acid）、12β- 乙酰氧基 -3, 7, 11, 15, 23- 五酮基 -5α- 羊毛脂 -8- 烯 -26- 羧酸乙酯（12β-acetoxy-3, 7, 11, 15, 23-pentaoxo-5α-lanosta-8-en-26-oic acid ethyl ester）、3β, 7β- 二羟基 -12β- 乙酰氧基 -11, 15, 23- 三酮基 -5α- 羊毛脂 -8- 烯 -26- 羧酸甲酯（3β, 7β-dihydroxy-12β-acetoxy-11, 15, 23-trioxo-5α-lanosta-8-en-26-oic acid methyl ester）[18]，灵芝烯酸 C（ganoderenic acid C）[19]，灵芝酸 LM_2（ganoderic acid LM_2）、灵芝酸 D 甲酯（ganoderic acid D methyl ester）、灵芝酸 J（ganoderic acid J）、灵芝酸 C_6（ganoderic acid C_6）、灵芝烯酸 H（ganoderenic acid H）、（23*S*）- 羟基 -3, 7, 11, 15- 四酮基 -8,（24*E*）- 二烯 -26- 羧酸［（23*S*）-hydroxy-3, 7, 11, 15-tetraoxolanosta-8,（24*E*）-dien-26-oic acid］、12β- 乙酰氧基 -3β- 羟基 -7, 11, 15, 23- 四酮基羊毛脂 -8,（20*E*）- 二烯 -26- 羧酸［12β-acetoxy-3β-hydroxy-7, 11, 15, 23-tetraoxolanosta-8,（20*E*）-dien-26-oic acid］[20]，灵芝酸 A 单丙酮化物甲酯（methyl ganoderate A acetonide）、灵芝酸 H 丁酯（butyl ganoderate H）、赤芝酸 N 正丁基酯（*n*-butyl lucidenate N）、赤芝酸 A 正丁基酯（*n*-butyl lucidenate A）[21]，赤芝酸 N（lucidenic acid N）[21, 22]，赤芝酸 M、N、P、Q、R、S（lucidenic acid M、N、P、Q、R、S）、灵芝酸 N、Sz、TR（ganoderic acid N、Sz、TR）、7β- 羟基 -3, 11, 15- 三酮羊毛脂 -8, 24- 二烯 -26- 羧酸甲酯（7β-hydroxy-3, 11, 15-trioxolanosta-8, 24-dien-26-oic acid methyl ester）、灵芝烯酸 A（ganoderenate A）、23- 二氢灵芝酸 N（23-dihydroganoderic acid N）、赤芝

酸 A（lucidenate A）、赤芝酸 D、F、J、Q（lucidenic acid D、F、J、Q）、灵芝酸 F、H（ganoderic acid F、H）、灵芝烯酸 K（ganoderenic acid K）、20- 羟基灵芝酸 AM_1（20-hydroxyganoderic acid AM_1）、3, 7, 11- 三酮基 -5α- 羊毛脂 -8,（24*E*）- 二烯 -26- 羧酸［3, 7, 11-trioxo-5α-lanosta-8,（24*E*）-dien-26-oic acid］、15- 乙酰氧基丹芝酸 E（15-acetoxyganolucidic acid E）、灵芝酮 A（ganoderone A）、灵芝醇 A（ganoderol A）、灵芝酸 P 甲酯（methyl ganoderate P）、灵芝宁素 * A、B、C（ganolucinin A、B、C）、西藏灵芝素 * M、N、P（ganoleuconin M、N、P）[22]，赤芝酸 O（lucidenic acid O）、赤芝酸内酯（lucidenic lactone）[23]，赤芝酸 T（lucidenic acid T）[24]，灵芝酸 γ、δ、ε、ζ、η、θ（ganoderic acid γ、δ、ε、ζ、η、θ）[25]，灵芝酸 α（ganoderic acid α）[26]，赤芝酸 SP1（lucidenic acid SP1）[27]，灵芝酸 R、S、T-N、T-O、TQ（ganodermic acid R、S、T-N、T-O、TQ）、灵芝酸 M_f（ganoderic acid M_f）[28]，灵芝萜烯二醇（ganodermadiol）、紫芝萜三醇（ganodermatriol）[29]，灵芝萜酮三醇（ganodermanontriol）、7- 酮基 - 灵芝酸 Z（7-oxo-ganoderic acid Z）、15- 羟基灵芝酸 S（15-hydroxyganoderic acid S）、灵芝酸 DM（ganoderic acid DM）[30]，赤芝酸 L（lucidenic acid L）、12β- 乙酰氧基 -3β, 7β- 二羟基 -11, 15, 23- 三酮基羊毛脂 -8, 16- 二烯 -26- 羧酸（12β-acetoxy-3β, 7β-dihydroxy-11, 15, 23-trioxolanost-8, 16-dien-26-oic acid）、3β, 7β- 二羟基 -11, 15, 23- 三酮基羊毛脂 -8, 16- 二烯 -26- 羧酸（3β, 7β-dihydroxy-11, 15, 23-trioxolanost-8, 16-dien-26-oic acid）、3β, 15α- 二羟基 -7, 11, 23- 三酮基羊毛脂 -8, 16- 二烯 -26- 羧酸（3β, 15α-dihydroxy-7, 11, 23-trioxolanost-8, 16-dien-26-oic acid）、2β- 乙酰氧基 -3β, 25- 二羟基 -7, 11, 15- 三酮基羊毛脂 -8- 烯 -26- 羧酸（2β-acetoxy-3β, 25-dihydroxy-7, 11, 15-trioxolanost-8-en-26-oic acid）[31]，灵芝酸 O、P、Q、R、S、T（ganoderic acid O、P、Q、R、S、T）[32]，灵芝酸 U（ganoderic acid U）[33]，灵芝酸 V、W、X、Y、Z（ganoderic acid V、W、X、Y、Z）[33, 34]，灵芝酸 Mg、Mh、Mi、Mj、Mk（ganoderic acid Mg、Mh、Mi、Mj、Mk）[35]和丹芝内酯（ganolactone）[36]；甾体类：麦角甾 -7, 22- 二烯 -3β- 醇（ergosta-7, 22-dien-3β-ol）、5α, 8α- 表二氧麦角甾 -6, 22- 二烯 -3β- 醇（5α, 8α-epidioxyergosta-6, 22-dien-3β-ol）[9]，4, 4, 14α 三甲基 -3, 7- 二酮基 -5α- 胆甾 -8- 烯 -24- 羧酸（4, 4, 14α-trimethyl-3, 7-dioxo-5α-chol-8-en-24-oic acid）[18]，啤酒甾醇（cerevisterol）[23]，5, 6- 二氢麦角甾醇（5, 6-dihydroergosterol）[36]，麦角甾醇过氧化物（ergosterol peroxide）[26]，麦角甾醇（ergosterol）[26, 36-38]，麦角甾 -4, 7, 22- 三烯 -3, 6- 二酮（ergosta-4, 7, 22-trien-3, 6-dione）[32]，菌甾醇（fungisterol）、去甲基内甾醇 A_3（demethylincisterol A_3）[36]，24- 甲基 - 胆甾 -5, 22- 二烯 -3β- 醇（24-methyl-cholest-5, 22-dien-3β-ol）、麦角甾醇棕榈酸酯（ergosterol palmitate）、5α- 豆甾 -3, 6- 二酮（5α-stigmast-3, 6-dione）和 β- 谷甾醇（β-sitosterol）等[39]；酚酸类：灵芝霉素 B、I、J（ganomycin B、I、J）[22]，赤芝酚 A（chizhiol A）、2- 甲氧基 -4- 羟基苯甲醛（2-methoxy-4-hydroxybenzaldehyde）和 4- 羟基 -3- 甲氧基苯甲酸（4-hydroxy-3-methoxybenzoic acid）[39]；黄酮类：山柰酚（kaemferol）和金雀异黄素（genistein）[6]；生物碱类：灵芝碱甲（ganoine）、灵芝碱乙（ganodine）[38]，吲哚 -3- 甲醛（indole-3-carboxaldehyde）和喜树碱（camptothecin）[39]；糖类：葡萄糖（glucose）、阿拉伯糖（arabinose）、木糖（xylose）、岩藻糖（fucose）、鼠李糖（rhamnose）、半乳糖（galactose）、甘露糖（mannose）和灵芝多糖（Ganoderma lucidum polysaccharides）[35]等。

孢子含生物碱类：胆碱（choline）和甜菜碱（betaine）[40]；脂肪酸类：廿二烷酸（docosanoic acid）、十九烷酸（nonadecanoic acid）、廿四烷酸（lignoceric acid）、硬脂酸（stearic acid）和棕榈酸（palmitic acid）等[40]；甾体类：、β- 谷甾醇（β-sitosterol）[40]，灵芝烯脂 A、B（ganodermaside A、B）[41]和灵芝烯脂 C、D（ganodermaside C、D）[42]。

【药理作用】1. 抗肿瘤　从子实体中提取分离的三萜烯类成分可诱导人肺腺癌 A549 细胞凋亡[1]；孢子粉可增强小鼠肿瘤特异性杀伤 T 淋巴细胞和自然杀伤细胞对肿瘤细胞的杀伤功能，从而破坏癌细胞 DNA 合成，抑制肿瘤细胞的分裂和增殖[2]；孢子内脂质对小鼠肝癌及对肝癌组织的端粒酶活性有显著的抑制作用[3]；萌动激活全破壁孢子对荷肝癌和网状细胞肉瘤 L- Ⅱ 小鼠有明显的抑瘤作用[4]。2. 调节血脂　孢子粉可降低高脂大鼠血清中的总胆固醇（TCH）、甘油三酯（TG），但对血清高密度脂蛋白胆固醇（HDL-C）无影响[5, 6]，对正常小鼠血清总胆固醇、甘油三酯无明显影响[6]。3. 免疫调节　孢子粉的水提取物能提高小鼠腹腔巨噬细胞酸性磷酸酶、β- 葡萄糖醛酸酶活性及过氧化氢含量，并能对抗糖皮质激素对小鼠脾脏 DNA 合成的抑制作用[7]；孢子粉对小鼠腹腔巨噬细胞吞噬和血清凝集功能有增强作用，小鼠脾系数和酸性非特异性酯酶染色也相应增加[8]，能显著提高正常小鼠的半数溶血值、血碳清除率、足跖厚度差、脾脏系数[9]；破壁灵芝孢子粉能增强 ConA 诱导的小鼠脾淋巴细胞的增殖能力、并提高血清溶血素水平，促进 DNBF 诱导的小鼠迟发型变态反应、抗体生成细胞的生成，并增强碳廓清能力[10]；从孢子提取的脂肪油（1.0g/kg BW）能促进小鼠脾淋巴细胞转化，增强小鼠自然杀伤细胞活性，并能促进小鼠迟发型变态反应和小鼠抗体生成细胞增殖[11]。4. 降血糖　孢子粉乙醇提取物的水溶性部分对链脲佐菌素所致糖尿病大鼠有明显的降低血糖作用，可增强耐糖效应，促进糖尿病大鼠的胰岛素分泌，维持生长激素、皮质醇的正常水平[12]；孢子粉乙醇提取物的水溶部分能降低四氧嘧啶、肾上腺素、外源葡萄糖所致糖尿病小鼠的血糖水平[13]。5. 抗氧化　孢子粉可降低早期实验性糖尿病大鼠视网膜中丙二醛的含量，提高视网膜中超氧化物歧化酶活性，并能提高大鼠血清中一氧化氮和一氧化氮合酶的水平[14]；孢子粉水提取物可抑制小鼠肌肉匀浆的自发性脂质过氧化和 Fe^{2+}/ 半胱胺酸引起的脂质过氧化，使丙二醛（MDA）生成量减少，并能抑制超氧阴离子（O_2^-·）的生成，还可降低 2, 4- 二氯苯氧乙酸引起的小鼠血清丙二醛升高，使正常小鼠肝胞浆中能清除自由基的过氧化氢酶（CAT）活性增加[15]。

【性味与归经】灵芝：甘，平。归心、肺、肝、肾经。灵芝孢子：性平，味甘、微苦。归心、肺、脾经。

【功能与主治】灵芝：补气安神，止咳平喘。用于眩晕失眠，心悸气短，虚劳咳嗽。灵芝孢子：补气安神，健脾益肺。用于虚劳体弱，失眠多梦，咳嗽气喘。

【用法与用量】灵芝：6 ～ 12g；研末或浸酒服。灵芝孢子：灵芝孢子粉 6 ～ 12g，煎服；灵芝孢子粉（破壁）2 ～ 6g，开水冲服。

【药用标准】灵芝：药典 2000—2015、浙江炮规 2015、北京药材 1998、广西药材 1996、湖南药材 1993、江苏药材 1989、江西药材 1996、山西药材 1987、内蒙古药材 1988、新疆药品 1980 二册、河南药材 1991、上海药材 1994、四川药材 1987 增补、贵州药材 1988 和山东药材 1995；灵芝孢子：浙江炮规 2015 和四川药材 2010。

【临床参考】1. 糖尿病早期肾病：子实体 90g，加川芎 90g、虫草 60g、黄芪 60g，水煎服，每剂 200ml，早晚各 1 次，连续服 3 个月[1]。

2. 恶性肿瘤：子实体 20g，加薏苡仁 15g、大枣 50g、蜂蜜 5g，水煎，早晚分服，1 月为 1 疗程[2]。

3. 鹅膏毒蕈中毒：灵芝胶囊（每粒胶囊含子实体 0.27g）口服或鼻饲，1 次 10 粒，每 2h1 次；3 天后改为 1 次 5 粒口服，每 4h 1 次；3 日后改为 1 次 2 粒口服，每 4h 1 次，10 日为 1 疗程[3]。

4. 支气管哮喘：子实体 20g，加苦参 4g、甘草 3g，水煎，早晚分服[4]。

5. 神经衰弱、心悸头晕、夜寐不宁：子实体 1.5 ～ 3g，水煎服，每日 2 次。

6. 慢性肝炎、肾盂肾炎、支气管哮喘：子实体焙干研末开水冲服，1 次 0.9 ～ 1.5g，每日 3 次。

7. 冠心病：子实体 6g，水煎 2h，每日 2 次。（5 至 7 方引自《中国药用真菌》）

【附注】芝类药物始载于《神农本草经》，根据芝的颜色不同，将芝类分成"赤芝、黑芝、青芝、白芝、黄芝、紫芝"六种。《本草经集注》载："此六芝皆仙草之类，俗所稀见，族种甚多，形色环异，并载'芝草图'中。今俗所用紫芝，此是朽树木株上所生，状如木檽。"《本草纲目》载："芝类甚多，亦有花实者，本草惟以六芝标名，然其种属不可不识。"又引'抱朴子'云："芝有石芝、木芝、草芝、肉芝、菌芝，凡数百种也。"古代关于芝的记载，类别复杂、品种繁多，显得十分神秘。《本草经集注》所指的赤芝，应为本种。

灵芝（赤芝）的学名 *Ganoderma lucidum*（Leyss. ex Fr.）Karst 有一定的争议，吴声华、曹云和戴玉成（2012）命名 *Ganoderma lingzhi* Sheng H. Wu，Y. Cao et Y. C. Dai 为灵芝的学名，也有学者认为中国广泛栽培的灵芝是四川灵芝 *Ganoderma sichuanense* J. D. Zhao et X. Q. Zhang，从药用的角度，此说似欠妥。

【化学参考文献】

［1］Kubota T，Asaka Y，Miura I，et al. Structures of ganoderic acid A and B，two new lanostane type bitter triterpenes from *Ganoderma lucidum*（Fr.）Karst［J］. Helv Chim Acta，1982，65（2）：611-619.

［2］Hirotani M，Furuya T，Shiro M. A ganoderic acid derivative，a highly oxygenated lanostane-type triterpenoid from *Ganoderma lucidum*［J］. Phytochemistry，1985，24（9）：2055-2061.

［3］Kikuchi T，Matsuda S，Kadota S，et al. Ganoderic acid D，E，F，and H and lucidenic acid D，E，and F，new triterpenoids from *Ganoderma lucidum*［J］. Chem Pharm Bull，2008，33（6）：2624-2627.

［4］Kikuchi T，Kanomi S，Murai Y，et al. Constituents of the fungus *Ganoderma lucidum*（Fr.）Karst. II.：Structures of ganoderic acids F，G，and H，lucidenic acids D2 and E2，and related compounds［J］. Chem Pharm Bull，2008，34（10）：4018-4029.

［5］Kikuchi T，Kanomi S，Kadota S，et al. Constituents of the fungus *Ganoderma lucidum*（Fr.）Karst. I. structures of ganoderic acids C2，E，I，and K，lucidenic acid F and related compounds［J］. Chem Pharm Bull，1986，34（9）：3695-3712.

［6］刘思好，王艳，何蓉蓉，等. 灵芝的化学成分［J］. 沈阳药科大学学报，2008，25（3）：183-187.

［7］Nishitoba T，Sato H，Kasai T，et al. New Bitter C27 and C30 Terpenoids from the fungus *Ganoderma lucidum*（Reishi）［J］. Agric Biol Chem，1984，49（6）：1793-1798.

［8］Nishitoba T，Sato H，Sakamura S. Triterpenoids from the fungus *Ganoderma lucidum*［J］. Phytochemistry，1987，26（6）：1777-1784.

［9］Ma J Y，Ye Q Y，Zhang D C，et al. New lanostanoids from the mushroom *Ganoderma lucidum*［J］. J Nat Prod，2002，65（1）：72-75.

［10］Sato H，Nishitoba T，Shirasu S，et al. Ganoderiol A and B，new triterpenoids from the fungus *Ganoderma lucidum*（Reishi）［J］. Agric Biol Chem，1986，50（11）：2887-2890.

［11］Nishitoba T，Oda K，Sato H，et al. Novel triterpenoids from the fungus *Ganoderma lucidum*［J］. Agric Biol Chem，1988，52（2）：367-372.

［12］Kikuchi T，Matsuda S，Murai Y，et al. Ganoderic acid G and I and ganolucidic acid A and B，new triterpenoids from *Ganoderma lucidum*［J］. Chem Pharm Bull，1985，33（6）：2628-2631.

［13］Nishitoba T，Sato H，Sakamura S. New terpenoids from *Ganoderma lucidum* and their bitterness［J］. Agric Biol Chem，1985，49（5）：1547-1549.

［14］Nishitoba T，Sato H，Sakamura S. New terpenoids，ganolucidic acid D，ganoderic acid L，lucidone C and lucidenic acid G，from the fungus *Ganoderma lucidum*［J］. Agric Biol Chem，1986，50（3）；809-811.

［15］Nishitoba T，Sato H，Sakamura S. New terpenoids，ganoderic acid J and ganolucidic acid C，from the fungus *Ganoderma lucidum*［J］. Agric Biol Chem，1985，49（12）：3637-3638.

［16］刘超，李保明，康洁，等. 赤芝中一个新萜类化合物［J］. 药学学报，2013，48（9）：1450-1452.

［17］Min B S，Nakamura N，Miyashiro H，et al. Triterpenes from the spores of *Ganoderma lucidum* and their inhibitory activity against HIV-1 protease［J］. Chem Pharm Bull，1998，46（10）：1607-1612.

［18］Cheng C R，Yue Q X，Wu Z Y，et al. Cytotoxic triterpenoids from *Ganoderma lucidum*［J］. Phytochemistry，2010，71（13）：1579-1585.

［19］Wang G J，Huang Y J，Chen D H，et al. *Ganoderma lucidum* extract attenuates the proliferation of hepatic stellate cells by blocking the PDGF receptor［J］. Phytother Res，2009，23（6）：833-839.

［20］Guan S H，Xia J M，Yang M，et al. Cytotoxic lanostanoid triterpenes from *Ganoderma lucidum*［J］. J Asian Nat Prod Res，2008，10（8）：695-700.

［21］Lee I S，Ahn B R，Choi J S，et al. Selective cholinesterase inhibition by lanostane triterpenes from fruiting bodies of *Ganoderma lucidum*［J］. Bioorg Med Chem Lett，2011，21（21）：6603-6607.

［22］Chen B S，Tian J，Zhang J J，et al. Triterpenes and meroterpenes from *Ganoderma lucidum* with inhibitory activity against HMGs reductase，aldose reductase and α-glucosidase［J］. Fitoterapia，2017，120：6-16.

［23］Mizushina Y，Takahashi N，Hanashima L，et al. Lucidenic acid O and lactone，new terpene inhibitors of eukaryotic DNA

polymerases from a basidiomycete, *Ganoderma lucidum* [J]. Bioorg Med Chem, 1999, 7(9): 2047-2052.
[24] Zhou S, Tang Q J, Tang C H, et al. Triterpenes and soluble polysaccharide changes in Lingzhi or Reishi medicinal mushroom, *Ganoderma lucidum* (Agaricomycetes), during fruiting growth [J]. Int J Med Mushrooms, 2018, 20(9): 859-871.
[25] Min B S, Gao J J, Nakamura N, et al. Triterpenes from the spores of *Ganoderma lucidum* and their cytotoxicity against Meth-A and LLC tumor cells [J]. Chem Pharm Bull, 2000, 48(7): 1026-1033.
[26] el-Mekkawy S, Meselhy M R, Nakamura N, et al. Anti-HIV-1 and anti-HIV-1-protease substances from *Ganoderma lucidum* [J]. Phytochemistry, 1998, 49(6): 1651-1657.
[27] Min B S, Gao J J, Hattori M, et al. Anticomplement activity of terpenoids from the spores of *Ganoderma lucidum* [J]. Planta Med, 2001, 67(9): 811-814.
[28] Lin L J, Shiao M S, Yeh S F. Triterpenes from *Ganoderma lucidum* [J]. Phytochemistry, 1988, 27(7): 2269-2271.
[29] Fujita A, Arisawa M, Saga M, et al. Two new lanostanoids from *Ganoderma lucidum* [J]. J Nat Prod, 1986, 49(6): 1122-1225.
[30] Ruan W, Wei Y, Popovich D G. Distinct responses of cytotoxic *Ganoderma lucidum* triterpenoids in human carcinoma cells [J]. Phytother Res, 2015, 29(11): 1744-1752.
[31] 陈显强，李绍平，赵静，等. 赤芝水提取物中的三萜类成分 [J]. 中国中药杂志，2017，42(10)：1908-1915.
[32] Hirotani M, Asaka I, Ino C, et al. Studies on the metabolites of higher fungi. Part 7. ganoderic acid derivatives and ergosta-4, 7, 22-triene-3, 6-dione from *Ganoderma lucidum* [J]. Phytochemistry, 1987, 26(10): 2797-2803.
[33] Toth J O, Luu B, Beck J P, et al. Chemistry and biochemistry of Oriental drugs. Part IX. cytotoxic triterpenes from *Ganoderma lucidum* (Polyporaceae): structures of ganoderic acids U-Z [J]. J Chem Res, Synopses, 1983, (12): 299.
[34] Toth J O, Luu B, Ourisson G. Ganoderic acid T and Z: cytotoxic triterpenes from *Ganoderma lucidum* (Polyporaceae) [J]. Tetrahedron Lett, 1983, 24(10): 1081-1084.
[35] Nishitoba T, Sato H, Sakamura S. Novel mycelial components, ganoderic acid Mg, Mh, Mi, Mj and Mk, from the fungus *Ganoderma lucidum* [J]. Agric Biol Chem, 1987, 51(4): 1149-1153.
[36] Akihisa T, Nakamura Y, Tagata M, et al. Anti-inflammatory and anti-tumor-promoting effects of triterpene acids and sterols from the fungus *Ganoderma lucidum* [J]. Chemistry & Biodiversity, 2007, 4(2): 224-231.
[37] 王赛贞，林树钱，林志彬，等. 灵芝子实体胆甾醇的分离与鉴定 [J]. 食用菌学报，2005，12(1)：7-10.
[38] 陈若芸，于德泉. 灵芝三萜化学成分研究进展 [J]. 药学学报，1990，25(12)：940-953.
[39] 周凤娇，王心龙，王淑美，等. 赤芝中一个新的酚性杂萜 [J]. 天然产物研究与开发，2015，27(1)：22-25.
[40] 侯翠英，孙义廷等. 灵芝（赤芝孢子粉）化学成分的研究再报 [J]. 植物学报（英文版），1988，30(1)：66-70.
[41] Weng Y F, Xiang L, Matsuura A, et al. Ganodermasides A and B, two novel anti-aging ergosterols from spores of a medicinal mushroom *Ganoderma lucidum* on yeast via *UTH1* gene [J]. Bioorg Med Chem, 2010, 18(3): 999-1002.
[42] Weng Y F, Lu J, Xiang L, et al. Ganodermasides C and D, two new anti-aging ergosterols from spores of the medicinal mushroom *Ganoderma lucidum* [J]. Biosci Biotechnol Biochem, 2011, 75(4): 800-803.

【药理参考文献】

[1] Feng L, Yuan L, Du M, et al. Anti-lung cancer activity through enhancement of immunomodulation and induction of cell apoptosis of total triterpenes extracted from *Ganoderma luncidum* (Leyss. ex Fr.) Karst [J]. Molecules, 2013, 18(8): 9966-9981.
[2] 陈雪华，朱正纲. 灵芝孢子粉对荷 HAC 肝癌小鼠抗肿瘤的实验性研究 [J]. 现代免疫学，2000，20(2)：101-103.
[3] 刘昕，钟志强，袁剑刚，等. 灵芝孢子内脂质对小鼠肝癌及肝癌组织端粒酶活性影响的研究 [J]. 食品工业科技，2000，21(6)：16.
[4] 刘昕，袁建平，王江海. 萌动激活灵芝孢子抗癌活性研究 [J]. 中国食品学报，2004，4(1)：83-86.
[5] 张卫明，孙晓明. 灵芝孢子粉调节血脂作用研究 [J]. 中国野生植物资源，2001，20(2)：14-16.
[6] 陈文珊，唐丽霞. 灵芝孢籽粉对血总胆固醇和甘油三酯的影响 [J]. 现代中药研究与实践，1999，13(3)：15-16.
[7] 顾欣，王芷源，刘耕陶. 灵芝孢子粉的药理研究 3. 对免疫系统的作用 [J]. 中药药理与临床，1993，(4)：11-13.

[8] 张强，谢根法，崔淑香，等．灵芝孢子粉胶囊提高小鼠免疫功能实验的研究［J］．山东医药工业，1998，17（4）：24-25.
[9] 黄邵新，余素清，刘京生，等．灵芝孢子粉对小鼠免疫功能的影响［J］．河北医药，1997，19（1）：25.
[10] 张荣标，陈润，陈冠敏，等．破壁灵芝孢子粉对小鼠免疫功能影响的研究［J］．预防医学论坛，2013，19（12）：936-938.
[11] 陈铁晖，陈润．灵芝孢子油软胶囊对小鼠免疫功能影响的实验研究［J］．安徽预防医学杂志，2016，22（6）：367-370.
[12] 梁荣能，彭康．灵芝孢子粉提取物降血糖作用及机制的实验研究［J］．中药药理与临床，1998，14（5）：17-19.
[13] 章灵华，肖培根．灵芝孢子粉提取物对实验性糖尿病的防治作用［J］．中草药，1993，24（5）：246-247.
[14] 袁燕侠，王淑秋．灵芝孢子粉在早期糖尿病大鼠视网膜抗氧化反应中的作用［J］．中华中医药学刊，2008，26（3）：637-638.
[15] 顾欣，王芷源，刘耕陶．灵芝孢子粉的药理研究 2. 对骨骼肌细胞膜脂质过氧化和超氧阴离子生成的影响［J］．中药药理与临床，1993，（3）：9-12.

【临床参考文献】

[1] 朱海彬．复方灵芝健肾汤治疗糖尿病早期肾病的临床观察［J］．光明中医，2017，32（11）：1543-1545.
[2] 李灿．灵芝薏苡仁方治疗恶性肿瘤临床观察［J］．四川中医，2015，33（12）：138-139.
[3] 李洁，肖宫，肖桂林．灵芝胶囊治疗鹅膏毒蕈中毒 69 例临床观察［J］．湖南中医药大学学资料报，2013，33（5）：71-74.
[4] 温明春，魏春华，于农，等．中药灵芝补肺汤治疗支气管哮喘临床研究［J］．中华哮喘杂志（电子版），2012，6（4）：257-260.

十　侧耳科 Pleurotaceae

担子果肉质；菌盖凸镜形、中凹形、漏斗形、半圆形等多种形状，表面平滑或被绒毛、鳞片；菌柄侧生、偏生、中生或无柄。菌丝系统二体型或三体型；生殖菌丝通常透明、壁薄、具分枝和锁状联合。担孢子圆柱形至长椭圆形、宽椭圆形、梨形、球形等多种形状，透明，壁薄，表面光滑或具疣状突起。

中国 11 属，约 90 种，分布几遍及全国，法定药用植物 2 属，2 种。华东地区法定药用植物 1 属，1 种。

侧耳科法定药用植物华东地区仅香菇属 1 属，该属含多糖类、核苷类、氨基酸类等成分。多糖类如香菇多糖（lentinan）等；核苷类如香菇嘌呤（eritadenine）、腺嘌呤（adenine）、尿嘧啶（uracil）等；氨基酸类如谷氨酸（Glu）、酪氨酸（Tyr）、丙氨酸（Ala）等。

1. 香菇属 *Lentinus* Fr.

菌盖表面中凹，常漏斗状或凸镜状，边缘内卷；菌柄长度一般小于菌盖直径；菌肉柔韧，半肉质至革质，类白色至白色。菌丝系统通常为二体型（香菇 *L.edodes* 较特殊，为一体型）；生殖菌丝多壁薄，具锁状联合；骨架菌丝壁厚，有时形成长而渐尖的分枝。担孢子长圆柱形、长椭圆形。

主要分布于亚洲、非洲、西欧、美洲及大洋洲。中国约 7 种，分布几遍及全国，法定药用植物 1 种。华东地区法定药用植物 1 种。

1222. 香菇（图 1222）• *Lentinus edodes*（Berk.）Sing.（*Cortinellus edodes* S. Ito et Imai；*Cortinellus shiitake* P. Henn.）

【别名】香蕈、香纹。

【形态】菌盖浅褐色、深褐色至深肉桂色，凸镜形，直径 5 ～ 12cm，有深色鳞片，边缘鳞片色较浅，有毛状物或絮状物；菌柄中生或偏生，白色，常弯曲，长 3 ～ 8cm；菌肉白色，半肉质，稍厚，细密。菌褶白色，密，弯生，不等长。菌丝系统一体型；生殖菌丝具锁状联合。担孢子无色透明，光滑，椭圆形。

【生境与分布】多在冬、春二季生长，生于阔叶树的倒木上。华东各地均有栽培，另全国其他各地也有栽培。

【药名与部位】香菇，子实体。

【采集加工】子实体成熟时采收，除去杂质，干燥。

【药材性状】呈伞形，菌盖为半球形，半肉质，直径约 10cm，盖顶凸出或平展，有时中央稍下陷，表面被有一层褐色环鳞片；呈辐射状或菊花状排列，露出真菌肉，菌肉黄白色，下面有许多分叉的菌褶；菌柄中生或偏生，黄白色，肉实，常弯曲，长 3 ～ 8cm，直径 5 ～ 8mm，有时分枝，各连着一个菌盖，菌环以下部分往往覆有鳞片，菌环窄而易消失，菌褶黄白色，稠密，凹生。质硬，菌柄与菌盖易剥离。气香，味微甘。

【药材炮制】除去杂质与灰屑。

【化学成分】子实体含糖类：以葡聚糖为主的香菇多糖（LNT）和含葡萄糖（glucose）、半乳糖（galactose）、甘露糖（mannitol）、阿拉伯糖（arabinose）、岩藻糖（fucose）等的杂葡聚糖（heteroglycan）[1]，α- 葡聚糖类的香菇子实体多糖 -FV-II（L-FV-II）、β- 葡聚糖类的香菇子实体多糖 -FV-I（L-FV-I）[2]，葡聚糖类的香菇多糖 -H、-S、-E、-B（LNT-H、-S、-E、-B）[3]，岩藻糖（fucose）、葡萄糖（glucose）、甘露醇（mannitol）、海藻糖（trehalose）和阿拉伯糖醇（arabitol）[4]；核苷类：尿苷（uridine）、尿嘧啶（uracil）、鸟苷（guanosine）、

图 1222　香菇　　　　　摄影　浦锦宝

香菇嘌呤（eritadenine）、腺苷（denosine）和腺嘌呤（adenine）[5]；氨基酸类：谷氨酸（Glu）、甘氨酸（Cly）、天冬氨酸（Asp）、酪氨酸（Tyr）、丙氨酸（Ala）、谷氨酰胺（Gln）、半胱氨酸（Gyt）、天冬酰胺（Asn）、脯氨酸（Pro）、丝氨酸（Ser）、精氨酸（Arg）、苯丙氨酸（Phe）、亮氨酸（Leu）、组氨酸（His）、异亮氨酸（Ile）、蛋氨酸（Met）、苏氨酸（Thr）、色氨酸（Trp）、缬氨酸（Val）和赖氨酸（Lys）[6]；木脂宁（lignin）降解物：对羟基苯甲酸（*p*-hydroxybenzoic acid）、香草酸（vanillic acid）、紫丁香酸（syringic acid）、对香豆酸（*p*-coumaric acid）、乙酸（acetic acid）、甲酸（formic acid）和草酸（oxalic acid）[7]；甾体类：麦角甾醇（ergosterol）[8]，去甲基内甾醇 A_3（demethylincisterol A_3）、（22*E*, 24*R*）- 甲基胆甾 -7, 22- 二烯 -3β, 5α, 6β- 三醇［（22*E*, 24*R*）-methylcholesta-7, 22-dien-3β, 5α, 6β-triol］、（22*E*, 24*R*）- 甲基胆甾 -5, 7, 22- 三烯 -3β- 醇［（22*E*, 24*R*）-methylcholesta-5, 7, 22-trien-3β-ol］、（22*E*, 24*R*）- 甲基胆甾 -7, 22- 二烯 -3β- 醇［（22*E*, 24*R*）-methylcholesta-7, 22-dien-3β-ol］和（22*E*, 24*R*）- 甲基胆甾 -6, 22- 二烯 -3β, 5α, 8α- 三醇［（22*E*, 24*R*）-methylcholesta-6, 22-dien-3β, 5α, 8α-triol］[9]；三萜类：木栓醇（friedelin）[9]；脂肪酸酯类：甘油三亚油酸酯（trilinolein）[8]。

【药理作用】1. 免疫调节　从子实体中提取分离的多糖能使 S180 荷瘤小鼠的脾系数增加，具有恢复和保护脾功能的作用，能改善骨髓造血机能，使外周血淋巴细胞数量显著增加，增强机体免疫功能，能影响荷瘤机体T细胞亚群的比例，具有明显的免疫调节作用[1]。2. 抗肿瘤　从子实体中提取分离的香菇多糖能显著抑制小鼠肝腹水瘤H22细胞的增殖，且呈量效依赖性[2]；从子实体中提取分离的多糖能够诱导细胞凋亡并呈剂量依赖关系，同时将细胞阻滞于G_2/M期；荧光显微镜的定性观察表明，多糖能升高细胞内活性氧水平和钙离子浓度；H-E染色结果显示，肿瘤组织中可见散在分布的凋亡细胞；免疫组化结果表明，经多糖处理后肿瘤组织Bax蛋白表达上调，Bcl-2蛋白表达下调[3]。3. 降血糖　从子实体中提取分离的多糖能明显降低四氧嘧啶所致的糖尿病小鼠的血糖，改善高血糖小鼠的糖耐量，增加高血糖小鼠体内的肝糖原[4]。4. 抗氧化　从子实体采用超声波辅助法提取的多糖对羟自由基（·OH）和2, 2′-联氨-二（3-乙基苯并噻唑-6-磺酸）二铵盐（ABTS）自由基具有较强的清除能力和还原力[5]。5. 抗菌　子实体的乙酸乙酯、氯仿、水提取物对链球属、放线菌属、乳酸杆菌属、普氏菌属和牙龈卟啉单胞菌属细菌均具有较明显的抑制作用[6]。

【性味与归经】味甘，性平。归脾、肝、肾经。

【功能与主治】健脾益气，健胃消食。用于脾胃虚弱、食欲不振、身体虚弱等症。

【用法与用量】15～30g。

【药用标准】海南药材2011和湖南药材2009。

【临床参考】1. 乙肝：香菇多糖片（深层培养物提取的多糖）口服，1次5片，每日2次[1]。

2. 头痛、头晕：子实体煮酒，口服。

3. 胃肠不适的腹痛：鲜香菇90g，切片，水煎服。

4. 水肿：子实体16g，加鹿衔草、金樱子根各30g，水煎服，每日2次。

5. 误食毒菌中毒：子实体90g，水煮熟，食之。（2方至5方引自《中国药用真菌》）

6. 盗汗：子实体15g，酒酌量，炖后调白糖服。

7. 麻疹不透：菇柄15g，加桂圆肉12g，水煎服。

8. 荨麻疹：子实体15g，酒酌量，炖服。（6方至8方引自《福建药物志》）

【附注】香菇原称合蕈，宋《菌谱》载："合蕈，生邑极西韦羌山，高迥秀异。寒极雪收，林木坚瘦，春气微欲动，土松芽活，此菌候也。菌质外褐色，肌理玉洁芳香，韵味发釜鬲，闻百步外。盖菌多种，例柔美，皆无香，独合蕈香与味称。"明《日用本草》始入药用，云："蕈生桐、柳、枳椇木上，紫色者，名香蕈。"其后《吴蕈谱》记有雷惊蕈，云："二月应惊蛰而产，故名雷惊。时东风解冻，土松气暖，菌花如蕊，菌质外深褐色如赭，褶白如玉，莹洁可爱。"所述皆指本种的子实体。

据戴玉成等研究，本种的学名应为*Lentinula edodes*（Berk.）Pegler[1]。

药材香菇脾胃寒湿气滞者禁服。

【化学参考文献】

［1］汲晨锋，岳磊．香菇多糖的化学结构及抗肿瘤作用研究进展［J］．中国药学杂志，2013，48（18）：1536-1539.

［2］Zhang P，Zhang L，Cheng S. Chemical structure and molecular weights of α-（1→3）-D-glucan from *Lentinus edodes*［J］. Biosci Biotechnol Biochem，1999，63（7）：1197-1202.

［3］Xu X J，Chen P，Zhang L，et al. Chain structures of glucans from *Lentinus edodes* and their effects on NO production from RAW 264. 7 macrophages［J］. Carbohydrate Polymers，2012，87（2）：1855-1862.

［4］陈万超，杨焱，于海龙，等．七种干香菇主要营养成分与可溶性糖对比及电子舌分析［J］．食用菌学报，2015，22（1）：61-67.

［5］唐庆九，王淑蕾，王晨光，等．香菇子实体中单核苷类成分研究［J］．食品与生物技术学报，2017，36（3）：283-286.

［6］白岚．香菇蛋白质氨基酸的分析［J］．菌物研究，2006，4（2）：21-24.

［7］Hattori T，Kajihara J，Shirono H，et al. Formate and oxalate esters in lignin obtained from bagasse degraded by *Lentinus edodes*［J］. Mokuzai Gakkaishi，1993，39（11）：1317-1321.

［8］Resurreccion N G U，Shen C C，Ragasa C Y. Chemical constituents of *Lentinus edodes*［J］. Pharmacia Lettre，2016，8（4）：117-120.

［9］Chen J，Wei S L，Gao K. Chemical constituents and antibacterial activities of compounds from *Lentinus edodes*［J］. Chem Nat Compd，2015，51（3）：592-594.

【药理参考文献】

［1］林卡莉，吕军华，徐鹰，等. 香菇多糖调节荷瘤小鼠的免疫功能［J］. 解剖学杂志，2009，32（2）：166-169.

［2］李石军，王凯平，汪柳，等. 香菇多糖 LNT_2 的提取分离纯化、结构及体外抗肿瘤活性研究［J］. 中草药，2014，45（9）：1232-1237.

［3］游如旭，张玉，汪柳，等. 香菇多糖诱导鼠肝癌 H22 细胞凋亡机制的初步探讨［J］. 中国医院药学杂志，2015，35（9）：776-781.

［4］王慧铭，黄素霞，孙炜. 香菇多糖对小鼠降血糖作用及其机理的研究［J］. 中国病毒病杂志，2005，7（3）：181-184.

［5］邹林武，赵谋明，游丽君. 香菇多糖提取工艺的优化及其抗氧化活性研究［J］. 食品工业科技，2013，34（19）：177-182.

［6］Hirasawa M，Shouji N，Neta T，et al. Three kinds of antibacterial substances from *Lentinus edodes*（Berk.）Sing.（Shiitake，an edible mushroom）［J］. International Journal of Antimicrobial Agents，1999，11（2）：151-157.

【临床参考文献】

［1］王俊侠. 香菇多糖片治疗乙肝 60 例临床观察［J］. 中成药，1994，16（5）：23-24.

【附注参考文献】

［1］戴玉成，杨祝良. 中国药用真菌名录及部分名称的修订［J］. 菌物学报，2008，27（6）：801-824.

十一　马勃科 Lycoperdaceae

担子果球形或梨形至陀螺形，具根状菌丝束。多无柄，少数具不孕基部延伸而形成的假柄。成熟时包被在顶端形成小口或碎裂脱落或成片脱落。孢体粉状；孢丝条状，偶有分枝，很少具隔；孢子球形，表面具小刺或光滑，常具小柄。

本科采用 *Dictionary of the Fungi* (9th Edition) 中的名称，*Dictionary of the Fungi*（10th Edition）将马勃科和栓皮马勃科归入蘑菇科 Agaricaceae。本科在中国药典的中文名为灰包科。

分布几遍及全国，中国法定药用植物 3 属，5 种。华东地区法定药用植物 2 属，3 种。

马勃科法定药用植物主要含甾体类、酚酸类、氨基酸类、挥发油类等成分。甾体类如麦角甾 -7,（22*E*）- 二烯 -3β- 醇［ergosta-7,（22*E*）-dien-3β-ol］、麦角甾醇（ergosterol）等；酚酸类如对羟基苯甲酸（*p*-hydroxybenzoic acid）、4- 羟基苯基乙酸酯（4-hydroxyphenylacetate）、3, 5- 二羟基苯甲酸（3, 5-dihydroxybenzoicacid）等；氨基酸类如亮氨酸（Leu）、赖氨酸（Lys）等；挥发油类如β- 姜黄酮（β-tumerone）、丁香烯环氧物（caryophyllene oxide）等。

脱皮马勃属含甾体类、酚酸类、挥发油类等成分。甾体类如麦角甾 -7, 22- 二烯 -3β- 酮（ergosta-7, 22-dien-3β-one）、3- 羰基麦角甾 -7,（22*E*）- 二烯［3-carboxyergosta-7,（22*E*）-diene］、β- 谷甾醇（β-sitosterol）等；酚酸类如 4- 羟基苯基乙酸酯（4-hydroxyphenylacetate）、苯甲酸（benzoic acid）等；挥发油类如 β- 姜黄酮（β-tumerone）、反式桂皮醇（*trans*-cinnamic alcohol）等。

秃马勃属含甾体类、氨基酸类等成分。甾体类如麦角甾醇（ergosterol）等；氨基酸类如苯丙氨酸（Phe）、赖氨酸（Lys）、脯氨酸（Pro）、胱氨酸（Cys）等。

1. 脱皮马勃属 *Lasiosphaera* Reich.

担子果类球形；成熟后包被全部消失，仅剩下裸露的孢子体；孢子体紧密，有弹性；孢丝长，分枝；孢子球形，有小刺。

分布于华东、西北、华北、西南等地区，中国法定药用植物 1 种。华东地区法定药用植物 1 种。

1223. 脱皮马勃（图 1223）• *Lasiosphaera fenzlii* Reich.

【别名】脱被毛球马勃，脱皮球马勃，灰包，牛屎拍，马屁勃。

【形态】担子果类球形或扁球形，直径 10 ～ 20cm；包被薄，易消失；外包被往往成块和内包被一起脱离；内包被薄纸质，浅烟色，成熟后全部消失，仅剩下裸露的孢子体；孢子体紧密，灰色，有弹性；孢子褐色，球形，有小刺；孢丝长，浅褐色，分枝。

【生境与分布】生在山坡草地或草原及林缘地上，单个生长。分布于江苏、安徽、浙江，另甘肃、青海、新疆、陕西、内蒙古、黑龙江、河北、湖南、湖北、贵州、云南均有分布。

【药名与部位】马勃，子实体。

【采集加工】夏、秋二季子实体成熟时采收，除去泥沙，干燥。

【药材性状】呈扁球形或类球形，无不孕基部，直径 15 ～ 20cm。包被灰棕色至黄褐色，纸质，常破碎呈块片状，或已全部脱落。孢体灰褐色或浅褐色，紧密，有弹性，用手撕之，内有灰褐色棉絮状的丝状物。触之则孢子呈尘土样飞扬，手捻有细腻感。气似尘土，无味。

【质量要求】棕色，体松如棉。

【药材炮制】除去杂质及质地坚硬者，切块。

图 1223　脱皮马勃　　　　摄影　沈建方

【化学成分】子实体含甾体类：麦角甾-5, 7, 22-三烯-3β-醇（ergosta-5, 7, 22-trien-3β-ol）、麦角甾-7, 22-二烯-3-酮（ergosta-7, 22-dien-3-one）、（22*E*, 24*E*）-麦角甾-5α, 8α-表二氧-6, 22-二烯-3β-醇［（22*E*, 24*E*）-ergosta-5α, 8α-epidioxy-6, 22-dien-3β-ol］、麦角甾-7, 22-二烯-3β, 5α, 6β-三醇（ergosta-7, 22-dien-3β, 5α, 6β-triol）[1]，麦角甾-7,（22*E*）-二烯-3-酮［ergosta-7,（22*E*）-dien-3-one］、麦角甾-7,（22*E*）-二烯-3β-醇［ergosta-7,（22*E*）-dien-3β-ol］、（22E, 24*R*）-麦角甾-5α, 8α-表二氧-6,（22*E*）-二烯-3β-醇［（22*E*, 24R）-ergosta-5α, 8α-epidioxy-6,（22*E*）-dien-3β-ol］[2]，β-谷甾醇（β-sitosterol）[3]，5α, 8α-表二氧麦角甾-6, 22-二烯-3β-醇（5α, 8α-epidioxy-ergosta-6, 22-dien-3β-ol）、5α, 8α-表二氧-麦角甾-6, 9（11）, 22-三烯-3β-醇［5α, 8α-epidioxy-ergosta-6, 9（11）, 22-trien-3β-ol］、5α-麦角甾-7, 22-二烯-3β-醇（5α-ergosta-7, 22-dien-3β-ol）、5α-麦角甾-7, 22-二烯-3-酮（5α-ergosta-7, 22-dien-3-one）[4]和麦角甾-4, 7, 22-三烯-3, 6-二酮（ergosta-4, 7, 22-trien-3, 6-dione）[5]。酚酸及酯类：对苯二酚（*p*-dihydroxybenzene）、对羟基苯甲酸（*p*-hydroxybenzoic acid）、4-羟基苯基乙酸酯（4-hydroxyphenyl acetate）[1]，苯甲酸（benzoic acid）[2]和 3, 5-二羟基苯甲酸（3, 5-dihydroxybenzoic acid）[3]；苯并呋喃酮类：4, 6-二羟基-1（3H）-异苯并呋喃酮［4, 6-dihydroxy-1（3H）-isobenzofuranone］和 5, 7-二羟基-1（3H）-异苯并呋喃酮［5, 7-dihydroxy-1（3H）-isobenzofuranone］[3]；脂肪酸类：棕榈酸（palmitic acid）[1]和亚油酸（linolic acid）[2]；氨基酸类：苯丙氨酸（phenylalanine）[1]；烷烃类：二十八烷（octacosane）[1]；糖类：蔗糖（sucrose）[3]等；挥发油类：反式桂皮醇（*trans*-cinnamic alcohol）[1]，5-羟甲基糠醛（5-hydroxymethylfurfural）[3]，苊（acenaphthylene）、芳-姜黄烯（ar-curcumene）、丁香烯环氧物（caryophyllene oxide）、β-姜黄酮（β-tumerone）和 β-杜松萜烯（β-cadinene）[6]；生物碱类：杯伞素 A（clitocybin A）[3,7]，6-二羟基-2, 3-二氢-1H-异吲哚-1-酮（6-dihydroxy-2, 3-dihydro-1H-isoindol-1-one）[4]，4, 6-

二羟基 -1H- 异吲哚 -1, 3（2H）- 二酮［4, 6-dihydroxy-1H-isoindole-1, 3（2H）-dione］和 4, 6- 二羟基 -2, 3- 二氢 -1H- 异吲哚 -1- 酮（4, 6-dihydroxy-2, 3-dihydro-1H-isoindol-1-one）[7]。

【药理作用】 1. 抗肿瘤　从子实体提取分离的成分能明显抑制人慢性骨髓性白血病细胞 K562 的增殖，促进其凋亡，并抑制细胞在 G_0/G_1 期，其机制可能与通过调节 PPAR-γ 激活途径有关[1]；从子实体的脂溶性部分提取分离的成分麦角甾 -7, 22- 二烯 -3β- 酮（ergosta-7, 22-dien-3β-one）对肝癌 Bel-7402 细胞和神经瘤 C6 细胞有较好的抑制作用，抑制作用随浓度的增大而增大[2]；从子实体提取分离的麦角甾 -4, 7, 22- 三烯 -3, 6- 二酮（ergosta-4, 7, 22-trien-3, 6-dione）等成分对红白血病细胞 K562 和肺癌细胞 A549 的增殖有抑制作用，麦角甾 -4, 7, 22- 三烯 -3, 6- 二酮在 50μg/ml 时对 K562 细胞细胞增殖的抑制率达 64%[3]。2. 抗炎与止咳　子实体可不同程度延长机械性刺激气管引起咳嗽模型豚鼠的咳嗽潜伏期，并抑制二甲苯所致炎症模型小鼠的耳壳肿胀[4]。3. 止血　子实体的醇提取液的正丁醇部位对家兔有较好的凝血效果[5]。4. 抑菌　子实体的水提取物对肺炎球菌、乙型链球菌、金黄色葡萄球菌和变形杆菌均有抑制作用[6]。

【性味与归经】 辛，平。归肺经。

【功能与主治】 清肺利咽，止血。用于风热郁肺咽痛，咳嗽，音哑；外用于鼻衄，创伤出血。

【用法与用量】 煎服 1.5 ～ 6g；外用适量，敷患处。

【药用标准】 中国药典 2015 和浙江炮规 2015。

【临床参考】 1. 褥疮：子实体脱皮研粉敷患处[1]。

2. 足癣：子实体脱皮研粉敷患处[2]。

3. 老年性外阴湿疹：子实体研粉敷患处，每日 2 次[3]。

4. 压疮：先用鱼肝油滴剂搽拭疮面，再用子实体粉外敷[4]。

5. 扁桃体炎：子实体 3g，加山豆根 9g，生甘草 6g，水煎服。

6. 腮腺炎：子实体 6g，加板蓝根、蒲公英各 30g，牛蒡子 9g，水煎服。

7. 外伤出血、皮肤湿疹：子实体压迫包扎患处；或子实体研粉撒敷患处。

8. 冻疮溃烂：子实体研粉扑敷患处，或用 30% 马勃油膏外敷。（5 方至 8 方引自《浙江药用植物志》）

【附注】 马勃始载于《名医别录》曰："生园中久腐处。……紫色虚软，状如狗肺，弹之粉出。"《本草衍义》载："马勃，有大如斗者，小亦如升杓。"上述描述并对照《植物名实图考》的附图，当为本种及近似种的子实体。

据 Kreisel（1962）研究，本种的名称应为脱被马线菇 *Langermannia fenzlii*（Reichardt）Kreisel。

静灰球菌属真菌大口静灰球 *Bovistella sinensis* Lloyd. 及长根静灰球 *Bovistella radicata*（Mont.）Pat. 的子实体在四川作马勃药用；秃马勃属真菌大马勃 *Calvatia gigantea*（Batsch）Lloyd 的子实体在浙江作马勃药用。

混淆品有豆马勃属真菌豆包菌（彩色豆马勃）*Pisolithus tinetorius*（Pers.）Coker et Couch 的子实体，其呈不规则球形等，直径 2.5 ～ 11cm，有柄状基部，包皮薄，多已脱落，露出无数颗粒状小包，小包埋藏于黑色胶质物中，小包黄棕色，内有棕褐色的粉状孢子。

药材马勃风寒伏肺咳嗽失音者禁服。

【化学参考文献】

［1］苏明智，罗舟，颜鸣，等 . 脱皮马勃化学成分的研究［J］. 中草药，2012，43（4）：664-666.

［2］王利伟，吴霜 . 脱皮马勃化学成分研究［J］. 齐齐哈尔大学学报（自然科学版），2017，33（4）：57-58，61.

［3］高云佳，赵庆春，闵鹏，等 . 脱皮马勃化学成分的研究［J］. 中国药物化学杂志，2010，20（1）：47-49.

［4］Gao J，Wang L W，Zheng H C，et al. Cytotoxic constituents of *Lasiosphaera fenzlii* on different cell lines and the synergistic effects with paclitaxel［J］. Nat Prod Res，2016，30（16）：1862-1865.

［5］黄文琴 . 脱皮马勃次生代谢产物和抗肿瘤活性研究［D］. 济南：山东大学硕士学位论文，2010，16（34）：34-35.

［6］徐淑楠，司攀，高玉琼，等 . 脱皮马勃挥发性成分的 GC-MS 分析［J］. 中国实验方剂学杂志，2012，8（18）：132-134.

［7］Lue W W，Gao Y J，Su M Z，et al. Isoindolones from *Lasiosphaera fenzlii* Reich. and their bioactivities［J］. Helv Chim Acta，2013，96（1）：109-113.

【药理参考文献】

[1] Meng J，Fan Y，Su M，et al. WLIP derived from *Lasiosphaera fenzlii* Reich exhibits anti-tumor activity and induces cell cycle arrest through PPAR-γ associated pathways [J]. International Immunopharmacology，2014，19（1）：37-44.

[2] 崔磊，宋淑亮，孙隆儒．脱皮马勃化学成分研究及抗肿瘤活性的初筛 [J]．中药材，2006，29（7）：703-705.

[3] 黄文琴．脱皮马勃次生代谢产物和抗肿瘤活性研究 [D]．济南：山东大学硕士学位论文，2010，16（34）：34-35.

[4] 左文英，尚孟坤，揣辛桂．脱皮马勃的抗炎、止咳作用观察 [J]．河南大学学报（医学版），2004，23（3）：65.

[5] 高云佳，赵庆春，闵鹏，等．脱皮马勃止血有效部位的实验研究 [J]．解放军药学学报，2010，26（6）：548-550.

[6] 孙菊英，郭朝晖．十种马勃体外抑菌作用的实验研究 [J]．中药材，1994，17（4）：37-38.

【临床参考文献】

[1] 高京华，刘芳．马勃治疗褥疮的疗效对照观察 [J]．现代中医药，2005，25（4）：29-30.

[2] 迟会敏，刘玉．马勃治疗足癣的疗效观察 [J]．中国社区医师，2003，18（10）：43.

[3] 詹跃燕，冯锦，唐菊玲．马勃粉外用治疗老年性外阴湿疹的疗效观察 [J]．中国中医药科技，2015，22（3）：294.

[4] 王丽萍，李华，戴小青，等．马勃联合鱼肝油滴剂治疗压疮 30 例临床观察 [J]．中国民族民间医药，2015，24（8）：71.

2. 秃马勃属 *Calvatia* Fr.

担子果近球形、梨形或陀螺形；内外包被均薄，外包被呈膜状，平滑或有斑纹，仅上部裂开；孢丝长，多分枝。

分布于东北、华北、西北、华东等地区。中国法定药用植物 2 种。华东地区法定药用植物 2 种。

秃马勃属与脱皮马勃属的区别点：秃马勃属成熟时，包被仅上部裂开。脱皮马勃属成熟时，内外包被全部脱落。

1224. 大马勃（图 1224）· *Calvatia gigantea*（Batsch）Lloyd [*Calvatia cyathiformis*（Bosc.）Morg.]

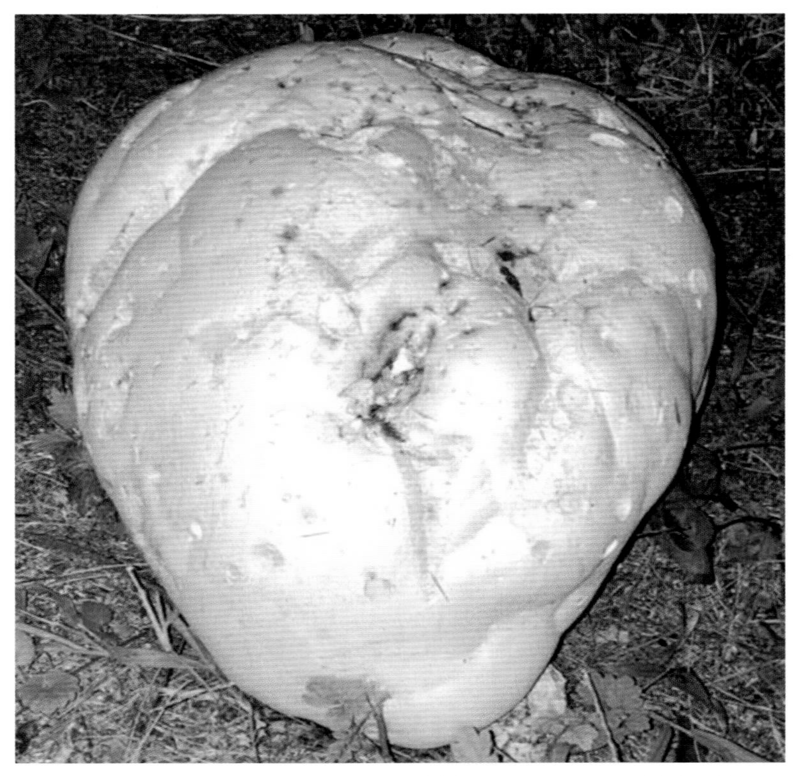

图 1224　大马勃　　提供　林文飞

【别名】大秃马勃。

【形态】子实体大型，近球形至球形，直径 15 ～ 36cm，不孕基部无或很小，由粗菌索与地面相连。表面白色后变污，由膜状外包被和较厚的内包被组成，初期微具绒毛，渐变光滑，成熟后开裂并成块脱落，露出浅青色和褐色的孢体。孢子球形，光滑或有时具细微的小疣，具小尖，淡青黄色。

【生境与分布】夏秋季生于旷野草地或草原上，单生或群生。分布于江苏，另辽宁、吉林、河北、山西、甘肃、新疆、内蒙古、青海、宁夏、云南、西藏均有分布。

【药名与部位】马勃，子实体。

【采集加工】夏、秋二季子实体成熟时采收，除去泥沙，干燥。

【药材性状】呈类方形或不规则团块状。包被由黄棕色的纸质外包被和较厚的灰黄色内包被组成，光滑，质硬而脆。孢体浅青褐色，手捻有润滑感，紧密，极富弹性，用手撕之，内有棉絮状的丝状物。触之则孢子呈尘土样飞扬，手捻有细腻感。气似尘土，味淡。

【药材炮制】除去杂质及质地坚硬者，切块。

【化学成分】子实体含甾体类：麦角甾 -7, 22- 二烯 -3- 酮（ergosta-7, 22-dien-3β-one）、胆甾烯棕榈酸酯（cholesteryl palmitatie）和 β- 谷甾醇（β-sitosterol）[1]；脂肪酸类：棕榈酸（palmitic acid）[1]，油酸乙酯（ethyl oleate）、十六烷酸乙酯（hexadecanoic acid ethyl ester）和 9, 12- 十八二烯酸正丙基酯（*n*-propyl 9, 12-octadecadienoate）[2]；挥发油类：α- 蒎烯（α-copaene）、2, 2′- 亚甲基双［6-（1, 1- 二甲基乙基）］-4- 甲基苯酚 {2, 2′-methylenebis［6-（1, 1-dimethylethy）］-4-methyl phenol} 和（3*S*, 4*Z*）- 十二碳 -4, 11- 二烯 -1- 炔 -3- 醇［（3*S*, 4*Z*）-dodeca-4, 11-dien-1-yn-3-ol］[2]；生物碱类：7- 氨基 -1, 4- 二甲基嘧啶基［4, 5-c］哒嗪 -3, 5-（1H, 2H）- 二酮 {7-amino-1, 4-dimethylpyrimido［4, 5-c］pyridazine-3, 5-（1H, 2H）-dione}[2]；元素：钾（K）、钙（Ca）、铁（Fe）、镁（Mg）、锌（Zn）、铅（Pb）、镉（Cd）、砷（As）和汞（Hg）[3]；氨基酸类：亮氨酸（Leu）、苏氨酸（Thr）、缬氨酸（Val）、赖氨酸（Lys）、苯丙氨酸（Phe）、异亮氨酸（Ile）和蛋氨酸（Met）[3]；多糖类：马勃多糖Ⅰ -1（CGPI-1）[4,5] 和马勃多糖 - Ⅱ、Ⅲ（CGP- Ⅱ、GP- Ⅲ）[4]。

【药理作用】1. 抗炎镇痛　子实体的水提取物可明显抑制二甲苯所致小鼠的耳肿胀、蛋清所致大鼠的足肿胀、棉球肉芽肿；能明显减少乙酸所致小鼠的扭体次数；能明显提高热板所致小鼠的痛阈值[1]。2. 抗肿瘤　子实体的石油醚提取物对小鼠 S180 肉瘤以及小鼠 Lewis 肺癌瘤的生长有一定的抑制作用[2]。3. 护肝　发酵所得菌丝体的粗多糖对四氯化碳（CCl_4）所致小鼠急性肝损伤有一定的保护作用，能有效降低小鼠血清中的天冬氨酸氨基转移酶（AST）和谷丙转氨酶（ALT）的含量，其作用强度与浓度呈正相关[3]。4. 抗氧化　发酵所得菌丝体的粗多糖对 1, 1- 二苯基 -2- 三硝基苯肼（DPPH）自由基、超氧阴离子自由基和羟自由基具有明显的清除作用，其作用与浓度呈一定的量效关系[3]。

【性味与归经】辛，平。归肺经。

【功能与主治】清肺利咽，止血。用于风热郁肺咽痛，咳嗽，音哑；外用于鼻衄，创伤出血。

【用法与用量】煎服 1.5 ～ 6g；外用适量，敷患处。

【药用标准】浙江炮规 2015。

【化学参考文献】

［1］金向群，王隶书，程东岩，等 . 大马勃的化学成分研究［J］. 中草药，1998，29（5）：298-300.
［2］相聪坤，关胜江，王巧，等 . 不同提取方法马勃中药材挥发性成分的 GC-MS 分析［J］. 河北医药，2016，38（23）：3545-3547.
［3］张江萍，范晓龙，吴锐 . 山西野生大马勃营养成分分析［J］. 山西农业科学，2013，41（5）：456-457.
［4］武翠玲，孟延发 . 药用真菌马勃多糖中单糖组成 GC-MS 分析［J］. 长治医学院学报，2009，23（4）：254-256.
［5］武翠玲，邓永康，孟延发，等 . 大马勃水溶性多糖的结构研究［J］. 天然产物研究与开发，2008，20（6）：1027-1030.

【药理参考文献】

［1］相聪坤，关胜江，马娟娟 . 大马勃及大口静灰球的抗炎镇痛作用比较研究［J］. 天津中医药，2016，33（7）：430-433.

[2] 徐力，许冰．大马勃体内抗肿瘤作用初探［J］．中国医药指南，2011，9（30）：205-206.
[3] 李作美，柯春林，王永斌．大秃马勃液体发酵菌丝粗多糖的肝损伤保护作用及体外抗氧化活性［J］．食用菌学报，2015，22（4）：70-74.

1225. 紫色马勃（图 1225）• *Calvatia lilacina*（Mont. et Berk.）Lloyd

图 1225　紫色马勃　　　　摄影　邬家林等

【别名】杯形秃马勃、紫秃马勃、紫色秃马勃。

【形态】担子果球形或陀螺形，直径 5 ～ 12cm，不孕基部发达。包被薄，光滑或有斑纹，两层，上部常裂块，逐渐脱落，内部紫色。孢子和孢丝散失后，遗留的不孕基部呈杯状，孢子类球形，有小刺；孢丝长，具分枝，有横隔，色淡。

【生境与分布】生于旷野草地或草原上。分布于江苏、浙江、安徽、福建，另黑龙江、河南、河北、湖北、甘肃、新疆、内蒙古、青海、宁夏、云南、四川、广东、广西均有分布。

大马勃与紫秃马勃的区别点：大马勃直径 15cm 以上，内部浅青色和褐色。紫色马勃直径 5 ～ 12cm，内部紫色。

【药名与部位】马勃，子实体。

【采集加工】夏、秋二季子实体成熟时采收，除去泥沙，干燥。

【药材性状】呈陀螺形，或已压扁呈扁圆形，直径 5 ～ 12cm，不孕基部发达。包被薄，两层，紫褐色，粗皱，有圆形凹陷，外翻，上部常裂成小块或已部分脱落。孢体紫色，紧密，有弹性，用手撕之，内有灰褐色棉絮状的丝状物。触之则孢子呈尘土样飞扬，手捻有细腻感。气似尘土，无味。

【质量要求】棕色，体松如棉。

【药材炮制】除去杂质及质地坚硬者，切块。

【化学成分】子实体含甾体类：紫色马勃甾酮*（cyathisterone）、杯形秃马勃甾醇（cyathisterol）、麦角甾-4, 7, 22-三烯-3, 6-二酮（ergosta-4, 7, 22-trien-3, 6-dione）、麦角甾-4, 6, 8（14）, 22-三烯-3-酮［ergosta-4, 6, 8（14）, 22-tetraen-3-one］[1]，马勃甾醇*A、B（calvasterol A、B）[2]和马勃甾酮*（calvasterone）[3]；氨基酸类：天冬氨酸（Asp）、苏氨酸（Thr）、丝氨酸（Ser）、谷氨酸（Glu）、甘氨酸（Gly）、丙氨酸（Ala）、缬氨酸（Val）、蛋氨酸（Met）、亮氨酸（Leu）、酪氨酸（Tyr）、苯丙氨酸（Phe）、赖氨酸（Lys）、组氨酸（His）、精氨酸（Arg）、脯氨酸（Pro）、胱氨酸（Cyt）和色氨酸（Try）[4]。

发酵物含生物碱类：马勃菌酸甲酯（methyl calvatate）[5]，马勃菌酸（calvatic acid, calvatinic acid）[6]和对羰基苯基偶氮氰化物（*p*-carboxyphenylazoxycyanide）[7]。

【药理作用】1. 抗肿瘤 从子实体中提取得到的蛋白质可促进 SW480、HT-29 和 DLD-1 结肠癌细胞凋亡，其机制可能为增加细胞内质网应激从而导致细胞凋亡，另外其可促进 SW480、HT-29 和 DLD-1 结肠癌细胞细胞质液泡的形成，同时诱导 SW480 细胞中真核生物启动因子 2-α 的磷酸化，Caspase-4 和 Caspase-9 分解，增加激活转录因子 4、激活转录因子 3、CCAAT 增强子结合蛋白质同源蛋白和葡萄糖调节蛋白 78 的表达，激活 c-Jun NH（2）- 末端激酶，增加细胞质钙[1]。2. 抑菌 子实体的水提取物对乙型链球菌、金黄色葡萄球菌和变形杆菌均有抑制作用[2]。

【性味与归经】辛，平。归肺经。

【功能与主治】清肺利咽，止血。用于风热郁肺咽痛，咳嗽，音哑；外用于鼻衄，创伤出血。

【用法与用量】煎服 1.5 ～ 6g；外用适量，敷患处。

【药用标准】中国药典 2015 和浙江炮规 2015。

【化学参考文献】

［1］Kawahara N，Sekita S，Satake M. Steroids from *Calvatia cyathiformis*［J］. Phytochemistry，1994，37（1）：213-215.

［2］Kawahara N，Sekita S，Satake M. Two steroids from *Calvatia cyathiformis*［J］. Phytochemistry，1995，38（4）：947-950.

［3］Kawahara N，Sekita S，Satake M. A novel dimeric steroid，calvasterone from the fungus *Calvatia cyathiformis*［J］. Chem Pharm Bull，1993，41（7）：1318-1320.

［4］张庆康，丁永辉 . 10 种马勃的氨基酸含量测定及聚类分析［J］. 中成药，1996，18（8）：35-37.

［5］Gasco A，Serafino A，Mortarini V，et al，Antibacterial and antifungal compound from *Calvatia lilacina*［J］. Tetrahedron Letters，1974，（38）：3431-3432.

［6］Umezawa H，Takeuchi T，Iinuma H，et al. New antibiotic，calvatic acid［J］. Journal of Antibiotics，1975，28（1）：87-90.

［7］Viterbo D，Gasco A，Serafino A，et al. *p*-Carboxyphenylazoxycyanide dimethyl sulfoxide antibacterial and antifungal compound from *Calvatia lilacina*［J］. Acta Crystallographica，1975，B31（8）：2151-2153.

【药理参考文献】

［1］Yeh C H. *Calvatia lilacina* protein extract induces apoptosis through endoplasmic reticulum stress in human colon carcinoma cells［J］. Process Biochemistry，2011，46（8）：1599-1606.

［2］孙菊英，郭朝晖 . 十种马勃体外抑菌作用的实验研究［J］. 中药材，1994，17（4）：37-38.

地衣门 LICHENES*

* 地衣为藻类和真菌的共生体，本书按传统的生物二界分类系统（Linnaeus，1753），将地衣归至植物界。

一　瓶口衣科 Verrucariaceae

地衣体壳状、鳞片状或叶状，灰色至褐色。子囊壳埋生，仅以点状孔口显露于地衣体上表面。孢子壁薄。中国法定药用植物 1 属，1 种。华东地区法定药用植物 1 属，1 种。

瓶口衣科法定药用植物含糖类成分，如 D- 甘露糖（D-mannose）、海藻糖（trehalose）等。

1. 皮果衣属 *Dermatocarpon* Eschw.

地衣体鳞片状至叶状，革质，通常以下表面中央的脐固着于基物；下表面裸露或具假根；两面或仅上表面具假薄壁组织的皮层。子囊壳埋生，子囊具孢子 8 个。孢子无色，单细胞，类圆形至椭圆形。

分布于江苏、浙江、江西，另湖北、陕西、内蒙古等地均有分布，中国法定药用植物 1 种。华东地区法定药用植物 1 种。

1226. 白石耳（图 1226）• *Dermatocarpon miniatum*（Linn.）Mann

图 1226　白石耳　　摄影　钟建平

【别名】皮果衣。

【形态】地衣体单叶型，偶见复叶型，革质，类圆形，直径 1 ～ 7cm，边缘多少呈撕裂状；上表面灰色、灰褐色或近橄榄绿色，常被淡灰白色粉；下表面黄色、锈红色至暗褐色，有皱褶，无假根，以中央脐固着于基物。子囊壳埋生，子囊 8 孢子。孢子无色，单细胞，类圆形至椭圆形，具油滴。

【生境与分布】生于较湿润处的河岸溪沟旁的岩石表面，以石灰岩最为普遍。分布于浙江、江苏、安徽、江西，另内蒙古、陕西、湖北、云南均有分布。

【药名与部位】石衣，地衣体。

【采集加工】除去杂质，切丝。筛去灰屑。

【化学成分】地衣体含多元醇类：D- 庚七醇（D-volemitol）[1]；多糖类：葡聚糖（glucan）[2]。

【药理作用】1. 抗氧化　从地衣体提取的多糖对羟自由基（·OH）和超氧阴离子自由基（O_2^-·）具有较强的清除作用，可降低脂多糖（LPO）的终产物丙二醛（MDA）的含量，且与剂量呈正相关[1]；地衣体的甲醇提取物可清除 1, 1- 二苯基 -2- 三硝基苯肼（DPPH）自由基，抑制亚油酸的氧化[2]。2. 抗菌　地衣体的甲醇提取物对多种细菌具有抑制作用[2]。

【功能与主治】健胃消食，利水消胀，驱虫。

【药用标准】浙江炮规 2005。

【化学参考文献】

[1] 孙汉董，吴金陵 . 四种药用地衣的化学成分 [J]. 植物生态学报（英文版），1990，32（10）：783-788.

[2] 靳菊情，丁东宁，王晓美，等 . 黑石耳多糖的初步化学研究 [J]. 中国药学杂志，1996，31（9）：520-522.

【药理参考文献】

[1] 靳菊情，边晓丽，葛萍，等 . 黑石耳多糖对氧自由基及脂质过氧化的影响 [J]. 中药材，2001，24（9）：660-661.

[2] Ali A，Medine G，Münevver S，et al. Antioxidant and antimicrobial properties of the Lichens *Cladonia foliacea*，*Dermatocarpon miniatum*，*Everinia divaricata*，*Evernia prunastri*，and *Neofuscella pulla* [J]. Pharmaceutical Biology，2006，44：247-252.

二 石耳科 Umbilicariaceae

地衣体叶状；上表面微灰白色至微黑色、微绿色或黄色，平坦，或有网状皱褶或疱状突起；下表面裸出或具假根，中央有脐状突起；上下皮层均发育良好。子囊盘贴生，有时埋生或网衣型。孢子单细胞或砖壁型多胞，无色或成熟后变褐色。

中国法定药用植物 1 属，1 种。华东地区法定药用植物 1 属，1 种。

石耳科法定药用植物主要含酚酸类、多糖类、甾体类等成分。酚酸类如红粉苔酸（lecanoric acid）、石耳酸（gyrophoric acid）、松萝酸（usnic acid）等；多糖类如海藻糖（trehalose）、石耳多糖（pustulan polysaccharide）等；甾体类如麦角甾醇（ergosterol）等。

1. 石耳属 *Umbilicaria* Hoffm.

地衣体叶状，类圆形或不规则形，边缘常撕裂状；上表面灰色、灰绿色、灰褐色、栗褐色至黑褐色；下表面中央脐粗大，裸露或具假根。子囊盘网衣型，盘面平坦或有柱状突起或裂缝，或呈环状纹。子囊具孢子 8 个，偶见 6 个。孢子无色，单细胞或后期变为砖壁型多胞且褐色。

中国法定药用植物 1 种。华东地区法定药用植物 1 种。

1227. 石耳（图 1227） • *Umbilicaria esculenta*（Miyos.）Mink.（*Gyrophora esculenta* Miyos.）

图 1227 石耳 摄影 赵维良

【别名】岩菇（江西），脐衣，岩衣，地衣。

【形态】地衣体单叶型，类圆形。直径 5 ～ 15cm，革质；上表面褐色，光滑，或局部皮层脱落而露出白色的髓层；下表面棕黑色至黑色，具细颗粒状突起，密生粗短而分枝的假根，有时自中央脐向四周有放射状粗壮脉纹。子囊盘少见。

【生境与分布】生于裸露的岩石上，尤喜生在硅质岩上。分布于浙江、安徽、江西，另黑龙江、吉林均有分布。

【药名与部位】石木耳（石耳），叶状体。

【采集加工】全年可采，除去泥沙及苔藓，干燥。

【药材性状】叶状体单叶形，多为近圆形的片状物，直径 3 ～ 5（～ 12）cm，常不平坦，边缘常反卷或呈破碎状或撕裂状，上表面灰棕色，较光滑；下表面灰黑色，较粗糙，覆有绒毡状或结成团块状物，中间有黑色脐状微突的着生点。质柔韧，断面分黑、白两层。气微，味淡。

【药材炮制】除去泥沙等杂质，筛去灰屑。

【化学成分】地衣体含酚酸类：苔藓酸（orsellinic acid）、苔黑酚（orcinol）、红粉苔酸（lecanoric acid）[1]，苔色酸乙酯（ethyl orsellinate）、瘤网地衣素（lecanorin）[1,2]，石耳酸（gyrophoric acid）[2]，松萝酸（usnic acid）[3] 和苔色酸甲酯（methyl orsellinate）[4,5]；甾体类：麦角甾醇（ergosterol）[3]，麦角甾 -5, 8, 22- 三烯 -3β- 醇（ergosta-5, 8, 22-trien-3β-ol），即地衣甾醇（lichesterol）[5]；生物碱类：1- 脱氧野尻素（1-deoxynojirimycin）[6]；糖类：海藻糖（trehalose）[7]；元素：铁（Fe）、钙（Ca）、锌（Zn）、铜（Cu）、锰（Mn）、铅（Pb）、镍（Ni）、铬（Cr）、镉（Cd）、硒（Se）、锡（Sn）、砷（As）和汞（Hg）[8]；其他尚含：甘露醇（mannitol）和叶绿素（chlorophyll）[3]。

【药理作用】1. 抗肿瘤　从子实体中提取分离的成分苔黑酚羧酸乙酯（ethyl orsellinate）和苔色酸（gyrophoric acid）对移植性小鼠 H22 肝癌具有明显的抑制作用，且能升高血清中白细胞介素 -2（IL-2）的水平[1]。2. 降血脂　子实体的甲醇、水和石油醚提取物以及从中分离得到的苔黑酚羧酸乙酯、苔色酸可显著降低喂饲高脂饲料所致的高血脂模型小鼠血清总胆固醇及甘油三酯水平；丙酮提取物可显著降低血清甘油三酯水平；苔黑酚羧酸乙酯、苔色酸及丙酮、甲醇、水及石油醚提取物均能显著增加高脂小鼠的高密度脂蛋白并降低高脂小鼠低密度脂蛋白，其中水提取物降甘油三酯的效果最为明显[2]。3. 降压　子实体的乙醇提取物对麻醉狗、猫、兔均可产生快速而持久的降压效果，对不麻醉大鼠及肾性高血压大鼠也有显著的降压作用，静脉滴注可能产生快速耐受现象，并可显著减慢离体蛙心和在位狗心率，同时对在位狗心容积略有缩小，增加离体兔耳灌流液的流出量[3]。

毒性　子实体的乙醇提取物灌胃给药，对小鼠的 LD_{50} 为 146g/kg[3]。

【性味与归经】甘、咸，寒。归肺、大肠经。

【功能与主治】养阴，止血。用于肺痨咳嗽，吐血，肠风下血，痔漏脱肛。

【用法与用量】3 ～ 9g。

【药用标准】浙江炮规 2015、湖南药材 2009、上海药材 1994 和江西药材 1996。

【临床参考】1. 老年性气管炎：地衣体 15g，水煎服[1]。

2. 高血压：地衣体 15g，水煎服[1]。

3. 慢性气管炎：地衣体 25g（首剂 50g），加瘦猪肉 150g，加盐少许，隔水蒸服。（《江西省防治慢性气管炎资料汇编》）

4. 鼻出血：地衣体 15g，加鸭蛋 2 个，煮食，连服 3 剂。

5. 痢疾：鲜地衣体洗净，嚼服 15 ～ 30g。（4 方、5 方引自《草药手册》）

6. 小便不通、胀痛：地衣体 30g，冷水洗净，水煎服。（《湖南药物志》）

【附注】石耳始载于明《日用本草》，谓："石耳，生天台、四明、宣州、黄山、巴西边徼诸山石崖上，远望如烟。"《本草纲目》载："庐山亦多，状如地耳。山僧采曝馈远，洗去沙土，作茹胜于木耳，佳品也。"

《粤志》载："韶阳诸洞多石耳，其生必于青石。……大者成片，如苔藓，碧色，望之如烟，亦微有蒂，大小朵朵如花。……性平无毒，多食饫人，能润肌童颜，在木耳、地耳之上。"即此种地衣体。

【化学参考文献】

[1] 邱澄，丁怡 . 石耳化学成分的研究 [J]. 中国中药杂志，2001，26（9）：608-610.

[2] 张振杰，胡洁荃，袁希召 . 石耳化学成分研究 [J]. 植物学报，1983，25（1）：93-94.

[3] 刘丹 . 石耳的化学成分及药理活性研究 [D]. 长春：吉林农业大学硕士学位论文，2015.

[4] Kim J W，Song K S，Yoo I D，et al. Two phenolic compounds isolated from *Umbilicaria esculenta* as phospholipase A2 inhibitors [J]. Han'guk Kyunhakhoechi，1996，24（3）：237-242.

[5] Ri H R，Yun M I，Jon J G. Separation and identification of phenolcarboxylic acid and sterol from *Umbilicaria esculenta*（Miyoshi）Mink. [J]. Choson Minjujuui Inmin Konghwaguk Kwahagwon Tongbo，1997，（5）：51-54.

[6] Lee K A，Kim M S. Glucosidase inhibitor from *Umbilicaria esculenta* [J]. Canadian Journal of Microbiology，2000，46（11）：1077-1081.

[7] 李勇，宋慧，李超，等 . 石耳地衣活性成分提取与饮料制作研究 [J]. 农业机械，2012，（3）：91-94.

[8] 张佳，申学军 . 石耳中微量元素的测定 [J]. 广东微量元素科学，2011，18（9）：54-58.

【药理参考文献】

[1] 刘丹 . 石耳的化学成分及药理活性研究 [D]. 长春：吉林农业大学硕士学位论文，2015.

[2] 刘丹，包海鹰 . 石耳提取物对高脂症小鼠的降血脂作用 [J]. 食用菌报，2015，22（2）：40-45.

[3] 曾晓春，胡泗才，罗贯一 . 石耳的降压作用 [J]. 南昌大学学报（理科版），1979，3（1）：61-65.

【临床参考文献】

[1] 曾晓春，胡泗才，罗贯一 . 石耳的降压作用 [J]. 南昌大学学报（理科版），1979，3（1）：61-65.

三　松萝科 Usneaceae

地衣体灌丛状或丝状，直立或垂悬于基物；枝圆柱状或扁平，具软骨质的中轴。子囊盘茶渍型，侧生或顶生。孢子无色，单细胞。共生藻为共球藻属。

中国法定药用植物 1 属，3 种。华东地区法定药用植物 1 属，3 种。

松萝科法定药用植物主要含酚酸类、生物碱类、黄酮类、皂苷类、蒽醌类、甾体类等成分。酚酸类如(+)-地衣酸[(+)-usnic acid]、苔色酸(orsellinic acid)、赤星衣酸乙酯(ethyl hematommate)、茶渍酸(lecanorin)、松萝酮（usone）、苔黑酚（orcinol）等；生物碱类如松萝胺 A、B、C、D、E、F（usenamines A、B、C、D、E、F）等；黄酮类如芹菜素 -7-*O*-β-D- 葡萄糖醛酸苷（apigenin 7-*O*-β-D-glucuronide）等；皂苷类多为五环三萜皂苷，包括齐墩果烷型、羽扇豆碗型等，如 3β- 羟基 - 黏霉 -5- 烯（3β-hydroxy-glutin-5-ene）、β-香树脂醇（β-amyrin）、泽屋萜（zeorin）等；蒽醌类如长松萝酮（longissimausnone）等；甾体类如麦角甾醇 -5β，8β- 过氧化物（ergosterol-5β，8β-peroxide）、粪甾醇（fecosterol）、利车甾醇（lichesterol）等。

1. 松萝属 *Usnea* Wigg.

地衣体灌丛状或丝状，垂悬或直立于基物，枝圆柱状，具软骨质中轴。子囊盘茶渍型。

中国法定药用植物 3 种。华东地区法定药用植物 3 种。

分种检索表

1. 地衣体灌丛状，通常高 10cm 以下……………………………………………………………花松萝 *U. florida*
1. 地衣体枝状，通常高 10cm 以上
　2. 主枝以下的侧枝羽状，密生，无三级分枝…………………………………………长松萝 *U. longissima*
　2. 主枝以下多回二叉分枝………………………………………………………………………松萝 *U. diffracta*

1228. 花松萝（图 1228）• *Usnea florida*（Linn.）Wigg.

【形态】地衣体灌丛状，直立或有时下垂，高 4 ～ 6cm，表灰绿色或淡蓝绿色；主枝短，主枝以上或以下近假轴型分枝，其上生有环状裂隙和疣状突起。

【生境与分布】生于针阔叶树林中。分布于安徽、浙江，另云南、四川、贵州、陕西等地均有分布。

【药名与部位】老君须，丝状体。

【采集加工】全年可采，除去杂质，干燥。

【药材性状】呈丝团状，灰绿色或草绿色。主枝分枝极多，不呈二叉状，直径 1 ～ 1.5mm，尖端渐细，近基部常有纤小的分枝，侧枝渐细如发丝，表面有环节状裂纹，环间距 0.5 ～ 2mm。体表有小突起。质柔韧，有弹性，手拉可使环节裂开，露出坚韧的中轴。气特异，味淡或略酸。

【药材炮制】除去杂质，筛去灰屑或切段后筛去灰屑。

【化学成分】地衣体含酚酸类：松萝酸（usnic acid）[1]，地茶酸（thamnolic acid）[2]，藻纹苔酸（salazinic acid）、斑点酸（stictic acid）[3]，煤地衣酸（evernic acid）、囊果酸*（physodic acid）、3- 羟基囊果酸*（3-hydroxyphysodic acid）和 5, 7- 二羟基 -6- 甲基苯酞（5, 7-dihydroxy-6-methylphthalide）[4]；甾体类：地衣甾醇（lichesterol）、麦角甾醇（ergosterol）、β- 谷甾醇（β-sitosterol）、麦角甾醇内过氧化物（ergosterol endoperoxide）和 $\Delta^{9(11)}$- 麦角甾醇［$\Delta^{9(11)}$-ergosterol］[5]。

图 1228　花松萝　　摄影　周欣欣

【药理作用】抗菌　地衣体的水、乙醇、乙酸乙酯提取物对金黄色葡萄球菌、大肠杆菌、藤黄微球菌、绿脓杆菌和黄霉菌均有一定程度的抑制效果[1]；地衣体的甲醇、丙酮和氯仿提取物对蜡样芽孢杆菌、产气肠杆菌和藤黄微球菌等均有抑制作用[2]。

【性味与归经】微苦、辛，凉。

【功能与主治】化痰止咳，清热明目，活络，止血。用于咳嗽气喘，目赤云翳，疮疡肿毒，风湿痹痛，白带，外伤出血。

【用法与用量】3～9g。

【药用标准】浙江炮规 2015。

【化学参考文献】

［1］Hong Q，Minter D E，Franzblau S G，et al. Anti-tuberculosis compounds from two Bolivian medicinal plants，*Senecio mathewsii* and *Usnea florida*［J］. Nat Prod Commun，2008，3（9）：1337-1384.

［2］Cankilin M Y，Sariozlu N Y，Candan M，et al. Screening of antibacterial，antituberculosis and antifungal effects of lichen *Usnea florida* and its thamnolic acid constituent［J］. Biomed Res，2017，28（7）：3108-3113.

［3］Rangaswami S，Rao V S. Chemical components of *Usnea florida*［J］. Indian Journal of Pharmacy，1955，17：70.

［4］Dieu A，Mambu L，Champavier Y，et al. Antibacterial activity of the lichens *Usnea florida* and *Flavoparmelia caperata*

（Parmeliaceae）［J］. Nat Prod Res，2019，DOI：org/10. 1080/14786419. 2018. 1561678.

［5］Castedo L，Riguera R，Iglesias M T，et al. Sterols from *Usnea florida* origin of the sterol endoperoxides［J］. Anales de Quimica，Serie C：Quimica Organicay Bioquimica，1987，83（2）：251-253.

【药理参考文献】

［1］周英，段震，李燕，等 . 花松萝的体外抑菌活性实验研究［J］. 中国民族民间医药杂志，2007，4：230-233.

［2］Cankiliç M Y，Sariözlü N Y，Mehmet C，et al. Screening of antibacterial，antituberculosis and antifungal effects of lichen *Usnea florida* and its thamnolic acid constituent［J］. Biomedical Research，2017，28（7）：3108-3113.

1229. 长松萝（图 1229）· *Usnea longissima* Ach.

图 1229　长松萝　　摄影　周欣欣

【别名】老君须。

【形态】地衣体呈枝状，悬垂型，长 20 ～ 40cm，最长者可达 100cm，灰绿色；主枝以下羽状密生细小而短的侧枝，长约 1cm；基部多附生在针叶树的树枝上。外皮层质粗松，中心质坚密。

【生境与分布】生于阴湿的林中，附生在针叶树上。分布于安徽、浙江，另东北地区、陕西、广东及云南等地均有分布。

【药名与部位】老君须（云雾草），丝状体。

【采集加工】全年可采，除去杂质，干燥。

【药材性状】呈丝团状，灰绿色或草绿色。主枝线条状，无分枝，直径 1 ～ 1.5mm，密生细短的小侧枝，侧枝渐细如发丝，表面有环节状裂纹，环间距 0.5 ～ 2mm。质柔韧，有弹性，手拉可使环节裂开，露出坚韧的中轴。气特异，味淡或略酸。

【药材炮制】除去杂质，筛去灰屑或切段后筛去灰屑。

【化学成分】地衣体含酚酸类：（+）- 地衣酸，即（+）- 松萝酸［（+）-usnic acid］、苔黑酚（orcinol）、扁枝衣酸乙酯（ethyl everninate）、3- 羟基 -5- 甲氧基 -2- 甲基苯甲酸（3-hydroxy-5-methoxy-2-methylbenzoic acid）[1]，长松萝酚酮*A（longissiminone A）[2]，地钱酸（evernic acid）、4-*O*- 甲基苔色酸（4-*O*-methylorsellinic acid）、苔色酸（orsellinic acid）[3,4]，环萝酸（diffractaic acid）[3-5]，β- 苔黑酚羧酸（β-orcinolcarboxylic acid）、4-*O*- 去甲基巴尔巴酸（4-*O*-demethylbarbatic acid）、4-*O*- 甲基苔色酸乙酯（4-*O*-methylorsellinic acid ethyl ester）、红粉苔酸（lecanoric acid）、3α- 羟基环萝酸（3α-hydroxydiffractaic acid）、3α- 羟基巴尔巴酸（3α-hydroxybarbatic acid）[4]，煤地衣酸（evernic acid）、黑茶渍素（atranorin）[4,5]，坝巴酸（barbatinic acid）[5,6]，赤星衣酸乙酯（ethyl hematommate）、2, 4- 二羟基 -3, 6- 二甲基苯甲酸甲酯（2, 4-dihydroxy-3, 6-dimethylbenzoic acid methyl ester）、苔色酸乙酯（ethyl orsellinate）、苔色酸甲酯（methyl orsellinate）、4- 甲基 -2, 6- 二羟基 - 苯甲醛（4-methyl-2, 6-dihydroxy-benzaldehyde）[6]，（-）- 普雷寇二酮酸*［（-）-placodiolic acid］[7]，异去甲环萝酸（isoevernic acid）[8]，长松萝酚（useanol）、茶渍酸（lecanorin）、3- 羟基 -5- 甲基苯基 -2- 羟基 -4- 甲氧基 -6- 苯甲酸甲酯（3-hydroxy-5-methylphenyl-2-hydroxy-4-methoxy-6-methylbenzoate）、茶渍酸 E（lecanorin E）、3′- 甲基地钱酸（3′-methylevernic acid）、苔黑酚（orcinol）、扁枝衣酸甲酯（methyl everninate）、2, 5- 二甲基 -1, 3- 苯二酚（2, 5-dimethyl-1, 3-benzenediol）、2- 羟基 -4- 甲氧基 -3, 6- 二甲基苯甲酸（2-hydroxy-4-methoxy-3, 6-dimethylbenzoic acid）、苔黑酚羧酸乙酯（ethyl 2, 4-dihydroxy-6-methylbenzoate）、*O*- 苔黑素单甲醚（*O*-methylorcinol）[9]，长松萝烯碱*A、B、C、D、E、F（usenamine A、B、C、D、E、F）、松萝酮（usone）、异松萝酮（isousone）[10]，长松萝酚酮*B（longissiminone B）[11]，邻苯二甲酸二丁酯（dibutyl phthalate）[8]，邻苯二甲酸二异丁酯（diisobutyl phthalate）[8,12]，2- 甲基 -4- 乙氧基 -6- 甲氧基苯甲酸（2-methyl-4-ethoxoyl-6-methoxybenzoic acid）、2- 甲基 -4- 甲氧基 -6- 羟基苯甲酸（2-methyl-4-ethoxyl-6-hydroxybenzoic acid）[13] 和巴尔巴地衣酸（barbatic acid）[3,4,13]；内酯类：画形茶渍酸*（isomuronic acid）[5]；脂肪酸类：（18*R*）- 羟基二氢全原地衣硬酸［（18*R*）-hydroxydihydro-alloprotolichensterinic acid］[1]；黄酮类：芹菜素 -7-*O*-β-D- 葡萄糖醛酸苷（apigenin-7-*O*-β-D-glucuronide）[1]，木犀草素 - 7 -*O*-α- L - 木糖基 -（1 → 6）-β- D - 葡萄糖苷［luteolin- 7 -*O*-α- L -xylosyl-（1 → 6）-β- D -glucoside］、2, 3, 4, 5- 四甲氧基 -1-*O*- 樱草糖氧基呫吨酮（2, 3, 4, 5-tetramethoxy-1-*O*-primeverosyloxyxanthone）和 2, 3, 5- 三甲氧基 -1-*O*- 樱草糖氧基呫吨酮（2, 3, 5-trtimethoxy-1-*O*-primeverosyloxyxanthone）[12]；甾体类：5, 8- 表二氧 -5α, 8α- 麦角甾 -6,（22*E*）- 二烯 -3β- 醇［5, 8-epidioxy-5α, 8α-ergosta-6,（22*E*）-dien-3β-ol］[1]，麦角甾 -5β, 8β- 过氧化物（ergosterol-5β, 8β-peroxide）[7]，β- 谷甾醇（β-sitosterol）[6]，麦角甾醇（ergosterol）、表甾醇（episterol）、粪甾醇（fecosterol）和地衣甾醇*（lichesterol）[14]；蒽醌类：长松萝酮（longissimausnone）[15]；三萜类：泽屋萜（zeorin）、齐墩果酸（oleanolic acid）、β- 香树脂醇（β-amyrin）、木栓酮（friedelin）、3β- 羟基黏霉 -5- 烯（3β-hydroxyglutin-5-ene）[6] 和欧洲桤木醇（glutinol）[11]；苯并呋喃类：（4a*R*, 9b*S*）-2, 6- 二乙基 -3, 4a, 7, 9- 四羟基 -8, 9b- 二甲基 -1- 酮基 -1, 4, 4a, 9b- 四氢二苯并呋喃［（4a*R*, 9b*S*）-2, 6-diactyl-3, 4a, 7, 9-tetrahydroxy-8, 9b-dimethyl-1-oxo-1, 4, 4a, 9b-tetrahydrodibenzofuran］[1]，4-（7- 乙酰基 -4, 6- 二羟基 -3, 5- 二甲基 -2- 酮基 -2, 3- 二氢苯并呋喃 -3- 基）-4-（7- 乙酰基 -4, 6- 二羟基 -3, 5- 二甲基苯并呋喃 -2- 基）-3-

氧代丁乙酯[ethyl 4-(7-acetyl-4, 6-dihydroxy-3, 5-dimethyl-2-oxo-2, 3-dihydrobenzofuran-3-yl)-4-(7-acetyl-4, 6-dihydroxy-3, 5-dimethylbenzofuran-2-yl)-3-oxobutanoate]、2-(3, 3-二(7-乙酰基-4, 6-二羟基-3, 5-二甲基苯并呋喃-2-基)丙烯酰乙酯)[ethyl 2-(3, 3-bis(7-acetyl-4, 6-dihydroxy-3, 5-dimethylbenzofuran-2-yl)acryloylate)][5], 3, 7-二羟基-1, 9-二甲基二苯并呋喃(3, 7-dihydroxy-1, 9-dimethyldibenzofuran)[10], 长松萝素(longiusnine)[15]和7-乙酰基-C-[(7-乙酰基-2, 3-二氢-4, 6-二羟基-3, 5-二甲基-2-酮基)-3-苯并呋喃基]-4, 6-二羟基-3, 5-二甲基-B-酮基-2-苯并呋喃丁酸乙酯{7-acetyl-C-[(7-acetyl-2, 3-dihydro-4, 6-dihydroxy-3, 5-dimethyl-2-oxo)-3-benzofuranyl]-4, 6-dihydroxy-3, 5-dimethyl-B-oxo-2-benzofuranbutanoic acid ethyl ester}[16]；多元醇类：阿糖醇(arabitol)[1]和阿拉伯糖醇(arabinitol)[12]；糖类：蔗糖(sucrose)[12]和长松萝多糖-1、2、3(ULDP-1、2、3)[17]；胺类：松萝胺A(usenamme A)[18]；其他尚含：1-*O*-[β-D-吡喃木糖基-(1→6)-β-D-吡喃葡萄糖]-2, 3, 7-三甲氧基酮{1-*O*-[β-D-xylopyranosyl-(1→6)-β-D-glucopyranose]-2, 3, 7-trimethoxyone}和1-*O*-[β-D-吡喃木糖基-(1→6)-β-D-吡喃葡萄糖]-2, 3, 4, 5, 7-五甲氧基酮{1-*O*-[β-D-xylopyranosyl-(1→6)-β-D-glucopyranose]-2, 3, 4, 5, 7-pentamethoxyone}[12]。

【药理作用】1. 抗炎　从地衣体提取分离的成分长松萝酚酮A(longissiminone A)可显著减轻角叉菜胶所致的大鼠足肿胀[1]。2. 抗血小板凝聚　从地衣体提取分离的成分长松萝酚酮A具有一定的抗血小板凝聚作用，且有剂量依赖性[1]。3. 抗氧化　从地衣体提取分离的成分2-甲基-4-乙氧基-6-甲氧基苯甲酸(2-methyl-4-ethoxoyl-6-methoxybenzoic acid)、巴耳巴地衣酸(barbatic acid)和2-甲基-4-甲氧基-6-羟基苯甲酸(2-methyl-4-ethoxyl-6-hydroxybenzoic acid)均具有一定的抗氧化能力[2]；从地衣体提取分离的多糖对超氧阴离子自由基及羟自由基均有清除作用[3]。4. 抗菌　地衣体的氯仿提取物对大肠杆菌和假丝酵母菌均有抑制作用[2]；地衣体的苯、乙酸乙酯、乙醇的浸提物对霉菌、细菌、酵母菌等均有抑制作用，而水提取物对上述菌类无抑制作用[4]。5. 增强免疫　从地衣体提取分离的多糖可显著增强小鼠血清溶血素水平及抗体形成细胞的数量，可增强小鼠脾淋巴细胞转化功能及小鼠迟发型超敏反应[5]。6. 神经保护　从地衣体提取分离的成分(+)-松萝酸[(+)-usnic acid]、坝巴酸(barbatinic acid)、扁枝衣酸甲酯(methyl everninate)、2-羟基-4-甲氧基-3, 6-二甲基苯甲酸(2-hydroxy-4-methoxy-3, 6-dimethyl benzoic acid)和长松萝酚(useanol)对谷氨酸诱导的PC12细胞损伤具有一定的保护作用[6]。7. 细胞毒活性　从地衣体提取分离的成分(+)-松萝酸能抑制前列腺癌PC-3M细胞、野生型p53乳腺癌MCF7细胞、非功能性p53乳腺癌MDA-MB-231细胞、肺癌H1299细胞等的增殖，松萝胺A(usenamme A)可抑制人肝癌HepG2细胞的增殖，并诱导细胞凋亡[6]。

【性味与归经】微苦、辛，凉。

【功能与主治】化痰止咳，清热明目，活络，止血。用于咳嗽气喘，目赤云翳，疮疡肿毒，风湿痹痛，白带，外伤出血。

【用法与用量】3～9g。

【药用标准】浙江炮规2015和四川药材2010。

【化学参考文献】

[1] 拉喜·那木吉拉，唐燕霞，包海鹰，等. 蒙药长松萝的化学成分研究[J]. 中国中药杂志，2013，38(13)：2125-2128.

[2] Azizuddin，Imran S，Choudhary M I. *In vivo* anti-inflammatory and anti-platelet aggregation activities of longissiminone A，isolated from *Usnea longissima*[J]. Pakistan J Pharm Sci，2017，30(4)：1213-1217.

[3] Sun C，Liu F，Sun J，et al. Optimisation and establishment of separation conditions of organic acids from *Usnea longissima* Ach. by pH-zone-refining counter-current chromatography：discussion of the eluotropic sequence[J]. J Chromatogr A，2016，1427(3)：96-101.

[4] Nishitoba Y，Nishimura H，Nishiyama T，et al. Lichen acids，plant growth inhibitors from *Usnea longissima*[J]. Phytochemistry，1987，26(12)：3181-3185.

[5] Bai L，Bao H Y，Bau T. Isolation and identification of a new benzofuranone derivative from *Usnea longissima*[J]. Nat

Prod Res，2014，28（8）：534-538.
［6］冯洁，杨秀伟，苏思多，等.长松萝化学成分研究［J］.中国中药杂志，2009，34（6）：708-711.
［7］Mallavadhani U V，Sudhakar A V S，Mahapatra A，et al. Phenolic and steroidal constituents of the lichen *Usnea longissima*［J］. Biochem System Ecol，2004，32（1）：95-97.
［8］拉喜・那木吉拉，梁鸿，巴根那，等.蒙药长松萝的化学成分研究（Ⅱ）［J］.中药材，2015，38（12）：2541-2542.
［9］于学龙，杨鑫瑶，高小力，等.长松萝中酚类化学成分研究［J］.中国中药杂志，2016，41（10）：1864-1869.
［10］Yu X，Guo Q，Su G，et al. Usnic acid derivatives with cytotoxic and antifungal activities from the lichen *Usnea longissima*［J］. J Nat Prod，2016，79（5）：1373-1380.
［11］Choudhary M I，Azizuddin，Jalil S，et al. Bioactive phenolic compounds from a medicinal lichen，*Usnea longissima*［J］. Phytochemistry，2005，66（19）：2346-2350.
［12］哈力嘎，希古日干，白淑珍，等.蒙药长松萝的化学成分研究（III）［J］.中药材，2020，43（3）：612-614.
［13］杨东升.长松萝活性成分的提取分离与活性测定［D］.咸阳：西北农林科技大学硕士学位论文，2007.
［14］Safe S，Safe L M，Maass W S G. Sterols of three lichen species：*Lobaria pulmonaria*，*Lobaria Scrobiculata*，and *Usnea Longissima*［J］. Phytochemistry，1975，14（8）：1821-1823.
［15］冯洁，杨秀伟.长松萝中新的二苯骈呋喃和蒽醌［J］.中国中药杂志，2009，34（7）：852-853.
［16］包海鹰，拉喜那木吉拉.从长松萝枝状地衣体中分离和鉴定一种新化合物［P］，中国：CN 102813647 A 20121212.
［17］孙长霞，苏印泉，张柏林.不同产地松萝中多糖的分子量分布及活性研究［J］.西北林学院学报，2014，29（1）：100-104.
［18］于学龙.长松萝的化学成分及其生物活性研究［D］.北京：北京中医药大学硕士学位论文，2016.

【药理参考文献】

［1］Azizuddin，Imran S，Choudhary M I. *In vivo* anti-inflammatory & anti-platelet aggregation activities of longissiminone A，isolated from *Usnea longissima*［J］. Pakistan Journal of Pharmaceutical Sciences，2017，30（4）：1213-1217.
［2］杨东升.长松萝活性成分的提取分离与活性测定［D］.咸阳：西北农林科技大学硕士学位论文，2007.
［3］边晓丽，靳菊情，丁东宁，等.长松萝多糖清除氧自由基和抗脂质过氧化反应的研究［J］.中药材，2002，25（3）：188-189.
［4］苏印泉，王海宏，马养民，等.西藏长松萝浸提物抑菌作用研究［J］.西北林学院学报，2006，21（5）：154-155.
［5］靳菊情，石娟，葛萍，等.长松萝多糖对小鼠免疫功能的影响［J］.中国药学杂志，2003，38（6）：31-33.
［6］于学龙.长松萝的化学成分及其生物活性研究［D］.北京：北京中医药大学硕士学位论文，2016.

1230. 松萝（图 1230）・*Usnea diffracta* Vain.

【别名】云雾草（上海），关公须（江西），云雾草，胡雾草，金线草，破茎松萝，环裂松萝，胡须草，节松萝。

【形态】地衣体呈枝状，悬垂型，长 15 ～ 50cm，灰黄绿色；主枝以下整齐或不整齐的多回二叉分枝，枝多呈圆柱状，中央有韧性丝状轴，易与皮层剥离；体表有明显的环状裂隙，裂缘凸起，白色。

【生境与分布】生于潮湿林中树干上或岩壁上。分布于山东、安徽、浙江、福建、江西等地。

【药名与部位】老君须，丝状体。

【采集加工】全年可采，除去杂质，干燥。

【药材性状】呈丝团状，灰绿色或草绿色。主枝二叉状分枝，直径 1 ～ 1.5mm，侧枝渐细如发丝，表面有环节状裂纹，环间距 0.5 ～ 2mm。质柔韧，有弹性，手拉可使环节裂开，露出坚韧的中轴。气特异，味淡微酸。

【药材炮制】除去杂质，筛去灰屑或切段后筛去灰屑。

【化学成分】地衣体含酚酸类：松萝酸（usnic acid）、地弗地衣酸（diffractaic acid）[1,2]，拉马酸

图 1230　松萝　　摄影　郭增喜

（ramalic acid）[2]，地衣高酮*（excelsione）、苔黑醛（atranol）、苔藓酸（orsellinic acid）、苔色酸甲酯（methyl orsellinate）、苔色酸乙酯（ethyl orsellinate）、茶渍酸（lecanorin）、地衣松萝酮*A（diffractione A）[3] 和赤星衣酸甲酯（methyl haematommate）[4]；叶绿素类：（13^2*S*, 17*S*, 18*S*）-13^2- 羟基 -20- 氯化乙基脱镁叶绿二酸 a［（13^2*S*, 17*S*, 18*S*）-13^2-hydroxy-20-chloroethyl pheophorbide a］、乙基脱镁叶绿二酸 a（ethylpheophorbide a）和（13^2-*S*）- 羟基乙基脱镁叶绿二酸 a［（13^2-*S*）-hydroxyethyl pheophorbide a］[5]；多糖类：松萝多糖 -1、2、3（UDP-1、2、3）[6]。

【药理作用】1. 抗肿瘤　从地衣体提取分离的活性部位 AMH-T 对人泌尿生殖系统肿瘤具有显著性体内和体外抗癌作用，与顺铂（DDP）联合用药，具有体外协同抗肿瘤作用；AMH-T 诱导癌细胞凋亡与 Caspase-8 信号通路无关[1]；从地衣体提取分离的成分赤星衣酸甲酯（methyl haematommate）能够显著抑制肺腺癌 XWLC-05 细胞、人肝癌 HepG2 细胞、乳腺癌 MCF-7 细胞的增殖，其作用具有明显的量效关系，对 3 株癌细胞的半数抑制浓度（IC_{50}）分别为 8.818μg/ml、11.905μg/ml 和 13.328μg/ml，其作用机制可能与调节细胞周期和蛋白激酶信号通路有关[2]。2. 镇痛 从地衣体提取分离的成分松萝酸（usnic acid）、地弗地衣酸（diffractaic acid）对乙酸致扭体和尾部压迫大鼠具有镇痛作用[3]。3. 镇咳祛痰 地衣体的水提取液和水浸液均能显著减少氨水所致小鼠咳嗽次数，延长咳嗽潜伏期，增加气管内酚红排泌量，其作用与剂量相关[4]。4. 抗炎 地衣体的水提取液和水浸液均能显著抑制二甲苯致耳肿胀和琼脂致肉芽肿，其作用与剂量相关[4]。5. 减轻感染症状 地衣体的水提取液对金黄色葡萄球菌感染模型小鼠具有降低血清丙二醛（MDA）含量、增加超氧化物歧化酶（SOD）活力的作用，对金黄色葡萄球菌感染小鼠有明显的保护作用[5]。

【性味与归经】微苦、辛，凉。

【功能与主治】化痰止咳，清热明目，活络，止血。用于咳嗽气喘，目赤云翳，疮疡肿毒，风湿痹痛，白带，外伤出血。

【用法与用量】3 ～ 9g。

【药用标准】浙江炮规 2015。

【临床参考】1. 急慢性支气管炎：消咳喘胶囊口服（由松萝、胡颓子叶、猪胆膏、制半夏等组成，每粒 0.3g）[1]。

2. 颈淋巴腺炎、乳腺炎：地衣体研末，外敷。（《中国药用孢子植物》）

3. 结膜炎、角膜云翳：地衣体 15g、鹿衔草 12g、海金沙 5g，水煎服。

4. 痈肿、无名肿毒：地衣体 9g、楤木根皮 15g、细辛 6g，共研细粉，水或酒调敷患处。（3 方、4 方引自《陕西中草药》）

【附注】本种始载于《神农本草经》，列为中品。《名医别录》曰："松萝，生熊耳山川谷松树上。五月采，阴干。"又载："东山甚多，生杂树上，而以松上者为真。"《本草纲目拾遗》载："山川志：出武当山，生高峰古木上，长者丈余。"所述当包括本种在内的松萝属多种地衣体。

【化学参考文献】

[1] Okuyama E，Umeyama K，Yamazaki M，et al. Usnic acid and diffractaic acid as analgesic and antipyretic components of *Usnea diffracta*［J］. Planta Med，1995，61（2）：113-115.

[2] 马英华，田婷婷，解伟伟，等 . HPLC-ESI-MS/MS 同时测定松萝中 3 种酚酸类成分的含量［J］. 中国中药杂志，2015，40（24）：4884-4889.

[3] Qi H Y，Jin Y P，Shi Y P. A new depsidone from *Usnea diffracta*［J］. Chinese Chemical Letters，2009，20（2）：187-189.

[4] 税靖霖，贺小琼，姜重阳，等 . 赤星衣酸甲酯的抗癌作用及机制研究［J］. 中草药，2017，48（12）：2474-2480.

[5] Xu H B，Yang T H，Xie P，et al. Pheophytin analogues from the medicinal lichen *Usnea diffracta*［J］. Nat Prod Res，2018，32（9）：1088-1094.

[6] 孙长霞，苏印泉，张柏林 . 不同产地松萝中多糖的分子量分布及活性研究［J］. 西北林学院学报，2014，29（1）：100-104.

【药理参考文献】

[1] 王静，贺小琼，姚乾，等 . 松萝抗癌活性部位对人泌尿生殖系统肿瘤的抑制作用［J］. 肿瘤防治研究，2017，44（6）：403-408.

[2] 税靖霖，贺小琼，姜重阳，等 . 赤星衣酸甲酯的抗癌作用及机制研究［J］. 中草药，2017，48（12）：2474-2480.

[3] Emi O，Kazuhiro U，Mikio Y，et al. Usnic acid and diffractaic acid as analgesic and antipyretic components of *Usnea diffracta*［J］. Planta Medica，1995，61（2）：113-115.

[4] 韩涛，王佳蕾，李俊乐，等 . 破茎松萝不同用法的止咳祛痰抗炎作用比较研究［J］. 甘肃中医学院学报，25（3）：4-7.

[5] 贾新梅 . 破茎松萝对金黄色葡萄球菌感染小鼠血清自由基含量的影响［J］. 中国卫生产业，2013，DOI：10. 16659/j. cnki. 1672-5654. 2013. 26. 016.

【临床参考文献】

[1] 邱宝珠，赵寿堂 . 消咳喘胶囊［J］. 中国中医药科技，1999，（2）：134.

参考书籍

艾铁民，戴伦凯 . 2013. 中国药用植物志 • 第十二卷 . 北京：北京大学医学出版社

艾铁民，张树仁 . 2014. 中国药用植物志 • 第十一卷 . 北京：北京大学医学出版社

安徽省革命委员会卫生局 . 1975. 安徽中草药 . 合肥：安徽人民出版社

巴哈尔古丽 • 黄尔汗，徐新 . 2012. 哈萨克药志 • 第二卷 . 北京：中国医药科技出版社

蔡光先，卜献春，陈立峰 . 2004. 湖南药物志 • 第四卷 . 长沙：湖南科学技术出版社

蔡光先，贺又舜，杜方麓 . 2004. 湖南药物志 • 第三卷 . 长沙：湖南科学技术出版社

蔡光先，潘远根，谢昭明 . 2004. 湖南药物志 • 第一卷 . 长沙：湖南科学技术出版社

蔡光先，吴泽君，周德生 . 2004. 湖南药物志 • 第五卷 . 长沙：湖南科学技术出版社

蔡光先，萧德华，刘春海 . 2004. 湖南药物志 • 第六卷 . 长沙：湖南科学技术出版社

蔡光先，张炳填，潘清平 . 2004. 湖南药物志 • 第二卷 . 长沙：湖南科学技术出版社

蔡光先，周慎，谭光波 . 2004. 湖南药物志 • 第七卷 . 长沙：湖南科学技术出版社

蔡光先 . 2004. 湖南药物志 . 长沙：湖南科学技术出版社

长春中医学院革命委员会编 . 1970. 吉林中草药 . 长春：吉林人民出版社

陈邦杰，吴鹏程，裘佩熹，等 . 1965. 黄山植物的研究 . 上海：上海科学技术出版社

陈邦杰 . 1963. 中国藓类植物属志 • 上册 . 北京：科学出版社

陈邦杰 . 1978. 中国藓类植物属志 • 下册 . 北京：科学出版社

陈守良 . 1990. 中国植物志 • 第十卷（第一分册）. 北京：科学出版社

陈守良 . 1997. 中国植物志 • 第十卷（第二分册）. 北京：科学出版社

戴芳澜 . 1979. 中国真菌总汇 . 北京：科学出版社

邓叔群 . 1963. 中国的真菌 . 北京：科学出版社

范黎 . 2019. 中国真菌志 • 第五十四卷马勃目（马勃科和栓皮马勃科）. 北京：科学出版社

方肇权 . 2015. 方氏脉症正宗 . 朱德明校注 . 北京：中国中医药出版社

福建省医药研究所 . 1970. 福建中草药 . 福州：福建医药研究所

福建省医药研究所 . 1979. 福建药物志 • 第一册 . 福州：福建人民出版社

福建中医研究所 . 1983. 福建药物志 • 第二册 . 福州：福建科学技术出版社

耿伯介，王正平 . 1996. 中国植物志 • 第九卷（第一分册）. 北京：科学出版社

广西壮族自治区卫生厅 . 1963. 广西中药志 . 南宁：广西壮族自治区人民出版社

郭本兆 . 1987. 中国植物志 • 第九卷（第三分册）. 北京：科学出版社

郭林 . 2019. 中国真菌志 • 第五十九卷 炭角菌属 . 北京：科学出版社

国家中医药管理局《中华本草》编委会 . 2009. 中华本草 • 1, 2, 8. 上海：上海科学技术出版社

杭金欣，孙建璋 . 1983. 浙江海藻原色图谱 . 杭州：浙江科学技术出版社

侯学煜 . 1982. 中国植被地理及优势植物化学成分 . 北京：科学出版社

黄宗国，林茂 . 2012. 中国海洋生物图集 • 第二册 . 北京：海洋出版社

黄宗国 . 2008. 中国海洋生物种类与分布（增订版）. 北京：海洋出版社

江纪武，靳朝东 . 2015. 世界药用植物速查辞典 . 北京：中国医药科技出版社

江西省卫生局革命委员会 . 1970. 江西草药 . 南昌：江西省新华书店出版社

江西药科学校革命委员会 . 1970. 草药手册 . 南昌：江西药科学校出版社

金效华，杨永 . 2015. 中国生物物种名录 • 第一卷植物种子植物（Ⅰ）. 北京：科学出版社
黎跃成 . 2001. 药材标准品种大全 . 成都：四川科学技术出版社
李玉，图力古尔 . 中国真菌志 • 第四十五卷 侧耳 - 香菇型真菌 . 北京：科学出版社
梁宗琦 . 2007. 中国真菌志 • 第三十二卷 虫草属 . 北京：科学出版社
林泉 . 1993. 浙江植物志 • 第七卷 . 杭州：浙江科学技术出版社
林瑞超 . 2011. 中国药材标准名录 . 北京：科学出版社
刘波 . 1992. 中国真菌志 • 第二卷 银耳目和花耳目 . 北京：科学出版社
刘亮 . 2002. 中国植物志 • 第九卷（第二分册）. 北京：科学出版社
刘启新 . 2015. 江苏植物志 • 第五卷 . 南京：江苏凤凰科学技术出版社
庐山植物园红旗医院革命委员会 . 1971. 庐山中草药 . 九江市：庐山植物园红旗医院革命委员会
卯晓岚 . 2009. 中国蕈菌 . 北京：科学出版社
南京军区后勤部卫生部 . 1969. 南京地区常用中草药 . 南京：南京地区后勤卫生部
裴鉴，单人骅 . 1959. 江苏南部种子植物手册 . 北京：科学出版社
裴鉴，丁志遵 . 1985. 中国植物志 • 第十六卷（第一分册）. 北京：科学出版社
裴盛基，陈三阳 . 1991. 中国植物志 • 第十三卷（第一分册）. 北京：科学出版社
齐德之 . 1985. 外科精义 . 南京：江苏科学技术出版社
齐祖同 . 1997. 中国真菌志 • 第五卷 曲霉属及其相关有性型 . 北京：科学出版社
钱崇澍 . 陈焕镛 . 1961. 中国植物志 • 第十一卷 . 北京：科学出版社
青岛市中草手册编写组 . 1975. 青岛中草药手册 . 济南：山东科技出版社
泉州市卫生局 . 1961. 泉州本草 . 泉州：泉州市卫生局
《山东中草药手册》编写组 . 1970. 山东中草药手册 . 济南：山东人民出版社
四川省中药研究所编 . 1971. 四川常用中草药 . 成都：四川人民出版社
《四川中药志》协作编写组 . 1982. 四川中药志 . 成都：四川人民出版社
孙祥钟 . 1992. 中国植物志 • 第八卷 . 北京：科学出版社
汪发缵，唐进 . 1978. 中国植物志 • 第十五卷 . 北京：科学出版社
汪发缵，唐进 . 1980. 中国植物志 • 第十四卷 . 北京：科学出版社
王国强 . 2014. 全国中草药汇编第三版（卷一 - 卷三）. 北京：人民卫生出版社
吴德邻 . 1981. 中国植物志 • 第十六卷（第二分册）. 北京：科学出版社
吴国芳 . 1997. 中国植物志 • 第十三卷（第三分册）. 北京：科学出版社
吴寿金，赵泰，秦永琪 . 2002. 现代中草药成分化学 . 北京：中国医药科技出版社
吴征镒，李恒 . 1979. 中国植物志 • 第十三卷（第二分册）. 北京：科学出版社
吴征镒，孙航，周浙昆，等 . 2010. 中国种子植物区系地理 . 北京：科学出版社
夏邦美 . 1999. 中国海藻志 • 第二卷第五册（红藻门伊谷藻目、杉藻目等）. 北京：科学出版社
徐大椿 . 2011. 神农本草经百种录 . 北京：学苑出版社
徐新，巴哈尔古丽 • 黄尔汗 . 2009. 哈萨克药志 • 第一卷 . 北京：民族出版社
杨祝良 . 2019. 中国真菌志 • 第五十二卷 环柄菇类（蘑菇科）. 北京：科学出版社
叶橘泉 . 2013. 叶橘泉食物中药与便方（增订本）. 北京：中国中医药出版社
叶橘泉 . 2015. 现代实用中药 . 北京：中国中医药出版社
云南省卫生局革命委员会 . 1971. 云南中草药 . 昆明：云南人民出版社
昝殷 . 2003. 食医心镜 . 尚志钧辑校 . 合肥：安徽科学技术出版社
曾呈奎 . 2000. 中国海藻志 • 第三卷第二册（褐藻门墨角藻目）. 北京：科学出版社
曾呈奎，张德瑞，张峻甫，等 . 1962. 中国经济海藻志 . 北京：科学出版社

张春强．2017. 黄帝内经．长春：吉林文史出版社
张树仁，马其云，李奕，等．2006. 中国植物志・中名和拉丁名总索引．北京：科学出版社
赵继鼎，张小青．2000. 中国真菌志・第十八卷 灵芝科．北京：科学出版社
赵继鼎．1998. 中国真菌志・第三卷 多孔菌科．北京：科学出版社
赵维良．2017. 中国法定药用植物．北京：科学出版社
赵学敏．2017. 本草纲目拾遗．北京：中医古籍出版社
浙江省革命委员会生产指挥组卫生局．1972. 浙江民间常用草药．杭州：浙江人民出版社
浙江药用植物志编写组．1980. 浙江药用植物志・上、下册．杭州：浙江科学技术出版社
郑柏林．2001. 中国海藻志・第二卷第六册（红藻门仙菜目等）．北京：科学出版社
郑宝福．2009. 中国海藻志・第二卷第一册（红藻门紫球藻目、红盾藻目等）．北京：科学出版社
中国科学院江西分院．1960. 江西植物志．南昌：江西人民出版社
中国科学院神农架真菌地衣考察队．1989. 神农架真菌与地衣．北京：世界图书出版公司
周海钧，曾育麟．1984. 中国民族药志．北京：人民卫生出版社
周荣汉．1993. 中药资源学．北京：中国医药科技出版社
朱丹溪．2008. 丹溪心法．北京：中国中医药出版社
朱家楠．2001. 拉汉英种子植物名称（第2版）．北京：科学出版社
庄兆祥，李宁汉．1991. 香港中草药．香港：商务印书馆（香港）有限公司
Flora of China 编委会．1994-2011. Flora of China・ Vol. 17-Vol. 21. 科学出版社，密苏里植物园出版社
Kirk P M，Cannon P F，David J C，et al. 2001. Dictionary of the Fungi（9th Edition）. Wallingford：CAB International
Kirk P M，Cannon P F，Minter D W，et al. 2008. Dictionary of the Fungi（10th edition）. Wallingford：CAB International

中文索引

J

K

L

M

N

P

Q

R

S

拉丁文索引

A

B

C

W

X

Z

中文总索引

cong

cu

cui

da

dai

dan

dang

dao

deng

di

hong

hou

hu

hua

huai

jie

jin

jing

jiu

jie

ju

juan

jue

kai

ke

zi

zong

zuan

zui

拉丁文总索引

A

B

C

D

E

F

G

N

O

P

Q

R

T

U

V

勘　　误

第一册第 45 页海金沙 *Lygodium japonicum*（Thunb.）Sw. 图 20 右下小图有误，订正为下图：

图 20　海金沙　　　　　　摄影　赵维良等

第一册第 83 页苏铁蕨 *Brainea insignis*（Hook.）J. Sm. 图 37 右下小图有误，订正为下图：

图 37　苏铁蕨　　　摄影　刘军

第一册第 222 页旱柳 *Salix matsudana* Koidz. 图 85 有误，订正为下图：

图 85　旱柳　　　摄影　李华东等

第一册第 319 页苎麻 *Boehmeria nivea*（Linn.）Gaud. 图 118 有误，订正为下图：

图 118　苎麻　　摄影　郭增喜

第一册第 389 页水蓼 *Polygonum hydropiper* Linn. 图 147 有误，订正为下图：

图 147　水蓼　　摄影　赵维良等

第一册第 416 页酸模 *Rumex acetosa* Linn. 图 155 右下小图有误，订正为下图：

图 155　酸模　　摄影　李华东等

第一册第 441 页鸡冠花 *Celosia cristata* Linn. 图 166 右上小图有误，订正为下图：

图 166　鸡冠花　　摄影　赵维良等

(R-9132.01)

www.sciencep.com

ISBN 978-7-03-068185-0

科学出版社中医药出版分社

联系电话:010-64019031 010-64037449
E-mail:med-prof@mail.sciencep.com

定 价:528.00 元